HOAI-Kommentar

Rudolf Jochem · Wolfgang Kaufhold
(Hrsg.)

HOAI-Kommentar

zur Honorarordnung für
Architekten und Ingenieure

6., vollständig überarbeitete und aktualisierte
Auflage 2016

 Springer Vieweg

Herausgeber
Rudolf Jochem
Wiesbaden, Deutschland

Wolfgang Kaufhold
Bobenheim-Roxheim, Deutschland

ISBN 978-3-658-02831-2   ISBN 978-3-658-02832-9   (eBook)
DOI 10.1007/978-3-658-02832-9

Die Deutsche Nationalbibliothek verzeichnet diese Publikation in der Deutschen Nationalbibliografie; detaillierte bibliografische Daten sind im Internet über http://dnb.d-nb.de abrufbar.

Springer Vieweg
© Springer Fachmedien Wiesbaden 1977, 1982, 1991, 1998, 2012, 2016

Lektorat: Karina Danulat

Gedruckt auf säurefreiem und chlorfrei gebleichtem Papier

Springer Vieweg ist Teil von Springer Nature
Die eingetragene Gesellschaft ist Springer Fachmedien Wiesbaden GmbH
Die Anschrift der Gesellschaft ist: Abraham-Lincoln-Strasse 46, 65189 Wiesbaden, Germany

Vorwort

Mit der 7. HOAI Novelle hat die Bundesregierung mit Zustimmung des Bundesrates im Wesentlichen die Leistungsbilder überarbeitet und auf den neuesten technischen Stand gebracht. Im Zuge der Festlegung neuer Leistungsinhalte sind auch die Vergütungsregelungen überarbeitet worden, was seinen Ausdruck in einer Erhöhung des Honorars um 17 % gefunden hat.

Die Überarbeitung der 5. Auflage des HOAI Kommentars Jochem/Kaufhold hat zu einer teilweise vollständigen Neubewertung der HOAI Regelungen geführt. Die 7. HOAI Novelle greift sehr intensiv in das Regelwerk ein, so dass die Kommentierung nicht mit einer einfachen Anpassung der bisherigen Kommentierung an die geänderten Regeln auskommt. Hinzu tritt eine Vielzahl von neuen Entscheidungen der Instanzgerichte und des BGH, die erkennen lassen, dass die rechtliche Beurteilung von Architekten- und Ingenieurleistungen in Fluss geraten sind und die es zu besprechen gilt.

Die 6. Auflage nimmt sich diesen neuen Gegebenheiten an und versucht vor allem die tägliche Bau- und Planungspraxis in den Fokus zu nehmen.

Wiesbaden, im Mai 2016   Die Verfasser

Hinweis für den Benutzer

Die HOAI 2013 enthält wie die HOAI 2009 die Beschreibung der Honorarzonen, Leistungsbilder und die Auflistung der Besonderen Leistungen in ihren Anlagen. Die Kommentierung dieser Inhalte erfolgt zusammen mit den Paragraphen, auf die diese Leistungsbilder Bezug nehmen.

Die Beratungsleistungen werden im Anschluss an die in der HOAI geregelten Leistungen besprochen. Dies sind:

1. Leistung Umweltverträglichkeitsstudie
2. Leistungen für Technische Bauphysik
3. Leistungen für Schallschutz und Raumakustik
4. Leistungen für Bodenmechanik, Erd- und Grundbau
5. Vermessungstechnische Leistungen

Dank gilt den Sekretariatsmitarbeitern insbesondere für ihren Einsatz für die Schreibarbeiten neben dem Tagesgeschäft.

Bearbeiterverzeichnis

Dipl.-Ing. **Dietrich Behnke** ist Beratender Ingenieur und Geschäftsführender Gesellschafter der Grundbaulabor Bremen Ingenieurgesellschaft für Geotechnik mbH. Er leitete die AHO-Fachkommission Geotechnik und ist als öffentlich bestellter und vereidigter Sachverständiger für Baugrunduntersuchungen und Grundbau tätig.

Dipl.-Ing. **Klaus Bierbaum** ist seit 1980 als frei schaffender Landschaftsarchitekt in Mainz tätig. Von 1996 bis 2015 führte er das Büro partnerschaftlich mit Klaus-Dieter Aichele. Er war von 1986 bis 2002 Vorstandsmitglied der Architektenkammer Rheinland-Pfalz und von 1991 bis 2002 Mitglied des Städtebaurats Mainz. Er ist Mitglied des Werkbunds Rheinland-Pfalz.

Johannes Jochem, Rechtsanwalt, RJ Anwälte Wiesbaden, ist Fachanwalt für Bau- und Architektenrecht.

Prof. **Rudolf Jochem**, Rechtsanwalt und Notar, RJ Anwälte Wiesbaden, ist Fachanwalt für Bau- und Architektenrecht sowie Steuerrecht.
Er ist Honorarprofessor an der Hochschule Darmstadt und Lehrbeauftragter der Philipps Universität Marburg.

Prof. Ing. (grad.) **Gert Karner** ist freiberuflicher Vermessungsingenieur und hat über 20 Jahre die Fachkommission Vermessung im AHO geleitet. Er ist Prüfsachverständiger für Vermessung im Bauwesen, Öffentlich bestellter und vereidigter Sachverständiger u. a. für Honorare im Vermessungswesen und Lehrbeauftragter für Büroorganisation und Projektmanagement an der Hochschule München – Fachbereich Geoinformatik.

Dipl.-Ing. **Wolfgang Kaufhold** ist Beratender Ingenieur, Sachverständiger für die Vergabe freiberuflicher Leistungen und Gründungsgeschäftsführer der GHV Gütestelle Honorar- und Vergaberecht e.V., Mannheim. Als Vertreter von Ingenieurverbänden und langjähriger Leiter der AHO-Fachkommission Wasser begleitete er seit 1980 die Entwicklung und Fortschreibung der HOAI und der RBBau-Vertragsmuster. Von 1997 bis 2007 war er als öffentlich bestellter und vereidigter Sachverständiger für Ingenieurhonorare tätig. Außerdem war er Lehrbeauftragter der Technischen Universitäten Karlsruhe (1975–1986) und Dresden (1992–2003).

Prof. Dipl.-Ing. **Axel C. Rahn** ist Beratender Ingenieur und Geschäftsführender Gesellschafter der Berliner Axel C. Rahn GmbH Die Bauphysiker. Er ist öffentlich bestellter und vereidigter Sachverständiger für Schäden an Gebäuden und Bauphysik, Berlin, war von 1996 bis 2002 Professor für Bauphysik an der Fachhochschule Potsdam und hat seit 2003 einen Lehrauftrag an der FH Potsdam. Er ist Vorsitzender des Bundesverbandes Feuchte & Altbausanierung e.V.

Prof. Dr. **Ulrich Rommelfanger**, Rechtsanwalt RJ Anwälte Wiesbaden, ist Fachanwalt für Verwaltungsrecht und Fachanwalt für Medizinrecht.

Inhaltsverzeichnis

Wortlaut

Inhaltsverzeichnis

Kommentar

Inhaltsverzeichnis

Teil 3 Objektplanung

Abschnitt 1 Gebäude und Innenräume

Abschnitt 2 Freianlagen

Abschnitt 3 Ingenieurbauwerke

Abschnitt 4 Verkehrsanlagen

Teil 4 Fachplanung

Abschnitt 1 Tragwerksplanung

Abschnitt 2 Technische Ausrüstung

Teil 5 Überleitungs- und Schlussvorschriften

Kommentar zur Anlage 1 zu § 3 Absatz 1 Beratungsleistungen

Abkürzungsverzeichnis

a. A.	anderer Ansicht
a. a. O.	am angegebenen Ort
Abs.	Absatz
Absch	Abschnitt
a. F.	alte Fassung
AGB	Allgemeine Geschäftsbedingungen
AGB-Gesetz	Gesetz zur Regelung des Rechts der Allgemeinen Geschäftsbedingungen
AHO	Ausschuss der Verbände und Kammern der Ingenieure und Architekten für die Honorarordnung e. V.
AIT	Architektur, Innenarchitektur, Technischer Ausbau; Zeitschrift, Stuttgart
ARGE	Arbeitsgemeinschaft
ARGEBAU	Arbeitsgemeinschaft der Bauminister der Länder
ARS	Allgemeines Rundschreiben Straßenbau
ArtikelG	Gesetz zur Regelung von Architekten- und Ingenieurleistungen vom 04.11.1971 (MRVerbG)
ATV	Abwassertechnische Vereinigung e. V.
BauNVO	Baunutzungsverordnung
BauR	Baurecht – Zeitschrift für das gesamte öffentliche und zivile Baurecht, Werner-Verlag
BB	Der Betriebsberater
BBauG	Baugesetzbuch
BrBp	Baurecht und Baupraxis
bestr.	Bestritten
BGB	Bürgerliches Gesetzbuch
BGH	Bundesgerichtshof
BGHZ	Entscheidungen des Bundesgerichtshofs in Zivilsachen
BlGBW	Blätter für Grundstücks-, Bau- und Wohnungsrecht
BMVBS	Bundesministerium für Verkehr, Bau und Stadtentwicklung
BMWi	Bundesministerium für Wirtschaft und Technologie
BR-DS	Bundesratsdrucksache
bzw.	beziehungsweise
DAB	Deutsches Architektenblatt
ders.	derselbe
d. h.	das heißt
DIB	Deutsches Ingenieurblatt
DIN	Norm des Deutschen Instituts für Normung e.V.
DNotZ	Deutsche Notar-Zeitschrift
Drs.	Drucksache
Einl.	Einleitung
f.	folgende
ff.	fortfolgende
Fn.	Fußnote
FWW	Die freie Wohnungswirtschaft
ggf.	gegebenenfalls
gem.	gemäß

GOA	Gebührenordnung für Architekten
GOI	Gebührenordnung für Ingenieure
GRUR	Gewerblicher Rechtsschutz und Urheberrecht
GWB	Gesetz gegen Wettbewerbsschränkungen
h. A.	herrschende Ansicht
Halbs.	Halbsatz
HGB	Handelsgesetzbuch
HIV-Was	Handbuch für Ingenieurverträge in der Wasserwirtschaft, Loseblatt-Sammlung Boorberg Verlag
HKVM	Handbuch für kommunale Vertragsmuster und Vergabeverfahren nach VOF, Loseblatt-Sammlung Boorberg Verlag
h. L.	herrschende Lehre
h. M.	herrschende Meinung
HOAI	Honorarordnung für Architekten und Ingenieure
HVA F-StB	Handbuch für die Vergabe und Ausführung von freiberuflichen Leistungen der Ingenieure und Landschaftsarchitekten im Straßen- und Brückenbau, Loseblatt-Sammlung, herausgegeben vom BMVBS, aktuelle Fassung zu erhalten unter http://www.bmvbs.de/cae/servlet/contentblob/33580/publicationFile/29461/hva-f-stb.pdf
i. Allg.	im Allgemeinen
IBR	Immobilien- und Baurecht
i. d. F.	in der Fassung
i. d. R	in der Regel
i. S. v.	im Sinne
i. V. m.	in Verbindung mit
JR	Juristische Rundschau
Jw	Juristische Wochenschrift
JZ	Juristenzeitung
KG	Kammergericht
K.VHBBau	Kommunales Vergabehandbuch für Baden Württemberg
LBO	Landesbauordnung
LHO	Leistungs- und Honorarordnung der Ingenieure
LM	Lindenmaier/Möhring, Nachschlagewerk des Bundesgerichtshofs
MDR	Monatsschrift für Deutsches Recht
MRVG	siehe ArtikelG
m. w. N.	mit weiteren Nachweisen
NatschG	Naturschutzgesetz
n. F.	neue Fassung
NJW	Neue Juristische Wochenschrift
NJW-RR	Neue Juristische Wochenschrift-Rechtsprechungs-Report Zivilrecht
Nr.	Nummer
NZBau	Neue Zeitschrift für Baurecht und Vergaberecht
o. a.	oben angeführt
o. g.	oben genannt
OLG	Oberlandesgericht

Abkürzungsverzeichnis

RBBau	Richtlinien für die Durchführung von Bauaufgaben des Bundes im Zuständigkeitsbereich der Finanzbauverwaltungen, herausgegeben vom BMVBS, aktuelle Fassung zu erhalten unter: www.bmvbs.de/cae/servlet/contentblob/35470/publicationFile/42857/rbbau-19-at.pdf
Rdn.	Randnote
Rspr.	Rechtsprechung
S/FH	Schäfer/Finnern/Hochstein, Rechtsprechung zum Privaten Baurecht
s.	siehe
S.	Seite
s. o.	siehe oben
s. u.	siehe unten
str.	streitig
u. a.	unter anderem
UStG	Umsatzsteuergesetz
u. U.	unter Umständen
VE	Verrechnungseinheiten
VersR	Versicherungsrecht
VHB	Vergabehandbuch des Bundes im Zuständigkeitsbereich der Finanzverwaltung
v. H.	vom Hundert
VO	Verordnung
VOB/A	Vergabe- und Vertragsordnung für Bauleistungen (VOB)
VOF	Vergabeordnung für freiberufliche Leistungen (VOF)
VOL	Vergabe- und Vertragsordnung für Leistungen (VOL)
VOPr	Preisverordnung
Vorbem.	Vorbemerkung
WM	Wertpapier-Mitteilungen
z. B.	zum Beispiel
z. T.	zum Teil
z. Zt.	zurzeit
ZfBR	Zeitschrift für deutsches und internationales Bau- und Vergaberecht, Beck-Verlag
ZfIR	Zeitschrift für Immobilienrecht

Literaturverzeichnis

AKS	Anweisung zur Kostenberechnung für Straßenbaumaßnahmen, Ausgabe 1985
Beck`scher VOB-Kommentar	Teil B, 3. Auflagen 2014
Beigel, Herbert	Urheberrecht des Architekten, Erläuterungen anhand der Rechtsprechung, 1984
Bindhardt/Jagenburg	Die Haftung des Architekten und seine strafrechtliche Verantwortung, 8. Aufl. 1981
Christiansen-Geiss	Voraussetzungen und Folgen des Koppelungsverbotes, Schriftenreihe zum Deutschen und Internationalen Baurecht, Heft 3, 2009
Depenbrock/Schiefler	Honorarordnung für Architekten und Ingenieure (HOAI) in der vom 1. Januar 1985 an geltenden Fassung, Bundesanzeigerausgabe
Depenbrock/Schiefler	Honorarordnung für Architekten und Ingenieure (HOAI) in der vom 1. Januar 1988 an geltenden Fassung, Bundesanzeigerausgabe
Depenbrock/Schiefler	Honorarordnung für Architekten und Ingenieure (HOAI) in der vom 1. Januar 1991 an geltenden Fassung, Bundesanzeigerausgabe
Depenbrock/Vogler	Honorarordnung für Architekten und Ingenieure (HOAI) in der vom 1. Januar 1996 an geltenden Fassung, Bundesanzeigerausgabe
Depenbrock/Vogler	Honorarordnung für Architekten und Ingenieure (HOAI) in der vom 1. Januar 1996 an geltenden Fassung, 2. Auflage 2002, Bundesanzeigerausgabe
DIN 18205	Bedarfsplanung im Bauwesen, Deutsches Institut für Normung e. V., 1996
Enseleit/Osenbrück	HOAI-Praxis Anrechenbare Kosten für Architekten und Tragwerksplaner, 4. Auflage 2006
FS von Craushaar	Vygen/Böggering (Hrsg.), Festschrift für Götz von Craushaar zum 65. Geburtstag, 1997
FS Jagenburg	Brügmann/Oppler (Hrsg.), Festschrift für Walter Jagenburg zum 65. Geburtstag, 2002
FS Heiermann	Doerry/Watzke (Hrsg.), Festschrift für Wolfgang Heiermann zum 60. Geburtstag, 1995
FS Korbion	Walter Pastor (Hrsg.), Feschrift für Hermann Korbion zum 60. Geburtstag am 18. Juni 1986, 1986
FS Kraus	Vygen/Sienz (Hrsg.), Baurecht im Wandel, Festgabe für Steffen Kraus zum 65. Geburtstag, 2003
FS Ganten	Rudolf Jochem (Hrsg.), Festschrift für Hans Ganten zum 70. Geburtstag
FS Motzke	Ganten/Gross/Englert/Schulzig/Englert (Hrsg.), Recht und Gerechtigkeit am Bau, Festschrift für Gerd Motzke zum 65. Geburtstag, 2006
FS Soergel	Maser, Axel (Hrsg.), Festschrift für Carl Soergel zum 70. Geburtstag, 1993
FS Vygen	Schulze-Hagen (Hrsg.), Bauen, Planen, Recht. Aktuelle Beiträge zum privaten Baurecht. Festschrift für Klaus Vygen zum 60. Geburtstag, 1999
FS Werner	Frank Siegburg (Hrsg.), Festschrift für Ulrich Werner zum 65. Geburtstag, 1999
Fuchs/Berger/Seifert	Beck'scher HOAI- und Architektenrechts-Kommentar 2016
Hartmann, Rainer	HOAI, Aktueller Praxiskommentar (Loseblattausgabe)
Heinrich, Martin	Der Baucontrollingvertrag, Baurechtliche Schriften Bd. 10, 2. Aufl. 1998

Literaturverzeichnis

HIV-KOM	Handbuch für Ingenieurverträge und Vergabe nach VOB im kommunalen Tiefbau, Loseblattausgabe
HVA F-StB	Handbuch für die Vergabe und Ausführung von freiberuflichen Leistungen im Straßen- und Brückenbau – Ausgabe September 2006, Fassung Mai 2010
IBR	Immobilien- & Baurecht, Online-Ausgabe unter: www.ibr-online.de
Ingenstau/Korbion	VOB, Teile A und B, Kommentar (Hrsg.: Locher/Vygen), 19. Aufl. 2015
Jebe/Vygen	Der Bauingenieur und seine rechtliche Verantwortung, 2. Aufl. 1998
Jochem, Rudolf	HOAI Kommentar, 5. Aufl. 2012
Kapellmann/Messerschmidt	Vergabe- und Vertragsordnung für Bauleistungen mit Vergabeordnung (VgV): VOB, Teile A und B, 2. Aufl. 2007
Kleine-Möller/Merl	Handbuch des privaten Baurechts, 5. Aufl. 2015
Klocke/Arlt	Leitfaden zur HOAI, Band 1, 1976
Kniffka/Koeble	Kompendium des Baurechts, 2. Aufl. 2004, 3. Aufl. 2008, 4. Auflage 2014
Knychalla, Rainer	Inhaltskontrolle von Architektenformularverträgen, Baurechtliche Schriften Bd. 8, 1987
Koeble, Wolfgang	Rechtshandbuch Immobilien (Loseblattwerk)
Koeble, Wolfgang	Münchner Prozeßformularbuch, 3. Aufl. 2009
Koeble/Zahn	Die neue HOAI 2013, 2013
Korbion/Locher/Sienz	AGB und Bauerrichtungsverträge, 4. Aufl 2006
Korbion/Mantscheff/Vygen	HOAI-Kommentar, 7. Aufl. 2009 mit Ergänzungsband 2010, 9. Auflage 2015
Krause-Allenstein, Florian	Die Haftung des Architekten für Bausummenüberschreitung und sein Versicherungsschutz, Baurechtliche Schriften Bd. 55, 2001
Kreißl, Olaf	Die Honorarvereinbarung zwischen Auftraggeber und Auftragnehmer nach § 4 HOAI, Baurechtliche Schriften Bd. 50, 1999
Lauer, Jürgen	Die Haftung des Architekten bei Bausummenüberschreitung, Baurechtliche Schriften Bd. 28, 1993
LAWA	Leitlinien zur Durchführung von Kostenvergleichsrechnungen (KVR), 2005
Locher, Horst	Das Private Baurecht, 8. Aufl. 2012
Locher/Koeble/Frik	Kommentar zur HOAI, 9. Aufl. 2006, 10. Aufl. 2010, 12. Auflage 2013
Locher-Weiss	Rechtliche Probleme des Schallschutzes, Baurechtliche Schriften Bd. 3, 4. Aufl. 2005
Löffelmann/Fleischmann	Architektenrecht, Kommentar, 5. Aufl. 2007, 6. Auflage 2012
Messerschmidt/Voit	Privates Baurecht, 2. Auflage 2012
Miegel, Jürgen	Die Haftung des Architekten für höhere Baukosten sowie fehlerhaft und unterlassene Kostenermittlung, Baurechtliche Schriften Bd. 29, 1995
Möhring/Nicolini	UrhG, Kommentar, 2. Aufl. 2000
Morlock/Meurer	Die HOAI in der Praxis, 9.Aufl. 2013
Motzke, Gerd	Die Bauhandwerkersicherungshypothek, 1986
Motzke/Wolff	Praxis der HOAI, 3. Aufl. 2004
Motzke/Preussner/Kehrberg Kesselring	Die Haftung des Architekten, 10. Aufl. 2014
Müller-Wrede, Malte	VOF, Kommentar, 3. Aufl. 2007
Neuenfeld/Baden/Dohna/ Groscurth/Schmitz	Handbuch des Architektenrechts, Bd. 2 HOAO (Loseblattsammlung)
Osenbrück, Wolf	Die RBBau, Baurechtliche Schriften Bd. 12, 4. Aufl. 2005
Palandt	BGB, Kommentar, 75. Aufl. 2016

Pfarr/Koopmann/Rüster	Ergebnisbericht zum Forschungsverhalten „Leistungsbeschreibung für das Planen und Bauen im Bestand der HOAI", 1989
Pott/Dahlhoff/Kniffka/Rath	Honorarordnung für Architekten und Ingenieure, Kommentar, 8. Aufl. 2006
Preussner, Mathias	Der fachkundige Bauherr, Baurechtliche Schriften Bad. 46, 1998
Prinz, Tillman	Urheberrecht für Ingenieure und Architekten, 2001
RBBau	Richtlinien für die Durchführung von Bauaufgaben des Bundes im Zuständigkeitsbereich der Finanzbauverwaltungen, 19. Austauschlieferung, 2009
Reithmann/Martiny	Internationales Vertragsrecht, 7. Aufl. 2009
Schmalzl/Lauer/Wurm	Haftung des Architekten und des Bauunternehmers, 5. Aufl. 2006
Schürmann, Werner	Wesentliche Änderungen im Bereich der technischen Ausrüstung: Teil 4 Fachplanung, Abschnitt 2 HOAI 2009, DIB 05/2010, S. 44
Seifert/Preussner	Die Praxis des Baukostenmanagements, 3. Aufl. 2009
Siegburg, Peter	Die Bauwerkssicherungshypothek, Baurechtliche Schriften Bd. 16, 1989
Siegburg, Peter	Die dreißigjährige Haftung des Bauunternehmers aufgrund Organisationsverschulden, Baurechtliche Schriften Bd. 32, 1995
Seufert, Roland	HKVM – Handbuch für Kommunale Vertragsmuster und Vergabeverfahren nach VOF, Loseblattsammlung (Stand: Oktober 2010)
Thode/Wirth/Kuffer	Praxishandbuch Architektenrecht, 2004
VHB	Vergabehandbuch für die Durchführung von Bauaufgaben des Bundes im Zuständigkeitsbereich der Bauverwaltungen, Ausgabe 2002, elektr. Austauschlieferung Mai 2010
VOB 2009	„Allgemeine Technische Vertragsbestimmungen für Bauleistungen" in Gesamtausgabe Teil A, B und C, 2010
Weinbrenner/Jochem/Neusüß	Der Architektenwettbewerb, 2. Aufl. 1998
Werner/Pastor	Der Bauprozeß, 12. Aufl. 2008
Winkler, Walter	Hochbaukosten, Flächen, Rauminhalte, Kommentar zur DIN 276 und DIN 277, 14. Aufl. 2007
Wirth, Axel	Darmstädter Baurechtshandbuch, 2. Aufl. 2005
Wolf/Lindacher/Pfeiffer	AGB-Recht, Kommentar, 5. Aufl. 2009

Verordnung über die Honorare für Architekten- und Ingenieurleistungen (Honorarordnung für Architekten und Ingenieure – HOAI) Vom 10. Juli 2013

Auf Grund der §§ 1 und 2 des Gesetzes zur Regelung von Ingenieur- und Architektenleistungen vom 4. November 1971 (BGBl. I S. 1745, 1749), die durch Artikel 1 des Gesetzes vom 12. November 1984 (BGBl. I S. 1337) geändert worden sind, verordnet die Bundesregierung:

Inhaltsübersicht

Teil 1: Allgemeine Vorschriften

§ 1 Anwendungsbereich

Diese Verordnung regelt die Berechnung der Entgelte für die Grundleistungen der Architekten und Architektinnen und der Ingenieure und Ingenieurinnen (Auftragnehmer oder Auftragnehmerinnen) mit Sitz im Inland, soweit die Grundleistungen durch diese Verordnung erfasst und vom Inland aus erbracht werden.

§ 2 Begriffsbestimmungen

(1) **Objekte sind Gebäude, Innenräume, Freianlagen, Ingenieurbauwerke, Verkehrsanlagen. Objekte sind auch Tragwerke und Anlagen der Technischen Ausrüstung.**

(2) **Neubauten und Neuanlagen sind Objekte, die neu errichtet oder neu hergestellt werden.**

(3) **Wiederaufbauten sind Objekte, bei denen die zerstörten Teile auf noch vorhandenen Bau- oder Anlagenteilen wiederhergestellt werden. Wiederaufbauten gelten als Neubauten, sofern eine neue Planung erforderlich ist.**

(4) **Erweiterungsbauten sind Ergänzungen eines vorhandenen Objekts.**

(5) **Umbauten sind Umgestaltungen eines vorhandenen Objekts mit wesentlichen Eingriffen in Konstruktion oder Bestand.**

(6) **Modernisierungen sind bauliche Maßnahmen zur nachhaltigen Erhöhung des Gebrauchswertes eines Objekts, soweit diese Maßnahmen nicht unter Absatz 4, 5 oder 8 fallen.**

(7) **Mitzuverarbeitende Bausubstanz ist der Teil des zu planenden Objekts, der bereits durch Bauleistungen hergestellt ist und durch Planungs- oder Überwachungsleistungen technisch oder gestalterisch mitverarbeitet wird.**

(8) **Instandsetzungen sind Maßnahmen zur Wiederherstellung des zum bestimmungsgemäßen Gebrauch geeigneten Zustandes (Soll-Zustandes) eines Objekts, soweit diese Maßnahmen nicht unter Absatz 3 fallen.**

(9) **Instandhaltungen sind Maßnahmen zur Erhaltung des Soll-Zustandes eines Objekts.**

(10) **Kostenschätzung ist die überschlägige Ermittlung der Kosten auf der Grundlage der Vorplanung. Die Kostenschätzung ist die vorläufige Grundlage für Finanzierungsüberlegungen. Der Kostenschätzung liegen zugrunde:**

1. Vorplanungsergebnisse,
2. Mengenschätzungen,
3. erläuternde Angaben zu den planerischen Zusammenhängen, Vorgängen sowie Bedingungen und
4. Angaben zum Baugrundstück und zu dessen Erschließung.

Wird die Kostenschätzung nach § 4 Absatz 1 Satz 3 auf der Grundlage der DIN 276 in der Fassung vom Dezember 2008 (DIN 276-1:2008-12) erstellt, müssen die Gesamtkosten nach Kostengruppen mindestens bis zur ersten Ebene der Kostengliederung ermittelt werden.

(11) Kostenberechnung ist die Ermittlung der Kosten auf der Grundlage der Entwurfsplanung. Der Kostenberechnung liegen zugrunde:
1. durchgearbeitete Entwurfszeichnungen oder Detailzeichnungen wiederkehrender Raumgruppen,
2. Mengenberechnungen und
3. für die Berechnung und Beurteilung der Kosten relevante Erläuterungen.

Wird die Kostenberechnung nach § 4 Absatz 1 Satz 3 auf der Grundlage der DIN 276 erstellt, müssen die Gesamtkosten nach Kostengruppen mindestens bis zur zweiten Ebene der Kostengliederung ermittelt werden.

§ 3 Leistungen und Leistungsbilder

(1) Die Honorare für Grundleistungen der Flächen-, Objekt- und Fachplanung sind in den Teilen 2 bis 4 dieser Verordnung verbindlich geregelt. Die Honorare für Beratungsleistungen der Anlage 1 sind nicht verbindlich geregelt.

(2) Grundleistungen, die zur ordnungsgemäßen Erfüllung eines Auftrags im Allgemeinen erforderlich sind, sind in Leistungsbildern erfasst. Die Leistungsbilder gliedern sich in Leistungsphasen gemäß den Regelungen in den Teilen 2 bis 4.

(3) Die Aufzählung der Besonderen Leistungen in dieser Verordnung und in den Leistungsbildern ihrer Anlagen ist nicht abschließend. Die Besonderen Leistungen können auch für Leistungsbilder und Leistungsphasen, denen sie nicht zugeordnet sind, vereinbart werden, soweit sie dort keine Grundleistungen darstellen. Die Honorare für Besondere Leistungen können frei vereinbart werden.

(4) Die Wirtschaftlichkeit der Leistung ist stets zu beachten.

§ 4 Anrechenbare Kosten

(1) Anrechenbare Kosten sind Teil der Kosten für die Herstellung, den Umbau, die Modernisierung, Instandhaltung oder Instandsetzung von Objekten sowie für die damit zusammenhängenden Aufwendungen. Sie sind nach allgemein anerkannten Regeln der Technik oder nach Verwaltungsvorschriften (Kostenvorschriften) auf der Grundlage ortsüblicher Preise zu ermitteln. Wird in dieser Verordnung im Zusammenhang mit der Kostenermittlung die DIN 276 in Bezug genommen, so ist die Fassung vom Dezember 2008 (DIN 276-1:2008-12) bei der Ermittlung der anrechenbaren Kosten zugrunde zu legen. Umsatzsteuer, die auf die Kosten von Objekten entfällt, ist nicht Bestandteil der anrechenbaren Kosten.

(2) Die anrechenbaren Kosten richten sich nach den ortsüblichen Preisen, wenn der Auftraggeber

1. selbst Lieferungen oder Leistungen übernimmt,
2. von bauausführenden Unternehmen oder von Lieferanten sonst nicht übliche Vergünstigungen erhält,
3. Lieferungen oder Leistungen in Gegenrechnung ausführt oder
4. vorhandene oder vorbeschaffte Baustoffe oder Bauteile einbauen lässt.

(3) Der Umfang der mitzuverarbeitenden Bausubstanz im Sinne des § 2 Absatz 7 ist bei den anrechenbaren Kosten angemessen zu berücksichtigen. Umfang und Wert der mitzuverarbeitenden Bausubstanz sind zum Zeitpunkt der Kostenberechnung oder, sofern keine Kostenberechnung vorliegt, zum Zeitpunkt der Kostenschätzung objektbezogen zu ermitteln und schriftlich zu vereinbaren.

§ 5 Honorarzonen

1) Die Objekt- und Tragwerksplanung wird den folgenden Honorarzonen zugeordnet:
1. Honorarzone I: sehr geringe Planungsanforderungen,
2. Honorarzone II: geringe Planungsanforderungen,
3. Honorarzone III: durchschnittliche Planungsanforderungen,
4. Honorarzone IV: hohe Planungsanforderungen,
5. Honorarzone V: sehr hohe Planungsanforderungen.

(2) Flächenplanungen und die Planung der Technischen Ausrüstung werden den folgenden Honorarzonen zugeordnet:
1. Honorarzone I: geringe Planungsanforderungen,
2. Honorarzone II: durchschnittliche Planungsanforderungen,
3. Honorarzone III: hohe Planungsanforderungen.

(3) Die Honorarzonen sind anhand der Bewertungsmerkmale in den Honorarregelungen der jeweiligen Leistungsbilder der Teile 2 bis 4 zu ermitteln. Die Zurechnung zu den einzelnen Honorarzonen ist nach Maßgabe der Bewertungsmerkmale und gegebenenfalls der Bewertungspunkte sowie unter Berücksichtigung der Regelbeispiele in den Objektlisten der Anlagen dieser Verordnung vorzunehmen.

§ 6 Grundlagen des Honorars

(1) Das Honorar für Grundleistungen nach dieser Verordnung richtet sich
1. für die Leistungsbilder des Teils 2 nach der Größe der Fläche und für die Leistungsbilder der Teile 3 und 4 nach den anrechenbaren Kosten des Objekts auf der Grundlage der Kostenberechnung oder, sofern keine Kostenberechnung vorliegt, auf der Grundlage der Kostenschätzung
2. nach dem Leistungsbild,
3. nach der Honorarzone,
4. nach der dazugehörigen Honorartafel.

(2) Honorare für Leistungen bei Umbauten und Modernisierungen gemäß § 2 Absatz 5 und Absatz 6 sind zu ermitteln nach
1. den anrechenbaren Kosten,
2. der Honorarzone, welcher der Umbau oder die Modernisierung in sinngemäßer Anwendung der Bewertungsmerkmale zuzuordnen ist,
3. den Leistungsphasen,
4. der Honorartafel und
5. dem Umbau- oder Modernisierungszuschlag auf das Honorar.

Der Umbau- oder Modernisierungszuschlag ist unter Berücksichtigung des Schwierigkeitsgrads der Leistungen schriftlich zu vereinbaren. Die Höhe des Zuschlags auf das Honorar ist in den jeweiligen Honorarregelungen der Leistungsbilder der Teile 3 und 4 geregelt. Sofern keine schriftliche Vereinbarung getroffen wurde, wird unwiderleglich vermutet, dass ein Zuschlag von 20 Prozent ab einem durchschnittlichen Schwierigkeitsgrad vereinbart ist.

(3) Wenn zum Zeitpunkt der Beauftragung noch keine Planungen als Voraussetzung für eine Kostenschätzung oder Kostenberechnung vorliegen, können die Vertragsparteien abweichend von Absatz 1 schriftlich vereinbaren, dass das Honorar auf der Grundlage der anrechenbaren Kosten einer Baukostenvereinbarung nach den Vorschriften dieser Verordnung berechnet wird. Dabei werden nachprüfbare Baukosten einvernehmlich festgelegt.

§ 7 Honorarvereinbarung

(1) Das Honorar richtet sich nach der schriftlichen Vereinbarung, die die Vertragsparteien bei Auftragserteilung im Rahmen der durch diese Verordnung festgesetzten Mindest- und Höchstsätze treffen.

(2) Liegen die ermittelten anrechenbaren Kosten oder Flächen außerhalb der in don Honorartafeln dieser Verordnung festgelegten Honorarsätze, sind die Honorare frei vereinbar.

(3) Die in dieser Verordnung festgesetzten Mindestsätze können durch schriftliche Vereinbarung in Ausnahmefällen unterschritten werden.

(4) Die in dieser Verordnung festgesetzten Höchstsätze dürfen nur bei außergewöhnlichen oder ungewöhnlich lange dauernden Grundleistungen durch schriftliche Vereinbarung überschritten werden. Dabei bleiben Umstände, soweit sie bereits für die Einordnung in die Honorarzonen oder für die Einordnung in den Rahmen der Mindest- und Höchstsätze mitbestimmend gewesen sind, außer Betracht.

(5) Sofern nicht bei Auftragserteilung etwas anderes schriftlich vereinbart worden ist, wird unwiderleglich vermutet, dass die jeweiligen Mindestsätze gemäß Absatz 1 vereinbart sind.

(6) Für Planungsleistungen, die technisch-wirtschaftliche oder umweltverträgliche Lösungsmöglichkeiten nutzen und zu einer wesentlichen Kostensenkung ohne Verminderung des vertraglich festgelegten Standards führen, kann ein Erfolgshonorar schriftlich vereinbart werden. Das Erfolgshonorar kann bis zu 20 Prozent des vereinbarten Honorars betragen. Für den Fall, dass schriftlich festgelegte anrechenbare Kosten überschritten werden, kann ein Malus-Honorar in Höhe von bis zu 5 Prozent des Honorars schriftlich vereinbart werden.

§ 8 Berechnung des Honorars in besonderen Fällen

(1) Werden dem Auftragnehmer nicht alle Leistungsphasen eines Leistungsbildes übertragen, so dürfen nur die für die übertragenen Phasen vorgesehenen Prozentsätze berechnet und vereinbart werden. Die Vereinbarung hat schriftlich zu erfolgen.

(2) Werden dem Auftragnehmer nicht alle Grundleistungen einer Leistungsphase übertragen, so darf für die übertragenen Grundleistungen nur ein Honorar berechnet und vereinbart werden, das dem Anteil der übertragenen Grundleistungen an der gesamten Leistungsphase entspricht. Die Vereinbarung hat schriftlich zu erfol-

gen. Entsprechend ist zu verfahren, wenn dem Auftragnehmer wesentliche Teile von Grundleistungen nicht übertragen werden.

(3) Die gesonderte Vergütung eines zusätzlichen Koordinierungs- oder Einarbeitungsaufwands ist schriftlich zu vereinbaren.

§ 9 Berechnung des Honorars bei Beauftragung von Einzelleistungen

(1) Wird die Vorplanung oder Entwurfsplanung bei Gebäuden und Innenräumen, Freianlagen, Ingenieurbauwerken, Verkehrsanlagen, der Tragwerksplanung und der Technischen Ausrüstung als Einzelleistung in Auftrag gegeben, können für die Leistungsbewertung der jeweiligen Leistungsphase
1. für die Vorplanung höchstens der Prozentsatz der Vorplanung und der Prozentsatz der Grundlagenermittlung und
2. für die Entwurfsplanung höchstens der Prozentsatz der Entwurfsplanung und der Prozentsatz der Vorplanung

herangezogen werden. Die Vereinbarung hat schriftlich zu erfolgen.

(2) Zur Bauleitplanung ist Absatz 1 Satz 1 Nummer 2 für den Entwurf der öffentlichen Auslegung entsprechend anzuwenden. Bei der Landschaftsplanung ist Absatz 1 Satz 1 Nummer 1 für die vorläufige Fassung sowie Absatz 1 Satz 1 Nummer 2 für die abgestimmte Fassung entsprechend anzuwenden. Die Vereinbarung hat schriftlich zu erfolgen.

(3) Wird die Objektüberwachung bei der Technischen Ausrüstung oder bei Gebäuden als Einzelleistung in Auftrag gegeben, können für die Leistungsbewertung der Objektüberwachung höchstens der Prozentsatz der Objektüberwachung und die Prozentsätze der Grundlagenermittlung und Vorplanung herangezogen werden. Die Vereinbarung hat schriftlich zu erfolgen.

§ 10 Berechnung des Honorars bei vertraglichen Änderungen des Leistungsumfangs

(1) Einigen sich Auftraggeber und Auftragnehmer während der Laufzeit des Vertrages darauf, dass der Umfang der beauftragten Leistung geändert wird, und ändern sich dadurch die anrechenbaren Kosten oder Flächen, so ist die Honorarberechnungsgrundlage für die Grundleistungen, die infolge des veränderten Leistungsumfangs zu erbringen sind, durch schriftliche Vereinbarung anzupassen.

(2) Einigen sich Auftraggeber und Auftragnehmer über die Wiederholung von Grundleistungen, ohne dass sich dadurch die anrechenbaren Kosten oder Flächen ändern, ist das Honorar für diese Grundleistungen entsprechend ihrem Anteil an der jeweiligen Leistungsphase schriftlich zu vereinbaren.

§ 11 Auftrag für mehrere Objekte

(1) Umfasst ein Auftrag mehrere Objekte, so sind die Honorare vorbehaltlich der folgenden Absätze für jedes Objekt getrennt zu berechnen.

(2) Umfasst ein Auftrag mehrere vergleichbare Gebäude, Ingenieurbauwerke, Verkehrsanlagen oder Tragwerke mit weitgehend gleichartigen Planungsbedingungen, die derselben Honorarzone zuzuordnen sind und die im zeitlichen und örtlichen Zu-

sammenhang als Teil einer Gesamtmaßnahme geplant und errichtet werden sollen, ist das Honorar nach der Summe der anrechenbaren Kosten zu berechnen.

(3) Umfasst ein Auftrag mehrere im Wesentlichen gleiche Gebäude, Ingenieurbauwerke, Verkehrsanlagen oder Tragwerke, die im zeitlichen oder örtlichen Zusammenhang unter gleichen baulichen Verhältnissen geplant und errichtet werden sollen, oder mehrere Objekte nach Typenplanung oder Serienbauten, so sind die Prozentsätze der Leistungsphasen 1 bis 6 für die erste bis vierte Wiederholung um 50 Prozent, für die fünfte bis siebte Wiederholung um 60 Prozent und ab der achten Wiederholung um 90 Prozent zu mindern.

(4) Umfasst ein Auftrag Grundleistungen, die bereits Gegenstand eines anderen Auftrages über ein gleiches Gebäude, Ingenieurbauwerk oder Tragwerk zwischen den Vertragsparteien waren, so ist Absatz 3 für die Prozentsätze der beauftragten Leistungsphasen in Bezug auf den neuen Auftrag auch dann anzuwenden, wenn die Grundleistungen nicht im zeitlichen oder örtlichen Zusammenhang erbracht werden sollen.

§ 12 Instandsetzungen und Instandhaltungen

(1) Honorare für Grundleistungen bei Instandsetzungen und Instandhaltungen von Objekten sind nach den anrechenbaren Kosten, der Honorarzone, den Leistungsphasen und der Honorartafel, der die Instandhaltungs- und Instandsetzungsmaßnahme zuzuordnen ist, zu ermitteln.

(2) Für Grundleistungen bei Instandsetzungen und Instandhaltungen von Objekten kann schriftlich vereinbart werden, dass der Prozentsatz für die Objektüberwachung oder Bauoberleitung um bis zu 50 Prozent der Bewertung dieser Leistungsphase erhöht wird.

§ 13 Interpolation

Die Mindest- und Höchstsätze für Zwischenstufen der in den Honorartafeln angegebenen anrechenbaren Kosten und Flächen sind durch lineare Interpolation zu ermitteln.

§ 14 Nebenkosten

(1) Der Auftragnehmer kann neben den Honoraren dieser Verordnung auch die für die Ausführung des Auftrags erforderlichen Nebenkosten in Rechnung stellen; ausgenommen sind die abziehbaren Vorsteuern gemäß § 15 Absatz 1 des Umsatzsteuergesetzes in der Fassung der Bekanntmachung vom 21. Februar 2005 (BGBl. I S. 386), das zuletzt durch Artikel 2 des Gesetzes vom 8. Mai 2012 (BGBl. I S. 1030) geändert worden ist. Die Vertragsparteien können bei Auftragserteilung schriftlich vereinbaren, dass abweichend von Satz 1 eine Erstattung ganz oder teilweise ausgeschlossen ist.

(2) Zu den Nebenkosten gehören insbesondere:
   1. Versandkosten, Kosten für Datenübertragungen,
   2. Kosten für Vervielfältigungen von Zeichnungen und schriftlichen Unterlagen sowie für die Anfertigung von Filmen und Fotos,

3. Kosten für ein Baustellenbüro einschließlich der Einrichtung, Beleuchtung und Beheizung,
4. Fahrtkosten für Reisen, die über einen Umkreis von 15 Kilometern um den Geschäftssitz des Auftragnehmers hinausgehen, in Höhe der steuerlich zulässigen Pauschalsätze, sofern nicht höhere Aufwendungen nachgewiesen werden,
5. Trennungsentschädigungen und Kosten für Familienheimfahrten in Höhe der steuerlich zulässigen Pauschalsätze, sofern nicht höhere Aufwendungen an Mitarbeiter oder Mitarbeiterinnen des Auftragnehmers auf Grund von tariflichen Vereinbarungen bezahlt werden,
6. Entschädigungen für den sonstigen Aufwand bei längeren Reisen nach Nummer 4, sofern die Entschädigungen vor der Geschäftsreise schriftlich vereinbart worden sind,
7. Entgelte für nicht dem Auftragnehmer obliegende Leistungen, die von ihm im Einvernehmen mit dem Auftraggeber Dritten übertragen worden sind.

(3) Nebenkosten können pauschal oder nach Einzelnachweis abgerechnet werden. Sie sind nach Einzelnachweis abzurechnen, sofern bei Auftragserteilung keine pauschale Abrechnung schriftlich vereinbart worden ist.

§ 15 Zahlungen

(1) Das Honorar wird fällig, wenn die Leistung abgenommen und eine prüffähige Honorarschlussrechnung überreicht worden ist, es sei denn, es wurde etwas anderes schriftlich vereinbart.

(2) Abschlagszahlungen können zu den schriftlich vereinbarten Zeitpunkten oder in angemessenen zeitlichen Abständen für nachgewiesene Grundleistungen gefordert werden.

(3) Die Nebenkosten sind auf Einzelnachweis oder bei pauschaler Abrechnung mit der Honorarrechnung fällig.

(4) Andere Zahlungsweisen können schriftlich vereinbart werden.

§ 16 Umsatzsteuer

(1) Der Auftragnehmer hat Anspruch auf Ersatz der gesetzlich geschuldeten Umsatzsteuer für nach dieser Verordnung abrechenbare Leistungen, sofern nicht die Kleinunternehmerregelung nach § 19 des Umsatzsteuergesetzes angewendet wird. Satz 1 ist auch hinsichtlich der um die nach § 15 des Umsatzsteuergesetzes abziehbaren Vorsteuer gekürzten Nebenkosten anzuwenden, die nach § 14 dieser Verordnung weiterberechenbar sind.

(2) Auslagen gehören nicht zum Entgelt für die Leistung des Auftragnehmers. Sie sind als durchlaufende Posten im umsatzsteuerrechtlichen Sinn einschließlich einer gegebenenfalls enthaltenen Umsatzsteuer weiter zu berechnen.

Teil 2: Flächenplanung

Abschnitt 1: Bauleitplanung

§ 17 Anwendungsbereich

(1) Leistungen der Bauleitplanung umfassen die Vorbereitung der Aufstellung von Flächennutzungs- und Bebauungsplänen im Sinne des § 1 Absatz 2 des Baugesetzbuches in der Fassung der Bekanntmachung vom 23. September 2004 (BGBl. I S. 2414), das zuletzt durch Artikel 1 des Gesetzes vom 22. Juli 2011 (BGBl. I S. 1509) geändert worden ist, die erforderlichen Ausarbeitungen und Planfassungen sowie die Mitwirkung beim Verfahren.

(2) Honorare für Leistungen beim Städtebaulichen Entwurf können als Besondere Leistungen frei vereinbart werden.

§ 18 Leistungsbild Flächennutzungsplan

(1) Die Grundleistungen bei Flächennutzungsplänen sind in drei Leistungsphasen unterteilt und werden wie folgt in Prozentsätzen der Honorare des § 20 bewertet:
  1. für die Leistungsphase 1 (Vorentwurf für die frühzeitigen Beteiligungen)
     Vorentwurf für die frühzeitigen Beteiligungen nach den Bestimmungen des Baugesetzbuches mit 60 Prozent,
  2. für die Leistungsphase 2 (Entwurf zur öffentlichen Auslegung)
     Entwurf für die öffentliche Auslegung nach den Bestimmungen des Baugesetzbuches mit 30 Prozent,
  3. für die Leistungsphase 3 (Plan zur Beschlussfassung)
     Plan für den Beschluss durch die Gemeinde mit 10 Prozent.

Der Vorentwurf, Entwurf oder Plan ist jeweils in der vorgeschriebenen Fassung mit Begründung anzufertigen.

(2) Anlage 2 regelt, welche Grundleistungen jede Leistungsphase umfasst. Anlage 9 enthält Beispiele für Besondere Leistungen.

§ 19 Leistungsbild Bebauungsplan

(1) Die Grundleistungen bei Bebauungsplänen sind in drei Leistungsphasen unterteilt und werden wie folgt in Prozentsätzen der Honorare des § 21 bewertet:
  1. für die Leistungsphase 1 (Vorentwurf für die frühzeitigen Beteiligungen)
     Vorentwurf für die frühzeitigen Beteiligungen nach den Bestimmungen des Baugesetzbuches mit 60 Prozent,
  2. für die Leistungsphase 2 (Entwurf zur öffentlichen Auslegung)
     Entwurf für die öffentliche Auslegung nach den Bestimmungen des Baugesetzbuches mit 30 Prozent,
  3. für die Leistungsphase 3 (Plan zur Beschlussfassung)
     Plan für den Beschluss durch die Gemeinde mit 10 Prozent.

Der Vorentwurf, Entwurf oder Plan ist jeweils in der vorgeschriebenen Fassung mit Begründung anzufertigen.

(2) Anlage 3 regelt, welche Grundleistungen jede Leistungsphase umfasst. Anlage 9 enthält Beispiele für Besondere Leistungen.

§ 20 Honorare für Grundleistungen bei Flächennutzungsplänen

(1) Die Mindest- und Höchstsätze der Honorare für die in § 18 und Anlage 2 aufgeführten Grundleistungen bei Flächennutzungsplänen sind in der folgenden Honorartafel festgesetzt:

Flächen in Hektar	Honorarzone I geringe Anforderungen		Honorarzone II durchschnittliche Anforderungen		Honorarzone III hohe Anforderungen	
	von	bis	von	bis	von	bis
	Euro		Euro		Euro	
1.000	70.439	85.269	85.269	100.098	100.098	114.927
1.250	78.957	95.579	95.579	112.202	112.202	128.824
1.500	86.492	104.700	104.700	122.909	122.909	141.118
1.750	93.260	112.894	112.894	132.527	132.527	152.161
2.000	99.407	120.334	120.334	141.262	141.262	162.190
2.500	111.311	134.745	134.745	158.178	158.178	181.612
3.000	121.868	147.525	147.525	173.181	173.181	198.838
3.500	131.387	159.047	159.047	186.707	186.707	214.367
4.000	140.069	169.557	169.557	199.045	199.045	228.533
5.000	155.461	188.190	188.190	220.918	220.918	253.647
6.000	168.813	204.352	204.352	239.892	239.892	275.431
7.000	180.589	218.607	218.607	256.626	256.626	294.645
8.000	191.097	231.328	231.328	271.559	271.559	311.790
9.000	200.556	242.779	242.779	285.001	285.001	327.224
10.000	209.126	253.153	253.153	297.179	297.179	341.206
11.000	216.893	262.555	262.555	308.217	308.217	353.878
12.000	223.912	271.052	271.052	318.191	318.191	365.331
13.000	230.331	278.822	278.822	327.313	327.313	375.804
14.000	236.214	285.944	285.944	335.673	335.673	385.402
15.000	241.614	292.480	292.480	343.346	343.346	394.213

(2) Das Honorar für die Aufstellung von Flächennutzungsplänen ist nach der Fläche des Plangebiets in Hektar und nach der Honorarzone zu berechnen.

(3) Welchen Honorarzonen die Grundleistungen zugeordnet werden, richtet sich nach folgenden Bewertungsmerkmalen:
    1. zentralörtliche Bedeutung und Gemeindestruktur,
    2. Nutzungsvielfalt und Nutzungsdichte,
    3. Einwohnerstruktur, Einwohnerentwicklung und Gemeinbedarfsstandorte,
    4. Verkehr und Infrastruktur,
    5. Topografie, Geologie und Kulturlandschaft,
    6. Klima-, Natur- und Umweltschutz.

(4) Sind auf einen Flächennutzungsplan Bewertungsmerkmale aus mehreren Honorarzonen anwendbar und bestehen deswegen Zweifel, welcher Honorarzone der Flächennutzungsplan zugeordnet werden kann, so ist zunächst die Anzahl der Bewertungspunkte zu ermitteln. Zur Ermittlung der Bewertungspunkte werden die Bewertungsmerkmale wie folgt gewichtet:
    1. geringe Anforderungen: **1 Punkt,**
    2. durchschnittliche Anforderungen: 2 Punkte,
    3. hohe Anforderungen: **3 Punkte.**

(5) Der Flächennutzungsplan ist anhand der nach Absatz 4 ermittelten Bewertungspunkte einer der Honorarzonen zuzuordnen:
    1. Honorarzone I: **bis zu 9 Punkte,**
    2. Honorarzone II: **10 bis 14 Punkte,**
    3. Honorarzone III: 15 bis 18 Punkte.

(6) Werden Teilflächen bereits aufgestellter Flächennutzungspläne (Planausschnitte) geändert oder überarbeitet, so ist das Honorar frei zu vereinbaren.

§ 21 Honorare für Grundleistungen bei Bebauungsplänen

(1) Die Mindest- und Höchstsätze der Honorare für die in § 19 und Anlage 3 aufgeführten Grundleistungen bei Bebauungsplänen sind in der folgenden Honorartafel festgesetzt:

Flächen in Hektar	Honorarzone I geringe Anforderungen		Honorarzone II durchschnittliche Anforderungen		Honorarzone III hohe Anforderungen	
	von	bis	von	bis	von	bis
	Euro		Euro		Euro	
0,5	5.000	5.335	5.335	7.838	7.838	10.341
1	5.000	8.799	8.799	12.926	12.926	17.054
2	7.699	14.502	14.502	21.305	21.305	28.109
3	10.306	19.413	19.413	28.521	28.521	37.628
4	12.669	23.866	23.866	35.062	35.062	46.258
5	14.864	28.000	28.000	41.135	41.135	54.271
6	16.931	31.893	31.893	46.856	46.856	61.818
7	18.896	35.595	35.595	52.294	52.294	68.992
8	20.776	39.137	39.137	57.497	57.497	75.857
9	22.584	42.542	42.542	62.501	62.501	82.459
10	24.330	45.830	45.830	67.331	67.331	88.831
15	32.325	60.892	60.892	89.458	89.458	118.025
20	39.427	74.270	74.270	109.113	109.113	143.956
25	46.385	87.376	87.376	128.366	128.366	169.357
30	52.975	99.791	99.791	146.606	146.606	193.422
40	65.342	123.086	123.086	180.830	180.830	238.574
50	76.901	144.860	144.860	212.819	212.819	280.778
60	87.599	165.012	165.012	242.425	242.425	319.838
80	107.471	202.445	202.445	297.419	297.419	392.393
100	125.791	236.955	236.955	348.119	348.119	459.282

(2) Das Honorar für die Aufstellung von Bebauungsplänen ist nach der Fläche des Plangebiets in Hektar und nach der Honorarzone zu berechnen.

(3) Welchen Honorarzonen die Grundleistungen zugeordnet werden, richtet sich nach folgenden Bewertungsmerkmalen:
  1. Nutzungsvielfalt und Nutzungsdichte,
  2. Baustruktur und Baudichte,
  3. Gestaltung und Denkmalschutz,
  4. Verkehr und Infrastruktur,
  5. Topografie und Landschaft,
  6. Klima-, Natur- und Umweltschutz.

(4) Für die Ermittlung der Honorarzone bei Bebauungsplänen ist § 20 Absatz 4 und 5 entsprechend anzuwenden.

(5) Wird die Größe des Plangebiets im förmlichen Verfahren während der Leistungserbringung geändert, so ist das Honorar für die Leistungsphasen, die bis zur Änderung noch nicht erbracht sind, nach der geänderten Größe des Plangebiets zu berechnen.

Abschnitt 2: Landschaftsplanung

§ 22 Anwendungsbereich

(1) Landschaftsplanerische Leistungen umfassen das Vorbereiten und das Erstellen der für die Pläne nach Absatz 2 erforderlichen Ausarbeitungen.

(2) Die Bestimmungen dieses Abschnitts sind für folgende Pläne anzuwenden:
1. Landschaftspläne
2. Grünordnungspläne und Landschaftsplanerische Fachbeiträge,
3. Landschaftsrahmenpläne,
4. Landschaftspflegerische Begleitpläne,
5. Pflege- und Entwicklungspläne.

§ 23 Leistungsbild Landschaftsplan

(1) Die Grundleistungen bei Landschaftsplänen sind in vier Leistungsphasen unterteilt und werden wie folgt in Prozentsätzen der Honorare des § 28 bewertet:
1. für die Leistungsphase 1 (Klären der Aufgabenstellung und Ermitteln des Leistungsumfangs) mit 3 Prozent,
2. für die Leistungsphase 2 (Ermittlung der Planungsgrundlagen) mit 37 Prozent,
3. für die Leistungsphase 3 (Vorläufige Fassung) mit 50 Prozent,
4. für die Leistungsphase 4 (Abgestimmte Fassung) mit 10 Prozent.

(2) Anlage 4 regelt die Grundleistungen jeder Leistungsphase. Anlage 9 enthält Beispiele für Besondere Leistungen.

§ 24 Leistungsbild Grünordnungsplan

(1) Die Grundleistungen bei Grünordnungsplänen und Landschaftsplanerischen Fachbeiträgen sind in vier Leistungsphasen zusammengefasst und werden wie folgt in Prozentsätzen der Honorare des § 29 bewertet:
1. für die Leistungsphase 1 (Klären der Aufgabenstellung und Ermitteln des Leistungsumfangs) mit 3 Prozent,
2. für die Leistungsphase 2 (Ermittlung der Planungsgrundlagen) mit 37 Prozent,
3. für die Leistungsphase 3 (Vorläufige Fassung) mit 50 Prozent,
4. für die Leistungsphase 4 (Abgestimmte Fassung) mit 10 Prozent.

(2) Anlage 5 regelt die Grundleistungen jeder Leistungsphase. Anlage 9 enthält Beispiele für Besondere Leistungen.

§ 25 Leistungsbild Landschaftsrahmenplan

(1) Die Grundleistungen bei Landschaftsrahmenplänen sind in vier Leistungsphasen unterteilt und werden wie folgt in Prozentsätzen der Honorare des § 30 bewertet:
1. für die Leistungsphase 1 (Klären der Aufgabenstellung und Ermitteln des Leistungsumfangs) mit 3 Prozent,
2. für die Leistungsphase 2 (Ermitteln und Bewerten der Planungsgrundlagen) mit 37 Prozent,

3. für die Leistungsphase 3 (Vorläufige Fassung) mit 50 Prozent,
4. für die Leistungsphase 4 (Abgestimmte Fassung) mit 10 Prozent.

(2) Anlage 6 regelt die Grundleistungen jeder Leistungsphase. Anlage 9 enthält Beispiele für Besondere Leistungen.

§ 26 Leistungsbild Landschaftspflegerischer Begleitplan

(1) Die Grundleistungen bei Landschaftspflegerischen Begleitplänen sind in vier Leistungsphasen unterteilt und werden wie folgt in Prozentsätzen der Honorare des § 31 bewertet:

1. für die Leistungsphase 1 (Klären der Aufgabenstellung und Ermitteln des Leistungsumfangs) mit 3 Prozent,
2. für die Leistungsphase 2 (Ermitteln und Bewerten der Planungsgrundlagen) mit 37 Prozent,
3. für die Leistungsphase 3 (Vorläufige Fassung) mit 50 Prozent,
4. für die Leistungsphase 4 (Abgestimmte Fassung) mit 10 Prozent.

(2) Anlage 7 regelt die Grundleistungen jeder Leistungsphase. Anlage 9 enthält Beispiele für Besondere Leistungen.

§ 27 Leistungsbild Pflege- und Entwicklungsplan

(1) Die Grundleistungen bei Pflege- und Entwicklungsplänen sind in vier Leistungsphasen zusammengefasst und werden wie folgt in Prozentsätzen der Honorare des § 32 bewertet:

1. für die Leistungsphase 1 (Zusammenstellen der Ausgangsbedingungen) mit 3 Prozent,
2. für die Leistungsphase 2 (Ermitteln der Planungsgrundlagen) mit 37 Prozent,
3. für die Leistungsphase 3 Vorläufige Fassung) mit 50 Prozent und
4. für die Leistungsphase 4 (Abgestimmte Fassung) mit 10 Prozent.

(2) Anlage 8 regelt die Grundleistungen jeder Leistungsphase. Anlage 9 enthält Beispiele für Besondere Leistungen.

§ 28 Honorare für Grundleistungen bei Landschaftsplänen

(1) Die Mindest- und Höchstsätze der Honorare für die in § 23 und Anlage 4 aufgeführten Grundleistungen bei Landschaftsplänen sind in der folgenden Honorartafel festgesetzt:

Flächen in Hektar	Honorarzone I geringe Anforderungen		Honorarzone II durchschnittliche Anforderungen		Honorarzone III hohe Anforderungen	
	von	bis	von	bis	von	bis
	Euro		Euro		Euro	
1.000	23.403	27.963	27.963	32.826	32.826	37.385
1.250	26.560	31.735	31.735	37.254	37.254	42.428
1.500	29.445	35.182	35.182	41.300	41.300	47.036
1.750	32.119	38.375	38.375	45.049	45.049	51.306
2.000	34.620	41.364	41.364	48.558	48.558	55.302

Flächen in Hektar	Honorarzone I geringe Anforderungen		Honorarzone II durchschnittliche Anforderungen		Honorarzone III hohe Anforderungen	
	von	bis	von	bis	von	bis
	Euro		Euro		Euro	
2.500	39.212	46.851	46.851	54.999	54.999	62.638
3.000	43.374	51.824	51.824	60.837	60.837	69.286
3.500	47.199	56.393	56.393	66.201	66.201	75.396
4.000	50.747	60.633	60.633	71.178	71.178	81.064
5.000	57.180	68.319	68.319	80.200	80.200	91.339
6.000	63.562	75.944	75.944	89.151	89.151	101.533
7.000	69.505	83.045	83.045	97.487	97.487	111.027
8.000	75.095	89.724	89.724	105.329	105.329	119.958
9.000	80.394	96.055	96.055	112.761	112.761	128.422
10.000	85.445	102.090	102.090	119.845	119.845	136.490
11.000	89.986	107.516	107.516	126.214	126.214	143.744
12.000	94.309	112.681	112.681	132.278	132.278	150.650
13.000	98.438	117.615	117.615	138.069	138.069	157.246
14.000	102.392	122.339	122.339	143.615	143.615	163.562
15.000	106.187	126.873	126.873	148.938	148.938	169.623

(2) Das Honorar für die Aufstellung von Landschaftsplänen ist nach der Fläche des Planungsgebiets in Hektar und nach der Honorarzone zu berechnen.

(3) Welchen Honorarzonen die Grundleistungen zugeordnet werden, richtet sich nach folgenden Bewertungsmerkmalen:
1. topographische Verhältnisse,
2. Flächennutzung,
3. Landschaftsbild,
4. Anforderungen an Umweltsicherung und Umweltschutz,
5. ökologische Verhältnisse,
6. Bevölkerungsdichte.

(4) Sind auf einen Landschaftsplan Bewertungsmerkmale aus mehreren Honorarzonen anwendbar und bestehen deswegen Zweifel, welcher Honorarzone der Landschaftsplan zugeordnet werden kann, so ist zunächst die Anzahl der Bewertungspunkte zu ermitteln Zur Ermittlung der Bewertungspunkte werden die Bewertungsmerkmale wie folgt gewichtet:
1. die Bewertungsmerkmale gemäß Absatz 3 Nummern 1, 2, 3 und 6 mit je bis zu 6 Punkten und
2. die Bewertungsmerkmale gemäß Absatz 3 Nummern 4 und 5 und mit je bis zu 9 Punkten.

(5) Der Landschaftsplan ist anhand der nach Absatz 4 ermittelten Bewertungspunkte einer der Honorarzonen zuzuordnen:
1. Honorarzone I: bis zu 16 Punkte,
2. Honorarzone II: 17 bis 30 Punkte,
3. Honorarzone III: 31 bis 42 Punkte.

(6) Werden Teilflächen bereits aufgestellter Landschaftspläne (Planausschnitte) geändert oder überarbeitet, so ist das Honorar frei zu vereinbaren.

§ 29 Honorare für Grundleistungen bei Grünordnungsplänen

(1) Die Mindest- und Höchstsätze der Honorare für die in § 24 und Anlage 5 aufgeführten Grundleistungen bei Grünordnungsplänen sind in der folgenden Honorartafel festgesetzt:

Flächen in Hektar	Honorarzone I geringe Anforderungen		Honorarzone II durchschnittliche Anforderungen		Honorarzone III hohe Anforderungen	
	von	bis	von	bis	von	bis
	Euro		Euro		Euro	
1,5	5.219	6.067	6.067	6.980	6.980	7.828
2	6.008	6.985	6.985	8.036	8.036	9.013
3	7.450	8.661	8.661	9.965	9.965	11.175
4	8.770	10.195	10.195	11.730	11.730	13.155
5	10.006	11.632	11.632	13.383	13.383	15.009
10	15.445	17.955	17.955	20.658	20.658	23.167
15	20.183	23.462	23.462	26.994	26.994	30.274
20	24.513	28.496	28.496	32.785	32.785	36.769
25	28.560	33.201	33.201	38.199	38.199	42.840
30	32.394	37.658	37.658	43.326	43.326	48.590
40	39.580	46.011	46.011	52.938	52.938	59.370
50	46.282	53.803	53.803	61.902	61.902	69.423
75	61.579	71.586	71.586	82.362	82.362	92.369
100	75.430	87.687	87.687	100.887	100.887	113.145
125	88.255	102.597	102.597	118.042	118.042	132.383
150	100.288	116.585	116.585	134.136	134.136	150.433
175	111.675	129.822	129.822	149.366	149.366	167.513
200	122.516	142.425	142.425	163.866	163.866	183.774
225	133.555	155.258	155.258	178.630	178.630	200.333
250	144.284	167.730	167.730	192.980	192.980	216.426

(2) Das Honorar für Grundleistungen bei Grünordnungsplänen ist nach der Fläche des Planungsgebiets in Hektar und nach der Honorarzone zu berechnen.

(3) Welchen Honorarzonen die Grundleistungen zugeordnet werden, richtet sich nach folgenden Bewertungsmerkmalen:
1. Topographie,
2. ökologische Verhältnisse,
3. Flächennutzungen und Schutzgebiete,
4. Umwelt-, Klima-, Denkmal- und Naturschutz,
5. Erholungsvorsorge,
6. Anforderung an die Freiraumgestaltung.

(4) Sind auf einen Grünordnungsplan Bewertungsmerkmale aus mehreren Honorarzonen anwendbar und bestehen deswegen Zweifel, welcher Honorarzone der Grünordnungsplan zugeordnet werden kann, so ist zunächst die Anzahl der Bewertungspunkte zu ermitteln. Zur Ermittlung der Bewertungspunkte werden die Bewertungsmerkmale wie folgt gewichtet:
1. die Bewertungsmerkmale gemäß Absatz 3 Nummer 1, 2, 3 und 5 mit je bis zu 6 Punkten und
2. die Bewertungsmerkmale gemäß Absatz 3 Nummer 4 und 6 mit je bis zu 9 Punkten.

(5) Der Grünordnungsplan ist anhand der nach Absatz 4 ermittelten Bewertungspunkte einer der Honorarzonen zuzuordnen:
1. Honorarzone I: bis zu 16 Punkte,
2. Honorarzone II: 17 bis 30 Punkte,
3. Honorarzone III: 31 bis 42 Punkte.

(6) Wird die Größe des Planungsgebiets während der Leistungserbringung geändert, so ist das Honorar für die Leistungsphasen, die bis zur Änderung noch nicht erbracht sind, nach der geänderten Größe des Planungsgebiets zu berechnen.

§ 30 Honorare für Grundleistungen bei Landschaftsrahmenplänen

(1) Die Mindest- und Höchstsätze der Honorare für die in § 25 und Anlage 6 aufgeführten Grundleistungen bei Landschaftsrahmenplänen sind in der folgenden Honorartafel festgesetzt:

Flächen in Hektar	Honorarzone I geringe Anforderungen		Honorarzone II durchschnittliche Anforderungen		Honorarzone III hohe Anforderungen	
	von	bis	von	bis	von	bis
	Euro		Euro		Euro	
5.000	61.880	71.935	71.935	82.764	82.764	92.820
6.000	67.933	78.973	78.973	90.861	90.861	101.900
7.000	73.473	85.413	85.413	98.270	98.270	110.210
8.000	78.600	91.373	91.373	105.128	105.128	117.901
9.000	83.385	96.936	96.936	111.528	111.528	125.078
10.000	87.880	102.161	102.161	117.540	117.540	131.820
12.000	96.149	111.773	111.773	128.599	128.599	144.223
14.000	103.631	120.471	120.471	138.607	138.607	155.447
16.000	110.477	128.430	128.430	147.763	147.763	165.716
18.000	116.791	135.769	135.769	156.208	156.208	175.186
20.000	122.649	142.580	142.580	164.043	164.043	183.974
25.000	138.047	160.480	160.480	184.638	184.638	207.070
30.000	152.052	176.761	176.761	203.370	203.370	228.078
40.000	177.097	205.875	205.875	236.867	236.867	265.645
50.000	199.330	231.721	231.721	266.604	266.604	298.995
60.000	219.553	255.230	255.230	293.652	293.652	329.329
70.000	238.243	276.958	276.958	318.650	318.650	357.365
80.000	253.946	295.212	295.212	339.652	339.652	380.918
90.000	268.420	312.038	312.038	359.011	359.011	402.630
100.000	281.843	327.643	327.643	376.965	376.965	422.765

(2) Das Honorar für Grundleistungen bei Landschaftsrahmenplänen ist nach der Fläche des Planungsgebiets in Hektar und nach der Honorarzone zu berechnen.

(3) Welchen Honorarzonen die Grundleistungen zugeordnet werden, richtet sich nach folgenden Bewertungsmerkmalen:
1. topographische Verhältnisse,
2. Raumnutzung und Bevölkerungsdichte,
3. Landschaftsbild,
4. Anforderungen an Umweltsicherung, Klima- und Naturschutz,
5. ökologische Verhältnisse,
6. Freiraumsicherung und Erholung.

(4) Sind für einen Landschaftsrahmenplan Bewertungsmerkmale aus mehreren Honorarzonen anwendbar und bestehen deswegen Zweifel, welcher Honorarzone der Landschaftsrahmenplan zugeordnet werden kann, so ist zunächst die Anzahl der Bewertungspunkte zu ermitteln. Zur Ermittlung der Bewertungspunkte werden die Bewertungsmerkmale wie folgt gewichtet:

1. die Bewertungsmerkmale gemäß Absatz 3 Nummer 1, 2, 3 und 6 mit je bis zu 6 Punkten und
2. die Bewertungsmerkmale gemäß Absatz 3 Nummer 4 und 5 mit je bis zu 9 Punkten.

(5) Der Landschaftsrahmenplan ist anhand der nach Absatz 4 ermittelten Bewertungspunkte einer der Honorarzonen zuzuordnen:

1. Honorarzone I: bis zu 16 Punkte,
2. Honorarzone II: 17 bis 30 Punkte,
3. Honorarzone III: 31 bis 42 Punkte.

(6) Wird die Größe des Planungsgebiets während der Leistungserbringung geändert, so ist das Honorar für die Leistungsphasen, die bis zur Änderung noch nicht erbracht sind, nach der geänderten Größe des Planungsgebiets zu berechnen.

§ 31 Honorare für Grundleistungen bei Landschaftspflegerischen Begleitplänen

(1) Die Mindest- und Höchstsätze der Honorare für die in § 26 und Anlage 7 aufgeführten Grundleistungen bei Landschaftspflegerischen Begleitplänen sind in der folgenden Honorartafel festgesetzt:

Flächen in Hektar	Honorarzone I geringe Anforderungen		Honorarzone II durchschnittliche Anforderungen		Honorarzone III hohe Anforderungen	
	von	bis	von	bis	von	bis
	Euro		Euro		Euro	
6	5.324	6.189	6.189	7.121	7.121	7.986
8	6.130	7.126	7.126	8.199	8.199	9.195
12	7.600	8.836	8.836	10.166	10.166	11.401
16	8.947	10.401	10.401	11.966	11.966	13.420
20	10.207	11.866	11.866	13.652	13.652	15.311
40	15.755	18.315	18.315	21.072	21.072	23.632
100	29.126	33.859	33.859	38.956	38.956	43.689
200	47.180	54.846	54.846	63.103	63.103	70.769
300	62.748	72.944	72.944	83.925	83.925	94.121
400	76.829	89.314	89.314	102.759	102.759	115.244
500	89.855	104.456	104.456	120.181	120.181	134.782
600	102.062	118.647	118.647	136.508	136.508	153.093
700	113.602	132.062	132.062	151.942	151.942	170.402
800	124.575	144.819	144.819	166.620	166.620	186.863
1.200	167.729	194.985	194.985	224.338	224.338	251.594
1.600	207.279	240.961	240.961	277.235	277.235	310.918
2.000	244.349	284.056	284.056	326.817	326.817	366.524
2.400	279.559	324.987	324.987	373.910	373.910	419.338
3.200	343.814	399.683	399.683	459.851	459.851	515.720
4.000	400.847	465.985	465.985	536.133	536.133	601.270

(2) Das Honorar für Grundleistungen bei Landschaftspflegerischen Begleitplänen istnach der Fläche des Planungsgebiets in Hektar und nach der Honorarzone zu berechnen.

(3) Welchen Honorarzonen die Grundleistungen zugeordnet werden, richtet sich nach folgenden Bewertungsmerkmalen:
1. ökologisch bedeutsame Strukturen und Schutzgebiete,
2. Landschaftsbild und Erholungsnutzung,
3. Nutzungsansprüche,
4. Anforderungen an die Gestaltung von Landschaft und Freiraum,
5. Empfindlichkeit gegenüber Umweltbelastungen und Beeinträchtigungen von Natur und Landschaft,
6. potenzielle Beeinträchtigungsintensität der Maßnahme.

(4) Sind für einen Landschaftspflegerischen Begleitplan Bewertungsmerkmale aus mehreren Honorarzonen anwendbar und bestehen deswegen Zweifel, welcher Honorarzone der Landschaftspflegerische Begleitplan zugeordnet werden kann, so ist zunächst die Anzahl der Bewertungspunkte zu ermitteln. Zur Ermittlung der Bewertungspunkte werden die Bewertungsmerkmale wie folgt gewichtet :
1. die Bewertungsmerkmale gemäß Absatz 3 Nummer 1, 2, 3 und 4 mit je bis zu 6 Punkten und
2. die Bewertungsmerkmale gemäß Absatz 3 Nummer 5 und 6 mit je bis zu 9 Punkten.

(5) Der Landschaftspflegerische Begleitplan ist anhand der nach Absatz 4 ermittelten Bewertungspunkte einer der Honorarzonen zuzuordnen:
1. Honorarzone I: bis zu 16 Punkte,
2. Honorarzone II: 17 bis 30 Punkte,
3. Honorarzone III: 31 bis 42 Punkte.

(6) Wird die Größe des Planungsgebiets während der Leistungserbringung geändert, so ist das Honorar für die Leistungsphasen, die bis zur Änderung noch nicht erbracht sind, nach der geänderten Größe des Planungsgebiets zu berechnen.

§ 32 Honorare für Grundleistungen bei Pflege- und Entwicklungsplänen

(1) Die Mindest- und Höchstsätze der Honorare für die in § 27 aufgeführten Grundleistungen bei Pflege- und Entwicklungsplänen sind in der folgenden Honorartafel festgesetzt:

Flächen in Hektar	Honorarzone I geringe Anforderungen		Honorarzone II durchschnittliche Anforderungen		Honorarzone III hohe Anforderungen	
	von	bis	von	bis	von	bis
	Euro		Euro		Euro	
5	3.852	7.704	7.704	11.556	11.556	15.408
10	4.802	9.603	9.603	14.405	14.405	19.207
15	5.481	10.963	10.963	16.444	16.444	21.925
20	6.029	12.058	12.058	18.087	18.087	24.116
30	6.906	13.813	13.813	20.719	20.719	27.626
40	7.612	15.225	15.225	22.837	22.837	30.450
50	8.213	16.425	16.425	24.638	24.638	32.851
75	9.433	18.866	18.866	28.298	28.298	37.731
100	10.408	20.816	20.816	31.224	31.224	41.633
150	11.949	23.899	23.899	35.848	35.848	47.798
200	13.165	26.330	26.330	39.495	39.495	52.660
300	15.318	30.636	30.636	45.954	45.954	61.272
400	17.087	34.174	34.174	51.262	51.262	68.349
500	18.621	37.242	37.242	55.863	55.863	74.484
750	21.833	43.666	43.666	65.500	65.500	87.333

Flächen in Hektar	Honorarzone I geringe Anforderungen		Honorarzone II durchschnittliche Anforderungen		Honorarzone III hohe Anforderungen	
	von	bis	von	bis	von	bis
	Euro		Euro		Euro	
1.000	24.507	49.014	49.014	73.522	73.522	98.029
1.500	28.966	57.932	57.932	86.898	86.898	115.864
2.500	36.065	72.131	72.131	108.196	108.196	144.261
5.000	49.288	98.575	98.575	147.863	147.863	197.150
10.000	69.015	138.029	138.029	207.044	207.044	276.058

(2) Das Honorar für Grundleistungen bei Pflege- und Entwicklungsplänen ist nach der Fläche des Planungsgebiets in Hektar und nach der Honorarzone zu berechnen.

(3) Welchen Honorarzonen die Grundleistungen zugeordnet werden, richtet sich nach folgenden Bewertungsmerkmalen:
1. fachliche Vorgaben,
2. Differenziertheit des floristischen Inventars oder der Pflanzengesellschaften,
3. Differenziertheit des faunistischen Inventars,
4. Beeinträchtigungen oder Schädigungen von Naturhaushalt und Landschaftsbild,
5. Aufwand für die Festlegung von Zielaussagen sowie für Pflege- und Entwicklungsmaßnahmen.

(4) Sind für einen Pflege- und Entwicklungsplan Bewertungsmerkmale aus mehreren Honorarzonen anwendbar und bestehen deswegen Zweifel, welcher Honorarzone der Pflege- und Entwicklungsplan zugeordnet werden kann, so ist zunächst die Anzahl der Bewertungspunkte zu ermitteln. Zur Ermittlung der Bewertungspunkte werden die Bewertungsmerkmale wie folgt gewichtet:
1. das Bewertungsmerkmal gemäß Absatz 3 Nummer 1 mit bis zu 4 Punkten,
2. die Bewertungsmerkmale gemäß Absatz 3 Nummer 4 und 5 mit je bis zu 6 Punkten und
3. die Bewertungsmerkmale gemäß Absatz 3 Nummer 2 und 3 mit je bis zu 9 Punkten.

(5) Der Pflege- und Entwicklungsplan ist anhand der nach Absatz 4 ermittelten Bewertungspunkte einer der Honorarzonen zuzuordnen:
1. Honorarzone I: bis zu 13 Punkte,
2. Honorarzone II: 14 bis 24 Punkte,
3. Honorarzone III: 25 bis 34 Punkte.

(6) Wird die Größe des Planungsgebiets während der Leistungserbringung geändert, so ist das Honorar für die Leistungsphasen, die bis zur Änderung noch nicht erbracht sind, nach der geänderten Größe des Planungsgebiets zu berechnen

Teil 3: Objektplanung

Abschnitt 1: Gebäude und Innenräume

§ 33 Besondere Grundlagen des Honorars

(1) Für Grundleistungen bei Gebäuden und Innenräumen sind die Kosten der Baukonstruktion anrechenbar.

(2) Für Grundleistungen bei Gebäuden und Innenräumen sind auch die Kosten für Technische Anlagen, die der Auftragnehmer nicht fachlich plant oder deren Ausführung er nicht fachlich überwacht,

1. vollständig anrechenbar bis zu einem Betrag von 25 Prozent der sonstigen anrechenbaren Kosten und

2. zur Hälfte anrechenbar mit dem Betrag, der 25 Prozent der sonstigen anrechenbaren Kosten übersteigt.

(3) Nicht anrechenbar sind insbesondere die Kosten für das Herrichten, für die nichtöffentliche Erschließung sowie für Leistungen zur Ausstattung und zu Kunstwerken, soweit der Auftragnehmer die Leistungen weder plant noch bei der Beschaffung mitwirkt oder ihre Ausführung oder ihren Einbau fachlich überwacht.

§ 34 Leistungsbild Gebäude und Innenräume

(1) Das Leistungsbild Gebäude und Innenräume umfasst Leistungen für Neubauten, Neuanlagen, Wiederaufbauten, Erweiterungsbauten, Umbauten, Modernisierungen, Instandsetzungen und Instandhaltungen.

(2) Leistungen für Innenräume sind die Gestaltung oder Erstellung von Innenräumen ohne wesentliche Eingriffe in Bestand oder Konstruktion.

(3) Die Grundleistungen sind in neun Leistungsphasen unterteilt und werden wie folgt in Prozentsätzen der Honorare des § 35 bewertet:

1. für die Leistungsphase 1 (Grundlagenermittlung) mit je 2 Prozent für Gebäude und Innenräume,

2. für die Leistungsphase 2 (Vorplanung) mit je 7 Prozent für Gebäude und Innenräume,

3. für die Leistungsphase 3 (Entwurfsplanung) mit 15 Prozent für Gebäude und Innenräume,

4. für die Leistungsphase 4 (Genehmigungsplanung) mit 3 Prozent für Gebäude und 2 Prozent für Innenräume,

5. für die Leistungsphase 5 (Ausführungsplanung) mit 25 Prozent für Gebäude und 30 Prozent für Innenräume,

6. für die Leistungsphase 6 (Vorbereitung der Vergabe) mit 10 Prozent für Gebäude und 7 Prozent für Innenräume,

7. für die Leistungsphase 7 (Mitwirkung bei der Vergabe) mit 4 Prozent für Gebäude und 3 Prozent für Innenräume,

8. für die Leistungsphase 8 (Objektüberwachung – Bauüberwachung und Dokumentation) mit 32 Prozent für Gebäude und Innenräume,

9. für die Leistungsphase 9 (Objektbetreuung) mit je 2 Prozent für Gebäude und Innenräume.

(4) Anlage 10 Nummer 10.1 regelt die Grundleistungen jeder Leistungsphase und enthält Beispiele für Besondere Leistungen.

§ 35 Honorare für Grundleistungen bei Gebäuden und Innenräumen

(1) Die Mindest- und Höchstsätze der Honorare für die in § 34 und der Anlage 10, Nummer 10.1 aufgeführten Grundleistungen für Gebäude und Innenräume sind in der folgenden Honorartafel festgesetzt:

Anrechen-bare Kosten in Euro	Honorarzone I sehr geringe Anforderungen von Euro	bis	Honorarzone II geringe Anforderungen von Euro	bis	Honorarzone III durchschnittliche Anforderungen von Euro	bis	Honorarzone IV hohe Anforderungen von Euro	bis	Honorarzone V sehr hohe Anforderungen von Euro	bis
25.000	3.120	3.657	3.657	4.339	4.339	5.412	5.412	6.094	6.094	6.631
35.000	4.217	4.942	4.942	5.865	5.865	7.315	7.315	8.237	8.237	8.962
50.000	5.804	6.801	6.801	8.071	8.071	10.066	10.066	11.336	11.336	12.333
75.000	8.342	9.776	9.776	11.601	11.601	14.469	14.469	16.293	16.293	17.727
100.000	10.790	12.644	12.644	15.005	15.005	18.713	18.713	21.074	21.074	22.928
150.000	15.500	18.164	18.164	21.555	21.555	26.883	26.883	30.274	30.274	32.938
200.000	20.037	23.480	23.480	27.863	27.863	34.751	34.751	39.134	39.134	42.578
300.000	28.750	33.692	33.692	39.981	39.981	49.864	49.864	56.153	56.153	61.095
500.000	45.232	53.006	53.006	62.900	62.900	78.449	78.449	88.343	88.343	96.118
750.000	64.666	75.781	75.781	89.927	89.927	112.156	112.156	126.301	126.301	137.416
1.000.000	83.182	97.479	97.479	115.675	115.675	144.268	144.268	162.464	162.464	176.761
1.500.000	119.307	139.813	139.813	165.911	165.911	206.923	206.923	233.022	233.022	253.527
2.000.000	153.965	180.428	180.428	214.108	214.108	267.034	267.034	300.714	300.714	327.177
3.000.000	220.161	258.002	258.002	306.162	306.162	381.843	381.843	430.003	430.003	467.843
5.000.000	343.879	402.984	402.984	478.207	478.207	596.416	596.416	671.640	671.640	730.744
7.500.000	493.923	578.816	578.816	686.862	686.862	856.648	856.648	964.694	964.694	1.049.587
10.000.000	638.277	747.981	747.981	887.604	887.604	1.107.012	1.107.012	1.246.635	1.246.635	1.356.339
15.000.000	915.129	1.072.416	1.072.416	1.272.601	1.272.601	1.587.176	1.587.176	1.787.360	1.787.360	1.944.648
20.000.000	1.180.414	1.383.298	1.383.298	1.641.513	1.641.513	2.047.281	2.047.281	2.305.496	2.305.496	2.508.380
25.000.000	1.436.874	1.683.837	1.683.837	1.998.153	1.998.153	2.492.079	2.492.079	2.806.395	2.806.395	3.053.358

(2) Welchen Honorarzonen die Grundleistungen für Gebäude zugeordnet werden, richtet sich nach folgenden Bewertungsmerkmalen:
1. Anforderungen an die Einbindung in die Umgebung,
2. Anzahl der Funktionsbereiche,
3. gestalterische Anforderungen,
4. konstruktive Anforderungen,
5. technische Ausrüstung,
6. Ausbau.

(3) Welchen Honorarzonen die Grundleistungen für Innenräume zugeordnet werden, richtet sich nach folgenden Bewertungsmerkmalen:
1. Anzahl der Funktionsbereiche,
2. Anforderungen an die Lichtgestaltung,
3. Anforderungen an die Raumzuordnung und Raumproportion,
4. technische Ausrüstung,
5. Farb- und Materialgestaltung,
6. konstruktive Detailgestaltung.

(4) Sind für ein Gebäude Bewertungsmerkmale aus mehreren Honorarzonen anwendbar und bestehen deswegen Zweifel, welcher Honorarzone das Gebäude oder der Innenraum zugeordnet werden kann, so ist zunächst die Anzahl der Bewertungspunkte zu ermitteln. Zur Ermittlung der Bewertungspunkte werden die Bewertungs-merkmale wie folgt gewichtet:

1. die Bewertungsmerkmale gemäß Absatz 2 Nummer 1, 4 bis 6 mit je bis zu 6 Punkten und
2. die Bewertungsmerkmale gemäß Absatz 2 Nummer 2 und 3 mit je bis zu 9 Punkten.

(5) Sind für Innenräume Bewertungsmerkmale aus mehreren Honorarzonen an-wendbar und bestehen deswegen Zweifel, welcher Honorarzone das Gebäude oder der Innenraum zugeordnet werden kann, so ist zunächst die Anzahl der Bewertungs-punkte zu ermitteln. Zur Ermittlung der Bewertungspunkte werden die Bewertungs-merkmale wie folgt gewichtet:

1. die Bewertungsmerkmale gemäß Absatz 3 Nummer 1 bis 4 mit je bis zu 6 Punkten und
2. die Bewertungsmerkmale gemäß Absatz 3 Nummer 5 und 6 mit je bis zu 9 Punkten.

(6) Das Gebäude oder der Innenraum ist anhand der nach Absatz 5 ermittelten Be-wertungspunkte einer der Honorarzonen zuzuordnen:

1. Honorarzone I: bis zu 10 Punkte,
2. Honorarzone II: 11 bis 18 Punkte,
3. Honorarzone III: 19 bis 26 Punkte,
4. Honorarzone IV: 27 bis 34 Punkte,
5. Honorarzone V: 35 bis 42 Punkte.

(7) Für die Zuordnung zu den Honorarzonen ist die Objektliste der Anlage 10, Num-mer 10.2 und Nummer 10.3, zu berücksichtigen.

§ 36 Umbauten und Modernisierungen von Gebäuden und Innenräumen

(1) Für Umbauten und Modernisierungen von Gebäuden kann bei einem durch-schnittlichen Schwierigkeitsgrad ein Zuschlag gemäß § 6 Absatz 2 Satz 3 bis 33 Pro-zent auf das ermittelte Honorar schriftlich vereinbart werden.

(2) Für Umbauten und Modernisierungen von Innenräumen in Gebäuden kann bei einem durchschnittlichen Schwierigkeitsgrad ein Zuschlag gemäß § 6 Absatz 2 Satz 3 bis 50 Prozent auf das ermittelte Honorar schriftlich vereinbart werden.

§ 37 Aufträge für Gebäude und Freianlagen oder für Gebäude und Innenräume

(1) § 11 Absatz 1 ist nicht anzuwenden, wenn die getrennte Berechnung der Honora-re für Freianlagen weniger als 7 500 Euro anrechenbare Kosten ergeben würde.

(2) Werden Grundleistungen für Innenräume in Gebäuden, die neu gebaut, wie-deraufgebaut, erweitert oder umgebaut werden, einem Auftragnehmer übertragen, dem auch Grundleistungen für dieses Gebäude nach § 34 übertragen werden, so sind die Grundleistungen für Innenräume im Rahmen der festgesetzten Mindest- und Höchstsätze bei der Vereinbarung des Honorars für die Grundleistungen am Ge-bäude zu berücksichtigen. Ein gesondertes Honorar nach § 11 Absatz 1 darf für die Grundleistungen für Innenräume nicht berechnet werden.

Abschnitt 2: Freianlagen

§ 38 Besondere Grundlagen des Honorars

(1) Für Grundleistungen bei Freianlagen sind die Kosten für Außenanlagen anrechenbar, insbesondere für folgende Bauwerke und Anlagen, soweit diese durch den Auftragnehmer geplant oder überwacht werden:
1. Einzelgewässer mit überwiegend ökologischen und landschaftsgestalterischen Elementen,
2. Teiche ohne Dämme,
3. flächenhafter Erdbau zur Geländegestaltung,
4. einfache Durchlässe und Uferbefestigungen als Mittel zur Geländegestaltung, soweit keine Grundleistungen nach Teil 4 Abschnitt 1 erforderlich sind,
5. Lärmschutzwälle als Mittel zur Geländegestaltung,
6. Stützbauwerke und Geländeabstützungen ohne Verkehrsbelastung als Mittel zur Geländegestaltung, soweit keine Tragwerke mit durchschnittlichem Schwierigkeitsgrad erforderlich sind,
7. Stege und Brücken, soweit keine Grundleistungen nach Teil 4 Abschnitt 1 erforderlich sind,
8. Wege ohne Eignung für den regelmäßigen Fahrverkehr mit einfachen Entwässerungsverhältnissen sowie andere Wege und befestigte Flächen, die als Gestaltungselement der Freianlagen geplant werden und für die keine Grundleistungen nach Teil 3 Abschnitt 3 und 4 erforderlich sind.

(2) Nicht anrechenbar sind für Grundleistungen bei Freianlagen die Kosten für
1. das Gebäude sowie die in § 33 Absatz 3 genannten Kosten und
2. den Unter- und Oberbau von Fußgängerbereichen, ausgenommen die Kosten für die Oberflächenbefestigung.

§ 39 Leistungsbild Freianlagen

(1) Freianlagen sind planerisch gestaltete Freiflächen und Freiräume sowie entsprechend gestaltete Anlagen in Verbindung mit Bauwerken oder in Bauwerken und landschaftspflegerische Freianlagenplanungen in Verbindung mit Objekten.

(2) § 34 Absatz 1 gilt entsprechend.

(3) Die Grundleistungen bei Freianlagen sind in neun Leistungsphasen unterteilt und werden wie folgt in Prozentsätzen der Honorare des § 40 bewertet:
1. für die Leistungsphase 1 (Grundlagenermittlung) mit 3 Prozent,
2. für die Leistungsphase 2 (Vorplanung) mit 10 Prozent,
3. für die Leistungsphase 3 (Entwurfsplanung) mit 16 Prozent,
4. für die Leistungsphase 4 (Genehmigungsplanung) mit 4 Prozent,
5. für die Leistungsphase 5 (Ausführungsplanung) mit 25 Prozent,
6. für die Leistungsphase 6 (Vorbereitung der Vergabe) mit 7 Prozent,
7. für die Leistungsphase 7 (Mitwirkung bei der Vergabe) mit 3 Prozent,
8. für die Leistungsphase 8 (Objektüberwachung – Bauüberwachung und Dokumentation) mit 30 Prozent und
9. für die Leistungsphase 9 (Objektbetreuung) mit 2 Prozent.

(4) Anlage 11 Nummer 11.1 regelt die Grundleistungen jeder Leistungsphase und enthält Beispiele für Besondere Leistungen.

§ 40 Honorare für Grundleistungen bei Freianlagen

(1) Die Mindest- und Höchstsätze der Honorare für die in § 39 und der Anlage 11 Nummer 11.1 aufgeführten Grundleistungen für Freianlagen sind in der folgenden Honorartafel festgesetzt:

Anrechen-bare Kosten in Euro	Honorarzone I sehr geringe Anforderungen von Euro	bis	Honorarzone II geringe Anforderungen von Euro	bis	Honorarzone III durchschnittliche Anforderungen von Euro	bis	Honorarzone IV hohe Anforderungen von Euro	bis	Honorarzone V sehr hohe Anforderungen von Euro	bis
20.000	3.643	4.348	4.348	5.229	5.229	6.521	6.521	7.403	7.403	8.108
25.000	4.406	5.259	5.259	6.325	6.325	7.888	7.888	8.954	8.954	9.807
30.000	5.147	6.143	6.143	7.388	7.388	9.215	9.215	10.460	10.460	11.456
35.000	5.870	7.006	7.006	8.426	8.426	10.508	10.508	11.928	11.928	13.064
40.000	6.577	7.850	7.850	9.441	9.441	11.774	11.774	13.365	13.365	14.638
50.000	7.953	9.492	9.492	11.416	11.416	14.238	14.238	16.162	16.162	17.701
60.000	9.287	11.085	11.085	13.332	13.332	16.627	16.627	18.874	18.874	20.672
75.000	11.227	13.400	13.400	16.116	16.116	20.100	20.100	22.816	22.816	24.989
100.000	14.332	17.106	17.106	20.574	20.574	25.659	25.659	29.127	29.127	31.901
125.000	17.315	20.666	20.666	24.855	24.855	30.999	30.999	35.188	35.188	38.539
150.000	20.201	24.111	24.111	28.998	28.998	36.166	36.166	41.053	41.053	44.963
200.000	25.746	30.729	30.729	36.958	36.958	46.094	46.094	52.323	52.323	57.306
250.000	31.053	37.063	37.063	44.576	44.576	55.594	55.594	63.107	63.107	69.117
350.000	41.147	49.111	49.111	59.066	59.066	73.667	73.667	83.622	83.622	91.586
500.000	55.300	66.004	66.004	79.383	79.383	99.006	99.006	112.385	112.385	123.088
650.000	69.114	82.491	82.491	99.212	99.212	123.736	123.736	140.457	140.457	153.834
800.000	82.430	98.384	98.384	118.326	118.326	147.576	147.576	167.518	167.518	183.472
1.000.000	99.578	118.851	118.851	142.942	142.942	178.276	178.276	202.368	202.368	221.641
1.250.000	120.238	143.510	143.510	172.600	172.600	215.265	215.265	244.355	244.355	267.627
1.500.000	140.204	167.340	167.340	201.261	201.261	251.011	251.011	284.931	284.931	312.067

(2) Welchen Honorarzonen die Grundleistungen zugeordnet werden, richtet sich nach folgenden Bewertungsmerkmalen:
1. Anforderungen an die Einbindung in die Umgebung,
2. Anforderungen an Schutz, Pflege und Entwicklung von Natur und Landschaft,
3. Anzahl der Funktionsbereiche,
4. gestalterische Anforderungen,
5. Ver- und Entsorgungseinrichtungen.

(3) Sind für eine Freianlage Bewertungsmerkmale aus mehreren Honorarzonen anwendbar und bestehen deswegen Zweifel, welcher Honorarzone die Freianlage zugeordnet werden kann, so ist zunächst die Anzahl der Bewertungspunkte zu ermitteln.

Zur Ermittlung der Bewertungspunkte werden die Bewertungsmerkmale wie folgt gewichtet:
1. die Bewertungsmerkmale gemäß Absatz 2 Nummer 1, 2 und 4 mit je bis zu 8 Punkten,
2. die Bewertungsmerkmale gemäß Absatz 2 Nummer 3 und 5 mit je bis zu 6 Punkten.

(4) Die Freianlage ist anhand der nach Absatz 3 ermittelten Bewertungspunkte einer der Honorarzonen zuzuordnen:
1. Honorarzone I: bis zu 8 Punkte,
2. Honorarzone II: 9 bis 15 Punkte,
3. Honorarzone III: 16 bis 22 Punkte,
4. Honorarzone IV: 23 bis 29 Punkte,
5. Honorarzone V: 30 bis 36 Punkte.

(5) Für die Zuordnung zu den Honorarzonen ist die Objektliste der Anlage 11 Nummer 11.2 zu berücksichtigen.

(6) § 36 Absatz 1 ist für Freianlagen entsprechend anzuwenden.

Abschnitt 3: Ingenieurbauwerke

§ 41 Anwendungsbereich

Ingenieurbauwerke umfassen:
1. Bauwerke und Anlagen der Wasserversorgung
2. Bauwerke und Anlagen der Abwasserentsorgung,
3. Bauwerke und Anlagen des Wasserbaus, ausgenommen Freianlagen nach § 39 Absatz 1,
4. Bauwerke und Anlagen für Ver- und Entsorgung mit Gasen, Feststoffen und wassergefährdenden Flüssigkeiten, ausgenommen Anlagen der Technischen Ausrüstung nach § 53 Absatz 2,
5. Bauwerke und Anlagen der Abfallentsorgung,
6. konstruktive Ingenieurbauwerke für Verkehrsanlagen,
7. sonstige Einzelbauwerke, ausgenommen Gebäude und Freileitungsmaste.

§ 42 Besondere Grundlagen des Honorars

(1) Für Grundleistungen bei Ingenieurbauwerken sind die Kosten der Baukonstruktion anrechenbar. Die Kosten für die Anlagen der Maschinentechnik, die der Zweckbestimmung des Ingenieurbauwerks dienen, sind anrechenbar, soweit der Auftragnehmer diese plant oder deren Ausführung überwacht.

(2) Für Grundleistungen bei Ingenieurbauwerken sind auch die Kosten für Technische Anlagen, die der Auftragnehmer nicht fachlich plant oder deren Ausführung der Auftragnehmer nicht fachlich überwacht,
1. vollständig anrechenbar bis zum Betrag von 25 Prozent der sonstigen anrechenbaren Kosten und
2. zur Hälfte anrechenbar mit dem Betrag, der 25 Prozent der sonstigen anrechenbaren Kosten übersteigt.

(3) Nicht anrechenbar sind, soweit der Auftragnehmer die Anlagen weder plant noch ihre Ausführung überwacht, die Kosten für:

1. das Herrichten des Grundstücks,
2. die öffentliche und die nichtöffentliche Erschließung, die Außenanlagen, das Umlegen und Verlegen von Leitungen,
3. verkehrsregelnde Maßnahmen während der Bauzeit,
4. die Ausstattung und Nebenanlagen von Ingenieurbauwerken.

§ 43 Leistungsbild Ingenieurbauwerke

(1) § 34 Absatz 1 Satz 1 gilt entsprechend. Die Grundleistungen für Ingenieurbauwerke sind in neun Leistungsphasen unterteilt und werden wie folgt in Prozentsätzen der Honorare des § 44 bewertet:
1. für die Leistungsphase 1 (Grundlagenermittlung) mit 2 Prozent,
2. für die Leistungsphase 2 (Vorplanung) mit 20 Prozent,
3. für die Leistungsphase 3 (Entwurfsplanung) mit 25 Prozent,
4. für die Leistungsphase 4 (Genehmigungsplanung) mit 5 Prozent,
5. für die Leistungsphase 5 (Ausführungsplanung) mit 15 Prozent,
6. für die Leistungsphase 6 (Vorbereitung der Vergabe) mit 13 Prozent,
7. für die Leistungsphase 7 (Mitwirkung bei der Vergabe) mit 4 Prozent,
8. für die Leistungsphase 8 (Bauoberleitung) mit 15 Prozent,
9. für die Leistungsphase 9 (Objektbetreuung) mit 1 Prozent.

(2) Abweichend von Absatz 1 Nummer 2 wird die Leistungsphase 2 bei Objekten nach § 41 Nummer 6 und 7, die eine Tragwerksplanung erfordern, mit 10 Prozent bewertet.

(3) Die Vertragsparteien können abweichend von Absatz 1 schriftlich vereinbaren, dass
1. die Leistungsphase 4 mit 5 bis 8 Prozent bewertet wird, wenn dafür ein eigenständiges Planfeststellungsverfahren erforderlich ist.
2. die Leistungsphase 5 mit 15 bis 35 Prozent bewertet wird, wenn ein überdurchschnittlicher Aufwand an Ausführungszeichnungen erforderlich wird.

(4) Anlage 12 Nummer 12.1 regelt die Grundleistungen jeder Leistungsphase und enthält Beispiele für Besondere Leistungen.

§ 44 Honorare für Grundleistungen bei Ingenieurbauwerken

(1) Die Mindest- und Höchstsätze der Honorare für die in § 43 und der Anlage 12 Nummer 12.1 aufgeführten Grundleistungen bei Ingenieurbauwerken sind in der folgenden Honorartafel für den Anwendungsbereich des § 41 festgesetzt:

Anrechenbare Kosten in Euro	Honorarzone I sehr geringe Anforderungen von bis Euro		Honorarzone II geringe Anforderungen von bis Euro		Honorarzone III durchschnittliche Anforderungen von bis Euro		Honorarzone IV hohe Anforderungen von bis Euro		Honorarzone V sehr hohe Anforderungen von bis Euro	
25.000	3.449	4.109	4.109	4.768	4.768	5.428	5.428	6.036	6.036	6.696
35.000	4.475	5.331	5.331	6.186	6.186	7.042	7.042	7.831	7.831	8.687
50.000	5.897	7.024	7.024	8.152	8.152	9.279	9.279	10.320	10.320	11.447
75.000	8.069	9.611	9.611	11.154	11.154	12.697	12.697	14.121	14.121	15.663
100.000	10.079	12.005	12.005	13.932	13.932	15.859	15.859	17.637	17.637	19.564

Anrechen-bare Kosten in Euro	Honorarzone I sehr geringe Anforderungen		Honorarzone II geringe Anforderungen		Honorarzone III durchschnittliche Anforderungen		Honorarzone IV hohe Anforderungen		Honorarzone V sehr hohe Anforderungen	
	von Euro	bis	von Euro	bis	von Euro	bis	von Euro	bis	von Euro	bis
150.000	13.786	16.422	16.422	19.058	19.058	21.693	21.693	24.126	24.126	26.762
200.000	17.215	20.506	20.506	23.797	23.797	27.088	27.088	30.126	30.126	33.417
300.000	23.534	28.033	28.033	32.532	32.532	37.031	37.031	41.185	41.185	45.684
500.000	34.865	41.530	41.530	48.195	48.195	54.861	54.861	61.013	61.013	67.679
750.000	47.576	56.672	56.672	65.767	65.767	74.863	74.863	83.258	83.258	92.354
1.000.000	59.264	70.594	70.594	81.924	81.924	93.254	93.254	103.712	103.712	115.042
1.500.000	80.998	96.482	96.482	111.967	111.967	127.452	127.452	141.746	141.746	157.230
2.000.000	101.054	120.373	120.373	139.692	139.692	159.011	159.011	176.844	176.844	196.163
3.000.000	137.907	164.272	164.272	190.636	190.636	217.001	217.001	241.338	241.338	267.702
5.000.000	203.584	242.504	242.504	281.425	281.425	320.345	320.345	356.272	356.272	395.192
7.500.000	278.415	331.642	331.642	384.868	384.868	438.095	438.095	487.227	487.227	540.453
10.000.000	347.568	414.014	414.014	480.461	480.461	546.908	546.908	608.244	608.244	674.690
15.000.000	474.901	565.691	565.691	656.480	656.480	747.270	747.270	831.076	831.076	921.866
20.000.000	592.324	705.563	705.563	818.801	818.801	932.040	932.040	1.036.568	1.036.568	1.149.806
25.000.000	702.770	837.123	837.123	971.476	971.476	1.105.829	1.105.829	1.229.848	1.229.848	1.364.201

(2) Welchen Honorarzonen die Grundleistungen zugeordnet werden, richtet sich nach folgenden Bewertungsmerkmalen:
1. geologische und baugrundtechnische Gegebenheiten,
2. technische Ausrüstung und Ausstattung,
3. Einbindung in die Umgebung oder in das Objektumfeld,
4. Umfang der Funktionsbereiche oder der konstruktiven oder technischen Anforderungen,
5. fachspezifische Bedingungen.

(3) Sind für Ingenieurbauwerke Bewertungsmerkmale aus mehreren Honorarzonen anwendbar und bestehen deswegen Zweifel, welcher Honorarzone das Objekt zugeordnet werden kann, so ist zunächst die Anzahl der Bewertungspunkte zu ermitteln. Zur Ermittlung der Bewertungspunkte werden die Bewertungsmerkmale wie folgt gewichtet:
1. die Bewertungsmerkmale gemäß Absatz 2 Nummer 1, 2 und 3 mit bis zu 5 Punkten,
2. das Bewertungsmerkmal gemäß Absatz 2 Nummer 4 mit bis zu 10 Punkten,
3. das Bewertungsmerkmal gemäß Absatz 2 Nummer 5 mit bis zu 15 Punkten.

(4) Das Ingenieurbauwerk ist anhand der nach Absatz 3 ermittelten Bewertungspunkte einer der Honorarzonen zuzuordnen:
1. Honorarzone I: bis zu 10 Punkte,
2. Honorarzone II: 11 bis 17 Punkte,
3. Honorarzone III: 18 bis 25 Punkte,
4. Honorarzone IV: 26 bis 33 Punkte,
5. Honorarzone V: 34 bis 40 Punkte.

(5) Für die Zuordnung zu den Honorarzonen ist die Objektliste der Anlage 12 Nummer 12.2 zu berücksichtigen.

(6) Für Umbauten und Modernisierungen von Ingenieurbauwerken kann bei einem durchschnittlichen Schwierigkeitsgrad ein Zuschlag gemäß § 6 Absatz 2 Satz 3 bis 33 Prozent schriftlich vereinbart werden.

(7) Steht der Planungsaufwand für Ingenieurbauwerke mit großer Längenausdehnung, die unter gleichen baulichen Bedingungen errichtet werden, in einem Missverhältnis zum ermittelten Honorar, ist § 7 Absatz 3 anzuwenden.

Abschnitt 4: Verkehrsanlagen

§ 45 Anwendungsbereich

Verkehrsanlagen sind:
1. Anlagen des Straßenverkehrs, ausgenommen selbstständige Rad-, Geh- und Wirtschaftswege und Freianlagen nach § 39 Absatz 1,
2. Anlagen des Schienenverkehrs,
3. Anlagen des Flugverkehrs.

§ 46 Besondere Grundlagen des Honorars

(1) Für Grundleistungen bei Verkehrsanlagen sind die Kosten der Baukonstruktion anrechenbar. Soweit der Auftragnehmer die Ausstattung von Anlagen des Straßen-, Schienen- und Flugverkehrs einschließlich der darin enthaltenen Entwässerungsanlagen, die der Zweckbestimmung der Verkehrsanlagen dienen, plant oder deren Ausführung überwacht, sind die dadurch entstehenden Kosten anrechenbar.

(2) Für Grundleistungen bei Verkehrsanlagen sind auch die Kosten für Technische Anlagen, die der Auftragnehmer nicht fachlich plant oder deren Ausführung der Auftragnehmer nicht fachlich überwacht,
1. vollständig anrechenbar bis zu einem Betrag von 25 Prozent der sonstigen anrechenbaren Kosten und
2. zur Hälfte anrechenbar mit dem Betrag, der 25 Prozent der sonstigen anrechenbaren Kosten übersteigt.

(3) Nicht anrechenbar sind, soweit der Auftragnehmer die Anlagen weder plant noch ihre Ausführung überwacht, die Kosten für:
1. das Herrichten des Grundstücks,
2. die öffentliche und die nichtöffentliche Erschließung, die Außenanlagen, das Umlegen und Verlegen von Leitungen,
3. die Nebenanlagen von Anlagen des Straßen-, Schienen- und Flugverkehrs,
4. verkehrsregelnde Maßnahmen während der Bauzeit.

(4) Für Grundleistungen der Leistungsphasen 1 bis 7 und 9 bei Verkehrsanlagen sind:
1. die Kosten für Erdarbeiten einschließlich Felsarbeiten anrechenbar bis zu einem Betrag von 40 Prozent der sonstigen anrechenbaren Kosten nach Absatz 1 und
2. 10 Prozent der Kosten für Ingenieurbauwerke anrechenbar, wenn dem Auftragnehmer für diese Ingenieurbauwerke nicht gleichzeitig Grundleistungen nach § 43 übertragen werden.

(5) Die nach den Absätzen 1 bis 4 ermittelten Kosten sind für Grundleistungen des § 47 Absatz 1 Satz 2 Nummer 1 bis 7 und 9

1. bei Straßen, die mehrere durchgehende Fahrspuren mit einer gemeinsamen Entwurfsachse und einer gemeinsamen Entwurfsgradiente haben, wie folgt anteilig anrechenbar:

   a) bei dreistreifigen Straßen zu 85 Prozent,
   b) bei vierstreifigen Straßen zu 70 Prozent und
   c) bei mehr als vierstreifigen Straßen zu 60 Prozent,

2. bei Gleis- und Bahnsteiganlagen, die zwei Gleise mit einem gemeinsamen Planum haben, zu 90 Prozent anrechenbar. Das Honorar für Gleis- und Bahnsteiganlagen mit mehr als zwei Gleisen oder Bahnsteigen kann frei vereinbart werden.

§ 47 Leistungsbild Verkehrsanlagen

(1) § 34 Absatz 1 gilt entsprechend. Die Grundleistungen für Verkehrsanlagen sind in neun Leistungsphasen unterteilt und werden wie folgt in Prozentsätzen der Honorare des § 48 bewertet:

1. für die Leistungsphase 1 (Grundlagenermittlung) mit 2 Prozent,
2. für die Leistungsphase 2 (Vorplanung) mit 20 Prozent,
3. für die Leistungsphase 3 (Entwurfsplanung) mit 25 Prozent,
4. für die Leistungsphase 4 (Genehmigungsplanung) mit 8 Prozent,
5. für die Leistungsphase 5 (Ausführungsplanung) mit 15 Prozent,
6. für die Leistungsphase 6 (Vorbereitung der Vergabe) mit 10 Prozent,
7. für die Leistungsphase 7 (Mitwirkung bei der Vergabe) mit 4 Prozent,
8. für die Leistungsphase 8 (Bauoberleitung) mit 15 Prozent,
9. für die Leistungsphase 9 (Objektbetreuung) mit 1 Prozent.

(2) Anlage 13 Nummer 13.1 regelt die Grundleistungen jeder Leistungsphase und enthält Beispiele für Besondere Leistungen.

§ 48 Honorare für Grundleistungen bei Verkehrsanlagen

(1) Die Mindest- und Höchstsätze der Honorare für die in § 47 und der Anlage 13 Nummer 13.1 aufgeführten Grundleistungen bei Verkehrsanlagen sind in der folgenden Honorartafel für den Anwendungsbereich des § 45 festgesetzt:

Anrechenbare Kosten in Euro	Honorarzone I sehr geringe Anforderungen von Euro	bis	Honorarzone II geringe Anforderungen von Euro	bis	Honorarzone III durchschnittliche Anforderungen von Euro	bis	Honorarzone IV hohe Anforderungen von Euro	bis	Honorarzone V sehr hohe Anforderungen von Euro	bis
25.000	3.882	4.624	4.624	5.366	5.366	6.108	6.108	6.793	6.793	7.535
35.000	4.981	5.933	5.933	6.885	6.885	7.837	7.837	8.716	8.716	9.668
50.000	6.487	7.727	7.727	8.967	8.967	10.207	10.207	11.352	11.352	12.592
75.000	8.759	10.434	10.434	12.108	12.108	13.783	13.783	15.328	15.328	17.003
100.000	10.839	12.911	12.911	14.983	14.983	17.056	17.056	18.968	18.968	21.041

Anrechen-bare Kosten in Euro	Honorarzone I sehr geringe Anforderungen		Honorarzone II geringe Anforderungen		Honorarzone III durchschnittliche Anforderungen		Honorarzone IV hohe Anforderungen		Honorarzone V sehr hohe Anforderungen	
	von	bis	von	bis	von	bis	von	bis	von	bis
	Euro		Euro		Euro		Euro		Euro	
150.000	14.634	17.432	17.432	20.229	20.229	23.027	23.027	25.610	25.610	28.407
200.000	18.106	21.567	21.567	25.029	25.029	28.490	28.490	31.685	31.685	35.147
300.000	24.435	29.106	29.106	33.778	33.778	38.449	38.449	42.761	42.761	47.433
500.000	35.622	42.433	42.433	49.243	49.243	56.053	56.053	62.339	62.339	69.149
750.000	48.001	57.178	57.178	66.355	66.355	75.532	75.532	84.002	84.002	93.179
1.000.000	59.267	70.597	70.597	81.928	81.928	93.258	93.258	103.717	103.717	115.047
1.500.000	80.009	95.305	95.305	110.600	110.600	125.896	125.896	140.015	140.015	155.311
2.000.000	98.962	117.881	117.881	136.800	136.800	155.719	155.719	173.183	173.183	192.102
3.000.000	133.441	158.951	158.951	184.462	184.462	209.973	209.973	233.521	233.521	259.032
5.000.000	194.094	231.200	231.200	268.306	268.306	305.412	305.412	339.664	339.664	376.770
7.500.000	262.407	312.573	312.573	362.739	362.739	412.905	412.905	459.212	459.212	509.378
10.000.000	324.978	387.107	387.107	449.235	449.235	511.363	511.363	568.712	568.712	630.840
15.000.000	439.179	523.140	523.140	607.101	607.101	691.062	691.062	768.564	768.564	852.525
20.000.000	543.619	647.546	647.546	751.473	751.473	855.401	855.401	951.333	951.333	1.055.260
25.000.000	641.265	763.860	763.860	886.454	886.454	1.009.049	1.009.049	1.122.213	1.122.213	1.244.808

(2) Welchen Honorarzonen die Grundleistungen zugeordnet werden, richtet sich nach folgenden Bewertungsmerkmalen:
1. geologische und baugrundtechnische Gegebenheiten,
2. technische Ausrüstung und Ausstattung,
3. Einbindung in die Umgebung oder das Objektumfeld,
4. Umfang der Funktionsbereiche oder der konstruktiven oder technischen Anforderungen,
5. fachspezifische Bedingungen.

(3) Sind für Verkehrsanlagen Bewertungsmerkmale aus mehreren Honorarzonen anwendbar und bestehen deswegen Zweifel, welcher Honorarzone das Objekt zugeordnet werden kann, so ist zunächst die Anzahl der Bewertungspunkte zu ermitteln. Zur Ermittlung der Bewertungspunkte werden die Bewertungsmerkmale wie folgt gewichtet:
1. die Bewertungsmerkmale gemäß Absatz 2 Nummer 1, 2 mit bis zu 5 Punkten,
2. das Bewertungsmerkmal gemäß Absatz 2 Nummer 3 mit bis zu 15 Punkten,
3. das Bewertungsmerkmal gemäß Absatz 2 Nummer 4 mit bis zu 10 Punkten,
4. das Bewertungsmerkmal gemäß Absatz 2 Nummer 5 mit bis zu 5 Punkten,

(4) Die Verkehrsanlage ist anhand der nach Absatz 3 ermittelten Bewertungspunkte einer der Honorarzonen zuzuordnen:
1. Honorarzone I: bis zu 10 Punkte,
2. Honorarzone II: 11 bis 17 Punkte,
3. Honorarzone III: 18 bis 25 Punkte,
4. Honorarzone IV: 26 bis 33 Punkte,
5. Honorarzone V: 34 bis 40 Punkte.

(5) Für die Zuordnung zu den Honorarzonen ist die Objektliste der Anlage 13 Nummer 13.2 zu berücksichtigen.

(6) Für Umbauten und Modernisierungen von Verkehrsanlagen kann bei einem durchschnittlichen Schwierigkeitsgrad ein Zuschlag gemäß § 6 Absatz 2 Satz 3 bis 33 Prozent schriftlich vereinbart werden.

Teil 4: Fachplanung
Abschnitt 1: Tragwerksplanung

§ 49 Anwendungsbereich

(1) Leistungen der Tragwerksplanung sind die statische Fachplanung für die Objektplanung Gebäude und Ingenieurbauwerke.

(2) Das Tragwerk bezeichnet das statische Gesamtsystem der miteinander verbundenen, lastabtragenden Konstruktionen, die für die Standsicherheit von Gebäuden, Ingenieurbauwerken, und Traggerüsten bei Ingenieurbauwerken maßgeblich sind.

§ 50 Besondere Grundlagen des Honorars

(1) Bei Gebäuden und zugehörigen baulichen Anlagen sind 55 Prozent der Baukonstruktionskosten und 10 Prozent der Kosten der Technischen Anlagen anrechenbar.

(2) Die Vertragsparteien können bei Gebäuden mit einem hohen Anteil an Kosten der Gründung und der Tragkonstruktionen schriftlich vereinbaren, dass die anrechenbaren Kosten abweichend von Absatz 1 nach Absatz 3 ermittelt werden.

(3) Bei Ingenieurbauwerken sind 90 Prozent der Baukonstruktionskosten und 15 Prozent der Kosten der Technischen Anlagen anrechenbar.

(4) Für Traggerüste bei Ingenieurbauwerken sind die Herstellkosten einschließlich der zugehörigen Kosten für Baustelleneinrichtungen anrechenbar. Bei mehrfach verwendeten Bauteilen ist der Neuwert anrechenbar.

(5) Die Vertragsparteien können vereinbaren, dass Kosten von Arbeiten, die nicht in den Absätzen 1 bis 3 erfasst sind, ganz oder teilweise anrechenbar sind, wenn der Auftragnehmer wegen dieser Arbeiten Mehrleistungen für das Tragwerk nach § 51 erbringt.

§ 51 Leistungsbild Tragwerksplanung

(1) Die Grundleistungen der Tragwerksplanung sind für Gebäude und zugehörige bauliche Anlagen sowie für Ingenieurbauwerke nach § 41 Nummer 1 bis 5 in den Leistungsphasen 1 bis 6 sowie für Ingenieurbauwerke nach § 41 Nummer 6 und 7 in den Leistungsphasen 2 bis 6 zusammengefasst und werden wie folgt in Prozentsätzen der Honorare des § 52 bewertet:
1. für die Leistungsphase 1 (Grundlagenermittlung) mit 3 Prozent,
2. für die Leistungsphase 2 (Vorplanung) mit 10 Prozent,
3. für die Leistungsphase 3 (Entwurfsplanung) mit 15 Prozent,
4. für die Leistungsphase 4 (Genehmigungsplanung) mit 30 Prozent,
5. für die Leistungsphase 5 (Ausführungsplanung) mit 40 Prozent,
6. für die Leistungsphase 6 (Vorbereitung der Vergabe) mit 2 Prozent.

(2) Die Leistungsphase 5 ist abweichend von Absatz 1 mit 30 Prozent der Honorare des § 52 zu bewerten:
1. im Stahlbetonbau, sofern keine Schalpläne in Auftrag gegeben werden,
2. im Holzbau mit unterdurchschnittlichem Schwierigkeitsgrad.

(3) Die Leistungsphase 5 ist abweichend von Absatz 1 mit 20 Prozent der Honorare des § 52 zu bewerten, sofern nur Schalpläne in Auftrag gegeben werden.

(4) Bei sehr enger Bewehrung kann die Bewertung der Leistungsphase 5 um bis zu 4 Prozent erhöht werden.

(5) Anlage 14 Nummer 14.1 regelt die Grundleistungen jeder Leistungsphase und enthält Beispiele für Besondere Leistungen. Für Ingenieurbauwerke nach § 41 Nummer 6 und 7 sind die Grundleistungen der Tragwerksplanung zur Leistungsphase 1 im Leistungsbild der Ingenieurbauwerke gemäß § 43 enthalten.

§ 52 Honorare für Grundleistungen bei Tragwerksplanungen

(1) Die Mindest- und Höchstsätze der Honorare für die in § 51 und der Anlage 14 Nummer 14.1 aufgeführten Grundleistungen der Tragwerksplanungen sind in der folgenden Honorartafel festgesetzt:

Anrechen-bare Kosten in Euro	Honorarzone I sehr geringe Anforderungen von bis Euro		Honorarzone II geringe Anforderungen von bis Euro		Honorarzone III durchschnittliche Anforderungen von bis Euro		Honorarzone IV hohe Anforderungen von bis Euro		Honorarzone V sehr hohe Anforderungen von bis Euro	
10.000	1.461	1.624	1.624	2.064	2.064	2.575	2.575	3.015	3.015	3.178
15.000	2.011	2.234	2.234	2.841	2.841	3.543	3.543	4.149	4.149	4.373
25.000	3.006	3.340	3.340	4.247	4.247	5.296	5.296	6.203	6.203	6.537
50.000	5.187	5.763	5.763	7.327	7.327	9.139	9.139	10.703	10.703	11.279
75.000	7.135	7.928	7.928	10.080	10.080	12.572	12.572	14.724	14.724	15.517
100.000	8.946	9.940	9.940	12.639	12.639	15.763	15.763	18.461	18.461	19.455
150.000	12.303	13.670	13.670	17.380	17.380	21.677	21.677	25.387	25.387	26.754
250.000	18.370	20.411	20.411	25.951	25.951	32.365	32.365	37.906	37.906	39.947
350.000	23.909	26.565	26.565	33.776	33.776	42.125	42.125	49.335	49.335	51.992
500.000	31.594	35.105	35.105	44.633	44.633	55.666	55.666	65.194	65.194	68.705
750.000	43.463	48.293	48.293	61.401	61.401	76.578	76.578	89.686	89.686	94.515
1.000.000	54.495	60.550	60.550	76.984	76.984	96.014	96.014	112.449	112.449	118.504
1.250.000	64.940	72.155	72.155	91.740	91.740	114.418	114.418	134.003	134.003	141.218
1.500.000	74.938	83.265	83.265	105.865	105.865	132.034	132.034	154.635	154.635	162.961
2.000.000	93.923	104.358	104.358	132.684	132.684	165.483	165.483	193.808	193.808	204.244
3.000.000	129.059	143.398	143.398	182.321	182.321	227.389	227.389	266.311	266.311	280.651
5.000.000	192.384	213.760	213.760	271.781	271.781	338.962	338.962	396.983	396.983	418.359
7.500.000	264.487	293.874	293.874	373.640	373.640	466.001	466.001	545.767	545.767	575.154
10.000.000	331.398	368.220	368.220	468.166	468.166	583.892	583.892	683.838	683.838	720.660
15.000.000	455.117	505.686	505.686	642.943	642.943	801.873	801.873	939.131	939.131	989.699

(2) Die Honorarzone wird nach dem statisch-konstruktiven Schwierigkeitsgrad anhand der in Anlage 14 Nummer 14.2 dargestellten Bewertungsmerkmale ermittelt.

(3) Sind für ein Tragwerk Bewertungsmerkmale aus mehreren Honorarzonen anwendbar und bestehen deswegen Zweifel, welcher Honorarzone das Tragwerk zugeordnet werden kann, so ist für die Zuordnung die Mehrzahl der in den jeweiligen Honorarzonen nach Absatz 2 aufgeführten Bewertungsmerkmale und ihre Bedeutung im Einzelfall maßgebend.

(4) Für Umbauten und Modernisierungen kann bei einem durchschnittlichen Schwierigkeitsgrad ein Zuschlag gemäß § 6 Absatz 2 Satz 3 bis 50 Prozent schriftlich vereinbart werden.

(5) Steht der Planungsaufwand für Tragwerke bei Ingenieurbauwerken mit großer Längenausdehnung, die unter gleichen baulichen Bedingungen errichtet werden, in einem Missverhältnis zum ermittelten Honorar, ist § 7 Absatz 3 anzuwenden.

Abschnitt 2: Technische Ausrüstung

§ 53 Anwendungsbereich

(1) Die Leistungen der Technischen Ausrüstung umfassen die Fachplanungen für die Objekte.

(2) Zur Technischen Ausrüstung gehören folgende Anlagengruppen:
1. Abwasser-, Wasser- und Gasanlagen,
2. Wärmeversorgungsanlagen,
3. Lufttechnische Anlagen,
4. Starkstromanlagen,
5. Fernmelde- und informationstechnische Anlagen,
6. Förderanlagen,
7. nutzungsspezifische Anlagen und verfahrenstechnische Anlagen,
8. Gebäudeautomation und Automation von Ingenieurbauwerken.

§ 54 Besondere Grundlagen des Honorars

(1) Das Honorar für Grundleistungen bei der Technischen Ausrüstung richtet sich für das jeweilige Objekt im Sinne des § 2 Absatz 1 Satz 1 nach der Summe der anrechenbaren Kosten der Anlagen jeder Anlagengruppe. Dies gilt für nutzungsspezifische Anlagen nur, wenn die Anlagen funktional gleichartig sind. Anrechenbar sind auch sonstige Maßnahmen für Technische Anlagen.

(2) Umfasst ein Auftrag für unterschiedliche Objekte im Sinne des § 2 Absatz 1 Satz 1 mehrere Anlagen, die unter funktionalen und technischen Kriterien eine Einheit bilden, werden die anrechenbaren Kosten der Anlagen jeder Anlagengruppe zusammengefasst. Dies gilt für nutzungsspezifische Anlagen nur, wenn diese Anlagen funktional gleichartig sind. § 11 Absatz 1 ist nicht anzuwenden.

(3) Umfasst ein Auftrag im Wesentlichen gleiche Anlagen, die unter weitgehend vergleichbaren Bedingungen für im Wesentlichen gleiche Objekte geplant werden, ist die Rechtsfolge des § 11 Absatz 3 anzuwenden. Umfasst ein Auftrag im Wesentlichen gleiche Anlagen, die bereits Gegenstand eines anderen Vertrags zwischen den Vertragsparteien waren, ist die Rechtsfolge des § 11 Absatz 4 anzuwenden.

(4) Nicht anrechenbar sind die Kosten für die nichtöffentliche Erschließung und die Technischen Anlagen in Außenanlagen, soweit der Auftragnehmer diese nicht plant oder ihre Ausführung nicht überwacht.

(5) Werden Teile der Technischen Ausrüstung in Baukonstruktionen ausgeführt, so können die Vertragsparteien schriftlich vereinbaren, dass die Kosten hierfür ganz oder teilweise zu den anrechenbaren Kosten gehören. Satz 1 ist entsprechend für Bauteile der Kostengruppe Baukonstruktionen anzuwenden, deren Abmessung oder Konstruktion durch die Leistung der Technischen Ausrüstung wesentlich beeinflusst wird.

§ 55 Leistungsbild Technische Ausrüstung

(1) Das Leistungsbild Technische Ausrüstung umfasst Grundleistungen für Neuanlagen, Wiederaufbauten, Erweiterungsbauten, Umbauten, Modernisierungen, Instandhaltungen und Instandsetzungen. Die Grundleistungen bei der Technischen Ausrüstung sind in neun Leistungsphasen zusammengefasst und werden wie folgt in Prozentsätzen der Honorare des § 56 bewertet:
1. für die Leistungsphase 1 (Grundlagenermittlung) mit 2 Prozent,
2. für die Leistungsphase 2 (Vorplanung) mit 9 Prozent,
3. für die Leistungsphase 3 (Entwurfsplanung) mit 17 Prozent,
4. für die Leistungsphase 4 (Genehmigungsplanung) mit 2 Prozent,
5. für die Leistungsphase 5 (Ausführungsplanung) mit 22 Prozent,
6. für die Leistungsphase 6 (Vorbereitung der Vergabe) mit 7 Prozent,
7. für die Leistungsphase 7 (Mitwirkung bei der Vergabe) mit 5 Prozent,
8. für die Leistungsphase 8 (Objektüberwachung – Bauüberwachung) mit 35 Prozent,
9. für die Leistungsphase 9 (Objektbetreuung) mit 1 Prozent.

(2) Die Leistungsphase 5 ist abweichend von Absatz 1 Satz 2 mit einem Abschlag von jeweils 4 Prozent zu bewerten, sofern das Anfertigen von Schlitz- und Durchbruchsplänen oder das Prüfen der Montage- und Werkstattpläne der ausführenden Firmen nicht in Auftrag gegeben wird.

(3) Anlage 15 Nummer 15.1 regelt die Grundleistungen jeder Leistungsphase und enthält Beispiele für Besondere Leistungen.

§ 56 Honorare für Grundleistungen der Technischen Ausrüstung

(1) Die Mindest- und Höchstsätze der Honorare für die in § 55 und der Anlage 15.1 aufgeführten Grundleistungen bei einzelnen Anlagen sind in der folgenden Honorartafel festgesetzt:

Anrechen-bare Kosten in Euro	Honorarzone I geringe Anforderungen		Honorarzone II durchschnittliche Anforderungen		Honorarzone III hohe Anforderungen	
	von	bis	von	bis	von	bis
	Euro		Euro		Euro	
5.000	2.132	2.547	2.547	2.990	2.990	3.405
10.000	3.689	4.408	4.408	5.174	5.174	5.893
15.000	5.084	6.075	6.075	7.131	7.131	8.122
25.000	7.615	9.098	9.098	10.681	10.681	12.164
35.000	9.934	11.869	11.869	13.934	13.934	15.869

Anrechen- bare Kosten in Euro	Honorarzone I geringe Anforderungen		Honorarzone II durchschnittliche Anforderungen		Honorarzone III hohe Anforderungen	
	von	bis	von	bis	von	bis
	Euro		Euro		Euro	
50.000	13.165	15.729	15.729	18.465	18.465	21.029
75.000	18.122	21.652	21.652	25.418	25.418	28.948
100.000	22.723	27.150	27.150	31.872	31.872	36.299
150.000	31.228	37.311	37.311	43.800	43.800	49.883
250.000	46.640	55.726	55.726	65.418	65.418	74.504
500.000	80.684	96.402	96.402	113.168	113.168	128.886
750.000	111.105	132.749	132.749	155.836	155.836	177.480
1.000.000	139.347	166.493	166.493	195.448	195.448	222.594
1.250.000	166.043	198.389	198.389	232.891	232.891	265.237
1.500.000	191.545	228.859	228.859	268.660	268.660	305.974
2.000.000	239.792	286.504	286.504	336.331	336.331	383.044
2.500.000	285.649	341.295	341.295	400.650	400.650	456.296
3.000.000	329.420	393.593	393.593	462.044	462.044	526.217
3.500.000	371.491	443.859	443.859	521.052	521.052	593.420
4.000.000	412.126	492.410	492.410	578.046	578.046	658.331

(2) Welchen Honorarzonen die Grundleistungen zugeordnet werden, richtet sich nach folgenden Bewertungsmerkmalen:
1. Anzahl der Funktionsbereiche,
2. Integrationsansprüche,
3. technische Ausgestaltung,
4. Anforderungen an die Technik,
5. konstruktive Anforderungen.

(3) Für die Zuordnung zu den Honorarzonen ist die Objektliste der Anlage 15 Nummer 15.2 zu berücksichtigen.

(4) Werden Anlagen einer Gruppe verschiedenen Honorarzonen zugeordnet, so ergibt sich das Honorar nach Absatz 1 aus der Summe der Einzelhonorare. Ein Einzelhonorar wird dabei für alle Anlagen ermittelt, die einer Honorarzone zugeordnet werden. Für die Ermittlung des Einzelhonorars ist zunächst das Honorar für die Anlagen jeder Honorarzone zu berechnen, das sich ergeben würde, wenn die gesamten anrechenbaren Kosten der Anlagengruppe nur der Honorarzone zugeordnet würden, für die das Einzelhonorar berechnet wird. Das Einzelhonorar ist dann nach dem Verhältnis der Summe der anrechenbaren Kosten der Anlagen einer Honorarzone zu den gesamten anrechenbaren Kosten der Anlagengruppe zu ermitteln.

(5) Für Umbauten und Modernisierungen kann bei einem durchschnittlichen Schwierigkeitsgrad ein Zuschlag gemäß § 6 Absatz 2 Satz 3 bis 50 Prozent schriftlich vereinbart werden.

(6) Steht der Planungsaufwand für die Technische Ausrüstung von Ingenieurbauwerken mit großer Längenausdehnung, die unter gleichen baulichen Bedingungen errichtet werden, in einem Missverhältnis zum ermittelten Honorar, ist § 7 Absatz 3 anzuwenden.

Teil 5: Übergangs- und Schlussvorschriften

§ 57 Übergangsvorschrift

Diese Verordnung ist nicht auf Grundleistungen anzuwenden, die vor ihrem Inkrafttreten vertraglich vereinbart wurden; insoweit bleiben die bisherigen Vorschriften anwendbar.

§ 58 Inkrafttreten, Außerkrafttreten

Diese Verordnung tritt am Tag nach der Verkündung in Kraft. Gleichzeitig tritt die Honorarordnung für Architekten und Ingenieure vom 11. August 2009 (BGBl. I S. 2732) außer Kraft.

Der Bundesrat hat zugestimmt.

Anlage 1 zu § 3 Absatz 1
Beratungsleistungen

Beratungsleistungen

1.1 Leistung Umweltverträglichkeitsstudie

1.1.1 Leistungsbild Umweltverträglichkeitsstudie

(1) Die Grundleistungen bei Umweltverträglichkeitsstudien können in vier Leistungsphasen unterteilt und wie folgt in Prozentsätzen der Honorare in Nummer 1.1.2 bewertet werden. Die Bewertung der Leistungsphasen der Honorare erfolgt

1. für die Leistungsphase 1 (Klären der Aufgabenstellung und Ermitteln des Leistungsumfangs) mit 3 Prozent,
2. für die Leistungsphase 2 (Grundlagenermittlung) mit 37 Prozent,
3. für die Leistungsphase 3 (Vorläufige Fassung) mit 50 Prozent,
4. für die Leistungsphase 4 (Abgestimmte Fassung) mit 10 Prozent.

(2) Das Leistungsbild kann sich wie folgt zusammensetzen:

Leistungsphase 1: Klären der Aufgabenstellung und Ermitteln des Leistungsumfangs
– Zusammenstellen und Prüfen der vom Auftraggeber zur Verfügung gestellten untersuchungsrelevanten Unterlagen,
– Ortsbesichtigungen,
– Abgrenzen der Untersuchungsräume,
– Ermitteln der Untersuchungsinhalte,
– Konkretisieren weiteren Bedarfs an Daten und Unterlagen,
– Beraten zum Leistungsumfang für ergänzende Untersuchungen und Fachleistungen,
– Aufstellen eines verbindlichen Arbeitsplans unter Berücksichtigung der sonstigen Fachbeiträge.

Leistungsphase 2: Grundlagenermittlung
– Ermitteln und Beschreiben der untersuchungsrelevanten Sachverhalte aufgrund vorhandener Unterlagen,
– Beschreiben der Umwelt einschließlich des rechtlichen Schutzstatus, der fachplaneri-schen Vorgaben und Ziele sowie der für die Bewertung relevanten Funktionselemente für jedes Schutzgut einschließlich der Wechselwirkungen,
– Beschreiben der vorhandenen Beeinträchtigungen der Umwelt,
– Bewerten der Funktionselemente und der Leistungsfähigkeit der einzelnen Schutzgüter hinsichtlich ihrer Bedeutung und Empfindlichkeit,
– Raumwiderstandsanalyse, soweit nach Art des Vorhabens erforderlich, einschließlich des Ermittelns konfliktarmer Bereiche,
– Darstellen von Entwicklungstendenzen des Untersuchungsraumes für den Prognose-Null-Fall,
– Überprüfen der Abgrenzung des Untersuchungsraumes und der Untersuchungsinhalte,
– Zusammenfassendes Darstellen der Erfassung und Bewertung als Grundlage für die Er-örterung mit dem Auftraggeber.

Leistungsphase 3: Vorläufige Fassung
– Ermitteln und Beschreiben der Umweltauswirkungen und Erstellen der vorläufigen Fassung,
– Mitwirken bei der Entwicklung und der Auswahl vertieft zu untersuchender planerischer Lösungen,
– Mitwirken bei der Optimierung von bis zu drei planerischen Lösungen (Hauptvarianten) zur Vermeidung von Beeinträchtigungen,
– Ermitteln, Beschreiben und Bewerten der unmittelbaren und mittelbaren Auswirkungen von bis zu drei planerischen Lösungen (Hauptvarianten) auf die Schutzgüter im Sinne des Gesetzes über die Umweltverträglichkeitsprüfung vom 24. Februar 2010 (BGBl. I S. 94) einschließlich der Wechselwirkungen,
– Einarbeiten der Ergebnisse vorhandener Untersuchungen zum Gebiets- und Artenschutz sowie zum Boden- und Wasserschutz,
– Vergleichendes Darstellen und Bewerten der Auswirkungen von bis zu drei planerischen Lösungen,
– Zusammenfassendes vergleichendes Bewerten des Projekts mit dem Prognose-Null-Fall,

– Erstellen von Hinweisen auf Maßnahmen zur Vermeidung und Verminderung von Beeinträchtigungen sowie zur Ausgleichbarkeit der unvermeidbaren Beeinträchtigungen,
– Erstellen von Hinweisen auf Schwierigkeiten bei der Zusammenstellung der Angaben,
– Zusammenführen und Darstellen der Ergebnisse als vorläufige Fassung in Text und Karten einschließlich des Herausarbeitens der grundsätzlichen Lösung der wesentlichen Teile der Aufgabe,
– Abstimmen der Vorläufigen Fassung mit dem Auftraggeber.

Leistungsphase 4: Abgestimmte Fassung

Darstellen der mit dem Auftraggeber abgestimmten Fassung der Umweltverträglichkeitsstudie in Text und Karte einschließlich einer Zusammenfassung.

(3) Im Leistungsbild Umweltverträglichkeitsstudie können insbesondere die Besonderen Leistungen der Anlage 9 Anwendung finden.

1.1.2 Honorare für Grundleistungen bei Umweltverträglichkeitsstudien

(1) Die Mindest- und Höchstsätze der Honorare für die in Nummer 1.1.1 aufgeführten Grundleistungen bei Umweltverträglichkeitsstudien können anhand der folgenden Honorartafel bestimmt werden:

Flächen in Hektar	Honorarzone I geringe Anforderungen		Honorarzone II durchschnittliche Anforderungen		Honorarzone III hohe Anforderungen	
	von	bis	von	bis	von	bis
	Euro		Euro		Euro	
50	10.176	12.862	12.862	15.406	15.406	18.091
100	14.972	18.923	18.923	22.666	22.666	26.617
150	18.942	23.940	23.940	28.676	28.676	33.674
200	22.454	28.380	28.380	33.994	33.994	39.919
300	28.644	36.203	36.203	43.364	43.364	50.923
400	34.117	43.120	43.120	51.649	51.649	60.653
500	39.110	49.431	49.431	59.209	59.209	69.530
750	50.211	63.461	63.461	76.014	76.014	89.264
1.000	60.004	75.838	75.838	90.839	90.839	106.674
1.500	77.182	97.550	97.550	116.846	116.846	137.213
2.000	92.278	116.629	116.629	139.698	139.698	164.049
2.500	105.963	133.925	133.925	160.416	160.416	188.378
3.000	118.598	149.895	149.895	179.544	179.544	210.841
4.000	141.533	178.883	178.883	214.266	214.266	251.615
5.000	162.148	204.937	204.937	245.474	245.474	288.263
6.000	182.186	230.263	230.263	275.810	275.810	323.887
7.000	201.072	254.133	254.133	304.401	304.401	357.461
8.000	218.466	276.117	276.117	330.734	330.734	388.384
9.000	234.394	296.247	296.247	354.846	354.846	416.700
10.000	249.492	315.330	315.330	377.704	377.704	443.542

(2) Das Honorar für die Erstellung von Umweltverträglichkeitsstudien kann nach der Gesamtfläche des Untersuchungsraumes in Hektar und nach der Honorarzone berechnet werden.

(3) Umweltverträglichkeitsstudien können folgenden Honorarzonen zugeordnet werden:
1. Honorarzone I (Geringe Anforderungen),
2. Honorarzone II (Durchschnittliche Anforderungen),
3. Honorarzone III (Hohe Anforderungen).

(4) Die Zuordnung zu den Honorarzonen kann anhand folgender Bewertungsmerkmale für zu erwartende nachteilige Auswirkungen auf die Umwelt ermittelt werden:
1. Bedeutung des Untersuchungsraumes für die Schutzgüter im Sinne des Gesetzes über die Umweltverträglichkeitsprüfung (UVPG),
2. Ausstattung des Untersuchungsraumes mit Schutzgebieten,
3. Landschaftsbild und -struktur,
4. Nutzungsansprüche,
5. Empfindlichkeit des Untersuchungsraumes gegenüber Umweltbelastungen und -beeinträchtigungen,
6. Intensität und Komplexität potenzieller nachteiliger Wirkfaktoren auf die Umwelt.

(5) Sind für eine Umweltverträglichkeitsstudie Bewertungsmerkmale aus mehreren Honorarzonen anwendbar und bestehen deswegen Zweifel, welcher Honorarzone die Umweltverträglichkeitsstudie zugeordnet werden kann, kann die Anzahl der Bewertungspunkte nach Absatz 4 ermittelt werden; die Umweltverträglichkeitsstudie kann nach der Summe der Bewertungspunkte folgenden Honorarzonen zugeordnet werden:
1. Honorarzone I: Umweltverträglichkeitsstudien mit bis zu 16 Punkten
2. Honorarzone II: Umweltverträglichkeitsstudien mit 17 bis 30 Punkten
3. Honorarzone III: Umweltverträglichkeitsstudien mit 31 bis 42 Punkten.

(6) Bei der Zuordnung einer Umweltverträglichkeitsstudie zu den Honorarzonen können nach dem Schwierigkeitsgrad der Anforderungen die Bewertungsmerkmale wie folgt gewichtet werden:
1. die Bewertungsmerkmale gemäß Absatz 4 Nummern 1 bis 4 mit je bis zu 6 Punkten und
2. die Bewertungsmerkmale gemäß Absatz 4 Nummern 5 und 6 mit je bis zu 9 Punkten.

(7) Wird die Größe des Untersuchungsraumes während der Leistungserbringung geändert, so kann das Honorar für die Leistungsphasen, die bis zur Änderung noch nicht erbracht sind, nach der geänderten Größe des Untersuchungsraumes berechnet werden.

1.2 Leistungen für Thermische Bauphysik

1.2.1 Anwendungsbereich

(1) Zu den Grundleistungen für Bauphysik können gehören:
– Wärmeschutz und Energiebilanzierung,
– Bauakustik (Schallschutz),
– Raumakustik.

(2) Wärmeschutz und Energiebilanzierung kann den Wärmeschutz von Gebäuden und Ingenieurbauwerken und die fachübergreifende Energiebilanzierung umfassen.

(3) Die Bauakustik kann den Schallschutz von Objekten zur Erreichung eines regelgerechten Luft- und Trittschallschutzes und zur Begrenzung der von außen einwirkenden

Geräusche sowie der Geräusche von Anlagen der Technischen Ausrüstung umfassen. Dazu kann auch der Schutz der Umgebung vor schädlichen Umwelteinwirkungen durch Lärm (Schallimmissionsschutz) gehören.

(4) Die Raumakustik kann die Beratung zu Räumen mit besonderen raumakustischen Anforderungen umfassen.

(5) Die Besonderen Grundlagen der Honorare werden gesondert in den Teilgebieten Wärmeschutz und Energiebilanzierung, Bauakustik, Raumakustik aufgeführt.

1.2.2. Leistungsbild Bauphysik

(1) Die Grundleistungen für Bauphysik können in sieben Leistungsphasen unterteilt und wie folgt in Prozentsätzen der Honorare in Nummer 1.2.3 bewertet werden:

    1. für die Leistungsphase 1 (Grundlagenermittlung) mit 3 Prozent,

    2. für die Leistungsphase 2 (Mitwirken bei der Vorplanung) mit 20 Prozent,

    3. für die Leistungsphase 3 (Mitwirken bei der Entwurfsplanung) mit 40 Prozent,

    4. für die Leistungsphase 4 (Mitwirken bei der Genehmigungsplanung) mit 6 Prozent,

    5. für die Leistungsphase 5 (Mitwirken bei der Ausführungsplanung) mit 27 Prozent,

    6. für die Leistungsphase 6 (Mitwirkung bei der Vorbereitung der Vergabe) mit 2 Prozent,

    7. für die Leistungsphase 7 (Mitwirkung bei der Vergabe) mit 2 Prozent.

(2) Die Leistungsbild kann sich wie folgt zusammensetzen:

Grundleistungen	Besondere Leistungen
LPH 1 Grundlagenermittlung	
a) Klären der Aufgabenstellung b) Festlegen der Grundlagen, Vorgaben und Ziele	– Mitwirken bei der Ausarbeitung von Auslobungen und bei Vorprüfungen für Wettbewerbe – Bestandsaufnahme bestehender Gebäude, Ermitteln und Bewerten von Kennwerte – Schadensanalyse bestehender Gebäude – Mitwirken bei Vorgaben für Zertifizierungen
LPH 2 Mitwirkung bei der Vorplanung	
a) Analyse der Grundlagen b) Klären der wesentlichen Zusammenhänge von Gebäude und technischen Anlagen einschließlich Betrachtung von Alternativen c) Vordimensionieren der relevanten Bauteile des Gebäudes d) Mitwirken beim Abstimmen der fachspezifischen Planungskonzepte der Objektplanung und der Fachplanungen e) Erstellen eines Gesamtkonzeptes in Abstimmung mit der Objektplanung und den Fachplanungen f) Erstellen von Rechenmodellen, Auflisten der wesentlichen Kennwerte als Arbeitsgrundlage für Objektplanung und Fachplanungen	– Mitwirken beim Klären von Vorgaben für Fördermaßnahmen und bei deren Umsetzung – Mitwirken an Projekt-, Käufer- oder Mieterbaubeschreibungen – Erstellen eines fachübergreifenden Bauteilkatalogs

Grundleistungen	Besondere Leistungen
LPH 3 Mitwirkung bei der Entwurfsplanung	
a) Fortschreiben der Rechenmodelle und der wesentlichen Kennwerte für das Gebäude b) Mitwirken beim Fortschreiben der Planungskonzepte der Objektplanung und Fachplanung bis zum vollständigen Entwurf c) Bemessen der Bauteile des Gebäudes d) Erarbeiten von Übersichtsplänen und des Erläuterungsberichtes mit Vorgaben, Grundlagen und Auslegungsdaten	– Simulationen zur Prognose des Verhaltens von Bauteilen, Räumen, Gebäuden und Freiräumen
LPH 4 Mitwirkung bei der Genehmigungsplanung	
a) Mitwirken beim Aufstellen der Genehmigungsplanung und bei Vorgesprächen mit Behörden b) Aufstellen der förmlichen Nachweise c) Vervollständigen und Anpassen der Unterlagen	– Mitwirken bei Vorkontrollen in Zertifizierungsprozessen – Mitwirken beim Einholen von Zustimmungen im Einzelfall
LPH 5 Mitwirkung bei der Ausführungsplanung	
a) Durcharbeiten der Ergebnisse der Leistungsphasen 3 und 4 unter Beachtung der durch die Objektplanung integrierten Fachplanungen b) Mitwirken bei der Ausführungsplanung durch ergänzende Angaben für die Objektplanung und Fachplanungen	– Mitwirken beim Prüfen und Anerkennen der Montage- und Werkstattplanung der ausführenden Unternehmen auf Übereinstimmung mit der Ausführungsplanung
LPH 6 Mitwirkung bei der Vorbereitung der Vergabe	
Beiträge zu Ausschreibungsunterlagen	
LPH 7 Mitwirkung bei der Vergabe	
Mitwirken beim Prüfen und Bewerten der Angebote auf Erfüllung der Anforderungen	– Prüfen von Nebenangeboten
LPH 8 Objektüberwachung u. Dokumentation	
	– Mitwirken bei der Baustellenkontrolle – Messtechnisches Überprüfen der Qualität der Bauausführung und von Bauteil- oder Raumeigenschaften
LPH 9 Objektbetreuung	
	– Mitwirken bei Audits in Zertifizierungsprozessen

1.2.3 Honorare für Grundleistungen für Wärmeschutz und Energiebilanzierung

(1) Das Honorar für die Grundleistungen nach Nummer 1.2.2 Absatz 2 kann sich nach den anrechenbaren Kosten des Gebäudes nach § 33 nach der Honorarzone nach § 35, der das Gebäude zuzuordnen ist und nach der Honorartafel in Absatz 2 richten.

(2) Die Mindest- und Höchstsätze der Honorare für die in Nummer 1.2.2 Absatz 2 aufgeführten Grundleistungen für Wärmeschutz und Energiebilanzierung können anhand der folgenden Honorartafel bestimmt werden:

Anrechen-bare Kosten in Euro	Honorarzone I sehr geringe Anforderungen von Euro	bis	Honorarzone II geringe Anforderungen von Euro	bis	Honorarzone III durchschnittliche Anforderungen von Euro	bis	Honorarzone IV hohe Anforderungen von Euro	bis	Honorarzone V sehr hohe Anforderungen von Euro	bis
250.000	1.757	2.023	2.023	2.395	2.395	2.928	2.928	3.300	3.300	3.566
275.000	1.789	2.061	2.061	2.440	2.440	2.982	2.982	3.362	3.362	3.633
300.000	1.821	2.097	2.097	2.484	2.484	3.036	3.036	3.422	3.422	3.698
350.000	1.883	2.168	2.168	2.567	2.567	3.138	3.138	3.537	3.537	3.822
400.000	1.941	2.235	2.235	2.647	2.647	3.235	3.235	3.646	3.646	3.941
500.000	2.049	2.359	2.359	2.793	2.793	3.414	3.414	3.849	3.849	4.159
600.000	2.146	2.471	2.471	2.926	2.926	3.576	3.576	4.031	4.031	4.356
750.000	2.273	2.617	2.617	3.099	3.099	3.788	3.788	4.270	4.270	4.614
1.000.000	2.440	2.809	2.809	3.327	3.327	4.066	4.066	4.583	4.583	4.953
1.250.000	2.748	3.164	3.164	3.747	3.747	4.579	4.579	5.162	5.162	5.579
1.500.000	3.050	3.512	3.512	4.159	4.159	5.083	5.083	5.730	5.730	6.192
2.000.000	3.639	4.190	4.190	4.962	4.962	6.065	6.065	6.837	6.837	7.388
2.500.000	4.213	4.851	4.851	5.745	5.745	7.022	7.022	7.916	7.916	8.554
3.500.000	5.329	6.136	6.136	7.266	7.266	8.881	8.881	10.012	10.012	10.819
5.000.000	6.944	7.996	7.996	9.469	9.469	11.573	11.573	13.046	13.046	14.098
7.500.000	9.532	10.977	10.977	12.999	12.999	15.887	15.887	17.909	17.909	19.354
10.000.000	12.033	13.856	13.856	16.408	16.408	20.055	20.055	22.607	22.607	24.430
15.000.000	16.856	19.410	19.410	22.986	22.986	28.094	28.094	31.670	31.670	34.224
20.000.000	21.516	24.776	24.776	29.339	29.339	35.859	35.859	40.423	40.423	43.683
25.000.000	26.056	30.004	30.004	35.531	35.531	43.427	43.427	48.954	48.954	52.902

(3) Für Umbauten und Modernisierungen kann bei einem durchschnittlichen Schwierigkeitsgrad ein Zuschlag bis 33 Prozent auf das Honorar schriftlich vereinbart werden.

1.2.4 Honorare für Grundleistungen der Bauakustik

(1) Die Kosten für Baukonstruktionen und Anlagen der Technischen Ausrüstung können zu den anrechenbaren Kosten gehören. Der Umfang der mitzuverarbeitenden Bausubstanz kann angemessen berücksichtigt werden.

(2) Die Vertragsparteien können vereinbaren, dass die Kosten für besondere Bauausführungen ganz oder teilweise zu den anrechenbaren Kosten gehören, wenn hierdurch dem Auftragnehmer ein erhöhter Arbeitsaufwand entsteht.

(3) Die Mindest- und Höchstsätze der Honorare für die in Nummer 1.2.2 Absatz 2 aufgeführten Grundleistungen der Bauakustik können anhand der folgenden Honorartafel bestimmt werden:

Flächen in Hektar	Honorarzone I geringe Anforderungen		Honorarzone II durchschnittliche Anforderungen		Honorarzone III hohe Anforderungen	
	von	bis	von	bis	von	bis
	Euro		Euro		Euro	
250.000	1.729	1.985	1.985	2.284	2.284	2.625
275.000	1.840	2.113	2.113	2.431	2.431	2.794
300.000	1.948	2.237	2.237	2.574	2.574	2.959
350.000	2.156	2.475	2.475	2.847	2.847	3.273
400.000	2.353	2.701	2.701	3.108	3.108	3.573
500.000	2.724	3.127	3.127	3.598	3.598	4.136
600.000	3.069	3.524	3.524	4.055	4.055	4.661
750.000	3.553	4.080	4.080	4.694	4.694	5.396
1.000.000	4.291	4.927	4.927	5.669	5.669	6.516
1.250.000	4.968	5.704	5.704	6.563	6.563	7.544
1.500.000	5.599	6.429	6.429	7.397	7.397	8.503
2.000.000	6.763	7.765	7.765	8.934	8.934	10.270
2.500.000	7.830	8.990	8.990	10.343	10.343	11.890
3.500.000	9.766	11.213	11.213	12.901	12.901	14.830
5.000.000	12.345	14.174	14.174	16.307	16.307	18.746
7.500.000	16.114	18.502	18.502	21.287	21.287	24.470
10.000.000	19.470	22.354	22.354	25.719	25.719	29.565
15.000.000	25.422	29.188	29.188	33.582	33.582	38.604
20.000.000	30.722	35.273	35.273	40.583	40.583	46.652
25.000.000	35.585	40.857	40.857	47.008	47.008	54.037

(4) Für Umbauten und Modernisierungen kann bei einem durchschnittlichen Schwierigkeitsgrad ein Zuschlag bis 33 Prozent auf das Honorar schriftlich vereinbart werden.

(5) Die Leistungen der Bauakustik können den Honorarzonen anhand folgender Bewertungsmerkmale zugeordnet werden:

1. Art der Nutzung,
2. Anforderungen des Immissionsschutzes,
3. Anforderungen des Emissionsschutzes,
4. Art der Hüllkonstruktion, Anzahl der Konstruktionstypen,
5. Art und Intensität der Außenlärmbelastung,
6. Art und Umfang der Technischen Ausrüstung.

(6) § 52 Absatz 3 kann sinngemäß angewendet werden.

(7) Objektliste für die Bauakustik

Die nachstehend aufgeführten Innenräume können in der Regel den Honorarzonen wie folgt zugeordnet werden:

	Honorarzone		
Objektliste – Bauakustik	I	II	III
Wohnhäuser, Heime, Schulen, Verwaltungsgebäude oder Banken mit jeweils durchschnittlicher Technischer Ausrüstung oder entsprechendem Ausbau	X		
Heime, Schulen, Verwaltungsgebäude mit jeweils überdurchschnittlicher Technischer Ausrüstung oder entsprechendem Ausbau		X	
Wohnhäuser mit versetzten Grundrissen		X	

Objektliste – Bauakustik	Honorarzone		
	I	II	III
Wohnhäuser mit Außenlärmbelastungen		X	
Hotels, soweit nicht in Honorarzone III erwähnt		X	
Universitäten oder Hochschulen		X	
Krankenhäuser, soweit nicht in Honorarzone III erwähnt		X	
Gebäude für Erholung, Kur oder Genesung		X	
Versammlungsstätten, soweit nicht in Honorarzone III erwähnt		X	
Werkstätten mit schutzbedürftigen Räumen		X	
Hotels mit umfangreichen gastronomischen Einrichtungen			X
Gebäude mit gewerblicher Nutzung oder Wohnnutzung			X
Krankenhäuser in bauakustisch besonders ungünstigen Lagen oder mit ungünstiger Anordnung der Versorgungseinrichtungen			X
Theater-, Konzert- oder Kongressgebäude			X
Tonstudios oder akustische Messräume			X

1.2.5 Honorare für Grundleistungen der Raumakustik

(1) Das Honorar für jeden Innenraum, für den Grundleistungen zur Raumakustik erbracht werden, kann sich nach den anrechenbaren Kosten nach Absatz 2, nach der Honorarzone, der der Innenraum zuzuordnen ist, sowie nach der Honorartafel in Absatz 3 richten.

(2) Die Kosten für Baukonstruktionen und Technische Ausrüstung sowie die Kosten für die Ausstattung (DIN 276 – 1: 2008-12, Kostengruppe 610) des Innenraums können zu den anrechenbaren Kosten gehören. Die Kosten für die Baukonstruktionen und Technische Ausrüstung werden für die Anrechnung durch den Bruttorauminhalt des Gebäudes geteilt und mit dem Rauminhalt des Innenraums multipliziert. Der Umfang der mitzuverarbeitenden Bausubstanz kann angemessen berücksichtigt werden.

(3) Die Mindest- und Höchstsätze der Honorare für die in Nummer 1.2.2 Absatz 2 aufgeführten Grundleistungen der Raumakustik können anhand der folgenden Honorartafel bestimmt werden.

Anrechenbare Kosten in Euro	Honorarzone I sehr geringe Anforderungen		Honorarzone II geringe Anforderungen		Honorarzone III durchschnittliche Anforderungen		Honorarzone IV hohe Anforderungen		Honorarzone V sehr hohe Anforderungen	
	von	bis	von	bis	von	bis	von	bis	von	bis
	Euro		Euro		Euro		Euro		Euro	
50.000	1.714	2.226	2.226	2.737	2.737	3.279	3.279	3.790	3.790	4.301
75.000	1.805	2.343	2.343	2.882	2.882	3.452	3.452	3.990	3.990	4.528
100.000	1.892	2.457	2.457	3.021	3.021	3.619	3.619	4.183	4.183	4.748
150.000	2.061	2.676	2.676	3.291	3.291	3.942	3.942	4.557	4.557	5.171
200.000	2.225	2.888	2.888	3.551	3.551	4.254	4.254	4.917	4.917	5.581

Anrechenbare Kosten in Euro	Honorarzone I sehr geringe Anforderungen von bis Euro		Honorarzone II geringe Anforderungen von bis Euro		Honorarzone III durchschnittliche Anforderungen von bis Euro		Honorarzone IV hohe Anforderungen von bis Euro		Honorarzone V sehr hohe Anforderungen von bis Euro	
250.000	2.384	3.095	3.095	3.806	3.806	4.558	4.558	5.269	5.269	5.980
300.000	2.540	3.297	3.297	4.055	4.055	4.857	4.857	5.614	5.614	6.371
400.000	2.844	3.693	3.693	4.541	4.541	5.439	5.439	6.287	6.287	7.136
500.000	3.141	4.078	4.078	5.015	5.015	6.007	6.007	6.944	6.944	7.881
750.000	3.860	5.011	5.011	6.163	6.163	7.382	7.382	8.533	8.533	9.684
1.000.000	4.555	5.913	5.913	7.272	7.272	8.710	8.710	10.069	10.069	11.427
1.500.000	5.896	7.655	7.655	9.413	9.413	11.275	11.275	13.034	13.034	14.792
2.000.000	7.193	9.338	9.338	11.483	11.483	13.755	13.755	15.900	15.900	18.045
2.500.000	8.457	10.979	10.979	13.501	13.501	16.172	16.172	18.694	18.694	21.217
3.000.000	9.696	12.588	12.588	15.479	15.479	18.541	18.541	21.433	21.433	24.325
4.000.000	12.115	15.729	15.729	19.342	19.342	23.168	23.168	26.781	26.781	30.395
5.000.000	14.474	18.791	18.791	23.108	23.108	27.679	27.679	31.996	31.996	36.313
6.000.000	16.786	21.793	21.793	26.799	26.799	32.100	32.100	37.107	37.107	42.113
7.000.000	19.060	24.744	24.744	30.429	30.429	36.448	36.448	42.133	42.133	47.817
7.500.000	20.184	26.204	26.204	32.224	32.224	38.598	38.598	44.618	44.618	50.638

(4) Für Umbauten und Modernisierungen kann bei einem durchschnittlichen Schwierigkeitsgrad ein Zuschlag bis 33 Prozent auf das Honorar vereinbart werden.

(5) Innenräume können nach den im Absatz 6 genannten Bewertungsmerkmalen folgenden Honorarzonen zugeordnet werden:

1. Honorarzone I: Innenräume mit sehr geringen Anforderungen,
2. Honorarzone II: Innenräume mit geringen Anforderungen,
3. Honorarzone III: Innenräume mit durchschnittlichen Anforderungen,
4. Honorarzone IV: Innenräume mit hohen Anforderungen,
5. Honorarzone V: Innenräume mit sehr hohen Anforderungen.

(6) Für die Zuordnung zu den Honorarzonen können folgende Bewertungsmerkmale herangezogen werden:

1. Anforderungen an die Einhaltung der Nachhallzeit,
2. Einhalten eines bestimmten Frequenzganges der Nachhallzeit,
3. Anforderungen an die räumliche und zeitliche Schallverteilung,
4. akustische Nutzungsart des Innenraums,
5. Veränderbarkeit der akustischen Eigenschaften des Innenraums.

(7) Objektliste für die Raumakustik

Die nachstehend aufgeführten Innenräume können in der Regel den Honorarzonen wie folgt zugeordnet werden:

Objektliste – Raumakustik	Honorarzone				
	I	II	III	IV	V
Pausenhallen, Spielhallen, Liege- und Wandelhallen	X				
Großraumbüros		X			
Unterrichts-, Vortrags- und Sitzungsräume					
– bis 500 m³		X			
– 500 bis 1500 m³			X		
– über 1500 m³				X	
Filmtheater					
– bis 1000 m³		X			
– 1000 bis 3000 m³			X		
– über 3000 m³				X	
Kirchen					
– bis 1000 m³		X			
– 1000 bis 3000 m³			X		
– über 3000 m³				X	
Sporthallen, Turnhallen					
– nicht teilbar, bis 1000 m³		X			
– teilbar, bis 3000 m³			X		
Mehrzweckhallen					
– bis 3000 m³				X	
– über 3000 m³					X
Konzertsäle, Theater, Opernhäuser x					X
Innenräume mit veränderlichen akustischen Eigenschaften					X

(8) § 52 Absatz 3 kann sinngemäß angewendet werden.

1.3 Geotechnik

1.3.1 Anwendungsbereich

(1) Die Leistungen für Geotechnik können die Beschreibung und Beurteilung der Baugrund- und Grundwasserverhältnisse für Gebäude und Ingenieurbauwerke im Hinblick auf das Objekt und die Erarbeitung einer Gründungsempfehlung umfassen. Dazu gehört auch die Beschreibung der Wechselwirkung zwischen Baugrund und Bauwerk sowie die Wechselwirkung mit der Umgebung.

(2) Die Leistungen können insbesondere das Festlegen von Baugrundkennwerten und von Kennwerten für rechnerische Nachweise zur Standsicherheit und Gebrauchstauglichkeit des Objektes, die Abschätzung zum Schwankungsbereich des Grundwassers sowie die Einordnung des Baugrundes nach bautechnischen Klassifikationsmerkmalen umfassen.

1.3.2 Besondere Grundlagen des Honorars

(1) Das Honorar der Grundleistungen kann sich nach den anrechenbaren Kosten der Tragwerksplanung nach § 50 Absatz 1 bis Absatz 3 für das gesamte Objekt aus Bauwerk und Baugrube richten.

(2) Das Honorar für Ingenieurbauwerke mit großer Längenausdehnung (Linienbauwerke) kann ergänzend frei vereinbart werden.

1.3.3 Leistungsbild Geotechnik

(1) Grundleistungen können die Beschreibung und Beurteilung der Baugrundund Grundwasserverhältnisse sowie die daraus abzuleitenden Empfehlungen für die Gründung einschließlich der Angabe der Bemessungsgrößen für eine Flächen- oder Pfahlgründung, Hinweise zur Herstellung und Trockenhaltung der Baugrube und des Bauwerks, Angaben zur Auswirkung des Bauwerks auf die Umgebung und auf Nachbarbauwerke sowie Hinweise zur Bauausführung umfassen. Die Darstellung der Inhalte kann im Geotechnischen Bericht erfolgen.

(2) Die Grundleistungen können in folgenden Teilleistungen zusammengefasst und wie folgt in Prozentsätzen der Honorare der Nummer 1.3.4 bewertet werden:
1. für die Teilleistung a) (Grundlagenermittlung und Erkundungskonzept) mit 15 Prozent,
2. für die Teilleistung b) (Beschreiben der Baugrund- und Grundwasserverhältnisse) mit 35 Prozent,
3. für die Teilleistung c) (Beurteilung der Baugrund- und Grundwasserverhältnisse, Empfehlungen, Hinweise, Angaben zur Bemessung der Gründung) mit 50 Prozent.

(3) Das Leistungsbild kann sich wie folgt zusammensetzen:

Grundleistungen	Besondere Leistungen
Geotechnischer Bericht	
a) Grundlagenermittlung und Erkundungskonzept – Klären der Aufgabenstellung, Ermitteln der Baugrund- und Grundwasserverhältnisse auf Basis vorhandener Unterlagen – Festlegen und Darstellen der erforderlichen Baugrunderkundungen b) Beschreiben der Baugrund- und Grundwasserverhältnisse – Auswerten und Darstellen der Baugrunderkundungen sowie der Labor- und Felduntersuchungen – Abschätzen des Schwankungsbereiches von Wasserständen und/oder Druckhöhen im Boden – Klassifizieren des Baugrunds und Festlegen der Baugrundkennwerte c) Beurteilung der Baugrund- und Grundwasserverhältnisse, Empfehlungen, Hinweise, Angaben zur Bemessung der Gründung – Beurteilung des Baugrunds – Empfehlung für die Gründung mit Angabe der geotechnischen Bemessungsparameter (zum Beispiel Angaben zur Bemessung einer Flächen- oder Pfahlgründung) – Angabe der zu erwartenden Setzungen für die vom Tragwerksplaner im Rahmen der Entwurfsplanung nach § 49 zu erbringenden Grundleistungen – Hinweise zur Herstellung und Trockenhaltung der Baugrube und des Bauwerks sowie Angaben zur Auswirkung der Baumaßnahme auf Nachbarbauwerke – Allgemeine Angaben zum Erdbau – Angaben zur geotechnischen Eignung von Aushubmaterial zur Wiederverwendung bei der betreffenden Baumaßnahme sowie Hinweise zur Bauausführung	– Beschaffen von Bestandsunterlagen – Vorbereiten und Mitwirken bei der Vergabe von Aufschlussarbeiten und deren Überwachung – Veranlassen von Labor- und Felduntersuchungen – Aufstellen von geotechnischen Berechnungen zur Standsicherheit oder Gebrauchstauglichkeit, wie zum Beispiel Setzungs-, Grundbruch- und Geländebruchberechnungen – Aufstellen von hydrogeologischen, geohydraulischen und besonderen numerischen Berechnungen – Beratung zu Dränanlagen, Anlagen zur Grundwasserabsenkung oder sonstigen ständigen oder bauzeitlichen Eingriffen in das Grundwasser – Beratung zu Probebelastungen sowie fachtechnisches Betreuen und Auswerten – geotechnische Beratung zu Gründungselementen, Baugruben- oder Hangsicherungen und Erdbauwerken, Mitwirkung bei der Beratung zur Sicherung von Nachbarbauwerken – Untersuchungen zur Berücksichtigung dynamischer Beanspruchungen bei der Bemessung des Objekts oder seiner Gründung sowie Beratungsleistungen zur Vermeidung oder Beherrschung von dynamischen Einflüssen – Mitwirken bei der Bewertung von Nebenangeboten aus geotechnischer Sicht – Mitwirken während der Planung oder Ausführung des Objekts sowie Besprechungs- und Ortstermine – geotechnische Freigaben

1.3.4 Honorare Geotechnik

(1) Honorare für die in Nummer 1.3.3 Absatz 3 aufgeführten Grundleistungen können nach der folgenden Honorartafel bestimmt werden:

Anrechenbare Kosten in Euro	Honorarzone I sehr geringe Anforderungen von bis Euro		Honorarzone II geringe Anforderungen von bis Euro		Honorarzone III durchschnittliche Anforderungen von bis Euro		Honorarzone IV hohe Anforderungen von bis Euro		Honorarzone V sehr hohe Anforderungen von bis Euro	
50.000	789	1.222	1.222	1.654	1.654	2.105	2.105	2.537	2.537	2.970
75.000	951	1.472	1.472	1.993	1.993	2.537	2.537	3.058	3.058	3.579
100.000	1.086	1.681	1.681	2.276	2.276	2.896	2.896	3.491	3.491	4.086
125.000	1.204	1.863	1.863	2.522	2.522	3.210	3.210	3.869	3.869	4.528
150.000	1.309	2.026	2.026	2.742	2.742	3.490	3.490	4.207	4.207	4.924

Anrechenbare Kosten in Euro	Honorarzone I sehr geringe Anforderungen von bis Euro		Honorarzone II geringe Anforderungen von bis Euro		Honorarzone III durchschnittliche Anforderungen von bis Euro		Honorarzone IV hohe Anforderungen von bis Euro		Honorarzone V sehr hohe Anforderungen von bis Euro	
200.000	1.494	2.312	2.312	3.130	3.130	3.984	3.984	4.802	4.802	5.621
300.000	1.800	2.786	2.786	3.772	3.772	4.800	4.800	5.786	5.786	6.772
400.000	2.054	3.179	3.179	4.304	4.304	5.478	5.478	6.603	6.603	7.728
500.000	2.276	3.522	3.522	4.768	4.768	6.069	6.069	7.315	7.315	8.561
750.000	2.740	4.241	4.241	5.741	5.741	7.307	7.307	8.808	8.808	10.308
1.000.000	3.125	4.836	4.836	6.548	6.548	8.334	8.334	10.045	10.045	11.756
1.500.000	3.765	5.827	5.827	7.889	7.889	10.041	10.041	12.103	12.103	14.165
2.000.000	4.297	6.650	6.650	9.003	9.003	11.459	11.459	13.812	13.812	16.165
3.000.000	5.175	8.009	8.009	10.842	10.842	13.799	13.799	16.633	16.633	19.467
5.000.000	6.535	10.114	10.114	13.693	13.693	17.428	17.428	21.007	21.007	24.586
7.500.000	7.878	12.192	12.192	16.506	16.506	21.007	21.007	25.321	25.321	29.635
10.000.000	8.994	13.919	13.919	18.844	18.844	23.983	23.983	28.909	28.909	33.834
15.000.000	10.839	16.775	16.775	22.711	22.711	28.905	28.905	34.840	34.840	40.776
20.000.000	12.373	19.148	19.148	25.923	25.923	32.993	32.993	39.769	39.769	46.544
25.000.000	13.708	21.215	21.215	28.722	28.722	36.556	36.556	44.063	44.063	51.570

(2) Die Honorarzone kann bei den geotechnischen Grundleistungen aufgrund folgender Bewertungsmerkmale ermittelt werden:

1. Honorarzone I: Gründungen mit sehr geringem Schwierigkeitsgrad, insbesondere gering setzungsempfindliche Objekte mit einheitlicher Gründungsart bei annähernd regelmäßigem Schichtenaufbau des Untergrundes mit einheitlicher Tragfähigkeit und Setzungsfähigkeit innerhalb der Baufläche;

2. Honorarzone II: Gründungen mit geringem Schwierigkeitsgrad, insbesondere
   - setzungsempfindliche Objekte sowie gering setzungsempfindliche Objekte mit bereichsweise unterschiedlicher Gründungsart oder bereichsweise stark unterschiedlichen Lasten bei annähernd regelmäßigem Schichtenaufbau des Untergrundes mit einheitlicher Tragfähigkeit und Setzungsfähigkeit innerhalb der Baufläche,
   - gering setzungsempfindliche Objekte mit einheitlicher Gründungsart bei unregelmäßigem Schichtenaufbau des Untergrundes mit unterschiedlicher Tragfähigkeit und Setzungsfähigkeit innerhalb der Baufläche;

3. Honorarzone III: Gründungen mit durchschnittlichem Schwierigkeitsgrad, insbesondere
   - stark setzungsempfindliche Objekte bei annähernd regelmäßigem Schichtenaufbau des Untergrundes mit einheitlicher Tragfähigkeit und Setzungsfähigkeit innerhalb der Baufläche,
   - setzungsempfindliche Objekte sowie gering setzungsempfindliche Bauwerke mit bereichsweise unterschiedlicher Gründungsart oder bereichsweise stark unterschiedlichen Lasten bei unregelmäßigem Schichtenaufbau des Untergrundes mit unterschiedlicher Tragfähigkeit und Setzungsfähigkeit innerhalb der Baufläche,

    – gering setzungsempfindliche Objekte mit einheitlicher Gründungsart bei unregelmäßigem Schichtenaufbau des Untergrundes mit stark unterschiedlicher Tragfähigkeit und Setzungsfähigkeit innerhalb der Baufläche;

4. Honorarzone IV: Gründungen mit hohem Schwierigkeitsgrad, insbesondere
   – stark setzungsempfindliche Objekte bei unregelmäßigem Schichtenaufbau des Untergrundes mit unterschiedlicher Tragfähigkeit und Setzungsfähigkeit innerhalb der Baufläche,
   – setzungsempfindliche Objekte sowie gering setzungsempfindliche Objekte mit bereichsweise unterschiedlicher Gründungsart oder bereichsweise stark unterschiedlichen Lasten bei unregelmäßigem Schichtenaufbau des Untergrundes mit stark unterschiedlicher Tragfähigkeit und Setzungsfähigkeit innerhalb der Baufläche;

5. Honorarzone V: Gründungen mit sehr hohem Schwierigkeitsgrad, insbesondere stark setzungsempfindliche Objekte bei unregelmäßigem Schichtenaufbau des Untergrundes mit stark unterschiedlicher Tragfähigkeit und Setzungsfähigkeit innerhalb der Baufläche.

(3) § 52 Absatz 3 kann sinngemäß angewendet werden.

(4) Die Aspekte des Grundwassereinflusses auf das Objekt und die Nachbarbebauung können bei der Festlegung der Honorarzone zusätzlich berücksichtigen werden.

1.4 Ingenieurvermessung

1.4.1 Anwendungsbereich

(1) Leistungen der Ingenieurvermessung können das Erfassen raumbezogener Daten über Bauwerke und Anlagen, Grundstücke und Topographie, das Erstellen von Plänen, das Übertragen von Planungen in die Örtlichkeit, sowie das vermessungstechnische Überwachen der Bauausführung einbeziehen, soweit die Leistungen mit besonderen instrumentellen und vermessungstechnischen Verfahrensanforderungen erbracht werden müssen. Ausgenommen von Satz 1 sind Leistungen, die nach landesrechtlichen Vorschriften für Zwecke der Landesvermessung und des Liegenschaftskatasters durchgeführt werden.

(2) Zur Ingenieurvermessung können gehören:

1. Planungsbegleitende Vermessungen für die Planung und den Entwurf von Gebäuden, Ingenieurbauwerken, Verkehrsanlagen sowie für Flächenplanungen,

2. Bauvermessung vor und während der Bauausführung und die abschließende Bestandsdokumentation von Gebäuden, Ingenieurbauwerken und Verkehrsanlagen,

3. sonstige Vermessungstechnische Leistungen:
   – Vermessung an Objekten außerhalb der Planungs- und Bauphase,
   – Vermessung bei Wasserstraßen,
   – Fernerkundungen, die das Aufnehmen, Auswerten und Interpretieren von Luftbildern und anderer raumbezogener Daten umfassen, die durch Aufzeichnung über eine große Distanz erfasst sind, als Grundlage insbesondere für Zwecke der Raumordnung und des Umweltschutzes,
   – vermessungstechnische Leistungen zum Aufbau von geographisch-geometrischen Datenbasen für raumbezogene Informationssysteme sowie
   – vermessungstechnische Leistungen, soweit sie nicht in Absatz 1 und Absatz 2 erfasst sind.

1.4.2 Grundlagen des Honorars bei der Planungsbegleitenden Vermessung

(1) Das Honorar für Grundleistungen der Planungsbegleitenden Vermessung kann sich nach der Summe der Verrechnungseinheiten, der Honorarzone in Nummer 1.4.3 und der Honorartafel in Nummer 1.4.8 richten.

(2) Die Verrechnungseinheiten können sich aus der Größe der aufzunehmenden Flächen und deren Punktdichte berechnen. Die Punktdichte beschreibt die durchschnittliche Anzahl der für die Erfassung der planungsrelevanten Daten je Hektar zu messenden Punkte.

(3) Abhängig von der Punktdichte können die Flächen den nachstehenden Verrechnungseinheiten (VE) je Hektar (ha) zugeordnet werden.

sehr geringe Punktdichte (ca. 70 Punkte / ha) 50 VE

geringe Punktdichte (ca. 150 Punkte / ha) 70 VE

durchschnittliche Punktdichte (ca. 250 Punkte / ha) 100 VE

hohe Punktdichte (ca. 350 Punkte / ha) 130 VE

sehr hohe Punktdichte (ca. 500 Punkte / ha) 150 VE.

(4) Umfasst ein Auftrag Vermessungen für mehrere Objekte, so können die Honorare für die Vermessung jedes Objektes getrennt berechnet werden.

1.4.3 Honorarzonen für Grundleistungen bei der Planungsbegleitenden Vermessung

(1) Die Honorarzone kann bei der Planungsbegleitenden Vermessung aufgrund folgender Bewertungsmerkmale ermittelt werden:

a) Qualität der vorhandenen Daten und Kartenunterlagen

sehr hoch	1 Punkt
hoch	2 Punkte
befriedigend	3 Punkte
kaum ausreichend	4 Punkte
mangelhaft	5 Punkte

b) Qualität des vorhandenen geodätischen Raumbezugs

sehr hoch	1 Punkt
hoch	2 Punkte
befriedigend	3 Punkte
kaum ausreichend	4 Punkte
mangelhaft	5 Punkte

c) Anforderungen an die Genauigkeit

sehr gering	1 Punkt
gering	2 Punkte
durchschnittlich	3 Punkte
hoch	4 Punkte
sehr hoch	5 Punkte

d) Beeinträchtigungen durch die Geländebeschaffenheit und bei der Begehbarkeit

sehr gering	1 bis 2 Punkte
gering	3 bis 4 Punkte
durchschnittlich	5 bis 6 Punkte
hoch	7 bis 8 Punkte
sehr hoch	9 bis 10 Punkte

e) Behinderung durch Bebauung und Bewuchs

sehr gering	1 bis 3 Punkte
gering	4 bis 6 Punkte
durchschnittlich	7 bis 9 Punkte
hoch	10 bis 12 Punkte
sehr hoch	13 bis 15 Punkte

f) Behinderung durch Verkehr

sehr gering	1 bis 3 Punkte
gering	4 bis 6 Punkte
durchschnittlich	7 bis 9 Punkte
hoch	10 bis 12 Punkte
sehr hoch	13 bis 15 Punkte

(2) Die Honorarzone kann sich aus der Summe der Bewertungspunkte wie folgt ergeben:

Honorarzone I	bis 13 Punkte
Honorarzone II	14 bis 23 Punkte
Honorarzone III	24 bis 34 Punkte
Honorarzone IV	35 bis 44 Punkte
Honorarzone V	45 bis 55 Punkte.

1.4.4 Leistungsbild Planungsbegleitende Vermessung

(1) Das Leistungsbild Planungsbegleitende Vermessung kann die Aufnahme planungsrelevanter Daten und die Darstellung in analoger und digitaler Form für die Planung und den Entwurf von Gebäuden, Ingenieurbauwerken, Verkehrsanlagen sowie für Flächenplanungen umfassen.

(2) Die Grundleistungen können in vier Leistungsphasen zusammengefasst und wie folgt in Prozentsätzen der Honorare der Nummer 1.4.8 Absatz 1 bewertet werden:

1. für die Leistungsphase 1 (Grundlagenermittlung) mit 5 Prozent,

2. für die Leistungsphase 2 (Geodätischer Raumbezug) mit 20 Prozent,

3. für die Leistungsphase 3 (Vermessungstechnische Grundlagen) mit 65 Prozent,

4. für die Leistungsphase 4 (Digitales Geländemodell mit 10 Prozent.

(3) Das Leistungsbild kann sich wie folgt zusammensetzen:

Grundleistungen	Besondere Leistungen
1. Grundlagenermittlung	
a) Einholen von Informationen und Beschaffen von Unterlagen über die Örtlichkeit und das geplante Objekt b) Beschaffen vermessungstechnischer Unterlagen und Daten c) Ortsbesichtigung d) Ermitteln des Leistungsumfangs in Abhängigkeit von den Genauigkeitsanforderungen und dem Schwierigkeitsgrad	– Schriftliches Einholen von Genehmigungen zum Betreten von Grundstücken, von Bauwerken, zum Befahren von Gewässern und für anordnungsbedürftige Verkehrssicherungsmaßnahmen

Grundleistungen	Besondere Leistungen
2. Geodätischer Raumbezug	
a) Erkunden und Vermarken von Lage und Höhenfestpunkten b) Fertigen von Punktbeschreibungen und Einmessungsskizzen c) Messungen zum Bestimmen der Fest und Passpunkte d) Auswerten der Messungen und Erstellen des Koordinaten- und Höhenverzeichnisses	– Entwurf, Messung und Auswertung von Sondernetzen hoher Genauigkeit – Vermarken aufgrund besonderer Anforderungen – Aufstellung von Rahmenmessprogrammen
3. Vermessungstechnische Grundlagen	
a) Topographische/morphologische Geländeaufnahme einschließlich Erfassen von Zwangspunkten und planungsrelevanter Objekte b) Aufbereiten und Auswerten der erfassten Daten c) Erstellen eines Digitalen Lagemodells mit ausgewählten planungsrelevanten Höhenpunkten d) Übernehmen von Kanälen, Leitungen, Kabeln und unterirdischen Bauwerken aus vorhandenen Unterlagen e) Übernehmen des Liegenschaftskatasters f) Übernehmen der bestehenden öffentlich-rechtlichen Festsetzungen g) Erstellen von Plänen mit Darstellen der Situation im Planungsbereich mit ausgewählten planungsrelevanten Höhenpunkten h) Liefern der Pläne und Daten in analoger und digitaler Form	– Maßnahmen für anordnungsbedürftige Verkehrssicherung – Orten und Aufmessen des unterirdischen Bestandes – Vermessungsarbeiten unter Tage, unter Wasser oder bei Nacht – Detailliertes Aufnehmen bestehender Objekte und Anlagen neben der normalen topographischen Aufnahme wie zum Beispiel Fassaden und Innenräume von Gebäuden – Ermitteln von Gebäudeschnitten – Aufnahmen über den festgelegten Planungsbereich hinaus – Erfassen zusätzlicher Merkmale wie zum Beispiel Baumkronen – Eintragen von Eigentümerangaben – Darstellen in verschiedenen Maßstäben – Ausarbeiten der Lagepläne entsprechend der rechtlichen Bedingungen für behördliche Genehmigungsverfahren – Übernahme der Objektplanung in ein digitales Lagemodell
4. Digitales Geländemodell	
a) Selektion der die Geländeoberfläche beschreibenden Höhenpunkte und Bruchkanten aus der Geländeaufnahme b) Berechnung eines digitalen Geländemodells c) Ableitung von Geländeschnitten d) Darstellen der Höhen in Punkt-, Raster- oder Schichtlinienform e) Liefern der Pläne und Daten in analoger und digitaler Form	

1.4.5 Grundlagen des Honorars bei der Bauvermessung

(1) Das Honorar für Grundleistungen bei der Bauvermessung kann sich nach den anrechenbaren Kosten des Objekts, der Honorarzone in Nummer 1.4.6 und der Honorartafel in Nummer 1.4.8 Absatz 2 richten.

(2) Anrechenbare Kosten können die Herstellungskosten des Objekts darstellen. Diese können entsprechend § 4 Absatz 1 und

1. bei Gebäuden entsprechend § 33 ,

2. bei Ingenieurbauwerken entsprechend § 42,

3. bei Verkehrsanlagen entsprechend § 46

ermittelt werden.

Anrechenbar können bei Ingenieurbauwerken 100 Prozent, bei Gebäuden und Verkehrsanlagen 80 Prozent der ermittelten Kosten sein.

(3) Die Absätze 1 und 2 sowie die Nummer 1.4.6 und Nummer 1.4.7 finden keine Anwendung für vermessungstechnische Grundleistungen bei ober- und unterirdischen Leitungen, Tunnel-, Stollen- und Kavernenbauwerken, innerörtlichen Verkehrsanlagen mit überwiegend innerörtlichem Verkehr, bei Geh- und Radwegen sowie Gleis- und Bahnsteiganlagen. Das Honorar für die in Satz 1 genannten Objekte kann ergänzend frei vereinbart werden.

1.4.6 Honorarzonen für Grundleistungen bei der Bauvermessung

(1) Die Honorarzone kann bei der Bauvermessung aufgrund folgender Bewertungsmerkmale ermittelt werden:

a) Beeinträchtigungen durch die Geländebeschaffenheit und bei der Begehbarkeit

sehr gering	1 Punkt
gering	2 Punkte
durchschnittlich	3 Punkte
hoch	4 Punkte
sehr hoch	5 Punkte

b) Behinderungen durch Bebauung und Bewuchs

sehr gering	1 bis 2 Punkte
gering	3 bis 4 Punkte
durchschnittlich	5 bis 6 Punkte
hoch	7 bis 8 Punkte
sehr hoch	9 bis 10 Punkte

c) Behinderung durch den Verkehr

sehr gering	1 bis 2 Punkte
gering	3 bis 4 Punkte
durchschnittlich	5 bis 6 Punkte
hoch	7 bis 8 Punkte
sehr hoch	9 bis 10 Punkte

d) Anforderungen an die Genauigkeit

sehr gering	1 bis 2 Punkte
gering	3 bis 4 Punkte
durchschnittlich	5 bis 6 Punkte
hoch	7 bis 8 Punkte
sehr hoch	9 bis 10 Punkte

e) Anforderungen durch die Geometrie des Objekts

sehr gering	1 bis 2 Punkte
gering	3 bis 4 Punkte
durchschnittlich	5 bis 6 Punkte
hoch	7 bis 8 Punkte
sehr hoch	9 bis 10 Punkte

f) Behinderung durch den Baubetrieb

sehr gering	1 bis 3 Punkte
gering	4 bis 6 Punkte
durchschnittlich	7 bis 9 Punkte
hoch	10 bis 12 Punkte
sehr hoch	13 bis 15 Punkte.

(2) Die Honorarzone kann sich aus der Summe der Bewertungspunkte wie folgt ergeben:

Honorarzone I	bis 14 Punkte
Honorarzone II	15 bis 25 Punkte
Honorarzone III	26 bis 37 Punkte
Honorarzone IV	38 bis 48 Punkte
Honorarzone V	49 bis 60 Punkte.

1.4.7 Leistungsbild Bauvermessung

(1) Das Leistungsbild Bauvermessung kann die Vermessungsleistungen für den Bau und die abschließende Bestandsdokumentation von Gebäuden, Ingenieurbauwerken und Verkehrsanlagen umfassen.

(2) Die Grundleistungen können in fünf Leistungsphasen zusammengefasst und wie folgt in Prozentsätzen der Honorare der Nummer 1.4.8 Absatz 2 bewertet werden:

1. für die Leistungsphase 1 (Baugeometrische Beratung) mit 2 Prozent

2. für die Leistungsphase 2 (Absteckungsunterlagen) mit 5 Prozent

3. für die Leistungsphase 3 (Bauvorbereitende Vermessung) mit 16 Prozent

4. für die Leistungsphase 4 (Bauausführungsvermessung) mit 62 Prozent

5. für die Leistungsphase 5 (Vermessungstechnische Überwachung der Bauausführung) mit 15 Prozent.

(3) Das Leistungsbild kann sich wie folgt zusammensetzen:

Grundleistungen	Besondere Leistungen
1. Baugeometrische Beratung	
a) Ermitteln des Leistungsumfanges in Abhängigkeit vom Projekt b) Beraten, insbesondere im Hinblick auf die erforderlichen Genauigkeiten und zur Konzeption eines Messprogramms c) Festlegen eines für alle Beteiligten verbindlichen Maß-, Bezugs- und Benennungssystems	– Erstellen von vermessungstechnischen Leistungsbeschreibungen – Erarbeiten von Organisationsvorschlägen über Zuständigkeiten, Verantwortlichkeit und Schnittstellen der Objektvermessung – Erstellen von Messprogrammen für Bewegungs- und Deformationsmessungen, einschließlich Vorgaben für die Baustelleneinrichtung

Grundleistungen	Besondere Leistungen
2. Absteckungsunterlagen	
a) Berechnen der Detailgeometrie anhand der Ausführungsplanung, Erstellen eines Absteckungsplanes und Berechnen von Absteckungsdaten einschließlich Aufzeigen von Widersprüchen (Absteckungsunterlagen)	– Durchführen von zusätzlichen Aufnahmen und ergänzende Berechnungen, falls keine qualifizierten Unterlagen aus der Leistungsphase vermessungstechnische Grundlagen vorliegen – Durchführen von Optimierungsberechnungen im Rahmen der Baugeometrie (zum Beispiel Flächennutzung, Abstandsflächen) – Erarbeitung von Vorschlägen zur Beseitigung von Widersprüchen bei der Verwendung von Zwangspunkten (zum Beispiel bauordnungsrechtliche Vorgaben)
3. Bauvorbereitende Vermessung	
a) Prüfen und Ergänzen des bestehenden Festpunktfeldes b) Zusammenstellung und Aufbereitung der Absteckungsdaten c) Absteckung: Übertragen der Projektgeometrie (Hauptpunkte) und des Baufeldes in die Örtlichkeit d) Übergabe der Lage- und Höhenfestpunkte, der Hauptpunkte und der Absteckungsunterlagen an das bauausführende Unternehmen	– Absteckung auf besondere Anforderungen (zum Beispiel Archäologie, Ausholzung, Grobabsteckung, Kampfmittelräumung)
4. Bauausführungsvermessung	
a) Messungen zur Verdichtung des Lage und Höhenfestpunktfeldes b) Messungen zur Überprüfung und Sicherung von Fest- und Achspunkten c) Baubegleitende Absteckungen der geometriebestimmenden Bauwerkspunkte nach Lage und Höhe d) Messungen zur Erfassung von Bewe-gungen und Deformationen des zu erstellenden Objekts an konstruktiv bedeutsamen Punkten e) Baubegleitende Eigenüberwachungsmessungen und deren Dokumentation f) Fortlaufende Bestandserfassung während der Bauausführung als Grundlage für den Bestandplan	– Erstellen und Konkretisieren des Messprogramms – Absteckungen unter Berücksichtigung von belastungs- und fertigungstechnischen Verformungen – Prüfen der Maßgenauigkeit von Fertigteilen – Aufmaß von Bauleistungen, soweit besondere vermessungstechnische Leistungen gegeben sind – Ausgabe von Baustellenbestandsplänen während der Bauausführung – Fortführen der vermessungstechnischen Bestandspläne nach Abschluss der Grundleistungen – Herstellen von Bestandsplänen
5. Vermessungstechnische Überwachung der Bauausführung	
a) Kontrollieren der Bauausführung durch stichprobenartige Messungen an Schalungen und entstehenden Bauteilen (Kontrollmessungen) b) Fertigen von Messprotokollen c) Stichprobenartige Bewegungs- und Deformationsmessungen an konstruktiv bedeutsamen Punkten des zu erstellenden Objekts	– Prüfen der Mengenermittlungen – Beratung zu langfristigen vermessungstechnischen Objektüberwachungen im Rahmen der Ausführungskontrolle baulicher Maßnahmen und deren Durchführung – Vermessungen für die Abnahme von Bauleistungen, soweit besondere vermessungstechnische Anforderungen gegeben sind

(4) Die Leistungsphase 4 ist abweichend von Absatz 2 bei Gebäuden mit 45 bis 62 Prozent zu bewerten.

1.4.8 Honorare für Grundleistungen bei der Ingenieurvermessung

(1) Die Honorare für die in Nummer 1.4.4 Absatz 3 aufgeführten Grundleistungen der Planungsbegleitenden Vermessung können sich nach der folgenden Honorartafel richten:

Verrech-nungsein-heiten	Honorarzone I sehr geringe Anforderungen		Honorarzone II geringe Anforderungen		Honorarzone III durchschnittliche Anforderungen		Honorarzone IV hohe Anforderungen		Honorarzone V sehr hohe Anforderungen	
	von	bis	von	bis	von	bis	von	bis	von	bis
	Euro		Euro		Euro		Euro		Euro	
6	658	777	777	914	914	1.051	1.051	1.170	1.170	1.289
20	953	1.123	1.123	1.306	1.306	1.489	1.489	1.659	1.659	1.828
50	1.480	1.740	1.740	2.000	2.000	2.260	2.260	2.520	2.520	2.780
103	2.225	2.616	2.616	3.007	3.007	3.399	3.399	3.790	3.790	4.182
188	3.325	3.826	3.826	4.327	4.327	4.829	4.829	5.330	5.330	5.831
278	4.320	4.931	4.931	5.542	5.542	6.153	6.153	6.765	6.765	7.376
359	5.156	5.826	5.826	6.547	6.547	7.217	7.217	7.939	7.939	8.609
435	5.881	6.656	6.656	7.437	7.437	8.212	8.212	8.994	8.994	9.768
506	6.547	7.383	7.383	8.219	8.219	9.055	9.055	9.892	9.892	10.728
659	7.867	8.859	8.859	9.815	9.815	10.809	10.809	11.765	11.765	12.757
822	9.187	10.299	10.299	11.413	11.413	12.513	12.513	13.625	13.625	14.737
1.105	11.332	12.667	12.667	14.002	14.002	15.336	15.336	16.672	16.672	18.006
1.400	13.525	14.977	14.977	16.532	16.532	18.086	18.086	19.642	19.642	21.196
2.033	17.714	19.597	19.597	21.592	21.592	23.586	23.586	25.582	25.582	27.576
2.713	21.894	24.217	24.217	26.652	26.652	29.086	29.086	31.522	31.522	33.956
3.430	26.074	28.837	28.837	31.712	31.712	34.586	34.586	37.462	37.462	40.336
4.949	34.434	38.077	38.077	41.832	41.832	45.586	45.586	49.342	49.342	53.096
7.385	46.974	51.937	51.937	57.012	57.012	62.086	62.086	67.162	67.162	72.236
11.726	67.874	75.037	75.037	82.312	82.312	89.586	89.586	96.862	96.862	104.136

(2) Die Honorare für die in Nummer 1.4.7 Absatz 3 Grundleistungen der Bauvermessung können sich nach der folgenden Honorartafel richten:

Anrechenbare Kosten in	Honorarzone I sehr geringe Anforderungen		Honorarzone II geringe Anforderungen		Honorarzone III durchschnittliche Anforderungen		Honorarzone IV hohe Anforderungen		Honorarzone V sehr hohe Anforderungen	
Euro	von	bis	von	bis	von	bis	von	bis	von	bis
	Euro		Euro		Euro		Euro		Euro	
50.000	4.282	4.782	4.782	5.283	5.283	5.839	5.839	6.339	6.339	6.840
75.000	4.648	5.191	5.191	5.734	5.734	6.338	6.338	6.881	6.881	7.424
100.000	5.002	5.586	5.586	6.171	6.171	6.820	6.820	7.405	7.405	7.989
150.000	5.684	6.349	6.349	7.013	7.013	7.751	7.751	8.416	8.416	9.080
200.000	6.344	7.086	7.086	7.827	7.827	8.651	8.651	9.393	9.393	10.134

Anrechenbare Kosten in Euro	Honorarzone I sehr geringe Anforderungen		Honorarzone II geringe Anforderungen		Honorarzone III durchschnittliche Anforderungen		Honorarzone IV hohe Anforderungen		Honorarzone V sehr hohe Anforderungen	
	von	bis	von	bis	von	bis	von	bis	von	bis
	Euro		Euro		Euro		Euro		Euro	
250.000	6.987	7.804	7.804	8.621	8.621	9.528	9.528	10.345	10.345	11.162
300.000	7.618	8.508	8.508	9.399	9.399	10.388	10.388	11.278	11.278	12.169
400.000	8.848	9.883	9.883	10.917	10.917	12.066	12.066	13.100	13.100	14.134
500.000	10.048	11.222	11.222	12.397	12.397	13.702	13.702	14.876	14.876	16.051
600.000	11.223	12.535	12.535	13.847	13.847	15.304	15.304	16.616	16.616	17.928
750.000	12.950	14.464	14.464	15.978	15.978	17.659	17.659	19.173	19.173	20.687
1.000.000	15.754	17.596	17.596	19.437	19.437	21.483	21.483	23.325	23.325	25.166
1.500.000	21.165	23.639	23.639	26.113	26.113	28.862	28.862	31.336	31.336	33.810
2.000.000	26.393	29.478	29.478	32.563	32.563	35.990	35.990	39.075	39.075	42.160
2.500.000	31.488	35.168	35.168	38.849	38.849	42.938	42.938	46.619	46.619	50.299
3.000.000	36.480	40.744	40.744	45.008	45.008	49.745	49.745	54.009	54.009	58.273
4.000.000	46.224	51.626	51.626	57.029	57.029	63.032	63.032	68.435	68.435	73.838
5.000.000	55.720	62.232	62.232	68.745	68.745	75.981	75.981	82.494	82.494	89.007
7.500.000	78.690	87.888	87.888	97.085	97.085	107.305	107.305	116.502	116.502	125.700
10.000.000	100.876	112.667	112.667	124.458	124.458	137.559	137.559	149.350	149.350	161.140

1.4.9 Sonstige vermessungstechnische Leistungen

Für sonstige vermessungstechnische Leistungen nach Nummer 1.4.1 kann ein Honorar ergänzend frei vereinbart werden.

Anlage 2 zu § 18 Absatz 2
Grundleistungen im Leistungsbild Flächennutzungsplan

Inhaltsübersicht:

1. Leistungsphase 1: Vorentwurf für die frühzeitigen Beteiligungen
2. Leistungsphase 2: Entwurf zur öffentlichen Auslegung
3. Leistungsphase 3: Plan zur Beschlussfassung

Grundleistungen im Leistungsbild Flächennutzungsplan

Das Leistungsbild setzt sich aus folgenden Grundleistungen je Leistungsphase zusammen:

1. Leistungsphase 1: Vorentwurf für die frühzeitigen Beteiligungen
   a) Zusammenstellen und Werten des vorhandenen Grundlagenmaterials
   b) Erfassen der abwägungsrelevanten Sachverhalte
   c) Ortsbesichtigungen
   d) Festlegen ergänzender Fachleistungen und Formulieren von Entscheidungshilfen für die Auswahl anderer fachlich Beteiligter, soweit notwendig
   e) Analysieren und Darstellen des Zustandes des Plangebiets, soweit für die Planung von Bedeutung und abwägungsrelevant, unter Verwendung hierzu vorliegender Fachbeiträge
   f) Mitwirken beim Festlegen von Zielen und Zwecken der Planung
   g) Erarbeiten des Vorentwurfes in der vorgeschriebenen Fassung mit Begründung für die frühzeitigen Beteiligungen nach den Bestimmungen des Baugesetzbuchs
   h) Darlegen der wesentlichen Auswirkungen der Planung
   i) Berücksichtigen von Fachplanungen
   j) Mitwirken an der frühzeitigen Öffentlichkeitsbeteiligung einschließlich Erörterung der Planung
   k) Mitwirken an der frühzeitigen Beteiligung der Behörden und Stellen, die Träger öffentlicher Belange sind
   l) Mitwirken an der frühzeitigen Abstimmung mit den Nachbargemeinden
   m) Abstimmen des Vorentwurfes für die frühzeitigen Beteiligungen in der vorgeschriebenen Fassung mit der Gemeinde

2. Leistungsphase 2: Entwurf zur öffentlichen Auslegung
   a) Erarbeiten des Entwurfes in der vorgeschriebenen Fassung mit Begründung für die Öffentlichkeits- und Behördenbeteiligung nach den Bestimmungen des Baugesetzbuchs
   b) Mitwirken an der Öffentlichkeitsbeteiligung
   c) Mitwirken an der Beteiligung der Behörden und Stellen, die Träger öffentlicher Belange sind
   d) Mitwirken an der Abstimmung mit den Nachbargemeinden
   e) Mitwirken bei der Abwägung der Gemeinde zu Stellungnahmen aus frühzeitigen Beteiligungen
   f) Abstimmen des Entwurfs mit der Gemeinde

3. Leistungsphase 3: Plan zur Beschlussfassung
    a) Erarbeiten des Planes in der vorgeschriebenen Fassung mit Begründung für den Beschluss durch die Gemeinde
    b) Mitwirken bei der Abwägung der Gemeinde zu Stellungnahmen
    c) Erstellen des Planes in der durch Beschluss der Gemeinde aufgestellten Fassung.

Anlage 3 zu § 19 Absatz 2
Grundleistungen im Leistungsbild Bebauungsplan

Inhaltsübersicht:

1. **Leistungsphase 1: Vorentwurf für die frühzeitigen Beteiligungen**

2. **Leistungsphase 2: Entwurf zur öffentlichen Auslegung**

3. **Leistungsphase 3: Plan zur Beschlussfassung**

Grundleistungen im Leistungsbild Bebauungsplan

1. <u>Leistungsphase 1</u>: Vorentwurf für die frühzeitigen Beteiligungen
   a) Zusammenstellen und Werten des vorhandenen Grundlagenmaterials
   b) Erfassen der abwägungsrelevanten Sachverhalte
   c) Ortsbesichtigungen
   d) Festlegen ergänzender Fachleistungen und Formulieren von Entscheidungshilfen für die Auswahl anderer fachlich Beteiligter, soweit notwendig
   e) Analysieren und Darstellen des Zustandes des Plangebiets, soweit für die Planung von Bedeutung und abwägungsrelevant, unter Verwendung hierzu vorliegender Fachbeiträge
   f) Mitwirken beim Festlegen von Zielen und Zwecken der Planung
   g) Erarbeiten des Vorentwurfes in der vorgeschriebenen Fassung mit Begründung für die frühzeitigen Beteiligungen nach den Bestimmungen des Baugesetzbuchs
   h) Darlegen der wesentlichen Auswirkungen der Planung
   i) Berücksichtigen von Fachplanungen
   j) Mitwirken an der frühzeitigen Öffentlichkeitsbeteiligung einschließlich Erörterung der Planung
   k) Mitwirken an der frühzeitigen Beteiligung der Behörden und Stellen, die Träger öffentlicher Belange sind
   l) Mitwirken an der frühzeitigen Abstimmung mit den Nachbargemeinden
   m) Abstimmen des Vorentwurfes für die frühzeitigen Beteiligungen in der vorgeschriebenen Fassung mit der Gemeinde

2. <u>Leistungsphase 2</u>: Entwurf zur öffentlichen Auslegung
   a) Erarbeiten des Entwurfes in der vorgeschriebenen Fassung mit Begründung für die Öffentlichkeits- und Behördenbeteiligung nach den Bestimmungen des Baugesetzbuchs
   b) Mitwirken an der Öffentlichkeitsbeteiligung
   c) Mitwirken an der Beteiligung der Behörden und Stellen, die Träger öffentlicher Belange sind
   d) Mitwirken an der Abstimmung mit den Nachbargemeinden
   e) Mitwirken bei der Abwägung der Gemeinde zu Stellungnahmen aus frühzeitigen Beteiligungen
   f) Abstimmen des Entwurfs mit der Gemeinde

3.   Leistungsphase 3: Plan zur Beschlussfassung
     a) Erarbeiten des Planes in der vorgeschriebenen Fassung mit Begründung für den Beschluss durch die Gemeinde
     b) Mitwirken bei der Abwägung der Gemeinde zu Stellungnahmen
     c) Erstellen des Planes in der durch Beschluss der Gemeinde aufgestellten Fassung.

Anlage 4 zu § 23 Absatz 2
Grundleistungen im Leistungsbild Landschaftsplan

Inhaltsübersicht:

1. Leistungsphase 1: Klären der Aufgabenstellung und Ermitteln des Leistungsumfangs
2. Leistungsphase 2: Ermitteln der Planungsgrundlagen
3. Leistungsphase 3: Vorläufige Fassung
4. Leistungsphase 4: Abgestimmte Fassung

Grundleistungen im Leistungsbild Landschaftsplan

Das Leistungsbild setzt sich aus folgenden Grundleistungen je Leistungsphase zusammen:

1. Leistungsphase 1: Klären der Aufgabenstellung und Ermitteln des Leistungsumfangs
   a) Zusammenstellen und Prüfen der vom Auftraggeber zur Verfügung gestellten planungsrelevanten Unterlagen
   b) Ortsbesichtigungen
   c) Abgrenzen des Planungsgebiets
   d) Konkretisieren weiteren Bedarfs an Daten und Unterlagen
   e) Beraten zum Leistungsumfang für ergänzende Untersuchungen und Fachleistungen
   f) Aufstellen eines verbindlichen Arbeitsplans unter Berücksichtigung der sonstigen Fachbeiträge

2. Leistungsphase 2: Ermitteln der Planungsgrundlagen
   a) Ermitteln und Beschreiben der planungsrelevanten Sachverhalte auf Grundlage vorhandener Unterlagen und Daten
   b) Landschaftsbewertung nach den Zielen und Grundsätzen des Naturschutzes und der Landschaftspflege
   c) Bewerten von Flächen und Funktionen des Naturhaushalts und des Landschaftsbildes hinsichtlich ihrer Eignung, Leistungsfähigkeit, Empfindlichkeit und Vorbelastung
   d) Bewerten geplanter Eingriffe in Natur und Landschaft
   e) Feststellen von Nutzungs- und Zielkonflikten
   f) Zusammenfassendes Darstellen der Erfassung und Bewertung

3. Leistungsphase 3: Vorläufige Fassung
   a) Formulieren von örtlichen Zielen und Grundsätzen zum Schutz, zur Pflege und Entwicklung von Natur und Landschaft einschließlich Erholungsvorsorge
   b) Darlegen der angestrebten Flächenfunktionen und Flächennutzungen sowie der örtlichen Erfordernisse und Maßnahmen zur Umsetzung der konkretisierten Ziele des Naturschutzes und der Landschaftspflege
   c) Erarbeiten von Vorschlägen zur Übernahme in andere Planungen, insbesondere in die Bauleitpläne

    d) Hinweise auf Folgeplanungen und -maßnahmen

    e) Mitwirken bei der Beteiligung der nach den Bestimmungen des Bundesnatur-schutzgesetzes anerkannten Verbände

    f) Mitwirken bei der Abstimmung der Vorläufigen Fassung mit der für Naturschut-zund Landschaftspflege zuständigen Behörde

    g) Abstimmen der Vorläufigen Fassung mit dem Auftraggeber

4. <u>Leistungsphase 4</u>: Abgestimmte Fassung

Darstellen des Landschaftsplans in der mit dem Auftraggeber abgestimmten Fassung in Text und Karte.

Anlage 5 zu § 24 Absatz 2
Grundleistungen im Leistungsbild Grünordnungsplan

Inhaltsübersicht:

Grundleistungen im Leistungsbild Grünordnungsplan

Das Leistungsbild setzt sich aus folgenden Grundleistungen je Leistungsphase zusammen:

1. Leistungsphase 1: Klären der Aufgabenstellung und Ermitteln des Leistungsumfangs
   a) Zusammenstellen und Prüfen der vom Auftraggeber zur Verfügung gestellten planungsrelevanten Unterlagen
   b) Ortsbesichtigungen
   c) Abgrenzen des Planungsgebiets
   d) Konkretisieren weiteren Bedarfs an Daten und Unterlagen
   e) Beraten zum Leistungsumfang für ergänzende Untersuchungen und Fachleistungen
   f) Aufstellen eines verbindlichen Arbeitsplans unter Berücksichtigung der sonstigen Fachbeiträge

2. Leistungsphase 2: Ermitteln der Planungsgrundlagen
   a) Ermitteln und Beschreiben der planungsrelevanten Sachverhalte auf Grundlage vorhandener Unterlagen und Daten
   b) Bewerten der Landschaft nach den Zielen des Naturschutzes und der Landschaftspflege einschließlich der Erholungsvorsorge
   c) Zusammenfassendes Darstellen der Bestandsaufnahme und Bewertung in Text und Karte

3. Leistungsphase 3: Vorläufige Fassung
   a) Lösen der Planungsaufgabe und Erläutern der Ziele, Erfordernisse und Maßnahmen in Text und Karte
   b) Darlegen der angestrebten Flächenfunktionen und Flächennutzungen
   c) Darlegen von Gestaltungs-, Schutz-, Pflege- und Entwicklungsmaßnahmen
   d) Vorschläge zur Übernahme in andere Planungen, insbesondere in die Bauleitplanung
   e) Mitwirken bei der Abstimmung der vorläufigen Fassung mit der für den Naturschutz zuständigen Behörde
   f) Bearbeiten der naturschutzrechtlichen Eingriffsregelung
      aa) Ermitteln und Bewerten der durch die Planung zu erwartenden Beeinträchtigungen des Naturhaushalts und des Landschaftsbildes nach Art, Umfang, Ort und zeitlichem Ablauf

bb) Erarbeiten von Lösungen zur Vermeidung oder Verminderung erheblicher Beeinträchtigungen des Naturhaushalts und des Landschaftsbildes in Abstimmung mit den an der Planung fachlich Beteiligten

cc) Ermitteln der unvermeidbaren Beeinträchtigungen

dd) Vergleichendes Gegenüberstellen von unvermeidbaren Beeinträchtigungen und Ausgleich und Ersatz einschließlich Darstellen verbleibender, nicht ausgleichbarer oder ersetzbarer Beeinträchtigungen

ee) Darstellen und Begründen von Maßnahmen des Naturschutzes und der Landschaftspflege, insbesondere Ausgleichs-, Ersatz-, Gestaltungs- und Schutzmaßnahmen sowie Maßnahmen zur Unterhaltung und rechtlichen Sicherung von Ausgleichs- und Ersatzmaßnahmen

ff) Integrieren ergänzender, zulassungsrelevanter Regelungen und Maßnahmen aufgrund des Natura 2000-Gebietsschutzes und der Vorschriften zum besonderen Artenschutz auf Grundlage vorhandener Unterlagen

4. <u>Leistungsphase 4</u>: Abgestimmte Fassung
Darstellen des Grünordnungsplans oder Landschaftsplanerischen Fachbeitrags in der mit dem Auftraggeber abgestimmten Fassung in Text und Karte.

Anlage 6 zu § 25 Absatz 2

Grundleistungen im Leistungsbild Landschaftsrahmenplan

Inhaltsübersicht:

1. **Leistungsphase 1: Klären der Aufgabenstellung und Ermitteln des Leistungsumfangs**

2. **Leistungsphase 2: Ermitteln der Planungsgrundlagen**

3. **Leistungsphase 3: Vorläufige Fassung**

4. **Leistungsphase 4: Abgestimmte Fassung**

Grundleistungen im Leistungsbild Landschaftsrahmenplan

Das Leistungsbild Landschaftsrahmenplan setzt sich aus folgenden Grundleistungen je Leistungsphase zusammen:

1. Leistungsphase 1: Klären der Aufgabenstellung und Ermitteln des Leistungsumfangs
   a) Zusammenstellen und Prüfen der vom Auftraggeber zur Verfügung gestellten planungsrelevanten Unterlagen
   b) Ortsbesichtigungen
   c) Abgrenzen des Planungsgebiets
   d) Konkretisieren weiteren Bedarfs an Daten und Unterlagen
   e) Beraten zum Leistungsumfang für ergänzende Untersuchungen und Fachleistungen
   f) Aufstellen eines verbindlichen Arbeitsplans unter Berücksichtigung der sonstigen Fachbeiträge

2. Leistungsphase 2: Ermitteln der Planungsgrundlagen
   a) Ermitteln und Beschreiben der planungsrelevanten Sachverhalte auf Grundlage vorhandener Unterlagen und Daten
   b) Landschaftsbewertung nach den Zielen und Grundsätzen des Naturschutzes und der Landschaftspflege
   c) Bewerten von Flächen und Funktionen des Naturhaushalts und des Landschaftsbildes hinsichtlich ihrer Eignung, Leistungsfähigkeit, Empfindlichkeit und Vorbelastung
   d) Bewerten geplanter Eingriffe in Natur und Landschaft
   e) Feststellen von Nutzungs- und Zielkonflikten
   f) Zusammenfassendes Darstellen der Erfassung und Bewertung

3. Leistungsphase 3: Vorläufige Fassung
   a) Lösen der Planungsaufgabe und
   b) Erläutern der Ziele, Erfordernisse und Maßnahmen in Text und Karte
      Zu Buchstabe a) und b) gehören:
      aa) Erstellen des Zielkonzepts
      bb) Umsetzen des Zielkonzepts durch Schutz, Pflege und Entwicklung bestimmter Teile von Natur und Landschaft und durch Artenhilfsmaßnahmen für ausgewählte Tier- und Pflanzenarten

cc) Vorschläge zur Übernahme in andere Planungen, insbesondere in Regionalplanung, Raumordnung und Bauleitplanung

dd) Mitwirken bei der Abstimmung der vorläufigen Fassung mit der für den Naturschutz zuständigen Behörde

ee) Abstimmen der Vorläufigen Fassung mit dem Auftraggeber

4. Leistungsphase 4: Abgestimmte Fassung
Darstellen des Landschaftsrahmenplans in der mit dem Auftraggeber abgestimmten Fassung in Text und Karte.

Anlage 7 zu § 26 Absatz 2

Grundleistungen im Leistungsbild Landschaftspflegerischer Begleitplan

Inhaltsübersicht:

1. Leistungsphase 1: Klären der Aufgabenstellung und Ermitteln des Leistungsumfangs
2. Leistungsphase 2: Ermitteln der Planungsgrundlagen
3. Leistungsphase 3: Vorläufige Fassung
4. Leistungsphase 4: Abgestimmte Fassung

Grundleistungen im Leistungsbild Landschaftspflegerischer Begleitplan

Das Leistungsbild Landschaftspflegerischer Begleitplan setzt sich aus folgenden Grundleistungen je Leistungsphase zusammen:

1. Leistungsphase 1: Klären der Aufgabenstellung und Ermitteln des Leistungsumfangs
   a) Zusammenstellen und Prüfen der vom Auftraggeber zur Verfügung gestellten planungsrelevanten Unterlagen
   b) Ortsbesichtigungen
   c) Abgrenzen des Planungsgebiets anhand der planungsrelevanten Funktionen
   d) Konkretisieren weiteren Bedarfs an Daten und Unterlagen
   e) Beraten zum Leistungsumfang für ergänzende Untersuchungen und Fachleistungen
   f) Aufstellen eines verbindlichen Arbeitsplans unter Berücksichtigung der sonstigen Fachbeiträge

2. Leistungsphase 2: Ermitteln und Bewerten der Planungsgrundlagen
   a) Bestandsaufnahme:
   Erfassen von Natur und Landschaft jeweils einschließlich des rechtlichen Schutzstatus und fachplanerischer Festsetzungen und Ziele für die Naturgüter auf Grundlage vorhandener Unterlagen und örtlicher Erhebungen
   b) Bestandsbewertung:
   aa) Bewerten der Leistungsfähigkeit und Empfindlichkeit des Naturhaushalts und des Landschaftsbildes nach den Zielen und Grundsätzen des Naturschutzes und der Landschaftspflege
   bb) Bewerten der vorhandenen Beeinträchtigungen von Natur und Landschaft (Vorbelastung)
   cc) Zusammenfassendes Darstellen der Ergebnisse als Grundlage für die Erörterung mit dem Auftraggeber

3. Leistungsphase 3: Vorläufige Fassung
   a) Konfliktanalyse
   b) Ermitteln und Bewerten der durch das Vorhaben zu erwartenden Beeinträchtigungen des Naturhaushalts und des Landschaftsbildes nach Art, Umfang, Ort und zeitlichem Ablauf

c) Konfliktminderung

d) Erarbeiten von Lösungen zur Vermeidung oder Verminderung erheblicher Beeinträchtigungen des Naturhaushalts und des Landschaftsbildes in Abstimmung mit den an der Planung fachlich Beteiligten

e) Ermitteln der unvermeidbaren Beeinträchtigungen

f) Erarbeiten und Begründen von Maßnahmen des Naturschutzes und der Landschaftspflege, insbesondere Ausgleichs-, Ersatz- und Gestaltungsmaßnahmen sowie von Angaben zur Unterhaltung dem Grunde nach und Vorschläge zur rechtlichen Sicherung von Ausgleichs- und Ersatzmaßnahmen

g) Integrieren von Maßnahmen aufgrund des Natura 2000-Gebietsschutzes sowie aufgrund der Vorschriften zum besonderen Artenschutz und anderer Umweltfachgesetze auf Grundlage vorhandener Unterlagen und Erarbeiten eines Gesamtkonzepts

h) Vergleichendes Gegenüberstellen von unvermeidbaren Beeinträchtigungen und Ausgleich und Ersatz einschließlich Darstellen verbleibender, nicht ausgleichbarer oder ersetzbarer Beeinträchtigungen

i) Kostenermittlung nach Vorgaben des Auftraggebers

j) Zusammenfassendes Darstellen der Ergebnisse in Text und Karte

k) Mitwirken bei der Abstimmung mit der für Naturschutz und Landschaftspflege zuständigen Behörde

l) Abstimmen der Vorläufigen Fassung mit dem Auftraggeber

4. Leistungsphase 4: Abgestimmte Fassung
Darstellen des Landschaftspflegerischen Begleitplans in der mit dem Auftraggeber abgestimmten Fassung in Text und Karte.

Anlage 8 zu § 27 Absatz 2

Grundleistungen im Leistungsbild Pflege- und Entwicklungsplan

Inhaltsübersicht:

1. Leistungsphase 1: Klären der Aufgabenstellung und Ermitteln des Leistungsumfangs

2. Leistungsphase 2: Ermitteln der Planungsgrundlagen

3. Leistungsphase 3: Vorläufige Fassung

4. Leistungsphase 4: Abgestimmte Fassung

Grundleistungen im Leistungsbild Pflege- und Entwicklungsplan

Das Leistungsbild Pflege- und Entwicklungsplan setzt sich aus folgenden Grundleistungen je Leistungsphase zusammen:

1. Leistungsphase 1: Klären der Aufgabenstellung und Ermitteln des Leistungsumfangs
   a) Zusammenstellen und Prüfen der vom Auftraggeber zur Verfügung gestellten planungsrelevanten Unterlagen
   b) Ortsbesichtigungen
   c) Abgrenzen des Planungsgebiets anhand der planungsrelevanten Funktionen
   d) Konkretisieren weiteren Bedarfs an Daten und Unterlagen
   e) Beraten zum Leistungsumfang für ergänzende Untersuchungen und Fachleistungen
   f) Aufstellen eines verbindlichen Arbeitsplans unter Berücksichtigung der sonstigen Fachbeiträge

2. Leistungsphase 2: Ermitteln der Planungsgrundlagen
   a) Ermitteln und Beschreiben der planungsrelevanten Sachverhalte aufgrund vorhandener Unterlagen
   b) Auswerten und Einarbeiten von Fachbeiträgen
   c) Bewerten der Bestandsaufnahmen einschließlich vorhandener Beeinträchtigungen sowie der abiotischen Faktoren hinsichtlich ihrer Standort- und Lebensraumbedeutung nach den Zielen und Grundsätzen des Naturschutzes
   d) Beschreiben der Zielkonflikte mit bestehenden Nutzungen
   e) Beschreiben des zu erwartenden Zustands von Arten und ihren Lebensräumen (Zielkonflikte mit geplanten Nutzungen)
   f) Überprüfen der festgelegten Untersuchungsinhalte
   g) Zusammenfassendes Darstellen von Erfassung und Bewertung in Text und Karte

3. Leistungsphase 3: Vorläufige Fassung
   a) Lösen der Planungsaufgabe und Erläutern der Ziele, Erfordernisse und Maßnahmen in Text und Karte
   b) Formulieren von Zielen zum Schutz, zur Pflege, zur Erhaltung und Entwicklung-von Arten, Biotoptypen und naturnahen Lebensräumen bzw. Standortbedingungen
   c) Erfassen und Darstellen von Flächen, auf denen eine Nutzung weiter betrieben werden soll und von Flächen, auf denen regelmäßig Pflegemaßnahmen durchzuführen

sind sowie von Maßnahmen zur Verbesserung der ökologischen Standortverhältnisseund zur Änderung der Biotopstruktur

    d) Erarbeiten von Vorschlägen für Maßnahmen zur Förderung bestimmter Tier- und Pflanzenarten, zur Lenkung des Besucherverkehrs, für die Durchführung der Pflege- und Entwicklungsmaßnahmen und für Änderungen von Schutzzweck und -zielen sowie Grenzen von Schutzgebieten

    e) Erarbeiten von Hinweisen für weitere wissenschaftliche Untersuchungen (Monitoring), Folgeplanungen und Maßnahmen

    f) Kostenermittlung

    g) Abstimmen der Vorläufigen Fassung mit dem Auftraggeber

4. <u>Leistungsphase 4</u>: Abgestimmte Fassung
Darstellen des Pflege- und Entwicklungsplans in der mit dem Auftraggeber abgestimmten Fassung in Text und Karte.

Anlage 9 zu §§ 18 Absatz 2, 19 Absatz 2, 23 Absatz 2, 24 Absatz 2, 25 Absatz 2, 26 Absatz 2, 27 Absatz 2

Besondere Leistungen zur Flächenplanung

Inhaltsübersicht:

1. Rahmensetzende Pläne und Konzepte

2. Städtebaulicher Entwurf

3. Leistungen zur Verfahrens- und Projektsteuerung sowie zur Qualitätssicherung

4. Leistungen zur Vorbereitung und inhaltlichen Ergänzung

5. Verfahrensbegleitende Leistungen

6. Weitere besondere Leistungen bei landschaftsplanerischen Leistungen

Besondere Leistungen zur Flächenplanung

Für die Leistungsbilder der Flächenplanung können insbesondere folgende Besondere Leistungen vereinbart werden:

1. Rahmensetzende Pläne und Konzepte:
   a) Leitbilder
   b) Entwicklungskonzepte
   c) Masterpläne
   d) Rahmenpläne

2. Städtebaulicher Entwurf:
   a) Grundlagenermittlung
   b) Vorentwurf
   c) Entwurf
   Der Städtebauliche Entwurf kann als Grundlage für Leistungen nach § 19 der HOAI dienen und Ergebnis eines städtebaulichen Wettbewerbes sein.

3. Leistungen zur Verfahrens- und Projektsteuerung sowie zur Qualitätssicherung:
   a) Durchführen von Planungsaudits
   b) Vorabstimmungen mit Planungsbeteiligten und Fachbehörden
   c) Aufstellen und Überwachen von integrierten Terminplänen
   d) Vor- und Nachbereiten von planungsbezogenen Sitzungen
   e) Koordinieren von Planungsbeteiligten
   f) Moderation von Planungsverfahren
   g) Ausarbeiten von Leistungskatalogen für Leistungen Dritter
   h) Mitwirken bei Vergabeverfahren für Leistungen Dritter (Einholung von Angeboten, Vergabevorschläge)
   i) Prüfen und Bewerten von Leistungen Dritter
   j) Mitwirken beim Ermitteln von Fördermöglichkeiten
   k) Stellungnahmen zu Einzelvorhaben während der Planaufstellung

4. Leistungen zur Vorbereitung und inhaltlichen Ergänzung:
   a) Erstellen digitaler Geländemodelle
   b) Digitalisieren von Unterlagen
   c) Anpassen von Datenformaten
   d) Erarbeiten einer einheitlichen Planungsgrundlage aus unterschiedlichen Unterlagen
   e) Strukturanalysen
   f) Stadtbildanalysen, Landschaftsbildanalysen
   g) Statistische und örtliche Erhebungen sowie Bedarfsermittlungen, zum Beispiel zur Versorgung, zur Wirtschafts-, Sozial- und Baustruktur sowie zur soziokulturellen Struktur
   h) Befragungen und Interviews
   i) Differenziertes Erheben, Kartieren, Analysieren und Darstellen von spezifischen Merkmalen und Nutzungen
   j) Erstellen von Beiplänen, zum Beispiel für Verkehr, Infrastruktureinrichtungen, Flurbereinigungen, Grundbesitzkarten und Gütekarten unter Berücksichtigung der Pläne anderer an der Planung fachlich Beteiligter
   k) Modelle
   l) Erstellen zusätzlicher Hilfsmittel der Darstellung zum Beispiel Fotomontagen, 3D-Darstellungen, Videopräsentationen

5. Verfahrensbegleitende Leistungen:
   a) Vorbereiten und Durchführen des Scopings
   b) Vorbereiten, Durchführen, Auswerten und Dokumentieren der formellen Beteiligungsverfahren
   c) Ermitteln der voraussichtlich erheblichen Umweltauswirkungen für die Umweltprüfung
   d) Erarbeiten des Umweltberichtes
   e) Berechnen und Darstellen der Umweltschutzmaßnahmen
   f) Bearbeiten der Anforderungen aus der naturschutzrechtlichen Eingriffsregelung in Bauleitplanungsverfahren
   g) Erstellen von Sitzungsvorlagen, Arbeitsheften und anderen Unterlagen
   h) Wesentliche Änderungen oder Neubearbeitung des Entwurfs nach Offenlage oder Beteiligungen, insbesondere nach Stellungnahmen
   i) Ausarbeiten der Beratungsunterlagen der Gemeinde zu Stellungnahmen im Rahmen der formellen Beteiligungsverfahren
   j) Leistungen für die Drucklegung, Erstellen von Mehrausfertigungen
   k) Überarbeiten von Planzeichnungen und von Begründungen nach der Beschlussfassung (zum Beispiel Satzungsbeschluss)
   l) Verfassen von Bekanntmachungstexten und Organisation der öffentlichen Bekanntmachungen
   m) Mitteilen des Ergebnisses der Prüfung der Stellungnahmen an die Beteiligten
   n) Benachrichtigen von Bürgern und Behörden, die Stellungnahmen abgegeben haben, über das Abwägungsergebnis
   o) Erstellen der Verfahrensdokumentation
   p) Erstellen und Fortschreiben eines digitalen Planungsordners
   q) Mitwirken an der Öffentlichkeitsarbeit des Auftraggebers einschließlich Mitwirken an Informationsschriften und öffentlichen Diskussionen sowie Erstellen der dazu notwendigen Planungsunterlagen und Schriftsätze

r) Teilnehmen an Sitzungen von politischen Gremien des Auftraggebers oder an Sitzungen im Rahmen der Öffentlichkeitsbeteiligung

s) Mitwirken an Anhörungs- oder Erörterungsterminen

t) Leiten bzw. Begleiten von Arbeitsgruppen

u) Erstellen der zusammenfassenden Erklärung nach dem Baugesetzbuch

v) Anwenden komplexer Bilanzierungsverfahren im Rahmen der naturschutzrechtlichen Eingriffsregelung

w) Erstellen von Bilanzen nach fachrechtlichen Vorgaben

x) Entwickeln von Monitoringkonzepten und -maßnahmen

y) Ermitteln von Eigentumsverhältnissen, insbesondere Klären der Verfügbarkeit von geeigneten Flächen für Maßnahmen

6. Weitere besondere Leistungen bei landschaftsplanerischen Leistungen:

a) Erarbeiten einer Planungsraumanalyse im Rahmen einer Umweltverträglichkeitsstudie

b) Mitwirken an der Prüfung der Verpflichtung, zu einem Vorhaben oder eine Planung eine Umweltverträglichkeitsprüfung durchzuführen (Screening)

c) Erstellen einer allgemein verständlichen nichttechnischen Zusammenfassung nach dem Gesetz über die Umweltverträglichkeitsprüfung

d) Daten aus vorhandenen Unterlagen im Einzelnen ermitteln und aufbereiten

e) Örtliche Erhebungen, die nicht überwiegend der Kontrolle der aus Unterlagen erhobenen Daten dienen

f) Erstellen eines eigenständigen allgemein verständlichen Erläuterungsberichtes für Genehmigungsverfahren oder qualifizierende Zuarbeiten hierzu

g) Erstellen von Unterlagen im Rahmen von artenschutzrechtlichen Prüfungen oder Prüfungen zur Vereinbarkeit mit der Fauna-Flora-Habitat-Richtlinie

h) Kartieren von Biotoptypen, floristischen oder faunistischen Arten oder Artengruppen

i) Vertiefendes Untersuchen des Naturhaushalts, wie z. B. der Geologie, Hydrogeologie, Gewässergüte und -morphologie, Bodenanalysen

j) Mitwirken an Beteiligungsverfahren in der Bauleitplanung

k) Mitwirken an Genehmigungsverfahren nach fachrechtlichen Vorschriften

l) Fortführen der mit dem Auftraggeber abgestimmten Fassung im Rahmen eines Genehmigungsverfahrens, Erstellen einer genehmigungsfähigen Fassung auf der Grundlage von Anregungen Dritte.

Anlage 10 zu §§ 34 Absatz 1, 35 Absatz 6
Grundleistungen im Leistungsbild Gebäude und Innenräume, Besondere Leistungen, Objektlisten

Inhaltsübersicht:

10.1.   Leistungsbild Gebäude und Innenräume

10.2.   Objektliste Gebäude

10.3.   Objektliste Innenräume

Grundleistungen im Leistungsbild Gebäude und Innenräume, Besondere Leistungen, Objektlisten

10.1   Leistungsbild Gebäude und Innenräume

Grundleistungen	Besondere Leistungen
LPH 1 Grundlagenermittlung	
a) Klären der Aufgabenstellung auf Grundlage der Vorgaben oder der Bedarfsplanung des Auftraggebers b) Ortsbesichtigung c) Beraten zum gesamten Leistungs- und Untersuchungsbedarf d) Formulieren der Entscheidungshilfen für die Auswahl anderer an der Planung fachlich Beteiligter e) Zusammenfassen, Erläutern und Dokumentieren der Ergebnisse	– Bedarfsplanung – Bedarfsermittlung – Aufstellen eines Funktionsprogramms – Aufstellen eines Raumprogramms – Standortanalyse – Mitwirken bei Grundstücks- und Objektauswahl, -beschaffung und -übertragung – Beschaffen von Unterlagen, die für das Vorhaben erheblich sind – Bestandsaufnahme – technische Substanzerkundung – Betriebsplanung – Prüfen der Umwelterheblichkeit – Prüfen der Umweltverträglichkeit – Machbarkeitsstudie – Wirtschaftlichkeitsuntersuchung – Projektstrukturplanung – Zusammenstellen der Anforderungen aus Zertifizierungssystemen – Verfahrensbetreuung, Mitwirken bei der Vergabe von Planungs- und Gutachterleistungen
LPH 2 Vorplanung (Projekt- und Planungsvorbereitung)	
a) Analysieren der Grundlagen, Abstimmen der Leistungen mit den fachlich an der Planung Beteiligten b) Abstimmen der Zielvorstellungen, Hinweisen auf Zielkonflikte c) Erarbeiten der Vorplanung, Untersuchen, Darstellen und Bewerten von Varianten nach gleichen Anforderungen, Zeichnungen im Maßstab nach Art und Größe des Objekts	– Aufstellen eines Katalogs für die Planung und Abwicklung der Programmziele – Untersuchen alternativer Lösungsansätze nach verschiedenen Anforderungen, einschließlich Kostenbewertung – Beachten der Anforderungen des vereinbarten Zertifizierungssystems – Durchführen des Zertifizierungssystems

Grundleistungen	Besondere Leistungen
d) Klären und Erläutern der wesentlichen Zusammenhänge, Vorgaben und Bedingungen (zum Beispiel städtebauliche, gestalterische, funktionale, technische, wirtschaftliche, ökologische, bauphysikalische, energiewirtschaftliche, soziale, öffentlich-rechtliche) e) Bereitstellen der Arbeitsergebnisse als Grundlage für die anderen an der Planung fachlich Beteiligten sowie Koordination und Integration von deren Leistungen f) Vorverhandlungen über die Genehmigungsfähigkeit g) Kostenschätzung nach DIN 276, Vergleich mit den finanziellen Rahmenbedingungen h) Erstellen eines Terminplans mit den wesentlichen Vorgängen des Planungs- und Bauablaufs i) Zusammenfassen, Erläutern und Dokumentieren der Ergebnisse	– Ergänzen der Vorplanungsunterlagen auf Grund besonderer Anforderungen – Aufstellen eines Finanzierungsplanes – Mitwirken bei der Kredit- und Fördermittelbeschaffung – Durchführen von Wirtschaftlichkeitsuntersuchungen – Durchführen der Voranfrage (Bauanfrage) – Anfertigen von besonderen Präsentationshilfen, die für die Klärung im Vorentwurfsprozess nicht notwendig sind, zum Beispiel – Präsentationsmodelle – Perspektivische Darstellungen – Bewegte Darstellung/Animation – Farb- und Materialcollagen – digitales Geländemodell – 3D- oder 4D-Gebäudemodellbearbeitung (Building Information Modelling BIM) – Aufstellen einer vertieften Kostenschätzung nach Positionen einzelner Gewerke – Fortschreiben des Projektstrukturplanes – Aufstellen von Raumbüchern – Erarbeiten und Erstellen von besonderen bauordnungsrechtlichen Nachweisen für den vorbeugenden und organisatorischen Brandschutz bei baulichen Anlagen besonderer Art und Nutzung, Bestandsbauten oder im Falle von Abweichungen von der Bauordnung
LPH 3 Entwurfsplanung (System- und Integrationsplanung)	
a) Erarbeiten der Entwurfsplanung, unter weiterer Berücksichtigung der wesentlichen Zusammenhänge, Vorgaben und Bedingungen (zum Beispiel städtebauliche, gestalterische, funktionale, technische, wirtschaftliche, ökologische, soziale, öffentlichrechtliche) auf der Grundlage der Vorplanung und als Grundlage für die weiteren Leistungsphasen und die erforderlichen öffentlich-rechtlichen Genehmigungen unter Verwendung der Beiträge anderer an der Planung fachlich Beteiligter. Zeichnungen nach Art und Größe des Objekts im erforderlichen Umfang und Detaillierungsgrad unter Berücksichtigung aller fachspezifischen Anforderungen, zum Beispiel bei Gebäuden im Maßstab 1 : 100, zum Beispiel bei Innenräumen im Maßstab 1 : 50 bis 1 : 20 b) Bereitstellen der Arbeitsergebnisse als Grundlage für die anderen an der Planung fachlich Beteiligten sowie Koordination und Integration von deren Leistungen c) Objektbeschreibung d) Verhandlungen über die Genehmigungsfähigkeit e) Kostenberechnung nach DIN 276 und Vergleich mit der Kostenschätzung, f) Fortschreiben des Terminplans g) Zusammenfassen, Erläutern und Dokumentieren der Ergebnisse	– Analyse der Alternativen/Varianten und deren Wertung mit Kostenuntersuchung (Optimierung), – Wirtschaftlichkeitsberechnung, – Aufstellen und Fortschreiben einer vertieften Kostenberechnung – Fortschreiben von Raumbüchern

Grundleistungen	Besondere Leistungen
LPH 4 Genehmigungsplanung	
a) Erarbeiten und Zusammenstellen der Vorlagen und Nachweise für öffentlich-rechtliche Genehmigungen oder Zustimmungen einschließlich der Anträge auf Ausnahmen und Befreiungen, sowie notwendiger Verhandlungen mit Behörden unter Verwendung der Beiträge anderer an der Planung fachlich Beteiligter b) Einreichen der Vorlagen c) Ergänzen und Anpassen der Planungsunterlagen, Beschreibungen und Berechnungen	– Mitwirken bei der Beschaffung der nachbarlichen Zustimmung – Nachweise, insbesondere technischer, konstruktiver und bauphysikalischer Art für die Erlangung behördlicher Zustimmungen im Einzelfall – Fachliche und organisatorische Unterstützung des Bauherrn im Widerspruchverfahren, Klageverfahren oder ähnlichen Verfahren
LPH 5 Ausführungsplanung	
a) Erarbeiten der Ausführungsplanung mit allen für die Ausführung notwendigen Einzelangaben (zeichnerisch und textlich) auf der Grundlage der Entwurfs- und Genehmigungsplanung bis zur ausführungsreifen Lösung, als Grundlage für die weiteren Leistungsphasen b) Ausführungs-, Detail- und Konstruktionszeichnungen nach Art und Größe des Objekts im erforderlichen Umfang und Detaillierungsgrad unter Berücksichtigung aller fachspezifischen Anforderungen, zum Beispiel bei Gebäuden im Maßstab 1:50 bis 1:1, zum Beispiel bei Innenräumen im Maßstab 1:20 bis 1:1 c) Bereitstellen der Arbeitsergebnisse als Grundlage für die anderen an der Planung fachlich Beteiligten, sowie Koordination und Integration von deren Leistungen d) Fortschreiben des Terminplans e) Fortschreiben der Ausführungsplanung aufgrund der gewerkeorientierten Bearbeitung während der Objektausführung f) Überprüfen erforderlicher Montagepläne der vom Objektplaner geplanten Baukonstruktionen und baukonstruktiven Einbauten auf Übereinstimmung mit der Ausführungsplanung	– Aufstellen einer detaillierten Objektbeschreibung als Grundlage der Leistungsbeschreibung mit Leistungsprogramm[x)] – Prüfen der vom bauausführenden Unternehmen auf Grund der Leistungsbeschreibung mit Leistungsprogramm ausgearbeiteten Ausführungspläne auf Übereinstimmung mit der Entwurfsplanung[x)] – Fortschreiben von Raumbüchern in detaillierter Form – Mitwirken beim Anlagenkennzeichnungssystem (AKS) – Prüfen und Anerkennen von Plänen Dritter, nicht an der Planung fachlich Beteiligter auf Übereinstimmung mit den Ausführungsplänen (zum Beispiel Werkstattzeichnungen von Unternehmen, Aufstellungs- und Fundamentpläne nutzungsspezifischer oder betriebstechnischer Anlagen), soweit die Leistungen Anlagen betreffen, die in den anrechenbaren Kosten nicht erfasst sind [x)] Diese Besondere Leistung wird bei Leistungsbeschreibung mit Leistungsprogramm ganz oder teilweise Grundleistung. In diesem Fall entfallen die entsprechenden Grundleistungen dieser Leistungsphase.
LPH 6 Vorbereitung der Vergabe	
a) Aufstellen eines Vergabeterminplans b) Aufstellen von Leistungsbeschreibungen mit Leistungsverzeichnissen nach Leistungsbereichen, Ermitteln und Zusammenstellen von Mengen auf der Grundlage der Ausführungsplanung unter Verwendung der Beiträge anderer an der Planung fachlich Beteiligter c) Abstimmen und Koordinieren der Schnittstellen zu den Leistungsbeschreibungen der an der Planung fachlich Beteiligten d) Ermitteln der Kosten auf der Grundlage vom Planer bepreister Leistungsverzeichnisse e) Kostenkontrolle durch Vergleich der vom Planer bepreisten Leistungsverzeichnisse mit der Kostenberechnung f) Zusammenstellen der Vergabeunterlagen für alle Leistungsbereiche	– Aufstellen der Leistungsbeschreibungen mit Leistungsprogramm auf der Grundlage der detaillierten Objektbeschreibung[x)] – Aufstellen von alternativen Leistungsbeschreibungen für geschlossene Leistungsbereiche – Aufstellen von vergleichenden Kostenübersichten unter Auswertung der Beiträge anderer an der Planung fachlich Beteiligter [x)] Diese Besondere Leistung wird bei einer Leistungsbeschreibung mit Leistungsprogramm ganz oder teilweise zur Grundleistung. In diesem Fall entfallen die entsprechenden Grund- leistungen dieser Leistungsphase.

Grundleistungen	Besondere Leistungen
LPH 7 Mitwirkung der Vergabe	
a) Koordinieren der Vergaben der Fachplaner b) Einholen von Angeboten c) Prüfen und Werten der Angebote einschließlich Aufstellen eines Preisspiegels nach Einzelpositionen oder Teilleistungen, Prüfen und Werten der Angebote zusätzlicher und geänderter Leistungen der ausführenden Unternehmen und der Angemessenheit der Preise d) Führen von Bietergesprächen e) Erstellen der Vergabevorschläge, Dokumentation des Vergabeverfahrens f) Zusammenstellen der Vertragsunterlagen für alle Leistungsbereiche g) Vergleichen der Ausschreibungsergebnisse mit den vom Planer bepreisten Leistungsverzeichnissen oder der Kostenberechnung h) Mitwirken bei der Auftragserteilung	– Prüfen und Werten von Nebenangeboten mit Auswirkungen auf die abgestimmte Planung – Mitwirken bei der Mittelabflussplanung – Fachliche Vorbereitung und Mitwirken bei Nachprüfungsverfahren – Mitwirken bei der Prüfung von bauwirtschaftlich begründeten Nachtragsangeboten – Prüfen und Werten der Angebote aus Leistungsbeschreibung mit Leistungsprogramm einschließlich Preisspiegel [x)] – Aufstellen, Prüfen und Werten von Preisspiegeln nach besonderen Anforderungen [x)] Diese Besondere Leistung wird bei Leistungsbeschreibung mit Leistungsprogramm ganz oder teilweise Grundleistung. In diesem Fall entfallen die entsprechenden Grundleistungen dieser Leistungsphase.
LPH 8 Objektüberwachung (Bauüberwachung und Dokumentation)	
a) Überwachen der Ausführung des Objektes auf Übereinstimmung mit der öffentlich-rechtlichen Genehmigung oder Zustimmung, den Verträgen mit ausführenden Unternehmen, den Ausführungsunterlagen, den einschlägigen Vorschriften sowie mit den allgemein anerkannten Regeln der Technik b) Überwachen der Ausführung von Tragwerken mit sehr geringen und geringen Planungsanforderungen auf Übereinstimmung mit dem Standsicherheitsnachweis c) Koordinieren der an der Objektüberwachung fachlich Beteiligten d) Aufstellen, Fortschreiben und Überwachen eines Terminplans (Balkendiagramm) e) Dokumentation des Bauablaufs (zum Beispiel Bautagebuch) f) Gemeinsames Aufmaß mit den ausführenden Unternehmen g) Rechnungsprüfung einschließlich Prüfen der Aufmaße der bauausführenden Unternehmen h) Vergleich der Ergebnisse der Rechnungsprüfungen mit den Auftragssummen einschließlich Nachträgen i) Kostenkontrolle durch Überprüfen der Leistungsabrechnung der bauausführenden Unternehmen im Vergleich zu den Vertragspreisen j) Kostenfeststellung, zum Beispiel nach DIN 276 k) Organisation der Abnahme der Bauleistungen unter Mitwirkung anderer an der Planung und Objektüberwachung fachlich Beteiligter, Feststellung von Mängeln, Abnahmeempfehlung für den Auftraggeber l) Antrag auf öffentlich-rechtliche Abnahmen und Teilnahme daran	– Aufstellen, Überwachen und Fortschreiben eines Zahlungsplanes – Aufstellen, Überwachen und Fortschreiben von differenzierten Zeit-, Kosten- oder Kapazitätsplänen – Tätigkeit als verantwortlicher Bauleiter, soweit diese Tätigkeit nach jeweiligem Landesrecht über die Grundleistungen der LPH 8 hinausgeht

Grundleistungen	Besondere Leistungen
m) Systematische Zusammenstellung der Dokumentation, zeichnerischen Darstellungen und rechnerischen Ergebnisse des Objekts n) Übergabe des Objekts o) Auflisten der Verjährungsfristen für Mängelansprüche p) Überwachen der Beseitigung der bei der Abnahme festgestellten Mängel	

LPH 9 Objektbetreuung	
a) Fachliche Bewertung der innerhalb der Verjährungsfristen für Gewährleistungsansprüche festgestellten Mängel, längstens jedoch bis zum Ablauf von fünf Jahren seit Abnahme der Leistung, einschließlich notwendiger Begehungen b) Objektbegehung zur Mängelfeststellung vor Ablauf der Verjährungsfristen für Mängelansprüche gegenüber den ausführenden Unternehmen c) Mitwirken bei der Freigabe von Sicherheitsleistungen	– Überwachen der Mängelbeseitigung innerhalb der Verjährungsfrist – Erstellen einer Gebäudebestandsdokumentation – Aufstellen von Ausrüstungs- und Inventarverzeichnissen – Erstellen von Wartungs- und Pflegeanweisungen – Erstellen eines Instandhaltungskonzepts – Objektbeobachtung – Objektverwaltung – Baubegehungen nach Übergabe – Aufbereiten der Planungs- und Kostendaten für eine Objektdatei oder Kostenrichtwerte – Evaluieren von Wirtschaftlichkeitsberechnungen

10.2   Objektliste Gebäude

Nachstehende Gebäude werden in der Regel folgenden Honorarzonen zugerechnet:

Objektliste Gebäude	I	II	III	IV	V
Wohnen					
– Einfache Behelfsbauten für vorübergehende Nutzung	X				
– Einfache Wohnbauten mit gemeinschaftlichen Sanitär und Kücheneinrichtungen		X			
– Einfamilienhäuser, Wohnhäuser oder Hausgruppen in verdichteter Bauweise			X	X	
– Wohnheime, Gemeinschaftsunterkünfte, Jugendherbergen, -freizeitzentren, -stätten			X	X	
Ausbildung/Wissenschaft/Forschung					
– Offene Pausen-, Spielhallen	X				
– Studentenhäuser			X	X	
– Schulen mit durchschnittlichen Planungsanforderungen, zum Beispiel Grundschulen, weiterführende Schulen und Berufsschulen			X		
– Schulen mit hohen Planungsanforderungen, Bildungszentren, Hochschulen, Universitäten, Akademien				X	
– Hörsaal-, Kongresszentren				X	
– Labor- oder Institutsgebäude				X	X

Objektliste Gebäude	Honorarzone				
	I	II	III	IV	V
Büro/Verwaltung/Staat/Kommune					
– Büro-, Verwaltungsgebäude			X	X	
– Wirtschaftsgebäude, Bauhöfe			X	X	
– Parlaments-, Gerichtsgebäude				X	
– Bauten für den Strafvollzug				X	X
– Feuerwachen, Rettungsstationen			X	X	
– Sparkassen- oder Bankfilialen			X	X	
– Büchereien, Bibliotheken, Archive			X	X	
Gesundheit/Betreuung					
– Liege- oder Wandelhallen	X				
– Kindergärten, Kinderhorte			X		
– Jugendzentren, Jugendfreizeitstätten			X		
– Betreuungseinrichtungen, Altentagesstätten			X		
– Pflegeheime oder Bettenhäuser, ohne oder mit medizinisch-technischer Einrichtungen			X	X	
– Unfall-, Sanitätswachen, Ambulatorien		X	X		
– Therapie- oder Rehabilitations-Einrichtungen, Gebäude für Erholung, Kur oder Gene-sung			X	X	
– Hilfskrankenhäuser			X		
– Krankenhäuser der Versorgungsstufe I oder II, Krankenhäuser besonderer Zweckbe-stimmung				X	
– Krankenhäuser der Versorgungsstufe III, Universitätskliniken					X
Handel und Verkauf/Gastgewerbe					
– Einfache Verkaufslager, Verkaufsstände, Kioske		X			
– Ladenbauten, Discounter, Einkaufszentren, Märkte, Messehallen			X	X	
– Gebäude für Gastronomie, Kantinen oder Mensen			X	X	
– Großküchen, mit oder ohne Speiseräume				X	
– Pensionen, Hotels			X	X	
Freizeit/Sport					
– Einfache Tribünenbauten			X		
– Bootshäuser			X		
– Turn- oder Sportgebäude			X	X	
– Mehrzweckhallen, Hallenschwimmbäder, Großsportstätten				X	X

	Honorarzone				
Objektliste Gebäude	I	II	III	IV	V
Gewerbe/Industrie/Landwirtschaft					
– Einfache Landwirtschaftliche Gebäude, zum Beispiel Feldscheunen, Einstellhallen	X				
– Landwirtschaftliche Betriebsgebäude, Stallanlagen		X	X	X	
– Gewächshäuser für die Produktion		X			
– Einfache geschlossene, eingeschossige Hallen, Werkstätten		X			
– Spezielle Lagergebäude, zum Beispiel Kühlhäuser			X		
– Werkstätten, Fertigungsgebäude des Handwerks oder der Industrie		X	X	X	
– Produktionsgebäude der Industrie			X	X	X
Infrastruktur					
– Offene Verbindungsgänge, Überdachungen, zum Beispiel Wetterschutzhäuser, Carports	X				
– Einfachen Garagenbauten		X			
– Parkhäuser, -garagen, Tiefgaragen, jeweils mit integrierten weiteren Nutzungsarten		X	X		
– Bahnhöfe oder Stationen verschiedener öffentlicher Verkehrsmittel				X	
– Flughäfen				X	X
– Energieversorgungszentralen, Kraftwerksgebäude, Großkraftwerke				X	X
Kultur-/Sakralbauten					
– Pavillons für kulturelle Zwecke		X	X		
– Bürger-, Gemeindezentren, Kultur-, Sakralbauten, Kirchen				X	
– Mehrzweckhallen für religiöse oder kulturelle Zwecke				X	
– Ausstellungsgebäude, Lichtspielhäuser			X	X	
– Museen				X	X
– Theater-, Opern-, Konzertgebäude				X	X
– Studiogebäude für Rundfunk oder Fernsehen				X	X

10.3 Objektliste Innenräume

Nachstehende Innenräume werden in der Regel folgenden Honorarzonen zugerechnet:

	Honorarzone				
Objektliste Innenräume	I	II	III	IV	V
– einfachste Innenräume für vorübergehende Nutzung ohne oder mit einfachsten seriellen Einrichtungsgegenständen	X				
– Innenräume mit geringer Planungsanforderung, unter Verwendung von serienmäßig hergestellten Möbeln und Ausstattungsgegenständen einfacher Qualität, ohne technische Ausstattung		X			
– Innenräume mit durchschnittlicher Planungsanforderung, zum überwiegenden Teil unter Verwendung von serienmäßig hergestellten Möbeln und Ausstattungsgegenständen oder mit durchschnittlicher technischer Ausstattung			X		

Objektliste Innenräume	Honorarzone				
	I	II	III	IV	V
– Innenräume mit hohen Planungsanforderungen, unter Mitverwendung von serienmäßig hergestellten Möbeln und Ausstattungsgegenständen gehobener Qualität oder gehobener technischer Ausstattung				X	
– Innenräume mit sehr hohen Planungsanforderungen, unter Verwendung von aufwendiger Einrichtung oder Ausstattung oder umfangreicher technischer Ausstattung					X
Wohnen					
– einfachste Räume ohne Einrichtung oder für vorübergehende Nutzung	X				
– einfache Wohnräume mit geringen Anforderungen an Gestaltung oder Ausstattung		X			
– Wohnräume mit durchschnittlichen Anforderungen, serielle Einbauküchen			X		
– Wohnräume in Gemeinschaftsunterkünften oder Heimen			X		
– Wohnräume gehobener Anforderungen, individuell geplante Küchen und Bäder				X	
– Dachgeschoßausbauten, Wintergärten				X	
– individuelle Wohnräume in anspruchsvoller Gestaltung mit aufwendiger Einrichtung, Ausstattung und technischer Ausrüstung					X
Ausbildung/Wissenschaft/Forschung					
– einfache offene Hallen	X				
– Lager- oder Nebenräume mit einfacher Einrichtung oder Ausstattung		X			
– Gruppenräume zum Beispiel in Kindergärten, Kinderhorten, Jugendzentren, Jugendherbergen, Jugendheimen			X	X	
– Klassenzimmer, Hörsäle, Seminarräume, Büchereien, Mensen			X	X	
– Aulen, Bildungszentren, Bibliotheken, Labore, Lehrküchen mit oder ohne Speise- oder Aufenthaltsräume, Fachunterrichtsräume mit technischer Ausstattung				X	
– Kongress-, Konferenz-, Seminar-, Tagungsbereiche mit individuellem Ausbau und Einrichtung und umfangreicher technischer Ausstattung				X	
– Räume wissenschaftlicher Forschung mit hohen Ansprüchen und technischer Ausrüstung					X
Büro/Verwaltung/Start/Kommune					
– innere Verkehrsflächen	X				
– Post-, Kopier-, Putz- oder sonstige Nebenräume ohne baukonstruktive Einbauten		X			
– Büro-, Verwaltungs-, Aufenthaltsräume mit durchschnittlichen Anforderungen, Treppenhäuser, Wartehallen, Teeküchen			X		
– Räume für sanitäre Anlagen, Werkräume, Wirtschaftsräume, Technikräume			X		
– Eingangshallen, Sitzungs- oder Besprechungsräume, Kantinen, Sozialräume			X	X	
– Kundenzentren, -ausstellungen, -präsentationen			X	X	
– Versammlungs-, Konferenzbereiche, Gerichtssäle, Arbeitsbereiche von Führungskräften mit individueller Gestaltung oder Einrichtung oder gehobener technischer Ausstattung				X	
– Geschäfts-, Versammlungs- oder Konferenzräume mit anspruchsvollem Ausbau oder anspruchsvoller Einrichtung, aufwendiger Ausstattung oder sehr hohen technischen Anforderungen					X

Objektliste Innenräume	Honorarzone				
	I	II	III	IV	V
Gesundheit/Betreuung					
– offene Spiel- oder Wandelhallen	X				
– einfache Ruhe- oder Nebenräume		X			
– Sprech-, Betreuungs-, Patienten-, Heimzimmer oder Sozialräume mit durch- schnittlichen Anforderungen ohne medizintechnische Ausrüstung			X		
– Behandlungs- oder Betreuungsbereiche mit medizintechnischer Ausrüstung oder Einrichtung in Kranken-, Therapie-, Rehabilitations- oder Pflegeeinrichtungen, Arztpraxen				X	
– Operations-, Kreißsäle, Röntgenräume				X	X
Handel/Gastgewerbe					
– Verkaufsstände für vorübergehende Nutzung	X				
– Kioske, Verkaufslager, Nebenräume mit einfacher Einrichtung und Ausstattung		X			
– durchschnittliche Laden- oder Gasträume, Einkaufsbereiche, Schnellgaststätten			X		
– Fachgeschäfte, Boutiquen, Showrooms, Lichtspieltheater, Großküchen				X	
– Messestände, bei Verwendung von System- oder Modulbauteilen			X		
– individuelle Messestände				X	
– Gasträume, Sanitärbereiche gehobener Gestaltung, zum Beispiel in Restaurants, Bars, Weinstuben, Cafés, Clubräumen				X	
– Gast- oder Sanitärbereiche zum Beispiel in Pensionen oder Hotels mit durch- schnittlichen Anforderungen oder Einrichtungen oder Ausstattungen			X		
– Gast-, Informations- oder Unterhaltungsbereiche in Hotels mit individueller Gestaltung oder Möblierung oder gehobener Einrichtung oder technischer Ausstattung				X	
Freizeit/Sport					
– Neben- oder Wirtschafträume in Sportanlagen oder Schwimmbädern		X			
– Schwimmbäder, Fitness-, Wellness- oder Saunaanlagen, Großsportstätten			X	X	
– Sport-, Mehrzweck- oder Stadthallen, Gymnastikräume, Tanzschulen			X	X	
Gewerbe/Industrie/Landwirtschaft/Verkehr					
– einfache Hallen oder Werkstätten ohne fachspezifische Einrichtung, Pavillons		X			
– landwirtschaftliche Betriebsbereiche		X	X		
– Gewerbebereiche, Werkstätten mit technischer oder maschineller Einrichtung			X	X	
– Umfassende Fabrikations- oder Produktionsanlagen				X	
– Räume in Tiefgaragen, Unterführungen		X			
– Gast- oder Betriebsbereiche in Flughäfen, Bahnhöfen				X	X
Kultur-/Sakralbauten					
– Kultur- oder Sakralbereiche, Kirchenräume				X	X
– individuell gestaltete Ausstellungs-, Museums- oder Theaterbereiche				X	X
– Konzert- oder Theatersäle, Studioräume für Rundfunk, Fernsehen oder Theater					X

Anlage 11 zu §§ 39 Absatz 4, 40 Absatz 5
Grundleistungen im Leistungsbild Freianlagen, Besondere Leistungen, Objektlisten

Inhaltsübersicht:

Grundleistungen im Leistungsbild Freianlagen, Besondere Leistungen, Objektlisten

11.1 Leistungsbild Freianlagen

Grundleistungen	Besondere Leistungen
LPH 1 Grundlagenermittlung	
a) Klären der Aufgabenstellung aufgrund der Vorgaben oder der Bedarfsplanung des Auftraggebers oder vorliegender Planungs- und Genehmigungsunterlagen b) Ortsbesichtigung c) Beraten zum gesamten Leistungs- und Untersuchungsbedarf d) Formulieren von Entscheidungshilfen für die Auswahl anderer an der Planung fachlich Beteiligter e) Zusammenfassen, Erläutern und Dokumentieren der Ergebnisse	– Mitwirken bei der öffentlichen Erschließung – Kartieren und Untersuchen des Bestandes, Floristische oder faunistische Kartierungen – Begutachtung des Standortes mit besonderen Methoden zum Beispiel Bodenanalysen – Beschaffen bzw. Aktualisieren bestehender Planunterlagen, Erstellen von Bestandskarten
LPH 2 Vorplanung (Projekt- und Planungsvorbereitung)	
a) Analysieren der Grundlagen, Abstimmen der Leistungen mit den fachlich an der Planung Beteiligten b) Abstimmen der Zielvorstellungen c) Erfassen, Bewerten und Erläutern der Wechselwirkungen im Ökosystem d) Erarbeiten eines Planungskonzepts einschließlich Untersuchen und Bewerten von Varianten nach gleichen Anforderungen unter Berücksichtigung zum Beispiel – der Topographie und der weiteren standörtlichen und ökologischen Rahmenbedingungen, – der Umweltbelange einschließlich der natur- und artenschutzrechtlichen Anforderungen und der vegetationstechnischen Bedingungen, – der gestalterischen und funktionalen Anforderungen – Klären der wesentlichen Zusammenhänge, Vorgänge und Bedingungen – Abstimmen oder Koordinieren unter Integration der Beiträge anderer an der Planung fachlich Beteiligter	– Umweltfolgenabschätzung – Bestandsaufnahme, Vermessung – Fotodokumentationen – Mitwirken bei der Beantragung von Fördermitteln und Beschäftigungsmaßnahmen – Erarbeiten von Unterlagen für besondere technische Prüfverfahren – Beurteilen und Bewerten der vorhanden Bausubstanz, Bauteile, Materialien, Einbauten oder der zu schützenden oder zu erhaltenden Gehölze oder Vegetationsbestände

Grundleistungen	Besondere Leistungen
e) Darstellen des Vorentwurfs mit Erläuterungen und Angaben zum terminlichen Ablauf f) Kostenschätzung, zum Beispiel nach DIN 276, Vergleich mit den finanziellen Rahmenbedingungen g) Zusammenfassen, Erläutern und Dokumentieren der Vorplanungsergebnisse	

LPH 3 Entwurfsplanung (System- und Integrationsplanung)

a) Erarbeiten der Entwurfsplanung auf Grundlage der Vorplanung unter Vertiefung zum Beispiel der gestalterischen, funktionalen, wirtschaftlichen, standörtlichen, ökologischen, natur- und artenschutzrechtlichen Anforderungen
Abstimmen oder Koordinieren unter Integration der Beiträge anderer an der Planung fachlich Beteiligter
b) Abstimmen der Planung mit zu beteiligenden Stellen und Behörden
c) Darstellen des Entwurfs zum Beispiel im Maßstab 1 : 500 bis 1 : 100, mit erforderlichen Angaben insbesondere
  – zur Bepflanzung,
  – zu Materialien und Ausstattungen,
  – zu Maßnahmen aufgrund rechtlicher Vorgaben,
  – zum terminlichen Ablauf
d) Objektbeschreibung mit Erläuterung von Ausgleichs- und Ersatzmaßnahmen nach Maßgabe der naturschutzrechtlichen Eingriffsregelung
e) Kostenberechnung, zum Beispiel nach DIN 276 einschließlich zugehöriger Mengenermittlung
f) Vergleich der Kostenberechnung mit der Kostenschätzung
g) Zusammenfassen, Erläutern und Dokumentieren der Entwurfsplanungsergebnisse
	– Mitwirken beim Beschaffen nachbarlicher Zustimmungen
	– Erarbeiten besonderer Darstellungen, zum Beispiel Modelle, Perspektiven, Animationen
	– Beteiligung von externen Initiativ- und Betroffenengruppen bei Planung und Ausführung
	– Mitwirken bei Beteiligungsverfahren oder Workshops
	– Mieter- oder Nutzerbefragungen
	– Erarbeiten von Ausarbeitungen nach den Anforderungen der naturschutzrechtlichen Eingriffsregelung sowie des besonderen Arten- und Biotopschutzrechtes, Eingriffsgutachten, Eingriffs- oder Ausgleichsbilanz nach landesrechtlichen Regelungen
	– Mitwirken beim Erstellen von Kostenaufstellungen und Planunterlagen für Vermarktung und Vertrieb
	– Erstellen und Zusammenstellen von Unterlagen für die Beauftragung von Dritten (Sachverständigenbeauftragung)
	– Mitwirken bei der Beantragung und Abrechnung von Fördermitteln und Beschäftigungsmaßnahmen
	– Abrufen von Fördermitteln nach Vergleich mit den Ist-Kosten (Baufinanzierungsleistung)
	– Mitwirken bei der Finanzierungsplanung
	– Erstellen einer Kosten-Nutzen-Analyse
	– Aufstellen und Berechnen von Lebenszykluskosten

LPH 4 Genehmigungsplanung

a) Erarbeiten und Zusammenstellen der Vorlagen und Nachweise für öffentlich-rechtliche Genehmigungen oder Zustimmungen einschließlich der Anträge auf Ausnahmen und Befreiungen, sowie notwendiger Verhandlungen mit Behörden unter Verwendung der Beiträge anderer an der Planung fachlich Beteiligter b) Einreichen der Vorlagen c) Ergänzen und Anpassen der Planungsunterlagen, Beschreibungen und Berechnungen	– Teilnahme an Sitzungen in politischen Gremien oder im Rahmen der Öffentlichkeitsbeteiligung – Erstellen von landschaftspflegerischen Fachbeiträgen oder natur- und artenschutzrechtlichen Beiträgen – Mitwirken beim Einholen von Genehmigungen und Erlaubnissen nach Naturschutz-, Fach- und Satzungsrecht – Erfassen, Bewerten und Darstellen des Bestandes gemäß Ortssatzung – Erstellen von Rodungs- und Baumfällanträgen – Erstellen von Genehmigungsunterlagen und Anträgen nach besonderen Anforderungen – Erstellen eines Überflutungsnachweises für Grundstücke – Prüfen von Unterlagen der Planfeststellung auf Übereinstimmung mit der Planung

Grundleistungen	Besondere Leistungen
LPH 5 Ausführungsplanung	

a) Erarbeiten der Ausführungsplanung auf Grundlage der Entwurfs- und Genehmigungsplanung bis zur ausführungsreifen Lösung als Grundlage für die weiteren Leistungsphasen
b) Erstellen von Plänen oder Beschreibungen, je nach Art des Bauvorhabens zum Beispiel im Maßstab 1 : 200 bis 1 : 50
c) Abstimmen oder Koordinieren unter Integration der Beiträge anderer an der Planung fachlich Beteiligter
d) Darstellen der Freianlagen mit den für die Ausführung notwendigen Angaben, Detail- oder Konstruktionszeichnungen, insbesondere
  – zu Oberflächenmaterial, -befestigungen und -relief,
  – zu ober- und unterirdischen Einbauten und Ausstattungen,
  – zur Vegetation mit Angaben zu Arten, Sorten und Qualitäten,
  – zu landschaftspflegerischen, naturschutzfachlichen oder artenschutzrechtlichen Maßnahmen
e) Fortschreiben der Angaben zum terminlichen Ablauf
f) Fortschreiben der Ausführungsplanung während der Objektausführung
	– Erarbeitung von Unterlagen für besondere technische Prüfverfahren (zum Beispiel Lastplattendruckversuche)
	– Auswahl von Pflanzen beim Lieferanten (Erzeuger)

LPH 6 Vorbereitung der Vergabe	
a) Aufstellen von Leistungsbeschreibungen mit Leistungsverzeichnissen b) Ermitteln und Zusammenstellen von Mengen auf Grundlage der Ausführungsplanung c) Abstimmen oder Koordinieren der Leistungsbeschreibungen mit den an der Planung fachlich Beteiligten d) Aufstellen eines Terminplans unter Berücksichtigung jahreszeitlicher, bauablaufbedingter und witterungsbedingter Erfordernisse e) Ermitteln der Kosten auf Grundlage der vom Planer bepreisten Leistungsverzeichnisse f) Kostenkontrolle durch Vergleich der vom Planer bepreisten Leistungsverzeichnisse mit der Kostenberechnung g) Zusammenstellen der Vergabeunterlagen	– Alternative Leistungsbeschreibung für geschlossene Leistungsbereiche – Besondere Ausarbeitungen zum Beispiel für Selbsthilfearbeiten
LPH 7 Mitwirkung der Vergabe	
a) Einholen von Angeboten b) Prüfen und Werten der Angebote einschließlich Aufstellen eines Preisspiegels nach Einzelpositionen oder Teilleistun-gen. Prüfen und Werten der Angebote zusätzlicher und geänderter Leistungen der ausführenden Unternehmen und der Angemessenheit der Preise c) Führen von Bietergesprächen d) Erstellen der Vergabevorschläge, Dokumentation des Vergabeverfahrens e) Zusammenstellen der Vertragsunterlagen	

Grundleistungen	Besondere Leistungen
f) Kostenkontrolle durch Vergleichen der Ausschreibungsergebnisse mit den vom Planer bepreisten Leistungsverzeichnissen und der Kostenberechnung g) Mitwirken bei der Auftragserteilung	

LPH 8 Objektüberwachung (Bauüberwachung und Dokumentation)

Grundleistungen	Besondere Leistungen
a) Überwachen der Ausführung des Objekts auf Übereinstimmung mit der Genehmigung oder Zustimmung, den Verträgen mit ausführenden Unternehmen, den Ausführungsunterlagen, den einschlägigen Vorschriften, sowie mit den allgemein anerkannten Regeln der Technik b) Überprüfen von Pflanzen- und Materiallieferungen c) Abstimmen mit den oder Koordinieren der an der Objektüberwachung fachlich Beteiligten d) Fortschreiben und Überwachen des Terminplans unter Berücksichtigung jahreszeitlicher, bauablaufbedingter und witterungsbedingter Erfordernisse e) Dokumentation des Bauablaufes (zum Beispiel Bautagebuch), Feststellen des Anwuchsergebnisses f) Mitwirken beim Aufmaß mit den bauausführenden Unternehmen g) Rechnungsprüfung einschließlich Prüfen der Aufmaße der ausführenden Unternehmen h) Vergleich der Ergebnisse der Rechnungsprüfungen mit den Auftragssummen einschließlich Nachträgen i) Organisation der Abnahme der Bauleistungen unter Mitwirkung anderer an der Planung und Objektüberwachung fachlich Beteiligter, Feststellung von Mängeln, Abnahmeempfehlung für den Auftraggeber j) Antrag auf öffentlich-rechtliche Abnahmen und Teilnahme daran, k) Übergabe des Objekts l) Überwachen der Beseitigung der bei der Abnahme festgestellten Mängel m) Auflisten der Verjährungsfristen für Mängelansprüche n) Überwachen der Fertigstellungspflege bei vegetationstechnischen Maßnahmen o) Kostenkontrolle durch Überprüfen der Leistungsabrechnung der bauausführenden Unternehmen im Vergleich zu den Vertragspreisen p) Kostenfeststellung, zum Beispiel nach DIN 276 q) Systematische Zusammenstellung der Dokumentation, zeichnerischen Darstellungen und rechnerischen Ergebnisse des Objekts	– Dokumentation des Bauablaufs nach besonderen Anforderungen des Auftraggebers – fachliches Mitwirken bei Gerichtsverfahren – Bauoberleitung, künstlerische Oberleitung – Erstellen einer Freianlagenbestandsdokumentation

LPH 9 Objektbetreuung

Grundleistungen	Besondere Leistungen
a) Fachliche Bewertung der innerhalb der Verjährungsfristen für Gewährleistungsansprüche festgestellten Mängel, längstens jedoch bis zum Ablauf von 5 Jahren seit Abnahme der Leistung, einschließlich notwendiger Begehungen b) Objektbegehung zur Mängelfeststellung vor Ablauf der Verjährungsfristen für Mängelansprüche gegenüber den ausführenden Unternehmen c) Mitwirken bei der Freigabe von Sicherheitsleistungen	– Überwachung der Entwicklungs- und Unterhaltungspflege – Überwachen von Wartungsleistungen – Überwachen der Mängelbeseitigung innerhalb der Verjährungsfrist

11.2 Objektliste Freianlagen

Nachstehende Freianlagen werden in der Regel folgenden Honorarzonen zugeordnet:

Objekte	I	II	III	IV	V
In der freien Landschaft					
– einfache Geländegestaltung	X				
– Einsaaten in der freien Landschaft	X				
– Pflanzungen in der freien Landschaft oder Windschutzpflanzungen, mit sehr geringen oder geringen Anforderungen	X	X			
– Pflanzungen in der freien Landschaft mit natur- und artenschutzrechtlichen Anforderungen (Kompensationserfordernissen)			X		
– Flächen für den Arten- und Biotopschutz mit differenzierten Gestaltungsansprüchen oder mit Biotopverbundfunktion				X	
– Naturnahe Gewässer- und Ufergestaltung			X		
– Geländegestaltungen und Pflanzungen für Deponien, Halden und Entnahmestellen mit geringen oder durchschnittlichen Anforderungen		X	X		
– Freiflächen mit einfachem Ausbau bei kleineren Siedlungen, bei Einzelbauwerken und bei landwirtschaftlichen Aussiedlungen		X			
– Begleitgrün zu Objekten, Bauwerken und Anlagen mit geringen oder durchschnittlichen Anforderungen		X	X		
In Stadt- und Ortslagen					
– Grünverbindungen ohne besondere Ausstattung			X		
– innerörtliche Grünzüge, Grünverbindungen mit besonderer Ausstattung				X	
– Freizeitparks und Parkanlagen				X	
– Geländegestaltung ohne oder mit Abstützungen				X	X
– Begleitgrün zu Objekten, Bauwerken und Anlagen sowie an Ortsrändern		X	X		
– Schulgärten und naturkundliche Lehrpfade und -gebiete				X	
– Hausgärten und Gartenhöfe mit Repräsentationsansprüchen				X	X
Gebäudebegrünung					
– Terrassen- und Dachgärten					X
– Bauwerksbegrünung vertikal und horizontal mit hohen oder sehr hohen Anforderungen				X	X
– Innenbegrünung mit hohen oder sehr hohen Anforderungen				X	X
– Innenhöfe mit hohen oder sehr hohen Anforderungen				X	X
Spiel- und Sportanlagen					
– Ski- und Rodelhänge ohne oder mit technischer Ausstattung	X	X			
– Spielwiesen		X			
– Ballspielplätze, Bolzplätze, mit geringen oder durchschnittlichen Anforderungen		X	X		
– Sportanlagen in der Landschaft, Parcours, Wettkampfstrecken			X		
– Kombinationsspielfelder, Sport-, Tennisplätze u. Sportanlagen mit Tennenbelag oder Kunststoff- oder Kunstrasenbelag				X	X

Objekte	Honorarzone				
	I	II	III	IV	V
– Spielplätze				X	
– Sportanlagen Typ A bis C oder Sportstadien				X	X
– Golfplätze mit besonderen natur- und artenschutzrecht-lichen Anforderungen oder in stark reliefiertem Geländeumfeld				X	X
– Freibäder mit besonderen Anforderungen; Schwimmteiche				X	X
– Schul- und Pausenhöfe mit Spiel- und Bewegungsangebot				X	
Sonderanlagen					
– Freilichtbühnen				X	
– Zelt- oder Camping- oder Badeplätze, mit durchschnittlicher oder hoher Ausstattung oder Kleingartenanlagen			X	X	
Objekte					
– Friedhöfe, Ehrenmale, Gedenkstätten, mit hoher oder sehr hoher Ausstattung				X	X
– Zoologische und botanische Gärten					X
– Lärmschutzeinrichtungen				X	
– Garten- und Hallenschauen					X
– Freiflächen im Zusammenhang mit historischen Anlagen, historische Park- und Gartenanlagen, Gartendenkmale					X
Sonstige Freianlagen					
– Freiflächen mit Bauwerksbezug, mit durchschnittlichen topographischen Verhältnissen oder durchschnittlicher Ausstattung			X		
– Freiflächen mit Bauwerksbezug, mit schwierigen oder besonders schwierigen topographischen Verhältnissen oder hoher oder sehr hoher Ausstattung				X	X
– Fußgängerbereiche und Stadtplätze mit hoher oder sehr hoher Ausstattungsintensität				X	X

Anlage 12 zu §§ 43 Absatz 5, 44 Absatz 5
Grundleistungen im Leistungsbild Ingenieurbauwerke, Besondere Leistungen, Objektlisten

Inhaltsübersicht:

12.1. Leistungsbild Ingenieurbauwerke

12.2. Objektliste Ingenieurbauwerke

Grundleistungen im Leistungsbild Ingenieurbauwerke, Besondere Leistungen, Objektlisten

12.1 Leistungsbild Ingenieurbauwerke

Grundleistungen	Besondere Leistungen
LPH 1 Grundlagenermittlung	
a) Klären der Aufgabenstellung aufgrund der Vorgaben oder der Bedarfsplanung des Auftraggebers b) Ermitteln der Planungsrandbedingungen sowie Beraten zum gesamten Leistungsbedarf c) Formulieren von Entscheidungshilfen für die Auswahl anderer an der Planung fachlich Beteiligter d) bei Objekten nach § 41 Nummer 6 und 7, die eine Tragwerksplanung erfordern: Klären der Aufgabenstellung auch auf dem Gebiet der Tragwerksplanung e) Ortsbesichtigung f) Zusammenfassen, Erläutern und Dokumentieren der Ergebnisse	– Auswahl und Besichtigung ähnlicher Objekte
LPH 2 Vorplanung (Projekt- und Planungsvorbereitung)	
a) Analysieren der Grundlagen b) Abstimmen der Zielvorstellungen auf die öffentlich-rechtlichen Randbedingungen sowie Planungen Dritter c) Untersuchen von Lösungsmöglichkeiten mit ihren Einflüssen auf bauliche und konstruktive Gestaltung, Zweckmäßigkeit, Wirtschaftlichkeit unter Beachtung der Umweltverträglichkeit d) Beschaffen und Auswerten amtlicher Karten e) Erarbeiten eines Planungskonzepts einschließlich Untersuchung der alternativen Lösungsmöglichkeiten nach gleichen Anforderungen mit zeichnerischer Darstellung und Bewertung unter Einarbeitung der Beiträge anderer an der Planung fachlich Beteiligter f) Klären und Erläutern der wesentlichen fachspezifischen Zusammenhänge, Vorgänge und Bedingungen g) Vorabstimmen mit Behörden und anderen an der Planung fachlich Beteiligten über die Genehmigungsfähigkeit, gegebenenfalls Mitwirken bei Verhandlungen über die Bezuschussung und Kostenbeteiligung	– Erstellen von Leitungsbestandsplänen – vertiefte Untersuchungen zum Nachweis von Nachhaltigkeitsaspekten – Anfertigen von Nutzen-Kosten-Untersuchungen – Wirtschaftlichkeitsprüfung – Beschaffen von Auszügen aus Grundbuch, Kataster und anderen amtlichen Unterlagen

Grundleistungen	Besondere Leistungen
h) Mitwirken beim Erläutern des Planungskonzepts gegenüber Dritten an bis zu 2 Terminen, i) Überarbeiten des Planungskonzepts nach Bedenken und Anregungen j) Kostenschätzung, Vergleich mit den finanziellen Rahmenbedingungen k) Zusammenfassen, Erläutern und Dokumentieren der Ergebnisse	

LPH 3 Entwurfsplanung (System- und Integrationsplanung)

Grundleistungen	Besondere Leistungen
a) Erarbeiten des Entwurfs auf Grundlage der Vorplanung durch zeichnerische Darstellung im erforderlichen Umfang und Detaillierungsgrad unter Berücksichtigung aller fachspezifischen Anforderungen Bereitstellen der Arbeitsergebnisse als Grundlage für die anderen an der Planung fachlich Beteiligten, sowie Integration und Koordination der Fachplanungen b) Erläuterungsbericht unter Verwendung der Beiträge anderer an der Planung fachlich Beteiligter c) fachspezifische Berechnungen, ausgenommen Berechnungen aus anderen Leistungsbildern d) Ermitteln und Begründen der zuwendungsfähigen Kosten, Mitwirken beim Aufstellen des Finanzierungsplans sowie Vorbereiten der Anträge auf Finanzierung e) Mitwirken beim Erläutern des vorläufigen Entwurfs gegenüber Dritten an bis zu 3 Terminen, Überarbeiten des vorläufigen Entwurfs auf Grund von Bedenken und Anregungen f) Vorabstimmen der Genehmigungsfähigkeit mit Behörden und anderen an der Planung fachlich Beteiligten g) Kostenberechnung einschließlich zugehöriger Mengenermittlung, Vergleich der Kostenberechnung mit der Kostenschätzung h) Ermitteln der wesentlichen Bauphasen unter Berücksichtigung der Verkehrslenkung und der Aufrechterhaltung des Betriebes während der Bauzeit i) Bauzeiten- und Kostenplan j) Zusammenfassen, Erläutern und Dokumentieren der Ergebnisse	– Fortschreiben von Nutzen-Kosten-Untersuchungen – Mitwirken bei Verwaltungsvereinbarungen – Nachweis der zwingenden Gründe des überwiegenden öffentlichen Interesses der Notwendigkeit der Maßnahme (zum Beispiel Gebiets- und Artenschutz gemäß der Richtlinie 92/43/EWG des Rates vom 21. Mai 1992 zur Erhaltung der natürlichen Lebensräume sowie der wildlebenden Tiere und Pflanzen (ABl. L 206 vom 22.7.1992, S. 7) – Fiktivkostenberechnungen (Kostenteilung)

LPH 4 Genehmigungsplanung

Grundleistungen	Besondere Leistungen
a) Erarbeiten und Zusammenstellen der Unterlagen für die erforderlichen öffentlich-rechtlichen Verfahren oder Genehmigungsverfahren einschließlich der Anträge auf Ausnahmen und Befreiungen, Aufstellen des Bauwerksverzeichnisses unter Verwendung der Beiträge anderer an der Planung fachlich Beteiligter b) Erstellen des Grunderwerbsplanes und des Grunderwerbsverzeichnisses unter Verwendung der Beiträge anderer an der Planung fachlich Beteiligter c) Vervollständigen und Anpassen der Planungsunterlagen, Beschreibungen und Berechnungen unter Verwendung der Beiträge anderer an der Planung fachlich Beteiligter d) Abstimmen mit Behörden	– Mitwirken bei der Beschaffung der Zustimmung von Betroffenen

Grundleistungen	Besondere Leistungen
e) Mitwirken in Genehmigungsverfahren einschließlich der Teilnahme an bis zu 4 Erläuterungs-, Erörterungsterminen f) Mitwirken beim Abfassen von Stellungnahmen zu Bedenken und Anregungen in bis zu 10 Kategorien	

LPH 5 Ausführungsplanung

a) Erarbeiten der Ausführungsplanung auf Grundlage der Ergebnisse der Leistungsphasen 3 und 4 unter Berücksichtigung aller fachspezifischen Anforderungen und Verwendung der Beiträge anderer an der Planung fachlich Beteiligter bis zur ausführungsreifen Lösung b) Zeichnerische Darstellung, Erläuterungen und zur Objektplanung gehörige Berechnungen mit allen für die Ausführung notwendigen Einzelangaben einschließlich Detailzeichnungen in den erforderlichen Maßstäben c) Bereitstellen der Arbeitsergebnisse als Grundlage für die anderen an der Planung fachlich Beteiligten und Integrieren ihrer Beiträge bis zur ausführungsreifen Lösung d) Vervollständigen der Ausführungsplanung während der Objektausführung	– Objektübergreifende, integrierte Bauablaufplanung – Koordination des Gesamtprojekts – Aufstellen von Ablauf- und Netzplänen – Planen von Anlagen der Verfahrens- und Prozesstechnik für Ingenieurbauwerke gemäß § 41 Nummer 1 bis 3 und 5, die dem Auftragnehmer übertragen werden, der auch die Grundleistungen für die jeweiligen Ingenieurbauwerke erbringt

LPH 6 Vorbereitung der Vergabe

a) Ermitteln von Mengen nach Einzelpositionen unter Verwendung der Beiträge anderer an der Planung fachlich Beteiligter b) Aufstellen der Vergabeunterlagen, insbesondere Anfertigen der Leistungsbeschreibungen mit Leistungsverzeichnissen sowie der Besonderen Vertragsbedingungen c) Abstimmen und Koordinieren der Schnittstellen zu den Leistungsbeschreibungen der anderen an der Planung fachlich Beteiligten d) Festlegen der wesentlichen Ausführungsphasen e) Ermitteln der Kosten auf Grundlage der vom Planer (Entwurfsverfasser) bepreisten Leistungsverzeichnisse f) Kostenkontrolle durch Vergleich der vom Planer (Entwurfsverfasser) bepreisten Leistungsverzeichnisse mit der Kostenberechnung g) Zusammenstellen der Vergabeunterlagen	– detaillierte Planung von Bauphasen bei besonderen Anforderungen

LPH 7 Mitwirkung der Vergabe

a) Einholen von Angeboten b) Prüfen und Werten der Angebote, Aufstellen des Preisspiegels c) Abstimmen und Zusammenstellen der Leistungen der fachlich Beteiligten, die an der Vergabe mitwirken d) Führen von Bietergesprächen e) Erstellen der Vergabevorschläge, Dokumentation des Vergabeverfahrens f) Zusammenstellen der Vertragsunterlagen	– Prüfen und Werten von Nebenangeboten

Grundleistungen	Besondere Leistungen
g) Vergleichen der Ausschreibungsergebnisse mit den vom Planer bepreisten Leistungsverzeichnissen und der Kostenberechnung h) Mitwirken bei der Auftragserteilung	

LPH 8 Objektüberwachung (Bauüberwachung und Dokumentation)

a) Aufsicht über die örtliche Bauüberwachung, Koordinierung der an der Objektüberwachung fachlich Beteiligten, einmaliges Prüfen von Plänen auf Übereinstimmung mit dem auszuführenden Objekt und Mitwirken bei deren Freigabe b) Aufstellen, Fortschreiben und Überwachen eines Terminplans (Balkendiagramm) c) Veranlassen und Mitwirken beim Inverzugsetzen der ausführenden Unternehmen d) Kostenfeststellung, Vergleich der Kostenfeststellung mit der Auftragssumme e) Abnahme von Bauleistungen, Leistungen und Lieferungen unter Mitwirkung der örtlichen Bauüberwachung und anderer an der Planung und Objektüberwachung fachlich Beteiligter, Feststellen von Mängeln, Fertigung einer Niederschrift über das Ergebnis der Abnahme f) Überwachen der Prüfungen der Funktionsfähigkeit der Anlagenteile und der Gesamtanlage g) Antrag auf behördliche Abnahmen und Teilnahme daran h) Übergabe des Objekts i) Auflisten der Verjährungsfristen der Mängelansprüche j) Zusammenstellen und Übergeben der Dokumentation des Bauablaufs, der Bestandsunterlagen und der Wartungsvorschriften	– Kostenkontrolle – Prüfen von Nachträgen – Erstellen eines Bauwerksbuchs – Erstellen von Bestandsplänen – Örtliche Bauüberwachung: – Plausibilitätsprüfung der Absteckung – Überwachen der Ausführung der Bauleistungen – Mitwirken beim Einweisen des Auftragnehmers in die Baumaßnahme (Bauanlaufbesprechung) – Überwachen der Ausführung des Objektes auf Übereinstimmung mit den zur Ausführung freigegebenen Unterlagen, dem Bauvertrag und den Vorgaben des Auftraggebers, – Prüfen und Bewerten der Berechtigung von Nachträgen – Durchführen oder Veranlassen von Kontrollprüfungen – Überwachen der Beseitigung der bei der Abnahme der Leistungen festgestellten Mängel – Dokumentation des Bauablaufs – Mitwirken beim Aufmaß mit den ausführenden Unternehmen und Prüfen der Aufmaße – Mitwirken bei behördlichen Abnahmen – Mitwirken bei der Abnahme von Leistungen und Lieferungen – Rechnungsprüfung, Vergleich der Ergebnisse der Rechnungsprüfungen mit der Auftragssumme – Mitwirken beim Überwachen der Prüfung der Funktionsfähigkeit der Anlagenteile und der Gesamtanlage – Überwachen der Ausführung von Tragwerken nach Anlage 14.2 Honorarzone I und II mit sehr geringen und geringen Planungsanforderungen auf Übereinstimmung mit dem Standsicherheitsnachweis

LPH 9 Objektbetreuung

a) Fachliche Bewertung der innerhalb der Verjährungsfristen für Gewährleistungsansprüche festgestellten Mängel, längstens jedoch bis zum Ablauf von fünf Jahren seit Abnahme der Leistung, einschließlich notwendiger Begehungen b) Objektbegehung zur Mängelfeststellung vor Ablauf der Verjährungsfristen für Mängelansprüche gegenüber den ausführenden Unternehmen c) Mitwirken bei der Freigabe von Sicherheitsleistungen	– Überwachen der Mängelbeseitigung innerhalb der Verjährungsfrist

12.2   Objektliste Ingenieurbauwerke

Nachstehende Objekte werden in der Regel folgenden Honorarzonen zugerechnet:

	Honorarzone				
	I	II	III	IV	V
Gruppe 1 – Bauwerke und Anlagen der Wasserversorgung					
– Zisternen	X				
– einfache Anlagen zur Gewinnung und Förderung von Wasser, zum Beispiel Quellfassungen, Schachtbrunnen		X			
– Tiefbrunnen			X		
– Brunnengalerien und Horizontalbrunnen				X	
– Leitungen für Wasser ohne Zwangspunkte	X				
– Leitungen für Wasser mit geringen Verknüpfungen und wenigen Zwangspunkten		X			
– Leitungen für Wasser mit zahlreichen Verknüpfungen und mehreren Zwangspunkten			X		
– Einfache Leitungsnetze für Wasser		X			
– Leitungsnetze mit mehreren Verknüpfungen und zahlreichen Zwangspunkten und mit einer Druckzone			X		
– Leitungsnetze für Wasser mit zahlreichen Verknüpfungen und zahlreichen Zwangspunkten				X	
– einfache Anlagen zur Speicherung von Wasser, zum Beispiel Behälter in Fertigbauweise, Feuerlöschbecken		X			
– Speicherbehälter			X		
– Speicherbehälter in Turmbaumweise				X	
– einfache Wasseraufbereitungsanlagen und Anlagen mit mechanischen Verfahren, Pumpwerke und Druckerhöhungsanlagen		X			
– Wasseraufbereitungsanlagen mit physikalischen und chemischen Verfahren, schwierige Pumpwerke und Druckerhöhungsanlagen			X		
– Bauwerke und Anlagen mehrstufiger oder kombinierter Verfahren der Wasseraufbereitung				X	
Gruppe 2 – Bauwerke u. Anlagen d. Abwasserentsorgung mit Ausnahme Entwässerungsanlagen, die der Zweckbestimmung der Verkehrsanlagen dienen, und Regenwasserversickerung (Abgrenzung zu Freianlagen)					
– Leitungen für Abwasser ohne Zwangspunkte	X				
– Leitungen für Abwasser mit geringen Verknüpfungen und wenigen Zwangspunkten		X			
– Leitungen für Abwasser mit zahlreichen Verknüpfungen und zahlreichen Zwangspunkten			X		
– einfache Leitungsnetze für Abwasser		X			
– Leitungsnetze für Abwasser mit mehreren Verknüpfungen und mehreren Zwangspunkten			X		
– Leitungsnetze für Abwasser mit zahlreichen Zwangspunkten				X	
– Erdbecken als Regenrückhaltebecken		X			
– Regenbecken und Kanalstauräume mit geringen Verknüpfungen und wenigen Zwangspunkten			X		

	Honorarzone				
	I	II	III	IV	V
– Regenbecken und Kanalstauräume mit zahlreichen Verknüpfungen und zahlreichen Zwangspunkten, kombinierte Regenwasserbewirtschaftungsanlagen				X	
– Schlammabsetzanlagen, Schlammpolder		X			
– Schlammabsetzanlagen mit mechanischen Einrichtungen			X		
– Schlammbehandlungsanlagen				X	
– Bauwerke und Anlagen für mehrstufige oder kombinierte Verfahren der Schlammbehandlung					X
– Industriell systematisierte Abwasserbehandlungsanlagen, einfache Pumpwerke und Hebeanlagen		X			
– Abwasserbehandlungsanlagen mit gemeinsamer aerober Stabilisierung, Pumpwerke und Hebeanlagen			X		
– Abwasserbehandlungsanlagen, schwierige Pumpwerke und Hebeanlagen				X	
– Schwierige Abwasserbehandlungsanlagen					X

Gruppe 3 – Bauwerke und Anlagen des Wasserbaus
ausgenommen Freianlagen nach § 39 Absatz 1

	I	II	III	IV	V
– Berieselung und rohrlose Dränung, flächenhafter Erdbau mit unterschiedlichen Schütthöhen oder Materialien		X			
– Beregnung und Rohrdränung			X		
– Beregnung und Rohrdränung bei ungleichmäßigen Boden-und schwierigen Geländeverhältnissen				X	
– Einzelgewässer mit gleichförmigem ungegliederten Querschnitt ohne Zwangspunkte, ausgenommen Einzelgewässer mit überwiegend ökologischen und landschaftsgestalterischen Elementen	X				
– Einzelgewässer mit gleichförmigem gegliedertem Querschnitt und einigen Zwangspunkten		X			
– Einzelgewässer mit ungleichförmigem ungegliedertem Querschnitt und einigen Zwangspunkten, Gewässersysteme mit einigen Zwangspunkten			X		
– Einzelgewässer mit ungleichförmigem gegliedertem Querschnitt und vielen Zwangspunkten, Gewässersysteme mit vielen Zwangspunkten, besonders schwieriger Gewässerausbau mit sehr hohen technischen Anforderungen und ökologischen Ausgleichsmaßnahmen				X	
– Teiche bis 3 m Dammhöhe über Sohle ohne Hochwasserentlastung, ausgenommen Teiche ohne Dämme	X				
– Teiche mit mehr als 3 m Dammhöhe über Sohle ohne Hochwasserentlastung, Teiche bis 3 m Dammhöhe über Sohle mit Hochwasserentlastung		X			
– Hochwasserrückhaltebecken und Talsperren bis 5 m Dammhöhe über Sohle oder bis 100.000 m^3 Speicherraum			X		
– Hochwasserrückhaltebecken und Talsperren mit mehr als 100.000 m^3 und weniger als 5.000.000 m^3 Speicherraum				X	
– Hochwasserrückhaltebecken und Talsperren mit mehr als 5.000.000 m^3 Speicherraum					X
– Deich und Dammbauten		X			
– schwierige Deich- und Dammbauten			X		

	Honorarzone				
	I	II	III	IV	V
– besonders schwierige Deich- und Dammbauten				X	
– einfache Pumpanlagen, Pumpwerke und Schöpfwerke		X			
– Pump- und Schöpfwerke, Siele			X		
– schwierige Pump- und Schöpfwerke				X	
– Einfache Durchlässe	X				
– Durchlässe und Düker		X			
– schwierige Durchlässe und Düker			X		
– Besonders schwierige Durchlässe und Düker				X	
– einfache feste Wehre		X			
– feste Wehre			X		
– einfache bewegliche Wehre			X		
– bewegliche Wehre				X	
– einfache Sperrwerke und Sperrtore			X		
– Sperrwerke				X	
– Kleinwasserkraftanlagen			X		
– Wasserkraftanlagen				X	
– Schwierige Wasserkraftanlagen, zum Beispiel Pumpspeicherwerke oder Kavernen-kraftwerke					X
– Fangedämme, Hochwasserwände			X		
– Fangedämme, Hochwasserschutzwände in schwieriger Bauweise				X	
– eingeschwommene Senkkästen, schwierige Fangedämme, Wellenbrecher					X
– Bootsanlegestellen mit Dalben, Leitwänden, Festmacher und Fenderanlagen an stehenden Gewässern	X				
– Bootsanlegestellen mit Dalben, Leitwänden, Festmacher und Fenderanlagen an fließenden Gewässern, einfache Schiffslösch- u. -ladestellen, einfache Kaimauern und Piers		X			
– Schiffslösch- und -ladestellen, Häfen, jeweils mit Dalben, Leitwänden, Festmacher- und Fenderanlagen mit hohen Belastungen, Kaimauern und Piers			X		
– Schiffsanlege-, -lösch- und -ladestellen bei Tide oder Hochwasserbeeinflussung, Häfen bei Tide- und Hochwasserbeeinflussung, schwierige Kaimauern und Piers				X	
– Schwierige schwimmende Schiffsanleger, bewegliche Verladebrücken					X
– Einfache Uferbefestigungen	X				
– Uferwände und -mauern		X			
– Schwierige Uferwände und -mauern, Ufer- und Sohlensicherung an Wasserstraßen			X		
– Schifffahrtskanäle, mit Dalben, Leitwänden, bei einfachen Bedingungen			X		
– Schifffahrtskanäle, mit Dalben, Leitwänden, bei schwierigen Bedingungen in Damm-strecken, mit Kreuzungsbau-werken				X	
– Kanalbrücken					X
– einfache Schiffsschleusen, Bootsschleusen		X			

	Honorarzone				
	I	II	III	IV	V
– Schiffsschleusen bei geringen Hubhöhen			X		
– Schiffsschleusen bei großen Hubhöhen und Sparschleusen				X	
– Schiffshebewerke					X
– Werftanlagen, einfache Docks			X		
– schwierige Docks				X	
– Schwimmdocks					X

Gruppe 4 – Bauwerke u. Anlagen für Ver- und Entsorgung
mit Gasen, Energieträgern, Feststoffen einschließlich wassergefährdenden Flüssigkeiten, ausgenommen Anlagen nach § 53 Absatz 2

	I	II	III	IV	V
– Transportleitungen für Fernwärme, wassergefährdende Flüssigkeiten und Gase ohne Zwangspunkte	X				
– Transportleitungen für Fernwärme, wassergefährdende Flüssigkeiten und Gase mit geringen Verknüpfungen und wenigen Zwangspunkten		X			
– Transportleitungen für Fernwärme, wassergefährdende Flüssigkeiten und Gase mit zahlreichen Verknüpfungen oder zahlreichen Zwangspunkten			X		
– Transportleitungen für Fernwärme, wassergefährdende Flüssigkeiten und Gase mit zahlreichen Verknüpfungen und zahlreichen Zwangspunkten				X	
– Industriell vorgefertigte einstufige Leichtflüssigkeitsabscheider		X			
– Einstufige Leichtflüssigkeitsabscheider			X		
– mehrstufige Leichtflüssigkeitsabscheider				X	
– Leerrohrnetze mit wenigen Verknüpfungen			X		
– Leerrohrnetze mit zahlreichen Verknüpfungen				X	
– Handelsübliche Fertigbehälter für Tankanlagen	X				
– Pumpzentralen für Tankanlagen in Ortbetonbauweise			X		
– Anlagen zur Lagerung wassergefährdender Flüssigkeiten in einfachen Fällen			X		

Gruppe 5 – Bauwerke und Anlagen der Abfallentsorgung

	I	II	III	IV	V
– Zwischenlager, Sammelstellen und Umladestationen offener Bauart für Abfälle oder Wertstoffe ohne Zusatzeinrichtungen	X				
– Zwischenlager, Sammelstellen und Umladestationen offener Bauart für Abfälle oder Wertstoffe mit einfachen Zusatzeinrichtungen		X			
– Zwischenlager, Sammelstellen und Umladestationen offener Bauart für Abfälle oder Wertstoffe, mit schwierigen Zusatzeinrichtungen			X		
– Einfache, einstufige Aufbereitungsanlagen für Wertstoffe		X			
– Aufbereitungsanlagen für Wertstoffe			X		
– Mehrstufige Aufbereitungsanlagen für Wertstoffe				X	
– Einfache Bauschuttaufbereitungsanlagen		X			
– Bauschuttaufbereitungsanlagen			X		
– Bauschuttdeponien ohne besondere Einrichtungen		X			
– Bauschuttdeponien			X		

	Honorarzone				
	I	II	III	IV	V
– Pflanzenabfall-Kompostierungsanlagen ohne besondere Einrichtungen		X			
– Biomüll-Kompostierungsanlagen, Pflanzenabfall-Kompostierungsanlagen			X		
– Kompostwerke				X	
– Hausmüll- und Monodeponien			X		
– Hausmülldeponien und Monodeponien mit schwierigen technischen Anforderungen				X	
– Anlagen zur Konditionierung von Sonderabfällen				X	
– Verbrennungsanlagen, Pyrolyseanlagen					X
– Sonderabfalldeponien				X	
– Anlagen für Untertagedeponien				X	
– Behälterdeponien				X	
– Abdichtung v. Altablagerungen u. kontaminierten Standorten			X		
– Abdichtung von Altablagerungen und kontaminierten Standorten mit schwierigen technischen Anforderungen				X	
– Anlagen zur Behandlung kontaminierter Böden einschließlich Bodenluft				X	
– einfache Grundwasserdekontaminierungsanlagen				X	
– komplexe Grundwasserdekontaminierungsanlage					X

Gruppe 6 – konstruktive Ingenieurbauwerke für Verkehrsanlagen

	I	II	III	IV	V
– Lärmschutzwälle, ausgenommen Lärmschutzwälle als Mittel der Geländegestaltung	X				
– Einfache Lärmschutzanlagen		X			
– Lärmschutzanlagen			X		
– Lärmschutzanlagen in schwieriger städtebaulicher Situation				X	
– Gerade Einfeldbrücken einfacher Bauart		X			
– Einfeldbrücken			X		
– Einfache Mehrfeld- und Bogenbrücken			X		
– Schwierige Einfeld-, Mehrfeld- und Bogenbrücken				X	
– Schwierige, längs vorgespannte Stahlverbundkonstruktionen					X
– Besonders schwierige Brücken					X
– Tunnel- und Trogbauwerke				X	
– Schwierige Tunnel- und Trogbauwerke				X	
– Besonders schwierige Tunnel- und Trogbauwerke					X
– Untergrundbahnhöf				X	
– schwierige Untergrundbahnhöfe				X	
– besonders schwierige Untergrundbahnhöfe und Kreuzungsbahnhöfe					X

Gruppe 7 – sonstige Einzelbauwerke
sonstige Einzelbauwerke, ausgenommen Gebäude und Freileitungs- und Oberleitungsmaste

	I	II	III	IV	V
– Einfache Schornsteine		X			
– Schornsteine			X		

	Honorarzone				
	I	II	III	IV	V
– Schwierige Schornsteine				X	
– Besonders schwierige Schornsteine					X
– Einfache Masten und Türme ohne Aufbauten	X				
– Masten und Türme ohne Aufbauten		X			
– Masten und Türme mit Aufbauten			X		
– Masten und Türme mit Aufbauten und Betriebsgeschoss				X	
– Masten und Türme mit Aufbauten, Betriebsgeschoss und Publikumseinrichtungen					X
– Einfache Kühltürme			X		
– Kühltürme				X	
– Schwierige Kühltürme					X
– Versorgungsbauwerke und Schutzrohre in sehr einfachen Fällen ohne Zwangspunkte	X				
– Versorgungsbauwerke und Schutzrohre mit zugehörigen Schächten für Versorgungs- systeme mit wenigen Zwangspunkten		X			
– Versorgungsbauwerke mit zugehörigen Schächten für Versorgungssysteme unter beengten Verhältnissen			X		
– Versorgungsbauwerke mit zugehörigen Schächten in schwierigen Fällen für mehrere Medien				X	
– Flach gegründete, einzeln stehende Silos ohne Anbauten		X			
– Einzeln stehende Silos mit einfachen Anbauten, auch in Gruppenbauweise			X		
– Silos mit zusammengefügten Zellenblöcken und Anbauten				X	
– Schwierige Windkraftanlagen				X	
– Unverankerte Stützbauwerke bei geringen Geländesprüngen ohne Verkehrsbelastung als Mittel zur Geländegestaltung und zur konstruktiven Böschungssicherung	X				
– Unverankerte Stützbauwerke bei hohen Geländesprüngen mit Verkehrsbelastungen mit einfachen Baugrund-, Belastungs- und Geländeverhältnissen		X			
– Stützbauwerke mit Verankerung oder unverankerte Stützbauwerke bei schwierigen Baugrund-, Belastungs- oder Geländeverhältnissen			X		
– Stützbauwerke mit Verankerung und schwierigen Baugrund-, Belastungs- oder Gelän- deverhältnisse				X	
– Stützbauwerke mit Verankerung und ungewöhnlich schwierigen Randbedingungen					X
– Schlitz- und Bohrpfahlwände, Trägerbohlwände			X		
– Einfache Traggerüste und andere einfache Gerüste			X		
– Traggerüste und andere Gerüste				X	
– Sehr schwierige Gerüste und sehr hohe oder weitgespannte Traggerüste, verschiebli- che (Trag-)Gerüste					X
– Eigenständige Tiefgaragen, einfache Schacht- und Kavernenbauwerke, einfache Stollenbauten			X		
– schwierige eigenständige Tiefgaragen, schwierige Schacht- und Kavernenbauwerke, schwierige Stollenbauwerke				X	
– Besonders schwierige Schacht- und Kavernenbauwerke					X

Anlage 13 zu §§ 47 Absatz 2, 48 Absatz 5
Grundleistungen im Leistungsbild Verkehrsanlagen, Besondere Leistungen, Objektlisten

Inhaltsübersicht:

Grundleistungen im Leistungsbild Verkehrsanlagen, Besondere Leistungen, Objektlisten

13.1   Leistungsbild Verkehrsanlagen

Grundleistungen	Besondere Leistungen
LPH 1 Grundlagenermittlung	
a) Klären der Aufgabenstellung aufgrund der Vorgaben oder der Bedarfsplanung des Auftraggebers b) Ermitteln der Planungsrandbedingungen sowie Beraten zum gesamten Leistungsbedarf c) Formulieren von Entscheidungshilfen für die Auswahl anderer an der Planung fachlich Beteiligter d) Ortsbesichtigung e) Zusammenfassen, Erläutern und Dokumentieren der Ergebnisse	– Ermitteln besonderer, in den Normen nicht festgelegter Einwirkungen – Auswahl und Besichtigen ähnlicher Objekte
LPH 2 Vorplanung (Projekt- und Planungsvorbereitung)	
a) Beschaffen und Auswerten amtlicher Karten b) Analysieren der Grundlagen c) Abstimmen der Zielvorstellungen auf die öffentlich-rechtlichen Randbedingungen sowie Planungen Dritter d) Untersuchen von Lösungsmöglichkeiten mit ihren Einflüssen auf bauliche und konstruktive Gestaltung, Zweckmäßigkeit, Wirtschaftlichkeit unter Beachtung der Umweltverträglichkeit e) Erarbeiten eines Planungskonzepts einschließlich Untersuchung von bis zu 3 Varianten nach gleichen Anforderungen mit zeichnerischer Darstellung und Bewertung unter Einarbeitung der Beiträge anderer an der Planung fachlich Beteiligter Überschlägige verkehrstechnische Bemessung der Verkehrsanlage, Ermitteln der Schallimmissionen von der Verkehrsanlage an kritischen Stellen nach Tabellenwerten Untersuchen der möglichen Schallschutzmaßnahmen, ausgenommen detaillierte schalltechnische Untersuchungen f) Klären und Erläutern der wesentlichen fachspezifischen Zusammenhänge, Vorgänge und Bedingungen	– Erstellen von Leitungsbestandsplänen – Untersuchungen zur Nachhaltigkeit – Anfertigen von Nutzen-Kosten-Untersuchungen – Wirtschaftlichkeitsprüfung – Beschaffen von Auszügen aus Grundbuch, Kataster und anderen amtlichen Unterlagen

Grundleistungen	Besondere Leistungen
g) Vorabstimmen mit Behörden und anderen an der Planung fachlich Beteiligten über die Genehmigungsfähigkeit, gegebenenfalls Mitwirken bei Verhandlungen über die Bezuschussung und Kostenbeteiligung h) Mitwirken bei Erläutern des Planungskonzepts gegenüber Dritten an bis zu 2 Terminen i) Überarbeiten des Planungskonzepts nach Bedenken und Anregungen j) Bereitstellen von Unterlagen als Auszüge aus der Voruntersuchung zur Verwendung für ein Raumordnungsverfahren k) Kostenschätzung, Vergleich mit den finanziellen Rahmenbedingungen l) Zusammenfassen, Erläutern und Dokumentieren	
LPH 3 Entwurfsplanung (System- und Integrationsplanung)	
a) Erarbeiten des Entwurfs auf Grundlage der Vorplanung durch zeichnerische Darstellung im erforderlichen Umfang und Detaillierungsgrad unter Berücksichtigung aller fachspezifischen Anforderungen Bereitstellen der Arbeitsergebnisse als Grundlage für die anderen an der Planung fachlich Beteiligten, sowie Integration und Koordination der Fachplanungen b) Erläuterungsbericht unter Verwendung der Beiträge anderer an der Planung fachlich Beteiligter c) Fachspezifische Berechnungen, ausgenommen Berechnungen aus anderen Leistungsbildern d) Ermitteln der zuwendungsfähigen Kosten, Mitwirken beim Aufstellen des Finanzierungsplans sowie Vorbereiten der Anträge auf Finanzierung e) Mitwirken beim Erläutern des vorläufigen Entwurfs gegenüber Dritten an bis zu 3 Terminen, Überarbeiten des vorläufigen Entwurfs auf Grund von Bedenken und Anregungen f) Vorabstimmen der Genehmigungsfähigkeit mit Behörden und anderen an der Planung fachlich Beteiligten g) Kostenberechnung einschließlich zugehöriger Mengenermittlung, Vergleich der Kostenberechnung mit der Kostenschätzung h) Überschlägige Festlegung der Abmessungen von Ingenieurbauwerken i) Ermitteln der Schallimmissionen von der Verkehrsanlage nach Tabellenwerten; Festlegen der erforderlichen Schallschutzmaßnahmen an der Verkehrsanlage, gegebenenfalls unter Einarbeitung der Ergebnisse detaillierter schalltechnischer Untersuchungen und Feststellen der Notwendigkeit von Schallschutzmaßnahmen an betroffenen Gebäuden j) Rechnerische Festlegung des Objekts k) Darlegen der Auswirkungen auf Zwangspunkte l) Nachweis der Lichtraumprofile m) Ermitteln der wesentlichen Bauphasen unter Berücksichtigung der Verkehrslenkung und der Aufrechterhaltung des Betriebes während der Bauzeit	– Fortschreiben von Nutzen-Kosten-Untersuchungen – Detaillierte signaltechnische Berechnung – Mitwirken bei Verwaltungsvereinbarungen – Nachweis der zwingenden Gründe des überwiegenden öffentlichen Interesses der Notwendigkeit der Maßnahme (zum Beispiel Gebiets- und Artenschutz gemäß der Richtlinie 92/43/EWG des Rates vom 21. Mai 1992 zur Erhaltung der natürlichen Lebensräume sowie der wildlebenden Tiere und Pflanzen (ABl. L 206 vom 22.7.1992, S. 7) – Fiktivkostenberechnungen (Kostenteilung)

Grundleistungen	Besondere Leistungen
n) Bauzeiten- und Kostenplan o) Zusammenfassen, Erläutern und Dokumentieren der Ergebnisse	

LPH 4 Genehmigungsplanung

a) Erarbeiten und Zusammenstellen der Unterlagen für die erforderlichen öffentlich-rechtlichen Verfahren oder Genehmigungsverfahren einschließlich der Anträge auf Ausnahmen und Befreiungen, Aufstellen des Bauwerksverzeichnisses unter Verwendung der Beiträge anderer an der Planung fachlich Beteiligter b) Erstellen des Grunderwerbsplanes und des Grunderwerbsverzeichnisses unter Verwendung der Beiträge anderer an der Planung fachlich Beteiligter c) Vervollständigen und Anpassen der Planungsunterlagen, Beschreibungen und Berechnungen unter Verwendung der Beiträge anderer an der Planung fachlich Beteiligter d) Abstimmen mit Behörden e) Mitwirken in Genehmigungsverfahren einschließlich der Teilnahme an bis zu 4 Erläuterungs-, Erörterungsterminen f) Mitwirken beim Abfassen von Stellungnahmen zu Bedenken und Anregungen in bis zu 10 Kategorien	– Mitwirken bei der Beschaffung der Zustimmung von Betroffenen

LPH 5 Ausführungsplanung

a) Erarbeiten der Ausführungsplanung auf Grundlage der Ergebnisse der Leistungsphasen 3 und 4 unter Berücksichtigung aller fachspezifischen Anforderungen und Verwendung der Beiträge anderer an der Planung fachlich Beteiligter bis zur ausführungsreifen Lösung b) Zeichnerische Darstellung, Erläuterungen und zur Objektplanung gehörige Berechnungen mit allen für die Ausführung notwendigen Einzelangaben einschließlich Detailzeichnungen in den erforderlichen Maßstäben c) Bereitstellen der Arbeitsergebnisse als Grundlage für die anderen an der Planung fachlich Beteiligten und Integrieren ihrer Beiträge bis zur ausführungsreifen Lösung d) Vervollständigen der Ausführungsplanung während der Objektausführung	– Objektübergreifende, integrierte Bauablaufplanung – Koordination des Gesamtprojekts – Aufstellen von Ablauf- und Netzplänen

LPH 6 Vorbereitung der Vergabe

a) Ermitteln von Mengen nach Einzelpositionen unter Verwendung der Beiträge anderer an der Planung fachlich Beteiligter b) Aufstellen der Vergabeunterlagen, insbesondere Anfertigen der Leistungsbeschreibungen mit Leistungsverzeichnissen sowie der Besonderen Vertragsbedingungen c) Abstimmen und Koordinieren der Schnittstellen zu den Leistungsbeschreibungen der anderen an der Planung fachlich Beteiligten	– detaillierte Planung von Bauphasen bei besonderen Anforderungen

Grundleistungen	Besondere Leistungen
d) Festlegen der wesentlichen Ausführungsphasen e) Ermitteln der Kosten auf Grundlage der vom Planer (Entwurfsverfasser) bepreisten Leistungsverzeichnisse. f) Kostenkontrolle durch Vergleich der vom Planer (Entwurfsverfasser) bepreisten Leistungsverzeichnisse mit der Kostenberechnung g) Zusammenstellen der Vergabeunterlagen	
LPH 7 Mitwirkung der Vergabe	
a) Einholen von Angeboten b) Prüfen und Werten der Angebote, Aufstellen der Preisspiegel c) Abstimmen und Zusammenstellen der Leistungen der fachlich Beteiligten, die an der Vergabe mitwirken d) Führen von Bietergesprächen e) Erstellen der Vergabevorschläge, Dokumentation des Vergabeverfahrens f) Zusammenstellen der Vertragsunterlagen g) Vergleichen der Ausschreibungsergebnisse mit den vom Planer bepreisten Leistungsverzeichnissen und der Kostenberechnung h) Mitwirken bei der Auftragserteilung	– Prüfen und Werten von Nebenangeboten
LPH 8 Objektüberwachung (Bauüberwachung und Dokumentation)	
a) Aufsicht über die örtliche Bauüberwachung, Koordinierung der an der Objektüberwachung fachlich Beteiligten, einmaliges Prüfen von Plänen auf Übereinstimmung mit dem auszuführenden Objekt und Mitwirken bei deren Freigabe b) Aufstellen, Fortschreiben und Überwachen eines Terminplans (Balkendiagramm) c) Veranlassen und Mitwirken daran, die ausführenden Unternehmen in Verzug zu setzen d) Kostenfeststellung, Vergleich der Kostenfeststellung mit der Auftragssumme e) Abnahme von Bauleistungen, Leistungen und Lieferungen unter Mitwirkung der örtlichen Bauüberwachung und anderer an der Planung und Objektüberwachung fachlich Beteiligter, Feststellen von Mängeln, Fertigen einer Niederschrift über das Ergebnis der Abnahme f) Antrag auf behördliche Abnahmen und Teilnahme daran g) Überwachen der Prüfungen der Funktionsfähigkeit der Anlagenteile und der Gesamtanlage h) Übergabe des Objekts i) Auflisten der Verjährungsfristen der Mängelansprüche	– Kostenkontrolle – Prüfen von Nachträgen – Erstellen eines Bauwerksbuchs – Erstellen von Bestandsplänen – Örtliche Bauüberwachung: – Plausibilitätsprüfung der Absteckung – Überwachen der Ausführung der Bauleistungen – Mitwirken beim Einweisen des Auftragnehmers in die Baumaßnahme (Bauanlaufbesprechung) – Überwachen der Ausführung des Objektes auf Übereinstimmung mit den zur Ausführung freigegebenen Unterlagen, dem Bauvertrag und den Vorgaben des Auftraggebers, – Prüfen und Bewerten der Berechtigung von Nachträgen – Durchführen oder Veranlassen von Kontrollprüfungen – Überwachen der Beseitigung der bei der Abnahme der Leistungen festgestellten Mängel – Dokumentation des Bauablaufs – Mitwirken beim Aufmaß mit den ausführenden Unternehmen und Prüfen der Aufmaße – Mitwirken bei behördlichen Abnahmen

Grundleistungen	Besondere Leistungen
j) Zusammenstellen und Übergeben der Dokumentation des Bauablaufs, der Bestandsunterlagen und der Wartungsvorschriften	– Mitwirken bei der Abnahme von Leistungen und Lieferungen – Rechnungsprüfung, Vergleich der Ergebnisse der Rechnungsprüfungen mit der Auftragssumme – Mitwirken beim Überwachen der Prüfung der Funktionsfähigkeit der Anlagenteile und der Gesamtanlage – Überwachen der Ausführung von Tragwerken nach Anlage 14.2 Honorarzone I und II mit sehr geringen und geringen Planungsanforderungen auf Übereinstimmung mit dem Standsicherheitsnachweis
LPH 9 Objektbetreuung	
a) Fachliche Bewertung der innerhalb der Verjährungsfristen für Gewährleistungsansprüche festgestellten Mängel, längstens jedoch bis zum Ablauf von fünf Jahren seit Abnahme der Leistung, einschließlich notwendiger Begehungen b) Objektbegehung zur Mängelfeststellung vor Ablauf der Verjährungsfristen für Mängelansprüche gegenüber den ausführenden Unternehmen c) Mitwirken bei der Freigabe von Sicherheitsleistungen	– Überwachen der Mängelbeseitigung innerhalb der Verjährungsfrist

13.2 Objektliste Verkehrsanlagen

Nachstehende Verkehrsanlagen werden in der Regel folgenden Honorarzonen zugeordnet:

Objekte	Honorarzone				
	I	II	III	IV	V
a) Anlagen des Straßenverkehrs					
Außerörtliche Straßen					
– ohne besondere Zwangspunkte oder im wenig bewegten Gelände	X				
– mit besonderen Zwangspunkten oder in bewegtem Gelände		X			
– mit vielen besonderen Zwangspunkten oder in stark bewegtem Gelände			X		
– im Gebirge					X
Innerörtliche Straßen und Plätze					
– Anlieger- und Sammelstraßen	X				
– sonstige innerörtliche Straßen mit normalen verkehrstechnischen Anforderungen oder normaler städtebaulicher Situation (durchschnittliche Anzahl Verknüpfungen mit der Umgebung)		X			
– sonstige innerörtliche Straßen mit hohen verkehrstechnischen Anforderungen oder schwieriger städtebaulicher Situation (hohe Anzahl Verknüpfungen mit der Umgebung)			X		
– sonstige innerörtliche Straßen mit sehr hohen verkehrstechnischen Anforderungen oder sehr schwieriger städtebaulicher Situation (sehr hohe Anzahl Verknüpfungen mit der Umgebung)					X

	Honorarzone				
Objekte	I	II	III	IV	V
Wege					
– im ebenen Gelände mit einfachen Entwässerungsverhältnissen	X				
– im bewegtem Gelände mit einfachen Baugrund- und Entwässerungsverhältnissen		X			
– im bewegtem Gelände mit schwierigen Baugrund- und Entwässerungsverhältnissen			X		
Plätze, Verkehrsflächen					
– einfache Verkehrsflächen, Plätze außerorts	X				
– innerörtliche Parkplätze		X			
– verkehrsberuhigte Bereiche mit normalen städtebaulichen Anforderungen			X		
– verkehrsberuhigte Bereiche mit hohen städtebaulichen Anforderungen				X	
– Flächen für Güterumschlag Straße zu Straße			X		
– Flächen für Güterumschlag im kombinierten Ladeverkehr				X	
Tankstellen, Rastanlagen					
– mit normalen verkehrstechnischen Anforderungen	X				
– mit hohen verkehrstechnischen Anforderunge			X		
Knotenpunkte					
– einfach höhengleich		X			
– schwierig höhengleich			X		
– sehr schwierig höhengleich				X	
– einfach höhenungleich			X		
– schwierig höhenungleich				X	
– sehr schwierig höhenungleich					X
b) Anlagen des Schienenverkehrs					
Gleis und Bahnsteiganlagen der freien Strecke					
– ohne Weichen und Kreuzungen	X				
– ohne besondere Zwangspunkte oder in wenig bewegtem Gelände		X			
– mit besonderen Zwangspunkten oder in bewegtem Gelände			X		
– mit vielen Zwangspunkten oder in stark bewegtem Gelände				X	
Gleis- und Bahnsteiganlagen der Bahnhöfe					
– mit einfachen Spurplänen		X			
– mit schwierigen Spurplänen			X		
– mit sehr schwierigen Spurplänen				X	
c) Anlagen des Flugverkehrs					
– einfache Verkehrsflächen für Landeplätze, Segelfluggelände		X			
– schwierige Verkehrsflächen für Landeplätze, einfache Verkehrsflächen für Flughäfen			X		
– schwierige Verkehrsflächen für Flughäfen				X	

Anlage 14 zu §§ 51 Absatz 6, 52 Absatz 2

Grundleistungen im Leistungsbild Tragwerksplanung, Besondere Leistungen, Objektlisten

Inhaltsübersicht:

14.1. Leistungsbild Tragwerksplanung

14.2. Objektliste Tragwerksplanung

Grundleistungen im Leistungsbild Tragwerksplanung, Besondere Leistungen, Objektlisten

14.1 Leistungsbild Tragwerksplanung

Grundleistungen	Besondere Leistungen
LPH 1 Grundlagenermittlung	
a) Klären der Aufgabenstellung aufgrund der Vorgaben oder der Bedarfsplanung des Auftraggebers im Benehmen mit dem Objektplaner b) Zusammenstellen der die Aufgabe beeinflussenden Planungsabsichten c) Zusammenfassen, Erläutern und Dokumentieren der Ergebnisse	– Ermitteln besonderer, in den Normen nicht festgelegter Einwirkungen – Auswahl und Besichtigen ähnlicher Objekte
LPH 2 Vorplanung (Projekt- und Planungsvorbereitung)	
a) Analysieren der Grundlagen b) Beraten in statisch-konstruktiver Hinsicht unter Berücksichtigung der Belange der Standsicherheit, der Gebrauchsfähigkeit und der Wirtschaftlichkeit c) Mitwirken bei dem Erarbeiten eines Planungskonzepts einschließlich Untersuchung der Lösungsmöglichkeiten des Tragwerks unter gleichen Objektbedingungen mit skizzenhafter Darstellung, Klärung und Angabe der für das Tragwerk wesentlichen konstruktiven Festlegungen für zum Beispiel Baustoffe, Bauarten und Herstellungsverfahren, Konstruktionsraster und Gründungsart d) Mitwirken bei Vorverhandlungen mit Behörden und anderen an der Planung fachlich Beteiligten über die Genehmigungsfähigkeit e) Mitwirken bei der Kostenschätzung und bei der Terminplanung f) Zusammenfassen, Erläutern und Dokumentieren der Ergebnisse	– Aufstellen von Vergleichsberechnungen für mehrere Lösungsmöglichkeiten unter verschiedenen Objektbedingungen – Aufstellen eines Lastenplanes, zum Beispiel als Grundlage für die Baugrundbeurteilung und Gründungsberatung – Vorläufige nachprüfbare Berechnung wesentlicher tragender Teile – Vorläufige nachprüfbare Berechnung der Gründung

Grundleistungen	Besondere Leistungen
LPH 3 Entwurfsplanung (System- und Integrationsplanung)	
a) Erarbeiten der Tragwerkslösung, unter Beachtung der durch die Objektplanung integrierten Fachplanungen, bis zum konstruktiven Entwurf mit zeichnerischer Darstellung b) Überschlägige statische Berechnung und Bemessung c) Grundlegende Festlegungen der konstruktiven Details und Hauptabmessungen des Tragwerks für zum Beispiel Gestaltung der tragenden Querschnitte, Aussparungen und Fugen; Ausbildung der Auflager- und Knotenpunkte sowie der Verbindungsmittel d) Überschlägiges Ermitteln der Betonstahlmengen im Stahlbetonbau, der Stahlmengen im Stahlbau und der Holzmengen im Ingenieurholzbau e) Mitwirken bei der Objektbeschreibung bzw. beim Erläuterungsbericht f) Mitwirken bei Verhandlungen mit Behörden und anderen an der Planung fachlich Beteiligten über die Genehmigungsfähigkeit g) Mitwirken bei der Kostenberechnung und bei der Terminplanung h) Mitwirken beim Vergleich der Kostenberechnung mit der Kostenschätzung i) Zusammenfassen, Erläutern und Dokumentieren der Ergebnisse	– Vorgezogene, prüfbare und für die Ausführung geeignete Berechnung wesentlich tragender Teile – Vorgezogene, prüfbare und für die Ausführung geeignete Berechnung der Gründung – Mehraufwand bei Sonderbauweisen oder Sonderkonstruktionen, zum Beispiel Klären von Konstruktionsdetails – Vorgezogene Stahl- oder Holzmengenermittlung des Tragwerks und der kraftübertragenden Verbindungsteile für eine Ausschreibung, die ohne Vorliegen von Ausführungsunterlagen durchgeführt wird – Nachweise der Erdbebensicherung
LPH 4 Genehmigungsplanung	
a) Aufstellen der prüffähigen statischen Berechnungen für das Tragwerk unter Berücksichtigung der vorgegebenen bauphysikalischen Anforderungen b) Bei Ingenieurbauwerken: Erfassen von normalen Bauzuständen c) Anfertigen der Positionspläne für das Tragwerk oder Eintragen der statischen Positionen, der Tragwerksabmessungen, der Verkehrslasten, der Art und Güte der Baustoffe und der Besonderheiten der Konstruktionen in die Entwurfszeichnungen des Objektsplaners d) Zusammenstellen der Unterlagen der Tragwerksplanung zur Genehmigung e) Abstimmen mit Prüfämtern und Prüfingenieuren oder Eigenkontrolle f) Vervollständigen und Berichtigen der Berechnungen und Pläne	– Nachweise zum konstruktiven Brandschutz, soweit erforderlich unter Berücksichtigung der Temperatur (Heißbemessung) – Statische Berechnung und zeichnerische Darstellung für Bergschadenssicherungen und Bauzustände bei Ingenieurbauwerken, soweit diese Leistungen über das Erfassen von normalen Bauzuständen hinausgehen – Zeichnungen mit statischen Positionen und den Tragwerksabmessungen, den Bewehrungs-Querschnitten, den Verkehrslasten und der Art und Güte der Baustoffe sowie Besonderheiten der Konstruktionen zur Vorlage bei der bauaufsichtlichen Prüfung anstelle von Positionsplänen – Aufstellen der Berechnungen nach militärischen Lastenklassen (MLC) – Erfassen von Bauzuständen bei Ingenieurbauwerken, in denen das statische System von dem des Endzustands abweicht – Statische Nachweise an nicht zum Tragwerk gehörende Konstruktionen (zum Beispiel Fassaden)
LPH 5 Ausführungsplanung	
a) Durcharbeiten der Ergebnisse der Leistungsphasen 3 und 4 unter Beachtung der durch die Objektplanung integrierten Fachplanungen	– Konstruktion und Nachweise der Anschlüsse im Stahl- und Holzbau

Grundleistungen	Besondere Leistungen
b) Anfertigen der Schalpläne in Ergänzung der fertig gestellten Ausführungspläne des Objektplaners c) Zeichnerische Darstellung der Konstruktionen mit Einbau- und Verlegeanweisungen, zum Beispiel Bewehrungspläne, Stahlbau- oder Holzkonstruktionspläne mit Leitdetails (keine Werkstattzeichnungen) d) Aufstellen von Stahl- oder Stücklisten als Ergänzung zur zeichnerischen Darstellung der Konstruktionen mit Stahlmengenermittlung e) Fortführen der Abstimmung mit Prüfämtern und Prüfingenieuren oder Eigenkontrolle	– Werkstattzeichnungen im Stahl- und Holzbau einschließlich Stücklisten, Elementpläne für Stahlbetonfertigteile einschließlich Stahl- und Stücklisten – Berechnen der Dehnwege, Festlegen des Spannvorganges und Erstellen der Spannprotokolle im Spannbetonbau – Rohbauzeichnungen im Stahlbetonbau, die auf der Baustelle nicht der Ergänzung durch die Pläne des Objektplaners bedürfen

LPH 6 Vorbereitung der Vergabe

Grundleistungen	Besondere Leistungen
a) Ermitteln der Betonstahlmengen im Stahlbetonbau, der Stahlmengen in Stahlbau und der Holzmengen im Ingenieurholzbau als Ergebnis der Ausführungsplanung und als Beitrag zur Mengenermittlung des Objektplaners b) Überschlägiges Ermitteln der Mengen der konstruktiven Stahlteile und statisch erforderlichen Verbindungs- und Befestigungsmittel im Ingenieurholzbau c) Mitwirken beim Erstellen der Leistungsbeschreibung als Ergänzung zu den Mengenermittlungen als Grundlage für das Leistungsverzeichnis des Tragwerks	– Beitrag zur Leistungsbeschreibung mit Leistungsprogramm des Objektplaners[x)] – Beitrag zum Aufstellen von vergleichenden Kostenübersichten des Objektplaners – Beitrag zum Aufstellen des Leistungsverzeichnisses des Tragwerks [x)] diese Besondere Leistung wird bei Leistungsbeschreibung mit Leistungsprogramm Grundleistung. In diesem Fall entfallen die Grundleistungen dieser Leistungsphase

LPH 7 Mitwirkung der Vergabe

Grundleistungen	Besondere Leistungen
	– Mitwirken bei der Prüfung und Wertung der Angebote Leistungsbeschreibung mit Leistungsprogramm des Objektplaners – Mitwirken bei der Prüfung und Wertung von Nebenangeboten – Mitwirken beim Kostenanschlag nach DIN 276 oder anderer Vorgaben des Auftraggebers aus Einheitspreisen oder Pauschalangeboten

LPH 8 Objektüberwachung (Bauüberwachung und Dokumentation)

Grundleistungen	Besondere Leistungen
	– Ingenieurtechnische Kontrolle der Ausführung des Tragwerks auf Übereinstimmung mit den geprüften statischen Unterlagen – Ingenieurtechnische Kontrolle der Baubehelfe, zum Beispiel Arbeits- und Lehrgerüste, Kranbahnen, Baugrubensicherungen – Kontrolle der Betonherstellung und -verarbeitung auf der Baustelle in besonderen Fällen sowie Auswertung der Güteprüfungen – Betontechnologische Beratung – Mitwirken bei der Überwachung der Ausführung der Tragwerkseingriffe bei Umbauten und Modernisierungen

LPH 9 Objektbetreuung

Grundleistungen	Besondere Leistungen
	– Baubegehung zur Feststellung und Überwachung von die Standsicherheit betreffenden Einflüssen

14.2   Objektliste Tragwerksplanung

Nachstehende Tragwerke können in der Regel folgenden Honorarzonen zugeordnet werden:

	Honorarzone				
	I	II	III	IV	V
Bewertungsmerkmale zur Ermittlung der Honorarzone bei der Tragwerksplanung					
– Tragwerke mit sehr geringem Schwierigkeitsgrad, insbesondere einfache statisch bestimmte ebene Tragwerke aus Holz, Stahl, Stein oder unbewehrtem Beton mit ruhenden Lasten, ohne Nachweis horizontaler Aussteifung	X				
– Tragwerke mit geringem Schwierigkeitsgrad, insbesondere statisch bestimmte ebene Tragwerke in gebräuchlichen Bauarten ohne Vorspann- und Verbundkonstruktionen, mit vorwiegend ruhenden Lasten		X			
– Tragwerke mit durchschnittlichem Schwierigkeitsgrad, insbesondere schwierige statisch bestimmte und statisch unbestimmte ebene Tragwerke in gebräuchlichen Bauarten und ohne Gesamtstabilitätsuntersuchungen			X		
– Tragwerke mit hohem Schwierigkeitsgrad, insbesondere statisch und konstruktiv schwierige Tragwerke in gebräuchlichen Bauarten und Tragwerke, für deren Standsicherheit- und Festigkeitsnachweis schwierig zu ermittelnde Einflüsse zu berücksichtigen sind				X	
– Tragwerke mit sehr hohem Schwierigkeitsgrad, insbesondere statisch u. konstruktiv ungewöhnlich schwierige Tragwerke					X
Stützwände, Verbau					
– unverankerte Stützwände zur Abfangung von Geländesprüngen bis 2 m Höhe und konstruktive Böschungssicherungen bei einfachen Baugrund-, Belastungs- und Geländeverhältnissen	X				
– Sicherung von Geländesprüngen bis 4 m Höhe ohne Rückverankerungen bei einfachen Baugrund-, Belastungs und Geländeverhältnissen wie z. B. Stützwände, Uferwände, Baugrubenverbauten		X			
– Sicherung von Geländesprüngen ohne Rückverankerungen bei schwierigen Baugrund-, Belastungs- oder Geländeverhältnissen oder mit einfacher Rückverankerung bei einfachen Baugrund-, Belastungs- oder Geländeverhältnissen wie z. B. Stützwände, Uferwände, Baugrubenverbauten			X		
– schwierige, verankerte Stützwände, Baugrubenverbauten oder Uferwände				X	
– Baugrubenverbauten mit ungewöhnlich schwierigen Randbedingungen					X
Gründung					
– Flachgründungen einfacher Art		X			
– Flachgründungen mit durchschnittlichem Schwierigkeitsgrad, ebene und räumliche Pfahlgründungen mit durchschnittlichem Schwierigkeitsgrad			X		
– schwierige Flachgründungen, schwierige ebene und räumliche Pfahlgründungen, besondere Gründungsverfahren, Unterfahrungen				X	
Mauerwerk					
– Mauerwerksbauten mit bis zur Gründung durchgehenden tragenden Wänden ohne Nachweis horizontaler Aussteifung		X			
– Tragwerke mit Abfangung der tragenden beziehungsweise aussteifenden Wände			X		
– Konstruktionen mit Mauerwerk nach Eignungsprüfung (Ingenieurmauerwerk)				X	

		Honorarzone			
	I	II	III	IV	V
Gewölbe					
– einfache Gewölbe			X		
– schwierige Gewölbe und Gewölbereihen				X	
Deckenkonstruktionen, Flächentragwerke					
– Deckenkonstruktionen mit einfachem Schwierigkeitsgrad, bei vorwiegend ruhenden Flächenlasten	X				
– Deckenkonstruktionen mit durchschnittlichem Schwierigkeitsgrad			X		
– schiefwinklige Einfeldplatten				X	
– schiefwinklige Mehrfeldplatten					X
– schiefwinklig gelagerte oder gekrümmte Träger				X	
– schiefwinklig gelagerte, gekrümmte Träger					X
– Trägerroste und orthotrope Platten mit durchschnittlichem Schwierigkeitsgrad				X	
– schwierige Trägerroste und schwierige orthotrope Platten					X
– Flächentragwerke (Platten, Scheiben) mit durchschnittlichem Schwierigkeitsgrad				X	
– schwierige Flächentragwerke (Platten, Scheiben, Faltwerke, Schalen)					X
– einfache Faltwerke ohne Vorspannung				X	
Verbund-Konstruktionen					
– einfache Verbundkonstruktionen ohne Berücksichtigung des Einflusses von Kriechen und Schwinden			X		
– Verbundkonstruktionen mittlerer Schwierigkeit				X	
– Verbundkonstruktionen mit Vorspannung durch Spannglieder oder andere Maßnahmen					X
Rahmen- und Skelettbauten					
– ausgesteifte Skelettbauten			X		
– Tragwerke für schwierige Rahmen- und Skelettbauten sowie turmartige Bauten, bei denen der Nachweis der Stabilität und Aussteifung die Anwendung besonderer Berechnungsverfahren erfordert				X	
– einfache Rahmentragwerke ohne Vorspannkonstruktionen und ohne Gesamtstabilitätsuntersuchungen			X		
– Rahmentragwerke mit durchschnittlichem Schwierigkeitsgrad				X	
– schwierige Rahmentragwerke mit Vorspannkonstruktionen und Stabilitätsuntersuchungen					X
Räumliche Stabwerke					
– räumliche Stabwerke mit durchschnittlichem Schwierigkeitsgrad				X	
– schwierige räumliche Stabwerke					X
Seilverspannte Konstruktionen					
– einfache seilverspannte Konstruktionen				X	
– seilverspannte Konstruktionen mit durchschnittlichem bis sehr hohem Schwierigkeitsgrad					X

	Honorarzone				
	I	II	III	IV	V
Konstruktionen mit Schwingungsbeanspruchung					
– Tragwerke mit einfachen Schwingungsuntersuchungen				X	
– Tragwerke mit Schwingungsuntersuchungen mit durchschnittlichem bis sehr hohem Schwierigkeitsgrad					X
Besondere Berechnungsmethoden					
– schwierige Tragwerke, die Schnittgrößenbestimmungen nach der Theorie II. Ordnung erfordern				X	
– ungewöhnlich schwierige Tragwerke, die Schnittgrößenbestimmungen nach der Theorie II. Ordnung erfordern					X
– schwierige Tragwerke in neuen Bauarten					X
– Tragwerke mit Standsicherheitsnachweisen, die nur unter Zuhilfenahme modellstatischer Untersuchungen oder durch Berechnungen mit finiten Elementen beurteilt werden können					X
– Tragwerke, bei denen die Nachgiebigkeit der Verbindungsmittel bei der Schnittkraftermittlung zu berücksichtigen ist					X
Spannbeton					
– einfache, äußerlich und innerlich statisch bestimmte und zwängungsfrei gelagerte vorgespannte Konstruktionen		X			
– vorgespannte Konstruktionen mit durchschnittlichem Schwierigkeitsgrad			X		
– vorgespannte Konstruktionen mit hohem bis sehr hohem Schwierigkeitsgrad					X
Trag-Gerüste					
– einfache Traggerüste und andere einfache Gerüste für Ingenieurbauwerke		X			
– schwierige Traggerüste und andere schwierige Gerüste für Ingenieurbauwerke				X	
– sehr schwierige Traggerüste und andere sehr schwierige Gerüste für Ingenieurbauwerke, zum Beispiel weit gespannte oder hohe Traggerüste					X

Anlage 15 zu §§ 55 Absatz 3, 56 Absatz 3

Grundleistungen im Leistungsbild Technische Ausrüstung, Besondere Leistungen, Objektlisten

Inhaltsübersicht:

15.1. Grundleistungen und Besondere Leistungen im Leistungsbild Technische Ausrüstung

15.2. Objektliste Technische Ausrüstung

Grundleistungen im Leistungsbild Technische Ausrüstung, Besondere Leistungen, Objektlisten

15.1 Grundleistungen und Besondere Leistungen im Leistungsbild Technische Ausrüstung

Grundleistungen	Besondere Leistungen
LPH 1 Grundlagenermittlung	
a) Klären der Aufgabenstellung aufgrund der Vorgaben oder der Bedarfsplanung des Auftraggebers im Benehmen mit dem Objektplaner b) Ermitteln der Planungsrandbedingungen und Beraten zum Leistungsbedarf und gegebenenfalls zur technischen Erschließung c) Zusammenfassen, Erläutern und Dokumentieren der Ergebnisse	– Mitwirken bei der Bedarfsplanung für komplexe Nutzungen zur Analyse der Bedürfnisse, Ziele und einschränkenden Gegebenheiten (Kosten-, Termine und andere Rahmenbedingungen) des Bauherrn und wichtiger Beteiligter – Bestandsaufnahme, zeichnerische Darstellung und Nachrechnen vorhandener Anlagen und Anlagenteile – Datenerfassung, Analysen und Optimierungsprozesse im Bestand – Durchführen von Verbrauchsmessungen – Endoskopische Untersuchungen – Mitwirken bei der Ausarbeitung von Auslobungen und bei Vorprüfungen für Planungswettbewerbe
LPH 2 Vorplanung (Projekt- und Planungsvorbereitung)	
a) Analysieren der Grundlagen Mitwirken beim Abstimmen der Leistungen mit den Planungsbeteiligten b) Erarbeiten eines Planungskonzepts, dazu gehören zum Beispiel: Vordimensionieren der Systeme und maßbestimmenden Anlagenteile, Untersuchen von alternativen Lösungsmöglichkeiten bei gleichen Nutzungsanforderungen einschließlich Wirtschaftlichkeitsvorbetrachtung, zeichnerische Darstellung zur Integration in die Objektplanung unter Berücksichtigung exemplarischer Details, Angaben zum Raumbedarf c) Aufstellen eines Funktionsschemas bzw. Prinzipschaltbildes für jede Anlage	– Erstellen des technischen Teils eines Raumbuches – Durchführen von Versuchen und Modellversuchen

Grundleistungen	Besondere Leistungen
d) Klären und Erläutern der wesentlichen fachübergreifenden Prozesse, Randbedingungen und Schnittstellen, Mitwirken bei der Integration der technischen Anlagen e) Vorverhandlungen mit Behörden über die Genehmigungsfähigkeit und mit den zu beteiligenden Stellen zur Infrastruktur f) Kostenschätzung nach DIN 276 (2. Ebene) und Terminplanung g) Zusammenfassen, Erläutern und Dokumentieren der Ergebnisse	

LPH 3 Entwurfsplanung (System- und Integrationsplanung)

Grundleistungen	Besondere Leistungen
a) Durcharbeiten des Planungskonzepts (stufenweise Erarbeitung einer Lösung) unter Berücksichtigung aller fachspezifischen Anforderungen sowie unter Beachtung der durch die Objektplanung integrierten Fachplanungen, bis zum vollständigen Entwurf b) Festlegen aller Systeme und Anlagenteile c) Berechnen und Bemessen der technischen Anlagen und Anlagenteile, Abschätzen von jährlichen Bedarfswerten (z. B. Nutz-, End- und Primärenergiebedarf) und Betriebskosten; Abstimmen des Platzbedarfs für technische Anlagen und Anlagenteile; Zeichnerische Darstellung des Entwurfs in einem mit dem Objektplaner abgestimmten Ausgabemaßstab mit Angabe maßbestimmender Dimensionen Fortschreiben und Detaillieren der Funktions- und Strangschemata der Anlagen Auflisten aller Anlagen mit technischen Daten und Angaben zum Beispiel für Energiebilanzierungen Anlagenbeschreibungen mit Angabe der Nutzungsbedingungen d) Übergeben der Berechnungsergebnisse an andere Planungsbeteiligte zum Aufstellen vorgeschriebener Nachweise; Angabe und Abstimmung der für die Tragwerksplanung notwendigen Angaben über Durchführungen und Lastangaben (ohne Anfertigen von Schlitz- und Durchführungsplänen) e) Verhandlungen mit Behörden und mit anderen zu beteiligenden Stellen über die Genehmigungsfähigkeit f) Kostenberechnung nach DIN 276 (3.Ebene) und Terminplanung g) Kostenkontrolle durch Vergleich der Kostenberechnung mit der Kostenschätzung h) Zusammenfassen, Erläutern und Dokumentieren der Ergebnisse	– Erarbeiten von besonderen Daten für die Planung Dritter, zum Beispiel für Stoffbilanzen, etc. – Detaillierte Betriebskostenberechnung für die ausgewählte Anlage – Detaillierter Wirtschaftlichkeitsnachweis – Berechnung von Lebenszykluskosten – Detaillierte Schadstoffemissionsberechnung für die ausgewählte Anlage – Detaillierter Nachweis von Schadstoffemissionen – Aufstellen einer gewerkeübergreifenden Brandschutzmatrix – Fortschreiben des technischen Teils des Raumbuches – Auslegung der technischen Systeme bei Ingenieurbauwerken nach Maschinenrichtlinie – Anfertigen von Ausschreibungszeichnungen bei Leistungsbeschreibung mit Leistungsprogramm; – Mitwirken bei einer vertieften Kostenberechnung – Simulationen zur Prognose des Verhaltens von Gebäuden, Bauteilen, Räumen und Freiräumen

LPH 4 Genehmigungsplanung

Grundleistungen	Besondere Leistungen
a) Erarbeiten und Zusammenstellen der Vorlagen und Nachweise für öffentlich-rechtliche Genehmigungen oder Zustimmungen, einschließlich der Anträge auf Ausnahmen oder Befreiungen sowie Mitwirken bei Verhandlungen mit Behörden b) Vervollständigen und Anpassen der Planungsunterlagen, Beschreibungen und Berechnungen	

Grundleistungen	Besondere Leistungen
LPH 5 Ausführungsplanung	
a) Erarbeiten der Ausführungsplanung auf Grundlage der Ergebnisse der Leistungsphasen 3 und 4 (stufenweise Erarbeitung und Darstellung der Lösung) unter Beachtung der durch die Objektplanung integrierten Fachplanungen bis zur ausführungsreifen Lösung b) Fortschreiben der Berechnungen und Bemessungen zur Auslegung der technischen Anlagen und Anlagenteile Zeichnerische Darstellung der Anlagen in einem mit dem Objektplaner abgestimmten Ausgabemaßstab und Detaillierungsgrad einschließlich Dimensionen (keine Montage- oder Werkstattpläne) Anpassen und Detaillieren der Funktions- und Strangschemata der Anlagen bzw. der GA-Funktionslisten Abstimmen der Ausführungszeichnungen mit dem Objektplaner und den übrigen Fachplanern c) Anfertigen von Schlitz- und Durchbruchsplänen d) Fortschreibung des Terminplans e) Fortschreiben der Ausführungsplanung auf den Stand der Ausschreibungsergebnisse und der dann vorliegenden Ausführungsplanung des Objektplaners, Übergeben der fortgeschriebenen Ausführungsplanung an die ausführenden Unternehmen f) Prüfen und Anerkennen der Montage- und Werkstattpläne der ausführenden Unternehmen auf Übereinstimmung mit der Ausführungsplanung	– Prüfen und Anerkennen von Schalplänen des Tragwerksplaners auf Übereinstimmung mit der Schlitz und Durchbruchsplanung – Anfertigen von Plänen für Anschlüsse von beigestellten Betriebsmitteln und Maschinen (Maschinenanschlussplanung) mit besonderem Aufwand, (zum Beispiel bei Produktionseinrichtungen) – Leerrohrplanung mit besonderem Aufwand, (zum Beispiel bei Sichtbeton oder Fertigteilen) – Mitwirkung bei Detailplanungen mit besonderem Aufwand, zum Beispiel Darstellung von Wandabwicklungen in hochinstallierten Bereichen – Anfertigen von allpoligen Stromlaufplänen
LPH 6 Vorbereitung der Vergabe	
a) Ermitteln von Mengen als Grundlage für das Aufstellen von Leistungsverzeichnissen in Abstimmung mit Beiträgen anderer an der Planung fachlich Beteiligter b) Aufstellen der Vergabeunterlagen, insbesondere mit Leistungsverzeichnissen nach Leistungsbereichen, einschließlich der Wartungsleistungen auf Grundlage bestehender Regelwerke c) Mitwirken beim Abstimmen der Schnittstellen zu den Leistungsbeschreibungen der anderen an der Planung fachlich Beteiligten d) Ermitteln der Kosten auf Grundlage der vom Planer bepreisten Leistungsverzeichnisse e) Kostenkontrolle durch Vergleich der vom Planer bepreisten Leistungsverzeichnisse mit der Kostenberechnung f) Zusammenstellen der Vergabeunterlagen	– Erarbeiten der Wartungsplanung und -organisation – Ausschreibung von Wartungsleistungen, soweit von bestehenden Regelwerken abweichend
LPH 7 Mitwirkung der Vergabe	
a) Einholen von Angeboten b) Prüfen und Werten der Angebote, Aufstellen der Preisspiegel nach Einzelpositionen, Prüfen und Werten der Angebote für zusätzliche oder geänderte Leistungen der ausführenden Unternehmen und der Angemessenheit der Preise c) Führen von Bietergesprächen	– Prüfen und Werten von Nebenangeboten – Mitwirken bei der Prüfung von bauwirtschaftlich begründeten Angeboten (Claimabwehr)

Grundleistungen	Besondere Leistungen
d) Vergleichen der Ausschreibungsergebnisse mit den vom Planer bepreisten Leistungsverzeichnissen und der Kostenberechnung e) Erstellen der Vergabevorschläge, Mitwirken bei der Dokumentation der Vergabeverfahren f) Zusammenstellen der Vertragsunterlagen und bei der Auftragserteilung	

LPH 8 Objektüberwachung (Bauüberwachung und Dokumentation)

Grundleistungen	Besondere Leistungen
a) Überwachen der Ausführung des Objekts auf Übereinstimmung mit der öffentlich-rechtlichen Genehmigung oder Zustimmung, den Verträgen mit den ausführenden Unternehmen, den Ausführungsunterlagen, den Montage- und Werkstattplänen, den einschlägigen Vorschriften und den allgemein anerkannten Regeln der Technik b) Mitwirken bei der Koordination der am Projekt Beteiligten c) Aufstellen, Fortschreiben und Überwachen des Terminplans (Balkendiagramm) d) Dokumentation des Bauablaufs (Bautagebuch) e) Prüfen und Bewerten der Notwendigkeit geänderter oder zusätzlicher Leistungen der Unternehmer und der Angemessenheit der Preise f) Gemeinsames Aufmaß mit den ausführenden Unternehmen g) Rechnungsprüfung in rechnerischer und fachlicher Hinsicht mit Prüfen und Bescheinigen des Leistungsstandes anhand nachvollziehbarer Leistungsnachweise h) Kostenkontrolle durch Überprüfen der Leistungsabrechnungen der ausführenden Unternehmen im Vergleich zu den Vertragspreisen und dem Kostenanschlag i) Kostenfeststellung j) Mitwirken bei Leistungs- u. Funktionsprüfungen k) fachtechnische Abnahme der Leistungen auf Grundlage der vorgelegten Dokumentation, Erstellung eines Abnahmeprotokolls, Feststellen von Mängeln und Erteilen einer Abnahmeempfehlung l) Antrag auf behördliche Abnahmen und Teilnahme daran m) Prüfung der übergebenen Revisionsunterlagen auf Vollzähligkeit, Vollständigkeit und stichprobenartige Prüfung auf Übereinstimmung mit dem Stand der Ausführung n) Auflisten der Verjährungsfristen der Ansprüche auf Mängelbeseitigung o) Überwachen der Beseitigung der bei der Abnahme festgestellten Mängel p) Systematische Zusammenstellung der Dokumentation, der zeichnerischen Darstellungen und rechnerischen Ergebnisse des Objekts	– Durchführen von Leistungsmessungen und Funktionsprüfungen – Werksabnahmen – Fortschreiben der Ausführungspläne (zum Beispiel Grundrisse, Schnitte, Ansichten) bis zum Bestand – Erstellen von Rechnungsbelegen anstelle der ausführenden Firmen, zum Beispiel Aufmaß – Schlussrechnung (Ersatzvornahme) – Erstellen fachübergreifender Betriebsanleitungen (zum Beispiel Betriebshandbuch, Reparaturhandbuch) oder computer-aided Facility Management-Konzepte – Planung der Hilfsmittel für Reparaturzwecke

Grundleistungen	Besondere Leistungen
LPH 9 Objektbetreuung	
a) Fachliche Bewertung der innerhalb der Verjährungsfristen für Gewährleistungsansprüche festgestellten Mängel, längstens jedoch bis zum Ablauf von fünf Jahren seit Abnahme der Leistung, einschließlich notwendiger Begehungen b) Objektbegehung zur Mängelfeststellung vor Ablauf der Verjährungsfristen für Mängelansprüche gegenüber den ausführenden Unternehmen c) Mitwirken bei der Freigabe von Sicherheitsleistungen	– Überwachen der Mängelbeseitigung innerhalb der Verjährungsfrist – Energiemonitoring innerhalb der Gewährleistungsphase, Mitwirkung bei den jährlichen Verbrauchsmessungen aller Medien – Vergleich mit den Bedarfswerten aus der Planung, Vorschläge für die Betriebsoptimierung und zur Senkung des Medien- und Energieverbrauches

15.2   Objektliste Technische Ausrüstung

Objektliste Technische Ausrüstung	Honorarzone		
	I	II	III
Anlagengruppe 1 Abwasser-, Wasser- oder Gasanlagen			
– Anlagen mit kurzen einfachen Netzen	X		
– Abwasser-, Wasser-, Gas oder sanitärtechnische Anlagen mit verzweigten Netzen, Trinkwasserzirkulationsanlagen, Hebeanlagen, Druckerhöhungsanlagen		X	
– Anlagen zur Reinigung, Entgiftung oder Neutralisation von Abwasser, Anlagen zur biologischen, chemischen oder physikalischen Behandlung von Wasser, Anlagen mit besonderen hygienischen Anforderungen oder neuen Techniken (zum Beispiel Kliniken, Alten- oder Pflegeeinrichtungen) – Gasdruckreglerstationen, mehrstufige Leichtflüssigkeitsabscheider			X
Anlagengruppe 2 Wärmeversorgungsanlagen			
– Einzelheizgeräte, Etagenheizung	X		
– Gebäudeheizungsanlagen, mono- oder bivalente Systeme (zum Beispiel Solaranlage zur Brauchwassererwärmung, Wärmepumpenanlagen) – Flächenheizungen – Hausstationen – verzweigte Netze		X	
– Multivalente Systeme – Systeme mit Kraft-Wärme-Kopplung, Dampfanlagen, Heißwasseranlagen, Deckenstrahlheizungen (zum Beispiel Sport- oder Industriehallen)			X
Anlagengruppe 3 Lufttechnische Anlagen			
– Einzelabluftanlagen	X		
– Lüftungsanlagen mit einer thermodynamischen Luftbehandlungsfunktion (zum Beispiel Heizen), Druckbelüftung		X	
– Lüftungsanlagen mit mindestens 2 thermodynamischen Luftbehandlungsfunktionen (zum Beispiel Heizen oder Kühlen), Teilklimaanlagen, Klimaanlagen – Anlagen mit besonderen Anforderungen an die Luftqualität (zum Beispiel Operationsräume) – Kühlanlagen, Kälteerzeugungsanlagen ohne Prozesskälteanlagen – Hausstationen für Fernkälte, Rückkühlanlagen			X

Objektliste Technische Ausrüstung	Honorarzone		
	I	II	III
Anlagengruppe 4 Starkstromanlagen			
– Niederspannungsanlagen mit bis zu 2 Verteilungsebenen ab Übergabe EVU, einschließlich Beleuchtung oder Sicherheitsbeleuchtung mit Einzelbatterien – Erdungsanlagen	X		
– Kompakt-Transformatorenstationen, Eigenstromerzeugungsanlagen (zum Beispiel zentrale Batterie- oder unterbrechungsfreie Stromversorgungsanlagen, Photovoltaik-Anlagen) – Niederspannungsanlagen mit bis zu 3 Verteilebenen ab Übergabe EVU, einschließlich Beleuchtungsanlagen – zentrale Sicherheitsbeleuchtungsanlagen – Niederspannungsinstallationen einschließlich Bussystemen – Blitzschutz- oder Erdungsanlagen, soweit nicht in HZ I oder HZ III erwähnt – Außenbeleuchtungsanlagen		X	
– Hoch- oder Mittelspannungsanlagen, Transformatorenstationen, Eigenstromversorgungsanlagen mit besonderen Anforderungen (zum Beispiel Notstromaggregate, Blockheizkraftwerke, dynamische unterbrechungsfreie Stromversorgung) – Niederspannungsanlagen mit mindestens 4 Verteilebenen oder mehr als 1.000 A Nennstrom – Beleuchtungsanlagen mit besonderen Planungsanforderungen (zum Beispiel Lichtsimulationen in aufwendigen Verfahren für Museen oder Sonderräume)			X
– Blitzschutzanlagen mit besonderen Anforderungen (zum Beispiel für Kliniken, Hochhäuser, Rechenzentren)			X
Anlagengruppe 5 Fernmelde- oder informationstechnische Anlagen			
– Einfache Fernmeldeinstallationen mit einzelnen Endgeräten	X		
– Fernmelde- oder informationstechnische Anlagen, soweit nicht in HZ I oder HZ III erwähnt		X	
– Fernmelde- oder informationstechnische Anlagen mit besonderen Anforderungen (zum Beispiel Konferenz- oder Dolmetscheranlagen, Beschallungsanlagen von Sonderräumen, Objektüberwachungsanlagen, aktive Netzwerkkomponenten, Fernübertragungsnetze, Fernwirkanlagen, Parkleitsysteme)			X
Anlagengruppe 6 Förderanlagen			
– Einzelne Standardaufzüge, Kleingüteraufzüge, Hebebühnen	X		
– Aufzugsanlagen, soweit nicht in Honorarzone I oder III erwähnt, Fahrtreppen oder Fahrsteige, Krananlagen, Ladebrücken, Stetigförderanlagen		X	
– Aufzugsanlagen mit besonderen Anforderungen, Fassadenaufzüge, Transportanlagen mit mehr als zwei Sende- oder Empfangsstellen			X
Anlagengruppe 7 Nutzungsspezifische oder verfahrenstechnische Anlagen			
7.1 Nutzungsspezifische Anlagen			
– Küchentechnische Geräte, zum Beispiel für Teeküchen	X		
– Küchentechnische Anlagen, zum Beispiel Küchen mittlerer Größe, Aufwärmküchen, Einrichtungen zur Speise- oder Getränkeaufbereitung, -ausgabe oder -lagerung (keine Produktionsküche) einschließlich zugehöriger Kälteanlagen		X	
– Küchentechnische Anlagen, zum Beispiel Großküchen, Einrichtungen für Produktionsküchen einschließlich der Ausgabe oder Lagerung sowie der zugehörigen Kälteanlagen, Gewerbekälte für Großküchen, große Kühlräume oder Kühlzellen			X
– Wäscherei- oder Reinigungsgeräte, zum Beispiel für Gemeinschaftswaschküchen	X		

Objektliste Technische Ausrüstung	Honorarzone		
	I	II	III
– Wäscherei- oder Reinigungsanlagen, zum Beispiel Wäschereieinrichtungen für Waschsalons		X	
– Wäscherei- oder Reinigungsanlagen, zum Beispiel chemische oder physikalische Einrichtungen für Großbetriebe			X
– Medizin- oder labortechnische Anlagen, zum Beispiel für Einzelpraxen der Allgemeinmedizin	X		
– Medizin- oder labortechnische Anlagen, zum Beispiel für Gruppenpraxen der Allgemeinmedizin oder Einzelpraxen der Fachmedizin, Sanatorien, Pflegeeinrichtungen, Krankenhausabteilungen, Laboreinrichtungen für Schulen		X	
– Medizin- oder labortechnische Anlagen, zum Beispiel für Kliniken, Institute mit Lehr- oder Forschungsaufgaben, Laboratorien, Fertigungsbetriebe			X
– Feuerlöschgeräte, zum Beispiel Handfeuerlöscher	X		
– Feuerlöschanlagen, zum Beispiel manuell betätigte Feuerlöschanlagen		X	
– Feuerlöschanlagen, zum Beispiel selbsttätig auslösende Anlagen			X
– Entsorgungsanlagen, zum Beispiel Abwurfanlagen für Abfall oder Wäsche	X		
– Entsorgungsanlagen, zum Beispiel zentrale Entsorgungsanlagen für Wäsche oder Abfall, zentrale Staubsauganlagen		X	
– Bühnentechnische Anlagen, zum Beispiel technische Anlagen für Klein- oder Mittelbühnen		X	
– Bühnentechnische Anlagen, zum Beispiel für Großbühnen			X
– Medienversorgungsanlagen, zum Beispiel zur Erzeugung, Lagerung, Aufbereitung oder Verteilung medizinischer oder technischer Gase, Flüssigkeiten oder Vakuum			X
– Badetechnische Anlagen, zum Beispiel Aufbereitungsanlagen, Wellenerzeugungsanlagen, höhenverstellbare Zwischenböden			X
– Prozesswärmeanlagen, Prozesskälteanlagen, Prozessluftanlagen, zum Beispiel Vakuumanlagen, Prüfstände, Windkanäle, industrielle Ansauganlagen			X
– Technische Anlagen für Tankstellen, Fahrzeugwaschanlagen			X
– Lagertechnische Anlagen, zum Beispiel Regalbediengeräte (mit zugehörigen Regalanlagen), automatische Warentransportanlagen			X
– Taumittelsprühanlagen oder Enteisungsanlagen		X	
– Stationäre Enteisungsanlagen für Großanlagen zum Beispiel Flughäfen			X

7.2 Verfahrenstechnische Anlagen

	I	II	III
– Einfache Technische Anlagen der Wasseraufbereitung (zum Beispiel Belüftung, Enteisung, Entmanganung, chemische Entsäuerung, physikalische Entsäuerung)		X	
– Technische Anlagen der Wasseraufbereitung (zum Beispiel Membranfiltration, Flockungsfiltration, Ozonierung, Entarsenierung, Entaluminierung, Denitrifikation)			X
– Einfache Technische Anlagen der Abwasserreinigung (zum Beispiel gemeinsame aerober Stabilisierung)		X	
– Technische Anlagen der Abwasserreinigung (zum Beispiel für mehrstufige Abwasserbehandlungsanlagen)			X
– Einfache Schlammbehandlungsanlagen (zum Beispiel Schlammabsetzanlagen mit mechanischen Einrichtungen)		X	
– Anlagen für mehrstufige oder kombinierte Verfahren der Schlammbehandlung			X
– Einfache Technische Anlagen der Abwasserableitung		X	

	Honorarzone		
Objektliste Technische Ausrüstung	I	II	III
– Technische Anlagen der Abwasserableitung			X
– Einfache Technische Anlagen der Wassergewinnung, -förderung, -speicherung		X	
– Technische Anlagen der Wassergewinnung, -förderung, -speicherung			X
– Einfache Regenwasserbehandlungsanlagen		X	
– Einfache Anlagen für Grundwasserdekontaminierungsanlagen		X	
– Komplexe Technische Anlagen für Grundwasserdekontaminierungsanlage			X
– Einfache Technische Anlagen für die Ver- und Entsorgung mit Gasen (zum Beispiel Odorieranlage)		X	
– Einfache Technische Anlagen für die Ver- und Entsorgung mit Feststoffen		X	
– Technische Anlagen für die Ver- und Entsorgung mit Feststoffen			X
– Einfache Technische Anlagen der Abfallentsorgung (zum Beispiel für Kompostwerke, Anlagen zur Konditionierung von Sonderabfällen, Hausmülldeponien oder Monodeponien für Sonderabfälle, Anlagen für Untertagedeponien, Anlagen zur Behandlung kontaminierter Böden)		X	
– Technische Anlagen der Abfallentsorgung (zum Beispiel für Verbrennungsanlagen, Pyrolyseanlagen, mehrfunktionale Aufbereitungsanlagen für Wertstoffe)			X
Anlagengruppe 8 Gebäudeautomation			
– Herstellerneutrale Gebäudeautomationssysteme oder Automationssysteme mit anlagengruppen-übergreifender Systemintegration			X

Amtliche Begründung

A. Allgemeiner Teil

Die HOAI regelt die Honorare für Leistungen von Architekten und Architektinnen sowie Ingenieuren und Ingenieurinnen. Als Rechtsverordnung der Bundesregierung, die der Zustimmung des Bundesrates bedarf, wird die HOAI auf der Grundlage des Gesetzes zur Regelung von Ingenieur- und Architektenleistungen (ArchLG) erlassen.

Mit der sechsten Novellierung der HOAI im Jahr 2009 sollten der Wettbewerb gefördert und der Bürokratieabbau vorangebracht werden. Die Verordnung wurde neu strukturiert und inhaltlich überarbeitet. Der Anwendungsbereich des verbindlichen Preisrechts wurde zur Umsetzung der EU-Dienstleistungsrichtlinie 2006/123/EG im Hinblick auf die Dienstleistungsfreiheit auf Inländer beschränkt. Denn die HOAI regelt Leistungen von Architekten und Architektinnen sowie Ingenieuren und Ingenieurinnen mit Sitz im Inland, soweit die Leistung vom Inland aus erbracht wird. Darüber hinaus wurden die verbindlichen Preisvorgaben auf Planungsleistungen begrenzt. Zu den Beratungsleistungen der Anlage 1 gibt die HOAI seither unverbindliche Preisempfehlungen, die als Richtwert für die vertragliche Einigung über den Inhalt der honorarrechtlich geschuldeten Leistungen und die Höhe ihrer Vergütung herangezogen werden können. Mit Einführung des Baukostenberechnungsmodells wurde das Honorar von den tatsächlichen Baukosten entkoppelt. Das Honorar ist auf Grundlage der in der Kostenberechnung festgelegten Baukosten zu berechnen. Alternativ kann das Honorar auf der Grundlage einer Baukostenvereinbarung berechnet werden. Im Rahmen der sechsten Novellierung des Jahres 2009 wurden die Leistungsbilder für Architekten und Architektinnen sowie Ingenieure und Ingenieurinnen sowie die Honorarsätze im Einzelnen nicht aktualisiert. Die Honorartafelwerte wurden lediglich pauschal um 10 Prozent angehoben.

Die siebte Novellierung der HOAI richtet sich nach dem Auftrag des Koalitionsvertrages zwischen CDU, CSU und FDP für die 17. Legislaturperiode und dem Prüfauftrag des Bundesrates vom 12. Juni 2009 (Drs. 395/09). Der Bundesrat hatte die Bundesregierung vor allem zur Modernisierung und Vereinheitlichung der Leistungsbilder sowie Aktualisierung der Honorarstruktur unter dem Blickwinkel des Wandels der Berufsbilder, der Umweltbelange und der Regeln der Technik aufgefordert. Für die Untersuchung des Reformbedarfs der HOAI verständigten sich das federführende Bundesministerium für Wirtschaft und Technologie (BMWi) und das Bundesministerium für Verkehr, Bau und Stadtentwicklung (BMVBS) auf eine Aufgabenteilung. Die Untersuchung des baufachlichen Aktualisierungsbedarfs, insbesondere zu den Leistungsbildern, erfolgte in der Zuständigkeit des BMVBS und die Aktualisierung der Honorartafelwerte der HOAI in der Zuständigkeit des BMWi.

Die Leistungsbilder der HOAI sind überwiegend am Stand der Technik der 70er Jahre des letzten Jahrhunderts ausgerichtet. Die Planungsprozesse und Büroabläufe der HOAI 1976 umfassten Zeichnungen am Reißbrett, Berechnungen mit Rechenschiebern, Leistungsbeschreibungen per Schreibmaschine sowie Kommunikation mittels Brief und Telefon. Die aktuelle Planungswirklichkeit zeichnet sich hingegen durch den Einsatz des PC für Beschreibungen und Berechnungen des Planungsprozesses, CAD (computer aided design), E-Mail, Telefon, EU-weite Ausschreibungen und Vergaben über elektronische Plattformen aus. Auch haben sich die Anforderungen an die Planungsaufgaben gewandelt: Aspekte der

Amtliche Begründung

Nachhaltigkeit sowie des Klima- und Umweltschutzes haben an Bedeutung gewonnen. Die Ansprüche an Kosten- und Terminsicherheit sind gestiegen und die Administration der Planungsprojekte muss deutlich höheren Haftungsansprüchen standhalten. Eine Anpassung der Leistungsbilder in den einzelnen Fachdisziplinen ist somit erforderlich.

Kern der aktuellen Novellierung der HOAI ist daher die baufachliche Überarbeitung der Leistungsbilder und die Aktualisierung der Honorartafelwerte. Zudem werden die Honorarvorschriften der HOAI im Allgemeinen und Besonderen Teil überarbeitet und vereinfacht. Dadurch wird die Anwendung der HOAI durchgehend erleichtert. Im Hinblick auf die Informationsasymmetrie zwischen Anbietern und Nachfragern am Markt ist es Ziel der Novellierung, für die in der HOAI aufgeführten Planungs- und Beratungsleistungen weiterhin einen angemessenen Interessenausgleich zwischen Auftraggebern und Auftragnehmern bei der vertraglichen Vereinbarung des Honorars zu gewährleisten. Dabei soll zugleich ein Beitrag zur Sicherstellung einer hohen Bauqualität sowie zum Verbraucherschutz geleistet werden.

Das BMVBS hat den baufachlichen Aktualisierungsbedarf im Rahmen eines Forschungsprojekts geprüft. Dabei wurden die Vorschläge zur baufachlichen Überarbeitung der HOAI in einem offenen Diskussionsprozess zusammen mit Experten und Expertinnen der Berufsstände und der Auftraggeber erarbeitet. Damit sollte das Anwender- und Erfahrungswissen der Experten und Expertinnen auf Auftraggeber- und Auftragnehmerseite unmittelbar in den Untersuchungsprozess eingebunden werden. Fünf Facharbeitsgruppen, zwei Unterarbeitsgruppen und eine übergreifende Koordinierungsgruppe haben innerhalb eines Jahres die Untersuchungsergebnisse erarbeitet. Die beteiligten Gruppen waren jeweils paritätisch besetzt. Im BMVBS-Abschlussbericht werden insbesondere Vorschläge unterbreitet, wie die Grundleistungen und Besonderen Leistungen sämtlicher Leistungsbilder aufgrund der neuen fachlichen, technischen und rechtlichen Anforderungen an die Planung umfassend überarbeitet und synchronisiert werden können. Darüber hinaus gibt der Abschlussbericht vielfältige Hinweise zur Überarbeitung des Allgemeinen Teils der HOAI. Dazu gehört vor allem die Überarbeitung der Honorarvorschrift zum Bauen im Bestand. Vorgeschlagen wird dabei, die Bemessungsgrundlage für die Honorarermittlung durch eine angemessene Berücksichtigung des Wertes der mitzuverarbeitenden Bausubstanz zu verbreitern. Der Abschlussbericht des BMVBS zur Evaluierung der HOAI und zur Aktualisierung der Leistungsbilder ist im Internet unter http://www.bmvbs.de abrufbar.

In einem weiteren Forschungsprojekt hat das BMWi – ausgehend vom BMVBS-Abschlussbericht – den Aktualisierungsbedarf zur Honorarstruktur der HOAI untersuchen lassen. Auch in den Arbeitsprozess dieses Forschungsprojekts waren Vertreter und Vertreterinnen der Auftragnehmer- und Auftraggeberseite sowie der zuständigen Länderressorts durch einen informellen Begleitkreis eingebunden. Auf der Grundlage einer Aktualisierung der Leistungsbilder der HOAI waren die Honorartafelwerte der HOAI entsprechend dem neuen Planungsaufwand der Auftragnehmer in den verschiedenen Fachdisziplinen neu zu bemessen. Hintergrund ist, dass die Honorartafelwerte im Rahmen der letzten HOAI-Novellierung im Jahr 2009 lediglich pauschal um 10 Prozent angehoben wurden. Der Abschlussbericht zum Forschungsprojekt ist im Internet unter www.bmwi.bund.de abrufbar.

Im Rahmen des Forschungsprojekts wurden die Honorarempfehlungen für die HOAI 2013 wie folgt methodisch ermittelt: Maßgebliche Einflussfaktoren auf das Honorar stellen der Mehr- oder Minderaufwand aus den aktualisierten Leistungsbildern, die Baupreisentwicklung, die Entwicklung der Personal- und Sachkosten in den Architektur- und Ingenieurbüros sowie die Rationalisierung des Planungsprozesses dar. Die Einflussfaktoren spiegeln die Veränderungen zwischen 1996 und 2013 in Prozentsätzen wider. Der anschließenden Berechnung der Honorarempfehlung für die HOAI 2013 liegen die zuvor ermittelten mathematischen Funktionen zugrunde, in die die Einflussfaktoren integriert sind.

Grundsätzlich empfiehlt die Untersuchung eine Erhöhung der Honorare. Bei fast allen untersuchten Leistungsbildern steigen danach die Honorare im Mittel um rund 17 Prozent gegenüber der HOAI 2009 an. Als Sonderfall folgt das Leistungsbild Wärmeschutz und Energiebilanzierung nicht dieser allgemeinen Tendenz, sondern liegt mit einer Erhöhung von 99,81% bis 203,03% deutlich über dem Durchschnitt. Grund dafür ist, dass sich Umfang und Inhalt dieses Leistungsbildes wesentlich erweitert haben. Allerdings sind die Honorare für dieses Leistungsbild aus der Anlage 1 der HOAI nicht verbindlich geregelt, sondern stellen lediglich unverbindliche Honorarempfehlungen dar. Die unterschiedlichen Ergebnisse der Honorarempfehlungen für die HOAI 2013 für einzelne Leistungsbilder sind insbesondere auf den geänderten Planungsbzw. Beratungsaufwand für die aktualisierten Leistungsbilder zurückzuführen.

B. Besonderer Teil

Zu § 1 (Anwendungsbereich)

§ 1 der HOAI bleibt unverändert. Der Anwendungsbereich der HOAI ist auf Büros mit Sitz im Inland begrenzt. Die Beschränkung des Anwendungsbereiches ist an der grundrechtlich geschützten Berufsausübungsfreiheit sowie an dem allgemeinen Gleichheitssatz zu messen. Die grundrechtlichen Beeinträchtigungen bleiben im Wesentlichen aus den gleichen Gründen sachlich gerechtfertigt, die im Rahmen der Begründung zur sechsten Novelle der HOAI im Jahr 2009 angeführt wurden (BR-Drs. 395/09, S. 146 bis 148). Im Hinblick auf die Informationsasymmetrie zwischen Anbietern und Nachfragern am Markt ist es Ziel der Novellierung, für die in der HOAI aufgeführten Planungs- und Beratungsleistungen weiterhin einen angemessenen Interessenausgleich zwischen Auftraggebern und Auftragnehmern bei der vertraglichen Vereinbarung des Honorars zu gewährleisten. Dabei soll zugleich ein Beitrag zur Sicherstellung einer hohen Bauqualität sowie zum Verbraucherschutz geleistet werden. Wie bereits bei der HOAI-Novelle von 2009 ist die Einschränkung der Wettbewerbschancen inländischer Architekten und Architektinnen sowie Ingenieure und Ingenieurinnen auch zumutbar. Nach wie vor liegen der Bundesregierung – außerhalb von Grenzregionen und Großprojekten, auf die die HOAI wegen einer Überschreitung der Honorartafelendwerte nicht anwendbar ist – keine Anhaltspunkte dafür vor, dass ein realer Wettbewerb durch ausländische, unternehmerisch tätige Anbieter im Bereich der HOAI statistisch messbar wäre. Dies liegt im Regelfall vor allem an der Sprachbarriere, da die Planungsaufgaben eine intensive Kommunikation zwischen Auftraggeber und Auftragnehmer erfordern. Zu beachten sind auch die Besonderheiten der deutschen Rechtsordnung, insbesondere das nationale Bauordnungsrecht und die Gestaltung des Vertragsverhältnisses zwischen Auftraggeber und Auftragnehmer nach dem Werkvertragsrecht des Bürgerlichen Gesetzbuchs. Trotz EU-weiter Ausschreibungen und Vergaben über elektronische Plattformen bleibt der Anteil der grenzüberschreitenden Vergaben durch öffentliche Auftraggeber sehr gering. Bezogen auf die in Frage stehenden Leistungen der Architekten und Architektinnen sowie Ingenieure und Ingenieurinnen ist dieser

Anteil statistisch nicht messbar. Schließlich bestehen ebenfalls vor dem Hintergrund der angeführten besonderen rechtlichen und faktischen (wie etwa den sprachlichen) Anforderungen in Deutschland keinerlei Anhaltspunkte dafür, dass – auch unter Zugrundelegung der angestrebten Änderungen der HOAI – künftig mit einer bedeutsamen Änderung der Wettbewerbssituation zu rechnen wäre.

Zu § 2 (Begriffsbestimmungen)

§ 2 HOAI bleibt im weiten Umfang unverändert. Inhaltliche Änderungen betreffen vor allem den Begriff der „Objekte" in Absatz 1 und die Aufnahme der Definition der „mitzuverarbeitenden Bausubstanz" in Absatz 7. Die Definition des „Gebäudes" in § 2 Nummer 2 der HOAI 2009 war bei der letzten Novellierung neu aufgenommen worden und entsprach derjenigen der Musterbauordnung. Es hat sich allerdings gezeigt, dass diese Definition in der Praxis zu Abgrenzungsschwierigkeiten mit den Ingenieurbauwerken führt, die häufig auch die Kriterien der Definition des „Gebäudes" erfüllen. Da für die preisrechtliche Zuordnung die Definition des Gebäudebegriffs nicht erforderlich ist, ist diese aus dem Katalog der Begriffsbestimmungen entfallen. Für die Praxis bleibt die Möglichkeit einer Negativabgrenzung zu anderen Objekten, zum Beispiel im Anwendungsbereich der Ingenieurbauwerke gemäß § 41 HOAI bestehen. Der Begriff der raumbildenden Ausbauten (§ 2 Nummer 8 der HOAI 2009) wurde im Teil 3, Abschnitt 1, durch „Innenräume" ersetzt. Die Definition der Freianlagen (§ 2 Nummer 11 der HOAI 2009) ist im allgemeinen Teil entfallen und wurde in § 39 Absatz 1 HOAI aufgenommen. Auch die Definition der „fachlich allgemein anerkannten Regeln der Technik" in § 2 Nummer 12 der HOAI 2009 ist entfallen. Im fachkundigen Sprachgebrauch wird in der Praxis auf die „allgemein anerkannten Regeln der Technik" abgestellt. Eine statische Definition solcher „allgemein anerkannter Regeln der Technik" in der Honorarordnung ist sachlich weder erforderlich noch praxisgerecht. Auch die Begriffsbestimmung der „Honorarzonen" des § 2 Nummer 15 der HOAI 2009 hat sich auf Grundlage der Konkretisierung des § 5 HOAI als entbehrlich erwiesen.

Zu Absatz 1

§ 2 Absatz 1 entspricht weitestgehend § 2 Nummer 1 der HOAI 2009. Der Begriff der „Objekte" dient als Steuerbegriff in der HOAI und wird dann eingesetzt, wenn eine Regelung für die Leistungsbilder der Objekt- und Fachplanungen gleichermaßen gelten soll, siehe zum Beispiel §§ 10, 11 HOAI.

Der Begriff der „raumbildenden Ausbauten" wurde durch Innenräume im Teil 3, Abschnitt 1, ersetzt. Innenräume können zusammengefasst mit Gebäuden ein Objekt bilden oder als Einrichtungsplanung ein eigenständiges Objekt darstellen. Anlagen der Technischen Ausrüstung bilden dann ein Objekt, wenn sie die Planung und Ausführung einer Anlagengruppe oder funktional gleichartiger Anlagen innerhalb der Anlagengruppe 7.1 gemäß § 53 Absatz 2 HOAI umfassen.

Die Regelung des § 2 Absatz 1 wurde neu in die jeweils in Satz 1 und Satz 2 aufgeführten Objekte aufgeteilt. Hintergrund dafür ist der Verweis der Regelung zu den Besonderen Grundlagen des Honorars der Technischen Ausrüstung in § 54 Absatz 1 und 2. Objekte im Sinne dieser Regelung sind ausschließlich die in § 2 Absatz 1 Satz 1 angeführten Objekte (Gebäude und Innenräume, Freianlagen, Ingenieurbauwerke und Verkehrsanlagen), nicht aber die in § 2 Absatz 1 Satz 2 genannten Tragwerke und die Anlagen der Technischen Ausrüstung.

Zu Absatz 2

§ 2 Absatz 2 HOAI entspricht der Definition der „Neubauten und Neuanlagen" des § 2 Nummer 3 der HOAI 2009.

Zu Absatz 3

§ 2 Absatz 3 HOAI entspricht inhaltlich der Definition der „Wiederaufbauten" in § 2 Nummer 4 der HOAI 2009. Die Definition wurde zur besseren Verständlichkeit sprachlich überarbeitet.

Zu Absatz 4

§ 2 Absatz 4 HOAI entspricht der Definition der „Erweiterungsbauten" des § 2 Nummer 5 der HOAI 2009.

Zu Absatz 5

§ 2 Absatz 5 HOAI gibt weitestgehend die Definition der „Umbauten" des § 2 Nummer 6 der HOAI 2009 wieder. Nach Einführung des Begriffs der mitzuverarbeitenden Bausubstanz in § 2 Absatz 7 ist der Begriff der „Umbauten" entsprechend einzugrenzen. Umbauten setzen wesentliche Eingriffe in Konstruktion oder Bestand voraus und nur für solche Eingriffe kann der Umbauzuschlag gemäß § 6 Absatz 2 Satz 1 Nr. 5, Satz 2 bis 4 HOAI in Anspruch genommen werden. Im Ergebnis kann für Umbauten der Umbauzuschlag beansprucht werden und ist die mitzuverarbeitende Bausubstanz zu berücksichtigen. Die prozentuale Wertspanne des Umbauzuschlags wurde in den Leistungsbildern der Objektplanung entsprechend reduziert. Bei unwesentlichen Eingriffen im Rahmen von „Erweiterungsbauten", „Instandsetzungen" oder „Instandhaltungen" ist lediglich die mitzuverarbeitende Bausubstanz gemäß § 4 Absatz 3 HOAI angemessen zu berücksichtigen.

Zu Absatz 6

§ 2 Absatz 6 HOAI entspricht der Definition der „Modernisierung" des § 2 Nummer 7 der HOAI 2009. Auch für Modernisierungen greift der Umbauschlag gemäß § 6 Absatz 4 Satz 1 Nr. 5, Satz 2 bis 4 HOAI.

Zu Absatz 7

Neu als Begriffsbestimmung aufgenommen ist die Definition der mitzuverarbeitenden Bausubstanz. Für Leistungen im Bestand ist die mitzuverarbeitende Bausubstanz gemäß § 4 Absatz 3 HOAI bei der Ermittlung der anrechenbaren Kosten angemessen zu berücksichtigen. Begrifflich besteht die Bausubstanz aus Teilen der Konstruktion oder Installation und setzt eine feste Verbindung mit dem Bauwerk voraus. Durch den Hinweis, dass es sich um „durch Bauleistungen hergestellte" Substanz handeln muss, soll zum Beispiel im Hinblick auf Freianlagen klar gestellt werden, dass „unbearbeitete Substanz", wie zum Beispiel Vegetation, grundsätzlich keine mitzuverarbeitende Bausubstanz darstellt. Solche Vegetationsbestände können im Einzelfall unter der Voraussetzung berücksichtigt werden, dass sie in die Bausubstanz eingebunden und gestaltet sind, wie zum Beispiel begrünte Flachdächer. „Unbearbeitete Substanz" kann zum Beispiel auch vorliegen, wenn vorhandene Bausubstanz nicht planerisch oder konstruktiv bearbeitet wird. Dies ist für Verkehrsanlagen beispielsweise der Fall, wenn Deckschichten des Fahrbahnoberbaus erneuert werden. Die Binder- und Tragschichten stellen in diesem Fall keine mitzuverarbeitende Bausubstanz dar.

Zu Absatz 8

§ 2 Absatz 8 HOAI entspricht im wesentlichen der Definition der „Instandsetzungen" in § 2 Nummer 9 der HOAI 2009. Durch Streichung der Einschränkung „soweit sie nicht durch Maßnahmen nach Nummer 7 verursacht sind" wurde die Abgrenzung zu § 2 Absatz 6 klargestellt. Instandsetzungen schließen folglich Modernisierungen nach § 2 Absatz 6 aus.

Zu Absatz 9

§ 2 Absatz 9 HOAI deckt sich mit der Definition der „Instandhaltungen" in § 2 Nummer 10 der HOAI 2009.

Zu Absatz 10

§ 2 Absatz 10 HOAI stimmt im Wesentlichen mit der Definition der „Kostenschätzung" in § 2 Nummer 13 der HOAI 2009 überein. Nunmehr sind die Kosten allerdings „mindestens" bis zur ersten Ebene der Kostengliederung zu ermitteln. Damit wird den Anforderungen im Leistungsbild Technische Ausrüstung Rechnung getragen, denen zufolge die Gesamtkosten im Rahmen der Kostenschätzung sogar bis zur zweiten Ebene zu ermitteln sind. Die Vorschrift wurde zur besseren Verständlichkeit neu strukturiert. Mengenschätzungen im Sinne des § 2 Absatz 10 Nummer 2 können zum Beispiel auch Erfahrungswerte des Planers aus Leistungen zu vergleichbaren Objekten sein.

Zu Absatz 11

§ 2 Absatz 11 HOAI entspricht im Wesentlichen der Definition der „Kostenberechnung" in § 2 Nummer 14 der HOAI 2009. Nunmehr sind die Kosten allerdings „mindestens" bis zur zweiten Ebene der Kostengliederung zu ermitteln. Damit wird den Anforderungen im Leistungsbild Technische Ausrüstung Rechnung getragen, denen zufolge die Gesamtkosten im Rahmen der Kostenberechnung sogar bis zur dritten Ebene zu ermitteln sind. Die Vorschrift wurde zur besseren Verständlichkeit neu strukturiert.

Zu § 3 (Leistungen und Leistungsbilder)

§ 3 HOAI wurde wesentlich umgestaltet. Die Änderungen dienen der besseren Systematisierung und Vereinfachung. Die Regelung des § 3 Absatz 2 Satz 2 der HOAI 2009 zu „anderen Leistungen" ist im Hinblick auf die Regelung zur Honorarvereinbarung in § 10 Absatz 1 HOAI entfallen. § 3 Absatz 2 und 4 der HOAI 2009 wurden in § 3 Absatz 2 der HOAI zusammengefasst. § 3 Absatz 5 bis 8 sind entfallen. Die erforderlichen Konkretisierungen erfolgen in den jeweiligen Leistungsbildern der Flächen-, Objekt- und Fachplanung.

Zu Absatz 1

§ 3 Absatz 1 HOAI bleibt unverändert.

Zu Absatz 2

§ 3 Absatz 2 Satz 1 entspricht § 3 Absatz 2 Satz 1 der HOAI 2009. Wieder eingeführt wird der Begriff der „Grundleistung", wie er bis zur HOAI 2002 verwendet wurde. Der Begriff der „Grundleistung" ist von den „Besonderen Leistungen" des § 3 Absatz 3 HOAI abzugrenzen. Die Abgrenzung der „Grundleistungen" zu den „Besonderen Leistungen" wird in den Regelungen des Besonderen Teils für jedes Leistungsbild neu übernommen. § 3 Absatz 2 Satz 2 greift mit der Gliederung der Leistungsbilder in Leistungsphasen den Kern der Regelung des § 3 Absatz 4 der HOAI 2009 auf. Die erforderlichen Konkretisierungen erfolgen in den jeweiligen Leistungsbildern der Flächen-, Objekt- und Fachplanung.

Zu Absatz 3

§ 3 Absatz 3 Satz 1 hebt nunmehr hervor, dass die Aufzählung der Besonderen Leistungen in der HOAI und ihren Anlagen beispielhaft ist und verdeutlicht, dass Auftraggeber und Auftragnehmer über die in den Leistungsbildern beispielhaft angeführten Besonderen Leistungen hinaus weitere Besondere Leistungen vereinbaren können. § 3 Absatz 3 Satz 2 stellt klar, unter welchen Voraussetzungen die Besonderen Leistungen für andere Leistungsbilder und Leistungsphasen vereinbart werden können. § 3 Absatz 3 Satz 3 entspricht § 3 Absatz 3 Satz 2 der HOAI 2009.

Zu Absatz 4

§ 3 Absatz 5 greift für sämtliche Leistungsbilder die bisherige Regelung des § 3 Absatz 6 S. 2 der HOAI 2009 auf. Das Wirtschaftlichkeitsgebot umfasst einen wesentlichen Grundsatz der honorarrechtlich relevanten Leistungspflichten der Auftragnehmer und betrifft sachlich alle Leistungsbilder der HOAI gleichermaßen.

Zu § 4 (Anrechenbare Kosten)

§ 4 Absatz 1 und 2 bleibt weitestgehend unverändert. In § 4 Absatz 3 wird eine Regelung zur angemessenen Berücksichtigung der mitzuverarbeitenden Bausubstanz bei den anrechenbaren Kosten aufgenommen. Im Gegenzug wird die Definition des „Umbaus" in § 2 Absatz 5 auf Umgestaltungen mit wesentlichen Eingriffen in Konstruktion oder Bestand beschränkt.

Zu Absatz 1

In § 4 Absatz 1 Satz 2 wird die Bezeichnung des Prüfungsmaßstabs für die Ermittlung der anrechenbaren Kosten, nämlich die „allgemein anerkannten Regeln der Technik", an den allgemeinen Sprachgebrauch angepasst, siehe bereits Einleitung zu § 2. Es bleibt dabei, dass die HOAI nur auf den Teil 1 der DIN 276, der sich auf den Hochbau bezieht, Bezug nimmt. Prüfungsmaßstab für die Ermittlung der anrechenbaren Kosten können weiterhin auch Verwaltungsvorschriften (Kostenvorschriften) sein, da zum Beispiel die Kostenermittlung für den Straßen- und Brückenbau nach der Anweisung zur Kostenberechnung von Straßenbaumaßnahmen (AKS) erfolgt, die durch das BMVBS verbindlich eingeführt ist.

Zu Absatz 2

§ 4 Absatz 2 bleibt im Wesentlichen unverändert. Die Vorschrift wurde sprachlich überarbeitet.

Amtliche Begründung

Zu Absatz 3

In die HOAI aufgenommen wird eine Regelung zur angemessenen Berücksichtigung der mitzuverarbeitenden Bausubstanz bei den anrechenbaren Kosten. Die neu in § 2 Absatz 7 aufgenommene Definition der mitzuverarbeitenden Bausubstanz setzt voraus, dass dieser Anteil der Bausubstanz bereits durch Bauleistungen hergestellt ist und durch Planungs- und Überwachungsleistungen technisch oder gestalterisch mitverarbeitet wird. In der Praxis hat sich zu § 35 der HOAI 2009 gezeigt, dass das Ziel einer angemessenen Honorierung für das Planen und Bauen im Bestand nicht alleine durch die Gewährung eines Zuschlags auf das Honorar erreicht werden kann. Daher orientiert sich § 4 Absatz 3 Satz 1 wiederum an § 10 Absatz 3a der HOAI 1996. Die mitzuverarbeitende Bausubstanz ist gemäß § 4 Absatz 3 Satz 1 „angemessen" entsprechend ihrem Umfang zum Beispiel über die Parameter Fläche, Volumen, Bauteile oder Kostenanteile zu berücksichtigen. Gemäß § 4 Absatz 3 Satz 2 ist im Einzelfall der Umfang und Wert der mitzuverarbeitenden Bausubstanz objektbezogen zu ermitteln und schriftlich zu vereinbaren. Maßgeblicher Zeitpunkt dafür ist der Abschluss der Kostenberechnung im Sinne des § 2 Absatz 11 oder, soweit diese nicht vorliegt, der Kostenschätzung im Sinne des § 2 Absatz 10.

Zu § 5 (Honorarzonen)

§ 5 bleibt weitestgehend unverändert. Abweichend von der HOAI 2009 werden für die Leistungsbilder der Flächenplanung einheitlich drei Honorarzonen vorgesehen. Infolgedessen ist § 5 Absatz 3 der HOAI 2009 entfallen. § 5 Absatz 3 übernimmt die Fassung des § 5 Absatz 4 der HOAI 2009 weitestgehend unverändert.

Zu Absatz 1

§ 5 Absatz 1 bleibt unverändert.

Zu Absatz 2

§ 5 Absatz 2 HOAI sieht für die Technische Ausrüstung und nunmehr auch für die Leistungsbilder der Flächenplanung einheitlich drei Honorarzonen vor.

Zu Absatz 3

§ 5 Absatz 3 übernimmt weitestgehend unverändert die Fassung des § 5 Absatz 4 HOAI der HOAI 2009. Durch die neue Strukturierung der Anlagen ist der Hinweis auf die Objektlisten der Anlage 3 entfallen. Die Objektlisten sind je nach Leistungsbild in die Anlagen 10 bis 15 aufgenommen worden. Im Wortlaut des § 5 Absatz 3 Satz 2 wurde klargestellt, dass sich die Zurechnung zu einer Honorarzone im Einzelfall nach den Bewertungsmerkmalen und gegebenenfalls den Punktebewertungen richtet. Die Leistungsbilder der Tragwerksplanung und Technischen Ausrüstung weisen keine Punkte für die Bewertungsmerkmale aus. Die Regelbeispiele in den Objektlisten der Anlagen 10 bis 15 haben indikative Bedeutung und sind daher lediglich zu berücksichtigen.

Zu § 6 (Grundlagen des Honorars)

§ 6 bleibt inhaltlich weitgehend unverändert, wird allerdings neu strukturiert. Neu in § 6 Absatz 2 aufgenommen wird eine Regelung zum Umbau- und Modernisierungszuschlag. § 6 Absatz 2 der HOAI 2009 wird zu § 6 Absatz 3.

Zu Absatz 1

§ 6 Absatz 1 bleibt weitestgehend unverändert. § 6 Absatz 1 Nummer 5 der HOAI 2009 entfällt infolge der Streichung der §§ 35 und 36 der HOAI 2009, der neuen Regelung zu Umbauten und Modernisierungen in § 6 Absatz 2 sowie der neuen Regelung zu Instandhaltungen und Instandsetzungen in § 12.

Zu Absatz 2

§ 6 Absatz 2 ersetzt als Regelung zum Umbau- oder Modernisierungszuschlag im Allgemeinen Teil die Vorgängerregelung des § 35 der HOAI 2009 zu Leistungen im Bestand. Die Regelung und Höhe des Umbauzuschlags entspricht im Wesentlichen § 24 der HOAI 2002. § 6 Absatz 2 Satz 1 regelt die Honorarbemessungsgrundlagen für Leistungen bei Umbauten und Modernisierungen. Eine dieser Honorarbemessungsgrundlagen ist der so genannte Umbau- oder Modernisierungszuschlag. Der Umbau- und Modernisierungszuschlag ist gemäß § 6 Absatz 2 Satz 2 unter Berücksichtigung des Schwierigkeitsgrads der Leistungen schriftlich bei Auftragserteilung zu vereinbaren. Das Erfordernis einer schriftlichen Vereinbarung bei Auftragserteilung folgt auch für den Umbau- und Modernisierungszuschlag aus § 7 Absatz 1. § 6 Absatz 2 Satz 3 stellt klar, dass die Höhe der prozentualen Wertspanne dieses Umbau- oder Modernisierungszuschlags in den Teilen 3 und 4 der HOAI für die jeweiligen Leistungsbilder im Einzelnen festgelegt ist. Gemäß § 6 Absatz 2 Satz 4 wird unwiderleglich vermutet, dass ein Zuschlag von 20 Prozent ab einem durchschnittlichen Schwierigkeitsgrad vereinbart ist, sofern die Vertragsparteien keine schriftliche Vereinbarung getroffen haben. Die Formulierung „ab einem durchschnittlichen Schwierigkeitsgrad" zielt darauf, dass auch für die Fälle hoher und sehr hoher Planungsanforderungen unwiderleglich vermutet wird, dass ein Zuschlag von 20 Prozent vereinbart ist, wenn eine schriftliche Vereinbarung der Vertragsparteien fehlt. § 6 Absatz 2 Satz 4 gibt allerdings keinen Mindestwert vor. Die Höhe des Zuschlags ist im Wege einer schriftlichen Vereinbarung bei Auftragserteilung frei vereinbar. Es steht den Vertragsparteien wie bisher auch frei, bei Auftragserteilung einen Zuschlag von weniger als 20 Prozent zu vereinbaren. Im Falle sehr geringer oder geringer Planungsanforderungen entfällt der Umbauzuschlag, wenn keine schriftliche Vereinbarung darüber bei Auftragserteilung getroffen wurde. Insgesamt ist zu beachten, dass der Auftragnehmer im Einzelfall für Umbauten oder Modernisierungen sowohl einer Erhöhung der anrechenbaren Kosten über die mitzuverarbeitende Bausubstanz gemäß § 4 Absatz 3 als auch den Zuschlag nach § 6 Absatz 2 Nummer 5 beanspruchen kann, wenn die dafür in der HOAI festgelegten Voraussetzungen erfüllt sind. Während die Berücksichtigung der mitzuverarbeitenden Bausubstanz dazu dient, den Auftragnehmer beim Bauen im Bestand nicht schlechter zu stellen als beim Neubau, soll der Umbau- und Modernisierungszuschlag dem besonderen Schwierigkeitsgrad der Anforderungen für Architekten und Architektinnen sowie Ingenieure und Ingenieurinnen beim Umbau und der Modernisierung von Bestandsobjekten Rechnung tragen.

Zu Absatz 3

§ 6 Absatz 3 bleibt unverändert und entspricht inhaltlich § 6 Absatz 2 der HOAI 2009.

Amtliche Begründung

Zu § 7 (Honorarvereinbarung)

§ 7 Absatz 1 bis 4 bleiben inhaltlich weitestgehend unverändert. § 7 Absatz 5 der HOAI 2009 mit einer Regelung zum beauftragten Leistungsumfang auf Veranlassung des Auftraggebers wurde zur besseren Systematisierung und Zusammenfassung der Regelungen zur Honorierung in Fällen von Änderungen des Leistungsumfangs in § 10 Absatz 1 überführt. § 7 Absatz 5 entspricht § 7 Absatz 6 Satz 1 der HOAI 2009. Klarzustellen ist, dass die Mindestsätze gemäß § 7 Absatz 1 auch greifen, wenn die vertragliche Einigung gemäß § 125 Satz 1 BGB nichtig ist, weil die Vertragsparteien ein in der HOAI festgelegtes Schriftformerfordernis nicht gewahrt haben. § 7 Absatz 6 Satz 2 der HOAI 2009 ist entfallen, weil die Prozentmargen für die Bewertung der Leistungsphasen 1 und 2 in der Flächenplanung ebenfalls entfallen sind. Zur Begründung siehe die Erläuterungen zu § 18 Absatz 1. § 7 Absatz 6 entspricht weitestgehend dem Wortlaut des § 7 Absatz 7 der HOAI 2009. In § 7 Absatz 6 Satz 1 wird nunmehr klargestellt, dass die schriftliche Vereinbarung eines Erfolgshonorars sich auf Planungsleistungen bezieht, die zu Kostensenkungen führen. In § 7 Absatz 6 Satz 3 wird jetzt klargestellt, dass die Vereinbarung eines „Malus-Honorars" wie das Erfolgshonorar in § 7 Absatz 6 Satz 1 einer schriftlichen Vereinbarung der Vertragsparteien bedarf. Diese Klarstellung entspricht den übrigen in § 7 festgelegten Formerfordernissen.

Zu § 8 (Berechnung des Honorars in besonderen Fällen)

§ 8 bleibt weitgehend unverändert. Die Vorschrift wurde neu strukturiert.

Zu Absatz 1

In § 8 Absatz 1 wird nunmehr klargestellt, dass auch die Beauftragung mit einzelnen Leistungsphasen dem Schriftformerfordernis genügen muss. Im Übrigen bleibt die Vorschrift unverändert.

Zu Absatz 2

§ 8 Absatz 2 greift nunmehr mit der Bezeichnung der „Grundleistungen" die Neufassung des § 3 Absatz 2 auf. Zugleich erfolgt die Klarstellung, dass auch die Beauftragung mit einzelnen Leistungen einer Leistungsphase und der Ausschluss wesentlicher Teile von Leistungen die Schriftform erfordern.

Zu Absatz 3

§ 8 Absatz 3 entspricht der Regelung des § 8 Absatz 2 Satz 3 der HOAI 2009 und greift für § 8 Absatz 1 und Absatz 2. Die gesonderte Vergütung eines zusätzlichen Koordinierungs- oder Einarbeitungsaufwands ist schriftlich zu vereinbaren. Die Höhe dieser Vergütung können die Vertragsparteien frei vereinbaren.

Zu § 9 (Berechnung des Honorars bei Beauftragung von Einzelleistungen)

§ 9 regelt die Berechnung des Honorars bei Beauftragung von Einzelleistungen (Vor- und Entwurfsplanung und Objektüberwachung) und wurde grundlegend überarbeitet. Die vorgenommenen Änderungen sollen vor allem der Vereinfachung und besseren Systematisierung der Einzelvorschriften dienen. Neu ist die Strukturierung der Vorschrift dergestalt, dass § 9 Absatz 1 die Regelung zur gesonderten Honorierung der Vor- und Entwurfsplanung für die dort aufgeführten Leistungsbilder der Objekt- und Fachplanung enthält,

§ 9 Absatz 2 die Flächenplanung erfasst und § 9 Absatz 3 die Honorierung der separat beauftragten Objektüberwachung für Gebäude und die Technische Ausrüstung regelt. § 9 Absatz 3 der HOAI 2009 wurde in überarbeiteter Fassung in § 9 Absatz 2 Satz 2 überführt. Inhaltlich wurden folgende Klarstellungen vorgenommen: § 9 Absatz 1 wurde auf das Leistungsbild der Tragwerksplanung erweitert, da kein sachlicher Grund besteht, die Tragwerksplanung generell einer Regelung der Beauftragung von Einzelleistungen zu entziehen. Darüber hinaus wurde im Wortlaut des § 9 Absatz 3 durch die Formulierung „können herangezogen werden" auch klargestellt, dass die zusätzliche Honorierung der gesonderten Beauftragung der Objektüberwachung für das Leistungsbild Gebäude wie bislang für das Leistungsbild der Tragwerksplanung einer Vereinbarung zwischen Auftragnehmer und Auftraggeber bedarf. Dabei erscheint es sachgerecht, für die Einarbeitung je nach den konkreten Umständen des jeweiligen Einzelfalls zusätzlich höchstens die Summe der prozentualen Bewertung der Leistungsphasen 1 und 2 (Vor- und Entwurfsplanung) in Ansatz zu bringen. § 9 Absatz 1 Satz 2, Absatz 2 Satz 3 und Absatz 3 Satz 2 stellt klar, dass das Schriftformerfordernis des § 7 Absatz 1 für sämtliche in § 9 geregelten Sachverhalte zu beachten ist.

Zu § 10 (Vertragliche Änderungen des Leistungsumfangs)

In § 10 wurden Vorschriften der HOAI 2009 zusammengefasst, welche die Honorierung von Leistungen im Falle einer vertraglichen Änderung des Leistungsumfangs betreffen. Diese Vorschriften waren § 3 Absatz 2 Satz 2, § 7 Absatz 5 und § 10 der HOAI 2009. Der Regelungsbedarf zu § 3 Absatz 2 Satz 2 und § 10 der HOAI 2009 ist infolge der neuen Struktur und Vereinfachung der Regelung über die vertraglichen Änderung des Leistungsumfangs entfallen. Anders als § 3 Absatz 2 Satz 2 der HOAI 2009 setzt § 10 Absatz 1 nunmehr eine schriftliche vertragliche Vereinbarung aufgrund der veränderten Honorarberechnungsgrundlage voraus. Während § 10 der HOAI 2009 die Vergütung von mehreren Vorentwurfs- oder Entwurfsplanungen erfasste, regelt § 10 Absatz 2 jetzt allgemein die Wiederholung von Grundleistungen und ihre anteilsmäßige Honorarberechnung. Hintergrund dafür ist, dass nach den konkreten Umständen im jeweiligen Einzelfall zu prüfen ist, welcher Mehraufwand dem Auftragnehmer durch die Wiederholung von Grundleistungen tatsächlich entsteht. Soweit erbrachte Grundleistungen im Falle der Wiederholung verwertet werden können, sind diese nicht zusätzlich zu vergüten.

Zu Absatz 1

§ 10 Absatz 1 entspricht inhaltlich weitestgehend § 7 Absatz 5 der HOAI 2009. Es wird lediglich klargestellt, dass zu einer Änderung des Leistungsumfangs während der Laufzeit des Vertrags eine Einigung von Auftraggeber und Auftragnehmer erforderlich ist. Die Honorierung der Leistungen aufgrund des veränderten Leistungsumfangs setzt weiterhin voraus, dass die Honorarberechnungsgrundlage durch schriftliche Vereinbarung angepasst wird.

Zu Absatz 2

Neu eingeführt wird in § 10 Absatz 2 eine Regelung zur Honorierung von Grundleistungen, über deren Wiederholung sich die Vertragsparteien geeinigt haben, ohne dass sich dadurch die anrechenbaren Kosten oder Flächen ändern. Die zu wiederholenden Grundleistungen sind auf der Grundlage einer schriftlichen Vereinbarung entsprechend ihrem Anteil an der jeweiligen Leistungsphase zu honorieren. Abzugrenzen ist die Wiederholung von Grundleistungen von dem Fall, dass der Auftraggeber vom Auftragnehmer eine Mangelbeseitigung aus gesetzlicher Mängelhaftung verlangt. Die im Rahmen des Leistungsbilds Gebäude, Leistungsphase 2 c), enthaltene Darstellung und Bewertung von Varianten stellt keine wiederholt zu erbringende Grundleistung dar.

Zu § 11 (Auftrag für mehrere Objekte)

§ 11 wurde unter Beibehaltung des Normzwecks neu strukturiert und vereinfacht. § 11 Absatz 4 der HOAI 2009 wurde vollständig gestrichen. Nunmehr bezieht sich die Regelung ausschließlich auf Objekte, nicht aber auf die Flächenplanung. Für die Bauleitplanung ist auszuführen, dass es gemäß § 1 BauGB Aufgabe der Bauleitplanung ist, die bauliche und sonstige Nutzung der Grundstücke in der Gemeinde nach Maßgabe des Baugesetzbuches vorzubereiten und zu leiten. Auf dieser Grundlage sind die bauleitplanerischen Leistungen für den jeweiligen Einzelfall und abgestellt auf die konkreten Verhältnisse vor Ort zu erbringen. Die Verwendung anderer Pläne, zumal anderer Auftraggeber, wäre mit den Vorgaben des § 1 BauGB nicht vereinbar.

Zu Absatz 1

§ 11 Absatz 1 Satz 1 bleibt inhaltlich unverändert. Die Regelung in § 11 Absatz 1 Satz 2 der HOAI 2009 zu „Objekten mit weitgehend vergleichbaren Objektbedingungen derselben Honorarzonen" wurde mit § 11 Absatz 2 neu zusammengefasst. Die bisherige Differenzierung zwischen „Objekten mit weitgehend vergleichbaren Objektbedingungen derselben Honorarzonen" (§ 11 Absatz 1 Satz 2 der HOAI 2009) und „im Wesentlichen gleichartigen Objekten" (§ 11 Absatz 3 der HOAI 2009) wird aus Gründen der Vereinfachung aufgegeben. Nunmehr greift die Reduzierung über die Summe der anrechenbaren Kosten in § 11 Absatz 2 für die Fallgruppe der „vergleichbaren Gebäude, Ingenieurbauwerke oder Tragwerke mit weitgehend gleichartigen Planungsbedingungen" und die Wiederholungsregelung des § 11 Absatz 3 für Aufträge über „im Wesentlichen gleiche(n) Gebäude oder Tragwerke, die im zeitlichen oder örtlichen Zusammenhang unter gleichen baulichen Verhältnissen geplant oder errichtet werden sollen oder Gebäude oder Tragwerke nach Typenplanung oder Serienbauten".

Zu Absatz 2

§ 11 Absatz 2 bleibt inhaltlich unverändert. § 11 Absatz 2 regelt nunmehr die Voraussetzungen für die Fallgruppe der „vergleichbaren Objekte, Ingenieurbauwerke und Tragwerke" mit „weitgehend gleichartigen Planungsbedingungen". Die Anpassungen im Wortlaut dienen der sprachlichen Präzisierung. Der Begriff der „Objektbedingungen" wird durch den Begriff der „Planungsbedingungen" ersetzt. Dadurch soll klargestellt werden, dass die Reduzierung des Honorars durch Zusammenrechnung der anrechenbaren Kosten aufgrund des geminderten Planungsaufwands zu rechtfertigen ist. Dieser resultiert aus gleichen Planungsbedingungen wie zum Beispiel Baugrund, Nutzungsart, bauliche Gestaltung. Der Effekt der Honorarreduzierung soll bereits für „vergleichbare Gebäude, Ingenieurbauwerke oder Tragwerke mit weitgehend gleichartigen Planungsbedingungen" eintreten. Die Wahl des Adjektivs „vergleichbar" statt „gleichartig" dient der besseren Systematisierung von § 11 Absatz 2 und Absatz 3. Während die Wiederholungsregelung für im Wesentlichen gleiche Gebäude oder Tragwerke greifen soll, greift die Reduzierung über die Summe der anrechenbaren Kosten für „vergleichbare Gebäude, Ingenieurbauwerke oder Tragwerke mit weitgehend gleichartigen Planungsbedingungen". Durch die Beibehaltung der Ergänzung „mit weitgehend gleichartigen Planungsbedingungen" besteht inhaltlich zwischen den genannten ehemals „gleichartigen" und nunmehr „vergleichbaren" Objekten kein sachlicher Unterschied.

Zu Absatz 3

§ 11 Absatz 3 erfasst wie bisher im Wesentlichen gleiche Gebäude oder Tragwerke, die im Rahmen eines Auftrags und im zeitlichen oder örtlichen Zusammenhang unter gleichen baulichen Verhältnissen geplant und errichtet werden sollen, und Objekte nach Typenplanung oder Serienbauten. Die Wiederholungsregelung bezieht sich nunmehr lediglich auf die Leistungsphasen 1 bis 6, da bei der Durchführung der Vergabe wie bei der Objektüberwachung regelmäßig nicht mit Einspareffekten auf Seiten des Auftragnehmers infolge der Wiederholung zu rechnen ist.

Zu Absatz 4

Der Anwendungsbereich des § 11 Absatz 3 der HOAI 2009 wird im neuen § 11 Absatz 4 auf Folgeaufträge für gleiche Gebäude, Ingenieurbauwerke und Tragwerke begrenzt. Die Untersuchung des BMVBS hat ergeben, dass die Regelung für andere Objekte keine praktische Relevanz hat. Im Übrigen wurde die Formulierung in § 11 Absatz 4 unter rechtsförmlichen Aspekten überarbeitet.

Zu § 12 (Instandsetzungen und Instandhaltungen)

§ 12 übernimmt die bislang im Teil 3 (Objektplanung) enthaltene Regelung des § 36 der HOAI 2009. Die Regelung zur Ermittlung der Honorare für Leistungen bei Instandsetzungen im Sinne des § 2 Absatz 8 und Instandhaltungen im Sinne des § 2 Absatz 9 bezieht sich allgemein auf Objekte im Sinne des § 2 Absatz 1 und ist daher dem allgemeinen Teil der HOAI zuzuordnen. Inhaltlich bleibt die Vorschrift unverändert. Aus Gründen der besseren Systematisierung wird die allgemeine Vorschrift über die Ermittlung der Honorare in § 12 Absatz 1 und die Vorschrift zur Erhöhung des Prozentsatzes für die Leistungsphase 8 in § 12 Absatz 2 aufgenommen. Um für sämtliche Objekte einschließlich der Ingenieurbauwerke und Verkehrsanlagen einen Anknüpfungspunkt der Regelung zu gewährleisten, nimmt § 12 Absatz 2 die Leistungsphase 8 für Gebäude und Innenräume mit der „Objektüberwachung" und für Ingenieurbauwerke und Verkehrsanlagen mit der „Bauoberleitung" in Bezug.

Zu § 13 (Interpolation)

§ 13 entspricht § 12 der HOAI 2009.

Zu § 14 (Nebenkosten)

§ 14 entspricht inhaltlich der HOAI 2009.

Zu § 15 (Zahlungen)

§ 15 entspricht weitgehend § 15 der HOAI 2009. Der Wortlaut von Absatz 1 wird lediglich an die Vorschriften des Bürgerlichen Gesetzbuchs zum Werkvertragsrecht, insbesondere zur Abnahme und Fälligkeit der Vergütung (§§ 640 f. BGB), angepasst. Wie bislang bedarf es bei der Abrechnung des Architektenhonorars zusätzlich einer prüffähigen Honorarschlussrechnung. § 15 Absatz 3 wurde mit Blick auf § 14 Absatz 3 angepasst und um eine Regelung zur Fälligkeit von Nebenkosten für den Fall der pauschalen Abrechnung ergänzt.

Zu § 16 (Umsatzsteuer)

§ 16 entspricht weitestgehend der HOAI 2009 und wurde lediglich in Absatz 1 Satz 2 sprachlich überarbeitet.

Zu Teil 2 (Flächenplanung)

In der Flächenplanung wurde die Umstellung von Verrechnungseinheiten auf Flächen für die Bauleitplanung zum Leistungsbild Flächennutzungsplan und für die Landschaftsplanung zu den Leistungsbildern Grünordnungsplan und Landschaftspflegerischer Begleitplan umgesetzt. Der Ansatz der Honorarberechnung nach Verrechnungseinheiten entfällt für diese Leistungsbilder. Ziel ist, die Honorarberechnung in der Flächenplanung durch den einheitlichen Ansatz nach der Größe des Plangebiets in Hektar und die Zuordnung zu Honorarzonen zu vereinfachen und die Honorarberechnung für die Leistungsbilder der Flächenplanung insgesamt besser vergleichbar zu machen.

Die Struktur der Honorarvorschriften in der Flächenplanung wurde vereinheitlicht und orientiert sich an der für den Flächennutzungsplan entwickelten Struktur der Honorarregelung in § 20.

Zu Abschnitt 1 (Bauleitplanung)

Die Leistungsphasen im Leistungsbild Flächennutzungsplan in § 18 und im Leistungsbild Bebauungsplan in § 19 wurden entsprechend dem Verfahrensablauf der Bauleitplanung nach dem Baugesetzbuch neu geordnet und auf drei Leistungsphasen begrenzt. Für Flächennutzungs- und Bebauungsplan bleibt die Bewertung der Leistungsphasen in § 18 und § 19 einheitlich. Durch die Anpassung an den Verfahrensablauf der Bauleitplanung wurde die Konkretisierung der Leistungsbilder in der Anlage 2 und Anlage 3 ebenfalls vereinheitlicht. Die Leistungshase 1 bildet jetzt die bis zum Beginn der frühzeitigen Beteiligung gemäß §§ 3 Absatz 1 und 4 Absatz 1 BauGB erbrachten Leistungen ab. Die Leistungsphase 2 umfasst nunmehr die bis zum Beginn der öffentlichen Auslegung nach § 3 Absatz 2 BauGB erbrachten Leistungen. In der Leistungsphase 3 der neuen Fassung werden die Grundleistungen bis zum Beschluss des Flächennutzungsplans durch die Gemeinde erbracht.

Zum Zwecke der Harmonisierung der Honorartafeln im Bereich der Flächenplanung werden für den Flächennutzungsplan wie für den Bebauungsplan jetzt drei Honorarzonen vorgesehen. Darüber hinaus wird das System der Honorarberechnung beim Flächennutzungsplan wie beim Bebauungsplan auf die Größe des Plangebiets in Hektar umgestellt.

Zu § 17 (Anwendungsbereich)

§ 17 wurde gegenüber § 17 Absatz 1 und 2 der HOAI 2009 sprachlich vereinfacht und nunmehr in § 17 Absatz 1 zusammengefasst. Neu aufgenommen wurde die Klarstellung zur freien Vereinbarkeit der Honorare für Leistungen beim Städtebaulichen Entwurf in § 17 Absatz 2. Die Leistungen beim Städtebaulichen Entwurf werden als Besondere Leistungen nunmehr in Anlage 9 konkretisiert.

Zu § 18 (Leistungsbild Flächennutzungsplan)

Die Strukturierung der Leistungsphasen im Leistungsbild Flächennutzungsplan in § 18 wurde gegenüber der HOAI 2009 überarbeitet. § 18 Absatz 2 der HOAI 2009 ist entfallen. Die Teilnahme an Sitzungen von politischen Gremien oder an Sitzungen im Rahmen der Öffentlichkeitsbeteiligung wird nunmehr in der Anlage 9 als Besondere Leistungen aufgeführt. Diese Verlagerung in eine Besondere Leistung liegt darin begründet, dass in der Praxis je nach Größe des Plangebiets die Anzahl der Sitzungstermine sehr uneinheitlich ist, sodass sich ein einheitlicher Leistungsumfang im Sinne von § 3 Absatz 2 Satz 1 HOAI und entsprechend ein Richtwert für die Preisregulierung nicht herleiten lässt. Als Folge ist die Vergütung für die Teilnahme an Gremien- und Öffentlichkeitsterminen grundsätzlich jeweils projektbezogen zwischen Auftraggeber und Auftragnehmer als Besondere Leistung zu vereinbaren. Dagegen sind erforderliche Sitzungstermine mit politischen Gremien, die lediglich der Vorbereitung der Beschlussfassung zum Beispiel des Gemeinderates dienen und bei kleinen Gemeinden nicht gesondert durch Verwaltungsbeamte durchgeführt werden können, als Grundleistung der jeweiligen Leistungsphase von den Honorartafelwerten erfasst. Solche regulären Abstimmungstermine können nicht zusätzlich als Besondere Leistung abgerechnet werden. Für eine Abgrenzung zwischen Grundleistung und Besonderer Leistung kommt es in diesem Ausnahmefall nicht darauf an, dass ein politisches Gremium die Sitzung einberufen hat, sondern ob es sich materiell um eine zur Abstimmung der Planung mit dem Auftraggeber erforderliche Sitzung handelt, die als Grundleistung ohnehin eine Voraussetzung zur ordnungsgemäßen Erfüllung des Planungsauftrags ist.

Zu Absatz 1:

Zu Nummer 1

In § 18 Absatz 1 wurden die Leistungsphasen nunmehr entsprechend dem Verfahrensablauf der Bauleitplanung nach dem Baugesetzbuch geordnet und auf drei Leistungsphasen beschränkt. In § 18 Absatz 1 ist die bislang für die Leistungsphasen 1 und 2 vorgesehene Spreizung des prozentualen Anteils am Gesamthonorar entfallen. Die Spreizungen in diesen ersten beiden Leistungsphasen wurden mit der HOAI 1977 eingeführt und begründeten sich zum einen durch die unterschiedlichen Vorbedingungen hinsichtlich der Ausstattung in den verschiedenen Gemeinden. Geeignetes Kartenmaterial oder generell verwendbares Datenmaterial waren nicht überall gleichermaßen vorhanden. Zum anderen sollte über die Spreizung dem Umstand Rechnung getragen werden, dass in diesen Leistungsphasen auch Leistungen vergütet werden können, die vom Auftraggeber selbst zu erbringen waren. Planungsrelevante Daten und Kartenunterlagen stehen heute den Gemeinden ohnehin zur Verfügung und werden dem Auftragnehmer zur Verfügung gestellt. Sie erfordern also keine planerischen Leistungen. Durch die Vorgaben aus den jeweiligen Fachgesetzen bestehen gegenwärtig auch keine Unklarheiten über den Umfang der einzuholenden Gutachten und Fachleistungen. Im Ergebnis entspricht die Gewichtung der Leistungsphasen 1 bis 3 nunmehr anteilsmäßig der bisherigen Bemessung der Leistungsphasen 1 bis 3, 4 und 5 des § 18 der HOAI 2009. Die „vorgeschriebene Fassung", in der jeweils der Vorentwurf, der Entwurf und der Plan in den Leistungsphasen zu erstellen ist, ist ein Plan nach der Planzeichenverordnung, nicht jedoch ein so genannter städtebaulicher Vorentwurfs- oder Entwurfsplan.

Amtliche Begründung

Zu Absatz 2

§ 18 Absatz 2 verweist zur konkreten Ausgestaltung der Grundleistungen auf die Anlage 2 und zu den Besonderen Leistungen auf die beispielhafte Auflistung in der Anlage 9.

Zu § 19 (Leistungsbild Bebauungsplan)

Wie im Leistungsbild Flächennutzungsplan wurde die Strukturierung der Leistungsphasen im Leistungsbild Bebauungsplan in § 19 gegenüber der HOAI 2009 überarbeitet. Zur Erleichterung des Verständnisses wurde für den Bebauungsplan in § 19 Absatz 1 statt des Verweises auf die Regelung des § 18 Absatz 1 eine eigenständige Regelung zur Anzahl der Leistungsphasen und ihrer prozentualen Bewertung aufgenommen. Inhaltlich stimmt diese Regelung für den Bebauungsplan weiterhin mit der Regelung in § 18 Absatz 1 zum Flächennutzungsplan überein. Der frühere § 19 Absatz 2 der HOAI 2009 ist gleichlaufend zur Streichung des § 18 Absatz 2 entfallen. Die Teilnahme an Sitzungen von politischen Gremien oder an Sitzungen im Rahmen der Öffentlichkeitsbeteiligung wird nunmehr in der Anlage 9 als Besondere Leistungen aufgeführt. Siehe im Einzelnen die Begründung zu § 18. Inhalt und Regelungsstruktur zur Konkretisierung des Leistungsbildes des Bebauungsplanes in § 19 Absatz 2 wurden an die Regelung für den Flächennutzungsplan in § 18 Absatz 2 angeglichen.

Zu Absatz 1

In § 19 Absatz 1 wurden die Leistungsphasen zum Bebauungsplan entsprechend dem Verfahrensablauf der Bauleitplanung nach dem Baugesetzbuch neu geordnet und auf drei Leistungsphasen beschränkt. In § 19 Absatz 1 ist die bislang für die Leistungsphasen 1 und 2 vorgesehene Spreizung des prozentualen Anteils am Gesamthonorar entfallen. Im Einzelnen siehe die Begründung zu § 18 Absatz 1.

Zu Absatz 2

§ 19 Absatz 2 verweist zur konkreten Ausgestaltung der Grundleistungen auf die Anlage 3 und zu den Besonderen Leistungen auf die beispielhafte Auflistung in der Anlage 9.

Zu § 20 (Honorare für Leistungen bei Flächennutzungsplänen)

§ 20 wurde grundlegend überarbeitet. Zur Umstellung von Verrechnungseinheiten auf Flächen siehe die Begründung zum Teil 2 „Flächenplanung" oben. Durch die Umstellung auf Flächen entfallen die bislang in § 20 Absatz 2, 3, 4 und 5 der HOAI 2009 enthaltenen Regelungen. Aufgrund der Aktualisierung der Honorartafelwerte besteht für die bislang in § 20 Absatz 6 der HOAI 2009 enthaltene Mindesthonorarregelung kein Regelungsbedarf mehr. Der untere Honorartafelwert für eine Fläche von 1000 ha gibt Anhaltspunkte für die freie Vereinbarkeit des Honorars für die Flächennutzungsplanung bei kleineren Flächen.

Zu Absatz 1

§ 20 Absatz 1 enthält die auf Flächen in Hektar umgestellte und zu den Honorartafelwerten aktualisierte Honorartafel. Die Anzahl der Honorarzonen wird von fünf auf drei Zonen reduziert. Ziel ist die Vereinheitlichung der Anzahl der Honorarzonen für die Flächenplanung insgesamt.

Zu Absatz 2

§ 20 Absatz 2 regelt die für die Honorarberechnung maßgeblichen zwei Bezugsgrößen. Statt auf Verrechnungseinheiten wird nunmehr auf die Größe des Plangebiets und wie bislang auf die Honorarzone abgestellt.

Zu Absatz 3

§ 20 Absatz 3 aktualisiert die bislang in § 20 Absatz 7 der HOAI 2009 enthaltenen Bewertungsmerkmale, die auf die spezifischen Anforderungen und Inhalte des Flächennutzungsplans abstellen. Unter dem Bewertungsmerkmal „Infrastruktur" ist sowohl die technische als auch die soziale Infrastruktur erfasst.

Zu Absatz 4

§ 20 Absatz 4 regelt den bislang von § 20 Absatz 8 der HOAI 2009 erfassten Sachverhalt, dass die Gewichtung der Bewertungsmerkmale des § 20 Absatz 3 gemäß § 20 Absatz 5 zu dem Ergebnis führt, dass die Bewertungsmerkmale entsprechend dem Schwierigkeitsgrad der Planungsanforderungen nicht einheitlich einer Honorarzone zuzuordnen sind. Bestehen deswegen Zweifel, welcher Honorarzone der Flächennutzungsplan zuzuordnen ist, erfolgt die Zuordnung zu einer Honorarzone einheitlich nach der Summe der Bewertungspunkte entsprechend der in § 20 Absatz 4 Nummer 1 bis 3 enthaltenen maximalen Ansätzen.

Zu Absatz 5

§ 20 Absatz 5 entspricht im Wesentlichen der bisherigen Regelung in § 20 Absatz 9 der HOAI 2009. Zum Zwecke der Vereinfachung und mit Rücksicht auf die Reduzierung der Anzahl der Honorarzonen von bislang fünf auf drei Honorarzonen sind die Bewertungsmerkmale entsprechend dem jeweiligen Schwierigkeitsgrad nunmehr von einem Punkt bis maximal drei Punkten zu gewichten.

Zu Absatz 6

§ 20 Absatz 6 greift für Flächennutzungspläne die bislang in § 12 des allgemeinen Teils der HOAI 2009 enthaltene Regelung des Honorars im Falle der Änderung oder Überarbeitung von Planausschnitten auf. § 20 Absatz 6 sieht jetzt vor, dass in diesem Fall das Honorar frei zu vereinbaren ist. Planausschnitte kommen in der Planungspraxis lediglich für Flächennutzungspläne und Landschaftspläne vor, da lediglich diese Pläne das gesamte Gemeindegebiet umfassen. Im Gegensatz zu Flächennutzungsplänen und Landschaftsplänen kann das Honorar im Falle der Änderung von Bebauungsplänen und Grünordnungsplänen über den Flächenansatz berechnet werden. Für Flächennutzungspläne wie für Landschaftspläne dagegen hat sich die freie Vereinbarkeit des Honorars für die Änderung oder Überarbeitung von Planausschnitten durchgesetzt. Grund dafür ist, dass der Umfang der Änderung oder Überarbeitung in der Praxis sehr stark divergieren kann. So kann nur eine einzige Festsetzung betroffen sein oder die Inhalte der Änderung oder Überarbeitung können eine hohe Komplexität aufweisen.

Zu § 21 (Honorare für Leistungen bei Bebauungsplänen)

In § 21 Absatz 1 wurde die Regelung des § 21 Absatz 1 der HOAI 2009 unter Aktualisierung der Honorartafelwerte beibehalten. Die Anzahl der Honorarzonen wird von fünf auf drei Zonen reduziert. Ziel ist die Vereinheitlichung der Anzahl der Honorarzonen für die Flächenplanung insgesamt. Die Honorartafel des Bebauungsplans sah im Verhältnis zu allen anderen Tafeln der Flächenplanung ein sehr große Spreizung der Honorare – Differenz der Honorartafelwerte Honorarzone I unten bis Honorarzone V oben – vor. Auf dieser Grundlage wird durch den Verzicht auf die Honorarzone I und V und den Einstieg bei Honorarzone II unten sowie Endwert bei Honorarzone IV oben eine Verringerung der Spreizung der Honorarzonen erreicht. § 21 Absatz 2 entspricht im Wesentlichen § 21 Absatz 2 der HOAI 2009. Lediglich zur Klarstellung werden die für die Honorarberechnung maßgeblichen zwei Bezugsgrößen benannt, die Fläche des Plangebiets und die Honorarzone. Folgerichtig kann der Bezug auf die Fläche des Plangebiets in Hektar in § 21 Absatz 1 entfallen. Struktur und Regelungsinhalt des § 21 Absatz 3 und 4 neu wurden überarbeitet. § 21 Absatz 3 wurde infolge der Änderungen in § 20 Absatz 7 bis 9 überarbeitet. Für die Zuordnung zu den Honorarzonen ist für den Bebauungsplan der Verweis auf die für den Flächennutzungsplan maßgeblichen Bewertungsmerkmale entfallen. Nunmehr werden in § 21 Absatz 3 für den Bebauungsplan die für die Zuordnung zur Honorarzone spezifischen Bewertungsmerkmale aufgenommen. Diese sind an die Inhalte des Bebauungsplans und der detaillierten Planungsebene angepasst. Wie bei den Bewertungsmerkmalen für den Flächennutzungsplan ist unter „Infrastruktur" sowohl die technische als auch soziale Infrastruktur erfasst. Beibehalten wurde der Verweis des § 21 Absatz 4 neu auf die Zuordnung zur Honorarzone beim Flächennutzungsplan in § 20 Absatz 4 und 5. Der Verweis in § 21 Absatz 4 wurde neu gefasst. Die bisherige Maßgabe, dass der Bebauungsplan insgesamt einer Honorarzone zuzuordnen ist, kann infolge der Umstellung der Honorarberechnung beim Flächennutzungsplan auf die Größe des Plangebiets in Hektar entfallen. Auch der Flächennutzungsplan ist aufgrund der Umstellung der Honorarberechnung nunmehr einer Honorarzone zuzuordnen. § 21 Absatz 5 greift die Regelung des § 21 Absatz 2 Satz 2 der HOAI 2009 in unveränderter Form auf.

Zu Abschnitt 2 (Landschaftsplanung)

Die Leistungsbilder der Landschaftsplanung wurden inhaltlich und strukturell überarbeitet. Sie gliedern sich zukünftig einheitlich in vier gleichlautende Leistungsphasen, die jeweils mit denselben Prozentsätzen bewertet werden. Wie für die Leistungsbilder der Bauleitplanung werden auch für die Leistungsbilder der Landschaftsplanung einheitlich drei Honorarzonen ausgewiesen.

Zu § 22 (Anwendungsbereich)

Zu Absatz 1:

§ 22 Absatz 1 bleibt im Wesentlichen unverändert. Da sich die Grundleistungen in den Leistungsbildern der Landschaftsplanung jetzt auf das Vorbereiten und Erstellen der Pläne konzentrieren, entfällt die vormalige Teilleistung „Mitwirken am Verfahren".

Zu Absatz 2

§ 22 Absatz 2 wurde inhaltlich und strukturell überarbeitet. Die Regelung erfasst jetzt strukturell die fünf Pläne der Landschaftsplanung, die Landschaftspläne, die Grünordnungspläne mit den landschaftsplanerischen Fachbeiträgen, die Landschaftsrahmenpläne, die Landschaftspflegerischen Begleitpläne und die Pflege- und Entwicklungspläne.

In § 22 Absatz 2 Nummer 2 werden nunmehr neben den Grünordnungsplänen die „Landschaftsplanerischen Fachbeiträge" aufgeführt. Hintergrund dafür ist, dass in den Bundesländern der Grünordnungsplan teilweise als solcher beauftragt wird, teilweise in einem nicht formalisierten Verfahren als „Landschaftsplanerischer Fachbeitrag" ergänzend zu einer Bauleitplanung in Auftrag gegeben wird. Durch die Erweiterung des § 22 Absatz 2 Nummer 2 neu wird klargestellt, dass für die Anforderungen an Leistungen im Rahmen eines „Landschaftsplanerischen Fachbeitrags" sowie für ihre Honorierung das Leistungsbild Grünordnungsplan einschlägig ist. In § 22 Absatz 2 Nummer 4 sind anders als in § 22 Absatz 2 Nummer 3 der HOAI 2009 die „sonstigen landschaftsplanerischen Leistungen" nicht mehr erfasst.

Zu § 23 (Leistungsbild Landschaftsplan)

§ 23 wurde überarbeitet. Die bisher in § 23 Absatz 1 Nummer 1 und 2 vorgesehene Spreizung der prozentualen Bewertung ist entfallen. Auch der Verweis auf die Regelung der Honorare in § 28 ist entbehrlich und aus Gründen der Vereinfachung entfallen. Die Regelung in § 23 Absatz 2 der HOAI 2009 wurde gestrichen, da die Teilnahme an Sitzungen von politischen Gremien oder an Sitzungen im Rahmen der Öffentlichkeitsbeteiligung nunmehr in der Anlage 9 als Besondere Leistungen aufgeführt wird. Diese Verlagerung in eine Besondere Leistung liegt wie beim Flächennutzungsplan darin begründet, dass in der Praxis je nach Größe des Planungsgebiets die Anzahl der Sitzungstermine sehr uneinheitlich ist, sodass sich ein einheitlicher Leistungsumfang im Sinne von § 3 Absatz 2 Satz 1 HOAI und entsprechend ein Richtwert für die Preisregulierung nicht herleiten lassen. Als Folge ist die Vergütung für die Teilnahme an Gremien- und Öffentlichkeitsterminen grundsätzlich jeweils projektbezogen zwischen Auftraggeber und Auftragnehmer zu vereinbaren. Dagegen sind erforderliche Sitzungstermine mit politischen Gremien, die lediglich der Vorbereitung der Beschlussfassung zum Beispiel Gemeinderates dienen und bei kleinen Gemeinden nicht gesondert durch Verwaltungsbeamte durchgeführt werden können, als Grundleistung der jeweiligen Leistungsphase von den Honorartafelwerten erfasst. Solche regulären Abstimmungstermine können nicht zusätzlich als Besondere Leistung abgerechnet werden. Für eine Abgrenzung zwischen Grundleistung und Besonderer Leistung kommt es in diesem Ausnahmefall nicht darauf an, dass ein politisches Gremium die Sitzung einberufen hat, sondern ob es sich materiell um eine zur Abstimmung der Planung mit dem Auftraggeber erforderliche Sitzung handelt, die als Grundleistung ohnehin eine Voraussetzung zur ordnungsgemäßen Erfüllung des Planungsauftrags ist.

§ 23 Absatz 2 Satz 1 verweist auf die Konkretisierung der Grundleistungen in der Anlage 4 und § 23 Absatz 2 Satz 2 auf die Beispiele für Besondere Leistungen der Flächenplanung in der Anlage 9.

Zu § 24 (Leistungsbild Grünordnungsplan)

§ 24 wurde überarbeitet. Der bisherige Verweis auf das Leistungsbild des Landschaftsplans entfällt. Das Leistungsbild des Grünordnungsplans wird in § 24 Absatz 1 eigenständig geregelt. Der Regelungsinhalt stimmt mit der Regelung sämtlicher Leistungsbilder der Landschaftsplanung überein. Die bisher für das Leistungsbild Grünordnungsplan aufgrund des Verweises auf § 23 Absatz 1 Satz 1 vorgesehene Spreizung der prozentualen Bewertung für die Leistungsphasen 1 und 2 ist entfallen. Auch der Verweis auf die Regelung der Honorare in § 29 ist entbehrlich und aus Gründen der Vereinfachung entfallen. Aus inhaltlichen Gründen ist der Verweis von § 24 Absatz 2 auf § 23 Absatz 2 der HOAI

2009 entfallen. Die Teilnahme an Sitzungen von politischen Gremien oder an Sitzungen im Rahmen der Öffentlichkeitsbeteiligung wird nunmehr in der Anlage 9 als Besondere Leistungen aufgeführt. Siehe im Einzelnen die Begründung zu § 23. § 24 Absatz 2 Satz 1 verweist auf die Konkretisierung der Grundleistungen in der Anlage 5 und § 24 Absatz 2 Satz 2 auf die Beispiele für Besondere Leistungen der Flächenplanung in der Anlage 9.

Zu § 25 (Leistungsbild Landschaftsrahmenplan)

§ 25 wurde überarbeitet. Die bisher in § 25 Absatz 2 der HOAI 2009 geregelte Minderung der Bewertung der Leistungsphase 1 im Falle einer Planfortschreibung des Landschaftsrahmenplans entfällt.

In § 25 Absatz 1 kommt der Leistungsphase 1 neu ein Anteil von 3 Prozent und der Leistungsphase 2 neu ein Anteil von 37 Prozent am Gesamthonorar zu. Bislang waren die Leistungsphasen 1 und 2 in § 25 Absatz 1 der HOAI 2009 mit je 20 Prozent bewertet worden. Hintergrund dafür ist die Zielsetzung der Überarbeitung der Leistungsbilder der Landschaftsplanung, der zufolge nunmehr alle Leistungsbilder in der jeweiligen Leistungsphase mit denselben Anteilen am Gesamthonorar bewertet werden sollen. § 25 Absatz 2 Satz 1 verweist auf die Konkretisierung der Grundleistungen in der Anlage 6 und § 25 Absatz 2 Satz 2 auf die Beispiele für Besondere Leistungen der Flächenplanung in der Anlage 9.

Zu § 26 (Leistungsbild Landschaftspflegerischer Begleitplan)

§ 26 wurde überarbeitet. Die bisher in § 26 Absatz 1 Nummer 1 und 2 der HOAI 2009 vorgesehene Spreizung der prozentualen Bewertung ist entfallen. Wie bei allen anderen Leistungsbildern der Landschaftsplanung werden zur Vereinfachung vier Leistungsphasen mit jeweils einheitlichen prozentualen Anteilen am Honorar vorgesehen. Neu gefasst wurde in § 26 Absatz 1 die Bezeichnung der Leistungsphasen 3 (Vorläufige Fassung) und der Leistungsphase 4 (Abgestimmte Fassung). Aufgrund der eigenständigen Honorarregelung in § 31 neu ist die bislang in § 26 Absatz 2 Satz 1 der HOAI 2009 vorgesehene Aufteilung der Vergütungsregelungen je nach Maßstabsebene des Landschaftspflegerischen Begleitplans entfallen. Die bisher in § 26 Absatz 2 Satz 2 der HOAI 2009 eröffnete Möglichkeit der freien Honorarvereinbarung ist ebenfalls entfallen. § 26 Absatz 2 Satz 1 verweist auf die Konkretisierung der Grundleistungen in der Anlage 7 und § 26 Absatz 2 Satz 2 auf die Beispiele für Besondere Leistungen der Flächenplanung in der Anlage 9.

Zu § 27 (Leistungsbild Pflege- und Entwicklungsplan)

§ 27 wurde überarbeitet. Die bisher in § 27 Satz 1 Nummer 1, 2 und 3 vorgesehene Spreizung der prozentualen Bewertung ist entfallen. Wie bei allen anderen Leistungsbildern der Landschaftsplanung werden zur Vereinfachung nunmehr vier Leistungsphasen mit jeweils einheitlichen prozentualen Anteilen am Honorar vorgesehen. Neu gefasst wurde die Bezeichnung der Leistungsphase 3 (Vorläufige Fassung) und der Leistungsphase 4 (Abgestimmte Fassung). § 27 Absatz 2 Satz 1 verweist auf die Konkretisierung der Grundleistungen in der Anlage 8 und § 27 Absatz 2 Satz 2 auf die Beispiele für Besondere Leistungen der Flächenplanung in der Anlage 9.

Zu § 28 (Honorare für Leistungen bei Landschaftsplänen)

§ 28 wurde vor allem im Hinblick auf die Aktualisierung der Honorartafel in § 28 Absatz 1 überarbeitet. Im Übrigen bleibt § 28 weitestgehend unverändert. In § 28 Absatz 1 wurde klargestellt, dass die Honorartafel nach der Fläche des Planungsgebiets in Hektar ausgerichtet ist. Lediglich zur Klarstellung benennt § 28 Absatz 2 neu die beiden für die Honorarberechnung maßgeblichen Bezugsgrößen, die Fläche des Planungsgebiets und die Honorarzone. § 28 Absatz 3, 4 und 5 bleiben unverändert. § 28 Absatz 6 greift für Landschaftspläne die bislang in § 12 des allgemeinen Teils der HOAI 2009 enthaltene Regelung der freien Vereinbarkeit des Honorars im Falle der Änderung oder Überarbeitung von Planausschnitten auf. Planausschnitte kommen in der Planungspraxis lediglich für Flächennutzungspläne und Landschaftspläne vor, da lediglich diese Pläne das gesamte Gemeindegebiet umfassen. Im Einzelnen siehe dazu die Begründung zu § 20 Absatz 6 neu.

Zu § 29 (Honorare für Leistungen bei Grünordnungsplänen)

§ 29 wurde grundlegend überarbeitet. Zum Zwecke der Harmonisierung der Honorartafeln im Bereich der Flächenplanung werden für den Grünordnungsplan wie für die anderen Leistungsbilder der Landschaftsplanung statt zwei nunmehr drei Honorarzonen vorgesehen. Darüber hinaus wird das System der Honorarberechnung wie beim Flächennutzungsplan in der Bauleitplanung und beim Landschaftspflegerischen Begleitplan in der Landschaftsplanung auf die Größe des Plangebiets in Hektar umgestellt. Der Ansatz der Honorarberechnung nach Verrechnungseinheiten entfällt. Zur Umstellung von Verrechnungseinheiten auf Flächen siehe im Einzelnen die Begründung zum Teil 2 „Flächenplanung" oben. Durch die Umstellung von Verrechnungseinheiten auf Flächen entfallen die bislang in § 29 Absatz 2 und 3 der HOAI 2009 enthaltenen Regelungen. Auch die Regelung in § 29 Absatz 5 ist entfallen.

§ 29 Absatz 1 enthält die auf Flächen in Hektar umgestellte und zu den Honorartafelwerten aktualisierte Honorartafel. Die Anzahl der Honorarzonen wird auf drei Zonen erweitert. Ziel ist die Vereinheitlichung der Anzahl der Honorarzonen für die Flächenplanung insgesamt.

§ 29 Absatz 2 regelt die für die Honorarberechnung maßgeblichen zwei Bezugsgrößen. Statt auf Verrechnungseinheiten wird nunmehr auf die Größe des Planungsgebiets und wie auch bislang auf die Honorarzone abgestellt.

§ 29 Absatz 3 erweitert die Liste der bislang fünf Bewertungsmerkmale, die bereits § 29 Absatz 4 Satz 2 der HOAI 2009 zu entnehmen waren, auf sechs Bewertungsmerkmale. Die Bewertungsmerkmale werden inhaltlich an das aktualisierte Leistungsbild und die geänderten Planungsanforderungen angepasst.

§ 29 Absatz 4 und 5 orientieren sich an der Struktur der Honorarvorschrift für den Landschaftsplan in § 28.

§ 29 Absatz 6 greift für den Grünordnungsplan die bislang für Bebauungspläne in § 21 Absatz 2 Satz 2 der HOAI 2009 vorgesehene Regelung zu Änderungen des Planungsgebiets während der Leistungserbringung auf. Im Einzelnen siehe die Begründung zu § 20 Absatz 6 und § 21 Absatz 6.

Zu § 30 (Honorare für Leistungen bei Landschaftsrahmenplänen)

§ 30 wurde grundlegend überarbeitet.

§ 30 Absatz 1 neu erweitert die Anzahl der Honorarzonen auf drei Zonen. Ziel ist die Vereinheitlichung der Anzahl der Honorarzonen für die Flächenplanung insgesamt.

Amtliche Begründung

§ 30 Absatz 2 regelt die für die Honorarberechnung maßgeblichen zwei Bezugsgrößen, die Fläche des Planungsgebiets und die Honorarzone, und greift inhaltlich den bislang in § 20 Absatz 2 enthaltenen Verweis auf § 28 Absatz 2 der HOAI 2009 auf.

§ 30 Absatz 3 erweitert die Liste der bislang fünf Bewertungsmerkmale, die bereits § 30 Absatz 3 Satz 2 der HOAI 2009 zu entnehmen waren, auf sechs Bewertungsmerkmale. Die Bewertungsmerkmale werden inhaltlich an das aktualisierte Leistungsbild und die geänderten Planungsanforderungen angepasst.

§ 30 Absatz 4 und 5 orientieren sich an der Struktur der Honorarvorschrift für den Landschaftsplan in § 28.

§ 30 Absatz 6 greift für den Landschaftsrahmenplan die bislang für Bebauungspläne in § 21 Absatz 2 Satz 2 der HOAI 2009 vorgesehene Regelung zu Änderungen des Planungsgebiets während der Leistungserbringung auf. Im Einzelnen siehe die Begründung zu § 20 Absatz 6 und § 21 Absatz 6.

Zu § 31 (Honorare für Leistungen bei Landschaftspflegerischen Begleitplänen)

§ 31 enthält eine eigenständige Honorarvorschrift für den Landschaftspflegerischen Begleitplan.

In der HOAI 2009 richtete sich das Honorar gemäß § 26 Absatz 2 Satz 1 bei einer Planung im Maßstab des Flächennutzungsplans nach der Honorartafel des Landschaftsplans und bei einer Planung im Maßstab des Bebauungsplans nach der Honorartafel des Grünordnungsplans. Allerdings wurde der vorhabenbezogene Landschaftspflegerische Begleitplan bereits im Geltungszeitraum der HOAI 2009 in der Regel nicht mehr im Maßstab des Flächennutzungsplans erarbeitet. Auf dieser Grundlage war die Honorarvorschrift zum Landschaftspflegerischen Begleitplan neu zu entwickeln.

Zum Zwecke der Harmonisierung der Honorartafeln im Bereich der Flächenplanung werden für den Landschaftspflegerischen Begleitplan wie für die anderen Leistungsbilder der Landschaftsplanung statt zwei nunmehr drei Honorarzonen vorgesehen. Darüber hinaus wird das System der Honorarberechnung wie beim Flächennutzungsplan in der Bauleitplanung und beim Grünordnungsplan in der Landschaftsplanung auf die Größe des Plangebiets in Hektar umgestellt. Der Ansatz der Honorarberechnung nach Verrechnungseinheiten entfällt. Zur Umstellung von Verrechnungseinheiten auf Flächen siehe die Begründung zum Teil 2 „Flächenplanung" oben. Die neue Honorartafel orientiert sich strukturell an der Honorarvorschrift zum Grünordnungsplan.

§ 31 Absatz 1 enthält die auf Flächen in Hektar umgestellte und zu den Honorartafelwerten aktualisierte Honorartafel. Die Anzahl der Honorarzonen wird auf drei Zonen erhöht. Ziel ist die Vereinheitlichung der Anzahl der Honorarzonen für die Flächenplanung insgesamt.

§ 31 Absatz 2 Satz 1 regelt die für die Honorarberechnung maßgeblichen zwei Bezugsgrößen. Statt auf Verrechnungseinheiten wird auf die Größe des Planungsgebiets und wie auch bislang auf die Honorarzone abgestellt. § 31 Absatz 2 Satz 2 regelt die Honorarberechnung für den Fall der Änderung der Größe des Planungsgebiets während der Leistungserbringung.

§ 31 Absatz 3 spezifiziert die Liste der für den Landschaftspflegerischen Begleitplan maßgeblichen Bewertungsmerkmale. Die Bewertungsmerkmale werden inhaltlich an das aktualisierte Leistungsbild und die geänderten Planungsanforderungen angepasst.

§ 31 Absatz 4 und 5 orientieren sich an der Struktur der Honorarvorschrift für den Landschaftsplan in § 28.

§ 31 Absatz 6 greift für den Landschaftspflegerischen Begleitplan die bislang für Bebauungspläne in § 21 Absatz 2 Satz 2 der HOAI 2009 vorgesehene Regelung zu Änderungen des Planungsgebiets während der Leistungserbringung auf. Im Einzelnen siehe die Begründung zu § 20 Absatz 6 und § 21 Absatz 6.

Zu § 32 (Honorare für Leistungen bei Pflege- und Entwicklungsplänen)

§ 32 entspricht im Hinblick auf die Regelungsstruktur weitestgehend § 31 der HOAI 2009. Die Honorarvorschrift für den Pflege- und Entwicklungsplan wurde vor allem im Hinblick auf die Aktualisierung der Honorartafel in § 32 Absatz 1 überarbeitet. Im Übrigen bleibt die bisherige Regelung des § 31 der HOAI 2009 weitestgehend unverändert in § 32 erhalten.

§ 31 Absatz 3, 4 und 5 der HOAI 2009 wurden unverändert in § 32 Absatz 3, 4 und 5 übernommen. § 32 Absatz 6 greift für den Pflege- und Entwicklungsplan die bislang für Bebauungspläne in § 21 Absatz 2 Satz 2 der HOAI 2009 vorgesehene Regelung zu Änderungen des Planungsgebiets während der Leistungserbringung auf. Diese entspricht den Regelungen für den Bebauungsplan in § 20 Absatz 2 Satz 2, den Grünordnungsplan in § 29 Absatz 2 Satz 2, den Landschaftsrahmenplan in § 30 Absatz 2 Satz 2 und den Landschaftspflegerischen Begleitplan in § 31 Absatz 2 Satz 2. Im Einzelnen siehe die Begründung zu § 20 Absatz 6 und § 21 Absatz 6.

Zu Teil 3 (Objektplanung)

Allgemeine Änderungen der Leistungsbilder der Objektplanung:

Kostenermittlung und Kostenkontrolle

Die Leistungsbilder wurden in den Leistungsphasen 2 und 6 durch die Grundleistung der Kostenkontrolle ergänzt, um so die Verpflichtung zur durchgängigen Kostenverfolgung während des gesamten Planungs- und Ausführungsprozesses zugrunde zu legen.

In diesem Sinne sind auch die Leistungsphasen 6 und 7 ergänzt worden. Nunmehr sind bepreiste Leistungsverzeichnisse aufzustellen. Im Rahmen der Kostenkontrolle sind diese bepreisten Leistungsverzeichnisse mit der Kostenberechnung und den Ausschreibungsergebnissen zu vergleichen. Durch diese präzisierte Kostenermittlung und Kontrolle wurde der Kostenanschlag entbehrlich. Der Kostenanschlag umfasst nämlich gemäß DIN 276 – 1: 2008-12 lediglich die Kostenermittlung bis zur dritten Ebene und die Ordnung nach Vergabeeinheiten.

Dokumentation

In allen Leistungsbildern der Objektplanung wurde in den Leistungsphasen 1 bis 3 die Grundleistung zur Dokumentation und Erläuterung der Ergebnisse präzisiert. Damit wurde die bisher in § 3 Absatz 8 der HOAI 2009 geregelte Unterrichtung des Auftraggebers direkt in den relevanten Leistungsphasen aufgenommen.

Die Prüfung und Wertung der Angebote ist ohne eine Dokumentation des Vergabeverfahrens nicht möglich und schließt diese ein. In der Leistungsphase 7 wurde daher die Dokumentation des Vergabeverfahrens aufgenommen.

Amtliche Begründung

Die auch bisher schon bestehende systematische Zusammenstellung der zeichnerischen Darstellungen und rechnerischen Ergebnisse wurde nunmehr in die Leistungsphase 8 eingegliedert, da sie zeitlich mit der Übergabe des Objekts verknüpft ist. Damit soll darauf hingewirkt werden, dass dem Auftraggeber bei einer etwaigen Teilabnahme nach der Leistungsphase 8 die notwendige Objektdokumentation zur Verfügung steht.

Terminplanung

Die Terminplanung der Leistungsbilder Gebäude, Freianlagen und Technische Ausrüstung wurde in die Leistungsphasen 2, 3 und 5 aufgenommen. In der Leistungsphase 8 ist auch bisher das Aufstellen und Überwachen eines Terminplans verankert.

Am deutlichsten ist diese Grundleistung im Leistungsbild Gebäude hervorgehoben, da diese übergreifende Objektplanung eine Vielzahl von Fachplanungen und Gewerken berücksichtigen und zusammenführen muss.

Die in der Leistungsphase 2 aufgestellte Terminplanung soll in den Leistungsphasen 3, 5 und 8 kontinuierlich fortgeschrieben und ergänzt werden.

Über die bisherige Teilleistung lit. e) der Leistungsphase 8 der HOAI 2009 hinaus wurde das Erstellen, Fortschreiben und Überwachen des Terminplans als Teilleistung in die Leistungsphasen 2, 3, 5 und 8 aufgenommen. Zur Leistungsphase 8 (bisher: „Aufstellen und Überwachen eines Zeitplans (Balkendiagramm)", neu: „Aufstellen, Fortschreiben und Überwachen eines Terminplans (Balkendiagramm)") war das Fortschreiben des Terminplans während der Ausführung bereits durch das Überwachen erfasst und wurde zur Klarstellung aufgenommen. Darüber hinaus ist die Terminplanung während der Bauausführung durch die Berücksichtigung der ineinandergreifenden Abläufe der Bauarbeiten als fortlaufender Prozess zu betrachten. Daher war auch klarzustellen, dass neben dem Fortschreiben eine kontinuierliche Überwachung des fortgeschriebenen Terminplans im Bauablauf erforderlich ist.

In den Leistungsbildern Ingenieurbauwerke und Verkehrsanlagen ist der Aspekt der Terminplanung mit Ausnahme der Leistungsphase 8 dagegen nicht berücksichtigt. Im Gegensatz zum Leistungsbild Gebäude laufen hier mehrere eigenständige Objektplanungen parallel (zum Beispiel Wasserwerk). Es wäre deshalb nicht sachgerecht, diese übergreifende terminliche Planung auf Basis der anrechenbaren Kosten einer Objektplanung zu honorieren. Die objektübergreifende, integrierte Bauablaufplanung stellt daher eine Besondere Leistung dar.

Weitere Änderungen je Leistungsphase

Leistungsphase 6: Vorbereitung der Vergabe

Die Grundleistung „Zusammenstellen der Vergabeunterlagen" wurde systematisch der Vorbereitung der Vergabe zugeordnet und aus der Leistungsphase 7 in die Leistungsphase 6 verlagert.

Leistungsphase 7: Mitwirkung bei der Vergabe

Die ehemalige Teilleistung lit. e) „Verhandlung mit Bietern" wird nunmehr in lit. d) „Führen von Bietergesprächen" genannt, da bei öffentlichen Auftragsvergaben Verhandlungen mit Bietern nicht bei allen Vergabearten zulässig sind. Unter Bietergesprächen sind Aufklärungsgespräche oder Verhandlungen im Rahmen der Vergabeverfahren zu verstehen.

Leistungsphase 9: Objektbetreuung

Der Aufwand für die bisherige Grundleistung – Überwachen der Mängelbeseitigung – ist im Umfang nur schwierig kalkulierbar. Daher soll die Überwachung der Mängelbeseitigung zukünftig als Besondere Leistung zum Beispiel auf Zeithonorarbasis beauftragt werden können. Durch die neu aufgenommene Grundleistung der fachlichen Bewertung der Mängel einschließlich notwendiger Begehungen wird sichergestellt, dass der beauftragte Architekt oder Ingenieur auch nach Abschluss des Projekts dem Bauherrn bei auftretenden Mängeln zur Seite steht und eine verursachungsgerechte Inanspruchnahme des Schädigers ermöglicht wird.

Mit der fachlichen Bewertung der Mängel soll in erster Linie die Zuordnung des Mangels zu einem Bau- oder Planungsbeteiligten aus fachlicher Sicht sichergestellt werden. Eine Bewertung mit der Qualität und Ausführlichkeit eines Sachverständigengutachtens ist nicht Gegenstand dieser Grundleistung.

Mit der HOAI 2009 wurde die Frist zur Überwachung der Mängelbeseitigung gemäß § 13 Absatz 4 VOB Teil B auf vier Jahre festgelegt. Da diese nicht in jedem Fall die Vertragsgrundlage bildet, wurde die Frist für die fachliche Bewertung der festgestellten Mängel an § 438 Absatz 1 Nummer 2 BGB auf fünf Jahre angepasst.

Änderungen zu den Objektlisten

Die Objektlisten wurden neu strukturiert. Bisher waren diese nach den Honorarzonen gegliedert. Durch die Strukturierung nach Objekttypen und die tabellarische Zuordnung zu den Honorarzonen werden für den Anwender ein besserer Überblick geschaffen und die Zuordnung zur Honorarzone erleichtert.

Zu Abschnitt 1 (Gebäude und Innenräume)

Zu § 33 (Besondere Grundlagen des Honorars)

§ 33 HOAI entspricht weitgehend § 32 der HOAI 2009. § 32 Absatz 4 der HOAI 2009 mit einer Ausnahme vom Grundsatz der selbstständigen Abrechnung beim Bau von Gebäuden und Freianlagen wurde in § 38 Absatz 2 überführt. In § 33 Absatz 1 und 2 wurde zum Zwecke der Klarstellung im Hinblick auf § 3 Absatz 2 der Begriff der „Grundleistungen" aufgenommen. Bei den Kosten der Technischen Anlagen im Sinne des § 33 Absatz 2 handelt es sich um die Kosten der Anlagen der Technischen Ausrüstung gemäß § 53 Absatz 2. Im Bereich Gebäude werden die anrechenbaren Kosten auf Grundlage der DIN 276-1:2008-12 ermittelt, hier die Kostengruppe 400 „Bauwerk – Technische Anlagen".

Zu § 34 (Leistungsbild Gebäude und Innenräume)

§ 34 HOAI entspricht weitestgehend § 33 der HOAI 2009. Neu wurde die Definition der Innenräume, bisher für die raumbildenden Ausbauten in § 2 Nummer 8 der HOAI 2009 enthalten, aus den Begriffsbestimmungen der Allgemeinen Vorschriften in § 34 Absatz 2 HOAI überführt.

Zu § 35 (Honorare für Grundleistungen bei Gebäuden und Innenräumen)

In § 35 Absatz 1 HOAI wurde die aktualisierte Honorartafel mit der Festsetzung der Mindest- und Höchstsätze für die in der Anlage 10 aufgeführten Grundleistungen aufgenommen. Im Übrigen stimmt § 35 weitestgehend mit § 34 der HOAI 2009 überein. § 35

Absatz 7 stellt klar, dass die Objektlisten der Anlage 10, Nummer 10.2 und 10.3 für die Zuordnung des Objekts zu den Honorarzonen anzuwenden sind.

Zu § 36 (Umbauten und Modernisierungen von Gebäuden und Innenräumen)

§ 36 ergänzt für das Leistungsbild Gebäude und Innenräume die allgemeine Regelung über den Umbau- und Modernisierungszuschlag in § 6 Absatz 2 Satz 3. Infolge der wieder eingeführten Berücksichtigung der mitzuverarbeitenden Bausubstanz in § 4 Absatz 3 bei den anrechenbaren Kosten werden die Zuschläge für Umbauten und Modernisierungen auf das Honorar gegenüber der bislang weiten Zuschlagsspanne von 0 bis 80 Prozent gemäß § 35 Absatz 1 Satz 1 der HOAI 2009 wieder bis auf den Maximalwert der HOAI 2002 zurückgeführt.

Zu Absatz 1

§ 36 Absatz 1 konkretisiert die Höhe der prozentualen Wertspanne gemäß § 6 Absatz 2 Satz 3 HOAI für den Umbau und die Modernisierung von Gebäuden. Die Wertspanne bis 33 Prozent greift für Umbauten und Modernisierungen von Gebäuden mit einem durchschnittlichen Schwierigkeitsgrad (Honorarzone III). Maßgeblich ist der Schwierigkeitsgrad der konkreten Umbau- oder Modernisierungsmaßnahme im jeweiligen Einzelfall. Die Höhe des Zuschlags ist im Wege einer schriftlichen Vereinbarung bei Auftragserteilung gemäß § 7 Absatz 1 frei vereinbar. § 6 Absatz 2 Satz 4 gibt keinen Mindestwert vor.

Zu Absatz 2

§ 36 Absatz 2 konkretisiert die Höhe der prozentualen Wertspanne gemäß § 6 Absatz 2 Satz 3 HOAI für den Umbau und die Modernisierung von Innenräumen in Gebäuden. Die Wertspanne gemäß § 36 Absatz 2 Satz 1 bis 50 Prozent auf das Honorar greift für Umbauten und Modernisierungen von Gebäuden und Innenräumen mit einem durchschnittlichen Schwierigkeitsgrad. Maßgeblich ist der Schwierigkeitsgrad der konkreten Umbau- oder Modernisierungsmaßnahme im jeweiligen Einzelfall. Die Höhe des Zuschlags ist im Wege einer schriftlichen Vereinbarung bei Auftragserteilung gemäß § 7 Absatz 1 frei vereinbar. § 6 Absatz 2 Satz 4 gibt keinen Mindestwert vor.

Zu § 37 (Aufträge über Gebäude und Freianlagen oder Innenräume)

§ 37 regelt die Honorarberechnung zu Aufträgen über Gebäude und Freianlagen bzw. Gebäude und Innenräume abweichend von dem in § 11 Absatz 1 vorgesehenen Grundsatz der getrennten Honorarberechnung.

Zu Absatz 1

§ 37 Absatz 1 wurde systematisch neu zugeordnet und gibt inhaltlich unverändert die Regelung des § 37 Absatz 3 zur gemeinsamen Berechnung der Honorare von Gebäuden und Freianlagen bis zu der Wertgrenze von 7.500 Euro anrechenbaren Kosten wieder.

Zu Absatz 2

In § 37 Absatz 2 wird die Regelung des § 25 Absatz 1 HOAI 2002 wieder aufgenommen. Die Regelung dient der Klarstellung, dass der Grundsatz der getrennten Honorarberechnung des § 11 Absatz 1 Satz 1 auch dann nicht greift, wenn derselbe Auftragnehmer für ein Objekt sowohl Gebäudeals auch Innenraumleistungen erbringt. Durch diese Regelung soll eine Mehrfachhonorierung vermieden werden. Die erhöhten Anforderungen sind im Rahmen der für die Grundleistungen am Gebäude festgesetzten Mindest- und Höchstsätze zu berücksichtigen.

Zu Abschnitt 2 (Freianlagen)

Zu § 38 (Besondere Grundlagen des Honorars)

§ 38 entspricht weitestgehend § 37 der HOAI 2009. § 37 Absatz 1 wurde als Katalog von Regelbeispielen für Außenanlagen abgefasst. Damit wird klargestellt, dass die in § 38 Absatz 1 Nummer 1 bis 8 aufgeführten Beispiele den Begriff der Außenanlagen konkretisieren. Wie in den entsprechenden Regelungen zum Beispiel für Gebäude (§ 34 Absatz 3 der HOAI 2009) oder Technische Ausrüstung (§ 54 Absatz 3 der HOAI 2009) wird darüber hinaus in § 38 Absatz 1 klargestellt, dass die anrechenbaren Kosten für die genannten Bauwerke und Anlagen zu berücksichtigen sind, soweit der Auftragnehmer diese plant oder überwacht. Weiterhin wurden in § 38 Absatz 1 Nummer 4, 6, 7 und 8 die Verweise innerhalb der HOAI konkretisiert. Bei den in § 38 Absatz 1 Nummer 6 ausgenommenen Tragwerken der Honorarzone III bis V handelt es sich um solche der Anlage 14.2. § 37 Absatz 3 der HOAI 2009 wurde in § 37 Absatz 1 der neuen HOAI überführt.

Zu § 39 (Leistungsbild Freianlagen)

§ 39 entspricht weitestgehend § 38 der HOAI 2009. Neu aufgenommen wurde in § 39 Absatz 1 die bislang im allgemeinen Teil in § 2 enthaltene Definition der Freianlagen. § 39 Absatz 2 entspricht mit dem Verweis auf § 34 Absatz 1 zum Umfang des Leistungsbildes der Fassung von § 38 Absatz 1 Satz 1 der HOAI 2009. Für den bereits in der HOAI 2009 im eigenständigen Abschnitt 2 des Teils 3 „Objektplanung" geregelten Leistungsbereich „Freianlagen" wird nunmehr auch der Inhalt des Leistungsbildes in einer eigenständigen Anlage abgebildet. Der Inhalt des Leistungsbildes Freianlagen kann damit konkreter anhand des weiten Spektrums der Planungsaufgaben erläutert werden. Dort werden auch die Leistungen der Landschaftspflegerischen Ausführungsplanung deutlicher herausgebildet.

Zu § 40 (Honorare für Grundleistungen bei Freianlagen)

§ 40 entspricht weitestgehend § 39 der HOAI 2009. § 40 Absatz 5 stellt klar, dass die Anlage 11, Nummer 11.2, für die Zuordnung des Objekts zu den Honorarzonen anzuwenden ist. Gemäß § 40 Absatz 6 ist die Regelung zum Umbau- und Modernisierungszuschlag für Gebäude in § 36 Absatz 1 entsprechend auf Freianlagen anzuwenden. Die durch Umbau oder Modernisierung bedingten Erschwernisse in der Abwicklung, Koordination und Organisation von Umbau- oder Modernisierungsleistungen sind auch bei Freianlagen gegeben. Die bestehenden Planungsbedingungen, die erforderliche Beurteilung von Bauteilen oder Materialien sowie spezifische Bauabläufe sind auch bei Leistungen im Bestand von Freianlagen zu berücksichtigen. Die Höhe des Zuschlags ist im Wege einer schriftlichen Vereinbarung frei vereinbar. § 6 Absatz 2 Satz 4 gibt keinen Mindestwert vor.

Zu Abschnitt 3 (Ingenieurbauwerke) Zu § 41 (Anwendungsbereich)

Die Definition der Ingenieurbauwerke in § 41 stimmt weitestgehend mit § 40 der HOAI 2009 überein. Lediglich die Verweise in § 41 Nummer 3 und 4 wurden aktualisiert.

Amtliche Begründung

Als Ingenieurbauwerke werden durch die HOAI nur Bauwerke und Anlagen aus Bereichen erfasst, die in § 41 Absatz 1 Nummer 1 bis 7 erwähnt sind. Soweit Bereiche nicht erwähnt worden sind, wie zum Beispiel Elektrizitätswerke oder Versorgungsleitungen für Elektrizität, rechnen die Leistungen hierfür nicht zu den von der Verordnung erfassten Leistungen. Die Leistungen in diesen Bereichen sind preisrechtlich nicht gebunden.

Bauwerke oder Anlagen, die funktional eine Einheit bilden, sind als ein Objekt anzusehen. Werden dagegen einem Auftragnehmer die Planung einer Abwasserbehandlungsanlage und eines Abwasser-Kanalnetzes in einem Auftrag übertragen, so handelt es sich hier um die Übertragung der Leistungen für zwei verschiedene Objekte mit jeweils einer eigenen funktionalen Einheit. Das Abwasser-Kanalsystem erfüllt die Transport-Funktion für das Abwasser, die Abwasserbehandlungsanlage erfüllt die Reinigungsfunktion für das Abwasser.

Zu § 42 (Besondere Grundlagen des Honorars)

§ 42 entspricht weitgehend § 41 der HOAI 2009. Zur Klarstellung wurde in § 42 Absatz 1 Satz 2 neu aufgenommen die Regelung zur Anrechenbarkeit von Anlagen der Maschinentechnik. Infolgedessen ist die Regelung in § 41 Absatz 3 Nummer 5 der HOAI 2009 entfallen. Im Übrigen wurde die Regelung zur Anrechenbarkeit von Kosten in § 42 Absatz 3 neu systematisiert und inhaltlich vereinfacht.

Zu Absatz 1

§ 42 Absatz 1 Satz 1 bleibt weitestgehend unverändert. Nicht in den Kosten der Baukonstruktion im Sinne des § 42 Absatz 1 Satz 1 enthalten sind die Anschaffungskosten für das Baugrundstück (zum Beispiel einschließlich der Kosten des Erwerbs, des Freimachens und der Erschließung) sowie die Kosten der Vermessung und Vermarktung, Winterbauschutzvorkehrungen, sonstige zusätzliche Maßnahmen bei der Erschließung, beim Bauwerk und bei den Außenanlagen für den Winterbau, Entschädigungen und Schadensersatzleistungen sowie die Baunebenkosten. Auch die Anschaffungskosten für Kunstwerke sind nicht anrechenbar, soweit nicht wesentlicher Bestandteil des Objekts.

Die Regelung zur Anrechenbarkeit von Anlagen der Maschinentechnik in § 42 Absatz 1 Satz 2 wurde ebenfalls zur Klarstellung ergänzt. Im Einzelnen:

§ 42 Absatz 1 Satz 2 stellt klar, dass die Kosten für die Maschinentechnik, die der Zweckbestimmung des Ingenieurbauwerks dienen, anrechenbar sind, soweit der Objektplaner diese plant oder deren Ausführung überwacht. Die Kosten für die Maschinentechnik sind bei den Kosten der Baukonstruktion im Sinne des § 42 Absatz 1 Satz 1 zu berücksichtigen und nicht den Kosten für die Anlagen der Technischen Ausrüstung im Sinne des § 42 Absatz 2 zuzurechnen. Gleichlaufend wurden nunmehr aus der Definition der Technischen Ausrüstung in § 53 Absatz 2 Nummer 7 die maschinen- und elektrotechnischen Anlagen in Ingenieurbauwerken ausgenommen.

Bei Anlagen der Maschinentechnik handelt es sich um Anlagen ohne jegliche Anschlusstechnik, die als Einheit vom Hersteller geliefert werden, zum Beispiel um Räumer für Absetzbecken bei Kläranlagen und Wasserwerken, Kammerfilterpressen, um Oberflächenbelüfter oder Gasentschwefler sowie um Gasspeicher von Abwasserbehandlungsanlagen. Dazu zählen auch die reinen Stahlbauteile bei Schleusen und Wehren und die Grob- und Feinrechen.

150

Voraussetzung für die Anrechenbarkeit der Anlagen der Maschinentechnik ist, dass der Auftragnehmer diese plant oder deren Ausführung überwacht. Erforderlich für die Planungsleistung ist nicht, dass der Planer selbst die Konstruktionszeichnungen und weitere Unterlagen für die Anfertigung der Anlagen der Maschinentechnik erstellt. Ausreichend ist, dass der Auftragnehmer auf die Anlagen der Maschinentechnik planerisch Einfluss nimmt. Bei einer Räumerbrücke muss der Objektplaner zum Beispiel auf inneren und äußeren Antrieb, Laufgeschwindigkeit, Windbelastung oder bestimmte Lichtraummaße ebenso Einfluss nehmen wie bei der gesamten technischen Gestaltung der eigentlichen Räumereinrichtung, die mit der Räumerbrücke verbunden ist und wesentliche technische Aufgaben zu erfüllen hat. In diesem Sinn wird die Räumerbrücke vom Objektplaner geplant und regelmäßig wird dann in der Praxis auch ihre Ausführung auf der Baustelle überwacht.

Zu Absatz 2

§ 42 Absatz 2 bleibt inhaltlich im Vergleich zu § 41 Absatz 2 der HOAI 2009 unverändert. Bei den Kosten für Technische Anlagen handelt es sich um die Kosten der Anlagen der Technischen Ausrüstung gemäß § 53 Absatz 2.

Zu Absatz 3

§ 42 Absatz 3 wurde neu strukturiert und inhaltlich vereinfacht. § 42 Absatz 3 regelt, welche Kosten für Leistungen bei Ingenieurbauwerken nicht anrechenbar sind, es sei denn, der Auftragnehmer plant oder überwacht die Ausführung der jeweiligen Maßnahme. Wenn also entweder die Planung oder Überwachung der in § 42 Absatz 3 Nummer 1 bis 4 genannten Maßnahmen übernommen wird, kommt die Anrechnung der Kosten bereits zum Tragen.

§ 42 Absatz 3 Nummer 1 bleibt inhaltlich unverändert. § 41 Absatz 3 Nummer 2 und 3 der HOAI 2009 wurden neu in § 42 Absatz 3 Nummer 2 aufgenommen und durch den Tatbestand „Umlegen und Verlegen von Leitungen" ergänzt.

Ebenfalls aufgrund dieser Systematik der Trennung der Regelungen von Ingenieurbauwerken und Verkehrsanlagen wurde unter Nummer 4 die Ausstattung und Nebenanlagen auf Ingenieurbauwerke bezogen und im Abschnitt Verkehrsanlagen § 46 Absatz 3 Nummer 3 auf Nebenanlagen und Anlagen des Straßen- und Flugverkehrs.

Die verkehrsrelevanten Einzeltatbestände des § 41 Absatz 3 Nummer 4 der HOAI 2009 („Ausstattung und Nebenanlagen von Straßen sowie Ausrüstung und Nebenanlagen von Gleisanlagen") werden in die spezifische Regelung für Verkehrsanlagen in § 46 Absatz 3 Nummer 3 und 4 überführt. § 41 Absatz 3 Nummer 5 der HOAI 2009 wurde in § 42 Absatz 1 Satz 2 aufgenommen.

Zu § 43 (Leistungsbild Ingenieurbauwerke)

§ 43 entspricht weitestgehend § 42 der HOAI 2009. Gemäß § 42 Absatz 2 der HOAI 2009 waren die Regelungen der §§ 35 und 36 Absatz 2 der HOAI 2009 zum Bauen im Bestand und zu Instandsetzungen und Instandhaltungen entsprechend anwendbar. Dieser Verweis ist entfallen und wird durch die Neuregelung in § 44 Absatz 6 und § 12 Absatz 1 ersetzt.

Aufgrund der wieder eingeführten mitzuverarbeitenden Bausubstanz und der in § 2 Absatz 5 neu getroffenen Definition von Umbauten (Umgestaltungen mit wesentlichen Eingriffen in Konstruktion oder Bestand ist auch die Prozentmarge für den Umbauzuschlag auf bis zu 33 Prozent gemäß § 59 Absatz 1 HOAI 2002 zurückgeführt worden.

Amtliche Begründung

§ 42 Absatz 3 der HOAI 2009 ist entfallen. Die Honorarauswirkungen der Teilnahme an Erläuterungs- und Erörterungsterminen wurden für die Ingenieurbauwerke in den Leistungsphasen 2 bis 4 der Anlage 12, Nummer 12.1, konkretisiert.

Zu Absatz 1

In § 43 Absatz 1 wurde im Satz 1 der Verweis auf den Umfang des Leistungsbildes „Gebäude und Innenräume" gemäß § 34 Absatz 1 neu angepasst. In § 43 Absatz 1 Satz 2 wurde zum Zwecke der Klarstellung im Hinblick auf § 3 Absatz 2 der Begriff der „Grundleistungen" aufgenommen. Diese Differenzierung zwischen „Grundleistungen" und „Besonderen Leistungen" geht auch in § 43 Absatz 1 Satz 3 durch die Verweisung auf die neue Anlage 12, Nummer 12. 1, ein.

Die Anlage 12 konkretisiert lediglich die Leistungen im Leistungsbild Ingenieurbauwerke. Anders als in der HOAI 2009 werden die Leistungen der Leistungsbilder Ingenieurbauwerke und Verkehrsanlagen nicht mehr einheitlich erfasst. Zukünftig konkretisiert die Anlage 12 das Leistungsbild Ingenieurbauwerke und die Anlage 13 das Leistungsbild Verkehrsanlagen.

Zu Absatz 2

In § 43 Absatz 2 wurde die Vorschrift des § 42 Absatz 1 Satz 4 der HOAI 2009 inhaltlich unverändert übernommen. Lediglich die Verweise auf § 42 Nummer 6 und 7 wurden aktualisiert.

Zu Absatz 3

§ 43 Absatz 3 eröffnet nunmehr die Möglichkeit für abweichende schriftliche Honorarvereinbarungen in Fällen mit gesteigertem Kostenaufwand auf Seiten des Auftragnehmers, wenn in der Leistungsphase 4 ein eigenständiges Planfeststellungsverfahren für das Ingenieurbauwerk und in der Leistungsphase 5 ein überdurchschnittlicher Aufwand an Ausführungszeichnungen erforderlich ist.

Zu § 44 (Honorare für Grundleistungen bei Ingenieurbauwerken)

§ 44 entspricht weitestgehend § 43 der HOAI 2009. In der Überschrift sowie § 44 Absatz 1 wurde zum Zwecke der Klarstellung im Hinblick auf § 3 Absatz 2 der Begriff der „Grundleistungen" aufgenommen. Die Objektliste für Ingenieurbauwerke geht nunmehr in die Anlage 12, Objektliste Verkehrsanlagen, Nummer 12.2, ein. § 44 Absatz 5 stellt klar, dass diese Anlage für die Zuordnung des Objekts zu den Honorarzonen anzuwenden ist. Gemäß § 44 Absatz 6 kann für Umbauten und Modernisierungen von Ingenieurbauwerken bei einem durchschnittlichen Schwierigkeitsgrad (Honorarzone III) gemäß § 6 Absatz 2 Satz 2, 3 und § 7 Absatz 1 ein Zuschlag bis zu 33 Prozent bei Auftragserteilung schriftlich vereinbart werden. In § 44 Absatz 7 wurde zur Klarstellung eine Rechtsgrundverweisung auf die Unterschreitung der Mindestsätze gemäß § 7 Absatz 3 für Ingenieurbauwerke mit großer Längenausdehnung (zum Beispiel Deiche, Kaimauern) aufgenommen. Die Planung solcher Ingenieurbauwerke, die unter gleichen baulichen Bedingungen errichtet werden, stellt einen Ausnahmefall im Sinne des § 7 Absatz 3 HOAI dar. Steht der Planungsaufwand in einem Missverhältnis zu dem auf der Grundlage der anrechenbaren Kosten ermittelten Honorar des Auftragnehmers, kann der Mindestsatz durch schriftliche Vereinbarung unterschritten werden.

Zu Abschnitt 4 (Verkehrsanlagen) Zu § 45 (Anwendungsbereich)

Die Definition der Verkehrsanlagen in § 45 stimmt weitestgehend mit § 44 der HOAI 2009 überein. Lediglich der Verweis in § 45 Nummer 1 auf die Definition der Freianlagen wurde aktualisiert.

Zu § 46 (Besondere Grundlagen des Honorars)

§ 46 baut auf § 45 der HOAI 2009 auf. § 45 Absatz 1 der HOAI 2009 wurde gestrichen. Dieser Verweis auf die Besonderen Grundlagen des Honorars für Ingenieurbauwerke, § 41 der HOAI 2009, entfällt. Die Besonderen Grundlagen des Honorars bei Verkehrsanlagen werden nunmehr leistungsbildspezifisch ausgestaltet. Neu konzipiert wurden für Verkehrsanlagen die Regelungen über die Anrechenbarkeit von Kosten in § 46 Absatz 1 bis 3. Diese gehen konzeptionell auf die entsprechenden Regelungen für Ingenieurbauwerke in § 42 Absatz 1 bis 3 zurück. Während § 46 Absatz 1 neu leistungsbildspezifisch die anrechenbaren Kosten für Verkehrsanlagen regelt, behandeln § 46 Absatz 2, 3 und 4 die Integrationshonorare bei der Objektplanung von Verkehrsanlagen. In § 46 Absatz 4 wurde neu aufgenommen eine leistungsbildspezifische Regelung zum Integrationshonorar für Verkehrsanlagen, zur Anrechenbarkeit von Kosten für Erdarbeiten und Ingenieurbauwerken. In die Abminderungsregelung des § 46 Absatz 5 neu geht die Vorschrift des § 45 Absatz 3 der HOAI 2009 auf.

Zu Absatz 1

Infolge des Wegfalls des Verweises auf die Besonderen Grundlagen des Honorars für Ingenieurbauwerke wurde in § 46 Absatz 1 neu eine leistungsbildspezifische Regelung zu den anrechenbaren Kosten für Verkehrsanlagen aufgenommen. § 46 Absatz 1 entspricht sinngemäß der Regelung zu den Besonderen Grundlagen des Honorars für Ingenieurbauwerke in § 42 Absatz 1. § 46 Absatz 1 Satz 2 stellt klar, dass die Kosten für die Ausstattung von Anlagen des Straßen- und Flug- und Schienenverkehrs einschließlich der darin enthaltenen Entwässerungsanlagen, die der Zweckbestimmung der Verkehrsanlage dienen, anrechenbar sind, soweit der Objektplaner diese plant oder deren Ausführung überwacht. Diese Kosten sind bei den Kosten der Baukonstruktion im Sinne des § 46 Absatz 1 Satz 1 zu berücksichtigen und nicht den Kosten für die Anlagen der Technischen Ausrüstung im Sinne des § 46 Absatz 2 zuzurechnen. Die Ausstattung von Anlagen des Straßen- und Flug- und Schienenverkehrs einschließlich Entwässerungsanlagen ist nicht in der Objektliste der Technischen Ausrüstung enthalten. Unter Ausstattung von Anlagen des Straßen- und Flugverkehrs fallen zum Beispiel Signalanlagen, Schutzplanken und Beschilderungen. Bei den Entwässerungsanlagen handelt es sich um Straßenabläufe, Sammelleitungen und zugehörige Anschlussleitungen sowie Regenwasserversickerungen, die nicht als eigenständige Objekte in der Objektliste Ingenieurbauwerke, Gruppe 2, aufgeführt sind, vergleiche Anlage 12, Nummer 12.2. Unter Ausstattung von Anlagen des Schienenverkehrs fallen Oberleitungsanlagen, Signalanlagen, Telekommunikationsanlagen, die den Zugbetrieb beeinflussen, und Weichenheizungsanlagen.

Zu Absatz 2:

§ 46 Absatz 2 regelt zukünftig die anrechenbaren Kosten von Technischen Anlagen für die Honorarberechnung der Grundleistungen zur Planung der Verkehrsanlagen.

Amtliche Begründung

Zu Absatz 3:

In § 46 Absatz 3 wurde die bislang durch den Verweis in § 45 Absatz 1 der HOAI 2009 zur Anwendung kommende Regelung für Ingenieurbauwerke in § 41 Absatz 3 HOAI der HOAI 2009 über die nicht anrechenbaren Kosten für Verkehrsanlagen neu ausgestaltet. Gemäß § 46 Absatz 3 Nummer 3 neu sind die Kosten der Nebenanlagen von Anlagen des Straßen- und Flugverkehrs eingeschränkt anrechenbare Kosten der Verkehrsanlagen.

Zu Absatz 4

§ 46 Absatz 4 regelt die für die Leistungsphasen 1 bis 7 und 9 des § 46 teilweise anrechenbaren Kosten.

Zu Nummer 1

Gemäß § 46 Absatz 4 Nummer 1 sind die Kosten der Erd- und Felsarbeiten nur bis zu 40 Prozent der sonstigen anrechenbaren Kosten nach § 46 Absatz 1 anrechenbar. Grund dafür ist, dass der Arbeitsaufwand für Erd- und Felsarbeiten nicht proportional zu den nach § 46 Absatz 1 anrechenbaren Kosten steigt.

Zu Nummer 2

§ 46 Absatz 4 Nummer 2 regelt die anrechenbaren Kosten für Ingenieurbauwerke für den Sachverhalt, dass ein Ingenieurbauwerk in eine Verkehrsanlage integriert wird. Sachgerecht erscheint es, 10 Prozent der Kosten für Ingenieurbauwerke zur Vergütung des Aufwands für die Einbeziehung des Ingenieurbauwerks in die Planung für die Verkehrsanlage zur Anrechnung kommen zu lassen, wenn dem Auftragnehmer nicht gleichzeitig die Objektplanung für das Ingenieurbauwerk übertragen wird.

Zu Absatz 5

§ 46 Absatz 5 entspricht weitestgehend § 45 Absatz 3 der HOAI 2009. Die teilweise Anrechenbarkeit der Kosten für mehrstreifige Straßen und Gleisanlagen gemäß Absatz 5 begründet sich dadurch, dass sich bei diesen Verkehrsanlagen Leistungen wiederholen oder einmal erbrachte Leistungen übernommen werden können. Neu aufgenommen wurde eine Regelung zur „freien vertraglichen Vereinbarkeit" des Honorars für Gleis- und Bahnsteiganlagen mit mehr als zwei Gleisen oder Bahnsteigen. Anders als bei der Straße gibt es im Bereich des Schienenverkehrs häufig mehr als vier Gleise, zum Beispiel bei Rangieranlagen und Zugbildungsanlagen. Hier wäre daher eine noch weitere Aufgliederung als bei der Straße notwendig gewesen, um im Ergebnis zu einem angemessenen Honorar zu kommen. Im Sinne einer einfachen und flexiblen Regelung wird deshalb die freie Vereinbarkeit geregelt, wie diese auch in § 52 Absatz 9 HOAI 2002 verankert war.

Zu § 47 (Leistungsbild Verkehrsanlagen)

§ 47 entspricht weitgehend § 46 Absatz 1 der HOAI 2009. In § 47 Absatz 1 Satz 1 wurde der Verweis auf den Umfang des Leistungsbildes „Gebäude und Innenräume", neu § 34 Absatz 1, angepasst. Die Anordnung der entsprechenden Anwendbarkeit der Regelung zum Bauen im Bestand zu Instandhaltungen und Instandsetzungen gemäß §§ 35 und 36 Absatz 2 der HOAI 2009 nach § 42 Absatz 2 der HOAI 2009 ist entfallen und wurde in § 48 Absatz 6 und in § 12 Absatz 1 aufgenommen. Aufgrund der wieder eingeführten Berücksichtigung der mitzuverarbeitenden Bausubstanz und der in § 2 Absatz 5 getroffenen Definition von Umbauten (Umgestaltungen mit wesentlichen Eingriffen in Konstruktion oder Bestand) ist auch die Prozentmarge für den Umbauzuschlag auf bis zu 33 Prozent im Sinne des § 59 Absatz 1 der HOAI 2002 zurückgeführt worden. § 47 Absatz 2 verweist auf die Regelung der Grundleistungen und Aufzählung von Beispielen für Besondere Leistungen in der Anlage 13 Nummer 13.1. Die Anlage 13 der HOAI konkretisiert nunmehr gesondert die Leistungen im Leistungsbild Verkehrsanlagen. Anders als in der HOAI 2009 werden die Leistungen der Leistungsbilder Ingenieurbauwerke und Verkehrsanlagen nicht mehr einheitlich erfasst. Die Anlage 12 behandelt zukünftig das Leistungsbild Ingenieurbauwerke und die Anlage 13 das Leistungsbild Verkehrsanlagen.

Zu § 48 (Honorare für Grundleistungen bei Verkehrsanlagen)

§ 48 entspricht in den Absätzen 1 bis 3 inhaltlich § 43 der HOAI 2009. In § 48 Absatz 4 wird die Bepunktung der Bewertungsmerkmale nunmehr eigenständig für Verkehrsanlagen ausgewiesen. Die Objektliste für Verkehrsanlagen geht in die Anlage 13, Objektliste Verkehrsanlagen, Nummer 13.2, ein. § 44 Absatz 5 stellt klar, dass diese Anlage für die Zuordnung des Objekts zu den Honorarzonen anzuwenden ist. Gemäß § 44 Absatz 6 kann für Umbauten und Modernisierungen von Verkehrsanlagen bei einem durchschnittlichen Schwierigkeitsgrad (Honorarzone III) gemäß § 6 Absatz 2 Satz 2, 3 und § 7 Absatz 1 ein Zuschlag bis 33 Prozent bei Auftragserteilung schriftlich vereinbart werden. Maßgeblich ist der Schwierigkeitsgrad der konkreten Umbau- oder Modernisierungsmaßnahme im jeweiligen Einzelfall.

Zu Teil 4 (Fachplanung)

Allgemeine Änderungen der Leistungsbilder der Fachplanung

Dokumentation

Wie in allen Leistungsbildern der Fachplanung wurde in den Leistungsphasen 1 bis 3 die Grundleistung zur Dokumentation und Erläuterung der Ergebnisse präzisiert. Damit wurde die bisher in § 3 Absatz 8 geregelte Unterrichtung des Auftraggebers direkt in den relevanten Leistungsphasen aufgenommen.

Die Prüfung und Wertung der Angebote ist ohne eine Dokumentation des Vergabeverfahrens nicht möglich und schließt diese ein. In der Leistungsphase 7 wurde daher die Dokumentation des Vergabeverfahrens aufgenommen.

Die auch bisher schon bestehende systematische Zusammenstellung der zeichnerischen Darstellungen und rechnerischen Ergebnisse wurde nunmehr in die Leistungsphase 8 eingegliedert, da sie zeitlich mit der Übergabe des Objekts verknüpft ist. Damit soll darauf hingewirkt werden, dass dem Auftraggeber bei einer etwaigen Teilabnahme nach der Leistungsphase 8 die notwendige Objektdokumentation zur Verfügung steht.

Das Leistungsbild Tragwerksplanung endet mit der Leistungsphase 6. Die Grundleistung zur Dokumentation und Erläuterung der Ergebnisse ist daher auf die Leistungsphasen 1 bis 3 begrenzt.

Amtliche Begründung

Terminplanung

Die in der Leistungsphase 2 aufgestellte Terminplanung soll in den Leistungsphasen 3, 5 und 8 kontinuierlich fortgeschrieben und ergänzt werden.

Über die bisherige Grundleistung lit. e) der Leistungsphase 8 der HOAI 2009 hinaus wurde das Erstellen, Fortschreiben und Überwachen des Terminplans als Teilleistung in die Leistungsphasen 2, 3, 5 und 8 aufgenommen. Zur Leistungsphase 8 (bisher: „Mitwirken bei dem Aufstellen und Überwachen eines Zeitplans (Balkendiagramm)", neu: „Aufstellen, Fortschreiben und Überwachen eines Terminplans (Balkendiagramm)") war das Fortschreiben des Terminplans während der Ausführung bereits durch das Überwachen erfasst und wurde zur Klarstellung aufgenommen. Darüber hinaus ist die Terminplanung während der Bauausführung durch die Berücksichtigung der ineinandergreifenden Abläufe der Bauarbeiten als fortlaufender Prozess zu betrachten. Daher war auch klarzustellen, dass neben dem Fortschreiben eine kontinuierliche Überwachung des fortgeschriebenen Terminplans im Bauablauf erforderlich ist.

Bei der Tragwerksplanung ist die Mitwirkung in den Leistungsphasen 2 und 3 berücksichtigt.

Änderungen zu den Objektlisten

Die Objektlisten wurden neu strukturiert. Bisher waren diese nach den Honorarzonen gegliedert. Bei der Technischen Ausrüstung wird durch die Strukturierung nach Anlagentypen und die tabellarische Zuordnung zu den Honorarzonen für den Anwender ein besserer Überblick geschaffen und die Zuordnung zur Honorarzone erleichtert.

In der Tragwerksplanung wird wie bisher keine gesonderte Objektliste dargestellt, sondern der statisch-konstruktive Schwierigkeitsgrad anhand spezifischer Bewertungsmerkmale beschrieben. Formal ist die Darstellung an diejenige der Objektlisten angepasst.

Zu Abschnitt 1 (Tragwerksplanung)

Zu § 49 (Anwendungsbereich)

Entsprechend der Strukturierung der Leistungsbilder der Objektplanung wird nunmehr der Anwendungsbereich der Honorarregelungen zur Tragwerksplanung festgelegt. § 49 Absatz 1 stellt klar, dass die Tragwerksplanung die Fachplanung für Gebäude oder Ingenieurbauwerke umfasst. In § 49 Absatz 2 wird eine Begriffsdefinition für das Tragwerk aufgenommen.

Zu § 50 (Besondere Grundlagen des Honorars)

§ 50 zielt auf eine Straffung der bislang in § 48 der HOAI 2009 enthaltenen Regelung der bei der Tragwerksplanung von Gebäuden und Ingenieurbauwerken anrechenbaren Kosten. Die Fassung des § 50 Absatz 1, 2, 4 und 5 greift weitestgehend unverändert § 48 Absatz 1, 2, 5 und 6 der HOAI 2009 auf. § 48 Absatz 3 und 4 der HOAI 2009 entfallen und werden durch § 50 Absatz 3 ersetzt.

Zu Absatz 1

§ 50 Absatz 1 entspricht § 48 Absatz 1 der HOAI 2009.

Zu Absatz 2

§ 50 Absatz 2 deckt sich insoweit mit § 48 Absatz 2 der HOAI 2009, als die Vertragsparteien bei der Tragwerksplanung für Gebäude mit einem hohen Anteil an Kosten der Gründung und der Tragwerkskonstruktion weiterhin die anrechenbaren Kosten für Ingenieurbauwerke zugrunde legen können. Die Umbauten werden nicht mehr in Bezug genommen, da deren Honorierung über den Umbauzuschlag gemäß § 52 Absatz 4 geregelt wird.

Zu Absatz 3

§ 50 Absatz 3 ersetzt die Regelungen in § 48 Absatz 3 und 4 der HOAI 2009. Grund dafür ist, dass sich das Honorar für die Tragwerksplanung als Leistungsbild des Teils 4 gemäß § 6 Absatz 1 nach den anrechenbaren Kosten auf Grundlage der Kostenberechnung zu richten hat. Die Kostenaufgliederung in der Kostenberechnung ist an Bauteilen ausgerichtet. Anrechenbare Kosten nach Fachlosen können hieraus nicht abgeleitet werden.

Zu Absatz 4

§ 50 Absatz 4 entspricht § 49 Absatz 5 der HOAI 2009. Das Honorar für die Tragwerksplanung von Traggerüsten bei Ingenieurbauwerken richtet sich nach den Herstellkosten einschließlich der zugehörigen Kosten für Baustelleneinrichtung. Da jedoch bei Traggerüsten regelmäßig nur die Kosten für Abschreibung und Montage in die Angebotspreise eingerechnet werden und damit zu den Herstellkosten gehören, bestimmt Satz 2, dass bei mehrfach verwendeten Bauteilen von Gerüsten jeweils der Neuwert anrechenbar ist. Die in die Herstellkosten des Objekts eingerechneten Kosten der Traggerüste würden als Bemessungsgrundlage zu nicht immer auskömmlichen Honoraren führen.

Zu Absatz 5

§ 50 Absatz 5 entspricht § 48 Absatz 6 der HOAI 2009. Lediglich die Bezugnahmen auf § 48 Absatz 3 und 4 wurden gestrichen.

Zu § 51 (Leistungsbild Tragwerksplanung)

§ 51 HOAI entspricht weitgehend dem Wortlaut des § 49 der HOAI 2009. Änderungen wurden in den Absätzen 3 bis 6 vorgenommen. Die Anordnung der entsprechenden Anwendbarkeit der Regelungen zum Bauen im Bestand und zu Instandhaltungen und Instandsetzungen gemäß §§ 35 und 36 Absatz 2 der HOAI 2009 nach § 49 Absatz 3 der HOAI 2009 ist entfallen und wurde in 12 Absatz 1 und § 52 Absatz 4 neu aufgenommen. Aufgrund der wieder eingeführten Berücksichtigung der mitzuverarbeitenden Bausubstanz und der in § 2 Absatz 5 neu getroffenen Definition von Umbauten (Umgestaltungen mit wesentlichen Eingriffen in Konstruktion oder Bestand) ist auch die Prozentmarge auf bis zu 50 Prozent gemäß § 66 Absatz 5 HOAI 2002 zurückgeführt worden

Zu Absatz 1

§ 51 Absatz 1 entspricht weitgehend § 49 Absatz 1 der HOAI 2009. § 51 Absatz 1 Satz 1 entspricht im Wesentlichen § 53 Absatz 1 der HOAI 2009. In § 51 Absatz 1 Satz 1 wurde auf der Grundlage des überarbeiteten Leistungsbildes der Technischen Ausrüstung eine neue Bewertung des Anteils der Leistungsphasen am Honorar vorgenommen. In § 55 Absatz 1 Satz 2 wurde der Verweis auf die Konkretisierung der Grundleistungen und Besonderen Leistungen in der neuen Anlage 14 Nummer 14.1 aufgenommen. In Absatz 1 Satz 3 wird klargestellt, dass die Grundleistungen der Leistungsphase 1 der Tragwerksplanung von konstruktiven Ingenieurbauwerken für Verkehrsanlagen sowie sonstige Einzelbauwerke, ausgenommen Gebäude und Freileitungsmaste (§ 42 Nummer 6 und 7), im Leistungsbild Ingenieurbauwerke enthalten sind.

Zu Absatz 2

§ 51 Absatz 2 regelt die Kürzungen der prozentualen Bewertung der Leistungsphase 5 abweichend von § 51 Absatz 1 und bleibt unverändert gegenüber § 49 Absatz 2 der HOAI 2009.

§ 51 Absatz 2 Nummer 3 regelt die Kürzung der Honorare im Holzbau mit unterdurchschnittlichem Schwierigkeitsgrad, das heißt, sofern das Tragwerk in den Honorarzonen I oder II einzuordnen ist. Die Kürzung bleibt auf den Holzbau mit unterdurchschnittlichem Schwierigkeitsgrad beschränkt, weil der Aufwand in dem modernen Ingenieurholzbau gegenüber dem zimmermannsmäßigen Holzbau, der regelmäßig in den Honorarzonen III bis V angewandt wird, besonders hoch ist.

Zu Absatz 3

§ 51 Absatz 3 regelt die abweichende Bewertung der Leistungsphase 5 mit 20 Prozent, wenn Schalpläne als Einzelleistung in Auftrag gegeben werden. Gegenüber dem Ansatz in Absatz 2 Nummer 1, der bei Nichtbeauftragung der Schalpläne die Leistungsphase 5 mit 30 Prozent ausweist, wird die Einzelleistung doppelt so hoch bewertet. Dies begründet sich darin, dass die Erstellung der Schalpläne als Einzelleistung einen erheblichen Mehraufwand bedeutet. Bei einer Beauftragung im Rahmen der Gesamtleistung stammen die Schalpläne aufgrund der modernen Zeichen- und Konstruktionsmethoden mit CAD aus einer Datenbasis und sind damit leicht generierbar. Dies ist bei der isolierten Beauftragung der Schalpläne nicht der Fall. Die prozentuale Bewertung ist deshalb wesentlich höher.

Zu Absatz 4

§ 51 Absatz 4 regelt jetzt die Möglichkeit einer Erhöhung der Bewertung der Leistungsphase 5 um 4 Prozent. Voraussetzung für die Erhöhung ist eine dahingehende Einigung der Vertragsparteien. Dieser fakultativen Erhöhung der Bewertung liegt die Erwägung zugrunde, dass bei geringen Bewehrungsabständen untereinander und bzw. oder engen Bewehrungsknoten der Aufwand bei der Erstellung der Bewehrungspläne zum Beispiel aufgrund der stärkeren Durchdringungen und aufwendigeren Verlegeanweisungen stark ansteigt. Allerdings sind im Regelfall die geringen Bewehrungsabstände oder hohen Bewehrungsdichten nicht durchgängig erforderlich, sodass die mögliche Erhöhung auf einen Zuschlag von 4 Prozent beschränkt bleibt.

Zu Absatz 5

§ 51 Absatz 6 verweist auf die Regelung der Grundleistungen und Aufzählung von Beispielen für Besondere Leistungen in Anlage 14 Nummer 14.1.

Zu § 52 (Honorare für Grundleistungen bei Tragwerksplanungen)

§ 52 wurde gegenüber § 50 der HOAI 2009 wesentlich überarbeitet. § 52 Absatz 1 enthält die aktualisierte Honorartafel für die Grundleistungen bei Tragwerksplanungen. Die bislang in § 50 Absatz 2 und 3 der HOAI 2009 geregelte Zuordnung zu den Honorarzonen nach dem statisch-konstruktiven Schwierigkeitsgrad und nach bestimmten Bewertungsmerkmalen ist entfallen. Neu regelt § 52 Absatz 2 die Anwendung der Anlage 14, Nummer 14.2. Die Bewertungsmerkmale wurden in Bezug auf ihre Anwendung bei Ingenieurbauwerken angepasst und spezifische Merkmale für Ingenieurbauwerke, wie zum Beispiel Stütz- und Uferwände, Baugrubenverbau, wurden ergänzt. Auch die aktuellen Rechenmethoden wurden berücksichtigt: zum Beispiel ist der Aufwand zur Berechnung von Fachwerken (mit gelenkigen Knoten) oder Stabwerken (mit biege-steifen Knoten) mit computergestützten Methoden kein vorhersehbares Kriterium mehr. § 52 Absatz 3 neu entspricht inhaltlich § 49 Absatz 3 der HOAI 2009. § 52 Absatz 4 konkretisiert die Höhe der prozentualen Wertspanne bis zu 50 Prozent gemäß § 6 Absatz 2 Satz 3 HOAI für die Tragwerksplanung für Umbauten und Modernisierungen. Aufgrund der wieder eingeführten Berücksichtigung der mitzuverarbeitenden Bausubstanz und der in § 2 Absatz 5 neu getroffenen Definition von Umbauten (Umgestaltungen mit wesentlichen Eingriffen in Konstruktion oder Bestand) ist der Maximalsatz der Prozentmarge auf § 66 Absatz 5 HOAI 2002 zurückgeführt worden. Gemäß § 52 Absatz 4 kann für Umbauten und Modernisierungen von Tragwerken mit einem durchschnittlichen Schwierigkeitsgrad (Honorarzone III) gemäß § 6 Absatz 2 Satz 2, 3 und § 7 Absatz 1 ein Zuschlag bis 50 Prozent bei Auftragserteilung schriftlich vereinbart werden. Maßgeblich ist der Schwierigkeitsgrad der konkreten Umbau- oder Modernisierungsmaßnahme im jeweiligen Einzelfall. Für die Tragwerksplanung von Ingenieurbauwerken mit großer Längenausdehnung enthält § 52 Absatz 5 neu ebenso wie § 44 Absatz 7 und § 56 Absatz 6 zur Klarstellung eine Rechtsgrundverweisung auf die zulässige Unterschreitung der Mindestsätze gemäß § 7 Absatz 3 HOAI. Die Tragwerksplanung für Ingenieurbauwerke mit großer Längenausdehnung, die unter gleichen baulichen Bedingungen errichtet werden, stellt einen Ausnahmefall im Sinne des § 7 Absatz 3 dar. Steht der Aufwand in einem Missverhältnis zu dem auf der Grundlage der anrechenbaren Kosten ermittelten Honorar des Auftragnehmers, kann der Mindestsatz durch schriftliche Vereinbarung unterschritten werden.

Zu Abschnitt 2 (Technische Ausrüstung)

Zu § 53 (Anwendungsbereich):
§ 53 HOAI entspricht weitestgehend § 51 der HOAI 2009.

Zu Absatz 1
In § 53 Absatz 1 wird nunmehr klargestellt, dass die Technische Ausrüstung die Fachplanung für Objekte im Sinne des § 2 Nummer 1 der HOAI umfasst, mithin Gebäude, Innenräume, Freianlagen, Ingenieurbauwerke und Verkehrsanlagen.

Zu Absatz 2
§ 53 Absatz 2 Nummer 7 greift nunmehr neben den nutzungsspezifischen Anlagen auch die verfahrenstechnischen Anlagen auf. Für die nutzungsspezifischen Anlagen ist die Bezugnahme auf die maschinen- und elektrotechnischen Anlagen in Ingenieurbauwerken entfallen. Hintergrund dafür ist, dass die Anlagen der Verfahrens- und Prozesstechnik bei Ingenieurbauwerken der Wasserversorgung, Abwasserentsorgung und bei Anlagen des Wasserbaus sowie bei Bauwerken und Anlagen der Abfallentsorgung (§ 42 Nummer 1 bis 3 und 5) planerisch dem Ingenieurbauwerk zuzuordnen sind. Damit im Einklang stellt § 42 Absatz 1 Satz 2 nunmehr klar, dass die Kosten für die Maschinentechnik, die

der Zweckbestimmung des Ingenieurbauwerks dienen, anrechenbar sind, soweit der Objektplaner diese plant oder deren Ausführung überwacht. Die Anlagengruppe 7 wird zukünftig in nutzungsspezifische (Anlagengruppe 7.1) und verfahrenstechnische Anlagen (Anlagengruppe 7.2) untergliedert. Da die Technische Ausrüstung nicht nur auf die Fachplanung für Gebäude abstellt, wird in der Anlagengruppe 8 auch die Automation von Ingenieurbauwerken aufgenommen.

Zu § 54 (Besondere Grundlagen des Honorars):

§ 54 Absatz 1 und 2 regeln, unter welchen Voraussetzungen die Kosten der Anlagen jeder Anlagengruppe im Sinne des § 53 Absatz 2 zur Honorarberechnung zusammengefasst werden. § 54 Absatz 1 regelt den Fall, dass mehrerer Anlagen für ein Objekt geplant werden. § 54 Absatz 2 regelt hingegen den Fall, dass für beauftragte unterschiedliche Objekte die Kosten für mehrere Anlagen, die unter funktionalen und technischen Kriterien eine Einheit bilden, zusammengefasst werden. § 54 Absatz 3 greift für im Wesentlichen gleiche Technische Anlagen unter bestimmten Voraussetzungen die Wiederholungsregelung des § 11 Absatz 3 und 4 auf. § 54 Absatz 4 und 5 entspricht § 52 Absatz 3 und 4 der HOAI 2009.

Zu Absatz 1

§ 54 Absatz 1 wurde neu gefasst. Die Regelung in § 54 Absatz 1 Satz 1 zu den Grundzügen der Honorarberechnung wurde zum Zwecke der Klarstellung überarbeitet. Wie § 52 Absatz 1 der HOAI 2009 geht § 54 Absatz 1 vom Grundsatz der getrennten Honorarberechnung für jede einzelne Anlagengruppe eines Objekts aus. Klargestellt wird, dass die Honorarberechnung nach der Summe der anrechenbaren Kosten der Anlagen jeder Anlagengruppe für das jeweilige Objekt erfolgt, nicht aber gesondert für einzelne Anlagen innerhalb jeder Anlagengruppe. Dies gilt nach der Rechtsprechung des Bundesgerichtshofes auch dann, wenn die Anlagen einer Anlagengruppen getrennt an das öffentliche Netz angeschlossen und für sich allein betrieben werden könnten, siehe BGH, Urteil vom 20.12.2007 – VII ZR 114/07. In diese Regelung sind die Kosten der verfahrenstechnischen Anlagen des § 53 Absatz 2, neue Anlagengruppe Nummer 7.2, einbezogen.

Erweitert wurde § 54 Absatz 1 Satz 2 um die Regelung zur Honorarberechnung für die nutzungsspezifischen Anlagen des § 53 Absatz 2, Anlagengruppe 7.1. Die Anlagengruppe 7.1 setzt sich zusammen aus unterschiedlichen nutzungsspezifischen Anlagenarten, die gegenseitig nicht als funktional gleichartig betrachtet werden: 1. Küchentechnische Anlagen, 2. Wäscherei- und Reinigungsgeräte/ -anlagen, 3. Medizin- und labortechnische Anlagen, 4. Feuerlöschgeräte/ -anlagen, 5. Entsorgungsanlagen, 6. Bühnentechnische Anlagen, 7. Medienversorgungsanlagen, 8. Badetechnische Anlagen, 9. Prozesswärmeanlagen, 10. Technische Anlagen für Tankstellen, 11. Lagertechnische Anlagen, 12. Taumittelsprühanlagen und Enteisungsanlagen einschließlich der stationären Enteisungsanlagen. Das Honorar wird für jede der 12 nutzungsspezifischen Anlagenarten getrennt nach den anrechenbaren Kosten der jeweiligen Anlagenart berechnet. Umfasst eine nutzungsspezifische Anlagenart mehrere Anlagen, so werden die anrechenbaren Kosten dieser funktional gleichartigen Anlagen bei der Honorarermittlung zusammengefasst. § 54 Absatz 1 Satz 3 entspricht im Wesentlichen § 52 Absatz 1 Satz 2 der HOAI 2009. Diese Regelung zur Anrechenbarkeit der Kosten der sonstigen Maßnahmen für technische Anlagen wird über Gebäude und Innenräume auf sämtliche Objekte im Sinne des § 2 Nummer 1 der HOAI erweitert.

Zu Absatz 2

§ 54 Absatz 2 Satz 1 greift für den Fall der Planung unterschiedlicher Objekte die bislang in § 52 Absatz 2 enthaltene Regelung zur Zusammenfassung der Kosten der Anlagen jeder Anlagengruppe in überarbeiteter Fassung auf. Eine getrennte Honorarberechnung in sinngemäßer Anwendung des § 11 Absatz 1 Satz 1 findet nicht statt. Voraussetzung der Zusammenfassung der Kosten der Anlagen jeder Anlagengruppe ist, dass die Anlagen unter funktionalen und technischen Kriterien eine Einheit bilden, siehe BGH, Urteil vom 24.1.2002 – VII ZR 461/00 (KG); BGH, Urteil vom 12.1.2006 – VII ZR 293/04. Im Hinblick auf die Leistungspflichten des Auftragnehmers in der Fachplanung Technische Ausrüstung kommt es im Wortlaut nicht mehr wie bislang in § 52 Absatz 2 der HOAI 2009 darauf an, dass die Anlagen in zeitlichem und örtlichem Zusammenhang als Teil einer Gesamtmaßnahme geplant, betrieben und genutzt werden. Diese Anforderungen werden im Regelfall ohnehin mit der neuen Voraussetzung erfüllt sein, dass die für unterschiedliche Objekte beauftragten Anlagen unter „funktionalen und technischen Kriterien eine Einheit bilden".

§ 54 Absatz 2 Satz 2 stellt wie § 54 Absatz 1 Satz 2 klar, dass für nutzungsspezifische Anlagen die anrechenbaren Kosten nur zusammengefasst werden, wenn die nutzungsspezifischen Anlagen im Hinblick auf die Technische Ausrüstung funktional gleichartig sind. § 54 Absatz 2 Satz 3 verdeutlicht wie bislang § 52 Absatz 2 der HOAI 2009, dass § 11 Absatz 1 in der neuen Fassung der HOAI 2013 im Anwendungsbereich des § 54 Absatz 2 Satz 1 nicht anzuwenden ist.

Zu Absatz 3

§ 54 Absatz 3 hält für im Wesentlichen gleiche Technische Anlagen an der Wiederholungsregelung des § 11 Absatz 3 und 4 der HOAI 2009 fest. Damit soll wie auch in den bisherigen Regelungen der HOAI (§ 11 Absatz 2 und 3 der HOAI 2009 und § 69 Absatz 7 HOAI 2002) der geringere Aufwand des Auftragnehmers durch die Wiederholung der im Wesentlichen gleichen Leistungen berücksichtigt werden.

Zu Absatz 4

§ 54 Absatz 4 entspricht § 52 Absatz 3 der HOAI 2009.

Zu Absatz 5

§ 54 Absatz 5 entspricht § 52 Absatz 4 der HOAI 2009. Im Hinblick auf die auch sonst in der HOAI vorgesehenen Schriftformerfordernisse für abweichende Vereinbarungen wurde ergänzend die Schriftlichkeit der Vereinbarung aufgenommen.

Zu § 55 (Leistungsbild Technische Ausrüstung):

§ 55 entspricht weitestgehend § 53 der HOAI 2009.

Zu Absatz 1

§ 55 Absatz 1 Satz 1 und 2 entsprechen im Wesentlichen § 53 Absatz 1 der HOAI 2009. Der Wortlaut des § 55 Absatz 1 wurde durch die Aufnahme des Begriffs der „Grundleistungen" zum Zwecke der Klarstellung an § 3 Absatz 1 HOAI angepasst. In § 55 Absatz 1 Satz 2 wurde auf der Grundlage des überarbeiteten Leistungsbildes der Technischen Ausrüstung eine neue Bewertung des Anteils der Leistungsphasen am Honorar vorgenommen.

Amtliche Begründung

Zu Absatz 2

Gemäß § 55 Absatz 2 ist die Leistungsphase 5 abweichend von Absatz 1 mit einem Abschlag von jeweils vier Prozent weniger zu bewerten, sofern das Anfertigen von Schlitz- und Durchbruchsplänen oder das Prüfen und Anerkennen der Montage- und Werkstattpläne der ausführenden Unternehmen auf Übereinstimmung mit der Ausführungsplanung nicht in Auftrag gegeben wird. Werden beide Alternativen nicht in Auftrag gegeben, ist ein Abschlag von acht Prozent auf die Bewertung der Leistungsphase 5 mit 22 Prozent vorzunehmen, dass heißt, die Leistungsphase 5 ist mit 14 Prozent zu bewerten.

Zu § 56 (Honorare für Grundleistungen der Technischen Ausrüstung):

§ 56 entspricht im Wesentlichen § 54 der HOAI 2009. Die Höhe der Honorartafelwerte wurde aktualisiert. § 56 Absatz 3 verweist hinsichtlich der Zuordnung zu den Honorarzonen auf die Objektliste der Anlage 15 Nummer 15.2. § 56 Absatz 5 neu greift inhaltlich § 53 Absatz 3 der HOAI 2009 auf und konkretisiert für die Technische Ausrüstung die Höhe der prozentualen Wertspanne gemäß § 6 Absatz 2 Satz 3 HOAI für Umbauten und Modernisierungen. Aufgrund der wieder eingeführten Berücksichtigung der mitzuverarbeitenden Bausubstanz und der in § 2 Absatz 5 erfolgten Beschränkung der Umbauten auf Umgestaltungen mit wesentlichen Eingriffen in Konstruktion oder Bestand ist der Maximalsatz der Prozentmarge auf § 76 Absatz 1 HOAI 2002 zurückgeführt worden. Gemäß § 52 Absatz 5 kann für Umbauten und Modernisierungen der Technischen Ausrüstung bei einem durchschnittlichen Schwierigkeitsgrad (Honorarzone II) gemäß § 6 Absatz 2 Satz 2, 3 und § 7 Absatz 1 ein Zuschlag von bis 50 Prozent bei Auftragserteilung schriftlich vereinbart werden. Maßgeblich ist der Schwierigkeitsgrad der konkreten Umbau- oder Modernisierungsmaßnahme im jeweiligen Einzelfall. Für die Technische Ausrüstung von Ingenieurbauwerken mit großer Längenausdehnung enthält § 56 Absatz 6 neu ebenso wie § 44 Absatz 7 und § 52 Absatz 5 zur Klarstellung eine Rechtsgrundverweisung auf die zulässige Unterschreitung der Mindestsätze gemäß § 7 Absatz 3 HOAI. Die Planung der Technischen Ausrüstung für solche Ingenieurbauwerke, die unter gleichen baulichen Bedingungen errichtet werden, stellt einen Ausnahmefall im Sinne des § 7 Absatz 3 HOAI dar. Steht der Aufwand in einem Missverhältnis zu dem auf der Grundlage der anrechenbaren Kosten ermittelten Honorar des Auftragnehmers, kann der Mindestsatz durch schriftliche Vereinbarung unterschritten werden.

Zu Teil 5 (Übergangs- und Schlussvorschriften): Zu § 57 (Übergangsvorschrift):

Entsprechend § 103 Absatz 1 Satz 2 der HOAI 1996 und § 55 der HOAI 2009 ist die neue HOAI nicht auf Grundleistungen anzuwenden, die vor ihrem Inkrafttreten vertraglich vereinbart werden. Grund dafür ist, dass die vertragliche Einigung von Auftraggeber und Auftragnehmer zum Leistungsinhalt und zur Höhe der Vergütung abgeschlossen ist und das Vertrauen der Vertragsparteien in eine Abwicklung des Vertrags insoweit nicht beeinträchtigt werden soll.

Zu § 58 (Inkrafttreten):

Die Ablöseverordnung zur HOAI 2009 tritt am Tag nach ihrer Verkündung in Kraft; gleichzeitig tritt die HOAI 2009 außer Kraft.

Zu Anlage 1 (Beratungsleistungen)

Zu Nummer 1.1.1 (Leistungsbild Umweltverträglichkeitsstudie)

Die in Nummer 1.1.1 festgelegte Empfehlung zum Inhalt des Leistungsbildes und der Leistungsphasen wird neu strukturiert und umfassend überarbeitet.

Zu Absatz 1

Nummer 1.1.1 Absatz 1 wurde sprachlich gestrafft und an die neue Systematik der Leistungsphasen und ihrer Gewichtung angepasst. Absatz 1 empfiehlt nunmehr die für die Landschaftsplanung eingeführte Gliederung des Leistungsbildes in vier Leistungsphasen und die einheitliche Bezeichnung der Leistungsphasen. Mit der Neuordnung wird das Ziel verfolgt, die Leistungsbilder der HOAI an die aktuelle Praxis anzupassen. Zudem soll eine einheitliche Beschreibung der Leistungsinhalte gewährleistet werden. Auch die Gewichtung der jeweiligen Leistungsphasen in Prozenten der Honorare der Nummer 1.1.2 wird an diese Umgestaltung angeglichen. Die Leistungsphase 3 bildet mit nunmehr 50 Prozent – wie die bisherige Leistungsphase 4 – den Schwerpunkt der Umweltverträglichkeitsstudie.

Mit der Streichung der bisherigen Zielsetzung „zur Standortfindung als Beitrag zur Umweltverträglichkeitsprüfung" wird der Anwendungsbereich der Umweltverträglichkeitsstudie erweitert. Insbesondere wird nunmehr auch die Beauftragung von wasserwirtschaftlichen Bauvorhaben zur Variantenklärung erfasst. Allerdings finden nach wie vor im Regelfall Leistungen bei Umweltverträglichkeitsstudien in der Vorbereitungsphase mit Alternativenprüfungen zur Standort- und Linienfindung ihre Anwendung.

Zu Absatz 2

In Nummer 1.1.1 Absatz 2 wurde die Beschreibung des Leistungsbildes in den einzelnen Leistungsphasen an die geänderten Erfordernisse und die neue Systematik der Leistungsphasen angepasst. Im Übrigen wurde die Aufzählung der Leistungen inhaltlich und sprachlich gestrafft.

Im Einzelnen wurde Nummer 1.1.1 Absatz 2 wie folgt gegenüber Nummer 1.1.1 Absatz 2 der HOAI 2009 überarbeitet:

In der Leistungsphase 1 sind die relevanten Unterlagen (erster Spiegelstrich) vom Auftraggeber zur Verfügung zu stellen. Die Inhalte der letzten drei Spiegelstriche der Aufzählung (Konkretisieren weiteren Bedarfs an Daten und Unterlagen, Beraten zum Leistungsumfang für ergänzende Untersuchungen und Fachleistungen, Aufstellen eines verbindlichen Arbeitsplans unter Berücksichtigung der sonstigen Fachbeiträge) sollen die in der Zusammenarbeit von Auftraggeber und Auftragnehmer zu entwickelnden Grundlagen und Rahmenbedingungen für die Erstellung der Umweltverträglichkeitsstudie erläutern. Im Hinblick auf die steigenden Anforderungen an die Terminplanung im Interesse der ordnungsgemäßen Durchführung der Umweltverträglichkeitsstudie tritt das „Aufstellen eines verbindlichen Arbeitsplans unter Berücksichtigung der sonstigen Fachbeiträge" (siebenter Spiegelstrich) als Grundleistung neu hinzu.

In Leistungsphase 2 werden im Wesentlichen Grundleistungen aus der vorherigen Leistungsphase 2 (Ermitteln und Bewerten der Planungsgrundlagen) und 3 (Konfliktanalyse und Alternativen) unter der Bezeichnung „Grundlagenermittlung" systematisch zusammengezogen und sprachlich komprimiert.

Amtliche Begründung

<u>Leistungsphase 3</u> entspricht inhaltlich in weiten Teilen der bisherigen Leistungsphase 4. (Vorläufige Fassung der Studie). Im <u>vierten Spiegelstrich</u> sind im Gegensatz zur bisherigen Auflistung der Schutzgüter in Leistungsphase Nummer 4 a der HOAI 2009 die Auswirkungen auf die – darüber hinausgehenden – Schutzgüter des UVPG maßgebend. Erfasst sind daher nach § 2 Absatz 1 Satz 2 UVPG Auswirkungen auf:

- Menschen, einschließlich der menschlichen Gesundheit (Nummer 1),

- Tiere, Pflanzen und die biologische Vielfalt (Nummer 2),

- Boden, Wasser, Luft, Klima und Landschaft (Nummer 3),

- Kulturgüter und sonstige Sachgüter (Nummer 4) sowie

- die Wechselwirkungen zwischen den vorgenannten Schutzgütern (Nummer 5).

Die bei der Erstellung der Umweltverträglichkeitsstudie im Anwendungsbereich der HOAI maßgebenden Schutzgüter werden damit an der anschließenden behördlichen Umweltverträglichkeitsprüfung und den Anforderungen des UVPG ausgerichtet.

In der aktualisierten Beschreibung der Grundleistungen wird zudem dem Umstand Rechnung getragen, dass auf nationaler und europäischer Ebene weitere umweltrechtlich relevante Regelungen erlassen wurden. Daher wurde als ausdrückliche Grundleistung die Einarbeitung der Ergebnisse vorhandener Untersuchungen zum Gebiets- und Artenschutz sowie zum Boden- und Wasserschutz eingefügt (<u>fünfter Spiegelstrich</u>). Maßgebliche Rechtsvorschriften hierfür sind beispielsweise die Richtlinie 92/43/EWG des Rates von 1992 zur Erhaltung der natürlichen Lebensräume sowie der wildlebenden Tiere und Pflanzen („Fauna-Flora-Habitat-Richtlinie"), das Wasserhaushaltsgesetz und die Richtlinie 2000/60/EG des Europäischen Parlamentes und des Rates vom 23.10.2000 zur Schaffung eines Ordnungsrahmens für Maßnahmen der Gemeinschaft im Bereich der Wasserpolitik („Wasserrahmenrichtlinie") sowie das Bundes-Bodenschutzgesetz vom 17.03.1998 (BGBl. I S. 502).

Neu aufgenommen wurde ein Hinweis auf „bis zu drei planerische(n) Lösungen" in einigen Leistungsbildbeschreibungen (<u>dritter und sechster Spiegelstrich</u>). Damit wird klargestellt, wann bei einer Vielzahl durch den Auftraggeber geforderter Lösungsvorschläge noch der Honorarrahmen für Grundleistungen eingehalten ist bzw. wann hierin eine zusätzliche Besondere Leistung zu sehen wäre.

Neu als Grundleistung tritt schließlich die „Erstellung von Hinweisen auf Schwierigkeiten bei der Zusammenstellung der Angaben" hinzu (<u>neunter Spiegelstrich</u>).

<u>Leistungsphase 4</u> wird nunmehr als „Abgestimmte Fassung" bezeichnet, um zu verdeutlichen, dass in der letzten Leistungsphase die mit dem Auftraggeber abgestimmte Fassung erstellt wird. Die bisher als Grundleistung erfasste Erarbeitung einer „nicht-technischen" Zusammenfassung wurde herausgenommen und in die Besonderen Leistungen überführt. Ausreichend ist nunmehr eine bloße Zusammenfassung. Der Hinweis auf den Maßstab 1:5.000 entfällt, wenngleich weiterhin im Regelfall davon auszugehen ist, dass die Studie im Maßstab 1:5.000 auszuarbeiten ist, um eine für die Umweltverträglichkeitsprüfung ausreichende Aussagegenauigkeit zu gewährleisten.

Zu Absatz 3

Nummer 1.1.1 Absatz 3 verweist hinsichtlich der Besonderen Leistungen auf Anlage 9.

Zu Nummer 1.1.2 (Honorare für Grundleistungen bei Umweltverträglichkeitsstudien)

Die in Nummer 1.1.2 geregelte Honorarberechnung für die Grundleistungen bei Umweltverträglichkeitsstudien wird wesentlich umgestaltet. Die Honorarsätze werden aktualisiert. Neu in Nummer 1.1.2 Absatz 7 aufgenommen wird eine Empfehlung für den Fall einer Änderung der Größe des Untersuchungsraumes.

Zu Absatz 1

In Nummer 1.1.2 Absatz 1 wird die bisher in Nummer 1.1.2 Absatz 4 der HOAI 2009 geführte Honorartafel aufgenommen.

Zu Absatz 2

In Nummer 1.1.2 Absatz 2 aufgenommen wird die Klarstellung, dass das Honorar für die Erstellung von Umweltverträglichkeitsstudien nach der Fläche des Untersuchungsraums in Hektar und nach der Honorarzone zu berechnen ist.

Zu Absatz 3

In Nummer 1.1.2 Absatz 3 aufgenommen wird die Klarstellung, dass die Umweltverträglichkeitsstudien drei Honorarzonen zugeordnet werden können.

Zu Absatz 4

In Nummer 1.1.2 Absatz 4 werden die bisher in Nummer 1.1.2 Absatz 1 der HOAI 2009 geregelten Bewertungsmerkmale inhaltlich an die neuen Leistungsbilder und Anforderungen angepasst. Absatz 4 folgt dabei der Systematik der Honorarvorschriften in der Landschaftsplanung.

Der neue Kriterienkatalog enthält sechs Bewertungsmerkmale. Die spezifischen Bewertungsmerkmale „ökologisch bedeutsame Struktur" und „Erholungsnutzung" entfallen. Sie gehen in dem in Nummer 1.1.1 Absatz 4 Nummer 1 neu aufgenommen und weiter gehenden Kriterium der „Bedeutung des Untersuchungsraumes für die Schutzgüter im Sinne des UVPG" auf. Das Abstellen auf die Schutzgüter des UVPG geht in systematischer und sprachlicher Hinsicht mit den aktualisierten Leistungsbildern einher. Insgesamt werden die Bestimmungen inhaltlich und terminologisch enger am UVPG ausgerichtet. In Nummer 1.1.2 Absatz 4 Nummer 2 tritt die „Ausstattung des Untersuchungsraumes an Schutzgebieten" als weiteres Bewertungsmerkmal hinzu. In Nummer 1.1.2 Absatz 4 Nummer 6 wird neben der Intensität nunmehr auch die „Komplexität" potentieller Wirkfaktoren berücksichtigt. Hiermit soll dem Umstand Rechnung getragen werden, dass Umweltauswirkungen regelmäßig nicht-linearen Kausalzusammenhängen unterliegen und die Erfassung dieser komplexen Wirkungszusammenhänge einen zentralen Schwerpunkt darstellt. Im Übrigen entspricht der Kriterienkatalog den Bewertungsmerkmalen des Absatzes 1 HOAI 2009.

Zu Absatz 5

Nummer 1.1.2 Absatz 5 entspricht Nummer 1.1.2 Absatz 2 der HOAI 2009.

Zu Absatz 6

Nummer 1.1.2 Absatz 6 entspricht inhaltlich überwiegend Nummer 1.1.2 Absatz 3 der HOAI 2009 und wird sprachlich gestrafft. Die Zuweisung der Anzahl der Bemessungspunkte für die in Absatz 3 aufgeführten Bewertungsmerkmale wird an den teilweise überarbeiteten und erweiterten Kriterienkatalog des Absatzes 3 angepasst. Die einzelnen Gewichtungen und beiden Punkteklassen („6" und „9") werden nicht geändert. Die neu aufgenommenen bzw. aktualisierten Bewertungsmerkmale in Nummer 1.1.1 Absatz 4 Satz 2 Nummer 1 und Nummer 2 werden mit sechs Punkten gewichtet.

Zu Absatz 7

Neu in Nummer 1.1.2 Absatz 7 aufgenommen wird eine Empfehlung zur Anpassung des Honorars für den Fall, dass sich die Größe des Untersuchungsraumes während der Leistungserbringung ändert. Die Ausgestaltung erfolgt entsprechend der Vorschriften zur Flächenplanung, siehe §§ 21, 29, 30, 31, 32 der HOAI.

Zu Nummer 1.2 (Bauphysik)

Im neuen Leistungsbild Bauphysik werden die bisherigen Leistungsbilder „Thermische Bauphysik" (Nummer 1.2 der HOAI 2009) und „Schallschutz und Raumakustik" (Nummer 1.3 und 1.4. der HOAI 2009) zusammengeführt und umfassend überarbeitet. Es wird eine einheitliche Systematik der Leistungsphasen mit differenzierten Grundleistungen eingeführt, wodurch frühere Teilleistungen entfallen, andere hinzugetreten sind. Die Gliederung in Leistungsphasen entsprechend den Leistungsbildern in § 33 (Gebäude und Innenräume) und § 53 (Technische Ausrüstung) soll die Bezüge und Schnittstellen zu diesen Leistungsbilder verdeutlichen. Der gemeinsamen Leistungsbildbeschreibung nachgeordnet sind in Nummer 1.2.3 bis 1.2.5 jeweils spezifische Empfehlungen für Honorare- und Tafelwerte, die ebenfalls an den geänderten Beratungsaufwand angepasst wurden. Neu eingeführt für alle drei Leistungsbilder der Bauphysik wird ein Zuschlag für Umbauten und Modernisierungen bei Bestandsobjekten. Zudem wird für alle drei Leistungsbilder eine Empfehlung zur angemessenen Berücksichtigung der mitzuverarbeitenden Bausubstanz bei den anrechenbaren Kosten aufgenommen.

Die Umstrukturierung und Neukonzipierung folgt dem Ziel, die Leistungsbilder an erheblich veränderte gesellschaftliche und rechtliche Umfeldbedingungen sowie den Stand der Technik anzupassen:

Im Einzelnen:

Für das durch die Aufnahme der Energiebilanzierung grundlegend erweiterte Leistungsbild <u>Wärmeschutz und Energiebilanzierung</u> gilt dies insbesondere mit Blick auf die Energieeinsparverordnung (EnEV). Die Verordnung löste die bisherige Wärmeschutzverordnung und die Heizungsanlagenverordnung ab, an welchen das bisherige Leistungsbild der „Thermischen Bauphysik" ausgerichtet war. Die Einführung der EnEV führte zu einer grundlegenden Neuausrichtung der Wärmeschutzmaßnahmen und einer umfassenden Erweiterung des Leistungsaufwandes gegenüber der Wärmeschutzverordnung (Wärmeschutzverordnung) vom 16. August 1994. Danach sollte zunächst der Heizenergiebedarf von Gebäuden um 30 Prozent gegenüber dem Anforderungsniveau der Wärmeschutzverordnung (Wärmeschutzverordnung 1995) gesenkt werden. Mit der EnEV 2007 wurde sodann ein neues Berechnungsverfahren eingeführt, das Wohngebäude und Nichtwohngebäude getrennt betrachtet. Die zwischenzeitlich in Kraft getretene EnEV 2009 führt weitere weit reichende Vorgaben zur Reduzierung des Primärenergiebedarfs und Leistungserfordernisse ein, insbesondere zur Energiebilanzierung (zum Beispiel Einbeziehung der

Anlagentechnik in die Energiebilanz, zu entstehenden Energieverlusten, zur möglichst detaillierten Berücksichtigung von Wärmebrücken, zum sommerliche Wärmeschutz sowie zu solaren Energiegewinnen, zum Übergang zu einer so genannten Energiebilanzierung anstatt der bisherigen Wärmebedarfsorientierung). Daraus folgen eine deutlich erhöhte Detaillierung bei der Beratung und den Berechnungsmodellen sowie ein erheblich höherer Abstimmungsaufwand, die alle Leistungsphasen des Leistungsbildes betreffen.

Die Neukonzipierung der Grundleistungen und Honorarempfehlungen im Leistungsbild der Bauakustik ist erforderlich, um der Bedeutung des Schallschutzes bzw. der Bauakustik für die „Lebensqualität" in allen Lebensbereichen (Wohnen, Arbeiten, Freizeit) Rechnung zu tragen. Beispielhaft genannt seien hier die Grundsatzentscheidungen des Bundesgerichtshofes vom 14.06.2007 (VII ZR 45/06) und vom 04.06.2009 (VII ZR 54/07). Im Bereich der Bauakustik ist darüber hinaus eine zunehmende Regulierung zu beobachten, die sowohl das Europarecht (z. B. Richtlinie 2002/49/EG des Europäischen Parlaments und des Rates vom 25.06.2002 über die Bewertung und Bekämpfung von Umgebungslärm) als auch bundesrechtliche Gesetze und Verordnungen (z. B. Bundes-Immissionsschutzgesetz, Gaststättengesetz, TA-Lärm, Geräte- und Maschinenlärmschutzverordnung, Sportanlagenlärmschutzverordnung), Landesrecht (zum Beispiel Lärmimmissionsschutzgesetze der Länder) und auch gemeindliche Satzungen (zum Beispiel Bebauungspläne) betrifft.

Die fortschreitende bautechnische Entwicklung und Ausdifferenzierung bautechnischer Verfahren macht es erforderlich, frühzeitig Berechnungen zur Bauakustik anzustellen, weil hiervon grundsätzliche Entscheidungen zur Bauweise abhängen können. Schließlich tragen unterschiedliche Randbedingungen des Objekts und seiner Nutzung zu einer erhöhten Komplexität bei. So sind bei der zunehmenden Zahl von Bestandsbauvorhaben andere Wechselwirkungen zwischen unterschiedlichen Zielen und Anforderungen (z. B. Denkmalschutz, ökonomische Ziele der Investoren, Erwartungen der Erwerber an den Wohnkomfort etc.) zu berücksichtigen als bei einem Neubauvorhaben.

Diese neuen Anforderungen wirken sich in allen Leistungsphasen aus, allerdings – entsprechend dem Grad der Untersuchungsvertiefung – im unterschiedlichen Umfang.

Für die Raumakustik haben sich seit 1996 die Anforderungen erhöht, wobei die Anforderungen je nach Nutzung des jeweiligen Raumes wie zum Beispiel Versammlungsräume, Schulräume, Räume in Verwaltungsgebäuden oder andere öffentliche Gebäude wie Gerichte, Gewerberäume, Konzertsäle, Theatersäle, Kirchen, Rundfunkstudios vollkommen unterschiedlich sein können. Gleichzeitig haben sich die technischen Möglichkeiten z. B. durch neue Berechnungsmethoden oder innovative Oberflächengestaltung erheblich erweitert, sodass es heute technisch in einem sehr viel größerem Umfang als früher möglich ist, für nahezu jede vorgegebene Grundform und Nutzungsanforderung eines Raumes eine raumakustisch höchsten Anforderungen genügende Lösung zu finden.

Zu Nummer 1.2.1 (Anwendungsbereich)

Zu Absatz 1

Nummer 1.2.1 Absatz 1 benennt die Grundleistungen für Bauphysik , nämlich den Wärmeschutz und die Energiebilanzierung, die Bauakustik (Schallschutz) und die Raumakustik.

In den Absätzen 2 bis 4 werden die jeweiligen Fachgebiete näher beschrieben, wobei sich die Beschreibung auf wesentliche Inhalte beschränkt.

Amtliche Begründung

Zu Absatz 2

Nummer 1.2.1 Absatz 2 definiert die Leistungen für „Wärmeschutz und Energiebilanzierung". Neu aufgenommen werden Leistungen für die fachübergreifende Energiebilanzierung, um das bislang als „Thermische Bauphysik" (Nummer 1.2 der HOAI 2009) bezeichnete Leistungsbild an die weit gehenden rechtlichen und technischen Änderungen anzupassen, siehe im Einzelnen die Ausführungen zu Nummer 1.2. Das Leistungsbild Wärmeschutz und Energiebilanzierung erfährt dadurch eine erhebliche Erweiterung. Im Übrigen wird die Leistungsbeschreibung in Nummer 1.2.1 sprachlich gestrafft. Die bisherigen Absätze 2 und 3 in Nummer 1.2.1 der HOAI 2009 entfallen.

Zu Absatz 3

Nummer 1.2.1 Absatz 3 definiert die Leistungen für die Bauakustik. Die Begriffsbestimmung nimmt weitgehend unverändert die Definition des „baulichen Schallschutzes" nach Nummer 1.3.1 Absatz 1 Nummer 1 der HOAI 2009 und des „Schallimmissionsschutzes" nach Nummer 1.3.1 Absatz 1 Nummer 2 der HOAI 2009 in sich auf. Die Honorarempfehlung in Nummer 1.2.4 nimmt auf dieses Leistungsbild vollumfänglich Bezug. Infolgedessen werden nunmehr auch Leistungen des Schallimmissionsschutzes von den Honorarempfehlungen der Anlage 1.2 erfasst. Bisher konnte die Anwendung der Anlage 1.3 der HOAI 2009 zur Honorarermittlung nur für die Leistungen des baulichen Schallschutzes vereinbart werden (Nummer 1.3.1. der HOAI 2009).

Zu Absatz 4

Nummer 1.2.2 Absatz 4 bestimmt die Leistung für die Raumakustik näher. Gegenüber der bisherigen Empfehlung in Nummer 1.3.4 der HOAI 2009 entfallen die Überwachungsleistungen. Im Übrigen wird die Definition sprachlich gestrafft.

Zu Absatz 5

Absatz 5 stellt zum systematischen Verständnis klar, dass die Besonderen Grundlagen der Honorare in den jeweiligen Nummern der Teilgebiete Wärmeschutz und Energiebilanzierung, Bauakustik, Raumakustik aufgeführt sind.

Zu Nummer 1.2.2 (Leistungsbild Bauphysik)

Zu Absatz 1

In Nummer 1.2.2 Absatz 1 sind die Leistungsphasen der Bauphysik zusammengefasst und prozentual bewertet. Neu hinzugetreten sind die Leistungsphasen 1 und 2. Die neuen einheitlich geltenden Leistungsphasen ersetzen damit die bisher für die drei Leistungsbilder unterschiedlich ausgestalteten und bewerteten Teilleistungen.

Zu Absatz 2

Nummer 1.2.2 Absatz 2 fasst das Leistungsbild Bauphysik zusammen, ordnet die Grundleistungen den Leistungsphasen 1 bis 9 zu und benennt beispielhaft Besondere Leistungen. Das Leistungsbild Bauphysik wird durch die Energiebilanzierung ergänzt.

Zu Nummer 1.2.3 (Honorare für Grundleistungen für Wärmeschutz und Energiebilanzierung)

Nummer 1.2.3 wird gegenüber der bisherigen Honorarempfehlung in Nummer 1.2.2 Absatz 2 bis 3 der HOAI 2009 überarbeitet, wobei insbesondere dem geänderten Beratungsaufwand durch das um die Energiebilanzierung erweiterte Leistungsbild Rechnung getragen wird. Neu aufgenommen wird die Berücksichtigung eines Umbauzuschlages.

Zu Absatz 1

Nummer 1.2.3 Absatz 1 entspricht der Grundlagennorm zur Honorierung in Nummer 1.2.2 Absatz 2 der HOAI 2009. Neu ist durch die Verweisung auf § 33 der HOAI, dass auch bei Leistungen des Wärmeschutzes und der Energiebilanzierung für Bestandsobjekte die mitzuverarbeitende Bausubstanz angemessen bei den anrechenbaren Kosten berücksichtigt werden kann.

Zu Absatz 2

Nummer 1.2.3 Absatz 2 nimmt die bislang in Nummer 1.2.2 Absatz 3 der HOAI 2009 niedergelegte Honorartabelle auf. Die Tabellenwerte, Grenzwerte und Staffelungen werden umfassend aktualisiert.

Zu Absatz 3

Neu aufgenommen in Nummer 1.2.3 Absatz 3 wird eine Empfehlung zur Vereinbarung eines Umbauzuschlages bei Umbauten (vgl. § 2 Nummer 5) und Modernisierungen (vgl. § 2 Nummer 6). Maßgeblich ist der Schwierigkeitsgrad der konkreten Umbau- oder Modernisierungsmaßnahme im jeweiligen Einzelfall. Damit wird der zunehmenden Bedeutung der energetischen Sanierung von Bestandsobjekten und dem einhergehenden erhöhten Leistungsumfang Rechnung getragen. Die Empfehlung ist an den Regelungsgehalt des § 6 Absatz 2 Satz 3 angelehnt.

Zu Nummer 1.2.4 (Honorare für Grundleistungen der Bauakustik)

Nummer 1.2.4 fasst die bislang in Nummer 1.3.2 und Nummer 1.3.3 der HOAI 2009 enthaltenen Honorarempfehlungen für das überarbeitete Leistungsbild zusammen und passt sie an den geänderten Beratungsaufwand an.

Neu in den Empfehlungen enthalten sind ein Umbauzuschlag und die Berücksichtigung der mitzuverarbeitenden Bausubstanz. Mit Nummer 1.3.2 Absatz 4 der HOAI 2009 entfallen zudem die Verweise auf die Bestimmungen der §§ 4, 6, 35 und 36 der HOAI 2009. Durch die bisherige Verweisung auf § 35 der HOAI 2009 auf den bei Leistungen im Bestand gegebenen Honorarzuschlag wurde ein Ausgleich dafür geschaffen, dass die Berücksichtigung der technisch und gestalterisch mitzuverarbeitenden Bausubstanz bei den anrechenbaren Kosten in der HOAI 2009 entfallen war. In Nummer 1.2.4 Absatz 1 Satz 2 wird die Möglichkeit geschaffen, die mitzuverarbeitende Bausubstanz als anrechenbare Kosten zu berücksichtigen. Damit entfällt das Erfordernis einer Verweisung auf § 35.

Zu Absatz 1

Nummer 1.2.4 Absatz 1 Satz 1 benennt anrechenbare Kosten, welcher der Honorarermittlung zugrunde gelegt werden können. Die Definition der anrechenbaren Kosten in Nummer 1.2.4 Absatz 1 entspricht im Wesentlichen der in Nummer 1.3.2 Absatz 3 der

Amtliche Begründung

HOAI 2009. Die bisherigen Begriffsmerkmale „Installationen", „zentrale Betriebstechnik" und „betriebliche Einbauten" werden unter der Bezeichnung „Anlagen der Technischen Ausrüstung" zusammengezogen. Damit wird die Vorschrift an die DIN 276 12/2008, „Kostengruppe 300 und 400" angepasst, nach welcher sich die anrechenbaren Kosten der Bauphysik richten.

Nummer 1.2.4. Absatz 1 Satz 2 stellt jetzt klar, dass bei der Beratung zu Maßnahmen der Bauakustik für Bestandsgebäuden nunmehr auch die mitzuverarbeitende Bausubstanz bei den anrechenbaren Kosten angemessen berücksichtigt werden kann.

Zu Absatz 2

Nummer 1.2.4 Absatz 2 entspricht vollumfänglich Nummer 1.3.2 Absatz 5 der HOAI 2009.

Zu Absatz 3

Nummer 1.2.4 Absatz 3 enthält wie die bisherige Nummer 1.3.3 Absatz 3 der HOAI 2009 die Empfehlung für eine aktualisierte Honorartafel für Leistungen der Bauakustik.

Zu Absatz 4

Auch für Leistungen der Bauakustik wird nach Nummer 1.2.4 Absatz 4 nunmehr bei Umbau und Modernisierung mit durchschnittlichem Schwierigkeitsgrad (Honorarzone III) die Vereinbarung eines Zuschlages vorgeschlagen. Hinsichtlich der Ausgestaltung der Empfehlung siehe die Begründung zu Nummer 1.2.3 Absatz 3. Mit dieser Vorschrift wird auch hier der zunehmenden Bedeutung der energetischen Sanierung von Bestandsobjekten und den damit im Zusammenhang stehenden Aufwendungen bei der Beratung zum Schallschutz Rechnung getragen.

Zu Absatz 5

Nummer 1.2.4 Absatz 5 ändert die bislang in Nummer 1.3.3 Absatz 1 der HOAI 2009 anhand spezifischer Objekttypen und Objekteigenschaften ausgerichtete Beschreibung der Honorarzonen. Es werden sechs Bewertungsmerkmale eingeführt, welche der Ermittlung der Honorarzone zugrunde gelegt werden können. Neben einer Straffung der Empfehlungen dient dies dem Ziel, die Zuordnung angesichts der vielgestaltigen Anforderungen der Praxis handhabbarer zu gestalten.

Zu Absatz 6

Die Empfehlung für die Zuordnung zu den Honorarzonen in Nummer 1.2.4 Absatz 6 verweist auf die Regelung zur Tragwerksplanung und entspricht inhaltlich Nummer 1.3.3 Absatz 2 der HOAI 2009.

Zu Absatz 7

Die in Nummer 1.2.4 Absatz 7 beispielhaft aufgeführte Objektliste entspricht § 82 Absatz 1 der HOAI 1996. Die Objektliste soll nunmehr übersichtlicher gestaltet werden.

Zu Nummer 1.2.5 (Honorare für Grundleistungen der Raumakustik)

In Nummer 1.2.5 werden die bisher in Nummer 1.3.5 und 1.3.6 der HOAI 2009 niedergelegten Honorarempfehlungen für Leistungen der Raumakustik zusammengefasst und überarbeitet. Ebenfalls neu enthalten ist die Vereinbarkeit eines Umbauzuschlags und die Berücksichtigung der mitzuverarbeitenden Bausubstanz. Die bisherigen Verweise auf die §§ 4, 6, 35 und 36 entfallen mit Absatz 4 in Nummer 1.3.5 der HOAI 2009 auch hier. Siehe im Einzelnen die Ausführungen zu Nummer 1.2.4.

Zu Absatz 1

Nummer 1.2.5 Absatz 1 entspricht weit gehend der Empfehlung über die Honorargrundlagen in Nummer 1.3.5 Absatz 2. Die Verweise werden aktualisiert.

Zu Absatz 2

Nummer 1.2.4 Absatz 2 Satz 1 entspricht inhaltlich weitestgehend Nummer 1.3.5 Absatz 3 der HOAI 2009. Die Empfehlung wird sprachlich an die DIN 276 12/2008 angepasst. Die Bezugnahme auf die Technische Ausrüstung wird aufgenommen. Anstelle der Kosten „für betriebliche Einbauten, bewegliches Mobiliar und Textilien", die zu den anteilig ermittelten Kosten der „Baukonstruktion und Technischen Ausrüstung" hinzugezählt werden, tritt die Verweisung auf die Kosten der Ausstattung im Sinne der DIN 276, KGR 610.

Nach Satz 2 wird nunmehr für Grundleistungen der Raumakustik zu Räumen in Bestandsgebäuden die mitzuverarbeitende Bausubstanz angemessen berücksichtigt.

Zu Absatz 3

Die bislang in Nummer 1.3.5 Absatz 4 enthaltene Honorartabelle wird in Nummer 1.2.5 Absatz 3 aktualisiert.

Zu Absatz 4

Wie schon bei den Leistungen für Wärmeschutz und Energiebilanzierung sowie der Bauakustik (Schallschutz) wird in Absatz 4 neu die Vereinbarung eines Umbauzuschlages vorgeschlagen. Die Erläuterungen zu Nummer 1.2.3 Absatz 3 gelten entsprechend. Ein solcher Umbauzuschlag soll berücksichtigen, dass erhöhte Aufwendungen im Zuge der Beratung zu Maßnahmen zur Steigerung der Energieeffizienz auch den Umfang der Grundleistung Raumakustik erhöhen können.

Zu Absatz 5

Die in Nummer 1.2.5 Absatz 5 vorgesehene Anzahl von fünf Honorarzonen entsprechend der Schwierigkeit der Beratungsanforderungen geht mit der bisherigen Fassung des Nummer 1.3.5 Absatz 1 der HOAI 2009 einher. Allein die Honorarzone IV erfasst nicht mehr „durchschnittliche", sondern „hohe" Anforderungen.

Zu Absatz 6

Nummer 1.2.5 Absatz 6 übernimmt inhaltlich unverändert die bislang in Nummer 1.3.6 Absatz 2 der HOAI 2009 aufgeführten Bewertungsmerkmale.

Zu Absatz 7

Die in Nummer 1.2.5 Absatz 7 beispielhaft aufgeführte Objektliste entspricht inhaltlich im Wesentlichen der bisherigen Fassung in Nummer 1.3.7 der HOAI 2009. Die Objektliste soll nunmehr übersichtlicher gestaltet werden.

Amtliche Begründung

Zu Absatz 8

Die Empfehlung für Zweifelsfälle der Honorarzonenzuordnung in Nummer 1.2.5 Absatz 8 entspricht inhaltlich Nummer 1.3.6 Absatz 3 der HOAI 2009.

Zu Nummer 1.3 (Grundleistungen für Geotechnik)

Im neuen Leistungsbild der „Geotechnik" werden die bisherigen Leistungen für „Bodenmechanik, Erd- und Grundbauzusammengefasst. Die Darstellung des Leistungsbildes und der Honorarempfehlungen wird redaktionell überarbeitet und an die Struktur der anderen Leistungsbilder angepasst. Insbesondere wird das Leistungsbild in Grundleistungen und Besondere Leistungen gegliedert. Dies folgt der Zielstellung, die HOAI einheitlicher und übersichtlicher zu gestalten. Zudem wurden bei der Anpassung der Leistungsbeschreibung teilweise veränderte Prozesse bei der Leistungserbringung berücksichtigt. Schließlich ist die Honorartabelle aktualisiert worden.

Eine Empfehlung zum Umbauzuschlag und zur mitzuverarbeitenden Bausubstanz ist – im Gegensatz zum neuen Leistungsbild der Bauphysik und der früheren Regelung der Geotechnik in der HOAI 1996 – nicht vorgesehen. Grundleistungen der Geotechnik beziehen sich immer auf eine vorhandene Situation im Boden. Insofern ist ein Unterschied zwischen Neubau, Umbau und Modernisierung bei der Honorarbemessungsgrundlage nicht ersichtlich.

Zu Nummer 1.3.1 (Anwendungsbereich)

Zu Absatz 1

Nummer 1.3.1 Absatz 1 definiert den Leistungsbereich der Geotechnik. Die Beschreibung wird gegenüber der bisherigen Fassung in Nummer 1.4.1 Absatz 1 der HOAI 2009 inhaltlich konkretisiert. Lediglich klarstellenden Charakter hat die ausdrückliche Bezugnahme auf die „Grundwasserverhältnisse". Bereits Nummer 1.4.1 Absatz 2 Nummer 1 der HOAI 2009 schließt mit der „Baugrundbeurteilung und Gründungsberatung" die Klärung der Grundwasserverhältnisse mit ein.

Erdbauwerke, Frei- und Verkehrsanlagen sind ausgenommen, weil dafür der Leistungsumfang von den hier definierten Grundleistungen abweicht. Sie sind der Objektplanung zugeordnet.

Zu Absatz 2

Die Aufzählung der in der Praxis vorkommenden Leistungen der Geotechnik konzentriert sich in Nummer 1.3.1 Absatz 2 inhaltlich auf die bislang in Nummer 1.4.1 Absatz 2 Nummer 1 der HOAI 2009 aufgeführte Leistung der „Baugrundbeurteilung und Gründungsberatung". Die bisher in Nummer 1.4.1 Absatz 2 Nummer 2 bis 9 der HOAI 2009 aufgezählten Leistungen, die nicht von der Honorarempfehlung der Anlage 1 erfasst waren, können zur weiteren Vereinfachung entfallen.

Zu Nummer 1.3.2 (Besondere Grundlagen des Honorars)

In Nummer 1.3.2 werden nunmehr unter der Bezeichnung „Besondere Grundlagen des Honorars" die bisher in Nummer 1.4.2 Absatz 3 und Absatz 5 der HOAI 2009 enthaltenen Honorarempfehlungen zusammengezogen.

Die Inhalte der Nummer 1.4.2 Absatz 4 und Absatz 6 der HOAI 2009 werden nicht übernommen. Für die unverbindliche Anlage 1.3 entfällt ein Bedürfnis für die dort getroffenen Verweisungen auf den Allgemeinen Teil der HOAI 2009.

Zu Absatz 1

Nummer 1.3.2 Absatz 1 entspricht inhaltlich Nummer 1.4.2 Absatz 3 der HOAI 2009. Das Honorar kann sich nach den anrechenbaren Kosten der Tragwerksplanung gemäß § 52 Absatz 1 bis Absatz 3 richten. Weiterhin wird gegenüber der bisherigen Empfehlung klargestellt, dass „das gesamte Objekt aus Bauwerk und Baugrube" die Bezugsgröße für die anrechenbaren Kosten darstellt.

Zu Absatz 2

Nummer 1.3.2 entspricht Nummer 1.4.2 Absatz 5 der HOAI 2009. Mit dieser spezifischen Empfehlung für die Honorierung geotechnischer Leistungen im Zusammenhang mit Ingenieurbauwerken mit großer Längenausdehnung, wie z. B. Ufermauern, Kaimauern oder Tunnel, soll dem vergleichsweise deutlich höheren Aufwand bei der Darstellung und Auswertung der Baugrunderkundungen sowie für deren geotechnische Bewertung Rechnung getragen werden. Klargestellt wird, dass das Honorar für diese Leistungen ergänzend zu den Honorarempfehlungen der Nummer 1.3.4 frei vereinbar sein kann.

Zu Nummer 1.3.3 (Leistungsbild Geotechnik)

Zu Absatz 1

Nummer 1.3.3 Absatz 1 beschreibt in Satz 1 den wesentlichen Inhalt der Grundleistungen. In Satz 2 wird klargestellt, dass die Darstellung dieser Inhalte im geotechnischen Bericht erfolgen kann.

Zu Absatz 2

Nummer 1.3.3. Absatz 2 übernimmt inhaltlich unverändert die bisher in Nummer 1.4.2 Absatz 1 der HOAI 2009 zu Grunde gelegte Aufteilung in drei Teilleistungen. Die prozentuale Gewichtung der Teilleistungen bleibt auch unter Berücksichtigung der Änderungen in Teilleistung c) Absatz 3 unverändert. Neu aufgenommen ist entsprechend dem Vorgehen in den anderen Leistungsbildern jeweils eine eigene Bezeichnung der drei Teilleistungen.

Zu Absatz 3

Die bislang in Nummer 1.4.2 Absatz 1 der HOAI 2009 enthaltene ausführliche Beschreibung der Grundleistungen bleibt im Bereich der Teilleistung 1 und Teilleistung 2 im Wesentlichen unverändert. Inhaltliche Änderungen ergeben sich auf Grund der durch geänderte Beratungsprozesse erforderlichen Ergänzungen in der Teilleistung c).

Im Einzelnen wurde Nummer 1.3.3 Absatz 3 wie folgt gegenüber Nummer 1.4.2 Absatz 1 der HOAI 2009 überarbeitet:

Teilleistung a): Die sprachliche Ergänzung durch das Wort „Grundwasserverhältnisse" hat lediglich klarstellende Wirkung. Auch die Nummer 1.4.2 Nummer 1 der HOAI 2009 schließt mit der „Baugrundbeurteilung und Gründungsberatung" die Klärung der Grundwasserverhältnisse mit ein.

Amtliche Begründung

Teilleistung b): Der Begriff der „Bodenkennwerte" wird durch den weiter gehenden Begriff der „Baugrundwerte" ersetzt. Durch die allgemeine Bezugnahme auf den „Baugrund" wird klargestellt, dass hierbei auch zum Beispiel der Fels mit umfasst ist.

Teilleistung c): Die Teilleistungen „ Allgemeine Angaben zum Erdbau" und „Angaben zur geotechnischen Eignung von Aushubmaterial zur Wiederverwendung bei der betreffenden Baumaßnahme sowie Hinweise zur Bauausführung" sind neu. Insoweit gibt es keine vergleichbare Empfehlung in Nummer 1.4.2 Absatz 1 der HOAI 2009. Mit der letztgenannten Leistung wird unter anderem den aktuellen (auch umweltschutzbedingten) Anforderungen an eine mögliche Wiederverwendung von Bodenaushub entsprochen. Soweit zum Beispiel das Aushubmaterial verwendbar ist, weil es die geotechnischen Eigenschaften erfüllt, die eine Verfüllung auf dem Baugelände erfordert (z. B. Sickerfähigkeit als kapillarbrechende Schicht, Verdichtungseignung, Tragfähigkeit je nach Einzelfall), kann es wieder verwendet werden. Das gilt auch für Aushubmaterial in verschiedenen Lagevorkommen mit geotechnisch gegebenenfalls unterschiedlichen Eigenschaften. „Hinweise zur Bausführung" können sich u. a. auf die Art der Wiederverwendung oder die Arbeitsfolge des Einbaus beziehen.

Weiterhin wurde die beispielhafte Aufzählung der Besonderen Leistungen präzisiert und unter Berücksichtigung der Anforderungen der heutigen Beratungspraxis um einige Leistungen erweitert, insbesondere wurde das „Mitwirken während der Auswertung" neu aufgenommen.

Zu Nummer 1.3.4 (Honorare Geotechnik)

Zu Absatz 1

Nummer 1.3.4 Absatz 1 aktualisiert die bisher in Nummer 1.4.3 Absatz 3 der HOAI 2009 enthaltene Honorarempfehlung.

Zu Absatz 2

Die Empfehlung zur Honorarzonenzuordnung in Nummer 1.3.4 Absatz 2 entspricht Nummer 1.4.3 der HOAI 2009.

Zu Absatz 3

Die in Nummer 1.3.4. Absatz 2 getroffenen Empfehlung für die Zuordnung zu den Honorarzonen entspricht inhaltlich Nummer 1.4.3. Absatz 1 der HOAI 2009.

Zu Absatz 4

Nummer 1.3.4 Absatz 4 ergänzt die Empfehlung für die Zuordnung zu den Honorarzonen um die Aspekte des „Grundwassereinflusses" und der „Nachbarbebauung", die bei der Ermittlung der Honorarzone berücksichtigt werden können.

Zu Nummer 1. 4 (Ingenieurvermessung)

Unter dem neuen Oberbegriff „Ingenieurvermessung" werden die Leistungsbild- und Honorarempfehlungen der bisherigen „vermessungstechnischen Leistungen" umfassend überarbeitet.

Die Leistungsbilder werden aktualisiert und modernisiert, insbesondere an die dem Stand der Technik entsprechenden Mess- und Auswertungsmethoden angepasst. Das Leistungsbild wird fortan „methoden-neutral" beschrieben und die anzuwendende Methode (zum Beispiel „tachymetrisch" oder „photogrammetrisch") nicht mehr vorgegeben. Mit der Anpassung an den Stand der Technik verbunden ist der Übergang von „Plänen" zu „Daten" sowie von „Festpunkten" zu einem „geodätischen Raumbezug", um beispielsweise auch satellitengestützte Messmethoden zu berücksichtigen. Aus den aktuellen Arbeitsmethoden und Abläufen der Vermessung resultieren auch Änderungen in der zeitlichen Abfolge der Leistungserbringung. Die Gliederung der Leistungsbilder und Leistungsphasen wird daran angepasst.

Aufgrund des gleichartigen Arbeitsaufwandes wird nunmehr auch die Vermessung für Flächenplanungen in das neu bezeichnete Leistungsbild der Planungsbegleitenden Vermessung aufgenommen. Die Honorierung der Planungsbegleitenden Vermessung wird von den Baukosten entkoppelt und ein Flächenansatz eingeführt, der durch so genannte Verrechnungseinheiten realisiert wird.

Die Überarbeitung berücksichtigt zudem die unterschiedlichen Gegebenheiten aus Hoch- und Tiefbau. Des Weiteren werden die Leistungsbilder an neue Anforderungen angepasst, welche aus der Neuordnung des Bauordnungsrechts resultieren.

Auf der Grundlage dieser Aktualisierung des Leistungsbildes werden gesonderte Honorartafeln für die Planungsbegleitende Vermessung und die Bauvermessung eingeführt.

Zu Nummer 1.4.1 (Anwendungsbereich)

Zu Absatz 1

Nummer 1.4.1 Absatz 1 definiert die Leistung der „Ingenieurvermessung". Die Begriffsbestimmung entspricht der bisherigen Definition der „vermessungstechnischen Leistungen" in Nummer 1.5.1 der HOAI 2009. Allein der Begriff der „ortsbezogenen Daten" wird durch die Bezeichnung „raumbezogene" Daten ersetzt.

Zu Absatz 2

Nummer 1.4.1 Absatz 2 Nummer 1 bis Nummer 3 konkretisiert und erweitert die Aufzählung der Gruppen vermessungstechnischer Leistungen der Nummer 1.5.1. Absatz 2 der HOAI 2009.

Die ehemalige Gruppe 1 („Entwurfsvermessung") in Nummer 1.5.1 Absatz 2 Nummer 1 der HOAI 2009 wird unter der Bezeichnung „Planungsbegleitende Vermessung" fortgeführt. Neu aufgenommen werden in diese Leistungskategorie die Ingenieurvermessungen bei Flächenplanungen. Dahinter steht die Zielsetzung, für inhaltlich vergleichbare Leistungen auch eine gleichlaufende Systematik und Honorarempfehlung zu gewährleisten. Denn in der Planungspraxis haben sich die aktuellen Aufnahme- und Auswertungsverfahren für die Planung und den Entwurf von Gebäuden, Ingenieurbauwerken, Verkehrsanlagen einerseits und für die Flächenplanungen andererseits angeglichen. Mit dieser Erweiterung wird daher das Ziel verfolgt, dass die Planungsbegleitende Vermessung für eine Straßenplanung genauso bewertet werden kann wie die gleiche Planungsbegleitende Vermessung für eine Flächenplanung, die unter Umständen sogar das gleiche Planungsgebiet abdeckt. Am Beispiel des Straßenbaus könnten demnach für die Vermessung bei einer Straßenplanung im Rahmen eines „Planfeststellungsverfahrens" die gleichen Honorarempfehlungen greifen wie für die Vermessung bei einer Flächen- und der gleichen Straßenplanung im Rahmen eines „Bauleitplanverfahrens".

Amtliche Begründung

Leistungsgruppe 2 („Bauvermessungen") in Absatz 2 Nummer 2 bleibt im Wesentlichen inhaltlich unverändert. Um den Leistungsumfang konkreter zu beschreiben, wird nunmehr klargestellt, dass die Bauvermessungen „vor und während" der Bausführung erfasst sind.

Leistungsgruppe 3 („Sonstige Vermessungstechnische Leistungen") in Absatz 2 Nummer 3, auf welche Anlage 1.4 keine Anwendung finden soll, entspricht weit gehend der bisherigen Beschreibung in Nummer 1.5.1 Absatz 2 Nummer 3 der HOAI 2009. Die einzelnen Leistungen werden inhaltlich konkretisiert und neu strukturiert, um eine Abgrenzung zu den von der Anlage erfassten Leistungen in Nummer 1 und Nummer 2 zu gewährleisten. Ausdrücklich wird in Spiegelstrich 2 klargestellt, dass Wasserstraßen dieser Leistungskategorie zuzuordnen sind. Bei Wasserstraßen sind sowohl Landals auch Wasserflächen betroffen. Es liegen Besonderheiten vor, die es nicht erlauben, die sonst üblichen Maßstäbe für die Bemessung des Honorars anzuwenden. Ingenieurbauwerke im Zusammenhang mit Wasserstraßen sind hiervon nicht betroffen.

Zu Nummer 1.4.2 (Grundlagen des Honorars bei der Planungsbegleitenden Vermessung)

Nummer 1.4.2 wird gegenüber Nummer 1.5.2 der HOAI 2009 grundlegend verändert. Neu eingeführt wird ein Modell, bei dem durch einen Flächenansatz für die Honorierung der Planungsbegleitenden Vermessung eine Entkoppelung von den anrechenbaren Kosten möglich wird. Die zu beplanende Fläche ist der maßgebende Parameter für die Honorarfindung bei der „Planungsbegleitenden Vermessung". Mit dem Flächenansatz soll zudem ein in der Planungspraxis auftretendes Problem vermieden werden: Mitunter werden Planungsbegleitende Vermessungstechnische Leistungen zu einem Zeitpunkt angefordert, an welchem die Planung noch nicht so weit verfestigt ist, dass die Baukosten ansatzweise ermittelt werden könnten. Eine Kostenvereinbarung ist daher mit Schwierigkeiten verbunden. Wird dagegen der Ansatz über die Fläche gewählt, kann der tatsächliche Aufwand für „Planungsbegleitende Vermessungen" deutlich zutreffender abgebildet werden. Gleichzeitig wird hiermit ein transparenter, leicht nachvollziehbarer und anwendbarer Berechnungsansatz zur Verfügung gestellt.

Der Flächenansatz wird über so genannte Verrechnungseinheiten (VE) realisiert.

Als Folge der Entkoppelung von den Baukosten entfallen die bisherigen Empfehlungen zu den anrechenbaren Kosten in Nummer 1.5.2 Absatz 2 bis 5 der HOAI 2009.

Zu Absatz 1

Nummer 1.4.2 Absatz 1 nimmt die Vorschriften zur Honorarberechnung der Nummer 1.5.2 der HOAI 2009 auf und passt sie an das veränderte Berechnungssystem an. Anstelle der anrechenbaren Kosten ist daher als neue Komponente der Honorarabrechnung nunmehr die „Summe der Verrechnungseinheiten" maßgebend.

Zu Absatz 2

Nummer 1.4.2 Absatz 2 bestimmt nunmehr, dass sich die Verrechnungseinheiten aus der Größe der aufzunehmenden Fläche und deren Punktdichte berechnen. Bei objektgebundenen Vermessungen ist damit klargestellt, dass nicht nur die Fläche zum Beispiel eines Bauantragsgrundstückes, sondern auch die Fläche anzusetzen ist, die zur Beurteilung des Vorhabens mit aufgemessen wird. Üblicherweise sind dies bei Bauantragsplänen die Grundstücksstreifen auf den Nachbargrundstücken zumindest bis zur Hauswand von Nachbargebäuden, wenn sie sich in Grenznähe befinden (Abstandflächenrelevanz). Ebenso sind notwendige private Erschließungsflächen und Teile der nächsten öffentlichen Erschließungsanlage (Straßentopographie und Kanalsituation) mit aufzumessen. Bei Verkehrsanlagen wird die aufzumessende Fläche üblicherweise durch einen Aufnahmekorridor (zum Beispiel: 100 m links und rechts der Trasse) definiert. Die Punktdichte ergibt sich aus der Anzahl der aufzumessenden bzw. aufgemessenen Punkte in Relation zur aufzumessenden Fläche. Aufgemessene Punkte sind anhand der örtlichen Aufnahme definiert. Jeder Punkt, der unabhängig örtlich ermittelt werden muss, zählt. So ergeben beispielsweise Sockel- und Traufpunkt einer Gebäudekante zwei Punkte.

Zu Absatz 3

Nummer 1.4.2 Absatz 3 neu führt aus, wie die Flächen in Abhängigkeit von der Punktdichte den entsprechenden Verrechnungseinheiten je Hektar zugeordnet werden können.

Zu Absatz 4

Nummer 1.4.2 Absatz 4 entspricht Nummer 1.5.2 Absatz 6 der HOAI 2009 und regelt die Honorarempfehlung bei objektbezogenen Planungsbegleitenden Vermessungen, bei denen für mehrere Objekte gleichzeitig ein Auftrag erteilt wird. Es wird klargestellt, dass für jedes einzelne Objekt die aufzumessende Fläche, die Punktdichte und die Honorarzone separat ermittelt und das Honorar darauf basierend getrennt berechnet werden kann.

Zu Nummer 1.4.3 (Honorarzonen für Grundleistungen bei der Planungsbegleitenden Vermessung)

Nummer 1.4.3 wird inhaltlich weit gehend unverändert aus Nummer 1.5.3 der HOAI 2009 übernommen. Die Empfehlung wird sprachlich gestrafft und neu aufgebaut. Die Änderungen sollen der besseren Systematik und Übersichtlichkeit dienen. Die Empfehlung zur Einordnung in die Honorarzone in Zweifelsfällen des Nummer 1.5.3 Absatz 2 Satz 1 der HOAI 2009 entfällt.

Zu Absatz 1

Das Punktebewertungssystem zur Einordnung in die Honorarzonen in Nummer 1.4.3 Absatz 1 wird gegenüber Nummer 1.5.3 Absatz 1 und Absatz 2 der HOAI 2009 übersichtlicher gestaltet, neu strukturiert und zusammengefasst. Die angewandten Kriterien werden im Wesentlichen übernommen. Die Gewichtung der Bewertungsmerkmale bleibt unverändert. Das Merkmal Topographiedichte entfällt, da dieser Aufwandfaktor über die Punktdichte Berücksichtigung findet. Das bisherige Kriterium des Lage- und Höhenfestpunkfeldes geht in der neuen Bezeichnung der „Qualität des geodätischen Raumbezuges" auf. Diese sprachliche Anpassung soll den veränderten technologischen Möglichkeiten Rechnung tragen.

Zu Absatz 2

Nummer 1.4.3. Absatz 2 aktualisiert die bislang in Nummer 1.5.3 Absatz 2 Satz 2 enthaltene Punkteskala für die Empfehlung zur Zuordnung der Honorarzone.

Amtliche Begründung

Zu Nummer 1.4.4 (Leistungsbild Planungsbegleitende Vermessung) Zu Absatz 1

Das in Nummer 1.4.4 Absatz 1 niedergelegte Leistungsbild erfasst im Zuge des erweiterten Anwendungsbereiches nunmehr auch die Flächenplanung. Der Hinweis auf die terrestrische und photogrammetrische Aufnahmeart wird gestrichen. Dies folgt der Zielstellung, die Leistungsbilder methodenneutral zu beschreiben. Die Anzahl der Leistungsphasen wurde entsprechend den aktuellen Abläufen bei der Vermessung von sechs auf vier reduziert. Die Praxis hat gezeigt, dass die bisherigen Leistungsphasen „Absteckungsunterlagen" und „Absteckung für Entwurf" im Leistungsbild Planungsbegleitende Vermessung entbehrlich geworden sind. Die Leistungsphase „Absteckung für Entwurf" kommt nur bei Verkehrsanlagen und auch in diesem Fall nur sehr selten vor, sodass nicht mehr von einer Grundleistung gesprochen werden kann. Wenn die Leistungsphase „Absteckung" betrachtet wird, dann ist diese logisch der Bauvermessung zuzuordnen und dann sind regelmäßig auch die „Absteckungsunterlagen" zu fertigen. Demzufolge sind diese beiden Leistungsphasen im Leistungsbild Planungsbegleitende Vermessung entfallen, und die Leistungsphase „Absteckungsunterlagen" ist in die Bauvermessung verschoben worden. Die entfallenen Prozentanteile werden auf die Bewertung der jetzigen Leistungsphasen 1 bis 3 verteilt.

Zu Absatz 2

Nummer 1.4.4 Absatz 2 enthält nunmehr die Anzahl der Leistungsphasen der planungsbegleitenden Vermessung und die Prozentsätze ihrer Bewertung.

Zu Absatz 3

In Nummer 1.4.4 Absatz 3 werden die Grundleistungen der bisherigen Leistungsphasen 3, 4, 5, 6 der Nummer 1.5.4 Absatz 2 der HOAI 2009 modernisiert und teilweise neu zusammengestellt. Gleiches gilt hinsichtlich der Besonderen Leistungen.

Im Einzelnen wurde Nummer 1.4.4 Absatz 2 wie folgt gegenüber Nummer 1.5.4. der HOAI 2009 überarbeitet:

Die Beschreibung der Leistungsphasen 1 und 2 wird lediglich sprachlich angepasst und bleibt inhaltlich weitestgehend unverändert.

Leistungsphase 3: Im Rahmen der Leistungsphase 3 wird die Reihenfolge der Grundleistungen und Besonderen Leistungen an die geänderten zeitlichen Arbeitsabläufe angepasst. Die Aufteilung der bisherigen Leistungsphase „vermessungstechnische Lage- und Höhenpläne" zielt darauf ab, Unsicherheiten für die Anwendungspraxis zu beseitigen.

Die Berechnung des digitalen Geländemodells (so genanntes „3-D-Modell") wurde daher aus der Leistungsphase 3 in die jetzige Leistungsphase 4 überführt. Der in der Grundleistung b) vorgenommen Ergänzung „Aufbereiten" kommt nur klarstellender Charakter zu. Es wird damit nur ein notwendiger Zwischenschritt des bisher schon enthaltenen Begriffs der „Auswertung" genannt. Neu mit Grundleistung c) aufgenommen ist das Erstellen eines Digitalen Lagemodells. Das Digitale Lagemodell stellt die grundrissbezogene Beschreibung (x-, y-Koordinaten) des Geländes mit Angaben zu Geometrie, Bedeutung und gegenseitigen Beziehungen von topografischen Objekten dar (vgl. DIN 18709-1). Die Leistung f) ist sprachlich neu gefasst, aber inhaltlich nicht verändert worden. In Grundleistung h) wird klargestellt, dass nicht nur Daten, sondern auch Pläne zu liefern sind, und zwar nicht nur in digitaler, sondern auch in analoger Form.

<u>Leistungsphase 4</u>: Die neue Leistungsphase 4 nimmt nunmehr unter der Bezeichnung „Digitales Geländemodell" die bisherige Leistungsphase 6 der HOAI 2009 auf. Dies entspricht dem heutigen Stand der Technik, dem zufolge sich Profile aus einem digitalen Geländemodell ableiten lassen. Digitales Geländemodell ist nicht zu verwechseln mit dem digitalen Lagemodell der Leistungsphase 3. Das Lagemodell ist zweidimensional in der Planebene mit Ausweisung einzelner Höhenangaben, während das Geländemodell einen komplett dreidimensionalen Planungsraum virtuell beschreibt.

Zu Nummer 1.4.5 (Grundlagen des Honorars bei der Bauvermessung)

Nummer 1.4.5 stimmt inhaltlich weitestgehend mit Nummer 1.5.5 der HOAI 2009 überein. Anpassungen werden hinsichtlich der Verweisungen vorgenommen.

Zu Absatz 1

Nummer 1.4.5 Absatz 1 aktualisiert die Verweise auf die maßgebenden Vorschriften für die Honorarberechnung und entspricht im Übrigen der bislang in Nummer 1.5.5 der HOAI 2009 getroffenen Empfehlung zu den Grundlagen der Honorarberechnung bei der Bauvermessung.

Zu Absatz 2

In Absatz 2 wird nunmehr empfohlen, die anrechenbaren Kosten entsprechend § 4 Absatz 1 und § 33 Absatz 1 bis Absatz 3 (bei Gebäuden), § 42 Absatz 1 bis Absatz 3 (bei Ingenieurbauwerken) bzw. § 45 Absatz 1 bis Absatz 5 (Verkehrsanlagen) zu ermitteln. Dies entspricht inhaltlich der bisherigen Verweisung auf Nummer 1.5.2. Absatz 3 der HOAI 2009 (jetzt 1.4.2. HOAI 2013), welche jedoch auf Grund der Umstellung auf einen Flächenansatz nicht übernommen worden ist. Die mitzuverarbeitende Bausubstanz ist nicht zu berücksichtigen.

Zu Absatz 3

Nummer 1.4.5 Absatz 3 bleibt inhaltlich gegenüber Nummer 1.5.5 Absatz 3 der HOAI 2009 unverändert. Die Verweisungen werden aktualisiert. Bereits im Rahmen der Empfehlung zum Anwendungsbereich der Anlage 1.5 ist nunmehr ausdrücklich klargestellt, dass Wasserstraßen von den Empfehlungen der Anlage 1.5. nicht erfasst sind.

Zu Nummer 1.4.6 (Honorarzonen für Grundleistungen bei der Bauvermessung)

Nummer 1.4.6 wird entsprechend dem Vorgehen in Nummer 1.4.3 umstrukturiert. Gegenüber der bisherigen Ausgestaltung in Nummer 1.5.6 Absatz 2 der HOAI 2009 entfällt auch hier die Empfehlung für die Zuordnung in Zweifelsfällen bei Bewertungsmerkmalen aus mehreren Honorarzonen.

Zu Absatz 1

Das Punktebewertungssystem zur Einordnung in die Honorarzonen wird neu gestaltet. Inhaltlich bleiben die Bewertungsmerkmale unverändert.

Amtliche Begründung

Zu Absatz 2

Die Punktebereiche der einzelnen Honorarzonen bleiben unverändert gegenüber den bislang in Nummer 1.5.6 Absatz 2 in Verbindung mit Nummer 1.5.2 Absatz 2 Satz 2 der HOAI 2009 getroffenen Empfehlungen.

Zu Nummer 1.4.7 (Leistungsbild Bauvermessung)

Nummer 1.4.7 wird gegenüber der bisherigen Fassung in Nummer 1.5.7 der HOAI 2009 überarbeitet.

Zu Absatz 1

Die Inhaltsbestimmung des Leistungsbildes entspricht im Wesentlichen der Beschreibung in Nummer 1.5.7 der HOAI 2009. Im Zuge der nunmehr zugrunde gelegten methodenneutralen Beschreibung entfällt auch hier der Hinweis auf die terrestrische und photogrammetrische Aufnahmeart.

Zu Absatz 2

Die in Nummer 1.4.7 Absatz 2 vorgenommen ausführliche Beschreibung des Leistungsbildes in den einzelnen Leistungsphasen wird gegenüber der bisherigen Empfehlung in Nummer 1.5.7 Absatz 2 der HOAI 2009 aktualisiert und an die neue Systematik der Leistungsphasen angepasst.

Zu Absatz 3

Im Einzelnen wurde das Leistungsbild der Nummer 1.4.7 Absatz 2 wie folgt gegenüber Nummer 1.5.7 Absatz 2 der HOAI 2009 überarbeitet:

Leistungsphase 1: Die bisherigen Grundleistungen a) und b) werden in der neuen Grundleistung b) zusammengefasst. Die neue Grundleistung a) stellt dabei lediglich eine Vorleistung zu der Grundleistung b) dar. Die bisherige Grundleistung d) wird nicht mehr als Grundleistung geführt, sondern den Besonderen Leistungen zugeordnet, da der Leistungsinhalt (Messprogramme für Bewegungs- und Deformationsmessungen) einer festen Verpreisung nur sehr bedingt zugänglich ist.

Leistungsphase 2: Die gesamte Leistungsphase ist neu eingeführt, siehe die Ausführungen zu Nummer 1.4.4. Die Berechnung der Detailgeometrie hat sich als fachtechnisches Erfordernis gezeigt. „Aufzeigen von Widersprüchen" umfasst das Prüfen aller von Dritten beigebrachten und vorgegebenen Grundlagendaten in Bezug auf die Umsetzbarkeit des Projekts.

Leistungsphase 3: Neu aufgenommen wird die Leistungsphase „Bauvorbereitende Vermessung", wodurch sich die Anzahl Leistungsphasen der Bauvermessung von vier auf fünf Leistungsphasen erhöht. Die prozentuale Gewichtung wurde entsprechend angepasst. Grundleistungen a) und b) der Leistungsphase 3 sind neu. Das „Prüfen" eines Festpunktfeldes gemäß Grundleistung a) erfordert die Bereitstellung vorhandener vermessungstechnischer Unterlagen und Daten. Die „Ergänzung" eines bauvorbereitenden Festpunktfeldes basiert auf definierten Genauigkeitsanforderungen und dem projektbezogenen Schwierigkeitsgrad. Gleiches gilt für die Anzahl von Festpunkten, die projektspezifisch sehr unterschiedlich sein können. Dabei ist zu klären, ob es für die nachfolgende Arbeit bereits hinreichend ist oder ob Anpassungen, Verdichtungen und/oder Ergänzungen erforderlich sind.

Die Grundleistung b) behandelt alle projektbezogenen Arbeiten zur Vorbereitung der örtlichen Absteckungsaufgabe. Hierzu gehört das Vorbereiten der Absteckdokumentation und dazu notwendiger Protokolle. Diese ist Voraussetzung der anschließenden Übergabe (Grundleistung d)) an Dritte zur weiteren Arbeitsgrundlage, z. B. zur Arbeitsvorbereitung eines ausführenden Unternehmens.

Grundleistung c) nimmt inhaltlich im Wesentlichen unverändert die bisherige Grundleistung a) auf. Unter c) erfolgt die eigentliche Absteckung, in welcher die wesentliche Projektgeometrie in Relation zu den zu beachtenden Grenzen und Zwangspunkten in die Örtlichkeit zu übertragen und sichtbar zu markieren ist.

Grundleistung d) bleibt inhaltlich unverändert gegenüber der bisherigen Grundleistung b). Mit der Leistungsphase erfolgt die Übergabe der Festpunkte, der abgesteckten Projektgeometrie und der Absteckungsunterlagen in Form einer nachvollziehbaren Dokumentation an die bauausführenden Beteiligten.

In der Praxis kommt es in seltenen Fällen vor, dass hoheitliche Katastervermessungen in direktem zeitlichen und örtlichen Zusammenhang mit Absteckungen ausgeführt werden und die hoheitlichen Vermessungen auf der Grundlage der Gebührenordnungen der Länder, jedoch Absteckungen nach der HOAI honoriert werden. Dieser Umstand kann durch eine angemessene Bewertung der Grundleistungen in Prozenten berücksichtigt werden.

Leistungsphase 4: Die Leistungsphase 4 entspricht – bis auf die Grundleistung e) – inhaltlich vollumfänglich der bisherigen Leistungsphase 3 in Nummer 1.5.7 der HOAI 2009. Die Klarstellung zur Grundleistung c), dass Vermessungsleistungen für Wasserstraßen nicht erfasst sind, entfällt aufgrund der bereits im Anwendungsbereich vorgenommen Beschränkung. Im Einzelnen siehe die Erläuterung zu Nummer 1.4.1.

Leistungsphase 5: Leistungsphase 5 entspricht – hinsichtlich der Grundleistungen b) und c) wörtlich, und hinsichtlich der Grundleistung a) inhaltlich – der Leistungsphase 4 in Nummer 1.5.7 HOAI der 2009.

Zu Absatz 4

Nummer 1.4.7 Absatz 3 passt die bisher in Nummer 1.5.7 Absatz 3 der HOAI empfohlene Abminderungsmöglichkeit bei Gebäuden an die neue prozentuale Gewichtung für die Leistungsphase 3 an.

Zu Nummer 1.4.8 (Honorare für Grundleistungen bei der Ingenieurvermessung)

Die in Nummer 1.4.8 in Absatz 1 und 2 enthaltenen Honorartafeln sehen für die Planungsbegleitende Vermessung und die Bauvermessung gesonderte Honorartafeln vor. Die Honorierung der Planungsbegleitenden Vermessung erfolgt nach Verrechnungseinheiten.

Zu Nummer 1.4.9 (Sonstige vermessungstechnische Leistungen)

Nummer 1.4.9 stellt klar, dass für die in Nummer 1.4.1 Absatz 2 Nummer 3 aufgeführten Sonstigen Vermessungstechnischen Leistungen das Honorar in Anlage 1.4 nicht geregelt ist. Es kann daher ergänzend frei vereinbart werden.

Amtliche Begründung

Zu Anlage 2 (Grundleistungen im Leistungsbild Flächennutzungsplan)

Die Regelung der Grundleistungen im Leistungsbild Flächennutzungsplan wurde strukturell an den Regelablauf eines Aufstellungsverfahrens nach dem Baugesetzbuch angepasst. Die Begrifflichkeit der Leistungsbildbeschreibung orientiert sich am Baugesetzbuch. Mit Blick auf die Verordnungsermächtigung wurde bei der Konkretisierung der Grundleistungen zum Leistungsbild des Flächennutzungsplans auf die Wiederholung inhaltlicher Vorgaben an den Flächennutzungsplan verzichtet.

Im Einzelnen wurde die Anlage 2 zu § 18 wie folgt gegenüber der Anlage 4 der HOAI 2009 überarbeitet:

Leistungsphase 1: (Vorentwurf für die frühzeitigen Beteiligungen)

Die Leistungsphase 1 konzentriert sich auf das Erstellen des Vorentwurfes in der vorgeschriebenen Fassung mit Begründung für die frühzeitigen Beteiligungen nach dem Baugesetzbuch. Der Vorentwurf ist eine Planfassung, die in der vorgeschriebenen Fassung auf der Grundlage der Planzeichenverordnung erstellt wurde. In der Leistungsbildbeschreibung werden die Teilleistungen der bisherigen Leistungsphasen 1 und 2 sowie Teilleistungen der Leistungsphase 3 der Anlage 4 zu § 18 Absatz 1 der HOAI 2009 zusammengefasst und an das Aufstellungsverfahren nach dem Baugesetzbuch angepasst. Dabei werden die bisher in den Leistungshasen 1 bis 3 der HOAI 2009 aufgezählten Teilleistungen nur eingeschränkt übernommen. Zu den Grundleistungen zählt die Unterstützung bei der Durchführung der Beteiligungsverfahren. Bei der Leistungsbildbeschreibung wird die beispielhafte Aufzählung von durch den Auftragnehmer zu ermittelnden Sachverhalten aufgegeben. Gemäß § 1 Absatz 7 BauGB sind die jeweils für den konkreten Flächennutzungsplan abwägungsrelevanten Sachverhalte im Einzelfall zu ermitteln.

Leistungsphase 2: (Entwurf zur öffentlichen Auslegung)

Die Leistungsphase 2 umfasst das Erstellen des Entwurfs des Flächennutzungsplans als Grundlage für den Beschluss der Gemeinde und die öffentliche Auslegung. Die neue Leistungsphase 2 entspricht weitgehend den bisherigen Leistungsphasen 3 und 4 des § 18 Absatz 1 der HOAI 2009. Auch in der Leistungsphase 2 zählt zu den Grundleistungen die Unterstützung bei den Beteiligungs- und Abstimmungsverfahren mit den Nachbargemeinden.

Leistungsphase 3: (Plan zur Beschlussfassung)

Die Leistungsphase 3 erstreckt sich auf das Erarbeiten des Flächennutzungsplans mit Begründung und das Aufstellungsverfahren nach Offenlegung des Flächennutzungsplans. Die neue Leistungsphase 3 entspricht weitgehend den bisherigen Leistungsphasen 5 und 6 des § 18 Absatz 1 der HOAI 2009. Ein wesentlicher Bestandteil der Leistungsphase 3 ist die Unterstützung der Gemeinde bei der Abwägung zu Stellungnahmen. Nach Gemeindebeschluss wird der Flächennutzungsplan durch den Auftragnehmer in der durch Beschluss der Gemeinde aufgestellten Fassung erstellt.

Zu Anlage 3 (Grundleistungen im Leistungsbild Bebauungsplan)

Die Regelung der Grundleistungen im Leistungsbild Bebauungsplan wurde strukturell an den Regelablauf eines Aufstellungsverfahrens nach dem Baugesetzbuch angepasst. Struktur und Inhalt der Regelung entspricht der Regelung zu den Grundleistungen im Leistungsbild Flächennutzungsplan in der Anlage 2. Im Einzelnen siehe zur Anlage 3 zu § 19 die Begründung zur Anlage 2 zu den Änderungen gegenüber der Anlage 5 der HOAI 2009.

Zu Anlage 4 (Grundleistungen im Leistungsbild Landschaftsplan)

In allgemeiner Hinsicht ist zur Aktualisierung des Leistungsbildes Landschaftsplan auszuführen, dass durch die Änderungen der naturschutzrechtlichen Anforderungen an die Landschaftsplanung nunmehr auch Planungsbeiträge der Erholungsplanung und der Biotopverbundplanung in den Landschaftsplan zu integrieren sind. Ebenso ist der Landschaftsplan auf seine Grundlagenfunktion für die strategische Umweltprüfung des Flächennutzungsplans auszurichten. Der Landschaftsplan bereitet die Steuerung von Kompensationsmaßnahmen im Raum nach Standort und Art der Maßnahmen vor.

Im Einzelnen wurde die Anlage 4 zu § 23 wie folgt gegenüber der Anlage 6 der HOAI 2009 überarbeitet:

In der Leistungsphase 2 beziehen sich die Grundleistungen insbesondere auf:

–   die Flächennutzung,

–   die naturräumlichen Zusammenhänge und siedlungsgeschichtlichen Entwicklungen,

–   den Naturhaushalt, die Landschaftsfaktoren und das Landschaftsbild,

–   die Schutzgebiete und -objekte,

–   die Erholungsgebiete und -flächen, ihre Erschließung sowie Bedarfssituation,

–   die voraussichtlichen Änderungen aufgrund städtebaulicher Planungen, Fachplanungen und anderer Vorhaben.

Die gesteigerte Darstellungsgenauigkeit in der Planung ist nur mit entsprechender Genauigkeit in den Datengrundlagen zum Bestand und zur örtlichen Situation zu erreichen. Die dadurch gegebenenfalls erhöhten Aufwendungen in der Leistungsphase 2 bei der Ermittlung von Daten aus vorhandenen Unterlagen oder örtlichen Erhebungen, die nicht überwiegend der Kontrolle der aus Unterlagen erhobenen Daten dienen (§ 45 a Absatz 6 HOAI 2002), können deshalb weiterhin als Besondere Leistungen gesondert vergütet werden. Insofern hat sich keine Änderung gegenüber der HOAI 2009 ergeben.

Unter Buchstabe a der Leistungsphase 2 wird zur Straffung der Darstellung der Grundleistungen das „Ermitteln und Beschreiben der planungsrelevanten Sachverhalte auf Grundlage vorhandener Unterlagen und Daten" aufgenommen. Diese Leistung umfasst auch weiterhin die bisher zur Bestandsaufnahme aufgeführten Teilleistungen, zum Beispiel das „Erfassen von vorliegenden Äußerungen der Einwohner" (Anlage 6 Leistungsphase 2 a der HOAI 2009).

Amtliche Begründung

In der <u>Leistungsphase 3</u> dienen die in den Grundleistungen zu erläuternden Ziele, Erfordernisse und Maßnahmen insbesondere:

- der Vermeidung, Minderung oder Beseitigung von Beeinträchtigungen von Natur und Landschaft,
- dem Schutz bestimmter Teile von Natur und Landschaft sowie der Biotope, Lebensgemeinschaften und Lebensstätten der Tiere und Pflanzen wild lebender Arten,
- den Flächen, die zur Kompensation von Eingriffen in Natur und Landschaft sowie zum Einsatz natur- und landschaftsbezogener Fördermittel besonders geeignet sind,
- dem Aufbau und Schutz eines Biotopverbundsystems,
- dem Schutz, der Qualitätsverbesserung und der Regeneration von Böden, Gewässern, Luft und Klima,
- der Erhaltung und Entwicklung von Vielfalt, Eigenart und Schönheit sowie des Erholungswertes von Natur und Landschaft,
- der Erhaltung und Entwicklung von Freiräumen im besiedelten und unbesiedelten Bereich und von Kultur-, Bau- und Bodendenkmälern.

Zu Anlage 5 (Grundleistungen im Leistungsbild Grünordnungsplan)

In allgemeiner Hinsicht ist zur Aktualisierung des Leistungsbildes Gründordnungsplan auszuführen, dass der Grünordnungsplan neu auf seine Grundlagenfunktion für die Umweltprüfung in der verbindlichen Bauleitplanung auszurichten ist. In der Umweltprüfung des Bebauungsplans sind die Bestandsaufnahmen und Bewertungen des Grünordnungsplanes heranzuziehen. Der Grünordnungsplan liefert die konkreten fachlichen Maßnahmen des Naturschutzes und der Landschaftspflege.

Der Grünordnungsplan ist im Regelfall Grundlage und Bestandteil des Bebauungsplans. Was im Landschaftsplan großflächig an Belangen des Naturschutzes, der Landschaftspflege und der Grünordnung dargestellt wird, wird in den Grünordnungsplänen für einen kleineren Bereich planintensiver und konkreter erfasst.

Aus den Anforderungen an die Bestandsaufnahme und Bewertung sowie an die Darstellung der Erfordernisse und Maßnahmen ergibt sich, dass das Planungsgebiet des Grünordnungsplans in der Regel über den Plangeltungsbereich des Bebauungsplans hinausgeht.

Im Rahmen des Leistungsbilds wird keine Rechtsfassung erstellt. Darin unterscheidet sich das Leistungsbild des Grünordnungsplans wesentlich vom Leistungsbild des Bebauungsplans. Die Abgestimmte Fassung des Grünordnungsplans wird zur Entwurfsfassung des Bauleitplans für das Beteiligungsverfahren erstellt.

Zur Ergänzung der Bezeichnung Grünordnungsplan / Landschaftsplanerische Fachbeiträge siehe Erläuterungen zu § 23 Absatz 2 Nummer 2.

Im Einzelnen wurde die Anlage 5 wie folgt gegenüber der Anlage 7 der HOAI 2009 überarbeitet:

In der <u>Leistungsphase 2</u> beziehen sich die Grundleistungen insbesondere auf:

- den Naturhaushalt und sein Wirkungsgefüge,
- die Vorgaben des Artenschutzes, des Bodenschutzes und des Orts- oder Landschaftsbildes,

– die siedlungsgeschichtliche Entwicklung,

– die Schutzgebiete und geschützten Objekte,

– die Flächennutzungen und die Vernetzung von Frei- und Grünflächen sowie der Erschließungsflächen,

– die Freizeit- und Erholungsanlagen,

– die voraussichtlichen Änderungen auf Grund städtebaulicher Planungen, Fachplanungen und anderer Vorhaben,

– die vorhandenen und voraussichtlichen Änderungen und Beeinträchtigungen von Natur und Landschaft,

– das Auswerten und Einarbeiten von Fachbeiträgen,

– das Überprüfen des Plangeltungsbereichs.

In der Leistungsphase 3 wurde das Leistungsbild ergänzt. Die naturschutzrechtliche Eingriffsregelung in der Bauleitplanung ist im Grünordnungsplan im Regelfall zu bearbeiten. Gleiches gilt für das Integrieren ergänzender zulassungsrelevanter Regelungen und Maßnahmen aufgrund des NATURA 2000-Gebietsschutzes und der Vorschriften zum besonderen Artenschutz auf Grundlage vorhandener Unterlagen.

Die mit den Grundleistungen in der Leistungsphase 3 zu erläuternden Ziele, Erfordernisse und Maßnahmen beziehen sich insbesondere auf:

– Flächen mit Nutzungsbeschränkungen einschließlich notwendiger Nutzungsänderungen,

– Erhaltung oder Verbesserung des Naturhaushalts oder des Landschafts- oder Ortsbildes,

– landschaftspflegerische Entwicklungs- und Gestaltungsmaßnahmen,

– Flächen für landschaftspflegerische Maßnahmen in Verbindung mit sonstigen Nutzungen, Flächen für Ausgleichs- und Ersatzmaßnahmen,

– Grünflächen,

– Anpflanzungen und Erhaltung von Grünbeständen,

– Gehölzarten, Leitarten bei Bepflanzungen, Befestigungsarten bei Wohnstraßen, Gehwegen, Plätzen und Parkplätzen, Versickerungsfreiflächen,

– Sport-, Spiel- und Erholungsflächen,

– Fußwegesysteme,

– Ortseingänge und Siedlungsränder,

– Einbindung von öffentlichen Straßen und Plätzen,

– Freiflächen mit Klimafunktion,

– den Immissionsschutz,

– Gewässer und die Erhaltung und Verbesserung ihrer natürlichen Selbstreinigungskraft,

– naturnahe Vegetationsbestände,

– den Bodenschutz,

– Festlegen der zeitlichen Folge von Maßnahmen,

– Kostenschätzung der Maßnahmen.

Amtliche Begründung

Zu Anlage 6 (Grundleistungen im Leistungsbild Landschaftsrahmenplan)

Landschaftsrahmenpläne betreffen große Planungsgebiete (Landkreise oder Planungsregionen der Regionalplanung), für die überörtliche Erfordernisse und Maßnahmen zur Verwirklichung der Ziele des Naturschutzes und Landschaftspflege auf der Maßstabsebene der zugeordneten Regionalplanung darzustellen sind.

Durch die Änderungen der naturschutzrechtlichen Anforderungen an die Landschaftsplanung sind neu Planungsbeiträge der Erholungsplanung und der Biotopverbundplanung in den Landschaftsplan zu integrieren. Ebenso ist der Landschaftsplan auf seine Grundlagenfunktion für die strategische Umweltprüfung in der Bauleitplanung auszurichten. Der Landschaftsrahmenplan bereitet die Steuerung von Kompensationsmaßnahmen im Raum nach Standort und Art der Maßnahmen vor.

Im Einzelnen wurde die Anlage 6 wie folgt gegenüber der Anlage 8 der HOAI 2009 überarbeitet:

In der Leistungsphase 2 beziehen sich die Grundleistungen insbesondere auf:

- die Flächennutzung,
- die naturräumliche Zusammenhängen und siedlungsgeschichtliche Entwicklungen,
- den Naturhaushalt, Landschaftsfaktoren und Landschaftsbild,
- die Schutzgebiete und Objekte,
- die Erholungsgebiete und -flächen, ihre Erschließung sowie Bedarfssituation,
- die voraussichtlichen Änderungen aufgrund städtebaulicher Planungen, Fachplanungen und anderer Vorhaben.

In der Leistungsphase 3 dienen die in den Grundleistungen zu erläuternden Ziele, Erfordernisse und Maßnahmen insbesondere:

- der Darstellung der übergeordneten Ziele des Naturschutzes,
- der Erarbeitung und Darstellung der schutzgutbezogenen Ziele für jedes Schutzgut,
- der Erläuterung der naturraumbezogenen Ziele,
- der zusammenfassenden Darstellung der Bewertung der Schutzgüter (Arten und Biotope, Landschaftsbild, Boden, Wasser, Klima / Luft),
- der Integrierten und räumlichen Darstellung der konkreten Entwicklung zur Klärung naturschutzinterner Zielkonflikte, die sich aus der Integration aller Schutzgüter ergeben,
- der Festlegung der Grundsätze und Inhalte für ein landkreisweites Biotopverbundsystem.

Zu Anlage 7 (Grundleistungen im Leistungsbild Landschaftspflegerischer Begleitplan)

Der Landschaftspflegerische Begleitplan wird zu genehmigungspflichtigen Vorhaben erstellt, die Eingriffe in die Natur und Landschaft nach sich ziehen. Im Landschaftsplanerischen Begleitplan werden die erforderlichen Maßnahmen des Naturschutzes und der Landschaftspflege festgelegt.

Im Einzelnen wurde die Anlage 6 zu § 25 wie folgt gegenüber der Anlage 9 der HOAI 2009 überarbeitet:

In der Leistungsphase 2 dienen die Grundleistungen der Leistungsphase 2 insbesondere der Erfassung und Bewertung:

- des Naturhaushalts in seinen Wirkungszusammenhängen, insbesondere durch Landschaftsfaktoren wie Relief, Geländegestalt, Gestein, Boden, oberirdische Gewässer, Grundwasser, Geländeklima sowie Tiere und Pflanzen und deren Lebensräume,
- der Schutzgebiete, geschützten Landschaftsbestandteile und schützenswerten Lebensräume
- der vorhandenen Nutzungen und Vorhaben,
- des Landschaftsbildes und der Landschaftsstruktur,
- der kulturgeschichtlich bedeutsame Objekte,
- der für die Erholung i. S. d. BNatSchG relevanten Infrastruktur.

Zu Anlage 8 (Grundleistungen im Leistungsbild Pflege- und Entwicklungsplan)

Im Pflege- und Entwicklungsplan werden Pflege- und Entwicklungsmaßnahmen angeführt, wie sie für Gebiete erstellt werden, die aus Gründen des Naturschutzes und der Landschaftspflege bedeutsam sind und nicht sich selbst überlassen werden können.

Im Einzelnen wurde die Anlage 8 zu § 27 wie folgt gegenüber der Anlage 9 der HOAI 2009 überarbeitet:

In der Leistungsphase 2 beziehen sich die Grundleistungen insbesondere auf:

- die Flächennutzungen,
- die Artenvorkommen einschließlich ihrer Standorte und Lebensräume (Biotoptypen),
- die Schutzgebiete und -objekte.

Zu Anlage 9 (Besondere Leistungen zur Flächenplanung)

Anlage 9 führt neu die Besonderen Leistungen für die Leistungsbilder der Flächenplanung zusammen. Diese können auch auf die Beratungsleistung Umweltverträglichkeitsstudien Anwendung finden, siehe Anlage 1 Nummer 1.1.1 Absatz 3.

Zu Anlage 10 (Grundleistungen im Leistungsbild Gebäude und Innenräume, Besondere Leistungen, Objektlisten Gebäude und Innenräume)

Zu Anlage 10.1

Das Leistungsbild Gebäude und Innenräume ist gegenüber der Anlage 11 der HOAI 2009 wie folgt geändert worden:

Amtliche Begründung

<u>Leistungsphase 2</u>: Vorplanung (Projekt- und Planungsvorbereitung)

- <u>Buchstabe c)</u>: Anstelle des Planungskonzeptes ist die Vorplanung getreten. Damit soll verdeutlicht werden, dass über die gestalterische Konzeption hinaus Zusammenhänge, Vorgaben, Bedingungen mit und aus den Fachplanungen Bestandteil der Vorplanung sind. Dies ergibt sich auch aus den folgenden Teilleistungen der Leistungsphase 2.

- <u>Buchstabe e)</u>: Über die eigene Planung hinaus trifft Architekten und Architektinnen als Objektplaner bereits in der Vorplanung die Pflicht zur Koordination und Integration der Leistungen der übrigen an der Planung fachlich Beteiligten. Aus diesem Grunde wurde bewusst der Begriff „Arbeitsergebnisse" der Vorplanung gewählt. Diese sind Grundlagen der weiteren Planungsschritte und müssen allen anderen fachlich Beteiligten zur Verfügung gestellt werden.

- <u>Buchstabe g)</u>: Die alternative Kostenschätzung nach dem wohnungsrechtlichen Berechnungsrecht ist entfallen. Für die Regelung, die auf die Zweite Berechnungsverordnung verwies, existiert kein praktischer Bedarf mehr: Die Zweite Berechnungsverordnung findet im Wesentlichen auf den öffentlich geförderten und den steuerbegünstigten Wohnungsbau Anwendung. Diese Förderung des sozialen Wohnungsbaus wurde indes durch das WoFG 2002 grundlegend modifiziert. Die Zweite Berechnungsverordnung gilt lediglich für bestehenden Wohnungsbau, nicht aber für Neu- und Umbauten.

<u>Neue Besondere Leistung „Vorbeugender und organisatorischer Brandschutz":</u>

Der Leistungsphase 2 wurde die Besondere Leistung zur Erarbeitung und Erstellung von besonderen bauordnungsrechtlichen Nachweisen für den vorbeugenden und organisatorischen Brandschutz neu zugeordnet.

§ 11 Absatz 1 Musterbauvorlagen-Verordnung (MBauVorlV) enthält eine Liste von Angaben, die insbesondere für den Nachweis des Brandschutzes im Lageplan, in den Bauzeichnungen und in der Baubeschreibung, soweit erforderlich, darzustellen sind. Diese in die üblichen Bauvorlagen einzutragenden Angaben stellen somit keine besonderen bauordnungsrechtlichen Nachweise dar und sind somit den Grundleistungen der Objektplanung zuzuordnen.

Bei Bestandsbauten oder im Falle von Abweichungen werden allerdings in der Regel darüber hinausgehende Unterlagen und Nachweise erforderlich, die den Besonderen Leistungen zuzuordnen sind.

Nach § 11 Absatz 2 Satz 1 MBauVorlV müssen bei Sonderbauten, Mittel- und Großgaragen zusätzliche Angaben gemäß dortiger Auflistung gemacht werden, also besondere bauordnungsrechtliche Nachweise, die in der Regel eine eigenständige Dokumentation erfordern, die über die vorbeschriebenen Einträge in die Planunterlagen bzw. üblichen Bauvorlagen hinausgeht. Es handelt sich somit um Besondere Leistungen.

§ 11 Absatz 2 Satz 2 MBauVorlV legt fest, dass auch anzugeben ist, weshalb es der Einhaltung von Vorschriften wegen der besonderen Art oder Nutzung baulicher Anlagen oder Räume oder wegen besonderer Anforderungen nicht bedarf, siehe § 51 Satz 2 Musterbau-Ordnung (MBO).

§ 11 Absatz 2 Satz 3 MBauVorlV regelt, dass der Brandschutznachweis auch gesondert in Form eines objektbezogenen Brandschutzkonzeptes dargestellt werden kann.

Die Bearbeitung dieser speziellen Fragestellungen erfordert besondere fachübergreifende Kenntnisse des baulichen, anlagentechnischen und betrieblich-organisatorischen Brandschutzes.

In verschiedenen Bundesländern ist für die Bearbeitung dieser Nachweise eine besondere Qualifikation (zum Beispiel Nachweisberechtigung, staatliche Anerkennung) bauaufsichtlich vorgeschrieben. Häufig sind hierfür besondere Planunterlagen als Visualisierung des Brandschutzkonzeptes zu erstellen, die erheblich über die in § 11 Absatz 1 MBauVorlV beschriebenen üblichen Bauvorlagen hinausgehen.

Leistungsphase 3: Entwurfsplanung (System- und Integrationsplanung)

– Buchstabe a):

Die Zeichnungsmaßstäbe werden nur beispielhaft benannt und sollen den erforderlichen Durcharbeitungsgrad verdeutlichen. Da im Zuge des CAD jeder beliebige Maßstab ausgedruckt werden kann und auch je nach Projektgröße und -art die Planmaßstäbe variieren können, ist nicht der konkrete Maßstab ausschlaggebend sondern der Inhalt an Informationen.

Leistungsphase 4: Genehmigungsplanung

– Buchstabe b): wie unter Buchstabe a) auch schon bisher verwendet, wurde der Begriff „Unterlagen" durch den im Zusammenhang mit der Einreichung der Baugenehmigung üblicherweise verwandten Begriff „Vorlagen" ersetzt.

– Buchstabe c): Die hier aufgeführten Grundleistungen ergeben sich, soweit aufgrund von Auflagen zur öffentlich-rechtlichen Genehmigung Ergänzungen oder Anpassungen der Planunterlagen erforderlich sind. Gegenüber der bisherigen Formulierung der Teilleistung wurde darauf verzichtet, die Verwendung der Beiträge anderer an der Planung fachlich Beteiligter zu wiederholen.

Müssen aber andere an der Planung fachlich Beteiligte für die Ergänzungen oder Anpassungen mitwirken, so sind diese auch weiterhin im Rahmen der Grundleistungen durch den Architekt zu beteiligen und deren Beiträge zu verwenden.

Leistungsphase 5: Ausführungsplanung

– Buchstabe b): Wie auch in der Leistungsphase 3 werden die Maßstäbe nur beispielhaft benannt und sollen den erforderlichen Durcharbeitungsgrad der Planung verdeutlichen.

– Buchstabe f): Die Leistung „Überprüfen erforderlicher Montagepläne der vom Objektplaner geplanten Baukonstruktionen….." wurde neu als Grundleistung aufgenommen. Diese Grundleistung gehörte auch bisher schon zum Leistungsumfang, wird aber nun aus Gründen der Klarstellung aufgeführt. Dagegen wird das „Prüfen und Anerkennen von Plänen Dritter, nicht an der Planung fachlich Beteiligter…soweit die Leistungen Anlagen betreffen, die in den anrechenbaren Kosten nicht erfasst sind", als Besondere Leistung der HOAI 2009 fortgeführt.

Amtliche Begründung

Leistungsphase 7: Mitwirken bei der Vergabe

– <u>Buchstabe a)</u>: Die neue Grundleistung „Koordinieren der Vergaben der Fachplaner" ersetzt die bisherige Grundleistung nach Buchstabe d) der HOAI 2009 „Abstimmen und Zusammenstellen der Leistungen der fachlich Beteiligten, die an der Vergabe mitwirken."

– <u>Buchstabe c)</u>: Die Grundleistung wurde ergänzt um das Prüfen und Werten der Angebote zusätzlicher und geänderter Leistungen der ausführenden Unternehmen. Darunter sind im Zuge der Ausführung sich ergebende Änderungen zum Beispiel hinsichtlich des beauftragten Produkts, Materialien etc. zu verstehen, die aber nicht zu einem geänderten Leistungsumfang gemäß § 10 Absatz 1 führen. Um dies klarzustellen, wurde auch das Prüfen und Werten von Nebenangeboten mit Auswirkungen auf die abgestimmte Planung als Besondere Leistung aufgenommen.

Leistungsphase 8: Objektüberwachung (Bauüberwachung) und Dokumentation

– <u>Buchstabe a)</u>: Mit „Überwachung der Ausführung des Objekts" ist unter anderem auch die Übereinstimmung mit den Verträgen der ausführenden Firmen zu prüfen. Hierbei geht es um die Prüfung inwieweit die beauftragten Leistungen vertragsgemäß ausgeführt werden. Da sich dies nicht allein aus der Leistungsbeschreibung ergibt, sondern zum Beispiel auch aus den Besonderen Vertragsbedingungen, wurden allgemein die Verträge in Bezug genommen. Mit der Überprüfung der Übereinstimmung der Ausführung mit den Verträgen ist keine rechtliche Vertragsprüfung gemeint.

– <u>Buchstabe b)</u>: Überwachen der Ausführung von Tragwerken. Mit dieser Grundleistung soll klargestellt werden, ob und welche Tragwerke durch den Objektplaner im Rahmen der Örtlichen Bauüberwachung in der Leistungsphase 8 zu überwachen sind. Im Wesentlichen geht es dabei um die Kontrolle der Bewehrung im Stahlbetonbau. Es wird klargestellt, dass nur einfache Tragwerke der Honorarzone 1 und 2 gemäß § 49 Absatz 3 Nummer 1 und 2 vom Objektplaner überwacht werden. Wird das Tragwerk einer höheren Honorarzone zugeordnet, so handelt es sich bei der Kontrolle der Bewehrung um eine ingenieurtechnische Kontrolle, die nach Teil IV Abschnitt 1 vom Auftragnehmer als Besondere Leistung durch gesonderte vertragliche Vereinbarung übernommen und berechnet werden kann.

– <u>Buchstabe k)</u>: Die Grundleistung h) der HOAI 2009 wurde von „Abnahme der Bauleistungen…" neu mit „Organisation der Abnahme der Bauleistungen…, Feststellung von Mängeln, Abnahmeempfehlung für den Auftraggeber" in das Leistungsbild aufgenommen. Hintergrund ist, dass die rechtsgeschäftliche Abnahme im Regelfall durch den Auftraggeber selbst erfolgt und der Architekt bzw. Ingenieur dafür eine Abnahmeempfehlung abgibt.

Besondere Leistung „Erstellen einer Gebäudebestandsdokumentation":

In der Leistungsphase 9 wurde die Besondere Leistung „Erstellen einer Gebäudebestandsdokumentation" neu aufgenommen. Die Aufnahme dieser Besonderen Leistung soll eine bessere Abgrenzung gegenüber der Grundleistung des Buchstaben m) in Leistungsphase 8 „systematischen Zusammenstellung der Dokumentation" ermöglichen.

Die Grundleistung der Leistungsphase 8 konzentriert sich in Buchstabe m) auf das Zusammenstellen aller Daten und Ergebnisse des Objekts. Demgegenüber umfasst eine gesondert zu vergütende Gebäudebestandsdokumentation der Leistungsphase 9, wie sie zum Beispiel in den Baufachlichen Richtlinien Gebäudebestandsdokumentation des Bundes festgeschrieben sind, alphanumerische und geometrische Bestandsdaten, die nach ganz bestimmten Anforderungen aufzubereiten und zu erstellen sind.

Zu Anlage 10.2

Anlage 10.2 enthält die aktualisierte Objektliste für Gebäude.

Zu Anlage 10.3

Anlage 10.3 enthält die aktualisierte Objektliste für Innenräume.

Zu Anlage 11 (Grundleistungen im Leistungsbild Freianlagen, Besondere Leistungen, Objektliste)

Zu Anlage 11.1

Das neue eigenständige Leistungsbild Freianlagen weist gegenüber dem ehemals zusammengefassten Leistungsbild Gebäude und raumbildende Ausbauten sowie Freianlagen (Anlage 11 der HOAI 2009) folgende Änderungen auf:

Leistungsphase 1: Grundlagenermittlung
– Buchstabe a): Zum Zwecke der Klarstellung wird neu die Alternative „Klärung der Aufgabenstellung aufgrund vorliegender Planungs- und Genehmigungsunterlagen" aufgenommen. Freianlagenplanungen werden in der Praxis auch auf der Grundlage bereits erteilter Planfeststellungen oder Plangenehmigungen erstellt.

Leistungsphase 2: Vorplanung
– Buchstabe d): Erstmals werden Beispiele angeführt, wie die Topographie, die Umweltbelange und die gestalterischen und funktionalen Anforderungen, die bei der Erarbeitung des Planungskonzepts zu berücksichtigen sind. Insbesondere die Berücksichtigung der Umweltbelange einschließlich der artenschutzrechtlichen Bedingungen ist neuen Anforderungen des europäischen und nationalen Natur- und Artenschutzrechts sowie der gesetzlichen Bestimmungen zum Boden- und Gewässerschutzes geschuldet und hat für Freianlagen eine hohe Bedeutung. Diese Leistungspflicht setzt sich in den weiteren Leistungsphasen 3, 4, und 5 fort.
– Buchstabe 2 e): Die Teilleistung „Darstellen des Vorentwurfs mit Erläuterungen und Angaben zum terminlichen Ablauf" stellt gegenüber dem Leistungsbild Gebäude und Innenräume (dort Buchstabe 2 g) „Erstellen eines Terminplans" weniger strenge Anforderungen. Diese Abweichung liegt darin begründet, dass die Herstellung von Freianlagen besonders den jahreszeitlichen Witterungseinflüssen unterliegt und darüber hinaus Abhängigkeiten in der Terminplanung zur Erstellung von Gebäuden, Verkehrsanlagen oder Ingenieurbauwerken bestehen können.
– Buchstabe 2 f): Lediglich beispielhaft wird auf die DIN 276 Bezug genommen. Abhängig vom konkreten Vorhaben können auch andere Maßgaben zur Kostenermittlungen zum Beispiel nach AKS (Kostenberechnung für Straßenbaumaßnahmen) he-

rangezogen werden. Die Anwendung der DIN 276 als Grundlage zur Bemessung der anrechenbaren Kosten für die Honorare bleibt davon unberührt.

Leistungsphase 3: Entwurfsplanung (System- und Integrationsplanung)

– Buchstabe 3 c): Die Angabe verschiedener Maßstäbe für die Darstellung des Entwurfs erfolgt beispielhaft zur Verdeutlichung, dass die Planungsunterlagen je nach Stand des Planungsprozesses einen unterschiedlichen Durcharbeitungsgrad haben können. Erläuterungen und Angaben zum terminlichen Ablauf erfolgen bereits in der Leistungsphase 2 e).

– Buchstabe 3 d): Über die Objektbeschreibung hinaus wurde auf die Teilleistung „Erläuterung von Ausgleichs- und Ersatzmaßnahmen nach Maßgaben der naturschutzrechtlichen Eingriffsregelung" (Leistungsphase 3 c) der HOAI 2009) verzichtet. Damit sollen Abgrenzungsschwierigkeiten zum Leistungsbild des Landschaftspflegerischen Begleitplans vermieden werden. Zwar ist die Erbringung der Fachplanung selbst nicht Teilleistung des Leistungsbildes Freianlagen. Die Integration der Leistungen anderer Fachplanungen sowie die Berücksichtigung weiterer fachlicher Aspekte erfolgt jedoch in der Objektbeschreibung. In der Objektbeschreibung sind damit auch Parameter des Landschaftspflegerischen Begleitplans aufzunehmen.

– Buchstabe 3 e): Lediglich beispielhaft wird auf die DIN 276 Bezug genommen. Abhängig vom konkreten Vorhaben können auch andere Maßgaben zur Kostenermittlungen zum Beispiel nach AKS (Kostenberechnung für Straßenbaumaßnahmen) herangezogen werden. Die Anwendung der DIN 276 als Grundlage zur Bemessung der anrechenbaren Kosten für die Honorare bleibt davon unberührt.

Leistungsphase 4: Genehmigungsplanung

Buchstaben b) und c): Siehe bereits die Erläuterungen zu Vorlagen und Anpassungen der Planungsunterlagen im Leistungsbild Gebäude zur Leistungsphase 4 b) und 4 c).

Leistungsphase 5: Ausführungsplanung

– Buchstabe b): Die Angabe verschiedener Maßstäbe für die Darstellung des Entwurfs erfolgt beispielhaft zur Verdeutlichung, dass die Planungsunterlagen je nach Stand des Planungsprozesses einen unterschiedlichen Durcharbeitungsgrad haben können. Erläuterungen und Angaben zum terminlichen Ablauf erfolgen bereits in der Leistungsphase 2 e).

– Buchstabe d): die Teilleistung umfasst die Darstellung der Freianlagen mit den notwendigen Angaben, Detail- und Konstruktionszeichnungen, die insbesondere zu den dort beispielhaft aufgeführten Planungsparametern Aussagen treffen soll. Die aufgeführten Beispiele verdeutlichen die erforderliche Bearbeitungs- und Durchdringungstiefe der Planung. Damit sollen für die Ausführungsplanung die erforderlichen wesentlichen Festlegungen getroffen werden, die allerdings wegen der Bearbeitungs- und Durchdringungstiefe der Planung in der Leistungsphase 5 nicht abschließend sind.

– Buchstabe e): Die Teilleistung „Fortschreiben der Angaben zum terminlichen Ablauf" stellt gegenüber dem Leistungsbild Gebäude und Innenräume (dort Buchstabe

5 d) „Fortschreiben des Terminplans") weniger strenge Anforderungen. Diese Abweichung liegt darin begründet, dass die Herstellung von Freianlagen besonders den jahreszeitlichen Witterungseinflüssen unterliegt und darüber hinaus Abhängigkeiten in der Terminplanung zur Erstellung von Gebäuden, Verkehrsanlagen oder Ingenieurbauwerken bestehen können.

Leistungsphase 6: Die Teilleistungen zur Vorbereitung der Vergabe wurden leistungsbildspezifisch konkretisiert und an die Änderungen der Leistungsphase 6 im Leistungsbild „Gebäude und Innenräume" angepasst.

Zu Anlage 11.2

Anlage 11.2 enthält die aktualisierte Objektliste für Freianlagen.

Zu Anlage 12 (Grundleistungen im Leistungsbild Ingenieurbauwerke, Besondere Leistungen, Objektliste)

Zu Anlage 12.1

Anlage 12.1 enthält das aktualisierte Leistungsbild der Ingenieurbauwerke. Das Leistungsbild Ingenieurbauwerke ist gegenüber der Anlage 12 der HOAI 2009 wie folgt geändert worden:

Leistungsphase 3: Entwurfsplanung

Buchstabe g): Der Begriff der Kostenkontrolle, ehemals enthalten in lit. h) („Kostenkontrolle durch Vergleich der Kostenberechnung mit Kostenschätzung") wurde mit Rücksicht auf den in der Leistungsphase 3 erreichten Planungsstand gestrichen. Für die Entwurfsplanung beschränkt sich die Anforderung in lit. g) neu darauf, die Kostenberechnung mit der Kostenschätzung zu vergleichen. Im Rahmen der lit. j) neu („Zusammenfassen, Erläutern und Dokumentieren der Ergebnisse") sind auch Abweichungen zwischen Kostenschätzung und Kostenberechnung zusammenzufassen, zu erläutern und zu dokumentieren.

Leistungsphase 4: Genehmigungsplanung

Durch die Neuformulierung „erforderliche Genehmigungsverfahren", anstelle „öffentlich-rechtlicher Verfahren" wird die Grundleistung allgemeiner gefasst und klargestellt, dass hierunter auch die Erarbeitung und Zusammenstellung von Unterlagen für nicht genehmigungspflichtige Vorhaben fallen.

Leistungsphase 5: Ausführungsplanung

Entsprechend der Anlage 2.8.5 der HOAI 2009 wird als Besondere Leistung das Planen von Anlagen der Verfahrens- und Prozesstechnik beibehalten. Für den Fall, dass die Planung von Anlagen der Verfahrens- und Prozesstechnik als eigenständiges Objekt beauftragt wird, wurde die Objektliste der Anlagen der Technischen Ausrüstung Anlagengruppe 7.2 um die verfahrenstechnischen Anlagen erweitert, siehe § 53 Absatz 2 Nummer 7 Alt. 2 neu.

Amtliche Begründung

<u>Leistungsphase 6</u>: Vorbereiten der Vergabe

Buchstabe b) und c): Der Begriff der „Verdingungsunterlagen" wird entsprechend dem modernen Sprachgebrauch durch „Vergabeunterlagen" ersetzt. Im Übrigen bleibt die Konkretisierung der Leistungsphase 6 inhaltlich unverändert.

Zu Anlage 12.2

Anlage 12.2 enthält die aktualisierte Objektliste für Ingenieurbauwerke.

Zu Anlage 13 (Grundleistungen im Leistungsbild Verkehrsanlagen, Besondere Leistungen, Objektliste)

Zu Anlage 13.1

Das Leistungsbild Verkehrsanlagen ist gegenüber der Anlage 12 der HOAI 2009 wie folgt geändert worden:

<u>Leistungsphase 2</u>: Vorplanung

- <u>Buchstabe h)</u>: Das Mitwirken beim Erläutern des Planungskonzepts gegenüber Dritten ist auf bis zu zwei Terminen beschränkt worden.
- <u>Buchstabe g)</u>: Nicht mehr erfasst ist als Leistung die Vorverhandlung über die Bezuschussung und Kostenbeteiligung. Stattdessen beschränkt sich die Leistung auf das Mitwirken bei Verhandlungen über die Bezuschussung und Kostenbeteiligung. Grund dafür ist, dass in der Regel keine selbstständigen Verhandlungen durch die Auftragnehmer erfolgen.

<u>Leistungsphase 3</u>: Entwurfsplanung

<u>Buchstabe e)</u>: Das Mitwirken beim Erläutern des vorläufigen Entwurfs gegenüber Dritten ist auf bis zu drei Termine beschränkt worden.

<u>Leistungsphase 4</u>: Genehmigungsplanung

- <u>Buchstabe e)</u>: Die Teilnahme im Genehmigungsverfahren ist auf bis zu vier Erläuterungsbzw. Erörterungstermine beschränkt worden.
- <u>Buchstabe f)</u>: Das Mitwirken beim Abfassen von Stellungnahmen zu Bedenken und Anregungen ist auf bis zu 10 Kategorien begrenzt worden.

<u>Leistungsphase 6</u>: Vorbereiten der Vergabe

<u>Buchstabe b) und c)</u>: Der Begriff der „Verdingungsunterlagen" wird entsprechend des modernen Sprachgebrauchs durch „Vergabeunterlagen" ersetzt. Im Übrigen bleibt die Konkretisierung der Leistungsphase 6 inhaltlich unverändert.

Zu Anlage 13.2

Anlage 13.2 enthält die aktualisierte Objektliste für Verkehrsanlagen.

Zu Anlage 14 (Grundleistungen im Leistungsbild Tragwerksplanung, Besondere Leistungen, Objektliste)

Zu Anlage 14.1

Anlage 14.1 enthält das aktualisierte Leistungsbild für die Tragwerksplanung. Das Leistungsbild Tragwerksplanung ist gegenüber der Anlage 13 der HOAI 2009 wie folgt geändert worden:

Leistungsphase 3 Buchstabe d):

Die Grundleistung wurde neu aufgenommen. Zur Erzielung von Kostensicherheit benötigt der Objektplaner die aus der Entwurfsplanung abgeleiteten Angaben zur Erstellung einer den Anforderungen und Qualitäten entsprechenden Kostenberechnung. So stellen beispielsweise die Kosten von Betonstahl eine wichtige Größe dar.

Leistungsphase 4 Buchstabe d):

Da es sich bei den erforderlichen Genehmigungen nicht ausschließlich nur um solche der Bauaufsicht handelt wurde die Leistung allgemeiner gefasst.

Leistungsphase 5 Buchstabe c):

Die Leistung umfasst die zeichnerische Darstellung der Konstruktionen. Klarstellend werden hierbei auch Leitdetails aufgenommen.

Leistungsphase 6 Buchstabe c):

Durch die Einfügung des Begriffs Mitwirkung wird klargestellt, dass die Leistungsbeschreibungen durch den Objektplaner aufgestellt werden und die Tragwerksplaner hierbei lediglich mitwirken.

Zu Anlage 14.2

Anlage 14.2 enthält die aktualisierte Objektliste für die Tragwerksplanung.

Zu Anlage 15 (Grundleistungen im Leistungsbild Technische Ausrüstung, Besondere Leistungen, Objektliste)

Allgemeine Vorbemerkungen zu den Leistungsphasen 2, 3, 5, 6, 7 und 8: Die bisherige Beschränkung der Grundleistung des Fachplaners der Technischen Ausrüstung auf ein „Mitwirken" wurde bei der Beschreibung des Leistungsbilds in den einzelnen Leistungsphasen aufgegeben. In der Vergangenheit war das Leistungsbild darauf ausgerichtet, dass der Planer der Technischen Ausrüstung als Fachplaner in der Regel Beiträge für den Objektplaner liefert. Allerdings werden in der Praxis Aufträge an den Fachplaner der Technischen Ausrüstung vergeben, ohne dass ein Objektplaner eingeschaltet ist. Schon in der amtlichen Begründung zu § 73 HOAI 2002 wurde festgestellt, dass zum Beispiel bei Umbauten, bei denen kein Objektplaner beauftragt wird, der Fachplaner in verschiedenen Leistungsphasen die Aufgaben des Objektplaners zu leisten hat. Leistungen im Bestand, Gebäudesanierungen, gerade auch im haustechnischen Bereich, gewinnen zunehmend in der Baupraxis an Bedeutung. Gerade in diesen Fällen dürfen sich die Grundleistungen des Fachplaners zum Beispiel zur Genehmigungsfähigkeit, zur Kostenermittlung, Kosten- und Terminkontrolle bei der Vergabe und der Abnahme nicht auf ein bloßes Mitwirken beschränken. Auch für Projekte, in denen sowohl ein Objektplaner als auch ein Fachplaner tätig werden, ändert dies nichts an dem durch den Fachplaner geschuldeten Leistungsumfang, sodass in diesen Fällen eine Minderung der prozentualen Ansätze für die jeweiligen Leistungsphasen ausscheidet.

Im Einzelnen ist das Leistungsbild Technische Ausrüstung gegenüber der Anlage 14 der HOAI 2009 wie folgt geändert worden:

Leistungsphase 3 und 6: Kostenermittlung und Kostenkontrolle:

Die Leistungsphasen 6 und 7 sind durch das Aufstellen bepreister Leistungsverzeichnisse und der Vergleich dieser bepreisten Leistungsverzeichnisse mit der Kostenberechnung und den Ausschreibungsergebnissen ergänzt worden. Durch diese präzisierte Kostenermittlung und Kontrolle wurde der Kostenanschlag entbehrlich. Der Kostenanschlag umfasst nämlich gemäß DIN 276 – 1: 2008-12 lediglich die Kostenermittlung bis zur 3. Ebene und die Ordnung nach Vergabeeinheiten.

Leistungsphase 6: Vorbereitung der Vergabe:

Die Grundleistung „Zusammenstellen der Vergabeunterlagen" wurde systematisch der Vorbereitung der Vergabe zugeordnet und aus der Leistungsphase 7 in die Leistungsphase 6 verlagert.

Leistungsphase 7: Mitwirkung bei der Vergabe

Die vormalige Grundleistung „Mitwirken bei der Verhandlung mit Bietern" wurde durch das „Führen von Bietergesprächen ersetzt". Unter Bietergesprächen sind Aufklärungsgespräche oder Verhandlungen im Rahmen der Vergabeverfahren zu verstehen. Bei öffentlichen Auftragsvergaben sind Verhandlungen mit Bietern allerdings nicht bei allen Vergabearten zulässig. Zum Aspekt des „Mitwirkens" siehe die vorstehenden allgemeinen Vorbemerkungen zum Leistungsbild Technische Ausrüstung. Mit den Änderungen wird der Prozess der Vergabe in der Leistungsphase umfassender abgebildet und dem Verbraucherschutz Rechnung getragen.

Leistungsphase 9: Objektbetreuung

Der Aufwand für die bisherige Grundleistung – Überwachen der Mängelbeseitigung – ist im Umfang nur schwierig kalkulierbar. Daher soll die Überwachung der Mängelbeseitigung zukünftig als Besondere Leistung zum Beispiel auf Zeithonorarbasis beauftragt werden können. Durch die neu aufgenommene Grundleistung der fachlichen Bewertung der Mängel einschließlich notwendiger Begehungen wird sichergestellt, dass der beauftragte Architekt oder Ingenieur auch nach Abschluss des Projekts dem Bauherrn bei auftretenden Mängeln zur Seite steht und eine verursachungsgerechte Inanspruchnahme des Schädigers ermöglicht wird.

Mit der fachlichen Bewertung der Mängel soll in erster Linie die Zuordnung des Mangels zu einem Bau- oder Planungsbeteiligten aus fachlicher Sicht sichergestellt werden. Eine

Bewertung mit der Qualität und Ausführlichkeit eines Sachverständigengutachtens ist nicht Gegenstand dieser Grundleistung.

Die HOAI 2009 orientierte sich an § 13 Absatz 4 VOB Teil B und verpflichtete den Auftragnehmer, die Mängelbeseitigung vier Jahre lang zu überwachen. Da diese Gewährleistungsfrist nicht in jedem Fall die vertragliche Praxis abbildet, wurde die Frist für die fachliche Bewertung der festgestellten Mängel im Hinblick auf § 438 Absatz 1 Nummer 2 BGB auf fünf Jahre angepasst.

Kommentar zur
Honorarordnung für Architekten und Ingenieure (HOAI)

Vorbemerkungen

Inhaltsübersicht

I. Entwicklungsgeschichte der HOAI

Seit 1950 galt die Gebührenordnung für Architekten (GOA)[1] im Wesentlichen unverändert als Höchstpreisverordnung. Mit Inkrafttreten der ersten HOAI 1977 am 01.01.1977[2] wurde sie aufgehoben und abgelöst. Für Architektenleistungen bei raumbildenden Ausbauten und Freianlagen, städtebaulichen und landschaftsplanerischen Leistungen sowie Ingenieurleistungen für Tragwerksplanung wurde mit der HOAI erstmals ein Honorarrecht auf gesetzlicher Grundlage geschaffen. §§ 1 und 2 des Gesetzes zur Regelung von Ingenieur- und Architektenleistungen[3] vom 04.11.1971[4] (GIA) steckten den Rahmen für den Erlass der HOAI als Ermächtigungsgrundlage gemäß Art. 80 GG ab. § 1 ermächtigt die Bundesregierung zum Erlass einer Honorarordnung für Ingenieurleistungen, § 2 betrifft Architektenleistungen. Beide Ermächtigungsgrundlagen hätten zwar erlaubt, getrennte Honorarordnungen für Architekten und Ingenieure zu formulieren, die Bundesregierung hat hiervon jedoch keinen Gebrauch gemacht, sondern eine einheitliche Honorarordnung entwickelt. **1**

Mit der 1. HOAI-Novelle, die am 01.01.1985[5] in Kraft trat, wurden weitere bis dahin ungeregelte Ingenieurleistungen aufgenommen. **2**

Mit der 2. HOAI-Novelle, die am 10.6.1985[6] in Kraft trat, arbeitete der Verordnungsgeber eine Korrektur der Ermächtigungsgrundlage durch den Gesetzgeber in die HOAI ein. Der Deutsche **3**

---

[1] Verordnung PR Nr. 66/50; BGBl. I 1950, S. 681
[2] BGBl. I 1976, S. 2805
[3] Art. 10 MRVG, §§1 u. 2 GIA
[4] BGBl. I 1971, S. 1745 (1749)
[5] BGBl. I 1984, S. 984
[6] BGBl. I 1985, S. 961

Bundestag hatte zur Qualitätssicherung von Architekten- und Ingenieurleistungen einmütig formuliert und dargestellt, dass die in der Honorarordnung zu regelnden Mindestsätze nur im Ausnahmefall durch schriftliche Vereinbarung unterschritten werden dürfen. Damit ist der Beschluss des Bundesverfassungsgerichtes vom 20.10.1981[7] in seinen Auswirkungen beseitigt worden. Das Bundesverfassungsgericht hatte festgestellt, dass die Regelung des § 4 Abs. 2 in der Fassung der HOAI vom 01.01.1977 wegen fehlender Deckung durch die Ermächtigungsgrundlage unwirksam war. Bereits die HOAI 1977 hatte eine Unterschreitung des HOAI-Mindestsatzes als Ausnahmefall bei entsprechender schriftlicher Vereinbarung beschränkt. Erst die Änderung des GIA vom 12.11.1984[8] ermöglichte eine derartige Regelung. Nachdem die Ursprungsfassung des § 4 Abs. 2 HOAI vom Bundesverfassungsgericht für nichtig erklärt worden war, war der Verordnungsgeber sodann gehalten, den mit der Novelle zum GIA aufgestellten Gesetzesbefehl zu befolgen, was mit der 2. HOAI-Novelle geschah.

4 Mit der 3. HOAI-Novelle[9] verfolgte der Verordnungsgeber das Ziel, die längst überholten Honorarfestlegungen für städtebauliche und landschaftsplanerische Leistungen den veränderten wirtschaftlichen Verhältnissen anzupassen. Das Ergebnis war eine Honorarhebung in Teil V und VI und zugleich eine umfassende Neuregelung der landschaftsplanerischen Leistungen, die dem Anliegen der Naturschutzgesetzgebung von Bund und Ländern Rechnung tragen sollten. Eine Reihe von zusätzlichen Änderungen wurde in Teil II und Teil X vorgenommen.

5 Mit der 4. HOAI-Novelle[10], die am 01.01.1991 in Kraft trat, wurden vor allem die Werthonorare einzelner Honorartafeln an die wirtschaftlichen Verhältnisse angepasst.

Folgende Honorartafeln wurden damals linear um 10 % angehoben:
- § 16 Honorartafel für Grundleistungen bei Gebäuden und raumbildenden Ausbauten
- § 17 Honorartafel für Grundleistungen bei Freianlagen
- § 56 Abs. 1 Honorartafel für Grundleistungen bei Ingenieurbauwerken
- § 65 Honorartafel für Grundleistungen bei der Tragwerksplanung
- § 83 Honorartafel für Leistungen bei der Bauakustik
- § 89 Honorartafel für Leistungen bei der raumakustischen Planung und Überwachung.

6 Die Honorartafel zu § 56 Abs. 2, Honorartafel für Grundleistungen bei Verkehrsanlagen, wurde um 15 % bis 38 % angehoben. Die Honorartafel für Grundleistungen bei der technischen Ausrüstung (§ 74 Abs. 1) wurde um 15 % und die Honorartafel für Grundleistungen bei der Vermessung nach § 99 um ca. 40 % angehoben. Darüber hinaus wurden die Stundensätze gemäß § 6 Abs. 2 an die veränderten wirtschaftlichen Verhältnisse angepasst. Die Honorarvorschriften für Freianlagen wurden an die Erfordernisse des Naturschutzes und der Landschaftspflege angepasst und die Honorargrundlagen wurden überarbeitet. Dabei wurde insbesondere eine Abgrenzung zu den Leistungen nach Teil VII in den Entwurf aufgenommen. In Teil V wurde ein neues Honorarsystem für Bauleitpläne eingeführt. Die Honorarbemessungssysteme für Umweltverträglichkeitsstudien und landschaftspflegerische Begleitpläne im Teil VI wurden an die Anforderungen der Umweltschutzgesetzgebung angepasst. Ferner wurde das Leistungsbild für Pflege- und Entwicklungspläne aufgrund der bisher gesammelten Erfahrungen überarbeitet. Hinzu gekommen ist auch eine eigene Honorartafel für diese Leistungen. Ein besonderer Teil VI a mit verkehrsplanerischen Leistungen, die ein eigenständiges Arbeitsfeld repräsentieren, wurde erfasst. Die Vorschriften über die Objektplanung von Ingenieurbauwerken und Verkehrsanlagen wurden grundlegend überarbeitet, die Objektliste neu gefasst, die Beschreibung von Bewertungsmerkmalen wurde erweitert und die Honorare für Grundleistungen bei Verkehrsanlagen wurden erhöht. In Teil VIII wurden die Vorschriften über die Ermittlung und den Ansatz der anrechenbaren Kosten sowie einige Grund- und Besonderen Leistungen neu gefasst. In Teil IX wurde der Begriff „Technische Ausrüstung" neu und die Objektliste teilweise neu formuliert. Gleichzeitig wurden die Honorare erhöht. In den Teilen X bis XII wurden einzelne Vorschriften klarer gefasst; aus den Honorartafeln wurden die Honorare für Leistungen bei Objekten mit niedrigen anrechen-

---

[7] BGBl. I 1984, S. 1244
[8] BGBl. I 1984, S. 1337
[9] BGBl. I 1988, S. 359, hierzu Fries in DAB 1988, 691
[10] BGBl. I 1990, S. 2707

baren Kosten gestrichen. Teil XIII wurde grundlegend überarbeitet. Die Honorarvorschriften umfassten seitdem objektgebundene sowie sonstige vermessungstechnische Leistungen.

Die 5. HOAI-Novelle vom 21.09.1995[11] trat am 01.01.1996 in Kraft. Ihr wesentlicher Schwerpunkt **7** war die Erhöhung der Planungshonorare. Für die baukostenabhängige Objektplanung wurde das Honorar im Schnitt um 5 % angehoben. Bei den flächenbezogenen und baukostenunabhängigen Leistungen, wie z. B. den städtebaulichen Leistungen und den Leistungen der Landschaftsplanung, wurden die Honorare um 12 % erhöht. Diese Honoraranpassung erfolgte in Erledigung der von der Bundesregierung bereits am 01.01.1991 vorgelegten Honorarverbesserung.[12] Der Bundesrat hatte dieser Vorlage jedoch nur mit der Maßgabe zugestimmt, dass die baukostenabhängig zu berechnenden Honorare nur um 10 % erhöht werden sollten, was durch Erlass der HOAI zum 01.01.1991 auch erfolgte. Mit der am 01.01.1996 eingetretenen Honorarverbesserung wurde der noch nicht berücksichtigte Anteil der Honorarverbesserung aus der Regierungsvorlage 1990 nachgeholt. Gleichzeitig wurden die Stundensätze um jeweils DM 5,00 bei den Mindest- und Höchstsätzen erhöht.

Neben der Honorarverbesserung wurden neue Bestimmungen in Kraft gesetzt, die Baukosteneinsparungen zum Ziel hatten. Mit § 4 a wurde eine von den übrigen Honorarermittlungsvor- **8** schriften der HOAI abweichende Honorarberechnung zugelassen. Fortan war es möglich, die Kostenberechnung oder den Kostenanschlag als einzige Berechnungsgrundlage festzulegen. Einzige Voraussetzung war eine entsprechende schriftliche Vereinbarung bei Auftragerteilung. Diese Bestimmung kann daher als Vorbote für das Kostenberechnungsmodell der HOAI 2009 gesehen werden, dass die Kostenberechnung zur allgemeinen Grundlage zur Honorarermittlung macht. Mit § 5 Abs. 4 a wurde erstmals die Zulässigkeit eines Erfolgshonorars geregelt, welches insbesondere demjenigen zugutekommen soll, dessen Planung zur Kosteneinsparung geführt hat. In veränderter Form findet sich auch diese Regelung in der HOAI 2009 wieder. Dem Ziel der Kostenkontrolle dienten weitreichende Veränderungen der Leistungsbilder. In den §§ 15, 55, 64 und 73 HOAI a. F. fanden sich Definitionen der Kostenkontrolle, die sehr frühzeitig im Entwurfsstadium ansetzten. Die Aufnahme neuer Besonderer Leistungen sollte den Anreiz vermitteln, Planungsinhalte zur Verringerung des Energieverbrauchs sowie der Schadstoff- und CO_2-Emissionen zu realisieren. Die Honoraranpassungen fanden sich bei den Honorartafeln für die Bebauungspläne, Landschaftspläne, Grünordnungspläne und den Landschaftsrahmenplänen sowie den Bestimmungen der örtlichen Bauleitung gem. §§ 57 und 69.

2001 wurden die auf DM lautenden Beträge auf EURO umgestellt und zwar aufgrund Artikel 5 **9** des Gesetzes zur Umstellung von Gesetzen und Verordnungen im Zuständigkeitsbereich des Bundesministeriums für Wirtschaft und Technologie sowie des Bundesministerium für Bildung und Forschung[13].

Am 18.08.2009 trat die 6. HOAI-Novelle in Kraft. Sie stellt eine vollständig überarbeitete Neufas- **10** sung dar und setzt einen vorläufigen Schlusspunkt unter eine langjährige Debatte. Diese wurde zum einen von Beschlüssen des Deutschen Bundesrates bei Verabschiedung der HOAI-Novelle 1996 initiiert. Der Bundesrat hatte in seiner Entschließung vom 14.07.1995 dazu aufgefordert, die HOAI zu vereinfachen, transparenter zu gestalten und Anreize für kostensparendes Bauen aufzunehmen.[14] Zum anderen hatte sich die Bundesregierung mit der europäischen Rechtssetzung auseinanderzusetzen. Die EU-Dienstleistungsrichtlinie vom 12.12.2006 verlangt in Artikel 14 bis 16 Niederlassungsfreiheit für die Dienstleistungserbringer.[15]

Überlagert wurde diese Diskussion von der Grundsatzfrage, ob und inwieweit die Honorierung **11** von Architekten- und Ingenieurleistungen überhaupt einer gesetzlichen Regelung von Mindest- und Höchstsätzen bedarf. Die Tendenzen, die Marktregulierung durch Festsetzung von rechtverbindlichen Mindest- und Höchstsätzen aufzugeben, war unübersehbar und auch nicht durch

---

[11] BGBl. I 1995, S. 1174
[12] BR-Drucks. 304/1990
[13] 9. EuroEG vom 10.11.2001, BGB I. S 2992
[14] Bundesratsbeschluss vom 06.06.1997 in Verbindung mit Entschließung vom 14.07.1995
15 Richtlinie 2006/123/EG vom 12.12.2006 (L 376/36)

die Koalitionsvereinbarung der Großen Koalition vom 11.11.2005 tatsächlich geklärt. Mit dem Bekenntnis zu dem Ziel, die HOAI systemkonform zu vereinfachen sowie transparenter und flexibler zu gestalten, waren Absichten postuliert, die die Frage aufwarfen, was unter system-konform zu verstehen ist.

Das Ergebnis dieser Diskussion war eine nationale Lösung, die ausländische Dienstleistungs-erbringer ausdrücklich nicht erfasst. Für sie gilt keine preisrechtlichen Vorschriften, auch nicht die der HOAI.

12 Die zur Auslegung der HOAI ergangene höchstrichterliche Rechtsprechung hatte zu einer Klä-rung von vielen offenen Streitfragen geführt. Diese Rechtsprechung galt es, weiter zu beachten, soweit das neue Regelwerk keine Änderung erfahren hat. Für die Praxis stellte dies einen ganz wichtigen Wert dar. Grundlegende Neuregelungen einer HOAI, die das bisherige System ver-lässt, würden neue Unsicherheiten schaffen, deren Beseitigung durch die Rechtsprechung wieder Jahre, wenn nicht sogar Jahrzehnte in Anspruch nehmen würden.

– Die **HOAI 2009** hat wesentliche Veränderungen gegenüber der bisherigen Regelung einge-führt. Sie war kürzer, besser dargestellt und vereinfacht das bisherige Abrechnungssystem deutlich.

– Die HOAI 1996 hatte einen umfassenden Katalog von Leistungen notiert, die sie einer geson-derten Honorarbewertung nicht unterwarf. Die Regelung begnügte sich mit der Feststellung, dass das Honorar hierfür frei vereinbart werden kann, und falls dies nicht bei Auftragsertei-lung und schriftlich geschah, so sollte in solchen Fällen nach Zeitaufwand abgerechnet wer-den, was zur Anwendung der Mindestsätze des § 6 HOAI a. F. führte. Als Beispiel kann § 42 HOAI a. F. „Sonstige städtebauliche Leistungen" zitiert werden.

– Diese Normen enthielten Leistungsbilder, ohne jedoch Honorare hierfür festzusetzen. Hono-rarvereinbarungen wurden vielmehr der Schriftform unterworfen und es wurde teils zusätz-lich verlangt, dass diese im Zeitpunkt bei Auftragserteilung zu erfolgen hätten. Fehlten diese Voraussetzungen, sollte auf Zeitbasis zu den HOAI-Stundensätzen abzurechnen sein. Diese eine freie Honorarvereinbarung einschränkende Bestimmung ohne Festlegung eines Honorars wurde vom Bundesgerichtshof am Beispiel des § 31 HOAI 1996 für die Projektsteuerung zu Recht schon frühzeitig kassiert[16], da sie von der preisrechtlichen Ermächtigung des Gesetzge-bers nicht gedeckt ist und die Vertragsfreiheit verletzt ist, wenn die Honorierung von der Be-achtung der Schriftform abhängt. Der Verordnungsgeber hatte richtigerweise die Konsequenz gezogen und diese Tatbestände in die HOAI 2009 nicht mehr aufgenommen.

Eine preisrechtliche Regelung erfuhr folgende Architekten- und Ingenieurleistungen:
– Objektplanung Gebäude und Raumbildende Ausbauten §§ 32–36
– Objektplanung Freianlagen §§ 37–39
– Objektplanung Ingenieurbauwerke §§ 40–43
– Objektplanung Verkehrsanlagen §§ 44–47
– Fachplanung der Tragwerksplanung §§ 48–50
– Fachplanung der Technischen Ausrüstung §§ 51–54
– städtebauliche Flächenplanung für Bauleitplanung (Flächennutzungs- und Bebauungsplan) §§ 17–21
– Landschaftsplanung (Landschaftsplan, Grünordnungsplan, Landschaftsrahmenplan, land-schaftspflegerischer Begleitplan, Pflege- und Entwicklungsplan) §§ 22–31

Weggefallen sind Honorarregelungen für:
– Wertermittlung und Gutachten, bisher §§ 33, 34
– Beratungsleistungen für thermische Bauphysik, bisher §§ 77–79, für Schallschutz und Rauma-kustik, bisher §§ 80–90, Leistungen für Bodenmechanik, Erd- und Grundbau, bisher §§ 91–95
– Vermessungstechnische Leistungen, bisher §§ 96–100

Als Begründung für diese Deregulierung wurde darauf verwiesen, dass die vielfältigen Be-ratungsleistungen im Wirtschaftsleben auch in anderen freien Berufen, so beispielsweise dem Rechtsanwaltsvergütungsgesetz, nicht mehr aufgeführt werden. Für den Wegfall der Honorarbe-stimmungen für Wertermittlungen fehlt allerdings die Begründung.

---

[16] BGH vom 09.01.1997 VI ZR 48/96 in BauR 1997, 497

Hinsichtlich der Beratungsleistungen hat der Bundesrat mit Beschluss vom 12.06.2009[17] die Bundesregierung aufgefordert, die Beratungsleistungen sowie die Vermessungsleistungen wieder in die Preisbindung in der nächsten Legislaturperiode mit aufzunehmen. Bis zu diesem Zeitpunkt werden sie einschließlich der um 10 % linear angehobenen Honorarwerte als unverbindliche Empfehlungen im Anhang zur HOAI 2009 veröffentlicht.

Die HOAI 2009 verzichtet auf eine Regelung des Zeithonorars.[18] In § 6 HOAI 1996 war die Höhe des Zeithonorars mit einem Mindest- und einem Höchstsatz geregelt. Die Vereinbarung von Zeithonoraren sollte darüber hinaus nur möglich sein, wenn der Zeitbedarf als Fest- oder Höchstbetrag vorausgeschätzt ist. Der nachgewiesene Zeitbedarf sollte nur maßgebend sein, wenn eine Vorausschätzung des Zeitbedarfes nicht möglich ist.

II. HOAI 2013

Nach nur vier Jahren Dauer wurde die HOAI 2009 von der 7. HOAI Novelle abgelöst, die mit wesentlichen Änderungen seit 17.07.2013 in Kraft ist. Diese 7. Novelle war im Hinblick auf die notwendige Überarbeitung der HOAI Leistungsbilder und der Vergütung bereits im Jahre 2009 angekündigt und überrascht deshalb nicht.

Die Erwartungen der beratenden Ingenieure auf Wiederaufnahme der Beratungsleistungen, thermische Bauphysik, Raum- und Bauakustik, Vermessung und Umweltverträglichkeitsstudien in bindendes Preisrecht haben sich jedoch nicht erfüllt. Sie haben nach wie vor nur Empfehlungscharakter. Insofern wurde der Beschluss des Bundesrates vom 12.06.2009[19] nicht umgesetzt.

1. Honorarermittlung bei der Objektplanung Gebäude   13

Die wesentlichen Grundzüge für die Honorarermittlung sind gleich geblieben.

Vereinfacht wurde jedoch die Darstellung der Leistungsbilder. Die Wiederbelebung der Grundleistungen im Gegensatz zu den Besonderen Leistungen dient der Übersichtlichkeit. Die Regelung erfolgt in der Anlage zur HOAI und zwar wie in der Ursprungs-HOAI 1996 in Gegenüberstellung der Grundleistungen für einzelne Leistungsbilder einerseits und den Besonderen Leistungen, die typischer Weise diesen Grundleistungen zugeordnet werden können.

Preisrechtlich gebundenen sind ausschließlich die Grundleistungen, die zur ordnungsgemäßen Erfüllung eines Auftrages im Allgemeinen erforderlich sind. Für sie gilt die verbindliche Honorarermittlung nach HOAI.

Besondere Leistungen können demgegenüber frei vereinbart werden. Die Vereinbarung bedarf keiner Form und kann dementsprechend auch mündlich erfolgen.

Aufgehoben wurde der § 32 Abs. 4 HOAI 2009. Das Prinzip, dass die Beauftragung mehrerer Objekte an einen Auftragnehmer stets zu einer getrennten Leistungsabrechnung zu erfolgen hat, gilt damit auch für den Fall, dass gleichzeitige Beauftragung der Objektüberwachung Gebäude und Freianlagen, die anrechenbaren Kosten der Freianlagen € 1.500,00

2. Die Honorarermittlung beim Bauen im Bestand   14

Die Möglichkeit nach HOAI 2009 Umbauzuschläge bis zu 80 % zu vereinbaren, sollte so viel Flexibilität geben, dass sachgerechte Vergütungsregelungen für die vielfältigen Leistungsanforderungen im Bestand gefunden werden können. Für den Fall, dass kein Zuschlag schriftlich vereinbart worden ist, war für Leistungen ab der Honorarzone II ein Zuschlag von 20 % vorgesehen. Eine mitzuverarbeitende Bausubstanz war bei den anrechenbaren Kosten nicht zu berücksichtigen. Diese Regelung hat sich insgesamt als untauglich erwiesen.

---

[17] BR-Drucks. 395/2009

[18] Da eine Vergütung nach Zeit in der Honorarpraxis dennoch üblich und auch notwendig ist, bietet diese Kommentierung im Folgenden einige Anhaltspunkte zum Umgang damit und zur Ermittlung der richtigen Stundensätze. Vgl. hierzu Einführung, Punkt III.

[19] BRDrucksache 395/2009

Die HOAI-Novelle 2013 bekennt sich wieder zur Berücksichtigung der Kosten für die mitzuverarbeitende Bausubstanz und kehrt zu alten Regelungsinhalten jedoch mit wesentlichen Modifikationen zurück.

Der Umbauzuschlag wird bei Umbauten von Gebäuden bis auf 33 % möglich und nicht mehr
bis 80 %.

15   3. Die Honorierung von Änderungs- und Zusatzleistungen

Die Honorierung von Änderungs- und Zusatzleistungen stellt ein gravierendes Problem dar, welches die HOAI 2013 eine eigenständige Bestimmung des § 10 widmet.

16   4. Das geänderte Leistungsbild

Die Bewertung der Leistungsphasen wurde teilweise geändert. Wesentliche Leistungen sind
dazu gekommen.

17   5. Abrechnung bei Auftrag für mehrere Objekte

§ 11 der HOAI Fassung 09 ist überarbeitet worden. Dies war auch zwingend notwendig. § 11
HOAI alter Fassung war widersprüchlich und muss als missglückt bezeichnet werden.

18   6. Die Honorartafel

Das Bundeswirtschaftsministerium hat ein Forschungsprojekt gestartet, welches den Aktualisierungsbedarf zur Honorarstruktur der HOAI untersuchen sollte. Im Rahmen dieses Forschungsprojektes wurden auch Honorarempfehlungen für die HOAI 2013 erarbeitet. Maßgebliche Einflussfaktoren auf das Honorar stellen der Mehr- und Minderaufwand aus den aktualisierten
Leistungsbildern, die Baupreisentwicklung, die Entwicklung der Personal- und Sachkosten in
den Architektur- und Ingenieurbüros sowie die Rationalisierung des Planungsprozesses dar. Das
Ergebnis dieser Untersuchung hat zur Anhebung der Honorare im Mittel um rd. 17 % gegenüber
den Honorarsätzen 2009 geführt. Als Sonderfall ist das Leistungsbild Wärmeschutz und Energiebilanzierung anzusehen, das jedoch nicht im preisrechtlich normierten Teil geregelt ist.

19   7. Die Fälligkeit des Honorar

§ 15 regelt die Fälligkeit des Honorars. Bisher war bestimmt, dass das Honorar fällig wird, wenn
eine prüffähige Honorarschlussrechnung überreicht worden ist. Künftig kommt auch noch die
Abnahme der Leistungen des Auftragnehmers hinzu.

III. Zeithonorar

1. Zeithonorar und Preisrecht

20   Für die Vergütung von Architekten- und Ingenieurleistungen spielt das Honorar nach Zeit eine
große Rolle. Besondere Leistungen und Zusatzleistungen, die von den Leistungsbildern nicht
erfasst sind, werden in der Honorarpraxis häufig nach tatsächlichem Zeitaufwand abgerechnet.
Es empfiehlt sich deshalb nach wie vor, sich in den Architekten- und Ingenieurverträgen bereits
auf einen Stundensatz zu einigen, der zur Anwendung kommen soll, wenn Besondere oder Zusatzleistungen nach Zeit abgerechnet werden sollen. Die Honorarsätze nach Zeit können völlig
frei bestimmt werden. Sie sind weder nach unten noch nach oben hin begrenzt.

21   Fehlt es an entsprechenden Festlegungen von Stundensätzen und ist eine übliche Vergütung für
die Berechnung einer Leistung auf Stundenbasis festzustellen, so stellt sich die Frage nach den
in der Branche üblichen Stundensätzen. Auch wenn Stundensätze für Auftragnehmer und deren
Mitarbeiter gestaffelt nach der jeweils geforderten Qualifikation stets unterschiedlich sein werden, bleibt die Frage offen, welcher Stundensatz als üblicher Stundensatz angenommen werden
kann. Für die Beurteilung in der Praxis fehlt häufig der Zugang dazu, wie ein solcher Stunden-

satz angemessen ermittelt wird. Der Stundensatz in einem Architektur- und Ingenieurbüro ist ein betriebswirtschaftlich zu ermittelnder Satz, dessen Kalkulation nach folgenden Grundlagen geschehen kann.

2. Grundsätze für die Ermittlung von Stundensätzen

Die neu gefasste HOAI enthält **keine verordneten Stundensätze** mehr. Architekten und Ingeni- 22
eure können Honorare für nicht verordnete Leistungen mit **betriebseigenen kostendeckenden Bürostundensätzen** kalkulieren.

Auftragnehmer müssen die **Bürostundensätze zur Ermittlung ihres Zeithonorars** so wählen, 23
dass damit **sämtliche Kosten eines Ingenieurbüros und ein angemessener Risiko- und Gewinnzuschlag aus projektbezogener** (= produktiver) **Tätigkeit zu erwirtschaften** sind. Jedes Architektur- oder Ingenieurbüro verfügt über ausreichende Daten zur Kalkulation betriebseigener kostendeckender Stundensätze. Ob diese aber auf dem Anbietermarkt für diese Leistungen akzeptiert werden, wird zumindest bei öffentlichen Auftraggebern häufig durch Hinweise und Empfehlungen von Behörden oder Prüfinstitutionen beeinflusst, deren Herkunft nicht mit Kalkulationen begründet ist. Die bei den Vergabestellen für Vergaben und für die Formulierung von Architekten- oder Ingenieurverträgen verantwortlichen Personen werten solche Stundensätze regelmäßig als verbindliche Vorgaben.

Im Folgenden sind zwei von der Auftraggeberseite veröffentlichte Stundensatzempfehlungen 24
wiedergegeben. In **Tabelle 1** sind die zwischen der Obersten Baubehörde im Bayerischen Staatsministerium des Inneren (**OBB**) und der Ingenieurkammer-Bau Bayern abgestimmten Orientierungswerte für Stundensätze wiedergegeben, welche die OBB den Staatlichen Bauämtern in Bayern mitgeteilt hat.[20] Die Werte sind durch einen 10 %igen Zuschlag aus den Stundensätzen des § 6 HOAI a. F. abgeleitet worden. **Tabelle 2** enthält die in den Richtlinien der Staatlichen Vermögens- und Hochbauverwaltung Baden-Württemberg für die Beteiligung freiberuflich Tätiger (**RifT**) ab August 2009 veröffentlichten Regelsätze[21].

Tabelle 1: Orientierungswerte für Stundensätze für Leistungen nach HOAI 2009 nach OBB ohne Umsatzsteuer

Berufsgruppe		Mindestsatz	Höchstsatz	Mittelsatz
Nr.	Art	€/h	€/h	€/h
1	Auftragnehmer	66,00	90,00	78,00
2	Ingenieure	52,00	58,50	65,00
3	Techniker/Bauzeichner	41,00	47,00	k. A.
Mittlerer Bürostundensatz				60,25

Zu der Tabelle sind folgende Erläuterungen formuliert: 25
Sonstige Mitarbeiter:	41,00 €
Sonstige Mitarbeiter (Techniker)	47,00 €
Mitarbeiter < 2 Jahre Berufserfahrung (noch nicht bauvorlageberechtigt)	52,00 €
Mitarbeiter > 2 und < 7 Jahre Berufserfahrung (Mitarbeit bei Projekten, bauvorlageberechtigt)	58,50 €
Mitarbeiter > 7 Jahre Berufserfahrung (Projektleiter, bauvorlageberechtigt)	65,00 €
Auftragnehmer Büro bis zu 2 Personen (1 festangestellter Mitarbeiter)	66,00 €
Auftragnehmer Büro > 2 und < 10 festangestellte Mitarbeiter	78,00 €
Auftragnehmer Büro > 10 festangestellte Mitarbeiter	90,00 €

---

[20] Schreiben der OBB an die Ingenieurkammer-Bau Bayern vom 11.11.2009
[21] Verfügbar unter http://www.vbv.baden-wuerttemberg.de/pb/site/pbs-bw-new/get/documents/mfw/Bauverwaltung/Bundesbau/RifT/2013 %20RifT-Grundwerk.pdf, dort S. 7

Tabelle 2: Stundensätze für Leistungen nach HOAI 2009 nach RifT ohne Umsatzsteuer

Berufsgruppe		Mindestsatz	Höchstsatz	Mittelsatz
Nr.	Art	€/h	€/h	€/h
1	Auftragnehmer	k. A.	k. A.	i. d. R. 75,00
2	Ingenieure	k. A.	k. A.	i. d. R. 55,00
3	Bautechniker	k. A.	k. A.	i. d. R. 55,00
4	Bauzeichner	k. A.	k. A.	i. d. R. 43,00
Mittlerer Bürostundensatz				k. A.

26 Die Gutachter des **Statusberichts** Architekten/Ingenieure 2000plus halten demgegenüber schon im Jahr 2000 folgende Stundensätze (**Tabelle 3**) ohne Umsatzsteuer für notwendig:

Tabelle 3: Stundensätze für Leistungen nach Statusbericht 2000plus ohne Umsatzsteuer

Berufsgruppe		Bürostundensatz
Nr.	Art	€/h
1	für den Auftragnehmer und deren Mitgesellschafter, Geschäftsführer, Prokuristen und vergleichbare Personen	65,00 bis 140,00
2	Für leitende Mitarbeiter, welche technische und wirtschaftliche Aufgaben erfüllen	60,00 bis 120,00
3	Für Mitarbeiter mit Universitäts- oder Fachhochschulabschluss und vergleichbare Mitarbeiter, welche technische oder wirtschaftliche Aufgaben erfüllen	55,00 bis 90,00
4	Für technische Zeichner und sonstige Mitarbeiter mit vergleichbarer Qualifikation, die technische oder wirtschaftliche Aufgaben erfüllen	40,00 bis 60,00

Ergänzend wird im Statusbericht darauf hingewiesen, dass die vorgeschlagenen Stundensätze deutlich geringer als in europäischen Nachbarstaaten wie z. B. Österreich seien.

27 Der mittlere Bürostundensatz ergibt sich grundsätzlich als Quotient aus der Summe aller jährlichen Aufwendungen eines Auftragnehmers, geteilt durch die Summe aller Jahresstunden, die der Auftragnehmer und seine Mitarbeiter bei projektbezogenen Leistungen für Dritte aufwenden. Differenzierte Bürostundensätze kalkulieren Auftragnehmer für sich und ihre Mitarbeiter in Abhängigkeit von ihrer Qualifikation und ihrer jeweiligen Personalkosten i. d. R. zu Gruppen zusammengefasst. Die nachfolgend ermittelten Bürostundensätze orientieren sich an den in Anlehnung an Pfarr[22] gewählten Berufsgruppen. Dabei sind nach Pfarr folgende unterschiedliche **Produktivitätsansätze** bei den Jahresstunden üblich, die den nachfolgenden Berechnungen des Verfassers zugrunde liegen (**Tabelle 4**). Unter **Produktivität** wird der Anteil der **projektorientiert aufgewendeten Arbeitsstunden** eines Mitarbeiters an der Summe seiner möglichen Arbeitsstunden pro Jahr verstanden.

28 Die projektorientiert aufgewendete Arbeitszeit wird als produktive Arbeitszeit für Leistungen bezeichnet, für die Honorare abgerechnet werden können. Die restliche Arbeitszeit wird häufig missverständlich **„unproduktive" Arbeitszeit** genannt. Hierzu zählt zum Beispiel der Zeitaufwand für allgemeine Geschäftsleitungstätigkeit, für Akquisition, Aus- und Fortbildung, zur Vorbereitung und Herstellung der bei Vergabeverfahren nach der Verdingungsordnung für freiberufliche Leistungen notwendigen Bewerbungsunterlagen sowie für die dabei häufig notwendige Teilnahme der Büroinhaber oder Geschäftsführer sowie des angebotenen Fachpersonals an Vergabeverhandlungen, aber auch der Zeitaufwand für unvermeidliche unternehmensinterne Arbeiten wie z. B. Aufräum- und interne Dokumentationsarbeiten. Schließlich hat Pfarr auch

---

[22] Zuletzt im „Gutachten zur Kosten- und Honorarentwicklung bei den Ingenieurbüros", erarbeitet im Auftrag des AHO von der Forschungsgruppe Professor Dr. Pfarr / Dr.-Ing. Koopmann, Stand 20.08.1993

Tabelle 4: Produktivität der unterschiedlichen Berufsgruppen nach Pfarr

Berufsgruppe		Projektorientierte Arbeitszeit in % der Jahresarbeitszeit	
Nr.	Art	min	max
1	für den Auftragnehmer und deren Mitgesellschafter, Geschäftsführer, Prokuristen und vergleichbare Personen	40	60
2	Für leitende Mitarbeiter, welche technische und wirtschaftliche Aufgaben erfüllen	60	80
3	Für Mitarbeiter mit Universitäts- oder Fachhochschulabschluss und vergleichbare Mitarbeiter, welche technische oder wirtschaftliche Aufgaben erfüllen wie staatlich geprüfte Techniker	70	85
4	Für technische Zeichner und sonstige Mitarbeiter mit vergleichbarer Qualifikation, die technische oder wirtschaftliche Aufgaben erfüllen	80	90

einen allgemein üblichen nicht projektorientierten Zeitaufwand jedes projektorientiert tätigen Büromitarbeiters in Höhe von durchschnittlich 10 % für sonstige Tätigkeiten festgestellt. Der Zeitaufwand für Verwaltungs- und Sekretariatsarbeiten oder für die kaufmännischen oder die betriebswirtschaftlichen Tätigkeiten in einem Ingenieur- oder Architekturbüro wird ebenfalls als unproduktiv, also als nicht projektorientiert definiert. Daher bleiben die Stunden der Mitarbeiterinnen und Mitarbeiter der Auftragnehmerinnen und Auftragnehmer wie zum Beispiel kaufmännisches Fachpersonal, Sekretariats- und Schreibkräfte, Hilfskräfte etc., die ausschließlich für unternehmensinterne Leistungen eingesetzt werden, bei der Ermittlung der projektbezogenen Stunden außer Ansatz. Ihre Kosten sind allerdings in den Jahresaufwendungen der Auftragnehmer vollständig enthalten und müssen durch projektbezogene Tätigkeit des technischen Fachpersonals und dessen Stundensätze erwirtschaftet werden.

Die notwendige **Höhe von Bürostundensätzen** ist von Pfarr in vielen Gutachten untersucht worden. Die Pfarr'schen Ermittlungsgrundsätze hat der Verfasser im Jahre 2000 im Zusammenhang mit seinen Untersuchungen über eine Neufassung der HOAI zugrunde gelegt, um die Höhe der Bürostundensätze zu überprüfen und ggf. anzupassen. Hierzu wurden keine Kalkulationsgrundsätze verwendet, wie sie im freien Beruf üblich sind. Vielmehr wurden die Bürostundensätze berechnet, welche im öffentlichen Dienst zur amtsinternen Leistungsabrechnung unter Ansatz der unten erläuterten Produktivitätsansätze verwendet werden müssten. Damit sollten die den Auftraggebern und Auftragnehmern entstehenden realistischen projektorientierten Kosten vergleichbar gemacht und es sollte gezeigt werden, wie hoch die Bürostundensätze für freiberufliche Tätigkeiten mindestens sein müssten, wenn diese den im öffentlichen Dienst üblichen gleichgestellt würden. Dabei ist sich der Verfasser bewusst, dass die Ermittlung solcher Kosten bei öffentlichen Auftraggebern nur im Einzelfall geschieht. Damit ein Kostenvergleich überhaupt möglich ist, wählte der Verfasser die Berechnungsdaten, welche die KGSt (Kommunale Gemeinschaftsstelle für Verwaltungsmanagement, Köln) ihren Berechnungen über **kostendeckende Stundensätze für den kommunalen Bereich** zugrunde legte, wie sie für 2000 üblich waren.[23] Des Verfassers Berechnungsergebnisse wurden im Statusbericht Architekten/Ingenieure 2000plus im Vergleich mit anderen aktuellen Bürostundensätzen von Architektur- und Ingenieurbüros bestätigt,[24] welche die Gutachter des Statusberichts entweder aus Umfragen oder durch eigene Berechnungen gewannen. Der Verfasser hat deswegen seine Berechnungen mit den für 2009 von der KGSt veröffentlichten Kosten[25] – nachfolgend kurz KGSt-Materialien genannt – auf den Stand 2009 fortgeschrieben, um auf dieser Basis die für freiberufliche Tätigkeiten mindestens erforderlichen Bürostundensätze nachzuweisen.

29

---

[23] KGSt-Bericht Nr. 8/2001: „Kosten eines Arbeitsplatzes", 01.01.2001
[24] Schlussbericht Kapitel 7, S. 7–103
[25] KGSt-Materialien 2/2009 v. 20.08.2009

30   Für die genannten Berufsgruppen werden die vergleichbaren **Kosten eines Arbeitsplatzes im öffentlichen Dienst** ermittelt. Sie setzen sich nach KGSt aus folgenden Kostenarten zusammen:
– Personalkosten, Gehälter einschließlich Versorgungszuschlag, Sozialleistungen etc.
– Sachkosten, d. h. Einrichtung und Ausstattung, Miete/Betrieb der Räume, ggf. Kosten für den Einsatz von Informationstechnik etc.
– Gemeinkosten, d. h. indirekte Kosten, insbesondere für Querschnittsämter (Organisation, Personal, Rechnungsprüfung etc.) sowie amtsinterne Kosten für Leitungsaufgaben, Schreibdienst, Registratur etc.

31   Die Bürostundensätze werden unter Ansatz von vier unterschiedlichen, durchschnittlichen Monatsgehältern der o. g. Berufsgruppen ohne Zuschlag für Risiko und Gewinn wie folgt ermittelt:

32   **a) Personalkosten** von 4 Berufsgruppen mit beispielhaft gewählten Gehältern[26] und Kostenansätzen:

Tabelle 5: Monatliche Brutto-Monatsbezüge einschließlich Zulagen

Berufsgruppe		Monatsgehalt
Nr.	Art	€/Mon.
1	Auftragnehmer, vergleichbare leitende Mitarbeiter wie Geschäftsführer, Niederlassungsleiter oder Partner = kalkulatorisches Inhabergehalt	7.000,–
2	Architekten, Ingenieure und sonstige Mitarbeiter mit abgeschlossenem Universitäts-, Hochschul- oder Fachhochschulstudium, langjährige Berufserfahrung	4.500,–
3	Staatlich geprüfte Techniker und Mitarbeiter mit vergleichbarer Qualifikation, die technische oder wirtschaftliche Aufgaben erfüllen und langjährige Erfahrungen besitzen	3.000,–
4	Technische Zeichner, Bauzeichner und sonstige Mitarbeiter, die technische oder wirtschaftliche Aufgaben erfüllen	2.000,–

33   Die **Bruttogehaltskosten** der Angestellten werden aus den Monatsgehältern unter Berücksichtigung folgender Zuschläge berechnet:
– Jahressonderzahlung im Mittel gewählt = 80 % eines Monatsgehalts
– Arbeitgeberanteil[27] für die Sozialversicherung bei Bruttomonatseinkommen von
  • 7.000,– € = ca. 12,9 %
  • 4.500,– € = ca. 17,8 %
  • 3.000,– € = ca. 19,3 %
  • 2.000,– € = ca. 19,3 %
– Beitrag Unfallversicherung = 145,47 €/Jahr
– Kindergeld = 11,13 €/Monat
– Beihilfen = 27,74 €/Jahr
– Leistungsentgelt (§ 18 (3) TVöD) = 1 % der ständigen Monatswerte aller unter den Geltungsbereich des TVöD fallenden Beschäftigten; hier vereinfacht angesetzt laut Protokollerklärung zu § 18 Abs. 4 TVöD mit 8 % eines Monatsgehalts

34   **b) Sachkosten** werden mit folgenden Sachkostenpauschalen für Büroarbeitsplätze nach KGSt-Materialien angesetzt:
– ohne informationstechnische Unterstützung = 5.400,– €/Jahr
– informationstechnische Unterstützung = 10.200,– €/Jahr
– vergleichbare Sachkostensumme = 15.600,– €/Jahr

---

[26] Angestelltengehälter in Anlehnung an die Gehaltsempfehlung des Arbeitgeberverbandes deutscher Architekten und Ingenieure e.V. – ADAI – für Gehälter ab 01.01.2009, Tarifgruppe T6, veröffentlicht von der Architektenkammer Baden-Württemberg www.akbw.de und dem Statistischen Bundesamt „Verdienste und Arbeitskosten" Fachserie 16, R 04.02. 2. Halbjahr 2008, S. 116
[27] Berechnet mit dem Internet unter http://www.imacc.de/lohnabrechnunggehaltsabrechnung/sozialabgabenarbeitgeber/beitragsbemessungsgrenze.html zur Verfügung stehendem Rechner

c) Gemeinkosten (Kosten der Leistungsaufgaben, der Assistenzdienste und der sonstigen zent- **35**
ralen Dienste) werden nach KGSt wie folgt ermittelt:
– indirekte Kosten = 10 % der Bruttogehaltskosten
– amtsinterne Kosten = 10 bis 40 %, gewähltes Mittel = 25 % der Bruttogehaltskosten
– zusammen gewählt = 35 % der Bruttogehaltskosten

d) Arbeitszeit: bei **einer** 39-Stunden-Woche ergeben sich nach KGSt-Materialien 1 581 Arbeits- **36**
stunden pro Jahr.

Mit diesen Basisdaten werden die der betriebswirtschaftlichen Realität eher entsprechenden kos- **37**
tendeckenden Bürostundensätze ohne die erwähnten nicht berücksichtigten Kosten und Zuschläge in der folgenden **Tabelle 6** (Ermittlung der Jahres-, Monats- und Stundensätze) berechnet.

Tabelle 6: Ermittlung der Jahres-, Monats- und Stundensätze ohne Risiko- und Gewinnzuschläge ohne
Berücksichtigung der unterschiedlichen Produktivität

	Kosten in € der Berufsgruppen			
	1	2	3	4
Monatsgehalt	7.000,00	4.500,00	3.000,00	2.000,00
Anteilige Jahressonderzahlung = 0,9 · Monatsgehalt	630,00	337,50	225,00	150,00
Sozialkosten = x %[1] von (Monatsgehalt · 12 + Anteil Sonderzahlung) : 12				
~ 11,9 % bei 7.630,00 €	907,97			
~ 17,4 % bei 4.837,50 €		841,73		
~ 19,3 % bei 3.225,00 €			622,43	
~ 19,3 % bei 2.150,00 €				414,95
Zwischensumme 1	8.537,97	5.679,23	3.847,43	2.564,95
Eigenunfallversicherung = 145,474 €/Jahr/12	12,12	12,12	12,12	12,12
Beihilfen = 27,74 €/Jahr/12	2,31	2,31	2,31	2,31
Kindergeld = 11,13 €/Monat	11,13	11,13	11,13	11,13
Leistungsentgelt = 8 % eines Monatsgehalts/12	56,00	30,00	20,00	13,33
Zwischensumme 2 (Bruttogehaltskosten)	8.619,53	5.734,79	3.892,99	2.603,84
Sachkosten: 15.600,– €/Jahr : 12	1.300,00	1.300,00	1.300,00	1.300,00
Gemeinkostenzuschlag = 35 % der Bruttogehaltskosten	3.012,94	2.003,28	1.358,65	903,95
Durchschnittlicher Monatssatz	12.932,47	9.038,07	6.551,64	4.807,79
Echter Monatssatz (10,5 Arbeitsmonaten[2])	14.779,97	10.329,22	7.487,59	5.494,62
Jahreskosten[3]	155.189,64	108.456,84	78.619,68	57.693,48
Stundensatz in €/theoretische Arbeitsstunde[4]	98,16	68,60	49,73	36,49

[1] Ermittelt wie unter Fn. 8 angegeben
[2] echter Monatssatz = Jahreskosten : 10,5 Monate
[3] Jahreskosten = durchschnittlicher Monatssatz · 12 Monate
[4] Stundensatz bei 1581 Arbeitsstunden/Jahr ohne Ersatz für Ausfallzeiten und ohne projektgebundene Reisekosten =
(durchschnittlicher Monatssatz · 12 Monate) : (1581 Arbeitsstunden/Jahr) [€/h]

38   Die Bürostundensätze werden in **Tabelle 7** für die einzelnen Berufsgruppen aus den in Tabelle 6 ermittelten Jahreskosten anhand eines Beispiels für eine mittlere Bürogröße unter Berücksichtigung der für die einzelnen Berufsgruppen unterschiedlichen Produktivitätsziffern berechnet. Hierzu wird ein laut Statistischem Bundesamt[28] durchschnittliches Büro mit 20 Mitarbeitern gewählt. Dessen Personal mag sich ohne kaufmännisches Fachpersonal wie in Tabelle 7 dargestellt zusammensetzen. Die der Realität nahe kommenden Produktivitätsziffern wurden in Anlehnung an die zitierte Veröffentlichung von Pfarr gewählt (**Tabelle 4**); die Bürostundensätze werden für die beiden unterschiedlichen Produktivitätsziffern berechnet.

Tabelle 7: Ermittlung der kostendeckenden Bürostundensätze für die produktive Arbeitszeit

Berufsgruppe			Jahreskosten[1]	projektorientierte Arbeitszeit der Berufsgruppe in Jahresstunden[2]		auf projektorientierte Arbeitszeit verteilte Kosten[3]	
Nr.	Art		€/a	min	max	min	max
1	Auftragnehmer	2	310.379,28	1 264,8	1 897,2	124.152,77	186.229,15
2	Ingenieure	10	1.084.569,40	9 486,0	12 648,0	650.739,60	867.652,80
3	Techniker	3	235.859,04	3 320,1	4 031,6	165.108,57	200.488,98
4	Bauzeichner	5	288.467,40	6 324,0	7 114,5	230.762,76	259.608,11
Summe/Mittel		20	1.919.275,12	20 394,9	25 691,3	1.170.763,70	1.513.979,05

[1] Anzahl aus Spalte 3 · Jahreskosten einer Person aus Tabelle 5
[2] Anzahl aus Spalte 3 · 1 581 h/Jahr · Arbeitszeit der Berufsgruppe in % der Jahresarbeitszeit aus Tabelle 4
[3] Arbeitszeit nach Spalten 5 oder 6 · Stundensatz der Berufsgruppe in €/theoretische Arbeitsstunde aus Tabelle 5

39   In **Tabelle 8** werden die in der nicht projektgebundenen Arbeitszeit entstehenden Restkosten unter Ansatz der unterschiedlichen Prozentsätze der Produktivität auf die Anzahl der Mitglieder der vier Berufsgruppen gleichmäßig verteilt. Sie betragen:

min: 1.919.275,12 – 1.170.763,70 = 748.511,42 €

max: 1.919.275,12 – 1.513.979,05 = 405.296,08 €

Tabelle 8: Ermittlung der kostendeckenden Bürostundensätze für die produktive Arbeitszeit

Berufsgruppe		Restkosten verteilt nach produktiven Stunden in €/a		Summe aller Kosten in €/a[2]		Mittlerer Bürostundensatz €/h[3]	
Nr.	Art	min[1]	max	min	max	min prod. Stunden	max prod. Stunden
1	Auftragnehmer	46.419,31	29.929,50	170.572,08	216.158,65	134,86	113,94
2	Ingenieure	348.144,85	199.529,99	998.884,45	1.067.182,79	105,30	84,38
3	Techniker	121.850,70	63.600,97	286.959,27	264.089,95	86,43	65,51
4	Bauzeichner	232.096,56	112.235,62	462.859,32	371.843,73	73,19	52,27
Summe/Mittel		748.511,42	405.296,08	1.919.275,12	1.919.275,12	94,11	74,71

[1] z. B. Auftragnehmer: (1 264,8 : 20 394,9) · 748.511,42 € = 29.929,56 €
[2] auf projektorientierte Arbeitszeit verteilte Kosten aus Tabelle 6 zuzüglich nach produktiven Stunden verteilte Restkosten je Berufsgruppe aus Spalten 3 und 4
[3] Summe aller Kosten der Spalten 5 und 6 dividiert durch die projektorientierte Arbeitszeit der jeweiligen Berufsgruppe aus Tabelle 6

---

[28] Statistisches Bundesamt: Kostenstrukturen bei Rechtsanwälten und Anwaltsnotaren, bei Wirtschaftsprüfern, Architekten und Beratenden Ingenieuren. Fachserie 2, Reihe 1.6.2. Statistisches Bundesamt, Wiesbaden 1994

Diese Kosten werden auf die produktiven Stunden gleichmäßig verteilt und zu den auf die pro- **40**
duktive Arbeitszeit nach Tabelle 7 verteilten Kosten addiert. Aus der so ermittelten Kostensumme folgen nach deren Division durch die produktiven Stunden die mittleren Bürostundensätze.
Diese Sätze (Kostenstand 2009) werden durch den zitierten Statusbericht 2000plus tendenziell
bestätigt (**s. Tabelle 3**). Dies ist deswegen nicht verwunderlich, weil seit dessen Veröffentlichung
eine wenn auch bescheidene Gehalts- und Kostenentwicklung wegen der allgemeinen wirtschaftlichen Entwicklung stattgefunden hat.[29] Letztere liegen aber noch deutlich über dem auf Basis der
KGSt-Daten ohne Zuschläge für Risiko und Gewinn ermittelten Werten.

Um besser und vor allem leichter vergleichen zu können, sind in den Spalten 3 bis 5 der **Tabelle 9** **41**
die Daten der Tabelle 3 wiederholt und in der letzten Spalte der Tabelle 9 die auf Basis der KGSt-
Daten in Tabelle 8 ermittelten **Bürostundensätze einschließlich 5 % Zuschlag für Risiko und
5 % Zuschlag für Gewinn** eingetragen:

Tabelle 9: Bürostundensätze für die produktive Arbeitszeit nach Statusbericht und nach KGSt

Berufsgruppe		Stundensätze in €/h nach Statusbericht für 2000			Bürostundensätze in €/h auf Basis KGSt inkl. Risiko und Gewinnzuschlag für 2009	
Nr.	Art	Mindestsatz	Höchstsatz	Mittelsatz	Mindestsatz	Höchstsatz
1	Auftragnehmer	65,00	140,00	102,50	125,00	148,00
2	Ingenieure	60,00	120,00	90,00	93,00	116,00
3	Techniker	55,00	90,00	72,50	72,00	95,00
4	Bauzeichner	40,00	60,00	50,00	58,00	80,00
Mittlerer Bürostundensatz				66,27	82,00	104,00

Aus den in Tabelle 9 zusammengestellten Daten sind die in **Tabelle 10 zusammengestellten** **42**
kostendeckenden Bürostundensätze abgeleitet; sie entsprechen den Empfehlungen des Statusberichts 2000plus Architekten/Ingenieure. Dabei wurde berücksichtigt, dass nur gemittelte
Gehälter angesetzt wurden. Daher können die Bürostundensätze allenfalls eine richtige Größenordnung angemessener Stundensätze aufzeigen; sie können keinesfalls für eine konkrete Ange-
botskalkulation oder Nachkalkulation verwendet werden; es ist dringend anzuraten, die Sätze
bürospezifisch zu kalkulieren.

Tabelle 10: Angenäherte kostendeckende Bürostundensätze einschließlich Kosten für kaufmännische
Betreuung und Zuschlag für Risiko und Gewinn

Berufsgruppe		Bürostundensatz
Nr.	Art	€/h
1	für den Auftragnehmer, vergleichbare leitende Mitarbeiter wie Geschäftsführer, Niederlassungsleiter oder Partner	120,00 bis 150,00
2	für Architekten, Ingenieure und sonstige Mitarbeiter mit abgeschlossenem Universitäts-, Hochschul- oder Fachhochschulstudium	90,00 bis 120,00
3	für staatlich geprüfte Techniker sowie für Mitarbeiter mit vergleichbarer Qualifikation, die technische oder wirtschaftliche Aufgaben erfüllen	70,00 bis 95,00
4	für technische Zeichner, Bauzeichner und sonstige Mitarbeiter, die technische oder wirtschaftliche Aufgaben erfüllen	50,00 bis 80,00

---

[29] Statistisches Bundesamt: Verdienste und Arbeitskosten. Fachserie 16, Reihe 04.02, S. 116, veröffentlicht am
27.02.2009

43 Siegburg[30] hat im Oktober 2009 unter www.ibr-online.de Überlegungen veröffentlicht, auf welche Weise unter Beachtung von Qualitätskriterien und Objektanforderungen angemessene Bürostundensätze begründet werden können. Er schlägt hierfür in Anlehnung an die in den §§ 34, 39, 43 und 47 HOAI n. F. verordneten Planungsanforderungen 5 Bewertungsmerkmale von Anforderungen an die unterschiedlichen Berufsgruppen in Architektur- und Ingenieurbüros vor, denen er Bewertungspunkte nach ihrer Bedeutung zuordnet:

1) erforderliche Spezialkenntnisse   1 bis 9 Punkte
2) Schwierigkeitsgrad der Aufgabenstellung   1 bis 6 Punkte
3) Grad der erforderlichen geistig-schöpferischen Leistung   1 bis 9 Punkte
4) Berufserfahrung des Architekten bzw. Ingenieurs   1 bis 6 Punkte
5) Leistungsfähigkeit sowie das Renommee des Planungsbüros   1 bis 6 Punkte

44 Deren Bewertung wird nach **Tabelle 11** empfohlen. Dabei bietet die letzte rechte Spalte die Möglichkeit, im konkreten Fall die für zutreffend gehaltenen Bewertungspunkte anzugeben und durch Addition die maßgebende Punktsumme zu ermitteln. Bei drei Berufsgruppen wären demnach drei unterschiedliche Wertungen notwendig.

Tabelle 11: Ermittlung der maßgebenden Punktsumme der Anforderungen an das Fachpersonal

Anforderung/ Bewertungsmerkmal	sehr gering	gering	durch-schnittlich	überdurch-schnittlich	sehr hoch	gewählt
Spezialwissen	1 bis 2	3 bis 4	5 bis 6	7 bis 8	9	
Schwierigkeitsgrad	1	2	3 bis 4	5	6	
Geistig-schöpferische Leistung	1 bis 2	3 bis 4	5 bis 6	7 bis 8	9	
Berufserfahrung	1	2	3 bis 4	5	6	
Leistungsfähigkeit des Büros	1	2	3 bis 4	5	6	
Summe der Punkte	bis 9	10 bis 15	16 bis 22	23 bis 29	30 bis 36	

45 Ausgangspunkt der von Siegburg vorgeschlagenen und in **Tabelle 12** enthaltenen Stundensätze sind die bis zum Inkrafttreten der novellierten HOAI am 18.08.2009 nach Siegburgs Einschätzung in der Praxis als üblich zu bezeichnenden Stundensätze von 75,00 € für den Auftragnehmer, 65,00 € für den Mitarbeiter/Architekt und 45,00 € für den sonstigen Mitarbeiter.

Tabelle 12: Von Siegburg empfohlene Stundensätze 2009

€	Punkte von – bis	von 0	bis 9	von 10	bis 15	von 16	bis 22	von 23	bis 29	von 30	bis 36
	Auftragnehmer	75,00	84,00	85,00	114,00	115,00	149,00	150,00	199,00	200,00	300,00
	Mitarbeiter (Architekt, Ingenieur)	65,00	74,00	75,00	94,00	95,00	114,00	115,00	149,00	150,00	200,00
	Sonstige Mitarbeiter (Bauzeichner)	45,00	54,00	55,00	64,00	65,00	74,00	75,00	84,00	85,00	100,00

Die Stundensätze zeigen, dass die in Tabelle 10 mitgeteilten Bürostundensätze den von Siegburg empfohlenen Sätzen
– beim Auftragnehmer im durchschnittlichen Bereich,
– bei Architekten und Ingenieuren im durchschnittlichen bis überdurchschnittlichen Bereich und
– bei den sonstigen Mitarbeitern zwischen geringem und überdurchschnittlichem Bereich liegen.

---

[30] Siegburg: Objektive Ermittlung der Höhe von Stundensätzen für Architekten und Ingenieure, veröffentlicht unter www.ibr-online.de

Der Vergleich mit den von der Auftraggeberseite veröffentlichten Stundensätzen[31] zeigt, dass **46** diese weder den Ergebnissen des Statusberichts noch den auf Basis der Kalkulationsgrundsätze der KGSt kalkulierten Bürostundensätzen entsprechen. Diese staatliche Auftraggeber vertretenden Organisationen billigen den freiberuflich Tätigen nicht einmal den Ersatz des ihnen in den eigenen Verwaltungen entstehenden Aufwands zu. Dass diese Stundensätze nicht der betriebswirtschaftlichen Realität in den Architektur- und Ingenieurbüros im Jahr 2009 entsprechen, zeigt ferner die in Heft Nr. 9 der AHO-Schriftenreihe[32] (s. dort Seite 108) veröffentlichte Berechnung des Stundensatzes eines Mitarbeiters mit einem Grundgehalt nach A III gemäß TV Gehalt/West § 3 Abs. 3 des Baugewerbes ab 01.01.2008, der einschließlich Zuschlag für Risiko und Gewinn einen Nettosatz in Höhe von 73,91 € ausweist.

Als Ergebnis ist festzuhalten, dass die Kalkulationsgrundwerte der Kosten von öffentlich be- **47** dienstetem technischem Personal, welche für die verwaltungsinterne Kostenverrechnung verwendet werden, unter Berücksichtigung der im freien Beruf stets zu beachtenden Produktivitätsziffern zu Bürostundensätzen führen, die deutlich höher liegen als die von einigen öffentlichen Auftraggeberstellen als ausreichend angesehenen Stundensätze. Dies zeigt der folgende abschließende Vergleich (Tabelle 13) der bereits mitgeteilten Mittel-/Regelsätze.

Tabelle 13: Vergleich der Mittelwerte einiger von der öffentlichen Hand für angemessen gehaltenen Stundensätze mit den auf Basis der KGSt – Basiswerte ermittelten Sätzen

Berufsgruppe		Mittelsatz nach OBB	Regelsatz nach RifT	Mittelsatz Statusbericht 2000plus	Bürostundensätze auf Basis KGSt aus Tabelle 8 inkl. Risiko und Gewinnzuschlag für 2009
Nr.	Art	€/h	€/h	€/h	€/h
1	Auftragnehmer	78,00	75,00	102,50	120,00 bis 150,00
2	Ingenieure	65,00	55,00	90,00	90,00 bis 120,00
3	Techniker	47,00	55,00	72,50	70,00 bis 95,00
4	Bauzeichner	40,00	43,00	50,00	50,00 bis 80,00
Mittlerer Bürostundensatz		60,25	k. A.	66,27	80,00 bis 105,00

IV. HOAI-Preisrecht versus Vertragsrecht

Der Rechtsnatur nach handelt es sich bei der HOAI um **Preisrecht**.[33] Auch wenn dieser Begriff **48** immer wieder zu Missverständnissen führt[34] und er an keiner Stelle genau definiert ist, so hatte sich diese Rechtsnatur der HOAI gleichwohl einhellig herausgebildet. An dieser Rechtslage hat sich nichts geändert. Der Begriff Preisrecht will verdeutlichen, dass die HOAI regelnd in die Vertragsfreiheit eingreift, indem den Parteien der Preisrahmen für die in der Honorarordnung bewerteten Leistungen bindend vorgeschrieben wird. Damit kontrolliert sie die Wirksamkeit von Preisvereinbarungen und ersetzt sie zugleich, indem sie bei fehlenden oder nichtigen Honorarvereinbarungen die Höhe des Leistungsentgeltes bestimmt. Soweit die Parteien Mindestsätze zu beachten haben, trägt die HOAI zur Qualitätssicherung der Berufsleistung bei und nimmt mit der Festlegung von Höchstpreisen auf die Entwicklung der Baupreise Einfluss.

Mit dem **Honorarrahmen von Mindest- und Höchstsätzen** zeigt die HOAI den Spielraum für **49** Honorarvereinbarungen auf. Indem sie einen Höchstsatz formuliert, schränkt sie die Vertrags-

---

[31] Vgl. Tabellen 1 und 2

[32] Projektmanagementleistungen in der Bau- und Immobilienwirtschaft. Stand März 2009, zu bestellen unter www.aho.de

[33] OLG Koblenz ZfBR 1994, 229

[34] So bezeichnet der BGH in BauR 1997, 154, 155 die HOAI als „öffentliches Preisrecht", das KG in BauR 2003, 748 bezeichnet das Preisrecht hingegen als „öffentlich-rechtlich"

freiheit insoweit ein, als über den Höchstsatz hinaus mit Ausnahme von § 7 Abs. 4 keine Honorare vereinbart werden dürfen. Mit der Regelung des Mindestsatzes und mit genauer Festlegung, wie dieser zu berechnen ist, wird den Vertragsparteien die Vereinbarung eines Mindesthonorars zur Pflicht gemacht. Die Unterschreitung der Mindestsätze ist gemäß § 7 Abs. 3 auf den Ausnahmefall beschränkt.

50 Die HOAI regelt damit weder unter welchen Voraussetzungen Architekten- und Ingenieurverträge zustande kommen noch unter welchen Voraussetzungen die **Honorarpflicht** beginnt. Dies entscheidet sich nach allgemeinen Vertragsgrundsätzen. Die HOAI setzt damit immer eine dahingehende Vereinbarung der Parteien voraus, dass die **Vertragsleistungen überhaupt entgeltpflichtig** sein sollen. Erst wenn ein Architekten- oder Ingenieurvertrag geschlossen ist und Einigkeit besteht, dass die Leistungen vergütet werden sollen, greifen die Bestimmungen der HOAI ein. Fehlt es bei Auftragserteilung an einer schriftlichen Honorarvereinbarung, so schreibt § 7 Abs. 5 verbindlich vor, dass das Honorar aus den Mindestsätzen der jeweils zutreffenden Honorarzonen gebildet wird.

51 Die HOAI ist ein Bewertungsregelwerk. Sie beschreibt einen **idealtypischen Geschehensablauf**, den sie mit Mindest- und Höchstsätzen bewertet. Abweichungen hiervon werden nicht erfasst. Dies gilt insbesondere für alle Einflüsse auf die Planung und Bauabwicklung die für die Parteien bei Vertragsabschluss unvorhersehbar oder unbekannt gewesen sind. Die HOAI regelt solche Sachverhalte in § 10 unter Überschrift „Berechnung des Honorars bei vertraglichen Änderungen des Leistungsumfanges".

52 Die Rechtsprechung[35] zur Einordnung der HOAI als Preisrecht grenzt häufig zum Vertragsrecht ab. Das Mantra hierzu lautet: **Die HOAI regelt als Preisrecht kein Vertragsrecht.**[36] Damit soll verdeutlicht werden, dass sich der Regelungsbereich der HOAI nicht auf die vom Architekten/Ingenieur geschuldete Leistung bezieht, sondern nur auf die Gegenleistung, die Honorierung. Zwar gibt es eine untrennbare Verbindung von Leistungsinhalt des Auftragnehmers (Hauptleistung) und **preislicher Bewertung** (Gegenleistung), da es ja gerade diese Hauptleistung ist, die der Verordnungsgeber preislich zwingend bewertet und damit die Höhe des Honorars (Gegenleistung) festlegt. Durch die Faustregel wird allerdings deutlich, dass es der Verordnungsgeber jedenfalls nicht in die Hand genommen hat, den Parteien Leistungsinhalte aufzuzwingen. Denn es bleibt den Parteien überlassen, nach dem Grundsatz der Vertragsfreiheit frei zu vereinbaren, welche Leistungen des Architekten/Ingenieurs Vertragsgegenstand sein sollen. Erst nachdem dies erfolgt ist, finden die zwingenden Honorarvorschriften betreffend der Gegenleistung Anwendung.

53 Die gedankliche Untrennbarkeit von Architekten- bzw. Ingenieursleistungen und preislicher Bewertung ebendieser Leistungen führt in der Rechtspraxis zu Wechselwirkungen. In diesem Kontext sind als prominente Beispiele die beiden Entscheidungen des BGH zum „**Teilerfolg**" zu nennen.[37] Diese Entscheidungen könnten dahingehend (miss)verstanden werden, dass eine an den Leistungsphasen des § 15 HOAI orientierte vertragliche Vereinbarung im Regelfall begründet, dass der Architekt die Grundleistungen (nunmehr Leistungen) als vereinbarte Arbeitsschritte im Sinne von **Teilerfolgen des geschuldeten Gesamterfolges** schuldet.[38] Man könnte hierzu polemisieren, dass die HOAI aufgrund dieser Rechtsprechung mittelbar auch die Hauptleistung (Architekten-/Ingenieurleistung) regeln würde und nicht nur die Gegenleistung (Honorar). Diese beiden Deutungen sind jedoch Trugschlüsse.

54 Die Rechtsprechung beruft sich in erster Linie nicht auf die HOAI, sondern streng genommen auf den **Entwicklungscharakter der Architektenleistung**, wonach in der Regel bestimmte **Ar-**

---

[35] BGH BauR 1997, 154; OLG Koblenz ZfBR 1994, 229

[36] So zuletzt: OLG Rostock, Urteil v. 03.12.2008 – 2 U 58/05, siehe hierzu Götte in IBR 2010, 34

[37] BGH Urteil v. 24.06.2004, VII ZR 259/02; BauR 2004, 1640; BGHZ 159, 376; NJW 2004, 2588; NZBau 2004, 509; ZfBR 2004, 781 sowie BGH Urteil v. 11.11.2004 – VII ZR 128/03; BauR 2005, 400; NZBau 2005, 158; ZfBR 2005

[38] Für den Einzelfall der Grundleistung aus Leistungsphase 2 „Zusammenstellen aller Vorplanungsergebnisse", BGH a. a. O., BauR 2004, 1640, 1643, für den Einzelfall der Kostenermittlungen, BGH a. a. O., BauR 2005, 400, 405

beitsschritte[39] erforderlich sind, um zum **Endergebnis** zu gelangen.[40] Nach einer interessengerechten Auslegung des Architektenvertrages nahm der BGH daher zunächst Bezug auf die Interessen des Bauherrn, einen mangelfreien Werkerfolg zu erhalten, und da hierfür das **Durchschreiten bestimmter Arbeitsschritte in der Regel notwendig** ist, stellte er sodann fest, dass sich das Interesse des Bauherrn auch auf diese Arbeitsschritte bezieht, wonach sie Teilerfolge darstellen.[41]

Welches sind diese Arbeitsschritte, die von derartigem Interesse für den Auftraggeber sind, dass **55** sie Teilerfolge darstellen? Nach Ansicht des BGH sind dies diejenigen Arbeitsschritte der Planung, die für Bauunternehmer als Planungsvorgabe erforderlich sind. Es sind ferner diejenigen Arbeitsschritte, die den Auftraggeber in die Lage versetzen, etwaige Gewährleistungsansprüche gegen Bauunternehmer durchzusetzen, sowie diejenigen, anhand derer der Auftraggeber prüfen kann, ob der Architekt/Ingenieur seine Leistung vertragsgerecht erbracht hat. Außerdem sind es diejenigen Arbeitsschritte, die erforderlich sind, um die Maßnahmen zur Unterhaltung und Bewirtschaftung des Bauwerkes zu planen.[42] Welche (Grund-)Leistungen der Leistungsbilder nach der HOAI diesen Charakter haben, haben die Gerichte nur **im Einzelfall entschieden**. Es sind dies nach Urteilen des BGH einerseits das „Zusammenstellen aller Vorplanungsergebnisse"[43] aus Leistungsphase 2 sowie die Kostenermittlungen der jeweiligen Leistungsphasen.[44] Das Kammergericht[45] ist auf der anderen Seite der Auffassung, dass das „Führen eines Bautagebuchs" keinen solchen Charakter hat.

Auch wenn die HOAI keine Regelung darüber enthält, welche Leistungen der Auftragnehmer schuldet, wirken sich dennoch die Leistungsbeschreibungen in den Leistungsbildern auf die Beurteilung des geschuldeten Leistungssolls aus. Dies zeigt die Entscheidung des BGH aus dem Jahre 1997[46] sehr deutlich. Danach sollen die einzelnen Grundleistungen, die vom Auftragnehmer geschuldeten Teilerfolge beschreiben, wenn die vertraglich vereinbarte Leistungsbeschreibung Bezug auf die HOAI-Leistungsbilder nimmt.

Es hat schon seit jeher Schwierigkeiten bereitet, die Leistungspflicht des Architekten/Ingenieurs sachgerecht in das besondere Schuldrecht des BGB einzuordnen.

Die rechtsdokmatische Einstufung der Architektenleistung in das Recht des Werkvertrages, ist heute unbestrittene Tatsache und ergibt sich im Umkehrschluss auch aus der Verjährungsbestimmung für die Mängelhaftung (§ 634a BGB). Dies war allerdings nicht immer so. Bis zu der richtungsweisenden Entscheidung des BGH im Jahre 1959[47], galt die Einschätzung des Reichsgerichts, dass den Architektenvertrag als eine besondere Form des Dienstvertrages angesehen hat.[48]

Nach § 631 BGB schuldet der Auftragnehmer seinem Auftraggeber die Herstellung des versprochenen Werkes. § 631 Abs. 2 BGB beschreibt den Gegenstand des Werkvertrages, der sowohl die Herstellung oder Veränderung einer Sache, als auch ein anderer durch Arbeit oder Dienstleistung beizuführender Erfolg sein kann.

Da der Architekt/Ingenieur keine Sache herstellen, lautet die Frage, was unter dem vom Architekten herbeizuführenden Erfolg zu verstehen ist.

Seit der BGH Entscheidung aus dem Jahre 1959 wird dieser herbeizuführende Erfolg in dem Entstehen lassen eines mangelfreien Bauwerkes gesehen. Damit ist sicher ein Teilaspekt angesprochen, aber bei weiten nicht das gesamte Geschehen erfasst.

---

[39] Diese Kommentierung zeigt zu den einzelnen Leistungsbildern im Bereich der jeweiligen Paragraphen auf, welches diese Arbeitsschritte sind und welche (Grund-)Leistungen einen einheitlichen Arbeitsschritt darstellen. Siehe hierzu die Kommentierung zu Anlage 11

[40] Hierzu bereits Jochem: Festschrift für Heiermann. Planungsänderungen im Baufortschritt und ihre honorarmäßige Bewertung bei Architekten- und Ingenieuraufgaben. Wiesbaden 1995, S. 169–179

[41] BGH a. a. O., BauR 2004, 1640, 1643

[42] Für diese Arbeitsschritte wörtlich: a. a. O., BauR 2004, 1640, 1643

[43] BGH a. a. O., BauR 2004, 1640, 1643

[44] BGH a. a. O., BauR 2005, 400, 405

[45] Kammergericht Urteil v. 16.03.2010 – 7 U 53/08; vgl. hierzu Eich in IBR 2010, 341

[46] BGH in BauR 1997, 154

[47] BGH in NJW 1960, 431

[48] RGZ 86, 75; 137, 83

Fest steht, dass der Architekt das Bauwerk, welches er plant und überwacht selbst nicht baut. Die Bauleistungen werden von Bauunternehmern geliefert.

Fest steht auch, dass bei Abschluss eines Planungsvertrages zwar Bauziele des Bauherren bestehen, die der Auftragnehmer allerdings nur im engen Zusammenwirken mit seinem Bauherrn und den Fachingenieuren, bearbeiten kann. Es ist nicht möglich, bei Auftragserteilung den vom Architekten erwarteten Leistungserfolg so präzise zu definieren, dass der Auftragnehmer losgelöst von dem Auftraggeber allein auf sich gestellt mit seiner Dienstleistung den vertraglich geschuldeten Werkerfolg liefern könnte. Entsprechend schwierig ist es, die geschuldete Beschaffenheit der Architektenleistung/Ingenieurleistung zu bestimmen. Besondere Probleme schafft das Erfordernis mit der geschuldeten Planung ein bestimmtes Baubudget zu erreichen.

Der Kern der Planungsaufgabe ist vielmehr dadurch gekennzeichnet, dass Auftragnehmer und Auftraggeber in gemeinsamer Befassung mit der Bauaufgabe den letztendlich herbeizuführenden Werkerfolg nach und nach konkretisieren und bestimmen.

Es ist vielfach ein verfehlter Ansatz in der Beurteilung, das endgültige Bauergebnis mit der anfänglichen vertraglichen Vorstellung des Auftraggebers zu vergleichen, um Feststellungen darüber zu treffen, ob der geschuldete Leistungserfolg eingetreten ist. Dabei wird der den Architektenvertrag kennzeichnende Entwicklungscharakter außer Acht gelassen. Die Leistungsbilder der HOAI zeigen die Arbeitsschritte auf. Am Ende der Planungsleistung steht stets das Zusammenfassen, Erläutern und Dokumentieren der Ergebnisse. Die dort angesprochenen Ergebnisse sind im Kern die Bauherrenentscheidungen zu den einzelnen Planungsvorschlägen des Auftragnehmers. Dies ist eine Mitwirkungspflicht des Bauherren, bei dessen Unterbleiben die Rechte aus §§ 642, 643 entstehen.

Die HOAI Fassung 2009 hat in § 3 Abs. 8 noch die Formulierung enthalten, „das Ergebnis jeder Leistungsphase ist mit dem Auftraggeber zu erörtern". In der Aufgabe, etwas zu erörtern, steckt auch die Pflicht des Auftraggebers, zur Mitwirkung. Das passt nicht in den Kontext einer Gebührenordnung, die als Aufgabenstellung die Bewertung einer Leistung ausgedrückt in Honorar vorzunehmen hat. Sie sprengt damit den Rahmen der Ermächtigungsgrundlage, der die HOAI als preisrechtliche Vorschrift definiert. Vertragliche Verhaltensnormen regelt demgegenüber das BGB. Insofern ist richtig, dass eine solche Regelung wieder gestrichen wurde. Sie gehört nicht in die HOAI. Das ändert allerdings nichts an der Erkenntnis, dass der Bauherr als Auftraggeber bei der Bewältigung der Planungsaufgabe mitzuwirken hat. Ihn treffen umfassende Obliegenheiten.

Er bestimmt, was er haben will. Er definiert die Anforderungen hinsichtlich der beabsichtigten
- Funktion des Gebäudes,
- Raumaufteilung,
- Gestaltung,
- Baubudget,
- Bauzeit,
- Bauabwicklung,
die fortan als sogenannte Bauherrenanforderungen bezeichnet werden sollen.

Beide Vertragspartner stoßen dabei auf Bedingungen, denen diese Bauherrenanforderungen gerecht werden müssen. Diese objektiv vorliegenden Bedingungen sind u. a.:
- baurechtliche Bestimmungen der Bauordnungen und des Bauplanungsrechts,
- technische Anforderungen für ein mangelfreies Bauwerk,
- bauphysikalische Bedingungen und Notwendigkeiten,
- Baumarktverhältnisse hinsichtlich der Vergabe von Bauleistungen,
- Baukosten, die die Baumaßnahme auslösen.
Diese werden fortan als objektive Baubedingungen bezeichnet.

Bauherrenanforderungen und objektive Baubedingungen stehen fast immer in einer Wechselwirkung. Aufgabe des Architekten/Ingenieurs ist es, Lösungen für die Bauherrenanforderungen zu finden, die unter Beachtung der objektiv vorliegenden Baubedingungen realisiert werden können.

Das Problem besteht darin, dass die Klärung, ob Baulösungen, die den Bauherrenanforderungen gerecht werden, den objektiven Baubedingungen Stand halten, und damit realisierbar sind. Dieser Prozess vollzieht sich schrittweise. Manche objektiven Baubedingungen können erst bei

Vorliegen einer gewissen Planungstiefe überprüft werden, was einen deutlichen Planungsvorlauf voraussetzt. Dies kann wieder voraussetzen, dass vorausgegangene Planungsergebnisse von der Bauherrenseite frei gegeben sind, damit sie überhaupt vertieft werden können.

Dieser Entwicklungsprozess setzt ein verantwortungsvolles Miteinander von Bauherren und seinem Architekten und Ingenieur voraus.

Bauherrenanforderungen und objektive Baubedingungen können sich widersprechen. So kann es sein, dass die Bauherrenanforderungen wegen der bestehenden Baubedingungen nicht erfüllt werden können.

Schreibt der Bauherr ein Baubudget vor, dass bei dem Versuch sein gefordertes Funktions- und Raumprogramm umzusetzen sich als zu gering erweist, bedarf es der Anpassung; sei es dass das Baubudget aufgestockt oder sei es, dass das Funktions- oder Raumprogramm verkleinert wird.

Diesen Entwicklungsprozess muss sich der Auftragnehmer stellen. Seine Aufgabe ist es, Vorschläge zur Erfüllung der Bauherrenaufgabe zu bieten. Stoßen die Ergebnisse an Grenzen, bestehender objektiv vorhandener Baubedingungen, so muss der Auftragnehmer den Auftraggeber aufklären. Beide Parteien sind schließlich aufgefordert, die Konfliktlage aufzulösen. Im Rechtssinne sind dies Mitwirkungsleistungen des Auftraggebers und beschreiben seine Obliegenheiten.

Dieser typische Geschehensablauf für Architektenverträge ist unter die Schablone des § 631 Abs. 2 BGB zu bewerten und einzustufen.

Dies führt zu einer sehr differenzierten Betrachtung, was genau der geschuldete Leistungserfolg im Architektenvertrag sein soll. Erkenntnis des BGH in seiner Entscheidung aus dem Jahr 2004[49] bietet den ersten Ansatz. Die einzelnen Grundleistungen der HOAI stellen Teilerfolgsschulden dar, die auf einander aufbauen und tragen dem Entwicklungscharakter des Architekten- und Ingenieurvertrages Rechnung. Dies führt zu der Erkenntnis, dass der geschuldete Leistungserfolg spätestens nach Abschluss einer Leistungsphase mit Zustimmung des Auftraggebers zu dem Planungsergebnis neu auszurichten ist. Fortan geht es um die Weiterentwicklung und Vertiefung der Planung, die auf die genehmigten Planungsergebnisse aufsetzt. Damit haben sich gegebenenfalls auch die Planungsanforderungen des Bauherren geändert und damit auch der geschuldete Leistungserfolg eine neue Ausrichtung erhalten.

Diese Wirkungsweise ist manchmal schwer nachzuvollziehen, insbesondere wenn die Parteien keine ausreichende Dokumentation der Planungsentwicklung betreiben. Sie wirken sich jedoch immer gleich aus und es bleibt dann eine Tatsachenfrage, wie die Ergebnisse der Planung von den Parteien behandelt wurden.

Die Leistungsbilder schließen mit dem Zusammenfassen der Ergebnisse durch den Auftragnehmer ab. Dies sollte tunlichst schriftlich erfolgen. Eingebürgert hat sich der Begriff der „Freigabe" der Planungsergebnisse durch den Auftraggeber. Die vom Auftraggeber geforderte Freigabe stellte eine Obliegenheitsverpflichtung dar, deren Rechtsfolge die §§ 642, 643 BGB lösen. Diese Freigabe setzt die Zäsur für den Abschluss eines Planungsschrittes und bildet den Auftakt für die Adjustierung des geschuldeten Leistungserfolges, da er jetzt die aktuellen Planungsanforderungen enthält.

In den Leistungsbildern werden diese Auswirkungen näher beschrieben.

56 Der BGH hat über einen Einzelfall geurteilt. Der zugrundeliegende Architektenvertrag war auszulegen. Aufgabe war es nicht, aufzulisten, welche (Grund-) Leistungen aller neun Leistungsphasen ein derartiges Interesse für den Auftraggeber haben, sodass sie Teilerfolge darstellen. Eine solche Liste enthalten die Entscheidungen des BGH daher auch nicht. Die Entscheidung vom 24.06.2004 enthält hierzu allerdings folgenden Satz: *„Eine an den Leistungsphasen des § 15 HOAI orientierte vertragliche Vereinbarung begründet im Regelfall, daß der Architekt die vereinbarten Arbeitsschritte als Teilerfolg des geschuldeten Gesamterfolges schuldet."*

57 Diese Kommentierung versucht die im Rahmen des Entwicklungscharakters bestehenden typischerweise notwendigen Arbeitsschritte in der praktischen Durchführung von Architekten- und Ingenieursleistungen darzustellen. Dies wird in der Kommentierung zu den jeweiligen Paragrafen der jeweiligen Leistungsbilder geschehen. Einige Grundleistungen sind dabei zu einem einheitlichen Arbeitsschritt zusammen zu fassen, da sie keinen einzelnen getrennten Arbeitsschritt

---

[49] BGH vom 24.06.2004, VII ZR 259/02, BauR 2004, 1640

darstellen. Auch wenn die HOAI die Leistungen in den jeweiligen Anlagen mit einzelnen lit. a, b, c, usw. versehen und dadurch optisch voneinander getrennt hat, heißt dies nicht, dass der Verordnungsgeber dadurch in sich abgeschlossene Teilerfolgsschulden beschrieben hätte, oder gar deren Erfüllung vorschreibt. Dies zum Einen aus dem Grunde, dass die Honorarordnung eben nur die Vergütungsseite des Architekten- bzw. Ingenieurvertrags regelt, und zum Anderen da einzelne Prozentsätze der Gesamtvergütung in den Anlagen gerade nicht geregelt sind, sondern nur zu den Leistungsphasen als solche und schließlich der Auftragsgegenstand darüber entscheidet, welche Teilerfolge geschuldet sind.

58   Der Verordnungsgeber der HOAI musste die Aufgabe bewältigen, eine abstrakt generelle Regelung für die Vergütung von Architekten- und Ingenieurleistungen zu erstellen, ohne deren Leistungspflichten zu regeln. Dabei hat er sich an den für den Neubau typischen Tätigkeiten orientiert, die zur Auftragserfüllung im Allgemeinen erforderlich sind. Diese Leistungsbilder hat er in Leistungsphasen strukturiert und diese bewertet. Man kann nicht verneinen, dass die damit einhergehende strukturierte Beschreibung einer typischen Auftragsbewältigung einen Erkenntnisgewinn für alle in der Planungs- und Baupraxis Unerfahrene darstellt.[50] Eine allgemein gültige und unumstößliche Einteilung von Arbeitsschritten oder Statuierung ist jedoch weder vom Verordnungsgeber intendiert, noch von der Ermächtigungsgrundlage gedeckt.

V. Die Ermächtigungsgrundlage und Verfassungsrecht

59   Das GIA schränkt die Ausübung des Berufs eines Architekten und Ingenieurs ein, da die HOAI mit der Festlegung von Mindest- und Höchstsätzen die Gestaltungsfreiheit vertraglicher Regelungen einengt. Es verwundert deshalb nicht, dass die Ermächtigungsgrundlage bereits mehrfach direkt bzw. indirekt Gegenstand verfassungsrechtlicher Überprüfung war und auch künftig sein wird.

60   Vor Inkrafttreten der HOAI am 01.01.1977 wurde vereinzelt behauptet, die Ermächtigungsgrundlage für den Erlass der Honorarordnung verstoße wegen mangelnder konkreter Beschreibung von Inhalt, Zweck und Ausmaß der Ermächtigung gegen Art. 80 Abs. 1 GG und sei damit unwirksam. Die Gültigkeit der HOAI wurde mit dieser Argumentation nicht gerade bestritten, aber doch angezweifelt.[51] Diese Erwägungen gehen jedoch fehl. Ohne dass es einer ausführlichen Behandlung dieses Streitpunktes bedarf, sei auf die Entscheidung des Bundesverfassungsgerichts zur Gültigkeit des § 2 Abs. 1 PreisG[52] verwiesen. Die GOA als Rechtsverordnung war auf diese Bestimmung gestützt. Mit auch heute noch gültigen Erwägungen hat das Bundesverfassungsgericht § 2 des PreisG mit den Anforderungen des Art. 80 Abs. 1 Satz 2 GG für vereinbar erklärt,[53] obwohl der Gesetzgeber mit dieser Bestimmung damals dem Verordnungsgeber keine andere Schranke als die der Aufrechterhaltung des Preisniveaus aufgegeben hat. Gerade auf dem Gebiet des Preis- und Honorarrechts kommt es darauf an, dem Verordnungsgeber soviel Flexibilität an die Hand zu geben, damit er, dem angestrebten Ziel der gesetzlichen Ermächtigung folgend, kurzfristig auf unvorhergesehene Entwicklungen reagieren kann. Die in §§ 1 und 2 des GIA festgelegten Bindungen an den Verordnungsgeber gehen über die des § 2 PreisG bei Weitem hinaus und lassen hinreichend detailliert Zweck und Ausmaß der Ermächtigung erkennen. Ein Verstoß gegen Art. 80 Abs. 1 Satz 2 GG liegt nicht vor.

61   Nachdem das Bundesverfassungsgericht im Beschluss vom 20.10.1981 festgestellt hat, das die §§ 1 und 2 des GIA den Anforderungen des Art. 80 GG genügen, ist dieser Meinungsstreit endgültig geklärt.[54]

---

[50] Lesenswert hierzu und mit einer Vielzahl von Hinweisen auf obergerichtliche Rechtsprechung. Preussner in BauR 2006, S. 898 ff.
[51] Vgl. Hesse BauR 1975, 170 (172 f.); Korbion/Mantscheff/Vygen MRVG Art. 10 §§ 1 und 2 GIA Rdn. 14; Locher/Koeble/Frik § 2 MRVG Rdn. 2
[52] Preisgesetz v. 10.04.1948 (WiGBl. S. 27 i. d. F. v. 07.01.1952, BGBl I 1952, S. 7)
[53] BVerfG/E 8, 274 (304 ff.); vgl. auch BVerfG/E 42, 191 (203)
[54] BVerfG in NJW 1982; 373, BGH NJW 1981, 2351; OLG Düsseldorf BauR 1981, 474; OLG Düsseldorf BauR 1980

Das Bundesverfassungsgericht hatte sich letztmalig am 26.09.2005 mit der HOAI auseinan- **62** dergesetzt.[55] Gegenstand der Untersuchung war eine Entscheidung des Berufsgerichts der Architektenkammer Baden-Württemberg, die die Teilnahme eines Architekten an einem Architektenwettbewerb geahndet hat, der nicht nach den von der Kammer anerkannten Wettbewerbsrichtlinien ausgelobt war. Mit seiner Entscheidung gelangte das Verfassungsgericht zu der Feststellung, dass die Beschränkung der Mindestsätze in § 4 Abs. 2 HOAI a. F. zunächst in die nach Artikel 12 Abs. 1 GG geschützte Berufsfreiheit eingreift, da sie Architekten hindert, Honorare frei zu vereinbaren. Das Gericht sieht allerdings diese Einschränkung aufgrund der Zielsetzung des Gesetzes zur Regelung von Ingenieur- und Architektenleistungen (GIA) als gerechtfertigt an. Es hält das gesetzgeberische Ziel einer Verbesserung der Qualität von Architektenleistungen und die Abwehr ruinösen Wettbewerbes als legitime Maßnahme. Verbindliche Mindesthonorarsätze seien danach geeignet, dieses Ziel zu erreichen, da sie dem Architekten einerseits ermöglicht, von Preiskonkurrenz befreit hochwertige Arbeit zu erbringen, und er sich deswegen andererseits im fachlichen Leistungswettbewerb zu bewähren hat. Die Festlegung von HOAI-Mindestsätzen ist damit aus inländischer Sicht in jedem Fall verfassungskonform. Sie hält den Anforderungen für Eingriffe in die freie Berufsausübung nach Art. 12 Abs. 1 GG stand, wie das Bundesverfassungsgericht in ständiger Rechtsprechung bestimmt. Wenn nämlich ausreichende Gründe des Gemeinwohls vorliegen und wenn sie dem Grundsatz der Verhältnismäßigkeit genügen, das gewählte Mittel zur Erreichung des verfolgten Zwecks also geeignet und auch erforderlich ist, und wenn bei einer Gesamtabwägung zwischen der Schwere des Eingriffs und dem Gewicht der ihn rechtfertigenden Gründe die Grenze der Zumutbarkeit noch gewahrt ist, können gesetzliche Bestimmungen in die freie Berufsausübung – garantiert nach Artikel 12 Abs. 1 GG – eingreifen.[56]

Mit der HOAI 2009 ist ein neues verfassungsrechtliches Thema hinzugekommen. Die Beschrän- **63** kung des Anwendungsbereichs der HOAI auf Inländer wirft die Frage auf, ob diese Ungleichbehandlung von Ausländern und Inländern zu einer verfassungswidrigen Inländerdiskriminierung führt. Auf den ersten Blick kann nicht geleugnet werden, dass die HOAI-Lösung 2009, die die HOAI 2013 übernommen hat, indirekt zu einer Diskriminierung der Inländer führt, da diese anders als ihre Kollegen im Ausland behandelt werden.

Dies kollidiert jedenfalls nicht mit EU-Recht, da der Vertrag zur Gründung der Europäischen **64** Gemeinschaft[57] keine Anwendung auf reine Inlandssachverhalte findet, sodass allenfalls aus Sicht des deutschen Verfassungsrechts zu prüfen ist, ob die HOAI mit ihrer Begrenzung auf den Anwendungsbereich auf Dienstleistungserbringer im Inland verfassungskonform ist. Festgestellt wird, dass die unterschiedliche Behandlung von Inländern und Ausländern zu einer Benachteiligung von Inländern führt, die jedoch per se nicht als unzulässig anzusehen ist. Entscheidend kommt es darauf an, ob wichtige Gründe des Allgemeinwohls vorliegen und die Regelungen verhältnismäßig sind.

Der Verordnungsgeber 2009 setzte sich mit dieser Problematik auseinander und bejaht die Ver- **65** fassungskonformität auch hinsichtlich der Ungleichbehandlung von Ausländern und Inländern. Gestützt wird die Begründung auf den Statusbericht HOAI 2000, den das Bundesministerium für Wirtschaft und Technik im Jahre 2000 der TU Berlin in Auftrag gegeben hatte[58], sowie den Bericht über den Wettbewerb bei freiberuflichen Dienstleistungen.[59] Anhand dieser Untersuchungen wurde ermittelt, ob die gesetzgeberischen Ziele des Gesetzes zur Regelung von Ingenieur- und Architektenleistungen[60] nach wie vor relevant sind. Denn die Bundesregierung hatte mit ihrer 6. HOAI-Novelle die gesetzlichen Ermächtigungen unverändert zugrunde zu legen, da das GIA unverändert geblieben ist.

---

[55] BVerfG/E 26.09.2005 – 1 BVR 82/03 NJW 2006, 495
[56] BVerfG/E 76, 196 ff
[57] Art. 1 des Vertrages zur Gründung der Europäischen Gemeinschaft (Römische Verträge) regelt das Verhältnis der Mitgliedsstaaten zueinander.
[58] Dieser Bericht ist nicht in vollständiger Form veröffentlicht.
[59] Mitteilung der Kommission der europäischen Gemeinschaften KOM (2004) 83
[60] Art. 10 MRVG, BGBl I 1971, S. 1749

66 Die Analyse der Bundesregierung, ob die Gründe für den Erlass des GIA heute noch tragen, führt zu einem uneingeschränkten Bekenntnis zur Notwendigkeit einer HOAI. Die Bundesregierung führt zur Begründung aus:

„Zweck der Mindestsätze ist die Vermeidung eines ruinösen Preiswettbewerbes im Bereich der Architektur- und Ingenieurdienstleistungen, der die Qualität der Planungstätigkeit gefährden würde (BT-Drucks. 10/543, S. 4 und BT-Drucks. 10/1562, S. 5). Eine hohe Planungsqualität im Bauwesen dient dem Schutz der Interessen von Bauherrn, Nutzern und Eigentümern von Gebäuden aller Art wie auch dem Schutz der Umwelt und der städtischen Umwelt einschließlich ihrer baukulturellen Qualität und ihren erheblichen Auswirkungen auf das gesellschaftliche Zusammenleben der Bürgerinnen und Bürger."[61]

67 Damit soll die HOAI unerfahrene Bauherren vor Übervorteilung schützen. Mit der HOAI wird ein Rechtsrahmen geschaffen, der mit der Beschreibung von Architekten- und Ingenieurleistung eine Bewertung durch Festlegung von Honoraren betreibt, die dem unerfahrenen Bauherrn hilft, die bestehende asymmetrische Informationslage zu überwinden. Der unerfahrene Bauherr hat regelmäßig keine Kenntnis über die Arbeitsschritte bei der Objektplanung eines Architekten und eines Ingenieurs. Die HOAI bewirkt damit Verbraucherschutz und setzt den unerfahrenen Bauherrn in die Lage, die Leistungsanforderungen an die Architekten bzw. Ingenieure anhand der Leistungsbeschreibungen sowie ihrer Bewertungen zu erkunden.

68 Die HOAI mit ihren Tafelwerten wie bisher (z. B. bei der Objektplanung Gebäude bis zu anrechenbaren Kosten von € 25.564.940,00) erfasst damit auch große Bauvorhaben. Kennzeichnend für die Bauherreneigenschaften für solche Bauvorhaben ist, dass die Bauherren in diesen Fällen über genaue Kenntnisse von Planungsabläufen und damit den Leistungsinhalten von Architekten und Ingenieuren verfügen. Entsprechend der Zielsetzung des Gesetzgebers, ruinösen Wettbewerb zu verhindern, wirkt sich die HOAI insoweit zugunsten des Dienstleistungserbringers aus und betreibt zu Recht seinen Schutz. Die HOAI beschränkt den Gestaltungsspielraum im Hinblick auf die Höhe der Vergütung und zwingt zu Honorarvereinbarungen bei Auftragserteilung, wenn nicht die Mindestsätze gelten sollen.

69 Das Verbot einer Mindestsatzunterschreitung bewirkt insbesondere auch bei dem Vergabeverfahren zur öffentlichen Hand, dass die Auswahl des Auftragnehmers nicht anhand von Preiswettbewerbsgesichtspunkten erfolgt. Der Markt für diese Bauvorhaben ist dadurch gekennzeichnet, dass die Anzahl der nachfragenden Auftraggeber im Verhältnis zur Anzahl der Leistungserbringer wesentlich geringer ist, sodass die HOAI mit ihren Festsetzungen dadurch ruinösen Wettbewerb verhindert. Die HOAI schafft damit auf gesetzlicher Grundlage einen Bewertungsrahmen, dessen zwingende Beachtung ein sachgerechtes Auswahlverfahren unter den Bietern erlaubt, indem maßgebend auf Leistungskriterien abzustellen ist.

VI. EU-Konformität der HOAI

70 Mit der verbindlichen Festlegung von Mindest- und Höchstsätzen beschränkt die HOAI die Vertragsfreiheit und greift in den **freien Dienstleistungsverkehr in der EU** ein. Ob und inwieweit diese Einschränkung gerechtfertigt werden kann, ist die auch vom BGH stets offengelassene Frage. Der EuGH hatte sich hiermit bisher nicht befasst.

71 Der EuGH hatte sich allerdings mit einer der HOAI vergleichbaren Honorarregelung der italienischen Honorarordnung für Rechtsanwälte auseinanderzusetzen, die ebenfalls zwingend zu beachtende Mindestsätze enthält.[62] Zu prüfen war die Vereinbarkeit dieser Honorarordnung mit Artikel 49, 81 Abs. 1, 82 EG-Vertrag.

72 Bei dieser Gebührenordnung handelt es sich um eine Rechtsvorschrift, die einen nicht in Italien ansässigen Berufstätigen verpflichtet, die Gebührensätze für juristische Dienstleistungen

---

[61] BR-Drucks. 395/2009 S. 143 und 144
[62] EuGH Urteil Cipolla vom 05.12.2006, Rs. C-94/04 NJW 2007, 281 = NZBau 2007, 43

anzuwenden, die nach italienischem Recht für einen in Italien ansässigen Dienstleistungsempfänger zu erbringen ist. Der EuGH kommt zu der Erkenntnis, dass dies eine Beschränkung des in Artikel 49 EG-Vertrages vorgesehenen freien Dienstleistungsverkehrs darstellt. Er überlässt allerdings dem nationalen Gericht die Überprüfung, ob eine solche Regelung angesichts ihrer konkreten Anwendungsmodalitäten den Zielen des Verbraucherschutzes für eine geordnete Rechtspflege Rechnung trägt und ob die dadurch festgestellten Beschränkungen des freien Dienstleistungsverkehrs in Abwägung mit den Zielen des Verbraucherschutzes gerechtfertigt werden könnten. Die Beurteilung dieser Frage wird damit in nationale Überprüfungskompetenz überwiesen.

Zu dieser Abwägung kommt es bei der HOAI 2013 nicht, da deren Anwendungsbereich auf Inländer beschränkt ist und der Ausländer in seiner Preisgestaltung frei ist. Damit soll den Vorgaben des Gemeinschaftsrechts genügt werden. So verlangt die EU-Dienstleistungsrichtlinie vom 12.12.2006 in Artikel 14 und 15 Niederlassungsfreiheit für die Dienstleistungserbringer.[63] Die auf Gesetz beruhende preisrechtliche Festlegung von Mindest- und Höchsthonoraren für die Erbringung von Dienstleistungen, wie sie in der HOAI beschrieben werden, greift darin ein. Nach Artikel 15 Abs. 3 lit. b der Dienstleistungsrichtlinie kann dieser Eingriff jedoch gerechtfertigt werden, wenn zwingende Gründe des Allgemeinwohls dies erfordern. Hierzu zählen Gründe des Verbraucherschutzes, des Schutzes der Umwelt und der städtischen Umwelt einschließlich der Stadt-/Raumplanung sowie die Wahrung des nationalen historischen künstlerischen Erbes.[64] **73**

Die Einbeziehung ausländischer Dienstleistungserbringer in die HOAI ließe sich nicht mit den in Artikel 16 Abs. 3 der Dienstleistungsrichtlinie genannten Ausnahmen begründen. Die Festlegung von verbindlichen Mindest- und Höchstsätzen kann mit Gründen der öffentlichen Ordnung, Sicherheit, Gesundheit oder Schutz der Umwelt nicht gerechtfertigt werden.[65] Die einzig verbleibende Möglichkeit ist, Ausländer von der HOAI-Bindung freizustellen. Nicht erfasst werden damit Architekten und Ingenieure, die ihren Sitz im Ausland haben. Welche Nationalität diese Auftragnehmer besitzen, spielt keine Rolle. Es können auch Auftragnehmer mit deutscher Nationalität von den Vor- und Nachteilen einer auf Gesetz beruhenden honorarrechtlichen Regelung wie der HOAI befreit sein. Operieren sie vom Ausland mit Sitz im Ausland, gilt die HOAI nicht. **74**

VII. Hinweise zur Verwendung des Kommentars

Der Verordnungsgeber verweist in der Begründung[66] darauf, dass durch die Formulierungen in männlicher und weiblicher Form dem Gender Mainstreaming Rechnung getragen werde. Im Verordnungstext finden sich daher Formulierungen wie in § 1 „Leistungen der Architekten und Architektinnen und der Ingenieure und Ingenieurinnen (Auftragnehmer oder Auftragnehmerinnen)". In dieser Kommentierung wird aus Gründen der Lesbarkeit darauf verzichtet, jeweils immer auf die weibliche und die männliche Form Bezug zu nehmen. Ebenso ist nicht an allen Stellen von Architekten und Ingenieuren die Rede, sondern ggf. nur von Ingenieuren oder auch nur von Architekten. Da die HOAI leistungsbezogen und nicht berufstandsbezogen ist, soll eine solche Formulierung jedoch nicht dahingehend missverstanden werden, dass sich die kommentierte Regelung in diesen Fällen nicht auf Ingenieure und nur auf Architekten bzw. andersherum beziehen würde. **75**

---

[63] Richtlinie 2006/123/EG vom 12.12.2006, Amtsblatt der europäischen Union L 376/36 ff.

[64] Erwägungsgrund Nr. 40 der Dienstrichtlinie, Amtsblatt der europäischen Union L 376/36 (41)

[65] Siehe auch Dörr in BauR 1997, 390, Randeshofer/Dörr in DAB 1996, 874, der die HOAI nach Artikel 59, 60 EGV rechtfertigt, da die Auslegung des Begriffs „zwingendes Allgemeininteresse" dem nationalen Gesetzgeber zugewiesen sei. Danach könne der nationale Gesetzgeber anhand der im zwingenden Allgemeininteresse liegenden Ausnahme den freien Dienstleistungsverkehr einschränken. Dieser sehr gewagten These braucht nicht weiter nachgegangen werden, da die HOAI EU-weit nicht gilt.

[66] Beispielweise BR-Drucks. 395/09 S. 158

Teil 1: Allgemeine Vorschriften

§ 1 Anwendungsbereich

Diese Verordnung regelt die Berechnung der Entgelte für die Grundleistungen der Architekten und Architektinnen und der Ingenieure und Ingenieurinnen (Auftragnehmer oder Auftragnehmerinnen) mit Sitz im Inland, soweit die Grundleistungen durch diese Verordnung erfasst und vom Inland aus erbracht werden.

Inhaltsübersicht

I. Allgemeines

1. Die HOAI 2013

Die Textfassung des § 1 entspricht dem Inhalt des § 1 der HOAI 2009. Anstelle des Begriffs der Leistung ist wieder der Begriff der Grundleistung getreten. Inhaltlich hat sich dadurch nichts geändert.

1 Die HOAI 2013 fixiert eine **Vielzahl, aber nicht alle in der Praxis vorkommenden Architekten- und Ingenieurleistungen** preisrechtlich, dies stellt der Passus „soweit die Leistungen durch diese Verordnung erfasst (werden)" in § 1 klar:

– Flächenplanung für Bauleitplanung (Flächennutzungs- und Bebauungsplan) §§ 17–21
– Landschaftsplanung (Landschaftsplan, Grünordnungsplan, Landschaftsrahmenplan, landschaftspflegerischer Begleitplan, Pflege- und Entwicklungsplan) §§ 22–32
– Objektplanung Gebäude und Raumbildende Ausbauten §§ 33–37
– Objektplanung Freianlagen §§ 38–40
– Objektplanung Ingenieurbauwerke §§ 41–44
– Objektplanung Verkehrsanlagen §§ 45–48
– Fachplanung der Tragwerksplanung §§ 49–52
– Fachplanung der Technischen Ausrüstung §§ 53–56

2 **Beratungsleistungen** sind in Anlage 1 zur HOAI beschrieben, aber nicht verbindlich bepreist. Anlage 1 ist daher gemäß § 3 I als unverbindliche Empfehlung zu sehen.

3 Wie bisher sind Honorare für alle Leistungsphasen vorgesehen. Die Preisbindung endet jedoch bei den anrechenbaren Kosten der **Tafelwerte**. Übersteigen die anrechenbaren Kosten die Tafelwerte oder werden diese unterschritten, so besteht keine Preisbindung, sondern freie Vereinbarungsmöglichkeit.

2. HOAI- und VOF-Vergabe

Die HOAI wird dem Rechtskreis des öffentlichen Preisrechts zugeordnet.[1] Die Regelungen der **4** HOAI sind für die Vertragsparteien bindend und können vertragsrechtlich nicht abgeändert werden. Sie unterliegen der Disposition der Vertragsparteien nur in den vom Verordnungsgeber vorgesehenen Fällen. Der Anwendungsbereich der HOAI beginnt allerdings erst, wenn nach dem Vertrag feststeht, dass der Auftragnehmer eine **entgeltpflichtige Leistung** erbringen soll, deren Inhalt in der HOAI geregelt ist. Das Preisrecht verbietet dem Architekten daher nicht, Leistungen zum Zweck der **Akquise** kostenlos durchzuführen. Erst wenn feststeht, dass ein Architekten- oder Ingenieurvertrag zustande gekommen ist, der den Auftragnehmer zur Erfüllung von Architekten- oder Ingenieurleistungen gegen Entgelt verpflichtet, sind die HOAI-Regelungsinhalte[2] zu beachten.

Auch der öffentliche Auftraggeber, Bund, Länder und Gemeinden sowie sonstige Körperschaf- **5** ten des öffentlichen Rechts, unterliegen der HOAI. Dem steht auch nicht das Haushaltsrecht von Bund, Ländern und Gemeinden entgegen. Nach § 55 Abs. 1 BHO muss dem Abschluss von Verträgen über Lieferungen und Leistungen eine öffentliche Ausschreibung vorausgehen, sofern nicht die Natur des Geschäfts oder besondere Umstände eine Ausnahme rechtfertigen. Dabei ist jedoch geltendes Recht zu beachten, insbesondere die zwingend einzuhaltenden Bestimmungen der HOAI, die einen ruinösen Preiswettbewerb vom Grundsatz her ausschließen will.

Beeinflusst wird die Vergabe von Architekten- und Ingenieurleistungen zudem maßgeblich vom **6** Europäischen Vergaberecht. Um die **Freizügigkeit des Dienstleistungsverkehrs in Europa** zu fördern und einen grenzüberschreitenden Leistungsaustausch zu stützen, hat die Europäische Kommission schon sehr frühzeitig das Vergabeverhalten der öffentlichen Auftraggeber ins Visier genommen. Eine Reihe von EU-Verordnungen befasst sich mit dem **Vergaberecht**. Umgesetzt wurde dies mit der Verordnung über die Vergabe öffentlicher Aufträge.[3] Die Vergabeverordnung (VGV) trifft nähere Bestimmungen über das bei der Vergabe öffentlicher Aufträge einzuhaltende Verfahren. Dies gilt auch für die Vergabe von Architekten- und Ingenieurleistungen, wenn der Auftragswert den in § 2 VGV geregelten Schwellenwert überschreitet. Die **Höhe der Schwellenwerte** ist unterschiedlich geregelt. Bei Liefer- und Dienstleistungsaufträgen im Bereich Trinkwasser oder Energieversorgung oder im Verkehrsbereich beträgt der Schwellenwert € 422.000,00. Maßgebend für alle anderen Dienstleistungsaufträge ist der wesentlich niedrigere Schwellenwert im Bereich der Vergabe von Architekten- und Ingenieurleistungen in Höhe von € 211.000,00. Architekten- und Ingenieurleistungen, die im Rahmen einer freiberuflichen Tätigkeit erbracht werden oder im Wettbewerb mit freiberuflich Tätigen angeboten werden, sind bei Erreichen und Überschreiten des Schwellwerts nach VOF durchzuführen, auf die die Vergabeordnung verweist. Die VOF Ausgabe 2009 wurde in der Fassung vom 18.11.2009 bereits am 08.12.2009 bekannt gegeben.[4]

Der Gesetzgeber hat das Vergaberecht 2016 insgesamt neu geordnet. Die VOF ist als eigenständiges Regelwerk in das GWG und ihren Rechtsverordnungen aufgegangen. Die VOF-Grundsätze sind allerdings beibehalten worden, sodass die nachfolgenden Kommentierungen eiterhin Gültigkeit besitzen.

Wesentliches Kennzeichen der **VOF** ist, dass die Vergabe von freiberuflichen Leistungen vor- **7** rangig **im Leistungswettbewerb und nicht im Preiswettbewerb** erfolgen soll. Der Wettbewerb wird zunächst dadurch sichergestellt, dass anstehende Vergabeabsichten allgemein bekannt gemacht und europaweit veröffentlicht werden müssen. Damit wird allen Interessenten Kenntnis von einer Vergabeabsicht eines öffentlichen Auftraggebers verschafft. Ihm soll die Möglichkeit gegeben werden zu entscheiden, ob er sich um die Auftragsvergabe bewirbt. Diese Form der Transparenz der Vergabeabsichten der öffentlichen Hand schafft die Grundlage für den Wettbewerb. Die Erfahrung zeigt, dass je nach Bedeutung des Bauvorhabens ein europaweiter Wettbewerb dadurch tatsächlich stimuliert wird.

---

[1] BGH BauR 2003, 748, vgl. auch Einführung IV HOAI-Preisrecht versus Vertragsrecht Rdn. 52–62
[2] Vgl. hierzu die Kommentierung zu § 7, BGH BauR 1997, 154 mit Verweis auf BGH BauR 1971, 265
[3] Vergabeverordnung VGV, zuletzt geändert durch Gesetz zur Modernisierung des Vergaberechts v. 20.04.2009 BGBl I, S. 790, 797, Neufassung vom 06.07.2010 (BGBl. I, S. 2546)
[4] Veröffentlicht im Bundesanzeiger vom 08.12.2009 Nr. 185 a , vgl. zur Erläuterung der VOF Korbion in Korbion/ Mantscheff/Vygen HOAI Kommentar 8. Auflage Einf. Rdn. 348 ff.

8   **Die Durchführung des VOF-Wettbewerbes erfolgt in zwei Stufen** im Wege des Verhandlungsverfahrens nach vorangegangenem Teilnahmewettbewerb. Die Auswahl des Auftragnehmers, der zur Teilnahme an dem Verhandlungsverfahren aufgefordert werden soll (1. Stufe des Teilnahmewettbewerbs), findet aufgrund der Bewerbungsunterlagen statt, die dieser dem Auftraggeber zur Begutachtung überlässt.

9   Für die Vergabe von Architektenleistungen spielt der Planungswettbewerb, der in Kapitel 2 §§ 15–17 VOF 2009 geregelt ist, eine besondere Bedeutung. Nach § 15 Abs. 2 VOF 2009 ist festgelegt, dass Planungswettbewerbe jederzeit während oder ohne Verhandlungsverfahren ausgelobt werden können. Bestimmt ist, dass dies nach den einheitlichen Richtlinien zu geschehen hat, die unter Mitwirkung von Architekten- und Ingenieurkammern aufgestellt wurden. Die einheitlichen Richtlinien stellen z. B. die **„Richtlinien für Planungswettbewerbe RPW 2013"**[5] dar, deren sich der Bund und die Länder bedienten. Die Länder hatten teilweise abweichende Regelungen mit den Kammern ausgehandelt. Die Richtlinien sollen die Organisation eines Architektenwettbewerbes sicherstellen, sodass die Wettbewerbsteilnehmer gleiche Wettbewerbschancen erhalten. Kennzeichnend für den Architektenwettbewerb ist demgemäß die Beurteilung der eingereichten Wettbewerbsarbeiten durch ein Preisgericht (Jury), welches die zu beurteilenden Arbeiten anonym bewertet.

Die RPW 2013 lösen die RPW 2009 ab. Diese Regelung stellt einen verwaltungsinternen Erlass des Bundes dar, der die Grundsätze von Planungswettbewerben für Baumaßnahmen des Bundes festlegt. Die Bundesländer sind an den Erlass nicht gebunden, jedoch aufgefordert, diesen für ihren Zuständigkeitsbereich ebenfalls einzuführen. Der Anlass für die Neufassung des Erlasses wurde vor allem darin gesehen, den Zugang für kleine und junge Büros zu den Planungswettbewerben zu erleichtern.[6]

Bei Realisierungswettbewerben, bei denen einem der Preisträger eine Beauftragung versprochen wird, soll in der Regel der Gewinner zum Zuge kommen. Ist jedoch die VOF anwendbar – und das dürfte in der Mehrzahl der in Betracht kommenden Wettbewerbsverfahren der Fall sein – ist das Verhandlungsverfahren im Anschluss an das Wettbewerbsverfahren durchzuführen. Es sind danach Verhandlungen mit mind. drei Bietern (Wettbewerbsteilnehmern) zu führen. Das dürften in der Regel die Preisträger sein.

Ob die angestrebte Zielsetzung des Erlasses erreicht wird, den Zugang für kleinere und jüngere Büros zu erleichtern, ist mehr als fraglich. Die Erfahrung zeigt, dass die Vorlage von Referenzprojekten im Regelfall als Beurteilungskriterium eine wichtige Rolle spielt. Jungen Büros fehlt es an solchen. Ohne Auftragschancen werden sie sich diesen Stand auch nicht erarbeiten können. An dieser viel geübten Handhabung wird die Zielsetzung des Erlasses auch in der Zukunft wieder scheitern.

10   Am Ende des Verhandlungsverfahrens ist die HOAI zu beachten. Die Vergabe von freiberuflichen Leistungen erfolgt nach § 11 der VOF. Danach soll der Auftraggeber den Vertrag mit dem Bewerber schließen, der aufgrund der ausgehandelten Auftragsbedingungen die bestmögliche Leistung erwarten lässt. Danach berücksichtigt der Auftraggeber bei der Entscheidung über die Auftragserteilung die **auf die erwartete fachliche Leistung bezogenen Kriterien**, insbesondere hinsichtlich der Qualität, des fachlichen oder technischen Wertes, der Ästhetik, der Zweckmäßigkeit, des Kundendienstes und der technischen Hilfe, des Leistungszeitpunktes, des Ausführungszeitraums oder der -frist und Preis/Honorar. Ist die zu erbringende Leistung nach einer gesetzlichen Gebühren- oder Honorarordnung zu vergüten, ist der Preis nur im dort vorgeschriebenen Rahmen zu berücksichtigen.

11   Die VOF 2009 spiegelt die Erfahrungen wider, die zwischenzeitlich mit der Anwendung der bisherigen Fassung der VOF im praktischen Vergabeverfahren erzielt worden sind. Nach Abschluss des Teilnahmewettbewerbs und der Entscheidung darüber, wer zum Verhandlungsverfahren zugelassen ist, fordert der Auftraggeber die ausgewählten Bewerber gleichzeitig in Textform zu Verhandlungen auf. Dies bedeutet, dass die Bewerber ihr Angebot dem Auftraggeber schriftlich

---

[5]   Bundesministerium für Verkehr, Bau- und Stadtentwicklung (Hrsg.): Richtlinien für Planungswettbewerbe RPW 2013 Fassung 01.03.2013

[6]   Vergleiche die Begründung zu § 1 Abs. 5 des Erlasses vom Bundesminister für Verkehr, Bau- und Stadtentwicklung

zu unterbreiten haben. Die Beurteilung des Angebots erfolgt anhand von **Zuschlagskriterien**, die dem Bewerber mit dem Aufforderungsschreiben zur Abgabe des Angebots zu übermitteln sind.

Nach § 11 Abs. 5 VOF 2009 ist das **Beurteilungskriterium „Preis" nur in dem von der HOAI** **bestimmten gesetzlichen Rahmen** zu berücksichtigen. Dies führt in der Praxis zu dem bedeutsamen Problem, dass die Honorarangebote zunächst daraufhin zu beurteilen sind, ob sie den Vergütungsrahmen von Mindest- und Höchstsätzen verlassen. Wenn das Angebot durch Unterschreitung der Mindestsätze den Rahmen verlässt, so folgt darauf die Frage, wie mit diesem Angebot umzugehen ist,[7] insbesondere auch wenn es sich um ein Angebot aus dem Ausland handelt.[8]   **12**

Verschiedentlich ist das **Angebot des Bewerbers bei Mindestsatzunterschreitungen** von der Beurteilung insgesamt mit der Begründung ausgeschlossen worden, es läge ein Verstoß gegen bindendes Preisrecht vor. Da die HOAI eine Vielzahl von Beurteilungsspielräumen enthält, kann sehr schnell ein Meinungsstreit über die Frage entstehen, ob das Angebot des Bewerbers die Mindestsätze noch beachtet oder ob es eine Unterschreitung der Mindestsätze enthält. Ein Ausschluss des Bewerbers mit der Begründung, er habe mit seinem Angebot den Mindestsatz unterschritten, ist jedoch rechtswidrig.[9] Die Erfahrung lehrt, dass Bewerber, die sich ernsthaft um die Erteilung eines Auftrages bemühen, nur in den seltensten Fällen ein Honorarangebot abgeben wollen, welches die Mindestsätze übersteigt. Eher ist die Tendenz festzustellen, dass die von der HOAI gegebenen Auslegungsspielräume so weit ausgenutzt werden, dass ein möglichst günstiges Honorarangebot zur Verbesserung der Auftragschancen dem Auftraggeber zur Beurteilung vorgelegt wird. Im Rahmen dieser Auseinandersetzung ist es nicht angängig, den Wettbewerb dadurch zu verkürzen, dass der Bewerber ohne jegliche **Nachbesserungschance** von der Beurteilung des Angebotes mit der Begründung ausgeschlossen werden, das Angebot unterschreite unzulässig die HOAI-Mindestsätze. In solchen Fällen ist der Auftraggeber gehalten, die Chancengerechtigkeit der Bewerber untereinander durch Benennung des von ihm selbst ermittelten Mindestsatzes wieder herzustellen.   **13**

Dies folgt aus dem Sinn und Zweck des Vergabeverfahrens. Ziel eines Vergabeverfahrens ist es jedenfalls auch, für die öffentliche Hand eine qualitativ hochwertige Leistung zu günstigen Preisen zu erzielen. Fordert ein Bieter Preise, die der öffentliche Auftraggeber für mindestsatzunterschreitend hält, hat dies zur Konsequenz, dass dieser sich die zu vergebende Leistung teurer beschaffen muss. Hat er den Bieter nach einem Teilnahmewettbewerb aus einer Vielzahl von Bewerbern ausgewählt und ihn zur Angebotsabgabe aufgefordert, erscheint es nicht sachgerecht, dessen Angebot ohne Weiteres von der Vergabe auszuschließen, zumal die Möglichkeit der **Nachverhandlung über das Honorar** durch die Regelungen der VOF nicht verhindert wird. Schließlich beraubt der Auftraggeber sich dadurch der Möglichkeit, unter einer größeren Anzahl von Angeboten auszuwählen.[10]   **14**

Wie ist aber zu verfahren, wenn einer der Bewerber sein **Unterangebot aus dem Ausland** abgibt? Eine Nachverhandlung mit dem Ziel, die Gelegenheit dazu zu geben, die Mindestsätze anzubieten, findet in solchen Fällen nicht statt. Denn auf diesen Bewerber findet die HOAI keine Anwendung, weshalb die Unterschreitung erfolgen darf. Es verhält sich daher anders, als es bei den Bewerbern aus dem Inland der Fall wäre. Damit ist der ausländische Bewerber im Vorteil, was die HOAI durchaus gesehen und als notwendige Konsequenz der Dienstleistungsfreiheit im europäischen Raum auch ausdrücklich so geregelt hat. Dieser Wettbewerbsvorteil des ausländischen Bieters muss von den inländischen Mitbewerbern also hingenommen werden.   **15**

Allerdings ist der öffentliche Auftraggeber gut beraten, sich nachhaltig darüber zu informieren, welche Leistungsinhalte hinter dem die Mindestsätze unterschreitenden Angebot tatsäch-   **16**

---

[7] Vgl. hierzu Anmerkung Voppel zu OLG Brandenburg VergabeR 2008, 978, 983 ff.

[8] Hierzu sogleich mehr: § 1 Rdn. 15.

[9] OLG Stuttgart, Beschluss vom 28.11.2002 – 2 Verg 14/02; BauR 2003, 777 (Ls.); VergabeR 2003, 235 und OLG Brandenburg, Beschluss vom 08.01.2008 – Verg W 16/07; NZBau 2008, 451; VergabeR 2008, 978 m. A. Voppel

[10] OLG Brandenburg, a. a. O., NZBau 2008, 451, 452; VergabeR 2008, 978, 982

lich stehen. **HOAI-Unterangebote sind nämlich häufig Ergebnis einer Fehleinschätzung der Leistungsanforderungen**, die die Leistungsbilder der HOAI stellen. Je transparenter und klarer die Leistungsanforderungen in der Bietunterlage abgefordert werden, desto geringer werden Honorarunterangebote zu erwarten sein. Bei Unterangeboten aus dem Ausland stellt sich die Frage nach der Angemessenheit. Bevor ein Zuschlag erteilt wird, ist deshalb zu klären, ob die Leistungsanforderungen entsprechend der Ausschreibung vollständig und richtig erkannt wurden.

II. Persönlicher Geltungsbereich

17 Um den Geltungsbereich der HOAI zu erfassen, ist zu unterscheiden:
   – der Personenkreis, an den sich die HOAI richtet (**persönlicher Geltungsbereich**) und
   – die Leistungen, die einer Preisbindung unterzogen werden (**gegenständlicher Geltungsbereich**)

1. Die Beschränkung der HOAI auf Inländer (Sitz und Leistungserbringung im Inland)

18 § 1 begrenzt die Anwendung der HOAI auf Auftragnehmer, die einen Sitz im Inland haben und die von der HOAI erfassten honorarrechtlichen Regelungen vom **inländischen Sitz aus erbringen**. Die Beschränkung der Anwendung der HOAI auf Inländer soll ausländische Leistungserbringer, die ihre Leistungen vom ausländischen Sitz aus erbringen, von jeglichen preisrechtlichen Restriktionen freistellen. Ziel dieser Regelung ist, den Anforderungen der **Europäischen Dienstleistungsrichtlinie** zu genügen, die den im EG-Vertrag festgelegten Grundsatz des freien Dienstleistungsverkehrs in der EU umsetzt.[11]

19 **Unabhängig von der Nationalität des Leistungserbringers** wird die Anwendung der HOAI auf Leistungen begrenzt, die von einem Sitz im Inland aus erbracht wird. Wird die Leistung nicht aus Deutschland sondern aus dem Ausland erbracht, so findet die HOAI unabhängig von der Nationalität des Leistungserbringers keine Anwendung. Die nachfolgenden Kommentierungen beziehen sich daher immer auf eine Leistungserbringung aus dem Inland. Ist der Dienstleistungserbringer ein Deutscher oder eine deutsche Firma oder eine Niederlassung einer ausländischen Firma in Deutschland, so findet die HOAI zweifelsfrei Anwendung. Dies gilt genauso für Ausländer, die vom Inland aus Architekten- oder Ingenieurleistungen erbringen, wenn der Vertrag deutschem Recht unterliegt. Erbringt eine deutsche Ingenieurgesellschaft Planungsleistungen für ein ausländisches Bauvorhaben, ist die HOAI anwendbar, wenn die Parteien deutsches Recht gewählt haben. Eine solche Rechtswahl kann ausdrücklich oder konkludent erfolgen.[12]

20 Es bleibt die Frage, was zu gelten hat, wenn die Leistungen **teils aus dem Ausland, teils von dem inländischen deutschen Sitz aus** erfüllt werden. § 1 HOAI will die Vorgabe des Art. 16 der Dienstleistungsrichtlinie[13] umsetzen. Es ist darauf abzustellen, wo der **Schwerpunkt der Leistung** erbracht wird. Bei umfassender Beauftragung mit dem gesamten Leistungsbild liegt der Schwerpunkt bei der Vorbereitung und Mitwirkung der Vergabe und der Bauüberwachung verbunden mit der Planprüfung vor Ort. Wird diese Leistung im Inland erbracht, so ist die HOAI zu beachten. Endet der Auftrag jedoch bei der Leistungsphase 4 (Genehmigungsplanung) und erfolgt die Planung im Ausland, greift die HOAI auch dann nicht, wenn ein inländisches Büro die Planung aus dem Ausland unterstützt, in dem z. B. die Entwurfsplanung vom Inland aus mit den zuständigen Baubehörden zwecks Genehmigungsfähigkeit abgestimmt wird. Das Gleiche gilt, wenn die Ausführungsplanung im Ausland erstellt wird.

21 Es gilt das Prinzip, dass der Mitgliedsstaat, in dem die Dienstleistung erbracht werden soll, die freie Aufnahme und freie Ausübung von Dienstleistungstätigkeiten ausländischer Auftragnehmer innerhalb seines Hoheitsgebietes zu gewährleisten hat. Leistungen, die vom Inlandssitz in Deutschland erbracht werden, werden inländischen gleichgestellt und unterliegen der HOAI. Die

---

[11] Vgl. hierzu Vorbemerkungen Rdn. 74–78
[12] OLG Brandenburg 25.01.2012, 4 U 112/08 (IBR 2012, 277)
[13] Richtlinie 2006/123/EG, Amtsblatt der EU L 376/36 (57)

Ungleichbehandlung von Architekten im In- und Ausland ist bewusst in Kauf genommen, da ohne die Beschränkung der HOAI auf inländische Leistungserbringung die Grundsätze des Art. 16 EU-Dienstleistungsrichtlinie nicht beachtet wären und damit keine Rechtswirksamkeit bestünde.

Die Erfahrung mit ausländischen Dienstleistungserbringern für Architekten- und Ingenieurleistungen lehrt außerdem, dass der grenzüberschreitende Dienstleistungsaustausch auf Großobjekte beschränkt bleibt, sieht man von dem kleineren Grenzverkehr an den nationalen Grenzen ab. Für solche Großobjekte besteht nach HOAI ohnehin keine Preisbindung. Es zeigt sich, dass Architekten- und Ingenieurleistungen aufgrund ihrer Komplexität ortsnah erbracht werden und dies schon innerhalb eines Nationalstaates. Eine nennenswerte Vielzahl von Konflikten wird sich daher aller Voraussicht nach nicht ergeben. **22**

2. Die Anwendung der HOAI auch bei Rechtswahl ausländischen Rechts

Ist mindestens einer der Vertragspartner Ausländer, so besteht allein daher ein **grenzüberschreitender Vertrag** auch bei einer Leistungserbringung vom Inland aus, sodass die Parteien für das anzuwendende Vertragsrecht eine andere **Rechtswahl** treffen können. Gemäß des **deutschen Internationalen Privatrechts (IPR)** können sie als anzuwendendes Recht das deutsche, das ausländische Recht des Vertragspartners oder ein drittes sonstiges ausländisches Recht vereinbaren. Zum Zeitpunkt des Inkrafttretens der HOAI 2009 regelte das deutsche internationale Privatrecht in den Art. 27 ff. EGBGB a. F. die Rechtswahl für das vertragliche Schuldverhältnis. Art. 27 Abs. 1 EGBGB regelte den allgemein anerkannten Grundsatz der Privatautonomie, der den Vertragsparteien die freie Rechtswahl lässt, welches nationale Recht zur Anwendung kommen soll. Art. 34 EGBGB a. F. bestimmte, dass zwingendes deutsches Recht unabhängig von der Rechtswahl anwendbar bleibt. Dies bezieht sich auch auf die HOAI, die als zwingendes Preisrecht auch bei einer vom deutschen Vertragsrecht abkehrenden Rechtswahl gilt.[14] Mit Wirkung zum 17.12.2009 wurden die Art. 27–37 EGBGB a. F. aufgehoben.[15] Auf grenzüberschreitende vertragliche Schuldverhältnisse, die ab dem 18.12.2009 abgeschlossen wurden, findet gemäß dem neuen Art. 3 Nr. 1 b EGBGB nunmehr ausschließlich die europäische Verordnung „ROM I"[16] Anwendung. **23**

Unabhängig von dem nach der Rechtswahl geltenden Vertragsrecht sieht die EU-Verordnung ROM I in Art. 3 Abs. 3 **bei reinen Inlandssachverhalten/Binnensachverhalten die Anwendung zwingender innerstaatlicher Vorschriften** vor.[17] Erbringt ein Ausländer mit Sitz im Inland seine Leistung vom Inland aus, so besteht ein solcher Inlandssachverhalt, sodass das **zwingende Preisrecht nicht durch die Wahl eines ausländischen Rechts umgangen werden kann**. Erbringt er die Leistung hingegen aus dem Ausland, so ist der Anwendungsbereich der HOAI schon nach § 1 HOAI nicht gegeben, sodass es auf die Regelung des IPR nicht ankommt. Als weitere zwingende Vorschriften gelten die öffentlich-rechtlichen Regeln für das Bauen, sodass der bauleitende Architekt und Ingenieur auch darauf zu achten hat, dass die baurechtlichen Bestimmungen des Bauordnungsrechts eingehalten und umgesetzt werden. **24**

Auch wenn die zwingenden preisrechtlichen Vorschriften der HOAI in diesen Fällen nicht verhindert werden können, kann es sinnvoll sein, eine Rechtswahl für das anzuwendende Recht zu treffen. Gemäß Art. 3 Abs. 1 der EU-Verordnung ROM I sollte die **Rechtswahl ausdrücklich** erfolgen oder sich eindeutig aus den Bestimmungen des Vertrages oder aus den Umständen des Falles ergeben. Die Rechtswahl ist ausdrücklich erfolgt, wenn der Vertrag die Anwendbarkeit deutschen Rechts, des ausländischen Rechts des Vertragspartners oder ein drittes ausländisches Recht expressis verbis benennt. Dies kann in der Weise erfolgen, dass der Vertrag individu- **25**

---

[14] Vgl. zur Mindestzregelung des § 4 HOAI a. F.: BGH v. 27.02.2003 – VII ZR 169/02, BauR 2003, S. 748 ff. = NJW 2003, 2020 = NZBau 2003, 386 = ZfBR 2003, 367

[15] Vgl. Gesetz zur Anpassung der Vorschriften des Internationalen Privatrechts an die Verordnung (EG) Nr. 593/2008; BGBl. I 2009 Nr. 36, S. 1574 ff.

[16] Verordnung (EG) Nr. 593/2008 des Europäischen Parlaments und des Rates vom 17.06.2008 über das auf vertragliche Schuldverhältnisse anzuwendende Recht (ROM I). Diese Rechtsverordnung ist nach dem Artikel 61 c und Artikel 67 Abs. 5 des EG-Vertrages unmittelbar in den Nationalstaaten anzuwendendes Recht.

[17] Vgl. Brödermann/Wegen in PWW BGB-Kommentar, ROM I Art. 4 Rdn. 10 sowie Thorn in Palandt Rom 3 Rdn. 5

ell zwischen den Parteien ausgehandelt wird und die Rechtswahlvereinbarung enthält oder die Rechtswahl durch die Vorlage eines Vertragsmusters ausgeübt wird, zu dem der Auftraggeber den Dienstleistungsvertrag abschließen will. Dies ist namentlich dann der Fall, wenn der öffentliche Auftraggeber zur Abgabe eines Angebots unter Vorlage eines Vertragsmusters auffordert, in dem deutsches Recht festgelegt ist.

26 Die **Rechtswahl** kann sich nach Artikel 3 der EU-Verordnung ROM I auch aus den **Umständen des Falles** ergeben. Dies kommt in Betracht, wenn eine ausdrückliche vertragliche Vereinbarung fehlt. Die stillschweigende Rechtswahl ergibt sich aus den besonderen Umständen des Einzelfalls oder aus typischen Umständen. Zur Ermittlung des tatsächlichen Willens sind alle Umstände in Betracht zu ziehen.[18] Nehmen die Parteien auf einzelne Vorschriften eines bestimmten Rechts Bezug, so wird im Regelfall eine stillschweigende Rechtswahl anzunehmen sein. Wird z. B. das Mängelrecht nach BGB oder VOB vereinbart, so hat die Rechtsprechung eine stillschweigende Wahl deutschen Rechts angenommen.[19] Auch die Verwendung von Vertragsformularen und allgemeinen Geschäftsbedingungen kann eine stillschweigende Vereinbarung des am Niederlassungsort geltenden Rechts bedeuten.[20]

27 **Fehlt es auch an einer stillschweigenden Rechtswahl** im Vertrag, so gilt nach Art. 4 Abs. 1 lit. b EU-Verordnung ROM I für die EU das Recht des Staates, in dem der Auftragnehmer als Dienstleister[21] seinen gewöhnlichen Aufenthalt hat. Für Architekten und Ingenieure, die als EU-Ausländer vom Ausland aus operieren, bedeutet dies, dass das jeweilige Heimatrecht des Auftragnehmers anzuwenden ist. Nach Art. 4 Abs. 3 ist eine Ausweichklausel vorgesehen. Abweichend von dem Recht, in dem der **Auftragnehmer seinen gewöhnlichen Aufenthalt** hat, soll nämlich das Recht des Staates maßgebend sein, wenn sich aus der Gesamtheit der Umstände ergibt, dass der **Vertrag eine offensichtlich engere Verbindung** zu einem anderen Staat aufweist als dem Heimatstaat des Auftragnehmers. Planungsaufträge werden danach stets nach dem Recht des Staates abgewickelt, in dem der Auftragnehmer seinen Sitz hat, da der Bezug zum Ort der Baustelle nicht stark genug ist.[22] Leistungen der Objektüberwachung, die ihren Schwerpunkt an der Baustelle haben und die vor allem auch darauf ausgerichtet sind, dass sie das nationale Recht der belegenden Sache zu beachten haben, können dazu führen, dass engere Verbindungen zu dem Staat gesehen werden, in dem die belegende Sache liegt. Wenn dem Architekten **insgesamt die Planungs- und Überwachungsleistung** übertragen werden, so ist inländisches Recht anzuwenden, da der Schwerpunkt der Leistungserfüllung eines Architekten oder Ingenieurs am Ort des Bauwerkes gesehen werden kann.[23]

28 **Erbringt der Ausländer seine Leistung von seinem Sitz aus dem Ausland aus**, wählt er mit seinem Bauherrn aber die Anwendbarkeit deutschen Rechts, so beurteilt sich die Anforderung an die Erfüllung der vertraglich übernommenen Leistungen zwar nach deutschem Recht, nicht jedoch deren Vergütung nach HOAI. Der BGH hat hierzu festgestellt, dass die Rechtswahlvereinbarung zugunsten des deutschen materiellen Schuldvertragsrechts in einem Architekten- und Ingenieurvertrag nicht das öffentlich-rechtliche Preisrecht der HOAI umfasst.[24] Im Übrigen fällt der ausländische Leistungserbringer gemäß § 1 HOAI nicht in den Anwendungsbereich der preisrechtlichen Bestimmungen von Mindest- und Höchstsatz. Die Vertragsparteien können das Honorar frei wählen und vereinbaren. Sie sind weder daran gebunden, die Honorare schriftlich zu vereinbaren, noch muss die Honorarvereinbarung bei Auftragserteilung erfolgen. Eine Honorarvereinbarung kann in diesem Fall auch so aussehen, dass sich die Parteien vertraglich der HOAI unterwerfen. Im Rahmen ihrer Vertragshoheit bleibt es den Parteien unbenommen, sich einem Regelwerk zu unterwerfen, welches die Vergütungshöhe im Einzelnen bestimmt. Die HOAI kommt mit ihrer

---

[18] BGHZ 1953, 198 (191)

[19] OLG Köln RIW 1984, 314

[20] Reithmann/Martiny: Internationales Vertragsrecht, Rdn. 85

[21] Dienstleistung ist hier im Sinne des europäischen Rechts zu verstehen und nicht im Sinne des Dienstvertragsrechts des BGB.

[22] So grundsätzlich auch Wenner, in BauR 1993, 257 (260) sowie Budde in Thode/Wirth/Kuffer Praxishandbuch Architektenrecht § 21 Rdn. 20

[23] So: BGH v. 07.12.2000 in BauR 2001, 979 = NJW 2001, 1936 = NZBau 2001, 333; = ZfBR 2001, 309

[24] BGH v. 27.02.2003 – VII ZR 169/02, BauR 2003, 749 (750)

Honorarbewertung von Leistungen außerdem zum Zuge, wenn die Parteien vereinbart haben, dass der Leistungsaustausch entgeltlich erfolgen soll, jedoch keine Honorare der Höhe nach festgelegt haben. In diesem Fall muss eine übliche Vergütung gem. § 632 Abs. 2 BGB bestimmt werden.[25] Die Antwort auf die Frage, was die übliche Vergütung in Deutschland ist, kann mit den Mindestsätzen der HOAI als überwiegend angewendetes Honorar gegeben werden.

3. Die Anwendung der HOAI auf Berufsfremde

Umstritten ist die Frage, ob die HOAI nur gilt, wenn ihre Leistungen von der Berufsgruppe der Architekten oder Ingenieure erbracht werden, oder ob die Preisbindung auch für Auftragnehmer gilt, die diesen Berufsgruppen nicht zuzuordnen sind. Insgesamt handelt es sich bei dieser Frage um ein Auslegungsproblem, welches nach der Entscheidung des Bundesgerichtshofes vom 22. Mai 1997 eine endgültige Klärung gefunden hat. Danach sind die Mindest- und Höchstsätze der HOAI aufgrund der für ihren Geltungsbereich maßgeblichen Ermächtigungsgrundlage der §§ 1 und 2 GIA auf natürliche und juristische Personen anwendbar, die Architekten- und Ingenieuraufgaben erbringen, so wie sie in der HOAI beschrieben sind.[26] In seiner Begründung stellt das Gericht hierzu fest, dass die Entstehungsgeschichte und der Wortlaut der Ermächtigungsgrundlage bei der Auslegung der Frage, ob die **HOAI berufs- und leistungsbezogen** anzusehen ist, nicht zu einem eindeutigen Ergebnis führt. Der BGH stellt indes fest, dass ein leistungsbezogenes Verständnis der HOAI dem Zweck der Norm besser gerecht wird als ein berufsstandsbezogenes.

Damit gilt die HOAI leistungsbezogen und unabhängig von der beruflichen Qualifikation, also unabhängig davon, ob der Auftragnehmer berechtigt ist, die Berufsbezeichnung Architekt oder Ingenieur zu führen. Die mangelnde Qualifikation eines Berufsfremden kann jedoch zur Anfechtung und Kündigung eines Vertrages führen oder im Mängelrecht zu berücksichtigen sein. Auf das Honorarrecht hat sie keinen Einfluss. Für den Personenkreis kommt es gemäß den vorherigen Ausführungen nur darauf an, ob ein Sitz im Inland besteht. Im Übrigen wird der Personenkreis über die zu erbringende Leistung definiert.

Zur Leistungsbezogenheit hat der BGH wie die bisherige herrschende Meinung in Literatur[27] und Rechtssprechung[28] auf den Zweck der Ermächtigungsgrundlage für die HOAI abgestellt. Zweck **der HOAI** war es seit jeher, eine **Dämpfung der Baukosten**[29] zu erreichen und damit mittelbar den Mietanstieg zu bekämpfen.[30] Außerdem soll die Honorarordnung einen **ruinösen Preiswettbewerb** der Architekten und Ingenieure verhindern und einen Leistungswettbewerb fördern.[31] Unter Berücksichtigung dieser Ziele stellte der BGH[32] fest, dass „ein ruinöser" Preiswettbewerb bei Architekten- und Ingenieurleistungen jedenfalls nur dann wirkungsvoll unterbunden wird, wenn alle Anbieter denselben Preisregeln unterliegen. Da die Tätigkeiten der Architekten und Ingenieure im Gegensatz zu ihrer Berufsbezeichnung gesetzlich nicht geschützt sind, kann das nur erreicht werden, wenn alle Anbieter von Leistungsbildern der HOAI gleichmäßig deren Regeln unterstellt werden. Dieses Ergebnis lege auch eine verfassungskonforme Auslegung der erörterten Normen nahe.

Einzelfälle hierzu sind:
Bautechniker sowie sonstige Planverfasser, die auch nach ihrer Ausbildung nicht die Qualifikation eines Architekten oder Ingenieurs besitzen, sind ebenso wie ihre Auftraggeber an die HOAI gebunden. **Maßt sich ein Nichtarchitekt den Titel eines Architekten an** und wird dementsprechend vom Auftraggeber beauftragt, so ist ebenfalls die HOAI voll anzuwenden.[33] Fehlerhafte

29

30

31

32

---

[25] Ähnlich Wirth in Korbion/Mantscheff/Vygen, HOAI Kommentar 8. Auflage zu § 1 Rdn. 71
[26] BGH, Urteil v. 22.05.1997 – VII ZR 290/95; BauR 1998, 815 = NJW 1997, 2329 = ZfBR 1997, 250; vgl. auch BGH, Urteil v. 18.05.2000 – VII ZR 125/99; BauR 2000, 1512 = NZBau 2000, 473 = ZfBR 2000, 481
[27] Vgl. hierzu: Vygen in Korbion/Mantscheff/Vygen § 1 Rdn. 23; a. A.: Locher/Koeble/Frik § 1 Rdn. 18; Werner/Pastor Rdn. 604
[28] So grundlegend: OLG Düsseldorf BauR 1979, 352; OLG Düsseldorf BauR 1993, 630; OLG Düsseldorf BauR 1987, 348; OLG Köln BauR 1985, 338; vgl. auch Auflistung in Vygen, in Korbion/Mantscheff/Vygen § 1 Rdn. 23
[29] Vgl. hierzu auch BR-Drucks. 395/09 S. 1
[30] BT-Drucks. IV 1549, 6 (14)
[31] BT-Drucks. 10/1562, 5
[32] BGH, a. a. O. BauR 1998, 815
[33] OLG Köln v. 03.05.1985, Schäfer/Finnen/Hohenstein Nr. 2 zu § 1 HOAI Beklagte. 33

und unzulängliche Leistungen sind im Rahmen des Gewährleistungsrechtes zu berücksichtigen. Die fehlende Architekteneigenschaft führt nicht zur Nichtigkeit des Vertrages.

33 **Kündigt der Auftraggeber** hingegen einen Architektenvertrag, weil er mit der Erfüllung der Architektenleistung unzufrieden ist, und erfährt er erst später, dass der Auftragnehmer die Qualifikation eines Architekten nicht besitzt, so steht dem Auftragnehmer für die von ihm bis zur Kündigung erbrachten Leistungen deshalb kein Honoraranspruch zu. Er hätte auf seine fehlende Qualifikation als Architekt bei Vertragsabschluss hinweisen müssen, ein eventuell verdienter Honoraranspruch hebt sich damit, mit dem Schadensersatzanspruch so gestellt zu werden, als wäre kein Vertrag zustande gekommen, auf.[34] Der Bauherr ist auch berechtigt, den Architektenvertrag wegen arglistiger Täuschung anzufechten, wenn der Auftragnehmer den Hinweis unterlassen hat, weder Architekt noch Bauingenieur zu sein. [35]

34 Ein Architekt, der bei Abschluss des Vertrags noch nicht in die Architektenliste eingetragen ist, untersteht der HOAI.[36]

35 Ein Angestellter oder Beamter, der in Nebentätigkeit Architektenleistungen erbringt, handelt wie ein Freiberufler und hat nach der HOAI abzurechnen.

36 Planungsleistungen und Beratungsleistungen, die von Gesellschaftern erbracht werden, gleich in welcher Rechtsform sie auftreten (GmbH, OHG, AG, Partnerschaftsgesellschaft oder BGB-Gesellschaft), unterliegen ebenfalls der HOAI. Einzig eine Ausnahme hierzu bilden Gesellschaften, **die neben Planungsleistungen für das Objekt auch Ausführungsleistungen** erbringen. Damit ist die Frage angesprochen, welcher Leistungsgegenstand von der HOAI erfasst wird. Nicht sämtliche Leistungen, die Architekten und Ingenieure erbringen, fallen auch unter die HOAI.

37 Bringt der Bauträger, der dem Auftraggeber die Bauausführung und Planung aus einer Hand versprochen hat, zunächst nur die Planungsleistungen und kommt es sodann zu einer Beendigung des Vertragsverhältnisses, so findet die HOAI auf dieses Rechtsverhältnis gleichwohl keine Anwendung.[37]

38 Übernimmt ein Bauunternehmen ausschließlich Planungsleistungen, so findet die HOAI auf dieses Rechtsverhältnis Anwendung.[38] Übernimmt es auch Ausführungsleistungen, so ist es nicht an die HOAI gebunden. Dies gilt insbesondere auch für den Generalübernehmer (GÜ). Ihm sind die Erfüllung der Planungsleistungen und die Bauleistungen überlassen. Dieses einheitliche Leistungsspektrum führt nicht zur Anwendung der HOAI auch wenn die Planungsleistungen neben den Bauleistungen in getrennten Verträgen mit dem GÜ aufgeführt werden.[39]

39 Leistungen des raumbildenden Ausbaus und Innenraumplanung werden üblicherweise von Innenarchitekten und nicht selten von spezialisierten Möbelhändlern erbracht. Erbringt ein Einrichtungsunternehmer im Zusammenhang mit dem Verkauf von Möbeln eine solche Planungsleistung, so findet die HOAI keine Anwendung. Zum Beispiel ist der Kücheneinrichtungsplan für eine Einbauküche keine selbstständige HOAI-Leistung, sondern Bestandteil des Kaufgeschäftes.

4. Die Anwendung der HOAI bei Aufträgen unter Berufsangehörigen

40 Architekten, die sich zur Erfüllung der vertraglich übernommenen Leistungen anderer Architekten oder Ingenieure bedienen, schließen mit ihnen **Werkverträge über Architekten- und Ingenieurleistungen** ab,[40] für die ebenfalls die HOAI gilt. Hiervon ausgenommen sind jedoch **Arbeits- oder sonstige arbeitnehmerähnliche Dienstverhältnisse.**[41]

---

[34] OLG Naumburg IBR 1996, 379 = BauR 1996, 889
[35] OLG Nürnberg BauR 1998, 1273
[36] OLG Köln BauR 1985, 338
[37] OLG Köln v. 10.12.1999, BauR 2000, 1384
[38] OLG Jena Urteil v. 21.05.2002, IBR 2003, 27; vgl. auch OLG Oldenburg BauR 2002, 332 = NZBau 2002, 283
[39] OLG Frankfurt am Main, 13.03.2012 – 5 U 116/10
[40] Vgl. zuletzt KG, Urteil v. 15.04.2008, IBR 2008, 1165
[41] Umfassend: BGH BauR 1985, 582 (583) = ZfBR 1985, 222; vgl. auch OLG Oldenburg IBR 1996, 252; OLG Frankfurt IBR 1994, 465; OLG Düsseldorf BauR 1984, 670 (671)

Die Grenzziehung zwischen einem echten Sub-Beauftragen und einem Mitarbeiter des Architekten oder Ingenieurs, mit dem ein arbeitnehmerähnliches Dienstverhältnis besteht, ist schwierig und kann nur von Fall zu Fall bestimmt werden. Bedeutsam wird diese Frage, wenn die Parteien ein weit geringeres Honorar mündlich festgelegt haben, als es die Mindestsätze nach HOAI vorsehen. Ist die HOAI anzuwenden, so taucht die Frage auf, ob ein Fall der Unterschreitung der HOAI-Mindestsätze gegeben ist. Gegebenenfalls ist der Auftragnehmer berechtigt, von seinen auftraggebenden Kollegen die Mindestsätze nach HOAI zu verlangen. Diesbezüglich gelten allerdings die allgemeinen Grundsätze, die für den Fall einer Unterschreitung der Mindestsätze angesetzt sind. Da die Parteien meist wegen einer falsch verstandenen Kollegialität keine klaren Abmachungen treffen und sie insbesondere auch nichts schriftlich fixieren, wird anhand des tatsächlichen Arbeitsablaufes festzustellen sein, ob es sich bei der Beauftragung des Auftragnehmers um ein echtes Subunternehmerverhältnis oder ein mitarbeiterähnliches Verhältnis handelt. **41**

Dabei lassen sich folgende Grundsätze aufstellen:

Der angestellte Architekt bezieht ein Gehalt und kein Honorar. Sind Zweifel gegeben, ob ein Architekt zu seinem Dienstherrn im Anstellungsverhältnis steht, so schafft einerseits die steuerliche Behandlung der Bezüge des Angestellten Klarheit. Wird Lohnsteuer abgeführt, so besteht an der Arbeitnehmerschaft kein Zweifel. **42**

Problematisch sind **freie Mitarbeiterverhältnisse**. Die steuerliche Behandlung der Bezüge des freien Mitarbeiters hilft hier nicht weiter. Steuerrechtlich gesehen ist der freie Mitarbeiter stets ein Selbstständiger, der Einkünfte aus freiberuflicher Betätigung (§ 18 EStG) bezieht. Maßgeblich sind daher andere Kriterien, insbesondere der Grad der persönlichen Abhängigkeit und Weisungsgebundenheit, die wirtschaftliche Unabhängigkeit sowie die Eingliederung in den betrieblichen Ablauf.[42] **43**

Ein Indiz für das Bestehen eines arbeitnehmerähnlichen Dienstverhältnisses kann daher die Einstufung der dem freien Mitarbeiter überlassenen Aufgaben als Dienst- oder Werkvertrag sein. Schuldet der freie Mitarbeiter einen werkvertraglichen Erfolg seiner Leistung, so erbringt er HOAI-Leistungen, was zur Anwendung der HOAI-Vorschriften führt. Schuldet der freie Mitarbeiter **keinen selbstständig feststellbaren Erfolg als Ergebnis der ihm übertragenen Leistung**, sondern trägt er mit seinem Beitrag zu dem von seinem Dienstherrn geschuldeten Werkerfolg bei, so kann die HOAI keine Anwendung finden. Dies bedarf jeweils sorgfältiger Untersuchung des Einzelfalls. Allein daraus, dass ein als freier Mitarbeiter tätiger Architekt oder Ingenieur auch planend und gutachterlich für seinen Dienstherrn tätig ist, lässt sich noch nicht herleiten, dass ein Werkvertrag vorliegt.[43] Es bedarf stets der Feststellung, welche Leistung des freiberuflichen Mitarbeiters einen eigenständigen werkvertraglichen Erfolg zum Gegenstand hat. **44**

Ein weiteres Kriterium der Abgrenzung richtet sich nach der Ausstattung des Büros des freien Mitarbeiters. Unterhält er **kein eigenes Büro** und wird dementsprechend fast ausschließlich für seinen Dienstherrn tätig, so spricht dies für ein arbeitnehmerähnliches Verhältnis. Unterhält er jedoch ein eigenständiges Büro, beschäftigt selbst eigene Mitarbeiter, so kann der Auftrag eines Kollegen an das Büro als HOAI-Auftrag angesehen werden.[44] **45**

Ist der Mitarbeiter berechtigt, **eigene Bauherren** zu betreuen und geschieht dies auch in erheblichem Umfang, so ist der Mitarbeiter ein selbstständiger Architekt und nicht in einem arbeitnehmerähnlichen Dienstverhältnis tätig, auch wenn er die Verpflichtung übernommen hat, seinem „Dienstherrn" bei Anforderung jederzeit zur Verfügung zu stehen und hierfür auch einen eigenen Raum bereitgestellt erhält.[45] **46**

Ein im sozialrechtlichen Sinne zu verstehender „**Scheinselbstständiger**" ist eine arbeitnehmerähnliche Person. Liegen diese Voraussetzungen vor, so findet die HOAI ebenfalls keine Anwendung. **47**

---

[42] Vgl. OLG Frankfurt, Urteil v. 14.03.2002 – 15 U 180/99, BauR 2002, 1874 (1875)
[43] BGH BauR 1995, 731
[44] Vgl. OLG Frankfurt a. a. O.: BauR 2002, 1874
[45] OLG Oldenburg v. 11.07.2000 – 2 W 64/00; NZBau 2000, 578 = OLGR 2000, 263

48   Eine **gesellschaftsrechtliche Bindung** des Mitarbeiters an den Auftragnehmer schließt die Anwendung der HOAI aus. Schließen sich Architekten- oder Ingenieurbüros in einer Gesellschaft, z. B. einer ARGE (BGB-Gesellschaft), zusammen, um gemeinsam einen Planungsauftrag zu erledigen, findet die HOAI auf die Berechnung der Honorare im Verhältnis der Gesellschafter keine Anwendung. Unproblematisch ist die Fallgestaltung, wenn diese Gesellschaft nach außen als **Arbeitsgemeinschaft (ARGE)** auftritt und insoweit in unmittelbare Vertragsbeziehungen zum Auftraggeber tritt. Es kommt allerdings auch eine Innengesellschaft in Betracht, wonach ein Architekt oder Ingenieur einen Planungsauftrag eines Auftraggebers übernimmt und die Erledigung der übertragenen Planungsaufgabe von zwei oder mehreren Büros im Rahmen einer Innengesellschaft durchgeführt wird. In diesen Fällen entsteht kein unmittelbares Rechtsverhältnis zwischen den mitarbeitenden Architekten und Ingenieuren zum Bauherrn, sondern es bleibt bei dem Auftragsverhältnis zwischen dem auftragnehmenden Architekten oder Ingenieur und seinem Bauherrn. Die Vereinbarung der beteiligten Architekten und Ingenieure zur Durchführung und Erledigung der übernommenen Aufgabe ist in diesen Fällen als Innengesellschaftsvertrag zu werten, wenn die beteiligten Architekten und Ingenieure sich auf eine gemeinsame Erledigung des Planungsauftrages bei entsprechender Teilung von Leistung und Honorar im Sinne eines Gesellschaftsverhältnisses geeinigt haben. Da es meist an klaren vertraglichen Regelungen fehlt, wird anhand der festzustellenden Tatsachen der wirkliche vertragliche Wille der beteiligten Planer zu erforschen sein.

49   Bei einer Innengesellschaft bringt der auftragnehmende Architekt oder Ingenieur den Architekten- oder Ingenieurvertrag in die Gesellschaft mit dem Ziel ein, dass dieser gemeinsam erfüllt werden soll. Dies setzt zunächst voraus, dass alle beteiligten Planer vollständige Kenntnisse über den mit dem Bauherren abgeschlossenen Vertrag besitzen. Die vertraglich übertragenen Leistungen werden dabei zwischen den Beteiligten aufgeteilt und es wird festgelegt, wer welche Leistung mit welchem Honoraranteil erbringt, um den vertraglich geschuldeten Erfolg für den auftragnehmenden Planer sicherzustellen. Für eine gesellschafterrechtliche Bindung in einer Innengesellschaft spricht, dass die Innengesellschafter nicht nur Beiträge zur Erfüllung der übertragenen Leistung zu liefern haben, sondern dass sie gemeinsam Entscheidungsbefugnis besitzen, wie der Auftrag im Ergebnis erledigt wird.

5. HOAI und Generalplanungsverträge

50   Die Entwicklung des Baugeschehens ist seit Jahren dadurch gekennzeichnet, dass stets höhere architektur- und ingenieurmäßige Anforderungen an Bauwerke gestellt werden. Die bauphysikalischen, technischen, ökologischen und energiewirtschaftlichen Anforderungen an Bauwerke sowie ihre technische Ausrüstung haben Spezialisierungen in Berufsfeldern entstehen lassen, ohne die ein Bauvorhaben heute nicht mehr geplant werden kann. Für die moderne Bautätigkeit ist deshalb stets ein **Planungsteam** kennzeichnend, welches aus Architekten unterschiedlicher Spezialisierung, Fachingenieuren für Einzelbereiche des Bauwerkes und Sonderfachleuten besteht, die als Berater ergänzend das Planungsgeschehen mitbestimmen.

51   Die HOAI 1996 war bereits ein Spiegelbild dieser Wirklichkeit bei Inkrafttreten. Die in 12 Teilen geregelten Architekten- und Ingenieurleistungen zeigen auf, wie komplex die Planungsaufgabe ist. Die tatsächliche Planungswirklichkeit hat diesen Trend verstärkt. Die Spezialisierung hat weiter zugenommen. Neue Berufsbilder mit neuen Leistungsbildern sind entstanden, die in der HOAI nicht verankert sind (z. B. das Leistungsbild des Fassadenplaners).

52   Die HOAI 2013 nimmt diesen Trend im Leistungsbild auf. Im Rahmen der Grundlagenermittlung ist die Grundleistung c) wie folgt festgelegt: Beraten zum gesamten Leistungs- und Untersuchungsbedarf. Die für das Planungsgeschehen erforderlichen **Fachingenieurleistungen** und gegebenenfalls hinzukommende Spezialleistungen von Sonderfachberatern sind danach zum Beginn des Planungsgeschehens festzustellen und gegebenenfalls vom Auftraggeber in gesonderten Vereinbarungen mit den betreffenden Ingenieuren zu beauftragen. Allerdings wird die Notwendigkeit der Einschaltung weiterer Fachleute häufig erst während des gesamten Planungs- und Baugeschehens deutlich, sodass sich diese Leistung auf das gesamte Leistungsbild bezieht und nicht nur Gegenstand der Grundlagenermittlung ist. Ähnlich der Vergabe nach Einzelgewerken bei der Bauausführung entsteht dadurch ein buntscheckiges Bild von Auftragsverhältnissen, die, je komplexer das Bauvorhaben wird, rechtlich wie auch funktionell nur noch schwer steuerbar sind. Es ist zwar nicht zu verkennen, dass mit diesem Vergabesystem, ähnlich wie bei der Bauausführung, auch bei den planenden Berufen die kleineren und mittleren Büros am Markt gestärkt werden, da der Markt für ihre Leistungen dadurch größer wird. Allerdings ist auch zu beachten, dass mit dieser Methodik eine nur noch schwer kontrollierbare und schwer steuerbare Rechtsfigur geschaffen wird. Es ist deshalb nicht verwunderlich, dass sich in der Praxis vermehrt die Vergabe von Generalplanungsverträgen durchsetzt.

Kennzeichnend für den **Generalplanungsvertrag** ist, dass sämtliche für die Erfüllung der gestellten Aufgabe notwendigen Architekten- und Ingenieurleistungen von einem Auftragnehmer als Generalplaner übernommen werden. Dieser stellt sein Planungsteam selbst zusammen, indem er Einzelleistungen aus dem gesamten Planungsspektrum auf hierfür geeignete Büros überträgt. Ein ganz wesentlicher Leistungsgegenstand des Generalplaners wird damit die **Steuerung des gesamten Planungsgeschehens**, insbesondere **53**

– die Einschaltung und Koordinierung der Fachplaner,
– der Abruf von Einzelplanungsleistungen,
– die Planungskontrolle sowie Terminplanung,
– die Kostenplanung und -steuerung.

Man kann dies insgesamt als **die Planung der Planung** bezeichnen. Bei Einzelvergabe durch den Bauherrn obliegt dem Architekten im Rahmen der Objektplanung die Beratung, wann welche Fachingenieure einzuschalten sind. Der Objektplaner hat die Fachleistung zu koordinieren und in die Objektplanung zu übernehmen. Beim Generalplanungsvertrag übernimmt der Generalplaner nicht nur die gesamte Koordination der Fachplanung, sondern auch die Verantwortung für alle Fachbereiche. **54**

Bei der Vertragsgestaltung des Auftragsverhältnisses ist die HOAI in vollem Umfang zu beachten. Danach gelten die HOAI-Mindest- und Höchstsätze auch für das Unterauftragsverhältnis. **55**

Die Anwendung der HOAI auf die Subauftragsverhältnisse bedeutet, dass der subbeauftragte Planer sein Honorar nach den anrechenbaren Kosten zu berechnen hat, die seinem eigenen Auftragsverhältnis zugrunde liegen.[46] Es gelten die gleichen Grundsätze wie bei dem Auftragsverhältnis zwischen Bauherr und Architekt/Ingenieur einschließlich der hierzu ergangenen Rechtsprechung. **56**

Diese Koordinierungsfunktion kann je nach Einzelvertragsausgestaltung unterschiedlich geregelt sein. So kann es sein, dass die Planung der Fachgewerke für die Technische Ausrüstung untereinander als koordinierte Planung dem Objektplaner zu übergeben ist, sodass zumindest hinsichtlich der Fachgewerke der Technischen Ausrüstung eine in Bezug auf diese Leistungen konfliktfreie Planung vorliegt. Das gilt für jede Objektplanung, gleichgültig, ob sie sich auf Gebäude, Freianlagen, Raumbildende Ausbauten, Ingenieurbauwerke oder Verkehrsanlagen bezieht. **57**

Der Generalplaner hat es somit hinzunehmen, dass sein beauftragter **Subplaner in Relation** zu seinem Honorar möglicherweise ein **vergleichsweise höheres Honorar** verdient, da die für die Bemessung des Honorars des Subplaners anrechenbaren Kosten geringer als die gesamten anrechenbaren Kosten sind und sich der Subplaner deshalb honormäßig besser stellt als der Generalplaner, da in seinem Honorar wegen der geringeren Honorarbezugsgröße ein geringer Degressionsverlust steckt.[47] Dabei hat der BGH[48] den Einwand des Generalplaners nicht gelten lassen, dass bei voller Anwendung der HOAI auf die Subplanungsverhältnisse er im Ergebnis dazu verurteilt sei, Verluste zu erwirtschaften. Als Antwort hierzu meint der BGH, dem Generalplaner stünde es frei, mit dem Bauherrn ein Honorar zu vereinbaren, das ihm ermöglicht, ohne eigenen Nachteil die HOAI gegenüber seinem Subplaner einzuhalten. **58**

---

[46] BGH BauR 1994, 787 (788)
[47] BGH BauR 1994, 787 (788)
[48] BGH a. a. O. wie zuvor

59 Diese Entscheidung zeigt einen entscheidenden **Interessenwiderstreit zwischen dem Generalplaner und dem Subplaner** auf. Der Auftraggeber von Generalplanungsleistungen ist häufig nicht gewillt, dem Generalplaner ein über den Sätzen der HOAI liegendes Honorar zuzugestehen, da nicht einsichtig ist, dass der Auftraggeber für die Generalplanung insgesamt mehr Geld aufwenden soll als bei Honorierung von Einzelauftragsverhältnissen. In der Praxis hat sich deshalb durchgesetzt, dass der Generalplaner einen Abschlag von den nach HOAI ermittelten Honoraren des Subplaners für Haftungsübernahme und Koordinierung der Subplaneranteile **in Höhe von 5–10 % des Honorars** des Subplaners vereinbart. Ein derartiger Einbehalt ist von der Sache her notwendig und geboten. Je nach Organisation und Steuerung der Gesamtplanung wird der Subplaner bei der Durchführung seiner Planungsaufgabe entlastet. So entfällt regelmäßig die Grundlagenermittlung, die der Generalplaner durch umfassende Einweisung des Subplaners in das Projekt selbst stellt. Darüber hinaus entfallen Abstimmungen und Abklärungen von Leistungsergebnissen der Subplaner mit den Bauherren, da dies die Angelegenheit des Generalplaners ist. Die Planungsorganisation des Generalplaners kann darüber hinaus die Koordinierung der jeweiligen Fachergebnisse untereinander im Planungsablauf wesentlich verbessern und vereinfachen.

60 Seine **Rechtfertigung findet dieser vertraglich festzulegende Einbehalt** in § 8 HOAI. Danach sind die Parteien gehalten, bei nur teilweiser Übertragung der Leistungen einer Leistungsphase das Honorar anteilig zu berechnen, was auch für den Fall gilt, dass Teile einzelner Leistungen dem Auftragnehmer nicht übertragen werden. Letzteres kann für die Leistungsabgrenzung zwischen Generalplaner und Subplaner zutreffen, sodass entsprechende generelle Abzüge des nach HOAI zu ermittelnden Honorars des Subplaners erfolgen können. Diese sind allerdings auch in dem Leistungsbild des Subplaners zu verankern.

Die Absicht des Generalplaners den Subplaner an dem Zahlungsrisiko des Honorars zu beteiligen, führt zu mannigfaltigen Versuchen durch vertragliche Regelung sicher zu stellen, die Honorarzahlungspflicht davon abhängig zu machen, dass der Bauherr den Generalplaner auch tatsächlich zahlt (sogenannte **pay-when-paid**-Regelungen). In allgemeinen Geschäftsbedingungen sind diese Regelungen unwirksam.[49] Allerdings können diese Regelungsziele individuell ausgehandelt werden. Im Streitfall hat der Generalplaner den Beweis dafür anzutreten, dass eine entsprechende vertragliche Regelung ausgehandelt wurde. Aushandeln bedeutet, dass der Generalplaner die eigene Vertragssituation hinsichtlich dieser Vertragsregelung zur Verhandlung stellt und die Parteien sodann im Wege des „Gebens" und „Nehmens" sich auf eine Regelung einigen. Bloßes Verhandeln hierüber reicht nicht aus. Der Gesetzgeber verwendet in § 305 Abs. 1 BGB den Begriff des „aushandelns", was im Streitfall nachzuweisen ist.[50]

6. Vergütung neuer Arbeitstechniken

61 Das Einscannen und die EDV-mäßige Überarbeitung alter Bauzeichnungen zur Vorbereitung von Planungstätigkeiten eines Architekten oder Ingenieurs gehören zu den Besonderen Leistungen und werden damit nicht von denjenigen Leistungen der HOAI erfasst, für die Honorare gebildet sind.[51]

62 Es ist allerdings klarzustellen, dass die **computergestützte Bearbeitung** von Planungsverträgen heute Standard ist und zum Leistungsbild des Planers zählt. Planungen werden heute generell nur computergestützt erstellt, was die Kooperation der Planer untereinander wesentlich vereinfacht. Der Planungsaustausch via E-Mail oder bei großen Bauvorhaben über einen eigenen eingerichteten Planungspool ist die Regel und führt deshalb nicht zu zusätzlichen Honoraransprüchen. Kosten für den Aufbau eines elektronischen bestimmten Datenpools, welcher auf Wunsch des Auftraggebers eingerichtet wird, sind jedoch als Nebenkosten erstattungsfähig. Es bahnt sich darüber hinaus ein das Baugeschehen revolutionierende neue Entwicklung an. Die Darstellung der Planung in 3D erlaubt neue Möglichkeiten der Bewältigung komplexer Bauaufgaben.

---

[49] OLG München vom 25.01.2011 – 9 U 1953/10
[50] Vgl. BGH in NJW 1991, 1679; NJW 2000, 1110, ständige Rechtsprechung
[51] OLG Hamm BauR 2001, 1614

Bemerkenswert in diesem Zusammenhang ist eine Entscheidung des BGH, die sich mit dem Auf- **63**
trag eines Ingenieurs zur Überprüfung eines „Wasserdargebots" beschäftigt hat.[52] Er behandelt
zwar nicht neue Arbeitstechniken, macht jedoch deutlich, dass bei der Abrechnung nach HOAI
stets zu prüfen ist, ob die abgerechnete Leistung von der HOAI erfasst werden. Dieser Entscheidung war zwar nicht zu entnehmen, ob die Ingenieurleistung der Prüfung eines „Wasserdargebots" eine HOAI-Leistung ist. Der Prüfungsauftrag ging damit an die Tatsacheninstanz zurück,
um Feststellungen darüber zu treffen, was Gegenstand dieser Leistung ist und ob diese zu den
Grundleistung in der HOAI 1996 hinzutreten. Seinerzeit war zu überprüfen, ob es sich nach der
Definition der Besonderen Leistung in § 5 Abs. 4 HOAI Fassung 1996 um eine Leistung handelt,
die zu den Grundleistungen hinzu tritt. oder ob es eine isolierte Besondere Leistung ist. Bei ers-
terem war die Einhaltung der Schriftform Anspruchsvoraussetzung für die Vergütung[53]. Diese
Problematik entfällt nun, da Besondere Leistungen frei vereinbart werden können.

Diese Prüfungsgrundsätze gelten auch künftig. Sollte sich nämlich herausstellen, dass Leistun- **64**
gen von den Leistungsbildern nicht erfasst sind, besteht ein zusätzlicher Vergütungsanspruch neben dem HOAI-Honorar, wenn hierfür eine Vergütung nach Vertrag oder Gesetz geschuldet ist.

7. Die Anwendung der HOAI bei gemischten Bau- und Planungsleistungen

Die tätigkeitsbezogene Betrachtung des Anwendungsbereichs wirft die weitere Frage auf, ob die **65**
HOAI auch dann gilt, wenn Gegenstand des Leistungsaustausches nicht nur Planungs- und Beratungsleistungen nach HOAI, sondern auch Ausführungsleitungen sind (sogenannte **gemischte
Leistungen**). Dieser Fall ist bedeutsam im Fertighausbau, bei Generalübernehmerleistungen und
bei Bauträgermaßnahmen, also stets dann, wenn **Planung und Bauausführung aus einer Hand**
geliefert werden.[54]

Auf diese Rechtsverhältnisse kann die HOAI nicht angewandt werden.[55] Die HOAI regelt nur die **66**
Entgelte der von ihr beschriebenen Leistungen, wenn sie als selbstständiger Leistungserfolg dem
Auftraggeber geschuldet werden. Sämtliche Leistungsbilder der HOAI folgen der traditionellen
Betrachtung, wonach die Planungsleistungen von der Bauausführung zu trennen sind.

Erhält der Auftragnehmer den Auftrag, auch den Bau herzustellen, so liegt das Schwergewicht **67**
des von ihm geschuldeten Leistungserfolges auf der mangelfreien Herstellung des geschuldeten
Objekts als körperliche Sache. Die für die Durchführung des Bauvorhabens notwendigen Planungen sind Vorbereitungsleistungen, die kalkulatorisch im Baupreis erfasst werden.

Die Leistungsbilder der HOAI sind demgegenüber auf das traditionelle Leistungsspektrum ei- **68**
nes Freiberuflers abgestellt. Besonders deutlich wird dies in den Leistungsphasen 6 bis 9. Die
Verpflichtung in der Leistungsphase 7, Angebote für die Unternehmerleistungen einzuholen,
den Auftraggeber bei der Vergabe zu beraten und entsprechend bei der Auftragserteilung mitzuwirken, sind z. B. Leistungen, die von einem Generalübernehmer nicht erbracht werden können.
Dies gilt auch für die Leistungsphase 8. Ein Auftragnehmer, der neben der Planung auch die
Bauausführung im Auftrag hat, kann eine Objektüberwachung im Sinne der Leistungsphase 8
nicht vornehmen.

Fertighausunternehmen, Bauträger und Generalübernehmer können deshalb die von ihnen erar- **69**
beitete Planung zur Vorbereitung des Geschäfts dem Kunden auch nicht gemäß § 7 Abs. 5 HOAI
in Rechnung stellen, wenn es später nicht zu einem Auftrag über die gesamte Leistung gekommen ist.[56] Eine andere Frage ist, ob die Anbieter derartig umfassender Leistungen verpflicht
sind, den Leistungsanteil der Planung kalkulatorisch gesondert auszuweisen. Die HOAI verlangt
dies nicht, da sie ohnehin für den anderen Leistungsteil nicht gilt.[57]

---

[52] BGH v. 18.05.2000 BauR 2000, 1512
[53] BGH BauR 1989, 222
[54] Vgl. auch Rdn. 38
[55] BGH BauR 1997, 677 (679) = NJW 1997, 2329 (2330)
[56] OLG Köln, Urteil v. 10.12.1999 – 19 U 19/99; BauR 2000, 910 = NJW-RR 2000, 611 = NZBau 2000, 205
[57] BGH a. a. O. BauR 1997, 677; OLG Köln a. a. O. BauR 2000, 910

70   Ausgehend von der tätigkeitsbezogenen Anwendung der HOAI, argumentiert die Gegenmeinung, dass durch die sogenannten gemischten Verträge die zwingenden preisrechtlichen Regelungen der HOAI nicht ausgehebelt werden dürften, und verpflichtet deshalb die Unternehmen, die neben der Planung auch die Bauausführung erbringen, hinsichtlich der Planungsleistungen die HOAI anzuwenden und Mindest- und Höchstsätze einzuhalten.[58] Diese Auffassung ist indes vereinzelt geblieben und hat sich nicht durchgesetzt, wie auch die Entscheidung des BGH[59] zeigt.

71   Der BGH führt zur Begründung aus, dass § 1 HOAI den Anwendungsbereich der Verordnung einschränkend dahin bestimmt, dass sie für die Berechnung der Entgelte für die Leistungen der Architekten und Ingenieure gilt, soweit sie durch Leistungsbilder oder andere Bestimmungen der Verordnung erfasst werden. Die Bestimmung der Verordnung, insbesondere die Beschreibung der wichtigsten Leistungsbilder, gehen ersichtlich nur von Auftragnehmern aus, die mit den dort beschriebenen Architekten- und Ingenieuraufgaben betraut sind. Daraus folgert der BGH, dass die HOAI auf solche Anbieter, die neben oder zusammen mit Bauleistungen auch Architekten- und Ingenieurleistungen zu erbringen haben, nicht anzuwenden ist. Dies gilt insbesondere für Bauträger und andere Anbieter kompletter Bauleistungen. Werden jedoch isoliert von Bauausführungsleistungen Aufträge nach HOAI-Leistungsbildern übernommen, so gilt die HOAI, gleichgültig, ob die auftragnehmende Firma in ihrem Geschäftszweck neben der Erbringung von Planungsleistungen nach HOAI auch Bauträger- oder Bauleistungen zum Gegenstand hat.[60]

72   Entscheidendes **Abgrenzungskriterium** ist das im Planungsvertrag zum Ausdruck kommende **Auftragsziel**. Das Interesse eines Bauträgers ist darauf gerichtet, seinem Besteller ein schlüsselfertiges Bauvorhaben abzuliefern. Die Planung ist eine notwendige Vorbereitungsleistung, die von ihm zur Erfüllung des eigentlichen Auftragsziels zu erarbeiten ist. In der Praxis sind jedoch Fälle denkbar, in denen die Bauherren den Bauträger zunächst ausschließlich damit beauftragen, eine individuelle Architektenplanung bis zur Genehmigungsreife zu erstellen. Dieser Auftragsteil unterliegt zunächst der HOAI. Beauftragt der Bauherr anschließend den Bauträger auch mit der schlüsselfertigen Herstellung des Objekts, so liegen zwei nacheinander inhaltlich voneinander unabhängige Verträge vor. Der Planungsauftrag betraf die Genehmigungsplanung, ohne dass Einvernehmen darüber bestand, ob das Bauobjekt vom Auftragsnehmer als schlüsselfertige Einheit geschuldet wird. Diese Einigung ist in dem darauf folgenden Vertrag entstanden, sodass ein gemischtes Auftragsverhältnis nicht besteht. Dieser Bauträger rechnet deshalb seine Leistungen für die Genehmigungsplanung nach der HOAI ab.

73   In den meisten Fällen wird der Bauträger jedoch Planungsleistungen zunächst mit dem Ziel übernehmen, dem Bauherrn später ein fertiges Bauvorhaben zu verkaufen. Häufig kommt es im Rahmen der Planungsphase noch nicht einmal zu schriftlichen Vertragsabschlüssen, da der Bauherr zunächst das Ergebnis der Planung abwartet. In diesen Fällen handelt es sich um nicht zu honorierende Akquisitionsleistungen des Bauträgers.

74   Führt der Bauherr die Genehmigungsplanung später ohne weitere Einschaltung des Bauträgers aus, so hat dieser einen Anspruch auf **Vergütung nach den Gesichtspunkten der ungerechtfertigten Bereicherung**. Das honorarfreie Akquisitionsgeschäft war nämlich nicht darauf gerichtet, dass der Bauherr das Planungsergebnis entgegennimmt und von einem anderen realisieren lässt.

III. Gegenständlicher Geltungsbereich

1. Verbindliche Honorare für Leistungen

75   Da für den Anwendungsbereich der HOAI ohne Belang ist, wer Auftragnehmer der Leistung ist, entscheiden die in der HOAI geregelten Leistungen über den gegenständlichen Anwendungsbereich. § 3 HOAI unterscheidet Leistungen, die in Leistungsbildern erfasst werden, und Besondere Leistungen. Ob die HOAI anzuwenden ist, hängt von einer Gesamtwürdigung der

---

[58] OLG Frankfurt BauR 1993, 254; Vygen DAB 1989, 1153, OLG Düsseldorf BauR 1987, 348 ff.
[59] BGH BauR 1997, 677
[60] OLG Jena BauR 2002, 1724

beauftragen Leistungen ab. So hat der BGH[61] die Leistung eines Architekten zur Umwandlung eines bestehenden Wohnkomplexes in Einzelwohnungen (Erstellung eines Teilungsplans für die Abgeschlossenheitsbescheinigung) als Projektentwicklungsleistung eingestuft, für die die HOAI nicht gilt. Soweit die Auftragnehmerleistungen von Leistungsbildern erfasst werden, gilt die Honorarfestlegung der HOAI. Die Vergütung Besonderer Leistungen kann frei festgelegt werden.

Gegenstand des Auftrags an den Architekten war es, Aufteilungspläne zu erstellen, um Abgeschlossenheitsbescheinigungen der Bauaufsichtsämter beantragen zu können, die sodann Grundlage für die Teilungserklärung des Eigentümers der Wohnhäuser geworden sind. Nach der Entscheidung des BGH kommt es dabei entscheidend darauf an, ob mit den vereinbarten Leistungen ein **den Architektenvertrag prägender Werkerfolg** abverlangt wird. Dies ist bei der isolierten Erstellung von Aufteilungsplänen für bestehende Gebäude nach dieser Entscheidung nicht der Fall. Anders verhält es sich indes, wenn der Architekt im Rahmen seiner Neubauplanung Aufteilungspläne erstellt, für die er die Abgeschlossenheitsbescheinigung der Genehmigungsbehörde beantragt. **Schwerpunkt der beauftragten Leistung ist ein dem Architektenvertrag typischer Werkerfolg**, nämlich die Erarbeitung einer Neubauplanung. Das Aufstellen von Aufteilungsplänen erfolgt beiläufig und ist deshalb eine Besondere Leistung, die jedoch nicht im Vordergrund der Betrachtung steht.

76

Nicht jede Leistung eines Architekten oder Ingenieurs ist damit eine von den Leistungsbildern erfasste Leistung, für die es eine Honorarbewertung und damit Minder- und Höchstsätze gibt. Teilungspläne sind zwar Architektenzeichnungen, sie sind jedoch nicht auf die Objektplanung im Sinne einer planerischen Entwicklung eines Bauentwurfes gerichtet. Dies gilt auch für die Aufnahme eines Bauwerkes, um Bestandspläne zu entwickeln, da sie nur Dokumentationszwecken dienen, nicht jedoch Gegenstand entwurflicher Arbeit sind. Dies sind Besondere Leistungen, für die freie Honorarvereinbarungen gelten.

77

2. Honorarempfehlung für Beratungsleistungen und Besondere Leistungen

Verbindliche Honorarregelungen für Besondere Leistungen und für Beratungsleistungen bestehen nicht. Unter **Beratungsleistungen** versteht der Verordnungsgeber die bisherigen Fachingenieurleistungen, die in den §§ 77–79 HOAI 1996 zum Thema thermische Bauphysik, in den §§ 80–90 HOAI 1996 zum Thema Schallschutz und Raumakustik und die §§ 91–95 HOAI 1996 zum Thema Bodenmechanik, Erd- und Grundbau verbindlich geregelt waren.

78

Diese HOAI-Definition darf nicht darüber hinwegtäuschen, dass Architekten und Ingenieure bei der Erfüllung der ihnen überlassenen Planungsaufgaben dem Auftraggeber umfassende Bearbeitung schulden.

Für **Besondere Leistungen** gilt wie bisher, dass keine Honorarregelung enthalten ist. Dies hängt vor allem auch damit zusammen, dass schon nach dem Inhalt der Besonderen Leistung eine generelle Honorarfestlegung nicht bestimmt werden kann, da Besondere Leistungen so vielfältig und unterschiedlich sind, dass eine generelle Bewertung einzelner Besonderer Leistungen nicht möglich ist. Dies gilt allerdings nicht für die Beratungsleistungen. Deren Leistungsspektrum lässt sich allgemein definieren, wie die Leistungsbilder zeigen, die der Verordnungsgeber in **Anlage 1 zu der HOAI 2013** beschrieben und mit einem Honorar bewertet hat. Nach § 3 Abs. 1 S. 2 sind diese Honorarvorschriften jedoch **nicht verbindlich**. Sie können dementsprechend durch Vereinbarung unterschritten oder überschritten werden. Gleichgültig ist, wie die Vereinbarung zustande gekommen ist. Besondere Formvorschriften sind nicht zu beachten. Es ist gleichgültig, ob die Vereinbarung bei Auftragserteilung oder zu einem späteren Zeitpunkt erfolgt. Sie unterliegt auch nicht der Schriftform. Diesbezüglich gelten die allgemeinen Regelungen über den Abschluss von Verträgen.

79

Eine Bedeutung kommt dieser Regelung zunächst als Orientierungsrahmen zu. Für den Fall, dass die Parteien keine Einigung über die Honorierung der Beratungsleistung gefunden haben, und diese Fragestellung offengelassen haben, kann nach den Honorarsätzen entsprechend der Anlage 1 abgerechnet werden, weil diese als übliche Vergütung taxmäßiger Form anzusehen ist.

80

---

[61] BGH BauR 1998, 193

§ 2 Begriffsbestimmungen

(1) Objekte sind Gebäude, Innenräume, Freianlagen, Ingenieurbauwerke, Verkehrsanlagen. Objekte sind auch Tragwerke und Anlagen der Technischen Ausrüstung.

(2) Neubauten und Neuanlagen sind Objekte, die neu errichtet oder neu hergestellt werden.

(3) Wiederaufbauten sind Objekte, bei denen die zerstörten Teile auf noch vorhandenen Bau- oder Anlagenteilen wiederhergestellt werden. Wiederaufbauten gelten als Neubauten, sofern eine neue Planung erforderlich ist.

(4) Erweiterungsbauten sind Ergänzungen eines vorhandenen Objekts.

(5) Umbauten sind Umgestaltungen eines vorhandenen Objekts mit wesentlichen Eingriffen in Konstruktion oder Bestand.

(6) Modernisierungen sind bauliche Maßnahmen zur nachhaltigen Erhöhung des Gebrauchswertes eines Objekts, soweit diese Maßnahmen nicht unter Absatz 4, 5 oder 8 fallen.

(7) Mitzuverarbeitende Bausubstanz ist der Teil des zu planenden Objekts, der bereits durch Bauleistungen hergestellt ist und durch Planungs- oder Überwachungsleistungen technisch oder gestalterisch mitverarbeitet wird.

(8) Instandsetzungen sind Maßnahmen zur Wiederherstellung des zum bestimmungsgemäßen Gebrauch geeigneten Zustandes (Soll-Zustandes) eines Objekts, soweit diese Maßnahmen nicht unter Absatz 3 fallen.

(9) Instandhaltungen sind Maßnahmen zur Erhaltung des Soll-Zustandes eines Objekts.

(10) Kostenschätzung ist die überschlägige Ermittlung der Kosten auf der Grundlage der Vorplanung. Die Kostenschätzung ist die vorläufige Grundlage für Finanzierungsüberlegungen. Der Kostenschätzung liegen zugrunde:
1. Vorplanungsergebnisse,
2. Mengenschätzungen,
3. erläuternde Angaben zu den planerischen Zusammenhängen, Vorgängen sowie Bedingungen und
4. Angaben zum Baugrundstück und zu dessen Erschließung.

Wird die Kostenschätzung nach § 4 Absatz 1 Satz 3 auf der Grundlage der DIN 276 in der Fassung vom Dezember 2008 (DIN 276-1:2008-12) erstellt, müssen die Gesamtkosten nach Kostengruppen mindestens bis zur ersten Ebene der Kostengliederung ermittelt werden.

(11) Kostenberechnung ist die Ermittlung der Kosten auf der Grundlage der Entwurfsplanung. Der Kostenberechnung liegen zugrunde:
1. durchgearbeitete Entwurfszeichnungen oder Detailzeichnungen wiederkehrender Raumgruppen,
2. Mengenberechnungen und
3. für die Berechnung und Beurteilung der Kosten relevante Erläuterungen.

Wird die Kostenberechnung nach § 4 Absatz 1 Satz 3 auf der Grundlage der DIN 276 erstellt, müssen die Gesamtkosten nach Kostengruppen mindestens bis zur zweiten Ebene der Kostengliederung ermittelt werden.

Inhaltsübersicht

Vorbemerkung

Die HOAI 2013 hat den Katalog der Begriffsbestimmungen nochmals überarbeitet, vereinfacht **1** und übersichtlich gestaltet. Von besonderer Bedeutung ist der Objektbegriff. Für die Beauftragung eines Auftragnehmers mit der Wahrnehmung mehrerer Objekte gilt nach § 11 HOAI grundsätzlich getrennte Abrechnung. Ausnahme bildet die in § 37 geregelten Fällen. Es ist deshalb notwendig Klarheit darüber zu gewinnen, wie die getrennt abzurechnenden Objekte abzugrenzen sind.

1. Objekte

Der Objektbegriff wird als Oberbegriff verwendet. Er benennt die Abrechnungseinheiten, die **2** mit Leistungsbildern in der HOAI erfasst werden. Dies sind Gebäude, Innenräume, Freianlagen, Ingenieurbauwerke, Verkehrsanlagen, Tragwerke und Anlagen der Technischen Ausrüstung.

Eine Definition dieser Begriffe regelt § 2 nicht. Für die Beurteilung und Anwendung der HOAI **3** ist dies jedoch ohne Belang, da sich der Anwendungsbereich der Honorarvorschriften für die einzelnen Objekte aus dem besonderen Teil der HOAI[1] und den dort aufgenommenen Definitionen ergibt.

Die Ingenieurbauwerke bedürfen indes der Abgrenzung zur Objektplanung Gebäude und Freianlagen. Das gleiche Problem besteht bei der Abgrenzung eines Ingenieurbauwerks zum Objekt „Gebäude".

Bedeutung gewinnt diese Abgrenzung deshalb, weil sich die Honorarermittlung für die Leistungen dieser Objektplanungen nach unterschiedlichen Honorarparametern vollzieht, sodass Klarheit gewonnen werden muss, nach welchen Bestimmungen die Honorarfestlegung erfolgt.

Unter Freianlagen versteht man die planerisch gestaltete Freifläche oder Außenanlage. Die Freianlagenplanung ist vorwiegend die Domäne von Landschaftsarchitekten. Die Planung einer Freifläche, wie z. B. eines Parks, beinhaltet dabei auch Elemente von Einzelobjekten, die Gegenstand einer Einzelplanung sein können. Der Unterschied besteht darin, dass die übergreifende Planung der Freianlage die Einzelobjekte zu integrieren hat. So sind z. B. in die Grünanlagen eines Parks mit ihren vielfältigen Pflanzstrukturen Geh-, Reit- und Radwege wie auch Wasserläufe und Brücken zu integrieren, die in ihrer Gesamtheit die Freianlagenplanung ausmachen. Wege und Wasserläufe können jedoch auch Gegenstand einer Einzelobjektplanung sein.

---

[1] Ab Teil 2.

Schwierigkeiten können die Abgrenzungen vom Planungsanteil der gesamten Freifläche zu der Planung der einzelnen Objekte bereiten. Die Planung eines Weges, einer Straße oder reiner Brücke stellt für sich genommen eine Ingenieuraufgabe dar. Die Frage lautet hier, was Bestandteil der Freianlagenplanung ist und was zur Objektplanung Verkehrsanlage gehört. Hinweise hierzu gibt § 37. Diese Bestimmung befasst sich mit den anrechenbaren Kosten der Honorarermittlung für die Freianlagenplanung. So zählen z. B. die Kosten für Gebäude (Abs. 2) sowie Kosten des Unter- und Oberbaus von Straßen und Wegeführungen nicht zu den anrechenbaren Kosten.

Gehört zu der Planung eines Parks auch ein Pavillon, so ist dieses Gebäude ein gesonderter Planungsgegenstand. Das Gleiche gilt für Schwimmbecken, Sprungturm und Umkleidegebäude eines Freibades. Es gilt das Leistungsbild des § 33 (Gebäude). In der Freianlagenplanung reduziert sich der Planungsanteil dabei auf die Reservierung der Fläche, die mit dem Pavillon bebaut werden soll. Dieser richtet sich nach den Wegeführungen und der sonstigen Modellierung der Freianlage. Die Planung von Wegen, Straßen etc. hinsichtlich ihrer äußeren Gestaltung wie Linienführung, Größenverhältnisse, Oberflächengestaltung sind Entwurfsleistungen der Freianlagenplanung und bei gesonderter Betrachtung solche der Objektplanung. Doppelt können sie nicht berechnet werden. Bis zum Planungsstadium des Entwurfs sind sie Bestandteil der Freianlagenplanung. Die ingenieurtechnische Umsetzung der Entwurfsplanung kann bei entsprechendem Schwierigkeitsgrad eine Verkehrsplanung erfordern.

Das Gleiche gilt für Brückenbauten. Einfache Brücken (Holzstege etc.) bedürfen keiner speziellen ingenieurtechnischen Bearbeitung und gehören damit in vollem Umfange zum Leistungsbild der Freianlage und zwar unabhängig davon, ob eine Statik erforderlich ist. Leistungen der Tragwerksplanung berühren die Freianlagenplanung nicht.

4   Der Begriff des raumbildenden Ausbaus ist aufgegeben worden. An seiner Stelle ist der Begriff „Innenraum" getreten. Sie betreffen Leistungen, die vielfach von Innenarchitekten erbracht werden. Die Leistungen der Objektplanung für Innenräume beziehen sich auf die innere Gestaltung oder die Erstellung von Innenräumen, die keinen wesentlichen Eingriff in den Bestand oder die Konstruktion des Objektes verursachen. Die Objektplanung der Innenräume stellt einen eigenständig Planungsbereich dar, der sich im Zuge von Wiederaufbauten, Erweiterungsbauten und insbesondere Umbauten ergeben kann.

Zur inneren Gestaltung zählen Ausbauten von Räumen, Sälen und Hallen, wie z. B. Gasthäuser, Hotelempfangshallen, Konferenzsäle, Theater- und Kongresshallen. Sogenannte Designerleistungen fallen unter Leistungen der Objektplanung Innenräume, wenn sie die Gestaltung von Innenräumen betreffen. Moderne Messen oder gar Museumsgebäude kommen ohne eine innere Gestaltung im Sinne eines Messebaus nicht aus. Auch diese Leistungen gehören hierher.

5   Die von der HOAI 2009 verwendete Gebäudedefinition in § 2 Ziffer 2 ist aufgegeben worden. Sie gab Anlass zu Missverständnissen. Nach § 2 wurden unter Gebäuden bauliche Anlagen verstanden, deren Bestimmungszweck darauf ausgerichtet ist, dem Menschen sowie seinen Sachen und Tieren Schutz zu bieten. Diese Definition vollzieht nicht die notwendige Abgrenzung zur Definition der Objektplanung Gebäude zu der Objektplanung der Ingenieurbauwerke. Insbesondere befasste sich diese Definition in § 2 Nr. 2 HOAI 2009 nicht mit der Bewertung einer Bauwerksplanung, die Bestandteil einer einheitlichen Anlage des Ingenieurbaus ist. Einen wichtigen Hinweis geben die jeweiligen Objektlisten für die Honorarzoneneinteilung. Sie benennen Objekte und weisen sie bestimmten Tätigkeitsfeldern zu. § 11 befasst mit der Abrechnungsproblematik, die sich daraus ersieht, dass im Bereich einer Objektplanung mehrere optisch und funktionell getrennt angeordnete Einheiten unter gleichartigen Planungsbedingungen realisiert werden sollen. Die Frage z. B. ist, ob das zu einem Klärwerk gehörende zur Steuerung und als Werkstatt bestimmte Gebäude ein nach den Vorschriften der Objektplanung Gebäude getrennt abzurechnende Objektplanung Gebäude darstellt oder ob sie Bestandteil der Kläranlage ist, die als Einheit abzurechnen ist. Diese bereits von der Rechtsprechung entschiedene Frage führt zur einheitlichen Beurteilung dieses Gebäudes als integraler Bestandteil der Kläranlage, denn ohne Bedienung- und Werkstatthaus funktioniert die Kläranlage nicht. Ein Verwaltungsgebäude dient jedoch anderen Zwecken, nämlich des wirtschaftlichen Betriebs der Anlage.[2] Dies ist ein Gebäude, was gesondert abzurechnen ist.

2. Neubauten und Neuanlagen

Neubauten und Neuanlagen sind Objekte, die neu hergestellt werden. Es spielt dabei keine Rolle, ob die Neuanlage eine alte ersetzt, die z. B. zu diesem Zweck vorher abgetragen worden ist, oder ob es sich um eine vollständige Neukonzeption handelt. **6**

Werden bei einem Objekt aus bautechnischen Gründen oder aus Gründen des Erhalts baurechtlichen Bestandschutzes Teile eines nicht vollständig abgerissenen Altbaus verwendet, so handelt es sich gleichwohl um einen Neubau und nicht um einen Umbau. Die Verwendung vorhandener Fundamente oder die Verwendung einer am Nachbargebäude unmittelbar angrenzenden Giebelwand oder sonstige Teile eines nur teilweise abgetragenen Gebäudes, die in den Neubau integriert werden, führen nicht zur Annahme eines Umbaus. In diesem Fall sollen nur Teile der vorhandenen Bausubstanz konstruktiv im Rahmen einer Neubauplanung übernommen werden, sodass es sich nicht um die Umgestaltung eines vorhandenen Objektes handelt.

3. Wiederaufbauten

Wiederaufbauten umfassen Arbeiten für teilweise oder ganz zerstörte Objekte. Voraussetzung ist, dass von einem zerstörten Objekt gesprochen werden kann. Werden bei einem Objekt aus bautechnischen Gründen oder aus Gründen des Erhalts baurechtlichen Bestandschutzes Teile eines nicht vollständig abgerissenen Altbaus verwendet, so handelt es sich gleichwohl um einen Neubau und nicht um einen Umbau. Die Verwendung vorhandener Fundamente oder die Verwendung einer am Nachbargebäude unmittelbar angrenzenden Giebelwand oder sonstige Teile eines nur teilweise abgetragenen Gebäudes, die in den Neubau integriert werden, führen nicht zur Annahme eines Umbaus. Die HOAI behandelt Objekte des Wiederaufbaus und Neubaus honorarmäßig gleich. Hierauf deutet auch der Zusatz hin, wonach Wiederaufbauten als Neubauten gelten, wenn eine Neubauplanung erforderlich ist. **7**

Wird bei Wiederaufbauten vorhandene alte Bausubstanz, z. B. Fundamente oder auch Teile des Rohbaus, eingebaut, sind die ortsüblichen Preise der vorhandenen Bauteile, die eingebaut werden, Bestandteil der anrechenbaren Kosten. **8**

Welcher Leistungsstand abgerechnet werden kann, hängt von der gestellten Planungsaufgabe ab. Kann der Auftragnehmer seine Planung auf vorhandene Pläne, die unverändert eingesetzt werden, auf bauen, so können einzelne Leistungen entfallen. Eine neue Entwurfsplanung wird allerdings anzufertigen sein, da sie Grundlage für das Baugesuch ist. **9**

Wiederaufbauten liegen auch vor, wenn ein Gebäude durch Brand ganz oder teilweise zerstört wurde. Die wiederverwendeten Bauteile sind auch in diesem Fall mit dem ortsüblichen Wert bei den anrechenbaren Kosten zu berücksichtigen. Ein Umbauzuschlag fällt indes nicht an.

4. Erweiterungsbauten

Aufbauten, Aufstockungen und Anbauten werden unter dem Oberbegriff „Erweiterungsbauten" zusammengefasst und beschreiben diese allgemein als Ergänzungen eines vorhandenen Objektes. Eine gesonderte honorarrechtliche Bedeutung kommt dieser Regelung nicht zu, da spezielle Honorarregelungen nicht bestehen. Sie können mit Umbauten verbunden sein. **10**

Nur in sehr seltenen Fällen können Erweiterungsbauten ohne Berücksichtigung der Einflüsse aus bestehenden Bauwerken durchgeführt werden. Dies gilt in besonders hohem Maße für die Leistungen bei der Tragwerksplanung oder bei der Technischen Ausrüstung. Es handelt sich bei Erweiterungsbauten um das Bauen im Bestand, wofür entsprechende Architekten- oder Ingenieurleistungen erforderlich sind.[3] **11**

---

[2] OLG Jena vom 04.11.2003 – 5 U 1099/01, IBR 05, 265 = BauR 05, 1070 LS
[3] Siehe hierzu beispielsweise die Kommentierung zu § 35

5. Umbauten

12 Die Definition von „Umbauten" weicht von der Regelung der HOAI 2009 ab. Die Definition von Umbauten wurde in der HOAI 2013 geändert. Umbauten im Sinne der HOAI sind danach Umgestaltungen vorhandener Objekte, die **wesentliche Eingriffe** in Konstruktion oder Bestand zur Folge haben. Die bisherige Definition in der HOAI 2009, wonach Umbauten Umgestaltungen darstellen, die Eingriffe in die Konstruktion oder den Bestand haben, ist insoweit verschärft. Von Umbauten kann nach HOAI 2013 nur die Rede sein, wenn die Eingriffe in die Konstruktion oder den Bestand wesentlich sind.

Damit taucht die Frage auf, was unter einem wesentlichen Eingriff zu verstehen ist. Eine wesentliche Veränderung des Bestandes liegt vor, wenn Wände oder Treppen entfernt oder ersetzt werden. Dies hat das OLG Düsseldorf[4] für den Fall angenommen, dass das Dachgeschoss zur Aufteilung einer Dachgeschosswohnung in zwei Wohnungen unter Einbeziehung des Spitzbodens ausgebaut worden ist. Zu diesem Zweck wurden Wände versetzt, Treppen neu eingezogen und auch sonstige wesentliche Veränderungen des Bestandes vorgenommen.

Von einem wesentlichen Eingriff in die Konstruktion ist regelmäßig dann zu sprechen, wenn der Eingriff wesentliche Auswirkungen auf das Tragwerk hat. Die Entfernung einer nicht tragenden Wand und auch die Umgestaltung von Innenräumen, erfüllen diese Voraussetzungen nicht. Auch die Einfügung einer Tür in eine tragende Wand, stellt für sich genommen im Normalfall noch keinen wesentlichen Eingriff, in die Konstruktion dar. Der Einbau eines Sturzes zur Überwindung der Türöffnung, kann jedoch einen wesentlichen Eingriff begründen, wenn die Hinzuziehung eines Tragwerksplaners notwendig ist, um die Standsicherheit zu klären. Von einem wesentlichen Eingriff in einen Bestand ist auszugehen, wenn vollständige Umgestaltungen ganzer Etagen vorgenommen werden sollen, auch wenn dadurch im Wesentlichen nur nichttragende Innenwände berührt sind, jedoch das gesamte Brandschutzkonzept mit den dazugehörigen neuen Leistungen und baulichen Maßnahmen in das Gebäude integriert werden.

§ 36 regelt den Umbauzuschlag für Umbauten und Modernisierungen für Gebäude und Innenräume. § 40 Abs. 6 verweist auf entsprechende Anwendung des § 36 auch für Freianlagen. § 44 Abs. 6 regelt den Zuschlag für Umbauten und Modernisierung für Ingenieurbauwerke, § 48 Abs. 6 für Verkehrsanlagen, § 52 Abs. 4 für die Tragwerksplanung und § 65 Abs. 6 für die Technische Ausrüstung.

Ein Umbau ist nicht gegeben, wenn bei Wiederaufbauten vorhandene Bauteile mitverwendet werden. Ein vorhandenes Objekt, welches umgebaut werden soll, muss damit noch Bestand haben. Ob es seinem bisherigen Nutzungszweck noch dient, ist dabei nicht entscheidend. Werden z. B. denkmalgeschützte Gebäude, die in der Nutzung seit Jahren aufgegeben worden sind, im Bestand verändert, um eine zeitgemäße Nutzung zu ermöglichen, so handelt es sich um eine Umgestaltung eines vorhandenen Objektes, die nach HOAI einen Umbau zur Folge haben kann.

13 § 36 regelt den Umbauzuschlag für die Objektplanung Gebäude und stellt darüber hinaus einen Grundsatz auf, auf den vielfach verwiesen wird. Diese Regelung gilt nicht nur für die Objektplanung Gebäude sondern auch für Freianlagen. Für Ingenieurbauwerke und Verkehrsanlagen ergibt sich dies aus § 44 Abs. 6, § 48 Abs. 6, die auf § 36 verweist. § 53 Abs. 3 bestimmt ebenso die Anwendung des § 36 für die Tragwerksplanung und § 56 Abs. 4 stellt die Verweisungsvorschrift für die Technische Gebäudeausrüstung dar. Für Freianlagen regelt die HOAI 2013 erstmals den Umbauzuschlag. Es gilt § 40 Abs. 6, der auf § 36 Abs. 1 verweist.

14 Der Begriff des Umbaus einer technischen Ausrüstung bezieht sich nur auf die technische Ausrüstung selbst. Nicht entscheidend ist, ob das Objekt, in dem die technische Ausrüstung eingebaut ist, umgebaut oder verändert wird. Wird eine technische Ausrüstung in einem bestehenden Gebäude, welches umgebaut wird, vollständig neu geplant, so handelt es sich hierbei nicht um einen Umbau, sondern um eine Neuplanung. Dies ist z. B. bei einer neuen Konzeption der Elektroplanung bzw. der Heizungsanlage der Fall. Wird diese aus dem Objekt vorher entfernt und wird eine neue Anlage realisiert, handelt es sich stets um Neuanlagen, nicht um einen Umbau. Anders verhält es sich, wenn eine bestehende Lüftungsanlage geändert wird. Werden bei Verwendung

---

[4] OLG Düsseldorf vom 19.04.1996 in BauR 96, 893, 894

vorhandener Lüftungskanäle neue Aggregate hinzugefügt und in die bestehende Anlage integriert, handelt es sich um einen Umbau.[5]

Für welche Objekte und für welche Umbaumaßnahmen ein Zuschlag berechnet werden kann, ist Gegenstand der Kommentierung in den jeweiligen Fachbereichen.

6. Modernisierungen

Der Begriff der Modernisierung ist dem Gesetz zur Förderung der Modernisierung von Wohnungen entlehnt worden.[6] Der Modernisierungsbegriff wird negativ zu den Begriffen in Nummern 4, 5 und 8 abgegrenzt. Erst wenn feststeht, dass keine Erweiterungs-, Umbau- oder Instandsetzungsmaßnahmen vorliegen, kann eine Modernisierung gegeben sein. **15**

Die individuelle Beheizung von Zimmern eines alten Gebäudes wird im Sinne der Nummer 6 modernisiert, wenn eine Zentralheizung bzw. eine zentrale Etagenheizung eingebaut wird. Es handelt sich nicht um eine Instandsetzung im Sinne der Nummer 8, denn diese würde voraussetzen, dass ursprünglich eine Zentralheizung vorhanden war, deren Betrieb zwischenzeitig zugunsten der individuellen Zimmerbeheizung eingestellt wurde. **16**

Der Einbau von neuen Bädern in Althausbauten ist eine Modernisierungsmaßnahme, die zu einem Umbau im Sinne der HOAI führen kann. **17**

Der Einbau neuer Fenstersysteme, die den heutigen Anforderungen an den Wärmeschutz genügen, gehört ebenfalls hierher. Die gestiegenen Anforderungen an den Wärme- und Schallschutz führt zu Sanierungen bestehender Wohnungen. Dieses Aufgabengebiet zeigt, welche Bedeutung Modernisierungsleistungen heute haben. **18**

Asbestsanierungen von Gebäuden, die in ihrer Struktur unverändert weiter benutzt werden sollen, fallen ebenfalls hierunter. **19**

Honorarrechtlich bedeutsam ist allerdings ausschließlich die Frage, ob mit der Modernisierung eine bauliche Maßnahme zur nachhaltigen Erhöhung des Gebäudewertes des Objekts verbunden ist. Eine nachhaltige Erhöhung des Gebrauchswertes wird in den vorbeschriebenen Fällen, insbesondere jedoch auch in den Fällen der Verbesserung des Wärmeschutzes und des Schallschutzes zu sehen sein. **20**

Häufig erledigen Modernisierungsarbeiten notwendige Instandsetzungen gleich mit. Der Einbau einer neuen Badeinrichtung wird z. B. die Erneuerung eines Innenputzes notwendig werden lassen.

Unter der Erstellung eines Innenraumes sind Leistungen im Innenraum einer Halle zu verstehen. Die Planung und Errichtung von Kiosken und Bahnhofsvorhallen oder Messeständen gehören dazu. **21**

7. Mitzuverarbeitende Bausubstanz

Die Definition der mitzuverarbeitenden Bausubstanz gewinnt bei der Berechnung der anrechenbaren Kosten für Umbauten und Modernisierung wieder Bedeutung. **22**

Die Möglichkeit nach HOAI 2009 Umbauzuschläge bis zu 80 % zu vereinbaren, sollte soviel Flexibilität geben, dass sachgerechte Vergütungsregelungen für die vielfältigen Leistungsanforderungen im Bestand gefunden werden können. Eine mitzuverarbeitende Bausubstanz war bei den anrechenbaren Kosten nicht zu berücksichtigen.

Diese Regelung hat sich insgesamt als untauglich erwiesen. Die in der Praxis vorherrschende generelle Orientierung an Mindestsätzen, lässt nicht vermuten, dass die Spreizung von 20 % bis 80 % sachgerecht ausgefüllt wird. Es stellte sich außerdem heraus, dass der gänzliche Wegfall der mitzuverarbeitenden Bausubstanz bei der Ermittlung der anrechenbaren Kosten bei der Bemessung des Tragwerkshonorars für Umbaumaßnahmen zu unangemessenen Ergebnissen führte.

---

[5] OLG Brandenburg BauR 2000, 762
[6] Vgl. Gesetz zur Förderung der Modernisierung von Wohnungen, BGBl I 1976, S. 2429

Die HOAI 2013 bekennt sich wieder zur Berücksichtigung der Kosten für die mitzuverarbeitende Bausubstanz und kehrt zu alten Regelungsinhalten jedoch mit wesentlichen Modifikationen zurück.

§ 4 Abs. 3 regelt, in welchem Umfang die mitzuverarbeitende Bausubstanz bei der Honorarermittlung zu berücksichtigen ist. § 2.7 enthält die allgemeine Definition, die jedoch eine entscheidende Bedeutung bei der Honorarermittlung darstellt. Berücksichtigung findet die durch Bauleistungen bereits hergestellte Bausubstanz. Dies ist die vorhandene Bausubstanz, die Grundlage für die Planung wird, also die Bausubstanz, die bestehen bleiben soll und bestimmungsgemäß Bestandteil des Planungsobjektes wird.

23   Nicht hierher gehören Bauteile, die abgerissen werden sollen. Dies kann z. B. der Fall bei einem Hausbrand sein, wenn die Erkenntnis besteht, dass von einem Totalverlust des Objekts auszugehen ist. Die nachweislichen Abrisskosten können zwar Bestandteil der anrechenbaren Kosten sein. Die abzutragenden Bauteile stellen jedoch keine mitzuverarbeitende Bausubstanz dar, die zu bewerten wäre. Dies sind Abrisskosten.

Die mitzuverarbeitende Bausubstanz betrifft den Teil des zu planenden Objekts. Der Begriff des Objekts bezieht sich auf die Leistungsbilder, die Grundleistungen beschreiben und mit einem Honorar bewertet worden sind. Dies betrifft damit die Objektplanung Gebäude, Innenräume, Freianlagen, Ingenieurbauwerke und Verkehrsanlagen sowie die Planung für Tragwerke und Technische Ausrüstung.

24   In welchem Umfang die vorhandene bzw. bereits hergestellte Bausubstanz anzusetzen ist, entscheidet der Auftragsgegenstand. Berücksichtigung findet die Bausubstanz, die durch die Planungs- oder Überwachungsleistung technisch oder gestalterisch mitverarbeitet wird.

Die Beurteilung führt zu einer generellen Betrachtung. Es ist zu fragen, welche vorhandene Bausubstanz von der gestellten Planungsaufgabe und in welchem Umfang technisch oder gestalterisch betroffen ist. Inwieweit hat der Auftragnehmer die vorhandene Bausubstanz in seine Planung zu integrieren? Dies ist für jeden Umbau oder Modernisierung je nach Aufgabenstellung und Objektgegenstand zu bestimmen. Die Feststellungen hierzu lassen sich im Vorplanungs- und im Entwurfsplanungsstadium abschließend treffen. Spätestens, wenn diese Planungstiefe erreicht ist, kann eine abschließende Aussage darüber herbeigeführt werden, welche Bausubstanz bei der Planung des Objekts technisch oder gestalterisch mitverarbeitet werden muss.

Beispiele:

Der Ausbau eines Dachgeschosses zu einem zusätzlichen Wohnraum erfasst die gesamte vorhandene Dachkonstruktion, wenn z. B. Gauben eingeschlagen werden sollen. Es umfasst die Zugangsbereiche, z. B. die der Treppe, wie auch die vorhandene Deckenkonstruktion einschließlich der vorhandenen Technischen Gebäudeausrüstung z. B. Heizung etc. soweit sie weiter verwendet wird.

25   Die **technische Mitverarbeitung** bezieht sich auf Fragen, inwieweit die mitzuverarbeitende Bausubstanz unter dem Gesichtspunkt der Statik, des Wärme- und Schallschutzes bzw. weiterer bauphysikalischer Einflüsse zu beachten sind.

Die gestalterische Mitverarbeitung bezieht sich auf die Einbeziehung der vorhandenen Bausubstanz in die Architektur und spielt insbesondere bei Ergänzung und Veränderung Denkmal geschützter Gebäude eine große Rolle.

Mitzuverarbeitende Bausubstanz ist zu berücksichtigen, wenn sie entweder bei der Planungsleistung **oder** bei der Überwachungsleistung mitzuverarbeiten ist. Liegt **eine dieser Voraussetzungen** vor, so spricht man bereits von mitzuverarbeitender Bausubstanz.

Dies gilt auch für die Anforderung, inwieweit diese technisch oder gestalterisch mitverarbeitet wird. Der Begriff „oder" weist darauf hin, dass von mitzuverarbeitender Bausubstanz bereits dann gesprochen werden muss, wenn sie entweder technisch mitverarbeitet wird oder gestalterisch zu integrieren ist.

In den meisten Fällen werden diese Voraussetzungen zusammenfallen. Gleichwohl können sie im Einzelfall auch auseinander gehen.

Beispiel:
Eine Heizungsanlage wird neu konfiguriert. Anstelle des bestehenden Heizkessels tritt eine neue Wärmeerzeugungsquelle. Bleibt es bei dem Wärmetransport z. B. einer bestehenden oder teilweise bestehen bleibende Warmwasserheizung mit Radiatoren, so ist die vorhandene technische Einrichtungen technisch mitzuverarbeiten und damit eine mitzuverarbeitende Bausubstanz. Bei der Ermittlung der Honorare für die Leistungen der Technischen Gebäudeausrüstung wird demgegenüber der Anteil der mitzuverarbeitenden, vorhandenen technischen Ausrüstung in dem Umfang, wie sie bei der Fachplanung technisch mitverarbeitet wird, berücksichtigt.

Wird die Heizungsanlage jedoch vollständig entfernt, verbleibt keine mitzuverarbeitende technische Bausubstanz. In diesen Fällen handelt es sich um eine neue Anlage. Abrisskosten zuzüglich Kosten der Neuanlage bilden die anrechenbaren Kosten.

Für die Objektplanung der technischen Gebäudeausrüstung bedeutet dies, dass die verbleibende Heizungsanlage in dem Umfang als mitzuverarbeitende Bausubstanz bei den anrechenbaren Kosten zu berücksichtigen ist, wie sie bei der Berechnung und Planung der Heizquelle (Wärmeerzeugung) erforderlich ist. Für den Objektplaner Gebäude stellt sich diese Thematik im anderen Licht dar. Wenn Radiatoren wegen der Umgestaltung versetzt und die Beheizung dadurch insgesamt anders zu organisieren ist, stellen die hierauf entfallenden Kosten anrechenbare Kosten dar, die gem. § 32 Abs. 2 zu berücksichtigen sind. Wenn die vorhandene Ausnutzung technisch oder gestalterisch in die Objektplanung Gebäude einfließt, so ist diese mitzuverarbeitende technische Gebäudeausrüstung Bestandteil bei der Ermittlung der anzurechnenden Kosten für die technische Anlage gem. § 33 Abs. 2. In diesen Fällen setzen sich die abzumildernden Kosten nach § 33 Abs. 2 aus der Summe des Wertes der mitzuverarbeitenden technischen Gebäudeausrüstung und der tatsächlich Umrüstkosten der technischen Gebäudeausrüstung zusammen.

8. Instandsetzungen

Zur Instandsetzung gehört die Behebung von baulichen Mängeln, insbesondere von solchen, die infolge von Abnutzung, Alterung, Witterungseinflüssen oder Einwirkung der Umwelt entstanden sind. Der ursprünglich erstellte Zustand wird durch die Instandsetzungsmaßnahmen wiederhergestellt. Er greift fließend in die Begriffe der Modernisierung gem. § 2 Nummer 6. Außerdem greift er in den Begriff der Instandhaltung nach § 2 Nummer 9 ein. Der in regelmäßigen Zeitabständen notwendig werdende Anstrich ist eine Instandhaltungsmaßnahme. Unterbleiben an sich notwendige Instandhaltungsmaßnahmen auf Dauer, so wird die dann notwendig werdende Arbeit zu einer Instandsetzung. Auch für diese Definition gilt, dass sie für die honormäßige Bewertung kaum Relevanz besitzt. Auch Instandsetzungsarbeiten können Umbauleistungen im Sinne der Nr. 5 auslösen, die zur Anwendung eines Umbauzuschlags führen können. **26**

9. Instandhaltungen

Unter Instandhaltungen versteht die HOAI Maßnahmen zur Erhaltung des Sollzustandes eines Objektes. Auch dieser Begriff schafft keinen besonderen Honorartatbestand, sodass er in der HOAI-Betrachtung und -Bewertung von Architekten- und Ingenieurleistungen weitgehend gegenstandslos ist. **27**

10. Kostenschätzung

Die Definition der Kostenschätzung beschreibt das Ziel dieser Leistung. Danach besteht die Kostenschätzung in einer überschlägigen Ermittlung der Kosten auf der Grundlage der Vorplanung. **28**

Die DIN 276 Dezember 08 definiert diese Leistung wie folgt:

Ziffer 3.4.2 Kostenschätzung
Die Kostenschätzung dient als eine Grundlage für die Entscheidung über die Vorplanung. In der Kostenschätzung werden insbesondere folgende Informationen zugrunde gelegt:
– Ergebnisse der Vorplanung, insbesondere Planungsunterlagen, zeichnerische Darstellung
– Berechnung der Mengen von Bezugseinheiten der Kostengruppen nach DIN 277
– Erläuternde Angaben zur planerischen Zusammenhängen, Vorgängen und Bedingungen
– Angaben zum Baugrundstück und zur Erschließung

29   In der Kostenschätzung müssen die Gesamtkosten nach Kostengruppe mind. bis zur ersten Ebene der Kostengliederung ermittelt werden. Unter der ersten Ebene versteht die DIN 276 die Gliederung der vorbeschriebenen sieben Kostengruppen. Das Ergebnis dieser Kostenschätzung ist
eine sehr vage und ungenaue Angabe der voraussichtlichen Baukosten. Die Kostenberechnung
als Ergebnis der Entwurfsplanung liefert die Gesamtkosten nach der Kostengruppe mind. zu der
zweiten Ebene.

   Wenn bei dem Begriff der Kostenermittlung von einer DIN 276 gesprochen wird, so handelt
es sich dabei nur um die systematische Erfassung der Baukosten im Rahmen einer vorgegebenen
Struktur. Sie hat es der HOAI 1996 erleichtert, die anrechenbaren Kosten genau zu benennen.
Die Kostengliederung der DIN 276 gliedert die Kosten wie folgt:
– 100 Grundstück
– 200 Herrichten und Erschließen
– 300 Bauwerk/Baukonstruktionen
– 400 Bauwerk/Technische Anlagen
– 500 Außenanlagen
– 600 Ausstattung und Kunstwerke
– 700 Baunebenkosten

Dies ist die erste Ebene der Kostengliederung, denen zwei weitere Ebenen folgen. So wird die
Kostengruppe 100 Grundstück wiederum gegliedert in
– 110 Grundstückswert
– 120 Grundstücksnebenkosten

Die Grundstücksnebenkosten werden wiederum in neun Unterpunkten erfasst, angefangen von
121 Vermessungsgebühren bis 129 Grundstücksnebenkosten, dies ist die dritte Ebene.

   Diesem System folgend werden die bei einem Bauwerk anfallenden Kosten einzelnen Kostenkennwerten zugeordnet, sodass eine übersichtliche Darstellung der Kosten des Bauvorhabens
vorliegt. Dabei sollen die Kosten den einzelnen Kostengruppen möglichst getrennt und eindeutig
zugeordnet werden. Bestehen mehrere Zuordnungsmöglichkeiten und ist eine Aufteilung nicht
möglich, so sollen die Kosten der überwiegenden Verursachung zugeordnet werden.

   In der Praxis ganz allgemein eingeführt ist die DIN 276, die in § 4 HOAI auch ausdrücklich
erwähnt wird. Der Schwerpunkt der DIN 276 betrifft jedoch die Kosten im Bauwesen zum Hochbau. Sie sind stets Grundlage für die Ermittlung der Baukosten für die Objektplanung Gebäude,
Freianlagen, Innenräume und für die Fachgewerke Tragwerksplanung und technische Ausrüstung, Letzteres soweit es sich um Planungsgegenstände für Hochbauten handelt.

30   **Zur Ermittlung der Kosten von Verkehrsanlagen und Ingenieurbauwerken** kann seit August 2009 die DIN 276-4 als vergleichbare Norm für Ingenieurbauwerke und Verkehrsanlagen
verwendet werden.[7] Nach dem Vorwort erstreckt sich diese Fassung der DIN 276 auf die Kosten
für den Neubau, den Umbau und die Modernisierung von Ingenieurbauwerken sowie die damit
zusammenhängenden projektbezogenen Kosten. Für die Ermittlung der Kosten von Verkehrsanlagen gilt seit 1984 zusätzlich die „Anweisung zur Kostenberechnung für Straßenbaumaßnahmen (AKS 85)" des Bundesministers für Verkehr vom Dezember 1984[8], die von den Bundes- und
Landesbehörden bzw. -betrieben regelmäßig angewendet werden muss und den Gebietskörperschaften ebenfalls zur Anwendung empfohlen wurde.

   Die vorbezeichneten Kostenermittlungsgrundlagen sind die heute gängigen technischen Verfahren für die Dokumentation und Festlegung von Baukosten.

11. Kostenberechnung

31   Der Genauigkeitsgrad der Kostenermittlung im Rahmen der Kostenberechnung ist wesentlich
höher einzustufen als derjenige der Kostenschätzung. DIN 276 definiert die Kostenberechnung
wie folgt:

---

7   DIN 276-4: 2009-8 Kosten im Bauwesen, Teil 4: Ingenieurbau, Beuth-Verlag Berlin
8   Anweisung zur Kostenberechnung für Straßenbaumaßnahmen, Ausgabe 1985 (AKS 85), BMV – ARS Nr. 24/1984
    vom 12.12.1984 – 24/38.45.00/24023 Va 84 (VkBl 1985 S. 92) i. V. m. dem BMV – ARS Nr. 13/1990 vom 01.08.1990
    StB. 24/38.4600/31 Va 90

Die Kostenberechnung dient als Grundlage für die Entscheidung über die Entwurfsplanung. In der Kostenberechnung werden insbesondere folgende Informationen zugrunde gelegt:
- Planungsunterlagen, z. B. durchgearbeitete Entwurfszeichnungen
- Maßstab nach Art und Größe des Bauvorhabens, gegebenenfalls auch Detailpläne
- Mehrfach wiederkehrende Raumgruppen
- Berechnung der Mengen von Bezugseinheiten der Kostengruppen
- Erläuterungen, z. B. Beschreibung der Einzelheiten in der Systematik der Kostengliederung, die aus den Zeichnungen und den Berechnungsunterlagen nicht zu ersehen, aber für die Berechnung und die Beurteilung der Kosten von Bedeutung sind.

In der Kostenberechnung müssen die Gesamtkosten nach Kostengruppen mindestens bis zur zweiten Ebene der Kostengliederung ermittelt werden. Das Ziel der Kostenberechnung ist damit eine Kostenaussage zu den jeweiligen Untergruppen im Rahmen der zweiten Ebene der Kostengliederung. Eine sorgfältig Kostenberechnung macht es allerdings notwendig, dass auch die Kosten der dritten Ebene als Bezugsgröße erfasst und geschätzt werden, um so ein genaues Bild über die Kostenberechnung zu bekommen. So wird die Kostengruppe 300 Bauwerk/Baukonstruktion der zweiten Ebene unterteilt in Kosten 310 Baugrube und diese wiederum in der dritten Ebene unterteilt in **32**

311 Baugrubenherstellung
312 Baugrubenumschließung
313 Wasserhaltung
319 Baugrube Sonstiges

Anhand des Beschriebs in der dritten Ebene wird deutlich, welche Kosten im Einzelnen zu schätzen sind, um diesen Kostenblock sachgerecht abzudecken.

§ 3 Leistungen und Leistungsbilder

(1) Die Honorare für Grundleistungen der Flächen-, Objekt- und Fachplanung sind in den Teilen 2 bis 4 dieser Verordnung verbindlich geregelt. Die Honorare für Beratungsleistungen der Anlage 1 sind nicht verbindlich geregelt.

(2) Grundleistungen, die zur ordnungsgemäßen Erfüllung eines Auftrags im Allgemeinen erforderlich sind, sind in Leistungsbildern erfasst. Die Leistungsbilder gliedern sich in Leistungsphasen gemäß den Regelungen in den Teilen 2 bis 4.

(3) Die Aufzählung der Besonderen Leistungen in dieser Verordnung und in den Leistungsbildern ihrer Anlagen ist nicht abschließend. Die Besonderen Leistungen können auch für Leistungsbilder und Leistungsphasen, denen sie nicht zugeordnet sind, vereinbart werden, soweit sie dort keine Grundleistungen darstellen. Die Honorare für Besondere Leistungen können frei vereinbart werden.

(4) Die Wirtschaftlichkeit der Leistung ist stets zu beachten.

Inhaltsübersicht

I. Einführung

1 Kernstück einer Honorarordnung ist die Beschreibung von Leistungen, die mit einem bestimmten Honorar bewertet werden. Nur eine klar definierte Leistung schafft die Voraussetzung für eine zweifelsfreie Honorarbemessung. Die HOAI löst dieses Problem, indem die typischen, regelmäßig wiederkehrenden Leistungen in Leistungsbildern zusammengefasst werden. Dabei wird bei der Einordnung kein besonderer Wert auf die berufsspezifische Zuordnung der Leistung gelegt, so wie es die Ausbildungsinhalte von Architekten und Ingenieuren in der täglichen Praxis herausgebildet haben. Alle Leistungen sind berufsneutral, was bedeutet, dass jeder Architekt oder Ingenieur bei entsprechender Fachkunde sämtliche Leistungsbilder erfüllen und demgemäß auch abrechnen kann. Gleichwohl haben sich Schwerpunkte herausgebildet, sodass berufstypische Leistungsbilder vorhanden sind.

So befasst sich der Teil 3 Abschnitt 1 mit Leistungen, die üblicherweise von Architekten oder Innenarchitekten erbracht werden. Der Abschnitt 2 befasst sich mit Leistungen der Freianlagen, die typischerweise von Landschaftsarchitekten erbracht werden Die städtebaulichen Leistungen in Teil 2 werden vornehmlich von Stadtplanern und Architekten erfüllt, die ihren Schwerpunkt im Bereich der Stadtplanung haben. Landschaftsplanerische Leistungen betreffen vorwiegend das Aufgabengebiet von Landschaftsarchitekten, während die Teile 3 Abschnitt 3+4 die Domänen der Teil 4 die der Bauingenieure und Teil 4 Aufgabengebiete für Fachingenieure darstellen, ebenso wie die Beratungsleistungen im Anhang.

Die Leistungsbeschreibungen der HOAI sind notwendiger Bestandteil für deren Bewertung, die sich in dem Honorar ausdrückt. Ohne Leistungsbeschreibung kann nicht festgestellt werden, welches Honorar für welche Leistung gelten soll. Die Leistungsbeschreibung selbst hat keine normative Kraft[1], wie der BGH ausdrücklich festgestellt hat. Welche Leistungen vom Auftragnehmer geschuldet werden, entscheidet der Vertrag, nicht die HOAI. Maßgebend sind danach stets die vertraglichen Vereinbarungen.

Gleichwohl haben die in der HOAI verankerten Leistungsbilder, und zwar unabhängig davon, ob für sie ein verbindliches Honorar festgesetzt ist oder sie nur eine Honorarempfehlung darstellen, eine große Bedeutung. Die Leistungsbeschreibungen geben Auskunft, welche Leistungen sich im Einzelnen hinter der Aufgabenstellung von Architekten und Ingenieuren verbergen. Sie sind ganz allgemein in der Baupraxis eingeführt und markieren damit eine allgemein anerkannte Regel der Technik.[2]

Die Leistungsbilder sind mit der HOAI Novelle 2013 überarbeitet und den heutigen Anforderungen angepasst. Neue Arbeitstechniken so wie auch Anforderungen an die Kostenplanung sind die Schwerpunkte der Überarbeitung der Leistungsbilder. Auch wenn heute die Planung und die Kommunikation unter den Beteiligten mit Hilfe den elektronischen Medien, bearbeitungsfähige CAD, dem elektronischen Zugriff zu den Planungsergebnissen der an der Planung Beteiligten über einen Datenpool oder via E-Mail wesentlich vereinfacht ist, bleiben die zu bewältigen Arbeitsschritte gleich. Die Leistungsbeschreibungen bilden damit nach wie vor die Leitfäden für die Aufgabenerledigung von Architekten und Ingenieurleistungen.

2

Die Entscheidung des BGH aus dem Jahre 1996[3] zeigt indes die Nahtstelle zwischen preisrechtlich verbindlicher Honorarordnung und dem zivilen Vertragsrecht auf. Die HOAI regelt danach nicht die geschuldete Leistungsverpflichtung. Dies bleibt der vertraglichen Vereinbarung vorbehalten. Gleichwohl hat die HOAI Bedeutung für die Vertragsgestaltung. Sie zeigt den Vertragsparteien auf, welche Leistungen im Allgemeinen zur ordnungsgemäßen Erfüllung eines Auftrages gehören und bietet damit den Vertragsparteien einen Überblick über die vertraglich festzulegenden Leistungen. Sie schafft damit Transparenz, indem sie den Unkundigen darüber auf klärt, welche Leistungen er für das Honorar vom Auftragnehmer erwarten darf.

II. Verbindliche Honorare

§ 3 Abs. 1 legt zunächst den Unterschied dar, welche Honorare für welche Leistungen verbindlich geregelt sind und welche Honorarfestlegungen nur Empfehlungscharakter haben. Preisrechtliche Vorschriften bestehen danach für folgende Leistungen, die in den nachfolgenden Leistungsbildern erfasst sind.

3

Teil 2 Flächenplanung

Abschnitt 1 Bauleitplanung § 17–21 gem. Leistungsbild Anlage

Die Flächenplanung erfasst folgende Honorare für folgende Pläne:

Flächennutzungsplan gem. § 18 Anlage 2

Bebauungsplan gem. § 19 Anlage 3

Abschnitt 2 Landschaftsplanung

Landschaftsplan gem. § 23 Anlage 4

Grünordnungsplan gem. § 24 Anlage 5

Landschaftsrahmenplan gem. § 25 Anlage 6

Landschaftspflegerischer Begleitplan gem. § 26 Anlage 7

Pflege- und Entwicklungsplan gem. § 27 Anlage 8

---

[1] BGH BauR 1997, 157
[2] Jochem: Festschrift Werner, S. 69
[3] BGH BauR 1997, 154

Teil 3 Objektplanung

Abschnitt 1 Gebäude Innenräume §§ 33–37 Anlage 10

Abschnitt 2 Freianlagen gem. §§ 38–40 Anlage 11

Abschnitt 3 Ingenieurbauwerke gem. §§ 41–44 Anlage 12

Abschnitt 4 Verkehrsanlagen gem. §§ 45–48 Anlage 13

Teil 4 Fachplanung

Abschnitt 1 Tragwerksplanung gem. §§ 49–51 Anlage 14

Abschnitt 2 Technische Ausrüstung gem. §§ 53–56 Anlage 15

Die in diesen Leistungsbildern aufgeführten Leistungen sind im Rahmen der Honorartafeln mit Mindest- und Höchstsätzen bepreist. Für sie gibt es damit verbindliche Honorare.

Die Leistungsbilder sind in Leistungsphasen gegliedert. Jede Leistungsphase ist in einem Vomhundertsatz des Gesamthonorars bewertet und stellt somit die kleinste, von der HOAI der Höhe nach bewertete Einheit für die Berechnung des Honorars dar. Die Leistungsphasen sind mit Überschriften versehen, die das mit ihr angestrebte Teilergebnis bezeichnen. Sie markieren damit den Erfolg, den der Auftragnehmer herbeiführen muss, wenn eine nur teilweise Beauftragung aus dem Leistungsbild stattfindet. Einzelheiten hierzu siehe die Kommentierung zu den Leistungsbildern.

III. Honorarempfehlungen für Beratungsleistungen

4 Die Beratungsleistungen gem. Anlage 1 werden preisrechtlich nicht geregelt. Beratungsleistungen sind die Leistungen für die Umweltverträglichkeitsstudie, thermische Bauphysik, Schallschutz und Raumakustik, Bodenmechanik, Erd- und Grundbau, vermessungstechnische Leistungen. Hierzu heißt es in § 3 Abs. 1 S. 2, dass die Honorare hierfür in Anlage 1 zur HOAI zwar enthalten, jedoch nicht verbindlich geregelt sind.

In der Anlage 1 befinden sich danach die vom Verordnungsgeber empfohlenen HOAI-Leistungsbilder die Honorartafeln, die den Wert der üblicherweise anzusetzenden Honorare markiert. Auf die Kommentierung dieser Leistungen einschließlich der Honorarvorschriften wird verwiesen.

Da keine Preisbindung besteht, gilt Vertragsfreiheit. Die Parteien sind in der Gestaltung ihrer Honorare freigestellt. Sie sind weder an Mindest- noch an Höchstsätze gebunden, noch sind Formvorschriften bei der Honorarvereinbarung zu wahren. Mündliche Vereinbarungen sind gültig. Wenn die Parteien vertraglich die HOAI zugrunde legen, ohne nähere Einzelheiten des Honorars festzulegen, so vereinbaren sie die Honorarsätze als Mindestsätze, so wie sie sich in den Anlagen ergeben. Dies ist indes keine preisrechtliche Folge, sondern das Ergebnis einer vertraglichen Vereinbarung. Die von der HOAI empfohlenen Mindestsätze sind durch vertragliche Vereinbarung gem. § 631 Abs. 1 BGB die geschuldete Vergütung geworden. Die Parteien können deshalb auch jederzeit von der vertraglichen Vereinbarung einvernehmlich wieder Abstand nehmen und ein von den HOAI-Mindestsätzen abweichendes Honorar festlegen. Sie sind weder an die Schriftform gebunden noch bedarf es einer Vereinbarung bei Auftragserteilung. Auch schriftlich getroffene Honorarvereinbarungen lassen sich durch übereinstimmende vertragliche Erklärungen wieder abändern. Insbesondere ist es den Parteien nicht verwehrt, nach Auftragserteilung auch höhere Honorare festzulegen. Die vertragliche Einbeziehung der HOAI macht sie in diesem Fall nicht zu bindendem Preisrecht, sondern ist wie jede andere vertragliche Vereinbarung zu handhaben, die nach dem Vertragswillen der Parteien jederzeit abänderbar ist.

Die Vertragsparteien können deshalb sowohl die Mindestsätze unterschreiten als auch beliebig überschreiten, wie auch die Höchstsätze beliebig überschritten werden können. Vertragsfreiheit bedeutet auch hier, dass jede mündliche Vereinbarung zu wirksamen Festlegungen des Planungshonorars führen.

In der täglichen Praxis kann das Ausgliedern der Beratungsleistungen aus der HOAI-Bindung zu Schwierigkeiten führen. Wenn die Vertragsparteien dazu übergehen sollten, Beratungsleistungen auszuschreiben, stellt sich die Frage nach einem ruinösen Wettbewerb. Da jedoch die Zahl der Marktteilnehmer für hochqualifizierte Beratungsleistungen eher gering ist, bleibt zu hoffen, dass sich die Honorarsätze, so wie von der Bundesregierung in Anhang 1 zur Anwendung empfiehlt, auch dauerhaft durchsetzen. Der Verordnungsgeber hat sich dabei auch der Mühe unterzogen, die Leistungsbilder und deren honorarmäßige Bewertung den geltenden Anforderungen anzupassen.

Fehlt eine Honorarvereinbarung und ist die HOAI nicht als Abrechnungsvorschrift vereinbart, so greift § 632 BGB ein. Es ist die übliche Vergütung zu bezahlen. Als übliche Vergütung wird man die Mindestsätze annehmen können, da sie bisher als entscheidender Honorarsatz durchweg gehandhabt worden sind.

IV. Leistungsbilder

1. Allgemein

5

Kernstück einer Honorarordnung ist die Beschreibung von Leistungen, die mit einem bestimmten Honorar bewertet werden. Nur eine klar definierte Leistung schafft die Voraussetzung einer zweifelsfreien Honorarbemessung. Die HOAI löst dieses Problem, indem die typischen, regelmäßig wiederkehrenden Leistungen in Leistungsbildern zusammengefasst werden. Dabei wird bei der Einordnung kein besonderer Wert auf die berufspezifische Zuordnung der Leistung gelegt, so wie es die Ausbildung von Architekten und Ingenieuren und die tägliche Praxis herausgebildet haben. Alle Leistungen sind berufsneutral, was bedeutet, dass jeder Architekt oder Ingenieur bei entsprechender Fachkunde sämtliche Leistungsbilder erfüllen und demgemäß auch abrechnen kann. Gleichwohl haben sich Schwerpunkte herausgebildet, sodass berufstypische Leistungsbilder vorhanden sind. So befasst sich der Teil 3 mit Leistungen, die üblicherweise von Architekten, Landschaftsarchitekten oder Innenarchitekten erbracht werden.

Die städtebaulichen Leistungen in Teil 2 werden vornehmlich von Stadtplanern und Architekten erfüllt, die ihren Schwerpunkt im Bereich der Stadtplanung haben. Landschaftsplanerische Leistungen und die Objektplanung Freianlage betreffen vorwiegend das Aufgabengebiet von Landschaftsarchitekten, während die Teile 3 und 4 die Domänen der Ingenieure und Fachingenieure darstellen, ebenso wie die Beratungsleistungen im Anhang.

Die Konfliktfreudigkeit am Bau hat in den letzten Jahren ständig zugenommen. Dies macht die juristische Begleitung von mittleren bis zu Großbauvorhaben heute schon fast unumgänglich. Die Ziele der Qualitätssicherung des Planungs- und Bauvorbereitungsprozesses, das Interesse der Einhaltung der Planungsziele und deren Kontrolle sowie die perfekte Vorbereitung von Bauunterlagen bis zur Vergabe der Bauleistungen verlangt nach juristischem Beistand eines fachkundigen Juristen.

2. Definition des Begriffs Leistung

Die HOAI 2013 ersetzt den allgemeinen Begriff der „Leistung" wieder durch den Begriff der „Grundleistung". Damit wird die preisgebundene HOAI Leistung wieder deutlich von der preisrechtlich nicht gebundenen Leistung der „Besonderen Leistung" abgegrenzt.

6

Die Leistungsbeschreibungen für die Leistungsbilder finden sich im Anhang zur HOAI. Sie sind teilweise zusammengefasst und für unterschiedliche Planungsgegenstände dargestellt, so z. B. für die Objektplanung, Innenräume und Freianlagen, die nach wie vor in einem einheitlichen Leistungsbild dargestellt sind. Dies führt dazu, dass die dort beschriebenen Leistungen mit unterschiedlichem Gewicht und teilweise objektbezogen auch gar nicht zur ordnungsgemäßen Erfüllung des Planungsauftrages gehören. Leistungen, die wegen der speziellen Planungsanforderungen des Objektes nicht zu einer ordnungsgemäßen Erfüllung gehören, führen auch nicht zu einer Honorarkürzung.

Die Leistungsbilder der Anlage zur HOAI tragen deskriptiven Charakter. Sie haben keinen Normcharakter, d. h., sie sind vom Verordnungsgeber als Leistungsinhalt nicht zwingend vorgegeben. Was vom Auftragnehmer an Leistung geschuldet wird, regelt der Vertrag.[4] Die Leistungen, die danach vom Auftragnehmer geschuldet werden, sind in der HOAI allerdings honorarrechtlich bindend bewertet. In der HOAI 1996 wurden sie als Grundleistungen bezeichnet. Dieser Begriff ist in der HOAI 2009 zugunsten des allgemeinen Begriffs der „Leistung" aufgegeben. Die HOAI 2013 ist zu dem Begriff der „Grundleistung" wieder zurückgekehrt. Eine inhaltliche Veränderung hat dies nicht zur Folge. Die in den Leistungsbildern aufgeführten Grundleistungen beschreiben wie bisher die, die im **Allgemeinen erforderlich** sind, das mit der Leistungsphase beabsichtigte Arbeitsergebnis zu erzielen. Die Grundleistungen sind in den Leistungsbildern gem. den Anlagen in den einzelnen Leistungsphasen gegliedert und getrennt in numerischer Reihenfolge aufgelistet. Die Grundleistung stellt die kleinste rechnerische Einheit der HOAI dar, soweit sie einen eigenständigen Teilleistungserfolg beschreibt. In der Beschreibung der Leistungsbilder wird im Einzelnen untersucht, welche Grundleistungen nur zusammengefasst eine Teilleistung ergeben, die zu einem eigenständigen Teilleistungserfolg führen. Die Leistungen stellen Bausteine im Entwicklungsprozess für die Planung des Objekts dar. Sie sind auf ein Ergebnis hin gerichtet und bauen mit ihren jeweiligen Erkenntniswerten aufeinander auf.

Der Leistungsbeschreibung haftet ein gewisser Perfektionismus an. Teilweise werden Arbeitsschritte beschrieben, die einen gedanklichen Prozess erläutern, der sich als Einzelbaustein in der Planung später nicht wiederfindet. Z. B. ist das Klären und Erläutern städtebaulicher, gestalterischer, funktionaler, technischer, bauphysikalischer, wirtschaftlicher etc. Vorgänge und Bedingungen im Rahmen der Anlage 10 Leistungsphase 2 die Umschreibung eines gedankliches Prozesses, der der entwurflichen Leistung zugrunde liegt. Hierunter sind keine Einzelbausteine einer Leistung zu verstehen, die einer gesonderten Überprüfung zugänglich wären. Ist das mit der Leistungsphase angestrebte Arbeitsergebnis erbracht, kommt es auf den Nachweis dieser einzelnen Bausteine einer Grundleistung deshalb nicht mehr an. Dementsprechend wird diese Leistung auch einheitlich unter Leistungsphase 2 und Anlage 10 geführt.

Die Aufzählung aller Leistungen differenziert nicht nach dem Schwierigkeitsgrad der Bauaufgabe, die je nachdem unterschiedliche Arbeitsschwerpunkte setzen kann.

§ 3 Abs. 2 trägt dieser Tatsache Rechnung und legt fest, dass sämtliche Leistungen einer Leistungsphase nur **im Allgemeinen**, d. h. im Regelfall, erforderlich sind. Von diesem Grundsatz sind, je nach Art der gestellten Aufgabe, Ausnahmen denkbar.

Dies soll anhand eines Beispiels näher erläutert werden.

Die Leistungsphase 2 der Anlage 10 beschreibt für das Leistungsbild Gebäude zu b) die Leistung des Abstimmens der Zielvorstellungen (Randbedingungen, Zielkonflikte). Diese Leistung ist nicht notwendigerweise eine separate Leistung mit einem eigenständigen Leistungsprofil, sondern kann auch im Einzelfall fließend in die Leistung 2 d der Erarbeitung eines Planungskonzeptes eingehen. Es liegt auf der Hand, dass bei komplizierten Bauvorhaben, z. B. bei der Planung eines Flughafens, Randbedingungen und Zielkonflikte eine wesentliche Rolle spielen, während die Bauaufgabe der Planung eines einfachen Einfamilienhauses oder einer Halle die Bedeutung dieser Leistung soweit reduziert, dass sie sich als Bestandteil des Entwicklungsprozesses bei der Erarbeitung eines Planungskonzeptes und der Erörterung der Vorentwurfsplanungen mit dem Auftraggeber inzident ergibt. In einem solchen Fall beschreibt der Schwierigkeitsgrad der Planungsaufgabe auch den Umfang, ob und inwieweit die Einzelleistung im Allgemeinen als gesondert darzustellende Leistung für den Auftraggeber erforderlich ist.

Honorarmäßig findet der Schwierigkeitsgrad seinen Niederschlag in der Bestimmung der Honorarzone und auch der anrechenbaren Kosten für das Objekt, sodass in den Fällen, in denen einzelne Leistungsbestandteile als gesondert zu entwickelnder Arbeitsschritt nicht erforderlich ist, dies auch nicht zu einer Minderung des Honorars führen kann. Leistungen, die nicht im Allgemeinen erforderlich sind, werden in dieser Präzision nicht geschuldet und sind auch mit dem Honorar damit nicht bewertet. Ein Minderungsanspruch für diesen Tatbestand entfällt somit.

Diese Problematik ist in der Erörterung der Leistungsbilder zu den Anlagen der HOAI vertieft, sodass hierauf Bezug genommen werden kann.

---

[4] Grundlegend BGH BauR 1997, 154

3. Besondere Leistungen

Besondere Leistungen werden wie bisher als beispielhafte Leistungen in der Anlage zu den einzelnen Leistungsbildern dargestellt. Es handelt sich um einen beispielhaften Katalog. Die Zuordnung zu den einzelnen Leistungsbildern ist nicht zwingend nur vielfach sachgerecht. Die Besonderen Leistungen sind damit ihrer bisherigen Funktion nicht beraubt. Sie zeigen in ihrem Beschrieb auf, was zur ordnungsgemäßen Erfüllung eines Auftrages an sich nicht erforderlich und somit auch mit dem Honorar abgegolten ist, welches die HOAI für die geregelten Leistungen festlegt.

7

Die Honorare für Besondere Leistungen können frei vereinbart werden. Die Wirksamkeit einer Honorarvereinbarung für Besondere Leistungen hängt daher weder davon ab, dass diese schriftlich vereinbart werden, noch ob sie einen nicht unwesentlichen Mehraufwand im Verhältnis zu der Grundleistung verursachen, zu denen sie früher nach der Definition in § 5 Abs. 4 HOAI 1996 hinzutreten mussten. Diese praxisferne Voraussetzung für ein Vergütungsrecht einer Besonderen Leistung ist zu Recht entfallen.

Freie Vereinbarung bedeutet, dass keinerlei Restriktionen gegeben sind. Das Ergebnis wird sein, dass je nach Marktstellung der Vertragspartei die Vertragsformulare mehr oder weniger restriktive Voraussetzungen zu regeln suchen, die dem Auftragnehmer mehr oder weniger erschweren werden, ein Honorar für mündlich beauftragte Besondere Leistungen geltend zu machen. Die Verweisung dieses Themas in den Bereich des Vergaberechts ist indes der richtige Weg. Ob eine Besondere Leistung zu honorieren ist, regelt sich nach den allgemeinen Bestimmungen des bürgerlichen Rechts. Allzu häufig scheiterte in der Vergangenheit die Honorierung zweifelsfrei beauftragter und einwandfrei erbrachter Besonderer Leistungen in ihrer Durchsetzung nur daran, dass es dem Auftragnehmer nicht gelungen ist, eine schriftliche Honorarvereinbarung hierfür vorzulegen. Dieses Problem besteht nicht mehr.

Der Auftragnehmer, der eine Vergütung für eine Besondere Leistung beansprucht, hat den Nachweis zu erbringen, dass er beauftragt wurde, eine Besondere Leistung zu erbringen und welche Vergütung hierfür vereinbart war. Fehlt es an einer Vergütungsvereinbarung, so greift § 632 BGB mit der Maßgabe ein, dass die übliche Vergütung zu zahlen ist. Übliche Vergütungen lassen sich für Besondere Leistungen schon deswegen nicht feststellen, da sie unterschiedlich ausfallen, sodass kaum vergleichbare Tatbestände geschaffen werden. Als übliche Vergütung bleibt allerdings festzuhalten, dass Besondere Leistungen fast überwiegend nach Zeitaufwand abgerechnet werden. Dies wird in solchen Fällen künftig auch der Maßstab sein. Fehlt eine Vereinbarung eines Stundensatzes, so kommt der übliche Stundensatz in Betracht (siehe hierzu § 1 Rdn. 1).

4. Die Leistungsphasen

§3 Abs. 4 begnügt sich mit dem Hinweis, dass sich die Leistungsbilder der HOAI in Leistungsphasen gliedert, die im besonderen Teil der HOAI, den Teilen 2 bis 4 näher erläutert sind. Die Leistungsphasen sind im Übrigen unverändert wieder aufgenommen.

8

V. Leistungserbringung und Honoraranspruch

1. Entwicklung der Rechtsprechung

Welche honorarrechtlichen Auswirkungen es hat, wenn der Auftragnehmer einzelne Teilleistungen nicht erbringt, ist in der Vergangenheit kontrovers diskutiert worden. § 5 Abs. 2 und 3 HOAI 1996 befasste sich mit dem Fall, dass dem Auftragnehmer nicht sämtliche Grundleistungen übertragen werden. Für diesen Fall regelte § 5 Abs. 2 HOAI 1996, dass nur ein Honorar für die zu übertragenden Leistungen berechnet werden darf, das dem Anteil der übertragenen Leistung an der Gesamtleistungsphase entspricht. Die Bewertung überließ die HOAI damit den Vertragsparteien. Ausgehend von der von Steinfort entwickelten Bewertungstabelle ist in der

9

Kommentarliteratur sodann der Versuch unternommen worden, die einzelnen Grundleistungen wertmäßig in Form von Prozenten von der Leistungsphase zu erfassen.[5]

Auf wissenschaftlicher Basis sind diese Untersuchungen nicht angestellt worden. Es sind mehr oder minder subjektive Bewertungen der jeweiligen Autoren im Sinn einer freien Einschätzung. Diese Tabellen nehmen auf das einzelne Bauvorhaben und seinen Schwierigkeitsgrad keine Rücksicht. Sie stellen zwischenzeitlich allerdings eine eingeführte Praxis dar. Richtigerweise hatten sie Bedeutung für die Bewertung von Grundleistungen, wenn diese bei Abschluss des Vertrages ganz oder teilweise vom Auftrag ausgenommen werden sollen.

10   Anders verhält es sich, wenn einzelne Grundleistungen nicht erbracht werden, obwohl sie Auftragsgegenstand sind. Die Rechtsprechung hat zunächst gefragt, wie der werkvertraglich geschuldete Leistungserfolg für die vom Auftragnehmer übernommenen Architekten- und Ingenieurleistungen zu definieren ist. Im Vordergrund stand dabei die Erkenntnis, dass es z. B. bei umfassender Beauftragung letztlich darauf ankommt, dass der Auftragnehmer im Ergebnis ein mangelfreies Werk abliefert. Ist dies erreicht, so wurde nicht weiter nachgefragt, ob auch alle Grundleistungen auf dem Weg bis zur Errichtung des endgültigen Werkerfolges nachgewiesen sind. Der Auftragnehmer hatte sein volles Honorar für die gesamte Leistungspalette gleichwohl verdient.

So hat der BGH in seinem Urteil vom 20.06.1966 noch ausgeführt, dass bei unvollständigen Teilleistungen sich der Vergütungsanspruch des Architekten nicht mindert, wenn gleichwohl das Architektenwerk mangelfrei erbracht worden sei. Es komme darauf an, dass der geschuldete Erfolg erreicht und das Werk mangelfrei hergestellt sei. Nicht entscheidend sei, ob jede Teilleistung genau und vollständig ausgeführt worden sei.[6]

Diese noch zur Gebührenordnung für Architekten (GOA) ergangene Entscheidung war lange Zeit Grundlage für die Rechtsprechung. Danach hatte der Architekt sein Honorar verdient, wenn er nachweisen konnte, dass der vertraglich geschuldete Werkerfolg im Ergebnis erbracht ist. Selbst wenn das Architektenwerk mit Mängeln behaftet war, so sollte dem Architekten rechnerisch das vollständige Honorar zustehen. Die Mängel des Architektenwerkes waren demgegenüber im Bereich des Mängelrechts zu prüfen und abzuhandeln, gegebenenfalls war Schadenersatz zu leisten.

Von diesem Grundsatz wurden schließlich mehr und mehr Ausnahmen gemacht.

Eine Leistungsphase, die, obwohl beauftragt, gleichwohl vom Auftragnehmer nicht erbracht wurde, berechtigte den Architekt nicht, ein Honorar hierfür zu berechnen, auch wenn das Bauwerk gleichwohl mängelfrei erstellt war.[7]

11   Diese Überlegungen sind sodann ausgedehnt worden auf sogenannte zentrale Leistungen, einen Begriff, den maßgeblich die Kommentatoren Locher/Koeble/Frik geprägt haben.[8] Ihnen folgend hat die Instanzgerichtsbarkeit einen Abzug vom Honorar dann vorgenommen, wenn dem Auftragnehmer es nicht gelungen ist, zentrale Leistungen aus den einzelnen Leistungsphasen darzulegen und zu beweisen.[9]

Die Lösung wurde vergütungsrechtlich gesucht. In solchen Fällen wurde das Entstehen eines entsprechenden Vergütungsanspruchs abgelehnt. Unter zentralen Leistungen wurden dabei solche verstanden, die für sich gesehen ein werkvertragliches Teilergebnis darstellen.[10]

2. Minderung des Honorars wegen fehlender Teilerfolge

12   Der vorbeschriebene vergütungsrechtliche Ansatz wird vom Bundesgerichtshof nicht geteilt. In einer das Architektenrecht grundlegend ändernden Entscheidung des BGH vom 29.04.2004[11] wird der Ansatz der Vergütungsminderung über das Mängelrecht gesucht. Die das Architektenrecht revolutionierende Feststellung des Gerichts geht von einer neuen Definition des Leis-

---

5 Steinfort in: Der Gemeindehaushalt 1980, 268
6 BGHZ 45, 372 = NJW 1966, 1713
7 BGH NJW 1966, 1713, ihm folgend die überwiegende Literatur a. A: Löffelmann/Fleischmann Rdn. 687, Hartmann § 5 Rdn. 20
8 Locher/Koeble/Frik § 5 Rdn. 20
9 So OLG Düsseldorf BauR 2000, 290; OLG Frankfurt a. M. BauR 1982, 600; OLG Hamm BauR 1994, 793
10 Locher/Koeble/Frik § 5 Rdn. 18–20 und Korbion/Mantscheff/Vygen § 5 Rdn. 22
11 BGH BauR 2004, 1640

tungserfolges aus, den der Architekt und Ingenieur mit den übertragenen Leistungen übernimmt. Danach kommt es nicht allein darauf an, dass das Endergebnis der geschuldeten Leistung mangelfrei erstellt wird. Dies bleibt selbstverständliche Voraussetzung. Es kommt hinzu, dass dieser Leistungserfolg auch auf eine Bearbeitung des Auftragnehmers zurückzuführen ist, die in ihren einzelnen Arbeitsschritten zu dem letztendlich geschuldeten Werkerfolg geführt hat.

Der Auftraggeber wird im Regelfall ein Interesse an den Arbeitsschritten haben, die als Vorgaben aufgrund der Planung des Architekten für den Bauunternehmer erforderlich sind, damit diese die Planung vertragsgemäß umsetzen können. Er wird regelmäßig ein Interesse an den Arbeitsschritten haben, die es ihm ermöglichen zu überprüfen, ob der Architekt den geschuldeten Erfolg vertragsgemäß bewirkt hat, die ihn in die Lage versetzen, etwaige Gewährleistungsansprüche gegen Bauunternehmer durchzusetzen und die erfolgreich sind, die Maßnahmen zur Unterhaltung des Bauwerkes und dessen Bewirtschaftung zu planen, so die Begründung des BGH. Mit dieser Entscheidung ist eine neue Entscheidungspraxis eingeläutet, die erhebliche Auswirkungen auf das Vertragsrecht, insbesondere aber auch auf die Honorarprozesse für Architekten und Ingenieure hat.

Weiterhin stellte der BGH fest, dass eine nach den Leistungsphasen der HOAI-Leistungsbilder **13** orientierte vertragliche Vereinbarung im Regelfall begründet, dass der Architekt die Grundleistungen als Teilerfolg des geschuldeten Gesamterfolges schuldet.

Der BGH hat der Lehre von der vergütungsrechtlichen Regelung über den Nachweis zentraler Leistungen oder anderer einzelner Leistungsbausteine, die einen selbstständigen Leistungserfolg bilden, damit eine Absage erteilt.

In einer früheren Entscheidung hat der BGH[12] festgestellt, dass die HOAI keine normativen Leitbilder für den Inhalt von Architekten- und Ingenieurverträgen enthält, und verweist darauf, dass die in der HOAI geregelten Leistungsbilder Gebührentatbestände für die Berechnung des Honorars der Höhe nach darstellen. In dem Ausgangsfall hat ein Tragwerksingenieur im Auftrag des Bauherrn zur Aufnahme eines Fassadenreinigungsgeräts Schal- und Bewehrungspläne für die hierfür notwendige Fahrbahnbetonplatte erstellt, die wegen fehlender Dehnfugen und fehlenden Gleitlagern zur Dachabdichtung hin später abgerissen und neu erstellt werden musste. Der auf Schadensersatz verklagte Ingenieur hatte sich in der Vorinstanz mit seiner Verteidigung durchgesetzt, wonach die Planung für die fehlenden Fugen und Gleitlager eine Besondere Leistung sei, die vom Bauherrn nicht beauftragt worden sei, sodass er für den eingetretenen Mangel insoweit nicht einzustehen habe. Als Antwort hierauf stellt der BGH klar, das sich der Auftragsumfang nach Werkvertrag richtet und nicht nach den Leistungsbildern der HOAI.

In der Begründung wird festgelegt, dass das Honorarrecht der HOAI den Werkvertrag nicht regeln kann, weil sich ein werkvertraglicher Erfolg nicht als Summe von abschließend aufgeführten Dienstleistungen beschreiben lässt. Für den Ausgangsfall war selbstverständlich, dass der Tragwerksingenieur eine gebrauchstaugliche Fahrbahnbetonplatte zu planen hätte; wenn es hierzu der Erarbeitung von vertraglich nicht vorgesehenen Besonderen Leistungen bedurfte, hätte er für eine entsprechende schriftliche Honorarvereinbarung sorgen müssen. Er durfte jedenfalls nicht ein mangelhaftes Werk abliefern.

Diese Erkenntnis scheint im Widerspruch zu der Entscheidung des BGH vom 29.04.2004[13] zu stehen, der in den einzelnen Grundleistungen Teilerfolgsschulden sieht, es also doch eine Summe von vertraglich festgelegten Teilerfolgsschulden gibt, die den abschließend zu erreichenden Erfolg herbeiführen sollen. Wenn vertraglich mit der Festlegung von Grundleistungen Teilerfolgsschulden beschrieben werden, sagt dies jedoch nichts darüber aus, ob sie für die Herbeiführung des angestrebten Enderfolgs notwendig oder ausreichend sind. Es kann deshalb durchaus sein, dass im vertraglich festgelegten Leistungsbild die Beschreibung von einzelnen Leistungen fehlen, die jedoch gleichwohl zu erbringen sind, um den geschuldeten Enderfolg herbeizuführen. Es kann aber auch sein, dass einzelne Grundleistungen, die in den HOAI-Leistungsbildern geführt werden, trotz Vereinbarung des Leistungsbildes nicht erforderlich sind bzw. keinen eigenständigen Werkerfolg auf dem Weg zur Erwirkung des Enderfolges darstellen. In solchen Fällen können sie dann auch nicht geschuldete Teilerfolge sein.

---

[12] BGH BauR 1997, 154
[13] BGH v. 29.04.2004 BauR 2004, 1604

14 Hieraus folgt, dass die vom Auftragnehmer übernommenen Auftragsendziele den Pflichtenkreis beschreiben, den es gilt, mit den Leistungen des Auftragnehmers zu erfüllen, und zwar ungeachtet dessen, ob sie als Teilerfolgsschulden als nicht notwendig angesehen oder schlicht vergessen wurden.

Die entscheidende neue Betrachtung des BGH beruht in der Erweiterung des vom Auftragnehmer für die Architekten- und Ingenieurleistungen geschuldeten Leistungserfolges. Fortan kommt es nicht mehr alleine darauf an, dass sich das Ergebnis der Planung und Bauüberwachung in dem Bau manifestiert. Maßgebend sollen auch die einzelnen Leistungen des Architekten sein, die für den geschuldeten Erfolg erforderlich sind. Sind diese nicht als selbstständige Teilerfolge vereinbart, so sollen diese durch Auslegung ermittelt werden. Ist der Teilerfolg nicht erbracht, so ist das Architekten- oder Ingenieurbauwerk mangelhaft. Für diesen Fall kann der Bauherr die Vergütung mindern, sofern die Voraussetzung für die Minderung des Anspruchs gegeben ist. Wie diese Minderung zu berechnen ist, lässt der BGH[14] anhand allgemeiner Erfahrungssätze zu, etwa so wie sie von Steinfort 1981 erstmals entwickelt und später in den Kommentaren aufgenommen wurden.[15]

15 Hinsichtlich der Frage, ob dem Auftragnehmer als Anspruchsvoraussetzung für die Minderung zunächst das Recht der Nacherfüllung (Nachbesserung) eingeräumt werden muss, hat der BGH festgestellt, dass nach Fertigstellung des Bauvorhabens der Auftraggeber regelmäßig kein Interesse mehr an der Nachholung unterlassener Grundleistungen hat, da der mit der unterlassenen Grundleistung verfolgte Erkennungswert durch das nachfolgende Bauergebnis überholt sei.[16]

Preussner[17] führt aus, dass das Werkvertragsrecht kennzeichnende Recht des Werkunternehmers auf Nacherfüllung mangelhafter Leistungen als Sanktion regelmäßig ausscheide, weil in dem Fall, dass das Bauvorhaben gleichwohl mangelfrei erbracht sei, der Bau fertiggestellt und der Baufortschritt es damit überflüssig macht, die fehlende Leistung nachzuholen. In solchen Fällen sei es dem Bauherrn nicht mehr zumutbar, dem insoweit säumigen Architekten Frist zur Nacherfüllung zu geben. In einem solchen Fall müsse die Minderung unmittelbar greifen. Dabei soll die Minderung nicht auf die Kosten für die tatsächliche Mängelbeseitigung abheben, sondern auf den entsprechenden Honoraranteil, der für die ordnungsgemäße Leistung im Verhältnis zur mangelhaften Leistung ermittelt werden muss. Dies entspricht der neuen BGH-Rechtsprechung. Diese Rechtsprechung ist ungeschmälert und auf die HOAI 2013 anzuwenden.

Unter diesem Aspekt gewinnen die Bewertungstabellen in den Kommentaren eine neue Bedeutung. Auf dieser Grundlage können Minderungsbeträge für nicht erbrachte Teilleistungen festgestellt werden. Vorschläge hierzu finden sich in der Kommentierung zu den Leistungsbildern.

16 Was aber bedeuten diese Grundsätze für die Praxis? Nach wie vor orientiert sich die Praxis bei der Definition der Aufgabe des Architekten und Ingenieurs an den Leistungsbildern der HOAI. Sie stellen gewissermaßen die Regel der Technik dar, wenn es darum geht, die Leistungen von Architekten und Ingenieuren zu beschreiben. Die Leistungsziele mögen gleichwohl im Einzelfall sehr unterschiedlich sein und auch zu einer unterschiedlichen Gewichtung der Leistungen für die Leistungserfüllung führen.

In allen Fällen ist entscheidend, dass neben dem vertraglich festgelegten Enderfolg künftig auch die selbstständigen Teilerfolge, die zum endgültigen Erfolg hinführen sollen, nachweislich erbracht sind. Diese Rechtsprechung wird durch die Darstellung der Leistungsbilder befördert. Die einzelne Leistung wird zitierfähig gemacht. Sie gliedern sich in den Leistungsphasen alphanumerisch.

Aber was versteht man unter einem selbstständigen Teilerfolg? Der BGH verweist zunächst auf den Vertrag und will die Teilerfolge nach dem Grundsatz einer interessengerechten Auslegung durch die im konkreten Vertrag begründeten Interessen des Auftraggebers an den Arbeitsschritten messen. Im Klartext bedeutet dies, dass der gesamte Arbeitsablauf mit all seinen klei-

---

[14] BGH v. 16.12.2004 – VII ZR 174/03

[15] Korbion/Mantscheff/Vygen § 5 Rdn. 32, Pott/Dahlhoff/Kniffka, 7. Aufl., 972

[16] BGH v. 11.11.2004 BauR 2005, 400; so schon Preussner: Praxishandbuch Architekturrecht Thode/Wirth/Kuffer § 9 Rdn. 127

[17] reussner a. a. O.

nen Arbeitsschritten nachweislich erbracht sein muss. Dies wird deutlich an der Feststellung des Gerichts, dass alleine das „Zusammenstellen der Vorplanungsergebnisse" bereits als ein solches Teilergebnis gesehen wird, obwohl diese Leistungsverpflichtung keinen eigenen Arbeitsinhalt auf dem Weg zur Erfüllung des gesamten Leistungsziels darstellt, sondern ausschließlich Dokumentationszwecken dient.

Für den Honorarprozess führt diese Rechtsprechung im Ergebnis dazu, dass Architekten- und Ingenieurhonorarprozesse praktisch nur schwer justiziabel sind. Solange das Architekten- und Ingenieurwerk nicht abgenommen ist, schuldet der Auftragnehmer den Nachweis, dass seine Leistung mangelfrei ist. Da es in der Baupraxis nach wie vor unüblich ist, Architekten- und Ingenieurleistungen förmlich abzunehmen, bleibt der Auftragnehmer darlegungs- und beweispflichtig, dass er mangelfrei gearbeitet hat. Hierzu muss er bei dem erweiterten Erfolgsbegriff für die geschuldete Architekten- und Ingenieurleistung künftig den Nachweis führen, dass er sämtliche Teilleistungen seiner Leistungsverpflichtung mangelfrei erbracht hat. Die nachträgliche Erfüllung nicht erbrachter einzelner Teilleistungen hilft nicht, da die nachträgliche Leistungserfüllung wegen der Fertigstellung des Objektes überflüssig und nutzlos ist und mithin von ihrem Erkenntniswert nicht mehr in das Baugeschehen einfließen kann. Sie kann den Mangel nicht mehr beseitigen. **17**

Es wird weiterhin die Frage sein, wieweit die Darlegungs- und Nachweispflicht getrieben werden kann. Einzelne Leistungen beschreiben einen gesamten Kontext von unterschiedlichen Planungsanforderungen, die in der Planung berücksichtigt sein müssen. Z. B. verlangt die Vorplanung des Erarbeitens eines Planungskonzeptes einschließlich Untersuchung der alternativen Lösungsmöglichkeiten nach gleichen Anforderungen. Was geschieht in den Fällen, in denen alternative Planungskonzepte nicht vorgelegt werden können, weil die ersten Überlegungen des Auftragnehmers so überzeugend waren, dass sich die Erarbeitung weiterer Lösungsmöglichkeiten erübrigt hat? Eine Honorarminderung kommt hierfür nicht in Betracht, da die Bearbeitung eines Vorentwurfs stets von Untersuchungen alternativer Lösungsmöglichkeiten begleitet wird. Sie müssen nicht notwendigerweise dem Auftraggeber vorgelegt werden. Allerdings bleibt der Auftragnehmer zur Erarbeitung von Alternativen verpflichtet, wenn seine Lösungsmöglichkeit dem Auftraggeber nicht gefällt. **18**

Was geschieht mit der Grundleistung des Klärens und Erläuterns der wesentlichen städtebaulichen, gestalterischen, funktionalen, technischen, bauphysikalischen, wirtschaftlichen, energiewirtschaftlichen Zusammenhänge, Vorgänge und Bedingungen, wenn einzelne Bestandteile nicht oder nicht ausreichend Beachtung gefunden haben? Die Antwort gibt die HOAI, die alle Bausteine dieser Leistung in einer Teilleistung, z. B. Anlage 10 Leistungsphase 2 d., zusammenfasst. Sie ist Kernstück der Leistungsphase.

Hierzu eröffnet sich ein weites Tätigkeitsfeld von Sachverständigen, die zu der Kompliziertheit der Honorarermittlung nach HOAI künftig die Leistungsbewertung vernehmen müssen, um dem Anspruch auf Minderung des Honorars entgegentreten zu können. Die damit einhergehenden Aufwendungen für die Durchführung eines Honorarprozesses können solchen Umfang annehmen, dass es in vielen Fällen wirtschaftlich gar nicht mehr sinnvoll ist, einen Honorarprozess überhaupt noch anzustrengen. So gesehen hat der Auftragnehmer von Architekten- und Ingenieurleistungen Rechtsschutz verloren, da die Suche nach einer gerechten Lösung de facto dem guten Willen seines Auftraggebers unterworfen ist. Hier ist eine Korrektur der Rechtsprechung angesagt.

Wenn es Ziel ist, die wesentlichen Meilensteine der Bauvorbereitung zu eigenständigen Teilerfolgsschulden zu qualifizieren, so muss dies projektbezogen auf die wirklich notwendigen Inhalte der Planungs- und Beratungsleistungen fokussiert werden, die echte Teilerfolgsschulden sind, und darf nicht in unwichtigen nebensächlichen Dokumentationspflichten ausufern.

Leistungen, die für das Objekt als eigenständige Leistungen nicht nötig sind und in dem Planungsprozess untergehen, können nicht zu einer Honorarminderung führen. Die Planung eines einfachen Einfamilienhauses verlangt nicht gem. Anl. 10 Leistungsphase 2 das „Abstimmen der Zielvorstellungen (Randbedingungen und Zielkonflikte)" und auch nicht das Aufstellen eines planungsbezogenen Zielkatalogs (Programmziele) wie in lit b beschrieben. Diese Leistungen gehen in dem Planungsprozess selbst auf und sind nicht Gegenstand einer gesonderten Untersu- **19** chung. Sie beschreiben einen gedanklichen Klärungsprozess, der Gegenstand der Planungsaktivität ist. Das Ergebnis drückt sich in den Zeichnungen aus.

Selbstständige Bedeutung können diese Leistungen nur in besonderen Fällen und bei komplizierten Bauvorhaben gewinnen, insbesondere dann, wenn unterschiedliche Nutzeranforderungen aufeinandertreffen (z. B. Planung eines modernen Bahnhofs mit Einzelhandel und Verwaltungseinheiten).

Das Zusammenstellen von Vorplanungsergebnissen ist eine mechanische Dokumentationsarbeit, die keinerlei Aussage über die Qualität der Vorplanungsergebnisse und der Leistungsinhalte aussagt. Wenn eine solche Dokumentationspflicht nicht im Zuge des Planungsauftrages erledigt wurde, so lässt sie sich auch nach Fertigstellung des Bauvorhabens noch nachholen, wenn der Auftraggeber hierauf Wert legt. Das Zusammenstellen von Ergebnissen kann nicht der Teilerfolg sein, von dem die Qualitätsbeurteilung der Auftragserfüllung des Architekten oder Ingenieurs abhängt. Maßgebend sind die Planungsergebnisse selbst. Insoweit wird man im Falle des Unterlassens von reinen Dokumentationspflichten des Auftragnehmers ihm das Recht der Nacherfüllung geben müssen, da die Dokumentation der Vorplanungsergebnisse auch noch nach Bauerrichtung seinen Zweck erfüllt.[18]

Für die Praxis beinhaltet die Kehrtwendung der Rechtsprechung nicht nur gewaltige Risiken in der praktischen Durchführbarkeit von Architektenhonorarprozessen. Sie bieten auch dem Auftragnehmer Chancen. Wenn sich jetzt die Erkenntnis durchgesetzt hat, dass es nicht nur auf den endgültigen Bauerfolg ankommt, sondern auch auf die Leistungserfüllung im Einzelnen, so schützt das den Architekten/Ingenieur, der das Leistungsbild bei HOAI im Detail erfüllt.

Es wird darauf ankommen, die Bearbeitung entsprechend dem Leistungsbild zu dokumentieren und im Zuge der Auftragsbearbeitung im Rahmen von Bauherrenbesprechungen die Freigabe der Planungs- und Beratungsergebnisse zu erbitten und diese Entscheidungen zu dokumentieren. Die HOAI 2009 hatte noch eine Regelung in § 3 Abs. 8 enthalten, die die Parteien verpflichten sollte, die Ergebnisse einer Leistungsphase zu erörtern. Diese Regelung ist entfallen, da sie erkennbar vertragliche Ansprüche beschreibt, die nicht in eine Honorarordnung gehören und von der Ermächtigungsgrundlage nicht gedeckt sind. Dies ändert allerdings nichts daran, dass die Vertragsparteien zur Erörterung der Arbeitsergebnisse verpflichtet bleiben und zwar in dem Sinne, dass der Auftragnehmer zur Leistungsverpflichtung einer Erörterung und der Auftraggeber zur Mitwirkung im Sinne einer Obliegenheit hierzu verpflichtet ist.

Am Ende einer solchen Erörterung sollte die Freigabe der Planungsergebnisse der Leistungsphase stehen. Diese Erklärung schafft nicht nur Klarheit, ob ein Honorar für Änderungsleistung im Falle der Anordnung der Planungsänderung geschuldet wird, sondern beinhaltet auch die Erklärung des Auftraggebers, dass die geschuldeten Einzelleistungen der Leistungsphase als erledigt angesehen werden. Behauptet der Auftraggeber zu einem späteren Zeitpunkt, dass Teile der Leistungen doch nicht erbracht seien, steht dies im Widerspruch zu seiner Freigabeerklärung, die so viel bedeutet, dass er mit dem Leistungsergebnis der Leistungsphase zufrieden war. Will er gleichwohl zu einem späteren Zeitpunkt, z. B. bei der Endabrechnung des Honorars, eine Honorarminderung mit der Begründung geltend machen, nicht alle Teilleistungen seien erbracht, so obliegt ihm die Darlegungslast, welche Leistung nicht erbracht gewesen sein soll. Dabei kann er sich nicht darauf beschränken allgemein zu bestreiten, dass die Grundleistungen nicht erbracht wurden. Er muss schon im Einzelnen darlegen, welche Grundleistungen, die einen selbstständigen Leistungserfolg bilden, ihm vorenthalten worden sind und die ihm bei der Wahrnehmung seiner Mitwirkungspflichten während des Planungs- und Baugeschehens gefehlt hat.

---

[18] Nähere Einzelheiten hierzu in der Kommentierung der Leistungsinhalte.

§ 4 Anrechenbare Kosten

(1) Anrechenbare Kosten sind Teil der Kosten für die Herstellung, den Umbau, die Modernisierung, Instandhaltung oder Instandsetzung von Objekten sowie für die damit zusammenhängenden Aufwendungen. Sie sind nach allgemein anerkannten Regeln der Technik oder nach Verwaltungsvorschriften (Kostenvorschriften) auf der Grundlage ortsüblicher Preise zu ermitteln. Wird in dieser Verordnung im Zusammenhang mit der Kostenermittlung die DIN 276 in Bezug genommen, so ist die Fassung vom Dezember 2008 (DIN 276-1:2008-12) bei der Ermittlung der anrechenbaren Kosten zugrunde zu legen. Umsatzsteuer, die auf die Kosten von Objekten entfällt, ist nicht Bestandteil der anrechenbaren Kosten.

(2) Die anrechenbaren Kosten richten sich nach den ortsüblichen Preisen, wenn der Auftraggeber

1. selbst Lieferungen oder Leistungen übernimmt,
2. von bauausführenden Unternehmen oder von Lieferanten sonst nicht übliche Vergünstigungen erhält,
3. Lieferungen oder Leistungen in Gegenrechnung ausführt oder
4. vorhandene oder vorbeschaffte Baustoffe oder Bauteile einbauen lässt.

(3) Der Umfang der mitzuverarbeitenden Bausubstanz im Sinne des § 2 Absatz 7 ist bei den anrechenbaren Kosten angemessen zu berücksichtigen. Umfang und Wert der mitzuverarbeitenden Bausubstanz sind zum Zeitpunkt der Kostenberechnung oder, sofern keine Kostenberechnung vorliegt, zum Zeitpunkt der Kostenschätzung objektbezogen zu ermitteln und schriftlich zu vereinbaren.

Inhaltsübersicht

I. Definition der anrechenbaren Kosten

§ 4 ist im Zusammenhang mit § 6 zu lesen. **Die HOAI regelt Honorare** für die Objektplanung und Fachplanung **in Abhängigkeit von Baukosten**. Die Frage ist, welche Baukosten die Grundlage der Honorarfindung sind. Die HOAI bezeichnet diese Kosten als die anrechenbaren Kosten. **1**

Je nach Leistungsgegenstand fallen die anrechenbaren Kosten unterschiedlich aus. Welche Baukosten Honorargrundlage für die einzelnen fachspezifischen Leistungen werden, regelt die HOAI in den Honorarvorschriften für die einzelnen Leistungsbereiche und benennt diese als **2**

besondere Grundlagen des Honorars. Dies sind die für die Objektplanung von Gebäuden und Innenräumen § 33, von Freianlagen § 38, von Ingenieurbauwerken § 42, von Verkehrsanlagen § 46, für die Tragwerksplanung § 50 und für die Fachplanung der technischen Ausrüstung § 54. § 4 begnügt sich mit der Darstellung, wie die jeweils anrechenbaren Kosten zu ermitteln sind.

3   Nach § 6 Abs. 1 basiert die Honorarfindung auf der Grundlage der Kostenberechnung. Soweit diese nicht vorliegt, soll die Kostenschätzung maßgebend sein. Die Begriffe, die in § 2 eine Definition des Verordnungsgebers erfahren haben,[1] sind Bestandteil der **Kostenplanung**, die zum Leistungsbild der Objektplanung gehört. Mit dem Begriff der Kostenplanung wird die Leistungsverpflichtung des Auftragnehmers beschrieben, den Auftraggeber über die Baukostenentwicklung seines Bauvorhabens zu informieren. Die Baukostenplanung ist eine zentrale Planungsleistung. Die Genauigkeit der Kostenaussage hängt von der Planungstiefe und damit von der Kenntnis der Details für das geplante Bauvorhaben ab. Die fortschreitende Planung erlaubt eine fortschreitend genauere Kostenanalyse.

4   Die **Kostenplanung ist nach DIN 276-1:2008-12** Ziffer 2 die Gesamtheit aller Maßnahmen der Kostenermittlung, der Kostenkontrolle und der Kostensteuerung. Die Kostenermittlung ist generell in vier Schritte geteilt. Das Ergebnis der Vorplanung erlaubt als erste Leistung eine erste Kostenermittlung, die Kostenschätzung. Viele baubezogenen Fragen und Details können in diesem Planungsstadium noch nicht geklärt sein und somit auch noch nicht in die Beurteilung der voraussichtlichen Baukosten einfließen. Dementsprechend ist die Kostenschätzung als überschlägige Ermittlung der Kosten auf der Grundlage der Vorplanung definiert und damit eine sehr vorläufige Schätzung der voraussichtlichen Baukosten.

5   Die Entwurfsplanung führt zu einer Detaillierung, die eine genaue Kostenaussage erlaubt und eine Kostenberechnung zulässt, so wie sie in § 2 Ziffer 11 HOAI definiert ist. Die weiterführenden Kostenermittlungsschritte sind Bestandteil der Leistungsbilder, jedoch für die Honorarfindung nicht weiter von Belang. Es ist dies der Kostenanschlag als Zusammenfassung der Ausschreibungsergebnisse samt ggf. notwendigen Nachträgen[2] und die Kostenfeststellung als zusammenfassende Darstellung aller tatsächlich angefallenen Baukosten.

6   Die Kostenschätzung bzw. Kostenberechnung bezeichnet damit den Genauigkeitsgrad der voraussichtlichen Baukosten. Für die Honorarermittlung anrechenbar sind sodann die Kostengruppen, die die fachspezifischen Bedingungen der HOAI als Bemessungsgrundlage beschreiben. Generell gliedert die DIN 276 die Baukosten in **sieben Kostengruppen** wie folgt:

   100 Grundstück

   200 Herrichten und Erschließen

   300 Bauwerk/Baukonstruktion

   400 Bauwerk/Technische Anlagen

   500 Außenanlagen

   600 Ausstattung und Kunstwerke

   700 Baunebenkosten

   Diese Kostengruppen werden in **Untergruppen bis zu drei Ebenen** aufgegliedert.[3]

7   Die HOAI 1996 nahm seinerzeit noch Bezug auf einzelne Baukostengruppen der DIN 276, und zwar in der Fassung des Jahres 1981. Diese statische Verweisung hatte den Nachteil, dass jede Novellierung der DIN 276 dazu führte, dass die Kostenermittlung im Rahmen der geschuldeten Leistung nach der jeweils gültigen DIN-Fassung darzustellen waren, während die Kostenberechnung für die Honorarermittlung wiederum Rücksicht zu nehmen hatte auf die DIN 276 in der Fassung 1981.

---

[1] Vgl. die Kommentierung zu § 2 Rdn. 53
[2] DIN 276-1:2008-12 Ziffer 2.4.4 definiert den Kostenanschlag als Ermittlung der Kosten auf der Grundlage der Ausführungsvorbereitung.
[3] Vgl. hierzu § 2 Rdn. 43 ff.

Seit Inkrafttreten der HOAI 2009 löst sich die HOAI von der Anknüpfung einer bestimmten **8** Fassung der DIN 276 und gestattet die Darstellung der anrechenbaren Kosten
- entweder nach **allgemeinen anerkannten Regeln der Technik**
- oder nach **Verwaltungsvorschriften** (Kostenvorschriften)
- oder der **DIN 276**

und verlangt die Kostenschätzung bzw. Kostenberechnung auf der Grundlage **ortsüblicher Preise ohne Umsatzsteuer.**

§4 schafft keine Aussage darüber, welche geschätzten oder berechneten Baukosten für die Er- **9** mittlung des Honorars der jeweils beauftragten Architekten- und Ingenieurleistung anrechenbar sind. Die Auskunft hierüber geben nur die in den Honorarvorschriften zitierten besonderen Grundlagen des Honorars. Generell kann festgehalten werden, welche Baukosten nicht zu den anrechenbaren zählen. Nach der Gliederung der DIN 276 sind dies:
   100 Grundstück
   700 Baunebenkosten
und die Umsatzsteuer.

Die anrechenbaren Kosten für Leistungen bei Gebäuden und Innenräume definiert z. B. § 33 Abs. 1 als Kosten der Baukonstruktion. Was unter **Kosten der Baukonstruktion** zu verstehen ist, beantwortet die DIN 276-1 Kostengruppe 300 und 400.

Anrechenbaren Kosten können auch unter Zuhilfenahme der eingeführten Kostenvorschriften **10** der öffentlichen Verwaltung ermittelt werden, soweit sie sich allgemein in der Branche durchgesetzt haben und danach die allgemeinen anerkannten Regeln der Technik markieren. Im Zweifel hat der Auftragnehmer seine Honorarermittlung zu beweisen, was im Streitfall zur Einschaltung von Honorarsachverständigen führen wird.

Das einzige weit verbreitete, zusätzlich zur DIN 276 in der Verwaltungspraxis eingeführte Re- **11** gelwerk ist die für die Ermittlung der Kosten von Verkehrsanlagen 1984 veröffentlichte „**Anweisung zur Kostenberechnung für Straßenbaumaßnahmen (AKS 85)**“ des Bundesministers für Verkehr vom Dezember 1984,[4] die von den Bundes- und Landesbehörden bzw. -betrieben regelmäßig angewendet werden muss und den Gebietskörperschaften ebenfalls zur Anwendung empfohlen wurde.

II. Ortsübliche Preise

Kosten sind stets auf der Grundlage ortsüblicher Preise zu ermitteln. Maßgebend ist der Ort **12** des Bauvorhabens. Preisunterschiede ergeben sich regional bedingt, zumindest für die gängigen Bauleistungen, die in der Region des Bauvorhabens angeboten werden. Bei komplizierten Bauvorhaben kann es sein, dass entsprechende Bauleistungen nur in anderen Gegenden zu erhalten sind. Für diesen Fall sind die Preise anzusetzen, die aufgewendet werden müssen, um die Leistungen einzubauen.

III. Die anrechenbaren Kosten in Sonderfällen

1. Vorbemerkung

Sollen nicht alle Bauleistungen fremd vergeben werden oder bei der Kostenermittlung Sonder- **13** fälle Eingang finden, weil der Auftraggeber Bauleistungen günstiger einkaufen kann, als es die ortsüblichen Preise ausmachen, so stellt § 4 Abs. 2 sicher, dass diese Vergünstigungen bei der

---

4 Bundesminister für Verkehr (Hrsg.): Anweisung zur Kostenberechnung für Straßenbaumaßnahmen, Ausgabe 1985 (AKS 85), BMV ARS Nr. 24/1984 vom 12.12.1984 – 24/38.45.00/24023 Va 84 (VkBl 1985 S. 92) i. V. m. dem BMV ARS Nr. 13/1990 vom 01.08.1990 StB. 24/38.4600/31 Va 90 sowie die jeweilige Fortschreibung

Ermittlung der anrechenbaren Kosten unberücksichtigt bleiben. **Der ortsübliche Preis bleibt auch bei diesen Sonderfällen stets Maßstab.**

14   Für die Kostenberechnung und die Kostenschätzung hat dies an sich keine besondere Bedeutung, da die ortsüblichen Preise ohnehin Grundlage für die Kostenermittlung einer Kostenschätzung und einer Kostenberechnung sind. Gleichwohl stellt § 4 Absatz 2 den Grundsatz klar, dass Sonderbedingungen für den Einkauf von Bauleistungen bei der Honorarermittlung stets unberührt bleiben. Die Einzelfälle sind dabei wie folgt:

2. Eigenlieferung und Eigenleistung

15   Übernimmt der Auftragnehmer selbst Lieferungen oder Leistungen, so sind hierfür die ortsüblichen Preise einzusetzen. Mit dem Begriff der „Lieferungen" sind Baustoffe angesprochen, die der Auftraggeber für sein Bauvorhaben stellt. Es spielt dabei keine Rolle, ob der Auftraggeber selbst Lieferant solcher Baustoffe ist oder ob er solche aufgrund einer ihm persönlich zugänglichen Quelle besonders günstig erwerben kann. In beiden Fällen ist der ortsübliche Preis für diese Lieferung einzusetzen.

16   Unter **Eigenleistungen** werden insbesondere Arbeitsleistungen verstanden, sei es, dass diese in eigener Regie in Form von Heimarbeit oder Nachbarschaftshilfe durchgeführt werden, oder sei es, dass der Auftraggeber Arbeiter für sein Bauvorhaben speziell eingestellt hat oder in anderer Weise für dieses Bauvorhaben beschäftigt. Arbeitsleistungen von Schwarzarbeitern, Freunden und Familienangehörigen gehören ebenfalls hierzu. Dies gilt auch für Auftraggeber, die einen eigenen Baubetrieb unterhalten und deshalb die Möglichkeit haben, eigene Arbeitskräfte einzusetzen. In all diesen Fällen ist für diese Leistung der ortsübliche Preis bei der Honorarermittlung zu berücksichtigen.

3. Sonst nicht übliche Vergünstigungen

17   Werden dem Auftraggeber von dem bauausführenden Unternehmer oder Lieferanten allgemein **nicht übliche Vergünstigungen** gewährt, so sind auch hierfür die ortsüblichen Preise einzusetzen. Zu den Vergünstigungen zählen Rabatte, insbesondere Preisnachlässe, Skonti sowie Schenkungen jeder Art.

18   Nicht übliche Vergünstigungen sollen nach § 4 Absatz 2 bei der Ermittlung der anrechenbaren Kosten unberücksichtigt bleiben. Eine besondere Bedeutung kommt dieser Regelung kaum zu, denn es verbleibt beim Grundsatz, dass die Kostenschätzung bzw. Kostenberechnung auf Basis der ortsüblichen Preise erfolgt. Die Feststellung von üblichen oder sonst nicht üblichen Vergünstigungen entfällt, da der ortsübliche Preis ohnehin anzusetzen ist.

19   Die HOAI 1996 kannte eine vergleichbare Regelung, die eine andere Bedeutung hatte. Für die Leistungsphasen 5–7 war der Kostenanschlag und für die Leistungsphasen 8 und 9 die Kostenfeststellung Honorargrundlage. Hierbei spielte der Anwendungsfall der sonst nicht üblichen Vergünstigung dann eine Rolle, wenn bei der Bauvergabe sonst nicht übliche Rabatte/Skonti eingeräumt wurden. Dies entfällt jedoch im Normalfall der HOAI 2013, da die Honorarberechnung auf der Grundlage einer Kostenberechnung erfolgt, also zeitlich deutlich vor der Bauvergabe.

Bedeutung gewinnen die sonst nicht üblichen Vergünstigungen, wenn die **Objektüberwachung als Einzelleistung** gem. § 9 Abs. 3 Nummer 2 beauftragt wird. Diese Bestimmung verweist hinsichtlich der anrechenbaren Kosten auf § 33 und lässt das Honorar als Prozentsatz hiervon bemessen. Er entfernt sich daher vom grundsätzlichen Honorarermittlungssystem anhand von Honorarsätzen und Honorartafeln, so wie es in § 6 beschrieben ist. Daher ist nicht vorgeschrieben, dass die anrechenbaren Kosten auf der Grundlage der Kostenberechnung zu ermitteln sind. Bei der Objektüberwachung als Einzelleistung gäbe dies zudem keinen Sinn. Die Bezugsgrößen sind die tatsächlichen Kosten, die dieser Auftragnehmer im Rahmen der Kostenfeststellung feststellt.

20   Werden dem Auftraggeber von dem bauausführenden Unternehmer oder Lieferanten allgemein nicht übliche Vergünstigungen gewährt, so sind anstelle der tatsächlichen Preise die ortsüblichen

einzusetzen. Zu den Vergünstigungen zählen Rabatte, besondere Preisnachlässe, Skonti sowie Schenkungen jeder Art. Ob es sich um eine sonst nicht übliche Vergünstigung handelt, ist Frage des Einzelfalls.

Die Vereinbarung von **Skonti** betrifft das Zahlungsverhalten der Parteien. Sie beinhaltet keine Bewertung der Bauleistung. Skonti sind genauso wie Verzugszinsen nicht bei den anrechenbaren Kosten der Kostenfeststellung für Objektüberwachung als Einzelleistung zu berücksichtigen. Vereinbarungen über Zahlungsmodi gehören deshalb nicht hier her. Dies gilt auch für den Fall, dass der Auftraggeber einen Nachlass für den Fall einer substanziellen Vorauszahlung gewährt. Solche Vereinbarungen haben zum Ziel, dass das Bauunternehmen schneller liquide Finanzmittel zur Verfügung gestellt bekommt. Zum Ausgleich dieses Vorteils werden gelegentlich Nachlässe vereinbart. Mit der Bewertung der Bauleistung haben solche Zahlungsvereinbarungen jedoch nichts zu tun, weshalb Nachlässe dieser Art bei den anrechenbaren Kosten unberücksichtigt bleiben. **21**

Anders verhält es sich mit **Nachlässen**, die der Bauunternehmer auf seinem Angebotspreis im Rahmen der Angebotsverhandlung bietet. Jeder Nachlass hat zum Ziel, die Wettbewerbsstellung zu verbessern und damit die Chancen des Auftragszuschlags zu erhöhen. Solche Nachlässe mindern den Baupreis und mindern die Bewertung der Bauleistung und wirken sich deshalb auch mindernd auf das Honorar aus. Sie sind auch durchaus üblich. **22**

Die **Kosten für die Mängelbeseitigung** gehören zu anrechenbaren Kosten, wenn sie als Folge der Selbstvornahme entstehen und bei der Entstehung des Mangels nicht ein Bauleitungsfehler mitgewirkt hat. **23**

Der üblicherweise vorgenommene **Sicherheitsbehalt** führt nicht zu einer Kürzung des Honorars. Der Sicherheitsbehalt verringert die Baukosten nicht, sondern gewährt dem Bauherrn eine Sicherung für den Fall, dass unentdeckt gebliebene Schäden auf Kosten des säumigen Bauunternehmers nachzubessern sind. Ist die Gewährleistungsfrist abgelaufen, so ist der Einbehalt ohnehin auszuzahlen. Es macht weiterhin auch keinen Unterschied, ob der Einbehalt durch Übergabe einer Sicherheit (z. B. Bankbürgschaft) abgelöst wird. **24**

Hat ein Bauunternehmer eine **Vertragsstrafe** verwirkt und zieht der Bauherr diese vom Werklohn ab, so vermindert sich nicht die honorarfähige Kostensumme. Die Baukosten werden nicht deshalb billiger, weil der Bauherr mit seiner Forderung, die ihm aufgrund des Vertragsstrafeversprechens zusteht, gem. § 387 BGB aufrechnet. **25**

Lieferungen oder Leistungen, die dem Auftraggeber **teilweise oder ganz geschenkt** werden, sind hingegen regelmäßig unübliche Vergünstigungen. Es ist der ortsübliche Preis einzusetzen. **26**

4. Lieferung und Leistung in Gegenrechnung

Unter Lieferungen und Leistungen in Gegenrechnung sind Tauschgeschäfte zu verstehen. Der Nachbar, der dem Auftraggeber seine persönliche Leistung absprachegemäß zur Verfügung stellt, damit dieser es im umgekehrten Falle genauso handhabt, führt eine Leistung in „Gegenrechnung" aus. Das Gleiche gilt für die Unternehmer, die ihre Lieferungen und Leistungen nicht in Geld, sondern in sonstigen Gegenleistungen des Auftraggebers vergütet bekommen, z. B. unentgeltliche Dienstleistungen des Auftraggebers als „Entgelt" für die Bauleistung. Auch in solchen Fällen fehlt eine Bewertung der Bauleistung. Sie ist mit dem ortsüblichen Wert zu berücksichtigen und in die Kostenberechnung als Honorargrundlage einzustellen. **27**

5. Vorhandene Baustoffe und Bauteile

Die Berücksichtigung vorhandener Baustoffe oder Bauteile spielt bei Leistungen im Bestand, Umbauten und Modernisierungen eine Rolle und hat eine wechselvolle Geschichte erfahren. **28**

Bis zum 01.04.1988 lautete die entsprechende HOAI-Vorschrift wie folgt: **29**

*„Als anrechenbare Kosten nach Abs. 2 gelten die ortsüblichen Preise, wenn der Auftraggeber (…) vorhandene oder vorbeschaffte Baustoffe oder Bauteile **mitverarbeiten lässt**."*

Diese Bestimmung hatte den BGH mit Urteil vom 19.06.1986[5] dazu veranlasst, bei einer Modernisierungsmaßnahme die Kosten der vorhandenen Bauteile mit zu den anrechenbaren Kosten zu zählen, die der Architekt planerisch und baukonstruktiv in seine Leistung miteinbezogen hat.

30 Die dritte Änderungsverordnung der HOAI hatte daraufhin § 10 Abs. 3 Nr. 4 neu gefasst und einen Absatz 3a hinzugefügt. Es sollte unterschieden werden zwischen vorhandener Bausubstanz, die technisch und gestalterisch **mitverarbeitet wird**, und dem Tatbestand, dass der Auftraggeber vorhandene oder vorbeschaffte Baustoffe oder Bauteile **einbauen lässt**. Danach sollte vorhandene Bausubstanz, die technisch oder gestalterisch mitverarbeitet wird, bei den anrechenbaren Kosten angemessen berücksichtigt werden. Der Umfang der Anrechnung bedurfte jedoch einer schriftlichen Vereinbarung. Hierzu urteilte der BGH, dass die Schriftformerfordernis jedoch keine Anspruchsvoraussetzung war.[6] Diese Regelung war mit der HOAI 2009 ersatzlos gestrichen worden. In veränderter Form taucht diese alte Regelung der mitzuverarbeitenden Bausubstanz mit Inkrafttreten der HOAI 2013 in Absatz 3 jedoch wieder auf.

31 § 4 Abs. 2 Ziffer 4 beschäftigt sich **nur mit vorhandenen und vorbeschafften Baustoffen und Bauteilen**, die eingebaut werden. Sie gehören mit den ortsüblichen Preisen zu den anrechenbaren Kosten

32 Vorhandene oder vorbeschaffte Bauteile im Sinn von § 4 Abs. 2 Ziffer 4 sind solche, die zu Beginn des Bauvorhabens bereits zum Einbau bereitstehen oder entsprechend herangeschafft werden können. Praktische Bedeutung hierfür gewinnen die Fälle, in denen Auftraggeber selbst über Bezugsquellen von Baustoffen und Bauteilen verfügen, die sie zum Einbau bereitstellen. Bauteile, z. B. Deckenkonstruktionen, Stürze, Fertigteilwände oder sonstige Fertigteile, können vorhandene oder vorbeschaffte Bauteile sein, wenn sie vom Auftraggeber zur Verfügung gestellt werden.

33 Der Einbau von vorhandenen Bauteilen ist bedeutsam bei Modernisierungsmaßnahmen und im Bereich des Denkmalschutzes. Nicht selten werden **Teile der vorhandenen Bausubstanz** sorgfältig **abgetragen, zwischengelagert und anschließend wieder verwendet**. In diesem Fall sind vorhandene Bauteile gegeben, die zu ortsüblichen Preisen bei der Honorarermittlung zu berücksichtigen sind, wenn sie dazu bestimmt sind **wieder eingebaut** zu werden.

34 **Einbauen** bedeutet, dass eine bauliche Aktivität erfolgen muss. Die **bloße Behandlung** eines Bauteils z. B. durch Schleifen, Streichen oder durch Einrechnen in die statische Berechnung oder die Ausbauplanung – erfüllt diese Voraussetzung nicht. Das Einbauen verlangt, dass das vorhandene Bauteil als ehemaliger Bestandteil des Gebäudes im Sinne einer beweglichen Sache erneut in das Gebäude eingebracht und mit ihm fest zu seinem wesentlichen Bestandteil verbunden wird.

IV. Mitzuverarbeitende Bausubstanz

35 ### 1. Anwendungsfälle

Wie die Entwicklungsgeschichte zu diesem Thema zeigt, hat der Verordnungsgeber nach dem kurzen Intermezzo seit der HOAI 2009 eingesehen, dass eine sachgerechte Honorarermittlung ohne Berücksichtigung der mitzuverarbeitenden Bausubstanz nicht gelingt. Umbaumaßnahmen sind generell schwierige Planungsaufgaben, weil es darum geht, die vorhandene Bausubstanz auf ihre Tauglichkeit zu untersuchen, ob sie einen Eingriff in den Bestand bautechnisch und gestalterisch zulassen und ob sie sich mit dem Einbau moderner neuer Baustoffe und Baumethoden vertragen.

Wie zu Rdn. 22 zu § 2 näher dargelegt, hatte sich die Beachtung der mitzuverarbeitenden Bausubstanz bei der Berechnung er anrechenbaren Kosten nicht bewährt. Wie sollte der Tragwerksplaner sein Honorar berechnen, wenn er bei einem Umbau die Statik des gesamten Gebäu-

---

[5] BGH BauR 1986, 593
[6] BGH BauR 2003, 745

des überprüfen muss. Die Baukosten für den Eingriff in das Standgefüge des Gebäudes stehen nicht im Verhältnis zu der gestellten Planungsaufgabe und können deshalb keinen angemessenen Parameter für die Berechnung des Honorars sein.

Mit der HOAI 2013 wird dieses Thema erneut aufgegriffen und geregelt. Wie dies nach dem Willen des Verordnungsgebers zu geschehen hat, wird in zwei Bestimmungen festgelegt. Zunächst wird in § 2 Abs. 7 geklärt, was unter mitzuverarbeitende Bausubstanz überhaupt zu verstehen ist. § 4 Abs. 3 regelt, welcher Umfang der mitzuverarbeitenden Bausubstanz im Einzelfall zu berücksichtigen ist.

Mitzuverarbeitende Bausubstanz ist gem. § 2 Abs. 7 als Teil des zu planenden Objekts definiert, der bereits durch Bauleistung hergestellt ist. **36**

Bei Umbaumaßnahmen und bei Modernisierungen ist dies zunächst das gesamte Objekt, das Gegenstand der Planungsaufgabe wird.

Bereits hergestellte Bauleistungen können allerdings auch teilweise fertig gestellte Objekte sein, z. B. im Fall stecken gebliebener Investitionen. Dies betrifft Anwendungsfälle, bei denen Bauvorhaben nicht fertigstellt wurden und im unfertigen Zustand z. B. als Rohbau z. B. wegen Geldmangels oder wegen eines Baustopps liegen geblieben sind. Besteht die Planungsaufgabe darin, einen solchen steckengebliebenen Bau zu übernehmen, so kann ein Fall der mitzuverarbeitenden Bausubstanz im Sinne des von § 2 Abs. 7 vorliegen. Dies gilt allerdings nicht für den Auftragnehmer, der das Bauwerk geplant hat und der nach der Bauunterbrechung seine Vertragserfüllung fortsetzt. Diese Fälle betreffen mithin nur Auftragnehmer, die später beauftragt werden und den Planungsgegenstand des teilfertigen Gebäudes als Grundlage ihrer Tätigkeit vom Auftraggeber gestellt bekommen.

Die weitere Voraussetzung ist, dass die mitzuverarbeitende Bausubstanz von der Planungs- und Überwachungsleistung technisch oder gestalterisch mitverarbeitet wird. Vor der Prüfung dieser Frage kommt es nicht auf den Grad und die Intensität der technischen oder gestalterischen Mitverantwortung an. Es stellt sich vielmehr nur generell die Frage, welche Bausubstanz von der Planungs- und Überwachungsaufgabe tangiert wird. **37**

Der Umbau einer im Erdgeschoss und im 1. OG liegenden Arztpraxis in Wohnungen berührt in aller Regel das Dach und die Fundamente des Gebäudes nicht. Für die Objektplanung Gebäude hieße dies, dass weder Kosten für das Dach noch für die Fundamente zu berücksichtigen sind, da sie nicht zur mitzuverarbeitenden Bausubstanz gehören. Für den Tragwerksplaner und seine Planung kann dies allerdings dazu führen, dass er die Gründung und damit die Fundamente mit zu beurteilen hat. Für ihn würden solche Kosten gegebenenfalls zur mitzuverarbeitenden Bausubstanz gehören.

Die Definition lässt im Übrigen genügen, dass alternativ die bereits hergestellten Bauleistungen durch Planung oder Überwachung entweder technisch oder gestalterisch mitverarbeitet werden.

Technische Mitverarbeitung setzt voraus, dass der Auftragnehmer die vorhandene Bausubstanz aus bautechnischen Gründen in seiner Planung einbezieht. Ganz deutlich wird dies bei der technischen Gebäudeausrüstung. Wird diese in einem Gebäude teilweise weiter verwendet, so ist sie planerisch in das neue Konzept mit einzubeziehen. Durch die Weiterverwendung erspart sich der Auftraggeber die Kosten der Neuerstellung, sodass an seine Stelle eine Berücksichtigung des Wertes bei den anrechenbaren Kosten zu erfolgen hat. **38**

Bei der Tragwerksplanung bezieht sich die technische Mitverarbeitung auf den vom Tragwerksplaner bei seiner Planung zu berücksichtigen Bestand. Wenn ein vollständig neuer Tragwerksnachweis erforderlich ist, bezieht sich die technische Mitverarbeitung auch auf den vorhandenen Rohbau. **39**

Bei dem Objektplaner Gebäude mischen sich die Gegenstände der Mitverarbeitung. Sie können technischer und/oder gestalterischer Natur sein. Die Grundrissgestaltung, die in das tragende Konzept des Gebäudes eingreift, verarbeitet den Bestand technisch. Gestalterische Mitverarbeitung hat seinen Schwerpunkt in der Berücksichtigung der zu erhaltenden Architektur des Gebäudes. Bleibt z. B. bei dem Umbau eines denkmalgeschützten Objektes die Fassade unangetastet, so gehört sie doch zu den mitzuverarbeitenden Bausubstanzen, da sie eine wesentliche Anforderung an die Planung des Umbaus stellt.

2. Umfang der mitzuverarbeitenden Bausubstanz

40   § 4 Abs. 3 trifft die Aussage, welcher Umfang der mitzuverarbeitenden Bausubstanz bei den anrechenbaren Kosten anzusetzen ist. Diese Regelung wirft eine Reihe von Fragen auf. Wenn verlangt wird, dass der Umfang und der Wert der mitzuverarbeitenden Bausubstanz **zum Zeitpunkt der Kostenberechnung** oder, soweit diese nicht vorliegt, zum Zeitpunkt der Kostenschätzung objektbezogen zu ermitteln und schriftlich zu vereinbaren ist, stellt sich die Frage, wie diese Regelung zu verstehen ist. Bedeutet dies, dass mitzuverarbeitende Bausubstanz nur zu berücksichtigen ist, wenn zum Zeitpunkt der Kostenberechnung oder Kostenschätzung eine schriftliche Vereinbarung vorliegt? Sollen diese Bedingungen Anspruchsvoraussetzung sein und was geschieht, wenn eine schriftliche Vereinbarung fehlt, obwohl eine mitzuverarbeitende Bausubstanz nach der Definition des § 2.7 gegeben ist?

41   § 4 Abs. 3 S. 1 regelt zunächst den Grundsatz. Danach **ist** der Umfang der mitzuverarbeitenden Bausubstanz bei den anrechenbaren Kosten angemessen zu berücksichtigen. Der Verordnungsgeber knüpft mit dieser Regelung an das System der HOAI 1996 an. Grundlage für die preisrechtliche Bindung der Honorare für Mindest- und Höchstsätze ist, dass Honorare in Abhängigkeit der anrechenbaren Kosten festgelegt sind. Die anrechenbaren Kosten sind in der HOAI für alle Objektplanungsgegenstände und Fachplanungsgegenstände definiert. Sie sind objektiv nachprüfbar und können damit Grundlage für eine Preisbestimmung sein. § 4 Abs. 3 S. 1 knüpft an dieses System an und verlangt, dass bei Vorliegen von mitzuverarbeitender Bausubstanz dies bei den anrechenbaren Kosten angemessen zu berücksichtigen ist.

Auf der einen Seite sagt dies, dass die Mindest- und Höchstsätze auch dadurch bestimmt sind, dass die mitzuverarbeitende Bausubstanz bei den anrechenbaren Kosten berücksichtigt ist. Was angemessen ist, kann objektiv nachgeprüft werden. Legen die Parteien sich auf einen Wert für die mitzuverarbeitende Bausubstanz fest, so steht ihnen hierzu ein **Gestaltungsspielraum** zu, der allerdings seine Grenzen dadurch findet, dass unangemessene Berücksichtigung oder Nichtberücksichtigung der richterlichen Überprüfung zugänglich ist. Bei einer Nichtberücksichtigung kann dies dazu führen, dass die HOAI-Mindestsätze unterschritten werden und sich die Frage stellt, ob die Voraussetzungen des § 7 Abs. 3 gegeben sind. Es kann sich auch herausstellen, dass die von den Parteien vorgenommene vertragliche Festlegung so unangemessen hoch ist, dass nachträglich eine Korrektur zu erfolgen hat, es sei denn, dass sich die Honorarvereinbarung im Ergebnis noch im Spielraum zwischen Mindest- und Höchstsatz des § 7 befindet. Das bereitet vermutlich Schwierigkeiten, weil der Zeitpunkt bei Auftragserteilung für eine schriftliche Vereinbarung möglicherweise in den meisten Fällen bei der Festlegung der mitzuverarbeitenden Bausubstanz nicht beachtet wurde.

42   Die Bestimmung des § 4 Abs. 3 S. 2 verlangt den Umfang und den Wert der mitzuverarbeitenden Bausubstanz zum **Zeitpunkt der Kostenberechnung** oder soweit dieser nicht vorliegt, zum Zeitpunkt der Kostenschätzung schriftlich zu vereinbaren. Diese Regelung enthält zwei Komponenten, die eine befasst sich mit der Einhaltung der Schriftform und die andere verlangt die Beachtung eines Zeitpunktes für die Vereinbarung. Eine sachgerechte Auslegung dieser Regelung kann nur dazu führen, dass die Nichtbeachtung der Schriftform nicht zum Verlust des Anspruchs auf Berücksichtigung der mitzuverarbeitenden Bausubstanz führt. Die in der **Verordnung geregelte Schriftform ist nicht Anspruchsvoraussetzung**. Der Anspruch auf Berücksichtigung der mitzuverarbeitenden Bausubstanz ergibt sich nämlich bereits aus der Regelung des § 4 Abs. 3 S. 1 und entsteht alleine durch den Charakter der Planungs- und Überwachungsaufgabenstellung. Es ist zu beachten, dass die HOAI eine preisrechtliche Vorschrift ist. Sie regelt den Mindest- und den Höchstsatz. Der Mindestsatz wird danach also dadurch bestimmt, dass die mitzuverarbeitende Bausubstanz entsprechend zu berücksichtigen ist und zwar völlig unabhängig davon, ob hierzu eine schriftliche Vereinbarung vorliegt. Die Entscheidung des BGH vom 27.02.2003[7] hat

---

[7]   BGH vom 27.02.2003 in BauR 2003, 745

für die Auslegung dieser Voraussetzung nach wie vor Bedeutung. Der BGH hat festgestellt, dass das Schriftformerfordernis im Ergebnis nur dazu führt, dass dem Auftragnehmer bei fehlenden Vereinbarungen über den Umfang der mitzuverarbeitenden Bausubstanz das Recht der einseitigen Bestimmung nach § 315 BGB genommen ist. Nach § 315 BGB hätte der Auftragnehmer die Möglichkeit, die mitzuverarbeitende Bausubstanz einseitig festzulegen, wobei diese Festlegung gem. § 315 BGB dann nur noch danach zu prüfen wäre, ob die Festlegung des Auftragnehmers billigem Ermessen entspreche. Diese Rechtsfolge tritt indes nicht ein. Anspruch besteht nur auf eine Berücksichtigung mitzuverarbeitender Bausubstanz in angemessenem Umfang. Im Streitfalle wenn die Parteien keine Einigung erzielen, kann diese Voraussetzung nur vom Gericht festgestellt werden. Diese zum Wortlaut der HOAI § 10 Abs. 3 a HOAI 1996 ergangene Entscheidung hat insoweit nach wie vor im vollen Umfange Bedeutung.

Allerdings kommt in der Neufassung des § 4 Abs. 3 S. 2 ein weiteres Problem hinzu. Der Verordnungsgeber schreibt einen Zeitpunkt vor, zu dem die schriftliche Vereinbarung erfolgen soll. Soll dies zum Zeitpunkt der Kostenberechnung oder soweit diese nicht vorliegt zum Zeitpunkt der Kostenschätzung erfolgen. Diese Regelung ist jedoch im Zusammenhang mit der Begriffsbestimmung zu sehen, dass der Umfang und der Wert der mitzuverarbeitenden Bausubstanz **objektbezogen** bestimmt ist. Damit wird ein Zeitpunkt definiert, so wie es das Gesetz zur Regelung der Architekten- und Ingenieurleistungen bei der Festlegung von Mindest- und Höchstsätzen in die Ermächtigungsgrundlage geschrieben hat. Danach hat der Gesetzgeber dem Verordnungsgeber vorgeschrieben, dass abweichend vom HOAI Mindestsatz Honorare im Rahmen von Mindest- und Höchstsatz nur wirksam festgelegt werden können, wenn sie schriftlich bei Auftragserteilung erfolgt sind. Diese gesetzliche Ermächtigung hat der Verordnungsgeber in § 7 im vollen Umfange beachtet. Diese Ermächtigungsgrundlage führt allerdings nicht dazu, dass der Verordnungsgeber auch berechtigt sein soll, in anderen Fällen die Entstehung eines Honoraranspruches von einer schriftlichen Vereinbarung bzw. von einer Vereinbarung zu einem bestimmten Zeitpunkt abhängig zu machen. Der Sinn und Zweck der Regelung in § 4 Abs. 3 S. 2 kann nur darin gesehen werden, dass der Umfang und der Wert der mitzuverarbeitenden **Bausubstanz entsprechend des Kenntnisstandes zum Zeitpunktes der Kostenberechnung** und für den Fall, dass der Auftrag nicht so weit reicht, also nicht bis zur Entwurfsplanung gediehen ist, bis zur Kostenschätzung erfolgt. Dies schließt nicht aus, dass die mitzuverarbeitende Bausubstanz sich erst im Zuge der Ausführungsplanung oder noch zu einem späteren Zeitpunkt ergibt. Sie bleibt auch in einem solchen Falle zu berücksichtigen allerdings mit der Maßgabe, dass diese Bestandteil der Kostenberechnung werden muss. Dies kann dazu führen, dass die Kostenberechnung nachträglich um den Betrag ergänzt werden muss, der für die Berücksichtigung der mitzuverarbeitenden Bausubstanz insgesamt angemessen ist.

43

§ 4 Abs. 3 S. 2 hat nämlich in einem wesentlichen Punkt eine abweichende Regelung zu der Bestimmung § 10 Abs. 3a HOAI 1996 geführt. Mit der Forderung, dass die mitzuverarbeitende Bausubstanz **objektbezogen festzustellen** ist, hat der Verordnungsgeber davon abgesehen, dass die mitzuverarbeitende Bausubstanz ihrem Umfang nach jeweils in Abhängigkeit dazu steht, in welchem Umfang die einzelnen Leistungen zu einer Mitverarbeitung der vorhandenen Bausubstanz überhaupt geführt haben. Diese sich aus der Entscheidung des BGH vom 27.02.2003 ergebende Konsequenz ist mit dieser Regelung bewusst aufgehoben worden. Die Regelung des § 10 Abs. 3a HOAI 1996 hatte nämlich dazu geführt, dass zu den einzelnen Grundleistungen der Nachweis zu führen gewesen ist, ob und in welchem Umfang speziell hierzu die mitzuverarbeitende Bausubstanz zu berücksichtigen ist. Diese Form der Differenzierung nach einzelnen Grundleistungen, die jede für sich genommen, andere anrechenbare Kosten haben, führen zu einem chaotischen Vorgang, der im Ergebnis zur fehlenden Justitiabilität gereicht hat.

44

Maßgebend ist nach § 4 Abs. 3 ausschließlich und allein, dass ein angemessener Wert für die mitzuverarbeitende Bausubstanz für das Objekt insgesamt gefunden wird. Dieser Wert ist den anrechenbaren Kosten nach der Kostenberechnung zuzuschlagen. Das Honorar ist von diesem Wert zu berechnen und zwar für alle Grundleistungen.[8]

---

[8] Schriftform siehe auch Werner in BauR 2013, S. 1386 ff.

V. Umsatzsteuer

45 Die Umsatzsteuer, die auf die Kosten des Objektes entfällt, ist nicht Bestandteil der anzurechnenden Kosten. Ausgangswert sind stets „Netto"-Kosten.

§ 5 Honorarzonen

1) **Die Objekt- und Tragwerksplanung wird den folgenden Honorarzonen zugeordnet:**
   1. Honorarzone I: sehr geringe Planungsanforderungen,
   2. Honorarzone II: geringe Planungsanforderungen,
   3. Honorarzone III: durchschnittliche Planungsanforderungen,
   4. Honorarzone IV: hohe Planungsanforderungen,
   5. Honorarzone V: sehr hohe Planungsanforderungen.

(2) **Flächenplanungen und die Planung der Technischen Ausrüstung werden den folgenden Honorarzonen zugeordnet:**
   1. Honorarzone I: geringe Planungsanforderungen,
   2. Honorarzone II: durchschnittliche Planungsanforderungen,
   3. Honorarzone III: hohe Planungsanforderungen.

(3) **Die Honorarzonen sind anhand der Bewertungsmerkmale in den Honorarregelungen der jeweiligen Leistungsbilder der Teile 2 bis 4 zu ermitteln. Die Zurechnung zu den einzelnen Honorarzonen ist nach Maßgabe der Bewertungsmerkmale und gegebenenfalls der Bewertungspunkte sowie unter Berücksichtigung der Regelbeispiele in den Objektlisten der Anlagen dieser Verordnung vorzunehmen.**

Inhaltsübersicht

I. Allgemeines

Die Honorare für die geregelten Leistungen der Leistungsbilder sind nach Honorarzonen gestaffelt. Ein bedeutsamer eigenständiger Regelungsinhalt kommt § 5 HOAI nicht zu, sieht man von Abs. 4 ab, der das Verhältnis der Honorarzonenermittlung nach Bewertungspunkten und Regelbeispielen bestimmt. **1**

Entscheidend für die Honorarzonenermittlung sind die Bewertungskriterien und die Bewertungspunkte für die einzelnen Objektplanungen. Eine Honorarzonenbestimmung für die einzelnen Objekte kann alleine anhand von § 5 demgemäß nicht erfolgen, sondern nur im Zusammenhang mit den Regelungen in der Anlage und den Honorarbestimmungen der einzelnen Honorartafeln. **§ 5 beschränkt sich somit auf die Beschreibung des allgemeinen Prinzips der Honorarzonenfindung.** **2**

Die Objektplanung für Gebäude, Innenräume, Freianlagen, Ingenieurbauwerke und Verkehrsanlagen und die Tragwerksplanung ist in 5 Honorarzonen gegliedert. Die Bauleitplanung und all zugehörigen Flächenplanungen, wie auch die Technische Gebäudeausrüstung ist in 3 Honorarzonen gegliedert. **3**

Die Honorarzonen I bis V richten sich nach den **Planungsanforderungen**. Für die Honorarzone I sind das sehr geringe, für Honorarzone II geringe, für Honorarzone III durchschnittliche, für Honorarzone IV überdurchschnittliche und für Honorarzone V sehr hohe Planungsanforderungen. Beurteilt wird dies anhand von **Bewertungsmerkmalen**, die dem jeweiligen besonderen Teil der HOAI zu den entsprechenden Leistungsbildern zu entnehmen sind. Anhand der in der Praxis **4** allgemein eingeführten und damit üblichen Bewertungsmatrix lassen sich die Punktzahlen entsprechend der Regelung im Besonderen Teil ermitteln, die eine Einstufung des Projekts in eine Honorarzone erlaubt.

5   Diese Bewertungsmethode erlaubt einen hohen Grad an Objektivität und wird keinesfalls von nicht nachprüfbaren subjektiven Erwägungen geprägt. **Die Honorarzoneneinteilung steht danach nicht zur freien Disposition der Vertragsparteien.** Sie können nicht willkürlich eine Honorarzone vertraglich bindend festsetzen. Ist eine zu niedrige Honorarzone vereinbart, so liegt ein Fall der Unterschreitung des Mindestsatzes vor und danach ein Verstoß gegen § 7 Abs. 3. Ist eine zu hohe Honorarzone festgelegt, so verstößt die Vereinbarung gegen § 7 Abs. 4. Die sich daraus ergebenden Rechtsfolgen sind in § 7 beschrieben.

6   Werden im Rahmen von **Bewerbungsverfahren für die Vergabe** von Architekten- und Ingenieurleistungen durch öffentliche Auftraggeber Honorarzonen für die spätere Auftragserteilung verbindlich mitgeteilt, so können diese später nach Auftragserteilung einer Nachprüfung unterliegen. Nur **nachvollziehbare, objektiv überprüfbare Bewertungen**, die einer sachverständigen Begutachtung standhalten, sind verbindlich. Die vom Bundesgerichtshof zur HOAI 1996 aufgestellten Kriterien gelten auch weiterhin.[1] Danach können die Honorarzonen von den Parteien nicht frei gewählt werden, sondern sind nach den einschlägigen objektiven Kriterien zu ermitteln. Ein gewisser Beurteilungsspielraum besteht jedoch, insbesondere wenn die Parteien gemeinsam anhand der Kriterienliste eine Einordnung des Objekts in die Honorarzone betreiben.

Für **Flächenpläne und Planung der technischen Ausrüstung** sind jedoch nur drei Honorarzonen geregelt, Honorarzone I bei geringen Planungsanforderungen, Honorarzone II bei durchschnittlichen Planungsanforderungen und Honorarzone III bei hohen Planungsanforderungen.

II. Bewertungspunkte und Regelbeispiele

7   Neben der Honorarzonenermittlung anhand von Bewertungsmerkmalen bestehen Objektlisten, die Regelbeispiele enthalten. Die HOAI 1996 hatte der Honorarzonenfindung nach Bewertungspunkten den Vorrang gegeben. Die HOAI 2009 hat die beiden Honorarzonenermittlungen gleichwertig nebeneinander gestellt, was zu dem Problem führt, welche Einstufung gilt, wenn beide Methoden zu unterschiedlichen Ergebnissen kommen. Die HOAI 2013 löst diesen Konflikt in dem sie wieder den Vorrang der Honorarzonenfindung nach Bewertungsmerkmalen beschreibt jedoch verlangt, dass die Honorarzonenfestlegung unter Berücksichtigung der Regelbeispiele in der Objektliste erfolgen soll.

8   Der Ausgangspunkt der Honorarzonenfindung ist danach die Feststellung, ob das Planungsobjekt in der Objektliste, die die Regelbeispiele enthält, geführt wird. Wird es dort beschrieben, so ist die entsprechende Honorarzone zugrunde zu legen, wenn die Kontrolle über die Einstufung des Objekts anhand der Bewertungsmerkmale diese Zuordnung bestätigt. Weicht diese Bewertung jedoch von der Festlegung des Objekts in der Objektliste ab, so ist die Bewertung nach den Bewertungskriterien maßgebend und nicht die Objektliste. Daraus folgt, dass einzelne Objekte auch abweichend von der Objektliste einer anderen Honorarzone zugeordnet werden können, wenn es die Bewertung nach den Bewertungsmerkmalen erfordert.

9   In der praktischen Anwendung kann die Honorarzoneneinteilung deshalb zu Problemen führen. Grundlage der Honorarzonenfindung ist eine objektive Beurteilung der für die Bewertung maßgebenden Kriterien. Den Parteien, die sich dieser Aufgabe stellen und eine Bewertung der Beurteilungskriterien vornehmen, ist jedoch nach der Entscheidung des BGH vom 13.11.2003[2] ein gewisser Beurteilungsspielraum eingeräumt. Wenn die von den Parteien vorgenommene Bewertung zu einer vertretbaren Festlegung der Honorarzone führt, so ist diese Honorarzone maßgebend. Sie kann deshalb bei Abrechnung des Vertrages von einem der Vertragspartner nicht

---

1   BGH v. 13.11.2003 – VII ZR 362/02, BauR 2004, 354 = NZBau 2004, 15 = ZfBR 2004, 251
2   BGH v. 13.11.2003 – VII ZR 362/02, BauR 2004, 354 = NZBau 2004, 159 = ZfBR 2004

mehr mit der Begründung angefochten werden, die Honorarzone sei falsch ermittelt worden. Dies kommt nur noch in Betracht, wenn sich der Schwierigkeitsgrad der Planungsaufgabe infolge geänderter Anforderungen an das Objekt nach Festlegung der Honorarzone geändert hat. In einem solchen Fall ist die Honorarzone nach objektiven Kriterien neu zu bestimmen.

Die Honorarzonenfindung nach den Bewertungskriterien hat sich in der Praxis durchgesetzt und ist auch für den Laien praktikabel. Dennoch ist das Verhalten bei der Honorarzonenfindung unterschiedlich. Nehmen die Parteien eine Bewertung nach den Bewertungskriterien gemeinsam vor, so üben sie ihren Beurteilungsspielraum aus. Eine vertretbare Festlegung der Honorarzone bindet sie. **10**

Wird die Bewertung von einem Vertragspartner allein erarbeitet und dem anderen vorgelegt, so ist auch die danach von den Parteien gemeinsam überprüfte Kriterienbeurteilung hinsichtlich der Honorarzone bindend, wenn diese vertretbar ist. Die Objektliste tritt in diesen Fällen in den Hintergrund. Sie gewinnt Bedeutung, wenn die Parteien sich nach den Bewertungskriterien nicht auf eine Honorarzone einigen können. Dann ist in der Regel die Objektliste für die Einstufung maßgebend. Gehen die Parteien danach vor und legen die Honorarzonen nach der Objektliste fest, so nutzen sie den ihnen zugewiesenen Beurteilungsspielraum ebenfalls, wenn damit eine vertretbare Festlegung gefunden worden ist. **11**

Will eine der Parteien später abweichend von der vertraglich festgelegten Honorarzone abrechnen, so trägt sie die Darlegungs- und Beweislast. Eine Nachkontrolle der bei Vertragsabschluss vorgenommenen Bewertung des Objekts durch Sachverständigenbeweis kommt allerdings dann nicht mehr in Betracht, wenn die Parteien in vertretbarer Weise unter Anwendung der Bewertungskriterien die Honorarzone gefunden und vertraglich festgelegt haben. **12**

§ 6 Grundlagen des Honorars

(1) Das Honorar für Grundleistungen nach dieser Verordnung richtet sich
1. für die Leistungsbilder des Teils 2 nach der Größe der Fläche und für die Leistungsbilder der Teile 3 und 4 nach den anrechenbaren Kosten des Objekts auf der Grundlage der Kostenberechnung oder, sofern keine Kostenberechnung vorliegt, auf der Grundlage der Kostenschätzung
2. nach dem Leistungsbild,
3. nach der Honorarzone,
4. nach der dazugehörigen Honorartafel.

(2) Honorare für Leistungen bei Umbauten und Modernisierungen gemäß § 2 Absatz 5 und Absatz 6 sind zu ermitteln nach
1. den anrechenbaren Kosten,
2. der Honorarzone, welcher der Umbau oder die Modernisierung in sinngemäßer Anwendung der Bewertungsmerkmale zuzuordnen ist,
3. den Leistungsphasen,
4. der Honorartafel und
5. dem Umbau- oder Modernisierungszuschlag auf das Honorar.

Der Umbau- oder Modernisierungszuschlag ist unter Berücksichtigung des Schwierigkeitsgrads der Leistungen schriftlich zu vereinbaren. Die Höhe des Zuschlags auf das Honorar ist in den jeweiligen Honorarregelungen der Leistungsbilder der Teile 3 und 4 geregelt. Sofern keine schriftliche Vereinbarung getroffen wurde, wird unwiderleglich vermutet, dass ein Zuschlag von 20 Prozent ab einem durchschnittlichen Schwierigkeitsgrad vereinbart ist.

(3) Wenn zum Zeitpunkt der Beauftragung noch keine Planungen als Voraussetzung für eine Kostenschätzung oder Kostenberechnung vorliegen, können die Vertragsparteien abweichend von Absatz 1 schriftlich vereinbaren, dass das Honorar auf der Grundlage der anrechenbaren Kosten einer Baukostenvereinbarung nach den Vorschriften dieser Verordnung berechnet wird. Dabei werden nachprüfbare Baukosten einvernehmlich festgelegt.

Inhaltsübersicht

I. Einleitung

1. Das Kostenberechnungsmodell als einzige Grundlage für die Honorarermittlung

§6 fasst die Grundlagen für die Honorarermittlung zusammen. Sie werden jeweils in den 2-4 in Bezug auf die speziellen Leistungsbilder ergänzt.

Bei der Festlegung der Grundlagen hat der Verordnungsgeber die Regeln der gesetzlichen Ermächtigung zu beachten. Das Gesetz zur Regelung von Ingenieur- und Architektenleistungen aus dem Jahr 1971 gilt unverändert fort.[1]

Damit ist das Kernstück der gesetzgeberischen Ermächtigung zu befolgen, die vom Verordnungsgeber verlangt:

– dass in der Honorarordnung Mindest- und Höchstsätze festzusetzen sind,
– dass sich die Honorarsätze nach Art und Umfang der Aufgabe sowie an der Leistung des Ingenieurs ausrichten,
– dass die Honorarvereinbarung bei Auftragserteilung und schriftlich zu erfolgen hat,
– dass die Mindestsätze nur im Ausnahmefall durch schriftliche Vereinbarung unterschritten werden dürfen,
– dass eine Überschreitung der Höchstsätze nur bei außergewöhnlichen oder ungewöhnlich lange dauernden Leistungen in Betracht kommt,
– dass die Mindestsätze gelten, wenn bei Auftragserteilung nichts anderes schriftlich vereinbart ist.

Eine honorarrechtliche Preisbindung kennt die HOAI nur für die in den Teilen 2–4 geregelten Grundleistungen.

Für die Bearbeitung der Leistungsbilder „Bauleitplanung und Landschaftsplanung" ist Anknüpfungspunkt für die Honorarermittlung die Größe der zu bearbeitenden Fläche. Damit wird auf ein ebenfalls nachvollziehbares System aufgesetzt. Die Flächen lassen sich aus den Plänen ohne Weiteres ermitteln.

Für die Leistungen der Objektplanung und zwar:
– Objektplanung Gebäude
– Objektplanung Innenräume
– Objektplanung Freianlagen
– Objektplanung Ingenieurbauwerke
– Objektplanung Verkehrsanlagen
und den Fachplanungen:
– Fachplanung Tragwerksplanung
– Fachplanung Technische Gebäudeausrüstung
ist der Anknüpfungspunkt für die Honorarermittlung die Baukosten, die im Sprachgebrauch der HOAI mit anrechenbaren Kosten bezeichnet werden. Was zu den anrechenbaren Kosten zählt, wird in den jeweiligen Leistungsbildern von der HOAI näher definiert. Nähere Einzelheiten regelt § 4.

Die Kostenermittlungen durchlaufen hinsichtlich ihrer Genauigkeit stets mehrere Stadien. Man unterscheidet folgende Ermittlungsstadien, die mit tiefer gehender Planung und Ausführung an Genauigkeit zunehmen und zwar:
– Kostenschätzung
– Kostenberechnung
– Kostenermittlung auf Grundlage bepreister Leistungsverzeichnisse
– Kostenanschlag
– Kostenfeststellung der tatsächlichen Kosten.

§ 6 entscheidet als maßgebliche Grundlage für die Honorarermittlung die Kostenberechnung. Sie wird als Ergebnis der Entwurfsplanung bearbeitet und markiert den Zeitpunkt zu dem der Bauherr und der Architekt/Ingenieur sich auf eine Baulösung geeinigt haben. Denn das Ergebnis der Entwurfsplanung ist Grundlage für die Weiterführung der Planung.

---

[1] Gesetz vom 04.11.1971, BGBL I S. 1749

Dieser Zeitpunkt beschreibt im Wesentlichen den Endzeitpunkt der Entwicklung des Bauprojekts, welches auf dieser Grundlage dann umgesetzt werden soll.

2 Die Bindung der Honorarermittlung auf diesen Zeitpunkt schließt aus, dass der Auftragnehmer von späteren Verteuerungen des Bauprojekts profitiert. Stichtag für die Ermittlung der Kostenberechnung ist das Datum der Entwurfsplanung. Spätere Planungsänderungen während der Planungs- und Bauzeit bleiben unberührt. Die damit verbundenen Kosten fallen nicht mehr unter die Kostenberechnung. Diese Änderungsleistungen werden nach § 10 abgerechnet.

Aus diesem System folgt, dass das Mindest- und Höchsthonorar auch erst zu diesem Zeitpunkt ermittelt werden kann und nicht bei Auftragserteilung. Zu diesem Zeitpunkt liegen in der Regel noch keine Entwurfsergebnisse vor.

Aufträge, die dieses Stadium nicht erreichen, sei es dass der Vertrag vorzeitig beendet wurde oder sei es, dass die Leistungsphase Entwurfsplanung nicht beauftragt ist, werden auf der Grundlage der Kostenschätzung abgerechnet. Fehlt auch diese, so ist eine überschlägige Kostenermittlung zum Zwecke der Honorarermittlung vorzunehmen.[2]

Die Kostenberechnung bleibt als Berechnungsgrundlage auch dann maßgeblich, wenn sie vom Auftragnehmer bei der Bearbeitung der Entwurfsplanung entweder pflichtwidrig unterlassen oder als Grundleistung nicht beauftragt worden ist.[3]

Ist pflichtwidrig die Bearbeitung einer Kostenberechnung im Zuge der Entwurfsplanung unterlassen worden und stellt sich später nach Fertigstellung des Bauvorhabens bzw. Abschluss des Auftrages erst heraus, dass zur Honorarermittlung die Aufstellung einer Kostenberechnung erforderlich ist, so ist die Kostenberechnung im Hinblick auf die Positionen zu erstellen, die die anrechenbaren Kosten ausmachen. Bei der Objektplanung Gebäude bezieht sich die Kostenermittlung auf die Kennwerte der DIN 276 Kostengruppe 300 und Kostengruppe 400. Hiervon unabhängig wird sich der Auftragnehmer einen Abzug für die nicht erbrachte Teilleistung der Kostenberechnung im Rahmen der Entwurfsplanung gefallen lassen müssen.[4]

Dieses Honorarermittlungssystem bedingt, dass bei Auftragserteilung keine genaue rechtsverbindliche Aussage darüber getroffen werden kann, wie hoch das Honorar ausgedrückt in EURO tatsächlich rechtssicher ausfällt. Vereinbaren die Parteien eine Honorarpauschale bei Auftragserteilung, so kann sie ein wirksames Honorar der Höhe nach begründen, muss jedoch nicht. Die Wirksamkeit hängt davon ab, dass sich die Vereinbarung an den Rahmen von Mindest- und Höchstsatz hält, was jedoch erst mit Abschluss der Entwurfsplanung festgestellt werden kann.

Dieses Dilemma versuchte der Verordnungsgeber mit der Einführung des Kostenberechnungsmodells gem. Abs. 3 zu begegnen. Danach soll abweichend von der Honorarermittlung auf Basis der Kostenberechnung den Vertragsparteien die Möglichkeit gegeben werden, das Honorar auf Grundlage von anrechenbaren Kosten einer Baukostenvereinbarung schriftlich festzulegen (§6 Abs. 3). Diese Regelung hat der Verordnungsgeber mit der HOAI 2013 aus der HOAI 2009 übernommen. Der BGH hat diese Regelung für unvereinbar mit der Ermächtigungsgrundlage und damit für nichtig erklärt.[5]

Diese Entscheidung wirkt sich im gleichen Maße auch auf die Regelung der HOAI 2013 aus. Das Baukostenberechnungsmodell gehört damit der Vergangenheit an. Werden sie gleichwohl noch vertraglich praktiziert, so sind diese Regelungen unbeachtlich. Das Honorar ist auf Basis der Kostenberechnung zu den HOAI Mindestsätzen zu berechnen.

2. Kostenberechnung

3 Das von § 6 Abs. 1 aufgestellte Prinzip geht von der Kostenberechnung als Grundlage der Honorarermittlung aus. Die damit verbundene Betrachtung wird von der Vorstellung geleitet, dass das Bauprojekt im Entwurfsstadium soweit in Abstimmung mit dem Auftraggeber festgelegt ist

---

[2] Siehe hierzu u. a. KG Berlin BauR 2002/1425 zur HOAI 1996, das Problem ist jedoch unverändert, siehe auch OLG Schleswig, Urteil vom 09.09.2008 – 3 U 76/07

[3] Die zur Anwendung der HOAI96 ergangene Rechtsprechung zur Auslegung des § 10 Abs. 2 HOAI 1996 ist nahtlos auch auf diese Fälle anzuwenden, z. B. OLG Düsseldorf, BauR 96, 422

[4] Auch dies ist eine Konsequenz aus der grundlegenden Entscheidung des BGH BauR 2004, 1640 und BauR 2005, 405, siehe zum gesamten Thema Kniffka in BauR 2015, S. 883 ff.

[5] BGH vom 24.04.2014 – VII ZR 164/13

und soweit detailliert durchgearbeitet ist, dass der Planer die voraussichtlichen Baukosten anhand ortsüblicher Werte berechnen kann. Anders als überschlägige Ermittlungen der Baukosten, wie sie die eher ungenaue Kostenschätzung darstellt, führt die Kostenberechnung zu genaueren Erkenntnissen über voraussichtlich entstehende Baukosten.

Weicht später der Kostenanschlag bzw. die Kostenfeststellung von den Werten der Kostenberechnung ab, so wird dadurch die Honorarermittlung nicht berührt. Es bleibt bei der Kostenberechnung als Grundlage der für die Honorarermittlung maßgebenden anrechenbaren Kosten.

Die Gründe für abweichende Ergebnisse können dabei mannigfalt sein. Die Kostenberechnung ist eine Kostenermittlung zu einem bestimmten Zeitpunkt der Planung, dem Abschluss der Entwurfsplanung. Die Fortentwicklung der Entwurfsplanung verarbeitet Einflüsse der Genehmigungsplanung und der Baugenehmigung. Die Ausführungsplanung führt zu genaueren Erkenntnissen. In diesem Planungsstadium sind Änderungsanordnungen des Bauherren im Zuge der Konkretisierung der Planung an der Tagesordnung, die Einflüsse auf die Kostenentwicklung haben können. Hinzu kommt das Marktgeschehen. Die tatsächlich anfallenden Baukosten realisieren sich zeitlich häufig deutlich später nach dem Zeitpunkt der Kostenermittlung einer Kostenberechnung. Alle diese Einflüsse führen nicht zu einer Veränderung der für die Ermittlung der Honorare anrechenbaren Kosten der Kostenberechnung.

Planungsmehrkosten für Änderungsanordnungen des Bauherren können zu zusätzlichen Honoraransprüchen zu Honorarnachträgen führen, die in § 10 behandelt werden.

Die anrechenbaren Kosten nach der Kostenberechnung sind auch für die Ermittlung des Honorars für die Objektüberwachung maßgebend. Es bleibt auch insoweit bei einem einheitlichen Honorarermittlungssystem. Weist die Kostenberechnung jedoch Fehler auf, so ist dies zu korrigieren. Grundlage der Honorarermittlung ist eine fehlerfreie Kostenberechnung. Die heute dem Planer zur Verfügung stehenden Erkenntnisquellen für die Bearbeitung für Kostenermittlungen sind vielfältig und ausreichend, um zu fachgerechten Ergebnissen zu kommen. Kostenberechnungen lassen sich nachvollziehen und fachkundig überprüfen. **4**

Gelegentlich werden Klauseln verwendet, die die Honorarberechnung nur auf Basis einer vom Auftraggeber anerkannten Kostenberechnung zulassen. Diese Regelung kann zu einem einseitigen Bestimmungsrecht der Honorargrundlagen zugunsten des Auftraggebers führen und verletzt damit die Honorarermittlungsgrundlage der HOAI. Maßgebend ist in solchen Fällen auch stets die mängelfreie Kostenberechnung, auch wenn sie vom Auftraggeber nicht anerkannt ist. Denn eine solche allgemeine Vertragsbestimmung, die zu einer Verkürzung des HOAI Honorars führt, hält der AGB Kontrolle (§ 307 BGB) nicht stand (vgl. auch § 7). **5**

Die vom Auftraggeber verfolgten Absichten mit entsprechenden Vertragsklauseln sind durchaus nachvollziehbar, müssen jedoch in einem anderen Kontext gesehen werden. Die Kostenberechnung setzt auf ein Entwurfsergebnis auf, welches der Auftragnehmer nicht eigenmächtig festlegt, sondern der Zustimmung des Auftraggebers bedarf. Liegt eine mängelfreie Kostenberechnung vor und ist der Auftraggeber mit der Höhe nicht einverstanden, so muss gegebenenfalls der Entwurf geändert und Einsparungen gesucht werden. Sie werden nicht dadurch erreicht, dass der Auftraggeber sich vorbehält, eine niedrigere Kostenberechnung anzuerkennen.

3. Anspruch auf Überlassung der Kostenberechnung

Ein Auftragnehmer, dem Leistungen ganz oder teilweise nur aus den Leistungsphasen 4-9 übertragen worden sind, hat **Anspruch auf Überlassung der Kostenberechnung**, der auch mittels **Auskunftsklage**[6] geltend gemacht werden kann. Wird ihm die Kostenberechnung nicht zur Verfügung gestellt, so ist er darüber hinaus berechtigt, sie zum Zweck der Honorarermittlung selbst zu erstellen. **6**

Diese Leistung dient der Ermittlung seines Honorars und ist demgemäß auch keine vergütungspflichtige Leistung. Dies schließt allerdings Schadensersatzansprüche nicht aus, wenn der Auftraggeber seiner Auskunftspflicht nicht nachkommt.

Ist die Leistungsphase 5 isoliert beauftragt, so ist Grundlage für die Kostenberechnung der Planungsstand der Gegenstand der Umsetzung in die Ausführungsplanung werden soll. Das be-

---

[6] Vgl. z. B. BGH BauR 1995, 126; BGH BauR 1988, 361 sowie OLG Köln BauR 1991, 116 f.m.A. Sangenstedt

deutet, dass Planungsänderungen als Folge von Forderungen der Genehmigungsbehörden oder Wünsche des Auftraggebers, die in die Entwurfsplanung zu integrieren sind, jedoch von der Kostenberechnung noch nicht erfasst waren, zu berücksichtigen sind; denn sie sind Grundlage für die Umsetzung der dem Auftragnehmer überlassenen Entwurfsplanung.

7   Die Anforderungen an die Darlegungs- und Beweislast des Architekten für sein Honorar sind daran festgemacht, ob die Schlussrechnung prüffähig ist (§15 HOAI). Prüffähig ist eine Schlussrechnung, wenn der Auftraggeber in der Lage ist, die einzelnen Ansätze der Honorarermittlung nachzuverfolgen.[7] Zu diesen Ansätzen gehört auch die Kostenberechnung. Verweigert der Auftraggeber die Übergabe einer ihm vorliegenden Kostenberechnung, so verhält er sich vertragswidrig. In diesem Fall ist der Auftragnehmer berechtigt, sie selbst aufzustellen und hierfür die Kosten anhand der ihm zugänglichen Unterlagen zu ermitteln. Benötigt er dabei Hilfe eines Sachverständigen, so sind die dadurch entstehenden Kosten von dem Auftraggeber zu ersetzen, da er sich wegen pflichtwidriger Unterlassung der Herausgabe der Unterlagen schadensersatzpflichtig gemacht hat. Der BGH weist in diesem Fall auf eine eingeschränkte Darlegungs- und Beweislast des Architekten hin, der hinsichtlich der ihm vom Auftraggeber pflichtwidrig vorenthaltenen Auskünfte die notwendigen Kostenangaben nachvollziehbar schätzen kann.[8] Will der Auftraggeber diese Ansätze bestreiten, so muss er dies konkret und substantiiert tun.[9]

4. Vertragliche Ausnahmen von der Kostenberechnung als Berechnungsgrundlage

8   Die HOAI schließt nicht aus, dass die Parteien einvernehmlich eine Honorarermittlung auf Basis des Kostenanschlages oder der Kostenfeststellung betreiben. Vereinbarungen dieser Art sind nach § 7 Abs. 1 generell zulässig. Sie dürfen allerdings nicht dazu führen, dass der Mindestsatz entgegen § 7 Abs. 3 unterschritten und der Höchstsatz entgegen § 7 Abs. 4 überschritten wird.

Der gesetzlich regulierte Honorarrahmen wird durch die Honorarermittlung auf Basis der Kostenberechnung sowohl nach unten als auch nach oben begrenzt. Wenn die Vertragsparteien schriftlich bei Auftragserteilung gem. § 7 Abs. 1 eine **Honorarvereinbarung** danach treffen wollen, **dass nach der Kostenfeststellung**, also nach den tatsächlich angefallenen Baukosten abgerechnet werden soll, so ist diese Vereinbarung nur wirksam, wenn eine **Kontrollberechnung des Honorars, bemessen an der Kostenberechnung**, nicht zu einer Unter- bzw. Überschreitung des Honorarrahmens führt. Dieser Fall ist **vergleichbar mit der Vereinbarung eines Pauschalhonorars**, wenn dieses schriftlich bei Auftragserteilung (§ 7 Abs. 1) zustande gekommen ist. Auch in diesen Fällen ist eine Kontrollrechnung vorzunehmen, um zu prüfen, ob die Pauschalvergütung nicht aus dem Honorarrahmen von Mindest- und Höchstsatz fällt.

II. Nichtigkeit des Baukostenvereinbarungsmodells

9   Eine nähere Erläuterung des Baukostenberechnungsmodells gem. § 6 Abs. 3 kann unterbleiben, da diese Bestimmung nichtig ist. Sie hat damit keine rechtliche Bedeutung mehr. Der Bundesgerichtshof hat mit seiner grundlegenden Entscheidung vom 24.04.2014[10] festgestellt, dass die Regelung des § 6 Abs. 2 HOAI 2009 wegen Verstoßes gegen die Ermächtigungsgrundlage unwirksam ist. Die im Gesetz zur Regelung von Ingenieur- und Architektenleistung 04.11.1971 geregelte Ermächtigung an die Bundesregierung mit Zustimmung des Bundesrates eine Honorarordnung für Architekten und Ingenieure zu erlassen, gibt den Rahmen verbindlich vor, den der Verordnungsgeber mit Erlass seiner Rechtsverordnung der HOAI ausfüllen kann. Der BGH ist bei der Prüfung, ob sich Verordnungsgeber bei der Regelung des § 6 Abs. 2 HOAI 2009 an diesen Rahmen gehalten hat, zu der Feststellung gelangt, dass dies nicht der Fall ist.

---

[7] BGH BauR 1994, 655
[8] BGH BauR 1995, 126 (128)
[9] Vgl. zu diesem Komplex auch Vygen in Korbion/Mantscheff/Vygen 7. Auflage § 8 Rdn. 46
[10] BGH vom 24.04.2014 – VII ZR 164/13, IBR 2014, 353, NZBau 2014, 501 ff. mit Anmerkung Mischok und Hübner, BauR 2014, 1332

Diese Entscheidung hat grundsätzliche Bedeutung und gilt auch für den § 6 Abs. 3 der HOAI 2013, der eine fast wortgleiche Regelung, wie die HOAI 2009 enthält. Wegen der Grundsätzlichkeit der Aussage sollen die tragenden Begründungen nachstehend Textziffer 17 und 18 des Urteils wie folgt wiedergegeben werden:

„17 bb) Die gesetzliche Ermächtigung zwingt den Verordnungsgeber, so er denn von ihr Gebrauch macht, ein für den Architekten oder Ingenieur auskömmliches Mindesthonorar festzusetzen, das durch Vereinbarung nur in Ausnahmefällen unterschritten werden kann. Dabei ist den berechtigten Interessen der Architekten und Ingenieure und der Auftraggeber Rechnung zu tragen. Die Honorarsätze sind an der Art und dem Umfang der Aufgabe sowie an den Leistungen der Architekten und Ingenieure auszurichten, Art. 10 § 1 Abs. 2 Satz 2 und 3, § 2 Abs. 2 Satz 2 und 3 MRVG. Diese Ermächtigung lässt keine Regelung in der Honorarordnung zu, nach der das Honorar frei unterhalb des auskömmlichen Honorars vereinbart werden kann, obwohl kein Ausnahmefall vorliegt. Denn damit würde der Zweck des Gesetzes verfehlt, Architekten und Ingenieure vor einem ruinösen Wettbewerb zu schützen, der sich auf die Qualität der Leistung auswirken kann. Eine derartige Regelung liegt nicht nur vor, wenn das Honorar frei unterhalb des Mindesthonorars verhandelt werden kann, sondern auch dann, wenn diejenigen Faktoren ausgehandelt werden können, die die Berechnung des Mindesthonorars bestimmen. Denn es macht in der Sache keinen Unterschied, ob das Honorar ohne Rücksicht auf diese Faktoren, wie z. B. bei der Vereinbarung eines Pauschalhonorars, unterhalb des Mindesthonorars vereinbart wird, oder ob die Mindesthonorarunterschreitung dadurch bewirkt wird, dass innerhalb des in der Verordnung vorzusehenden Berechnungssystems für die Ermittlung des Mindesthonorars Vereinbarungen getroffen werden, die zu einer Mindestsatzunterschreitung führen.

18 cc) Mit der in § 6 Abs. 1 HOAI getroffenen Regelung hat der Verordnungsgeber die nach Art. 10 § 1 Abs. 2 Satz 1 und § 2 Abs. 2 Satz 1 MRVG geforderte Festsetzung der Mindest- und Höchstsätze vorgenommen. Er hat den Mindestsatz an eine Berechnung geknüpft, in der die anrechenbaren Kosten auf der Grundlage der Kostenberechnung, hilfsweise der Kostenschätzung, maßgebend sind. Er hat vorgesehen, dass die anrechenbaren Kosten in einer bestimmten Weise zu ermitteln sind, § 4 HOAI. Auf diese Weise ergibt sich ein objektiv feststehendes Mindesthonorar für Architekten und Ingenieure, das ein auskömmliches Einkommen sichern soll. Es ist dem Verordnungsgeber untersagt, diese kraft gesetzlichen Auftrags festgesetzte untere Grenze des Honorars durch eine Vereinbarung der Vertragsparteien über die anrechenbaren Kosten zur Disposition zu stellen. Denn damit würde er seine eigene Festsetzung des noch auskömmlichen Honorars für Architekten und Ingenieure infrage stellen und zugleich auch das Honorar entgegen dem mit der Ermächtigungsgrundlage verfolgten Zweck unterhalb der Mindestsätze dispositiv gestalten. Die Regelung des § 6 Abs. 2 HOAI kann dazu führen, dass Auftraggeber auf Architekten und Ingenieure einen unangemessenen Wettbewerbsdruck ausüben, indem sie ihre Vorstellungen von den Baukosten vorgeben und gleichzeitig erkennen lassen, dass sie, wenn diese Kosten nicht akzeptiert werden, mit einem anderen Architekten verhandeln werden. Auf diese Weise können Architekten und Ingenieure in die Lage gebracht werden, zur Vermeidung der Auftragserteilung an einen Konkurrenten diese Vorstellungen zu akzeptieren. Wären Architekten und Ingenieure an diese Vereinbarung auch dann gebunden, wenn die sich aus § 6 Abs. 1 HOAI ergebenden Mindestsätze unterschritten wären, wäre das gesetzgeberische Ziel, Architekten und Ingenieuren ein Mindesthonorar zu garantieren, solange kein Ausnahmefall vorliegt, verfehlt. Dabei spielt es keine Rolle, dass nach § 6 Abs. 2 HOAI „nachprüfbare" Baukosten einvernehmlich festgelegt werden müssen. Das Kriterium der Nachprüfbarkeit garantiert kein auskömmliches Honorar. Die nachprüfbaren Baukosten können nach dem Wortlaut der Verordnung unterhalb der sich aus der Kostenberechnung ergebenden anrechenbaren Kosten liegen. Auch aus den Motiven zur Verordnung ergibt sich nichts anderes. Der Verordnungsgeber geht zwar davon aus, dass eine derartige Baukostenvereinbarung von Vertragsparteien getroffen wird, die sich auf Augenhöhe begegnen (vgl. BR-Drucks. 395/09, S. 164). Er hat aber nicht im Sinn, damit das sich aus § 6 Abs. 1 HOAI ergebende Mindesthonorar zu sichern. Vielmehr soll § 6 Abs. 2 HOAI der Kostensicherheit des Auftraggebers dienen (vgl. BR-Drucks. 395/09, S. 165). Dieses Anliegen ist jedoch nach Art. 10 §§ 1 und 2 MRVG nicht schützenswert, solange die Mindestsätze ohne Vorliegen eines Ausnahmefalles unterschritten werden. Der Verordnungsgeber ist nicht ermächtigt, seine Verpflichtung, grundsätzlich nicht verhandelbare Mindestsätze festzulegen, mittelbar dadurch zu umgehen, dass er verbindliche Vereinbarungen über die das auskömmliche Honorar festlegenden Faktoren zulässt."

III. Honorargrundlagen für Umbau und Modernisierung

10   Die Verfolgung von Baukosten hat eine sehr große Bedeutung im Planungsprozess und verpflichtet den Auftragnehmer bereits im Rahmen der 1. „Grundlagenermittlung" zum gesamten Leistungsbedarf zu beraten. Hierzu zählt die Nachfrage nach dem Kostenbudget des Auftraggebers. Die dem Auftragnehmer zum Ausdruck gebrachten Kostenvorstellungen des Auftraggebers sind verbindliche Planungsvorhaben und werden damit Vertragsgrundlage[11] und beschreiben die Beschaffenheit der geschuldeten Leistung.

IV. Baukosten als geschuldete Beschaffenheit

11   Die Honorarermittlung nach HOAI bleibt hiervon zunächst unberührt, denn das Honorar war auch in diesen Fällen nach den von der HOAI verlangten Berechnungsmodi zu ermitteln. Ob ein danach nach HOAI berechnetes höheres Honorar, als es die Vereinbarung zu den Baukosten erlaubt, noch durchsetzbar ist, ist eine andere Frage.

Solche Vereinbarungen sind möglich durch Festlegung:
– einer Baukostengarantie oder
– einer Baukostenobergrenze oder einem Kostenrahmen oder
– einer vom Bauherrn angestrebten Baukostengröße, Baukostenannahme.

Mit Vereinbarungen dieser Art bestehen Kostenvorgaben als vertragliche Beschaffenheitsvereinbarungen. Sie beschreiben vertragliche Leistungsziele und sind nicht mit der Ermittlung von Honoraren zu verwechseln. Wird die Kostenvorgabe nicht erreicht und sind die nach HOAI zu ermittelnden anrechenbaren Kosten höher, so kann es sein, dass der HOAI Honoraranspruch gleichwohl nicht durchgesetzt werden kann.

1. Baukostengarantie

12   Übernimmt der Auftragnehmer eine echte Baukostengarantie, so verspricht er die Einhaltung der Kosten nicht nur im Sinne einer Planungsvorgabe, sondern erklärt, dass er für Kosten, die den garantierten Betrag übersteigen, selbst eintreten will.[12] Die Übernahme einer Garantie bedeutet, dass die Mehrkosten **vom Auftragnehmer zu tragen** sind. Baukostengarantien sind nach gängigen Versicherungsbedingungen nicht versicherbar und belasten damit den Auftragnehmer stets unmittelbar.

Allerdings sind für die Annahme einer vertraglich übernommenen Baukostengarantie hohe Anforderungen zu stellen. So muss sich aus dem Vertragszusammenhang ergeben, dass der Auftragnehmer für Kostenüberschreitungen selbst einstehen will, was in den seltensten Fällen gegeben sein wird. Es setzt eine konkrete Planung voraus, die kalkulationsfähig ist und umgesetzt werden soll. Ändert sich später die Planung, so wird auch die Kostengarantie gegenstandslos.[13] Die Vereinbarung einer Kostengarantie stellt eine eigene vertragliche Regelung dar, die nicht Bestandteil eines Architektenvertrages ist. Sie wird von der HOAI nicht erfasst. Die Gewährung einer Garantie ist keine architektentypische Aufgabe und gehört nicht zu den

---

[11] BGH vom 21.03.2013 – VII ZR 230/11, NJW 2013, 1593
[12] BGH BauR 1987, 225
[13] Vgl. OLG Celle BauR 1998, 1030 (1031)

Leistungen, deren Vergütung der Verordnungsgeber mit der Ermächtigungsgrundlage erfasst hat. Eine auf eine Kostengarantie hinauslaufende Garantievereinbarung bezahlte Vergütung kann demgemäß nicht zu einer Überschreitung des Honorarrahmens führen und unterliegt nicht dem Höchstpreis.[14]

2. Kostenobergrenze/Kostenrahmen

Die Vereinbarung eines Kostenrahmens oder die einer Kostenobergrenze kommt in der Praxis schon häufiger vor. Der Kostenrahmen wirkt sich im Rechtssinne wie die Vereinbarung einer Kostenobergrenze aus. Wenn es heißt, dass die Baukosten sich in einem gewissen Von-bis-Bereich bewegen, so stellt die eine **Beschaffenheitsvereinbarung** dahingehend dar, dass der obere Wert des Kostenrahmens nicht überschritten werden darf.[15] Gegebenenfalls kann hierzu noch ein Toleranzrahmen hinzukommen.[16] Maßgebend sind dafür die vertragliche Vereinbarung und deren genauer Inhalt.[17]

Die Darlegungs- und Beweislast für das Vorhandensein einer Vereinbarung über eine verbindliche Kostenobergrenze trägt der Auftraggeber. Fehlt eine entsprechende Vereinbarung im Vertrag, kann sie sich jedoch aus den Umständen bei Vertragsabschluss ergeben. Sie muss indes eindeutig sein.[18] Dieser Fall setzt sich mit einer immer wiederkehrenden Konstellation auseinander. Vor Abschluss des Architektenvertrages hat der Architekt schon für verschiedene Lösungen sehr unterschiedliche grobe Kostenermittlungen erstellt und dem Auftraggeber übergeben. Das OLG Karlsruhe hat in dieser Tatsache allein noch keine Baukostenvereinbarung einer Kostenobergrenze gesehen, da diese Regelung in den Vertrag nicht eingeflossen ist. Tatsächlich ist es einem Architekten auch gar nicht möglich, vor Bearbeitung der Planungsaufgabe eine einigermaßen sichere Aussage über voraussichtliche Baukosten zu geben. Entsprechende Kostenaussagen eines Architekten vor Auftragserteilung, die häufig im Akquisitionsinteresse abgegeben werden, enthalten keinen sicheren Erkenntniswert, weil das vom Bauherren gewünschte Bauvorhaben, welches er umsetzen will, zu diesem Zeitpunkt noch gar nicht bekannt ist.

Vor diesem Hintergrund ist auch eine Vertragsauslegung vorzunehmen. Häufig dient die Festlegung einer Baukostenobergrenze ausschließlich dem Ziel, das Honorar des Auftragnehmers abschließend festzulegen und nach oben zu begrenzen. Eine zweite Zielsetzung kann darin bestehen, dass der Auftragnehmer bei Überschreiten der Baukostenobergrenze auch verpflichtet sein soll, Schadensersatz zu leisten. Wenn die Festlegung einer Baukostenobergrenze auch dazu führen soll, dass der Auftragnehmer bei Überschreiten der Grenze Schadenersatz leisten muss, bedarf es einer genauen Darlegung, was Grundlage der Baukostenobergrenze sein soll. Diese muss nachvollziehbar sein. Dies setzt voraus, dass ein gewisses Bauprogramm feststeht und zwar so weitgehend feststeht, dass eine verbindliche Beurteilung der Baukosten überhaupt möglich ist. Die Entscheidung des OLG Frankfurt vom 02.05.2007 sollte in diesem Zusammenhang größere Beachtung finden, da erstmals erkannt worden ist, welche unterschiedlichen Anforderungen an die Festlegung verbindlicher Baukostenobergrenzen auch aus vertragsrechtlicher Sicht zu stellen sind.[19]

Auf der anderen Seite hat das OLG Frankfurt die Vereinbarung eines verbindlichen Kostenrahmens angenommen, wenn der Bauherr Finanzierungsvorgaben mit dem Architekten diskutiert und damit für die Vertragsparteien eindeutig klargeworden ist, dass nur im Rahmen der Finanzierungsmöglichkeiten des Bauherren die Baumaßnahme realisiert werden kann.[20]

Der Verbindlichkeitsgrad, den die Baukosten nach der Vereinbarung erhalten sollen, kann je nach Formulierung stringent oder weniger verbindlich sein. In jedem Fall handelt es sich dabei um eine Planungsvorgabe, die den Auftragnehmer dazu zwingt, seine Planung auf diese Kos-

---

[14] BGH 22.11.2012 – VII ZR 200/10, NZBau 13, 172, mit Anmerkung Jochem, NZBau 13, 352

[15] BGH BauR 1997, 494 (495)

[16] BGH, Urteil v. 13.02.2003 – VII ZR 395/01; BauR 2003, 1061 = NZBau 2003, 388 = ZfBR 2003, 452

[17] Vgl. als Negativbeispiel bei dem keine Kostenobergrenze angesehen wurde: OLG Köln, BauR 2008, 1655 = NZBau 2009, 189

[18] OLG Karlsruhe, Urteil v. 24.07.2007 – 8 U 93/06, BGH: Nichtzulassungsbeschwerde zurückgewiesen, IBR 2008, 524

[19] OLG Frankfurt v. 02.05.2007 – 3 U 211/06, IBR 2008, 663 = BauR 2008, 1939

[20] OLG Frankfurt v. 14.12.2006 – 16 U 43/06 BauR 2008, 555

tenziele auszurichten. Für diese Planungsvorgabe hat der Auftragnehmer durch entsprechende Nachfragen beim Auftraggeber selbst zu sorgen.[21]

14 Der Auftragnehmer schuldet danach eine Planung, deren Umsetzung die Baukostenvorgabe einhält. Wird dieses **Ziel verfehlt**, so verhält sich der Auftragnehmer **vertragswidrig und schuldet Nacherfüllung** seiner zu überarbeitenden Pläne, um die Kostenvorgaben dennoch zu erreichen. Scheitert die Nacherfüllung, so liegt eine Vertragsverletzung vor, die zu **Schadensersatz** führt.[22]

Ob und in welchem Umfang dieser besteht, ist Sache des Einzelfalls. Der Auftragnehmer erhält sein **Honorar jedoch stets nur auf der Basis der vereinbarten Obergrenze.**[23] Wenn er diese schuldhaft nicht eingehalten hat, so hat er einen Schaden verursacht, der unter anderem auch darin besteht, dass nach den Vorschriften der HOAI wegen der Kostenüberschreitungen möglicherweise ein höheres Honorar zu berechnen wäre als dasjenige, welches der Auftraggeber ohne die Überschreitung, also ohne Vertragsverletzung schulden würde.

15 Es kommt außerdem ein Schaden in Bezug auf die erhöhten Baukosten in Betracht. Für die Berechnung des ersatzpflichtigen Schadens wird zunächst der gesamte Mehrbetrag an Baukosten herangezogen, der über dem im Kostenrahmen festgelegten Betrag liegt. Sodann erfolgt nach dem Grundsatz der **Vorteilsausgleichung** ein Abzug, wenn der Auftraggeber beispielsweise durch einen nun bestehenden **höheren Verkehrswert des Gebäudes** einen Vorteil erhalten hat.[24]

Der Bauherr soll nicht bessergestellt werden, als er ohne das schädigende Ereignis gestanden hätte. Erhöhte Finanzierungskosten zum Auftreiben der höheren Baukosten erhöhen wiederum den Schaden.[25]

Auf der anderen Seite ist eine Vorteilsausgleichung nicht angenommen worden, wenn die bauliche Maßnahme nicht zu einer Wertsteigerung des Objektes in dem Umfange geführt hat, wie hierfür Baukosten aufgewandt wurden. In dem vom OLG Frankfurt entschiedenen Fall hatte der Bauherr ein Wertgutachten seiner Bank vorgelegt, wonach der Verkehrswert des Gebäudes nach dem Umbau unterhalb der Baukosten gelegen hat. Hieraus hat das OLG Frankfurt den Schluss abgeleitet, dass eine Vorteilsausgleichung nicht in Betracht kommt.[26]

Der Grundsatz der **Vorteilsausgleichung,** der die erhöhten Baukosten mit dem ggf. erhöhten Grundstückswert in Bezug setzt, **ist auf das Architektenhonorar nicht anwendbar.** Man könnte zwar auf die Idee kommen, dass ein derart erhöhter Verkehrswert nur aufgrund der erhöhten anrechenbaren Kosten besteht, die üblicherweise mit einem dementsprechenden erhöhten Architektenhonorar einhergehen. Es wäre daher für die Errichtung eines solchen werthaltigen Gebäudes bei normalem Lauf der Dinge ohnehin erforderlich, ein dementsprechendes Architektenhonorar zu zahlen. Diese Überlegung ist jedoch nicht mehr vom Grundsatz der Vorteilsausgleichung gedeckt. Denn dieser beruht seinerseits auf dem Gedanken von Treu und Glauben und hat die gesamte Interessenlage zu berücksichtigen.[27] Es bleibt also beim verminderten Honoraranspruch des Architekten auf Grundlage der vereinbarten Obergrenze.

3. Beschaffenheitsvereinbarung und der Mindestsatz

16 Die Baukostenvorgabe ist eine notwendige Planungsanforderung. Dies gilt insbesondere für die Objektplanung Gebäude, Innenräume und Freianlagen. Die Gestaltungsvielfalt der Lösungen einer Planungsaufgabe drückt sich auch in den Baukosten aus. Die Anforderungen an die architektonische Qualität, die vom Bauherrn vorgegebenen Funktion für die Nutzung des Gebäudes stehen im Widerstreit zueinander. Dies gilt allerdings nicht so sehr für den Ingenieurbau oder den Straßenbau und auch nicht für die Technische Gebäudeausrüstung. Die Baukosten werden in diesen Fällen vorrangig von der geforderten technischen Funktion bestimmt. Der Baukostenopti-

---

[21] Vgl. BGH NJW 2013, 1593

[22] OLG Karlsruhe vom 02.07.2004 – 14 U 69/02, Nichtzulassungsbeschwerde zurückgewiesen, IBR 2005, 268, siehe auch OLG Düsseldorf vom 06.07.2007 – 22 U 44/05 sowie OLG Köln Urteil vom 30.04.2008 – 17 U 51/07, IBR 2009, 40

[23] BGH BauR 2003, 566

[24] BGH BauR 1997, 494 (496)

[25] OLG Köln NJW-RR 1994, 981 = OLGR 1994, 161

[26] OLG Frankfurt v. 14.12.2006 – 16 U 43/06, IBR 2007, 573

[27] Lesenswert hierzu OLG Frankfurt, Urteil v. 05.04.2000 – 13 U 46/98, IBR 2001, 681

mierungsprozess findet stärker in der Auseinandersetzung der technischen Lösung in Abhängigkeit der geforderten Funktion und den dadurch verursachten Unterhaltungskosten statt.

Bei der Objektplanung Gebäude lässt sich andererseits z. B. das Raumprogramm für ein Einfamilienhaus mit einem einfachen Gebäude oder einer luxuriösen Villa erreichen. Es ist deshalb
notwendig, schon bei Planungsbeginn zu wissen, welches Budget zur Verfügung steht. Zu Recht
wird deshalb vom Planer im Rahmen der Grundlagenermittlung gefordert, von sich aus zu klären, welches Baubudget zur Verfügung steht.[28]

Grundsätzlich gilt dies auch für Großbauvorhaben, Flughäfen, Bahnhöfe und dergleichen. Allerdings führt die Komplexität der Bauaufgabe auch zu der Erkenntnis, dass weniger die architektonische Entwurfslösung als die die gesamte Bauprojekt bestimmenden Anforderungen die
Baukosten beeinflussen.

Die Erfüllung der Planungsanforderungen ist eine vertraglich geschuldete Leistung. Bezieht
sich die Planungsanforderung auf die Einhaltung eines Baubudgets, führt die Nichterreichung
dieses Ziels zu einem Werkmangel. Der nach § 631 Abs. 1 geforderte Leistungserfolg ist nicht
eingetreten. Die sich hieran anknüpfende Rechtsfolge lässt sich aus den Mängelrechten ableiten.

Der Bundesgerichtshof hat mit seiner Entscheidung vom 24.04.2014[29] das vom Verordnungsgeber angestrebte Baukostenvereinbarungsmodell für nichtig erklärt. Es ist der vom Gesetzgeber
mit der Ermächtigungsgrundlage festgelegte Handlungsrahmen verletzt, weil die Regelung der
Baukostenvereinbarung dazu führen kann, dass der Auftraggeber auf Architekten und Ingenieure einen unangemessenen Wettbewerbsdruck ausüben kann, in dem sie ihre Vorstellungen von
Baukosten vorgeben und gleichzeitig erkennen lassen, dass sie, wenn diese Kosten nicht akzeptiert werden, mit einem anderen Architekten verhandeln wollen.

Mit einem vom Auftraggeber in **seinem Vertragstext vorgegebenen Baubudget** wird im Ergeb- **17**
nis möglicherweise jedoch genau das erreicht, was die Rechtsprechung mit der Nichtigkeitserklä-
rung der Baukostenvereinbarung verhindern will. Nennt der Auftraggeber ein Baubudget als
Planungsanforderung, welches bei sachgerechter Erfüllung der übrigen Planungsanforderungen
nicht zu erreichen ist, könnte der Auftraggeber über den Umweg des Mängelrechts die gleichen
Ziele erreichen und zwar ohne, dass eine HOAI Bestimmung verletzt wäre. Allerdings wird bei
fachgerechter Objektplanung schon sehr frühzeitig festzustellen sein, wie tauglich die vertragliche Baukostenvorgabe ist. Der erste Prüfstein ist die mit der Vorplanung vorzunehmende Kostenschätzung. Sie gibt Auskunft, ob das mit dem Bauherren abgestimmte Vorplanungsergebnis
im Rahmen des Kostenbudgets realisiert werden kann oder nicht. Zeigt sich, dass die Budget-
vorgaben nicht realistisch waren, muss entweder das Bauprogramm oder das Budget angepasst
werden. Der Auftragnehmer ist zur Nacherfüllung verpflichtet, was auch dazu führen kann, dass
der von ihm gewählte architektonische Planungsansatz neu überlegt werden muss. Der dem Architektenvertrag immanenter Entwicklungsprozess wird in diesem Stadium besonders deutlich.
Auch der Auftraggeber muss sich bewegen. Wenn die von ihm verlangten Planungsanforderungen nicht erfüllbar sind, muss in gemeinsamer Erörterung geklärt werden, wie die Planungsanforderungen so angepasst werden, dass das angestrebte Bauziel auch erreicht werden kann. Wird
das Baubudget der Realität angepasst, so wird damit eine Änderung der Kostenvorgabe bewirkt.
Indem die Planung des Auftragnehmers diese geänderte Vorgabe beachtet, ist seine Planung im
Ergebnis auch nicht mehr mangelhaft. Er erhält sein Honorar auf Grundlage der Kostenberechnung, die der geänderten Kostenvorgabe entspricht.

Wird der Auftragnehmer mit der Realisierung einer von ihm nicht erstellten und zu verant-
wortenden Planung beauftragt, so sind ihm wesentliche Möglichkeiten zur Einflussnahme genommen. Lautet sein Auftrag, auf der Grundlage einer bestehenden Entwurfsplanung eine Ausführungsplanung zu entwickeln, so kann er mit seiner Planung nur noch im begrenzten Umfang
auf die Baukosten einwirken. Der Schwerpunkt seiner Aufgabenstellung besteht in der Umsetzung einer vorhandenen Planung. Vertraglich vereinbarte Kostenvorgaben können damit keine
Beschaffenheit definieren, für deren Einhaltung eine Erfolgshaftung besteht. Die Wirkung der
Kostenvorgabe ist auf den Kostenverfolgungsaspekt begrenzt.

---

[28] BGH NJW 2013, 1593
[29] BGH in NZBau14, 501

Die Ausführungsplanung der Leistungsphase 5 fordert den Auftragnehmer allerdings nicht zur Kostenkontrolle auf. Diese Leistung setzt erst mit der Leistungsphase 6 wieder ein. Eine vertraglich für diesen Fall vorgesehene Kostenvorgabe entwickelt ihre Bedeutung bei der Wahrnehmung der Kostenkontrolle. Sie stellt den Ausgangswert für den Vergleich der danach fortzuschreibenden Kostenkontrolle dar. Bei isolierter Beauftragung mit der Leistungsphase 5 „Ausführungsplanung" fehlt es an der Verpflichtung zur Kostenkontrolle. Dies gehört nicht zum Leistungsbild der Leistungsphase 5. Der geschuldete Leistungserfolg besteht in dem Erarbeiten und dem Darstellen ausführungsreifer Planungslösungen und dies auf der Grundlage der gestellten Entwurfsplanung. Die Aufgabenstellung besteht vorrangig in der technischen Umsetzung einer vorgegebenen Planungslösung. Kostenvorgaben können mit diesem Leistungserfolg nicht abgedeckt werden. Sie können keine aus dem Architektenauftrag abgeleitete Rechtsfolge entwickeln und können Bedeutung nur gewinnen, wenn eine Rechtsfolge speziell auf diesen Fall bezogen vertraglich festgelegt sein sollte.

Bei Beauftragung der Leistungsphasen 6–8 beschränkt sich die Rechtsfolge auf die Beachtung der Kostenvorgabe darauf, dass die Kostenkontrollen im vorgesehenen Umfang stattfinden und die Ergebnisse mit der Bauherrschaft abgeklärt werden. Bei Kostenüberschreitung stellt sich die Frage nach Kosteneinsparungen. Der Auftragnehmer hat hierüber zu beraten und Einsparungen zu unterbreiten. Grundsätzliche Überarbeitung des gesamten Planungskonzeptes führt zu einer vergütungspflichtigen Änderungsleistung, die gegebenenfalls in die Vorplanungsstufe zurückführt, für die der isoliert beauftragte Auftragnehmer. Keine Planungsverantwortung trägt.

4. Honorargrundlagen für Umbau- und Modernisierung

18 § 6 Abs. 2 regelt im Allgemeinen Teil die Honorargrundlagen für das Bauen im Bestand. Die Leistungsbilder der HOAI werden in Anlagen näher definiert. Sie lassen sich alle von den Leistungsinhalten für Neubauten leiten. Spezielle Leistungen im Bestand stehen nicht im Fokus. Dabei betreffen Umbau- und Modernisierungsleistungen alle Objektplanungen und Fachplanungen und zwar Objektplanung Gebäude, Innenräume, Freianlagen, Ingenieurbauwerke, Verkehrsanlagen und die Fachplanungen Tragwerksplanung Technische Gebäudeausrüstung.

Umgestaltungen und Veränderungen des Baubestandes machen einen hohen Anteil der gesamten Bautätigkeit aus. Die Leistungen weisen für die Objektplanung und für die Fachplanung Besonderheiten auf, die im Wesentlichen dadurch gekennzeichnet sind, dass in die alte Bausubstanz eingegriffen wird. Die dadurch bewirkten Veränderungen führen zur Verbindung von neuen Baustoffen und Bauteilen mit vorhandenen Bauteilen, die eine Qualität besitzen, wie sie zum Zeitpunkt der Baumaßnahme vorzufinden waren. Diese baulichen Zustände sind Vorgaben für die Planung und Objektdurchführung.

Abgesehen von den jeweiligen Spezifika der unterschiedlichen Objekt- und Fachplanungen sind die für alle Leistungen des Umbaus und der Modernisierung im Allgemeinen Teil die Regeln vor die Klammer gezogen, die für alle gelten.

Was unter Umbauleistung und Modernisierung im Sinne der HOAI zu verstehen ist, regelt die Definition in § 2 Abs. 5 und Abs. 6. Umbauten sind Umgestaltungen eines vorhandenen Objekts mit **wesentlichen Eingriffen** in Konstruktion der oder Bestand. Umbauten können danach unterschiedliche Schwierigkeitsgrade aufwarten. Liegt ein wesentlicher Eingriff in dem Bestand vor, ist in der Regel der Schwierigkeitsgrad des Umbaus auch mindestens durchschnittlich. Wesentliche Eingriffe in den Bestand, die einen unterdurchschnittlichen Schwierigkeitsgrad aufweisen, dürften die absolute Ausnahme sein.

Modernisierungen sind bauliche Maßnahmen zur nachhaltigen Erhöhung des Gebrauchswertes eines Objektes.

19 Zu den anrechenbaren Kosten gehören die jeweils in den Teilen 3 und 4 der HOAI geregelten anrechenbaren Kosten. Für Umbauten der Objektplanung Gebäude werden die anrechenbaren Kosten in § 33 geregelt. Hinzu kommen die Kosten der mitzuverarbeitenden Bausubstanz, die objektbezogen zu ermitteln sind und die nach der Kostenberechnung für die Baumaßnahme anrechenbaren Kosten zuzurechnen sind.[30] Die Honorarzone richtet sich nach den Bewertungs-

---

[30] Vgl. hierzu Kommentierung § 4

merkmalen, wie sie zur Ermittlung der Honorarzonen zu den einzelnen Leistungsbildern geregelt sind. Allerdings ist zu beachten, dass die Bewertungsmerkmale auf die Anforderungen für Neubauten zugeschnitten sind. § 6 Abs. 2 Ziffer 2 fordert deshalb auch dazu auf, **Bewertungskriterien sinngemäß anzuwenden**. Wie dies im Einzelnen zu geschehen hat, bleibt der Kommentierung der einzelnen Leistungsbilder vorenthalten.

Für Umbau und Modernisierung sind die gleichen Honorartafeln wie für Neubauten heranzuziehen. Der erhöhte Schwierigkeitsgrad wird durch die Anhebung der anrechenbaren Kosten durch Addition der mitzuverarbeitenden Bausubstanz und den jeweils in den Leistungsbildern geregelten Umbau- und Modernisierungszuschlägen festgelegt. Der Umbauzuschlag wird auf der Grundlage der anrechenbaren Kosten unter Berücksichtigung der mitzuverarbeitenden Bausubstanz, nach der zutreffenden Honorarzone, dem vereinbarten Honorarsatz zwischen Mindest- und Höchstsatz auf das Nettohonorar aufgeschlagen. Die Höhe des Zuschlages ist unterschiedlich in den Leistungsbildern geregelt. Maßgebend für die Höhe des Umbaus- oder Modernisierungszuschlages ist der Schwierigkeitsgrad der Leistung. Er ist schriftlich zu vereinbaren. Sofern keine schriftliche Vereinbarung getroffen wurde, gilt ein Zuschlag von 20 % ab einem durchschnittlichen Schwierigkeitsgrad als vereinbart. Diese generelle Regelung wirft eine Reihe von Fragen auf und führt zu folgenden Problemen:

Was gilt, wenn die Parteien einen schriftlichen Umbauzuschlag über 20 % festlegen, obwohl der Schwierigkeitsgrad der Leistung keine durchschnittlichen Anforderungen stellt?

Nach dem Wortlaut des § 6 Abs. 2 S. 3 in Verbindung mit § 36 gestattet die HOAI nur einen Zuschlag über 20–33 %, wenn der Schwierigkeitsgrad durchschnittlichen Charakter hat. Fehlt es hieran, so kann zwar ein Zuschlag vereinbart werden, wobei der Höchstzuschlag 20 % beträgt. Ein Umbauzuschlag von 0–20 % kann bei Umbauten mit unterdurchschnittlichen Anforderungen schriftlich vereinbart werden.

Der Verordnungsgeber nimmt mit der Zuschlagsregelung eine preisrechtliche Bewertung vor. Er regelt eine Spanne zwischen Mindest- und Höchstzuschlag. Für Umbauten oder Modernisierungsmaßnahmen, die zwar als solche gem. § 2 Abs. 5 und 6 von der Honorarbindung der HOAI erfasst werden gilt:

Maßnahmen, die **keinen durchschnittlichen Schwierigkeitsgrad aufweisen**, können schriftlich mit einem Zuschlag zwischen 0 % und 20 % beaufschlagt werden. Maßgebend ist die vertragliche Regelung der Parteien. Fehlt es an der Schriftform, so besteht kein Zuschlag.

Maßnahmen, die **durchschnittlichen Schwierigkeitsgrad** aufweisen, haben einen Mindestzuschlag von 20 % und einen Höchstzuschlag in Höhe der jeweiligen Regelung zu den Leistungsbildern. Fehlt es an einer schriftlichen Vereinbarung, so ist der Mindestzuschlag 20 %.

Mit der Regelung von Mindest- und Höchstzuschlag folgt der Verordnungsgeber dem Leitbild des Gesetzgebers in der Ermächtigungsgrundlage. Richtigerweise verzichtet er indes auf die Festlegung, dass die Vereinbarung des Zuschlages im Rahmen des vorgegebenen Mindest- und Höchstzuschlages bei Auftragserteilung, also bei Wahrung dieser Zeitkomponente zu erfolgen hat. Diese Regelung gilt nur für die Honorartafeln, die Mindest- und Höchstsätze festlegen. Der Zuschlag wird auf das vereinbarte Honorar aufgeschlagen. Sollte ein Honorar als Mittelsatz zwischen Mindest- und Höchstsatz vereinbart sein, so bedarf dies nach § 7 HOAI der schriftlichen Vereinbarung. Ist diese Voraussetzung erfüllt, sind die grundlegenden Honorarparameter damit rechtswirksam vereinbart, erfolgt der Zuschlag auf das danach nach den Honorartafeln zu berechnende Honorar.

Der Schwierigkeitsgrad von Umbauten und Modernisierung lässt sich bei Auftragserteilung nicht feststellen. Der Umbauzuschlag ist vielmehr nur ein Äquivalent dafür, dass der Verordnungsgeber auf die Einführung spezieller Honorartafeln verzichtet, sondern sich darauf beschränkt, das Honorar mit einem Zuschlag zu dem ersparten Honorar festzulegen.

Hinsichtlich der Einhaltung der Schriftform vgl. hierzu die Kommentierung zu § 7.

Haben die Parteien keine formwirksame Zuschlagsvereinbarung getroffen, besteht Anspruch auf den Mindestzuschlag, wenn der Umbau mindestens durchschnittlichen Schwierigkeitsgrad aufweist.

5. Änderungen des Auftrages durch den Auftraggeber

20   Geänderte Anforderungen des Auftraggebers an das Projekt ziehen Planungsänderungen nach sich und berühren damit die Baukosten. Diese Auswirkungen sind bei Vertragsabschluss regelmäßig nicht bekannt und können deshalb auch nicht Bestandteil der Baukostenvorgabe sein, zu deren Einhaltung sich der Auftragnehmer verpflichtet hat. Im Fall geänderter Anforderungen wird die Baukostenvorgabe als verbindliches Planungsziel gegenstandslos. Eine Bindung der Honorare an die vertraglich vereinbarte Baukostenvorgabe entfällt damit. Das Honorar berechnet sich in diesen Fällen nach HOAI und wird nicht im Fall der Verletzung vertraglich eingegangener Beschaffenheitsvereinbarung im Sinne einer einzuhaltenden Kostenvorgabe verkürzt, wie es das Ergebnis der vorbeschriebenen schadensersatzrechtlichen Betrachtung ist.

Diese Haftungsthemen bleiben den Vertragsparteien auch mit der HOAI 2013 erhalten. Das Baukostenvereinbarungsmodell wird womöglich dazu führen, dass es im vertraglichen Sinne zu Kostenvorgaben für die Planung kommt. Die mangelhaft ist, wenn die Kostenvorgaben nicht erfüllt werden

6. Kostenannahmen und Fehlen einer Kosten-Beschaffenheitsvereinbarung

21   Die Vereinbarung kann sich darauf beschränken, die Höhe des Honorars festzulegen. In diesem Fall liegt eine bloße Honorarvereinbarung vor, der nicht notwendigerweise die Erklärung innewohnt, der Auftragnehmer verpflichte sich, die der Baukostenvereinbarung zugrunde liegende Baukostengröße im Sinne einer Baukostenvorgabe auch einzuhalten. In diesen Fällen bleibt es bei der Verpflichtung des Auftragnehmers, die ihm bekannte Kostengröße bei seiner Planung zu berücksichtigen und den Auftraggeber über die Kostenentwicklung rechtzeitig zu informieren und zu beraten.[31]

---

[31] BGH v. 26.06.1999 BauR 1999, 1319 (1322); BGH BauR 1998, 354; BGH BauR 1979, 494

§ 7 Honorarvereinbarung

(1) Das Honorar richtet sich nach der schriftlichen Vereinbarung, die die Vertragsparteien bei Auftragserteilung im Rahmen der durch diese Verordnung festgesetzten Mindest- und Höchstsätze treffen.

(2) Liegen die ermittelten anrechenbaren Kosten oder Flächen außerhalb der in don Honorartafelen dieser Verordnung festgelegten Honorarsätze, sind die Honorare frei vereinbar.

(3) Die in dieser Verordnung festgesetzten Mindestsätze können durch schriftliche Vereinbarung in Ausnahmefällen unterschritten werden.

(4) Die in dieser Verordnung festgesetzten Höchstsätze dürfen nur bei außergewöhnlichen oder ungewöhnlich lange dauernden Grundleistungen durch schriftliche Vereinbarung überschritten werden. Dabei bleiben Umstände, soweit sie bereits für die Einordnung in die Honorarzonen oder für die Einordnung in den Rahmen der Mindest- und Höchstsätze mitbestimmend gewesen sind, außer Betracht.

(5) Sofern nicht bei Auftragserteilung etwas anderes schriftlich vereinbart worden ist, wird unwiderleglich vermutet, dass die jeweiligen Mindestsätze gemäß Absatz 1 vereinbart sind.

(6) Für Planungsleistungen, die technisch-wirtschaftliche oder umweltverträgliche Lösungsmöglichkeiten nutzen und zu einer wesentlichen Kostensenkung ohne Verminderung des vertraglich festgelegten Standards führen, kann ein Erfolgshonorar schriftlich vereinbart werden. Das Erfolgshonorar kann bis zu 20 Prozent des vereinbarten Honorars betragen. Für den Fall, dass schriftlich festgelegte anrechenbare Kosten überschritten werden, kann ein Malus-Honorar in Höhe von bis zu 5 Prozent des Honorars schriftlich vereinbart werden.

Inhaltsübersicht

Vorbemerkung

1   Unter welchen Voraussetzungen eine Honorarvereinbarung zu treffen ist, hat der Gesetzgeber in der Ermächtigungsgrundlage vorgegeben.[1] Die HOAI füllt den Rahmen aus, den der Gesetzgeber eingeräumt hat. Der Gesetzgeber schreibt dem Verordnungsgeber frei vor, in der Honorarordnung vorzusehen:

– dass die Mindestsätze in Ausnahmefällen unterschritten werden können

– dass die Höchstsätze nur bei außergewöhnlichen oder ungewöhnlich lange dauernden Leistungen überschritten werden dürfen, die Mindestsätze als vereinbart gelten, sofern nicht Auftragserteilung des Ingenieur-/Architektenauftrags etwas anderes schriftlich vereinbart ist.

I. Der Vertragsabschluss und die Vergütungspflicht der Leistung

2   Die Ermächtigungsgrundlage für die HOAI ermächtigt den Verordnungsgeber nur zum Erlass preisrechtlicher Bestimmungen. Die HOAI vermag deshalb nicht in das geltende Vertragsrecht des BGB einzugreifen. Ob eine Leistung geschuldet wird und zu welchen Konditionen, hängt damit ausschließlich vom Vertrag unter schuldrechtlichen Gesichtspunkten ab.[2]

3   Bevor von einer Vergütungspflicht von Architekten- und Ingenieurleistungen gesprochen werden kann, ist die Frage zu prüfen, **ob eine vertragliche Bindung zwischen den Parteien herbeigeführt worden ist**. Fehlt es an einer vertraglichen Bindung, entsteht auch kein Honoraranspruch. Eine fehlende vertragliche Bindung wird angenommen, wenn die Leistung des Auftragnehmers ausschließlich akquisitorischen Charakter hat und nur das Ziel verfolgt, gegebenenfalls später einen Auftrag zu erhalten.

1. Akquisition oder Vertragsabschluss

4   Die **Abgrenzung zwischen reiner akquisitorischer Tätigkeit und einem Vertragsabschluss** ist in der Praxis von immenser Bedeutung. Es handelt sich um eine Grauzone der Vertragsanbahnung, die dadurch gekennzeichnet ist, dass sich weder der Auftraggeber noch der Auftragnehmer bemühen, mündlich oder gar schriftlich eine Klärung der Frage herbeizuführen, ob die vom

---

[1] Gesetz zur Regelung Ingenieur- und Architektenleistungen vom 04.11.1971, BGBL I S. 1749

[2] BGH BauR 1997, 154; vgl. hierzu auch Einführung dieser Kommentierung IV. Rdn. 52

Architekten angebotene oder auf Geheiß des Auftraggebers erbrachte Leistung vergütet werden soll.[3] Anhand der Umstände des Sachverhaltes ist deshalb zu überprüfen, ob die Vertragsparteien einen vertraglichen Bindungswillen besitzen oder ob die Leistung des Architekten oder Ingenieurs ohne vertragliche Bindung aus eigenem Interesse und somit aus akquisatorischen Gründen erfolgt. Erst wenn feststeht, dass ein vertraglicher Bindungswille zwischen den Parteien besteht, stellt sich die Frage, ob und in welcher Höhe eine Vergütung hierfür geschuldet ist.[4] **Alleine das Tätigwerden des Architekten beweist den beiderseitigen vertraglichen Bindungswillen nicht.**[5]

Um die einzelnen Fallgestaltungen besser einordnen zu können, ist es erforderlich, sich mit dem Hintergrund des Geschehens auseinanderzusetzen. Gelegentlich besteht ein wechselseitiges Interesse, das Thema Vertragsbindung nicht aufkommen zu lassen, sei es, dass der Architekt oder Ingenieur die Sorge hat, dass der Auftraggeber ansonsten abspringen würde und es daher auch später nicht zu einem Vertragsabschluss mit dem Auftragnehmer kommen würde, oder sei es, dass der Auftraggeber die Frage der vertraglichen Bindung deshalb bewusst offen lässt, weil er zwar einerseits die Leistung des Architekten für seine Entscheidungsfindung benötigt, andererseits allerdings unsicher ist, ob er das geplante Projekt überhaupt oder gegebenenfalls mit diesem Architekten realisieren will. Für diesen Fall hat er möglicherweise ein Interesse, die Frage der Vergütungspflicht im Dunkeln zu lassen, um sich lästige Honorarforderungen im Falle der Nichtrealisierung des Projektes zu ersparen. **Es stellt deshalb vielfach eine schwierige Aufgabe dar, den richtigen Zeitpunkt festzustellen, der für den Beginn einer vertraglichen Zusammenarbeit mit Vertragsbindungswillen spricht.** Die Problematik liegt im konkreten Spannungsfeld begründet, in dem sich Architekt und Bauherr befinden.[6] Ob **eine unentgeltliche Akquisitionsleistung oder eine Vertragsbindung** zwischen Architekt und seinem privaten Bauherrn vorliegt, **hängt deshalb stets von der Konstellation des Einzelfalls ab.** 5

Obwohl der Vertragsbindungswille der einen wie auch der anderen Parteien jeweils ein innerer Tatbestand ist, kann er nur anhand äußerer Merkmale und Indizien festgestellt werden, die auf solchen Bindungswillen schließen lassen. 6

Geht die Initiative einer vertraglichen Anbahnung von einem Architekten aus, so spricht schon deshalb viel für ein Fehlen eines vertraglichen Bindungswillens des Auftraggebers, weil dieser den Architekten nicht zur Erbringung vertraglicher Leistungen aufgefordert hat. Diesen Fallkonstellationen ist häufig gemein, dass der Architekt durch seine Aktivitäten den Bauherrn dazu bewegen will, eine bauliche Maßnahme überhaupt erst in Angriff zu nehmen. Der Architekt wird in diesen Fällen akquisitorisch tätig. 7

Viel häufiger sind indes die Fälle, in denen der Architekt von dem Bauherrn angesprochen wird, Architektenleistungen für ihn zu erbringen. In solchen Fällen ist zunächst zu unterstellen, dass der Architekt als Dienstleister, der von Berufs wegen seinen Lebensunterhalt mit der Erbringung von Architektenleistungen verdient, einen Vertragsbindungswillen besitzt.[7] Die entscheidende Frage ist, ob der Bauherr diesen Vertragsbindungswillen ebenfalls besitzt oder ob er **durch sein Verhalten deutlich gemacht hat**, dass er nicht oder noch nicht bereit ist, sich in eine vertragliche Bindung zum Architekten zu begeben. Die Schwierigkeiten einer richtigen Sachverhaltserfassung liegen dabei darin, dass häufig der Bauherr selbst zu Beginn einer Baumaßnahme unsicher ist, ob es zu einer Projektrealisierung kommt. Die Frage der Realisierung kann davon abhängen, ob die Finanzierung gelingt. Die Finanzierung des Bauvorhabens hängt in der Regel von der Vermietbarkeit des Objektes und den zu erwartenden Mieteinnahmen ab. Diese wiederum hängen quantitativ von der vermietbaren Fläche ab. Das Interesse des Bauherrn kann deswegen darin bestehen, die bauliche Ausnutzung des Grundstückes über den Architekten feststellen zu lassen. Die Frage der baurechtlichen Ausnutzung eines Grundstückes stellt regel- 8

---

[3] Vgl. hierzu grundlegend Jochem: Architektenleistung als unentgeltliche Akquisition, in: Festschrift für Klaus Vygen zum 60. Geburtstag, S. 10 ff
[4] BGH BauR 1997, 1060
[5] So schon BGH BauR 1997, 1060; vgl. auch OLG Celle, Urteil v. 17.02.2010 – 14 U 138/09, IBR 2010, 214
[6] Werner BauR 1992, 695
[7] Vgl. hierzu die Entgeltlichkeitsvermutung des BGH NJW 1987, 2742 = BauR 1987, 454

mäßig einen Wertfaktor für das Grundstück dar. Ist die Ausnutzung höher und werden dadurch zusätzliche Mietflächen generiert, so steigt der Wert.

9   Bei städtebaulich komplizierten Baugrundstücken kann sich die Frage stellen, ob die Bauvorstellung des Bauherrn genehmigungsrechtlich realisierbar ist. **All diesen Fallgestaltungen ist gemein, dass der Bauherr ein Interesse an der Leistung des Architekten verliert, wenn das erstrebte Ziel nicht eintritt.** Auf der anderen Seite ist die Architektenleistung zwingend erforderlich, um zur Klärung der gestellten Fragen des Bauherrn beizutragen.

Es ist in diesen Fällen unbillig anzunehmen, dass der Architekt seine Berufsleistung als Akquisitionsleistung so lange betreibt, bis der Bauherr endgültig über die Projektrealisierung entschieden hat. Es müssen vielmehr deutliche Hinweise und Indizien vorliegen, die es rechtfertigen, in solchen Fällen gleichwohl keine Vertragsbindung zwischen den Parteien anzunehmen. Ein Bauherr, der zu einem Architekten kommt und ihn auffordert, Berufsleistungen zu erbringen, die er für seine Entscheidungspraxis benötigt, weiß, dass diese Leistung generell nur entgeltlich erfolgt, da der Auftragnehmer von der Erbringung solcher Leistung seinen Lebensunterhalt bestreitet. Diesen Umstand hat der BGH bereits in seiner Entscheidung vom 09.04.1987 gewürdigt, indem er den Erfahrungssatz aufstellt, dass Architekten üblicherweise gegen Vergütung tätig werden.[8] Gleichwohl werden diese Sachzusammenhänge in der Rechtsprechung nicht immer hinreichend gewürdigt[9] und es wird nicht ausreichend beachtet, dass **ein Architekturingenieurbüro ein Wirtschaftsbetrieb darstellt, der nur existieren kann, wenn die Berufsleistungen auch vergütet werden.**[10] Gleichwohl ist das Bild der Rechtsprechung zu diesem Thema buntscheckig.

Bei der Beurteilung der Fragestellung, ob ein Vertragsbindungswille besteht, wird auch zu beachten sein, auf welchen Leistungsumfang sich der Bindungswille erstreckt.

Das Interesse des Architekten ist meist darauf gerichtet, mit allen Leistungen des Leistungsbildes beauftragt zu werden. Dem widerspricht jedoch häufig die Interessenlage des Auftraggebers, der zunächst nur die Leistungen in Anspruch nehmen will, die er für seine Entscheidungsfindung für die Projektrealisierung benötigt. Aus dieser Interessenlage kann ein Vertragsbindungswille für die Leistungen abgelesen werden, die zur Klärung der von ihm gewünschten Vorfragen einer Projektrealisierung notwendig sind.

10   Hinzu tritt das Problem der Beweislast. Den Vertragsabschluss und damit den Vertragsbindungswillen für beide Vertragspartner hat derjenige zu beweisen, der Rechte aus dem Vertrag ableiten will. Ein Architekt, der ein Architektenhonorar beansprucht, muss deshalb zweierlei darlegen und beweisen. Erstens, dass es zum Vertragsabschluss gekommen ist, also ein Vertragsbindungswille des Auftragsgebers vorliegt, und zweitens, dass die Leistung entgeltlich und nicht gratis erfolgen sollte. Behauptet der Auftraggeber, der Vertrag sei unter einer aufschiebenden Bedingung geschlossen, z. B. der Entscheidung über die Realisierung des Objektes, so hat der Auftragnehmer das Problem, den Vertragsabschluss nachzuweisen.[11] Kann er dies nicht, so scheitert sein Honoraranspruch allein dadurch.

11   Bei der Beweisführung wird man das gesamte Verhalten des Auftraggebers zu würdigen haben, ob und inwieweit eine solche Behauptung den Tatsachen entspricht. Legt der Auftraggeber die Bedingungen der Zusammenarbeit jedoch in einem Schreiben fest, in dem er mitteilt, dass die anfallenden Kosten vom Architekten getragen werden sollen, da dieser erst bei Realisierung des Bauvorhabens mit Architekten- und Ingenieurleistungen beauftragt wird, so fehlt es bis zur Entscheidung der Realisierung an einem entsprechenden Bindungswillen und damit an einer Vergütungspflicht.[12]

---

[8] Vgl. hierzu die Entgeltlichkeitsvermutung des BGH NJW 1987, 2742 (2743) = BauR 1987, 454 (455 f.)
[9] Positiv hingegen: OLG Karlsruhe, Beschluss v. 17.02.2010 – 8 U 143/09, IBR 2010, 275
[10] Landgericht Hamburg IBR 1996, 69; OLG München BauR 1996, 417
[11] BGH v. 10.06.2002 – II ZR 68/00 NJW 2002, 2862; vgl. Schulze-Hagen hierzu in IBR 2002, 670, ebenso: OLG München, Urteil v. 15.04.2008 – 9 U 4609/07, IBR 2009, 394
[12] KG Urteil v. 16.04.1996 – 6 U 4398/94 IBR 1997, 201

Einzelfälle hierzu sind:

Tritt der Auftraggeber an den Architekten heran und lässt ihn für sich arbeiten, so ist die Grenze der Akquisitionstätigkeit spätestens dann überschritten, **wenn der Auftraggeber eine Abschlagszahlung leistet.**[13]

12

Zerschlägt sich das Projekt in der Anfangsphase, ohne dass mit einer konkreten Planung begonnen wurde, so ist eine Akquisitionsleistung angenommen worden.[14] In diesem Sinne stellen auch **skizzenhafte Entwürfe** ggf. erst Akquisitionsleistungen dar.[15]

13

Das OLG Frankfurt hat ein Architektenhonorar dem Architekten versagt, der mit seiner Planung auch einen Investor benennen sollte, der sich zum Ankauf der Immobilie und Realisierung dieser Planung bereit erklärt hat. Der Architekt hat jedoch einen solchen Investor nicht nachweisen können und somit auch kein Honorar für seine Planung erhalten.[16]

Eine mündliche Vertragsabrede, wonach es zu einem Architektenvertrag nur kommen sollte, wenn es zu einem Verkauf bzw. Bau kommt, stellt nicht etwa nur eine Fälligkeitsregelung dar, wie der Architekt meint, sondern reicht nicht aus, den Vertragsabschluss zu beweisen. Der Architekt hat das Nachsehen, wenn das Objekt später nicht realisiert wird. Er kann den Auftrag nicht nachweisen.[17]

Andererseits hat das OLG Düsseldorf, dem Architekten Recht gegeben, dem von einem Investor eine bereits vorliegende Planung eines anderen Büros zur Überarbeitung und Ergänzung übergeben worden ist. **Der Architekt fertigte neue Pläne, die der Investor zu Präsentationszwecken eingesetzt und verwendet hat.** Der Investor beauftragte den Architekten jedoch später nicht weiter. In diesem Fall wird eine Vergütungspflicht angenommen.[18] Ebenso liegt der Fall, wenn der Architekt sukzessive **mehrere Planentwürfe erstellt, in die auch die Änderungswünsche des Bauherrn einfließen.**[19]

14

Anders lag der Fall des Architekten, der für einen befreundeten Geschäftsmann für mehrere Projekte Planunterlagen fertigte. Teilweise bestanden schriftliche Architektenverträge, teilweise nicht. Die nicht schriftlich erteilten Aufträge wurden nicht bezahlt und auch nicht vom Gericht anerkannt.[20] In diesem Fall war dem Architekten jedoch bekannt, dass die **Realisierung des betreffenden Teils der Projekte sehr ungewiss** war.

15

Ein Architekt, der einen ehemaligen Auftragnehmer bei einem bauplanungsrechtlichen Widerspruchsverfahren und anschließenden Klageverfahren berät, bekommt hierfür keine Vergütung, wenn er seine Dienste hierzu angeboten hat, in der Vorstellung, er könne dadurch weitere Planungsaufträge akquirieren.[21]

16

Vergleichbar hierzu ist entschieden worden, dass eine Akquisitionstätigkeit vorliegt, wenn der Architekt für einen Verein in dem Wissen tätig wird, dass dieser die erforderlichen Grundstücke noch nicht erworben und auch noch keine Entscheidung für einen Umzug getroffen hat, und es sich lediglich um **Planungsleistungen zur Vorbereitung eines Vorstandsbeschlusses** handelt.[22]

17

Das OLG Frankfurt stellt maßgeblich darauf ab, von wem die Initiative ausgeht. In einem Fall, in dem **der Bauherr die Initiative übernommen hat, den Architekten angesprochen hat und ihm die notwendigen Informationen erteilt hat**, wurden diese als entscheidende Indizien gesehen, die für einen Vertragsbindungswillen sprechen.[23] Ähnlich hierzu, wenn der Architekt ausdrücklich aufgefordert wird, Leistungen zu erbringen, so sind diese auch zu vergüten.[24]

18

[13] Vgl. OLG Hamm v. 21.06.2001 – 24 O 100/00 IBR 2003, 138
[14] Vgl. OLG Hamm BauR 2001, 1466 = NZBau 2001, 508 = ZfBR 2001, 329 = IBR 2001, 205
[15] Vgl. OLG Düsseldorf NZBau 2009, 457
[16] OLG Frankfurt vom 07.12.2012 – 10 U 183/11, zitiert bei IBR
[17] OLG Braunschweig vom 24.05.2012 – 8 U 188/11; zitiert bei IBR
[18] Vgl. OLG Düsseldorf BauR 2002, 1726 = NZBau 2002, 279 = IBR 2002, 315
[19] Vgl. OLG Düsseldorf Urteil v. 22.01.2008 – 23 U 88/07
[20] Vgl. OLG Oldenburg Urteil v. 10.04.1997 – 8 U 151/96 IBR 1998, 393
[21] Vgl. OLG Hamm Urteil v. 09.09.2008 – 19 U 23/08, IBR 2009, 278
[22] Vgl. OLG Celle v. 20.02.2003 – 14 U 195/02 IBR 2003, 201
[23] Vgl. OLG Frankfurt v. 13.02.1998 – 25 U 74/97 OLGR 1998, 158; weitere Entscheidungen: OLG Saarbrücken BauR 2000, 753 = IBR 1999, 424; KG Urteil BauR 1999, 431 = IBR 1999, 72
[24] OLG Köln IBR 1992, 241

19   Eine nichtvergütungspflichtige Akquisitionstätigkeit ist angenommen worden, wenn der Architekt sich durch **Beteiligung an Ortsbesichtigungen aus eigener Initiative** um einen Auftrag bewirbt.[25] Ebenso ist in einem Fall entschieden worden, in dem der Architekt einem Grundstückseigentümer **Planungsleistungen geradezu aufdrängte**, damit dieser seine Absicht, das Grundstück zu veräußern, gewinnbringender realisieren kann.[26]

20   Die Tätigkeit eines Architekten bewegt sich allerdings dann nicht mehr in einem rein akquisitorischen Bereich, **wenn sich der Bauherr die Planungsleistungen im Rahmen einer Bauvoranfrage nutzbar macht** und sie verwendet. In diesem Fall ist die Leistung nach HOAI zu vergüten.[27] Dementsprechend wurde eine vergütungspflichtige Leistung erst recht angesehen, wenn der Architekt jedenfalls zur **Planung bis zur Stellung eines Bauantrags** beauftragt werden sollte.[28] Ebenso, **wenn dem Architekten Vollmacht erteilt wird**, damit dieser die Genehmigungsfähigkeit der Planungslösung beim Bauordnungsamt erfragen kann.[29]

21   Selbst wenn der Bauherr in einem **konstruktiven Dialog über die Planungsergebnisse** des Architekten eintritt, der ihm Planungsvorschläge unterbreitet hat, ist damit ein entgeltlich planungspflichtiger Auftrag noch nicht unbedingt nachgewiesen.[30] Ebenso erfolgt **allein aus dem Umfang einer Architektenleistung kein Rückschluss**, dass eine „Akquisitionsphase" mittlerweile überschritten sei und daher eine Vergütungspflicht besteht.[31] Wenn man im Fall der umfangreichen Planung von einer Akquisitionsleistung ausgehen möchte, so schließt sich die Frage nach der Motivation des Planers zu einer derartigen Tätigkeit unmittelbar an.

Bei der Feststellung eines Vertragsbindungswillens kommt es jedoch nicht nur auf die Interessenlage der Parteien an, sondern entscheidend ist zunächst die Erklärung, die den Vertragsbindungswillen ausdrücken soll. Hier ist in jedem Falle auch zu entnehmen, welcher Leistungsumfang als beauftragt anzunehmen ist. Das OLG Düsseldorf hat sich mit einem Fall eines Projektentwicklers auseinandergesetzt, der sich für den Erwerb eines Gewerbegrundstücks interessiert hat. Er hat den Architekten beauftragt, beim Bauamt Erkundigungen darüber einzuholen, ob auf dem Grundstück der Betreib eines Baumarktes oder Autohauses zulässig sei. Als er dies nach Besuchen beim Bauaufsichtsamt bejahrte, erwarb der Bauträger das Objekt. Später verlangte vom Architekten jedoch Schadensersatz, da sich herausgestellt hat, dass eine bestimmte Verkaufsfläche (800qm) nicht genehmigungsfähig ist. Begründet hatte der Projektentwickler dies mit der Behauptung, den Architekten mit der Grundlagenermittlung nach HOAI beauftragt zu haben. Diesen Nachweis konnte er jedoch nicht bringen, da das OLG Düsseldorf in der Auftragserklärung nicht die Beauftragung eines geschuldeten Werkerfolges im Sinne der Grundlagenermittlung gesehen hat, sondern lediglich eine Einholung einer Auskunft.[32]

22   Die **Nachfrage des Bauherrn nach einer unverbindlichen Planung** bedeutet nicht, dass diese zugleich kostenlos erbracht werden soll.[33]

Typisch für das Verhalten von Architekten und ihren Bauherren ist, dass die Schwelle von rein akquisitorischen Tätigkeiten zu der Auftragserteilung häufig schwer zu ziehen ist. Zweifelsfrei betreibt ein Architekt nur Akquisition, der Planungslösungen dem Bauherren vorstellt. Tritt der Bauherr jedoch in eine Diskussion mit dem Architekten ein und stellt Forderungen an die Veränderung der Planung und betreibt die Planung mit eigenem Antrieb weiter, so hat das OLG Naumburg entschieden, dass spätestens dann von einem Vertragsbindungswillen des Bauherren auszugehen ist, insbesondere dann, wenn am Ende des Planungsgeschehens ein vollständiger Bauantrag steht, auf dessen Grundlage er Unternehmerangebote einholt und für eigene Zwecke auch ein Verkaufsprospekt erstellt. Das OLG Naumburg hat den Vertrag angenommen, obwohl

---

[25] Vgl. OLG Dresden BauR 2001, 1769 = NZBau 2001, 505 = IBR 2001, 317
[26] Vgl. OLG München, Urteil v. 15.04.2008 – 9 U 4609/07 IBR 2009, 394
[27] Vgl. Saarländisches OLG BauR 2000, 753
[28] Vgl. OLG Hamburg Urteil v. 21.12.2007 – 10 U 1/07 IBR 2009, 719
[29] Vgl. OLG Naumburg Urteil v. 22.02.2005 – 11 U 247/01 IBR 2006, 207
[30] Vgl. OLG Hamm IBR 1992, 104
[31] Vgl. OLG Düsseldorf Urteil v. 16.01.2003 – 5 U 41/02 BauR 2003, 1251 = NZBau 2003, 442; vgl. insbesondere auch den hierzu verfassten Praxishinweis von Quack IBR 2003, S. 309.
[32] OLG Düsseldorf, 22.11.2013, Az: 22 U 57/13
[33] Vgl. OLG Düsseldorf BauR 1993, 108; OLG Köln IBR 1993, 161

der vom Architekten übersandte Vertragsentwurf vom Auftraggeber nicht gegengezeichnet worden ist.[34]

Auf der gleichen Linie liegt die Entscheidung des OLG Düsseldorf vom 21.06.2011. Der Architekt plant für eine Baufirma ein Einfamilienhaus. Dieser unterzeichnet später den Bauantrag. Das Bauvorhaben wird später nicht realisiert und der Bauherr verteidigt sich mit dem Argument, es sei alles nur Akquisition des Architekten gewesen.

Das OLG Düsseldorf hat diese Argumentation nicht gelten lassen. Allein die Tatsache, dass der Bauherr erhebliche Leistungen entgegen genommen hat führt dazu, dass von einem Vertragsbindungswillen auszugehen ist. Das Gericht stellt also eine Gesamtbetrachtung an. Spätestens mit Einreichung des Bauantrages ist der rechtsgeschäftliche Wille des Bauherrn zu erkennen gewesen, die Leistungen auch zu beauftragen, wozu selbstverständlich die Leistungen gehören, die zum Baugesuch notwendig sind, also die Leistungen der Leistungsphasen 1.[35]

Im Gegensatz hierzu stehend ist die Entscheidung des OLG Celle, das trotz Beantragung einer Baugenehmigung dem Architekten das Honorar mit der Begründung versagt hat, die Leistung sei keine vergütungspflichtige Akquisition. Dies ist vermutlich ein Sonderfall im Hinblick auf die vertragliche Vereinbarung, die die Parteien getroffen haben. Diese Entscheidung kann mithin nicht als ein Beleg für weitreichende Akquisitionsleistungen eines Architekten herangezogen werden.[36]

Welchen Wert ein Erklärungsinhalt für den Vertragsbindungswillen der Parteien hat zeigt auch ein Fall, den das OLG München beurteilt hatte. In diesem Fall hatte der Architekt dem Bauherrn die Durchführung einer kostenfreien Voruntersuchung angeboten. Es kam dann anschließend über die Voruntersuchung hinaus zu weiteren Leistungen, die in die folgenden Leistungsphasen der HOAI eingeordnet werden können. Das OLG München hat aus der Erklärung, dass der Architekt nur die Voruntersuchungen kostenfrei erbringen will den Schluss abgeleitet, dass er bei weiterer Beauftragung dies nur gegen Entgelt tun wird und damit einen Vertragsbindungswillen der Parteien für diese Leistungen festgestellt.[37]

Es ist kein Zufall, dass die allermeisten Fälle in der Rechtsprechung sich mit Auftragsverhältnissen zwischen einem Bauherrn und einem Architekten befassen. Dieser ist die erste Anlaufstelle des Bauherrn. Ohne seine Bearbeitung des Bauvorhabens im Rahmen der Objektplanung Gebäude kann keine Planung in sinnvoller Weise beginnen. Die Leistungen der Fachingenieure, die ihren Leistungsbeitrag in Ergänzung zur Objektplanung erbringen, setzen demgegenüber viel später ein. Hier ist die Interessenlage eine andere. Kommt es zu einer **Beauftragung eines Fachingenieurs**, ist die Bauplanung durch den Architekten bereits so weit fortgeschritten, dass die ergänzenden Untersuchungen des Fachingenieurs für den weiteren Erkenntnisprozess notwendig sind. Dies kann zwar im Rahmen der Entscheidungsphase des Bauherrn auch erforderlich sein, ob das Bauvorhaben überhaupt realisiert wird. Meist sind die Entscheidungsgänge jedoch schon so verdichtet, dass die Fachingenieurleistungen zur Realisierung des Projektes benötigt werden. In solchem Fall kommt eine Akquisitionsleistung des Fachingenieurs in der Regel nur in Betracht, wenn der fachkundige Bauherr anhand der Leistungsbeiträge des Fachingenieurs zunächst feststellen will, ob er der Leistungsfähigkeit des Fachingenieurs trauen und ihn deshalb mit der Durchführung der Fachingenieurleistung beauftragen will. **Fehlender Vertragsbindungswille ist in diesen Fällen wesentlich weniger anzunehmen als in den Fällen, in denen der Architekt die ersten Planungsschritte geht.** Unterstützt der Fachingenieur die Akquisitionstätigkeit des Architekten mit seinem Fachbeitrag, so ist dies auch eine Akquisitionsleistung. **23**

Auftragserteilungen der öffentlichen Hand folgen nach strengen Vergaberegeln. Bewirbt sich ein Architekt oder Ingenieur um die Auftragserteilung für Planungsaufgaben und liefert hierfür zur Untermauerung der eigenen Leistungsfähigkeit von sich aus Planungen an den öffentlichen Auftraggeber, so ist er im akquisitorischen Bereich tätig. Wird der Auftragnehmer jedoch von der öffentlichen Hand aufgefordert Leistungen zu erbringen, weil die Vergabeentscheidung auf **24**

---

[34] OLG Naunburg vom 21.04.2010 – 5 U 54/09, zitiert bei IBR
[35] OLG Düsseldorf vom 21.06.2011 – 21 U 129/10, zitiert bei IBR
[36] OLG Celle vom 26.10.2011 – 14 U 54/11
[37] OLG München vom 28.09.2010 – 28 U 2119/10

ihn gefallen ist, scheidet Akquisitionstätigkeit aus, da dem öffentlichen Auftraggeber insoweit Vertragsbindungswillen zu unterstellen ist.

25 Zusammenfassend haben all diese Fallgestaltungen gemein, dass die Feststellung eines vertraglichen Bindungswillens des Auftraggebers im Vordergrund steht, um auszuschließen, dass der Auftragnehmer bloß akquisitorisch tätig geworden ist.

Entsteht ein Vertragsverhältnis, so können Ergänzungen die anschließend beauftragt werden, nicht als Akquisitionsleistung gesehen werden. Dies trifft für Erweiterung und Änderung des Architektenvertrages zu. Wenn z. B. die Objektplanung Gebäude auch auf die Objektplanung der Innenraumgestaltung oder früher des raumbildenden Ausbaus ausgedehnt wird oder im Rahmen der Planungsaufgabe ergänzende Aufträge erteilt werden.[38]

2. Vergütungspflicht

26 Nach der Feststellung, dass ein Vertragsbindungswille des Auftraggebers besteht, ist in einem **zweiten Schritt** zu prüfen, ob die **Vorraussetzungen des § 632 BGB** gegeben sind, also ob nach den Umständen eine Vergütung der Leistung anzunehmen ist. Hiervon ist grundsätzlich auszugehen, **wenn die Leistung den Umständen nach nur gegen eine Vergütung zu erwarten ist**. Diese Vorraussetzung hat zwar auch der Auftragnehmer zu beweisen, allerdings spricht eine Vermutung für die Vergütungspflicht, da die Erbringung von Architekten- und Ingenieurleistungen ebenso wie Dienstleistungen von Rechtsanwälten, Ärzten und Steuerberatern generell nur gegen Vergütung erbracht werden. Daher muss unter Berücksichtigung der Einzelumstände von einem **Grundsatz der Entgeltlichkeit** ausgegangen werden,[39] der nur dann nicht greift, wenn die Unentgeltlichkeit eindeutig vereinbart wird. Die Umstände, die für ein unentgeltliches Erbringen der Leistung sprechen, hat der Auftraggeber darzulegen und zu beweisen.[40]

Von der Vergütungspflicht erfasst werden auch die Leistungen, die der Auftragnehmer zunächst nur in akquisitorischer Absicht erbracht hat. Kommt es nicht zu einem Vertragsabschluss, entsteht eine Vergütungspflicht gleichwohl, wenn der Auftraggeber die vertragslos erbrachten Leistungen des Architekten verwendet (Anspruch aus ungerechtfertigter Bereicherung §§ 812 ff. BGB).

3. Der Auftragsumfang

27 Steht fest, dass ein Vertrag geschlossen wurde, stellt sich die Frage, welcher Leistungsumfang damit beauftragt wurde. Grundsätzlich richtet sich der **Umfang der beauftragten Tätigkeit nach dem Vertragsrecht des BGB** und nicht nach den Leistungsbildern der HOAI.[41] Der Architekt kann deswegen **nicht** davon ausgehen, dass der Auftraggeber ihn bereits mit **sämtlichen Leistungsphasen des Leistungsbildes** beauftragt.[42] Ebenso wenig kann er davon ausgehen, dass ihm **sämtliche Grundleistungen einer Leistungsphase** übertragen werden; besteht das erkennbare Ziel des Auftraggebers darin, die Leistungsfähigkeit und Persönlichkeit des Architekten zu erkunden, reichen Leistungen aus der Vorplanung aus. Je weitergehender die Informationen sind, die der Bauherr verlangt, umso umfassender können die Leistungen sein, mit denen der Auftragnehmer betraut worden ist. Sollen nur Vorplanungsskizzen geliefert werden, so macht dies ca. 4 bis 5 Punkte der 7 Prozentpunkte von Leistungsphase 2 aus.[43] Sollen darüber hinaus auch erste Kostenermittlungen angestellt werden, die Ausnutzung des Grundstückes geprüft und die Genehmigungsfähigkeit der Vorplanungsuntersuchungen getestet werden, so sind dies die Leistungen der Leistungsphasen 1 und 2. **Eine Vermutung für die Übertragung mit sämtlichen Architektenleistungen besteht nicht.**[44] Ob und inwieweit der zunächst mit Voruntersuchungen betraute Architekt weiter beauftragt wird, bedarf eines weiteren Auftrages, der vom Auftragnehmer nachzuweisen ist.

[38] OLG Dresden vom 16.02.2011 – 1 U 261/10, zitiert bei IBR online

[39] Sog. Entgeltlichkeitsvermutung: BGH NJW 1987, 2742 = BauR 1987, 454

[40] OLG Düsseldorf, Urteil v. 28.10.2005 – 22 U 70/05 IBR 2006, 504; OLG Köln – 19 U 117/92 IBR 1993, 161; BGH BauR 1987, 454; OLG Stuttgart v. 17.12.1996 BauR 1997, 689

[41] BGH, Urteil v. 06.12.2007 – VII ZR 157/06 = BauR 2008, 543 = NJW 2008, 1880 = NZBau 2008, 260

[42] OLG Düsseldorf, Urteil v. 22.03.1994 – 21 U 172/93; BauR 1994 S. 534 = IBR 1994, 380;

[43] Dieses Beispiel bezieht sich auf die Objektplanung Gebäude.

[44] Werner/Pastor Rdn. 91; OLG Düsseldorf a. a. O. = IBR 1994, 380 = BauR 1994, 534

Der **Umfang einer stillschweigenden Beauftragung** richtet sich nach einer Abwägung der Interessenlagen von Bauherr und Architekt.[45] Grundsätzlich kann nur davon ausgegangen werden, dass dem Architekten die Leistungen übertragen worden sind, die erforderlich sind, um das von dem Bauherrn mit der Auftragserteilung angestrebte Ziel zu erreichen. **28**

Soll zum Beispiel die Frage geprüft werden, ob ein bestimmtes Bauvorhaben an einem bestimmten Ort realisiert werden kann, so wird diese Zielsetzung mit der Grundlagenermittlung, der Leistungsphase 1, erreicht. Es ist nicht erforderlich, zusätzlich Leistungen der Vorplanung zu erbringen. Ein Honoraranspruch für die Vorplanung entsteht auch nicht deshalb, dass der Architekt zusätzlich, ohne hierzu ausdrücklich beauftragt zu sein, dem Bauherrn per Telefax Vorplanungskonzepte übermittelt.[46] **29**

Ist hingegen die **Rechtslage zur Genehmigungsfähigkeit eines Bauwunsches** des Auftraggebers unklar, kann der Architekt nur davon ausgehen, dass er zunächst eine Bauvoranfrage zu stellen hat, um die Genehmigungsfähigkeit zu klären.[47] Dies sind Leistungen der Vorplanung in dem Umfange, wie sie erforderlich sind, um die Bauvoranfrage zu beschreiben. Zumeist bedeutet dies die Bearbeitung einer Vorplanung, um die beabsichtigte Bebauung zu visualisieren, und führt zu einem Leistungsumfang bis zu 5 % Punkten der Vorplanung. Kommen Kostenuntersuchungen hinzu, so machen diese die gesamte Vorplanung aus. Dies gilt stets dann, wenn die **Bauvoranfrage isoliert beauftragt** wird, in diesem Auftrag steckten typischerweise Leistungen der Vorplanung, die zu einer Vergütung nach § 7 HOAI führen können.[48] **30**

Wird eine Bauvoranfrage isoliert beauftragt, etwa im Hinblick darauf, dass bei einem positiven Baubescheid der Architekt die Chance erhalten soll, anschließend den vollen Architektenauftrag zu erhalten, so kann die Erarbeitung dieser Leistung auch eine nicht **vergütungspflichtige Akquisitionsleistung** sein. In der Tat ist in der Praxis nicht selten zu beobachten, dass Architekten für ein nur geringes Entgelt die Erarbeitung einer Vorplanung versprechen und zwar in Erwartung, dass bei positivem Vorbescheid der volle Architektenauftrag erteilt werde. Selbst wenn das so vereinbarte geringe Honorar für die erarbeitete Bauvoranfrage nicht dem Honorar entspricht, welches für die Leistungen der Grundlagenermittlung und Vorplanung als Grundlage der Bauvoranfragen an sich zu berechnen wäre und daher eine **Mindestsatzunterschreitung** vorliegt, so bleibt der Architekt nach den Grundsätzen von Treu und Glauben an die mündliche Honorarvereinbarung gebunden, obwohl sie gegen § 7 Abs. 3 HOAI wegen fehlender Schriftform und wegen Fehlens eines zureichenden Unterschreitungsgrundes unwirksam ist. Außerdem schuldet er den übernommenen Leistungsumfang trotz der Mindestsatzunterschreitung. **31**

Das OLG Jena hat eine solche Fallgestaltung als bezahlte Akquisitionstätigkeit bezeichnet und gemeint, dass die HOAI nicht anwendbar sei, da kein „HOAI-Vertrag" geschlossen worden sei.[49]

In der Tat sind solche Fallgestaltungen in der Praxis nicht selten anzutreffen. Dies gilt insbesondere für Projektentwicklungen, wenn unsicher ist, ob das Bauvorhaben überhaupt realisiert wird. Architekten übernehmen gerne Aufgaben für den Projektentwickler und lassen sich hinsichtlich der Vergütung auf eine aufschiebende Bedingung ein, wonach ein Honorar nur geschuldet sein soll, wenn das Bauvorhaben auch realisiert wird. Scheitert das Bauvorhabe, geht der Architekt in solchen Fällen leer aus. Nicht selten erhält jedoch der Architekt in dieser Phase der Projektentwicklung eine Art Entschädigung für die Leistungen, die deutlich unter den Mindestsätzen liegen. Sie verfolgen das Ziel, die Kosten des Architekten zu decken. Von einer bezahlten Akquisition zu sprechen, erscheint jedoch ein Widerspruch in sich. Es kann auch nicht darum gehen, ob die Parteien ausdrücklich die Verabredung eines „HOAI-Vertrages" verabredet haben. Die HOAI ist als preisrechtliche Vorschrift regelmäßig zu beachten, wenn die Leistung nach dem Willen der Vertragsparteien eine entgeltliche Leistung sein soll. Dann wird der Höhe nach das Honorar durch die HOAI bestimmt. Allerdings wird der Architekt, der sich auf eine solche Abrede einlässt besser gestellt, als wenn er das Bauerstellungsrisiko im vollen Umfange

---

[45] OLG Düsseldorf BauR 1995, 733; OLG Hamburg BauR 1992, 797
[46] BGH BauR 1999, 1319 = NJW 1999, 3554 = ZfBR 2000, 28; vgl. hierzu auch BGH BauR 2005, 735 (737)
[47] OLG Düsseldorf BauR 1996, 292
[48] OLG Düsseldorf BauR 1996, 292; Weyer BauR 1995, 446 (451); OLG Düsseldorf BauR 1995, 270 (271)
[49] OLG Jena vom 08.01.2014 – 2 U 156/13, zitiert bei IBR

übernimmt, was unbestritten eine Akquisitionsleistung sein kann. Richtigerweise werden solche Fallgestaltungen darüber gelöst werden müssen, ob ein Anwendungsfall von Treu und Glauben gegeben ist. Immerhin läuft auch der Projektentwickler das Risiko der Baurealisierung. Wenn er sich dieses Risiko mit dem Architekten in der Form teilt, dass der Architekt zunächst nur eine Entschädigung für seine Leistung bekommt bis sichergestellt ist, dass das Bauvorhaben realisiert wird, so ist es rechtsmissbräuchlich, wenn der Architekt bei Scheitern des Bauprojekts anschließend eine Honorarabrechnung nach HOAI vornimmt.

32 Verlangt der Bauherr ausdrücklich, dass **die Genehmigungsfähigkeit eines Bauvorhabens** geprüft werden soll, so kann der Auftragnehmer nur ausnahmsweise davon ausgehen, mit sämtlichen Leistungen der Leistungsphasen 1 bis 4 betraut zu sein. Dieser Auftragsumfang kann nur festgestellt werden, wenn der Auftraggeber trotz umfassender Belehrung des Auftragnehmers, dass das Baurecht auch durch das einfachere und kostengünstigere Instrument der Bauvoranfrage geklärt werden kann, gleichwohl auf Einreichung eines vollständigen Baugesuches besteht. Geschieht dies im **Bewusstsein des Risikos, dass das Baugesuch abschlägig beschieden werden kann**, so ist von einer Beauftragung der Leistungsphasen 1 bis 4 auszugehen.

33 **Solche Fallgestaltungen sind in der Praxis häufiger, als allgemein angenommen wird.** In der Praxis hat sich herausgestellt, dass die Bauvoranfrage nur einen sehr unzureichenden Schutz gewährt. Da das Baurecht nur in dem Umfang konkretisiert wird, wie es mit der Bauvoranfrage nachgefragt wird, bleiben bei Baugesuchen ohne ausführliche Genehmigungsplanung **stets Fragen offen, die es den Genehmigungsbehörden erlauben, aus einer einmal erteilten positiven Bauvoranfrage später einen ablehnenden Baubescheid zu begründen.** Da der Verwaltungsrechtsweg mit dem notwendigerweise vorzuschaltenden Widerspruchsverfahren über die Rechtmäßigkeit ablehnender Baubescheide wegen seiner Langwierigkeit in der Praxis kaum Bedeutung hat, wird durch frühzeitige Diskussion und Vorlage einer vollständigen Genehmigungsplanung der Versuch unternommen, zu einer positiven Baugenehmigung zu gelangen. Verwaltungsgerichtsverfahren in Bausachen sind für den Bauherrn, der mit der Vorbereitung und Durchführung von Baumaßnahmen sein Geschäft betreibt, ohne Sinn. Allein die Verfahrensdauer von mehr als drei, häufig bis zu fünf Jahren lassen Investitionsentscheidungen schon aus wirtschaftlichen Gründen unter solchen Rahmenbedingungen nicht als sinnvoll erscheinen. **Der Bauherr versucht deshalb, die Genehmigungsfähigkeit durch Diskussion der Planung mit den Genehmigungsbehörden und den gemeindlichen Vertretungsorganen zu klären.** Dies verlangt eine vollständige Ausarbeitung von Genehmigungsunterlagen, die nach der Diskussion mit den beteiligten Ämtern als chancenreich für die Erteilung einer Baugenehmigung eingestuft werden. Solche Verfahren setzen die Beauftragung der Leistungen der Leistungsphasen 1 bis 4 voraus.

34 Hat der Auftragnehmer die **Genehmigungsplanung** beauftragt, so umfasst dies die vorangegangenen Planungen der Leistungsphasen 1 bis 3, da die Genehmigungsplanung in der Regel nicht ohne Entwurfsplanung und diese nicht ohne Grundlagenermittlung und Vorplanung möglich ist. Sämtliche Leistungen bauen aufeinander auf und sind erforderlich, um einen Genehmigungsplan zu erstellen.[50]

35 Ist der Architektenvertrag mündlich geschlossen und **wird das Bauvorhaben mit dem Architekten realisiert**, wird zwar im Zweifel anzunehmen sein, dass ihm **sämtliche Architektenleistungen des Leistungsbildes bis zur Leistungsphase 8** übertragen sind. Dies gilt hingegen nicht für die Leistungsphase 9, Objektbetreuung und Dokumentation. Das OLG Düsseldorf hat mit Recht[51] festgestellt, dass die **Objektbetreuung und Dokumentation eine Zusatzleistung darstellt**, die lediglich zum Zwecke einer einheitlichen Darstellung des Architektenhonorars an das normale Leistungsbild angekoppelt worden ist. Von der Vermutung, dass im Zweifel alle Architektenleistungen übertragen worden sind, hat das OLG Düsseldorf deshalb hinsichtlich der Leistungsphase 9 eine Ausnahme gemacht.[52]

---

[50] A. M. BGH in WM 1997, 1055; KG IBR 1996, 250; OLG Hamm NJW-RR 1990, 552; OLG Düsseldorf BauR 1981, 401
[51] OLG Düsseldorf Urteil v. 15.09.2000 BauR 2001, 672 = NZBau 2001, 449
[52] OLG Düsseldorf a. a. O.

4. Planen auf eigenes Risiko

Projektentwickler, die Grundstücke erwerben, um sie zu beplanen und anschließend an Inves- **36**
toren zu veräußern, haben das Interesse, **einen Planer zu beauftragen, der zunächst auf eigenes Risiko arbeitet.** Die Vergütungspflicht wird von dem **Eintritt einer Bedingung abhängig**
gemacht. Die in der Praxis häufigste und wichtigste Bedingung für die Durchführung einer
Bauinvestition ist die **Finanzierung**, die mit der Erteilung der Baugenehmigung steht und fällt.
Sie zu erreichen erfordert erhebliche planerische Vorleistungen.

Vorsichtige Bauherren machen den Erwerb des Grundstückes von der Erteilung eines positiven **37**
Baubescheides abhängig. Dies führt zu der Interessenlage des Bauherrn, die für seine Investi-
tionsentscheidung notwendige **Klärung der Genehmigungsfähigkeit** seiner Bauvorstellungen
möglichst risikofrei und ohne Kosten zu erlangen. Dies kann zu Vereinbarungen dergestalt führen, dass der Architekt ein Honorar für die Genehmigungsplanung nur erlangen soll, wenn die
Baugenehmigung erteilt wird.

Architekten und Ingenieure werden häufig für Projektziele von Projektentwicklern und Bauträ-
gern eingespannt. Dieser Fallgruppe ist gemein, dass der Bauherr selbst noch vor der Frage steht,
ob das Objekt realisiert wird. Auch für ihn ist die Projektrealisierung damit eine kostenintensive
Akquisition. Im Vordergrund steht dabei die Frage nach der Finanzierbarkeit oder Vermark-
tungsfähigkeit der angestrebten Bauziele. Es liegt auf der Hand, dass das Ziel des Auftraggebers
in diesen Fällen darauf gerichtet ist, die Ausgaben zur Klärung dieser Vorfragen so gering wie
möglich zu halten. Diese Interessenlage trifft auch den Architekten oder Ingenieur, der ein Interesse daran besitzt, umfassend beauftragt zu werden. Nicht selten treffen die Parteien dann eine
Abrede, die dem Architekt/Ingenieur den Abschluss eines Architekten- oder Ingenieurvertrages
in Aussicht stellt und er als Gegenleistung hierzu sich mit der Zahlung einer geringen Aufwandsentschädigung bis zum Eintritt der Bedingung zufrieden gibt. Das OLG München hat eine
Absprache, wonach der Architekt/Ingenieur zunächst gleichsam auf eigenes Risiko gegen einen
Beitrag zur Aufwandsentschädigung arbeitet, um später einen Architektenvertrag zu erhalten,
keine Absprache im Sinne des § 4 Abs. 1 HOAI 1996 gesehen und hat hierfür auch keine schriftliche Honorarvereinbarung verlangt.[53] Wenn auch diese Entscheidungen im Ergebnis zutreffend
sind, werfen sie gleichwohl Fragen auf. Eine Auftragserteilung für einen „HOAI Auftrag" gibt
es jedenfalls nicht, da die HOAI als zwingend zu beachtendes preisrechtliches Recht die Gegenleistung für die Erbringung von Architekten- und Ingenieurleistungen sind, die gegen Entgelt
erbracht werden sollen. Eine Entschädigungsvereinbarung für die Erbringung von Architekten-
und Ingenieurleistungen stellt jedenfalls eine Entgeltvereinbarung für zu erbringende Architek-
ten- und Ingenieurleistungen dar mit der Folge, dass hierauf die HOAI anzuwenden ist. Wenn
eine Gegenleistung für die Erbringung von Architekten- und Ingenieurleistungen verabredet ist,
wird man nicht unterscheiden können zwischen solchen, die der HOAI unterliegen und solche,
die außerhalb der HOAI stehen. Es hat auch mit der Vertragsfreiheit, die hier unter Bezugnahme
auf die Entscheidung des BGH[54] beschrieben wird, nichts zu tun. Auch die „Entschädigung"
einer Architekten- und Ingenieurleistung ist eine Leistung, die von der HOAI erfasst wird. Allerdings wird der Auftragnehmer wohl kaum in der Lage sein, den Mindestsatz nach HOAI später
durchzusetzen. Er verstößt mit seinem Verhalten gegen das Gebot von Treu und Glauben und
zwar nach den Grundsätzen, wie es der BGH festgestellt hat.[55] Mit dieser vertragsrechtlichen Lösung wird jedenfalls sicher gestellt, dass einerseits das volle Mängelrecht auf von dem Auftragnehmer zu erbringende Leistungen gegen „Entschädigung" anzuwenden ist und auf der anderen
Seite jedoch sicher gestellt ist, dass die HOAI Mindestsätze nicht zur Anwendung kommen.

Soll die Honorierung von den vorgenannten Bedingungen abhängig gemacht werden, so stellt **38**
sich die Frage, ob die HOAI mit dem Verbot der Mindestsatzunterschreitung eine entsprechende
Vereinbarung überhaupt zulässt. Der Bundesgerichtshof lässt entsprechende vertragliche Rege-

---

[53] OLG München vom 25.01.2005 – 28 U 2235/03, ihm folgend in der Begründung in einem ähnlich gelagerten Fall
  des OLG Jena vom 08.01.2014 – 2 U 156/13
[54] BGH in BauR 85, 467
[55] BGH BauR 1997, 677

lungen zu. Danach fällt **eine Vereinbarung**, wonach ein Architekt oder Ingenieur zunächst nur auf eigenes Risiko arbeitet und eine Vergütung für die von ihm erbrachten Leistungen **nur bei Eintritt einer bestimmten Bedingung** erhalten soll, **nicht unter § 7 HOAI und bedarf auch nicht der Schriftform.**[56] Mündliche Vereinbarungen reichen aus.

39   Die **zwischen einem Architekten und einem Bauträger in ähnlichen Fällen** vereinbarten Vorleistungen werden häufig durch Kompensationsabreden erreicht, z. B. durch Vereinbarung eines **dauerhaften Rahmenvertrages** zwischen dem Bauherrn und dem Architekten, wonach der Bauherr sich verpflichtet, bei seinen künftigen Bauvorhaben stets diesen Architekten einzuschalten.[57]

40   In diese Kategorie der Vorgänge gehört auch der in der Praxis nicht seltene Fall, wonach der Auftraggeber substantiiert die Vereinbarung einer **aufschiebenden Bedingung** für den Abschluss eines Architektenvertrages behauptet, z. B., dass es zum Abschluss des Architektenvertrages erst dann kommen soll, wenn ein für die Refinanzierung eines Geschäftshauses **maßgebender Hauptmieter** vom Bauherrn gefunden ist. Es ist in einem solchem Fall Aufgabe des Architekten darzulegen und zu beweisen, dass eine entsprechende aufschiebende Bedingung zwischen den Parteien nicht vereinbart worden ist.[58]

41   Dem Auftraggeber steht auch keine Erleichterung zur Führung des Gegenbeweises zu. **Es besteht kein Erfahrungssatz, wonach freiberufliche Architekten oder Ingenieure zunächst auf eigenes Risiko arbeiten.** Dies gilt auch für Auftraggeber, zu deren Geschäftsprinzip es gehört, zunächst auf eigene Kosten Projekte zu entwickeln, sodass sie so lange ihre eigene Tätigkeit nicht vergütet bekommen, bis das Objekt vermarktet bzw. verkauft ist. Der Architekt/Ingenieur nimmt an dessen Vermarktungsrisiko grundsätzlich nicht teil, es sei denn, es wird ausdrücklich so vereinbart.

42   Bei **Bauherrenmodellen** erhalten die Auftragnehmer von Planungsleistungen nach HOAI ihre Honorare von einer **Bauherrengemeinschaft**, die von einem Initiator gebildet wurde. Wird der Planungsauftrag durch den Treuhänder oder den Initiator stellvertretend für eine noch zu bildende Bauherrengemeinschaft erteilt, so haftet jedoch nur der Initiator oder Treuhänder gem. § 179 BGB für das Honorar, wenn es zur Bildung einer Bauherrengemeinschaft nicht kommt.[59]

5. Alternative Planungsverfahren (Auftragsvergabe im Leistungswettbewerb)

43   Für die **Vergabe von Architekten- und Ingenieurleistungen** ist die Durchführung eines **Planungswettbewerbs** ein bewährtes altes Instrument. Ziel des Wettbewerbs ist es, im Rahmen eines anonymen Verfahrens Lösungsvorschläge unterschiedlicher Wettbewerbsteilnehmer für die gestellte Bauaufgabe zu haben, die von einer von der Bauherrschaft unabhängigen Jury beurteilt wird. Für die preiswürdigen Arbeiten wird eine Rangfolge gebildet und werden dementsprechend Preise verliehen. Auf der Grundlage des Wettbewerbsergebnisses entscheidet der Auftraggeber, welcher der Preisträger mit der weiteren Planung beauftragt wird. Es hat sich für den Wettbewerb ein formalisiertes Verfahren herausgebildet, die **Richtlinien für Planungswettbewerbe RPW 2008**, die vom Bundesministerium für Verkehr, Bau- und Stadtentwicklung herausgegeben worden und in den Bundesländern als Verwaltungsanweisung verbindlich eingeführt worden sind.[60]

Die Bundesländer haben diese Richtlinien zum größten Teil übernommen. Neben dem allgemeinen Regelwerk, wie solche Verfahren zu gestalten sind, werden in den Einführungserlassen auch zusätzliche Bedingungen geregelt. So schreibt RPW in Hamburg z. B. vor, dass die Aufgabenstellung so zu formulieren ist, dass entsprechend dem Planungsstand grundsätzlich eine Kostenobergrenze als verbindliche Vorgabe formuliert wird, die die wirtschaftliche Vergleichbarkeit der verschiedenen Entwurfsvarianten gewährleistet. Weiterhin wird dort vorgeschrieben, dass mögliche energetische Anforderungen als verbindliche Vorgaben zu definieren sind.[61]

---

[56] BGH BauR 1995, 726 = ZfBR 1995, 263 = BGH IBR 1996, 68
[57] BGH BauR 1992, 531 (533)
[58] KG IBR 1999, 71
[59] BGH BauR 1980, 262
[60] Die RPW 2008 lösen die „Grundsätze und Richtlinien für Wettbewerbe auf den Gebieten der Raumplanung, des Städtebaus und des Bauwesen – GRW" ab und stellen die nach § 15 Abs. 2 VOF geforderte einheitliche Richtlinie für Planungswettbewerbe des Bundes dar. Sie sind im Bundesanzeiger Nr. 182 v. 28.11.2008 veröffentlicht.
[61] Richtlinien für Planungswettbewerbe der freien Hansestatt Hamburg HRPW 2010

Neben diesem formalisierten Wettbewerbsverfahren kommt es in der Praxis häufig vor, dass Architekten und auch Ingenieure aufgefordert werden, unentgeltlich Planungsleistungen zu liefern, wobei sich der Auftraggeber vorbehält, eine Auswahl zu treffen und zu entscheiden, welcher der Teilnehmer später den Auftrag erhält. Geht es um die Vergabe von Architektenleistungen, so wird der Architekt aufgefordert, Planungslösungen zu liefern. Bei der Auftragsvergabe an Ingenieure steht in der Praxis die Honorarumfrage im Vordergrund. Es stellt sich deshalb die Frage, inwieweit solche Verfahren im Einklang mit der HOAI zu bringen sind.

44

Sind die Honoraranfragen **darauf abgestellt, Honorarangebote unterhalb der HOAI-Mindestsätze** zu erhalten, so stellen sie einen Verstoß gegen die Grundsätze des lauteren Wettbewerbs dar,[62] Auftraggeber laufen Gefahr, auf Unterlassung in Anspruch genommen zu werden,[63] Architekten und Ingenieuren ist es verwehrt, sich an solchen „Wettbewerbsverfahren" zu beteiligen. Sie verstoßen damit gegen geltendes Berufsrecht, welches ihnen auferlegt, sich im Rahmen der geltenden Gesetze, so auch der geltenden Honorarordnung zu bewegen.[64] Allerdings besteht keine Verpflichtung für den Auftraggeber, auch HOAI-gerecht auszuschreiben. Ein Auftraggeber, der keinerlei Hinweise auf die Honorarberechnung gibt und damit auch keine Veranlassung gibt, dass der angefragte Architekt oder Ingenieur ein Honorar unterhalb der Mindestsätze anbieten soll, verhält sich nicht wettbewerbswidrig. In einem solchen Fall kann erwartet werden, dass der anbietende Architekt oder Ingenieur entsprechende Nachfrage beim Auftraggeber hält, um sein Honorar nach den Regeln der HOAI anbieten zu können.[65]

45

II. Die Vereinbarung des Honorarsatzes gem. § 7 Abs. 1

1. Vorbemerkung

Die in der Honorarordnung enthaltenen Honorartafeln setzen eine **Rahmengebühr. Mindest- und Höchstsätze** in den jeweiligen Honorarzonen lassen den Parteien die Möglichkeit offen, einen Honorarsatz in dieser **Von-bis-Spanne** zu vereinbaren. Demgemäß regelt § 7 Abs. 1 einen Grundsatz. Das Honorar richtet sich also nach der **schriftlichen Vereinbarung des Honorarsatzes im Rahmen der Mindest- und Höchstsätze**, wobei aus Gründen der Rechtssicherheit und des angemessenen Schutzes des Auftraggebers eine **schriftliche Vereinbarung bei Auftragserteilung** Voraussetzung ist. Fehlt es an dieser Voraussetzung, so greift § 7 Abs. 5 ein. Der Auftragnehmer hat dann nur den Anspruch, ein Honorar auf der Grundlage des Mindestsatzes der zutreffenden Honorarzone zu berechnen.

46

Die **Spanne zwischen Mindest- und Höchstbetrag** soll es ermöglichen, die übertragene Leistung gerecht einzustufen. Die Spanne zwischen Mindest- und Höchstsatz **kann frei ausgeschöpft werden.** Zu den Fällen der Unterschreitung des Mindestsatzes und der Überschreitung des Höchstsatzes siehe nachstehend IV. Objektive Berechnungskriterien sind hierfür nicht festgelegt. Die Beträge der Mindest- und Höchstsätze hängen von der Honorarzone ab, diese wiederum vom Schwierigkeitsgrad der Planungsaufgabe. Die Honorarzonenbewertung nach Bewertungsmerkmalen beispielsweise gem. § 35 Abs. 4 kann dazu führen, dass eine hohe Punktzahl für die Honorarzone erreicht wird. Die Honorarzone III ist z. B. bereits erreicht, wenn 19 Punkte zu vergeben sind. Die Honorarzone IV beginnt erst mit der Erreichung von 27 Punkten. Wenn das Objekt z. B. mit 26 Punkten zu bewerten ist, fehlt nur 1 Punkt, um die Honorarzone IV annehmen zu können. Gleichwohl bleibt es in diesem Fall bei den Mindest- und Höchstsätzen der Honorarzone III. **Eine rechtlich bindende Auswirkung auf den zu vereinbarenden Honorarsatz innerhalb dieser Spanne hat die Punktebewertung nicht.**

47

---

[62] OLG München BauR 1996, 283
[63] OLG Bremen BauR 1997, 499; OLG Celle BauR 1995, 266; BGH BauR 1991, 638 (641); OLG Düsseldorf BauR 2001, 274
[64] Hierzu ausführlich Locher BauR 1995, 146
[65] BGH Urteil v. 15.5.03 – I ZR 292/00 NZBau 2003, 622 = IBR 2003, 609; sowie OLG München IBR 2004, 75

48   Auch wenn 26 Punkte anzurechnen sind, bleibt es bei der Honorarzone III Mindestsatz, wenn der Honorarrahmen nicht durch schriftliche Vereinbarung bei Auftragserteilung ausgeschöpft wird. Bei solchen Fallkonstellationen wäre es sicher sachgerecht, den Honorarrahmen weitgehend auszuschöpfen. **Dies obliegt jedoch allein den Parteien, da sie in der Festlegung des Honorarsatzes vollständig frei sind.** Die Punktebewertung ist allenfalls ein Hilfsmittel bei der Vertragsverhandlung, die den Parteien insoweit freisteht.

49   Bei **Aufgaben von einigem Gewicht** und bei **durchschnittlicher Anforderung** an die Leistungen des Auftragnehmers wird **in der Regel der Mittelsatz gerechtfertigt** sein. Die Parteien können im Übrigen anhand von Bewertungsmaßstäben objektive Einordnungskriterien entwickeln, die als Grundlage dienen können, gemeinsam mit dem Auftraggeber eine gerechte Einordnung in den Honorarrahmen zu finden. Die amtliche Begründung nennt folgende Bewertungsmaßstäbe: „besondere Umstände der einzelnen Aufgaben, der Schwierigkeitsgrad, der notwendige Arbeitsaufwand, der künstlerische Gehalt des Objektes. Einflussgrößen aus der Zeit, der Umwelt; die Institutionen der Nutzung, der Herstellung oder sonstige für die Bewertung der Leistung wesentliche, fachliche oder wirtschaftliche Gesichtspunkte, vor allem auch haftungsausschließende oder auch haftungsbegrenzende Vereinbarungen".[66]

2. Schriftliche Vereinbarung

50   Die Honorarvereinbarung **muss** schriftlich erfolgen. Das Erfordernis der Schriftform bezieht sich ausschließlich auf die Honorarvereinbarung. Alle anderen vertraglichen Abreden, z. B. über den Leistungsumfang, die Haftung, die Gewährleistung, das Urheberrecht etc., werden vom Zwang der Schriftform nicht erfasst.[67] Das Erfordernis schriftlicher Vereinbarung erstreckt sich somit auch nicht auf die Vereinbarung von Leistungen.[68] Danach besteht durchaus die Möglichkeit, dass die Parteien sich mündlich über den Umfang der beauftragten Leistungen einigen, während sie im Übrigen eine schriftliche Vereinbarung des Honorarsatzes tätigen.

51   Die für die Honorarvereinbarung notwendige Schriftform ist gewahrt, wenn beide Parteien gemäß § 126 Abs. 1 BGB die Honorarvereinbarung unterzeichnet haben.[69] **Auf der Urkunde müssen sich also beide Unterschriften befinden.** Werden mehrere Kopien, Durchschriften oder sonstige Ausfertigungen von der Vertragsurkunde erstellt, reicht es, wenn jede Partei ihr Exemplar unterzeichnet und diese dann ausgetauscht werden (§ 125 Abs. 2 Satz 2 BGB).[70]

52   Von der **schriftlichen Honorarvereinbarung** bei Auftragserteilung müssen **alle notwendigen Berechnungsgrundlagen** erfasst werden, nach denen das Honorar ermittelt werden soll.[71]

53   Je nach Besonderheit der Aufgabe kann es empfehlenswert sein, **einzelne Leistungsphasen unterschiedlich hoch zu bewerten.** § 7 Abs. 1 lässt dies zu und gibt den Parteien damit ein hinlänglich flexibles Instrument an die Hand, eine sachgerechte und angemessene Honorarvereinbarung zu tätigen. Wenn auch die HOAI die Schriftform nur für die Vereinbarung eines Honorarsatzes abweichend von dem Mindestsatz verlangt, so sollten die Vertragsparteien dennoch zur Abklärung des tatsächlich Gewollten ihre Vertragsbeziehung stets umfassend in schriftlicher Form darlegen.

54   Gibt der Auftragnehmer ein schriftliches Honorarangebot ab und erklärt der Auftraggeber seinerseits sein Einverständnis in Form eines Briefes, ist die Schriftform des § 126 BGB selbst dann nicht gewahrt, wenn der Brief auf das Angebot Bezug nimmt. Das **Angebot und die Annahme des Auftraggebers müssen in einer Urkunde enthalten und unterzeichnet sein.** Die Gerichte haben sich mehrfach mit diesen Fragen auseinandersetzen müssen und stets die eindeutige und

---

[66] Amtl. Begr. zum Referentenentwurf 1976 zu § 4 BR-Drucks. 270/76

[67] A. M. vgl. z. B. Vygen, in Korbion/Mantscheff/Vygen § 4 Rdn. 9; Locher/Koeble/Frik § 7 Rdn. 45. Dementsprechend ist dies auch mündlich und auch konkludent (stillschweigend) möglich. Vgl. hierzu: Eich zu OLG Jena, Urteil v. 09.01.2008 IBR 2009, 392

[68] OLG Koblenz Urteil v. 28.01.2008 – 12 U 202/05, OLG-Report Koblenz 2008, 332 = IBR 2008, 275

[69] OLG Celle IBR 1995, 67 = OLGR Celle 1994, 316; KG NJW-RR 1994, 1298

[70] OLG Hamm IBR 1995, 211= OLGR Hamm 1995, 25

[71] BGH BauR 1990, 97 (98)

insoweit klare gesetzliche Definition der Schriftform nach § 126 Abs. 1 BGB bestätigt. **Die Rechtsprechung folgt damit den strengen Regeln des § 126 BGB**.[72]

Die Frage ist, ob die **Unterzeichnung einer Vertragsvereinbarung per Telefax** die Schriftform erfüllt. Es ist z. B. denkbar, dass der Architekt oder Ingenieur dem Bauherrn per Telefax eine Honorarvereinbarung in Form eines Architekten- oder Ingenieurvertrages übermittelt, die mit seiner Unterschrift versehen ist. Wird diese Vertragsurkunde per Telefax übermittelt und reicht der Bauherr diese von ihm unterschrieben per Telefax zurück, so erfüllt dies die Schriftform.[73]   **55**

Eine Ausnahme hat das OLG Köln[74] dahingehend festgestellt, dass der Auftraggeber sich dann nicht auf die Formunwirksamkeit einer Honorarvereinbarung berufen kann, **wenn der Architekt in dem Glauben gelassen wurde, die besprochene und abgestimmte Vereinbarung werde alsbald gegengezeichnet, und der Architekt daraufhin seine Arbeit aufnimmt**. Wie eine Ausnahme erscheint auch das Urteil des BGH vom 11.02.2010,[75] wonach die Schriftform für ein Honorar gewahrt ist, nachdem zunächst nur ein Honorarangebot mit Berechnungsmethoden bestanden hat und sodann allein der Architektenvertrag schriftlich unterzeichnet wurde. Der Architektenvertrag stellte in diesem Fall die beiderseitig unterzeichnete Urkunde im Sinne des § 126 Abs. 1 BGB dar. Der Inhalt dieser Urkunde auch in Bezug auf etwaig umfasste Honorarregeln ist durch Auslegung zu ermitteln, hierfür wurde das vorherige Angebot herangezogen.[76] Dieser Ansatz ist streng dogmatisch und daher keine Ausnahme, ein Auslegungsergebnis gilt jedoch immer nur für den Einzelfall.   **56**

Eine weitere Ausnahme hat auch das OLG Karlsruhe[77] begründet. Der Auftraggeber hatte ein **schriftliches Vertragsangebot** des Architekten mit einem Honorarvorschlag über den Mindestsätzen dahingehend **abgeändert**, dass das Honorar nach einer bestimmten Baukostensumme abgerechnet werden sollte. Der Auftragnehmer seinerseits war mit dieser **Änderung einverstanden**, übersandte ihn jedoch nicht gegengezeichnet zurück. Die Berufung des Auftraggebers auf eine Formunwirksamkeit der Honorarvereinbarung mit der Folge, dass die Mindestsätze abzurechnen seien, überzeugte das Gericht nicht. Vielmehr sah es das OLG Karlsruhe als ausreichend an, dass sich die Beteiligten über die Änderung geeinigt hatten.   **57**

Nur im Ausnahmefall verstößt es gegen den **Grundsatz von Treu und Glauben**, wenn sich der Auftraggeber auf die fehlende Schriftform beruft, obwohl er sich eindeutig schriftlich zur Vertragsannahme bei ausdrücklicher Erwähnung der Vereinbarung eines über dem Mindestsatz vereinbarten Honorars in der offenbaren Erkenntnis bekannt hat, dass er dem Honorarrahmen entsprechend ausschöpfen möchte. In diesem Fall ist der Schutzzweck, der mit der vorgeschriebenen Schriftform erreicht werden soll, erfüllt.[78]   **58**

Die schriftliche Bestätigung einer mündlich getroffenen Honorarabsprache reicht nicht.[79] Es fehlt an der Unterschriftsleistung des Auftraggebers. Wird die schriftliche Bestätigung dem Auftraggeber mit der Bitte zugeleitet, eine Zweitschrift, einen Durchschlag oder eine Kopie unterzeichnet zurückzusenden, ist die Schriftform eingehalten.   **59**

Üblicherweise erfolgt keine isolierte Vereinbarung des Honorarsatzes, sondern **nur im Zusammenhang eines vollständigen Vertrages**. Die Schriftform ist dabei gewahrt, wenn die Unterschriften der Vertragspartner auf der letzten Seite des Vertrages gesetzt sind, wenn sich aus dem fortlaufenden Text und der Paginierung des Vertrages ergibt, dass der **Vertrag eine Einheit** bildet.[80]   **60**

---

[72] Vgl. BGH a. a. O. Rdn. 12 f. sowie OLG Hamm BauR 1995, 129; OLG Köln BauR 1986, 467 f., OLG Düsseldorf BauR 1982, 294 (295); so bereits auch Landgericht Waldshut-Tiengen BauR 1981, 80 (83)

[73] So auch Vygen, in Korbion/Mantscheff/Vygen § 4 Rdn. 11, hierfür auch Pott/Dahlhoff/Kniffka/Rath 8.Aufl. § 4 Rdn. 8

[74] Vgl. Baden zu OLG Köln IBR 1996, 206

[75] BGH Urteil v. 11.02.2010 – VII ZR 218/08 = IBR 2010, 276

[76] BGH a. a. O. Rdn. 12 f.

[77] OLG Karlsruhe BauR 1993, 109; vgl. hierzu Morlok in IBR 1993, 160

[78] Vgl. hierzu auch KG BauR 1998, 818 für den Fall der pauschalen Nebenkostenabrede gem. § 7 HOAI und Korbion/Mantscheff/Vygen § 4 Rdn. 8

[79] OLG Düsseldorf BauR 1995, 419 = OLG Düsseldorf IBR 1995, 117; BGH BauR 1989, 222

[80] BGH BauR 1999, 504

61 Die Schriftform des § 7 HOAI ist auch dann gewahrt, wenn die Vertragsparteien eine Unterschriftsleistung in **elektronischer Form** vereinbaren. Nach **§ 126 a BGB** kann die Schriftform durch die elektrische Form ersetzt werden. Voraussetzung ist, dass der Absender des in elektronischer Form abgefassten Architekten- und Ingenieurvertrages seinen Namen hinzugefügt hat und das gesamte elektronische Dokument mit einer qualifizierten elektronischen Signatur nach dem Signaturgesetz[81] versehen ist. **Eine einfache E-Mail reicht nicht aus.**

62 Die Unterschriftsleistung unter dem Vertrag in elektronischer Form führt bei Anwendung des § 126 a BGB auch zunächst nur zu der schriftlichen Erklärung eines Vertragspartners, und zwar des jeweiligen Absenders des Dokumentes. Zum schriftlichen Vertragsabschluss kommt es deshalb nach § 126 a BGB erst, wenn das gleich lautende Dokument unter Beachtung der elektronischen Signatur auch von dem Empfänger des Vertragstextes, mit seiner Signatur versehen, an den Absender wieder zurückgemailt wird. Signiert nur eine Vertragspartei den Vertragstext in elektronischer Form nach § 126 a BGB und unterschreibt der andere Vertragsteil das Dokument mit seiner Originalunterschrift, so ist die Schriftform auch erfüllt, da der Schutzzweck der Schriftform auch dadurch gewahrt wird.[82]

63 Unterschriftsleistung bedeutet, dass die **vollständige Unterschrift** auf das Dokument zu setzen ist. Ein **Namenskürzel oder eine Paraphe**, die den Aussteller nicht zweifelsfrei erkennen lassen, reicht nicht.[83]

64 Haben die Vertragsparteien einen Architekten- oder Ingenieurvertrag unter Wahrung der Schriftform geschlossen und sind sich die Vertragparteien später darin einig, dass das Vertragsverhältnis auf einen Dritten übergehen soll, so bedarf es zur Wirksamkeit der Honorarvereinbarung für den **Überleitungsvertrag** nicht der Wahrung der Schriftform.[84] Solche Fälle können auftreten, wenn der Auftragnehmer sich in einer neuen Rechtsform organisiert hat und mit Zustimmung des Auftraggebers die bestehenden Verträge in die neue Gesellschaft übernimmt, z. B. aus einem Einzelbüro eines Auftragnehmers wird eine Partnerschaft oder eine GmbH, ohne dass der Auftraggeber den Vertrag auf einen neuen Vertragspartner mit Zustimmung des Auftragnehmers überträgt.

65 Der **Verstoß gegen die Schriftform** betrifft nur die Wirksamkeit der Honorarvereinbarung, da die Übertragung von Leistungen sowie die Regelung sonstiger vertraglicher Bestimmungen wie Haftung des Auftragnehmers, Urheberrecht, Kündigung usw. nicht der Schriftform bedürfen. In diesem Fall greift § 7 Abs. 5 ein, wonach der **jeweilige Mindestsatz der zutreffenden Honorarzone als vereinbart gilt**, sofern nicht bei Auftragserteilung etwas anderes schriftlich vereinbart worden ist. Ein Auftragnehmer, der einen höheren Honorarsatz als den Mindestsatz erhalten will, muss für eine formwirksame Honorarvereinbarung sorgen und hat hierfür die Beweislast.[85] Geschieht das nicht, so erhält er nur den Mindestsatz vergütet.[86]

3. Das Erfordernis „bei Auftragserteilung"

66 Der Verordnungsgeber schreibt weiter vor, dass die **Honorarvereinbarung bei Auftragserteilung** vorzunehmen ist. Welcher Zeitpunkt vom Verordnungsnehmer hiermit gemeint ist, hängt davon ab, was unter dem Begriff „bei Auftragserteilung" zu verstehen ist.

67 Das Vertragsrecht des BGB kennt diesen Begriff nicht. Das BGB unterscheidet zwischen dem Angebot auf Abschluss eines Vertrages, § 145 BGB, und dem Vertragsabschluss, der eine Annahme des Angebotes voraussetzt, §§ 146 ff. BGB. Mit der „Auftragserteilung" kann das Angebot gemäß § 145 BGB nicht gemeint sein. Dies schon deshalb nicht, weil das Angebot die Entstehung

---

[81] Gesetz v. 16.05.2001 BGBl. I, 876, 883

[82] Ellenberger, in Palandt BGB, 69. Aufl., § 126 a Rdn. 10

[83] Ständige Rechtsprechung BGH NJW 1978, 1255

[84] BGH BauR 2000, 592 = NJW 2000, 1114 = NZBau 2000, 139 = ZfBR 2000, 176

[85] Vgl. Preussner zu OLG Hamm IBR 1996, 155; OLG Hamm OLGR 1995, 196

[86] A. M. vgl. z. B. Korbion/Mantscheff/Vygen § 4 Rdn. 20 m. w. N.; OLG Stuttgart ZfBR 82, 171 (172); Locher/Koebler/Frik § 7 Rdn. 52

eines Vertragsverhältnisses lediglich einleitet und nicht feststeht, ob es vom Vertragspartner angenommen wird. Es kann demnach nur auf den Vertragsabschluss abgestellt werden. Gemäß § 154 BGB ist der Vertrag allerdings noch nicht geschlossen, solange sich die Parteien nicht über alle Punkte eines Vertrages geeinigt haben, über die nach der Erklärung auch nur einer Partei eine Vereinbarung getroffen werden soll. Gibt der Auftragnehmer zu erkennen, dass über die Höhe des Honorars noch gesprochen werden müsse, ist ein Vertragsabschluss noch nicht gegeben. **Der Vertragsabschluss kann deshalb zeitlich lange nach Beginn und Anbahnung des Vertragsverhältnisses liegen.**

Mit dem Begriff „bei Auftragserteilung" ist eine Zeitkomponente angesprochen. Der Verordnungsgeber begründet diese Regelung wie folgt: „Die Vertragsparteien sollen ihre Vereinbarung bei Auftragserteilung treffen. Rechtzeitig getroffene Vereinbarungen tragen dazu bei, spätere Unklarheiten über Streitigkeiten zu vermeiden. Sie werden, sofern rechtsgültig zustande gekommen, den Bedürfnissen des Einzelfalls grundsätzlich eher gerecht, als spätere Korrekturen mit Hilfe der Gerichte oder von Sachverständigen. Auch § 4 Abs. 4 HOAI 2002 lässt das Bestreben erkennen, dass die Vertragsparteien frühzeitig eine Einigung über die Honorarsetzung herbeiführen sollen. Versäumen die Vertragsparteien eine derartige Vereinbarung, die schriftlich und bei Auftragserteilung zu treffen ist, gelten die Mindestsätze als vereinbart. Dieses Versäumnis mit den sich daraus ergebenden Folgen für die Berechnung des Honorars ist preisrechtlich nicht mehr korrigierbar."[87]   **68**

Das Tatbestandsmerkmal „bei Auftragserteilung" ist in der Verordnungsermächtigung, dem Gesetz zur Regelung von Ingenieur- und Architektenleistungen, als gesetzgeberischer Befehl an den Verordnungsgeber aufgeführt. Der Verordnungsgeber selbst hat keine andere Wahl, als diese Voraussetzung für die Vereinbarung von Honorarsätzen zwischen Mindest- und Höchstsatz zu übernehmen. Jede abweichende Formulierung wäre vom Ermächtigungsrahmen nicht gedeckt und würde zu einer verfassungsrechtlich zu beanstandenden Verordnungsfassung führen, weil sie vom Gesetzestext der Ermächtigungsgrundlage abweicht.   **69**

Deshalb ist die **Kritik an dieser Bestimmung** an den Gesetzgeber zu richten, der bei der Durchsetzung seines gesetzgeberischen Ziels **eine Formulierung** gewählt hat, **die an den Erfordernissen der Praxis vorbeigeht.**   **70**

Die Überlegungen des Gesetzgebers drehten sich in erster Linie um den Schutz des Bauherrn als Auftraggeber von Architekten- und Ingenieurleistungen. Dieser sollte seine Entscheidung über eine Auftragserteilung auch davon abhängig machen können, welcher Honorarsatz über dem Mindestsatz angenommen werden soll. Dieser **Schutzzweck wird allerdings auch dann erreicht, wenn die hierfür erforderliche Honorarvereinbarung <u>nur</u> dem Schriftformerfordernis unterworfen wird.** Das im Begriff „bei Auftragserteilung" liegende Zeitmoment überdehnt den Schutzzweck des Auftraggebers so einseitig, dass in der Praxis fast selten eine schriftliche Honorarvereinbarung vorkommt, die tatsächlich schon während der Anbahnung der Geschäftsbeziehung zwischen den Vertragsparteien zustande gekommen ist.   **71**

Es entspricht außerdem der Lebenserfahrung, dass ein Architekten- und Ingenieurvertrag niemals während der ersten Kontaktgespräche zwischen den Parteien geschlossen wird. Mit der Beauftragung eines Architekten/Ingenieurs trifft der Bauherr die erste und auch vermutlich wichtigste Entscheidung im Hinblick auf die Durchführung seines Bauvorhabens. Das Gelingen des Bauvorhabens hängt ganz wesentlich von der Leistungsfähigkeit und Zuverlässigkeit seines Architekten/Ingenieurs ab. Da der Auftraggeber zumeist erhebliche finanzielle Verbindlichkeiten eingeht, wird er stets bemüht sein, bei der Auswahl seiner wichtigsten beratenden Partner am Bau sehr sorgfältig vorzugehen.   **72**

Aus dieser Interessenskonstellation folgt, dass zunächst eine Phase des gegenseitigen Kennenlernens zwischen den potenziellen Vertragspartnern stattfindet. Im Rahmen dieser Phase werden erste Leistungen des Auftragnehmers erbracht. Und diese sind die Grundlage, um das Terrain der **künftigen Vertragsbeziehungen** auf seine Tragfähigkeit im Hinblick auf Zuverlässigkeit   **73**

---

[87] Vgl. die amtliche Begründung zu § 4 BR-Drucks. 270/76

und Leistungsfähigkeit abzutasten. Hinzu kommt, dass der Auftragnehmer **erst am Ende der ersten Phase der Projektbesprechungen mit dem Bauherrn Klarheit über die gestellte Aufgabe**, deren Schwierigkeitsgrad und die damit verbundenen Lösungsmöglichkeiten gewinnt. **Diese Kenntnis wiederum ist Voraussetzung, ein sachgerechtes Honorar im Bereich zwischen Mindest- und Höchstsatz zu vereinbaren.** Weiterhin sind diese Kenntnisse notwendig, um eine Bestimmung vorzunehmen, welcher Honorarzone das Objekt zuzuordnen ist.

74   Wie also ist die Voraussetzung „bei Auftragserteilung" im Einzelfall auszulegen? Die Rechtsprechung der Instanzgerichte hat den Schwerpunkt der Beurteilung auf eine zeitliche Komponente gesetzt und beginnt die Betrachtung mit dem **Zeitpunkt, in dem der Auftragnehmer im Auftrage des Auftraggebers mit der Leistung begonnen hat.** Lag der eigentliche Vertragsabschluss Monate danach, so wurde eine Überschreitung des Zeitpunktes „bei Auftragserteilung" angenommen. **Ob diese sehr enge Betrachtungsweise dem tatsächlichen Wortlaut der Verordnung gerecht wird, erscheint sehr zweifelhaft.** Der Begriff Auftragserteilung kann nur mit dem Begriff Vertragsabschluss gleichgesetzt werden. So versteht es jedenfalls auch der Bundesgerichtshof. Der BGH hat schon in seiner Entscheidung am 06.05.1985[88] festgestellt, dass der § 4 Abs. 4 HOAI 1996 mit seiner Voraussetzung „bei Auftragserteilung" alle Fälle erfasst, in denen die Beteiligten nicht schon bei Vertragsabschluss schriftlich eine zulässige Honorarvereinbarung getroffen haben. Der BGH weist in seiner Begründung unter anderem auf die Entscheidung des Bundesverfassungsgerichts vom 20.10.1981[89] hin, die die Entwicklungsgeschichte für die Formulierung der Ermächtigungsgrundlage zu § 4 HOAI 1996 wiedergibt. Danach ist im Rahmen des Gesetzgebungsverfahrens ausdrücklich der Vorschlag verworfen worden, eine Abweichung von den Mindestsätzen auch nach Vertragsabschluss für zulässig zu erklären. In seiner neuesten Entscheidung hat der BGH diese Rechtsprechung noch einmal bestätigt. **Mit Urteil vom 16.12.2004[90] erklärt der BGH den Begriff der Auftragserteilung als identisch mit dem des Vertragsabschlusses.** In dem zur Beurteilung anstehenden Fall hatte der Auftragnehmer einen schriftlichen Architektenvertrag am 18.02.1997 mit den offensichtlich ausgehandelten Inhalten unterzeichnet, der am 20.05.1997 von der auftraggebenden Stadt gegengezeichnet worden ist. Während das OLG noch der Auffassung war, dass der Zeitpunkt bei Auftragserteilung überschritten gewesen sei und die Wirksamkeit der Honorarvereinbarung nur unter Anwendung des Grundsatzes von Treu und Glauben nach § 242 BGB für maßgebend erklärt hat, stellt der BGH fest, dass das OLG nicht festgestellt habe, dass der Vertrag bereits vor dem 20.05.1997 geschlossen worden sei.

75   Kommt es bei der Beurteilung der Voraussetzung „bei Auftragserteilung" darauf an, den Zeitpunkt des Vertragsabschlusses festzustellen, so fehlt es bei den meisten instanzgerichtlichen Urteilen an einer klaren und eindeutigen Feststellung, **ob dem schriftlichen Vertragsabschluss bereits ein mündlicher ggf. stillschweigender Vertragsabschluss zeitlich vorausgegangen ist.** Da der Abschluss von Architektenverträgen keiner Form unterliegt, kommt es also darauf an, festzustellen, ob die Parteien aufgrund mündlicher Verabredung zu einem früheren Zeitpunkt bereits einen Vertragsbindungswillen besessen haben, der zum Vertragsabschluss führt. Nach § 154 BGB stellt der Gesetzgeber fest, dass **ein Vertrag im Zweifel nicht geschlossen ist, wenn die Parteien dessen Beurkundung, also dessen Schriftlichkeit, beabsichtigt haben.** Dies wird in den meisten Fällen anzunehmen sein, wenn die Parteien ihre Vertragsbeziehung im Rahmen eines schriftlichen Vertrages niederlegen wollen. Diese Rechtsfolge kann nur dann nicht angenommen werden, wenn nach dem übereinstimmenden Willen der Vertragsparteien die Schriftform des Vertrages ausschließlich Beweiszwecken dienen sollte. Für einen solchen Willen wiederum müssen konkrete Anhaltspunkte vorliegen[91], das wiederum wird vom BGH in der Regel dann bejaht, wenn die Parteien die Formabrede der Schriftlichkeit erst nach Vertragsabschluss treffen.[92] Diese Grundsätze müssen bei der Beurteilung der Wirksamkeit von Honorarvereinbarungen beachtet werden.

---

[88] BGH BauR 1985, 582
[89] BauR 1982, 74 (78)
[90] BGH Urteil v. 16.12.2004 – VII ZR 16/03 BauR 2005, 735 (737)
[91] BGH NJW-RR 1991, 1054
[92] BGH NJW 1994, 2026

Kommt es zu einem schriftlichen Vertrag und hat der Auftragnehmer bereits Leistungen er- **76**
bracht, so ist die Frage zu prüfen, ob im Rahmen dieser Leistungserfüllung der Auftragnehmer
lediglich mit dem Ziel der **Akquisition** des Erhalts eines Architektenauftrages gearbeitet hat,
ob also zu diesem Zeitpunkt überhaupt ein Vertragsbindungswille des Auftraggebers gegeben
war. Fehlt es an einem solchem, kann nicht von einem vorzeitigen Vertragsabschluss gesprochen werden, der durch den nachfolgenden schriftlichen Vertrag korrigiert worden wäre. War
er indes gegeben und sollte die schriftliche Fixierung des Vertragsverhältnisses erkennbar Beweiszwecken dienen, so führt die nachträgliche schriftliche Vereinbarung zu einer Veränderung
des bestehenden Vertrages, der nach § 7 Abs. 1 unwirksam ist, da die Vereinbarung nicht bei
Auftragserteilung geschlossen wurde.

Ändert sich der Gegenstand des Auftrages nach Auftragserteilung nach Art und Umfang we- **77**
sentlich und versuchen die Parteien, dieser Änderung durch eine angepasste Honorarvereinbarung Rechnung zu tragen, so ist dies wiederum **ein neuer Zeitpunkt bei Auftragserteilung**, der
eine vom Mindestsatz abweichende Honorierung zulässt.[93]

Rahmenverträge, wonach der Bauherr sich verpflichtet, einen Auftragnehmer mit Architek- **78**
ten- und Ingenieurleistungen zu beauftragen,[94] setzen keinen Zeitpunkt „bei Auftragserteilung".
Da das zu bewertende Objekt, welches Gegenstand des Auftrages sein soll, bei Abschluss des
Rahmenvertrages nicht bekannt ist und die entsprechenden Honorarparameter erst später festge-
legt werden, liegt der Zeitpunkt bei Auftragserteilung erst bei Übertragung der Einzelaufträge
nach dem Rahmenvertrag.[95] Das Gleiche gilt auch bei Vereinbarung eines **Vorvertrages**. Der
Zeitpunkt bei Auftragserteilung liegt hier bei der Vertragsvereinbarung des Hauptvertrages, der
Folge des Vorvertrages ist.[96]

Wird im Rahmenvertrag für künftig zu beauftragende Architekten-/Ingenieurleistungen Honorarsätze zwischen Mindest- und Höchstsatz vereinbart, so liegt eine wirksame Honorarvereinbarung vor. Wenn aufgrund der Rahmenvereinbarung spätere Einzelaufträge erteilt werden,
ist damit auch ein rechtswirksames Honorar zu dem Honorarsatz gem. Rahmenvereinbarung
getroffen.

Den Grundsatz, dass nachträglich nach Auftragserteilung eine Honorarvereinbarung nicht verän- **79**
dert werden kann, hat das OLG Düsseldorf[97] auch für den Fall angenommen, dass die Parteien bei
nur teilweiser Übertragung einer Leistungsphase die Leistungsbewertung nachträglich geändert
haben. So wurde an Stelle der für die Ausführungsplanung vorgesehenen 5 Prozentpunkten nachträglich 10 Prozentpunkte vereinbart. Das Gericht sieht nicht die Möglichkeit, diesen Fall durch
nachträgliche Honorarvereinbarung zu korrigieren. Diese Entscheidung ist deshalb problematisch, weil damit auch eine Korrektur einer möglichen Mindestsatzunterschreitung, die nach § 7
Abs. 3 gerade nicht zugelassen ist, nachträglich sanktioniert wird. Wenn sich nämlich herausstellt, dass die Bewertung der übertragenen Leistungen nicht dem Anteil entspricht, der nach § 8
HOAI im Verhältnis zu der gesamten Leistungsphase anzunehmen wäre, liegt eine Unterschreitung des Mindestsatzes vor. In solchen Fällen muss den Parteien gestattet sein, diese Mindest-
satzunterschreitung nachträglich zu korrigieren. Anders würde es sich nur verhalten, wenn die
Parteien mit einer nachträglichen Veränderung des Leistungsprozentsatzes für die übertragenen
Leistungen versteckt eine Überschreitung des Mindestsatzes beabsichtigen würden, also eine
Honorierung verabreden wollten, die zu einer Überschreitung des Mindestsatzes führt.

Die umfassende Beauftragung eines Architekten mit sämtlichen Leistungsphasen stellt nicht **80**
den Regelfall dar. Es ist in der Praxis vielmehr gebräuchlich, den Architekten **stufenweise zu**

---

[93] Wie hier Vygen in: Korbion/Mantscheff/Vygen § 4 Rdn. 33: Vygen nennt als Beispiel die nachträgliche Änderung
des Objekts in dem Sinne, dass aus einem Mehrfamilienhaus ein Einfamilienhaus oder aus einem Umbau ein Anbau
wird sowie wesentliche Änderungen des Raumprogramms, also insgesamt Grundlagen, die zu einer Honoraranpassung an die veränderten Verhältnisse führen; vgl. auch Locher/Koeble/Frik § 7 Rdn. 61; Werner/Pastor Rdn. 755.
[94] Siehe hierzu Rdn. 39; BGH BauR 1992, 531 (533)
[95] Korbion/Mantscheff/Vygen § 4 Rdn. 35, Locher/Koeble/Frik § 7 Rdn. 67
[96] So auch Locher/Koeble/Frik § 7 Rdn. 66, die sich außerdem mit überzeugenden Gründen mit der gegenteiligen
Auffassung auseinandersetzen; so auch Korbion/Mantscheff/Vygen § 4 Rdn. 36 m. w. N.
[97] OLG Düsseldorf, Urteil v. 20.11.2001 in BauR 2002, 499 = NZBau 2003, 41

beauftragen. Gelegentlich wird der Auftrag beschränkt auf die Erarbeitung der Grundlagenermittlung und der Vorplanung (Vorplanungsvertrag). Das Ziel eines solchen Auftrages besteht darin, zu klären, ob der Architekt Gestaltungsvorschläge unterbreiten kann, die die Zustimmung des Auftraggebers finden. Kommt es zur weiteren Beauftragung mit weiteren Leistungsphasen, so ist ein **neuer Zeitpunkt „bei Auftragserteilung"** gegeben. Der Abschluss des Vertrages für die weitere Beauftragung rechtfertigt es danach, die Honorarspanne zwischen Mindest- und Höchstsatz auszunutzen, während für die Leistungsphasen 1 und 2 (Grundlagenermittlung und Vorplanung) der Zeitpunkt bei Auftragserteilung überschritten ist, wenn nicht bei Abschluss des Vorplanungsvertrages ein höherer Honorarsatz als Mindestsatz vereinbart war.

81   Wurden die Grundlagenermittlung und Vorplanung jedoch im Rahmen einer **Akquisitionsleistung** erbracht, liegt der Zeitpunkt „bei Auftragserteilung" erst im Zeitpunkt des Vertragsabschlusses vor. **Im Akquisitionsfall bestand keine vertragliche Bindung** für die Grundlagenermittlung und Vorplanung. Kommt es zum Vertragsabschluss nach Abschluss der Vorplanung, so wird der Architektenvertrag sämtliche Leistungen der Grundlagenermittlung und Vorplanung zumeist bis zur Genehmigungsplanung oder sogar weiterführende Leistungen erfassen. In einem solchen Fall wird das Honorar auch für Leistungen bestimmt, die der Architekt in der Akquisitionsphase erbracht hat, für die es allerdings keine vertragliche Verpflichtung gab. Die **Festlegung eines über den Mindestsatz geltenden Honoraranspruches für diese Leistungen** ist gleichwohl möglich, da es in diesem Fall an einer vertraglichen Bindung für die Akquisitionsleistungen fehlt und die Honorarvereinbarung deshalb bei Auftragserteilung auch zustande kommt.

82   Je nach Ausgestaltung der **stufenweisen Beauftragung** kann ein **Rechtsanspruch auf weitere Beauftragung** weiterer Stufen zu Gunsten des Auftragnehmers bestehen oder nicht. Besteht kein Rechtsanspruch auf weitere Beauftragung, so fehlt es an einer vertraglichen Bindung für die Stufen, die noch nicht beauftragt sind. Kommt es nach Erledigung einer Auftragsstufe deshalb zu einer Auftragserteilung einer weiteren Stufe, so kann für die nachfolgenden Leistungen dieser Auftragsstufe auch ein vom Mindestsatz abweichendes höheres Honorar vereinbart werden, da insoweit auch der Zeitpunkt bei Auftragserteilung gegeben ist.

83   Haben die Parteien vertraglich einen **umfassenden Architekten- oder Ingenieurauftrag** geschlossen und soll nachträglich ein vom Mindestsatz abweichendes Honorar für nicht erbrachte Leistungen vereinbart werden, so scheidet dies aus. Dies kann auch nicht dadurch erreicht werden, dass der Vertrag einvernehmlich aufgehoben und wieder neu abgeschlossen wird. Dadurch entsteht kein neuer Zeitpunkt „bei Auftragserteilung", da es sich hierbei um eine Umgehung des mit dem vom Verordnungsgeber angestrebten Ziels der Honorarfestlegung „bei Auftragserteilung" handelt.[98] Erst nach Vertragsbeendigung besteht die Möglichkeit einer einvernehmlichen zusätzlichen Zahlung oder einvernehmlichen Änderung des Honoraranspruchs.[99]

84   Ein sehr häufig anzutreffender Fall in der Praxis ist, **dass sich die Parteien** bei Auftragserteilung über dem Leistungsumfang und die Honorierung insbesondere auch auf die Anwendung der Honorarzone und des Honorarsatzes **geeinigt haben,** der **schriftliche Nachvollzug der Vereinbarung** allerdings erst **wesentlich später, teilweise gar nicht erfolgt.** Insbesondere bei der öffentlichen Hand ist zu beobachten, dass schriftliche Architekten- und Ingenieurverträge zwar geschlossen werden, diese jedoch in den allermeisten Fällen erst dann, wenn schon ein beachtlicher Leistungsaustausch zwischen den Parteien stattgefunden hat. Manche Rechnungsprüfungsämter prüfen in solchen Fällen, ob Architekten- und Ingenieurverträge bei Auftragserteilung schriftlich geschlossen wurden. Ist dies nicht der Fall, so wird nachträglich die Abrechnung der Leistungen zu den Mindestsätzen verlangt, obwohl sich die Vertragsparteien bei Durchführung

---

[98] Vgl. hierzu Werner BauR 1993, 695, 696
[99] Vgl. hierzu unten Punkt 5, Rdn. 91, so auch bereits BGH BauR 1987, 706 sowie das OLG Rostock, das eine vergleichsweise Regelung nach Beendigung der Architektenleistung für zulässig hält. OLG Rostock Urteil v. 07.11.2007 – 2 U 2/07 OLGR Rostock 2008, 328; vgl. auch Thode zum vergleichbaren Fall des OLG Brandenburg, Urteil v. 11.12.2007 – 11 U 116/07 IBR 2008, 277; hier geht es zwar um eine das Honorar verändernde Pauschalvereinbarung, es wird jedoch der Grundsatz aufgestellt, dass diese Änderung nach Beendigung der Architektenleistung möglich ist.

des Auftrages an ihren schriftlichen Vertrag gehalten haben, z. B. die vereinbarten Mittelsätze auch gezahlt wurden.

Dies widerspricht dem Grundsatz von Treu und Glauben, wenn die Parteien sich bei Auftragserteilung auf die Honorierung zu einem vom Mindestsatz abweichenden höheren Honorarsatz geeignet haben, hierüber bereits eine Vertragsurkunde erstellt haben, die die Einigung enthält und zur Unterschrift des Auftraggebers vorliegt, dieser den von ihm gegenzeichnenden Vertrag jedoch nicht rechtzeitig zurückreicht.   85

Das OLG Köln hat dies auch für den Fall angenommen,[100] dass nur ein schriftliches Honorarangebot des Auftragnehmers vorlag, wonach dieser Architektenleistungen bis zur Genehmigungsplanung gegen Honorierung nach Honorarzone III Höchstsatz angeboten hat, was die **beauftragten Anwälte der Bauherrschaft** mit der Erklärung angenommen haben, das **Einverständnis mit dem Honorarangebot** bestehe und sei **an die Mandantschaft mit der Bitte um Gegenzeichnung** weitergereicht worden. Das OLG Köln hat auch in diesem Falle den Grundsatz von Treu und Glauben angewandt und den Honoraranspruch auf der Grundlage Honorarzone III Höchstsatz angenommen.   86

Ist der Architektenvertrag mit einer Gemeinde oder einer Stadt zu schließen, so sind die Vorschriften für den **rechtswirksamen Abschluss von Verträgen nach der Gemeindeordnung** zu beachten. Die nach den Gemeindeordnungen schriftlich abzuschließenden Verpflichtungsverträge der Gemeinde führen in Anwendung des § 154 Abs. 2 BGB dazu, dass im Zweifel davon auszugehen ist, dass noch keine Vertragsbindung besteht, solange kein schriftlicher Vertrag vorliegt.[101] In einem solchem Fall ist der Zeitpunkt „bei Auftragserteilung" erst gegeben, wenn der schriftliche Vertrag geschlossen ist.   87

Das OLG Hamm geht noch einen Schritt weiter und meint, dass die nach den Gemeindeordnungen schriftlich abzuschließenden Verpflichtungsverträge der Gemeinden dazu führen, dass nach § 154 Abs. 2 BGB im Zweifel davon auszugehen ist, dass noch keine Vertragsbindung entsteht, solange kein schriftlicher Vertrag vorliegt.[102] Da das OLG Hamm diese Vermutungsregelung auch auf Architektenverträge anwendet, wird der Zeitpunkt „bei Auftragserteilung" zum Zeitpunkt des schriftlichen Vertragsvollzugs angenommen.   88

4. Fehlende Honorarvereinbarung

Haben die Parteien vereinbart, dass Planungsleistungen nach HOAI gegen Entgelt zu erbringen sind **ohne eine wirksame Vereinbarung über die Höhe des Honorars** zu treffen, so gelten **gemäß § 7 Abs. 5 HOAI die Mindestsätze** der jeweils zutreffenden Honorarzonen als vereinbart. Damit ist die Vergütungshöhe nach § 632 Abs. 2 bestimmt.   89

Die HOAI ist im Sinne des § 632 Abs. 2 eine taxmäßige Vergütung.[103] Der Auftragnehmer muss beweisen, dass es zum Abschluss eines Vertrages gekommen ist und nach der vertraglichen Vereinbarung auch zu einer Vergütung der Leistung führen soll. Der Auftragnehmer hat sodann Anspruch auf seine Vergütung nach § 7 Abs. 5. Er muss allerdings die Tatsachen für die Ermittlung des Honorars nach HOAI im Einzelnen darlegen und beweisen.[104] Dies setzt voraus, dass er eine prüffähige Honorarrechnung vorlegt.[105]   90

5. Honorarvereinbarung nach Vertragsbeendigung – Vergleich

Die strengen Voraussetzungen der „schriftlichen Vereinbarung bei Auftragserteilung" müssen dann nicht mehr eingehalten werden, wenn die Vereinbarung **nach Beendigung der Architektentätigkeit** getroffen wird. In diesem Fall geht es nicht mehr um die Honorarvereinbarung einer   91

---

[100] Vgl. Baden zu OLG Köln, Urteil v. 19.12.1995 – 22 U 73/95 IBR 1996, 206
[101] Vgl. OLG Hamm BauR 1995, 129
[102] Vgl. OLG Hamm BauR 1995, 129
[103] Vgl. Sprau in Palandt, BGB, 69. Aufl., § 632 Rdn. 14 und 19
[104] BGH BauR 2001, 1926 = NJW-RR 2002, 159 = NZBau 2001, 690 = ZfBR 2002, 59
[105] Siehe hierzu die Kommentierung zu § 8 und Jagenburg NJW 1999, 2218 (2219)

noch zu erfüllenden, in der Zukunft liegenden Leistung, deren Inhalt und Durchführung auch wegen des Entwicklungscharakters ggf. noch ungewiss sind. In diesem Fall ist die Leistung bereits erbracht und kann begutachtet werden. Der Schutzzweck der strengen Voraussetzungen, der hauptsächlich in der Ungewissheit über das Vertragsverhältnis begründet wird,[106] fällt daher weg.[107] Dies gilt auch für die Preisbindung der Mindest- und Höchstsätze. Die Fälle einer solchen „Honorarvereinbarung" nach Vertragsbeendigung dürften in der Regel außergerichtliche oder gerichtliche Vergleiche über das Honorar allein oder über weitergehende Sachverhalte sein. Ein solcher **Vergleich kann frei vereinbart werden, ohne dass die Regeln der HOAI hierin eingreifen.**[108]

6. Honorare außerhalb der Honorartafelwerte

6.1 Honorare unterhalb der Tafelwerte

92   Bei anrechenbaren Kosten **unterhalb der Tafelwerte** gilt gemäß § 7 Abs. 2 das Recht **freier Vereinbarung.** Es liegt insoweit **keine Honorarpreisbindung** vor. Werden in solchen Fällen Honorare der Höhe nach vertraglich nicht vereinbart, so gilt § 632 Abs. 2 BGB. Danach gilt eine Vergütung als stillschweigend vereinbart, wenn die Leistung nur gegen Vergütung zu erwarten ist. Die Höhe der Vergütung richtet sich nach der üblichen Vergütung.

93   Erfahrungswerte für eine übliche Vergütung unterhalb der Tafelwerte bestehen keine. Nach der HOAI 2002 war nach Stundensätzen abzurechnen. Diese Pflicht entfällt, da die HOAI 2013 die Festlegung eines Stundensatzes aufgegeben hat. Das System der Honorarabrechnung nach Zeitaufwand wird indes auch für diesen Bereich künftig die übliche Abrechnungsmethodik sein. Wird kein Stundensatz vereinbart, so besteht die Schwierigkeit darin, einen üblichen Stundensatz festzumachen. Die bisher in der HOAI geregelten Zeithonorare sind allgemein in der Praxis als wesentlich zu niedrig angesehen worden.[109]

6.2. Honorare oberhalb der Tafelwerte

94   Bei Aufträgen, die **oberhalb der Honorartafelwerte** liegen, besteht **keine Preisbindung.** Nach § 7 Abs. 2 kann das Honorar frei vereinbart werden. Welches Honorar zugrunde zu legen ist, wenn das Honorar der Höhe nach nicht bestimmt ist, regelt § 632 Abs. 2 BGB. Danach ist für diesen Fall die übliche Vergütung als vereinbart anzusehen.[110]

Die HOAI-Sätze können in solchen Fällen nicht einfach fortgesetzt werden. Bei fehlender vertraglicher Vereinbarung ist die übliche Vergütung für vergleichbare Projekte zu suchen.

Besondere Probleme schafft die Rechtslage, wenn die Vertragsparteien bei Vertragsschluss noch davon ausgegangen sind, dass die anrechenbaren Kosten sich im Rahmen der Tafelwerte bewegen, sich später jedoch herausstellt, dass sie die Tafelwerte verlassen. Praktische Bedeutung kommt diesem Fall vermutlich nur selten zu, da die Parteien bei Auftragserteilung meist anrechenbare Kosten für die Honorarbindung zugrunde legen.

Sollte die Kostenberechnung im Rahmen der Entwurfsplanung später zu einem Wert außerhalb der Tafelwerte führen, ist durch ergänzende Vertragsauslegung das vereinbarte Honorar zu ermitteln.

Ist aber nichts geregelt, was in der Praxis häufiger vorkommt als man annehmen möchte, so ist die übliche Vergütung zu suchen.

---

[106] Vgl. oben Rdn. 71 ff.

[107] Vgl. hierzu BGH BauR 1987, 112 zum Fall nach Beendigung und BGH BauR 1987, 706 (707) zum Fall vor Beendigung der Architektentätigkeit sowie das OLG Rostock, Urteil v. 07.11.2007 – 2 U 2/07, OLGR Rostock 2008, 328; beide lassen eine freie vergleichsweise Regelung ohne die Beschränkungen der HOAI nach Vertragsbeendigung zu. Vgl. auch Thode zum vergleichbaren Fall des OLG Brandenburg, Urteil v. 11.12.2007 – 11 U 116/07 IBR 2008, 277; hier geht es zwar um eine das Honorar verändernde Pauschalvereinbarung, es wird jedoch der Grundsatz aufgestellt, dass diese Änderung nach Beendigung der Architektenleistung möglich ist.

[108] Vgl. ausführlich unten, Punkt IX Rdn. 249

[109] Vgl. hierzu die Einführung dieses Kommentars Abschnitt III. Zeithonorar Rdn. 24 ff.

[110] BGH v. 24.06.2004 BauR 2004, 1640.

In der Praxis haben sich hierfür die fortgeschriebenen Honorarsätze nach den sog. RifT-Tabellen des Landes Baden-Württemberg[111] für den Hochbau durchgesetzt und können als allgemein gebräuchlich festgestellt werden. Dies führt dazu, dass die Honorarermittlung nach den gleichen Grundsätzen erfolgt, wie wenn die HOAI anzuwenden wäre. Allerdings berechnet sich das Honorar nach den Honorartafeln RifT Baden-Württemberg. Im Hinblick auf die Bewertung von Projektsteuerungsleistungen hat das OLG Hamburg sich zur Bestimmung der üblichen Vergütung an dem Honorarmodell des Deutschen Verbandes der Projektsteuerer DVP/AHO orientiert und das Honorar nach dieser Empfehlung bestimmt.[112] Für den Ingenieurbau orientiert sich die Praxis nach HIV-KOM.[113]

Es greifen die allgemeinen Beweislastregeln. Behauptet der Auftraggeber, eine von der üblichen **95** Vergütung abweichende Honorarvereinbarung, so obliegt es dem Auftragnehmer nachzuweisen, dass es zu dieser Vereinbarung nicht gekommen ist. Gelingt ihm dieser Negativbeweis, ist die übliche Vergütung geschuldet. Unter Anwendung dieser Beweislastregel ist einem Architekten eine Vergütung für eine Bauvoranfrage entsprechend den Leistungen der Leistungsphasen 1 und 2 versagt worden, weil er nicht hat nachweisen können, dass die vom Bauherrn behauptete pauschale Honorarvereinbarung nicht getroffen war. Im streitigen Fall hatte der Architekt den Auftrag für die Bearbeitung einer Bauvoranfrage entgegengenommen, dessen anrechenbare Kosten oberhalb der Tafelwerte lag. Der Auftraggeber hatte diese Leistung mit einem geringen Betrag vergütet und behaupet, dass eine entsprechende Honorarvereinbarung getroffen sei. Der Auftragnehmer wurde nicht mit weiteren Leistungen beauftragt. Er hatte daraufhin die Leistungsphasen 1 und 2 nach HOAI durch Extrapolierung der Honorarwerte oberhalb der Tafelwerte abrechnen wollen, was ihm jedoch versagt blieb,[114] da er den Gegenbeweis zu der behaupteten Pauschalhonorarvereinbarung zu einem weit niedrigeren Satz nicht hat führen können.

III. Abweichende Berechnungsweisen, Pauschalhonorar

1. Vertragliche Abänderung von HOAI-Bestimmungen

Bisher in der Rechtsprechung nur vereinzelt[115] behandelt, in der Kommentarliteratur teils unter- **96** schiedlich angesprochen, ist das Problem, ob die Vertragsparteien eine von den Regeln der HOAI abweichende Honorarvereinbarung treffen können. Die deutlichste Abweichung besteht in der Festlegung einer Honorarpauschale. In ihrem Wesen liegt, dass sie sämtliche Honorarberechnungsgrundsätze der HOAI negiert. Andere Abweichungen sind ebenfalls denkbar.

Den Parteien ist grundsätzlich freigestellt, das Honorar für die beauftragten Leistungen frei zu bestimmen. Die HOAI befasst sich nur mit der Wirksamkeit der Honorarvereinbarung und auch nur insoweit, als Honorarvereinbarungen bei Unterschreiben bzw. Überschreiten des Honorarrahmens unwirksam sein können und zwar unabhängig davon, wie die Honorare nach Vertrag zu ermitteln sind. Vorrangig ist damit zunächst stets die vertragliche Honorarvereinbarung. Die Parteien können z. B. eine Honorierung nach Zeitaufwand verabreden und damit das System der HOAI vollständig verlassen. Sie können auch Mischformen entwickeln zwischen der Honorarvereinbarung nach Zeit und der Honorarvereinbarung auf Grundlage der HOAI. Insgesamt ist die Gestaltungsvielfalt groß, da insoweit Vertragsfreiheit herrscht. Ein Ende findet die Vertragsfreiheit nur dann, wenn als Ergebnis ein Honorar ermittelt wird, welches den Honorarrahmen verlässt. Unterschreitet dies die Mindestsätze, so ist dies unwirksam, wenn nicht die Vor-

---

[111] Herunterladbar in der Fassung vom August 2009 für die Landes- und Bundesprojekte beispielsweise unter http://www.ofd-karlsruhe.de/servlet/PB/menu/1237090/index.html oder http://www.ibr-online.de/IBRMaterialien/pdf/Grundwerk_RifT_2009.pdf
[112] OLG Hamburg – 9 U 8/02 NZBau 2003, 686, IBR 2003, 487
[113] HIV-KOM, Handbuch für Ingenieurverträge und Vergabe nach VOB im kommunalen Tiefbau, erschienen im Richard Boorberg Verlag GmbH & Co KG
[114] KG Urteil v. 31.10.1999 – 4 U 4281/96, BauR 1999, 431
[115] Jüngst: Fuchs zu OLG Rostock, Urteil v. 25.02.2009 – 2 U 21/07 IBR 2010, 339; Zerwell zu OLG Koblenz, Urteil v. 28.11.2008 – 10 U 125/08 IBR 2009, 88; vgl. auch OLG Köln IBR 1996, 208; OLG Düsseldorf IBR 1996, 430 = BauR 1997, 165; OLG Zweibrücken – 6 U 59/94 IBR 1995, 528; OLG Frankfurt BauR 1985, 585–587 = ZfBR 86, 105; OLG Düsseldorf BauR 1982, 294–295

aussetzungen des § 7 Abs. 3 nachgewiesen sind. Gleiches gilt im Falle der Überschreitung des Höchstsatzes. Hier kommt es darauf an, ob die Überschreitung des Honorarrahmens sich nach § 7 Abs. 4 rechtfertigen lässt.

Machen die Vertragsparteien von dem Recht freier Honorargestaltung Gebrauch, so muss spätestens im Falle streitiger Auseinandersetzung über das Honorar eine Doppelberechnung stattfinden. Es muss zum einen das Honorar nach der vertraglichen Vereinbarung ermittelt werden und es muss parallel hierzu eine Vergleichsrechnung nach HOAI stattfinden um festzustellen, ob die vertragliche Honorarvereinbarung den Preisrahmen erfüllt.

Sind Leistungen vertraglich nach Stundenaufwand zu vergüten, so bleibt der Auftragnehmer verpflichtet, seinen Stundenaufwand auch tatsächlich nachzuweisen. Das Ergebnis bezeichnet die vertraglich vereinbarte Vergütung. Diese ist zu überprüfen, ob sie nach den Regeln der HOAI standhält.

97 Die HOAI schreibt ein Berechnungssystem vor und verlangt die **Abrechnung auf der Grundlage der Kostenberechnung**. Es stellt sich die Frage, ob die Vertragsparteien dieses System überwinden können und z. B. für die Abrechnung sämtlicher Leistungen eine der vier Kostenermittlungsarten zugrunde legen dürfen, z. B. Kostenschätzung oder insbesondere die Kostenfeststellung. Manche Vertragspartner neigen dazu, die **HOAI-Abrechnungsvorschriften durch Vertragsbestimmungen abzuändern** oder außer Kraft zu setzen. So kann ein Interesse bestehen, z. B. die Kostenfeststellung als Grundlage für die Honorarberechnung des gesamten Honorars für sämtliche Leistungsphasen zu machen.

Es wird auch nicht an Versuchen mangeln, das Kostenberechnungsmodell vertraglich zu verankern, indem angenommene Baukosten bei Vertragsabschluss als Berechnungsgrundlage für das Honorar festgelegt werden. Die vertraglichen Regelungen für die Bestimmung des Honorars können äußerst vielfältig sein und sind als solche auch zunächst bei der Berechnung des Honorars zu beachten.

Weitere Beispiele hierzu:

98 Besteht die Bauaufgabe aus mehreren Gebäuden oder Gebäudekomplexen, so vereinbaren die Vertragsparteien nicht selten, dass die anrechenbaren Kosten aller Gebäude zusammengerechnet und das Honorar einheitlich gebildet wird, was jedoch nur möglich ist, wenn die Voraussetzungen des § 11 Abs. 1 Satz 2 vorliegen. Es ist auch denkbar, dass sich die Vertragsparteien auf eine Honorierung nach Zeitaufwand einigen.

Solche Regelungen sind als individuell ausgehandelte Bestimmung möglich. Voraussetzung allerdings ist, dass die Kontrollrechnung nach HOAI, also die Honorarermittlung auf Basis der Kostenberechnung nicht zu einem unwirksamen Honorar führt.

Auch hier gilt, dass bei solchen Vereinbarungen zu beachten ist, dass eine Kontrollrechnung darüber stattzufinden hat, ob sich das vertraglich vereinbarte Honorar noch im Rahmen der nach HOAI zu ermittelnden Mindest- und Höchstsätze bewegt.

99 Die Zulässigkeit solcher Vertragsabreden hängt mit der Frage zusammen, inwieweit die HOAI zwingendes Recht beschreibt und ob sie den Vertragspartnern einen eigenen Gestaltungsspielraum lässt. Dem schließt sich die Frage an, ob das zwingende Recht verletzt ist und ob der Gestaltungsspielraum überschritten ist.

100 Nach § 7 Abs. 1 richtet sich das Honorar nach der schriftlichen Vereinbarung, die die Vertragsparteien bei Auftragserteilung im Rahmen der durch die Verordnung festgesetzten Mindest- und Höchstsätze treffen. Damit ist der preisrechtliche Rahmen gesteckt. Honorarfestlegungen dürfen weder unzulässig den Mindestsatz unterschreiten, noch dürfen sie im Ergebnis die Höchstsätze überschreiten, wenn nicht die Außnahmevoraussetzungen der § 7 Abs. 3 und 4 nachgewiesen sind. **Honorarvereinbarungen, die die Berechnungsvorschriften der HOAI außer Kraft setzen, sind deshalb so lange gültig, wie das danach berechnete Honorar den vorgegebenen Honorarrahmen nicht verlässt.** Diese Honorarvereinbarung bedarf jedoch einer individuellen Vereinbarung und kann nicht durch Allgemeine Geschäftsbedingungen (AGB) erfolgen.[116] Die

---

[116] BGH BauR 1981, 582 (583)

Klausel muss ausgehandelt sein. Führt die so festgelegte Berechnung des Honorars zu einer Unter- oder Überschreitung des Honorars, so ist die Vereinbarung gleichwohl unwirksam, sodass die allgemeinen Grundsätze für die Berechnung des Honorars bei Vorliegen unwirksamer Preisvereinbarungen gelten.[117]

2. Pauschalhonorare

2.1 Pauschalhonorare im System der HOAI

Pauschalhonorare sind als Vereinbarung nach § 7 Abs. 1 zulässig. Gleichwohl bleibt die HOAI mit der Festlegung von Mindest- und Höchstsätzen verbindlich. **Die Pauschalvereinbarung darf nicht dazu missbraucht werden, die zwingenden Vorschriften der HOAI zu umgehen.**[118]   **101**

Pauschalhonorare bedürfen **stets** der **schriftlichen** Vereinbarung **bei** Auftragserteilung. Sind diese Voraussetzungen nicht beachtet, ist die Vereinbarung nicht wirksam und es gelten die Mindestsätze der zutreffenden Honorarzone.[119] Das Gleiche gilt, **wenn mit der Honorarpauschale der Mindestsatz unterschritten wird**, ohne dass ein Ausnahmefall im Sinne des § 7 Abs. 3 vorliegt, sodass die Honorarvereinbarung unwirksam ist. Es ist nach § 7 Abs. 5 HOAI der Mindestsatz der zutreffenden Honorarzone anzunehmen. Dies kann z. B. dann der Fall sein, wenn die Honorarvereinbarung von einer unzutreffenden, zu niedrigen Honorarzone ausgeht und so zu einer Unterschreitung des Mindestsatzes führt.[120]   **102**

Die Nichtigkeit einer Pauschalhonorarvereinbarung erfasst auch die mit ihr zusammenhängende Fälligkeitsregelung, wenn sich die Fälligkeitsvereinbarung auf die Honorarabrede selbst bezieht.[121]   **103**

Pauschalhonorare, die den Höchstsatz überschreiten, sind unzulässig, es sei denn, die Überschreitung lässt sich im Rahmen des § 7 Abs. 4 rechtfertigen. Unberechtigte Überschreitungen führen zur Nichtigkeit der Honorarvereinbarung. Der Auftragnehmer kann in diesen Fällen allerdings den Höchstsatz verlangen. Bei unzulässiger Überschreitung des Höchstsatzes ist die Vereinbarung zwar unwirksam, **an die Stelle der unwirksamen Vereinbarung tritt jedoch die höchst zulässige Vereinbarungsmöglichkeit, also der Höchstsatz.**[122] Dies gilt zunächst für den Fall, dass keiner der in § 7 Abs. 4 geregelten Ausnahmetatbestände greift. Kommt hingegen hinzu, dass die Honorarvereinbarung auch nicht schriftlich bei Auftragserteilung erfolgt ist, ist die Honorarvereinbarung auch wegen **Verstoßes gegen § 7 Abs. 1** unwirksam. Es kann dann **nur der Mindestsatz** verlangt werden.   **104**

Bei jeder Honorarabrechnung auf der Grundlage einer Honorarpauschale ist zunächst der Nachweis zu führen, ob die Honorarpauschalvereinbarung den Anforderungen des § 7 Abs. 1 genügt, also schriftlich zum Zeitpunkt bei Auftragserteilung getroffen wurde, und was die Höhe der Honorarforderung anbelangt weder die Mindestsätze unterschritten noch den Höchstsatz überschritten sind. Es hat deshalb stets eine Kontrollrechnung stattzufinden.[123]   **105**

Schwierig wird die Nachkontrolle, **wenn mit der Honorarpauschale** nicht nur HOAI-gebundene Leistungen, sondern **auch Besondere Leistungen und Nebenkosten abgedeckt werden sollen**. Die bindende Preisvorschrift der HOAI betrifft nur die Bewertung von Grundleistungen. Die Honorierung von Besonderen Leistungen ist nach § 3 Abs. 3 HOAI den Parteien der Höhe nach freigestellt. Sollen mit der Honorarpauschale auch Nebenkosten mit abgegolten werden, so greift ein weiteres Preisbildungsmoment bei der Bemessung der Pauschale ein. Nach § 14 Abs. 3   **106**

---

[117] Siehe für den Fall der Unterschreitung § 7 Rdn. 7 für den Fall der Überschreitung § 7 Rdn. 4
[118] Hierauf weist auch Vygen, in Korbion/Mantscheff/Vygen § 4 Rdn. 49 ausdrücklich hin.
[119] A. M.: Vygen, in Korbion/Mantscheff/Vygen § 4 Rdn. 49; Pott/Dahlhoff/Kniffka/Rath, 8. Auflage, § 4 Rdn. 37; Locher/Koeble/Frik § 7 Rdn. 37, m. w. N.
[120] Siehe hierzu Baden zu OLG Köln v. 06.03.1996 – 2 U 132/94, IBR 1996, 208; Schulze-Hagen zu OLG Zweibrücken – 6 U 59/94, IBR 1995, 528
[121] OLG Düsseldorf BauR 1997, 165
[122] BGH BauR 1990, 239
[123] OLG Frankfurt vom 02.05.2013 – 3 U 212/11

HOAI können nämlich Nebenkosten pauschal abgerechnet werden, wenn dies bei Auftragserteilung schriftlich vereinbart worden ist. Der Höhe nach besteht keine preisrechtliche Bestimmung. Der einzige Maßstab für die Wirksamkeit der Vereinbarung von Nebenkostenpauschalen ist § 138 BGB, also der Maßstab der Sittenwidrigkeit.[124] Faktisch lässt sich deshalb bei einer Pauschalierung von HOAI-gebundenen Leistungen, Besonderen Leistungen und Nebenkosten in einer Pauschale nicht rechtssicher feststellen, ob hinsichtlich der Bewertung der Leistungen eine Unterschreitung bzw. Überschreitung der HOAI-Sätze gegeben sind. In solchen Fällen greift der Einwand, die Honorarpauschale sei wegen Verstoßes gegen bindendes Preisrecht unwirksam, **wenn der auf die Besonderen Leistungen und auf die Nebenkosten entfallende Honoraranteil in einem auffälligen Missverhältnis zu der zu bewertenden Besonderen Leistung und der Abgeltung der Nebenkosten führt** und die Umstände des Einzelfalles danach erkennen lassen, **dass die preisrechtlichen Bestimmungen bewusst umgangen werden sollen.** In solchen Fällen wären die übertragenen HOAI-Leistungen nach dem Höchstsatz der zutreffenden Honorarzone zu bewerten. Die Differenz zu der Pauschalpreisabrede bestimmt danach die Bewertung der Besonderen Leistungen und der Nebenkosten, die ausschließlich unter dem Blickwinkel des § 138 Abs. 1 zu prüfen wäre. Eine Überschreitung des Höchstsatzes wäre danach die Folge, wenn der von der Berechnung der HOAI-Leistung erfasste Teil der Honorarvereinbarung eine Höhe aufweist, die im krassen Missverhältnis zu einer Bewertung der Besonderen Leistung und der Nebenleistung steht. Bisher sind solche Fälle nicht bekannt geworden. Es dürfte sich um extreme Ausnahmefälle handeln, sodass bei Honorarpauschalen für die gemeinsame Bewertung von HOAI-gebundenen Leistungen, Besonderen Leistungen und Nebenkosten kein Spielraum für die Honorarbewertung nach HOAI gegeben ist.

107 Noch eindeutiger fällt die Beurteilung aus, wenn das **Pauschalhonorar für Gesamtplanungsleistungen** gebildet ist. Sind einzelne Leistungen zum Beispiel für die Fachingenieurleistungen in der Honorarbindung angesiedelt, da sie sich innerhalb der HOAI-Tafelwerte bewegen, andere wie z. B. für die Objektplanung jedoch oberhalb der HOAI-Tafelwerte, so setzt sich das vereinbarte Pauschalhonorar aus der Bewertung von HOAI-gebundenen und freien Honoraren zusammen. Eine Nachprüfung der Honorarvereinbarung auf ihre HOAI-Konformität findet danach nicht statt.

108 Handelt es sich bei der **Honorarpauschalvereinbarung** um Objekte, die **oberhalb der Honorartafelwerte** angesiedelt sind, so besteht keine Honorarbindung. Das Honorar kann in diesen Fällen frei vereinbart werden. Die Preisbindung gilt in diesen Fällen nicht. Eine Honorarpauschalvereinbarung für Objekte oberhalb der Honorartafelwerte ist damit für die Parteien in jedem Falle bindend, auch ohne dass die Honorarvereinbarung schriftlich bei Auftragserteilung zustande gekommen sein muss. Unterschreitet das vereinbarte Honorar in einem solchen Fall das Honorar, welches sich bei Anwendung des höchsten Eckwertes der Tafel ergeben würde, so ist dies kein Fall unzulässiger Unterschreitung der HOAI-Mindestsätze. Die Vereinbarung bleibt wirksam. Bei öffentlichen Bietverfahren wird sich allerdings die Frage nach der Angemessenheit eines solchen Angebots stellen.

Eine Honorarvereinbarung, wonach die Pauschalvergütung in Höhe von 16 % der anrechenbaren Kosten nach HOAI geregelt ist, wurde vom OLG Koblenz[125] als nicht hinreichend bestimmt und damit als unwirksam angesehen. Das Gericht hat bemängelt, das nach dieser Vertragsabrede das pauschale Honorar nicht zweifelsfrei ermittelt werden kann, da unklar ist, was die Parteien zu den anrechenbaren Baukosten haben zählen wollen. Die Abrechnung hat demgemäß auf Basis der Mindestsätze zu erfolgen.

109 Ist die Vereinbarung einer Honorarpauschale wirksam zustande gekommen, sind die Parteien hieran grundsätzlich gebunden. Dies gilt auch, wenn die Parteien bei Vertragsabschluss davon ausgehen konnten, dass das Objekt oberhalb der Tafelwerte einzustufen ist, sich später jedoch herausstellt, dass die Kostenvereinbarung von zu hohen Baukosten ausgegangen ist und die tatsächlich anzunehmenden Kosten den oberen Tafelwert nicht überschreiten.

---

[124] BGH Urteil v. 25.09.2003 – VII ZR 13/02 BauR 2004, 356 = NZBau 2004, 102 = ZfBR 2004, 150
[125] OLG Koblenz Urteil vom 25.05.2012 – 10 U 754/11

2.2 Anpassung der Pauschalhonorare, Wegfall der Geschäftsgrundlage

Für Pauschalpreisabreden, Festpreisabsprachen oder dergleichen ist anerkannt, dass eine **Anpassung der Pauschale** an veränderte Umstände erfolgen kann, wenn ein **Wegfall der Geschäftsgrundlage** vorliegt.[126] Wann diese Voraussetzung als gegeben angesehen werden kann, hängt von den Umständen des Einzelfalls ab. Die in Rechtsprechung und Literatur unterschiedlichen Erklärungsversuche haben zu Definitionen geführt, die zwar Anhaltspunkte für eine korrekte Prüfung dieser Voraussetzung liefern, eine letztgültige Aussage erlauben sie dennoch nicht.[127] Entscheidende Bedeutung gewinnt dabei die Frage, was Geschäftsgrundlage der Honorarpauschale geworden ist. Vielfach ist die Geschäftsgrundlage wie folgt definiert: Die bei Vertragsschluss zutage getretene, vom Geschäftspartner in ihrer Bedeutung erkannte und nicht beanstandete Vorstellung eines Beteiligten oder die gemeinsame Vorstellung beider Teile vom Vorhandensein oder dem künftigen Eintritt oder Nichteintritt gewisser Umstände, auf der sich der Geschäftswille aufbaut.[128] Ergänzend erläutert der BGH[129] den Wegfall der Geschäftsgrundlage als einschneidende Änderung der Verhältnisse, sodass ein Festhalten an der ursprünglichen vertraglichen Regelung zu einem untragbaren, mit Recht und Gerechtigkeit schlechterdings nicht mehr zu vereinbarendem, Ergebnis führen würde.

110

Gestützt auf diese Grundsätze kann für Honorarpauschalen nach HOAI Folgendes festgestellt werden:

Die Grundsätze des Wegfalls der Geschäftsgrundlage sind auch auf HOAI-Tatbestände anwendbar. Das HOAI-Preisrecht vermag die Grundsätze des § 242 (Treu und Glauben) nicht außer Kraft zu setzen. So kann es dem Auftragnehmer im Einzelfall versagt sein, sich auf höhere HOAI-Mindestsätze nach § 7 Abs. 4 HOAI zu berufen mit der Begründung, die getroffene Honorarpauschale wäre wegen Unterschreitung des Mindestsatzes nichtig (siehe hierzu nachstehend Rdn. 139 ff.). Auf der anderen Seite ist der allgemeine Rechtsgrundsatz des Wegfalls der Geschäftsgrundlage auch für die HOAI anwendbar. So hat der BGH eine Vereinbarung, wonach dem Auftragnehmer bei Überschreiten einer vertraglich vereinbarten Bauzeit eine Erhöhung des Bauleiterhonorars zusteht, für wirksam angesehen, weil auch hierin ein Wegfall der Geschäftsgrundlage gesehen werden könne.[130]

111

Die zur HOAI 2002 ergangene Rechtsprechung des BGH wird auch künftig wieder Grundlage für die Beurteilung vergleichbarer Fälle sein. Der mit der HOAI 2009 eingeführte § 7 Abs. 5 ist ersatzlos gestrichen worden. Nach dieser Regelung waren die Parteien aufgefordert, bei Änderung des beauftragten Leistungsumfangs auf Veranlassung des Auftraggebers die Honorarvereinbarung durch schriftliche Vereinbarung anzupassen. Der Wegfall dieser Bestimmung bedeutet nicht, dass diese Grundsätze nicht fortbestehen. Sie ergeben sich aus dem Grundsatz für den Wegfall der Geschäftsgrundlagen so wie es der BGH 2004 festgestellt hat (s. Fn. 130).

Verlängerung von Planungs- und Bauzeiten, Planungsänderungen oder sonstige Einflüsse auf das Planungsgeschehen wurden mit der HOAI 2002 nicht angesprochen. Es bestand danach die Frage, ob alle diese nicht vorhersehbaren Ereignisse von der Honorarbewertung der preisrechtlichen Regelung erfasst waren. Die Rechtsprechung hat sich zu helfen gewusst, indem Grundsätze des Wegfalls der Geschäftsgrundlage bemüht wurden, die Honorarbewertung nach HOAI auf idealtypische Planungs- und Bauabläufe einzugrenzen. Es kann insoweit nahtlos an die Rechtslage zur HOAI 2002 angeknüpft werden.

112

Änderungen des Leistungsziels, des Leistungsumfangs sowie auch Änderungen des Leistungsablaufs, die nach Vertragsabschluss aufgrund entsprechender Anordnungen des Auftraggebers erfolgen, waren schon bisher vom Honorar nicht erfasst.[131] Maßgebend war, ob die Par-

---

[126] A. M. Vygen, in Korbion/Mantscheff/Vygen § 4 Rdn. 52; Locher/Koeble/Frik § 7 Rdn. 41; OLG Frankfurt BauR 1985, 585 ff.; vgl. auch BGH BauR 1995, 842 zum Problem des Irrtums bei Kalkulierung der Pauschale

[127] Vgl. grundlegend Stahl BauR 1973, 279

[128] BGH NJW 2001, 1204 (1205) sog. Oertmann'sche Formel, vgl. Grüneberg in Palandt, BGB § 313 Rdn. 2

[129] BGH NJW 1969, 234

[130] BGH v. 30.09.2004 – VII ZR456/01 BauR 2002, 118 = NZBau 2005, 46 = ZfBR 2005, 169, = IBR 2005, 95

[131] OLG Frankfurt BauR 1998, 585 (586); Vygen in Korbion/Mantscheff/Vygen § 4 Rdn. 52 m. w. N.; OLG Köln BauR 1990, 762 (763)

teien die für die Honorarvereinbarung notwendigen Voraussetzungen bei der ursprünglichen Vergütungsvereinbarung erkennen und bedenken konnten. Unvorhergesehene Ereignisse mit ungewisser Dauer können grundsätzlich bei der Honorarvereinbarung für die Bauzeit nicht berücksichtigt werden. Diese können deshalb zu einem Wegfall der Geschäftsgrundlage führen und einen Preisanpassungsanspruch auslösen.[132]

113   Auch wenn **Änderungsanordnungen des Auftraggebers** an der Tagesordnung sind, so führen diese nicht zu der Erkenntnis, dass sie allesamt vorhersehbar sind und damit im Rahmen einer vertraglichen Regelung generell von der Pauschale mit erfasst werden. Der genaue Inhalt einer Änderungsanordnung ist bei Vertragsabschluss nicht bekannt und damit auch nicht bestimmbar. Solche Anordnungen führen deshalb zu Nachträgen zur Vergütungsvereinbarung für die Leistungen, die von der pauschalen Regelung nicht erfasst waren.

114   Wird ein Pauschalhonorar für Architekten- und Ingenieurleistungen festgelegt, für das die HOAI keinen bindenden Preis vorschreibt, so insbesondere bei Überschreitung der Honorartafelwerte oder bei der Vereinbarung von Beratungsleistungen, so gelten die gleichen Grundsätze wie vorbeschrieben.

115   **Wegfall der Geschäftsgrundlage bedeutet**, dass nach Abschluss der Honorarvereinbarung Verhältnisse eingetreten sind, mit denen keiner der Vertragsparteien rechnen musste. Dies betrifft die Bewertung der Leistungen, die vertragsgegenständlich sind und aufgrund des Vertrages vom Auftragnehmer geschuldet werden. Einer der wichtigsten Anwendungsfälle hierfür ist, dass die Vertragsparteien der Honorarvereinbarung anrechenbare Kosten zu Grunde legen, diese jedoch in Unkenntnis der tatsächlichen Kosten wesentlich zu niedrig annehmen. Sind die tatsächlichen **Herstellungskosten wesentlich höher** und ist dadurch ein wesentlich größerer Planungsaufwand für die Baumaßnahme indiziert **als von den Parteien bei Vertragsabschluss angenommen**, so kann unter den strengen vorbeschriebenen Voraussetzungen ein Wegfall der Geschäftsgrundlage nur angenommen werden, wenn diese sich auf einen geänderten Leistungsumfang auf Anordnung des Auftraggebers bezieht. Voraussetzung hierfür ist, dass die Honorarvereinbarung nicht von Anfang an wegen Unterschreitung der Mindestsätze nichtig war. Die meisten Fälle werden sich dadurch lösen lassen, dass für zusätzliche und geänderte Leistungen Nachtragshonorare berechnet werden können.

3. Unterschreitung des Mindestsatzes und Grundsatz von Treu und Glauben

116   Vielfach führen Honorarpauschalvereinbarungen auch bei HOAI-gebundenen Leistungen zur Unterschreitung des HOAI-Mindestsatzes. Solche Honorarvereinbarungen sind nichtig, wenn kein Ausnahmefall im Sinne des § 7 Abs. 3 gegeben ist und die Honorarvereinbarung nicht die Schriftform einhält. Die Folge solcher nichtigen Vereinbarungen ist, dass nach **§ 7 Abs. 5 der Mindestsatz der zutreffenden Honorarzone** geschuldet gilt. Der Auftragnehmer, der hierauf gestützt die Mindestsätze verlangt, muss sich dennoch mit dem Einwand treuwidrigen Verhaltens auseinandersetzen. Der BGH hat hierzu in seiner Entscheidung vom 22.05.1997[133] festgestellt, dass sich **der Auftragnehmer widersprüchlich verhält**, wenn die Vertragsparteien ein Honorar vereinbaren, welches in unzulässiger Weise die Mindestsätze unterschreitet und der Auftragnehmer wegen Unwirksamkeit dieser Vereinbarung die Mindestsätze fordert. Dieses widersprüchliche Verhalten steht nach Treu und Glauben einer Geltendmachung der Mindestsätze entgegen, **sofern der Auftraggeber auf die Wirksamkeit der Vereinbarung vertraut hat und vertrauen durfte** und er sich darauf in einer Weise eingerichtet hat, dass ihm die Zahlung des Differenzbetrags zwischen dem vereinbarten Honorar und den Mindestsätzen nach Treu und Glauben nicht zugemutet werden kann.[134] Dieser Einwand ist bereits verschiedentlich in der Literatur vertreten worden.[135]

---

[132] BGH a. a. O.
[133] BGH BauR 1997, 677 = NJW 1997, 2329
[134] BGH a. a. O.
[135] Lenzen BauR 1991, 692 (695); Vygen in Korbion/Mantscheff/Vygen § 4 Rdn. 94

Es sind danach **drei Voraussetzungen** für die Versagung eines Mindestsatzes aus dem Gesichtspunkt von Treu und Glaube stets zu prüfen.[136]   **117**

1. Es muss eine Vereinbarung vorliegen, die zur Unterschreitung des Mindestsatzes führt.
2. Der Auftraggeber muss auf die Rechtswirksamkeit der Vereinbarung vertraut haben und ihr auch vertrauen dürfen.
3. Der Auftraggeber muss sich hinsichtlich der Abwicklung der Vereinbarung auf die Zahlung des insoweit unwirksamen Honorars eingerichtet haben.

Vertrauensschutz kann einerseits zunächst derjenige für sich beanspruchen, der keine Kenntnis von der HOAI und ihren gesetzlichen Regelungen, insbesondere der Bindung an Mindest- und Höchstsätze, hat. Damit ist ein Personenkreis angesprochen, der nur gelegentlich Architekten- und Ingenieurleistungen in Auftrag gibt, z. B. der Bauherr eines Einfamilienhauses oder einer Erweiterung und Aufstockung eines bestehenden Eigenheims. Gegebenenfalls kann es ähnliche Fallgestaltungen in der gewerblichen Wirtschaft geben, z. B. die Errichtung einer Reparaturwerkstatt, ihre Erweiterung oder Aufstockung. Insgesamt kann also nur der Personenkreis Vertrauensschutz beanspruchen, der in seinem Leben nur vereinzelt und selten mit Bautätigkeit in Berührung kommt. Diese Auftraggeber sind in besonderem Maße auf Beratung der Architekten und Ingenieure angewiesen.   **118**

Auf der anderen Seite gilt dies nicht für den Personenkreis, der sich berufsmäßig mit dem Thema des Planens und Bauens auseinandersetzt. Diese Bauherren haben Kenntnis von der HOAI oder müssen mindestens solche Kenntnis besitzen und kennen damit auch die gesetzgeberischen Ziele, die für die Festlegung von Mindest- und Höchstsatz bestehen. Hierzu zählen **Bauträger, Bauunternehmen, Industrieunternehmen, die regelmäßig mit Bauvorhaben konfrontiert werden**, z. B. Aufbau und Erweiterung von Industrieanlagen etc., sowie Gewerbetreibende, die regelmäßig mit Bauen zu tun haben, und die öffentliche Hand für ihre gesamte Bautätigkeit, da sie ohnehin Kenntnis von allen Bestimmungen haben muss. Hierzu zählen auch alle öffentlichen Auftraggeber im Sinne des europäischen Vergaberechts, also auch Gesellschaften des Privatrechtes, die jedoch wegen der Anteilsbeteiligung von öffentlichen Körperschaften dem Kreis der öffentlichen Auftraggeber gleichgestellt sind. Für diesen Kreis der Auftraggeber scheidet die Anwendung des Grundsatzes nach § 242 BGB im Normalfall aus. Bedienen sich die Auftraggeber baurechtskundiger Berater, so ist dem Bauherrn deren Wissen stets anzurechnen, also **die Schutzwürdigkeit in der Regel zu verneinen.**   **119**

Damit bleibt zunächst festzustellen, dass sich der Anwendungsbereich nach § 242 BGB vorrangig auf Verbraucherverträge beschränkt. Dies schließt jedoch auch die Anwendung des Grundsatzes von Treu und Glauben für Vielfachbauherren generell nicht aus. Es entscheidet der Einzelfall. Wie stark der Einzelfall unterschiedlich gesehen wird, zeigt eine Entscheidung des Bundesgerichtshofs vom 27.10.2011.[137] Der BGH hatte die Rechtsbeziehung zwischen einem Bauherren und einer bulgarischen Planungsfirma zu beurteilen gehabt, die in Deutschland eine Niederlassung betreibt. Beide standen in einer langjährigen Geschäftsbeziehung, die dadurch gekennzeichnet war, dass der Planer von diesem Bauherren mit der Erbringung von Ingenieurleistungen beauftragt wurde. Abgerechnet wurden diese Leistungen zu 77 % des Mindesthonorars. Insgesamt hatten die Parteien 17mal zusammengearbeitet bis der Planer das Mindesthonorar einklagte. Der BGH hat dabei zunächst festgestellt, dass ein Ausnahmefall für die Unterschreitung des Mindestsatzes nicht anzunehmen sei, jedoch hinsichtlich der Anwendung der von ihm selbst aufgestellten Grundsätze von Treu und Glauben ausgeführt, dass allein der Umstand, dass dem Auftraggeber das zwingende Preisrecht der Honorarordnung für Architekten und Ingenieure bekannt ist, nicht zwingend zu der Annahme führt, er habe kein schützenswertes Vertrauen darauf entwickeln dürfen, dass die Preisvereinbarung wirksam ist. „Schützenswertes Vertrauen in die Wirksamkeit einer Honorarvereinbarung kann ein der Honorarordnung kundiger Vertragspartner entwickeln, wenn er auf der Grundlage einer vertretbaren Rechtsauffassung davon ausgeht, die Preisvereinbarung sei wirksam", so der BGH. Danach solle ein Rechtsirrtum über die Vo-   **120**

---

[136] BGH a. a. O.; vgl. auch Schulze-Hagen zu OLG Zweibrücken IBR 1998, 259 sowie zu OLG Köln IBR 2000, 83
[137] BGH vom 27.10.2011 – VII ZR 163/10

raussetzungen des § 4 Abs. 2 nicht ohne Weiteres zur Annahme zwingen, der Vertragspartner habe kein schützenswürdiges Vertrauen in die Wirksamkeit der Honorarvereinbarung entwickeln können.

Der BGH hat allerdings gemeint, dass ein Vertrauenstatbestand dadurch entsteht, dass der Architekt oder Ingenieur eine ständige Geschäftsbeziehung mit dem Bauherren unterhält, mit dem er eine Vielzahl von Verträgen schließt. Allein die Beständigkeit dieses Verhaltens soll einen eigenständigen Vertrauenstatbestand begründen, wenn in allen Fällen eine Unterschreitung des Mindestsatzes angesagt war. Dies ist einer der seltenen Fälle, in denen ein bewusst rechtswidriges Verhalten der Vertragsparteien einen Vertrauenstatbestand in die Fortsetzung rechtswidrigen Verhaltens schaffen kann. Diese Erkenntnis lässt es sehr zweifelsfrei sein, ob hierauf aufbauend eine generelle Unterschreitung der Mindestsätze Vertrauensschutz erzeugen kann. Man sollte jedenfalls nicht versucht sein, diese Einzelfallentscheidung zu verallgemeinern. Im Hintergrund dieser Entscheidung stand wohl auch die Erkenntnis, dass die Leistung des bulgarischen Auftragnehmers zu erheblich kostengünstigeren Bedingungen in Bulgarien erstellt werden konnten. Wären diese Leistungen nicht über eine deutsche Gesellschaft mit Sitz in Deutschland sondern über eine bulgarische Gesellschaft erbracht worden, so wäre die HOAI überhaupt nicht anwendbar und es käme nicht zur Beachtung des Mindestsatzes.

Zu berücksichtigen bei dieser Auftraggebergruppe ist nur, dass diesen Auftraggebern gewisse Kenntnis der HOAI generell unterstellt werden können. Nutzen sie ihre Marktmacht als Auftraggeber insofern aus, als sie ihre Auslegung der HOAI zur Unterschreitung des Mindestsatzes zum Vertragsgegenstand erheben, ist es der Auftragnehmer, der schutzwürdig ist. Dies gilt auch für Bauherren, die rechtskundig beim Bauen begleitet werden.[138]

121 Als weitere Voraussetzung kommt deshalb hinzu, dass sich der **Auftraggeber in schutzwürdiger Weise auf die fehlerhafte Honorarvereinbarung eingerichtet** haben muss. Dies setzt wiederum voraus, dass der Auftraggeber keine Kenntnis von der Unwirksamkeit der Honorarvereinbarung bei Abschluss des Vertrages gehabt hat. Bei Verbraucherverträgen wird dies vielfach so sein, sodass sich ein weiterer Nachweis erübrigt, dass sich der Auftraggeber auch schutzwürdig auf das den Mindestsatz unterschreitende Honorar eingerichtet hat. Dies kann in diesen Fällen unterstellt werden.

122 Dies betrifft auch Fallkonstellationen, bei denen Auftragnehmer zum Zwecke der Akquisition von Planungsaufträgen ohne nähere Erläuterung Pauschalhonorare oder Baukostenvereinbarungen für Planungsleistungen anbieten, die unterhalb des Mindestsatzes liegen. Solche Verhaltensweisen stellen einen Verstoß gegen geltende berufsrechtliche Normen dar.[139] Dieses Verhalten ist indes nur berufsrechtlich zu ahnden, führt jedoch nicht zum Ausschluss der Anwendung des Grundsatzes von Treu und Glauben. Voraussetzung hierfür ist allerdings, dass der Auftraggeber keine Kenntnis der HOAI besitzt und vom Auftragnehmer auch über die HOAI-Regelung nicht informiert wurde.

123 Anders liegt der Fall, wenn die Vertragsparteien in klarer Kenntnis des Bestehens von HOAI-Mindestsätzen diese bewusst mit einer Honorarpauschalvereinbarung unterschreiten wollen. **Der beiderseits bewusst gewollte Verstoß gegen Bestimmungen der HOAI** vermag keine Schutzwirkung zugunsten des Auftraggebers zu erzeugen.[140] Dies gilt insbesondere in den Fällen, in denen Auftraggeber durch Ausschreiben von Planungsleistungen die Auftragnehmer bewusst und gewollt veranlassen, ein nicht HOAI-konformes Honorarangebot abzugeben.

124 Auf der anderen Seite wird der Grundsatz von Treu und Glauben zu beachten sein, wenn die Parteien unter Anwendung der Bestimmungen der HOAI ein Honorar festgelegt haben, von dessen Übereinstimmung mit der HOAI beide Parteien ausgegangen sind, sich jedoch später herausstellt, dass bei richtiger Anwendung der HOAI ein für den Auftragnehmer höheres Honorar

---

[138] OLG Koblenz v. 21.12.2011 – 1 U 158/11, vgl. auch OLG Naumburg, Urteil v. 10.10.2013 – 1 U 9/13
[139] Vgl. z. B. § 17 des Hess. Architekten- und Stadtplanergesetzes v. 23.05.2002, der in § 17 Abs. 1 Nr. 3 die Berufsangehörigen verpflichtet, sich der Teilnahme an Wettbewerben zu enthalten, die durch ihre Verfahrensbedingungen keinen ausgewogenen Wettbewerb erwarten lassen.
[140] Grundlegend hierzu: Locher BauR 1995, 146

zu berechnen wäre. In diesen Fällen ist allerdings zu fordern, dass der Auftraggeber sich im Rahmen seiner Baufinanzierung auch auf das unwirksam niedrige Honorar eingestellt hat, die Gesamtfinanzierung des Bauvorhabens damit steht und fällt und nachträglich damit nicht mehr geändert werden kann.

Vereinbaren die Parteien ein Honorar unterhalb der Mindestsätze, so **kann** der Auftragnehmer nach der Vertragsvereinbarung abrechnen, auch wenn die Honorarvereinbarung unwirksam ist und er den insoweit höheren Mindestsatz **hätte fordern können**.[141] Selbstverständlich ist der Auftragnehmer berechtigt, auch weniger zu fordern, als er nach der Rechtslage an sich fordern könnte. Wird die Rechnung ausgeglichen, schließt dies eine nachträgliche Berechnung zu den höheren HOAI-Mindestsätzen aus, da sich der Auftraggeber in solchen Fällen anschließend auf die richtige Abrechnung hat verlassen dürfen. **125**

Wesentlich häufiger ist jedoch der zuvor beschriebene umgekehrte Fall, in denen die Parteien eine Honorarvereinbarung als Pauschalhonorar unterhalb der Mindestsätze treffen und der Auftragnehmer später die Abrechnung zu den höheren Mindestsätzen verlangt. Folgende **Einzelfälle** sind hierzu bisher entschieden: **126**

Ist die Pauschalhonorarvereinbarung wegen Mindestsatzunterschreitung unwirksam, so kann sich der Auftraggeber auf den Grundsatz von Treu und Glauben auch nicht berufen, wenn er den Mindestsatzcharakter der HOAI kannte. Denn für die Anwendung des § 242 BGB kommt es darauf an, dass der Auftraggeber auf die Wirksamkeit der Honorarvereinbarung **vertraut hat** und auch **vertrauen durfte**, und er sich derartig **darauf eingerichtet** hat, dass ihm die **Zahlung des Differenzbetrags zum Mindestsatz nicht zugemutet** werden kann. Alle drei Voraussetzungen müssen vorliegen.[142] **127**

Ein **jahrelanges Zuwarten des Auftragnehmers mit der Abrechnung** eines gekündigten Vertrages schafft alleine noch keinen Vertrauenstatbestand, der den Auftraggeber berechtigt, die Zahlung des Mindestsatzes mit dem Hinweis zu verweigern, es sei eine Vergütung unterhalb des Mindestsatzes verabredet.[143] **128**

In einem anderen Fall ist einem Ingenieur, der im **Subauftrag** eines anderen Ingenieurs tätig geworden ist und mit ihm ein Honorar unterhalb der Mindestsätze vereinbart hat, die Berufung auf den Mindestsatz verwehrt worden, weil er sich im hohen Maße widersprüchlich verhält, wenn er die Mindestsatzunterschreitung nicht nur in einem Einzelfall vereinbarte, sondern dies **in einer Reihe gleichgelagerter Auftragsverhältnisse** ebenfalls geschah und damit die Mindestsatzunterschreitung sozusagen das Vertragsverhältnis des Planers zum Generalplaner generell kennzeichnet.[144] Ebenso handelt ein Subplaner, der sich auf eine Mindestsatzunterschreitung im Verhältnis zu seinem Auftraggeber einlässt, später treuwidrig, wenn er nachher die Mindestsätze verlangt.[145] **129**

Einen Vertrauenstatbestand zu Gunsten des Auftraggebers hat das OLG Düsseldorf auch für den Fall nicht gesehen, dass sich der Bauherr bei der Finanzierung des Bauvorhabens auf die Einhaltung des unterhalb des Mindestsatzes liegenden Pauschalhonorars verlassen hat. Die **Differenz zwischen Pauschale und Mindesthonorar in Relation zu den Gesamtkosten des Bauvorhabens** hat es **als zu gering** angesehen, sodass der Bauherr nicht in schützenswerter Weise auf die Einhaltung des ursprünglichen Honorarrahmens vertrauen konnte.[146] **130**

Auf der anderen Seite ist die Position des Auftraggebers als schützenswert angesehen worden, wenn er die Unwirksamkeit der Pauschalhonorarvereinbarung nicht erkannt hat, der Auftragnehmer **das unwirksame Pauschalhonorar in den Kostenermittlungen angegeben** hat und **131**

---

[141] BGH v. 13.01.2005 – VII ZR 353/03 BauR 2005, 739

[142] OLG Oldenburg BauR 2004, 526; vgl. auch Leupertz zu OLG Köln v. 23.11.2001 – 19 U 150/00 IBR 2003, 141

[143] Vgl. Metzger zu OLG Celle v. 19.12.2002 – 14 U 205/01 IBR 2003, 258

[144] OLG Stuttgart Urteil v. 23.04.2003 BauR 2003, 1424

[145] OLG Nürnberg NZBau 2003, 686

[146] OLG Düsseldorf BauR 2002, 510

dieses somit auch mit seiner Zustimmung in den **Gesamtkostenbudget des Auftraggebers für die finanzierende Bank** aufgeführt wurde.[147]

132 Das Vertrauen eines Auftraggebers auf die unwirksame Mindestsatzunterschreitung ist auch dann als nicht schutzwürdig angesehen worden, **wenn der Auftraggeber bei der Vergabe der Leistungen an einen Tragwerksingenieur durch einen Architekten vertreten** war und deshalb selbst HOAI-kundig war. Hier hilft auch nicht, dass das die Mindestsätze unterschreitende Honorar des Statikers in die abschließende Finanzierung des Auftraggebers eingerechnet war. **Schon gar nicht wird die Schutzwürdigkeit dadurch hergestellt, dass anstelle des beauftragten Planers, der mit seiner Klage den höheren Mindestsatz verlangt, andere Tragwerksplaner bereit gewesen wären, unterhalb des Mindestsatzes zu arbeiten.**[148]

133 Schutzwürdig ist auch nicht die Behauptung des Auftraggebers, er habe zum Ausgleich der Vermittlung von Architektenverträgen darauf vertrauen dürfen, dass das vereinbarte Honorar unterhalb der Mindestsätze im Hinblick auf seine Vermittlungstätigkeit als Ausnahmefall gilt.[149]

134 Das Scheitern eines Projektes rechtfertigt für sich allein genommen nicht die Annahme, dass der Auftraggeber auf die formunwirksam vereinbarte, unter den Mindestsätzen liegende Pauschalhonorarvereinbarung vertrauen durfte.[150]

135 Vereinbaren die Parteien ein Pauschalhonorar auf der Grundlage von anrechenbaren Kosten, von denen sich erweist, dass diese anrechenbaren Kosten unrichtig sind, fehlt es an einem Vertrauenstatbestand des Auftraggebers, **wenn der Auftragnehmer alsbald auf die wesentlich höheren anrechenbaren Kosten hingewiesen** und die damit einhergehende Gefahr eines Verstoßes gegen die HOAI, verbunden mit einer Alternativberechnung des Honorars, vorgetragen hat.[151]

136 Anders liegt der Fall, wenn der Auftraggeber dem Bauherrn eine **Kostengarantie** für die Realisierung des Bauvorhabens abgegeben hat. Sind die Mindestsätze unterschreitenden Architekten- und Ingenieurhonorare Bestandteil der Kostengarantie, so hat sich der Auftragnehmer in Kenntnis dieser Umstände auf das Honorar unterhalb der HOAI eingelassen.[152]

137 Das OLG Koblenz kommt zu der Erkenntnis, dass ein anwaltlich beratender Bauherr als erfahrener und sachkundiger Bauherr zu gelten hat, der kein schutzwürdiges Vertrauen in eine mündliche und zudem den Mindestsatz der HOAI unterschreitender Honoraranspruch Honorarabsprache für sich in Anspruch nehmen kann.[153]

Einen typischen Anwendungsfall für Berücksichtigung des Grundsatzes von Treu und Glauben diskutiert das OLG Naumburg.[154] Danach ist ein Verbraucher von einem Auftragnehmer ein Bruttofestpreis als Pauschalhonorar im Rahmen eines schriftlichen Vertrages festgelegt worden. Nach erfolgter Kündigung des Vertrages durch den Auftraggeber berechnete der Auftragnehmer seine Vergütung in Höhe der Mindestsätze. Der Auftragnehmer macht nach der freien Kündigung des Auftraggebers seine Ansprüche aus entgangenem Gewinn geltend und berechnete diese danach den Mindestsätzen der HOAI, was nicht zutreffend ist. Nach dem Grundsatz von Treu und Glauben musste er sich an die vertraglich festgelegte Bruttofestpreisvergütung halten, die zur Grundlage der Berechnung des entgangenen Gewinns zu machen ist. Zur Prüfung der Frage, ob und inwieweit sich der Auftraggeber auf diese rechtswidrige Vertragsabrede der Mindestsatzunterschreitung hat verlassen können, wird dargelegt, dass dieser Verbraucher allein mit dem Auftrag selbst sich bereits auf die Pauschale eingestellt hat. Diese flösse in die Höhe der Kostenplanung schließlich ein.

Das OLG Frankfurt hat ein berechtigtes Vertrauen in der Tatsache gesehen, dass der planende Auftragnehmer auf Nachfrage des Auftraggebers ausdrücklich erklärt hat, keine weiteren

[147] Vgl. Schulze-Hagen zu KG Urteil v. 27.07.2001 – 4 U 3760/00 IBR 2002, 491
[148] Vgl. Schulze-Hagen zu OLG Köln Urteil v. 03.11.1999 – 26 U 14/99 IBR 2000, 83
[149] Weyer zu OLG Köln Urteil v. 28.10.1998 – 11 U 69/98 IBR 2000, 439
[150] Morlock zu OLG München Urteil v. 11.02.1998 – 27 U 866/94 IBR 1999, 69
[151] Vgl. Baden zu KG Urteil v. 10.07.1998 – 21 U 51/98 IBR 1999, 19 = KGR 1998, 352
[152] Schulze-Hagen zu OLG Zweibrücken Urteil v. 12.03.1998 – 6 U 47/97 IBR 1998, 259
[153] OLG Koblenz v. 21.12.2011 – 1 U 158/11
[154] OLG Naumburg v. 10.10.2013 – 1 U 9/13

Nachforderungen mehr zu stellen. Der Auftragnehmer hat später das Siebenfache des vereinbarten Honorars als Mindesthonorar geltend gemacht. Dieses jedoch nicht durchgesetzt.[155] Dies hat das OLG München in seiner Entscheidung vom 04.12.2012 einem Generalunternehmer ins Stammbuch geschrieben, der für die Bundesrepublik Deutschland Generalübernehmerleistungen übernommen hat, also Planungs- und Bauleistungen. Ein solcher Generalunternehmer muss die Existenz einer Mindestsatzregelung bekannt sein. Dies unterstellt jedenfalls das OLG München, wohl auch zu Recht, da die HOAI so weit verbreitet überall angewendet wird, dass einem Generalunternehmer, der Planungs- und Bauausführungsleistungen übernimmt die Kenntnis der HOAI Bestimmungen unterstellt werden müssen.[156] Einen besonders krassen Fall des Missverhältnisses der schriftlich getroffenen Pauschalhonorarvereinbarung und das später in Rechnung gestellte Mindesthonorar, hat das OLG Düsseldorf entschieden.[157] Ein Architekt hat seine Leistungen für die Modernisierung eines bestehenden Gebäudes dem Bauherren in Höhe von € 40.000,00 angeboten, der daraufhin sein Investitionsbudget gestaltet und das Objekt erworben hat. Abgerechnet hat er später mit € 265.000,00. Diesen Betrag hat ihm das OLG Düsseldorf nicht zugesprochen. Als maßgebend und entscheidend hat das Gericht angesehen, dass schriftlich vereinbarte Pauschalhonorare für den Bauherren maßgebend bei der Budgetgestaltung und damit auch für den Kauf des Objektes gewesen ist. Die Berufung auf den Mindestsatz scheitert in diesem Fall ebenfalls an dem Grundsatz von Treu und Glauben.

Andererseits hat das OLG Rostock festgestellt, dass ein Bauingenieur, der selbst ein Ingenieurbüro betreibt, seinem beauftragten Ingenieur die Zahlung des Mindestsatzes schuldet, auch wenn eine zu niedrige Honorarzone und zu niedrige anrechenbare Kosten sowie zusätzlich noch ein Preisnachlass von 15 % vereinbart ist. Das OLG hat hier wiederum erkannt, dass der Auftraggeber sich bewusst über ein gesetzliches Verbot der Mindestpreisunterschreitung hinweggesetzt hat und deshalb die Anwendung des Grundsatzes von Treu und Glauben nicht erfolgt.[158]

4. HOAI und AGB-Kontrolle

Die HOAI ist eine preisrechtliche Bestimmung. Sie will verhindern, dass ein Honorar für Leistungen unterhalb des HOAI-Mindestsatzes festgelegt wird, wenn kein Ausnahmefall vorliegt, und sie will dafür sorgen, dass die Höchstsätze nur in den Fällen überschritten werden, wie sie in § 7 Abs. 4 geregelt sind. Zur Ermittlung des Honorars nach HOAI sind einzelne Vorschriften festgelegt, von denen die Parteien durch individuelle Vertragsabsprachen auch abweichen können. Entscheidend ist, dass sich das Honorar, welches im Ergebnis gezahlt werden soll, im Honorarrahmen von Mindest- und Höchstsatz bewegt. **138**

Werden die Honorarermittlungsvorschriften der HOAI in den Allgemeinen Geschäftsbedingungen planmäßig verändert und wird damit im Ergebnis ein Honorar vereinbart, welches den Honorarrahmen verlässt, so halten solche Regelungen einer Inhaltskontrolle nach § 307 BGB nicht stand. Nach § 307 sind Bestimmungen in Allgemeinen Geschäftsbedingungen unwirksam, wenn sie den Schutz des Vertragpartners entgegen des Gebots von Treu und Glauben unangemessen benachteiligen. Eine unangemessene Benachteiligung ist im Zweifel anzunehmen, wenn die vertragliche Bestimmung mit wesentlichen Grundgedanken der gesetzlichen Regelung, von der abgewichen wird, nicht zu vereinbaren ist. Diese Bestimmung ist auch auf preisrechtliche Vorschriften anzuwenden, sodass zu stark von der HOAI abweichende Honorarermittlungsregeln in Formularverträgen unwirksam sind.[159]

Diese Grundsätze haben unverändert Bedeutung. Allerdings bezog sich die Entscheidung des BGH auf eine Kontrolle von Allgemeinen Geschäftsbedingungen, die nicht mit den Honorarermittlungsvorschriften der HOAI 1996 zu vereinbaren waren. Die HOAI 2013 gibt einen neuen Rahmen vor. Allgemeine Geschäftsbedingungen sind anhand dieser Neuregelung zu überprü-

---

[155] OLG Frankfurt v. 30.08.2012 – 21 U 34/11
[156] OLG München v. 04.12.2012 – 9 U 255/12
[157] OLG Düsseldorf, Urteil v. 23.11.2010 – 23 U 215/09
[158] OLG Rostock, Urteil v. 02.04.2012 – 7 U 29/09
[159] Vgl. BGH BauR 1981, 582 (583); vgl. zur herrschenden Meinung in der Literatur: Vygen in Korbion/Mantscheff/ Vygen § 4 Rdn. 42; Locher/Koeble/Frick § 7 Rdn. 35

fen. Nach diesen Grundsätzen sind künftig Allgemeine Geschäftsbedingungen unwirksam, die insbesondere folgende HOAI-Klauseln enthalten bzw. folgende Vorschriften ausheben wollen:

- Die anrechenbaren Kosten folgen dem Kostenanschlag (Verstoß gegen § 6 HOAI)
- Die anrechenbaren Kosten folgen der Kostenfeststellung (Verstoß gegen § 6 HOAI)
- Ausschluss der Einzelabrechnung bei mehreren Objekten (Verstoß gegen § 11 HOAI)
- Ausschluss von Abschlagszahlungen oder Reduzierung auf 90 % (Verstoß gegen § 15 Abs. 2)
- Ausschluss von Honoraren für Änderungsleistungen (Verstoß gegen § 11)
- Ausschluss von Honoraren für überlange Bauzeit

IV. Der Honorarrahmen zwischen Mindest- und Höchstsatz

1. Die Unterschreitung des Mindestsatzes

139 § 7 Abs. 3 schreibt vor, dass die in der HOAI festgesetzten Mindestsätze durch **schriftliche** Vereinbarung in **Ausnahmefällen** unterschritten werden können. Diese Bestimmung ist zwingend zu beachtendes Recht. Eine Honorarvereinbarung, die gegen § 7 Abs. 3 HOAI verstößt, ist unwirksam. Die Folge ist, dass nach § 7 Abs. 5 der Mindestsatz der zutreffenden Honorarzone geschuldet ist.

140 Mindestsatzunterschreitungen können in vielfältiger Form vereinbart werden:
Der Auftragnehmer gewährt dem Auftraggeber einen Preisnachlass auf die Mindestsätze.

Das Honorar soll nicht nach den anrechenbaren Kosten der Kostenberechnung sondern nach dem niedrigeren Kostenanschlag abgerechnet werden. In diese Fallkategorie fallen auch Gestaltungen, wonach Kostenannahme Grundlage der anrechenbaren Kosten sein sollen, die die Kostenberechnung deutlich unterschreiten.

Eine häufige Fallgruppe betrifft die Vereinbarung einer zu niedrigen Honorarzone. Wenn z. B. richtigerweise die Honorarzone IV zugrunde zu legen ist, jedoch vertraglich die Honorarzone III festgelegt wird, so ist dies eine Unterschreitung des Mindestsatzes.[160]
Die Mitzuverarbeitende Bausubstanz wird vertraglich bei Ermittlung der anrechenbaren Kosten für Umbauten ausgeschlossen. Hierunter fallen auch ausdrückliche Verneinung eines Umbauzuschlages bei Umbaumaßnahmen, die überdurchschnittlichen Anforderungen genügen.

141 In vielen Fällen versteckt sich die Unterschreitung des Mindestsatzes in einem Pauschalhonorar. Grundsätzlich können Pauschalhonorare vertraglich vereinbart werden, sie müssen jedoch im Bereich der Mindest- und Höchstsätze angesiedelt sein. Diese Tatsache zwingt dazu, dass bei der Geltendmachung eines Pauschalhonorars stets eine Vergleichsberechnung erforderlich ist, was insbesondere dann notwendig ist, wenn der Auftragnehmer nach den höheren Mindestsätzen abrechnen will.[161]

142 Die **ausnahmsweise** Unterschreitung der HOAI-Mindestsätze ist danach an **drei Voraussetzungen** geknüpft:

- die Schriftform muss gewahrt sein,
- die Vereinbarung muss bei Auftragserteilung zustande gekommen sein und
- es muss ein Ausnahmefall vorliegen.

1.1 Schriftformerfordernis

143 Die Honorarvereinbarung einer Mindestsatzunterschreitung muss schriftlich erfolgen. Zur Voraussetzung einer schriftlichen Vereinbarung siehe im Übrigen II.2. Weiterhin ist Voraussetzung, dass dies bei Auftragserteilung geschieht. Dies folgt aus § 7 Abs. 5 HOAI, der zwingend und für jeden Fall vorschreibt, dass der Mindestsatz zu gelten habe, wenn nicht bei Auftragserteilung

---

[160] So OLG Düsseldorf v. 09.08.2013 – 22 U 4/13, ständige Rechtsprechung BGH in IBR 1990, 198, IBR 2007, 685, zitiert bei IBR 2014, 91
[161] Vgl. OLG Frankfurt Urteil v. 02.05.2013 – 3 U 212/11

etwas anderes vereinbart wurde. Wird der Zeitpunkt verpasst, so ist der Auftragnehmer zur Leistungserfüllung und der Auftraggeber zur Zahlung des Mindestsatzes verpflichtet.[162]

Wird eine Mindestsatzunterschreitung mündlich vereinbart, so ist diese wegen Verstoßes gegen die Schriftform unwirksam. Der Auftragnehmer erhält in diesen Fällen sein Honorar nach § 7 Abs. 5 auf der Grundlage der Mindestsätze,[163] wenn ihm die Geltendmachung des Mindestsatzes wegen Verstoßes gegen den Grundsatz von Treu und Glauben nicht verwehrt ist.

1.2 Bei Auftragserteilung

Weitere Voraussetzung einer wirksamen Vereinbarung einer Mindestsatzunterschreitung ist, dass sie bei Auftragserteilung erfolgte. Ist eine schriftliche Honorarvereinbarung getroffen, die die Mindestsätze unterschreitet, so ist sie unwirksam, wenn sie nicht bei Auftragserteilung erfolgte. Es gilt nach § 7.5 der Mindestsatz. **144**

1.3 Ausnahmefall

Die dritte und wesentliche Voraussetzung für eine wirksame Mindestsatzunterschreitung verlangt, dass ein **Ausnahmefall** vorliegt. **145**

Diese gesetzliche Vorschrift hat eine wechselvolle Geschichte erfahren und besteht rechtswirksam mit Inkrafttreten der 2. HOAI-Novelle 1985 und gilt unverändert fort.

Im Jahre 1971 hat der Deutsche Bundestag das Gesetz zur Regelung von Ingenieur- und Architektenleistungen noch in der Fassung verabschiedet, dass die Mindestsätze nicht unterschritten werden können. Der Bundestag hatte damit einer Empfehlung des Rechtsausschusses entsprochen. Die anschließende Diskussion im Bundesrat führte zur Ablehnung der vom Bundestag beschlossenen Fassung. Auf Antrag des Landes Baden-Württemberg, das insbesondere für kleine Bauvorhaben eine Unterschreitung der Mindestsätze für wünschenswert hielt, ist in der anschließenden Diskussion im Vermittlungsausschuss die ursprüngliche von der Bundesregierung in das Gesetzgebungsverfahren eingebrachte Fassung wiederhergestellt worden. Danach sahen § 1 Abs. 3 Nr. 1 und § 2 Abs. 3 Nr. 1 des Gesetzes zur Regelung von Ingenieur- und Architektenleistungen vom 4. November 1971[164] gleichlautende Bestimmungen vor, wonach „in der Honorarordnung vorzusehen ist, dass von den Mindestsätzen durch schriftliche Vereinbarung abgewichen werden kann."

Als im Jahre 1976 der Entwurf einer HOAI dem Bundesrat[165] zur Zustimmung zugeleitet wurde, sah sich der Bundesrat wiederum auf Antrag des Landes Baden-Württemberg veranlasst, für eine Einschränkung der Unterschreitbarkeit zu sorgen und empfahl die Aufnahme des unbestimmten Rechtsbegriffs des „Ausnahmefalls" in § 4 Abs. 2 HOAI. In der Fassung vom 17.09.1976 schrieb § 4 Abs. 2 HOAI daraufhin vor, dass die HOAI-Mindestsätze durch schriftliche Vereinbarung im Ausnahmefall unterschritten werden können.

Hieran schloss sich ein lebhaft geführter Meinungsstreit über die Verfassungsmäßigkeit der HOAI zu § 4 Abs. 2 an.[166] Mit Beschluss vom 20.10.1981 hat das Bundesverfassungsgericht unter diese Diskussion einen Schlussstrich gezogen. Es hat die Beschränkung der Unterschreitbarkeit von HOAI-Mindestsätzen auf den Ausnahmefall für nichtig erklärt, da die Ermächtigungsgrundlage zum Erlass der Honorarordnung, dem Gesetz zur Regelung von Ingenieur- und Architek-

---

[162] Dies ist die überwiegende Auffassung. So BGH BauR 1988, 364 (365) und BGH BauR 1990, 236 (237), worin sich das Merkmal „bei Auftragserteilung" auf „alle" Honorarvereinbarungen beziehen muss. So auch: Vygen in Korbion/Mantscheff/Vygen § 4 Rdn. 72; Werner in Werner/Pastor Rdn. 716; Löffelmann/Fleischmann, 5. Auflage Rdn. 966. A. A.: Gross BauR 1980 9 (16), Locher/Koeble/Frik § 7 Rdn. 95. Diese gegenteilige Auffassung stellt auf den Wortlaut des § 4 Abs. 2 und 3 HOAI a. F. bzw. § 7 Abs. 3 und 4 HOAI 2009 ab, der die Voraussetzung „bei Auftragserteilung" in Bezug auf Absatz 1 nicht hat. Diese Auffassung ist indes wegen der klaren Funktionsweise des § 7 Abs. 1 in Verbindung mit § 7 Abs. 6 HOAI abzulehnen.

[163] OLG Düsseldorf BauR 1997, 165

[164] BGBl. I 1971 S. 1745 (1749)

[165] BR-Drucks. 270/76

[166] OLG Stuttgart NJW 1980, 1583; Landgericht Rottweil NJW 1977, 1962; Maier JZ 1977, 255; ohne Begründung: Hatmann Einl. zu § 4; Bedenken hatten auch Korbion/Mantscheff/Vygen § 4 Rdn. 76 ff.; für eine verfassungskonforme Auslegung traten ein: Berufungsgericht Architekten BaWü BauR 1979, 67; Landesberufungsgericht Architekten BaWü BauR 1979, 384; Locher/Koeble/Frik § 4 Rdn. 11; Neuenfeld § 4 Rdn. 5; Schaetzel Erl. zu § 4 Rdn. 2; Gross BauR 1980, 9 (16); Crone DAB 1977, 283

tenleistungen aus dem Jahre 1971, dem Verordnungsgeber nicht die Möglichkeit eröffnet hat, die Unterschreitbarkeit der Mindestsätze an qualitative Voraussetzungen zu knüpfen. [167]

Diese Entwicklung hat den Gesetzgeber wiederum veranlasst, eine Novelle zum Gesetz zur Regelung von Ingenieur- und Architektenleistungen zu verabschieden. Danach wurden § 1 und § 2 Abs. 3 Nr. 1 GIA (BGBl. I S. 1337) geändert. Der Gesetzgeber verlangte seitdem, dass in der Honorarordnung vorzusehen ist, dass von den Mindestsätzen durch schriftliche Vereinbarung **im Ausnahmefall** abgewichen werden kann.

Der Verordnungsgeber hat diesen Gesetzesbefehl mit der 2. Novelle zur HOAI vom 10. Juni 1985 (BGBl. I S. 961) befolgt und die vom Bundesverfassungsgericht für nichtig erklärte Fassung des § 4 Abs. 2 wiederhergestellt. Seit Inkrafttreten der 2. HOAI-Novelle sind deshalb Honorarvereinbarungen über eine Unterschreitung des HOAI-Mindestsatzes auch im Hinblick darauf zu prüfen, ob ein Ausnahmefall vorliegt.

146 Was unter einem Ausnahmefall zu verstehen ist, wurde der Rechtsprechung überlassen. Im Gesetzgebungsverfahren zur Novellierung der §§ 1 und 2 Abs. 3 Nr. 1 GIA vom 12.11.1984 ist diese Auslegungsfrage ausgiebig diskutiert worden. Der Raumordnungsausschuss des Deutschen Bundestages sah den Anwendungsbereich des Ausnahmefalls in engen Grenzen. Bei Vorliegen verwandtschaftlicher Verhältnisse und allenfalls bei außergewöhnlich geringem Leistungsumfang will der Raumordnungsausschuss einen Ausnahmefall annehmen. Gleichzeitig hat er sich ausdrücklich gegen eine Anwendung der Unterschreitungsmöglichkeit aus sozialen Gründen ausgesprochen.[168] Die Bundesregierung hat demgegenüber in ihrer Begründung zur 2. HOAI-Novelle weitergehende Fälle einer Unterschreitungsmöglichkeit festgestellt.[169]

147 Die Schwierigkeit der Auslegung des Begriffes Ausnahmefall liegt in der **Definition des Regelfalles**, zu dem eine Ausnahme festgestellt werden soll. So kann z. B. die individuelle Situation eines Architektur- oder Ingenieurbüros nicht maßgebend sein, um in Relation hierzu einen Ausnahmefall zu begründen. Die regelmäßig vorgenommene leistungsgerechte Abwicklung von HOAI-Leistungen begründet mithin nicht das Recht, ausnahmsweise ein Honorar unterhalb der Mindestsätze zu vereinbaren. Auch wird die ausnahmsweise Auseinandersetzung mit einer Planungsaufgabe, welche aus dem sonstigen üblicherweise bearbeiteten Leistungsspektrum des Auftragnehmers herausfällt, kein entsprechendes Recht auf Unterschreitung begründen können.

148 Auszugehen ist vielmehr von den **allgemeinen festzustellenden typischen Auftragsverhältnissen über Planungsleistungen nach HOAI**. Fällt die Aufgabe aus diesem allgemeinen Schema heraus und bildet sie mithin eine Ausnahme vom allgemeinen Planungsgeschehen **in objektiver Hinsicht**, so kommt eine Unterschreitung in Betracht. Brennt z. B. ein Gebäude kurz vor Abnahme durch den Auftraggeber ab und muss es erneut hergestellt werden, so liegt hierin ein vom allgemeinen Planungsgeschehen atypischer Fall vor, der eine Ausnahme im Sinne des § 7 Abs. 3 HOAI sein kann.[170]

149 Die Tätigkeiten für Verwandte sind vom Gesetzgeber ausdrücklich in der Begründung zum Gesetzestext als Ausnahmefall angesehen worden und können daher eine Ausnahme in subjektiver Hinsicht begründen.

150 Der BGH hatte erstmals mit seiner Entscheidung vom 22.05.1997[171] Gelegenheit, zur Streitfrage des Vorliegens einer Ausnahme Stellung zu beziehen, und führt hierzu aus: „Bei der Bestimmung eines Ausnahmefalles sind der Zweck der Norm und die berechtigten Interessen der Beteiligten zu berücksichtigen. Die zulässigen Ausnahmefälle dürfen einerseits nicht dazu führen, dass der Zweck der Mindestsatzregelung gefährdet wird, einen „ruinösen Preiswettbewerb" unter Architekten und Ingenieuren zu bewirken. Andererseits können alle die Umstände eine Unterschreitung der Mindestsätze rechtfertigen, die das Vertragsverhältnis in dem Sinne deutlich von den üblichen Vertragsverhältnissen unterscheiden, dass ein unter den Mindestsätzen liegendes Honorar angemessen ist. Das kann der Fall sein, wenn die vom Architekten oder Ingenieur

---

[167] BVerfG BauR 1982, 74
[168] BT-Drucks. 10/1562 S. 5
[169] BR-Drucks. 270/76 S. 9
[170] Zustimmend: Vygen in Korbion/Mantscheff/Vygen § 4 Rdn. 85
[171] BGH BauR 1997, 677 (679)

geschuldete Leistung nur einen **besonders geringen Aufwand** erfordert, sofern dieser Umstand nicht schon bei den Bemessungsmerkmalen der HOAI zu berücksichtigen ist. Ein Ausnahmefall kann ferner beispielsweise **bei engen Beziehungen rechtlicher, wirtschaftlicher, sozialer oder persönlicher Art** oder sonstigen besonderen Umständen gegeben sein. Solche besonderen Umstände können etwa in der mehrfachen Verwendung einer Planung liegen."[172]

Mit der Entscheidung vom 15.04.1999 hat der BGH die Grenzen für das Vorliegen eines Ausnahmefalls wieder **enger gezogen.** So hat er festgestellt, dass gemeinsame Mitgliedschaften des Bauherrn und Architekten in einem Tennisverein auch dann noch keinen Ausnahmefall darstellen, wenn **die Parteien freundschaftlich miteinander verbunden sind, sich duzen und der Architekt bereits im Ruhestand befindlich ist.**[173] 151

Als Beispiel einer Ausnahme in **subjektiver als auch objektiver Hinsicht** wird man die Tätigkeit eines Auftragnehmers für eine **soziale Vereinigung** sehen können, wenn **der Auftragnehmer als deren Mitglied sich diesem Ziel uneigennützig verschrieben hat.** Als Beispiel mag die Vereinigung zur Rettung oder zum Wiederaufbau eines ganz bestimmten Denkmals dienen. Voraussetzung hierfür wäre, dass die Vereinigung aus eigener Kraft z. B. durch Spendenaufruf oder sonstige Aktivitäten bemüht ist, das entsprechende Ziel zu erreichen. 152

Demgegenüber können **soziale Belange** eines Auftraggebers an sich nicht als Ausnahmefall gewertet werden. Bauvorhaben für soziale Einrichtungen sind typische Planungsgegenstände und mithin kein Ausnahmefall. Bauherren, die wegen geringer Einkommen Baugelder nur schwer aufbringen können, begründen ebenfalls keinen Ausnahmefall, da die von ihnen gestellte Planungsaufgabe, z. B. ein Einfamilienreihenhaus, allgemeintypisch ist. Deshalb gehören auch nicht hierher Bauaufgaben von Kirchen, sozialen und gemeinnützigen Einrichtungen oder der gemeinnützigen Wohnungswirtschaft, soweit sie überhaupt noch besteht.[174] 153

Der Auftragnehmer, der **ein Mitglied eines Vereins** ist, welcher ausschließlich von eigenen Mitteln lebt, und zur Durchführung des Vereinszwecks Bauaufgaben erledigen muss, kann für den Auftragnehmer einen Ausnahmefall bedeuten, wenn er mit der Übernahme der Planungsleistungen **zugleich eine Verpflichtung als Vereinsmitglied** erfüllt. Es muss sich jedoch um eine **einmalige Aktivität** handeln. Größere Vereine, die permanent Bauvorhaben durchführen, können nicht die Vorzüge einer Unterschreitungsmöglichkeit der HOAI-Mindestsätze erhalten. 154

Das OLG Hamm[175] hat sich in einer wettbewerbsrechtlichen Auseinandersetzung mit der Werbung eines Ingenieurs zu befassen gehabt, der Berufsleistungen unterhalb der HOAI-Mindestsätze angeboten hatte. Dieses Verhalten ist ihm mit der Begründung untersagt worden, **allein die Tatsache geringer eigener Bürokosten** könnten einen Ausnahmefall im Sinne der HOAI nicht begründen. Bereits vorher wurde in der Literatur einhellig die Meinung vertreten, geringe Bürokosten, insbesondere durch Einsatz von elektronischer Datenverarbeitung und speziellen Bearbeitungsweisen, könnten als bürospezifische Besonderheit keinen Ausnahmefall bilden, wenn es dadurch nicht zu einem Missverhältnis von Aufwand und Honorierung kommt.[176] 155

Die Vereinbarung eines Pauschalhonorars unter den Mindestsätzen begründet auch dann keinen Ausnahmefall, wenn dem Auftragnehmer vom Auftraggeber **weitere Aufträge vermittelt** werden. Die **dauerhafte vertragliche Beziehung** eines Auftragnehmers mit einem Auftraggeber, der zu einer Häufung von Auftragsverhältnissen führt, begründet ebenfalls keinen Ausnahmefall, der zur Mindestsatzunterschreitung berechtigt.[177] 156

Ein Ausnahmefall kann allerdings durch Umstände gerechtfertigt werden, die in personellen und im sozialen Bereich des Auftraggebers liegen. So hat das OLG Köln einen Ausnahmefall für

---

[172] BGH a. a. O. BauR 1997, 677 (679)
[173] BauR 1999, 1044
[174] So auch Korbion/Mantscheff/Vygen § 4 Rdn. 90
[175] OLG Hamm BauR 1988, 366 (367)
[176] Vygen in Korbion/Mantscheff/Vygen § 4 Rdn. 85; Pott/Dahlhoff/Kniffka § 4 Rdn. 17b; zusammenfassend Osenbrück BauR 1987, 144; Löffelmann/Fleischmann Rdn. 971, Moser, BauR 1986, 521 (522); Lehmann BauR 1986, 512 (519)
[177] A. A. Locher/Koeble/Frik § 7 Rdn. 120

den Fall diskutiert, dass ein Architekt für einen Bauherrn tätig geworden ist, der infolge seiner spastischen Lähmung demnächst auf den Rollstuhl angewiesen war und zu diesem Zweck das Gebäude umgerüstet wurde.[178]

157 Die Durchführung von **Planungswettbewerben nach RPW 2008** fällt nicht unter den Anwendungsbereich des § 7 Satz 3 HOAI. Mit den Richtlinien für Planungswettbewerbe ist ein Planungswettbewerb angesprochen, der der Rechtsfigur einer Auslobung nachgebildet ist. Planungswettbewerbe nach RPW[179] können auf eine lange Tradition zurückblicken. Es ist ein besonderes Kennzeichen des Leistungswettbewerbes von Architekten untereinander, neuerdings auch von Ingenieuren bei speziellen Ingenieurbauwerken, dass sie sich mit ihren Entwurfsideen im Rahmen eines geordneten Wettbewerbsverfahrens mit anderen Wettbewerbsteilnehmern messen lassen. Diese Form des Leistungswettbewerbs verlangt Planungsleistungen von den Wettbewerbsteilnehmern, die **keine im Sinne der HOAI festgelegte Vergütung** erhalten.

158 Da die im Wettbewerb abgeforderten Entwurfsideen zugleich wesentliche Grundlage für die Realisierung gesamter Bauvorhaben sind, kommt es deshalb ganz entscheidend darauf an, die Wettbewerbsteilnehmer vor Missbrauch mit den Wettbewerbsergebnissen zu schützen. Auf der anderen Seite gehört zu einem gut organisierten Leistungswettbewerb auch, dass der Auslober eine Gegenleistung für die Teilnahme der Wettbewerbsteilnehmer an dem Verfahren zusagt, indem er verspricht, mindestens einen der Preisträger mit der weiteren Bearbeitung der zu realisierenden Wettbewerbsaufgabe beauftragen zu wollen. Um ein **abgewogenes Verhältnis zwischen den Interessen der am Wettbewerb teilnehmenden Architekten und Ingenieure einerseits sowie des Auslobers andererseits** herzustellen, ist die RPW erlassen, deren wesentliche Kennzeichen darin bestehen, dass die Auswahl der eingereichten Wettbewerbsarbeiten von einer unabhängigen Jury unter der Wahrung vollständiger Anonymität erfolgt, dass Preise und Anerkennungen für die Wettbewerbsarbeiten zuerkannt werden und dass einer der Preisträger mit der Realisierung der gestellten Bauaufgabe betraut werden soll. Wettbewerbe, die diese Grundsätze beachten, stehen außerhalb der HOAI.

159 Anders verhält es sich bei **Mehrfachbeauftragungen durch Auftraggeber**, die mit oder ohne Kenntnis der teilnehmenden Architekten und Ingenieure verschiedene Architekten und Ingenieure auffordern, Entwurfsideen für die gestellte Bauaufgabe abzugeben. Wird kein Wettbewerb nach RPW ausgelobt, so handelt es sich bei der Auftragsvergabe an verschiedene Auftragnehmer für die gleiche Bauaufgabe um einen Anwendungsfall des § 7 Abs. 1 HOAI. Ein Ausnahmefall im Sinne des § 7 Abs. 3 ist nicht gegeben, sodass die Honorierung nach den Mindestsätzen erfolgen muss.[180] Diese Folge greift allerdings nur ein, wenn die Auftragnehmer sich nicht nur akquisitorisch an dem Wettbewerb beteiligen, was in einem solchen Fall in der Regel allerdings anzunehmen wäre.

160 Eine spezielle Form der Mehrfachbeauftragung stellt das im Sprachgebrauch der Architekten auch als „**Gutachterverfahren**" bezeichnete Auswahlverfahren dar. Kennzeichnend für dieses Verfahren ist, dass **in Abweichung zur RPW** Architekten aufgefordert werden, Planungslösungen für eine Bauaufgabe zu bearbeiten, für die sie, wenn überhaupt, **nur geringfügig entschädigt** werden. Eine nach HOAI bemessene Vergütung wird in der Regel dabei nicht vereinbart. Der Auftraggeber behält sich in diesen Fällen vor, eine Auswahl in eigener Regie zu treffen. Sei es, dass er sachverständige Hilfe von Architekten hinzunimmt, oder sei es, dass er ohne diese Unterstützung die Auswahl vornimmt.

161 Die in solchen Fällen häufig als Aufwandsentschädigung bezeichnete Vergütung soll dabei bewusst und gewollt kein Äquivalent für erbrachte Planungsleistungen darstellen. Ein Vertragsbindungswille besteht gerade nicht, dem Auftragnehmer geht es um Auftragsakquisition, die

---

[178] OLG Köln Urteil v. 25.09.1998 – 20 U 19/98 OLGR 1999, 47 = IBR 1999, 277, der diese Frage letztendlich nicht entschieden hat, dem Architekten das verlangte höhere Mindestsatzhonorar aus anderen Gründen verweigerte. Siehe hierzu jedoch Anmerkung von Weyer, der einen Ausnahmefall annehmen will.

[179] Bundesministeriums für Verkehr, Bau- und Stadtentwicklung: Richtlinien für Planungswettbewerbe RPW 2008, veröffentlicht im BAnz Nr. 182 v. 28.11.2008

[180] Vgl. hierzu die folgende Randnummer und auch: Morlock in IBR 1999, 422 = BVerwG NZBau 2000, 30

der Auftraggeber mit seinem Verfahren geregelt hat. Wegen der noch fehlenden Beauftragung kommt noch keine HOAI Honorarbindung infrage. Hieraus entstehen allerdings vorvertragliche Verpflichtungen, **da sich der Auftraggeber an seine eigenen Regeln halten muss**, auf deren Einhaltung der Wettbewerbsteilnehmer vertraut. Werden sie verletzt, so entstehen Schadensersatzansprüche.

Architekten unterliegen einer **Berufsordnung** und sind verpflichtet, die Vereinbarung von Honoraren nach den geltenden Honorarvorschriften vorzunehmen. Sie haben mithin die Mindest- und Höchstsätze der HOAI zu beachten. Berufsunwürdig handelt der Architekt, der die Höchstsätze entgegen den Vorschriften des § 7 Abs. 4 HOAI überschreitet oder der die Mindestsätze der HOAI zu Unrecht gem. § 7 Abs. 3 HOAI unterschreitet. **Berufsunwürdiges Verhalten kann mit Geldbußen oder in sonstiger Weise disziplinarrechtlich verfolgt werden.** Dies führt allerdings nicht zu einem Honoraranspruch nach HOAI, wenn der Architekt sich auf dieses berufswidrige Verfahren eingelassen hat und ihm nach Treu und Glauben die Berufung auf ein höheres HOAI-Honorar versagt bleibt. **162**

Vor diesem Hintergrund hatte das Bundesverwaltungsgericht sich mit einer Klage eines Architekten auseinanderzusetzen, der gegen eine gegen ihn verhängte Geldbuße mit der Begründung zu Felde gezogen ist, dass seine Teilnahme an einem Gutachterverfahren Vorschriften der HOAI nicht verletzt hätte, da die den HOAI-Mindestsatz deutlich unterschreitende Vergütung des Bauherrn einen Ausnahmefall nach § 4 Abs. 2 HOAI 1996 gerechtfertigt habe. Während der Verwaltungsgerichtshof Kassel[181] dem Architekten Recht gab und die Geldbuße aufhob, hat das Bundesverwaltungsgericht[182] die Entscheidung des VGH als unrichtig aufgehoben und festgestellt, dass die Teilnahme eines Architekten an einem Gutachterverfahren gegen geringfügige Entgelte eine unzulässige Unterschreitung der HOAI-Mindestsätze zur Folge hat. Das Bundesverwaltungsgericht meint hierzu, dass das durch den Gutachtervertrag begründete Vertragsverhältnis sich als solches nicht von einem üblichen Architektenvertrag entsprechenden Inhalts unterscheidet, und meint, es widerspräche dem Normzweck, einen ruinösen Preiswettbewerb zwischen Architekten und Ingenieuren zu verhindern, wenn es erlaubt wäre, vertragliche geschuldete, preisgebundene Leistungen billiger zu erbringen, um einen Anschlussvertrag zu akquirieren. **163**

Diese Entscheidung betrifft allerdings nur die berufsrechtliche Sanktion und nur **sogenannte Gutachtenverfahren, denen kein Planungsvertrag zugrunde liegt.** Geht es um ein Auswahlverfahren mit dem Ziel, einen geeigneten Architekten als Auftragnehmer zu finden, so fehlt es an einem Planungsvertrag. Die HOAI ist noch nicht zu beachten. Dies gilt für die Fälle, dass der Bauherr mehrere Architekten auffordern einen Lösungsvorschlag für eine Bauaufgabe vorzulegen und er sich vorbehält, welchen Bewerber er den Architektenauftrag erteilen will. Die in solchen Fällen vielfach vom Bauherrn gezahlte Entschädigung stellt kein Entgelt für die Erbringung von Architektenleistungen sondern für die Beteiligung am Wettbewerbsverfahren dar. **164**

Ist die **Architektentätigkeit abgeschlossen**, so können die HOAI-Mindestsätze unterschritten werden, ohne dass ein Ausnahmefall vorliegen muss.[183] Namentlich wenn die Parteien über das Entgelt streiten und einen Vergleich schließen. **165**

Honorarvereinbarungen, bei denen die Schriftform fehlt oder kein Ausnahmefall vorliegt oder wenn die Honorarvereinbarung nicht bei Auftragserteilung zustande gekommen ist, sind unwirksam. Der Vertrag bleibt indes bestehen. Nach absolut herrschender Meinung greift danach § 7 Abs. 5 mit der Folge ein, dass der HOAI-Mindestsatz gilt.[184] Dem schließt sich die Frage an, ob dem Auftragnehmer die Geltendmachung des HOAI-Mindestsatzes wegen Verstoßes gegen Treu und Glauben verwehrt bleibt. Diesbezüglich kann auf die Ausführungen bei Rdn. 116 verwiesen werden. **166**

[181] VGH Kassel v. 03.02.1998 BauR 1998, 1037
[182] BVerwG v. 13.04.99 NZBau 2000, 30 = IBR 1999, 422
[183] Siehe hierzu das Thema Vergleich Rdn. 91 und 84
[184] BGH BauR 1995, 126; BGH BauR 1993, 239; Vygen in Korbion/Mantscheff/Vygen § 4 Rdn. 93

2. Die Überschreitung des Höchstsatzes

167   Eine zulässige Überschreitung des Höchstsatzes setzt folgende **3 Begebenheiten** voraus:
- eine schriftliche Vereinbarung,
- diese Vereinbarung bei Auftragserteilung,
- Leistungen, die eine außergewöhnliche Leistung darstellen oder von ungewöhnlich langer Dauer sind.

168   Die Voraussetzungen für die Einhaltung der **Schriftform** sind unter Punkt II.2 erläutert.[185]

Die Honorarvereinbarung muss **bei Auftragserteilung** erfolgen, was aus der Regelung des § 7 Abs. 5 folgt. Danach gilt der Mindestsatz als vereinbart, wenn nicht bei Auftragserteilung etwas anderes schriftlich vereinbart worden ist.[186] (s. o. II.3)

169   **Außergewöhnliche** Leistungen sind überdurchschnittlich, wenn sie auf künstlerischem, technischem oder wirtschaftlichem Gebiet über das Normalmaß hinausragen. Der Schwierigkeitsgrad der Planungsaufgabe wird zumeist von der Einordnung in die Honorarzone erfasst. Es müssen demnach **außergewöhnliche Leistungsanforderungen** gegeben sein, **die sich nicht bei der Einordnung in eine Honorarzone erfassen lassen**. Neue Technologien, die vom Auftragnehmer entwickelt werden, zählen hierzu ebenso wie neue Verfahren zur Kostensenkung. Die besondere Kreativität des Auftragnehmers soll damit im Interesse der Innovationsfreudigkeit zusätzlich über dem geltenden Honorarrahmen hinaus honoriert werden können.[187] Eine besonders kreative Leistung setzt stets ein urheberrechtsfähiges Bauwerk voraus (vgl. Rdn. 213 ff.).

170   Stets muss es sich damit um Anforderungen handeln, die nicht bereits anderweitig angemessen von einer Honorarvereinbarung im Rahmen der HOAI erfasst werden. § 7 Abs. 4 verlangt eine strenge und enge Auslegung der Begriffe. Umstände, die bereits zur Einstufung entsprechend dem Schwierigkeitsgrad der gestellten Aufgabe in eine Honorarzone, als Vereinbarung eines Honorarsatzes im Bereich von Mindest- und Höchstsatz sowie bei der Festlegung von Besonderen Leistungen berücksichtigt worden sind, können zur Begründung einer Honorarvereinbarung über die Höchstsätze hinaus nicht angeführt werden.[188]

Der Höchstsatz gilt auch für Stararchitekten. Er knüpft nicht an die Person des Auftragnehmers, sondern nur auf das konkrete Objekt an.[189]

171   Von größerer praktischer Bedeutung als die Voraussetzung der Außergewöhnlichkeit einer Leistung ist die zweite Alternative einer **ungewöhnlich lange dauernden** Leistung, die häufig zu unzumutbaren Belastungen des Auftragnehmers führt. Bei Auftragübernahme ist meist nicht absehbar, in welcher Zeit die Aufgabe gelöst werden wird. Faktoren, die sich dem Einfluss des Auftragnehmers entziehen, können für eine sich jahrelang hinschleppende Bearbeitung ursächlich sein. Während der gesamten Zeit hat der Auftragnehmer Personal und seine eigene Arbeitskraft vorzuhalten und somit Aufwendungen zu tätigen, die insgesamt zu einem berechtigten Honorarverlangen führen können, das den Höchstsatz übersteigt.

172   Unter **ungewöhnlich langer Dauer** ist eine Zeit zu verstehen, die **erheblich über das hinausgeht**, was **unter normalen Umständen** benötigt wird. Die Regelung gilt sowohl für die Planungsphase als auch für die Objektüberwachung. Häufig wird erst im Zuge der Vertragserfüllung deutlich, dass die vom Auftragnehmer erwartete Leistung ungewöhnlich lange dauert. Dies trifft insbesondere für die Objektüberwachung zu, wenn sich der Bauablauf über Gebühr verzögert.

173   Steht bei Vertragsabschluss bereits fest, dass die Planungs- und Bauzeit gemessen an der Aufgabe überlang sein wird, ist der Anwendungsfall einer Höchstsatzüberschreitung gegeben. In

---

[185] Vgl. Rdn. 50 ff.

[186] Vgl. Rdn. 66 ff.

[187] So auch Vygen in Korbion/Mantscheff/Vygen § 4 Rdn. 102; a. A.: Pott/Dahlhoff/Kniffka/Rath § 4 Rdn. 28, die eine Überschreitung der Maßstäbe der Honorarzone V als zwingend ansehen. Vgl. auch Locher/Koeble/Frik § 7 Rdn. 158

[188] Grundsätzlich hierzu Kroppen: Festschrift für Korbion, S. 227

[189] OLG Stuttgart v. 29.05.2012 – 10 U 142/11

der täglichen Praxis finden solche Fälle allerdings kaum statt. Ist das Bauvorhaben erst einmal beschlossen und finanziert, muss es im Gegenteil meist sehr schnell gehen. Allein die Last der Zwischenfinanzierung für den Bau zwingt dazu, das Bauvorhaben schnell in die Nutzungsphase zu überführen.

Überlange Bauzeiten, mit denen nicht gerechnet wurde und die nach Vertragsabschluss entstehen, führen zu **Änderungen des Leistungsziels,** für die nach § 10 eine gesonderte Vergütung vereinbart werden kann.   **174**

Die Parteien können sich damit behelfen, dass bei Vertragsabschluss bereits eine **Regelbauzeit**   **175** **vereinbart** wird, die die gewöhnliche Dauer eines Bauvorhabens beschreibt. Zusätzliche Honorarerhöhungen, insbesondere für die Objektüberwachung, lassen sich für den Fall der Überschreitung der vereinbarten Bauzeit so von Anbeginn wirksam vereinbaren. Ebenso kann in Abhängigkeit mit der vereinbarten Bauzeit ein Anspruch auf Verhandlungen über eine angemessene Entgelterhöhung für Bauzeitüberschreitung vereinbart werden. Der Vertrag kann für die Vergütung beispielsweise einer Bauleitung für überlange Bauzeit auch eine Regelung vorsehen. Sie kann auch zu einem späteren Zeitpunkt als bei Auftragserteilung erfolgen.[190]

Ist weder bei Auftragserteilung eine ungewöhnlich lange dauernde Leistung nachgewiesen   **176** noch eine außergewöhnliche Leistung gegeben, liegen die Voraussetzungen für die Möglichkeit der Höchstsatzüberschreitung nicht vor. Die Honorarvereinbarung ist in diesem Fall unwirksam, auch wenn sie schriftlich bei Auftragserteilung zustande gekommen ist. Fehlt es an der Schriftform oder ist die Vereinbarung nicht bei Auftragserteilung erfolgt, so ist die Rechtsfolge der Unwirksamkeit dem § 7 Abs. 4 zu entnehmen. Für diesen Fall gilt der Mindestsatz als geschuldet.

Anders verhält es sich, wenn die Parteien die Anforderungen für eine außergewöhnliche Leis-   **177** tung oder eine ungewöhnlich lange Leistung angenommen haben, die jedoch objektiv nicht gegeben ist. In diesem Fall ist die Honorarvereinbarung unwirksam, obwohl im Übrigen eine formwirksame Vereinbarung gegeben ist. Gemäß §§ 139, 140 BGB ist davon auszugehen, dass die Parteien den Höchstpreis vereinbart hätten, wenn ihnen die Unzulässigkeit bekannt gewesen wäre.[191] Die Nichtigkeit dieser Honorarvereinbarung hat nicht automatisch zur Folge, dass nur der Mindestsatz gefordert werden kann. Der Auftragnehmer kann in diesen Fällen den Höchstsatz beanspruchen, was vom BGH auch für die HOAI bestätigt wurde.[192] Die Vereinbarung muss jedoch gemäß § 7 Abs. 1 HOAI bei Auftragserteilung schriftlich erfolgt sein.

Gerichte, die sich mit Honorarprozessen auseinanderzusetzen haben, sind nicht gehalten, von   **178** Amts wegen eine Überschreitung der Höchstsätze festzustellen. Die Darlegungs- und Beweislast trifft den Auftraggeber, wenn er sich auf den Standpunkt stellen will, dass die Honorarvereinbarung den Höchstpreis verletzt.[193] Dies gilt für alle Fälle von Verstößen gegen die HOAI.

Speziell die Bauüberwachung vollzieht sich in Abhängigkeit zum tatsächlichen Bauablauf und   **179** zur Bauzeit. Letztere kann je nach Schwierigkeit der Bauaufgabe hinsichtlich der technischen Abläufe anhand objektiver Kriterien vorher nicht genau bestimmt werden. Welcher Bauablauf tatsächlich stattfindet, hängt von einer Vielzahl anderer Faktoren ab.

Diese Konsequenz führt in der Praxis zu erheblichen Problemen, da die Bauzeit abhängig ist von: **180**
– der Größe und der Schwierigkeit des Objektes,
– den Witterungsverhältnissen,
– der rechtzeitigen Vergabe von Bauleistungen durch den Auftraggeber,
– der Leistungsqualität der beauftragten Unternehmen,

---

[190] So grundsätzlich BGH Urteil v. 30.09.2004 BauR 2005, 118 (121), das allerdings zu § 4 Abs. 3 HOAI 1996 erging, aber vom Grundsatz her auf die Neuregelung des § 3 Absatz 2 bedeutet, dass solche Vertragsstörungen nicht Gegenstand der Honorarbewertung sind.

[191] Der Verfasser der amtlichen Begründung zum Referenzentwurf der HOAI 1976 verkennt den Anwendungsbereich der §§ 139, 140 BGB – vgl. dazu amtl. Begr. zum Referentenentwurf a. a. O.; vgl. Bettermann S. 21 ff.

[192] BGH BauR 1990, 239; Vygen in Korbion/Mantscheff/Vygen § 4 Rdn. 114; Gross BauR 1980, 9 (19); Werner/Pastor Rdn. 697; vgl. auch KG NJW-RR 1990, 91

[193] OLG Köln BauR 1986, 467–469, vgl. grundsätzlich auch BGH v. 25.07.2002 – VII ZR 143/01 BauR 2002, 1720

– der ausreichenden Mittelbereitstellung durch den Auftraggeber und

– dem Umfang der vom Auftraggeber während der Bauzeit gewünschten Planungsänderungen.

181 Eine Reihe dieser Faktoren lässt sich **objektiv bestimmen** und kann deshalb in die Honorarbemessung bei Auftragserteilung einfließen. Die Größe und Schwierigkeit des Objektes und die voraussichtlichen Witterungsverhältnisse lassen sich in etwa abschätzen, einplanen und in den zeitlichen Auswirkungen klar einkalkulieren. Die anrechenbaren Kosten als Bemessungsfaktor für die Honorarermittlung drücken diese Faktoren angemessen aus.

182 Die übrigen Einflüsse auf die Bauzeit hängen jedoch ausschließlich vom **Verhalten des Auftraggebers** ab. Entscheidet sich der Auftraggeber, die Bauleistung nach Einzelgewerken zu vergeben, so entspricht es der allgemeinen Übung, die einzelnen Bauleistungen erst im Zuge der Bauerrichtung auszuschreiben und zu beauftragen. Die an sich wünschenswerte Ausschreibung sämtlicher Bauleistungen vor Baubeginn ist praktisch nicht durchführbar. Abgesehen davon, dass der Planungsstand insbesondere bei größeren Bauvorhaben meist nicht so weit reicht, wird regelmäßig schon aus Zeitersparnisgründen dennoch mit dem Bau begonnen. Die Ausschreibung sämtlicher Leistungen vor Baubeginn ist mit einem erheblichen Risikofaktor für den Auftraggeber verbunden. In den Bauverträgen sind nämlich die Leistungszeitpunkte wenigstens als ungefähre Angaben festzuhalten. Der damit notwendig werdende frühzeitige Bauzeitenplan wird jedoch häufig später korrigiert, weil Schwierigkeiten in der Baudurchführung auftreten, mit denen nicht gerechnet wurde. War z. B. die Gründung schwieriger als angenommen, so lassen sich die ursprünglich gedachten Ausführungszeitabschnitte nicht mehr halten und müssen überarbeitet werden. Die frühzeitige Festlegung von Leistungszeiten der Unternehmer, die erst zum Schluss der Baukette ihre Leistung erbringen, ist deshalb an unüberschaubare Risiken gebunden. Unterlässt es der Auftraggeber im Zuge des Baufortschrittes rechtzeitig, die Vergabeentscheidungen und Beauftragungen der Unternehmer herbeizuführen, so verlängert sich die Bauzeit, ohne dass der Auftragnehmer hierauf Einfluss ausüben kann. Die Ursachen für eine verzögerte Vergabepolitik können dabei unterschiedlich sein. Meist wird der Auftraggeber die damit verbundene Bindung der Baumittel scheuen, sei es, dass die Gelder noch nicht in ausreichender Zahl beschafft wurden, oder sei es, dass die vorhandenen Baugelder an anderer Stelle zunächst für kurze Zeit gewinnbringender eingesetzt werden.

183 Mit dem Vergabeverhalten hängt auch zusammen, ob der Auftraggeber leistungsfähige Unternehmen oder weniger geübte Handwerker beauftragt. Entscheidet der Auftraggeber die Vergabe ausschließlich nach dem Preisangebot, so kann nicht selten die nur geringe Leistungsqualität zu ständigen Nachbesserungen an der Baustelle führen. Gerät der Unternehmer gar in Vermögensverfall und stellt er daher die Leistungen am Bau wegen Insolvenz ein, so verzögert sich die Bauzeit weiter, da der Stand der Teilfertigung zunächst festgestellt und die noch fehlenden Bauleistungen anschließend ausgeschrieben und an Nachfolgeunternehmer vergeben werden müssen.

184 Bei größeren Bauvorhaben der öffentlichen Hand hängt es von der Haushaltspolitik der jeweiligen bauenden Verwaltung ab, welche Baugelder jährlich zur Verfügung gestellt werden. In Zeiten der Sparpolitik erfolgt teilweise eine Kürzung des jährlichen Baubudgets, was automatisch zu einer Verlängerung der Bauzeit führt, da wegen der Kosteneinsparung nicht alle ausführenden Unternehmen gleichzeitig beauftragt werden können, die nach dem technischen Bauablauf jedoch gleichzeitig arbeiten könnten. Werden z. B. für ein Großbauvorhaben anstelle von monatlich 3,5 Mio. € nur 1,5 Mio. € zur Verfügung gestellt, so verlängert sich die Bauzeit. Der Aufwand für den Auftragnehmer erhöht sich. Er hat auf die Dauer der Bauzeit ein ständig besetztes Baustellenbüro zu unterhalten. Seine Bauleiter müssen während der Zeit tätig sein, können jedoch nicht mit geringer Intensität die gesteckten Arbeitsziele erreichen, weil sie nicht voll ausgelastet sind.

185 Die Überschreitung einer vereinbarten Regelbauzeit stellt eine Änderung des Leistungsumfangs dar, die eine ergänzende Honorarvereinbarung rechtfertigt. Wird das auf die Objektüberwachung zu berechnende Honorar auf die Regelbauzeit verteilt, so kann sich hieraus die zeitanteilige Mehrvergütung errechnen, die auf den Zeitanteil der Bauzeitüberschreitung entfällt. Die Voraussetzung ist eine entsprechende vertragliche Vergütung.

Liegt eine Bauzeitenüberschreitung aus Gründen vor, die der Auftragnehmer nicht zu vertreten **186** hat, so kann der Auftragnehmer seinen tatsächlich entstandenen Mehraufwand abrechnen.

V. Honorar bei Überschreitung der Bauzeit

In § 7 Abs. 4 beschreibt die HOAI, dass die Höchstsätze für den Fall überschritten werden dürfen, **187** dass ungewöhnlich lange dauernde Leistungen zu bewerten sind. Die HOAI erfasst damit Sachverhalte, die den Vertragsparteien bei Auftragserteilung bekannt sind. Ist in diesen Fällen schon bei Vertragsabschluss bekannt, dass der zu bewertende Leistungsumfang in Bezug auf die vorgesehene Projektierungs- und Bauzeit lang andauert und damit die für das Objekt normalerweise anzunehmende Projektierungszeit für Planung und Bauausführung deutlich überschreitet, so ist dieser Sachverhalt durch Vereinbarung des Honorarsatzes, der auch über dem Höchstsatz liegen kann, zu erfassen. Diese Anwendungsfälle sind zahlenmäßig gering, da die Vertragsparteien und zwar insbesondere der Auftraggeber bei Auftragserteilung in fast allen Fällen sehr daran interessiert ist, die Realisierung des ins Auge genommenen Bauprojektes in möglichst kurzer Zeit zu bewerkstelligen.

Ein Baustillstand kann sich ergeben, wenn durch Aufschließung des Baugrundes kulturhisto- **188** risch interessante Gegenstände aufgedeckt werden, die zu einer vollständigen oder teilweisen Einstellung der Baustelle führt. Es können Zahlungs- und Finanzierungsschwierigkeiten des Auftraggebers auftreten, die es nicht erlauben, die Bauleistungen in der Schnelligkeit abzurufen wie bei Projektbeginn vorgesehen. Es können sich weitere Einflüsse im Rahmen der Bauabwicklung ergeben (Insolvenz bauausführender Firmen, Mangelbeseitigungsarbeiten oder sonstige Störungen des Bauablaufs), die zu einer Bauzeitverlängerung führen.

Allerdings gilt dies nur für den Fall, dass die Bauzeitüberschreitung nicht von dem Auftragneh- **189** mer zu vertreten ist. Anstelle der pauschalen Erhöhung des Honorars, wie vorbeschrieben, ist es eher sinnvoll eine Abgeltung des nachgewiesenen Mehraufwandes zu betreiben. Grundlage hierfür ist der Personaleinsatz der für die Bauzeitüberschreitung erforderlich wird.

In der Praxis gebräuchlich sind Vereinbarungen, wonach bei Überschreiten der Bauzeit unter Be- **190** achtung einer Karenzfrist von ein/zwei Monaten das Honorar für die Bauzeitverlängerung sich im Verhältnis der anzurechnenden Bauzeitüberschreitung zur vereinbarten pro rata temporis erhöht. Wird zum Beispiel eine Bauzeit von 12 Monaten festgelegt, so könnte eine vereinbarte Karenzfrist von 3 Monaten dazu führen, dass ein zusätzlicher Honoraranspruch erst nach einer 15-monatigen Bauzeit entsteht. Wird diese Frist um 2 Monate überschritten, so entstünde ein Honorar in Höhe des Monatssatzes, der sich durch Division des Bauleitungshonorars durch die Anzahl der 12 Monate Regelbauzeit ergibt, und zwar für jeden Monat der honorarfähigen Überschreitung.

VI. Erfolgshonorar, Bonus- und Malusregelung

1. Erfolgshonorar

Die HOAI 2009 führte in § 7 Abs. 6 ein Erfolgshonorar verbunden mit einem Bonus-Malus- **191** System ein, das in abgewandelter Form auch in der HOAI 2013 Eingang gefunden hat.

Der Begriff des Erfolgshonorars hat eine unterschiedliche Anwendung in der Praxis. Zumeist verstehen die Parteien hierunter, dass ein Honorar nur geschuldet sein soll, wenn eine Baugenehmigung für eine Voraussetzung außerhalb des Planungsgeschehens eintritt, z. B. eine spezielle bauliche Ausnutzung des Grundstücks angestrebt wird, die Baufinanzierung gelingt, ein Mieter gefunden wird etc. Dies ist im Rechtssinne eine Bedingung, deren Eintritt die Vergütungsfolge überhaupt erst auslöst. Sie kann wirksam getroffen werden. Der Regelungsbereich der HOAI ist noch nicht berührt. Die Vertragsfreiheit erlaubt solche vertraglichen Vereinbarungen.

§ 7 Abs. 6 verwendet den Begriff des Erfolgshonorars in einem anderen Sachzusammenhang. Hier geht es um die Frage, ob es dem Auftragnehmer gelingt, bei der Durchführung seiner Bauaufgabe die beispielsweise im Rahmen der Bedarfsplanung[194] vom Auftraggeber ermittelten Kosten zu unterschreiten. Die Verordnung lässt offen, welche Kostenart als Bezugsgröße für das Messen der Einsparung gemeint ist: Investitionskosten, Betriebskosten mit/ohne Kapitaldienst, Projektkostenbarwerte, Unterhaltungskosten usw. Voraussetzung für die Vereinbarung eines Erfolgshonorars ist eine „wesentliche" Kostensenkung „ohne Änderung des vertraglich festgelegten Standards", ohne dass definiert wäre, was als wesentlich anzusehen wäre. Schließlich ist unklar, ob bei Anwendung dieser Vorschrift § 7 Abs. 1 HOAI (Auftragserteilung im Rahmen der Höchst-/Mindestsätze) und § 7 Abs. 4 HOAI (Überschreitung der Höchstsätze bei außergewöhnlichen Leistungen) nach wie vor gelten. Ferner ist offen, ob die mögliche Vereinbarung eines Malushonorars einen in § 7 Abs. 3 HOAI verordneten Ausnahmefall (zur Mindestsatzunterschreitung) darstellt

192 In der Praxis hat sich die Vereinbarung von Boni- und Malihonoraren nicht durchsetzen können. Dies hängt im Wesentlichen damit zusammen, dass sich bei einem Architektenvertrag faktisch nie zuverlässig und beim Ingenieurvertrag nur in bestimmten Ausnahmefällen verantwortlich und nachvollziehbar Kosten ermitteln lassen, die Ausgangspunkt für die Festlegung eines Erfolgshonorars mit Bonus oder Malusregelung sein können. Dies hängt mit der Aufgabenstellung des Architekten zusammen. Bei Vertragsabschluss sind Bauziele genannt, die allerdings noch nicht Merkmale der geschuldeten Beschaffenheit annehmen können. Hierzu ist auf die ausführliche Erörterung in § 10 HOAI zu verweisen.

Die Umsetzung der vertraglichen Bauziele ist eine gemeinsame Aufgabenstellung zwischen Architekt und seinem Bauherrn. Der Architekt schuldet ihm dabei eine umfassende Beratung. Anhand seiner zeichnerischen Vorschläge hat der Architekt alle Einflüsse auf das Bauwerk dem Bauherren zu erläutern. Dies gilt insbesondere für die Kosten, die der von ihm vorgestellte Entwurf mit sich bringt. Hierzu dienen bei weiterer Verfeinerung der Planung sich wiederholende Kostenuntersuchungen.

193 Die tatsächlichen Baukosten stehen dabei in Abhängigkeit der Wünsche des Bauherren, denen der Architekt prinzipiell zunächst zu folgen hat. Er schuldet seinem Bauherren die Beratung. Die Entscheidung fällt jedoch der Bauherr. Damit hat der Architekt es nicht allein in der Hand, die Baukosten zu beeinflussen. Auch wenn dem Architekt eine Baukostenvorgabe vertraglich gemacht wird, so bleibt dies zunächst nur ein Bauziel. Stellt sich nämlich heraus, dass die Gestaltungsvorschläge und Entwurfsideen des Architekten sich im Rahmen des Budgets nicht realisieren lassen, hängt die weitere Planungstätigkeit von der Entscheidung des Bauherren ab. Beharrt er auf Einhaltung der Baukostenvorgabe, hat der Architekt weitere Vorschläge auszuarbeiten um zu Lösungen zu kommen, die sich im Rahmen der Budgetplanung des Bauherren realisieren lassen. Wenn diese jedoch nur mit Veränderung der Gestaltung und der Funktionalität des Bauwerkes zu erreichen sind, bleibt es letztlich wieder eine Entscheidung des Bauherren, ob diesen Einsparungsvorschlägen gefolgt werden soll. Im Vordergrund steht damit die Entscheidung des Bauherren, allerdings auf Basis einer verantwortlichen und zutreffenden Beratung des Architekten.

Die Vereinbarung eines Erfolgshonorars suggeriert den Parteien einen Sachverhalt, der sich so gar nicht realisieren lässt. Er gibt bestenfalls Anregungen zu einer missbräuchlichen Vertragsgestaltung.

194 So hatte sich der BGH mit einem Fall auseinander zu setzen gehabt, in dem der Architekt einem Bauherrn gegenüber eine Kostengarantie übernommen hat. Für den Fall, dass die Baukosten die Garantie überschreiten, wollte der Architekt diese Kosten selbst tragen. Bei Kostenunterschreitungen sollte der Architekt die Minderkosten jedoch als Prämie erhalten. Tatsächlich wurden die Baukosten deutlich unterschritten, sodass der Architekt einen größeren Geldbetrag aufgrund dieser Garantieabrede erhielt. Im Rahmen einer späteren Auseinandersetzung über Mängel am Architektenwerk hat sich der Bauherr dann auf den Standpunkt gestellt, dass die von ihm gezahlte Prämie eine Überschreitung des Höchstsatzes zur Folge gehabt hätte, weshalb der Architekt ein wesentlich zu hohes Honorar kassiert hätte.

---

[194] DIN 18 205 „Bedarfsplanung im Bauwesen"

Der BGH hat an diesem Beispiel deutlich gemacht, dass die Vereinbarung einer Garantie neben der Vereinbarung eines Architektenvertrages steht. Die nach dem Garantievertrag versprochene Belohnung bei Unterschreitung der Baukosten ist danach das Entgelt für die Übernahme der Kostengarantie durch den Architekten. Eine solche Leistung wird von der HOAI nicht erfasst.[195]

2. Bonusregelung

Einen Anwendungsfall für ein Erfolgshonorar bestehen in der Bonusregelung gem. § 7 Abs. 6 HOAI. Danach kann für Kostenunterschreitungen, die unter Ausschöpfung der technisch-wirtschaftlichen oder umweltverträglichen Lösungsmöglichkeiten zu einer wesentlichen Kostensenkung ohne Verminderung des vertraglich festgelegten Standards führen, ein Erfolgshonorar schriftlich vereinbart werden, das bis zu 20 % des Honorars betragen kann.[196] Maßgebende Formvorschrift für eine wirksame Honorarvereinbarung ist, dass diese schriftlich getroffen wird. Eine zeitliche Bestimmung, wann die Vereinbarung getroffen sein muss, besteht nicht mehr. Die Vereinbarung kann rechtswirksam jederzeit erfolgen. Sie bedarf nur der Schriftform. **195**

Erfolg meint in diesem Sinne, dass bei Beibehaltung des angestrebten Planungsziels und des zu realisierenden Standards durch sinnvolle Detaillösungen Einsparungen bei der Baudurchführung möglich gemacht werden. Die Bonusregelung des § 7 Abs. 6 soll mithin neue Anreize für den Auftragnehmer schaffen, im Interesse des Bauherrn möglichst kostengünstig und insoweit erfolgsorientiert zu planen und zu beraten. **196**

Schon immer wurde für notwendig befunden, ein Anreizsystem zu schaffen, weil der Architekt, der mit zusätzlichen Aufwand den Versuch unternimmt, Kosteneinsparungen bei der Baudurchführung herbeizuführen, sich im Ergebnis zumindest in der Vergangenheit selbst strafte, da er die Bezugssumme für die Ermittlung seines Honorars reduzierte und sich somit das nach HOAI zu berechnende Honorar verringerte. Dieser Sachzusammenhang besteht anhand des Kostenberechnungsmodells seit der HOAI 2009 nicht mehr. Das Honorar richtet sich nur nach der Kostenberechnung und wird auf dieser Grundlage abschließend geregelt. Spätere Verteuerungen haben keine Auswirkungen mehr auf das Honorar. Die Bedeutung des § 7 Abs. 6 beschränkt sich deshalb allein darauf, Honoraranreize für kostensparendes Bauen zu ermöglichen. Wie die Praxis in der Vergangenheit zeigte, hat sich bisher das Bonussystem nicht durchgesetzt und wird dies vermutlich auch nicht in der Zukunft.

Der Ansatz der Regelung des Erfolgshonorars nach § 7 Abs. 6 ist kein richtungsweisender Weg, weil er in der Praxis zu unüberwindbaren Anwendungshindernissen führen kann. Zu Recht hat diese Bestimmung deshalb grundsätzliche Kritik in der bisherigen Kommentierung gefunden, da es nicht nur eine Berufspflicht, sondern auch eine vertragliche Verpflichtung des Planers darstellt, seine Planung unter wirtschaftlichen und umweltschonenden Aspekten zu optimieren, also nach Kosteneinsparungen Ausschau zu halten.[197] **197**

Der wirtschaftliche Anreiz zu einer besonders kostengünstigen Planung kann zwar mit der Regelung eines Erfolgshonorars verstärkt werden,[198] sie eröffnet allerdings auch dem Missbrauch Tür und Tor. Die entsprechende Problematik besteht grundlegend darin, von welchem Eckwert das Erfolgshonorar gemessen werden soll. § 7 Abs. 6 geht davon aus, dass das Erfolgshonorar sich in einem Prozentsatz der eingesparten Kosten ausdrückt. Einsparungen bedeuten, dass zunächst von einem Wert der voraussichtlichen Kosten ausgegangen werden muss. Hier geht die Regelung davon aus, dass die Vertragsparteien einen angemessenen Wert finden werden, an dem sie die Erfolgsbezogenheit messen wollen. Das mag bei verständigen und gutwilligen Vertragspartnern möglich sein. Es bietet allerdings auch demjenigen Möglichkeiten, der an einem sachgerechten Ausgleich in Bezug auf das Erfolgshonorar nicht interessiert ist. Funktionieren kann dieses System deshalb nur, wenn nicht nur der Architekt und der Ingenieur als Auftragnehmer, sondern auch der Auftraggeber fachkundig sind und mithin eine verantwortliche Aussage zu den Baukos- **198**

---

[195] BGH v. 22.11.2012 – VII ZR 200/10
[196] Die alte Regelung des § 5 Abs. 4a HOAI sah 20 % der eingesparten Kosten vor, die in vielen Fällen sicher erheblich größer waren als 20 % des Honorars.
[197] Vygen in Korbion/Mantscheff/Vygen § 5 Rdn. 78
[198] Amtliche Begründung des BR-Beschlusses 399/95, S. 2, und neuerdings auch der HOAI 2009 BR-Beschluss v. 12.06.2009, BR-Drucks. 395/09

ten treffen können, die Maßstab für die Erfolgsberechnung sein sollen. Fehlt es an der Sachkunde des Auftraggebers, so liegt die Gefahr nahe, dass diesem ein überhöhter Eckwert nahegebracht wird, von dem spätere „Erfolge" leichter gerechnet werden können. Diese Überlegung lässt sich in Bezug auf die Malusregelung umkehren.

199 § 7 Abs. 6 nennt zwei Voraussetzungen, die gegeben sein müssen, wenn ein Erfolgshonorar verdient sein will. Es müssen entweder **technisch-wirtschaftliche oder umweltverträgliche Lösungsmöglichkeiten ausgeschöpft** worden, die wesentlich zur **Kostensenkung ohne Verminderung des vertraglich vereinbarten Standards** geführt haben. Der Auftragnehmer soll also insbesondere nicht dafür belohnt werden, dass der Konjunkturverlauf in dem Sinne für ihn positiv verläuft, dass ohne sein Zutun Kostensenkungen durch Vergabegewinne gegeben sind. Da diese Kosteneinsparungen nicht auf seine Leistungen zurückzuführen sind, soll er auch nicht daran partizipieren. Weiterhin findet eine Betrachtung auch nicht statt, wenn die Kostenersparnis nur dadurch erreicht wird, dass der vertraglich vereinbarte Standard unterschritten wird. Diese Voraussetzung zeigt, welche komplexen Probleme die Regelung schafft.

200 Der vertraglich vereinbarte Standard lässt sich nur ungenau hinsichtlich der Realisierung baulicher Details festlegen. Die Klärung erfolgt erst im Rahmen der Planung. Der Planungsablauf für die Vor- und Entwurfsplanung ist dadurch gekennzeichnet, dass zunächst eine Bauform gesucht und mit dem Bauherrn in gemeinsamen Besprechungen entschieden wird, wie den gestalterischen Anforderungen und dem Nutzungszweck des Bauherrn am ehesten entsprochen werden kann. Parallel hierzu erfolgen zwar auch Kostenüberlegungen, da die Vorplanung mit einer überschlägigen Kostenschätzung endet und der Entwurf detailliert in die Kostenberechnung einmündet. Gleichwohl ist dieser Planungsprozess nach wie vor dadurch gekennzeichnet, dass die Parteien den optimalen Entwurf suchen, den der Auftraggeber später realisieren will. Im Vordergrund steht damit noch die Suche nach der Bauform und der Architektur und bei der technischen Gebäudeausrüstung die günstigste und annehmbarste technische Ausstattung.

201 Das Gleiche gilt hinsichtlich der Voraussetzung einer umweltverträglichen Lösungsmöglichkeit. Die Nachprüfung dieser Voraussetzungen in einem späteren Rechtsfall wird dabei kaum möglich sein. **Technisch-wirtschaftliche Lösungen** weisen auf eine Baulösung in bautechnischer Hinsicht hin, die meist nur im Zusammenwirken mit den bauausführenden Firmen gefunden werden kann. Entsprechende Lösungsmöglichkeiten werden vielfach im Vergabeprozess bei der Behandlung des Unternehmerangebots erörtert.

   Umweltverträgliche Lösungsmöglichkeiten sollten an sich alle Vorschläge der Auftragnehmer sein, da dies zur Regel der Technik gehört. Ob die Kosteneinsparung nachweislich auf eine umweltverträgliche Lösung zurückgeführt werden kann, wird eine schwer zu prüfende Frage sein. Im Ergebnis wird als **einzig messbare Größe die Kosteneinsparung** bleiben.

202 Ist der Entwurfsprozess abgeschlossen und hat der Bauherr die Lösung zur Einreichung eines Baugesuches, so kann die jetzt gefundene Bauform unter einem anderen Aspekt, nämlich der Kosteneinsparung, optimiert werden. Steht nämlich die Bauform einmal fest, haben konstruktive Überlegungen und Prüfungen zur Materialauswahl zur Realisierung des Entwurfes Vorrang. Es findet ein neuer Optimierungsprozess statt, der bei Anwendung von technisch-wirtschaftlichen Mitteln zur Reduzierung von Baukosten führen kann. Es steht die stärker ingenieurmäßig zu erfassende Aufgabe im Vordergrund, wie der festgelegte Entwurf in die Realität umgesetzt werden kann. Wenn man die Planungsaufgabe in diesem Sinne verfolgt und das Erfolgshonorar nach § 7 Abs. 6 danach ausrichtet, mögen sachgerechte und auch sinnvolle Lösungen möglich sein.

203 Eine praktische Bedeutung kann gegebenenfalls der § 7 Abs. 6 bei Anwendung der Honorarvorschriften für die Technische Gebäudeausrüstung erlangen. Kreative und innovative Planung kann bei der Technischen Gebäudeausrüstung erhebliche Kosteneinsparungen bringen. Allerdings ist die unmissverständliche Anwendung des Erfolgshonorars zu beobachten, da die Festlegung der Ausgangswerte an dem Einsparerfolg gemessen wird, der nur von sehr fachkundigen Bauherrn beurteilt werden kann. Die Einsparung sollte auch nicht auf Kosten der Unterhaltungskosten erreicht werden. Bauliche Investitionen stehen nämlich durchaus in einem Spannungsfeld mit den Unterhaltungskosten, die sie bedingen.

Die wirksame Honorarvereinbarung des Erfolgshonorars nach § 7 Abs. 6 setzt eine **schriftliche** **204**
Vereinbarung voraus. In Bezug auf die Schriftform der Honorarvereinbarung kann auch auf
Punkt II.2 oben verwiesen werden.[199]

Die in der alten Bestimmung des § 5 Abs. 4a HOAI 1996 festgelegte Zeitbestimmung, dass die **205**
Honorarvereinbarung schriftlich vor der Leistungserbringung zu erfolgen hat, ist aufgegeben.
Diese Voraussetzung war ohnehin praktisch nicht nachprüfbar. Wann die „Leistung" im Kopf
des Auftragnehmers entsteht und wann sie niedergelegt wird, lässt sich später nicht feststellen.
Einzige Wirksamkeitsvoraussetzung ist damit die Einhaltung der Schriftform, wann immer die
Vereinbarung auch geschlossen wird.

Andere Erfolgsprämien sieht die HOAI nicht vor. Sie sind dennoch vertraglich zulässig, solange **206**
sie sich im Rahmen der Honorarberechnung nach HOAI halten.[200] Das OLG München hatte eine
in der Praxis nicht seltene Interessenkonstellation zu beurteilen. Ein Bauträger, der ein Interesse
an einer hohen Ausnutzung des Grundstückes hat, verabredet mit dem Architekten, dass er für
jeden baurechtlich genehmigten Quadratmeter Mehrfläche gegenüber der vereinbarten verkauf-
baren Fläche eine Erfolgsprämie erhält. Da diese Vereinbarung nicht schriftlich getroffen war,
wurde dem Architekten das Erfolgshonorar auf diese Absprache hin verweigert. Selbst wenn
diese Vereinbarung schriftlich bei Auftragserteilung getroffen worden wäre, muss der Höchstsatz beachtet werden. Eine Erfolgsprämie über den Höchstsatz hinaus lässt die HOAI nicht zu,
da diese Spekulation keine technisch-wirtschaftliche oder umweltverträgliche Leistung im Sinne
von § 7 Abs. 4 HOAI darstellt.

Soll der Auftragnehmer dafür belohnt werden, dass er die vorgesehenen Bauzeiten durch opti- **207**
male Koordinierung der Bauleistungen unterschreitet, so kann auch hierfür eine Erfolgsprämie
Gegenstand einer Vereinbarung der Parteien sein. Maßgebend bleibt, dass diese Vereinbarung
ebenfalls gemäß § 7 Abs. 1 der Schriftform bei Auftragserteilung bedarf und nur zu einer Erfolgsprämie führen kann, die sich im Honorarrahmen bewegt.

Eine spätere Belohnung des Auftragnehmers, auf die kein vertraglicher Anspruch besteht, bleibt **208**
von der HOAI unberührt.

3. Malussystem

Mit der HOAI 2009 ist erstmals ein Malussystem eingeführt worden. Die HOAI 2013 hält an **209**
diesem System fest. Sie hat die Formulierung jedoch geändert.
In § 7 Abs. 7 HOAI 2009 war festgelegt, dass in Fällen der Überschreitens der einvernehmlich festgelegten anrechenbaren Kosten ein Malushonorar in Höhe von bis zu 5 % des Honorars
vereinbart werden kann. Anstelle der einvernehmlich festgelegten anrechenbaren Kosten heißt
es nun, dass für den Fall, dass schriftlich festgelegte anrechenbare Kosten überschritten werden,
ein Malushonorar in Höhe von 5 % des Honorars schriftlich vereinbart werden kann. Mit dieser
Änderung hat der Verordnungsgeber nur eine Klarstellung bezweckt. Er will erreichen, dass die
Rechtswirksamkeit eines Malushonorars davon abhängt, dass dies schriftlich vereinbart ist. Die
Schriftform soll damit nicht nur für die Vereinbarung eines Bonushonorars sondern auch für ein
Malushonorar gelten.

Die Erfahrungen mit dem Malushonorar in der Praxis zeigt, dass dieser Regelungsvorschlag **210**
keine wesentliche Bedeutung erlangen wird.
In vielen Fällen ist die Festlegung eines Malushonorars insbesondere auch bei vorformulierten
Architektenverträgen von Vielfachbauherren oder öffentlichen Bauherren von dem Ziel getragen, möglichst Budgetsicherheit zu erreichen. Der Architekt/Ingenieur soll vor dem Hintergrund
einer eventuellen Kürzung seines Honorars bei Eintritt des Malusfalles Honorareinbußen hinnehmen müssen.

Hier gilt jedoch die allgemeine Anmerkung zu VI Ziffer 1. Der Architekt/Ingenieur verantwortet **211**
die Baukosten nicht alleine. Sie steht in Abhängigkeit der Vorschläge die er einerseits macht,

---

[199] Vgl. Rdn. 50 ff.
[200] Vgl. Schulze-Hagen zu OLG München IBR 1995, 344

allerdings auch der Entscheidungen, die der Bauherr auf die Vorschläge des Architekten trifft. Der Malusregelung begegnen deshalb **erhebliche praktische Bedenken**. Ein Interesse an der Regelung eines Malushonorars wird, wenn überhaupt, der Auftraggeber entwickeln. § 7 Abs. 6 trifft keine Aussage, welche Gründe für die Überschreitung der einvernehmlich festgelegten anrechenbaren Kosten zur Geltendmachung des Malushonorars im Vereinbarungsfalle maßgebend sein sollen. So könnte nach dieser Regelung auch der negative Marktverlauf, für die der Auftragnehmer sicher nicht einzutreten hat, ein Grund für das Malushonorar sein.

212   Bei noch so sorgfältiger vertraglicher Begründung greifen Malushonorare meist deshalb nicht, weil sich Änderungen im Bauprogramm und Änderungen an den Rahmenbedingungen für das Bauvorhaben während der Entwurfsphase ergeben, die bei Vertragsabschluss unbekannt waren. Solche unvorhersehbaren Ereignisse können nicht Gegenstand einer vertraglichen Sanktionsregelung im Sinne einer Malusregelung sein, sodass diese wegen Wegfalls der Geschäftsgrundlagen dadurch gegenstandslos werden können.

Die Aufnahme einer Malushonorarvereinbarung in eine Allgemeine Geschäftsbedingung steht als überraschende Klausel nicht in Einklang mit § 307 BGB und ist unwirksam. Malushonorare sind in der alltäglichen Praxis vollständig unbekannt. Die HOAI eröffnet lediglich einen Gestaltungsspielraum. Ob sich diese Regelung allgemein als gängige Praxis durchsetzt, bleibt abzuwarten. Das Malushonorar bedarf einer individuell ausgehandelten Regelung.[201]

VII. Das Urheberrecht und der Höchstpreis

213   Gem. § 2 Abs. 1 Nr. 4 UrhG gehören zu urheberrechtlich geschützten Werken auch **Werke der Baukunst und der Entwürfe solcher Werke**. Nach § 7 Abs. 1 Nr. 7 UrhG sind Gegenstand des Urheberrechtsschutzes auch **Darstellungen technischer Art wie Zeichnungen, Pläne, Kartenskizzen und Tabellen**. Geschützt sind solche Werke, wenn sie nach § 2 Abs. 2 UrhG persönliche geistige Schöpfungen darstellen.

214   Der Urheber eines urheberrechtlich geschützten Werkes soll in seinen geistigen und persönlichen Beziehungen zu seinem Werk und der Nutzung des Werkes geschützt werden. Dabei wird das Urheberpersönlichkeitsrecht von den Verwertungsrechten unterschieden. Im Mittelpunkt des Urheberpersönlichkeitsrechtes steht das Recht des Urhebers auf Anerkennung seiner Urheberschaft. Diese Bestimmung des § 13 Urheberrechtsgesetzes ist nicht disponibel und hat zwingenden Charakter.[202]

215   Dem **Urheberpersönlichkeitsrecht** ist das **Veröffentlichungsrecht** zugerechnet. Danach hat der Urheber das Recht zu bestimmen, ob und wie sein Werk zu veröffentlichen ist. Auch dieses Urheberpersönlichkeitsrecht ist grundsätzlich nicht disponibel, obwohl es sich überschneidet mit der Befugnis des Urhebers, über die Veröffentlichung seines Werkes im Rahmen seiner Verwertungsrechte zu befinden. Für den Bereich von Architekten- und Ingenieurleistungen ist dies vor allem während des Planungsprozesses von Belang. Dem Auftraggeber ist es nicht gestattet, die vom Architekten gelieferten Planzeichnungen eines urheberrechtlich geschützten Bauwerkes ohne dessen Zustimmung zu veröffentlichen. Beide Anwendungsfälle, das Recht zur Veröffentlichung und das Recht zur Anerkennung der Urheberschaft, spielt in der Praxis weniger im Verhältnis zwischen dem Auftraggeber und seinem Architekten eine Rolle, als vielmehr im **Rechtsverhältnis des im Auftrage eines Architekten tätigen Architektenkollegen**. In der Praxis stellt sich hier die Frage nach der Anerkennung der Urheberschaft. Der im Auftrag tätige Architekt wird nämlich ein Interesse daran haben, dass seine geistig-schöpferische Leistung auch mit seinem Namen verbunden und veröffentlicht wird.

216   Ein weiterer Grundsatz des Urheberechtes ist in § 14 UrhG geregelt. Danach hat der Urheber das Recht, eine Entstellung oder eine Beeinträchtigung seines Werkes zu verbieten, die geeignet

---

[201] Vgl. lzum Thema Deckers in ZfBR 2012, 315
[202] Statt aller Kroitzsch in Möhring/Nickolini: UrhG-Kommentar, 2. Auflage, § 12 Rdn. 33,

sind, seine berechtigten geistigen und persönlichen Interessen am Werk zu gefährden. § 14 entfaltet seine Bedeutung, **wenn urheberrechtlich geschützte Bauwerke durch den Eigentümer verändert werden.** Unabhängig von der Frage, inwieweit dem Eigentümer des Bauwerkes Änderungsbefugnisse durch Übertragung der Verwertungsrechte an dem Urheberecht übertragen sind, endet seine Berechtigung an einer baulichen Veränderung des Bauwerkes in dem Verbot der Verunstaltung (§ 14 UrhG).

Wirtschaftliche Bedeutung in der Praxis haben die Verwertungsrechte, die in §§ 15 bis 24 UrhG geregelt sind. Zu den Verwertungsrechten des Urhebers eines urheberrechtlich geschützten Bauwerkes oder Entwurfes zählen u. a. **217**

– das Recht zur Veröffentlichung des Bauwerkes als Bilddokument,
– das Recht des Urhebers, die von ihm erarbeitete Planung zur Vollendung des urheberrechtlich geschützten Entwurfes fortzuplanen,
– das Recht des Urhebers, die von ihm erarbeitete vollständige Planung des urheberrechtlich geschützten Werkes auch umzusetzen,
– das Recht des Urhebers, die Vervielfältigung und den Nachbau des urheberrechtlich geschützten Bauwerkes zuzulassen,
– Umgestaltungen des urheberrechtlich geschützten Bauwerkes zuzulassen.

Dieser beispielhaft aufgezählte Katalog von **Verwertungsrechten** ist vertraglich disponibel und kann **Gegenstand eines Wirtschaftsgutes** darstellen. So kann der Urheber die Übertragung von Verwertungsrechten von der Zahlung einer Vergütung abhängig machen. In diesem Bereich liegt die Überschneidung zwischen den urheberrechtlichen Befugnissen eines Architekten oder Ingenieurs für ein urheberrechtlich geschütztes Bauwerk zu den preisrechtlichen Bestimmungen der HOAI. Die Frage lautet deshalb, ob der Urheber eines urheberrechtlich geschützten Entwurfes für ein Bauwerk neben der Vergütung nach HOAI auch eine zusätzliche Vergütung für die Übertragung von Verwertungsrechten verlangen kann. **218**

Geschützt sind Werke der Baukunst und Entwürfe solcher Werke. Für Architekten- und Ingenieurleistungen stehen die Entwürfe solcher Werke im Vordergrund der urheberrechtlichen Betrachtung, da sie das Bauwerk selbst mit eigenen Mitteln nicht erstellen, sondern diese nach ihren Entwürfen erstellt werden. **219**

Der Schutzzweck des § 2 Abs. 1 Nr. 7 Urheberrechtsgesetzes erfasst nur Zeichnungen, Pläne, Karten, Skizzen und Tabellen, die allerdings nur hinsichtlich ihrer Darstellungsform urheberrechtlich geschützt sind, nicht jedoch hinsichtlich ihrer Inhalte. Die eigentliche Idee, die dem Entwurf zur Realisierung des Bauwerkes entnommen werden kann, wird durch § 2 Abs. 1 Nr. 7 UrhG nicht geschützt. Praktische Bedeutung gewinnt deshalb der Urheberrechtsschutz von Zeichnungen und Plänen nach § 2 Abs. 1 Nr. 7 in ihrer Darstellung nur ausnahmsweise dann, wenn es sich um Handzeichnungen handelt, die in ihrer Darstellungsform eine persönlich-geistige Schöpfung markieren. Das eigentliche urheberrechtliche Interesse des Architekten normiert § 2 Abs. 1 Nr. 4 UrhG, der Schutz von Werken der Baukunst. **220**

Es kommt nicht darauf an, ob diese Planunterlage für sich genommen eine künstlerische Schöpfung in ihrer Darstellungsform bietet. Mit der CAD-Datenverarbeitung im Vorplanungs- und Entwurfsbereich werden die persönlichen Darstellungen ohnehin zurückgedrängt. Sie steht daher nicht im Brennpunkt der urheberrechtlichen Betrachtung von Bauwerken der Baukunst. Es ist die Entwurfsidee, die sich in dem Architektenplan manifestiert, die Gegenstand des Schutzes ist. Die Verwertung dieser Entwurfsidee stellt die Errichtung des Bauwerkes nach diesem Entwurf dar. **Ob ein solches Verwertungsrecht gegeben ist, entscheidet der Architektenvertrag.** Die HOAI nimmt nur die preisrechtliche Bewertung dieser Leistung vor. **221**

Sind dem Architekten **sämtliche Leistungen des Leistungsbildes nach HOAI übertragen**, so verfügt der Architekt über seine urheberrechtlichen Verwertungsbefugnisse, da es gerade Sinn des gesamten Planungsauftrages ist, dass nach seinen Plänen gebaut wird. Die Vergütung richtet sich nach der Vereinbarung, die den Anforderungen des § 7 Abs. 1 HOAI genügen muss. Eine **222**

Überschreitung des Höchstsatzes kommt in Betracht, wenn die urheberrechtsfähige Leistung zudem noch außergewöhnlich ist. Die Urheberrechtsfähigkeit von Entwürfen für Objekte der Baukunst allein führt noch nicht zur Annahme einer außergewöhnlichen Leistung, sondern ist hinsichtlich der Entwurfsleistung nur Voraussetzung hierfür.

223 Werden nur **Teile des Leistungsbildes nach HOAI übertragen**, so stellt sich für den Urheber die Frage, ob der Bauherr die Pläne des Auftragnehmers für die Bauerrichtung auch ohne Mitwirkung des Urhebers verwerten darf, also nach diesen Plänen bauen darf. Ist der Umfang des auf den Auftraggeber übergehenden Nutzungsrechts am Urheberrecht im Einzelnen im Vertrag nicht bestimmt und geregelt, so bestimmt sich der Umfang des Nutzungsrechts gemäß § 31 Abs. 5 UrhG nach dem mit seiner Einräumung verfolgten Zweck. Nach diesem Grundsatz entscheidet die Zweckbestimmung für den Auftrag zugleich über die Frage, ob und inwieweit der Auftraggeber berechtigt ist, die urheberrechtlichen Nutzungen aus dem urheberrechtlich geschützten Werk seines Auftragnehmers zu ziehen.

224 Für das Nutzungsrecht ist daher auf den Zweck der Auftragserteilung abzustellen, und zwar so, wie er nach übereinstimmender Vorstellung[203] beider Vertragsparteien Grundlage für das Vertragsverhältnis geworden ist. Überträgt der Auftraggeber seinem Architekten lediglich die Leistungen einer Vorplanung, so stellt sich die Frage, was mit dieser Übertragung bezweckt ist. In einem solchen Fall kann nur höchst ausnahmsweise angenommen werden, dass der Auftraggeber berechtigt sein soll, anhand der Vorplanungsergebnisse die urheberrechtlich geschützte Entwurfsidee auch ohne Mitwirkung des Architekten zu realisieren. Ein Ausnahmefall könnte zum Beispiel bestehen, wenn ein Architekt einen Entwurf für ein Bauvorhaben erstellen soll, welches der Bauherr in einem fernen Land in eigener Regie durchführen will, und zwischen den Parteien Einigkeit besteht, dass für die Realisierung des Bauvorhabens die Vorplanung des Urhebers Verwendung finden soll.[204]

225 Dient die Übertragung der Vorplanung nur dem Ziel, dass der Bauherr sich zunächst darüber klar werden will, ob er den Urheberarchitekten mit weiteren Planungsleistungen beauftragen will, so liegt in diesem Vertragsverhältnis nicht zugleich die Übertragung der Verwertungsrechte an der urheberrechtlich geschützten Leistung.[205]

226 Werden dem Architekten weitergehende Leistungen übertragen, so stellt sich erneut die Frage, welchem Zweck die weitergehende Übertragung dienen soll. Wenn die Planung übereinstimmungsgemäß für eine Realisierung eines Bauvorhabens Verwendung finden soll und ihr Zweck darin liegt, dass danach gebaut werden soll, so liegt eine Übertragung der Nutzungsbefugnis auf den Bauherrn vor, die ihn berechtigt, die urheberrechtsgeschützte Planung auch durch andere realisieren zu lassen. Zweifelsfrei ist dieser Zweck anzunehmen, wenn der Urheberarchitekt den Auftrag erhält, seine Planung bis zur Genehmigungsplanung vorzubereiten. Hier manifestiert der Bauherr von vornherein, dass er das Bauvorhaben auch zu realisieren beabsichtigt. Die Herbeiführung einer Baugenehmigung lässt auf diese Beabsichtigung schließen.

227 Gleiches ist nicht notwendig anzunehmen, wenn der Auftrag bis zur Leistungsphase 3 (Entwurfsplanung) beschränkt wird. Während man bei einer Auftragsbeschränkung auf die Leistungsphase der Grundlagenermittlung und der Vorplanung nur im Ausnahmefall auch an eine Realisierung des Projektes denken kann, ist dies bei einer Auftragserteilung bis einschließlich der Entwurfsplanung schon eher möglich. In einem solchen Fall liegt der Schluss nahe, dass der Auftraggeber das Bauvorhaben auch realisieren will. Damit wäre der Zweck verbunden, dass der Bauherr die Planung für sich später auch in der Form nutzen will, sie realisieren zu können.[206] Entscheidend ist indes der Einzelfall.

---

[203] OLG Köln v. 23.06.1999 – 6 U 156/95, im Leitsatz in BauR 2000, 303 und 935, vgl. hierzu auch Neuenfeld IBR 2000, 33; zur Auslegung von Architektenverträgen hinsichtlich urheberrechtlichen Aspekten vgl. auch BGH BauR 1999, 272 (275) = NJW 1999, 790; OLG Hamm IBR 1999, 327 und OLG Jena IBR 1999, 328

[204] Vgl. hierzu auch Urteil OLG Jena v. 23.12.1998 BauR 1999, 672

[205] BGH GRUR 57, 391

[206] BGH BauR 1975, 363

Von dem Urheberrecht erfasst werden nur **Bauwerke der Baukunst**. Schutzobjekte sind jede **228**
Form von Bauwerken. Im Vordergrund stehen Gebäude, die von Architekten geplant werden.
Zu Bauwerken zählen allerdings auch Ingenieurbauwerke (Brücken, Schwimmbäder, öffentliche
Gebäude). Welchem Gebrauchszweck ein Gebäude dient, spielt keine Rolle. Ob eine Urheberrechtsfähigkeit gegeben ist, hängt davon ab, ob es sich um eine **eigenpersönliche geistige Schöpfung eines Urhebers von ausreichender Gestaltungshöhe** handelt, deren ästhetischer Gehalt
einen solchen Grad erreicht hat, dass nach der im Leben herrschenden Anschauung von Kunst
gesprochen werden kann, und zwar ohne Rücksicht auf den höheren oder geringeren Kunstwert
und ohne Rücksicht darauf, ob das Werk neben dem ästhetischen Zweck auch einem praktischen
Zweck dient. Diese vom Bundesgerichtshof gefundene grundlegende Definition[207] wird ganz
allgemein auch auf die Planwerke des Architekten angewandt.[208]

Allerdings dürfen nach den Feststellungen des Bundesgerichtshofes auch keine übertriebenen Anforderungen an die Gestaltungshöhe des für urheberrechtsfähig zu erklärenden Objekts
gestellt werden. Es genügt, dass das Bauwerk eine Gestaltungshöhe erreichen soll, die es nach
Auffassung der mit Architektur einigermaßen vertrauten Kreise von einer künstlerischen Leistung gesprochen werden kann. Es ist nicht erforderlich, dass die Architektur die Durchschnitts-
gestaltung deutlich überragt.[209]

Das OLG Düsseldorf prüft die erforderliche Gestaltungshöhe eines Bauwerkes als Werk der
Baukunst in zwei Schritten. Am Beispiel eines Neubaus für ein 4 Sterne Hotel hat das OLG
Düsseldorf[210] die Frage nach dem schöpferischen Eigentümlichkeitsgrad nach dem geistig ästhe-
tischen Gesamteindruck der konkreten Gestaltung in einem Gesamtvergleich geprüft. Zeigt der
Gesamtvergleich schöpferische Eigenarten, so hatte das Gericht weiterhin überprüft, ob die für
einen Urheberrechtsschutz erforderliche Gestaltungshöhe vorliegt.

Einen anderen Fall hatte das OLG Oldenburg zu beurteilen. Es stellt fest, dass sich das Bauwerk sich aus der Masse des alltäglichen Bauschaffens, dem Durchschnitt architektonischer
Leistung abheben muss. Die Beurteilung erfolgt allein nach objektbezogenen Maßstäben und
nicht nach den subjektiven Leistungsvermögen des Architekten oder Planers.[211] Maßgebend ist,
dass sich das Projekt vom Durchschnittsprodukt abhebt, was durch eine ungewöhnliche schöpferische Kombination bekannter und bereits anderweit verwendeter Komponenten realisiert werden kann.

Das Urheberrecht eines Architekten an einem urheberrechtlich geschützten Bauvorhaben
schützt jedoch nicht vor dessen Vernichtung. Der Abriss ist auch ohne Zustimmung des Urhebers möglich.[212]

In der alltäglichen Praxis wird das Urheberrecht im baulichen Bereich vielfach überschätzt. All- **229**
tägliche Bauten, die lediglich eine Wiederholung der überall vorhandenen Architektursprachen
darstellen und keinen eigenen künstlerischen Anspruch für sich erheben, stellen kein Kunstwerk
dar.[213]

Ein alltäglicher Zweckbau, der sich weder hinsichtlich der äußeren noch inneren Gestaltung noch **230**
der Raumeinteilung oder Ausstattung gegenüber dem bei derartigen Gebäuden allgemein Üblichen abhebt, genießt keinen Urheberrechtsschutz.[214] Kein urheberrechtlich geschütztes Werk ist
für ein Reihenhaus gegeben, wenn es sich gestalterisch im Rahmen dessen hält, was üblicherweise vorzufinden ist.

Die Urheberrechtsfähigkeit bezieht sich allerdings nicht zwingend nur auf das Gesamtobjekt, **231**
sondern kann auch einzelne Teile des Objektes betreffen. So insbesondere Innenräume, Fas-

---

[207] BGHZ 24, 55 (63)
[208] Beispiele für urheberrechtlich anerkannte Werke: „Ledigenheim" OLG Schleswig GRUR 1980, 1072, 1073; „Bauentwurf" OLG München GRUR 1987, 920; Wohnanlage auf Filmkulissen; Wählamt BGH GRUR 1973, 663
[209] BGH v. 13.11.2013 – I ZR 143/12
[210] OLG Düsseldorf v. 19.10.1999 – 20 U 45/97
[211] OLG Oldenburg, Urteil v. 17.04.2008 – 1 U 50/07
[212] Vgl. OLG München, Urteil v. 21.12.2000 – 6 U 3711/00
[213] So OLG München GRUR 1967, 290 für eine Wohnanlage, OLG Karlsruhe GRUR 1985, 534
[214] Für eine Großbäckerei verneinend: OLG Celle BauR 2000, 1069

saden[215], Dachkonstruktionen, wie z. B. ein Zeltdach[216]. Das Urheberrecht kann sich auch auf einzelne Bauteile, z. B. eine Wendeltreppe in Bezug auf ihre Zuordnung in einer Eingangshalle beziehen.[217] Die Urheberrechtsfähigkeit ist damit sehr umfassend.[218] Der Entwurf eines Wohnhauses kann urheberrechtsfähig sein.[219]

232 Unter dem Schutzobjekt eines Bauwerkes werden auch Stadtbilder, Garten und Plätze verstanden.[220] Dies betrifft Freianlagen, Parks und Gartengestaltungen. Schutzobjekt dieser Planung ist die Oberflächengestaltung durch Modellierung des Geländes, Zuordnung von Wegeführung und Wasserläufen, Brücken und Anordnung von Pflanzen, wenn sie zu einer Gestaltung eines einheitlichen hohen Kunstgenusses für Freianlagen führt.[221]

233 In Zeiten schlechter Baukonjunktur ist häufig zu beobachten, dass sich Bauherrn das Bewerbungsbemühen von Architekten eigenwillig zunutze machen und mehrere Vorentwürfe unterschiedlicher Architekten entgegennehmen, um anhand der vorgelegten Lösungen die Planung ohne Einschaltung ihres Urhebers umzusetzen, während sie um eine Vielzahl von Ideen bereichert sind. Dies kann **zu Schadensersatzansprüchen nach § 97 Abs. 1 UrhG** führen, wenn damit Urheberrechtsverletzungen verbunden sind. Beispiel einer Schadensberechung bietet OLG Celle Urteil vom 02.03.2011, 14 U 140/10 das ein Honoraranteil von 50 % auf das Honorar angenommen hat.

234 Bei der Schadensberechung bietet die HOAI eine Orientierungshilfe für die Bemessung des Schadensersatzanspruches. Bezogen auf den Baukörper, der Urheberrechtsschutz genießt, ist danach das Honorar auf der Grundlage des Mindestsatzes der zutreffenden Honorarzone für die Leistungsphasen zu berechnen, die der Bauherr dem Architekten generell als Auftrag in Aussicht gestellt hat. Als Schadensersatz kommt dabei ein **Gebührenanteil von 60 %** infrage. Insoweit ist der im Rahmen der Berechnung des entgangenen Gewinns nach § 649 BGB vom BGH aufgegebene Erfahrungssatz weiter von Bedeutung.[222] Da Architektenpläne für Einfamilienhäuser ebenfalls Urheberrechtsschutz unter den gleichen Voraussetzungen genießen können, stehen dem Urheberarchitekten nach dem gleichen Gesichtspunkt Schadensersatzforderungen zu, wenn der Bauherr die Vorplanung des Urheberarchitekten verwendet und das Bauvorhaben durch einen dritten Architekten errichten lässt.

235 Zusammenfassend bleibt deshalb festzustellen, dass mit der Erbringung der HOAI-Leistungen zugleich auch über die Verwertungsrechte und Nutzungsrechte, die dem Zweck der übertragenen Leistung entspricht, verfügt worden ist, sodass sich die Frage nach einem zusätzlichen Nutzungsentgelt für die Urheberrechtsansprüche nicht stellt. Das Entgelt für die Nutzungsbefugnis nach dem Urheberrechtsgesetz ist Bestandteil des Honorars nach HOAI. Führt dies zu einer Überschreitung des Höchstsatzes, stellt sich die Frage, ob es sich bei der bewerteten Leistung um eine außergewöhnliche Leistung handelt.[223]

236 Nach Fertigstellung eines Bauwerkes nach urheberrechtlich geschützten Entwürfen stellt sich die Frage der **Änderungsbefugnis** durch den Bauherrn. Diese Befugnis hängt von der vertraglichen Vereinbarung ab und beurteilt sich nach § 39 Abs. 2 UrhG. Danach sind Änderungen des Werkes zulässig, zu denen der Urheber seine Einwilligung nach Treu und Glauben nicht versagen

---

[215] BGH GRUR 1989, 416; BGH GRUR 1982, 107, 109

[216] BGH GRUR 1983, 369, 370; vgl. insbesondere auch Wandke/Bullinger: Urheberrecht Praxiskommentar zum Urheberrecht, München 2002 zu § 2 Rdn. 105 bis 108

[217] BGH GRUR 1999, 230 = BauR 1999, 272

[218] Zum Thema Urheberschaft: BGH Urteil v. 14.11.2002 – I ZR 199/00 in IBR 2003, 83 = BauR 2003, 561 = NJW 2003, 665

[219] OLG Hamm Urteil v. 20.04.1999 – 4 U 72/97 BauR 1999, 1198 = IBR 1999, 327

[220] Möhring/Nickolini: UrhG Kommentar, 2. Auflage, § 2 Rdn. 22

[221] Werke der bildenden Kunst können auch aus organischen Stoffen bestehen. Zu einer Gartenanlage vgl. Werner in IBR 2003, 84 zur Entscheidung KG v. 09.02.2001 – 5 U 9667/00

[222] Vgl. hierzu OLG Jena Urteil v. 13.12.1998 BauR 1999, 672, 675; Weinbrenner/Jochem/Neusüß: Der Architektenwettbewerb, Bauverlag, 2. Auflage 1998.

[223] Nutzungsbefugnisse für die Vorplanung und weitere Einzelfälle, siehe: BGHZ 24, 55; BGH BauR 1984, 416; OLG Jena BauR 1999, 672; OLG Hamm 1999, 1198 sowie OLG Celle NJW-RR 2000, 191; von Gamm BauR 1982, 97 (113); OLG München NJW-RR 1995, 474; BauR 1975, 363; OLG Nürnberg BauR 1980, 486

kann. Abzuwägen ist das Interesse des Eigentümers des Kunstwerkes, mit seiner Sache nach Belieben verfahren zu können, mit dem Recht des Urhebers, eine Beeinträchtigung seines urheberrechtsgeschützten Werkes nicht dulden zu müssen. Die **Abwägung** dieser unterschiedlichen Rechtssphären im baulichen Bereich führt bei Bauwerken zu der Erkenntnis, dass dem Interesse des Eigentümers auf Veränderung seines Bauwerkes, um neuen Nutzungszwecken gerecht zu werden, Vorrang vor dem Interesse des Urhebers zu geben ist, eine Beeinträchtigung seines Werkes nicht hinnehmen zu müssen. Die Abwägung dieser widerstreitenden Interessen muss dem Nutzungszweck des Kunstwerkes Rechnung tragen. Ein Bauwerk dient primär der Nutzung seines Eigentümers. Es ist ein Gebrauchsgegenstand und erst in zweiter Linie ein Kunstwerk. Die Eigentümerinteressen stehen deshalb im Vordergrund der Berücksichtigung. Maßgebend der Abwägung ist darüber hinaus auch die künstlerische Gestaltungshöhe. Seine Grenze findet die Änderungsbefugnis stets in dem Verbot der Entstellung des Werkes nach § 14.[224]

Die dem Bauherrn vertraglich zugesicherte Änderungsbefugnis findet stets seine Grenze in dem Entstellungsverbot, was auch durch eine allgemeine Geschäftsbedingung nicht aufgehoben werden kann. Das Entstellungsverbot ist Kernbestand des Urheberrechts. **237**

Das urheberrechtliche Änderungsverbot ist auch verletzt, wenn dem Ursprungswerk gestalterisch hochstehende Umgestaltungen aufgezwungen werden, die für sich genommen ebenfalls Urheberrechtsschutz genießen würden.[225]

Künstlerisch wertvolle Bauwerke sind gegen die Entstellung durch nachträglich angebrachte Kunstwerke geschützt. Änderungen an einem Werk der Baukunst aus rein ästhetischen Gründen, selbst wenn diese ein eigenständiges Kunstwerk verkörpern, sind unberechtigt.[226] **238**

Der Architekt kann eine von ihm vorgesehene gläserne Ausführung eines Aufzugsschachtes nicht durchsetzen, wenn er nicht nachweist, dass der Bauherr die entsprechenden Pläne gebilligt hat. Er muss sich mit einer einfachen Ausführung begnügen, auch wenn sie zu einer „Entstellung" des Gesamtobjekts führen kann. Das Kammergericht hat bei einer Interessenabwägung den Belangen der Bauherrschaft auf Einhaltung der Baukosten Vorrang zu den Urheberinteressen gegeben.[227] **239**

Der Urheberarchitekt hat grundsätzlich keinen Anspruch auf Erhaltung des von ihm geschaffenen Gebäudes. Ein Verbot der Vernichtung kommt jedoch dann in Betracht, wenn das Bauwerk Teil eines urheberrechtlich geschützten Gesamtwerkes (Ensembles) ist.[228] **240**

Beabsichtigt der Auftraggeber, das gleiche Bauvorhaben an einer anderen Stelle unter Verwendung der Planung des Architekten erneut zu errichten, so sind Vereinbarungen über die Abgeltung eines Nutzungsrechts am Urheberrecht oder sonstige Vergütungsansprüche für die Verwendung der gleichen Planung nicht Gegenstand des HOAI-Preisrechtes. Die Parteien sind an keine preisrechtlichen Bestimmungen gebunden. Es macht dabei keinen Unterschied, ob das Bauvorhaben Urheberrechtsschutz genießt oder nicht. Von der HOAI ist dieser Fall nicht erfasst.[229] **241**

Eine Vereinbarung, wonach der Architekt gegen Zahlung eines Geldbetrages seine Urheberrechte an den Auftraggeber abgibt, berechtigt den Auftraggeber zum Nachbau und zur Änderung der Planung.[230] **242**

Dass der Urheberrechtsschutz an den Planentwürfen bereits festmacht, ohne dass das Bauwerk errichtet sein muss, zeigt die Entscheidung des LG Nürnberg-Fürth.[231] Das Gericht hat eine Urheberrechtsverletzung in der Änderung einer urheberrechtsfähigen Planung gesehen, obwohl das Bauvorhaben aufgegeben war. Im vorliegenden Fall hatte ein Architekt für ein Bauunternehmen eine urheberrechtsfähige Planung erarbeitet, die jedoch wegen Verkaufs des Grundstückes nicht **243**

---

[224] Vgl. grundsätzlich von Gamm BauR 1982, 97, 116; BGH BauR 1974, 428; BGH ZfBR 1982, 32
[225] BGH v. 01.10.1998 – I ZR 104/96 BauR 1999, 272 = GRUR 1999, 230 = NJW 1999, 790.
[226] BGH Urteil v. 01.10.1998 – I ZR 104/69 BauR 1999, 272
[227] KG Urteil v. 18.06.1996 – 5 U 428/95 IBR 1997, 113
[228] OLG München v. 21.12.2000 – 6 U 6711/00, hierzu Werner in IBR 2003, 139
[229] Vgl. auch Korbion/Mantscheff/Vygen: HOAI-Kommentar, 6. Auflage, § 4 Rdn. 68
[230] KG Urteil v. 30.07.1999 – 4 U 122/97 IBR 2000, 6161
[231] Vgl. Anmerkung Werner in IBR 2004, 326 zu LG Nürnberg-Fürth

zur Ausführung gelangte. Der Bauherr hatte die Planung des Architekten mitveräußert, die der Erwerber sodann geändert hat. Das Gericht hat hierin eine Urheberrechtsverletzung gesehen.

VIII. Die Honoraranfrage

244 Der Honorarwettbewerb hat auch bei der Vergabe von Architekten- und Ingenieurleistungen Einzug gehalten. Es ist festzustellen, dass Auftraggeber dazu übergehen, Honoraranfragen bei Architekten und Ingenieuren vorzunehmen, um danach zu entscheiden, wer den Auftrag bekommen soll. Es ist auch zu vermuten, dass die Honoraranfrage mit der Frage gekoppelt wird, welche Baukostenvereinbarung der Auftragnehmer mit dem Auftraggeber eingehen will. Es stellt sich die Frage, ob solche Honoraranfragen wettbewerbsrechtlich zulässig sind.

245 Die HOAI lässt im Rahmen des Regelwerkes gewisse Spielräume zu, die es einem Auftragnehmer gestatten, sein Honorar zu berechnen. Die Bewertung einer Planungsleistung nach den Vorschriften der HOAI kann demgemäß von einzelnen Auftragnehmern sehr unterschiedlich beurteilt werden. Wettbewerbswidrig handelt ein Auftraggeber, der es mit seiner Honoraranfrage erkennbar darauf anlegt, den Architekten und Ingenieur zu einem Honorarangebot in Verletzung der Honorarvorschriften insbesondere bei Unterschreitung des Mindestsatzes anzuhalten. Dieser Auftraggeber ist als Störer im Sinne des § 1004 BGB anzusehen, wenn er mit seiner Anfrage eine Aufforderung dahingehend betreibt, dass abweichend von den HOAI-Mindestsätzen Honorarangebote vorgenommen werden sollen. Eine Aufforderung zur Abgabe von niedrigen Angeboten unterhalb der Mindestsätze der HOAI ist anzunehmen, wenn Auftragnehmer aufgefordert werden, für Architekten- oder Ingenieurleistungen ein Pauschalhonorar mit dem ausdrücklichen Hinweis anzubieten, dass das Angebot in Anlehnung an die HOAI abzugeben sei. Fehlt es auch an der Angabe der anrechenbaren Kosten, damit überhaupt eine Orientierung möglich ist, liegt ein Wettbewerbsverstoß vor, der zu einem Unterlassungsanspruch führt.[232]

246 Eine Störereigenschaft hat der Bundesgerichtshof[233] auf der anderen Seite für den Fall verneint, dass Vermessungsleistungen ausgeschrieben worden sind. Der ausschreibende Bauunternehmer hatte dabei keinerlei Differenzierung der angeforderten Leistungen vorgenommen und auch keinen Hinweis zur HOAI gegeben. Dieser Ausschreibung war mithin nicht zu entnehmen, dass die Bieter von vornherein aufgefordert wurden, die bindenden Vorschriften der HOAI zu verletzen. Der Unterlassungsanspruch scheiterte damit an der Störereigenschaft der ausschreibenden Firma.

247 Auf der anderen Seite ist ein Unterlassungsanspruch für den Fall bejaht worden, dass ein öffentlich-rechtlicher Auftraggeber Architekten- und Ingenieurbüros aufgefordert hat, Honorarvorschläge für städtebauliche Leistungen zur Fortschreibung eines Flächennutzungsplanes und zur Aufstellung eines Landschaftsplanes zu unterbreiten, verbunden mit dem Hinweis, dass für den Flächennutzungsplan nicht die vollen HOAI-Grundleistungen des § 37 HOAI erbracht werden müssen und die Honorarzone für die einzelnen Leistungsphasen des Leistungsbildes variiert werden können. Dieses Verhalten zielte erkennbar darauf ab, dass es der ausschreibenden Stelle auch darum ging, Angebote unterhalb der Mindestsätze zu erhalten.[234]

248 Diese zur HOAI 1996 ergangene Rechtsprechung hat auch künftig Bedeutung.

---

[232] OLG Bremen BauR 1997, 499
[233] BGH BauR 1991, 99 ff.
[234] Landgericht Offenburg Urteil v. 10.07.2003 – 5 O 175/02, hierzu Sangenstedt in IBR 2003, 610

IX. Der Vergleich über das Honorar und den Verzicht

Die Honorarabrechnung von Architekten- und Ingenieurleistungen nach HOAI kann zu Meinungsverschiedenheiten zwischen den Vertragspartnern führen. Werden diese im Wege des Vergleiches (§ 779 BGB) beigelegt, so stellt sich die Frage, ob der Auftragnehmer seinen Honoraranspruch entgegen den Bestimmungen der HOAI ausschließlich auf § 779 BGB (Vergleich) stützen kann.[235]

249

Zur Verdeutlichung sollen folgende Fälle dienen:

Ein Architekt berechnet Abschlagsforderungen zum Mittelsatz der Honorarzone III zuzüglich eines Umbauzuschlages, ohne eine schriftliche Vereinbarung bei Auftragserteilung getroffen zu haben. Kommt es zwischen den Vertragsparteien über diese Abrechnungsmodalitäten zu Auseinandersetzungen, die durch eine Einigung beigelegt werden, so könnte ein neuer Rechtsgrund entstehen, auf den der Auftragnehmer seinen Honoraranspruch entgegen den Bestimmungen der HOAI stützen könnte. Dieses Vorgehen ist dann nicht zulässig, wenn es vor Beendigung der Architektenleistung geschieht. Der BGH[236] sieht in dieser Vereinbarung eine Umgehung der zwingend zu beachtenden Vorschrift des § 7 Abs. 1 in Verbindung mit § 7 Abs. 5 HOAI, wonach sämtliche Honorarvereinbarungen, die vom Mindestsatz abweichen, der Schriftform bei Auftragserteilung unterliegen. Demnach fällt ein **vor** Beendigung der Architektentätigkeit über die Honorarforderung abgeschlossener Vergleich unter die Regelung des § 7 HOAI.[237]

250

Wird der Vergleich jedoch **nach** Beendigung der Architektentätigkeit geschlossen, so ist dieser wirksam. Dieser Vergleich fällt nicht unter die Regelung des § 7 HOAI. Er schafft einen eigenen Rechtsgrund, auf den die Zahlungspflicht des Honorars gestützt sein kann. Der BGH[238] begründet dies damit, dass der Vergleich über eine streitige Honorarforderung nach Beendigung der Leistungen nicht unter § 7 Abs. 5 HOAI fällt. Endet die Architektentätigkeit aufgrund einer Kündigung oder einer einvernehmlichen Aufhebung des Architektenvertrages, so können sich die Parteien auch mündlich wirksam auf einen bestimmten restlichen Vergütungsanspruch des Auftragnehmers einigen. Auch der hierüber zustande kommende Vergleich unterliegt nicht den Bestimmungen des § 7 der HOAI und ist mithin wirksam.[239]

251

Dieser Rechtsprechung ist zuzustimmen. Sie gilt unverändert fort. Die Regelungen des § 7 können nicht außer Kraft gesetzt werden, indem anstelle der Honorarvereinbarung nach HOAI eine Vergleichsvereinbarung geschaffen wird. In diesen Fällen sind die zwingenden preisrechtlichen Vorschriften der HOAI zu beachten. Hier besteht der Schutzzweck der HOAI noch. Anders verhält es sich, wenn die Leistungen des Auftragnehmers entweder infolge Kündigung, einverständlicher Aufhebung oder durch Auftragserledigung beendet sind, der Schutzzweck der HOAI besteht dann nicht mehr. Eine abschließende Einigung über alle streitigen Positionen ist dabei möglich und gilt auch dann, wenn damit bei der Honorarermittlung die HOAI nicht eingehalten sein sollte.

252

Hat ein Auftraggeber Honorarforderungen des Auftragnehmers ausgeglichen, von denen er weiß, dass sie entgegen den Regelungen des § 7 Abs. 1 berechnet worden sind, so ist ein Rückforderungsanspruch ausgeschlossen. Schließt z. B. die öffentliche Hand einen Vertrag über HOAI-Leistungen und vereinbart die Abrechnung eines vom Mindestsatz abweichenden Honorarsatzes

253

---

[235] Vgl. hierzu bereits Kurz (oben) Rdn. 91

[236] BGH BauR 1987, 706

[237] Vgl. hierzu BGH BauR 1987, 112 zum Fall vor Beendigung der Architektentätigkeit sowie das OLG Rostock, Urteil v. 07.11.2007 – 2 U 2/07, OLGR Rostock 2008, 328; beide lassen eine freie vergleichsweise Regelung ohne die Beschränkungen der HOAI nach Vertragsbeendigung zu. Vgl. auch Thode zum vergleichbaren Fall des OLG Brandenburg, Urteil v. 11.12.2007 – 11 U 116/07 IBR 2008, 277; hier geht es zwar um eine das Honorar verändernde Pauschalvereinbarung, es wird jedoch der Grundsatz aufgestellt, dass diese Änderung nach Beendigung der Architektenleistung möglich ist.

[238] BGH BauR 1987, 112 sowie BGH BauR 1987, 706 zum umgekehrten Fall; vgl. auch OLG Düsseldorf BauR 1987, 384

[239] BGH BauR 1988, 364 (365)

zwar schriftlich, jedoch nicht bei Auftragserteilung, so können die hierauf gezahlten Honorare nicht zurückgefordert werden. Dies gilt auch für den Fall, dass sich die Vertragsparteien vor der endgültigen offiziellen Abrechnung des Vertrages auf die Abrechnungsweise verständigt haben. Es entspricht der Praxis der öffentlichen Hand, dass bei Unstimmigkeiten über die Abrechnung eines Vertrages die Diskussion so lange fortgesetzt wird, bis eine Einigung über die Art der Abrechnung erfolgt. Diese Einigung wird sodann nicht in Form eines Vergleiches festgehalten. Sie findet vielmehr ihren Niederschlag in der Neuaufstellung der Abrechnungsunterlagen, die von der Auftraggeberseite dann nicht mehr beanstandet werden. In Wahrheit liegt in diesen Fällen eine Einigung über die Abrechnung zugrunde, die eine nachträgliche Korrektur, insbesondere auch auf Anforderung der Rechnungsprüfung, nicht mehr erlaubt, da der Abrechnung eine Vergleichsvereinbarung zugrunde liegt.

254 Der Auftragnehmer kann nach Auftragserteilung und bereits vor Beendigung seiner Tätigkeit wirksam auf sein Honorar verzichten. Der nachträgliche Honorarverzicht verstößt nicht gegen die HOAI. Ebenso wie es den Parteien gestattet ist, die Vergütung einer HOAI-Leistung von dem Eintritt einer Bedingung abhängig zu machen oder an sonstige Voraussetzungen zu knüpfen, so kann ein Honoraranspruch, der nach HOAI entstanden ist, durch Verzichtserklärung des Berechtigten auch nachträglich wieder beseitigt werden. Die preisrechtlichen Bestimmungen der HOAI können keine vertragsrechtlichen Grundsätze außer Kraft setzen.[240]

---

[240]BGH v. 14.03.1996 – VII ZR 75 = BauR 1996, 414; IBR 1996, 246, so auch OLG Saarbrücken, Urteil v. 13.03.2002 – 1 U 702/01 NZBau 2002, 576 = IBR 2002, 614

§ 8 Berechnung des Honorars in besonderen Fällen

(1) Werden dem Auftragnehmer nicht alle Leistungsphasen eines Leistungsbildes übertragen, so dürfen nur die für die übertragenen Phasen vorgesehenen Prozentsätze berechnet und vereinbart werden. Die Vereinbarung hat schriftlich zu erfolgen.

(2) Werden dem Auftragnehmer nicht alle Grundleistungen einer Leistungsphase übertragen, so darf für die übertragenen Grundleistungen nur ein Honorar berechnet und vereinbart werden, das dem Anteil der übertragenen Grundleistungen an der gesamten Leistungsphase entspricht. Die Vereinbarung hat schriftlich zu erfolgen. Entsprechend ist zu verfahren, wenn dem Auftragnehmer wesentliche Teile von Grundleistungen nicht übertragen werden.

(3) Die gesonderte Vergütung eines zusätzlichen Koordinierungs- oder Einarbeitungsaufwands ist schriftlich zu vereinbaren.

Inhaltsübersicht

I. Allgemeine Erläuterung

1. Leistungsbewertung nach HOAI, Vertragsrecht

Herzstück einer Honorarordnung ist die Definition von Leistungen, die mit einem Honorar bewertet sind. Die HOAI ist nur eine Bewertungsvorschrift. Sie beschreibt Leistungen, die sie mit einem Honorar bewertet. Welche Leistungen vom Auftragnehmer geschuldet werden, ist Sache der vertraglichen Vereinbarung. Mit dem Leistungsbegriff der HOAI setzt sich § 3 auseinander. Er definiert, was unter einer Grundleistung, deren Honorierung verbindlich geregelt ist, zu verstehen ist. § 7 bestimmt, wie der Honorarrahmen ausgenutzt werden kann. Damit werden die Honorartafeln angesprochen, die preisrechtlich jedoch nur eine Bewertung der HOAI-Leistungen vorsehen. Preisrechtlich nicht bewertet sind die Besonderen Leistungen und die Beratungsleistungen.

    Welche Leistungen dem Auftragnehmer übertragen werden, beantwortet die HOAI nicht, sondern der Vertrag. Die in der HOAI aufgeführten Leistungsbilder vermögen indes Anhaltspunkte zu geben, welche Leistungsinhalte vom Auftragnehmer zu bearbeiten sind, um den mit dem Auftrag übernommenen Leistungserfolg zu erreichen, so gesehen beschreiben die Leistungsbilder eine Regel der Technik, welche Einzelleistungen im Allgemeinen erforderlich sind, um den Leistungserfolg zu erreichen. Die Leistungsbilder verschaffen insofern Transparenz, als sie dem Auftraggeber eine Vorstellung vermitteln können, welche Leistungsinhalte für eine mangelfreie Leistung erforderlich sind.

In der Praxis hat sich deshalb auch eingebürgert, die einzelnen Grundleistung vertraglich aufzuführen, deren Bearbeitung vom Auftraggeber erwartet werden. Dies kann auf der anderen Seite zu Trugschlüssen des Auftragnehmers führen, dass fälschlicherweise angenommen wird, zur

Bearbeitung einer Leistung nicht verpflichtet zu sein, wenn sie nicht ausdrücklich vom Auftraggeber beauftragt wurde.[1]

Es kann danach durchaus sein, dass der Auftragnehmer Leistungen erbringen muss, die im Vertrag nicht ausdrücklich als Leistung aufgeführt worden sind. Dies gilt auch für Leistungen, die die HOAI in ihrer Bewertung als Besondere Leistungen nennt, für die keine Honorarbindung besteht, weil sie frei zu vereinbaren sind. Denn er schuldet ein mangelfreies Architekten- bzw. Ingenieurwerk, welches mit seiner Leistung erreicht werden soll (siehe Einzelheiten in § 10)

2. Teilleistung nach HOAI, Teilerfolg nach Vertrag

3   § 8 befasst sich mit der Frage, wie hoch die Teilleistungen zu bewerten sind, wenn sie nur teilweise zur Bearbeitung beauftragt werden.

Den Leistungsbildern einschließlich der in alphanumerischer Aufzählung aufgeführten Teilleistungen kommen keine normative Kraft zu.[2] Ihre Funktion beschränkt sich auf die Darstellung einer Bewertungsskala zur Berechnung des Honorars. Welche Leistungen erbracht werden müssen, entscheiden die Anforderungen der gestellten Planungsaufgabe und der nach Vertrag geschuldete Leistungserfolg.

4   Hieran schließt sich die Frage an, wie die Vergütung zu erfolgen hat, wenn die Teilleistungen zwar beauftragt, aber vom Auftragnehmer nicht erbracht worden sind.

Die Beantwortung dieser Frage hängt davon ab, für welche Leistung im Rechtssinne die Vergütung als Gegenleistung geschuldet wird. Bei Werkverträgen steht die Vergütung für die Herstellung des versprochenen Werks. Es schließt sich das Problem an, was unter dem versprochenen Werk eines Architekten- oder Ingenieurvertrages zu verstehen ist. Nach allgemeiner Meinung unterliegt der Architekten- oder Ingenieurvertrag dieser Betrachtung, da seine Rechte und Pflichten dem Werkvertragsrecht zu entnehmen ist.

5   Es war stets allgemeine Meinung, dass das vom Architekten/Ingenieur versprochene Werk in dem Entstehenlassen eines mangelfreien Bauergebnisses aufgrund seiner Planungsgrundlage und seiner Bauüberwachungstätigkeit zu sehen sei. Es knüpfte der Meinungsstreit an, ob der Auftraggeber zur Minderung des Honorars auch dann berechtigt sein soll, wenn das Werk zwar im Ergebnis mangelfrei vollbracht, aber einzelne Leistungen vom Auftragnehmer gar nicht erbracht worden sind. Während die einen eine Minderung des Honorars nur bei Fehlen einer vollständigen Leistungsphase angenommen hatten[3], bezogen andere das Minderungsrecht schon auf den Fall, dass zentrale oder wesentliche Leistungen einer Leistungsphase fehlten.[4] Dieser Meinungsstreit hat für die Rechtspraxis mit der Entscheidung des BGH vom 29.04.2004[5] keine Bedeutung mehr, da fortan in jeder Teilleistung des Leistungsbildes der HOAI ein selbstständiger Leistungserfolg gesehen wird, der zu erfüllen ist, wenn der Auftragnehmer nicht das Risiko einer Honorarminderung eingehen will.

3. Honorarminderung für nicht nachgewiesene Teilleistungen

6   Ist die Teilleistung beauftragt, jedoch nicht erbracht, so ist die Auftragnehmerleistung mit der Entscheidung des BGH vom 29.04.2004 mangelhaft. Es entstehen die Mängelansprüche des Auftraggebers. Im Vordergrund steht das Recht auf Nacherfüllung. Ist der Planungsprozess jedoch schon abgeschlossen und das Bauergebnis durch Errichtung des Bauwerkes erzielt, kommt von den Mangelansprüchen insbesondere das Recht der Minderung in Betracht. Das heißt, der Auftraggeber hat das Recht zur Minderung des Honorars, ohne dass dem Auftragnehmer gem. § 638 in Verbindung mit § 323 BGB eine angemessene Frist zur Nacherfüllung gesetzt werden muss. Denn die Nacherfüllung unterlassener Teilleistungen hat für den Auftraggeber regelmäßig keinen Wert mehr, wenn der abschließende Leistungserfolg bereits eingetreten ist.[6]

---

[1]   Vgl. z. B. BGH BauR 1997, 154
[2]   BGH a. a. O.
[3]   So noch ausführlich in der Vorauflage vertreten § 5 Rdn. 7 m. w. N.
[4]   So noch OLG Düsseldorf BauR 2000, 290; Werner/Pastor Rdn. 785 ff. und insbesondere Locher/Koeble/Frik in § 5 Rdn. 17 m. w. N.
[5]   BGH v. 29.04.2004 BauR 2004, 1640
[6]   BGH v. 11.11.2004 – VII ZR 128/03 BauR 2005, 400

Die Höhe der Honorarminderung folgt den gleichen Grundsätzen, wie sie für die Bewertung für die einzelnen Leistungen nach § 8 Abs. 2 aufzustellen sind. Die Minderung kann nach allgemeinen Erfahrungsgrundsätzen vorgenommen werden. Anerkannt vom BGH[7] sind die derzeitig gängigen Tabellen, wie sie in der Kommentarliteratur abgedruckt werden[8] und hier in den Leistungsbildern beschrieben sind.

Haben die Vertragsparteien die HOAI-Leistungsbilder vereinbart, so sind die einzelnen Leistungen der Leistungsphasen Teilerfolgsschulden des Auftragnehmers. Für diesen Fall stellt sich die Frage, ob dies auch für den Fall gilt, dass die in dem Leistungsbild aufnotierte Leistung objektiv für die Erfüllung des Leistungsauftrages nicht erforderlich ist. Kann z. B. eine Honorarminderung mit der Begründung vorgenommen werden, der Auftragnehmer hätte bei der Planung der Umbaumaßnahme im Rahmen der Vorplanung die geforderte Klärung städtebaulicher Vorgänge und Bedingungen ebenso wenig geklärt wie landschaftsökologische Zusammenhänge? Eine Honorarminderung kommt für diese Fälle nicht in Betracht, da diese Leistungsverpflichtung im Bereich eines Umbaus nicht zum Tragen kommt. Es ist auf § 3 Abs. 2 HOAI zu verweisen. Der Verordnungsgeber hat die Qualität der Leistungen als solche definiert, die zur ordnungsgemäßen Erfüllung eines Auftrages im **Allgemeinen erforderlich** sind. Er trägt damit der Tatsache Rechnung, dass die Leistungsbilder für die unterschiedlichsten Leistungsgegenstände Anwendung finden müssen. So gilt das Leistungsbild der Anlage 10 nicht nur für die Planung von Neubauten, sondern auch für die Planung von Innenräumen, Umbauten, Ergänzungsbauten und Erweiterungsbauten. Nur hinsichtlich des Leistungsbildes der Innenräume hat der Verordnungsgeber einzelne Schwerpunkte des Leistungsinhaltes zusätzlich definiert, die sich auf die Planung von Innenräume beziehen. Eine weitere differenzierte Beschreibung von Leistungen in Bezug auf unterschiedliche Leistungsanforderungen ist jedoch hinsichtlich der Fülle der bestehenden Planungsaufgaben unterblieben. Es ist objektiv nicht möglich, im Rahmen einer Verordnung hierzu Klarheit zu schaffen.

Deshalb hat der Verordnungsgeber in **§ 3 Abs. 2 den Anwendungsbereich der Leistungen auf die im Allgemeinen erforderlichen** begrenzt. Bevor also eine Minderung eines Honorars geprüft werden kann, bedarf es der Feststellung, ob die fehlende Leistung nach dem Leistungsbild für die übernommene Bauaufgabe überhaupt im Allgemeinen erforderlich war.

Nach Auffassung von Kniffka[9] findet eine Minderung für jede im Leistungsbild der HOAI verankerte Grundleistung im Falle ihrer Nichterbringung statt, auch wenn sie für die Bewältigung der gestellten Bauaufgabe nicht erforderlich war. Diese Auffassung führt im Ergebnis dazu, dass im Einzelfall nicht mehr geprüft werden müßte, welcher Leistungserfolg mit der einzelnen Grundleistung im Sinne des § 631 Abs. 2 geschuldet ist und inwieweit der Teilerfolg im Hinblick auf das Gesamtergebnis von Belang ist. So gesehen wird die Haftung des Architekten nach werkvertraglichen Regeln, jedoch die Vergütung nach dienstvertraglichen Regeln gesehen.

Dies entspricht allerdings nicht der Intention des Verordnungsgebers. Er hat bewußt von einer Bewertung der einzelnen Grundleistungen Abstand genommen. Im Hinblick auf die Vielfalt der Planungsaufgaben und ihrer Schwierigkeitsgrade hat sich der Verordnungsgeber dafür entschieden, die Leistungsphasen zu bewerten und nimmt bei der Beschreibung der einzelnen Grundleistung keine Bewertung vor. Sie sind nach der Definition des § 3 Abs. 2 für eine Vertragserfüllung im Allgemeinen erforderlich. Danach können zur Vertragserfüllung einzelne Grundleistung oder Teile davon auch nicht erforderlich sein. Die von der HOAI vorgenommene Bewertung der Leistungsphase erfasst damit solche Fälle, sodass eine Minderung wegen objektiv nicht erforderlichen Grundleistungen oder Teilen davon nicht gegeben ist.

Es stellt sich weiter die Frage, wer die Minderung darzulegen und zu beweisen hat. Entscheidende Bedeutung kommt der Abnahme zu. Hat der Auftraggeber die Architekten- oder Ingenieurleistungen abgenommen, so trägt der Auftraggeber die Beweislast dafür, dass einzelne erforderliche Leistungen vom Auftragnehmer nicht erbracht worden sind. Sind die Leistungen

7

8

---

[7] BGH v. 16.12.2004 – VII ZR 270/03 BauR 2005, 588 (590)

[8] Vgl. Korbion/Mantscheff/Vygen zu § 5 Rdn. 32; Pott/Dahlhoff/Kniffka, 7. Auflage, Anhang III, Locher/Koeble/Frik, 8. Auflage, Anhang 4

[9] Siehe seine Ausführungen in BauR 2015, S. 883 ff. und 1031 ff. zum Thema Vergütung nicht beauftragter bzw. nicht erbrachter Grundleistungen

vom Auftraggeber noch nicht abgenommen, so ist der Auftragnehmer dafür nachweispflichtig, sämtliche Leistungen als die geschuldeten Teilleistungserfolge auch erbracht zu haben.

Die Abnahme von Architekten- und Ingenieurleistungen hat sich als eigenständiger Abnahmetatbestand in der Praxis noch nicht durchgesetzt. Vergleichbare Verhaltensweisen, wie sie für die Abnahme von Bauleistungen üblich sind, findet man für die Abnahme von Architekten- und Ingenieurleistungen nicht. Regelmäßig erfolgen keine formellen Abnahmen durch den Auftraggeber. Dies liegt in der Natur der Architektenleistung begründet. Seinem Wesen nach handelt es sich um eine geistige Leistung, die sich in dem Bauwerk verkörpert. In der täglichen Praxis wird es deshalb als lebensfremd angesehen, die Architektenleistung förmlich abzunehmen. Gleichwohl ist sie einer Abnahme zugänglich, da auch ein geistiger Leistungserfolg als im Wesentlichen mangelfrei erbracht angesehen und in der Abnahmeerklärung zum Ausdruck gebracht werden kann.[10] Mit Inkrafttreten der HOAI 13 ist die Abnahme gem. § 15 außerdem Fälligkeitsvoraussetzung für das Honorar. Dies lässt erwarten, dass die Abnahme der Architektenleistung allmählich Eingang in das Baugeschehen nimmt.

Stellt der Auftragnehmer seine Schlussrechnung und erhält diese bezahlt, so liegt in der Zahlung sogleich die Erklärung des Auftraggebers, dass er sämtliche geschuldeten Leistungen des Auftragnehmers vorbehaltlos abnimmt.[11]

Macht der Auftragnehmer seine Honorarschlussrechnung geltend und klagt den Restbetrag ein, so fehlt es an einer Abnahmehandlung, wenn nicht andere Indizien darauf hinweisen, dass die Leistung des Auftragnehmers vom Auftraggeber abgenommen worden ist. In einem solchen Fall ist der Auftragnehmer darlegungs- und beweispflichtig, dass er sämtliche Leistungen beziehungsweise sämtliche vertraglich festgelegten Teilleistungserfolge auch erbracht hat. Dies gilt allerdings nur für den Fall, dass der Aufftraggeber Honorarminderung geltend macht und die Erarbeitung der einzelnen Teilleistungserfolge während des Planungsgeschehens anzweifelt.

9   Nach erfolgter Abnahme der Architektenleistung kommt eine Minderung des Honorars mit der Begründung, einzelne Teilleistungen seien nicht nachgewiesen, nur ausnahmsweise in Betracht. Die Abnahme des Architektenwerkes erfasst auch die Abnahme der Teilleistungen, die als Einzelschritte zu erledigen waren, um zu dem vereinbarten Leistungserfolg nach Beendigung der Architektenleistungen zu kommen. Gesonderte Teilabnahmen der einzelnen Teilleistungen finden nicht statt. Wenn mit der Abnahme zugleich auch die Abnahme alle Teilerfolgsschritte verbunden ist, ist auch die Teilleistung abgenommen, die als gesonderter Leistungsschritt von den Parteien nicht behandelt wurde, sondern in die Gesamtleistung eingeflossen ist. Die Abnahme der Teilleistung schließt sodann nachfolgende Minderungsbegehren mit der Begründung aus, dass der einzelne Leistungsschritt nicht erledigt ist, es sei denn, der Auftraggeber hat sich die Minderung zu einzelnen Teilleistungen ausdrücklich vorbehalten.

10   Dies gilt auch für die Praxis von Rechnungsprüfungsämtern. Nach Abrechnung einer Baumaßnahme steht der Geltendmachung von Honorarminderungsansprüchen mit der Begründung, einzelne Leistungen seien nicht nachgewiesen, die Abnahmeerklärung im Hinblick auf alle Teilleistungen entgegen. Der Auftragnehmer, der seine Leistungen am Schluss abrechnet und hierauf Zahlung erhält, muss deshalb nicht damit rechnen, später einzelne Honoraransprüche im Wege der Honorarminderung mit der Begründung streitig gemacht zu bekommen, einzelne Teilleistungen seien nicht nachgewiesen. Dies müsste dann schon vom Auftraggeber bewiesen werden.

Unabhängig von dem Recht, Minderung verlangen zu können, bleiben Schadensersatzforderungen wegen Mängel der geschuldeten Architektenleistung. Wird das Honorar wegen einer Schlechtleistung gemindert und verlangt der Auftraggeber Schadenersatz, der seine Ursache in der mangelhaft erarbeiteten Grundleistung hat, für die eine Honorarminderung begehrt wird, so kann das Honorar gemindert werden, weil die Teilleistung nicht erbracht war. Hat die Nichterbringung der Teilleistung vorwerfbar zu einem Schaden geführt, so kann daneben auch Schadensersatz für diesen Architektenmangel verlangt werden.

Nicht zu verwechseln ist die Darlegungs- und Beweislast in den Fällen einer behaupteten Überzahlung bei der Schlusszahlungsabrechnung. Fordert der Auftraggeber zu viel gezahltes Honorar mit der Begründung zurück, es sei falsch berechnet worden, so bleibt der Auftragnehmer auch

---

[10] BGH BauR 2000, 129
[11] OLG Koblenz v. 27.01.2004 – 17 U 154/00 IBR 2005, 630; OLG Düsseldorf v. 25.08.2005 – 5 U 47/03 IBR 2005, 554

nach Abnahme seiner Leistungen zum Nachweis seiner Schlussrechnung verpflichtet. Nach erfolgter Schlusszahlung des Auftraggebers ist er allerdings zur Darlegung und zum Beweis einer Überzahlung verpflichtet (§ 812 BGB).

II. Das Honorar für die Leistungsphase

1. Der Planungsablauf

Die Leistungsbilder für Objektplanungen (Gebäude, Freianlagen, Innenräume, Ingenieurbauwerke, Verkehrsanlagen und Technische Ausrüstung) sind jeweils in 9 Leistungsphasen gegliedert. Im Auf bau gleichen sie einander. Für andere Leistungsbilder, z. B. der städtebaulichen und landschaftsplanerischen Leistungen sowie der Tragwerksplanung, sind abweichende Proportionierungen und Leistungsphasen gefunden. **11**

Leistungsphasen bezeichnen in sich abgrenzbare Arbeitsabschnitte. Die einzelnen Leistungsphasen beschreiben Teilleistungserfolge, die von Leistungsphase zu Leistungsphase aufeinander aufbauen, bis der vertraglich geschuldete Gesamterfolg eingetreten ist. Die Beauftragung des Architekten mit der Planung und Errichtung eines Neubauvorhabens beschreibt z. B. das Ziel, das Gebäude nach den Entwürfen des Architekten in Abstimmung mit dem Bauherrn mangelfrei zu erstellen. Dieser Erfolg ist eingetreten, wenn das Bauvorhaben hiernach mangelfrei errichtet und bezugsfertig ist. Auf dem Wege dahin durchläuft das Planungsgeschehen verschiedene Arbeitsstufen, so z. B. die Erreichung einer Baugenehmigung, die nach Abschluss der Leistungsphase 4 gegeben ist.

Dieses wiederum setzt voraus, dass die Leistungsphase 3 mit ihrem Ziel erfolgreich abgeschlossen ist, nämlich der Erarbeitung der endgültigen Lösung der Planungsaufgabe. Damit definieren die einzelnen Leistungsphasen Zwischenergebnisse, die durch den Eintritt der Ergebnisse der nachfolgenden Leistungsphase jeweils überholt werden.

Es ist für den Planungsprozess kennzeichnend, dass die für die Bauausführung maßgebende Detaillierung im Ausführungsplan notwendigerweise das Entwurfsstadium und diesem das Vorplanungsstudium vorausgeht. Der Planungsprozess vollzieht sich in Schritten. Es ist nicht möglich, ein Ausführungsdetail über die Ausführung und Gestellung einer Innenraumstütze fachgerecht im Maßstab 1 : 50 bis hin zum Maßstab 1 : 1 zu entwickeln, wenn nicht im Entwurfsstadium Klarheit darüber erzielt wurde, wo die Stütze im Grundriss untergebracht werden soll. Auch diese Festlegung erfolgt je nach Bauaufgabe im Maßstab 1 : 100 oder 1 : 200 und wird nicht möglich sein, wenn nicht der Körper in seiner Gesamtarchitektur in seinen wesentlichen Beziehungen der künftigen Nutzung und der sich daraus ergebenden architektonischen Gestaltung im Rahmen der Vorplanung geprüft und festgelegt wurde. Diese Betrachtung findet im größeren Maßstab 1 : 200 oder noch größer statt. Es liegt auf der Hand, dass die Planungsaufgabe je nach Maßstab unterschiedlichen Gesichtspunkten folgt. Im Rahmen der Vorplanung wird die Bauaufgabe als ein einheitliches Ganzes beurteilt und es werden zunächst die wesentlichen Bezüge des Bauvorhabens geklärt. Je kleiner der Maßstab im Planungsprozess wird, desto genauer erfolgen Erklärungen nicht nur in gestalterischer und architektonischer Hinsicht, sondern auch hinsichtlich der bautechnischen Ausführungen. **12**

Für die Objektplanung Ingenieurbauwerk gilt das Gleiche. Auch wenn die Planungsinhalte unterschiedlich sind, so bleibt es dennoch bei dem Planungsaufbau, der sich in einzelnen Schritten vollzieht. **13**

Die Fachplanungen, wie z. B. Tragwerksplanung und Technische Gebäudeausrüstung, verlaufen im gleichen Aufbau, wenn auch zeitversetzt. Die Technische Gebäudeausrüstung ist erst möglich, wenn eine Vorplanung bzw. Entwurfsplanung der Objektplaner vorliegt. Sie durchläuft allerdings im Ergebnis die gleichen Stufen. **14**

Dieser Planungsprozess ist äußerst dynamisch und lässt sich nur sehr schwer in ein statisches Honorargefüge einordnen. Es kann durchaus sein, dass im Rahmen der Ausführungsplanung noch Planungsgegenstände der Vorplanung und der Entwurfsplanung mit zu erledigen sind. Dies ge- **15** winnt insbesondere Bedeutung, wenn Planungsergebnisse später aufgrund Nutzungsänderungen oder geänderter Vorstellungen der Vertragsparteien infrage gestellt und neu konzipiert werden müssen. Solche Optimierungen gehören zum Planungsprozess. Sie können allerdings auch zu erheblichen Mehraufwendungen führen, die sich in mehrfachen Bearbeitungen von Leistungen ausdrücken. Welche Mehrfachleistung zum eigentlichen Optimierungsprozess gehört und damit Bestandteil des nach HOAI festgelegten Honorars ist und mitvergütet wird und welche zu einer zusätzlichen Vergütungpflicht führt, hängt davon ab, in welchem Planungsstadium die Optimierung stattfindet.

16 Zur Vorplanung gehört die Optimierung zwangsläufig und zwar so lange, bis ein Planungskonzept gefunden ist, das zur Zufriedenheit des Auftraggebers ausgefallen ist, von ihm also zur Weiterbearbeitung freigegeben worden ist.

Änderungswünsche, die vom Auftraggeber trotz seiner Freigabe nach diesem Bearbeitungsschritt verlangt werden, greifen in gebilligte Planungsergebnisse des Auftragnehmers ein und führen zur Mehrfachbearbeitung, die eine entsprechende Vergütungsfolge nach sich zieht (§ 10 Abs. 2).

Wenn mit der Rechtsprechung des BGH[12] die einzelne Leistung bereits den geschuldeten Teilleistungserfolg markiert, wird dadurch deutlich, dass es auf die Berechnung der einzelnen Leistungen ankommt und das Honorar für die Leistungsphase nur der Anhaltspunkt für deren Bewertung bildet.

2. Teilweise Beauftragung

17 Es ist in der Baupraxis allgemein anzutreffen, dass nicht alle Leistungsphasen an einen Auftragnehmer übertragen werden. Abgesehen von einfacheren und überschaubaren Bauaufgaben ist es zur Regel geworden, dass nur eine teilweise Beauftragung des Auftragnehmers stattfindet. Hinzu kommt die stufenweise Beauftragung. Da bei Abschluss des Vertrages häufig unklar bleibt, ob die Bauaufgabe auch realisiert wird, behilft sich die Praxis damit, die Planungsaufgabe in Stufen aufzugliedern und die Auftragsstufen erst dann zum Auftragsgegenstand zu erheben, wenn diese für die weitere Bearbeitung der gestellten Bauaufgabe benötigt werden.[13]

18 Überlegungen für eine teilweise Beauftragung mit Leistungsphasen oder auch nur Teilleistungen hieraus sind mannigfaltig. In der Praxis haben sich Planungsabschnitte herausgebildet. Eine wesentliche Zäsur bildet die Genehmigungsplanung. Viele Architekten-/Ingenieurverträge enden hier. Der Auftraggeber überlässt anschließend die Ausführungsplanung einem anderen Büro oder splittet auch die Leistungsphase 5 in der Weise, dass sie teilweise dem planenden Architekten überlassen wird und teilweise dem bauausführenden Unternehmen übertragen wird.

19 Diese Beispiele zeigen, dass bei getrennter Vergabe von Leistungsphasen eines Leistungsbildes für beide Auftragnehmer ein zusätzlicher Koordinierungs- und Einarbeitungsaufwand erforderlich wird.

Für die Bearbeitung von Leistungsphasen ist kennzeichnend, dass diese aufeinander auf bauen. Erhält der Auftragnehmer den Auftrag für die Erarbeitung von Leistungen einer Leistungsphase, die bereits Arbeitsergebnisse voraussetzt, so kann der Auftragnehmer den Auftrag nur erfüllen, wenn der Auftraggeber ihm die Ergebnisse der Vorleistungen präsentiert. Soll z. B. der Auftragnehmer nur mit der Vorplanung beauftragt werden, so fehlt die Bearbeitung der Grundlagenermittlung. Diese ist vom Auftraggeber beizustellen. Gehen die Vertragsparteien davon aus, dass Leistungen der Grundlagenermittlung im Zuge der Vorplanung miterledigt werden, so führt diese Vereinbarung zu einer Unterschreitung des Mindestsatzes. Es kommen die Grundsätze des § 7 Abs. 3 zur Anwendung. Die Honorarvereinbarung ist unwirksam. Es gelten in diesem Fall die allgemeinen Regelungen, so wie in § 7 näher dargelegt.

---

[12] BGH BauR 2004, 1640
[13] Zum Stufenauftrag OLG Naumburg v. 31.08.2000 – 7 40/98 IBR 2001, 551

III. Honorar für Grundleistungen

Nach der Vorstellung des Verordnungsgebers sind die in alphanumerischer Aufzählung in den **20** Leistungsbildern aufgeführten Grundleistungen die kleinste rechnerische Einheit im Gefüge einer Leistungsphase. Dies hat die Rechtsprechung nachvollzogen, indem sie die einzelne Leistung als zu bearbeitenden Teilleistungserfolg ansieht.[14] Die HOAI bewertet die Grundleistungen jedoch nicht. Teilhonorare sind lediglich für Leistungsphasen festgelegt.

§ 8 Abs. 2 befasst sich deshalb mit dem Fall, dass nicht alle Grundleistungen einer Leistungsphase dem Auftragnehmer übertragen sind. Auch hier soll der honorarrechtliche Grundsatz gelten, dass nur ein Honorar berechnet werden darf, welches den übertragenen Leistungen entspricht. Mit ihrer ersten Änderungsverordnung hat die HOAI in § 5 Abs. 2 HOAI 1996 dazu noch einen weiteren Zusatz aufgenommen, wonach eine Honorarkürzung des auf die Leistung entfallenden Honorars erfolgen kann, wenn wesentliche Teile einer Leistung dem Auftragnehmer nicht übertragen werden. Damit ist nicht mehr die einzelne Leistung kleinste rechnerische Einheit, sondern es können auch Teile hiervon sein.

Ist eine Grundleistung nicht beauftragt aber gleichwohl von dem Auftragnehmer erarbeitet, so entsteht ein Honoraranspruch für diese Leistung nicht. Es fehlt an der Auftragsgrundlage.[15] Eine Vergütungspflicht folgt gegebenenfalls nach den allgemein rechtlichen Grundlagen des Auftragsrechts oder der ungerechtfertigten Bereicherung

§ 8 Abs. 2 spricht davon, dass dem Auftragnehmer nicht alle Leistungen übertragen werden. Hieran **21** knüpft die Frage, ob der Auftraggeber willkürlich einzelne Leistungen aus der Beauftragung ausnehmen kann, die nach der gestellten Aufgabe ohnehin kaum oder gar nicht berührt werden. Hier zeigt sich die erste Schwierigkeit. Das Studium der Leistungsbilder zeigt, dass der Verordnungsgeber sich bemüht hat, alle nur denkbaren Leistungen für die Erbringung von Objekten in einem abschließenden Katalog aufzuzählen. Je nach der Aufgabe und ihrem Schwierigkeitsgrad werden einzelne Bestandteile der Leistungen nicht benötigt. So schreibt z. B. die in Anlage 10 Leistungsphase 2 f. vor, dass der Auftragnehmer alle wesentlichen städtebaulichen, gestalterischen, funktionalen, technischen, bauphysikalischen, wirtschaftlichen, energiewirtschaftlichen, biologischen und ökologischen Zusammenhänge, Vorgänge und Bedingungen zu klären hat. Handelt es sich bei der gestellten Bauaufgabe um einen Umbau oder um einen Raumbildenden Ausbau, so liegt auf der Hand, dass städtebauliche Bedingungen nicht zu klären sind.

Die Beschreibung der Leistungen in den Leistungsbildern mutet weiterhin auch sehr übertrieben an, wenn man sich Objekte der jeweiligen Honorarzone I vorstellt. Auch hier kommen nicht alle Leistungen als selbstständige Arbeitsschritte in Betracht.

Klärung schafft die Definition der Leistung in § 3 Abs. 2 HOAI. Danach definiert der Verordnungsgeber die Leistung als, eine die zur ordnungsgemäßen Erfüllung eines Auftrages **im Allgemeinen** erforderlich ist. Daraus wird deutlich, dass im Einzelfall abweichende Beurteilungen möglich sind. So kann sich nach der gestellten Aufgabe ergeben, dass die Erbringung einzelner Teilleistungen oder Bestandteile davon für eine ordnungsgemäße Leistungserfüllung nicht erforderlich sind.[16] Werden danach für die Erarbeitung der gestellten Aufgabe an sich nicht erforderliche Leistungen aus der Honorarvereinbarung ausgenommen, um damit eine Honorarminderung zu begründen, so kann dies gegen den HOAI-Mindestsatz verstoßen.

Mit Recht stellt das OLG Düsseldorf deshalb auch fest, dass sich der Beschreibung des Leistungsbildes in § 15 Abs. 2 HOAI 1996 (jetzt Anlage 10) nicht abschließend entnehmen lässt, welche Leistungen der Architekt zu erbringen hat. Der unterschiedlichen Aufgabenstellung des Architekten kann nicht durch Anwendung des § 8 Abs. 2 Rechnung getragen werden, wenn einzelne Leistungen nicht erforderlich sind. Sie findet vielmehr eine Entsprechung in der Einteilung der zu errichtenden Gebäude in die Honorarzone.[17]

---

[14] BGH BauR 2004, 1640
[15] Vgl. OLG Hamm vom 08.12.2010 – I-12 U 85/10, dort Rdn. 51
[16] Wie hier im Ergebnis auch Korbion/Mantscheff/Vygen § 5 Rdn. 28; Locher/Koeble/Frik § 5 Rdn. 5, 6; OLG Düsseldorf IBR 1995, 68
[17] OLG Düsseldorf BauR 1982, 597–600

23 § 8 Abs. 2 hat deshalb nur Bedeutung für Leistungen, die zur ordnungsgemäßen Erfüllung des Auftrages erforderlich sind.[18] Keine Bedeutung erfährt § 8 Abs. 2 hingegen dann, wenn das Bauvorhaben seiner Natur und seinem Wesen nach bestimmte Leistungen einer Leistungsphase nicht erforderlich macht. Vor dem Hintergrund der Rechtsprechung des BGH[19] zum Teilleistungserfolg der einzelnen Leistung gewinnt die Entscheidung des Landesberufsgerichts in Stuttgart besondere Bedeutung. Diese setzt sich mit der Frage auseinander, ob und inwieweit Schwerpunkte einzelner Leistungen erarbeitet sein müssen, und kommt zu der Feststellung, dass eine Minderung der Honorarsätze nicht gerechtfertigt ist, wenn einzelne Leistungen innerhalb der Leistungsphase nach Natur und Wesen des Bauvorhabens nicht oder nur in geringem Umfange anfallen. Eine Honorarminderung ist danach nur in angemessenem Umfange möglich und gerechtfertigt, wenn einzelne trennbare und ausscheidbare Leistungen innerhalb der Leistungsphase nach Natur und Wesen des Bauvorhabens zwar erbracht werden müssen, die Vertragspartner aber ausdrücklich vereinbart haben, dass der Auftragnehmer sie nicht zu erbringen hat.[20]

24 Es besteht die generelle Schwierigkeit, einzelne Leistungen nochmals aufzuteilen und die Teile voneinander abzugrenzen.

Dies mag am Beispiel der Anlage 10 Leistung 3 a erläutert werden. Die erste Leistung erläutert das „Durcharbeiten des Planungskonzepts zum Entwurf " u. a. damit, dass dabei die Beiträge anderer an der Planung fachlich Beteiligter (z. B. Fachingenieure) zu verwenden sind. In der 2. Leistung 3 b heißt es zudem „Integrieren der Leistungen anderer an der Planung Beteiligter". Beides lässt sich kaum trennen.

Unschwer lassen sich weitere Beispiele finden. Praktikabel wird die getrennte Vergabe von Leistungen deshalb nur bei klar abgrenzbaren Leistungen. § 8 Abs. 2 spricht allerdings auch den Fall an, dass eine Teilleistung nur teilweise übertragen wird.

Ein Blick in die Entwicklungsgeschichte dieser Bestimmung zeigt, dass ein Sonderfall bei Leistungen von Verkehrsanlagen (Straßen- und Wasserbau) Ursache für die Aufnahme dieser Regelung war, die in der HOAI 2013 fortgeschrieben wird. Für diesen Leistungsbereich sind in der Praxis Fallgestaltungen diskutiert worden, bei denen in engem Zusammenwirken öffentlicher Planungsämter und der von ihnen beauftragten Auftragnehmer auch nur Teile von Leistungen dem Auftragnehmer übertragen werden. Dieser Problematik trug der Regierungsentwurf 1979[21] in § 52 Abs. 9 Rechnung.[22] Aus systematischen Erwägungen glaubte man schließlich, dass diese Spezialproblematik in § 5 HOAI 1996 unterzubringen sei, da dieser sich mit der Berechnung des Honorars in besonderen Fällen befasst. In der amtl. Begr. wird hierzu ausgeführt, dass es sich hierbei nur um eine Klarstellung handele, da es den Parteien sowieso überlassen bleibe, im Anwendungsfall des § 8 Abs. 2 die übertragenen Leistungen zu bewerten.[23]

25 § 8 Abs. 2 hat diese Regelung übernommen. In der praktischen Anwendung hat die Regelung, dass nur Teile einer Leistung übertragen werden können, keine Bedeutung. Teile einer Leistung lassen sich kaum abgrenzen. Wenn sie gegenständlich beschränkt werden, so ist das Planungsobjekt von vornherein als ein Teil eines Ganzen definiert, z. B. die Bearbeitung von Leistungen nur in Bezug auf einen Teil eines Gebäudes wie ein Stockwerk. Sinn macht diese Aufteilung nach dem Planungsgegenstand insbesondere im Rahmen der Ausführungsplanung. Diese Leistung lässt sich gegenständlich abgrenzen. Dies gilt auch für die Vergabeleistungen. Honorarrechtlich wird den Parteien mit dieser Splittung eine Bewertung des Teilhonorars erlaubt.

26 Wenden die Parteien bei Vertragsabschluss § 8 Abs. 2 an und legen dementsprechend einen ausgehandelten Prozentsatz für die übertragenen Leistungen vertraglich fest, so ist diese vertragliche Einigung bindend. Den Parteien steht ein Beurteilungsspielraum zu, der allerdings über-

---

[18] A. A. Korbion/Mantscheff/Vygen § 5 Rdn. 28; Pott/Dahlhoff/Kniffka § 5 Rdn. 7

[19] BGH BauR 2004, 1640 (siehe auch Rdn. 1)

[20] So insbesondere das Landesberufsgericht Stuttgart BauR 1995, 406 (408)

[21] BR-Drucks. 274/80

[22] Die amtliche Begründung zu § 52 Abs. 9 enthält eine Sonderregelung für bestimmte Objekte des Straßen- und Verkehrswasserbaus. In diesem Bereich werden vielfach von besonderen fachkundigen öffentlichen Auftraggebern wesentliche Teile von Leistungen, die zu verschiedenen Leistungsphasen rechnen, vom Auftraggeber selbst erbracht. Die einzelnen Leistungen werden insoweit noch aufgeteilt und nur teilweise dem Auftragnehmer übertragen.

[23] a. a. O.

schritten ist, wenn die Bewertung der Teilleistung im krassen Widerspruch zu einer objektiven Bewertung hierzu steht. Wird mit der Unterbewertung der Parteien das Ziel verfolgt, den HOAI-Mindestsatz zu unterschreiten, so ist diese Vereinbarung wegen Verstoßes gegen § 7 Abs. 3 unwirksam und bedarf der Anpassung. Es gelten die Erwägungen des BGH zur einverständlichen Festlegung der Honorarzone,[24] wonach die Bewertung nach objektiven Kriterien zu erfolgen hat, den Parteien jedoch ein weitgehender Beurteilungsspielraum zugestanden wird.

Besteht zwischen den Parteien Einvernehmen über eine nur teilweise Beauftragung von Leistungen einer Leistungsphase, ist zu dem Anwendungsfall des § 8 Abs. 2 und der Honorarbemessung jedoch nichts vereinbart, so erfolgt die Honorarfestlegung einseitig durch den Auftragnehmer gemäß § 316 BGB. Er hat dabei § 8 Abs. 2 zu beachten und die dort vorgeschriebene Bewertung vorzunehmen. Eine richterliche Kontrolle ist möglich. Im Zweifelsfall wird es sich hier um eine Sachverständigenfrage handeln, wenn nicht eine Schätzung des Gerichts in Betracht kommt.[25]

Als allgemeine Erfahrungssätze für die Bewertung von Leistungen sind die Bewertungstabellen anerkannt, so wie sie bei der Kommentierung der Leistungsbilder[26] abgedruckt sind.

IV. Koordinierungs- und Einarbeitungsaufwand

§ 8 Abs. 3 der HOAI 13 enthält eine neue Textfassung zum Thema des Koordinierungs- und Einarbeitungsaufwandes. Er spricht von einer gesonderten Vergütung für einen zusätzlichen Koordinierungs- oder Einarbeitungsaufwand, der schriftlich zu vereinbaren ist. **27**

Diese Formulierung weicht erheblich von der bisherigen Regelung des § 8 Abs. 2 der HOAI 2009 ab. Dieser folgte in der Textfassung der Regelung der HOAI in § 5 Abs. 2 2002 und lautete *„Ein zusätzlicher Koordinierungs- und Einarbeitungsaufwand ist zu berücksichtigen."*

Mit dieser Formulierung wurde die Berücksichtigung eines Koordinierungs- und Einarbeitungsaufwandes zur Pflicht gemacht.

Nach der Neufassung hängt die Berücksichtigung von einer entsprechenden schriftlichen Vereinbarung ab.

Die alternative Erwähnung des Koordinierungsaufwandes und des Einarbeitungsaufwandes zeigt auf, dass es sich um zwei verschiedene Sachverhalte handelt.

Der Koordinierungsaufwand betrifft ganz generell die Koordinierungsleistung, die vor allem den Objektplaner bei der Bearbeitung seiner Planung trifft. Auftragsgegenstand des Objektplaners ist es, in seine Objektplanung die Leistungen der Fachingenieure und Sonderfachleute und Fachberater zu integrieren. Er muss mithin die Leistung der anderen an der Planung Beteiligten koordinieren, damit ein mangelfreies Planungswerk entsteht. Diese Aufgabenstellung ist unabhängig davon, ob dem Auftragnehmer alle Grundleistungen übertragen worden sind. Auch wenn der Auftragnehmer in einen bestehenden Planungsprozess einsteigt und Leistungen seines Vorgängers zur weiteren Planung übernimmt, fallen Koordinierungsleistungen mit der Übernahme der einzelnen Grundleistung an.

Anders verhält es sich mit dem Einarbeitungsaufwand. Ein Auftragnehmer, der in eine bestehende Planung einsteigt, muss sich einarbeiten. Dies verlangt einen zusätzlichen Aufwand. Bei der Bewertung der einzelnen Grundleistung, die dem Auftragnehmer übertragen wurde, war dies bisher angemessen zu berücksichtigen. Dies bedeutete im Einzelfall, dass die Bewertung der Grundleistungen in einem bestehenden Rechtsverhältnis geringer ausfallen konnte als die, die Gegenstand isolierter Beauftragung eines Auftragnehmers ist, der in einen Planungsprozess mit dieser Leistung einsteigt.

Sinn macht die Regelung des Verordnungsgebers in § 8 Abs. 3 vornehmlich für den Koordinierungsaufwand. Er lässt erstmalig eine Vergütung für den Fall zu, dass nach der speziellen Aufgabenstellung ein sonst nicht notwendiger, eben ein **zusätzlicher** Koordinierungsaufwand getrieben werden muss, um die Vielzahl der einzelnen speziellen Fachleistungen so zu koordi-

---

[24] BGH 13.11.2003 – VII ZR 362/02 BauR 2004, 354
[25] Korbion/Mantscheff/Vygen § 5 Rdn. 36; Locher/Koeble/Frik § 5 Rdn. 9
[26] BGH BauR 2005, 588 (590)

nieren, dass die Planungsaufgabe auch mängelfrei erledigt werden kann. Für einen solchen Fall ist denkbar, dass die Parteien zusätzlich zu dem Honorar nach HOAI eine Vereinbarung über die Abgeltung des zusätzlichen Koordinierungsaufwandes treffen, die nach § 8 Abs. 3 der Schriftform bedarf.

28 Das gleiche gilt auch für den Einarbeitungsaufwand. Steigt ein Auftragnehmer in eine bestehende Planung ein, so hat er einen erheblichen Prüfungsaufwand zu tätigen, um die ihm übertragenen Grundleistungen mangelfrei erarbeiten zu können. Die HOAI schafft für diesen speziellen Fall eine Vergütungsmöglichkeit außerhalb des Rahmens der Mindes- und Höchstsätze. § 8 befasst sich mit der Berechnung des Honorars in besonderen Fällen im Hinblick des Entstehens eines zusätzlichen Einarbeitungsaufwandes nimmt § 8 Abs. 3 hierauf Rücksicht.

Soll ein zusätzlicher Koordinierungs- oder Einarbeitungsaufwand berücksichtigt werden, so ist er als solcher schriftlich zu vereinbaren. Eine Vereinbarung bei Auftragserteilung ist nicht erforderlich. Die Vereinbarung ist an keinen Zeitpunkt gebunden, bedarf jedoch der Schriftform. Eine Preisbindung gibt es für diesen Aufwand nicht. Die Vergütungshöhe steht zur freien Disposition der Vertragsparteien, dies allerdings nur für den zusätzlichen Einbehaltungs- und Koordinierungsaufwand.

Der dem Leistungsbild innewohnende Koordinierungsaufwand ist Bestandteil der Bewertung der Grundleistung und fällt demgemäß objektbezogen immer gleich aus. Als eigenständige Leistungskomponente ist sie nicht zu bewerten, da sie selbst Bestandteil der zu bewertenden Grundleistung ist.

Die Anwendungsfälle für den zusätzlichen Einarbeitungs- und Koordinierungsaufwand betreffen im Wesentlichen Auftragsverhältnisse, die durch die Übernahme und Fortführung einer Fremdleistung gekennzeichnet sind, z. B. der Auftragnehmer übernimmt die Entwurfsplanung eines anderen und führt sie fort.

§ 9 Berechnung des Honorars bei Beauftragung von Einzelleistungen

(1) Wird die Vorplanung oder Entwurfsplanung bei Gebäuden und Innenräumen, Freianlagen, Ingenieurbauwerken, Verkehrsanlagen, der Tragwerksplanung und der Technischen Ausrüstung als Einzelleistung in Auftrag gegeben, können für die Leistungsbewertung der jeweiligen Leistungsphase
   1. für die Vorplanung höchstens der Prozentsatz der Vorplanung und der Prozentsatz der Grundlagenermittlung und
   2. für die Entwurfsplanung höchstens der Prozentsatz der Entwurfsplanung und der Prozentsatz der Vorplanung

herangezogen werden. Die Vereinbarung hat schriftlich zu erfolgen.

(2) Zur Bauleitplanung ist Absatz 1 Satz 1 Nummer 2 für den Entwurf der öffentlichen Auslegung entsprechend anzuwenden. Bei der Landschaftsplanung ist Absatz 1 Satz 1 Nummer 1 für die vorläufige Fassung sowie Absatz 1 Satz 1 Nummer 2 für die abgestimmte Fassung entsprechend anzuwenden. Die Vereinbarung hat schriftlich zu erfolgen.

(3) Wird die Objektüberwachung bei der Technischen Ausrüstung oder bei Gebäuden als Einzelleistung in Auftrag gegeben, können für die Leistungsbewertung der Objektüberwachung höchstens der Prozentsatz der Objektüberwachung und die Prozentsätze der Grundlagenermittlung und Vorplanung herangezogen werden. Die Vereinbarung hat schriftlich zu erfolgen.

Inhaltsübersicht

Allgemeine Erläuterung

Die Berechnung des Honorars bei Beauftragung von Einzelleistungen ist ein Relikt überkommener Vergütungsregelungen für die Einzelbeauftragung von Vor- und Entwurfsplanung und der Objektplanung. Praktische Bedeutung gewinnt diese Regelung für Auftragnehmer, die sich auf die Durchführung entsprechender Einzelleistungen spezialisiert haben und das Gesamtspektrum des Leistungsbildes sonst nicht übernehmen.

Der Sinn und Zweck der Regelung für die Beauftragung der Vorplanung oder der Entwurfsplanung als Einzelleistung erschließt sich heute immer weniger, nachdem ein allgemeines Verständnis für die Bearbeitungsweise von Architekten- und Ingenieuraufträgen insgesamt gewachsen ist. Ein Auftraggeber, der beim Auftragnehmer einen Entwurfsplan bestellt, stellt den Auftragnehmer vor ein Problem. Ohne Grundlagenermittlung und Vorplanung kann er diese Leistung nicht erfüllen. Denn alle Erkenntnisse dieser Arbeitsschritte bauen aufeinander auf. Es stellt sich deshalb die Frage, welchen Sinn diese Regelung heute noch macht. Immerhin verdeutlicht sie, dass der Arbeitsaufwand, der mit der Bearbeitung der Vorplanung einher geht, von der Vergütung der Einzelleistung erfasst werden soll, ohne dass die nichtbeauftragte aber notwendige Vorleistung z. B. Vorplanung erarbeitet sein muss.

Wie schwer es sich der Verordnungsgeber mit dieser Bestimmung macht, ergibt sich im Übrigen aus der Tatsache, dass die Regelung 2013 vollständig überarbeitet worden ist.

Generell spricht der Verordnungsgeber folgende Gegenstände als zu vergütende Einzelleistungen an. Es sind dies:
- Vor- und Entwurfsplanung für die Objektplanung, also der Objektplanung für Gebäude, Innenräume, Freianlagen, Ingenieurbauwerke, Verkehrsanlagen, der Tragwerksplanung und der technischen Ausrüstung
- Entwurf der Bauleitplanung
- Entwurf der Landschaftsplanung
- Objektüberwachung bei technischen Gebäuden
- Objektüberwachung bei Gebäuden

Mit Ausnahme der Regelung der Objektüberwachung als Einzelleistung, der im Kern eine notwendige bedeutsame Verbesserung der Beurteilung dieser Leistung innewohnt, erscheinen die übrigen Regelungsansätze eher überholt.

1. Leistungsbewertung

2   Zunächst mag der Grund dafür gesucht werden, warum eine Leistungsphase, die als Einzelleistung beauftragt wird, höher bewertet werden kann als im Leistungsbild festgelegt. Die HOAI bewertet die Leistungen der Architekten und Ingenieure anhand der einzelnen Leistungsphasen zunächst umfassend nach einem Regel-Leistungsbild, welches aus einer umfassenden Beauftragung mit allen Leistungsphasen besteht. Entsprechend den Besonderheiten zwischen den Objektplanungen, Flächenplanungen und Fachplanungen erfolgt die Gliederung der Leistungsphasen zwar in unterschiedlicher Anzahl, allerdings ist allen Leistungsphasen gemein, dass deren Arbeitsergebnisse aufeinander aufbauen, sodass mit der Erledigung einer Leistung und der dadurch gewonnenen Arbeitsergebnisse die Bearbeitung nachfolgender Leistungsphasen erst ermöglicht wird. Der Eingriff in dieses Gefüge des Aufeinanderaufbauens, indem die Vorplanung, Entwurfsplanung oder Objektüberwachung als Einzelleistung übertragen wird, rechtfertigt eine höhere Bewertung dieser Leistungsphase im Verhältnis zum Gesamthonorar einer umfassenden Beauftragung. § 9 will diesem Sachverhalt Rechnung tragen und lässt eine andere Prozentbewertung der einzeln beauftragten Leistungsphase zu.

2. Beauftragung als Einzelleistung

3   § 9 beschreibt den Anwendungsbereich dieser Regelung als Beauftragung der Vorplanung oder Entwurfsplanung oder Objektüberwachung als Einzelleistung. Hierfür ist es nicht entscheidend, dass die Parteien **dies ausdrücklich als eine „Beauftragung als Einzelleistung" deklarieren**, sondern maßgebend ist alleine, dass der Auftragnehmer singular ausschließlich mit der Vorplanung oder der Entwurfsplanung oder der Objektüberwachung beauftragt wird.

4   Der Anwendungsbereich des § 9 ist nicht gegeben, wenn die Bearbeitung einer einzelnen Leistungsphase lediglich Gegenstand einer stufenweisen Beauftragung ist. In einem solchen Fall steht zwar bei Vertragsabschluss noch nicht fest, ob alle Stufen beauftragt werden. Der Auftragnehmer des Stufenauftrags hat dem Auftraggeber jedoch jeweils ein Angebot auf Abruf einer weiteren Leistungsstufe überlassen. Wegen dieser Option zum Abruf steht für den Auftragnehmer von vornherein fest, dass die Leistung nicht als Einzelleistung verbleiben soll.

5   Von der stufenweisen Beauftragung ist eine Folgebeauftragung, die zunächst nicht vorgesehen war, abzugrenzen. Hier bleibt die zunächst einzeln beauftragte Leistungsphase eine Einzelleistung i. S. d. § 9, die Leistungsphase der Folgebeauftragung kann allerdings keine Einzelleistung mehr darstellen. Beispiel: Erhält der Auftragnehmer die Vorplanung als Einzelleistung und wird zu einem späteren Zeitpunkt auch die Bearbeitung der Entwurfsplanung ohne weiterführende Leistungen im Rahmen der Genehmigungsplanung übertragen, so bleibt die Honorarbestim-

mung für die Vorplanung nach § 9 HOAI hiervon unberührt, die Entwurfsplanung kann jedoch nicht nach § 9 HOAI als Einzelleistung abgerechnet werden. Etwas anderes kann nur für den Fall gelten, dass Leistungsphase 3 oder 4 zunächst beauftragt wird und die Leistungsphase 8 als Einzelleistung später an denselben Auftragnehmer vergeben wird. Dieser Spezialfall von zwei Einzelleistungen dürfte in der Praxis jedoch nur vereinzelt auftreten.

3. Zuschlagsberechnung für Beauftragung als Einzelleistungen

Im Fall der Beauftragung der Vor- oder Entwurfsplanung als Einzelleistung gestattet § 9 Abs. 1 **6** abweichend von den in den Leistungsbildern festgelegten Prozentsätzen, die jeweils auf die Vorplanung bzw. Entwurfsplanung entfallen, den Prozentsatz der vorangegangenen Leistungsphase aufzuschlagen.

Der Verordnungsgeber spricht davon, dass der Prozentsatz für die jeweils vorangegangene Leistungsphase z. B. für die Vorplanung die Grundlagenermittlung herangezogen werden kann. Im Übrigen wird die Bewertung den Vertragsparteien überlassen. Nur wenn eine schriftliche Vereinbarung darüber vorliegt, in welchem Umfang eine Erhöhung des Prozentsatzes für die Einzelleistung gewählt wird, kann eine entsprechende Berechnung vorgenommen werden. Ohne schriftliche Vereinbarung hierzu gibt es keine erhöhte Vergütung. Es bleibt bei den Vergütungssätzen, die die HOAI in den Leistungsbildern für die jeweilige Leistung vorgesehen hat.

Für den Fall, dass die Vorplanung als Einzelleistung beauftragt wird, können, damit die Parteien durch schriftliche Vereinbarung den Honorarprozentsatz für die Leistungsphase 2 Vorplanung bis zu dem Honorarprozentsatz der Honorarzone 1 anheben. Für die Objektplanung Gebäude beutet dies, dass für die nach § 34 HOAI für die Vorplanung 7 % Punkte bestehen, der bis zu 2 % Punkte der Grundlagenermittlung hinzugefügt werden können. Die Parteien sind allerdings frei, welchen Prozentsatz sie hierzu wählen wollen. Sie können jeden Prozentsatz zwischen 7 % für die Vorplanung und den zu addierenden Prozentsatz der Grundlagenermittlung von 2 % also bis zu 9 % wählen. Maßgebend ist die schriftliche Vereinbarung.

Die Regelung von § 9 Abs. 1 sieht keine zwingend zu beachtende Berechnungsvorschrift vor, **7** sondern ermöglicht den Parteien, den in den Leistungsbildern festgelegten Bewertungssatz der Leistungsphase um die vorangegangene zu bewerten. Ein Automatismus ist damit jedoch nicht verbunden. Die honorarrechtliche Bewertung wird den Parteien insoweit als Option lediglich freigestellt. Es ist deshalb Sache der vertraglichen Vereinbarung zu klären, ob von dieser Möglichkeit der Honorarerhöhung Gebrauch gemacht werden soll. Dies erfordert eine schriftliche entsprechende Vereinbarung.

Es schließt sich die Frage an, ob hierfür § 7 Abs. 1 zu beachten ist, ob diese Vereinbarung schriftlich bei Auftragserteilung erfolgen muss. Das Schriftformerfordernis und die Zeitbestimmung bei Auftragserteilung erfasst nach § 7 Abs. 1 nur die in der HOAI festgesetzte Mindest- und Höchstsätze, d. h., dass derjenige, der mehr als den Mindestsatz berechnen will, eine schriftliche Vereinbarung benötigt, die bei Auftragserteilung zustande kommen muss. Honorarvereinbarung für eine Einzelleistung kann jederzeit erfolgen auch noch nach Auftragserteilung.

4. Zuschlagsberechnung im Einzelfall **8**

Die Vorplanung als Einzelleistung kann zu dem im Leistungsbild für die Vorplanung festgesetzten Prozentsatz, der nicht unterschritten werden kann, da dies einer Unterschreitung des Mindestsatzes gleich käme, jeweils höchstens um den Prozentsatz der Grundlagenermittlung angehoben werden. Im Einzelnen gilt:

Objektplanung Gebäude und Innenräume
Leistungsprozent für die Vorplanung 7 %
Erhöhungsmöglichkeit für die Grundlagenermittlung um max. 2 % Punkte

Leistungsbild Freianlagen
Leistungsprozent für die Vorplanung 10 %
Erhöhungsmöglichkeit für die Grundlagenermittlung um max. 3 % Punkte

Leistungsbild Ingenieurbauwerke
Leistungsprozent für die Vorplanung 20 %
Erhöhungsmöglichkeit für die Grundlagenermittlung um max. 2 % Punkte

Verkehrsanlagen
Leistungsprozent für die Vorplanung 20 %
Erhöhungsmöglichkeit für die Grundlagenermittlung um max. 2 % Punkte

Tragwerksplanung
Leistungsprozent für die Vorplanung 10 %
Erhöhungsmöglichkeit für die Grundlagenermittlung um max. 3 % Punkte

Leistungsbild Technische Ausrüstung
Leistungsprozent für die Vorplanung 9 %
Erhöhungsmöglichkeit für die Grundlagenermittlung um max. 2 % Punkte

Für die Entwurfsplanung als Einzelleistung gilt, dass zu dem in den Leistungsbildern festgelegten bindende Bewertungsprozente für die Entwurfsplanung höchstens der Prozentsatz hinzugezogen werden kann, der für die Vorplanung gilt.

Im Einzelnen hierzu:

Die Grundlagenermittlung als Einzelleistung § 34
Die Leistungsphase 3 Entwurfsplanung ist mit feststehenden 15 % bewertet, denen bis zu 7 % für die Vorplanung durch Vereinbarung hinzugefügt werden können.

§39 Freianlagen
Die Leistungsphase 3 Entwurfsplanung ist mit feststehenden 16 % bewertet, denen bis zu 10 % für die Vorplanung durch Vereinbarung hinzugefügt werden können.

§41 Ingenieurbauwerk
Die Leistungsphase 3 Entwurfsplanung ist mit feststehenden 25 % bewertet, denen bis zu 20 % für die Vorplanung durch Vereinbarung hinzugefügt werden können.

Verkehrsanlagen
Die Leistungsphase 3 Entwurfsplanung ist mit feststehenden 25 % bewertet, denen bis zu 20 % für die Vorplanung durch Vereinbarung hinzugefügt werden können.

Tragwerksplanung
Die Leistungsphase 3 Entwurfsplanung ist mit feststehenden 15 % bewertet, denen bis zu 10 % für die Vorplanung durch Vereinbarung hinzugefügt werden können.

Technische Ausrüstung
Die Leistungsphase 3 Entwurfsplanung ist mit feststehenden 17 % bewertet, denen bis zu 9 % für die Vorplanung durch Vereinbarung hinzugefügt werden können.

9   5. Einzelbeauftragung für die Bauleitplanung

Die in §§ 18 und 19 jeweils in Abs. 1 Nr. 2 geregelten Entwurfspläne zur öffentlichen Auslegung (Leistungsphase 2) können Gegenstand einer Beauftragung als Einzelleistung sein. Sie sind für den Flächennutzungsplan und dem Bebauungsplan jeweils mit 30 % des Honorars bewertet. Hier können die Leistungsbewertung für die Leistungsphase 1, nämlich den Vorentwurf für das frühzeitige Beteiligen mit bis zu 60 % aufgeschlagen werden.

Das gleiche gilt für die Landschaftsplanung. Hier wird zu unterscheiden sein zwischen der Leistungsphase 3 als vorläufige Fassung, die als Einzelbeauftragung erfolgt und die Leistungsphase 4 als abgestimmte Fassung, die als Einzelleistung beauftragt wird.

Als Einzelleistung kommt in Betracht der in § 23 geregelte Landschaftsplan, § 24 Grünordnungsplan, § 25 Landschaftsrahmenplan, § 26 Landschaftspflegerischer Begleitplan, § 27 Pflege- und Entwicklungsplan.

Die Prozentsätze sind hier jeweils unterschiedlich. Wenn die vorläufige Fassung als Einzelleistung beauftragt werden soll, so wird dies im Landschaftsplan mit 50 % bewertet, dem bis zu 37 % Punkte für die Leistungsphase 2 aufgeschlagen werden können.

Bei dem Grünordnungsplan, Landschaftsplan, Landschaftspflegerischen Begleitplan sind es jeweils 50 % für die vorläufige Fassung, der jeweils 37 % Punkte für die Leistungsphasen 2, Ermittlung der Planungsgrundlagen aufgeschlagen werden können.

Wird die abgestimmte Fassung gem. Leistungsphase 4 als Einzelleistung beauftragt, so gilt für den Landschaftsplan die abgestimmte Fassung mit 10 %, dem bis zu 50 % der vorläufigen Fassung addiert werden kann, die gleichen Prozentsätze finden sich in den übrigen Leistungsbildern zu §§ 24 bis 27 ebenfalls wieder.

Generell gilt auch hier, dass eine Vergütung für die Erhöhung des Prozentsatzes nur in Betracht kommt, wenn hierzu eine schriftliche Vereinbarung vorliegt. Auch hier ist nicht entscheidend, wann diese Vereinbarung getroffen worden ist. Sie ist insbesondere nicht an den Zeitpunkt bei Auftragserteilung gebunden.

6. Objektüberwachung als Einzelleistung 10

Die Objektüberwachung als Einzelleistung betrifft das Leistungsbild der Technischen Ausrüstung und der Objektüberwachung bei Gebäuden. Diese Regelung ist allerdings entsprechend auch anzuwenden für die Objektüberwachung von Innenräumen und von Freianlagen als Einzelleistung. Die Sachverhalte sind hier absolut gleichgestellt, sodass eine Analogie in Betracht kommt. Anders verhält es sich bei der Objektüberwachung für die Verkehrsanlagen und für die Ingenieurbauwerke. Das Leistungsbild kennt keine Objektüberwachung als eigenständige Leistungsphase sondern spricht mit der Leistungsphase 8 lediglich eine Bauoberleitung an. Und schafft damit keinen vergleichbaren Sachverhalt. Eine Bauoberleitung als Einzelleistung kommt deshalb nicht in Betracht.

Die Objektüberwachung für die technische Ausrüstung oder bei Gebäuden und in Analogie hierzu die Freianlagen und Innenräume können als Einzelleistungen beauftragt werden. Liegt eine schriftliche Vereinbarung vor, so können die Prozentsätze für die Objektüberwachung um die Prozentsätze der Grundlagenermittlung und Vorplanung erhöht werden.

Nach § 34 gilt für Gebäude und Innenräume ein Prozentsatz für die Objektüberwachung von 32 %. Diese Prozentsätze können für Gebäude und Innenräume bis zu 9 % angehoben werden.

Bei der Objektüberwachung für die Technische Gebäudeausrüstung sind für die Objektüberwachung 35 % anzunehmen, die um bis zu 11 % angehoben werden können. Voraussetzung hierfür ist jeweils eine schriftliche Honorarvereinbarung.

7. Minderung des Honorars für Einzelleistung 11

§9 ist eine Bewertungsvorschrift. Auftragsgegenstand sind ausschließlich die Leistungen der beauftragten Einzelleistung. Wenn die Leistungsprozente für die Einzelleistungen mit Bewertungsprozenten anderer Leistungsphasen aufgeschlagen werden können, bedeutet dies nicht, dass die anderen Leistungsphasen Auftragsgegenstand sind. Die dort aufgeführten Leistungen sind nicht geschuldet. Sie sind keine Teilerfolgsschulden im Sinne der Rechtsprechung des Bundesgerichtshofes aus dem Jahre 2004.[1]

Dies bedeutet im Einzelnen, dass der Auftraggeber für die beauftragte Vorplanung als Einzelleistung nicht das Ergebnis der Grundlagenermittlung und einzelne Bausteine der Grundlagenermittlung verlangen kann. Der Auftragnehmer übernimmt hierfür auch keine Haftung, da dies nicht Gegenstand seiner Leistungsverpflichtung ist. Gleichwohl kann es sein, dass Fehlannahmen bei der Bearbeitung der Vorplanung, die auf ungesicherte Grundlagenermittlung zurückgehen, zu einen Mangel der geschuldeten Leistung führen. Eine Honorarkürzung wegen

[1] BGH BauR 2004, 1640 ff.

Nichterbringung und Nichterfüllung einzelner Grundleistungen der Grundlagenermittlung als eigenständige Teilerfolgsschulden findet jedoch nicht statt.

Dies gilt auch für die Entwurfsplanung als Einzelleistung. So besteht z. B. kein Anspruch auf Erarbeitung einer Kostenschätzung für die Entwurfsplanung Gebäude als Einzelleistung. Denn diese Leistungsverpflichtung ist Gegenstand der Vorplanung. Allerdings schuldet der Auftragnehmer nach dem Leistungsbild der Entwurfsplanung eine Kostenberechnung nach DIN 276 nicht jedoch den Vergleich mit der Kostenschätzung, da diese nicht vorliegt und deshalb gem. § 3 Abs. 2 zur ordnungsgemäßen Erfüllung des Einzelauftrages nicht geschuldet ist. Für die Objektüberwachung als Einzelleistung kann als Berechnungsvorschrift die Grundlagenermittlung und die Prozentsätze für die Grundlagenermittlung und die Vorplanung herangezogen werden. Diese damit bewirkte Erhöhung des Honorars ist deshalb gerechtfertigt, weil der Objektüberwacher sich in die Bauaufgabe erst einarbeiten muss. Ohne genaues Studium der ihm zur Verfügung zu stellenden Planungsunterlagen kann er nicht feststellen, in welchen Bereichen besonders schadensträchtige Baumaßnahmen zu erwarten sind. Um sein eigenes Anforderungsprofil für eine ordentliche Objektüberwachung zu bestimmen und festzulegen, ist der Objektüberwacher darauf angewiesen, die Planung und ihre Auswirkung auf die Bautätigkeit zu überprüfen, bevor er mit der Arbeit beginnen kann. Diese Einarbeitung rechtfertigt es regelmäßig, den Prozentsatz für die Objektüberwachung um die Prozentsätze für die Leistungsphasen 1 und 2 anzuheben.

§ 10 Berechnung des Honorars bei vertraglichen Änderungen des Leistungsumfangs

(1) Einigen sich Auftraggeber und Auftragnehmer während der Laufzeit des Vertrages darauf, dass der Umfang der beauftragten Leistung geändert wird, und ändern sich dadurch die anrechenbaren Kosten oder Flächen, so ist die Honorarberechnungsgrundlage für die Grundleistungen, die infolge des veränderten Leistungsumfangs zu erbringen sind, durch schriftliche Vereinbarung anzupassen.

(2) Einigen sich Auftraggeber und Auftragnehmer über die Wiederholung von Grundleistungen, ohne dass sich dadurch die anrechenbaren Kosten oder Flächen ändern, ist das Honorar für diese Grundleistungen entsprechend ihrem Anteil an der jeweiligen Leistungsphase schriftlich zu vereinbaren.

Inhaltsübersicht

I. Einführung

Seit der Einführung der HOAI Fassung 2009 beschäftigt sich der Verordnungsgeber mit dem Problem der honorarmäßigen Bewertung von Änderungsleistungen. Planungsänderungen hat es seit jeher gegeben. Früher schenkte man ihm nicht eine so große Beachtung, da die Architekten und Ingenieure wirtschaftlich mit dem alten Honorarbewertungssystem automatisch von Baukostenveränderungen gegenüber der Kostenberechnung in der Planungsphase profitierten.[1] Das aufgefächerte System der Bewertung der Planungsleistungen gliederte die Honorarermittlung in drei Abschnitte. Bis zu Leistungsphase 4 war auf Basis der anrechenbaren Kosten der Kostenberechnung abzurechnen. Für die Leistungsphasen 5–7 geschah dies auf Basis des Kostenanschlages und für die Leistungsphasen 8 und 9 nach den abgerechneten Baukosten nach Kostenfeststellung.

Dieses System hatte den Vorteil, dass die jeweils nach HOAI zu bewertenden Leistungen wirtschaftlich näher an der Umsetzung des jeweiligen Planungs- und Leistungsstandes war und die Notwendigkeit der Diskussion von Änderungshonoraren aus wirtschaftlichen Gründen nicht so dringend macht wie heute.

Allerdings hat dieses Berechnungssystem den Architekten und Ingenieuren in der Öffentlichkeit auch den Vorwurf eingebracht, sie würden mit ihren Planungsleistungen Bauleistungen bestimmen und ein Interesse daran haben, dass diese steigen, da sie nach den Honorarermittlungssystem von höheren Baukosten profitierten.

1

---

[1] So zu Recht Fuchs in Jahrbuch zum Baurecht 2013, S. 177 ff.

Das Ergebnis dieser Diskussion ist die Einführung des Baukostenberechnungsmodells. Unabhängig von der Baupreisentwicklung richtet sich die Vergütung nach der Kostenberechnung im Entwurfsstadium, die bis zum Abschluss des Bauvorhabens unverändert bleibt. Die Vergütung von Änderungsleistungen trat fortan in den Fokus der Betrachtung. Was früher der Ausnahmefall war, wird jetzt mehr und mehr zum Regelfall.

II. Abgrenzung Vertragsrecht zu Preisrecht

2 Was bei der Vergütung von Bauleistungen seit jeher gängige Praxis ist, dass der Bauunternehmer Änderungsanordnungen des Bauherren nach den Regeln der § 1 Abs. 3 und Abs. 4 VOB/B zu befolgen hat, er allerdings für die geänderte Leistung nach den hierzu korrespondierenden Bestimmungen in der VOB/B § 2 Abs. 4 und 5 zu vergüten ist, findet nunmehr Eingang in die Architektenrechtsdiskussion.

Die HOAI 2009 hat das Thema der Leistungsänderung in § 3 Abs. 2 und § 7 Abs. 5 HOAI 2009 aufgegriffen. Der Verordnungsgeber 2013 fasst dieses Thema in § 10 HOAI zusammen. Dieser regelt zwei Anwendungsfälle. In Abs. 1 befasst er sich mit der Änderung des Umfangs der beauftragten Leistungen, die eine Änderung der anrechenbaren Kosten bewirken. In Absatz 2 regelt er Wiederholungen von Grundleistungen, die eine Änderung der anrechenbaren Kosten nicht zur Folge haben.

§ 10 HOAI schafft damit noch keine Anspruchsgrundlage, die den Auftragnehmer zum Verlangen von zusätzlichen Honorar berechtigen würde. Anspruchsgrundlagen sind im Vertragsrecht und dem Bürgerlichen Gesetzbuch zu entnehmen. Die HOAI ist eine preisrechtliche Regelung und nimmt eine Bewertung der von ihr geregelten Leistungen vor.[2]

Die Regelung trifft jedoch eine klare Aussage, welche Leistung von dem in der HOAI geregelten Honorar von Grundleistungen **nicht** erfasst ist, nämlich Leistungsänderungen zu wiederholten Grundleistungen.

Das Honorar für die Grundleistungen ist allerdings in der HOAI generell bestimmt. Hieran knüpft die Regelung der HOAI § 10 Abs. 2 an und hält damit eine verbindliche Regelung für die Bestimmung der Höhe des Honorars bereit. Die entscheidende Frage indes bleibt, welche Voraussetzungen erfüllt sein müssen, dass eine Vergütungspflicht dem Grunde nach anzunehmen ist. Hier zeigt sich die Schnittstelle zum Vertragsrecht im BGB, dass die Anspruchsgrundlagen für ein solches Verlangen definieren.

III. Anspruchsgrundlagen für Honorarnachträge

3 Architekten- und Ingenieurverträge unterliegen dem Recht des Werkvertrages und damit den Regeln des §§ 631 BGB ff.[3] Die ständige Rechtsprechung und einhellige Literatur hierzu sollte stets hinterfragt werden. Das Werkvertragsrecht wird dem Architekten- und Ingenieurvertrag nicht im vollen Umfange gerecht. Es ist notwendig, ein Planungsrecht in Ergänzung hierzu zu schaffen.[4] Architekten und Ingenieure erbringen eine Dienstleistung, die im Wesentlichen das Entstehen lassen eines Bauwerks oder Planwerks zum Gegenstand hat.[5]

Nach § 631 Abs. 2 BGB ist Gegenstand des Werkvertrages auch ein durch Dienstleistung herbeizuführender Erfolg. Die Kernfrage im Architekten- und Ingenieurrecht ist, was genau Gegenstand des geschuldeten Erfolges ist. Die Auseinandersetzung mit dieser Frage ist essenziell. Sie entscheidet nämlich darüber, welche Leistungen von der vereinbarten Vergütung erfasst sind.

---

[2] Es ist an die grundsätzliche Äußerung des BGH in BauR 1997, 157 zu erinnern. HOAI stellt eine preisrechtliche Vorschrift dar.

[3] Derzeit unbestrittene Meinung in Rechtsprechung und Literatur

[4] So stets und erneut R. Jochem in FS zu Klaus Neuenfeld

[5] Einzufügen noch die Rechtsprechung zum Werkvertragsrecht

Im gegenseitigen Abhängigkeitsverhältnis steht die Herbeiführung des geschuldeten Leistungserfolges durch den Auftragnehmer, den der Auftraggeber mit dem vereinbarten Honorar bezahlt.

Die HOAI regelt nicht den geschuldeten Leistungserfolg. Dieser ergibt sich aus dem Vertrag, den der Auftraggeber mit dem Auftragnehmer schließt.[6] Die HOAI bewertet Grundleistungen, die in § 3 Abs. 2 definiert sind als solche, die zur ordnungsgemäßen Erfüllung eines Auftrages im Allgemeinen erforderlich sind. Zu welchem Ergebnis die Bearbeitung der Grundleistung führen soll, beschreiben sie nicht. Nach den in Literatur und Rechtsprechung gewonnenen Einsichten wird hierzu sehr oberflächlich festgestellt, dass dies der Vertrag entscheide.[7] Selbstverständlich ist diese Aussage zutreffend, hilft in der Erkenntnis jedoch nicht ausreichend weiter. Die Frage ist, was genau Gegenstand der Beschreibung des geschuldeten Leistungserfolges ist.

Bei Vertragsabschluss können zunächst nur Projektziele vom Bauherrn benannt werden. Ist er hierzu nicht in der Lage beginnt die Beratungspflicht des Auftragnehmers, der im Rahmen der Grundlagenermittlung den Bauherren über die realistischen Bauziele beraten muss.

Ein Bauziel, dass den Wunsch des Bauherren nach Realisierung eines fünfgeschossigen Wohngebäudes für € 500.000,00 Baukosten beschreibt ist z. B. völlig unrealistisch und löst eine erste Beratungspflicht des Auftragsnehmers auch noch vor Vertragsabschluss aus.

Klärungsbedürfte Bauziele sind u. a. dabei:

1. Nutzungszweck und Nutzungsziel des Bauvorhabens

2. Gestaltungsziele

3. Größe und Funktionalität (Raumprogramm, Verhältnis Nutzfläche zu Verkehrsfläche etc.)

4. Bautechnische Anforderungen Energie, Schall und Umweltschutz

5. Budgetziele

6. Bauzeit

Bauziele sind die Grundlage der Planung, die sich danach auszurichten hat. Sie stellen noch nicht die abschließende Beschreibung des geschuldeten Leistungserfolges dar. Diese sind vielmehr erst als Ergebnis des Planungsprozesses zu ermitteln. Dies folgt aus der dem Architektenvertrag innewohnenden Bearbeitungssystematik.

Die vom Auftraggeber vorgegebenen Bauziele stehen in einer wechselseitigen Abhängigkeit zu den Leistungsergebnissen, die der Auftragnehmer zu erzielen hat. Sie bedürfen einer permanenten Überprüfung. Der Planungsfortschritt ist dabei abhängig davon, dass der Auftraggeber sich zu den Planungsergebnissen erklärt. Alle Planungsschritte von Vorplanung über Entwurfsplanung, Genehmigungs- und Ausführungsplanung bauen aufeinander auf und vertiefen das jeweils gefundene Planungsergebnis.

Die Entscheidung des Auftraggebers zu einzelnen Entwurfslösungen ist deshalb unverzichtbar. In der Praxis hat sich der Begriff der **Planfreigabe** für diesen Entscheidungsschritt gebildet. Dieser meint, dass der Bauherr mit der jeweilig freigegebenen Planung seine Zustimmung zu den vorgestellten Planungsergebnissen erteilt. Dies bedeutet nicht im Rechtssinne eine Abnahme aber eine Klärung. Im Rahmen dieses Klärungsprozesses kann sich ergeben, dass die bei Vertragsabschluss im Einzelnen definierten Bauziele an die jeweiligen neuen Planungsergebnisse anzupassen sind. Die damit verbundene Änderung der Vertragsziele bedeutet keine Änderung des Vertrages, sondern ist im Gegenteil Gegenstand des Vertrages und macht sein Wesen aus.

Erst die Umsetzung der so gefundenen Baulösung führt zu einer Definition einer Aufgabenstellung, die dann weitgehend alleine in die Hand des Architekten gegeben ist und von ihm als Ergebnis verantwortet werden kann.

Der Architekt und Ingenieur schuldet als beauftragter Fachmann dem Bauherren im Rahmen dieses Klärungsprozesses primär eine Beratungsleistung. Der Bauherr erwartet von ihm Aussagen über alle Einzelfälle, die sein Bauvorhaben betreffen. Sie finden ihren Ausdruck in den Planzeichnungen, Kostenermittlungen und sonstigen Aufstellungen, die dem Auftraggeber im Hinblick auf alle Zielkonflikte zu erörtern sind.

---

[6] Diese allgemeine Erkenntnis hilft in den meisten Fällen jedoch gar nicht weiter. Sie bleibt eine Lehrformel, solange der generell geschuldete Leistungserfolg nach § 631 BGB nicht durch Rechtsfortbildung erkannt wird.

[7] Siehe Fuchs a. a. O. und insbesondere auch Messerschmid in NZBau 2014, S. 3

Die dem Werkvertrag innewohnende Erfolgsbezogenheit der geschuldeten Leistung drückt sich in diesem Stadium als Beratungsleistung des Auftragnehmers aus, auf dessen Grundlage der Auftraggeber seine Entscheidung für die Realisierung des Bauvorhabens gründet.

IV. Planungsfreigabe und Änderungsanordnung

4 Im Fokus der Beschreibung des geschuldeten Leistungserfolges steht damit die Planungsfreigabe des Auftraggebers. Diese bedeutet nicht etwa eine Abnahme der geschuldeten Leistung des Auftragnehmers sondern markiert eine Entscheidung des Auftraggebers, wie er auf der Grundlage der Arbeitsergebnisse des Auftragnehmers sich für die Realisierung des Bauvorhabens entscheidet.

Das vom Auftragnehmer vorgestellte Planungskonzept kümmert sich primär um die Erfüllung der vertraglich festgesetzten Bauziele im Hinblick auf die Funktionalität und Gestaltung. Liegen hierzu taugliche Entwürfe vor, schuldet der Auftragnehmer eine Beratung, welche Auswirkung die Realisierung auf die anderen Bauziele hat, so insbesondere im Hinblick auf die bautechnischen Anforderungen, Budgetziele, Ziele der Baurealisierung und Bauzeit.

Die Ergebnisse hierzu entfernen sich dabei fast immer von den ursprünglich bei Vertragsabschluss gesetzten Zielen.

Beispiel:
Das Raumprogramm und die gestalterischen Anforderungen für ein luxuriöses Wohngebäude führt mit der Vorplanung zu einem Bauvorschlag, der vom Bauherren befürwortet wird. Die Kostenermittlung nach DIN 276 führt jedoch zu Baukosten, die das Bauziel „Baubudget" um 30 % übersteigt.

Ein Beispiel aus dem Bereich der Technischen Ausrüstung:
Die Aufgabenstellung an den Planer Technische Ausrüstung eines Krankenhausneubaus verlangt eine energieeffiziente Bauausführung der Technischen Gebäudeausrüstung für Klima und Lüftung, unter Einhaltung eines bestimmten Baubudgets. Der Realisierungsvorschlag des Planers erfüllt die Vorgaben, führt jedoch zu beachtlichen Unterhaltungskosten. Bei Auswahl einer anderen Lösung steigen die Baukosten. Auf der anderen Seite werden jedoch die Unterhaltungskosten reduziert.

Dem Planungsvertrag kennzeichnen solche Konfliktlagen und zwar nicht nur in der Vorplanung, sondern in allen Planungsschritten. Diese Konflikte können **nur** durch eine Entscheidung des Auftraggebers gelöst werden. Dieses Geschehen ist vertragstypisch. Eine Entscheidungskompetenz des Auftragnehmers für diese Problemlagen ist nicht gegeben.

Um zu Entscheidungen hierzu zu kommen, schuldet der Auftragnehmer zunächst eine konkrete und korrekte Beratung z. B. Vorlage einer korrekten Kostenermittlung. Das eigentliche Auftragsziel jedoch ist auf die Realisierung des Bauvorhabens ausgerichtet. Wie das Gebäude später beschaffen sein soll, hängt damit von den Entscheidungen des Auftraggebers ab. Seine Mitwirkungsverpflichtung besteht in der Herbeiführung der notwendigen Entscheidung. **Ohne Planfreigabe** stockt der Planungsprozess und schafft einen Konflikt, der die §§ 642, 643 BGB dadurch löst, dass dem Auftragnehmer bei Vorliegen der Voraussetzungen (Annahmeverzug) ein Recht auf Entschädigung während der Wartezeit bis zum Recht der Loslösung vom Vertrag gewährt.

Die Planfreigabe konkretisiert den durch Dienstleistung herbeizuführenden Erfolg und erlaubt erst jetzt zu definieren, was der Auftragnehmer als Umsetzungsergebnis der Planung in bauliche Gestalt dem Auftraggeber schuldet. Erst auf dieser Grundlage hin, ist er zu den jeweils freigegebenen Planungsergebnissen zur ausschließlichen eigenverantwortlichen Umsetzung der Planung in das Bauwerk in der Lage.

Vor diesem Hintergrund wird deutlich, dass Änderungsanordnungen des Auftraggebers nach erfolgter Planfreigabe zu einer Veränderung des geschuldeten Leistungserfolges führt, der mit der vereinbarten Vergütung nicht abgegolten ist und deshalb zu einem Nachtrag führt.

V. Änderungsanordnung und Leistungspflichten

Hieran knüpft die Fragestellung, ob der Auftragnehmer zur Umsetzung der Planungsanordnung **5** des Auftraggebers verpflichtet ist. Diese Fragestellung löst vielfach Erstaunen aus. Kann ein Bauherr von seinem Architekten nach Freigabe einer Vorplanung zur Realisierung eines modern gestalteten Einfamilienhauses auf einmal verlangen, ihm ein Gebäude im „Schwarzwaldhaus-Stil" zu realisieren? Hier stellt sich nicht nur die Frage nach dem Nachtrag zum Honorar sondern generell die Frage nach der Leistungsverpflichtung des Auftragnehmers. In dieser Fallgestaltung greift eine weitere Rechtssphäre nämlich die des Urheberrechts ein. Ist an der Bauform ein Urheberrecht begründet und liegt ein Objekt der Baukunst vor[8] so ist die Änderung der Bauform nur mit Zustimmung des Auftragnehmers möglich. Fehlt es am Urheberrecht, bleibt es bei der vertraglichen Zielsetzung der Realisierung eines Wohngebäudes und damit bei der Anordnungs-befugnis des Auftraggebers, denn es geht um sein Haus. Hier wird der Dienstleistungscharakter der Architekten- und Ingenieurleistung deutlich, der den Typus des Architekten- und Ingenieurvertrages prägt. Vergleichbar der Tätigkeit eines Schneiders der Maßfertigung bestimmt im Ergebnis nicht der Schneider, wie der Mantel des Bestellers aussehen soll, sondern der Besteller. Seinen Anordnungen zur Gestaltung, Formgebung und der gewünschten Funktionalität ist in jedem Stadium der Herstellung des Produkts zu folgen. Der Auftragnehmer darf und kann sich insoweit den Wünschen des Bestellers nicht widersetzen. Er verharrt vielmehr in der Position des Beraters und wird nicht Entscheider anstelle des Bestellers.

Ein Auftragnehmer, der nach dem Wesen des Architekten- und Ingenieurvertrages deshalb verpflichtet bleibt Anordnungen des Auftraggebers zur Planänderung im Rahmen des vereinbarten Auftragsziels zu befolgen hat allerdings Anspruch auf Vergütung.

VI. Der Nachtragsanspruch

Die entscheidende Frage ist, wann die Vergütungspflicht für die Planungsänderung beginnt, **6** bzw. welche Planungsänderung von dem Grundleistungshonorar nicht erfasst ist.

Folgende Voraussetzungen lassen sich feststellen:
In der Vorplanungsphase gehört das Untersuchen, Darstellen und Bewerten von Varianten nach gleichen Anforderungen zum Leistungsbild. Dies betrifft die Objektplanung sowie die Tragwerksplanung und Planung der Technischen Ausrüstung. Das Erstellen von Varianten bildet den Auftrag der Planung. Es geht bei diesem Leistungsschritt zunächst ausschließlich um das Auffinden der baulichen Lösung hinsichtlich der Gestaltung und der Erfüllung der gewünschten Funktion des Bauwerkes. Die Leistung spricht primär die Objektplanung an, die Grundlage für die Zuarbeit der Tragwerksplaner und des Fachingenieurs für Technische Gebäudeausrüstung ist. Mit der Erstellung von Varianten wird die Akzeptanz des Auftraggebers ausgelotet, welcher Baulösung er sich annähert und akzeptiert. Die Anzahl der vorzuschlagenden Varianten ist nicht begrenzt. Es handelt sich ausschließlich darum, die Zustimmung des Auftraggebers für eine Lösung zu erhalten. Am Ende dieses Klärungsprozesses steht eine Entscheidung des Auftraggebers, die der Planungsfreigabe.

Diese vom Auftraggeber freigegebene Vorplanung ist sodann Grundlage der weiteren Planung, der Entwurfsplanung. Details, die mit der Vorplanung nicht geklärt sind, werden im Entwurfsstadium einer Entscheidung des Auftraggebers zuzuführen sein. Werden hierfür mehrere Lösungsvorschläge nötig, um die Entscheidung für die Bauausführung vom Auftraggeber zu erhalten, so sind sie mit dem Honorar für die Grundleistungen abgegolten.

Die Entwurfsplanung ist Grundlage für die Ausführungsplanung. Ihr wohnen generell zwei Aspekte inne. Zum einen werden in der Ausführungsplanung weitere Details geklärt, die nicht Gegenstand der Entwurfsplanung sind, z. B. stellt sich die Frage, wo genau der offene Kamin platziert werden soll, um zu klären, wo der Rauchabzug anzuordnen ist.

---

[8] Siehe hierzu § 7 VII

Bei einem Küchenraum stellt sich die Frage nach dem genauen Standort der Abzugshaube, wenn die Lage des Entlüftungsrohres festgelegt werden muss.

Auch dies sind Klärungsvorgänge, die in den vorangegangenen Planungsschritten noch zu keiner Entscheidung des Auftraggebers geführt haben. Alle damit zusammenhängenden Aufwendungen sind mit dem Grundleistungshonorar abgegolten.

Hieraus folgt:

Planungsanordnungen, die im Widerspruch zu den Entscheidungen des Auftraggebers nach Abschluss der Leistungsphase und nach erfolgter Planfreigabe stehen, lösen eine Planungsaufwand aus, der von der Honorierung der Grundleistung nicht erfasst ist.

Zusammenfassend lässt sich konstatieren, dass Änderungsanordnungen nach erfolgter Planungsfreigabe bzw. Zustimmung zur Weiterplanung nachtragsfähig unter der Voraussetzung sind, dass diese nicht als Folge eines Planungs- oder Beratungsfehler des Auftragnehmers notwendig wurden.

VII. Einigung und Schriftform

7   § 10 verlangt von den Vertragsparteien für die Berechnung Änderungen des Leistungsumfanges eine Einigung über den Umfang der beauftragten Leistung. Es ist lebensfremd anzunehmen, dass die Vertragsparteien den Einigungsvorgang in der Weise vollziehen, hierüber eine Ergänzungsvereinbarung zum Vertrag zu treffen. Allerdings ist in manchen vorformulierten Verträgen auf der Auftraggeberseite zu lesen, dass die Vergütung von Änderungsanordnungen des Bauherren teilweise eingeschränkt ist. Einer solchen Regelung begegnen grundsätzliche Bedenken. Sie halten einer Inhaltskontrolle nach § 307 BGB nicht stand. Die Vergütungspflicht von Nachträgen, die nach Vertragsabschluss aufgrund Planungsänderungsanordnungen entstehen, können nicht durch allgemeine Geschäftsbedingung ausgeschlossen oder begrenzt werden.

In der Praxis vollziehen sich diese Vorgänge in der Regel in der Weise, dass der Auftraggeber seine geänderten Vorstellungen dem Auftragnehmer mit der Aufforderung mitteilt, diesen Wünschen nachzugehen.

Die Einigung kann spätestens dann als vollzogen angenommen werden, wenn der Auftragnehmer dieser Änderungsanordnung nachgeht. Es entspricht im Übrigen dem Wesen eines Architekten- oder Ingenieurvertrages, dass der Auftragnehmer die Wünsche des Auftraggebers zu berücksichtigen hat und mithin bereits bei Abschluss des Vertrages mit der Befolgung von Änderungsanordnungen einverstanden ist, es sei denn, dass er berechtigt ist, sein Urheberrecht zu verteidigen.

Die Voraussetzung der Einigung ist damit bereits mit der Änderungsanordnung des Auftraggebers als gegeben anzunehmen.

Als weitere Voraussetzung schreibt § 10 Abs. 1 und Abs. 2 vor, dass bei Vorliegen der Voraussetzungen das Honorar für die Änderungsleistung durch schriftliche Vereinbarung anzupassen ist. Dies wirft die Frage auf, ob die Einhaltung der Schriftform Anspruchsvoraussetzung ist. Es entsteht ein Widerspruch, wenn der Verordnungsgeber einerseits eine Vergütungspflicht für Änderungsleistungen normiert, aber auf der anderen Seite es in das Belieben eines der Vertragspartner gesetzt ist, durch Verneinung der Herbeiführung der Schriftform den Anspruch auf Vergütung nicht entstehen zu lassen. Die preisrechtliche Regelung der Vergütungspflicht für Änderungsleistungen würde damit wieder aufgehoben, weshalb die herrschende Meinung davon ausgeht, dass das Schriftformerfordernis keine anspruchsbegründende Voraussetzung darstellt.[9] Sondern der Anspruch auf Honoraranpassung nach den beiden Alternativen schon dann gegeben ist, wenn die übrigen Voraussetzungen vorliegen.

---

[9]   So insbesondere Messerschmid in NZBau 2014, 6; Werner/Siegburg in BauR 2013, 1499; Koeble/Zahn neue HOAI 2013 Rdn. 76

VIII. Die Anwendungsfälle Abs. 1 und Abs. 2

§10 unterscheidet zwei Anwendungsfälle. **8**

Abs. 1 beschäftigt sich mit Fragen des vorhandenen Leistungsumfangs, der zu einer Änderung der Honorarparameter, der anrechenbaren Kosten oder bei der Flächenplanung der anzunehmenden Flächen führt.

Abs. 2 befasst sich mit Wiederholungen von Grundleistungen, ohne dass sich dadurch die anrechenbaren Kosten oder Flächen ändern.

Der Gegensatz, den die Absätze 1 und 2 bilden ist nicht frei von Wiedersprüchen und in der Formulierung eher unglücklich. So stellt sich die Frage, ob Planungsänderungen, die eine Änderung der anrechenbaren Kosten zur Folgen haben, und die zugleich die Bearbeitung wiederholter Grundleistungen erfordern, die Honoraranpassung nur über die Regelung des Abs. 1 oder nur über die Regelung des Abs. 2 erlauben.

Eine solche Auslegung verkennt das Zusammenspiel von anrechenbaren Kosten und den wiederholten Grundleistungen. Die anrechenbaren Kosten und Flächen sind Parameter für die Berechnung des Honorars. Die Bewertung der Grundleistung leitet sich von diesem Honorar ab. Die Anpassung der anrechenbaren Kosten führt zu einem höheren Honorar. Die gleichzeitige Berechnung von wiederholten Grundleistungen aufgrund des angepassten erhöhten Honorars würde zu einer doppelten Berücksichtigung der Anpassungsregelung führen, was ersichtlich nicht beabsichtigt ist und damit nicht Regelungsgegenstand. Hieraus folgt, dass die Änderungen der Leistungen entweder über die Anpassung der Berechnungsgrundlagen (anrechenbaren Kosten oder Flächen) oder durch Bewertung der wiederholten Grundleistungen auf Basis des Ursprungshonorars erfolgen. Im Ergebnis folgt hieraus, dass eine Honorierung für die Wiederholung von Grundleistungen auch dann möglich ist, wenn die Honorarberechnung auf den bestehenden Bezugsgrößen für die Ermittlung des Honorars erfolgt. Nicht entscheidend ist, dass die Planungsänderung zu einer Erhöhung der Baukosten und damit zu einer Anhebung der anrechenbaren Kosten führt. Sie bleiben unberücksichtigt, da das Honorar statisch nach der Kostenberechnung zu ermitteln ist, denn nach § 6 ist Grundlage für die Honorarermittlung die Kostenberechnung, die zunächst unverändert bleibt.

IX. Anpassung der anrechenbaren Kosten

§10 Abs. 1 befasst sich mit dem Umfang der beauftragten Leistungen auf die sich die Parteien **9** während der Laufzeit des Vertrages geeinigt haben und die dadurch eine Veränderung der anrechenbaren Kosten oder Flächen zur Folge haben. Das Honorar soll in diesen Fällen für die Grundleistungen, die infolge des veränderten Leistungsumfanges zu erbringen sind, den geänderten Bezugsgrößen angepasst werden.

Hinsichtlich der Notwendigkeit einer Einigung der Planungsänderung herbeizuführen, ist auf Rdn. 5 ff. zu verweisen. Soweit gefordert ist, dass diese Einigung während der Laufzeit des Vertrages erfolgen soll, wird lediglich klargestellt, dass die Anpassung des Honorars nicht etwa bei Auftragserteilung zu erfolgen hat, was erkennbar für die Planungsänderung keinen Sinn macht.

Die Anwendungsfälle sind insbesondere Planungsordnungen, die eine Erweiterung des Bauprogramms zur Folge haben, z. B. bei einem Krankenhausbau wird ein weiterer OP Bereich oder Bettenhaus verlangt; oder bei einem Verwaltungsgebäude wird ein weiterer Gebäudeflügel erforderlich; oder bei einer Verkehrsanlage wird von einem zweistreifigen Ausbau mit Parkstreifen der Ausbau des Parkstreifens als Fahrstreifen gefordert.

In solchen Fällen ändern sich die Bezugsgrößen für die Honorarermittlung, weil mit solchen Änderungen bei Vertragsabschluss nicht zu rechnen war. Wenn diese Anordnungen zu einem Zeitpunkt der Entwurfsplanung erfolgt, so kann es sein, dass einerseits bereits abgeschlossene Grundleistungen der Leistungsphase 1 und der Leistungsphase 2 nochmals überarbeitet werden müssen. Die Berechnung von zu wiederholenden Grundleistungen erfolgt daher auf Basis der alten Honorargrundlagen, nach dem Regelwerk des Abs. 2 und für die weiterführenden Leistungen der Leistungsphasen 3 bis 8 auf Basis der als Folge der Änderungsanordnung geltenden anrechenbaren Kosten.

§ 10 Abs. 1 gewährt eine Anpassung. Eine Anspruchsgrundlage dem Grunde nach schafft diese Bestimmung nicht. Sie grenzt allerdings negativ ab, dass Änderungsleistungen nicht von der Honorarbewertung der Grundleistungen erfasst sind. Die Anpassung folgt dem Umfang der beauftragten Leistungen die geändert werden, soweit sich dadurch die anrechenbaren Kosten oder Flächen berühren. Im Falle fehlender Einigung werden diese Voraussetzungen durch Gerichtsurteil ersetzt. Für einen Sachverständigen ist es nämlich ohne Weiteres nachprüfbar, wie sich das Honorar unter Vorliegen der geänderten Voraussetzungen unter Beachtung des § 10 zu berechnen ist.

X. Wiederholte Grundleistungen

10 Die nachtragsfähigen Anordnungen zu Planungsänderungen führen stets zu einer Wiederholung von Grundleistungen. Ausgenommen hiervon ist die Bearbeitung von Varianten, die in Rdn. 4 näher beschrieben. Nachtragsfähige Planungsanordnungen erfolgen in der Regel erst nach Planfreigabe der Vorplanung, wenn man von dem Sonderfall absieht, dass bereits in der Vorplanung Planungsalternativen nach grundsätzlich verschiedenen Anforderungen gefordert werden.[10]

Je nach Umfang und Bedeutung der geforderten Planänderung ist eine Überarbeitung und Prüfung erforderlich, die zur Bearbeitung bereits abgeschlossener Leistungsphasen zwingt. Auch wenn die Planungsänderung zunächst nur auf dem Papier stattfindet, so kann sie doch weitreichende Auswirkungen auf die gesamte Planung haben.

Beispiele:
Der Bauherr eines Krankenhausneubaus entscheidet sich nach Baubeginn und Einrichtung der Baustelle an Stelle der Halle für die Lieferanfahrt von Krankenfahrzeugen ein weiteres OP Zentrum zu realisieren.

Der Planer steht vor dem Problem, wo er die notwendige Liegenanfahrt anderweitig unterbringt. Außerdem muss er die Anordnung des OP Zentrums so in die vorhandene Planung integrieren, dass es im Hinblick auf die Gestaltung, Funktionalität des Gebäudes, der Technischen Ausrüstung und des Tragwerks funktioniert.

Diese Umplanung führt bis in die Grundlagenermittlung zurück.

Angesprochen sind die Grundleistungen Leistungsphase 1 a, c und d, die Leistungsphase 2 Vorplanung, 2 c bis g, die Leistungsphase 3 und 4 vollständig und die Leistungsphase 5 soweit die Änderungsbereiche betroffen sind.

Die Berechnung der wiederholt zu bearbeitenden Grundleistungen beschränkt sich allerdings auf den Anteil der auf die Planungsänderung entfällt.

Zur Berechnung des hierauf entfallenden Honorar sind zunächst die anrechenbaren Kosten zu ermitteln die Planungsänderung betreffen. Am Beispiel des umzuplanenden Bereichs des OP-Zentrums geschieht dies wie folgt:

Die Ermittlung des noch zu berechnenden Gesamthonorars für 100 % der Leistungen erfolgt nach den Parametern der vertraglichen Vereinbarung hinsichtlich Honorarzone und Honorarsatz. Zu berücksichtigen ist der Honorartafel innewohnenden Degressionsverlustes bei steigenden anrechenbaren Kosten. Bei € 20 Mio. anrechenbaren Kosten ist das aus der Honorartafel zu entnehmende Honorar im Verhältnis zu den anrechenbaren Kosten umzurechnen. Dieser Prozentsatz wird zur Grundlage der Honorarberechnung für 100 % der Leistungen nach HOAI gewählt. Davon wird der auf die wiederholte Leistung entfallende Prozentsatz gewählt.

---

[10] Vgl. hierzu die Kommentierung zu § 34 Leistungsphase 2

Am Beispielsfall des OP Zentrums ohne neue Liegenanfahrt soll dies demonstriert werden.

Anrechenbare Kosten für das Krankenhaus   € 20,0 Mio.

Honorarzone IV. Mindestsatz

100 % Honorar nach Honorartafel   € 2.047.281,00

dies entspricht 10,24 % der anrechenbaren Kosten.

Betragen die anrechenbaren Kosten für den neu zu schaffenden OP Bereich € 500.000,00 so beträgt das 100 % Honorar für alle Leistungen nach HOAI

€ 500.000,00 x 10,24 % = € 51.200,00

Von diesem Betrag sind die Leistungsprozente für die weiderholten in Ansatz zu bringen. Das Ergebnis hierzu könnte sein,

Grundlagenermittlung   1 %

Vorplanung   5 %

Entwurfsplanung   15 %

Genehmigungsplanung   4 %

Ausführungsplanung   5 %

Insgesamt   30 %

€ 51.200,00 × 30 % = € 15.360,00 zuzüglich Umsatzsteuer.

Wird für den Bereich der Liegendanfahrt an anderer Stelle des Objekts eine Umplanung vorgenommen, so ist insoweit entsprechend zu verfahren.

§ 11 Auftrag für mehrere Objekte

(1) Umfasst ein Auftrag mehrere Objekte, so sind die Honorare vorbehaltlich der folgenden Absätze für jedes Objekt getrennt zu berechnen.

(2) Umfasst ein Auftrag mehrere vergleichbare Gebäude, Ingenieurbauwerke, Verkehrsanlagen oder Tragwerke mit weitgehend gleichartigen Planungsbedingungen, die derselben Honorarzone zuzuordnen sind und die im zeitlichen und örtlichen Zusammenhang als Teil einer Gesamtmaßnahme geplant und errichtet werden sollen, ist das Honorar nach der Summe der anrechenbaren Kosten zu berechnen.

(3) Umfasst ein Auftrag mehrere im Wesentlichen gleiche Gebäude, Ingenieurbauwerke, Verkehrsanlagen oder Tragwerke, die im zeitlichen oder örtlichen Zusammenhang unter gleichen baulichen Verhältnissen geplant und errichtet werden sollen, oder mehrere Objekte nach Typenplanung oder Serienbauten, so sind die Prozentsätze der Leistungsphasen 1 bis 6 für die erste bis vierte Wiederholung um 50 Prozent, für die fünfte bis siebte Wiederholung um 60 Prozent und ab der achten Wiederholung um 90 Prozent zu mindern.

(4) Umfasst ein Auftrag Grundleistungen, die bereits Gegenstand eines anderen Auftrages über ein gleiches Gebäude, Ingenieurbauwerk oder Tragwerk zwischen den Vertragsparteien waren, so ist Absatz 3 für die Prozentsätze der beauftragten Leistungsphasen in Bezug auf den neuen Auftrag auch dann anzuwenden, wenn die Grundleistungen nicht im zeitlichen oder örtlichen Zusammenhang erbracht werden sollen.

Inhaltsübersicht

I. Vorbemerkung

1 Bei § 11 handelt es sich um eine Honorarminderungsvorschrift, die für die Beauftragung von Architekten und Ingenieurleistungen für mehrere Objekte besteht. Abs. 1 stellt den Grundsatz auf. Danach sind zunächst bei Beauftragung von mehreren Objekten die Honorare für jedes Objekt getrennt zu berechnen.

Die gilt allerdings nur für den Fall, dass keine der Ausnahmefälle in § 11 Abs. 2–4 gegeben ist. Die dort beschriebenen Fälle führen zu den dort vorgesehenen Honorarminderungen.

Die Anwendungsfälle unterscheiden sich wie folgt:

Anwendungsfall Nr. 1

§ 11 Abs. 2

Es handelt sich um
– mehrere **vergleichbare** Gebäude, Ingenieurbauwerke, Verkehrsanlagen,
– mehrere Tragwerke mit weitgehend gleichartigen Planungsbedingungen,
– die derselben Honorarzone angehören,
und

– als Teil einer Gesamtmaßnahme geplant
und
– im zeitlichen und örtlichen Zusammenhang stehen.

Anwendungsfall 2

§11 Abs. 3

Mehrere im **Wesentlichen gleiche** Gebäude, Ingenieurbauwerke, Verkehrsanlagen oder Tragwerke,
– unter gleichen baulichen Verhältnissen geplant und errichtet und
– im zeitlichen und örtlichen Zusammenhang geplant und errichtet oder
– mehrere Objekte nach Typenplanung oder
– Serienbauten.

Anwendungsfall 3

Der Auftrag betrifft Grundleistungen für **gleiche** Gebäude, Ingenieurbauwerke oder Tragwerke
– die **nicht** im zeitlichen oder
– örtlichen Zusammenhang erbracht werden sollen.

II. Mehrere Objekte

Objekte im Sinne des § 11 Abs. 1 sind gem. § 2 Abs. 1: **2**
– Gebäude
– Innenräume
– Freianlagen
– Ingenieurbauwerke
– Verkehrsanlagen
– Tragwerke
– Anlagen der Technischen Ausrüstung.

Zur Objektplanung gehört auch die Tragwerksplanung, Technische Ausrüstung und gegebenenfalls auch die Freiflächenplanung. Es handelt sich stets um ein eigenständige Objekte, die gesondert abzurechnen sind und zwar unabhängig davon, ob Auftragnehmer ein und die gleiche Person, also ein Generalplaner ist oder ob die Aufgaben verschiedene Architekten und Ingenieure verteilt werden und verschiedene Verträge geschlossen werden. Es hat stets eine getrennte Abrechnung zu erfolgen, da es sich um unterschiedliche Objekte handelt.

Grundsätzlich trifft dies auch für die Innenräume zu. Allerdings schreibt § 37 Abs. 2 vor, dass eine gesonderte Honorarberechnung für Grundleistungen für Innenräume nicht erfolgen kann, wenn dem Auftragnehmer zugleich die Objektplanung für das Gebäude übertragen worden ist.[1] Dies ist allerdings die einzige Ausnahme. Im Übrigen findet stets eine getrennte Honorarermittlung für die einzelnen Objekte statt.

Mehrere Objekte liegen auch vor, wenn es bei der Planungsaufgabe um mehrere Gebäude, mehrere Ingenieurbauwerke, mehrere Tragwerke und mehrere Technische Gebäudeausrüstungen handelt. Mit diesen Sonderfällen befasst sich § 11 Abs. 2 bis 4.

Unabhängig hiervon ist zu klären, was unter mehreren Objekten in diesem Sinne zu verstehen ist:

Mehrere Gebäude

Von mehreren Gebäuden ist auszugehen, wenn folgende Voraussetzungen gegeben sind:
– Die Gebäude stehen selbstständig auf eigenem katastermäßig erfassten Grund und Boden
– Die Gebäude stehen auf einem gemeinsamen Grundstück, sie dienen verschiedenen Funktionen und können unter Aufrechterhaltung ihrer jeweiligen Funktion für sich alleine betrieben werden.[2]

---

[1] Vgl. die Kommentierung zu § 37
[2] So BGH v. 24.01.2002 in BauR 2002, 817; Thüringer Oberlandesgericht Urteil v. 04.11.2003 – 5 U 1099/01

Nicht erforderlich ist, dass sie über eigene Versorgungseinrichtungen (Heizungen) verfügen. Diese können auch zentral an anderer Stelle eingerichtet sein. Sie müssen für sich jedoch eigenständig sein, was nicht der Fall ist, wenn die Gebäude auf einer gemeinsamen Tiefgarage stehen. Diese modernen Bebauungskonzepte eines Grundstückes führen zur Errichtung eines Objektes, welches aus mehreren Gebäudeteilen besteht. Dies gilt auch dann, wenn die Gebäude auf der Tiefgarage selbstständig erschlossen sind. Sie bilden gleichwohl eine Einheit. Die Honorarzone für dieses Objekt ist anhand der Beurteilungskriterien einheitlich zu ermitteln. In der Objektliste befinden sich solche speziell definierten Projekte nicht und kann deshalb auch speziell hierfür nicht herangezogen werden.

Das Objekt der Freianlage betrifft den gesamten Bereich der Freianlage, gleich welche Einzelobjekte dort realisiert werden. Gegenstand der Freianlagenplanung können Planungen von Plätzen, Wasserläufe, Brücken und anderen Objekten sein. Sie alle gehören zu einem Objekt nämlich der Freianlage, die Gegenstand des Vertrages ist und die danach auch einheitlich abzurechnen ist.

Ingenieurbauwerke, wie z. B. ein Klärwerk ist ein Objekt welches ihrer Funktion geschuldet aus vielen einzelnen Bauteilen besteht, wie z. B. Klärbecken, Rührwerke, Schlammbecken etc. Zu dieser Anlage gehört auch ein Steuerungsgebäude, was Bestandteil der Gesamtmaßnahme ist und den anderen Anlagen des Klärwerkes als zugehörig als eine Einheit insgesamt abzurechnen ist. Befindet sich allerdings auf dem Gelände auch noch ein Verwaltungsgebäude, so stellt dies ein eigenständiges Objekt „Gebäude" dar, da es zur zweckentsprechenden Funktion des Klärwerkes nicht erforderlich ist.

Für die technische Ausrüstung ist ebenfalls auf die Funktion abzustellen, die der Anlage dienen soll. Eine Heizungsanlage für den Komplex der Tiefgarage mit Wohnhäusern ist ein Objekt, unabhängig davon, dass die Heizung in allen Häusern unterzubringen ist.

Allen diesen Beispielen ist gemein, dass es sich um ein Objekt handelt, mithin auf Basis gemeinsam ermittelter anrechenbarer Kosten abzurechnen ist.

III. Mehrere Objekte bei gleichartigen Planungsbedingungen

3 Liegen mehrere selbstständige Objekte vor, so sind sie gleichwohl als eine Einheit zu sehen, wenn es sich um vergleichbare Objekte mit weitgehend gleichartigen Planungsbedingungen und Objekte mit gleicher Honorarzone handelt, die im zeitlichen und örtlichen Zusammenhang realisiert werden.

Der Schwerpunkt dieser Regelung liegt auf der Beurteilung der Planungsanforderung. Wenn diese Objekte Gegenstände einer im Zusammenhang weitgehend gleichen Planungsbedingungen unterliegen Objekten mit gleicher Honorarzone sind, dann sollen die Objekte einheitlich nach der Addition aller Summen für die anrechenbaren Kosten abgerechnet werden. Wesentliche Voraussetzung dabei bleibt, dass die Gesamtplanung im zeitlichen und örtlichen Zusammenhang steht.

Bestehen bei einer Gesamtmaßnahme Zweifel, ob es sich um eine oder mehrere Objekte handelt, wird im Zweifel nach § 11 Abs. 2 abzurechnen sein und zwar wie bei der Abrechnung für ein Objekt einheitlich auf Basis der gesamten anrechenbaren Kosten.

IV. Aufträge über im Wesentlichen gleiche Objekte

4 Die HOAI kennt zwei Ansätze zur Regelung einer Honorarminderung. Bei den in Abs. 2 diskutierten Minderungen geht es darum, eine Einzelabrechnung von Einzelobjekten zu verhindern und die Gesamtbaumaßnahme einheitlich zu den gesamten anrechenbaren Kosten abzurechnen. Bei Abrechnung einzelner Bauwerke würde das Honorar höher ausfallen, weil die Honorare nach der Honorartafel degressiv gestaffelt sind. Der Absatz 3 befasst sich mit Anwendungsfällen, bei denen Wiederholungsermäßigungen sich in dem Ansatz geringerer Prozentsätze für die Grundleistungen ergeben. Diese Vorschrift setzt stets voraus, dass es sich dabei um mehrere Objekte, also mehrere Gebäude, mehrere Ingenieurbauwerke etc. handelt.

Keine Honorarminderung erfahren die Honorare für die Leistungsphasen 7 (Mitwirkung bei der Vergabe), 8 (Objektüberwachung) und 9 (Objektbetreuung).

Mit diesem Regelungsansatz für eine Honorarminderung wird dem Umstand Rechnung getragen, dass die Verwendung wesentlich gleicher Planungsunterlagen insbesondere den Planungsaufwand wesentlich reduziert, nicht jedoch den Aufwand für die Vergabe der Bauleistungen und die Objektüberwachung und Objektbetreuung.

Werden mehrere Gebäude, Ingenieurbauwerke, Tragwerke unter gleichen baulichen Verhältnissen geplant und errichtet und sind die Objekte im Wesentlichen gleich, können Planungsergebnisse für ein Objekt auch bei nicht wesentlichen Änderungen ohne weitere übernommen werden. Dies gilt nach § 11 Abs. 3 jedoch nicht für die Verkehrsplanung und für die Technische Ausrüstung. Diese Objekte sind von dem Anwendungsbereich des § 10 Abs. 4 nicht erfasst.

Der Hauptanwendungsfall dieser Vorschrift besteht im Wohnungsbau und gilt für Grundrisse, die gespiegelt werden oder die sonst eher nur geringfügig unter Beibehaltung des Grundkonzeptes geändert werden. Diesen Fallgruppen ist gemein, dass sich anhand der vorliegenden Ergebnisse sehr gut ablesen lässt, ob in das Grundkonzept des Objekts wesentlich eingegriffen wurde, was eine Honorarminderung und Herabsetzung der Leistungsprozente dann nicht rechtfertigen würde.

Eine weitere Voraussetzung ist, dass die Planung und Bauausführung im zeitlichen und örtlichen Zusammenhang realisiert werden muss. Die Forderung nach einem zeitlichen Zusammenhang setzt voraus, dass die Einzelobjekte nicht über Jahre versetzt, sondern in überschaubaren Zeitrahmen als **eine** Baumaßnahme geplant werden. Der örtliche Zusammenhang beschreibt die Lage des Baufeldes. Liegen sie mehrere Straßenzüge auseinander, so fehlt es an dieser Voraussetzung. Eine Minderung nach Abs. 3 kommt deshalb nicht in Betracht.

Neben wesentlichen gleichen Gebäuden fallen unter dieser Minderungsvorschrift auch **Typenplanungen** und **Serienbauten**. Typenplanungen findet man häufig in Reihenhaussiedlungen, die Haustypen entwickeln und zwar für Eckhäuser und Reihenmittelhäuser. Typenplanung und Serienbauten unterscheiden sich in der Voraussetzung nicht. Die Minderungsvorschrift besagt, dass die Prozentsätze für die Grundleistungen der Leistungsphasen 1–6 für die erste bis 4. Wiederholung um 50 %, für die 5.–7. Wiederholung um 60 % und ab der 8. Wiederholung um 90 % zu mindern sind. Der Ansatz für die Honorarsätze der Grundleistungen der Leistungsphasen 7–9 bleibt allerdings ungekürzt und unverändert.

Sind nicht alle Grundleistungen einer Leistungsphase übertragen, so bezieht sich die Kürzung auf die entsprechend zu bewertende Grundleistung, die Auftragsgegenstand ist.

V. Gleiche Objekte, die bereits Gegenstand eines Auftrages waren

Die Honorarminderungsvorschrift des § 11 Abs. 2 und 3 befasst sich mit der Abrechnung von Architekten- und Ingenieurleistungen für einen Auftrag. Der Anwendungsfall des § 11 Abs. 4 dehnt diese Minderungsvorschrift auch auf Fälle aus, die verschiedene Aufträge betreffen. Nicht entscheidend ist, wer der Auftraggeber ist. Es kann der gleiche oder unterschiedliche Auftraggeber sein. Letzteres wird jedoch nur im Ausnahmefalle vorliegen, z. B. wenn der Projektentwickler mehrere Objektgesellschaften bildet, die jeweils Auftraggeber sind. Der Kernbestand der Regelung betrifft Auftragsverhältnisse zwischen gleichen Vertragspartnern für Objekte, die bereits an anderem Ort realisiert worden sind. Unter Verwendung der gleichen Planung werden diese an anderer Stelle realisiert. Für diesen Fall greift der § 11 Abs. 4 ein. Er hebt den an sich erforderlichen zeitlichen und örtlichen Zusammenhang der Auftragserfüllung ausdrücklich auf. Es spielt deshalb keine Rolle, ob der neue Auftrag zeitlich mit dem ersten Auftrag überhaupt in Verbindung steht und dass der neue Auftrag an einem Ort zu realisieren ist, der fernab von dem ersten Standort ist. Die Honorarminderung für die Honorierung der Grundleistungen für den neuen Auftrag setzt allerdings voraus, dass es sich um die **absolut gleiche** Planung handelt. Jede Veränderung der Planung verlässt den Anwendungsbereich der Minderungsvorschrift des § 11 Abs. 4. Es muss sich also um einen Nachbau eines identischen Bauvorhabens an anderer Stelle handeln.

Für diesen Fall gelten die Minderungen entsprechend Abs. 3. Der erste bis vierte Nachbau führt zu einer Reduzierung der Honorare für die Leistungsphasen 1–6 um 50 %, bei der fünften bis siebten Nachbautätigkeit um 60 % und ab der achten Nachbautätigkeit um 90 %.

5

§ 12 Instandsetzungen und Instandhaltungen

(1) Honorare für Grundleistungen bei Instandsetzungen und Instandhaltungen von Objekten sind nach den anrechenbaren Kosten, der Honorarzone, den Leistungsphasen und der Honorartafel, der die Instandhaltungs- und Instandsetzungsmaßnahme zuzuordnen ist, zu ermitteln.

(2) Für Grundleistungen bei Instandsetzungen und Instandhaltungen von Objekten kann schriftlich vereinbart werden, dass der Prozentsatz für die Objektüberwachung oder Bauoberleitung um bis zu 50 Prozent der Bewertung dieser Leistungsphase erhöht wird.

Inhaltsübersicht

I. Vorbemerkung

1 Instandsetzungen und Instandhaltungen können bei den Objekten Gebäude, Freianlagen, Innenräume, Ingenieurbauwerke, Verkehrsanlagen und Technische Ausrüstungen vorkommen. Es gelten die Honorarberechnungsregeln, wie sie für entsprechende Neubauten in der HOAI aufgestellt sind. Hinsichtlich der Anwendung der Honorarvorschriften sind sie den Planungsanforderungen für Instandsetzungen und Instandhaltungen entsprechend anzupassen. Hinsichtlich der Ermittlung der anrechenbaren Kosten bereitet dies kaum Schwierigkeiten. Bei der Festlegung der Honorarzone und Vereinbarung der Grundleistungen müssen die für die Neubauleistungen ausgelegten Vorschriften entsprechend der Besonderheiten der Planungsanforderungen ausgelegt werden. Dies trifft insbesondere für die Ermittlung der Honorarzonen zu, die den Planungsanforderungen an die Instandhaltung und Instandsetzungsmaßnahmen angepasst werden müssen, da die Objektlisten auf Instandsetzungs- und Instandhaltungsmaßnahmen nicht angewandt werden können. Sie sind nur für Neubauten definiert.

II. Instandsetzung

2 § 2. Abs. 8 definiert Instandsetzungen als Maßnahmen zur Wiederherstellung des zum bestimmungsgemäßen Gebrauch geeigneten Zustandes (Soll-Zustandes) eines Objektes, soweit diese Maßnahmen nicht unter Abs. 3 fallen. In Abs. 3 wiederum sind Wiederaufbauten angesprochen. Wiederaufbauten werden nach § 2 Abs. 3 wie Neubauten behandelt.

Instandsetzungen kommen insbesondere bei Beschädigungen des Objekts als Folge äußerer Einflüsse z. B. Unfällen, wetterbedingte Schäden, teilweiser Zerstörung aufgrund unsachgemäßer oder rechtswidriger Eingriffe in den Gebäudebestand.

Beispiele:

Bei einem Neubau ist vor Fertigstellung aufgrund einer fehlerhaften Handwerkerleistung Wasser in das Gebäude eingedrungen. Böden und Trockenbauwände sind mit Schimmel befallen und müssen vollständig erneuert werden. Um den Soll-Zustand wieder herzustellen, sind Grundleistungen der Leistungsphasen 5–8 angesprochen. Ein weiterer Schwerpunkt für die Instandsetzung betrifft die Beseitigung altersbedingter Mängel.

Die anrechenbaren Kosten für die Objektplanung Gebäude lassen sich ohne Schwierigkeiten den voraussichtlichen Aufwendungen für die Wiederherstellung des Soll-Zustandes im Rahmen der Kostenberechnung entnehmen.

Das Leistungsbild spricht alle Grundleistungen an. Es beginnt mit der Zustandserkundung in der Grundlagenermittlung, der Vorplanung zur genaueren Feststellung der baulichen Maßnahmen zur Wiederherstellung des Sollzustandes. Darüber hinaus dürfte auch die Entwurfsplanung und Ausführungsplanung zur Klärung aller Details für diese Wiederherstellungsmaßnahmen angesprochen sein. Die Vorbereitung der Vergabe befasst sich mit dem Erstellen von Leistungsverzeichnissen, die Mitwirkung der Vergabe betrifft die Beauftragung der notwendigen Leistungen und Bauleistungen und die Objektüberwachung ist während der gesamten Bauzeit erforderlich.

Die Ermittlung der Honorarzone kann allerdings nicht der Objektliste entnommen werden. Objektlisten für Instandsetzungsmaßnahmen und auch Instandhaltungen gibt es nicht. Die Honorarzonen sind deshalb anhand der Bewertungsmerkmale zur Bewertung des Schwierigkeitsgrads der Planungsanforderungen zu ermitteln. Die vorhandenen Bewertungskriterien können entsprechende Hinweise für die Erfassung des Schwierigkeitsgrades der Planungsanforderungen enthalten. Sie sind jedoch sachgerecht auf den jeweiligen Fall der Instandsetzungsmaßnahme anzupassen.

Bei der Objektplanung ist von den Kriterien des § 35Abs. 2 auszugehen. Es zeigen sich allerdings bei den Beurteilungskriterien der Anforderung an die Einbindung in die Umgebung und im Hinblick auf die Anzahl der Funktionsbereiche ein Anpassungsbedürfnis. Bei Neubauten beziehen sich die Anzahl der Funktionsbereiche auf die sachgerechte Anordnung des Grundrisses. Im vorliegenden Fall ist dies nicht tangiert. Gleichwohl wäre der Schwierigkeitsgrad für die Planungsanforderung nur unzureichend bewertet, wenn sowohl die Anforderungen an die Einbindung in die Umgebung und der Anzahl der Funktionsbereiche unberücksichtigt bliebe.

Eine Einbindung in die Umgebung fällt nicht an, da das Gebäude ja schon steht. Diese Anforderungen sind deshalb zu ersetzen durch die Einbindung der Instandsetzungsmaßnahme in den unbeschädigten und fortbestehenden Bestand.

Die Anzahl der Funktionsbereiche, spricht die Anordnung des Grundrisses zur Aufnahme der Nutzungsbelange an, die jedoch bei der Instandsetzungsmaßnahme nicht in Betracht zu ziehen sind, da die Grundrisse unverändert bleiben.

Die Instandsetzungsmaßnahme berührt indes die unterschiedlichen technischen Funktionsbereiche, die bei der Instandsetzungsmaßnahme insbesondere zu beachten sind. So wird bei dieser baulichen Maßnahme die gesamte technische Ausrüstung zum Zwecke der Schimmelbeseitigung teilweise völlig freigelegt und schafft damit eine Planungsanforderung für die Maßnahme der Dekontaminierung, die sachgerecht insoweit zu bewerten ist. Dies steht nicht im Wiederspruch zu der Planungsanforderung hinsichtlich des § 35 Abs. 2 Ziffer 5. Hier werden die Planungsanforderungen hinsichtlich der technischen Ausrüstung angesprochen. Dies bleibt als zusätzliche Schwierigkeit vorhanden, da die Bautätigkeit zur Beseitigung des Schadens auf die Technische Ausrüstung zu achten hat.

Die Festlegung des Honorarsatzes zwischen Mindest- und Höchstsatz folgt den allgemeinen Regelungen des § 7 HOAI. Dies bedeutet, dass abweichend vom Mindestsatz ein Honorar im Bereich zwischen Mindest- und Höchstsatz nur vereinbart werden kann, wenn dies bei Auftragserteilung durch schriftliche Vereinbarung erfolgt.

Nach § 12 Abs. 2 kann allerdings die deutlich ins Gewicht fallende Leistung der Objektüberwachung oder der Bauoberleitung bei Ingenieurbauwerken, Leistungsphase 8 50 % höher bewertet werden. Voraussetzung hierfür ist eine schriftliche Vereinbarung, die jedoch nicht bei Auftragserteilung getroffen sein muss. Sie ist auch zu einem späteren Zeitpunkt noch möglich. Allerdings bedarf sie stets der Schriftform. Denn es handelt sich um eine Möglichkeit die der Verordnungsgeber einräumt, um dem Schwierigkeitsgrad der Objektüberwachung bei solchen Fällen im Einzelfalls besser Rechnung tragen zu können. Für die Objektüberwachung Gebäude bedeutet dies, dass die Bewertung der Leistungsphase 8 mit 32 % Punkten um 16 % Punkte bis auf 48 % Punkte durch schriftliche Vereinbarung erhöht werden kann. Fehlt es an einer schriftlichen Vereinbarung, so können nur die in Honorartafeln der HOAI festgesetzten Prozentsätze für die Leistungsphase 8 abgerechnet werden.

Die schriftliche Vereinbarung muss nicht zwingend bei Auftragserteilung getroffen sein. Es kann sich je nach Einzelfall auch erst nach Auftragserteilung herausstellen, dass es sich um eine schwierige und zeitaufwendige Objektüberwachungsleistung handelt. In aller Regel wird bei Instandsetzungsmaßnahmen erst nach vollständiger Bestandserkundung und Erkundung des Ist-Zustandes eine verantwortliche Aussage darüber getroffen werden können, welche Maßnahmen für die Herstellung des Soll-Zustandes erforderlich sind und welchen Aufwand hierfür angemessen ist. Diesem Sachverhalt trägt der Verordnungsgeber dadurch Rechnung, dass eine Vereinbarung für einen höheren Prozentsatz jederzeit schriftlich erfolgen kann.

III. Instandhaltung

3 § 2 Abs. 9 definiert Instandhaltungen als Maßnahmen zur Erhaltung des Soll-Zustandes eines Objektes.

Die zunehmende Technisierung des Bauens führt dazu, dass sich Instandhaltungs- und Pflegemaßnahmen zur Architekten- und Ingenieuraufgabe entwickelt haben. Dies gilt für komplexe Gebäude und hohen technischen Ausstattungsstandard ebenso wie für Ingenieurbauwerke und die Technische Ausrüstung. Gefragt ist besonders Fachwissen, welches vom Gebäudeverwalter (Gebäudemanagement) und Hausmeister nicht mehr erwartet werden kann. Die Erwähnung dieser Leistung in der HOAI trägt damit den geänderten Nutzungsanforderungen baulicher Anlagen Rechnung.

Bei Instandhaltungsmaßnahmen reduziert sich der Leistungsanteil des Auftragnehmers auf die Erfassung der notwendigen Maßnahmen vor Ort, der Ausschreibungen entsprechender Leistungen und der Objektüberwachung.

Auch für solche baulichen Maßnahmen gilt, dass die anrechenbaren Kosten normalerweise ohne Schwierigkeiten zu erfassen sind. Probleme schafft die richtige Einordnung der Instandhaltungsmaßnahme in die Honorarzone. Objektlisten bestehen hierfür nicht. Es ist eine Einordnung anhand der allgemeinen Planungsanforderungen zur Ermittlung der Honorarzone vorzunehmen. Dabei werden die Bewertungsmerkmale in den wenigsten Fällen auch eine klare Aussage hierzu treffen können. Deshalb wird man im Wesentlichen auf die Beurteilung abstellen müssen, ob es sich bei der Instandhaltungsmaßnahme um eine Maßnahme mit durchschnittlichen Anforderungen (Honorarzone III) oder überdurchschnittlichen Anforderungen (Honorarzone IV) oder hohen Anforderungen (Honorarzone V) handelt.

Eingriffe bestehen auch insoweit im Leistungsbild. In der Regel fallen Planungsleistungen im Sinne einer Vorplanung, Entwurfsplanung und Genehmigungsplanung nicht an. Je nach Aufgabenstellung kann es sein, dass die Instandhaltungsmaßnahme planerische Details verlangt, die Gegenstand der Ausführungsplanung sein können. Der Schwerpunkt der Leistung liegt jedenfalls in der Erarbeitung von Leistungsverzeichnissen und damit der Leistungsphase 6, 7 so insbesondere der Leistungsphase 8.

Bei Instandhaltungsmaßnahmen ist es in jedem Falle sachgerecht, den Prozentsatz für die Objektüberwachung bis zur Hälfte zu erhöhen.

§ 13 Interpolation

Die Mindest- und Höchstsätze für Zwischenstufen der in den Honorartafeln angegebenen anrechenbaren Kosten und Flächen sind durch lineare Interpolation zu ermitteln.

Inhaltsübersicht

I. Allgemeines

§ 13 stellt klar, dass die Interpolation in allen Fällen linear zu erfolgen hat.   **1**
    Die Honorartafeln der HOAI sind nicht linear aufgebaut. Dies hat dazu geführt, dass mit der Logik der degressiven Staffelung verschiedentlich versucht worden ist, die Honorartafeln in mathematische Formeln zu kleiden, um Zwischenwerte zu ermitteln. § 13 schafft Klarheit, indem für alle Honorartafeln die lineare Interpolation zwischen den Tafelwerten vorgeschrieben wird.
    § 13 bezieht sich auf alle Honorartafeln. Dementsprechend ist in der Bestimmung von anrechenbaren Kosten, **und Flächen** die Rede.
    Der Begriff „Flächen" **bezieht sich auf die Honorarermittlung der Flächenplanung.**

II. Beispielrechnung

Die lineare Interpolation lässt sich an Beispielen wie folgt erläutern: **2**

Beispiel nach § 34 Objektplanung Gebäude

Es soll das Honorar für € 520.000,00 anrechenbare Kosten, Honorarzone III, Mindestsatz, ermittelt werden.
    Es sind zunächst die beiden Eckwerte in der Honorartafel festzustellen. Der niedrige bezieht sich auf € 500.000,00 anrechenbare Kosten und ergibt ein Honorar von € 62.900,00.
    Der Höhere bezieht sich auf € 750.000,00 anrechenbare Kosten und ergibt ein Honorar von € 89.927,00. Es ist die Differenz zu bilden. Die Honorardifferenz zwischen beiden Eckwerten beträgt € 27.027,00.

Danach berechnet sich das interpolierte Honorar nach folgender Formel:

$$\text{Niedriger Eckwert Honorar} + \frac{\begin{array}{c}\text{Differenz zwischen den tatsächl.}\\ \text{anrechenbaren Kosten und niedrigerem}\\ \text{Eckwert anrechenbarer Kosten}\end{array} \times \begin{array}{c}\text{Differenz der Honorare}\\ \text{bezogen auf niedrigeren und}\\ \text{höheren Eckwert}\end{array}}{\begin{array}{c}\text{Differenz zwischen dem niedrigeren und höheren Eckwert}\\ \text{anrechenbarer Kosten, Werte (§ 34) oder VE}\end{array}} = \text{interpoliertes Honorar}$$

Dies sieht anhand des Beispiels wie folgt aus:

$$62.940.00 + \frac{(520.000,00 - 500.000,00) \times (89.927,00 - 62.900,00)}{(750.000,00 - 500.000,00)} = 65.062,16$$

3   Schöpfen die Parteien den Honorarrahmen zwischen Mindest- und Höchstsatz aus und vereinbaren, dass der Mittelsatz gelten soll, berechnet sich die Interpolation am Beispiel wie folgt:

Das Honorar des Mittelsatzes bezogen auf den niedrigeren Eckwert beträgt:

€ 62.900,00 + Differenz zwischen Höchstsatz und Mindestsatz = € 78.449,00 – € 62.900,00 = € 15.549,00 : 2 = € 7.774,50 + € 62.900,00 **= € 70.674,50**.

Das Honorar des Mittelsatzes, bezogen auf den höheren Gebührenschritt von € 750.000,00 ergibt:

€ 89.927,00 + Differenz zwischen Höchstsatz und Mindestsatz = € 112.156,00 – € 89.927,00 = € 22.229,00 : 2 = € 11.114,50 + € 89.927,00 **= € 101.041,50**.

Das Honorar berechnet sich wie folgt:

$$70.674,50 + \frac{20.000,00 \times 30.367,00}{250.000,00} = \textbf{73.103,86 €}$$

Zur prüffähigen Honorarberechnung bedarf es nicht der Darstellung des Rechnungsgangs. Zur richtigen Honorarermittlung muss das Ergebnis der Berechnung allerdings stimmen. Sie ist Bestandteil der Begründetheit der Rechnung und führt bei fehlender Darstellung in der Schlussrechnung auch nicht zur Annahme fehlender Fälligkeit.[1]

---

[1] OLG Düsseldorf BauR 1996, 893

§ 14 Nebenkosten

(1) Der Auftragnehmer kann neben den Honoraren dieser Verordnung auch die für die Ausführung des Auftrags erforderlichen Nebenkosten in Rechnung stellen; ausgenommen sind die abziehbaren Vorsteuern gemäß § 15 Absatz 1 des Umsatzsteuergesetzes in der Fassung der Bekanntmachung vom 21. Februar 2005 (BGBl. I S. 386), das zuletzt durch Artikel 2 des Gesetzes vom 8. Mai 2012 (BGBl. I S. 1030) geändert worden ist. Die Vertragsparteien können bei Auftragserteilung schriftlich vereinbaren, dass abweichend von Satz 1 eine Erstattung ganz oder teilweise ausgeschlossen ist.

(2) Zu den Nebenkosten gehören insbesondere:
1. Versandkosten, Kosten für Datenübertragungen,
2. Kosten für Vervielfältigungen von Zeichnungen und schriftlichen Unterlagen sowie für die Anfertigung von Filmen und Fotos,
3. Kosten für ein Baustellenbüro einschließlich der Einrichtung, Beleuchtung und Beheizung,
4. Fahrtkosten für Reisen, die über einen Umkreis von 15 Kilometern um den Geschäftssitz des Auftragnehmers hinausgehen, in Höhe der steuerlich zulässigen Pauschalsätze, sofern nicht höhere Aufwendungen nachgewiesen werden,
5. Trennungsentschädigungen und Kosten für Familienheimfahrten in Höhe der steuerlich zulässigen Pauschalsätze, sofern nicht höhere Aufwendungen an Mitarbeiter oder Mitarbeiterinnen des Auftragnehmers aufgrund von tariflichen Vereinbarungen bezahlt werden,
6. Entschädigungen für den sonstigen Aufwand bei längeren Reisen nach Nummer 4, sofern die Entschädigungen vor der Geschäftsreise schriftlich vereinbart worden sind,
7. Entgelte für nicht dem Auftragnehmer obliegende Leistungen, die von ihm im Einvernehmen mit dem Auftraggeber Dritten übertragen worden sind.

(3) Nebenkosten können pauschal oder nach Einzelnachweis abgerechnet werden. Sie sind nach Einzelnachweis abzurechnen, sofern bei Auftragserteilung keine pauschale Abrechnung schriftlich vereinbart worden ist.

Inhaltsübersicht

I. Die Erstattungsfähigkeit von Nebenkosten

1 Die dem Auftragnehmer in Ausführung des Vertrages entstehenden Auslagen werden als Nebenkosten bezeichnet, die der Auftragnehmer auf Nachweis erstattet bekommen kann. Nach § 14 Abs. 1 können die Parteien jedoch abweichend von der Erstattungspflicht auf Nachweis bei Auftragserteilung schriftlich vereinbaren, dass eine Erstattung ganz oder teilweise ausgeschlossen wird. Nach § 14 Abs. 3 besteht zudem die Möglichkeit, die Nebenkosten pauschal oder nach Einzelnachweis abzurechnen. Pauschal können sie abgerechnet werden, wenn dies bei Auftragserteilung schriftlich vereinbart worden ist.

Aus dieser Regelung ergibt sich zunächst, dass in den Honoraren Nebenkosten und Auslagen nicht enthalten sind. Den Parteien ist indes weitgehend Vertragsfreiheit eingeräumt, wie sie die Abrechnung der Nebenkosten vornehmen wollen. Fehlt es an einer schriftlichen Vereinbarung bei Auftragserteilung, so hat der Auftragnehmer Anspruch auf eine Vergütung der nachweislich entstandenen Auslagen. Unter den Auslagen sind die Aufwendungen des Auftragnehmers zu verstehen, die er in Erfüllung der übernommenen Leistungsverpflichtung notwendigerweise getätigt hat. Abgerechnet werden können danach nur die Kosten, die auch für das Projekt und für dessen Bearbeitung erforderlich und notwendig waren.

Der Einzelnachweis erfolgt in der Regel durch Vorlage von Rechnungskopien für Zahlungen an Dritte. Werden Aufwendungen im eigenen Haus getätigt, z. B. Vervielfältigungen, so werden die dem Auftragnehmer nachweislich dadurch entstehenden Kosten erstattet.

2 Der Hinweis auf § 15 Abs. 1 des Umsatzsteuergesetzes besagt, dass der Auftragnehmer die Vorteile, die er aufgrund der Vorsteuerabzugsberechtigung erhält, dem Auftraggeber weiterzugeben hat. Damit soll sichergestellt werden, dass der Auftragnehmer nur die tatsächlich anfallenden Aufwendungen berechnet. Gemäß § 16 Abs. 2 UStG muss der umsatzsteuerpflichtige Auftragnehmer (§ 3 UStG) die in den Veranlagungszeitraum fallenden Umsatzsteuerbeträge, abzüglich der nach § 15 UStG vereinnahmten Vorsteuern, an das Finanzamt abführen. Die umsatzsteuerliche Belastung findet in Höhe des Differenzbetrages statt.

In der Praxis erfolgt dies in der Weise, dass die in den Belegen für die Abrechnung von Nebenkosten enthaltenen Mehrwertsteuerbeträge herausgerechnet werden und nur die Nettopositionen der Nebenkostenabrechnungen dem Auftraggeber in Rechnung gestellt werden, wobei auf diese Nettobeträge die gesetzliche Mehrwertsteuer aufzuschlagen ist.

3 Auslagen, die gemäß § 15 UStG vom Vorsteuerabzug ausgeschlossen sind, können dem Auftraggeber voll berechnet werden. Dies gilt insbesondere für Bauvorhaben, die die Bundesrepublik, vertreten durch die Länder, für Zwecke der NATO-Staaten im Inland durchführt.

Wegen der mangelnden Finanzhoheit über ausländische Staaten ist in den Truppenverträgen festgelegt, dass inländische Auftragnehmer die gesetzliche Mehrwertsteuer nicht berechnen können. Soweit Auftragnehmer im Rahmen der Truppenabkommen tätig werden, sind sie von der Umsatzsteuerpflicht befreit. Es heißt z. B. in Ziff. 16 der Ausführungsrichtlinien AGB 1958 (kanadisch/Luft):[1]

> *„Schließen Behörden der Deutschen Bauverwaltung Verträge über Lieferungen und sonstige Leistungen zur Ausführung von Auftragsbauten, so sind Lieferungen und sonstige Leistungen wie unmittelbare Lieferungen und sonstige Leistungen an die kanadischen Luftstreitkräfte zu behandeln; sie genießen die Steuerbegünstigungen nach Artikel 33 Abs. 2 a u. b des Truppenvertrages.“*

Eine ähnliche Formulierung enthält das Übereinkommen über die Entschädigung der Bundesrepublik Deutschland durch die Vereinigten Staaten von Amerika für Architekten- und Ingenieurleistungen vom 23.10.1961.[2]

In Ausführung dieser völkerrechtlich verbindlichen Verträge hat der Bundesfinanzminister in den Richtlinien „Für den Übergang des Mehrwertsteuersystems im Bereich der Finanzbauver-

---

[1] Abgedruckt im Ministerialblatt des Bundesfinanzministeriums 1959, 323
[2] Ministerialblatt des Bundesfinanzministeriums 1962, 418

waltung" den Grundsatz festgehalten:[3] „dass die Vergütung der Auftragnehmer für Baumaßnahmen, die ganz oder teilweise aus den Mitteln der gemeinsamen NATO-Infrastruktur finanziert werden, ausschließlich der Mehrwertsteuer erfolgt" (also ohne).

Diese Rechtslage gilt unverändert fort und erstreckt sich auch auf Vereinbarungen, die im Rahmen des Abkommens zwischen der Bundesrepublik Deutschland und dem obersten Hauptquartier der alliierten Mächte in Europa geschlossen worden sind (vgl. hierzu § 26 Abs. 5 UStG).

Bei Umsatzsteuerbefreiungen dieser Art entfällt ein Vorsteuerabzug. Der Auftragnehmer kann die Aufwendungen für Auslagen einschließlich der aufgewendeten Mehrwertsteuer dem Auftraggeber in Rechnung setzen. Wegen der fehlenden Umsteuerpflicht für derartige Umsätze wird allerdings auch keine Umsatzsteuer für Honorar und die brutto abzurechnenden Nebenkosten aufgeschlagen. Die hierfür bestehenden Durchführungsverordnungen der Finanzverwaltung sind allerdings zu beachten.

Auftragnehmer mit Kleinumsätzen, die gemäß § 19 Abs. 2 UStG nicht zur Mehrwertsteuer optiert haben und gemäß § 19 Abs. 1 die Umsatzsteuer nach vereinnahmten Entgelten abführen, sind nicht vorsteuerabzugsberechtigt. Sie können Aufwendungen einschließlich der in Rechnung gestellten Mehrwertsteuer auf den Auftraggeber abwälzen, dürfen allerdings auch keine zusätzliche Mehrwertsteuer berechnen.

II. Die pauschale Abgeltung der Nebenkosten

Die Vereinbarung einer pauschalen Abgeltung von Nebenkosten muss schriftlich bei Auftragserteilung erfolgen.[4] Mündliche Abreden reichen nicht aus und sind unwirksam. Nach Auftragserteilung ist eine Vereinbarung über pauschale Abgeltung nicht möglich. Bei unwirksamen Abreden bleibt der Anspruch des Auftragnehmers, eine Erstattung der Nebenkosten nach Einzelnachweis zu fordern, jedoch voll erhalten.   **4**

Eine Abgeltung der Nebenkosten durch eine Pauschalvereinbarung schließt eine spätere Nachforderung von Nebenkosten aus. Von seltenen Ausnahmen abgesehen, hilft auch kein Anpassungsverlangen nach den Grundsätzen des Wegfalls der Geschäftsgrundlage. Einer Prüfung in dieser Richtung wird man nur nähertreten können, wenn der von den Parteien angenommene Umfang voraussichtlich anfallender Nebenkosten in der Pauschalvereinbarung mitgeteilt wird. Weichen die tatsächlich anfallenden Nebenkosten erheblich von den angenommenen ab und sind diese eine Folge zusätzlicher Anforderungen an den Auftragnehmer, die bei Abschluss der Vereinbarung von den Parteien nicht erkannt worden sind, kommt eine Anpassung der Pauschale an die veränderten Verhältnisse in Betracht.[5]

Ist eine formwirksam vereinbarte Pauschale für die Nebenkosten deutlich übersetzt, so stellt sich die Frage, ob dadurch der Höchstpreischarakter der HOAI verletzt wird. Diese Frage ist in der bisherigen Rechtsprechung und Literatur streitig behandelt worden. Das OLG Düsseldorf[6] hat angenommen, dass die Vereinbarung einer Nebenkostenpauschale am Höchstpreischarakter der HOAI teilhat. Es meint, dass bei einem auffälligen Missverhältnis zwischen den tatsächlich eintretenden Nebenkosten und der vereinbarten Nebenkostenpauschale eine Überschreitung des Höchstsatzes gegeben sei, die zur Unwirksamkeit der Vereinbarung führt.[7] Der Bundesgerichtshof hat diese streitige Frage mit seiner Entscheidung vom 25.09.2003 endgültig geklärt.[8] Wie schon in der Vorauflage dargelegt, stellt sich der BGH auf den Standpunkt, dass die Vereinbarung einer Nebenkos-   **5**

---

[3] Richtlinie für die Mehrwertsteuerberechnung, Ministerialblatt des Bundesfinanzministers 68, 402
[4] BGH BauR 1994, 131 (132); BGH BauR 1989, 222; BGH BauR 1990; allgemeine Meinung: Pott/Dahlhoff/Kniffka/Rath § 7 Rdn. 11 b; Korbion/Mantscheff/Vygen § 7 Rdn. 14; Locher/Koeble/Frik § 7 Rdn. 12
[5] Wie hier Pott/Dahlhoff/Kniffka/Rath § 7 Rdn. 11 b
[6] OLG Düsseldorf BauR 1990, 640
[7] Dem OLG Düsseldorf folgend Locher/Koeble/Frik HOAI, 8. Auflage, § 7 Rdn. 12, Korbion/Mantscheff/Vygen zu § 7 Rdn. 15
[8] BGH BauR 2004, 356

tenpauschale an dem Höchstpreischarakter der HOAI nicht teilhat.[9] Nach dem Wortlaut des § 14 Abs. 3 wird nichts darüber ausgesagt, wie eine Pauschale zu bemessen ist. Die Preisbindung in § 7 HOAI bezieht sich nur auf die Bewertung von Leistungen, nicht jedoch auf die Berechnung von Nebenkosten. Nebenkosten sind nicht Bestandteil des Honorars. Nebenkosten können auch verlangt werden, wenn der HOAI-Höchstsatz der zutreffenden Honorarzone vereinbart worden ist. Auch in diesem Fall würde die Nebenkostenerstattung eine Erstattung oberhalb des Höchstsatzes sein. Entscheidend ist indes, dass weder nach dem Wortlaut des § 7.1 noch nach § 14.3 anzunehmen ist, dass die Nebenkostenpauschale vom Höchstpreischarakter umfasst wird.[10]

Es bleibt bei den allgemeinen Grundsätzen des Vertragsrechts. Eine Nichtigkeit der Festlegung einer Honorarpauschale kommt deshalb nur in Betracht, wenn ein Fall des § 138 Abs. 1 BGB vorliegt. Danach sind Rechtsgeschäfte nichtig, die gegen die guten Sitten verstoßen. Das ist nach der Entscheidung des BGH insbesondere dann der Fall, wenn die Pauschale zu den im Zeitpunkt des Vertragsschlusses zu erwartenden Nebenkosten objektiv in einem auffälligen Missverhältnis steht und weitere Umstände hinzutreten wie etwa eine verwerfliche Gesinnung des begünstigten Architekten oder Ingenieurs. Weiter heißt es: „Liegt ein besonders grobes krasses Missverhältnis vor, rechtfertigt dieser Umstand regelmäßig den Schluss auf eine verwerfliche Gesinnung und damit auf einen sittenwidrigen Charakter der Vereinbarung."[11] Der BGH meint weiter, dass bei der Beurteilung, ob ein solches Missverhältnis gegeben und ob die subjektive Voraussetzung des § 138 Abs. 1 BGB erfüllt sei, auch die Unsicherheit der Prognose zu berücksichtigen sei, die im maßgeblichen Zeitpunkt hinsichtlich der zu erwartenden Nebenkosten besteht.[12] Um die Sittenwidrigkeit einer Nebenkostenpauschalvereinbarung annehmen zu können, müssen deshalb zwei Voraussetzungen vorliegen. Zum einen muss ein krasses Missverhältnis zwischen der Pauschale und den tatsächlichen Nebenkosten bestehen. Zum anderen muss subjektiv auch eine verwerfliche Gesinnung des durch die Pauschale begünstigten Auftragnehmers zum Ausdruck kommen.

6   Es liegt in der Natur der Sache, dass der Umfang der voraussichtlichen Nebenkosten für die Durchführung eines Auftrages sehr vom Einzelfall bestimmt wird. Mit der Nebenkostenpauschale werden nicht nur die Telefonkosten und Versandkosten abgedeckt, sondern auch Kosten für Vervielfältigungen, Reisekosten, Einrichtung eines Baubüros, Fahrten vom Büro bis zur Baustelle und dergleichen mehr. Sie hängen damit auch davon ab, welches Leistungsbild Gegenstand des Auftrages ist. Beschränken sich die Leistungen auf die Erbringung von Planungsleistungen, fallen die zeit- und kostenaufwendigen Fahrten vom Büro bis zur Baustelle und die Kosten für die Unterhaltung eines Büros weg. Nebenkostenpauschalen für die Planungsaufträge, die lediglich Planungsleistungen zum Gegenstand haben, werden deshalb in der Regel mit 3–6 % des Nettohonorars vereinbart. Nebenkosten, für einen Gesamtauftrag können bei 6–9 % und darüber liegen. Die Vereinbarung einer Nebenkostenpauschale von 10 % und mehr des Honorars ist deshalb nicht ungewöhnlich und liegt nicht generell außer der Betrachtung. Ein im Sinne des § 138 anzunehmendes krasses Missverhältnis wird man annehmen können, wenn die Nebenkostenpauschale das Doppelte von den üblichen Aufwendungen für vergleichbare Objekte ausmacht.

Ist danach eine Nebenkostenpauschalvereinbarung nichtig, so fällt sie insgesamt weg. Eine Reduzierung der Pauschale auf einen angemessenen Wert findet nicht statt.[13] Allerdings verbleibt dem Auftragnehmer auch in diesem Fall das Recht, die tatsächlich entstandenen Nebenkosten auf Nachweis zu verlangen.[14]

Die Pauschalierung der Nebenkosten kann sich auch auf einzelne Nebenkostenarten beziehen. Es ist nicht Voraussetzung, dass sämtliche Nebenkosten pauschaliert werden. Die Parteien haben weitgehende Gestaltungsmöglichkeiten. So können einzelne Nebenkostenbereiche auf Nachweis abgerechnet werden, andere können pauschaliert und die Erstattungsfähigkeit anderer Nebenkostenarten auch ausgeschlossen werden.

---

[9] So auch Werner/Pastor, 10. Auflage, Rdn. 932, wie hier in der Vorauflage zu § 7 Rdn. 4

[10] BGH a. a. O.

[11] So BGH a. a. O. unter Verweis auf BGH in NJW 2000, 1254 und BGHZ 146, 97, 47 (48)

[12] BGH a. a. O.

[13] So BGH a. a. O.

[14] Zum Thema, dass bei formunwirksamen Vereinbarungen eine Nebenkostenpauschale das Recht auf Abrechnung der Nebenkosten auf Nachweis verbleibt vgl. auch BGH BauR 1994, 131; BGH BauR 1990, 101, BGH BauR 1989, 222

III. Der Ausschluss der Erstattungsfähigkeit

Die Parteien haben auch die Möglichkeit, die Erstattung der Nebenkosten ganz oder teilweise vertraglich auszuschließen. Dieser Ausschluss muss jedoch schriftlich bei Auftragserteilung vereinbart werden. Sind diese Voraussetzungen nicht eingehalten, bleibt es bei dem Recht des Auftragnehmers, Erstattung seiner Auslagen vom Auftraggeber zu verlangen. Sie erfolgt auch in diesem Fall auf Einzelnachweis.[15] Der teilweise Ausschluss kann sich auf einzelne Nebenkostenarten beziehen. So kann z. B. die Erstattung von Telefon- und Versandkosten ausgeschlossen werden, wobei alle übrigen Nebenkosten erstattungsfähig bleiben.

7

IV. Die Nebenkosten im Einzelnen

Vorbemerkung

§ 14 Abs. 2 zählt einzelne Nebenkosten auf, ohne einen abschließenden Katalog aufzustellen. Bei der Vielfalt möglicher Nebenkosten kommen auch weitere in Betracht, die in dem Katalog selbst nicht aufgeführt sind. Handelt es sich hierbei um weitere erforderliche Auslagen, so kann ihre Erstattung verlangt werden, auch ohne dass die Parteien eine entsprechende Vereinbarung erzielt haben. § 14 gibt auch insoweit dem Auftragnehmer einen Rechtsanspruch auf Erstattung. Die Nebenkosten sind allerdings ebenso nachzuweisen.

8

Einziger und entscheidender Maßstab für die Erstattungsfähigkeit von Nebenkosten ist die Frage, ob die Aufwendungen für die Durchführung des Auftrages erforderlich waren. Dies setzt zunächst voraus, dass sie entstanden sind. Ist dies der Fall, so kann bei überzogenem Aufwand, dem die Erforderlichkeit abgesprochen werden muss, teilweise die Erstattungsfähigkeit untersagt werden, so z. B. bei Reisekostenentschädigung für Fahrten, die nicht erforderlich waren.

Auf der anderen Seite dürfen an den Nachweis der Nebenkosten auch keine übertriebenen Anforderungen gestellt werden. Es reicht aus, wenn der Auftragnehmer seine Aufzeichnungen und Unterlagen vorlegt, aus denen sich die Entstehung der Nebenkosten ergibt. Eine pauschale Berechnung von Post- und Fernmeldekosten reicht aus, wenn sie plausibel ist.

Der in § 14 aufgeführte Katalog von Nebenkosten stellt nur Beispiele dar. Es können andere hinzukommen, die als solche nicht aufgeführt sind. Maßstab auch hier ist, dass diese Kosten erforderlich waren, um den gestellten Auftrag zu erfüllen.

1. Versandkosten, Kosten der Datenübertragung (Ziffer 1)

Die HOAI spricht von Versandkosten. Zu den Kosten der Datenübertragung zählen hierunter auch Kosten eines Datenpools, den der Auftragnehmer für den Auftraggeber einrichtet. Bei größeren Bauvorhaben hat es sich als zweckmäßig erwiesen, einen Datenpool zu errichten, zu dem die am Bau beteiligten Planer, ausführenden Firmen und die zuständigen Stellen des Auftraggebers Zugang haben. Über speziell eingerichtete Kennwörter lässt sich der Datenfluss so organisieren, dass jeder der Beteiligten auch nur Zugang zu den Daten erhält, die für ihn bestimmt sind. Dies erfordert den Aufbau und vor allem die Pflege spezieller Programme und die fachtechnische Einweisung der Nutzer. Die Kosten, die hierfür aufzuwenden sind, gehören zu den erstattungsfähigen Nebenkosten.

9

Versandkosten, Kosten der Datenübertragung sind Kosten für Porto, Telefax, Mail und Telefon zu verstehen. Seit Inkrafttreten der HOAI haben sich die Verhältnisse auf dem Post- und Fernmeldesektor deutlich geändert. Die Monopole sind gefallen.

Unter Versandkosten sind alle Kosten zu verstehen, die für den Versand von Unterlagen aufzubringen sind. Dies können Aufwendungen für Briefmarken sein. Auch die Kosten für Kurierdienste zählen hierzu. So kann es sein, dass Modelle, Zeichenunterlagen und andere um-

---

[15] Allgemeine Meinung Korbion/Mantscheff/Vygen § 7 Rdn. 10; Pott/Dahlhoff/Kniffka § 7 Rdn. 4

fangreiche Dokumentationen nicht der Post AG, sondern einem anderen Kurierdienst anvertraut werden. Die dadurch entstehenden Kosten sind unter diesem Titel als Nebenkosten erstattungsfähig.

Telefax-, Telefon- und Mailkosten fallen unter die Rubrik der Kosten für Telekommunikationsleistungen und sind Kosten der Datenübertragung. Auch diesbezüglich besteht ein virulenter Markt unterschiedlicher Anbieter. Erstattungsfähig sind die nachweislich entstandenen Kosten durch den Versand von Unterlagen per Telekommunikationsleitungen (Mail, Telefax) ebenso wie die Telefonkosten. Der Einzelnachweis für diese Kosten lässt sich heute mühelos durch computermäßig erstellte Einzelbelege der Telekommunikationsdienstleister führen. Dieser Weg ist indes mühsam, da aus der Vielzahl der Einzelangaben eine Zuordnung zu dem jeweiligen Auftrag und Projekt erfolgen muss. Sollen diese Kosten auf Nachweis erstattet werden, so ist der Nachweis jedoch insofern organisierbar, als für die Durchführung eines Auftrages (insbesondere bei Großbauaufträgen) spezielle Telefonnummern genutzt werden: Weiterhin besteht die Möglichkeit, die Abrechnung über ein spezielles Datenprogramm für eine gesonderte Erfassung der Telefonübermittlungskosten für den einzelnen Auftrag zu organisieren. Zu erstatten sind die Kosten, die tatsächlich anfallen. Es spielt keine Rolle, dass es Telekommunikationsdienstleister gibt, die möglicherweise auch günstigere Gebühren erheben. Hierauf kann sich der Auftraggeber nicht berufen. Die tatsächlichen Aufwendungen sind entscheidend.

Für den Nachweis der Telefonkosten dürfen indes nicht übertriebene Anforderungen gestellt sein. Sie müssen lediglich plausibel sein.

2. Vervielfältigungen (Ziffer 2)

10 Die Kosten für Vervielfältigungen von Zeichnungen und schriftliche Unterlagen sowie Anfertigung von Filmen und Fotos bilden diesen Block.

Vervielfältigungen, die der Auftragnehmer in Auftrag gibt und begleicht, sind Auslagen im Sinne des § 14.[16]

Die Rechnungen sind auf den Namen des Auftragnehmers auszustellen und von diesem einschließlich der auf den Nettobetrag entfallenden Mehrwertsteuer zu überweisen.[17]

Zu den Nebenkosten für Vervielfältigung zählen auch notwendige Kosten für das Schriftgut. Ausschreibungsunterlagen, die nicht selten in hoher Stückzahl zu fertigen sind, rechnen hierzu. Das Zusammenstellen umfangreicher Daten in Papierform wird verstärkt durch CD Rom oder andere elektronische Träger abgelöst, sodass sich die Kosten hierfür reduzieren.

Vervielfältigungen können auch dann abgerechnet werden, wenn sie im eigenen Haus erstellt werden. § 14 macht die Erstattung von Nebenkosten nicht von Barauslagen abhängig. Es können jedoch nur die tatsächlich entstandenen Kosten in Ansatz gebracht werden.[18]

Auch diesbezüglich gilt, dass keine überzogenen Anforderungen an die Nachweispflicht zu stellen sind.

Mit der fortschreitenden Vernetzung verlieren Vervielfältigungen in Papierform allerdings an Bedeutung. Die Bearbeitung der Planungsaufgaben erfolgt heute überwiegend online. Dies gilt speziell für die Bearbeitung der Planungsaufgabe unter den Architekten und den Fachingenieuren. Das Endprodukt der Bearbeitung mag dann in Papierform ausgedruckt und vervielfältigt vor Ort abgegeben werden. In den meisten Fällen erfolgt allerdings auch die Übermittlung dieser Daten an die bauausführenden Firmen online.

Die Anfertigung von Filmen und insbesondere von Fotos hat durch die Digitalisierung deutlich an Bedeutung gewonnen. So ist das Digitalfoto bei der Baudurchführung im Rahmen einer Objektüberwachung kaum noch hinwegzudenken. Es lassen sich mit Digitalfotos Einzelheiten der Bauherstellung fotografisch festhalten und auch in Berichten ohne Weiteres aufnehmen. Kosten entstehen im Sinne von Nebenkosten hierfür allerdings nur, wenn die Bilder in Farbqualität reproduziert und vervielfältigt werden.

---

[16] Vgl. OLG Stuttgart BauR 1991, 491 (494)

[17] Vgl. OLG Frankfurt Urteil v. 03.04.1974 – 2/10 0442/72 (nicht veröffentlicht)

[18] Landgericht Waldshut-Tiengen geht irrtümlich nur von der Erstattungspflicht von Barauslagen aus, BauR 1981, 89 (84)

3. Baustellenbüro (Ziffer 3)

Zu den Kosten der Einrichtung eines Baustellenbüros zählen die notwendigen Errichtungskosten, **11** die Anschlussgebühren für Telefon, Wasser und Strom sowie die Aufwendungen für Gegenstände, die speziell für die Bewältigung der übertragenen Leistungen notwendig sind und deshalb im Interesse des Auftraggebers angeschafft wurden. Erstattungsfähig sind auch die Betriebskosten wie Heizung, Licht und Raumpflege.

Stapelfeld[19] setzt sich kritisch mit dem Umfang der erstattungsfähigen Nebenkosten für die Führung eines Baubüros auseinander. Er folgert indes zu Unrecht aus dem Wortlaut des § 7 HOAI 1996, dessen Wortlaut unverändert fort gilt, eine nur eingeschränkte Erstattungsfähigkeit der Nebenkosten für an sich erforderliche Maßnahmen. Maßgebend alleine ist, ob der Aufwand für die Errichtung, den Abbau und die Unterhaltung des Baustellenbüros erforderlich ist. Hierzu zählen auch Reinigungskosten.[20]

Bei den Kosten des Reinigungspersonals handelt es sich nicht um das Personal, das der Auftragnehmer für die Durchführung der Bauüberwachung zu stellen hat, es handelt sich vielmehr um Kosten, die unmittelbar im Zusammenhang mit dem Betrieb des Baustellenbüros stehen und somit erstattungsfähig sind.

Da die Einrichtung von permanent besetzten Baustellenbüros normalerweise nur für größere Bauvorhaben erforderlich ist, hat sich indes allgemein durchgesetzt, dass das Baustellenbüro vom Auftraggeber gestellt wird. Dies geschieht vielfach in der Weise, dass dem Rohbauunternehmer zur Pflicht gemacht wird, das von ihm einzurichtende Baustellenbüro auf der Baustelle bis zum Abschluss der Baumaßnahme gegen Zahlung einer entsprechenden Nutzungsgebühr aufrechtzuerhalten.

4. Fahrtkosten (Ziffer 4)

Unternimmt der Auftragnehmer im Interesse des Auftraggebers Fahrten, so können sie abge- **12** rechnet werden, wenn sie über den Umkreis von mehr als 15 km vom Geschäftssitz des Auftragnehmers hinausgehen. Die Kosten für Fahrten innerhalb der 15-km-Zone gehören zu den allgemeinen Geschäftskosten. Es gilt die tatsächlich mit dem Verkehrsmittel zurückzulegende kürzeste Entfernung.[21]

Die Bestimmung gilt auch für Fahrten am gleichen Ort. Ist die 15-km-Grenze überschritten, so sind sämtliche Fahrkilometer erstattungsfähig, einschließlich der 15 km.[22]

Unternimmt der Auftragnehmer eine Fahrt für mehrere Auftraggeber, so sind die Kosten angemessen aufzuteilen.[23]

Sind die Fahrtkosten erstattungsfähig, kann der Auftragnehmer die für die öffentlichen Beförderungsmittel ausgegebenen Gelder abrechnen. Benutzt er einen eigenen Pkw, steht ihm in Höhe der jeweiligen steuerlich zulässigen Pauschalsätze ohne weiteren Nachweis eine km-Pauschale zu. Sind seine Aufwendungen höher, erhält er sie auf Nachweis erstattet. Für Fahrten mit dem eigenen Pkw wird dies regelmäßig der Fall sein. Die tatsächlichen Aufwendungen für jeden gefahrenen Kilometer können aus den ADAC-Tabellen abgelesen werden. Der Nachweis anhand dieser Tabelle ist im Allgemeinen ausreichend. Die Kosten eines Leihwagens können ohne Zustimmung des Auftraggebers nicht abgerechnet werden. Es können lediglich steuerlich anerkannte Pauschalsätze abgesetzt werden.[24]

5. Trennungsentschädigungen (Ziffer 5)

Trennungsentschädigungen und Kosten für Familienheimfahrten sind in Höhe der steuerlichen **13** Pauschalsätze erstattungsfähig. Auch diese Regelung entspricht der bisherigen.

---

[19] Stapelfeld BauR 1996, 325–328
[20] Wie hier Korbion/Mantscheff/Vygen § 7 Rdn. 25
[21] Wie hier Korbion/Mantscheff/Vygen/ § 7 Rdn. 32 unter teilweiser Aufgabe der Auffassung in der zweiten Auflage; Locher/Koeble/Frik § 7 Rdn. 7; Pott/Dahlhoff/Kniffka § 7 Rdn. 7
[22] Locher/Koeble/Frik § 7 Rdn. 7
[23] So auch Korbion/Mantscheff/Vygen § 7 Rdn. 34
[24] Wie hier Pott/Dahlhoff/Kniffka § 7 Rdn. 7 a

Werden aufgrund tariflicher Vereinbarungen höhere Aufwendungen an die Mitarbeiter des Auftragnehmers gezahlt, können diese geltend gemacht werden.

Trennungsentschädigungen und Kosten für Familienheimfahrten stellen eine Position dar, die im Rahmen der Abgeltung von Mitarbeitergehältern aufgrund arbeitsvertraglicher Festlegung erfolgen. Sind nach dem Arbeitsvertrag tatsächliche Erstattungen z. B. für Bauleitungstätigkeiten außerhalb der Niederlassung des Auftragnehmers erforderlich, so sind diese erstattungsfähig.

6. Entschädigung für Geschäftsreisen (Ziffer 6)

14   Unternimmt der Auftragnehmer eine längere Reise, steht ihm neben den Fahrtkosten die Bezahlung sonstigen Aufwandes zu. Voraussetzung ist, dass die Entschädigung vor der Geschäftsreise schriftlich vereinbart wurde. Ist sie vor Antritt der Reise nur mündlich vereinbart, so verstößt diese Vereinbarung gegen § 125 BGB und ist unwirksam. Die Parteien können eine formwirksame Vereinbarung nachholen. Bezahlt der Auftraggeber die Auslagen, wird der Formmangel durch nachträglich konkludent erteilte Genehmigung des Auftraggebers geheilt. Ein Anspruch auf Rückzahlung ist dann ausgeschlossen.[25]

§ 14 Abs. 2 Nr. 6 enthält eine Zeitbestimmung. Entschädigungen für sonstigen Aufwand von Reisen, der nicht mit den eingereichten Fahrtkosten gem. Ziffer 4 abgedeckt ist, soll nur erstattungsfähig sein, wenn die Vertragsparteien diese vor der Geschäftsreise schriftlich vereinbart haben. Daraus folgt zunächst, dass die Erstattungsfähigkeit sonstiger Kosten bei längeren Reisen wie z. B. Übernachtungs- und Bewirtungskosten nicht auf Nachweis abgerechnet werden können, sondern stets nur bei Vorliegen einer entsprechenden Vereinbarung erstattet werden können. Ohne Vereinbarung entfällt die Erstattungsfähigkeit. Eine nachträgliche Zustimmung schadet dabei nicht, da sich der Auftraggeber widersprüchlich verhält, wenn er die nachträgliche Genehmigung der Erstattungsfähigkeit später widerrufen will. Die Auffassung, dass nachträglich getroffene schriftliche Vereinbarungen, die nicht vor Antritt der Reise erfolgt sind, wegen der Preisrechtsbindung nicht zulässig seien, ist dem gegenüber zu weitgehend.[26]

Die genaue Höhe der anfallenden Entschädigungen bedarf nicht der Vereinbarung. Es reicht aus, dass die Parteien sich auf die grundsätzlichen zu entschädigenden Leistungen geeinigt haben. Dies sind Übernachtungsaufwendungen, Tagespauschalen und sonstige Bewirtungsaufwendungen, soweit zwischen den Parteien vereinbart.

7. Entgelte für Dritte (Ziffer 7)

15   Entgelte für nicht den Auftragnehmer obliegende Leistungen, die von ihm im Einvernehmen mit dem Auftraggeber Dritten übertragen worden sind, sind in der Praxis selten. Nach Auffassung des Verordnungsgebers der HOAI 1996 sollte diese Bestimmung in erster Linie für Aufträge anderer an der Planung fachlich Beteiligter zutreffen, wenn die Leistungen vom Auftragnehmer nicht selbst zu erbringen sind.

Die dynamische Entwicklung auf dem Planungssektor hat heute zu Verhaltensmustern geführt, die nur sehr selten zu einer Anwendung dieser Regelung führen. Es gehört zu einem alltäglichen Geschehen, dass an einer Planungsaufgabe eine Vielzahl von Fachleuten beteiligt ist. Entweder überträgt der Auftraggeber diese erforderlichen Leistungen den betreffenden Fachleuten unmittelbar oder er überträgt die Leistungen insgesamt einem Auftragnehmer im Rahmen eines Generalplanervertrages, der Leistungen an Architekten und Fachingenieure untervergibt. In einem solchen Fall kommt § 14 Abs. 2 Nr. 7 nicht in Betracht, da der Auftragnehmer einen eigenständigen Vergütungsanspruch auch für die Leistungen hat, die er im Subvertrag weitergibt.

Gelegentlich bei kleineren Bauvorhaben kann es sein, dass der Objektplaner (Architekt) im Rahmen seines Architektenvertrages zur Beurteilung von Fragen des Tragwerkes einen Tragwerksplaner einschaltet, ohne dass es deshalb zu einem Vertrag zwischen Bauherrn und Trag-

---

[25] A. A. Pott/Dahlhoff/Kniffka/Rath § 7 Rdn. 7a
[26] A. A. Korbion/Mantscheff/Vygen § 7 Rdn. 41, Pott/Dahlhoff/Kniffka/Rath § 7 Rdn. 7a und Locher/Koeble/Frik alle Auffassung wortgleichen Regelung alten Rechts

werksplaner kommt. Auch in diesem Fall obliegt die Beurteilung des Tragwerkes nicht dem Objektplaner. Dies zählt nicht zu seinem Aufgabengebiet und ihm fehlt hierzu die Sachkunde. Schaltet er einen Tragwerksplaner als seinen Berater ein und ist dies insgesamt für die Erfüllung der gestellten Bauaufgabe erforderlich, so ist ein Anwendungsbereich der Nr. 7 gegeben.

Zunehmend Bedeutung gewinnt indes der Fall, dass der Fachingenieur für die Technische Gebäudeausrüstung im Rahmen der Abnahmen Funktionsprüfungen durch Einschaltung geeigneter Sachverständiger anstellt. Der Auftragnehmer kann die dadurch entstehenden Honorarforderungen auf den Auftraggeber abwälzen, wenn die Übertragung dieser Leistungen im Einvernehmen mit dem Auftraggeber geschah.

Wann das Einvernehmen hergestellt worden ist, regelt § 14 Abs. 2 Nr. 7 nicht. Dies kann also jederzeit geschehen. Auch ein nachträgliches Einverständnis des Auftraggebers ist danach preisrechtlich nicht schädlich.

Einvernehmen bedeutet nicht Zustimmung. Es ist also nicht erforderlich, dass der Auftraggeber **16** bei der Auswahl der von dem Auftragnehmer eingeschalteten Personen beteiligt gewesen sein muss. Seine Zustimmung für die Vertragsgestaltung zwischen dem Auftragnehmer und dem Dritten ist ebenfalls nicht erforderlich. Einvernehmen bedarf es nur hinsichtlich der Themenstellung, dass der Auftraggeber einen Dritten mit Aufgaben betraut, die ihm selbst nicht obliegen.

Es ist auch nicht erforderlich, dass der Auftraggeber mit dem Vergütungsanspruch des Dritten selbst einverstanden war. Die üblicherweise zu zahlende Vergütung kann der Auftragnehmer dem Auftraggeber weiterberechnen. Überzogene Forderungen sind nicht erstattungsfähig. Nur die üblichen Vergütungen sind es, die dem Auftraggeber auch in Rechnung gestellt werden können. Sind die Vergütungsansprüche nach HOAI geregelt, so gelten diese. Mangels abweichender Vereinbarung zwischen Auftraggeber und Auftragnehmer wird der Auftragnehmer einen Erstattungsanspruch allerdings nur hinsichtlich des Mindestsatzes der zutreffenden Honorarzone für die Leistung des Dritten von dem Auftraggeber als Erstattung verlangen können, wenn für diese Leistung in der HOAI ein Mindestsatz gebildet ist. Fehlt ein solcher, kommt nur die übliche Vergütung in Betracht. Bei den Beratungsleistungen sind dies die Mindestsätze, die in Anlage 1 aufgeführt sind.

Hat der Auftragnehmer das Einvernehmen des Auftraggebers nicht eingeholt und war die Leistung des Dritten gleichwohl erforderlich, so kann der Auftraggeber die Erstattung der dem Auftragnehmer entstehenden Kosten nicht mit dem Hinweis verweigern, er gäbe sein Einvernehmen nicht. Der Auftraggeber hat hinsichtlich der Bewältigung der übertragenden Planungs- und Überwachungsleistungen an den Auftragnehmer eine Mitwirkungsverpflichtung. Wenn der Auftraggeber bei rechtzeitiger und richtiger Beratung des Auftragnehmers verpflichtet gewesen wäre, den Dritten zur Bewältigung der gestellten Bauaufgabe einzuschalten, so hätte er in Erfüllung seiner eigenen Obliegenheit entweder den Dritten unmittelbar beauftragen oder sein Einvernehmen zur Beauftragung durch den Auftragnehmer erteilen müssen. Es widerspricht dem Grundsatz von Treu und Glauben, wenn sich in solchen Fällen der Auftraggeber seiner Zahlungspflicht mit der Begründung entzieht, das nach § 14 Abs. 2 Nr. 7 erforderliche Einvernehmen werde von ihm nicht erteilt.

§ 15 Zahlungen

(1) Das Honorar wird fällig, wenn die Leistung abgenommen und eine prüffähige Honorarschlussrechnung überreicht worden ist, es sei denn, es wurde etwas anderes schriftlich vereinbart.

(2) Abschlagszahlungen können zu den schriftlich vereinbarten Zeitpunkten oder in angemessenen zeitlichen Abständen für nachgewiesene Grundleistungen gefordert werden.

(3) Die Nebenkosten sind auf Einzelnachweis oder bei pauschaler Abrechnung mit der Honorarrechnung fällig.

(4) Andere Zahlungsweisen können schriftlich vereinbart werden.

Inhaltsübersicht

I. Einführung in die Neuregelung der HOAI 2013

1   Zu einer Honorarordnung gehört eine Regelung zur Fälligkeit eines Honorars. Die HOAI hat in allen Vorgängerfassungen eine Regelung zur Schlussrechnung und zu Abschlagsforderung enthalten. Vom Prinzip gleichen sich die Voraussetzungen der Fälligkeitsregelungen.

Fälligkeitsregelungen, die vertraglich vereinbart sind, gehen stets vor. Die HOAI 2009 hat damit begonnen, diesen Grundsatz vor die Fälligkeitsregelung zu stellen. Die HOAI 2013 verlangt nunmehr eine schriftliche Vereinbarung, wenn von den Regeln des § 15 HOAI abgewichen werden soll. In den Vorgängerregelungen war Voraussetzung für die Fälligkeit einer Schlusszahlung die Übergabe einer prüffähigen Schlussrechnung. Mit Inkrafttreten der HOAI 2013 besteht weiter Voraussetzung, dass die Leistung auch abgenommen wurde. Der Verordnungsgeber hat die HOAI Fassung der werkvertraglichen Regelung des § 641 BGB angepasst. Nach § 641 BGB ist die Vergütung bei der Abnahme zu entrichten, eine Regelung, aus der sich die Vorleistungspflicht des Architekten/Ingenieurs als wesentliche Grundlage des Leistungsaustausches ergibt. Zunächst hat der Auftragnehmer die geschuldete Leistung zu erbringen, erst dann kann er seine Vergütung verlangen. Zur Fälligkeit der Schlussrechnung fügt der Verordnungsgeber noch eine weitere Voraussetzung hinzu, die Übergabe einer prüffähigen Schlussrechnung.

Abschlagszahlungen können gem. § 632a BGB für vertragsgemäß erbrachte Leistungen verlangt werden, soweit der Auftraggeber dadurch einen Wertzuwachs erlangt hat. Nach § 15 Abs. 2 HOAI können Abschlagszahlungen in angemessenen zeitlichen Abständen für nachgewiesene Grundleistungen gefordert werden. Auf den Wertzuwachs wird nicht abgestellt.

II. Verfassungsmäßigkeit des § 15

Die Frage der Verfassungsmäßigkeit des § 15 stellt sich nicht mehr mit der Deutlichkeit, wie sie anhand der Regelung des § 8 HOAI 1996 diskutiert wurde. Ein Teil der Literatur hatte sich gegen die Wirksamkeit des § 8 HOAI 1996 ausgesprochen. Der Bundesgerichtshof hat sich mit Urteil vom 09.07.1981 für seine Verfassungskonformität entschieden und folgte damit im Wesentlichen der überwiegenden Meinung im Schrifttum. Bei diesem Problem geht es um die Frage, ob der Verordnungsgeber aufgrund der Ermächtigungsgrundlage des Gesetzes zur Regelung von Ingenieur- und Architektenleistungen berechtigt war, neben der Feststellung von Honoraren auch deren Fälligkeit zu bestimmen. Damit ist eine in den Konsequenzen sehr weitreichende Frage angeschnitten. Würde sie nämlich verneint, so würde sich die Fälligkeit der Architekten- und Ingenieurhonorare ausschließlich nach den Regelungen des Bürgerlichen Gesetzbuches bestimmen.[1]

Diejenigen, die dem alten § 8 HOAI 1996 die Verfassungsmäßigkeit absprachen, beriefen sich darauf, dass der Verordnungsgeber mit der Ermächtigungsgrundlage nur beschränkte Eingriffe in die Vertragsfreiheit erlaubt, wozu lediglich die Bestimmung von Honoraren, nicht jedoch deren Fälligkeit gehöre. Für diese Auffassung wird weiterhin ins Feld geführt, dass die der HOAI vorangegangene Gebührenordnung für Architekten (GOA) in § 21 ebenfalls eine Fälligkeitsbestimmung enthalten hat, die nach einheitlicher Meinung auch in der Rechtsprechung jedoch als nicht verfassungskonform und damit als nicht verbindlich angesehen worden ist. Der BGH hatte zur Begründung seiner Entscheidung 1981 darauf hingewiesen, dass zwischen der GOA und der HOAI erhebliche Unterschiede bestehen. Die GOA war ausschließlich eine Höchstpreisverordnung. § 1 der Verordnung PR-Nr. 66–50 über die Gebühren von Architekten führt in § 1 aus, dass die nach der GOA 1955 zu berechnenden Entgelte Höchstpreise darstellen. Die GOA als Preisverordnung war damit weit entfernt von einer Honorarordnung. Sie legte lediglich fest, welche Honorare **nicht** festgelegt werden durften, nämlich solche, die oberhalb der GOA-Gebührensätze vereinbart worden sind. Die GOA kannte insbesondere keine Regelung dafür, welches Honorar geschuldet sein soll, wenn die Parteien sich zwar über die Entgeltlichkeit der zu erbringenden Architektenleistung einig sind, jedoch die Höhe des Honorars nicht festgelegt haben.

Mit dem Gesetz zur Regelung von Ingenieur- und Architektenleistungen ist eine andere Rechtslage eingetreten. Nach §§ 1 und 2 GIA wurde die Bundesregierung mit Zustimmung des Bundesrates zum Erlass einer Honorarordnung ermächtigt. Zu Recht meint der BGH hierzu, dass dies mehr als die bloße Festsetzung von Preisen ist, und führt aus, dass es Sinn und Zweck einer Honorarordnung ist, möglichst alle Fragen zu regeln, die im Zusammenhang mit dem Entgelt gewöhnlich auftreten, wozu neben der Höhe des Honorars die Frage gehört, wann das Honorar fällig ist und inwieweit Teilzahlungen verlangt werden können.

2

---

[1] So früher Vygen in Korbion/Mantscheff/Vygen § 8 Rdn. 4; ihm folgend Locher/Koeble/Frik § 8 Rdn. 5

Nach § 15 steht im Vordergrund, was die Parteien vertraglich schriftlich vereinbart haben. Erst wenn keine schriftliche Vereinbarung vorliegt, greift § 15 und bietet damit eine sichere Rechtsgrundlage, wenn Honorare fällig werden. Die alten Bedenken hinsichtlich einer Verfassungskonformität der Fälligkeitsbestimmung treten damit vollständig in den Hintergrund.

3 Die HOAI-Regelung ist erkennbar an die werkvertragliche Regelung zum Thema Fälligkeit des Werklohns angepasst worden. Kernbestand der werkvertraglichen Regelung ist, dass die vertraglich geschuldete Leistung vom Auftraggeber abgenommen sein muss. Hinzu tritt die Übergabe einer prüfbaren Schlussrechnung. Eine Honorarordnung, die die Grundlagen für die Berechnung der Vergütung regelt, schafft die notwendige Transparenz für den zur Zahlung verpflichteten Auftraggeber nur, wenn ihm die Grundlagen der Honorarermittlung prüfbar zur Kenntnis gebracht werden. Sie dient damit seinem Schutz, verfassungsrechtliche Bedenken sind damit in jedem Falle ausgeräumt.

Die Abschlagsregelung des § 15 Abs. 2 HOAI wird dem Charakter des Architekten- und Ingenieurvertrages gerecht. Mit fortschreitender Bearbeitung von Grundleistungen wächst der Erkenntniswert für die Planung des Bauwerkes, ohne dass damit unmittelbar ein Wertzuwachs des Grundstücks verbunden ist. Diese Sonderregelung ist dem speziellen Charakter von Architekten- und Ingenieurleistungen geschuldet und deshalb ebenso verfassungsrechtlich nicht zu beanstanden.[2]

Einen Wertzuwachs erfährt der Auftraggeber aufgrund einzelner Planungsschritte und Beratungsleistungen im Verlauf eines Architektenvertrages nur einmal. Dies ist die Baugenehmigung. Der Wert der bis zu diesem Zeitpunkt zu erbringenden Architekten- und Ingenieurleistungen manifestiert sich in dem Baugrundstück, dem aufgrund dieser Planung ein Baurecht zugewiesen ist. Ein weiterer objektiv messbarer Wertzuwachs aufgrund der Arbeit des Auftragnehmers findet dann erst wieder in der Bauphase statt, wenn die Pläne in das Bauwerk umgesetzt werden. Für den Architektenvertrag ist die gesetzliche Lösung des § 632a BGB untauglich.[3]

Die Fälligkeitsbestimmung des § 15 HOAI durchbricht das Prinzip der Vorleistungspflicht des Auftragnehmers und gewährt das Recht, Abschläge für nachweisbar erbrachte Leistungen zu erheben, ohne dass es eines Nachweises eines Wertzuwachses bedarf.

III. Die Fälligkeitsvereinbarung

Anderweitige vertragliche Vereinbarung

4 § 15 HOAI macht die Anwendung zur Fälligkeitsregelung für Schlussrechnung und Abschlagsrechnung davon abhängig, dass keine anderweitige Regelung schriftlich vereinbart wurde.

Was unter Einhaltung der Schriftform zu verstehen ist, wurde in § 7 Abs. 1 näher behandelt und gilt auch hier. Die Frage ist, ob diese Regelung verfassungsrechtlich insoweit Bestand hat, als abweichende Regelungen der Schriftform bedürfen. Dabei ist zu beachten, dass das Schriftformerfordernis nicht eine Fälligkeitsvoraussetzung zum Gegenstand hat, sondern nur die Voraussetzung schafft, die HOAI-Regelung außer Kraft zu setzen. Das Schriftformerfordernis dient damit vornehmlich der Klarheit und Beweissicherung. Fehlt die Voraussetzung so beurteilt sich die Fälligkeit nach § 15 HOAI.

§ 15 gilt nur für HOAI-Verträge, also für Architekten- und Ingenieurleistungen, die in der HOAI geregelt sind. Dies sind nur die Grundleistungen, nicht die Besonderen Leistungen und auch nicht die Beratungsleistungen. Sie sind honorarrechtlich nicht geregelt. Dies gilt auch für Architekten- und Ingenieurleistungen außerhalb der Tafelwerte.[4] Architekten- und Ingenieurverträge, die auf die HOAI Bezug nehmen, binden die HOAI vertraglich mit ein und damit auch die Fälligkeitsregelung des § 15. Aus dieser Betrachtung folgt:

---

[2] OLG Celle 10.02.2000, BauR 2000, 763, BGH in BauR 99, 63

[3] Auch wenn die Tendenz nicht zu übersehen ist, die Voraussetzung des in sich abgeschlossenen Teils möglich weit auszulegen, so weicht diese Voraussetzung doch erheblich von § 8 Abs. 2 HOAI 1996 ab, vgl. insbesondere Kniff ka Zf BR 2000, 227, 229; siehe auch Werner/Pastor: Der Bauprozess, 11. Auflage, Rdn. 1218 a

[4] § 7 Abs. 2 HOAI

Honorare für Vertragsleistungen, die unter die HOAI Regelung fallen, sind fällig, wenn die Voraussetzungen des § 15 Abs. 1 und 2 für die Schlussrechnung und für die Abschlagsrechnung vorliegen es sei denn, es ist schriftlich eine abweichende Regelung getroffen. Die Beweislast hierfür hat der Auftraggeber. Dies gilt auch für die Vertragsgestaltung, die nicht ausdrücklich auf die HOAI Bezug nimmt. Zwar können Honorare gem. § 7 Abs. 1 HOAI im Rahmen von Mindest- und Höchstsätze frei vereinbart werden, aber es bedarf stets des Nachweises anhand der HOAI Berechnung, dass das Honorar den Honorarvorschriften für Mindest- und Höchstsatz nicht verletzt. Damit ist die Anwendbarkeit der HOAI schon deshalb gegeben und mithin auch § 15.

Leistungen, die der HOAI nicht unterliegen sind auch nicht zwingend nach § 15 abzurechnen. Es gilt die Vereinbarung über den Eintritt der Fälligkeit, die auch mündlich getroffen werden können, denn § 15 HOAI findet zunächst keine Anwendung. Ist die HOAI jedoch vertraglich ausdrücklich einbezogen, so wird die HOAI Vertragsbestandteil und damit auch § 15 HOAI.

IV. Honorarschlussrechnung

1. Bezeichnung der Rechnung

Rechnungen, die als Schlussrechnung ausdrücklich bezeichnet sind, sind zweifelsfrei solche des § 15 Abs. 1. Fehlt der Hinweis auf der Rechnung, dass es sich um eine Schlussrechnung handelt, so ist entscheidend, ob der Auftragnehmer erkennbar mit seiner Rechnung abschließend den Vertrag abrechnen will. Auf die Kennzeichnung der Rechnung als Schlussrechnung kommt es nicht an.[5] Dies gilt auch für die Abrechnung eines Vertrages, die mit einer „letzten Abschlagsrechnung" abschließt, ohne dass eine zusammenfassende Darstellung aller Schlussrechnungen erfolgt. Ist mit der als „Abschlagsrechnung" gekennzeichneten letzten Rechnung für den Auftraggeber erkennbar, die gesamte Vertragsleistung abgerechnet worden, so ist diese Rechnung einer Schlussrechnung gleichzustellen.[6] Werden in sich abgeschlossene Leistungen in einer „Teilschlussrechnung" abgerechnet, so handelt es sich hierbei ebenfalls um eine Schlussrechnung der abgerechneten Teile. Nach Abschluss der Arbeiten können keine Abschlagsrechnungen mehr geltend gemacht werden.[7] Allerdings kann eine Abschlagsrechnung vom Auftragnehmer auch stets in eine Schlussrechnung umgewidmet werden, indem er erklärt, dass die letzte Abschlagsrechnung seine Schlussrechnung sein soll.[8]

2. Die Abnahme als Fälligkeitsvoraussetzung

Die Abnahme der Architekten- und Ingenieurleistung ist als Fälligkeitsvoraussetzung in die HOAI 2013 aufgenommen worden. Bisher regelte die HOAI als Fälligkeitsvoraussetzung nur, dass die Leistung des Auftragnehmers vertragsgemäß erbracht sein muss. Dies ist zwar eine wesentliche Voraussetzung für eine Abnahme. Sie enthält allerdings nicht die Erklärung des Auftraggebers, dass er die Leistung des Auftragnehmers auch abnehme. Der Verordnungsgeber übernimmt mit der Neuregelung eine gesetzliche Forderung des Werkvertragsrechts. Nach § 641 BGB ist die Vergütung bei der Abnahme des Werkes zu entrichten.[9] § 640 BGB beschreibt die Verpflichtung des Auftraggebers zur Abnahme des vertragsgemäß hergestellten Werkes. Für den Architekten- und Ingenieurvertrag bedeutet dies, die vertragsgemäß erarbeitete Architekten- und Ingenieurleistung.

Die Abnahme tritt damit nicht automatisch nach Erfüllung aller vertraglichen Leistungen ein, sondern hängt von der Erklärung des Auftraggebers ab, dass er die Architekten- und Ingenieurleistung als im Wesentlichen vertragskonform abnimmt. Zu einer solchen Erklärung ist der

---

5   OLG Koblenz v. 24.09.1998, NJW-RR 1999, 1250
6   OLG Köln v. 07.03.2001 – 17 U 34/00, IBR 2001, 264
7   Allgemeine Meinung OLG Düsseldorf v. 20.08.2001 – 23 U 6/01, IBR 2002, 117; siehe hierzu auch Rdn. 54
8   So OLG Düsseldorf v. 20.08.2001 a. a. O.
9   Diese Vorschrift ist neu gefasst und gilt für Verträge, die nach dem 01.01.2009 geschlossen worden sind. (§ 19 des Artikels 229 EGBGB)

Auftraggeber allerdings verpflichtet. § 641 Abs. 1 stellt weiterhin klar, dass der Auftraggeber die Abnahme wegen unwesentlicher Mängel nicht verweigern darf. Unwesentliche Mängel stehen auch noch nicht erbrachten unwesentlichen Restleistungen dabei gleich.

Der Berufsstand der Architekten und Ingenieure tut sich schwer in der Beachtung dieser Vorschrift. Die Abnahme einer Bauleistung als wesentliche Leistungspflicht einer Objektüberwachung ist in dem Berufsbild der Architekten und Ingenieure zwar tief verankert. Die Abnahme der eigenen Leistung ist im Bewusstsein des Berufsstandes der Architekten und Ingenieure allerdings noch nicht eingedrungen. Über sie wird mit dem Auftraggeber in fast allen Fällen nicht gesprochen.

Den Abschluss der Berufsleistung bildet nach Fertigstellung des Bauvorhabens in der Regel nur die Übergabe einer Rechnung gegebenenfalls verbunden mit der Übergabe einer Dokumentation der Planungsleistungen. Eine **Erklärung zur Abnahme** wird vom Auftraggeber in der Regel nicht verlangt. Dabei sind die Architekten- und Ingenieurleistungen generell abnahmefähig.[10]

Das gleiche gilt auch für eine Teilabnahme. Voraussetzung hierfür ist, dass die Parteien sich auf eine vertragliche Regelung eingelassen haben, dass die geschuldete Architekten- und Ingenieurleistungen auch in Teilen abgenommen werden können, eine Vereinbarung, die die Parteien jederzeit auch während der Laufzeit des Vertrages herbeiführen können. Praxisrelevant wird dies insbesondere nach den ersten vier Leistungsphasen. Ein messbarer Erfolg der Architekten- und Ingenieurleistung ist erreicht, wenn die Baugenehmigung erteilt wurde. Eine weitere Zäsur ist häufig anzutreffen, insbesondere nach Abschluss der Leistungen der Leistungsphase 8 (Objektüberwachung oder Objektoberleitung bei Ingenieurbauwerken).

Die vertraglich festgelegte Vereinbarung einer **Teilabnahme** ersetzt allerdings noch nicht die vom Auftraggeber vorzunehmende Teilabnahme. Auch hierzu ist eine entsprechende Erklärung des Auftraggebers erforderlich.

Die Abnahme ist eine zentrale Hauptpflicht des Auftraggebers. An dieser Erklärung knüpfen eine Vielzahl von Rechtsfolgen, so insbesondere der Eintritt der Fälligkeit des Honorars (§ 641 BGB) und der Beginn der Verjährungsfrist die für die Mängelhaftung (§ 634a Abs. 1 Ziffer 2). Dies ist ein Grund mehr, sich der Bedeutung der Abnahme vor Augen zu halten.

Fehlt es an einer förmlichen Abnahmeerklärung des Auftraggebers, so gewinnen die Sachverhalte für eine **stillschweigende Abnahme besondere Bedeutung**. Die Abnahmeerklärung des Auftraggebers liegt in der durch sein Verhalten zum Ausdruck gebrachte Erklärung (schlüssiges Verhalten), aus der seine Billigung des Leistungsergebnisses als vertragskonform abgelesen werden kann.

Welches Verhalten dies zum Ausdruck bringt, kann nur aus Sicht des Architekten und Ingenieurs unter Beachtung der Grundsätze von Treu und Glauben unter allgemeinen Gebräuchen und Verkehrssitte in Baukreisen beurteilt werden.[11]

Es verwundert nicht, dass eine Vielzahl von Einzelfällen in der Rechtsprechung ausgeurteilt worden sind.

Folgende Voraussetzungen lassen sich feststellen:

7 Alle Vertragsleistungen müssen im Wesentlichen erfüllt sein.
Zu den Architekten und Ingenieurleistungen hat der BGH ausgeführt, dass eine konkludente Abnahme voraussetze, dass nach den Umständen des Einzelfalls das Verhalten des Auftraggebers den Schluss rechtfertige, er billige das Werk als im Wesentlichen vertragskonform.[12] Dies kann regelmäßig erst angenommen werden, wenn der Architekt sein Werk abnahmefähig erstellt hat. Zur Abnahme gehört Vollendung aller vertraglich geschuldeten Leistungen.[13]

Werden dem Auftragnehmer sämtliche Architektenleistungen einschließlich der Leistungen der Leistungsphasen 9 übertragen, ist der Vertrag erst mit Abschluss der Leistungen der Leistungsphase 9 erfüllt.[14]

---

[10] BGH NJW 00, 133, ständige Rechtsprechung
[11] So grundsätzlich BGH schon in NJW 74, 95
[12] BGH v. 10.06.1999 in BauR 1999, 186
[13] So BGH a. a. O.
[14] BGH v. 20.10.2005 – VII ZR 155/04; OLG Brandenburg v. 03.12.2004 – 4 U 40/14; BGH v. 10.10.2013 in BauR 2014,

Nicht Voraussetzung ist, dass ausnahmslos alle vertraglich geschuldeten Leistungen erbracht worden sind. Entscheidend ist vielmehr, dass nach dem Verhalten des Auftraggebers davon ausgegangen werden kann, er billige die Leistung im Wesentlichen vertragsgemäß. Dies schließt nicht aus, dass die Architekten- und Ingenieurleistung mängelbehaftet oder noch nicht vollständig fertiggestellt sind.[15]

Dies gilt insbesondere auch dann, wenn das Bauvorhaben in Benutzung gegangen ist und der Auftraggeber mit der abschließenden Entgegennahme aller Planunterlagen und Dokumentationen zu erkennen gegeben hat, dass er die Leistungen als abgeschlossen ansieht.[16]

Schlüssiges Verhalten als Erklärungstatbestand   8

Konkludent erklärt der Auftraggeber die Abnahme, wenn er dem Auftragnehmer gegenüber ohne ausdrückliche Erklärung erkennen lässt, dass er das Werk als im Wesentlichen vertragsgemäß billigt. Erforderlich ist ein tatsächliches Verhalten des Auftraggebers, das geeignet ist, seinen Abnahmewillen dem Auftragnehmer gegenüber eindeutig und schlüssig zum Ausdruck zu bringen. Dabei kann die konkludente Abnahme einer Architektenleistung darin liegen, dass der Auftraggeber nach Fertigstellung der Leistung und Ablauf einer angemessenen Prüffrist nach **Bezug des fertig gestellten Bauwerks**, keine Mängel des Architektenwerkes rügt. Diese Frist setzt der BGH in der Regel mit 6 Monaten fest.[17]

Ein wesentlicher Hinweis für die konkludente Abnahme ist **die Zahlung der geforderten Vergütung**.[18]

Die Prüffrist von 6 Monaten kann im Falle eines Tragwerksplanervertrages auch auf drei Monate verkürzt sein, wenn nach Abnahme des Bauwerkes dem Auftraggeber die Unterlagen der statischen Berechnung übergeben worden sind. Eine Prüffrist von drei Monaten ist in solchen Fällen ausreichend.[19]

Die vorbehaltlose Schlusszahlung ist damit stets ein wesentliches Indiz für den Abnahmewillen des Auftraggebers.[20]

Nicht selten ist festzustellen, dass bei Beauftragung aller Leistungsphasen bereits mit Abschluss der Leistungen der Leistungsphase 8 zugleich eine Schlussrechnung einschließlich der Leistungen der Leistungsphase 9 gestellt und vom Auftraggeber auch gezahlt wird. Eine konkludente Abnahme kann in der Zahlung hierin nicht gesehen werden, da die Erfüllung einer ganzen Leistungsphase noch aussteht.[21] Es liegt in solchen Fällen keine Abnahmeerklärung vor, auch nicht hinsichtlich der abgeschlossenen Leistung bis zur Leistungsphase 8. Dies könnte ausnahmsweise nur dann angenommen werden, wenn die Parteien vertraglich ausdrücklich eine Teilabnahme der Leistungen einschließlich der Leistungsphase 8 vertraglich vereinbart haben.

Abnahmeverweigerung des Auftraggebers   9

Lehnt der Auftraggeber die Abnahme der Architektenleistung ausdrücklich ab, so erübrigt sich die Prüfung nach konkludenter Abnahme. Die Verneinung der Abnahme kann ausdrücklich erklärt oder auch durch konkludentes Verhalten anzunehmen sein. Dies ist im Umkehrschluss gegeben, wenn die Prüfung des Verhaltens des Auftraggebers nicht zu der Erkenntnis führt, dass er die geschuldeten Architekten- und Ingenieurleistungen als im Wesentlichen vertragskonform abnimmt.

Ist der Auftraggeber jedoch zur Abnahme verpflichtet, weil die geschuldeten Leistungen erbracht sind, kann die Abnahmeerklärung durch die Abnahmefiktion des § 640 Abs. 1 S. 3 ersetzt werden. Danach steht es der Abnahme gleich, wenn der Auftraggeber die Architekten- und Ingenieurleistungen nicht innerhalb einer vom Auftragnehmer bestimmten angemessen Frist abnimmt, obwohl er dazu verpflichtet ist. Das Setzen einer angemessenen Frist soll den Auftragge-

127

[15] BGH in BauR 04, 337, 339
[16] So BGH v. 20.02.2014 – VII ZR 26/12
[17] BGH v. 26.09.2013 – VII ZR 220/12
[18] OLG Saarbrücken v. 14.01.2010 – 8 U 570/08; OLG Hamm in IBR 2011, 147; OLG Stuttgart v. 15.11.2011 – 10 U 66/10; OLG Hamm v. 18.11.2010 – 24 U 19/10
[19] BGH v. 25.2010 – VII ZR 64/09
[20] So auch OLG Naumburg v. 08.07.2004 – 4 U 29/04
[21] Vgl. auch BGH in BauR 2006, 396; BGH BauR 1994, 392

ber in die Lage bringen, die Abnahmereife festzustellen. Überlässt der Auftragnehmer mit dem Abnahmeverlangen dem Auftraggeber zugleich eine vollständige Dokumentation seiner Planung und seiner Leistungen, so ist eine Prüffrist von max. 3 Monaten ausreichend um festzustellen, ob die geschuldete Leistung im Wesentlichen vertragskonform erbracht wurde.[22]

Mit Ablauf dieser Frist tritt die Abnahmewirkung ein, auch wenn der Auftraggeber widersprochen hat. Maßgebend ist, dass zu diesem Zeitpunkt die Abnahmereife eingetreten ist. Mängel die später erst auftauchen, verschieben den fiktiven Abnahmezeitraum nicht, es sei denn der Auftragnehmer hat die Mängel arglistig verschwiegen.

Werden keine Planunterlagen überreicht, ist von einer Prüffrist von 6 Monaten seit Einzug in das Gebäude auszugehen. Ein Auftraggeber, der sechs Monate lang das Objekt nutzt, hat nach der Entscheidung des BGH[23] ausreichend Zeit die Vertragskonformität festzustellen.

10 **Steckengebliebene Architekten- und Ingenieurleistung**

Nicht selten werden Architektenverträge von beiden Vertragspartnern nicht mehr fortgeführt. Ursachen hierfür sind häufig Meinungsdifferenzen über die Bauabwicklung, die zu einer Abkühlung des Vertrauensverhältnisses der Vertragsparteien geführt haben. Kennzeichnend hierfür ist nicht selten, dass die Parteien nicht zu einer geordneten Beendigung des Vertrages kommen. Der Auftragnehmer begnügt sich mit seinen Abschlagszahlungen und stellt keine Rechnung mehr, insbesondere keine Schlussrechnung. Eine Abnahme wird vom Auftraggeber nicht erklärt. Beide wollen erkennbar nichts mehr voneinander wissen und haben das Vertragsverhältnis aufgegeben, ein sogenanntes steckengebliebenes Vertragsverhältnis.

Hierfür gilt, wenn die Erfüllung des Vertrages auch den Umständen des Einzelfalles folgend, nicht mehr in Betracht kommt, beginnt die Verjährung für Mängelansprüche und die Fälligkeit für Vergütungsansprüche nicht mit der Abnahme, sondern bereits dann, wenn die Umstände gegeben sind, nach denen eine Erfüllung des Vertrages nicht mehr in Betracht kommt.[24]

11 **Abnahme der Subplanerleistung**

Die HOAI gilt auch bei einem Generalplanervertrag. Fälligkeit des Subplanerhonorars hängt damit auch von der Abnahme der Subplanerleistung durch den Generalplaner ab. § 641 Abs. 2[25] stellt den Subplaner sowie den Generalplaner im Kundenvertrag. Hat der Auftraggeber (Kunde) die von dem Generalplaner präsentierte Leistung des Subplaners abgenommen, so gilt diese Abnahme auch zugunsten des Subplaners. Das Honorar des Subplaners wird somit auch ohne ausdrückliche Abnahme oder konkludente Abnahme des Generalplaners als sein Auftraggeber fällig, wenn er eine prüfbare Rechnung ihm gestellt hat.

12 **Verzinsungspflicht mit Abnahme**

Gemäß § 641 Abs. 4 ist die Vergütung des Auftragnehmers von der Abnahme an zu verzinsen, wenn vertraglich durch individuelle Absprache keine Stundung vereinbart ist. Diese Regelung gilt für HOAI Verträge allerdings nur ab dem Zeitpunkt der Abgabe einer prüfbaren Schlussrechnung. Der gesetzliche Zinssatz beträgt 4 % gem. § 246 BGB. Im Falle des Verzugs beträgt der Zinssatz allerdings gem. § 288 5- %-Punkte über dem Basiszinssatz.

3. Die vertragsgemäße Erbringung

13 Der Feststellung, ob die Leistung vertragsgemäß erbracht ist, geht die Frage voraus, welche Leistungen der Beklagte schuldet. Dieses entscheidet der Vertrag und der danach festzustellende vom Auftragnehmer geschuldete Leistungserfolg.

Mit der wegweisenden Entscheidung des BGH vom 24.06.2004[26] schuldet der Auftragnehmer nicht nur das eigentliche Endprodukt seines Handelns, z. B. das Entstehenlassen eines mangelfreien Gebäudes, sondern auch die einzelnen Arbeitsschritte als Teilleistungserfolge, die zu dem eigentlichen Enderfolg führen sollen. Die Teilerfolge entsprechen den im Vertrag vereinbarten

---

[22] Es kann Bezug genommen werden auf die Entscheidung des BGH v. 25.02.2010 – VII ZR 64/09 und BGH v. 26.09.2013 – VII ZR 220/12

[23] BGH v. 26.09.2013 – VII ZR 220/12

[24] BGH in BauR 2011, 1032; OLG München 17.07.2012 – Az: 13 U 4106/11

[25] Dies gilt für Verträge, die nach dem 01.01.2009 geschlossen worden sind. § 19 Artikel 226 EGBGB

[26] BGH – IV ZR 259/02 BauR 2004, 1640

einzelnen Teilleistungsschritten. Nehmen die Vertragsparteien auf die Leistungsbilder der HOAI Bezug, so sind es die einzelnen Grundleistungen, die als Teilerfolge vom Auftragnehmer geschuldet werden.

Der BGH sieht die Leistungen als mangelhaft an, wenn der Auftragnehmer einzelne Teilerfolgsschritte nicht erbracht hat. Dies führt zu der Fragestellung, ob die Fälligkeit des Honorars künftig davon abhängig ist, dass der Auftragnehmer die Erfüllung der einzelnen Teilerfolge nachweist, oder ob es ausreicht, dass der finale Enderfolg mängelfrei herbeigeführt ist.

§ 15 macht die Fälligkeit des Schlusshonorars davon abhängig, dass die Leistung vertragsgemäß erbracht worden ist. Wird vom Auftragnehmer gerügt, dass einzelne Teilerfolgsschulden nicht erbracht waren, werden Mängel geltend gemacht.

Zahlt der Auftraggeber die Schlussrechnung nicht, bleibt deshalb die Frage, ob der Auftragnehmer die Erbringung aller Teilerfolgsschulden einschließlich des finalen Bauerfolges darlegen muss, um zu dem Anspruch auf Abnahme zu kommen. Es ist zu beachten, dass die einzelnen Arbeitsschritte mit den einhergehenden Teilerfolgsschulden aufeinander auf bauen und so zu dem finalen Enderfolg führen. Ist dieser eingetreten, so ist die Vertragsleistung im Wesentlichen als erbracht anzusehen und es besteht dementsprechend ein Anspruch auf Abnahme.[27] Dies schließt nicht aus, dass einzelne Teilerfolge fehlen, denn das Vorhandensein von Mängeln schließt die Abnahme nicht aus.[28]

Für die Fälligkeit der Honorarschlussrechnung reicht es deshalb aus, dass der finale Leistungserfolg erbracht worden ist.

4. Die Prüffähigkeit

Die Fälligkeit des Honorars hängt von der Prüffähigkeit der Honorarschlussrechnung ab. § 15 Abs. 1 beschreibt damit eine zusätzliche Voraussetzung für den Eintritt der Fälligkeit der Vergütung. **14**

Ziel dieser Regelung ist, dass der Auftraggeber die Richtigkeit der Honorarabrechnung nachvollziehen können soll. Das Erfordernis einer prüffähigen Rechnung soll dabei den Interessen beider Parteien dienen. Den Auftraggeber soll es davor schützen, eine Abrechnung hinnehmen zu müssen, die ihn von vornherein nicht in die Lage versetzt, die Berechtigung der geltend gemachten Forderung zu überprüfen. Dem Auftragnehmer soll es die Möglichkeit geben, anhand der erbrachten Leistungen zu prüfen, welcher Anspruch ihm zusteht, ohne dass er Gefahr läuft, die Verjährung der Forderung könne beginnen, denn die Überreichung einer nicht prüffähigen Honorarrechnung führt zunächst nicht zum Eintritt der Fälligkeit der Honorarforderung und damit auch nicht zum Lauf einer Verjährungsfrist.[29]

Auf der anderen Seite ermöglicht die Rechnung dem Auftraggeber die Kontrolle, ob die für die Prüfung der Rechnung wesentlichen Angaben enthalten sind und ob die geltend gemachte Forderung nach dem Vertrag nachzuvollziehen ist.[30]

Die Prüfbarkeit der Honorarschlussrechnung ist kein Selbstzweck.[31] Die Prüffähigkeit der Rechnung ist deshalb spätestens dann zu bejahen, wenn sie den Prüfinteressen des Auftraggebers standhält.[32] Maßgebend sind die jeweiligen Einzelfälle. Bei baukundigen Auftraggebern und Vielfachbauherrn sind in der Regel geringere Maßstäbe anzusetzen als bei bauunerfahrenen Auftraggebern.[33]

Eine nach HOAI abzurechnende Leistung ist grundsätzlich nur dann prüffähig, wenn sie diejenigen Angaben enthält, die nach der HOAI notwendig sind, um die Vergütung zu berechnen. Das sind:

– die Ermittlung der anrechenbaren Kosten auf Basis der Kostenberechnung bzw. dem Flächenansatz bei der Flächenplanung
– die Ermittlung der Honorarzone, der das Objekt angehört

---

[27] So schon BGH BauR 1974, 68, BGH NJW 1970, 421
[28] So schon BGHZ 54, 352; WM 1973, 995
[29] BGH BauR 1989, 87, 88
[30] So grundsätzlich BGH v. 27.11.2003 BauR 2004, 319
[31] So schon BGH BauR 1997, 1065
[32] BGH v. 08.10.1998 – VII ZR 296/97 IBR 1998, 537 = BauR 1999, 63
[33] OLG Hamm 16.10.2003 – 21 U 18/03 BauR 2004, 693 = NJW-RR 2004, 744

- der Umfang der Leistung und deren Bewertung
- der vereinbarte Honorarsatz gem. Vertrag
- die Berechnung des Honorars unter Berücksichtigung von evt. Zuschlägen

Diese Grundsätze gelten nach wie vor. Der BGH[34] fasst die bisherigen Rechtsgrundsätze zur Prüffähigkeit zusammen und befasst sich mit der Frage, unter welchen Voraussetzungen nicht prüffähige Rechnungen, deren fehlende Prüffähigkeit vom Auftraggeber nicht gerügt worden sind, gleichwohl fällig werden und damit der Verjährung unterliegen.

Die Anforderungen an die Prüfbarkeit einer Schlussrechnung sind indes in der Rechtsprechung in der Vergangenheit teilweise überzogen worden und haben sich nicht an dem Prüfungszweck ausgerichtet.

15 Folgende Einzelfälle zur HOAI 1996 sind zu zitieren. Sie haben teilweise auch noch Bedeutung für die HOAI 2013 und werden deshalb nochmals aufgelistet. Sie betreffen Entscheidungen zur HOAI 1996, sind kursiv dargestellt und sind teilweise auf die HOAI 2013 nicht mehr anwendbar.

Eine Honorarberechnung, die die Grundlage der anrechenbaren Kosten entsprechend § 10 Abs. 2 HOAI 1996 verlässt, ist nicht prüfbar. So kann die Honorarrechnung für eine Baugenehmigungsplanung nicht aufgrund unverbindlich geschätzter anrechenbarer Baukosten ermittelt werden, weil Grundlage für die Honorarermittlung die Kostenberechnung nach DIN 276 in der Fassung 1981 ist.[35]

Die Darstellung der anrechenbaren Kosten auf Formularbogen der DIN 276 1991 ist indes nicht entscheidend. Auch die Benennung der einzelnen Kostenarten nach DIN 276 ist dann verzichtbar, wenn der sachkundige Auftraggeber die unstreitig mitgeteilten und feststehenden Kosten für die Prüfung der Frage zugrunde legen kann, welche davon anrechenbar sind.[36]

Ist die Honorarrechnung auf der Grundlage der DIN 276 (Fassung April 1981) aufgestellt, so bedarf es nicht der Verwendung des Formulars der DIN 276, um deren Prüffähigkeit festzustellen.[37] Für die Feststellung der Prüffähigkeit der anrechenbaren Kosten ist auch nicht erforderlich, dass der Auftragnehmer sämtliche Kosten aus der Kostenermittlung der DIN 276 mitteilt, soweit diese nicht zu den anrechenbaren Kosten zählen. So ist z. B. für die Beurteilung eines Honorars für die Objektplanung gem. § 16 HOAI 1996 unerheblich, ob der Auftragnehmer die Kosten der Kostengruppe 1, 2, 5, 6 und 7 der DIN 276 mitteilt. Es sind nur die Kostengruppen mitzuteilen, auf die der Auftragnehmer seine Honorarrechnung auch stützt.[38]

Die Prüffähigkeit ist indes zu verneinen, wenn der Auftragnehmer die anrechenbaren Kosten anhand der Kostengruppen der DIN 276 in der Fassung 1993 mitteilt. Dies kann nur ausnahmsweise dann Gültigkeit haben, wenn der Auftraggeber als bau- und HOAI-kundiger Bauherr die Berechnung des Honorars des Auftragnehmers insoweit nachvollziehen kann, als nur die anrechenbaren Kosten zugrunde gelegt sind, die nach der DIN 276 in der Fassung 1981 bei der Honorarermittlung zu berücksichtigen sind. Voraussetzung hierfür ist allerdings, dass der Auftraggeber erkennbar die in dieser Form mitgeteilte Honorarermittlung nachvollziehen und berechnen kann. Im Normalfall wird die Prüffähigkeit indes zu verneinen sein, wenn der Auftraggeber die Berechnung des Honorars im Einzelfall anhand der nach DIN 276 in der Fassung 1993 mitgeteilten anrechenbaren Kosten nicht nachvollziehen kann.[39]

Die Prüffähigkeit setzt nicht in jedem Fall die Angabe der Bestimmungen der HOAI voraus, auf die sich der Auftragnehmer bezieht. Auch dies hängt von der Fachkunde des Auftraggebers ab. Je fachkundiger der Auftraggeber ist, umso geringer sind die Anforderungen an die Prüffähigkeit

---

[34] BGH v. 27.11.2003 BauR 2004, 317
[35] BGH v. 16.03.2005 – XII ZR 269/01, vgl. auch OLG Düsseldorf v. 30.11.1995 in BauR 1996, 422
[36] So BGH v. 30.09.1999 BauR 2000, 124
[37] BGH v. 24.06.1999 BauR 1999, 1318
[38] BGH v. 25.11.1999 BauR 2000, 591
[39] So teilweise auch OLG Oldenburg v. 04.05.2004 – 2 U 112/03 IBR 2004, 433. Die Entscheidung kann in dieser Allgemeinheit jedoch nicht Bestand haben. Abzustellen ist auf den Einzelfall und auf die nachzuvollziehenden Erkenntnisse des Auftraggebers.

der Rechnung zu stellen.[40] *Schließlich kann die Prüffähigkeit einer Architektenrechnung auch nicht deshalb verneint werden, weil aus ihr nicht hervorgeht, ob der Auftragnehmer bei der Ermittlung der anrechenbaren Kosten die Umsatzsteuer gem. § 9 Abs. 2 HOAI herausgerechnet hat, denn dies ist eine Frage der Begründetheit der Forderung.*[41]

Folgende Feststellungen sind auch für die HOAI 2013 relevant: **16**

Haben die Parteien z. B. einen Honorarpauschalvertrag geschlossen, so bedarf es zur Darstellung einer prüffähigen Honorarrechnung keiner Berechnung des Honorars nach HOAI.[42] Eine Honorarermittlung nach HOAI wird nur dann erforderlich, wenn der Auftraggeber die Berechtigung der Honorarpauschale mit dem Argument bezweifelt, dass die Honorarvereinbarung gegen den verbindlichen Honorarrahmen verstößt, also entweder die Mindestsätze zu Unrecht unterschreitet oder die Höchstsätze zu Unrecht überschreitet. Für einen solchen Fall wird es notwendig sein, darzulegen und zu beweisen, dass sich die Honorarpauschale rechtswirksam im Rahmen von Mindest- und Höchstsätzen bewegt. Hierzu ist eine Honorarermittlung nach HOAI erforderlich, was allerdings nichts mit der Feststellung zu tun hat, ob die auf Basis der vereinbarten Honorarpauschale vorgelegte Schlussrechnung prüf bar ist. Die Prüfbarkeit ist unabhängig von der materiellen Berechtigung der Honorarforderung in jedem Falle zu bejahen.

Eine strikte Anbindung der anrechenbaren Kosten an die DIN 276 in der Fassung April 1981 besteht nicht mehr. An seine Stelle tritt die Ermittlung und Darstellung der Kosten nach den allgemein fachlich anerkannten Regeln der Technik. Allein maßgebend für die Prüfbarkeit der Schlussrechnung ist die Kennzeichnung der Baukosten, die der Auftragnehmer seiner Honorarermittlung zugrunde legen will. Ob er diese den Kostenkennziffern des Regelwerks, sei es der DIN 276 oder anderen Regelwerken, richtig zugeordnet hat, ist nicht entscheidend. Für die Prüfbarkeit der Rechnung reicht es aus, dass der Auftragnehmer die Kosten aus der Kostenberechnung benennt, die er seiner Honorarermittlung zugrunde legt.

Je fachkundiger der Auftraggeber, so geringer sind die Anforderungen an die Prüfbarkeit zu stellen. Dieser Grundsatz bleibt ebenso erhalten wie der Grundsatz, dass die Prüfbarkeit ausschließlich danach zu beurteilen ist, ob der Auftraggeber aus der Rechnung ablesen kann, welche Baukosten der Auftragnehmer seiner Berechnung zugrunde legt. Hierzu gehört auch die Angabe des Paragraphen, der die besonderen Grundlagen für das Honorar für die abzurechnenden Leistungen bestimmt.

Zur Prüfbarkeit gehört, dass insbesondere der HOAI-unkundige Auftraggeber anhand der einschlägigen HOAI-Bestimmungen nachvollziehen kann, welche Grundlagen für die Honorarermittlung maßgebend sind.

Bei der Beurteilung der Prüffähigkeit geht es nicht um die Frage der materiellen Richtigkeit der **17** Honorarforderung. Dies wird vielfach verwechselt. Die Frage, ob die in den anrechenbaren Kosten mitgeteilten Baukosten zutreffend sind oder nicht, ist keine Frage der Prüffähigkeit, sondern der sachlichen Richtigkeit der Honorarrechnung.[43]

Es ist in der Vergangenheit vielfach die Frage nach der Prüffähigkeit einer Honorarrechnung **18** eines Architekten und Ingenieurs zum Gegenstand einer Sachverständigenfrage gemacht worden. Dies ist indes nicht zulässig. Die Frage nach der Prüffähigkeit einer Rechnung ist eine Rechtsfrage, die das Gericht von Amts wegen zu beantworten hat.[44] Hat das Gericht Zweifel an der Prüffähigkeit einer Rechnung, so muss es nach § 139 ZPO konkret darauf hinweisen, welche Umstände einer Prüfbarkeit der Schlussrechnung entgegenstehen.[45]

Wenn nach den vorgenannten Grundsätzen die Prüffähigkeit der gestellten Rechnung zu verneinen ist, stellt sich die weitergehende Frage, ob sich der Auftraggeber auf die fehlende Prüffähigkeit überhaupt berufen kann. Der Grundsatz von Treu und Glauben kann es ihm verbieten, sich im Nachhinein auf die fehlende Prüffähigkeit der Rechnung zu berufen. Dies ist insbesondere **19**

---

[40] Vgl. auch OLG Brandenburg Urteil v. 08.02.2000 BauR 2000, 913

[41] Vgl. auch BGH v. 25.11.1999 BauR 2000, 591

[42] So schon OLG Düsseldorf BauR 1997, 163

[43] BGH v. 24.06.1999 BauR 1999, 1318, vgl. auch BGH v. 08.07.1999 BauR 1999, 1467

[44] So z. B. OLG Stuttgart BauR 1999, 514

[45] OLG Zweibrücken v. 24.05.2005 – 8 U 116/04 IBR 2005, 381

dann anzunehmen, wenn der Auftraggeber dem Auftragnehmer für die Ermittlung des Honorars die anrechenbaren Kosten mitteilt. In einem solchen Fall kann sich der Auftraggeber nicht im Nachhinein darauf berufen, dass die Honorarschlussrechnung nicht prüfbar sei.

Entscheidend ist der Einwand von Treu und Glauben nach der Entscheidung des BGH vom 27.11.2003 jedoch, dass der Auftraggeber sich innerhalb einer Prüfungsfrist von zwei Monaten nach Erteilung der Schlussrechnung nicht darüber erklärt, ob die Rechnung prüf bar ist oder nicht. Der BGH hat festgestellt, dass die Frage der Prüfbarkeit vom Auftraggeber in angemessener Frist nach Erteilung der Schlussrechnung vorzunehmen ist. Als angemessene Frist nimmt der BGH zwei Monate nach Zugang der Schlussrechnung an. Innerhalb dieser Frist muss sich deshalb der Auftraggeber darüber erklären, ob er die Rechnung für prüf bar ansieht oder nicht. Will er die Prüffähigkeit bestreiten, so muss er die einzelnen Gründe mitteilen, aus denen er die fehlende Prüffähigkeit folgert. Der Auftragnehmer muss nämlich in die Lage versetzt werden, eine neue Schlussrechnung aufzustellen.[46] Versäumt der Auftraggeber, eine Rechnung innerhalb der Zweimonatsfrist als nicht prüf bar zu rügen, so verliert er das Rügerecht. Er kann sich gegen die Forderung des Auftragnehmers deshalb nicht mehr mit dem Argument zur Wehr setzen, die Forderung sei nicht prüf bar und deshalb nicht fällig.

Die Rechte des Auftraggebers sind dadurch allerdings nicht wesentlich beschnitten. Die Frage, ob dem Auftragnehmer materiell der geltend gemachte Honoraranspruch zusteht, hat nichts mit dessen Prüffähigkeit zu tun. Entscheidend ist alleine, welches Honorar tatsächlich geschuldet wird. Es kommen die allgemeinen Darlegungs- und Beweislastregeln zur Anwendung. Danach kann es allerdings sein, dass der Auftragnehmer eine objektiv nicht nachprüfbare Rechnung nicht beweisen kann, weil er die Grundlagen für die richtige Honorarermittlung nicht darlegt. Dies muss im Honorarprozess allerdings so rechtzeitig geschehen, dass der Sachvortrag nicht als verspätet zurückgewiesen werden kann, insbesondere wenn entsprechender Sachvortrag unterbleibt, obwohl die jeweilige Streitfrage Gegenstand eines gerichtlichen Hinweises oder explizit streitig von den Parteien behandelt wird. Allerdings hat auch das Gericht Hinweispflichten, wenn es die Honorarberechnung nicht für prüf bar hält.

Der Verlust des Rügerechts des Auftraggebers einer fehlenden Prüfbarkeit wirkt sich deshalb nur auf die Fragen der Verjährung aus. Der materielle Anspruch des Auftragnehmers wird dadurch nicht berührt.

Diese Rechtsfolge gilt auch für den Auftragnehmer. Hat er vor Jahren eine an sich nicht prüfbare Schlussrechnung gestellt, so beginnt auch für ihn die Verjährungsfrist zu laufen, wenn der Auftraggeber die fehlende Prüfbarkeit nicht gerügt hat. Ihm ist dadurch verwehrt, den Fälligkeitszeitpunkt etwa durch eine spätere Übergabe einer weiteren Schlussrechnung, die den Anforderungen einer Prüfbarkeit standhält, zeitlich zu verschieben.

Sie wird wie eine fällige Honorarrechnung behandelt, obwohl es an der Fälligkeitsvoraussetzung einer prüfbaren Rechnung fehlt.

Wird eine nicht prüf bare Honorarschlussrechnung eingeklagt, so ist es eine Frage des materiellen Rechts, ob die eingeklagte Honorarforderung berechtigt ist. Wird es im Zuge des Rechtsstreits notwendig, neue Berechnungen für die richtige Ermittlung des Honorars vorzulegen, so gehört dies zum Tatsachenvortrag, der nicht mit der Begründung zurückgewiesen werden kann, der Auftragnehmer schulde dem Auftraggeber die Übergabe einer in allen Teilen auch nachvollziehbaren und prüf baren Rechnung. Die hierzu ergangenen instanzgerichtlichen alten Entscheidungen sind damit gegenstandslos.[47]

5. Übergabe der Honorarschlussrechnung

20   Weitere Voraussetzung für den Eintritt der Fälligkeit ist die Übergabe der Honorarschlussrechnung.[48] Es versteht sich, dass damit Honorarrechnungen nur schriftlich erteilt werden können. Die Fälligkeit der Honorarrechnung ist deshalb erst dann bewirkt, wenn die Honorarrechnung dem Auftraggeber zugegangen ist. Nicht entscheidend ist, dass der Auftragnehmer seine Schlussrechnung als solche bezeichnet. Ergibt sich aus dem Sachzusammenhang, dass es sich nicht um

---

[46] BGH BauR 2004, 316 ff
[47] So OLG Bamberg Urteil v. 16.07.1997 – 8 U 77/96
[48] Morlock IBR 1997, 408

eine vorläufige, sondern um eine endgültige Berechnung seines Honorars nach Abschluss der Arbeiten handelt, ist von der Wirkung einer Schlussrechnung auszugehen. Dies gilt auch, wenn der Auftragnehmer dem Bauherrn eine Rechnung mit dem Bemerken aufmacht: „Die Schlussrechnung würde lauten: …", um dann mit einem Nachlass zu dieser Berechnung den Bauherrn zur schnelleren Zahlung zu bewegen.[49] Die Übergabe einer solchen Honorarberechnung setzt ebenfalls die Fälligkeit in Gang.

Die Übergabe einer Honorarschlussrechnung im Rahmen einer Honorarklage ist indes überflüssig und nicht erforderlich, wenn mit der Klageschrift substantiiert die Höhe der Honorarforderung dargelegt wird.[50]

§ 15 Abs. 1 erlaubt im Falle, dass keine abweichende Fälligkeitsregelung vertraglich getroffen wurde, dem Auftragnehmer, den Fälligkeitszeitpunkt seiner Forderung selbst zu bestimmen. Auch wenn bereits längere Zeit nach Beendigung seiner Leistung verstrichen ist, kann der Auftragnehmer das von ihm verdiente HOAI-Honorar dem Auftraggeber fällig stellen. Dem Auftraggeber ist danach die Einrede der Verjährung wegen der Nichterteilung einer Honorarrechnung deshalb verwehrt. **21**

Diesen Grundsatz hat der BGH in seiner Entscheidung vom 11.11.1999 nochmals bekräftigt.[51] Er gilt auch für die HOAI 2013 immer vorausgesetzt, dass keine abweichenden Vereinbarungen getroffen wurden. Er stellt fest, dass es keine Besonderheit des Preisrechts für Architekten und Ingenieure darstellt, dass er den Verjährungsbeginn durch Übergabe einer prüf baren Schlussrechnung selbst bestimmen kann. Tatsächlich ergibt sich dieser Grundsatz auch aus dem Bauvertragsrecht, so insbesondere der VOB, die den Beginn der Verjährungsfrist für Werklohnforderungen auch von der Übergabe entsprechender Werklohnforderungen abhängig macht (§ 16 Nr. 3 Abs. 1 VOB/B.

Damit hat es der Auftragnehmer in der Hand, wann er mit Übergabe seiner Honorarrechnung die Fälligkeit und damit den Verjährungsbeginn bewirkt. Eine zeitliche Begrenzung hierzu besteht nicht. Stellt der Auftragnehmer für erbrachte Leistungen keine Rechnung, so wird die Forderung auch nicht fällig. Die Verjährungsfrist beginnt nicht zu laufen.

Bilanziert der Auftragnehmer und wird über die Höhe des Vergütungsanspruchs zwischen den Parteien gestritten, so löst die Übergabe eines Berechnungsentwurfs die Fälligkeit nicht aus. Dies dient erkennbar dem Zweck, dass der Auftragnehmer ohne Klärung des geschuldeten Rechnungsbetrags als bilanzierendes Unternehmen, die Umsatzsteuer noch nicht abführen will.

Will der Auftraggeber die Verjährung der Forderung auslösen, so muss er dem Auftragnehmer eine angemessene Frist zur Rechnungslegung stellen. Lässt der Auftragnehmer diese Frist verstreichen und bleibt er weiter untätig, so verstößt der Auftragnehmer gegen den Grundsatz von Treu und Glauben, wenn er sich mit Übergabe seiner Schlussrechnung auf den Eintritt der Fälligkeit beruft; denn mit Ablauf der vom Auftraggeber gesetzten Frist zur Rechnungsstellung beginnt die Verjährungsfrist, da der Auftraggeber darauf vertrauen durfte, dass der Auftragnehmer keine weiteren Honorarforderungen mehr stellen wird. Bleibt der Auftragnehmer auch nach der Aufforderung untätig, so begibt er sich seines Rechtes, die Fälligkeit des Schlusshonorars selbst zu bestimmen. **22**

6. Bindungswirkung der Schlussrechnung

In § 15 Abs. 1 HOAI ist von einer **Honorarschlussrechnung** die Rede. Ausgehend von dem Begriff der Schlussrechnung wird in der Rechtsprechung die Frage diskutiert, ob der Auftragnehmer nach Erteilung der Schlussrechnung diese in Teilen ändern kann, evt. vergessene Rechnungspositionen nachberechnen oder fehlerhafte Honorarermittlungen durch richtige ersetzen kann. Der BGH hat mit seiner Entscheidung vom 05.11.1992[52] zu dieser Frage grundsätzlich Stellung genommen und mit der bis zu diesem Zeitpunkt allgemein geltenden Rechtspraxis aufgeräumt, wonach jede Honorarschlussrechnung, die in Kenntnis der für die Honorarberechnung maßgebenden Umstände aufgestellt worden ist, stets eine Bindungswirkung erzeugt.[53] Mit seiner **23**

---

[49] OLG Köln v. 24.09.1998 BauR 2000, 755
[50] LG Hamm Urteil v. 16.01.1998 BauR 1989, 819
[51] BGH v. 11.11.1999 BauR 2000, 589
[52] BauR 1993, 236
[53] So noch BGH v. 01.03.1990 BauR 1990, 382, 383; BauR 1988, 217; BauR 1987, 694; BauR 1985, 582; BauR 1974, 213

Entscheidung aus dem Jahre 1992 hat der BGH[54] diese Praxis kritisch gewürdigt und kommt zu dem Ergebnis, dass dem Begriff der Schlussrechnung zwar regelmäßig die Erklärung zu entnehmen sei, dass der Auftragnehmer sein Honorar für die gesamten Leistungen abschließend berechnet habe, was eine Nachforderung des Auftragnehmers nach erteilter Schlussrechnung ausschließen kann, wenn diese Nachforderung gegen den Grundsatz von Treu und Glauben verstößt. Ein Verstoß gegen die Grundsätze von Treu und Glauben könne allerdings nicht bereits aus der Tatsache geschlossen werden, dass der Auftragnehmer eine Schlussrechnung erteilt, also nach außen zu erkennen gibt, dass er abschließend abrechnen will. Die Anwendung der Grundsätze von Treu und Glauben verlangt vielmehr eine umfassende Abwägung der beiderseitigen Interessen. Danach ist zu prüfen, ob und gegebenenfalls inwieweit die Schlussrechnung des Auftragnehmers bei dem Auftraggeber ein schutzwürdiges Vertrauen erzeugt, dass mit Erteilung der Schlussrechnung weitere Nachforderungen ausgeschlossen sind. Auf der anderen Seite kann der Auftragnehmer gute Gründe für eine nachträgliche Änderung haben. Beide Interessenssphären müssen umfassend geprüft und gegeneinander abgewogen werden.

24   Die **Schutzwürdigkeit des Auftraggebers** kann sich daraus ergeben, dass er auf eine abschließende Berechnung des Honorars vertrauen durfte und sich darauf in einer Weise eingerichtet hat, dass ihm eine Nachforderung nach Treu und Glauben nicht mehr zugemutet werden kann.[55] Im gleichen Atemzug hat der BGH festgestellt, dass ein Auftraggeber, der die fehlende Prüffähigkeit moniert, sich auf ein schutzwürdiges Interesse der Schlussrechnung nicht berufen kann. Beruft sich der Auftraggeber im Honorarprozess auf die mangelnde Prüffähigkeit der Schlussrechnung, so drückt er damit aus, kein Vertrauen in die Honorarschlussrechnung gehabt zu haben.[56]

Die vom BGH geforderte umfassende Abwägung der gegenseitigen Interessen macht eine Einzeluntersuchung erforderlich, wobei die jeweiligen Sphären des Auftraggebers und Auftragnehmers zunächst gesondert zu untersuchen und sodann gegeneinander abzuwägen sind.

Das Interesse des Auftraggebers auf die einmal erteilte Schlussrechnung ist schutzwürdig, wenn er im Vertrauen auf die Richtigkeit der Schlussrechnung bereits Vermögensdispositionen getroffen hat. Dies ist regelmäßig dann der Fall, wenn er die Schlussrechnung ohne Beanstandung ausgeglichen hat und die Abrechnung im Zusammenhang mit der finanztechnischen Abwicklung des gesamten Bauvorhabens steht. Hat ein Projektentwickler das Bauvorhaben insgesamt abgerechnet und zwischenzeitlich veräußert, so ist der Vorgang für den Auftraggeber abgeschlossen und der Auftragnehmer mit evt. Nachforderungen zur Schlussrechnung damit ausgeschlossen. Fehlt es an einer so weitgehenden Vermögensdisposition und hat der Auftraggeber das Bauvorhaben hinsichtlich der Auftragnehmerleistungen abgerechnet, so kann es an einem schutzwürdigen Interesse des Auftraggebers fehlen, wenn die Schlussrechnung offenkundig unrichtig war, weil z. B. die Abrechnung der Leistungen unterhalb des Mindestsatzes erfolgt ist oder der vertraglich vereinbarte Umbauzuschlag versehentlich nicht angesetzt worden ist. Es fehlt in solchen Fällen an einem schutzwürdigen Interesse eines Auftraggebers, wenn er diese Fehler ohne Weiteres hätte erkennen können. Dies wird bei baukundigen Auftraggebern, die sich mit HOAI-Fragen auskennen, stets der Fall sein. Das schützenswerte Interesse des Auftraggebers steht jedoch in einer Wechselbeziehung zu der Frage, wie offenkundig unrichtig die Honorarrechnung des Auftragnehmers war.

25   Einer der Gründe, weshalb eine bereits bezahlte Honorarschlussrechnung neu ausgestellt wird, ist, dass der Auftragnehmer wegen Schadensersatz aufgrund von Planungs- oder Bauleitungsmängeln in Anspruch genommen wird. Bei solchen Fallgestaltungen liegt es nahe, dass die Höhe des dem Auftragnehmer zustehenden Honorars noch einmal überprüft wird. Aber auch hier hängt es davon ab, wie offenkundig die Mängel der Honorarberechnung anzunehmen sind.

Wird über die Höhe einer Honorarforderung vor Gericht gestritten, so ist die Neuberechnung der Honorarschlussrechnung zulässig, die Erhöhung der Klageforderung eine Klageerweiterung gem. § 264 Nr. 2 ZPO und keine Klageänderung.[57] Haben die Parteien sich auf eine Honorarpau-

---

54 BGH BauR 1993, 236
55 So der BGH v. 05.11.1992 BauR 1993, 236 (238)
56 So BGH v. 19.02.1998, BauR 1998, 579, 582
57 OLG Bamberg 26.08.2009 – 3 U 290/05 = IBR 2011, 738

schale geeinigt, die erkennbar für beide Parteien eine Unterschreitung des HOAI-Mindestsatzes darstellt, so hat der Auftragnehmer Anspruch auf die Vergütung des HOAI-Mindestsatzes, wenn er nicht nach den Grundsätzen von Treu und Glauben an der Geltendmachung des Mindestsatzes gehindert ist.[58] Kann der Auftragnehmer nach diesen Grundsätzen das Mindestsatzhonorar abrechnen, so gilt dies auch für den Fall, dass der Auftragnehmer eine Honorarschlussrechnung auf der Grundlage der den Mindestsatz unterschreitenden Pauschalhonorarvereinbarung erteilt hat. Liegen die Voraussetzungen für die Anwendung des Grundsatzes von Treu und Glauben nicht vor, so gilt dies nicht nur für die nachträgliche Geltendmachung des HOAI-Mindestsatzes, sondern auch für die Bindungswirkung der HOAI-Schlussrechnung.

Von diesen offenkundigen Mindestsatzunterschreitungen sind die verdeckten Mindestsatzunter- **26** schreitungen zu unterscheiden. Dies sind solche, die die Vertragsparteien bei Vertragsabschluss nicht erkannt haben und die sich nur deshalb ergeben, weil der Auftragnehmer sein Honorar falsch berechnet, was zu einer Mindestsatzunterschreitung führt.

Werden diese fehlerhaften Schlussrechnungen gezahlt, so **tritt im Regelfall die Bindungswirkung** für den Auftragnehmer ein. Folgende Anwendungsfälle sind zu nennen:

– Der Auftragnehmer berechnet sein Honorar in der ausgezahlten Schlussrechnung auf der Basis einer Honorarzone, die er nach deren Ausgleich nachträglich korrigiert, und legt eine Honorarberechnung zur höheren Honorarzone vor.
– Der Auftragnehmer berechnet seine Leistungen, indem er eine bestimmte Bewertung des erreichten Leistungsstandes in der Schlussrechnung vornimmt. Nach Zahlung der Schlussrechnung ändert er seine Ansicht und erhöht den Leistungsstand.
– Der Auftragnehmer erhält seine Honorarschlussrechnung bezahlt, in der er keine Besonderen Leistungen aufgeführt hat, die er nachträglich berechnet.

Anders verhält es sich, wenn der Auftraggeber auf die Schlussrechnung keine Zahlung veranlasst. Es fehlt an einer Vermögensdisposition des Auftraggebers, sodass sich sein schutzwürdiges Interesse nur aus zusätzlichen Gründen ergeben kann, z. B. dass sämtliche Abrechnungen des Bauvorhabens Gegenstand eines Finanzierungskonzeptes sind und die Auszahlung auf die Schlussrechnung nur deshalb noch nicht erfolgt ist, weil die Finanzierung zwar abgeschlossen ist, aber die notwendigen Zahlungsflüsse noch nicht stattgefunden haben. Dies trifft auch für Objekte zu, die mit Mitteln der öffentlichen Hand gefördert werden. Ist das Zuwendungsverfahren aufgrund der erteilten Schlussrechnungen abgeschlossen, so ist das Vertrauen des Auftraggebers in die Schlussrechnung schutzwürdig und der Auftragnehmer mit Nachforderungen entsprechend ausgeschlossen.[59]

Erteilt der Auftragnehmer seine Honorarschlussrechnung, die Gegenstand einer Auseinandersetzung über die Berechtigung der Honorarhöhe ist, so fehlt es an einem schutzwürdigen Interesse des Auftraggebers auf die Richtigkeit der geltend gemachten Honorarrechnung. In einem solchen Fall steht das Interesse des Auftragnehmers im Vordergrund, das ihm aufgrund des Vertrages und der HOAI materiell bestehende Honorar zuzuerkennen.[60]

Bedeutung gewinnt die Schlussrechnung allerdings für alle Anwendungsfälle des § 10 HOAI. **27** Ändern sich während der Laufzeit des Vertrages der Leistungsumfang, die Leistungsziele und der Leistungsablauf, so sind die sich hieraus ergebenden zusätzlichen Honoraransprüche spätestens in die Schlussrechnung mit aufzunehmen. Werden sie erst zu einem späteren Zeitpunkt geltend gemacht und musste der Auftraggeber aufgrund der Schlussrechnungslegung nicht damit rechnen, verhindert die Bindungswirkung der Schlussrechnung die Abrechnung solcher zusätzlicher Leistungen.

Auch wenn die Bindungswirkung einer Schlussrechnung nur in seltenen Ausnahmefällen angenommen werden kann, so kann die Bindungswirkung einen Architekten dennoch zum Ver-

---

[58] Siehe hierzu § 7 Rdn. 116 ff.
[59] Zum Thema nachträgliche Abrechnung der Mindestsätze wegen Geltendmachung der Schadensersatzansprüche OLG Hamm Urteil v. 02.12.2003 – 21 U 115/03 und zum Thema Mindestsatzunterschreitung auch OLG Köln v. 25.09.1998 OLGR 1999, 47
[60] Vgl. auch OLG Köln Urteil v. 13.01.1998 – 22 U 131/97 und OLG Frankfurt v. 30.07.1997 OLGR 1998, 60; OLG Düsseldorf v. 26.09.1997 – 22 U 10/97 IBR 1998, 70; OLG Düsseldorf v. 31.05.1996 – 22 U 237/95 IBR 1996, 431

hängnis werden. Die Klagerücknahme nach einem jahrelangen Honorarprozess und der Beginn einer neuen Klage mit wesentlich höherer Honorarforderung hat das Gericht zur Klageabweisung wegen Verletzung der Bindungspflicht an die aufgegebene Schlussrechnung veranlasst.[61]

28 Die Bindungswirkung der Schlussrechnung wirkt zugunsten des Auftraggebers, nicht jedoch zugunsten des Auftragnehmers.

Der Auftragnehmer hat keinen Schutz für die Aufrechterhaltung einer von ihm fehlerhaft zu hoch aufgestellten Schlussrechnung. Von ihm muss die Kenntnis der Honorarordnung in allen Teilen erwartet werden. Bereicherungsansprüche des Auftraggebers wegen zu Unrecht erhobener Honorare werden deshalb nicht im Hinblick auf die Honorarschlussrechnung ausgeschlossen. Es gelten die allgemeinen bereicherungsrechtlichen Grundsätze.

29 Macht der Auftraggeber jedoch Rückforderungsansprüche aus ungerechtfertigter Bereicherung geltend, weil er die Abrechnung des Honorars des Auftragnehmers in der Schlussrechnung nachträglich nicht mehr anerkennt, so entfällt in jedem Fall die Bindungswirkung der Schlussrechnung zugunsten des Auftraggebers. Das Honorar wird vollständig neu berechnet. Dabei können auch Positionen berechnet werden, die vom Auftragnehmer in seiner ursprünglichen Schlussrechnung vergessen worden sind. Da der Auftraggeber die Rechnung selbst angreift, besteht auch keine Schutzwirkung zu seinen Gunsten in Form einer Bindungswirkung.[62]

Diese Grundsätze gelten auch für den Fall, dass der Auftragnehmer keine Schlussrechnung erstellt hat und hierzu von dem Auftraggeber vergeblich angehalten worden ist. Wird der Auftragnehmer auf Rückzahlung vermeintlich zu viel gezahlter Abschläge verklagt, so steht das gesamte Honorar zur Diskussion. Der Auftragnehmer ist nicht gehindert, das ihm materiell zustehende Honorar durch Neuberechnung geltend zu machen.

V. Honorarschlussrechnung bei vorzeitig beendeten Verträgen

1. Aufhebung des Vertrages

30 Eine vorzeitige Beendigung des Vertrages erfolgt durch Kündigung oder durch Vertragsaufhebung. Die Vertragsaufhebung verlangt das Einverständnis beider Vertragsparteien, den bestehenden Vertrag aufzuheben. Dieser Aufhebungsvertrag ist nicht an eine bestimmte Form gebunden. Er kann mündlich erfolgen und auch durch konkludentes Verhalten der Parteien festgestellt werden. Dies kommt regelmäßig dann in Betracht, wenn nicht ausdrücklich eine Kündigung ausgesprochen wird, die Parteien jedoch beide übereinstimmend von einer Beendigung des Vertragsverhältnisses ausgehen z. B. dadurch, dass der Auftragnehmer seine Schlussrechnung stellt und der Auftraggeber diese zahlt oder der Auftragnehmer sämtliche ihm überlassenen und von ihm selbst erarbeiteten Unterlagen dem Auftraggeber aushändigt und beide erkennbar ihre Vertragsbeziehung beenden wollen. Die Rechtsfolgen einer Vertragsaufhebung werden zumeist im Rahmen der Aufhebungsvereinbarung mitgeklärt. Geschieht dies nicht, so treten die Rechtsfolgen wie in einem gekündigten Vertrag ein. Es gelten die gleichen Rechtsgrundsätze, wie im Fall eines steckengebliebenen Vertrages.

Die Aufhebung des Vertrages verlangt stets ein einvernehmliches Vorgehen. Die Kündigungserklärung beendet die Vertragsbeziehung durch einseitige Erklärung.

2. Vertragskündigung des Auftraggebers

31 § 649 S. 1 BGB regelte das Recht des Auftraggebers, einen Werkvertrag jederzeit kündigen zu können. In der Vertragspraxis hat dies dazu geführt, dieses jederzeitige Kündigungsrecht in Architektenverträgen formularmäßig nur auf den Fall des Vorliegens eines wichtigen Grundes zu beschränken. Es stellt sich die Frage, ob eine formularmäßige Eingrenzung der Kündigung auf das Vorliegen eines wichtigen Grundes mit den Grundsätzen des § 307 BGB zu vereinbaren ist. Formularmäßige Kündigungsklauseln werden für unwirksam gehalten.[63]

---

[61] KG v. 25.01.2013 – 21 U 206/11, VII ZR 45/13
[62] Die abweichende Auffassung des OLG Schleswig IBR 1994, 466 ist demgegenüber abzulehnen.
[63] BauR 1993, 755, 766; Messerschmidt, Voit, Privates Baurecht, CH Beck Verlag § 649 Rdn. 69

Das OLG Düsseldorf setzt sich mit dieser Frage in seiner Entscheidung vom 03.09.1999[64] ausführlich auseinander und verneint die Wirksamkeit einer formularmäßigen Kündigungsklausel, die auf den wichtigen Grund beschränkt ist.[65] Das OLG Düsseldorf meint, dass auch bei einem Architektenvertrag das jederzeitige Kündigungsrecht formularmäßig nicht auf den wichtigen Grund beschränkt werden dürfe, da dies dem Leitcharakter des Werkvertragsrechts widerspricht. Das Interesse des Auftragnehmers beschränke sich regelmäßig nur auf die Vergütung, was sachgerecht in § 649 S. 2 geregelt sei. Für einen Architektenvertrag sei es angemessen, dass der Auftraggeber im frühen Stadium regelmäßig vor Beginn der Ausführung der Bauarbeiten den Vertrag nach Abschluss der Planung und genauer Ermittlung der Kosten kündigen könne, denn die ersten Leistungsphasen der HOAI dienten Schritt für Schritt der Entscheidungsfindung des Auftraggebers, ob und in welcher Form er das Bauvorhaben realisieren kann und will. Deshalb bestünden beachtliche sachliche Gründe für den Entschluss, das Bauvorhaben nicht durchzuführen oder anders fortzuführen, die ihren Ursprung nicht in einem Verhalten des Architekten hätten. Es sei deshalb nicht sachgerecht, dem Auftraggeber die Lösung vom Vertrag nur zu gestatten, wenn er Gründe vorbringe und beweisen könne, die ein Festhalten am Vertrag für ihn objektiv unzumutbar erscheinen ließen.

Zu dieser Frage ist eine differenzierte Betrachtung erforderlich. Es kann nicht generell festgestellt werden, dass sich das Interesse des Auftragnehmers ausschließlich und allein auf die Vergütung richtet, die ihm vom Auftraggeber versprochen wird. Zutreffend kann sein, dass insbesondere in den ersten Leistungsphasen der Entwicklungsprozess zur Planung und Vorbereitung des Bauvorhabens so im Vordergrund steht, dass die Loslösung des Auftraggebers vom Vertrag durch einfache Kündigungserklärung möglich sein muss, insbesondere, wenn das Objekt nicht realisiert werden soll. Wird der Bau fortgesetzt, so sind die urheberrechtlichen Belange des Auftragnehmers zu beachten. Besteht Urheberschutz, weil ein Objekt der Baukunst geschaffen wird, so ist es nicht sachgerecht, dem Auftraggeber das Recht der jederzeitigen Loslösung vom Vertrag einzuräumen. Das Interesse des Auftragnehmers auf Wahrung seines Urheberrechts spricht für die Einschränkung des Kündigungsrechts auf den Fall des Vorliegens eines wichtigen Grundes.

32 Eine individuell ausgehandelte Kündigungsklausel, wonach die Kündigung des Auftraggebers entgegen § 649 S. 1 auf das Vorliegen eines wichtigen Grundes beschränkt werden soll, ist dem gegenüber stets wirksam.

Wichtige Gründe zur Kündigung des AG

Auch wenn die freie Kündigungsmöglichkeit des Auftrages nicht auf den Fall des Vorliegens eines wichtigen Grundes beschränkt werden darf, bleibt die Frage nach der Feststellung eines wichtigen Grundes. Liegt eine Kündigung aus wichtigem Grund vor, den der Auftragnehmer zu vertreten hat, so entfällt die Vergütungspflicht für den entgangenen Gewinn gem. § 649 BGB.

33 Ein wichtiger Grund zur Kündigung eines Architektenvertrages liegt vor, wenn einem Vertragsteil die Fortsetzung des Vertrages unter Berücksichtigung aller Umstände des Einzelfalls und Abwägung der Interessen beider Parteien nicht zugemutet werden kann.[66] Dieser Grundsatz führt zu einer Kasuistik von Einzelfällen.

Erbringt der Auftragnehmer die ihm übertragenen Leistungen grob fehlerhaft und wird das Vertrauensverhältnis zwischen Auftraggeber und Auftragnehmer so nachhaltig erschüttert, dass die Fortsetzung des Vertragsverhältnisses für den Auftraggeber nicht mehr zumutbar ist, liegt ein wichtiger Grund vor.[67]

Liegt die mangelhafte Leistungserfüllung des Auftragnehmers in der nur zögerlichen und oder auch mangelhaften Ausführung der Arbeit, so bedarf es seitens des Auftraggebers einer deutlichen Vorwarnung. Regelmäßig ist dem Auftragnehmer eine Frist zu setzen, und zwar auch

---

[64] OLG Düsseldorf BauR 1999, 1482 (1484)

[65] So auch Korbion/Mantscheff/Vygen Einführung zu Rdn. 152; Hans OLG Hamburg BauR 1993, 123; andere Auffassung Locher in Korbion/Locher: AGB-Gesetz und BR-Richtungsverträge, 3. Auflage, Teil 2 Rdn. 43

[66] OLG Oldenburg v. 23.04.1997 OLGR 1998, 241

[67] KG v. 19.12.1997 OLGR 1998, 94

verbunden mit dem Hinweis, dass nach Ablauf der Frist mit der fristlosen Kündigung zu rechnen ist.[68] Wie in allen vergleichbaren Fällen bedarf es einer Fristsetzung dann nicht, wenn die Mängel der Planung so erheblich sind, dass diese Leistung unbrauchbar und praktisch nicht nachbesserungsfähig ist.[69] Eine rechtswidrige Leistungsverweigerung des Auftragnehmers führt regelmäßig zur Annahme eines wichtigen Grundes. Werden vom Auftragnehmer Leistungsverzeichnisse erstellt, die vom Bauherrn über seinen Projektsteuerer bemängelt werden, kann der Auftragnehmer die Aufforderung zur Überarbeitung der Leistungsverzeichnisse nicht dadurch beantworten, dass seine Beschreibung einwandfrei sei und eine Überarbeitung und eine weitere Zusammenarbeit von ihm rigoros abgelehnt würde.[70]

34 Durch konkludentes Verhalten wurde eine Kündigung eines Auftraggebers angenommen, der einen neuen Architekten ohne Zutun und Wissen des von ihm beschäftigten, aber nicht gekündigten Architekten bestellt.[71] In dem vom OLG Oldenburg entschiedenen Fall war die Genehmigungsplanung des Erstarchitekten nicht genehmigungsfähig. Ohne dem Architekten jedoch die Möglichkeit zu gegeben, sein insoweit mangelhaftes Planwerk nachzubessern, beauftragte der Auftraggeber einen neuen Architekten. In diesem Verhalten liegt auch die Erklärung, dass er sich von dem bisherigen Architekten lösen will, also eine Kündigung.

Ungeklärt sind die Rechtsfolgen in einem solchen Fall. Hat der Auftraggeber von seinem Recht der jederzeitigen Kündbarkeit des Vertrages Gebrauch gemacht, schuldet er damit das Honorar gem. § 649 BGB für die gesamten beauftragten Leistungen. Liegt indes ein wichtiger Grund vor, den der Auftragnehmer zu vertreten hat, könnte ihm ein entsprechender Anspruch versagt sein.

Da der Leistungserfolg, nämlich Herbeiführung der Baugenehmigung nicht eingetreten ist, stellt sich zudem die Frage, ob der Auftragnehmer die Abschläge bis zur Vergütung der Leistungsphase 4 behalten darf.

Da der Auftraggeber dem Auftragnehmer die Chance der Nacherfüllung genommen hat, hat er durch sein Verhalten bewirkt, dass der Auftragnehmer nicht vertragskonform seine Leistung erbringen konnte. Allerdings hat der Auftragnehmer nach der Beschreibung des Leistungsbildes der Vorplanung und Entwurfsplanung die Verpflichtung, die Entwicklung des Bauvorhabens in genehmigungsrechtlicher Hinsicht mit den Behörden auf ihre Genehmigungsfähigkeit abzuklären. Ihm fällt insoweit die Aufgabe zu, die von den Genehmigungsbehörden bereit gestellte Beratung über die Genehmigungsfähigkeit auch während des gesamten Planungsprozesses in Anspruch zu nehmen. Mit dieser Leistungsverpflichtung sollen Fehlplanungen vermieden werden. Verstößt der Auftragnehmer gegen diese Verpflichtung und klärt seine Planung vorab überhaupt nicht mit den Behörden ab, so ist seine Planung mind. ab der Leistungsphase 3 für den Auftraggeber nicht mehr verwertbar und auch nicht vergütungspflichtig.

Kommt das Bauvorhaben nicht zur Ausführung, weil der Auftraggeber sein Bauvorhaben aufgegeben hat, so liegt auch hierin stets ein wichtiger Grund.[72]

Kündigt der Auftraggeber aus wichtigem Grund, liegt jedoch ein solcher nicht vor, so liegt in dieser Erklärung eine freie Kündigung. Eine gegenteilige Erklärung muss der Auftraggeber zum Ausdruck bringen, was indes unwahrscheinlich ist, da bei einer Kündigung wegen Benennung eines wichtigen Grundes, der tatsächlich als nicht gegeben anzusehen ist, nicht der Wille des Auftraggebers angenommen werden kann, dass er für diesen Fall am Vertrag festhalten will.[73]

35 ## 3. Vertragskündigung des Auftragnehmers

Dem Auftragnehmer steht kein Kündigungsrecht zu. Der Auftragnehmer kann sich aus der Vertragsbeziehung nur lösen, wenn ein wichtiger Grund vorliegt, den der Auftraggeber zu vertreten hat.[74] Ist dies nicht der Fall, so kann eine Kündigung des Auftragnehmers die Kündigung des

---

[68] So OLG Köln Urteil v. 15.05.1998 – 20 U 91/97 IBR 2000, 34; S. 86
[69] OLG Köln a. a. O.
[70] KG Urteil v. 23.10.1998 – 4 U 5001/97 IBR 2000, 85
[71] OLG Oldenburg v. 22.07.1998 – 2 U 109/98 IBR 1999, 22
[72] OLG Düsseldorf v. 16.03.1999 IBR 2000, 178
[73] BGH BauR 2003, 1989 = NJW 2003, 3474
[74] Zur Frage, dass bei einem Werkvertrag die Kündigung aus wichtigem Grund entsprechend § 314 BGB nicht ausgeschlossen ist, siehe Locher/Koeble/Frik Rdn. 127

Auftraggebers zur Folge haben, die der Auftragnehmer zu vertreten hat, wenn das Vertragsverhältnis aufgrund der eingetretenen Umstände so tiefgreifend zerstört ist, dass dem Auftraggeber ein Festhalten an dem Vertrag nicht länger zumutbar ist.

Wichtige Gründe für die Kündigung eines Vertragsverhältnisses sind anzunehmen, wenn dem Auftragnehmer berechtigte Honorarforderungen vorenthalten werden. Voraussetzung bleibt, dass der Auftragnehmer den Auftraggeber deutlich in Verzug setzt und auch ankündigt, dass er bei fortgesetztem Vertragsmissbrauch durch den Auftraggeber das Vertragsverhältnis durch die Kündigung aus wichtigem Grund beendet. Die Nichtzahlung fälliger Honorarforderungen spielen deshalb auch in der Praxis die Hauptgründe für die Loslösung vom Vertrag durch den Auftragnehmer.[75]

Voraussetzung allerdings ist, dass der Vergütungsanspruch auch besteht, der häufig umstritten ist. Andere Vertragsverfehlungen des Bauherrn müssen schon so tiefgreifend sein, dass sie die Annahme rechtfertigen, dass ein Festhalten am Vertrag für den Auftragnehmer unzumutbar ist. Die Auseinandersetzung zwischen dem Bauherrn und seinem Architekten ist dabei nicht selten auch emotional bedingt. So ist die Äußerung des Auftraggebers „Wer so etwas plant, gehört mit der Axt erschlagen" zu einer nicht hinzunehmenden Entgleisung, wenn sie im Kontext ähnlicher Verhaltensweisen des Auftraggebers steht. Allerdings muss der Auftragnehmer dies auch beweisen können. [76]

Ein weiterer Grund für die **Loslösung vom Vertrag kann § 643 BGB** entnommen werden. **Unterlässt nämlich der Auftraggeber** eine von ihm zu erbringende **Mitwirkungsleistung** und befindet er sich mit dieser Handlung im Verzuge der Annahme, so kann der Auftragnehmer zur Nachholung dieser Handlung eine angemessene Frist mit der Erklärung bestimmen, dass er den Vertrag kündige, wenn die Handlung nicht bis zum Ablauf der Frist vorgenommen werde. Der praktische Anwendungsfall ist der **Planungsstopp**. Der Auftragnehmer muss im Falle des Planungsstopps jedoch den Auftraggeber in Annahmeverzug versetzen, d. h. ausdrücklich seine Leistungsbereitschaft dem Auftraggeber gegenüber mitteilen. Nach den Regeln des § 643 BGB kann er so die Kündigung des Vertrages herbeiführen. Die Rechtsfolge ist indes nur, dass der Vertrag als aufgehoben gilt. Ansprüche nach § 649 auf Zahlung eines entgangenen Gewinns können mit einer Kündigungserklärung nach § 643 deshalb nicht ausgelöst werden.

In solchen Fällen bleibt es bei den Entschädigungsansprüchen nach § 642 BGB. Auf Dauer des Annahmeverzuges kann der Auftragnehmer eine angemessene Entschädigung verlangen, wobei die Höhe der Entschädigung sich nach § 642 richtet. Der Auftraggeber hat dem Auftragnehmer die Mehraufwendungen (§ 304 BGB) zu ersetzen, die er durch die Bereithaltung seines Personals für die Planungsaufgabe hat. Er ist allerdings gehalten, dieses Personal, soweit es die Auftragslage erlaubt, anderweitig produktiv einzusetzen. Dies ist bei der Ermittlung des Mehraufwandes zu berücksichtigen. Die Mehraufwendungen erfassen die Personalkosten einschließlich der betriebswirtschaftlichen Zuschläge, jedoch ohne Berücksichtigung von Gewinnanteilen. Beschäftigt der Auftragnehmer kein Personal, so entstehen dadurch keine Mehraufwendungen. Ihm ist eine angemessene Entschädigung zu bezahlen. Sie berechnet sich nach der Höhe des vereinbarten Honorars, welches anteilig auf die Vertragszeit umgelegt wird. Der sich danach ergebende Honoraranteil pro Tag/Monat ist Grundlage für die Entschädigung für die Dauer des Annahmeverzuges des Auftraggebers.[77] Neben der Rechtsfolge aus § 643 kommt eine Kündigung des Vertrages aus wichtigem Grund in Betracht, die dem Auftragnehmer die Vergütungsfolgen aus § 649 BGB als Schadensersatz gewährt. Der wichtige Grund kann in der Verweigerung der Entschädigungszahlung oder beharrlicher Nichterfüllung der Mitwirkungshandlung liegen. Er liegt immer vor, wenn dem Auftraggeber die Mitwirkungshandlung unmöglich geworden ist, weil er z. B. das Bauvorhaben aufgegeben hat.[78]

36

---

[75] BGH BauR 1989, 626; BGH BauR 1998, 866; BGH BauR 2000, 592 für den Fall nicht gezahlter, aber geschuldeter Abschlagszahlungen

[76] OLG Rostock Urteil vom 05.04.2000 IBR 2001, 127; OLGR 2001, 7

[77] Siehe hierzu grundlegend Jochem: Festschrift für Motzke, S. 137

[78] Vgl. auch OLG Düsseldorf v. 27.02.1997 BauR 1998, 880

4. Anforderungen an die Schlussrechnung bei vorzeitiger Beendigung des Vertrages

37 Wird ein Vertragsverhältnis durch Kündigung oder durch übereinstimmende Aufhebung des Vertrages vorzeitig beendet, so bedarf es zur Herbeiführung der Fälligkeit des Schlusshonorars in beiden Fällen der Übergabe einer prüffähigen Honorarschlussrechnung und einer Abnahme.[79]

Nimmt der Auftraggeber die infolge der Beendigung der Arbeiten teilfertig gestellten Arbeiten nicht ab, kann der Auftragnehmer die Abnahmefiktion nach § 640 Abs. 1 S. 3 durch eine entsprechende Aufforderung zur Abnahmeerklärung auslösen.[80]

Die Abrechnung ist in zwei Teilen vorzunehmen. Zum einen hat der Auftragnehmer darzulegen, welche Leistungen bis zum Zeitpunkt der Beendigung (Kündigung) des Vertrages erbracht sind und wie diese nach der Honorarvereinbarung zu vergüten sind.

Zum anderen hat er in der Honorarschlussrechnung das Honorar darzustellen, welches auf den nicht erbrachten Teil entfällt.[81]

Die Anforderungen an die Prüffähigkeit einer Schlussrechnung richten sich nach den allgemeinen Grundsätzen, so wie sie bei Rdn. 14–19 beschrieben worden sind. Auch hier gilt, dass eine nicht prüf bare Schlussrechnung fällig wird, wenn der Auftraggeber die fehlende Prüffähigkeit nicht innerhalb einer Frist von zwei Monaten seit Übergabe der Schlussrechnung mit entsprechender Begründung rügt. Nimmt der Auftraggeber innerhalb der Zweimonatsfrist zur Schlussrechnung inhaltlich Stellung, ohne deren Prüffähigkeit infrage zu stellen, so beginnt auch in diesem Fall die Verjährungsfrist ab Zugang des entsprechenden Schreibens des Auftraggebers an den Auftragnehmer, da in solchen Fällen dem Schreiben zu entnehmen ist, dass der Auftragnehmer die Prüffähigkeit der Schlussrechnung nicht infrage stellt. Die spätere Präzisierung und Substantiierung der Honorarforderung steht der Übergabe einer fällig gewordenen, nicht prüfbaren Rechnung nicht entgegen. Der Auftragnehmer verliert auch in diesem Fall nicht seinen Honoraranspruch dadurch, dass er eine nicht prüf bare Rechnung überreicht hat. Auswirkungen hat dieser Sachverhalt nur auf den Verjährungsbeginn.

Bei gekündigten Verträgen hat der Auftragnehmer den Leistungsstand festzustellen, der bis zum Zeitpunkt der Aufhebung oder Kündigung des Vertrages erbracht war. Er hat diesbezüglich eine Bewertung der erbrachten Leistungen vorzunehmen. Maßgebend für die Bewertung ist die vertragliche Vereinbarung. Haben die Parteien die Leistungsbilder der HOAI zugrunde gelegt, so findet die Bewertung nach den in der Praxis allgemein gebräuchlichen Bewertungstabellen statt.

Ist ein Pauschalhonorar vereinbart, so ist Grundlage für die Ermittlung des auf die erbrachten Leistungen entfallenden Honorars die Honorarpauschale. Liegt diese unterhalb des Mindestsatzes, so ist der Auftragnehmer nicht gehindert, dieses geringere Honorar geltend zu machen. Allerdings müssen auch in diesem Fall die Leistungen bis zum Zeitpunkt der Beendigung des Vertrages abgegrenzt werden.[82]

38 Die Honorarermittlung der bis zur Kündigung erbrachten Leistungen stößt nach HOAI 2013 auf geringere Probleme. Gemäß § 6 Abs. 1 ist auf der Grundlage der Kostenberechnung abzurechnen. Diese liegt mit der Entwurfsplanung vor. Erfolgt die Kündigung zu einem späteren Leistungsstand, so berechnet sich das Honorar nach der Kostenberechnung.

Endet der Vertrag mit der Vorplanung, wird nach der Kostenschätzung abgerechnet. Kommt es nur zur Grundlagenermittlung, so sind die zu diesem Zeitpunkt vorliegenden Kostenannahmen Berechnungsgrundlage, notfalls hat eine überschlägliche Kostenermittlung zu erfolgen.

5. Ermittlung des entgangenen Gewinns

39 Die Gründe für die Auflösung des Vertrages spielen eine Rolle im Hinblick auf die Frage, ob der Auftragnehmer einen Vergütungsanspruch nach § 649 BGB hat.

Ist die Kündigung vom Auftragnehmer zu vertreten, so entfällt ein Anspruch nach § 649. § 649 findet demgegenüber uneingeschränkt Anwendung, wenn der Auftraggeber von seinem „freien"

---

[79] BGH v. 11.11.1999 BauR 2000, 589

[80] Hinsichtlich der Probleme zum Thema Abnahme vgl. Rdn. 9

[81] Vgl. hierzu grundsätzlich BGH BauR 2002, 1403 und BauR 2007, 1753

[82] OLG Düsseldorf v. 14.06.1996 – 22 U 30/96 zum Thema Bewertung der Leistungen BGH v. 13.01.2005 – VII ZR 353/03 IBR 2005, 331 = BauR 2005, 739

Kündigungsrecht Gebrauch macht. Dem Recht der freien Kündigung als Auftraggeber entspricht der Anspruch des Auftraggebers auf die volle vertragliche Vergütung. Die bei Abschluss des Vertrages durch Vereinbarung der Vergütung für eine vom Auftragnehmer zu erbringende Leistung begründete Äquivalenzerwartung wird so in das Abwicklungsverhältnis transportiert.[83] Nach § 649 kann der Auftragnehmer für den nicht erbrachten Teil der Vertragsleistung die vereinbarte Vergütung verlangen. Er muss sich jedoch dasjenige anrechnen lassen, was er infolge der Aufhebung des Vertrages **an Aufwendungen erspart** oder durch **anderweitige Verwendung** seiner Arbeitskraft **erwirbt** oder zu erwerben **böswillig unterlässt**.

Diese Rechtsfolge hat dazu geführt, dass in **Formularverträgen** für Architekten- und Ingenieurleistungen eine Klausel Eingang gefunden hatte, wonach die anzurechnenden ersparten Aufwendungen mit 40 % des Honorars **pauschaliert werden**, die auf die nicht erbrachten Teilleistungen entfallen. Diese Formularklausel verstößt gegen § 307 und ist in Formularverträgen unwirksam. Sie widerspricht dem Leitbild des § 649, der verlangt, dass nicht nur ersparte Aufwendungen, sondern auch Ersparnisse aus anderweitiger Verwendung der Arbeitskraft bzw. auch bei böswilliger Unterlassung des Erwerbes anzurechnen sind.[84]

Diese Entscheidung des BGH, der mit einer alten Rechtspraxis der Pauschalierung damit aufgeräumt hat, führt in der Vertragspraxis zu der Fragestellung, ob wenigstens teilweise in einer Formularklausel die Regelung der anzurechnenden Tatbestände pauschal benannt werden können. Das OLG Düsseldorf hat folgende Vertragsklausel nicht beanstandet: *„In allen anderen Fällen steht dem Architekten das vertraglich vereinbarte Honorar zu, er muss sich jedoch dasjenige anrechnen lassen, was er infolge der Aufhebung des Vertrages an Aufwendungen erspart oder durch anderweitige Verwendung seiner Arbeitskraft erwirbt oder zu erwerben böswillig unterlässt. Sofern der Bauherr im Einzelfall keinen höheren Anteil an ersparten Aufwendungen nachweist, wird dieser mit 40 % des Honorars für die vom Architekten noch nicht erbrachten Leistungen vereinbart. Will der Bauherr einen Abzug wegen Erwerbs durch anderweitige Verwendung der Arbeitskraft des Architekten oder böswillige Unterlassung anderweitigen Erwerbs vornehmen, so trägt er insoweit dem Grunde und der Höhe nach die Beweislast.“*[85]

Die **Pauschalierung der ersparten Aufwendungen** im Sinne einer Vereinbarung einer Pauschale schneidet dem Auftraggeber das Recht ab, höhere ersparte Aufwendungen nachzuweisen und legt damit dem Vertragspartner des Verwenders der Vertragsklausel nahe, dass der Gegenbeweis ausgeschlossen werden soll.[86] Diese Rechtsfolge wird nach Auffassung des OLG mit der vorzitierten Bestimmung jedoch vermieden, da dem Auftraggeber ausdrücklich der Nachweis für den Ansatz eines höheren Anteils an ersparten Aufwendungen verbleibt.

§ 649 hat mit dem Forderungssicherungsgesetz mit Wirkung vom 01.01.2009[87] eine Ergänzung erfahren. Nach § 649 S. 3 wird vermutet, dass dem Auftragnehmer 5 % des Honorars, welches auf den nicht erbrachten Teil der geschuldeten Leistung entfällt, geschuldet wird. Dies ist sozusagen der **Sockelbetrag**, den der Auftragnehmer auch dann erhält, wenn er ersparte Aufwendungen mit anderweitigem anrechenbarem Erwerb nicht oder nicht ausreichend darstellt. Diese Vermutung ist widerlegbar und zwar dadurch, dass der Auftragnehmer geringere ersparte Aufwendungen und Ersatzaufträge so nach vollziehbar darlegt, dass der Auftraggeber in die Lage versetzt ist, den Gegenbeweis zu führen.

Für den Auftraggeber bedeutet die Vergütungsregel, dass er einen geringeren Betrag als 5 % bezogen auf das Honorar für nicht erbrachte Leistungen nur zu zahlen hat, wenn er nachweist, dass ersparte Aufwendungen und Ersatzaufträge des Auftragnehmers selbst diese 5 % des Honorars nicht erreichen. Insoweit ist der Auftragnehmer aus seiner Darlegungslast befreit. Der Beweis des Aufzehrens dieser Restvergütung von 5 % wird auf der anderen Seite dem Auftraggeber nicht genommen.

40

---

[83] Leupertz zu § 649 Prüting/Wegen/Wenreich: BGB-Kommentar, Lichterhand Verlag

[84] BGH v. 08.02.1996 – VII ZR 219/94 BauR 1996, 412

[85] OLG Düsseldorf v. 30.04.2002 BauR 2002, 1583

[86] So die Begründung des BGH in seiner Entscheidung BauR 1997, 156

[87] Aufgrund des Forderungssicherungsgesetzes ist § 649 Satz 3 ergänzt worden. Diese Regelung ist seit 01.01.2009 in Kraft und gilt für Verträge, die nach dem 01.01.2009 geschlossen wurden.

Die Vermutungsregelung des § 649 S. 3 schafft allerdings ein Leitbild, sodass die höhere Pauschalierung in einer allgemeinen Geschäftsbedingung bedenklich hinsichtlich ihrer AGB-Konformität ist. Denn immerhin wird der Auftragnehmer von seiner Darlegungslast für die ersparten Aufwendungen und der Ersatzaufträge durch entsprechende Pauschalierungsklauseln befreit, auch wenn dem Auftraggeber der Gegenbeweis nach wie vor verbleibt.

Die Pauschalierung des anderweitigen Erwerbs gem. § 649, die im Ergebnis zu einem höheren Honorar als die 5 % der gesetzlichen Vermutungsregelung führt, bedarf deshalb stets der individuellen ausgehandelten Vertragsregel.[88]

Die Erfahrungen mit der Abrechnung von Architekten- und Ingenieurverträgen zeigen, dass diese 5 %-Klausel allerdings keinesfalls einen Erfahrungssatz bildet. Je nach Bürostruktur fallen ersparte Aufwendungen an und je nach Auftragslage auch keine anrechenbaren Ersatzaufträge. Hieraus ergibt sich, dass die Vergütung, die auf den nicht erbrachten Teil der Leistung entfällt, bis zu 80 % der darauf zu rechnenden Vergütung betragen kann.

41   Ist die Vertragsklausel im Hinblick auf die Kündigungsfolgen wegen Verstoßes gegen § 307 BGB unwirksam, so ist nach § 649 BGB abzurechnen. Zu einer prüf baren Honorarrechnung gehört deshalb in diesem Fall auch, dass die einzelnen Voraussetzungen für die Anrechnung der ersparten Aufwendungen und des anzurechnenden anderweitigen Erwerbs vom Auftragnehmer dargelegt werden.

42   Kommt kein pauschaler Ansatz für die ersparten Aufwendungen in Betracht, so hat der Auftragnehmer mit seiner Schlussrechnung die **ersparten Aufwendungen** aus dem gekündigten Werkvertrag konkret abzurechnen.[89] Ersparte Aufwendungen betreffen Personalkosteneinsatz, Sachmittel sowie **Nebenkosten**, wenn die Nebenkosten nicht gem. § 14 HOAI gesondert auf Nachweis abgerechnet werden sollen. Sind in dem Honorar die Nebenkosten enthalten, so müssen die ersparten Nebenkosten aus dem Anteil herausgerechnet werden, der auf die nicht erbrachten Leistungen entfällt. Für Nebenkosten, die auf Nachweis abzurechnen sind, besteht kein Problem, da diese nicht mehr anfallen.

43   Das Schwergewicht ersparter Aufwendungen liegt bei den **Personalkosten**. Der Einsatz von Personal kann durch Beschäftigung von Mitarbeitern im Arbeitsverhältnis, im Dienstvertrag mit der Beschäftigung eines freien Mitarbeiters und durch Einschaltung von Subplanern geschehen. Jeder Fall ist gesondert zu behandeln.

Mitarbeiter, die im Arbeitsverhältnis zum Auftragnehmer stehen, sind in dem Umfange anzurechnen, wie sie nicht durch anderweitigen Einsatz zu zusätzlichem Erwerb des Auftragnehmers führen. Bei der Betrachtung dieser Frage zeigt sich die enge Verknüpfung des Problems der Anrechnung ersparter Aufträge mit der Frage, ob und inwieweit die Mitarbeiter des Auftragnehmers für neue Projekte eingesetzt werden können. Die Beurteilung beider Fragestellungen hängt mit dem **Auslastungsgrad des Auftragnehmers** zusammen. Anrechnungsfähig ist danach nur die zusätzliche Wertschöpfung, die der Auftragnehmer durch Einsatz seines Personals deshalb erreicht, weil dieses wegen Kündigung und Wegfalls des Vertrages entlastet ist. Ist der Auftragsbestand des Auftragnehmers nach Kündigung des Vertrages unverändert, kann schon deshalb eine zusätzliche Wertschöpfung der Arbeitskraft der durch das gekündigte Vertragsverhältnis freigesetzten Arbeit nicht erfolgen. Dies wäre nur für den Fall denkbar, dass wegen der Kündigung des Vertrages schnell kündbare freie Mitarbeiterverhältnisse aufgelöst werden können und zwar unabhängig davon, ob die freien Mitarbeiter für das gekündigte Projekt oder andere Projekte tätig geworden sind. Ist dies der Fall, so erspart der Auftragnehmer Aufwendungen, wenn die Umsetzung der Mitarbeiter in andere Projekte die Leistungen ersetzt, die durch freie Mitarbeit zugekauft werden müssten.

Im Übrigen kommt die Anrechnung eines Mehrwertes durch Einsatz freigesetzter Mitarbeiter nur in Betracht, wenn sich die Auftragsstruktur nach der Kündigung des Auftragsverhältnisses verändert, also neue Aufträge übernommen werden, die nur deshalb erledigt werden können, weil die Mitarbeiter infolge des gekündigten Auftrages von diesen Aufgaben entbunden waren.

---

[88] Zum Thema Vortragslast der anzurechnenden Ersatzaufträge BGH BauR 2000, 430, 433; BGH v. 26.06.2001 BauR 2002, 649, 652
[89] BGH BauR 2000, 430

Es muss also zwischen dem Ersatzauftrag und der Kündigung hinsichtlich der Auslastung des Auftragnehmers ein ursächlicher Zusammenhang bestehen.[90] War das Büro des Auftragnehmers zum Zeitpunkt der Kündigung ohnehin nicht ausgelastet, so kann ein Mehrwert des Personals durch Einsatz für neue Aufträge nicht erreicht werden.

Die Anrechnung anderweitigen Erwerbs hängt mit dieser Fragestellung unmittelbar zusammen. Kann der Auftragnehmer mit zusätzlich übernommenen Aufträgen nach Kündigung einen Mehrwert mit den Mitarbeitern erzielen, die bisher bei dem gekündigten Projekt eingesetzt waren, so hat er dadurch nicht nur Aufwendungen erspart, sondern die ihm zur Verfügung stehende Arbeitskraft anderweitig verwendet und hierauf einen Ertrag gezogen. Dies kann z. B. der Fall sein, wenn der Auftragnehmer einen Auftrag vorzieht, weil er wegen der Kündigung jetzt zur Erledigung kommt.

Dies kann allerdings nur für die Zeit bestehen, für die der Auftragnehmer das gekündigte Projekt noch Arbeitskraft hätte einsetzen müssen.

Um darzulegen, welche ersparten Aufwendungen für Personalkosten bzw. welcher Erwerb für die **44** Einsetzung der Arbeitskraft anderweitig erzielt werden konnte, ist deshalb zunächst maßgebend, welcher Personaleinsatz seit Kündigung bzw. Beendigung des Vertragsverhältnisses bis zu dem ursprünglich im Vertrag vorgesehenen Ende betrieben werden müsste. Für die Zeit ab Kündigung des Vertragsverhältnisses bis zum vertragsgemäßen Ende ist dementsprechend die Auftragslage des Auftragnehmers zu beurteilen. Hat diese sich in dieser Zeit überhaupt nicht verändert, kommt eine Anrechnung von Ersatzaufträgen für anderweitigen Erwerb oder für ersparte Aufwendungen ohnehin nicht in Betracht. Wenn in diesem Zeitpunkt Aufträge übernommen worden sind, stellt sich die Frage, inwieweit hierfür freigesetztes Personal von dem Auftragnehmer eingesetzt werden kann. Eine Anrechnung kommt dabei nur in Betracht, wenn eine 100 %ige Auslastung des Büros des Auftragnehmers für den Auftragsbestand zum Zeitpunkt der Kündigung bestand.

Der Auftragnehmer ist jedoch weder verpflichtet, den Mitarbeiterstab durch Kündigung zu reduzieren noch in Kurzarbeit zu schicken. Geschieht es gleichwohl, so sind sie auf den Rest der Bearbeitungszeit umzurechnen. Dadurch ersparte Personalkosten sind nach § 649 BGB auf die volle Vergütung anzurechnen.[91]

Hat der Auftragnehmer **freie Mitarbeiter beschäftigt oder Subunternehmer** beauftragt, die **45** wegen der Kündigung des Vertragsverhältnisses ihre Arbeit und damit vertragliche Vergütung verloren haben, so sind die dadurch ersparten Aufwendungen anzurechnen. Dabei kann es bei Subunternehmerverträgen sein, dass diese gegen den gekündigten Auftragnehmer selbst Ansprüche aus § 649 besitzen. Anrechnungsfähig sind danach nur diejenigen Honorarteile, die der Auftragnehmer nach der Abrechnung der Subunternehmerverträge noch auszugleichen hat.

Die projektbezogenen sachlichen Aufwendungen muss der Auftragnehmer sich ebenfalls anrechnen lassen. Hierzu zählen die Nebenkosten, wenn diese in der Vergütung enthalten waren. Sollen sie nach § 15 HOAI zusätzlich vergütet werden, so findet kein Ansatz statt, da sie gesondert abgerechnet werden.

Der Auftragnehmer hat dabei nachvollziehbar die **sachlichen Ersparnisse** so darzulegen, dass der Auftraggeber in der Lage ist, die Richtigkeit des dafür angesetzten Betrages beurteilen zu können. Eine Pauschalierung des sachlichen Aufwandes von 2 % des gesamten Honorars ist als Erfahrungswert vom BGH anerkannt.[92]

Die Darlegung des Anspruchs nach § 649 S. 2 BGB ist so vorzunehmen, dass die Rechnung für den Auftraggeber prüfbar ist. Der Auftraggeber muss in der Lage sein, diese Abrechnung nachvollziehen zu können. Ihm obliegt allerdings nicht die Beweislast für die ersparten Aufwendungen und den anderweitigen Erwerb. Es ist Sache des Auftraggebers, anhand der Darlegungen des Auftragnehmers abweichende Betrachtungen und Vorstellungen darzulegen und zu bewiesen.[93]

Die Prüffähigkeit der Schlussrechnung hängt davon ab, dass der Auftragnehmer seiner Dar- **46** legungslast entsprechend nachgekommen ist. Rügt der Auftraggeber die Schlussrechnung des

---

[90] Vgl. Leupertz a. a. O. § 649 Rdn. 14; OLG Frankfurt am Main NJW-RR 1987, 979
[91] Siehe auch grundsätzlich BGH v. 28.10.1999 BauR 2000, 430
[92] BGH BauR 2000, 430
[93] BGH v. 21.12.2000 BauR 2001, 666; BGH BauR 2000, 430; BauR 1996, 382

Auftragnehmers nicht und wird nach der Rechtsprechung des BGH damit nach Ablauf von zwei Monaten die Honorarforderung im gestellten Umfange fällig, so führt dies noch nicht zu einer Entlastung des Auftragnehmers hinsichtlich seiner Darlegungslast. Die Begründetheit seiner Forderung hängt auch davon ab, dass er seinen Anspruch auf Vergütung nach § 649 (entgangener Gewinn) so darlegt, dass der Auftraggeber die Berechtigung der Forderung prüfen kann. Teilweise gehen die **Anforderungen an eine Darlegung** der ersparten Aufwendungen jedoch über das erforderliche Maß hinaus. So ist vom OLG Celle entschieden worden, dass der Auftragnehmer eine Nachkalkulation vorzulegen und darzulegen hat, welche sonstigen Aufträge er im vertraglichen Zeitpunkt wahrgenommen und welche Versuche er unternommen hat, statt des gekündigten Auftrages Ersatzaufträge zu bekommen.[94]

Die Anforderung an eine Nachkalkulation ist überzogen. So hat der BGH in seiner Entscheidung vom 28.10.1999[95] dargelegt, dass der Auftragnehmer zur Offenlegung seiner Geschäftsstruktur nicht von vornherein verpflichtet ist. Im Rahmen einer Nachkalkulation wäre er dies allerdings.

Der Auftragnehmer hat die zum Zeitpunkt der Auflösung des Vertrages **bestehende Auftragsstruktur darzulegen**, damit ersichtlich ist, welche Auftragsbestände und deren Bearbeitungsnotwendigkeiten für die Restlaufzeit des gekündigten Vertrages anzunehmen sind. Von Interesse sind vor allem die Darstellung von Neuaufträgen und deren Bearbeitungsnotwendigkeiten. Eine Benennung der Auftraggeber ist dabei ebenso wenig notwendig wie eine Vorlage des evt. hierzu geschlossenen Vertrages. Die Darlegung geht nur so weit, dass festgestellt werden kann, ob die von dem Auftragnehmer infolge der Kündigung des Vertrages freigesetzten Mitarbeiter wertsteigernd eingesetzt werden können, wobei eine volle Auslastung des Büros des Auftragnehmers einschließlich des gekündigten Vertrages unterstellt wird. Bestand keine Auslastung, bedeutet die Übernahme von Aufträgen noch keinen Ersatzauftrag, der auch mit Fortbestand des gekündigten Vertrages ohne Weiteres mit erledigt werden konnte. Nur so lassen sich zusätzliche Wertschöpfungen feststellen, die anzurechnen sind.

47 Sind keine Aufträge während der Restlaufzeit akquiriert worden, so gehört zur Darlegungslast des Auftragnehmers, die **Maßnahmen darzulegen, die zur Akquisition neuer Aufträge** durchgeführt worden sind. Überzogene Anforderungen können hieran allerdings nicht gestellt werden. Die Auftragsakquisition eines Planungsauftrages gestaltet sich schwierig. Fast überwiegend leben die Architekten und Ingenieure von ihrem Ruf und der entsprechenden Weiterempfehlung. Das schließt eine Akquisition von Aufträgen über Annoncen etc. aus. Auf der anderen Seite kann vom Auftragnehmer erwartet werden, dass er sich an öffentlichen Ausschreibungen beteiligt, sofern er hierfür zugelassen ist. Für ein ernst zu nehmendes Büro ist diese Aktivität indes so selbstverständlich, dass sie kaum zusätzlich erwähnt werden braucht.

Dem Auftragnehmer eines gekündigten Planungsvertrages ist nicht gestattet, die von ihm bearbeiteten Unterlagen dem Auftraggeber vorzuenthalten. Vielfach geschieht dies mit der Absicht, den Auftraggeber dazu zu bewegen, die gestellte Honorarforderung zu zahlen. Dabei wird übersehen, dass der Auftragnehmer stets vorleistungspflichtig ist. Dies heißt, er muss zunächst seine erarbeiteten Unterlagen vertragsgemäß erstellen und dem Auftraggeber übergeben, bevor er einen Honoraranspruch erwirbt. Er kann deshalb **die Herausgabe der Unterlagen nicht von einer Bezahlung des darauf entfallenden Honorars abhängig machen.**[96] Der Auftraggeber kann diesen Anspruch auch mittels einstweiliger Verfügung durchsetzen.

6. Verlust des Vergütungsanspruches nach § 649

48 Der Vergütungsanspruch nach § 649 BGB besteht allerdings nur, wenn die Kündigung nicht vom Auftragnehmer zu vertreten ist. Unabhängig von der Frage, ob ein wichtiger Grund zur Kündigung des Vertragsverhältnisses vorliegt oder ob der Auftraggeber den Vertrag als freie Kündigung nach § 649 Abs. 1 BGB beendet, kann der Auftragnehmer eine Vergütung für nicht erbrachte Leistungen stets dann nicht beanspruchen, wenn er durch sein Verhalten den Grund für die Kündigung des Vertragsverhältnisses gesetzt hat. Unter diesen Voraussetzungen kann

---

[94] OLG Celle Urteil v. 22.04.1999 – 14 U 114/98 IBR 1999, 427

[95] BGH BauR 2000, 430

[96] Allgemeine Meinung vgl. OLG Hamm v. 20.08.1999 BauR 2000, 295; OLG Frankfurt BauR 1999, 189, 190; OLG Frankfurt BauR 1982, 295, 297

der Auftragnehmer grundsätzlich nur den Anteil seines Honorars verlangen, der seinen tatsächlich erbrachten Leistungen entspricht.[97] Da der Anspruch auf Vergütung nach § 649 mit der Kündigung durch den Auftraggeber entsteht, führt die Einwendung des Auftraggebers, der Auftragnehmer habe die Kündigung zu vertreten, danach zu einem Ausschluss des Vergütungsanspruches für die nicht erbrachten Leistungen. Für das Vorhandensein der Umstände, die die Annahme rechtfertigen, dass der Auftragnehmer die Kündigung zu vertreten hat, ist deshalb der Auftraggeber darlegungs- und beweispflichtig.

Hinsichtlich der erbrachten Leistung hat der Auftragnehmer den Nachweis zu erbringen, dass diese mangelfrei erstellt worden ist. Diesbezüglich obliegt dem Auftragnehmer die Darlegungs- und Beweislast. Dies folgt den allgemeinen Grundsätzen, denn eine Vergütung für erbrachte Leistungen kann der Auftragnehmer nur dann beanspruchen, wenn die Leistung auch ohne Mängel ist. Ist die Leistung des Auftragnehmers mangelhaft, so hat dieser, auch wenn der Vertrag gekündigt worden ist, zunächst einen Anspruch auf Nacherfüllung. Er verliert diesen Anspruch, wenn die Mängel so gravierend sind, dass die Leistungen des Auftragnehmers für den Auftraggeber wertlos sind. Für die Behauptung, dass die Leistung des Auftragnehmers so mangelhaft ist, dass sie für den Auftraggeber nicht brauchbar oder ihre Verwertung nicht zumutbar ist, ist der Auftraggeber darlegungs- und beweispflichtig.[98]

Diese Aussage steht teilweise im Widerspruch zu dem Recht des Auftragnehmers, eine mangelhafte Leistung auch nachbessern zu dürfen. Sein Nacherfüllungsrecht kann der Auftragnehmer deshalb nur in besonderen Ausnahmefällen verlieren. Dies ist insbesondere dann der Fall, wenn die Nachbesserung des Auftragnehmers nur unter Mitwirkung des Auftraggebers überhaupt möglich ist. Wenn nämlich das Verhalten des Auftragnehmers zur Kündigung des Vertrages aus wichtigem Grund geführt hat und die von ihm erbrachte Planungsleistung nur im Zusammenwirken mit dem Auftraggeber nachbesserungsfähig ist, kann dem Auftraggeber nicht mehr zugemutet werden, bei der Leistungserfüllung des Auftragnehmers mitzuwirken.

Werden Planungsziele vertraglich vereinbart, die von dem Auftragnehmer nicht eingehalten werden, und besteht hierüber Streit, so kann es sein, dass die vom Auftragnehmer gelieferten Planungsunterlagen wegen vollständiger Verfehlung der Planungsziele für den Auftraggeber nicht verwertbar sind und zur Erreichung des Planungsziels eine praktische Neuplanung erforderlich wird. Das Werkvertragsrecht räumt dem Auftragnehmer zwar generell auch in solchen Fällen das Recht ein, im Wege der Nacherfüllung seine Planung neu aufzubauen und auf die Erfüllung der übernommenen Planungsaufgabe auszurichten. Da im Rahmen dieses Planungsprozesses stets eine Mitwirkung des Auftraggebers erforderlich ist, bleibt die Frage, ob diese Mitwirkung dem Auftraggeber nach den Vorkommnissen, die zur Kündigung des Vertragsverhältnisses geführt haben, überhaupt noch zumutbar ist.

Es wird deshalb von Fall zu Fall zu prüfen sein, in welchem Umfang die Nachbesserungsleistung des Auftragnehmers noch eine Mitwirkung des Auftraggebers erfordert.

Handelt es sich um Mängel der Ausführungsplanung, so ist in der Regel eine Mitwirkung des Auftraggebers nicht erforderlich, um die bauchtechnisch geforderte Qualität der Ausführungsplanung zu haben. Das Nachbesserungsrecht bleibt dem Auftragnehmer zugestanden.

Ist die Vor- oder Entwurfsplanung mangelhaft, weil z. B. die Kostenziele des Auftraggebers nicht eingehalten werden, und muss deshalb eine neue planerische Konzeption entwickelt werden, so kann dies nur im Zusammenwirken mit dem Auftraggeber geschehen, dessen Vorstellungen und Wünsche Grundlage für die Planung sind. Dieser Planungsprozess ist gestört, wenn wegen der Vorkommnisse eine weitere Zusammenarbeit zwischen den Parteien nicht mehr möglich und damit auch nicht mehr erfolgversprechend ist. Ob diese Störungen zum Verlust des Nachbesserungsrechts führen, muss der Einzelfall entscheiden.

---

[97] BGH v. 10.05.1990 BauR 1990, 634; BGHZ 31, 224, 229
[98] Vgl. hierzu BGH v. 05.06.1997 BauR 1997, 1060

VI. Abschlagszahlungen

50 § 632 a BGB regelt für den Werkvertrag, dass der Auftragnehmer Abschlagszahlungen auf die vereinbarte Vergütung verlangen kann, wenn die Leistungen zu einem Wertzuwachs beim Auftraggeber geführt haben. § 15 Abs. 2 HOAI weicht von der Regelung des § 632 insofern ab, als diese Regelung es gestattet, Abschlagszahlungen zu den vereinbarten Zeitpunkten oder in angemessenen zeitlichen Abständen für nachgewiesene Leistungen zu fordern. Es wird nicht vorausgesetzt, dass es sich dabei um solche handelt, die zu einem Wertzuwachs geführt haben.

51 § 15 Abs. 2 benennt drei Voraussetzungen für das Bestehen eines Anspruches auf Abschlagszahlung: Entweder erfolgt die Abrechnung zu vereinbarten Zeiten oder in angemessenen zeitlichen Abständen jeweils für nachgewiesene Leistungen, was die Prüfbarkeit der Abschlagsrechnung voraussetzt.

Die Abschläge werden nur für nachgewiesene Leistungen zugelassen und dies nur in zeitlichen Abständen oder zu den vereinbarten Zeitpunkten.

Die Forderung nach angemessenen zeitlichen Abständen soll den Auftraggeber vor Bagatellrechnungen in kurzen Abständen schützen. Es soll stets ein nennenswerter weiterer Leistungsstand erreicht sein, bevor neue Abschlagsforderungen geltend gemacht werden können. Das Erreichen eines neuen zeitlichen Abstandes zur vorangegangenen Abschlagsrechnung reicht allerdings nicht aus, bereits eine neue Abschlagsrechnung zu stellen. Diese Voraussetzung gilt indes nur, wenn vertraglich keine anderen Zeitpunkte vereinbart sind.

Weitere Voraussetzung ist, dass mit der Abschlagsrechnung erbrachte Leistungen abgerechnet werden, die der Auftragnehmer nachzuweisen hat.

52 Abschlagsforderungen werden erst fällig, wenn dem Auftraggeber eine prüffähige Abschlagsrechnung zugegangen ist.[99] Die Anforderungen an die Prüfbarkeit der Abschlagsrechnung dürfen dabei nicht überzogen werden. Hier gelten die allgemeinen Grundsätze, die zum Thema Prüfbarkeit vom Bundesgerichtshof aufgestellt worden sind.[100] Die Darlegungslast für die Berechtigung von Honorarabschlägen geht dabei noch deutlich hinter die Anforderungen für die Darstellung einer Honorarschlussrechnung zurück. Maßgebend ist das Prüfungsinteresse des Auftraggebers. Er muss in der Lage sein, nachzuvollziehen, ob die in Rechnung gestellten Abschläge den Leistungsstand bewerten, der zum Zeitpunkt der Abschlagsrechnung erbracht ist. Im Vordergrund des Prüfungsinteresses des Auftraggebers steht dabei, dass mit der Abschlagsrechnung keine Überzahlung stattfindet. Dies betrifft vor allen Dingen die richtige Bewertung des erreichten Leistungsstandes. Die Abschlagsrechnung muss deshalb erkennen lassen, für welche Leistungsphasen und gegebenenfalls auch für welche Einzelleistungen bzw. die nach Vertrag festgelegten Teilerfolge die Abschlagsforderung begehrt wird.

Die Honorarberechnung kann auf der Grundlage der HOAI nicht endgültig sein. Für die Leistungen der Grundlagenermittlung und der Vorplanung können bereits Abschläge berechnet werden. Die für die Ermittlung des Honorars maßgebenden anrechenbaren Kosten der Kostenberechnung liegen zu diesem Zeitpunkt nicht vor. Die Abschläge werden deshalb auf Basis des Kostenstandes ermittelt, der dem Arbeitsstand entspricht. Fehlt es überhaupt an einer Kostenermittlung, z. B. weil die Kostenschätzung im Rahmen der Vorplanung noch nicht abgeschlossen ist, so kann die Leistungsphase 1 Grundlagenermittlung auf der Basis der vom Auftraggeber genannten vorläufigen Baukosten berechnet werden. Um nachvollziehen zu können, wie das Honorar berechnet wird, bedarf es einer Angabe der Honorarzone, die zugrunde gelegt wird. In den meisten Fällen sind dies die vertraglich vereinbarte Honorarzone, der jeweilige Leistungsstand und die anrechenbaren Kosten, die Grundlage für die Ermittlung des Honorars sind.[101]

53 Die Fälligkeit der Abschlagsrechnungen hängt nicht davon ab, dass der Auftragnehmer die Mängelfreiheit der erbrachten Leistungen nachweist. Dies gewinnt nur Bedeutung, wenn der Auftraggeber Mängel der Leistungen rügt. Für diesen Fall schuldet der Auftragnehmer den

---

[99] BGH v. 05.11.1998 BauR 1999, 267
[100] BGH BauR 2004, 317
[101] OLG Stuttgart v. 16.04.1998 – 19 U 276/97 IBR 1998, 443

Nachweis, dass die abgerechneten Leistungen mängelfrei sind. Er muss dies auf Verlangen des Auftraggebers im Einzelnen belegen.[102]

Die Bewertung des Leistungsstandes, der mit der Abschlagsrechnung abgerechnet werden soll, kann anhand der Bewertung von Leistungen erfolgen, wie sie den allgemein gebräuchlichen Bewertungstabellen entnommen werden kann.[103] Ein größeres Problem bietet die Bewertung des Leistungsstandes der Objektüberwachung. Hier hilft die einzelne Bewertung der Leistung nicht weiter, da die Bearbeitung der einzelnen Leistungen zum größten Teil über den gesamten Zeitraum der Objektüberwachung verläuft. Es ist deshalb sachgerecht, den jeweils erreichten Bautenstand für die Bemessung der Abschlagsforderung anzusetzen. Indiz für den Bautenstand können die gezahlten bzw. zur Zahlung freigegebenen Abschlagsforderungen der bauausführenden Firmen sein, die im Verhältnis zu den Gesamtbaukosten den Anteil des realisierten Bautenstandes wiedergibt. Dies ist auch der sachgerechte Bewertungsmaßstab für die Berechnung des Leistungsstandes von vorzeitig beendeten Vertragsverhältnissen. Nach Vertragsbeendigung können weitere Abschlagszahlungen nicht mehr gefordert werden.[104] Aus welchem Grunde die Vertragsbeendigung stattgefunden hat, sei es durch Abschluss aller Arbeiten, Kündigung des Vertrages durch einen der beiden Vertragspartner oder durch einverständliche Vertragsaufhebung, ist dabei gleichgültig. In all diesen Fällen besteht nur ein Anspruch auf Stellung einer Honorarschlussrechnung. Abschlagsrechnungen können nicht mehr gefordert werden.[105] Der Auftragnehmer ist in solchen Fällen vielmehr gehalten, seine Leistungen insgesamt vollständig abzurechnen.[106]

Abschlagsforderungen und Schlussforderungen sind unterschiedliche Streitgegenstände. Es ist zulässig, die Klage auf Abschlagsforderungen in eine Klage auf Schlussforderung abzuändern.[107]   **54**

Mit der Entscheidung des BGH vom 05.11.1998 ist auch die Streitfrage begraben, wonach offen war, ob Abschlagsforderungen selbstständig verjähren können. Nach der Entscheidung des BGH verjähren Abschlagsforderungen selbstständig.[108] Dies hindert indes nicht, eine verjährte Abschlagsforderung in der Schlussrechnung wieder aufzunehmen, da es ein unterschiedlicher Streitgegenstand ist. Mit der Schlussrechnung werden die Leistungen abgerechnet, die insgesamt erbracht worden sind. Hierzu können auch Leistungen gerechnet werden, für die gesondert Abschlagsrechnungen gestellt worden sind, unabhängig davon, ob diesbezüglich Verjährung eingetreten ist oder nicht. Die verjährte Abschlagsforderung ist damit als Rechnungsposten in der Schlussrechnung Bestandteil der Schlussrechnung und hat ihre Selbstständigkeit aufgegeben. Der Geltendmachung von Verzugszinsen für Abschlagsrechnungen, die verjährt sind, steht allerdings der Verjährungseinwand entgegen, wenn die Abschlagsrechnung verjährt ist. Dieser Mangel kann mit der Schlussrechnung nicht mehr geheilt werden. Die Verzugszinsen sind unmittelbare Folge des in Rechnung gestellten Betrages. Verjährt dieser Rechnungsbetrag, so bezieht sich dies auch auf evt. hierauf zu entrichtende Verzugszinsen.[109]

Eine Abschlagsrechnung verliert die Qualität als Abschlagsrechnung, wenn der Auftragnehmer die letzte Abschlagsrechnung ausdrücklich als Schlussrechnung behandelt wissen will. Verzichtet der Auftragnehmer auf die Vorlage einer eigenen Schlussrechnung und verfolgt der Auftragnehmer seine letzte Abschlagsrechnung als Schlussrechnung, so gewinnt sie die Qualität einer Schlussrechnung zu dem Zeitpunkt, in dem der Auftragnehmer sich in entsprechender Weise erkennbar für den Auftraggeber erklärt.

Die Zahlungen von Abschlagsrechnungen schaffen keinen Vertrauensschutz zugunsten des Auftraggebers. Berechnet der Auftragnehmer in den Abschlagsrechnungen in fehlerhafter Anwendung der HOAI, so folgt hieraus keine Bindung für die Schlussrechnung. Legt der Auftragneh-   **55**

---

[102] BGH NJW 1999, 713

[103] vgl. die Kommentierung zu § 5

[104] OLG Köln BauR 1973, 324, BGH BauR 1971, 206

[105] OLG Düsseldorf v. 20.08.2001 BauR 2002, 117 diese entspricht der allgemeinen Meinung insbesondere entwickelt zum Bauvertrag BGH BauR 1991, 81, 82

[106] OLG Köln BauR 1973, 324; OLG Düsseldorf BauR 1994, 272; Korbion/Mantscheff/Vygen § 8 Rdn. 58; Werner/Pastor Rdn. 984

[107] BGH v. 05.11.1998 BauR 1999, 267

[108] BGH BauR 1999, 267

[109] BGH a. a. O.

mer eine falsche, zu niedrige Honorarzone zugrunde, so kann der Auftraggeber den Ausgleich der Schlussrechnung nicht mit der Begründung ablehnen, in den Abschlagsrechnungen sei die Honorarberechnung auf der Basis der niedrigen Honorarzone berechnet worden. Abschlagsrechnungen haben insoweit stets vorläufigen Charakter.[110]

56 **2. Abschlagsregelungen und BGB**

Bei Vertragsgestaltungen, die aufgrund einseitigen in Verkehr bringen als allgemeine Geschäftsbedingung anzusehen sind, stellt sich die Frage, ob von dem der HOAI Regelung abweichenden Regelungen der AGB-Kontrolle nach § 307 BGB standhalten. Nach § 307 Abs. 2 ist eine Allgemeine Geschäftsbedingung unwirksam, wenn sie den Vertragspartner des Verwenders entgegen den Geboten von Treu und Glauben unangemessen benachteiligen. Dies ist im Zweifel anzunehmen, wenn sie mit wesentlichen Grundgedanken der gesetzlichen Regelung von der abgewichen wird, nicht vereinbart ist. Erfasst sind damit nicht nur materielle Gesetze sondern auch Rechtsverordnungen, wie die HOAI[111] Bedeutung gewinnt dies für Abschlagsregelungen. Die HOAI gewährt Abschlagszahlungen zu schriftlich vereinbarten Zeitpunkten oder in angemessenen zeitlichen Abständen für nachgewiesene Grundleistungen. Die häufig in vorformulierten Verträgen der Auftraggeberseite zu findende Bestimmung, wonach nur noch 90 % des auf die zu zahlende nachgewiesenen Grundleistungen ausgezahlt werden, verlässt das Leitbild der HOAI. Zur Sicherung der Liquidität des Auftragnehmers sind Abschläge für nachgewiesene Grundleistungen zu zahlen und zwar in angemessenen zeitlichen Abständen. Angemessen ist ein zeitlicher Abstand, wenn er die Belange der Auftraggeberseite und insbesondere des Auftragnehmers hinreichend berücksichtigt. Eine pauschale Kürzung des Honorars für nachgewiesene Grundleistungen verträgt sich nicht mit diesen Grundsätzen und ist in Allgemeinen Geschäftsbedingungen deshalb unwirksam.

VII. Abrechnung von Nebenkosten

57 Nebenkosten sind auf Nachweis fällig. Dies setzt voraus, dass Nebenkosten nach § 14 verlangt werden können. § 15 Abs. 3 ist auf den Regelfall des § 14 zugeschnitten, nämlich, dass die Nebenkosten auf Nachweis zu erstatten sind. § 15 Abs. 3 bestimmt, dass Nebenkosten je nach Anfall abgerechnet werden können. Ob die Nachweise dem Auftraggeber zu überreichen sind, und sei es nur in Kopie, ist in § 15 nicht gesagt, folgt jedoch aus § 14, da ansonsten der Anspruch nicht begründet wäre.

Gemäß § 15 Abs. 3 können die Parteien auch andere Fälligkeitsregelungen für die Nebenkosten treffen. Diese Vereinbarung muss jedoch schriftlich und bei Auftragserteilung erfolgen.

Ist diese Vereinbarung wegen Verstoßes gegen eine dieser Voraussetzungen unwirksam, so bleibt es bei dem Recht, Nebenkosten jederzeit auf Nachweis verlangen zu können.

Wird die Nebenkostenerstattung unter Ausnutzung der Möglichkeiten nach § 14 Abs. 3 HOAI pauschal vereinbart und treffen die Parteien keine Fälligkeitsregelung hierzu, so taucht die Frage auf, ob die pauschale Abgeltung erst mit der Schlussrechnung oder bereits anteilig mit der Abschlagsrechnung erhoben werden kann. In der Praxis häufig anzutreffen ist, dass die pauschale Nebenkostenabgeltung in Form eines Prozentsatzes zum Honorar gewählt wird, z. B. 7 % des Nettohonorars. Für diesen Fall ist anzunehmen, dass die Parteien eine anteilige Abgeltung der Nebenkosten jeweils mit Berechnung von Abschlagsforderungen zulassen wollten, sodass die Nebenkosten mit der Abschlagsrechnung durch Aufschlag des vereinbarten Prozentsatzes jeweils erhoben werden können.[112]

---

[110] BGH v. 12.10.1995 – VII ZR 195/94 IBR 1996, 25

[111] Die Leitbildfunktion der HOAI hat der BGH bereits 1981 entschieden, BGH in BauR 1981, 582

[112] So auch Pott/Dahlhoff/Kniffka/Rath § 8 Rdn. 11; wohl auch Korbion/Mantscheff/Vygen § 8 Rdn. 63; Locher/Koeble/Frik § 8 Rdn. 66

Das Gleiche gilt, wenn die Nebenkosten in einer festen Betragssumme pauschaliert sind. Entsprechend dem Gedanken des § 15 Abs. 2 ist eine zeitanteilige Berechnung einer betragsmäßig festgelegten Nebenkostenpauschale möglich.

VIII. Vereinbarung anderer Zahlungsweisen

Die Vereinbarung anderer Zahlungsweisen, so wie sie in Abs. 4 zugelassen sind, bietet einen nur **58** sehr eingeschränkten Anwendungsspielraum.

§15 Abs. 1 lässt für Honorarschlussrechnungen andere schriftliche Vereinbarungen für die Fälligkeitsvoraussetzungen von Honorarschlussregelungen zu. Die Anwendungsfälle hierfür dürften gering sein. Es ist denkbar, dass die Parteien durch individuelle ausgehandelte Vertragsvereinbarung den Fälligkeitszeitpunkt eines Schlusshonorars auf einen späteren Zeitpunkt festsetzen, als nach HOAI eigentlich definiert. Die Vertragsfreiheit für individuell ausgehandelte Vertragsklauseln sind insoweit keine Grenzen gesetzt.

§15 Abs. 2 lässt die Zahlung von Abschlägen zu den schriftlich vereinbarten Zeitpunkten zu. Andere Vereinbarungen können sein, dass überhaupt keine Abschläge gezahlt werden sollen. Auch eine solche vertragliche Vereinbarung ist nicht ausgeschlossen. Sie ist jedoch nur als individuell ausgehandelte Vertragsvereinbarung wirksam.

§15 Abs. 3 erwähnt Nebenkosten. Andere Zahlungsweisen sind in § 14 Abs. 3 bereits angesprochen. Dort ist festgelegt, dass andere Abgeltungsformen nur unter der Voraussetzung zugelassen sind, dass Abrechnungen schriftlich bei Auftragserteilung vereinbart werden.

§15 Abs. 4 beschreibt ganz allgemein das Recht, dass andere Zahlungsweisen durch schriftliche Vereinbarung zulässig sein sollen. Damit wird die Vertragsfreiheit nochmals unterstrichen. Da der § 15 jedoch eine Leitbildfunktion beschreibt, sind Abweichungen hiervon in Allgemeinen Geschäftsbedingungen nicht möglich.

Der praktische Anwendungsfall kann vor allem auch Abschlagszahlungsregelungen betreffen. Wenn Abschlagszahlungen nicht an den Nachweis der erbrachten Grundleistung gekoppelt werden sollen, tauchen allerdings weitere Probleme auf.

Zahlungspläne, die eine Zahlungspflicht pro rata temporis, also nach Zeitintervallen vorsehen, bergen das Problem, dass der Auftraggeber ungewollt in eine Vorleistungspflicht gerät, weil die Abschlagsforderung nicht einem Leistungsstand des Auftragnehmers entspricht, der die Abschlagsforderung rechtfertigen würde. Da die notwendigerweise schriftlich zu fassende Vereinbarung jedoch nur auf den Zeitablauf abstellt, ist die Abschlagsrechnung jedenfalls dann nicht zu beanstanden, wenn der Bauablauf sich plangemäß vollzieht. Treten Bauablaufsstörungen ein, z. B. weil der Auftraggeber einen Planungsstopp ausspricht, so ist damit eine wesentliche Grundlage für die Vereinbarung dieser Zahlungsweise entfallen. Auch wenn nach Zeitablauf neue Abschlagsforderungen gerechnet werden könnten, so können diese in solchen Fällen wegen Wegfalls der Geschäftsgrundlage nicht geltend gemacht werden, da nicht anzunehmen ist, dass die Parteien wegen des geänderten Planungsablaufes den Auftraggeber vorleistungspflichtig werden lassen.

Bei vorformulierten Verträgen ist § 307 BGB zu beachten. Soll in dem Vertragsformular das Recht des Auftragnehmers, gem. § 15 Abs. 2 in angemessenen zeitlichen Abständen entsprechend dem jeweiligen Leistungsstand Abschlagsforderungen zu stellen, ausgeschlossen oder durch Regelung von unangemessenen hohen Einbehalten teilweise ausgehöhlt werden, so verstößt diese Vertragsbestimmung gegen § 307 BGB und ist damit nichtig.[113]

---

[113] Dies hatte der BGH anhand des § 9 AGB-Gesetz bereits 1981 entschieden. Diese Entscheidungspraxis gilt unverändert auch heute. BGH BauR 1981, 586; OLG Düsseldorf BauR 1997, 590; siehe auch § 4 Rdn. 10

IX. Rückforderung zu viel gezahlter Honorare

59 Ein Rückforderungsverlangen kann sich aus der Überzahlung von Abschlägen und einer Überzahlung einer Schlusszahlung ergeben. Der Auftragnehmer ist verpflichtet, mit Beendigung des Vertrages oder mit der Abnahme seiner Leistung durch den Auftraggeber seine Leistung abzurechnen. Er trägt hierfür die Darlegungs- und Beweislast. Die Abschlagszahlungen stellen kein Anerkenntnis der Forderung dar und schaffen keinerlei Bindungswirkung.[114]

Stellt sich heraus, dass die Summe der Abschlagsrechnungen zu einem Überschuss geführt hat, so hat der Auftragnehmer diesen dem Auftraggeber zurückzuzahlen. Rechnet der Auftragnehmer nicht ab, so kann der Auftraggeber eine Klage auf Zahlung zu viel gezahlter Abschläge erheben. Es ist in diesen Fällen Sache des Auftragnehmers darzulegen und zu beweisen, dass er berechtigt ist, die gezahlten Voraus- und Abschläge zu behalten.[115]

Ist die Schlusszahlung vom Auftraggeber gezahlt und fordert er später Honorarbeträge mit der Begründung zurück, der Auftragnehmer sei überzahlt gewesen, richtet sich der Anspruch des Auftraggebers nach Bereicherungsrecht. In diesen Fällen obliegt dem Auftraggeber die Darlegungs- und Beweispflicht für die behauptete Überzahlung.[116]

Der Rückzahlungsanspruch für überhöhte Abschlagszahlungen verjährt nach regelmäßiger Verjährungszeit gem. § 195 BGB. Der Rückforderungsanspruch wird nicht vor dem Zeitpunkt fällig, bevor der Vertrag beendet und schlussabgerechnet werden kann. Es gelten die allgemeinen Fälligkeitsregelungen, also drei Jahre ab Kenntnis der Überzahlung längstens 10 Jahre.[117]

Eine Verwirkung des Rückzahlungsanspruches kann nur angenommen werden, wenn seit der Zeit der Möglichkeit einer Geltendmachung eine längere Zeit verstrichen ist und besondere Umstände gegeben sind, die die verspätete Geltendmachung als Verstoß gegen Treu und Glauben erscheinen lassen, was im Hinblick auf die ohnehin nur kurze Verjährungsfrist von drei Jahren ab Kenntnis des Fälligkeitseintritts nur ausnahmsweise anzunehmen ist. Als weitere Voraussetzung muss nachgewiesen sein, dass dem Schuldner durch die verspätete Durchsetzung ein unzumutbarer Nachteil entstanden ist.[118]

X. Verjährung von Honoraren

60 Für die Verjährung von Honoraransprüchen gilt die regelmäßige Verjährungsfrist von drei Jahren (§ 195 BGB). Die Verjährung beginnt stets zum 31.12. eines Jahres, in das die Entstehung des Anspruches fällt.[119] Entstanden ist der Anspruch, wenn er geltend gemacht werden kann. Dies bezeichnet den Zeitpunkt der Fälligkeit.[120]

Honorare für Leistungen, die dem Regelbereich der HOAI unterfallen, werden gemäß § 15 Abs. 1 HOAI bei Abnahme mit Übergabe einer prüf baren Honorarschlussrechnung und gem. § 15.2 mit Übergabe einer Abschlagsrechnung fällig. Die Honorarschlussrechnung und die Abschlagsrechnung stellen unterschiedliche Streitgegenstände dar. Abschlagsforderungen unterliegen damit einer gesonderten Verjährung. Verjährte Abschlagsforderungen können allerdings in der Schlussrechnung als Rechnungsposition erneut aufgenommen werden.[121]

Nach § 203 BGB ist die Verjährung bei Verhandlungen zwischen dem Schuldner und dem Gläubiger über den Anspruch oder über die den Anspruch begründeten Umstände gehemmt. Die Hemmung dauert so lange an, bis der eine oder der andere Teil die Fortsetzung der Verhandlungen verweigert. Der Begriff der Verhandlung ist weit auszulegen. Es genügt jeder Meinungsaus-

---

[114] OLG Koblenz, Urteil v. 19.01.2012 – 1 U 1287/10; OLG Dresden, 11.01.2012 – 13 U 1004/11
[115] BGH v. 22.11.2007 – VII ZR 130/06
[116] OLG München, 18.12.2012 – 9 U 3932/11
[117] BGH 11.10.2012 – VII ZR 10/11; OLG Schleswig 24.10.2008 – VII ZR 239/08
[118] BGH 23.01.2014 – VII ZR 117/13
[119] § 199 Abs. 1 Nr. 1 BGB
[120] BGHZ 53, 222
[121] BGH v. 05.11.1998 BauR 1999, 267; siehe auch Rdn. 55

tausch über die Richtigkeit der Honorarverrechnung, wenn nicht offensichtlich wird, dass der Auftraggeber den Ausgleich der Honorarforderung insgesamt ablehnt.[122]

Die Mahnung einer offenen Rechnung kurz vor Verjährungsbeginn führt noch nicht zu einer Verhandlung über die Forderung. In solchen Fällen kann die Hemmung der Verjährung nur durch eine gerichtliche Maßnahme, z. B. Antrag auf Erteilung eines Mahnbescheides oder Klage, herbeigeführt werden.

Verhandeln die Parteien über die Höhe des Honorars, so endet die Hemmungswirkung, wenn eine der Parteien die Fortsetzung der Verhandlungen verweigert. Diese Verweigerungshaltung muss durch ein klares eindeutiges Verhalten einer Partei zum Ausdruck kommen.[123] Schlafen die Verhandlungen ein und werden sie von beiden Parteien nicht weiter betrieben, so endet die Hemmung zu dem Zeitpunkt, in dem der nächste Schritt nach den Grundsätzen von Treu und Glauben zu erwarten gewesen wäre. Dieser Zeitpunkt kann bei komplizierten Honorarberechnungen unterschiedlich lang ausfallen. In der Regel kann jedoch davon ausgegangen werden, dass nach Ablauf von einem dreimonatigen Schweigen auf die letzte Verhandlung hin die Hemmung beendet ist. Ab diesem Zeitraum steht eine Karenzfrist von drei Monaten, die zum Zeitraum der Hemmung hinzugerechnet wird.

Nach § 209 wird der Zeitraum, währenddessen die Verjährung gehemmt ist, in die Verjährungsfrist nicht eingerechnet. Beträgt die Verhandlungsrunde sechs Monate, so sind drei Monate Karenzfrist hinzuzurechnen, sodass auf neun Monate die Verjährungsfrist nicht berechnet wird. Um diesen Zeitraum verlängert sich somit insgesamt die Verjährung, sodass es auch bei Honoraransprüchen dazu kommen kann, dass die Verjährung nicht zu ultimo eines Jahres eintritt.

---

[122] Vgl. hierzu grundsätzlich BGH NJW 2004, 1654
[123] BGH NJW 1998, 2819

§ 16 Umsatzsteuer

(1) Der Auftragnehmer hat Anspruch auf Ersatz der gesetzlich geschuldeten Umsatzsteuer für nach dieser Verordnung abrechenbare Leistungen, sofern nicht die Kleinunternehmerregelung nach § 19 des Umsatzsteuergesetzes angewendet wird. Satz 1 ist auch hinsichtlich der um die nach § 15 des Umsatzsteuergesetzes abziehbaren Vorsteuer gekürzten Nebenkosten anzuwenden, die nach § 14 dieser Verordnung weiterberechenbar sind.

(2) Auslagen gehören nicht zum Entgelt für die Leistung des Auftragnehmers. Sie sind als durchlaufende Posten im umsatzsteuerrechtlichen Sinn einschließlich einer gegebenenfalls enthaltenen Umsatzsteuer weiter zu berechnen.

Inhaltsübersicht

I. Allgemeines

1 Die Entwicklung des Steuerrechts zeigt, dass die Verbrauchssteuern deutlich an Bedeutung gewinnen. Bis zum 01.01.1982 galt das Privileg für freiberuflich Tätige, den halben Mehrwertsteuersatz berechnen zu dürfen. Bis 31.12.1979 waren dies 6 %, ab 01.01.1980 bis 31.12.1981 6,5 %. Mit dem Wegfall des Steuerprivilegs für freiberufliche Leistungen wurde der volle Steuersatz ab 01.01.1982 in Höhe von 13 % erhoben, der von Juli 1983 bis 1992 14 % betrug und von 1992 bis 1998 15 % und vom 01.04.1998 – 01.01.2007 16 %, ab 01.01.2007 gilt ein Umsatzsteuersatz von 19 %.

Aus diesem Zahlenwerk wird deutlich, dass ein beachtlicher Teil des Honorars auf die Umsatzsteuer entfällt, sodass Klarheit darüber bestehen muss, in welchen Fällen Anspruch auf Vergütung der Umsatzsteuer besteht.

Für das Bauen haben die Umsatzsteuersätze insbesondere Auswirkungen im Bereich des Wohnungsbaus. Bauherrn von Wohnungsbauten sind Endverbraucher. Sie können, auch wenn sie gewerblich Wohnungsbauten durchführen, die Umsatzsteuer auf Planungs- und Bauleistungen nicht als Vorsteuer absetzen. Damit schlägt die Umsatzsteuer unmittelbar auf die Baukosten durch. Für gewerbliche Bauten gilt allerdings, dass Umsatzsteuerzahlungen auf Bauleistungen und Architekten- und Ingenieurhonorare vom Bauherrn als Vorsteuer abgesetzt werden können. Bei gemischt genutzten Gebäuden, z. B. Wohnungs- und Gewerbebauten entscheidet das Flächenverhältnis, in welchem Umfange die Mehrwertsteuer vom Bauherrn abgesetzt werden kann und inwieweit sie sich als Bruttobaukosten unmittelbar im Baubudget niederschlägt.

II. Der Anspruch auf Vergütung der Umsatzsteuer

§ 16 gibt dem Auftragnehmer einen Anspruch auf Ersatz der Umsatzsteuer. Mit dieser Formu- **2**
lierung steht fest, dass der Auftragnehmer Umsatzsteuer auf die von ihm nach HOAI zu berechnenden Honorare auch dann verlangen kann, wenn er diesbezüglich keine vertragliche Vereinbarung getroffen hat. Anspruch auf Ersatz der Umsatzsteuer heißt, dass er den jeweils gültigen
Umsatzsteuersatz ersetzt verlangen kann. Dies gewinnt zusätzliche Bedeutung, wenn im Wandel
des Steuerrechts höhere Umsatzsteuersätze festgelegt werden. Unabhängig von der Frage, wann
der Architekten- oder Ingenieurvertrag abgeschlossen worden ist, kann der Auftragnehmer die
während der Laufzeit des Vertrages sich ergebenden Erhöhungen der Mehrwertsteuer auf den
Auftraggeber abwälzen.

Dieser Anspruch besteht für die nach der HOAI zu berechnenden Honorare, mithin für die
durch Leistungsbilder und Honorartafeln preisgebundenen Leistungen von Architekten und Ingenieuren. Ob dieser Anspruch auf Ersatz der Umsatzsteuer auch gilt, wenn es sich um die Honorierung von Besonderen Leistungen oder um solche Leistungen handelt, die nicht preisgebunden
sind, weil sie z. B. oberhalb der Honorartafelwerte liegen, ist bisher nicht entschieden.

§ 16 regelt einen Anspruch auf Ersatz der Umsatzsteuer für die nach der HOAI abrechenbaren
Leistungen. Erfasst werden damit die verbindlich geregelten Honorare für Leistungen in den
Teilen 2 bis 4 sowie die Honorare für Beratungsleistungen, die in Anlage 1 als preisrechtliche
nicht gebundene Leistungen eine Honorarempfehlung darstellen. Klargestellt wird damit, dass
die Honorarangaben in der HOAI stets ohne Umsatzsteuer zu verstehen sind.

§ 16 HOAI regelt einen Anspruch auf Ersatz der Umsatzsteuer, soweit sie gesetzlich anfällt.
Zivilrechtlich gesehen ist die Umsatzsteuer Bestandteil des Entgelts, den der Auftragnehmer
für seine Leistung vom Auftraggeber erhält. Die Vereinbarung einer Vergütung ohne Klärung
der Frage, ob die Umsatzsteuer aufgeschlagen werden kann, führt zu einer Auslegungsfrage.
Es ist die Frage zu beantworten, wie eine solche unvollkommene Vereinbarung aus der Sicht
des Auftraggebers verstanden werden muss. Ist er Kaufmann, so spricht die Gepflogenheit im
Kaufmanngeschäft dafür, dass die Honorarangabe als Nettoangabe, also ohne Umsatzsteuer von
ihm verstanden wurde. Ist der Auftraggeber jedoch Endverbraucher, so kann er bei Preis- und
Honorarangaben davon ausgehen, dass es sich um Endpreise, also solche inklusive Umsatzsteuer
handelt.

Auch an diesem Beispiel zeigt sich, dass die Verordnung von Honoraren sich mit privatrechtlichen Grundsätzen überschneidet. Die Ermächtigungsgrundlage für die Verordnung der HOAI
schafft dem Verordnungsgeber nur das Recht, Honorare festzulegen. Hierzu zählt die Bewertung
der Leistung in Form eines Honorars, zu der eine Aussage gehört, ob diese Bewertung einschließlich oder zusätzlich der Umsatzsteuer zu verstehen ist.

Zu einer weitergehenden Regelung ist der Verordnungsgeber nicht befugt.

Daraus folgt, dass für alle Honorarvereinbarungen für Leistungen, die nicht honorargebunden
sind, stets eine vertragliche Vereinbarung gehört, wie die Honorarvereinbarung zu verstehen ist.

Diese Frage klärt § 16. Alle Honorarangaben der HOAI sind als Nettohonorare zu verstehen.

Pauschalhonorare sind in der HOAI nicht definiert. Hierzu bedarf es deshalb einer vertraglichen **3**
Regelung, ob die Umsatzsteuer aufzuschlagen ist.

Die Abrechnung von Beratungsleistungen gem. Anlage 1 HOAI führt zur Berechnung der Um- **4**
satzsteuer, da diese in den Honoraren nicht enthalten und somit aufzuschlagen ist.

III. Umsatzsteuerberechnung im Einzelnen

1. Abschlagszahlungen

5 Der Auftragnehmer hat Anspruch auf Ersatz der Umsatzsteuer für Abschlagszahlungen. Sämtliche Abschlagsrechnungen sind dementsprechend mit dem Umsatzsteueraufschlag zu versehen. Abschlagszahlungen sind nach § 15 Abs. 2 abrechenbar.

Solange sich der Umsatzsteuersatz während der Erfüllung eines Auftrages nicht verändert, schafft dies keine Probleme. Die Umsatzsteuer, die auf Abschlagsrechnungen erhoben wird, ist vom Auftragnehmer in seiner Umsatzsteuervoranmeldung entsprechend anzumelden.

Probleme entstehen, wenn während der Erfüllung eines Architektenauftrages der Umsatzsteuersatz geändert wird. Welche Leistungen des noch nicht erfüllten Auftrages können noch mit dem alten Umsatzsteuersatz und welche Leistungen müssen mit dem neuen Umsatzsteuersatz gerechnet werden? Hier stellt sich die Frage nach der Teilbarkeit der Architekten- und Ingenieurleistungen in umsatzsteuerlicher Hinsicht. Die Umsatzsteuerrichtlinien führen hierzu aus, dass allein aus der Aufgliederung der Leistungsbilder nicht gefolgert werden kann, dass die Leistungen des Architekten oder des Ingenieurs entsprechend den einzelnen Leistungsphasen in Teilen geschuldet und bewirkt werden sollen.[1]

Eine Teilleistung im Sinne des § 13 Abs. 1 Nr. 1 a UStG liegt nur dann vor, wenn zwischen den Vertragsparteien im Rahmen des Gesamtauftrages zusätzliche Vereinbarungen über die gesonderte Ausführung und Honorierung einzelner Leistungsabschnitte getroffen werden.

Bei einer umfassenden Beauftragung wurden bisher die Leistungen der Leistungsphasen 1 bis 4 bis zur Genehmigungsplanung, der Leistungsblock der Ausführungsplanung und der Vergabe, Leistungsphasen 5 bis 7, die Leistungsphase 8 und die Leistungsphase 9 als eine Teilleistung im umsatzsteuerlicher Hinsicht gesehen.[2] Diese umsatzsteuerliche Betrachtung bedarf der Korrektur.

Im Lichte der Rechtsprechung des BGH, dass die einzelne Leistung einen eigenständig herbeizuführenden Teilleistungserfolg beschreibt,[3] sind künftig umsatzsteuerrechtlich schon mit Erfüllung einzelner Leistungsphasen in sich abgeschlossene Teilleistungen anzunehmen. Für diesen Leistungsblock ist vertraglich entsprechend der HOAI-Bewertung der Leistungsphasen ein abgrenzbares Honorar bestimmt, das Grundlage der Umsatzbesteuerung ist.

2. Umsatzsteuer bei gekündigten Aufträgen

6 Im Falle der Kündigung hat der Auftragnehmer Anspruch nach § 649 BGB auf das vereinbarte Honorar. Er muss sich jedoch das anrechnen lassen, was er infolge der Kündigung an Aufwendungen erspart oder durch Verwendung seiner Arbeitskraft anderweitig erwirbt (Ersatzaufträge)[4] oder zu erwerben böswillig unterlässt.

In der praktischen Anwendung der Regelung des § 649 BGB wird dabei so verfahren, dass der Auftragnehmer zunächst die Leistungen berechnet, die bis zum Kündigungszeitpunkt von ihm erbracht worden sind. Die Vergütung hierfür ist umsatzsteuerpflichtig.

Der zweite Teil der Honorarberechnung befasst sich mit dem Honorar, welches auf den nicht erbrachten Teil entfällt. Abzusetzen sind ersparte Aufwendungen sowie anrechenbare Erträge aus Ersatzaufträgen bzw. der Ertrag, den der Auftragnehmer bei böswilligem Verhalten nicht erzielt. Auf diesen Teil der Abrechnung ist keine Umsatzsteuer in Ansatz zu bringen.[5]

---

[1] Umsatzsteuerrichtlinie zu § 13 Rdn. 79
[2] Vgl. hierzu ausführlich Jochem DAB 1998, 313
[3] BGH BauR 2004, 1640
[4] Siehe hierzu § 15 Rdn. 34 ff.
[5] BGH BauR 2008, 506 (507)

IV. Nebenkosten

§ 16 Abs. 2 spricht von Auslagen und deren umsatzsteuerlicher Behandlung. Er verbessert die **7** unglückliche Formulierung des § 9 Abs. 1 S. 2 HOAI 1996. Auslagen werden als durchlaufende Posten geführt, wenn dies umsatzsteuerlich so vorgesehen ist.

Auslagen, die der Auftragnehmer für den Auftraggeber getätigt hat, stellt er diesem mit seinen Nettobeträgen in Rechnung. Es ist deshalb aus den erstattungsfähigen Reisekosten und Belegen, wie z. B. Flugkosten, Zugkosten, der jeweilige Umsatzsteueranteil herauszurechnen und zu dem danach ermittelten Nettobetrag dem Auftraggeber in Rechnung zu stellen. Die Umsatzsteuer wird auf diesen Betrag aufgeschlagen. Dies erfolgt allerdings nur, wenn der Auftragnehmer umsatzsteuerpflichtig ist. Kleinunternehmer berechnen die Nebenkosten Brutto.

Bei Auftragsverhältnissen, die wegen des NATO-Truppenstatuts nicht umsatzsteuerpflichtig sind, wird keine Umsatzsteuer vom Auftragnehmer erhoben und somit vom entsprechenden Auftraggeber auch nicht geschuldet (siehe auch § 14 Rdn. 3).

V. Umsatzsteuer und Rechnungslegung

Die Umsatzsteuerbehandlung erfolgt in einem sehr formalisierten Verfahren. Bei der Rech- **8** nungslegung ist § 14 UStG zu beachten. Die Rechnung hat danach Angaben zu enthalten, die zur ordnungsgemäßen Rechnungslegung gehören. Wird dies nicht beachtet, so kann der Auftragge- ber die Rechnung zurückweisen und die Zahlung des Rechnungsbetrages zurückbehalten, bis eine ordnungsgemäße Rechnungslegung erfolgt.[6]

Zu den formalen Voraussetzungen einer ordnungsgemäßen Rechnungslegung zählen:

Eine Rechnung muss gem. § 14 Abs. 4 UStG folgende Angaben enthalten:
1. den vollständigen Namen und die vollständige Anschrift des leistenden Unternehmers und des Leistungsempfängers,
2. die dem leistenden Unternehmer vom Finanzamt erteilte Steuernummer oder die ihm vom Bundeszentralamt für Steuern erteilte Umsatzsteuer-Identifikationsnummer,
3. das Ausstellungsdatum,
4. eine fortlaufende Nummer mit einer oder mehreren Zahlenreihen, die zur Identifizierung der Rechnung vom Rechnungsaussteller einmalig vergeben wird (Rechnungsnummer),
5. die Menge und die Art (handelsübliche Bezeichnung) der gelieferten Gegenstände oder den Umfang und die Art der sonstigen Leistung, dies betrifft die Beschreibung der abgerechneten Leistung,
6. den Zeitpunkt der Lieferung oder sonstigen Leistung,
7. das nach Steuersätzen und einzelnen Steuerbefreiungen aufgeschlüsselte Entgelt für Liefe- rung oder sonstige Leistung (§ 10) sowie jede im Voraus vereinbarte Minderung des Entgelts, sofern sie nicht bereits im Entgelt berücksichtigt ist, was im Regelfall kaum zur Anwendung kommt,
8. den anzuwendenden Steuersatz sowie den auf das Entgelt entfallenden Steuerbetrag oder im Fall einer Steuerbefreiung einen Hinweis darauf, dass für die Lieferung oder sonstige Leis- tung eine Steuerbefreiung gilt, wie z. B. bei Leistungen nach dem Nato-Truppenstatut.[7]

Ist der Auftraggeber Verbraucher, so ist der Hinweis für ihn in der Rechnung aufzuführen, dass er die Rechnung zwei Jahre aufzubewahren hat.

---

6 OLG Düsseldorf 15.05.2008 BauR 2009, 1339
7 Aus: Grögler: Aktuelles Steuerrecht AWS 2011, 42

Teil 2: Flächenplanung

Abschnitt 1: Bauleitplanung

§ 17 Anwendungsbereich

(1) Leistungen der Bauleitplanung umfassen die Vorbereitung der Aufstellung von Flächennutzungs- und Bebauungsplänen im Sinne des § 1 Absatz 2 des Baugesetzbuches in der Fassung der Bekanntmachung vom 23. September 2004 (BGBl. I S. 2414), das zuletzt durch Artikel 1 des Gesetzes vom 22. Juli 2011 (BGBl. I S. 1509) geändert worden ist, die erforderlichen Ausarbeitungen und Planfassungen sowie die Mitwirkung beim Verfahren.

(2) Honorare für Leistungen beim Städtebaulichen Entwurf können als Besondere Leistungen frei vereinbart werden.

Inhaltsübersicht

I. Vorbemerkung

1   Mit der Erstfassung der HOAI 1977 wurden bereits in Teil V Honorarregeln zu städtebaulichen Leistungen aufgenommen. Bei den städtebaulichen Leistungen wurden vor allem Leistungen nach dem damaligen Bundesbaugesetz berücksichtigt und Honorarregeln für Bauleitpläne nach BBauG, also Flächennutzungsplan und Bebauungsplan aufgenommen.

Mit Inkrafttreten der 4. HOAI-Novelle ist eine weitere Überarbeitung des Teils V vorgenommen worden. Ziel dieser Überarbeitung war, das in der Praxis als sehr kompliziert angesehene Honorarabrechnungssystem nach Verrechnungseinheiten zugunsten einfacher Honorarsätze zu überwinden. So sind neue Honorarvorschriften für die Berechnung des Flächennutzungsplanes gefunden worden. Mit § 36a werden Honorarzonen für Leistungen bei Flächennutzungsplänen (Honorarzonen 1–5) festgelegt, für die eine neue Honorartafel mit vereinfachter Berechnung von Verrechnungseinheiten in § 38 geregelt werden.

Die Honorartafel für Grundleistungen bei Bebauungsplänen in § 41 ist ebenfalls grundsätzlich überarbeitet und wesentlich vereinfacht worden.

Mit der 5. HOAI-Novelle sind die Honorarsätze für städtebauliche Leistungen um 12 % angehoben worden. Mit Ausnahme des § 41 Abs. 4 und 5, der nur redaktionelle Änderungen enthält, sind die Honorarbestimmungen des städtebaulichen Teils im Übrigen unverändert geblieben.

Mit der **6. Novelle** wurde der gesamte Aufbau und die Struktur des Verordnungstextes **grundlegend verändert**. Zum einen wurde der Teil Flächenplanung von der bisherigen Platzierung als Teil V mit der 6. Novelle zu Teil 2 Abschnitt 1. Damit wollte der Verordnungsgeber die Hierarchie bzw. die Abfolge im Planungsgeschehen wiedergeben: Von der Flächenplanung in Teil 2 über die Objektplanung in Teil 3 zu den Fachplanungen in Teil 4. Die Logik dieser Umstrukturierung ist nachvollziehbar.

Auch der innere Aufbau der honorarrechtlichen Regelungen zu den stadtplanerischen Leistungen wurde grundlegend verändert. Die bisher in den §§ 37 und 40 enthaltenen Leistungsbilder zum Flächennutzungsplan (§ 37 HOAI a. F.) bzw. zum Bebauungsplan (§ 40 HOAI a. F.) wurden auf vier verschiedene Teile des Verordnungstextes der HOAI 2009 verteilt.

Mit der 6. Novelle wurden die Honorartabellen sämtlicher in der HOAI enthaltenen Leistungen um 10 % erhöht. Dies traf auch für die beiden in der HOAI enthaltenen Leistungsbilder Flächennutzungsplan und Bebauungsplan zu.

Die unterschiedlichen Wege zur Ermittlung des Honorars für Flächennutzungspläne und Bebauungspläne wurden ebenfalls ohne jegliche Veränderung aus der HOAI 1996 größtenteils wortidentisch übernommen.

Mit der **7. Novelle, HOAI 2013,** erfolgte eine sprachliche Vereinfachung und in Absatz 1 die Zusammenfassung der noch zuvor (HOAI 2009) in Absätzen 1 und 2 normierten Tatbestände. Entsprechend der amtlichen Begründung bezweckt die Novelle sowohl die Modernisierung und **Vereinheitlichung des Leistungsbildes** wie auch die **Aktualisierung der Honorarstruktur** unter dem Blickwinkel des Wandels der Berufsbilder, der Umweltbelange und der Regeln der Technik.

II. Der sächliche Anwendungsbereich

Während **Absatz 1** der Neufassung die Art der Tätigkeit des städtebaulichen Planens umreißt (von der Vorbereitung über die Ausarbeitungen der Planfassungen bis zum jeweiligen Mitwirken beim Verfahren), qualifiziert **Absatz 2** die Leistungen beim Städtebaulichen Entwurf als „Besondere Leistungen", wie sie in Anlage 9 zu HOAI 2013 aufgelistet sind. **2**

Implizit wird damit festgestellt, dass sich diese Leistung nicht in den Grundleistungsumfang hineinlesen lässt.

Die Normierung des **Städtebaulichen Entwurfs** in einem gesonderten Absatz 2 verdeutlicht die klare Grenzziehung zur Bauleitplanung, wie sie auch im BauGB im Hinblick auf die unterschiedlichen städtebaulichen Entwicklungsmaßnahmen (vgl. § 164a Abs. 2 BauGB) zum Ausdruck kommt. Der Begriff des Städtebaulichen Entwurfs ist gesetzlich nicht normiert. Mit der HOAI 2013 wird er erstmals als eigenständige Leistung definiert, die eine „eigenständige, informelle Planart von Architekten/ Stadtplanern zur Bearbeitung von städtebaulichen Einzelaufgaben, zur Neuregelung, Änderung und Erweiterung von städtebaulichen Anlagen als Werk der Architektur und der Stadtplanung" (Architektenkammer Baden-Württemberg, Merkblatt Nr. 51, S. 3) darstellt. **3**

Ausgehend davon, dass der Städtebauliche Entwurf inhaltlich unterschiedlich, jeweils bezogen auf den konkreten Einzelfall, ,ausgestaltet werden kann,, handelt es sich um **Besondere Leistungen** im Sinne von § 3 Abs. 3 HOAI 2013, für die das Honorar frei verhandelt werden können.

Verschiedene Leistungsbilder werden für den Städtebaulichen Entwurf herkömmlich angenommen: Es sind dies die Grundlagenermittlung, Vorentwurf und Entwurf.

Dabei legen vereinzelt Arbeitshilfen der jeweiligen Landesarchitektenkammern fest, wie sich die prozentuale Verteilung des Gesamthonorars auf die einzelnen Leistungsphasen und in welchem Verhältnis verteilt.

Ausgehend von den erwähnten 3 Leistungsphasen wird vorgeschlagen, diese mit Prozentsätzen, wie folgt zu bewerten:

Leistungsphase 1 – Grundlagenermittlung mit Bestandserfassung und Analyse – 10 %

Leistungsphase 2 – Vorentwurf mit Konzepten und Alternativen – 60 %

Leistungsphase 3 – Entwurf mit Ausarbeitung der ausgewählten Alternativen und dem Maßnahmenkonzept – 30 %

III. Der persönliche Anwendungsbereich

4   Die von § 17 beabsichtigte sprachliche Vereinfachung hat keine Änderungen des **persönlichen Anwendungsbereiches** bewirkt. Insoweit besteht weder eine Kompetenz des HOAI-Gesetzgebers, noch eine Absicht.

Gemäß § 1 Abs. 3 BauGB haben ausschließlich die Gemeinden die Planungshoheit für die Bauleitplanung auf der Ortsstufe, also für die Aufstellung des Flächennutzungsplans für das ganze Gemeindegebiet (§ 5 BauGB) und für die aus dem Flächennutzungsplan zu entwickelnden Bebauungspläne (§ 8 Abs. 2 BauGB), sobald und soweit es für die städtebauliche Entwicklung und Ordnung erforderlich ist (§ 1 Abs. 3 BauGB).

Es versteht sich von selbst, dass die Gemeinden, insbesondere zur Beschleunigung des Verfahrens und Gewinnung externen Sachverstandes sich **Dritter** zur Durchführung der Verfahren, also insbesondere der Aufstellung der Bauleitpläne und der durchzuführenden Beteiligung der Öffentlichkeit und der Behörden bedienen können.

Wie bisher auch können die Planungsbehörden ihre Leistungen nach § 3 HOAI 2013 abrechnen. Die zuvor beschriebenen Leistungen stellen Besondere Leistungen im Sinne des § 3 Abs. 3 HOAI dar, die gesondert zu vergüten sind.

§ 18 Leistungsbild Flächennutzungsplan

(1) Die Grundleistungen bei Flächennutzungsplänen sind in drei Leistungsphasen unterteilt und werden wie folgt in Prozentsätzen der Honorare des § 20 bewertet:

1. für die Leistungsphase 1 (Vorentwurf für die frühzeitigen Beteiligungen) Vorentwurf für die frühzeitigen Beteiligungen nach den Bestimmungen des Baugesetzbuches mit 60 Prozent,
2. für die Leistungsphase 2 (Entwurf zur öffentlichen Auslegung) Entwurf für die öffentliche Auslegung nach den Bestimmungen des Baugesetzbuches mit 30 Prozent,
3. für die Leistungsphase 3 (Plan zur Beschlussfassung) Plan für den Beschluss durch die Gemeinde mit 10 Prozent.

Der Vorentwurf, Entwurf oder Plan ist jeweils in der vorgeschriebenen Fassung mit Begründung anzufertigen.

(2) Anlage 2 regelt, welche Grundleistungen jede Leistungsphase umfasst. Anlage 9 enthält Beispiele für Besondere Leistungen.

Inhaltsübersicht

I. Vorbemerkung

§ 18 wurde im Vergleich zur 6. Novelle, der HOAI 2009, bis auf die Beibehaltung der Gliederung **1** in zwei Absätze, komplett **neu strukturiert** und sprachlich an die Begrifflichkeiten des Ersten Abschnitts der Bauleitplanung nachdem BauGB angepasst:

Im Gegensatz zur HOAI 2009 umfassen die Leistungen bei Flächennutzungsplänen statt 5 nur noch 3 Leistungsphasen.

Die **Anpassung an die Terminologie des BauGB** und die Übernahme dessen Begrifflichkeiten dürfte für die Zukunft Unklarheiten hinsichtlich des Leistungsumfangs ausschließen. Interessanterweise wieder übernommen wurde, nachdem der Begriff durch die HOAI 2009 gestrichen worden war, der Terminus der Grundleistung.

II. Sachlicher Anwendungsbereich und Leistungsphasen der Flächennutzungsplanung (Abs. 1)

Ausgehend vom typischen Ablauf eines Aufstellungsverfahrens eines Flächennutzungsplans **2** strukturiert die Norm die Leistungsphasen neu. Diesem Umstand geschuldet ist die **Reduzierung** der ursprünglich 5 Leistungsphasen (HOAI 2009) zu (nur noch) 3 Leistungsphasen entsprechend dem Ablauf der Aufstellung eines Flächennutzungsplans, dessen Darstellungen das städtebauliche Gesamtkonzept der städtebaulichen Entwicklung steuern sollen (BVerwG Urteil v. 21.10.1999 – 4 C 1/99).

3 Abs. 1, der die Leistungsphasen neu definiert, sie aber nicht wesentlich im Vergleich zur HOAI 2009 verändert hat, **fasst** die früheren Leistungsphasen 1–3 **zusammen**.

Im Zuge dieser Zusammenfassung und Aktualisierung fielen die bisherigen, sog. Spreizungen der Prozentsätze in den Leistungsphasen 1 und 2, weg. Jeder der Leistungsphasen wird jetzt ein Prozentsatz des nach § 20 HOAI zu bestimmenden Honorars zugewiesen.

Im Gegensatz zur früheren Regelung erfolgt diese Zuordnung durch einen **festen Prozentsatz** anstatt eines variablen Prozentsatzes.

a) Im Einzelnen folgt daraus

aa) die **Erstellung des Vorentwurfs** für die frühzeitigen Beteiligungen bildet mit 60 % des für die gesamte Leistung nach § 20 HOAI zu bestimmenden Honorars den Schwerpunkt der gesamten Leistung.

Die Leistungsphase 1 lehnt sich an die Beteiligung der Öffentlichkeit und der Behörden gem. § 3 Abs. 1 BauGB bzw. § 4 Abs. 1 BauGB an, die sich ihrerseits der frühzeitigen Öffentlichkeits- und Behördenbeteiligung verschrieben haben.

Inhaltlich ist diese Leistungsphase durch sowohl das Zusammenstellen und Werten des vorhandenen Grundmaterials als auch dem Erfassen des abwägungsrelevanten Sachverhalts bestimmt. Im Ergebnis hat der Auftragnehmer den Vorentwurf in der vorgeschriebenen Fassung mit der Begründung für die frühzeitige Bürgerbeteiligung nach den Bestimmungen des BauGB zu erarbeiten, also den Vorentwurf in zeichnerischer Darstellung mit textlichen Erläuterungen im Hinblick auf die Begründung der städtebaulichen Konzeption zu erarbeiten.

bb) Die Leistungsphase 2:

Der **Entwurf zur öffentlichen Auslegung** ist mit 30 % bewertet. Ist die Leistungsphase 1 auf die Erstellung des Vorentwurfs fixiert, steht in dieser Leistungsphase der Entwurf des Flächennutzungsplans im Fokus des Architekten. Seine Mitwirkungspflichten erstrecken sich nunmehr zusätzlich auf die Mitwirkung bei der öffentlichen Auslegung und die Zuleitung an die betroffenen Behörden und sonstigen Träger öffentlicher Belange, einschließlich der Nachbargemeinden nach § 4 Abs. 2 BauGB zur Stellungnahme. In diese Leistungsphase fällt auch die Beurteilung der vorgebrachten Anregungen, die gegebenenfalls noch in die Planung miteinzuarbeiten sind.

cc) In der darauffolgenden Leistungsphase 3 ist der **Plan für die Beschlussfassung** zu erarbeiten und für die abschließende Abwägung sind vorgebrachte Anregungen für die Beschlussabstimmung aufzuarbeiten.

b) Im Gegensatz zur früheren HOAI-Fassung umfassen die Leistungen bei Flächennutzungsplänen – wie bereits erwähnt – statt 5 nur noch 3 Leistungsphasen.

III. Grundleistungen nach Anlage 2 (Abs. 2)

4 Abs. 2 der Vorschrift rekurriert erneut auf die Unterscheidung zwischen Grund- und Besonderen Leistungen, wie sie in Anlage 2 und Anlage 9 der HOAI 2013 aufgelistet sind. Im Gegensatz zur HOAI 2009 sind die Besonderen Leistungen nicht mehr einzelnen Leistungsbildern zugeordnet, sondern werden allgemein in Anlage 9 aufgezählt. Dabei fällt auf, dass der Normgeber im **Leistungsbild Flächennutzungsplan** zwischen den beiden genannten Anlagen auch im Hinblick auf die Leistungen dergestalt differenziert, dass diejenigen nach Anlage 2 zu § 18 Abs. 2, dort abschließend aufgeführt werden, während sie nach Anlage 9 zu § 18 Abs. 2 „nur" bespielhaft aufgeführt sind.

Die Leistung der **Teilnahme** an Sitzungen von politischen Gremien bzw. im Rahmen der Öffentlichkeitsbeteiligung wurde zur Besonderen Leistung mit der Konsequenz, dass die Sitzungsteilnahme zwischen Auftragnehmer und -geber projektbezogen zu vereinbaren ist, anderenfalls diese Teilnahmen nach § 632 Abs. 2 BGB nach Aufwand zu vergüten wären.

§ 19 Leistungsbild Bebauungsplan

(1) Die Grundleistungen bei Bebauungsplänen sind in drei Leistungsphasen unterteilt und werden wie folgt in Prozentsätzen der Honorare des § 21 bewertet:

1. für die Leistungsphase 1 (Vorentwurf für die frühzeitigen Beteiligungen)
   Vorentwurf für die frühzeitigen Beteiligungen nach den Bestimmungen des Baugesetzbuches mit 60 Prozent,
2. für die Leistungsphase 2 (Entwurf zur öffentlichen Auslegung)
   Entwurf für die öffentliche Auslegung nach den Bestimmungen des Baugesetzbuches mit 30 Prozent,
3. für die Leistungsphase 3 (Plan zur Beschlussfassung)
   Plan für den Beschluss durch die Gemeinde mit 10 Prozent.

Der Vorentwurf, Entwurf oder Plan ist jeweils in der vorgeschriebenen Fassung mit Begründung anzufertigen.

(2) Anlage 3 regelt, welche Grundleistungen jede Leistungsphase umfasst. Anlage 9 enthält Beispiele für Besondere Leistungen.

Inhaltsübersicht

I. Vorbemerkung

Ähnlich § 18 HOAI 2013 werden die Leistungsphasen für die Architekten- und Ingenieurleistungen **neu strukturiert**. Entsprechend der Regelung bei der Flächennutzungsplanung werden die Leistungsphasen auf 3 reduziert (Abs. 1); Abs. 2 seinerseits verweist zum Umfang jeder Leistungsphase auf die Regelungen nach Anlage 3 und im Hinblick auf Beispiele für Besondere Leistungen auf Anlage 9. **1**

II. Leistungsphasen der Bebauungsplanung (Abs. 1)

Auch für das Leistungsbild Bebauungsplan werden die Leistungsphasen von 5 auf 3 zurückgeführt. Die Leistungsphasen 1–3 wurden ebenso bewertet wie beim Flächennutzungsplan und lehnen sich an den Regelablauf des (Plan-)Aufstellungsverfahrens an. Insoweit gelten die Ausführungen zu § 18 HOAI 2013 **entsprechend**. **2**

Während der Inhalt der **Leistungsphase 1** im Wesentlichen denjenigen der Leistungsphasen 1–3, die **Leistungsphase 2** der Leistungsphase 4 und die **Leistungsphase 3** der Leistungsphase 5 des früheren § 19 Abs. 1 HOAI 2009 entspricht, darf nicht der Umstand aus dem Auge verloren werden, dass bezüglich des Planungsinhalts zwischen dem Flächennutzungsplan und dem Bebauungsplan Unterschiede bestehen, die in einerseits der parzellenscharfen Planung (Bebauungsplan) gegenüber andererseits einer Planung des „ganzen Gemeindegebiets" (§ 5 Abs. 1 BauGB) begründet liegen (Programmierungsfunktion versus priorisierter kleinteiliger Raumnutzung).

III. Zu den Leistungsphasen im Einzelnen

3   Die **Grundleistungen** des Leistungsbildes Bebauungsplans finden sich in Anlage 3, während Beispiele für **Besondere Leistungen** in Anlage 9 ausgeführt sind.

Wie bereits zu § 18 HOAI 2013 im Hinblick auf die Sitzungsteilnahme dargelegt, ist die frühere Einordnung als Grundleistung entfallen, sie stellt nunmehr eine Besondere Leistung dar.

Hierin dürfte ein gewisses Konfliktpotenzial insoweit begründet liegen, als die Gesetzbegründung (BR-Drs. 334/13, S. 146 f.) danach zu differenzieren scheint, ob eine Sitzungsteilnahme

„Lediglich der Vorbereitung der Beschlussfassung dienen (soll) bzw. „bei kleinen Gemeinden nicht gesondert durch Verwaltungsbeamte durchgeführt werden (soll)".

Unabhängig von der (zweifelhaften) Zweckmäßigkeit einer solchen Differenzierung wird von Teilen der Literatur hier, wohl nicht unbegründet, ein hohes Streitpotential „für die Praxis vermutet" (vgl. nur Munoz in Messerschmidt/Niemöller/Preussner, HOAI 2013, § 19 Anm. 5).

Unabhängig davon gelten für die zuvor in § 18 aufgeführte Thematik der Sitzungsteilnahme im Übrigen die Ausführungen zu § 18, dort unter III, sinngemäß.

Vorbemerkungen zu §§ 20, 21 HOAI 2013

Die Regelungen in beiden Normen sind **grundlegend**, in Abänderung zur in § 20 Abs. 3 HOAI 2009 noch vorgesehenen Bildung von Verrechnungseinheiten, **verändert** worden.

Nach Wegfall der auf Verrechnungseinheiten bezogenen Regelungen wird der konkrete Honorarrahmen ausschließlich anhand von **2 Bezugsgrößen**, hier der Größe des Plangebiets in Hektar und der Zuordnung der konkreten Aufgabe zu einer bestimmten Honorarzone festgelegt.

§ 20 Honorare für Grundleistungen bei Flächennutzungsplänen

(1) Die Mindest- und Höchstsätze der Honorare für die in § 18 und Anlage 2 aufgeführten Grundleistungen bei Flächennutzungsplänen sind in der folgenden Honorartafel festgesetzt:

Flächen in Hektar	Honorarzone I geringe Anforderungen		Honorarzone II durchschnittliche Anforderungen		Honorarzone III hohe Anforderungen	
	von	bis	von	bis	von	bis
	Euro		Euro		Euro	
1.000	70.439	85.269	85.269	100.098	100.098	114.927
1.250	78.957	95.579	95.579	112.202	112.202	128.824
1.500	86.492	104.700	104.700	122.909	122.909	141.118
1.750	93.260	112.894	112.894	132.527	132.527	152.161
2.000	99.407	120.334	120.334	141.262	141.262	162.190
2.500	111.311	134.745	134.745	158.178	158.178	181.612
3.000	121.868	147.525	147.525	173.181	173.181	198.838
3.500	131.387	159.047	159.047	186.707	186.707	214.367
4.000	140.069	169.557	169.557	199.045	199.045	228.533
5.000	155.461	188.190	188.190	220.918	220.918	253.647
6.000	168.813	204.352	204.352	239.892	239.892	275.431
7.000	180.589	218.607	218.607	256.626	256.626	294.645
8.000	191.097	231.328	231.328	271.559	271.559	311.790
9.000	200.556	242.779	242.779	285.001	285.001	327.224
10.000	209.126	253.153	253.153	297.179	297.179	341.206
11.000	216.893	262.555	262.555	308.217	308.217	353.878
12.000	223.912	271.052	271.052	318.191	318.191	365.331
13.000	230.331	278.822	278.822	327.313	327.313	375.804
14.000	236.214	285.944	285.944	335.673	335.673	385.402
15.000	241.614	292.480	292.480	343.346	343.346	394.213

(2) Das Honorar für die Aufstellung von Flächennutzungsplänen ist nach der Fläche des Plangebiets in Hektar und nach der Honorarzone zu berechnen.

(3) Welchen Honorarzonen die Grundleistungen zugeordnet werden, richtet sich nach folgenden Bewertungsmerkmalen:
　　1. **zentralörtliche Bedeutung und Gemeindestruktur,**
　　2. **Nutzungsvielfalt und Nutzungsdichte,**
　　3. **Einwohnerstruktur, Einwohnerentwicklung und Gemeinbedarfsstandorte,**
　　4. **Verkehr und Infrastruktur,**
　　5. **Topografie, Geologie und Kulturlandschaft,**
　　6. **Klima-, Natur- und Umweltschutz.**

(4) Sind auf einen Flächennutzungsplan Bewertungsmerkmale aus mehreren Honorarzonen anwendbar und bestehen deswegen Zweifel, welcher Honorarzone der Flächennutzungsplan zugeordnet werden kann, so ist zunächst die Anzahl der Be-

wertungspunkte zu ermitteln. Zur Ermittlung der Bewertungspunkte werden die Bewertungsmerkmale wie folgt gewichtet:
1. geringe Anforderungen: **1 Punkt,**
2. durchschnittliche Anforderungen: **2 Punkte,**
3. hohe Anforderungen: **3 Punkte.**

(5) Der Flächennutzungsplan ist anhand der nach Absatz 4 ermittelten Bewertungspunkte einer der Honorarzonen zuzuordnen:
1. Honorarzone I: bis zu 9 Punkte,
2. Honorarzone II: 10 bis 14 Punkte,
3. Honorarzone III: 15 bis 18 Punkte.

(6) Werden Teilflächen bereits aufgestellter Flächennutzungspläne (Planausschnitte) geändert oder überarbeitet, so ist das Honorar frei zu vereinbaren.

Inhaltsübersicht

I. Vorbemerkung

1   Wie bereits zuvor erwähnt, wurde § 20 HOAI 2013 grundlegend verändert. Wurde noch bei der Vorgängernorm, § 20 HOAI 2009, ausgehend von Verrechnungseinheiten und Honorarzone, jeweils das Honorar ermittelt, sind Bezugsgrößen jetzt einzig **3 Honorarzonen** und die jeweils zu **überplanende Fläche** (nach ihrer Größe).

In dem ermittelten Rahmen kann dann das konkrete Honorar frei vereinbart werden.

Zielsetzung der erfolgten Änderung ist es, die Honorarberechnung in der Flächenplanung durch den einheitlichen Ansatz nach der Größe des Plangebiets in Hektar und die Zuordnung zu Honorarzonen zu vereinfachen und (so) die Honorarabrechnung für die Leistungsbilder der Flächenplanung insgesamt besser vergleichbar zu machen (s. dazu BR-Drs. 334/13, S. 145 „zu Teil 2 (Flächenplanung)").

Damit wurden sowohl die früheren Bestimmungen zur Berechnung der Verrechnungseinheiten, § 20 Abs. 2–5 HOAI 2009 wie auch § 20 Abs. 6 HOAI 2009 obsolet.

II. Honorartafel, Berechnung und Bestimmung der Honorarzone (Abs. 1–3)

2   Die Honorartafel gem. Abs. 1 listet – ausgehend von der Hektarfläche und unter Zuordnung zu einer von drei Honorarzonen, die ihrerseits nach der Intensität der Anforderungen gewichtet sind, einen **Honorarmindest-** und einen **Honorarhöchstsatz** auf.

Eine Unterschreitung der Mindestsätze bzw. ein Überschreiten der Höchstsätze ist gem. § 7 Abs. 3 HOAI 2013 nur „in Ausnahmefällen" bzw. „bei außergewöhnlichen oder ungewöhnlich lang dauernden Leistungen" möglich.

Ausgehend von einem Flächenmaß, das unter der Flächenbezugsgröße von 1000 ha liegt, ist das Honorar gem. § 7 Abs. 2 HOAI 2013 frei zu vereinbaren.

Abs. 2 bestimmt die Interdependenz der **beiden Bezugsgrößen**, d. h. der Höhe des Honorars in   3
Abhängigkeit von der Größe des Plangebiets und der nach Abs. 3 bis Abs. 5 zu bestimmenden
Honorarzonen.

Abs. 3 ist Ausgangspunkt für die **Zuordnung** eines Auftrags zu einer der drei Honorarzonen.   4

Bestehen bezüglich der in Absatz 3 genannten Bewertungsmerkmale keine Zweifel über die
Qualität der Anforderungen, kann die Zuordnung des Auftrags zu einer Honorarzone direkt
gemäß Abs. 2 erfolgen.

Anderenfalls sind – in Anlehnung an die Systematik des § 20 Abs. 8 HOAI 2009 – gemäß
Abs. 4 in einem ersten Schritt **Bewertungspunkte** zu ermitteln, die – in einem zweiten Schritt
–entsprechend der Zuordnung der Honorarzone 1–3 zu Punktwerten gemäß Abs. 5 die anzuwendende Honorarzone festlegen.

III. Einzelbewertung, Änderung und Überarbeitung von Planausschnitten

Die Absätze 3, 4 und 5 sind aufeinander bezogen.   5

Während aus **Abs. 3** die Bewertungsmerkmale ersichtlich sind, die die Zuordnung zu einer Honorarzone ermöglichen, regelt **Abs. 4** Zweifelsfälle, bei denen der Schwierigkeitsgrad nicht allen
Bewertungsmerkmalen einer einzelnen Honorarzone zuordenbar ist, vielmehr bezüglich eines
einzelnen Bewertungsmerkmals mehrere Honorarzonen zur Anwendung kommen können.

In diesem Fall ist hinsichtlich jeden Bewertungsmerkmals festzustellen, ob es mit „geringen
Anforderungen = 1 Punkt, durchschnittlichen Anforderungen = 2 Punkten oder hohen Anforderungen = 3 Punkten für das jeweils in Bezug genommene Bewertungsmerkmal zu gewichten ist.

Abs. 6 des § 20 HOAI 2013 enthält eine Sonderregelung für die Fälle der Änderung bzw. Über-   6
arbeitung von Teilflächen bereits aufgestellter Flächennutzungspläne.

Im Ergebnis kann das Honorar frei vereinbart werden. Der Gesetzgeber reagiert damit auf
den Umstand, dass die Überarbeitung oder der Änderungsumfang seines Plans stark schwanken
kann.

§ 21 Honorare für Grundleistungen bei Bebauungsplänen

(1) Die Mindest- und Höchstsätze der Honorare für die in § 19 und Anlage 3 aufgeführten Grundleistungen bei Bebauungsplänen sind in der folgenden Honorartafel festgesetzt:

Flächen in Hektar	Honorarzone I geringe Anforderungen von	Honorarzone I geringe Anforderungen bis	Honorarzone II durchschnittliche Anforderungen von	Honorarzone II durchschnittliche Anforderungen bis	Honorarzone III hohe Anforderungen von	Honorarzone III hohe Anforderungen bis
	Euro		Euro		Euro	
0,5	5.000	5.335	5.335	7.838	7.838	10.341
1	5.000	8.799	8.799	12.926	12.926	17.054
2	7.699	14.502	14.502	21.305	21.305	28.109
3	10.306	19.413	19.413	28.521	28.521	37.628
4	12.669	23.866	23.866	35.062	35.062	46.258
5	14.864	28.000	28.000	41.135	41.135	54.271
6	16.931	31.893	31.893	46.856	46.856	61.818
7	18.896	35.595	35.595	52.294	52.294	68.992
8	20.776	39.137	39.137	57.497	57.497	75.857
9	22.584	42.542	42.542	62.501	62.501	82.459
10	24.330	45.830	45.830	67.331	67.331	88.831
15	32.325	60.892	60.892	89.458	89.458	118.025
20	39.427	74.270	74.270	109.113	109.113	143.956
25	46.385	87.376	87.376	128.366	128.366	169.357
30	52.975	99.791	99.791	146.606	146.606	193.422
40	65.342	123.086	123.086	180.830	180.830	238.574
50	76.901	144.860	144.860	212.819	212.819	280.778
60	87.599	165.012	165.012	242.425	242.425	319.838
80	107.471	202.445	202.445	297.419	297.419	392.393
100	125.791	236.955	236.955	348.119	348.119	459.282

(2) Das Honorar für die Aufstellung von Bebauungsplänen ist nach der Fläche des Plangebiets in Hektar und nach der Honorarzone zu berechnen.

(3) Welchen Honorarzonen die Grundleistungen zugeordnet werden, richtet sich nach folgenden Bewertungsmerkmalen:
1. Nutzungsvielfalt und Nutzungsdichte,
2. Baustruktur und Baudichte,
3. Gestaltung und Denkmalschutz,
4. Verkehr und Infrastruktur,
5. Topografie und Landschaft,
6. Klima-, Natur- und Umweltschutz.

(4) Für die Ermittlung der Honorarzone bei Bebauungsplänen ist § 20 Absatz 4 und 5 entsprechend anzuwenden.

(5) Wird die Größe des Plangebiets im förmlichen Verfahren während der Leistungserbringung geändert, so ist das Honorar für die Leistungsphasen, die bis zur Änderung noch nicht erbracht sind, nach der geänderten Größe des Plangebiets zu berechnen.

I. Vorbemerkung

Die Vorschrift entspricht einerseits größtenteils der Vorgängernorm des § 21 HOAI 2009, deren **1**
Honorartafelwerte nach Aktualisierung beibehalten werden. Andererseits verweist die Norm auf
die entsprechende Anwendung von § § 20 Abs. 4, Abs. 5 HOAI 2013. Hier wie dort wurde die
Zahl der Honorarzonen von 5 auf 3 **reduziert** und – im Gegensatz zur HOAI 2009 – unter
Verzicht auf deren Honorarzonen I und V bei gleichzeitigem „Einstieg" bei Honorarzone II unten sowie Endwert bei Honorarzone IV oben, die vom Gesetzgeber gewünschte „Verringerung
der Spreizung der Honorarzonen" erreicht (s. dazu Amtl. Begründung BR-Drs. 334/13, S. 149).

II. Regelungsgehalt (Abs. 1–5)

Die Honorartafel nach **Absatz 1** wurde bezüglich der Mindest- und Höchstwerte aktualisiert; die **2**
Anzahl der Honorarzonen wurde auch hier von 5 auf 3 reduziert. Hinsichtlich der Mindest- und
Höchstsätze gilt das zu § 20 HOAI 2013 Gesagte entsprechend.

Die Bewertungsmerkmale nach **Absatz 3**, die die Grundleistungen einer Honorarzone zuordnen, **3**
weichen teilweise von § 20 Abs. 3 HOAI 2013 ab („Baustruktur und Baudichte", „Gestaltung
und Denkmalschutz"), bzw. übernehmen mit § 20 Abs. 7 Nr. 3 HOAI 2009 vergleichbare Bewertungsmerkmale wie „Nutzungsvielfalt und Nutzungsdichte" (HOAI 2009: "Nutzungen und
Dichte").

Absatz 4 verweist explizit auf die entsprechende Anwendung der §§ 20 Abs. 4 und 20 Abs. 5 **4**
HOAI.
   Hier wie dort ist – wenn der Schwierigkeitsgrad einer Planungsleistung nicht einer einzigen
Honorarzone zuzuordnen ist, – eine Einzelbewertung vorzunehmen. Dabei sind die Bewertungsmerkmale nach Abs. 3 jeweils einzeln zu gewichten und Bewertungspunkte für ein Bewertungsmerkmal anzusetzen.
   Eine Besonderheit zu § 20 HOAI 2013 sei erwähnt. Wird das Plangebiet während des Laufs
der Bebauungsplanaufstellung in seinen Ausmaßen geändert, ist das Honorar entsprechend der
geänderten Größe des Plangebiets anzupassen. Demgegenüber sind bereits aufgestellte Flächennutzungspläne gem. § 20 Abs. 6 nach freier Vereinbarung bzw. – mangels Vereinbarung – nach
§ 632 Abs. 2 BGB zu honorieren.

Eine **Sonderregelung** findet sich in Anlehnung an § 20 Abs. 2 Satz 2 HOAI 2009 in **Absatz 5** für **5**
den Fall der Änderung der Plangebietsgröße im Laufe eines Aufstellungsverfahrens.
   Neben der Änderung des Größenansatzes ist auch die Honorarzone neu zu bestimmen.

Teil 2: Flächenplanung
Abschnitt 2: Landschaftsplanung

§ 22 Anwendungsbereich

(1) Landschaftsplanerische Leistungen umfassen das Vorbereiten und das Erstellen der für die Pläne nach Absatz 2 erforderlichen Ausarbeitungen.

(2) Die Bestimmungen dieses Abschnitts sind für folgende Pläne anzuwenden:
 1. **Landschaftspläne**
 2. **Grünordnungspläne und Landschaftsplanerische Fachbeiträge,**
 3. **Landschaftsrahmenpläne,**
 4. **Landschaftspflegerische Begleitpläne,**
 5. **Pflege- und Entwicklungspläne.**

Inhaltsübersicht

I. Allgemeine Erläuterung

1 Teil 2 Abschnitt 2 der HOAI befasst sich mit „landschaftsplanerischen Leistungen" und somit mit solchen Leistungen, die als Berufsaufgabe der Landschaftsarchitekten in den Architektengesetzen der Länder meist wie folgt beschrieben sind: „Die Berufsaufgabe des Landschaftsarchitekten ist die gestaltende technische, wirtschaftliche und ökologische Garten- und Landschaftsplanung."[1]
   Die Eintragung als Landschaftsarchitekt in die Architektenliste der Länder-Architektenkammer stellt keine Voraussetzung für einen Honoraranspruch nach Leistungen des Teil 2 Abschnitt 2 dar. Auch für diesen Teil gilt die Leistungs- und nicht die Berufsbezogenheit. Gleichwohl können qualifizierte landschaftsplanerische Leistungen nur von Landschaftsarchitekten erwartet werden. Befriedigende landschaftsplanerische Leistungen setzen nicht nur eine entsprechende Berufsausbildung, sondern auch eine mehrjährige qualifizierte Berufserfahrung auf diesem Fachgebiet voraus.

2 Wie wirkt sich die 7. HOAI-Novelle auf das Berufsbild des Landschaftsarchitekten aus? Mit Inkrafttreten der HOAI-Novelle hat der Verordnungsgeber alle Tafelwerte aufgrund entsprechen-

---

[1] Architektengesetze Bayern, Baden-Württemberg, Rheinland-Pfalz etc., jeweils § 1 Abs. 3

der Gutachten erhöht, mithin auch die Honorare der in §§ 28, 29, 30, 31 und 32 HOAI enthaltenen Honorartafeln.

Die Vorschrift des § 22 definiert den Anwendungsbereich der HOAI für landschaftsplanerische Leistungen. Die Bestimmungen des Abschnittes über die Landschaftsplanungen führen den Begriff „sonstige landschaftsplanerische Leistungen" nicht mehr an. Die in Bezug genommenen Grundleistungen und Besonderen Leistungen sind in der Anlage 4–8 der HOAI enthalten. 3

Eine Definition für „landschaftsplanerische Leistungen" bietet die HOAI nicht an. Aufgabe der Landschaftsplanung in Deutschland ist es, die in den Naturschutzgesetzen des Bundes und der Länder formulierten Ziele und Grundsätze von Natur- und Landschaftspflege für das jeweilige Land, die Region, den Kreis, die Gemeinde bzw. auch für Teile von Gemeinden zu konkretisieren. Es gilt die fortschreitende Inanspruchnahme von Natur und Landschaft insofern zu schützen, als die natürlichen Lebensgrundlagen beeinträchtigt und gefährdet werden. Unmittelbar aus dem Grundgesetz sowie aus dem Bundesnaturschutzgesetz ist zu entnehmen, dass der Gesetzgeber die Sicherung der natürlichen Lebensgrundlagen und die Leistungsfähigkeit des Naturhaushaltes stabilisieren möchte. Dies wirkt sich gleichermaßen auf den Naturschutz wie auch auf den Städtebau und die Bauleitplanung aus. 4

Die Grundlagen für einen umfassenden Schutz von Natur und Landschaft hat der Gesetzgeber mit dem Bundesnaturschutzgesetz Ende 1976 gelegt. Mit der umfassenden Novellierung des Bundesnaturschutzgesetzes im Jahr 2002 sind die Ziele und Aufgaben der Landschaftsplanung definiert und erweitert worden. Unter anderem sind Schriften zur Praxis für die Land- und Forstwirtschaft eingeführt worden. Mit Datum vom 01.03.2010 ist das neue Bundesnaturschutzgesetz in Kraft getreten. Von Bedeutung ist in diesem Zusammenhang, dass die bisherige Rahmengesetzgebung durch eine konkurrierende Gesetzgebungskompetenz des Bundes und Abweichungsrechte der Länder abgelöst worden ist. Ergänzende Regelungen ergeben sich weiterhin aus dem Landesrecht. Darüber hinaus können die Länder im Rahmen der Abweichungsgesetzgebung gesonderte Regelungen treffen. Abschnitt 2 des Bundesnaturschutzgesetzes regelt u. a. auch die Landschaftsplanung. Nach § 9 Bundesnaturschutzgesetz soll die Landschaftsplanung die Belange von Naturschutz und Landschaftspflege konkretisieren und diese in die Raumordnung und Bauleitplanung einbringen. 5

Landschaftsplanung beschreibt nicht nur den Ist-Zustand eines Landschaftsraumes, sondern definiert auch die Anforderungen an die Erhaltung und Entwicklung. Dadurch kommt der Landschaftsplanung neben der ursprünglichen Funktion des Naturschutzes eine besondere Bedeutung im Hinblick darauf zu, wirtschaftliche Entwicklungen möglichst unter ökologischen Gesichtspunkten mit zu gestalten. 6

Maßgebliche Bedeutung haben im Hinblick auf diese Entwicklung verschiedene Richtlinien des Rats der Europäischen Union gehabt, die in nationales Recht überführt wurden. Wesentliches Ziel des europäischen Naturschutzes ist die Schaffung eines europaweiten Schutzgebietsnetzes mit dem Namen „Natura 2000". Hierbei handelt es sich um ein europäisches Naturschutzprojekt zum Erhalt der in der EU gefährdeten Lebensräume und Arten. Es vereint die Schutzgebiete der Vogelschutzrichtlinien (Richtlinie 79/409/EWG des Rates vom 02.04.1979 über die Erhaltung der wildlebenden Vogelarten) und die Schutzgebiete der Flora-Fauna-Habitat-Richtlinie (Richtlinie 92/43/EWG des Rates vom 21.05.1992 zur Erhaltung der natürlichen Lebensräume sowie der wildlebenden Tiere und Pflanzen). Weitere bedeutsame EU-Regelungen für die Belange von Naturschutz und Landschaftspflege sind die Umweltverträglichkeitsrichtlinie (UVP-RL), die Richtlinie zur Strategischen Umweltprüfung (SUP-RL) und die Wasserrahmenrichtlinie (WRRL). 7

1. Umweltverträglichkeitsprüfung (UVP)

Die UVP ist im Gesetz zur Umweltverträglichkeitsprüfung (UVPG) geregelt und ein wichtiges Instrument des Umweltschutzes in Zulassungsverfahren von Industrieanlagen und Infrastrukturmaßnahmen, mit dem frühzeitig die möglichen Folgen eines Projektes für die Umwelt erkannt werden können.[2] 8

---

[2] Quelle: BMU, Kurzinfo

2. Strategische Umweltprüfung (SUP)

9 Die Richtlinie des Europäischen Rates 2001/42/EG vom 27.06.2001 ergänzt die bereits länger geltende Umweltverträglichkeitsprüfung (UVP). Die SUP-Richtlinie wurde für den Bereich des Städtebaus durch das Gesetz zur Anpassung des Baugesetzbuches an die EG-Richtlinien umgesetzt. Eine weitere Umsetzung in nationales Recht erfolgte im Rahmen der Novellierung des UVP-Gesetzes. Das Gesetz zur Einführung einer strategischen Umweltprüfung und zur Umsetzung der Richtlinie ist am 29.06.2005 in Kraft getreten (BGBl. I 2005 S. 1746).

Während die UVP erst auf der Ebene der behördlichen Genehmigung und somit bei der Zulassung umwelterheblicher Vorhaben ansetzt, wurde mit der SUP-Richtlinie der Rahmen geschaffen, um umweltbedeutsamen Auswirkungen bereits auf der Ebene der Planung wirksam zu begegnen. Aufgabe und Ziel der SUP ist es, Planungen und Programme aus den Bereichen Landwirtschaft, Forstwirtschaft, Fischerei, Energie, Industrie, Verkehr, Abfallwirtschaft, Telekommunikation, Fremdenverkehr, Raumordnung oder Bodenbenutzung umweltverträglich und unter Einbeziehung der Öffentlichkeit durchzuführen.

3. Europäische Wasserrahmenrichtlinie (WRRL)

10 Die Wasserrahmenrichtlinie der europäischen Gemeinschaft ist am 22.12.2000 in Kraft getreten und dient vornehmlich dem Schutz und dem Zustand der Gewässer in Europa.

Da Kommunen vornehmlich als Unterhaltungs- und Ausbaupflichtige als Wasserversorgungsunternehmen sowie als Wasserbeseitigungspflichtige und Einleiter in Gewässer betroffen sind, ist die Umsetzung der Ziele der WRRL auch für die Kommunen von Bedeutung. Insbesondere sind die Maßnahmen zum Schutz und zur Verbesserung des Zustandes aller mit Wasser verbundenen Ökosysteme für die Landschaftsplanung von Bedeutung und sollten nach entsprechender Prüfung sowohl in den kommunalen Landschaftsplan als auch in dem Flächennutzungsplan übernommen werden. Beispielhaft kann die Landschaftsplanung auf verschiedenen Ebenen Unterstützung bieten. Folgende Leistungen der Landschaftsplanung kommen in Betracht: Planerische Untersetzung der Ziele des Naturschutzes für Auen, Formulierung konkreter flächenbezogener Erfordernisse und Maßnahmen mit Bezug zum Auenschutz, Koordinierung der Bewirtschaftungs- und Maßnahmenplanung mit anderen Naturschutzbelangen bei der Erstellung integrierter Leitbilder und Entwicklungskonzeptionen, Übernahme der Einzugsgebiete bezogenen Zielaussagen in die Abwägungsentscheidung der räumlichen Gesamtplanung.[3]

11 Die bereits gegebenen Leistungsbilder werden hierdurch nicht unerheblich erweitert. Neben der Mitwirkung bei der Umweltprüfung bieten weitere besondere Verfahren vor dem Planfeststellungsverfahren wie z. B. „screening" und „scoping" dem Landschaftsplaner die Möglichkeit, seinen Leistungsumfang **nicht unerheblich zu erweitern.** Unter **screening** versteht man eine Einschätzung der Auswirkungen eines Projekts auf die Umwelt mit dem Ziel festzustellen, ob das Vorhaben einer Umweltverträglichkeitsprüfung bedarf. Das **scoping** (§ 5 UVPG) dient vornehmlich dem Informationsaustausch zwischen den Projektbewerbern und den zu beteiligenden Behörden und Naturschutzverbänden. Der Projektträger führt nach entsprechender Erörterung mit den Beteiligten noch weitere notwendige Untersuchungen durch und stellt die Unterlagen zusammen, die gegebenenfalls Bestandteil des Antrags zur Durchführung des Planfeststellungsverfahrens sein sollen.

Die vorbenannten Aufgaben, die einzelfallbezogen zu beauftragen sind, begründen zusätzlichen Honoraranspruch, dessen Höhe gemäß § 3 Abs. 3 frei zu vereinbaren ist.

12 Nach **§ 22 Abs. 1** umfassen landschaftsplanerische Leistungen das Vorbereiten, das Erstellen der für die Pläne nach Abs. 2 erforderlichen Ausarbeitungen. Mit den landschaftsplanerischen Leistungen nach Abschnitt 2 werden Pläne erstellt, die

– Erfordernisse und Maßnahmen zur Verwirklichung der Ziele des Naturschutzes und der Landschaftspflege,

– Maßnahmen zur Vermeidung, zur Minimierung, zum Ausgleich oder zum Ersatz von Eingriffen in Natur und Landschaft,

– Maßnahmen zur Pflege bestimmter Landschaftsteile aufzeigen.

---

[3] Siehe Bayerisches Landesamt für Umwelt 2009, Bekanntmachung

§ 22 Abs. 1 stellt für alle in Abs. 2 aufgeführten Pläne klar, dass die in Abschnitt 2 geregelten landschaftsplanerischen Leistungen sich nicht nur auf das Erarbeiten der in §§ 23–27 HOAI dargestellten Leistungsbilder verstehen, sondern auch vorbereitende Arbeiten, z. B. eine sinnvolle Abgrenzung des Planungsgebietes sowie die Mitwirkung umfassen.

13

Abschnitt 2 der HOAI geht davon aus, dass der Auftraggeber in der Regel fachunkundig ist. Da aber bereits die Vorbereitung für die Planerstellung fachliche Kenntnisse erfordert, bedarf es hierfür auch einer Spezifizierung in den Leistungsbildern. Ebenso gäbe es wenig Sinn, würde der Planverfasser nicht auch im Aufstellungsverfahren Rede und Antwort stehen.

§ 22 Abs. 2 regelt, dass die Bestimmungen des Abschnittes 2 für die Pläne gilt, die sich im Wesentlichen mit der planenden Veränderung der Landschaft befassen. Hierzu gehören:
– Landschaftspläne
– Grünordnungspläne und landschaftspflegerische Fachbeiträge
– Landschaftsrahmenpläne,
– landschaftspflegerische Begleitpläne,
– Pflege- und Entwicklungspläne.

14

Das Leistungsbild und seine Honorierung für Umweltverträglichkeitsstudien ist lediglich als sogenannte Beratungsleistung in Anlage 1 (der HOAI) zu finden. Seine Begründung mag dies darin haben, dass sich das Leistungsbild für Umweltverträglichkeitsstudien grundsätzlich von dem für örtliche und überörtliche Landschaftspläne unterscheidet. Während es sich bei der Landschaftsplanung um eine unter Gesichtspunkten des Naturhaushaltes und des Landschaftsbildes optimale weitere Entwicklung eines bestimmten Gebietes handelt, werden in Umweltverträglichkeitsstudien projektbezogene und umweltrelevante Wirkungen auf die Umwelt untersucht. Schutzgüter werden untersucht und bewertet (Raumanalyse) sowie die voraussichtlichen Auswirkungen des Planungsvorhabens auf diese Schutzgüter (Wirkungs- bzw. Risikoanalyse).

II. Landschaftsplan, Grünordnungsplan und landschaftsplanerische Fachbeiträge, Landschaftsrahmenplan

1. Bestimmungen

Auf der Grundlage der **Landschaftsrahmenpläne** werden die für die örtliche Ebene konkretisierten Ziele, Erfordernisse und Maßnahmen des Naturschutzes und der Landschaftspflege für die Gebiete der Gemeinden in Landschaftsplänen, für Teile eines Gemeindegebietes in Grünordnungsplänen dargestellt (§ 11 Abs. 1 BNatSchG). Landschaftspläne sind unter Berücksichtigung des § 9 Abs. 3 Satz 1 Nummer 4 aufzustellen, insbesondere dann, wenn Veränderungen im Planungsraum von erheblicher Bedeutung eingetreten oder zu erwarten sind. Grünordnungspläne *können* nach dem Bundesnaturschutzgesetz aufgestellt werden.

15

Werden in den Stadtstaaten Berlin, Bremen und Hamburg die örtlichen Erfordernisse und Maßnahmen des Naturschutzes und der Landschaftspflege in Landschaftsrahmenplänen oder Landschaftsprogrammen dargestellt, so ersetzen diese die Landschaftspläne.

2. Landschaftspläne

Der **Landschaftsplan** dient der Beschreibung von Maßnahmen und Festlegungen für die vorbereitende Bauleitplanung. Belange von Naturschutz und Landschaftspflege werden durch den gemeindlichen Landschaftsplan in den Flächennutzungsplan integriert. Der Landschaftsplan soll Leitbildcharakter für einen Zeitraum von 10 bis 15 Jahren beinhalten. Er besteht aus einer detaillierten Bestandsbeschreibung und -bewertung einschließlich Analyse des Zustandes von Natur und Landschaft und Erholungsvorsorge. Er beinhaltet ferner einen Planungsteil mit vorsorgeorientierten Handlungskonzepten im Hinblick auf die Nutzung kommunaler Grundstücke unter Berücksichtigung flächendeckender Ansätze in Bezug auf Naturschutz, Landschaftspflege und Erholungsvorsorge. Die Darstellung des Landschaftsplans erfolgt in Text und Karten im Maßstab 1 : 5000 bis 1 : 10000, wobei Letzterer als Regelmaßstab für die Grundleistung gilt. In

16

der Ausgestaltung der Landschaftsplanung bestehen zwischen den Bundesländern noch erhebliche Unterschiede, wobei die Umsetzung verschiedener EU-Richtlinien bereits eine Nivellierung herbeigeführt hat. Mit dem seit 2009 geltenden BNatSchG wird das BMU ermächtigt, durch Rechtsverordnung mit Zustimmung des Bundesrates die für die Darstellung der Inhalte zu verwendenden Planzeichen zu regeln, § 9 Abs. 3 BNatSchG. Ziel ist die Verwendung einheitlicher Planzeichen, um letztendlich die Verwertbarkeit der Darstellungen der Landschaftsplanungen für Raumordnungs- und Bauleitpläne sowie für andere Planungen und Verwaltungsverfahren mit Auswirkungen auf Natur und Landschaft zu verbessern.[4]

Allgemein bestehen unterschiedliche Regelungen in den Bundesländern zur Rechtsverbindlichkeit der Landschaftsplanung. Während in Bayern und Rheinland-Pfalz sowie auf Regional- und Landesebene in Sachsen die Pläne der Raumordnung und der Bauleitplanung die Funktion der Landschaftsplanung selbst wahrnehmen, werden mit Ausnahme der Stadtstaaten und auf kommunaler Ebene in Nordrhein-Westfalen zunächst eigenständige Landschaftspläne erstellt. In einem zweiten Schritt werden diese in die räumliche Gesamtplanung integriert und erlangen dadurch Rechtsverbindlichkeit. Werden in den Stadtstaaten Berlin, Bremen und Hamburg die örtlichen Erfordernisse und Maßnahmen des Naturschutzes und der Landschaftspflege in Landschaftsrahmenplänen oder Landschaftsprogrammen dargestellt, so ersetzen diese die Landschaftspläne.

3. Grünordnungspläne und landschaftsplanerische Fachbeiträge

17 Die Landschaftsplanung ist die Grundlage für die vorbereitende Bauleitplanung, der **Grünordnungsplan** dient als ökologische Grundlage für die Bebauungsplanung. Der Grünordnungsplan enthält Ziele des Naturschutzes und der Landschaftspflege für ein Teilgebiet einer Gemeinde. Er konkretisiert die Vorgaben des Landschaftsplans, wobei er keine eigene Rechtswirksamkeit erlangt. Nur dort wo die Festsetzungen in dem Bebauungsplan übernommen werden, entfaltet der Grünordnungsplan unmittelbare Verbindlichkeit auch gegenüber dem Bürger. Während Landschaftspläne im Maßstab der Flächennutzungspläne erstellt werden, erfolgt die Darstellung der Grünordnungspläne im Maßstab der Bebauungspläne.[5]

Die Zuständigkeit und das Verfahren zur Aufstellung der Landschaftspläne und Grünordnungspläne sowie deren Durchführung richten sich nach Landesrecht.

Landschaftspflegerische Fachbeiträge sind Bestandteile eines Umweltberichtes, der wiederum in die Festsetzungen zum Bebauungsplan übernommen wird.

4. Landschaftsrahmenplan

18 Der Landschaftsrahmenplan ist ein Fachplan des Naturschutzes. Er stellt die Grundlage dar, um die örtlichen Erfordernisse und Maßnahmen des Naturschutzes, der Landschaftspflege und der naturverträglichen Erholungsvorsorge flächendeckend in Landschaftsplänen darzustellen (siehe § 18 Hessisches Naturschutzgesetz). Der Landschaftsrahmenplan ermittelt analytisch den Zustand von Natur und Landschaft sowie Erfordernisse und Maßnahmen, die aus naturschutzfachlicher Sicht erforderlich sind, um die Funktionsfähigkeit des Naturhaushaltes zu sichern und diesen zu verbessern.

Die Darstellungen im Landschaftsrahmenplan entfalten keine eigene Rechtswirkung. Sie sind jedoch verwaltungsintern im Rahmen des Abwägungsprozesses zu beachten. Allgemeine Verbindlichkeit erhalten die Darstellungen erst durch Einbindung in einen regionalen Gebietsentwicklungsplan, wobei die Integration in die Regionalplanung in den Bundesländern unterschiedlich verläuft. Landschaftsrahmenpläne werden in der Regel im Maßstab 1 : 25000 erstellt.

---

[4] Hachmann u. a.: Planzeichen für die Landschaftsplanung – Untersuchung der Systematik und Darstellungsgrundlagen von Planzeichen (BfN-Skript 266)
[5] BR-Drucks. 594/87, S. 120

5. Landschaftspflegerische Begleitpläne

Landschaftspflegerische Begleitpläne stellen Maßnahmen des Naturschutzes und der Land- **19**
schaftspflege dar, die Auswirkungen von Eingriffen mindern und
– Ausgleich schaffen, sodass nach Beendigung der Eingriffe keine erheblichen oder nachhaltigen Beeinträchtigungen des Naturhaushaltes zurückbleiben und das Landschaftsbild wiederhergestellt oder neu gestaltet ist,
– Ersatz für die durch den Eingriff gestörten Funktionen des Naturhaushalts schaffen oder Werte des Landschaftsbildes in dem vom Eingriff betroffenen Landschaftsraum möglichst gleich
gewähren.

Eine weitere Verbesserung der Eingriffs- und Ausgleichsregelung hat hierzu das BNatSchG 2009
geschaffen. Erhebliche Beeinträchtigungen in Natur und Landschaft sind zu vermeiden und nicht
vermeidbare erhebliche Beeinträchtigungen sind auszugleichen, zu ersetzen oder zu kompen-
sieren (§ 13 BNatSchG). Die Vermeidung von Eingriffsfolgen sind in § 15 BNatSchG geregelt.
Nicht zu vermeidende Beeinträchtigungen sind zu begründen. Bestehende Möglichkeiten sollen
hierdurch ausgeschöpft werden, wobei diese Regelung nicht zu Standortalternativen verpflichtet.
Es soll lediglich die für Natur und Landschaft günstigste Planungs- bzw. Ausführungsvariante
am selben Ort gefunden werden.

6. Pflege- und Entwicklungspläne

Pflege- und Entwicklungspläne werden für Gebiete erstellt, die aus Gründen des Naturschutzes **20**
und der Landschaftspflege bedeutsam sind und sich nicht selbst überlassen werden können, also
gepflegt oder auf einen bestimmten Zustand hin entwickelt werden müssen. Vorrangig werden
solche Pläne von Naturschutzbehörden für Schutzgebiete und schützenswerte Landschaftsteile in Auftrag gegeben. Schutzgebiete bzw. schützenswerte Landschaftsteile sind Naturschutz-,
Landschaftsschutzgebiete, National- und Naturparks, Naturmonumente bzw. denkmalgeschützte Landschaftsgärten, Biosphärenreservate.

Einen Regelmaßstab kennen Pflege- und Entwicklungspläne nicht. Er ist von der Größe des
Planungsbereiches abhängig.

7. Honorierung paralleler Leistungen

Erbringt der Auftragnehmer, dem zugleich die städtebauliche Bearbeitung eines Flächennut- **21**
zungs- oder Bebauungsplanes übertragen ist, Leistungen, die in den Rahmen der landschaftsplanerischen Leistungen nach Abschnitt 2 HOAI fallen, so kann er neben z. B. dem Honorar für den
Flächennutzungsplan ein Honorar für den Landschaftsplan nach § 23 HOAI verlangen.

§ 23 Leistungsbild Landschaftsplan

(1) Die Grundleistungen bei Landschaftsplänen sind in vier Leistungsphasen unterteilt und werden wie folgt in Prozentsätzen der Honorare des § 28 bewertet:
  1. für die Leistungsphase 1 (Klären der Aufgabenstellung und Ermitteln des Leistungsumfangs) mit 3 Prozent,
  2. für die Leistungsphase 2 (Ermittlung der Planungsgrundlagen) mit 37 Prozent,
  3. für die Leistungsphase 3 (Vorläufige Fassung) mit 50 Prozent,
  4. für die Leistungsphase 4 (Abgestimmte Fassung) mit 10 Prozent.

(2) Anlage 4 regelt die Grundleistungen jeder Leistungsphase. Anlage 9 enthält Beispiele für Besondere Leistungen.

Inhaltsübersicht

I. Allgemeine Erläuterung

1 Das Leistungsbild Landschaftsplan wird in § 23 und der dazugehörigen Anlage 4 geregelt. Die Leistungen gliedern sich in vier Leistungsphasen auf. Die Bewertung der Grundleistungen wurde gegenüber der HOAI a. F. in den beiden ersten Leistungsphasen in den Prozentpunkten eindeutig festgelegt, was sich bei einer 100 %-igen Planungsleistung auch logischerweise ableitet. Die besonderen Leistungen des Landschaftsplanes finden sich nunmehr in Anlage 9 (zu § 3 Abs. 3) Ziffer 2.3.

   Gemäß § 7 Abs. 2 HOAI gilt die freie Vereinbarkeit von Honoraren, wenn unter anderem die Verrechnungseinheiten außerhalb der Tafelwerte dieser Verordnung liegen.

2 In § 23, 2 Anlage 4 zur HOAI ist nunmehr eindeutig geregelt, welche Grundleistungen der jeweiligen Leistungsphase zuzuordnen ist.

   Besondere Leistungen, darunter fallen auch die in § 23,2 HOAI a. F. beschriebenen Leistungen, die nunmehr in der Anlage 9 zur HOAI beispielhaft aufgelistet sind.

3 Landschaftspläne sind Fachpläne des Naturschutzes und der Landschaftspflege auf örtlicher Ebene. Mit Text, Karten und Begründung werden mit den Landschaftsplänen in der Regel für das gesamte Gemeindegebiet Grundzüge der landschaftlichen Ordnung und somit Maßnahmen

zur Verwirklichung der Ziele des Naturschutzes und der Landschaftspflege dargestellt.[1] Dies gilt für Freiflächen in den Ortslagen, Ausdehnungen und Grenzen der Besiedlung, Ressourcenschutz (Boden/Wasser/Luft) für die Tier- und Pflanzenwelt, Vorschläge für Ausgleichsflächen, Wanderwege etc. Die Umweltqualitätsziele für das Gemeindegebiet sollen einen Zeitraum von 10 bis 15 Jahren überspannen.

Die Arbeitsweise der Landschaftsplanung ist in allen Bundesländern vergleichbar. Landschaftspläne umfassen auf allen Ebenen in der Regel:

- eine Bestandsaufnahme einschließlich Analyse und Bewertung des Zustandes von Natur- und Landschaft auf der gesamten Fläche des Planungsraums;
- einen Planungsteil mit räumlicher Konkretisierung der Ziele, bezogen jeweils auf das gesamte Gemeindegebiet;
- die Erarbeitung eines Maßnahmekonzepts;
- die Darstellung in der Karte erfolgt im Maßstab des Flächennutzungsplanes, also im Maßstab 1 : 5000 oder 1 : 10000, wobei Letzterer als Regelmaßstab gilt. Muss der Landschaftsplan im Maßstab 1 : 5000 parzellengenau erstellt werden, ist der sich gegenüber dem Maßstab 1 : 10000 ergebende Mehraufwand vertraglich so zu vereinbaren, wie die evt. vorab ebenfalls parzellengenau durchzuführende Bestandskartierung.

Die Zuständigkeit und das Verfahren zur Aufstellung der Landschaftspläne (dies gilt auch für die Grünordnungspläne) sowie deren Durchführung richten sich nach Landesrecht.

So bestimmt § 11 Abs. 2 des Hessischen Ausführungsgesetzes zum Bundesnaturschutzgesetz, dass Landschaftspläne als Bestandteil der Flächennutzungspläne im Benehmen mit den unteren Naturschutzbehörden und, soweit Natura 2000 Gebiete oder Naturschutzgebiete von mehr als 5 ha Fläche betroffen sein können, im Benehmen mit den oberen Naturschutzbehörden zu erstellen sind. Gemäß § 6 Abs. 2 HAGBNatSchG erfolgt die strategische Umweltprüfung der Landschaftspläne nach den Vorschriften des Baugesetzbuches mit der Maßgabe, dass hinsichtlich der Angaben in dem Umweltbericht nach § 2 Abs. 4 S. 3 des Baugesetzbuches in Bezug auf die Inhalte des Landschaftsplanes auch der Behörde bekannte Äußerungen der Öffentlichkeit zu berücksichtigen sind.

Unterschiedliche landesrechtliche Regelungen in den einzelnen Bundesländern sehen zwei grundsätzliche Gestaltungsformen vor.

- Es besteht neben der Bauleitplanung eine eigenständige und vorlaufende Landschaftsplanung (Parallelplanung).
- Die Landschaftsplanung ist integriert.

Im Rahmen der Parallelplanung werden die Landschaftspläne als Satzung oder Rechtsverordnung mit eigener Verbindlichkeit aufgestellt. Bei der integrierten Landschaftsplanung erstellen die Gemeinden als Träger der Landschaftsplanung auf der Ebene des Flächennutzungsplanes den Landschaftsplan (§ 2 Abs. 1 BauGB) und auf der Ebene des Bebauungsplans den Grünordnungsplan.

II. § 23 Abs. 1, Bewertung der Leistungsphasen

Ebenso wie in § 23,1 HOAI a. F. sind in der neuen Fassung die landschaftsplanerischen Leistungen in vier Leistungsphasen zusammengefasst. Die Leistungsphasen sind in einem Vomhundertsatz bewertet, wobei für die Leistungsphasen 1 und 2 nun auch feste Sätze ausgebildet sind.

4

---

[1] Amtliche Begründung zur 6. Novelle der HOAI gem. Kabinettsbeschluss vom 29.04.2009 und BR-Drucks 395/2009 vom 30.04.2009

III. Leistungsphase 1 –
Klären der Aufgabenstellung und Ermitteln des Leistungsumfanges

5   Wie bei dem Leistungsbild Flächennutzungsplan und dem des Bebauungsplanes beginnen die Leistungen für das Leistungsbild Landschaftsplan mit dem Klären der Aufgabenstellung und Ermitteln des Leistungsumfanges. Als Einstieg in die Planungsaufgabe ist zunächst eine Übersicht der vorgegebenen und bestehenden laufenden örtlichen und überörtlichen Planuntersuchungen zu erarbeiten. Rechnung tragen muss der Landschaftsplan bei seinen Aussagen den überörtlichen Zielen der Raumordnung und Landesplanungen nicht nur, insoweit sie bereits verbindlich geworden sind, sondern auch, soweit sie in Aufstellung begriffen sind. Ferner muss sich der Auftraggeber über örtliche Planungen, soweit sie Natur und Landschaft im besiedelten und unbesiedelten Bereich betreffen, und zwar sowohl öffentlicher als auch privater Planungsträger, Kenntnis verschaffen sowie über Straßen- und Wasserbau, Flurbereinigung, Stromversorgung, Fremdenverkehr oder Sportvereine etc. Diese Informationsaufnahme dient nicht nur dem Auftragnehmer als Grundlage seiner weiteren Leistungen, sie dient auch zur Aufklärung des Auftraggebers im Hinblick auf den Umfang und Inhalt der zu erbringenden Planungsleistungen. Besondere Leistungen aus dem Leistungsbild Landschaftsplan, die in der Anlage 9 (zu § 3 Abs. 3) zu finden sind, sollten bereits in diesem Zusammenhang hinsichtlich ihres Umfanges und ihrer Honorierung bestimmt werden.

Pläne benachbarter Gebiete, z. B. Landschaftspläne der angrenzenden Kommunen, sind in die Übersicht mit aufzunehmen, soweit mit diesen Plänen Auswirkungen auf das Planungsgebiet, z. B. Ergänzung benachbarter Schutzgebiete oder Freizeiteinrichtungen, verbunden sind.

Das Planungsgebiet ist immer dann abzugrenzen, wenn es sich nicht mit dem Gemeindegebiet deckt. Nach Möglichkeit soll die Abgrenzung naturräumlichen Grenzen folgen bzw. naturräumliche Zusammenhänge berücksichtigen. Hierüber ist der Auftraggeber zu beraten.

Für die weitere Bearbeitung ist das Zusammenstellen der verfügbaren Karten, Unterlagen und Daten nach Umfang und Qualität unentbehrlich, um zu einer ersten Wertung des vorhandenen Grundlagenmaterials und zur kritischen Prüfung zu kommen, ob die Informationen ausreichend sind. Hiernach ist abzuwägen, inwieweit ergänzende Fachleistungen notwendig werden und welchen Umfang für den Landschaftsplan erforderlichen Leistungen annehmen.

Das Kriterium der „Verfügbarkeit" versteht nicht nur Materialien im Besitz des Auftraggebers, sondern Karten und Daten der Behörden wie Biotopkartierungen, geologische Karten oder Einrichtungspläne von Naturparks, Schutzgebietsabgrenzungen, faunistische und floristische Kartierungen und dergleichen mehr.

Zur Ermittlung des Leistungsumfanges und der Bewertungsmerkmale (siehe hierzu § 28), evt. zur Abgrenzung des Planungsgebietes, zu überprüf baren Karten, Unterlagen und Daten sind in der Regel Ortsbesichtigungen erforderlich. Die Leistungen der Leistungsphase des § 23 sind textlich weitestgehend identisch mit den Leistungen der Phase 1 des Flächennutzungsplanes nach § 18. Werden der Landschaftsplan und der Flächennutzungsplan nebeneinander erarbeitet, ist darauf zu achten, dass doppelte Arbeit vermieden wird.

IV. Leistungsphase 2 –
Ermitteln der Planungsgrundlagen

6   In der Leistungsphase 2 gliedern sich die Leistungen in die Erfassung der Bestandsaufnahme, der sich eine Landschaftsbewertung anschließen muss, und enden in einer zusammenfassenden Darstellung sämtlicher gewonnenen Ergebnisse im Erläuterungstext und Karten.

Die erheblich höhere Bewertung dieser Leistungsphase beim Landschaftsplan gegenüber der vergleichbaren Leistungsphase beim Flächennutzungsplan unterstreicht die erhebliche Unterscheidung der Planungsgegenstände. Landschaftsplanung erfolgt vorsorgeorientiert und bezieht sich nicht nur auf die im umgangssprachlichen Sinne freie Landschaft. Landschaftsteile wie Dörfer, Siedlungen und Städte und Industriegebiete sind in die Planungsarbeit mit einzubeziehen.

Vor diesem Hintergrund sind im Zuge der Landschaftsanalyse und Bewertung folgende Fragen zu beantworten:

– Welche ökologische Bedeutung haben die unbebauten Flächen, insbesondere land- und forstwirtschaftliche Grundstücke und Gewässer?

– In welchem Umfang sind zur Sicherung der heimischen Flora und Fauna schutzwürdige Flächen vorhanden und wie sind die bestehenden Biotopstrukturen zu überdichten?

– Wie stark sind bereits Grundwasser, Boden, Luft und Klima belastet und welche Belastungen können noch verkraftet werden?

– Welche Auswirkungen werden sich abzeichnen, wenn Nutzungsänderungen Auswirkungen auf die ökologische Situation der direkt betroffenen Flächen und der damit funktional verknüpften Räume haben?

– Lassen sich solche Veränderungen und Belastungen ökologisch noch vertreten, wie sind sie zu vermeiden oder zu vermindern, wie sind unvermeidbare Beeinträchtigungen des Naturhaushalts und des Landschaftsbildes durch angemessene landschaftspflegerische Maßnahmen auszugleichen?

Die Bestandsaufnahme ist reine Erfassungstätigkeit, wobei auch voraussehbare Veränderungen von Natur- und Landschaft zu berücksichtigen sind. Die Bestandsaufnahme erfolgt aufgrund vorhandener Unterlagen (z. B. Biotopkartierung und örtlichen Erhebungen) Anlage 4 (zu § 23 Abs. 1) und beschreibt in einer nicht abschließenden Aufzählung die zu erbringenden Leistungen. Genannt ist zunächst das Erfassen der größeren naturräumlichen Zusammenhänge und siedlungsgeschichtlichen Entwicklungen. Landschaften unterliegen regelmäßig Veränderungen aufgrund von Naturprozessen, wie z. B. Bodenerosionen, die grundsätzlich unabhängig von Menschen sind, durch diese jedoch verlangsamt bzw. beschleunigt werden können.[2] Planungserhebliche Siedlungstätigkeit ist zu beachten. 7

Das Erfassen des Naturhaushalts ist als Wirkungsgefüge der Naturfaktoren, der Strukturen und Zusammenhänge von natürlichen bzw. naturnahen und durch den Menschen entstandenen Ökosystemen zu erfassen. Zu den Naturfaktoren zählen die abiotischen Faktoren wie geologische Gegebenheiten, Boden, Geländestruktur, Klima, Wasser und die biotischen wie Pflanzen (potenzielle natürliche sowie reale Vegetation) und Tierwelt.

Zu erfassen sind insbesondere auch die Biotope nach § 30 Bundesnaturschutzgesetz einschließlich zugehöriger Landesgesetze, soweit dies nicht bereits über amtliche Biotopkartierung geschehen ist.

Es sind dies:

1. natürliche oder naturnahe Bereiche fließender und stehender Binnengewässer einschließlich ihrer Ufer und der dazugehörigen uferbegleitenden natürlichen oder naturnahen Vegetation sowie ihrer natürlichen oder naturnahen Verlandungsbereiche, Altarme und regelmäßig überschwemmten Bereiche,

2. Moore, Sümpfe, Röhrichte, seggen- und binsenreiche Nasswiesen, Quellbäche, Binnenlandsalzstellen,

3. offene Binnendünen, offene natürliche Block-, Schutt- und Geröllhalden, Lehm- und Lösswände, Zwergstrauch-, Ginster- und Wacholderheiden, Borstgrasrasen, Trockenrasen, Schwermetallrasen, Wälder und Gebüsche, trocken-warmer Standort, Bruch-, Sumpf- und Auwälder, Flucht-, Blockhalden- und Hangschuttwälder, offene Felsbildung, alpine Rasen- sowie Schneetälchen und Krummholzgebüsche, Fels- und Steilküsten, Küstendünen und Strandwälle, Strandwehen, Boddengewässer mit Verlandungsbereichen, Salzwiesen und Wattflächen im Küstenbereich, Seegraswiesen und sonstige marine Makrophytenbestände, Riffe, sublitorale Sandbänke der Ostsee sowie artenreiche Kies-, Grobsand- und Schillbereiche im Meeres- und Küstenbereich.

Unter landschaftsökologischen Einheiten sind Talräume, Gebirge, Hochflächen, Steilhänge, Niederterrassen und dergleichen mehr zu verstehen.

---

[2] Jäger: Einführung in die Umweltgeschichte, S. 6 ff.

8 Überdies sind im Rahmen der Analyse die Auswirkungen der Nutzungen auf den Naturhaushalt und das Landschaftsbild, insbesondere Landschaftsschäden, festgehalten. Besondere Beachtung verdienen in diesem Zusammenhang die Randbereiche der Siedlungen und die Übergangszonen zwischen den einzelnen Flächen verschiedener Nutzung. Die Erfassung historischer Landschaftsteile, Kultur- und Bodendenkmäler ist ebenso Aufgabe der Bestandsaufnahme wie voraussichtliche Änderung aufgrund städtebaulicher Planung, Fachplanungen sowie sonstiger Planung, die zu Eingriffen in die Natur führen können. Es empfiehlt sich eine Zusammenarbeit mit den Naturschutzbehörden und den Naturschutzverbänden. Dies gilt insbesondere für die Erfassung von Schutzgebieten und geschützten Landschaftsbestandteilen. Die gezielte Bestandsaufnahme bestimmt wesentlich den Planungserfolg. Aus Kostengesichtspunkten sind nur zielführende Unterlagen zu erfassen. Dies sind solche, die für die gerechte Abwägung aller öffentlichen und privaten Belange, insbesondere der des Naturschutzes und der Landschaftspflege, gegeneinander und untereinander sowie für die Begründung der Erfordernisse und Maßnahmen des Naturschutzes und der Landschaftspflege notwendig sind.

9 Die Bestandsaufnahme bildet die Basis, um das Planungsgebiet einer Bewertung nach ökologischen, landschaftsprägenden und erholungswirksamen Gesichtspunkten zu unterziehen. Zudem sind das Landschaftsbild sowie die Leistungsfähigkeit des Zustands, der Faktoren und der Funktion des Naturhaushalts, insbesondere hinsichtlich der Empfindlichkeit, besonderer Flächen und Nutzungsfunktionen, nachteiliger Nutzungsauswirkungen sowie geplanter Eingriffe in Natur und Landschaft zu bewerten. Naturpotenzial und Landschaftsbild sind hinsichtlich ihrer Belastbarkeit für die verschiedenen Nutzungsansprüche zu beurteilen. Dies umfasst sowohl die gegenwärtigen als auch die sich bereits abzeichnenden zukünftigen Flächennutzungen. Gegenstand der Prüfung sind alle Arten der Nutzungen durch den Menschen, unabhängig davon, ob die Landschaft landwirtschaftlich, zu Wohn- oder zu gewerblichen Zwecken (Industrieanlagen) genutzt wird. Vor allem sind hierbei die den Naturhaushalt und das Landschaftsbild beeinträchtigenden Auswirkungen der Nutzungen darzustellen.

10 Zu den besonderen Flächen- und Nutzungsfunktionen zählen insbesondere Natur-, Biotop-, Boden-, Klima- und Wasserschutz sowie Erholungsvorsorge. In dieser Planungsphase ist die lückenlose Darstellung der Zielkonflikte zwischen Nutzung und Naturschutz (Naturhaushalt, Landschaftsbild, Erholung in der freien Natur) von besonderer Bedeutung. Hierzu sind Lösungsvorschläge zu erarbeiten, um so eine gerechte Abwicklung der Naturschutzbelange mit anderen Belangen herbeizuführen.

11 Die Ergebnisse der Leistungsphase 2 werden in der zusammenfassenden Darstellung der Bestandsaufnahme, Analyse und Landschaftsbewertung in Erläuterungstext und Karten dokumentiert. Stellt der Landschaftsplan die Ergebnisse der Bestandsaufnahme, Analyse und Bewertung nicht selbst dar, weil er Bestandteil des Flächennutzungsplans ist, sind die Darstellungen der Bestandsaufnahme, Analyse und der Landschaftsbewertung in Erläuterungstext und Karten insbesondere für die Naturschutzbehörden und die sogenannte Eingriffsverwaltung von Bedeutung. Für die Naturschutzbehörden stellen sie eine wichtige Ergänzung eigener Erkenntnisse dar. Eingriffsverwaltungen wie Straßenbau-, Wirtschafts- oder Flurbereinigungsbehörden greifen darauf zurück, wenn sie im Planungsgebiet tätig werden wollen.

12 Im Rahmen der Leistungsphase 2 kann das Leistungsbild Besondere Leistungen umfassen. Neben den Besonderen Leistungen nach §§ 18, 19, Anlage 2 (zu § 3 Abs. 3), Ziffer 2.1 und Ziffer 2.2 können Einzeluntersuchungen natürlicher Grundlagen und zu spezifischen Nutzungen hinzutreten. Hierunter sind detaillierte Untersuchungen einzelner Problembereiche im Hinblick auf natürliche Grundlagen wie auch spezifische Einzelnutzungen zu verstehen. Einzeluntersuchungen natürlicher Grundlagen können z. B. für bestimmte Tier- oder Pflanzenarten, biologische oder wasserwirtschaftliche Verhältnisse erforderlich werden. Eine Einzeluntersuchung kann vor allem dann in Betracht kommen, wenn auf begrenztem Gebiet Verhältnisse bestehen, sei es aufgrund natürlicher Gegebenheiten oder spezifischer Nutzungen, die die übrigen Gegebenheiten bei Weitem dominieren. Hier sind gegebenenfalls Spezialisten (Biologen, Klimatologen und Geologen) hinzuzuziehen. Die Auffassung, in dieser Leistungsphase sei grundsätzlich nur auf bereits vorhandene Unterlagen und Erhebungen zurückzugreifen, kann nicht geteilt werden, ebenso, dass es nicht Aufgabe des Auftragnehmers sei, solche Daten und Unterlagen selbst örtlich aufzunehmen. Dies ergibt sich schon daraus, dass als Leistung des Leistungsbildes § 23 ausdrücklich örtliche Erhebungen genannt werden. Sie beschränken sich allerdings auf eine großräumige Nutzungs- und Strukturkartierung und nicht auf eine detaillierte Bestands- und Biotopenkartierung, wie sie z. B. für einen parzellengenauen Landschaftsplan im Maßstab 1 : 5000 benötigt wird. Es ist ferner zu berücksichtigen, dass die Naturschutzbehörden mit Biotop- und Artenkartierungen ein immer besseres Grundlagenmaterial zur Verfügung stellen, welches in der Regel für einen Landschaftsplan im Maßstab 1 : 10000 ausreichend ist. Dagegen bedarf es bei einer Planung im Maßstab 1 : 5000 zwingend einer detaillierten und parzellengenauen Nachkartierung. Dies ist zum einen darauf zurückzuführen, dass die Daten der überörtlichen oder landesweit durchgeführten Biotopkartierung in der Regel gröber erhoben werden, als dies für einen Landschaftsplan notwendig ist. Zum anderen sind auch unter örtlichen Gesichtspunkten Fakten bedeutsam, die bei überörtlichen Erhebungen vernachlässigt werden können.

Eine landesweite Biotopkartierung wird daher immer für das Planungsgebiet hinsichtlich der Flächenansprache zu verdichten sein, wenn die Bearbeitung in parzellengenauem Maßstab 1 : 5000 erfolgt.

Die Planung kann einer höheren Honorarzone zugeordnet werden, wenn aus dem Rahmen fallende Aufwendungen für die Leistungsphase 2 erforderlich sind. Ergebnisse von Bürgerbefragungen sowie Äußerungen der Einwohner des Planungsgebietes hat der Auftragnehmer nur so weit zu erfassen, als sie bereits vorliegen.

V. Leistungsphase 3 –
Vorläufige Fassung

In der Leistungsphase 3 ist eine grundsätzliche Lösung der Aufgabe mit sich wesentlich unterscheidenden Lösungen nach gleichen Anforderungen und Erläuterungen in Text und Karte zu entwickeln. Es handelt sich hierbei um die eigentliche Planungsphase, im Rahmen derer der Vorentwurf des Landschaftsplanes erstellt wird. Die Bedeutung und der Umfang der hier zu erbringenden Tätigkeit ist dem für diese Leistungsphase abzulesenden Honorarsatz mit 50 vom Hundert zu entnehmen. **13**

Die Leistungsphase gliedert sich in vier Schwerpunkte:
– Die Entwicklungsziele des Naturschutzes und der Landschaftspflege sind darzulegen
– Darlegung der angestrebten Flächenfunktion einschließlich Nutzungsänderungen
– Vorschläge für Inhalte, für die Übernahme in andere Planungen
– Hinweise auf Folgeplanungen

Auf der Grundlage einer eingehenden Landschaftsanalyse und -diagnose hat der Landschaftsplan zur Erhaltung und Gestaltung der Kulturlandschaft die Pflege natürlicher Ressourcen, die Konkretisierung des Schutzes naturnaher und für den Artenschutz bedeutsamer Lebensräume sowie wildlebender Pflanzen- und Tierarten (Arten- und Biotopenschutz), ein örtliches Konzept zur Landschaftspflege darzustellen.

Welche bedeutende Rolle der Arten- und Biotopenschutz hat bzw. welch wichtige Säule des Naturschutzes und damit Themenbereich der Landschaftsplanung er ist, zeigt sich an der Umsetzung des Arten- und Biotopenschutzes über das EU-weite Programm „Natura 2000". National werden zwischenzeitlich über die Hälfte aller regelmäßig in Deutschland brütenden Vogelarten als gefährdet eingestuft. Die intensive und zunehmend technisierte Landwirtschaft sorgt für starke Bestandsrückstände insbesondere bei den Wiesenbrütern. Von den in Deutschland fast 40 000 Tier- und Pflanzenarten gelten mittlerweile über ¼ als bedroht bzw. ausgestorben. Bedrohungsfaktoren für die Artenvielfalt sind vor allem Lebensraumverlust und Umweltverschmutzung sowie direkte Eingriffe des Menschen wie etwa durch unkontrollierte Entnahmen aus der **14**

Natur. Gerade vor diesem Hintergrund sind landschaftspflegerische Maßnahmen zur Verbesserung der Lebenssituation mehr denn je geboten.

Eine Kulturlandschaft ist aus landschaftsökologischer Hinsicht ökologiegerecht, wenn die Naturkreisläufe der Stoffe ungestört und ohne Schädigung der verschiedenen Naturraumpotenziale sind und die Lebensprozesse der Pflanzen- und Tierarten ablaufen können, ohne dass die Existenz dieser Lebewesen gefährdet wird. Eine auf solche Art ökologiegerechte Kulturlandschaft ist auf bandartige, punktuelle und flächige ökologische Zellen angewiesen, die räumlich so angeordnet sein müssen, dass sie miteinander in Wechselbeziehung treten können. Habitatinseln alleine, so wertvoll sie im Einzelfall auch sein können, reichen insbesondere dann nicht aus, wenn zwischen ihnen ausgedehnte oder auch schmale, aber praktisch unüberwindbare Barrieren vorhanden sind.

Die Schaffung eines ökologischen Verbundsystems mit dem Ziel, wildlebende Tiere und Pflanzen und ihre Lebensgemeinschaften als Teil des Naturhaushaltes in ihrer natürlichen und historischen gewachsenen Artenvielfalt zu schützen, ist nicht nur in ausgeräumten Agrarlandschaften, sondern auch in Stadtlandschaften erforderlich. Infolgedessen führen zwischenzeitlich auch Städte als Basis einer qualifizierten Landschaftsplanung sogenannte Stadtbiotopkartierungen durch.

15   Elementares Schutzgut und wesentlicher Teil des ökologischen Systems ist der Boden. Er ist Lebens- und Nahrungsgrundlage für Mensch, Tier und Pflanzen; sein Schutz ist somit Voraussetzung für die Erhaltung natürlicher Lebensbedingungen. Dieses Ziel des Bodenschutzes ist vor allem der Erhalt der natürlichen Bodenfunktionen, insbesondere auch der Regulierung des Wasserhaushalts. Die Ausbeutung von Rohstoffen, Schadstoffeinträge, die Umwandlung von freier Fläche in Siedlungs- und Verkehrsflächen sowie Bodenversiegelung haben zu erheblichen Beeinträchtigungen des Bodens und seiner Organismen geführt. Da nachteilige Veränderung oder Zerstörung von Böden in der Regel nicht mehr umkehrbar sind, ist der Schutz des Bodens besonders auf die Sicherung und Entwicklung einer Bodennutzung angewiesen. Die Entwicklungsziele zum Bodenschutz im Landschaftsplan können daher sein:
– Wiederherstellung natürlicher Bodenfunktionen durch Rückbau von Versiegelung im Zusammenhang mit Erneuerungs- und Instandsetzungsmaßnahmen, sparsamer/schonender Umgang mit Boden, Durchgrenzung der Flächeninanspruchnahme, beispielsweise durch natürliche Belassung von Grünflächen an Straßen, Wegen und Plätzen
– Rekultivierung von Abbauflächen

Eine Arbeitshilfe für Darstellung und Festsetzung in Bauplänen erhält die vom Bundesamt für Naturschutz herausgegebene Veröffentlichung „Planzeichen für die öffentliche Landschaftsplanung".

16   Mit der Darlegung der im Einzelnen angestrebten Flächenfunktionen einschließlich notwendiger Nutzungsänderungen, insbesondere für landschaftspflegerische Sanierungsgebiete, sind Gebiete zu verstehen, die Landschaftsschäden aufweisen und in denen daher z. B. Maßnahmen zur Beseitigung und zum Ausgleich von Beeinträchtigungen von Natur und Landschaft oder zum Schutz des Bodens durchzuführen sind. Flächen für landschaftspflegerische Entwicklungsmaßnahmen (Leistungsphase 3 b, 2. Spiegelstrich) dienen beispielhaft der Förderung heimischer Tier- und Pflanzenarten oder zur Erschließung und Gestaltung der Erholung. Hier bieten sich insbesondere landwirtschaftliche Flächen an, die im Rahmen des Flächenstilllegungsprogramms der EG aus der landwirtschaftlichen Nutzung auszuscheiden. Stilllegung und Extensivierung von Flächen können eine annähernd optimal landschaftsökologische Leistung jedoch nur dann erbringen, wenn sie planmäßig zur Herstellung, Verbesserung und Erhaltung eines ökologischen Verbundsystems beitragen. Sport und Erholung haben unter der Möglichkeit der freien Gestaltung einen besonders hohen und weiter ansteigenden Stellenwert. Zunehmendes Umwelt- und Gesundheitsbewusstsein führte in den letzten Jahren zur Veränderung des Freizeitverhaltens der Bevölkerung. Dies gilt vor allem für städtische Bereiche. Hier nehmen bei dichter Besiedlung Freizeit- und Erholungsflächen auch eine zusätzliche Ausgleichsfunktion wahr.

Vorrangflächen und -objekte des Naturschutzes sind in enger Abstimmung mit den Naturschutzbehörden zu planen. Nach § 1 Abs. 4 Bundesnaturschutzgesetz sind zur dauerhaften Sicherung der Vielfalt, Eigenart und Schönheit sowie des Erholungswertes Natur und Landschaft insbesondere auch Naturlandschaften und historisch gewachsene Kulturlandschaften, auch mit ihren Kultur-, Bau- und Bodendenkmälern, vor Verunstaltung, Versiegelung und sonstigen Beeinträchtigungen zu bewahren.

Flächen für landschaftspflegerische Maßnahmen betreffen Eingriffe in den Naturhaushalt oder das Landschaftsbild, wie sie mit Nutzungen aller Art, z. B. in Wohn- und Kerngebieten, Gewerbe- und Industriegebieten, Verkehrsflächen, Abbau- und Ablagerungsflächen sowie auf land-, forst- und wasserwirtschaftlichen Nutzungsflächen, verbunden sind. Die Ortsrandbereiche, Übergangszonen zwischen den einzelnen Flächen verschiedener Nutzung und die geschichtlich, künstlerisch und städtebaulich wertvollen Freiflächen wie Wallanlagen, Befestigungen und Parks verdienen besondere Beachtung. Grünzüge, die von der freien Landschaft bis in die inneren Ortsbereiche übergreifen, sind als gliedernde, auflockernde und ausgleichende Elemente besonders wichtig. Es soll jede Möglichkeit, die sich für solche Anlagen aufgrund natürlicher Gegebenheiten oder ausbaufähiger Ansätze bietet, ausgeschöpft werden. Zweckmäßig ist es, sie als Fuß- und Radverbindungen und für die Erholung zu sichern und zu gestalten. Entsprechende Vorschläge sind zur Übernahme in die Bauleitplanung geeignet. Die Hinweise auf landschaftliche Planungen (auch z. B. Grünordnungspläne) und Maßnahmen betreffen Regelungen von Duldungs- und Pflegepflichten, bodenordnende oder enteignende Maßnahmen oder solche für Landschaftsteile, die unter Schutz zu stellen sind. Sie können sich auf Grünordnungspläne, Pflege- und Entwicklungspläne oder Einrichtungspläne von Naturparks beziehen.

VI. Abstimmen der Vorläufigen Fassung

Mitwirkungsrechte haben nach § 63 Bundesnaturschutzgesetz die nach **§ 3 des Umwelt-Rechts-** **behelfgesetzes** vom Bund anerkannten Vereinigungen, die nach ihrem satzungsgemäßen Aufgabenbereich im Schwerpunkt die Ziele des Naturschutzes und der Landschaftspflege fördern. Eine Verpflichtung, die Behörden im Rahmen der Landschaftsplanung verbindlich zu beteiligen, ergibt sich aus § 63 Bundesnaturschutzgesetz nicht. Dies gilt selbst dann, wenn der Landschaftsplan als Bestandteil des Flächennutzungsplanes erstellt wird, da auch der Flächennutzungsplan nur für Behörden „verbindlich" ist. Gleichwohl empfiehlt es sich, die Landschaftsplanung mit diesen Verbänden abzusprechen. Naturschutzverbände verfügen über besondere Artenkenntnisse und betätigen sich als Träger von Artenschutz- und Landschaftsschutzmaßnahmen. Sie sind um die Realisierung der Maßnahmen des Landschaftsplanes besorgt. Hinsichtlich der Verbindlichkeit der Landschaftspläne, insbesondere für die Bauleitplanung, ist der diesbezügliche Spielraum der Länder zu beachten. Beanspruchen Fachplanungen Natur und Landschaft des Planungsgebietes, sind deren Vorhaben zu berücksichtigen. Dies bedeutet nicht, dass die Vorläufige Fassung anzupassen ist. Maßnahmen der Vorläufigen Fassung zur Behebung, zur Minderung oder zum Ausgleich von Eingriffen, die mit solchen Planungen verbunden werden, sind den Planungsträgern zu erklären.

Im Rahmen der gesamten Landschaftsplanung ist immer wieder die Abstimmung mit den Naturschutzbehörden zu suchen. Es liegt auf der Hand, die Vorläufige Fassung des Landschaftsplans, des Fachplans für Naturschutz und Landschaftspflege, mit der zuständigen Fachbehörde abzustimmen. Es ist die Angelegenheit des Auftraggebers, wobei der Auftragnehmer hierbei mitzuwirken hat. Die Vorläufige Fassung kann nach Abstimmung mit dem Auftragnehmer fertig gestellt werden, wenn der Landschaftsplan nur als Gutachten erstellt wird. Soll der Landschaftsplan Verbindlichkeit erlangen, geht die mit dem Auftraggeber abgestimmte Vorläufige Fassung in das Anhörungs- und Genehmigungsverfahren.

Beendet ist die Leistungsphase 3 jedoch bereits dann, wenn der Auftraggeber der vom Auftragnehmer erarbeiteten Vorläufigen Fassung seine Zustimmung erteilt hat bzw. wenn die Abgestimmte Fassung soweit erbracht ist, dass sie zustimmungsfähig ist. Die weitere Abstimmung mit den beteiligten Behörden bzw. den übrigen Trägern öffentlicher Belange wäre eine Besondere Leistung, für die ein gesondertes Honorar zu vereinbaren ist.

VII. Besondere Leistungen

18 Als Besondere Leistungen der Leistungsphase 3 kommen die in Anlage 9 (zu § 3 Abs. 3) aufge-zählten Besonderen Leistungen in Betracht.

VIII. Leistungsphase 4 – Abgestimmte Fassung

19 Die Abgestimmte Fassung wird im Rahmen der Leistungsphase 4 nach Abstimmung der Vorläu-figen Fassung dem Auftraggeber und den für Naturschutz und Landschaftspflege zuständigen Behörden erarbeitet. Die Leistungsphase 4 dient damit der Abrundung der gesamten Planungs-leistungen. Soweit die Landschaftsplanung in die Flächennutzungsplanung integriert werden soll, dient die Planzeichenverordnung einer einheitlichen zeichnerischen Darstellung der Plan-ziele.

Die Abgestimmte Fassung ist dann die letzte Endgültige Planfassung, wenn der Landschafts-plan als Fachplan (auf Gutachten) erstellt wird. Zur Mitwirkung bei der Abfassung von Stellung-nahmen der Gemeinden, zu Bedenken und Anregungen ist der Auftragnehmer im Rahmen der Landschaftsplanung nicht verpflichtet – im Gegensatz zu Leistungsphase 4 bei der Flächennut-zungsplanung. Dies wäre dem Auftragnehmer als Besondere Leistung zu vergüten.

IX. Vorläufige Fassung und Abgestimmte Fassung als Einzelleistung

20 Hinsichtlich einer Vorläufigen Fassung als Einzelleistung ist nunmehr § 9 Abs. 2 des allgemei-nen Teils zu beachten. § 9 Abs. 2 beschreibt den Anwendungsbereich dieser Regelung als Be-auftragung der Vorläufigen Fassung oder der Abgestimmten Fassung oder Objektüberwachung als Einzelleistung. Hierfür ist es entscheidend, dass die Parteien dies ausdrücklich schriftlich vereinbaren.

X. Teilnahme an Sitzungen

21 Die Teilnahme an Sitzungen politischer Gremien des Auftraggebers oder Sitzungen im Rahmen der Bürgerbeteiligungen sind **nicht** in dem Honorar enthalten. Dabei wird unter „Sitzung" poli-tischer Gremien die Sitzung der Gemeindevertretung sowie der Ausschüsse verstanden, die von gewählten Vertretern besetzt sind, der Auftraggeber teilnimmt und die Sitzung nicht länger als einen Tag dauert. Ohne Bedeutung ist, ob an den Sitzungen auch Vertreter der Verwaltungen teilnehmen. Die Teilnahme an Sitzungen gehört zu den in Anlage 9 aufgelisteten Besonderen Leistungen.

§ 24 Leistungsbild Grünordnungsplan

(1) Die Grundleistungen bei Grünordnungsplänen und Landschaftsplanerischen Fachbeiträgen sind in vier Leistungsphasen zusammengefasst und werden wie folgt in Prozentsätzen der Honorare des § 29 bewertet:

1. für die Leistungsphase 1 (Klären der Aufgabenstellung und Ermitteln des Leistungsumfangs) mit 3 Prozent,
2. für die Leistungsphase 2 (Ermittlung der Planungsgrundlagen) mit 37 Prozent,
3. für die Leistungsphase 3 (Vorläufige Fassung) mit 50 Prozent,
4. für die Leistungsphase 4 (Abgestimmte Fassung) mit 10 Prozent.

(2) Anlage 5 regelt die Grundleistungen jeder Leistungsphase. Anlage 9 enthält Beispiele für Besondere Leistungen.

Inhaltsübersicht

I. Allgemeine Erläuterung

Die Vorschrift und die dazugehörige Anlage 5 regelt das Leistungsbild zum Grünordnungsplan **1** und die landschaftsplanerischen Fachbeiträge.

Die Leistungsphasen und deren prozentuale Bewertung befinden sich in § 24 Abs. 1 zum Leistungsbild. Die Leistungen gliedern sich in vier Leistungsphasen.

Die Prozentsätze, mit denen die Leistungen bewertet werden, sind neu festgeschrieben. Alle Leistungsphasen sind in Prozentsätzen der Honorare nach § 29 bewertet. Auch die Beschreibung der Leistungsbilder entsprechend der bisherigen Reglung. Entsprechend der neuen Systematik sind die Besonderen Leistungen in der Anlage 9 zur HOAI enthalten. Die Berechnung des Honorars bei Beauftragung von Einzelleistungen findet sich nunmehr in § 9 Abs. 2 im Allgemeinen Teil.

Die Teilnahme an Sitzungen von politischen Gremien des Auftraggebers oder Sitzungen im Rahmen der Bürgerbeteiligung gehört nun zu den in Anlage 9 aufgelisteten Besonderen Leistungen.

II. Begriff des Grünordnungsplans und der landschaftsplanerischen Fachbeiträge

2   Während der Landschaftsplan bezüglich der Planungsebene das Äquivalent zum Flächennutzungsplan darstellt, stellen Grünordnungspläne die Entsprechung zum Bebauungsplan dar.

Der Grünordnungsplan dient der f lächen- und maßnahmenbezogenen Darstellung der Zielsetzungen von Naturschutz, Landschaftspflege und Erholungsvorsorge. Für die Freiraumgestaltung findet der Grünordnungsplan seine Konkretisierung auf der Ebene der Bauplanung. Ihm übergeordnet sind das Landschaftsrahmenprogramm, die Landschaftsrahmenpläne sowie die Landschaftspläne. Die Pläne sollen die in § 9 Abs. 3 BNatSchG beschriebenen Angaben enthalten, soweit dies für die Darstellung der für die örtliche Ebene konkretisierten Ziele, Erfordernisse und Maßnahmen erforderlich ist. Hierbei bleiben abweichende Vorschriften der Länder zum Inhalt von Landschafts- und Grünordnungsplänen sowie Vorschriften zu deren Rechtsverbindlichkeit unberührt (§ 11 BNatSchG).

Mit dem Leistungsbild Grünordnungsplan sind auch alle landschaftsplanerischen Fachbeiträge angesprochen, die auf der Ebene des Bebauungsplanes erstellt werden. Beispielsweise als Bestandteil eines Umweltberichtes.

III. Leistungen im Leistungsbild Grünordnungsplan

1. Klären der Aufgabenstellung und Ermitteln des Leistungsumfanges (Leistungsphase 1)

3   Die Leistungen der Leistungsphase 1 entsprechen vollinhaltlich dem Katalog der Leistungsphase 1 des Landschaftsplanes. Es ist auch hier das Ziel, eine Übersicht sämtlicher relevanter Planungen und Untersuchungen zusammenzustellen, den Planungsbereich abzugrenzen, den zu erarbeitenden Leistungsumfang, die Bewertungsmerkmale und, soweit notwendig, ergänzende Fachleistungen festzulegen.[1] Maßhaltige Planvorlagen sind durch den Auftraggeber vorzuhalten.

2. Ermitteln der Planungsgrundlagen (Leistungsphase 2)

4   Auch die Leistungen der Leistungsphase 2 folgen in Aufbau und Gliederung der Leistungsphase 2 zum Landschaftsplan. Die Leistungen beginnen mit der Auswertung und Ergänzung (Verfeinerung der Bestandsaufnahme), die unter Umständen auch aus bereits vorhandenen Unterlagen übernommen werden können. Die Ergebnisse der Analyse und Bewertung sind zusammenfassend darzustellen. Die Bestandsaufnahme und Analyse sind inhaltlich teilweise mit dem Leistungsbild des Landschaftsplans identisch und unterscheiden sich vornehmlich durch größere Genauigkeit von Details, was dem größeren Maßstab geschuldet ist. Dennoch stellen Bestandsaufnahme und Analyse wesentlich stärker auf Siedlungsaspekte ab. Es ist insbesondere auf das Ortsbild, die siedlungsgeschichtliche Entwicklung, auf Objekte unter Denkmalschutz, Grünflächen, Emissionen und im Einzelfall auch auf die Eigentumsverhältnisse einzugehen. Es ist daher in der Regel auch eine Eigentümererfassung durchzuführen, Eigentümer sind zu befragen bzw. Angaben von Einwohnern oder Sachkundigen miteinzubeziehen. Mit dem Orts-/Landschaftsbild sind auch natürliche und kulturbedingte Strukturen zu erfassen.

In dieser Leistungsphase wird der Planungsraum in seiner Gesamtheit untersucht, insbesondere hinsichtlich
– der Vegetation, wie Erfassung der vorhandenen Vegetation, Auflistung erhaltenswerter Bäume, Sträucher und Strauchgruppen sowohl aus ökologischer Sicht als auch im Hinblick auf ihre Raum- und Gestaltungswirksamkeit,
– des Wassers, wie Zusammentragung von Angaben über Grundwasserverhältnisse und evt. Gefährdungen, Erfassung der Still- und Fließgewässer einschließlich Darstellung von hochwassergefährdeten Bereichen sowie Möglichkeiten zur Versickerung von Oberflächenwasser,

---

[1]   Auf die Kommentierung zu § 23 wird verwiesen

– des Bodens, wie Zusammentragung von Angaben über vorhandene Bodenarten, deren Zustand und Bodenerosion,
– der klimatischen Verhältnisse, wie Kaltluftproduktionsflächen, Luftaustausch und Frischluftschneisen,
– der städtebaulichen Situation, wie Nachbarschaft, Berücksichtigung der historischen Bezüge, Wechselbeziehungen mit der unmittelbaren Umgebung sowohl aus gestalterischer als auch funktionaler Sicht, Störfaktoren, z. B. Lärm, Abgasemissionen, Störungen des Orts- und Landschaftsbildes.

Die in dieser Leistungsphase in der Regel notwendige Berücksichtigung der Eigentumsverhältnisse entspricht dem Konkretheitsgrad des Gründordnungsplanes und seines unmittelbaren Bezuges zum Bürger.

Sofern der Grünordnungsplan parallel zum Bebauungsplan entwickelt wird, können Ergebnisse der Bestandsaufnahme für die Bauleitplanung vom Landschaftsarchitekten für die Grünordnungsplanung ausgewertet werden. Umgekehrt ist die Bauleitplanung angewiesen auf die Vorleistung des Landschaftsarchitekten hinsichtlich der spezifischen landschaftsplanerischen Bestandsaufnahme wie Erfassung des Naturhaushalts, Arten- und Biotopsituation, Orts- und Landschaftsbild, Schutzgebiete, Grün- und Freiflächensituation, Emissionen und sonstige Belastungen. Soweit solche Arbeitsergebnisse gegenseitig übernommen werden, dient dies der Qualität der Planung und hat keine Auswirkung auf die Vereinbarung des Vomhundertsatzes sowohl der Leistungsphase 2 des Grünordnungsplans als auch der des Bebauungsplans. **5**
Auf der Basis der Bestandsaufnahme erfolgt die Bewertung des Planungsgebietes hinsichtlich des Landschaftsbildes und des Naturhaushaltes. Das Leistungsbild beschreibt die wesentlichen Gesichtspunkte hierzu.
Wie beim Landschaftsplan sind auch beim Grünordnungsplan Ergebnisse der Leistungsphase 2 in Erläuterungstext und Karten zusammenfassend darzustellen.
Für die Leistungsphase 2 werden 37 % des Honorars berechnet. Qualitativ unzulängliche Planungsgrundlagen sind oftmals eine Folge einer nicht sorgfältigen Bearbeitung der Leistungsphase 1. Dem ist zu begegnen, andernfalls die Bewertung des Planungsbereiches bei einer fehlerhaften Ermittlung der Planungsgrundlagen unvollständig und somit auch anfechtbar wäre.

3. Vorläufige Fassung (Leistungsphase 3)

Die Leistungsphase 3 ist das Kernstück der Grünordnungsplanung und daher mit 50 % auch am höchsten bewertet. Unter der Vorläufigen Fassung wird die grundsätzliche Lösung der Aufgabe in Text und Karten mit Alternativen verstanden. Hinzu tritt das Abstimmen der Vorläufigen Fassung mit dem Auftraggeber, mit den für Naturschutz- und Landschaftspflege zuständigen Behörden sowie den nach § 63 Bundesnaturschutzgesetz anerkannten Verbänden. **6**
Die wesentlichen Aufgaben dieser Leistungsphase sind dem Leistungskatalog unter Lit a und Lit b detailliert zu entnehmen.
Dieses Leistungsbild ist von der Objektplanung nach Teil 3 Abschnitt 1 abzugrenzen. Nicht erforderlich sind weitergehende Planungen wie Pflanzpläne, Detailplanung der Fußwegsysteme, Detailplanung von Sport-, Spiel- und Erholungsflächen. Der Grünordnungsplan beschränkt sich auf die Ausweisung der für diese Nutzungen vorgesehenen Flächen. Die darzustellenden Nutzungsbeschränkungen beziehen sich nicht nur auf Flächen, die von der Bebauung freizuhalten sind, sondern auch auf Bereiche, die aus klimatischer oder wasserwirtschaftlicher Sicht eine besondere Bedeutung haben.
Als Flächen für landschaftspflegerische Entwicklungs- und Gestaltungsmaßnahmen bieten sich z. B. Versorgungs- und Verkehrsflächen oder Flächen für Aufschüttungen und Abgrabungen an. Besondere Beachtung verdienen nicht nur der Ortsrandbereich, die Übergangszonen zwischen verschiedenen Nutzungsarten und die geschichtlich und städtebaulichen bedeutenden Bepflanzungen, sondern vor allen Dingen auch die ökologischen Zusammenhänge und die Auswirkungen auf die Landschaftsfaktoren. Nach § 1 Abs. 1 Bundesnaturschutzgesetz sind Natur und Landschaft im besiedelten Bereich so zu schützen, dass die biologische Vielfalt, die Leistungs- und Funktionsfähigkeit des Naturhaushalts auf Dauer gesichert sind. Dies umfasst auch

die Pflege, die Entwicklung und, soweit erforderlich, die Wiederherstellung von Natur und Landschaft. Es sind daher auch für die Biotope in Siedlungsbereichen Schutz- und Pflegemaßnahmen zu planen.

7   Die positiven Wirkungen des Stadtgrüns sind in vielerlei Hinsicht unbestreitbar und unbestritten. Sie reichen von den ökologischen Ausgleichsfunktionen wie Sauerstoffproduktion, Klimaverbesserung, Schadstoffbindung, Verbesserung des Wasserhaushalts und dem Beitrag zur Artenerhaltung über Gliederungs-, Raumbildungs- und Orientierungsfunktionen bis hin zu sozialen, psychologischen und Erholungsfaktoren. Die Folgekosten, die der Gesellschaft wie dem Einzelnen wegen mangelnden oder fehlenden Stadtgrüns entstehen, sind immens. Sie reichen von den direkt nachweisbaren Kosten aufgrund von Vandalismus und Kriminalität über die enormen Summen, die zum Teil erst mit zeitlicher Verzögerung für die ärztliche Behandlung körperlicher, geistiger und seelischer Störungen, für die Schaffung sozialer Ersatzeinrichtungen, für die Einschränkung und den völligen Ausfall der Arbeitsfähigkeit vieler Erwerbstätiger aufgebracht werden müssen, bis hin zu den kaum noch berechenbaren Kosten, die der gesellschaftlichen Abwanderung aus Städten ins Umland oder aufgrund von Störungen des ökologischen Gleichgewichts bis in weit entfernte Räume entstehen. Grünflächen in Gemeinden stellen ein differenziertes Ökosystem dar, welches in einer biotischen Wechselbeziehung zu seinem Umfeld steht. Es ist dies bei den vorbenannten Schutz- und Pflegemaßnahmen zu beachten.

Die Kosten städtischer Grün- und Freiräume demgegenüber sind verschwindend gering. Dies umso mehr, wenn das Schwergewicht auf die Schaffung privaten Freiraums in direkter Zuordnung zu den Wohnungen und zu den Arbeitsplätzen gelegt wird und die Gestaltung dieser Räume auf Herstellung eines möglichst einfachen naturnahen Rahmens beschränkt wird.

8   Den Möglichkeiten für Festsetzungen zur Gestaltung der Grün- und Freiflächen und zur Erhaltung von Bäumen, Sträuchern ist nicht nur im engeren Wohnbereich, im Wohnumfeld und in den Wohnhöfen der innerstädtischen Baugebiete hohe Bedeutung beizumessen. Sie sind auch wichtig, um Gewerbe- und Industriegebiete, Versorgungs- und Verkehrsanlagen sowie andere schwer integrierte Anlagen und Einrichtungen besser in das Orts- und Landschaftsbild gestalterisch einzufügen. Die Schwierigkeit in der Ausweisung „Gestaltung von Erholungsbereichen" liegt oft darin, dass die notwendigen Grundstücksflächen nicht oder nicht im gewünschten Umfang verfügbar sind und anderen Nutzungsbedürfnissen, etwa der baulichen Nutzung, Vorrang eingeräumt wird. Häufig stehen deshalb nur die Restflächen zur Verfügung, die auch noch heute durch Bebauung und Verkehr sowie durch Lärm, verunreinigte Luft, Geruchsbelästigung, Boden- und Gewässerverschmutzungen beeinträchtigt sind.

Bei der Planung ist ebenfalls zu berücksichtigen, dass von Sport- und Erholungsflächen unliebsame Beeinträchtigung für das Wohnumfeld ausgehen, insbesondere durch Lärm, Zugangsverkehr, Parkprobleme, Verschmutzungen. Das gilt vornehmlich für Sportanlagen, die für Großveranstaltungen gedacht sind, z. B. Bäder, Fußballplätze, Mehrzweckanlagen.

Die aus ökologischer Sicht zur Abwendung schädlicher Emissionen erforderlichen Bepflanzungen und Schutzmaßnahmen sind dabei ebenso zu beschreiben wie Pflanzgebote. Im Grünordnungsplan sind diese Planungsinhalte so abzugrenzen, dass sie ohne Weiteres in den Bebauungsplan übernommen werden können.

Zu den Leistungen zählt auch die Festlegung der zeitlichen Reihenfolge der vorgeschlagenen und auch eine überschlägige Kostenschätzung für die durchzuführenden Maßnahmen. Bei der Kostenschätzung kann es sich jedoch nur um eine grobe Schätzung handeln, da mit dem Grünordnungsplan keine ins Einzelne gehende Objektplanung verbunden ist. Die Gestaltung einzelner Objekte macht, wie bereits dargelegt, eine gesonderte Leistung notwendig, die gesondert nach Teil 3 Abschnitt 1 zu beauftragen ist.

Hinweise auf weitere Aufgaben des Naturschutzes und der Landschaftspflege sollten im Konsens mit den jeweils zuständigen Naturschutzbehörden erarbeitet werden.

Die Beteiligung der Verbände nach § 63 Bundesnaturschutzgesetz und die Abstimmung des Vorentwurfs mit den Naturschutzbehörden ist Sache des Auftraggebers; der Auftragnehmer hat jedoch hierbei mitzuwirken, um seine Planungsvorstellungen zu vertreten.

4. Abgestimmte Fassung (Leistungsphase 4)

Nach Abstimmung der Vorläufigen Fassung mit dem Auftraggeber erstellt der Auftragnehmer 9
die Planfassung, die
– in den Bebauungsplan integriert werden soll,
– dem Entwurf des Bebauungsplans (Anlage 3 zu § 19 Abs. 2) entspricht, wenn der Grünordnungsplan über ein Aufstellungsverfahren Rechtsverbindlichkeit erlangen soll,
– die dann endgültig ist, wenn der Grünordnungsplan als reiner Fachplan (Gutachten) erstellt
  wird.

IV. Vorläufige Fassung als Einzelleistung

Hinsichtlich einer Vorläufigen Fassung als Einzelleistung ist nunmehr § 9 Absatz 2 des Allge- 10
meinen Teils zu beachten. § 9 Absatz 2 beschreibt den Anwendungsbereich dieser Regelung als
Beauftragung der Vorläufigen Fassung oder Abgestimmten Fassung, oder Objektüberwachung
als Einzelleistung. Hierfür ist es entscheidend, dass die Parteien dies ausdrücklich schriftlich
vereinbaren.

1. Besondere Leistungen

Die Besonderen Leistungen entsprechen denjenigen des Leistungsbildes des Landschaftsplans 11
und sind in Anlage 9 (zu § 3 Absatz 3) beispielhaft aufgelistet. Im Übrigen wird auf die Kommentierung zu § 23 verwiesen.

§ 25 Leistungsbild Landschaftsrahmenplan

(1) Die Grundleistungen bei Landschaftsrahmenplänen sind in vier Leistungsphasen unterteilt und werden wie folgt in Prozentsätzen der Honorare des § 30 bewertet:

1. **für die Leistungsphase 1 (Klären der Aufgabenstellung und Ermitteln des Leistungsumfangs) mit 3 Prozent,**
2. **für die Leistungsphase 2 (Ermitteln und Bewerten der Planungsgrundlagen) mit 37 Prozent,**
3. **für die Leistungsphase 3 (Vorläufige Fassung) mit 50 Prozent,**
4. **für die Leistungsphase 4 (Abgestimmte Fassung) mit 10 Prozent.**

(2) Anlage 6 regelt die Grundleistungen jeder Leistungsphase. Anlage 9 enthält Beispiele für Besondere Leistungen.

Inhaltsübersicht

I. Allgemeine Erläuterung

1 Die Vorschrift über das Leistungsbild des Landschaftsrahmenplanes und die dazugehörige Anlage 6. Eine Definition hat der Verordnungsgeber für überflüssig erachtet, nachdem sie in der Leistungsphase 3 des Leistungsbildes enthalten ist und im Übrigen § 15 Bundesnaturschutzgesetz eine rahmengebende Regelung vorgibt. Zudem ist die inhaltliche Ausgestaltung den Ländern überlassen. In den jeweiligen Landesnaturschutzgesetzen wird hiervon Gebrauch gemacht.

Inhaltlich unterscheiden sich die Leistungsphasen 1 bis 4 der alten Fassung von der neuen Fassung nicht. Entsprechend der neuen Systematik sind die Besonderen Leistungen in der Anlage 9 zur HOAI enthalten.

II. Allgemeines

2 Landschaftsrahmenpläne stellen die überörtlichen Erfordernisse und Maßnahmen zur Verwirklichung der Ziele des Naturschutzes und der Landschaftspflege dar. Landschaftsrahmenpläne werden daher für große Planungsgebiete (Landkreise oder Planungsregionen der Regionalplanung) in der Regel Maßstab 1 : 25000 aufgestellt. Gemäß § 10 Bundesnaturschutzgesetz sind Landschaftsrahmenpläne für alle Teile des Landes aufzustellen, soweit nicht ein Landschaftsprogramm seinen Inhalten und seinem Konkretisierungsgrad nach einem Landschaftsrahmen entspricht.

III. Die Leistungsphasen und deren Bewertung

Das Leistungsbild sieht nach Anlage 6 (zu § 25 Abs. 2) die vier Leistungsphasen vor. Es han- **3**
delt sich also um eine Landschaftsplanung wie bei Landschafts- und Grünordnungsplänen. Die
Ergebnisse der Leistungsphasen 1 bis 3 sind in Text und Karten darzustellen. Eine eingehende
Begründung ist insbesondere bei der Leistungsphase 3 geboten.

Die Bewertung der Leistungsphasen des Landschaftsrahmenplans kennt keine Honorarspannen.

1. Klären der Aufgabenstellung und Ermitteln des Leistungsumfanges (Leistungsphase 1)

In dieser Leistungsphase werden die natürlichen Grundlagen der Landschaft, ihre bisherige **4**
Nutzung sowie sich abzeichnende Nutzungsänderungen untersucht und bewertet. Dabei sind
die Landschaftsfaktoren wie Boden, Klima, Gewässer, Relief, Pflanzen- und Tierwelt sowie
deren Wirkungsgefüge und das Landschaftsbild zu erfassen. Ferner sind die bereits geschützten
Flächen und einzelnen Bestandteile der Natur zusammenzustellen.

Die einzelnen Naturräume sind in ökologisch-funktionale Raumeinheiten zu untergliedern.
Dabei handelt es sich um Teilbereiche der Landschaft, die in erster Linie durch eine ökologisch
annähernd homogene Struktur und ein weitgehend einheitliches Wirkungsgefüge gekennzeichnet sind. Beides ergibt sich aus dem Zusammenwirken der verschiedenen Landschaftsfaktoren
unter Berücksichtigung der Auswirkungen der menschlichen Nutzung.

Die Analyse der vorliegenden Bestandsaufnahme soll zielorientiert erfolgen. Es sind nur solche Daten auszuwerten, die voraussichtlich als Beurteilungsgrundlage für die Ausarbeitung der
Leistungsphasen 2 und 3 benötigt werden.

2. Ermitteln und Bewerten der Planungsgrundlagen (Leistungsphase 2)

In dieser Leistungsphase sind die ökologisch-funktionalen Raumeinheiten hinsichtlich ihrer **5**
ökologischen Funktion, ihres Zustandes, der hier möglichen Nutzungen und ihrer landschaftlichen Eigenart zu bewerten. Dabei ist auch auf die Empfindlichkeit der Ökosysteme und ihrer
Landschaftssysteme einzugehen. Die Eigenart der Kulturlandschaft liegt in ihren vom Menschen
überformten natürlichen Gegebenheiten. Das Landschaftsbild ist einem umso stärkeren Wandel
unterworfen, je intensiver die Landschaft genutzt wird.

Bei der Landschaftsbewertung sind die Nutzungsauswirkungen, insbesondere Schäden an Na-
turhaushalten und Landschaftsbild zu erfassen. Zudem sind Alternativen und Entwicklungen im
Hinblick auf Zielkonflikte zwischen der Belastbarkeit der Landschaft oder einzelner Landschaftsfaktoren und Vorhaben zu erarbeiten, sofern bestimmte Nutzungen mit ihnen verbunden sind.

3. Vorläufige Fassung (Leistungsphase 3)

Bereits die Bewertung mit einem Anteil von 50 vom Hundert des Gesamthonorars belegt die **6**
Bedeutung dieser Leistungsphase. Ein inhaltlicher Vergleich mit den Leistungsphasen 3 der
Landschafts- und Grünflächenplanung zeigt, dass auch im Rahmen der Landschaftsplanung und
der Leistungsphase 3 Leistungen zu erbringen sind, die besser mit Vorläufiger Fassung zu über-
schreiben sind.

Im Landschaftsrahmenplan sind auf der Grundlage der Gliederung ökologischer Raumeinheiten nach Maßgabe der zu erwartenden Nutzungsansprüche und der Landschaftsbewertung
entsprechende Bereiche abzugrenzen, in denen bestimmte Nutzungen ökologisch tragbar sind.
In der Kulturlandschaft kann man im Wesentlichen vier Hauptnutzungssysteme unterscheiden,
denen jeweils flächenmäßig erfassbare Nutzungsbereiche zugeordnet sind, nämlich Bereich
– ohne Nutzung,
– mit stärkeren Nutzungsbeschränkungen (ökologische Zellen, Schutzgebiete),
– mit intensiver, sich zum Teil überlagernder Nutzung (land- und forstwirtschaftliche Extensiv-
  nutzungsgebiete, extensive Erholungsgebiete, z. B. Erholungswälder),

– mit intensiver agrarischer Landnutzung,
– mit städtisch-industrieller Nutzung einschließlich Verkehr mit intensiv genutzten Erholungs- und Freizeitflächen.

Umwelt- und Naturschutz ist als Querschnittsaufgabe zu begreifen. Keine Gesamtplanung, sei es die Landes- und Regionalplanung oder die Bauleitplanung, die den Anspruch erheben will, die ökologischen Belange ausreichend zu berücksichtigen, kommt um eine Raumgliederung der vorbenannten Art mit klar formulierten Zielstellungen herum. Die Berücksichtigung ökologischer Belange bedeutet, künftige Entwicklungen des Planungsraums auf die unterschiedliche Belastbarkeit einzelner Landschaften und Landschaftsteile, die den Planungsraum bilden, abzustellen. Mit den Zielsetzungen des Landschaftsrahmenplans werden Belastungsgrenzen des Naturhaushalts für Nutzungen jedweder Art fixiert, die umso enger sind, je naturnäher in der ökologischen funktionalen Raumgliederung Teile des Planungsraums ausgewiesen werden.

7   Bei der ökologisch-funktionellen Raumgliederung muss von den Naturpotenzialen und deren Belastbarkeit gegenüber Nutzungsansprüchen ausgegangen werden, die in allen Teilräumen eine auf die Belastbarkeit abgestimmte umweltverträgliche Landnutzung und eine kleinräumige Durchmischung auch in den höchst belasteten Teilräumen mit nicht oder extensiv genutzten Flächen – also dem ökologischen Ausgleich in Teilräumen selbst – sicherstellen.

Das Entstehungskonzept des Landschaftsrahmenplans muss so angelegt sein, dass eine Zielkonzeption in dem Regionalplan integriert bzw. in die Abwägung der Raumordnung vollinhaltlich angestellt werden kann. Dabei sind auch Grundsätze zur Sicherung und Pflege insbesondere von Nationalparks, Naturschutzgebieten, Naturdenkmälern, Landschaftsbestandteilen und Grünbeständen, Landschaftsschutzgebieten und Naturparks zu formulieren. Wesentlicher Schwerpunkt der Bestandsaufnahme für die Schutzgüter Arten und Biotope sowie Landschaftsbild ist eine flächendeckende Biotypenkartierung. Sie informiert für die Bearbeitung der Schutzgüter Boden und Wasser sowie Klima und Luft, wobei für alle Schutzgüter eine differenzierte und mehrstufige Bewertung des Plangebietes erfolgen soll. Ein Schwerpunkt bei der Aufgabe der Landschaftsrahmenplanung liegt bei der kartographischen Darstellung. Die Karte stellt zudem das Biotopverbundsystem dar. Es ist zentraler Inhalt eines Landschaftsrahmenplans.

8   Der Landschaftsrahmenplan hat ferner u. a. aufzuzeigen:
– wie einer Zersiedelung der Landschaft durch eine klare Abgrenzung zwischen Bebauung und freier Landschaft nachdrücklich entgegenzuwirken ist;
– wo zwischen den städtebaulichen Entwicklungsachsen Freiräume zu halten oder wiederherzustellen sind;
– wo Grün- und Freiflächen erhalten oder nach Möglichkeit geschaffen werden sollen;
– wo in Verdichtungsräumen verstärkt lärmberuhigte Zonen ausgewiesen werden sollen;
– wo Gestaltungs- und Pflegemaßnahmen in der freien Landschaft geboten sind;
– welche Grundsätze zur Grünordnung im Siedlungsbereich zu beachten sind;
– welche Fläche für bestimmte Nutzungsansprüche, wie z. B. Freizeit und Erholung, nicht oder nur im beschränkten Maße infrage kommen;
– wo in geeigneten landschaftlich reizvollen Gebieten Fremdenverkehr und Naherholung zu sichern und zu entwickeln sind;
– für welche Gebiete Landschafts- und Grünordnungspläne aufzustellen sind.

Abschließend ist die Vorläufige Fassung mit dem Auftraggeber zu erörtern. Das Mitwirken bei der Abstimmung mit der für den Naturschutz zuständigen Behörde gehört zu den Grundleistungen.

4. Endgültige Fassung (Leistungsphase 4)

9   Nach erfolgter Abstimmung der Vorläufigen Fassung mit dem Auftraggeber ist der Landschaftsrahmenplan in der vorbeschriebenen Fassung in Text und Karte mit Erläuterungsbericht darzustellen. Sobald diese Leistung ausgeführt ist, ist auch der werkvertraglich geschuldete Erfolg erbracht.

5. Besondere Leistungen

Als Besondere Leistungen kommen insbesondere die Leistungen in Anlage 9 zu § 3 Abs. 3 **10** Infrage.

6. Fortschreibung des Landschaftsrahmenplans

Honorare für Leistungen bei Landschaftsrahmenplänen sind nach § 30 zu berechnen. Wie für **11** den Landschaftsplan stellt die Honorartafel für den Landschaftsrahmenplan auch auf die Gesamtfläche des Plangebiets ab:

- die Honorare sind nach der Gesamtfläche des Plangebiets ha und nach der Honorarzone zu berechnen;
- das Honorar für Leistungen bei Landschaftsrahmenplänen mit einer Gesamtfläche des Plangebiets unter 5000 ha kann nach § 7 Abs. 2 frei vereinbart werden, höchstens jedoch bis zu dem in der Honorartafel nach Abs. 1 für Flächen von 5000 ha festgesetzten Höchstsätzen, für die höchstens jedoch die in der Honorartafel nach Abs. 1 für Flächen von 1000 ha festgesetzten Mindestsätze gelten;
- das Honorar für Landschaftsrahmenpläne mit einer Gesamtfläche des Planungsgebietes über 100 000 ha kann ebenfalls gemäß § 7 Abs. 2 frei vereinbart werden.

Nach § 30 Abs. 2 dient als Berechnungsgrundlage für das Honorar die Gesamtfläche des Plangebietes. Der Auftraggeber wird dies dem Auftragnehmer zunächst vorgeben, der wiederum den Auftraggeber aufgrund der topographischen und geologischen Gegebenheiten unter Einbringung seiner fachlichen Kenntnisse bei der Bestimmung des Plangebietes beraten muss. Es wird jedenfalls regelmäßig auf das Gebiet der beauftragenden Gemeinde infolge deren beschränkter Planungskompetenz begrenzt sein.

§ 26 Leistungsbild Landschaftspflegerischer Begleitplan

(1) Die Grundleistungen bei Landschaftspflegerischen Begleitplänen sind in vier Leistungsphasen unterteilt und werden wie folgt in Prozentsätzen der Honorare des § 31 bewertet:

1. **für die Leistungsphase 1 (Klären der Aufgabenstellung und Ermitteln des Leistungsumfangs) mit 3 Prozent,**
2. **für die Leistungsphase 2 (Ermitteln und Bewerten der Planungsgrundlagen) mit 37 Prozent,**
3. **für die Leistungsphase 3 (Vorläufige Fassung) mit 50 Prozent,**
4. **für die Leistungsphase 4 (Abgestimmte Fassung) mit 10 Prozent.**

(2) Anlage 7 regelt die Grundleistungen jeder Leistungsphase. Anlage 9 enthält Beispiele für Besondere Leistungen.

Inhaltsübersicht

I. Allgemeine Erläuterung

1   Die Leistungen im Leistungsbild „Landschaftspflegerischer Begleitplan" sind in der Anlage 7 (zu § 26 Abs. 2) beschrieben. Die Vorschrift regelt das Leistungsbild zu Landschaftspflegerischen Begleitplänen, die in Verbindung mit landschaftsverändernden Vorhaben wie Verkehrsbauten, Gewässerausbau, Deponien, Abgrabungen oder Flurbereinigungsverfahren in Auftrag gegeben werden. Der Landschaftsbegleitplan, wurde durch das Bundesnaturschutzgesetz (BNatSchG) von 1976 eingeführt. § 17 des Bundesnaturschutzgesetzes in der am 01.03.2010 in Kraft getretenen Fassung legt fest, dass der Planungsträger bei einem Eingriff, der aufgrund eines nach öffentlichem Recht vorgesehenen Fachplans vorgenommen werden soll, die erforderlichen Angaben nach Satz 1 im Fachplan oder in einem Landschaftspflegerischen Begleitplan in Text und Karte darzustellen hat.

2   Durch den Landschaftspflegerischen Begleitplan sollen Beeinträchtigungen des Naturhaushalts und des Landschaftsbildes vermieden bzw. minimiert werden bzw. sind unvermeidbare Beeinträchtigungen durch geeignete Maßnahmen auszugleichen. Der Landschaftspflegerische Begleitplan ist Bestandteil der Planunterlagen, die zur Genehmigung des Bauvorhabens erforderlich sind. Der Landschaftspflegerische Begleitplan wird zusammen mit dem Bauentwurf rechtsverbindlich zum Zeitpunkt des Planfeststellungsbeschlusses.

In der Natur eingetretene Verluste können vollwertig nicht ersetzt werden. Es muss bei allen Planungen von Vorhaben in der Landschaft ein vorrangiges Ziel sein, Schäden nicht erst entstehen zu lassen oder sie zumindest so gering wie möglich zu halten. Bei unvermeidbaren Eingriffen muss sorgfältig und verantwortungsbewusst zwischen dem Nutzen des Vorhabens und den erwarteten Folgen für die Natur abgewogen werden. Ist die Notwendigkeit solcher Eingriffe unabweichbar, stellt sich die Aufgabe, sie bestmöglichst auszugleichen.

Eingriffe können punktuellen, linienhaften oder flächenhaften Charakter besitzen. Punktuell sind die Eingriffe z. B. bei der Errichtung eines Kraftwerkes, einer Deponie oder einer Abgrabung. Linienhafter Natur sind die Eingriffe z. B. bei Verkehrsbauten oder bei Gewässerverbauungen. Flächenhafte Eingriffe werden z. B. im Rahmen eines Flurbereinigungsverfahrens verursacht. So unterschiedlich der Charakter der Vorhaben auch sein mag, die zu erarbeitenden Grundleistungen sind dabei stets gleichartig. Sie unterscheiden sich lediglich durch die Anforderungen an den Genauigkeits- oder den Detaillierungsgrad der Planungsaussage (Planungstiefe).

Der Maßstab des Landschaftspflegerischen Begleitplans entspricht in der Regel dem eines Landschafts- oder Grünordnungsplanes. Er kann als selbstständiges Planwerk, aber auch als integrierter Bestandteil einer Fachplanung erarbeitet werden. Eine Vereinheitlichung des Landschaftspflegerischen Begleitplans findet man im Straßenbau. Infolge der großen Zahl von Baumaßnahmen sah man sich veranlasst, eine Harmonisierung bezüglich Vorgehensweise, Darstellung und qualitativer Merkmale durch die Einführung einer Richtlinie für die Anlage von Straßen, Teil: Landschaftspflege (RAS-LP) Landschaftspflegerischer Begleitplan herbeizuführen. Die Richtlinien werden von der Forschungsgesellschaft für Straßen und Verkehrswesen herausgegeben. Sie sind ein in Deutschland gültiges technisches Regelwerk zur Beachtung der Belange des Naturschutzes bei Entwurf einer Straße und gliedert sich in drei Teile.   **3**

II. Bewertung der Leistungsphasen

Anlage 9 zu § 26 Abs. 1 sieht nunmehr vier Leistungsphasen vor. Die Bewertung der Vomhundertsätze des Gesamthonorars entsprechen nunmehr den in allen Bereichen der Landschaftsplanung festgelegten Prozentsätzen. Ist von den Vertragsparteien bei der Auftragserteilung nichts anderes schriftlich festgelegt, gelten die Mindestsätze gemäß § 7 Abs. 5.   **4**

III. Leistungsbild

1. Klärende Aufgabenstellung und Ermitteln des Leistungsumfangs

Der Landschaftspflegerische Begleitplan kann sich nicht nur auf den Standort des Vorhabens beschränken. Er ist vielmehr so weiträumig abzugrenzen, dass   **5**
– alle Auswirkungen des Vorhabens auf den Naturhaushalt, auf einzelne Landschaftsfaktoren und das Landschaftsbild, die sich oft weit über den Ort des Eingriffs hinaus erstrecken, erfasst sind,
– die erforderlichen Ausgleichsmaßnahmen ebenfalls dargestellt werden können.

In dieser Leistungsphase soll nach Möglichkeit auch geklärt werden, welche ergänzenden Fachleistungen in den folgenden Leistungsphasen benötigt werden, damit diese rechtzeitig vorliegen. Hinsichtlich des Zusammenstellens der planungsrelevanten Unterlagen und der Ortsbesichtigung wird auf die Kommentierung zu § 23 verwiesen.

2. Ermitteln und Bewerten der Planungsgrundlagen

Die Leistungsphase 2 enthält eine Bestandsbewertung. Die geforderten Leistungen werden in den drei Schwerpunkten Analyse und Bestandsaufnahme, Bestandsbewertung und der zusammenfassenden Darstellung beschrieben. Aufgrund der Ergebnisse der Bestandsaufnahme und Analyse kann eine Neufestlegung des Planungsgebietes erforderlich werden. Es kann sich beispielhaft herausstellen, dass ein unvermeidbarer Eingriff in den Naturhaushalt oder das Landschaftsbild über den Planungsbereich hinauswirkt. Ein weiteres Erfordnis könnte sich daraus   **6** ergeben, dass z. B. die Auswirkungen eines Eingriffs nicht im Planungsgebiet ausgeglichen werden können und daher Ausgleichsmaßnahmen anderen Orts erforderlich sind.

Die Bestandsbewertung wird als das Bewerten der Leistungsfähigkeit und Empfindlichkeit des Naturhaushalts und Landschaftsbildes nach den Zielen und Grundsätzen des Naturschutzes und der Landschaftspflege sowie das Bewerten der vorhandenen Beeinträchtigungen bzw. die Vorbelastung von Natur und Landschaft definiert (amtliche Begründung).

3. Vorläufige Fassung

7 Im Rahmen der Leistungsphase 3 sind Konflikte zu analysieren, die sich aus der zu bewertenden Planung als Eingriff in den Naturhaushalt und das Landschaftsbild ergeben. Hierbei geht es um Art, Umfang, Ort und zeitlichen Ablauf der Eingriffe. Nur so können Lösungen zur Vermeidung oder Verminderung von Eingriffen gefunden werden. Im Zuge der Konfliktminderung empfehlen sich Abstimmungen z. B. mit Naturschutzbehörden, der Forst- und Wasserwirtschaftsverwaltung bzw. Umweltbehörden, um im Benehmen mit den zuständigen Fachbehörden optimale Lösungen, z. B. zur Schonung von Lebensräumen bedrohter Tier- und Pflanzenarten, zur Vermeidung unnötiger Eingriffe in wertvolle Waldbestände oder zur Reinhaltung des Grundwassers, zu erarbeiten. Mit diesen Fachbehörden ist auch bei unvermeidbaren Eingriffen der Grad der Schädigung abzugleichen.

Vorraussetzung für eine vernünftige Konfliktanalyse ist das Vorliegen einer vorläufigen Planung, in der auch die für das Bauwerk benötigten angrenzenden Seitenräume dargestellt sind. Hiernach kann der Flächenverbrauch ermittelt und bezugnehmende Einflüsse können konkret bewertet werden.

Es kann sich in diesem Zusammenhang ergeben, dass ein Vorhaben nicht ausgeführt werden kann, da nach den naturschutzrechtlichen Bestimmungen der Eingriff zu untersagen ist, weil die Beeinträchtigung entweder nicht zu vermeiden oder nicht im erforderlichen Maß auszugleichen sind, und die Belange des Naturschutzes und der Landschaftspflege bei der Abwägung aller Anforderungen an Natur und Landschaft Vorrang haben.

Infolge der Bewertung der Auswirkungen des Vorhabens kann es sich auch in dieser Leistungsphase noch ergeben, dass der Planungsbereich und damit auch der Auftragsumfang zu ändern ist.

Nach Abstimmung mit dem Auftraggeber sind die Ergebnisse dieser Leistungsphase zusammen zu fassen und in Texten und Karte darzustellen. Es sind grundsätzliche Lösungen der wesentlichen Teile der Aufgabe in Text und Karte mit Alternativen darzustellen. Die zum ordnungsgemäßen Vollzug der naturschutzrechtlichen Eingriffsregelungen im Einzelnen erforderlichen Planungs- und Realisierungsabschnitte werden festgelegt.

4. Abgestimmte Fassung

8 Wenn Vorschriften für den Fachplan bestehen, sind diese für die Darstellung der endgültigen Planfassung zu beachten. Der Landschaftspflegerische Begleitplan geht als Teil des Fachplanes in das Genehmigungsverfahren ein.

IV. Besondere Leistungen

9 Die Besonderen Leistungen sind in Anlage 9 (zu § 3 Abs. 3) beispielhaft aufgelistet.

V. Honorierung

10 § 31 Abs. 2 regelt die Honorierung der Leistungen für Landschaftspflegerische Begleitpläne.

Damit enthalten die Landschaftspflegerischen Begleitpläne ein eigenes Leistungsbild und orientieren sich nicht mehr, wie in der HOAI a. F., an den Maßstäben und Honorartabellen der anderen Landschaftsplanerischen Leistungen.

§ 27 Leistungsbild Pflege- und Entwicklungsplan

phasen zusammengefasst und werden wie folgt in Prozentsätzen der Honorare des § 32 bewertet:

1. für die Leistungsphase 1 (Zusammenstellen der Ausgangsbedingungen) mit 3 Prozent,
2. für die Leistungsphase 2 (Ermitteln der Planungsgrundlagen) mit 37 Prozent,
3. für die Leistungsphase 3 Vorläufige Fassung) mit 50 Prozent und
4. für die Leistungsphase 4 (Abgestimmte Fassung) mit 10 Prozent.

(2) Anlage 8 regelt die Grundleistungen jeder Leistungsphase. Anlage 9 enthält Beispiele für Besondere Leistungen.

Inhaltsübersicht

I. Allgemeine Erläuterung

Eine Begriffsbestimmung ergäbe sich nach der amtlichen Begründung des Verordnungsgebers **1** aus landesgesetzlichen Festlegungen (z. B. aus § 7 VO der Bezirksregierung Hannover in Verbindung mit §§ 24, 28c, 29 und 30 Niedersächsisches Naturschutzgesetz oder aufgrund von Verordnungen auf Basis der Ermächtigungsgrundlagen in §§ 37, 45 Bayerisches Naturschutzgesetz).

Das Leistungsbild für Pflege- und Entwicklungspläne gliedert sich in vier Leistungsphasen. Die **2** Vomhundertsätze sind nicht mehr variabel ausgestaltet, sondern festgeschrieben.

Eine schriftliche Vereinbarung bei Auftragserteilung ist wie immer vorzunehmen, wenn die **3** Spanne zwischen Mindest- und Höchstsatz ausgenutzt und ein höherer Satz als der Mindestsatz vereinbart werden soll. Fehlt es an rechtzeitiger Vereinbarung bei Auftragserteilung, so kann nach § 7 Abs. 6 nur der Mindestsatz berechnet werden.

II. Leistungsbild

Das Leistungsbild wird in der Anlage 8 (zu § 27 Absatz 2) dargestellt. **3a**

III. Leistungsphase 1: Zusammenstellen der Ausgangsbedingungen

4 Für das Zusammenstellen der Ausgangsbedingungen ist zunächst der Planungsbereich abzugrenzen. Über das Schutzgebiet bzw. den zu schützenden Landschaftsteil hinaus soll der Planungsbereich noch eine Pufferzone umfassen. Auswirkungen der Nutzungen benachbarter Gebiete können so berücksichtigt und gegebenenfalls durch geeignete Maßnahmen ausgeschaltet werden.[1] Bei bereits geschützten Gebieten ergibt sich der Schutzzweck eines schützenswerten Landschaftsteils aus der Schutzverordnung, anderenfalls beispielhaft aus einer Biotopkartierung. Eigentümer sind zu beteiligen, da Pflege- und Entwicklungsmaßnahmen nur im Benehmen mit den Grundstückseigentümern durchgeführt werden können.

IV. Leistungsphase 2: Vorplanung (Ermitteln der Planungsgrundlagen)

5 Mit dem Erfassen und Beschreiben der natürlichen Grundlagen im Rahmen der Leistungsphase 2 sind vor allem die naturräumliche Lage (geologische, bodenkundliche, klimatische und wasserwirtschaftliche Verhältnisse) zu beachten. Ferner bezieht sich das Erfassen und Beschreiben der natürlichen Grundlagen auch auf die Pflanzen- und Tierbestände sowie die Biotoptypen und Ökosysteme. Zudem müssen mögliche Beeinträchtigungen des Planungsgebietes erfasst und beschrieben werden. Hierbei kommen insbesondere die Flächennutzung, Einwirkung von außen, unordentliche Pflege, unsachgemäße Nutzung sowie Erholungsaktivitäten in Betracht, z. B. durch Baden, Reiten, Jagen, Joggen, Mountainbikefahren und Zelten.

V. Leistungsphase 3: Vorläufige Fassung

6 Die wichtigsten zu erbringenden Leistungen sind in der textlichen Darstellung der Anlage 8 zu § 27 Absatz 2, Leistungsphase 3 benannt:

7 Für die weitere Nutzung und Bewirtschaftung von Flächen ist vorab zu klären, inwiefern diese beibehalten oder auf eine umweltfreundlichere Betriebsart (Extensivierung) umzustellen ist. Mit Extensivierung ist die Reduzierung des Einsatzes bestimmter Betriebsmittel (chemisch hergestellte Dünge- oder Pflanzenschutzmittel) gemeint, deren Einsatz negative Umweltfolgen haben kann.

Zu den regelmäßigen Pflegemaßnahmen zählen z. B. die Mahd (Mähgang, Anzahl pro Jahr und Zeitpunkt), das Entbuschen oder das Aufdichten bzw. Zurücknehmen von Gehölzständen. Dazu gehört auch das „auf den Stock setzen", das u. a. zur Erhaltung des Charakters von Nieder- und Mittelwäldern sowie Heckenstrukturen und Knicks notwendig ist. Im Rahmen der Leistungsphase 3 sind ferner Maßnahmen zur Verbesserung der ökologischen Standortverhältnisse zu erfassen und darzustellen, beispielhaft gegen Nährstoffeintrag (Einrichtung von Pufferzonen) und zur Wiedervernässung durch Beseitigung von Ablagerungen oder durch Abschieben von nährstoffreichem Oberboden auf Teilflächen, soweit dadurch die Veränderung bestehender Flächennutzungen verbessert werden. Maßnahmen zur Änderung der Biotopstruktur können das Anlegen von Baum- und Strauchgruppen, Hecken, Feldgehölze sein, aber auch die Entwicklung von Feucht- und Trockenstandorten.

8 Es sind Vorschläge für gezielte Maßnahmen zur Förderung bestimmter Tier- und Pflanzenarten zu erarbeiten. Diese kann durch Schaffung von Wanderbeziehungen, von Rast- und Nahrungsbiotopen, die Biotopvernetzung, die EinrEinrichtung von Nistgelegenheiten und Ähnlichem erforderlich sein. Zur Lenkung des Besucherverkehrs in Natur- und Landschaftsgebieten können

---

[1] Vgl. Deixler in DAB 1990, S. 376

Vorschläge für die Beseitigung oder Verlegung von Zufahrten und Wegen notwendig sein. Gegebenenfalls sind Sperren, Schutzzäune und Bojenketten zu errichten, Parkplätze zu verlegen, Informationstafeln aufzustellen. In Schutzgebieten mit großem Erholungsdruck im Nahbereich der Ballungsräume sind oftmals Gebote und Verbote zu verbessern, um einen wirksamen Schutz zu gewährleisten. Gegebenenfalls sind Kenntnisse der zu pflegenden Ökosysteme, z. B. zu den Standortverhältnissen, zur Populationsdynamik und anderes mehr über weitere wissenschaftliche Untersuchungen zu vertiefen.

Für die Durchführung der Pflege- und Entwicklungsmaßnahmen sind ebenfalls Vorschläge vorzuhalten, z. B. im Hinblick auf Organisation, Betreuung, Trägerschaft, sowie die Abstimmung mit den Fachbehörden, Gemeinden und Verbänden. Die Konzepte sind mit dem Auftraggeber abzustimmen. Es ist eine Kostenschätzung für alle vorgeschlagenen Pflege- und Entwicklungsmaßnahmen vorzulegen. Liegen die finanziellen Möglichkeiten der Pflege- und Unterhaltungspflichtigen unterhalb der in der Kostenschätzung benannten Beträge, sind Hinweise zu erteilen, welcher der Pflege- und Entwicklungsmaßnahmen Vorrang zu geben ist. **9**

VI. Leistungsphase 4: Abgestimmte Fassung

Nach Abstimmung des Pflegekonzeptes mit dem Auftraggeber sind in der Leistungsphase 4 Ergänzungs- und Änderungsvorschläge einzuarbeiten, um die damit endgültige Planfassung zu erstellen. Mit der Abgabe des Pflege- und Entwicklungsplanes kann anschließend eine Umsetzung unter Beteiligung des Landschaftsarchitekten vorbereitet werden. Die Umsetzung selbst ist nicht werkvertraglich geschuldeter Erfolg des Landschaftsarchitekten. **10**

Die Leistungsphase 4 ist bereits erbracht, wenn die in der Anlage 8 benannten Leistungen – oder bei entsprechender abweichender Vereinbarung diese – mangelfrei erbracht sind.

VII. Besondere Leistungen

Die Besonderen Leistungen sind in Anlage 9 (zu § 3 Absatz 3) beispielhaft aufgelistet. **11**

§ 28 Honorare für Grundleistungen bei Landschaftsplänen

(1) Die Mindest- und Höchstsätze der Honorare für die in § 23 und Anlage 4 aufgeführten Grundleistungen bei Landschaftsplänen sind in der folgenden Honorartafel festgesetzt:

Flächen in Hektar	Honorarzone I geringe Anforderungen von Euro	Honorarzone I geringe Anforderungen bis Euro	Honorarzone II durchschnittliche Anforderungen von Euro	Honorarzone II durchschnittliche Anforderungen bis Euro	Honorarzone III hohe Anforderungen von Euro	Honorarzone III hohe Anforderungen bis Euro
1.000	23.403	27.963	27.963	32.826	32.826	37.385
1.250	26.560	31.735	31.735	37.254	37.254	42.428
1.500	29.445	35.182	35.182	41.300	41.300	47.036
1.750	32.119	38.375	38.375	45.049	45.049	51.306
2.000	34.620	41.364	41.364	48.558	48.558	55.302
2.500	39.212	46.851	46.851	54.999	54.999	62.638
3.000	43.374	51.824	51.824	60.837	60.837	69.286
3.500	47.199	56.393	56.393	66.201	66.201	75.396
4.000	50.747	60.633	60.633	71.178	71.178	81.064
5.000	57.180	68.319	68.319	80.200	80.200	91.339
6.000	63.562	75.944	75.944	89.151	89.151	101.533
7.000	69.505	83.045	83.045	97.487	97.487	111.027
8.000	75.095	89.724	89.724	105.329	105.329	119.958
9.000	80.394	96.055	96.055	112.761	112.761	128.422
10.000	85.445	102.090	102.090	119.845	119.845	136.490
11.000	89.986	107.516	107.516	126.214	126.214	143.744
12.000	94.309	112.681	112.681	132.278	132.278	150.650
13.000	98.438	117.615	117.615	138.069	138.069	157.246
14.000	102.392	122.339	122.339	143.615	143.615	163.562
15.000	106.187	126.873	126.873	148.938	148.938	169.623

(2) Das Honorar für die Aufstellung von Landschaftsplänen ist nach der Fläche des Planungsgebiets in Hektar und nach der Honorarzone zu berechnen.

(3) Welchen Honorarzonen die Grundleistungen zugeordnet werden, richtet sich nach folgenden Bewertungsmerkmalen:
1. topographische Verhältnisse,
2. Flächennutzung,
3. Landschaftsbild,
4. Anforderungen an Umweltsicherung und Umweltschutz,
5. ökologische Verhältnisse,
6. Bevölkerungsdichte.

(4) Sind auf einen Landschaftsplan Bewertungsmerkmale aus mehreren Honorarzonen anwendbar und bestehen deswegen Zweifel, welcher Honorarzone der Landschaftsplan zugeordnet werden kann, so ist zunächst die Anzahl der Bewertungspunkte zu ermitteln Zur Ermittlung der Bewertungspunkte werden die Bewertungsmerkmale wie folgt gewichtet:
1. die Bewertungsmerkmale gemäß Absatz 3 Nummern 1, 2, 3 und 6 mit je bis zu 6 Punkten und
2. die Bewertungsmerkmale gemäß Absatz 3 Nummern 4 und 5 und mit je bis zu 9 Punkten.

(5) Der Landschaftsplan ist anhand der nach Absatz 4 ermittelten Bewertungspunkte einer der Honorarzonen zuzuordnen:

1. **Honorarzone I: bis zu 16 Punkte,**
2. **Honorarzone II: 17 bis 30 Punkte,**
3. **Honorarzone III: 31 bis 42 Punkte.**

(6) Werden Teilflächen bereits aufgestellter Landschaftspläne (Planausschnitte) geändert oder überarbeitet, so ist das Honorar frei zu vereinbaren.

Inhaltsübersicht

I. Allgemeine Erläuterung

Die Vorschriften § 28 Abs. 1 und 2 entsprechen im Wesentlichen den Regelungen des bisherigen 28 a. F. Die Tafelwerte wurden entsprechend den leistungsspezifischen Erfordernissen angepasst, nachdem diese im Jahr 2009 lediglich pauschal um 10 % angehoben wurden. Hierzu eröffnet § 7 Abs. 2 die Möglichkeit, das Honorar frei zu vereinbaren. Die Absätze 3 bis 5 regeln die Bewertungsmerkmale für die Einordnung in die Honorarzone bei Landschaftsplänen. Die konkreten Bewertungsmerkmale sind für die Einordnung in die Honorarzone zu beachten. Die Honorierung des Landschaftsarchitekten im Rahmen der Landschaftsplanung stellt nach wie vor auf zwei Kriterien ab. Zum einen auf die Fläche des Plangebietes nach Abs. 2 und nach der Honorarzone. Die Absätze 4 und 5 tragen dem Umstand Rechnung, dass für einen Landschaftsplan Bewertungsmerkmale aus verschiedenen Honorarzonen anwendbar sind und sich hieraus Zweifel ergeben können, welche Honorarzone der Landschaftsplan zuzuordnen ist.   **1**

Nach § 28 Abs. 2 dient als Berechnungsgrundlage für das Honorar die Gesamtfläche des Plangebietes (§ 30 Abs. 2 in Verbindung mit § 28 Abs. 2). Eine Definition der Gesamtfläche des Plangebiets bietet die HOAI für die Berechnung von Honoraren für Leistungen bei Landschaftsplänen nicht. Der Auftraggeber wird dies dem Auftragnehmer zunächst vorgeben, der wiederum den Auftraggeber aufgrund der topographischen und geologischen Gegebenheiten unter Einbringung seiner fachlichen Kenntnisse bei der Bestimmung des Plangebietes beraten muss. Die Gesamtfläche des Planungsgebietes wird jedenfalls regelmäßig auf das Gebiet der beauftragenden Gemeinde infolge deren beschränkter Planungskompetenz begrenzt sein. Durch eine vertragliche Vereinbarung können die zur Honorarbemessung einzubeziehenden Flächen festgelegt werden, sofern hierdurch nicht die Grundsätze des § 7 Abs. 1 unterlaufen werden.   **2**

II. Bewertungsmerkmale

Sechs neue Bewertungsmerkmale sollen eine mögliche Zuordnung zu den Honorarzonen aufzeigen: **3**

1. Topographie
2. Ökologische Nutzung
3. Flächennutzung und Schutzgebiete
4. Umwelt-, Klima-, Denkmal- und Naturschutz
5. Erholungsvorsorge
6. Anforderung an die Freiraumgestaltung

Die für die Zuordnung eines Landschaftsplans maßgeblichen Bewertungsmerkmale weisen regelmäßig eine starke Verknüpfung auf. Bewegte topographische Verhältnisse werden immer dann gegeben sein, wenn das Planungsgebiet
– ein gegliedertes Landschaftsbild aufweist, weil ein vielgestaltetes Geländerelief gegeben ist,
– eine hohe Bevölkerungsdichte aufgrund ihrer besonderen Infrastruktureinrichtung (z. B. Straßen, Bahnlinien, Hochspannungsleitungen) aufweist und eine differenzierte Flächennutzung (z. B. Baugebiete, Sportplätze, Freizeitanlagen) bedingt.

Eine einheitliche landwirtschaftliche Flächennutzung, wie sie z. B. in den Bördelandschaften (fruchtbare, überwiegend landwirtschaftlich genutzte Ebenen, z. B. Magdeburger Börde) gegeben ist, bedingt auch ein einheitliches Landschaftsbild. Schwierige ökologische Verhältnisse stellen meist auch hohe Anforderungen an Umweltsicherung und Umweltschutz.

4   Unter ökologischen Verhältnissen ist der Zustand des Naturhaushaltes insgesamt und der einzelnen Landschaftsfaktoren wie Boden, Wasser, Klima sowie Tier- und Pflanzenwelt zu verstehen. Bei Umweltsicherung und Umweltschutz geht es um die nachhaltige Sicherung der Lebensgrundlagen der Menschen und der damit zusammenhängenden Fragen, wie mit den eingetretenen Umweltschäden umzugehen ist, wie eine Auseinandersetzung mit aktuellen Umweltgefährdungen zu erfolgen hat und wie Umweltschutz präventiv ausgestaltet sein kann.

III. Honorarzonen

5   Der Landschaftsplan ist je nach Schwierigkeit einer bestimmten Honorarzone zuzuordnen. Die Schwierigkeit ergibt sich aus den Bewertungsmerkmalen § 28 Absatz 4. Sind alle Bewertungsmerkmale gering, ist der Landschaftsplan der Honorarzone I zuzuordnen. Ist er durchschnittlich oder hoch, ist er der jeweiligen Honorarzone II oder der Honorarzone III zu zurechnen. Bei lebensnaher Betrachtung werden nicht alle Bewertungsmerkmale die Planung in gleicher Weise berühren. Ein Planungsgebiet kann eine geringe Bevölkerungsdichte, aber schwierige ökologische Verhältnisse aufweisen, weil es sich durch eine Vielzahl wertvoller Biotope und damit durch eine differenzierte Flora und Fauna mit einem Reichtum an bedrohten Arten auszeichnet. § 28 Abs. 4 enthält Regelungen, welcher Honorarzone der Landschaftsplan in Zweifelsfällen zu zurechnen ist. Es ist dann die Anzahl der Bewertungspunkte nach Abs. 5 zu ermitteln. In die Honorarzone I werden gem. Abs. 4 Landschaftspläne mit bis zu 16 Punkten eingeordnet. In die Honorarzone II Landschaftspläne mit 17 bis 30 Punkten. In die Honorarzone III Landschaftspläne mit 31 bis 42 Punkten. Unverändert geblieben ist auch, dass mit der Anzahl der Bewertungspunkte noch nicht das Honorar innerhalb der Mindest- und Höchstsätze einer Honorarzone bestimmt ist. Bei ermittelten 25 Punkten steht zwar die Honorarzone fest, wollen die Parteien jedoch entsprechend der gefundenen Punktzahl den Mittelsatz festlegen, so haben sie gem. § 7 Abs. 6 bei Auftragserteilung eine schriftliche Vereinbarung hierüber zu treffen. Folgende Punkteberechnung scheint für die Bewertung zur Einteilung in die Honorarzone sachgerecht:

Schwierigkeitsgrad	gering	durchschnittlich	hoch
Honorarzone	I	II	III
Bewertungsmerkmale	Punktebewertung		
Topographische Verhältnisse	2	4	6
Flächennutzung	2	4	6
Landschaftsbild	2	4	6
Umweltsicherung und Umweltschutz	3	6	9
Ökologische Verhältnisse	3	6	9
Bevölkerungsdichte	2	4	6
Gesamtpunktzahl	bis 16	17–30	31–42

§ 29 Honorare für Grundleistungen bei Grünordnungsplänen

(1) Die Mindest- und Höchstsätze der Honorare für die in § 24 und Anlage 5 aufgeführten Grundleistungen bei Grünordnungsplänen sind in der folgenden Honorartafel festgesetzt:

Flächen in Hektar	Honorarzone I geringe Anforderungen		Honorarzone II durchschnittliche Anforderungen		Honorarzone III hohe Anforderungen	
	von	bis	von	bis	von	bis
	Euro		Euro		Euro	
1,5	5.219	6.067	6.067	6.980	6.980	7.828
2	6.008	6.985	6.985	8.036	8.036	9.013
3	7.450	8.661	8.661	9.965	9.965	11.175
4	8.770	10.195	10.195	11.730	11.730	13.155
5	10.006	11.632	11.632	13.383	13.383	15.009
10	15.445	17.955	17.955	20.658	20.658	23.167
15	20.183	23.462	23.462	26.994	26.994	30.274
20	24.513	28.496	28.496	32.785	32.785	36.769
25	28.560	33.201	33.201	38.199	38.199	42.840
30	32.394	37.658	37.658	43.326	43.326	48.590
40	39.580	46.011	46.011	52.938	52.938	59.370
50	46.282	53.803	53.803	61.902	61.902	69.423
75	61.579	71.586	71.586	82.362	82.362	92.369
100	75.430	87.687	87.687	100.887	100.887	113.145
125	88.255	102.597	102.597	118.042	118.042	132.383
150	100.288	116.585	116.585	134.136	134.136	150.433
175	111.675	129.822	129.822	149.366	149.366	167.513
200	122.516	142.425	142.425	163.866	163.866	183.774
225	133.555	155.258	155.258	178.630	178.630	200.333
250	144.284	167.730	167.730	192.980	192.980	216.426

(2) Das Honorar für Grundleistungen bei Grünordnungsplänen ist nach der Fläche des Planungsgebiets in Hektar und nach der Honorarzone zu berechnen.

(3) Welchen Honorarzonen die Grundleistungen zugeordnet werden, richtet sich nach folgenden Bewertungsmerkmalen:
1. **Topographie,**
2. **ökologische Verhältnisse,**
3. **Flächennutzungen und Schutzgebiete,**
4. **Umwelt-, Klima-, Denkmal- und Naturschutz,**
5. **Erholungsvorsorge,**
6. **Anforderung an die Freiraumgestaltung.**

(4) Sind auf einen Grünordnungsplan Bewertungsmerkmale aus mehreren Honorarzonen anwendbar und bestehen deswegen Zweifel, welcher Honorarzone der Grünordnungsplan zugeordnet werden kann, so ist zunächst die Anzahl der Bewertungspunkte zu ermitteln. Zur Ermittlung der Bewertungspunkte werden die Bewertungsmerkmale wie folgt gewichtet:
1. **die Bewertungsmerkmale gemäß Absatz 3 Nummer 1, 2, 3 und 5 mit je bis zu 6 Punkten und**
2. **die Bewertungsmerkmale gemäß Absatz 3 Nummer 4 und 6 mit je bis zu 9 Punkten.**

(5) Der Grünordnungsplan ist anhand der nach Absatz 4 ermittelten Bewertungspunkte einer der Honorarzonen zuzuordnen:
1. **Honorarzone I:** bis zu 16 Punkte,
2. **Honorarzone II:** 17 bis 30 Punkte,
3. **Honorarzone III:** 31 bis 42 Punkte.

(6) Wird die Größe des Planungsgebiets während der Leistungserbringung geändert, so ist das Honorar für die Leistungsphasen, die bis zur Änderung noch nicht erbracht sind, nach der geänderten Größe des Planungsgebiets zu berechnen.

Inhaltsübersicht

I. Allgemeine Erläuterung

1   Die Vorschrift des § 29 regelt die Honorierung bei Grünordnungsplänen. Die Tafelwerte wurden entsprechend den leistungsspezifischen Erfordernissen angepasst, nach dem diese im Jahr 2009 lediglich pauschal um 10 % angehoben wurden.

Die Honorierung von Leistungen, die auf anrechenbaren Kosten, Werten oder Verrechnungseinheiten außerhalb der Tafelwerte beruhen, ist im allgemeinen Teil in § 7 Abs. 2 geregelt. Hiernach ist das Honorar frei vereinbar und unterliegt nicht der Preisbindung der HOAI.

Die Honorartafel zu § 29 Absatz 1 ist auf drei Honorarzonen erweitert worden. Die Bewertungsmerkmale sind nun in § 29 Absatz 3 in sechs Punkte aufgegliedert und neu definiert.

II. Honorarermittlung für Grünordnungsplan und landschaftsplanerischen Fachbeiträgen

2   Um das Honorar für die Erstellung von Plänen im Rahmen des § 29 zu ermitteln, ist wie folgt vorzugehen:

Gegenüber der HOAI a. F. erfolgt die Berechnung des Honorars nicht mehr auf der Grundlage von Verrechnungseinheiten sondern, gemäß § 29, Absatz 2, nach der Fläche des Planungsgebietes in Hektar und nach der Honorarzone.

Die Zuordnung zu einer der nun 3 Honorarzonen erfolgt über die Bewertungsmerkmale § 29, Absatz 3, nach Sichtung der Bewertungsmerkmale und der daraus folgenden Einordnung nach § 29, Absatz 5.

§ 30 Honorare für Grundleistungen bei Landschaftsrahmenplänen

(1) Die Mindest- und Höchstsätze der Honorare für die in § 25 und Anlage 6 aufgeführten Grundleistungen bei Landschaftsrahmenplänen sind in der folgenden Honorartafel festgesetzt:

Flächen in Hektar	Honorarzone I geringe Anforderungen		Honorarzone II durchschnittliche Anforderungen		Honorarzone III hohe Anforderungen	
	von	bis	von	bis	von	bis
	Euro		Euro		Euro	
5.000	61.880	71.935	71.935	82.764	82.764	92.820
6.000	67.933	78.973	78.973	90.861	90.861	101.900
7.000	73.473	85.413	85.413	98.270	98.270	110.210
8.000	78.600	91.373	91.373	105.128	105.128	117.901
9.000	83.385	96.936	96.936	111.528	111.528	125.078
10.000	87.880	102.161	102.161	117.540	117.540	131.820
12.000	96.149	111.773	111.773	128.599	128.599	144.223
14.000	103.631	120.471	120.471	138.607	138.607	155.447
16.000	110.477	128.430	128.430	147.763	147.763	165.716
18.000	116.791	135.769	135.769	156.208	156.208	175.186
20.000	122.649	142.580	142.580	164.043	164.043	183.974
25.000	138.047	160.480	160.480	184.638	184.638	207.070
30.000	152.052	176.761	176.761	203.370	203.370	228.078
40.000	177.097	205.875	205.875	236.867	236.867	265.645
50.000	199.330	231.721	231.721	266.604	266.604	298.995
60.000	219.553	255.230	255.230	293.652	293.652	329.329
70.000	238.243	276.958	276.958	318.650	318.650	357.365
80.000	253.946	295.212	295.212	339.652	339.652	380.918
90.000	268.420	312.038	312.038	359.011	359.011	402.630
100.000	281.843	327.643	327.643	376.965	376.965	422.765

(2) Das Honorar für Grundleistungen bei Landschaftsrahmenplänen ist nach der Fläche des Planungsgebiets in Hektar und nach der Honorarzone zu berechnen.

(3) Welchen Honorarzonen die Grundleistungen zugeordnet werden, richtet sich nach folgenden Bewertungsmerkmalen:
1. **topographische Verhältnisse,**
2. **Raumnutzung und Bevölkerungsdichte,**
3. **Landschaftsbild,**
4. **Anforderungen an Umweltsicherung, Klima- und Naturschutz,**
5. **ökologische Verhältnisse,**
6. **Freiraumsicherung und Erholung.**

(4) Sind für einen Landschaftsrahmenplan Bewertungsmerkmale aus mehreren Honorarzonen anwendbar und bestehen deswegen Zweifel, welcher Honorarzone der Landschaftsrahmenplan zugeordnet werden kann, so ist zunächst die Anzahl der Bewertungspunkte zu ermitteln. Zur Ermittlung der Bewertungspunkte werden die Bewertungsmerkmale wie folgt gewichtet:
1. **die Bewertungsmerkmale gemäß Absatz 3 Nummer 1, 2, 3 und 6 mit je bis zu 6 Punkten und**
2. **die Bewertungsmerkmale gemäß Absatz 3 Nummer 4 und 5 mit je bis zu 9 Punkten.**

(5) Der Landschaftsrahmenplan ist anhand der nach Absatz 4 ermittelten Bewertungspunkte einer der Honorarzonen zuzuordnen:
  1. Honorarzone I: bis zu 16 Punkte,
  2. Honorarzone II: 17 bis 30 Punkte,
  3. Honorarzone III: 31 bis 42 Punkte.

(6) Wird die Größe des Planungsgebiets während der Leistungserbringung geändert, so ist das Honorar für die Leistungsphasen, die bis zur Änderung noch nicht erbracht sind, nach der geänderten Größe des Planungsgebiets zu berechnen.

Inhaltsübersicht

I. Allgemeine Erläuterung

1 Die Regelung für die Honorierung bei Landschaftsrahmenplänen hat einige grundsätzliche Änderungen erfahren. Die Honorarberechnung erfolgt auf der Basis der in § 25 und Anlage 6 aufgeführten Grundleistungen.

II. Honorartafel, § 30 Abs. 1

2 Die in § 30 befindliche Honorartafel für den Landschaftsrahmenplan stellt, wie in § 30 d. a. F. auf die Fläche des Planungsgebietes ab. Nach § 30 Abs. 2 gilt, dass die Berechnung des Honorars nach der Fläche des Planungsgebietes in Hektar und nach der Honorarzone zu berechnen ist.

III. § 30 Abs. 2

3 Eine Definition der Gesamtfläche des Plangebiets bietet die HOAI für die Berechnung von Honoraren für Leistungen bei Landschaftsrahmenplänen nicht. Der Auftraggeber wird dies dem Auftragnehmer zunächst vorgeben, der wiederum den Auftraggeber aufgrund der topographischen und geologischen Gegebenheiten unter Einbringung seiner fachlichen Kenntnisse bei der Bestimmung des Plangebietes beraten muss. Es wird jedenfalls regelmäßig auf das Gebiet der beauftragenden Gemeinde infolge deren beschränkter Planungskompetenz begrenzt sein. Durch eine vertragliche Vereinbarung können die zur Honorarbemessung einzubeziehenden Flächen festgelegt werden, sofern hierdurch nicht die Grundsätze des § 7 Abs. 1 unterlaufen werden.

Für Leistungen, die außerhalb der Tafelwerte liegen, sind in Anbindung des § 7 Abs. 2 die Honorare frei zu vereinbaren.

IV. § 30 Abs. 3, Honorarzone und Bewertungsmerkmale

§ 30 Abs. 3 hat ebenfalls eine Änderung erfahren. War die Honorartafel für Leistungen eines **4** Landschaftsrahmenplans in zwei Honorarzonen gegliedert, erfolgt nunmehr eine Einteilung in drei Honorarzonen. In § 30 Abs. 3 sind die Bewertungsmerkmale nunmehr in 6 Punkten aufgelistet und neu definiert.

V. Honorar und Rahmen des Mindest- und Höchstsatzes

Die Vereinbarung der Honorarzone lässt noch keinen weiteren Schluss darauf zu, wie sich der **5** Rahmen im Bereich von Mindest- und Höchstsätzen bewegt und welcher Satz anzuwenden ist. Bei rechtswirksamer Vereinbarung der Honorarzone wird zunächst gem. § 7 Abs. 6 der Mindestsatz dieser Honorarzone zugrunde zu legen sein. Die wirksame Vereinbarung des Mittelsatzes einer Honorarzone setzt entsprechend § 7 Abs. 1 eine schriftliche Vereinbarung bei Auftragserteilung voraus.

Eine Unterschreitung des Mindestsatzes gem. § 7 Abs. 3 bzw. eine Überschreitung des Höchstsatzes gem. § 7 Abs. 4 ist nur unter den jeweils dort genannten Voraussetzungen möglich. Bei Überschreitung des Höchstsatzes wird von den in § 7 Abs. 4 genannten Möglichkeiten nur die Alternative einer ungewöhnlich lang dauernden Leistung in Betracht kommen, da bei außergewöhnlichen Leistungen zugleich Bewertungsmerkmale verwirklicht sein dürfen, die in § 30 Abs. 3 beispielhaft aufgezählt sind, und deshalb die Vereinbarung einer Honorarzone möglich ist.

Die Zuordnung zu einer der neuen drei Honorarzonen erfolgt über die Bewertungsmerkmale und **6** der daraus folgenden Einordnung nach § 29, Abs. 5. Zur Sicherstellung eines leistungsgerechten Honorars empfiehlt es sich daher, bei Auftragserteilung Folgendes zu beachten:

1. Es bedarf ebenfalls einer schriftlichen Honorarvereinbarung bei Auftragserteilung, wenn mehr als der Mindestsatz der vereinbarten Honorarstufe zugrunde gelegt werden soll.

2. Ohne entsprechende Honorarvereinbarung ist der Mindestsatz der Honorarzone I anzusetzen. Dies gilt auch dann, wenn Vereinbarungen nur mündlich getroffen wurden und somit keine rechtswirksame Vereinbarung oberhalb der Mindestsätze zustande gekommen ist.

§ 31 Honorare für Grundleistungen bei
Landschaftspflegerischen Begleitplänen

(1) Die Mindest- und Höchstsätze der Honorare für die in § 26 und Anlage 7 aufgeführten Grundleistungen bei Landschaftspflegerischen Begleitplänen sind in der
folgenden Honorartafel festgesetzt:

Flächen in Hektar	Honorarzone I geringe Anforderungen		Honorarzone II durchschnittliche Anforderungen		Honorarzone III hohe Anforderungen	
	von	bis	von	bis	von	bis
	Euro		Euro		Euro	
6	5.324	6.189	6.189	7.121	7.121	7.986
8	6.130	7.126	7.126	8.199	8.199	9.195
12	7.600	8.836	8.836	10.166	10.166	11.401
16	8.947	10.401	10.401	11.966	11.966	13.420
20	10.207	11.866	11.866	13.652	13.652	15.311
40	15.755	18.315	18.315	21.072	21.072	23.632
100	29.126	33.859	33.859	38.956	38.956	43.689
200	47.180	54.846	54.846	63.103	63.103	70.769
300	62.748	72.944	72.944	83.925	83.925	94.121
400	76.829	89.314	89.314	102.759	102.759	115.244
500	89.855	104.456	104.456	120.181	120.181	134.782
600	102.062	118.647	118.647	136.508	136.508	153.093
700	113.602	132.062	132.062	151.942	151.942	170.402
800	124.575	144.819	144.819	166.620	166.620	186.863
1.200	167.729	194.985	194.985	224.338	224.338	251.594
1.600	207.279	240.961	240.961	277.235	277.235	310.918
2.000	244.349	284.056	284.056	326.817	326.817	366.524
2.400	279.559	324.987	324.987	373.910	373.910	419.338
3.200	343.814	399.683	399.683	459.851	459.851	515.720
4.000	400.847	465.985	465.985	536.133	536.133	601.270

(2) Das Honorar für Grundleistungen bei Landschaftspflegerischen Begleitplänen
istnach der Fläche des Planungsgebiets in Hektar und nach der Honorarzone zu berechnen.

(3) Welchen Honorarzonen die Grundleistungen zugeordnet werden, richtet sich
nach folgenden Bewertungsmerkmalen:
1. ökologisch bedeutsame Strukturen und Schutzgebiete,
2. Landschaftsbild und Erholungsnutzung,
3. Nutzungsansprüche,
4. Anforderungen an die Gestaltung von Landschaft und Freiraum,
5. Empfindlichkeit gegenüber Umweltbelastungen und Beeinträchtigungen von
   Natur und Landschaft,
6. potenzielle Beeinträchtigungsintensität der Maßnahme.

(4) Sind für einen Landschaftspflegerischen Begleitplan Bewertungsmerkmale aus
mehreren Honorarzonen anwendbar und bestehen deswegen Zweifel, welcher Honorarzone der Landschaftspflegerische Begleitplan zugeordnet werden kann, so ist
zunächst die Anzahl der Bewertungspunkte zu ermitteln. Zur Ermittlung der Bewertungspunkte werden die Bewertungsmerkmale wie folgt gewichtet :
1. die Bewertungsmerkmale gemäß Absatz 3 Nummer 1, 2, 3 und 4 mit je bis zu
   6 Punkten und
2. die Bewertungsmerkmale gemäß Absatz 3 Nummer 5 und 6 mit je bis zu
   9 Punkten.

(5) Der Landschaftspflegerische Begleitplan ist anhand der nach Absatz 4 ermittelten Bewertungspunkte einer der Honorarzonen zuzuordnen:
1. Honorarzone I: bis zu 16 Punkte,
2. Honorarzone II: 17 bis 30 Punkte,
3. Honorarzone III: 31 bis 42 Punkte.

(6) Wird die Größe des Planungsgebiets während der Leistungserbringung geändert, so ist das Honorar für die Leistungsphasen, die bis zur Änderung noch nicht erbracht sind, nach der geänderten Größe des Planungsgebiets zu berechnen.

Inhaltsübersicht

I. Allgemeine Erläuterung

Die Vorschrift des § 31 regelt die Honorierung bei landschaftspflegerischen Begleitplänen. Das Leistungsbild der landschaftspflegerischen Begleitpläne ist in der Honorarordnung neu aufgenommen. Der landschaftspflegerische Begleitplan stellt durch Pläne und erläuternde Texte die Maßnahmen der, die bei einem Bauvorhaben, als Eingriffe in die Natur und Landschaft erfordert, im unmittelbaren Bereich des Bauwerks oder seiner näheren Umgebung zur Kompensation oder Minimierung dieser Eingriffe geplant sind. Der LBP ist Bestandteil der Planunterlagen, die zur Genehmigung des Bauvorhabens erforderlich sind.

In § 26 und Anlage 7 sind die Leistungsphasen und die Grundleistungen aufgeführt. Besondere Leistungen sind in der Anlage 9 beispielhaft genannt.

Die Tafelwerte haben eine Anhebung erfahren. Gemäß § 7 Abs. 2 HOAI, können die ermittelten anrechenbaren Kosten, Werte oder Verrechnungseinheiten, die außerhalb der Tafelwerte dieser Verordnung liegen, frei vereinbart werden.

1

II. § 31 Abs. 1 Honorartafel

Die Honorartafel für Leistungen bei landschaftspflegerischen Begleitplänen gliedert sich in drei Honorarzonen, und zwar in Form von Mindest- und Höchstsätzen. Eine abweichende Honorierung ist gem. § 7 Abs. 1 schriftlich zu vereinbaren.

2

III. § 31 Abs. 2

Berechnungsgrundlage für das Honorar bei landschaftspflegerischen Begleitplänen ist die Grundfläche des Planungsbereiches in ha und die Einordnung in eine Honorarzone.

3

IV. § 31 Abs. 3

4   Nach § 30 Abs. 3 sind landschaftspflegerische Begleitpläne einer Honorarzone zuzuordnen. Die Zuordnung zu den Honorarzonen erfolgt anhand bestimmter Bewertungsmerkmale, die den Grad der Schwierigkeit zum Ausdruck bringen.

Es sind sechs Bewertungsmerkmale angegeben:
1. ökologisch bedeutsame Strukturen und Schutzgebiete,
2. Landschaftsbild und Erholungsnutzung,
3. Nutzungsansprüche,
4. Anforderungen an die Gestaltung von Landschaft und Freiraum,
5. Empfindlichkeit gegenüber Umweltbelastungen und Beeinträchtigungen von Natur und Landschaft,
6. potenzielle Beeinträchtigungsintensität der Maßnahme.

Schwierigkeitsgrad	geringe Planungsanforderungen	durchschnittliche Planungsanforderungen	hohe Planungsanforderungen
Honorarzone	I	II	III
Bewertungsmerkmal	**Punktebewertung**		
Ökologisch bedeutsame Strukturen und Schutzgebiete	1–2	2–4	4–6
Landschaftsbild und Erholungsnutzung	1–2	2–4	4–6
Nutzungsansprüche	1–2	2–4	4–6
Anforderungen an die Gestaltung von Landschaft und Freiraum	1–2	2–4	4–6
Empfindlichkeit gegenüber Umweltbelastungen und Beeinträchtigung von Natur und Landschaft	1–4	4–7	7–9
Potenzielle Beeinträchtigungsintensität der Maßnahme	1–4	4–7	7–9
Gesamtpunktzahl	**bis 16**	**16–30**	**30–42**

§ 32 Honorare für Grundleistungen bei Pflege- und Entwicklungsplänen

(1) Die Mindest- und Höchstsätze der Honorare für die in § 27 aufgeführten Grundleistungen bei Pflege- und Entwicklungsplänen sind in der folgenden Honorartafel festgesetzt:

Flächen in Hektar	Honorarzone I geringe Anforderungen		Honorarzone II durchschnittliche Anforderungen		Honorarzone III hohe Anforderungen	
	von	bis	von	bis	von	bis
	Euro		Euro		Euro	
5	3.852	7.704	7.704	11.556	11.556	15.408
10	4.802	9.603	9.603	14.405	14.405	19.207
15	5.481	10.963	10.963	16.444	16.444	21.925
20	6.029	12.058	12.058	18.087	18.087	24.116
30	6.906	13.813	13.813	20.719	20.719	27.626
40	7.612	15.225	15.225	22.837	22.837	30.450
50	8.213	16.425	16.425	24.638	24.638	32.851
75	9.433	18.866	18.866	28.298	28.298	37.731
100	10.408	20.816	20.816	31.224	31.224	41.633
150	11.949	23.899	23.899	35.848	35.848	47.798
200	13.165	26.330	26.330	39.495	39.495	52.660
300	15.318	30.636	30.636	45.954	45.954	61.272
400	17.087	34.174	34.174	51.262	51.262	68.349
500	18.621	37.242	37.242	55.863	55.863	74.484
750	21.833	43.666	43.666	65.500	65.500	87.333
1.000	24.507	49.014	49.014	73.522	73.522	98.029
1.500	28.966	57.932	57.932	86.898	86.898	115.864
2.500	36.065	72.131	72.131	108.196	108.196	144.261
5.000	49.288	98.575	98.575	147.863	147.863	197.150
10.000	69.015	138.029	138.029	207.044	207.044	276.058

(2) Das Honorar für Grundleistungen bei Pflege- und Entwicklungsplänen ist nach der Fläche des Planungsgebiets in Hektar und nach der Honorarzone zu berechnen.

(3) Welchen Honorarzonen die Grundleistungen zugeordnet werden, richtet sich nach folgenden Bewertungsmerkmalen:
1. fachliche Vorgaben,
2. Differenziertheit des floristischen Inventars oder der Pflanzengesellschaften,
3. Differenziertheit des faunistischen Inventars,
4. Beeinträchtigungen oder Schädigungen von Naturhaushalt und Landschaftsbild,
5. Aufwand für die Festlegung von Zielaussagen sowie für Pflege- und Entwicklungsmaßnahmen.

(4) Sind für einen Pflege- und Entwicklungsplan Bewertungsmerkmale aus mehreren Honorarzonen anwendbar und bestehen deswegen Zweifel, welcher Honorarzone der Pflege- und Entwicklungsplan zugeordnet werden kann, so ist zunächst die Anzahl der Bewertungspunkte zu ermitteln. Zur Ermittlung der Bewertungspunkte werden die Bewertungsmerkmale wie folgt gewichtet:
1. das Bewertungsmerkmal gemäß Absatz 3 Nummer 1 mit bis zu 4 Punkten,
2. die Bewertungsmerkmale gemäß Absatz 3 Nummer 4 und 5 mit je bis zu 6 Punkten und
3. die Bewertungsmerkmale gemäß Absatz 3 Nummer 2 und 3 mit je bis zu 9 Punkten.

(5) Der Pflege- und Entwicklungsplan ist anhand der nach Absatz 4 ermittelten Bewertungspunkte einer der Honorarzonen zuzuordnen:
1. Honorarzone I: bis zu 13 Punkte,
2. Honorarzone II: 14 bis 24 Punkte,
3. Honorarzone III: 25 bis 34 Punkte.

(6) Wird die Größe des Planungsgebiets während der Leistungserbringung geändert, so ist das Honorar für die Leistungsphasen, die bis zur Änderung noch nicht erbracht sind, nach der geänderten Größe des Planungsgebiets zu berechnen

Inhaltsübersicht

I. Allgemeine Erläuterung

1   Die Vorschrift des § 32 regelt die Honorierung bei Pflege- und Entwicklungsplänen. In § 27 und Anlage 8 sind die Leistungsphasen und die Grundleistungen aufgeführt.

Gemäß § 7 Abs. 2 HOAI können die ermittelten anrechenbaren Kosten, Werte oder Verrechnungseinheiten, die außerhalb der Tafelwerte dieser Verordnung liegen, frei vereinbart werden können, war der in § 49 d Abs. 3 a. F. enthaltene Verweis entbehrlich und somit zu streichen.

II. § 32 Abs. 1 Honorartafel

2   Die Honorartafel für Leistungen bei Pflege- und Entwicklungsplänen gliedert sich in drei Honorarzonen, und zwar in Form von Mindest- und Höchstsätzen. Eine abweichende Honorierung ist gem. § 7 Abs. 1 schriftlich zu vereinbaren.

III. § 32 Abs. 2

3   Berechnungsgrundlage für das Honorar bei Pflege- und Entwicklungsplänen ist die Grundfläche des Planungsbereiches in ha und die Einordnung in eine Honorarzone. Der in der Leistungsphase 1 zu ermittelnde Planungsbereich ist so abzugrenzen, dass er über das Schutzgebiet bzw. den zu schützenden Landschaftsteil hinaus einen Bereich umfasst, um Auswirkungen der Nutzungen benachbarter Gebiete zu berücksichtigen.

IV. § 32 Abs. 3

4   Nach § 30 Abs. 3 sind Pflege- und Entwicklungspläne einer Honorarzone zuzuordnen. Die Zuordnung zu den Honorarzonen erfolgt anhand bestimmter Bewertungsmerkmale, die den Grad der Schwierigkeit zum Ausdruck bringen.

Es sind fünf Bewertungsmerkmale angegeben:
- fachliche Vorgaben
- Differenziertheit des floristischen Inventars oder der Pflanzgesellschaften
- Differenziertheit des faunistischen Inventars
- Beeinträchtigungen oder Schädigungen von Naturhaushalt und Landschaftsbild
- Aufwand für die Festlegung von Zielaussagen sowie Pflege- und Entwicklungsmaßnahmen

Fachliche Vorgaben können sich aus der Erfassung der Lebensräume in einem bestimmten Ge- **5** biet in Hinblick auf die Bedeutung für den Naturhaushalt (Biotopkartierung) ergeben wie auch aus speziellen Gutachten oder aus rechtsverbindlichen Festsetzungen für Naturschutzgebiete oder auch aus bereits vorliegenden Landschafts-, Grünordnungs- oder Landschaftspflegerischen Begleitplänen. Der Grad der Schwierigkeit der Planung ist ferner davon abhängig, wie differenziert sich das floristische oder faunistische Inventar darstellt. Wie wichtig es ist, Lebensräume für Pflanzen und Tiere zu schützen und zu erhalten, ist daraus abzuleiten, dass gem. § 32 Abs. 4 diese Bewertungsmerkmale mit bis zu 9 Punkten und somit am höchsten zu bewerten sind. Zur Verwirklichung festgesetzter Entwicklungsziele für Landschaft und zur Sicherstellung der Schutzziele besonders geschützter Teile von Natur und Landschaft können auch Maßnahmen zur Vermeidung von Beeinträchtigungen oder Schädigungen von Naturhaushalt und Landschaftsbild vorzusehen sein. Konkret ergibt sich der Aufwand für die Festlegung von Zielaussagen und Pflegemaßnahmen in der Regel aus der Differenziertheit des Landschaftsinventars. Nicht die Quantität der Pflege- und Entwicklungsmaßnahmen gilt es zu bewerten, sondern den Grad der Schwierigkeit, hierüber fundierte Aussagen zu treffen. § 32 Abs. 4 regelt die Anwendung der Honorarzone, wenn für einen Pflege- und Entwicklungsplan Merkmale aus verschiedenen Honorarzonen anwendbar sind und deshalb Zweifel bestehen. Für diese Fälle ist die Anzahl der Bewertungspunkte nach Abs. 5 in Verbindung mit Abs. 3 zu ermitteln. Ist dies geschehen, ist damit lediglich die Honorarzone verbindlich festgelegt, nicht jedoch ein bestimmtes Honorar innerhalb des Rahmens der Mindest- bis Höchstsätze. Indessen kann die Summe der Bewertungspunkte als Hinweis für die Vereinbarung des Honorars innerhalb der in der Honorartafel festgesetzten Spanne angesehen werden. Die nachfolgende Bewertungsskala mag unverbindliche Punktebewertungen für die einzelnen Bewertungsmerkmale darlegen

Schwierigkeitsgrad	geringe Planungsanforderungen	durchschnittliche Planungsanforderungen	hohe Planungsanforderungen
Honorarzone	I	II	III
Bewertungsmerkmal	Punktebewertung		
Fachliche Vorgaben	1 (gute fachliche Vorgaben)	2–3	3–4
Differenziertheit des floristischen Inventars oder der Pflanzengesellschaft	1–4	4–6	6–9
Differenziertheit des faunistischen Inventars	1–4	4–6	6–9
Beeinträchtigungen oder Schädigungen von Naturhaushalt und Landschaftsbild	1–3	3–4	4–6
Aufwand für die Festlegungen von Zielaussagen sowie Pflege- und Entwicklungsmaßnahmen	1–3	3–4	4–6
Gesamtpunktzahl	bis 15	16–23	23–34

Teil 3: Objektplanung
Abschnitt 1: Gebäude und Innenräume

§ 33 Besondere Grundlagen des Honorars

(1) Für Grundleistungen bei Gebäuden und Innenräumen sind die Kosten der Baukonstruktion anrechenbar.

(2) Für Grundleistungen bei Gebäuden und Innenräumen sind auch die Kosten für Technische Anlagen, die der Auftragnehmer nicht fachlich plant oder deren Ausführung er nicht fachlich überwacht,

1. vollständig anrechenbar bis zu einem Betrag von 25 Prozent der sonstigen anrechenbaren Kosten und
2. zur Hälfte anrechenbar mit dem Betrag, der 25 Prozent der sonstigen anrechenbaren Kosten übersteigt.

(3) Nicht anrechenbar sind insbesondere die Kosten für das Herrichten, für die nichtöffentliche Erschließung sowie für Leistungen zur Ausstattung und zu Kunstwerken, soweit der Auftragnehmer die Leistungen weder plant noch bei der Beschaffung mitwirkt oder ihre Ausführung oder ihren Einbau fachlich überwacht.

Inhaltsübersicht

I. Allgemein

1   § 33 bestimmt die Berechnungsgrundlagen für die Berechnung des Honorars für die Grundleistungen bei Gebäude und Innenräume. Besondere Leistungen sind nicht erfasst. Sie sind honorarrechtlich nicht geregelt. Es geht nur um die Bewertung der Grundleistungen. Diese Bestimmung stellt ein Kernstück für die Honorarberechnung dar. Es bezeichnet die Kosten des Bauvorhabens, die zu den anrechenbaren Kosten für die Berechnung des Honorars zählen. § 33 beschränkt sich auf eine allgemeine Bezeichnung, welche Baukosten für die Ermittlung der anrechenbaren Kosten maßgebend sind. Hinweise auf die Kostenkennziffern der DIN 276 bestehen nicht. § 33 kommt allerdings nicht ohne Erläuterung der Baukosten aus, insbesondere soweit sie nur teilweise oder nur bedingt anrechenbar sind.

§ 33 Abs. 1 stellt zunächst den Grundsatz auf, dass die für die Baukonstruktion aufzuwendenden Kosten für Leistungen bei Gebäuden und Innenräume anrechenbar sind. Die Frage bleibt also, was unter den Kosten der Baukonstruktion im Einzelnen zu verstehen ist. Werden einem

Objektplaner für einen Neubau, Erweiterung oder Umbau zugleich Leistungen für Freianlagen oder für die Planung von Innenräumen übertragen, so befasst sich § 37 als spezielle Abrechnungsvorschrift mit den honorarrechtlichen Folgen.

II. Kosten der Baukonstruktion bei Gebäuden

Unter den Kosten der Baukonstruktion werden normalerweise die Kosten in der Kostengliederung 300 der DIN 276 erfasst. Bei der Bestimmung der anrechenbaren Kosten ist dementsprechend die DIN 276 zurate zu ziehen. Sie ist zwar nicht zwingend anzuwenden. Sie schafft jedoch eine zuverlässige Beurteilungsgrundlage.

Zu den Kosten der Baukonstruktion bei Gebäuden zählen voll anrechenbare Kosten und solche, die nur teilweise, bedingt oder gar nicht anrechenbar sind. Sie werden nacheinander für Objekte bei Gebäuden abgehandelt. Dies betrifft die anrechenbaren Kosten für Neubauten, Aufstockungen, Ergänzungen und auch Umbauten. **2**

1. Voll anrechenbare Kosten

Voll anrechenbar sind die Kosten der Baukonstruktion. Dies sind die Kosten, die in der DIN 276 unter der Kostengruppe 300 aufgeführt worden sind. **3**

Die DIN 276 gliedert die Kostengruppe 300 in eine Vielzahl von Unterpositionen, die zur Erläuterung nachstehend aufgeführt sind. Sie enthalten allerdings auch nur Beispiele und sind nicht abschließend. Vielmehr versteht man unter Kosten der Baukonstruktion sämtliche Kosten von Bauleistungen und Lieferungen zur Herstellung des Bauwerkes, jedoch ohne die technischen Anlagen, die der Kostengruppe 400 zugerechnet werden.

Die DIN 276 gliedert die Kosten der Baukonstruktion in Unterpunkten wie folgt:

Kostengruppen	Anmerkungen
310 Baugrube	
311 Baugrubenherstellung	Bodenabtrag, Aushub einschließlich Arbeitsräumen und Böschungen, Lagern, Hinterfüllen, Ab- und Anfuhr
312 Baugrubenumschließung	Verbau, z. B. Schlitz-, Pfahl-, Spund-, Trägerbohl-, Injektions- und Spritzbetonwände einschließlich Verankerung, Absteifung
313 Wasserhaltung	Grund- und Schichtenwasserbeseitigung während der Bauzeit
319 Baugrube, Sonstiges	
320 Gründung	Die Kostengruppen enthalten die zugehörigen Erdarbeiten und Sauberkeitsschichten.
321 Baugrundverbesserung	Bodenaustausch, Verdichtung, Einpressung
322 Flachgründungen	Einzel-, Streifenfundamente, Fundamentplatten
323 Tiefgründungen	Pfahlgründung einschließlich Roste, Brunnengründungen, Verankerungen
324 Unterböden und Bodenplatten	Unterböden und Bodenplatten, die nicht der Fundamentierung dienen
325 Bodenbeläge	Beläge auf Boden- und Fundamentplatten, z. B. Estriche, Dichtungs-, Dämm-, Schutz-, Nutzschichten
326 Bauwerksabdichtungen	Abdichtungen des Bauwerks einschließlich Filter-, Trenn- und Schutzschichten
327 Dränagen	Leitungen, Schächte, Packungen
329 Gründung, Sonstiges	

Kostengruppen	Anmerkungen
330 Außenwände	Wände und Stützen, die dem Außenklima ausgesetzt sind bzw. an das Erdreich oder an andere Bauwerke grenzen
331 Tragende Außenwände	Tragende Außenwände einschließlich horizontaler Abdichtungen
332 Nichttragende Außenwände	Außenwände, Brüstungen, Ausfachungen, jedoch ohne Bekleidungen
333 Außenstützen	Stützen und Pfeiler mit einem Querschnittsverhältnis < 1 : 5
334 Außentüren und -fenster	Fenster und Schaufenster, Türen und Tore einschließlich Fensterbänken, Umrahmungen, Beschlägen, Antrieben, Lüftungselementen und sonstigen eingebauten Elementen
335 Außenwandbekleidungen, außen	Äußere Bekleidungen einschließlich Putz-, Dichtungs-, Dämm-, Schutzschichten an Außenwänden und -stützen
336 Außenwandbekleidungen, innen	Raumseitige Bekleidungen einschließlich Putz-, Dichtungs-, Dämm-, Schutzschichten an Außenwänden und -stützen
337 Elementierte Außenwände	Elementierte Wände, bestehend aus Außenwand, -fenster, -türen, -bekleidungen
338 Sonnenschutz	Rollläden, Markisen und Jalousien einschließlich Antrieben
339 Außenwände, Sonstiges	Gitter, Geländer, Stoßabweiser und Handläufe
340 Innenwände	Innenwände und Innenstützen
341 Tragende Innenwände	Tragende Innenwände einschließlich horizontaler Abdichtungen
342 Nichttragende Innenwände	Innenwände, Ausfachungen, jedoch ohne Bekleidungen
343 Innenstützen	Stützen und Pfeiler mit einem Querschnittsverhältnis < 1 : 5
344 Innentüren und -fenster	Türen und Tore, Fenster und Schaufenster einschließlich Umrahmungen, Beschlägen, Antrieben und sonstigen eingebauten Elementen
345 Innenwandbekleidungen	Bekleidungen einschließlich Putz, Dichtungs-, Dämm-, Schutzschichten an Innenwänden und -stützen
346 Elementierte Innenwände	Elementierte Wände, bestehend aus Innenwänden, -türen, -fenstern, -bekleidungen, z. B. Falt- und Schiebewände, Sanitärtrennwände, Verschläge
349 Innenwände, Sonstiges	Gitter, Geländer, Stoßabweiser, Handläufe, Rollläden einschließlich Antrieben
350 Decken	Decken, Treppen und Rampen oberhalb der Gründung und unterhalb der Dachfläche
351 Deckenkonstruktionen	Konstruktionen von Decken, Treppen, Rampen, Balkonen, Loggien einschließlich Über- und Unterstürzen, füllenden Teilen wie Hohlkörpern, Blindböden, Schüttungen, jedoch ohne Beläge und Bekleidungen
352 Deckenbeläge	Beläge auf Deckenkonstruktionen einschließlich Estrichen, Dichtungs-, Dämm-, Schutz-, Nutzschichten, Schwing- und Installationsdoppelböden
353 Deckenbekleidungen	Bekleidungen unter Deckenkonstruktionen einschließlich Putz, Dichtungs-, Dämm-, Schutzschichten; Licht- und Kombinationsdecken
359 Decken, Sonstiges	Abdeckungen, Schachtdeckel, Roste, Geländer, Stoßabweiser, Handläufe, Leitern, Einschubtreppen

Kostengruppen	Anmerkungen
360 Dächer	Flache oder geneigte Dächer
361 Dachkonstruktionen	Konstruktionen von Dächern, Dachstühlen, Raumtragwerken und Kuppeln einschließlich Über- und Unterzügen, füllenden Teilen wie Hohlkörpern, Blindböden, Schüttungen, jedoch ohne Beläge und Bekleidungen
362 Dachfenster, Dachöffnungen	Fenster, Ausstiege einschließlich Umrahmungen, Beschlägen, Antrieben, Lüftungselementen und sonstigen eingebauten Elementen
363 Dachbeläge	Beläge auf Dachkonstruktionen einschließlich Schalungen, Lattungen, Gefälle-, Dichtungs-, Dämm-, Schutz- und Nutzschichten; Entwässerungen der Dachfläche bis zum Anschluss an die Abwasseranlagen
364 Dachbekleidungen	Dachbekleidungen unter Dachkonstruktionen einschließlich Putz, Dichtungs-, Dämm-, Schutzschichten, Licht- und Kombinationsdecken unter Dächern
369 Dächer, Sonstiges	Geländer, Laufbohlen, Schutzgitter, Schneefänge, Dachleitern, Sonnenschutz
370 Baukonstruktive Einbauten	Kosten der mit dem Bauwerk fest verbundenen Einbauten, jedoch ohne die nutzungsspezifischen Anlagen (siehe Kostengruppe 470). Für die Abgrenzung gegenüber der Kostengruppe 610 ist maßgebend, dass die Einbauten durch ihre Beschaffenheit und Befestigung technische und bauplanerische Maßnahmen erforderlich machen, z. B. Anfertigen von Werkplänen, statischen und anderen Berechnungen, Anschließen von Installationen
371 Allgemeine Einbauten	Einbauten, die einer allgemeinen Zweckbestimmung dienen, z. B. Einbaumöbel wie Sitz- und Liegemöbel, Gestühl, Podien, Tische, Theken, Schränke, Garderoben, Regale, Einbauküchen
372 Besondere Einbauten	Einbauten, die einer besonderen Zweckbestimmung eines Objektes dienen, z. B. Werkbänke in Werkhallen, Labortische in Labors, Bühnenvorhänge in Theatern, Altäre in Kirchen, Einbausportgeräte in Sporthallen, Operationstische in Krankenhäusern
379 Baukonstruktive Einbauten, Sonstiges	z. B. Rauchschutzvorhänge
390 Sonstige Maßnahmen für Baukonstruktionen	Baukonstruktionen und übergreifende Maßnahmen im Zusammenhang mit den Baukonstruktionen, die nicht einzelnen Kostengruppen der Baukonstruktionen zugeordnet werden können oder die nicht unter KG 490 oder KG 590 erfasst sind.
391 Baustelleneinrichtung	Einrichten, Vorhalten, Betreiben, Räumen der übergeordneten Baustelleneinrichtung, z. B. Material- und Geräteschuppen, Lager-, Wasch-, Toiletten- und Aufenthaltsräume, Bauwagen, Misch- und Transportanlagen, Energie- und Bauwasseranschlüsse, Baustraßen, Lager- und Arbeitsplätze, Verkehrssicherungen, Abdeckungen, Bauschilder, Bau- und Schutzzäune, Baubeleuchtung, Schuttbeseitigung
392 Gerüste	Auf-, Um-, Abbauen, Vorhalten von Gerüsten
393 Sicherungsmaßnahmen	Sicherungsmaßnahmen an bestehenden Bauwerken, z. B. Unterfangungen, Abstützungen

Kostengruppen	Anmerkungen
394 Abbruchmaßnahmen	Abbruch- und Demontagearbeiten einschließlich Zwischenlagern wiederverwendbarer Teile, Abfuhr des Abbruchmaterials, soweit nicht in anderen Kostengruppen erfasst
395 Instandsetzungen	Maßnahmen zur Wiederherstellung des zum bestimmungsgemäßen Gebrauch geeigneten Zustandes, soweit nicht in anderen Kostengruppen erfassbar
396 Materialentsorgung	Entsorgung von Materialien und Stoffen, die bei dem Abbruch, bei der Demontage und bei dem Ausbau von Bauteilen oder bei der Erstellung einer Bauleistung anfallen zum Zweck des Recyclings oder der Deponierung
397 Zusätzliche Maßnahmen	Zusätzliche Maßnahmen bei der Erstellung von Baukonstruktionen, z. B. Schutz von Personen, Sachen; Reinigung vor Inbetriebnahme; Maßnahmen aufgrund von Forderungen des Wasser-, Landschafts-, Lärm- und Erschütterungsschutzes während der Bauzeit; Schlechtwetter- und Winterbauschutz, Erwärmung des Bauwerks, Schneeräumung
398 Provisorische Baukonstruktion	Kosten für Erstellung, Beseitigung provisorischer Baukonstruktionen, Anpassung des Bauwerks bis zur Inbetriebnahme des endgültigen Bauwerks
399 Sonstige Maßnahmen für Baukonstruktionen, Sonstiges	Baukonstruktionen, die mehrere Kostengruppen betreffen, z. B. Schließanlagen, Schächte, Schornsteine, soweit nicht in anderen Kostengruppen erfasst

Anhand dieses Katalogs lässt sich in den meisten Fällen zweifelsfrei feststellen, welche Kosten zu den Kosten der Baukonstruktion zu zählen sind.

4   Zu den anrechenbaren Kosten gehören auch die mit dem Bauwerk fest verbundenen Einbauten, die seiner besonderen Zweckbestimmung dienen. Abzugrenzen sind die Kosten für Einbauten, die nur zum Zwecke der spezifischen Nutzung in dem Gebäude untergebracht sind, und solche, die wegen der spezifischen Nutzung in das Bauwerk voll integriert sind. Die Kennziffer 370 beschreibt als Kosten der Baukonstruktion solche, die mit dem Bauwerk fest verbunden sind, ohne jedoch eine nutzungsspezifische Anlage zu sein. Nutzungsspezifische Anlagen gehören nicht zu den Kosten der Baukonstruktion, auch wenn sie als wesentlicher Bestandteil des Gebäudes im Rechtssinne angesehen werden können.

Die Kennziffer 470 beschreibt die nutzungsspezifischen Anlagen als Kosten der mit dem Bauwerk fest verbundenen Anlagen, die der besonderen Zweckbestimmung des Gebäudes dienen, jedoch ohne baukonstruktive Einbauten zu sein.

Die Frage lautet also, ob diese wesentlichen Bestandteile ausschließlich der Nutzung des Objektes dienen oder ob dies zugleich auch dem Bauwerk als bauliche Maßnahme zuzuordnen ist, die zum Schutz der betrieblichen Einbauten im Bauwerk zu realisieren sind. So gehört in ein Tonstudio oder Radiogebäude die sendetechnische Anlage (z. B. spezielle Antennen), auch wenn sie fest mit dem Gebäude verbunden ist, nicht zu den anrechenbaren Kosten, wohl aber die Kosten, die erforderlich sind, um die notwendige Schallschutzmaßnahmen der Räume und dergleichen herzustellen. Die Nutzung eines Tonstudios verlangt von dem Bauwerk Schalldichtigkeit. Die Dachantenne verlangt einen besonderen Dachstuhl zur Aufnahme der Gewichte. Die Kosten hierfür sind anrechenbare Baukosten, die Antenne selbst nich.

5   Zu dem Bau einer Kfz-Werkstatthalle gehört der Einbau und die Verankerung von Hebebühnen. Diese sind betriebliche Einbauten, die nicht zu den anrechenbaren Gebäudekosten zählen, jedoch mit Ausnahme der Kosten, die für zusätzliche Fundamente notwendig sind, um die betrieblichen Einbauten mit dem Bauwerk zu verbinden.

Im medizinisch-technischen Bereich gehören wertvolle medizinisch-technische Geräte in OP-Sälen oder Untersuchungsräumen (z. B. Kernspinautomat) nicht zu den Kosten der Baukonstruktion und sind damit nicht anrechenbare Kosten, wohl aber sämtliche Maßnahmen zum Schutz des Gebäudes vor negativen Einwirkungen der medizinisch-technischen Geräte, wie z. B. Abwehr der Röntgenstrahlen durch Einbau entsprechender Baumaterialien.[1] **6**

Bei Umbauten und Modernisierungen zählen auch die Kosten von Teilabbruch, Instandsetzung, Sicherungs- und Demontagearbeiten zu den anrechenbaren Kosten. Die mitzuverarbeitende Bausubstanz gehört zu den anrechenbaren Baukosten (vgl. hierzu die Kommentierung zu § 4 Abs. 3. **7**

2. Teilweise anrechenbare Kosten

§ 33 Abs. 2 erklärt auch die Kosten für technische Anlagen, die der Auftragnehmer nicht fachlich plant oder deren Ausführung er nicht fachlich überwacht, zu den teilweise anzurechnenden Kosten. **8**

§ 33 Abs. 2 HOAI spricht von Kosten der technischen Anlagen. Die technischen Anlagen sind in der DIN 276 unter dem Kostenkennwert 400 aufgeführt. Sie betreffen alle im Bau werk eingebauten, daran angeschlossenen oder damit fest verbundenen technischen Anlagen oder Anlagenteile. Die einzelnen technischen Anlagen enthalten die zugehörigen Gestelle, Befestigungen, Armaturen, Wärme- und Kältedämmung, Schall- und Brandschutzvorkehrungen, Abdeckungen, Verkleidungen, Anstriche, Kennzeichnungen sowie die anlagenspezifische Mess-, Steuer- und Regeltechnik, so die Definition der DIN 276, wobei die Kosten für das Schließen und Herstellen von Schlitzen und Durchführungen als Kosten des Bauwerkes definiert sind und zur Kostengruppe 300 gehören und damit voll anrechenbar sind.

Die einzelnen Kostengruppen zu der Kostengruppe Technische Anlagen werden nachstehend unter 410 bis Kennziffer 499 aufgeführt.

Kostengruppen	Anmerkungen
410 Abwasser-, Wasser-, Gasanlagen	
411 Abwasseranlagen	Abläufe, Abwasserleitungen, Abwassersammelanlagen, Abwasserbehandlungsanlagen, Hebeanlagen
412 Wasseranlagen	Wassergewinnungs-, Aufbereitungs- und Druckerhöhungsanlagen, Rohrleitungen, dezentrale Wassererwärmer, Sanitärobjekte
413 Gasanlagen	Gasanlagen für Wirtschaftswärme: Gaslagerungs- und Erzeugungsanlagen, Übergabestationen, Druckregelanlagen und Gasleitungen, soweit nicht zu den Kostengruppen 420 oder 470 gehörend
419 Abwasser-, Wasser-, Gasanlagen, Sonstiges	Installationsblöcke, Sanitärzellen
420 Wärmeversorgungsanlagen	
421 Wärmeerzeugungsanlagen	Brennstoffversorgung, Wärmeübergabestation, Wärmeerzeugung auf der Grundlage von Brennstoffen oder unerschöpflichen Energiequellen einschließlich Schornsteinanschlüssen, zentrale Wassererwärmungsanlagen
422 Wärmeverteilnetze	Pumpen, Verteiler, Rohrleitungen für Raumheizflächen, raumlufttechnische Anlagen und sonstige Wärmeverbraucher
423 Raumheizflächen	Heizkörper, Flächenheizsysteme
429 Wärmeversorgungsanlagen, Sonstiges	Schornsteine, soweit nicht in anderen Kostengruppen erfasst

---

[1] Nach altem Recht beschäftigte sich der BGH in BauR 1994, 654 in seiner Entscheidung zur Fernmeldetechnik mit diesem Thema und entschied, dass die Einrichtungen einer Fernmeldetechnik in einem Vermittlungsgebäude nicht zu den anrechenbaren Kosten zählen. Diese Entscheidung hat Allgemeingültigkeit.

Kostengruppen	Anmerkungen
430 Lufttechnische Anlagen	Anlagen mit und ohne Lüftungsfunktion
431 Lüftungsanlagen	Abluftanlagen, Zuluftanlagen, Zu- und Abluftanlagen ohne oder mit einer thermodynamischen Luftbehandlungsfunktion, mechanische Entrauchungsanlagen
432 Teilklimaanlagen	Anlagen mit zwei oder drei thermodynamischen Luftbehandlungsfunktionen
433 Klimaanlagen	Anlagen mit vier thermodynamischen Luftbehandlungsfunktionen
434 Kälteanlagen	Kälteanlagen für lufttechnische Anlagen; Kälteerzeugungs- und Rückkühlanlagen einschließlich Pumpen, Verteiler und Rohrleitungen
439 Lufttechnische Anlagen, Sonstiges	Lüftungsdecken, Kühldecken, Abluftfenster; Installationsdoppelböden, soweit nicht in anderen Kostengruppen erfasst
440 Starkstromanlagen	Einschließlich der Brandschutzdurchführungen, soweit nicht in anderen Kostengruppen erfasst
441 Hoch- und Mittelspannungsanlagen	Schaltanlagen, Transformatoren
442 Eigenstromversorgungsanlagen	Stromerzeugungsaggregate einschließlich Kühlung, Abgasanlagen und Brennstoffversorgung, zentrale Batterie- und unterbrechungsfreie Stromversorgungsanlagen, photovoltaische Anlagen
443 Niederspannungsschaltanlagen	Niederspannungshauptverteiler, Blindstromkompensationsanlagen, Maximumüberwachungsanlagen
444 Niederspannungsinstallationsanlagen	Kabel, Leitungen, Unterverteiler, Verlegesysteme, Installationsgeräte
445 Beleuchtungsanlagen	Ortsfeste Leuchten, Sicherheitsbeleuchtung
446 Blitzschutz- und Erdungsanlagen	Auffangeinrichtungen, Ableitungen, Erdungen, Potenzialausgleich
449 Starkstromanlagen, Sonstiges	Frequenzumformer
450 Fernmelde- und informationstechnische Anlagen	Die einzelnen Anlagen enthalten die zugehörigen Verteiler, Kabel, Leitungen
451 Telekommunikationsanlagen	
452 Such- und Signalanlagen	Personenrufanlagen, Lichtruf- und Klingelanlagen, Türsprech- und Türöffnungsanlagen
453 Zeitdienstanlagen	Uhren- und Zeiterfassungsanlagen
454 Elektroakustische Anlagen	Beschallungsanlagen, Konferenz- und Dolmetscheranlagen, Gegen- und Wechselsprechanlagen
455 Fernseh- und Antennenanlagen	Fernsehanlagen, soweit nicht in den Such-, Melde-, Signal- und Gefahrenmeldeanlagen erfasst, einschließlich Sende- und Empfangsantennenanlagen, Umsetzer
456 Gefahrenmelde- und Alarmanlagen	Brand-, Überfall-, Einbruchmeldeanlagen, Wächterkontrollanlagen, Zugangskontroll- und Raumbeobachtungsanlagen
457 Übertragungsnetze	Netze zur Übertragung von Daten, Sprache, Text und Bild, soweit nicht in anderen Kostengruppen erfasst, Verlegesysteme, soweit nicht in KG 444 erfasst
459 Fernmelde- und informationstechnische Anlagen, Sonstiges	Fernwirkanlagen, Parkleitsysteme

Kostengruppen	Anmerkungen
460 Förderanlagen	
461 Aufzugsanlagen	Personenaufzüge, Lastenaufzüge
462 Fahrtreppen, Fahrsteige	
463 Befahranlagen	Fassadenaufzüge und andere Befahranlagen
464 Transportanlagen	Automatische Warentransportanlagen, Aktentransportanlagen, Rohrpostanlagen
465 Krananlagen	Einschließlich Hebezeuge
469 Förderanlagen, Sonstiges	Hebebühnen
470 Nutzungsspezifische Anlagen	Kosten der mit dem Bauwerk fest verbundenen Anlagen, die der besonderen Zweckbestimmung dienen, jedoch ohne die baukonstruktiven Einbauten (KG 370) Für die Abgrenzung gegenüber der KG 610 ist maßgebend, dass die nutzungsspezifischen Anlagen technische und planerische Maßnahmen erforderlich machen, z. B. Anfertigen von Werkplänen, Berechnungen, Anschließen von anderen technischen Anlagen.
471 Küchentechnische Anlagen	Anlagen zur Speisen- und Getränkezubereitung, -ausgabe und -lagerung einschließlich zugehöriger Kälteanlagen
472 Wäscherei- und Reinigungsanlagen	Einschließlich zugehöriger Wasseraufbereitung, Desinfektions- und Sterilisationseinrichtungen
473 Medienversorgungsanlagen	Medizinische und technische Gase, Druckluft, Vakuum, Flüssigchemikalien, Lösungsmittel, vollentsalztes Wasser einschließlich Lagerung, Erzeugungsanlagen, Übergabestationen, Druckregelanlagen, Leitungen und Entnahmearmaturen
474 Medizin- und labortechnische Anlagen	Ortsfeste medizin- und labortechnische Anlagen
475 Feuerlöschanlagen	Sprinkler-, Gaslöschanlagen, Löschwasserleitungen, Wandhydranten, Handfeuerlöscher
476 Badetechnische Anlagen	Aufbereitungsanlagen für Schwimmbeckenwasser, soweit nicht in KG 410 erfasst
477 Prozesswärme-, Kälte- und Luftanlagen	Wärme-, Kälte- und Kühlwasserversorgungsanlagen für Industrie-, Gewerbe- und Sportanlagen, soweit nicht in anderen Kostengruppen erfasst, Farbnebelabscheideanlagen, Prozessfortluftsysteme, Absauganlagen
478 Entsorgungsanlagen	Abfall- und Medienentsorgungsanlagen, Staubsauganlagen
479 Nutzungsspezifische Anlagen, Sonstiges	Bühnentechnische Anlagen, Tankstellen- und Waschanlagen
480 Gebäudeautomation	Kosten der anlageübergreifenden Automation
481 Automationssysteme	Automationsstationen mit Bedien- und Beobachtungseinrichtungen, GA-Funktionen, Anwendungssoftware, Lizenzen, Sensoren und Aktoren, Schnittstellen zu Feldgeräten und anderen Automationseinrichtungen
482 Schaltschränke	Schaltschränke zur Aufnahme von Automationssystemen (KG481) mit Leistungs-, Steuerungs- und Sicherungsbaugruppen einschließlich zugehöriger Kabel und Leitungen, Verlegesysteme soweit nicht in anderen Kostengruppen erfasst

Kostengruppen	Anmerkungen
483 Management- und Bedieneinrichtungen	Übergeordnete Einrichtungen für Gebäudeautomation und Gebäudemanagement mit Bedienstationen, Programmiereinrichtungen, Anwendungssoftware, Lizenzen, Servern, Schnittstellen zu Automationseinrichtungen und externen Einrichtungen
484 Raumautomationssysteme	Raumautomationsstationen mit Bedien- und Anzeigeeinrichtungen, Schnittstellen zu Feldgeräten und andere Automationseinrichtungen
485 Übertragungsnetze	Netze zur Datenübertragung, soweit nicht in anderen Kostengruppen erfasst
489 Gebäudeautomation, Sonstiges	
490 Sonstige Maßnahmen für technische Anlagen	Technische Anlagen und übergreifende Maßnahmen im Zusammenhang mit technischen Anlagen, die nicht einzelnen Kostengruppen der technischen Anlagen zugeordnet werden können
491 Baustelleneinrichtungen	Einrichten, Vorhalten, Betreiben, Räumen der übergeordneten Baustelleneinrichtung für technische Anlagen, z. B. Material- und Geräteschuppen, Lager-, Wasch-, Toiletten- und Aufenthaltsräume, Bauwagen, Misch- und Transportanlagen, Energie- und Bauwasseranschlüsse, Baustraßen, Lager- und Arbeitsplätze, Verkehrssicherungen, Abdeckungen, Bauschilder, Bau- und Schutzzäune, Baubeleuchtung, Schuttbeseitigung
492 Gerüste	Auf-, Um-, Abbauen, Vorhalten von Gerüsten
493 Sicherungsmaßnahmen	Sicherungsmaßnahmen an bestehenden Bauwerken, z. B. Unterfangen, Abstützungen
494 Abbruchmaßnahmen	Abbruch- und Demontagearbeiten einschließlich Zwischenlagern wiederverwendbarer Teile, Abfuhr des Abbruchmaterials, soweit nicht in anderen Kostengruppen erfasst
496 Materialentsorgung	Entsorgung von Materialien und Stoffen, die bei dem Abbruch, bei der Demontage und bei dem Ausbau von Anlagenteilen oder bei der Erstellung einer Bauleistung anfallen zum Zweck des Recyclings oder der Deponierung
497 Zusätzliche Maßnahme	Zusätzliche Maßnahmen bei der Erstellung von technischen Anlagen, z. B. Schutz von Personen, Sachen; Reinigung vor Inbetriebnahme; Maßnahmen aufgrund von Forderungen des Wasser-, Landschafts-, Lärm- und Erschütterungsschutzes während der Bauzeit, Schlechtwetter- und Winterbauschutz, Erwärmung der technischen Anlagen, Schneeräumung
498 Provisorische technische Anlagen	Kosten für die Erstellung, Beseitigung provisorischer technischer Anlagen, Anpassung der technischen Anlagen bis zur Inbetriebnahme der endgültigen technischen Anlagen
499 Sonstige Maßnahmen für technische Anlagen, Sonstiges	

9   Die Kosten für diese Kostengruppe sind teilweise anrechenbar, und zwar in Höhe bis zu 25 % der sonstigen anrechenbaren Kosten vollständig und hinsichtlich des Anteils, der die 25 % der sonstigen Kosten übersteigt, zur Hälfte.

Die Berechnungsmethodik gestaltet sich danach einfach. Zunächst sind die Kosten der Baukonstruktion gem. der Kostengruppe 300 festzustellen. Dies sind die sonstigen Kosten. Weiterhin sind die Kosten für die Kostengruppe 400, Kosten der technischen Anlage insgesamt, festzustellen. Bis in Höhe von 25 % der Kosten der Baukonstruktion (sonstige Kosten) sind die Kosten der technischen Anlage voll anrechenbar, der darüber liegende Teil jedoch nur zur Hälfte.

Hieraus folgt, dass Kosten für die technischen Anlagen, die 25 % der Kosten der Baukonstruktion nicht übersteigen, stets voll zu berücksichtigen sind. Erst der Anteil der über 25 % hinausgeht, wird mit dem hälftigen Anteil bei den anrechenbaren Kosten berücksichtigt.

10 Diese Honorarberechnung erfolgt unabhängig davon, ob der Auftragnehmer neben der Objektplanung Gebäude auch die fachtechnische Planung der Technischen Ausrüstung vornimmt. § 33 Abs. 2 enthält mit dem Hinweis, dass die teilweise Berücksichtigung der Kosten für die technische Anlage auch erfolgt, wenn der Auftragnehmer die technische Anlage weder geplant noch in der Ausführung überwacht hat, eine klarstellende Funktion. Festgelegt wird, dass unabhängig davon, ob der Auftragnehmer auch die Technische Ausrüstung plant, die Kosten der Technischen Gebäudeausrüstung für die Ermittlung der anrechenbaren Kosten für Honorare der Objektplanung Gebäude und Innenräume teilweise zu berücksichtigen hat.

Ein Generalplaner, der neben der Objektplanung Gebäude zugleich auch die Technische Gebäudeausrüstung plant, rechnet die Leistungen der Objektplanung Gebäude nach § 33 unter Berücksichtigung der Kosten der Baukonstruktion in voller Höhe und der Kosten der technischen Anlagen nur teilweise in Höhe von § 33 Abs. 2. Für die Fachplanung der Technischen Gebäudeausrüstung hat der Auftragnehmer Anspruch auf eine volle Vergütung nach § 53 ff. HOAI.[2]

11 Folgendes Rechenbeispiel soll der Verdeutlichung dienen.

Kosten der Baukonstruktion nach Kostengruppe 300 DIN 276	€ 200.000
Kosten für die technische Anlagen Kostengruppe 400 DIN 276	€ 80.000
In Höhe von ¼ der Kosten der Baukonstruktion =	€ 50.000

sind die Kosten der technischen Anlage voll zu berücksichtigen. Hinsichtlich des überschießenden Teils in Höhe von € 30.000 jedoch nur die Hälfte.

Danach ergeben sich die anrechenbaren Kosten wie folgt:

Kosten der Baukonstruktion	€ 200.000
teilweise anrechenbar für technische Anlagen (§ 33 Abs. 2)	€ 65.000
anrechenbare Kosten insgesamt	€ 265.000

3. Bedingt anrechenbare Kosten

12 Bedingt anrechenbar sind die Kosten für das **Herrichten und Erschließen** des Baugrundstückes Kostengruppe 200 jedoch nur in dem Umfange, wie diese Maßnahmen Gegenstand der Planung oder der Bauüberwachung sind. Unter den Kosten für das Herrichten werden alle vorbereitenden Maßnahmen verstanden, um die Baumaßnahme auf dem Grundstück durchführen zu können. Dies sind Sicherungsmaßnahmen vorhandener Bauwerke, z. B. für Nachbarbebauungen oder Bauteile, die von dem Bauvorhaben nicht erfasst werden sollen, Maßnahmen zur Sicherung des Bewuchses und der Vegetation, Kosten des Abbruchs und der Beseitigung von Bauwerken oder Bauwerksteilen, Ver- oder Entsorgungsleitungen, Altlastenbeseitigungen, soweit diese vom Auftragnehmer geplant oder in der Ausführung überwacht werden, sowie insbesondere das Herrichten der Geländeoberfläche durch Roden von Bewuchs, Planieren, Bodenbewegungen einschließlich der Oberbodensicherung.

Werden diese Maßnahmen vom Auftragnehmer geplant, so gehören die dadurch entstehenden Kosten zu den anrechenbaren Kosten.

13 Ein wesentlicher Leistungsgegenstand, zu dem der Auftragnehmer durch Planung und Objektüberwachung bzw. durch eigene Aktivitäten der Beschaffung mitwirkt, betrifft die **Ausstattung**

---

[2] OLG Saarbrücken, Urteil v. 28.11.2000, IBR 2001, 207; OLGR 2001, 332, die auch auf die Neufassung anzuwenden ist

des Gebäudes mit mobilen Einrichtungsgegenständen. Sie werden in der DIN 276 unter Kostenkennnummer 600 geführt und betreffen die Kosten für alle beweglichen und ohne besondere Maßnahmen zu befestigenden Sachen, die zur Ingebrauchnahme, zur allgemeinen Benutzung oder zur künstlerischen Gestaltung des Bauwerkes erforderlich sind.

Zur Ausstattung gehören danach Möbel, Geräte, Sitz- und Liegemöbel, Tische etc., Schilder, Wegweiser, Orientierungstafeln, Werbetafeln und auch Ausstattungsgegenstände, die der besonderen Zweckbestimmung eines Objekts dienen, wie z. B. wissenschaftliche, medizinisch-technische Geräte.

14 Die Kosten für diese Gegenstände gehören zu den anrechenbaren Kosten, wenn der Auftragnehmer bei der Beschaffung mitwirkt. Bei diesen Gegenständen handelt es sich regelmäßig um serienmäßig hergestellte Produkte, die nicht auf eine Einzelplanung des Auftragnehmers zurückzuführen sind. Der Mitwirkungsakt wird erfüllt, wenn der Auftragnehmer nennenswert an der Auswahl der Gegenstände beteiligt ist, z. B. entsprechende Besprechungen für Bemusterungen vorbereitet, diese begleitet, Bereisungen zur Besichtigung entsprechender Einrichtungen im Auftrag des Auftraggebers durchführt und hierzu entsprechende Beratungen des Auftragnehmmers stattfinden.

15 Der Einbau und die Aufstellung von **Kunstwerken** gehört nicht zu den anrechenbaren Kosten, es sei denn, diese sind vom Auftragnehmer geplant oder von ihm beschafft oder es wurde ihre Ausführung oder ihr Einbau fachlich überwacht. § 33 Abs. 3 spricht Kunstwerke an, die nicht zu den anrechenbaren Kosten zählen sollen, wenn diese von dem Auftragnehmer nicht geplant werden. Handelt es sich bei den Kunstwerken um mobile Objekte, die von einem Künstler geplant und in dem Gebäude aufgestellt bzw. auch durch feste Verbindung mit ihm verankert werden, so gehören die Kosten für diese Objekte nicht zu den anrechenbaren Kosten, wohl aber die Kosten für die Arbeiten, um das Kunstobjekt im Gebäude oder am Gebäude zu verankern. Diese werden nämlich in der Regel von dem Objektplaner Gebäude geplant oder in der Ausführung überwacht. Dieser Anwendungsbereich betrifft vor allem den Titel „**Kunst am Bau**". Das Bauwerk ist sozusagen der Hintergrund einer Darbietung eines von einem Künstler geschaffenen Objektes.

16 Von einem Kunstwerk wird man allerdings auch sprechen können, wenn spezielle Bauteile von einem Künstler künstlerisch gestaltet worden sind. Hier drückt sich die Planung des Künstlers in dem Bauteil unmittelbar aus. Gleichwohl verbleibt ein Planungsanteil des Auftragnehmers, der nämlich die Idee des Künstlers in die bauliche Maßnahme zu übersetzen und zu integrieren hat. Die Kosten für die Herstellung des Bauteils gehören damit zu den anrechenbaren Kosten, nicht jedoch das Honorar des Künstlers.

Die dadurch entstehenden Kosten sind bedingt anrechenbare Kosten. Es hängt davon ab, ob diese Maßnahme vom Auftragnehmer geplant oder er bei der Beschaffung mitgewirkt oder den Einbau überwacht hat. Eine dieser Voraussetzungen reicht aus, um die Anrechenbarkeit anzunehmen. Alle Voraussetzungen sind alternativ zueinander gestellt.

4. Nicht anrechenbare Kosten

17 Alle Kosten, die nicht als Baukosten der Baukonstruktion erfasst oder als teilweise zu berücksichtigende Kosten der technischen Anlage nach § 33 Abs. 2 erfasst sind, sowie die Kosten, die nicht als bedingt anrechenbare Kosten behandelt werden, sind nicht anrechenbar. Dies sind Kosten des Grundstückes, Grundstücksnebenkosten wie Vermessungsgebühren, Gerichtsgebühren, Notariatsgebühren und dergleichen, Genehmigungsgebühren z. B. der Baugenehmigung sowie Honorarkosten für die am Bau Beteiligten. In allen Fällen gilt, dass sie nicht zu den anrechenbaren Kosten gerechnet werden können.

Ebenfalls nicht zu den anrechenbaren Kosten gehören Maßnahmen der öffentlichen Erschließung, soweit diese von Dritten geplant und durchgeführt werden. Dies betrifft die Abwasserentsorgung, Wasser-, Gas-, Fernwärme-, Strom- und Telekommunikationsversorgung, Verkehrserschließung und Abfallentsorgung wie auch sonstige öffentliche Erschließungsmaßnahmen. Kennzeichnend für diese Maßnahmen ist, dass öffentliche Erschließungsträger diese durchführen. Im Normalfall ist der Auftragnehmer mit dieser Maßnahme weder als Planer noch als

Objektüberwacher befasst, da Auftraggeber dieser Leistung der öffentliche Erschließungsträger ist und nicht der Auftraggeber für die Bauleistung. Die dadurch entstehenden Kosten gehören deshalb nicht zu den anrechenbaren Kosten.

III. Kosten der Baukonstruktion für Innenräume

1. Voll anrechenbare Baukosten

Der Planungsgegenstand der Innenräume betrifft die Raumgestaltung. Diese Leistung ist die **18** Domäne der Innenarchitekten. Auch für die Ermittlung des Honorars für die Objektplanung von Innenräumen sind zunächst primär die Kosten der Baukonstruktion maßgebend.

Geht man die Kostengruppen der Baukonstruktion Ziffer 300 durch, so wird man feststellen, dass eine Vielzahl von dort aufgeführten Baukostengruppen auch für Innenräume Bedeutung haben. Namentlich zu nennen sind Bodenbeläge, Bauwerksabdichtungen, Sonnenschutz, Innenwände, Innenstützen, Innentüren und Fenster, Innenwandbekleidungen, Deckenbeläge, Deckenbekleidungen, um nur einige bauliche Maßnahmen zu erwähnen, die im Schwerpunkt des Innenraums stehen.

Hinzu kommen die Einrichtungsgegenstände, die in Kostengruppe 610 als Ausstattung der **19** DIN 276 aufgeführt worden sind, insbesondere die allgemeine Ausstattung wie Möbel und Geräte jeder Art sowie Ausstattungsgegenstände der besonderen Zweckbestimmung, wie z. B. Küchen, Bilder, Wegweise usw. Es sind damit alle Kostengruppen angesprochen, die von dem Planungsgegenstand der Innenräume betroffen sind. Die Ausstattungsgegenstände sind zwar nicht Gegenstand der Baukonstruktion, sie sind jedoch zu den anrechenbaren Kosten als bedingt anrechenbare Kosten hinzuzurechnen, weil auch insoweit § 33 Abs. 3 greift (siehe hierzu Rdn. 12 ff.).

2. Teilweise anrechenbare Kosten

§ 33 Abs. 2 ist auch anwendbar für die Ermittlung der anrechenbaren Kosten für Innenräume. **20** Die Kosten der technischen Anlage spielen bei Innenräumen insoweit eine Rolle, als die Beleuchtung, die Gestaltung von Ent- und Belüftung und ihre Integration in den raumbildenden Ausbau sowie Leistungen insbesondere des Schwachstroms und die Integration der Bürotechnik Planungsgegenstand der Innenräume ist. Technische Anlagen, die in den Ausbau integriert sind, sind deshalb als teilweise anrechenbare Kosten zu berücksichtigen.

Die Berechnung der teilweise anzusetzenden Kosten folgt dem System wie zu II Ziffer 2 dargestellt.

3. Nicht anrechenbare Kosten

Für Innenräume sind die Kosten der Baukonstruktion und die sonstigen Kosten des Bauvor- **21** habens nicht anrechenbar, die nicht Gegenstand der Planung der Innenräume sind, für die Planungs- oder Überwachungsleistungen erbracht werden.

Bei der Planung von Innenräumen eines Neubauvorhabens kann sich das Auftragsverhältnis z. B. auf die Innenraumgestaltung einzelner Räume beziehen. Es bezieht sich nicht notwendigerweise auf das gesamte Gebäude. Hieraus folgt, dass nur die Innenraumplanung betreffenden Kosten der Baukonstruktion zu den anrechenbaren Kosten zählen, nicht jedoch die übrige Baukonstruktion.

Ausgeschlossen sind auch die Kosten für das Herrichten des Grundstückes und der öffentlichen Erschließung sowie sie zwar Gegenstand der Gebäudeplanung sein können, nicht jedoch der Innenraumplanung.

4. Bedingt anrechenbare Baukosten

Wesentlicher Bestandteil für die bedingt anrechenbaren Kosten der Innenraumplanung bilden **22** die Mit wirkungs- und Planungsleistung für Ausstattungsgegenstände der Innenräume, die den

Auftragsgegenstand bilden. Die in Ziffer 610 der DIN 276 aufgeführten Ausstattungsgegenstände werden in ihrem Anschaffungswert zu den Nettopreisen bei den anrechenbaren Kosten berücksichtigt, soweit der Auftragnehmer die Möblierung plant oder bei der Beschaffung mitwirkt. Bezüglich der weiteren Einzelheiten kann insoweit auf II Ziffer 3 verwiesen werden.

§ 34 Leistungsbild Gebäude und Innenräume

(1) Das Leistungsbild Gebäude und Innenräume umfasst Leistungen für Neubauten, Neuanlagen, Wiederaufbauten, Erweiterungsbauten, Umbauten, Modernisierungen, Instandsetzungen und Instandhaltungen.

(2) Leistungen für Innenräume sind die Gestaltung oder Erstellung von Innenräumen ohne wesentliche Eingriffe in Bestand oder Konstruktion.

(3) Die Grundleistungen sind in neun Leistungsphasen unterteilt und werden wie folgt in Prozentsätzen der Honorare des § 35 bewertet:
1. für die Leistungsphase 1 (Grundlagenermittlung) mit je 2 Prozent für Gebäude und Innenräume,
2. für die Leistungsphase 2 (Vorplanung) mit je 7 Prozent für Gebäude und Innenräume,
3. für die Leistungsphase 3 (Entwurfsplanung) mit 15 Prozent für Gebäude und Innenräume,
4. für die Leistungsphase 4 (Genehmigungsplanung) mit 3 Prozent für Gebäude und 2 Prozent für Innenräume,
5. für die Leistungsphase 5 (Ausführungsplanung) mit 25 Prozent für Gebäude und 30 Prozent für Innenräume,
6. für die Leistungsphase 6 (Vorbereitung der Vergabe) mit 10 Prozent für Gebäude und 7 Prozent für Innenräume,
7. für die Leistungsphase 7 (Mitwirkung bei der Vergabe) mit 4 Prozent für Gebäude und 3 Prozent für Innenräume,
8. für die Leistungsphase 8 (Objektüberwachung – Bauüberwachung und Dokumentation) mit 32 Prozent für Gebäude und Innenräume,
9. für die Leistungsphase 9 (Objektbetreuung) mit je 2 Prozent für Gebäude und Innenräume.

(4) Anlage 10 Nummer 10.1 regelt die Grundleistungen jeder Leistungsphase und enthält Beispiele für Besondere Leistungen.

Inhaltsübersicht

Kommentar § 34

I. Einführung zum Leistungsbild

1. Aufbau des Leistungsbildes

Kernstück einer Honorarordnung ist die Definition der Leistungen, für die das Honorar berech- **1**
net wird. Die HOAI beschreibt die Leistungen für die Objektplanung Gebäude und Innenräume
in einem Leistungsbild, welches in § 34 in neun Leistungsphasen gegliedert ist. Die Gliederung
in neun Leistungsphasen beschreibt die Planung bis zur Fertigstellung und vollständigen Abwicklung eines Bauvorhabens. § 34 beschränkt sich auf die Darstellung der neun Leistungsphasen mit ihren eigenen Leistungszielen sowie der Festlegung der Teilhonorarprozente bezogen auf
die Leistungsphasen.

Der eigentliche Leistungsinhalt ist der Anlage 10 HOAI zu entnehmen. Die den einzelnen Leistungsphasen aufgeführten Grundleistungen werden dort beschrieben und in alphanumerischer
Reihenfolge aufgezählt. Diese Grundleistungen bewertet die HOAI mit dem Honorar. Sie sind
damit Kernstück der preisrechtlichen Honorarvorschrift. Sie beziehen sich in ihrer Beschreibung
auf Anforderungen für den Neubau.

Ergänzt wird die Beschreibung der Leistungen in dem Leistungsbild durch die Besonderen
Leistungen, die für das Leistungsbild Gebäude und Innenräume ihren Niederschlag in der Anlage 10 2. Spalte HOAI gefunden haben. Die Besonderen Leistungen sind nach Leistungsphasen
gegliedert und sind deshalb auch diesen Phasen zuzuordnen. Da die Besonderen Leistungen
zwar generell gem. der allgemeinen Definition des § 3 Abs. 3 nur beispielhaft aufgezählt sind,
erheben sie nicht den Anspruch auf Vollständigkeit. Je nach Einzelobjekt können zusätzliche
Besondere Leistungen anfallen, die in der Anlage 11 nicht aufgezählt sind.

Soweit jedoch Besondere Leistungen formuliert sind, lässt sich hieraus ablesen, was nicht Gegenstand der Grundleistung ist. In der nachfolgenden Kommentierung werden die Grundleistungen gem. Anlage 10 einzeln abgehandelt und die dazugehörigen Besonderen Leistungen besprochen.

Das Leistungsbild betrifft die Objektplanung Gebäude und Innenräume. Die Schwerpunkte der einzelnen Leistungen für die jeweiligen Bereiche fallen unterschiedlich aus und werden dementsprechend dargestellt.

Dies gilt auch für Leistungen des Umbaus, die gesondert angesprochen werden. Umbauten können im Bereich der Objektplanung Gebäude wie auch des Planung von Innenräumen anfallen. Je nach Leistungsgegenstand kann sich dabei die Leistungsbewertung der einzelnen Grundleistungen zueinander verschieben. Dies gilt auch für besonders komplexe Bauvorhaben. Die in diesem Kommentar vorgeschlagenen Bewertungen für einzelne Grundleistungen sind demgemäß als Regelbeispiele zu verstehen, die den jeweiligen Projekten anzupassen sind.

2 Nach der Rechtsprechung des Bundesgerichtshofes[1] bilden die einzelnen Leistungen Teilerfolge, die einer eigenständigen Bewertung zugänglich sind. Die Kommentierung setzt sich demgemäß auch mit der Frage auseinander, ob und gegebenenfalls für welche dieser Grundleistungen eine Bewertung angesetzt werden kann. Hierzu gibt es eine Vielzahl von Tabellen. Fast in jedem Kommentar befindet sich eine entsprechende Bewertung. Maßgebend kann jeweils nur die Betrachtung des Einzelfalls sein. Die Bewertung gibt damit bestenfalls eine Richtschnur und Anhaltspunkte. Maßgebend sind die Verhältnisse des Einzelfalls. Dennoch: Auch dieser Kommentar sucht nach einer Bewertung. Dabei ist aufgefallen, dass die einzelnen Grundleistungen in Gruppen zusammengefasst werden müssen, weil sie nur so getrennt messbare Einzelziele bzw. Einzelerfolge beschreiben können, eine Betrachtung, die sich auf Hochbaumaßnahmen bezieht. Dieser Logik folgt die Bewertung. Es wird die Gewichtung der einzelnen Teilleistung in Abhängigkeit mit dem Gewicht des Leistungserfolges einer Leistungsphase gemessen und umgerechnet in einem Prozentpunkt des Gesamthonorars. Diese Betrachtung führt zu sachgerechten Bewertungsansätzen. Es wird dabei bewusst von einer Betrachtung Abstand genommen, die jede Grundleistung einer Bewertung zuführt, unabhängig davon, ob diese Grundleistung ganz oder in Teilen für die ordnungsgemäße Erfüllung eines Planungsauftrages überhaupt erforderlich ist. Die Grundleistungen bilden Leistungen für eine Vielzahl von unterschiedlichen Bauaufgaben und Schwierigkeitsgraden ab. § 3 definiert Grundleistungen, die zur ordnungsgemäßen Erfüllung im Einzelnen erforderlich sind. Grundlage der preisrechtlichen Honorarbewertung sind die Leistungsphasen, nicht die sie bildenden Grundleistungen. Die preisrechtliche Einschränkung, dass zu den bewerteten Grundleistungen nur die gehören, die im Allgemeinen zur ordnungsgemäßen Erfüllung erforderlich sind führt zu der Fragestellung, welche Grundleistungen und welche Teile davon speziell notwendig und erforderlich sind und vor allem auch in welchem Umfang. Wenn in einzelnen Grundleistungen Teilerfolge zu sehen sind, stellt sich die Frage, welchen Zielen und welche Inhalte die Teilerfolge haben, die es gilt im Hinblick auf den Enderfolg der Fertigstellung des Bauvorhabens zu erarbeiten. Grundleistungen und insbesondere Teile davon, die zur Teilerfolgsbestimmung in diesem Kontext nicht anfallen, führen danach keinesfalls zu einer Honorarkürzung, denn die Höhe des Honorars wird preisrechtlich durch den Schwierigkeitsgrad der Baumaßnahme bestimmt. Honorartechnisch wird dieser geregelt, durch die Einordnung des Objekts in die Honorarzone und der Festlegung der anrechenbaren Kosten. Die gegenteilige Ansicht von Kniffka[2] führt im Ergebnis dazu, dass die Honorierung dienstvertraglichen Betrachtungen unterliegt, während die Leistungsanforderungen erfolgsorientiert und verschuldensunabhängig dem Werkvertragsrecht entnommen wird. Diese Auseinandersetzung beweist, wie notwendig eine gesetzliche Regelung des Planungsrechtes als Ergänzung zum Werkvertragsrecht in der Praxis ist.

---

[1] Siehe hierzu BGH Urteil v. 24.06.2004 – VII ZR 259/02, Entscheidungsgründe II 2 c (2); BauR 2004, 1640; BGHZ 159, 376; MDR 2004, 1293; NJW 2004, 2588; NZBau 2004, 509; ZfBR 2004, 781; ihm folgend nun auch die Instanzrechtsgebung, z. B. OLG Brandenburg 13.03.2014 – 12 U 136/13

[2] Kniffka in BauR 2015, 883 ff. und 1031

2. Teilprozente der Leistungsphasen

Die Objektplanung für Gebäude und Raumbildende Ausbauten stellt unterschiedliche Leistungsgegenstände dar, ist jedoch in einem Leistungsbild zusammengefasst. Dieses Leistungsbild gilt für Neubauten, Neuanlagen, Wiederaufbauten, Erweiterungsbauten, Umbauten, Modernisierungen, Instandhaltungen und Instandsetzungen. Dies erfasst somit das volle Programm aller Bauaktivitäten bezogen auf den Hochbau. Die Projektplanung Gebäude richtet sich dabei an Leistungsinhalte eines Architektenvertrages und hat ein gesamtes Gebäude bzw. eine gesamte Objektplanung zum Gegenstand. Die Projektplanung Innenräume bezieht sich auf Leistungen des Innenraums und damit auf die Aufgaben, die normalerweise Innenarchitekten zugeschrieben werden.

3

Die neun Leistungsphasen und ihre Prozentsätze sind dabei folgende:

Nr.	Leistungsphase	Gebäude in % von Hundert	Innenräume in % von Hundert
1	Grundlagenermittlung	2	2
2	Vorplanung	7	7
3	Entwurfsplanung	15	15
4	Genehmigungsplanung	3	2
5	Ausführungsplanung	25	30
6	Vorbereitung der Vergabe	10	7
7	Mitwirkung der Vergabe	4	3
8	Objektüberwachung, Bauüberwachung	32	32
9	Objektbetreuung Dokumentation	2	2
		100	100

II. Die Leistungsphasen im Einzelnen

Vorbemerkung

Nachfolgend werden die Grundleistung der Leistungsphasen entsprechend der Reihenfolge in Anlage 10 dargestellt und besprochen sowie in Ergänzung dazu die jeweiligen Besonderen Leistungen beschrieben. Die Beschreibung erfolgt getrennt nach Objektplanung Gebäude und Objektplanung Innenräume sowie für Leistungen des Umbaus, soweit sie unterschiedlich zu beurteilen sind.

4

1. Leistungsphase 1: Grundlagenermittlung

1.0 Allgemeine Zielsetzung

Jede Bauaufgabe, die neu begonnen wird, fängt notwendigerweise mit einer Grundlagenermittlung an. Die Anforderungen an die Grundlagenermittlung sind je nach Aufgabenstellung äußerst unterschiedlich. Ohne konkrete Erfassung aller Umstände und Voraussetzungen für die Planungsaufgabe lässt sich das Leistungsbild jedoch nicht erfüllen. Hieraus folgt zunächst auch, dass die Grundlagenermittlung ein notwendiger Baustein für die Bearbeitung der nachfolgenden Leistungsphasen ist. Dies führt umgekehrt zu der Erkenntnis, dass die Bearbeitung einer Vorplanung für ein zu realisierendes Objekt ohne Durchführung einer Grundlagenermittlung nicht möglich ist.[3]

5

---

[3] Das OLG Düsseldorf hat ein Honorar für die Grundlagenermittlung zugesprochen, obwohl der Architekt nur mit der Vor- oder Entwurfsplanung betraut war. OLG Düsseldorf BauR 2000, 908; NJW 2000, 2597; NZBau 2000, 295. Vgl. auch Eich zu KG Urteil v. 16.03.2007 – 6 U 48/06; IBR 2008, 32; dieses Ergebnis ist für den Einzelfall jedoch

6   Es ist zwar nicht zwingend notwendig, dass die Grundlagenermittlung auch von dem Auftragnehmer erstellt wird, der die nachfolgenden Leistungsphasen zu bearbeiten hat. Ein Auftraggeber, der eine sorgfältige Bedarfsplanung nach DIN 18205 vorlegt, erfüllt damit gegebenenfalls Teile der Grundlagenermittlung. Die Ergebnisse einer Grundlagenermittlung müssen ihm allerdings zur Verfügung gestellt sein. Stellt der Auftraggeber die Grundlagen für die Planungsaufgabe eigenhändig und eigenverantwortlich zusammen, so muss der Auftragnehmer auf die Richtigkeit der ihm übergebenen Unterlagen vertrauen dürfen. Ihm obliegt allerdings eine stichprobenartige Überprüfung, ob die übergebenen Unterlagen auch richtig und vollständig sind. Sollten die übergebenen Unterlagen jedoch Mängel aufweisen, die für den Auftragnehmer nicht erkennbar waren, so hat der Auftraggeber hierfür einzustehen. Insbesondere wenn der Auftraggeber ein bauerfahrener Vielfachbauherr ist, kann der Auftragnehmer darauf vertrauen, dass ihm richtige und mängelfreie Planunterlagen als Arbeitsgrundlage im Rahmen der Grundlagenermittlung übergeben werden. Von einer stichprobenartigen Prüfung ist er allerdings nicht befreit.

7   Zeigen sich zu einem späteren Zeitpunkt Mängel der überreichten Grundlagen, die auch Ursache für die weiterführende Planung des Auftragnehmers geworden sind, trägt der Auftraggeber ein Mitverschulden in dem Umfang, wie die Fehlerhaftigkeit von dem Auftragnehmer auch bei sorgfältiger Überprüfung nicht hat erkannt werden können.

Im Normalfall beschafft sich der Auftragnehmer die Informationen im Auftrag des Auftraggebers für die Grundlagenermittlung in eigener Regie. Werden sie ihm vom Auftraggeber überlassen, hat er eine sorgfältige Prüfung aller Grundlagen für seine Arbeit vorzunehmen. Insoweit obliegt ihm eine umfassende Überprüfungspflicht aller Planungserkenntnisse, auf die seine Arbeit aufbaut.

Das Leistungsbild setzt sich im Einzelnen wie folgt zusammen:

1.1 Objektplanung Gebäude

8   **a) Grundleistungen 1 a und 1 b**

Grundleistung 1 a: Klären der Aufgabenstellung auf Grundlage der Vorgaben oder der Bedarfsplanung des Auftraggebers

In diesem frühen Stadium des Planungsgeschehens steht meistens nicht im Detail fest, welche Aufgabenstellung den Planungsabsichten des Auftraggebers tatsächlich zugrunde liegt. Es geht um die genaue Erfassung der Planungsziele im Einzelnen, die zu hinterfragen sind. Auch wenn der Auftraggeber schon Vorstellungen entwickelt hat, z. B. durch Vorlage eines Raumprogramms oder eines Bauprogramms, bleibt die Fragestellung, wie die Aufgabe des Auftragnehmers tatsächlich lautet, die er bearbeiten soll. Erarbeitet wird dies in gemeinsamen Besprechungen, die im Idealfall ihren Niederschlag in Besprechungsprotokollen finden.

Fehlt ein Raumprogramm oder ein Bauprogramm, so kann je nach Anforderung des Projektes die Erstellung entsprechender Unterlagen erforderlich sein. Die HOAI beschreibt dies als Besondere Leistung. Im Rahmen des gebundenen Honorars der Leistungsphase 1 sind solche Leistungen mithin von dem Auftragnehmer nicht zu erbringen.

Zur Klärung der Aufgabenstellung gehört das Erfassen aller Planungsgrundlagen, auf die das Planungsgeschehen aufbaut. Hierzu zählen das Erfassen des Baugrundstückes bei Neubauvorhaben auf der Grundlage entsprechender Flurkarten, Feststellung der bauplanungsrechtlichen Voraussetzungen.[4] Gibt es einen Bebauungsplan, gegebenenfalls welchen? Beurteilt sich die Baugenehmigung nach § 34 BauGB oder nach anderen Bestimmungen? Dies sind nur einige Fragen,

---

nicht zwingend: BGH Urteil v. 23.11.2006 – VII ZR 110/05; BauR 2007, 571; NZBau 2007, 180; ZfBR 2007, 253, der darauf hinweist, dass der Anspruch auf Zahlung des Honorars für die Leistungsphase 1 nicht aus dem Vertrag hergeleitet werden kann, wenn die Leistungsphase nicht beauftragt wurde. Eine Vergütung nach den Grundsätzen der Geschäftsführung ohne Auftrag oder aus anderen Rechtsgrundsätzen bleibt allerdings zu prüfen.

[4]   Schon in diesem Stadium ist die grundsätzliche Genehmigungsfähigkeit zu prüfen. Vgl. OLG Naumburg BauR 2006, 2083 = NZBau 2006, 320

die klärungsbedürftig sind. Es handelt sich um das Auflisten und Erfassen aller Unterlagen, die erforderlich sind, um eine Planungsgrundlage für das Bauvorhaben insgesamt zu haben.[5]

Zur ordentlichen Bearbeitung gehört, dass der Auftragnehmer sich nicht mit der Übersendung eines B-Plans in Schwarz-Weiß-Kopie begnügt. Er muss vor Ort den gesamten Plan einsehen, es sei denn, dass er aktuelle Planunterlagen mit allen farblichen Anmerkungen über das Internet beziehen kann.[6]

Es muss sichergestellt sein, dass der Auftragnehmer auch alle Festsetzungen des Bebauungsplans erkennen kann. Im Zweifel muss er Einsicht vor Ort nehmen. Ist das Grundstück mit Dienstbarkeiten belastet, die bei der Planung zu berücksichtigen sind, bestehen Einschränkungen, z. B. Auflagen der Denkmalpflege. Sämtliche zu beachtenden Rahmenbedingungen für das Bauobjekt sind vom Auftraggeber zu erfragen. Die Sachverhaltserkundung des Auftragnehmers geht allerdings nicht so weit, dass er von sich aus eine Grundbuchrecherche zu tätigen hätte. Er muss allerdings Nachfrage beim Auftraggeber halten. Stellt sich danach heraus, dass Dienstbarkeiten z. B. Erdgasleitungsrecht oder sonstige Leitungsrechte gegeben sind, so muss der Auftraggeber aufgefordert werden, die Bewilligungen für diese Dienstbarkeiten zur Verfügung zu stellen. Der Auftragnehmer hat diese nachzufragen, damit er die genaue Lage der Leitungen feststellen kann.

Gegenstand der Erklärung sind nicht nur die Bauziele, die der Auftraggeber verfolgt, sondern auch die Feststellung, mit welchen Finanzmitteln diese Ziele erreicht werden sollen. Die frühzeitige Abklärung des Baubudgets gehört in diesen Bereich.

Die Leistung des Klärens der Aufgabenstellung bildet einen Schwerpunkt der Grundlagenermittlung und ist deshalb mit ca. 30 % Wert der Grundlagenermittlung anzusetzen. Dies entspricht 0,6 Prozentpunkten.

Grundleistung 1 b: Ortsbesichtigung

Zu jeder Grundlagenermittlung gehört eine Ortsbesichtigung. Ohne sie kommt der Auftragnehmer ohnehin nicht aus, eine ordnungsgemäße Planung zu erstellen. Sie macht allerdings nur 10 % der Gesamtleistung aus und ist damit mit 0,1 Prozentpunkten zu bewerten.

b) Grundleistung 1 c: Beraten zum gesamten Leistungsbedarf

Anhand der Aufgabenstellung ist eine Grundlage dafür gegeben, die Entscheidung treffen zu können, welche Maßnahmen für die Bewältigung der Aufgabe erforderlich sind. Im Rahmen dieser Leistung soll geklärt werden, welche schon jetzt erkennbaren Leistungen von Fachplanern, Fachberatern und Gutachtern erforderlich sind, um eine fachgerechte Architektenplanung erstellen zu können. Weiterhin ist vom Prinzip her zu klären, wie die Bauaufgabe umgesetzt werden soll. Wird das Bauvorhaben im Wege der Einzelvergabe an einzelne Unternehmer vergeben oder soll zu einem späteren Zeitpunkt ein Generalunternehmer gesucht werden, der die Baumaßnahme aus einer Hand liefert? Hierzu zählt auch die Beratung, ob die Baumaßnahme gegebenenfalls in mehrere Lose aufgeteilt und gesondert vergeben werden soll. Wenn auch abschließende Entscheidungen zu diesem frühen Zeitpunkt noch nicht zwingend notwendig sind, sollte jedoch zu diesem Zeitpunkt vom Prinzip her Klarheit darüber bestehen, in welche Richtung die Realisierung des Bauvorhabens geht, da sich die Planung hierauf einzustellen hat.

Die Fragen über die Tauglichkeit des Baugrundes stellen eine der wichtigsten Klärungspunkte dar. So muss Klarheit darüber gewonnen werden, ob bei der Durchführung der Bauvorhaben schadstoffbelasteter Baugrund vorgefunden wird, ob der Kampfmittelräumdienst eine Freigabe des Grundstückes zur Bebauung gegeben hat bzw. inwieweit dies einzuholen ist, ob Feststellungen über die Tragfähigkeit und Güte des Baugrundes erfolgt sind und ob eine Erstellung von Bodengutachten bzw. eine Prüfung erforderlich sind.

In diese Leistungsphase gehört auch die Bearbeitung, ob und in welchem Umfang ein Bau-

9

---

[5] OLG Celle v. 16.06.2005 – 6 U 187/04 in IBR 2006, 278
[6] OLG München v. 07.06.2005 – 9 U 3311/03 in IBR 2007, 145, entlastet den Auftragnehmer hinsichtlich der Überprüfung des Höhenverlaufs einer Erschließungsstraße, die in Planung war, jedoch keine Anhaltspunkte enthielt, die der Objektplanung Gebäude entgegenstand.

grundgutachten zu erstellen ist.[7] Sind die Baugrundverhältnisse unklar oder schwierig, muss der Auftragnehmer zu einem Baugrundgutachten raten.[8] Hierzu zählt auch die Prüfung eines Baugrundgutachtens durch den Auftragnehmer. Zur Unterscheidung der Bodenverhältnisse gehört auch die Klärung der Wasserverhältnisse (Grundwasser etc.).[9] Allerdings dürfen nicht übertriebene Anforderungen an die Prüfpflicht gestellt werden, da der Objektplaner grundsätzlich sich auf die sachkundige Erledigung des Gutachtenauftrages verlassen kann. Der Objektplaner darf auf die Richtigkeit des Gutachtens vertrauen, muss allerdings bei unklarer Darstellung und offenen Fragen bei dem Sachverständigen nachfragen und für Klärung sorgen.[10]

Das Leistungsbild ist um einen weiteren Begriff erweitert worden. Nunmehr gehört zu dem Aufgabengebiet des Auftragnehmers auch das Beraten zum gesamten Untersuchungsbedarf. Damit wird offen gelegt, was der Architekt an sich schon in der Vergangenheit im Rahmen der Grundlagenermittlung als Beratungsleistung dem Auftraggeber geschuldet hat. Es kann im Einzelfall einen sehr umfassenden Katalog von nachzuprüfenden Untersuchungsgegenständen haben.

Alle Einflüsse, die die Planung auf das Bauwerk und damit auf die Rechtsphäre anderer hat, kann Gegenstand einer Untersuchung sein. Im Rahmen dieser Phase kommt es nicht darauf an, schon diese Untersuchung anzustellen. Allerdings soll eine Stoffsammlung erarbeitet werden, aus der sich der Umfang und die einzelnen Untersuchungsnotwendigkeiten zu speziellen Problempunkten ergeben.[11]

Das Schwergewicht dieser Beratungsleistung ist mit 30 % der Gesamtleistung der Grundlagenermittlung anzunehmen und zwar in gleicher Höhe wie die nachfolgende Leistung, dies entspricht 0,6 Prozentpunkten des Honorars nach § 35.

c) Grundleistung 1 d: Formulieren von Entscheidungshilfen für die Auswahl anderer an der Planung fachlich Beteiligter

10   Das Beraten zum gesamten Leistungsbedarf findet seine Ergänzung durch die Beratung des Auftraggebers über Auswahlmechanismen zur Auffindung der erforderlichen fachlich Beteiligten. Welche Fachplaner sollen in welcher Form vertraglich in das Projekt eingebunden werden? Dies betrifft nicht nur die Fachplaner, Fachberater und Gutachter, die hinzugezogen werden müssen. Gegenstand dieser Leistung ist, den Auftraggeber zu beraten, wie diese Fachbeteiligten gefunden und beauftragt werden können. Der Schwerpunkt dieser Leistung entspricht der Leistungsbewertung zu 1 c und ist deshalb ebenfalls mit 30 % der Gesamtleistung anzunehmen, also mit 0,6 Prozentpunkten des Honorars nach § 35.

d) Grundleistung 1 e: Zusammenfassen der Ergebnisse

11   Die Ergebnisse sind von dem Auftragnehmer zusammenzufassen. Zu Beweiszwecken wird indes nicht selten ein schriftlicher Bericht gefordert. Der Bericht kann allerdings auch mündlich erfolgen. Entscheidend ist, dass der Auftragnehmer die Grundlagenermittlung vollständig erfasst. Sie sind die Basis der weiteren Beratungs- und Planungspflicht des Architekten. Zur Feststellung der Ergebnisse gehört auch eine Zusammenfassung der Aufgabenstellung, die sinnvollerweise aber nicht zwingend schriftlich erfolgt. Zu bewerten ist diese Leistung mit 5 % der Leistungsphase I. Dies entspricht 0,1 Prozentpunkten des Gesamthonorars.

---

[7]   OLG Köln v. 30.04.2008 – 17 U 51/07 in BauR 2008, 1655

[8]   OLG Zweibrücken v. 20.01.2009 – 8 U 43/07 in IBR 2010, 639

[9]   OLG Celle Urteil v. 23.02.2012 – 16 U 4/10

[10]   Siehe auch LG Stuttgart v. 09.10.2008 – 26 O 205/07 in IBR online 2009, 1039, OLG Brandenburg v. 25.08.2004 – 4 U 185/03 in IBR 2005, 103

[11]   Ausführlich hierzu Dammert in „Haftungsfragen hinsichtlich öffentlich rechtlicher Planungserfordernisse" in: FS Jochem, S. 159 ff., SpringerVieweg Verlag 2014

1.2 Punktebewertung

12

Leistung gem. Anlage 11	% der LPH 1	% des Honorars § 34
Teilleistung 1 a	30 %	0,6 %
Teilleistung 1 b	5 %	0,1 %
Teilleistung 1 c	30 %	0,6 %
Teilleistung 1 d	30 %	0,6 %
Teilleistung 1 e	5 %	0,1 %
Summe	100 %	2,0 %

1.3 Besondere Leistungen nach Anlage 10

– **Bedarfsplanung**

13

Die Leistungsgegenstände einer Bedarfsplanung sind in der DIN 18205 aufgeführt. Diese DIN Vorschrift enthält Hinweise von Untersuchungsgegenständen um einen baulichen Bedarf zu klären. Dies sind u. a.
– Art und Anzahl der benötigen Flächen und Räume (Raumprogramm, Flächenbedarf in Abhängigkeit von der Funktion, notwendiger Raumhöhen)
– Qualität und Ausstattung (des Arbeitsplatzes Beleuchtung, Geräte, Möblierung, Kommunikationssysteme)
– Organisatorische und betriebliche Randbedingungen (Transportwege, sonstige funktionale Bezeichnungen)
– Technische und gesetzliche Randbedingungen (Strahlenbelastung, Schallschutz)
– Finanzielle und terminliche Randbedingungen

– **Bedarfsermittlung**

14

Die Bedarfsermittlung ergänzt die Bedarfsplanung und beschreibt im Wesentlichen den gleichen Inhalt.

– **Aufstellen eines Funktionsprogramms**

15

Diese Besondere Leistung befasst sich mit Bauvorhaben, die unterschiedliche Nutzungen integrieren. Hier wird es notwendig sein, auch Funktionsabläufe zu erkunden, um dazu eine eindeutige Planungsgrundlage zu schaffen. Dies gilt insbesondere für Gewerbebauten, Fertigungsstätten und Fertigungshallen. Ohne Klarheit über die Funktionsabläufe eines solchen Betriebes lässt sich eine Planung nicht organisieren.

– **Aufstellung eines Raumprogramms**

16

Die Aufstellung eines Raumprogramms beschreibt die Planungsziele des Bauherren, in denen Nutzungen für einzelne Räume definiert sind und damit der Umfang des Bauvolumens festgelegt wird. In dem Raumprogramm wird beschrieben, welche Nutzungen stattfinden. Bei Bürobauten soll beschrieben werden, wie viele Personen den jeweiligen Räumen zugeordnet werden. Das Ergebnis schafft eine Planungsgrundlage, dessen Erfüllung dem Auftragnehmer im Rahmen der Aufgabenstellung überlassen werden kann.

– **Standortanalyse**

17

Bei der Standortanalyse geht es um die Frage, ob das vom Auftraggeber zur Planung vorgeschlagene Baugrundstück für die Übernahme der von ihm gewünschten Nutzung geeignet ist. Die Standortanalyse klärt mithin Randbedingungen für die Nutzung im näheren Bereich und stellt eine eigene gutachterliche Bearbeitung dar. Ziel dieser Begutachtung ist es, Klarheit darüber zu gewinnen, ob die mit dem Bauobjekt verbundenen wirtschaftlichen Ertragsziele an diesem Standort auch langfristig erwartet werden können.

18 **– Mitwirken bei Grundstücks- und Objektauswahl, -beschaffung und -übertragung**
Je nach Einzelanforderung kann dies eine sehr notwendige Besondere Leistung sein. Wenn es z. B. darum geht, ein Lagergebäude für einen bestimmten Betrieb zu erstellen, so kommt schon der Grundstücksauswahl besondere Bedeutung zu. Häufig ist die Lage des Grundstückes maßgebend, um die geschuldete Funktion des Gebäudes optimal zu erreichen. Entsprechend sinnvoll ist eine Bearbeitung durch den Auftragnehmer im Rahmen der Grundleistung. Mit dem Begriff der Objektauswahl werden vornehmlich die Objekte angesprochen, die bestehen und von dem Auftraggeber angeschafft werden sollen, also im Wesentlichen Bestandsgebäude.

19 **– Beschaffen von Unterlagen, die für das Vorhaben erheblich sind**
Im Rahmen der Untersuchung zu dem gesamten Leistungsbedarf für die Planung kann es notwendig sein, dass entsprechende Unterlagen beschafft werden. Grundbucheinsichten und Auswertungen des Grundbuchs, Einsichten in Katasterpläne, Einsichten in Bauunterlagen und in alten Entwässerungsunterlagen und dergleichen können Gegenstand notwendiger Informationsbeschaffung sein. Sie zusammenzutragen, kann eine entsprechende Besondere Leistung sein.

20 **– Bestandsaufnahme**
Die Bestandsaufnahme spielt für die Objektplanung Gebäude für Neubauten keine gesonderte Rolle. Der Schwerpunkt liegt für diese Leistung im Umbaubereich (siehe dort).

20a **– Technische Substanzerkundung**
Die technische Substanzerkundung spielt insbesondere bei Umbauten und Modernisierungen eine ganz erhebliche Rolle. Im Rahmen der Grundleistungen für die Grundlagenermittlung wird die vorhandene technische Bausubstand nicht geklärt. Die notwendigen Untersuchungen müssen im Rahmen der Definition einer besonderen Leistung festgelegt werden. Im Kern geht es dabei um die Fragestellung, welche Qualität die vorhandene später mitzuverarbeitende Bausubstanz in technischer Hinsicht hat.

21 **– Betriebsplanung**
Bei Gewerbebauten kann es notwendig sein, dass eine Betriebsplanung erfolgt, um daraus abgeleitet feststellen zu können, welche baulichen Maßnahmen Gegenstand der Aufgabenstellungsein sollten. In der Regel werden hierzu Fachgutachter hinzuzuziehen sein, um eine solche Aufgabe zu erledigen.

22 **– Prüfen der Umwelterheblichkeit, Prüfen der Umweltverträglichkeit**
Diese Besonderen Leistungen passen nicht zu dem Leistungsbild der Objektplanung Gebäude und dem Raumbildenden Ausbau. Sie sind hierfür auch nicht anwendbar. Dies ist Sache der Freianlage und Planung.

23 **– Machbarkeitsstudie**
Eine Machbarkeitsstudie verfolgt das Ziel, in einem sehr frühen Stadium zu klären, ob die Bauziele des Auftraggebers auf den zur Verfügung gestellten Grundstück realistischer Weise angegangen werden können. Sie macht häufig bereits die Erarbeitung von Grundleistungen der Vorplanung erforderlich, die insoweit einer honorarrechtlichen Regelung zugeführt ist. Insgesamt befasst sich eine Machbarkeitsstudie jedoch mit allen Randbedingungen für eine Bauinvestition, die nicht Bestandteil der Grundleistung ist.

24 **– Wirtschaftlichkeitsuntersuchung**
Solche Untersuchungen treten insbesondere im Bereich der technischen Gebäudeausrüstung in den Vordergrund. Im Übrigen tauchen Wirtschaftlichkeitsuntersuchungen insbesondere auch bei betrieblichen Bauten auf. Dabei geht es um die Klärung von Funktionsabläufen in dem Gebäude und ihre wirtschaftlichen Auswirkungen für den Betrieb selbst.

– **Projektstrukturplanung** 25

Bei der Projektstrukturplanung handelt es sich um eine Matrix aus der sich die Abwicklung der gesamten Arbeitsabläufe für Planung und die Bauausführung ergibt. Sie stellt ein zentrales Steuerungssystem insbesondere für komplexe Bauvorhaben dar. Sie sind ein Hilfsmittel für die Steuerung der Planungs- und Bauabläufe und dienen der sachgerechten Steuerung des gesamten Bauvorhabens.

– **Zusammenstellung der Anforderungen aus Zertifizierungssystemen** 26

Zur Qualitätssicherung und Qualitätsbeschreibung gibt es eine Vielzahl verschiedener Zertifizierungsverfahren. Werden spezielle Zertifizierungen gewünscht, z. B. für Umwelt und Klima, für den Baubetrieb zur Darlegung der Qualität und dergleichen bedarf es eines Leistungskataloges, der erfüllt sein muss, um eine entsprechende Zertifizierung zu erhalten. Wenn Zertifizierungen gewünscht werden, ist es deshalb eine Aufgabenstellung die Grundlagen für eine spätere Zertifizierung aufzusuchen und deren Inhalte festzustellen.

– **Verfahrensbetreuung, Mitwirken bei der Vergabe von Planungs- und Gutachterleistungen** 27

In der Praxis schlägt der Architekt häufig die notwendigen Sonderfachleute, Fachingenieure und Fachberater dem Auftraggeber vor. Wenn es darum geht, die Leistungsinhalte dieser notwendigen ergänzenden Fachingenieurleistungen zu definieren, kann es sich dabei auch um eine Besondere Leistung handeln, insbesondere dann, wenn diese Maßnahme komplexeren Umfang annehmen.

1.4 Objektplanung Innenräume

a) Grundleistungen 1 a bis 1 c 28
Grundleistung 1 a: Klären der Aufgabenstellung auf Grundlage der Vorgaben oder der Bedarfsplanung des AG

Das für die Objektplanung Gebäude festgelegte Leistungsspektrum trifft in den einzelnen Grundleistungen auch für Innenräume zu. Entsprechend der Aufgabenstellung verschieben sich allerdings die Schwerpunkte der Leistungsinhalte.

Bei einer Planung des Innenraums kann es sich um eine Leistung handeln, die im Rahmen der Realisierung eines Neubauvorhabens notwendig wird. Für den Innenraum sind in einem solchen Fall Erkenntnisse notwendig, wie die Objektplanung für das Gebäude strukturiert ist. Hierzu zählt die Kenntnis der Architektenpläne und auch der zugehörigen Fachingenieurpläne. Der Planungsanteil der Objektplanung des Innenraums baut auf diese Erkenntnisse auf. Schwerpunkt der Grundlagenermittlung ist deshalb die Zusammenfassung aller Planungsergebnisse, die als Basis der Planung des Innenraums herangezogen werden sollen.

Innenräume vollziehen sich nicht selten auch in bestehenden Gebäuden. Dabei handelt es sich um die Umgestaltung und um Umbauten, die sich auf Innenräume beziehen. Das Erfassen von Planunterlagen in Bezug auf den zu verändernden Bestand ist Gegenstand dieser Aufgabenstellung. Vom Prinzip her vollzieht sich das Aufgabengebiet dabei ähnlich wie bei Umbauten, die der Objektplanung Gebäude zuzurechnen sind. Auch bei Innenräumen taucht die Frage der Verbindung zwischen alter und neuer Bausubstanz auf. Die Klärung der vorhandenen Bausubstanz ist damit ein wichtiges Ziel. Nicht erfasst werden sämtliche für die Klärung dieser Aufgabe notwendigen Architektenleistungen, wohl aber die Feststellung, welche Maßnahmen ergriffen werden müssen, um eine Bestandserkundung durchzuführen. Auch insoweit ist auf die Ausführungen zum Thema Umbau zu verweisen.

Die Planungsziele, verbunden mit den Grundlagen, die der Auftragnehmer feststellt, ergeben für ihn die Aufgabenstellung, die Grundlage seiner Planungstätigkeit ist. Die Bewertung dieser Leistung folgt der Punktebewertung zu 1.2.

Grundleistung 1 b: Ortsbesichtigungen

Objektplanung für Innenräume, die in bestehenden Gebäuden durchgeführt werden, verlangen stets nach einer Ortsbesichtigung. Ohne diese ist eine Feststellung des Planungsgegenstandes gar nicht möglich.

Ortsbesichtigungen entfallen allerdings, bei der Objektplanung der Innenräume für den Fall, dass der Innenarchitekt im Rahmen der Neubauplanung als Facharchitekt für die Gestaltung einzelner Innenräume hinzugezogen wird. An die Stelle der Objektbegehung tritt hier die Untersuchung der vorhandenen Planung, die Gegenstand und Arbeitsgrundlage des Innenarchitekten wird. Die Bewertung folgt dem gleichen System wie zur Objektplanung Gebäude.

Grundleistung 1 c: Beraten zum gesamten Leistungsbedarf

Der Schwerpunkt dieser Leistung besteht in der Feststellung, welche Fachingenieure für die Realisierung des Raumbildenden Ausbaus erforderlich sind. Hierzu ist zu klären, wie die Zusammenarbeit zwischen dem Planer des Innenraums mit dem Planer der technischen Ausrüstung für das Gebäude erfolgen soll. Die Beratung bezieht sich dabei auch auf evt. noch hinzuzuziehende Fachplaner z. B. für die Beratung im Hinblick des Wärmeschutzes und der Akustik (Raum- und Bauakustik). Hinsichtlich der Bauausführung erstreckt sich die Beratung auf Fragen, welche Vertragsstruktur für die Bauausführung sinnvoll ist (z. B. Einzelvergaben). Auch hierzu ist spezieller Beratungsbedarf gegeben, da die Anforderungen an den Innenausbau ggf. hohe Qualitätsmaßstäbe setzen, die nicht jede bauausführende Firma erfüllen kann. Die Bewertung folgt den Grundsätzen der Objektplanung Gebäude.

Hinsichtlich der Leistungen 1 d und 1 e und ihrer Bewertung kann auf die Vorausführungen für die Objektplanung Gebäude verwiesen werden, da die Bedeutung in etwa inhaltsgleich ist. Dies gilt auch für die Bewertung der Leistungen im Rahmen der Objektplanung Innenraum.

29   **b) Abgrenzung Objektplanung/Gebäude und Innenraum**

Findet eine Objektplanung für Innenräume im Zuge eines Neubaus statt, so können Objektplanungsleistungen und Leistungen der Innenraumplanung parallel erforderlich werden. § 27 HOAI gestattet es dem Objektplaner in diesem Fall nicht, ein gesondertes Honorar für die Planung der Innenräume zu berechnen. Er sollte diesen Mehraufwand in der Festlegung des Honorarsatzes zwischen Mindest- und Höchstsatz berücksichtigen. (siehe nähere Einzelheiten in § 37 HOAI).

1.5 Umbau

30   Bei Maßnahmen des Umbaus verschieben sich die Gewichtungen hinsichtlich der Grundlagenermittlung generell.

Die Leistung 1 a Klären der Aufgabenstellung befasst sich zunächst mit der Frage, welche Bauziele der Auftraggeber mit seinem Bauvorhaben verfolgt. Dies entspricht dem Themenbereich wie oben in Ziffer 1.1 Objektplanung Gebäude im Zusammenhang mit der Klärung der Aufgabenstellung beschrieben. Besondere Probleme schaffen beim Umbau jedoch die Bestandserkundung und die Zustandsfeststellung. Denn diese Leistungen sind im Rahmen der Grundlagenermittlung notwendig, werden jedoch von dem Leistungsspektrum der Leistungsphase 1 nach Anlage 10 **nicht erfasst**, sondern sind Besondere Leistungen. Die Grundleistungen erfassen dabei nicht die Planungsnotwendigkeiten, die für den Umbau erforderlich sind. Sie können allerdings von Fall zu Fall sehr unterschiedliches Gewicht haben, weshalb der Verordnungsgeber sich dafür entschieden hat, sie nicht in einem Grundleistungskatalog aufzunehmen.

In der HOAI 2009 war in dem Katalog der Besonderen Leistungen eine Vielzahl von typischen Aufgabenstellungen aufgezählt, die zu der Bestandserkundung im Rahmen eines Umbaus zählt. Sie sind in der HOAI Fassung 2013 im Katalog der Besonderen Leistungen nicht mehr genannt. Das bedeutet allerdings nicht, dass es diese Leistungen nicht gibt. Da der Katalog für die Besonderen Leistungen ohnehin nur einen beispielhaften Charakter hat, können beliebig weitere Besondere Leistungen hinzutreten. Hier wird es für notwendig gesehen, die entscheidenden Besonderen Leistungen zu benennen, die in den vergangenen HOAI Fassungen als solche notiert waren. Sie haben nach wie vor Bedeutung und sind zu unrecht aus dem Katalog der Besonderen Leistung entfallen.

Für einen verantwortlichen Umbau ist die Beschaffung von entsprechenden **Bestandsplänen** notwendig. Hierzu liegen zwar häufig Pläne vor. Ob diese Pläne allerdings alle Veränderungen des Bauvorhabens seit dem Zeitpunkt der Erstellung der Planunterlagen erfasst haben, ist äußerst zweifelhaft. Es ist deshalb notwendig, dass der Auftragnehmer diese Planunterlagen auf ihre Tauglichkeit hin untersucht und überprüft, ob sie noch zutreffend sind. Dies gilt auch hinsichtlich der Vermaßung. Gegebenenfalls ist es erforderlich, neue Bestandspläne zu erstellen. Bei vorhandenen Bauwerken kann nicht davon ausgegangen werden, dass das Bauwerk auch entsprechend alter Planung plangerecht und fluchtgerecht erstellt ist. Dies führt zu der Notwendigkeit, verformungsgerechte Aufmaße zu tätigen, um eine exakte Planung des vorhandenen Bauzustandes als Grundlage zu haben. Dies ist allerdings dann eine Besondere Leistung.

Gleichzeitig gehört zur Beurteilung des vorhandenen Bauzustandes auch eine Prüfung, welche Maßnahmen aus statischer Sicht überhaupt möglich oder notwendig sind. Dies erfordert eine sehr frühzeitige und schon in diesem Zeitpunkt notwendige Einschaltung des Fachingenieurs für die Tragwerksplanung.

Eine weitere wichtige Aufgabenstellung ist die Untersuchung der vorhandenen Bausubstanz auf ihre Weiterverwendbarkeit. Dies kann teilweise nur sehr oberflächlich geschehen, da notwendige Bauteilöffnungen zur Untersuchung der tatsächlich vorhandenen Bauqualität in diesem frühen Zeitpunkt aus organisatorischen Gründen häufig nicht sinnvoll und deshalb zu einem späteren Zeitpunkt erst durchgeführt werden sollen. Erforderlich ist indes eine Überprüfung der Bauqualität, da Kennzeichen der Umbauqualität das Hinzufügen von Neubauteilen in Verbindung mit alten Bauteilen ist. Es sind Fragen zu klären, ob und inwieweit dies aus bautechnischer Sicht realistisch und machbar ist und wie diese Planungsaufgabe generell angegangen werden kann. Zur Klärung der Aufgabenstellung gehört auch, welchen Standard der Umbau nach seiner Realisierung erhalten soll, und zwar insbesondere hinsichtlich brandschutztechnischen, schallschutztechnischen und wärmeschutztechnischen Bedingungen.

Zu Beginn einer Umbauplanung liegt deshalb ein Schwergewicht auf der planerischen Erfassung, die keinesfalls von der Leistungsphase 1 im Leistungsbild ausreichend bewertet wird. Demgemäß sind Leistungen der Bestandserkundung, der Bestandsprüfung so wie auch der Erstellung von Bestandsplänen als Leistungen zu qualifizieren, die entsprechend zusätzlich zu honorieren sind. Diese Leistungen werden weder von der Leistungsphase 1 mit ihren 2 Prozentpunkten erfasst, noch sind sie von dem Umbauzuschlag angemessen berücksichtigt, sondern stellen Besondere Leistungen dar.

1.6 Besondere Leistungen bei Umbauten und Maßliches, technisches und verformungsgerechtes Aufmaß

Die HOAI 2009 führte in der Anlage 2, dort Ziffer 2.6.10 die sinnvollen und notwendigen Besondere Leistung für Umbau und Modernisierungen auf. Sie gelten nach wie vor und sind nicht gegenstandslos. Als Besondere Leistung sind sie freier Vereinbarung zugänglich. Bei der Bestandserfassung sind vorhandene Grundrisse festzustellen. Dies geschieht durch Aufmessen des Baubestandes. Soweit die Wände nicht in der Flucht liegen, erfolgt das Aufmaß der vorzufindenden Bauform, was im Sprachgebrauch der HOAI als verformungsgerechtes Aufmaß bezeichnet ist. Sie werden nachstehend aufgenommen. **31**

– **Schadenskartierung** **32**
Die Schadenskartierung erfasst den baulichen Zustand des Objektes in seiner Bauqualität, indem sie nutzungs- und altersbedingte Schäden vermerkt.

– **Ermitteln von Schadensursachen** **33**
Das Ermitteln von Schadensursachen gehört zu dem Bereich der Schadenskartierung. Um klären zu können, ob und inwieweit vorhandene Bausubstanz mit neuer Bausubstanz verbun-

den werden kann, muss bei einer Vorschädigung der vorhandenen Bausubstanz deren Ursache ermittelt werden. Nur eine klare Kenntnis des Schadensbildes erlaubt eine sichere Aussage, wie Neubauteile mit alten verbunden werden können.

34 **– Planen und Überwachen von Maßnahmen zum Schutz von vorhandener Bausubstanz**
Bei dieser Leistung handelt es sich insbesondere auch bei denkmalgeschützten Objekten um fach- und sachgerechte Herausnahme bestimmter Bauteile aus dem Objekt, um sie später wieder einbauen zu können. Um diese Bauteile vor Schädigungen zu schützen, müssen diese gesondert behandelt werden. Gegenstand ist daher die Vorbereitung und Planung dieser Aufgabenstellung.

35 **– Organisation von Mitwirkung an Betreuungsmaßnahmen für Nutzer und andere Planungsbetroffene**
Diese Leistung befasst sich mit dem Bauen im Bestand während bestehender Nutzung. Dabei wird es notwendig, die Nutzer auf die einzelnen Bauleistungen einzustimmen und deren Nutzungsverhalten mit der notwendigen Bauabwicklung abzustimmen.

36 **– Wirkungskontrolle von Planungsansatz und Maßnahmen im Hinblick auf die Nutzer beispielsweise durch Befragen**
Diese Leistung ist gekennzeichnet als Besondere Leistung, die bei Leistungsbeschreibung mit Leistungsprogramm ganz oder teilweise Grundleistung wird. Dies passt nicht ganz zusammen und ist offensichtlich fehlerhaft in die HOAI übernommen worden. Diese Leistung hat mit der Leistungsbeschreibung mit Leistungsprogramm nichts zu tun. Sie befasst sich eher mit der Fragestellung, ob die baulichen Veränderungen im Hinblick auf die Nutzerbelange einen optimalen Wirkungsansatz zeigen.

1.7 Schwerpunkt der Haftung

37 Der Schwerpunkt der Leistungen der Grundlagenermittlung liegt in der richtigen und rechtzeitigen Beratung des Auftraggebers. Hier können Versäumnisse liegen, die zu einer Haftung führen. Dies betrifft vor allem die fehlende Beratung hinsichtlich der Notwendigkeit einer Untersuchung des Baugrundes auf seine Tauglichkeit für die Baumaßnahme. Der Auftragnehmer hat die Pflicht, den Auftraggeber auf die Notwendigkeit der Einschaltung eines Baugrundgutachtens hinzuweisen.[12] Das Baugrundgutachten hat für die Bauabwicklung mehrfache Bedeutung. Zum einen geht es um die Feststellung der Tragfähigkeit und seine Auswirkungen auf das Tragwerk. Eine weitere Klärungsfrage betrifft das Grundwasser. Die Wasserführung bestimmt die Abdichtungslösungen. Schließlich lässt sich anhand von Bodenproben auch der Schadstoffgehalt überprüfen. Dies hat Bedeutung für die Entsorgung von Bodenaushub zur Herstellung der Baugrube. Die rechtzeitige Klärung von Entsorgungsfragen spart spätere Auseinandersetzungen und führt zu wichtigen Erkenntnissen, wie der Bodenabtransport und seine Entsorgung in der Kreislaufwirtschaft sachgerecht beauftrag und abgerechnet wird.

Allerdings hat der Architekt auch genauere Angaben zu dem geplanten Bauvorhaben zu machen, z. B. über die tatsächliche Gründungstiefe.[13] Auf der anderen Seite haftet ein Bodengutachter auch nicht, wenn der Architekt ungefragt fachliche Schlüsse aus dem Bodengutachten zieht.[14]

Im Rahmen der Grundlagenermittlung wird ihm dies nicht möglich sein, weshalb er den Rat des Bodengutachters im Zuge der Vorplanung einzuholen hat. Die Gründungsberatung ist eine Fachingenieurleistung, die nach Vorlage des Bodengutachtens richtigerweise folgt. Beauftragt

[12] OLG Köln in BauR 2008, 1655 = NZBau 2009, 189. Vgl auch Ganten zu OLG Brandenburg, Urteil v. 25.08.2004 – 4 U 185/03 in IBR 2005, 102 = BauR 2005, 155 (Ls.); Knychalla zu OLG Düsseldorf, Urteil v. 09.07.1992 – 5 U 249/91 in IBR 1993, 21 = OLGR 1992, 300; Schulze-Hagen zu OLG Frankfurt, Urteil v. 05.04.2000 – 13 U 46/98 in IBR 2001, 500; Völlink zu OLG Jena, Urteil v. 31.05.2001–1 U 1148/99 in IBR 2002, 320
[13] OLG Koblenz v. 28.01.2008 – 12 U 1107/06 in IBR 2008, 399
[14] OLG Brandenburg v. 14.02.2008 – 12 U 56/06 in IBR 2008, 343

der Auftraggeber keine weiteren Untersuchungen zum Baugrund, obwohl er hierauf hingewiesen wurde, und fehlen deshalb Erkenntnisse, so kommt ein Mitverschulden des Auftraggebers in Betracht, wenn Mängel der Gründung auf die nicht ausreichende Baugrunderkundung zurückzuführen sind.[15]

Ebenso wichtig ist die Bebaubarkeit des Grundstücks hinsichtlich öffentlich-rechtlicher Vorgaben. Bebauungspläne sind daher sehr penibel zu prüfen und darin enthaltenen Ungenauigkeiten sind nachzugehen.[16]

Insbesondere im Hinblick auf die Durchführung von Umbaumaßnahmen können Beratungsfehler auftreten, wenn die sach- und fachgerechte Bestandsuntersuchung der vorhandenen Bauteile unterbleibt.[17] Zeigt das Gebäude Feuchtigkeitsschäden, so muss je nach Deutlichkeit der Anhaltspunkte[18] daran gedacht werden, ob ein biologischer Befall von Holzteilen durch Holzbock oder andere Schädlinge gegeben ist. Dies zwingt ggf. zur frühzeitigen Einschaltung entsprechender Fachgutachter, die zu Ursachen und Maßnahmen für die Schadensbeseitigung des Altzustandes beraten können.

Der BGH macht in seiner Entscheidung vom 10.07.2014[19] klar, dass zur Grundlagenermittlung auch die Beratung zu den gesamten Leistungszielen gehört. Ist das Leistungsziel die Errichtung eines einstöckigen Einfamilienhauses im „Toskanastil" so liegt ein Verstoß gegen die ordnungsgemäße Leistungserfüllung der Grundlagenermittlung vor, wenn der Auftraggeber aufgrund fehlerhafter Beratung des Auftragnehmers sich mit einem zweistöckigen Gebäude einverstanden erklärt und zwar vor dem Hintergrund der Falschberatung des Auftragnehmers, der das einstöckige Einfamilienhaus im „Toskanastil" als nicht genehmigungsfähig erklärt hat. Der Architekt ist zur Zahlung von Errichtungs- und Abbruchkosten des teilweisen Gebäudes verurteilt worden. Zur Grundlagenermittlung gehört auch die Nachfrage, welches Budget für die Realisierung des Bauvorhabens zur Verfügung steht.[20]

2. Leistungsphase 2: Vorplanung (Projekt- und Planungsvorbereitung)

2.0 Allgemeine Vorbemerkung

Der Kern der Vorplanung liegt darin, die Grundzüge und wesentliche Teile einer Planungsaufgabe zu erfassen. Bei der Objektplanung Gebäude stellt die Vorplanung den ersten Planungsschritt dar, der die ersten Lösungsansätze für die gestellte Planungsaufgabe gibt. Diese Planungsstufe setzt eine intensive Auseinandersetzung mit der Aufgabenstellung und insbesondere den Vorstellungen und Wünschen des Auftraggebers voraus. Der Auftragnehmer befördert diesen Klärungsprozess, indem er in zeichnerischer Form Lösungen für die Realisierung der Bauaufgabe erarbeitet, anhand derer die Wünsche und Bauziele des Auftraggebers erfragt und geklärt werden.

38

In diesem Stadium der Planung werden erste Weichenstellungen für das Gesamtobjekt gestellt. Die Grundzüge der Architektur, die später realisiert wird, reichen stets zurück bis in die Vorplanung. Das Urheberrecht an einem Bauwerk der Baukunst findet seinen Ursprung in diesem ersten Planungsstadium. Ohne die Vorplanung lässt sich ein Bauwerk in planerischer Hinsicht mithin nicht realisieren. Es ist ein notwendiger Baustein.

Die Auseinandersetzung des Auftragnehmers mit der Bauaufgabe ist danach eine kreative geistige Leistung, deren Ergebnis eine Vorplanung ist, die vom Auftraggeber gebilligt und mithin zur Grundlage der weiterführenden Planung gemacht werden kann.

---

[15] OLG Dresden v. 17.06.2004 – 13 U 1047/03 in IBR online 2005, 384 (Nichtzulassungsbeschwerde zurückgewiesen)

[16] Vgl. zu Ungenauigkeiten einer Schwarz-Weiß-Kopie gegenüber der farbigen Fassung: Baden zu OLG Celle, Urteil v. 16.06.2005 – 6 U 187/04 in IBR 2006, 278 = BauR 2006, 1163

[17] Je weiter in den Bestand eingegriffen wird, desto intensiver ist dessen Zustand zu erforschen. Heiliger zu OLG Brandenburg, Urteil v. 13.03.2008 – 12 U 180/07 in IBR 2008, 526; vgl. auch OLG München in BauR 2007, 159 (Ls.); NZBau 2006, 123

[18] Vgl. hierzu: Laux zu KG, Urteil v. 13.09.2005 – 14 U 17/04 in IBR 2006, 454

[19] BGH v. 10.07.2014 – VII ZR 55/13, IBR 2014, 552

[20] BGH NJW 2013 = NZBau 2013, 386

39   An diesem Planungsschritt wird auch deutlich, dass es sich bei der Objektplanung Gebäude um einen Entwicklungsvertrag handelt. Gegenstand der Entwicklungsleistung ist die „Erfindung" eines Unikats, welches Antworten auf die gestellte Aufgabenstellung des Auftraggebers und seiner Realisierung gibt.

Die Einbindung des Auftraggebers in diesem Planungsstadium ist unverzichtbar. So wie der Auftraggeber sich hinsichtlich seiner Zielsetzung und seiner Absichten gegenüber dem Auftragnehmer zu erklären hat, muss er sich im Gegenzug entscheiden, ob die von dem Auftragnehmer vorgestellten Lösungsskizzen seinem Interesse entsprechen und somit Grundlage für die weitere fortführende Planung sein können.

Bei Vertragsabschluss und insbesondere im Rahmen der Vorplanung werden zunächst die Bauziele des Bauherrn geklärt. Sie stehen untereinander in einer Wechselbeziehung und lösen zunächst bei dem Auftragnehmer eine umfassende Beratungspflicht dem Bauherren gegenüber aus. Generell lassen sich die Bauziele für ein Bauwerk wie folgt präzisieren:

1. Nutzungszweck und Nutzungsziel des Bauvorhabens

2. Gestaltungsziele

3. Größe und Funktionalität (Raumprogramm, Verhältnis Nutzfläche zu Verkehrsfläche etc)

4. Bautechnische Anforderungen (Energie-, Schall- und Umweltschutz)

5. Budgetziele des Bauherrn

6. Bauzeitvorstellungen des Bauherrn

Die Definition dieser Ziele beschreibt noch nicht den geschuldeten Leistungserfolg des Architekten. Dieser ist erst im Rahmen der Klärung und Abwägung der Ziele gegeneinander gemeinsam mit dem Auftraggeber festzulegen. In dieser „Findungsphase" schuldet der Architekt als beauftragter Fachmann dem Bauherren zunächst primär eine Beratungsleistung. Der Bauherr erwartet von ihm Aussagen über alle Einflüsse, die sein Bauvorhaben betreffen. Sie finden ihren Ausdruck in Architektenzeichnungen, die mit dem Bauherren im Hinblick auf alle Zielkonflikte hin zu erörtern sind. Der Planungsfortschritt ist dabei davon abhängig, dass der Bauherr sich den Planungsergebnissen als Ergebnis eines Klärungsprozesses auch erklärt. Alle Planungsschritte von Vorplanung über Entwurfsplanung, Genehmigungs- und Ausführungsplanung bauen aufeinander auf und vertiefen das jeweils gefundene Planungsergebnis.[21]

Der BGH hat in einer bemerkenswerten Entscheidung sich mit der Frage auseinandergesetzt, ob ein Architektenvertrag wegen fehlender Bestimmbarkeit der geschuldeten Leistung überhaupt zustande gekommen ist. Im vorliegenden Fall lag ein schriftlicher Architektenvertrag vor, der im Ankreuzverfahren verschiedene Leistungen und zwar der Erweiterung, Umbau, Modernisierung, Instandsetzung und Instandhaltung für ein Bauvorhaben aktiviert hat, welches mit postalischer Adresse definiert war. Welche Leistungen tatsächlich ausgeführt werden sollten, war nicht geregelt.

Der BGH kommt zu der Erkenntnis, dass hinsichtlich der Leistungsphase 1 (Grundlagenermittlung), eine hinreichende Bestimmung des Leistungsgegenstandes gegeben ist, der Vertrag mithin zustande gekommen ist. Weiter meint er, dass eine fehlende Bestimmtheit im Zeitpunkt des Vertragsabschlusses nicht zur Unwirksamkeit des Vertrages führt, wenn die Parteien eine stillschweigende Vereinbarung getroffen haben, nach der dem Auftraggeber ein Leistungsbestimmungsrecht hinsichtlich des Inhalts der Leistungspflichten des Architekten zusteht. Ob diesem vorliegenden Fall gegeben war, wollte der BGH nicht entscheiden, sondern hat den Fall an das Berufungsgericht zurückverwiesen.

Allerdings hat der BGH einige Auslegungshinweise gegeben. Hinsichtlich eines Leistungsbestimmungsrechts des Bauherren ist danach der mit dem Architektenvertrag verfolgte Zweck und der sich aus dem Vertragsabschluss ergebende Absicht der Parteien, sich zu binden, auszulegen. Im Zweifelsfall einer Auslegung zu bevorzugen, die nicht zur Unwirksamkeit des Vertrages führt. Anstelle des nach § 315 BGB in das billige Ermessen gestellte Bestimmungsrecht, könne nach der auszulegenden Vereinbarung auch das freie Ermessen des bestimmenden gestellt werden. Weiterhin sei zu klären, ob eine Verpflichtung zur Ausübung des freien Ermessens anzunehmen sei. Diese vom BGH aufgestellten Grundsätze nagen an den Grundfesten des Architektenvertra-

---

[21] BGH v. 23.04.2015 – VII ZR 131/13

ges und beweisen erneut, dass ohne Eingreifen des Gesetzgebers für eine sachgerechte Lösung des Interessenausgleiches zwischen den Aufgaben des Architekten und seinem Auftraggeber keine sichere Basis für eine Vertragsgestaltung gegeben ist. Es ist zwingende notwendig, das Werkvertragsrecht um ein Kapitel des Planungsrechts zu ergänzen um klar zu machen, dass es sich bei diesen Verträgen auch um einen Entwicklungsprozess handelt, der eine Leistungsbereitschaft sowohl des Auftraggebers als auch des Auftragnehmers zur gemeinsamen Zielerreichung sachgerecht erfassen muss.

In der Planungspraxis hat sich allgemein die Übung herausgestellt, dass von dem Auftragge- **39a** ber nach Abschluss der Leistungsphase erwartet wird, die Planungsergebnisse für die weitere Bearbeitung freizugeben. Der Auftraggeber muss sich zu den in Wechselbeziehung stehenden Erkenntnissen der Bauziele zueinander erklären, weil dies seiner Kooperationspflicht entspricht. Die Entwicklung eines Bauvorhabens setzt voraus, dass der Auftragnehmer mit seiner fortführenden Planung auf Planungsergebnisse auf bauen kann und darf, die von dem Auftraggeber gebilligt werden. Dies ist im Rechtssinne nicht die Abnahme oder Teilabnahme einer entsprechenden Teilleistung des Auftragnehmers, sondern die verbindliche Erklärung des Auftraggebers, dass er mit den Lösungsvorschlägen des Auftragnehmers, insbesondere in gestalterischer und funktionaler Hinsicht der Umsetzung der Bauaufgabe in diesem Planungsstadium, einverstanden ist. So wie der Auftragnehmer verpflichtet ist, den Wünschen des Auftraggebers zu folgen,[22] ist der Auftraggeber verpflichtet, sich im Rahmen der ihm obliegenden Mitwirkungspflicht zu erklären, ob er mit den Ergebnissen konform geht. Begrifflich wird dies in der Praxis des Planungsgeschehens als „**Freigabe**" der Planung durch den Auftraggeber bezeichnet.

Die Leistungen der Vorplanung im Einzelnen:

2.1 Objektplanung Gebäude

a) Grundleistungen 2 a und 2 b   **40**

Grundleistung 2 a: Analysieren der Grundlagen, Abstimmen der Leistungen mit den fachlich an der Planung Beteiligten

Grundleistung 2 b: Abstimmen der Zielvorstellungen, Hinweisen auf Zielkonflikte und

Die HOAI 2013 hat die ehemals in Leistungsphase 2a b und c gegliederten drei Leistungen in zwei aufgegliedert und die Texte etwas verändert. Im Ergebnis sind damit allerdings keine neuen Inhalte festgelegt. Richtigerweise hätte man die Grundleistungen 2 a und 2 b auch zu einer zusammenfassen können. Eine selbstständige Bewertung der Grundleistungen 2 a und 2 b macht für sich genommen keinen Sinn. Beide Leistungsschritte gehen ohnehin in die entscheidende Grundleistung 2 c, Erarbeiten der Vorplanung, auf. Die Grundleistung 2 a spricht zunächst die Notwendigkeit an, die Grundlagen zu analysieren. Basis dieser Analyse sind alle Erkenntnisse, die im Rahmen der Grundlagenermittlung der Leistungspahse 1 gewonnen werden konnten. Die Analyse mündet in Erkenntnisse, die den Planungsprozess begleiten. Sie können zum Gegenstand haben, dass zu speziellen Fragen ganz besondere Untersuchungen angestellt werden müssen, um die Auswirkungen der Grundlagen auf die Planungsziele des Bauherrn zu erörtern. Dies ist allerdings ein Vorgang, der sich durch die gesamte Vorplanung zieht und nicht nur an der Grundleistung 2a des Analysierens festgemacht werden kann. Da die Realisierung eines Bauvorhabens ohne Beteiligung der Fachingenieure für die Tragwerksplanung und für die Technische Gebäudeausrüstung zumeist nicht auskommt, gehört in diesen Rahmen auch das Abstimmen der Leistungen mit den fachlich an der Planung Beteiligten. Bei einfachen Bauvorhaben kann diese Klärungsfunktion auch noch zu einem späteren Zeitpunkt und damit nicht notwendigerweise in der Vorplanung erfolgen. Das Abstimmen der Zielvorstellungen, Hinweisen und Zielkonflikte, ist keine eigenständige Grundleistung. Diese Leistungsbeschreibung markiert vielmehr einen intensiven Beratungsbedarf, den der Bauherr mit Erteilung eines Architektenauftrages gegenüber seinem Architekten hat. Die jeweiligen Planungsergebnisse sind stets rückzukoppeln mit

---

[22] OLG Karlsruhe in BauR 2001, 1933

den einzelnen Projektzielen, die die Vertragsparteien verfolgen. Im Dialog miteinander sind die in Wechselbeziehung stehenden Bauziele zu erörtern und Zielkonflikte dabei zu lösen. Wird z. B. eine Vorplanung entwickelt, die sich im Rahmen des angenommenen Baubudgets nicht realisieren lässt, so ist ein Zielkonflikt gegeben, der durch Beratung des Architekten einerseits und Entscheidung des Bauherrn andererseits gelöst werden muss. Auch dieser Leistungsinhalt beschreibt keine eigenständig abgrenzbare Grundleistung, die zu Beginn einer Planungsaufgabe erledigt werden muss, sondern beschreibt die Aufgabenstellung während der gesamten Planungszeit. Auch dies ist ein weiterer Hinweis darauf, dass die Grundleistungen 2 a und 2 b nicht wirklich als eigenständige Grundleistung angesehen werden können.

Es wird in der Rechtsprechung offenbar auch erkannt, dass die einzelnen Leistungen in der Beschreibung des Leistungsbildes nicht notwendigerweise Teilleistungen darstellen.[23]

Außerdem wirkt es gekünstelt, dass diese drei Leistungen außerhalb der Leistung nach Anlage 10 Nr. 2 c) „Erarbeitung der Vorplanung" als selbstständige Leistung gesehen werden. Ohne Bearbeitung der Aufgabenstellung 2 a und 2 b lässt sich ein Planungskonzept, wie es die Leistung 2 c beschreibt, nicht erstellen. Es ist deshalb auch nicht verwunderlich, dass diese Leistungen in der Planungspraxis keine gesonderte und separate Bedeutung erlangt haben, da sie losgelöst von dem eigentlichen Kern der Vorplanungsleistung, nämlich der Erarbeitung eines Planungskonzeptes, nicht realisierbar sind.

Hieraus folgt, dass die erfolgreiche Erarbeitung einer Vorplanung gem. 2 c stets die Erledigung der Analyse der Grundlagen und Abstimmen der Zielvorstellungen sowie die Feststellung der Programmziele intendiert und im Planungskonzept aufgeht. Eine gesonderte Bewertung der Leistung 2 a und 2 b ergibt daher keinen Sinn.

Diese Leistungen lassen sich dementsprechend auch nicht herauslösen aus der Leistungsbeschreibung, da sie notwendiger Bestandteil für diese Planungsphase sind. Sie fließen in die nachstehenden Leistungen ein. Ihr Anteil an der Gesamtleistung der Vorplanung kann bestenfalls mit ca. 5 % des auf die Leistungsphase 2 entfallenden Honorars beziffert werden, dies entspricht 0,35 Prozentpunkten des Honorars nach § 35 HOAI.

41   **b) Grundleistungen 2 c und 2 d**

Grundleistung 2 c: Erarbeiten der Vorplanung, Untersuchen, Darstellen und Bewerten von Varianten nach gleichen Anforderungen, Zeichnungen im Maßstab nach Art und Größe des Objekts

Grundleistung 2 d: Klären und Erläutern der wesentlichen Zusammenhänge, Vorgaben und Bedingungen (zum Beispiel städtebauliche, gestalterische, funktionale, technische, wirtschaftliche, ökologische, bauphysikalische, energiewirtschaftliche, soziale, öffentlich-rechtliche)

Auch die Leistungen 2 c und 2 d gehören in einen Block zusammen. Das Erarbeiten der Vorplanung ist das Ziel und der Hauptgegenstand der Leistungsphase 2. Es ist ohne die Integration von Leistungen anderer an der Planung fachlich Beteiligter unvollständig und setzt auch voraus, dass die in 2 d näher beschriebenen wesentlichen Bedingungen geklärt und erläutert werden. Alle Leistungen sind nicht gesondert zu erfüllen, sondern sind ebenfalls gemeinsamer Bestandteil, um ein Vorplanungskonzept zu erstellen. Dementsprechend sollen auch diese Grundleistungen 2 c und 2 d als einheitliche Leistung betrachtet werden.

Im Fokus steht die Aufgabenstellung der Erarbeitung eines Planungskonzeptes, welches in der Weise erfolgt, dass alternative Lösungsmöglichkeiten nach gleichen Anforderungen erarbeitet und diskutiert werden. Die Suche nach der richtigen Lösung der gestellten Bauaufgabe erfolgt durch Ausarbeitung von Varianten. Für jedes Problem gibt es verschiedene Lösungsmöglichkeiten, wobei es um die Feststellung geht, welches die bessere und damit die richtigere Lösung ist. Auch in diesem Bereich gilt der Grundsatz, dass das Bessere des Guten Feind ist. Gemeint ist der Optimierungsprozess, der mit dieser Untersuchung angestrebt wird.[24]

---

[23] Vgl. OLG Rostock v. 03.12.2008 – 2 U 58/08, Nichtzulassungsbeschwerde BGH zurückgewiesen in IBR 2010, 34, allerdings mit der noch sehr eingeschränkten Begründung, dass der vertragliche Leistungsumfang nicht an das Leistungsbild der HOAI geknüpft war.

[24] Siehe auch OLG Dresden v. 15.02.2005 – 9 U 2057/05 in IBR 2007, 254

Jeder Planer, der an eine neue Aufgabe herangeht, hat niemals sofort das Ergebnis der richtigen Planungslösung im Kopf. Diese muss er sich erst erarbeiten. Dies geschieht in der Weise, dass er verschiedene Ansätze verfolgt, um zu prüfen, ob diese die Planungsaufgaben in geeigneter Form lösen. Die Erarbeitung von **Varianten** kennzeichnet den Optimierungsprozess. Er findet auf dem Schreibtisch des Auftragnehmers und in seiner gedanklichen Bearbeitung statt. Nicht immer präsentiert der Auftragnehmer dabei die in seinem Atelier erstellten Arbeitsskizzen auch dem Auftraggeber. Dies ist auch nicht erforderlich. Wenn der Auftragnehmer zu einer Lösung gekommen ist, die ihn selbst als richtig überzeugt, und er den Auftraggeber anhand der Planunterlage ebenfalls überzeugen kann, ist die Leistung im vollen Umfange erfüllt. Die Nichtvorlage der im Arbeitsatelier selbst erstellten und im Zuge der Planbearbeitung gezeichneten Arbeitsskizzen rechtfertigt keine Minderung des Honorars, da die Vorlage dieser Arbeitsunterlagen weder üblich ist noch vom Auftraggeber gefordert werden kann.

Findet die von dem Auftragnehmer vorgestellte Lösung jedoch keine Zustimmung beim Auftraggeber, so bleibt der Auftragnehmer im Rahmen dieser Leistung verpflichtet, alternative Lösungsmöglichkeiten zu suchen. Die Leistung verlangt dies vom Auftragnehmer so lange, bis eine Lösung gefunden ist, der der Auftraggeber zustimmen kann. Solange der Auftraggeber eine Freigabe zur weiteren Planung nicht erteilt, besteht keine Grundlage für die weitere Vertragserfüllung. Mit der Planungsfreigabe werden Zielkonflikte geklärt. Voraussetzung hierfür ist, dass der Architekt seiner Beratungspflicht nachgekommen ist. Er muss nämlich anhand der von ihm vorgestellten Planungslösung klären, ob die übrigen Bauziele mit dieser Lösung erfüllen lassen. Dies ist meist nicht der Fall. So kann es sein, dass eine Baulösung in hervorragender Weise die geforderten Funktionen, die Gestaltungsziele des Bauherrn und auch sonstige bautechnische Anforderungen erfüllt, sich jedoch im Rahmen des vorgegebenen Baubudgets nicht realisieren lässt. Dieser klassische Zielkonflikt kann nur durch Anpassung der Bauziele an das Bauvorhaben geklärt werden, was entsprechende Entscheidungen des Bauherrn auf Grundlage fachtechnischer Beratung seines Architekten erzwingt. In diesem Planungsstadium zeigt sich, ob der Auftraggeber mit den Vorstellungen des Auftragnehmers konform geht und ob eine fruchtbare Zusammenarbeit auch für die Realisierung des Bauvorhabens entsteht. Manche Vertragsverhältnisse enden an diesem Punkt insbesondere dann, wenn sich die Vorstellungen über die Planlösung zwischen Auftragnehmer und Auftraggeber so weit entfernen, dass eine gemeinsame Lösung für die gestellte Bauaufgabe nicht gefunden werden kann. Die rechtlichen Konsequenzen für das Scheitern des Projekts an diesem Punkt ergeben sich aus den vertraglichen Vereinbarungen. Wegen der Besonderheit dieser Schnittstelle ist es deshalb sinnvoll, die Leistungen der Leistungsphase 1 und 2 in den Rahmen eines Vorplanungsvertrages zu kleiden, der es den Parteien erlaubt, die Zusammenarbeit nach diesem Zeitpunkt zu beenden. Gleiche Lösungen werden auch mit Stufenverträgen erreicht, wonach zunächst die Leistungsphase 1 und 2 als erste Auftragsstufe Gegenstand des Leistungsaustausches zwischen den Parteien ist.

Scheitert der Vertrag an diesem Punkt, so hat der Auftragnehmer gleichwohl Anspruch auf Vergütung der erbrachten Leistungen, auch wenn der Auftraggeber mit den Gestaltungsvorstellungen nicht einverstanden und deshalb die weitere Zusammenarbeit beendet wird. Die vom Auftragnehmer geschuldete Leistung besteht in der Erarbeitung einer Vorplanung einschließlich Untersuchung der alternativen Lösungsmöglichkeiten in Form von Varianten. Liegen diese vor und berücksichtigen sie die Anforderungen an die Aufgabenstellung, so ist die Leistung erfüllt, auch wenn der Auftraggeber die Realisierung auf dieser Grundlage wegen abweichender Gestaltungsvorstellungen ablehnt.

Die HOAI schreibt nicht vor, in welchem **Maßstab** die Zeichnungen zu erstellen sind. Es heißt dort nur, dass der Maßstab nach Art und Größe des Objektes geeignet sein muss. Es liegt auf der Hand, dass der Maßstab bei Großbauvorhaben wesentlich größer gewählt werden muss, um die Ergebnisse der Lösung auch ablesen zu können. In der Regel wird bei normalen Bauvorhaben ein Maßstab 1:200 gewählt werden. In Zeiten einer IT-Planung verliert die Festlegung einer bestimmten Maßstäblichkeit ohnehin an Bedeutung, da es keine Schwierigkeit ausmacht, die Computerzeichnung von einem kleineren Maßstab in einen größeren Maßstab zu verändern.

44 Integrativer Bestandteil der Erarbeitung des Planungskonzeptes ist das **Klären und Erläutern der in Anlage 10 Nr. 2 d beschriebenen Bedingungen**. Die Berücksichtigung dieser Bedingungen macht das Planungskonzept aus. Die Aufzählung der zu klärenden Bedingungen in Anlage 10 Leistungsphase 2 d erfolgt dabei nur beispielhaft. Es ist auch nicht erforderlich, dass zu jeder einzelnen Bedingung eine separate Erläuterung und Erklärung stattfindet. Sie fließen insgesamt in das Konzept mit ein. Es liegt auf der Hand, dass städtebauliche Fragen schon deshalb geklärt werden müssen, weil die bauplanungsrechtliche Unbedenklichkeit des Bauvorhabens im Rahmen der Erteilung einer Baugenehmigung frühzeitig zu prüfen ist. Im Fokus stehen jedoch stets gestalterische und funktionale Bedingungen.

Die Klärung von technischen und bauphysikalischen Bedingungen ist Grundlage jeder Planung. Sie betreffen die Besonderheiten der zu berücksichtigenden Bedingungen des Baugrundstückes sowie generell die bauphysikalischen Gesetzmäßigkeiten, insbesondere die der Standsicherheit. Eine besondere Rolle spielt der **Schallschutz im Wohnungsbau**. Der Auftragnehmer muss mit dem Auftraggeber klären, welche Schallschutzanforderungen zu erfüllen sind. Die Schallschutznorm DIN 4109 kann im Fall fehlender vertraglicher Festlegung, welche Anforderungen an den Schallschutz zu erfüllen sind, nicht mehr herangezogen werden.[25] Anhaltspunkte für die richtige Schallschutzbemessung bietet die VDI-Richtlinie 4100. Sogenannte „Doppelhäuser", die im Rechtssinne nur Wohnungen einer Wohnungseigentumsanlage darstellen, können den Anspruch auf erhöhten Schallschutz begründen,[26] ebenso wie bei Wohnungen in einem Mehrfamilienhaus, die hohen Komfortansprüchen entsprechen sollen.[27]

Zu den wirtschaftlichen Bedingungen zählt das **Klären der Budgetfragen**. Ohne Kenntnis, welches Baubudget zur Verfügung steht, lässt sich eine Planung sachgerecht nicht ausrichten. Budgetfragen sind zentrale Themen. Dies zeigen schon die vielfältigen Entscheidungen zu diesem Thema. Es beginnt damit, dass der Auftragnehmer den Auftraggeber hinsichtlich der Baukosten von Anbeginn an zu beraten hat. Dazu zählt zunächst die Feststellung, welches Budget für die Baumaßnahme zur Verfügung steht. Nach diesen Erkenntnissen ist die Planung auszurichten.[28]

Für den Architekten besteht die generelle Pflicht, wirtschaftlich zu planen. Sie vollzieht sich in den Klärungsgesprächen zwischen dem Bauherrn und dem Architekten. Die unterschiedlichen Anforderungen des Bauherrn an die Gestaltung, Nutzung und Unterhaltung führen im Hinblick auf die Wirtschaftlichkeit eines Objekts stets zu Zielkonflikten. Aufgabe des Architekten ist es, diese Fragen zu thematisieren. Die Entscheidung liegt beim Bauherrn, der die Planung freizugeben hat. Der vom Bauherrn nachträglich geäußerte Vorwurf der Unwirtschaftlichkeit der Planung kann nicht gehört werden, wenn dieser Klärungsprozess der Zielkonflikte stattgefunden hat. So ist dem Bauherrn zu Recht ein Schadensersatz wegen des Vorwurfs versagt worden, der Architekt hätte ein ungünstiges Rastermaß für ein Bürogebäude gewählt, welches eine kleinteilige Aufteilung in Büroräume nicht erlaubt.[29]

45 Der Hinweis auf die **energiewirtschaftlichen Bedingungen** spielt zunehmend eine Rolle, da es zum Kernbestand der Leistungsverpflichtung gehört, energiesparende Bauweisen zu beachten. Die Anforderungen an eine wirtschaftliche Planung im Hinblick auf die Energiebilanz des Gebäudes erfahren ständige Neuerungen. Die Planungsziele der Energieeinsparung haben Auswirkungen auf die Kosten der Unterhaltung und Nutzung des Objekts. Diese Ziele können im Widerstreit zu gestalterischen Absichten stehen. Eine eindrucksvoll gestaltete Glasfassade kann Fragen des Blend- und Wärmeschutzes aufwerfen. Diese Zielkonflikte sind vom Auftragnehmer zu klären.[30]

Ein besonderer selbstständig zu prüfender Leistungsbestandteil des Klärens und Erläuterns dieser Bedingungen besteht daher nicht. Er fließt in die Planung im vollen Umfange ein. Die Klärungsprozesse drücken sich in den zeichnerischen Ergebnissen der Planung aus.

---

[25] BGH v. 14.06.2007 – VII 7 R 45, 06 in IBR 2007, 473

[26] OLG Hamm v. 10.02.2004 – 25 U 183/03 in IBR 2005, 101

[27] OLG Karlsruhe v. 11.04.2006 – 17 U 225/04 in IBR 2007, 6921

[28] BGH v. 11.11.2004 – VII 7 R 128/03 in IBR 2005, 100

[29] OLG München v. 30.09.2009 – 9 U 5366/07 in IBR 2010, 509 verneint einen Schadensersatzanspruch mit dem Hinweis, ein Schaden sei nicht entstanden. Richtigerweise wäre aber zu prüfen, ob überhaupt ein Planungsfehler vorliegt, denn immerhin hat der Bauherr die Planung zur Bauausführung freigegeben.

[30] OLG Stuttgart v. 18.08.2008 – 10 U 4/06, BGH Nichtzulassungsbeschwerde zurückgewiesen in IBR 2009, 659

Die Leistungen 2 c und 2 d sind zusammengefasst mit 60 % der Gesamtleistung der Leistungsphase 2 zu bewerten, da sie das absolute Kernstück dieser Leistung darstellen. Dies entspricht 4,2 % des Honorars nach § 354 HOAI.

c) Grundleistung 2 e: Bereitstellen der Arbeitsergebnisse als Grundlage für die anderen an der Planung fachlich Beteiligten sowie Koordination und Integration von deren Leistungen

Die Wortfassung der Grundleistung 2 e in der HOAI 2013 beschreibt wesentlich genauer den **46** Leistungsgegenstand als bisher. Eine inhaltliche Änderung hat sich allerdings nicht ergeben. Die Objektplanung Gebäude ist die Grundlage für die Bearbeitung der Fachingenieure. Dementsprechend entspricht es der Koordinierungspflicht des Architekten, seine Arbeitsergebnisse den anderen Planern zu überlassen und ihre Planungsergebnisse in die Objektplanung Gebäude zu integrieren. Dies kann nur zeitversetzt erfolgen. Erst ist die Objektplanung zu erstellen. Sie ist Arbeitsgrundlage für den Fachingenieur. Er trägt seine Leistung in die Objektplanung ein. Der Objektplaner hat anschließend das Ergebnis zu prüfen und mit dem Fachingenieur abzustimmen. Wesentliche Kernleistung der Integration der Fachingenieurleistung ist, dass diese konfliktfrei in die Objektplanung auch einbinden lassen. Den Überblick über die Gesamtplanung hat in der Regel nur der Architekt. Er kann deshalb erkennen, ob die von dem Fachingenieur für das Lüftungsgewerk geplanten Kanäle sich konfliktfrei in seiner Objektplanung unter Verwertung und Integration der übrigen Planungsgegenstände unterbringen lässt. Diese Aufgabenstellung ist zunächst dem Objektplaner zugewiesen. Diese Aufgabenstellung kann auch dadurch geklärt werden, dass den Fachingenieuren das Gesamtplanungsergebnis nochmals zur Prüfung überlassen wird. Wesentlich zu nennen sind Leistungsinhalte der Tragwerksplanung und der technischen Ausrüstung des Gebäudes. Es kann sein, dass diese Leistung noch nicht anfällt, wenn noch keine entsprechenden Fachingenieurleistungen vom Auftraggeber beauftragt worden sind. Bedeutung gewinnt dies für die Abrechnung von Aufträgen, die ihr Ende mit der Vorplanung finden. Wird das Objekt weitergeplant, so muss es regelmäßig zur Einschaltung dieser Fachingenieure kommen. Unterbleibt diese frühzeitige Einschaltung von Fachingenieuren, so wirkt sich das negativ auf das Planungsergebnis aus. Wenn die Fachingenieure zu einem späteren Zeitpunkt erst beauftragt werden, so erfolgt das **Integrieren dieser Leistung in die Vorplanung** zeitlich versetzt. Die Kenntnisse der Fachingenieure hat der Auftragnehmer in seine Planung nämlich zu berücksichtigen. Auch wenn dies zu einem späteren Zeitpunkt geschieht, so reicht die Bearbeitung in die Erkenntnisquelle der Vorplanung zurück.

Bei der Bewertung dieser Leistung ist zu berücksichtigen, dass sich der Fachbeitrag der Fachingenieure für den Planer der Objektplanung Gebäude in diesem Stadium als Beratungsleistung ausdrückt. Dies gilt im besonderen Maße für die Tragwerksplanung. Die Leistungen der Technischen Gebäudeausrüstung setzen in diesem Stadium zwar bereits mit einer Vorplanung an, die in die Objektplanung übernommen werden muss. Die vorgestellte Planung des Auftragnehmers wird aber in der Regel in gemeinsamer Diskussion mit den Fachingenieuren darauf hin überprüft, ob sie Grundlage für die Berücksichtigung der Tragwerksbelange sein können und ob sie die Basis einer sachgerechten Integration der Technischen Gebäudeausrüstung sind. Dieser Leistungsanteil wird mit 10 % bewertet, dies entspricht 0,7 Prozentpunkten.

Building Information Modeling

BIM ist eine neue Planungsmethode. Sie wird zu einer Revolutionierung des gesamten Planungs- **47** prozesses führen und zwar, weil die weiter entwickelten Möglichkeiten der 3D-Abbildung von Planungsprozessen ungeahnte Chancen einer vorausschauenden Planung bergen. Mit dem BIM Verfahren ist es möglich, Computer gestützt ein Gelände so in seine Bestandteile zu zerlegen, dass die einzelnen Bauprodukte erkannt werden können, die das Bauwerk ausmachen. Dieses Prinzip lässt sich auch im Planungsprozess einsetzen. Die in dieser Form computergestützt durchgeführte Planung schafft ungeahnte neue Möglichkeiten. Die Kostenermittlung für die Herstellung des Bauwerkes dürfte sich mit dieser Methode genauer ermitteln lassen. Wenn einzelne Bauprodukte in der Planung identifiziert werden können, ist die Mengen-/ und Massenermittlung für eine Kostenermittlung wesentlich erleichtert. Die Integration der technischen Gebäudeausrüstung mit ihren Kanälen, Leistungen und sonstigen Ausrüstungsgegenständen lassen konfliktfrei in die Objektplanung des Gebäudes integrieren. Koordinierungsfehler der Planung lassen sich vermeiden. Der gesamte Planungsprozess wird neu ausgerichtet.

Änderungsplanungen werden hinsichtlich ihrer Auswirkungen auf alle Gewerke hin transparenter und damit für die Parteien auch handhabbar.

Diese Hilfsmittel ändern allerdings nicht die Grundsätze des Planungsprozesses. Dieser bleibt gleich, ebenso die generelle Verteilung der Planungsverantwortung. Wie die Planungslösung aussehen soll, kann der Computer nicht entscheiden, damit bleiben die grundsätzlichen Planungsprozesse gleich.

d) Grundleistung 2 f: Vorverhandlungen über die Genehmigungsfähigkeit

48 Liegt eine Baulösung vor, auf die sich die Vertragspartner zunächst verständigt haben, so ist diese hinsichtlich ihrer Genehmigungsfähigkeit Gegenstand der Erörterung mit den Baubehörden. Es gilt zu prüfen, ob die Bauabsichten im Einklang mit den Festsetzungen des **Bebauungsplans** zu bringen sind. Weichen die Vorstellungen der Parteien von den Festsetzungen ab, so ist die Möglichkeit einer **Befreiung** zu prüfen. Dies zwingt zu Gesprächen mit der Baubehörde, um die Chancen einer Befreiung zu klären. Ist eine Klärung der Frage, ob eine Befreiung erteilt werden kann, in diesen Vorverhandlungen nicht möglich, so hat der Auftragnehmer seinen Bauherrn auch darüber zu beraten, diese Problematik gegebenenfalls durch eine Bauvoranfrage verbindlich zu klären. Plant der Architekt ohne eine Entscheidung des Bauherren zu dieser Konfliktlage einzuholen weiter, so geschieht dies auf eigenes Risiko.

Wird erkennbar, dass die Planung nur mit Zustimmung des Nachbarn möglich wird, so hat der Auftragnehmer hierauf hinzuweisen. Dies gilt nicht nur für die notwendige baurechtliche **Zustimmung des Nachbarn**, sondern auch für die Bauausführung, die ohne Einbezug der nachbarlichen Bebauung nicht auskommt, z. B. das Neubauvorhaben aus statischen Gründen an das Nachbargebäude angelehnt werden muss.[31]

Besteht **kein Bebauungsplan**, sondern beurteilt sich die Genehmigungsfähigkeit nach § 34 Baugesetzbuch oder nach § 35 Baugesetzbuch, so sind entsprechende Vorverhandlungen mit den Behörden zwingend erforderlich. Dabei können andere fachlich Beteiligte hinzugezogen werden bzw. Fachgutachter eingeschaltet werden, die sich mit Einzelfragen der Zulässigkeit des Bauvorhabens befassen, wie z. B. eines Brandschutzgutachtens.

Dieser Leistungsanteil kann unterschiedlich gewichtet sein. Er wird mit 10 % am Honorar der Leistungsphase 2 bewertet und entspricht damit 0,7 % des Honorars nach § 35.

e) Grundleistung 2 g: Kostenschätzung nach DIN 276, Vergleich mit den finanziellen Rahmenbedingungen

49 Zu jeder Vorplanung gehört eine Kostenschätzung. Sie ist wichtiger Baustein und erste Erkenntnisquelle über die zu erwartenden Baukosten. Was unter einer Kostenschätzung zu verstehen ist, ist in § 2 Nr. 10 HOAI näher geregelt.

Die Leistungsbeschreibung der Anlage 10 legt dem Auftragnehmer fest, nach welchem System die Kostenschätzung dargestellt werden soll, nämlich nach DIN 276.

Maßgebend ist die richtige Erfassung der Kosten nach DIN 276. In dem Vorplanungsstadium liegen zwar schon wesentliche Erkenntnisse über die Realisierung des Bauvorhabens vor. Sie sind indes noch nicht so weit durchgebildet und von den Vertragsparteien erkannt, dass eine genaue Kostenermittlung möglich ist. Dementsprechend handelt es sich bei der Kostenschätzung auch zunächst noch um eine ungenaue und nur annähernde Kostenangabe, die sich nach Ziffer 3.4.2 der DIN 276 auf die Darstellung der Kosten gem. den Kostengruppen 100 bis 700 entsprechend der ersten Ebene der Kostengliederung beschränkt, also Kostenangaben enthält für:

100 Grundstück

200 Herrichten und Erschließen

300 Bauwerk/Baukonstruktionen

---

[31] OLG Frankfurt v. 13.04.2007 – 19 U 131/05 in IBR 2009, 94

400 Bauwerk/Technische Anlagen

500 Außenanlagen

600 Ausstattung und Kunstwerke

700 Baunebenkosten

Hinsichtlich der Bedeutung einer Kostenschätzung für die Beurteilung des Vorplanungsergebnisses durch den Bauherrn und hinsichtlich des eher geringen Umfangs der Berechnung für die Kostenschätzung wird der Wert für diese Leistung mit 13 % bezogen auf die Leistungsphase 2 eingeschätzt, dies entspricht einem Honorar von 0,91 % des Honorars nach § 35.

Der Wert der Leistung liegt darin, dass der Auftraggeber zum Zeitpunkt der Diskussion der Vorplanungsergebnisse auch eine Erkenntnisquelle für die voraussichtlichen Baukosten gewinnt.[32] Fehlt die Kostenschätzung, so fehlt eine Teilleistung mit der Folge, dass der Auftraggeber zur Minderung des Honorars berechtigt ist.[33] Ein Nachholen der Leistung zu einem späteren Zeitpunkt, nachdem bereits weitergehende Kostenermittlungen vorliegen, z. B. eine Kostenberechnung führt dazu, dass die nachträgliche Kostenschätzung als Erkenntnisquelle für den Auftraggeber wertlos geworden ist und den Anspruch auf Minderung des Honorars nachträglich nicht beseitigen kann.[34]

Ohne eine Kostenschätzung lässt sich der 2. Teilbereich der Grundleistung ebenfalls nicht klären. Auf der Basis der Kostenschätzung soll ein Vergleich mit den finanziellen Rahmenbedingungen erfolgen. Dies ist das Baubudget, welches im Rahmen der Grundlagenermittlung festzustellen war und welches nun erstmals überprüft wird, ob es anhand der Vorstellungen der Parteien auf Basis der Vorplanung des Architekten eingehalten werden kann.

f) Grundleistung 2 h: Erstellen eines Terminplans mit den wesentlichen Vorgängen des Planungs- und Bauablaufs

Diese Grundleistung ist erstmals in das Leistungsbild der HOAI aufgenommen worden. Mit der Aufstellung eines Terminplans soll Klarheit darüber geschaffen werden, in welchen Zeiträumen die Planungsabläufe und die Bauabläufe anzunehmen sind. Der Terminplan bezieht sich in dem Vorplanungsstadium auf wesentliche Vorgänge und kann demgemäß noch kein detaillierter Terminplan sein. Es findet allerdings eine Grobfeststellung statt, wie die Planungsabläufe terminiert sind, mit welchen Fristen für die Erteilung der Baugenehmigung zu rechnen ist und wie die Vergabe der Bauleistungen in terminlicher Hinsicht geplant ist. Der Terminplan endet mit einer groben Vorstellung der gesamten Bauzeit, ohne jedoch zu klären, welche Bauleistungen zu welchem Zeitpunkt zu erbringen sind. Ein solcher Detaillierungsgrad ist keinesfalls in dieser Leistungsphase gefordert. **50**

g) Grundleistung 2 i: Zusammenfassen, Erläutern und Dokumentieren der Ergebnisse

Die Dokumentation sämtlicher Leistungen erfolgt ohnehin schrittweise. Sie in einer gesonderten Grundleistung nochmals zusammen zu fassen, bedeutet eine Klarstellung auf welche Ergebnisse sich die Parteien tatsächlich geeinigt haben. Wenn eine Planungsfreigabe vom Auftraggeber verlangt wird ist es notwendig, die Grundlagen für die Planungsfreigabe zu klären. Dabei müssen die Planungsunterlagen nicht nochmals überreicht werden. Es reicht aus, dass die Ergebnisse so bezeichnet werden, damit Klarheit besteht, worauf sich die Parteien bei der weiteren Planung geeinigt haben. **51**

Zu der Vorstellung dieses Vorplanungsergebnisses gehört damit zunächst primär die Vorlage und Darstellung aller Vorentwurfsplanungszeichnungen. Mit der Freigabe dieser Planungsergebnisse sind damit zugleich die Leistungen 2 a, 2 b, 2 c und 2 d erbracht. Ist diese Planungsleistung auch darauf hin überprüft worden, ob sie im Einklang mit den Anforderungen der Fachingenieure stehen, insbesondere mit den Anforderungen der Tragwerksplanung, so ist auch

---

[32] Sie hat daher trotz der sprachlichen Formulierung („Schätzung") korrekt zu erfolgen. Vgl. BGH Urteil v. 11.11.2004 – VII ZR 128/03 in BauR 2005, 400; NZBau 2005, 158; ZfBR 2005, 178; ZfIR 2005, 190

[33] BGH a. a. O. BauR 2005, 400

[34] Der BGH weist darauf hin, dass die jeweiligen Kostenermittlungen nach einer interessengerechten Auslegung des Vertrages in der jeweiligen Leistungsphase und nicht danach zu erbringen sind. BGH a. a. O., BauR 2005, 400 (405)

die Leistung 2 e erbracht. Ist das Ergebnis der Planung hinsichtlich der Genehmigungsfähigkeit vorab geklärt, indem Einsicht in die hierfür notwendigen Beurteilungsgrundlagen, insbesondere des Bebauungsplans, genommen wurde und sind die erforderlichen Gespräche mit den zuständigen Baubehörden erfolgt ist, so ist das Planungskonzept insgesamt erledigt und in körperlicher Form zu übergeben. Dieses Ergebnis ist der Hauptleistungsblock der Vorplanung sodass es mit insgesamt 5,25 % des Honorars nach § 35 angemessen bewertet ist. Sämtliche Leistungsinhalte der Leistungen 2 a bis 2 f sind Ausdruck der Vorplanungsergebnisse. Es bedarf deshalb keiner zusätzlichen Dokumentation und Darstellung der einzelnen Leistung, da sie in dem Gesamtkomplex aufgehen.

Das Zusammenstellen der Vorplanungsergebnisse ist danach erfüllt, wenn das von dem Auftraggeber freigegebene Planungskonzept, die Kostenschätzung und der Terminplan übergeben worden sind. Der alleinige Leistungsschritt des Zusammenstellens ist daher so untergeordnet, dass er nur mit 2 % des Honorars der Leistungsphase 2 angemessen bewertet ist. Dies entspricht 0,14 % des Gesamthonorars nach § 35.

52 ## 2.2 Punktebewertung

Leistungen gem. Anlage 10	% aus LPH 2	% des Honorars § 34
Teilleistung 2 a und 2 b	5 %	0,35 %
Teilleistung 2 c und 2 d	50 %	3,5 %
Teilleistung 2 e	10 %	0,7 %
Teilleistung 2 f	10 %	0,7 %
Teilleistung 2 g	15 %	1,05 %
Teilleistung 2 h	8 %	0,56 %
Teilleistung 2 i	2 %	0,14 %
Summe	**100 %**	**7,0 %**

2.3 Objektplanung Innenräume

53 Der Leistungsgegenstand der Vorplanung ist für Leistungen der Innenraumplanung mit denen der Objektplanung Gebäude identisch. Auch wenn sich die gestellten Aufgaben vom Ergebnis unterscheiden, so sind die Arbeitsschritte die gleichen. Dies gilt auch für die Bewertung.

2.4 Umbau

54 Die Ausführungen der vorigen Randnummer gelten auch für Leistungen des Umbaus entsprechend.

2.5 Besondere Leistungen nach Anlage 10

55 Entsprechend des Kataloges, den die Anlage 10 zur Leistungsphase 2 als Besondere Leistung notiert, wird nachfolgend dargestellt, welche Leistungsinhalte Gegenstand dieser Besonderen Leistungen sind und damit nicht Grundleistung sein können. Der Leistungskatalog wäre allerdings sachgerecht auch um Besondere Leistungen zu ergänzen, die anschließend dargelegt werden.

55a **– Aufstellen eines Katalogs für die Planung und Abwicklung der Programmziele**
Eine Abgrenzung zu der Grundleistung, die von dem Architekten die Klärung der Bauziele des Bauherrn zum Gegenstand hat, ist nur im Einzelfall möglich. Als Besondere Leistung gewinnt dies Bedeutung für Großbauvorhaben um sicher zu stellen, dass die einzelnen Bau-

ziele im Rahmen der Planung auch regelmäßig überprüft und zum Gegenstand der Erörterung gemacht wird.

– **Untersuchen alternativer Lösungsansätze nach verschiedenen Anforderungen einschließ-**   **55b**
lich Kostenbewertung
Die Grundleistung spricht von der Erarbeitung von Varianten nach gleichen Anforderungen. Das Pendant für die Besonderen Leistung ist die Erarbeitung alternativer Lösungsansätze nach verschiedenen Anforderungen einschließlich der Kostenbewertung hierzu. Die Abgrenzung zwischen der Erarbeitung von Varianten und Alternativen nach verschiedenen Anforderungen ist durchaus fließend. Diese Besondere Leistung kommt in Betracht, wenn bei Auftragserteilung die Bauziele des Bauherren hinsichtlich der erstrebten Nutzung nicht festliegen und die Bauziele anhand unterschiedlicher Anforderungsprofile insbesondere im Hinblick auf die Funktion des Gebäudes mit entsprechenden Kostenuntersuchungen geprüft werden sollen.

– **Beachten der Anforderungen des vereinbarten Zertifizierungssystems**   **55c**
Zertifizierungssysteme von Bauwerken haben Eingang in die Baupraxis gefunden, um so eine Bewertung für die Qualität von Bauvorhaben insbesondere für Kapitalanleger zu betreiben. Aus Amerika/Kanada kommend hat sich das LEED Zertifizierungsverfahren vielfach eingebürgert. Als weitere Zertifizierungsverfahren gilt das Greenbuilding-Zertifikat, Zertifizierung über das Passivhausinstitut sowie andere Zertifizierungsstellen. Kennzeichnend für die Zertifizierung ist, dass die zertifizierende Stelle eine bestimmte Bauweise vorschreibt, um Besondere Ziele des Objektes zu erreichen. Im Schwerpunkt liegen die Ziele in der Behandlung von Folgekosten für das Bauen, insbesondere Kosten der Unterhaltung des Gebäudes. Sollen solche Zertifikate angestrebt werden, bedarf es einer Beobachtung, der von der Zertifizierungsstelle geforderten Bauausführung und der Bauplanung, die vom Grundleistungshonorar nicht abgedeckt ist.

– **Durchführen des Zertifizierungssystems**   **55d**
Es kann auf die vorbeschriebene Besondere Leistung zurückge griffen werden. Maßgebend ist die genaue Definition des Leistungsinhaltes, was von dem Auftragnehmer im Rahmen der Beachtung einer Zertifizierung als Leistung geschuldet sein soll.

– **Ergänzen der Vorplanungsunterlagen aufgrund besonderer Anforderungen**   **55e**
Dies ist eine Allgemeine Formulierung. Wenn Vorplanungsergebnisse als Grundlage von Anträgen über öffentliche Zuschüsse oder sonstigen Zwecken des Auftraggebers dient, gehören sie nicht in die Grundleistung. Werden sie gefordert, sind dies Besondere Leistungen.

– **Aufstellen eines Finanzierungsplanes**   **56**
Bei der Aufstellung eines Finanzierungsplans geht es vor allem um die Festlegung zu welchem Zeitpunkt welche Gelder bereitgestellt werden müssen. Es geht im Kern um eine Planung der Liquidität, um den Bauablauf mit den Baugeldzahlungen auch abzusichern.

– **Mitwirken bei der Kredit- und Fördermittelbeschaffung**   **57**
Verlangen kreditgebende Banken besondere Auskünfte und Ausarbeitungen hinsichtlich des geplanten Bauvorhaben, die der Beurteilung der Beleihungsfähigkeit dienen, so ist dies eine Besondere Leistung. Dies gilt insbesondere auch für Kfw-Darlehen, die nach speziellen Programmen Baumittel vergeben.

– **Durchführen von Wirtschaftlichkeitsuntersuchungen**   **58**
Die Durchführung von Wirtschaftlichkeitsuntersuchungen betrifft im Wesentlichen die Kostenposition für die Nutzung des Objekts.

– **Durchführen der Voranfrage (Bauvoranfrage)**   **59**
Das Durchführen der Bauvoranfrage hat in der Praxis eine wesentliche Bedeutung. Mit ihr soll eine Vorabklärung erreicht werden, ob das gewünschte Bauwerk auf dem zu überpla-

nenden und bebauenden Grundstück in bauplanungsrechtlicher Hinsicht genehmigungsfähig ist. Zumeist handelt es sich um das Problem, dass die Genehmigungsfähigkeit von dem Auftragnehmer nicht vollständig eingeschätzt werden kann, da die Beurteilungsspielräume für die planungsrechtliche Zulässigkeit des Vorhabens groß sind. Dies trifft primär für Bauvorhaben zu, deren Genehmigungsfähigkeit nach § 34 Baugesetzbuch zu beurteilen sind. Ob das gewünschte Bauwerk sich in die vorhandene Bebauung einfügt, ist vielfach eine Entscheidungsfrage, deren Ergebnis nicht eingeschätzt werden kann. Es liegt ein sehr großer Beurteilungsspielraum vor.

Sinn der Bauvoranfrage ist es, solche Fragen vorab zu klären, ohne dass eine vollständige Ausarbeitung von genehmigungsreifen Entwurfsplanungen und die Erarbeitung eines Baugesuches notwendig sind.

Die Voranfrage kann sich auf die Erörterung einzelner einfacher Fragen beschränken. So kann z. B. nachgefragt werden, ob baurechtlich eine bestimmte Nutzung auf dem Grundstück für zulässig gehalten wird, z. B. die Einrichtung einer Spielothek. Hierzu bedarf es keiner Darlegung von Vorplanungsvorstellungen, um dieses Thema abzuklären. Ausreichend wäre in diesem Zusammenhang die einfache Anfrage. In der Regel kommt die Bauvoranfrage jedoch ohne eine Darstellung des Objektes wenigstens in der Form einer Vorentwurfsplanung nicht aus. Die genauen Bauabsichten lassen sich anhand einer Zeichnung visualisieren, weshalb Leistungen der Leistungsphase 2 zu erarbeiten sind. Das Honorar für die Vorentwurfsplanung bezieht sich auf die Leistung gem. Anlage 10 Leistungsphase 2 c. Für diese Leistung ist deshalb nach HOAI ein Honorar bestimmt, welches sich unter Berücksichtigung des § 8 nach § 35 HOAI berechnet. Die Vergütung richtet sich in diesen Fällen nach den Honorarvorschriften der HOAI. Von der Leistung nicht erfasst ist jedoch die textliche Ausarbeitung der Voranfrage selbst. Sie ist gesondert entsprechend der vertraglichen Vereinbarung zu vergüten.

Welche Anforderungen an eine Bauvoranfrage zu stellen sind, richtet sich nach ihrem Ziel und Zweck. Danach richtet sich der Umfang der vorzunehmenden Bearbeitung aus. Honorarrechtlich führt das zur Berechnung des Honorars nach HOAI, wenn Grundleistungen des Leistungsbildes Anlage 10 hierfür erforderlich sind. So können hierfür auch Leistungen der Leistungsphase 1 erforderlich sein.[35] Sind Grundleistungen zu bearbeiten, so richtet sich das Honorar nach den Preisvorschriften der HOAI. Nach dem Ziel der Bauvoranfrage richtet sich auch die Verantwortung (Haftung) hierfür. Sie kann so weit gehen, dass der Auftragnehmer mit ihr für eine bestandskräftige Genehmigung zu sorgen hat.[36]

60 – **Anfertigungen von Besonderen Präsentationshilfen, die für die Klärung im Vorentwurfsprozess nicht notwendig sind, z. B. – Präsentationsmodelle, perspektivische Darstellungen, bewegte Darstellungen/Animation, Farb- und Materialcollagen, digitales Geländemodell**

Die Darstellung der Vorplanung erfolgt in der Präsentation von Grundrissen, Schnitten und Ansichten. Diese Bearbeitungsweise ist Grundlage für jegliche Planungstätigkeit und bisher auch Grundlage für die Bauabwicklung. Um die Bauabsichten einem Laien gegenüber stärker verdeutlichen zu können, werden Hilfsmittel häufig notwendig und auch vom Auftraggeber gewünscht. Eines der wichtigsten Hilfsmittel ist die Erstellung von Modellen. Sie werden als Präsentationsmodell bezeichnet, sind jedoch nichts anderes als Planungsmodelle. Sie können einfache Arbeitsmodelle des Architekten seien, die er für sich selbst zum besseren Verständnis der Bauaufgabe fertigt. Dann sind es keine Präsentationsmodelle und nicht als solche zusätzliche vergütungspflichtig. Erfolgt jedoch die Darstellung des Objekt in einem Modell, um sie z. B. auch einer größeren Öffentlichkeit zu präsentieren (Aufsichtsgremien, Bürgerbeteiligung etc.), so dienen sie der Anschauung für den Auftraggeber. Gleiche Ziele verfolgen die perspektivischen Darstellungen bewegter Darstellungen, Farb- und Materialcollagen und auch die digitale Geländemodele, die stärker Einzug halten.

---

[35] OLG München v. 06.06.2006 – 13 U 1630/06, BGH Nichtzulassungsbeschwerde zurückgewiesen in IBR 2007, 257 sowie OLG Düsseldorf v. 20.07.2007 – 22 U 142/06 in IBR 2008, 339

[36] OLG Düsseldorf v. 27.07.2007 – 22 U 147/06 in IBR 2008, 400 in einem Bauträgerfall, bei dem es auch auf die Wirtschaftlichkeit des Bauens ankam.

- **3D- oder 4D-Gebäudemodellbearbeitung (Building Information Modelling BIM)** **61**

Zu diesem Bereich gehören die 3D-Animationen von Vorentwurfsvorstellungen. Diese meist sehr zeitaufwendige Computerbearbeitung einer entwurflichen Idee führt zu einem Anschauungswert, der das Verständnis des Auftraggebers für die vorgeschlagene Bauform und Realisierung stärkt. Die Geländemodellbearbeitung nach BIM-Systemen wird den gesamten Planungsprozess deutlich revolutionieren. Die Computertechnik erlaubt es heute, die einzelnen Bausteine für die Realisierung eines Bauvorhabens so anzuordnen, dass sie in einen Entwurf integriert werden und zwar mit der Maßgabe, dass die einzelnen Bauteile, die für die Realisierung des Objekts erforderlich sind, dabei ohne Weiteres erfasst werden. Jede Änderung der Planung macht es dabei möglich, die Auswirkungen auf die Bauausführung festzustellen. Wie die in der Automobilindustrie fortgeschrittene Computerisierung des gesamten Planungs- und Herstellungsprozesses von Kraftfahrzeugen findet damit Eingang in den Bauprozess selbst. Zum derzeitigen Zeitpunkt sind derartige Verfahren jedoch noch nicht üblich und nur mit einem zusätzlichen Aufwand zu bewerkstelligen, weshalb sie auch zu Recht als Besondere Leistung geführt werden (siehe auch Rdn. 47).

- **Aufstellen einer vertieften Kostenschätzung nach Positionen einzelner Gewerke** **62**

Es ist häufig Ziel des Auftraggebers, in einem sehr frühen Planungsstadium schon eine möglichst genaue Erkenntnis über die Kosten des Bauvorhabens und der Realisierung der Planung zu haben. Dies kann in Form einer vertieften Kostenschätzung nach Position einzelner Gewerke erfolgen. Im Vorplanungsstadium ist dies meistens verfrüht, weil noch nicht alle Erkenntnisquellen erkannt sind, die Auswirkungen auf die Baukosten haben. Im Zuge der Entwurfsplanung gewinnen allerdings solche Kosten vertiefenden Untersuchungen Bedeutung.

- **Fortschreiben des Projektstrukturplans** **63**

Der im Rahmen der Vorplanung aufgestellte Projektstrukturplan ist stets an die aktuelle Lage anzupassen. Sinnvollerweise wird dies in der Beschreibung der Besonderen Leistung von vornherein festgelegt. Eine gesonderte Besondere Leistung für das „Fortschreiben des Projektstrukturplans" wird demgemäß selten erforderlich sein.

- **Aufstellen von Raumbüchern** **64**

Bei größeren Bauvorhaben ist es in der Regel notwendig, Raumbücher zu erstellen. Gegenstand dieser Leistung ist, die einzelnen Räume zu erfassen. Dies ist vor allem eine sinnvolle Ergänzung der Entwurfsplanung, wenn alle Einzelheiten der Bauausführung geklärt sind.

- **Erarbeiten und Erstellen von besonderen bauordnungsrechtlichen Nachweisen für den** **65**
vorbeugenden und organisatorischen Brandschutz bei baulichen Anlagen besonderer
Art und Nutzung, Bestandsbauten oder im Falle von Abweichungen von der Bauordnung

Der ausführlichen Beschreibung dieser Besonderen Leistung bedarf keiner weiteren Kommentierung. Dies ist weitgehend selbst erklärend.

2. 6 Schwerpunkt der Haftung

Der Schwerpunkt der Haftung des Architekten im Rahmen der Vorplanung liegt in der falschen **66** Beratung des Bauherren. Auf der einen Seite hat er die Wünsche des Bauherren im vollen Umfange zu realisieren, auf der anderen Seite muss aufgrund seines Fachwissens klären, ob diese Wünsche im Rahmen der vereinbarten Zielsetzung auch umsetzbar sind. Missachtet er die Wünsche des Auftraggebers ohne dass er eventuelle Zielkonflikte mit der Realisierung dieser Wünsche mit dem Auftraggeber geklärt und zu einer Entscheidung geführt hat, kommt eine Haftung in Betracht. So in dem Fall, in dem der Bauherr dem Architekten eine Skizze überreicht, in der er seine Wünsche im Hinblick auf die Ausgestaltung der Zufahrt zum Gebäude darstellt. Das später realisierte Bauvorhaben erfüllt nicht die Anforderung nach der Skizze des Bauherren, über die sich der Architekt insofern ohne klare Entscheidung des Bauherren hinweggesetzt hat, weil die Realsierbarkeit in Bezug auf einen Teilaspekt der Skizze nicht möglich war.[37] Diese Entscheidung zeigt deutlich, dass es Aufgabe des Architekten ist, bei aufkommenden Zielkonflikten

---

[37] OLG Hamm, Urteil v. 07.05.2015 – 12 U 184/12

zwischen den Wünschen des Bauherren und dessen Realiserbakeit eine klare Entscheidung des Auftraggebers herbeizuführen.

Im Rahmen einer Fassadensarnierung eines Altbaus aus dem Jahre 1716 hat der Architekt seine Planung auf den Diagnosebericht eines Fachplaners hinsichtlich des Einbaus einer Horizontalsperre durch Injektionsabdichtung gestützt.[38] Nach dem Diagnosebericht sollten von innen und von außen Löcher gebohrt und Injektionslösung eingeführt werden. Auf Wunsch des Bauherren unterblieb die Injektionslösung von innen, was zu einem Baumangel geführt hat. Dem Architekten wird zum Vorwurf gemacht, dass er in der Ausführungs- und Detailplanung keine beidseitige Bearbeitung des Mauerwerks als notwendig angesehen hat.

Der BGH hat festgestellt, dass der Auftraggeber für die Koordinierung der verschiedenen Planer Sorge zu tragen hat. Dies folgt aus der unterschiedlichen Vergabe von Planerleistungen für ein Objekt durch den Bauherren. Ob diese Entscheidung[39], die im Zusammenhang mit der Ausführungsplanung und Vorbereitung der Vergabe eines Autobahnzubringers erfolgt ist, auch für die Objektplanung Gebäude herangezogen werden kann, erscheint zweifelhaft. Dem Objektplaner Gebäude obliegt insoweit eine besondere Koordinierung. Allerdings stellt sich die Frage, wie weit die Koordinierungspflicht reicht. Wenn die Fachingenieurleistungen für die Technische Gebäudeausrüstungen an einen Auftragnehmer vergeben sind, kann erwartet werden, dass die Koordinierung und Konfliktfreiheit der Planung für die Technische Gebäudeausrüstung, Elektro, Lüftung, Wasser, Heizung insoweit von dem Fachplaner betrieben wird, in dem festgestellt wird, dass sich seine Leistungsbeiträge nicht wechselseitig behindern und so geplant sind, dass die eine Fachingenieurleistung der Technischen Gebäudeausrüstung die Funktion der anderen Planung der Technischen Gebäudeausrüstung nicht beeinträchtigt.[40]

Die Planung des Architekten muss zumindest den anerkannten Regeln der Technik entsprechen, so grundsätzlich der BGH.[41] Planungsfehler haben ihren Schwerpunkt im Rahmen der Ausführungsplanung, wenn es darum geht, die Entwurfslösung des Architekten in bauliche Form umzusetzen. Allerdings kann der Fehler der Nichtbeachtung der anerkannten Regeln auch bereits in die Vorplanung reichen, so insbesondere, wenn der Planer einen niveaugleichen Übergang zwischen Innenraum und Terrasse bzw. Balkon plant, ohne für eine zusätzliche Entwässerung durch Einbau einer Entwässerungsrinne vor dem Eintritt in das Gebäude zu planen und dabei die Mindesthöhen beachtet, die nach den Richtlinien des Dachdeckerhandwerkes zur Abdichtung des Bauteils an das Gebäude aufgestellt sind.

Ein weiterer Anwendungspunkt zeigt sich vor allem auch im Bereich der Denkmalpflege. Eigentümer denkmalgeschützter Objekte verlangen gelegentlich, dass die häufig anzutreffenden feuchten Keller in Denkmälern so umgestaltet werden, dass sie für einen dauernden Aufenthalt von Personen geeignet sind, z. B. in Form einer Büronutzung. Dies setzt in der Regel voraus, dass eine Horizontalabdichtung der Außenmauern erfolgt, um so aufsteigende Feuchtigkeit durch die Kapilarwirkung von Bodenwasser bzw. Bodenfeuchtigkeit aufzufangen. Diese nach den Regeln der Technik auszuführenden Arbeiten scheitern häufig an den Belangen des Denkmalschutzes, die einen solchen Eingriff nicht zulassen. In solchen Fällen liegt kein Planungsfehler vor, weil der Eigentümer eines Denkmals diese Einwirkungen auf sein Denkmal durch Entscheidung des Denkmalamtes hinnehmen muss. Allerdings besteht eine Beratungspflicht. Der Architekt muss den Bauherren eventuell darüber aufklären, dass der Keller für eine Büronutzung deshalb ungeeignet ist.

Ein Schwerpunkt der Leistungsverpflichtung ist auch die Beratung des Architekten über die voraussichtlichen Baukosten. Der Architekt muss den Auftraggeber zutreffend über die voraussichtlichen Baukosten beraten. Verletzt er diese Verpflichtung schuldhaft, ist er dem Auftraggeber zu Schadensersatz verpflichtet.[42] Der Architekt ist grundsätzlich verpflichtet, das Baukostenbudget einzuhalten. Er haftet allerdings nur, wenn ihm eine Pflichtverletzung vorzuwerfen ist, was nicht der Fall ist, wenn die Nichteinhaltung des Budgets auf spätere Sonder- und Änderungswünsche des Bauherren zurückzuführen sind.

---

[38] OLG Celle Urteil v. 29.01.2014 – 7 U 159/12

[39] BGH v. 31.07.2013 – VII ZR 59/12

[40] So vor allem in einer Anmerkung zu IBR 2013, 624 Heiko Fuchs

[41] BGH v. 10.07.2014 – VII ZR 55/13

[42] BGH Beschluss v. 07.02.2013 – VII ZR 3/12

Der Architekt muss dem Bauherren über die evt. anfallenden Mehrkosten bei Realisierung der Sonder- und Änderungswünsche umfassend aufklären. Von der Übernahme einer Kostengarantie kann allerdings nicht gesprochen werden, wenn der Architekt vertraglich verpflichtet ist, die kalkulierten Kosten unbedingt einzuhalten. Dies stellt noch keine Baukostengarantie dar.[43] Einen Fall der nicht ordnungsgemäßen Beratung des Bauherren über die Genehmigungsrisiken behandelt das OLG München. In diesem Fall hat der Architekt eine First- und Traufhöhe geplant, die nicht genehmigungsfähig war. ‚Ein Hinweis hierzu gegenüber dem Bauherren ist unterblieben. Dieser hatte daraufhin im Glauben an die n glaubender Genehmigungsfähigkeit die Entwurfsplanung und Genehmigungsplanung in Auftrag gegeben und gezahlt. Dem Architekten wurde in diesem Fall auch keine Nacherfüllung zugestanden. Er erhielt lediglich die Vergütung für die Leistungsphase 1 und 2 und wurde verpflichtet, die Vergütung für die Entwurfs- und Genehmigungsplanung zurückzuzahlen.[44]

3. Leistungsphase 3: Entwurfsplanung (System- und Integrationsplanung)

3.0 Allgemeine Vorbemerkung

Die Bearbeitung der Entwurfsplanung setzt ein Vorplanungsergebnis voraus. Fehlt ein solches, so ist dieses zu erarbeiten und es werden damit Leistungen erfüllt, die der Vorplanung Leistungsphase 2 zugeschrieben sind. Kernstück der Entwurfsplanung ist das Durcharbeiten des Planungskonzeptes. Die Leistung 3 a HOAI 2013 spricht zwar nicht mehr von dem Durcharbeiten eines Planungskonzeptes sondern jetzt von der Erarbeitung der Entwurfsplanung unter weiterer Berücksichtigung aller wesentlichen Zusammenhänge. Inhaltlich hat sich indes nichts geändert. Die Leistung 3 b kann eben so wenig von der Leistung 3 a getrennt werden. Beide Leistungen werden parallel zueinander behandelt. 67

Die unter 3 d aufgeführten Leistungen der Verhandlung mit Behörden und anderen an der Planung fachlich Beteiligten über die Genehmigungsfähigkeit ist ebenfalls keine selbstständige Teilleistung, sondern ist parallel bei der Durcharbeitung des Planungskonzeptes zu verfolgen. Fehlplanungen können nur vermieden werden, wenn die Planungsergebnisse mit den zuständigen Behörden auf ihre Genehmigungsfähigkeit hin abgeprüft sind.

3.1 Objektplanung Gebäude

a) Grundleistungen 3 a, 3 b und 3 d 68

Grundleistung 3 a: Erarbeiten der Entwurfsplanung, unter weiterer Berücksichtigung der wesentlichen Zusammenhänge, Vorgaben und Bedingungen (zum Beispiel städtebauliche, gestalterische, funktionale, technische, wirtschaftliche, ökologische, soziale, öffentlich-rechtliche) auf der Grundlage der Vorplanung und als Grundlage für die weiteren Leistungsphasen und die erforderlichen öffentlich-rechtlichen Genehmigungen unter Verwendung der Beiträge anderer an der Planung fachlich Beteiligter.

Zeichnungen nach Art und Größe des Objekts im erforderlichen Umfang und Detaillierungsgrad unter Berücksichtigung aller fachspezifischen Anforderungen, zum Beispiel bei Gebäuden im Maßstab 1 : 100, zum Beispiel bei Innenräumen im Maßstab 1 : 50 bis 1 : 20

Grundleistung 3 b: Bereitstellen der Arbeitsergebnisse als Grundlage für die anderen an der Planung fachlich Beteiligten sowie Koordination und Integration von deren Leistungen

Grundleistung 3 d: Verhandlungen über die Genehmigungsfähigkeit

Diese vorbeschriebenen Grundleistungen 3 a, 3 b, 3 d müssen im Zusammenhang gesehen werden und können nicht losgelöst voneinander beurteilt werden. Ziel der Entwurfsbearbeitung ist, eine Grundlage für die Realisierung des Bauvorhabens zu schaffen. Ausgangspunkt ist die grundsätzliche bauliche Lösung, so wie sie mit dem Vorplanungsergebnis erzielt wurde.

---

[43] OLG Düsseldorf v. 23.10.2012 – 21 U 155/11
[44] OLG München, Urteil v. 08.11.2011 – 9 U 1576/11

Die Durcharbeitung dieser Ergebnisse ohne Integration der Fachingenieurleistung macht ebenso wenig Sinn wie eine Bearbeitung des Entwurfes ohne Abklärung der Genehmigungsbelange der im Genehmigungsverfahren zu beteiligenden Fachämter. Die Nichtbeauftragung der Grundleistungen 3 b und 3 d führt deshalb notwendigerweise zu einer späteren Überarbeitung des insoweit unzureichenden Entwurfs. Es liegt ein gestörter Planungsablauf vor, der dazu führt, dass dem Auftragnehmer bei verspäteter Einschaltung der Fachingenieure durch den Auftraggeber und damit erst späterer Übertragung der Teilleistung 3 b ein zusätzliches Honorar zugebilligt werden muss. Das Gleiche gilt, wenn, aus welchen Gründen auch immer, der Auftragnehmer ausdrücklich keine Verhandlungen mit den Behörden über die Genehmigungsfähigkeit seines Entwurfes führen soll, was wegen seiner Bedeutung wohl nur auf Ausnahmen beschränkt sein wird und nur rein theoretischer Natur ist.

Das Ergebnis der Entwurfsplanung fließt in die zeichnerische Darstellung ein; sämtliche hier beschriebenen Grundsätze gelten auch für die Innenraumplanung.

Diese Leistung bedeutet eine zeichnerische Darstellung des Gesamtentwurfes in einem Maßstab nach Art und Größe des Bauvorhabens. Bei der Objektplanung Gebäude erfolgt dies in den allermeisten Fällen in dem Maßstab 1 : 100, gegebenenfalls bei großen Bauvorhaben im Maßstab 1 : 200, bei Innenräumen im Maßstab 1 : 50 bis 1 : 20.

69 Das Kernstück der Leistungsphase 3 stellt damit diese Leistungen dar.

Der wesentliche Unterschied zwischen der Vorplanung und der Entwurfsplanung liegt darin, dass die Vorplanung nur die Grundkonzeption einer Lösung der gestellten baulichen Aufgabe zum Gegenstand hat. Die Entwurfsplanung setzt auf diese Lösung auf und klärt weitgehend alle Details für die Gestaltung und Funktion. Notwendigerweise können die Vorplanungsergebnisse keine Ergebnisse zu einzelnen Details der späteren Bauausführung enthalten. Dies ist Aufgabe der Entwurfsplanung. Sie muss die Vorplanungsergebnisse ergänzen und Lösungen für die Bereiche finden, für die die Vorplanung noch keine Baulösung gefunden hat.

Auch dieser Planungsschritt vollzieht sich im Sinne einer Optimierung zu einzelnen Gestaltungslösungen, wobei dieser **Optimierungsprozess** wiederum gesteuert wird durch Anforderungen an die Architektur, die sich aus der Berücksichtigung städtebaulicher, gestalterischer, funktionaler, technischer, bauphysikalischer, wirtschaftlicher und energiewirtschaftlicher Anforderungen ergibt. Dabei handelt es sich um die gleichen Anforderungen, wie sie auch für die Leistung im Rahmen der Leistungsphase 2 d aufgeführt worden sind. Die Berücksichtigung all dieser Anforderungen kennzeichnet die Planungstätigkeit und setzt sich notgedrungen damit auch in der Entwurfsplanung fort.

Dem Architekten obliegt dabei eine **umfassende Beratung** des Auftraggebers, der über seine Gestaltungsvorschläge umfassend zu beraten ist. Ist bei der Planung z. B. erkennbar, dass der gewünschte Farbaufdruck auf unterschiedlich strukturierte Glasflächen (Einfachverglasung, Kalt- und Warmpanel) nicht zu einer einheitlichen Erscheinung führt, so ist der Auftraggeber über dieses Risikos der Planung zu beraten. Fehlt diese, so liegt ein Beratungsfehler vor.[45]

Die Leistung 3 a weist bereits darauf hin, dass im Rahmen dieser Planungsbearbeitung die Beiträge anderer an der Planung fachlich Beteiligter bis zum vollständigen Entwurf zu berücksichtigen sind. Nichts anderes besagt die Leistung, die unter b) mit dem Integrieren der Leistungen anderer an der Planung fachlich Beteiligter angesprochen ist. Die Objektplanung Gebäude erfasst hinsichtlich ihres fachlichen Teils nicht die Anforderungen der Tragwerksplanung und auch nicht die Anforderungen der Technischen Ausrüstung, da dies Spezialwissen voraussetzt und die Domäne entsprechender Fachingenieure ist. Die Leistungsbeschreibung der Leistungsphase 3 zeigt, dass in diesem Planungsstadium die Fachingenieure hinzugezogen werden müssen. Dies ist Angelegenheit des Auftraggebers, der für die entsprechende Beauftragung der Fachingenieure Sorge zu tragen hat.

Der Tragwerksplaner wird bei der **Überprüfung des Tragwerkes** für die im Rahmen der Vorentwurfsplanung festgelegte Bauform Festlegungen darüber treffen, welche Wandstärken und insbesondere Säulenstärken das Tragwerk haben muss bzw. wie sich das vom Auftragnehmer ausgewählte Baurastermaß auf das Tragwerk auswirkt, soweit dies nicht bereits im Rahmen der

---

[45] OLG Stuttgart v. 18.08.2008 – 10 U 4/06, BGH Nichtzulassungsbeschwerde zurückgewiesen in IBR 2010, 37

Vorplanung zu erfolgen hatte. Diese Angaben müssen in die Entwurfsplanung für die Objektplanung Gebäude übernommen werden. Sie greifen damit auch in die Grundrissgestaltung ein. Wenn nämlich z. B. Gebäudestützen aus statischer Sicht in größerer Zahl erforderlich sind, als von der Objektplanung Gebäude angenommen, so muss der Auftragnehmer unter Berücksichtigung dieser Anforderung des Tragwerksplaners seine Entwurfsplanung darauf hin abstellen und gegebenenfalls die Grundrisskonfiguration ändern. Gleiches gilt auch für die Fachbeiträge der Fachingenieure **Technische Ausrüstung**. So können z. B. die Größe von Lüftungskanälen und deren Führungsstränge dazu führen, dass der Grundriss überarbeitet werden muss, um die Kanäle und Leitungsführungen der technischen Ausführung im Gebäude unterzubringen. Ohne Berücksichtigung dieser Leistung kann eine mängelfreie Entwurfsplanung nicht entstehen.

Dies gilt auch hinsichtlich der **Genehmigungsfähigkeit** der Planung. Die Planung ist niemals ein Selbstzweck. Sie muss einhergehen mit den Vorstellungen der Genehmigungsbehörden. Insofern ist die Leistung e) Bestandteil dieses Planungskonzeptes und kann nicht losgelöst von ihr betrachtet werden.   **70**

Es wird vielfach übersehen, dass die Verhandlungen mit den Behörden über die Genehmigungsfähigkeit höchst unterschiedliche Genehmigungstatbestände berühren.

Im Vordergrund steht die Beurteilung der Frage, ob das Bauvorhaben entsprechend der vom Auftraggeber gewünschten Nutzung und baulicher Ausnutzung des Grundstückes aus bauplanungsrechtlicher Sicht nach den Regeln des Baugesetzbuches genehmigungsfähig ist. Hier stellt sich also die Frage nach der Übereinstimmung der Planungskonzeption mit den Festlegungen des Bebauungsplans, sofern einer vorliegt. Fehlt ein Bebauungsplan, so beurteilt sich die Zulässigkeit des Bauvorhabens nach § 34 Baugesetzbuch. Es bedarf deshalb der Klärung, ob der Baukörper sich im Hinblick auf die Ausnutzung des Grundstückes, der Gestaltung und der beabsichtigten Nutzung in die Umgebung einpasst, eine Klärung, die bereits in der Vorplanung zu erfolgen hatte und nun zu vertiefen ist. Dies ist ein schwieriger Prüfungsgang, dessen Ende keiner so Recht vorhersehen kann. Die Entscheidung, ob eine Baugenehmigung nach § 34 Baugesetzbuch gegeben werden kann, lässt sich zwar mit den Genehmigungsbehörden vorher abstimmen. Dies ist auch selbstverständliche Pflicht des Auftragnehmers. Aber selbst wenn die Baugenehmigung erteilt ist, besagt dies nicht, dass sie Bestandskraft hat. Wird sie z. B. von einem Nachbarn angegriffen, so entscheidet das letztinstanzliche zuständige Verwaltungsgericht über die Zulässigkeit dieses Bauvorhabens, und zwar ausschließlich in bauplanungsrechtlicher Hinsicht. Dies ist ein Tatbestand, den der Auftragnehmer nicht steuern und beurteilen kann, wenn er sich mit seiner Planung an die Festlegung und Beratung des Bauaufsichtsamtes gehalten hat.

Die Klärung der bauplanerischen Zulässigkeit ist wesentlicher Bestandteil der Vorplanung und schon dort zu prüfen. Im Entwurfsstadium geht es vor allem auch um die Abklärung der bauordnungsrechtlichen Fragestellungen.

Ein wesentlicher Gesichtspunkt des Bauens betrifft z. B. die Beachtung der **Brandschutzvorschriften**. Das Planungskonzept des Auftragnehmers muss mit den zuständigen Behörden auch so abgestimmt sein, dass Brandschutzauflagen erfüllt werden. Die rechtzeitige Abstimmung der Entwurfslösung mit den zuständigen Behörden ist deshalb notwendig.

Je nach Gebäudeart kann eine Vielzahl weiterer Genehmigungstatbestände zu beachten sein, z. B. Berücksichtigung der Arbeitsstättenrichtlinien, Versammlungsstätten, Gaststättenordnung etc. Aufgabe des Auftragnehmers ist es, sich über diese jeweils spezifischen Anforderungen zu informieren und notfalls Fachgespräche mit den zuständigen Behörden zu führen und sein Lösungskonzept der gestellten Bauaufgabe hinsichtlich dieser speziellen Anforderungen zu überprüfen. Ohne diesen **Klärungsprozess** lässt sich die Entwurfsplanung nicht mangelfrei bewerkstelligen, weshalb die Leistung 3 a, 3 b, 3 e als eine einheitliche Leistung in der zeichnerischen Darstellung des Gesamtentwurfes zum Ausdruck kommt. Eine Abklärung der Zielkonflikte im Zuge dieses Bearbeitungsschrittes ist von ganz erheblicher Bedeutung. Im Entwurfsstadium kann schon sehr genau beurteilt werden, ob die bei Vertragsabschluss angenommenen Bauziele erreicht werden können. Die sich hieraus ergebenden Zielkonflikte müssen deutlich zu Tage treten können, weil eine Entwurfslösung im Hinblick auf die Beachtung der angestrebten Bauziele vom Auftragnehmer überprüft werden können und zwar mit der Folge, dass entsprechende Zielkonflikte aufgedeckt werden. Auch hier steht die Beratungsleistung des Architekten absolut im Vordergrund, der die Zielkonflikte nicht nur aufzudecken hat sondern auch den Auftraggeber dahingehend zu beraten hat, wie die Zielkonflikte gegebenenfalls durch Veränderung der Entwurfslösung gelöst werden können. Das Ergebnis dieses Klärungsprozesses ist wiederum eine Freigabe der Entwurfsplanung vom Auftraggeber, der damit auch zugleich die vom Architekten aufgedeckten Zielkonflikte erkannt und durch seine Planungsfreigabe entschieden hat.

Dieser Leistungsanteil stellt den Schwerpunkt der Entwurfsplanungsleistung dar und muss mit 70 % des Honorars der Leistungsphase 3 bewertet werden und macht damit 7,7 Prozentpunkte für das Honorar nach § 35 aus.

Es kommt vor, dass sich der Auftraggeber auch noch in diesem Stadium das Beauftragen von Fachingenieurleistungen ersparen will, weil er meint, bei späterer Beauftragung günstiger zu handeln. Dies ist ein Irrtum. Die spätere Beauftragung der Fachingenieure führt zu einem gestörten Bauablauf und zwingt den Auftragnehmer, seinen Entwurf vollständig zu überprüfen, was zusätzliche Forderungen auslöst.

b) Grundleistung 3 c: Objektbeschreibung

71 Diese Leistung bezieht sich bei der Objektplanung Gebäude auf eine ergänzende Objektbeschreibung mit Erläuterung des Bauobjektes. Die wesentliche Objektbeschreibung erfolgt durch die zeichnerische Darstellung. Die Objektbeschreibung befasst sich deshalb mit Tatbeständen, die der zeichnerischen Darstellung nicht entnommen werden können. Dies betrifft die zur Verwendung kommenden Baustoffe, Materialien und sonstige Umstände, soweit sie der Zeichnung nicht entnommen werden können. In der Gesamtbewertung der Leistungsphase 3 spielt die Objektbeschreibung nur eine untergeordnete Rolle, weshalb diese nicht mit mehr als 5 % der Gesamtleistung Entwurf zu beurteilen ist, das entspricht einem Honorar von 5 Prozentpunkten nach § 35.

Flächenberechnungen gehören nicht in den Leistungskatalog der Anlage 10. Für die Erfassung von Flächen eines Gebäudes bestehen unterschiedliche Vorschriften. Die Verordnung zur Berechnung der Wohnfläche[46] befasst sich mit Wohnflächen und betrifft Wohnflächen nach dem Wohnraumförderungsgesetz. Sie ersetzt die Vorschriften der 2. Berechnungsverordnung[47]. Sie enthält Vorschriften, was zur Wohnfläche gezählt werden kann. Diese werden auch häufig als die vermiet- und vermarktfähigen Flächen angesehen und haben deshalb über den Kreis der öffentlichen Wohnraumförderung Bedeutung, z. B. im Bauträgervertrag. Allerdings ist sie im Bauträgervertrag ausdrücklich zu vereinbaren. Zur Flächenangabe im Vertrag gehört auch die Angabe, wonach sie ermittelt ist. DIN 277 ist als ursprünglich eingeführte Norm demgegenüber überholt, wie auch die 2. BVO. Im Kern geht es um die Definition, ob z. B. bei Nischen für Heizkörper, bei Flächen unter einer innenliegende Treppe oder bei schräg geneigten Dachausbauten die ganze Bodenfläche oder nur anteilig zu berechnen ist. Klarheit schafft hier das Regelwerk.

Für den gewerblichen Bereich ist die Richtlinie MF-G eingeführt, die von der Gesellschaft für Immobilienwirtschaftliche Forschung, Wiesbaden, herausgegeben ist. Diese befasst sich mit der Flächenermittlung z. B. von Einkaufszentren etc. Auch hier geht es um die Frage, welche Flächen markt- und mietfähig und Grundlage für einen Verteilungsschlüssel von Mietnebenkosten sind.[48] Flächenberechnungen gehören deshalb zu den Besonderen Leistungen.

c) Grundleistung 3 e: Kostenberechnung nach DIN 276 und Vergleich mit der Kostenschätzung

72 Diese Leistung ist eine wesentliche Leistung. Sie verfolgt drei Ziele. Die im Rahmen der Vorplanung vorliegende nur summarische und überschlägliche Kostenschätzung wird erstmals auf den Prüfstand gestellt, indem die Kosten bis zur zweiten Ebene der Kostengliederung der DIN 276 zu berechnen sind. Die DIN 276 gliedert die Kosten am Hochbau in drei Ebenen. Die Kosten der Ebene 1 erfassen die Kosten in sieben Hauptgruppen, die in zwei weiteren Ebenen detailliert aufgeführt werden. Eine ordnungsgemäße Kostenberechnung setzt sich mit diesen Ebenen auseinander und führt zu einer Berechnung der einzelnen Leistungen entsprechend der zweiten Ebene der DIN 276 Um eine Kostenberechnung verantwortlich vornehmen zu können, ist es notwendig,

---

[46] Wohnflächenverordnung (WoFlV) v. 25.11.2003, BGBl. III 2330-32.1
[47] 2. Berechnungsverordnung (BVO) v. 12.10.1990, BGBe III 2330-2-2 I S. 2178
[48] Gif-Berechnungen bei www.gif-ev.de

wiederkehrende Bauteile im Einzelnen kostenmäßig zu bewerten. Hierzu ist erforderlich, Mengen und Massen zu ermitteln, um zu entsprechenden Kostenwerten zu kommen.

Von dem Planer der Objektplanung Gebäude muss dabei erwartet werden, dass er die Kosten für die folgenden Kostengruppen ermittelt:

100 Grundstück

200 Herrichten und Erschließen

300 Bauwerk/Baukonstruktion, welches einen Schwerpunkt der Kostenberechnung darstellt

500 Außenanlagen, gegebenenfalls wenn nicht ein Objektplaner für die Freianlage eingeschaltet ist

600 Ausstattung und Kunstwerke. Auch hierfür ist vom Objektplaner Gebäude eine überschlägliche Ermittlung zu erwarten, wenn nicht ein Auftragnehmer der Innenraumplanung hinzugezogen worden ist

700 Baunebenkosten

Die Kosten für Kostengruppe 400 Bauwerk/Technische Anlage sind nicht im Rahmen des Leistungsbildes der Objektplanung Gebäude zu berechnen, sondern müssen von dem Planer der technischen Anlage im Rahmen seines Leistungsbildes ermittelt und dem Objektplaner zur Übernahme in die Kostenberechnung geliefert werden, der diese abzufordern hat.

Für die Kostengruppe 500 Außenanlage trifft das Gleiche zu, wenn ein Objektplaner für die Freianlagen hinzugezogen worden ist. Dieser beurteilt die Kosten der Planungsergebnisse für die Freianlagen und liefert diese ebenfalls dem Objektplaner.

Die Kosten für die Kostengruppe 600 Ausstattung und Kunstwerke werden in der Regel vom Objektplaner Gebäude ermittelt. Bei speziellen Bauvorhaben kann dies allerdings auch über die Planung der Innenräume erfolgen.

Liegt das Ergebnis der Kostenberechnung vor, so kann dieses mit der Kostenschätzung verglichen werden. Die Kostenberechnung liefert erstmals eine annähernd sichere Beurteilung der voraussichtlich entstehenden Gesamtkosten. Die Rückkopplung mit der Kostenschätzung verfolgt damit das Ziel, ob die Planungsanforderungen des Auftraggebers im Hinblick auf das vereinbarte Baubudget erfüllt sind.

Übersteigt das Ergebnis der Kostenberechnung die Kostenschätzung und damit das Baubudget, so hat ein Klärungsprozess stattzufinden. Der Auftragnehmer ist zur Erreichung der Kostenziele des Auftraggebers verpflichtet, Vorschläge für Einsparungen zu unterbreiten. Der Auftraggeber wird zu überprüfen haben, ob anhand der Ergebnisse der Kostenberechnung sich seine Bauziele noch mit den Kostenvorstellungen vereinbaren lassen. Gegebenenfalls ist das Budget von dem Auftraggeber anzupassen, wenn er auf die Einsparungsvorschläge des Auftragnehmers nicht eingehen will.

Wesentliche Einsparungen lassen sich in aller Regel nur erzielen, wenn das Bauvolumen reduziert wird. Dies bedeutet eine Veränderung der Entwurfsstruktur und eine Veränderung der Planungsergebnisse, so wie sie bisher mit dem Auftraggeber einvernehmlich festgelegt waren. Der Auftraggeber wird sich entscheiden müssen, ob er die Anforderungen an die Bauaufgabe den gefundenen Ergebnissen hinsichtlich der Kostenermittlung nun anpasst oder ob er auf die Einsparungsvorschläge des Auftragnehmers eingeht und damit zulässt, dass in das Vorplanungsergebnis eingegriffen wird. Das Aufdecken von Planungskonflikten durch den Architekten bedeutet nicht, dass die Architektenleistung mangelhaft ist. Der Schwerpunkt der Leistung in dieser Phase besteht in der ordnungsgemäßen Beratung des Bauherren. Der Architekt hat die Verpflichtung evt. Zielkonflikte aufzuzeigen und dem Bauherren mit Vorschlägen einer Konfliktlösung zur Entscheidung zu präsentieren. Dies ist Kern seiner Architektenleistung.

Diese Leistung hat zum Gegenstand aufzuzeigen, ob das bisher von den Vertragsparteien verfolgte Baukostenbudget noch gehalten wird. Notwendige Überarbeitung des Planungskonzepts spiegelt sich in dieser Leistung nicht wider, sondern ist Bestandteil der Kernleistung, nämlich der zeichnerischen Darstellung des Gesamtentwurfes. Es ist deshalb angemessen, wenn die Leistung der Kostenplanung bestehend aus der Kostenberechnung und der Kostenkontrolle insgesamt 20 % der Gesamtleistung der Phase 3 zu bewerten ist, dies entspricht 20 Prozentpunkten nach § 35.

73 **d) Grundleistung 3 f: Fortschreiben des Terminplans**

Zur Vorplanung gehört das Aufstellen eines Terminplans für die Planung und Bauausführung. Im Entwurfsstadium ist dieser fortzuführen und den geltenden Anforderungen anzupassen.

74 **e) Grundleistung 3 g: Zusammenfassen, Erläutern und Dokumentieren der Ergebnisse**

Diese Leistung ist eine sehr untergeordnete Leistung.

Das Zusammenfassen der Entwurfsunterlagen entspricht der Leistung 3 j für die Vorplanung. Die von dem Auftraggeber für die Erstellung eines Antrags auf Erteilung einer Baugenehmigung freigegebene Entwurfsplanung ist, wie es § 3 Ziffer 8 verlangt, mit dem Auftraggeber zu erörtern. Dies ist selbstverständlich. Ohne das Zusammenwirken beider Parteien lässt sich dieser Planungsschritt nicht vollziehen. Er ist Grundlage für die Entscheidung des Auftraggebers, dass auf Basis der Entwurfsplanungsergebnisse der Bauantrag gestellt werden soll.

Entsprechend der Leistungsphase 2 sind damit die Ergebnisse der Entwurfsplanung zusammengefasst, wenn dem Auftraggeber die Entwurfsplanungen übergeben wurden sowie ergänzend hierzu die Objektbeschreibung und insbesondere die Kostenberechnung. Eine eigenständige Teilleistung kommt dieser Leistungsbeschreibung damit kaum zu.

Wegen der nur äußerst untergeordneten Rolle macht diese Leistung auch nur 2 % an der Gesamtleistung der Phase 3 aus, dies entspricht 0,22 Prozentpunkten des Honorars nach § 34.

75 **3.2 Punktebewertung Objektplanung Gebäude und Innenräume**

Leistungen gem. Anlage 10	% der LPH 3	% des Honorars § 35
Grundleistung 3 a, 3 b und 3 d	68 %	10,2 %
Bei **ausnahmsweise** Nichtbeauftragung der Leistungen 3 b und 3 d Bei nachträglicher Beauftragung erfolgt vollständige Überarbeitung Bei nachträglicher Einarbeitung 3 b und 3 e	Abzug von 10 % = 61,2 % 5 % für 3 b 5 % für 3 d Zuzüglich für Neubearbeitung 20 % + 3 a und 3 b, insgesamt	
Grundleistung 3 c	5 %	0,75 %
Grundleistung 3 e	20 %	3,0 %
Grundleistung 3 f	5 %	0,75 %
Grundleistung 3 g	2 %	0,3 %
Summe	100 %	15 %

3.3 Objektplanung Innenräume

76 Die Besonderheiten der Leistungsphase 3 im Hinblick auf die Planungsanforderungen der Innenraumplanung beziehen sich vor allen Dingen auf die zeichnerische Darstellung der Lösung. Die Leistungsphase 3 d beschreibt die Anforderung an die Zeichnung in einem größeren Maßstab, nämlich im Maßstab 1:50 bis 1:20 und beschreibt Leistungen, die zur Objektplanung Gebäude nicht gehören. Dieses bezieht sich auf Einzelheiten der Wandabwicklungen, Farb-, Licht- und Materialgestaltung sowie gegebenenfalls auf Detailpläne mehrfach wiederkehrender Raumgruppen.

Die Innenraumplanung befasst sich mit der Gestaltung des einzelnen Raums. Deshalb wird deutlich, dass sich diese Leistung auch mit der Gestaltung der einzelnen Wände befasst. Dies können Holzeinfassungen, sonstige Gestaltungselemente, Stuck, Tapete bzw. andere Gestaltungsvorschläge betreffen. Sie sind darzustellen und werden als Wandabwicklungen bezeichnet. Dies bedeutet, dass in zeichnerischer Form jede einzelne Wand dargelegt ist, wie sie sich später nach erfolgtem Ausbau dem Betrachter präsentiert. Zu dieser Wandabwicklung gehören auch

Deckenpläne, die aufzeigen, wie die Lichtquellen integriert sind. Farb- und Materialgestaltung sind alles Gegenstände, die kennzeichnend für die Innenraumplanung sind. Umfasst der Auftrag mehrere Räume, so können sich Detailpläne auf mehrfach wiederkehrende Raumgruppen beziehen. Die Leistungsphase 3 bewertet die Objektplanung Innenraum mit 15 % des Honorars und zeigt damit auf, welchen Schwerpunkt diese Leistung darstellt. .

Die Innenraumplanung lässt sich nicht bis ins letzte Detail durch eine zeichnerische Darstellung darlegen, sondern bedarf der ergänzenden Objektbeschreibung.

Im Übrigen zeigen sich bei der Bearbeitung eines Entwurfs für den Innenraum keine Besonderheiten, sodass auf die Kommentierung für die Objektplanung Gebäude verwiesen werden kann. Entsprechend der Aufgabenstellung verschieben sich die Schwerpunkte. Dies gilt auch hinsichtlich der Teilleistungen 3 b und 3 d. Innenraumplanung kommt ohne Mitwirkung der Fachingenieure nicht aus. Im Vordergrund stehen die Fachingenieure für Heizung, Klima, Lüftung. Die von ihnen zu planenden Elemente, wie z. B. Heizkörper, Lüftungsauslässe, Licht, Elektro etc. sind Bestandteil der Innenraumgestaltung und müssen dementsprechend in die Innenraumplanung integriert werden. Je nach Nutzung der zu planenden Innenräume sind Genehmigungsbelange berührt, z. B. Arbeitsschutz, Brandschutz, Versammlungsstätten etc. Die Leistungsinhalte weichen in ihren Schwerpunkten von denen der Objektplanung Gebäude ab, liegen allerdings ebenfalls vor. Maßgebend sind ohnehin die Anforderungen, die die Bauaufgabe an den Auftragnehmer stellt.

3.4 Umbau

Bei der Entwurfsplanung für den Umbau ist auf die Leistungsbeschreibung für die Objektplanung Gebäude zurückzugreifen. Der Leistungsinhalt verändert sich insoweit, als der Entwurf Auskunft darüber gibt, welche vorhandenen Bauteile entfernt, welche hinzukommen und welche sonstigen Auswirkungen die Gestaltungsvorstellungen auf den Umbau haben. Im Übrigen kann auf die Ausführungen zu Ziffer 3.1 der Objektplanung Gebäude verwiesen werden. **77**

3.5 Besondere Leistungen nach Anlage 10

– **Analyse der Alternativen/Varianten und deren Wertung mit Kostenuntersuchung** **78**
(Optimierung)
Diese Besondere Leistung ergänzt die in der Vorplanung definierte Besondere Leistung des Untersuchens alternativer Lösungsansätze nach verschiedenen Anforderungen. In der Entwurfsphase ist dies die ergänzende Leistung.

– **Wirtschaftlichkeitsberechnung** **79**
Wirtschaftlichkeitsberechnungen beziehen sich auf Kosten der Unterhaltung und der Nutzung. Eine langfristige Prognose über viele Jahrzehnte lässt sich naturgemäß schwer fassen. Solche Berechnungen erlauben jedoch eine generelle Aussage, ob die gewählte Bauform auch langfristig gesehen im Betrieb wirtschaftlich ist. Die von den Parteien gewählte Bauform und auch die Baustoffe haben Auswirkungen auf die Betriebskosten, sodass eine Wirtschaftlichkeitsberechnung angebracht ist. Die Veränderung der Bauform oder der Einsatz von zusätzlichen oder qualitätsvolleren Baustoffen kann dazu führen, dass sich die Baukosten erhöhen, jedoch im Hinblick auf die spätere Nutzung langfristig Kosten erspart werden.

– **Aufstellen und Fortschreiben einer vertieften Kostenberechnung** **80**
Diese Leistung befasst sich mit dem Leistungsgegenstand der Kostenberechnung, die Bestandteil der Leistungsphase 3 ist. Das Aufstellen von Mengengerüsten oder Bauelementkatalog sind Darstellungs- und Berechnungsmethoden für eine vertiefte Kostenberechnung, um noch genauer zu Kostenerkenntnissen für das Bauvorhaben zu kommen. Wiederkehrende Bauteile, die für das Bauvorhaben kostenbestimmend sind, lassen sich im Detail anhand von Mengengerüsten und nach Bauelementen so genau ermitteln, dass damit eine bessere und genauere Kostenaussage für die voraussichtlichen Baukosten möglich werden. Vielfach sind

solche Leistungen allerdings schon dann zu berücksichtigen, um überhaupt zu einer ordnungsgemäßen Kostenberechnung zu kommen. Die Abgrenzung der Leistung, die mit der Leistung gem. Leistungsphase 3 c abgegolten ist, gestaltet sich fließend. Es kann im Interesse des Auftraggebers liegen, sehr genaue Kosten kennen zu lernen, die aufgrund einer fast vollständigen Kalkulation des gesamten Bauvorhabens erfolgt. Solche Leistungen gehören in den Bereich der Besonderen Leistungen und sind zusätzlich zu vergüten.

81   – **Fortschreiben von Raumbüchern**
Dies ist die Ergänzung zu der Aufstellung von Raumbüchern, die bereits in dem Katalog der Besonderen Leistungen bei der Vorplanung Erwähnung fand. Im Entwurfsstadium liegen auch hinsichtlich der Räume detailliertere Planungsergebnisse vor, die Eingang in die Raumbücher finden müssen.

4. Leistungsphase 4: Genehmigungsplanung

4.0 Allgemeine Vorbemerkung

82   Die Leistungsphase 4 wendet sich wesentlich an den Auftragnehmer der Objektplanung Gebäude und betrifft Neubauten wie Umbauten. Der Anteil der Genehmigungsplanung bei der Objektplanung Innenräumen ist wesentlich geringer, was auch dazu führt, dass die Genehmigungsplanung für die Objektplanung Gebäude mit 36 % bestimmt ist und die der Innenräume lediglich mit 2 %. Ohne Vorlage der Entwurfsplanung lässt sich die Genehmigungsplanung nicht erstellen.

Die vom Auftraggeber zur Vorlage der Genehmigungsbehörden freigegebene Entwurfsplanung bedarf im Rahmen der Leistungsphase 4 der Ausarbeitung der Genehmigungsunterlagen im Einzelnen.

Der Leistungsinhalt der Genehmigungsplanung für die Objektplanung Innenräume beschränkt sich auf das Prüfen notwendiger Genehmigungen sowie das Einholen von Zustimmungen und Genehmigungen.

Jede Objektplanung von Innenräumen hat zur Folge, dass die Frage zu prüfen ist, ob eine Genehmigung einzuholen ist. Eine Prüfungstätigkeit findet damit in jedem Falle statt. Führt das Ergebnis der Prüfung zu der Erkenntnis, dass eine Genehmigung eingeholt werden muss, so ist die Vorbereitung und das Beschaffen der Genehmigung Auftragsgegenstand. Die Objektplanung Innenräume kann zu Umbauten, zur Umnutzung eines bestehenden Objektes führen, die genehmigungsrelevant sind, z. B. der Umbau einer Großküche (Mensa).

Die Tatsache, dass die Genehmigungsplanung für die Objektplanung Innenräume nur mit 2 Prozentpunkten des Gesamthonorars bewertet ist, zeigt allerdings auf, dass es sich in den allermeisten Fällen bei der Prüfung der Genehmigungspflicht sein Bewenden hat. Die nachstehende Kommentierung gilt für die Objektplanung Innenräume und bei Umbauten gleichermaßen. Die Genehmigungstatbestände bei Innenräumen können baurechtliche aber auch andere Genehmigungstatbestände betreffen, die jedoch meist Gegenstand eines baurechtlichen Genehmigungsverfahrens sind.

Die Grundleistung Leistungsphase 4 a und 4 c gehören in jedem Falle zusammen. Sie lassen sich nicht voneinander trennen. Wenn die Vorlagen und Nachweise nicht vollständig sind, müssen sie logischerweise ergänzt und angepasst werden, damit eine prüffähige Unterlagen für die Erteilung der Baugenehmigung gegeben ist. Als zwei selbstständige Grundleistungen können deshalb nur die Grundleistungen 4 a und 4 c einerseits und 4 b andererseits festgestellt werden. 4 a und 4 c sollen deshalb zusammen kommentiert werden, nachstehend wie folgt:

4.1 Gebäude

a) Grundleistung 4 a: Erarbeiten und Zusammenstellen der Vorlagen und Nachweise für öffentlich-rechtliche Genehmigungen oder Zustimmungen einschließlich der Anträge auf Ausnahmen und Befreiungen, sowie notwendiger Verhandlungen mit Behörden unter Verwendung der Beiträge anderer an der Planung fachlich Beteiligter 83

Grundleistung 4 c: Ergänzen und Anpassen der Planungsunterlagen, Beschreibungen und Berechnungen

Bei dieser Leistung handelt es sich um den Kern der Genehmigungsplanung Es sind auf der Grundlage der vom Auftraggeber freigegebenen Entwurfsplanung die Vorlagen zu erstellen, die nach den Bauordnungen der Länder für die Einreichung eines Baugesuches erforderlich sind. Zu beachten sind dabei die öffentlich-rechtlichen Vorschriften, insbesondere die Bauordnungen der Länder und die sich aufgrund der Bauordnungen ergebenden Verordnungen, wie z. B. Bauvorlageverordnung etc.

Dieser Vorgang berücksichtigt die **Beiträge anderer an der Planung fachlich Beteiligter**. Dies sind insbesondere die Fachingenieure. Im Vordergrund steht die Statik des Tragwerksplaners. Die übrigen Fachplanungen der Technischen Ausrüstung sowie auch alle erforderlichen Nachweise im Hinblick auf den Nachweis der Energiesparverordnung und sonstigen Vorschriften ergänzen die Vorlage. Aufgabe des Auftragnehmers der Objektplanung Gebäude ist, dafür zu sorgen, dass alle notwendigen Genehmigungsunterlagen der fachlich Beteiligten beigeschafft werden. Wenn hierfür die Einschaltung spezieller Fachingenieure erforderlich ist, so hat der Auftragnehmer den Auftraggeber zu veranlassen, die hierfür notwendigen Aufträge zu erteilen, damit ein vollständiges Baugesuch erstellt werden kann. Soweit es erforderlich ist und einzelne genehmigungsrechtlich relevante Sachverhalte noch nicht geklärt sind oder Unsicherheiten hierzu bestehen, gehören zur Leistungsphase 4 auch noch notwendige Verhandlungen mit den Behörden. Im Zuge der Bearbeitung der Genehmigungsunterlagen können sich allerdings noch Anforderungen ergeben, die bis zu diesem Zeitpunkt unbeachtet geblieben sind. Sind diese Gegenstand von Fachbeiträgen anderer an der Planung fachlich Beteiligter, so sind die Planungsunterlagen, Beschreibungen und Berechnungen gegebenenfalls auch in die vorliegende Entwurfsplanung zu integrieren und damit zum Gegenstand eines darauf abgestimmten Baugesuches zu machen.

Eine besondere Rolle spielt die Statik. Sie wird häufig vom Tragwerksplaner erst nachträglich vor Baubeginn eingereicht. Der Objektplaner beurteilt diese Statik nicht. Sie wird Gegenstand der Prüfstatik. Der Architekt ist kein Tragwerksplaner. Ihm fehlt das Fachwissen. Eine Überprüfung der Statik durch ihn kommt deshalb nicht in Betracht. Nur wenn er Kenntnis von Mängeln der Statik erhält oder diese so offensichtlich sind, dass sie ins Auge springen, kommt eine Mithaftung des Objektplaners für eine fehlerhafte Statik in Betracht.[49]

Sind die Planungsunterlagen unvollständig, so sind sie zu ergänzen. Sind zusätzliche Nachweise erforderlich, die von Fachingenieuren oder Sonderfachleuten beizustellen sind, so sind die Planungsunterlagen entsprechend anzupassen. Erforderliche Beschreibungen und Berechnungen sind gegebenenfalls vorzulegen.

Wird gegen die Baugenehmigung von dritter Seite **Widerspruch** eingelegt, so können im Rahmen der weiteren Sachverhaltsaufklärung Verhandlungen mit den Behörden notwendig werden. Es kann sein, dass zum Ausräumen der Einsprüche Dritter eine Überarbeitung der Planungsunterlage zu erfolgen hat. Dies sind Leistungen, die der Auftragnehmer im Rahmen der Leistungsphase 4 zu dieser Leistung zu erbringen hat.

---

[49] OLG Jena v. 12.03.2008 – 1 U 737/07 in IBR 2008, 341

84   Die Grundleistung 4 a spricht von dem **Einholen der Genehmigungen oder Zustimmungen.** Der Begriff der Zustimmung nimmt auf den Sprachgebrauch der öffentlichen Hand Rücksicht, die als Genehmigungsbehörde eigene Bauten beurteilt. Hierfür sind spezielle Verfahrensgrundsätze aufgestellt, die die Zustimmungspflicht anderer Behörden zum Gegenstand haben. Der Kern der Leistungsphase 4 ändert sich dadurch allerdings nicht. Als Beispiel sind insbesondere Bauvorhaben der Bahn zu zitieren, soweit diese der öffentlich-rechtlichen Genehmigungspflicht der Landesbauordnungen nicht unterliegen. Diese Leistungen sind insgesamt mit 95 % Anteil an der Gesamtleistung zu bewerten.

85   **b) Grundleistung 4 b: Einreichen der Vorlagen**

Die Tätigkeit des Einreichens ist untergeordneter Art. Sie ist selbstverständlich, da ohne Einreichung der Unterlagen an das zuständige Bauordnungsamt keine Bescheidung des Antrages erfolgen kann. Diese Leistung kann nur mit 5 % des Gesamthonorars bezogen auf die Leistungsphase 4 angenommen werden, und entfällt nur dann, wenn der Auftraggeber eine andere Person mit der Einreichung betraut.

86   **4.2 Punktebewertung Gebäude, Innenräume**

Grundleistungen gem. Anlage 10	% der LPH 4	% des Honorars § 34 Gebäude	% des Honorars § 34 Innenräume
Grundleistungen 4 a und 4 c	95 %	2,85 %	1,9 %
Grundleistung 4 b	5 %	0,15 %	0,1 %
Summe	100 %	3,00 %	2,0 %

4.3 Besondere Leistungen nach Anlage 10

87   – **Mitwirken bei der Beschaffung der nachbarlichen Zustimmung**
Werden Ausnahmen oder Befreiungen von bestehenden baurechtlichen Bestimmungen nötig und ist hierfür die Zustimmung des Nachbarn erforderlich, so sind entsprechende Aufwendungen und Bemühungen des Auftragnehmers nicht in dem Leistungsbild enthalten und nicht mit dem Honorar hierzu abgegolten. Es handelt sich dabei um Besondere Leistungen, die sinnvollerweise nach tatsächlichem Zeitaufwand abgerechnet werden sollten. Maßgebend ist die vertragliche Vereinbarung.

88   – **Nachweise, insbesondere technischer, konstruktiver und bauphysikalischer Art für die Erlangung behördlicher Zustimmung im Einzelfall**
Eine behördliche Zustimmung im Einzelfall betrifft die Zulassung einzelner Baustoffe oder Bauteile für die es keine amtliche Zulassung gibt. Welche dies sind, regelt die Landesbauordnung z. B. § 16 Hessische Bauordnung. Sollen Bauprodukte verwendet werden, die nicht ausdrücklich eine Zulassung haben, kommt eine allgemeine bauaufsichtliche Zulassung, ein allgemeines bauaufsichtliches Prüfzeugnis oder die Zustimmung im Einzelfall in Betracht. Die Zustimmung im Einzelfall hat vor allen Dingen Bedeutung für Produkte, die sich aus einzelnen Bauteilen zusammensetzen und für die es in dieser Form keine Zulassung gibt. Dabei handelt es sich um eine Kernaufgabe der bauausführenden Firmen. Sie sind nicht Gegenstand des bauordnungsrechtlichen Genehmigungsverfahrens für die Zulassung eines Bauvorhabens generell, für die der Auftragnehmer der Objektplanung Gebäude oder der Objektplanung Innenräume einzutreten hätte.

- **Fachliche und organisatorische Unterstützung des Bauherrn im Widerspruchsverfahren, Klageverfahren oder ähnlichen Verfahren**   **89**
Die Leistungspflicht des Auftragnehmers endet mit der Erstellung genehmigungsfähiger Planunterlagen und Einreichung an das Bauordnungsamt. Soweit das Baugesuch bestehende Regeln z. B. hinsichtlich der Beachtung des Brandschutzes, der Arbeitsstättenrichtlinien, Versammlungsrichtlinien etc. nicht berücksichtigt, kann es sich um eine mangelhafte Leistung des Auftragnehmers handeln, sodass auch seine Mitwirkung im Zuge von Widerspruchs- und Klageverfahren wegen solcher Tatbestände nicht zu einer zusätzlichen Vergütung führen kann.

Anders sieht es aus, wenn die Baugenehmigung aus bauplanerischen Gründen versagt wird   **90**
oder aufgrund eines Widerspruches eines Dritten (Nachbarn) das Widerspruchsverfahren betrieben wird. In all diesen Fällen ist der Auftragnehmer der Unterstützung des Auftraggebers nur gegen entsprechende zusätzliche Vereinbarung verpflichtet, es sei denn, er hat die Nichterteilung der Baugenehmigung zu vertreten. Die Aufzählung weiterer besonderer Leistungen ist von der HOAI 2013 nicht weiter verfolgt worden. Gleichwohl haben sie nach wie vor Bedeutung, weshalb sie nachstehend aufgeführt werden.

4.4 Haftungsgrundsätze

Der BGH sieht in ständiger Rechtsprechung den Leistungserfolg des Auftragnehmers als nicht   **91**
erfüllt an, wenn die Baugenehmigung aufgrund des vom Auftragnehmer erstellten Baugesuches versagt wird.[50] Dies soll auch für den Fall gelten, dass die zunächst erteilte Baugenehmigung aufgrund des Widerspruchs eines Drittbeteiligten (Nachbarn) letztinstanzlich aufgehoben wird. Die **Nichterteilung der Baugenehmigung sieht der BGH als Nichterfüllung des Auftrages der Objektplanung Gebäude** mit der Folge an, dass ein Honorar für die ersten Leistungsphasen deshalb nicht geschuldet ist.[51] Dies soll auch gelten, wenn sich das Baurecht nach § 34 BauGB beurteilt. Danach übernimmt der Architekt auch das Risiko, dass eine einmal erteilte Baugenehmigung vom letztinstanzlichen Verwaltungsgerichtshof aufgehoben wird.[52]

Anders kann es sich verhalten, wenn dem Auftragnehmer nur die Leistungen der Leistungsphasen 1–3 übertragen worden sind. Für diesen Fall kann der Auftragnehmer seinen Honoraranspruch für die erbrachten Leistungen behalten dürfen, da Gegenstand der Leistungsphase 3 nur das Abklären der Genehmigungsfähigkeit mit den Behörden ist, nicht jedoch die Erteilung der Baugenehmigung selbst. Allerdings muss das Abklären mit den Genehmigungsbehörden zu einem nachweislich positiven Ergebnis geführt haben.[53]

Die Instanzrechtsprechung geht von diesen Grundsätzen aus, sodass von einer herrschenden Rechtsprechung gesprochen werden kann.

Die nachträgliche Rücknahme eines Dispenses gem. § 3 Abs. 1 Gar VO NRW wegen Nichteinhaltung der erforderlichen Mindestlänge entlastet den Architekten nur, wenn er beweisen kann, dass ein Rechtsanspruch auf Erteilung des Dissenses besteht.[54]

Ist die Baugenehmigung nur **teilweise genehmigungsfähig** und führen die Auflagen der Genehmigungsbehörden zu einer geänderten Ausführung, die dem Auftraggeber nicht zumutbar ist, wurde der geschuldete Leistungserfolg nicht erreicht.[55]

Eine bloße „Änderung" eines baurechtswidrigen Zustandes durch die Genehmigungsbehörde führt nicht zur „Heilung" der Planungsmängel. Der Architektenmangel bleibt bestehen.[56]

Der Architekt ist mit der Herbeiführung einer Baugenehmigung für ein Bauvorhaben beauftragt, das nach dem geltenden Bebauungsplan nicht genehmigungsfähig ist und für das deshalb

---

[50] BGH v. 26.09.2002 – VII ZR 290/01 in BauR 2002, 1872; BGH v. 21.12.2000 – VII ZR 17/99 in BauR 2001, 785; BGH v. 25.02.1999 in BauR 1999, 934, m. w. N.
[51] BGH a. a. O.
[52] BGH v. 25.03.1999 in BauR 1999, 1195
[53] Das OLG Nürnberg v. 14.12.2001 – 6 U 2285/01 legt diese Ansicht nahe, siehe auch OLG Saarbrücken v. 05.10.04 – 4 U 710/03
[54] OLG Hamm v. 05.08.2004 – 21 U 1/04 in IBR 2005, 335
[55] OLG Düsseldorf Urteil v. 14.08.2005 – 23 U 3/05 in IBR 2005, 555
[56] OLG Düsseldorf v. 14.06.2005 – 23 U 3/05 in IBR 2005, 608

der Bebauungsplan geändert werden muss. Der **Auftraggeber trägt in diesem Fall das Genehmigungsrisiko**, da er in Kenntnis des Risikos dem Architekten den Auftrag für die Erteilung der Baugenehmigung gegeben hat.[57] In einem Fall, in dem eine positive Bauvoranfrage dem Architekten vorgelegt worden ist, und hierauf auch letztendlich eine Baugenehmigung erteilt wurde, hat das Kammergericht keine Pflichtverletzung des Architekten erkannt, nachdem die Genehmigung im Verwaltungsrechtsprozess wegen Fehlens einer naturschutzrechtlichen Befreiung wieder aufgehoben worden ist. Das Gericht hat hierzu ausgeführt, dass von einem Architekten nicht verlangt werden könne, eine Klärung schwieriger Rechtsfragen herbeizuführen.[58] Der Architekt hält mit seiner Planung die im **Bebauungsplan vorgegebene Grundflächenzahl** sowie die Baugrenzen nicht ein und erhält deshalb auch keine Baugenehmigung. Es liegt ein Mangel vor. Das OLG Oldenburg gesteht dem Architekten die Honorare der Leistungsphase 1 und 2 zu, nicht jedoch die der Leistungsphasen 3 und 4.[59]

Ein Mangel des Architektenwerkes wurde allerdings in dem Fall verneint, in dem der Architekt für die Sanierung eines Fachwerkhauses etwa eine Baugenehmigung erhielt, mit der Baugenehmigung jedoch nicht die an sich erforderliche **wasserrechtliche Genehmigung** der Wasserbehörde wegen Überschreitung der Hochwasserlinien eingeholt hat. Das Gericht hat überprüft, ob ein Anspruch auf Erteilung der wasserrechtlichen Genehmigung bestanden hat, und hat im Ergebnis gerügt, dass dem Architekten nicht das Recht einer Nachbesserung eingeräumt wurde.[60]

Das **Baugenehmigungsrisiko** geht auf den Auftraggeber über, wenn ihm die Nichtgenehmigungsfähigkeit seiner Planungsziele bekannt sind und er deshalb die **Risiken der Planung** sieht und erkennt,[61] bzw. wenn der Architekt ausdrücklich auf das Bestehen der Risiken hinweist und der Bauherr sich über diese Bedenken hinwegsetzt.[62]

Eine weitere Aufklärungspflicht durch den Auftragnehmer wird nicht dadurch begründet, dass dem Auftraggeber eine ablehnende Voranfrage eines von ihm zunächst beauftragten Architekten vorliegt. In einem solchen Fall kann der Auftraggeber von dem Architekten die bereits gezahlten Genehmigungshonorare wegen unnötiger bzw. fehlerhafter Planungsleistungen nicht mit der Begründung zurückverlangen, er sei über die Risiken der Planung im Bereich des § 34 BauGB nicht ausreichend informiert worden.[63]

Das Architektenhonorar für die Genehmigungsplanung wird nur geschuldet, wenn der Auftraggeber diese Leistung auch abnimmt. Eine konkludente Abnahme des Architektenwerkes liegt nicht darin, dass der Auftraggeber die Planungsunterlagen unterzeichnet. Eine **Abnahme** kommt nur in Betracht, wenn genehmigungsfähige Planunterlagen erstellt sind.[64] Auf die planungsrechtlichen Bedenken der Genehmigungsbehörde konnte durch Änderung der Bauvorlagen die Genehmigungsfähigkeit erreicht werden. Zu dieser kam es jedoch nicht wegen der vom Auftraggeber ausgesprochenen Kündigung des Architektenvertrages. Dem Auftraggeber ist der Einwand im Honorarprozess abgeschnitten worden, es läge keine genehmigungsfähige Planung vor. Dem Auftraggeber wird vorgehalten, sich treuwidrig verhalten zu haben und dem Auftragnehmer die Möglichkeit der Nachbesserung seiner Bauvorlagen verweigert zu haben, obwohl dieser dies mehrfach angeboten hat.[65]

Diese Rechtsprechung bedarf der Überprüfung. Es zeigt sich allerdings bereits, dass eine zu strenge Auslegung der werkvertraglichen Erfolgshaftung im Hinblick auf die dauerhafte Genehmigungsfähigkeit im Sinne eines gerechten Interessenausgleichs Korrekturen verlangt, wie die Entscheidung des BGH vom 10.02.2010 zeigt.[66] Der Bauherr wollte mit seinem Architekten,

---

[57] OLG Celle v. 06.05.2004 – 14 U 245/01; BGH Nichtzulassungsbeschwerde zurückgewiesen, IBR 2005, 332

[58] KG Urteil v. 20.03.2006 – 24 U 48/05

59 OLG Oldenburg Urteil v. 21.11.2006 – 12 U 48/06 in IBR 2007, 255

[60] OLG Celle Urteil v. 09.08.2007 – 13 U 48/07 in BauR 2007, 574

[61] OLG Bamberg v. 02.04.2008 – 4 U 102/07 in IBR 2008, 527

[62] BGH v. 10.02.2010 – VII ZR 8/10 in BauR 2011, 869

[63] OLG München v. 17.09.2007 – 21 U 154/07 in BauR 2008, 1335

[64] OLG Naumburg v. 14.06.2006 – 6 U 111/05, BGH Nichtzulassungsbeschwerde zurückgewiesen, IBR 2008, 658; zum Thema Abnahmefähigkeit des Planungswerkes hinsichtlich des Risikos bauplanungsrechtlicher Änderungen nach Einreichung des Bauantrages siehe auch Preussner in BauR 2001, 597 ff.

[65] OLG Schleswig v. 09.09.2008 – 3 U 76/07, BGH Nichtzulassungsbeschwerde zurückgewiesen, IBR 2009, 720

[66] BGH in BauR 2011, 869

gestützt auf eine vom Nachbarn unterzeichnete und damit nachbarschaftlich gebilligte Bauplanung für seinen Anbau in dem nachbargeschützten Grenzbereich aus dem Jahre 1990, sein Bauvorhaben sieben Jahre später, allerdings in veränderter Form, realisieren. Bei der gemeinsamen Baubesprechung beim Bauamt wurde die Notwendigkeit einer nachbarschaftlichen Zustimmung für die Bebauung im Grenzbereich diskutiert. Das Besprechungsprotokoll des Architekten hielt die Auffassung einer neuen nachbarschaftlichen Zustimmung fest. Der Bauherr war mit dem Besprechungsprotokoll nicht einverstanden und notierte als Gesprächsergebnis, dass eine erneute nachbarschaftliche Zustimmung nicht erforderlich sei, was der Architekt unkommentiert ließ. Tatsächlich wurde eine Genehmigung auch erteilt, jedoch aufgrund des nachbarschaftlichen Widerspruchs vom Bauamt zurückgenommen.

In dem Schadensersatzprozess gegen den Architekten wiederholte der BGH zunächst seinen Grundsatz, wonach der Architekt für eine dauerhafte Baugenehmigung einzustehen habe. Der Architekt habe sich von dieser Verpflichtung auch nicht befreit, da er keine ausdrücklichen Bedenken angemeldet und keine Vorschläge zur Verhinderung der baurechtswidrigen Planung eingereicht habe. Er führt allerdings auch aus, dass der Architektenvertrag einem dynamischen Anpassungsprozess unterliegt und sich deshalb eine vertragliche **Risikoübernahme für die Genehmigungsfähigkeit auch noch nach Vertragsabschluss ergeben könne.**

Selbst wenn hierzu eindeutige Erklärungen der Parteien fehlen, kennt der Bauherr indes das Genehmigungsrisiko und beginnt gleichwohl mit der Bautätigkeit. Er verstößt damit gegen seine eigenen Interessen, sich selbst vor Schäden zu bewahren, was zu einem mitwirkenden Verschulden nach § 254 Abs. 1 BGB führt.

Gleichwohl stellt sich die Frage, ob die generelle Festlegung, der Architekt schulde mit seinem Leistungsbild stets eine dauerhafte genehmigungsfähige Planung, zutreffend ist. Richtig ist, dass es dem Auftraggeber bei Erteilung eines Auftrages der Objektplanung Gebäude einschließlich der Leistungsphase 4 darum geht, eine Genehmigung für sein Bauvorhaben zu erzielen. Gleichwohl kann das vollständige Genehmigungsrisiko nicht einseitig zu Lasten des Auftragnehmers mit der Folge gehen, dass ihm das Honorar für die Leistungsphase 1–4 versagt wird. Es wird genau zu prüfen sein, aus welchen Gründen die Genehmigung versagt worden ist.

Bezieht sich die Verneinung des Baugesuches auf die Nichtbeachtung bautechnischer Vorschriften, wie z. B. Anforderungen an den Brandschutz, an die Arbeitsstättenrichtlinien etc., so zeigen diese Mängel am Architektenwerk auf, da der Auftragnehmer diese Bestimmungen bei der Planung im vollen Umfange zu beachten hat. Die Nichtbeachtung, die zu einer Versagung der Baugenehmigung geführt hat, lässt allerdings das Recht des Auftragnehmers auf Nacherfüllung bzw. Nachbesserung seiner insoweit fehlerhaften Planung unberührt.

Problematisch wird dies, wenn das Baugesuch aus bauplanungsrechtlichen Gründen abgelehnt worden ist. Auch hier wird zu unterscheiden sein. Beurteilt sich die Genehmigungsfähigkeit des Bauvorhabens nach einem Bebauungsplan, so hat sich der Auftragnehmer an die Festsetzungen des Bebauungsplans zu halten. Sind die Bauziele des Bauherrn nur erreichbar, wenn Ausnahmen bzw. eine Befreiung erteilt werden, so ist das Abklären der Genehmigungsfähigkeit von einer Ausnahme bzw. einer Befreiung mit den Bauaufsichtsbehörden zu klären. Wird dieses im Sinne des Auftraggebers geklärt, so muss sich der Auftragnehmer jedoch auch darauf verlassen können, dass die anschließend mit der Baugenehmigung erteilten Ausnahmen und Befreiungen rechtlichen Bestand haben.

In das Risikofeld des Auftragnehmers kann nicht mehr das Prozessrisiko aufgenommen werden, welches sich daraus ergibt, dass die Ausnahmen und Befreiungen von dritter Seite im Verwaltungsrechtswege angegriffen werden. Der Auftragnehmer hat die von ihm geschuldete Leistung erfüllt, wenn er im Zuge der Entwurfsbearbeitung die Genehmigungsfähigkeit auch hinsichtlich der Erteilung von Ausnahmen und Befreiungen geklärt und diese mit der Baugenehmigung auch herbeigeführt hat. Die nachträgliche anderweitige Beurteilung als Folge des Ergebnisses eines Verwaltungsrechtszuges liegt nicht mehr in dem Beurteilungs- und Aufgabenfeld des Auftragnehmers, sodass dies auch nicht Gegenstand der von ihm geschuldeten Leistung sein kann.

Das Gleiche gilt, wenn ein Baugesuch nach § 34 BauGB genehmigt wird. Dem Auftragnehmer fehlt letztendlich die rechtliche Beurteilungsfähigkeit, ob das angestrebte Baugesuch mit § 34

BauGB vereinbar ist. Er muss sich darauf verlassen können, dass die Erklärungen und insbesondere die danach vom Bauordnungsamt erteilte Baugenehmigung unter Beachtung geltenden Rechts erteilt worden sind. Einen weitergehenden Leistungsgegenstand kann der Auftragnehmer nicht schulden, weshalb in seinem Risikofeld auch nicht eine anderweitige Beurteilung im Rahmen des nachfolgenden Verwaltungsverfahrens zu einem Verlust des Honorars der Leistungsphasen 1–4 führen kann.

Gegenstand des geschuldeten Leistungserfolges sind die Durchführung von Verhandlungen mit den Behörden und das Klären der Genehmigungsfähigkeit. Diese Leistungspflicht zieht sich durch die Leistungsbeschreibung der Leistungsphasen 2–4 durch und wird auch von dem Auftragnehmer geschuldet. Wenn dies zu einem positiven Ergebnis geführt hat und daraufhin die Baugenehmigung erteilt worden ist, ist der geschuldete Leistungserfolg zunächst eingetreten. Ob die Baugenehmigung im Rechtswege letztendlich Bestand hat, ist dem Bauherrenrisiko zuzuweisen.

Es sollte im Einzelfall nicht danach gefragt werden, ob dem Architekten hinsichtlich der Richtigkeit einer Baugenehmigung Vertrauensschutz zuzubilligen wäre.[67] Es ist danach zu fragen, welchen Leistungserfolg der Architekt schuldet. Dieser besteht darin, dass er alles nach seinen Kräften unternimmt, die Genehmigungsfähigkeit herbeizuführen. Nach dem Leistungsbild ist dies ein ständiges Abklären seiner Planung mit den Genehmigungsbehörden. Er hat die Planung auf die Genehmigungsfähigkeit auszurichten.

Er hat diesen Leistungserfolg erreicht, wenn die Baugenehmigung anschließend erteilt wird. Hat die Baugenehmigung rechtliche Mängel, die er erkennen kann, so hat er den Auftraggeber hierüber aufzuklären und gemeinsam mit ihm eine Lösung zu suchen, wie dieser Mangel z. B. durch Offenbarung gegenüber den Genehmigungsbehörden geheilt werden kann. Dies gilt z. B. für die Erteilung von Dispensen zu nachbarschützenden Normen, ohne dass eine Zustimmung des Nachbarn herbeigeführt wurde. Dies gilt auch für andere Mängel der Baugenehmigung, die für einen Architekten objektiv erkennbar waren. Dies gilt jedoch nicht für die Beurteilung, ob das Bauvorhaben sich letztendlich richtig nach § 34 in die Umgebung einpasst. Hier steht das Risiko des Auftraggebers im Vordergrund, der schließlich das Baugesuch durchgesetzt haben will. Ist die Baugenehmigung nach Einholung des Einvernehmens der Gemeinde erteilt, so ist damit der geschuldete Leistungserfolg des Architekten eingetreten.

5. Leistungsphase 5: Ausführungsplanung

5.0 Allgemeine Vorbemerkung

92 Die Ausführungsplanung ist mit 1/4 des Gesamthonorars bewertet. Dies macht bereits deutlich, dass es sich dabei um einen sehr leistungsintensiven und aufwendigen Arbeitsschritt handelt. Die Art der Bauvergabe, die der Auftraggeber nach entsprechender Beratung durch den Auftragnehmer gewählt hat, beschreibt auch den Leistungsumfang der Ausführungsplanung. Soll die Baurealisierung durch Einzelvergaben erfolgen, so bleibt die vollständige Leistungsverpflichtung für die Ausführungsplanung im Leistungspaket des Auftragnehmers.

Soll mit der Baurealisierung ein Generalunternehmer beauftragt werden, dem sämtliche Ausführungsleistungen übertragen werden, so wird damit eine Schnittstelle geschaffen, die auch die Frage aufkommen lässt, in welchem Umfang dem Generalunternehmer Ausführungspläne überlassen werden sollen bzw. in welchem Umfang der Generalunternehmer selbst für die Komplettierung und Vervollständigung der Ausführungsplanung für die Baurealisierung Verantwortung zeichnet.

Für die Vertragsparteien ist von besonderer Bedeutung, diese Fragen abzuklären. Der Auftraggeber haftet für die Mangelfreiheit der Planung dem ausführenden Unternehmen gegenüber. Es entspricht der ständigen Rechtsprechung, dass das ausführende Unternehmen für den Fall, dass ihm die Ausführungsplanung gestellt wird, Anspruch auf deren Mangelfreiheit hat. Liegen Mängel vor, so bleibt der Unternehmer in solchen Fällen zur Nacherfüllung des Vertrages nur in

---

[67] Siehe Preussner in BauR 2001, 697, insbesondere Korbion/Mantscheff/Vygen 7. Auflage, § 15 Rdn. 95

dem Umfange verpflichtet, wie er es versäumt hat, die Mängel der Ausführungsplanung vor der Baurealisierung festzustellen.[68]

Je offensichtlicher der Planungsfehler war, umso höher sind die Anforderungen an den Ausführenden, auf diese Mängel hinzuweisen und auf deren Beseitigung vor Baurealisierung zu drängen. Je versteckter der Mangel ist, umso geringer sind jedoch die Anforderungen an eine **Bedenkenanmeldung** vor Baurealisierung. Die Beurteilung dieser Fragestellungen drückt sich in dem Prozentsatz des mitwirkenden Verschuldens des Auftraggebers aus. Je versteckter der Planungsmangel war, umso größer wird damit die Quote des **Mitverschuldens des Auftraggebers** anzunehmen sein, der sich bei seinem Auftragnehmer allerdings schadlos halten kann.[69] Die praktische Auswirkung dieser Rechtslage führt dazu, dass der Unternehmer zur Nacherfüllung und Nachbesserung des Baumangels nur verpflichtet ist, wenn ihm die Kosten der Nachbesserung in Höhe der Mitverschuldensquote des Bauherren zur Verfügung gestellt wird.[70]

Es liegt deshalb auf der Hand, dass der Auftraggeber nach vertraglichen Strukturen sucht, die **93** ihm dieses Risiko abnehmen. Dies erfordert, dass dem bauausführenden Unternehmen ab Übernahme des Objekts die weitere Planungsverantwortung übertragen wird. Dies löst auch ein weiteres Konfliktfeld des Bauens. Insbesondere, wenn aus Zeitgründen eine vollständige Ausführungsplanung bei Baubeginn nicht vorliegt, sondern diese baubegleitend erstellt wird, können Behinderungen bei der Bauausführung ihre Ursache darin haben, dass die Ausführungspläne nicht rechtzeitig mangelfrei zur Verfügung gestellt worden sind. Behinderungen dieser Art können den gesamten Bauablauf beeinträchtigen und zu zusätzlichen Kosten für den Auftraggeber führen. Bei VOB-Verträgen greift § 6 VOB/B mit der Maßgabe ein, dass die Ausführungsfristen sich verschieben und das Bauunternehmen Anspruch auf Schadensersatz hat. Diese Rechtsfolge wird vermieden, wenn die Planungsverantwortung dem Generalunternehmer übertragen wird. Die vollständige Übertragung der Ausführungsplanung auf die bauausführende Firma schafft allerdings neue Probleme. In der Ausführungsplanung werden eine Reihe von gestaltungsrelevanten Details geklärt, die noch nicht Bestandteil der Erörterung mit dem Bauherren im Entwurfsprozess war. Die Ausschaltung des Entwurfsarchitekten aus dieser Diskussion kann deshalb zur Folge haben, dass Qualitätseinbußen für die Gestaltung und die Architektur des Bauvorhabens zu befürchten sind. Eine Lösung dieses Konflikts kann darin bestehen, dass dem Entwurfsarchitekten auch die Erstellung von sogenannten Leitdetails abverlangt wird, die vor allem die Klärung gestalterischer Detailfragen im Rahmen der Ausführung zum Gegenstand haben. Dies hat Auswirkungen auf die Honorierung, da nur Teile der Grundleistung erfüllt werden. Bei der Bewertung der Grundleistungen ist dies deshalb zu beachten. Eine andere Lösung könnte darin gesehen werden, dass dem Entwurfsarchitekten das Recht zugebilligt wird, die vom Generalunternehmer zu liefernden Ausführungspläne zu prüfen und gemeinsam mit dem Bauherren unter Beachtung der Entwurfsziele zur Ausführung freizugeben. Nachstehend sollen die beiden verschiedenen Vergabevarianten näher beleuchtet werden.

5.1 Ausführungsplanung

a) Grundleistungen 5 a und 5 b **94**

Grundleistung 5 a: Erarbeiten der Ausführungsplanung mit allen für die Ausführung notwendigen Einzelangaben (zeichnerisch und textlich) auf der Grundlage der Entwurfs- und Genehmigungsplanung bis zur ausführungsreifen Lösung, als Grundlage für die weiteren Leistungsphasen

---

[68] Ständige Rechtsprechung: BGH in BGHZ 1995, 128, 131 = BauR 1985, 561 = ZfBR 1985, 282, BGH in BauR 1978, 405 = NJW 1978, 2393, BGH in BauR 2002, 1536, 1540; siehe auch BGH Urteile v. 07.03.2002 – VII ZR 1/00 in BauR 2002, 1536, 1540 = NZBau 2002, 571 = ZfBR 2002, 767 und BGH v. 24.2.2005 – VII ZR 328/03 in BauR 2005, 1016, 1018 = NZBau 2005, 400 = ZfBR 2005, 458 sowie nach neuester Rechtsprechung umfassend auch hinsichtlich des bauüberwachenden Architekten BGH Urteil v. 27.11.2008 – VII ZR 206/06 in NJW 2009, 582 = BauR 2009, 515

[69] Jochem/Jochem in Typische Baumängel Ganten, Kinderreit, NJW-Praxis, CH Beckverlag Rdn. 135 ff.

[70] Jochem/Jochem a. a. O., Messerschmitt/Voit-Drossart, Privates Baurecht Rdn. 112, Werner/Pastor 12. Auflage Rdn. 1981

Grundleistung 5b: Ausführungs-, Detail- und Konstruktionszeichnungen nach Art und Größe des Objekts im erforderlichen Umfang und Detaillierungsgrad unter Berücksichtigung aller fachspezifischen Anforderungen, zum Beispiel bei Gebäuden im Maßstab 1:50 bis 1:1, zum Beispiel bei Innenräumen im Maßstab 1:20 bis 1:1

Die Grundleistungen der Leistungsphase 5a und 5b müssen im Zusammenhang gesehen werden. Das Ergebnis der Ausführungsplanung ist die zeichnerische Darstellung des Objektes. Eine gesonderte Bewertung und Betrachtung der Leistung 5b kommt deshalb nicht in Betracht. Eine Ausführungsplanung ist auch nur vollständig, wenn die Fachbeiträge integriert sind. Eine getrennte Bewertung dieser Leistung ist in Ausnahmefällen denkbar. Hat der Objektplaner Gebäude seine Ausführungsplanung fertig, fehlt jedoch die Ausführungsplanung der Fachingenieure, die der Bauherr beauftragt hat, so kann der Objektplaner die Ausführungsplanung nicht abschließen. Es fehlt an dem Beitrag den der Bauherr mit Bereitstellung der Fachplanung zu liefern hat. Im Rechtssinne stellt diese eine notwendige Mitwirkungshandlung dar, die der Bauherr zu erbringen hat (§§ 642, 643 BGB). Die Grundleistung 5c von den Grundleistungen 5a und 5b macht deshalb keinen Sinn. Dennoch sollen sie getrennt besprochen werden.

Der Leistungsinhalt besteht im Kern darin, in zeichnerischer Darstellung das Objekt mit allen für die Ausführung notwendigen Einzelangaben zu erfassen. Grundlage sind die vom Auftraggeber freigegebenen Arbeitsergebnisse der Leistungsphase 3 sowie die Baugenehmigung. Diese enthält regelmäßig Auf lagen und Bedingungen, die bei der Realisierung des Bauvorhabens und damit bei der Ausführungsplanung zu beachten sind.

Auch für die Ausführungsplanung gilt, dass noch nicht alle gestalterischen Details bis ins Letzte geklärt sind. Es gibt meist zahlreiche Spielräume, in denen Festlegungen noch zu erfolgen haben, die bisher in der Entwurfsplanung noch nicht Gegenstand der Erörterung und Betrachtung waren. Insoweit erfasst die Ausführungsplanung auch wesentliche Angaben zur Projektrealisierung und Leistungsbestimmung für die Bauausführung in gestalterischer und funktionaler Hinsicht. Wie bereits in den Leistungsphasen 2 und 3 dargestellt, kennzeichnet die Ausführungsphase insoweit wiederum einen Optimierungsprozess, der städtebauliche, gestalterische, funktionale etc. Anforderungen zu beachten hat.

Einen wesentlichen Schwerpunkt der Ausführungsplanung bildet die Erfassung der bautechnischen Anforderungen des Bauvorhabens. Dieser Klärungsprozess entzieht sich in aller Regel der Beurteilungsfähigkeit des Auftraggebers. Eine Abstimmung dieser Leistungsgegenstände erfolgt deshalb mit ihm nicht. Werden im Rahmen der Ausführungsplanung jedoch Detailfestlegungen getroffen, die Auswirkungen in der Leistungsbestimmung und damit der Gestaltung des Objektes haben, so handelt es sich auch diesbezüglich wie im Entwurfs- und Vorplanungsstadium um abstimmungsbedürftige Details mit dem Auftraggeber.

Die bautechnische Detaillierung des Objektes hat vor allem die Mangelfreiheit der Bauerrichtung zum Gegenstand. So werden bei Häusern mit **Niedrigenergiestand** besondere Anforderungen auch an die Ausführungsplanung hinsichtlich des Aufbaus der Gebäudehülle, insbesondere im Bereich des Daches, erforderlich sein. Verlangt z. B. die Realisierung des Dachaufbaus in bautechnischer Hinsicht die Berücksichtigung des Einbaus von Folien, um die Dampfdichtigkeit herzustellen, so ist es Aufgabe der Ausführungsplanung, darzulegen, wie diese Anforderungen in der Bauausführung auch bei schwierigen Baudetails erfüllt werden können. Je höher die bautechnischen Anforderungen an das Bauwerk bestehen, umso genauer bedarf es der planerischen Durcharbeitung dieser Details. **Es gilt der generelle Grundsatz, je schadensträchtiger eine Bauausführung ist, umso mehr ist eine Detailplanung notwendig, um Baumängel zu vermeiden.**[71]

Erstellt der Auftragnehmer die Ausführungsplanung für ein Bauteil, z. B. Fassadenteil, nicht selbst, sondern wird diese dem ausführenden Unternehmen überlassen, so obliegt dem Architekten eine Prüfpflicht.[72]

Insbesondere bei der Gestaltung von Fassaden kommt der Architekt häufig ohne Hinzuziehung eines Sonderfachmanns für die Beurteilung dieser Gewerke nicht aus. Da die Fassaden-

---

[71] OLG Celle v. 18.10.2006 – 7 U 69/06 in IBR 2008, 165
[72] OLG Saarbrücken v. 24.06.2003 – 7 U 930/1-212, BGH Nichtzulassungsbeschwerde zurückgewiesen, IBR 2005, 382, siehe auch Fußnote 54

elemente aus teilweise vorgefertigten Bauteilen zusammengesetzt werden, ist es für den Auftraggeber sinnvoll, die Konstruktionsart dem bietenden Unternehmer zu überlassen. Wird dem Bieter eine ausdetaillierte Fassade zum Angebot überlassen, so grenzt dies den Wettbewerb der Bieter untereinander ein, weshalb in der Praxis dieser Teil der Ausführungs- und Werkplanung dem Unternehmer überlassen wird. Die bauphysikalischen Auswirkungen der Fassade können häufig ohne spezielle Kenntnis hierzu nicht abgeschätzt werden. In solchen Fällen obliegt dem Architekten eine umfassende Beratung des Bauherrn, wie weit sein eigener Beurteilungsmaßstab reicht und wann die Hilfe eines Sonderfachmanns gerufen werden muss.

Die Sprache von Architekten und Ingenieuren ist die zeichnerische Darstellung. Die Ausführungsplanung wird dadurch gekennzeichnet, dass die Ausführungs-, Detail- und Konstruktionszeichnungen in einem größeren Maßstab zu visualisieren sind. Der Maßstab richtet sich nach dem Verständnis der bautechnischen Planung für den Polier, der anhand dieser Zeichnung die Baurealisierung betreiben soll. In der Regel ist der Maßstab 1:50, kann jedoch in schwierigen Baudetails auch reduziert sein bis auf den Maßstab 1 : 1.

Die Leistungsphase 5 verlangt die Darstellung des Objekts mit allen für die Ausführung notwendigen Einzelangaben. Das Anforderungsprofil lässt sich den Allgemeinen Technischen Vertragsbedingungen ATV in der VOB, Teil C entnehmen. Welche Einzelangaben notwendig sind und welche aufgrund des Fachverständnisses der bauausführenden Firmen nicht zusätzlich erläuterungsbedürftig sind, entscheidet der Einzelfall. Nach der Leistungsphase 5 werden jedenfalls keine Do-it-yourself-Pläne erwartet. Für das Verständnis der von dem Auftragnehmer zu liefernden Planungen reicht der im Baugewerbe allgemein anzutreffende durchschnittliche Qualitätsstandard aus, um Sachverhalte zu erkennen. Gegebenenfalls hat das bauausführende Unternehmen Nachfrage bei dem Planer der Ausführungsplanung zu halten, wie die Zeichnung von ihm verstanden werden soll. Klärt er bei ihm aufgekommene Missverständnisse nicht, so liegt ein Versäumnis der bauausführenden Firma vor, für die der Auftraggeber im Rahmen des mitwirkenden Verschuldens nicht einzutreten hat. Einem Architekten wurde vom OLG Hamburg z. B. angelastet, dass er mit seiner Ausführungsplanung nicht hat darlegen können, wieso die geforderte Raumhöhe von 2,70 m nicht erreicht wurde. Die Reduzierung der Raumhöhe auf 2,50 m war dem Umstand geschuldet, dass eine Abhängung der Decke wegen der Technischen Gebäudeausrüstung und aus brandschutztechnischen Gründen erforderlich wurde. Zum Verhängnis des Architekten wurde, dass er sich im Rahmen der Ausführungsplanung hiermit nicht auseinandergesetzt hat.[73]

Die vorbeschriebenen Grundsätze gelten für die Objektplanung Gebäude ebenso wie für die Objektplanung Innenräume. In der Metodik sind die Dinge absolut vergleichbar, wenn auch die Objektplanung Innenräume einen kleinteiligeren Maßstab zur Klärung von Gestaltungsfragen und auch der Art der Ausführung zum Gegenstand hat. So wird der Maßstab bei der Objektplanung Innenräume im Regelfall 1 : 20 bis 1 : 1 sein. Die Leistungen 5 a und 5 b stellen zusammengefasst den Kern der gesamten Leistungsphase 5 dar und machen damit 55 % des gesamten Leistungsspektrums aus, dies entspricht 13,75 %Punkten des § 35.

b) Grundleistung 5 c: Bereitstellen der Arbeitsergebnisse als Grundlage für die anderen an der Planung fachlich Beteiligten, sowie Koordination und Integration von deren Leistungen

Schwerpunkt dieser Leistung ist das Integrieren der Leistungen der Fachingenieure. Grundlage für die Leistungen der Fachingenieure ist die Objektplanung Gebäude, und zwar die Ausführungsplanung, die dem Fachingenieur hinsichtlich des Rohbaus, dem Tragwerksingenieur zur Erstellung von Schal- und Bewehrungsplänen und hinsichtlich des Ausbaus, den Fachingenieuren für die Technische Ausrüstung überlassen wird.

Ohne Bereitstellung der Entwurfsplanung einer Tragwerksplanung lässt sich eine Ausführungsplanung für das Objekt nicht sicher erarbeiten. Nicht selten gehen Auftraggeber dazu über, den Tragwerksplaner nicht bzw. nicht rechtzeitig bei der Planung mit einzubeziehen. Für den Objektplaner Gebäude ist dies riskant, da er ohne ausreichende Tragwerksplanung keine gesicherte

95

---

[73] OLG Hamburg v. 10.03.2004 – 4 U 105/01, BGH Nichtzulassungsbeschwerde zurückgewiesen, IBR 2005, 337

Kenntnis über die Anforderungen des Tragwerks erhält. Das OLG Stuttgart[74] hat gemeint, in dem von ihm beurteilten Fall habe die Erstellung der Vorplanung gem. Leistungsphase 2 Anlage 12 HOAI für die Tragwerksplanung ausgereicht. In diesem Fall lag wenigstens in der Vorplanungsphase eine Zuarbeit des Tragwerksplaners vor. Gegen die Praxis mancher Bauherren, aus Kostengründen Leistungen der Tragwerksplanung einzusparen, bestehen jedoch ganz erhebliche grundsätzliche Bedenken. Immerhin wird erst mit dem Entwurf (LP3, Anlage 12) eine grundlegende Festlegung der konstruktiven Details und die Hauptabmessung des Tragwerkes für z. B. Gestaltung der tragenden Querschnitte, Aussparungen und Fugen festgelegt. Die Entscheidung des OLG Stuttgart mag dem Einzelfall vertretbar sein. Signalwirkung sollte von ihr keinesfalls ausgehen.

Bei diesem Prozess der Koordinierung und Integration der Fachinhalte in die Objektplanung handelt es sich auch um einen dynamischen Prozess. Schon zu Beginn der Ausführungsplanung hat der Auftragnehmer mit den beteiligten Fachingenieuren zu klären, wie deren Leistungen sinnvollerweise in die Objektplanung integriert werden können. Der wesentliche Teil dieser Leistung spiegelt sich deshalb wertmäßig in den Leistungen 5 a und 5 b wider.

Gesondert beurteilungsfähig ist allenfalls das Integrieren der Fachbeiträge und die Übernahme in die Objektplanung Gebäude.

Es ist zunächst Aufgabe der Fachplanungen, auf der Grundlage der ihnen gelieferten Objektplanung ihr Gewerk zu planen und in die Objektplanung einzutragen. Für die Fachingenieure der Technischen Ausrüstung stellt sich dabei das Problem, dass mehrere Fachgewerke zu beurteilen sind, z. B. Lüftung, Klima, Elektro etc. Die unterschiedlichen Medien haben unterschiedliche Anforderungen an die Ausführung. Planungsleitungen der Technischen Ausrüstungen können untereinander Konflikte schaffen, wenn z. B. der Planer für die Sprinkleranlage eine Leitungsführung vorsieht und dafür Räume beansprucht, die der Fachingenieur für die Klimatechnik mit seinen Lüftungskanälen ebenfalls benötigt. Der Planer für das Elektrogewerk kann z. B. eine Planung seines Gewerkes in Bereichen vorsehen, die sich aus brandschutztechnischen Gründen mit anderen Fachingenieurleistungen der Technischen Ausrüstung nicht vertragen. Diese Konfliktfelder sind von den Fachingenieuren zu bereinigen. Aufgabe der Objektplanung Gebäude ist es, diese interne Koordinierung in Gang zu setzen und dafür zu sorgen, dass die Fachingenieurleistungen untereinander koordiniert sind, damit es nicht zu Konfliktfällen der Fachingenieurleistungen kommt. Angesagt sind hierfür gemeinsame Planungsbesprechungen, an denen alle Fachingenieure teilzunehmen haben, um ihre fachlichen Belange zu vertreten.

Die Übernahme der insoweit koordinierten Leistungen in die Objektplanung hat der Auftragnehmer für die Objektplanung zu übernehmen.

Die in dieser Weise koordinierte Fachplanung fließt damit in die Objektplanung ein, wobei es dem Auftragnehmer für die Objektplanung obliegt, die Auswirkungen der Planung der Fachingenieure auf die Gestaltung des Objekts zu überprüfen und zu hinterfragen. Bei diesem Prüfungsgang wird gleichzeitig zu beachten sein, dass in das von dem Tragwerksplaner festgelegte Traggerüst nicht eingegriffen wird. Dies führt z. B. zu der Anforderung, dass tragende Wände nicht oder nur in gewissem Umfang durchdrungen werden können. Werden solche Anforderungen verletzt, so müssen diese unter Berücksichtigung des Fachbeitrags des Tragwerksplaners beseitigt werden.

96 Die fehlerhafte **Beachtung der Brandschutzanforderungen** stellt häufig eine Ursache für Mängel der Ausführungsplanung dar. Auch die Belange des Brandschutzes verpflichten den Objektplaner, hierauf zu achten und gegebenenfalls dem Auftraggeber anzuraten, einen Sonderfachmann ergänzend als Berater hinzuzuziehen. Geschieht das nicht, so muss er durch eigene Angaben sicherstellen, dass die Brandschutzbelange beachtet werden, z. B. auch bei der Auswahl der Baustoffe, die zur Ausführung gelangen sollen.[75]

Ist mit den Bauarbeiten begonnen worden, so hat der Architekt auf neue Erkenntnisse zu reagieren. Steht in der Baugrube Wasser, mit welchem der Planer wegen der Beschaffenheit des Baugrundes nicht gerechnet hat, hätte er das unterlassene Baugrundgutachten nachholen müs-

---

[74] OLG Stuttgart v. 19.04.2007 – 13 U 180/06, BGH Nichtzulassungsbeschwerde zurückgewiesen, IBR 2008, 223
[75] OLG Frankfurt v. 11.03.2008 – 10 U 118/07 in IBR 2008, 279

sen, um so eine gesicherte Beratung des Tragwerksplaners zu haben, um hierauf auf bauend eine mängelfreie Ausführungsplanung zu erstellen. Für diesen Fall wäre es angezeigt gewesen, die **Bauwerksabdichtung ordnungsgemäß zu planen**.[76]

Gelegentlich **beauftragt der Auftraggeber für einzelne Leistungsphasen unterschiedliche Architekten**. Hier stellt sich die Frage, in welchem Umfang die beteiligten Architekten für Schadensersatzansprüche für Planungsfehler heranzuziehen sind. Die entscheidende Frage ist, welcher Planungsschaden tatsächlich kausal für den Eintritt des Schadens später geworden ist. So hatte das OLG Köln einen Fall zu entscheiden, wonach der erste Architekt unter Missachtung der baurechtlich zu beachtenden Abstandsflächen eine Baugenehmigung erwirkt hat. Der nachfolgende Architekt, der zurückgehend in die Phasen 2, 3 und 4 erhebliche Umplanungen vorgenommen hat, hatte den Abstandsflächenverstoß ungeprüft übernommen. Der durch den Nachbarn erwirkte Baustopp führt zu Schadensersatzforderungen, die ausschließlich der zweite Architekt zu tragen hat, da seine Planung ursächlich für den eingetretenen Schaden geworden war.[77] 97

Schließlich ist der Architekt, der nur die Ausführungsplanung erbringt, auch nicht ohne Weiteres dazu verpflichtet, zu überprüfen, ob die von dem Planer der Vorplanung vorerarbeitete Bestandsanalyse insgesamt fachgerecht ist. Der vom OLG Karlsruhe entschiedene Fall betraf eine Umbaumaßnahme. Der erste Architekt hatte keine Bestandsanalyse durchgeführt. Dem Architekten der Ausführungsplanung wurde vorgeworfen, nicht überprüft zu haben, ob eine Bestandsanalyse zur tatsächlichen Ermittlung des Sanierungsaufwandes erstellt worden ist. Das OLG Karlsruhe hat keine Verpflichtung des Ausführungsplaners gesehen, die Ergebnisse der Grundlagenermittlung nochmals insgesamt zu überprüfen. Dies sei nur erforderlich gewesen, wenn sich entsprechende Anhaltspunkte hierfür ergeben hätten. Auch hierfür gilt, dass der Auftraggeber dem Ausführungsplaner, der erst zu einem so späten Zeitpunkt an die Planungsaufgabe herangeführt wird, die Planungsergebnisse zu liefern hat, auf die er seine Planung auf bauen kann.[78]

In einem anderen interessanten Fall wurde dem Architekten ein Baumangel als Planungsfehler zur Last gelegt, der bereits in der Leistungsphase 2 Vorplanung bzw. Leistungsphase 3 Entwurfsplanung angelegt war. Die Klage ging verloren, weil die Parteien offensichtlich nur darüber gestritten hatten, ob ein Fehler der Ausführungsplanung vorlag und der Rechtsstreit hierauf reduziert wurde. Die Klage ging verloren, weil der Bauherr den Nachweis nicht führen konnte, dass der Architekt mit der Ausführungsplanung beauftragt war. In dem Nachfolgeprozess wurde der Schadensersatzanspruch auf die fehlerhafte Vorplanung bzw. Entwurfsplanung gestützt. Der BGH hat dies als unterschiedlichen Streitgegenstand gesehen und deshalb das Klagebegehren auch entsprechend zugelassen.[79] Dieser Fall zeigt nur, dass die sachgerechte Verfolgung eines Planungsfehlers prozesstechnisch nicht dadurch eingeschränkt werden soll, dass der Geschädigte sich festlegt, in welche Leistungsphase der Fehler des Architekten fällt.

Die Planung der Wärmedämmung an tragenden Bauteilen ist Sache des Tragwerksplaners, die Planung der Wärmedämmung im Übrigen ist Angelegenheit des Objektplaners Gebäude.[80] Die Zuständigkeit für die fachspezifische Planung der Wärmedämmung an tragenden Bauteilen entlässt allerdings auch den Objektplaner nicht aus seiner Verantwortung. Er muss für ihn erkennbare Mängel der Planung des Fachingenieurs aufdecken. Die kritiklose Übernahme der Fachingenieurleistung ohne eigene Mitprüfung kann zu einem Planungsmangel führen. Die den anerkannten Regeln der Bautechnik zu widerlaufende Ausführungsplanung einer Bodenplatte mit Sollbruchstellen in hochwassergefährdeten Bereichen[81] führte im gegebenen Fall zu der Haftung des Architekten, weil er die Unterlagen ungeprüft zur Ausführung freigegeben hat. Generell gilt, dass der planende Architekt eine mängelfreie und **funktionstaugliche Ausführungsplanung** schuldet, die den Regeln der Baukunst/Technik entspricht. Dabei hat der Archi-

---

[76] OLG Rostock v. 30.10.2004 – 7 U 251/00 in IBR 2005, 225

[77] OLG Köln v. 13.07.2005 – 11 U 121/04, BGH Nichtzulassungsbeschwerde zurückgewiesen

[78] OLG Karlsruhe Urteil v. 17.01.2006 – 17 U 168/04

[79] BGH v. 24.01.2008 – VII ZR 46/07 in IBR 2008, 222

[80] OLG Hamm v. 29.12.2010 – 12 U 42/09

[81] OLG Koblenz Urteil v. 19.01.2012 – 1 U 1287/10

tekt bei schadensanfälligen Baudetails so insbesondere bei Abdichtungsfragen im Keller und Dachbereich (Dampfdiffusion) mit besonderer Sorgfalt sehr ins Detail gehende Ausführungsplanungen zu erstellen.[82] Die Planung eines Pelletspeichers der nur 50 % des Pelletbedarfs pro Jahr aufnimmt, stellt einen Planungsfehler dar.[83] Zurückgewiesen wurde der Vorwurf, der Architekt habe die Räume zu klein geplant und zwar deshalb, weil es sich um eine Lückenbebauung mit begrenztem Platzangebot gehandelt hat, welches überhaupt keine größeren Räume zugelassen hat. Im Übrigen wird festgestellt, dass kein Regelwerk zu **Mindestgrößen von Wohnungen** besteht.[84] Zu den Grundleistungen der Ausführungsplanung gehört in jedem Falle auch die Brandschutzplanung. Sie ist keine isolierte besondere Leistung.[85] Der Architekt schuldet grundsätzlich eine Planung, die zum Zeitpunkt ihrer Abnahme dem aktuellen Stand der anerkannten Regeln der Technik entspricht. Macht der Bauherr eine verbindliche Planungsvorgabe, so ist er unmissverständlich und deutlich darauf hinzuweisen, dass das geplante Bauwerk im Moment seiner Errichtung nicht mehr den allgemein anerkannten Regeln der Technik entspricht.[86] Diese Rechtsprechung stößt an ihre Grenzen, insbesondere bei Baurealisierungen, die sich über Jahre hinstrecken. Von dem Architekten kann nur eine Leistung verlangt werden, die er bei der Planung und Baudurchführung auch als die anerkannte Regel der Technik erkennen kann. Ändern sich die anerkannten Regeln der Technik nach Fertigstellung des Bauvorhabens, jedoch vor Abnahme des Architektenwerkes, ist das Architektenwerk nicht mangelhaft, weil sich der Stand der Technik zum Abschluss der Leistungen der Leistungsphase 9 geändert hat. Erhält der Architekt nur einen Teilauftrag über die Leistungsphasen 5-9 und setzt seine Planung auf die Entwurfsplanung des Entwurfsarchitekten auf, so obliegt ihm eine Prüfungspflicht.[87]

Der Leistungsanteil kann mit 10 % an der gesamten Leistungsphase 5 betrachtet werden und entspricht damit 2,5 Prozentpunkten des Honorars nach § 35.

98   **Grundleistung 5 d: Fortschreiben des Terminplans**

Das Fortschreiben des Terminplans ist eine permanente Aufgabenstellung, die sich durch alle Leistungsphasen vollzieht. Die Termine verändern sich permanent, sei es, dass neue Erkenntnisse aufgrund beabsichtigter Vergaben oder auch erfolgter Auftragserteilungen gegeben sind oder sei es, dass sich Terminverschiebungen aus dem Bauablauf ergeben. Das Fortschreiben des Terminplans als eigenständige Grundleistungen nur in der Leistungsphase 5 aufzunehmen und nicht auch in die Leistungsphase 6 und Leistungsphase 7 zu integrieren ist ein Versäumnis. Die Überarbeitung des Terminplans und die Anpassung an die jeweils gegebenen Erkenntnisse ist dem gegenüber eine dauernde Aufgabenstellung und kann im Rahmen der Leistungsphase 5 nur mit 3 % der Bedeutung für die Gesamtleistungsphase anerkannt werden, dies entspricht 0,75 %Punkte des Gesamthonorars.

99   **Grundleistung 5 e: Fortschreiben der Ausführungsplanung aufgrund der gewerkeorientierten Bearbeitung während der Objektausführung**

Diese Leistung ist zu trennen von der Besonderen Leistung des Erstellens von Bestandsplänen. Die Bestandsplanung verfolgt ein ganz anderes Ziel als das Fortschreiben der Ausführungsplanung während der Objektausführung. Diese Leistung betrifft nur die Verpflichtung des Auftragnehmers, bei vollständiger Übernahme der Planungsverantwortung bis zum Abschluss des Bauvorhabens als Planer zur Klärung von Ausführungsdetails zur Verfügung zu stehen. Der Planungsprozess der Ausführungsplanung ist dadurch gekennzeichnet, dass noch während der Bautätigkeit stets Fragen der Ausführung auftauchen, die bei der eigentlichen Planbearbeitung unbeachtet geblieben sind und auch für die Beteiligten nicht erkennbar waren. Der Polier auf der Baustelle stellt teilweise Problemfelder fest, die planerisch noch nicht genügend gelöst sind. Dies ist das Fortschreiben der Ausführungsplanung durch den Auftragnehmer, der bis zur Fer-

---

[82] OLG Düsseldorf, Urteil v. 05.12.2013 – 23 U 185/11

[83] OLG Stuttgart, Urteil v. 24.01.2012 – 10 U 90/11

[84] OLG Dresden v. 26.06.2012 – 10 U 178/07

[85] BGH v. 26.01.2012 – VII ZR 128/11

[86] OLG Dresden, Urteil v. 09.06.2010 – 1 U 745/09

[87] OLG Köln v. 12.01.2012 – 7 U 99/08

tigstellung des Objektes bereitstehen muss, klärungsbedürftige Ausführungsdetails auch zu bestimmen.

In der Baurealisierung zeigt sich, dass diese Ansprüche an die Ausführungsplanung mit zunehmendem Fertigstellungsgrad des Objekts abnehmen. Eine wesentliche gesonderte Bewertungsgrundlage kann dieser Leistung des Fortschreibens der Ausführungsplanung schon deshalb nicht zukommen, weil die Leistungsverpflichtung sich nach der Leistung a) und b) auf die Erarbeitung aller Pläne erstreckt. Der Anteil selbstständig bewertbarer Leistung wird diesbezüglich nur untergeordnet bemessen werden können, im Sinne der Bereitstellung des Planungsteams auch während der Baurealisierung.

Dieser Leistungsgegenstand führt auch dazu, dass die Ausführungsplanung abnahmereif erst erstellt ist, wenn das Bauvorhaben errichtet ist.[88] Anders wird dies zu bewerten sein, wenn der Auftragnehmer nur Leitdetails zu erstellen hat. Sie dienen der Ausschreibung von Bauleistungen und sind mit der Vergabe der Bauleistungen abgeschlossen.

Die Leistung rechtfertigt einen Ansatz von 5 % von der Gesamtleistung der Ausführungsplanung und damit 1,25 Prozentpunkte des Honorars nach § 35.

Grundleistung 5 f: Überprüfen erforderlicher Montagepläne der vom Objektplaner geplanten Baukonstruktionen und baukonstruktiven Einbauten auf Übereinstimmung mit der Ausführungsplanung

100

Ausführungspläne sind von Montageplänen zu trennen. Die Erstellung von Montageplänen sind insbesondere im **Fassadenbau** unverzichtbare Planungsaufgaben der bauausführenden Wirtschaft. Sie gehören gem. VOB Teil C Allgemeine technische Vertragsbedingung nach DIN 18351 zu den Planungsleistungen des ausführenden Unternehmens. Die Fertigungssysteme von Fassaden sind so vielseitig und unterschiedlich, dass sie Bestandteil des Leistungsangebots der bietenden Firmen sind. Eine Durchplanung der Fassade im Rahmen einer Ausführungsplanung vom Objektplaner Gebäude führt im Ergebnis dazu, den Bieterwettbewerb für die Ausführungsleistung auf den Einbau des Produktes zu beschränken, welches Grundlage der Ausführungsplanung des Objektplaners ist. Um ihre Auftragschancen zu erhöhen, bieten deshalb nicht selten die Bieter ihre Fassadensysteme im Rahmen eines Nebenangebotes an und dies meist zu kostengünstigeren Konditionen. Die HOAI 2013 erfasst dieses Leistungsspektrum in der Leistungsphase 5 mit der Grundleistung f. Dem Objektplaner verbleiben die erforderlichen Montagepläne auf ihre Funktionstauglichkeit zu überprüfen. Diese Prüfpflicht führt dazu, dass der Architekt auch Funktionsmängel feststellen muss und darauf zu achten hat, dass zur Bauausführung nur zugelassen wird, was auch im Ergebnis funktioniert. Dies ist eine sehr wichtige Leistung, die arbeitsintensiv ist. Der Objektplaner muss sich genau mit der Funktionsweise der ihm zur Verfügung gestellten Montageplanung auch gegebenenfalls in bauphysikalischer Hinsicht befassen. Fehlt ihm hierzu die ausreichende Sachkunde ist ein Sonderfachmann für den Fassadenbau hinzuzuziehen. Von einem Architekten können Spezialkenntnisse auf dem Gebiet des physikalischen Zusammenwirkens der Fassadenelemente hinsichtlich bauphysikalischer Einflüsse nicht erwartet werden, weshalb bei komplizierten Fassadenstrukturen stets ein Sonderfachmann vom Auftraggeber zur Unterstützung der Prüfungsaufgabe des Objektplaners hinzuzuziehen ist. Es liegt auf der Hand, dass diese Aufgabenstellung für den Architekten eine erhebliche Haftungsquelle bedeutet. Der Architekt hat die Unterlagen der ausführenden Firmen sorgfältig daraufhin zu überprüfen, ob Mängel eintreten können und ob die verwendete Konstruktion für die geplante Verwendung geeignet ist.[89]

5.2. Ausführungsplanung bei Einschaltung eines Generalunternehmers

In der Praxis hat sich ein Leistungsbild herauskristallisiert, welches umschrieben wird mit der Erstellung einer Ausführungsplanung im Sinne von Leitdetails, die es dem ausführenden Unternehmen gestatten kann, eine ordentliche Kalkulation der Leistung vorzunehmen, und zugleich eine Bestimmung der Leistungsqualität für das Bauvorhaben im Detail beschreibt.

101

---

[88] OLG Bamberg weist zu Recht darauf hin, dass die Abnahmefähigkeit der Ausführungsplanung erst nach Erstellung des Objekts gegeben ist. Urteil vom 20.12.2006 – 13 U 55/06, IBR 07, 315

[89] OLG Celle Urteil v. 04.10.2012 – 13 U 234/11

Die Leitdetails definieren damit zunächst solche Planungsgegenstände, die in der weiteren Detaillierung des Entwurfes Planungslösungen in gestalterischer und funktionaler Hinsicht bieten. Wegfallen kann dem gegenüber die Ausführungsplanung, die sich vor allem mit den spezifischen Fragen bautechnischer Bauausführung beschäftigt. Diese werden auch vielfach in der Praxis dem Generalunternehmer überlassen.

In der Praxis hat sich auch herausgebildet, dass in solchen Fällen dem Auftragnehmer für die Ausführungsplanung eine Prüfung der von dem Generalunternehmer zum Bauen erstellten Ausführungsplanung übertragen wird. Diese Prüfung hat zum Gegenstand, festzustellen, ob die gestalterischen Anforderungen, die sich im Entwurfsplan ausdrücken, realisiert werden und ob sie Bauvorschläge enthält, die mit den Vorstellungen des Auftraggebers konform gehen. Hinsichtlich eventueller Planungsmängel, die der Unternehmer in seine Planung einbaut, entscheidet die allgemeine Vertragsgestaltung, ob und inwieweit der prüfende Auftragnehmer im Auftrage des Auftraggebers hierfür eine Verantwortung trägt. Auch hier gilt, dass vorwerfbare Fehler der Planprüfung durch den Auftragnehmer der Ausführungsplanung zu dessen Schadensersatzpflicht führt. Allerdings hat die bauausführende Firma keinen Anspruch darauf, dass die Prüfungstätigkeit des vom Auftraggeber beauftragten Auftragnehmers für ihn mangelfrei erfolgt. Diese Verpflichtung besteht nur gegenüber dem Auftraggeber. Es besteht damit kein mitwirkendes Verschulden des Auftraggebers, weil der Auftraggeber im Verhältnis zum Generalunternehmer sich die Fehler der Planprüfung nicht zurechnen lassen muss. Der Auftraggeber schuldet dem Generalunternehmer keine mangelfreie Planprüfung. Der Auftragnehmer bleibt allerdings dem Auftraggeber für sein Fehlverhalten als Gesamtschuldner verpflichtet. Kommt die Prüfung der vom Generalunternehmer zu erstellenden Ausführungsplanung und der Werk- und Montagezeichnungen hinzu, so macht der Prüfungsanteil 20–30 % des Honorars der Leistungsphase 5 bzw. 5,0–7,5 % des Honorars nach § 35 aus.

Die Bewertung der Leistungen des Auftragnehmers für die Erstellung von Leitdetailplänen und die Prüfung der anschließend vom Generalunternehmer gelieferten Ausführungspläne führt in der Erkenntnis dazu, dass die Leistung 5c, 5e und 5f entfällt und der Ausführungsplanungsanteil einschließlich Planprüfung des Auftragnehmers sich danach zwischen 50 % und 60 % des Honorars der Leistungsphase 5 bewegt also zwischen 12,5 und 15 Prozentpunkten des Honorars nach § 35. Maßgebend sind die Verhältnisse des Einzelfalls. Gelegentlich wird in der Praxis ein Freigabestempel vom Architekten gewählt, der den Inhalt hat „freigegeben in gestalterischer Hinsicht". Ob eine solche Praxis den Auftragnehmer davor schützt, wegen Planungsmängeln in Anspruch genommen zu werden, die er im Rahmen seiner Prüfung nicht aufgedeckt hat, erscheint äußerst fraglich. Wenn der Prüfungsauftrag soweit eingeschränkt sein soll, dass nur kontrolliert, wird, ob die Entwurfsidee des Architekten durch die Ausführungsplanung der bauausführenden Firma verändert wird, müsste dies im Vertrag ausdrücklich geregelt sein und festgelegt werden, dass die Prüfung nicht eine bautechnische Prüfung der Ausführungsplanung zum Gegenstand hat. Ein in solcher Weise eingeschränkter Prüfungsauftrag führt zu einer deutlichen Reduzierung des Honorars für die Leistungsphase 5.

102   5.3 Punktebewertung Objektplanung Gebäude

1. Bei Einzelvergaben

Leistungen gem. Anlage 10	% der LPH 5	% des Honorars § 35
Grundleistungen 5 a und 5 b	65 %	16,25 %
Grundleistung 5 c	12 %	3,00 %
Grundleistung 5 d	3 %	0,75 %
Grundleistung 5 e	5 %	1,25 %
Grundleistung 5 f	15 %	3,75 %
Summe	100 %	25 %

2. Bei gesplittetem Leistungsbild bei Generalunternehmerbeauftragung

Leistungen gem. Anlage 10	% der LPH 5	% des Honorars § 35
Grundleistungen 5 a und 5 b	50–60 %	12,5–15 %
Grundleistung 5 c	–	–
Grundleistung 5 d	–	–
Grundleistung 5 e	–	–
Grundleistung 5 f	–	–
Planprüfung für Planung GU	20–30 %	5–7,5 %

5.4 Die Ausführungsplanung für den Umbau

Bei Umbaumaßnahmen verschieben sich die Gewichte. Die Ausführungsplanung erfolgt bei Umbauten teilweise parallel zur Baurealisierung und Bauüberwachung. Klärungsbedürftige Sachverhalte werden teilweise erst während der Umbauphase aufgedeckt. Gleichwohl ist eine sorgfältige Ausführungsplanung notwendig. Vorhandene Bausubstanz und die Ergänzung neuer Bauteile sollten aus dieser Planung ablesbar sein. Der Anteil des Fortschreibens der Ausführungsplanung während der Objektausführung gewinnt dementsprechend ein übergroßes Gewicht. Vor Bauausführung können nicht sämtliche Ausführungsplanungen für die Umbaumaßnahme vorliegen, da in bautechnischer Hinsicht viele Fragen offen bleiben und erst bekannt werden, nachdem der Baufortschritt zur teilweisen Bauöffnung führt und erst dann im Detail vielfach erkannt wird, welche bautechnischen Probleme zu lösen sind. Der Anteil des Fortschreibens der Ausführungsplanung wird demgemäß auf 40 % des Gesamthonorars zu erhöhen sein, während die Erarbeitung der Ausführungsplanung vor Beginn der Bauausführung bis zu 45 % zu bewerten ist. Bei der Koordinierung der Beiträge anderer fachlich Beteiligter verbleibt es bei 15 %.

103

Eine Besonderheit ergibt sich darüber hinaus. Bei Neubauvorhaben gibt es in der Regel eine im Zusammenhang erstellte Ausführungsplanung. Wegen des hohen Anteils des Fortschreibens der Ausführungsplanung bei Umbauten lässt sich eine Dokumentation der gesamten Ausführungsplanung in chronologischer Reihenfolge nicht ohne Weiteres herstellen. Vielfach werden Planungsentscheidungen vor Ort zu treffen sein, sodass sich die Ergebnisse der Ausführungsplanung auch nicht in einer Zeichnung wiederfinden.

5.5 Innenräume

Die Ausführungen für die Objektplanung Gebäude treffen im Prinzip auch auf die Objektplanung Innenräume zu.

104

Der Aufgabe des Innenraumplanung Ausbaus folgend bezieht sich die detaillierte Darstellung auf die Gestaltung der einzelnen Räume. Die Raumfolgen, die darzustellen sind, bedürfen der detailgenauen Festlegung und verlangen deshalb meist einen größeren Maßstab. Die HOAI spricht deshalb von einem Maßstab 1 : 25 bis 1 : 1. Ergänzt werden die Planungen durch die textlichen Anweisungen, welche Qualitätsanforderungen an die Ausführungsdetails für die bauausführende Firma zu machen sind. Dies betrifft vor allem auch die Materialbestimmung.

Innenausbauten mit hohen gestalterischen Anforderungen kommen häufig auch nicht ohne Einzelplanung von Bauteilen aus. Vielfach werden allerdings auch die Bauteile von der Bauwirtschaft bereits angeboten, so z. B. bei der Realisierung von Wellnessanlagen in Hotels etc. Es haben sich spezialisierte Firmen herausgebildet, die in ihrem Fertigungsprogramm speziell geformte Kacheln und Einrichtungsgegenstände aufgenommen haben. Die Integration dieser Leistungen in die Innenraumplanung führt nicht zu dem Verlust der Planungsverantwortung der Ausführungsplanung, selbst wenn die Baufirma entsprechende Details ihres Fertigungsprogramms liefert. Die Aufgabenstellung des Planers „Innenraum" besteht in solchen Fällen darin, diese Details in den Raum so zu integrieren und so zu verankern, dass sie konfliktfrei und mängelfrei den Nutzungszielen des Auftraggebers folgend dort realisiert werden können.

Die Bewertung der einzelnen Leistung folgt der Bewertung für die Objektplanung Gebäude.

5.6 Besondere Leistungen nach Anlage 10

105 – **Aufstellen einer detaillierten Objektbeschreibung als Grundlage der Leistungsbeschreibung mit Leistungsprogramm**

Diese Besondere Leistung ist mit einem * versehen und weist auf eine Fußnote in der HOAI hin. Diese lautet: *„Diese Besondere Leistung wird bei Leistungsbeschreibung mit Leistungsprogramm ganz oder teilweise Grundleistung. In diesem Fall entfallen die entsprechenden Grundleistungen dieser Leistungsphase."* Diese Leistung betrifft damit die funktionale Leistungsbeschreibung, die eine erhebliche Bedeutung in der Praxis gewonnen hat. Soll ein Generalunternehmer mit der Bauausführung befasst werden und dieser auch die Planungsverantwortung für die Ausführungsplanung übernehmen, so greift man zu der funktionalen Leistungsbeschreibung, um die geschuldete Bauleistung im Einzelnen zu definieren. Die VOB/A beschreibt diesen Vorgang unter der Überschrift „Leistungsbeschreibung mit Leistungsprogrammen" in VOB/A § 8, Ziffer 13 ff. Gegenstand der funktionalen Leistungsbeschreibung ist die detaillierte Objektbeschreibung, die in der Regel in der Darstellung von Raumbüchern erfolgt. Auf der Basis der Entwurfsplanung wird das Projekt Raum für Raum durchgegangen und im Detail festgelegt welche Ausstattung und welche Qualität diese Räume später erhalten sollen. Zu diesem Zweck wird eine Legende entwickelt, die alle Bestandteile des Raumbuches erfasst. Soweit eine Beschreibung in Textform nicht möglich ist, werden diese auch durch zeichnerische Darstellung ergänzt. Dies können Leitdetails im gewissen Umfange sein. Auch sie beschreiben die Bauausführung, die von Bauherrenseite gewünscht sind. Wird eine solche Leistung mit dem Auftraggeber vereinbart, so handelt sich um eine Grundleistung und nicht mehr um eine Besondere Leistung. Dies hat honorarrechtliche Bedeutung.

Für die Bewertung dieser Leistung gilt die HOAI mit all ihren Anwendungsvoraussetzungen. Dies bedeutet, dass das Honorar auf der Basis der anrechenbaren Kosten, der Kostenberechnung zu ermitteln ist. Maßgebend ist die Honorarzone, in der der Schwierigkeitsgrad des Objekts fällt. Es gilt der Honorarsatz, den die Parteien bei Auftragserteilung zwischen Mindest- und Höchstsatz vereinbart haben. Es gilt das Verbot der Mindestsatzunterschreitung es sei denn, dass einer der Ausnahmefälle gegeben ist und es gilt das Verbot der Höchstsatzüberschreitung es sei denn, dass die Voraussetzung für eine Überschreitung gegeben sind. Fehlt es an einer Honorarvereinbarung, so wird der Mindestsatz geschuldet.

Die Leistungsbeschreibung dieser Besonderen Leistung macht allerdings nicht klar, welche Grundleistungen ersetzt werden. Ersetzt werden die Grundleistungen der Leistungsphasen 5 a und 5 b. Dies bedeutet, dass es Aufgabe der funktionalen Leistungsbeschreibung ist, nicht nur die der Objektplanung Gebäude zuzurechnenden Gebäudeteile in den Raumbüchern und ergänzend dazu in Zeichnungen zu erfassen, sondern auch alle technischen Ausrüstungsgegenstände. Hier wird also die Zuarbeit insbesondere des Fachplaners der technischen Gebäudeausrüstung gefragt sein. Er hat die notwendigen Details zu klären, die hinsichtlich Elektro, Lüftung, Heizung, Wasser, Abwasser etc. für die Technische Gebäudeausrüstung des Gebäudes erforderlich sind.

Der Leistungsbeitrag des Tragwerksplaners wird nur ausnahmsweise noch eine Bedeutung haben. Schal- und Bewehrungspläne liegen zu diesem Zeitpunkt nicht vor und werden in solchen Fällen regelmäßig dem Generalunternehmer ebenso überlassen, wie die Ausführungsplanung entsprechend der Leistungsbeschreibung zu § 5 a und 5 b der HOAI. Die Bewertung dieser zur Grundleistung werdenden Besonderen Leistung hängt vom Einzelfall ab. Als Regel kann aufgestellt werden, dass für die Bewertung dieser Leistung die für die Grundleistungen 5 a und 5 b anzusetzenden Anteile des Honorars für die Ausführungsplanung anzunehmen sind. Der Anteil kann für eine Ausführungsplanung entsprechend den Grundleistungen 5 a und 5 b mit 14,25 % angenommen werden. Dieser Wert wird nicht voll erreicht durch die funktionale Leistungsbeschreibung ist jedoch mit einem Ansatz von 60–70 % hiervon zu rechnen, d. h. dass die Bewertung für diese Bearbeitungsschritte zwischen 8 % Punkten und 10 % Punkten des Gesamthonorars liegen dürfte.

– **Prüfen der vom bauausführenden Unternehmen aufgrund der Leistungsbeschreibung**   **106**
mit Leistungsprogramm ausgearbeiteten Ausführungspläne auf Übereinstimmung mit
der Entwurfsplanung

Auch diese als Besondere Leistung aufgeführte Leistung ist eine Grundleistung, wenn sie
beauftragt wird. Sie wird regelmäßig beauftragt um sicher zu stellen, dass die von dem Generalunternehmer erstellte Ausführungsplanung auch den Qualitätsansprüchen des Auftraggebers entspricht, wie er sie in dem Entwurf festgelegt hat. Insoweit wird der Entwurfsarchitekt
beauftragt, eine Kontrolle der Ausführungspläne auf Übereinstimmung mit der Entwurfsplanung vorzunehmen. Die Qualität dieser Prüfungsleistung darf nicht unterschätzt werden.
Planungsmängel, die dem Generalunternehmer bei der Erstellung der Ausführungsplanung
unterlaufen, sind in diesem Prüfungsgang aufzudecken. Hier gilt das Prinzip, dass versteckte
Planungsmängel, die in einem ordentlichen Prüfungsgang nicht ohne Weiteres haben festgestellt werden können, nicht zu einem Vorwurf mangelhafter Bearbeitung des Architekten
führen kann. Mängel die jedoch bei gehöriger und sorgfältiger Prüfung erkannt werden können, müssen von dem Architekten aufgedeckt und geklärt werden. Hinsichtlich des Honoraranspruches bestehen die gleichen Grundsätze, wie zu der vorbeschriebenen funktionalen
Leistungsbeschreibung. Grundsätzlich gilt auch hier die HOAI mit allen ihren Bestandteilen.
Fehlt es an einer Honorarvereinbarung, so wird der Mindestsatz geschuldet. Nach § 8 HOAI
ist der Anteil zu bewerten, den das Prüfen ausgearbeiteten Ausführungspläne verlangt. Auch
dies hängt von dem Schwierigkeitsgrad der Baumaßnahme ab. In aller Regel wird 50 % des
auf das Honorar für die Grundleistungen 5a und 5b entfallende Honorars geschuldet sein. In
dem vorbeschriebenen Fall sind dies 7–9 %Punkte des Gesamthonorars.

– **Fortschreiben von Raumbüchern in detaillierter Form**   **107**

Diese Besondere Leistung geht bei der funktionalen Leistungsbeschreibung generell mit auf.
Da die funktionale Leistungsbeschreibung ohne eine detaillierte Bearbeitung von Raumbüchern kaum auskommt, findet diese Besondere Leistung auch regelmäßig Bedeutung, wenn
der Auftragnehmer die Ausführungsplanung in Eigenregie durchführt und ergänzend hierzu
Raumbücher fortzuschreiben sind. Fortschreiben meint, das auf Basis bestehender Raumbücher diese entsprechend des detaillierten Planungsvorgangs angepasst werden. Das Honorar
ist als Besondere Leistung zu vereinbaren was bedeutet, dass ein Honoraranspruch der Höhe
nach in der HOAI nicht preisrechtlich geregelt ist und der Vereinbarung bedarf.

– **Mitwirken beim Anlagenkennzeichnungssystem (AKS)**   **108**

IT-Systeme haben in Bauvorhaben Einzug gehalten. Die Steuerung von Gebäuden im Hinblick
auf Lüftung, Licht, Sonnenabschattung, Rollläden, Heizung und anderen Technischen Gebäu-
deausrüstungsteilen kann soweit automatisiert werden, dass eine Fernsteuerung für sämtliche
Funktionen dieses Gebäudes möglich wird. Um den zu erfassenden sehr hohen Abstimmungsaufwand zu reduzieren sind Kennzeichnungen für die Steuerungstechnik unabdingbar. Dies
gilt insbesondere bei Großbauvorhaben, für den Bereich des Brandschutzes. Das automatische
Öffnen und Schließen von Türen und Brandschutzklappen und Entlüftungsklappen im Brand-
fall bedarf der Steuerung durch Einsatz von IT, was eine äußerst komplexe Aufgabenstellung
darstellt und nur zu bewerkstelligen ist, wenn entsprechende AKS Systeme eingesetzt werden.

– **Prüfen und Anerkennen von Plänen Dritter, nicht an der Planung fachlich Beteiligter**   **109**
auf Übereinstimmung mit den Ausführungsplänen (z. B. Werkstattzeichnungen von
Unternehmen, Aufstellungs- und Fundamentspläne nutzungsspezifischer oder betriebs-
technischer Anlagen), soweit die Leistungen Anlagen betreffen, die in den anrechen-
baren Kosten nicht erfasst sind

Die Prüfung und das Anerkennen von Plänen Dritter, betreffen Leistungen, die von dem Leistungsbild der Leistung der Anlage 10 nicht erfasst sind. Als Besondere Leistung definiert
sie nur solche Prüfungstätigkeiten, soweit sie Anlagen betreffen, die von den anrechenbaren
Kosten nicht erfasst sind.

Die Prüfung der Planung Dritter benötigt zumeist auch eine besondere Sachkunde, die vom Planer der Objektplanung Gebäude nicht erwartet werden kann. Die Überprüfung von Aufstellungs- und Fundamentplänen von Maschinenlieferanten ist nicht Sache der Objektplanung Gebäude. Dies ist ein Problem, welches der Maschinenlieferant anhand der geprüften statischen Unterlagen mit dem Tragwerksplaner auf dessen Veranlassung zu klären hat. Das Ergebnis dieses Klärungsprozesses hat der Objektplaner zu übernehmen. Aufgabe des Objektplaners Gebäude besteht allenfalls darin, dafür zu sorgen, dass eine solche Kontrolltätigkeit erfolgt. Ihm obliegt diesbezüglich die Koordinierungsverantwortung, nicht jedoch die Prüfungsverantwortung.

Wenn er sie dennoch übernimmt, so ist dies eine Leistung, die vom Leistungsbild nicht erfasst ist und als Besondere Leistung auch Gegenstand vertraglicher Vereinbarung und Vergütung sein kann.

Werkstatt- und Montagepläne gehören nicht in diese Rubrik. Das Überprüfen erforderlicher Montagepläne ist nach der Grundleistung 5f eine Leistungsverpflichtung des Objektplaners und als solche zu vergüten. Diese Leistung ist auch mit den anrechenbaren Kosten erfasst, soweit es sich um eine Prüfungstätigkeit handelt, die von der Sachkunde eines Objektplaners Gebäude auch erledigt werden kann. Hierauf ist besonders zu achten. Hauptanwendungsfälle sind Montagepläne für Fassaden. Die Anordnung von Pfosten und Riegel kann im Hinblick auf die bauphysikalischen Bedingungen (Kondensatprobleme, Schall- und Wärmeenergieprobleme) nicht von der Objektplanung im Rahmen der Grundleistung erwartet werden, da die entsprechende Fach- und Sachkunde dem Objektplaner für diesen Leistungsbereich fehlt. Dies ist Sache der Beurteilung von Sonderfachleuten, die die gegebenenfalls auf Anraten des Objektplaners vom Auftraggeber hinzuzuziehen sind. Auch hier gilt, dass der Architekt seinen Bauherrn eine sachgerechte Beratung über die Notwendigkeit der Einschaltung von geeigneten Fachingenieuren schuldet. Wird dies versäumt, so steht der Architekt wegen Verletzung dieser Pflicht in der Haftung.

6. Leistungsphase 6: Vorbereitung der Vergabe

6.0 Allgemeine Vorbemerkung

110 Die Leistungsphase 6 befasst sich mit den Inhalten eines Bauvertrages. Dieser gliedert sich in mehrere Bestandteile. Kernstück des Bauvertrages ist die Beschreibung der Bauleistungen, die von den bauausführenden Firmen ausgeführt werden soll. **Für die Objektplanung Gebäude bezieht sich die Leistungsbeschreibung auf die Herstellung des Rohbaus, des Ausbaus und gegebenenfalls auch der Fassade.** Die Leistungsbeschreibungen für die Technische Ausrüstung und in den meisten Fällen auch für die Ausschreibung der Fassade erfolgen von entsprechenden Fachingenieuren und sind nicht Bestandteil der Leistung für die Objektplanung Gebäude, so wie sie ihren Niederschlag in der Leistungsphase 6 zur Anlage 10 HOAI gefunden haben. Es ist allerdings Aufgabe des Auftragnehmers, für die Objektplanung Gebäude die Fachbeiträge der vom Auftraggeber bestellten Fachingenieure abzurufen und gegebenenfalls in das eigene Paket zu integrieren. Eine Kontrolle dieser Fachingenieurleistungen obliegt dem Planer der Objektplanung Gebäude nicht, da ihm im Regelfall die Fachkunde hierzu fehlt.

§ 9 VOB/A befasst sich mit der Art und Weise, wie Bauleistungen beschrieben werden. Der Grundsatz ist in § 9 Abs. 1 aufgeführt. Danach sollen die zu vergebenden Bauleistungen so eindeutig und so erschöpfend beschrieben werden, dass die bietenden Firmen die Beschreibung im gleichen Sinne verstehen müssen und ihre Preise sicher und ohne umfangreiche Vorarbeiten berechnen können. Das Einholen von Angeboten für Bauleistungen erfolgt danach ausschließlich in der Weise, dass der Auftragnehmer für die Objektplanung Gebäude eine Leistungsbeschreibung aufstellt, die Grundlage für die einzuholenden Angebote ausführender Firmen ist. Nur so wird die Vergleichbarkeit der Angebote hergestellt und es kann eine sichere Beurteilung erfolgen, welcher der Anbieter den annehmbarsten und günstigsten Preis bietet.

Ein Auftragnehmer, der sich darauf beschränkt, **Firmen ein Angebot selbst aufstellen zu lassen** und die Leistungen, die mit dem Angebot verbunden sind, selbst zu definieren, erfüllt nicht die Leistungsanforderung der Leistungsphase 6. Werden Angebote in der Weise eingeholt, dass die bietenden Firmen zugleich in eigener Regie die Leistungen beschreiben, die sie mit ihrem Angebot abgeben wollen, so führt dies im Ergebnis zur fehlenden Vergleichbarkeit der Angebote. Eine geordnete Vergabe kann auf dieser Grundlage nicht geschehen.

Grundsätzlich werden zwei Methoden für die Gestaltung von Leistungsbeschreibungen unterschieden. Die eine besteht darin, die **Bauleistung nach Losen** in ihrem einzelnen Aufbau zu erfassen. Dies kann durch Darstellung von Mengen und Berechnungen erfolgen, die ergänzt werden durch zeichnerische Darstellung, aus denen sich die jeweiligen zu erbringenden Bauleistungen ergeben. Die andere Methode besteht in einer funktionalen Leistungsbeschreibung. Das Ergebnis der zu beauftragenden Bauleistung wird zum Gegenstand einer **funktionalen Beschreibung** in Ergänzung zur zeichnerischen Darstellung verbal beschrieben. Dem bauausführenden Unternehmen wird es überlassen, die Bauausführung zur Erreichung dieses funktional ausgeschriebenen Bauergebnisses selbst zu bestimmen. In der Regel mischen sich bei den Leistungsbeschreibungen die Darstellung der abgeforderten Bauleistung in der Form von Angaben zu Mengen bestimmter quantitativ und qualitativ beschriebener Bauleistungen mit funktionalen Beschreibungen für zu erzielende Bauergebnisse in Bezug auf einzelne Bauteile. Für die Gestaltung eines Bauvertrages stellt die Darstellung der Bauleistung die zentrale Funktion dar. Sie beschreibt die Beschaffenheit der Leistung, die vom bauausführenden Unternehmen zu erfüllen ist. Grundlage für die Beurteilung, ob eine Bauleistung im Rechtssinne mangelhaft ist, zeigt sich primär danach, inwieweit das Bauergebnis von der Leistungsbeschreibung und den mit ihr verfolgten Leistungszielen negativ abweicht. Nur soweit eine Leistungsbeschreibung nicht vorhanden ist, führt das Bauergebnis zur Beurteilung eines Baumangels. Dieser liegt vor, wenn das Bauwerk sich nicht für die gewöhnliche Verwendung eignet oder eine Beschaffenheit aufweist, die bei Werken gleicher Art üblich ist oder die der Auftraggeber nach der Art des Werkes erwarten kann (so Definition § 633 Abs. 2).

Die Leistungsbeschreibung wird ergänzt durch **allgemeine und besondere Vertragsbedingungen**. Allgemeine Vertragsbedingungen befassen sich mit der Abwicklung eines Bauvertrages ganz generell. Ein wichtiges Beispiel bilden die allgemeinen Vertragsbedingungen für die Ausführung von Bauleistungen (VOB/B). Hinzu kommen die Definition und Regelung von besonderen Vertragsbedingungen, die ganz speziell Rücksicht auf die Anforderungen der gestellten Bauaufgabe nehmen. Dabei handelt es sich üblicherweise um das juristische Klauselwerk, ohne das auch ein Bauvertrag nicht auskommt. Die Beurteilungen dieser Vertragsklauseln können von einem Auftragnehmer der Objektplanung Gebäude nicht erwartet werden, da diese Funktion und Aufgabenstellung rechtskundigen Personen zugewiesen ist. Gleichwohl wird von einem Architekten verlangt, die Grundzüge des Baurechts zu beherrschen. Welche **rechtlichen Leistungen ein Architekt** oder Ingenieur erbringen kann, ist in dem Rechtsdienstleistungsgesetz geregelt. Unter Rechtsdienstleistungen im Sinne des RDG wird dabei jede Tätigkeit in konkreten fremden Angelegenheiten verstanden, sobald sie eine rechtliche Prüfung des Einzelfalls erfordert.

Nach § 3 ist die selbstständige Erbringung außergerichtlicher Rechtsdienstleistungen nur in dem Umfange zulässig, wie sie durch das RDG oder aufgrund anderer Gesetze erlaubt sind. Nach § 5 sind jedoch Rechtsdienstleistungen im Zusammenhang mit einer anderen Tätigkeit erlaubt, wenn sie als Nebenleistung zum Berufs- und Tätigkeitsbild gehören. Ob eine Nebenleistung vorliegt, ist nach ihrem Inhalt, Umfang und sachlichen Zusammenhang mit der Haupttätigkeit unter **Berücksichtigung der Rechtskenntnisse** zu beurteilen, die für die Haupttätigkeit erforderlich sind.

An der Rechtslage hat sich durch die Einführung des Rechtsdienstleistungsgesetzes für die Befugnis des Architekten/Ingenieurs, Bauverträge zu begleiten, nichts geändert. Die Beratung des Bauherren, welche vertragliche Gestaltung für die Vergabe von Bauverträgen gewählt wird, kann danach gem. § 5 des Rechtsdienstleistungsgesetzes als eine Nebenleistung angesehen werden, allerdings nur dann, wenn der Beratungsumfang unter Berücksichtigung der üblichen Rechtskenntnisse von Architekten und Ingenieuren eine sachgerechte Beratung des Auftraggebers überhaupt erwarten lässt.

Die Rechtsprechung hat in der Vergangenheit in einer Vielzahl von Einzelentscheidungen festgestellt, welche Kenntnisse von einem Architekten in rechtlicher Hinsicht erwartet werden können. Es bezieht sich auf die Gewährleistungsfristen,[90] auf die Vereinbarung von Vertragsstrafenobergrenzen,[91] auf die Vereinbarung von Skonti.[92] Die Rechtsprechung ist sogar so weit gegangen, den Architekten selbst dann für rechtliche Fehler des Bauvertrages in Anspruch zu nehmen, wenn er dem Bauherrn die Einschaltung eines Rechtsanwalts angeraten hat. Allerdings hat er die Vertragsklausel aus seiner Feder ohne Rechtsprüfung des Anwalts schließlich verwendet. Der Bauherr war dem Rat der Einschaltung eines Rechtsanwalts nicht gefolgt. Später hat sich herausgestellt, dass die Vertragsstrafenvereinbarung wegen der geltenden Rechtsprechung unwirksam ist. Der Architekt schuldete in diesem Fall Schadensersatz, wobei er sich nicht mit dem Hinweis entlasten konnte, den Bauherren darum gebeten zu haben, einen Rechtsanwalt zur Prüfung der Bedingungen einzuschalten.[93]

Letztendlich entscheidet der Schwierigkeitsgrad der Bauaufgabe darüber, wann das Feld der Nebenleistung im Sinne des § 5 des Rechtsdienstleistungsgesetzes verlassen wird und wann diese Leistung eine Bedeutung gewinnt, die nicht nebenher als untergeordnete Dienstleistung von einem Architekten mit erledigt werden kann.

Die Beurteilung dieser Frage hängt vielfach auch von der Größe der gestellten Bauaufgabe ab. Bei kleineren Bauaufgaben kann der Architekt die Vertragsstruktur dem Bauherrn empfehlen. Er begibt sich allerdings stets auf ein unsicheres Terrain. Er wird für Fehler, die im Zuge der Beratung des Bauherrn über die Gestaltung von Verträgen entstehen, in die Haftung zu nehmen zu sein. Dies gilt auch für den Fall, dass er dem berufsunkundigen Bauherrn (Verbraucher) die Verabredung einer Gewährleistungsfrist für Baumängel nach VOB empfiehlt, ohne darüber aufzuklären, dass das Bürgerliche Gesetzbuch eine längere Verjährungsfrist vorsieht.[94] Es ist nämlich zu berücksichtigen, dass der Bauherr als Auftraggeber der Bauleistung Verwender im Sinne des § 305 BGB für die Gestaltung der allgemeinen Geschäftsbedingung ist. Im Rechtsverkehr verwendet der Auftraggeber diese allgemeinen Geschäftsbedingungen und verliert damit den Schutz der §§ 307 BGB ff.[95]

Der Architekt muss danach im Wesentlichen erkennen können, ob der Schwierigkeitsgrad der gestellten Bauaufgabe es erfordert, juristischen Rat beizuziehen, oder ob die Bauaufgabe von durchschnittlichem Schwierigkeitsgrad hinsichtlich der bauvertraglichen Gestaltung ist, sodass im Wesentlichen auf Vertragsklauseln zurückgegriffen werden kann, die allgemein üblich und im Handel auch erhältlich sind.

Die Leistungsphase 6 befasst sich dementsprechend vorrangig mit der Erstellung der Leistungsbeschreibung.

Die **Planungsanforderungen an die Leistungsbeschreibung** für Neubauten, Umbauten und Raumbildende Ausbauten sind vom Prinzip her im Wesentlichen alle gleich, sodass eine unterschiedliche Betrachtung und Bewertung dieser Leistungsbereiche unterbleiben kann. Allerdings bleibt festzuhalten, dass die Bewertung der Leistungsphase für den Raumbildenden Ausbau mit 7 Prozentpunkten geregelt ist, während die Vorbereitung der Vergabe für die Objektplanung Gebäude einschließlich Umbauten mit 10 Prozentpunkten des Honorars bewertet sind.

Die Bewertung ist dabei stets in voller Höhe anzunehmen, gleichgültig, ob die Leistungsbeschreibungen für Einzelvergaben der Bauleistungen erstellt werden oder ob diese Gegenstand einer Generalunternehmerausschreibung sind. Ersparnisse für die Vorbereitung der Vergabe liegen bei einer Ausschreibung von Generalunternehmerleistungen auch dann nicht vor, wenn die Leistungsbeschreibung wesentlich nach funktionalen Gesichtspunkten erfolgt, wenn sie nicht bereits im Rahmen der Leistungsphase 5 vergütet wurden.

Werden die Leistungen der Leistungsphasen 6 und 7 gesondert vergeben, so ist der Auftragnehmer auch nicht zur Überprüfung und Optimierung der Entwurfsplanung verpflichtet.[96]

---

[90] BGH in BauR 1983, 168

[91] BGH in IBR 2003, 191, 192; BGH v. 30.03.2006 in BauR 2006, 1128 ff.

[92] OLG Stuttgart in IBR 1998, 192

[93] OLG Brandenburg v. 26.09.2002 – 12 U 63/02 in BauR 2003, 1751

[94] OLG Nürnberg v. 13.11.2009 – 2 U 1566/06 in IBR 2010, 39

[95] Siehe z. B. BGH v. 09.03.2006 – VII ZR 268/04 in BauR 2006, 1012

[96] OLG Düsseldorf v. 29.01.2008 – 21 U 21/07, BGH Nichtzulassungsbeschwerde zurückgewiesen, IBR 2009, 153

6.2 Teilleistungen im Einzelnen

a) Grundleistung 6 a: Aufstellen eines Vergabeterminplans 111

Das Aufstellen eines Vergabeterminplans ist erstmals in der HOAI 2013 aufgenommen. Diese Leistung gewinnt insbesondere Bedeutung bei Bauvorhaben, die europaweit ausgeschrieben werden müssen. Wegen den mit der öffentlichen Ausschreibung verbundenen zwingend zu beachtenden Fristen auch im Hinblick auf mögliche Einsprüche von Bietern ist es notwendig, einen detaillierten Vergabeterminplan für diese Bereiche zu haben. Zur Steuerung einer Baumaßnahme gehört allerdings auch im privaten Baubereich die Aufstellung eines Vergabeterminplans. Es ist zu berücksichtigen, dass die Bieter zur Ausarbeitung eines Angebots je nach Aufgabenstellung Zeit benötigen. Weiterhin bedarf es der Berücksichtigung einer Prüfungsfrist eingegangener Angebote. Da Angebote regelmäßig mit den Bietern auch verhandelt werden, sind weitere Zeitspannen einzukalkulieren, bevor es zu einem Vertragsabschluss kommt. Diese Vorgänge zu erfassen ist Angelegenheit des Vergabeterminplans. Die Grundleistung 6 a macht im Hinblick auf Bedeutung und Umfang der Bearbeitung 8 % der Gesamtleistung aus und damit 0,8 %Punkte gem. § 35 HOAI.

b) Grundleistungen 6 b und 6 c 112

Grundleistung 6 b: Aufstellen von Leistungsbeschreibungen mit Leistungsverzeichnissen nach Leistungsbereichen, Ermitteln und Zusammenstellen von Mengen auf der Grundlage der Ausführungsplanung unter Verwendung der Beiträge anderer an der Planung fachlich Beteiligter

Bei konventioneller Ausschreibungsmethodik erfolgt die Beschreibung der Bauleistung unter Beachtung der Hinweise in den Abschnitten O der in der VOB beschriebenen Allgemeinen Technischen Vertragsbedingungen für Bauleistungen ATV. Die Beschreibung kommt ohne Darstellung von **Mengen und Massen** für die erforderlichen Bauleistungen nicht aus. Entscheidende Bedeutung gewinnt die Mengenermittlung, wenn der Bauvertrag als **Einheitspreisvertrag** vergeben werden soll. Unter dem Einheitspreis versteht § 5 VOB/A Ziffer 1 die Vergabe der Bauleistungen zu Einheitspreisen für technische und wirtschaftlich einheitliche Teilleistungen, deren Menge nach Maß, Gewicht oder Stückzahl in der Leistungsbeschreibung (Baubeschreibung) aufgeführt sind. Soweit erforderlich, werden hierzu Beiträge der anderen an der Planung fachlich Beteiligten verwendet. Dies gilt insbesondere für die Beiträge des Tragwerksplaners. Hinsichtlich der Beiträge der Fachingenieure für die Technische Ausrüstung erfolgt die Aufstellung der Leistungsbeschreibung und das Erstellen von Mengen und Massen gesondert in den Fachbereichen, die Fachingenieure zu erarbeiten haben. Wenn keine gesonderte Ausschreibung der technischen Gewerke durch den Fachingenieur organisiert wird, sondern diese Leistungsbeschreibungen Bestandteil einer GU-Ausschreibung sind, stellt der Objektplaner die Leistungsbeschreibung der Fachingenieure in das gesamte Leistungspaket ein und macht dies zum Gegenstand des Bietprozesses. Eine Prüfung der Fachbeiträge obliegt dem Objektplaner dabei nicht. Für Mängel und Fehler der Leistungsbeschreibungen der Fachingenieure hat der Auftragnehmer für die Objektplanung Gebäude allerdings dann mit einzustehen, wenn die Mängel so offensichtlich und offenkundig sind, dass er mit seiner Fachkenntnis diese Mängel sofort hätte erkennen können. In aller Regel ist dies jedoch nicht der Fall. Da dem Auftragnehmer für die Beurteilung der Fachingenieurleistungen die entsprechende Fachkunde fehlt, hat er auch diesbezüglich keinen eigenständigen Prüfungs- und Kontrollauftrag.

Im Katalog der Besonderen Leistungen ist an dieser Stelle die Besondere Leistung des „Aufstellens der Leistungsbeschreibung mit Leistungsprogramm unter Bezug auf Baubuch und Raumbuch" zitiert. Nach der Definition der Besonderen Leistung soll diese Grundleistung werden. Die Praxis zeigt, dass sich beide Leistungsgegenstände untereinander mischen. Eine Leistungsbeschreibung für ein Bauvorhaben setzt sich danach einerseits durch eine Beschreibung von einzelnen Leistungen zusammen, die nach Menge, Maß und Gewicht bzw. Stückzahl bemessen sind, sowie andererseits auch funktional beschrieben sind. Eine ausschließlich nach Mengen und Massen dargestellte Bauleistung ist die Ausnahme, wie umgekehrt auch die ausschließlich funktional beschriebene Leistung. Ziel dieser beiden Methoden ist im Ergebnis die Beschreibung einer Bauleistung, die zum Kernstück des Bauvertrages gemacht werden soll.

In der Bewertung ist diese Leistung mit 83 % der Gesamtleistung hier zugrunde zu legen dies entspricht 5,3 Prozentpunkte nach § 35 für Objektplanung Gebäude einschließlich Umbau.[97]

Grundleistung 6 c: Abstimmen und Koordinieren Schnittstellen zu den Leistungsbeschreibungen der an der Planung fachlich Beteiligten

Die Koordinierung der Fachingenieurleistungen ist Sache des Objektplaners. Im Rahmen der Vorbereitung der Vergabe ist zwischen den beteiligten Fachingenieuren und Planern festzulegen, wer welche Leistungsbeschreibungen für welche Fachgebiete und welche Inhalte bezogen auf das Bauobjekt vornimmt und wann diese Leistung dem Objektplaner zur Verfügung zu stellen ist. Die Koordinierungsleistung befasst sich vor allem auch mit den Bauablaufbedingungen und die damit verbundenen Bauzeiten. Die allgemeinen Vertragsbedingungen sollten für das Projekt auch gleichmäßig geregelt sein, sodass nicht unterschiedliches Regelwerk für ein Bauvorhaben im Hinblick auf die Anwendung der allgemeinen vertraglichen Bestimmungen vorliegen, die die Umsetzung zu einem späteren Zeitpunkt möglicherweise erschwert. Zu einer Überprüfung der von Fachingenieuren erstellten Leistungsverzeichnisse ist der Objektplaner nicht berufen. Es ist allerdings sicher zu stellen, dass der Fachplaner auch von den Grundlagen ausgeht, die Basis für die Fachplanungsleistung ist. Zur Koordinierungsverantwortung des Objektplaners Gebäude zählt, dass alle Fachingenieure auch von den gleichen Annahmen und Voraussetzungen für das Bauwerk ausgehen. Diese Abstimmungsleistung macht 5 % des Anteils der Leistung LPH 6 aus und damit 0,5 %des Honorars nach § 35.

113 **c) Grundleistungen 6 d und 6 e**

Grundleistung 6 d: Ermitteln der Kosten auf der Grundlage vom Planer bepreister Leistungsverzeichnisse

Grundleistung 6 e: Kostenkontrolle durch Vergleich der vom Planer bepreisten Leistungsverzeichnisse mit der Kostenberechnung

Grundleistungen 6 d und 6 e sind zusammenzufassen. Beide Grundleistungen gehen ineinander über und können nur gemeinsam bewertet und auch vergeben werden. Erstmals im Leistungsbild der HOAI ist das Ermitteln der Kosten auf der Grundlage bepreister Leistungsverzeichnisse als Grundleistung aufgenommen. Diese Leistung weist dem Objektplaner eine schwierige Aufgabe zu. Er soll auf der Basis eines Leistungsverzeichnisses selbst eine Bepreisung vornehmen. Dies ist im Ergebnis eine eigene Kalkulation von Unternehmerpreisen. Der Auftragnehmer soll das vorgegebene Leistungsverzeichnis mit Preisen seiner Einschätzung ausfüllen. Mit dieser Leistung soll sichergestellt werden, dass ein Vergleich zwischen den Angebotspreisen des Bieters und der entsprechenden Kostenermittlung des Objektplaners möglich ist. Eine solche Grundlage ist notwendig, um eine angemessene Kostenkontrolle durchzuführen und um festzustellen, ob und inwieweit sich Einzelangaben der Bieter im Wettbewerb voneinander unterscheiden. Damit wird versucht, eine gewisse Transparenz darüber zu schaffen, wie sich die Preisangaben der Bieter im Verhältnis zu den Annahmen des Objektplaners in Abstimmung mit dem Bauherren verhalten. Weichen die Bietpreise deutlich von den Annahmen ab, so besteht Gelegenheit, Nachfrage darüber zu halten, warum eine solche gravierende Abweichung stattfindet. Dies deckt frühzeitig Missverständnisse bei der Beurteilung der Bietunterlage auf und dient der Klarheit. Dieser Bearbeitungsvorgang erfolgt in permanenter Rückkopplung mit den in der Kostenberechnung festgestellten und ermittelten Kosten, sodass schon bei der Aufstellung der Ermittlung der Kosten auf Basis bepreister Leistungsverzeichnisse die Kostenkontrolle stattfindet. Die Trennung beider Grundleistungen ist deshalb künstlich. Definiert ist die Leistung als das Ermitteln der Kosten auf Grundlage bepreister Leistungsverzeichnisse. Unklar bleibt deshalb, was man unter einem bepreisten Leistungsverzeichnis zu verstehen hat. Es sind die gleichen Grundlagen, die

---

[97] Vgl. auch KG v. 14.07.2003 – 26 U 190/02, das sich mit einer Bewertung von teilweise erbrachten Leistungen der Phasen 6 und 7 im Kündigungsfall auseinandergesetzt hat.

nach dem festgelegten Vergabemodus auch als Bietpreis des Bauunternehmers abgefragt werden soll. Der Objektplaner Gebäude muss sich insofern in die Lage eines Bieters versetzen und selbst eine Kostenermittlung anhand ortsüblicher Preise vornehmen. Diese Leistung hat ein deutliches Gewicht angenommen, sodass 28 % des Anteils an der Gesamtleistung angemessen ist. Dies entspricht einem Honorar von 2,8 %Punkten nach § 35. Baukastendatebanken werden ihn dabei unterstützen.

d) Grundleistungen 6 f: Zusammenstellen der Vergabeunterlagen für alle Leistungsbereiche

114

Die Leistungsphase 6 schließt mit der Zusammenstellung aller Vergabeunterlagen für alle Leistungsbereiche ab. Gegenstand dieser Leistung ist das Vergabepaket insgesamt zusammenzustellen. Das Ergebnis hierzu stellt zugleich den Abschluss der Leistungen der Leistungsphase 6 dar. Dieser Grundleistung ist ein Gewicht von 5 % der Gesamtleistung zuzumessen, dies sind 0,5 % des Honorars für die Objektplanung Gebäude nach § 35.

6.3 Punktebewertung Objektplanung Gebäude, Innenräume

115

Leistungen gem. Anlage 10	% des LPH 6 Gebäude	% des LPH 6 Innenraum	% des Honorars § 34 Gebäude	% des Honorars § 34 Innenraum
Grundleistung 6 a	8 %	8 %	0,8 %	0,55 %
Grundleistung 6 b	54 %	54 %	5,4 %	3,77 %
Grundleistung 6 c	5 %	5 %	0,5 %	0,34 %
Grundleistung 6 d und 6 e	28 %	28 %	2,8 %	2,00 %
Grundleistung 6 f	5 %	5 %	0,5 %	0,34 %
Summe	100 %	100 %	10,0 %	7,00 %

6.4 Besondere Leistungen nach Anlage 10
– Aufstellung der Leistungsbeschreibungen mit Leistungsprogramm auf der Grundlage der detaillierten Objektbeschreibung

116

Es wurde bereits dargestellt, dass diese Besondere Leistung sich mit der Leistung 6 b in der in der Praxis mischt, sodass diese Bestandteil der Leistungsbewertung der Leistungsphase 6 ist. Sie gehört zur Grundleistung, je nachdem, wie die Leistungsbeschreibung organisiert ist. Im Rahmen einer funktionalen Leistungsbeschreibung für eine GU-Ausschreibung ist insofern auch auf die Ausführungen der ersten Besonderen Leistung bei der Ausführungsplanung zu verweisen. Die Grundleistung 6 b und auch 6 c werden inhaltlich zum größten Teil von der Leistungsbeschreibung erfasst, wie sie bereits Gegenstand der Ausführungsplanung für diesen speziellen Fall geworden ist und zwar im Rahmen der dort aufnotierten Besonderen Leistungen in Ergänzung zur Grundleistung 5 a und 5 b. Hierauf kann im Übrigen verwiesen werden.

– Aufstellen von alternativen Leistungsbeschreibungen für geschlossene Leistungsbereiche

117

Diese Leistung befasst sich mit dem Thema, dass die Ausführungsart nicht endgültig festgelegt ist. Dies betrifft vor allen Dingen die Definition von Baualternativen, die Gegenstand der Leistungsbeschreibung werden sollen. Wird z. B. das Objekt in Holzbauweise konzipiert und die Leistung entsprechend ausgeschrieben, so ist eine alternative Leistungsbeschreibung die Objektbeschreibung im Sinne eines Stahlbaus oder eines Stahlbetonbauwerkes. Soll diese erarbeitet werden, so handelt es sich dabei um alternative Baulösungen und eine mehrfach zu erarbeitende Leistungsbeschreibung, die als Besondere Leistung zusätzlich zu vergüten ist. Nicht hierher gehört die Ausschreibung von Alternativpositionen oder Eventualpositionen zu einzelnen Bauteilen. Dies gehört zur Grundleistung.

118 – **Aufstellen von vergleichenden Kostenübersichten unter Auswertung der Beiträge anderer an der Planung fachlich Beteiligter**

Diese besondere Leistung betrifft vorrangig die Leistungsphase 7 Mitwirkung der Vergabe und befasst sich mit der Auswertung von Beiträgen anderer an der Planung fachlich Beteiligter. Diese Leistung hat in der Praxis eine eher untergeordnete Bedeutung.

7. Leistungsphase 7: Mitwirkung bei der Vergabe

7.0 Allgemeine Vorbemerkung

119 Die Leistungsphase 7 befasst sich mit dem Vergabeverfahren. Für das Auswahlverfahren gibt es für den öffentlichen Auftraggeber bindende Vorschriften, während der private Auftraggeber das Bietverfahren frei gestalten kann.

Um die Angebote bauausführender Firmen richtig bewerten zu können, müssen diese vergleichbar sein. Dies setzt voraus, dass die bauausführenden Firmen aufzufordern sind, ein Angebot auf vorbereiteter Bauvertragsgrundlage zu erstellen. Nur eine für alle Bieter verbindliche Leistungsbeschreibung der anzubietenden Bauleistungen erlaubt es, die Angebote untereinander zu vergleichen und zu bewerten. Dies gilt für alle Vergabeverfahren. Der Unterschied zwischen der privaten Auftragsvergabe und der Vergabe eines öffentlichen Auftraggebers bezieht sich im Wesentlichen auf den Kreis der zur Angebotsabgabe zugelassenen Bewerber.

Wird der Auftragnehmer für einen privaten Auftraggeber tätig, so hat er in der Regel drei Angebote einzuholen.[98]

Für den öffentlichen Auftraggeber ist die VOB/A zu beachten. Dieses sehr reglementierte Vergabeverfahren soll sicherstellen, dass die Vergabe der Bauleistung im Wettbewerb erfolgt. Soweit sie europaweite Ausschreibungen betreffen, sind die Vergabeentscheidungen gerichtlich überprüfbar. Die Veranlassung und Durchführung solcher Vergabeverfahren ist primäre Aufgabe des Auftraggebers. Der Auftragnehmer wirkt hieran nur mit. Sein Leistungsbeitrag beschränkt sich im Wesentlichen auf die fachliche Beurteilung der eingereichten Angebote. Ihm obliegt deshalb nicht die Vorbereitung, Steuerung und Durchführung des öffentlichen Vergabeverfahrens. Leistungen, die im Zusammenhang mit der Organisation des Vergabeverfahrens stehen, sind außerhalb des Leistungsbildes der Anlage 10 und stellen Besondere Leistungen dar. Die Leistung des Mitwirkens bei der Vergabe ist inhaltlich für Objektplanungen von Neubauten, Umbauten und Objektplanung Innenräume identisch. Bewertet wird diese Leistung für die Objektplanung Gebäude mit 4 % des Honorars und für Innenräume mit 3 %.

Wird die Bauaufgabe einem Generalunternehmer anvertraut, so reduziert sich der Leistungsumfang für den Auftragnehmer für die Leistungsphase 7, da er von der Ausschreibung vieler Fachlose befreit ist. Er erspart sich verschiedene Verhandlungsrunden in Bezug auf die Vergabe von Bauleistungen unterschiedlicher Fachlose. Die Generalunternehmervergabe lässt zwar ebenfalls alle Leistungen der Leistungsphase 7 notwendig werden. Der Leistungsumfang ist allerdings geringer, weshalb es generell gerechtfertigt ist, die Leistungsphase 7 bei Generalunternehmervergaben nur mit 2 % bis 3 % des Gesamthonorars nach § 35 zu bewerten.

Vertragspartner für die Vergabe der Bauleistungen soll stets einzig und allein der Auftraggeber sein und auch bleiben. Dennoch geschieht in der Praxis nicht selten, dass Architekten aus ihrer Sicht im wohlmeinenden Interesse des Bauherrn die Aufträge erteilen und unterzeichnen. Der Architekt läuft in solchen Fällen Gefahr, dass er als Vertragspartner des ausführenden Unternehmens gesehen wird. Allein die Berufsbezeichnung Architekt schützt den Auftragnehmer nicht davor, dass er Vertragspartner des bauausführenden Unternehmens wird, wenn er nicht ausdrücklich im Namen und für Rechnung seines Bauherrn tätig wird. Fehlt es an dieser Klarstellung, für wen der Architekt handelt, so wird er Vertragspartner.[99]

Tritt der Architekt im Namen seiner Bauherrschaft auf und erteilt in deren Namen Bauaufträge, so ist weiter zu prüfen, ob er eine entsprechende Vollmacht besaß, die Bauherrschaft rechts-

---

[98] Siehe auch OLG Karlsruhe v. 21.06.2005 – 17 U 158/02 in BauR 2006, 859, das den Architekten auf Schadensersatz verurteilt hat, weil er, anstelle die Leistungen auszuschreiben, sie im Stundenlohn vergeben hat.

[99] BGH v. 07.12.2006 – VII ZR 166/05 in IBR 2007, 199

geschäftlich zu vertreten. Hierzu hat das OLG Köln schon 1992 klargestellt, dass der Architekt keine Vergabevollmacht besitzt, wenn ihm die Einholung von Angeboten entsprechend der Leistungsphase 7 überlassen worden ist.[100] Handelt der Architekt als vollmachtloser Vertreter, haftet er dem Vertragspartner gegenüber aus dem abgeschlossenen Geschäft.

7.1 Grundleistungen im Einzelnen

a) Grundleistung 7 a: Koordinieren der Vergaben der Fachplaner

120

Die Informationen über die Vergaben müssen in einer Hand zusammenlaufen. Dies ist der Objektplaner Gebäude. Auch wenn die Fachingenieure für die Technische Gebäudeausrüstung die Vergaben für die von ihnen verwalteten Gewerke alleine betreiben, so bedarf es einer Koordinierung im Hinblick auf den Ablauf der Bautätigkeit und der damit zusammenhängenden Vergaben. Der Umfang der Arbeiten macht 5 % Anteil am Honorar für die Leistungsphase 7 aus.

b) Grundleistung 7 b: Einholen von Angeboten

121

Diese Leistung befasst sich mit dem Versand der Unterlagen an die Bieter, die zur Angebotsabgabe aufgefordert werden sollen. Zu dieser Leistung gehört zumindest bei dem privaten Auftraggeber auch eine Beratung dahin, welcher Unternehmer zur Angebotsabgabe aufgefordert werden soll. Auch hier kann es sich ergeben, dass der Auftraggeber eine Vorauswahl der aufzufordernden Unternehmer vornimmt, die von dem Auftragnehmer aufgefordert werden sollen, ein Angebot einzureichen.

Bei öffentlichen Auftraggebern ist die Frage, wer zur Angebotsaufgabe aufgefordert werden soll, nach den Regeln der VOB zu entscheiden. Die Regel ist die öffentliche Ausschreibung, das heißt, dass durch öffentliche Bekanntmachung, bei europaweiten Ausschreibungen auch europaweite Bekanntmachung, auf die zu vergebende Bauaufgabe aufmerksam gemacht wird und interessierte Bewerber damit die Möglichkeit erhalten, ein Angebot einzureichen.

Auch beim öffentlichen Auftraggeber beschränkt sich der Leistungsbeitrag des Auftragnehmers auf die Mitwirkung. Ihm obliegt, der **Versand der Bietunterlagen** an den Kreis vorzunehmen, der ihm von dem Auftraggeber vorgegeben wird, wenn der Auftraggeber diese Maßnahme nach seinem Regelwerk nicht von sich aus betreibt.

Weder die Festlegung der Beurteilungskriterien noch die Durchführung und Vorbereitung für die Bewertung der eingereichten Angebote nach dem Kriterienkatalog, den der Auftraggeber für die öffentliche Vergabe festgelegt hat, ist Sache des Auftragnehmers. Dies sind Auftraggeberaufgabenstellungen. Dieser hat die gesamte **Vergabeakte** zu führen und zu steuern. Soll dies dem Auftragnehmer überlassen werden, so gehört diese Leistung in den Bereich der Besonderen Leistung und ist gesondert zu vergüten.

Auch diese Leistung ist von der inhaltlichen Bearbeitung von untergeordnetem Gewicht, sodass 5 % des Gesamthonorars hierfür eine angemessene Bewertung darstellen.

c) Grundleistung 7 c: Prüfen und Werten der Angebote einschließlich Aufstellen eines Preisspiegels nach Einzelpositionen oder Teilleistungen, Prüfen und Werten der Angebote zusätzlicher und geänderter Leistungen der ausführenden Unternehmen und der Angemessenheit der Preise

122

Diese Leistung stellt eine Hauptleistung der Leistungsphase 7 dar. Die Angebote sind von dem Auftragnehmer in fachlicher Hinsicht zu überprüfen. Diese Prüfung bezieht sich auf Vollständigkeit und auf eine inhaltliche Prüfung vor allem hinsichtlich von Nebenangeboten und Alternativangeboten. Ist der Bieter nämlich aufgefordert, Nebenangebote bzw. Alternativangebote zu unterbreiten, so bedarf es der fachtechnischen Prüfung, ob die angebotene Leistung eine ingenieurmäßig taugliche Leistung enthält, das Bauziel zu erreichen.

Eine weitere Beurteilung bezieht sich auf die Prüfung der Angaben des Bieters im Einzelnen. So sind die Angebotspreise in einem Preisspiegel aufzunehmen. Um auch hier eine Vergleichbar-

---

[100]OLG Köln v. 03.04.1992 in BauR 1993, 243 ständige Rechtsprechung

keit des Angebots sicherzustellen, reicht es nicht aus, dass nur die Endpreise miteinander verglichen werden. Es ist notwendig, dass die Preise nach allen Teilleistungen erfasst werden. Bezieht sich die Prüfung und Aufstellung des Preisspiegels auf Fachlose, die Fachingenieure begleiten, so sind deren Leistungsergebnisse bei der Prüfung der Fachlose zu berücksichtigen und in den Preisspiegel entsprechend zu übernehmen.

Die **Prüfung von Nebenangeboten** des Bieters gehört nicht zu der Grundleistung. Die gegenteilige Auffassungen in der bisherigen Rechtsprechung[101] ist infolge der Änderung der HOAI 2013 überholt. Das Ergebnis der Prüfung fließt in einen Preisspiegel ein. Der Preisspiegel enthält dabei auch eine Übersicht der Einzelpreise, soweit sie von dem Bieter abgefragt worden sind.

Der Vergleich der Einzelpreise zeigt dabei Auffälligkeiten, wenn die Bieter extrem unterschiedliche Preisbewertungen für die Einzelpreise vorlegen. In einem solchen Fall muss der Auftragnehmer den Ursachen hierfür nachgehen. Sie können zum einen darin liegen, dass die von ihm in den Leistungsverzeichnissen notierten Mengen und Massen erkennbar falsch sind und den Bieter dazu veranlasst haben, ein hierauf abgestelltes Preisangebot abzugeben. Es liegt auf der Hand, dass ein offensichtlich fehlerhafter Mengenansatz bei einem Einheitspreis später dazu führt, dass eine wesentlich höhere Menge abzurechnen ist. Fällt das einem Bieter auf, so hat er einen Vorteil, wenn er einen möglichst hohen Einheitspreis hierfür einsetzt. Das Gleiche gilt für den Fall, dass eine wesentlich zu hohe Menge in der Bietunterlage enthalten ist, die sich der Bieter dadurch zunutze macht, dass er einen möglichst niedrigen Einheitspreis annimmt.

Solche Fehler in den Bietunterlagen können in einem sorgfältig aufgestellten Preisspiegel erkannt werden. Die notwendigen Beratungen aus solchem Bietvorgang hat der Auftragnehmer seinem Auftraggeber gegenüber vorzunehmen. Das OLG Nürnberg hat in einem ähnlich gelagerten Fall entschieden, dass der Architekt, der eine solche ersichtlich falsche Mischkalkulation nicht ausschließt, in der Höhe des Unterschiedsbetrages haftet, um den der nächstfolgende Bieter günstiger abgerechnet hätte.[102]

Gelegentlich werden auf der Grundlage von Angeboten nach Einheitspreisen anschließend pauschale Werklohnpreise festgelegt. Maßstab für die Pauschalierung des Werklohns ist dabei das Angebot des Bieters, das den Zuschlag erhält.

Stellt sich später heraus, dass die Mengenangaben für die Ausschreibung der Bauleistungen vom Architekten wesentlich zu hoch angesetzt worden sind, und dies auch der Grund für die anschließende Pauschalierung geworden ist, so kommt ein Schadensersatz infrage. Bei sorgfältiger Bearbeitung stellt der Architekt zunächst ein eigenes Budget auf und stellt die ortsübliche Vergütung für die ausgeschriebene Bauleistungen fest. In dem Fall des OLG Schleswig war die ortsübliche Vergütung für die eingeholten Preise um 35 % zu hoch, weil Mengenangaben in der Bietunterlagen zu hoch angegebenen waren, dies führte zu einem Schadensersatzanspruch gegenüber dem Architekten.[103]

Die Bewertung dieser Leistung kann mit 40 % der Gesamtleistung angesetzt werden.

123   **d) Grundleistung 7 d: Führen von Bietergesprächen**

Der Gegenstand dieser Verhandlung bezieht sich auf die Beurteilung des fachtechnischen Angebots. Die Feststellung der Leistungsqualität der angebotenen Leistung hängt davon ab, wie das Angebot in fachlicher Hinsicht bewertet werden kann. Dies setzt entsprechende Gespräche mit den bietenden Firmen voraus, die in Einzelgesprächen durchgeführt und deren Ergebnis in Protokollen zusammengefasst werden.

Wenn **Nebenangebote** vorgelegt worden sind, kann es sein, dass diese in fachtechnischer Hinsicht vom Bieter überarbeitet werden müssen und er entsprechend sein Angebot auf der Grundlage der geänderten Leistung korrigiert. Ein solcher Verhandlungsprozess kann damit über mehrere Verhandlungsrunden gehen, bis ein Vergabepaket geschnürt ist, das zur Auftragserteilung führt. Bei der Verhandlung mit den Bietern handelt es sich um eine Beratungsleistung des Auftragge-

---

[101] OLG Schleswig v. 18.04.2006 – 3 U 14/05 in IBR 2006, 563
[102] OLG Nürnberg v. 18.07.2007 – 1 U 970/07 in IBR 2008, 103
[103] OLG Schleswig v. 25.04.2008 – 1 U 77/07 in IBR 2009, 283

bers, der diesen Verhandlungen beiwohnt und sie in der Regel selbst führt. Die Mitwirkungshandlung des Auftragnehmers wird mit 20 % der Gesamtleistung bewertet.

Die Bearbeitung von Nachträgen eines Bauvertrages wird in der HOAI nicht gesondert erwähnt. Sie sind von dem Honorar der Leistungsphase 6 und 7 nicht erfasst. Die Leistungsphasen 6 und 7 beschäftigen sich mit der Vorbereitung und Mitwirkung der Vergabe bis zum Abschluss des Bauvertrages.

Nachträge werden erst notwendig, wenn im Zuge des Baugeschehens aufgrund Anordnungen des Auftraggebers bauliche Veränderungen vorgenommen werden, die die bauausführende Firma berechtigt, einen entsprechenden Nachtrag zu dem Hauptvertrag zu stellen. Anordnungen des Auftraggebers können dazu führen, dass eine planerische Lösung für die Umsetzung der Anordnung erforderlich wird. Dies bedeutet Umplanungen der Ausführungsplanung. Um sie sachgerecht zu erledigen, kann es notwendig werden, wieder in das Vorplanungs- und/oder Entwurfsplanungsstadium zurückzukehren. Der BGH stellt in seiner Entscheidung vom 05.08.2010 fest, dass ein Architekt, der im Zusammenhang von Nachträgen erneut Grundleistungen erbringen muss, hierfür ein zusätzliches Honorar verlangen kann.[104]

Mit dieser Erkenntnis ist klargestellt, was in der Honorarbewertung für die Leistungsphasen 6 und 7 zunächst enthalten ist. **Nachträge** sind deshalb im Rahmen dieses Leistungsbildes ohne zusätzliche Vergütung nicht zu erfüllen. Dies gilt jedenfalls für die Fälle, in denen die Nachträge auf eine geänderte Ausführungsanordnung des Auftraggebers zurückzuführen sind. Werden ohne Veränderung der baulichen Leistungsverpflichtung Nachträge gestellt, weil die Leistungsverzeichnisse unklar waren und somit die ausgeschriebene Leistung mit einem entsprechenden Angebot nicht versehen war, so kann der Auftragnehmer für diese Nachtragsbearbeitung keine zusätzliche Vergütung verlangen. Es handelt sich um eine Nacherfüllung der nicht ordnungsgemäßen Aufstellung von Leistungsverzeichnissen und Leistungsbeschreibungen so, wie es die Leistungsphase 6 fordert.

Nachträge, die aufgrund geänderter Leistungsverpflichtung von den bauausführenden Firmen gestellt werden, sind vom Auftragnehmer zu bearbeiten aber gem. § 10 HOAI auch gesondert zu vergüten. Sind die Leistungen solche, für die die HOAI eine Honorarbewertung vornimmt (**wiederholte Grundleistungen**), so ist das Honorar der Honorartafel unter Berücksichtigung der Berechnungsvorschrift des § 8 zu entnehmen. Die Entscheidungen des BGH wie auch des KG-Urteils vom 16.03.2010[105] lassen sich insoweit nicht auf die HOAI 2013 übertragen. Der BGH hatte entschieden, dass die Mehrkosten für die Nachtragsbauleistungen nicht zu den anrechenbaren Kosten zu rechnen sind, und das Kammergericht hat festgelegt, dass die Bearbeitung eines Ersatzauftrages nicht zusätzlich zu vergüten ist, weil die entsprechenden Kosten in die anrechenbaren Kosten mit aufgehen. Diese Erkenntnisse beziehen sich auf die Regelungen der HOAI 1996 mit ihrem dreistufigen Honoraraufbau. Dabei richtete sich das Honorar auch danach, wie hoch der Kostenanschlag bzw. die Kostenfeststellung war. Nachdem in der HOAI 2013 die Honorarberechnung auf der Basis der Kostenberechnung stattfinden hat, entfallen diese Überlegungen.

Nicht entfällt jedoch die Erkenntnis, dass sowohl die Nachtragsbearbeitung zu einer zusätzlichen Vergütung führt wie auch die Durchführung einer Ersatzvornahme im Falle eine gekündigten Bauvertrages.

Die Vergütung der Nachtragsbearbeitung hängt von dem Bearbeitungsumfang ab. Folgender Arbeitsgang ist je nachdem entsprechend der nachstehenden Punktebewertung zu bewerten.

Folgende Grundleistungen sind bei der Nachtragsbearbeitung angesprochen: **123a**

Nr.	Leistungen des AN	Grundleistungen
1.	Aufstellen eines Leistungsverzeichnisses für geänderte/zusätzliche Leistungen	6 a, 6 c
2.	Einholen des Nachtragsangebotes	7 b
3.	Prüfen des Nachtragsangebotes, Führen eines Bietergespräches	7 c, 7 d
4.	Mitwirkung bei der Auftragsvergabe	7 h

---

[104] BGH v. 05.08.2010 – VII ZR 14/09 in IBR 2010, 634
[105] KG Urteil v. 16.03.2010 – 7 U 53/08 in IBR 2010, 399

Die Vergütung der Selbstvornahme (Ersatzvornahme) bei gekündigten Bauverträgen führt zur Notwendigkeit folgender zusätzlich zu honorierenden Leistungen:

Nr.	Leistungen des AN	Grundleistungen
1.	Aufmaß der erbrachten Leistung	8 f
2.	Abnahme (Teilabnahme) der erbrachten Leistung	8 k
3.	Dokumentation der Ergebnisse	8 m
4.	Aufstellung eines Leistungsverzeichnisses für die neu zu vergebende Leistung	6 b und 6 c
5.	Einholen von Angeboten	7 b
6.	Prüfen der Angebote	7 c
7.	Mitwirkung bei der Vergabe	7 h

Die Honorarfindung kann in der Weise erfolgen, dass die jeweils durch die Nachträge oder Ersatzvornahme ausgelösten anrechenbaren Kosten ins Verhältnis zu den vertraglich festgelegten Honorarbezugsgrößen (Kostenberechnung) gesetzt werden. Daraus wird ein Honorar nach den vertraglichen Festlegungen abgeleitet, und entsprechend den Teilbewertungen der erforderlichen Leistungen als Zusatzhonorar berechnet.

Alternativ hierzu kommt auch eine Berechnung nach Zeitaufwand für die zusätzliche Bearbeitung in Betracht.

124 **e) Grundleistung 7 e: Erstellen der Vergabevorschläge, Dokumentation des Vergabeverfahrens**

Nach Durchführung und Abschluss der Bietergespräche wird als nächster Schritt ein Resumee aus den Erkenntnissen der Angebotsprüfung und der Bietergespräche gezogen. Sie finden ihren Niederschlag in einem Vergabevorschlag, den der Auftragnehmer einschließlich der Dokumentation des Vergabeverfahrens dem Auftraggeber übergibt. Zur Dokumentation gehören die Protokolle über die Durchführung der Bietergespräche und das Ergebnis der Angebotsprüfung. Diese Leistung kann zwar mündlich erfolgen. Es entspricht jedoch einer geordneten und ordnungsgemäßen Handhabung, dass diese Maßnahmen auch schriftlich niedergelegt werden. Entsprechend der Bedeutung und des Arbeitsaufwandes wird der Anteil dieser Grundleistung an der Gesamtleistung der Phase 7 mit 5 % bewertet.

124a **f) Grundleistung 7 f: Zusammenstellen der Vertragsunterlagen für alle Leistungsbereiche**

Da der Architekt selbst nur die Leistungsverzeichnisse für die Baukonstruktion erstellt und die Bearbeitung der Leistungsverzeichnisse für die Haustechnik (Heizung, Klima, Lüftung, Elektro u. a.) von den Fachingenieuren erstellt werden, sind alle Unterlagen vom Objektplaner (Architekt) zusammenzustellen. Eine detaillierte Überprüfung dieser Unterlagen obliegt dem Architekt nicht.

125 **g) Grundleistung 7 g: Vergleichen der Ausschreibungsergebnisse mit den vom Planer bepreisten Leistungsverzeichnissen oder der Kostenberechnung**

Die Kostenkontrolle zieht sich durch das gesamte Leistungsbild hindurch. Sie findet bereits bei den Werten der Angebote in dem Preisspiegel statt. Der Preisspiegel wird regelmäßig den Budgetkosten gegenüberzustellen sein, die vom Auftragnehmer mit der Kostenberechnung aufgestellt worden sind. Der Schwerpunkt der Kostenkontrollleistung liegt deshalb bereits in dem Prüfen und Werten der Angebote.

Soweit Angebotspreise nicht vorliegen, bezieht sich die Kostenkontrolle auf die zu bewertenden ergänzenden Leistungen. Der Vergleich mit den bepreisten Leistungsverzeichnissen, die der Auftragnehmer im Rahmen der Leistungsphase 6 erstellt hat, erleichtert die Kostenkontrolle. Da das im Rahmen der Leistungsphase 6 erstellte Leistungsverzeichnis bereits Gegenstand einer

Kontrolle mit der Kostenberechnung war, steht jetzt der Vergleich der Vergabepreise mit dem bepreisten Leistungsverzeichnis an. Da diese Leistung sich kontinuierlich durch das Leistungsbild der Leistungsphase 7 durchzieht ist der Aufwand gemessen an dem Gesamtaufwand der Leistungsphase 7 als gering anzusehen und deshalb nur mit 5 % an der Leistungsphase 7 zu bewerten.

h) Grundleistung 7 h: Mitwirken bei der Auftragserteilung 126

Am Schluss der Leistungsphase 7 steht nach Durchführung der Verhandlungen mit den Bietern die Entscheidung des Auftraggebers, welchem Bieter der Auftrag erteilt werden soll. Zum Abschluss des Vertrages gehört ein Vertragsdokument, welches von den Vertragsparteien, Auftraggeber und Bauunternehmer, zu unterzeichnen ist. Dieses Dokument zusammenzustellen ist Aufgabe des Auftragnehmers. Insoweit wirkt er bei der Auftragserteilung mit. Diese Leistung ist als untergeordnete Leistung mit 5 Prozentpunkten zu bewerten.

7.2 Punktebewertung Gebäude 127

Grund-leistungen	Vomhundert-satz Gebäude	Prozentpunkte des Gesamthonorars Gebäude	Prozentpunkte des Gesamthonorars Innenräume
7 a	5 %	0,2	0,15
7 b	5 %	0,2	0,15
7 c	40 %	1,6	1,20
7 d	20 %	0,8	0,60
7 e	15 %	0,66	0,45
7 f	5 %	0,2	0,15
7 g	5 %	0,2	0,15
7 h	5 %	0,2	0,15
Summe	100 %	4,0	3,00

7.3 Besondere Leistungen nach Anlage 10

– Prüfen und Werten von Nebenangeboten mit Auswirkungen auf die abgestimmte 128
Planung

Mit Inkrafttreten der HOAI 2013 hat es insoweit eine Änderung gegeben. Es ist klargestellt, dass das Prüfen und Werten von Nebenangeboten Gegenstand einer Besonderen Leistung ist und damit nicht im Honorar für die Grundleistung enthalten. Die Aufgabenstellung besteht darin, das Nebenangebot mit all seinen Auswirkungen auf die abgestimmte Planung hin zu überprüfen. Dies macht es erforderlich auch die Fachingenieure mit einzubeziehen. Es kann sein, dass Nebenangebote sowohl die Technische Gebäudeausrüstung berühren, als auch die Tragwerksplanung. Allerdings ist die Grenze zwischen den Nebenangeboten, die als Besondere Leistung gelten können zu denen, die im Rahmen der Grundleistungsbearbeitung zu prüfen sind, fließend. Als Besondere Leistung kann nur anerkannt werden, wenn das Nebenangebot von solcher Bedeutung ist, dass es Auswirkungen auf die vorliegende Planung insgesamt hat. Zum Beispiel anstelle des ausgeschriebenen Fassadensystems wird ein ganz anderes Fassadensystem als Nebenangebot vom Bieter vorgeschlagen und wegen des erheblichen Preisvorteils vom Auftraggeber interessiert betrachtet.

– Mitwirken bei der Mittelabflussplanung 129

Zur kaufmännischen Bewältigung einer Bauaufgabe gehört, die Mittel zur Verfügung zu stellen, die für den Bauablauf erforderlich sind. Eine Mittelabflussplanung bedeutet, dass die Zeitpunkte zu eruieren sind, zu denen entsprechende liquide Mittel für die Zahlung von

Abschlägen bauausführender Firmen und Planer bereit gestellt werden müssen. Die Planung setzt eine Verfolgung der Bauabwicklung voraus. Anhand des Terminplans werden voraussichtliche Zeitpunkte für Teilfertigstellungen ermittelt, aus denen sich Abschlagsforderungen ergeben. Diese bilden die Grundlage für den Mittelabflussplan.

130 – **Fachliche Vorbereitung und Mitwirken bei Nachprüfungsverfahren**
Diese Besondere Leistung betrifft das öffentliche Vergabeverfahren. Es wird klargestellt, dass die Vorbereitung eines solchen Verfahrens nicht Grundleistung ist, sondern als Bauherrenaufgabe zunächst von dem Auftraggeber selbst erledigt wird. Im Grundleistungshonorar ist dies nicht enthalten. Soll es vom Auftragnehmer ebenfalls begleitend organisiert werden, so ist die eine Besondere Leistung. Dies gilt für das gesamte Vergabeverfahren einschließlich eines gegebenenfalls auftretenden Nachprüfverfahrens. Dies ist der Fall, wenn einer der Wettbewerber sich gegen die Vergabeentscheidung rechtlich zur Wehr setzt.

131 – **Mitwirken bei der Prüfung von bauwirtschaftlich begründeten Nachtragsangeboten**
Mit dieser Leistungsbeschreibung wird klargestellt, dass das **Nachtragsmanagement** nicht Bestandteil der Grundleistung ist. Dies ist als Besondere Leistung gesondert zu vergüten. Es lässt sich auch vorab nicht genau erkennen, in welchem Umfang eine solche Nachtragsbehandlung stattzufinden hat. Dies hängt von vielen Einzelfaktoren ab. Eingegrenzt ist die Beschreibung in der HOAI jedoch auf bauwirtschaftlich begründete Nachtragsangebote. Nachtragsangebote, die als Folge einer fehlerhaften Aufstellung von Leistungsverzeichnissen gestellt werden, können nicht als Besondere Leistung abgerechnet werden. Dabei handelt es sich um Nacherfüllungsleistungen des Auftragnehmers.

132 – **Prüfen und Werten der Angebote aus Leistungsbeschreibung mit Leistungsprogramm einschließlich Preisspiegel**
Diese Besondere Leistung ist wiederum mit einem Sternchen (*) markiert. Dies weist auf die Fußnote hin, die erklärt, dass diese Besondere Leistung Grundleistung bei Leistungsbeschreibung mit Leistungsprogramm wird. Sie ersetzt damit die Grundleistung 7.c. Diese Grundleistung spricht von dem Prüfen und Werten von Einzelpositionen. Bei einer funktionalen Leistungsbeschreibung werden solche Einzelpositionen nicht notwendigerweise mit angeboten. Damit wird nur klargestellt, worauf sich der Prüfungsvorgang entsprechend der Grundleistung 7c bezieht, nämlich auf das Angebot bestehend aus der Leistungsbeschreibung und dem Leistungsprogramm. Alle übrigen Grundleistungen bleiben auch im Falle einer funktionalen Leistungsbeschreibung von Bedeutung.

133 – **Aufstellen, Prüfen und Werten von Preisspiegeln nach besonderen Anforderungen**
Die besonderen Anforderungen, die mit dieser Besonderen Leistung angesprochen werden, betreffen insbesondere Fragestellungen der Unterhaltungs- und Nutzungskosten der jeweils angebotenen Bauleistung. Sie kommt in Betracht, wenn entsprechende unterschiedliche Leistungsangebote vorliegen.

8. Leistungsphase 8: Objektüberwachung (Bauüberwachung)

8.0 Allgemeine Vorbemerkung

134 Die Objektüberwachung befasst sich mit der Aufgabenstellung des Auftragnehmers, die Baudurchführung bis zur Fertigstellung zu begleiten. Kennzeichnend für diese sehr bedeutsame Leistung ist die Kontrolle der Bauausführung auf Einhaltung der genehmigten Baupläne sowie auf Umsetzung des technischen Regelwerks, damit keine Baumängel entstehen. Die Überwachungstätigkeit zielt damit auf die mängelfreie Umsetzung der einzelnen Bauverträge ab. Wesentlicher Kern dieser Leistung ist die Sicherung der geschuldeten baulichen Qualität.
Hinzu kommt eine Steuerungsfunktion. Diese fällt ins Gewicht, wenn die Bauleistungen nach Fachlosen an unterschiedliche Baufirmen vergeben werden. Die wesentliche Aufgabenstellung

liegt darin, die Beauftragung und den Abruf der einzelnen Bauleistungen in der Weise koordiniert zu betreiben, dass der Bauablauf entsprechend den Notwendigkeiten für die Bauherstellung abgerufen und somit die Bauleistungen nahtlos ineinander greifen.

Eine weitere Koordinierungsfunktion betrifft den Abruf der Leistungen anderer an der Objektüberwachung fachlich Beteiligter. Sie hat insbesondere Bedeutung für den Leistungsbereich der Tragwerksplanung. So ist vor Bauausführung rechtzeitig durch Einschaltung des Tragwerksplaners bzw. des Prüfingenieurs von dem Auftragnehmer der Objektüberwachung sicherzustellen, dass die zur Ausführung gelangte Bewehrung des Stahlbetons entsprechend den Bewehrungsplänen eingebaut ist, bevor die entsprechenden Bauteile mit Beton ausgegossen werden.

Hinsichtlich der Objektüberwachung der Technischen Ausrüstung, Leistungsphase 8 der Anlage 15, obliegt allerdings dem Auftragnehmer der Technischen Anlage die eigenständige Verpflichtung, die Überwachung der Technischen Anlage vorzunehmen. Es besteht insoweit keine Koordinierungspflicht der Objektüberwachung „Gebäude", da das Fachgewerk von dem jeweiligen Fachingenieur im Rahmen der von ihm wahrzunehmenden Objektüberwachung eigenständig und selbstverantwortlich während der Bauherstellung zu prüfen ist. Die Verpflichtung bezieht sich auch auf die Festlegung, wann und zu welchen Bauabschnitten die Objektüberwacher für die Technische Anlage vor Ort auf der Baustelle sein müssen. Diese kann nicht von einem Abruf der Leistung durch die Objektüberwachung „Gebäude" abhängig gemacht werden, da Bestandteil der Fachkunde des Fachingenieurs gerade ist, festzulegen, in welchem Umfang seine Bauüberwachung zu erfolgen hat. Das Ergebnis der Objektüberwachung der TGA Gewerke ist allerdings von der Objektüberwachung des Objekts zu beachten.

Einfluss auf die Objektüberwachung hat auch die Entscheidung, wie die Vergabe der Bauausführung geregelt ist. Erfolgt die **Bauausführung aus einer Hand durch einen Generalunternehmer**, so entfallen eine Reihe von Einzelleistungen der Objektüberwachung, die zu einer Reduktion des Gesamthonorars führt. Im Wesentlichen hängt dies damit zusammen, dass bei einer Beauftragung eines Generalunternehmers die gesamte Koordinierungsfunktion für die Baustellenabwicklung und Anordnung der einzelnen Bauleistungen entfällt. Diese Aufgabenstellung übernimmt der Generalunternehmer, der seine Subunternehmer in zeitlicher Hinsicht so zu koordinieren und die Baustelle zu organisieren hat, dass alle Bauleistungen nahtlos ineinandergreifen.

Erfolgt die Auftragserteilung nicht als Einheitspreisvertrag, sondern im Rahmen eines Pauschalpreisvertrages, so entfallen die für die Feststellung der tatsächlich eingebauten Bauleistungen notwendigen Aufmaße.

Der vom Auftragnehmer der Objektüberwachung geschuldete Leistungserfolg besteht in der sach- und fachgerechten Kontrolle der bauausführenden Firmen. Sie ist darauf gerichtet, dass das Bauwerk frei von Baumängeln entsteht. Der auf die Objektüberwachung beschränkte Auftrag ist im Rechtssinne ein Werkvertrag[106], auf den die Regeln der §§ 631 ff. BGB anzuwenden sind. Der vom Auftragnehmer danach gem. § 631 Abs. 2 BGB herbeizuführende Erfolg besteht in der Überwachungstätigkeit, die bei Anwendung der verkehrsüblichen Sorgfalt das Entstehenlassen von Bauausführungsfehlern vermeiden helfen soll.

Die Objektüberwachung schuldet nicht das mangelfreie Bauwerk als körperliche Sache. Ein solcher Mangel ist allerdings zunächst die erste Voraussetzung, um einen Mangel der Objektüberwachung überhaupt prüfen zu können. In einem zweiten Schritt sind Feststellungen darüber zu treffen, ob die vom Auftragnehmer durchgeführte Überwachungstätigkeit bei Beobachtung der von ihm zu fordernden Sorgfaltspflicht die Entstehung des Mangels hätte vermeiden können.

Die entscheidende Frage ist, wie der gem. § 631 BGB verlangte Werkerfolg definiert ist. Nach § 631 Abs. 2 BGB kann der Gegenstand des Werkvertrages sowohl in der Herstellung als auch ein anderer durch Arbeit oder Dienstleistung herbeizuführender Erfolg sein. Herzustellen hat das Werk der Bauunternehmer. Er schuldet das Bauergebnis als körperliche Sache.

Die Leistungsverpflichtung der Objektüberwachung ist auch auf die Erreichung dieses Ziel gerichtet. Geschuldet ist das Ergebnis einer ordentlichen Objektüberwachung im Interesse des angestrebten Bauergebnisses. **Der Leistungsgegenstand ist die Objektüberwachung und nicht primäre Herstellungsverpflichtung.** Der geschuldete Leistungserfolg ist damit dadurch definiert, dass eine nach den Regeln der Technik ordnungsgemäße Objektüberwachungstätigkeit

---

[106] BGH in BauR 1982, 79

ausgeübt wird. Nur wenn dieser Leistungserfolg nicht eingetreten ist, kommt eine Haftung der Objektüberwachung in Betracht. Es kann deshalb durchaus sein, dass das Bauergebnis mangelhaft ausgefallen ist, nicht jedoch das Ergebnis der Objektüberwachung.

Zu prüfen ist deshalb stets, ob die Anforderungen an die Objektüberwachung vom Auftragnehmer erfüllt werden. Dies setzt zunächst voraus, dass die Anforderungen an die Überwachungstätigkeit in jedem einzelnen Fall festgestellt werden. Erst wenn diese Anforderungen bekannt sind, bleibt zu prüfen, ob die Objektüberwachung diesen genügt hat.

Das Handlungsmittel der Objektüberwachung ist das **Anordnungsrecht**, welches z. B. die VOB in Teil B § 4.1 Abs. 3 dem Auftraggeber bei Bauverträgen einräumt. Danach ist der Auftragnehmer auch während der Vertragserfüllung des Bauunternehmers berechtigt, Anordnungen zu treffen, die zur vertragsgemäßen Ausführung der Leistung notwendig sind. Auch ohne dass die VOB/B vereinbart ist, kann er solche Anordnungen treffen. Dies folgt aus der allgemeinen Kooperationspflicht der Vertragspartner eines Bauvertrages.

Anordnungen, die dem Ziel dienen, Baumängel zu vermeiden, hat der Bauunternehmer schon während seiner Vertragserfüllung zu beachten. Der Bauherr kann nicht darauf verwiesen werden, Mängel erst zum Zeitpunkt der Abnahme rügen zu dürfen.

Folgt der Bauunternehmer den Anordnungen der Objektüberwachung nicht, so ist der Bauherr hierüber in Kenntnis zu setzen. Er ist zu beraten wie in einem solchen Fall verfahren werden soll.

135 Das Vorhandensein eines **Baumangels ist dabei zunächst nur ein Indiz für einen Bauüberwachungsfehler**. Die Objektüberwachung kann sich dadurch entlasten, wenn sie nachweist, die Anforderungen an eine ordentliche Objektüberwachung im konkreten Einzelfall beachtet zu haben.

Die Anforderung an die Objektüberwachung wird zunächst von dem Schwierigkeitsgrad des Bauvorhabens bestimmt. Eine sorgfältige Bauüberwachung setzt dort an, wo es erfahrungsgemäß zu häufigen Baumängeln kommt. Die Bauüberwachung hat im Verlauf der Bautätigkeit einzelne Arbeitsschritte der bauausführenden Firmen zu überprüfen, ob nach den Regeln der Technik gebaut wurde. Entscheidend ist die Festlegung der Arbeitsschritte, die von der Objektüberwachung zu überprüfen sind. Sind diese Parameter für ein Anforderungsprofil festgelegt, kann geprüft werden, ob die Objektüberwachung dieser Aufgabe gerecht wurde.

Ihrem wesentlichen Inhalt nach lassen sich die Anforderungen an eine Objektüberwachung danach wie folgt zusammenfassen:

Eine permanente Anwesenheit der Objektüberwachung an der Baustelle bzw. bei jeder Bauarbeit ist nicht erforderlich. Die **Anwesenheit** richtet sich nach dem Schwierigkeitsgrad der Bauaufgabe.[107] Bei größeren Bauvorhaben wird eine **permanente Objektüberwachung** vor Ort notwendig sein. Aber auch in einem solchen Falle kann der Objektüberwacher nicht gleichzeitig überall sein. Die Intensität der Bauüberwachungstätigkeit hängt von dem Schwierigkeitsgrad der gestellten Bauaufgabe ab. Sie ist umso intensiver durchzuführen, wie es erfahrungsgemäß die Schadensgeneigtheit bestimmter Bauprozesse verlangt.[108]

Die Einschaltung eines Sonderfachmanns entlastet die Objektüberwachung, da diese sich auf das Fachwissen des Sonderfachmanns verlassen kann.[109]

Dies gilt insbesondere für Bauleistungen, die einer späteren Prüfung nicht mehr zugänglich sind, z. B. der **Einbau von Fugenblechen** oder vergleichbare Baumaterialien zur Abdichtung der Fuge zwischen aufgehender Wand und Bodenplatte zur Herstellung einer wasserundurchlässigen Wanne. Bevor die Decken und Wände mit Beton vergossen werden, sollte sich die Objektüberwachung von dem Einbau der Fugenbleche vergewissern.

136 Weitere **Beispiele**:
- In der Gründungsphase: Feststellung des Zustandes der Baugrube auf seine Eignung für die Gründung; gegebenenfalls muss der Objektüberwacher die Bestellung fachkundiger Beratung hierzu anfordern
- Bei Baugrubenherstellung: Klären der Entsorgung des Aushubmaterials

---

[107] BGH in BauR 1994, 392; BGH in NJW 1977, 899; BGH in BauR 2000, 1201 und 273; OLG Köln Urteil v. 20.01.2014
[108] BGH in BauR 2000, 1513
[109] OLG Düsseldorf v. 28.10.2008 – 21 U 21/08 in IBR 2009, 462

- Bei Fundamentierungsarbeiten: Abdichtung der Bauteile, die im Erdreich verbleiben, einschließlich gegebenenfalls zu verlegender Dränage und der sachgerechten Verfüllung des Arbeitsraums
- Bei Rohbauarbeiten: Je nach Konstruktionsart insbesondere der Einbau derjenigen Bauteile, deren Funktion zum Zeitpunkt der Endabnahme nicht beurteilt werden kann, weil sie durch den Ausbau verdeckt werden
- Bei Abdichtungsarbeiten: Rund um das Gebäude insbesondere Abdichtung des Daches, z. B. Dampfdiffusionsdichtigkeit bei der Verlegung von Dampfdiffusionsbahnen, Anschlüsse von Balkonen
- Bei Ausbauarbeiten: Insbesondere die Verarbeitung und Verbindung unterschiedlicher Baustoffe z. B. Estrich mit Parkett, Einbau von Treppen und Schallschutz, Treppenbeschläge, Technische Gebäudeausrichtung, Brandschutz, Beachtung der Anforderung von Tritt- und Körperschallschutz[110]

Auf der anderen Seite endet die Überwachungsintensität in dem Maße, wie es sich bei der Bauausführung um handwerkliche Maßnahmen handelt, die allgemein gängig und üblich sind.[111]

Ist eine Pflichtverletzung festgestellt und auch nur dann, liegt somit ein Mangel der Objektüberwachung vor, haftet die Objektüberwachung als Gesamtschuldner neben der stets verantwortlichen Bauausführung für die Mangelbeseitigung. Der Auftraggeber kann wahlweise den Unternehmer auf die Mängelrechte (z. B. Nacherfüllung) oder den Objektüberwacher auf Schadensersatz in Anspruch nehmen.[112] Ist der Mangel auf einen fehlerhaften Ausführungsplan zurückzuführen, so entlastet dies die Objektüberwachung[113] ebenso wie den Bauunternehmer[114] allerdings nur insoweit, wie der Planungsmangel von ihnen nicht hat erkannt werden können. Die Ansprüche des Auftraggebers verkürzen sich in diesem Fall um den als mitwirkendes Verschulden ihm anzulastenden Anteil der Mangelverursachung.[115]

8.1 Die Bewertung der Leistungen allgemein

Das gesamte Leistungsbild der Objektüberwachung lässt sich in fünf Gruppen gliedern. Diese Gruppen lassen sich im Verhältnis zu dem Gesamthonorar der Objektüberwachung bewerten, wobei bei der Bewertung zunächst davon ausgegangen wird, dass es sich bei der Objektüberwachung gem. Leistungsphase 8 um eine Überwachungstätigkeit für Bauleistungen handelt, die nach Fachlosen zu Einheitspreisen vergeben werden. **137**

Sollen einzelne Leistungen dem Auftragnehmer nicht übertragen werden, ist es Aufgabe der Vertragsparteien, die übertragenen und die nicht übertragenen Leistungen im Einzelfall selbst zu bewerten. Dies wird ausgedrückt in der Vereinbarung des Leistungsprozentsatzes.[116]

Je nachdem, wie die Vergabe durchgeführt wird, insbesondere bei der Einschaltung von Generalunternehmern, entfallen einzelne Leistungen oder sind wegen des geringeren Leistungsumfanges nur geringer zu bewerten.

Um sich dieser Bewertungsfrage zu nähern, ist es deshalb sinnvoll, die fünf Leistungsgruppen in ihrer Bedeutung und Leistungsbewertung zueinander ins Verhältnis zu setzen. Unterhalb der Gruppe sind die der Gruppe zuzurechnenden Teilleistungen als Prozentsatz zu der auf die Untergruppe entfallenden Honorare einfacher zu bewerten und erlauben damit eine transparente Entscheidungspraxis.

[110] Beispiel Jochem/Jochem aus Ganten Kinderreit, NJW Praxis, 2010, Blatt 44, Rdn. 146
[111] Pastor, Der Bauprozess, 13. Auflage, Rdn. 2015 m. w. N., OLG Rostock v. 11.11.2008 – 4 U 27/06 in IBR 2009, 527
[112] Ständige Rechtsprechung: BGH in BauR 2009, 515; OLG Celle in BauR 2010, 1613
[113] BGH v. 27.11.2008 – VII ZR 206/06 in BauR 2009, 515
[114] Ständige Rechtsprechung: BGH in BGHZ 1995, 128, 131 = BauR 1985, 561 = ZfBR 1985, 282; BGH in BauR 1978, 405 = NJW 1978, 2393; BGH in BauR 2002, 1536, 1540; siehe auch: BGH Urteile v. 07.03.2002 – VII ZR 1/00 in BauR 2002, 1536, 1540 = NZBau 2005, 400 = ZfBR 2002, 767 und v. 24.02.2005 – VII ZR 328/03 in BauR 2005, 1016, 1018 = NZBau 2005, 400 = ZfBR 2005, 458 sowie nach neuester Rechtsprechung umfassend, auch hinsichtlich der bauüberwachenden Architekten: BGH Urteil v. 27.11.2008 – VII ZR 2006/06 in NJW 2009, 582 = BauR 2009, 515.
[115] Siehe auch Jochem/Jochem in Ganten Kinderreit a. a. O. Rdn. 120 ff., vgl. auch OLG Brandenburg, Urteil v. 28.03.2013 – 12 U 96/12
[116] Vgl. auch OLG Düsseldorf v. 23.01.2007 – 23 U 115/06 noch zur HOAI 1996, die allerdings insoweit auch auf die neue HOAI-Regelung angewendet werden kann, IBR 2007, 622

Folgende Leistungsblöcke lassen sich bilden:

a) Qualitätskontrolle

Hierzu zählt die Leistung des Überwachens der Ausführung gem. 8 a, das Überwachen der Ausführung von Tragwerken der Honorarzone I und II 8 b.

Dieser Leistungsblock macht 50 % des Gewichts der gesamten Objektüberwachung aus. Danach entfällt auf die Leistung 8 a 95 %, dies sind 16,0 Prozentpunkte nach § 35 HOAI, 5 % für die Leistung 8 b, dies sind 1,0 Prozentpunkte nach dem Honorar § 35.

b) Baustellensteuerung

Der 2. Block kann überschrieben werden mit Baustellensteuerung und Dokumentation und setzt sich zusammen aus 8 c Koordinierung, 8 d Terminplan, 8 e Bautagebuch. Das Gesamtgewicht dieser Leistung macht 15 % des Honorars der Leistungsphase aus. Davon entfallen 60 % auf Leistung 8 c, dies entspricht 2,88 % des § 35, jeweils 20 % für die Leistungen 8 d und 8 e, dies entspricht jeweils 0,96 Prozentpunkte nach dem Honorar § 35.

c) Kostenverfolgung und Abrechnung

Dies sind die Leistungen 8 f Aufmaß, 8 g Rechnungsprüfung, 8 h Kostenfeststellung, 8 i Kostenkontrolle8h Budgetkontrolle. Dieser Leistungsblock macht ebenfalls 15 % der Gesamtleistung Objektüberwachung aus und gliedert sich wie folgt:

Für Leistung 8 f 50 % des Anteils, dies entspricht 2,4 Prozentpunkten, 8 g 20 %, dies entspricht 0,96 Prozentpunkten nach § 35 HOAI und die Leistungen 8 h und 8 i und 8 h jeweils 10 % aus diesem Leistungsblock, dies entspricht jeweils 0,48 Prozentpunkten nach § 35 HOAI.

d) Abnahme

Diese Leistung setzt sich zusammen aus der Leistung 8 k zivilrechtliche Abnahme, 8 l Antrag auf behördliche Abnahme, 8 p Überwachung der Mangelbeseitigung. Aufgeteilt untereinander bedeutet das für die zivilrechtliche Abnahme 60 % des anteiligen Honorars, dies entspricht 2,88 Prozentpunkten, und die Leistungen 8 l und 8 p jeweils 20 %, dies entspricht jeweils 0,96 Prozentpunkten nach § 35 HOAI.

e) Übergabe

Zur Übergabe zählen die Leistungen 8n Übergabe des Objekts und 8 o Auf listen der Verjährungsfristen und 8m Zusammenstellung der Dokumentation. Der Leistungsblock macht insgesamt 5 % des Gesamthonorars für die Objektüberwachung aus. Danach entfällt auf die Übergabe 60 %, dies entspricht 0,96 Prozentpunkten nach § 35 HOAI und für die übrigen Grundleistungen 20 %, dies entspricht 0,32 Prozentpunkten.

Die nachstehende Matrix zeigt eine Bewertung der einzelnen Teilleistungen für die unterschiedlichen Vergabearten als GU-Leistung mit Pauschalpreis und GU mit Einheitspreisen sowie Einzelvergaben zu Einheitspreisen und Einzelvergaben zu Pauschalpreisen. Anhand dieser Matrix mag eine Einzelbewertung erfolgen,

Grundleistung	% von Honorar LP8 31 in Prozent	GU pauschal in Prozent § 35	GU Einheitspreis in Prozent § 35	Einzelvergabe Einheitspreis in Prozent § 35	Einzelvergabe Pauschalpreis in Prozent § 35
1 Qualitätskontrolle	[50 % v. 32 %]	16,0	16,0	16,0	16,0
8 a Überwachen der Ausführung	95 % = 15	15,0	15,0	15,0	15,0
8 b Überwachen von Tragwerken	5 % = 1,0	1,0	1,0	1,0	1,0
2. Baustellenkoordinierung, Dokumentation	[15 % v. 32 %]	4,8	4,8	4,8	4,8
8 c Koordinieren	60 % = 2,88	–	–	2,88	2,88
8 d Terminplan	20 % = 0,96	0,5	0,5	0,96	0,96
8 e Bautagebuch	20 % = 0,96	0,96	0,96	0,96	0,96

Grundleistung	% von Honorar LP8 31 in Prozent	GU pauschal in Prozent § 35	GU Einheitspreis in Prozent § 35	Einzelvergabe Einheitspreis in Prozent § 35	Einzelvergabe Pauschalpreis in Prozent § 35
3. Kostenverfolgung	[15 % v. 32 %]	4,8	4,8	4,8	4,8
8 f Aufmaß	50 % = 2,4	–	2,4	2,4	–
8 g RG Prüfung	20 % = 0,96	0,96	0,96	0,96	0,96
8 j Kostenfeststellung	10 % = 0,48		0,48	0,48	0,48
8 i Kostenkontrolle	10 % = 0,48		0,48	0,48	0,48
8 h Budgetkontrolle	10 % = 0,48	0,48	0,48	0,48	0,48
4. Abnahme	[15 % v. 32 %]	4,8	4,8	4,8	4,8
8 k Zivilr. Abnahme	60 % = 2,88	2,88	2,88	2,88	2,88
8 l Behörd. Abnahme	20 % = 0,96	0,96	0,96	0,96	0,96
8 p Beseitigung Mangel	20 % = 0,96	0,96	0,96	0,96	0,96
5. Übergabe	[5 % v. 32 %]	1,6	1,6	1,6	1,6
8 n Übergabe	60 % = 0,96	0,5	0,5	0,96	0,96
8 o Auflisten der Gewährleistungsfristen	20 % = 0,32	–	–	0,32	0,32
8 m Zustellung der Dokumentation	20 % = 0,32	0,32	0,32	0,32	0,32
Summe		23,01	26,73	31,0	28,22

8.2 Grundleistungen im Einzelnen

Die einzelnen Leistungen beschreiben folgenden Inhalt:

a) Grundleistungen 8 a und 8 b
Qualitätskontrolle

Dieser Block setzt sich aus den Grundleistungen 8 a und 8 b zusammen. Sie sind derart miteinander verknüpft, dass sie singulare Bedeutung nicht entfalten können. Die Leistungen sind erbracht, wenn das Bauvorhaben erstellt und abgenommen ist. Im Einzelnen handelt es sich um folgende Inhalte:

Grundleistung 8 a: Überwachen der Ausführung des Objektes auf Übereinstimmung mit der öffentlich-rechtlichen Genehmigung oder Zustimmung, den Verträgen mit ausführenden Unternehmen, den Ausführungsunterlagen, den einschlägigen Vorschriften sowie mit den allgemein anerkannten Regeln der Technik

138

Diese Leistung stellt das Kernstück der Objektüberwachung dar. Ziel ist es, dass das Bauvorhaben nach den Plänen des vom Bauherrn bestellten Architekten auch umgesetzt und mängelfrei errichtet wird. Diese Leistung setzt zunächst voraus, dass der Auftragnehmer für die Objektüberwachung sich mit der Planung für das Objekt auseinandersetzt. Dabei handelt es sich primär um die Ausführungsplanung für die Objektplanung Gebäude und betrifft damit den Rohbau und den Ausbau. Nicht erfasst wird die Technische Ausrüstung, die Gegenstand der Objektüberwachung des Fachingenieurs Technische Ausrüstung ist. Ohne Ausführungspläne, die zur Bauausführung freigegeben sind, lässt sich eine Objektüberwachung nicht sachgerecht durchführen.

Wird die **Objektüberwachung als Einzelleistung** übertragen, hat der Auftragnehmer mithin Anspruch darauf, vom Auftraggeber die zur Bauausführung freigegebenen Planunterlagen zu erhalten. Im obliegt dabei eine Prüfung. Er muss die Pläne darauf durchsehen, ob diese sich mängelfrei in das Bauwerk umsetzen lassen. Er kann allerdings darauf vertrauen, dass die ihm vom Auftraggeber zur Verfügung gestellten Ausführungspläne auch mängelfrei sind. Der BGH[117] hat die Funktion der Objektüberwachung als Einzelleistung in diesem Punkt dem Verantwortungsbereich des bauausführenden Unternehmens gleichgestellt. Auch für die Bauausführung gilt, dass sie Anspruch auf Überlassung mängelfreier Ausführungsplanung von dem Bauherrn und Auftraggeber hat, es sei denn, der bauausführenden Firma ist die Planungsverantwortung vertraglich übertragen worden.[118] Für den Auftragnehmer der Objektüberwachung als Einzelleistung gilt danach, dass er im Falle des Vorliegens eines Planungsfehlers nur dann in Anspruch genommen werden kann, wenn er die Planungsmängel nach Durchsicht der Planungsunterlagen hätte feststellen müssen. Wird der Objektüberwachung ein Ausführungsplan mit einem Planungsfehler überlassen, so hat der Auftraggeber den sich daraus entwickelnden Baumangel mitverschuldet. Er muss sich insoweit eine fehlerhafte Planung des von ihm beauftragten Architekten oder Ingenieurs als sein Erfüllungsgehilfe zurechnen lassen. Wie hoch der Grad dieses Mitverschuldens ist, hängt vom Einzelfall ab. Generell kann auch hier festgestellt werden, dass das Mitverschulden an der Entstehung eines Baumangels als Folge eines Planungsfehlers umso größer angenommen werden muss, je weniger er von einer ordentlich arbeitenden Objektüberwachung zu erkennen war.

Nicht selten werden in der zur Bauausführung freigegebenen Ausführungsplanung Details der Bauausführung noch nicht geklärt. Dies kann Gestaltungsfragen betreffen. In solchen Fällen ist es Aufgabe der Objektüberwachung, bei dem Planer Nachfrage zu halten, wie diese Details zu lösen sind. Dieser klärt dies gegebenenfalls im Zusammenwirken mit dem Auftraggeber.

Ein weiterer Prüfungsgegenstand betrifft die **Einhaltung der Baugenehmigung**. Die Objektüberwachung ist gehalten, darauf zu achten, dass die Auflagen, Bedingungen und Festlegungen der Baugenehmigungsbehörde auch umgesetzt werden. Gelegentlich greift der Auftraggeber in dieses Konzept ein. So kann es sein, dass der Bauherr und Auftraggeber eine von der Baugenehmigung abweichende Bauausführung anordnet. Dies führt zu einem Konflikt der Objektüberwachung. Generell ist der Auftraggeber stets berechtigt, Anordnungen für eine geänderte Bauausführung zu erteilen. So kann z. B. die von ihm zunächst freigegebene Grundrissstruktur infolge geänderter Nutzungsanforderungen oder Nutzungsvorstellungen von ihm jederzeit geändert werden. Der Auftragnehmer der Objektüberwachung hat insofern keinen Anspruch darauf, dass die ihm gelieferte Ausführungsplanung auch tatsächlich unverändert umgesetzt wird. Anordnungen des Bauherren auf Änderungen des Bauplans muss er Rechnung tragen. Verstoßen die Anordnungen gegen die Baugenehmigung oder führen sie zu einer Bauausführung, die einen Baumangel erzeugt, so hat der Auftragnehmer der Objektüberwachung zunächst eine Hinweispflicht. Er muss den Auftraggeber auf die Folgen seiner Anordnung nachdrücklich und eindeutig hinweisen. Wird ein entsprechender Hinweis unterlassen, so verletzt der Auftragnehmer seine Beratungspflichten. Der bauleitende Architekt muss gegen einen ungenehmigten Abriss einschreiten. Eine häufig wiederkehrende Fallgestaltung hatte das OLG Hamm zu beurteilen. Im Außenbereich war dem Bauherren auf seinem Hofgrundstück nach Aufgabe einer Pferdewirtschaft der Ausbau des dort stehenden Hauses zu Wohnzwecken im Rahmen eines Umbaus gestattet. Die erteilte Baugenehmigung beruhte allerdings auf einem Bestandsschutz, den der Bauherr geltend machen konnte. Durch widrige Umstände wurde der Dachstuhl eingerissen und hat damit zugleich den Bestandsschutz vernichtet. Der Architekt ist nicht eingeschritten und damit den eingetretenen Schaden nicht verhindert, was ihm zum Nachteil insofern gereicht hat, als er Schadensersatz zu leisten hat.[119]

Ist dem Auftragnehmer auch die verantwortliche Bauleitung übertragen, so ist er zusätzlich eine Verpflichtung gegenüber der Bauordnungsbehörde eingegangen. Für diesen Fall muss er gegebenenfalls Mitteilung an die Baubehörden vornehmen, wenn der Auftraggeber rechtswidrige

---

[117] BGH in BauR 2009, 515
[118] Siehe hierzu Rdn. 92, ständige Rechtsprechung BGH in BauR 2002, 1536
[119] OLG Hamm v. 11.02.2011 – 19 U 153/06

Anordnungen an die Bauausführung erteilt, die gegen die Bauordnung verstoßen. Es entsteht eine Konfliktlage zwischen dem öffentlich-rechtlichen Pflichten der verantwortlichen Bauleitung und den Vertragspflichten. Einer Anzeige eines bauordnungsrechtlichen Missstandes kann gegebenenfalls nur durch Niederlegung der verantwortlichen Bauleitung entgangen werden. Allerdings bleibt die zivilrechtliche Haftung hiervon unberührt.

Weitere Grundlage für die Bauüberwachungstätigkeit sind die Leistungsbeschreibungen und die vertraglichen Vereinbarungen, die der Bauherr mit den Bauunternehmen getroffen hat. Dies bezieht sich auf die Ausführung der vereinbarten Bauqualität und vor allem auch hinsichtlich der Einhaltung **von Bauzeiten**. Erfolgt die Bauausführung durch Einzelvergaben, so hat er für den rechtzeitigen Abruf der Leistungen der beauftragten Firmen zu sorgen, sodass die Bauausführungen sich entsprechend dem Bauablauf nahtlos ineinander einfügen.

Ziel der Überwachungsleistung ist stets die Errichtung und Herstellung eines mängelfreien Bauwerkes. Was mängelfrei ist, ergibt sich zum einen aus den Beschaffenheitsvereinbarungen der einzelnen Bauverträge sowie den allgemein anerkannten Regeln der Technik und den damit angesprochenen einschlägigen Vorschriften.

Das Instrument der Überwachung besteht in **der rechtzeitigen Feststellung des Entstehens von Baumängeln** während des Herstellungsprozesses. Wenn es zu einem Baumangel gekommen ist, stellt sich im Nachhinein stets die Frage: Hätte dieser Baumangel nicht durch gehörige Beaufsichtigung während der Herstellungsphase verhindert werden können? Nun kann nicht erwartet werden, dass die Objektüberwachung jeden einzelnen Arbeitsschritt der Bauausführung beobachtet und verfolgt. Die Mängel müssen spätestens bei der Bauabnahme von der Objektüberwachung festgestellt werden. Das Problem liegt darin, dass das Bauergebnis möglicherweise mangelhafte Bauausführungen verdeckt und sie deshalb später nicht mehr erkannt werden können. So wird die Bauabnahme zum Zeitpunkt der Fertigstellung des Bauwerkes die sorgfältige und richtige Ausführung der Abdichtung im Kellerbereich nicht mehr überprüfen können, wenn der Arbeitsraum rund um die Kellerwände wieder verfüllt ist und somit diese Bauleistung nicht zugänglich ist. Werden zwei selbstständige Reihenhäuser errichtet, so lässt sich später nicht mehr feststellen, wie die Gründung tatsächlich verlaufen ist, ob z. B. die Häuser auf einer einheitlichen Gründungsplatte oder auf Einzelfundamenten stehen. Beispiele dieser Art sind vielfältig. Sie haben stets eines gemein: Es geht um die Beurteilung eines Bauteils, welches durch fortschreitende Bautätigkeit dem Blick entzogen und damit einer Überprüfung nicht mehr zugänglich ist.

Aufgabe der Objektüberwachung ist es deshalb, insbesondere Kontrollen da anzusetzen, wo sich einzelne Bauleistungen durch nachfolgende Bautätigkeit nicht mehr feststellen lassen.

In diesem Zusammenhang wird die Frage gestellt, ob die Objektüberwachung **permanent an der Baustelle anwesend sein muss**.[120] Diese Fragestellung geht an dem Kern des Problems vorbei. Auch bei einem Großbauvorhaben kann die Objektüberwachung nicht an jeder Bauaktivität gleichzeitig präsent sein. Die Objektüberwachung muss ihre Prüfungstätigkeit im Zuge des Baufortschritts permanent betreiben.[121]

Die Frage muss gestellt werden, ob die Objektüberwachung ihre Kontrolltätigkeit zu den Zeitpunkten durchgeführt hat, an denen im Fertigungsprozess Teilbauergebnisse vorhanden waren, auf die neue Bauteile aufsetzen und die erfahrungsgemäß häufig Ursache der Entstehung von Baumängeln sind. Dies gilt insbesondere, wenn durch nachfolgende Bautätigkeit das entsprechende schadensgeneigte Bauteil nicht mehr zugänglich ist. Das Anforderungsprofil für die Objektüberwachung lässt sich deshalb bereits anhand der Planunterlagen und der Leistungsbeschreibung des Bauvertrages durch sachverständige Begutachtung feststellen. Ergeben sich aus dieser Betrachtung die besonderen Kontrollpflichten, so ist dies die Beurteilungsgrundlage, Fehler der Objektüberwachung auszumachen.

Neben den Beratungspflichten, die die Objektüberwachung dem Bauherrn schuldet, besteht als weiteres Instrument der Überwachung die Pflicht, Anordnungen mit dem Ziel zu treffen,

---

[120] Siehe BGH in BauR 2000, 1201 und 273, OLG Köln Urteil v. 20.01.2014 – 11 U 116/13
[121] OLG Dresden v. 07.03.2008 – 9 U 1644/05 in IBR 2009, 220

dass bauwidrige und mangelhafte Leistungserfüllung der bauausführenden Firmen abgestellt und beendet werden. Dieses Recht ist in der VOB/B in § 4 Ziffer 1 im Einzelnen beschrieben und gilt damit in jedem Falle für Bauverträge, für die die VOB/B anwendbar ist. § 4 Ziffer 1 Abs. 3 VOB/B weist dem Auftraggeber von Bauleistungen eines VOB-Vertrages das Recht zu, Anordnungen zu treffen, die zur vertragsgemäßen Ausführung der Leistung notwendig sind. Zu solchen Anordnungen ist die Objektüberwachung berechtigt und auch verpflichtet. Der Auftragnehmer der Objektüberwachung hat insoweit die ihm aufgrund der übertragenen Überwachungsleistung zugewiesene Vollmacht, den Auftraggeber zu vertreten. Die Vollmacht reicht allerdings nicht so weit, die Rechte aus § 4 Ziffer 7 VOB/B geltend zu machen. Danach hat der Auftraggeber die Möglichkeit, sich aus dem Bauvertrag zu lösen, wenn der Bauunternehmer der Pflicht zur Beseitigung eines Mangels nicht nachkommt und ihm eine angemessene Frist zur Beseitigung des Mangels gesetzt worden ist die verbunden war mit der Erklärung, dass dem Bauunternehmer bei fruchtlosem Ablauf der Frist der Auftrag entzogen werde. Der Auftragnehmer hat dem Bauherrn gegenüber zwar eine Beratungspflicht und muss ihn auch über Bestehen dieser Regelung informieren. Die Entscheidung darüber, ob hiervon Gebrauch gemacht wird, und insbesondere, ob im Anschluss an den fruchtlosen Ablauf der Fristsetzung auch eine Vertragsentziehung erfolgt, obliegt stets dem Bauherrn allein.

Das Anordnungsrecht besteht auch bei BGB-Verträgen, denen die VOB/B nicht zugrunde gelegt wird. Es entspricht der Kooperationspflicht der am Vertrag beteiligten Parteien, dass der Auftraggeber einer Bauleistung die mangelhafte Bauausführung schon während der Bauherstellung rügen und auf Nachbesserung bestehen darf

138a **Aus der Rechtsprechung:**

Im Falle einer **Altbausanierung** hat das Bauunternehmen nicht den ausgeschriebenen Sanierputz, sondern Zement- und Kalkzementputz verwendet und hierauf den **Wärmedämmputz** im Kellerbereich angebracht. Weil kein Sanierputz aufgebracht war, zeigten sich Feuchtigkeitsschäden, für die der bauleitende Architekt verantwortlich ist, da er zu prüfen gehabt hätte, ob tatsächlich das richtige Material des Sanierputzes zum Einsatz kommt.[122] Dieses Beispiel zeigt anschaulich, dass ein an und für sich einfacher handwerklicher Vorgang zu einem besonderen Prüfungsvorgang für den bauleitenden Architekten werden kann, wenn es auf diese Leistung besonders ankommt. Vorliegend handelt es sich um einen Altbau, der trockengelegt werden sollte. Es liegt also eine gesonderte Anforderung vor, die eine entsprechende zusätzliche Überwachungspflicht auslöst.

Das OLG Oldenburg nimmt den bauleitenden Architekten wegen eines Bauleitungsfehlers in Anspruch, weil dieser bei einer Stahlkonstruktion des Daches nicht darauf geachtet hat, dass diese eine ausreichende Verbindung mit den darunterliegenden Stahlbetonsäulen hat.[123] Dieses Beispiel zeigt, dass eine **erhöhte Aufsichtspflicht auch dann entsteht, wenn eine Bauablaufstörung** eintritt. Es war nämlich zunächst das Dach bereits auf Säulen aufgesetzt. Die Säulen mussten indes wegen Fehlerhaftigkeit ersetzt werden, sodass das Dach zunächst provisorisch zwischengelagert und später wieder aufgesetzt wurde. Auch hier liegt ein atypischer Bauablauf vor, der zur erhöhten Bauüberwachungspflicht führt.

Auf der anderen Seite muss der Architekt Putzarbeiten nicht besonders überwachen, da sie zu den **handwerklichen Selbstverständlichkeiten** eines Fachunternehmers gehören. Dies hat das Kammergericht[124] für den Fall entschieden, dass sich im Gebäude Abplatzungen des Deckenputzes gezeigt haben.

Die Anforderungen an die Bauüberwachungsaufgabe des Auftragnehmers hängt nicht davon ab, welches Honorar der Auftragnehmer mit seinem Auftraggeber vereinbart hat. Auch bei der Vereinbarung eines niedrigen Pauschalhonorars bleibt es bei den generellen Anforderungen an die Überwachungsaufgabe des Architekten.[125]

---

[122] OLG Dresden Urteil v. 01.07.2008 – 10 U 736/07 in IBR 2008, 661

[123] OLG Oldenburg Urteil v. 03.07.2007 – 2 U 137/05, BGH Nichtzulassungsbeschwerde zurückgewiesen, IBR 2008, 584

[124] Kg v. 15.02.2006 – 24 U 29/05, BGH Nichtzulassungsbeschwerde zurückgewiesen, IBR 2007, 631

[125] OLG Oldenburg Urteil v. 20.02.2007 – 12 U 57/06 in IBR 2007, 380

Eher kritisch anzusehen ist eine Entscheidung des OLG Köln, das einen Bauüberwachungsfehler nicht gesehen hat, weil es meint, dass die von einem Unternehmer ausgeführten Rohrdurchführungen durch eine wasserundurchlässige Kelleraußenwand zu Selbstverständlichkeiten der Bauausführung eines Unternehmers gehören.[126] Das Gericht kam zu dieser Erkenntnis aufgrund einer entsprechenden Sachverständigenbegutachtung. Diese Entscheidung erscheint nicht typisch für die Beurteilung vergleichbarer Fälle. Wenn Rohrdurchführungen durch abgedichtete Kelleraußenwände erfolgen müssen, entsteht ein zusätzlicher Gefahrenpunkt, dass die Durchdringung der Abdichtungsebene auch nach den Regeln der Technik erfolgt. Der Objektüberwachung sei in solchen Fällen eher angeraten, besondere Sorgfalt walten zu lassen und sich von der ordnungsgemäßen Ausführung der Rohrdurchführungen zu informieren.

Unabhängig davon, ob sich Symptome eines Baumangels gezeigt haben, liegt ein **Baumangel** vor, wenn die Bauleistung nicht **nach der eingeführten Regel der Technik**, insbesondere nicht DIN-gerecht, ausgeführt wurde. Dies gilt für alle Bauverträge, für die die VOB vereinbart ist, da die VOB/B auf die Anwendung der DIN-Normen in der VOB/C verweist. Sie gilt auch für andere Bauverträge, in denen auf die Anwendung der DIN-Normen ausdrücklich hingewiesen wird. Dies ist so entschieden worden für die Ausführung eines neu angelegten Parkplatzes, dessen **Pflaster abgesackt** war und teilweise Pfützenbildung aufwies. Die Baufirma hatte bei der Herstellung des Gefälles die DIN 18318 nicht beachtet.[127] Die DIN-Normen beschreiben Regeln der Technik. Sie sind damit auch dann zu beachten, wenn sie nicht ausdrücklich vereinbart sind, da sie regelmäßig ein Beschaffenheitsmerkmal sind, die der Auftragnehmer nach § 633 BGB zu erfüllen hat.

Das Kammergericht Berlin hat einen Bauleitungsfehler bei der Durchführung von **Dachdämmarbeiten** festgestellt. Es verlangt von der Bauüberwachung eine Kontrolle vor Ort, ob das eingebaute Dämmmaterial den Anforderungen an den Brandschutz nach den örtlichen Bauvorschriften genügt. Ausgeschrieben war der Einbau von Schaumkunststoff der Bauklasse B1 (schwer entflammbar). Die behördliche Anforderung verlangt den Einbau nicht brennbaren Materials Baustoffklasse A1. Tatsächlich eingebaut wurde Baustoffklasse B2 normal entflammbar.[128]

Eine schwierige und gefahrenträchtige Arbeit hat das OLG Saarbrücken auch in dem Einbau einer Glassonderkonstruktion gesehen. Dem Architekten wurden **Undichtigkeiten der Glaskonstruktion** zum Verhängnis, die auf mangelhafte Bauausführung und auch Planung zurückgeführt wurden.[129] Die Einschaltung eines Sonderfachmanns für die Glasdachkonstruktion kann den Architekten jedoch entlasten.[130]

Einen weiteren Fall der Kontrolle einer Fassade behandelt das Urteil des KG vom Kammergericht Berlin vom 06.01.2005.[131] Die **vorgehängte Natursteinfassade** löste sich aus ihrer Verankerung. Die Trage- und Halteanker gingen keine kraftschlüssige Verbindung mit der Wand ein, da ein falscher Mörtel verwendet wurde. Der Architekt hatte sich damit verteidigt, dass er die Verankerung nach Herstellung der Fassade nicht mehr hat erkennen und sehen können. Dieser Umstand entlastet ihn indes nicht. Von ihm wird erwartet, dass er bei der Einweisung der Bauarbeiten sich zunächst darüber vergewissert, dass nach der Regel der Technik der Einbau erfolgt. Im Übrigen hat eine stichprobenartige Überprüfung auch während der Bauarbeiten zu erfolgen.

Weitergehende Anforderungen an die Objektüberwachung stellt das OLG Frankfurt.[132] In diesem Fall war auf Wunsch und auf Anraten der Objektüberwachung ein Sonderfachmann für die Bauüberwachung einer **Glasfassade** hinzugezogen worden. Dieser führte allerdings nur einmal monatlich Stichproben durch. Von der Objektüberwachung wurde demgegenüber verlangt, dass er in der Zwischenzeit eine sorgfältige Objektüberwachung tätigt. Fehlen ihm die Fachkenntnisse hierzu, muss er sich diese von dem Sonderfachmann, der ebenfalls eingeschaltet ist, beschaffen.

---

[126] OLG Köln v. 19.10.2005 – 11 U 170/03, BGH Nichtzulassungsbeschwerde zurückgewiesen
[127] Vgl. OLG Celle v. 16.05.2006 – 14 U 185/05 in IBR 2006, 404; siehe auch BGH v. 09.01.2003 – VII ZR 181/00 in IBR 2003, 186; OLG Naumburg v. 13.05.2005 – 6 U 4/05 in IBR 2006, 36
[128] KG Urteil v. 06.01.2005 – 27 U 267/03 in IBR 2006, 205
[129] OLG Saarbrücken v. 24.06.2003 – 7 U 930/01 in IBR 2006, 341
[130] OLG Braunschweig v. 11.12.2008 – 8 U 102/07 in IBR 2009, 462
[131] Urteil v. 06.01.2005 – 27 U 267/03, BGH Nichtzulassungsbeschwerde zurückgewiesen, IBR 2006, 153
[132] OLG Frankfurt v. 23.08.2006 – 23 U 138/01, BGH Nichtzulassungsbeschwerde zurückgewiesen in IBR 2009, 593

Einen Fall überzogener Anforderungen an die Objektüberwachung zeigt eine Entscheidung des OLG Nürnberg.[133] In diesem Fall ist es zu einem Baumangel gekommen, weil die **Gebäudeeinmessung** falsch war. Verantwortung hierfür hatte der vom Auftraggeber für die Einmessung gelieferte Plan und die Fehler, die der Vermesser durchgeführt hat. Das Gericht nimmt eine Mithaftung des Architekten an und wirft ihm vor, die Vermessung nicht ordnungsgemäß überprüft zu haben. Diese Entscheidung ist durchaus kritisch zu würdigen. Generell darf der Architekt sich auf das Urteil des Sonderfachmanns, hier des Vermessungsingenieurs, verlassen. Ein Vermessungsfehler kann ihm deshalb nur ausnahmsweise zum Verhängnis werden, wenn dieser so offensichtlich ist, dass ein Architekt diesen nach Inaugenscheinnahme als unrichtig erkennt.

Die Überwachungspflichten des Architekten machen auch bei **Eigenleistungen des Auftraggebers** nicht halt. Das OLG Düsseldorf hat eine Haftung des Architekten wegen fehlerhafter Bauleitung bejaht, der für eine Siedlungsgemeinschaft tätig geworden ist. Die Eigenheime sollten teilweise in Eigenleistung der Bauherren erfolgen. Es kommt zu einem Schaden, weil eine frostfreie Fundamentierung von Bauteilen nicht gelungen ist. Die Bauherren verlangen Schadensersatz, weil der Bauleiter sie nicht ausreichend angewiesen hat, ordnungsgemäß und richtig zu bauen. Das OLG Düsseldorf hat den Schadensersatzanspruch dem Grunde nach bejaht. Es hat gemeint, dass von dem Architekten zu erwarten gewesen wäre, die Bauherren in nachvollziehbarer Form bei der Durchführung ihrer Eigenleistungen anzuweisen. Dieser Fall zeigt, dass ein Bauleiter, der eine solche Überwachungstätigkeit übernimmt, auch darauf zu achten hat, ob die für die Bauerrichtung bestellten Personen hierfür geeignet sind und die ausreichende Kenntnis besitzen. Die Anforderungen an eine Objektüberwachung erhöhen sich danach, wenn die Beurteilung der Leistungsfähigkeit der Bauausführenden Zweifel an deren Eignung und Leistungsfähigkeit begründen. Allerdings muss der Bauherr, der in Eigenleistung Fehler betreibt, diese auch durch Eigenleistung entsprechend sachgerechter Sanierungsanweisung wieder korrigieren.[134] Die gleichen Grundsätze gelten auch für den Fall, dass der Auftraggeber wenig sachkundige Unternehmer beschäftigt.[135]

Feuchtigkeit im Keller stellt ein weiteres Beispiel erhöhter Aufmerksamkeitspflicht der Objektüberwachung dar. Dies zeigt die Entscheidung vom OLG Hamm vom 23.11.2004.[136] Dem bauleitenden Architekten wurde zum Verhängnis, dass er die Verarbeitung zweilagiger Estricharbeiten, die frisch in frisch zu verlegen waren, nicht ausreichend beobachtet hat. Für die Errichtung eines Hochregallagers war wegen der Befahrung mit Gabelstapler ein spezieller Hartstoffestrich einzubauen. Dieser war mangelhaft, weil die Verbindung der Hartstofflage mit der folgenden Übergangsschicht nicht gelungen ist. Bei dem Bearbeitungsgang war der Einbau der einen Schicht schon zu weit abgetrocknet, sodass eine Verlegung der Schichten frisch in frisch nicht erfolgreich war. Auch dieses Beispiel zeigt, dass bei kritischen Arbeitsabschnitten eine ordnungsgemäße Objektüberwachung erst gegeben ist, wenn eine Arbeitseinweisung und stichprobenartige Kontrolle stattgefunden hat.

Die Objektüberwachung muss ihre Prüfungstätigkeit im Zuge des Baufortschritts permanent betreiben. Sie muss Ausführungsmängel rechtzeitig erkennen und rügen. Einen Eindrucksfall zeigt die Entscheidung des OLG Dresden vom 27.03.2008.[137] Die Liste der Überwachungsfehler ist in diesem Fall groß. Der Innenputz weist Risse auf. Die Ladeneingangstür ist zu tief. Die Breite der Treppen des Zwischenpodestes ist zu gering. Treppenhauswände sind schiefwinklig. Es zeigen sich Putzrisse, weil die Deckendurchbiegung zu groß ausgefallen ist. Die Toiletten hängen schief. Die Mindestdurchgangshöhe des Treppenlaufes wird verfehlt. Die Decken senken sich als Folge des normalen Abbindeprozesses nach deren Einbau. Damit muss stets gerechnet werden. Der Einbau von **Trockenbauwänden als Zwischenwände** für die Herstellung von einzelnen Räumen muss dem **Biegungsvorgang** Rechnung tragen und einen beweglichen

---

[133] OLG Nürnberg v. 02.02.2005 – 6 U 2921/04 in IBR 2005, 431

[134] Hierauf verweist Preussner in seiner Anmerkung in IBR 2005, 227 zu Recht hin, da der Bauherr ansonsten bei Schadensersatz in Geld für seine mangelhaften Arbeiten auch noch belohnt würde.

[135] So schon BGH in BauR 1978, 60; vgl. insbesondere auch Werner/Pastor, Der Bauprozeß, 13. Auflage, Rdn. 2021

[136] OLG Hamm v. 23.11.2004 – 21 U 13/04 in IBR 2005, 163

[137] OLG Dresden v. 27.03.2008 – 9 U 1644/05, BGH Nichtzulassungsbeschwerde zurückgewiesen, IBR 2009, 220

Anschluss zur Decke aufweisen, die solche Veränderungen aufnehmen. Nur so können Risse vermieden werden.

Erhöhte Anforderungen an die Bauüberwachung sind gegeben, wenn die Pläne nachträglich geändert werden. Einen entsprechenden Fall behandelt das OLG Dresden.[138] Die Entscheidung zeigt, dass die Objektüberwachung einen erhöhten Sorgfaltsmaßstab an den Tag zu legen hat, wenn von der ihm überreichten **Ausführungsplanung abweichend auf Anordnung des Bauherren gebaut** werden soll. Jede Änderung während des Baugeschehens hat Auswirkungen auf andere Bauteile, die in einem solchen Fall von der Objektüberwachung zu beachten sind. Im vorliegenden Fall hat die Änderung der Bauausführung dazu geführt, dass die **Treppe den Regeln der Technik** wegen des zu steilen Antritts nicht mehr genügt. Der in die Haftung genommene Architekt hat gemeint, ihn träfe keine Haftung, weil ohne Pläne gebaut worden sei. Dies kann ihn nicht entlasten, sondern führt im Gegenteil dazu, dass er in einem solchen Fall eine erhöhte Objektüberwachungspflicht hat.

Bodenbelagsarbeiten können mängelfrei auf dem **Estrich** erst verlegt werden, wenn dieser nach den Regeln der Technik ausgetrocknet ist. Mit einem solchen Fall befasst sich das OLG Frankfurt.[139] Der Objektüberwachung wurde vorgeworfen, ihren Kontrollpflichten nicht ausreichend nachgegangen zu sein. Der Architekt hatte die Messungen des Bodenverlegers im Hinblick auf den Feuchtigkeitsgehalt des Estrichs nicht überprüft. Das OLG Frankfurt erwartete vom Architekten sogar, dass er sich vor den Bodenbelagsarbeiten aussagefähige Protokolle vorlegen lässt, um den nächsten baulichen Arbeitsgang entsprechend freizugeben. Diese Anforderungen an die Objektüberwachung mögen angesichts des speziellen Falles gerechtfertigt gewesen sein. Es bestehen jedoch Bedenken, die Anforderungen an eine ordnungsgemäße Objektüberwachung zu überziehen. Es ist selbstverständliche Pflicht eines Bodenverlegers, vor Ausführung der Bodenbelagsarbeiten zu überprüfen, ob der Estrich hierfür geeignet ist. Hierauf kann sich eine Objektüberwachung im Regelfall auch verlassen. Liegen jedoch besondere Verhältnisse wie in dem entschiedenen Fall des OLG vor – es lag ein Wassereintritt vor –, so hat die Objektüberwachung Nachfrage und auch eine gewisse Nachkontrolle zu betreiben, dass das Bauteil zur Aufnahme weiterer Fußbodenverlegearbeiten wieder geeignet ist. Im vorliegenden Fall sind zwar Messprotokolle erstellt worden. Sie waren indes alle nicht aussagekräftig. Dies hätte der Architekt erkennen können, wenn er sich diese Protokolle hätte vorlegen lassen.

Ein weiteres Beispiel erhöhter Überwachungspflicht des Architekten bringt die Entscheidung des OLG Köln vom 30.06.2009.[140] Für eine Botschaftsresidenz waren besonders wertvolle Natursteinarbeiten auszuführen. Die Bodenverlegearbeiten wurden von einer ausländischen Verlegekolonne aus Italien durchgeführt. Das Fugenbild ist in der Bauausführung allerdings ungleich ausgefallen, weil die Steine ungleichmäßig abgefarst waren. Das OLG nimmt eine Haftung der Bauleitung an, weil sie während der Verlegearbeiten die Herstellung dieses mangelhaften Fugenbildes hätte unterbinden müssen. Dies hätte auch am Wochenende geschehen müssen, da die Objektüberwachung bei einer Beschäftigung einer ausländischen Kolonne davon auszugehen hat, dass diese auch am Wochenende arbeitet. Diese Anforderungen an eine Bauüberwachung sind überzogen und das Urteil zu kritisieren.

Abdichtungsarbeiten gehören zu den gefahrenträchtigen Baumaßnahmen. Das Kammergericht verlangt von der Bauüberwachung, dass diese eine Abdichtung in einer jedes Risiko ausschließenden Weise zu detaillieren hat, wozu auch die Dicke der **Abdichtungsschicht** gehört. Dem Objektüberwacher wurde vorgeworfen, dass er die erforderliche Stärke der **Außenabdichtung** von 3 mm nicht beobachtet hat. Dem Architekten wurde unter anderem auch zum Verhängnis, dass er nicht darlegen und beweisen konnte, wann er die stichprobenartige Prüfung der Abdichtungsarbeiten im Zuge des Baugeschehens getätigt hat. Hier hilft ein Bautagebuch, welches auch nachträglich aufzeigt, wann die Bauleitungstätigkeit stattgefunden hat.[141]

---

[138] OLG Dresden v. 27.03.2008 – 9 U 1644/05
[139] OLG Frankfurt v. 26.02.2009 – 22 U 240/05 in IBR 2010, 99
[140] OLG Köln v. 30.06.2009 – 3 U 21/07 in IBR 2010, 158
[141] KG Beschluss v. 09.04.2010 – 7 U 144/09 in IBR 2010, 402

Abdichtungsarbeiten im Dachgeschoss bedürfen stets einer stichprobenartigen Kontrolle. Dies gilt auch für den unsachgemäßen Einbau einer **Dampfsperrenfolie**.[142] Solche Baumängel können zu einem ganz erheblichen Bauschaden führen. Wegen der fehlenden Funktionsfähigkeit der Dampfsperrfolie kann es zu Schimmelbildung kommen, die im Ergebnis zu erheblichen Folgekosten führen kann. Es ist Sache der Objektüberwachung, hier durch eine sachgerechte Objektüberwachung dafür Sorge zu tragen, dass diese Mängel nicht entstehen.

Treten im Fall des **Wechsels des Baumaterials konstruktive bedingte Risse** auf, ist hierfür nicht nur der planende Architekt, sondern auch der ausschreibende und bauüberwachende Architekt verantwortlich. Diese Entscheidung befasst sich mit der Erstellung der Außenwände eines Gebäudes, die statt in Kalksandstein in Poroton ausgeführt wurde. Es zeigten sich anschließend Risse im Außenputz.[143] Die Anforderungen an die Bauüberwachungstätigkeit des Architekten sind gesteigert, wenn der **Bauunternehmer sich als unzuverlässig** oder als technisch schwach herausstellen sollte. Das OLG Düsseldorf verlangt Stichproben auch bei einfachen gängigen Tätigkeiten, bei schwierigen oder gefahrträchtigen Arbeiten sei eine besondere gesteigerte Beobachtung erforderlich. Vorliegend ging es um das Gießen eines Kellerbodens und hat wegen dieses Mangels auch zu einer Unterschreitung der Kellermindesthöhe geführt.[144] Das OLG Zweibrücken nimmt ein **arglistiges Verschweigen eines Bauüberwachungsfehlers** an, wenn die Anzahl und Schwere der festgestellten Ausführungsmängel den Eindruck erwecken, die Objektüberwachung habe nur den Anschein einer ordnungsgemäßen Bauüberwachung erweckt. Das arglistige Verschweigen eines Bauüberwachungsfehlers führt zu einem erweiterten Verjährungstatbestand. Auch wenn die Gewährleistungsfrist nach § 634a (5 Jahresfrist) bereits abgelaufen war, ist ein Schadensersatzanspruch noch nicht verjährt, es gelten die allgemeinen Verjährungsregelungen, wonach eine endgültige Verjährung erst nach Ablauf von 10 Jahren ab Entstehung des Anspruchs eintritt, die sich im Falle der Kenntnis des arglistigen Verschweigens auf 3 Jahre verkürzt.[145] Insbesondere bei typischen Gefahrenquellen, kritischen Bauabschnitten und nur kurzzeitigen kontrollierbaren Gewerken gehört es auch bei einem Bau unter Zeitdruck zu einer ordnungsgemäßen Bauaufsicht, rechtzeitig eine Mängelbehebung zu veranlassen.

Am Beispiel der **Abdichtungsmaßnahmen** bei Anschlüssen an angrenzenden Bauteilen ist damit eine erhöhte Prüfungspflicht gegeben.[146] Zum Thema Abdichtung entscheidet das OLG Dresden die Wandanschlüsse der Balkone an das Gebäudeaußenmauerwerk, sogenannte Kappleisten sind nicht nach den Flachdachrichtlinien ausgeführt.[147] Zieht der Auftraggeber einen Tragwerksplaner als Berater hinzu und tritt ein Schaden als Folge eines **Architektenfehlers und der Tragwerksplanung** auf, so ist der Tragwerksplaner nicht als Erfüllungsgehilfe des Auftraggebers im Verhältnis zum Architekten anzusehen. Beide haften als Gesamtschuldner.[148] Der Architekt darf nicht so ohne Weiteres auf die Sachkunde des Bauunternehmers vertrauen. In einer Industriehalle sollte der Boden einer speziellen chemischen Belastung dauerhaft standhalten. Der Architekt ist nicht entlastet, wenn er die Chemikalienliste an den vermeintlich hinreichend erfahrenen Handwerker weiterleitet. Ihm wurde zur Pflicht gemacht, **Nachfrage bei dem Hersteller** der Fliesen zu suchen bzw. bei dem Fabrikanten des Fugenmörtels um sicher zu stellen, dass alle drei Komponenten einzeln in ihrer Kombination zusammen die chemische Belastung aushalten.[149] Gelegentlich wird vertraglich vereinbart, dass der Architekt nach Einreichung der Genehmigungsplanung nur noch Gelegentlich und nur auf Abruf des Auftraggebers tätig werden soll, eine Tätigkeit die auf Stundenbasis abgerechnet wird. Der Bauherr hat den Architekten wegen einer Vielzahl von Mängel auf Schadensersatz in Anspruch genommen. Das

---

[142] OLG Köln, Urteil v. 13.03.2013 – 16 U 123/12

[143] OLG Koblenz, Urteil v. 07.10.2011 – 1 U 102/11

[144] OLG Düsseldorf, Urteil v. 21.12.2012 – 23 U 18/12, weitere Entscheidungen hierzu: OLG Nürnberg in IBR 2014, 614 zum Thema Wärmedämmverbundsystem; OLG Naumburg in IBR 2014, 357, wegen fehlender detaillierter Angabe von Mängelbeseitigungsarbeiten; OLG Stuttgart in IBR 2014, 286, zum Thema kritische Bauabschnitte kontrollieren (OLG Hamm IBR 2014, 155)

[145] OLG Zweibrücken, Urteil v. 13.02.2013 – 1 U 46/12

[146] OLG München, Urteil v. 08.06.2010 – 28 U 2751/06 (vgl. auch IBR 2012, 401)

[147] OLG Dresden v. 26.08.2010 – 10 U 178/07

[148] OLG Celle, Urteil v. 28.01.2010 – 6 U 132/09

[149] OLG Koblenz, Urteil v. 25.09.2012 – 5 U 577/12

OLG Koblenz[150] hat keine Haftung gesehen, auch nicht aus dem Grund, dass der Architekt dem Bauordnungsamt als Bauleiter benannt wurde, was geschah um Kosten zu sparen. Ein Fall der **faktischen Bauüberwachung** wurde nicht gesehen. Einen weiteren Fall der gefahrträchtigen Arbeiten hat das OLG Koblenz entschieden.[151] Zu den gefahrträchtigen Arbeiten zählt das OLG Koblenz die **Flächenabdichtung** auch bei Sanierungsarbeiten an einer Dachterrasse.

Einen weiteren Fall **arglistiger Mangelverschweigung** sieht das OLG Naumburg.[152] Dem Architekten wurde zum Verhängnis, dass er in seinem Nachbegehungsprotokoll eine Erklärung des Inhalts abgegeben hat, wonach eine mangelhafte Dampfsperre nicht vermutet werde, wie vom Sachverständigen geäußert. Der Architekt konnte nicht darlegen, welche Feststellungen getroffen worden sind, diese Aussage zu rechtfertigen. Der Architekt kann sich nicht in jedem Fall auf die besondere Sachkunde eines hinzugezogenen Sonderfachmanns berufen um einer eigenen Haftung entgehen. Bei Instandsetzungsarbeiten einer Pfarrkirche hat der Architekt einen Bauchemiker hinzugezogen, der die Verwendung eines bestimmten Mörtels empfohlen hat und nach Auftreten von Mängeln ohne Kenntnis der Produktbeschreibungen und technischen Merkblätter des verwendeten Mörtels erläutert hat, dass bei intensiver Nachbewässerung eine Weiterverwendung des eingesetzten Mörtels in Betracht kommt. Der Architekt hätte hier genauso wie der Sachverständige die **Produktdatenblätter des Mörtels hinzuziehen** müssen, was nicht geschehen ist.[153] Eine weitere Beratungspflicht hinsichtlich der Tauglichkeit von Baumaterial sieht das OLG Koblenz beim Bau eines Einfamilienhauses. Die Empfehlung des Architekten anstelle der ursprünglich angedachten Meranti- oder Teakholzfensterrahmen diese aus Kiefernholz fertigen zu lassen, wird dem Architekten zum Verhängnis, weil er nicht auf einen **erhöhten Instandhaltungsaufwand** durch Schutzanstriche in zeitlich kurzem Abstand hingewiesen hat.[154]

Grundleistung 8 b: Überwachen der Ausführung von Tragwerken mit sehr geringen und geringen Planungsanforderungen auf Übereinstimmung mit dem Standsicherheitsnachweis   **139**

Diese Leistung fließt nahtlos in die Überwachungstätigkeit gem. 8a ein. Sie betrifft die Prüfung eines Tragwerks, welches nach der Definition des § 50 Abs. 2 Nr. 1 und 2 als Tragwerk mit sehr geringem Schwierigkeitsgrad bzw. Tragwerk mit geringem Schwierigkeitsgrad definiert ist. Diese Leistung hat insoweit nur eine klarstellende Funktion. Sie besagt, dass bei einfachsten Bauvorhaben, für die die Hinzuziehung eines Tragwerksplaners zur Kontrolle der Bauausführung aus fachlicher Sicht nicht erforderlich ist, die Objektüberwachung „Gebäude" die Belange des Tragwerks zu berücksichtigen hat. Dies ist insoweit selbstverständlich, da die Beachtung der Standsicherheit die wichtigste Regel der Technik darstellt, die es beim Bauen zu beachten gilt. Tragwerke mit durchschnittlichem Schwierigkeitsgrad bestimmen ganz allgemein die Bautätigkeit schlechthin. Es ist deshalb bei fast allen Bauvorhaben die Hinzuziehung eines Tragwerksplaners notwendig, sodass die Leistung, die die Leistungsphase 8 b beschreibt, eine untergeordnete und nicht bedeutsame Leistung zum Gegenstand hat.

b) Grundleistungen 8 c, 8 d und 8 e

Baustellensteuerung und Dokumentation

Dieser Leistungsblock ist mit 15 % Anteil an dem Honorar für die Leistungsphase 8 zu bewerten und setzt sich aus den Leistungen der Leistungsphase 8 c, 8 d und 8 e zusammen. Diese Leistungen gehören sachlich zu einem Bereich zusammen, sind jedoch selbstständige Teilleistungen, die ein eigenes Arbeitsergebnis jeweils erzeugen. Im Einzelnen hierzu:

Grundleistung 8 c: Koordinieren der an der Objektüberwachung fachlich Beteiligten   **140**

Zur Baustellensteuerung gehört eine Koordinierungsverantwortung. Sie bezieht sich auf die Objektüberwachung der Fachingenieure. Der Schwerpunkt der Leistung liegt in dem Einbezug der

[150] OLG Koblenz, Urteil v. 11.05.2010 – 11 U 823/08
[151] OLG Koblenz, Urteil v. 28.03.2013 – 1 U 295/12
152   OLG Naumburg, Urteil v. 20.06.2013 – 1 U 91/12
[153] OLG Frankfurt, Urteil v. 22.03.2011 – 14 U 29/07
[154] OLG Koblenz, Urteil v. 30.05.2011 – 5 U 297/11

Tragwerksplanung. Es ist Aufgabe der Objektüberwachung, für die Herstellung des Rohbaus rechtzeitig den Fachbeitrag des Tragwerksplaners abzurufen. Die Beratung und Anweisungen des Tragwerksplaners hat die Objektüberwachung dabei zu beachten und umzusetzen.[155]

Hinsichtlich der Objektüberwachung für die Technische Ausrüstung sind die Ergebnisse und Anordnungen der Fachbauleitung der Technischen Ausrüstung in die Bauausführung für den Ausbau zu integrieren. Es obliegt allerdings der Fachbauleitung „Technische Ausrüstung", in eigener Verantwortung Festlegungen darüber zu treffen, zu welchen Bauabschnitten die Fachkontrolle durchgeführt werden soll. Der Fachbauleiter ist hierfür selbst verantwortlich. Sobald die Fachgewerke der Technischen Ausrüstung zur Bauausführung gelangen, hat danach der **Fachbauleiter für die Technische Ausrüstung in eigener Verantwortung zu bestimmen**, wann und zu welchen Bauabschnitten der Technischen Ausrüstung er die notwendigen Baukontrollen durchführt. Das Ergebnis der Baukontrollen kann Einfluss auf die Umgestaltung des Ausbaus und kann auch Einfluss auf den Rohbau haben, sodass diese Leistungsergebnisse wiederum von der Objektüberwachung für den Rohbau und den Ausbau im Rahmen dieser Leistung zu übernehmen und durch entsprechende Anweisung an die Bauausführung umzusetzen sind.

Diese Leistung macht 60 % des auf diesen Leistungsblock entfallenden Honorars aus.

141 **Grundleistung 8 d: Aufstellen, Fortschreiben und Überwachen eines Terminplans (Balkendiagramm)**

Die Aufstellung eines Zeitplans, aus dem sich die einzelnen Bauabläufe ergeben, ist ein unverzichtbares Steuerungsinstrument der Bautätigkeit. Handelt es sich um Einzelvergaben der Bauleistungen, so ist der Zeitplan die Grundlage für die Objektüberwachung, die einzelnen Bauleistungen so abzurufen, dass die Bauabwicklung sich nahtlos ineinander fügt. Die Aufstellung eines Zeitplans erfolgt als Balkendiagramm. Dies bedeutet, dass Arbeitsbeginn und Arbeitsende des jeweiligen Bauloses auf eine Zeittafel aufgetragen ist. Aus diesem Balkendiagramm lässt sich die Bauabwicklung in zeitlicher Abfolge ablesen.

Der Zeitplan soll auch darüber Auskunft geben, wann die einzelnen fachlich Beteiligten von sich aus im Rahmen der Objektüberwachung tätig werden müssen.

Der Zeitplan ist ein Steuerungsinstrument und muss deshalb stets auf dem Laufenden gehalten werden. Der Bauablauf vollzieht sich in der Regel nicht so, wie ursprünglich geplant. Es können viele Einflüsse gegeben sein, die zu einer Verschiebung des Bauzeitenplans führen. Es ist deshalb Aufgabe der Objektüberwachung, diesen in Permanenz fortzuschreiben.

Für den Leistungsblock Baustellensteuerung stellt diese Leistung einen Anteil von 20 % dar. Wird die Bauaufgabe durch Einzelverträge abgewickelt, so ist der Zeitplan vom Auftragnehmer der Objektüberwachung aufzustellen und zu überwachen. Bei Generalunternehmervergaben ist es üblich, dass die Terminpläne vom Generalunternehmer aufgestellt werden. Der Leistungsanteil reduziert sich auf das Überwachen dieser Pläne und rechtfertigt damit einen Abschlag.

142 **Grundleistung 8 e: Dokumentation des Bauablaufs (zum Beispiel Bautagebuch)**

Zur Objektüberwachung gehört die Dokumentation des Bauablaufes. Die Beschreibung dieser Grundleistung legt ihren Schwerpunkt auf den Begriff der Dokumentation und bietet in Parenthese nur ein Beispiel an, nämlich das Beispiel eines Bautagebuches. Im Kern hat sich eine Veränderung der Leistungsanforderungen für diese Grundleistung nicht ergeben. Welchen Inhalt diese Dokumentation enthalten soll, richtet sich nach seinem Zweck. Mit der Dokumentation des Bauablaufes in Form eines Bautagebuches sollen zu einem späteren Zeitpunkt insbesondere Aufklärungen über die Ursachen von aufgetretenen Baumängeln festgestellt werden. Damit ist eine Beweisunterlage angesprochen, die insbesondere bei gerichtlichen Auseinandersetzungen über die Verantwortungsbereiche an Baumängeln Hinweise für den gerichtlichen Sachverständigen und das Gericht bieten können, welchen Ursachenbeitrag die einzelne Leistung zum Baumangel kausal ergeben hat.

Vielfach werden die aufzunehmenden Inhalte für das Bautagebuch von dem Auftraggeber vorgegeben, so insbesondere bei der öffentlichen Hand. Sind diese vertraglich vereinbart, so hat

---

[155] Siehe auch Jochem/Jochem in Typische Baumängel, Rdn. 159, 160

der Auftragnehmer sich danach zu richten, obwohl im Einzelfall auch Zweifel daran bestehen, welchen Sinn die vertraglich aufgegebenen Inhalte für das Bautagebuch im Ergebnis eigentlich haben sollen.[156] Unter dem Begriff Bautagebuch ist nicht notwendigerweise eine tägliche Berichterstattung erforderlich. Der Begriff steht vielmehr synonym für die sachgerechte Erfassung der Bautätigkeit.

Fehlt eine entsprechende vertragliche Vereinbarung, so hat der Auftragnehmer die Dokumentation so zu führen, dass es seinem Ziel dient. Wenn es darum geht, eine Dokumentation des Bauablaufes zu haben, die zu einem späteren Zeitpunkt bei der Mängelursachenforschung behilflich sein kann, empfiehlt es sich, durch Einsatz von digitaler Fotografie den Baufortschritt in seinen wesentlichen Teilen festzuhalten, und, soweit es außergewöhnliche Witterungsverhältnisse sind, auch Feststellungen über Wetterzustände zu treffen, insbesondere dann, wenn diese Einfluss auf die Bauqualität während der Bauausführung haben. Ein Bautagebuch kann seinen Beweiszweck nur erfüllen, wenn es während des Bauablaufes aufgezeichnet worden ist. Eine nachträgliche Aufstellung eines Bautagebuches kann diesen Beweiszweck nicht mehr bringen und ist deshalb für den Auftraggeber ohne Wert.[157] Zur Verbesserung des Beweiszweckes des Bautagebuches können bei digitaler Erfassung die jeweiligen Aufzeichnungen auch den beteiligten Baufirmen zur Kenntnis gegeben werden, sodass der Einwand nachträglicher Veränderung des Bautagebuches damit ausgeschlossen ist. Findet keine Dokumentation statt wird kein Bautagebuch geführt, so ist der Bauherr zur Minderung des Honorars um den Anteil des Bautagebuches berechtigt. Die Bedeutung des Bautagebuches besteht darin, das Baugeschehen mit allen wesentlichen Einzelheiten zuverlässig und beweiskräftig festzuhalten.[158] Die Eintragungen für die Dokumentation müssen nach der Erkenntnis des Kammergerichts nicht täglich erfolgen sondern in dem Rhythmus, wie sich dies aus der Überwachungspflicht als solche ergibt.[159] Das Fehlen einer Dokumentation und der Führung eines Bautagebuches kann zu Nachteilen in einem Schadensersatzprozess führen. Die Aufzeichnungen in einem Bautagebuch versetzen den Objektüberwacher in den Stand, einen Entlastungsbeweis zu führen. Anhand der Aufzeichnungen ist er im Streitfall in der Lage darzulegen, wann er welche Kontrollen geführt hat.[160] Der Anteil für die Führung eines Bautagebuches beträgt 20 % des auf den Leistungsblock 2 entfallenden Honoraranteils. Fehlen Dokumentationen und ein Bautagebuch, so stellt dies den Minderungsbetrag im Regelfall dar.

c) Grundleistungen 8 f, 8 g, 8 h, 8 i und 8 j

Kostenverfolgung

Ein weiterer Schwerpunkt der Objektüberwachungsleistung betrifft die Kostenverfolgung. Hierzu zählen die Teilleistungen **8 f, 8 g, 8 h, 8 i, 8 j**. Dieser Block ist im Zusammenhang zu sehen, als mit der abschließenden Kostenfeststellung auch die Leistungen der Rechnungsprüfung und Kostenkontrolle als erbracht anzusehen sind. Liegt die Kostenfeststellung vor und sind die Rechnungen geprüft, so sind die Leistungen 8 f, 8 i und 8 j erbracht. Je nach Vertragsgestaltung kann es allerdings sein, dass Einzelleistungen Gegenstand des Auftrages für die Objektüberwachung werden. Insoweit sind sie einer gesonderten Bewertung zugänglich. Im Einzelnen:

143

Grundleistung 8 f: Gemeinsames Aufmaß mit den ausführenden Unternehmen

144

Diese Leistung fällt an, wenn ein Einheitspreisvertrag abzurechnen ist. Der tatsächlich geschuldete Baupreis richtet sich bei einem Einheitspreisvertrag nach den tatsächlich ausgeführten Mengen und Massen einzelner Leistungen, für die Preise (Einheitspreis) gebildet worden sind. Die Feststellung der Mengen und Massen folgt mittels Aufmaß. **Aufmaße** sind aus den Bauzeich-

---

[156] Dies gilt insbesondere für Vorschriften der öffentlichen Hand. Richtlinien für die Führung eines Bautagebuches EFB Bautgb des Vergabehandbuches des Bundes Blatt 357

[157] OLG Celle v. 11.10.2005 – 14 U 68/04 in IBR 2005, 600 das die besondere Bedeutung des Bautagebuches für den Bauherrn beschreibt und bei Fehlen dieser Leistung eine Honorarkürzung vorzunehmen ist. Anders KG v. 16.03.2010 – 7 U 53/08 in IBR 2010, 341

[158]   BGH Urteil v. 28.07.2011 – VII ZR 65/10

[159]   KG Urteil v. 14.02.2012 – 7 U 53/08

[160]   OLG Koblenz, Urteil v. 13.06.2012 – 5 U 1232/11

nungen zu entwickeln. Dies folgt aus DIN 18299 der VOB/C Ziffer 5, der allgemeinen Regelung für Bauarbeiten jeder Art. Nur soweit Zeichnungen nicht vorhanden sind, wird das Aufmaß vor Ort genommen.

Die Leistung 8 f beschreibt das Aufmaß als **gemeinsames Aufmaß** der Objektüberwachung mit den bauausführenden Unternehmen. Dies ist nur eine Möglichkeit, ein Aufmaß zu erstellen. Ob das Aufmaß gemeinsam zwischen der Objektüberwachung und den ausführenden Unternehmen erstellt wird oder ob das Aufmaß von dem bauausführenden Unternehmen erstellt wird oder von der Objektüberwachung selbst, spielt bei der Leistung 8 f keine Rolle. Wird das Aufmaß vom Unternehmer erstellt, so ist es die Aufgabenstellung der Objektüberwachung, das Aufmaß im Einzelnen zu prüfen. Der Aufwand entspricht im Wesentlichen dem Inhalt des gemeinsamen Aufmaßes, welches in der Regel dadurch erstellt wird, dass der Unternehmer eine Aufmaßunterlage präsent hat, die gemeinsam mit der Bauüberwachung überprüft und damit gemeinsam festgestellt wird.

Den Anforderungen der VOB/C DIN 12899 folgend wird das Aufmaß aus den Zeichnungen entwickelt. Nur wenn dies nicht möglich ist, z. B. die Anzahl von Bohrpfählen, so müssen diese Leistungen vor Ort festgestellt werden. Es ist mit der Rechnungsstellung des Unternehmers der Objektüberwachung zur Prüfung vorzulegen.

Dies gilt auch für die Abrechnung von **Abschlagsforderungen**. Abschlagszahlungen sind nach § 632 a für vertragsgemäß erbrachte Leistungen zu zahlen, die dem Auftraggeber durch die Leistung einen Wertzuwachs bringen. Bei Bauleistungen sind dies regelmäßig die Realisierungen der Bauleistung, da das Bauergebnis Eigentum des Grundstückseigners wird. Bei Einheitspreisverträgen muss festgestellt werden, welche Mengen und Massen eingebaut wurden, die zur Grundlage der Abschlagsforderung gemacht werden. Das endgültige Aufmaß findet mit der Abrechnung der Leistung insgesamt statt.

Der Bauunternehmer, der entsprechende Zahlungen von dem Auftraggeber verlangt, hat die Höhe seiner Forderung nachzuweisen. Dies führt dazu, dass er das Aufmaß aufstellt, welches von der Objektüberwachung geprüft wird. Wird das Aufmaß anhand der Planunterlagen geliefert, so sind Planunterlagen den Aufmaßblättern beizufügen, sodass eine Nachverfolgung des Aufmaßes möglich wird. Nur wenn die Bauleistung sich aus den Planunterlagen nicht feststellen lässt, ist eine Feststellung des Aufmaßes vor Ort notwendig.

Gemeinsames Aufmaß bedeutet, dass der Unternehmer gemeinsam mit der Objektüberwachung die notwendigen Feststellungen vor Ort trifft und hierüber ein Protokoll erstellt wird. Dies hat zur Folge, dass der Auftraggeber und Bauherr an dieses Aufmaß gebunden ist.[161] Ihm verbleibt allerdings die Möglichkeit, den Nachweis zu führen, dass es fehlerhaft ist. Die Darlegungs- und Beweislast hierfür obliegt allerdings dann dem Auftraggeber.[162]

Das Aufmaß bildet in dem Leistungsblock der Kostenverfolgung den Hauptanteil und ist mit 50 % zu bewerten.

145   Grundleistung 8g: Rechnungsprüfung einschließlich Prüfen der Aufmaße der bauausführenden Unternehmen

Die Rechnungsprüfung bezieht sich auf Abschlagsforderungen wie auch auf die Schlussrechnung. Der Architekt hat Abschlagsrechnungen des Bauunternehmers auf die **fachtechnische und rechnerische Richtigkeit** zu überprüfen und festzustellen, ob die abgerechneten Leistungen erbracht sind und den vertraglichen Vereinbarungen entsprechen.[163] Liegt ein Einheitspreisvertrag vor, so sind die Mengen und Massen festzustellen, die bereits eingebaut worden sind. Die Darstellung erfolgt als fortgeschriebenes Maß und enthält damit alle Mengen und Massen vorhergehender Abschlagsforderungen. Nur insoweit kann vorbehaltlich anderweitiger vertraglicher Vereinbarungen eine Rechnung freigegeben werden. Bei Pauschalpreisverträgen entfällt das Aufmaß. Es bleibt jedoch die Überprüfung, ob der Leistungsstand erreicht ist, für den der

---

[161] Ständige Rechtsprechung: nähere Einzelheiten bei Werner/Pastor Rdn. 2543
[162] Vgl. Grams in BauR 2004, 1513 (1524)
[163] Ständige Rechtsprechung: BGH v. 14.04.2002 – VII ZR 295/00 in BauR 2002, 1112; BGH v. 14.05.1998 – VII ZR 320/96 in BauR 1998, 869

Zahlungsplan eine Abschlagsforderung vorsieht. Fehlt es an einem Zahlungsplan, so ist zu überprüfen, ob die Abschlagsforderung eine Leistung bewertet, die zu einem Wertzuwachs des Auftraggebers geführt hat.

Die Rechnungsprüfung erfolgt hinsichtlich der sachlichen und fachlichen Richtigkeit. Diese Erklärung wird dem Auftraggeber gegenüber abgegeben. Zur Rechnungsprüfung zählt, dass die
eingesetzten Preise mit den vereinbarten übereinstimmen,[164] dass das Aufmaß stimmt, Nach-
tragsrechnungen und Stundenlohnabrechnungen nicht bereits im Hauptauftrag enthalten sind[165]
und dass Nachlässe und Skonti berücksichtigt sind.[166] Die Berücksichtigung von Skonti verlangt
vom Auftragnehmer eine Prüfpraxis in zeitlicher Hinsicht, die es dem Auftraggeber nach erfolgter Rechnungsprüfung auch noch ermöglicht, den Skontobetrag vom Rechnungsbetrag abzusetzen. Erhält die bauausführende Firma die Rechnungsprüfung des Auftragnehmers, so führt diese
Tatsache nicht zu einem Anerkenntnis des Auftraggebers, diesen Betrag auch der bauausführenden Firma zu schulden. Die Rechnungsprüfung bleibt eine Leistung, die die Objektüberwachung
dem Auftraggeber gegenüber erbringt. Sie schließt eine andere Sichtweise und Bewertung der
Leistung durch den Auftraggeber nicht aus und stellt auch dann kein Anerkenntnis dar, wenn
aufgrund der Rechnungsprüfung des Architekten die Rechnung ausgeglichen wird.[167]

Ein Architekt, der eine fehlerhafte Rechnungsprüfung erstellt hat, schuldet dem Bauherren Schadensersatz, wenn aufgrund der fehlerhaften Rechnungsprüfung die Auszahlung des
Werklohns erfolgt ist. Dies führt zu einem Schadensersatzanspruch, wonach der Architekt die
Differenz des zu viel gezahlten Werklohns als Schaden zu zahlen hat, was insbesondere Bedeutung erlangt, wenn der Werkunternehmer in Insolvenz ist.[168] Schätzt der bauleitende Architekt
den zu bewertenden Bautenstand zu hoch ein und folgert daraus eine zu hohe Abschlagszahlung,
so schuldet er ebenfalls Schadensersatz.[169]

Der Anteil der Rechnungsprüfung ist mit 20 % des Leistungsblocks Kostenverfolgung zu
bewerten. Diese Leistung entspricht im Wesentlichen auch der Rechnungsprüfung. Es kommt
ein kleiner Leistungsanteil hinzu. Werden Zusatzleistungen in Auftrag gegeben, so setzt eine
Beratungsleistung der Objektüberwachung ein. Die Objektüberwachung hat auf die Entstehung
zusätzlicher Kosten zu achten und notfalls entsprechende Beratung dem Auftraggeber zu geben.
Dieser Leistungsanteil kann jedoch nur mit 10 % des Leistungsblockes Kostenverfolgung ausgesetzt werden.

Grundleistung 8 h: Vergleich der Ergebnisse der Rechnungsprüfungen mit den Auftrags-   **146**
summen einschließlich Nachträgen

Die Grundleistung 8 h ist mit Inkrafttreten der HOAI 2013 neu hinzugekommen. Diese Grundleistung ergänzt den Block der Kostenverfolgung. Während die Kostenkontrolle, Grundleistung
8 i sich mit den Abrechnungen der bauausführenden Firmen befasst, dreht es sich bei der Grundleistung 8 h um eine Budgetprüfung. Der Vergleich der Ergebnisse der Rechnungsprüfungen mit
den Auftragssummen einschließlich der Nachträge betreibt den Vergleich der tatsächlichen Aufwendungen für die Baumaßnahmen mit den budgetierten Kosten. Gemessen an der Bedeutung
des gesamten Leistungsblockes Kontrolle macht dies 10 % dieses Leistungsblockes aus.

Grundleistung 8 i: Kostenkontrolle durch Überprüfen der Leistungsabrechnung der bau-   **146a**
ausführenden Unternehmen im Vergleich zu den Vertragspreisen

Die Kostenkontrolle ist eine permanente Aufgabe. Abschlagsrechnungen und Schlussrechnungen der bauausführenden Firmen sind daraufhin zu überprüfen, ob sie im Einklang mit den
vertraglichen Vereinbarungen stehen und von der Budgetplanung erfasst werden.

---

[164] OLG Hamm in BauR 2009, 123
[165] BGH in BauR 1982, 185
[166] Vgl. auch OLG Hamm in BauR 2010, 1090
[167] Werner/Pastor, Der Bauprozeß, Rdn. 2910
[168] Vgl. hierzu OLG Hamm v. 07.08.2008 – 21 U 78/07 in IBR 2008, 744; vgl. auch Berding in BauR 2007, 472
[169] OLG Köln v. 24.01.2006 – 22 U 55/05, BGH Nichtzulassungsbeschwerde zurückgewiesen, IBR 2007, 206

147 **Grundleistung 8 j: Kostenfeststellung, zum Beispiel nach DIN 276**

Die Kostenfeststellung ist in DIN 276 unter Ziffer 3.4.5 definiert. Sie dient zum Nachweis der entstandenen Kosten. Sie betrifft damit die Abrechnungsergebnisse. Sie führt keinen Beweis darüber, welche Zahlungen tatsächlich geflossen sind. Sie stellt lediglich die Kosten zusammen, die als Rechnungskosten tatsächlich entstanden sind. Rabatte, die ausführende Firmen auf ihre Preise geben, sind in der Kostenfeststellung zu berücksichtigen, nicht jedoch Skonti und sonstige Zahlungsvorgänge, z. B. Aufrechnungen. Die Leistung besteht in dem Zusammenführen der Kosten und sind mit 10 % an der Leistung des Leistungsblocks Kostenverfolgung bewertet. Diese Leistung entfällt bei einer Beauftragung des Generalunternehmers zum pauschalen Festpreis. Die Abrechnungssumme ist damit gleichzeitig die Kostenfeststellung. Sie ist einer gesonderten Darstellung nach einzelnen Kostenblöcken danach nicht mehr zugänglich.

d) Grundleistungen 8 k, 8 l und 8 p:

Abnahme

148 Der Leistungsblock der Abnahme setzt sich aus den Leistungen 8 k der zivilrechtlichen Abnahme, 8 l der öffentlich-rechtlichen Abnahme und 8 p der Überwachung der Mängelbeseitigung zusammen. Diesem Leistungsblock kommt das gleiche Gewicht zu, wie der Kostenverfolgung und der Baustellensteuerung, sodass dieser Block mit 15 % an dem Gesamthonorar der Leistungsphase 8 beteiligt ist. Unabhängig davon, ob Einzelvergaben oder eine Generalunternehmervergabe stattfinden, ist stets dieser Leistungsblock zu erledigen. Die Bewertung bleibt stets gleich. Gegenstand der Abnahme sind alle am Bau durchgeführten Bauleistungen, unabhängig davon, ob sie im Rahmen eines Generalunternehmervertrages oder als Einzelleistungen erbracht wurden. Im Einzelnen hierzu:

149 **Grundleistung 8 k: Organisation der Abnahme der Bauleistungen unter Mitwirkung anderer an der Planung und Objektüberwachung fachlich Beteiligter, Feststellung von Mängeln, Abnahmeempfehlung für den Auftraggeber**

Bei dieser Leistung handelt es sich um die Vorbereitung der **zivilrechtlichen Abnahme** der Bauleistung. Die Erklärung der Abnahme ist eine primäre Aufgabe des Auftraggebers. Mit der Abnahme erklärt er, dass das Gewerk vertragsgemäß hergestellt ist. Die Abgabe dieser Erklärung kann der Auftraggeber zwar dem Auftragnehmer für die Objektüberwachung überlassen.

Sie kann jedoch nicht der Stellung des Architekten im Baugeschehen sozusagen als Folge seiner Berufsausübung entnommen werden. Der Architekt besitzt keine **originäre Vollmacht** kraft seiner Berufsstellung.[170] Allerdings kann aus dem Gesichtspunkt einer Duldungs- oder Anscheinsvollmacht im Einzelfall abgeleitet werden, dass der Architekt berechtigt war, die Abnahme für den Bauherren zu erklären.[171] Dies wird man regelmäßig annehmen, wenn der Architekt in Kenntnis seines Bauherrn die Abnahmen der Werkleistungen durchführt und der Bauherr sich hieran nicht beteiligt.

Die Abnahme entsprechend dem Leistungsbild der Leistung h) führt zunächst nur zu einer **fachtechnischen Abnahme**, die die rechtsgeschäftliche Abnahme vorbereitet. Das Ergebnis der fachtechnischen Abnahme sagt dem Auftraggeber, dass die Bauleistung in fachtechnischer Hinsicht nicht mit Mängeln behaftet ist, wobei unwesentliche Mängel und auch untergeordnete Restfertigstellungsleistungen festzustellen sind, jedoch die Abnahme nicht hindern.[172]

Zu einer ordnungsgemäßen **Abnahme** der Bauleistung gehört die Erstellung eines **Protokolls**, in dem der Zeitpunkt der Abnahme, die beteiligten Personen sowie der Gegenstand der abzunehmenden Leistung aufzuführen ist. Dieses Protokoll hat darüber hinaus eine Erklärung zu enthalten, welche Mängel und fehlenden Restleistungen bei der Abnahme festgestellt werden. Liegen

---

[170] So grundlegend Quack in BauR 1995, 441

[171] OLG Düsseldorf v. 12.11.1996 in BauR 1997, 647 mit Hinweisen zu weiterer Rechtsprechung

[172] Siehe auch OLG Dresden v. 11.10.2007 – 9 U 1202/06, BGH Nichtzulassungsbeschwerde zurückgewiesen, das einen Schadensersatzanspruch über die Frage behandelt, ob Finanzierungszinsen wegen einer fehlerhaften Abnahmeberatung, die der Bauherr wegen Auszahlung eines zu hohen Werklohns ausgleichen muss, als Schaden zu zahlen sind, IBR 2008, 666

wesentliche Mängel vor, so kann die Abnahme verweigert werden. Außerdem soll das Protokoll auch Auskunft darüber geben, ob es sich bei dem Abnahmeprotokoll um lediglich fachtechnische Abnahme oder auch zugleich um die rechtsgeschäftliche Abnahme handelt.

Die **Abnahmeverpflichtung** ist eine einseitige Leistungsverpflichtung des Auftraggebers, der zu der Abnahmehandlung eingeladen werden soll. Ist eine Vertragsstrafe vereinbart, so muss der Auftragnehmer der Objektüberwachung dafür sorgen, dass der Vorbehalt der Vertragsstrafe bei der Abnahme erklärt wird, da nur so der **Vertragsstrafenanspruch** gesichert werden kann.[173]

Fehlt dieser in dem Protokoll, so liegt hierin ein Versäumnis des Auftragnehmers der Objektüberwachung, da dem Auftraggeber die Rechtsmöglichkeit genommen ist, zu einem späteren Zeitpunkt die Vertragsstrafe noch geltend zu machen. Er entzieht damit dem Auftraggeber die Entscheidungsmöglichkeit, ob eine eventuell verwirkte Vertragsstrafe geltend gemacht wird. Dies führt zu einem Schadensersatzanspruch.[174]

Die Durchführung der zivilrechtlichen Abnahme setzt nicht zwingend die Anwesenheit eines Vertreters der Baufirma voraus. Es handelt sich um eine einseitige Aktivität des Auftraggebers und des beauftragten Auftragnehmers für die Objektüberwachung. Das Ergebnis der Abnahmeaktivität ist jedoch dem Bauunternehmen anschließend durch Übersendung des Protokolls zur Verfügung zu stellen.

Es hat sich in der Baupraxis als übliches Verfahren jedoch herausgestellt, dass die Abnahme im Rahmen einer gemeinsamen Begehung durchgeführt wird, an der die Vertreter der bauausführenden Firmen wie auch des Auftraggebers teilnehmen. In der Regel wird das Protokoll auch gemeinsam unterzeichnet, obwohl dies keinesfalls notwendig ist. Die Durchführung der Abnahme verlangt nicht die Beachtung einer bestimmten Form. Die Schriftform ist gesetzlich nicht vorgesehen. **Abnahmeerklärungen können deshalb auch mündlich oder aufgrund konkludenten Verhaltens** angenommen werden. Soll jedoch das Verfahren protokolliert werden, so ist die Vorlage eines Abnahmeprotokolls Voraussetzung für die Feststellung der Abnahme. Die Verweigerung einer Unterschriftsleistung des Vertreters der bauausführenden Firma unter dem Abnahmeprotokoll verhindert nicht den Eintritt der Rechtswirkungen der Abnahme. Dies bleibt eine einseitige Erklärung des Auftraggebers.

Bei Großbauvorhaben hat sich in der Praxis der Abwicklung der Abnahme die Übung manifestiert, dass **Vorabnahmen** stattfinden. Dies betrifft vor allen auch die Abnahmen der Technischen Ausrüstung. Hierzu sind Funktionsprüfungen erforderlich, die der Fachingenieur für die Technische Ausrüstung betreibt. Die Ergebnisse werden dann in dem eigentlichen Abnahmetermin zum Schluss der gesamten Vorprüfungen zusammengefasst und im Rahmen einer gemeinsamen Begehung festgehalten.

Wird dem Werkunternehmer der Auftrag entzogen (§ 8 Abs. 3 VOB/B) oder kündigt der Auftraggeber den Vertrag aus anderen Gründen vorzeitig, so sind die teilfertigen Leistungen abzunehmen, da erst mit der Abnahme die Erfüllungswirkungen des Werkvertrages beendet sind.[175]

Die **Abnahme eines teilfertigen** Bauwerkes bereitet dabei Schwierigkeiten. Abzugrenzen sind Leistungen, die nach dem Leistungsstand zum Zeitpunkt der Kündigung noch nicht erbracht worden sind von bereits erbrachten Teilleistungen, die mit Mängeln behaftet sind. Die genaue Feststellung des Leistungsstandes hat danach Auswirkungen auf den Werklohn, der bis zum Zeitpunkt der Kündigung von dem gekündigten Werkunternehmer verdient ist.

Stellt der Architekt bei der Abnahme einen Mangel fest, für den er selbst eine eigene Ursache gesetzt hat, z. B. weil dieser zurückzuführen ist auf einen Planungsfehler oder auf einen Bauaufsichtsfehler, so muss er nach der Rechtsprechung des BGH seinen Auftraggeber über diesen Tatbestand nachhaltig aufklären. Der BGH spricht in diesem Fall von einer sogenannten **Sekundärhaftung des Architekten**. Diese Haftung folgert er aus der Stellung des Architekten als umfassenden Sachwalters der Bauherreninteressen. Aufgrund dieser Funktion schuldet er nach Ansicht des BGH seinem Auftraggeber auch eine umfassende Aufklärung über möglicherweise eigenes Fehlverhalten.[176]

---

[173] So schon BGH in NJW 1971, 883 = BauR 1971, 122; ständige Rechtsprechung: BGH in BauR 1997, 640
[174] BGH in BauR 1987, 92; OLG Saarbrücken – 4 U 587/05-226 in IBR 2007, 437; OLG Bremen, Urteil v. 06.12.2012 – 3 U 16/11
[175] BGH in BauR 2006, 1294 und BGH in BauR 2003, 689 unter Aufgabe der bisherigen Rechtsprechung
[176] Bisherige ständige Rechtsprechung des BGH, letzte Entscheidung 26.10.2006, BauR 2007, 423

Die umfassenden Betreuungspflichten ergeben sich nach der Rechtsprechung des BGH aus dem Umstand, dass dem Architekten sämtliche Leistungen des Leistungsbildes der Leistungsphase 1–9 übertragen worden sind. Der BGH hat allerdings auch festgestellt, dass diese Betreuungspflichten auch dann bestehen, wenn dem Architekten nicht die Leistungen der Leistungsphase 9 übertragen worden sind.[177] Die Bedeutung dieser Leistung für den Block der Abnahme führt zu einem Übergewicht in Höhe von 60 %.

150   Grundleistung 8 l: Antrag auf öffentlich-rechtliche Abnahmen und Teilnahme daran

Die primäre Aufgabenstellung dieser Leistung besteht darin, die notwendigen öffentlich rechtlichen Abnahmen in die Wege zu leiten. Die jeweiligen Vorschriften sind dabei zu beachten. Im Vordergrund stehen die Bauordnungen der Länder. Die behördliche Abnahme bezieht sich auf die Kontrolle, ob die Bauausführung der Baugenehmigung entspricht. Die Feststellung von Baumängeln ist nicht Gegenstand dieser Prüfung. Es werden lediglich baurechtswidrige Zustände in bauordnungsrechtlicher Hinsicht festgestellt.

Je nach spezieller Nutzung des Gebäudes sind eine Vielzahl anderer öffentlich-rechtlicher Abnahmen erforderlich. Die wesentliche Aufgabenstellung besteht darin, diese Abnahmen in die Wege zu leiten, damit die notwendigen Betriebs- und Nutzungsgenehmigungen für die Übergabe des Objekts vorliegen.

Bei **Generalunternehmerbeauftragung** wird diese Leistung häufig dem Generalunternehmer überlassen. In einem solchen Fall entfällt diese Teilleistung für den Auftragnehmer der Objektüberwachung. Sie beschränkt sich dann auf die Feststellung, dass sämtliche erforderliche öffentlich-rechtliche Genehmigungen eingeholt worden sind. Die Überprüfung dieses Sachverhalts ist Gegenstand der Leistung 8 h nämlich der zivilrechtlichen Abnahme.

Entsprechend der Bedeutung dieser Leistung ist diese mit 20 % des Abnahmeblocks zu bewerten.

151   Grundleistung 8 p: Überwachen der Beseitigung der bei der Abnahme festgestellten Mängel

Die im Rahmen der Abnahme festgestellten Mängel sind innerhalb einer festzulegenden Nachfrist von den bauausführenden Unternehmen zu beseitigen. Aufgabe des Auftragnehmers Objektüberwachung ist, die Beseitigung der Mängel nachzuverfolgen und zu überwachen. Die Überwachung erfolgt in der Weise, dass den bauausführenden Unternehmen eine entsprechende Frist zur Nacherfüllung der Leistung gesetzt wird. Ist die Maßnahme durchgeführt, so kommt es zu einer Nachabnahme in Bezug auf die Mängelbeseitigung. Diese Leistung ist dann ebenfalls mit 20 % an der Gesamtleistung des Leistungsblocks Nr. 4 Abnahme zu bewerten.

152   e) Grundleistungen 8 m, 8 n und 8 o

Übergabe

Die Übergabe stellt den Schlusspunkt der Leistungen der Leistungsphase 8 dar und setzt sich aus den Grundleistungen 8 m, 8 n und 8 o zusammen. Sie kennzeichnet den Termin der Inbenutzungnahme des Auftraggebers. Sein Anteil an der Gesamtleistung der Objektüberwachung Leistungsphase 8 kann mit 5 % angenommen werden. Die Leistungen im Einzelnen:

153   Grundleistung 8 m: Systematische Zusammenstellung der Dokumentation, zeichnerischen Darstellungen und rechnerischen Ergebnisse des Objekts

Zur Übergabe der Unterlagen gehört die Zusammenstellung der das Bauvorhaben betreffenden Unterlagen. Dies sind die Baugenehmigung, die Bauverträge, soweit sie nicht bereits übergeben worden sind, sämtliche Abnahmeprotokolle, sämtliche Baubeschreibungen und Bedienungsanleitungen für die Technischen Anlagen sowie Übergabe von Prüfprotokollen, die zur Vorbereitung von Abnahmen durchgeführt wurden. In diesem Zusammenhang steht die Verpflichtung des Auftragnehmers, dem Auftraggeber Auskunft über den gesamten Schriftwechsel zu geben, den der Architekt mit den bauausführenden Firmen gehabt hat. Dazu gehört die Herausgabe des

---

[177] BGH v. 26.09.2013 – VII ZR 220/12

mit den Baufirmen geführten Schriftwechsels, damit der Bauherr erkennen kann, welche Ansprüche er gegen die bauausführenden Firmen hat.[178]

Zu der Dokumentation gehören auch zeichnerische Darstellungen des Objekts und zwar in Ergänzung zu der Genehmigungsplanung und Entwurfsplanung mögliche Pläne der Ausführungsplanung, soweit sie einen eigenständigen Informationscharakter für die Unterhaltung des Bauvorhabens später haben. Rechnerische Ergebnisse beziehen sich vor allem auf die Nachweise in statischer Hinsicht, die ebenfalls gebündelt, dem Auftraggeber zu übergeben sind. Diese Leistung stellt den Schwerpunkt des 5. Leistungsblocks dar. Dies ist mit 60 % Anteil dieser Leistung zu bewerten.

Grundleistung 8 n: Übergabe des Objekts 154

Die Übergabe des Objekts stellt den Schlusspunkt der gesamten Leistungen einschließlich der Leistungsphase 8 dar. Richtigerweise sollte der Architekt zu diesem Zeitpunkt auch dafür sorgen, dass seine eigenen Leistungen, die er bis zu diesem Zeitpunkt erbracht hat, abgenommen werden. Dies geschieht in einer Schlussbesprechung, in dem die Dokumentation erläutert und anschließend übergeben wird. Über diesen Vorgang ist sinnvollerweise ein Protokoll zu erstellen, zu dem auch eine Aussage des Auftraggebers über die Abnahme der Architektenleistung aufzunehmen ist. Diese Grundleistung macht 20 % des auf den Übergabeblock anfallenden Honorars aus.

Grundleistung 8 o: Auflisten der Verjährungsfristen für Mängelansprüche 155

Zur Dokumentation gehört eine Liste, aus der sich die Gewährleistungsfristen ablesen lassen. Ist nur ein Generalunternehmer bestellt, so reduziert sich die Liste der Gewährleistungsfristen auf eine Frist, die sich aufgrund des Abnahmeprotokolls der GU-Leistung ergibt. Eine gesonderte Liste ist deshalb hierfür nicht zu erstellen.

Die Liste der Gewährleistungsfristen gewinnt Bedeutung, wenn mehrere ausführende Firmen beauftragt sind.

Der Anteil an dem Übergabeblock ist mit 30 % des darauf entfallenden Honorars anzunehmen, dies entspricht 0,47 Prozentpunkten nach § 34 HOAI.

8.3 Besondere Leistungen nach Anlage 10

– Aufstellen, Überwachen und Fortschreiben eines Zahlungsplans 156

Diese Leistung betrifft nicht die Beratung und Aufstellung eines Zahlungsplans so, wie er Gegenstand der beauftragten Unternehmerleistung ist. Dies gehört in die Leistungsphase 7 der Mitwirkung bei der Vergabe. Der hier angesprochene Zahlungsplan ist besser überschrieben als Budgetplan. Um die rechtzeitigen Zahlungsflüsse sicherzustellen, ist eine Budgetplanung erforderlich, aus der sich der zeitliche Abruf von Baugeldern ergibt. Die Aufstellung und Nachverfolgung dieser Budgetpläne ist nicht Gegenstand der Leistungsphase 8, sondern eine zusätzliche Besondere Leistung.

– Aufstellen, Überwachen und Fortschreiben von differenzierten Zeit-, Kosten- und Kapazitätsplänen 157

Die Aufstellung eines Zeitplans im Sinne eines Balkendiagramms gehört zu den Leistungen der Leistungsphase 8. Soll die Zeitplanung jedoch Zeiten erfassen, die sich auf die Bereitstellung von Inventar, betrieblichen Einbauten oder sonstigen nutzungsbezogenen und betriebsbedingten Einrichtungen ergeben, so liegt eine zusätzliche Leistung vor, die sich nicht allein auf das Bauen bezieht. Kosten und Kapazitätspläne beziehen sich in der Regel auch auf solche Vorgänge. Werden während der Bautätigkeit betriebliche Einbauten vom Auftraggeber in Eigenregie oder durch Fremdfirmen durchgeführt, kann für den Bauablauf eine Kapazitätsplanung erforderlich werden, aus der abzulesen ist, welche baubezogenen Arbeiten noch neben den betriebsbedingten Arbeiten an Einbauten erforderlich sind. Um hier eine konfliktfreie

---

[178] KG Urteil v. 08.11.2005 – 7 U 45/05 in IBR 2006, 510

Bauabwicklung und auch Tätigkeit des Auftraggebers zu gewährleisten, können entsprechende Untersuchungen notwendig werden. Zu Kapazitätsplänen zählt auch die Ermittlung der Anzahl von Arbeitskräften in Bezug auf dem Baufortschritt. Zu viele Bauarbeiter auf dem Bau kann bedeuten, dass diese sich gegenseitig behindern. Kapazitätspläne schaffen Klarheit.

158 – **Tätigkeit als verantwortlicher Bauleiter, soweit diese Tätigkeit nach jeweiligem Landesrecht über die Grundleistungen der LPH 8 hinausgeht**
Es ist in einer sehr frühen Entscheidung des BGH[179], die noch zur alten Gebührenordnung für Architekten GOA erging, geklärt worden, ob die Tätigkeit als verantwortlicher Bauleiter über das Maß der Objektüberwachung entsprechend der Leistungsphase 8 hinausgeht. Es ist dabei festgestellt worden, dass die Leistungen sich soweit überschneiden, dass es somit keinen Raum für eine zusätzliche Vergütung gibt. Für die verantwortliche Bauleitung wird deshalb nur in besonderen Fällen, z. B. bei Großbauvorhaben, ein Zusatzhonorar anzusetzen sein.

 – **Objektüberwachung in gestalterischer Hinsicht (künstliche Oberleitung)**
Die HOAI 1996 kannte in § 15 Abs. 3 eine eigenständige Regelung, die sicherstellen sollte, dass ein Honorar für die Objektüberwachung in gestalterischer Hinsicht neben dem Honorar für die Objektüberwachung nach Leistungsphase 8 nicht berechnet werden kann. Diese Regelung ist entfallen.
Dies bedeutet allerdings nicht, dass eine Objektüberwachung in gestalterischer Hinsicht in der Praxis keine Bedeutung mehr hätte. Es besteht nach wie vor ein Bedürfnis daran, den Architekten mit einer Objektüberwachung in gestalterischer Hinsicht (**künstlerische Oberleitung**) zu betrauen, wenn ihm ausschließlich Planungsleistungen übertragen worden sind. Übernimmt der Architekt eine Überwachungsfunktion in gestalterischer Hinsicht, so ist dies eine Besondere Leistung, die frei vergütet werden kann. Ziel dieser Leistung ist es, dass die Entstehung des Bauwerkes in gestalterischer Hinsicht von dem planenden Architekten verfolgt wird. Der Leistungsschwerpunkt hierfür besteht allein in der **künstlerischen und gestalterischen Beratung des Auftraggebers**. Eine bautechnische Überprüfung geht mit dieser Leistung nicht einher, was bei der Beurteilung der Haftungsfragen auch zu beachten ist. Beschränkt sich die Leistungspflicht des Architekten auf den gestalterischen Bereich, so kommt eine Haftung für die Entstehung von Baumängeln nicht in Betracht, da dies nicht zum Tätigkeitsbereich einer „künstlerischen Oberleitung" zählt.
In der Praxis hat sich eine Honorierung von 5 bis 9 % des Gesamthonorars für diesen Leistungsanteil als übliche Vergütung herausgestellt.

9. Leistungsphase 9: Objektbetreuung

9.0 Allgemeine Vorbemerkung

159 Die Leistungsphase 9 betrifft die Betreuung des Objekts während der Verjährungsfrist für die Mängelansprüche gegenüber den bauausführenden Firmen. Der Schwerpunkt dieser Leistung besteht darin, vor Verjährungseintritt eine Begehung durchzuführen, um gegebenenfalls Mängel festzustellen, die den Auftraggeber berechtigen, Mängelansprüche gegen bauausführende Firmen geltend zu machen. Diese Leistungen führen im Ergebnis dazu, dass die Verjährung für die Mängelansprüche aus dem Architektenwerk erst nach Abschluss dieser Leistungsphase beginnt. Im Ergebnis bedeutet dies, dass der Auftragnehmer, der sämtliche Leistungen aller Leistungsphasen übernimmt, fünf Jahre länger für die Tauglichkeit seines Architektenwerkes einzustehen hat als die bauausführenden Firmen.[180] Abhilfe schafft nur die Vereinbarung einer Teilabnahme für Leistungen bis einschließlich der Leistungen der Leistungsphase 8 und der Durchführung einer Teilabnahme sowie die sich hieraus ergebende Haftungsregelung. Die Leistungsphase 9 hat große Bedeutung für den Beginn der Verjährungsfrist für die Mängelhaftungsansprüche

---

[179] BGH in BauR 1977, 428; BGH in BauR 1980, 189
[180] BGH v. 20.10.2005 – VII ZR 155/04 in IBR 2006, 99; OLG Jena v. 19.07.2007 – 1 U 669/05 in IBR 2008, 166; BGH v. 10.02.1994 in BauR 1994, 392

gegenüber dem Architekten. Es ist verschiedentlich versucht worden, diese Rechtsfolge durch entsprechende vertragliche Vereinbarung zu unterbrechen. Dies ist nur möglich, wenn vertraglich bereits ein Anspruch auf Teilabnahme der Architektenleistungen nach Abschluss der Leistungsphase 8 festgelegt sind und wenn vereinbart ist, dass für die Leistungen, die bis dahin zu erbringen sind, die Verjährungsfrist von 5 Jahren mit Ablauf von 5 Jahren ab der Teilabnahme beginnt. Eine allgemeine Geschäftsbedingung des Inhalts, dass die Verjährung mit der Abnahme der letzten nach diesem Vertrag zu erbringenden Leistungen spätestens mit Abnahme der in Leistungsphase 8 zu erbringenden Leistung zu laufen beginnt nutzt wenig, wenn die Leistungsphase 9 vereinbart ist. Diese vertragliche Vereinbarung enthält nämlich keine Absprache über eine Teilabnahme.[181] Die Leistungen im Einzelnen:

9.1 Grundleistungen im Einzelnen

a) Grundleistung 9 a: Fachliche Bewertung der innerhalb der Verjährungsfristen für Gewährleistungsansprüche festgestellten Mängel, längstens jedoch bis zum Ablauf von fünf Jahren seit Abnahme der Leistung, einschließlich notwendiger Begehungen   **160**

Nach Abnahme der Bauleistungen und während der Benutzungsphase zeigen sich verstärkt in den ersten zwei Jahren Mängel der Bauleistungen, die von dem Auftraggeber festgestellt und dem Auftragnehmer mitgeteilt werden. Aufgabe des Auftragnehmers ist, die Ursachen der Mängel, soweit es die Fachkunde von ihm erlaubt, festzustellen. Die Grundleistung spricht von der Verpflichtung eine fachliche Bewertung der festgestellten Mängel zu betreiben. Es besteht demgegenüber keine Verpflichtung mehr, Mängelbeseitigungsarbeiten während dieser Zeit zu überwachen oder in Gang zu setzen. Das Aufgabengebiet der Objektbetreuung hat sein Bewenden mit einer Beratungsleistung des Auftragnehmers. Er muss soweit er kann, eine fachliche Bewertung der vorgeführten Mängelsymptome betreiben. Hierzu muss er Ratschläge dem Auftraggeber erteilen. Möglicherweise ist es notwendig, Sachverständigenhilfe hinzuzuziehen. Für diesen Fall erschöpft sich die Beratung des Auftragnehmers darauf, dass dies tatsächlich auch geschieht. Entscheidend ist, dass der Auftragnehmer im Rahmen dieser Beratungspflicht auch auf mögliche eigene Fehler hinweist. Unterlässt er den Hinweis auf mögliche eigene Beiträge zur Schadensursache, so macht er sich dem Auftraggeber gegenüber schadensersatzpflichtig. Gerügt wird in diesem Fall ein Beratungsfehler. Der Schaden besteht darin, dass der Auftraggeber aufgrund der fehlerhaften Beratung des Architekten verzichtet hat, Maßnahmen zur Hemmung der Verjährungsfrist einzuleiten. Dieser Schaden wird dadurch kompensiert, dass dem Architekten in diesen Fällen die Einrede auf die Verjährung versagt bleibt. Er haftet wegen solcher Beratungsfehler nach den gesetzlichen Vorschriften (**Sekundärhaftung**).[182] Gegebenenfalls ist der Architekt auch verpflichtet, auf das Vorhandensein eigener Mängel hinzuweisen, wenn diese ursächlich für den Baumangel geworden sind. Können die Mängelursachen so ohne Weiteres festgestellt werden, so muss gegebenenfalls sachverständige Hilfe hinzugezogen werden. Dabei handelt es sich jedoch um eine zusätzlich vom Auftraggeber zu beauftragende Leistung. Sie gehört nicht in das Leistungsspektrum der Leistungsphase 9. Sind die Mängelursachen festgestellt, gehört es nicht zu den Aufgaben des Auftragnehmers, deren Beseitigung zu verfolgen.

b) Grundleistung 9 b: Objektbegehung zur Mängelfeststellung vor Ablauf der Verjährungsfristen für Mängelansprüche gegenüber den ausführenden Unternehmen   **161**

Mit der Objektbegehung zur Mängelfeststellung soll eine Nachkontrolle stattfinden, ob das Bauwerk mängelfrei erstellt ist. Sie erfolgt nur einmal vor Abschluss der Gewährleistungsfrist des Bauunternehmers, sie bedeutet **keine permanente Pflicht zur Begehung**.[183] Die Fristen ergeben sich aus der Liste der Gewährleistungsfristen. Die Überwachung dieser Fristen ist Sache des

---

[181] Urteil v. 11.05.2006 – VII ZR 300/04, BGH in IBR 2006, 450 zum Thema Einheitsarchitektenvertrag (Die AVB kannte keinen Anspruch auf Teilnahme; BGH Urteil v. 10.10.2013 – VII ZR 19/12 (IBR 2013, 752); OLG Dresden, Urteil v. 22.03.2012 – 10 U 344/11 (IBR 2014, 489)

[182] BGH in BauR 2007, 423, BGH Urteil v. 26.09.2013 – VII ZR 220/12

[183] OLG Hamm in BauR 03, 567

Auftragnehmers, der jedenfalls rechtzeitig in der Regel mind. ein bis zwei Monate vor Beendigung der Verjährungsfristen dem Auftraggeber eine Objektbegehung anzutragen hat. Die Leistungsbestimmung der Leistung 9a beschreibt die Mängelbegehung zur Mängelfeststellung vor Ablauf der Verjährungsfristen, ohne jedoch eine abschließende Frist für den Auftragnehmer zu setzen. Es geschieht gelegentlich, dass mit bauausführenden Firmen, z. B. für das Dachgewerk, längere Verjährungsfristen als fünf Jahre verabredet werden. Nach dem Wortlaut der Leistungsbeschreibung 9 a bleibt der Auftragnehmer zur Objektbegehung und zur Mängelfeststellung für diese Gewerke auch nach Ablauf von fünf Jahren verpflichtet. Eine zeitliche Begrenzung sieht lediglich die Leistung 9 a vor, nicht jedoch die Leistung 9 b. Entsprechend dem Gewicht dieser Leistung ist der Anteil an dem Gesamthonorar der Leistungsphase 9 mit 40 % anzunehmen.

162 **c) Grundleistung 9 c: Mitwirken bei der Freigabe von Sicherheitsleistungen**

Diese Leistung betrifft die Verwaltung der Mängelansprüchebürgschaften bzw. vertraglich vorgenommener Einbehalten auf Dauer der Verjährungsfristen der bauausführenden Unternehmen. Die Leistung der Objektbetreuung bezieht sich dabei auf die Freigabe der Sicherheitsleistung, die erst erfolgen kann, wenn die Mängel, die rechtzeitig vor Verjährungsende geltend gemacht worden sind, auch beseitigt wurden. Für Mängel, die nach Ablauf der Vierjahresfrist auftauchen, bleibt der Architekt auskunftspflichtig.

Es kann sein, dass innerhalb der Zeitspanne zwischen der Beendigung der Leistungspflicht des Auftragnehmers und dem Ende der Verjährungsfrist für die Leistung des Bauunternehmers z. B. 10 Jahre für Dächer ein Mangel entsteht bzw. erkannt wird. In solchen Fällen besteht eine nachvertragliche Verpflichtung des Auftragnehmers, dem Bauherrn und Auftraggeber sein Fachwissen über das Objekt zur Verfügung zu stellen. Er hat mithin Auskunft zu erteilen, dies allerdings nur gegen zusätzliche Vergütung. Seine Leistungspflicht endet erst mit der Begehung vor Abschluss der Verjährungsfrist für die Bauleistung. Vom Honorar nicht erfasst ist jedoch eine eventuell aus der Mängelfeststellung sich ergebende Notwendigkeit, die Mängelbeseitigungsarbeiten in Gang zu setzen und zu überwachen. Der Auftragnehmer kann für diese Leistung deshalb eine zusätzliche Vergütung verlangen, da sie im Honorar nicht enthalten ist.[184]

Die Bewertung dieser Leistung ist mit 20 % des Honorars der Leistungsphase 9 anzunehmen.

163 **9.2 Punktebewertung für Gebäude und Innenräume**

Leistung gem. Anlage 10	% der LPH 9	% des Honorars § 35
Grundleistung 9 a	40 %	0,8 %
Grundleistung 9 b	40 %	0,8 %
Grundleistung 9 c	20 %	0,4 %
Summe	**120 %**	**2,0 %**

9.3 Besondere Leistungen nach Anlage 10

164 **– Überwachen der Mängelbeseitigung innerhalb der Verjährungsfrist**

Aus der ehemaligen Grundleistung des Überwachens der Mängelbeseitigung innerhalb der Verjährungsfrist ist jetzt konsequenterweise eine Besondere Leistung geworden. Diese Aufgabenstellung ist vom Honorar nicht erfasst. Sie wird auch auf Auftragnehmer nicht geschuldet. Sie kann Gegenstand gesonderter Vertragsvereinbarung jedoch sein.

165 **– Erstellen einer Gebäudebestandsdokumentation**

Dieser Begriff erfasst genauer die Zielsetzung die die bisherigen HOAI Fassungen mit Bestandsaufnahme umschrieben haben. Bei dieser Leistung geht es um eine Dokumentation des Bestandes des Gebäudes. Sie betrifft im Wesentlichen die Technische Gebäudeausrüstung auf der Grundlage der ausgeführten Entwürfe. Während die Gebäudeplanung im Rahmen der Do-

---

[184] Vgl. zum Thema nachvertragliche Treuepflicht auch OLG Düsseldorf v. 19.11.2004 – 22 U 71/04 in IBR 2006, 103

kumentation bei der Leistungsphase 8 vom Auftragnehmer dem Auftraggeber zu übergeben waren, handelt es sich bei dieser Gebäudebestandsdokumentation um eine Wiedergabe des Istzustandes des Gebäudes. Die Zielsetzung dieser Leistung besteht im Wesentlichen darin, eine Arbeitsgrundlage für die Pflege- und Unterhaltung des Objektes danach ausrichten zu können.

– **Aufstellen von Ausrüstungs- und Inventarverzeichnissen** 166
Dabei handelt es sich im Wesentlichen um eine Dokumentationsleistung. Für die laufende Unterhaltung eines Gebäudes werden digital sämtliche technischen Ausrüstungsgegenstände erfasst und bilden damit die Grundlage für die Pflege und Unterhaltung der Immobilie.

– **Erstellen von Wartungs- und Pflegeanweisungen** 167
Wartungs- und Pflegeanweisungen liegen den technischen Anlagen zugrunde, die in dem Objekt eingebaut worden sind. Sie zusammenzustellen und teilweise so zu organisieren, dass danach Wartungsverträge ausgeschrieben und beauftragt werden können, stellt diese Leistung dar.

– **Erstellen eines Instandhaltungskonzeptes** 168
Jedes Bauwerk bedarf einer Pflege. Diese Besondere Leistung soll alle pflegebedürftigen Details erkennen und einen Vorschlag unterbreiten, in welchen Intervallen die Pflegemaßnahmen durchzuführen sind. Dazu gehört auch die Darstellung, wie die Pflegemaßnahmen sinnvollerweise erfolgen.

– **Objektbeobachtung** 169
Bedeutung gewinnt diese Leistung vor allem, wenn es sich um Ursachenforschung für eingetretene Baumängel handelt. Um die Weiterverfolgung der Mängel festzustellen, ist eine Objektbeobachtung notwendig, z. B. für den Fall, dass bei Nachbargebäuden als Folge der Bautätigkeit auf einmal Risse entstehen. Die Beobachtung des Zustandes soll der Feststellung der Mangelursache dienen.

– **Objektverwaltung** 170
Die Verwaltung eines Objektes ist eine Dienstleistung, die mit der Architekten- und Ingenieurleistung entsprechend der HOAI eigentlich nichts zu tun hat. Dies ist eine Aufgabenstellung, für die gegebenenfalls eine entsprechende vertragliche Vereinbarung zu treffen ist.

– **Baubegehung nach Übergabe** 171
Ein Auftragnehmer, der nach erfolgter Übergabe des Objektes Baubegehungen durchführt, ohne hierzu aufgrund der Beauftragung der Leistungsphase 9 verpflichtet zu sein, übernimmt damit Besondere Leistung.

– **Aufbereiten der Planungs- und Kostendaten für eine Objektdatei und Kostenrichtwerte** 172
Diese Leistung betrifft statistische Zwecke. Sollen nach Fertigstellung von Objekten die Kosten des Objekts festgestellt und zur Grundlage des Aufbaus einer Datei gemacht werden, so ist dies eine von einem Auftragnehmer zu bewältigende Aufgabenstellung anhand der Kostenfeststellung. In jedem Fall handelt es sich jedoch nicht um Leistung, die von dem Leistungsbild der Anlage 10 erfasst wird.

– **Evaluierung von Wirtschaftlichkeitsberechnungen** 173
Wirtschaftlichkeitsberechnungen können Grundlage für eine spätere Optimierung der Nutzung einer Immobilie sein. Die Ausarbeitung und Evaluierung der Bewertungen hierzu stellen die Grundlage dar. Im Ergebnis ist dies vermutlich eine äußerst selten anzutreffende Leistung.

§ 35 Honorare für Grundleistungen bei Gebäuden und Innenräumen

(1) Die Mindest- und Höchstsätze der Honorare für die in § 34 und der Anlage 10, Nummer 10.1 aufgeführten Grundleistungen für Gebäude und Innenräume sind in der folgenden Honorartafel festgesetzt:

Anrechenbare Kosten in Euro	Honorarzone I sehr geringe Anforderungen von Euro	bis	Honorarzone II geringe Anforderungen von Euro	bis	Honorarzone III durchschnittliche Anforderungen von Euro	bis	Honorarzone IV hohe Anforderungen von Euro	bis	Honorarzone V sehr hohe Anforderungen von Euro	bis
25.000	3.120	3.657	3.657	4.339	4.339	5.412	5.412	6.094	6.094	6.631
35.000	4.217	4.942	4.942	5.865	5.865	7.315	7.315	8.237	8.237	8.962
50.000	5.804	6.801	6.801	8.071	8.071	10.066	10.066	11.336	11.336	12.333
75.000	8.342	9.776	9.776	11.601	11.601	14.469	14.469	16.293	16.293	17.727
100.000	10.790	12.644	12.644	15.005	15.005	18.713	18.713	21.074	21.074	22.928
150.000	15.500	18.164	18.164	21.555	21.555	26.883	26.883	30.274	30.274	32.938
200.000	20.037	23.480	23.480	27.863	27.863	34.751	34.751	39.134	39.134	42.578
300.000	28.750	33.692	33.692	39.981	39.981	49.864	49.864	56.153	56.153	61.095
500.000	45.232	53.006	53.006	62.900	62.900	78.449	78.449	88.343	88.343	96.118
750.000	64.666	75.781	75.781	89.927	89.927	112.156	112.156	126.301	126.301	137.416
1.000.000	83.182	97.479	97.479	115.675	115.675	144.268	144.268	162.464	162.464	176.761
1.500.000	119.307	139.813	139.813	165.911	165.911	206.923	206.923	233.022	233.022	253.527
2.000.000	153.965	180.428	180.428	214.108	214.108	267.034	267.034	300.714	300.714	327.177
3.000.000	220.161	258.002	258.002	306.162	306.162	381.843	381.843	430.003	430.003	467.843
5.000.000	343.879	402.984	402.984	478.207	478.207	596.416	596.416	671.640	671.640	730.744
7.500.000	493.923	578.816	578.816	686.862	686.862	856.648	856.648	964.694	964.694	1.049.587
10.000.000	638.277	747.981	747.981	887.604	887.604	1.107.012	1.107.012	1.246.635	1.246.635	1.356.339
15.000.000	915.129	1.072.416	1.072.416	1.272.601	1.272.601	1.587.176	1.587.176	1.787.360	1.787.360	1.944.648
20.000.000	1.180.414	1.383.298	1.383.298	1.641.513	1.641.513	2.047.281	2.047.281	2.305.496	2.305.496	2.508.380
25.000.000	1.436.874	1.683.837	1.683.837	1.998.153	1.998.153	2.492.079	2.492.079	2.806.395	2.806.395	3.053.358

(2) Welchen Honorarzonen die Grundleistungen für Gebäude zugeordnet werden, richtet sich nach folgenden Bewertungsmerkmalen:
1. Anforderungen an die Einbindung in die Umgebung,
2. Anzahl der Funktionsbereiche,
3. gestalterische Anforderungen,
4. konstruktive Anforderungen,
5. technische Ausrüstung,
6. Ausbau.

(3) Welchen Honorarzonen die Grundleistungen für Innenräume zugeordnet werden, richtet sich nach folgenden Bewertungsmerkmalen:
1. Anzahl der Funktionsbereiche,
2. Anforderungen an die Lichtgestaltung,
3. Anforderungen an die Raumzuordnung und Raumproportion,

4. technische Ausrüstung,
5. Farb- und Materialgestaltung,
6. konstruktive Detailgestaltung.

(4) Sind für ein Gebäude Bewertungsmerkmale aus mehreren Honorarzonen anwendbar und bestehen deswegen Zweifel, welcher Honorarzone das Gebäude oder der Innenraum zugeordnet werden kann, so ist zunächst die Anzahl der Bewertungspunkte zu ermitteln. Zur Ermittlung der Bewertungspunkte werden die Bewertungsmerkmale wie folgt gewichtet:

1. die Bewertungsmerkmale gemäß Absatz 2 Nummer 1, 4 bis 6 mit je bis zu 6 Punkten und
2. die Bewertungsmerkmale gemäß Absatz 2 Nummer 2 und 3 mit je bis zu 9 Punkten.

(5) Sind für Innenräume Bewertungsmerkmale aus mehreren Honorarzonen anwendbar und bestehen deswegen Zweifel, welcher Honorarzone das Gebäude oder der Innenraum zugeordnet werden kann, so ist zunächst die Anzahl der Bewertungspunkte zu ermitteln. Zur Ermittlung der Bewertungspunkte werden die Bewertungsmerkmale wie folgt gewichtet:

1. die Bewertungsmerkmale gemäß Absatz 3 Nummer 1 bis 4 mit je bis zu 6 Punkten und
2. die Bewertungsmerkmale gemäß Absatz 3 Nummer 5 und 6 mit je bis zu 9 Punkten.

(6) Das Gebäude oder der Innenraum ist anhand der nach Absatz 5 ermittelten Bewertungspunkte einer der Honorarzonen zuzuordnen:

1. Honorarzone I: bis zu 10 Punkte,
2. Honorarzone II: 11 bis 18 Punkte,
3. Honorarzone III: 19 bis 26 Punkte,
4. Honorarzone IV: 27 bis 34 Punkte,
5. Honorarzone V: 35 bis 42 Punkte.

(7) Für die Zuordnung zu den Honorarzonen ist die Objektliste der Anlage 10, Nummer 10.2 und Nummer 10.3, zu berücksichtigen.

Inhaltsübersicht

I. Vorbemerkung

1 § 35 regelt die Höhe des Honorars, gegliedert nach Honorarzonen und nach anrechenbaren Kosten. Die Honorartafel legt die Honorare für die Leistungen gem. Anlage 10 fest. In den Absätzen 2 bis 6 werden die Honorarzoneneinteilungen geregelt. Die Leistungen gelten für die Objektplanung Gebäude, für Neubauten, Wiederaufbauten, Aufstockungen, Umbauten, Wiederherstellungen, Modernisierungen, Instandsetzungen, Erweiterungsbauten. Für die Leistungen der Objektplanung Innenräume besteht ein eigenständiger Punktekatalog für die Bewertungskriterien.

II. Honorartafel

2 Die Honorartafel ist in fünf Honorarzonen gegliedert. Die Honorarzonen regeln Mindest- und Höchstsätze. Die Honorartafel beginnt bei anrechenbaren Kosten von € 25.000 und endet bei anrechenbaren Kosten von € 25.000.000,00. Sind die anrechenbaren Kosten niedriger als der niedrigste Tafelwert oder übersteigen diese den höchsten Tafelwert, so sind die Honorare frei festzulegen. Insoweit kann auf die Ausführungen zu § 7 Abs. 2 verwiesen werden.

Die für die Berechnung des Honorars anrechenbaren Kosten der Innenräume liegen regelmäßig niedriger, sodass sich die Honorare auch niedriger gestalten. Allerdings sind die Leistungen der Innenraumplanung eigenen Honorarzonen zugeordnet.

III. Das System der Honorarzonen für Leistungen bei Gebäuden und Umbauten

3 Die Honorarzone ist anhand objektiver Kriterien nach den Regeln des § 35 in Verbindung mit Anlage 10.2 zu bestimmen. Sie ist nicht verhandelbar. Sie unterliegt nicht der freien Disposition der Vertragsparteien. Für die Honorarberechnung maßgebend ist immer die zutreffende Honorarzone. Wird eine zu niedrige Honorarzone vertraglich festgelegt, so verstoßen die Parteien gegen das Gebot des Mindestsatzes nach § 7 Abs. 3 HOAI. Gerechtfertigt wäre dies nur, wenn die Voraussetzungen des § 7 Abs. 3 für die Unterschreitung des Mindestsatzes gegeben wären, also ein Ausnahmefall Sie ist nicht verhandelbar. Sie unterliegt nicht der freien Disposition der Vertragsparteien. Für die Honorarberechnung maßgebend ist immer die zutreffende Honorarzone. Wird eine zu niedrige Honorarzone vertraglich festgelegt, so verstoßen die Parteien gegen das Gebot des Mindestsatzes nach § 7 Abs. 3 HOAI. Gerechtfertigt wäre dies nur, wenn die

Voraussetzungen des § 7 Abs. 3 für die Unterschreitung des Mindestsatzes gegeben wären, also ein Ausnahmefall vorläge.[1]

Wird eine zu hohe Honorarzone vereinbart, so liegt eine Überschreitung des Höchstsatzes vor. Wenn nicht die Voraussetzungen des § 7 Abs. 4 HOAI nachgewiesen sind, ist auch diese Honorarzonenvereinbarung unwirksam. Die Berechnung des Honorars erfolgt in diesen Fällen auf der Grundlage der zutreffenden Honorarzone.[2]

Der Honorarzonenbestimmung kommt deshalb besondere Bedeutung zu. Es stehen hierfür zwei Ermittlungsmethoden zur Verfügung. Anlage 10.2 HOAI regelt eine Objektliste für Gebäude. Den fünf Honorarzonen zugeordnet sind danach einzelne Objekte, die dort benannt sind. Daneben steht die **Honorarzonenermittlung aufgrund von Bewertungsmerkmalen** nach dem Katalog des § 35 Abs. 2. Das Verhältnis beider Bestimmungen zueinander versteht der Verordnungsgeber in dem Sinne, dass die Honorarzone grundsätzlich nach den Bewertungsmerkmalen des § 35 Abs. 2 zu ermitteln sind und die Objektliste nur Regelbeispiele erläutert.

Ausgangspunkt der Honorarzonenfindung kann danach die Feststellung sein, ob das Planungsobjekt in der Objektliste geführt wird. Wird es dort geregelt, so kann die entsprechende Honorarzone zugrunde gelegt werden, wenn die Kontrolle über die Einstufung des Objektes nach dem Bewertungsschema des § 35 Abs. 2 diese Zuordnung bestätigt. Weicht die Bewertung nach § 35 Abs. 2 von der Festlegung des Gebäudes in der Objektliste ab, so ist die Bewertung nach § 35 Abs. 2 maßgebend und nicht die Objektliste. Daraus folgt, dass auch abweichend von den Festlegungen in der Objektliste einzelne Objekte einer anderen Honorarzone zugeordnet werden können, wenn die Bewertung nach § 35 Abs. 2 dies erfordert. **4**

Verzichten die Parteien auf eine Beurteilung des Auftragsgegenstandes nach den Bewertungskriterien des § 35 Abs. 2 und stufen das Objekt nach der Objektliste ein, so ist diese Honorarzoneneinteilung nicht zwingend abschließend. Führt auch die nachträglich vorgenommene Beurteilung des Objekts nach § 35 Abs. 2 zu einer abweichenden Honorarzone, so ist diese maßgebend. Da die Objektliste Regelbeispiele enthält, stellt diese jedoch eine Ausnahme dar.

Der BGH hat in seinem Urteil vom 13.11.2003[3] festgestellt, dass die Honorarzone aufgrund einer objektiven Beurteilung der für die Bewertung maßgebenden Kriterien in § 11 HOAI 1996 zu ermitteln sind. An dieser Rechtslage hat sich nichts geändert. Den Parteien, die sich dieser Aufgabe stellen und eine Bewertung der Beurteilungskriterien nach § 34 Abs. 2 vornehmen, ist jedoch nach der Entscheidung des BGH vom 13.11.2003 ein gewisser Beurteilungsspielraum eingeräumt. Wenn die von den Parteien vorgenommene Anwendung des § 35 Abs. 2 zu einer vertretbaren Festlegung der Honorarzone führt, so ist diese Honorarzone maßgebend. Sie kann deshalb von einem der Vertragspartner bei Abrechnung des Vertrages nicht mehr mit der Begründung angefochten werden, die Honorarzone sei falsch ermittelt worden. Dies kommt nur in Betracht, wenn sich der Schwierigkeitsgrad der Planungsaufgabe infolge geänderter Anforderungen an das Objekt nach Festlegung der Honorarzone nachhaltig geändert hat. In einem solchen Fall liegt keine vertretbare Festlegung der Honorarzone mehr vor, weshalb die Honorarzone nach objektiven Kriterien neu zu bestimmen ist.

Die Honorarzonenfindung nach Bewertungsmerkmalen hat sich in der Praxis durchgesetzt und ist auch für den Laien praktikabel. Dennoch ist das Verhalten bei der Honorarzonenfindung unterschiedlich. **5**

Nehmen die Parteien gemeinsam eine Bewertung nach den maßgeblichen Kriterien des § 35 vor, so üben sie ihren Beurteilungsspielraum gemeinsam aus. Eine vertretbare Festlegung der Honorarzone bindet sie auch künftig.

Wird die Beurteilung nach Bewertungsmerkmalen von einem Vertragspartner erarbeitet und dem anderen vorgelegt, so ist auch die danach von den Parteien festgelegte Honorarzone bindend, wenn diese vertretbar ist. Die Objektliste tritt in diesen Fällen in den Hintergrund.

---

[1] Vgl. hierzu § 7.

[2] Vgl. hierzu grundlegend BGH Urteil v. 13.11.2003 – VII ZR 362/02 in IBR 2004, 78, BauR 2004, 354; so insbesondere auch Landgericht Stuttgart, Urteil v. 18.10.1996 – 15 O 1/96 in DAB 1996, 2068; IBR 1997, 74

[3] A. a. O.

Sie gewinnt Bedeutung, wenn die Parteien sich nach den Bewertungskriterien des § 35 auf eine Honorarzone nicht einigen können so ist in der Regel die Objektliste maßgebend für die Einstufung.

Gehen die Parteien danach vor und legen die Honorarzonen nach der Objektliste fest, so nutzen sie den ihnen zugewiesenen Beurteilungsspielraum ebenfalls, wenn damit eine vertretbare Festlegung gefunden worden ist. Die Parteien sind an die entsprechende Honorarzonenvereinbarung dann gebunden.

Will eine der Parteien abweichend von der vertraglich festgelegten Honorarzone später abrechnen, so trägt sie die Darlegungs- und Beweislast. Eine Nachkontrolle der bei Vertragsabschluss vorgenommenen Bewertung des Objektes nach § 35 durch Sachverständigenbeweis kommt allerdings dann nicht mehr in Betracht, wenn die Parteien in vertretbarer Weise unter Anwendung der Bewertungskriterien die Honorarzone gefunden haben, die vertraglich festgelegt wurde.

6   § 35 Abs. 2 Anlage 10.2 gilt für die Objektliste für Gebäude. Die Honorarzonenfindung ist dabei auf Neubauten abgestellt. Dies schafft Probleme bei der Honorarzonenfindung für Umbauten und Modernisierungen von Gebäuden. § 6 Abs. 2 Satz 2 schreibt vor, dass die Bewertungskriterien für Umbau sinngemäß dem § 35 Abs. 2 zu entnehmen sind. Die von dem Verordnungsgeber vorgesehenen sechs Bewertungskriterien nach § 35 enthalten ein Bewertungskriterium, die Anforderung an die Einbindung in die Umgebung. Dieses Kriterium stellt auf Neubauvorhaben ab und ist deshalb nicht auf Umbauten anwendbar. Anstelle der Einbindung in die Umgebung gilt in diesen Fällen die Anforderungen an die Einfügung des durch den Umbau neu gestalteten Bauteils mit dem bestehenden. Die abweichende Entscheidung des OLG Jena vom 26.03.2002[4] erfasst den Sachverhalt nicht zutreffend. Die Honorarzoneneinteilung orientiert sich an dem Schwierigkeitsgrad der Planungs- und Ausführungsanforderungen, die der Auftragnehmer zu bewältigen hat. Wenn § 6 auf die entsprechende Anwendung des § 35 hinweist, bedeutet dies, dass die Kriterien des § 35 hinsichtlich des Sinns und Zwecks dieser Bewertungsvorschrift so anzupassen sind, dass die Beurteilungskriterien überhaupt zur Anwendung kommen. Die Auffassung des OLG, dass bei Umbauten innerhalb des Gebäudes die Anforderung für die Einbindung in die Umgebung überhaupt nicht zu berücksichtigen ist, verkennt diesen Sachzusammenhang.

IV. Honorarzone für Leistungen bei Gebäude

1. Das Bewertungssystem nach § 35 Abs. 2

7   Das Bewertungssystem nach § 35 erscheint auf ersten Anblick kompliziert und ohne fachliche Kenntnis einem Auftraggeber nur schwer zugänglich. Die Praxis hat jedoch gezeigt, dass die Anwender der HOAI mit der Bewertung nach dem System des § 35 sehr gut zurechtkommen. Das System jedenfalls hat sich durchgesetzt.

Zu bewerten sind:

a) Die Anforderungen an die Einbindung in die Umgebung,

b) die Art und Anzahl der Funktionsbereiche,

c) die gestalterischen Anforderungen,

d) die konstruktiven Anforderungen,

e) die Anforderungen an die Technische Ausrüstung,

f) der Ausbau.

---

[4]   OLG Jena – 3 U 353/01 in IBR 2002, 424 mit ablehnender Anmerkung von Seifert

2. Die Bewertungsmerkmale im Einzelnen

a) Einbindung in die Umgebung

Der Standort kann in vielfacher Weise Planungsanforderungen beschreiben, die der Auftragneh- **8** mer erfüllen muss, um das Gebäude in die vorhandene Umgebung einzubinden.

Die Einbindung eines Gebäudes in die Umgebung hängt von der vorhandenen oder geplanten Bebauung, dem Ortsteil, der Landschaft, der Topographie, dem Verkehr wie auch von Bindungen des Landschafts- und Denkmalschutzes oder grundstücksbezogenen öffentlich-rechtlichen Auf lagen und Bedingungen und grundbuchmäßigen Beschränkungen ab.

An die Stelle des Kriteriums der Einbindung in die Umgebung tritt **im Falle des Umbaus** das Kriterium der Anforderungen an die Einfügung der Neubausubstanz zur Altbausubstanz. [5]

Das Einfügen der Neubausubstanz in die bestehende Altbausubstanz berücksichtigt nicht nur gestalterische Anforderungen, sondern vor allem auch technische Bedingungen. Die Verbindung alter Bausubstanz mit neuer Bausubstanz stellt eine bautechnische Schwierigkeit dar, die in der Beurteilung des Schwierigkeitsgrades bei der Einstufung eines Umbaus in Honorarzonen be- rücksichtigt werden muss.

Zur Bewertung stehen sechs Punkte zur Verfügung.

b) Anzahl der Funktionsbereiche

In besonderem Maße werden die Planungsanforderungen von der Menge der beabsichtigten **9** Nutzungsfunktionen her bestimmt. Bei einem Einfamilienhaus werden z. B. schon im kleinen Rahmen mehrere Nutzungsfunktionen miteinander im Einklang zu bringen sein, wie Wohnen, Essen, Schlafen, Spielen. Je höher die Anforderungen geschraubt werden, umso mehr Funkti- onsbereiche sind tangiert. Bei einem Wohnhaus können z. B. zusätzlich zu den normalen „Funk- tionen" noch weitere hinzukommen, bei einem Arzt z. B. eine Behandlungspraxis für Notfälle, kleiner Praxisraum etc.

Die Umgestaltung eines bestehenden Gebäudes geht mit neuen Nutzungsanforderungen ein- her. Dies führt zur Feststellung neuer Funktionsbereiche, die im Rahmen dieses Kriteriums zu beurteilen sind.

Wegen der enormen Vielfalt stehen neun Punkte zur Bewertung zur Verfügung.

c) Gestalterische Anforderungen

Dieses Bewertungsmerkmal wird am schwierigsten zu handhaben sein. Es trägt am ehesten **10** subjektive Beurteilungskriterien. Alle zuvor beschriebenen Bewertungsmerkmale haben jedoch Auswirkungen auf die Gestaltung. Je vielfältiger und zahlreicher diese „Sachzwänge" sind, umso höher wird man die gestalterischen Anforderungen annehmen müssen. Einen gewissen Orientierungsrahmen geben Ergebnisse von Architektenwettbewerben.

Wie der Begriff der Anforderungen zeigt, kommt es bei der Beurteilung von gestalterischen Anforderungen auf die Zielsetzung des Auftraggebers an. Ob die Gestaltungsanforderungen ge- ring oder sehr hoch sind, entscheidet sich nach dem Anspruch des Auftraggebers an die Bau- maßnahme. Dies gilt auch für Umbauten und Modernisierungen. Bei Umbauten und Moderni- sierungen von denkmalgeschützten Objekten können die gestalterischen Anforderungen deutlich erhöht sein.

Es können bis zu neun Punkte vergeben werden.[6]

d) Konstruktive Anforderungen

Konstruktive Anforderungen sind objektiv messbare Planungsanforderungen, die die Standsi- **11** cherheit des Gebäudes berühren. Sie hängen mit der Baugrundbeschaffenheit, den zur Verwen- dung kommenden Baumaterialien (z. B. Stahlskelett, Betonskelettbau, Mauerwerksbau), der ein- zubauenden Gebäude- oder Betriebstechnik wie auch mit Gestaltungsanforderungen zusammen. Auch die Nutzungsanforderungen spielen hier herein. So verursacht ein großer Saal z. B. ganz andere konstruktive Anforderungen als normal große Räume.

---

[5] Die abweichende Auffassung des OLG Jena v. 26.03.2002 in IBR 2002, 424 ist demgegenüber abzulehnen, siehe hierzu Rdn. 6.

[6] Vgl. zu weiteren Einzelheiten: Arlt in DAB 1977, 844; Frik in DAB 1978, 929, die nach wie vor gelten.

Bei Umbauten kann es zu Überschneidungen der konstruktiven Anforderungen zu denen der Einfügung der Neubausubstanz in die Altsubstanz führen. Der Schwerpunkt der Beurteilung des Einfügens der Altbausubstanz beschäftigt sich vorrangig mit gestalterischen und nutzungsbedingten Belangen. Denkmalpflegerische Anforderungen gehören in den Bereich des Einfügens der Altbausubstanz in die Neubausubstanz. Konstruktive Anforderungen befassen sich mit der bautechnischen Auswirkung der Verbindung zwischen Alt- und Neubausubstanz.

Es stehen insgesamt sechs Bewertungspunkte zur Verfügung.

e) Technische Gebäudeausrüstung

12 Anzahl, Umfang wie auch Qualität der Technischen Ausrüstung bestimmen ebenso die Planungsanforderungen. Schwierigkeit und Umfang der Ausrüstung hängen maßgebend von der beabsichtigten Nutzung des Gebäudes ab.

Auch bei Umbauten und Modernisierung sind die Anforderungen an die Technische Gebäudeausrüstung gestellt. Es kann sein, dass die Technische Gebäudeausrüstung unverändert bleibt. Dies ist im Falle des Umbaus und der Modernisierung planerisch zu berücksichtigen. Häufig wird die Technische Gebäudeausrüstung im Zuge von Umbau und Modernisierung erneuert, sodass auch neue Planungsanforderungen entstehen.

Bis zu sechs Bewertungspunkte können vergeben werden.

f) Ausbau

13 Zum Ausbau gehören alle Bauleistungen, die erforderlich sind, um den konstruktiven Rohbau zu einem fertigen, nutzbaren Gebäude werden zu lassen. Der Raumbildende Ausbau, die Gestaltung von Innenräumen ohne Eingriffe in den Bestand und die Konstruktion werden erfasst.

Die Anforderungen lassen sich objektiv nur schwer feststellen und hängen erheblich von den Ansprüchen des Auftraggebers an den Ausbau ab.

Dies gilt auch für Umbauten und Modernisierungen. Anforderungen an den Ausbau bestehen in jedem Fall. Die Frage ist nur, in welchem Umfang sie geltend gemacht werden.

Es können bis zu sechs Bewertungspunkte angenommen werden.

3. Die Ermittlung der Honorarzonen nach Punkten

14 Um willkürliche Handhabung bei der Punkteverteilung zu vermeiden, empfiehlt es sich, einen Bewertungsschlüssel zurate zu ziehen. Die Anzahl der zu vergebenden Punkte kann nach allgemeiner Qualifizierung der Planungsanforderungen (z. B. als durchschnittlich) anhand folgender Matrix ohne Weiteres ermittelt werden.

Honorarzone (Punkte nach § 35 Abs. 4 Abs. 2)	I	II	III	IV	V
	(bis 10)	(11–18)	(19–26)	(27–34)	(25–42)
Planungsanforderungen	sehr gering	gering	durch-schnittlich	überdurch-schnittlich	sehr hoch
1 Einbindung in die Umgebung bei Umbauten: Einfügung zu neuer Bausubstanz	1	2	3–4	5	6
2 Anzahl der Funktionsbereiche	1–2	3–4	5–6	7–8	9
3 Gestalterische Anforderungen	1–2	3–4	5–6	7–8	9
4 Konstruktive Anforderungen	1	2	3–4	5	6
5 Technische Gebäudeausrüstung	1	2	3–4	5	6
6 Ausbau	1	2	3–4	5	6

Diese Matrix wird ganz allgemein empfohlen und hat sich in der Praxis durchgesetzt.[7] Die Summe der zu vergebenden Punkte entscheidet über die Einordnung in die Honorarzone. Es gelten nach § 11 Abs. 2 folgende Punktzahlen der Honorarzonen:

Bis zu 10 Punkte   die Honorarzone I

11–18 Punkte   die Honorarzone II

19–26 Punkte   die Honorarzone III

27–34 Punkte   die Honorarzone IV

35–42 Punkte   die Honorarzone V

Ergibt die Summe eine Zahl, die zwischen den Eckwerten für jede Honorarzone liegt, so mag dies für die Parteien eine Veranlassung sein, über die Ausschöpfung des Honorarrahmens gem. § 7 Abs. 1 zu verhandeln. Eine bindende Festlegung erfolgt jedoch nur für die Honorarzone. Werden z. B. 23 Punkten ermittelt, so steht nur die Honorarzone III fest. Wollen die Parteien entsprechend der gefundenen Punktzahl den Mittelsatz festlegen, so müssen sie es schriftlich bei Auftragserteilung tun. Es gelten die strengen Bestimmungen zu § 7 Abs. 1.

4. Objektliste

Die Objektliste Gebäude enthält Regelbeispiele für Neubauten. Bei Umbauten ist vorrangig die **15** Bewertung des Schwierigkeitsgrades anhand der Bewertungsmerkmale maßgebend. Es wird insoweit auf die Anlage 10.2 zur HOAI verwiesen.

V. Honorarzoneneinteilung für die Objektplanung Innenräume

1. Vorbemerkung

Auch für die Innenraumplanung gilt, dass die Honorarzonen nach objektiven Kriterien zu be- **16** stimmen sind. Sie unterliegen nicht der freien Disponibilität der Parteien. Es gelten die gleichen Grundsätze, die zu III. beschrieben sind. Es kann hierauf verwiesen werden.

    Maßgebend ist auch für Innenraumplanung die Bewertung der Objekte nach den Bewertungskriterien des § 35 Abs. 3.

2. Die Ermittlung der Honorarzonen nach Bewertungsmerkmalen

a) Anzahl der Funktionsbereiche

Das Beurteilungskriterium des Funktionsbereiches entspricht den Kriterien gem. Abs. 2. Es **17** kann insoweit auf die dortige Kommentierung verwiesen werden. Die Leistungen von Innenräumen betreffen deren Planung. Die beabsichtigte Nutzung der Innenräume, die Funktion, die sie damit erfüllten sollen, sind Gegenstand der Planung und müssen vom Auftragnehmer entsprechend beurteilt werden.

b) Anforderungen an die Lichtgestaltung

Die Anforderungen an die Lichtgestaltung spielen für die Bewertung des Schwierigkeitsgra- **18** des der Innenraumplanung eine erhebliche Rolle. Die richtige und angemessene Ausleuchtung des Raumes, je nach der gestellten Nutzungsanforderung, setzt eine genaue Kenntnis sämtlicher Beleuchtungskörper und ihrer Anordnung in den Ausbau des Raums voraus. Die Beleuchtung eines Raums schafft den Wohlfühlcharakter, der die Nutzung erfordert. Eine intensive Auseinandersetzung mit Lichtstärken, Beleuchtungsfarben und Lampengestaltung erfordert speziell geschultes Fachwissen.

---

[7] Vgl. Pott/Dahlhoff/Kniffka §§ 11/12 Rdn. 8 a; Hesse/Korbion/Mantscheff/Vygen § 12 Rdn. 17; Locher/Koeble/Frik § 11 Rdn. 5; Klocke/Arlt § 11 Abs. 2; Höbel § 11 Abs. 1 Matrix 1

c) Anforderungen an die Raumzuordnung und Raumproportionen

19   Die Raumzuordnungs- und Raumproportionierungsfragen sind wichtige Planungsanforderungen an den Auftragnehmer, die dieser mit Mitteln des Ausbaus und mit der geschickten Auswahl und Platzierung von Einrichtungsgegenständen löst. Die Raumproportionierung betrifft die Aufgliederung des einzelnen Raums je nach Nutzungszweck, die Raumzuordnung setzt begrifflich die Schaffung abgegrenzter Räumlichkeiten innerhalb eines Raums (z. B. Nischen, abgeteilte Räume etc.) voraus. Die Raumzuordnung ist eine Frage der Raumproportionierung durch Schaffung zusätzlicher Räume.

d) Anforderungen an die Technische Ausrüstung

20   Bei der Technischen Ausrüstung ist zu berücksichtigen, dass diese stets eine Planungsvorgabe für den Planer der Innenräume ist. Entscheidend ist, ob der Innenraumplaner durch die Integration vorhandener oder einzuplanender Teile der Technischen Gebäudeausrüstung in dem von ihm zu bearbeitenden Bereich einfache, durchschnittliche oder hohe Anforderungen an seine eigene Planung zu erfüllen hat. Die Berücksichtigung einer vorhandenen Installation, die nicht verändert werden kann, z. B. unförmige Klimakanäle, stellt an den Auftragnehmer wesentlich höhere Planungsanforderungen, als wenn ihm die Möglichkeit noch eingeräumt ist, mit seiner Planung auf die Lage und Wahl der Installation Einfluss ausüben zu können.

e) Farb- und Materialgestaltung

21   Die Farb- und Materialwahl, die mit neun Bewertungspunkten beurteilt werden kann, stellt neben den Anforderungen an die konstruktive Detailgestaltung ein Hauptbeurteilungsmerkmal des Schwierigkeitsgrades der Planung des Raumbildenden Ausbaus dar. Mit der Farb- und Materialwahl ist u. a. das Ambiente des Innenraums erreicht, das ein wesentliches Planungsziel ist.

f) Konstruktive Detailgestaltung

22   Bei der Bewertung der konstruktiven Detailgestaltung kommt es vornehmlich darauf an, ob die konstruktive Bearbeitung eine Planung erlaubt, die für die handwerkliche Ausführung keiner weiteren Erläuterung bedarf, oder ob die Ausführung aus Einzelanfertigungen besteht, deren Konstruktionen vom Planer ausführlich durchgearbeitet und bis zum Maßstab 1 : 1 detailliert werden müssen. Die Bezeichnung wird dem angesprochenen Planungsbereich weit mehr gerecht und stellt klar, dass es sich hierbei keinesfalls um den Schwierigkeitsgrad der Gebäudekonstruktion in statischer Hinsicht, also des Rohbaus, handelt. Es handelt sich vielmehr um die Bewältigung des Einbaus sämtlicher Ausbauanteile in den Innenraum, z. B. die Planung einer Schauküche für einen Gastronomiebereich.

3. Die Ermittlung der Honorarzonen nach Punkten

23   Für die Punktebewertung empfiehlt sich auch hier, nach der nachstehenden Matrix vorzugehen. Für raumbildende Ausbauten gilt

Planungsanforderungen	sehr gering	gering	durch-schnittlich	überdurch-schnittlich	sehr hoch
1. Anzahl der Funktionsbereiche	1	2	3–4	5	6
2. Lichtgestaltung	1	2–3	4–6	7–8	9
3. Raumzuordnung	1	2	3–4	5	6
4. Technische Ausrüstung	1	2	3–4	5	6
5. Farb- und Materialgestaltung	1	2–3	4–6	7–8	9
6. Konstruktive Detailgestaltung	1	2	3–4	5	6

Bis zu 10 Punkte	die Honorarzone I
11–18 Punkte	die Honorarzone II
19–26 Punkte	die Honorarzone III
27–34 Punkte	die Honorarzone IV
35–42 Punkte	die Honorarzone V

4. Die Objektliste für die Innenraumplanung

Die Objektliste gem. Anlage 10.3 zeigt, welche Objekte von Innenräumen im Normalfall den **24** jeweiligen Honorarzonen zugerechnet werden können.

Auch diese Objektliste enthält Regelbeispiele, von denen bei sachgerechter Beurteilung nach Bewertungskriterien abgewichen werden kann.

§ 36 Umbauten und Modernisierungen von Gebäuden und Innenräumen

(1) Für Umbauten und Modernisierungen von Gebäuden kann bei einem durchschnittlichen Schwierigkeitsgrad ein Zuschlag gemäß § 6 Absatz 2 Satz 3 bis 33 Prozent auf das ermittelte Honorar schriftlich vereinbart werden.

(2) Für Umbauten und Modernisierungen von Innenräumen in Gebäuden kann bei einem durchschnittlichen Schwierigkeitsgrad ein Zuschlag gemäß § 6 Absatz 2 Satz 3 bis 50 Prozent auf das ermittelte Honorar schriftlich vereinbart werden.

Inhaltsübersicht

I. Vorbemerkung

1 Leistungen im Bestand betreffen Umbauten sowie Modernisierungsmaßnahmen. Sie sind Bestandteil einer Objektplanung, wenn sie das gesamte Bauvorhaben betreffen. Beziehen sich solche Leistungen auf einzelne Räume, handelt es sich um Innenraumplanung.

Umgestaltungen und Veränderungen des Baubestandes machen einen hohen Anteil der gesamten Bautätigkeit aus. Diese Leistungen weisen für die Objektplanung Gebäude Besonderheiten auf, die im Wesentlichen dadurch gekennzeichnet sind, dass in die alte Bausubstanz eingegriffen wird. Die dadurch bewirkten Veränderungen führen zur Verbindung von neuen Baustoffen und Bauteilen mit vorhandenen Bauteilen, die eine Qualität besitzen, wie sie zum Zeitpunkt der Baumaßnahme vorzufinden sind. Diese baulichen Zustände sind Vorgaben für die Planung und Objektdurchführung.

Die Leistungsbeschreibung in Anlage 10 bezieht sich im Wesentlichen auf Neubauten und berücksichtigt nicht die Besonderheiten für Umbauten. Dies führt zunächst zu der Erkenntnis, dass die Leistungsbeschreibungen vor dem Hintergrund der Besonderheiten der Umbautätigkeit zu definieren und auszulegen sind. Insoweit kann auf die Kommentierung zu § 34 verwiesen werden.

Wie im Einzelnen in § 34 beschrieben, kommen für Umbauleistungen für die Objektplanung Gebäude zu dem Leistungsbild der Anlage 10 notwendigerweise Zusatzleistungen hinzu, die sich im Wesentlichen mit der Prüfung und dem Erfassen des Bestandes beschäftigen. Dies erstreckt sich nicht nur auf die Feststellung, ob die vorhandenen Pläne genau den Bautenzustand wiedergeben, wie er zum Zeitpunkt der Umbaumaßnahme sich präsentiert. Dies erstreckt sich vor allem auch auf die Erkundung der vorhandenen Bauqualität. Es ist festzustellen, welche alters- und nutzungsbedingten Schäden vorhanden sind. Welche Baustoffe und Bauarten wurden verwendet? Diese Form der Bestandserkundung ist eine entscheidende zusätzliche Leistung, die sich in dem Leistungsbild der Anlage 10 nicht wiederfindet.

Hinzu tritt eine wesentliche Erschwernis dadurch, dass die Baumaßnahme nicht durchgängig geplant und im Detail vorbereitet werden kann. Der Bauablauf ist mit unvorhersehbaren Risiken behaftet, die bei Übernahme der Planungstätigkeit nicht im vollen Umfange abgeschätzt werden können. Dies führt zu einem atypischen Planungsverlauf, der sich durch gute Planungsvorbereitung auch nicht rationalisieren lässt. Hieraus ergibt sich ganz allgemein ein erhöhter Arbeitsaufwand, der sich in dem Honorar generell widerspiegeln muss.

Dem trägt der Verordnungsgeber dadurch Rechnung, dass er die mitzuverarbeitende Bausubstanz wieder zur Grundlage der anrechenbaren Kosten gemacht hat, die Honorarzonenermittlungsvorschriften für Gebäude entsprechend anwendet und einen Umbauzuschlag gewährt.

II. Honorarabrechnung für Umbauten und Modernisierungen im Einzelnen

1. Umbauten im Sinne des § 36

Umbauten im Sinne des § 36 sind gem. § 2.5 Umgestaltungen eines vorhandenen Objektes mit **2** Eingriffen in die Konstruktion und den Bestand. Wegen der Einzelheiten kann auf die Kommentierung zu § 2.5 verwiesen werden.

2. Modernisierungen

Modernisierungen im Sinne des § 36 sind bauliche Maßnahmen zur nachhaltigen Erhöhung des **3** Gebrauchswertes eines Objektes (§ 2 Nr. 6 HOAI), und zwar, wenn sie nicht als Erweiterungsbau, Umbau oder als Instandsetzungsmaßnahme zu verstehen sind. Kennzeichen der Modernisierung sind damit alle Maßnahmen, die unter Beibehaltung des vorhandenen Bauwerkes zur nachhaltigen Erhöhung dessen tatsächlichen Gebrauchswerts dienen. Der Unterschied zwischen Modernisierungsmaßnahmen und Umbauten liegt darin, dass die Planungsvorbereitungen bei Modernisierungsmaßnahmen anders als bei Umbaumaßnahmen sich an dem vorhandenen Gebäudebestand orientieren, während bei Umbauten wegen geänderter Nutzeranforderungen die Gebäudegrundrisse und damit seine Struktur verändert wird.

3. Anrechenbare Kosten für Umbauten und Modernisierung

Grundlage für die anrechenbaren Kosten ist das in § 33 gewählte System. Dies bedeutet, dass **4** die Kosten der Baukonstruktion (nach DIN 276 Kostengruppe 300) voll zu den anrechenbaren Kosten zählen. Die Kosten für Technische Anlagen werden nur teilweise berücksichtigt. Im Übrigen bleiben auch die Kosten zu berücksichtigen, die nicht anrechenbar und die nur bedingt anrechenbar sind. Insoweit kann auf die Ausführungen zu § 33 verwiesen werden.

Zu den anrechenbaren Kosten gehört auch die mitzuverarbeitende Bausubstanz. Unter der mitzuverarbeitenden Bausubstanz versteht der Verordnungsgeber gem. § 2.7 den Teil des zu planenden Objekts, der bereits durch Bauleistungen hergestellt ist und durch Planungs- oder Überwachungsleistungen technisch oder gestalterisch mitverarbeitet wird.

Nicht entscheidend ist, dass es sich dabei um Bauleistungen handelt, die im Zuge des Umbaus bereits hergestellt sind, sondern es dreht sich um die vorhandene Bausubstanz, also diejenige, die vor Inangriffnahme der Umbaumaßnahme bereits bestand und zwar unabhängig von ihrem Alter. Der mit dem Umbau verbundene wesentliche Eingriff in Konstruktion oder Bestand führt regelmäßig dazu, dass eine mitzuverarbeitende Bausubstanz gegeben ist. Es ist nicht möglich, einen wesentlichen Eingriff in Konstruktion oder Bestand vorzunehmen ohne die vorhandene Bausubstanz technisch oder gestalterisch mitzuverarbeiten.

§ 4 Abs. 3 schreibt vor, dass der Umfang der mitzuverarbeitenden Bausubstanz im Sinne des § 2 Abs. 7 bei den anrechenbaren Kosten angemessen zu berücksichtigen ist. Hieraus ergibt sich zunächst der Zwang, dass die mitzuverarbeitende Bausubstanz bei der Honorarermittlung nicht unberücksichtigt bleiben kann, sondern bei Umbauten stets eine Berücksichtigung zu finden hat und zwar unabhängig davon, welchen Schwierigkeitsgrad die Umbaumaßnahme erreicht. Maßgebend allein ist, dass es sich um einen Umbau im Sinne des § 2 Nr. 6 handelt, also eine Umgestaltung eines vorhandenen Objekts mit einem wesentlichen Eingriff entweder in die Konstruktion oder in den Bestand. Die Fälle, dass nur in die Konstruktion eingegriffen wird und nicht in den Bestand und umgekehrt, dürften wohl theoretischer Natur sein. Im Ergebnis werden die Konstruktion und der Bestand angesprochen sein.

Die Honorarordnung statuiert damit zunächst eine Pflicht, die vorhandene Bausubstanz zu berücksichtigen. Der Maßstab der Berücksichtigung muss dabei angemessen sein. Was unter einer angemessenen Berücksichtigung zu verstehen ist, bleibt dem Einzelfall vorbehalten. Entscheidender Maßstab dürfte sein, wie intensiv die Umbaumaßnahme in die Konstruktion oder den Bestand eingreift. Je intensiver der Eingriff stattfindet, umso angemessener wird die Berücksichtigung des vollen Wertes der unmittelbar betroffenen Bauteile sein. § 4 Abs. 3 schreibt weiter vor, dass die mitzuverarbeitende Bausubstanz zum Zeitpunkt der Kostenberechnung ermittelt werden soll. Damit ist zwar keine Zeitvorgabe gegeben, wann die Ermittlung stattzufinden hat. Es ist der Erkenntnisstand zum Zeitpunkt der Kostenberechnung maßgebend. Die DIN 276 enthält hinsichtlich des Ansatzes der mitzuverarbeitenden Bausubstanz einen entsprechenden Hinweis. Die Berücksichtigung der mitzuverarbeitenden Bausubstanz ist objektbezogen zu ermitteln. Maßgebend sind also die Eingriffe, die die Umbauplanung in den Bestand oder die Konstruktion betreibt und zwar generell zu dem Objekt. Eine Aufgliederung auf den Umfang der mitzuverarbeitenden Bausubstanz zu einzelnen Grundleistungen findet demgegenüber nicht statt. Es hat eine einmalige Beurteilung stattzufinden und dies zum Bearbeitungsstand der Kostenberechnung, also im Entwurfsstadium. Fehlt es an einer schriftlichen Vereinbarung über die mitzuverarbeitende Bausubstanz bedeutet dies nicht, dass keine mitzuverarbeitende Bausubstanz zu berechnen wäre. Die schriftliche Vereinbarung über den angemessenen Wert der zu berücksichtigenden Substanz ist nicht Anspruchsvoraussetzung für den Ansatz der mitzuverarbeitenden Bausubstanz bei den anrechenbaren Kosten. Auf die Kommentierung zu § 4 Abs. 3 und zu § 2 Abs. 7 kann insoweit verwiesen werden. Wird über den Umfang der mitzuverarbeitenden Bausubstanz keine schriftliche Vereinbarung getroffen, so entscheidet letztendlich im Streitfall das Gericht unter Mitwirkung sachverständiger Unterstützung, welche Kostenteile des vorhandenen Baubestandes als mitzuverarbeitende Kosten zu berücksichtigen sind.

4. Honorarzone bei Umbauten

5 Umbauten sind nach ihren Schwierigkeitsgrad den Honorarzonen zuzuordnen. Es gilt insoweit § 35 Abs. 2. Die dort aufgeführten Beurteilungskriterien sind heranzuziehen, um eine Bewertung des Schwierigkeitsgrades der Umbaumaßnahme zu betreiben. Die Beurteilungskriterien sind allerdings der Aufgabenstellung eines Umbaus sinngemäß anzuwenden. Dies folgt aus § 6 Abs. 2 Ziffer 2. Sinngemäß heißt, dass anstelle der Beurteilungskriterien die bei Umbauten keinerlei Relevanz besitzen entsprechende umbautypische Beurteilungskriterien treten. Dies gilt im besonderen Maße für die in § 35 Abs. 2 Ziffer 1 festgelegten Bewertungsmerkmale des Anforderns an die Einbindung in die Umgebung. Eine solche Anforderung besteht bei Umbauten nicht. Sie treten nur in Erscheinung, wenn die Umbauten mit Erweiterungsbauten verbunden werden. Es kann in solchen Fällen sein, dass das äußere Erscheinungsbild wesentlich verändert wird und sich Fragen nach der Einbindung in die Umgebung stellen.

Im Normalfall vollzieht sich der Umbau im bestehenden Gebäude. Die Berücksichtigung der Anforderungen an die Einbindung in die Umgebung kann deshalb nicht 1:1 als Beurteilungskriterien herangezogen werden, sondern ist in diesem Fall zu ersetzen durch das Kriterium der **Anforderungen an die Einfügung der Neubausubstanz zur Altbausubstanz**, vgl. hierzu auch die Kommentierung zu § 35.

Die Objektliste in Anlage 10.2 enthält keine Objektliste für Umbauten. Dies ist auch nicht möglich, da die Struktur von Umbaumaßnahmen so vielfältig ist, dass sie nicht in Objektlisten gefasst werden können. Die Objektliste gibt deshalb keinerlei Auskunft über die richtige Honorarzoneneinordnung für Umbauten. Die Ermittlung hat nach § 35 Abs. 2 zu erfolgen.

5a **a) Gebäude**

Die Besonderheiten der Einstufung eines Umbaus oder einer Modernisierungsmaßnahme in eine richtige Honorarzone ist in § 35 erläutert. Auch hierfür gilt, dass die Honorarzonenregelung für Gebäude oder Raumbildende Ausbauten sinngemäß auf die Maßnahmen eines Umbaus anzupassen ist. Im Vordergrund steht die Bewertung des Schwierigkeitsgrades der Umbau- und der Modernisierungsmaßnahme nach den in § 35 Abs. 2 beschriebenen Bewertungsmerkmalen. Für die Umbauten, die nach § 35 Abs. 2 zu beurteilen sind, tritt an Stelle der Anforderung an die Einbindung in die Umgebung die Anforderung an die Verbindung alter zu neuer Bausubstanz. Die Objektliste gem. § 3.1 für Gebäude ist für die Beurteilung des Schwierigkeitsgrades einer Umbaumaßnahme nicht heranzuziehen. Maßgebend ist die Bewertung nach den Bewertungsmerkmalen. Die Objektliste kann nur einen groben Orientierungsrahmen geben. Sie ist im Übrigen auf Leistungen des Neubaus ausgerichtet.

b) Innenräume

§ 35 ist auch auf Innenraumplanung anzuwenden. Innenraumplanung (Raumbildende Ausbauten), die Umbauten im Sinne des § 2 Ziffer 6 darstellen, werden ebenfalls nach § 35 abgerechnet. Raumbildende Ausbauten in bestehenden Gebäuden stellen „Umbauten" von einzelnen Räumen dar. Auch die Innenraumplanung in einem bestehenden Objekt kann mit Eingriffen in die Konstruktion oder den Bestand des Gebäudes verbunden.

Hinsichtlich der Honorarzoneneinteilung kommt es ebenfalls maßgebend auf die Bewertungsmerkmale des § 34 Abs. 3 an. Die Objektliste in Anlage 3.3 kann für Innenräume allerdings auch bei diesen Umbaumaßnahmen hinzugezogen werden.

5. Umbauzuschlag

§ 36 enthält die Regelung für den Umbauzuschlag. **Zusätzlich** zu der Berücksichtigung der mitzuverarbeitenden Bausubstanz können die Parteien einen Umbauzuschlag bis 33 % wählen. Voraussetzung hierfür ist, daß der Umbau mindestens durchschnittlichen Schwierigkeitsgrad ausmacht.

Die Formulierung in § 36 Abs. 1 gibt dennoch Rätsel auf. Nach dem Wortlaut dieser Bestimmung, kann bei Umbauten und Modernisierung von Gebäuden bei durchschnittlichen Schwierigkeitsgrad ein Zuschlag gem. § 6 Abs. 2 S. 3 bis 33 % auf das Honorar schriftlich vereinbart werden. Sie lautet: *„Die Höhe des Zuschlages auf das Honorar ist in den jeweiligen Honorarregelungen der Leistungsbilder der Teile 3 und 4 geregelt."*

Damit ist zunächst nur ausgesagt, dass § 36 Abs. 1 die Höhe des Zuschlages regelt, auf die die allgemeine Norm des § 6 Abs. 2 S. 3 bei der Objektplanung für Umbauten und Modernisierung von Gebäuden und Innenräumen verweist.

Ob ein Zuschlag dem Grunde nach zu gewähren ist, sagt uns § 6 Abs. 2 S. 3–4. Danach schreibt die HOAI vor, dass ein Umbauzuschlag unter Berücksichtigung des Schwierigkeitsgrades schriftlich zu vereinbaren ist. Daraus folgt zunächst, dass der Verordnungsgeber den Vertragsparteien die Berücksichtigung eines Umbauzuschlages und zwar unabhängig von seinem Schwierigkeitsgrad abverlangt.

Nur im Hinblick auf die Höhe besteht Dispositionsfreiheit der Parteien. Die Vereinbarung bedarf allerdings der Schriftform.

Die Ausnahme von der Vereinbarungspflicht mittels Schriftform regelt § 6 Abs. 2 S. 4. Wird nämlich keine schriftliche Vereinbarung im Falle des Vorliegens einer Umbau- oder einer Modernisierungsmaßnahme mit mindestens durchschnittlichem Schwierigkeitsgrad getroffen, so wird unwiderruflich vermutet, dass ein Zuschlag von 20 % vereinbart ist.

Daraus folgt: Liegt eine mündliche Vereinbarung für einen Zuschlag von 25 % für einen Umbau und einen Modernisierungsmaßnahme vor, so ist diese Vereinbarung schon wegen Verstoßes gegen die geforderte Schriftform gem. § 125 BGB unwirksam. Sie wird jedoch gem. § 6 Abs. 2 S. 3 als unwiderleglich mit 20 % Zuschlag dennoch vermutet und zwar dann, wenn der Schwierigkeitsgrad durchschnittlich und mehr gegeben ist.

Es stellen sich mehrere Fragen: Was gilt, wenn die Parteien schriftlich einen Umbauzuschlag von 25 % vereinbaren, es jedoch an der Voraussetzung der durchschnittlichen Anforderung fehlt?

Nach § 36 kann ein Zuschlag nur bei durchschnittlichen Anforderungen bis 33 % schriftlich vereinbart werden. § 6 Abs. 2 statuiert jedoch die Pflicht einen Zuschlag unter Berücksichtigung des Schwierigkeitsgrades zu vereinbaren. Dieser Anforderung sind die Parteien vom Grundsatz her gefolgt, nur haben sie sich in der Höhe vergriffen, denn die Vermutungsregelung für einen

Zuschlag von 20 % gilt ab einem durchschnittlichen Schwierigkeitsgrad. Allerdings wird mit der Vermutungsregelung kein Mindestsatz geregelt. Einzige Regelung bleibt der Höchstsatz in Höhe von 33 % nach § 36.

Die Regelung ist deshalb in sich widersprüchlich und bedarf einer sachgerechten Auslegung. Wenn der Grundsatz in § 6 Abs. 2 S. 2 den Parteien unabhängig von dem Schwierigkeitsgrad der Umbau- oder Modernisierungsmaßnahme die Pflicht erhebt, einen Zuschlag zu vereinbaren, steht damit den Parteien auch das Recht zu, Umbauten und Modernisierungen, die den durchschnittlichen Schwierigkeitsgrad nicht erreichen, mittels schriftlicher Vereinbarung mit einem Umbauzuschlag zu versehen. Dieser kann allerdings 20 % nicht übersteigen, denn die Vereinbarungsfiktion von 20 % Zuschlag gilt ab einem durchschnittlichen Schwierigkeitsgrad. Damit wird de facto der Zuschlag für Modernisierungen und Umbaumaßnahmen, die durchschnittlichen Schwierigkeitsgrad nicht erreichen, mit maximal 20 % festgelegt.

Aus dieser Regelung folgt:

1. Die mitzuverarbeitende Bausubstanz ist bei allen Umbaumaßnahmen entsprechend den Regelungen des § 2 Ziffer 7 und § 4 Abs. 3 zu berücksichtigen und zwar unabhängig davon, ob ein durchschnittlicher Schwierigkeitsgrad der Umbaumaßnahme erreicht ist. Entscheidend ist nur, dass der Umbau einen wesentlichen Eingriff in den Bestand oder die Konstruktion zur Folge hat. In der Regel wird damit allerdings bereits eine durchschnittliche Planungsanforderung erreicht.

2. Der Zuschlag wird auf Basis der anrechenbaren Kosten einschließlich der mitzuverarbeitenden Bausubstanz gerechnet.

3. Für Umbaumaßnahmen und Modernisierungen mit geringeren Anforderungen als durchschnittlichen können die Parteien einen Zuschlag bis zu 20 % vereinbaren. Diese Vereinbarung bedarf zur Wirksamkeit jedoch der Schriftform. Fehlt es hieran, gibt es keinen Zuschlag.

4. Für Umbaumaßnahmen und Modernisierungen von durchschnittlichen oder mehr als durchschnittlichen Anforderungen können die Parteien mittels schriftlicher Vereinbarung einen Zuschlag von 0 bis 33 % schriftlich vereinbaren. Fehlt es an einer schriftlichen Vereinbarung, so beträgt der Zuschlag stets 20 %.

5. Haben die Parteien gegen die Schriftform verstoßen und die Vereinbarung des Zuschlages nur mündlich getroffen, so wird kein Zuschlag geschuldet. Es sei denn, es handelt sich um einen durchschnittlichen oder höheren Schwierigkeitsgrad. Für diesen Fall greift wiederum die Vereinbarungsfiktion des § 6 Abs. 2 S. 3 ein. Es gilt in jedem Falle 20 % als vereinbart.

6. Umbau und Modernisierung von Innenräumen

8 Für Umbauten und Modernisierungen von Innenräumen schreibt § 36, dass auf das ermittelte Honorar ein Zuschlag bei durchschnittlichem Schwierigkeitsgrad von bis zu 50 % schriftlich vereinbart werden kann.

Im Kern handelt es sich um die gleiche Problematik wie bei der Zuschlagsregelung für Gebäude. Der Unterschied besteht darin, dass der Zuschlag nicht nur 33 % sondern bis zu 50 % betragen darf. Hier stellt sich erneut die Frage, ob der in § 6 geregelte Regelsatz von 20 % bei durchschnittlichem Schwierigkeitsgrad ohne Weiteres von den Parteien umgangen werden kann. Auch hier gilt, dass bei vertretbaren Auslegungen im Einzelfall durch individuelle Vereinbarung ein Zuschlag unterhalb von 20 % geregelt werden kann, wenn dies schriftlich vereinbart worden ist. Fehlt es an einer schriftlichen Vereinbarung, so gilt auch insoweit die unwiderlegliche Vermutung, dass mind. 20 % aufgeschlagen werden können.

Wird der Zuschlag unterhalb der Grenze von 20 % einseitig durch allgemeine Geschäftsbedingungen bindend vorgegeben, so liegt hierin ein Verstoß gegen den Regelcharakter der HOAI. Auch insoweit gelten die Aussagen wie zu Umbaumaßnahmen zu Gebäuden.

Auftragnehmer, die neben der Objektplanung Gebäude zugleich auch die Planung für Umbauten und Modernisierung von Innenräumen betreiben können jedoch nach § 37 Abs. 2 HOAI für diese Innenraumplanung kein gesondertes Honorar geltend machen. Insoweit wird auf die Kommentierung zu § 37 Abs. 2 verwiesen

§ 37 Aufträge für Gebäude und Freianlagen oder für Gebäude und Innenräume

(1) § 11 Absatz 1 ist nicht anzuwenden, wenn die getrennte Berechnung der Honorare für Freianlagen weniger als 7 500 Euro anrechenbare Kosten ergeben würde.

(2) Werden Grundleistungen für Innenräume in Gebäuden, die neu gebaut, wiederaufgebaut, erweitert oder umgebaut werden, einem Auftragnehmer übertragen, dem auch Grundleistungen für dieses Gebäude nach § 34 übertragen werden, so sind die Grundleistungen für Innenräume im Rahmen der festgesetzten Mindest- und Höchstsätze bei der Vereinbarung des Honorars für die Grundleistungen am Gebäude zu berücksichtigen. Ein gesondertes Honorar nach § 11 Absatz 1 darf für die Grundleistungen für Innenräume nicht berechnet werden.

Inhaltsübersicht

I. Einleitung

§ 37 ergänzt § 11 HOAI. Nach § 11 gilt generell das Prinzip, dass die Objekte, die Gegenstand **1** des Planungsauftrages sind, getrennt abzurechnen sind. Dieser Grundsatz gilt insbesondere für die Objektplanung Gebäude und die im Zusammenhang mit dieser Planung stehenden Fachplanungen wie der technischen Gebäudeausrüstung und der Tragwerksplanung. Gleiches gilt, wenn neben der Freianlagenplanung auch Objekte der Ingenieurbauwerke und Verkehrsanlagen geplant werden, z. B. Brückenbauwerke in neu geplanten Parkanlagen.

§ 37 regelt eine Ausnahme von diesem Prinzip und zwar bezogen auf Leistungen der Objektplanung Gebäude, Freianlagen und Innenräume für ein einheitliches Projekt. Die Leistungsinhalte liegen häufig so dicht nebeneinander, dass es nicht gerechtfertigt ist, für jedes Projekt eine getrennte Abrechnung vorzunehmen. Diese Vorschrift nimmt damit die alte Regelung aus der HOAI 1996 wieder auf.

II. Abgrenzung der Honorarberechnung Objektplanung Gebäude und Objektplanung Freianlagen

§ 37 Abs. 1 befasst sich mit der Abgrenzung der Objektplanung Gebäude von der Objektplanung **2** Freianlagen. Sie betrifft ausschließlich den Fall, dass dem Auftragnehmer neben der Objektplanung Gebäude für das gleiche Projekt auch die Freianlagenplanung (Gartenplanung) übertragen ist. Dabei ist gleichgültig, ob dem Auftragnehmer für die Objektplanung Gebäude im gleichen Vertrag auch die Objektplanung der Freianlagen übertragen wird, oder ob zwei Verträge gemacht werden. Gleichgültig, ob diese im zeitlichen Zusammenhang zustande gekommen sind, ist allein maßgeblich, dass der AN für das gleiche Projekt neben der Objektplanung Gebäude die Objektplanung für die Freianlagen übernommen hat.

Für diesen Fall sagt § 37, dass der Auftragnehmer die Freianlagenplanung nicht gesondert abrechnen darf, wenn die anrechenbaren Kosten für die Freianlagen € 7.500,00 nicht übersteigen.

In diesen Fällen sind die anrechenbaren Kosten für die Freianlagen bis zu diesem Wert von € 7.500,00 den anrechenbaren Kosten für die Objektplanung Gebäude hinzuzurechnen. Die Leistungen der Freianlagenplanungen werden sozusagen mit der Objektplanung für das Gebäude abgegolten.

3 Die Bemessungsgrenze für diese Regelung sind anrechenbaren Kosten von € 7.500,00. Es fragt sich, wieso es zu diesem geringen Ansatz kommt. De facto sind kaum Freianlagen denkbar, die sich mit € 7.500,00 zuzüglich Umsatzsteuer auch realisieren lassen. Es stellt sich deshalb die Frage, welchen Sinn diese Abgrenzungsregelung haben soll.

Dieser Abgrenzungswert geht auf die erste Fassung der HOAI 1976 zurück. In § 18 HOAI 1976 war er auf DM 15.000,00 festgeschrieben. Nachzuvollziehen ist diese Regelung nur vor dem Hintergrund, dass Hochbauarchitekten damaliger Zeit die Garten und Freianlagenplanung im Rahmen ihrer Gebäudeplanung selbst in die Hand genommen haben, ohne Landschaftsarchitekten einzuschalten. Der niedrige Ansatz des Grenzwertes sollte den Auftraggeber dazu bringen, die Freianlagen als eigenständige Objektplanung zu begreifen, für die ein Landschaftsarchitekt einzuschalten ist.

Mit den gestiegenen Anforderungen an die Gestaltung unserer Umwelt sind diese Aufgaben auch in der täglichen Praxis den Landschaftsarchitekten ohnehin zugefallen, sodass es einer Abgrenzungsregelung heute nicht mehr bedarf.

Die Freianlagenplanung hat sich als eigenständiges Leistungsprofil etabliert, sodass es bei dem generellen Grundsatz verbleiben kann, dass die Objektplanung Freianlagen generell getrennt von der Objektplanung Gebäude abzurechnen ist. § 37 Abs. 1 hat seine ursprüngliche Bedeutung danach verloren.

III. Abgrenzung Objektplanung Gebäude und Objektplanung Innenräume

4 Anders als bei der Abgrenzung Freianlage und Objektplanung Gebäude verhält es sich bei der Objektplanung Gebäude und Innenräume. Zur Gebäudeplanung gehört auch generell die Innenraumplanung. Dies ist im Normalfall ein Objekt und danach auch einheitlich abzurechnen, zumal die Leistungen stets aus der Feder eines Architekten stammen. Die HOAI 2009 hat dies noch anders gesehen. Sie sah in der Innenraumplanung eine in jedem Fall vorzunehmende getrennte Berechnung der Innenraumplanung von der Gebäudeplanung. Dies führte dazu, dass der Architekt die Gebäudeplanung nach der Honorartafel für die Objektplanung abgerechnet hat und gegebenenfalls auch einzelne Innenräume gesondert zum Gegenstand der Honorarberechnung gemacht hat. Dies war ein Fehler, den der Verordnungsgeber mit der Neuregelung des § 37 wieder rückgängig gemacht hat. Er kommt damit auf die Regelungspraxis des § 25 HOAI 1996 zurück, die sich auch tatsächlich bewährt hat.

Je nach den Nutzungsanforderungen des Gebäudes können jedoch besondere Anforderungen an die Innenraumplanung gestellt sein. Innenarchitekten sind hierfür speziell und gesondert ausgebildet. Diese Planungsaufgabe ist ihre Domäne. Die Architektenkammern der Länder führen Architektenlisten für die Berufsgruppe der Architekten und Innenarchitekten gesondert in Listen auf. Sie erkennen damit zwei Berufsgruppen an, die sich unterschiedlichen Aufgaben zuwenden, der Innenarchitekt der Gestaltung und dem Innenausbau von Räumen, der Architekt der sich für das gesamte Gebäude verantwortlich zeichnet.

Der Verordnungsgeber hat zu dieser Abgrenzungsproblematik keine objektive an der Definition für einzelne Objekte orientierte Begriffsbestimmung gefunden. Der Verordnungsgeber geht vielmehr davon aus, dass der Auftraggeber bei Vorliegen besonderer Anforderungen an die Innenraumgestaltung von sich aus, neben dem Architekten für das Gebäude, noch einen Innenarchitekten für diese Aufgabenstellung beauftragt. Die Überschneidung der Planung des Hochbauarchitekten mit dem des Innenarchitekten zeigt sich insbesondere bei Raumgestaltungsaufgaben, die ganz besonderen Anforderungen gerecht werden müssen. Dies kann zum einen ein hochwertig ausgestatteter Wohnraum sein oder die Ausgestaltung von Räumen innerhalb neugebauter

Messehallen. Klassische Aufgabenfelder für Innenarchitekten finden sich bei der Gestaltung von Bahnhöfen, Flughäfen, Terminals, Museen, Kirchen, Theater und Spielstätten, etc.

In den Fällen der getrennten Beauftragung bleibt es bei einer getrennten Abrechnung. Der Hochbauarchitekt legt die für das Gebäude maßgebenden anrechenbaren Kosten zugrunde, wobei die Kosten für den speziellen Innenausbau, die von dem Innenarchitekten geplant und ausgeführt werden, nur soweit zu berücksichtigen sind, als sie in die Hochbauplanung eingreifen. **5**

Das Prinzip der getrennten Honorarabrechnung erfolgt allerdings nur dann, wenn Hochbauarchitekt und Innenarchitekt getrennte Personen sind. Ein Hochbauarchitekt, der neben seinem Architektenvertrag auch einen Vertrag über die Innenarchitektur abschließt, kann seinen Hochbauvertrag nur einheitlich abrechnen. Eine getrennte Abrechnung findet nicht statt. Dies gilt auch für den Generalplaner, der die Planung des Hochbaus und auch der Innenräume im Vertrag übernommen hat und zwar unabhängig davon, ob er sich zur Erledigung dieser Aufgabenstellung einer Unterstützung des Innenarchitekten bedient. Auch hier bleibt es bei dem Prinzip der einheitlichen Abrechnung.

Vor diesem Hintergrund ist die Regelung des § 37 Abs. 2 zu verstehen.

Im Einzelnen folgt hieraus:

Gegenübergestellt wird die Objektplanung Gebäude und die Objektplanung für Innenräume in Gebäuden, die neugebaut, wieder aufgebaut, erweitert oder umgebaut werden. Das sind die üblichen Aufgabenstellungen die die Überschneidungen zwischen der Planung des Hochbaus und der Innenräumen zum Gegenstand haben. **6**

Nicht erfasst sind die Leistungen der Modernisierung, Instandsetzung und Instandhaltung. Treffen solche Leistungen auf eine Innenraumplanung in bestehenden Gebäuden, so sind die Leistungsgegenstände so verschieden, dass stets eine getrennte Abrechnung zu erfolgen hat, unabhängig davon, ob der Auftraggeber nur einen Auftragnehmer oder Architekten und einen Innenarchitekten jeweils gesondert beauftragt.

Das Verbot der getrennten Abrechnung gilt jedoch nur in Bezug auf die Grundleistungen, die der Architekt und der Innenarchitekt gleichermaßen für ihre Aufgabenstellung beauftragt bekommen haben.

Hat z. B. der Hochbauarchitekt die Grundleistungen der Leistungsphase 1 bis 4 eines Gebäudes im Auftrag, so kann er ohne Weiteres die Grundleistungen für die Leistungsphasen 5 bis 9 für einzelne beauftragte Innenraumplanungen gesondert abrechnen. Dies sind unterschiedliche Auftragsgegenstände und damit unterschiedliche Objekte.

Beauftragt der Auftraggeber den Auftragnehmer mit der Objektplanung Gebäude und hinsichtlich einzelner Räume zugleich mit einer speziellen Innenraumplanung (häufig anzutreffen in einem Generalplanervertrag) so ist der Auftragnehmer gehalten, das Honorar nach der Objektplanung Gebäude zu bestimmen. Eine gesonderte Honorarabrechnung für den einzelnen Innenraum, der geplant wird, findet nicht statt. **7**

Dennoch findet diese spezielle Innenraumplanung bei der Honorierung der Objektplanung Berücksichtigung.

Bei der Honorarzonenfindung wird der Schwierigkeitsgrad zu berücksichtigen sein, der sich aus der speziellen Innenraumplanung ergibt.

Bei der Ermittlung der anrechenbaren Kosten werden die teilweise als Ergebnis der Innenraumplanung erforderlichen zusätzlichen erhöhten Ausbaukosten zu berücksichtigen sein.

Die Berücksichtigung der Innenraumplanung bei der Bildung der Honorarzonen und der Ermittlung der anrechenbaren Kosten stellt zwingend zu beachtendes Honorarrecht dar.

Hinsichtlich des Honorarsatzes zwischen Mindest- und Höchstsatz schreibt der Verordnungsgeber vor, dass die Innenraumplanung bei der Festlegung des Honorarsatzes zwischen Mindest- und Höchstsatz zu **berücksichtigen ist**. **8**

Die Parteien werden nach dem Text der Verordnung damit zwingend angehalten, die Honorarspanne zwischen Mindest- und Höchstsatz auszunutzen.

In der Regel wird deshalb die Festsetzung des Mindestsatzes in solchen Fällen zu einem Verstoß gegen § 37 Abs. 2 führen, da damit eine Berücksichtigung der Innenraumplanung gerade nicht stattfindet. Die HOAI sieht für diesen Fall allerdings keine Sanktion vor. Das Honorar kann mit der Festlegung auf den Mindestsatz bei individuellen Vertragsverhandlungen als HOAI konform angesehen werden, wenn der Schwierigkeitsgrad der Bearbeitung für die Innenraumplanung ihren Niederschlag in der Honorarzonenfindung gefunden hat.

Bedeutung gewinnen diese Überlegungen bei Ausschreibungen von Architektenleistungen. Werden in solchen Fällen die Honorarzonen vom Auftraggeber einseitig vorgegeben, so kommt es schon darauf an, ob die Honorarzonenfindung die Schwierigkeit der Innenraumplanung berücksichtigt hat, was für den Bieter nur dann zu erkennen ist, wenn dies offengelegt wird. Geschieht dies nicht und bietet der Auftragnehmer im Interesse des Auftragserhaltes – wie fast immer – den Mindestsatz an, so bleibt die Frage zu prüfen, ob dieses Bietgebot im Hinblick auf die Regelung des § 37 Abs. 2 mit seinem Zwang zur Ausschöpfung des Honorarrahmens nach vergaberechtlichen Gesichtspunkten noch Gültigkeit besitzen kann.

Teil 3: Objektplanung
Abschnitt 2: Freianlagen

§ 38 Besondere Grundlagen des Honorars

(1) Für Grundleistungen bei Freianlagen sind die Kosten für Außenanlagen anrechenbar, insbesondere für folgende Bauwerke und Anlagen, soweit diese durch den Auftragnehmer geplant oder überwacht werden:

1. Einzelgewässer mit überwiegend ökologischen und landschaftsgestalterischen Elementen,
2. Teiche ohne Dämme,
3. flächenhafter Erdbau zur Geländegestaltung,
4. einfache Durchlässe und Uferbefestigungen als Mittel zur Geländegestaltung, soweit keine Grundleistungen nach Teil 4 Abschnitt 1 erforderlich sind,
5. Lärmschutzwälle als Mittel zur Geländegestaltung,
6. Stützbauwerke und Geländeabstützungen ohne Verkehrsbelastung als Mittel zur Geländegestaltung, soweit keine Tragwerke mit durchschnittlichem Schwierigkeitsgrad erforderlich sind,
7. Stege und Brücken, soweit keine Grundleistungen nach Teil 4 Abschnitt 1 erforderlich sind,
8. Wege ohne Eignung für den regelmäßigen Fahrverkehr mit einfachen Entwässerungsverhältnissen sowie andere Wege und befestigte Flächen, die als Gestaltungselement der Freianlagen geplant werden und für die keine Grundleistungen nach Teil 3 Abschnitt 3 und 4 erforderlich sind.

(2) Nicht anrechenbar sind für Grundleistungen bei Freianlagen die Kosten für

1. das Gebäude sowie die in § 33 Absatz 3 genannten Kosten und
2. den Unter- und Oberbau von Fußgängerbereichen, ausgenommen die Kosten für die Oberflächenbefestigung.

Inhaltsübersicht

I. Einleitung

1   Die Vorschriften der §§ 38–40 regeln die Grundlage für die Honorarermittlung für Grundleistungen der Freianlagen.

Die Regelung des § 38 beschreibt besondere Grundlagen des Honorars für Leistungen bei Freianlagen. Sie befasst sich im Einzelnen mit der Bestimmung der anrechenbaren Kosten. Die Verwendung des Begriffes „besondere" soll verdeutlichen, dass die Regelungen des § 38 neben den allgemeinen Grundlagen des Honorars in § 6 des Allgemeinen Teils gelten sollen. § 38 Abs. 1 und 2 bestimmt die Regelungen für die Ermittlung der anrechenbaren Kosten.

2   Mit den Regelungen des § 39 erhält die Planung für Freianlagen ein eigenes Leistungsbild. Die Definition der Leistungsbilder findet sich in Anlage 11.

§ 40 beschreibt die Honorierung für Leistungen bei Freianlagen. § 40 Abs. 1 setzt die Mindest- und Höchstgrenze gem. der Honorartafel fest. § 40 Abs. 2–4 enthält die Bewertungsmerkmale und Punkte für die Einordnung in die jeweilige Honorarzone. Die Objektliste mit der Einteilung der Freianlagen in Honorarzonen befindet sich in Anlage 11 zu §§ 39 Absatz 4, 40 Absatz 5.

Grundsätzlich gilt nach dem Berechnungssystem der HOAI, dass für jede spezielle Fachplanungsleistung das Honorar nach den jeweils zutreffenden anrechen Kosten gesondert zu berechnen ist. Die Objektplanung Gebäude wird berechnet nach § 33, während die Objektplanung Freianlagen sich nach § 38 beurteilt.

II. Umbauzuschlag für Freianlagen

3   In der alten Fassung der HOAI stellte sich die Frage, ob im Bereich der Freianlagenplanung entsprechende Zuschläge vereinbart werden können. In § 40 Abs. 6 wird nun darauf hingewiesen, dass die Regelungen zum Umbauzuschlag für Freianlagen analog dem § 36, Absatz 1 anzuwenden sind.

III. Anrechenbare Kosten im Sinne des § 38 Abs. 1

4   § 38 Abs. 1 behandelt ausschließlich die anrechenbaren Kosten. Dabei wird geregelt, dass für die Grundleistungen bei Freianlagen die Kosten für die Außenanlagen anrechenbar sind, insbesondere für die nachfolgend aufgeführten Bauwerke und Anlagen, soweit diese durch den Auftragnehmer geplant oder überwacht werden. Durch die Einfügung des Hinweises „insbesondere" wird deutlich gemacht, dass die in Nr. 1 bis 8 aufgeführten Bauwerke und Anlagen nicht mehr abschließend, sondern beispielhafte Elemente der Außenanlagen darstellen.

1. Einzelgewässer mit überwiegend ökologischen und landschaftsgestalterischen Elementen

5   Es handelt sich hierbei um Gewässer, die aus ökologischen und landschaftsgestalterischen Gründen in die Planung der Freianlage aufgenommen worden sind und somit eine vorrangig ökologische und gestalterische Bedeutung besitzen. Unter diesen einzelnen Gewässern werden keine Objekte der Wasserwirtschaft verstanden, die einem speziellen Nutzungszweck zugeführt werden.

2. Teiche ohne Dämme

6   Hierunter sind stille Gewässer zu verstehen, die im Bereich des Aufbaus von Feuchtbiotopen oder generell aus ökologischen Gründen in die Freianlage integriert sind. Weist der Teich einen Damm auf, so handelt es sich um eine Planung des Wasserbaus, die nach Teil 3 Abschnitt 3 zu beurteilen ist. Wird diese Leistung von dem Auftragnehmer der Freianlage ausgeführt, so steht

ihm für diese Planung des Teiches einschließlich Damm das hierfür nach Teil 3 Abschnitt 3 vorgesehene Ingenieurhonorar zu. Abzugrenzen von Dammbauten sind notwendige Ufer- und Randbefestigungen von solchen Leistungen, die nicht Gegenstand einer Objektplanung des Wasserbaus sind.

3. Flächenhafter Erdbau zur Geländegestaltung

Eines der wichtigsten gestalterischen Momente findet seinen Ausdruck in flächenhaften Erdbau zur Geländegestaltung. Dieser erfolgt zumeist aus geologischen, ökologischen und insbesondere auch aus gestalterischen Gründen. Da Erdbaumaßnahmen ebenfalls Gegenstand von Ingenieurleistungen sein können, ist hier nach den Planungszielen abzugrenzen. Werden Erdbaumaßnahmen lediglich mit der Absicht der Geländegestaltung ausgeführt, sind sie mit den anrechenbaren Kosten gem. § 38 abzurechnen. **7**

4. Einfache Durchlässe und Uferbefestigungen als Mittel zur Geländegestaltung, soweit keine Leistungen nach Teil 4 Abschnitt 1 erforderlich sind

Hier steht ebenfalls der typische Planungsanteil des Landschaftsarchitekten im Bereich einer Freianlagenplanung im Vordergrund. Einfache Durchlässe, die als Mittel zur Geländegestaltung geplant werden, sind mit den vollen Kosten anrechenbar. Die ergänzende Korrektur auf Grundleistungen nach Teil 4 Abschnitt 1 macht deutlich, dass es sich hierbei nur um Tragwerkplanung handeln kann. **8**

5. Lärmschutzwälle als Mittel zur Geländegestaltung

Werden Lärmschutzwälle als Mittel der Geländegestaltung eingesetzt, sind sie in vollem Umfang anrechenbar. Hier tritt der Gestaltungsaspekt in besonderem Maß in den Vordergrund. Neben der beabsichtigten Nutzung als Lärmschutzwall kommt es deshalb auf die Geländegestaltung an. **9**

6. Stützbauwerke und Geländeabstützung ohne Verkehrsbelastung als Mittel zur Geländegestaltung, soweit keine Tragwerke mit durchschnittlichem Schwierigkeitsgrad erforderlich sind

Mit dem zweiten Halbsatz „soweit keine Tragwerke mit durchschnittlichem Schwierigkeitsgrad erforderlich sind" soll klargestellt werden, dass die Einschränkung für die Tragwerksplanung ab der Honorarzone III gilt. **10**

7. Stege und Brücken, soweit keine Leistungen nach Teil 4 Abschnitt 1 erforderlich sind

Fertige Stege und Brücken, die keinen statischen Nachweis nach Teil 4 erfordern, können nicht als Objekte des Ingenieurbaus nach Teil 4 Abschnitt 1 abgerechnet werden und gehören deshalb zu den anrechenbaren Kosten der Freianlagen. Die ergänzende Korrektur auf Grundleistungen nach Teil 4 Abschnitt 1 macht deutlich, dass es sich hierbei nur um Tragwerkplanung handeln kann. **11**

Maßgebend ist, ob für die Errichtung des Stegs oder der Brücke eine Tragwerksplanung erforderlich ist. Ist diese erforderlich und ist die Brücke von dem Auftragnehmer selbst geplant, so steht ihm für dieses Einzelobjekt das nach Teil 4 Abschnitt 1 zu bildende Honorar zu.

8. Wege ohne Eignung für den regelmäßigen Fahrverkehr mit einfachen Entwässerungsverhältnissen sowie andere Wege und befestigte Flächen, die als Gestaltungselemente der Freianlagen geplant werden und für die keine Grundleistungen nach Teil 3 Abschnitt 3 und 4 erforderlich sind

Auch diese Leistungsbeschreibung stellt darauf ab, was typischerweise zur Planung einer Freianlage durch einen Landschaftsarchitekten gehört. In großflächigen Parkanlagen finden sich stets auch Wege, die vereinzelt mit Fahrzeugen befahren werden können (z. B. Blaulichtfahrzeuge). Diese sind im Zuge der Freianlagenplanung zu bearbeiten und gehören deshalb auch in den Bereich der anrechenbaren Kosten. Die Abgrenzung zwischen dem Fahrweg, der als Ge- **12** staltungselement Bestandteil der Freianlage ist, zu dem Verkehrsweg nach Teil 3 wird dadurch hergestellt, dass für das Objekt der Freianlagenplanung eine fachspezifische Planung nach Teil 3 nicht erforderlich ist.

Wie bereits § 37 Abs. 1 alte Fassung enthält die neue Regelung des § 38 Abs. 1 Nr. 1–8 nur einen beispielhaft aufgezählten Katalog von immer wieder auftretenden Einzelobjekten. Der beispielhafte Katalog besagt allerdings auch, dass Objekte, die als solche in § 38 Abs. 1 Nr. 1–8 nicht aufgeführt sind, zu den anrechenbaren Kosten der Freianlagen gehören können, wenn sie Bestandteil der Freianlage sind. Sollten im Einzelfall Objekte zu diskutieren sein, bei denen ein Abgrenzungsproblem zu Verkehrsanlagen besteht, so kommt es maßgebend darauf an, ob das Einzelobjekt fachspezifisch nach Straßenbau oder verkehrstechnischen Gesichtspunkten im Sinne des § 42 zu planen ist. Es wird immer darauf ankommen, worauf das Schwergewicht der Planung liegt. Liegt es in der gestalterischen Einfügung des Einzelobjektes in die Freianlage und insbesondere unter Beachtung ökologischer und geologischer Bedingungen, so handelt es sich nicht um ein getrennt nach Teil 3 abzurechnendes Einzelobjekt, sondern um ein Objekt, welches in die Freianlage integriert ist.

IV. § 38 Abs. 2

13   § 38 Abs. 2 beschreibt die nicht anrechenbaren Kosten für Leistungen bei Freianlagen und übernimmt im Wesentlichen die Regelung des § 37 Abs. 2 alte Fassung.

Demnach gilt (§ 38 Abs. 2 Nr. 1): Nicht anrechenbar sind für Grundleistungen bei Freianlagen die Kosten

1. für das Gebäude sowie die in § 33 Abs. 3 genannten Kosten.

    Das sind *„insbesondere die Kosten für das Herrichten, für die nicht öffentliche Erschließung sowie für Leistungen zur Ausstattung und zu Kunstwerken, soweit der Auftragnehmer die Leistungen weder plant noch bei der Beschaffung mitwirkt oder ihre Ausführung oder ihren Einbau fachlich überwacht".*

2. für den Unter- und Oberbau von Fußgängerbereichen, ausgenommen die Kosten für die Oberflächenbefestigung.

Es entsprach dem bisherigen Recht, dass Kosten für das Herrichten, die nicht öffentliche Erschließung sowie Leistungen für Ausstattung und Kunstwerke nicht anrechenbar sind, soweit der Auftragnehmer sie nicht plant, bei der Beschaffenheit mitwirkt oder ihre Ausführung oder ihren Einbau fachlich überwacht (§ 33 Abs. 3). Dem Wortlaut des Gesetzestextes war dies im Rahmen der Verweisung so direkt nicht zu entnehmen. Durch die neue Formulierung in § 33 Abs. 3 im 3. und 4. Halbsatz „... *soweit der Auftragnehmer die Leistung weder plant noch bei der Beschaffung mitwirkt oder ihre Ausführung oder ihren Einbau fachlich überwacht"* wurden jedwede Zweifel genommen.

Die Abgrenzung von Ingenieurbauwerken, Verkehrsanlagen und Freianlagen und die damit zusammenhängenden Fragen der korrekten Abrechnung bzw. Honorierung werden auch mit der 7. HOAI-Novelle nicht obsolet. Nach wie vor bietet die HOAI keine Systematik, mit der eine zweifelsfreie Zuordnung zu bestimmen ist. Der Landschaftsarchitekt darf für Leistungen bei Freianlagen nach wie vor die Kosten des Unterbaus und der Tragschicht nicht berücksichtigen. Sofern er hierzu Planungsleistungen erbringt, sind diese jedoch zwingend nach den Regelungen für Verkehrsanlagen getrennt voneinander abzurechnen, andernfalls im Rahmen einer Honorarklage Abweisung wegen einer nicht prüffähigen Rechnung droht.

V. § 38 Abs. 3

14   § 37 Abs. 3 der alten Fassung folgte dem Trennungsgrundsatz der Honorarermittlung von Gebäuden und Freianlagen. Der Architekt, der die Außenanlagen ohne weitere Einschaltung eines

Landschaftsarchitekten plant, berechnete sein Honorar zusätzlich nach § 40. Es findet eine strikte Trennung vom Architektenhonorar statt. Bei Fehlen einer zuvor ausgehandelten Vergütung sind die Mindestsätze zu berechnen, die für die geplante uns ausgeführte Freianlage geregelt sind. Eine Ausnahme von diesem Grundsatz galt dann, wenn die anrechenbaren Kosten des Gebäudes € 7.500 unterschritten. Es entfiel dann eine getrennte Honorarabrechnung. Der Architekt, der gleichzeitig die Freianlage plante, hatte die anrechenbaren Kosten für die Freianlage zu den anrechenbaren Kosten des Gebäudes zu addieren.

In der neuen HOAI erfolgte die Streichung der Bagatellklausel im Verhältnis von Freianlagen zu Gebäuden. Umgekehrt gilt sie jedoch noch.

§ 39 Leistungsbild Freianlagen

(1) **Freianlagen sind planerisch gestaltete Freiflächen und Freiräume sowie entsprechend gestaltete Anlagen in Verbindung mit Bauwerken oder in Bauwerken und landschaftspflegerische Freianlagenplanungen in Verbindung mit Objekten.**

(2) **§ 34 Absatz 1 gilt entsprechend.**

(3) **Die Grundleistungen bei Freianlagen sind in neun Leistungsphasen unterteilt und werden wie folgt in Prozentsätzen der Honorare des § 40 bewertet:**
1. **für die Leistungsphase 1 (Grundlagenermittlung) mit 3 Prozent,**
2. **für die Leistungsphase 2 (Vorplanung) mit 10 Prozent,**
3. **für die Leistungsphase 3 (Entwurfsplanung) mit 16 Prozent,**
4. **für die Leistungsphase 4 (Genehmigungsplanung) mit 4 Prozent,**
5. **für die Leistungsphase 5 (Ausführungsplanung) mit 25 Prozent,**
6. **für die Leistungsphase 6 (Vorbereitung der Vergabe) mit 7 Prozent,**
7. **für die Leistungsphase 7 (Mitwirkung bei der Vergabe) mit 3 Prozent,**
8. **für die Leistungsphase 8 (Objektüberwachung – Bauüberwachung und Dokumentation) mit 30 Prozent und**
9. **für die Leistungsphase 9 (Objektbetreuung) mit 2 Prozent.**

(4) **Anlage 11 Nummer 11.1 regelt die Grundleistungen jeder Leistungsphase und enthält Beispiele für Besondere Leistungen.**

Inhaltsübersicht

I. Allgemeine Erläuterung

1 Freianlagen sind nach der Definition des Verordnungsgebers in § 39, Nr. 1 planerisch gestaltete Freiflächen und Freiräume, sowie entsprechend gestaltete Anlagen in Verbindung mit Bauwerken oder in Bauwerken und landschaftspflegerische Freianlagenplanungen in Verbindung mit Objekten.

Durch die Einfügung des letzten Halbsatzes werden somit auch Freianlagen erfasst, die nicht planerisch gestaltet werden, sondern landschaftspflegerisch geprägt sind. Der abschließende Hinweis „in Verbindung mit Objekten" schafft allerdings Unklarheit, da es sich auch um eigenständige Maßnahmen handeln kann. Hiernach ist zu unterscheiden, gemäß der Anlage 11 zu §§ 39 Absatz 4, 40 Absatz 5, in 11.2 Objektliste Freianlagen, nach

Objekte
In der freien Landschaft
— einfache Geländegestaltung
— Einsaaten in der freien Landschaft
— Pflanzungen in der freien Landschaft oder Windschutzpflanzungen, mit sehr geringen oder geringen Anforderungen
— Pflanzungen in der freien Landschaft mit natur- und artenschutzrechtlichen Anforderungen (Kompensationserfordernissen)

Objekte

— Flächen für den Arten- und Biotopschutz mit differenzierten Gestaltungsansprüchen oder mit Biotopverbundfunktion

— Naturnahe Gewässer- und Ufergestaltung

— Geländegestaltungen und Pflanzungen für Deponien, Halden und Entnahmestellen mit geringen oder durchschnittlichen Anforderungen

— Freiflächen mit einfachen Ausbau bei kleineren Siedlungen, bei Einzelbauwerken und bei landwirtschaftlichen Aussiedlungen

— Begleitgrün zu Objekten, Bauwerken und Anlagen mit geringen oder durchschnittlichen Anforderungen

In Stadt- und Ortslagen

— Grünverbindungen ohne besondere Ausstattung

— innerörtliche Grünzüge, Grünverbindungen mit besonderer Ausstattung

— Freizeitparks und Parkanlagen

— Geländegestaltung ohne oder mit Abstützungen

— Begleitgrün zu Objekten, Bauwerken und Anlagen sowie an Ortsrändern

— Schulgärten und naturkundliche Lehrpfade und –gebiete

— Hausgärten und Gartenhöfe mit Repräsentationsansprüchen

Gebäudebegrünung

— Terrassen- und Dachgärten

— Bauwerksbegrünung vertikal und horizontal mit hohen oder sehr hohen Anforderungen

— Innenbegrünung mit hohen oder sehr hohen Anforderungen

— Innenhöfe mit hohen oder sehr hohen Anforderungen

Spiel- und Sportanlagen

— Ski- und Rodelhänge ohne oder mit technischer Ausstattung

— Spielwiesen

— Ballspielplätze, Bolzplätze mit geringen oder durchschnittlichen Anforderungen

— Sportanlagen in der Landschaft, Parcours, Wettkampfstrecken

— Kombinationsspielfelder, Sport-, Tennisplätze u. Sportanlagen mit Tennenbelag oder Kunststoff- oder Kunstrasenbelag

— Spielplätze

— Sportanlagen Typ A bis C oder Sportstadien

— Golfplätze mit besonderen natur- und artenschutzrechtlichen Anforderungen oder in stark reliefiertem Geländeumfeld

— Freibäder mit besonderen Anforderungen; Schwimmteiche

— Schul- und Pausenhöfe mit Spiel- und Bewegungsangebot

Sonderanlagen

— Freilichtbühnen

— Zelt- oder Camping- oder Badeplätze, mit durchschnittlicher oder hoher Ausstattung oder Kleingartenanlagen

Objekte
Objekte
— Friedhöfe, Ehrenmale, Gedenkstätten, mit hoher oder sehr hoher Ausstattung
— Zoologische und botanische Gärten
— Lärmschutzeinrichtungen
— Garten- und Hallenschauen
— Freiflächen im Zusammenhang mit historischen Anlagen, historische Park- und Gartenanlagen, Gartendenkmale
Sonstige Freianlagen
— Freiflächen mit Bauwerksbezug, mit durchschnittlichen topographischen Verhältnissen oder durchschnittlicher Ausstattung
— Freiflächen mit Bauwerksbezug, mit schwierigen oder besonders schwierigen topographischen Verhältnissen oder hoher oder sehr hoher Ausstattung
— Fußgängerbereiche und Stadtplätze mit hoher oder sehr hoher Ausstattungsintensität

Dieser, gegenüber der alten HOAI umfangreich gestaltete Katalog von Bauwerken und Anlagen, beschreibt, wenn auch nicht abschließend, die einzelnen Kostengruppen

§ 39 Absatz 2

§ 34 Absatz 1 gilt entsprechend.

2 Das Leistungsbild der Freianlagen enthält keine inhaltlichen Änderungen gegenüber § 38 der alten Fassung. Auch für den Landschaftsarchitekten gilt, dass die in Anlage 11 zu §§ 39 Abs. 4, 40 Abs. 5 HOAI beschriebenen Leistungsbilder einen Leistungsbestimmungskatalog darstellen. Insbesondere der Hinweis in Absatz 4 „und enthält Beispiele für Besondere Leistungen" bedeutet eine Klarstellung, weil die Besonderen Leistungen in der Anlage nicht abschließend erfasst sind. Gerade dann, wenn die Werkvertragsparteien die HOAI nicht zum Leistungsbild des Werkvertrages erhoben haben, wird die HOAI auch für den Landschaftsarchitekten mit seinen Leistungsbildern bei der Bestimmung des Leistungsumfanges von erheblicher Bedeutung sein. Das Leistungsbild ist nach § 39 Abs. 3 nach wie vor in neun Leistungsphasen unterteilt, wobei die Vomhundertsätze des § 38 a. F. in 5 Leistungsphasen verändert wurden.

In der Leistungsphase 3 (Entwurfsplanung) erhöhen sich die Vomhundertsätze um einen Prozentpunkt.

Die Leistungsphase 4 (Genehmigungsplanung) ist um zwei Prozentpunkte geändert.

In der Leistungsphase 5 (Ausführungsplanung) und 8 (Objekt-/ Bauüberwachung und Dokumentation) erhöhen sich die Vomhundertsätze um jeweils einen Prozentpunkt.

Die Leistungsphase 9 (Objektbetreuung) ist wiederum um einen Prozentpunkt reduziert.

Die einzelnen Leistungen jeder Leistungsphase sind in Anlage 11 (zu § 39 Abs. 4 und § 40 Abs. 5) beschrieben. Sie stellen demnach ein Abbild dessen dar, was ein Landschaftsarchitekt üblicherweise zur ordnungsgemäßen Erfüllung seiner Aufgaben im Rahmen der Freianlagenplanung zu leisten hat. Besondere Leistungen befinden sich entsprechend der Systematik des § 3 Abs. 3 in Anlage 11, 11.1.

3 Die Ergänzungen in § 39 Abs. 1 „und landschaftspflegerische Freianlagenplanungen in Verbindung mit Objekten" ist eingefügt, um Freianlagen zu erfassen, die nicht „planerisch gestaltet" werden, sondern „landschaftspflegerisch" geprägt sind. Der Hinweis „in Verbindung mit Objekten" ist unklar.

4 Entsprechend dem Verweis in § 39 Abs. 2 gilt § 34 Abs. 1 auch für Freianlagen.

Das Leistungsbild Freianlagen umfasst demnach Leistungen für Neubauten, Neuanlagen, Wiederaufbauten, Erweiterungsbauten, Umbauten, Modernisierungen, Instandsetzungen und Instandhaltungen.

Mit der Neufassung der HOAI erfolgt nicht nur eine veränderte Bewertung der Prozentsätze sondern auch eine Modifizierung/ Ergänzung/ Neuordnung der Leistungsanforderungen in den einzelnen Leistungsphasen. **5**

In der Leistungsphase 1 (Grundlagenermittlung) wird

a) die Klärung der Aufgabenstellung durch die Ergänzung *„aufgrund der Vorgaben oder Bedarfsplanung des Auftraggebers oder vorliegender Planungs- und Genehmigungsunterlagen"* eine erforderliche Voraussetzung.

b) (neu) die Ortsbesichtigung obligatorisch

c) (ehem. b) ist die Ergänzung *„und Untersuchungsbedarf"* eine redaktionelle Ergänzung

d) (ehem. c) bleibt unverändert

e) (ehem. d) bedeutet die Ergänzung *„Erläutern und Dokumentieren"* einen deutlichen Mehraufwand.

In der Leistungsphase 2 (Vorplanung) wird

a) die Ergänzung *„Abstimmen der Leistungen mit den fachlich an der Planung Beteiligten"* zu einer obligatorischen Abstimmung der eigenen Leistungen mit deren Dritter.

b) bleibt unverändert

c) *„Erfassen, Bewerten und Erläutern der Wechselwirkungen im Ökosystem"* ist inhaltlich neu formuliert und dabei reduziert auf Wechselwirkungen. Dies stellt jedoch keinen Minderaufwand dar!

d) die neue Formulierung *„von Varianten"* ersetzt *„alternative Lösungsmöglichkeiten"* und im Folgenden *„unter Berücksichtigung"* zum Beispiel
   – der Topographie und der weiteren standörtlichen und ökologischen Rahmenbedingungen.
   – der Umweltbelange einschl. der natur- und artenschutzrechtlichen Anforderungen und vegetationstechnischen Bedingungen.
   – der gestalterischen und funktionalen Anforderungen sind freianlagenspezifisch in ihrem Leistungsbild.
   – Klären der wesentlichen Zusammenhänge, Vorgänge und Bedingungen ist eine obligatorische Leistung.
   – *„Abstimmen oder Koordinieren ..."* wurde redaktionell neu gefasst.

e) *„mit Erläuterungen und Angaben zum terminlichen Ablauf"* ist kein Terminplan gemeint, sonders als Hinweis auf die saisonalen Abhängigkeiten der Abfolge zu verstehen.

f) der *„Vergleich mit finanziellen Rahmenbedingungen"* verweist auf bereits vorhandene Kostenvorgaben und bedeutet einen Mehraufwand durch den Vergleich mit diesen.

g) die Ergänzung *„Erläutern und Dokumentieren"* bedeutet einen Mehraufwand durch die Dokumentierungspflicht.

In der Leistungsphase 3 (Entwurfsplanung)

a) *„auf Grundlage der Vorplanung"* setzt voraus, dass eine Vorplanung vorliegt. *„Abstimmen oder Koordinieren"* ist als Pflichtleistung obligatorisch.

b) das *„Abstimmen der Planung mit zu beteiligten Stellen und Behörden"* kann möglicherweise einen Mehraufwand bedeuten

c) wurde redaktionell neu gefasst

d) (vorher c) bleibt unverändert, jedoch ist die Abarbeitung der Eingriffsregelung als Besondere Leistung erwähnt.

e) *„einschließlich zugehöriger Mengenermittlung"* war bisher auch notwendig. Die definitive Vorlage bedeutet jedoch einen formalen Mehraufwand.

f) redaktionelle Änderung

g) *„Erläutern und Dokumentieren"* bedeutet einen Mehraufwand durch die Pflicht zur Dokumentierung.

In der Leistungsphase 4 (Genehmigungsplanung)

a) *„und zusammenstellen"* ist eine redaktionelle Ergänzung, wohingegen *„und Nachweise"* einen erheblichen Mehraufwand bedeuten kann.

b) *„sowie notwendiger Verhandlungen mit Behörden"* kann einen erheblichen Mehraufwand bedeuten, bis es zu einer Genehmigung kommt.

c) redaktionelle Neufassung

d) redaktionelle Neufassung

In der Leistungsphase 5 (Ausführungsplanung)

a) *„auf Grundlage der Entwurfs- und Genehmigungsplanung"* weist darauf hin, dass eine entsprechende Planung vorausgesetzt ist.

b) redaktionelle Neufassung

c) *„Abstimmen oder Koordinieren"* ist eine Pflichtleistung und ohnehin notwendig.

d) *„Darstellen der Freianlagen mit den für die Ausführung notwendigen Angaben, Detail- oder Konstruktionszeichnungen, insbesondere*
   - *zu Oberflächenmaterialien*
   - *zu ober- und unterirdischen Einbauten und Ausstattungen*
   - *zur Vegetation mit Angaben zu Arten, Sorten und Qualitäten*
   - *zu landschaftspflegerischen, naturschutzfachlichen oder artenschutzrechtlichen Maßnahmen"*

sind Hinweise zu typischen, in der Freianlagenplanung verwendeten Begriffe.

e) *„Fortschreiben der Angaben zum terminlichen Ablauf"* bedeutet nicht die Aufstellung eines Terminplans sondern die Anknüpfung an die Angaben aus der Leistungsphase 2.

f) (ehem. e) bleibt unverändert

In der Leistungsphase 6 (Vorbereitung der Vergabe)

a) + b) bedeutet eine Neugliederung und redaktionelle Neufassung, vorh. b) *„auf Grundlage der Ausführungsplanung"* setzt voraus, dass eine Ausführungsplanung vorliegt.

c) bleibt unverändert

d) Aufstellen eines Terminplans unter Berücksichtigung jahreszeitlicher, bauablaufbedingter und witterungsbedingter Erfordernisse.

e) Ermitteln der Kosten auf Grundlage der vom Planer bepreisten Leistungsverzeichnisse

f) Kostenkontrolle durch Vergleich der vom Planer bepreisten Leistungsverzeichnisse mit der Kostenberechnung

g) Zusammenstellen der Vergabeunterlagen

bedeuten einen neuen Leistungskatalog mit erheblichem Mehraufwand.

In der Leistungsphase 7 (Mitwirkung bei der Vergabe)

ehem. a) entfällt

a) neu (ehem. b)) bleibt unverändert

b) das *„Prüfen und Werten der Angebote zusätzlicher und geänderter Leistungen der ausführenden Unternehmen und der Angemessenheit der Preise"* bedeutet möglicherweise einen Mehraufwand, da es sein kann, dass Nachträge und Leistungsänderungen als Grundleistungen zu bearbeiten sind.

c) statt e) das *„Führen"* von Bietergesprächen reduziert die in ehemals e) beanspruchten Verhandlungen auf Gespräche.

d) bis e) sind Leistungen, die bisher schon erforderlich waren.

f) neu (ehem. g)) *„durch Vergleichen der Anschreibungsergebnisse mit den vom Planer bepreisten Leistungsverzeichnissen und den Kostenberechnungen"* bedeutet, dass der Begriff *„Kostenanschlag"* in der neuen HOAI abgeschafft ist. Die originäre Leistung jedoch bleibt.

g) neu (ehem. h)) bleibt unverändert

In der Leistungsphase 8 (Objekt-, Bauüberwachung und Dokumentation)

a) nur redaktionelle Änderungen

b) erfasst typische Leistungen der Freianlagenplanung

c) nur redaktionelle Ergänzung obligatorischer Leistungen

d) *„Fortschreiben und Überwachen des Terminplans unter Berücksichtigung jahreszeitlicher, bauablaufbedingter und witterungsbedingter Erfordernisse"*, damit ist der Terminplan aus der Leistungsphase 6 gemeint.

e) *„Dokumentation des Bauablaufes (zum Beispiel Bautagebuch), Feststellen des Anwuchsergebnisses"*, bedeutet nun auch den Einsatz von einer Kamera. Die Anwuchsergebnisse sind, jetzt formal geregelt, zu dokumentieren.

f) *„einschließlich Prüfen der Aufmaße der ausführenden Unternehmen"*, war bisher schon zwingend erforderlich.

h) *„Vergleich der Ergebnisse der Rechnungsprüfungen mit den Auftragssummen, einschl. Nachträgen"*, bedeutet eine neue Leistung und damit einen Mehraufwand.

i) *„Organisation der ... Abnahmeempfehlung für den Auftraggeber"*, bedeutet, dass die Abnahme eingeleitet werden muss und damit auch, dass eine stillschweigende Abnahme durch Innutzungnahme erfolgen kann. Die eigentliche Abnahme muss durch den Auftraggeber erfolgen.

j) neu (ehem. k)–n)) redaktionell und in der Gliederung geändert

n) *„Überwachen der Fertigstellungspflege bei vegetationstechnischen Maßnahmen"*, stellt klar, dass es sich hierbei nur um die Freiflächenpflege handelt.

o), p) (ehem. o), j)) redaktionell und in der Gliederung geändert

q) *„Systematische Zusammenstellung der Dokumentation, zeichnerische Darstellungen und rechnerische Ergebnisse des Objektes"*, bedeutet eine Übernahme der Leistungen aus Leistungsphase 9.

In der Leistungsphase 9 (Objektbetreuung)

a) *„Fachliche Bewertung"* lenkt den Focus auf das Fachliche im Gegensatz zu der juristischen Bewertung. Die Verlängerung des möglichen Fristablaufes bedeutet einen Mehraufwand und ein Mehrhaftungsrisiko für den AN.

b) Daraus ist abzuleiten, dass eine Mängelfeststellung innerhalb der Verjährungsfrist nicht unbedingt vom Auftragnehmer erbracht sondern von ihm bewertet werden muss. Die Objektbegehung vor Ablauf der Verjährungsfrist, zur Feststellung von Mängeln ist eine Grundleistung für den Auftragnehmer.

c) gegenüber der alten Fassung unverändert

II. Honorarberechnungsart

Die Honorarberechnungsart folgt den Grundsätzen für die Honorarberechnung bei Gebäuden. **6** Es ist die Honorarzone, der das Objekt nach § 40 HOAI Abs. 5 und Anlage 11.2 in der Regel angehört, zu ermitteln. Der Honorarsatz ergibt sich aus § 7 HOAI. Es sind dann die vertraglich vereinbarten bzw. die erbrachten Leistungen zu bestimmen, um den Prozentsatz des Gesamthonorars berechnen zu können. Hier wird auf die Kommentierung zu § 33 verwiesen.

Eine besondere Berechnung des Honorars kann sich gegenüber § 39 aus § 9 Abs. 1 HOAI ergeben. Werden bei Freianlagen die Vorplanung oder die Entwurfsplanung als Einzelleistung in Auftrag gegeben, können sich die dort in Ziffer 1 und 2 ergebenden Abweichungen für die Leistungsbewertung der jeweiligen Leistungsphase ergeben. Weitere Besonderheiten für die Berechnung des Honorars gegenüber § 39 können sich bei vertraglichen Änderungen des Leistungsumfangs gemäß § 10 ergeben. Weiterhin ist die Spezialregelung in § 11 Abs. 1 bei einem Auftrag für mehrere Objekte zu beachten.

§ 40 Honorare für Grundleistungen bei Freianlagen

(1) Die Mindest- und Höchstsätze der Honorare für die in § 39 und der Anlage 11 Nummer 11.1 aufgeführten Grundleistungen für Freianlagen sind in der folgenden Honorartafel festgesetzt:

Anrechen-bare Kosten in Euro	Honorarzone I sehr geringe Anforderungen von Euro	bis	Honorarzone II geringe Anforderungen von Euro	bis	Honorarzone III durchschnittliche Anforderungen von Euro	bis	Honorarzone IV hohe Anforderungen von Euro	bis	Honorarzone V sehr hohe Anforderungen von Euro	bis
20.000	3.643	4.348	4.348	5.229	5.229	6.521	6.521	7.403	7.403	8.108
25.000	4.406	5.259	5.259	6.325	6.325	7.888	7.888	8.954	8.954	9.807
30.000	5.147	6.143	6.143	7.388	7.388	9.215	9.215	10.460	10.460	11.456
35.000	5.870	7.006	7.006	8.426	8.426	10.508	10.508	11.928	11.928	13.064
40.000	6.577	7.850	7.850	9.441	9.441	11.774	11.774	13.365	13.365	14.638
50.000	7.953	9.492	9.492	11.416	11.416	14.238	14.238	16.162	16.162	17.701
60.000	9.287	11.085	11.085	13.332	13.332	16.627	16.627	18.874	18.874	20.672
75.000	11.227	13.400	13.400	16.116	16.116	20.100	20.100	22.816	22.816	24.989
100.000	14.332	17.106	17.106	20.574	20.574	25.659	25.659	29.127	29.127	31.901
125.000	17.315	20.666	20.666	24.855	24.855	30.999	30.999	35.188	35.188	38.539
150.000	20.201	24.111	24.111	28.998	28.998	36.166	36.166	41.053	41.053	44.963
200.000	25.746	30.729	30.729	36.958	36.958	46.094	46.094	52.323	52.323	57.306
250.000	31.053	37.063	37.063	44.576	44.576	55.594	55.594	63.107	63.107	69.117
350.000	41.147	49.111	49.111	59.066	59.066	73.667	73.667	83.622	83.622	91.586
500.000	55.300	66.004	66.004	79.383	79.383	99.006	99.006	112.385	112.385	123.088
650.000	69.114	82.491	82.491	99.212	99.212	123.736	123.736	140.457	140.457	153.834
800.000	82.430	98.384	98.384	118.326	118.326	147.576	147.576	167.518	167.518	183.472
1.000.000	99.578	118.851	118.851	142.942	142.942	178.276	178.276	202.368	202.368	221.641
1.250.000	120.238	143.510	143.510	172.600	172.600	215.265	215.265	244.355	244.355	267.627
1.500.000	140.204	167.340	167.340	201.261	201.261	251.011	251.011	284.931	284.931	312.067

(2) Welchen Honorarzonen die Grundleistungen zugeordnet werden, richtet sich nach folgenden Bewertungsmerkmalen:
1. Anforderungen an die Einbindung in die Umgebung,
2. Anforderungen an Schutz, Pflege und Entwicklung von Natur und Land-schaft,
3. Anzahl der Funktionsbereiche,
4. gestalterische Anforderungen,
5. Ver- und Entsorgungseinrichtungen.

(3) Sind für eine Freianlage Bewertungsmerkmale aus mehreren Honorarzonen an-wendbar und bestehen deswegen Zweifel, welcher Honorarzone die Freianlage zuge-ordnet werden kann, so ist zunächst die Anzahl der Bewertungspunkte zu ermitteln.

Zur Ermittlung der Bewertungspunkte werden die Bewertungsmerkmale wie folgt gewichtet:

1. die Bewertungsmerkmale gemäß Absatz 2 Nummer 1, 2 und 4 mit je bis zu 8 Punkten,
2. die Bewertungsmerkmale gemäß Absatz 2 Nummer 3 und 5 mit je bis zu 6 Punkten.

(4) Die Freianlage ist anhand der nach Absatz 3 ermittelten Bewertungspunkte einer der Honorarzonen zuzuordnen:

1. Honorarzone I: bis zu 8 Punkte,
2. Honorarzone II: 9 bis 15 Punkte,
3. Honorarzone III: 16 bis 22 Punkte,
4. Honorarzone IV: 23 bis 29 Punkte,
5. Honorarzone V: 30 bis 36 Punkte.

(5) Für die Zuordnung zu den Honorarzonen ist die Objektliste der Anlage 11 Nummer 11.2 zu berücksichtigen.

(6) § 36 Absatz 1 ist für Freianlagen entsprechend anzuwenden.

Inhaltsübersicht

I. Allgemeine Erläuterungen

Mit Inkrafttreten der HOAI-Novelle hat der Verordnungsgeber alle Tafelwerte aufgrund entsprechender Gutachten erhöht, mithin auch die Honorare der in § 40 HOAI enthaltenen Honorartafel für Leistungen bei Freianlagen. Eine Fortschreibung der Honorartafeln bei Freianlagen mit anrechenbaren Kosten über € 1.533.876 hat es wieder nicht gegeben. § 40 regelt wie bisher die Honorierung für Leistung der Freianlagen. Abs. 2 regelt die maßgebenden Bewertungsmerkmale der Honorarzoneneinteilung. Bei Zweifeln, welcher Honorarzone die Freianlage zugerechnet werden kann, ist die Anzahl der Bewertungspunkte nach den Absätzen 3 und 4 zu berechnen. Die ehemals in Anlage 3 (zu § 5 Abs. 4 Satz 2, Ziffer 3.2) geführte Objektliste wird nunmehr in der Anlage 11 zu §§ 39 Abs. 4, 40 Abs. 5 geführt.   **1**

II. Honorarzoneneinteilung

2   Die Einteilung der Freianlagen in Honorarzonen erfolgt im System des § 40 Abs. 2 bis 5. Auszugehen ist auch hier von der in der Anlage 11 von § 39 Abs. 4 beschriebenen Objektlisten. In Zweifelsfällen und bei Unklarheiten erfolgt die Einstufung nach den Absätzen 2 bis 4. Zu beachten ist, dass die Vereinbarung einer zu niedrigen Honorarzone, die zu einer Unterschreitung der Mindestsätze der in Betracht kommenden zutreffenden Honorarzone führt, grundsätzlich nicht wirksam ist.[1] Nur besondere Umstände des Einzelfalles können unter Berücksichtigung des Zweckes der Mindestsatzregelung einen Ausnahmefall begründen.[2] Im Übrigen ist auf die Kommentierung zu § 35 zu verweisen.

Während § 35 bei Gebäuden und Raumbildenden Ausbauten sechs Bewertungsmerkmale zur Unterscheidung bei der Einteilung heranzieht, sind für die Einteilung der Freianlagen nur fünf Bewertungsmerkmale belegt.

III. Die Bewertungsmerkmale im Einzelnen

1. Anforderungen an die Einbindung in die Umgebung

3   Im Vordergrund stehen die vorhandenen topographischen, vegetativen, klimatischen Gegebenheiten. Immisionen wie auch Emissionen von schadhaften Stoffen wie auch die vorhandene Bebauung sind weitere Einflussfaktoren, die den Schwierigkeitsgrad bestimmen. Neben tatsächlichen Verhältnissen sind somit auch rechtliche von Bedeutung.

Zur Bewertung sind bis zu acht Punkte zu vergeben.

2. Anforderungen an Schutz, Pflege und Entwicklung von Natur und Landschaft

4   Es ist zu prüfen, welche Anforderungen sich aus der Aufgabenstellung der Freianlagenplanung im Hinblick auf die beabsichtigte Nutzung ergeben und gleichzeitig sind die Erfordernisse und Maßnahmen zu ermitteln, die Beeinträchtigungen von Natur und Landschaft vermeiden, mindern oder beseitigen können, in der Natur und Landschaft (Boden, Wasser, Klima und Vegetation).

Zur Bewertung sind bis zu acht Punkte zu vergeben.

3. Anzahl der Funktionsbereiche

5   Hier sind die beabsichtigten Nutzungsmöglichkeiten der Freifläche wie auch deren Beziehungen zueinander angesprochen. Die Planungsanforderungen werden von der Vielfalt der beabsichtigten Nutzungsfunktionen bestimmt. Je mehr Funktionsbereiche berührt sind, desto höher sind in der Regel die Planungsanforderungen.

Zur Bewertung sind bis zu sechs Punkte zu vergeben.

4. Gestalterische Anforderungen

6   Ähnlich wie bei § 35 werden gestalterische Anforderungen von der Umgebung, der Bebauung der Gebäude, den geforderten Funktionen und dem vorhandenen Gelände her bestimmt. Die Anforderungen beziehen sich auf die Formgebung der Bebauung (Aufgrabung, Abschüttung, Wegebau, Wasserläufe, Teiche etc.) wie auch die Art der Bepflanzung und der Wahl sonstiger Baumaterialien (so bei Treppen, Mauern, Einfassungen etc.).

Zur Bewertung sind bis zu acht Punkte zu vergeben.

---

[1]   BGH Urteil v. 13.11.2003 – VII ZR 362/02 in BauR 2004, 354
[2]   BGH Urteil v. 22.05.1997 – VII ZR 290/95

5. Ver- und Entsorgungseinrichtungen

Hier sind die Ver- und Entsorgungen der Freiflächen selbst angesprochen. Findet die Entsorgung auf der Freifläche, dem Grundstück selbst statt, ist der Planungsaufwand im Hinblick auf Be- und Entwässerung sowie auf Strom, Gas und Telekommunikationsverbindungen zu prüfen. Beeinflusst werden die Anforderungen unter anderem hierbei auch durch die topographischen und geologischen Voraussetzungen.

7

Zur Bewertung sind bis zu sechs Punkte zu vergeben.

IV. Wertung der Planungsanforderungen

8

Honorarzone (Punkte nach § 40 Abs. 3)	I (bis 8)	II (9–15)	III (16–22)	IV (23–29)	V (30–36)
Planungsanforderung	sehr gering	gering	durch-schnittlich	überdurch-schnittlich	sehr hoch
1 Einbindung in die Umgebung	1	2	3–4	5	6
2 Anforderungen an Schutz, Pflege und Entwicklung von Natur und Landschaft	1	2	3–4	5	6
3 Anzahl der Funktionsbereiche	1–2	3–4	5–6	7–8	9
4 Gestalterische Anforderungen	1–2	3–4	5–6	7–8	9
5 Ansprüche an Ver- und Entsorgung	1	2	3–4	5	6

Es ist darauf hinzuweisen, dass es sich hier um eine rein rechnerische Betrachtung hinsichtlich der Punkteaufteilung handelt und im Einzelfall dies zu differenzieren ist.

V. Zuschlag für Umbauten und Modernisierungen

Der Zuschlag für Umbauten und Modernisierungen ist in der neuen HOAI-Novelle nun verbindlich formuliert. Für Umbauten und Modernisierungen von Freianlagen kann bei einem durchschnittlichen Schwierigkeitsgrad ein Zugschlag gemäß § 6 Abs. 2 Satz 3 bis 33 Prozent auf das ermittelte Honorar schriftlich vereinbart werden.

9

Allerdings gibt es keine Mindestzuschlagregelung. Im allgemeinen Teil kommt hinzu, dass, sofern keine schriftliche Vereinbarung getroffen wurde, ein Zuschlag von 20 Prozent ab einem durchschnittlichen Schwierigkeitsgrad als vereinbart gilt. In § 4 Abs. 3 wird des Weiteren eine neue Regelung zur Anrechnung von mit zu verarbeitender Bausubstanz eingefügt.

„Der Umfang der mit zu verarbeitenden Bausubstanz im Sinne des § 2 Abs. 7 ist bei den anrechenbaren Kosten angemessen zu berücksichtigen“. Umfang und Wert der mit zu verarbeitenden Bausubstanzen sind zum Zeitpunkt der Kostenberechnung oder, sofern keine Kostenberechnung vorliegt, zum Zeitpunkt der Kostenschätzung objektbezogen zu ermitteln und schriftlich zu vereinbaren.

Teil 3: Objektplanung
Abschnitt 3: Ingenieurbauwerke

§ 41 Anwendungsbereich

Ingenieurbauwerke umfassen:
1. Bauwerke und Anlagen der Wasserversorgung
2. Bauwerke und Anlagen der Abwasserentsorgung,
3. Bauwerke und Anlagen des Wasserbaus, ausgenommen Freianlagen nach § 39 Absatz 1,
4. Bauwerke und Anlagen für Ver- und Entsorgung mit Gasen, Feststoffen und wassergefährdenden Flüssigkeiten, ausgenommen Anlagen der Technischen Ausrüstung nach § 53 Absatz 2,
5. Bauwerke und Anlagen der Abfallentsorgung,
6. konstruktive Ingenieurbauwerke für Verkehrsanlagen,
7. sonstige Einzelbauwerke, ausgenommen Gebäude und Freileitungsmaste.

Inhaltsübersicht

I. Die Ingenieurbauwerke

1 § 41 HOAI ordnet die Ingenieurbauwerke in insgesamt 7 unterschiedliche Gruppen. Die als Objekte bezeichneten **Ingenieurbauwerke** sind laut Verordnungsbegründung weitestgehend – ergänzt um wenige weitere Objekte – einschließlich ihrer Zuordnung zu Honorarzonen unverändert aus den Vorgängerverordnungen[1] in die **Objektliste der HOAI-Anlage 12.2** übernommen und tabellarisch geordnet worden. Die Zuordnung dürfte nach den Planungsanforderungen des § 44 Abs. 2 erfolgt sein, die aus den Vorgängerverordnungen 2002 und 2009 ebenfalls unverändert übernommen wurden.[2] Sie ist nach der Verordnungsbegründung zu § 5 Abs. 3 als Zusammenstellung von Regelbeispielen zu verstehen, die nur **indikative (unverbindliche) Bedeutung** besitzt

Die in § 41 Nr. 1. bis 5. verwendete Begriffskombination „Bauwerke" und „Anlagen" weist darauf hin, dass es sich bei **Ingenieurbauwerken** anders als bei Gebäuden sowohl um **Einzelbau**werke als auch um **komplexe Baumaßnahmen** handeln kann. Sie können außerdem mit **Anlagen der Maschinentechnik und mit Technischer Ausrüstung** unterschiedlichster Art (s. § 53 HOAI) einschließlich der nutzungsspezifischen und verfahrenstechnischen Anlagen im Sinne

---

[1] Z. B. HOAI 2002 Bundesanzeigerausgabe § 51 S. 50 und HOAI 2009 Anlage 3 Nr. 3.4
[2] Siehe insbesondere den einleitenden Satz des § 54 Abs. 1 HOAI 2002, Bundesanzeigerausgabe S. 51

von § 53 Abs. 2 Nr. 7 ausgestattet sein. Die **verfahrenstechnischen Anlagen** sind notwendig, damit die mit maschinentechnischen Anlagen ausgerüsteten Bauwerke ihren **Verwendungszweck** erfüllen können. Die **übrigen Anlagen der Technischen Ausrüstung** ermöglichen den **Betrieb der Bauwerke** zusammen mit den Anlagen der Maschinen- und Verfahrenstechnik. Dies gilt gleichermaßen für die Technischen Anlagen der in Nr. 6 und 7 genannten Ingenieurbauwerke.

Die aktuelle Verordnungsbegründung[3] enthält – anders als die Amtl. Begr. der Vorgängerverordnungen bis 2002 – wie die Amtl. Begr. der HOAI 2009 keine **Erläuterung der Ingenieurbauwerke**. Da deren Aufzählung weitestgehend unverändert blieb, dürften auch die zugehörigen Erläuterungen in den Vorgängerverordnungen nach wie vor zutreffen; daher wird im Folgenden darauf zurückgegriffen. Die ersten fünf Gruppen von Ingenieurbauwerken sind in der Amtl. Begründung der Vorgängerverordnungen von 1991 und 1996[4] wie folgt erläutert (Zitat auszugsweise): **2**

*„Zu den Bauwerken und Anlagen der **Wasserversorgung** in Nr. 1 zählen Bauwerke und Anlagen der Wasserspeicherung, Wasseraufbereitung und Wassergewinnung sowie die Leitungen für Trink- und Brauchwasser.*

*Zu den Bauwerken und Anlagen der **Abwasserentsorgung** unter Nr. 2 rechnen Bauwerke und Anlagen der Abwasserbehandlung, der Schlammbehandlung sowie Leitungen für Abwasser.*

*Zu den unter Nr. 3 genannten Bauwerken und Anlagen des **Wasserbaus** rechnen Pumpwerke, Wehre, Düker, Schleusen, Gewässer, Erdbauten, Dämme, Deiche, Schifffahrtskanäle, Anlegestellen, Teiche und Meliorationen.*

*Die unter Nr. 4 erwähnten Bauwerke und Anlagen umfassen die Bauwerke und Anlagen für **Ver- und Entsorgung mit Gasen und Feststoffen einschließlich wassergefährdenden Flüssigkeiten**, ausgenommen Anlagen nach § 68 HOAI a. F., und auch **Leerrohre**; im Übrigen wird der Anwendungsbereich im Wesentlichen aus § 51 Abs. 1 Nr. 3 in der Fassung der 3. Änderungsverordnung übernommen; nicht hierzu zählen Fernwärmeanlagen.*
(Hinweis: die neu gefasste HOAI 2013 nennt in Anlage 12.2 nun auch die Fernwärmeanlagen als Objekte des Bereichs Nr. 4, s. Rdn. 6).

*In Nr. 5 sind die Bauwerke und Anlagen der **Abfallentsorgung** erfasst. Sie umfassen die Objekte der Abfallbehandlung und -entsorgung, z. B. Objekte aus den Bereichen Getrenntsammlung und Verwertung von Abfallwertstoffen, thermische Verwertung von Abfällen, Deponierung von Abfällen und chemisch-physikalische Behandlung von Sonderabfällen."*

Zu den letzten beiden Gruppen von Ingenieurbauwerken heißt es weiter:
*„Die in Nr. 6 erfassten konstruktiven **Ingenieurbauwerke für Verkehrsanlagen** sind Brücken, Stützbauwerke, Lärmschutzanlagen sowie Tunnel- und Trogbauwerke sowie Lärmschutzwälle, ausgenommen Lärmschutzwälle zur Geländegestaltung.*

*Bei den in Nr. 7 erfassten **Einzelbauwerken** handelt es sich insbesondere um Schornsteine, Maste, Türme, Versorgungskanäle, Silos, Werft-, Aufschlepp- und Helgenanlagen, Stollenbauten, Untergrundbahnhöfe und Tiefgaragen. Ausgenommen werden Gebäude und Freileitungsmaste."*

Den bisherigen Amtl. Begr. und der aktuellen Begründung zu § 41 zufolge sind Leistungen für nicht erwähnte Anwendungsbereiche wie z. B. **Elektrizitätswerke oder Versorgungsleitungen für Elektrizität**[5] in der Verordnung **nicht erfasst**; Honorare für die Ingenieurleistungen in diesen Bereichen sind danach preisrechtlich nicht gebunden. Welche Elektrizitätswerke ausgeschlossen sein sollen, ist aber nicht nachvollziehbar, weil beispielsweise auch die in der HOAI-Anlage 12.2 Gruppe 3 genannten **Wasserkraftanlagen** sowie **Pumpspeicherwerken und Kavernenkraftwerken** Elektrizitätswerke sind bzw. sein können, in denen elektrischer Strom mittels Wasserkraft erzeugt wird. Damit weist die Verordnung selbst einige Arten von Elektrizitätswerken aus, die lediglich in der Gruppe „Bauwerke und Anlagen des Wasserbaus" (§ 41 Nr. 3) genannt sind. **3**

---

[3] Zu erhalten unter http://www.bundesrat.de als Drucksache 334/13
[4] Bundesanzeigerausgabe der HOAI 1996, S. 119
[5] Amtl. Begr. zu § 51: HOAI-Bundesanzeigerausgaben 1985, S. 86; 1988, S. 86; 1991, S. 102 und 2002, S. 119

Sie könnten ebenso gut auch dem Bereich „Sonstige Einzelbauwerke" (§ 41 Nr. 7) zugeordnet sein; das bereits genannte Kavernenkraftwerk könnte nämlich als besonders schwieriges Kavernenbauwerk nach der Objektliste in HOAI-Anlage 12.2 Gruppe 7 verstanden werden. Gerade dieser Bauwerksgruppe können neben Einzelbauwerken auch zahlreiche andere komplexe Anlagen angehören, die hinsichtlich der Planungsanforderungen mit Elektrizitätswerken unmittelbar vergleichbar sind wie z. B. **Umspannwerke**.

4 Dass diese Interpretation grundsätzlich zulässig sein müsste, ergibt sich aus der amtlichen Begründung zur Ersten Verordnung zur Änderung der Honorarordnung für Architekten und Ingenieure vom 07.05.1980.[6] Dort erwähnt der Verordnungsgeber selbst, dass die **Objektliste „beispielhaft wesentliche Ingenieurbauwerke und Verkehrsanlagen in fünf Honorarzonen"** gliedert. Weiter heißt es: *„Die Aufzählung ist wegen des weit gespannten Spektrums der Objekte detaillierter als in anderen Leistungsbereichen. Entsprechend der Systematik der Verordnung ist die **Aufzählung nicht verbindlich.**"* Die Begründung der 4. HOAI-Novelle ergänzt diesen Hinweis[7]: *„Die Objekte werden **nicht abschließend aufgezählt**, denn eine geschlossene Auflistung aller Objekte ist nicht möglich. Maßgebend für die Zuordnung bleibt die Anwendung der Vorschriften des § 53 HOAI a. F. – vorliegend also die Vorschriften des § 44 Abs. 2 bis 4 –; die Objektliste ... dient nur der besseren Handhabung und kann für den Regelfall angewandt werden"*. Daraus ergibt sich zum einen, dass nicht ausdrücklich von der Verordnung ausgeschlossene Bauwerke wie Gebäude und Versorgungsleitungen für Elektrizität über Land den Ingenieurbauwerken zuzuordnen sind, soweit es sich nicht um Verkehrsanlagen handelt. Zum anderen wird bekräftigt, dass deren Zuordnung zu einer Honorarzone nach den Planungsanforderungen für Ingenieurbauwerke erfolgen muss. Hier ist beispielhaft die **Baugrubenumschließung** zu nennen, wenn deren Herstellung eine eigenständige Objektplanung nach DIN 18303[8] (Ziffer 0.2.8 und 0.2.9) erfordert (s. § 44 Rdn. 88 und 91). Weitere Beispiele sind die **Becken, Sprungtürme oder Großwasserrutschen der Frei- und Hallenbäder** (s. § 44 Rdn. 87).

Dazu zählen auch **Fassadenkonstruktionen**, sofern dafür eigenständige Objektplanungsleistungen erbracht werden. Leider ist in der neugefassten HOAI erneut unklar geblieben, wie die immer häufiger werdenden Leistungen zu vergüten ist. Hinsichtlich der dafür notwendigen Leistungen bei der Tragwerksplanung hatte die Amtl. Begr. zu § 49 Abs. 3 der mitgeltenden HOAI 2009 Klarheit geschaffen: die Grundleistungen des § 64 HOAI a. F. waren vollständig übernommen worden. Deren zugehörige Amtl. Begr. der Vorgängerverordnung gilt somit unverändert. Aus der dortigen Formulierung zu § 62 Abs. 7 HOAI 2002[9] kann man schließen, dass Leistungen bei der Tragwerksplanung der Fassadenkonstruktion nicht Gegenstand der Grundleistungen des § 49 sind: *„Bei der modernen Bauweise ist auch die Skelettbauweise als Riegelbauweise übernommen worden. Daher übernehmen häufig Fassadenverkleidungen die Funktion einer Außenmauer vollständig; sie sind substanziell Bestandteil des Rohbaus, allerdings ist die Tragwerksplanung der Fassadenverkleidung nicht Gegenstand der Grundleistungen des § 64."* Somit sind die Tragwerksplanungsleistungen für die Fassadenkonstruktion unabhängig von der Honorierung der Grundleistungen für das Gebäude oder das Ingenieurbauwerk gesondert zu honorieren; dasselbe muss natürlich auch für die Leistungen bei der Objektplanung gelten. Letztere zählen deswegen ebenso wie die Tragwerksplanungsleistungen für die Fassadenkonstruktionen zu den Besonderen Leistungen im Sinne der HOAI-Anlage 12 Nr. 12.1. Sie können hilfsweise als eigenständige Objekte mit den ihnen zuzuordnenden anrechenbaren Kosten berechnet werden. Dasselbe gilt für die Objektplanung für **Geländer**, die **zur Absturzsicherung** dienen, soweit es dabei um eigenständige, nicht vorgefertigte Geländer handelt. Solche Geländer kommen als Absturzsicherungen beispielsweise auf Brücken, in Treppenhäusern und in Parkhäusern zum Einsatz (s. auch § 50 Rdn. 32 und 33).

5 Es scheinen ferner Zweifel darüber angebracht zu sein, ob die **Versorgungsleitungen** oder **Freileitungen für Elektrizität** in den bisherigen Verordnungen tatsächlich ausgenommen waren. So

---

6 BR-Drucks. 274/90 in der Bundesanzeigerausgabe der HOAI 1985, S. 87
7 Bundesanzeigerausgabe der HOAI 1991, S. 104, ebenso Bundesanzeigerausgabe der HOAI 1991, S. 122
8 VOB TEIL C, Ausgabe September 2012
9 Bundesanzeigerausgabe der Verordnung 1996/2002, S. 130

deutet eine gleichlautende Formulierung in den Amtl. Begründungen des § 54 HOAI 1985 und 1988[10] darauf hin, dass mindestens die Leistungen für **Leitungsmasten der Versorgungsleitungen** für Elektrizität über Land als Ingenieurbauwerke anzusehen und damit auch die Objektplanungsleistungen in der HOAI erfasst sind. Im jeweils dritten Absatz der amtlichen Begründung sind die in der Objektlisten der Honorarzone V b) genannten „Maste und Türme mit Aufbauten" wie folgt definiert: *„Unter den Aufbauten von Masten und Türmen sind hoch liegende Räume, Plattformen sowie Auslegerarme von Leitungsmasten zu verstehen."* Auslegerarme gibt es normalerweise nur bei Gittermasten für Freileitungen. Die neugefasste HOAI wiederholt aber den Ausschluss der Freileitungsmaste in § 40 Nr. 7 wieder ausdrücklich; daher dürften sie trotz des offensichtlichen Widerspruchs gegenüber früheren Fassungen der Verordnung zumindest vorläufig ebenso wie die Frei- oder Versorgungsleitungen selbst weiterhin nicht dem Anwendungsbereich Ingenieurbauwerke der HOAI zugehören.

Erstmals hatte die Amtl. Begr. zur HOAI 1991[11] den unter Rdn. 2 zitierten Ausschluss der **Fern-** **6** **wärmeanlagen** von den Bauwerken und Anlagen für Ver- und Entsorgung mit Gasen, Feststoffen einschließlich wassergefährdenden Flüssigkeiten formuliert, ohne zweifelsfrei zu klären, was der Verordnungsgeber unter diesen Anlagen verstanden wissen wollte. Dasselbe bestätigte die Amtl. Begr. zur 5. Novelle vom Septembe 1995[12]. Die Amtl. Begr. der HOAI 2009 wiederholte den Ausschluss nicht mehr; daher dürfte der Verordnungsgeber die Fernwärmeanlagen schon in dieser Fassung der HOAI als diesem Bereich zugehörig angesehen haben. Dies bestätigt die erweiterte Definition dieses Bereichs in HOAI-Anlage 12.2, wonach die zu § 41 Nr. 4 gehörenden Bauwerke und Anlagen der Ver- und Entsorgung um diejenigen für Energieträger erweitert sind. Dazu zählen die erstmals als Objekte genannten **Transportleitungen für Fernwärme**, die der **Versorgung von Gebäuden und Ingenieurbauwerken** von außen dienen. Dies lag deswegen nahe, weil die für die Fernwärmeversorgung erforderlichen Bauwerke und Anlagen mit den anderen Anlagen des Bereichs, aber auch mit Bauwerken und Anlagen der Bereiche 1 und 2 technisch unmittelbar vergleichbar sind (z. B. Leitungen, Leitungsnetze für Wasser und Abwasser). Ferner darf daraus gefolgert werden, dass auch andere nicht ausdrücklich genannte Bestandteile der Transportleitungen für Fernwärme wie z. B. **Pumpwerke, Druckerhöhungsanlagen oder Schachtbauwerke für Fernwärme** diesem Bereich angehören und die Honorare für deren Objektplanungsleistungen als verordnet angesehen werden müssen. Schließlich dürften auch die aus Fernwärmeleitungen bestehenden **Fernwärmenetze** in der Verordnung erfasst sein. Sie sind Teile der kommunalen oder industriellen Infrastruktur (s. § 44 Rdn. 73) und dienen der regionalen Versorgung von Wohn- oder Gewerbegebieten oder einzelner Anwesen eines Orts- oder Stadtteils.

Die nach § 53 **aus dem Bereich 4 ausgeschlossenen Anlagen** sind die **in Anlage 15.2** (Objek- **7** te der Technischen Ausrüstung) genannten Gasanlagen der Anlagengruppe 1, die Wärmeversorgungsanlagen der Anlagengruppe 2 (Wärmeversorgungsanlagen) und die Kälteanlagen der Anlagengruppe 3. Solche Anlagen dienen der **Versorgung** mit Fernwärme oder Fernkälte **in Gebäuden oder Ingenieurbauwerken**; sie sind dort installiert, um die außerhalb der Bauwerke produzierte Wärme oder Kälte aufzunehmen und innerhalb der Bauwerke für die Verteilung der Wärme oder Kälte sorgen.

II. Funktionale Einheit

1. Objektdefinition

Die in der HOAI-Anlage 12.2 genannten **Objekte** sind jeweils als **funktionale Einheiten** zu **8** verstehen, soweit sie **ihre Funktion selbstständig** erfüllen können. Das ergibt sich für alle in der HOAI erfassten Bereiche aus Satz 1 der Verordnungsbegründung zu § 41, welche die Amtl. Begr. zu § 51 HOAI 2002[13] nahezu wörtlich zitiert: *„Bauwerke und Anlagen, die **funktional** eine*

---

[10] Amtl. Begr. zu § 54 HOAI 1985, S. 87 und 1988, S. 87
[11] Bundesanzeigerausgabe der HOAI 1991, S. 102
[12] Bundesanzeigerausgabe der HOAI 1996, S. 119
[13] Amtl. Begr. HOAI 2002 S. 119

Einheit bilden, sind als ein Objekt anzusehen." Sie sind nach Maßgabe der für die jeweiligen Objekttypen verordneten Methoden zur Bewertung ihrer regelmäßig auftretenden Planungsanforderungen gemäß § 5 **Honorarzonen zugerechnet** (so auch die jeweiligen Absätze 1 der §§ 12, 14, 14b, 54 und 72 HOAI 2002 und Vorgängerverordnungen). Die Honorarzonen definieren damit die allgemein üblichen und in der Regel auftretenden Planungsanforderungen dieser Objekte. Sie sind nach herrschender Meinung aber nur als Regelbeispiele für die Zuordnung von **Neubauten** zu Honorarzonen[14] zu verstehen. Daher sind sie bei der Ermittlung der Honorarzonen von Objekte bei **Erweiterungen, Umbauten, Modernisierungen, Instandsetzungen und Instandhaltungen** in der Regel **ohne Bedeutung**.

9 Die **Objektlisten** sind auch nicht geeignet, im konkreten Einzelfall Art und Umfang eines Objekts eindeutig zu bestimmen. Das ergibt sich aus Satz 2 der oben zitierten Verordnungsbegründung zu § 41: *„Werden dagegen einem Auftragnehmer die Planung einer Abwasserbehandlungsanlage und eines Abwasser-Kanalnetzes in einem Auftrag übertragen, so handelt es sich hier um die Übertragung der Leistungen für zwei verschiedene Objekte mit jeweils einer eigenen funktionalen Einheit. Das Abwasser-Kanalsystem erfüllt die Transport-Funktion für das Abwasser, die Abwasserbehandlungsanlage erfüllt die Reinigungs-Funktion für das Abwasser.*" Somit können mehrere Bauwerke, die im Einzelfall jeweils eine funktionale Einheit sind, zusammen eine **neue funktionale Einheit** bilden und damit ein Objekt sein, dessen Planungsanforderungen die zugehörige Honorarzone bestimmt. Nur so ist auch das Urteil des OLG Koblenz vom 16.09.2010 – 2 U 712/06[15] zu verstehen, welches mit Unterstützung eines Gutachters bei einer Kläranlage feststellte, *„dass die funktionelle Verflechtung der Gesamtanlage derart vielfältig sei, dass entsprechend der amtlichen Begründung zu § 51 HOAI a. F. ,Bauwerke oder Anlagen', die funktionell* (gemeint war wohl „funktional"; der Verfasser) *eine Einheit bilden, als ein Objekt anzusehen seien. Entsprechend liege bei einer Kläranlage, die aus einer Abwasserbehandlung und einer Schlammbehandlung bestehe, dennoch im Sinne der HOAI nur ein einziges Objekt als Abrechnungseinheit vor. … Wenn schon beide Teilobjekte der Honorarzone V zuzuordnen seien, sei das Gesamtobjekt ebenfalls der Honorarzone V zuzuordnen.*"

Die für die Ingenieurbauwerke maßgebende **Objektliste** der HOAI-Anlage 12.2 nennt sowohl Einzelbauwerke als auch komplexe, aus zahlreichen Einzelbauwerken bestehende Ingenieurbauwerke unterschiedlicher Art, z. B. Abwasserbehandlungsanlagen, Leitungsnetze für Abwasser oder Kompostwerke als funktionale Einheiten (s. nachfolgende Tabelle).

Objekt	Übliche Bestandteile des Objekts		Funktion
	Nr.	Name	
Abwasserbe-handlungsan-lage	1	mechanische Reinigungsstufe, bestehend aus z. B. Rechen-anlage, Sandfang und Vorklärbecken	Abwasserreinigung
	2	biologische Reinigungsstufe, bestehend aus Belebungsbe-cken, Nachklärbecken und Rücklaufschlammpumpwerk	Abwasserreinigung
	3	Stufe zur weitergehenden Reinigung z. B. mittels Fällung, Flockung und Filtration einschließlich der zugehörigen Pumpwerke	Abwasserreinigung
	4	zugehörige Maschinenhäuser	für nutzungsspezifische Techni-sche Ausrüstung der Abwasser-reinigungsanlage
	5	Betriebs- und Sozialgebäude	Hochbauten der Betriebsführung
	6	Straßen, Wege zur inneren Erschließung	Verkehrsanlagen, sofern verkehrstechnischen Planungen erforderlich

---

[14] So z. B. Pfarr/Koopmann/Rüster: Ergebnisbericht zum Forschungsvorhaben „Leistungsbeschreibung für das Planen und Bauen im Bestand in der HOAI", Berlin, März 1989 (unveröffentlicht)
[15] IBR 2013/ 30

Objekt	Übliche Bestandteile des Objekts		Funktion
	Nr.	Name	
Schlammbe-handlungsan-lage	1	Vor– und Nacheindicker	Schlammeindickung
	2	Schlammfaulungsanlage	Schlammstabilisierung
	3	Schlammentwässerungsanlage mit Schlammsilo	Schlammentwässerung
	4	Gasreinigung, Gasspeicher	Gasaufbereitung und -nutzung
	5	Blockheizkraftwerk	Energie- und Prozesswärmever-sorgung
	6	zugehörige Maschinenhäuser	für nutzungsspezifische techni-schen Ausrüstung

An den Beispielen wird deutlich, dass die Kombination einzelner Objekte mit unterschiedlichen Einzelfunktionen die **Anforderungen einer übergeordneten Gesamtfunktion** erfüllen kann: die Gesamtheit solcher Einzelbauwerke führt zu einer neuen funktionale Einheit, deren Aufgabe die Abwasserbehandlung, die Schlammbehandlung, die geordnete Abwassersammlung und -ableitung oder die Abfallkompostierung ist. Dies erklärt die eingangs zitierte Passage der Begründung, wonach die **Objektdefinition allein nach funktionalen Gesichtspunkten zulässig** sei. Schließlich spricht die Begründung bei der Definition der funktionalen Einheit auch von „Bauwerken" und „Anlagen" im Plural, woraus zu folgern ist, dass der Begriff der „funktionalen Einheit" nur aus der Zusammenfassung mehrerer Bauwerke zu einer Nutzungseinheit erklärbar ist. Dabei ist es grundsätzlich unerheblich, in welchem baulich-konstruktiven Zusammenhang die Bauwerke zueinander stehen. **10**

Neben den bereits vorgestellten Beispielen kann dies auch an einem Freibad verdeutlicht werden. Die unterschiedlichen **Beckenanlagen von Freibädern** (z. B. Schwimmerbecken, Nicht-schwimmer-Erlebnisbecken, Springerbecken mit Sprungturm), die Breit- und Großrutsche sowie Planschbecken einschließlich darin installierter Wasserattraktionen sind in der Objektliste nicht genannt, aber zu den sonstigen Einzelbauwerken des § 41 Nr. 7 HOAI zählende Ingenieurbauwerke. Wenn solche Anlagen zusammen geplant und errichtet werden sollen, erfüllen sie nur zusammen die ihnen zugedachte Funktion, nämlich die Erholung der Badegäste in ihrer Freizeit. Die ist nur erreichbar, wenn die unterschiedlichen Bauwerke funktional aufeinander abgestimmt und in ihrer Gesamtheit verfügbar sind. Nur dann ist auch gewährleistet, dass beispielsweise die Badewasseraufbereitung und -temperierung unter Berücksichtigung aller Beckenelemente den technischen und hygienischen Anforderungen entspricht. Daher ist eine solch komplexe Anlage eine funktionale Einheit. Die Objektplanungsleistungen für die Beckenanlage einschließlich weiterer zugehöriger Bauwerke (z. B. Durchschreitbecken, Fundamente einer Riesenrutsche, sonstige wasserbauliche Anlagen) sind Leistungen für das **Ingenieurbauwerk „Beckenanlage"**. Die zugehörigen Wasser- und Abwasserleitungen, welche für den Betrieb der Beckenanlage auf dem Freibadgelände notwendig ist, sind Technische Anlagen nach § 53 Abs. 2 Nr. 1 und 2; dasselbe gilt für die Anlagen der Badewasseraufbereitung, die zu den nutzungsspezifische Anlagen nach § 53 Abs. 2 Nr. 7 gehören. Die Honorare für die dafür notwendigen Fachplanungsleistungen sind in § 55 HOAI verordnet. **11**

Nach den Vorstellungen des Verordnungsgebers kann somit ein **Bauvorhaben**, welches aus mehreren **Bauwerken oder Anlagen mit jeweils eigenständigen Funktionen** besteht, **insgesamt eine funktionale Einheit** sein.[16] In Literatur und Rechtsprechung ist inzwischen unumstritten, dass es bei der **Abgrenzung von Objekten** primär auf funktionale und konstruktive Kriteri- **12**

---

[16] A. A. Locher/Koeble/Frik, Kommentar zur HOAI 11. Aufl. § 41 Rdn. 57, wonach das Honorar für Leistungen für eine Kläranlage die Summe des Honorars zahlreicher Einzelobjekte (z. B. Zulaufkanal, Zulaufpumpwerk, Abwasserbehandlungsanlage, Schlammbehandlungsanlagen) sei. Damit bleibt nach hiesiger Ansicht unberücksichtigt, dass die Abwasserbehandlungsanlage ebenso wie die Schlammbehandlungsanlage aus zahlreichen funktional unselbstständigen, weil bemessungstechnisch und betrieblich voneinander abhängigen Ingenieurbauwerken besteht und beide Anlagen deswegen als funktionale Einheit zu verstehen sind.

en ankommt.[17] Die in den zitierten Urteilen getroffene Feststellung, dass bei „verschiedenen Funktionen" selbstständige Objekte vorliegen, darf aber nicht missverstanden werden. Es kommt nämlich nicht allein auf eine „Verschiedenartigkeit" der Funktionen an, sondern darauf, dass **verschiedene Bereiche selbstständig genutzt** werden können, dass also jede Nutzungseinheit ihre **funktionale Zweckbestimmung selbstständig** erfüllen kann. Dies ist insbesondere auch dann gegeben, wenn die Bauwerke keine baulich-konstruktive Einheit sind.

13   Die „**funktionale Einheit**" kann auch „**Abrechnungseinheit**" genannt werden, richtet sich doch das Honorar für bewertete Leistungen für das so definierte Objekt nach dessen anrechenbaren Kosten und dessen Honorarzone. Diese Entwicklung hat die Verordnung in § 11 Abs. 2 HOAI aufgenommen und festgelegt, dass das Honorar für Objektplanungsleistungen für mehrere vergleichbare Objekte mit weitgehend gleichartigen Planungsbedingungen derselben Honorarzone, die im zeitlichen und örtlichen Zusammenhang als Teil einer Gesamtmaßnahme geplant und errichtet werden, mit der **Summe der anrechenbaren Kosten** zu ermitteln ist. Es ist darauf zu achten, dass eine solche Zusammenfassung der anrechenbaren Kosten nur dann HOAI-konform ist, wenn alle aufgezählten **Bedingungen** (weitgehend gleichartige Planungsbedingungen, dieselben Honorarzone, im zeitlichen und örtlichen Zusammenhang als Teile einer Gesamtmaßnahme geplante und errichtete Bauwerke) zutreffen. Trifft eine dieser Bedingungen nicht zu, sind die Objekte getrennt abzurechnen.

Anhand des nachfolgenden Beispiels Kläranlage werden die Überlegungen weiter vertieft. Ist also eine aus einer Abwasser- und Schlammbehandlungsanlage bestehende **Kläranlage eine Abrechnungseinheit oder** ist sie **in Einzelobjekte aufzulösen**? Zur Beantwortung der Frage ist ein Blick in die Entwicklung der HOAI hilfreich.

2. Entwicklung der Definition des Objekts Kläranlage in der HOAI

a) HOAI 1985 und 1988

14   In den Objektlisten des § 54 HOAI 1985 und 1988 war das Objekt „**Kläranlage" nicht genannt**. Verwandte Begriffe sind die dort in den Nrn. 1. bis 5. des § 54 HOAI a. F. jeweils unter Buchstabe f) genannten Ingenieurbauwerke und Anlagen für Abwasser. So dürften die **in der Objektliste** genannten „**Abwasserbehandlungsanlagen**" am ehesten zu. Sie sind genannt in:

Honorarzone I	Hausklärgruben
Honorarzone II	industriell vorgefertigte Abwasserbehandlungsanlagen
Honorarzone III	einfache Abwasserbehandlungsanlagen, soweit nicht in Honorarzone II erwähnt
Honorarzone IV	Abwasserbehandlungsanlagen, soweit nicht in Honorarzone II, III oder V erwähnt
Honorarzone V	schwierige Abwasserbehandlungsanlagen

Auch in den zugehörigen Amtl. Begr. sind mit einer Ausnahme keine weiteren Erläuterungen enthalten, aus denen eine Interpretation des Begriffes „Kläranlage" abzuleiten wäre. Allein die **schwierigen Abwasserbehandlungsanlagen** nach Honorarzone V **sind als Anlagen mit künstlicher Schlammentwässerung und -trocknung.**[18] erklärt; solch komplexe Anlagen werden grundsätzlich mit dem Sammelbegriff „Kläranlage" bezeichnet. Danach dürfte der Verordnungsgeber die in den Objektlisten der HOAI von 1985 und 1988 genannten **Abwasserbehandlungsanlagen** grundsätzlich als Kläranlagen **einschließlich Anlagen der Schlammbehandlung** verstanden wissen wollte.

Einen weiteren Hinweis kann man der Amtl. Begr. zur HOAI 1985 unter Ziffer A Nr. 5.[19] entnehmen. Dort heißt es wörtlich:

---

[17] OLG Jena, Urteil v. 04.11.2003 – 5 U 1099/01IBR 2005, 265 i. V. m. BGH – VII ZR 337/03 Beschluss v. 24.02.2005, BGH IBR 2002, 198; OLG München, Urteil v. 15.09.2004 – 27 U 938/99 IBR 205, 1125 nur online (nicht rechtskräftig)

[18] Bundesanzeigerausgabe der HOAI 1985, S. 87 und der HOAI 1988, S. 88

[19] Bundesanzeiger Ausgabe der HOAI 1985, S. 83

„Wasserwirtschaftliche Objekte werden von den Ländern regelmäßig nach dem oben genannten LAWA-Vertragsmuster vergeben, darüber hinaus wird dieses Vertragsmuster aber auch von zahlreichen Gemeinden angewandt. Nach Ermittlungen der Auftragnehmer entsprechen die Honorare im Teil VII annähernd ihrem „Besitzstand" nach diesem Vertragsmuster, wie er 1976 erreicht worden ist."

Ein Blick in die zum LAWA-Vertragsmuster gehörenden „Hinweise für die Vergabe von Ingenieurleistungen – Wasserwirtschaftliche Maßnahmen" in der Fassung 1978 zeigt, dass dort Kläranlagen, nicht „Abwasserbehandlungsanlagen" als eigene Objekte definiert waren:

Klasse 2 (Bauwerke mittlerer Schwierigkeit):	einfache Kläranlagen
Klasse 3 (schwierige Bauwerke):	Kläranlagen, soweit nicht in Klasse 2

Damit dürfte bestätigt sein, dass die **Objektlisten der HOAI 1985 und 1988 mit Abwasserbehandlungsanlagen Kläranlagen gemeint** haben. Dieser Eindruck wird durch die schon zitierten Definitionen der schwierigen Abwasserbehandlungsanlagen in den Amtl. Begr. 1985 und 1988 bestätigt: Die Schlammentwässerungsanlage ist integraler Teil der Abwasserbehandlungsanlage. Daraus ist der fachlich weitergehende Schluss zu ziehen, dass auch die übrigen Bauwerke für die Schlammbehandlung, die üblicherweise zwischen den Anlagen für die Abwasserbehandlung und den Anlagen der Schlammentwässerung bzw. Schlammtrocknung angeordnet sind (z. B. Schlammeindicker, Faulbehälter etc.), ebenfalls als Teil der 1985 und 1988 genannten Abwasserbehandlungsanlage, also der Kläranlage angesehen wurden.

b) HOAI 1991, 1996, 2009 und 2013

Erstmals sind in der ab **01.01.1991** geltenden Fassung der HOAI in der **Objektliste des § 54 Abwasserbehandlungsanlagen** und **Schlammbehandlungsanlagen getrennt** als Objekte genannt. Die beiden Begriffe sind in Verhandlungen zwischen dem zuständigen Referenten des Wirtschaftsministeriums und dem AHO festgelegt worden, womit einem damals immer stärker gewordenen Regelungsbedürfnis entsprochen wurde. Immer häufiger nämlich wurden Leistungen bei der Objektplanung für neue Schlammbehandlungsanlagen vorhandener Abwasserbehandlungsanlagen zeitlich oder auch räumlich getrennt von Leistungen bei der Objektplanung für die Abwasserreinigungsanlagen vergeben, ohne dass die seit 1985 geltende Objektliste Anhaltspunkte dafür lieferte, welcher Honorarzone solche Schlammbehandlungsanlagen im Regelfall zuzuordnen wären. 15

In der Folgezeit wurde die **Nennung der beiden Objekttypen** in der Objektliste von Auftragnehmern auch als **Begründung dafür** herangezogen, **dass eine Kläranlage grundsätzlich aus den beiden Objekten Abwasserbehandlungsanlage und Schlammbehandlung bestünde** und deswegen eine getrennte Honorarabrechnung zulässig, ja verordnet sei. Um diese **AHO-Meinung** in der Verordnung abzusichern, war in den Verhandlungen über die **HOAI-Novelle zum 01.01.1991 vom AHO vergeblich** vorgeschlagen worden, den einleitenden Satz im § 54 Abs. 1 HOAI 1991 wie folgt zu **konkretisieren**: *„Nachstehende Ingenieurbauwerke werden nach Maßgabe der im § 53 genannten Merkmale in der Regel folgenden Honorarzonen zugerechnet; die Objekte stellen zugleich die Abrechnungseinheit dar."*[20] **Ersatzweise** nahm der Verordnungsgeber in der Amtlichen Begründung zu § 51 HOAI 1991 die bereits zitierte **Definition des Funktionalprinzips** auf. Daran hat sich bis heute nichts geändert. Daher muss – wie seitdem stets – **mithilfe des Funktionalprinzips** die „Abrechnungseinheit" und somit auch deren **Honorarzone** mit den verordneten Bewertungsmerkmalen – heute also nach § 44 Abs. 2 bis 4 - bestimmt werden.

Die Abwasserbehandlungsanlage und die Schlammbehandlungsanlage einer Kläranlage erfüllen jeweils für sich allein unterschiedliche Funktionen: 16

- die Abwasserbehandlungsanlage erfüllt die Reinigungsfunktion für das Abwasser,
- die Schlammbehandlungsanlage erfüllt die Funktion, die bei der Abwasserbehandlung anfallenden Schlämme so weit wie möglich zu reduzieren.

---

[20] Nach Notizen des an den Verhandlungen teilnehmenden Verfassers

Sind aber **Planungs- und Überwachungsleistungen für die Abwasserbehandlungs- und Schlammbehandlungsanlage einer Kläranlage gleichzeitig** durchzuführen, ist Antwort auf die Frage zu geben, ob die genannten Funktionen voneinander unabhängig sind. Nur in diesem Fall wäre die Voraussetzung für die Bildung zweier unabhängiger Abrechnungseinheiten gegeben. Zweifelsfrei sind die technischen Abhängigkeiten der beiden Verfahrenseinheiten sehr eng; die Funktionen der Abwasserbehandlungsanlage und der Schlammbehandlungsanlage beeinflussen sich gegenseitig: **Abwasserreinigungsleistung und Schlammmengenproduktion stehen in einer unmittelbaren Wechselbeziehung.** So verursachen beispielsweise denkbare unterschiedliche verfahrenstechnische Lösungen für die Schlammbehandlung flüssige Reststoffe in Form von mehr oder weniger hoch konzentrierten und schwierig zu behandelnden Abwässern, die bei der Auslegung der Abwasserbehandlungsanlage berücksichtigt werden müssen. Zugleich führen die mitzubehandelnden Abwässer der Schlammbehandlung zu einer Erhöhung der Schlammproduktion in der Abwasserbehandlungsanlage. Abwasser- und Schlammbehandlungsanlage bilden einen Regelkreis, ihre Funktionen sind untrennbar miteinander verbunden und beeinflussen ihre jeweilige Größe. Dies hat zur Folge, dass Funktion und Dimensionierung beider **Anlagenteile nur gemeinsam optimiert** werden kann. Es erklärt gleichzeitig, dass eine solche **Kläranlage als eine funktionale Einheit und damit als ein Objekt** anzusehen ist. Die **Komplexität der Bauaufgabe** und damit die **Planungsanforderungen** sind durch die Verknüpfung der in der Objektliste als Objekte getrennt genannten Abwasser- und Schlammbehandlungsanlage **höher** als für die jeweilige Einzelanlage. Deswegen sind die **Bewertungsmerkmale** nach § 44 Abs. 4 HOAI (Umfang der Funktionsbereiche oder der konstruktiven oder technischen Anforderungen) und Abs. 5. (fachspezifische Bedingungen) **höher** zu bewerten **als für die jeweils einzelne funktionale Einheit Abwasser- und Schlammbehandlungsanlage.** Dieses Faktum kommt in der Amtlichen Begründung zu § 53 HOAI 1996/2002 bei den Erläuterungen zur Einschätzung des vierten Bewertungsmerkmals wie folgt zum Ausdruck:[21]

„Bei dem vierten Bewertungsmerkmal wird neben den technischen oder konstruktiven Anforderungen auch der Umfang der Funktionsbereiche berücksichtigt. Das gilt insbesondere für bestimmte Ingenieurbauwerke, z. B. Wasseraufbereitungsanlagen. Bei einem Klärwerk werden als Funktionsbereiche z. B. angesehen die Pumpwerke, die verschiedenen Einheiten der mechanischen Abwasserreinigung, der biologischen Abwasserreinigung, der Schlammbehandlung und der Reststoffbeseitigung.“

17   In diesem Zusammenhang ist ergänzend darauf hinzuweisen, dass die **verschiedenen Hochbauten (z. B. Maschinenhäuser,** Pumpwerke, Rechengebäude, Filtergebäude), welche die **maschinellen, verfahrens- und prozesstechnischen Anlagen für die Abwasserbehandlung und Schlammbehandlung häufig unter einem Dach** vereinigen, integrale Bestandteile des Objekts Kläranlage sein müssen. Sie sind dessen unselbstständige Teile und können nicht selbstständig genutzt werden. Dies gilt auch für solche gemischt genutzten Gebäude, welche für den Kläranlagenbetrieb notwendige Ausrüstungen einerseits und Werkstätten, Betriebsräume, Sanitäranlagen etc. andererseits unter einem Dach vereinigen. Leistungen und Honorare für solche Gebäude sind daher nicht in Teil 3 Abschnitt 1 HOAI, sondern in Teil 3 Abschnitt 3 HOAI erfasst.

18   Schließlich gehören zu den Kosten des Objekts Kläranlage auch all diejenigen Kosten, die für die **verbindenden Abwasser- und Schlammleitungen** entstehen. Letztere gehören teils zu den Technischen Anlagen der Anlagengruppe nach § 53 Abs. 2 Nr. 1, teils zu verfahrenstechnischen Anlagen nach § 53 Abs. 2 Nr. 7; die Honorare für Leistungen für die Leitungen sind daher nach Teil 4 Abschnitt 2 HOAI zu berechnen. Dies gilt auch für die Fachplanungsleistungen für **Anlagenteile** auf dem Kläranlagengrundstück, **welche die Nutzung der maschinentechnischen Ausrüstung der Anlage erlauben** wie z. B. Druckluftleitungen von den Gebläsen zu den Belebungsbecken oder Gasleitungen von den Faulbehältern zur Gasfackel und zum Gasbehälter. Schließlich bestimmt das so definierte Objekt auch den Umfang und die Zurechnung der Kosten der übrigen Technischen Ausrüstung nach Teil 4 Abschnitt 2 § 53 Abs. 2 HOAI als anrechenbare Kosten.

Am Beispiel der Kläranlage wurde gezeigt, wann und unter welchen Voraussetzungen die funktionale Einheit mehrerer unterschiedlicher Objekte gegeben ist. Diese Überlegungen sind

---

[21] A. a. O. S. 121

auf alle Ingenieurbauwerke, die in Teil 3 Abschnitt 3 HOAI erfasst sind, sinngemäß übertragbar. Voraussetzung für eine **Zusammenfassung von Einzelobjekten eines Vorhabens zu einer funktionalen Einheit** ist somit stets, dass ihre Funktionen – hier die Abwasserreinigung und die zugehörige Schlammbehandlung - erst durch das Zusammenfassen von Einzelfunktionen aller sonst selbstständiger Bauwerke und Anlagen erreicht werden kann. Im Übrigen ist bei der Überlegung und Entscheidung darüber, ob die anrechenbaren Kosten eines Vorhabens zusammenzufassen oder getrennt nach Objekten zu ermitteln sind, **zusätzlich § 11 Abs. 2 und 3 HOAI zu beachten**.

Aus dem Gesagten ist zu schließen, dass die **Definition des Objekts als Abrechnungseinheit** in jedem Vertrag **besonders sorgfältig** erfolgen muss, sofern das zu bearbeitende Vorhaben nicht in einer der Objektlisten genannt ist. Dies gilt insbesondere dann, wenn es sich bei der fraglichen Objektplanungsaufgabe nicht um einen Neubau, sondern beispielsweise um einen Erweiterungsbau, einen Umbau oder um eine Modernisierung handelt.

III. Bauwerke und Anlagen der nichtöffentlichen Erschließung von Liegenschaften

Beispiele für Liegenschaften sind **Klinik- und Krankenhausanlagen, Kasernenanlagen, Bahnhofsanlagen mit Bahnhofsgebäude, Bahnsteigen und Gleisanlagen oder Flughafenanlagen**. In diesen Liegenschaften sind eigenständige, nichtöffentliche Infrastruktureinrichtungen wie z. B. Wasserversorgungsnetze, Kanalnetze, Verkehrsanlagen, Lager für wassergefährdende Stoffe oder Tankanlagen erforderlich, die von nichtöffentlichen oder privaten Betreibern aufgebaut und betrieben werden. Der Unterschied zwischen den Anlagen ist nicht technischer, sondern organisatorischer Natur; nicht die ver- und entsorgungspflichtige Gebietskörperschaft (z. B. Kommune, Landkreis) ist innerhalb der Liegenschaft für Ver- und Entsorgung zuständig, sondern deren Eigentümer. Hinsichtlich ihrer Dimensionierung und ihres fachlichen Objektplanungsanspruchs unterscheiden sie sich nicht von entsprechenden öffentlichen Anlagen. Die Anforderungen an die Fachplanungs- und Überwachungsleistungen entsprechenden Anforderungen bei der Bearbeitung öffentlicher Infrastruktureinrichtungen; daher sind auch diese Leistungen nach Teil 3 Abschnitt 3 zu honorieren. | **19**

Zweifellos ist der Übergang zwischen den **Infrastruktureinrichtungen einer Liegenschaft** einerseits und Bauwerken und Anlagen der nichtöffentlichen Erschließung im Sinne von DIN 276 KG 230 andererseits begrifflich fließend. Die Letzteren sind nach den zugehörigen Anmerkungen in der DIN *„die technischen Anlagen, die ohne öffentlich-rechtliche Verpflichtung oder Beauftragung mit dem Ziel der späteren Übertragung in den Gebrauch der Allgemeinheit hergestellt und ergänzt werden. Kosten von Anlagen auf dem eigenen Grundstück gehören zu der Kostengruppe 500".* | **20**

Die Amtl. Begr. der HOAI 2002 zu dieser Vorschrift schafft die notwendige Klarheit: es handelt es sich bei Anlagen auf dem eigenen Grundstück *„häufig nur um die Verbindung der Anlagen in Gebäuden mit den Anlagen der öffentlichen Ver- und Entsorgung, also z. B. bei den Anlagen der Abwasserentsorgung um die Rohrleitungen vom Gebäude bis zum Anschluss an die öffentliche Abwasserentsorgung (z. B. Hausanschlusskanäle)".*[22] Damit dürfte klargestellt sein, dass die Infrastruktureinrichtungen einer Liegenschaft Ingenieurbauwerke und Anlagen im Sinne von Teil 3 Abschnitt 3 HOAI für die nichtöffentliche Erschließung sind.[23] Sie sind im „nichtöffentlichen" Besitz, erfüllen aber für die Einzelgebäude der Liegenschaft den gleichen Zweck wie öffentliche Erschließungsanlagen.

---

[22] Bundesanzeigerausgabe der HOAI 2002 Amtl. Begr. S. 134
[23] So sinngemäß „Hinweise zum Vertragsmuster – Ingenieurbauwerke und Verkehrsanlagen" – Anhang 14, RBBau-Vertragsmuster, Stand 1. Dezember 1993, Bundesanzeiger Verlagsges. m. b. H. 1994

IV. Abgrenzung Ingenieurbauwerke und Freianlagen

21 Nach § 41 Nr. 3 zählen einige Objekte begrifflich sowohl zu den Ingenieurbauwerken als auch zu den Freianlagen (s. § 39 Abs. 1). Sofern diese Objekte nicht nach wasserbaulichen, tragwerkspezifischen oder verkehrsplanerischen Gesichtspunkten bemessen, geplant oder während ihrer Ausführung überwacht werden, sondern allein nach ökologischen oder landschaftsplanerischen Gesichtspunkten als **Gestaltungselemente in Freianlagen** angeordnet werden, zählen sie zu den Freianlagen. Bei diesen Objekten gelten ausschließlich die honorarrechtlichen Vorschriften des Teils 3 Abschnitt 2 (Freianlagen). Sie sind in § 38 Abs. 1 erschöpfend aufgezählt:

1. **Einzelgewässer** mit überwiegend ökologischen und landschaftsgestalterischen Elementen,
2. **Teiche** ohne Dämme,
3. flächenhafter **Erdbau** zur Geländegestaltung,
4. einfache **Durchlässe und Uferbefestigungen** als Mittel zur Geländegestaltung, soweit keine Leistungen nach Teil 4 erforderlich sind,
5. **Lärmschutzwälle** als Mittel zur Geländegestaltung,
6. **Stützbauwerke** und **Geländeabstützungen ohne Verkehrsbelastung** als Mittel zur Geländegestaltung, soweit keine Tragwerke mit durchschnittlichem Schwierigkeitsgrad erforderlich sind,
7. **Stege und Brücken**, soweit keine Leistungen nach Teil 4 Abschnitt 1 erforderlich sind.

Bei diesen Objekten gelten die **honorarrechtlichen Vorschriften des Teils 3 Abschnitt 2**, insbesondere die Definition ihrer anrechenbaren Kosten nach §§ 4 und 38, das Leistungsbild nach § 39 Abs. 2 bis 4 und ihre Zuordnung zu den Honorarzonen nach § 40 Abs. 2 bis 5.

22 Werden **für diese Objekte** nicht nur gestalterische Leistungen, sondern **auch Objektplanungs- und Fachplanungsleistungen** erforderlich, so werden die Honorare nach den für diese Bereiche maßgebenden Bestimmungen der HOAI abgerechnet. Solche Leistungen sind z. B.

– hydraulische Berechnungen zum Nachweis des Abflussvermögens eines Einzelgewässers
– Nachweis des Wasservolumens eines Teiches, der auch als Löschwasserbehälter dienen soll, und dessen hierauf ausgerichtete Gestaltung und Konstruktion oder
– der Nachweis des Abflussvermögens eines Durchlasses und dessen Rückstau in den Zuflussbereich

Die in § 17 Abs. 3 HOAI 2002 enthaltene Vorschrift ist in der Neufassung der HOAI nicht mehr enthalten. Danach konnte der Planer der Freianlagen, worin die nach wasserbaulichen, tragwerksplanerischen oder verkehrsplanerischen Gesichtspunkten bemessenen Objekte gestalterisch eingebunden werden sollen, ein besonderes Honorar für seine gestalterische Leistung vereinbaren. In der Amtl. Begründung zu dieser Vorschrift hieß es u. a.:[24]

*„Der neu eingefügte Absatz 3 sieht eine **besondere Regelung** für den Fall vor, dass der **Objektplaner einer Freianlage eine Gesamtplanung** erstellt. Im Rahmen der Gesamtplanung der Freianlage werden dabei auch Ingenieurbauwerke und Verkehrsanlagen, die als Objekte in Teil VII erfasst sind, in die Umgebung eingebunden. Die Honorierung der Leistungen für die gesamte gestalterische Planung mit der Einbindung von Ingenieurbauwerken und Verkehrsanlagen in die Umgebung sowie mit dem An- und Zuordnen mehrerer Anlagen und Bauwerke bedarf einer Regelung.*

Dieses gestalterische Einbinden kann z. B. bei Verkehrsanlagen im Sinne von § 51 Abs. 2 darin bestehen, dass der Objektplaner (einer Freianlage[25]) die Linienführung dieser Verkehrsanlagen festlegt sowie ihre Einfügung in die Landschaft, ihre Einbindung in die Umgebung oder die Art der Gestaltung der Oberfläche. Die Kosten dieser Verkehrsanlagen rechnen nicht zu den

---

[24] Bundesanzeigerausgabe der HOAI 2002, S. 98
[25] Einfügung durch Verfasser

anrechenbaren Kosten der Freianlagen, vielmehr sind die Honorare für (diese[26]) *Leistungen bei Ingenieurbauwerken und Verkehrsanlagen nach Teil VII (HOAI a. F.*[27]*) zu berechnen.*

Andererseits wird die oben beschriebene Leistung des Planers der Freianlage (für das gestalterische Einbinden[28]*) nicht mit seinem Honorar abgegolten, das aufgrund der anrechenbaren Kosten nach Teil II (HOAI a. F.*[29]*) ermittelt wird. Deshalb wird in dem neuen Absatz 3 vorgesehen, dass der* **Planer der Freianlage** *für die* **gestalterischen Leistungen bei Ingenieurbauwerken und Verkehrsanlagen ein besonderes Honorar** *neben dem Honorar für die Planung und Ausführung der Freianlage schriftlich vereinbaren kann.*

Da die Leistungen des Objektplaners bei der gestalterischen Einbindung in die Umgebung von Ingenieurbauwerken und Verkehrsanlagen nach Teil VII unterschiedlich sind und wesentlich von der Art der Freianlage und dem Umfang der Leistung der Einbindung abhängig ist, werden konkrete Bestimmungen über die Höhe der Honorare nicht aufgenommen. Die Verordnung enthält keine konkreten Hinweise über die Art der Berechnung des zusätzlichen Honorars. Die Vertragsparteien können einen Zuschlag auf das Planungshonorar vereinbaren, sie können ein gesondertes Honorar vereinbaren, sie können die Leistungen im Rahmen der Von-bis-Sätze berücksichtigen oder eine andere Art der Berechnung wählen."

Honoraransprüche für **Objektplanungen für Ingenieurbauwerke und Verkehrsanlagen in** 23 **Freianlagen** blieben also unberührt. Nach der Amtl. Begr. konnte neben einem Honorar nach § 17 Abs. 3 HOAI 2002 ein Honorar für die fachliche Planung von Ingenieurbauwerken oder Verkehrsanlagen vereinbart werden.[30] Außerdem sei in jedem Einzelfall zu prüfen und vertraglich festzulegen, ob und wie viel der Objektplaner des Ingenieurbauwerks durch seine Leistungen diejenigen des Planers der Freianlagen entlaste und dadurch eine **Minderung des Objektplanungshonorars** gerechtfertigt ist. Eine solche Entlastung ist freilich **nur möglich**, wenn der **Planer der Freianlage einen Teil** der vom Objektplaner des Ingenieurbauwerks oder der Verkehrsanlage **geschuldeten Leistungen** erbringt. Und weiter:
„Werden zum Beispiel die Trasse und die Gradiente einer Verkehrsanlage vom **Planer der Freianlage** *festgelegt und* **dem Fachplaner der Verkehrsanlage** *mit den für dessen Planungsleistungen erforderlichen* **Angaben verbindlich** *vorgegeben, hat der Freianlagenplaner auch Leistungen erbracht, die zum Leistungsbild des Fachplaners der Verkehrsanlage nach Teil VII rechnen. Der Verkehrsplaner muss nicht auch dieselben Leistungen erbringen, er wird insoweit durch Vorgaben aus der Objektplanung entlastet. Soweit er entlastet wird, ist dies bei der Vereinbarung des Honorars für die Verkehrsanlage zu berücksichtigen*[31]*."* In einem solchen Fall hat der Planer der Freianlage zusätzlich zu seinem Honorar bei der Gestaltungsplanung Anspruch auf die Honorierung dieser Ingenieurleistungen. Voraussetzung dafür ist eine entsprechende schriftliche **Vereinbarung** zwischen Auftraggeber und den beiden Planern, um die gewünschten Leistungspflichten und erforderlichen Honorare untereinander zweifelsfrei abzugrenzen. Eine sichere Interpretation des vorliegenden Falls, insbesondere die Bewertung der vom Freianlagenplaner zu erbringenden oder erbrachten Leistung und der beim Objektplaner verbleibenden Leistungen ist aus der HOAI nicht ablesbar, da die Leistungsbilder der HOAI bekanntlich keine Leistungsbeschreibungen, sondern nur Vergütungstatbestände enthalten.[32]

Zu den begrifflich nicht zweifelsfrei abgegrenzten Objekten zählen einige der in der Objektliste 24 der Freianlagen des Anhangs 11.2 der HOAI. genannte Objekte. Hier sind z. B. **Lärmschutzeinrichtungen** zu nennen, die in der Objektliste der Ingenieurbauwerke Lärmschutzanlagen genannt sind. Nur die Kosten der Freiflächen solcher Anlagen können zur Ermittlung des Honorars für Leistungen bei Freianlagen herangezogen werden. Bei den in der Liste genannten **Freibä-**

---

26 Einfügung durch Verfasser
27 Einfügung durch Verfasser
28 Einfügung durch Verfasser
29 Einfügung durch Verfasser
30 Bundesanzeigerausgabe der HOAI 2002, S. 98
31 Bundesanzeigerausgabe der HOAI 2002 S. 99
32 BGH Urteil v. 22.10.1998 – VII ZR 91/97 in BauR 1999, 187

dern sind nur die Kosten der Freiflächengestaltung zwischen den stets vorhandenen Gebäuden und Ingenieurbauwerken unterschiedlichster Art für das Honorar für Leistungen bei Freianlagen anrechenbar. Diese Folgerungen ergeben sich aus § 39 Abs. 1 HOAI, wonach unter **Freianlagen nur die planerisch gestalteten Freiflächen und Freiräume sowie entsprechend gestaltete Anlagen** in Verbindung mit Bauwerken oder in Bauwerken zu verstehen sind. Das Honorar für die Leistungen für die in den Freianlagen vorhandenen Gebäude, Ingenieurbauwerke und Technischen Anlagen ist nach Teil 3 Abschnitt 1, 3 und 4 HOAI zu ermitteln.

§ 42 Besondere Grundlagen des Honorars

(1) Für Grundleistungen bei Ingenieurbauwerken sind die Kosten der Baukonstruktion anrechenbar. Die Kosten für die Anlagen der Maschinentechnik, die der Zweckbestimmung des Ingenieurbauwerks dienen, sind anrechenbar, soweit der Auftragnehmer diese plant oder deren Ausführung überwacht.

(2) Für Grundleistungen bei Ingenieurbauwerken sind auch die Kosten für Technische Anlagen, die der Auftragnehmer nicht fachlich plant oder deren Ausführung der Auftragnehmer nicht fachlich überwacht,

    1. vollständig anrechenbar bis zum Betrag von 25 Prozent der sonstigen anrechenbaren Kosten und

    2. zur Hälfte anrechenbar mit dem Betrag, der 25 Prozent der sonstigen anrechenbaren Kosten übersteigt.

(3) Nicht anrechenbar sind, soweit der Auftragnehmer die Anlagen weder plant noch ihre Ausführung überwacht, die Kosten für:

    1. das Herrichten des Grundstücks,

    2. die öffentliche und die nichtöffentliche Erschließung, die Außenanlagen, das Umlegen und Verlegen von Leitungen,

    3. verkehrsregelnde Maßnahmen während der Bauzeit,

    4. die Ausstattung und Nebenanlagen von Ingenieurbauwerken.

Inhaltsübersicht

I. Kosten der Baukonstruktion

Das **Honorar für Grundleistungen** bei Ingenieurbauwerken ist nach § 42 Abs. 1 S. 1 mit den **1** **Kosten der Baukonstruktion** zu ermitteln. Sie sind nach § 4 Abs. 1 HOAI Teil der Kosten des Objekts sowie der damit zusammenhängenden Aufwendungen ohne Umsatzsteuer, die bei dessen Herstellung, Umbau, Modernisierung, Instandhaltung und Instandsetzung entstehen. Sie müssen nach allgemeinen anerkannten Regeln der Technik oder nach Verwaltungsvorschriften (Kostenvorschriften) auf der **Grundlage ortsüblicher Preise** ermittelt werden. Definitionsgemäß gelten hierfür nur die zum Zeitpunkt der Planung geltenden Preise. Die Vorschrift entspricht § 33 Abs.1 für Gebäude und Innenräume.

Während im Leistungsbild Gebäude und Innenräume (HOAI-Anlage 10.1) vorgeschrieben ist, deren anrechenbare Kosten gemäß § 4 Abs. 1 nach der in DIN 276-1:2008-12 vorgegebenen

Struktur zu ermitteln, existiert eine solche Anweisung für Ingenieurbauwerke nicht. Aus § 4 Abs. 1 S. 2 ergibt sich, dass die **Kostenermittlungen bei Ingenieurbauwerken nach allgemein anerkannten Regeln der Technik** (a. a. R. d. T.) oder nach **Verwaltungsvorschriften (Kostenvorschriften)** strukturiert werden sollen. Als Beispiel für letztere nennt die Verordnungsbegründung zu § 4 Abs. 1 S. 3 die Anweisung zur Kostenberechnung von Straßenbaumaßnahmen (AKS)[1]; andere Verwaltungsvorschriften, welche bei der Kostenermittlung bei Ingenieurbauwerken zu beachten wären, sind dem Verfasser unbekannt. Daher ist zu klären, welche a. a. R. d. T. für die Kostenermittlungen infrage kommen.

2 Die im August 2009 der Struktur der DIN 276-1:2008-12 nachgebildete **DIN 276-4:2009-08** – nach ihrem Vorwort vom NBau Arbeitsausschuss 005-01-05 „Kosten im Hochbau" für den Bereich „Ingenieurbau" in Ergänzung zu DIN 276-1: Hochbau erarbeitet – dürfte die Anforderung an eine a. a. R. d. T. erfüllen und damit als **verbindlicher Prüfungsmaßstab** im Sinne der Verordnung gelten. Gemäß ihrem Vorwort beschränkt sie sich auf die spezifischen Festlegungen zum Ingenieurbau; damit ist nach Ziffer 2.1 der Norm die **Gesamtheit von Ingenieurbauwerken und Verkehrsanlagen** gemeint. Auf die Wiederholung der Kostengruppen 100, 200 und 500 bis 700 wurde aus Vereinfachungsgründen verzichtet. Beide Normen stellen zusammen eine weitgehend vollständige Checkliste aller Kostenelemente mit Ausnahme der Anlagen der Maschinen-, Prozess- und Verfahrenstechnik zur Verfügung. Letztere sind – ohne die Anlagen der Maschinentechnik – wenigstens in der Objektliste Technische Ausrüstung (Anlage 15.2 Nr. 7.2 HOAI) aufgelistet.

Als **Kosten der Baukonstruktion** können somit nur die in **KG 300 der DIN 276-4:2009-8** genannten Kosten gemeint sein. Sie entsprechen den in der gleichen Kostengruppe der DIN 276-1:2008-12 genannten Kosten der Gebäude; sie können bei Ingenieurbauwerken sowohl nur teilweise (z. B. bei Leitungen, Leitungsnetzen, Bauwerken und Anlagen des Wasserbaus, Brücken, Baugrubenumschließungen oder Stützbauwerken) als auch vollständig anfallen (z. B. bei Abwasser- und Schlammbehandlungsanlagen, bei Abfallaufbereitungsanlagen, Pumpwerken oder Wasserkraftanlagen).

3 Die Kosten der **Baukonstruktion von Baugrubenumschließungen und Stützbauwerken** sind insofern ein Sonderfall, als sie zum einen die Kosten bedeuten können, welche bei der Herstellung einer Baugrubenumschließung selbst entstehen. Zum andern können damit die Kosten der KG 310 des Ingenieurbauwerks gemeint sein, die bei der Ermittlung dessen anrechenbarer Kosten maßgebend sind. Eine solche Konstellation ist immer dann der gegeben, wenn vor Beginn der Bauarbeiten für ein Gebäude oder für ein Ingenieurbauwerk eine Baugrube hergestellt werden muss, in deren Schutz die Ausführung des Objekts später erfolgen soll. Hiermit sind in Ziffer 1.2 dieser Norm genannten Verbaumaßnahmen gemeint (Bohrpfahlwände, Trägerbohlwände, Spundwände, Stützbauwerke mit Verankerungen und Schlitzwände), für deren Ausführung die dort genannten Allgemeinen Technischen Vorschriften gelten. Diese Bauwerke sind in der Objektliste (vgl. HOAI-Anlage 12 Nr. 12.2 Gruppe 7 – sonstige Einzelbauwerke) als Stützbauwerke benannt und erfordern eine Objekt- und Tragwerksplanung. Deren anrechenbare Kosten sind mit dem Neuwert der Verbauelemente zu ermitteln. Dasselbe gilt analog bei den Traggerüsten, für die eine eigene Objektplanung erforderlich ist, und die deswegen an der gleichen Stelle der Objektliste genannt sind.

Werden nur senkrechte Verbauwände erforderlich – der Erdaushub ist nur für das innerhalb des Verbaus zu planende Ingenieurbauwerk oder Gebäude erforderlich – so ist zur Herstellung des Verbaus eine sich aus dem natürlichen Böschungswinkel ergebende Begrenzungslinie (unter Beachtung der DIN 4124:2012-01[2] bzw. Bodengutachten) anzusetzen, sofern für die Herstellung der Verankerungen gerätebedingt nicht größere Aushubanteile erforderlich werden. Die nebenstehende, von Enseleit / Osenbrück veröffentlichte Skizze[3] schafft die notwendige Klar-

---

[1] Anweisung zur Kostenberechnung für Straßenbaumaßnahmen, Ausgabe 1985 (AKS 85), BMV – ARS Nr. 24/1984 vom 12.12.1984 – 24/38.46.00/24023 Va 84 (VkBl 1985 S. 92) i. V. m. dem BMV – ARS Nr. 13/1990 vom 01.08.1990 StB. 24/38.4700/31 Va 90

[2] DIN 4124:2012-01– Baugruben und Gräben – Böschungen, Verbau, Arbeitsraumbreiten

[3] Enseleit/Osenbrück: HOAI-Praxis Anrechenbare Kosten für Architekten und Tragwerksplaner, 4. überarbeitete Auflage 2006, Rdn. 498

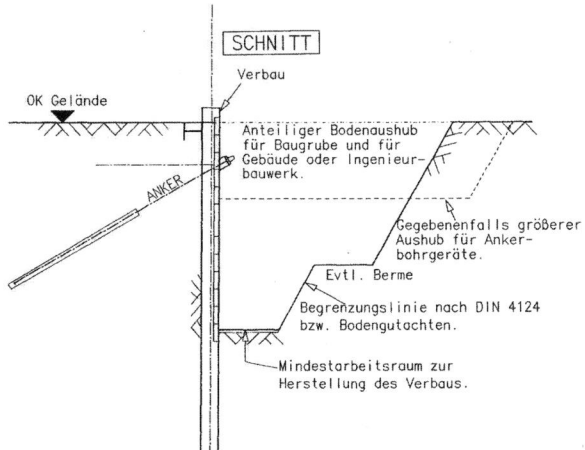

SCHNITT

OK Gelände

Verbau

Anteiliger Bodenaushub für Baugrube und für Gebäude oder Ingenieurbauwerk.

ANKER

Gegebenenfalls größerer Aushub für Ankerbohrgeräte.

Evtl. Berme

Begrenzungslinie nach DIN 4124 bzw. Bodengutachten.

Mindestarbeitsraum zur Herstellung des Verbaus.

heit. Den Kosten des Erdaushubs sind selbstverständlich alle anderen für die Durchführung dieses Bauwerksteil entstehenden Kosten anteilig hinzuzurechnen (z. B. auch die Baustelleneinrichtung). Wird jedoch z. B. eine wasserdichte Baugrube mit tief liegender oder hoch liegender Abdichtung hergestellt, gehören die Kosten des „vollen" Erdaushubs zu den Kosten Baugrubenumschließung.

Die **Kosten des besonders geplanten Baubehelfs „Baugrubenumschließung"** gehören aber auch wie die Kosten der ohne vorherige gesonderte Planung hergestellten Baubehelfe zu den **anrechenbaren Kosten** des Honorars **für die Objektplanung** der Gebäude und Ingenieurbauwerke, die der Baugrubenumschließung bedürfen. Sie dürfen allerdings – wie auch bei den Traggerüsten - nur in Höhe der Kosten ihres Einsatzes (anteilige Kosten der Erdarbeiten und der Wasserhaltung sowie die Kosten der Montage, der Miete oder Abschreibung und der Demontage der mehrfach verwendbaren Verbauelemente) berücksichtigt werden, welche von den ausführenden Unternehmen angeboten und abgerechnet werden.

Hier wie dort tritt der in der HOAI auch an anderer Stelle geregelte Fall auf, dass bei der Ermittlung der anrechenbaren Kosten von Leistungen verschiedener Fachdisziplinen **Kostenanteile mehrfach anrechenbar** sind. Die anrechenbaren Kosten für Objektplanungsleistungen für das Gebäude oder das Ingenieurbauwerk, welches innerhalb der Baugrubenumschließung hergestellt wird, sind also andere als diejenigen, welche der Honorierung der Objekt- und Tragwerksplanung der Baugrubenumschließung selbst zugrunde liegen.

Öffentliche Auftraggeber von Bund und Ländern, welche Aufträge über Leistungen bei **Brücken** **4**
für Verkehrsanlagen erteilen, fordern häufig, Kostenermittlungen nach der erwähnten Anweisung zur Kostenberechnung von Straßenbaumaßnahmen (AKS)[4] durchzuführen. Allerdings ist die dort vorgesehene Differenzierung der Elemente so allgemein, dass eine zweifelsfreie Prüfung ihrer jeweiligen Anrechenbarkeit im Sinne der HOAI nur im Ausnahmefall möglich ist. Um diesen Ungenauigkeiten zu entgehen, sollten auch die anrechenbaren Kosten von Brücken wie diejenigen aller anderen Ingenieurbauwerke nach DIN 267-4:2009-12 aufgeschlüsselt werden, die dann zusammen mit den nach AKS ermittelten Kosten als zweifelsfreier Prüfungsmaßstab für die zutreffende Erfassung und Zuordnung der Kosten zu verstehen sind.

Nach der amtlichen Begründung zu § 42 Abs. 1 sind **nicht anrechenbar die Kosten**: **5**
– für den **Erwerb** und das **Freimachen des Baugrundstücks**
– für die **Erschließung**,
– für die **Vermessung und Vermarktung** eines Bauwerks,
– von **Kunstwerken**, soweit sie nicht wesentliche Bestandteile des Objekts sind,
– von **Entschädigungen** und **Schadensersatzleistungen** sowie
– die **Baunebenkosten**.

Auch die **Kosten von Winterbauschutzvorkehrungen** sollen ebenso wie die Kosten zusätzlicher **6**
Maßnahmen bei der Erschließung, beim Bauwerk und bei den Außenanlagen für den Winterbau nach der Verordnungsbegründung nicht anrechenbar sein. Dies ist ein **klarer Widerspruch gegenüber DIN 276-1 und DIN 276-4**; in beiden Normen zählen die Kosten von Winterbauschutzvorkehrungen zur Kostengruppe 397 (zusätzliche Maßnahmen), der die Kosten für Maßnahmen

---

[4] Siehe Fn. 1

gegen Schlechtwetter und für den Winterbauschutz einschließlich der Kosten der Erwärmung des Bauwerks und der Schneeräumung zugeordnet sind. Da für diese Maßnahmen regelmäßig sowohl Planungsleistungen (z. B. Planung und Ausschreibung von Provisorien für die Winterzeit) als auch Objektüberwachungsleistungen (hier insbesondere die Planung und Überwachung sowie Abrechnung von Sicherungsleistungen der ausführenden Firmen) durchgeführt werden, müssen diese Kosten auch anrechenbar sein. Sie sind Kosten der Kostengruppe 300, die nach der amtlichen Begründung des § 33 für die Ermittlung der Kosten der Baukonstruktion von Gebäuden maßgebend ist. Sinngemäß gilt nach der mitgeltenden DIN 276-4 dasselbe. Um streitige Auseinandersetzungen darüber zu vermeiden, ist eine rechtzeitige **schriftliche Vereinbarung über die Vergütung** solcher Leistungen (Benennung der Leistungen und Methode der Honorarberechnung) empfehlenswert. Sie sollte daher ebenfalls bei Vertragsabschluss erfolgen, wenn die Wahrscheinlichkeit des Winterbaus nicht zu verneinen ist.

II. Kosten der Anlagen der Maschinentechnik

7   Die Anlagen der Maschinentechnik gehören nach ihrer Definition **zusammen mit den zugehörigen Anlagen der Verfahrens- und Prozesstechnik** zu den **verfahrenstechnischen Anlagen** nach § 53 Abs. 2 Nr. 7 bzw. der Kostengruppe 470 nach DIN 276-1:2008-12 bzw. DIN 276-4: 2009-08 an; ohne die letztgenannten Anlagen wären die Anlagen der Maschinentechnik nicht funktionsfähig. Die Anlagen sind in Struktur und innerem Zusammenhang mit zahlreichen Anlagenarten der nutzungsspezifischen Anlagen der HOAI-Anlage 15.1 wie z. B. mit Wäschereianlagen, mit bühnentechnischen, badetechnischen Anlagen oder Prozesskälteanlagen vergleichbar. Allerdings sind die **Honorare für** Leistungen für die **Anlagen der Maschinentechnik** nicht in Teil 4 Abschnitt 2 (Fachplanung bei der Technischen Ausrüstung) erfasst, sondern **Teil der Honorare für Objektplanungsleistungen.** Dies ergibt sich aus der Regelung des § 42 Abs. 1 S. 2, wonach die **Kosten** der Anlagen der Maschinentechnik von Ingenieurbauwerken, die deren Zweckbestimmung dienen, zusätzlich zu den Kosten der Baukonstruktion anrechenbar sind, wenn für diese Anlagen entweder Objektplanungsleistungen oder Überwachungsleistungen erbracht werden, wie es in derselben Weise zuletzt in §§ 52 Abs. 7 Nr. 7 HOAI 1996/2002 und 41 Abs. 2 und 3 Nr. 5 HOAI 2009 verordnet war.

8   Die Vorschrift ist erstmals in die vierte Novelle der ab 1.1.1991 geltenden HOAI mit Blick auf die Bauwerke und Anlagen der Wasser- und Abfallwirtschaft eingefügt worden. Sie war eine Folge der Verhandlungen zwischen Verordnungsgeber und Auftragnehmerseite über eine Regelung angemessener Honorare für die Leistungen der Objektplaner von Anlagen der Wasser- und Abfallwirtschaft. Jetzt gilt diese Regelung nicht mehr nur für die Bauwerke und Anlagen der Wasser- und Abfallwirtschaft, sondern für sämtliche Ingenieurbauwerke.

Anlagen der Maschinentechnik sind bei allen Objekten dieser Anwendungsbereiche stets vorhanden, die verfahrens- und prozesstechnische Aufgaben wie z. B. Wasseraufbereitung, Abwasserreinigung, Schlammbehandlung oder Abfallbehandlung erfüllen. Auch zahlreiche wasserbauliche Anlagen wie Wehre, Pumpwerke oder Wasserkraftanlagen sind mit maschinentechnischen Anlagen ausgestattet. Werden solche Bauwerke mit Maschinen ausgerüstet, um ihre Funktion erfüllen zu können, müssen die Maschinen stets geplant und während der Ausführung überwacht werden. Ihre Kosten galten und gelten daher **als stets anrechenbar.** Insofern war und ist der einschränkende Nebensatz dieses Satzes („…, *soweit der Auftragnehmer diese plant oder deren Ausführung überwacht*") rechtsformal notwendig, aber in Praxis ohne Bedeutung.

9   Nach der Verordnungsbegründung zu § 42 handelt es sich bei den **Anlagen der Maschinentechnik** „*um Anlagen ohne jegliche Anschlusstechnik, die als Einheit vom Hersteller geliefert werden, zum Beispiel um Räumer für Absetzbecken bei Kläranlagen und Wasserwerken, Kammerfilterpressen, um Oberflächenbelüfter oder Gasentschwefler sowie um Gasspeicher von Abwasserbehandlungsanlagen. Dazu zählen auch die reinen Stahlbauteile bei Schleusen und*

Wehren und die Grob- und Feinrechen". Der Text entspricht nahezu wortgleich der Amtl. Begr. zu § 52 Abs. 7 Nr. 7 HOAI 1991.

Folgende weitere Beispiele für Anlagen der Maschinentechnik können daraus abgeleitet werden:
- aus dem Bereich der Wasserversorgung: Netzpumpen, Oxydatoren, geschlossene vorgefertigte Filter, Druckwindkessel,
- aus dem Bereich der Abwasserentsorgung: Rechen- und Siebanlagen, Schneckenpumpen, Propellerpumpen (ohne Peripherie), Siebbandpressen, Zentrifugen, Schlammtrocknungsapparate, Schlammverbrennungsöfen, Kammerfilterpressen
- aus dem Bereich des Wasserbaus: Stahlbauteile von Wehren und Schützen, Turbinen von Wasserkraftanlagen, Schleusentore,
- aus dem Bereich der Abfallentsorgung: Waagen, Zerkleinerungsapparate, Rottetürme und -trommeln, Abfallverbrennungsöfen,
- aus den übrigen Bereichen: alle vorgefertigten Apparate einschließlich der unmittelbar zugehörigen und mitgelieferten Antriebe, Schaltschränke und Steuerungen, an die die verfahrenstechnischen und nutzungsspezifischen Anlagen angeschlossen werden können, die ihrerseits den Betrieb der Apparate ermöglichen.

Grundsätzlich zählen zu den Anlagen der Maschinentechnik alle **Apparate und Aggregate**, die Objektplaner und Fachplaner **nicht selbst im Detail planen**. Fachplaner der Technischen Anlagen nach § 53 erbringen z. B. solche Planungs- und Überwachungsleistungen für Pumpen, Heizkessel, Notstromaggregate, Regalanlagen, Fahrtreppen, Aufzüge, Waschmaschinen oder Transformatoren. Detailplanungen dieser Anlagen sind für deren Herstellung im Werk erforderlich; sie sind Leistungen der Hersteller bei der Werkstatt- und Montageplanung. **10**

Die in der HOAI erfassten **Planungs- und Überwachungsleistungen** für Anlagen der Maschinentechnik sind Leistungen bei der Formulierung von betriebs- und maschinentechnischen Anforderungen, bei ihrer Dimensionierung und ihrer planerische Einfügung in die verfahrens- und prozesstechnischen Anlagen oder das Ingenieurbauwerk, dessen Funktion und Dimension durch Maschinen oder Apparate bestimmt wird. Das Ergebnis der Planungsleistungen ist die Beschreibung der **Qualitäts- und Quantitätsanforderungen** an die Apparate, die **Berechnung und Bestimmung von Größe und Leistung** unter Berücksichtigung der von der einschlägigen Industrie lieferbaren und auf dem Markt erhältlichen Apparate. Überwachungsleistungen werden bei der Kontrolle der gelieferten Apparate auf **Übereinstimmung mit den** an sie gestellten **Anforderungen** sowie auf Überwachung ihrer **Montage und Inbetriebnahme** erbracht.

Die Verordnungsbegründung zu § 42 Abs. 1 bestätigt diese Interpretation. Dort heißt es: *„Voraussetzung für die Anrechenbarkeit der Anlagen der Maschinentechnik ist, dass der Auftragnehmer diese plant oder deren Ausführung überwacht. Erforderlich für die Planungsleistungen ist nicht, dass der Planer selbst die Konstruktionszeichnungen und weitere Unterlagen für die Anfertigung der Anlagen der Maschinentechnik erstellt. Ausreichend ist, dass der Auftragnehmer auf die Anlagen der Maschinentechnik planerisch Einfluss[5] nimmt. Bei einer Räumerbrücke muss der Objektplaner zum Beispiel auf inneren und äußeren Antrieb, Laufgeschwindigkeit, Windbelastung oder bestimmte Lichtraummaße ebenso Einfluss nehmen wie bei der gesamten technischen Gestaltung der eigentlichen Räumereinrichtung, die mit der Räumerbrücke verbunden ist und wesentliche technische Aufgaben zu erfüllen hat. In diesem Sinn wird die Räumerbrücke vom Objektplaner geplant und regelmäßig wird dann in der Praxis auch ihre Ausführung auf der Baustelle überwacht".* **11**

Die Kosten von **Elektromotoren** oder von **unmittelbar mit den Maschinen verbundenen Vor-Ort-Schaltschränken**, die zum **Lieferumfang der Maschinen und Apparate** gehören, zählen – von Ausnahmen abgesehen – ebenfalls zu deren Kosten. So werden bei den als Beispiele genannten Räumern für Absetzbecken, bei den Grob- und Feinrechen und bei den Oberflächenbelüftern regelmäßig Elektromotoren zusammen mit Vor-Ort-Schaltschränken in den Herstellerwerken dimensioniert und – auf das jeweilige Fabrikat abgestimmt – auf die Baustelle geliefert. **12**

---

[5] Hervorhebung durch Verfasser

Diese Ausstattung der Maschinen ist notwendig, damit die anzutreibenden Apparate überhaupt funktionstüchtig sind. Würde die maschinenspezifische Ausstattung nicht mitgeliefert, wären die Maschinen vergleichbar mit einen Auto, welches ohne Motor gekauft würde. Deswegen handelt es sich bei den Maschinen einschließlich ihrer Motoren um die in der Amtlichen Begründung genannten „Apparate ohne jegliche Anschlusstechnik, die als Einheit vom Hersteller geliefert werden.

13   Unter **Anschlusstechnik** ist die technische Umgebung der Maschinen zu verstehen, also die **Ausstattung** der Maschinen und Apparate **mit Anlagen der Verfahrens- und Prozesstechnik und** mit allen weiteren Technischen Anlagen nach § 53 Abs. 2. Dies sind z. B. alle Leitungen, die dem Abwasser- und Schlammtransport von Bauwerk zu Bauwerk und Maschine zu Maschine dienen. Insbesondere sind damit auch die Wasser-, Abwasser-, Gas-, Druckluft- und Schlammleitungen gemeint, die innerhalb des Kläranlagengeländes oder Wasserwerksgeländes verlegt sind, welche das Zusammenwirken der maschinentechnischen Anlagen und Bauwerke und damit die Prozesse der Abwasserreinigung, Schlammbehandlung oder Wasseraufbereitung erst ermöglichen. Dazu gehören auch alle Wärmeversorgungs- und lufttechnischen Anlagen, die Starkstromanlagen, Fernmelde- und informationstechnischen Anlage und Förderanlagen.

14   Zur Definition der **Anlagen der Maschinentechnik** und der **Anlagen der Verfahrens- und Prozesstechnik** in Abgrenzung zu den anderen Anlagen der Technischen Ausrüstung nach § 51 Abs. 2 Nr. 1 bis 6 und 8 dient die folgende Zusammenstellung der Anlagen am **Beispiel einer Kläranlage**. Dabei werden folgende Kurzbezeichnungen gewählt:
- Maschinentechnik (MT),
- Verfahrens- und Prozesstechnik (VPT) nach § 53 Abs. 2 Nr. 7
- Sonstige Technische Ausrüstung nach § 53 Abs. 2 Nr. 1–6 und 8 (Sonst. TA)

Die verbindenden Rohrleitungen und Installationen innerhalb des Kläranlagengeländes sind nicht eigens genannt; sie zählen als Teil der verfahrenstechnischen Anlagen zur Anlagengruppe 7 oder zu den ihrer technischen Bestimmung entsprechenden anderen Anlagengruppen des § 53 Abs. 2.

Beispiel für die Abgrenzung der Anlagen der Maschinentechnik von den Anlagen der Verfahrens- und Prozesstechnik sowie den Sonstigen Technischen Anlagen der KG 400 in Kläranlagen

Anlage/Anlagenteil	Anlagenart		
	MT	VPT	Sonst. TA
Rechenanlage			
Rechen, Rechengutpresse inkl. Förderbänder und aller Antriebe	x		
Containerhubverfahrwagen inkl. Gleisanlage			x
Rechengutpresse inkl. Förderbänder und aller Antriebe	x		
Fäkalannahmestation mit Vorlaufbehälter und Siebrechen	x		
Schütze, Tauchmotorpumpen		x	
Heizungsanlage, Niederspannungsinstallationen, Wasserleitungen			x
Sandfanganlage			
Räumer inkl. Antrieb, Überfallklappenwehr	x		
Sandklassierer	x		
Gebläse inkl. Druckluftleitung		x	
Schütze, Schieber, Tauchmotorpumpen, Druckrohrleitung		x	
Wasserleitung, Niederspannungsinstallationen, Beleuchtung			x

Anlage/Anlagenteil	Anlagenart		
	MT	VPT	Sonst. TA
Vorklärung			
Räumer inkl. Antrieb, Ablaufrinne	x		
Schlammabzugsrohre, Schütze, Kompressor mit Kessel		x	
Fäkalannahmestation mit Vorlaufbehälter und Siebrechen	x		
Schütze, Tauchmotorpumpen		x	
Niederspannungsinstallationen, Beleuchtung			x
Belebung			
Rührwerke inkl. Antriebe	x		
Verdichter, Luftleitungen/-filter, Rohrleitungen, Pumpen, Schieber, Dammbalken		x	
Niederspannungsinstallationen, Beleuchtung			x
Nachklärung			
Räumer inkl. Antrieb	x		
Abwasserablauf aus gelochten Ablaufrohren		x	
Schlammabzugsrohre, Schütze		x	
Schwimmschlammabzug, Schwimmschlammleitungen		x	
Niederspannungsinstallationen, Beleuchtung			x
Rücklauf- und Überschussschlammpumpwerk			
Exzenterschneckenpumpen		x	
Propellerpumpen	x		
Kreiselpumpen		x	
Rohrleitungen, Schieber		x	
Niederspannungsinstallationen, Beleuchtung			x
Primärschlammeindicker			
Tauchmotorrührwerk	x		
Spaltsiebrohr, Rohrleitungen		x	
Niederspannungsinstallationen, Beleuchtung			x
Schlammwasserstapelbehälter			
Tauchmotorrührwerk, Tauchmotorpumpe	x		
Rohrleitungen		x	
Niederspannungsinstallationen, Beleuchtung			x
Pumpwerk für Eindicker			
Exzenterschneckenpumpen		x	
Rohrleitungen		x	
Niederspannungsinstallationen, Beleuchtung			x

Anlage/Anlagenteil	Anlagenart		
	MT	VPT	Sonst. TA
Maschinelle Überschussschlammeindickung			
Siebrechen	x		
Eindickzentrifuge	x		
Exzenterschneckenpumpen		x	
Rohrleitungen, IDM, Pufferbehälter, Vorlagebehälter		x	
Niederspannungsinstallationen, Beleuchtung, Heizung, Wasserleitungen			x
Ausrüstung des Faulbehälters			
Schraubenschaufler	x		
Wärmetauscher		x	
Gashaube, Faulschlammentnahme, Schwimmschlammablass, Leitungen		x	
Umwälzpumpen, Messeinrichtung		x	
Niederspannungsinstallationen, Beleuchtung, Heizung, Wasserleitungen			x
Schlammentwässerung			
Kammerfilterpresse inkl. Filtertuchreinigungsanlage	x		
Containerverschiebeeinrichtung inkl. Verfahrwagen und Schienen			x
Kalksilo, Kalkmilchlöschbehälter	x		
Rohrmischer, Pumpen, Kompressor, Filtertuchtrichter, Tropfwasserwanne, Rohrleitungen		x	
Niederspannungsinstallationen, Beleuchtung, Heizung, Wasserleitungen			x
Gasversorgung			
Gasbehälter, Gasabfackelungseinrichtung	x		
Kiesfilter, keramischer Filter, Gebläse, Gaswarnanlage, Gasleitungen, Gaszähler		x	
Niederspannungsinstallationen, Beleuchtung			x
Wärmeerzeugung und Heizung			
Heizkessel, Heizungsverteiler, Vor-/Rücklauf Heizungsverteiler/ Wärmetauscher für die Schlammfaulung		x	
Vor-/Rücklauf Gebäude, Gebäudeheizung			x
Niederspannungsinstallationen, Beleuchtung, Wasserleitungen, sonst. Hausinstallationen			x
Gasverwertung			
Gasmotoren			x
Vor- und Rücklauf zum Heizungsverteiler, Gasleitungen			x
Niederspannungsinstallationen, Beleuchtung, sonst. Installationen inkl. Heizung			x
Fällmittelstation			
Lagerbehälter für Fällmittel	x		
Pumpen, Rohrleitungen, Leckwarnsystem		x	
Niederspannungsinstallationen, Beleuchtung, sonst. Installationen			x

Anlage/Anlagenteil	Anlagenart		
	MT	VPT	Sonst. TA
Brauchwasserversorgung			
Kreiselpumpen, Brunnenausrüstung, Druckwindkessel, Leitungsnetz			x
Niederspannungsinstallationen			x
Abluftbehandlung für Rechenhaus und Eindicker			
Ventilator, Ansaugleitung			x
Kompostfilter	x		
Niederspannungsinstallationen, Beleuchtung, Wasserleitungen			x
Lüftungsanlage Maschinenhaus			
Ventilatoren			x
Luftkanäle, Schalldämpfer, Klappen, Auslässe, Gitter			x
Niederspannungsinstallationen			x
Mess-, Steuer- und Regeltechnik			
Messtechnik (Messstationen, Probenahmeschrank/-gerät, Messeinrichtungen)			x
Automatisierungstechnik (SPS-Ebene)			x
Prozessleitsystem und Zentrale Leitwarte			x

III. Kosten der Technischen Ausrüstung

Art und Umfang der in der HOAI erfassten **Technischen Ausrüstung** von Ingenieurbauwerken **15** regelt § 53 HOAI. Der Vergleich mit der Kostengruppe 400 der DIN 276-4:2009-8 zeigt ihre Identität. Die **Kosten der Technischen Ausrüstung nach § 53 Abs. 2 HOAI**, die der Objektplaner nicht fachlich plant und deren Ausführung er auch nicht fachlich überwacht, dürfen nach § 42 Abs. 2 den „**sonstigen anrechenbaren Kosten**" nicht vollständig, sondern nur in gemindertem Umfang hinzugerechnet werden. Mit dem daraus resultierenden Honoraranteil des Objektplanungshonorars sollen die Leistungen des Objektplaners für die Koordination und Integration der Fachplanungsleistungen bei der Technischen Ausrüstung in seine eigenen Objektplanungsleistungen honoriert werden[6,7]. Die Amtl. Begr. zu § 41 Abs. 2 HOAI 2009 (jetzt § 42 Abs. 2) definiert diese Kosten als solche, die sich aus den analog zu § 32 Abs. 1 bis 3 HOAI 2009 (jetzt § 33 Abs. 1 bis 3) für Ingenieurbauwerke ermittelten **Kosten abzüglich der Kosten für technische Anlagen – letztere ohne Kosten der Maschinentechnik** – ergeben. Dann sieht die Rechnung grundsätzlich wie folgt aus:

---

[6] Siehe Amtl. Begr. zu § 32 HOAI 2009
[7] So auch der BGH in seinem richtungweisenden Urteil v. 30.09.2004 – VII ZR 192/03; BauR 2004, 1963; IBR 2004, 702

Beispiel:

Kosten der Baukonstruktion nach Abs. 2	600.000 €
Kosten der technischen Anlagen ohne Maschinentechnik nach § 53 Abs. 2 HOAI	300.000 €
Kosten der Maschinentechnik nach § 42 Abs. 1 S. 2	100.000 €
Kostensumme	**1.000.000 €**
Abzüglich darin enthaltene Kosten der technischen Anlagen ohne die Kosten der Maschinentechnik	300.000 €
Sonstige anrechenbare Kosten im Sinne von § 41 Abs. 2	700.000 €
Zusätzlich anrechenbare Kosten:	
– 25 % von € 700.000 vollständig	175.000 €
– 50 % des Differenzbetrages der Gesamtkosten der technischen Ausrüstung abzüglich der bereits angerechneten Kosten = 0,50 × (300.000 – 175.000)	62.500 €
Summe der anrechenbaren Kosten des Objektplaners	**937.500 €**

Wie in der Amtl. Begr. der HOAI 2009 zur analogen Regelung bei Gebäuden und Innenräumen ausgeführt, sollen durch die teilweise Anrechnung „*die anrechenbaren Kosten* (und das daraus resultierende Honorar[8]) *bei solchen Projekten, die einen besonders hohen Anteil an technischer Ausrüstung oder Einbauten haben, in ein angemessenes Verhältnis zur Leistung der Auftragnehmerin oder des Auftragnehmers gebracht werden*". Die teilweise Anrechnung bei der Ermittlung des Objektplanungshonorars gilt deswegen auch dann, wenn der Objektplaner selbst zusätzlich die Fachplanung der Technischen Ausrüstung durchführen würde. Erbringt er die Fachplanung, hat er zusätzlich Anspruch auf dieselben Honorare wie ein Fachplaner. Darauf weist die Amtl. Begr. des mitgeltenden wortgleichen § 32 Abs. 2 HOAI 2009 (jetzt § 33) hin. Als **Objektplaner** hat er Anspruch auf ein Honorar auf der Grundlage der **anrechenbaren Kosten, die nach Abs. 2** in der am Beispiel gezeigten Form gemindert werden müssen; **als Fachplaner** hat er Anspruch auf ein Honorar nach **Teil 4 Abschnitt 2** (Technische Ausrüstung).

16 Beispiele für die technischen Anlagen von Ingenieurbauwerken im beschriebenen Sinne sind sowohl nach § 53 Abs. 2 als auch nach DIN 276-4:2009-8 KG 400 (nachfolgend ergänzend genannt):
- die **Abwasser-, Wasser- und Gasanlagen** der Anlagengruppe 1 und der KG 410 von Tunneln, Maschinenhäusern, Pumpwerken, Kläranlagen, Tiefgaragen oder Fernsehtürmen sowie die Entwässerungsanlagen von Brücken und Unterführungen mit / ohne Hebeanlage und Leichtstoffabscheidern,
- die **Wärmeversorgungsanlagen** der Anlagengruppe 2 und der KG 420 von Faulbehältern, Wasserwerken, Maschinenhäusern oder von Beckenanlagen der Freischwimmbäder,
- die **lufttechnischen Anlagen** der Anlagengruppe 3 und der KG 430 in Werkstätten, Schlammentwässerungs- und Rechengebäuden oder in Kompostwerken sowie die Be- und Entlüftungsanlagen von Tunneln oder Kompostmieten,
- die **Starkstromanlagen** der Anlagengruppe 4 und der KG 440 wie z. B. Hoch- und Mittelspannungsanlagen, Niederspannungsschaltanlagen, Niederspannungsinstallationsanlagen, Beleuchtungsanlagen, Blitzschutz- und Erdungsanlagen,
- die **Fernmelde- und informationstechnischen Anlagen** der Anlagengruppe 5 und KG 450 wie z. B. Telekommunikationsanlagen, Such- und Signalanlagen, elektroakustische Anlagen, Gefahrenmelde- und Alarmanlagen, Übertragungsnetze, Telematikanlagen oder Fernwirkanlagen,
- die **Förderanlagen** der Anlagengruppe 6 und der KG 460 wie z. B. Aufzugsanlagen, Fahrtreppen oder Fahrsteige, die Aufzugs-, Förder- und Lagertechnik in Untergrundbahnhöfen oder Schlammentwässerungs- und Abfallbehandlungsanlagen, in Hochregallagern oder in Offshore-Anlagen,

---

[8] Einfügung durch Verfasser

– die **verfahrenstechnischen Anlagen** der Anlagengruppe 7 – in der HOAI-Anlage 15.2 unter Ziffer 7.2 zusammengestellt – und der KG 470 nach DIN 276-4 wie z. B. die Anlagen für infrastrukturelle Verfahren zur Wassergewinnung, Abwasserbehandlung und -entsorgung, Reststoff- und Abfallbehandlung sowie -entsorgung **jeweils ohne** die in § 42 Abs. 1 S. 2 genannten **Anlagen der Maschinentechnik**, die der Zweckbestimmung des Ingenieurbauwerks dienen; zusätzlich können auch in Ingenieurbauwerken Anlagenarten der nutzungsspezifischen Anlagen benötigt werden.

– die **Anlagen der anlagenübergreifenden Automation** der Anlagengruppe 8 und der KG 480; hierunter ist die Gesamtheit der Überwachungs-, Steuer-, Regel- und Optimierungseinrichtungen aller Technischen Anlagen eines Objekts zu verstehen.

Nach § 54 Abs. 1 S. 3 sind auch die **Kosten der sonstigen Maßnahmen** für Technische Anlagen anrechenbar. Was unter sonstigen Maßnahmen zu verstehen ist, ist in der HOAI nicht geregelt. Aus der Identität der Anlagengruppen nach § 53 Abs. 2 HOAI und der Anlagengruppen der Technischen Ausrüstung nach DIN 276-1 und 276-4 ergibt sich die notwendige Erklärung. Die Maßnahmen und Kosten sind der KG 490 DIN 276-4 zugeordnet. Es sind die Kosten der Baustelleneinrichtung, der Sicherungsmaßnahmen, der Abbruchmaßnahmen, der Instandsetzungen und Instandhaltungen, der Materialentsorgung, der zusätzlichen Maßnahmen sowie der provisorischen technischen Anlagen gemeint. Sie sind jeder Anlagengruppe und -art anteilig hinzuzurechnen. **17**

IV. Weitere obligatorisch anrechenbare Kosten

1. Sonstige Lieferungen und Leistungen des Auftraggebers oder sonst nicht übliche Vergünstigungen

Nach **§ 4 Abs. 2 HOAI** sind zusätzlich **ortsübliche Preise** als anrechenbare Kosten anrechenbar, wenn der Auftraggeber **18**

1. **selbst Lieferungen oder Leistungen** übernimmt; Beispiele:
   – Einsatz der Baukolonne des öffentlichen Auftraggebers,
   – Liefern und Einsetzen von Pflanzen für die Gestaltung von Außenanlagen,
   – Bereitstellung von Erdmaterial zur Dammschüttung,
   – Bereitstellung oder Lieferung auftraggebereigenen Mutterbodens,
2. von bauausführenden Unternehmen/Lieferern **sonst nicht übliche Vergünstigungen** erhält; Beispiele:
   – außerordentlicher Preisnachlass eines Bieters im Vergleich mit Angeboten anderer Bieter,
   – Schenkungen,
3. **Lieferungen oder Leistungen in Gegenrechnung** ausführt; Beispiele:
   – Tauschgeschäfte,
   – unentgeltliche Dienstleistungen des Auftraggebers, die er anstelle der vertraglich vereinbarten Leistungen des Auftragnehmers ohne Berechnung durchführt,
   – beim Bau von Lärmschutzwällen oder beim Schließen von Deponien kommt es vor, dass ausführende Unternehmen **negative Einheitspreise für anzulieferndes Erdmaterial** anbieten und vertraglich vereinbaren, weil sie dafür belastetes Material (> Z 0 nach LAGA-Richtlinie) verwenden dürfen, welches sie auf unternehmenseigenem Gelände zwischengelagert haben. Die anrechenbaren Kosten als Grundlage für die Honorarermittlung können dann aber nicht mit diesen Negativpreisen ermittelt werden. Hier greift § 4 Abs. 2: Der Auftraggeber stellt dem Unternehmen „Deponieraum" in Form des Lärmschutzwalls oder der Deponieabdeckung als „Gegenleistung" zur Verfügung. Würde diese Gegenleistung nicht erfolgen, müsste der Unternehmer zur Entsorgung seines ihm gehörenden belasteten Materials Deponiegebühren in entsprechender Höhe entrichten, die er bei dessen Einbau als Auffüllmaterial spart[9],

---

[9] Ausführlich bei Kalte, DIB Juni 2009, S. 48

4. **vorhandene oder vorbeschaffte Baustoffe oder Bauteile einbauen** lässt; Beispiele:
- aus denkmalpflegerischen Gründen werden in einen Neubau **vorhandene Bauteile** eines zuvor abgebrochenen Bauwerks eingebaut,
- Lieferung von Armaturen und Rohren für Gas- und Wasserleitungen, die Stadtwerke auf Lager liegen haben.

Mit den zum Verständnis des Abs. 2 Nr. 4 wichtigen Begriffen Baustoffe und Bauteile hat sich das OLG Karlsruhe zur Begründung seiner Entscheidung vom 26.06.2001[10] über die Berücksichtigung des Wertes vorhandener Bausubstanz bei der Abrechnung der Abdeckung von Altablagerungen OLG Karlsruhe auseinandergesetzt. Es definiert die Begriffe in seiner Urteilsbegründung u. a. wie folgt:

*„Unter **Baustoffen** i. S. d. § 1 VOB/A sind Einzelgattungen bzw. -arten des Materials zu verstehen, das zur Be- und Verarbeitung bei der Herstellung eines Bauwerks Verwendung findet, wie z. B. Stahl, Zement, Bausteine, Kalk, Sand, Farbe, Leim, Holz usw. (vgl. Ingenstau/Korbion, VOB, 14. Aufl., § 1 VOB/A Rdn. 53).*

***Bauteile** i. S. d. § 1 VOB/A sind Sachen, die bereits aus Stoffen gebildet worden sind und die einen in sich abgeschlossenen und fertig gestellten Körper darstellen, der durch Einbau eine selbstständige Einzelfunktion im Rahmen des Gesamtbauwerkes erhält, wie z. B. Eisenträger, Leitungsrohre, Heizkörper, Fenster, Wände, Decken usw. (Ingenstau/Korbion, a. a. O. Rdn. 54).*

Beiden Begriffen (gemeint sind Bauteile und Baustoffe; der Verfasser) ist gemeinsam, dass ihre Zuordnung zum geplanten und zu errichtenden Gewerk durch eine stoffliche Verbindung mit diesem selbst herbeigeführt wird, mithin der in § 10 Abs. 3 Nr. 4 HOAI genannte „Einbau" nach Sinn und Zweck der Regelung für ihre Einstufung als Baukosten maßgebendes Tatbestandsmerkmal ist."

Das „**Einbauen**" von Bauteilen oder Baustoffen kann daher nur als das aktive Einfügen von etwas Vorhandenem in etwas Neues verstanden werden. Geschieht dies, sind deren ortsüblicher Beschaffungs- und Einbaupreis stets anrechenbar.

Weitere Einzelheiten s. Erläuterungen zu § 4 HOAI.

2. Wert mitzuverarbeitender Bausubstanz

19 Die in die HOAI 2009 nicht übernommene Vorschrift des § 10 Abs. 3a der HOAI 1996/2002 wurde in § 4 Abs. 3 in modifizierter Form wieder in Kraft gesetzt. Unter „mitzuverarbeitender Bausubstanz" ist nach § 2 Abs. 7 »der Teil des zu planenden Objekts zu verstehen, der bereits durch Bauleistungen hergestellt ist und durch Planungs- oder Überwachungsleistungen technisch oder gestalterisch mitverarbeitet wird. « In der vorstehend zitierten Begründung seines Urteils vom 26.06.2001 definiert das OLG Karlsruhe die mitzuverarbeitende Bausubstanz im Unterschied zu Bauteilen und Baustoffen wie folgt: *„**Bausubstanz** i. S. d. durch die dritte HOAI-Novelle neu eingeführten Vorschrift des § 10 Abs. 3 a HOAI entsteht durch materielle Verarbeitung von Baustoffen und/oder Bauteilen in Form von Gebäuden und sonstigen Bauwerken oder Anlagen. Erforderlich ist deshalb immer, dass es sich um bereits **eingebaute oder verarbeitete Baustoffe und/oder Bauteile** handelt, **die** entsprechend ihrer funktionellen Bestimmung mit konstruktiven, bauphysikalischen oder gestalterischen Merkmalen **das Bauwerk oder die Anlage in Teilen oder im Gesamten bilden"**. Die aktuelle Verordnung folgt der Urteilsbegründung des OLG Karlsruhe in vollem Umfang. Ergänzend heißt es dort zu § 4 Abs. 3 HOAI nahezu wortgleich: „*Die neu in § 2 Abs. 7 aufgenommene Definition der mitzuverarbeitenden Bausubstanz setzt voraus, dass dieser Anteil der Bausubstanz bereits durch Bauleistungen hergestellt ist und durch Planungs- und Überwachungsleistungen technisch oder gestalterisch mitverarbeitet wird.*" Die mitzuverarbeitende Bausubstanz ist also stets integraler Bestandteil des nach der Erfüllung der Objekt- und Fachplanungen entstandenen Bauwerks.

20 **Umfang und Wert** der mitzuverarbeitenden Bausubstanz sind nach § 4 Abs. 3 HOAI bei den anrechenbaren Kosten eines Objekts **angemessen** zu berücksichtigen, um die Objekt- und Fachplanungsleistungen angemessen zu honorieren. Was der Verordnungsgeber unter dem unbestimm-

---

[10] 8 U 122/98; BauR 2002, 1570 und IBR 2002, 264 sowie Langfassung ibr-online, OLG Karlsruhe

ten Rechtsbegriff „angemessen" verstanden wissen wollte, ist der Verordnung selbst nicht zu entnehmen. Aus S. 2 desselben Absatzes kann nur der maßgebliche **Zeitpunkt zur Ermittlung des Wertes** abgelesen werden: im Regelfall ist dies die fertig gestellte **Kostenberechnung** und damit der **Abschluss der Entwurfsplanung.** Wenn aber keine vollständige Entwurfsplanung beauftragt ist und deswegen keine Kostenberechnung vorliegt, sind der Abschluss der Vorplanung und damit die Kostenschätzung zur Bestimmung des Wertes der mitzuverarbeitenden Bausubstanz maßgebend.

Erst in der Verordnungsbegründung dieser Vorschrift gibt der Verordnungsgeber die notwendige Hilfestellung zum Verständnis des „angemessenen" Wertes der mitzuverarbeitenden Bausubstanz: *„Die **mitzuverarbeitende Bausubstanz** ist gemäß § 4 Abs. 3 S. 1 „angemessen" entsprechend ihrem Umfang zum Beispiel über die **Parameter Fläche, Volumen, Bauteile oder Kostenanteile** zu berücksichtigen. Gemäß § 4 Abs. 3 S. 2 ist im Einzelfall der Umfang und Wert der mitzuverarbeitende in Bausubstanz objektbezogen zu ermitteln und schriftlich zu vereinbaren".*

Anders als in den Amtl. Begr. zum jeweiligen § 10 Abs. 3 a der Vorgängerverordnungen von 1988, 1991 und 1996/2002 verzichtete der Verordnungsgeber sowohl in der Verordnung als auch in der Verordnungsbegründung auf die Formulierung, dass der Umfang der Anrechnung des Wertes vorhandener Bausubstanz insbesondere von der Leistung des Auftragnehmers abhänge[11]. Weiter hieß es dort: *„Erfordert die Mitverarbeitung nur geringe Leistungen, so werden auch nur in entsprechend geringem Umfang die Kosten anerkannt werden können. Wird aber zum Beispiel das Tragwerk eines vorhandenen Bauwerkes bei einer Umwidmung des Bauwerkes völlig überprüft und durchgerechnet, so können auch die Kosten des Tragwerks wie nach Teil VIII voll angerechnet werden".* Noch im Abschlussbericht über die Aktualisierung der HOAI-Leistungsbilder war deswegen die folgende Empfehlung der Gutachter und Bearbeiter zur Berücksichtigung einer Leistungskomponente[12] enthalten: *„Der Neubauwert der mitzuverarbeitenden Bausubstanz ist um einen Faktor zu mindern, der in den Besonderen Grundlagen des Honorars für das jeweilige Leistungsbild festgelegt ist."* Der Verordnungsgeber übernahm diesen im Abschlussbericht auf Seite 35 enthaltenen, den 2. Satz des Abs. 3 ergänzenden Zusatz aber weder in die Verordnung noch in die Begründung. Auch deswegen wird die bisher berücksichtigte **Leistung für die mitzuverarbeitende Bausubstanz** künftig **keine Bedeutung** mehr haben.

Für Anwendung und Interpretation der HOAI 2013 gilt nun wieder das Urteil des BGH vom 19.06.1986 – VII ZR 260/84[13], das auf der Basis der zum Urteilszeitpunkt geltenden HOAI vom 01. Januar 1985 gefällt wurde. Danach sei der **Wert der** bei einem Umbau **einbezogenen Bausubstanz** bei der Ermittlung der anrechenbaren Kosten in Höhe des Preises zu berücksichtigen ist, der **unter Ansatz ortsüblicher Preise** für deren neue Herstellung aufzuwenden wäre. Sowohl aus diesem Urteil als auch aus der Verordnungsbegründung folgt, dass bei der Wertermittlung alle für das Herstellen der vorhandenen Bausubstanz erforderlichen **Kosten für** Aufwendungen, die keine Baustoffe und/oder Bauteile sind, **nicht berücksichtigt** werden dürfen. Dies sind vor allem die Kosten der KG 200 (**Herrichten und Erschließen**), 310 (**Baugrube**) und von Teilen der KG 320 (insbesondere KG 321) sowie 390 (Sonstige Maßnahmen für Baukonstruktionen) nach DIN 276-1:2008-12 i. V. m. DIN 276-4:2009-8.

Trotz der der aus hiesiger Sicht eindeutigen Definition, dass der angemessene **Umfang der mitzuverarbeitenden Bausubstanz** zum Beispiel über die Parameter **Fläche, Volumen, Bauteile oder Kostenanteile** zu berücksichtigen ist, teilte das BMVBS den obersten Straßenbaubehörden der Länder, dem Bundesrechnungshof, der Bundesanstalt für Straßenwesen und der DEGES Deutsche Einheit Fernstraßenplanungs- und -bau GmbH in Anlage 2 des ARS 16/2013[14] eine **21**

---

[11] So zuletzt in der Bundesanzeigerausgabe der HOAI 1996, 2. überarbeitete Auflage 2002, S. 91

[12] „Evaluierung HOAI – Aktualisierung der Leistungsbilder – Abschlussbericht – Erstellt in Zusammenarbeit mit Vertretern der öffentlichen Auftraggeber des Bundes, der Länder und der kommunalen Spitzenverbände, der Deutschen Bahn AG und Vertretern des Ausschusses der Verbände und Kammern der Ingenieure und Architekten für die Honorarordnung e.V. (AHO), der Bundesarchitektenkammer (BAK) und der Bundesingenieurkammer (BIngK) unter Federführung des Bundesministeriums für Verkehr, Bau und Stadtentwicklung (BMVBS) vom September 2011, Abschlussbericht S. 35

[13] BauR 1986, 593

[14] Allgemeines Rundschreiben Straßenbau Nummer 16/2013 vom 13.08.2013

zusätzlich zu beachtende Einschränkung mit, die sich **nicht aus der Verordnung** oder der Verordnungsbegründung **ableiten lässt**; sie lautet: *„Bei der Ermittlung der anrechenbaren Kosten bei Bestandsleistungen sind sowohl der Umfang als auch der Wert der mitzuverarbeitende Bausubstanz (mvB) zu bestimmen. Bei der Wertermittlung sind der effektive **Erhaltungszustand** der Bausubstanz* **und** *die **leistungsbezogene Berücksichtigung** in den einzelnen Leistungsphasen festzulegen. Da Leistungen im Bestand projektspezifisch sehr unterschiedlich sind, müssen die einzelnen Faktoren jeweils projektspezifisch festgelegt werden“.* Damit hat das Ministerium für seinen Zuständigkeitsbereich Regeln festgelegt, welche auf die vom BGH in seinem Urteil vom 27.02.2003 – VII ZR 11/02[15] formulierten Berechnungsgrundsätze über die Anwendung des § 10 Abs. 3a) HOAI 1996/2002 zurück gehen. Die Regelung verstößt nach hiesiger Auffassung gegen die Verordnung und kann bei Anwendung zur Unterschreitung der verordneten Mindestsätze führen.

22   Rückblickend werden die in der Fachliteratur als Reaktion auf diese bis 2009 geltende Vorschrift unterschiedliche Vorschläge zur Ermittlung eines angemessenen Wertes mitzuverarbeitender Bausubstanz nachrichtlich mitgeteilt. Enseleit / Osenbrück[16] schlugen zur Ermittlung der angemessenen anrechenbaren Kosten vorhandener Bausubstanz (A) folgende Formel vor:

$$A = M \times D \times V \times L = W \times V \times L \ [€]$$

In der Formel bedeuten:

A = angemessene anrechenbaren Kosten vorhandener Bausubstanz [€]

M = Mengen vorhandener Substanz [m^2, m^3, Stück]

D = Netto-Preise vorhandener Substanz [€]

W = Wert vorhandener Bausubstanz = $M \times D$ [€]

V = Verminderungsfaktor zur Reduktion der vorhandenen Bausubstanz auf diejenige Bausubstanz, die technisch oder gestalterisch mitverarbeitet wird [%]

L = Leistungen des Auftragnehmers an der vorhandenen Bausubstanz [%]

Werden die Grundleistungen für die vorhandene Bausubstanz nicht in allen Leistungsphasen erbracht, schlagen die Autoren vor, das angegebene Berechnungsschema zu erweitern. Danach soll der Umfang der Leistungen in jeder Leistungsphase getrennt festgestellt werden. Aus der Wichtung der Summe aller Teilleistungswerte im Verhältnis zum Wert der Gesamtleistung ergeben sich demzufolge ein abgeminderter Leistungssatz und damit eine Reduzierung der angemessenen anrechenbaren Kosten wie folgt:

$$A' = M \times D \times V \times L' = W \times V \times P / G \ [€]$$

In der Formel bedeuten:

A' = reduzierte angemessene anrechenbaren Kosten vorhandener Bausubstanz [€]

M = wie oben

D = wie oben

W = wie oben

V = wie oben

L' = reduzierte Leistungsanteile des Auftragnehmers für die vorhandene Bausubstanz [%] = P / G

P = Summe der Prozentsätze der dem Leistungsbild zugeordneten Bewertungen der Leistungsphasen, bei denen vorhandene Bausubstanz technisch oder gestalterisch mitverarbeitet wird [%]

G = Gesamtbewertung der Leistungsphasen des Objekts [%]

---

[15] IBR 2003, 255, 256

[16] Anrechenbare Kosten für Architekten und Tragwerksplaner, Vieweg + Teubner Verlag; Auflage: 4., überarbeitete Aufl. 2006

Ähnlich geht Wierer im HIV-KOM[17] vor. Die anrechenbaren Kosten für die mitzuverarbeitende Bausubstanz sollten mit der Formel

$$A = M \times W \times WF \times LF \ [\text{€}]$$

berechnet werden. In dieser Formel bedeuten:

W = Wert (ortsüblicher funktionsbezogener Wert [€])

M = Mengen vorhandener Substanz [m², m³, Stück]

WF = Wertfaktor (< 1,0)

LF = Leistungsfaktor (< 1,0)

Der Leistungsfaktor wird definiert als der Quotient aus der Summe der für die Bausubstanz erforderlichen Teilleistungssätze der Leistungsphasen 1 bis 4 und 5 bis 9 und der Summe der insgesamt möglichen entsprechenden Teilleistungssätze nach dem jeweiligen Leistungsbild.

Die genannten Autoren begründeten unter Bezug auf das bereits zitierte Urteil des BGH vom 19.06.1986 den Ansatz des ortsüblichen Preises zur Bestimmung des Wertes der vorhandenen Bausubstanz damit, dass der Bauherr sich deren Neuanschaffung spare. Weise die zu verarbeitende Substanz Mängel auf, müsse entsprechend dem Grad der Beeinträchtigung ein **Minderungsfaktor** angesetzt werden, wie er sich aus den oben beschriebenen Berechnungsformeln ergebe.

Erfahrungsgemäß ist es häufig schwierig und deswegen auch umstritten, den Umfang von Schäden an der Bausubstanz und den dadurch verursachten Wertmangel im Einzelnen zu begründen. Erst recht war eine **Bewertung** des Anteils an verordneten **Grundleistungen** preisrechtlich **nicht zweifelsfrei möglich**, die beim Planen und Bauen im Bestand **für die mitzuverarbeitende Bausubstanz** zu erbringen sind und unter Anwendung des zitierten BGH-Urteils zur Bewertung des angemessenen Honoraranteils verwendet werden sollten. **23**

Zur Vermeidung streitiger Auseinandersetzungen über eine zutreffende Antwort auf die hiermit verbundenen Fragen wird empfohlen, auf den Nachweis solcher Bewertungen zu verzichten und dem Hinweis in der Verordnungsbegründung zu folgen, den Wert der vorhandenen mitzuverarbeitenden Substanz lediglich unter Ansatz der in der Verordnung genannten Parameter Fläche, Volumen, Bauteile oder Kostenanteile

– in der Kostenschätzung mit den Genauigkeitsanforderungen an die Kostenschätzung nach Ziffer 3.4.2 DIN 276-1:2009-12 i. V. m. DIN 276-4:2009-8 und

– in der Kostenberechnung mit den Genauigkeitsanforderungen nach denselben Normen DIN 276 aus Mengen- und Kostenansatz

mittels aktueller ortsüblicher Einheitspreise unter **Verzicht auf** die ggf. mängelbedingte **Wertminderung** und ohne **Hinzurechnung der Kosten der Mängelbeseitigung** zu berücksichtigen. Die **Gesamtkosten** eines solchen Objekts sind trotz Einbeziehung des so ermittelten Wertes der mitverarbeiteten Bau- und Anlagensubstanz deutlich niedriger als die Kosten, welche bei einem vollständigen Neubau desselben Objekts entstehen würden. Die so berechneten **Gesamtkosten** entsprechen dem nach § 4 Abs. 1 und 3 maßgebenden Teil der Kosten, die für die Herstellung, den Umbau, die Modernisierung, Instandhaltung oder Instandsetzung aufgewendet werden müssen. Der Wert der mitzuverarbeitenden Bausubstanz kann aber nur dann bei der Honorarabrechnung berücksichtigt werden, wenn er zuvor zum Zeitpunkt der Ermittlung, also normalerweise nach Abschluss der Kostenberechnung schriftlich vereinbart wurde.

Ein besonderes Beispiel für die notwendige Berücksichtigung des Wertes vorhandener Bausubstanz sind Leistungen bei Umbauten in einem Kanalnetz wie z. B. der Umbau eines Mischwasserkanalnetzes in ein Netz zur Oberflächenentwässerung, welches zusammen mit neuen Schmutzwasserkanälen Teil eines Trennsystems wird (s. nachfolgende Abbildung). **24**

---

[17] HIV-KOM, Kommunales Handbuch für Ingenieurverträge, Ausgabe 1 /2002 – Loseblattsammlung, Boorberg-Verlag München Stuttgart, Anhang 1, Abschnitt 1, S. 121 ff.

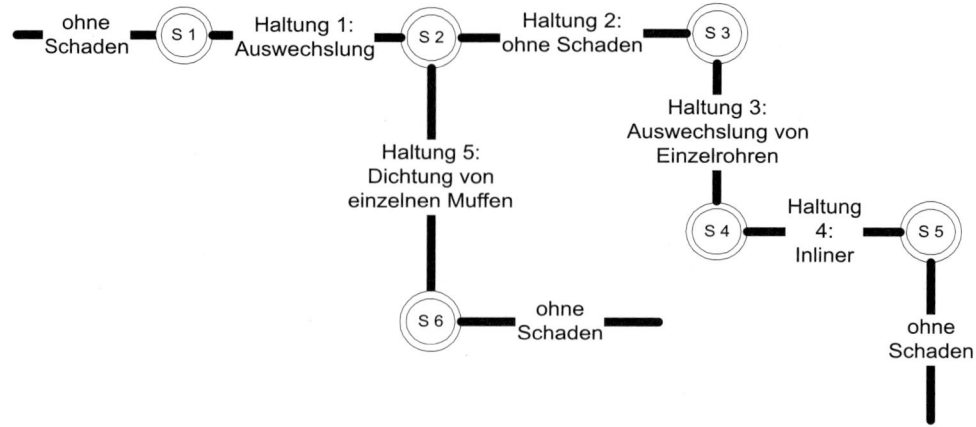

Auch die in einem Planungs- und Objektüberwachungsauftrag zusammengefasste Sanierung eines zusammenhängenden Teilnetzes hat wegen der **gleichzeitige Durchführung** der Einzelmaßnahmen und des funktionalen Zusammenhangs der zu sanierenden und der nicht zu sanierenden Kanäle zur Folge, dass die **Gesamtheit** der Haltungen, die von den Schächten S 1 bis S 6 begrenzt sind, als **ein Objekt** zu verstehen ist, dessen Summe anrechenbarer Kosten das Honorar für alle Leistungen des Objektplaners bestimmt und als Umbau zu werten ist. (Anmerkung: Werden die **Einzelmaßnahmen** nicht im zeitlichen Zusammenhang durchgeführt, sind die einzelnen zu sanierenden Haltungen **je ein Objekt**).

Ein auskömmliches Honorar ist nur mithilfe des Wertes der vorhandenen Kanäle und Schachtbauwerke erreichbar - allerdings ohne die Kosten der für deren Herstellung erforderlichen Baugruben (Erdarbeiten, Verbauarbeiten, Wasserhaltung u. ä.).

V. Die fakultativ anrechenbaren Kosten

1. Voraussetzungen für die Anrechenbarkeit

25   In § 42 Abs. 3 sind die Kosten von Anlagen oder Maßnahmen genannt, die anrechenbar sind, wenn der Auftragnehmer diese Anlagen oder Maßnahmen plant oder ihre Ausführung überwacht. Diese – positive – Interpretation dieser HOAI-typischen Negativaussage bedeutet, dass **beim Vorhandensein einer der** alternativ genannten **Voraussetzungen die Kosten** für alle Grundleistungen **anrechenbar** sind.

Welcher Art ist diese **Planung und Ausführungsüberwachung?** Aus der Formulierung des § 42 Abs. 2 geht hervor, dass die HOAI grundsätzlich zwischen der fachlichen Planung und / oder Ausführungsüberwachung des Fachplaners bei der Tragwerksplanung oder bei der technischen Ausrüstung einerseits und der Planungs- und Überwachungstätigkeit des Objektplaners andererseits unterscheidet. Daher können die nach § 42 Abs. 3 zu ermittelnden anrechenbaren Kosten nur zur Bestimmung des Honorars für Objektplanungsleistungen ein geeigneter Maßstab sein. In Ergänzung der zu den Grundleistungen zählenden Integrations- und Koordinationsleistungen kann es sich bei den in § 42 Abs. 3 genannten Planungs- oder Überwachungsleistungen des Objektplaners nur um **zusätzliche Leistungen** handeln. Hierzu hat der BGH in der Begründung seines Urteils vom 30.09.2004 - VII ZR 192/03 – über die Honorierung der Objektplanungsleistungen nach § 52 Abs. 7 Nr. 7 allgemein und speziell über die Honorierung solcher Leistungen beim Herrichten des Grundstücks ausgeführt[18]:

„Zu den Grundleistungen des Objektplaners gehören unter anderem die Koordination mit anderweitigen Planungen sowie deren Integration in seine Planung, vor allem Fachplanungen von Sonderfachleuten. ....

---

[18] BauR 2004, 1963

*Eine § 52 Abs. 3 i. V. m. § 10 Abs. 4 Satz 1 HOAI (von 2002; Einfügung durch Verfasser) entsprechende Regelung für das Herrichten des Grundstücks fehlt. .... Darin kommt die Wertung zum Ausdruck, dass anders als etwa bei der Technischen Ausrüstung die koordinierende und integrierende Tätigkeit des Objektplaners hinsichtlich des Herrichtens des Grundstücks kein so großes Gewicht hat, dass sie eine Erhöhung des Honorars rechtfertigte, die sich durch Einbeziehen der Herrichtungskosten in die anrechenbaren Kosten ergäbe. Umgekehrt folgt aus dem Fehlen einer § 52 Abs. 3 i. V. m. § 10 Abs. 4 Satz 1 HOAI (von 2002; Einfügung durch Verfasser) entsprechenden Regelung, dass mit der Planung ... nicht die stets erforderliche Koordination und auch nicht die Integration in die Objektplanung gemeint ist. Vielmehr führt **nur eine Planung des Herrichtens selber zur Anrechenbarkeit** auch der Herrichtungskosten. ...*

Auch wenn der Ingenieur nur (Einfügung durch Verfasser) gewisse Anlagen oder Maßnahmen für das Herrichten des Grundstücks plant, gehören nicht gleich die gesamten Kosten des Herrichtens zu den anrechenbaren Kosten i. S. des § 52 HOAI. ... Das bedeutet umgekehrt, eine Anrechenbarkeit wegen Planung ergibt sich nur, wenn und soweit der Ingenieur das Herrichten plant. ...

Unbedenklich ist die Auffassung des Berufungsgerichts, mit der Mengenermittlung und Kostenberechnung für die Abbrucharbeiten seien Planungsleistungen im Sinne des § 52 Abs. 7 Nr. 1 HOAI erbracht worden."

Da der BGH die Auffassung des Berufungsgerichts teilte, schon die Ergänzung der originären Planungstätigkeit (hier: Ergänzung der Vorbereitung der Vergabe) für das Straßenbauvorhaben, welches in dem Streitfall betroffen war, mache die Abbruchkosten anrechenbar, kann gefolgert werden, dass mit der Planung im Sinne des § 52 Abs. 7 HOAI 1996 bzw. der aktuellen Vorschrift des § 42 Abs. 3 **eine die Objektplanungsleistungen ergänzende Tätigkeit** für Maßnahmen gemeint ist, welche durch das betroffene Objekt verursacht sind, die das Objekt ergänzen oder erst ermöglichen und für die keine vollständige Objekt- oder Fachplanung nach einem der einschlägigen Leistungsbildern erforderlich ist. Solche Leistung sind im Regelfall auch für das Herrichten des Grundstücks nicht erforderlich, sodass ähnlich dem zitierten Beispiel schon die Mengenermittlung und die Kostenberechnung wie auch die entsprechende Ergänzung der Vergabeunterlagen (Leistungsverzeichnis) des Objekts oder die Objektüberwachung des Herrichtens als zusätzliche Objektplanungsleistung zur Anrechenbarkeit der Herrichtungskosten führt. Dasselbe dürfte auch für die Anrechenbarkeit der Kosten der anderen in § 42 Abs. 3 genannten Maßnahmen gelten.

Die Verordnungsbegründung zum wortgleichen § 46 Abs. 2, 3 und 4 bestätigt diese Interpretation, wenn sie formuliert: „*§ 46 Abs. 2, 3 und 4 behandeln die **Integrationshonorare bei der Objektplanung** von Verkehrsanlagen. In § 46 Abs. 4 wurde neu aufgenommen eine leistungsbildspezifische Regelung zum Integrationshonorar für Verkehrsanlagen. ...*" Die Leistungen für die in § 42 Abs. 3 Nr. 1 bis 4 genannten Maßnahmen sind somit nicht als Fachplanungsleistungen oder Leistungen bei der fachlichen Überwachung, sondern als zusätzliche Leistungen des Objektplaners für das Objekt zu verstehen. Daraus folgt, dass vollständige **Fach- und Objektplanungsleistungen**, die für das Herrichten des Grundstücks, für die öffentliche und die nichtöffentliche Erschließung, für die Außenanlagen, für das Umlegen und Verlegen von Leitungen, für verkehrsregelnde Maßnahmen während der Bauzeit oder für die Ausstattung und Nebenanlagen von Ingenieurbauwerken erbracht werden müssen, nach den für die Honorierung dieser Leistungen verordneten Bestimmungen zu vergüten sind. In diesem Fall wären deren anrechenbare Kosten allerdings nicht mehr für das Objektplanungshonorar zusätzlich anrechenbar[19].

2. Kosten der bauvorbereitenden Arbeiten

§ 42 Abs. 3 **Nrn. 1 bis 4 entsprechen sinngemäß den Festlegungen in § 33 Abs. 3**. Objektplanungsleistungen für das in Nr. 1 genannte **Herrichten des Grundstücks** konzentrieren sich im Regelfall auf die **Vorbereitung und Überwachung der Ausführung**; nach der mitgeltenden DIN 276-1:2008:12 handelt es sich dabei um die Kosten folgender Arbeiten der Kostengruppe 210:

26

---

[19] So auch Locher/Koeble/Frik Kommentar zur HOAI, 10. Auflage, § 32 Rdn. 19 ff.

Kostengruppe		Anmerkung
210	Herrichten	Kosten der vorbereitenden Maßnahmen, soweit nicht in anderen Kostengruppen erfasst
211	Sicherungsmaßnahmen	Schutz vorhandener Bauwerke, Bauteile oder Versorgungsleitungen sowie Kosten des Sicherns von Bewuchs und Vegetationsschichten
212	Abbruchmaßnahmen	Abbrechen und Beseitigen von vorhandenen Bauwerken, Ver- und Entsorgungsleitungen sowie Verkehrsanlagen
213	Altlastenbeseitigung	Beseitigen von Kampfmitteln und anderen gefährlichen Stoffen, Sanieren belasteter und kontaminierter Böden
214	Herrichten der Geländeoberfläche	Roden von Bewuchs, Planieren, Bodenbewegungen einschließlich Oberbodensicherung, soweit nicht in KG 500 erfasst
219	Herrichten, sonstiges	

Als zusätzlich Planungsaufgabe kann in schwierigen Fällen z. B. die **Tragwerksplanung bei** der Durchführung von **Abbrucharbeiten** hinzukommen. Das Honorar für diese und andere Fachplanungsleistungen ist gesondert zu berechnen und – soweit nicht verordnet – nach § 3 Abs. 3 HOAI frei zu vereinbaren. Davon unabhängig werden die Leistungen des Objektplaners für die Abbrucharbeiten durch die Berücksichtigung der Abbruchkosten oder der Kosten der anderen von Fachplanern betreuten Maßnahmen zu den sonstigen anrechenbaren Kosten vergütet, sofern für diese Maßnahmen entsprechende Objektplanungsleistungen, bauvorbereitende Leistungen oder Objektüberwachungsleistungen erbracht werden.

In diesem Zusammenhang stellt sich die Frage nach Berücksichtigung der **Kosten zur Beseitigung kontaminierter Abfälle**, welche die bei Bauschuttdeponien zu entrichtenden Kosten deutlich übersteigen. Natürlich sind auch solche Kosten grundsätzlich anrechenbar, soweit sie in der Kostenberechnung nachgewiesen werden. Sie gehören der KG 396 (Kosten der Materialentsorgung) an. In den Anmerkungen zu dieser Kostengruppe heißt es wörtlich: Kosten der *„Entsorgung von Materialienstoffen, die bei dem Abbruch, bei der Demontage und bei dem Ausbau von Bauteilen oder bei der Erstellung einer Bauleistung anfallen zum Zweck des Recycling oder der Deponierung"*. Den diese Kosten verursachenden Leistungen gehen die Leistungen der KG 394 (Abbruchmaßnahmen) voraus, welche nach DIN 276 die *„Abbruch- und Demontagearbeiten einschließlich Zwischenlagern wieder verwendbarer Teile, Abfuhr des Abbruchmaterials, soweit nicht in anderen Kostengruppen erfasst"* umfassen. Durch die Definition der beiden unterschiedlichen Kostengruppen (394 = Abfuhr des Materials, 396 = Entsorgung des Materials) dürfte klargestellt sein, dass auch beispielsweise Deponiegebühren und damit auch die Kosten zur Beseitigung kontaminierter Abfälle zur KG 396 gehören.

27 Leistungen bei der öffentlichen und nichtöffentlichen **Erschließung von Ingenieurbauwerken** nach § 42 Abs. 3 Nr. 2 und Nr. 3 sind nach DIN 276 Leistungen für folgende Kostengruppen und Erschließungsanlagen:

Kostengruppen der Erschließung		Bezeichnung
Öffentlich	Nichtöffentlich	
221	321	Abwasserentsorgung
222	322	Wasserversorgung
223	323	Gasversorgung
224	324	Fernwärmeversorgung
225	325	Stromversorgung
226	326	Telekommunikation

Kostengruppen der Erschließung		Bezeichnung
Öffentlich	Nichtöffentlich	
227	327	Verkehrserschließung
228	328	Abfallentsorgung
229	329	Sonstiges

Die Kosten der **Leistungen bei der öffentlichen Erschließung** sind die Kosten, die nach DIN 276 KG 220 aufgrund gesetzlicher Vorschriften oder aufgrund öffentlich-rechtlicher Verträge vom Bauherrn teilweise oder vollständig zu bezahlen sind. Hierzu zählen insbesondere die in der Norm genannten Erschließungsbeiträge / Anliegerbeiträge, die Kosten für die Beschaffung oder den Erwerb der Flächen, die Kosten der Herstellung oder Änderung gemeinschaftlich genutzter technischer Anlagen wie zum Beispiel zur Ableitung von Abwasser sowie zur Versorgung mit Wasser, Wärme, Gas, Strom und Telekommunikation oder die Kosten der erstmaligen Herstellung oder des Ausbaus öffentlicher Verkehrsflächen, Grünflächen oder sonstiger Freiflächen für öffentliche Nutzung. Sollten zur Realisierung der öffentlichen Erschließung Objektplanungs- oder Fachplanungsleistungen für ergänzende Maßnahmen im oben beschriebenen Sinn erforderlich werden, sind die Kosten solcher Maßnahmen anrechenbar ohne die nach den erwähnten Beitragsordnungen oder -satzungen geschuldeten Beiträge. **28**

Kosten der nichtöffentlichen Erschließung können für die in KG 220 der DIN 276 genannten Verkehrsflächen und technischen Anlagen entstehen, die ohne öffentlich-rechtliche Verpflichtung oder Beauftragung mit dem Ziel der späteren Übertragung in den Gebrauch der Allgemeinheit hergestellt und ergänzt werden. Solche Anlagen sind beispielsweise dann vorhanden, wenn ein Bauherr die in der KG 220 aufgezählten Anlagen zum Anschluss seines Bauvorhabens an die öffentlichen Anlagen außerhalb seines Grundstücks herstellt. Dabei kann es sich z. B. um Verkehrsanlagen, Fernwärmeleitungen oder Abwasserleitungen handeln, die später in den Gebrauch der Allgemeinheit übergehen. Soweit dafür Objekt- oder Fachplanungsleistungen erbracht werden, sind diese nach den dafür einschlägigen Vorschriften zu honorieren. Für Verkehrsanlagen wäre Teil 3 Abschnitt 4 der HOAI und für die genannten Fachplanungsleistungen Teil 4 Abschnitt 2 HOAI maßgebend. **29**

Die **Kosten der Außenanlagen** sind ebenfalls bei der Berechnung des Honorars für Objektplanungsleistungen anrechenbar. Auch hier können nur die unter Rdn. 24 erläuterten Leistungen gemeint sein. Wegen deren häufigen Bezugs auf die DIN 276 muss unterstellt werden, dass die Anlagen gemeint sind, die der KG 500 zugeordnet sind, auf deren Aufzählung unter Hinweis auf die genannte Norm verzichtet wird. Soweit dafür aber Objekt- oder Fachplanungsleistungen erbracht werden, sind auch diese nach den dafür einschlägigen Vorschriften zu honorieren. Vorrangig sind für die Honorierung der Objektplanungsleistungen für die Außenanlagen nach dem Leistungsbild des § 39 HOAI die Vorschriften des Teils 2 Abschnitt 2 (Freianlagen) und für Verkehrsanlagen (Weg, Straßen) Teil 3 Abschnitt 4 HOAI maßgebend. Entsprechendes gilt für die Honorierung der Fachplanungsleistungen für die Technischen Anlagen in Außenanlagen (KG 540), die nach Teil 4 Abschnitt 2 HOAI abzurechnen sind. **30**

3. Kosten der baubegleitenden Arbeiten

Müssen beim Errichten von Ingenieurbauwerken **Ver- und Entsorgungsleitungen** (z. B. Wasserversorgungs-, Abwasser-, Wärmeversorgungs- oder Gasleitungen) **umgelegt** werden, zählen die dafür aufzuwendenden Kosten nach **§ 42 Abs. 3 Nr. 3 vollständig** zu den anrechenbaren Kosten, wenn der Objektplaner deren mit der Umlegung verbundenen Umbau in Abstimmung mit den Eigentümern solcher Leitungen entweder plant oder überwacht – vorausgesetzt, das hierfür keine Fachplanungen erforderlich sind. Sollen im Zuge der Errichtung eines Ingenieurbauwerks Leitungen **neu verlegt** werden und haben die Leitungseigentümer die dafür notwendigen **31**

Fach- oder Objektplanungsleistungen bis zur Entwurfsplanung selbst erbracht, sind die Kosten der Leitungsverlegung dann anrechenbar, wenn der Objektplaner ihre Ausführung zusammen mit dem Ingenieurbauwerk plant oder sie bei der Vorbereitung und Mitwirkung bei der Vergabe als Bestandteil der von ihm zu betreuenden Gesamtmaßnahme berücksichtigt oder zumindest die Bauoberleitung durchführt. Erbringt der Objektplaner aber anstelle der Leitungseigentümer auch Objektplanungsleistungen für die neuen Leitungen, hat dies zur Folge, dass die Leistungen einen Honoraranspruch des Objektplaners nach Teil 3 Abschnitt 3 HOAI begründen, den die Leistungseigentümer hätten, wenn sie diese Leistungen selbst durchführten; es handelt sich dabei um Leistungen für ein **weiteres Ingenieurbauwerk** mit **eigenen Planungsanforderungen**. In diesem Fall können dessen Kosten aber nicht mehr bei den Kosten des Ingenieurbauwerks berücksichtigt werden.

32 Zu den **verkehrsregelnden Maßnahmen nach Nr. 3** zählen z. B. die Aufwendungen für Umleitungsstrecken, provisorische Ausweichstellen und Lichtsignalanlagen. Solche Maßnahmen können bei z. B. beim Leitungsbau in einer Straße oder beim Bau einer Fußgängerunterführung notwendig sein. Sie können erhebliche Kosten verursachen, die nach dieser Bestimmung der HOAI zu den anrechenbaren Kosten des Objektplaners zählen würden, wenn für diese Maßnahmen keine eigenen fachlichen Objektplanungs- oder Überwachungsleistungen erforderlich wären. Ein zusätzliches Fachplanungshonorar für gegebenenfalls erforderliche Fachplanungsleistungen (z. B. für Lichtsignalanlagen) bleibt aber davon unberührt. Muss die Umleitungsstrecke jedoch verkehrsgerecht ausgebaut werden, sind hierfür Objektplanungsleistungen für Verkehrsanlagen erforderlich, deren Honorar gesondert abgerechnet werden muss. In einem solchen Fall wären die Kosten auch nicht mehr zusätzlich anrechenbar.

33 Beispiele für die **Ausstattung und Nebenanlagen von Ingenieurbauwerken nach Nr. 4 werden** weder in der Verordnung noch in der Verordnungsbegründung zu § 42 HOAI gegeben. Zieht man auch hier DIN 276-1:2008-12 zu Rate, dürfte es sich bei der **Ausstattung** um die in KG 611 und 612 genannten Gegenstände handeln – also Möbel, fest installierte Geräte und Ausstattungsgegenstände, die der besonderen Zweckbestimmung des Ingenieurbauwerks dienen. Ferner zählen dazu auch die in KG 619 genannten Schilder, Wegweiser oder Orientierungstafeln.

Welche **Nebenanlagen** von Ingenieurbauwerken gemeint sein könnten, erschließt sich weder aus der Verordnung noch aus der Norm. So steht zu vermuten, dass sich diese in keiner der bisherigen Verordnungen für Ingenieurbauwerke, wohl aber für Verkehrsanlagen enthaltene Formulierung aus redaktionellen Gründen ergab. So heißt es in der Verordnungsbegründung der Vorschrift wörtlich: „*Ebenfalls aufgrund dieser Systematik der Trennung der Regelungen von Ingenieurbauwerken und Verkehrsanlagen wurde unter Nummer 4 die Ausstattung und Nebenanlagen auf Ingenieurbauwerken bezogen und im Abschnitt Verkehrsanlagen § 46 Abs. 3 Nummer drei auf Nebenanlagen und Anlagen des Straßen- und Flugverkehrs*".

VI. Honorarvereinbarung bei Vertragsabschluss

34 Hat der Auftraggeber vor der Vergabe der Ingenieurleistungen seinen Pflichten entsprochen und eine **Bedarfsplanung**[20] für das Ingenieurbauwerk erstellt, dessen Planung und Ausführungsüberwachung vergeben werden soll, verfügt er u. a. über die für das Vergabeverfahren stets notwendigen **anrechenbaren Kosten**. Sind diese jedoch – wie leider sehr häufig – unbekannt, sollte der Auftraggeber wenigstens eine **vorläufige Kostenannahme** über die anrechenbaren Kosten treffen, um das Honorar nach § 4 nicht nur prinzipiell (zwischen Mindest- und Höchstsatz) zu vereinbaren, sondern auch in annähernd richtiger Höhe zu bestimmen. Die Kostenannahme ist eine von den Vertragspartnern ohne vorherige Bedarfsplanung angenommene voraussichtliche Größenordnung der erwarteten anrechenbaren Kosten.

Sind die anrechenbaren Kosten wenigstens mit der Genauigkeit des **Kostenrahmens** nach DIN 276-1 Nr. 3.4.1 bekannt, können auch diese Kosten hilfsweise angesetzt werden. Der Kos-

---

[20] DIN 18205 (Bedarfsplanung im Bauwesen) vom April 1996

tenrahmen dient *„als eine Grundlage für die Entscheidung über die Bedarfsplanung sowie für grundsätzliche Wirtschaftlichkeits- und Finanzierungsüberlegungen und zur Festlegung der Kostenvorgabe"*. Letztere soll gemäß 3.2.1 DIN 276 die Kostensicherheit erhöhen, Risiken vermindern und frühzeitig alternative Überlegungen in der Planung fördern. Nach 3.2.2 DIN 276-1 sollte die **Kostenvorgabe** aber auch **auf der Grundlage** von Budget- oder Kostenermittlungen – also durch die Bedarfsplanung des Auftraggebers - festgelegt werden; dabei muss er bestimmen, ob die Kostenvorgabe als **Kostenobergrenze oder als Zielgröße für die Planung** gelten soll.

Die **Genauigkeitsanforderungen an die Bedarfsplanung** bei Hochbauten und die darauf aufbauende Ermittlung der Kostenvorgabe haben die RBBau[21] in den Abschnitten E 2 (S. 2/8) und F 1 (S. F 1/8) formuliert. Übertragen auf Ingenieurbauwerke, sind nach den dort beschriebenen Anforderungen an die Entscheidungsunterlage – Bau (ES – Bau) sinngemäß u. a. folgende **Leistungsergebnisse des Auftraggebers** zu fordern: **35**

– Bedarfsbeschreibung mit Dokumentation der Anforderungen an das Projekt (Auslegungsdaten, Größe, erforderliche Leistungen des Ingenieurbauwerks sowie bei Hochbauten Nutz-, Funktions- und Verkehrsflächen),
– Ergebnis von Vorverhandlungen mit Bauaufsichtsbehörden oder anderen fachlich Beteiligten über die Genehmigungs- oder Zustimmungsfähigkeit mit Zusammenstellung der Genehmigungserfordernisse,
– erforderlichenfalls Energiekonzept
– Kostenschätzung nach DIN 276-1 oder DIN 276-4 anhand von Kostenkennwerten,
– Übersichtslageplan geeigneten Maßstabs
– Baufachliches Gutachten über das Baugrundstück
– Zeichnerischen Darstellungen des Planungskonzepts, erforderlichenfalls einschließlich Untersuchung der alternativen Möglichkeiten nach gleichen Anforderungen

Grundsätzlich gilt nach § 7 Abs. 1 HOAI, dass es auch bei **Änderung der Kosten** bei der Ausführung des Vorhabens **bei den in der Kostenberechnung** ermittelten Kosten als Grundlage **für die Honorarberechnung bleibt**. Ist die Kostenänderung jedoch auf eine **Änderung des Leistungsumfangs** zurückzuführen, die auf **Veranlassung des Auftraggebers** erfolgte, müssen die bei der **Kostenberechnung** ermittelten Kosten **entsprechend fortgeschrieben** und angepasst werden (s. § 10 Rdn. 9). Dies kann – anders als bisher – **nicht auf Basis von Nachtragsangeboten** ausführender Unternehmen für geänderte oder zusätzliche Leistungen geschehen, sondern **erfordert** eine **Kostenberechnung** des Objektplaners **für eine solche Mehrleistung**, der der Auftraggeber durch seine Unterschrift seine Zustimmung gibt. Damit ist auch die Voraussetzung für die Korrektur der zunächst vertraglich vereinbarten Kostenberechnungssumme geschaffen, die der späteren Honorarabrechnung zugrunde gelegt werden kann. Hierzu ist nach § 10 Abs. 1 HOAI eine entsprechende schriftliche Vereinbarung notwendig. Dasselbe gilt nach hiesiger Auffassung für die **Kosten**, die **infolge unvorhersehbarer oder unvorhergesehener Ereignisse** entstehen; sie wären allerdings nur für die Leistungen des Objektplaners bei Bauausführung anrechenbar, soweit der Auftragnehmer hierfür – anders als bei der Planung - auch tatsächlich Leistungen erbringen musste. Solche Kosten müssen durch die Fortschreibung der Kostenberechnung belegt und vom Auftraggeber anerkannt werden. Auch die daraus folgende Änderung des zuvor vereinbarten Honorars wird erst durch eine entsprechende schriftliche Vereinbarung der Parteien wirksam.   **36**

Der Verordnungsgeber hat bei der Formulierung der HOAI die **ungestörte Leistungsabfolge** von der Grundlagenermittlung in Phase 1 bis zur Objektbetreuung in Phase 9 unterstellt; nur so ist der verordnete Bezug auf die Kostenberechnung als allein maßgebende Abrechnungsgrundlage zu erklären. Dabei sind folgende häufig vorkommende Fallkonstellationen nicht berücksichtigt: **37**

---

[21] Richtlinien für die Durchführung von Bauaufgaben des Bundes (RBBau), Ausgabe 2003, herausgegeben vom Bundesministerium für Verkehr, Bau und Städtebau, Grundwerk bis 19. Austauschlieferung 2009 eingearbeitet, Seite E 2/8, seit 20.03.2013 als Online-Ausgabe zu erhalten unter www.bmvbs.de

– **Abwicklung des Projekts in Bauabschnitten** während eines längeren Zeitraums,
– **getrennte Vergabe der Ingenieurleistungen** der Leistungsphasen 1 bis 4 und 5 bis 9 an verschiedene Auftragnehmer und
– Auswirkung eines **größeren zeitlichen Abstands** zwischen der Fertigstellung der Entwurfs- und/oder Genehmigungsplanung sowie den danach folgenden Leistungen auf die Kostenentwicklung des Objekts bei **stufenweiser Beauftragung** an einen Auftragnehmer.

Im erstgenannten Fall und insbesondere in den beiden anderen Fällen können Auftragnehmer bei der Abrechnung ihrer Leistungen nur dann mit dem Ergebnis der Kostenberechnung zu leistungsgerechten Honoraren kommen, wenn trotz Verzögerungen keine nennenswerte Steigerung ihrer Bürokosten und der Kosten vergleichbarer Bauvorhaben bis zum Beginn dieser Leistungen eingetreten ist. Um Auseinandersetzungen in diesen Fällen zu vermeiden, wird den Vertragspartnern empfohlen zu vereinbaren, dass vor der Fortführung der jeweiligen getrennt durchzuführenden Leistungen eine obligatorische **Prüfung und Fortschreibung der Kostenberechnung zu erfolgen hat**, die als Besondere Leistung des vorgesehenen Auftragnehmers frei vereinbart wird. Deren Ergebnis wird dann im Sinne von § 10 Abs. 1 HOAI neue Vertragsgrundlage.

§ 43 Leistungsbild Ingenieurbauwerke

(1) § 34 Absatz 1 Satz 1 gilt entsprechend. Die Grundleistungen für Ingenieurbauwerke sind in neun Leistungsphasen unterteilt und werden wie folgt in Prozentsätzen der Honorare des § 44 bewertet:

1. für die Leistungsphase 1 (Grundlagenermittlung) mit 2 Prozent,
2. für die Leistungsphase 2 (Vorplanung) mit 20 Prozent,
3. für die Leistungsphase 3 (Entwurfsplanung) mit 25 Prozent,
4. für die Leistungsphase 4 (Genehmigungsplanung) mit 5 Prozent,
5. für die Leistungsphase 5 (Ausführungsplanung) mit 15 Prozent,
6. für die Leistungsphase 6 (Vorbereitung der Vergabe) mit 13 Prozent,
7. für die Leistungsphase 7 (Mitwirkung bei der Vergabe) mit 4 Prozent,
8. für die Leistungsphase 8 (Bauoberleitung) mit 15 Prozent,
9. für die Leistungsphase 9 (Objektbetreuung) mit 1 Prozent.

(2) Abweichend von Absatz 1 Nummer 2 wird die Leistungsphase 2 bei Objekten nach § 41 Nummer 6 und 7, die eine Tragwerksplanung erfordern, mit 10 Prozent bewertet.

(3) Die Vertragsparteien können abweichend von Absatz 1 schriftlich vereinbaren, dass

1. die Leistungsphase 4 mit 5 bis 8 Prozent bewertet wird, wenn dafür ein eigenständiges Planfeststellungsverfahren erforderlich ist.
2. die Leistungsphase 5 mit 15 bis 35 Prozent bewertet wird, wenn ein überdurchschnittlicher Aufwand an Ausführungszeichnungen erforderlich wird.

(4) Anlage 12 Nummer 12.1 regelt die Grundleistungen jeder Leistungsphase und enthält Beispiele für Besondere Leistungen.

Inhaltsübersicht

I. Leistungen versus Vergütungstatbestände

1   Nach der Verordnungsbegründung entspricht § 43 weitestgehend § 42 HOAI 2009, der wiederum die Regelungen des § 55 Abs. 1 HOAI 1996/2002 übernommen hatte. § 43 Abs. 1 S. 1 verweist auf § 34 Abs. 1 S.1 und legt damit fest, dass das **Leistungsbild Objektplanung** der Ingenieurbauwerke die **Grundleistungen** für Neubauten, Neuanlagen, Wiederaufbauten, Erweiterungsbauten, Umbauten, Modernisierungen, Instandhaltungen und Instandsetzungen umfasst. Nach § 3 Abs. 2 handelt es sich bei den Grundleistungen um die Leistungen, die zur ordnungsgemäßen Erfüllung eines Auftrages im Allgemeinen erforderlich sind (**Regelleistungen**). Sie sind in den neun Leistungsphasen des Abs. 2 zusammengefasst und nach Abs. 4 in **Anlage 12 Nr. 12.1** – künftig kurz: HOAI-Anlage 12.1 – geregelt. Dieselbe Anlage nennt in den Leistungsphasen auch denkbare Besondere Leistungen, soweit sie nicht schon in anderen Leistungsbildern aufgeführt sind. Die Grundleistungen werden mit den phasenweise festgelegten Prozentsätzen des Honorars für die Gesamtleistung nach der Honorartafel des § 44 Abs. 1 HOAI honoriert. Abs. 2 nennt die Phasen und ihre prozentuale Bewertung, die im Vergleich mit den Vorgängerverordnungen geringfügig verändert wurde.

2   Leider verwendet der Verordnungsgeber erneut Bezeichnungen, die schon in der Vorgängerverordnung zu Missverständnissen führten. So nennt er die Grundleistungen in § 3 Abs. 2 erneut **„im Allgemeinen erforderliche Leistungen"** zur Erfüllung eines Auftrags und definiert die eigentlich als Arbeitsschritte zu verstehenden Begriffe[1] als Leistungen, die nach zwei Urteilen des BGH **grundsätzlich nicht** als **Leistungspflichten**, sondern als **Vergütungstatbestände** zu verstehen sind[2]; die Leitsätze des Urteils vom 24.10.1996 lauten:

---

[1] BGH, Urteil v. 24.06.2004 – VII ZR 259/02; BauR 2004, 1640; BGHZ 159, 376; BGH, Urteil v. 22.10.1998 – VII ZR 91/97; BauR 1999, 187

[2] BGH, Urteil v. 24.10.1996 – VII ZR 283/95; S. 154: Die HOAI enthält keine normativen Leitbilder für den Inhalt von Architekten und Ingenieurverträgen. Die in der HOAI geregelten „Leistungsbilder" sind Gebührentatbestände für die Berechnung des Honorars der Höhe nach. Ob ein Honoraranspruch dem Grunde nach gegeben oder nicht

„a) Was ein Architekt oder Ingenieur vertraglich schuldet, ergibt sich aus dem geschlossenen Vertrag, i. d. R. also aus dem Recht des Werkvertrages. Der Inhalt dieses Architekten-/Ingenieurvertrages ist nach den allgemeinen Grundsätzen des bürgerlichen Vertragsrechts zu ermitteln.

b) Die HOAI enthält keine normativen Leitbilder für den Inhalt von Architekten- und Ingenieurverträgen. Sie hat keine generelle vertragsrechtliche „Leitbildfunktion" im Sinne ... einer verbreiteten Meinung. Die HOAI regelt keine dispositiven Vertragsinhalte".

.... Für die Frage, was der Architekt oder Ingenieur zu leisten hat, ist allein der geschlossene Werkvertrag nach Maßgabe der Regelungen des BGB und der dazu im Einzelnen getroffenen Vereinbarungen von Bedeutung. Das Honorarrecht der HOAI kann den Werkvertrag auch deshalb nicht regeln, weil sich ein werkvertraglicher Erfolg nicht als Summe von abschließend enumerativ aufgeführten Dienstleistungen beschreiben lässt, als die sich die Beschreibung der Grundleistungen nach herrschender Meinung darstellt. Die in der HOAI geregelten „Leistungsbilder" sind Gebührentatbestände für die Berechnung des Honorars der Höhe nach. Ob ein Honoraranspruch dem Grund nach gegeben oder nicht gegeben ist, lässt sich daher nicht mit Gebührentatbeständen der HOAI begründen.

c) Mit der gebührenrechtlichen Unterscheidung zwischen Grundleistungen und Besonderen Leistungen wird nur geregelt, wann der Architekt/Ingenieur sich mit dem Grundhonorar begnügen muss und wann er, wenn die vertraglichen Voraussetzungen dem Grunde nach erfüllt sind, zusätzliches Honorar berechnen darf. Normative Bedeutung für den Inhalt des Vertrages kommt dieser Unterscheidung nicht zu."

Der BGH folgte damit der noch immer unveränderten Kernaussage des § 1 der Verordnung über den **Anwendungsbereich der Verordnung**, wonach deren Bestimmungen **nur für die Berechnung der Entgelte** für die Grundleistungen gelten.

Schließen die Parteien jedoch schriftlich **einen Werkvertrag**, in dem die geschuldeten **Leistungen unter Bezug auf die Leistungsphasen formuliert** sind, werden die Gebührentatbestände zu Leistungspflichten. Dasselbe gilt dann, wenn nur ein mündlicher Vertrag unter allgemeinem Bezug auf die HOAI geschlossen wurde. Daher hat eine **unreflektierte Vereinbarung eines Leistungsbildes** als vertragliche Leistungspflicht zur Folge, dass der Auftragnehmer im Einzelfall **alle eigentlich nur für den Regelfall verordneten Arbeitsschritte schuldet**. Dazu gehören dann unterschiedslos auch alle Leistungen, welche sich bei der Leistungsdurchführung nachträglich als entbehrlich erwiesen, und alle nicht benötigten Mitwirkungsleistungen, die vom Abruf durch Dritte abhängig sind. Werden solche Grundleistungen nicht erbracht, muss sich der Auftragnehmer Honorarabzüge von der Schlussrechnung gefallen lassen, weil sein Werk nach § 633 Abs. 2 BGB nicht die vertraglich vereinbarte Beschaffenheit besitzt und deswegen mangelhaft ist (Näheres hierzu in diesem Kommentar unter § 8).   **3**

Dem steht bezüglich der zwar geschuldeten, aber im Einzelfall ggf. nicht erforderlichen Leistung anscheinend die Amtl. Begr. zu § 55 HOAI 1985[3] entgegen, in der es heißt: *„Werden einem Objektplaner die Grundleistungen einer Leistungsphase mit dem Ziel übertragen, das mit der Leistungsphase verfolgte Ergebnis zu erbringen und behält sich der Auftraggeber nicht vor, einzelne Leistungen selbst beizusteuern, so entsteht der Anspruch auf das Honorar für diese Leistungsphase regelmäßig dann, wenn das Ergebnis, das mit den in der Leistungsphase erfassten Leistungen angestrebt wird, erreicht worden ist. Dies gilt auch dann, wenn eine Grundleistung zur Erreichung dieses Ergebnisses ganz oder teilweise nicht erbracht werden musste. Wenn z. B. bei der Vorplanung (Leistungsphase 2 des § 55 HOAI 1985) ein Beschaffen amtlicher Karten nicht erforderlich ist, das Ergebnis dieser Phase also auch ohne diese Tätigkeit erreicht werden kann, so sollte eine Minderung des Honorars für diese Phase mit dem Hinweis, dass diese Tätigkeit nicht erbracht worden ist, nicht vorgenommen werden."*   **4**

In den Anmerkungen zur Amtl. Begr. der HOAI 1996 sahen sich die Herausgeber der Bundesanzeigerausgabe unter Bezug auf das Urteil des OLG Celle vom 17. 10. 1990 – 6 U 223/89[4]   **5**

---

gegeben ist, lässt sich daher nicht mit Gebührentatbeständen begründen.
[3] Bundesanzeigerausgabe der HOAI 1985 a. a. O. S. 88
[4] IBR 1991, 330

bestätigt. Das Gericht begründete seine Entscheidung wie folgt: „*Die Tatsache, dass der Architekt nicht alle innerhalb einer Leistungsphase anfallenden Leistungen erbracht hat, berechtigt grundsätzlich nicht zur Kürzung der Vergütung, sondern ist nur geeignet, Gewährleistungsansprüche auszulösen, weil es im Hinblick auf die Honorierung entscheidend auf den Erfolg der Architektenleistung ankommt. Eine Honorarkürzung ist nur möglich, wenn der Architekt zentrale Leistungen aus den Leistungsphasen nicht erbringt.*"

Der ungeminderte Honoraranspruch beim Erreichen des jeweiligen Ziels einer Leistungsphase wurde zuletzt in der Amtl. Begr. zu § 2 der 5. HOAI-Novelle bestätigt[5]. Danach würden die Leistungsphasen mit den für sie festgelegten Honorarsätzen die kleinsten rechnerischen Bausteine der Honorierung bilden. Zu einem anderen Ergebnis kam der BGH jedoch in seinem Urteil vom 24.06.2004 – VII ZR 259/02[6], die in dessen Leitsätzen zum Ausdruck kommt:

„*1. Erbringt der Architekt eine vertraglich geschuldete Leistung teilweise nicht, dann entfällt der Honoraranspruch des Architekten ganz oder teilweise nur dann, wenn der Tatbestand einer Regelung des allgemeinen Leistungsstörungsrechts des BGB oder des werkvertraglichen Gewährleistungsrechts erfüllt ist, die den Verlust oder die Minderung der Honorarforderung als Rechtsfolge vorsieht.*

2. Der vom Architekten geschuldete Gesamterfolg ist im Regelfall nicht darauf beschränkt, dass er die Aufgaben wahrnimmt, die für die mangelfreie Errichtung des Bauwerks erforderlich sind.

3. Umfang und Inhalt der geschuldeten Leistung des Architekten sind, soweit einzelne Leistungen des Architekten, die für den geschuldeten Erfolg erforderlich sind, nicht als selbstständige Teilerfolge vereinbart worden sind, durch Auslegung zu ermitteln."

Unter Weiterführung des BGH-Urteils stellte das OLG Frankfurt[7] fest, dass die Aufzählung der Leistungsphasen des § 15 HOAI a. F. in einem Architektenvertrag eine Beschreibung des geschuldeten Werkerfolgs darstelle. Allerdings dürfe dann, wenn einzelne Teilleistungen aus den jeweiligen Leistungsphasen des Architekten nicht erbracht würden, nicht automatisch eine Kürzung des Architektenhonorars vorgenommen werden (s. hierzu auch Rdn. 207 ff.). Vielmehr komme eine **Kürzung des Honorars** nur dann in Betracht, wenn die rechtlichen Voraussetzungen für die Vornahme einer Minderung erfüllt seien. Es müssten also die Voraussetzungen des **Leistungsstörungsrechts** des BGB oder des werkvertraglichen Gewährleistungsrechts erfüllt sein, wonach dem Architekten Gelegenheit zur Nacherfüllung gesetzt werden müsse. Erst dann, wenn der Architekt die Nacherfüllung ablehne oder das Leistungsinteresse des Auftraggebers wegen der Verzögerung der Leistung weggefallen sei, könne eine solche Kürzung vorgenommen werden.

6 Kniffka hat die Anwendung der zitierten Rechtsprechung über die Vergütungsvorschriften der aktuellen HOAI an zahlreichen unterschiedlichen Beispielen genauer untersucht und fortgeführt[8]. Im Kern kommt er zunächst zu dem Ergebnis, dass die HOAI nach § 6 Abs. 1 i. V. m. § 8 Abs. 2 lediglich das Honorar für vereinbarte Grundleistungen vorsehe. Daraus folge, dass – anders als vom Verordnungsgeber in den jeweiligen Amtl. Begr. (s.o.) mitgeteilt – nicht die Leistungsphasen mit den für sie festgesetzten Honorarsätzen die kleinsten rechnerischen Bausteine der Honorierung bilden würden. Dies dürfte auch der entscheidende Grund für das Urteil des BGH vom 16.12.2004 gewesen sein, bei dem entschieden wurde, dass das Architektenhonorar dann, wenn der Architekt im Zeitpunkt der Kündigung einzelne **Grundleistungen** einer Leistungsphase **gar nicht oder** einzelne Grundleistungen **nur teilweise erbracht** habe, die Abrechnung in diesen Fällen nach der Steinfort-Tabelle oder ähnlichen Berechnungswerken vorzunehmen[9] wäre (s. mehr hierzu Rdn. 207 ff.), die sich als Orientierungshilfe für die Bewertung nicht erbrachter Leistungen eignen würden. Stark vereinfacht lässt sich daraus folgern, dass Kniffka und auch

---

[5] So zuletzt in der Bundesanzeigerausgabe der HOAI 1996, Stand: 1.1.2002, S. 84

[6] Siehe IBR 2004, 513

[7] Urteil v. 17.08.2006 – 26 U 20/05, IBR 2007, 496

[8] R. Kniffka: „Vergütung für nicht erbrachte Grundleistungen – Schuldrechtliche Grundlagen", Vortrag bei der Fachtagung des BVS-Bundesfachbereichs Architekten- und Ingenieurhonorare am 23.01.2015 in Rothenburg o.d. Tauber

[9] Im Urteil genannt z. B. Pott Pott/Dahlhoff/Kniffka, HOAI, 7. Aufl., Anh. III; Locher/Koeble/Frik, HOAI, 8. Aufl., Anh. 4)

die vorherige Rechtsprechung die vertraglich vereinbarten Grundleistungen als vorab eindeutig und erschöpfend beschriebene freiberufliche Leistungen verstehen. Dies steht im Gegensatz zur herrschenden Meinung, welche die **freiberuflichen Leistungen** als geistig-schöpferisch und deswegen in einem Werkvertrag als nicht vorab eindeutig und erschöpfend beschreibbar versteht[10].

Ein weites Problemfeld ergibt sich ferner bei dieser strikten Interpretation des in der HOAI geregelten Entgeltsrechts aus der **Definition des Leistungsbildumfangs** (Rdn. 1). Das Leistungsbild gilt nicht nur für Neubauten, Neuanlagen, sondern auch für Wiederaufbauten, Erweiterungsbauten, Umbauten, Modernisierung, Instandhaltungen und Instandsetzungen von Ingenieurbauwerken. Die Begriffsinhalte sind in § 2 HOAI erläutert. Zahlreiche der in der Planungsphase genannten Arbeitsschritte des § 43 Abs. 1 i. V. m. HOAI-Anlage 12.1 können außer für Neubauten und Neuanlagen für die restlichen der genannten Objektarten aber gar nicht erbracht werden (s. Rdn. 193 ff.) Sie müssen durch andere Arbeitsschritte ersetzt werden. Insbesondere in solchen Fällen sollten sie in den Werkverträgen, die für das in den einzelnen Leistungsphasen zu erreichende Ziel zu erbringen sind, stets objektspezifisch definiert werden (s. Rdn. 198 ff.). Auftraggeber sollen daher ihre Pflicht zur Durchführung der **Bedarfsplanung** (s. Rdn. 8 ff.) als Voraussetzung für sachgerechte Vergabeverhandlungen und für die danach schriftlich abzuschließenden Verträge ernst nehmen; Auftragnehmer ihrerseits sollten darauf dringen, möglichst umfassende Informationen zu erhalten, um die vertraglich geschuldeten Leistungen verstehen und das dafür notwendige Honorar nach HOAI so genau wie möglich bestimmen zu können. 7

Die **in der HOAI genannten Leistungen** sind lediglich als **übliche Arbeitsschritte** zu verstehen, die im Allgemeinen zum Erfolg des beauftragten Werks führen. Sie unterscheiden sich aber bei den zahlreichen unterschiedlichen Ingenieurbauwerken inhaltlich voneinander. Auch deswegen können sie **ohne objektspezifische Interpretation ihrer Inhalte keine Leistungen im Sinne einer Leistungsbeschreibung mit Leistungsverzeichnis** sein. Welche einzelnen projektspezifischen Leistungs- oder Arbeitsschritte der Objektplaner zum Erreichen seines vertraglich vereinbarten Ziels ausführen muss, ist aus der HOAI nicht unmittelbar ablesbar. Dies liegt in der Eigenart der geistig-schöpferischen Tätigkeit des Objektplaners, die nach herrschender Meinung als nicht vorab beschreibbar gilt. Deren Ergebnis spiegelt sich erst im vollendeten Werk wider. Die Leistungen der Ingenieure stellen auf das Ergebnis des Werkes ab; sie müssen nach den allgemein anerkannten Regeln der Technik erbracht werden. Diese sind einem ständigen Wandel ausgesetzt, also dynamisch, während die Leistungsbeschreibungen der Leistungsbilder der HOAI weitgehend unverändert geblieben, also statisch sind. Allein daraus wird verständlich, dass Bedeutung und Gewichtung verschiedener Leistungen trotz weitgehend unverändert gebliebener Beschreibung einem fortwährenden Wandlungsprozess ausgesetzt sind. Dieser Prozess wird durch die stetige Ausweitung EDV-gestützter Arbeitsmethoden noch forciert. Deswegen ist es notwendig, die zwischen den Parteien vereinbarten **Leistungsziele** und die dafür notwendigen **Arbeitsschritte unter Bezug auf die Leistungsphasen** projektspezifisch zu formulieren und erforderlichenfalls mit zusätzlichen Erläuterungen schriftlich zu vereinbaren (s. beispielsweise Rdn. 189 ff.).

Die Anzahl der in der HOAI-Anlage 12.1 zusammengestellten **Besonderen Leistungen** des Leistungsbildes Ingenieurbauwerke ist im Vergleich mit den anderen Leistungsbildern gering. Der Vergleich mit entsprechenden Nennungen im Leistungsbild Gebäude und Innenräume nach HOAI-Anlage 10.1 zeigt, dass zahlreiche dieser dort genannten Besondere Leistungen auch bei Ingenieurbauwerken erforderlich werden können. Daher können Leistungen aus anderen Leistungsbildern und Leistungsphasen, soweit sie dort keine Grundleistungen sind, als Besondere Leistungen bei Ingenieurbauwerken vereinbart werden. Insoweit sind die Besonderen Leistungen der HOAI-Anlage 12.1 nach § 3 Abs. 3 lediglich als Ergänzung der in den anderen Leistungsbildern genannten Besonderen Leistungen zu verstehen. 8

Auf eine **Bewertung** der Besonderen Leistungen hat der Verordnungsgeber **verzichtet**. Nach § 3 Abs. 3 S. 3 können **Honorare** für Besondere Leistungen **frei vereinbart** werden, da deren angemessene Honorierung nicht nach einheitlichen Vomhundertsätzen definierbar ist. Der Umfang der Besonderen Leistungen als nicht „im Allgemeinen erforderliche Leistungen" muss gegen die Grundleistungen sorgfältig abgegrenzt werden. **Hilfen** zur Definition **angemessener Honorare**

---

[10] So z. B. § 5 der Verordnung über die Vergabe öffentlicher Aufträge – VgV – vom 11.02.2003, BGBl. I S. 169

geben die in der **Schriftenreihe des AHO** erschienenen Veröffentlichungen[11]. Sie sind in der Regel das Ergebnis von Umfragen bei Beratenden Ingenieuren und spiegeln die Vertragspraxis zum jeweiligen Zeitpunkt der Umfragen wieder.

Zur Durchsetzung des **Honoraranspruchs** für Besondere Leistungen ist – anders als bisher – **keine schriftliche Vereinbarung** über deren Honorierung **vor der Durchführung** erforderlich. Dies ergibt sich aus dem für Ingenieurverträge i. d. R. geltenden Werkvertragsrecht nach § 632 BGB. Nach dessen Abs. 1 gilt eine Vergütung als stillschweigend vereinbart, weil die Durchführung solcher Leistungen den Umständen nach nur gegen eine Vergütung zu erwarten ist. Da die Höhe ihrer Vergütung nicht durch eine Taxe geregelt ist, ist nach Abs. 2 die **übliche Vergütung** als vereinbart anzusehen. Welche Vergütung allerdings üblich ist, muss der Auftragnehmer bei fehlender schriftlicher Vereinbarung spätestens bei Abrechnung seiner Leistungen nachweisen. Ein solcher Nachweis kann beispielsweise mithilfe der bereits erwähnten Veröffentlichungen in der AHO-Schriftenreihe geführt werden, die das OLG Hamburg in seinem Urteil vom 03.09.2002 – 9 U 8/02; BGH, Beschluss vom 05.06.2003 – VII ZR 350/02 (Nichtzulassungsbeschwerde zurückgewiesen) über die Honorierung von Projektsteuerungsleistungen als Vergleichsinstrument wertete[12]. Alternativ können die Leistungen auch als Zeithonorar abgerechnet werden. Empfehlungen zu deren angemessener Höhe machen die Vorbemerkungen zu diesem Kommentar unter III Rdn. 26 ff. Um Auseinandersetzungen über die Honorierung der Besonderen Leistungen zu vermeiden, wird aber deren schriftliche Vereinbarung beim Abschluss des Werkvertrages angeraten.

II. Klärung des Leistungsbedarfs durch den Auftraggeber

9 Der Auftraggeber sollte **vor seiner Entscheidung über die Vergabe von Ingenieurleistungen** die hierfür geeigneten Voraussetzungen durch eine eigene **Bedarfsplanung** schaffen. Öffentliche Auftraggeber sind nach § 1 VgV[13] ohnehin dazu verpflichtet, weil sie nur durch eine solche Planung ihre Planungsvorstellungen konkretisieren, die voraussichtlichen Kosten ermitteln und darauf aufbauend den Auftragswert der zu vergebenden freiberuflichen Leistungen berechnen können, der darüber entscheidet, ob die von ihnen beabsichtigte Vergabe formlos oder unter Anwendung des in der VOF[14] festgelegten formalen Verfahrens erfolgen muss. Auch privaten Auftraggebern wird angeraten, die hierfür **wichtigen Vorarbeiten** durchzuführen, um eine leistungsorientierte Vergabe der Leistungen zu erreichen und vergleichbare Angebote zu erhalten.

Erstmals weist nun auch die neu gefasste Verordnung auf diese Auftraggeberleistung in der Zusammenstellung der Grundleistungen (HOAI-Anlage 12.1 LPH 1 a), gleichlautend in allen anderen Leistungsbildern) hin. Danach soll der Auftragnehmer seine Aufgabenstellung *„aufgrund der Vorgaben oder der Bedarfsplanung des Auftraggebers"* klären. Diese Tätigkeiten des Bauherrn können daher nicht mehr mit der nach HOAI zu leistenden Grundlagenermittlung der Planer verwechselt werden. Dies wird auch im Vorwort zur DIN 18205[15] unterstrichen: *„Auf keinen Fall ist die Bedarfsplanung durch die Grundlagenermittlung der Planer abgedeckt, sondern ist Aufgabe des Bauherrn"*.

Die wesentlichen Vorarbeiten des Auftraggebers sind z. B.:

1. **Definition seiner Wünsche, Vorstellungen und Projektziele** wie beispielsweise:
   - Technische Leistung
   - Raumbedarf, Nutzungskonzept, Lebensdauer und Termine,
   - Entwicklung des Finanzierungskonzepts für die Investitions- und Betriebsphase, Bestimmung der zur Verfügung stehenden Eigenmittel, Erkundung und Nutzung von Fördermitteln und Klärung der Nutzungskosten des Projekts und deren Deckung durch Entgelte.

---

[11] Erhältlich unter www.aho.de
[12] IBR 2003, 487
[13] Verordnung über die Vergabe öffentlicher Aufträge (Vergabeverordnung – VgV) in der Fassung vom 11. Februar 2003 (BGBl. 2003, I S. 169), zuletzt geändert durch die 7. VO zur Änderung der VgV vom 15.10.2013 (BGBl. 2013 I S. 3854)
[14] Vergabeordnung für freiberufliche Leistungen (VOF) vom 18.11.2009 (BAnz. Nr. 185 a)
[15] Bedarfsplanung im Bauwesen, DIN 18205, April 1996

2. **Identifikation und Definition der** schon im Projektvorfeld durchzuführenden **bauherreneigenen Aufgaben** wie zum Beispiel:
   - Anforderungen an das zur Verfügung stehende Grundstück im Hinblick auf das Nutzungskonzept hinsichtlich Größe, Lage und Verkehrsanbindung,
   - Ermittlung von Art und Umfang der notwendigen Genehmigungen,
   - grundsätzliche Feststellung der Genehmigungsfähigkeit.

3. Identifikation und Definition der **Projektkostenziele** wie beispielsweise:
   - folgekostenminimale Lösung zur Minimierung der Nutzungsentgelte (z. B. Schwimmbad, Kläranlage),
   - Lösung mit geringsten Baukosten (bei Gebäuden oder beim Kanalbau).

4. Festlegung **ästhetischer Anforderungen** wie beispielsweise:
   - Erfüllung besonderer ästhetischer Gesichtspunkte erfüllen, die bei der Bewertung der finanziellen Aufwendungen zusätzlich zu berücksichtigen sind,
   - Erreichen eines Image fördernden Leistungsergebnisses.

5. **Klärung der bauherreneigenen Fähigkeiten und Leistungen** bei der Initialisierung und Realisierung des Projekts mit
   - Ermittlung eigener Leistungsdefizite,
   - Definition des daraus folgenden Unterstützungsbedarfs bei der Durchführung der Projektleitung und/oder Projektsteuerung
   - Bestimmung der eigentlichen Ingenieur- und Architektenleistungen.

6. Festlegung der notwendigen **Projektorganisation** unter Berücksichtigung der Aufsichtsbehörden und der für die Durchführung von Projektleitung, Projektsteuerung und Ingenieur- oder Architektenleistung auszuwählenden Partner einschließlich deren Honorare.

Die nur als Beispiel zu verstehende und deswegen unvollständige stichwortartige Aufzählung von **Aktivitäten muss der Bauherr** – gegebenenfalls mit Unterstützung durch einen Planungsberaters[16] – konsequent und vollständig durchführen, um bestimmen zu können,
- wofür er Unterstützung durch Partner benötigt, die als seine Treuhänder seine Ideen und Projektziele fachlich richtig und in der richtigen Reihenfolge durchzuführen in der Lage sind (Definition der zu vergebenden Leistungen) und
- welche Aufgaben er diesen Partnern zu welchen voraussichtlichen Kosten übertragen möchte (Schätzung des voraussichtlichen Auftragswertes).

Der optimale Projekterfolg – dessen selbstverständlicher Teil sind insbesondere die Kosten des Objekts – ist regelmäßig erreichbar, wenn sein Lebenszyklus schon in der Planungsphase Beachtung findet. Daher beginnt die Begrenzung der Objektkosten schon bei der Bedarfsdefinition des Objektes: Das Beeinflussungspotential für die Investitions- und Folgekosten ist in diesem Projektstadium am größten[17]. Im Vorwort zur DIN 18205 heißt es deswegen u. a.:

„Wenn es beim Bauen Probleme gibt, liegt das oft an einer ungenügenden Bedarfsplanung. Das heißt, die Bauaufgabe ist ungenügd definiert, die Bedürfnisse von Bauherren und Nutzern werden nicht ausreichend ermittelt und vermittelt.

Bedarfsplanung im Bauwesen bedeutet
- die methodische Ermittlung der Bedürfnisse von Bauherren und Nutzern;
- deren zielgerichtete Aufbereitung als „Bedarf" und
- dessen Umsetzung in bauliche Anforderungen.

In Deutschland ist bisher die Aufmerksamkeit für die Frühphase von Bauplanungsprozessen gering ...
Wie Bedarfsplanung derzeit praktiziert wird und von wem, ist weitgehend dem Einzelfall überlassen. Eine berufsrechtliche Regelung wie eine gesetzliche Ordnung der Honorare gibt es hierfür nicht.

---

[16] ATV-Merkblatt M 601 „Sicherstellung der Qualität und Wirtschaftlichkeit bei der Planung und Bauüberwachung von Anlagen zur Abwasser- und Abfallentsorgung", April 1996
[17] Kaufhold, W.: Erfolgshonorar für Ingenieure – Möglichkeiten und Grenzen, WASSER UND ABFALL, Heft 3/1999, S. 48 ff.

Auf jeden Fall liegt die Bedarfsplanung im Verantwortungsbereich des Bauherrn, gleich wie er ihr gerecht wird. Er kann damit Bedarfsplaner, Architekten, Ingenieure oder andere Fachleute beauftragen."

Die Norm ist nicht als Anweisung an den Bauherrn zu verstehen, sondern als erfolgreicher Versuch, im Sinne einer allgemein anerkannten Regel der Technik Aufgaben und Verantwortung des Bauherrn gegen die Pflichten der Beratenden Ingenieure und Architekten abzugrenzen. Sie verdeutlicht vor allem seine Verantwortung für die Definition der quantitativen und qualitativen Anforderungen, die das geplante Objekt erfüllen soll, und die Bestimmung der für ihn maßgebenden Art der Objektkosten (Investitions- und/oder Nutzungskosten) vor dem eigentlichen Projektbeginn, also dem Leistungsbeginn der Objekt- und Fachplaner. Er muss sich darüber klar werden, was er „wollen sollte" und was er sich langfristig „leisten kann". Erst am Ende der Bedarfsplanungsphase können daher die Auswahl dieser Partner und deren Beauftragung stehen.

Einen guten Überblick über die im Einzelfall vorzugebenden Randbedingungen geben die vom Auftraggeber im Rahmen der Bedarfsplanung zu beantwortenden **Prüflisten nach DIN 18205**. Deren Inhalte beschreibt die Norm stichwortartig wie folgt:

Prüfliste A: Projekterfassung
- Bezeichnung
- Zweck
- Umfang
- Beteiligte
- Andere Einflussgruppen

Prüfliste B: Rahmenbedingungen, Ziele und Mittel
- Projektorganisation
- Gesetze, Normen, Vorschriften
- Finanzieller und zeitlicher Rahmen
- Projekthintergrund, historische Einflüsse
- Einflüsse von Grundstück und Umgebung
- Zukünftige Institution des Bauherrn
- Geplante Nutzung im Einzelnen
- Beabsichtigte Wirkungen des Projekts

Prüfliste C: Anforderungen an den Entwurf und an die Leistungen des Objekts
- Grundstück und Umgebung
- Technische Ziele im Einzelnen
- Konstruktive und ästhetische Anforderungen
- Maßgebende Kostenziele (Investitions- und/oder Nutzungskosten)

Ein weiteres Beispiel für die im Rahmen der Bedarfsplanung zu ermittelnden Grunddaten eines Projekts enthalten die für Hochbauten entwickelten Richtlinien für die Durchführung von Bauaufgaben des Bundes (RBBau)[18], welche das BMVBS herausgibt, dort **Entscheidungsunterlage – Bau (ES-Bau)** genannt. Deren wesentliche Inhalte nennen die Anlagen E Ziffern 2.2.1 und 2.2.2 (S. E 2/8) und F Ziffer 1.2 und 1.3; sie entsprechen unter Bezug auf DIN 18205 den dortigen Anforderungen. Auf ein Zitat wird daher verzichtet.

---

[18] Anlagen E und F der „Richtlinien für die die Durchführung von Bauaufgaben des Bundes im Zuständigkeitsbereich der Finanzbauverwaltungen" – RBBau (19. Austauschlieferung Ausgabe 2009) – Online-Fassung Stand 25.09.2013 unter http://www.bmvbs.de/SharedDocs/DE/Artikel/B/GesetzeUndVerordnungen/richtlinien-fuer-die-durchfueh rung-von-bauaufgaben-des-bundes-rbbau.html?nn=36394

III. Die Leistungsphasen im Einzelnen

1. Grundlagenermittlung

a) Grundleistungen

Die Formulierung unter LPH 1a) „**Klären der Aufgabenstellung aufgrund der Vorgaben oder**   **10**
der Bedarfsplanung" verdeutlicht, dass der Auftraggeber dem Auftragnehmer seine Vorstellungen über den erwarteten Projekterfolg vorgeben muss. Zur Vermeidung von Missverständnissen sollten die Vorgaben oder das Ergebnis der Bedarfsplanung Bestandteil des Ingenieurvertrages sein. Damit macht der Auftraggeber den Auftragnehmer mit der ihm übertragenen Aufgabe umfassend vertraut. Dies ermöglicht Letzterem, die Vollständigkeit der für die Erfüllung des vereinbarten Werkvertrages notwendigen Informationen einschließlich des vom Auftraggeber zu klärende Genehmigungsbedarfs und der grundsätzlichen Genehmigungsfähigkeit des von ihm gewollten Objekts zu prüfen[19].

Der nächste Leistungsschritt ist die **Ermittlung der Planungsrandbedingungen** (LPH 1b). Liegt den Vorgaben des Auftraggebers eine Bedarfsplanung zugrunde, liefern die Ergebnisse der Prüflisten nach DIN 18205 die notwendigen Informationen sowohl über die für die Planung wichtigen **organisatorischen Randbedingungen** nach Prüfliste A und B (Rdn. 9) als auch über die **technischen und finanziellen Randbedingungen** nach Prüfliste C. Dasselbe gilt für die nach dem Beispiel ES-Bau erarbeiteten Informationen. Welche technischen Anforderungen bestehen, richtet sich nach der Art der Objekte. Einige Beispiele hierfür sind unter Bezug auf die Objektliste der HOAI-Anlage 12.2 in der nachfolgenden Tabelle zusammengestellt:

Ingenieurbauwerk	Beispiele für mögliche technische Randbedingungen
Leitung für Wasser	Denkbare Betriebszustände mit Durchflussmengen und zugehörigen Betriebsdrücken, mögliche Druckstöße und ihre Ursachen, infrage kommende Trassen, Vermessungsergebnisse, Grundstücksverhältnisse, Bodenverhältnisse, Ausführungszeit, Fertigstellungstermin
Erweiterung eines Leitungsnetzes für Mischwasser	Einzugsgebiet, Flächennutzungsplan, geplante Bevölkerungsentwicklung, Bestandsplan des vorhandenen Netzes, Ergebnis der Zustandsuntersuchung des vorhandenen Netzes mit Angaben zum Sanierungsbedarf, Ergebnis der hydraulischen Berechnungen des vorhandenen Netzes, Schmutzfrachtberechnung
Erweiterung einer vorhandenen Kläranlage	Umfassende Angaben zur Beschaffenheit des Abwassers, Ergebnisse der Auswertung des Betriebstagebuches der bestehenden Anlage, Anforderungen an die künftige Beschaffenheit des gereinigten Abwassers und die künftige Klärschlammentsorgung, künftige Entwicklung der Abwassermenge und -verschmutzung, Standort, Baugrundverhältnisse, Emissionsgrenzwerte

Das **Zusammenstellen der die Aufgabe beeinflussenden Planungsrandbedingungen und**   **11**
-absichten kann sowohl die Erfassung der Planungsabsichten des Auftraggebers als auch der Planungsabsichten Dritter bedeuten, die der Auftraggeber bei seiner Bedarfsplanung festgestellt haben müsste. Das **Zusammenstellen und Werten von Unterlagen** nennt den Arbeitsschritt des Auftragnehmers bei der Ordnung der Unterlagen, die er vom Auftraggeber und sich von den betroffenen Dritten als Bearbeitungsunterlagen erhielt. Der Auftragnehmer nimmt mit diesem Leistungsschritt die Ergebnisse der Bedarfsplanung des Auftraggebers zur Kenntnis und stellt sie so zusammen, dass er ihre **Vollständigkeit** vor dem Hintergrund des im Vertrag vereinbarten Leistungsziels und der von ihm geschuldeten Leistungen umfassend **prüfen** kann. Dass diese Zusammenstellung schriftlich erfolgen muss, versteht sich allein daraus, dass beide Parteien ihre Plausibilität feststellen können müssen.

---

[19] OLG Naumburg, BauR 2006, 2083 = NZBau 2006, S. 320

12 Stellt der Auftragnehmer dabei fest, dass die Vorgaben nicht vollständig oder nicht plausibel sind, muss er den Auftraggeber hierüber nicht nur informieren, sondern ihn auch **beraten**, wie die **festgestellten Mängel** beseitigt werden können (LPH 1b). Zunächst wird er versuchen, durch Befragen des Auftraggebers die Informationslücken zu füllen, und dessen Vorgaben durch die erhaltenen Antworten zu ergänzen. Ergibt sich dabei aber, dass zur Beantwortung der Fragen ergänzende Bedarfsplanungsleistungen erforderlich werden, kann er dem Auftraggeber entsprechende Vorschläge unterbreiten und anbieten, sie als Besondere Leistungen gegen angemessene Vergütung zu erbringen. Alternativ können der Auftraggeber selbst oder Dritte die ergänzenden Leistungen erbringen und deren Ergebnis dem Auftragnehmer zur Verfügung stellen. Das vorrangige Ziel dieser Tätigkeit ist die Zusammenstellung und das **Erläutern der Planungsdaten** dem Auftraggeber gegenüber, um dessen Zustimmung zu erhalten.

13 Nach LPH 1c) gehört es zu den Aufgaben des Objektplaners, seinem Auftraggeber **Entscheidungshilfen für die Auswahl anderer** an der Planung **fachlich Beteiligter zu formulieren.** Unter Entscheidungshilfen sind die aus Sicht des Objektplaners notwendigen Anforderungen an Berufserfahrung, Referenzen und Zuverlässigkeit der fachlich Beteiligten zu verstehen. Nicht gemeint ist die Vorbereitung und **Durchführung eines Verfahrens zur Vergabe** solcher Leistungen; das ist allein Sache des Auftraggebers.

Leider erklärt die Verordnung nicht, wer mit „fachlich Beteiligten" gemeint ist. Der Blick in die weiteren Leistungsphasen verdeutlicht, dass hiermit weitere Objekt- und Fachplaner gemeint sein dürften, da vom Objektplaner immer wieder das „Einarbeiten der Beiträge anderer an der Planung fachlich Beteiligter" verlangt wird. Klarstellend muss daher darauf hingewiesen werden, dass Genehmigungsbehörden nicht zu den fachlich Beteiligten gehören können, es sei denn, sie würden ebenfalls Objekt- oder Fachplanungsleistungen erbringen. Dasselbe gilt, wenn der Auftraggeber vertraglich zugesichert hat, selbst solche Leistungen zu erbringen.

14 Bei konstruktiven Ingenieurbauwerken für Verkehrsanlagen und sonstigen Einzelbauwerken (§ 41 Nr. 6 und 7) gehört die **„Klärung der Aufgabenstellung auf dem Gebiet der Tragwerksplanung"** ebenfalls zu den Grundleistungen des Objektplaners. Warum dieser Arbeitsschritt trotz der dem Auftraggeber obliegenden Bedarfsplanung, bei der er diese Aufgabe selbst erfüllen muss und die vor allem für die öffentlichen Auftraggeber verpflichtend ist, zur Grundlagenermittlung des Objektplaners gehört, ist nicht ersichtlich. Öffentliche Auftraggeber müssen bekanntlich – von wenigen Ausnahmen abgesehen – die Leistungen je nach Auftragswert in einem formalisierten Vergabeverfahren nach VOF oder in einem nicht formalisierten Vergabeverfahren vergeben. Die Schätzung der Auftragswerte der zu vergebenden Leistungen ist Sache des Auftraggebers. Dies kann er aber nur, wenn er selbst die Aufgabenstellung auf dem Gebiet der Tragwerksplanung und die dafür zu bezahlenden Honorare zuvor ermittelt hat. Damit kann das **Klären der Aufgabenstellung auf dem Gebiet der Tragwerksplanung** durch den Auftragnehmer nur das **Kennenlernen der Aufgabenstellung** des Auftraggebers für den Tragwerksplaners bestehen, den der Auftraggeber für das konkrete Projekt ausgewählt hat.

Wie bei der Klärung der Aufgabenstellung auf dem Gebiet der Tragwerksplanung muss der Auftraggeber bei sachgerechter Durchführung seiner Bedarfsplanung auch die **Ermittlung des erforderlichen Leistungsumfanges und der für die Bearbeitung notwendigen Vorarbeiten** wie Baugrund- und Bodenuntersuchungen, Vermessungsleistungen oder Bestandsaufnahmen durchgeführt und immissionsschutzrelevante Fragen zumindest grundsätzlich geklärt haben. Dabei gehört es zu den werkvertraglich geschuldeten Beratungspflichten des Auftragnehmers, den Auftraggeber auf ggf. unvollständige Vorarbeiten aufmerksam zu machen und den bestehenden Bedarf an ergänzenden Leistungen und Vorarbeiten dem Auftraggeber benennen.

15 Zum Kennenlernen der Objektanforderungen gehört selbstverständlich die **Ortsbesichtigung** nach LPH 1e). Diese Tätigkeit ist auch dann unverzichtbar, wenn der Auftraggeber die Projektunterlagen vollständig bereitgestellt zu haben glaubt: das Bereitstellen der Unterlagen ist ja nichts anderes als die Übergabe der Bedarfsplanungsergebnisse an den Auftragnehmer. Nur durch die Ortsbesichtigung kann sich der Objektplaner mit der Aufgabenstellung vollständig vertraut machen und ggf. noch fehlende Informationen über bautechnische Rahmenbedingungen erkennen (z. B. Grundstückzuschnitt und -beschaffenheit, vorhandene Bebauung, Zufahrtsmöglichkeit).

Die letzte Grundleistung nach LPH 1f) nennt die nach Abschluss der ersten Leistungsphase **16** (und aller anderen nachfolgenden Leistungsphasen ebenfalls) verordneten drei Schritte des Objektplaners zur Dokumentation der Leistungsergebnisse, die er in der jeweiligen Phase erzielte. Das „**Zusammenfassen**" bedeutet die geordnete schriftliche Zusammenstellung der die Aufgabe bestimmenden Planungsabsichten und -randbedingungen. Diese bestehen mit Blick auf die zuvor vom Auftraggeber durchgeführte Bedarfsplanung sowohl aus den Planungsabsichten des Auftraggebers als auch aus eventuellen Planungsabsichten Dritter, die der Auftraggeber bei seiner Bedarfsplanung festgestellt haben müsste. Ferner müssen die Erkenntnisse dokumentiert sein, die der Auftragnehmer durch seine ergänzenden Untersuchungen geklärt hat.

Das „**Erläutern**" der dem Auftraggeber zu überlassenden **schriftlichen Unterlagen** bedeutet die Pflicht des Auftragnehmers, dem Auftraggeber seine Arbeitsergebnisse nicht nur zu übergeben, sondern zusätzlich zu **erklären**. Damit soll der Auftraggeber umfänglich über alle Details der **Planungsdaten** informiert sein. Erst dann, wenn dieser Arbeitsschritt erfolgt ist und die Zustimmung des Auftraggebers vorliegt, geht es bei der „**Dokumentation**" um die schriftliche Zusammenstellung aller planungs- und projektrelevanten Unterlagen, die als Bearbeitungsunterlagen zur ergänzenden Vertragsgrundlage werden.

b) Besondere Leistungen

Die Zuordnung der Besonderen Leistungen zu den Leistungsphasen nach HOAI-Anlage 12.1 **17** erklärt sich im Wesentlichen aus ihrer Nähe oder Zugehörigkeit zu dem mit der Summe aus Grundleistungen und Besonderen Leistungen zu erreichenden Leistungsziel. Dennoch ist es möglich, dass solche Leistungen auch in anderen Leistungsphasen durchzuführen sind. Daher kann beispielsweise das **Auswählen und Besichtigen ähnlicher Objekte**, welches als Besondere Leistung der Grundlagenermittlung zugeordnet ist, auch erst zu einem späteren Zeitpunkt stattfinden, weil häufig erst im Verlauf der Planung ein entsprechender Informationsbedarf des Auftraggebers entsteht.

Das Ermitteln besonderer **in den Normen nicht festgelegter Belastungen** war eine in der der **18** Vorgängerverordnung genannte weitere Besondere Leistung im Rahmen der Grundlagenermittlung. Sie kann sowohl bei Objekten, bei denen die Tragwerksplanung eine besondere Rolle spielt, als auch beispielsweise bei Objekten der Wasser- oder Abfallwirtschaft nötig sein. Unter „Belastung" können bei Abwasseranlagen die besonders hohe Verschmutzung oder schlechte Abbaubarkeit von Abwasser, die besondere Kontamination des Klärschlamms mit Schwermetallen oder bei der Planung von Gewässern oder Hochwasserschutzmaßnahmen die Ausbauwassermengen verstanden werden. Das Ermitteln der zusätzlichen Belastungen von Abwasser kann durch Auswerten vorhandener Unterlagen oder durch Abwasseruntersuchungen erfolgen oder auch den Betrieb einer Versuchsanlage erfordern. Während der Aufbau und das Betreiben einer solchen Anlage nicht zu den in der HOAI erfassten Leistungen gehören, wäre die Interpretation der Versuchsergebnisse eine Besondere Leistung.

Zu den Besonderen Leistungen zählen grundsätzlich alle Arbeitsschritte, die nicht als Grundleistungen verordnet sind. Es wurde schon angemerkt, dass das Bearbeiten ergänzender **Leistungen** **19** **bei der Bedarfsplanung** zu den Besonderen Leistungen zählt. Dies wird durch die Aufzählung der Besonderen Leistungen bei der Grundlagenermittlung bei Gebäuden und Innenräumen in HOAI-Anlage 10.1 bestätigt. Dazu zählen nach § 3 Abs. 3 auch alle anderen in den Leistungsbildern der Objekt- und Fachplanung genannten Besonderen Leistungen dazu (HOAI-Anlagen 11.1, 13.1 und 15.1), soweit sie keine Grundleistungen nach HOAI-Anlage 12.1 sind. Hier sind insbesondere die Bestandsaufnahme, die Standortanalyse, die Betriebsplanung, die Prüfung der Umwelterheblichkeit und die Machbarkeitsstudien zu nennen.

Die **Bestandsaufnahme** kann sowohl die Feststellung des baulichen Zustandes eines Objekts, seine maßliche Aufnahme und Darstellung in Bildern, Plänen und Berichten als auch die Feststellung von betrieblichen Arbeitsabläufen umfassen. Weitere Beispiele sind die Schadensaufnahme von Kanalisations- oder Wasserversorgungsnetzen und die maßlichen Bestandsaufnahmen von Gewässern und ihrer Randzonen. Bestandsaufnahmen sind naturgemäß bei Umbauten, Erweiterungsmaßnahmen, Modernisierungen, Instandhaltungen und Instandsetzungen regelmäßig erforderlich. Die maßlichen Aufnahmen sind häufig keine Besonderen Leistungen des Objektplaners, sondern entweder Grundleistungen bei der planungsbegleitenden Ingenieurvermessung nach HOAI-Anlage 1 Ziffer 1.4.4 oder Besondere vermessungstechnischen Leistungen im Rahmen der Bauausführungsvermessung nach HOAI-Anlage 1 Ziffer 1.4.7 Abs. 3 Nr. 4, die nach Ausführung des aufzumessenden Bauwerks nicht durchgeführt wurden und nun für die Neuplanung notwendig sind. Beide Honorare können nach den dort angegebenen Regeln bestimmt werden; sie sind in jedem Fall frei vereinbar.

20 Bei Um- und Erweiterungsbaumaßnahmen von Bauwerken und Anlagen können noch weitere Besondere Leistungen erforderlich werden wie z. B.[20] :
- Ermitteln aller notwendigen substanzbedingten Daten und Vorschriften (z. B. durch Materialuntersuchungen, Immissionsmessungen, örtliche Aufmaße und Detailanalysen),
- Beurteilen der vorhandenen Bauwerkssubstanz auf die Durchführbarkeit der Aufgabe (Durchführbarkeitsstudie),
- Untersuchen und Abwickeln der notwendigen Sicherungsmaßnahmen von Bau- oder Betriebszuständen,
- Auswerten und Überprüfen der zur Planung notwendigen Bestandsdaten auf der Grundlage vorhandener Bestandspläne,
- örtliches Überprüfen von Planungsdetails an der vor vorgefundenen Bausubstanz und Überarbeiten der Planung bei abweichend von den ursprünglichen Feststellungen,
- Auflisten von für die Maßnahmendurchführung erforderlichen zusätzlichen Unterlagen und
- Prüfen der Maßnahmen auf notwendige Genehmigungen, Erlaubnisse, Zustimmungen.

Wie noch gezeigt wird, kann es sich bei den Besonderen Leistungen beim Planen und Bauen im Bestand häufig um Leistungen handeln, die anstelle der in den Leistungsbildern bewerteten Leistungen durchgeführt werden müssen. Solche Leistungen nannte § 5 Abs. 4 S. 2 1996/2002; in der Kommentarliteratur werden sie regelmäßig als „**ersetzende Besondere Leistungen**" bezeichnet. Daran wird deutlich, wie wichtig in Ingenieurverträgen die schon erwähnte objektspezifische „Übersetzung" der bewerteten Leistungen in die vom Auftragnehmer zu erbringenden Leistungen ist.

2. Vorplanung

a) Grundleistungen

21 Die Grundleistungen beginnen mit dem unter LPH 2 a) erwähnte **Beschaffen und Auswerten amtlicher Karten**, das in der Regel nur für Neu- und Erweiterungsbauten notwendig ist; nur für solche kann Bedarf an neuer Grundstücksnutzung bestehen. Amtliche Karten enthalten u. a. genaue Angaben über die Grundstücke mit Flurstücksnummern und maßstabgetreuer Wiedergabe der Grundstücksabmessungen. Ferner zählen hierzu Karten von Wasserschutzgebieten oder hydrogeologische Karten. Ihre Beschaffung im Hinblick auf das zu planende Objekt ist Sache des Objektplaners; die dabei anfallenden Auslagen für amtliche Gebühren sind Nebenkosten nach § 14. Stellt der Auftragnehmer beim Auswerten der Karten fest, dass für die Erfüllung seines Werkvertrages weiterer Handlungsbedarf besteht, gehört es zu seinen Beratungspflichten, diesen dem Auftraggeber mitzuteilen und mit ihm zu klären, wie, von wem und zu welchen Kosten der Bedarf zu erfüllen ist.

22 Ein wesentlicher Bestandteil der Grundleistungen ist die **Analyse der Grundlagen** (LPH 2 b)), also der Unterlagen und Angaben, welche der Auftragnehmer im Rahmen der Grundlagenermittlung vom Auftraggeber erhielt, anschließend zusammenstellte und wertete. Dazu gehört insbesondere das genauere Untersuchen der bei der Bedarfsplanung vom Auftraggeber entwickelten und mit Aufsichtsbehörden oder Dritten vorabgestimmten Ziele, die der Auftragnehmer bei der Grundlagenermittlung festgestellt haben muss. Ferner gehört das **Überprüfen der Zielvorstellungen** für das Objekt unter Berücksichtigung der Randbedingungen dazu, die beispielswei-

---

[20] AHO-Vorschlag vom 11. 10. 1989 (unveröffentlicht)

se durch Raumordnung, Landesplanung, Bauleitplanung, Rahmenplanung sowie örtliche und überörtliche Objekt-, Flächen- oder Fachplanungen vorgegeben sind. Wasserwirtschaftliche Rahmenpläne, Landschaftspläne, Planungen anderer Maßnahmenträger wie z. B. Straßenbauverwaltungen, Stadtwerke und anderer Ver- und Entsorgungsträger oder Wasserschutzgebiete können solch weitere Randbedingungen sein. Soweit das Vorhaben eine **raumbedeutsame Maßnahme** darstellt (Gewässer, Deponie, Kläranlage, Wasserwerk), besitzen diese Abstimmungen besondere Bedeutung. Daher ist es erforderlich, dass sich der Objektplaner bereits während der Vorplanung mit den Stellen in Verbindung setzt, deren Einwirken auf die Planung angenommen werden kann oder deren Planungen die Arbeit des Objektplaners beeinflussen könnten. Die Tätigkeit entspricht dem in LPH 2 b) genannten **Abstimmen der Zielvorstellungen** auf die öffentlich-rechtlichen Randbedingungen sowie auf Planungen Dritter. Deren Ergebnisse muss der Objektplaner im Benehmen mit seinem Auftraggeber angemessen berücksichtigen.

Das **Untersuchen von Lösungsmöglichkeiten** mit ihren Einflüssen auf bauliche und konstruktive Gestaltung, Zweckmäßigkeit und Wirtschaftlichkeit unter Beachtung der Umweltverträglichkeit nach LPH 2c) bereitet die weitere Leistung vor: das **Erarbeiten eines Planungskonzeptes** einschließlich Untersuchung **alternativer Möglichkeiten nach gleichen Anforderungen (Varianten)** nach LPH 2 e). Diese Tätigkeit darf nicht mit der Untersuchung von **Alternativen**, also **grundsätzlich anderer Lösungen** zum Erreichen des gleichen Ziels (s. Rdn. 24 verwechselt werden. **23**

Gleiche Anforderungen für die Lösungsmöglichkeiten von Ingenieurbauwerken sind beispielsweise technische und wirtschaftliche Varianten für

– eine Leitungstrasse,
– einen Wasserhochbehälter für eine bestimmte Zone eines Wasserversorgungsnetzes,
– den biologischen Teil einer Kläranlage für die Reinigung eines bestimmten Abwassers nach den Mindestanforderungen in Verbindung mit einem bestimmten Schlammbehandlungsverfahren oder für
– die Brücke eines bestimmten Typs.

Der Arbeitsschritt bedeutet, die technisch und wirtschaftlich brauchbar scheinenden **Lösungen der Planungsaufgabe mit Hilfe von Erfahrungswerten gegeneinander abzuwägen**. Die infrage kommenden Lösungsmöglichkeiten sollten zweckmäßigerweise nach Art und Zahl mit dem Auftraggeber abgestimmt und schriftlich vereinbart werden. Dies ist deswegen anzuraten, weil nicht die HOAI die stets gestellte Frage beantworten kann, wie viele Lösungsmöglichkeiten (Varianten) zu untersuchen sind. Die für den Abwägungsprozess infrage kommenden Aspekte und Wertungskriterien müssten bei korrekter Durchführung der Grundlagenermittlung mit dem Auftraggeber definiert und ebenfalls schriftlich vereinbart worden sein. Für den Abstimmungsprozess mit dem Auftraggeber muss der Objektplaner alle erforderlichen Entscheidungshilfen so aufbereiten, dass auch der wenig sachkundige Auftraggeber versteht, worüber er zu entscheiden hat.

Erfahrungswerte liegen im Regelfall nur bei monetär zu beurteilenden Aspekten vor. Hierzu zählen z. B. Investitionskosten, Personalkosten oder Betriebskosten. Bei diesen Untersuchungen sind die heute bestehenden Möglichkeiten und inzwischen bewährten Methoden der dynamischen **Kostenvergleichsrechnung**[21] zu nutzen. Diese Leistung darf allerdings nicht mit der Besonderen Leistung der Kosten – Nutzen – Untersuchungen (s. Rdn. 39) verwechselt werden, die einen ungleich höheren Aufwand erfordert.

Die anderen in der HOAI genannten Einflüsse (Gestaltung, Zweckmäßigkeit, Umweltverträglichkeit) oder auch Wartungsfreundlichkeit und Grundstücksbedarf können nur qualitativ untereinander abgewogen werden. Selbstverständlich ist neben den qualitativen Gesichtspunkten auch die Priorität der untersuchten Aspekte von Bedeutung; daher muss zu ihrer Beurteilung auch dieser Gesichtspunkt mit dem Auftraggeber abgestimmt werden.

Die Untersuchungsergebnisse münden in das Planungskonzept mit zeichnerischer Darstellung, schriftlicher Begründung und rechnerischer Bewertung als **skizzenhafte Lösung der Planungs-**

---

[21] Z. B. nach den Leitlinien zur Durchführung von Kostenvergleichsrechnungen (KVR-Leitlinien), 8. überarbeitete Auflage; Herausgeber und Vertrieb (Lizenznehmer): DWA Deutsche Vereinigung für Wasserwirtschaft, Abwasser und Abfall e. V. Theodor-Heuss-Allee 17 53773 Hennef, Deutschland

aufgabe, welche sich aufgrund der Variantenuntersuchung als die am besten geeignete erwies. Dabei müssen auch die Beiträge anderer an der Planung **fachlich Beteiligter** eingearbeitet werden. Darunter sind diejenigen zu verstehen, welche im Auftrag des Auftraggebers Fachplanungs- und Fachberatungsleistungen in derselben Leistungsphase erbringen (z. B. Tragwerksplanung oder Fachplanung der technischen Ausrüstung). Die Formulierung belegt wie die vergleichbaren Formulierungen in den nachfolgenden Leistungsphasen, dass der Objektplaner seine Leistungen mit den Leistungen der anderen fachlich Beteiligten aufs Engste abstimmen muss. Er ist daher notwendigerweise auch für die **fachliche und zeitliche Koordination aller** Leistungen der **Auftragnehmer seines Auftraggebers** verantwortlich, welche diese für das ihm übertragene Projekt erbringen müssen.

24 Das **Untersuchen alternativer Lösungsmöglichkeiten für dasselbe Objekt nach verschiedenen Anforderungen** ist z. B. erforderlich, wenn der Auftraggeber Lösungsmöglichkeiten mit alternativen Zielvorstellungen untersucht haben will oder entsprechenden Vorschlägen des Objektplaners schriftlich zugestimmt hat.

Grundsätzlich verschiedene Anforderungen sind beispielsweise:
– bei der Wasserversorgung: Bau eines Hochbehälters oder einer Druckerhöhungsanlage
– bei der Abwasserableitung: Trennsystem oder Mischsystem
– Voller Hochwasserausbau eines Baches oder Bau eines Rückhaltebeckens
– Vorfluterausbau für volle oder teilweise Binnenentwässerung.

Auch das Untersuchen alternativer Lösungsmöglichkeiten mit verschiedenen Bau- oder Verfahrenstechniken kann mehrere Vor- oder Entwurfsplanungen zur Folge haben. Dies trifft insbesondere dann zu, wenn der Lösungsvorschlag aufgrund von Kostenvergleichsrechnungen abgesichert werden soll. Alternative Lösungsmöglichkeiten mit verschiedenen Verfahrenstechniken können beispielsweise sein:
– bei der Schlammentwässerung in Abhängigkeit vom zu erreichenden Entwässerungsgrad:
  – Alternative 1 : Zentrifuge
  – Alternative 2 : Kammerfilterpresse
– bei der Schlammstabilisierung :
  – Alternative 1 : simultane aerobe Stabilisierung
  – Alternative 2 : aerob-thermophile Stabilisierung
  – Alternative 3 : anaerobe Stabilisierung
– bei der Abfallentsorgung :
  – Alternative 1 : Abfallkompostierung
  – Alternative 2 : Abfallverbrennung
– bei der Sanierung eines Abwasserkanals :
  – Alternative 1: Auswechslung gegen einen neuen Kanal
  – Alternative 2: Reparatur durch Spachteltechniken
  – Alternative 3: Renovierung durch Inliner

Die Verordnung enthält im Gegensatz zu ihren Vorgängerinnen keine Regelung, wie diese Leistungen zu honorieren sind. Wenn die Ergebnisse im Umfang von Vorplanungen zu erarbeiten und zu dokumentieren sind, liegt es nahe, zur Vergütung der Leistungen für jede Alternative die Vorschrift des § 9 Abs. 1 Nr. 1. heranzuziehen, wonach dafür jeweils höchstens der Vomhundertsatz der Leistungsphase nach § 43 Abs. 1 Nr. 1 und 2 vereinbart werden kann.

25 **Überschlägliche fachspezifische Berechnungen und Bemessungen** (z. B. hydraulische, hydrodynamische, verfahrenstechnische Berechnungen) **und Leistungen** (z. B. Entwicklung von Bauwerksformen, Bauwerksgestaltung, Material- und Farbwahl) sind die zentralen Leistungen bei der Vorplanung aller Ingenieurbauwerke. Bei den konstruktiven Ingenieurbauwerken für Verkehrsanlagen (§ 41 Nr. 6) und bei den sonstigen Einzelbauwerken (§ 41 Nr. 7) treten Grundleistungen des Tragwerksplaners an die Stelle einiger hierfür nicht benötigter Grundleistungen des Objektplaners. Im Hinblick auf die nur skizzenhafte Darstellung des Planungskonzeptes können damit aber höchstens überschlägliche statische Berechnungen des Tragwerksplaners

gemeint sein, die dieser mithilfe von Erfahrungswerten und Faustformeln durchführt. Der Verordnungsgeber hat wegen des engen Zusammenhangs der Objektplanungs- und die Tragwerksplanungsleistungen abweichend von der Bewertung der Leistungsphase 2 (Vorplanung) für die anderen Objekte (§ 41 Nr. 1 bis 5) mit 20 % die Vorplanung bei den genannten Objekten **nach § 43 Abs. 2** mit nur 10 % bewertet.

Das **Klären und Erläutern der wesentlichen fachspezifischen Zusammenhänge, Vorgänge und Bedingungen** nach LPH 2 f) umfasst die verbindliche Abstimmung der Planungsdaten und Prüfung auf Übereinstimmung mit den Vorstellungen des Auftraggebers und den Vertragszielen, die Berücksichtigung der Einflüsse aus Raumordnung, Landesplanung, Bauleitplanung, Rahmenplanung sowie aus örtlichen und überörtlichen Fachplanungen auf das zu bearbeitende Objekt und die Erläuterung deren Konsequenzen auf das geplante Bauvorhaben dem Auftraggeber gegenüber. Nach Abschluss dieses zweckmäßigerweise schriftlich dokumentierten Arbeitsschritts sollten die Grundlagen für die ggf. erforderlichen Vorverhandlungen mit Behörden und fachlich Beteiligten Dritten geschaffen sein.   **26**

Das **Vorabstimmen** der Planungsergebnisse mit Behörden und mit anderen an der Planung fachlich Beteiligten **über die Genehmigungsfähigkeit** nach LPH 2 g) sind erforderlich, soweit die Planung überhaupt genehmigungsbedürftig ist. Damit werden frühzeitig das ggf. vorhandene öffentliche Interesse und bestehende Rechte sowie Planungen Dritter berücksichtigt. Da der Auftraggeber Genehmigungsbedarf und grundsätzliche Genehmigungsfähigkeit seines Bauvorhabens im Rahmen seiner Bedarfsplanung geklärt haben musste, dient die in der Vorplanungsphase erforderliche Vorabstimmung über die Genehmigungsfähigkeit lediglich der Präzisierung der zuvor schon vom Auftraggeber geklärten Rahmenbedingungen.   **27**

In welchem Umfang aber und wozu **Verhandlungen mit fachlich Beteiligten** – also mit Fachplanern und Fachberatern des Auftraggebers – über die Genehmigungsfähigkeit eines Bauvorhabens notwendig sind, erschließt sich dem Verfasser nicht. Diese Formulierung ist entweder ein redaktionelles Versehen oder der Verordnungsgeber zählt dazu auch Unternehmen und Einrichtungen wie die Deutsche Bahn AG, Wasser- und Abwasserverbände, Landschaftsverbände, Flurbereinigungsämter, Straßenbauämter oder Landesplanungsbehörden, aber auch Stadtwerke, andere Energieversorgungsunternehmen und überregional tätige Organisationen, deren Belange durch das geplante Bauvorhaben berührt werden könnten. Deren Erkundung ist vorrangig Aufgabe des Bauherrn; Auftragnehmer sind dazu verpflichtet, dabei mitzuwirken.

Dasselbe gilt für **Verhandlungen über die Bezuschussung** durch Dritte und **über die Kostenbeteiligung** Dritter. Das Mitwirken des Auftragnehmers bedeutet, dass er dem Bauherrn die zur Beurteilung der Förderfähigkeit des geplanten Vorhabens notwendigen Informationen liefert und ihn beim Stellen der Fördermittelanträge berät. Die Verhandlungen sind **Sache des Bauherrn**, der die Zuschüsse oder Kostenbeteiligungen von Behörden oder von Dritten erhält.   **28**

Das **Mitwirken beim Erläutern des Planungskonzeptes** gegenüber Dritten nach LPH 2 h) beschreibt die beratende Teilnahme des Auftragnehmers an Bürgerversammlungen, Ausschusssitzungen, Fraktionssitzungen oder Gemeinderatssitzungen mit Zustimmung oder auf Anforderung des öffentlichen Auftraggebers. Zu den Dritten rechnen auch künftige Nachbarn des Bauvorhabens. Diese besonders bei Bauvorhaben öffentlicher Auftraggeber regelmäßig erforderliche Leistung kann **je nach Objekt einen so erheblichen Umfang** einnehmen, dass der Verordnungsgeber nur die Teilnahme an bis zu zwei Erläuterungs- oder Erörterungsterminen als Grundleistung verordnet hat.   **29**

Das **Überarbeiten des Planungskonzeptes** nach Bedenken und Anregungen von Behörden, politischen Gremien oder Bürgern ist nach LPH 2 i) Aufgabe des Objektplaners im Rahmen der Vorplanung, **sofern sich die ursprünglichen Anforderungen unverändert** blieben. Werden jedoch die im Rahmen der Grundlagenermittlung und der Vorplanung mit dem Auftraggeber und den beteiligten Behörden einvernehmlich erarbeiteten **Anforderungen** durch die Anhörungen **geändert**, können zusätzliche Vorplanungsleistungen erforderlich werden, die als **wiederholte**   **30**

Grundleistungen[22] gesondert zu vergüten sind. Um streitige Auseinandersetzungen mit dem Auftraggeber darüber zu vermeiden, sollten Durchführung und Vergütung dieser Leistungen unverzüglich vereinbart werden. Unabhängig davon hat aber der Objektplaner wegen des werkvertraglichen Charakters seiner Leistungen **Anspruch auf deren Vergütung**.

31 Die **Kostenschätzung** ist gemäß § 2 Abs. 10 die überschlägige Ermittlung der Kosten auf der Grundlage der Vorplanung. Sie ist die vorläufige Grundlage für Finanzierungsüberlegungen. Vergleicht man die dort genannten Grundlagen der Kostenschätzung mit den in DIN 276-4:2009-8 i. V. m. DIN 276-1:2008-12 unter 3.4.2 genannten Informationen, ist deren sehr weitgehende Übereinstimmung, ja Identität festzustellen:

Grundlagen nach HOAI 2013	Grundlagen nach DIN 276-4:2009-8
Vorplanungsergebnisse	Ergebnisse der Vorplanung, insbesondere Planungsunterlagen, zeichnerische Darstellungen
Mengenschätzungen	Berechnung der Mengen von Bezugseinheiten der Kostengruppen, nach DIN 277
Erläuternder Angaben zu den planerischen Zusammenhängen, Vorgängen sowie Bedingungen	Erläuternder Angaben zu den planerischen Zusammenhängen, Vorgängen und Bedingungen
Angaben zum Baugrundstück und zu dessen Erschließung	Angaben zum Baugrundstück und zur Erschließung

Dieser Vergleich bestätigt die in der Kommentierung des § 42 (s. Rdn. 2 ff.) erläuterte Konsequenz, die Kostenermittlungen für Ingenieurbauwerke unter Verwendung der in den beiden genannten Normen vorgegebenen Struktur durchzuführen.

32 Der Hinweis in DIN 276-1:2008-12 auf DIN 277 betrifft deren Teil 3, der die Mengen und Bezugseinheiten von Grundflächen und Rauminhalten von **Bauwerken im Hochbau** definiert. Auf Ingenieurbauwerke übertragen, bedeutet dieser Hinweis, dass für die Kostenschätzung vergleichbare Bezugseinheiten als ausreichend angesehen werden. Solche sind beispielsweise **Leitungslängen** in m, **Rauminhalte** oder **Nutzvolumina** in m^3 oder **Nutzflächen** in m^2. Um die in den folgenden Leistungsphasen notwendigen Kostenkontrollen nachvollziehbar zu gestalten, sollte – beginnend mit der Kostenschätzung – eine **einheitliche Kostenstruktur und -hierarchie** angewandt werden. Diese Empfehlung ergibt sich aus Ziffer 3. der DIN 276-4:2009-08 i. V. m. DIN 276-1:2008-12. Danach dient die Norm der Kostenplanung; sie legt Unterscheidungsmerkmale von Kosten fest und schafft damit die Voraussetzung für die Vergleichbarkeit der Ergebnisse von Kostenermittlungen. Das Ziel der Kostenplanung ist es, ein Bauprojekt wirtschaftlich, kostentransparent und kostensicher zu realisieren. Nur eine solche Planung erlaubt es, die Kostenentwicklung im Sinne eines **Projektkosten-Controllings** (vorausschauende Kostenplanung und -kontrolle) konsequent zu verfolgen und während der Projektdurchführung durch Soll – Ist – Vergleiche zu beherrschen (s. auch Rdn. 128).

Ziffer 3.5.2 der DIN 276 definiert den Grundsatz der Norm und damit die Grundsätze der Kostenkontrollen im Rahmen der Vorplanung sowie der folgenden Leistungsphasen wie folgt: *„Bei der Kostenkontrolle und Kostensteuerung sind die Planungs- und Ausführungsmaßnahmen eines Bauprojekts hinsichtlich ihrer resultierenden Kosten kontinuierlich zu bewerten. Wenn bei der Kostenkontrolle Abweichungen festgestellt werden, insbesondere beim Eintreten von Risiken, sind diese zu benennen. Es ist dann zu entscheiden, ob die Planung unverändert fortgesetzt wird, oder ob zielgerichtete Maßnahmen der Kostensteuerung ergriffen werden."* Nach 3.5.3 sind die Ergebnisse der Kostenkontrolle sowie die vorgeschlagenen und durchgeführten Maßnahmen der Kostensteuerung zu dokumentieren. Ein erster Schritt einer derart konsequenten Kostenplanung und -verfolgung ist der in LPH 2 j) erwähnte **Vergleich** der Ergebnisse der Kostenschätzung **mit den** in der Bedarfsplanung vorgegebenen **finanziellen Rahmenbedingungen**.

---

[22] OLG Düsseldorf, Urteil v. 26.10.2006 – 5 U 100/02; BGH, Beschluss v. 08.07.2009 – VII ZR 218/06 (Nichtzulassungsbeschwerde zurückgewiesen), IBR 2007, 432

Die Kostenschätzung ist die gröbste und daher ungenaueste Ermittlung der Baukosten. Sie **33** enthält demzufolge regelmäßig auch eine Kostengröße für **sonstige, nicht im Einzelnen erfassbare** oder **durch einzelne Erfahrungswerte belegbare Arbeiten bzw. Leistungen**. Diese oft falsch „Kosten für Unvorhergesehenes" genannten „Sonstigen Kosten" oder „Kosten für sonstige Leistungen" sind natürlich ebenfalls Bestandteil der anrechenbaren Kosten. Sie sind im Unterschied zu den unvorhersehbaren Aufwendungen Kosten, die bei Durchführung der Baumaßnahme regelmäßig entstehen, ihres vergleichsweise geringen Umfangs wegen aber **im Rahmen der Vorplanung nicht im Einzelnen ermittelt** werden können. Hierzu rechnen beispielsweise alle Kosten, die auf Nachweis zu erbringen sind wie z. B. für Baggerstunden oder für die Reinigung der Baustelle nach Abschluss der Bauarbeiten. Auch die Kosten für die Baustelleneinrichtung oder die Kosten für voraussichtliche Wasserhaltungsarbeiten, die im Vorplanungsstadium noch nicht näher festgelegt werden können, sind hier zu nennen. Sie sind Teil der Baukosten, also Bestandteil des Planungsergebnisses und damit Grundlage für Finanzierungsüberlegungen des Auftraggebers und Teil der Kostenschätzung. In der vom BMVBS veröffentlichten **AKS 85**[23] ist für solche Leistungen der Ansatz einer Pauschale von jeweils 5 v. H. der sonstigen Baukosten für **„Kleinleistungen"** und für die **Baustelleneinrichtung** vorgeschlagen; diese Prozentsätze sind bei der Kostenermittlung bei Straßenbaumaßnahme verbindlich. Bei Ingenieurbauwerken empfiehlt sich ein vergleichbarer pauschaler Ansatz, der allerdings jeweils objektbezogen und anhand von Erfahrungen bei der Ausführung vergleichbarer Objekte eingeschätzt werden sollte.

Unvorhergesehene oder unvorhersehbare Kosten können allein schon begrifflich **nicht zu** den **34** in der Kostenschätzung (und in der Kostenberechnung) zu ermittelnden **anrechenbaren Kosten** gehören, da sie eben nicht vorhersehbar sind. Damit gemeint sind z. B. zusätzliche Kosten von Hochwasserschäden oder infolge winter- bzw. wetterbedingter Unterbrechungen der Baumaßnahme. Es muss sich also um Kosten zusätzlicher Baumaßnahmen infolge von Ereignissen handeln, die vom Auftragnehmer nicht verursacht wurden oder nicht zu beeinflussen waren. Angemessene Honorare für ggf. hieraus erwachsende Mehrleistungen des Auftragnehmers müssen ereignisspezifisch ermittelt und auf angemessene Weise als Besondere Leistungen vereinbart und vergütet werden.

§ 2 Abs. 10 fordert für den Fall, dass die **Kostenschätzung** nach DIN 276-1:2008-12 erstellt wird, **35** die Gesamtkosten nach Kostengruppen mindestens bis zur 1. Ebene der Kostengliederung nach DIN 276 zu ermitteln. Da die aus dieser Norm entwickelte DIN 276-4:2009-8 als Prüfmaßstab für Kostenstruktur und Kostenzuordnung bei Ingenieurbauwerken begründet wurde, der den allgemein anerkannten Regeln der Technik genügt (s. § 42 Rdn. 2 ff.), würde es theoretisch ausreichen, die Kosten für die Kostengruppen 100 bis 700 lediglich global anzugeben. Dem widerspricht aber die bereits erwähnte Forderung der Norm, bei Hochbauten die Mengen von Bezugseinheiten nach DIN 277 als Kostengrundlage anzusetzen. Diesen Genauigkeitsanspruch können nur die Kosten erfüllen, die bis zur 2. Ebene der Kostengliederung dargestellt werden. Das bedeutet beispielsweise, dass die Kosten der Baukonstruktion nach DIN 276-4:2009-8 der KG 300 nach Einheitspreisen der darunter folgenden Ebene für die Kostengruppen

– 310 Erdbaumaßnahmen
– 320 Gründung
– 330 Vertikale Bauteile
– 340 Horizontale Bauteile
– 350 Räumliche Bauteile
– 360 Linienbauteile
– 370 Baukonstruktive Einbauten
– 390 Sonstige Maßnahmen für Baukonstruktionen
zu ermitteln sind.

---

[23] Anweisung zur Kostenberechnung für Straßenbaumaßnahmen, Ausgabe 1985 (AKS 85), BMV – ARS Nr. 24/1984 vom 12. Dezember 1984 – 24/38.45.00/24023 Va 84 (VkBl 1985 S. 92) i. V. m. dem BMV – ARS Nr. 13/1990 vom 1. August 1990 StB. 24/38.4700/31 Va 90

36 Die **Zusammenstellung aller Vorplanungsergebnis (LPH 2 k))** wird häufig als **Vorentwurf** bezeichnet. Über Art und Weise der Zusammenstellung ist nichts gesagt; dies ist auch nicht die Aufgabe einer Vorschrift über Leistungsentgelte. Ihre drei Elemente sind mit den Begriffen **Zusammenfassen, Erläutern und Dokumentieren der Ergebnisse** genannt; im Übrigen gilt dasselbe wie zur Grundlagenermittlung ausgeführt (s. Rdn. 16). Das „Ob" ist somit geregelt; das „Wie" muss in dem vorhabensspezifischen Ingenieurvertrag definiert werden. Die Anforderungen an Umfang, Ausführlichkeit und Nachvollziehbarkeit der Darstellung ergeben sich zum Einen aus dem Informationsbedürfnis des Auftraggebers, zum Andern aus dem geplanten weiteren Ablauf des Projekts. Schließt sich beispielsweise die Entwurfsbearbeitung durch den weiterhin beauftragten Objektplaner unmittelbar an, wird sich die Dokumentation auf die Zusammenstellung und Begründung der Entwurfsgrundlagen konzentrieren können. Soll jedoch der Vorentwurf die Basis für einen später ggf. auch von einem anderen Objektplaner zu bearbeitenden Entwurf sein, dürften die Anforderungen an den Umfang der Dokumentation größer sein. Grundsätzlich orientiert sich deren Umfang an dem Anspruch der Vertragsparteien auf einen in sich geschlossenen, vollständigen und auch für Dritte nachvollziehbaren Nachweis der vom Auftragnehmer durchgeführten Planungsschritte und -entscheidungen. Je nach Objektumfang kann diese Zusammenstellung aus einem mündlichen Bericht mit anschließendem ausführlichem Besprechungsprotokoll bestehen oder bis zu einer schriftlichen Dokumentation mit Erläuterungsbericht, Kostenschätzung und mindestens skizzenhaften Plänen reichen.

b) Besondere Leistungen

37 Das **Erstellen von Leitungsbestandsplänen** ist keine Leistung im Rahmen der Vorplanung, sondern eine Besondere Leistung bei der Bauvermessung; sie findet grundsätzlich nach Fertigstellung einer Baumaßnahme statt. Dabei werden die Lage und Verlauf der Leitungen in Wegen, Straßen oder unter Plätzen stets mit allen Geodaten aufgenommen werden (s. HOAI-Anlage 1 Ziffer 1.4.7 Abs. 3 Nr. 4). Wenn solche Unterlagen als Voraussetzung einer neuen Planung (z. B. bei Erweiterung eines Leitungsnetzes) aber nicht zur Verfügung stehen, muss die vermessungstechnische Bestandsaufnahme im Rahmen der **Planungsvorbereitung** eines Ingenieurbauwerks durchgeführt werden. Sie sollte zweckmäßigerweise schon im Rahmen der Bedarfsplanung durchgeführt werden (s. auch Rdn. 20) und nicht erst dann, wenn die Planung in Auftrag gegeben wird; liefern doch häufig erst die Ergebnisse solcher Aufnahmen die Informationen über den Umfang der voraussichtlich notwendigen Objektplanungsleistungen. Unabhängig vom Zeitpunkt der Leistungsdurchführung handelt es sich aber stets um eine vermessungstechnische Leistung und keine Objektplanungsleistung.

38 Die den Besonderen Leistungen zugeordneten vertieften **Untersuchungen zum Nachweis von Nachhaltigkeitsaspekten** dürften dazu dienen, z. B. die Auswirkungen eines Ingenieurbauwerks auf sein Umfeld unter Beachtung der Bewahrung dessen wesentlicher Eigenschaften, seiner Stabilität und seiner natürlichen Regenerationsfähigkeit zu prüfen[24]. Die Tätigkeit ist bei Standortuntersuchungen unter ökologischen Gesichtspunkten unverzichtbar. Sie kann sich aber auch allein darauf richten, die Beschaffenheitsanforderungen an bestimmte Materialien oder Ausstattungen eines Ingenieurbauwerks hinsichtlich dessen nachhaltiger Nutzung zu definieren. Letztlich handelt es sich dabei um die Ermittlung des qualitativen Nutzens bestimmter Bau- und Betriebsmaßnahmen unter zeitlichen und ggf. monetären Gesichtspunkten.

39 **Kosten-Nutzen-Untersuchungen**[25] kommen dann infrage, wenn im Rahmen einer Objektplanung die Folgekosten verschiedener technischer Lösungen eines Bauvorhabens (Summe der Betriebs- und Kapitaldienstkosten) und ihre mit den verschiedenen Lösungen des Bauvorhabens verbundenen monetär bewertbaren unterschiedlichen Nutzen miteinander verglichen werden sollen. Ein typisches Beispiel ist die Antwort auf die Frage, ob der stufenweiser Ausbau von Versorgungsanlagen oder ihr sofortiger Vollausbau die bessere Lösung ist. Im Übrigen sollten solche Untersuchungen zweckmäßiger im Rahmen der Bedarfsplanung stattfinden, um die Zahl der theoretisch infrage kommenden Lösungen sinnvoll einzugrenzen; sie sind dann Besondere

---

[24] Siehe WIKIPEDIA zur Definition des Begriffs Nachhaltigkeit
[25] So z. B. nach KVR-Leitlinien, s. FN 19

Leistungen im Sinne des § 3 Abs. 3, wenn sie erst in Erweiterung der Leistungen bei der Vorplanung erbracht werden sollen.

Wirtschaftlichkeitsprüfungen werden erbracht, um die monetären Auswirkungen alternativer **40** Lösungsmöglichkeiten einer Planungsaufgabe festzustellen. Sie werden für die Auswahl von Materialien ebenso verwendet wie für den Vergleich unterschiedlicher technischer Lösungen für eine Bauaufgabe. Solche Untersuchungen zählen immer dann zu den Besonderen Leistungen, wenn eine weitergehende, über die bei der Vorplanung geschuldete Untersuchung von Lösungsmöglichkeiten unter Beachtung der Wirtschaftlichkeit (s. Rdn. 24 ff.) mit Berechnung der wesentlichen Bau- und Betriebskosten durchgeführt wird.

Das **Beschaffen von Auszügen aus Grundbuch, Kataster** und anderen amtlichen Unterlagen ist **41** **grundsätzlich Aufgabe des Grundstücksbesitzers**, also des Auftraggebers. Überträgt der Auftraggeber diese Aufgabe dem **Objektplaner**, ist deren Erledigung eine **Besondere Leistung**. So wird beim geplanten **Ausbau von Gewässern** und **Bau von Leitungen** innerhalb oder außerhalb bebauter Ortsbereiche häufig eine **Vielzahl einzelner Grundstücke** benötigt. Deren Eigentümer müssen der Baumaßnahme zustimmen. Die Zustimmung ist in der Regel vom Auftraggeber schon vor, spätestens während der Entwurfsplanung einzuholen, damit eine ausführbare Planung dem Genehmigungsverfahren zugrunde gelegt wird. Während die für die Verhandlungen notwendigen **Grundstücks- und Eigentümerverzeichnisse** vom Auftragnehmer im Rahmen seiner üblichen vertraglichen Leistungen auszuarbeiten sind, ist die vom Auftraggeber häufig gewünschte **Unterstützung bei den Grundstücksverhandlungen** eine Besondere Leistung des Objektplaners.

Ist das Bauvorhaben eine raumbedeutsame Maßnahme, kann es erforderlich werden, dass Bau- **42** voranfragen bei allen durch die Planung betroffenen Stellen vorgelegt werden müssen. Im Gegensatz zu der im Leistungsbild genannten Abstimmung der Zielvorstellungen mit der Raumplanung, die ein Abfragen der beteiligten Stellen auf Bedenken und Anregungen beinhaltet, erfordert beispielsweise die **Bauvoranfrage** für die Anlage einer Restabfalldeponie einen erheblichen Aufwand durch Zusammenstellen aller relevanten Unterlagen, Gutachten und Karten, was als Besondere Leistung zu vergüten ist.

Das Anfertigen von **topografischen und hydrologischen Unterlagen** erfordert in der Regel **43** auch die **Durchführung entsprechender Untersuchungen** wie z. B. Durchführung von Pegel-, Niederschlags- und Grundwasserstandsmessungen. Daher sind sowohl das Durchführen der Untersuchungen als auch das Anfertigen der Unterlagen Besondere Leistungen, die beispielsweise für die Planung von Hochwasserrückhaltebecken oder Gewässerausbaumaßnahmen benötigt werden.

Bei **Um- und Erweiterungsbaumaßnahmen** können noch weitere Besondere Leistungen erfor- **44** derlich werden wie z. B.:
– Entwickeln alternativer Lösungskonzepte zur Einbeziehung wiederverwendbarer Anlagenteile
– Untersuchen und Abwickeln der notwendigen Sicherungsmaßnahmen von Bauzuständen
– Prüfen und Abwickeln der Maßnahmen auf möglichen Bestandsschutz/Denkmalschutz

Zur Vorbereitung oder im Rahmen der Vorplanung kann es erforderlich werden, die bei der **45** Grundlagenermittlung als notwendig erkannten **biologischen, chemischen und anderen Untersuchungen und Messungen** durchzuführen. Diese Leistungen sind keine Besonderen Leistungen im Sinne der HOAI, da solche Leistungen in der Verordnung nicht erfasst sind. Sie sind eigenständige zusätzliche Leistungen, deren Vergütung zweckmäßigerweise vor deren Durchführung vereinbart werden sollte.

Das Gleiche gilt für die Planung von **Sanierungsmaßnahmen an stehenden Gewässern**. Bevor **46** nicht bekannt ist, wie die Gewässersedimente und das Gewässer selbst chemisch und biologisch beschaffen sind, welche Auswirkungen und welche Dauer eventuelle Sanierungsmaßnahmen haben, ist die Planung der Maßnahme nicht durchführbar. Schließlich zählen zu solchen Leistungen auch **hydrogeologische Gutachten** oder Messungen der Brunnenergiebigkeit.

3. Entwurfsplanung

a) Grundleistungen

47   Bei der **Entwurfsplanung** wird die endgültige Lösung der Planungsaufgabe auf Grundlage der Vorplanung erarbeitet. Sie ist das Erarbeiten der zeichnerischen Lösung der Bauaufgabe, für die sich der Auftraggeber aufgrund der Vorplanung entschied. Das Ergebnis der Entwurfsplanung ist der **vollständige Entwurf** (LPH 3 a)) des Objektes, der die Grundlage der Genehmigungsplanung, der Ausführungsplanung und der Ausführung selbst ist. Der Verordnungstext bezeichnet die zentrale Tätigkeit dieser Leistungsphase als die **zeichnerische Darstellung** im erforderlichen Umfang und Detaillierungsgrad unter Berücksichtigung aller fachspezifischen Anforderungen. Natürlich zählen dazu die **fachspezifischen Berechnungen**, welche die Auslegung des Objekts bestimmen (Größe, Leistungsfähigkeit, Betriebsweise) und die zugehörigen Erläuterungen der Planung. Dabei müssen die Beiträge anderer an der Planung fachlich Beteiligter mit diesen abgestimmt und in die Objektplanungsleistungen eingearbeitet werden. Damit dies sachgerecht und rechtzeitig möglich ist, muss der Objektplaner seine Arbeitsergebnisse den an der Planung fachlich Beteiligten rechtzeitig und mindestens zeichnerisch zur Verfügung stellen.

48   Die **Beiträge der fachlich Beteiligten** sind beispielsweise die Planungsbeiträge der Fachingenieure für die Technische Ausrüstung, der Maschinen-, Verfahrens- und Prozesstechnik, der thermischen Bauphysik, der Geotechnik und Bauakustik sowie die des Tragwerksplaners, welche Funktion, Größe und Abmessungen von Bauwerken maßgeblich beeinflussen und daher sowohl verbal darzustellen als auch zeichnerisch zu integrieren sind. Zu den Beiträgen anderer an der Planung fachlich Beteiligter gehören auch die Ergebnisse von Vermessungen, welche für den Entwurf ausgearbeitet wurden. Hierzu gehören beispielsweise das Nivellement von Rohrleitungstrassen einschließlich der Bestandsaufnahme von Zwangspunkten wie Gewässerkreuzungen, Straßenkreuzungen oder die nivellitischen Höhenaufnahmen von Gewässerquer- und Gewässerlängsschnitten. Die im Rahmen des Abstimmungsprozesses ggf. notwendigen Korrekturen der jeweiligen Planungsschritte sind, soweit sie nicht auf das Missachten des ungestörten Planungsprozesses durch Auftraggeber, fachlich Beteiligte oder Dritte zurückzuführen sind, notwenige Optimierungsschritte ohne eigenen Honorierungsanspruch.

49   **Planungen Dritter** müssen im Entwurf angemessen berücksichtigt werden. Damit sind Planungen und Bauvorhaben von Behörden und anderen privaten oder öffentlichen Bauherren gemeint. Der Objektplaner unterrichtet den Auftraggeber über solche ihm erst im Rahmen der Entwurfsplanung bekannt gewordene Planungen. Soweit deren Berücksichtigung beim Auftraggeber zusätzliche Kosten oder andere Restriktionen verursachen würde, ist darüber das Einvernehmen mit dem Auftraggeber herzustellen. Dies gilt insbesondere dann, wenn sich z. B. die in der Vorplanung konzipierte Lösung der Projektaufgabe wesentlich ändern würde und die Objekt- und Fachplaner Teile ihrer fertig gestellten Planungsleistungen wiederholen müssten.

50   Im **Erläuterungsbericht** (LPH 3 b)) wird das Projekt im Einzelnen begründet und dargestellt. Er enthält die **fachspezifischen Berechnungen**, welche zur Auslegung und Bemessung des Projektes im Einzelnen erforderlich sind (LPH 3 c)). Dazu zählen beispielsweise **bei Wasserversorgungsplanungen** die Rohrnetzberechnung mit Bestimmung der Durchmesser und Druckhöhen unter Berücksichtigung der dimensionsbestimmenden Lastfälle (z. B. Maximalverbrauch, Brandfälle), die Dimensionierung von Wasserbehältern oder die Bemessung von Aufbereitungsanlagen. In der **Abwassertechnik** können als Beispiele für fachspezifische Berechnungen die hydraulische Berechnung von Freispiegelkanälen, Gerinnen und Druckleitungen, die Bemessung der Einzelbauwerke von Kläranlagen, die Auslegung von Pumpwerken, die Dimensionierung von Rückhaltebecken, die Dimensionierung von Schlammstabilisierungsanlagen mit Angabe aller Verbrauchswerte, die Festlegung der Maschinengrößen für Schlammentwässerungsmaschinen etc. genannt werden. Bei den übrigen Ingenieurbauwerken und Anlagen sind vergleichbare fach- und projektspezifische Berechnungen notwendig.

Zu den fachspezifischen Berechnungen des Objektplaners für Ingenieurbauwerke zählen **nicht die Berechnungen** des Tragwerkes und die fachspezifischen Berechnungen **der an der Planung beteiligten sonstigen Fachingenieure**. Im Bedarfsfall sind deren Beiträge vom Objektplaner in seine eigenen Erläuterungen und fachspezifischen Berechnungen einzufügen oder als Anlage hinzuzufügen. Auch die nachfolgend genannten, als Beispiele zu verstehenden Berechnungen zählen nicht dazu, da sie nicht unmittelbar für das Objekt selbst erforderlich, aber eine Voraussetzung für seine richtige Dimensionierung sind und daher im Rahmen einer vorzuschaltenden Bedarfsplanung zu erledigen sind:

– Ermittlung der Zuflüsse aus dem Einzugsgebiet des zu sanierenden oder auszuwechselnden Kanals,
– Ermittlung der Zuflussmengen zu einem zu sanierenden Gewässerabschnitt,
– Nachweis der Höchsthochwasserstände eines Gewässerquerschnitts zur Ermittlung des erforderlichen Querschnitts einer geplanten Brücke.

Solche Berechnungen sind stets als Besondere Leistungen gesondert zu vereinbaren und zu vergüten.

Die **zeichnerische Darstellung des Gesamtentwurfes** wird üblicherweise im **Maßstab 1 : 100** **51** durchgeführt und erforderlichenfalls um Detaildarstellungen im Maßstab 1 : 50 oder größer ergänzt. Sie besteht aus Grundrissen, Ansichten und Schnitten. Der Entwurf braucht nur die Hauptmaße zu enthalten, da er noch keine ausführungsreifen Zeichnungen (Ausführungspläne) umfasst. Je nach Größe des Objektes kann es jedoch erforderlich werden, hiervon **abweichende Maßstäbe** zu wählen (z. B. bei einem Schachtpumpwerk oder einem kleinen Durchlass). Für große Anlagen wie z. B. große Kläranlagen oder große Abfallverbrennungsanlagen können dagegen ein kleinerer Maßstab wie 1 : 200 und ergänzende Teil-Darstellungen im Maßstab 1 : 100 zweckmäßig sein. Erschließungsplanungen oder der Entwurf von Gewässern und Rohrleitungen (Wasserversorgung, Kanal, Gas etc.) orientieren sich in der Regel an den Maßstäben, die in Form von Lageplänen, Katasterplänen etc. vorgegeben sind. Längsschnitte werden z. B. im Maßstab 1 : 100/2000 überhöht dargestellt, Schachtbauwerke, Wehre und vergleichbare Sonderbauwerke im Maßstab 1 : 100 bis 1 : 50.

In diesem Zusammenhang müssen die **Anforderungen des** vom BMVBS herausgegebenen **52** und per Erlass den Straßenbauverwaltungen, -behörden und Landesbetriebe für Straßenbau zur verpflichtenden Anwendung vorgeschriebenen **HVA F-StB**[26] **an den Entwurf von Brücken** erörtert werden, die nicht den Vergütungstatbeständen der HOAI entsprechen. Das HVA F-StB wurde vom BMVBS, Abteilung S, und den Straßenbauverwaltungen der Länder in der Bund-/ Länder-Dienstbesprechung Auftragswesen im Straßen- und Brückenbau (BLD-A) erarbeitet. Die Obersten Straßenbaubehörden der Länder wurden vom BMVBS auf das HVA F-StB hingewiesen mit der Bitte, es im Bundesfernstraßenbau anzuwenden. Sie wurden ferner gebeten, die Regelungen für die in ihrem Zuständigkeitsbereich liegenden Straßen zu übernehmen. Nach den als Teil 5 dem HVA F-StB zugehörenden „Technischen Vertragsbedingungen für Planungs- und Entwurfsleistungen für Brücken- und Ingenieurbau" (TVB Abschnitt 2 – Objektplanung § 42 Ziffer 2.3.1) muss der Bauwerksplan so ausgearbeitet werden, dass er auch als Ausschreibungsunterlage verwendet werden kann. Im Kontext zu den unter Ziffer 2.4 dieser Vertragsbedingungen beschriebenen Leistungsanforderungen an die Mengenberechnung mit Leistungsverzeichnis für die Ausschreibung der Bauarbeiten kann daraus nur der Schluss gezogen werden, dass die vom Ministerium zur Anwendung verpflichteten Straßenbaubehörden mit diesen Vertragsbedingungen die Auftragnehmer verpflichten, **Leistungen bei der Ausführungsplanung** der Ingenieurbauwerke **ohne** entsprechende **Honorierung** zu erbringen. Dies ergibt sich aus der Tatsache, dass die Ausführungspläne, die nach der in der HOAI genannten Leistungsabfolge in Leistungsphase 5 erbracht werden sollen und die Voraussetzung für die Leistungen in Leistungsphase 6 (Vorbereitung der Vergabe) bilden, in den TVB – Brücken (s. dortige Seite 7) gar nicht vorgesehen sind. Damit umgehen die auf Basis des HVA F-StB abgeschlossen Ingenieurverträge die HOAI und enthalten regelmäßige nach § 134 BGB **nichtige**, weil Mindestsatz unterschreitende **Honorarvereinbarungen**: Dies zeigt sich immer wieder in der täglichen Beratungspraxis des Verfassers.

---

[26] Bundesministerium für Verkehr, Bau und Stadtentwicklung, Abteilung Straßenbau, Straßenverkehr: Handbuch für die Vergabe und Ausführung von freiberuflichen Leistungen der Ingenieure und Landschaftsarchitekten im Straßen- und Brückenbau, Stand September 2006 in der Fassung vom Mai 2010, zu erhalten bei http://www.bmvbs.de, wird z.Zt. überarbeitet

53 Zu diesem Sachverhalt ist das **Urteil des Landgerichts Aschaffenburg** vom 17.5.2001 – 2 S 8/01 von besonderem Interesse[27], welches die hier vertretene Auffassung bestätigt. Danach stelle die Eingabeplanung „keine baureife Zeichnung dar". Dies sei „der Ausführungsplanung vorbehalten". Bei Einfamilienhäusern werde zwar oft „nach genehmigtem Bauplan gebaut und auf eine Ausführungsplanung verzichtet", „weitgehend aus Kostengründen". Der Bauherr trage aber dann „das volle Risiko für Mängel, die auf dem Fehlen der Ausführungsplanung beruhen. Die Genehmigungsplanung ersetze auch bei einfachen Bauten nicht die Ausführungsplanung". Es sei „widersprüchlich, den Architekten ... lediglich mit der Genehmigungsplanung zu beauftragen, dennoch eine detaillierte Vermaßung zu verlangen und gleichzeitig die Haftung [des Architekten] ... für hiervon nicht erfasste Detailvorgaben anzustreben". Selbstverständlich kann es sich bei der vom Gericht so genannten **Eingabeplanung nur** um Unterlagen handeln, die **auf Basis der Entwurfsplanung** erarbeitet werden und deren Genauigkeit in Bezug auf Erläuterungen und Planmaßstäbe entsprechen.

54 Das **Ermitteln und Begründen der zuwendungsfähigen Kosten** sowie die **Vorbereitung der Anträge auf Finanzierung** integraler Bestandteil der Finanzierungs- und Kostenplanung, wenn ein Vorhaben förderfähig ist (LPH 3 d)). Diese Leistung kann natürlich erst nach Vorliegen der Kostenberechnung (s. Rdn. 58) und dem danach erfolgreich abgeschlossenen Vergleich mit der Kostenschätzung der Vorplanung (s. Rdn. 64) durchgeführt werden. Die Formulierung „Vorbereiten der Anträge" verdeutlicht die Tätigkeit des Objektplaners im Gesamtkomplex Finanzierung: es kann sich stets nur um eine Mitwirkungshandlung handeln. Allerdings muss in diesem Zusammenhang darauf aufmerksam gemacht werden, dass der Objektplaner in seiner Funktion als Verantwortlicher für die Abwicklung seiner werkvertraglichen Pflichten dem zuschussberechtigten Auftraggeber alle für die finanzielle Abwicklung seines Investitionsvorhabens **notwendigen Angaben rechtzeitig zur Verfügung stellt** und ihn dabei unterstützt, wichtige Antragstermine einzuhalten. In einigen Bundesländern sind aber Aufwendungen für die Bearbeitung von Finanzierungs- und Fördermittelanträgen so umfangreich, dass länderspezifische Regelungen wie zum Beispiel in Bayern über die Honorierung dieser als Besondere Leistungen anzusehenden Tätigkeiten getroffen wurden (s. Rdn. 163).

55 Zu den Grundleistungen zählt auch das Mitwirken beim Aufstellen des **Finanzierungsplans**. Das Bearbeiten dieses Planes wird von öffentlichen Auftraggebern regelmäßig selbst durchgeführt. Daher kann der Objektplaner beim Aufstellen des Finanzierungsplans natürlich nur mitwirken, sofern er dazu aufgefordert wird. Damit die Mitwirkung sachgerecht erfolgen kann, teilt der **Bauherr** unter Berücksichtigung seiner Finanzierungsmöglichkeiten dem Objektplaner **seine Planungswünsche und -ziele** mit. Hierzu dürfte in der Regel auch ein möglicher bzw. gewünschter **Baubeginn und/oder ein gewünschter Fertigstellungstermin** gehören. Der Objektplaner muss den Bauherrn bei seinen Überlegungen und Planungen beraten und unterstützen, da nur er über die notwendige fachspezifische Erfahrung über Bau- und Abwicklungszeiten vergleichbarer Projekte verfügt. Der **Objektplaner** wird darauf aufbauend **Vorschläge für den Bauzeiten- und Kostenplan** (LPH 3 i)) machen, die der Auftraggeber seinen eigenen endgültigen Plänen zugrunde legt, soweit er diese nicht schon bei der Bedarfsplanung erarbeitet hat. Auch die Kostenplanung kann erst erfolgen, wenn die Kostenberechnung und deren Vergleich mit der Kostenschätzung erfolgt ist sowie Höhe und Auszahlungszeitpunkt der erwarteten bzw. beantragten Fördermittel bekannt sind.

56 Das als Grundleistung formulierte Mitwirken beim **Erläutern des vorläufigen Entwurfes** gegenüber Dritten (z. B. Bürgern oder politischen Gremien) ist ebenso wie das **Überarbeiten des vorläufigen Entwurfes** aufgrund von Bedenken und Anregungen, die bei den Erörterungsterminen geäußert werden, eine nur bei genehmigungsbedürftigen Vorhaben erforderliche Leistung (LPH 3 e)). Wie bei der Vorplanung ist die Anzahl solcher Erörterungstermine auf drei begrenzt. Dabei ist der „vorläufige Entwurf" als ein Zwischenstadium der Entwurfsplanung zu verstehen, dessen Ergebnis der Auftraggeber vorab in der Öffentlichkeit zur Diskussion stellt. Damit sollen so früh wie möglich sonst erst im späteren Genehmigungsverfahren bekannt werdende Beden-

---

[27] Veröffentlicht unter http://www.bauexpertenforum.de/Ausführungspläne

ken und Anregungen kennen gelernt und berücksichtigt werden. Das **Überarbeiten des Entwurfs** im Benehmen mit dem Auftraggeber nach Bedenken und Anregungen der Behörden ist wie im Rahmen der Vorplanung **Grundleistung** des Objektplaners, **sofern** die ursprünglichen **Anforderungen nicht verändert** werden. Ändern sich die ursprünglichen Anforderungen für den Entwurf, so stellt das Überarbeiten des Entwurfes entweder eine wiederholte Grundleistung oder bei grundsätzlich verschiedenen Anforderungen an den zu überarbeitenden Entwurf eine Leistung mit zusätzlichem Honoraranspruch dar.

Das in LPH 3 f) genannte **Vorabstimmen der Genehmigungsfähigkeit mit Behörden** ist ebenfalls nur bei genehmigungsbedürftigen Anlagen notwendig, um die Planung rechtzeitig auf die ggf. notwendigen öffentlich-rechtlichen Verfahren und das ggf. mögliche Zuwendungsverfahren abzustimmen. Allerdings soll die Genehmigungsfähigkeit auch mit fachlich Beteiligten abgestimmt werden. Erneut mag wie bei der vergleichbaren Passage bei den Grundleistungen der Vorplanung ein redaktionelles Versehen vorliegen (s. Rdn. 28). Mit den fachlich Beteiligten könnten aber **auch die dort schon genannten öffentlichen Stellen und Behörden** gemeint sein, die beispielsweise im außerörtlichen Bereich **Planungsträger von Vorhaben** sind. **57**

Die **Kostenberechnung** (LPH 3g) sollte mit der für die Kostenschätzung gewählte **einheitliche Kostenstruktur und -hierarchie** erstellt werden (s. Rdn. 33). Sie kann nur mit vorläufigen Mengensätzen durchgeführt werden; die endgültige Mengenberechnung erfolgt erst nach Fertigstellung der mit allen fachlich Beteiligten abgestimmten Ausführungsplanung. Uneingeschränkt gilt die Begriffsdefinition der Kostenberechnung mit ihren Genauigkeitsanforderungen in § 2 Abs. 11. Vergleicht man ihre dort genannten Grundlagen mit den in DIN 276-4:2009-8 i. V. m. DIN 276-1:2008-12 unter 3.4.3 genannten Informationen, ist deren sehr weitgehende Übereinstimmung, ja Identität festzustellen: **58**

Grundlagen nach HOAI 2013	Grundlagen nach DIN 276-4:2009-8
durchgearbeitete Entwurfszeichnungen oder Detailzeichnungen wiederkehrender Raumgruppen;	Planungsunterlagen, zum Beispiel durchgearbeitet Entwurfszeichnungen (Maßstab nach Art und Größe des Bauvorhabens, gegebenenfalls auch Detailpläne mehrfach wiederkehrende Raumgruppen;
Mengenberechnungen und	Berechnung der Mengen von Bezugseinheiten der Kostengruppen;
für die Berechnung und Beurteilung der kostenrelevanten Erläuterungen.	Erläuterungen, zum Beispiel Beschreibung der Einzelheiten in der Systematik der Kostengliederung, die aus den Zeichnungen und den Berechnungsunterlagen nicht zu ersehen, aber für die Berechnung und die Beurteilung der Kosten von Bedeutung sind.

Die Beiträge von Fachingenieuren für das Tragwerk und für die Technische Ausrüstung muss der Auftragnehmer in entsprechender Genauigkeit in die Kostenberechnung einarbeiten.

§ 2 Abs. 11 fordert für den Fall, dass die Kostenberechnung auf der Grundlage der DIN 276-4:2009-8 erstellt wird, die **Gesamtkosten nach Kostengruppen** „mindestens bis zur 2. Ebene" der Kostengliederung nach DIN 276 zu ermitteln. Da die diese Norm entwickelte als den allgemein anerkannten Regeln der Technik genügender Prüfmaßstab für Kostenstruktur und Kostenzuordnung bei Ingenieurbauwerken begründet wurde (s. § 42 Rdn. 2ff.), wäre eine Kostenberechnung verordnungskonform erstellt, wenn die Kosten für die Untergruppen der Kostengruppen 100 bis 700 mitgeteilt werden, die in Zehnerschritten untergliedert sind (z. B. 110 Grundstückswert, 120 Grundstücksnebenkosten). Allerdings wäre mit einer derart groben Einteilung keine auch nur annähernd zutreffende Mengenabschätzung und Kostenermittlung möglich. Dasselbe gilt auch für die in der 3. Gliederungsebene genannten Untergruppen. So wird z. B. nach DIN 276-4 die Untergruppe 340 (horizontale Bauteile) in Einerschritten weiter untergliedert. Auch den dort genannten Bauelementen (tragende Konstruktionen, nicht tragende Konstruktionen, Beläge, Bekleidungen etc.) können keine Mengen und Kosten mit aussagefähiger Genauigkeit nicht zugeordnet werden. Um die von der Kostenberechnung erwartete und für die Entscheidung über **59** die Entwurfsplanung **notwendige Genauigkeit** erreichen, die auch für ggf. erforderliche Fördermittelanträge und Finanzierungsplanungen erforderlich ist, muss eine weitere Untergliederung der wesentlichen Positionen erfolgen, um **Mengen** und **Kosten auf der Basis bürospezifischer Erfahrungswerte und ortsüblicher Einheitspreise** ermitteln zu können.

60 Die Genauigkeitsanforderungen gelten ebenso für den Nachweis von **Umfang und Wert der** mitzuverarbeitenden **Bausubstanz** nach § 4 Abs. 3 S. 2. Zum Nachweis der Berechnungsergebnisse empfiehlt es sich, in den hierfür verwendeten Entwurfsplänen die berücksichtigte Bausubstanz so zu markieren, dass sie bei einer späteren Prüfung durch Dritte zweifelsfrei erkennbar ist. Die Umfangs- und Wertermittlung sollte ebenso wie die Zeichnung Bestandteil der nach § 4 Abs. 3 abzuschließenden schriftlichen Vereinbarung über die Höhe dieses Wertes sein.

61 Die Kostenberechnung dient im Regelfall nach § 4 Abs. 1 der endgültigen Honorarabrechnung aller Leistungsphasen. Daher behalten sich insbesondere öffentliche **Auftraggeber** in ihren Vertragsmustern häufig vor, die **Kostenberechnungsergebnisse** der Auftragnehmer zu **prüfen**, erforderlichenfalls zu **korrigieren** und nur die **korrigierten Ergebnisse als Grundlage der Honorarabrechnung zu akzeptieren**. Dies ist – wie der BGH entschieden hat[28] – **mit § 307 BGB nicht vereinbar**. Ferner hält auch eine Klausel, wonach die Festlegung der anrechenbaren Kosten durch die Bewilligungsbehörde erfolgen soll, nach einem Urteil des OLG Düsseldorf der Inhaltskontrolle nach § 242 BGB nicht stand und ist daher unwirksam[29].

62 Die **Genauigkeitsanforderungen** an eine Kostenberechnung ergeben sich schließlich daraus, dass ihr Ergebnis auch darüber **entscheidet**, ob die für eine **Vergabe von Bauleistungen notwendigen Mittel ausreichen**. Sind Architekten oder Ingenieure im Rahmen eines öffentlichen Bauvorhabens tätig, wird ihre Planung und Kostenermittlung Grundlage einer Vergabe nach VOB/A. Daraus ergeben sich besondere Risiken. Denn Planung und Kostenermittlung müssen nicht nur ein mängelfreies Bauwerk ermöglichen, sondern auch eine störungsfreie Vergabe. Führen Fehler in der Kostenberechnung dazu, dass eine Vergabe rechtswidrig aufgehoben wird, so können nach einem Urteil des OLG Saarbrücken daraus erhebliche Schadensersatzansprüche resultieren, etwa die Ansprüche des Bieters, der den Zuschlag eigentlich hätte bekommen müssen[30]. Zur Befriedigung solcher Ansprüche wird der Auftraggeber stets den Verursacher, also den Auftragnehmer heranziehen.

63 Ein anderes Problem ist stets dann gegeben, wenn die **Kostenberechnung deutlich höhere Kosten als** der **Kostenanschlag** – also das Ergebnis der Ausschreibung einer Baumaßnahme – **oder die Kostenfeststellung** ausweist. Dann wird häufig von Auftraggebern der Verdacht geäußert, dass die zur Ermittlung des Honorars maßgebenden Kosten bewusst zu hoch seien und deswegen korrigiert werden müssten. Dabei werden die jeweiligen Endbeträge der Kostenermittlungen miteinander verglichen – eine unzulässige Gleichsetzung unvergleichbarer Ergebnisse. So sind die Ergebnisse von Kostenschätzungen und Kostenberechnungen anders als die in Kostenanschlägen und Kostenfeststellungen dokumentierten Ergebnisse von Preiswettbewerben nie das Resultat einer Marktanalyse, sondern nur die mit in Kostendatenbanken der Ingenieure und Architekten gesammelten „Vergangenheitskosten" ermittelten voraussichtlichen Kosten; sie sind regelmäßig das Spiegelbild der konjunkturellen Vergangenheit. Daraus erklärt sich, dass Kostenberechnungen

– in Zeiten der Hochkonjunktur wegen der Unmöglichkeit, Kostenentwicklungen richtig vorauszusehen, die bei der Projektausführung tatsächlich entstehenden Kosten häufig tendenziell zu niedrig und

– in Rezessionsphasen aus denselben Gründen vergleichsweise häufig tendenziell zu hoch ausfallen.

Dass diese Tendenzen bei Umbauten und Modernisierungen wegen der dort stets gegebenen Unsicherheiten über Art, Beschaffenheit und Verwendbarkeit der vorhandenen und mitzuverarbeitenden Bausubstanz noch verstärkt werden, müsste in diesem Zusammenhang nicht eigens erwähnt

---

[28] BGH, Urteil v. 09.07.1981 – VII ZR 139/80, BauR 1981, 582
[29] Urteil v. 25.07.1986 – 23 U 262/85, BauR 1987, 590
[30] Urteil v. 23.11.2010 – 4 U 548/09, IBR 2011, 95

werden. Aus einem Urteil des OLG Schleswig-Holstein kann der Schluss gezogen werden, dass dem Auftragnehmer bei Umbauten und Modernisierungen ein Toleranzrahmen zuzubilligen sei, also ein Unterschied zwischen der zuvor einvernehmlich zwischen Auftraggeber und Auftragnehmer festgelegten Kostenvorstellung und der tatsächlich eingetretenen Kostenüberschreitung nach Fertigstellung des Objekts, der im konkreten Fall bei etwa 30 % anzusiedeln sei[31].

Um diese **Unsicherheiten auszuschalten** und maximal auf die Honorierung der Leistungen in der Entwurfsphase zu begrenzen, streben Auftraggeber und Auftragnehmer vermehrt **Honorarvereinbarungen** an, welche die **Abrechnung** der Architekten- und Ingenieurleistungen **ab Leistungsphase 5** (Ausführungsplanung) nach den bisherigen Verordnungen **auf Basis des Kostenanschlags oder der Kostenfeststellung** vorsehen. Eine solche Vereinbarung liegt heute deswegen noch näher, weil die jetzt als Grundleistung in Leistungsphase 6 lit. e) (Vorbereiten der Vergabe) geforderte Kostenermittlung auf Grundlage der vom Planer (Entwurfsverfasser) bepreisten Leistungsverzeichnisse eine noch genauere und aktuellere Kostenbasis als die Kostenberechnung sein dürfte. Eine solche Vereinbarung ist HOAI-konform, sofern ein so berechnetes Honorar zwischen dem verordneten Mindest- und Höchsthonorar liegt, welches auf Basis des Ergebnisses der Kostenberechnung ermittelt werden müsste[32].

Ist die Kostenberechnung abgeschlossen, ist der nächste logische Schritt ihr **Vergleich mit** dem Ergebnis der **Kostenschätzung** (LPH 3 g)). Die Verordnungsbegründung weist in diesem Zusammenhang darauf hin, dass der für diese Tätigkeit früher verwendete Begriff **Kostenkontrolle** mit Rücksicht auf den in der Leistungsphase 3 erreichten Planungsstand gestrichen und durch „Vergleich mit dem Ergebnis der Kostenschätzung" ersetzt wurde. Trotz Änderung des Begriffes ist auch der geforderte Kostenvergleich ein weiterer Schritt des Verordnungsgebers, die Vertragsparteien – vor allem den Objektplaner selbst – zur frühzeitigen Kontrolle der Kosten des Objekts anzuhalten. Dazu gehört **auch die Kontrolle der Ausführungsstandards** auf Übereinstimmung mit denjenigen, die in der Grundlagenermittlung für das Objekt gewählt wurden. Darüber hinaus ist festzustellen, ob die Kosten überhaupt zutreffend ermittelt worden sind. Mit Erfüllung dieser Leistung verfügt der Auftraggeber über eine sichere Entscheidungsgrundlage für die Gesamtfinanzierung des Objekts und seiner wirtschaftlichen Ausführung. **64**

Stellt sich beim Kostenvergleich jedoch heraus, dass der in der Kostenschätzung ermittelte und vom Auftraggeber akzeptierte Kostenrahmen nicht eingehalten ist, muss der Objektplaner dem Auftraggeber **geeignete Korrekturmaßnahmen** vorschlagen und diese nach Zustimmung bei einer hieraus resultierenden Überarbeitung des Entwurfs umsetzen. Diese Überarbeitung zählt selbstverständlich zu den Grundleistungen im Rahmen der Entwurfsplanung.

Die Verordnung nennt als weitere, in den bisherigen Verordnungen nicht enthaltene Grundleistung des Objektplaners das **Ermitteln der wesentlichen Bauphasen** unter Berücksichtigung der Verkehrslenkung und der Aufrechterhaltung des Betriebes während der Bauzeit (LPH 3 h)). Diese Leistung ist – wenn sie auch bisher im Leistungsbild Ingenieurbauwerke nicht ausdrücklich genannt war – stets unverzichtbar, wenn die Ausführung der Bauwerke nicht ohne eine Beeinträchtigung des Verkehrs zu erwarten oder nur unter Aufrechterhaltung des Betriebs vorhandener anderer Ingenieurbauwerke oder Anlagen möglich ist. Dasselbe gilt auch für alle baulichen Maßnahmen an im Betrieb befindlichen Ingenieurbauwerken und Anlagen zum Nachweis ihrer Ausführbarkeit. Diese spezielle Planungstätigkeit ist insbesondere **beim Planen und Bauen im Bestand** erforderlich. So ist das Aufrechterhalten des Betriebes beispielsweise erforderlich **65**

– bei der Einfügung oder Sanierung von Wasser- oder Abwasserleitungen in vorhandenen Netzen oder
– bei der Errichtung neuer Ingenieurbauwerke und deren Anschluss an öffentliche Ver- und Entsorgungsanlagen,

Zu den **Maßnahmen zur Verkehrslenkung** zählen das Planen und Einrichten von Umleitungsstrecken oder das Schaffen und Aufrechterhalten der Zugangsmöglichkeiten zu Grundstücken und Gebäuden während der Bauzeit. Allerdings sind solche Leistungen nicht regelmäßig und

---

[31] OLG Schleswig-Holstein, Urteil v. 24.04.2009 – 1 U 76/04, BauR 2009, 1340
[32] BGH, Urteil v. 17.04.2009 – VII ZR 164/07

insbesondere nicht bei Neubauten notwendig. Entfällt die Grundleistung deswegen, kann dies nicht zu einer Reduzierung der Phasenbewertung führen.

66 Die schriftliche Zusammenfassung aller Entwurfsunterlagen entspricht den in LPH 3 j) genannten Tätigkeiten **Zusammenfassen, Erläutern und Dokumentieren** und ergibt den **Entwurf**. Damit wird auch dem Hinweis in der Verordnungsbegründung zu LPH 6 g) Rechnung getragen, dass selbst nach entsprechenden Korrektur- und Anpassungsmaßnahmen nach dem ersten Kostenvergleich noch verbleibende Abweichungen zwischen Kostenschätzung und Kostenberechnung dem Auftraggeber zu erläutern und schriftlich festzuhalten sind. Die Herstellung einer Fertigung dieser Unterlagen gehört zu den vom Auftragnehmer geschuldeten Leistungspflichten. Die Aufwendungen für das Herstellen von Mehrfertigungen in gedruckter Form oder durch Vervielfältigen sind Nebenkosten im Sinne von § 14. In welcher Form diese Dokumentation erfolgen soll, sollten die Parteien beim Vertragsabschluss vereinbaren.

b) Besondere Leistungen

67 Das **Fortschreiben von Nutzen-Kosten-Untersuchungen**, die im Rahmen der Besonderen Leistungen der Vorplanung aufgestellt wurden, kann notwendig werden, wenn der Entwurf des Objektes in allen Einzelheiten vorliegt. Je nach Art des Projektes werden Nutzen-Kosten-Untersuchungen auch als Voraussetzung für die Genehmigung der Finanzierung gefordert. Auch dies ist eine Besondere Leistung und gehört nicht zur Grundleistung „Vorbereiten der Anträge auf Finanzierung".

68 Das Mitwirken bei **Verwaltungsvereinbarungen** und **bei Verträgen mit Dritten** wie z. B. bei der Festlegung von Kostenanteilen der an Zweckverbänden beteiligten Kommunen oder zum Abschluss einer öffentlich-rechtlichen Vereinbarung über den Anschluss an ein öffentliches Ver- oder Entsorgungssystem besteht in der Regel aus technischen Berechnungen und Kostenuntersuchungen. Vergleichbaren Leistungen können für das Herstellen der Unterlagen für die **Gründung von Zweckverbänden** oder für vergleichbare öffentlich-rechtliche Verwaltungshandlungen notwendig werden. Auch diese können nur für den technischen Bereich durchgeführt werden. Dazu gehören beispielsweise technische Vergleichsrechnungen, Kosten-Nutzen-Untersuchungen, Vorschläge für die Berechnung von Kostenanteilen etc. Sonstige Unterlagen, die in diesem Zusammenhang häufig notwendig werden, wie z. B. Verbandssatzungen oder Verträge, werden vom Auftraggeber bearbeitet und sind auch meist Leistungen, die Rechtsberatern des Auftraggebers vorbehalten sind.

69 Zu den **in der HOAI nicht erfassten** und deswegen nicht bewerteten **Leistungen** der Entwurfsplanung zählen, sofern sie nicht bereits im Rahmen der Bedarfsplanung oder Vorplanung erbracht wurden, beispielsweise auch
– bei Ingenieurbauwerken der Wasserversorgung Messungen der Brunnenergiebigkeit oder Quellschüttungen
– bei Ingenieurbauwerken der Wasserversorgung oder Abwasserentsorgung Wasser- und Abwasseruntersuchungen
– bei Ingenieurbauwerken des Wasserbaus Abflussmessungen in Gewässern und Bestimmung von Pegelkennlinien
– hydraulische Nachweise für bestehende Gewässer.

70 Die ebenfalls zu den Besonderen Leistungen zählenden **Hydraulischen Nachweise vorhandener Wasserleitungs- oder Kanalnetze** werden durchgeführt, um den Anschluss von Neubaugebieten an vorhandene Netze nachzuweisen. Bei Kanalnetzen kann ein **Gesamtentwässerungsplan** für eine ganze Stadt oder Gemeinde notwendig werden, wenn die Ursachen von beobachteten Kanalnetzüberlastungen festgestellt und Sanierungsmaßnahmen geplant werden sollen. Schließlich werden zunehmend **hydrodynamische Abfluss- und Schmutzfrachtberechnungen** im Zusammenhang mit der Regenwasserbehandlung oder der Kanalnetzsanierung angewandt. Auch dies sind Besondere Leistungen, die regelmäßig als Teil der Bedarfsplanung anzusehen sind.

Bei den **Netzberechnungen** werden häufig mehrere Stränge gleichen Durchmessers als eine Lei- **71**
tung (Berechnungsabschnitt) berechnet oder nur Hauptversorgungsleitungen und Hauptsammler
rechnerisch berücksichtigt, während untergeordnete Nebenleitungen oder kleinere Versorgungs-
und Entsorgungsgebiete mit Ersatzganglinien pauschal und ohne Einzelnachweise erfasst werden. Zur Honorierung dieser Leistungen stehen keine anrechenbaren Kosten als Honorarmaßstab
zur Verfügung. Auch der gelegentlich als Maßstab genannte Wert vorhandener Leitungen ungeeignet, da nur die Kosten deren Bausubstanz, nicht aber alle übrigen die Kosten von Leitungen
beeinflussenden Parameter (z. B. Erdarbeiten, Baugrubenverbau, Wasserhaltung, Aufbrechen
und Wiederherstellen von Verkehrsanlagen etc.) als Wert berücksichtigt werden dürfen. Daher
werden für diese Leistungen in der Regel Zeithonorare auf der Basis von Einheitspreisen für
Teilleistungen mit variablem Umfang in Kombination mit Festbeträgen für andere Teilleistungen
berechnet, deren Umfang vor Beginn der Arbeiten vorausgeschätzt werden. Eine überzeugende
geschlossene Darstellung dieser Aufgaben und Tätigkeiten bei Gesamtentwässerungsplänen ist
in Heft Nr. 12 der AHO-Schriftenreihe veröffentlicht worden[33].

Beispiele für die Abrechnung von Leistungen bei **Kanalnetzberechnungen** und dafür häufig
gewählte Parameter sind:
- Teilleistungen mit variablem, nicht im Voraus zu schätzendem Aufwand
  - Anzahl der zu berechnenden Sonderbauwerke
  - Länge bzw. Anzahl der Berechnungsabschnitte
  - Anzahl der maßgebenden Berechnungsregeln
  - Anzahl der Sanierungsrechnungen
- Teilleistungen mit im Voraus schätzbarem Aufwand
  - Herstellung von Lageplänen (Abrechnung pro Stück Plan eines bestimmten Maßstabs)
  - Ermittlung des Fremdwasserzuflusses (Abrechnung pro Messstelle)
  - Beschaffung der Basisdaten
  - Erläuterungsbericht
  - Kostenschätzung (Umfang und Genauigkeit auf Vorplanungsniveau)

Nach den Netzberechnungen sind die Sanierungsmaßnahmen und die für die weitergehenden
Ingenieurleistungen notwendigen Planungsdaten wie beispielsweise Durchflussmengen, voraussichtlicher Leitungsquerschnitt, bei Regenentlastungsanlagen in Mischkanalnetzen Standorte,
Zufluss- und Abflussmengen, Schwellenlängen und -höhen oder die Volumina der Regenbecken
bekannt. Als **Ergebnis des Gesamtentwässerungsplanes** liegen je nach Umfang und Detaillierungsgrad die **Grundlagenermittlung (Leistungsphase 1) und Teile der Vorplanung (Leistungsphase 2)** für die Sanierungsmaßnahmen vor. Diese Vorleistungen sind, soweit sie bei den
weiteren Planungen unmittelbar verwendbar sind, bei der Vereinbarung der Honorare für die
planerische Umsetzung und Bauausführung der Einzelmaßnahmen in späteren Werkverträgen
angemessen zu berücksichtigen.

Die aktuelle Verordnung nennt als weitere Besondere Leistung den **Nachweis der zwingenden** **72**
Gründe des überwiegenden Interesses an der Notwendigkeit der Maßnahme und verweist zur
Erklärung auf die Richtlinie 92/43/EWG des Rates vom 21. Mai 1992 zur Erhaltung der natürli-
chen Lebensräume sowie der wildlebenden Tiere und Pflanzen, besser bekannt als Fauna-Flora-
Habitat-Richtlinie (FFH-Richtlinie) oder Habitatrichtlinie. Es handelt sich um eine Naturschutz-
Richtlinie der Europäischen Union (EU), die von den damaligen Mitgliedstaaten der EU im
Jahre 1992 einstimmig beschlossen wurde. Sie dient gemeinsam mit der Vogelschutzrichtlinie
im Wesentlichen der Umsetzung der Berner Konvention; eines ihrer wesentlichen Instrumente
ist ein zusammenhängendes Netz von Schutzgebieten, das Natura 2000 genannt wird. Die Besondere Leistung wird für Baumaßnahmen erforderlich, die einen Eingriff in ein als FFH-Gebiet
ausgewiesenes Gebiet darstellen. § 34 BNatSchG[34] schreibt vor, dass solche *„Projekte ... vor ihrer Zulassung oder Durchführung auf ihre Verträglichkeit mit den Erhaltungszielen eines Natura*

---

[33] Arbeitshilfen zur Vereinfachung von Ingenieurverträgen für die Bearbeitung von Generalentwässerungsplänen
(GEP), zusammengestellt von F. H. Depenbrock, Heft 12 der Schriftenreihe des AHO Stand: Januar 2000 Bundesanzeiger Verlagsges. mbH, Köln
[34] Bundesnaturschutzgesetz vom 29. Juli 2009 (BGBl. I S. 2542), das zuletzt durch Artikel 2 Absatz 24 des Gesetzes
vom 6. Juni 2013 (BGBl. I S. 1482) geändert worden ist

2000-Gebiets zu überprüfen (sind), *wenn sie einzeln oder im Zusammenwirken mit anderen Projekten oder Plänen geeignet sind, das Gebiet erheblich zu beeinträchtigen, und nicht unmittelbar der Verwaltung des Gebiets dienen".* Weiter heißt es im Gesetz:

„(2) Ergibt die Prüfung der Verträglichkeit, dass das Projekt zu erheblichen Beeinträchtigungen des Gebiets in seinen für die Erhaltungsziele oder den Schutzzweck maßgeblichen Bestandteilen führen kann, ist es unzulässig.

(3) Abweichend von Absatz 2 darf ein Projekt nur zugelassen oder durchgeführt werden, soweit es

1. aus zwingenden Gründen des überwiegenden öffentlichen Interesses, einschließlich solcher sozialer oder wirtschaftlicher Art, notwendig ist und

2. zumutbare Alternativen, den mit dem Projekt verfolgten Zweck an anderer Stelle ohne oder mit geringeren Beeinträchtigungen zu erreichen, nicht gegeben sind. «

Damit ist grundsätzlich geklärt, wie die in der Verordnung genannte Besondere Leistung zu verstehen ist. Allerdings ist zu fragen, warum die in Abs. 1 und 2 des Gesetzes genannte Verträglichkeitsprüfung eine Besondere Leistung eines Objektplaners sein soll, dessen Fachwissen und Berufserfahrung für die Leistungen bei der Objektplanung von Ingenieurbauwerken erforderlich ist. Die Leistungen bei solchen Prüfungs- und Untersuchungsaufgaben sind nach Art und Vorgehensweise mit wesentlichen Teilen der **Beratungsleistungen des Leistungsbildes Umweltverträglichkeitsprüfungen** nach Anlage 1 der HOAI vergleichbar. Da aber die Honorare dieser Leistungen nicht verordnet sind, sondern nach § 3 Abs. 3 frei zu vereinbaren sind, ist ihre Nennung an dieser Stelle ohne weitere Bedeutung.

73 Die als Besondere Leistung bezeichneten **Fiktivkostenberechnungen** werden durch den Klammerzusatz „Kostenteilung" auch nicht klarer. Was damit gemeint sein kann, ist nach hiesiger Meinung auch nebensächlich. Wichtig ist lediglich, dass es sich um keine Leistung handelt, die auch nur ansatzweise mit einer Grundleistung vergleichbar ist. Sie wird sich daher auf seltene Fragestellungen beschränken, die keiner weiteren Interpretation bedürfen. Sie könnte z. B. bei der Vorbereitung der bereits diskutierten Verwaltungsvereinbarungen (s. Rdn. 68) erforderlich werden.

4. Genehmigungsplanung

a) Grundleistungen

74 Erfordert ein Objekt eine **Genehmigungsplanung** und werden die Vergütungstatbestände der HOAI als Leistungspflichten des Ingenieurvertrages definiert, muss der Auftragnehmer nach dem Verordnungstext die **Unterlagen** für die erforderlichen **öffentlich-rechtlichen Verfahren** oder **Genehmigungsverfahren** einschließlich der Anträge auf Ausnahmen und Befreiungen **erarbeiten und zusammenstellen** sowie das ggf. geforderte **Bauwerksverzeichnis** unter Verwendung der Beiträge anderer an der Planung fachlich Beteiligter aufstellen (LPH 4 a)). Die Verordnungsbegründung zu den Grundleistungen bei der Genehmigungsplanung enthält den Hinweis, dass mit der Formulierung „erforderliche Genehmigungsverfahren" klargestellt sei, das auch die Leistungen erfasst seien, die für das Erarbeiten und Zusammenstellung von Unterlagen für nicht genehmigungspflichtige Vorhaben vom Auftraggeber gewünscht sind. Leider enthält die Begründung keinen Hinweis darauf, ob und auf welche Weise sich die in LPH 3 lit. j) genannten Unterlagen, die beim Zusammenfassen, Erläutern und Dokumentieren der Ergebnisse der Entwurfsplanung erarbeitet und dem Auftraggeber vorgelegt werden sollen, von den Unterlagen für nicht genehmigungspflichtige Vorhaben unterscheiden. Daraus dürfte der Schluss gezogen werden, dass jedwede Zusammenstellung von Unterlagen, die von öffentlichen oder privaten Auftraggebern für die Durchführung verwaltungsinterner Genehmigungsverfahren gewünscht werden, als Erfüllung der Grundleistung bei der Genehmigungsplanung anzusehen ist.

75 **Öffentlich-rechtliche Verfahren** werden für Baumaßnahmen verlangt, die in den jeweiligen Landesbauordnungen, -wassergesetzen, -abfallgesetzen etc., aber auch in Bundesgesetzen wie z. B. dem Bundesimmissionsschutzgesetz (BimSchG) und den zugehörigen Ausführungsbestimmungen der einzelnen Länder festgelegt sind. Diese enthalten auch Vorschriften darüber, welche Voraussetzungen für die Prüfung und Genehmigung eines Bauvorhabens erfüllt sein und welche Unterlagen erarbeitet werden müssen. Zu beachten ist allerdings, dass das beispielhaft genannte BimSchG bei der Genehmigungsplanung Leistungen fachlich Beteiligter fordert, deren Ergebnis der Objektplaner wie alle anderen von fachlich Beteiligten erarbeiteten Genehmigungsplanungen für die von diesen geplanten genehmigungsbedürftigen Anlagen der Technischen Ausrüstung in seine Genehmigungsplanung integrieren muss. Dasselbe gilt für Planungen von Freianlagen oder Flächenplanungen, deren Ergebnisse als Voraussetzung für die Genehmigung von Objekten gefordert werden.

Eine Sonderform von Genehmigungsverfahren sind die **Planfeststellungsverfahren**[35] nach dem Verwaltungsverfahrensgesetz (VwVfG), das nach dessen § 1 Abs. 1 für die öffentlich-rechtliche Verwaltungstätigkeit der nachstehenden Behörden gilt. Dies sind Behörden   **76**

1. des Bundes, der bundesunmittelbaren Körperschaften, Anstalten und Stiftungen des öffentlichen Rechts und

2. der Länder, der Gemeinden und Gemeindeverbände, der sonstigen der Aufsicht des Landes unterstehenden juristischen Personen des öffentlichen Rechts, wenn sie Bundesrecht im Auftrag des Bundes ausführen, soweit nicht Rechtsvorschriften des Bundes inhaltsgleiche oder entgegenstehende Bestimmungen enthalten,

Eine Übersicht über **planfeststellungspflichtige Vorhaben** gibt beispielsweise WIKIPEDIA unter dem Stichwort „Planfeststellung". Danach sind u. a. folgende Maßnahmen und Bauvorhaben betroffen (**Ingenieurbauwerke** sind nachfolgend **kursiv** geschrieben):

– Bundesstraßen oder Bundesautobahnen nach dem Bundesfernstraßengesetz (FStrG)
– Bundeswasserstraßen nach dem Bundeswasserstraßengesetz (WaStrG)
– Eisenbahnverkehrsanlagen nach dem Allgemeinen Eisenbahngesetz (AEG)
– Luftverkehrsanlagen nach dem Luftverkehrsgesetz (LuftVG)
– *Deponien nach dem Kreislaufwirtschafts- und Abfallgesetz (KrW-/AbfG)*
– Betriebsanlagen für Straßenbahnen nach dem Personenbeförderungsgesetz (PBefG)
– Bergbauliche Vorhaben, die einer Umweltverträglichkeitsprüfung bedürfen, nach dem Bundesberggesetz (BBergG)
– *Gewässerausbau, Deichbau nach dem Wasserhaushaltsgesetz (WHG)*
– *Endlagerstätten für radioaktive Abfälle nach dem Atomgesetz (AtG)*
– Schaffung, Änderung, Verlegung und Einziehung (Entwidmung) von Straßen, Wegen, Gewässern und anderen gemeinschaftlichen Anlagen nach dem Flurbereinigungsgesetz (FlurbG)
– grenz-/länderüberschreitende / Offshoreanlagen verbindende Stromleitungen nach dem Netzausbaubeschleunigungsgesetz (NABEG)

Die Übersicht verdeutlicht, dass Planfeststellungsverfahren vor der Durchführung von Ingenieurbauwerken eher selten sind. Die hierfür nach den §§ 72 bis 78 VwVfG und den ergänzenden Länderregelungen durchzuführenden Leistungen der Objektplaner sind so viel umfangreicher als die bei einem üblichen Baugenehmigungsverfahren, dass der Verordnungsgeber nach § 43 Abs. 3 Nr. 1 den Vertragsparteien die Möglichkeit eingeräumt hat, die Bewertung der Leistungsphase 4 von 5 v. H. auf 8 v. H. zu erhöhen. Die Erhöhung wird aber nur wirksam, wenn sie schriftlich vereinbart ist. Über den Zeitpunkt der Vereinbarung sagt der Verordnungstext nichts aus; daher dürfte sie jederzeit und auch erst dann möglich sein, wenn sich die Leistungen als erforderlich erweisen, so z. B. auch während oder nach der Durchführung der Leistungen.

Das „**Erarbeiten der Unterlagen**" ist der Vollzug der Koordinations- und Integrationspflichten des Objektplaners beim Zusammenstellen und Ergänzen der vom Objektplaner und von den Fachingenieuren erarbeiteten Unterlagen und als das Bearbeiten des Antragsentwurfs zu verstehen. Das Erarbeiten der in der Regel sehr umfangreichen Unterlagen für ein Planfeststellungsverfahren erklärt einen Teil der bereits erwähnten Erhöhung der Leistungsbewertung dieser Phase.   **77**

---

[35] Verwaltungsverfahrensgesetz in der Fassung der Bekanntmachung vom 23. Januar 2003 (BGBl. I S. 102), das durch Artikel 3 des Gesetzes vom 25. Juli 2013 (BGBl. I S. 2749) geändert worden ist, neugefasst durch Bek. v. 23.1.2003 I 102, zuletzt geändert durch Art. 1 G v. 31.5.2013 I 1388

Das **Einreichen** der Genehmigungsplanung bei der Genehmigungsbehörde erfolgt je nach Vereinbarung entweder durch den Objektplaner oder durch den Auftraggeber. Der Auftraggeber muss die Genehmigungsunterlagen zuvor zusammen mit dem Entwurfsverfasser (Objektplaner und/oder Fachplaner) unterzeichnen. Damit nimmt der Auftraggeber auch die von seinen Auftragnehmern bis zu diesem Zeitpunkt erbrachten Leistungen im rechtsgeschäftlichen Sinne ab, sofern der Auftragnehmer den Auftraggeber dazu fordert. Der Auftragnehmer sollte dazu eine entsprechende formlose **Abnahmeerklärung** für die bis dahin erbrachten und abgeschlossenen Leistungen vorbereiten, die von beiden Parteien unterschrieben werden muss.

78   Das **Erstellen des Grunderwerbsplanes und des Grunderwerbsverzeichnisses** unter Verwendung der Beiträge anderer an der Planung fachlich Beteiligter (LPH 4 b)) ist eine Leistung, die im Zusammenhang mit Flächen verbrauchenden Ingenieurbauwerken wie z. B. bei Talsperren, Hochwasserrückhaltebecken oder beim Gewässerausbau regelmäßig erforderlich ist und auch wegen der hieraus ablesbaren Inanspruchnahme betroffener Grundstücke eine besondere Rechtsbedeutung im Genehmigungsverfahren besitzt. Dass diese Leistungen hier den Grundleistungen zugerechnet sind, steht in scheinbarem Widerspruch dazu, dass das Beschaffen von Auszügen aus Grundbuch, Kataster und anderen amtlichen Unterlagen im Rahmen der Vorplanung zu den Besonderen Leistungen zählt. Daher kann es sich bei dieser Leistung nur um die **Zusammenstellung von Unterlagen** handeln, die zuvor entweder vom Auftraggeber oder vom Auftragnehmer selbst durch eine Besondere Leistung im Rahmen der Entwurfsbearbeitung beschafft wurden. Zuvor müssen die Planungsunterlagen, Beschreibungen und Berechnungen, welche im Rahmen der Entwurfsplanung erstellt wurden, unter Verwendung der Beiträge anderer fachlich Beteiligter ggf. vervollständigt und angepasst werden, sofern projekt- oder länderspezifische Anforderungen an die Unterlagen dies erforderlich machen sollten (LPH 4 c)).

79   Beim **Abstimmen der Genehmigungsunterlagen** eines genehmigungsbedürftigen Objekts mit Behörden (LPH 4 d)) kann es sich nur um **zusätzliche Erkundigungen** über den Umfang der Unterlagen und Erläuterungen handeln, weil die Genehmigungsfähigkeit des Vorhabens bereits im Rahmen der Vor- und Entwurfsplanung mit den Behörden abgestimmt sein musste. Daraus kann folgen, dass die Unterlagen den weiteren Empfehlungen oder Forderungen der Behörden anzupassen sind. Dies ist allerdings nur insoweit Aufgabe des Objektplaners, als dabei keine Veränderung der Planungsgrundlagen erfolgt. Ändern sich die zuvor vom Objektplaner erkundeten behördlichen Anforderungen, sind die sich hieraus ergebenden zusätzlichen Leistungen des Objektplaners in der Regel erneut zu erbringende wiederholte Grundleistungen.

80   Das **Mitwirken in Genehmigungsverfahren** – also auch in Planfeststellungsverfahren – einschließlich der Teilnahme an bis zu 4 Erläuterungs- oder Erörterungsterminen gegenüber Dritten (LPH 4 e)) ist wieder im Zusammenhang mit der Begrenzung des Umfangs derartiger Erläuterungen bei der Vor- und Entwurfsplanung zu sehen. Wird der in der HOAI vorgegebene Gesamtrahmen von insgesamt 9 Terminen nicht überschritten, zählt aus hiesiger Sicht auch das mehr als viermalige Mitwirken beim Erläutern gegenüber Dritten im Rahmen der Genehmigungsplanung zu den Grundleistungen. Die Teilnahme an mehr als insgesamt 9 Erläuterungs- oder Erörterungsterminen ist eine Besondere Leistung.

Das **Abfassen von Stellungnahmen** zu dort vorgetragenen Bedenken und Anregungen ist eine typische **Auftraggeberleistung**. Je nach Objekt können solche Stellungnahmen zum Teil erheblichen Umfang annehmen. Davon sind alle umweltrelevanten Maßnahmen wie z. B. Anlagen für die Abfallentsorgung oder Gewässerausbaumaßnahmen betroffen. Die **Mitwirkung des Objektplaners** beschränkt sich auf die Beratung des Auftraggebers beim Abfassen der Stellungnahme (LPH 4 f)) auf den vom Objektplaner zu vertretenden technischen Teil der schriftlichen Ausführungen. Die Verordnung begrenzt deren Umfang auf Stellungnahmen zu 10 Kategorien. Damit dürften wohl 10 unterschiedliche Stellungnahmen gemeint sein. Beauftragt der Auftraggeber den Objektplaner aber mit der Abfassung der Protokolle oder mit dem vollständigen Abfassen der Stellungnahme, erbringt der Objektplaner vergütungspflichtige Besondere Leistungen. Dasselbe gilt, wenn mehr als 10 Stellungnahmen abgegeben werden müssen. Daher ist anzuraten, zur Vermeidung von Streit den Umfang der vom Objektplaner erwarteten Leistungen im

Rahmen des Vertragsabschlusses festzulegen und die Art der Vergütung der ggf. zu erwartenden Besonderen Leistungen zumindest grundsätzlich zu regeln.

b) Besondere Leistungen

Sind **für die Genehmigung des Objekts zusätzliche Unterlagen** erforderlich, die über den Rahmen der Entwurfsunterlagen hinausgehen und zusätzliche Planungs- oder Beschaffungsleistungen des Auftragnehmers erfordern, ist das Herstellen solcher Unterlagen im Regelfall eine Besondere Leistung. Hierzu gehören beispielsweise die unter Rdn. 79 genannten Besonderen Leistungen, die auch in anderen Leistungsbildern zu den Besonderen Leistungen zählen. **81**

Das **Mitwirken beim Beschaffen der Zustimmung von Betroffenen** bedeutet in der Regel, Unterlagen vorzubereiten und an Erörterungsterminen teilzunehmen. Während die fachtechnische Beratung des Auftraggebers über Art und Umfang der durch das Vorhaben bedingten Grundstücksgeschäfte Aufgabe des Objektplaners im Rahmen der vertraglich geschuldeten Leistungen zur Genehmigungsplanung ist, ist jedoch das **Mitwirken bei der Beschaffung der Grundstücke** eine Besondere Leistung (z. B. die Teilnahme an Grundstücksverhandlungen; s. auch Rdn. 42). **82**

5. Ausführungsplanung

a) Grundleistungen

Unter **Ausführungsplanung** ist das Erarbeiten und Darstellen der ausführungsreifen Planungslösung auf **Grundlage** der Leistungsergebnisse der Leistungsphasen 3 und 4 zu verstehen (LPH 5 a)). Die in dieser Leistungsphase durchzuführenden Berechnungen und auszuarbeitenden Zeichnungen müssen nach Einarbeitung der **Planungsbeiträge aller fachlich Beteiligten** so beschaffen sein, dass die Bauarbeiten ohne Weiteres ausgeführt werden können. Damit die fachlich Beteiligten ihre Beiträge rechtzeitig und vor allem richtig zur Verfügung stellen können, ist es selbstverständlich notwendig, dass der Objektplaner den fachlich Beteiligten seine Arbeitsergebnisse zuvor zur Verfügung stellt (LPH 5 c)). Um Missverständnisse zwischen allen Beteiligten auszuschließen und die zur Verfügung zu stellenden Arbeitsergebnisse schon unter Beachtung der fachlichen Anforderungen der fachlich Beteiligten zu erarbeiten, sollte der Objektplaner bei seiner Ausführungsplanung von Beginn an den Rat und das Wissen der fachlich Beteiligten in Anspruch nehmen, um eine möglichst reibungslose Abwicklung der Fachplanungen zu gewährleisten. Dafür sollte der Objektplaner seine Arbeitsergebnisse auch in einer Form bearbeiten, damit die fachlich Beteiligten ihre Planungsarbeit in enger Anlehnung und unter Verwendung dieser Ausführungspläne – ergänzt um eigene Detailpläne und fachliche Erläuterungen – ausführen können. Der erfolgreiche und aufwandsoptimierte Planungsprozess wird dann gelingen, wenn die Fachplaner ihre Planungen und Pläne mit dem Objektplaner in gleicher Weise abstimmen. Alle Beteiligten sind deswegen aufgefordert, den vom Auftraggeber erwarteten Projekterfolg in einem **dialogischen Planungsprozess** anzustreben. Dann erst kann der Objektplaner seine Koordinations- und Integrationspflichten für alle das Objekt betreffenden Planungen richtig erfüllen. **83**

Zu den Ausführungszeichnungen eines Objektes zählen außer den Zeichnungen für das Bauwerk, also die Werkpläne, auch die Zeichnungen aller Einrichtungen, welche für die Gesamtfunktion des Objektes von Bedeutung sind. Dies sind beispielsweise **Rohrleitungspläne** innerhalb und außerhalb der Bauwerke von Anlagen oder im Kanal- und Wasserleitungsbau und alle sonstigen **Werk- und Detailpläne für Handwerkerarbeiten** (nicht zu verwechseln mit Werkstattplänen, welche die Handwerker oder ausführenden Unternehmen für die Herstellung ihrer Lieferungen und Leistungen nach VOB/C[36] selbst erstellen müssen – s. Rdn. 89), besondere **Fundamentpläne für Maschinen**, soweit sie die Beschreibung in Leistungsverzeichnissen ergänzen, und alle sonstigen Zeichnungen unter Berücksichtigung aller fachspezifischen Anforderungen. **84**

---

[36] „Allgemeine Technische Vertragsbedingungen für Bauleistungen" in VOB 2009, S. 94 ff. Gesamtausgabe Teil A, B und C, 2. Auflage 2010, Beuth-Verlag

85   DIN 1356-1 vom Februar 1995[37] definiert in 2.4 die Ausführungszeichnungen als „*Bauzeichnungen mit zeichnerischen Darstellungen des geplanten Objekts mit allen für die Ausführung notwendigen Einzelangaben. Ausführungszeichnungen enthalten unter Berücksichtigung der Beiträge anderer an der Planung fachlich Beteiligter alle für die Ausführung bestimmten Einzelangaben in Detailzeichnungen und dienen als Grundlage der Leistungsbeschreibung und Ausführung der baulichen Leistungen*". Das Urteil des OLG Celle vom 18.10.2006 – 7 U 69/06 verdeutlicht exemplarisch, wie detailliert die Ausführungsplanung sein muss[38]. Der Detaillierungsgrad hänge danach von den Umständen des Einzelfalls ab. Sind Details der Ausführung besonders schadensträchtig, müssten diese unter Umständen im Einzelnen geplant und dem Unternehmer in einer jedes Risiko ausschließenden Weise verdeutlicht werden. Zweifelsohne sind besonders schadensträchtige Maßnahmen wie insbesondere Abdichtungsmaßnahmen an einem Bauwerk (BGH, Urteil vom 11.05.1978 – VII ZR 313/75[39]), Maßnahmen des Hochwasserschutzes (OLG Köln, Urteil vom 27.04.2001 – 11 U 63/00[40]) und Arbeiten im Zuge einer Altbausanierung (BGH, Urteil vom 18.5.2000 – VII ZR 436/98[41]) vom Objektplaner oder Fachplaner detaillierter zu planen als gängige Maßnahmen, bei denen die Gefahr einer Schadensverursachung gering ist. Die Formulierung der Grundleistungen wie auch die Anforderungen der Norm drängt auf eine möglichst umfassende zeichnerische Darstellung aller Details und erfordert nötigenfalls auch **zusätzliche Beschreibungen**, sofern die Zeichnungen allein nicht erschöpfende Auskunft geben können.

86   Die für die Bauausführung notwendige Genauigkeit verdeutlicht auch die Tätigkeitsbeschreibung in LPH 5 b)) der Verordnung, welche die aus Sicht des Verordnungsgebers wesentlichen Leistungen benennt. Danach sind außer der selbstverständlichen zeichnerischen Darstellung aller für die Bauausführung notwendigen Einzelangaben in den für die Bauausführung notwendigen Mindestmaßstäben (i. d. R. 1 : 50 und größer) zur Klarstellung des Planerwillens alle notwendigen Detailinformation in einer Art und Weise mitzuteilen, die es den ausführenden Firmen erlaubt, ihre Bauaufgabe ohne Rückfragen erfüllen können. Häufig sind dazu auch ergänzende Detailzeichnungen in angemessenen größeren Maßstäben ebenso wie für die Herstellung der Ausführungspläne durchgeführte Detail-Berechnungen und/oder zugehörige verbale Erläuterungen erforderlich, die den ausführenden Firmen ebenfalls mitzuteilen sind, sofern dies zum Verständnis der geplanten Ausführung in Ergänzung zu den Leistungsbeschreibungen erforderlich ist.

87   Die Ausführungsplanung ist eine wesentliche Voraussetzung für die geordnete **Bauausführung**. Erst die Ausführungsplanung erfasst die endgültigen und häufig kostenbestimmenden Ausführungsdetails nach Integration der Leistungen der anderen an diesem Objekt fachlich Beteiligten (Tragwerksplaner, Fachingenieure der Technischen Gebäudeausrüstung etc.). Die in dieser Leistungsphase erreichbaren Ergebnisse sind daher die **notwendige Voraussetzung für die folgenden Leistungen** (Vorbereitung der Vergabe von Bau- und Lieferleistungen und die Bauausführung selbst). Dies gilt auch dann, wenn für spezielle bauliche Lösungen oder für Ausbaugewerke, Technische Anlagen und Maschinen verschiedene Ausführungsarten möglich sind, die zum Zeitpunkt der Rohbauausführung noch offen und erst durch Vergabeverfahren nach Baubeginn ermittelt werden können. Dies erklärt die in LPH 5 d) genannte **Vervollständigung der Ausführungsplanung** während der Objektausführung durch den Objektplaner. Die Vervollständigung der Planung muss im Einvernehmen aller dabei mitwirkenden Planer und anderen fachlich Beteiligten so rechtzeitig erfolgen, dass die **Bauausführung ohne Verzögerung möglich ist**. Daraus folgt auch, dass das Fortschreiben der Ausführungsplanung nicht das Anfertigen der Bestandspläne ersetzt oder gar dem Herstellen von Bestandsplänen entspricht.

88   VOB/B und VOB/C sind zuverlässige **Auslegungshilfen** zur Schnittstelle zwischen der vom Auftraggeber für die Bauausführung zur Verfügung zu stellenden **Ausführungsplanung** und

---

[37]   DIN 1356-1:2005-02: „Bauzeichnungen Teil 1: Arten, Inhalte und Grundregeln der Darstellung", Beuth Verlag
[38]   IBR 2008, 165
[39]   BauR 1978, 405
[40]   ibr-online
[41]   IBR 2000, 445

den auf diesen Informationen aufbauenden **Werkstatt- und Montageplänen der ausführenden Unternehmen** (im Folgenden Auftragnehmer – AN – genannt). § 3 Abs. 1 VOB/B formuliert die **Bringschuld der Auftraggeber und** damit der **Objekt- und Fachplaner:** *„Die für die Ausführung nötigen Unterlagen sind dem Auftragnehmer unentgeltlich und rechtzeitig zu übergeben."* Entsprechende Pflichten des ausführenden Unternehmens formuliert § 3 Abs. 5 VOB/B: *»Zeichnungen, Berechnungen, Nachprüfungen von Berechnungen oder andere Unterlagen, die der Auftragnehmer nach dem Vertrag, besonders den Technischen Vertragsbedingungen, oder der gewerblichen Verkehrssitte oder auf besonderes Verlangen des Auftraggebers (§ 2 Abs. 9) zu beschaffen hat, sind dem Auftraggeber nach Aufforderung rechtzeitig vorzulegen."*

Die technischen Vertragsbedingungen, auf die in dieser Formulierung Bezug genommen wird, sind in **Teil C der VOB** formuliert. Diese liefert konkrete Hinweise darauf, welche Planungsleistungen Auftraggeber zur Verfügung stellen und welche die ausführenden Unternehmen erbringen müssen. Bezüglich der Vergütung dieser Leistungen bestimmt § 2 Abs. 1 VOB/B, dass sie mit den zwischen den Parteien vereinbarten Preisen für die Ausführung der Bauleistungen abgegolten sein muss.

Um welche Leistungen es sich im Einzelnen handelt, ergibt sich aus dem Folgenden. **Unter „AG"** (Auftraggeber) sind diejenigen **Angaben oder Leistungsergebnisse** genannt, welche die Auftraggeberseite und damit die vom AG beauftragten **Objekt- und Fachplaner** den „AN" – also den ausführenden Unternehmen – als Leistungsergebnisse zur Verfügung stellen müssen. Die „AN" müssen ihrerseits die danach beschriebenen Leistungen erbringen. Soweit alle Angaben in der Leistungsbeschreibung enthalten sind, welche die Objektplaner und Fachplaner in den Leistungsphasen 6 ihrer Leistungsbilder bearbeiten müssen, sind als Ergebnis der Ausführungsplanung keine weiteren Angaben erforderlich. Daher heißt es im Folgenden nach „AG" häufig „keine Angaben". Die Leistungen der Fachplaner der Technischen Ausrüstung sind hier informatorisch aufgenommen worden, um dem Objektplaner Hinweise zur Erfüllung seiner Prüf- und Koordinationspflichten bei der Integration dieser Leistungsergebnisse in seine eigenen Leistungen zu geben.

Die Leistungspflichten der Parteien nach VOB/C[42]:   89

DIN 18303: Verbauarbeiten

Abs. 4.2.13:
AG: keine ergänzenden Angaben
AN: Liefern rechnerischer Nachweise für die Standsicherheit und von Ausführungszeichnungen

Abs. 4.2.14:
AG: keine weiteren Angaben
AN: Anfertigen von Bestandsdokumentationen

DIN 18304: Ramm-/Rüttel-/Pressarbeiten

Abs. 3.6.5:
AG: keine ergänzenden Angaben
AN: Die Lage der Bauelemente, die nicht oder nur teilweise beseitigt werden konnten, ist zu dokumentieren.

Abs. 4.2.23:
AG: keine ergänzenden Angaben
AN: Liefern rechnerischer Nachweise für die Standsicherheit und von Ausführungszeichnungen

Abs. 4.2.24:
AG: keine weiteren Angaben
AN: Anfertigen von Bestandsdokumentationen

---

[42] Entnommen aus P. Kalte: „Schnittstelle der Planungsleistungen nach VOB/C zwischen Auftraggeber und Unternehmer", Merkblatt der GHV Gütestelle Honorar- und Vergaberecht e.V. (s. www.ghv-guetestelle.de /Publikationen) vom 11.10.2005, fortgeschrieben auf Basis der VOB 2009. Gesamtausgabe Teil A, B und C, 2. Auflage 2010, Beuth-Verlag, ergänzt bei DIN 18303, 18304 und 18313 um die Vorschriften der VOB Teil C 2012

DIN 18305: Wasserhaltungsarbeiten

Abs. 3.1.1:
AG: keine ergänzenden Angaben
AN: Der AN hat die **technischen Unterlagen** zu liefern, die zum Einholen der Genehmigungen für den Betrieb der Anlage und das Abführen des geförderten Wassers erforderlich sind.

Abs. 3.2.1:
AG: keine ergänzenden Angaben
AN: Der AN hat Umfang, Leistung, Wirkungsgrad und Sicherheit der Wasserhaltungsanlage dem vorgesehenen Zweck entsprechend zu bemessen nach den Angaben oder Unterlagen des AG zu hydrologischen und geologischen Verhältnissen. Er hat dabei den Nachweis zu führen, dass die vorgesehene Anlage geeignet und ausreichend ist. In diesem Fall sind die allgemeine Anordnung der Anlage, die Lage der Pumpensümpfe oder Brunnen nach Ort, Höhe und Tiefe, die Brunnenart, der Standort und die Leistung der Pumpen, die Antriebsmaschinen, die Kraftquelle und der Kraftbedarf, die Lage, Länge und Durchmesser der Rohrleitungen und andere Einzelheiten anzugeben. Grundlegende Abweichungen hiervon sind nur mit Zustimmung des AG zulässig.

DIN 18313: Schlitzwandarbeiten mit stützenden Flüssigkeiten

Abs. 4.2.12:
AG: keine ergänzenden Angaben
AN: Liefern statischer Berechnungen, Standsicherheitsnachweisen und von Ausführungszeichnungen.

DIN 18334: Zimmer- und Holzbauarbeiten,

Abs. 3.1.2:
AG: keine ergänzenden Angaben
AN: Der AN hat nach Planungsunterlagen des AG die für die Ausführung erforderlichen Werkstattzeichnungen und Beschreibungen vor Fertigungsbeginn zu erbringen. Sie bedürfen der Freigabe durch den AG. Aus Darstellungen müssen Konstruktion, Maße, Einbau, Befestigung und Bauanschlüsse der Bauteile sowie die Einbaufolge erkennbar sein.

DIN 18335: Stahlbauarbeiten

Abs. 3.2.1:
AG: keine ergänzenden Angaben
AN: Der AN hat die für Baugenehmigung erforderlichen Zeichnungen und Festigkeitsberechnungen, bei Verbundbauteilen auch für die in Verbundwirkung stehenden Beton- und Stahlbetonteile in drei von ihm unterschriebenen Ausfertigungen dem AG zu liefern.

Abs. 3.2.2:
AG: keine ergänzenden Angaben
AN: Hat der AN zum Zwecke der Bestandsaufnahme weitere Konstruktionsunterlagen, z. B. Skizzen, Tabellen, maßstabs- und/oder mikrofilmgerechte Zeichnungen zu liefern, so schön und dabei müssen daraus folgende Angaben ersichtlich sein: Maße, Werkstoffe, Verbindungen und Verbindungsmittel, Sonderbearbeitungen.

Abs. 3.2.3:
AG: keine ergänzenden Angaben
AN: Vom AN zu liefernde Festigkeitsberechnungen müssen von ihm und vom Aufsteller mit vollem Namen unterschrieben sein. Schweißpläne müssen entsprechend vom AN und vom Schweißfachingenieur unterschrieben sein.

Abs. 3.2.4:
AG: Der AG hat die vom AN gelieferten Ausführungsunterlagen, soweit sie der Genehmigung des AG bedürfen und nicht zu beanstanden sind, in einer Ausfertigung mit seinem Genehmigungsvermerk spätestens 3 Wochen nach der Vorlage zurückzugeben. Beanstandungen sind dem AN unverzüglich mitzuteilen.
AN: keine ergänzenden Angaben

Abs. 3.2.5:

AG: keine ergänzenden Angaben

AN: Die Verantwortung und Haftung, die dem AN nach dem Vertrag obliegt, wird nicht dadurch eingeschränkt, dass der AG Ausführungsunterlagen genehmigt. Der AG erklärt durch seine Genehmigung, dass die Ausführungsunterlagen seinen Forderungen entsprechen.

DIN 18338: Dachdeckungs- und Dachabdichtungsarbeiten

Abs. 3.3.1.1:

AG: keine ergänzenden Angaben

AN: Der AN hat dem AG die Maße für Dachlatten- oder Pfettenabstände, Gratleisten, Kehlschalungen, Traufen, Dübelabstände usw. anzugeben, wenn er die Unterlage für seine Dachdeckung nicht selbst ausführt.

DIN 18351: Fassadenarbeiten

Abs. 3.1.3

AG: keine ergänzenden Angaben

AN: Der AN hat nach den Planungsunterlagen des AG die für die Ausführung erforderlichen Montagezeichnungen und Beschreibungen vor Fertigungsbeginn zu erbringen. Sie bedürfen der Freigabe durch den AG. Aus den Darstellungen müssen Konstruktion, Maße, Einbau, Befestigung und Bauanschlüsse der Bauteile sowie die Einbaufolge erkennbar sein.

DIN 18358: Rollladenarbeiten

Abs. 3.6

AG: keine ergänzenden Angaben

AN: Der AN hat für die von ihm einzubauenden elektrotechnischen Bauteile dem AG zur Verlegung der elektrischen Leitungen einen verbindlichen Geräteplan, ein Schaltbild oder einen Stromlaufplan mit Klemmenplan zur Verfügung zu stellen und die Stromaufnahme (Anlaufstrom) anzugeben. Er hat während der Inbetriebnahme eine mit der Anlage vertraute Fachkraft bei der Prüfung der elektrischen Leitungsanlage zur Verfügung zu stellen.

DIN 18360: Metallbauarbeiten

Abs. 3.1.1.3

AG: keine ergänzenden Angaben

AN: Für Bauteile nach den Abschnitten 3.2 bis 3.6 hat der AN vor Fertigungsbeginn Zeichnungen und/oder Beschreibungen zu liefern. Sie bedürfen der Freigabe durch den AG. Aus den Darstellungen müssen Konstruktion, Maße, Einbau, Befestigung und Bauanschlüsse der Bauteile sowie die Einbaufolge erkennbar sein.

DIN 18379: Raumlufttechnische Anlagen

Abs. 3.1.2:

AG: Zu den für die Ausführung nötigen, vom AG zu übergebenden Unterlagen (s. § 3 Abs. 1 VOB/B) gehören z. B.:
  - Ausführungspläne als Grundrisse, Strangschemata und Schnitte mit Dimensionsangaben,
  - Anlagenkonzeption mit Regelschemata,
  - Schlitz- und Durchbruchpläne,
  - Berechnungen für Wärmebedarf und Kühllast (mit jeweils zugehörigen Luftleitungs- und Ventilatorauslegungen), der Energiebedarfsausweis und die wesentlichen energiebezogenen Merkmale, die der Anlagenaufwandszahl zugrunde liegen,
  - Leistungsdaten der Wärmeüberträger,
  - Angaben zum Schall-, Wärme- und Brandschutz.

AN: Der AN hat dem AG vor Beginn der Montagearbeiten alle Angaben zu machen, die für den ungehinderten Einbau und ordnungsgemäßen Betrieb der Anlage notwendig sind. Der AN hat nach den Planungsunterlagen und Berechnungen des AG die für die Ausführung erforderlichen Montage- und Werkstattplanung zu erbringen und, soweit erforderlich, mit dem AG abzustimmen.

Dazu gehören insbesondere:
– Montagepläne,
– Werkstattzeichnungen,
– Stromlaufpläne,
– Fundamentpläne.
Der AN hat dem AG rechtzeitig die Angaben über die Gewichte der Einbau teile, Stromaufnahme und gegebenenfalls den Anlaufstrom der elektrischen Bauteile und sonstigen Erfordernisse für den Einbau zu machen.

Abs. 3.1.5:
AG: keine ergänzenden Angaben
AN: Bleibt die Leitungsführung dem AN überlassen, hat dieser rechtzeitig einen Ausführungsplan zu erstellen und mit dem AG abzustimmen, damit die erforderlichen Fundament-, Schlitz-, Durchbruch- und Montagepläne erstellt werden können.

Abs. 3.2.8.1
AG: keine ergänzenden Angaben
AN: Stellglieder der Regelstrecken von Raumlufttechnischen Anlagen, die in Gewerke eingebaut werden, die nicht zur vertraglichen Leistung gehören, sind vom AN zu bemessen und zu liefern. Die Bemessung der Stellglieder der Regelstrecken ist vom AN mit dem betreffenden Gewerk abzustimmen.

Abs. 3.2.8.4
AG: keine ergänzenden Angaben
AN: Der AN hat bei der Prüfung und der Inbetriebnahme der von ihm vorgenommenen elektrischen Verkabelung sowie der von ihm erstellten Steuer- und Regelanlage eine mir Anlagen dieser Art vertraute Fachkraft zur Verfügung zu stellen.

Abs. 3.3:
AG: keine ergänzenden Angaben
AN: Die für die behördlich vorgeschriebenen Anzeigen oder Anträge notwendigen zeichnerischen und sonstigen Unterlagen sowie Bescheinigungen sind entsprechend der für die Anzeige-, Erlaubnis- bzw. Genehmigungspflicht vorgeschriebenen Anzahl vom AN dem AG zur Verfügung zu stellen. Dies gilt nicht, wenn die Prüfvorschriften für Anlagenteile eine dauerhafte Kennzeichnung statt einer Bescheinigung zulassen.

Abs. 3.6:
AG: keine ergänzenden Angaben
AN: Der AN hat folgende Unterlagen aufzustellen und dem AG spätestens bei der Abnahme zu übergeben:
– Anlagenschemata,
– elektrische Übersichtsschaltpläne und Anschlusspläne nach DIN EN 61082-1 und DIN EN 61082-3 „Dokumente der Elektrotechnik",
– Zusammenstellung der wichtigsten technischen Daten,
– Kopien der vorgeschriebenen Prüf- und Herstellerbescheinigungen,
– alle für einen sicheren und wirtschaftlichen Betrieb erforderlichen Bedienungs- und Wartungsanleitungen,
– Protokoll über die Einweisung des Wartungs- und Bedienungspersonals.

DIN 18380: Heizanlagen und zentrale Wassererwärmungsanlagen

Abs. 3.1.2
AG: Zu den für die Ausführung nötigen, vom AG zu übergebenden Unterlagen (s. § 3 Abs. 1 VOB/B) gehören z. B.:
– Ausführungspläne als Grundrisse, Strangschemata und Schnitte mit Dimensionsangaben,
– Anlagenkonzeption mit Regelschemata,
– Schlitz- und Durchbruchpläne,

- Berechnungen für Wärmebedarf und Kühllast (mit jeweils zugehörigen Rohrnetz- und Pumpenauslegungen), der Energiebedarfsausweis und die wesentlichen energiebezogenen Merkmale, die der Anlagenaufwandszahl zugrunde liegen,
- Leistungsdaten für Wärmeerzeuger und Wärmeüberträger,
- Angaben zum Schall-, Wärme- und Brandschutz.

AN: Der AN hat dem AG vor dem Beginn der Montagearbeiten alle Angaben zu machen, die für den ungehinderten Einbau u. ordnungsgemäßen Betrieb der Anlage notwendig sind. Der AN hat nach den Planungsunterlagen und Berechnungen des AG die für die Ausführung erforderlichen **Montage- und Werkstattplanung** zu erbringen und soweit erforderlich mit dem AG abzustimmen. Dazu gehören insbesondere:
- **Montagepläne,**
- **Werkstattzeichnungen,**
- **Stromlaufpläne,**
- **Fundamentpläne.**

Der AN hat dem AG rechtzeitig die Angaben über die Gewichte der Einbauteile, Stromaufnahme und gegebenenfalls den Anlaufstrom der elektrischen Bauteile und sonstigen Erfordernisse für den Einbau zu machen.

Abs. 3.1.5:

AG: keine ergänzenden Angaben

AN: Bleibt die Leitungsführung dem AN überlassen, hat dieser rechtzeitig einen **Ausführungsplan** zu erstellen und mit dem AG abzustimmen, damit die erforderlichen Fundament-, Schlitz-, Durchbruch- und Montagepläne erstellt werden können.

Abs. 3.3:

AG: keine ergänzenden Angaben

AN: Die für die behördlich vorgeschriebenen Anzeigen oder Anträge notwendigen **zeichnerischen** und sonstigen Unterlagen sowie Bescheinigungen sind entsprechend der für die Anzeige-, Erlaubnis- bzw. Genehmigungspflicht vorgeschriebenen Anzahl vom AN dem AG zur Verfügung zu stellen. Dies gilt nicht, wenn die Prüfvorschrift für Anlagenteile eine dauerhafte Kennzeichnung statt einer Bescheinigung zulässt.

Abs. 3.4.4:

AG: keine ergänzenden Angaben

AN: Über Druckprüfungen sind Protokolle zu erstellen. Aus ihnen müssen hervorgehen:
- Datum der Prüfung,
- Anlagendaten wie Aufstellungsort, höchstzulässiger Betriebsdruck, bezogen auf den tiefsten Punkt der Anlage,
- Prüfdruck, bezogen auf den Ansprechdruck des Sicherheitsventils
- Dauer der Belastung mit dem Prüfdruck,
- Bestätigung, dass die Anlage dicht ist und an keinem Bauteil eine bleibende Formveränderung aufgetreten ist.

Abs. 3.7:

AG: keine ergänzenden Angaben

AN: Der AN hat folgende Unterlagen aufzustellen und dem AG spätestens bei der Abnahme zu übergeben:
- Anlagenschemata,
- elektrische Übersichtsschaltpläne und Anschlusspläne nach DIN EN 61082-1 und DIN EN 61082-3 „Dokumente der Elektrotechnik",
- Zusammenstellung der wichtigsten technischen Daten,
- Kopien der vorgeschriebenen Prüf- und Herstellerbescheinigungen,
- Wartungs- und Bedienungsanleitungen nach DIN EN 12170 „Heizungsanlagen in Gebäuden
- Betriebs-, Wartungs- und Bedienungsanleitungen – Heizungsanlagen, die qualifiziertes Bedienungspersonal erfordern; Deutsche Fassung EN 12170:2002" und DIN EN 12171 „Heizungsanlagen in Gebäuden – Betriebs-, Wartungs- und Bedienungsanleitungen

– Heizungsanlagen, die kein qualifiziertes Bedienungspersonal erfordern; Deutsche Fassung EN 12171:2002",
– Protokolle über die Druckprüfung,
– Protokoll über die Einweisung des Wartungs- und Bedienungspersonals,
– Protokoll über die Abgasmessung.

DIN 18381: Gas-, Wasser und Entwässerungsanlagen innerhalb von Gebäuden

Abs. 3.1.2

AG: Zu den für die Ausführung nötigen, vom AG zu übergebenden Unterlagen (s. § 3 Abs. 1 VOB/B) gehören z. B.:
– **Ausführungspläne** als Grundrisse, Strangschemata und Schnitte mit Dimensionsangaben,
– Anlagenkonzeption mit **Regelschemata,**
– **Schlitz- und Durchbruchpläne,**
– Angaben zum Schall-, Wärme- und Brandschutz.

AN: Der AN hat dem AG vor Beginn der Montagearbeiten alle Angaben zu machen, die für den ungehinderten Einbau und ordnungsgemäßen Betrieb der Anlage notwendig sind. Der AN hat nach den Planungsunterlagen und Berechnungen des AG die für die Ausführung erforderlichen **Montage- und Werkstattplanung** zu erbringen und, soweit erforderlich, mit dem AG abzustimmen. Dazu gehören insbesondere:
– **Montagepläne,**
– **Werkstattzeichnungen,**
– **Stromlaufpläne,**
– **Fundamentpläne.**
Der AN hat dem AG rechtzeitig die Angaben über die Gewichte der Einbauteile, Stromaufnahme und gegebenenfalls den Anlaufstrom der elektrischen Bauteile und sonstigen Erfordernisse für den Einbau zu machen.

Abs. 3.3.1

AG: keine ergänzenden Angaben

AN: Stellglieder der Regelstrecken, die in Gewerke eingebaut werden, die nicht zur vertraglichen Leistung gehören, sind vom AN zu bemessen und zu liefern. Die Bemessung der Stellglieder der Regelstrecken ist vom AN mit dem betreffenden Gewerk abzustimmen

Abs. 3.5

AG: keine ergänzenden Angaben

AN: Der AN hat folgende Unterlagen aufzustellen und dem AG spätestens bei der Abnahme zu übergeben:
– **Anlagenschemata,**
– **elektrische Übersichtsschaltpläne** und **Anschlusspläne** nach DIN EN 61082-1 und DIN EN 61082-3 „Dokumente der Elektrotechnik",
– Zusammenstellung der wichtigsten technischen Daten,
– Kopien der vorgeschriebenen Prüf- und Herstellerbescheinigungen,
– alle für einen sicheren und wirtschaftlichen Betrieb erforderlichen Bedienungs- und Wartungsanleitungen,
– Protokoll über die Dichtigkeitsprüfung,
– Protokoll über die Einweisung des Wartungs- und Bedienungspersonals.

DIN 18382: Nieder- und Mittelspannungsanlagen, Abs. 3.1.3:

AG: Zu den für die Ausführung nötigen Unterlagen (s. § 3 Abs. 1 VOB/B) des AG gehören z. B.:
– **Übersichtsschaltpläne,**
– **Anlagenschemata,**
– **Funktionsfließschemata oder Beschreibungen,**
– **Ausführungspläne,**
– **Schlitz- und Durchbruchpläne,**
– **Leistungsaufnahmelisten** der bauseits bereitgestellten elektrischen Komponenten.

AN: Der AN hat dem AG vor Beginn der Montagearbeiten alle Angaben zu machen, die für den ungehinderten Einbau und ordnungsgemäßen Betrieb der Anlage notwendig sind. Der AN hat nach den Planungsunterlagen und Berechnungen des AG die für die Ausführung erforderlichen **Montage- und Werkstattplanung** zu erbringen und, soweit erforderlich, mit dem AG abzustimmen. Dazu gehören insbesondere:
– **Stromlaufpläne**,
– **Adressierungspläne**,
– **Aufbauzeichnungen** v. Verteilungen,
– **Stücklisten**,
– **Klemmenpläne** und Belegung,
– **Funktionsbeschreibungen**.

DIN 18384: Blitzschutzanlagen, Abs. 3.4:
AG: keine ergänzenden Angaben
AN: **Prüfung**
Der AN hat nach Fertigstellung der Blitzschutzanlage eine Abnahmeprüfung durchzuführen/durchführen zu lassen und dem AG einen **schriftlichen Bericht** über das Ergebnis der Prüfung zu liefern. Die Abnahmeprüfung ist nach DIN VDE 0185-1 (VDE 0185 Teil 1): 1982-11, Abschnitt 7, durchzuführen. In dem Bericht sind auch die Erdungswiderstände anzugeben.

DIN 18384: Förderanlagen, Aufzugsanlagen, Fahrtreppen und Fahrsteige

Abs. 3.1.1
AG: keine ergänzenden Angaben
AN: Der AN hat dem AG unmittelbar nach Auftragserteilung alle Angaben zu machen, die für den ungehinderten Einbau und ordnungsgemäßen Betrieb der Anlage notwendig sind. Der AN hat nach den Planungsunterlagen und Berechnungen des AG die für die Ausführung erforderlichen **Montage- und Werkstattplanung** zu erbringen und, soweit erforderlich, mit dem AG abzustimmen. Dazu gehören insbesondere:
– **Montagepläne**,
– **Anlagezeichnungen**,
– Angaben für statische und dynamische Lasten.
Der AN hat dem AG rechtzeitig die Angaben zu machen über die Stromaufnahme und gegebenenfalls den Anlaufstrom der elektrischen Bauteile, sonstigen Erfordernisse für den Einbau.

Abs. 3.4:
AG: keine ergänzenden Angaben
AN: Der AN hat dem AG alle für den sicheren und wirtschaftlichen Betrieb der Anlage erforderlichen Bedienungs- und Wartungsanleitungen, **Anlageschemata**, **Übersichtsschalt- und Anschlusspläne** nach den Normen der Reihe DIN EN 61082 „Dokumente der Elektrotechnik" sowie das **Prüfbuch** in einfacher Ausfertigung zu übergeben.

DIN 18386: Gebäudeautomation

Abs. 3.1.3:
AG: Zu den für die Ausführung nötigen Unterlagen(s. § 3 Abs. 1 VOB/B) des AG gehören insbesondere:
– **Funktionslisten** nach DIN EN ISO 16484-3[43], bei Anbindung von Fremdsystemen mit Angaben nach VDI 3814 Blatt 5[44] (Gebäudeautomation (GA) – Hinweise zur Systemintegration
– **Anlagenschemata**,
– **Funktionsfließschemata** oder Beschreibungen,
– Zusammenstellung der Sollwerte und Betriebszeiten,

---
[43] Aktuelle Fassung: DIN EN ISO 16484-3:2005
[44] Aktuelle Ausgabe: März 2010

– **Ausführungspläne,**
– Daten zur Auslegung der Stellglieder und Stellantriebe,
– Leistungsaufnahmen der elektrischen Komponenten
– Adressierungskonzept
– Brandschutzkonzept
– Störungsmelde- Störungsmeldeweiterleitungskonzept.

In der oben erwähnten VDI-Richtlinie 3814, Blatt 5 „Gebäudeautomation (GA) – Hinweise zur Systemintegration" wird unter Ziffer 5.5 darauf hingewiesen, dass die in dieser Norm erläuterten Leistungen des „Integrationsplaners", die einen wesentlichen Teil der Planungsleistungen bei der Gebäudeautomation ausmachen, weder in der HOAI noch in der VOB definiert seien; dies wird mit dem Hinweis unterstrichen, dass die Leistungen bei der Integrationsplanung schon im Rahmen der Bedarfsplanung erbracht werden sollten, um den späteren Einfluss auf die spätere Fachplanung zu ermöglichen. Daher müssen die in der HOAI erfassten Fachplanungsleistungen für die Gebäudeautomation nur die oben aufgezählten Ergebnisse mit Ausnahme des Brandschutzkonzepts erreichen; letzteres ist das Ergebnis einer eigenständigen Fachplanung, deren Leistungen und Honorare in der HOAI ebenfalls nicht erfasst sind.

AN: Der AN hat dem AG vor Beginn der Montagearbeiten alle Angaben zu machen, die für den ungehinderten Einbau und ordnungsgemäßen Betrieb der Anlage notwendig sind. Der AN hat nach den Planungsunterlagen und Berechnungen des AG die für die Ausführung erforderlichen **Montage- und Werkstattplanung zu erbringen und, soweit erforderlich, mit dem AG abzustimmen. Dazu gehören insbeson**dere:
– **Automationsschemata** mit Darstellung der wesentlichen Funktionen auf Basis der **Anlagenschemata** gemäß Anlagenplanung,
– **Stromlaufpläne** nach DIN EN 61082-1 (VDE 0040-1) „Dokumente der Elektrotechnik – Teil1: Regeln",
– **Automationsstations-Belegungspläne** einschließlich Adressierung,
– Übersichtsplan mit Eintragung der Standorte der Bedieneinrichtungen und Informationsschwerpunkte,
– **Funktionsbeschreibungen,**
– **Montagepläne** mit Einbauorten der Feldgeräte,
– **Kabellisten** mit Funktionszuordnung und Leistungsangaben.
– **Stücklisten**

Abs. 3.3.2:
AG: keine ergänzenden Angaben
AN: Die Inbetriebnahme und die Einregulierung der Anlage und Anlagenteile ist, soweit erforderlich, gemeinsam mit Verantwortlichen der beteiligten Leistungsbereiche durchzuführen. Inbetriebnahme und Einregulierung sind durch Protokolle mit Mess- und Einstellwerten zu belegen.

Abs. 3.4.1 und 3.4.2:
AG: keine ergänzenden Angaben
AN: Es ist eine Abnahmeprüfung, die aus Vollständigkeits- und Funktionsprüfung besteht, durchzuführen.
Die Funktionsprüfung umfasst insbesondere:
– Prüfung der Protokolle der Inbetriebnahme und Einregulierung,
– stichprobenartige Prüfung von Automationsfunktionen, z. B. Regel-, Sicherheits-, Optimierungs- und Kommunikationsfunktionen,
– stichprobenartige Einzelprüfungen von Meldungen, Schaltbefehlen, Messwerten, Stellbefehlen, Zählwerten, abgeleiteten und berechneten Werten,
– Prüfung der Systemreaktionszeiten
– Prüfung der Systemeigenüberwachung,
– Prüfung des Systemverhaltens nach Netzausfall und Netzwiederkehr.

Abs. 3.5
AG: keine ergänzenden Angaben

AN: Der AN hat im Rahmen seines Leistungsumfanges folgende Unterlagen aufzustellen und dem AG spätestens bei der Abnahme in geordneter und aktualisierter Form zu übergeben:
– **Automationsschemata**,
– **Stromlaufpläne** nach DIN EN 61082-1 (VDE 0040-1),
– **Automationsstations-Belegungspläne** einschließlich Adressierung,
– **Verbindungsschaltplan** nach DIN EN 61082-1 (VDE 0040-1),
– **Übersichtsplan** mit Eintragung der Standorte der Bedieneinrichtungen und Informationsschwerpunkte,
– **Stücklisten**,
– **Funktionsbeschreibungen**,
– Protokolle der Inbetriebnahme und Einregulierung
– für einen sicheren und wirtschaftlichen Betrieb erforderliche Bedienungsanleitungen und Wartungshinweise,
– Ersatzteillisten,
– projektspezifische Programme und Daten auf Datenträgern
– Protokoll über die Einweisung des Bedienpersonals,
– vorgeschriebene Werk- und Prüfbescheinigungen.

Die im Vergleich mit der Verordnung von 2009 neue, zu den Grundleistungen gehörende Vorschrift des § 43 Abs. 3 eröffnet den Vertragsparteien die Möglichkeit, bei zu erwartendem **überdurchschnittlichen Aufwand an Ausführungszeichnungen**, die **Grundleistungen bei der Ausführungsplanung** anstelle mit 15 v. H. **mit bis zu 35 v. H.** der Honorare nach § 42 Abs. 1 zu bewerten. Auffallend ist, dass die Erhöhung des Vomhundertsatzes am Zeichnungsaufwand und nicht am Gesamtaufwand für die Ausführungsplanung festgemacht ist. Die gleiche Leistung – allerdings begrenzt auf Bauwerke und Anlagen der Wasserversorgung, der Abwasserentsorgung, des Wasserbaus und der Abfallentsorgung – nannte die Vorgängerverordnung bei den Besonderen Leistungen zur Leistungsphase 5 (dort § 42). Die Vorschrift war schon mit nahezu identischer Formulierung mit der ersten HOAI-Novelle 1985[45] als § 55 Abs. 4 – somit ebenfalls als Grundleistung – mit folgender Amtl. Begr. eingeführt worden und bis 2009 gültig: *„Die in Leistungsphase 5 erfassten Leistungen können bei Bauwerken und Anlagen des Wasserbaus, der Wasserwirtschaft und der Abfallbeseitigung einen so erheblichen Umfang haben, dass die für diese Leistungsphase vorgesehene Honorierung nicht der Leistung des Auftragnehmers entspricht."* Und weiter sagt die Amtl. Begr., dass *„bei Bauwerken und Anlagen des Wasserbaus, der Wasserwirtschaft und der Abfallbeseitigung ... insofern besondere, von den übrigen Ingenieurbauwerken und Verkehrsanlagen abweichende Verhältnisse"* vorliegen würden. Damit ist die Herkunft der neuen Vorschrift erklärt. **90**

Im Gegensatz zu den bisher geltenden Bestimmungen muss ein über 15 v. H. hinausgehender Vomhundertsatz **nicht bei Auftragserteilung**, sondern lediglich zu einem nicht näher bestimmten Zeitpunkt schriftlich vereinbart werden. Daher ist die in der Verordnung geforderte Vereinbarung auch während der Projektdurchführung möglich. Das ist deswegen wichtig, weil überdurchschnittliche Leistungen für Ausführungszeichnungen bei zahlreichen Ingenieurbauwerken frühestens während der Entwurfsplanung erkennbar sind. Daher dürfte eine Vereinbarung auch dann rechtswirksam sein, die erst nach Erkennen der besonderen Erschwernisse für die Ausführungsplanung getroffen wird. **91**

Ursprünglich nur auf die Ausführungsplanung für **Bauwerke und Anlagen in der Wasser- und Abfallwirtschaft** begrenzt, gilt die Vorschrift nun für alle Ingenieurbauwerke. Die Voraussetzung für die Anwendung der Vorschrift ist stets **bei Ingenieurbauwerken** gegeben, deren Funktion und Größe wesentlich von **maschinentechnischen, verfahrens- und prozesstechnischen Anlagen** beeinflusst wird. Hierzu zählen z. B. Pumpwerke, Kläranlagen, Wasserwerke, Kompostwerke und Verbrennungsanlagen und andere vergleichbare Bauwerke und Anlagen. Auch alle sonstigen Bauwerke und Anlagen, die aus einer Vielzahl unterschiedlicher Ingenieurbauwerke zusammengesetzt sind, wie z. B. Wasserkraftanlagen, Schiffsschleusen und Abfallbe- **92**

---

[45] HOAI 1985, Bundesanzeigerausgabe der HOAI in der vom 01.01.1985 an geltenden Fassung, Amtl. Begr. zu § 55 Abs. 4, S. 89.

handlungsanlagen sind hier zu nennen. Auch der **Kanalbau oder der Gewässerausbau können einen überdurchschnittlichen Aufwand an Ausführungszeichnungen** erfordern, um das Objekt ausführen zu können. Dasselbe gilt für Ausführung von **Brücken** in Sonderkonstruktionen.

93 **Überdurchschnittlicher Aufwand für Ausführungszeichnungen** kann bei allen Ingenieurbauwerken **in jeder Honorarzone** entstehen. Er ist abhängig vom Umfang der jeweiligen Maßnahmen und der Unterschiedlichkeit von Ausführungsdetails. Welcher Aufwand überdurchschnittlich ist, ist in der HOAI nicht definiert. Eine Erklärung für die Bauwerke der Wasser-, Abwasser- und Abfallwirtschaft kann aus der Amtl. Begr. zur HOAI 1985[46] abgeleitet werden. Dort weist der Verordnungsgeber darauf hin, dass die in Teil VII HOAI 1985 für Ingenieurbauwerke verordneten Honorare nach Ermittlungen der Auftragnehmer annähernd ihrem „Besitzstand" nach dem LAWA-Vertragsmuster entsprachen, wie er 1976 erreicht worden sei. Dieser **Besitzstand** ist hinsichtlich der Bewertung der Leistungen aus den „Hinweisen für die Vergabe von Ingenieurleistungen – wasserwirtschaftliche Maßnahmen" der Länderarbeitsgemeinschaft Wasser in der Fassung von 1970 bzw. 1978 ablesbar. Nach der dortigen Ziffer 4.2.5 wurde das Honorar für sämtliche mit der HOAI 1985 im Wesentlichen vergleichbaren Ingenieurleistungen ohne die Teilleistung „Nachprüfen von Ausführungszeichnungen Dritter" mit insgesamt 95 v. H. des Honorarsatzes bewertet. Zu den zusätzlich zu vergütenden Sonderleistungen des Ingenieurs gemäß dortiger Ziffer 3.3 gehörte insbesondere das „Anfertigen von Ausführungszeichnungen"; eine Bewertung dieser Leistung im LAWA-Vertragsmuster erfolgte nicht. Stattdessen wurde, wenn nicht eine Pauschalvergütung vereinbart war, die hierfür übliche Vergütung nach Ziffer 11.9 der Leistungs- und Honorarordnung der Ingenieure (LHO) vom 01.07.1969 mit 10 bis 30 v. H. des Honorars angesetzt. Dort wurden Ausführungszeichnungen als solche definiert, „die in weiterer Ausarbeitung der Entwurfsunterlagen alle zur Bauausführung erforderlichen Einzelheiten enthalten".

94 In den Verträgen, auf welche die Amtliche Begründung zur HOAI 1985 Bezug nimmt, wurden somit die **vollständigen Leistungen unter Einschluss der Ausführungszeichnungen**, allerdings ohne die Leistungen bei der örtlichen Bauüberwachung, **mit 105 bis 125 v. H. des Honorarsatzes** bewertet. Damit wurde die folgende Empfehlung der o. e. LAWA-Hinweise unter Ziffer 3.3 umgesetzt: *„Wird die eingehende konstruktive Bearbeitung besonderer Bauwerksteile verlangt, so sind diese Leistungen … als Sonderleistungen zu vergüten"*. Daraus folgerten die in der Amtlichen Begründung zitierten Auftragnehmer und der Verordnungsgeber gleichermaßen, dass der „Besitzstand" der Auftragnehmer durch diese Bewertungsspanne ausgedrückt sei. Im Einzelfall wurde bei Objekten geringerer Klassen (entsprechend geringerer Honorarzone nach HOAI) tendenziell der geringere, bei Objekten höheren Klassen im Regelfall der größere Wert vereinbart.

95 Der Verordnungsgeber erkannte 1985 nicht nur den grundsätzlichen Honoraranspruch für die hier diskutierten Leistungen an und verordnete mit der HOAI-typischen Von-Bis-Formulierung in § 55 Abs. 4 HOAI a. F. eine Bewertungsspanne, sondern er verdeutlichte mit den zitierten Hinweisen, dass es sich bei diesen Leistungen um regelmäßig notwendige Leistungen handelt. Bei der Wahl einer erhöhten Bewertungszahl für die Ausführungsplanung zwischen 15 und 35 v. H. ging und geht es auch heute **weniger um die Grundsatzfrage**, ob überhaupt ein **„überdurchschnittlicher" Aufwand** bei Durchführung der Leistungen bei Ingenieurbauwerken entsteht, **sondern wie dieser grundsätzlich überdurchschnittliche Aufwand zu bewerten ist**.

96 Eine objektive Wertung des unbestimmten Rechtsbegriffs „überdurchschnittlich" ist nicht möglich. Da der Verordnungsgeber die Erhöhungsmöglichkeit überhaupt verordnete, legt den Schluss nahe, dass zu seiner Eingrenzung die in § 44 Abs. 2 bis 5 genannten Bewertungsmerkmale zu verwenden. Es wird folgende honorarzonenabhängige Bewertung empfohlen:

Honorarzone I   = 15 v. H. (keine Erhöhung)

Honorarzone II   = 20 v. H.

Honorarzone III = 25 v. H.

Honorarzone IV   = 30 v. H.

Honorarzone V   = 35 v. H.

---

[46] A. a. O. Seite 83

b) Besondere Leistungen

Die Verordnungsbegründung erläutert nicht, wie die als Besondere Leistungen neu erwähnte **97** **objektübergreifende, integrierte Bauablaufplanung** zu verstehen ist. Nach WIKIPEDIA ist eine Ablaufplanung die Voraussetzung für die Terminplanung. Weiter heißt es: *„Durch die Ablaufplanung wird eine logische Folge der erforderlichen Aktivitäten festgelegt, ohne dass diesen bereits konkrete Termine in Form von Kalenderdaten zugewiesen werden. … Durch eine Ablaufplanung (Bauablaufplanung) wird ein terminliches Modell eines Projektes (Bauprojektes) erstellt, aus dem die Reihenfolge der einzelnen Projektschritte (Bauablauf) hervorgeht. Wird die Ablaufplanung für ein spezifisches Projekt mit konkreten Kalenderdaten versehen, so erhält man eine Terminplanung oder einen Terminplan, am Bau: Bauzeitenplan. Grundlegendes Element von Ablaufplänen sind Vorgänge (in der Produktion: (Arbeits-)Abläufe und Ablaufabschnitte). Ein Projekt wird in Vorgänge untergliedert. Vorgänge können konkrete Arbeitsvorgänge sein (z. B. Herstellen der Decke über dem Erdgeschoss) oder organisatorische Aufgaben (z. B. Schalungsplanung durchführen oder eine Genehmigung einholen). Zur eindeutigen Bestimmung werden die Vorgänge regelmäßig mit eineindeutigen Vorgangsnummern versehen. Jeder Vorgang benötigt eine gewisse Zeitdauer. Diese wird über Aufwands- oder Leistungswerte berechnet oder mit Expertenwissen festgelegt.*

Bei größeren Bauablaufplänen sind die Strukturierung des Projektes (Projektstrukturplan) und **98** *damit die Festlegung der zu planenden Vorgänge sorgfältig durchzuführen. Ziel ist, in einer hierarchischen Struktur alle maßgeblichen Vorgänge zu erfassen und sich gleichzeitig so zu beschränken, dass nur die projektrelevanten Vorgänge aufgeführt werden."* Diesen Erläuterungen ist nichts hinzuzufügen; damit sind bei der objektübergreifenden und integrierten Ablaufplanung alle ausführungsrelevanten Schritte zu erfassen, welche die Projektbeteiligten – also mindestens Auftraggeber, Objektplaner, Fachplaner, SiGeKo-Planer, Aufsichts- und Genehmigungsbehörden – machen müssen, um den Projekterfolg zu erreichen. Angemessene Honorare für diese Leistungen werden am zweckmäßigsten aufwandsbezogen vereinbart. Empfehlend kann auch auf die einschlägige Fachliteratur verwiesen werden. Hilfestellung leistet u. a. die unten genannte Veröffentlichung der AHO-Schriftenreihe[47].

Die ebenfalls neu erwähnten Besonderen Leistungen bei der **„Koordination des Gesamtpro- 99 jekts"** sind die auf Dritte delegierbaren Bauherrenleistungen bei der **Projektsteuerung**. Auch zur Definition dieser Leistung fehlt eine Erläuterung in der Verordnungsbegründung. Hier vermittelt das folgende Zitat aus WIKIPEDIA einen ersten Überblick:

„Der Begriff Projektsteuerung wurde 1977 in der Honorarordnung für Architekten und Ingenieure (HOAI) erstmals verwendet und grenzt sie begrifflich und inhaltlich klar von anderen Projektmanagementleistungen ab. Das Leistungsbild der Projektsteuerung war in § 31 der HOAI 1977 definiert. …

Projektsteuerung im Sinne der HOAI war die Übernahme von delegierbaren Auftraggeberfunktionen, wie z. B.:
- *Erstellen und Koordinieren des Programms für das Gesamtprojekt.*
- *Aufstellen und Überwachen von Organisation-, Termin- und Zahlungsplänen bezogen auf Projekt und Projektbeteiligte.*
- *Laufendes Informieren des Auftraggebers über die Projektabwicklung und rechtzeitiges Herbeiführen von Entscheidungen des Auftraggebers".*

Der Deutsche Verband der Projektmanager in der Bau- und Immobilienwirtschaft (DVP) und der AHO entwickelten seit 1996 wurde das Leistungsbild der Projektsteuerung fort und versuchten damit, ein klarer abgegrenztes Leistungsbild für Projektsteuerungsleistungen schaffen. Dieses umfasst die Leistungen von Auftragnehmern, welche die Funktionen des Auftraggebers bei der Steuerung von Projekten mit mehreren Fachbereichen in Stabsfunktion übernehmen.

---

[47] Heft 9: „Projektmanagementleistungen in der Bau- und Immobilienwirtschaft", Heft 19: „Neue Leistungsbilder zum Projektmanagement in der Bau- und Immobilienwirtschaft", September 2004, und Heft 22: „Leistungsbild und Honorierung Leistungen für Baulogistik", März 2011

Die Leistungen sind in fünf Handlungsbereiche und fünf Projektstufen gegliedert:

Handlungsbereiche sind:

A Organisation, Information, Koordination und Dokumentation
B Qualitäten und Quantitäten
C Kosten und Finanzierung
D Termine, Kapazitäten und Logistik
E Verträge und Versicherungen

Die Projektstufen der Handlungsbereiche gliedern sich in:

1. Projektvorbereitung
2. Planung
3. Ausführungsvorbereitung
4. Ausführung
5. Projektabschluss

Die aktuelle Fassung dieser Empfehlungen enthält das in FN 44 erwähnte Heft 9 der AHO-Schriftenreihe.

100   Das **Aufstellen von Ablauf- und Netzplänen** ist nur bei größeren, komplexen und zeitlich eng limitierten Bauvorhaben üblich. Neben dem Aufstellen dieser Pläne ist in der Regel auch deren ständige Fortschreibung erforderlich. Beide Leistungen werden im Regelfall als Steuerungsinstrumente bei der o. e. objektübergreifenden Bauablaufplanung verwendet.

101   Als vierte Besondere Leistung nennt HOAI-Anlage 12.1 das **Planen von Anlagen der Verfahrens- und Prozesstechnik für Ingenieurbauwerke** gemäß § 41 Nr. 1 bis 3 und 5, die dem Auftragnehmer übertragen werden, der auch die Grundleistungen für die jeweiligen Ingenieurbauwerke erbringt. Mit dieser Formulierung, die wörtlich der Vorschrift des § 55 Abs. 4 S. 2 HOAI 1996/2002 entspricht, welche den grundsätzlichen Anspruch des Objektplaners für diese Leistungen in allen Leistungsphasen der Objektplanung, nicht aber dessen Höhe regelte, wird der Eindruck erweckt, dass dies auch künftig gelten würde. Darauf deuten die unverständlichen Ausführungen in der Verordnungsbegründung[48] zu dieser Besonderen Leistung in Leistungsphase 5 hin. Dort heißt es: „*Entsprechend der Anlage 2.8.5 der HOAI 2009 wird als Besondere Leistung das Planen von Anlagen der Verfahrens- und Prozesstechnik beibehalten. Für den Fall, dass die Planung von Anlagen der Verfahrens- und Prozesstechnik als eigenständiges Objekt beauftragt wird, wurde die Objektliste der Anlagen der technischen Ausrüstungsanlagengruppe 7.2 um die verfahrenstechnischen Anlagen erweitert, siehe § 53 Abs. 2 Nummer 7 Alt. 2 neu*".

102   Damit scheint der Verordnungsgeber die Honorierung **derselben Leistungen unterschiedlich verordnet** zu haben:
    – **Leistungen des Objektplaners**, der als Fachplaner **zusätzlich** zur Objektplanung eines Objekts die **Fachplanung** dessen Anlagen der Verfahrens- und Prozesstechnik bearbeitet, sollen **Besondere Leistungen** sein.
    – **Leistungen eines** getrennt mit der Fachplanung der Anlagen der Verfahrens- und Prozesstechnik des gleichen Objekts beauftragten **Fachplaners** sollen **Grundleistungen** nach § 55 in Teil 4 Abschnitt 2 HOAI sein.

Nach § 3 Abs. 3 ist eine solche Interpretation unzulässig, da die Leistungen bei der Fachplanung der Anlagen der Verfahrens- und Prozesstechnik im Leistungsbild Technische Ausrüstung als Grundleistungen verordnet sind. Dann können dieselben Leistungen im Leistungsbild Objektplanung keine Besonderen Leistungen sein. Daher kann die in HOAI-Anlage 12.1 genannte vierte Besondere Leistung des Objektplaners nur als eine **Planungsleistung** verstanden werden, **die über die allgemein üblichen Anforderungen bei der Ausführungsplanung der Bauwerke und der verfahrenstechnischen Anlagen hinausgeht,** die mit diesen Anlagen ausgestattet werden sollen. Die Vorschrift eröffnet daher den Vertragspartnern die Möglichkeit, ein zusätzliches Honorar für Leistungen bei der Ausführungsplanung zu vereinbaren, die über die Grundleistungen für die betroffenen Bauwerke und Anlagen hinausgehen.

---

48 s. Bundesratsdrucksache 334-13, S. 199

Wollte aber der Verordnungsgeber mit der widersprüchlichen Definition der Besonderen Leistung des Objektplaners in Leistungsphase 5 zum Ausdruck bringen, dass der **Objektplaner**, welcher **Grundleistungen bei der Fachplanung** der Anlagen der Verfahrens- und Prozesstechnik erbringt, keine Leistungen für ein eigenständiges Objekt erbringt und deswegen keinen Anspruch auf Honorierung dieser Leistungen als Fachplanungsleistungen besitzen würde, würde er seiner eigenen Verordnungsbegründung widersprechen. So wurde in diesem Kommentar mit den Erläuterungen zu § 42 unter Rdn. 14 schon auf die Amtl. Begr. zum wortgleichen § 32 Abs. 2 HOAI 2009 (jetzt § 33 Abs. 2) hingewiesen, wonach der Objektplaner zusätzlich Anspruch auf dasselbe Honorare wie ein Fachplaner habe, wenn er neben den Objektplanungsleistungen zusätzlich die Fachplanungsleistungen für die Technischen Anlagen ausführe. Als **Objektplaner** hat er danach Anspruch auf ein Honorar auf der Grundlage der **anrechenbaren Kosten, die nach § 33 Abs. 2** gemindert werden müssen; **als Fachplaner** der verfahrenstechnischen Anlagen nach § 53 Abs. 2 Nr. 7 hat er Anspruch auf ein ungemindertes Honorar nach **Teil 4 Abschnitt 2** (Technische Ausrüstung). Diese für Gebäude und Innenräume geltende Interpretation gilt natürlich sinngemäß auch für Ingenieurbauwerke.

103

Die in dem unter Rdn. 101 zitierten Satz 1 der Verordnungsbegründung enthaltene Regelung („Beibehaltung als Besondere Leistung") war in § 55 Abs. 4 S. 2 und 3 HOAI 1996/2002 als Ergänzung der verordneten Grundleistungen ähnlich formuliert. Sie besaß dort aber eine andere Bedeutung: sie galt aber als Ersatz für die in dieser Verordnung noch nicht verordnete Honorierung der Fachplanungsleistungen bei den Anlagen der Verfahrens- und Prozesstechnik. Offenbar wurde dies in den Verordnungen von 2009 und 2013 übersehen und führte zu der missverständlichen Übernahme als Besondere Leistung in die zugehörigen Verordnungsbegründungen. In der 4. Auflage dieses HOAI-Kommentars[49] berichtete der Verfasser ausführlich über Entwicklung, Hintergründe und praxisgerechte Interpretation dieser Vorschrift in der HOAI 1991. Die führte auch zu der in den Hinweisen zum RBBau-Vertragsmuster „Ingenieurbauwerke und Verkehrsanlagen" von 1993[50] veröffentlichten Anweisung an die nachgeordneten Behörden, das damals nicht verordnete Honorar für die Fachplanungsleistungen bei den verfahrens- und prozesstechnischen Anlagen von Bauwerken und Anlagen der Wasserversorgung, Abwasserbehandlung, Schlammbehandlung und Abfallbehandlung als „Zuschlagshonorar" auf das Objektplanungshonorar zu berechnen. Damit war die Umsetzung der in der Amt. Begr. der HOAI 1991 geschilderten unterschiedlichen Vertragspraxis in eine konkrete einfach zu handhabende Regelung zur Berechnung des Honorars für Fachplanungsleistungen der Objektplaner für die Anlagen der Verfahrens- und Prozesstechnik gelungen, die jedoch nicht verordnet war. Sie ist nun durch die Regelungen in Teil 4 Abschnitt 2 ersetzt, worin die Grundleistungen und deren Honorare für diese Anlagen verordnet sind.

104

Die Ausführung von Ingenieurbauwerken kann **nach Vorgabe einer funktionalen Leistungsbeschreibung** – nach § 7 VOB/A[51] Leistungsbeschreibung mit Leistungsprogramm – „schlüsselfertig" durchgeführt werden (s. Erläuterungen zu Besonderen Leistungen in Phase 6, Rdn. 117 ff.). In diesem Fall kann es notwendig sein, die vom ausführenden Unternehmen ausgearbeiteten **Ausführungspläne auf Übereinstimmung mit der Entwurfsplanung** und auf Erfüllung der Qualitätskriterien zu prüfen, die in den Ausschreibungsunterlagen definiert sind. Diese Leistung des Objektplaners ist eine in der Verordnung bei Ingenieurbauwerken nicht erwähnte **Besondere Leistung**, die teilweise oder ganz **an die Stelle der bewerteten Leistung** tritt. Sie entspricht der in Anlage 10.1 bei der Leistungsphase 5 genannten Besonderen Leistung bei Gebäuden und Innenräumen, dem *„Prüfen der von bauausführenden Unternehmen auf Grundlage der Leistungsbeschreibung mit Leistungsprogramm ausgearbeiteten Ausführungspläne auf Übereinstimmung mit der Entwurfsplanung".* Solche Prüfleistungen waren in dem bereits zitierten, vom OLG Celle entschiedenen Streitfall vom Auftragnehmer zu erbringen (Rdn. 85, FN. 35). In diesem Fall wurde ein Architekt mit den Leistungsphasen 2–8 des § 15 HOAI 1996 für den Neubau einer

105

---

49 Rudolf Jochem, HOAI Kommentar, 4. Auflage 1998, § 52 Rdn. 15 ff,

50 RBBau- Vertragsmuster „Ingenieurbauwerke und Verkehrsanlagen" – Hinweise – Stand: 1. Dezember 1993

51 Zum Zeitpunkt der Manuskripterstellung in der Fassung 2012 (Bekanntmachung vom 24. Oktober 2011 (BAnz. Nr. 182a vom 2. Dezember 2011; BAnz AT 07.05.2012 B1), berichtigt durch Bekanntmachung vom 24. April 2012 (BAnz AT 07.05.2012 B1) und geändert durch Bekanntmachung vom 26. Juni 2012 (BAnz AT 13.07.2012 B3)

Fachhochschule beauftragt. Mit den Metallbauarbeiten an der Fassade und der Dachverglasung (Sheddach) beauftragte der Bauherr ein Fachunternehmen. In den dem Vertrag zwischen Auftraggeber und Unternehmen beigefügten Zusätzlichen Technischen Vertragsbedingungen findet sich der Zusatz: „Die konstruktive Detailausführung ist dem Bieter zur Anwendung eigener Erfahrungen und der betriebseigenen Verfahrensweise freigestellt." Die Werkplanung für die zu liefernden und zu montierenden Teile erbrachte das Unternehmen anstelle des Architekten. Der Architekt versah die gelieferte Werkplanung des Unternehmens jeweils – ohne eigene Überprüfung – mit seinem Freigabestempel. Nach der Fertigstellung wurden in einem selbstständigen Beweisverfahren durch einen Sachverständigen Planungs- und Überwachungsmängel des Architekten an den Metallbauarbeiten festgestellt. Das Landgericht verurteilte den Architekten antragsgemäß dem Grunde nach zur Zahlung von Schadensersatz für die festgestellten Mängel. Das OLG bestätigte das Urteil des LG mit der Feststellung, dass der Architekt sowohl mit der Ausführungsplanung als auch mit der Objektüberwachung beauftragt war. Zwar seien die Werkpläne vorliegend durch das Unternehmen selbst erstellt worden, aber der Architekt sei dennoch gehalten gewesen, die vorgelegten Pläne auf etwaige Fehler zu überprüfen. Der zwischen dem Architekten und dem Auftraggeber geschlossene Vertrag habe keine Einschränkung in Bezug auf die Prüfung der Ausführungsplanung des Unternehmens enthalten. Der Auftrag zur Ausführungsplanung verpflichte den Architekten auch, die ihm durch das Unternehmen vorgelegten Unterlagen zu kontrollieren. Daraus folge, dass der Architekt diese Besondere Leistung statt der ihm in Auftrag gegebenen Leistung ohne besondere Vergütung hätte erbringen müssen, was aber nicht geschah. Damit ist klargestellt, dass das Gericht die streitgegenständliche Leistung zwar als Besondere Leistung bestätigt, gleichzeitig aber verdeutlicht, dass eine Leistung nur dann eine Besondere sein kann, wenn sie nicht anstelle einer Grundleistung zu erbringen ist.

6. Vorbereitung der Vergabe

a) Grundleistungen

Vor Durchführung der Leistungsphase 6 muss der **Auftraggeber u. a. folgende Vorbereitungen und Entscheidungen** getroffen haben[52]:

– Sicherstellung der Finanzierung
– endgültige Klärung der Grundstücksverhältnisse
– Überprüfung der notwendigen öffentlich-rechtlichen Genehmigungen auf Vollständigkeit

106 Die **Vorbereitung der Vergabe** entspricht dem Herstellen der Vergabeunterlagen, mit denen der Auftraggeber des Objektplaners an der Bauausführung interessierte Unternehmen zur Abgabe von Angeboten auffordern kann. Zentrale Grundlage zur Definition von Art und Umfang der dafür vom Objektplaner geschuldeten Leistungen sind bei öffentlichen Auftraggebern die Anforderungen, welche die Vergabe- und Vertragsordnung für Bauleistungen (Teil A) und die Vertrags- und Verdingungsordnung für Leistungen – Teil A – (VOL/A) Ausgabe 2009[53] stellen. In vergleichbarer Weise formulieren auch private Auftraggeber ihre Anforderungen an die Leistungsergebnisse der Objektplaner zur Vorbereitung der Vergabeverfahren für Bauleistungen.

107 Sind die erwarteten Gesamtkosten eines öffentlichen oder mit öffentlichen Mitteln geförderten Bauvorhabens so hoch, dass eine europaweite **Vergabebekanntmachung** erfolgen muss, müssen die die Vergabebekanntmachung und die Unterlagen den dafür aufgestellten Regeln entsprechen. Die Vergabe der Bauarbeiten erfolgt dann je nach Art und Umfang des Projekts im offenen oder nicht offenen Vergabeverfahren, im Verhandlungsverfahren oder im wettbewerblichen Dialog. Um ihre Leistungen richtig und vollständig zu erbringen, müssen Objektplaner diese Regeln genau kennen. Dann können sie Ihre Auftraggeber in fachlicher **Hinsicht** umfassend **beraten** und mit dafür sorgen, dass die **Vergabeverfahren ordnungsgemäß** verlaufen. Sie bewahren dadurch sich und Ihre Auftraggeber vor unnötigen streitigen Auseinandersetzungen mit am Auftrag interessierten Unternehmen und vor dadurch entstehenden Verzögerungen im Bauablauf.

---

[52] So z. B. nach der Mitteilung Nr. 1/89 der Gemeindeprüfungsanstalt Baden-Württemberg
[53] Zum Zeitpunkt der Manuskripterstellung in der Fassung der Bekanntmachung vom 20.11.2009 (BAnz Nr. 196a vom 29.12.2009)

Zunächst wird der Objektplaner – aufbauend auf dem in der Entwurfsplanung erstellten ersten Bauzeitenplan – den **Vergabeterminplan** erarbeiten, in dem er den mit den anderen fachlich Beteiligten abzustimmenden zeitlichen Ablauf des gesamten Vergabeverfahrens entwickelt und mit dem Auftraggeber abstimmt. Dazu gehört auch die endgültige Festlegung über denkbare und sinnvolle Bau- und Ausschreibungsabschnitte oder Lose des Projekts. Erst danach werden der Objektplaner und die anderen fachlich Beteiligten die **endgültigen Mengen** ermitteln und die **Vergabeunterlagen** aufstellen. Bei Ingenieurbauwerken, welche eine Tragwerksplanung erfordern, ist deren Genehmigungsplanung notwendige Voraussetzung für diese Leistungen des Objektplaners.

108

Die verordneten Grundleistungen gehen von der Voraussetzung aus, dass für das Objekt und für alle Gewerke **Leistungsbeschreibungen mit Leistungsverzeichnissen** im Sinne von § 7 Abs. 9 – 12 VOB/A ausgearbeitet werden sollen. Das ergibt sich schon aus der Formulierung des ersten Arbeitsschrittes der Leistungsphase 6, wonach der Objektplaner die **Mengen nach Einzelpositionen** unter Verwendung der Beiträge anderer an der Planung fachlich Beteiligter ermittelt (LPH 6a). Erst recht wird dies durch die Formulierung des zweiten Arbeitsschritts der Leistungsphase 6b) deutlich. Darin wird das Anfertigen der Leistungsbeschreibungen mit Leistungsverzeichnissen als eine „Insbesondere-Leistung" des Objektplaner bezeichnet.

109

Das **Aufstellen der Vergabeunterlagen** ist die geordnete und transparente Zusammenstellung der **Leistungsbeschreibung** mit Leistungsverzeichnissen und der **besonderen Vertragsbedingungen** (LPH 6b). Mit dieser Definition werden die schon zuvor betonten zentralen Koordinierungs- und Integrationsaufgaben des Objektplaners unterstrichen. Welche Aufgaben dabei insbesondere die Fachplaner in der Regel erfüllen, regeln die Leistungsbilder Tragwerksplanung und Technische Ausrüstung (Anlagen 14.1 und 15.1 HOAI): sie erarbeiten in Abstimmung mit dem Objektplaner die Leistungsbeschreibungen mit Leistungsverzeichnissen für ihre Fachbereiche und übergeben sie dem Objektplaner. Dieser prüft die Beiträge der Fachplaner auf Übereinstimmung mit den Grundsätzen seiner eigenen Leistungsbeschreibung mit Leistungsverzeichnis und macht sie für alle Leistungsbereiche einschließlich der entsprechenden formalen Vergabe- und Vertragsunterlagen versandfertig.

110

Häufig stellen Auftraggeber zusätzlich **Besondere Vertragsbedingungen (BVB)** zur Verfügung, welche diese bei der Vergabe für die Durchführung von Werkleistungen bevorzugen. Gerade von öffentlichen Auftraggebern, welche regelmäßig Bauleistungen und Lieferungen vergeben, wird aus Gründen rechtlich abgesicherter Vertragsbestimmungen die Verwendung einheitlicher Vertragsmuster und Verdingungsunterlagen verlangt[54,55]. Solche Auftraggeber betrachten das Überlassen derartiger Unterlagen häufig als Teil der verordneten Grundleistung, für die sie unter Bezug auf § 8 Abs. 2 in den von ihnen einheitlich verwendeten Ingenieurertragsmustern eine anteilige Reduzierung der für diese Leistungsphase verordneten Bewertung vorsehen. Nachdem die HOAI das Herstellen solcher Unterlagen aber nicht ausdrücklich als Grundleistung definiert, ist keine Begründung für eine derartigen Honorarkürzung des Auftraggebers erkennbar; die Reduzierung ist daher unzulässig. Dies gilt insbesondere auch deswegen, weil es sich bei dabei regelmäßig um Regelungen geht, deren Schaffung keine Leistung von Ingenieuren und Architekten, sondern nur von Juristen sein kann.

111

Zu den Leistungen des Objektplaners in dieser Leistungsphase gehört das Abstimmen und Koordinieren der Schnittstellen zu den **Leistungsbeschreibungen der an der Planung fachlich Beteiligten** (LPH 6c)). Die **Leistung des Tragwerksplaners** beschränkt sich allerdings nach dem Leistungsbild der Tragwerksplanung lediglich auf dessen Mitwirkung beim Erstellen der Leistungsbeschreibung des Objektplaners in Form von Ergänzungen zur Mengenermittlung des

112

---

[54] Z. B. Vergabe- und Vertragshandbuch für die Baumaßnahmen des Bundes (VHB 2008 – Stand August 2012), mit Erlass des Bundesministeriums für Verkehr, Bau und Stadtentwicklung vom 02.06.2008 zum 01.07.2008 für den Bundeshochbau eingeführt, einschließlich seiner Aktualisierungen, zuletzt mit Erlass B 15 – 8164.2/2 vom 19.09.2012

[55] Z. B. Kommunales Vergabehandbuch für Baden-Württemberg – KVHB-Bau – mit Formularen; Handbuch für die Vergabe und Ausführung von Bauleistungen im kommunalen Bereich Baden-Württemberg mit Vorschriftensammlung, Loseblattsammlung, Richard Boorberg Verlag, Stuttgart, einschließlich Fortschreibungen

Objektplaners, die dieser als Grundlage für seine Formulierung des Leistungsverzeichnisses des Tragwerks verwenden soll (s. Erläuterungen zu § 51 Rdn. 66). Die Formulierung stellt klar, dass nicht der Tragwerksplaner, sondern der Objektplaner für das Erstellen des Leistungsverzeichnisses für das Tagwerk verantwortlich ist.

113 Anders ist die Aufgabe des Objektplaners bei den Anlagen der technischen Ausrüstung. Nach § 55 und der zugehörigen Anlage 15.1 ermitteln die **Fachplaner der technischen Anlagen** in Leistungsphase 6 die Mengen als Grundlage für das Aufstellen von Leistungsverzeichnissen nach Leistungsbereichen und wirken bei der Abstimmung der Schnittstellen zu den Leistungsbeschreibungen der anderen an der Planung fachlich Beteiligten mit. Aufgabe des Objektplaners ist es, die Leistungsergebnisse der Fachplaner und aller anderen an der Planung und Bauvorbereitung fachlich Beteiligten in die von ihm zu schaffenden Vergabeunterlagen zu integrieren und durch entsprechende Prüfungen dafür zu sorgen, dass es bei den Leistungsbeschreibungen und Mengenermittlungen der fachlich Beteiligten zu keinen falschen Ansätzen oder gar Überschneidungen kommt. Vor Herausgabe der von ihm erstellten Unterlagen muss der Objektplaner sie mit allen an der Planung fachlich Beteiligten abstimmen und die wesentlichen **Ausführungsphasen** festlegen (LPH 6 d)); dasselbe trifft für die von den Fachplanern hergestellten Unterlagen zu, deren Abstimmung und Koordinierung zu den Grundleistungen des Objektplaners zählen. Welche Beiträge anderer fachlich Beteiligter in welcher Form zu berücksichtigen sind, muss im Bedarfsfall einzelvertraglich geregelt werden.

114 Die aktuelle Verordnung nennt in Leistungsphase 6 mit dem **Ermitteln der** (voraussichtlichen) **Kosten** auf Grundlage der vom Planer (Entwurfsverfasser) bepreisten Leistungsverzeichnisse (LPH 6e) und mit der **Kostenkontrolle** durch Vergleich der vom Planer (Entwurfsverfasser) bepreisten Leistungsverzeichnisse mit der Kostenberechnung (LPH 6f) zwei neue Arbeitsschritte als Grundleistungen, die bisher als Besondere Leistungen verstanden wurden. Weder aus dem Verordnungstext noch aus dessen Begründung ergibt sich, weswegen der Verordnungsgeber den Objektplaner durch das eingeklammerte Wort „Entwurfsverfasser" so besonders als Verantwortlichen für diesen weiteren Kostenermittlungsschritt hervorhebt. Die Kostenermittlung des Objektplaners muss ohnehin im Kontext zur Beschreibung seiner anderen Leistungsschritte – insbesondere der Kostenberechnung – die Ergebnisse der bepreisten Leistungsverzeichnisse der Fachplaner (hier: Freianlagen und Technische Ausrüstung) beinhalten, ohne die seine Kostenermittlung unvollständig wäre. Deren Aufstellen ist konsequenterweise eine ebenfalls in der entsprechenden Leistungsphase 6 der Fachplaner genannte Leistung des jeweiligen Fachplaners (s. HOAI-Anlagen 11.1 LPH 6e) und 15.1 LPH 6 d)).

Die Herstellung bepreister Leistungsverzeichnisse fordert von den Auftragnehmern (Objektplaner, Fachplaner) die Verwendung jeweils **ortsüblicher, objektspezifischer Preise**, um das vermutliche Ausschreibungsergebnis möglichst genau zu treffen. Um diese Leistung konjunkturnah erbringen zu können, müssen die Planer entsprechende Preis-Datenbanken vorhalten und kontinuierlich fortschreiben, die sie aus Ausschreibungsergebnissen herleiten müssen, die in der Vergangenheit liegen. Damit ist für sie anders als bisher ein erheblicher Mehraufwand verbunden, da für möglichst jede der denkbaren Positionen in Leistungsverzeichnissen Preise verfügbar sein müssen.

115 Die Formulierung dieser Grundleistung in denselben Leistungsphasen der anderen Leistungsbilder (HOAI-Anlagen 10.1, 11.1 und 15.1) lautet: *„Ermitteln der Kosten auf Grundlage der vom Planer bepreisten Leistungsverzeichnisse"*. Nur in der HOAI-Anlage 13.1 (Leistungsbild Verkehrsanlagen) wird dieselbe Formulierung verwendet. Dies hat zur Folge, dass der mit den ersten vier Leistungsphasen beauftragte Entwurfsverfasser bei getrennter Vergabe der Leistungen in den Phasen 5 bis 9 dann, wenn im Ingenieur- oder Architektenvertrag – wie leider sehr häufig üblich – das Leistungsbild bei der Leistungsdefinition in Bezug genommen wird, im Rahmen der Leistungsphase 6 von einem anderen Objektplaner erstellten Leistungsverzeichnisse bepreisen soll. Eine entsprechende verpflichtende Grundleistung des Entwurfsverfassers – in den drei anderen Leistungsbildern „Planer" genannt – fehlt jedoch in allen Leistungsbildern. Zur Vermeidung von streitigen Auseinandersetzungen sollte in den entsprechenden Verträgen diese offensichtlich fehlende Definition der Zuständigkeit schriftlich vereinbart werden.

Mit dem Zusammenstellen der Vergabeunterlagen und der Übergabe dieser Unterlagen an den **116** Auftraggeber schließen die Leistungen des Objektplaners in dieser Leistungsphase ab (LPH 6 g)).

b) Besondere Leistungen

Die Ausführung von Ingenieurbauwerken kann nach § 7 Abs. 13 – 15 VOB/A in begründeten **117** Ausnahmefällen auch als Ganzes ausgeschrieben werden (**Leistungsbeschreibung mit Leistungsprogramm** oder „funktionale Leistungsbeschreibung"). Das Aufstellen einer detaillierten Objektbeschreibung als Baubuch zur Grundlage der Leistungsbeschreibung mit Leistungsprogramm sowie das Aufstellen einer detaillierten Objektbeschreibung als Raumbuch und die Erläuterungen zur Wertungsmethodik der Angebote (z. B. bei abweichenden Standards oder bei Berücksichtigung von Folgekosten durch Kostenvergleichsrechnungen) sind Besondere Leistungen, die je nach Umfang die bewerteten Leistungen teilweise oder ganz ersetzen[56]. In einer Fußnote zur Beschreibung der Besonderen Leistung teilt der Verordnungsgeber mit, dass die Leistung bei dieser Leistungsbeschreibung ganz oder teilweise zur Grundleistung wird. Es wird empfohlen, vor Durchführung der Leistung die Art ihrer Vergütung schriftlich zu vereinbaren.

Mit **alternativen Leistungsbeschreibungen** für geschlossene Leistungsbereiche können auch **118** einzelne Bauteile oder Gewerke alternativ in den Wettbewerb gestellt werden. Dies gilt sowohl für das Bauwerk selbst als auch dessen Ausrüstung beispielsweise mit Stahlwasserbauten oder vergleichbaren Maschinen. Die Ausarbeitung alternativer Leistungsbeschreibungen ist eine Besondere Leistung.

Verlangt der Auftraggeber während der Vorbereitung der Vergabe vom Objektplaner eine **detaillierte Planung von Bauphasen**, so könnten damit beispielsweise Vorkehrungen zur Aufrechterhaltung der Nutzung vorhandener Ingenieurbauwerke oder Vorkehrungen zur abschnittsweisen Aufrechterhaltung des Straßen- oder Bahnverkehrs gemeint sein. Solche Leistungen müssen regelmäßig bei Umbauten oder Erweiterungsbauten erbracht werden, damit einerseits die in der Leistungsbeschreibung oder in den besonderen Vertragsbestimmungen zu fordernde Baustellenorganisation der ausführenden Firmen zutreffend geplant und kalkuliert werden kann und andererseits die durch die Baumaßnahmen betroffenen Anlieger oder Nutzer zeitnah und umfassend informiert werden können.

7. Mitwirkung bei der Vergabe

a) Grundleistungen

Das **Mitwirken bei der Vergabe** beschreibt die Leistung des Objektplaners beim Einholen und **120** Werten von Angeboten sowie seine Mitwirkung bei der Auftragsvergabe durch den Auftraggeber. Das **Einholen von Angeboten** (LPH 7 a)) umfasst alle Tätigkeiten des Objektplaners, welche nach Zusammenstellung der Vergabeunterlagen bis zur Vorlage von Unternehmerangeboten beim Auftraggeber notwendig sind. In der Regel gehören dazu zunächst Beratungsleistungen des Objektplaners, die der Auftraggeber bei seinen Entscheidungen benötigt, die nachfolgend beispielhaft aufgezählt sind[57]:
– Wahl der Art des Vergabeverfahrens nach §§ 3 bzw. 3a VOB/A unter Berücksichtigung des Schwellenwertes gemäß § 2 VgV,
– Entscheidung über eine Ausschreibung nach Losen,
– Entscheidung über die terminliche Abwicklung des Ausschreibungsverfahrens.

Ferner ist der Objektplaner dazu verpflichtet, die **Entwürfe der Vergabebekanntmachungen** für die zu vergebenden Leistungen zu formulieren. Dazu gehören die Anforderungen an die Nachweise der am Auftrag interessierten Unternehmen über ihre Fachkunde, Leistungsfähigkeit und Zuverlässigkeit, die der Objektplaner für Prüfung ihrer Eignung vor der eigentlichen Preisprüfung durchführen muss. Die Entscheidung über die endgültige Formulierung des Be-

---

[56] Empfehlungen des AHO zur Definition und Anwendung der Funktionalausschreibung, Heft Nr. 10 der AHO-Schriftenreihe 1998
[57] So ebenfalls Mitteilung Nr. 1/89 der Gemeindeprüfungsanstalt Baden-Württemberg

kanntmachungstextes ist Sache des Auftraggebers; seine Veröffentlichung in den entsprechenden Publikationsorganen, die der Auftraggeber bestimmt, kann nach entsprechender Anweisung des Auftraggebers durch den Objektplaner erfolgen.

Weiter ist festzulegen, auf welche Weise der **Auftraggeber die Submission der Angebote vornimmt**. Letztere ist gerade bei öffentlichen Bauvorhaben in der Regel Aufgabe des Auftraggebers, die er mit Unterstützung des Objektplaners durchführt. Wegen der besonderen Verantwortung bei der für die Durchführung gesetzes- und verordnungskonformer Vergabeverfahren ist gerade beim Eröffnungstermin gemeinsames Handeln Beider geboten.

121   Nach Eingang der **Angebote** beim Auftraggeber ist es Aufgabe des Objektplaners, diese zu **prüfen und** zu **werten** (LPH 7 b)). Das Prüfen und Werten der Angebote, die von fachlich Beteiligten in ähnlicher Weise eingeholt wurden und die deswegen an der Vergabe mitwirken, ist deren Sache; Aufgabe des Objektplaner ist zuvor das Abstimmen der diesbezüglichen Leistungen der fachlich Beteiligten und das Zusammenstellen ihrer Leistungsergebnisse (LPH 7 c)). Beim Prüfen und Werten der Angebote sind in einem ersten Schritt die Einhaltung der Angebotsbedingungen und Formvorschriften durch die Bieter sowie deren fachliche Eignung[58] zu untersuchen und danach die als vollständig und wertbar ermittelten Angebote auf rechnerische Richtigkeit zu prüfen. Dabei müssen die Prüfer vor allem darauf achten, ob gegebenenfalls Spekulationspreise angeboten wurden, welche die Reihenfolge der Bieter in besonderer Weise bestimmen.

122   Nach der rechnerischen Prüfung und Wertung ist das **Aufstellen** und **Auswerten des Preisspiegels** für alle Baugewerke unter Beachtung der Beiträge aller während der Leistungsphasen 6 (Vorbereitung der Vergabe) und 7 (Mitwirken bei der Vergabe) fachlich Beteiligten erforderlich. Dabei geht es um eine transparente Übersicht über die angebotenen Leistungen, Einheits- und Gesamtpreise, die sowohl Detailvergleiche als auch die Vergleiche der jeweiligen Gesamtpreise erlauben müssen. Der Objektplaner ist für das Erstellen der Preisspiegel von Angeboten in allen Fachbereichen verantwortlich, welche von den einzelnen Fachplanern für die von ihnen durchgeführten Ausschreibungen und Angebotsprüfungen aufzustellen sind.

123   Mit dem **Führen von Bietergesprächen** (LPH 7 d)) meint die Verordnung nur die Gespräche, die nach § 15 VOB/A zur Aufklärung des Angebotsinhalts zulässig sind. Danach darf ein Auftraggeber nach Öffnung der Angebote bis zur Zuschlagserteilung von einem Bieter nur Aufklärung verlangen, um sich über seine Eignung, insbesondere seine technische und wirtschaftliche Leistungsfähigkeit, das Angebot selbst, etwaige Nebenangebote, die geplante Art der Durchführung, etwaige Ursprungsorte oder Bezugsquellen von Stoffen oder Bauteilen und über die Angemessenheit der Preise, wenn nötig durch Einsicht in die vorzulegenden Preisermittlungen (Kalkulationen), unterrichten lassen. Insbesondere Verhandlungen über Änderung der Angebote oder Preise sind unstatthaft, außer wenn sie bei Nebenangeboten oder Angeboten aufgrund eines Leistungsprogramms nötig sind, um unumgängliche technische Änderungen geringen Umfangs zu erörtern und daraus sich ergebende Änderungen der Preise zu erkunden. Es wird darauf hingewiesen, dass das Führen solcher Gespräche und Verhandlungen mit Bietern zur Klärung technischer Fragen vor der Vergabe der Bauleistungen **Aufgabe des Auftraggeber** unter **Mitwirkung des Objektplaners und/oder der fachlich Beteiligten** ist.

124   Zu den Leistungen in dieser Leistungsphase zählen auch diejenigen, welche ein Objektplaner nach dem **Aufheben von Ausschreibungen** in den Leistungsphasen 6 und/oder 7 erneut erbringen muss. Die daraufhin erneut zu erbringenden Leistungen sind je nach Situation teilweise oder vollständige Wiederholung bereits erbrachter Leistungen, die durch das Aufheben der Ausschreibung vergeblich waren. Die Honorierung dieser Leistungen muss je nach Leistungsumfang mit einem Teil des für die wiederholten Leistungen verordneten Vomhundertsatzes oder mit dessen vollen Wert erfolgen.

125   Das Mitwirken bei der Auftragserteilung umfasst neben der schon erwähnten Fertigung eines Preisspiegels der wichtigsten Positionen, geordnet nach Objekten, Kostengruppen und Fachbereichen, auch das Ausarbeiten und Begründen des **Vergabevorschlages** (LPH 7 d)). Soweit

---

[58] Siehe z. B. § 16 Abs. 1 und 2 VOB/A

Fachplaner für ihren Leistungsbereich mit vergleichbaren Leistungen beauftragt sind, ist es die Aufgabe des Objektplaners, deren Vergabevorschläge auf Übereinstimmung mit den in den Ausschreibungsunterlagen vorgegebenen Bedingungen zu überprüfen und gegebenenfalls erforderliche Korrekturen im Benehmen mit dem Auftraggeber zu veranlassen. Im Zusammenhang mit der Vorlage des Vergabevorschlags ist der Objektplaner gehalten, durch eine ausführliche **Dokumentation des Vergabeverfahrens** dessen ordnungsgemäße Durchführung nachzuweisen. Dies ist vor allem bei der Vergabe öffentlicher Aufträge vonnöten, da nicht bei der Vergabe berücksichtigte Bewerber und Bieter nach § 107 Abs. 2 i. V. m. § 97 Abs. 7 BGW[59] ein Nachprüfungsverfahren beantragen können, um feststellen zu lassen, ob öffentliche Auftraggeber die Bestimmungen über das gesetzlich festgelegte Vergabeverfahren eingehalten haben. Zusammen mit dem Auftraggeber muss der Objektplaner deswegen dafür sorgen, dass alle das betreffende Vergabeverfahren festgelegten gesetzlichen Regelungen eingehalten werden. Er muss die dafür notwendigen schriftlichen Nachweise nach Beantragung eines solchen Nachprüfungsverfahrens dem Auftraggeber unverzüglich vorlegen können, soweit sie diesem nicht schon zusammen mit dem Vergabevorschlag vorgelegt wurden.

Integraler Bestandteil der Grundleistungen beim Mitwirken bei der Vergabe ist die **Zusammenstellung der Unterlagen** (LPH 7 f)) **für die Verträge**, die Auftraggeber und beauftragte Unternehmen vor Beginn der Bauarbeiten unterzeichnen müssen und die Grundlage für die Zusammenarbeit dieser Parteien sind. Die Formulierung der Verträge ist Sache juristischer Vertreter der beiden Parteien; die dort geforderten Unterlagen – in der Regel Vertragsanlagen – muss Objektplaner zusammenstellen und den Parteien übergeben. Hiermit sind in erster Linie die verhandelten Angebote – gegebenenfalls ergänzt um zusätzliche Angaben, die bei den Bietergesprächen schriftlich ausgetauscht worden – einschließlich der Besonderen Vertragsbedingungen und der für die Angebotserstellung benötigten Pläne und sonstigen technischen Unterlagen Angaben gemeint.   **126**

Eine weitere unverzichtbare Aufgabe des Objektplaners im Rahmen der Mitwirkung bei der Vergabe ist die Prüfung, ob die beim Vergabeverfahren festgestellten Kosten im erwarteten Rahmen liegen (LPH 7 g)). Dazu ist ein **Vergleich der Ausschreibungsergebnisse** mit den Kosten, die mittels bepreister Leistungsverzeichnisse berechnet wurden, und den Ergebnissen der Kostenberechnung notwendig. Dieser Vergleich ist der nächste obligatorische Schritt der weiteren Kostenkontrolle; er soll den Vertragsparteien die Möglichkeit geben, Entscheidungen zur Kostensteuerung noch vor der Vergabe und damit vor Baubeginn zu treffen. Die Tätigkeit entspricht dem früher so genannten **Fortschreiben der Kostenberechnung**, die den Leistungen für den Kostenanschlag nach DIN 276 Ziffer 3.4.4 entspricht. Dieser ist in der Norm als eine Grundlage für die Entscheidung über die Ausführungsplanung und die Vorbereitung der Vergabe definiert. Ihm liegen insbesondere folgende Informationen zu Grunde: **127**

- Planungsunterlagen, z. B. endgültige vollständige Ausführung-, Detail- und Konstruktionszeichnungen,
- Berechnungen, z. B. für Standsicherheit, Wärmeschutz, technische Anlagen,
- Berechnung der Mengen von Bezugseinheiten der Kostengruppen,
- Erläuterungen zur Bauausführung, z. B. Leistungsbeschreibungen,
- Zusammenstellungen von Angeboten, Aufträgen und bereits entstandenen Kosten (z. B. für das Grundstück, Nebenkosten usw.).

Der geforderte Kostenvergleich hat **Auswirkungen auf** die Leistungen bei der Bearbeitung der **Kostenberechnung** in Leistungsphase 3. Die Kostenberechnung muss so aufgebaut und strukturiert sein, dass der Kostenvergleich auch tatsächlich möglich ist. Zumindest die in der Ausschreibung gewählten Lose bzw. Abschnitte sind in der Kostenberechnung abzubilden. Dies ermöglicht es dem Objektplaner, **bei Abweichungen rechtzeitig gegenzusteuern**, Maßnahmen gegen die Abweichungen zu ergreifen und schließlich **Erläuterungen und Begründungen für eventuelle Abweichungen** auszuarbeiten. Diese dem Objektplaner gestellte Aufgabe ergibt sich   **128**

---

[59] Gesetz gegen Wettbewerbsbeschränkungen (GWB) in der Fassung der Bekanntmachung vom 26. Juni 2013 (BGBl. I S. 1750), das durch Artikel 16 des Gesetzes vom 4. Juli 2013 (BGBl. I S. 1981) geändert worden ist

auch aus DIN 276-1:2008-12 Ziffer 3.5 (Kostenkontrolle und Kostensteuerung). Danach verfolgt die Kostenkontrolle und Kostensteuerung den Zweck, die Kostenentwicklung und die Einhaltung der Kostenvorgabe zu überwachen. Dabei gilt der Grundsatz, dass die Planungs- und Ausführungsmaßnahmen eines Bauprojekts hinsichtlich ihrer resultierenden Kosten kontinuierlich zu bewerten sind. Wenn bei der Kostenkontrolle Abweichungen festgestellt werden und Kostenrisiken einzutreten drohen, sind diese zu benennen. Wird bei der Kostenkontrolle beispielsweise festgestellt, dass die Kostenberechnung geringere Kosten ausweist als sie nach der Angebotsprüfung für die Ausführung zu erwarten sind, muss der Objektplaner dem Auftraggeber **Einsparungsvorschläge** beispielsweise durch Korrekturen der Ausführungsstandards unterbreiten. Dabei muss er wie beim Durchführen aller anderen ihm obliegenden Leistungen auch hierbei im Benehmen mit dem Auftraggeber solche Leistungen der fachlich Beteiligten anfordern und in seine eigenen Leistungen integrieren. Dabei müsste er allerdings zusammen mit den fachlich Beteiligten auch die Auswirkungen der ggf. geringeren Qualität auf die Folgekosten des Objekts aufzeigen. Ziel solcher Untersuchungen ist die möglichst umfassende Information des Auftraggebers und die Lieferung von Entscheidungshilfen. Erst danach wird es möglich sein, auch die **Kostenberechnung fortzuschreiben.**

129 Selbstverständlich sind die **Ergebnisse der Kostenkontrolle** sowie die vorgeschlagenen und durchgeführten Maßnahmen der Kostensteuerung – insbesondere die notwendige Abstimmung mit dem Auftraggeber und den fachlich Beteiligten – zu **dokumentieren.** Unter 3.5.4 sieht die Norm schließlich vor, dass bei der Vergabe und der Ausführung die Angebote, Aufträge und Abrechnungen (einschließlich Nachträgen) in der für das Bauprojekt festgelegten Struktur aktuell zusammenzustellen und durch Vergleiche mit den vorherigen Ergebnissen zu kontrollieren sind.

130 Das **Mitwirken bei der Auftragserteilung** (LPH 7 h) bedeutet für den Objektplaner die Pflicht, auf Wunsch des Auftraggebers beratend tätig zu werden. Die Beratung kann auch Tätigkeiten des Objektplaners umfassen, die er stellvertretend für den Auftraggeber durchführt. Hierzu gehört beispielsweise die Mitteilung an den erfolgreichen Bieter, dass der Auftraggeber sich für die Vergabe der ausgeschriebenen Leistungen an ihn entschieden hat. Ebenso kann dazu die Mitteilung über die Auftragsvergabe und je nach Vergabeverfahren auch die Mitteilung über den erfolgreichen Bieter an die Bieter gehören, deren Angebote nicht angenommen wurden.

131 Leistungen des Objektplaners, die er beim **Bearbeiten von Nachtragsangeboten** der ausführenden Firmen erbringen muss, zählen zu seiner werkvertraglichen Bringschuld. Hierzu ist ein Objektplaner insbesondere dann verpflichtet, wenn dadurch unberechtigte Nachtragsforderungen abgewehrt werden können. Die hiermit verbundenen und nicht über das im Allgemeinen erforderliche Maß hinausgehenden Leistungen sind mit dem unverändert bleibenden Honorar abgegolten; einen Rechtsanspruch auf ein Mehr an Honorar besitzt der Objektplaner wegen des werkvertraglichen Charakters der Architekten- und Ingenieurverträge nicht. Dies gilt nicht für solche Nachtragsangebote, die eine Folge unvorhersehbarer Ereignisse während der Bauausführung sind oder durch zusätzliche Forderungen des Bauherrn verursacht werden; deren Prüfung löst einen zusätzlichen Honoraranspruch des Objektplaners aus, dessen Höhe am zweckmäßigsten nach dem erforderlichen Zeitaufwand und einem ortsüblichen Stundensatz bemessen wird.

b) Besondere Leistungen

132 Das **Prüfen und Werten von Nebenangeboten oder von Änderungsvorschlägen** mit grundlegend anderen Konstruktionen auf deren technische und funktionelle Durchführbarkeit sind Besondere Leistungen, da Nebenangebote und Änderungsvorschläge in der Regel zusätzlich zu den Hauptangeboten zu prüfen sind. Ferner ist festzustellen, ob die angebotenen Lösungen in gleicher Weise wie die Grundlösung die funktionelle Einheitlichkeit, Mängelfreiheit und Qualität des Gesamtbauwerkes zu erreichen erlauben. Auch die bei solchen Prüfungen häufig erforderlichen Wirtschaftlichkeitsuntersuchungen sind als Teil der Besonderen Leistungen zu erbringen und vom Auftraggeber zu vergüten.

Das Ausschreibungsverfahren **nach funktionaler Leistungsbeschreibung erfordert die Prü-** 133
fung und Wertung der Angebote, die im Vergleich mit den Prüfleistungen bei der gewerkeweisen Ausschreibung in der Regel erheblich umfangreicher ist[60]. Diese Besondere Leistung
kann die Grundleistungen in Leistungsphase 7 teilweise oder ganz ersetzen. Werden zur Prüfung
und Wertung solcher Angebote auch abweichende Standards oder unterschiedliche Folgekosten
durch **Kosten-Nutzen-Untersuchungen oder Kostenvergleichsuntersuchungen** notwendig,
können diese Besonderen Leistungen auch höher als die in der Verordnung genannten Leistungen bewertet werden. Das **Prüfen von Angeboten aufgrund alternativer Leistungsbeschrei-**
bungen einzelner Bauteile oder Gewerke ist prinzipiell eine Besondere Leistung.

Sehr häufig verlangen insbesondere öffentliche Auftraggeber bei Nachtragsangeboten der Un- 134
ternehmer die Vorlage von entsprechenden Kalkulationsblättern. Auf dieser Grundlage ist dann
zusätzlich zur sachlichen Prüfung über die Anspruchsberechtigung auch die **Preisprüfung der**
Nachtragsangebote vorzunehmen. Diese sollen i. d. R. differenziert nach Stoff- und Lohnkosten
überprüft werden. Vielfach sollen die Objektplaner oder Fachplaner auch feststellen, ob die Zuschläge für Lohnneben- und Lohnzusatzkosten sowie die kalkulatorischen Basiswerte für Baustellengemeinkosten, allgemeine Geschäftskosten sowie Wagnis- und Gewinnanteil stimmen.
Bezüglich der Honorierung der hierbei zu erbringenden Leistungen ist Seifert[61] zuzustimmen,
der solche Leistungen als eine hochqualifizierte Tätigkeit beurteilt, was schon daran erkennbar
sei, dass es sich dabei um ein Spezialgebiet von Sachverständigen handele. Denn eine derartige Überprüfung sei eine baubetriebliche Leistung, die von Sachverständigen erbracht werde,
die von einer Bestellungskörperschaft (zum Beispiel von einer IHK) aufgrund ihrer besonderen
Sachkunde für „Baupreisfragen", „Baupreisermittlung", „Abrechnung im Hochbau" usw. öffentlich bestellt und vereidigt seien. Dafür bedürfe es auch einer entsprechenden baubetrieblichen
Ausbildung und einer besonderen Sachkunde auf diesem Fachgebiet. Wenn es bei der Überprüfung von unternehmerischen Kalkulationen um eine „normale" Grundleistung ginge, die von
jedem Architekten üblicherweise und allgemein zu erbringen wäre, bräuchte es Sachverständige
für dieses Bestellungsgebiet jedenfalls nicht zu geben. Daher kann die hier beschriebene Tätigkeit nur eine Besondere Leistung sein.

8. Bauoberleitung

a) Vorbemerkung

Entgegen der Empfehlung des Statusberichts Architekten/Ingenieure 2000plus, die in Leis- 135
tungsphase 8 des früheren § 55 Abs. 2 Nr. 8 und in § 57 HOAI 1996 geregelten Leistungen analog
zur Regelung des jetzigen § 34 Abs. 1 Nr. 8 zur „Objektüberwachung (Bauüberwachung)" zusammenzufassen, hat der Verordnungsgeber wie in der HOAI 2009 **nur die Bauoberleitung** aus
dem früheren § 55 Abs. 2 Nr. 8 HOAI 1996/2002 in den **verbindlichen** Teil des § 43 als Abs. 1
Nr. 8 übernommen. Die Leistungen bei der **örtlichen Bauüberwachung** nach § 57 HOAI 1996
werden weiterhin wie **in Ziffer 2.8.8 der unverbindlichen Anlage 2** HOAI 2009 **als Besondere**
Leistungen in der Verordnung geführt. Dies wurde 2009 damit begründet, dass das Honorar
für die Leistungen bei der örtlichen Bauüberwachung bei den Ingenieurbauwerken nicht durch
das Grundhonorar der Honorartafel des § 43 für Ingenieurbauwerke erfasst sei. Weder die Regelung selbst noch erst recht die Begründung tragen der Praxis ausreichend Rechnung. In allen
gesetzlich geregelten Vorgängerregelungen vor 2009, aber auch in den davor geltenden Gebührenordnungen der Ingenieure bestand Einigkeit darüber, dass die Leistungen bei der Bauoberleitung und bei der örtlichen Bauüberwachung – zusammen Objektüberwachung genannt – von
Ingenieurbauwerken gemeinsam notwendig sind; sie wurden daher i. d. R. und entgegen den
Feststellungen in der Amtl. Begr. zu den einschlägigen Vorschriften der HOAI 1985 wie die Objektüberwachungsleistungen bei Gebäuden, Innenräumen, Freianlagen und bei der Technischen
Ausrüstung im Regelfall an einen Auftragnehmer vergeben (s. Rdn. 36).

---

[60] Siehe z. B. Heft 10 der AHO – Schriftenreihe a. a. O.
[61] Werner Seifert: „Gehört die Prüfung von Nachtragsangeboten zu den Grundleistungen nach der HOAI?" IBR 2010,
1013 (nur online)

Der Bundesrat beschloss in seiner 859. Sitzung am 12. Juni 2009, der Verordnung in der von der Bundesregierung vorgelegten Form unter Beachtung seiner am selben Tag beschlossenen Entschließung zuzustimmen[62]. Darin heißt es unter Ziffer 8. *„Der Bundesrat teilt nicht die Einschätzung der Bundesregierung, dass kein Allgemeininteresse für eine verbindliche Regelung der Honorare für Leistungen der örtlichen Bauüberwachung bei Ingenieurbauwerken und Verkehrsanlagen und für die in die Anlage 1* (der HOAI; Einfügung durch Verfasser) *ausgegliederten Ingenieurleistungen bestehe. Wie bei vergleichbaren preisgebundene Leistungen der Flächen-, Objekt- und Fachplanung besteht auch insoweit ein erhebliches Allgemeininteresse an verbindlichen Entgeltrahmen, damit auch die diesen Leistungsbildern zu Grunde liegenden Dienst- und Werkvertragsleistungen den Regeln der Technik und geltenden öffentlich-rechtlichen Anforderungen entsprechend ausgeführt werden.“*

Nach Ziffer 4. der Entschließung hielt es der Bundesrat für notwendig, die 2009 verabschiedete Fassung der Verordnung innerhalb der 2009 beginnenden neuen Legislaturperiode der Bundesregierung weiter zu modernisieren und redaktionell zu überarbeiten. Außerdem bat der Bundesrat die Bundesregierung nach Ziffer 7. der Entschließung, ihm innerhalb eines Jahres nach Inkrafttreten der novellierten HOAI – also bis zum Juni 2010 – *„über die Entwicklung sowie über möglicherweise notwendige Anpassungsmaßnahmen insbesondere im Hinblick auf … die Regelung der Objektüberwachung der HOAI zu berichten.“* Die Bundesregierung kam nach Kenntnis des Verfassers dieser Entschließung nicht nach, sondern bereitete eine neuerliche Novellierung der HOAI vor, in der die Beratungsleistungen erneut im unverbindlichen Anhang verblieben und die Leistungen bei der örtlichen Bauüberwachung erneut als Besondere Leistungen in den Leistungsphasen 8 der HOAI-Anlagen 12.1 und 13.1 genannt sind. Der Bundesrat stimmte dem Entwurf der Novelle in seiner 910. Sitzung am 7. Juni 2013 mit der geringstmöglichen Mehrheit zu. Dabei fasste er aber auch eine Entschließung[63], deren wichtigste Inhalte nachfolgend auszugsweise zitiert werden:

„1. Der Bundesrat nimmt mit Bedauern zur Kenntnis, dass die Bundesregierung wesentlichen Teilen seines Beschlusses vom 12. Juni 2009 (vergleiche BR-Drucksache 395/09 (Beschluss)) nicht gefolgt ist. Das gilt insbesondere für die ausdrückliche Bitte,
– den Verzicht auf verbindliche Honorarsätze für Beratungsleistungen in seinen Auswirkungen kritisch zu begleiten und gegebenenfalls zur Verbindlichkeit der Honorare für Beratungsleistungen nach Anlage 1 der Verordnung zurückzukehren;
– dem Bundesrat innerhalb eines Jahres nach Inkrafttreten der novellierten HOAI über die Entwicklung sowie Übernahme möglicherweise notwendige Anpassungsmaßnahmen, insbesondere im Hinblick unter anderem auf die Ausführlichkeit der Struktur, zu berichten.

2. Der Bundesrat stellt mit Befremden fest, dass die Unterrichtung der Länder über den Inhalt der siebtem Novelle der Verordnung und den Verbleib der Beratungsleistungen im unverbindlichen Teil der HOAI zu spät erfolgt ist, das aufgrund des dadurch verursachten engen Zeitrahmens eine angemessene Diskussion auf Ebene des Bundesrates und eine Umsetzung von dessen Beschlüssen in dieser Legislaturperiode nicht mehr möglich ist, ohne das Inkrafttreten der siebten Novelle der Verordnung in Gänze zu gefährden.

…

6. Der Bundesrat ist der Auffassung, dass die Frage der Rückführung der Beratungsleistungen in den verbindlichen Teil der HOAI in der neuen Legislaturperiode intensiv geprüft werden muss. Er bittet die Bundesregierung, darüber ich innerhalb von zwei Jahren nach Inkrafttreten der Verordnung zu berichten.

7. Der Bundesrat bittet die Bundesregierung darüber hinaus um Umsetzung der baufachlichen Forderung, nach der Regelungen für die örtliche Überwachung für Ingenieurbauwerke und Verkehrsanlagen als verbindlich in die HOAI aufzunehmen sind. Stattdessen wurde in der aktuellen HOAI-Novelle die Bauüberwachung für Ingenieurbauwerke und Verkehrsanlagen als „Besondere Leistung“ definiert (vergleiche HOAI-Anlage 12.1, Abschnitt LPH 8 sowie Anlage 13.1, Abschnitt LPH).“

---

[62] Bundesratsdrucksache 395/09, verfügbar unter www.bundesrat.de
[63] Bundesratsdrucksache 334/13 (Beschluss)

Unter Berücksichtigung der eindeutigen Entschließung des Bundesrats und der klaren Wegweisung für die Bundesregierung werden die jetzt verordneten Texte im Folgenden kommentiert. Insbesondere werden Honorarempfehlungen für den Bereich der örtlichen Bauüberwachung vorgestellt, die in der Übergangsphase bis zur Veröffentlichung einer überarbeiteten HOAI zur Anwendung empfohlen werden (Rdn. 164 ff.).

b) Grundleistungen

Im Mittelpunkt der Tätigkeit der **Bauoberleitung** stehen die **Koordinierung und Organisation des Einsatzes** der an der Objektüberwachung **fachlich Beteiligten** (LPH 8 a)). Damit ist eine Tätigkeit mit Kontroll- und Weisungsbefugnis gemeint, die sich auf das Erreichen der vertraglich vereinbarten Ziele konzentriert. Zu den fachlich Beteiligten gehört auch der ggf. getrennt mit der örtlichen Bauüberwachung Beauftragte. Warum die erste nicht näher definierte Tätigkeit der Bauoberleitung **Aufsicht über die örtliche Bauüberwachung** genannt wurde, ist nicht ohne Weiteres zu verstehen. Sie kann nur verstanden werden, wenn man die Entwicklung dieser Formulierung seit der 1. HOAI-Novelle vom 17. Juli 1984 analysiert. Zu der mit dieser Novelle erstmals eingeführten Trennung der Objektüberwachung in die Leistungsphasen „Bauoberleitung" (§ 54 Phase 8) und „Örtlich Bauüberwachung" (§ 57) gibt die zugehörige Amtlichen Begründung folgende ausschnittsweise zitierte Erklärungen ab: *„Zu § 55: … Im Unterschied zu Objektplanung für Gebäude, Freianlagen und Innenräume wird bei der Objektplanung für Ingenieurbauwerke und Verkehrsanlagen in der Leistungsphase 8 nur die Bauoberleitung erfasst – für die örtliche Bauüberwachung enthält § 57 besondere Vorschriften. … Zudem wird … dem Auftragnehmer vielfach nur die örtliche Bauüberwachung übertragen; die Bauoberleitung behalten die Auftraggeber sich selbst vor. «* Weiter heißt es: *»Zu § 57: In Absatz 1 werden die Leistungen bei der örtlichen Bauüberwachung zusammengefasst. Sie wurden in Anlehnung an die Grundleistungen der Leistungsphase 8 des § 15 (= Objektüberwachung bei Gebäuden, Freianlagen und Innenräumen) entwickelt, wobei die Leistungen jeweils zur Bauoberleitung (Leistungsphase 8 des § 55) abzugrenzen waren."*

Die **Aufsicht über die örtliche Bauüberwachung** ist daher eine Tätigkeit, die auf die den Auftraggebern zugeordnete Bauoberleitung – seinerzeit fast ausschließlich bei Verkehrsanlagen üblich – zurückzuführen war. Von Anfang an wurde sie zusätzlich zu der weiteren der Bauoberleitung obliegenden Tätigkeit, dem „Koordinieren der an der Objektüberwachung fachlich Beteiligten" genannt. Hier sind die unterschiedlichen Begriffe „Aufsicht über die Bauüberwachung" und „Objektüberwachung" – unverändert auch in der aktuellen Verordnung so verwendet – von Interesse. Unter „Objektüberwachung" dürften wohl alle Überwachungstätigkeiten während der Bauausführung summarisch gemeint sein, während „örtliche Bauüberwachung" lediglich einen aus der Objektüberwachung ausgegliederten Teil meint. Die Aufsicht über diese Tätigkeit war der erwähnten Amtl. Begr. der HOAI 1985 zufolge eine den Auftraggebern zugedachte Tätigkeit, deren Art, Umfang und Bedeutung offenbar nur die haftungsfreie Aufsicht über eine formal ordnungsgemäße Durchführung der Überwachungstätigkeit durch den Bauüberwacher meinte. Ziel dieser Tätigkeit war und ist, darüber zu wachen, dass der Bauüberwacher alle für die Leistungen bei der Bauoberleitung notwendigen Komplementärleistungen erbringt, damit eine vollständige Objektüberwachung stattfindet. Die Aufsicht kann auch nicht als fachliche und daher Haftung übernehmende Überwachungstätigkeit interpretiert werden, weil dabei begrifflich keine eigenständige Werkleistung, sondern nur eine besondere koordinierende Dienstleistung erbracht wird. Die Folgen einer solchen Tätigkeit sind objektiv nicht messbar; daher kann dem Objektplaner weder ein eigenständiger Werkerfolg bei der Aufsicht vorweisen noch kann er haftbar (wofür auch?) gemacht werden. Die Tätigkeit entlastet auch den Bauüberwacher nicht bei der Erfüllung seiner werkvertraglichen Leistungspflichten. Andernfalls würde ja der Objektplaner in einem nicht zu definierenden Umfang zusätzlich Leistungen bei der ÖBÜ durchführen sowie Haftung und Gewährleistung für diese ÖBÜ zu übernehmen haben.

Während 1985 also lediglich „Aufsicht über die örtliche Bauüberwachung" genannt war, wurde dieser Tätigkeit in der 4. HOAI-Novelle (01.01.1991) der folgende ergänzende Nebensatz hinzugefügt: „soweit die Bauoberleitung und die örtliche Bauüberwachung getrennt vergeben werden".

136

137

Nach der Amtl. Begr. zur 4. Novelle wurde diese Ergänzung zur Klarstellung aufgenommen[64] und in den nachfolgenden HOAI-Novellen unverändert übernommen. Sie sollte nach Ausführungen des Wirtschaftsministeriums während der Anhörung über den Entwurf der 4. HOAI-Novelle verhindern, dass der mit der Bauoberleitung Beauftragte im Fall der getrennten Beauftragung der örtlichen Bauüberwachung ein zusätzliches Honorar mit der Begründung beanspruchen könne, dass eine solche Aufgabeteilung zusätzliche Werkleistungen zur Folge habe. Erst die jetzt gültige Novelle von 2013 verwendet wieder die bis 1988 verwendete Formulierung. Auch damit sollte wohl verdeutlicht werden, dass die beiden bei der Bauausführung von Ingenieurbauwerken (und Verkehrsanlagen!) stets erforderlichen Leistungen unterschiedlicher Natur seien.

138   Wird die örtliche Bauüberwachung wie üblich von dem mit der Bauoberleitung beauftragten Objektplaner selbst durchgeführt, besteht trotz des scheinbaren Wegfalls der **Aufsicht über die örtliche Bauüberwachung** nach hiesiger Meinung aus den oben genannten Gründen der volle Honoraranspruch für die Leistungsphase fort[65,66]. Dieser für die HOAI grundsätzlich – also nicht nur in diesem Fall – gültige Sachverhalt wird vom Verordnungsgeber selbst begründet[67]:

„Werden einem Auftragnehmer die Grundleistungen einer Leistungsphase mit dem Ziel übertragen, das mit der Leistungsphase verfolgte Ergebnis zu erbringen, ..., so entsteht der Anspruch auf das Honorar für diese Leistungsphase regelmäßig dann, wenn das Ergebnis, das mit den in der Leistungsphase erfassten Leistungen angestrebt wird, erreicht worden ist. Dies gilt auch dann, wenn eine einzelne Grundleistung zur Erreichung dieses Ergebnisses ganz oder teilweise nicht erbracht werden musste.“

Diese Auffassung bestätigt der Verordnungsgeber in der amtlichen Begründung zu HOAI 2009 zu § 3 wie folgt: »Klarzustellen ist hier, dass nicht alle Leistungen in den Leistungsbildern grundsätzlich bei jedem Objekt zur Erreichung des Ziels notwendig sind.« Damit ist nach hiesiger Auffassung der ungeminderte Honoraranspruch des Objektplaners für die Leistungen bei der Bauoberleitung nach Ansicht des Verordnungsgebers auch dann gegeben, wenn die Aufsicht über die örtliche Bauüberwachung zusammen mit den Leistungen bei der örtlichen Bauüberwachung einem Objektplaner gemeinsam in Auftrag gegeben werden. Dann entfällt die in HOAI-Anlage 12.1 LPH 8 genannte und nicht näher definierte Aufsicht über die örtliche Bauüberwachung nach a), weil sie nicht erforderlich ist; sie dürfte auch nichts anderes als ein weiterer Bestandteil der dort ebenfalls genannten Koordinierung der an der Objektüberwachung fachlich Beteiligten sein. Nachdem deren Art und Zahl unbestimmt ist, kann der Entfall einer einzigen der unbestimmten Zahl der übrigen Koordinierungs- und Aufsichtsaufgaben aus hiesiger Sicht keine Auswirkungen auf die Phasenbewertung haben. Daher entfällt hier und in vergleichbaren Fällen auch die Voraussetzung zur Anwendung von § 8 Abs. 2 zur Minderung des Honorars einer Leistungsphase. (Ausführlich hierzu auch Rdn. 207 ff. und § 8 Rdn. 7 ff.).

139   Der mit der Bauoberleitung beauftragte Auftragnehmer muss vor Baubeginn **die fachlich Beteiligten und die ausführenden Unternehmen an Ort und Stelle einweisen** und sich vor Beginn der Bauausführung vergewissern, dass alle erforderlichen öffentlich-rechtlichen Genehmigungen und privatrechtlichen Gestattungen vorliegen. Er hat ferner die Aufgabe, den Unternehmen die notwendigen **eigenen Ausführungspläne** und die **Ausführungspläne der fachlich Beteiligten** unverzüglich zu übergeben. In diesem Zusammenhang ist es erforderlich, darauf zu achten, dass zur Ausführung bestimmte Pläne dem vom Auftraggeber beschlossenen und in den öffentlich-rechtlichen Verfahren genehmigten Entwurf voll entsprechen. Dies gilt insbesondere für Beiträge und Pläne anderer an der Planung und Objektüberwachung fachlich Beteiligter. Diese Tätigkeit entspricht der oben schon erläuterten Grundleistung „**Prüfung auf Übereinstimmung mit dem auszuführenden Objekt**“.

140   Ferner ist das **einmalige Prüfen von Plänen** auf Übereinstimmung mit dem auszuführenden Objekt Aufgabe des mit der Bauoberleitung Beauftragten. Bei den zu prüfenden Plänen kann

---

[64] Bundesanzeigerausgabe der HOAI 1991, S. 106
[65] F.H. Depenbrock: „Auftragnehmer kann das volle Honorar fordern“, Deutsches Ingenieurblatt, Heft 4 1994, S. 69
[66] A. A. Locher/Koeble/Frik § 57 Rdn. 2, die als einzige der HOAI-Kommentatoren eine Honorarminderung – allerdings höchstens bis 1 Prozent des Gesamthonorars – für notwendig halten
[67] Amtl. Begr. zu § 55 BR-Drucksache 274/80, S. 123.

es sich nur um diejenigen handeln, welche die fachlich Beteiligten ausarbeiten. Nur dann ist zu verstehen, dass Pläne auf Übereinstimmung mit dem auszuführenden Objekt und damit auf Übereinstimmung mit den Ausführungsplänen des Objektplaners zu prüfen sind. Übereinstimmung mit dem auszuführenden Objekt kann aber auch bedeuten, dass die Pläne auf Einhaltung der in den Leistungsbeschreibungen formulierten Ausführungsziele geprüft werden müssen. Natürlich kann dabei nur die Plausibilität der Leistungsergebnisse der fachlich Beteiligten festgestellt werden; der Prüfende übernimmt durch die Prüfungstätigkeit allerdings keine Haftung und Gewährleistung für die fachliche Richtigkeit der Leistungsergebnisse. Sollte er aber dabei feststellen, dass sie nicht den zwischen allen Beteiligten abgestimmten Zielen dienen, hat der mit der Bauoberleitung Beauftragte die Pflicht, für die notwendigen Korrekturen zu sorgen. Damit werden ggf. vorhandene Lücken an den Schnittstellen zwischen den Plänen und Leistungen der Beteiligten geschlossen.

Bei der verordneten Grundleistung kann es sich **nicht** um die **Prüfung von Plänen** eines **bauausführenden Unternehmens** handeln, die für ein Objekt ausgearbeitet werden, welches auf Basis einer Leistungsbeschreibung mit Leistungsprogramm ausgeführt wird. Dies ergibt sich analog aus dem Leistungsbild Gebäude und Innenräume (HOAI-Anlage 10.1), wo diese Leistung als Besondere Leistung in der Leistungsphase 6 des Objektplaners genannt ist. **141**

Nach dem Verordnungstext muss der mit der Bauoberleitung beauftragte Objektplaner **bei der Freigabe der Pläne** für die Ausführung auf der Baustelle **mitwirken**. Unklar ist, wer die geprüften Pläne freigeben soll, bei wem der Objektplaner also mitwirken soll. Der Auftraggeber kann dies wegen mangelnder Fachkunde in der Regel nicht leisten, zumal das Freigeben auch haftungsrechtliche Konsequenzen für den Freigebenden hat. Er dürfte diese Leistung vielmehr regelmäßig dem mit der Bauoberleitung beauftragten Objektplaner übertragen. Daraus folgt, dass dieser nicht mehr nur mitwirkt, sondern das **Freigeben der Pläne** als **Besondere Leistung** erbringt, wofür ein entsprechender Honoraranspruch gegeben ist. **142**

Das **Aufstellen, Fortschreiben und Überwachen eines Terminplanes** (LPH 8 b)), der ausdrücklich als **Balkendiagramm** definiert ist und nur in Zusammenarbeit mit den fachlich Beteiligten erstellt werden kann, regelt die Zeitvorgaben für die Objektplanung und die fachlich Beteiligten sowie für die ausführenden Unternehmen, die ebenfalls einen entsprechenden Beitrag unter Beachtung der von der Objektplanung im Rahmen der Ausschreibung vorzugebenden Bauzeiten leisten müssen. Er konkretisiert den bei der Entwurfsplanung aufgestellten Bauzeitenplan um die im Rahmen der Leistungsphase 6 festgelegten Ausführungsphasen und Zeitvorgaben für alle bei der Bauausführung notwendigen Leistungen einschließlich der Bauherrenleistungen. Er dient vor allem dazu, die Tätigkeiten aller auf der Baustelle beschäftigten Firmen und fachlich Beteiligten aufeinander abzustimmen und zeitlich so einzuordnen, dass eine wirtschaftliche Bauabwicklung gewährleistet ist. Sollte der zu Beginn der Arbeiten aufgestellte Terminplan durch nicht vorhergesehene oder nicht vorhersehbare Ereignisse (anhaltende Schlechtwetterzeiten, Hochwasser) oder andere Einflüsse überarbeitet werden müssen, gehört seine **Überarbeitung** zu den Grundleistungen des Objektplaners. **143**

In der Regel ist der Terminplan auch eine der Grundlagen des Werkvertrages zwischen Auftraggeber und ausführenden Unternehmen. Er ermöglicht im Bedarfsfall deren **Inverzugsetzen** (LPH 8 c)). Diesen Schritt muss der Bauoberleiter im Bedarfsfall **veranlassen**, aber nur der Auftraggeber kann ihn unter seiner Mitwirkung tun. Mit dem Inverzugsetzen sind nämlich werkvertragsrechtliche Konsequenzen verbunden, die der Auftraggeber zu tragen hat. Damit die Folgen für den Auftraggeber kalkulierbar sind, muss die Bauoberleitung alle erforderlichen Informationen vollständig zur Verfügung stellen, Dies ist vor allem dann der Fall, wenn im Vertrag zwischen Auftraggeber und ausführenden Firmen Vertragsstrafen bei der Überschreitung des beim Vertragsabschluss vorgesehenen Ausführungszeitraumes verwirkt werden, die das ausführende Unternehmen zu vertreten hat. **144**

Bei Durchführung von Baumaßnahmen werden der Bauoberleitung bei Änderungen der ausgeschriebenen Leistungen i. d. R. **Nachträge der ausführenden Unternehmen** vorgelegt. Sie umfassen regelmäßig die Mitteilung geänderter Leistungen, Mengen und Kosten. Deren **Prü-** **145**

fung gehört **nicht zu den Leistungen** bei der **Bauoberleitung**, sondern setzt sich aus Teilen der Leistungsphasen 6 (Vorbereitung der Vergabe) und 7 (Mitwirkung bei der Vergabe) zusammen. So müssen die angebotenen Leistungen mit den ausgeschriebenen Bau- und Lieferleistungen abgeglichen und ggf. korrigiert werden. Ferner sind sowohl die Änderungsgründe vor dem Hintergrund der mit den ausführenden Unternehmen geschlossen Verträge zu verifizieren als auch die angebotenen Mengen zu überprüfen. Schließlich müssen auch die angebotenen Einheitspreise auf Angemessenheit und Übereinstimmung mit der von den Unternehmen zur Verfügung zu stellenden Urkalkulation untersucht werden. Die Prüfungstätigkeit endet regelmäßig mit einem Bericht an den Auftraggeber, worin das Prüfergebnis mitgeteilt werden muss. Darin ist darzulegen, warum ggf. die Vergabe der nachträglich angebotenen Leistungen begründet abgelehnt oder in welchem Umfang dem Nachtrag stattgegeben werden sollte. Ggf. erforderliche abschließende Verhandlungen mit den Unternehmen, welche die Nachforderungen verlangen, ist Sache des Auftraggebers, bei denen der mit der Bauoberleitung Beauftragte aber regelmäßig mitwirkt.

146 Führt der mit der Bauoberleitung Beauftragte die geschilderte Prüfung der Nachträge durch, müssen bezüglich der **Honorierung** der geschilderten Leistungen **drei Fallkonstellationen** unterschieden werden. Im häufigen **Normalfall** ist der Auftragnehmer **auch mit den** vorangehenden **Leistungsphasen 6 und 7 beauftragt**. In einem solchen Fall könnten seine Leistungen in diesen Phasen bei Annahme der Nachtragsangebote durch die dadurch verursachte Erhöhung der anrechenbaren Kosten honoriert werden. Dies steht allerdings unter der Einschränkung des § 10 Abs. 1. Zum einen muss die **Änderung der ursprünglich ausgeschriebenen Leistung**, die den Nachtrag verursachte, auf Veranlassung des Auftraggebers, mindestens aber mit seiner Zustimmung nach vorheriger Information durch den Objektplaner erfolgen oder erfolgt sein. Zum anderen fordert § 7 Abs. 4 eine entsprechende **schriftliche Anpassung der ursprünglichen Honorarvereinbarung**. Daraus muss gefolgert werden, dass – anders als bisher – eine Honoraranpassung nur noch in den Fällen erreichbar ist, wenn diese beiden Bedingungen erfüllt sind. Anzumerken ist in diesem Zusammenhang, dass die werkvertraglich geschuldeten Leistungspflichten des Bauoberleiters zu einer Ablehnung des Nachtrags führen und deswegen eine Honorierung der **Nachtragsbearbeitung** durch eine Erhöhung der anrechenbaren Kosten nicht begründet werden kann. In diesem Fall **wiederholt** der Objektplaner honorierungspflichtige **Grundleistungen**, deren Honorierung gemäß § 10 Abs. 2 entsprechend ihrem Anteil an der jeweiligen Leistungsphase schriftlich zu vereinbaren ist.

147 Vollkommen anders ist die Situation für den mit der Bauoberleitung Beauftragten dann, wenn er **nicht mit den Leistungsphasen 6 und 7 beauftragt** war. Dann ist seine Leistung bei der Nachtragsbearbeitung gleichzusetzen mit einem entsprechenden weiteren Auftrag, der entweder auf Basis der Kosten der nachträglichen Bauleistungen mit einem angemessenen anteiligen Bewertungssatz nach § 8 Abs. 2 und 3 oder – **im Falle der Ablehnung** des Nachtrags – **als Besondere Leistung** auch ohne vorherige schriftliche Vereinbarung honoriert werden muss. Orientiert man sich bei der Honorarfindung für diese Teile der Grundleistungen in den genannten Phasen aber an den schon mehrfach getroffenen Entscheidungen des BGH, dass sich die anrechenbaren Kosten nach dem Vertragsgegenstand richten[68], muss das Honorar in beiden Fallkonstellationen für die Nachtragsprüfung mit den Kosten der überprüften Angebote berechnet und vereinbart werden. Maßgebend wären nach hiesiger Auffassung dann jeweils die ungeprüften Angebotssummen. Vertragsgegenstand ist im vorliegenden Fall die Nachtragsprüfung.

148 Der technische Leistungsteil der Bauoberleitung schließt mit der **Kostenfeststellung** ab. Hierfür benötigt der Objektplaner die durch die örtliche Bauüberwachung und die von der Objektüberwachung der fachlich Beteiligten geprüften Unternehmerrechnungen.
   In DIN 276 Ziffer 3.4.5 ist der Umfang der Kostenfeststellung wie folgt definiert: *„Die Kostenfeststellung dient zum Nachweis der entstandenen Kosten sowie gegebenenfalls zu Vergleichen und Dokumentationen. In der Kostenfeststellung werden insbesondere folgende Informationen zugrunde gelegt:*

---

[68] BauR 2009, 521

– *geprüfte Abrechnungsbelege, z. B. Schlussrechnungen, Nachweise der Eigenleistungen;*
– *Planungsunterlagen, z. B. Abrechnungszeichnungen;*
– *Erläuterungen.*

In der Kostenfeststellung müssen die Gesamtkosten nach Kostengruppen bis zur 3. Ebene der Kostengliederung unterteilt werden."

Die letzte Grundleistung dieser Phase, **der Vergleich der Kostenfeststellung mit der Auftragssumme** entspricht den bei Kostenfeststellung nach DIN 276 anzufertigenden „**Erläuterungen**", in welchen z. B. die Bestätigung, dass Planung und Ausführung übereinstimmen, die Begründung und Beschreibung von Änderungen oder nachträglichen oder zusätzlichen Leistungen gegenüber der fortgeschriebenen Kostenberechnung enthalten sein müssen.

Mit der in LPH 8 e) genannten **Abnahme von Leistungen und Lieferungen** ist die fachtechnische Abnahme durch den Bauoberleiter gemeint. Sie muss unter Mitwirkung der örtlichen Bauüberwachung und anderer an der Planung und Objektüberwachung fachlich Beteiligter erfolgen. Dabei handelt es sich nicht um die rechtsgeschäftliche (förmliche) Abnahme im Sinne von § 12 VOB/B, sondern um die **körperliche Hinnahme von Leistungen und Lieferungen** durch den Objektplaner. Der Objektplaner trifft dafür Vorsorge, dass alle für den Auftraggeber sich aus dem Vertrag ergebenden Rechte bei der Abnahme gewahrt bleiben, es sei denn, der Auftraggeber verzichtet schriftlich darauf. Etwaige **Mängel** sind festzustellen und in der **Niederschrift** über das Ergebnis der Abnahme festzuhalten. **149**

Bei Anlagen des Wasserbaus, der Wasserwirtschaft und Abfalltechnik sowie vergleichbarer Anlagen geht der Übergabe des Objektes regelmäßig die vorherige Prüfung der Funktionsfähigkeit der Anlagenteile und der Gesamtanlage voraus (LPH 8 f)). Beispiele hierfür sind Pumpwerke, Kläranlagen, Wasseraufbereitungsanlagen, Kompostwerke oder Verbrennungsanlagen. Die **Prüfung der Funktionsfähigkeit der Anlagenteile** ist eine Leistung, welche die mit der Ausführung der Anlagenteile beauftragten Unternehmen durchführen müssen. Die Organisation der Prüftätigkeit und die Überwachung der Prüfung selbst ist Aufgabe der Bauoberleitung unter Mitwirkung der fachlich Beteiligten. Die Prüfungen sind dann vollständig durchgeführt, wenn die ausführenden Unternehmen die Funktionsfähigkeit der von ihnen gelieferten und gebauten Anlagenteile mit Erfolg nachgewiesen haben. Aufgabe der Bauoberleitung ist es, für die Beseitigung der bei der Prüfung gegebenenfalls festgestellten Mängel zu sorgen und dafür erforderliche Leistungen der fachlich Beteiligten organisatorisch und überwachend zu begleiten. **150**

Mit der Prüfung der **Funktionsfähigkeit der Gesamtanlage** wird das planmäßige Zusammenwirken aller Anlagenteile überprüft; dies ist Sache des Objektplaners in enger Zusammenarbeit und Beteiligung der fachlich Beteiligten unter Mitwirkung der mit der Ausführung beauftragten Unternehmen. Die Tätigkeit entspricht der **Inbetriebnahme der Gesamtanlage** und geschieht unter Mitwirkung des Bauherrn, der danach den Betrieb der Gesamtanlage übernimmt und für deren Einarbeitung verantwortlich ist. Letzteres kann wie z. B. bei Kläranlagen oder Abfallbehandlungsanlagen u. U. mehrere Monate dauern. Die **Mithilfe bei der Einarbeitung** solcher Anlagen ist eine Leistung des Objektplaners, die in der HOAI nicht erfasst ist. Es handelt sich um Dienstleistungen, die den Anlagenbetrieb betreffen. In der HOAI ist hingegen nur die Honorierung von Architekten- und Ingenieurleistungen bei der Beratung, Planung und Ausführung von Bauwerken und technischen Anlagen, bei der Ausschreibung und Vergabe von Bauleistungen sowie bei der Vorbereitung, Planung und Durchführung von städtebaulichen und verkehrstechnischen Maßnahmen geregelt[69]. **151**

Die **rechtsgeschäftliche Abnahme** selbst führt der Bauherr unter Mitwirkung der Bauoberleitung und der fachlich Beteiligten durch: der Bauherr wird nach der Abnahme Eigentümer des Objekts. Daher kann auch nur er das fertige Objekt – gegebenenfalls in einzelnen Schritten durch Abnahme der einzelnen Gewerke – entgegennehmen, sofern er hierzu den Objektplaner nicht ausdrücklich (schriftlich) ermächtigt hat. **152**

---

[69] Gesetz zur Regelung von Ingenieur- und Architektenleistungen vom 4. November 1971 BGBl. I S. 1745, 1749) in der Fassung des Gesetzes zur Änderung des Gesetzes zur Regelung von Ingenieur- und Architektenleistungen vom 12. November 1984 (BGBl. I S. 1337)

Ingenieurbauwerke sind häufig genehmigungspflichtige Baumaßnahmen, die einer entsprechenden zusätzlichen behördlichen Abnahme bedürfen. Sind die fachtechnische Abnahme und die Prüfung der Funktionsfähigkeit erfolgreich beendet, ist es Aufgabe des Bauoberleiters, den **Antrag auf behördliche** (z. B. wasserrechtliche, emissionstechnische oder baurechtliche) **Abnahmen** zu stellen. Der Objektplaner nimmt an den behördlichen Abnahmen teil und sorgt dafür, dass dabei eventuell weitere festgestellte Mängel durch die beauftragten Unternehmen beseitigt werden.

153 Danach erfolgt die **Übergabe des Objekts** (LPH 8h)) einschließlich der übersichtlichen Zusammenstellung aller erforderlichen Unterlagen, die bei der Übergabe die richtige Funktion und plangerechte Erstellung des Bauwerkes dokumentieren. Hierzu gehören beispielsweise **Abnahmeniederschriften, Prüfungsprotokolle, eine Zusammenstellung von Wartungsvorschriften** für das Objekt etc. Mit Übergabe des Bauwerkes muss dem Auftraggeber eine **Auflistung der Verjährungsfristen** seiner Gewährleistungsansprüche an die ausführenden Unternehmen übergeben werden.

154 Die Liste der Tätigkeiten in Leistungsphase 8 nennt zwei Begriffe, die als Besondere Leistungen bei der örtlichen Bauüberwachung genannt sind. Zum einen wird die „**Übergabe der Dokumentation des Bauablaufs**", zum anderen die „**Übergabe der Bestandsunterlagen**" als Leistung des Bauoberleiters formuliert. Das Herstellen der Dokumentation ist nach HOAI-Anlage 12.1 Aufgabe des mit der örtlichen Bauüberwachung Beauftragten. Die Bestandsunterlagen dürften die vom Bauoberleiter selbst oder von einem fachlich Beteiligten hergestellten Bestandspläne sein, welche als Besondere Leistung dieser Leistungsphase genannt sind (s. Rdn. 159).

c) Besondere Leistungen bei der Bauoberleitung

155 Die als Besondere Leistung genannte **Kostenkontrolle** ist als ständige Fortschreibung des Bauausgabenbuches zu verstehen. Es ist unverständlich, warum ausgerechnet diese Leistung als Besondere Leistung getrennt genannt wird, wenn schon die anschließende Auflistung der bei der örtlichen Bauüberwachung durchzuführenden Leistungen den „Vergleich der Ergebnisse der Rechnungsprüfung mit der Auftragssumme" enthält. Das kann ja nichts Anderes als die Kostenkontrolle sein.

156 Auch das **Prüfen von Nachträgen** ausführender Firmen ist wie gezeigt (s. Rdn. 144 ff.) nach hiesiger Meinung keine Besondere Leistung bei der Bauoberleitung, sondern Teil der Grundleistungen der Leistungsphasen 6 und 7 des Leistungsbildes Objektplanung. Nur dann, wenn die Bauoberleitung einem **Objektplaner** übertragen ist, der **nicht die Leistungsphasen 6 und 7 erbrachte**, kann die Tätigkeit ggf. eine Besondere Leistung des Bauoberleiters sein, wenn bei erfolgreicher Abwehr des Nachtrags keine Nachtragskosten als Abrechnungsgrundlage für die Grundleistungen zur Verfügung stehen würden.

157 Dem **Erstellen des Bauwerksbuches** fehlt die Erklärung, was der Verordnungsgeber unter dem Begriff „Bauwerksbuch" versteht. Möglicherweise ist darunter die Dokumentation zu verstehen, deren Aufbau und Umfang in DIN 1076 (Ingenieurbauwerke im Zuge von Straßen und Wegen; Überwachung und Prüfung) und in den zugehörigen Ausführungsbestimmungen festgelegt ist. Die Norm regelt die Prüfung vorhandener Ingenieurbauwerke und gilt derzeit in der Fassung vom November 1999[70]. Die Unterlagen für die Überwachung und Prüfung bestehen aus

– dem Bauwerksverzeichnis,
– den Bauwerksakten und
– dem Bauwerksbuch.

158 Sie regelt die Prüfung und Überwachung von Ingenieurbauwerken im Zuge von Straßen und Wegen hinsichtlich ihrer Standsicherheit, Verkehrssicherheit und Dauerhaftigkeit. In der Norm sind folgende Bauwerke aufgelistet:

---

[70] Manfred Schmidt: „Überwachung und Prüfung von Ingenieurbauwerken bei Kreis- und Gemeindestraßen", Geschäftsbericht des Bayerischen Kommunalen Prüfungsverbandes von 2009, S. 152 ff.

- Ingenieurbauwerke:
  - Brücken
  - Verkehrszeichenbrücken
  - Tunnel
  - Trogbauwerke
  - Stützbauwerke
  - Lärmschutzbauwerke
  - Sonstige Ingenieurbauwerke; als sonstige Ingenieurbauwerke gelten insbesondere alle Bauwerke, für die ein Einzelstandsicherheitsnachweis erforderlich ist, wie z. B. Rohr- und Bandstraßenbrücken, Regenrückhaltebecken aus Stahlbeton und Schachtbauwerke.
- Andere Bauwerke
  Andere Bauwerke sind insbesondere solche, die keine Ingenieurbauwerke im Sinne der Norm sind und die abhängig von der Einschätzung der Gefährdung wie Ingenieurbauwerke zu behandeln sind:
  - Durchlässe mit einer Öffnung oder einer lichten Weite von weniger als 2,00 m, rechtwinklig zwischen den Widerlagern oder Wandungen gemessen
  - einfache Rohr- bzw. Peitschenmasten, an denen Lichtsignalanlagen oder Verkehrszeichen angebracht sind
  - Entwässerungsanlagen
  - Stützbauwerke mit weniger als 1,50 m sichtbarer Höhe
  - Steilwälle
  - Erdbauwerke
  - Drahtgitterkörbe mit Steinfüllung (Gabionen)

Das Bauwerksbuch gibt eine Übersicht über die wichtigsten Daten der genannten Bauwerke und dient zur Eintragung der vorgenommenen Prüfungen; es soll zur ersten Hauptprüfung des Ingenieurbauwerks vorliegen. Das Bauwerksbuch ist nach den Ausführungen in den Allgemeinen Rundschreiben des Bundesministeriums für Verkehr, Bau- und Wohnungswesen (BMVBW) Nrn. 2 und 31/1998 auf der Datenbasis der „Anweisungen Straßeninformationsbank – ASB – Teilsystem Bauwerksdaten" zu erstellen. Weitere Einzelheiten zu den Anforderungen und Leistungen können der entsprechenden Fachliteratur und insbesondere der Norm selbst entnommen werden.

Wie das Erstellen eines Bauwerksbuches ist das **Erstellen der Bestandspläne** eine Besondere Leistung des mit der Bauoberleitung Beauftragten. In der Regel geben die nach Phase 5 fortzuschreibenden Ausführungszeichnungen oder das fortzuschreibende Bauwerksbuch nicht den Ist-Zustand eines Bauwerkes nach Fertigstellung wieder. Änderungen, die im Zuge der Ausführung vor Ort vorgenommen werden mussten, sind trotz Fortschreibung der Ausführungsplanung häufig nicht ausreichend dokumentiert. Erst die nach Fertigstellung des Objekts **anhand von Aufmaßen hergestellte** Bestandspläne und – unterlagen stellen also den tatsächlich hergestellten Zustand in allen Details einschließlich der technischen Ausrüstung oder Ausstattung dar. Sie geben darüber hinaus wichtige Hinweise für spätere Erhaltungsmaßnahmen und bei mögliche Erweiterungs- und Reparaturarbeiten. Das Erarbeiten der Bestandspläne nach Fertigstellung wie auch die gleiche Tätigkeit zur Vorbereitung einer späteren Objektplanung ist eine Besondere Leistung. Sowohl die Leistung als auch ihre Vergütung sollten zur Vermeidung von Missverständnissen schriftlich vereinbart werden. **159**

Eine weitere Besondere Leistung fällt im Rahmen der Bauoberleitung beispielsweise dann an, wenn das **Bauvorhaben im Auftrag von zwei oder mehr Kostenträgern** durchgeführt wird. Dies ist beispielsweise bei Erschließungsmaßnahmen für die Straßenbeleuchtung, die Wasserversorgung, die Abwasserkanalisation und den Straßenbau möglich. Die für die getrennte Abrechnung der Baumaßnahme für jeden Kostenträger erforderlichen Leistungen sind als Besondere Leistungen zu honorieren. **160**

Dasselbe gilt für die aufgrund von Bestimmungen in den Ortssatzungen notwendige getrennte Abrechnung von **Bauleistungen**, die **für die Herstellung oder Erneuerung von Hausanschlüs-** **161** sen an öffentliche Ver- und Entsorgungsanlagen **oder** für den Bau oder die Erneuerung von **Anliegerstraßen** durchgeführt werden. Hierfür benötigt der öffentliche Unternehmensträger oft **anliegergenaue Mengenberechnungen und Kostenaufstellungen**, die nicht zu den Grundleistungen des Objektplaners gehören.

162 Wird eine **größere Baumaßnahme in mehreren** in sich geschlossenen **Losen oder Bauabschnitten gleichzeitig oder zeitlich** zueinander **versetzt** ausgeführt, entsteht im Vergleich mit der Abwicklung als Gesamtmaßnahme ein vermehrter Koordinations- und Bearbeitungsaufwand. Beispiele sind Gewässersysteme in Flurbereinigungsgebieten, Verbindungsleitungen bei interkommunalen Ver- und Entsorgungslösungen, Fernleitungen für Gas, Wasser und Fernwärme und ähnliche Objekte, bei deren Ausführung gleichzeitig mehrere "Baustellen" mit unterschiedlichen ausführenden Unternehmen zu betreuen sind. In diesem Fall handelt es sich um ausführungstechnisch voneinander völlig unabhängige Objekte, die der Objektplaner im Rahmen eines einzigen mit ihm abgeschlossenen Werkvertrages in der Bauvorbereitung und -ausführung wie selbstständige Bauvorhaben zu betreuen und abzurechnen hat. Die hierdurch notwendige Mehrleistung stellt eine Besondere Leistung dar, die entsprechend zu honorieren ist. Dies kann beispielsweise dadurch geschehen, dass die Leistungen mit den Herstellungskosten der einzelnen Bauabschnitte oder Lose getrennt zur Honorarberechnung verwendet werden. Das wäre allerdings nach § 10 Abs. 1 schriftlich zu vereinbaren.

163 In einigen Bundesländern kann das **Mitwirken des Objektplaners im Zuwendungsverfahren für wasserwirtschaftliche Bauvorhaben** im Zuge der Bauoberleitung aufgrund landesspezifischer Richtlinien einen vergleichsweise höheren Aufwand verursachen und somit zur Besonderen Leistung werden. Als Beispiel ist das Verfahren nach den „Richtlinien für Zuwendungen zu wasserwirtschaftlichen Vorhaben" (RZWas) in Bayern zu nennen[71]. Zu den Leistungen des Objektplaners können danach gehören

– das Erstellen der Antragsunterlagen,
– das Vorverhandeln mit den Behörden über die Bezuschussung,
– das Überwachen der Bauvorhaben auf Einhaltung des Zuwendungsbescheids, insbesondere entsprechend dem geprüften Entwurf und den in der baufachlichen Stellungnahme festgelegten technischen Anlagen,
– das Anfordern der Zuwendungen mit Aufstellen der Baustandsberichte,
– das Erstellen der Baurechnung mit Ausscheiden der nicht zuwendungsfähigen Kosten, dem Ergänzen der Baurechnung um den Zuwendungsbescheid und um die diesem zugrunde gelegten Bau- und Finanzierungsunterlagen,
– die Erstellung des Verwendungsnachweises nach Abschluss der Arbeiten sowie eines Sachberichtes über das Vorhaben, in dem der Aufwand, der erzielte Erfolg und die erwarteten Auswirkungen zusammenfassend darzustellen sind.

Schließlich gehört die **Zusammenarbeit mit der baufachlich mitwirkenden Wasserbehörde** dazu, welcher der Objektplaner Auskünfte über das Bauvorhaben und über den Stand der vertraglichen Leistungen und Kosten geben sowie rechtzeitig die Ausschreibung und Vergabe, den Baubeginn und die Beendigung eines Vorhabens mitteilen muss. Dem hierfür verantwortlichen Wasserwirtschaftsamt muss auf dessen Verlangen hin zuvor schon der Entwurf der Vertragsunterlagen, bei beschränkter Ausschreibung auch ein Vorschlag der einzuladenden Firmen zur Kenntnis gegeben werden. Ferner muss dem baufachlich mitwirkenden Amt eine Ablichtung der Eröffnungsniederschrift, ein Preisspiegel der Hauptpositionen und Kostengruppen übersandt und bei Ortsbesichtigungen die Art und der Stand der Ausführung erläutert werden.

Soweit solche Behörden anstelle des Auftraggebers die fachliche Projektsteuerung der Leistungen von Objekt- und Fachplanern wahrnehmen, sind damit keine begründbaren Mehraufwendungen bei Letzteren erforderlich. Besteht diesen Behörden gegenüber aber eine zusätzliche Berichtpflicht, deren Art und Umfang in entsprechenden länderspezifischen Vorschriften nie-

---

[71] Richtlinien für Zuwendungen zu wasserwirtschaftlichen Vorhaben (RZWas 2013); Bekanntmachung des Bayerischen Staatsministeriums für Umwelt und Gesundheit vom 4. Juni 2013 Az.: 58g-4454.11-2010/4 im Allgemeinen Ministerialblatt Nr. 8 vom 28. Juni 2013

dergelegt ist, sind die dafür erforderlichen Leistungen als Besondere Leistungen zu vereinbaren und zu honorieren.

d) Örtliche Bauüberwachung

aa) Vorbemerkungen

Die Leistungsphase 8 des § 43 umfasst – anders als bei Gebäuden, Innenräumen, Freianlagen und bei Anlagen der technischen Ausrüstung, dort Objektüberwachung genannt – nur den Teil der bei Objektüberwachungen im Sinne der §§ 34, 39 und 55 notwendigen Tätigkeiten, der die Leistungen bei der Bauoberleitung betrifft, nicht aber die **Leistungen bei der örtlichen Bauüberwachung**. Letztere sind jedoch integraler Bestandteil einer vollständigen Ingenieurleistung für ein Bauvorhaben, deren Ziel das „Entstehen lassen" eines Bauwerkes ist. Die Leistungen sind unverständlicherweise in der aktuellen Verordnung erneut nicht verbindlich geregelt, sondern in HOAI-Anlage 12.1 als Besondere Leistung der Bauoberleitung (LPH 8) ohne eine verbindliche Vergütungsregelung definiert. Auch der in der Amtl. Begr. zu § 42 der Verordnung von 2009 enthaltene Hinweis ist jetzt entfallen, wonach das Honorar für die örtliche Bauüberwachung mit 2,3 bis 3,5 % der anrechenbaren Kosten vereinbart werden könne. Ebenso verzichtete der Verordnungsgeber auf die Übernahme des zusätzlichen Hinweises, wonach stattdessen die Vertragsparteien hiervon abweichend ein Honorar als Festbetrag unter Zugrundelegung der geschätzten Bauzeit vereinbaren könnten; dieser Hinweis nahm die früher verbindliche Vorschrift des § 57 Abs.2 Satz 2 HOAI 1996/2002 als unverbindliche Empfehlung auf.

In der Amtl. Begr. zur HOAI 2009 erläutert der Verordnungsgeber seinen Verzicht auf die verbindliche Festlegung der Leistungen und Vergütung der örtlichen Bauüberwachung damit, dass diese Leistungen bei Ingenieurbauwerken und Verkehrsanlagen nicht im Grundhonorar der Honorartafeln dieser Verordnung, also der §§ 43 (Ingenieurbauwerke) und 47 (Verkehrsanlagen) erfasst seien. Mit dieser ausschließlich monetären Begründung setzte er sich über Amtl. Begr. zu den §§ 55[72] und 57[73] der bisherigen HOAI-Novellen hinweg, in denen er die Zusammengehörigkeit der Leistungen bei der Bauoberleitung und bei der örtlichen Bauüberwachung betont und die getrennte Regelung der für ein Bauvorhaben stets erforderlichen Leistungen sowie deren Honorierung ausführlich an verschiedenen Varianten erläutert. Zum besseren Verständnis werden die Begründungen im Folgenden wörtlich zitiert:

„Ferner sind die Leistungen der Leistungsphase 8 des § 15 (Objektüberwachung) in der entsprechenden Leistungsphase nur teilweise aufgenommen worden. Im Unterschied zu Objektplanung für Gebäude, Freianlagen und raumbildende Ausbauten wird bei der Objektplanung für Ingenieurbauwerke und Verkehrsanlagen in der Leistungsphase 8 nur die Bauoberleitung erfasst – für die örtliche Bauüberwachung enthält § 57 besondere Vorschriften. Mit dieser Aufteilung soll der Tatsache Rechnung getragen werden, dass nach Ansicht von öffentlichen Auftraggebern das Honorar für die örtliche Bauüberwachung bei Ingenieurbauwerken und Verkehrsanlagen nicht nach einer Honorartafel mit degressiven Honoraren berechnet werden kann. Die Erfahrungen in diesen Bereichen zeigen, dass ein angemessenes Honorar regelmäßig nur in einem bestimmten Vomhundertsatz der Herstellkosten festgelegt werden kann. Zudem wird nach der bisherigen Vergabepraxis dem Auftragnehmer vielfach nur die örtliche Bauüberwachung übertragen; die Bauoberleitung behalten die Auftraggeber sich selbst vor. Die Leistungen der Leistungsphase 8 des § 15 werden in diesen Bereichen somit öfter getrennt. In anderen Fällen wird die Objektplanung einschließlich Bauoberleitung einem Auftragnehmer übertragen und einem anderen Auftragnehmer nur die örtliche Bauüberwachung. Wegen dieser Besonderheiten wird für die örtliche Bauüberwachung in § 57 eine besondere Honorarregelungen vorgesehen."

Die Amtliche Begründung zu § 57 der Vorgängerverordnungen erklärt weiter: *„Die gesonderte Honorarregelung dieser Leistungen ist, wie zu § 55 ausgeführt, erforderlich geworden. In Absatz 1 werden die Leistungen bei der örtlichen Bauüberwachung zusammengefasst. Sie wur-*

---

[72] Bundesanzeigerausgabe der HOAI 1985, S. 88; gleichlautend auch in den entsprechende Ausgaben einschließlich Ausgabe 2002, S. 124

[73] Bundesanzeigerausgabe der HOAI 1985, S. 89; gleichlautend auch in der entsprechenden Ausgabe 2002, S. 127

164

den in Anlehnung an die Grundleistungen der Leistungsphase 8 des § 15 entwickelt, wobei die Leistungen jeweils zur Bauoberleitung (Leistungsphase 8 des § 55) abzugrenzen waren."

165 HOAI-Anlage 12.1 nennt die in § 57 Abs. 1 HOAI a. F. aufgelisteten Leistungen bei der örtlichen Bauüberwachung in gleicher Reihenfolge, aber modifizierter Form. Mit der bis 2009 geltenden Aufteilung der Leistungen bei der Objektüberwachung in die Leistungen bei der Bauoberleitung und bei der örtlichen Bauüberwachung sollte der Ansicht öffentlicher Auftraggeber Rechnung getragen werden, dass das Honorar für die örtliche Bauüberwachung bei Ingenieurbauwerken und Verkehrsanlagen nicht nach einer Honorartafel mit degressiven Honoraren berechnet werden könne. Ein angemessenes Bauüberwachungshonorar könne regelmäßig nur in einem bestimmten Vomhundertsatz der Herstellungskosten festgelegt werden[74]. Diese Erfahrungen entsprächen denen der Objektplaner. Die Amtliche Begründung zu § 57 HOAI 1996/2002[75] erklärt weiter: *„Dadurch wird den Vertragsparteien die Möglichkeit gegeben, bei intensiven Überwachungsmaßnahmen angemessene Honorare zu vereinbaren".*

bb) Regelleistungen

166 Im Mittelpunkt der örtlichen Bauüberwachung steht die **Überwachung der Ausführung** des Objekts auf ihre Übereinstimmung mit den zur Ausführung freigegebenen Unterlagen und dem Bauvertrag sowie mit den allgemein anerkannten Regeln der Technik, den Vorgaben des Auftraggebers und den einschlägigen Vorschriften. Dazu gehört in einem ersten Schritt die Plausibilitätsprüfung der von Vermessungsingenieuren durchgeführten **Absteckung des Bauwerks** und das örtliche Kennzeichnen des Baugeländes, d. h. zusätzliches Markieren vorhandener Grenzen und Grenzsteine, nicht aber deren Herstellung.

167 Die **zur Ausführung freigegebenen Unterlagen** umfassen insbesondere die Ausführungsplanung und die Leistungsbeschreibung des Objekts. Unklar ist auch hier, wer für die Freigabe der Unterlagen verantwortlich ist; nach der Formulierung in HOAI-Anlage 12.1 LPH 8a) ist es nicht der mit der Bauoberleitung Beauftragte. Die Zuständigkeit sollte im Ingenieurvertrag unbedingt geklärt werden (s. auch Rdn. 141). Ferner sind natürlich die in den **behördlichen** Genehmigungen erteilten **Auflagen** zu beachten. Zu den einschlägigen Vorschriften zählen besonders das Bauordnungsrecht mit seinen Nebenbestimmungen sowie die einschlägigen DIN-Vorschriften. Ferner gehören hierzu die Verkehrssicherungspflicht sowie eine Vielzahl weiterer öffentlich-rechtlicher sowie auch zivilrechtlicher Vorschriften einschließlich der Arbeitsschutzbestimmungen und Unfallverhütungsvorschriften. Letztere sind zwar Angelegenheiten der bauausführenden Firmen; die örtliche Bauüberwachung ist jedoch verpflichtet, auf deren Einhaltung zu achten (s. z. B. § 59a BauO-NW oder § 45 LBO-BW).

168 Die notwendige ordnungsgemäße Durchführung der Bauüberwachung beschreibt die Aufgabe des Bauüberwacher, die Leistungen der bauausführenden Unternehmen für die Beseitigung von Störungen im Bauablauf fachkompetent zu überwachen und zu beurteilen. Daraus resultieren auch seine Pflicht, die **Berechtigung von Nachträgen** der Unternehmen fachlich zu **prüfen und** zu **bewerten**. Das Ergebnis seiner Tätigkeit teilt er dem mit dem Bauoberleitung Beauftragten mit und berät ihn bei dessen fachlicher, rechnerischer und vor allem vertragsrechtlicher Prüfung.

169 Zu einer sach- und fachgerechten engen Bauüberwachung gehört ferner das Durchführen von **Kontrollprüfungen**, die sich je nach Komplexität und Schwierigkeit des Bauvorhabens oder bei auftretenden Mängeln während der Bauausführung als notwendig erweisen können. Deren Erfordernis festzustellen, ist eine weitere Aufgabe des Bauüberwachers, die er aufgrund seiner Berufserfahrung und seiner während der Ausführung des Objekts gemachten Erfahrungen veranlassen muss. Die Kontrollprüfungen dienen bei rechtzeitiger Anordnung und Durchführung der angestrebten Qualität des Bauvorhabens. Ihre Ergebnisse sollten dem Auftraggeber im Streitfall als Beweismittel gut dokumentiert zur Verfügung stehen.

---

[74] Bundesanzeigerausgabe der HOAI 1985, S. 88
[75] Bundesanzeigerausgabe der HOAI 2002, S. 127

Der für die Bauüberwachung **verantwortliche Objektplaner ersetzt nicht** den **Sicherheits-** 170
und Gesundheitsschutzkoordinator nach der Baustellenverordnung[76] und auch nicht den Bauleiter des ausführenden Unternehmens. Letzterer verantwortet die Arbeit auf der Baustelle, die
Unfallverhütung, den Schutz von Baustoffen und des im Bau befindlichen Bauwerks. Allerdings
ist es Pflicht des bauüberwachenden Objektplaners, die Unternehmensbauleitung auf eventuelle
Mängel oder Gefahren hinzuweisen und im Falle der Nichtbeachtung auch Anweisungen z. B.
zur Einhaltung der Unfallschutzvorschriften oder der Verkehrssicherheit zu geben, um das ausführende Unternehmen auf seine bauvertraglich gebotenen Pflichten hinzuweisen.

Die örtliche Bauüberwachung muss so organisiert und ausgestattet werden, dass die eingesetzten 171
Mitarbeiter und deren Arbeitszeit auf der Baustelle ausreichen, die Aufgaben sorgfältig zu erledigen. Dies bedeutet nicht, dass der Bauleiter ständig auf der Baustelle anwesend sein muss (so
auch Locher/Koeble/Frik[77]). Allerdings ist seine **Anwesenheit bei** den **wichtigsten Bauphasen**
unerlässlich. Wann und wie häufig der Bauleiter auf der Baustelle anwesend sein muss, hängt
von der Art der Bauaufgabe, vom Umfang besonders überwachungsbedürftiger Bau- und Montagearbeiten und vom jeweiligen Stand der Arbeiten ab.

Die **Dokumentation des Bauablaufs** erfolgt im **Bautagebuch**. Dort werden Lieferungen, Leis- 172
tungen und die Anwesenheit der beteiligten Unternehmer und Lieferanten sowie die Witterungsbedingungen festgehalten. Darüber hinaus werden alle Besonderheiten dokumentiert (z. B. historische Funde, Hochwasserereignisse, Besonderheiten im Bodenaufschluss etc.). Die Größe des
Objektes, die Häufigkeit und die Bedeutung von Ereignissen auf der Baustelle, die das Baugeschehen und die Kosten beeinflussen, sind so oft wie möglich zu dokumentieren. Die Entscheidung über Art und Anzahl sowie Häufigkeit und Umfang der Berichterstattung obliegt dem
mit der örtlichen Bauüberwachung Beauftragten. Die Dokumentation im Bautagebuch ist u. a.
ein wertvolles **Beweisstück** für gerichtliche und außergerichtliche Schadensregulierungen. Es
kann gemeinsam mit dem Unternehmer geführt werden. Die Verantwortung für die Richtigkeit
und Vollständigkeit des Tagebuches trägt in jedem Falle jedoch ausschließlich die örtliche Bauüberwachung. Keinesfalls sind die von den Bauleitern der ausführenden Unternehmen erstellten
Bautagebücher ein Ersatz für das von Objektüberwachung zu führende Bautagebuch. Dessen
Bedeutung zur Dokumentation des Bauablaufs hat zuletzt das OLG Celle in seinem Urteil vom
11.10.2005[78] hervorgehoben:

> „Das **Bautagebuch** dient den Interessen des Bauherrn und soll Leistungen, Lieferungen und
> Tätigkeiten der verschiedenen Unternehmer sowie die jeweiligen Arbeitsbedingungen auf der
> Baustelle festhalten. Für eine spätere gerichtliche oder außergerichtliche Auseinandersetzung
> ist es zudem ein Beweismittel. Damit dient es nicht in erster Linie dem Architekten zu dessen
> eigener Gedächtnisstütze, sondern dem Bauherrn.“

Eine weitere Aufgabe des örtlichen Bauüberwachers ist sein **Mitwirken beim Aufmaß** mit den 173
ausführenden Unternehmen. Das Aufmaß weist Art und Umfang der ausgeführten Leistungen
nach. Das Mitwirken sorgt dafür, dass das Aufmaß ordnungsgemäß erfolgt, und ist deswegen
ein wesentlicher Teil der Tätigkeit des objektüberwachenden Ingenieurs bei der ihm obliegenden
Rechnungsprüfung. Dabei sind alle Umstände festzustellen, die für eine ordnungsgemäße Abrechnung notwendig sind. Hier sind beispielhaft das Überwachen der Grundwasserabsenkung
laut Leistungsbeschreibung, das Feststellen der Wasserhaltungstage und der Entnahmemenge
oder die Kontrolle und die Klassifizierung der Bodenarten zu nennen.

Das **Mitwirken bei der Abnahme** von Leistungen und Lieferungen durch die Bauoberleitung 174
ist als Mitarbeiten unter der Leitung und Verantwortung der Bauoberleitung zu verstehen. Beispielsweise können hierzu der Empfang und die Überprüfung der Mengen von Lieferungen mit
entsprechender Eingangsbestätigung für die Bauoberleitung gehören. Ferner ist es Aufgabe der
örtlichen Bauüberwachung, die gelieferten bzw. eingebauten Baustoffe mit den Forderungen in
den Leistungsverzeichnissen bzw. Verdingungsunterlagen zu vergleichen. Schließlich ist in diesem Zusammenhang auch das **Überwachen der Tagelohnarbeiten** zu nennen.

---

[76] BGBl I 1998, 1983
[77] HOAI- Kommentar 2010
[78] 14 U 68/04; BauR 2005, 1972, IBR 2005, 600

175 Das **Mitwirken bei behördlichen Abnahmen** und das Mitwirken **beim Überwachen der Prüfung der Funktionsfähigkeit** der Anlagenteile und der Gesamtanlage ist eine begleitende Tätigkeit der örtlichen Bauüberwachung, die vor allem wegen der besonderen Detail- und Fachkenntnisse der örtlichen Bauüberwachung notwendig ist. Voraussetzung für das Mitwirken ist der Abruf der Leistungen durch die Bauoberleitung oder durch den Auftraggeber; werden sie nicht abgerufen, waren sie offenbar nicht notwendig. Eine Kürzung des für die örtliche Bauüberwachung vereinbarten Honorars ist dann aber aus den schon mehrfach erwähnten Gründen nicht zulässig.

176 Werden **bei der Abnahme** der Leistungen **Mängel** festgestellt, so ist das **Überwachen der Beseitigung der festgestellten Mängel** Sache der örtlichen Bauüberwachung. Diese Überwachung unterscheidet sich von der ähnlich lautenden Besonderen Leistung bei der Bauoberleitung in Leistungsphase 9 des § 42, welche die Überwachung von Mängeln betrifft, die innerhalb der Verjährungsfristen der Gewährleistungsansprüche an die ausführenden Unternehmen auftreten.

Die Überwachung der Beseitigung **größerer Mängel**, die einen nennenswerten zusätzlichen Zeit- und Kostenaufwand verursachen und vom ausführenden Unternehmen zu verantworten sind, ist **der örtlichen Bauüberwachung** dann **gesondert zu honorieren**, wenn die dafür zu erbringenden Leistungen den im zuvor abgeschlossen Ingenieurvertrag beschriebenen Umfang überschreiten. Dies ist mindestens dann der Fall, wenn die Abnahme des Bauwerks nach der ersten Mängelbeseitigung erneut nicht möglich wäre und weitere Beseitigungsversuche erforderlich würden. Der **Auftraggeber wird** dann die zusätzlichen **Honorarkosten**, die für den Auftraggeber einen Schaden darstellen würden, **dem Unternehmer als Schadensersatzforderung** in Rechnung stellen. Voraussetzung für die Honorierung dieser Leistungen ist aber eine gesonderte schriftliche Vereinbarung zwischen Auftraggeber und Objektüberwacher.

177 Neben der konsequenten Überwachung der Bauausführung ist die **Rechnungsprüfung** eine weitere zentrale Aufgabe der örtlichen Bauüberwachung. Die Prüfergebnisse bestimmen die Summe der Gesamtkosten, die der Bauoberleiter schließlich in der Kostenfeststellung zusammenstellen muss. Dabei ist zwischen den Leistungen bei der Prüfung von Abschlagsrechnungen und der Prüfung der Schlussrechnungen nicht zu unterscheiden. In beiden Fällen müssen die berechneten Mengen und Kosten sorgfältig geprüft werden – auch und gerade bei den Abschlagsrechnungen, um der Gefahr von Überzahlungen der Rechnungssteller zu begegnen. Damit dies sachgerecht geschehen kann, sollte der Objektüberwacher darauf bestehen, dass der Rechnungssteller die Mengenansätze in den Abschlagsrechnungen von Anfang an durch von ihm begleitete Aufmaße – alternativ mit genauen Angaben zu seinen bis zum Rechnungsdatum erbrachten Leistungen – belegt. Der sorgfältige und vorsorgende Rechnungsprüfer wird bei der Prüfung auch beurteilen, ob die erbrachten Leistungen vertragsgemäß und fachtechnisch einwandfrei erbracht und sachlich richtig berechnet wurden. Dabei muss er stets die Kostenentwicklung in den einzelnen Gewerken im Blick haben. Dies geschieht durch den kontinuierlichen **Vergleich der Ergebnisse der Rechnungsprüfung mit der Auftragssumme**. Im Unterschied zu der ähnlich formulierten Leistung der Bauoberleitung (s. Rdn.147), die als globaler Vergleich zwischen der Kostenfeststellung und der Auftragssumme des Objekts zu verstehen ist, ist die örtliche Bauüberwachung aufgefordert, den Vergleich nach Gewerken durchzuführen und deren Ergebnis der Bauoberleitung für die Kostenfeststellung zur Verfügung zu stellen.

178 Das als letzte Leistung genannte **Überwachen der Ausführung von Tragwerken** nach Anlage 14.2 und der Honorarzonen I und II auf Übereinstimmung mit dem Standsicherheitsnachweis dieser Objekte nach § 51 Abs. 1 ist die Kontrolle der Bewehrung im Stahlbetonbau bei Tragwerken mit sehr geringen oder geringen Planungsanforderungen. Dabei kontrolliert der Objektplaner die Bewehrung lediglich mit Blick auf die Abrechnung der Baumaßnahme auf Vollständigkeit durch Vergleich mit den Bewehrungsplänen[79]. Hierzu führt die in Bezug genommene Amtl. Begr. zur Verordnung 1996/2002 wörtlich aus :

„Wird das Tragwerk … einer höheren Honorarzone zugeordnet, so handelt es sich bei der Kontrolle der Bewehrung um eine ingenieurtechnische Kontrolle, die nach Teil VIII (Tragwerksplanung in der HOAI a. F.; Einfügung durch Verfasser) als Besondere Leistung berechnet wer-

---

[79] Bundesanzeigerausgabe der HOAI 1985, S. 82

den kann. Wird die Überwachung der Ausführung des Tragwerks auf Übereinstimmung mit dem Standsicherheitsnachweis als Besondere Leistung nach Teil VIII vereinbart und obliegt sie daher nicht dem Objektplaner, so ist es in diesem Falle aber nicht gerechtfertigt, das Honorar des Objektplaners mit dem Hinweis zu kürzen, er leiste eine Grundleistung der Leistungsphase nicht, weil er die Ausführung nicht überwache. Es ist insbesondere nicht vorgesehen, dass das Honorar des Tragwerkplaners für die ingenieurmäßige Kontrolle der Bewehrung dem Objektplaner vom Honorar abgezogen wird."

cc) Über die Regelleistungen hinausgehende Leistungen

Die im Rahmen einer vertraglicher Vereinbarung im Allgemeinen zu erfüllenden Leistungspflicht bei der örtlichen Bauüberwachung endet, wenn der Unternehmer die Beseitigung der bei der Abnahme festgestellten Mängel verweigert. Veranlasst dann der Bauherr auf Empfehlung von Bauoberleitung und örtlicher Bauüberwachung eine **Ersatzvornahme durch einen Dritten**, so sind die Vorbereitung und die Mitwirkung bei der Vergabe einschließlich der Leistungen bei der Bauoberleitung und die anschließende örtliche Bauüberwachung dieser Drittunternehmerleistung als weiterer Auftrag an die örtliche Bauüberwachung gesondert zu honorieren. **179**

9. Objektbetreuung und Dokumentation

a) Grundleistungen

Nach Abschluss der Baumaßnahme können innerhalb der Verjährungsfristen der Gewährleistungsansprüche Mängel an dem ausgeführten Objekt auftreten. Deren Feststellung ist Aufgabe des Bauherrn oder Nutzers des Bauwerks. Der Objektplaner ist verpflichtet, innerhalb der Verjährungsfristen die festgestellten **Mängel fachlich zu bewerten**. Es versteht es sich von selbst, dass zur fachlichen Bewertung der behaupteten Mängel **Begehungen** gehören und als Teil der Bewertungstätigkeit mit dem in der HOAI verordneten Honorar vergütet werden **180**

Die in Leistungsphase 9 des Leistungsbildes Technische Ausrüstung gleich formulierte Tätigkeit des objektüberwachenden Fachplaners erläutert die Verordnungsbegründung u. a. wie folgt: *„Durch die neu aufgenommene Grundleistung der fachlichen Bewertung der Menge einschließlich notwendiger Begehungen wird sichergestellt, dass der beauftragte Architekt oder Ingenieur auch nach Abschluss des Projekts dem Bauherrn bei auftretenden Mängeln zur Seite steht und eine verursachungsgerechte Inanspruchnahme des Schädigers ermöglicht wird.*

Mit der fachlichen Bewertung der Menge soll in erster Linie die Zuordnung des Mangels zu einem Bau- oder Planungsbeteiligten aus fachlicher Sicht sichergestellt werden. Eine Bewertung mit der Qualität und Ausführlichkeit eines Sachverständigengutachtens ist nicht Gegenstand dieser Grundleistung."

Diese Verpflichtung gilt **bis zum Ablauf von fünf Jahren** nach der ersten erfolgreichen Abnahme der fertig gestellten, nun aber mit Mängeln belasteten Leistung. Damit Bauherr oder Nutzer ihre Ansprüche gegenüber dem Unternehmen fachlich begründet geltend machen können, muss der mit der Bewertung beauftragte Objektplaner das Bewertungsergebnis schriftlich ausarbeiten. Die erforderliche Bewertung darf nicht mit der Pflicht zur Abgabe eines Gutachtens verwechselt werden, mit dem beispielsweise schon Methoden zur Mängel- oder Schadensbeseitigung vorgeschlagen oder gar vorgeschrieben werden. Ein solches Gutachten kann nur von einem in der zitierten Verordnungsbegründung genannten Sachverständigen für Schäden an Gebäuden sachgerecht erwartet und erstellt werden. **181**

Dem Objektplaner obliegt unabhängig von seinen gerade beschriebenen Aufgaben die Objektbegehung zur **Mängelfeststellung vor Ablauf der Verjährungsfristen** der Gewährleistungsansprüche gegenüber den ausführenden Unternehmen. Die Fristen sind ihm als Ergebnis seiner Objektüberwachungstätigkeit bekannt; der objektbetreuende Ingenieur ist verpflichtet, ohne Aufforderung des Auftraggebers tätig zu werden. Der Verordnungsgeber verwendet den Singular „Objektbegehung"; die Objektbegehung aller ausgeführten Bau- und Montagearbeiten ist daher nur einmal, nämlich vor Ablauf deren jeweiliger Verjährungsfristen als „im Allgemeinen **182** erforderliche Leistung" im Sinne von § 3 Abs. 2 anzusehen, für die ein Honorar verordnet ist; eine mehrfache Begehung des Objekts auf Eigeninitiative des Objektüberwachung während der Gewährleistungszeit ist damit nicht gemeint. Dies bestätigt auch das OLG Hamm in seinem Urteil vom 09.01.2003[80].

183 Bei einer Objektbegehung kann nur eine eingehende und sorgfältige **Sichtprüfung** des Bauwerks – es geht ja um die Feststellung von Ausführungsmängeln – stattfinden; eine Funktionsprüfung des Bauwerks ist nicht Gegenstand der Prüfung, da es um die Feststellung von herstellungsbedingten Mängeln geht, auf deren Beseitigung der Bauherr einen Rechtsanspruch besitzt. Damit dieser fachlich begründet geltend gemacht kann, muss der Objektbetreuer eventuell erkannte Mängel fachlich bewerten und schriftlich begründen. Die Begehung muss so früh erfolgen, dass die Mängel trotz ggf. erforderlicher näherer Untersuchungen und Gutachten durch Sachverständige noch rechtzeitig geltend gemacht werden können.

184 Die letzte Aufgabe des objektbetreuenden Objektplaners ist sein Mitwirken bei der **Freigabe von Sicherheitsleistungen**. Das Mitwirken besteht aus der Mitteilung an den Auftraggeber, dass er bei seiner abschließenden Objektbegehung einwandfreies Objekt vorgefunden hat und der Auftraggeber die ihm gegenüber geleisteten Sicherheiten an die ausführenden Unternehmen zurückgeben kann.

b) Besondere Leistungen

185 Werden herstellungsbedingte Mängel festgestellt, ist das **Überwachen der Beseitigung dieser Mängel** normalerweise Sache des mit der Objektbetreuung Beauftragten. Dabei muss er dem Unternehmen, welches die Mängel zu verantworten hat, die Methode der Mängelbeseitigung freistellen. Voraussetzung für die erfolgreiche Durchsetzung der Gewährleistungsansprüche ist, dass die Mängel innerhalb deren Verjährungsfristen, **längstens jedoch bis zum Ablauf von fünf Jahren** seit Abnahme der Bauleistung auftreten.

186 Vor Ablauf der Verjährungsfristen auftretende Bauwerksschäden sind nicht die Regel, sondern die Ausnahme. Daraus folgt, dass die **Erforschung von Mängelursachen** nicht zu den werkvertraglich geschuldeten Leistungen des mit der Objektbetreuung Beauftragten gehören können; sie sind vielmehr zusätzliche vergütungspflichtige Besondere Leistungen. Insbesondere ist es nicht die Aufgabe des Objektbetreuers zu erforschen oder zu analysieren, ob die bei der Sichtprüfung ggf. festgestellten Mängel **herstellungsbedingt** oder die Folge fehlerhafter oder nicht bestimmungsgemäßer Nutzung sind. Haben die Mängel **nutzungs- und betriebsbedingte** Ursachen, so ist sowohl ihre Beseitigung durch das ausführende Unternehmen für den Bauherrn kostenpflichtig als auch die Überwachung deren Beseitigung eine **Besondere Leistung** des Auftragnehmers, je nach Art und Umfang könnte es sich dabei aber auch um wiederholte oder neu zu erbringende Grundleistungen handeln. Äußerstenfalls können dies auch Leistungen für ein neues Objekt sein, wenn z. B. die Mängelbeseitigung im Rahmen der Nacherfüllung eine Instandsetzung oder gar eine Neuherstellung ist.

187 **Schäden** an Ingenieurbauwerken, die vor Ablauf der Verjährungsfristen nicht „begangen" werden können, wie z. B. **Rohrleitungen** für Wasser, Gas und Abwasser **oder geschlossene**, mit Flüssigkeiten gefüllte **Behältern**, können nicht durch eine Sichtprüfung, sondern nur durch eine im Inneren des Bauwerks durchgeführte **Schadenserkundung** festgestellt werden. Hierbei kommen regelmäßig **Fernsehkameras** zum Einsatz, mit denen Videos oder auch Einzelbilder von besonderen Schadstellen hergestellt werden. Dieser Vorgang ist bezüglich Genauigkeit und Aufwand nicht mit der bei zugänglichen Bauwerken möglichen und „im Allgemeinen erforderlichen" Leistung im Sinne von § 3 Abs. 2 vergleichbar. Daher handelt es sich sowohl bei dieser Leistung als auch bei der danach notwendigen Auswertung der Aufnahmen um Besondere Leistungen, deren Honorierung frei vereinbart werden kann (§ 3 Abs. 3).

---

[80] OLG Hamm, Urteil v. 09.01.2003 – 17 U 91/01; BauR 2003, 567 ; BGH, Beschluss v. 26.08.2004 – VII ZR 64/03 (Nichtzulassungsbeschwerde zurückgewiesen); BauR 2003, 567

In der Regel ist davon auszugehen, dass die einmalige **Überwachung der Beseitigung von** **188** **Mängeln** ausreichend ist. Muss bei erfolgloser Beseitigung eines bestimmten Mangels vom Unternehmer dessen Beseitigung mehr als einmal gefordert werden mit der Folge, dass die Mängelbeseitigung mehrfach überwacht werden muss (z. B. unzureichende Pumpenleistung, undichtes Flachdach, Ersatz bestimmter Maschinenteile etc.), müssen auch die weiteren Versuche zur Beseitigung des gleichen Mangels zusätzlich honoriert werden. Eine entsprechende Vereinbarung zwischen den Vertragsparteien vor Durchführung der Tätigkeit wird empfohlen. Da weder Auftraggeber noch Objektplaner oder Fachplaner diese Besondere Leistung zu verantworten haben, sondern der betroffene Unternehmer, ist es üblich, dass der Auftraggeber dem Unternehmer mitteilt, dass er das Honorar für diese Leistung der Objekt- und Fachplaner vom Unternehmer zusätzlich fordern wird (Schadensersatzprinzip). Das Honorar kann vom Objektplaner nicht dem Unternehmer direkt in Rechnung gestellt werden, da zwischen Objektplaner und ausführenden Unternehmen kein entsprechendes Vertragsverhältnis besteht bzw. bestehen kann.

IV. Leistungen beim Planen und Bauen im Bestand

1. Grundsätze

Schon aus den Begriffsbestimmungen des § 2 ergibt sich, dass Leistungen beim Planen und **189** Bauen im Bestand – nachfolgend wie bei Pfarr **PLBB**[81] genannt – in zahlreichen Fällen erforderlich sind. Die Aufzählung beginnt unter § 2 Nr. 3 mit den **Wiederaufbauten** vormals zerstörte Objekte auf vorhandenen Bau- oder Anlagenteilen, für deren Mitverarbeitung besondere planerische und ausführungsüberwachende Tätigkeiten des Auftragnehmers notwendig sind. Dasselbe gilt bei **Erweiterungsbauten** im Sinne von § 2 Nr. 4. Daher muss der Wert der mitzuverarbeitenden Bausubstanz nach der Verordnungsbegründung zu §§ 2 Abs. 5 und 4 Abs. 3 in angemessener Höhe ihres ortüblichen Preises als Teil der anrechenbaren Kosten berücksichtigt werden, um eine angemessene Honorierung der dafür notwendigen Leistungen zu erreichen.

In besonders großem Umfang sind solche Leistungen bei **Umbauten** erforderlich. Das verdeut- **190** licht deren erneute Definition als Umgestaltungen eines vorhandenen Objekts mit – anders als in der Verordnung von 2009 erstmals bezeichnet – **wesentlichen Eingriffen** in Konstruktion oder Bestand. Den Erläuterungen in der Verordnungsbegründung zufolge sind die wesentlichen Eingriffe die Voraussetzung dafür, dass das Honorar für Leistungen bei Umbauten mit einem Umbauzuschlag berechnet werden kann und bei der Ermittlung der anrechenbaren Kosten der Wert der mitzuverarbeitenden Bausubstanz ebenfalls zu berücksichtigen ist. Einschränkend wird in der Verordnungsbegründung zu § 2 Abs. 3 darauf hingewiesen, dass ein solcher Zuschlag auf das Tafelhonorar bei Umbauten mit der Folge **unwesentlicher Eingriffe** in Konstruktion oder Bestand, die bei Erweiterungen sowie bei Instandsetzungen oder Instandhaltungen unterstellt werden, nicht infrage komme.

Dasselbe gilt für die Leistungen bei **Modernisierungen**, welche gemäß § 2 Abs. 6 bauliche **191** Maßnahmen zur nachhaltigen Erhöhung des Gebrauchswertes eines Objekts sind, soweit diese Maßnahmen nicht Erweiterungsbauten, Umbauten oder Instandsetzungen sind. Das Honorar für Leistungen bei Modernisierungen ist ebenfalls unter Berücksichtigung eines Zuschlags – hier **Modernisierungszuschlag** genannt – zu berechnen. Wenngleich nicht ausdrücklich erwähnt, dürfte bei sinngemäßer Anwendung der Verordnungsvorschriften bei der Ermittlung der anrechenbaren Kosten der Wert der mitzuverarbeitenden Bausubstanz ebenfalls zu berücksichtigen sein, soweit bei der Modernisierung ebenfalls wesentliche Eingriffe in die vorhandene Substanz erfolgen müssen.

Auch für die Leistungen bei **Instandhaltungen und Instandsetzungen** nach § 2 Nr. 8 und 9 sind **192** Umfang und Beschaffenheit der vorhandenen Bausubstanz von großer Bedeutung; daher ist bei

---

[81] Pfarr/Koopmann/Rüster: Ergebnisbericht zum Forschungsvorhaben „Leistungsbeschreibung für das Planen und Bauen im Bestand in der HOAI", Berlin, März 1989 (unveröffentlicht)

der Ermittlung des Honorars für diese Leistungen auch ein angemessener **Wert der mitzuverarbeitenden Bausubstanz** gemäß § 2 Abs. 5 zu berücksichtigen. Instandsetzungen sind nach der Verordnung Maßnahmen zur Wiederherstellung des zum bestimmungsgemäßen Gebrauchs geeigneten Zustandes (Soll-Zustandes) eines Objekts, Instandhaltungen hingegen Maßnahmen zur Erhaltung seines Sollzustandes. Der Sollzustand der instand zu setzenden oder instand zuhaltenden Bausubstanz mag vom Auftraggeber vorgegeben sein; ohne Berücksichtigung der Beschaffenheit der vorhandenen Bausubstanz können die durchzuführenden Maßnahmen aber weder zutreffend geplant noch ihre Ausführung richtig überwacht werden.

193 Zur Vereinbarung der vom Objektplaner zu erfüllenden Leistungspflichten beim Planen und Bauen im Bestand ist das **Leistungsbild nach HOAI-Anlage 12.1 nur unzulänglich zielführend**, da es nach herrschender Meinung die Abfolge von **Leistungsschritten bei Neubauten und -anlagen** enthält. Dennoch beziehen sich auch die für PLBB von Ingenieurbauwerken abgeschlossenen Ingenieurverträge häufig auf das bewertete Leistungsbild. Nach der Entscheidung des BGH vom 24.06.04[82] ist dann davon auszugehen, dass der Auftragnehmer alle Leistungen, die dort für Neubauten aufgezählt sind, auch beim PLBB erbringen muss. Erbringt er nicht alle Leistungen, was beim Planen und Bauen im Bestand regelmäßig zu erwarten ist, dann gilt sein Werkvertrag als mangelhaft erfüllt. Das bedeutet dann, dass sein Honorar vom Auftraggeber gemindert werden kann. Im Ergebnis führt dies dann zum Honorarabzug. Eine leistungskonforme Honorarermittlung kann daher nur mit schriftlich zu vereinbarenden Leistungsdefinitionen erfolgen, welche die Leistungsbilder PLBB-orientiert „übersetzen".

194 Hierzu hat die **Forschungsgemeinschaft Pfarr/Koopmann/Rüster** im Auftrag des Bundesministers für Wirtschaft am 07.03.1989 die in Fn. 78 genannten Vorschläge vorgelegt, welche Grundlage der folgenden Empfehlungen sind. Der von der Forschungsgemeinschaft ausgearbeitete Ergebnisbericht ist leider nicht veröffentlicht worden. Dies ist deswegen bedauerlich, weil die Forschungsergebnisse eine wesentliche Hilfe zur Interpretation der HOAI-Leistungsbilder bzgl. ihrer Anwendung für das Planen und Bauen im Bestand darstellen.

195 Die Untersuchung der **Planungs- und Ausführungsleistungen** der Architekten und Beratenden Ingenieure **beim Planen und Bauen im Bestand** ergab nach der Forschungsgemeinschaft, dass in allen Leistungsbildern folgende Leistungen unabdingbar seien:
– Erkundung des Bestandes
– Analyse des Bestandes
– Anpassung der Planung an den Bestand
– Anpassung der Planung an „heutige" Anforderungen
– Erhalten von ungebräuchlichen Konstruktionen, Materialverwendungen und Gestaltungselementen
– Überarbeiten der Planung aufgrund von Erkenntnissen bei bzw. aus der Durchführung

Nach Auffassung der Gutachter handelt es sich beim **Planen und Bauen im Bestand** um einen **eigenständigen Prozess, nicht** um einen **Teil** des Prozesses **der Neuplanung** eines Bauwerkes. Daher sei der Rückgriff auf das Leistungsbild des § 55 HOAI a. F. (heute: § 43) allein und in unveränderter Form nicht zielführend, da es für Neubaumaßnahmen entwickelt worden sei. Die Forschungsgemeinschaft entschied sich deswegen nach dem in ihrem Ergebnisbericht dargestellten Abwägungsprozess zur modifizierten Beschreibung von Leistungen, welche sie unter der Version B[83] zusammenfasste. An dieser Version hat sich der Verfasser im Folgenden orientiert. Selbstverständlich sind die im Ergebnisbericht genannten Paragraphen der HOAI 1988, welche im Bericht in Bezug genommen wurden und weitgehend unverändert blieben, mit den entsprechenden Paragraphen der aktuellen HOAI korrigiert worden.

2. Konzeptions- und Planungsphase

196 Nach Pfarr/Koopmann/Rüster beginnt die Konzeptions- und Planungsphase mit der **Leistungsphase 1 (Grundlagenermittlung)**, in der zwischen der Maßnahmenklärung und der Substan-

---

[82] VII ZR 259/02, IBR 2004, 512
[83] A. a. O. S. 32

zerkundung zu unterscheiden ist. Während die **Maßnahmenklärung** selbst im Wesentlichen den Leistungen bei der Grundlagenermittlung nach HOAI-Anlage 12.1 entspricht, handelt es sich bei der **Substanzerkundung** mit dem **Beurteilen der vorhandenen Bausubstanz auf Durchführbarkeit** der Aufgabe, mit dem **Auswerten der technischen Bestandsaufnahme** und mit der Erarbeitung eines **Vorschlags für die Reihenfolge der Behebung von festgestellten Schäden** um Leistungen, die einen weitaus größeren Aufwand zur Folge haben als diejenigen, welche der Grundlagenermittlung zugeordnet sind; sie sind weitgehend identisch mit Leistungen, die Bauherr im Rahmen der **Bedarfsplanung** (s. Rdn. 8) durchführen sollte.

In **Leistungsphase 2 (Vorplanung)** sind zunächst Erhebungen über die bei der vorhandenen Substanz verwendeten Arbeitsverfahren, Materialien, Normen, baurechtlichen Bestimmungen etc. vorzunehmen, die sich aus der Bestandsaufnahme ablesen lassen. Außerdem muss untersucht werden, **welche Sanierungsvarianten** unter Berücksichtigung der wesentlichen Projektziele infrage kommen und welche nach gleichen Anforderungen die wirtschaftlichste Lösung darstellen. In einem weiteren Schritt ist die Maßnahmebeschreibung unter Berücksichtigung des Ergebnisses der Bestandsaufnahme mit besonderen Anforderungen bzgl. der Festlegungen der Konstruktion, Qualitäten, Arbeitsverfahren usw. zu erstellen.

Die in HOAI-Anlage 12.1 verwendete Bezeichnung der **Leistungsphase 3** (Entwurfsplanung) sollte beim Planen und Bauen im Bestand besser als **Maßnahmenplanung** bezeichnet werden. Hierbei geht es vornehmlich um das Durcharbeiten des in der Leistungsphase 2 ausgewählten Planungs- und Ausführungskonzepts unter Verwendung der Beiträge anderer an der Planung fachlich Beteiligter bis zur vollständigen Disposition der Maßnahme. Es liegt auf der Hand, dass die wirtschaftlichste Lösung für die im Einzelfall zu wählende Ausführungsvariante nicht ohne Berücksichtigung der vorhandenen Bausubstanz sachgerecht gefunden werden kann. Gerade die Entscheidung darüber, ob und in welchem Umfang vorhandene Substanz zur Verringerung von Kosten beibehalten werden kann oder muss, ist stets zu prüfen.

3. Ausführungsphase

Die Grundleistungen der Leistungsphasen 5 bis 9 nach HOAI-Anlage 12.1 und die Leistungen **197** bei der örtlichen Bauüberwachung kommen auch beim Planen und Bauen im Bestand in vollem Umfang zum Tragen. Daher muss auch die Bewertung der Leistungsphasen nach § 43 Abs. 1 unverändert gelten. Dabei geht es in der Leistungsphase 5 (**Ausführungsplanung**) wie verordnet um das Durcharbeiten der in der Konzeptions- und Planungsphase erarbeiteten Sanierungsmaßnahmen unter Verwendung eventueller Beiträge an der Planung fachlich beteiligter Dritter bis zur ausführungsreifen Lösung. Die die Bauausführung vorbereitenden Leistungsphasen 6 und 7 (**Vorbereitung der Vergabe und Mitwirkung bei der Vergabe**) sind verbal und inhaltlich identisch mit den in HOAI-Anlage 12.1 genannten Leistungen. Das Gleiche gilt im Wesentlichen auch für die Leistungsphase 8 (**Bauoberleitung**), für die Leistungen bei der **Örtlichen Bauüberwachung**, die als Besondere Leistungen der Bauoberleitung zugeordnet sind, und die Leistungsphase 9 (**Objektbetreuung**).

Die Beschaffenheit der vorhandenen Substanz hat bei jedem Leistungsschritt unterschiedliche Auswirkungen auf die im Einzelnen durchzuführenden Leistungen. So kann es bei einigen Sanierungsverfahren notwendig werden, dass auf der Grundlage der Erkenntnisse bei der Durchführung der Maßnahme noch während der Bauausführung die Ausführungs- und Detailplanung in Teilbereichen geändert werden muss. Dies ist beispielsweise dann notwendig, wenn erst bei Durchführung der Maßnahme Schäden erkennbar werden, deren Beseitigung eine erneute oder geänderte Ausführungsplanung erfordern. Dabei kann es sogar notwendig werden, Abweichungen von geltenden Normen und Richtlinien mit dem Auftraggeber und den ausführenden Firmen abzustimmen, hieraus resultierende mögliche Haftungs- und Gewährleistungsproblemen vertraglich zu regeln und für die Bauausführung neu festzulegen.

4. Leistungsphasen in Anlehnung an HOAI-Anlage 12.1 HOAI

Die folgenden Textvorschläge gehen davon aus, dass der Auftraggeber die Substanzerkundung **198** als Leistungen bei der Bedarfsplanung erbracht hat. Alternativ ist natürlich denkbar, dass sie als isolierte Besondere Leistungen von dem Auftragnehmer mit eigenem Honoraranspruch nach

§ 632 Abs. 2 BGB vereinbart und erbracht werden, der anschließend die eigentlichen Objektplanungsleistungen erbringen soll.

Grundsätzlich muss die in der HOAI-Anlage 12.1 vorgegebene Struktur der Leistungsphasen und ihre Bewertung nach § 43 Abs. 1 beibehalten werden. Die folgenden Beispiele sollen dies dokumentieren; sie bedürfen aber bei jeder Sanierungsmaßnahme einer **objektspezifischen vertraglichen Definition oder sinngemäßen Interpretation**. Es folgt ein Vorschlag zur Formulierung von Leistungen, welche an die Stelle von verordneten Leistungen treten können.

Leistungsphase		Vergütungstatbestand
Nr.	**Bezeichnung**	
1	**Grundlagenermittlung** (Maßnahmenklärung) Anmerkung: dieser Leistungsphase muss die Substanzerkundung als Leistung bei der Bedarfsplanung vorausgehen oder als zusätzliche Leistung mit eigenem Honoraranspruch nach § 632 Abs. 2 BGB vereinbart werden	Leistungen entsprechend Anlage 12.1 LPH 1, die hier inhaltlich bedeuten: a) Klären der Aufgabenstellung und Projektziele anhand der Bedarfsplanung des Auftraggebers b) Sichten und Werten der vom Auftraggeber zur Verfügung gestellten Unterlagen auf Vollständigkeit für die Aufgabenstellung wie z. B. Bestands- und Zustandsdaten, Schadensanalyse, Anforderungen an die Sanierungsmaßnahme hinsichtlich zeitlicher, verkehrlicher, betrieblicher und bautechnischer Restriktionen c) Klären der Tragwerksplanungsleistungen d) Objektbegehung zur Klärung der Zugangsmöglichkeit und des Objektumfelds e) Zusammenstellen anderer Planungsabsichten f) Ermitteln der erforderlichen Vorarbeiten und Formulierung von Entscheidungshilfen zur Auswahl anderer an der Sanierungsmaßnahme fachlich zu Beteiligender g) Zusammenfassen, Erläutern und Dokumentation der Ergebnisse
2	**Vorplanung**	Leistungen entsprechend Anlage 12.1 LPH 2, die hier inhaltlich bedeuten: a) Untersuchen und Bewerten der bei der Bedarfsplanung vom Auftraggeber festgelegten Maßnahmenlösung b) Untersuchen und Bewerten weiterer Maßnahmenvarianten nach gleichen Anforderungen unter Berücksichtigung der bei der Bedarfsplanung festgelegten Planungsziele und Ermittlung der wirtschaftlichsten Lösung c) Klären und Erläutern der wesentlichen fachspezifischen Zusammenhänge, Vorgänge und Bedingungen d) Erarbeiten eines Maßnahmenkonzepts für die vom Auftraggeber zu bestimmende Sanierungslösung mit Skizzen, überschläglichen fachspezifischen Berechnungen und Erläuterungen in Abstimmung mit den Beiträgen anderer fachlich Beteiligter e) Maßnahmebeschreibung und Begründung der gewählten Lösung f) Mitwirken bei Vorverhandlungen mit Behörden und fachlich Beteiligten über die Genehmigungsfähigkeit sowie den ggf. notwendigen Bestandsschutz g) Mitwirken beim Erläutern des Planungskonzepts gegenüber Dritten an bis zu 2 Terminen h) Überarbeiten des Planungskonzepts nach Bedenken und Anregungen i) Kostenschätzung j) Vergleich der Kostenschätzung mit der Kostenannahme des Auftraggebers k) Zusammenfassen, Erläutern und Dokumentation der Ergebnisse

Leistungsphase		Vergütungstatbestand
Nr.	**Bezeichnung**	
3	Entwurfsplanung (Maßnahmenplanung)	Leistungen entsprechend Anlage 12.1 LPH 3, die hier inhaltlich bedeuten: a) Durcharbeiten des in der Leistungsphase 2 erarbeiteten und vom Auftraggeber gewählten Planungskonzepts auf der Grundlage der Festlegungen der Maßnahmeklärung mit Koordination und unter Verwendung der Beiträge der fachlich Beteiligten bis zur vollständigen Disposition der Maßnahme b) Fachspezifische Berechnungen – ausgenommen Berechnungen aus anderen Fachgebieten – einschließlich Nachweis der bestimmungsgemäßen Leistungs- und Gebrauchsfähigkeit der zu sanierenden Bausubstanz c) Zeichnerische Darstellung der Maßnahme d) Maßnahmebeschreibung e) Bauzeiten- und Kostenplan f) Mitwirken beim Finanzierungsplan g) Mitwirken bei Verhandlungen mit Behörden und fachlich Beteiligten über die Genehmigungsfähigkeit h) Mitwirken beim Erläutern des Entwurfskonzepts gegenüber Dritten an bis zu 3 Terminen i) Kostenberechnung j) Vergleich der Kostenberechnung mit der Kostenschätzung k) Zusammenfassen, Erläutern und Dokumentation der Ergebnisse
4	Genehmigungsplanung	Leistungen entsprechend Anlage 12.1 LPH 4, die hier inhaltlich bedeuten: a) Erarbeiten der Vorlagen für die Genehmigungen, Erlaubnisse oder Zustimmungen einschl. der Anträge auf Ausnahmen und Befreiungen unter Verwendung der Ergebnisse der Leistungsphase 3 und der Beiträge fachlich Beteiligter b) Abstimmen mit Behörden c) Vervollständigen und Anpassen der vorgenannten Vorlagen während der Genehmigungsphase d) Mitwirken beim Abfassen von Stellungnahmen zu Bedenken und Anregungen in bis zu 10 Kategorien
5	Ausführungsplanung	a) Leistungen entsprechend HOAI-Anlage 12.1 LPH 5: b) Örtliches Überprüfen von Planungsdetails an der vorgefundenen Substanz und deren ggf. erforderliche Korrektur in den Ausführungsplänen
6	Vorbereitung der Vergabe	Leistungen entsprechend HOAI-Anlage 12.1 LPH 6
7	Mitwirken bei der Vergabe	Leistungen entsprechend HOAI-Anlage 12.1 LPH 7
8	Bauoberleitung	a) Leistungen entsprechend HOAI-Anlage 12.1 LPH 8 b) Hinweise auf Schäden, die bei der Durchführung der Maßnahme erkannt werden, Entwickeln von Beseitigungsmöglichkeiten und Ermitteln ggf. zusätzlich entstehender Kosten im Zusammenwirken mit den fachlich Beteiligten
9	Objektbetreuung	Leistungen entsprechend HOAI-Anlage 12.1 LPH 9

199 Zusätzlich zu den aufgelisteten Leistungen sind ggf. **Besondere Leistungen** notwendig, deren Honorierung schriftlich vereinbart werden sollte. Dies soll am folgenden **Beispiel** der **Kanalsanierung** gezeigt werden:

Leistungsphase 1: Grundlagenermittlung (Maßnahmeklärung); dazu zählen z. B.:
– Digitale Aufbereitung von Bestandsdaten
– Erhebung örtlicher Randbedingungen

Leistungsphase 2: Vorplanung; dazu zählen z. B.:
– Überprüfen vorhandener Berechnungen der zu sanierenden Kanäle auf Richtigkeit und Vollständigkeit
– Untersuchen und Bewerten weiterer Maßnahmenvarianten nach anderen Anforderungen unter Berücksichtigung der bei der Bedarfsplanung festgelegten Planungsziele und Ermittlung der wirtschaftlichsten Lösung

Leistungsphase 3: Entwurfsplanung (Maßnahmenplanung); dazu zählen z. B.:
– Vorgezogene Mengenberechnung zur genauen Ermittlung der zu erwartenden Kosten der Maßnahme

Leistungsphase 5: Ausführungsplanung; dazu zählen z. B.:
– Überarbeiten der Ausführungs- und Detailplanung auf der Grundlage neuer Erkenntnisse, die während der Durchführung der Maßnahme zusätzlich gewonnen werden
– Planung der Vorflutsicherung der durch die Sanierung während der Bauausführung betroffenen Gebäude

Leistungsphase 6 und 7: Vorbereitung der Vergabe und Mitwirken bei der Vergabe; dazu zählen z. B.:
– Entwickeln von Beseitigungsmöglichkeiten für Schäden, die bei der Durchführung der Maßnahme erkannt werden, und Ermitteln ggf. zusätzlich entstehender oder einzusparender Kosten im Zusammenwirken mit den fachlich Beteiligten
– Vorbereitung der Vergabe von Nachträgen der ausführenden Firmen für die Beseitigung von Schäden, die bei der Durchführung der Maßnahme erkannt werden (s. LPH. 8)
– Mitwirken bei der Vergabe von Nachtragsleistungen an die ausführenden Firmen

5. Beispiel Kanalsanierung

a) Bearbeitungsschritte

200 Teil 5 der DIN EN 752-5 beschreibt unter Ziffer 5 ff. die übliche Vorgehensweise bei der Sanierung von Entwässerungssystemen (siehe hierzu ausführlich die unten genannten Veröffentlichungen[84,85]). Das Bild 1 der Norm ist nachfolgend als **Bild 1** wiedergegeben. Die Abbildung beschreibt die einzelnen Leistungsschritte und -ziele. Sie erlauben die Zuordnung zu den in der HOAI verordneten und nicht verordneten Leistungen. Danach sind die Bearbeitungsschritte „Vorplanung" und „Feststellung und Beurteilung des Istzustands" nach DIN EN 752-5 Leistungen bei der zur **Bedarfsplanung** nach DIN 18205 (s. hierzu Näheres unter Rdn. 8 und 203). Damit werden die Ziele, Kosten, voraussichtliche Dauer und die zu beachtenden Rahmenbedingungen der Sanierung bestimmt, welche in der daran anschließenden Realisierungsphase einzuhalten sind. Sie werden gemeinhin als **Auftraggeberleistungen** verstanden. Regelmäßig beauftragt der Auftraggeber allerdings Dritte mit deren Bearbeitung.

201 Die DIN EN 752-5 „Vorplanung" genannten Tätigkeiten bedeuten nach dem Text der Norm lediglich die organisatorische Projektvorbereitung. Sie dürfen nicht mit den Leistungen bei der Vorplanung (Projekt- und Planungsvorbereitung) nach HOAI-Anlage 12.1 verwechselt werden, die erst während der in der Norm „Erarbeitung der Lösungen" genannten Stufe erbracht werden. Die in der Norm beschriebene zweite Stufe „**Feststellung und Beurteilung des Istzustands" (nach M 143-1 Ziffer 3.9 „Zustandserfassung")** ist eine Tätigkeit, die als Bestandsaufnahme zu ver-

---

[84] W. Kaufhold: „Ingenieurleistungen und Honorare bei der Kanalsanierung" Heft 1 der Schriftenreihe der GHV Gütestelle Honorar- und Vergabe recht e.V. unter www.ghv-guetestelle.de
[85] VSB-Empfehlung Nr. 0.3 HOAI 2013 „Honorierung von Ingenieurleistungen der Kanalsanierung" Stand Juli 2014, Herausgeber: Verband Zertifizierter Sanierungs-Berater für Entwässerungssysteme e.V. www.sanierungs-berater.de

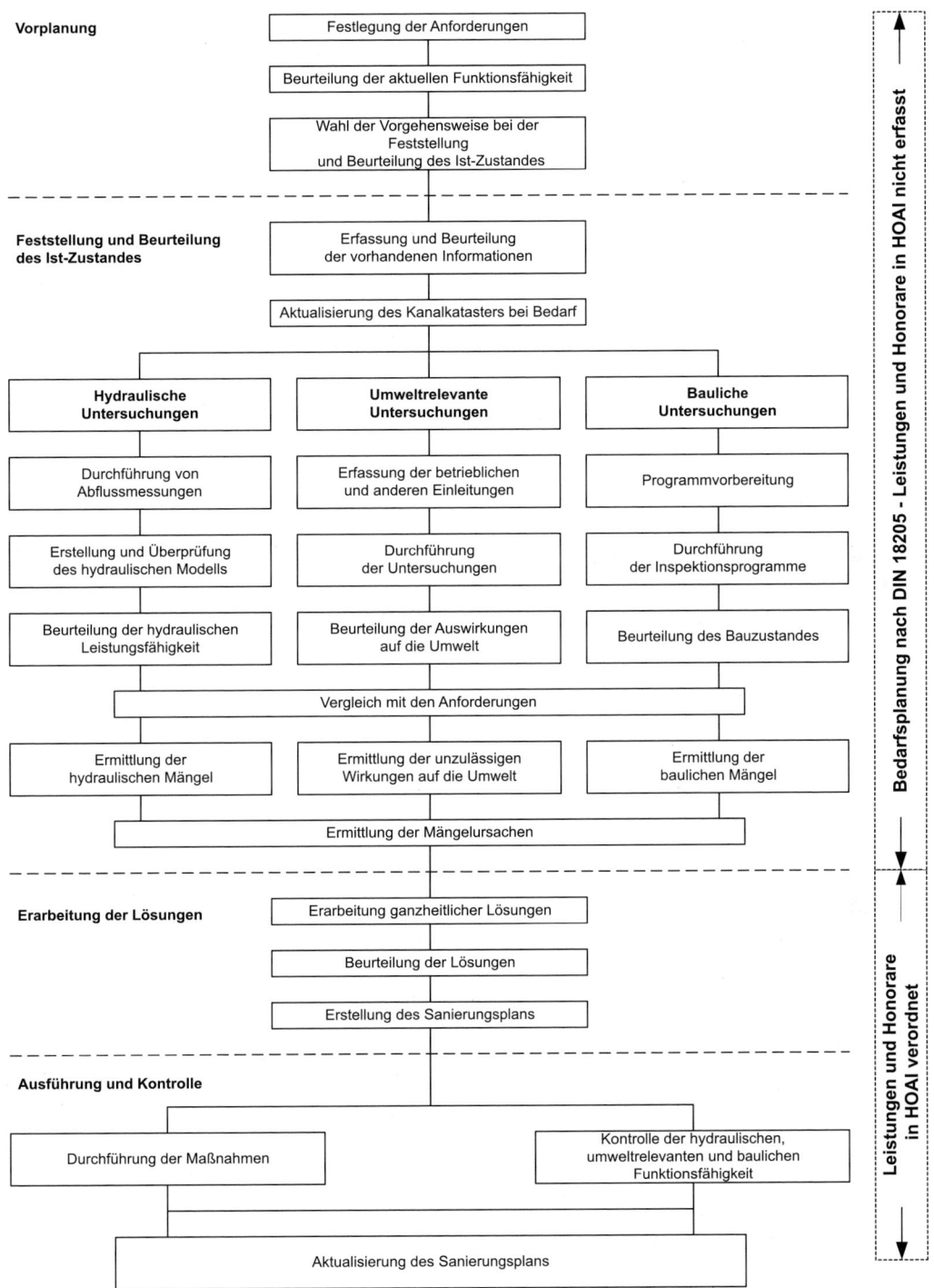

Bild 1: Ablaufdiagramm der Leistungen für die Sanierung von Entwässerungssystemen nach DIN 752-5 und Zuordnung zur HOAI

stehen ist. Allerdings ist diese Bestandsaufnahme inhaltlich nicht mit derjenigen vergleichbar, die in HOAI-Anlage 12.1 unter den Besonderen Leistungen aufgeführt ist. Letztere betrifft die Nachbereitung der Objektplanungsleistungen im Sinne einer Bestandsdokumentation des durchgeführten Bauvorhabens. Die in der Norm beschriebene Tätigkeit ist dagegen häufig nicht auf ein konkretes Einzelprojekt gerichtet, sondern auf das gesamte Kanalnetz eines für eine Sanierung infrage kommenden Gebiets. Die Leistungen sind daher Teil der Bedarfserkundung, ohne die der für das Kanalnetz Verantwortliche nicht erkennen könnte, ob und in welchem Umfang überhaupt Handlungsbedarf zur Sanierung besteht.

202 Erst die in Bild 1 genannten Bearbeitungsschritte **„Erarbeitung der Lösungen"** und **„Ausführung und Kontrolle"** erfordern Leistungen, deren Honorare in der HOAI erfasst sind. Die drei Schritte beim Erarbeiten der Lösungen können sowohl auf die Sanierung eines einzelnen Kanals ausgerichtet sein wie auch auf ein gesamtes Netz. Dabei werden Leistungen in den Leistungsphasen 1 bis 3 des § 43 HOAI erbracht. Bei der Kanalsanierung handelt es sich wie stets beim Planen und Bauen im Bestand um eine Kombination aus verordneten Leistungen und Besonderen Leistungen; letztere ersetzen die bei Neubauten im Allgemeinen erforderlichen verordneten Leistungen teilweise oder vollständig und sind damit als verordnet anzusehen. Daraus ist zu folgern, dass auch das Honorar für letztere demjenigen entspricht, welches in der HOAI für die ersetzten Grundleistungen verordnet ist.

b) Leistungen

aa) Bedarfsplanung

203 Zur Feststellung des Sanierungsbedarfs in einem Kanalnetz sind mögliche Leistungsschritte:
– Planen, Vorbereiten und Mitwirken bei der Vergabe sowie Überwachen der Kamerabefahrung des betroffenen Kanalnetzes,
– Feststellung von Art und Umfang der Schäden,
– Schadensklassifizierung und Ermittlung der Sanierungsprioritäten,
– Überschlägliche Ermittlung der Sanierungskosten und Aufstellen eines Sanierungsprogramms für die vorrangig zu sanierenden Kanalhaltungen (Bauabschnitte nach Prioritäten, Kosten und Zeit).

Falls erforderlich, sind **hydraulische Berechnungen** des zu sanierenden Netzes durchzuführen, um ggf. vorhandene Engpässe im Netz zu identifizieren, die im Rahmen der Sanierungsarbeiten ebenfalls beseitigt werden sollen. Leistungsschritte und Honorare für die hydraulische Berechnung des zu sanierenden Netzes sind **in der HOAI nicht verordnet** (geeignete Vorschläge zur Vertragsgestaltung und Honorarermittlung siehe Heft 12 der AHO -Schriftenreihe[86]). Für die Honorarberechnung werden folgende Empfehlungen gegeben:
– Honorare sollten i. d. R. als Zeithonorare ermittelt und als Pauschalen vereinbart werden, die bei Änderung des Leistungsumfangs korrigiert werden können (keine Festpreise, da Leistungsumfang und -kosten zu Beginn der Arbeiten nicht seriös kalkulierbar!).
– Die Leistungsergebnisse können Vorleistungen für die folgenden Planungsschritte darstellen (z. B. Dimensionierung auszuwechselnder Kanäle, Trassenfestlegung und Dimensionierung neuer Kanäle, Wahl von Rückhaltebeckenstandorten, Dimensionierung von Beckengrößen), was bei der Formulierung des Vertrages über die an die Bedarfsplanung anschließenden Leistungen zu berücksichtigen ist.

Für die Bedarfsplanung bei Bauvorhaben des Bundes hat das Bundesministerium für Verkehr, Bau- und Wohnungswesen im Rahmen der RBBau[87] ein zweckdienliches Vertragsmuster herausgegeben, das auch für die Vereinbarung der Leistungen bei der Bedarfsplanung für die Kanalsanierung geeignet erscheint.

---

[86] Arbeitshilfen zur Vereinbarung von Ingenieurverträgen für die Bearbeitung von Gesamtentwässerungsplänen (GEP), Heft 12 der AHO-Schriftenreihe, Januar 2000
[87] A. a. O. Anhang 9

bb) Konzeptions- und Planungsphase

DIN EN 752-5 versteht unter Sanierung die Durchführung aller Maßnahmen zur Wiederherstellung oder Verbesserung vorhandener Entwässerungssysteme. Ob es sich um Einzelnen um eine Instandsetzung, um eine Renovierung oder um eine Erneuerung im Sinne der Begriffsbestimmungen nach ATV-M 143 handelt, ist dabei ohne Belang. Je Rohr / Haltung / Kanalnetzbereich sind die Substanzvoraussetzungen (material-/profil-/nennweitenabhängig) zu prüfen, die die unterschiedlichen Sanierungsverfahren bestimmen[88]. Hierbei sind im Einzelnen zum Beispiel zu prüfen:

- Beschaffenheit der Bauteilmaterialien (Kanäle, Schachtbauwerke, sonstige Bauwerke)
- Art und Umfang der Beschädigungen
- Grad der Beschädigungen
- Baugrundverhältnisse

204

Auf solche nur beispielhaft genannte Informationen bauen weitere Leistungen zur Vorbereitung der eigentlichen Sanierungsplanung auf. Sie umfassen beispielsweise die Prognose der Langzeitstandsicherheit des Tragsystems Altrohr-Boden unter Berücksichtigung der bestehenden Schäden und darauf aufbauend wiederum die Prognose der Gesamtzustandsentwicklung als Basis für Wirtschaftlichkeitsberechnungen. Schließlich sind auch Vorarbeiten zur Auswahl geeigneter Sanierungsmaterialien erforderlich (z. B. Kunststoffe bzw. kunststoffmodifizierte Zementmörtelsysteme) und eine Einschätzung des möglichen Umfangs von Vorarbeiten zur Durchführung der eigentlichen Sanierung, da diese in Abhängigkeit von der aktuellen Standsicherheit der vorhandenen Leitungen destabilisierende Wirkungen haben können. Bei jedem Sanierungsvorhaben wird somit die vorhandene Bausubstanz sehr differenziert auf Weiterverwendbarkeit überprüft und damit in den Planungsprozess integriert.

Die geschilderte schrittweise Vorgehensweise bei der Kanalsanierung vor Beginn der bauvorbereitenden Arbeiten erfolgt im Idealfall iterativ und sprengt die üblichen Denkschemata hinsichtlich klar getrennter Leistungsphasen und Grundleistungen, wie sie in § 43 i. V.m HOAI-Anlage 12.1 HOAI für die Leistungsphasen 1 bis 4 festgelegt sind. So kann beispielsweise eine zutreffende Wirtschaftlichkeitsberechnung auch Teilleistungen aus der Leistungsphase 5 (Ausführungsplanung) bereits in der Konzeptions- und Planungsphase erfordern, wenn sonst keine zutreffende Kostenberechnung möglich ist.

205

Als Ergebnis ist festzustellen, dass bei jeder fachgerecht durchgeführten Kanalsanierungsmaßnahme im Rahmen der **Konzeptions- und Planungsphase** – ausgenommen i. d. R. bei Reparaturen – regelmäßig die **vorhandene Bausubstanz in vollem Umfang in die Planungsleistungen einbezogen** wird. Daher ist es notwendig und aus hiesiger Sicht zulässig, das Honorar für diese Leistungen unter Berücksichtigung eines angemessenen Modernisierungs- oder Umbauzuschlages nach § 44 (Rdn. 112) zu ermitteln.

cc) Ausführungsphase

Die in HOAI-Anlage 12.1 verordneten Leistungsphasen 5 bis 8 und deren Bewertung wie auch die Leistungen und Honorare bei der örtlichen Bauüberwachung kommen bei der Durchführung von Kanalsanierungsmaßnahmen in vollem Umfang zum Tragen. Auch aus dem hier Gesagten wird deutlich, dass je nach Zustand und Umfang des Einflusses vorhandener Substanz auf die Sanierungsverfahren im Kanalnetz **unterschiedliche Anforderungen** an die Leistungen des Ingenieurs gestellt werden, für die ein leistungsentsprechendes Honorar nur unter Berücksichtigung eines angemessen Modernisierungs- oder Umbauzuschlages entstehen kann.

206

---

[88] Lehrgang „Zertifizierter Kanalsanierungsberater" TAE/VSB 10/2002, Modul II: Ingenieurtechnik, Thema; „Sanierungsplanung"

V. Ergänzende Hinweise zum Leistungsbild

1. Bewertung einzelner Grundleistungen

207   Ist schon beim Vertragsabschluss erkennbar, dass Grundleistungen des Leistungsbildes der HOAI-Anlage 12.1 oder Teile davon nicht erbracht werden müssen, weil sie **für die ordnungsgemäße Erfüllung des Auftrags entbehrlich** sind, führt dies gemäß § 8 Abs. 2 zu einer Reduzierung der Bewertungen der davon betroffenen Leistungsphasen des § 43 Abs. 1.

Beispiele:

- In Phase 2 ist das „**Beschaffen und Auswerten amtlicher Karten**" nach d) – von Ausnahmen abgesehen – sehr häufig nicht erforderlich; Beispiele: Leistungen bei Umbauten, Modernisierungen, Instandsetzungen und Instandhaltungen
- In Phase 2 ist das „**Vorabstimmen mit Behörden** über die **Genehmigungsfähigkeit**, ggf. über die **Bezuschussung und Kostenbeteiligung**" nach g) dann nicht erforderlich, wenn es sich um keine genehmigungsbedürftigen oder förderfähigen Baumaßnahmen handelt; Beispiele: Sanierung eines Abwasserkanals, Instandsetzung eines Bauwerks. Dasselbe gilt z. B. für das „Mitwirken beim Erläutern des Planungskonzepts ... oder das Überarbeiten des Planungskonzepts ..." nach g) und h), wenn Dritte von dem Bauvorhaben nicht betroffen sind und daher nicht mit dem Überarbeiten des Planungskonzepts nach Bedenken und Anregungen zu rechnen ist.
- In Phase 3 entfällt das **Ermitteln und Begründen der zuwendungsfähigen Kosten** nach d), wenn das Projekt nicht förderfähig ist. Wie in Phase 2 entfällt das auch **Vorabstimmen mit Behörden** nach f), wenn Projekte nicht genehmigungspflichtig sind. Bei Neubauten müssen sind Teile der Grundleistung nach h) – **Berücksichtigung der Verkehrslenkung, Aufrechterhaltung des Betriebes** – dann entbehrlich, wenn das Bauvorhaben Verkehrsbeziehungen nicht berührt oder ohne Einfluss auf betriebliche Abläufe in der Nachbarschaft ausführbar ist. Solche Rücksichten sind i. d. R. nur bei Umbauten, Modernisierungen oder Instandsetzungen erforderlich und üblich.
- In Phase 4 entfällt das **Aufstellen des Bauwerksverzeichnisses nach** a) z. B. bei Einzelbauwerken, Abwasserkanälen, Wasserversorgungsleitungen oder Wärmeversorgungsnetzen. Dasselbe gilt für das **Erstellen des Grunderwerbsplanes und des Grunderwerbsverzeichnisses** nach b) bei allen Leitungssanierungen oder dann, wenn die Beschaffung der Grundstücke für ein Bauvorhaben durch den Auftraggeber bereits vor Beginn der Planungsarbeiten erfolgte. Ist ein Bauvorhaben nicht genehmigungsbedürftig, entfällt auch die unter d) genannte Grundleistung.
- In Leistungsphase 7 wird bei Bauvorhaben öffentlicher Auftraggeber das **Einholen von Angeboten** nach a) durch die Aufforderung zur Angebotsabgabe bei beschränkter oder öffentlicher Ausschreibung ersetzt. Bei Bauvorhaben öffentlicher Auftraggeber entfällt das **Führen von Bietergesprächen** nach d), wenn Preisverhandlungen aus vergaberechtlichen Gründen nicht zulässig sind oder kein Bedarf an der Aufklärung technischer Angebotsinhalte besteht.
- Werden die Leistungen bei der **Bauoberleitung** nach Abs. 1 Nr. 8 und der örtlichen Bauüberwachung nicht getrennt vergeben, **entfällt** die in HOAI-Anlage 12.1 LPH 8 genannte **Aufsicht über die örtliche Bauüberwachung** nach a), weil sie nicht erforderlich ist; sie ist nichts anderes als ein weiterer Bestandteil der dort ebenfalls genannten Koordinierung der an der Objektüberwachung fachlich Beteiligten. Nachdem deren Art und Zahl unbestimmt ist, kann der Entfall einer einzigen der unbestimmten Zahl der übrigen Koordinierungs- und Aufsichtsaufgaben aus hiesiger Sicht **keine Auswirkungen auf die Phasenbewertung** haben.
- Die in Phase 8 unter g) genannte weitere Grundleistung „**Antrag auf behördliche Abnahmen und Teilnahme daran**" ist eine Bedarfsposition, deren Notwendigkeit oder Entbehrlichkeit beim Vertragsabschluss i. d. R. erkannt werden kann.

Wie solche nicht erforderlichen oder entbehrlichen Leistungen zu bewerten sind und in welchem Umfang die verordneten Bewertungen zu reduzieren sind, um eine HOAI-konforme Vergütung der erforderlichen Leistungen zu erreichen, ist umstritten. Dies gilt insbesondere dann, wenn sich solche Leistungen **erst bei der Leistungsdurchführung** ergeben können; es handelt sich dabei um „Bedarfsleistungen", die entgegen ihrer Definition in § 3 Abs. 2 also „nicht im Allgemeinen" – d. h.im Regelfall -, sondern stets im Einzelfall erforderlich sind und sich häufig erst während der Durchführung der vertraglich vereinbarten Ingenieurleistungen entweder als entbehrlich oder nicht erforderlich herausstellen. Dies gilt vornehmlich für alle „Mitwirkungsleistungen", die stets erst nach Abruf des Auftraggebers oder Dritter durchzuführen sind. Daher kann das Entfallen solcher nicht im Allgemeinen erforderlichen Leistungen nach hiesiger Auffassung nicht zu einer Reduzierung der Phasenbewertung führen, zumal es zweifelhaft ist, ob Mitwirkungsleistungen zu einem eigenen Werkerfolg führen. Anderer Auffassung ist z. B. Kniffka, der alle Grundleistungen – sofern vereinbart – insgesamt als Leistungspflichten interpretiert, unabhängig davon, ob es sich um „Bedarfspositionen" im oben und nachfolgend beschriebenen Sinne oder um stets notwendige Grundleistungen handelt (s. Rdn. 6).

Beispiele verordneter „Bedarfsleistungen":

– In Phase 2 ist das „**Mitwirken beim Erläutern des Planungskonzepts ... und/oder das Überarbeiten des Planungskonzepts ...**" nach g) und h) entbehrlich, wenn Dritte von dem Bauvorhaben nicht betroffen sind und daher das Überarbeiten des Planungskonzepts nach Bedenken und Anregungen entfällt. Dasselbe gilt dann, wenn die beiden hier zuerst genannten Leistungen erbracht wurden, aber keine Bedenken erhoben oder Anregungen gemacht wurden.

– In Phase 3 ist das **Mitwirken beim Aufstellen des Finanzierungsplanes** sowie das Vorbereiten der **Anträge auf Finanzierung** nach d) stets eine Bedarfsposition, die nur bei Abruf durch den Auftraggeber oder Dritte zu erbringen ist. Wird die Leistung nicht abgerufen, hat sie sich als entbehrlich erwiesen.

– In Phase 4 stehen die **Mitwirkungsleistungen nach e) und f)** einerseits unter der Einschränkung, dass sie nur bei genehmigungsbedürftigen Objekten erforderlich sind. Andererseits handelt es allein deswegen schon um nicht im Allgemeinen erforderliche Leistungen, weil sie lediglich auf Abruf durch den Auftraggeber oder Dritte zu erbringen sind. Werden sie nicht abgerufen, haben sie sich als entbehrlich erwiesen.

– In Leistungsphase ist das unter h) genannte **Mitwirken bei der Auftragserteilung** stets eine Bedarfsposition, die nur bei Abruf durch den Auftraggeber oder Dritte zu erbringen ist. Wird die Leistung nicht abgerufen, hat sie sich als entbehrlich erwiesen.

– Die Notwendigkeit des Veranlassens und Mitwirkens beim **Inverzugsetzen der ausführenden Unternehmen** – Grundleistung bei der Bauoberleitung nach c) – ist zum Zeitpunkt des Vertragsabschlusses unbekannt, zumal das Inverzugsetzen durch eine entsprechend intensive Bauoberleitung i. d. R. vermieden werden kann. Das Wort „Mitwirkung" verdeutlicht außerdem, dass zumindest Teile dieser Leistung von Dritten im Bedarfsfall veranlasst werden müssen. Die Leistung kann sich erst während der Projektausführung im Einzelfall ergeben; es kann sich deswegen auch nicht um eine „im Allgemeinen" erforderliche Leistung handeln, wenngleich die Verordnung sie nach § 3 Abs. 2 solchen Leistungen zurechnet.

– In Phase 9 ist das **Mitwirken bei der Freigabe von Sicherungsleistungen** nach c) ebenfalls stets eine Bedarfsposition, die nur bei Abruf durch den Auftraggeber oder Dritte zu erbringen ist. Wird die Leistung nicht abgerufen, hat sie sich als entbehrlich erwiesen.

Hier wird zusätzlich an die bereits erörterte **unterschiedliche Leistungstiefe der identisch formulierten Grundleistungen oder deren Teile bei unterschiedlichen** Objekten, aber auch an die Art der vertraglich zu vereinbarenden Leistungen erinnert (s. hierzu mehr bei Rdn. 2 ff.). Dies wird besonders augenfällig, wenn man sich wieder verdeutlicht, dass die Grundleistungen für alle Arten von Bauvorhaben exakt gleich formuliert sind – ob es sich um Leistungen für Neubauten oder um Leistungen für Wiederaufbauten, Erweiterungsbauten, Umbauten, Modernisierungen, Instandhaltungen oder Instandsetzungen handelt. Außerdem ist die große Bandbreite der in der Verordnung erfassten sehr unterschiedlichen Ingenieurbauwerke zu beachten. Schon deswegen ist eine Bewertung einzelner Grundleistungen oder einzelner Teile von Grundleistungen häufig außerordentlich schwierig und i. d. R. auch kaum durch Sachverständige zuverlässig zutreffend zu beurteilen.

Dies liegt auch in der **Natur der Ingenieurleistungen** begründet. Bekanntlich handelt es sich dabei um freiberufliche Leistungen, die nach herrschender Meinung **nicht vorab eindeutig und erschöpfend** beschreibbar sind (Rdn. 6). Daher müssen auch die Grundleistungen so gewertet werden. Sie sind nach § 3 Abs. 2 bekanntlich unscharf als Leistungen definiert, welche zur ordnungsgemäßen Erfüllung eines Auftrages im Allgemeinen erforderlich sind. Dies verdeutlicht, dass im Einzelfall zu den Grundleistungen auch andere Leistungen hinzutreten können oder sogar müssen, wenn es für die ordnungsgemäße Erfüllung des vom Auftraggeber erteilten Auftrags erforderlich ist. Solche hinzutretenden Leistungen sind, sofern sie beim Vertragsabschluss erkennbar sind, als Besondere Leistungen nach § 3 Abs. 3 zu verstehen. Sie können nach § 3 Abs. 3 S. 2 und 3 frei vereinbart werden. Sie können auch insbesondere ggf. nicht erforderliche Grundleistungen oder Teile davon ersetzen. Letzteres gilt vornehmlich für die Grundleistungen aller Leistungsphasen bei Bauvorhaben, die keine Neubauten sind (s. Rdn. 189 ff.).

Grundsätzlich ergibt sich aus dem Vorstehenden, dass zum einen **Einzelbewertungen der Grundleistungen** oder von Teilen der Grundleistungen benötigt werden, die aber zum anderen flexibel sein müssen. Deren Notwendigkeit ergibt sich insbesondere aus dem BGH Urteil vom 16.12.2004 – VII ZR 174/03[89], wonach sich für die Bewertung nicht erbrachter Architektenleistungen die Steinfort-Tabelle[90] oder andere Bewertungstabellen als Orientierungshilfe eignen würden. Die Steinfort-Tabelle hat in der Zwischenzeit zahlreiche, auch für die Ingenieurbauwerke entwickelte Nachfolge -Tabellen[91] gefunden. Die damit einhergehende weitere Aufteilung der ursprünglich als kleinste Abrechnungseinheit definierten Vomhundertsätze der Leistungsphasen ist unter dem Begriff „Atomisierung" der Leistungsbewertung bekannt.

208 Es wurde bereits erwähnt, dass sich die Ingenieurbauwerke (s. Objektliste in HOAI-Anlage 12.2 und Erläuterungen zu § 44) so gravierend voneinander unterscheiden, dass auch „**Regelempfehlungen**" für eine Zuordnung von Teilen der Grundleistungen und Teil-Bewertungen in Vomhundert der Honorare nach § 43 Abs. 1 **nur zufällig sachgerecht** sein können. Solche Leistungen müssen für den konkreten Projektfall wesentliche Leistungen sein, die zu werkvertraglichen Teilerfolgen führen, sodass in jedem Einzelfall eine den abgeschlossenen Vertrag berücksichtigende Bewertung notwendig ist. Hierfür besitzen die Parteien einen projektspezifischen Bewertungsspielraum, der gegebenenfalls mit fachkundiger Beratung durch Sachverständige genutzt werden kann[92]. Schramm und Schwenker haben in einem Aufsatz[93] die monetären Auswirkungen veröffentlichter Bewertungsempfehlungen kritisch untersucht. Sie stellen darin fest, dass eine pauschale prozentuale Bewertung der Leistungen zu keiner angemessenen Vergütung führe und deswegen weder sachgerecht noch sinnvoll möglich sei. Dennoch muss nach hiesiger Auffassung das Bedürfnis nach solchen Bewertungen schon wegen der oben beschriebenen Fallkonstellationen beantwortet werden.

209 Die folgende Tabelle mit Kurzbezeichnungen der verordneten Grundleistungen zeigt eine mögliche Bewertung der Leistungen bei der Objektplanung nach Empfehlungen des HOAI-Kommentars von Locher/Koeble/Frik[94], welche in ähnlicher Form auch von Siemon[95], Pott/Dahlhoff/Kniffka/Rath[96] und anderen Autoren veröffentlicht wurden. Mit Rücksicht auf die sehr unterschiedlichen Objekte und die daraus resultierenden unterschiedlichen Leistungsansprüche identisch formulierter Arbeitsschritte sind Bandbreiten der Bewertung vorgeschlagen. Für eine sachgerechte Nutzung der Tabelle ist auf folgendes ergänzend hinzuweisen:
– Die von den Parteien durchzuführenden bzw. durchgeführten Grundleistungen sollten in den Spalten 3 und 4 angekreuzt werden.
– Stets **zusammengehörende Grundleistungen** werden mit einem **summarischen Vomhundertsatz** bewertet.

[89] IBR 2005, 159
[90] Veröffentlicht in „Der Gemeindehaushalt", Nr. 11/1980
[91] Z. B. bei Locher/Koeble/Frik 9. Auflage 2005, S. 1149 ff.; Pott/Dahlhoff/Kniffka/Rath 8. Auflage 2006, S. 590 ff.; Siemon-Tabellen zur Abrechnung von Einzelleistungen, www.ibr-online.de
[92] So auch Locher/Koeble/Frik 9. Auflage 2005, § 5 Rdn.5 und 23 ff.
[93] ibr-online-Aufsatz, veröffentlicht 04.08.2005
[94] 12. Auflage 2014, Anhang 3/4
[95] ibr 2013, 1286
[96] HOAI-Kommentar 8. Auflage 2006

- **Fallweise nicht erforderliche Grundleistungen** werden **mit 0 v. H.** bewertet. Die dafür ggf. entfallenden Bewertungsanteile müssen anderen Teilwertungen hinzugefügt werden.
- Die **Summen aller Teilwerte** einer Leistungsphase müssen der in der HOAI verordneten **Phasenbewertung** entsprechen.

Die Tabelle ist so aufgebaut, dass sie auch dann verwendet werden kann, wenn **Auftraggeber und Auftragnehmer oder zwei unterschiedliche Auftragnehmer gemeinsam** die Werkleistungen für dasselbe Objekt erbringen. Die den Vertragspartnern zugewiesenen Leistungen können in den Spalten 3 und 4 angekreuzt werden; in den Spalten 7 und 8 können die Bewertungen der Leistungen angegeben werden, deren übliche Bandbreiten in den Spalten 5 und 6 angegeben sind. Eine Leistungsteilung im beschriebenen Sinne sollte aber unbedingt eine entsprechende **Haftungs- und Gewährleistungsteilung** zwischen den Parteien zur Folge haben, die im Ingenieurvertrag eindeutig und schriftlich vereinbart werden sollte. Davon unberührt sind die vom Auftraggeber geschuldeten Leistungen bei der Projektleitung und -steuerung.

Wertung einzelner Grundleistungen des Leistungsbildes für Ingenieurbauwerke nach HOAI-Anlage 12.1 der HOAI

Grundleistungen		wird geleistet von		Bewertung in v. H. des Honorars nach § 43 Abs. 1			
LPH	Bezeichnung	AG	AN	möglich		gewählt für	
				von	bis	AG	AN
(1)	(2)	(3)	(4)	(5)	(6)	(7)	(8)
1	Grundlagenermittlung			2,00			
a)	Klären der Aufgabenstellung			0,10	0,50		
b)	Ermitteln der Planungsbedingungen und Beraten						
c)	Formulieren von Entscheidungshilfen			0,0	0,20		
d)	Klären der Tragwerksplanungsleistungen			0,0	0,20		
e)	Ortsbesichtigung			0,20	0,50		
f)	Zusammenfassen, Erläutern und Dokumentieren			0,50	0,80		
2	Vorplanung			10.00	20,00		
a)	Analyse der Grundlagen			5,00	9,00		
b)	Abstimmen der Zielvorstellungen auf die Randbedingungen						
c)	Untersuchen von Lösungsmöglichkeiten						
d)	Beschaffen und Auswerten amtlicher Karten			0	0,5		
e)	Planungskonzept einschl. Varianten nach gleichen Anforderungen			3,50	6,00		
f)	Klären und Erläutern			0,25	0,50		
g)	Vorabstimmen über Genehmigungsfähigkeit und ggf. Mitwirken bei Verhandlungen			0	0,50		
h)	Mitwirken beim Erläutern des Planungskonzepts gegenüber Dritten an bis zu 2 Terminen			0	0,75		
i)	Überarbeiten des Planungskonzepts nach Bedenken und Anregungen			0	1,00		
j)	Kostenschätzung, Vergleich mit Vorgaben der Bedarfsplanung			1,50	2,50		
k)	Zusammenfassen, Erläutern und Dokumentieren			0,5	1,50		

Grundleistungen			wird geleistet von		Bewertung in v. H. des Honorars nach § 43 Abs. 1			
					möglich		gewählt für	
LPH	Bezeichnung		AG	AN	von	bis	AG	AN
(1)	(2)		(3)	(4)	(5)	(6)	(7)	(8)
3	Entwurfsplanung				25,00			
a)	Erarbeiten der Entwurfszeichnungen, Bereitstellen der Arbeitsergebnisse für die fachlich Beteiligten, Integration und Koordination der Fachplanungen				18,00	22,00		
b)	Erläuterungsbericht							
c)	Fachspezifische Berechnungen							
d)	Ermitteln der zuwendungsfähigen Kosten, Mitwirken beim Finanzierungsplan				0	0,50		
e)	Mitwirken beim Erläutern des Entwurfskonzepts gegenüber Dritten und Überarbeiten				0	1,50		
f)	Vorabstimmen der Genehmigungsfähigkeit				0	0,25		
g)	Kostenberechnung, Vergleich mit der Kostenschätzung				2,00	4,00		
h)	Ermittlung der wesentlichen Bauphasen				0,20	1,00		
i)	Bauzeiten- und Kostenplan				0,20	0,50		
j)	Zusammenfassen, Erläutern und Dokumentieren				0,25	0,50		
4	Genehmigungsplanung				5,00	8,00[1]		
a)	Erarbeiten Genehmigungsunterlagen				4,50	6,00		
b)	Erstellen des Grunderwerbsplanes				0	3,00		
c)	Vervollständigen und Anpassen der Unterlagen nach den Verhandlungen				0,5	1,0		
d)	Abstimmen mit Behörden				0	0,50		
e)	Mitwirken im Genehmigungsverfahren							
f)	Mitwirken beim Abfassen von Stellungnahmen				0	0,50		
5	Ausführungsplanung				15,00	35,00[2]		
a)	Erstellen der Ausführungsplanung				13,50	25,00		
b)	Zeichnerische und rechnerische Darstellung							
c)	Erarbeiten der Grundlagen für fachlich Beteiligten und Integrieren ihrer Beiträge							
d)	Bereitstellen der Arbeitsergebnisse für die fachlich Beteiligten				1,50	10,00		
e)	Vervollständigen der Ausführungsplanung				0,00	2,50		
6	Vorbereitung der Vergabe				10,00			
a)	Mengenermittlung				2,50	5,00		
b)	Leistungsbeschreibungen mit Leistungsverzeichnissen				4,00	6,00		
c)	Abstimmen und Koordinieren der Leistungsbeschreibungen mit den fachlich Beteiligten							

Grundleistungen			wird geleistet von		Bewertung in v. H. des Honorars nach § 43 Abs. 1			
LPH	Bezeichnung		AG	AN	möglich		gewählt für	
					von	bis	AG	AN
(1)	(2)		(3)	(4)	(5)	(6)	(7)	(8)
d)	Festlegen der Ausführungsphasen				0,50	1,00		
e)	Bepreistes Leistungsverzeichnis				1,00	1,50		
f)	Kostenkontrolle				0,20	0,40		
g)	Zusammenstellen der Vergabeunterlagen				0,10	0,15		
7	Mitwirken bei der Vergabe				5,00			
a)	Einholen der Angebote				0,50	1,00		
b)	Prüfen, Werten, Preisspiegel							
c)	Abstimmen und Zusammenstellen der Leistungen fachlich Beteiligter				0,50	1,00		
d)	Führen von Bietergesprächen				0,00	0,50		
e)	Vergabevorschläge und Dokumentation des Vergabeverfahrens				0,50	1,50		
f)	Zusammenstellung der Vertragsunterlagen				0,10	0,30		
g)	Vergleich der Ausschreibungsergebnisse mit bepreisten Leistungsverzeichnissen und der Kostenberechnung				0,40	0,60		
h)	Mitwirken bei der Auftragserteilung				0	0,50		
8	Bauoberleitung				15,00			
a)	Aufsicht über die örtlichen Bauüberwachung, Koordinieren der fachlich Beteiligten, Prüfen von Plänen				8,00	10,00		
b)	Aufstellen und Überwachen eines Zeitplanes				0,20	2,00		
c)	Veranlassen und Mitwirken beim Inverzugsetzen der ausführenden Firmen				0	0,50		
d)	Kostenfeststellung und Vergleich mit Auftragssumme				0,50	1,00		
e)	Abnahme von Leistungen und Lieferungen einschl. Niederschrift				0,50	2,00		
f)	Überwachen der Funktionsprüfungen				0	1,00		
g)	Antrag auf und Teilnahme an behördlichen Abnahmen				0	0,30		
h)	Übergabe des Objekts				0,50	1,00		
i)	Auflisten der Gewährleistungsfristen							
j)	Dokumentation und Wartungsvorschriften							

Grundleistungen			wird geleistet von		Bewertung in v. H. des Honorars nach § 43 Abs. 1			
LPH	Bezeichnung		AG	AN	möglich		gewählt für	
					von	bis	AG	AN
(1)	(2)		(3)	(4)	(5)	(6)	(7)	(8)
9	Objektbetreuung				1,00			
a)	Objektbegehung auf Anforderung und fachliche Bewertung von Mängeln während der Verjährungsfristen				0,10	0,70		
b)	Objektbegehung und fachliche Bewertung von Mängeln vor Ablauf der Verjährungsfristen				0,20	0,40		
c)	Mitwirken beim Freigeben von Sicherheitsleistungen				0	0,10		

1) nur bei Objekten, für die ein eigenständiges Planfeststellungsverfahren notwendig ist; ansonsten: 5 v. H. mit entsprechend reduzierten Teilwerten der Vomhundertsätze.

2) nur bei überdurchschnittlichem Aufwand an Ausführungszeichnungen nach § 43 Abs. 3 Nr. 2.; ansonsten: 15 v. H. mit entsprechend reduzierten Teilwerten der Vomhundertsätze.

2. Besondere Leistungen

210 Bei der **Aufzählung der Besonderen Leistungen** in der HOAI-Anlage 12.1 wurden nur die in der Regel für Ingenieurbauwerke notwendigen Leistungen berücksichtigt. Diese Aufzählung ist **nur beispielhaft**. Insbesondere die in der HOAI-Anlage 10.1 aufgeführten Besonderen Leistungen für Gebäude, aber auch die in anderen Leistungsbildern genannten Besonderen Leistungen sind Beispiele für häufige Besondere Leistungen bei Ingenieurbauwerken.

211 Der in der Honorartafel zu § 44 Abs. 1 enthaltenen Degression liegt die Annahme zugrunde, dass mit wachsenden Baukosten der Planungsaufwand für die verordneten Leistungen nicht proportional, sondern geringer steigt. Dies trifft für die meisten Ingenieurbauwerke und Verkehrsanlagen auch zu. Bei **flächendeckenden Be- und Entwässerungsanlagen** (Systemen) **in großräumigen Verbands- und Flurbereinigungsverfahren** gilt diese Annahme nicht. Hier erfordert eine Vergrößerung der Anzahl zu planender Gewässer oder Dränungen auch eine entsprechende – und zwar proportionale – Vergrößerung des Planungsaufwandes, sodass eine Zusammenfassung der Baukosten aller Gewässer bzw. Drän- oder Bewässerungssysteme eines gesamten Verfahrensgebietes zur Honorarbemessung zu nicht mehr kostendeckenden Honoraren führt. Dies umso mehr, als für die einzelnen Gewässer oft unterschiedliche Randbedingungen herrschen, die Planungsanforderungen aufgrund von Erlassen der Auftraggeber (z. B. naturnaher Ausbau) erheblich gestiegen sind und in der Regel der höhere Planungsaufwand zu niedrigeren Baukosten – und damit zu einer weiteren Honorarverringerung führt. In diesen Fällen stellt nun § 11 HOAI klar, dass das Honorar für die einzelnen Ent- oder Bewässerungssysteme getrennt ermittelt wird, soweit es sich dabei um jeweils funktional selbstständige und unabhängig voneinander betreibbare Systeme handelt.

§ 44 Honorare für Grundleistungen bei Ingenieurbauwerken

(1) Die Mindest- und Höchstsätze der Honorare für die in § 43 und der Anlage 12 Nummer 12.1 aufgeführten Grundleistungen bei Ingenieurbauwerken sind in der folgenden Honorartafel für den Anwendungsbereich des § 41 festgesetzt:

Anrechenbare Kosten in Euro	Honorarzone I sehr geringe Anforderungen von Euro	bis	Honorarzone II geringe Anforderungen von Euro	bis	Honorarzone III durchschnittliche Anforderungen von Euro	bis	Honorarzone IV hohe Anforderungen von Euro	bis	Honorarzone V sehr hohe Anforderungen von Euro	bis
25.000	3.449	4.109	4.109	4.768	4.768	5.428	5.428	6.036	6.036	6.696
35.000	4.475	5.331	5.331	6.186	6.186	7.042	7.042	7.831	7.831	8.687
50.000	5.897	7.024	7.024	8.152	8.152	9.279	9.279	10.320	10.320	11.447
75.000	8.069	9.611	9.611	11.154	11.154	12.697	12.697	14.121	14.121	15.663
100.000	10.079	12.005	12.005	13.932	13.932	15.859	15.859	17.637	17.637	19.564
150.000	13.786	16.422	16.422	19.058	19.058	21.693	21.693	24.126	24.126	26.762
200.000	17.215	20.506	20.506	23.797	23.797	27.088	27.088	30.126	30.126	33.417
300.000	23.534	28.033	28.033	32.532	32.532	37.031	37.031	41.185	41.185	45.684
500.000	34.865	41.530	41.530	48.195	48.195	54.861	54.861	61.013	61.013	67.679
750.000	47.576	56.672	56.672	65.767	65.767	74.863	74.863	83.258	83.258	92.354
1.000.000	59.264	70.594	70.594	81.924	81.924	93.254	93.254	103.712	103.712	115.042
1.500.000	80.998	96.482	96.482	111.967	111.967	127.452	127.452	141.746	141.746	157.230
2.000.000	101.054	120.373	120.373	139.692	139.692	159.011	159.011	176.844	176.844	196.163
3.000.000	137.907	164.272	164.272	190.636	190.636	217.001	217.001	241.338	241.338	267.702
5.000.000	203.584	242.504	242.504	281.425	281.425	320.345	320.345	356.272	356.272	395.192
7.500.000	278.415	331.642	331.642	384.868	384.868	438.095	438.095	487.227	487.227	540.453
10.000.000	347.568	414.014	414.014	480.461	480.461	546.908	546.908	608.244	608.244	674.690
15.000.000	474.901	565.691	565.691	656.480	656.480	747.270	747.270	831.076	831.076	921.866
20.000.000	592.324	705.563	705.563	818.801	818.801	932.040	932.040	1.036.568	1.036.568	1.149.806
25.000.000	702.770	837.123	837.123	971.476	971.476	1.105.829	1.105.829	1.229.848	1.229.848	1.364.201

(2) Welchen Honorarzonen die Grundleistungen zugeordnet werden, richtet sich nach folgenden Bewertungsmerkmalen:
1. geologische und baugrundtechnische Gegebenheiten,
2. technische Ausrüstung und Ausstattung,
3. Einbindung in die Umgebung oder in das Objektumfeld,
4. Umfang der Funktionsbereiche oder der konstruktiven oder technischen Anforderungen,
5. fachspezifische Bedingungen.

(3) Sind für Ingenieurbauwerke Bewertungsmerkmale aus mehreren Honorarzonen anwendbar und bestehen deswegen Zweifel, welcher Honorarzone das Objekt zugeordnet werden kann, so ist zunächst die Anzahl der Bewertungspunkte zu ermitteln. Zur Ermittlung der Bewertungspunkte werden die Bewertungsmerkmale wie folgt gewichtet:

1. die Bewertungsmerkmale gemäß Absatz 2 Nummer 1, 2 und 3 mit bis zu 5 Punkten,
2. das Bewertungsmerkmal gemäß Absatz 2 Nummer 4 mit bis zu 10 Punkten,
3. das Bewertungsmerkmal gemäß Absatz 2 Nummer 5 mit bis zu 15 Punkten.

(4) Das Ingenieurbauwerk ist anhand der nach Absatz 3 ermittelten Bewertungspunkte einer der Honorarzonen zuzuordnen:

1. Honorarzone I: bis zu 10 Punkte,
2. Honorarzone II: 11 bis 17 Punkte,
3. Honorarzone III: 18 bis 25 Punkte,
4. Honorarzone IV: 26 bis 33 Punkte,
5. Honorarzone V: 34 bis 40 Punkte.

(5) Für die Zuordnung zu den Honorarzonen ist die Objektliste der Anlage 12 Nummer 12.2 zu berücksichtigen.

(6) Für Umbauten und Modernisierungen von Ingenieurbauwerken kann bei einem durchschnittlichen Schwierigkeitsgrad ein Zuschlag gemäß § 6 Absatz 2 Satz 3 bis 33 Prozent schriftlich vereinbart werden.

(7) Steht der Planungsaufwand für Ingenieurbauwerke mit großer Längenausdehnung, die unter gleichen baulichen Bedingungen errichtet werden, in einem Missverhältnis zum ermittelten Honorar, ist § 7 Absatz 3 anzuwenden.

Inhaltsübersicht

I. Die Honorartafel

§ 44 Abs. 1 enthält die **Honorartafel** für die in § 43 aufgeführten Leistungen bei Ingenieur-   **1**
bauwerken. Sie weist wie alle übrigen Honorartafeln der HOAI eine Honorarspanne zwischen
„Von-Satz" (= Mindestsatz) und „Bis-Satz" (= Höchstsatz) auf. Sie entspricht dem aus früheren
Gebührenordnungen und Musterverträgen bekannten System, wonach die Honorare im Verhältnis zu den anrechenbaren Kosten festgelegt sind.

Die Höhe der Honorare war bis zum Inkrafttreten der ersten Novelle zur Änderung der Honorarordnung für Architekten und Ingenieure vom 17. Juli 1984 besonders für den Bereich der
Wasser- und Abfallwirtschaft lange umstritten. Der Verordnungsgeber wies in den Begleittexten
zur Verordnung auf diesen Umstand mehrfach darauf hin. Insbesondere die Entschließung des
Bundesrates zu dieser Verordnung bringt dies u. a. wie folgt zum Ausdruck[1]:

    „Eine angemessene Vergütung kann nur erreicht werden, wenn im jeweiligen Einzelfall alle
für die Leistung und ihre Honorierung wesentlichen Faktoren sorgfältig ermittelt und berück-
sichtigt werden. Insgesamt kann die Honorarordnung für Architekten und Ingenieure nicht mehr
als ein Raster vorgeben, das durch die vorgesehenen Möglichkeiten zu Honorarvereinbarungen
den individuellen Verhältnissen angepasst werden muss. Der innerhalb der Honorarordnung
verbleibende Spielraum erscheint ausreichend bemessen, um auch abweichende Gegebenheiten
ganzer Fachbereiche (z. B. Wasser- und Abfallwirtschaft) auffangen zu können."

Wenn schon der Verordnungsgeber selbst die notwendige Ausschöpfung des Spielraumes zwischen „Von-" und „Bis-Satz" zur Ermittlung eines angemessenen Honorars für die Wasser- und
Abfallingenieure für notwendig hielt, ist die häufige Behauptung von Auftraggebern nicht zu
verstehen, der Mindestsatz der HOAI sei der Regelsatz. Auch im Deutschen Bundestag war man
sich diesbezüglich einig: Nach dem Plenarprotokoll 10/86 des Deutschen Bundestages[2] haben
die Debattenredner bei der Beratung des Gesetzes zur Änderung des Gesetzes zur Regelung von
Ingenieur- und Architektenleistungen (Drucksache 10/544 neu) am 21.09.1984 übereinstimmend
zum Ausdruck gebracht, dass der **HOAI-Mittelsatz „eindeutiger Wille des Gesetzgebers"** gewesen sei. Viele öffentliche Auftraggeber würden aber mehr oder weniger davon ausgehen, der
Mindestsatz der HOAI sei der Regelsatz, und würden über ihre Vertragsmuster den Willen des
Gesetzgebers unterlaufen.

---

[1] Bundesanzeigerausgabe der HOAI 1985, S. 112
[2] http://dipbt.bundestag.de/dip21/btp/10/10086.pdf

2 In den von der LAWA[3] zur Einführung der HOAI herausgegebenen „Vorläufigen Hinweisen zum Ingenieurvertragsmuster für den Bereich der Wasserwirtschaft" hieß es seinerzeit hierzu u. a.:

> *„Der Mindestsatz der Honorartafel ist ein Ausgangspunkt und muss nicht in jedem Fall vereinbart werden. Dies ergibt sich u. a. auch aus der Entschließung des Bundesrates vom 16. März 1984 (Bundesratsdrucksache 105/84 – Beschluss –) zur Ersten Verordnung zur Änderung der HOAI. Einen Anhaltspunkt zur Ausschöpfung des von den Mindest- und Höchstsätzen der Honorarzonen abgesteckten Honorarrahmens könnte beispielsweise eine entsprechende Anwendung der Regel zur Ermittlung der Honorarzone gemäß § 53 Abs. 2 bis 4 HOAI a. F. bieten."*

3 Nach der Amtlichen Begründung zu § 4 HOAI 1996/2002[4] ist die leistungs- und aufwandsangemessene Wahl eines zwischen den verordneten Mindest- und Höchstgrenzen liegenden Honorars nach folgenden Bewertungsmaßstäben möglich:

– besondere Umstände der Aufgabe und für die zu erbringenden Leistungen (z. B. Termin- und Preisbindung),
– der Schwierigkeitsgrad innerhalb der richtigen Honorarzone,
– der zu erwartende notwendige Arbeitsaufwand,
– der künstlerische Gehalt des Objekts,
– Einflussgrößen aus der Zeit, der Umwelt, der Anzahl der Institutionen, der Nutzung oder der Herstellung,
– sonstige für die Bewertung der Leistung wesentlichen fachlichen oder wirtschaftlichen Gesichtspunkte, vor allem haftungsausschließende oder -begrenzende Vereinbarungen,
– der Koordinierungsaufwand bei Anlagen und Einrichtungen, die der Auftragnehmer weder plant noch deren Ausführung er überwacht, obschon die Kosten dieser Gegenstände unter diesen Voraussetzungen nicht anrechenbar sind und
– bei Übertragung von urheberrechtlichen Nutzungsrechten der Auftragnehmerleistungen durch den Auftraggeber.

In den Hinweisen zum RBBau-Vertragsmuster – Ingenieurbauwerke und Verkehrsanlagen – ist festgehalten, der Mindestsatz sei zu vereinbaren, wenn an die zu übertragenden Aufgaben die Mindestanforderungen gestellt werden[5]. Danach folgt die beispielhafte Aufzählung von Anforderungen, bei denen der Mindestsatz zu überschreiten sei, sofern die erhöhten Anforderungen nicht schon in anderer Weise vergütet würden:

– Beteiligung und Koordinierung einer Vielzahl von Nutzern,
– außergewöhnlich kurze Planungs- und Bauzeiten,
– verbindliche Festtermine und Fristen,
– Planung und Durchführung bei laufendem Betrieb,
– bau- und landschaftsplanerische Beratung,
– erhöhte Anforderungen an Planungsoptimierung bzw. an Planungsvarianten,
– Berücksichtigung von Forderungen des Denkmalschutzes und der Integration erhaltenswerter Substanz,
– Anwendung neuer Herstellungsverfahren.

Wie die Lage des für erforderlich gehaltenen Honorarsatzes mittels Punktbewertung begründet werden kann, zeigen die Tabellen auf der folgenden Seite. Beide Bewertungen führen praktisch zum gleichen Ergebnis. Für das Beispiel wurden die anrechenbaren Kosten eines Ingenieurbauwerks der Honorarzone III mit anrechenbaren Kosten von 500.000 € angenommen.

---

[3] Früher Länderarbeitsgemeinschaft Wasser, seit 2005 Bund/Länder-Arbeitsgemeinschaft Wasser (LAWA)
[4] Bundesanzeigerausgabe der HOAI 2002, S. 84
[5] 19. Austauschlieferung vom August 2009 unter www.bmvbs.de: Vertragsmuster Ingenieurbauwerke und Verkehrsanlagen, Anhang 14 – BMVBW 2003, S. 331 ff.

Beispiel für die Einordnung des Honorarsatzes zwischen Mindest- und Höchstsatz

Nach Amtlicher Begründung zur HOAI 1996/2002

Bewertungsmerkmal zu § 4 Abs. 1 HOAI nach Amtlicher Begründung	Bedeutung nach Punkten					Gewählt für Objekt Punkte
	sehr gering	gering	durch-schnittlich	überdurch-schnittlich	sehr hoch	
besondere Umstände der Aufgabe und für die zu erbringenden Leistungen (z. B. Termin- und Preisbindung)	0	1	2	3	4	2
der Schwierigkeitsgrad innerhalb der richtigen Honorarzone	0	1	2	3	4	1
der zu erwartende notwendige Arbeitsaufwand	0	1	2	3	4	0
der künstlerische Gehalt des Objekts	0	1	2	3	4	4
Einflussgrößen aus der Zeit, der Umwelt, der Anzahl der Institutionen, der Nutzung oder der Herstellung	0	1	2	3	4	2
sonstige für die Bewertung der Leistung wesentlichen fachlichen oder wirtschaftlichen Gesichtspunkte haftungsausschließende oder -begrenzende Vereinbarungen	0	1	2	3	4	2
der Koordinierungsaufwand bei Anlagen und Einrichtungen, die der Auftragnehmer weder plant, noch deren Ausführung er überwacht	0	1	2	3	4	4
Summe	0	7	14	21	28	15

Höchstsatz nach Honorartafel:	54.861 €	Bewertete Honorardifferenz = Summe gewählter Punkte dividiert durch mögliche Maximalpunkte (= 28):
Mindestsatz nach Honorartafel:	48.195 €	0,54
Honorardifferenz =	**6.666 €**	
Honorar = (Mindestsatz nach Honorartafel + bewertete Honorardifferenz × Honorardifferenz) =		**51.766 €**

Nach Anweisung der RBBau

Bewertungsmerkmal zu § 4 Abs. 1 HOAI nach Amtlicher Begründung	Bedeutung nach Punkten					Gewählt für Objekt Punkte
	sehr gering	gering	durch-schnittlich	überdurch-schnittlich	sehr hoch	
Beteiligung und Koordinierung einer Vielzahl von Nutzern	0	1	2	3	4	2
außergewöhnlich kurze Planungs- und Bauzeiten	0	1	2	3	4	1
verbindliche Festtermine und Fristen	0	1	2	3	4	0
Planung und Durchführung bei laufendem Betrieb	0	1	2	3	4	4
bau- und landschaftsplanerische Beratung	0	1	2	3	4	3
erhöhte Anforderungen an Planungsoptimierung bzw. an Planungsvarianten	0	1	2	3	4	2
Berücksichtigung von Forderungen des Denkmalschutzes und der Integration erhaltenswerter Substanz	0	1	2	3	4	4
Herstellungsverfahren	0	1	2	3	4	4
Summe	0	8	16	24	32	20

Höchstsatz nach Honorartafel:	54.861 €	Bewertete Honorardifferenz = Summe gewählter Punkte dividiert durch mögliche Maximalpunkte (= 32):
Mindestsatz nach Honorartafel:	48.195 €	0,625
Honorardifferenz =	**6.666 €**	
Honorar = (Mindestsatz nach Honorartafel + bewertete Honorardifferenz × Honorardifferenz) =		**52.361,25 €**

II. Honorare bei anrechenbaren Kosten außerhalb der Tafelwerte

4 Liegen die **anrechenbaren Herstellkosten von Ingenieurbauwerken außerhalb der Tafelwerte** des § 44, ist das Honorar nach § 7 Abs. 2 frei vereinbar. Dies hat zur Folge, dass die HOAI für die Einordnung eines solchen Objektes in eine Honorarzone und auch die Leistungsbewertung nach § 43 Abs. 1 nicht maßgebend ist. Die Vertragsparteien werden sich bei solchen Objekten dennoch an der Objektliste und den Bewertungsmerkmalen der Honorarzonen nach § 44 orientieren, um eine Basis für eine angemessene Vergütung der Objektplanungsleistungen zu haben. Dies geschah schon in ähnlicher Form bei den bis 1984 angewendeten Gebührenordnungen und Vertragsmustern dadurch, dass die Honorartafel linear fortgesetzt wurde. Es galt dann der Prozentsatz, der durch das Verhältnis der Honorare in den jeweiligen Honorarzonen zu den anrechenbaren Kosten der unteren und oberen Grenzwerte gebildet wurde[6].

5 In der Praxis der öffentlichen Verwaltung haben sich für solche Fälle die in den Richtlinien der Staatlichen Vermögens- und Hochbauverwaltung Baden-Württemberg für die Beteiligung freiberuflich Tätiger – RifT – enthaltenen fortgeschriebenen Honorarsätze (**RifT-Tabellen** in RifT Land 2013 (aktuell)[7] durchgesetzt. Sinngemäß können auch die noch nicht fortgeschriebenen Empfehlungen des AHO vom Oktober 2010 verwendet werden[8]. Für Honorare **unterhalb der Tafel-Mindestwerte** sind **keine Fortschreibungen** bekannt. Daher wird empfohlen zu vereinbaren, das Honorar unterhalb der Mindestbeträge der anrechenbaren Kosten mit den in der Honorartafel in den 5 Honorarzonen genannten Mindest- und Höchstsätzen – ausgedrückt als Prozentsatz der anrechenbaren Kosten – oder als Zeithonorar abzurechnen.

6 Als **problematisch** haben sich **Honorarvereinbarungen auf HOAI-Basis** erwiesen, wenn dem Vertragsabschluss anrechenbare Kosten innerhalb der Tafelwerte zu Grunde lagen und die nach einer Fortschreibung des Vertrages maßgebenden **anrechenbaren Kosten infolge von Erhöhungen oder Minderungen während der Durchführung des Projekts außerhalb der Tafelwerte** lagen. Nach dem Urteil des BGH[9] vom 24.06.2004 – VII ZR 259/02 seien dann die Voraussetzungen für die Anwendbarkeit der Mindest- und Höchstsätze der HOAI einschließlich der Vorschriften über die Berechnung des Honorars nicht mehr gegeben. Daher komme in einem solchen Fall **eine Fortschreibung der Honorartabelle ohne** eine entsprechende schriftliche **Vereinbarung nicht in Betracht**, weil die in der HOAI verordneten Honorartabellen ein in sich geschlossenes System seien. Fehle die entsprechende **Vereinbarung**, träte die **übliche Vergütung** nach Paragraph 632 Abs. 2 BGB an die Stelle der nicht mehr geltenden HOAI. Als Maßstab der Üblichkeit könne nach Schramm[10] allein der Aufwand des streitigen Vertrags gelten, der unter Berücksichtigung der zu erbringenden Leistung für ein durchschnittliches Büro notfalls im Nachhinein zu kalkulieren sei. Wie so eine Kalkulation insbesondere im Nachhinein prüffähig durchgeführt werden kann, bleibt allerdings sein Geheimnis.

Zieht man zur Lösung des Problems das Urteil des OLG Hamburg[11] vom 03.09.2002 – 9 U 8/02 zu Rate, kann ein Gericht zur Ermittlung der angemessenen Höhe der übliche Vergütung für Leistungen bei der Projektsteuerung beispielsweise auf das gemäß Urteil grundsätzlich geeignete Honorarmodell des DVP/AHO zurückgreifen. Daraus kann geschlossen werden, dass für die Berechnung eines üblichen Honorars für Objekt- und Fachplanungsleistungen vergleichbare Empfehlungen anwendbar sein dürften. Hierfür liefern die erwähnten RifT-Tabellen zumindest oberhalb der Tafelendwerte in der Praxis erprobte Honorarsätze, die deutschlandweit bei Architekten- und Ingenieurverträgen verwendet werden. Dasselbe Gericht entschied im Urteil vom

---

[6] Z. B. im LAWA-Vertragsmuster, Fassung Januar 1982

[7] Zu erhalten im Grundwerk der RifT-Land 2013 vom Juli 2013 unter:
http://www.vbv.baden-wuerttemberg.de/pb/,Lde/Startseite/Service/RifT+Land+2013+_aktuell_

[8] HOAI-Tafelfortschreibung Erweiterte Honorartabellen, Heft Nr. 14 der Schriftenreihe des AHO, Bundesanzeiger Verlagsges. mbH, Oktober 2010

[9] BauR 2004, 1640

[10] IBR 2004, 626

[11] BauR 2003, 487 (NJW-RR 2003, 1670; NZBau 2003, 686 ; BGH, Beschluss v. 05.06.2003 – VII ZR 350/02 (Nichtzulassungsbeschwerde zurückgewiesen); NJW-RR 2003, 1670; NZBau 2003, 686)

10.02.2011 – 3 U 81/06[12], dass Honorare bei anrechenbaren Kosten oberhalb der Tafelwerte nach spezifischen Tafelfortschreibungstabellen als übliche Vergütung gemäß § 632 BGB berechnet werden können.

Über den **Zeitpunkt der Vereinbarung** der üblichen Vergütung sagt das Urteil des BGH nichts. Daraus kann geschlossen werden, dass sie auch rechtswirksam geschlossen werden kann, wenn das Problem erst während der Projektdurchführung erkennbar wird. Daher sollte unbedingt der Empfehlung des BGH im oben zitierten Urteil gefolgt werden, in Werkverträgen über Ingenieurleistungen für Projekte, deren anrechenbaren Kosten im Grenzbereich der Tafelwerte liegen, eine entsprechende **Auffangregelung** zu vereinbaren. Dieser Empfehlung sollten die Parteien spätestens dann nachkommen, wenn das Über- oder Unterschreiten der Tafelwerte erkannt wurde.

7

III. Honorarzonenbestimmung

1. Grundsätze

Das Honorar für Leistungen bei Ingenieurbauwerken richtet sich gemäß § 6 HOAI ebenso wie das Honorar für die sonstigen Objekt- und Fachplanungsleistungen

8

– nach den anrechenbaren Kosten des Objekts nach §§ 4 und 42,
– nach dem zwischen Auftraggeber und Auftragnehmer vereinbarten Leistungsumfang (§ 43),
– nach der Honorarzone, der das Objekt nach seinen Planungsanforderungen zuzurechnen ist (§ 44 Abs. 2 bis 5),
– nach der Honorartafel, in der die Honorare in Abhängigkeit von den anrechenbaren Kosten definiert sind (§ 44 Abs. 1) und
– bei Umbauten und Modernisierungen zusätzlich nach den § 44 Abs. 6.

§ 5 Abs. 3 bestimmt, dass die Honorarzonen anhand der Bewertungsmerkmale nach § 44 Abs. 2 bis 4, ggf. nach Maßgabe der Bewertungspunkte und unter Berücksichtigung der Regelbeispiele in den Objektlisten der Anlagen der Verordnung – hier: HOAI-Anlage 12.2 – zu bestimmen sind. Die in der Anweisung gewählte Reihenfolge bedeutet, dass zunächst nur die nach Abs. 2 maßgebenden Bewertungsmerkmale für die planerischen Anforderungen zur **Bestimmung der Honorarzone** heranzuziehen sind. Dies sind bei Ingenieurbauwerken:

1. geologischen und baugrundtechnische Gegebenheiten,
2. technische Ausrüstung und Ausstattung,
3. Einbindung in die Umgebung oder das Objektumfeld
4. Umfang der Funktionsbereiche oder der konstruktiven oder technischen Anforderungen
5. fachspezifische Bedingungen.

Die **Bewertungsmerkmale** eines Objekts sind mithilfe ihrer Gewichtung nach Abs. 3 zu bestimmen, wenn Bewertungsmerkmale aus mehreren Honorarzonen anwendbar sind und deswegen Zweifel bestehen, welcher Honorarzone das Objekt zugeordnet werden kann.

Bewertungsmerkmale der Ingenieurbauwerke		Wertungsgewicht von 1 bis …
Nr.	Bezeichnung	
1	Geologische und baugrundtechnische Gegebenheiten	5
2	Technische Ausrüstung und Ausstattung	5
3	Einbindung in die Umgebung oder das Objektumfeld	5
4	Umfang der Funktionsbereiche oder der konstruktiven oder technischen Anforderungen	10
5	Fachspezifische Bedingungen	15
Summe		40

---

[12] IBR 2011, 414

Welcher Honorarzone ein Objekt zuzuordnen ist, ergibt sich aus dem Vergleich der Summe der für das Objekt als zutreffend erachteten Bewertungsgewichte nach Abs. 3 mit der Bandbreite der den einzelnen Honorarzonen zugeordneten, in Abs. 4 verordneten Bewertungsgewichten:

Honorarzone	Bandbreite der Bewertungsgewichte
I	bis zu 10
II	11 bis 17
III	18 bis 25
IV	26 bis 33
V	34 bis 40

9 Bei **Neubauten und Neuanlagen** kann die Honorarzone nach § 5 Abs. 3 mit der in HOAI-Anlage 12.2 verordneten **Objektliste** bestimmt werden, in der die Ingenieurbauwerke nach Maßgabe der Bewertungsmerkmale den Honorarzonen für den Regelfall zugeordnet sind. Dies gilt auch für Wiederaufbauten, sofern für diese eine neue Planung erforderlich ist (so § 2 Nr. 3) und die technische oder konstruktive Mitverarbeitung vorhandener Bausubstanz keines der o. g. Bewertungsmerkmale berührt. Dennoch empfiehlt es sich stets, im Einzelfall insbesondere dann die gewählte Honorarzone ergänzend zur Objektliste mithilfe der Punktbewertung zu untersuchen und erforderlichenfalls auch zu ändern, wenn einzelne Merkmale nicht der verordneten Honorarzone entsprechen. Der in HOAI-Anlage 12.2 Satz 1 verwendete Begriff „in der Regel" lässt ja Ausnahmen zu und bezeichnet eine **Beweisregel**. Derjenige, der sich darauf beruft, es läge im speziellen Fall eine von der Regelzuordnung abweichende Honorarzone vor, muss dies beweisen. Der Beweis wird insbesondere bei streitigen Auseinandersetzungen zwangsläufig zu einer von einem Sachverständigen zu beantwortenden Frage werden, weil er anhand der in den §§ 5 und 44 festgelegten Wertungskriterien geführt werden muss, welche wegen ihres subjektiven Charakters (z. B. gering, durchschnittlich, hoch) nur von einem neutralen und fachkundigen Dritten objektiv interpretiert werden können.

10 Die **Honorarzone von Neubauten und Neuanlagen** kann mit Hilfe des nachfolgenden Berechnungsschemas überprüft werden. Die einzelnen Merkmale werden nach Planungsanforderungen gewichtet, die Einzelpunkte gewählt und danach die Punktsumme berechnet. Der Vergleich der Punktsumme mit dem Punktbereich nach § 44 Abs. 3 (Rdn. 8) ergibt die Honorarzone. Die nachfolgende Tabelle zeigt die Berechnung eines Beispiels.

Bewertungsmerkmale		Gewichte der Planungsanforderungen					Gewählt für Objekt	
Nr.	Bezeichnung	sehr gering	gering	durch-schnittlich	überdurch-schnittlich	sehr hoch	Planungsan-forderungen	Punkte
1	Geologie, Baugrund	1	2	3	4	5	gering	2
2	Technische Ausrüstung und Ausstattung	1	2	3	4	5	überdurch-schnittlich	4
3	Einbindung in die Umgebung	1	2	3	4	5	durch-schnittlich	3
4	Funktion, Konstruk-tion, Technik	1 bis 2	3 bis 4	5 bis 6	7 bis 8	9 bis 10	sehr hoch	9
5	Fachspezifische Bedingungen	1 bis 3	4 bis 6	7 bis 9	10 bis 12	13 bis 15	überdurch-schnittlich	11
Punktsumme		bis 10	11 bis 17	18 bis 25	26 bis 33	34 bis 40		29
Honorarzone nach § 44 Abs. 3		I	II	III	IV	V		IV

11 Völlig anders ist die Situation bei **Erweiterungsbauten, Umbauten, Modernisierungen, Instandsetzungen und Instandhaltungen**. Bei solchen Ingenieurbauwerken treten erfahrungsgemäß **stets** die Bewertungsmerkmale aus mehreren Honorarzonen auf. Deswegen kann die

Honorarzone **nur mithilfe** der in § 44 Abs. 2 bis 4 verordneten **Einzelwertung der Planungs-anforderungen** bestimmt werden; die Objektliste kann allenfalls als weitere Argumentations-hilfe verwendet werden. Dabei **entfällt** häufig mindestens ein Bewertungsmerkmal. Dies ist in dem nachfolgenden Beispiel berücksichtigt, bei dem das Bewertungsmerkmal 1 (Geologie, Bau-grund) als entfallend angenommen ist. Für die Berechnung wird die bereits vorgestellte Bewer-tungsmatrix angewendet und erweitert. Es wird dabei wie folgt vorgegangen:

1. Bewertung der einzelnen Merkmale nach den Planungsanforderungen beim Planen und Bauen im Bestand und Bestimmung der Einzelpunkte,
2. Ermittlung der Punktsumme in der letzten Spalte,
3. Korrektur der Punktsumme nach der in der Tabellenfußnote angegebenen Methode,
4. Vergleich der korrigierten Punktsumme mit Punktbereich nach § 44 Abs. 3 ergibt die Honor-arzone.

Auch bei **Neubauten** können einzelne Bewertungsmerkmale entfallen. So fehlt – von Ausnah-men abgesehen – regelmäßig die Technische Ausrüstung bzw. Ausstattung sowohl bei Neubau-ten als auch bei **Umbauten im Kanalnetz** oder bei der Instandhaltung oder **Instandsetzung von Stützbauwerken**. Weitere Beispiele ohne Technische Ausrüstung sind **Ufermauern, Deich- und Dammbauten oder Gewässer**. In solchen Fällen kann nach einer Entscheidung des OLG Jena vom 28.10.1998[13] das nicht mögliche Bewertungsmerkmal auch nicht zur Bestimmung der Honorarzone verwendet werden. Bei Umbauten oder Modernisierungen des Inneren von Ingeni-eurbauwerken (z. B. **Umgestaltung** des Inneren **eines Wasserturms** oder eines Behälters, **Be-tonsanierung** bei einer Stützwand oder einer Brücke) besitzen die geologischen oder baugrund-technischen Gegebenheiten im Regelfall keinerlei Einfluss auf die Planungstätigkeit; in solchen Fällen entfällt das entsprechende Bewertungsmerkmal. Darüber hinaus entfällt bei solchen Ob-jekten auch das Merkmal der Einbindung in die Umgebung oder das Objektumfeld. Dies wird im Beispiel der folgenden Tabelle unterstellt.

12

Beispiel für eine Punktebewertung nach § 47 HOAI für ein Ingenieurbauwerk mit fehlen-den Bewertungsmerkmalen:

Bewertungsmerkmale		Gewichte der Planungsanforderungen					Gewählt für Objekt	
Nr.	Bezeichnung	sehr gering	gering	durch-schnittlich	überdurch-schnittlich	sehr hoch	Planungsan-forderungen	Punkte
1	Geologie, Baugrund	1	2	3	4	5	entfällt	0
2	Technische Ausrüs-tung und Ausstattung	1	2	3	4	5	überdurch-schnittlich	0
3	Einbindung in die Umgebung	1	2	3	4	5	entfällt	0
4	Funktion, Konstruk-tion, Technik	1 bis 2	3 bis 4	5 bis 6	7 bis 8	9 bis 10	sehr hoch	9
5	Fachspezifische Bedingungen	1 bis 3	4 bis 6	7 bis 9	10 bis 12	13 bis 15	überdurch-schnittlich	11
Punktsumme		bis 10	11 bis 17	18 bis 25	26 bis 33	34 bis 40		20
Honorarzone nach § 44 Abs. 3		I	II	III	IV	V		
Die maßgebende Punktsumme beim Entfallen eines Bewertungsmerkmals ist die maximal mögliche Punktsumme von 40 Punkten, dividiert durch die Differenz der maximal möglichen Punktsumme (40) abzgl. der maximal möglichen Punktsumme des entfallenen Merkmals (hier: 10 Punkte), multipliziert mit der tatsächlichen Punktsumme (hier: 20):								
Berechnung der maßge-bende Punktsumme:		40 dividiert durch (40 abzgl. 10), multipliziert mit 20 ergibt:						27
Honorarzone gewählt								IV

---

[13] 2 U 1684/97, Revision vom BGH nicht angenommen – Beschluss v. 8.2.2001 – VII ZR 414/98, IBR 2001, 262

2. Die Bewertungsmerkmale

a) Geologische und baugrundtechnische Gegebenheiten

13 Jedes Bauwerk wird durch die **Beschaffenheit seines Untergrundes** beeinflusst. So hat der Rohrleitungsbau in der Wasserwirtschaft (Wasserleitungen, Kanalisation) in kiesigen und sandigen Böden ohne Grundwasser gänzlich andere Anforderungen an Planung und Objektüberwachung als der Rohrleitungsbau im Seeton in der Nähe des Bodensees oder in einem früheren Hochmoor. Ähnliches gilt für den Fall tief gelegener Becken in kiesigen und sandigen Böden mit Grundwasser, die durch **Wasserhaltung** sehr gut entwässerbar sind, oder in schlecht entwässerbaren, bindigen Böden. Schließlich unterscheiden sich die Anforderungen an die Planung einer Restmülldeponie, die in undurchlässigen Böden angelegt wird, von den Anforderungen, die bei gut durchlässigem oder klüftigem Untergrund zu erfüllen sind. Weitere Besonderheiten des Baugrunds wie z. B. **Grundbruchgefahr** beim Öffnen von Baugruben, Einfluss nahe gelegener Gewässer auf den **Grundwasserspiegel oder Setzungsempfindlichkeit des Bodens** beeinflussen die Konstruktion der Bauwerke und stellen somit entsprechend unterschiedliche Anforderungen. Zur Bewertung der unterschiedlichen Schwierigkeiten stehen fünf Punkte zur Verfügung.

Die Bandbreite der Objekte erlaubt es nicht, einheitliche Beurteilungsmerkmale für die geologischen und baugrundtechnischen Gegebenheiten festzulegen. Die im Einzelfall maßgebenden Aspekte müssen vielmehr durch objektspezifischen Vergleich der nach fachlichen Gesichtspunkten einfachsten bis höchsten denkbaren Anforderungen begründet werden. Hilfestellung hierbei kann DIN 18300 (Leistungen bei Erdarbeiten)[14] leisten, in der die unterschiedlichen Schwierigkeitsgrade bei der Ausführung von Erdarbeiten aus der Sicht der Bauausführung (Boden- und Felsklassen) wie folgt aufgelistet sind:

Bodenklasse nach DIN 18300	
Nr.	Bezeichnung
1	Oberboden
2	Fließende Bodenarten
3	Leicht lösbare Bodenarten
4	Mittelschwer lösbare Bodenarten
5	Schwer lösbare Bodenarten
6	Leicht lösbarer Fels und vergleichbare Bodenarten
7	Schwer lösbarer Fels

Vorrangig **maßgebend für die Bewertung** dürften die Bodenklassen 2 bis 7 sein; die Beschaffenheit des Oberbodens ist auch deswegen in der Regel ohne Belang, weil sie sich nur auf einen Teilaspekt denkbarer Baumaßnahmen, nämlich auf das Herrichten des Baugrundstücks bezieht.

14 Das folgende **Bewertungsbeispiel** kann beim **Rohrleitungsbau** Anwendung finden:

Beschaffenheit	Anforderungen an Planung, Bauvorbereitung und Ausführungsüberwachung	
	verbal	Wertungsgewicht
gleichmäßiger felsiger Untergrund	sehr gering	1
gleichmäßig sandig-kiesiger Untergrund, ohne Grundwasser	gering	2
gleichmäßig geschichteter, fester, kiesig-sandiger Untergrund	durchschnittlich	3
ungleichmäßig geschichteter, unterschiedlich fester Untergrund, Grundwasser leicht entwässerbar, Grundbruchgefahr beim Öffnen von Baugruben, Einfluss nahe gelegener Gewässer auf den Grundwasserspiegel	überdurchschnittlich	4
ungleichmäßig geschichteter, weicher Baugrund mit Fließneigung, hoch setzungsempfindlicher Untergrund, Grundwasser schwer entwässerbar (z. B. Hochmoor, Seeton am Bodensee)	sehr hoch	5

---

[14] VOB/C in der aktuellen Fassung, Ziff. 2.3

b) Technische Ausrüstung

Das Bewertungsmerkmal zeigt deutlich die Anlehnung an § 35 Abs. 4. Wie dort (6 von 42 Punkten) ist bei den Ingenieurbauwerken das Bewertungsgewicht mit bis zu 5 von 40 Punkten gering gehalten. Sein Anteil beträgt bei Gebäuden 6/42 entsprechend 14,29 %; bei Ingenieurbauwerken 5/40 entsprechend 12,50 % der jeweiligen Höchstwerte. Die Regelung berücksichtigt, dass die Leistungen des Objektplaners lediglich die Koordination und Integration der von fachlich Beteiligten (Fachingenieuren) durchzuführenden Fachplanung und fachlichen Objektüberwachung der **Technischen Ausrüstung** betreffen; es bewertet diese Tätigkeit im Verhältnis zur gesamten Objektplanungsleistung. Daran hat sich auch durch die nun eindeutige Verordnung der Leistungen und Honorare bei Anlagen der der Verfahrens- und Prozesstechnik in Teil 4 Abschnitt 2 HOAI nichts geändert. Es geht also lediglich um deren Anforderungen an die Koordinations- und Integrationstätigkeit des Objektplaners, da diese Leistungen weder Grundleistungen noch Besondere Leistungen bei der Objektplanung, sondern Fachplanungsleistungen mit eigenem Honoraranspruch sind. Sie erfordern ein Fachwissen, über welches der Objektplaner i. d. R. nicht verfügt. Dessen Aufgabe konzentriert sich auf die fachliche und zeitliche Abstimmung der Fachingenieurleistungen und ihre Integration in seine eigenen Leistungen mit dem Ziel, dem gemeinsamen Auftraggeber ein vollständiges und fehlerfreies Werk zu schaffen. Mit der **Technischen Ausrüstung der Ingenieurbauwerke sind** die in § 53 Abs. 2 genannten Anlagen und Anlagengruppen und ergänzend die Anlagengruppen der **Kostengruppe 400** der DIN 276-1:2008-12 bzw. DIN 276-4:2009-08 **ohne die maschinentechnischen Anlagen** im Sinne von § 42 Abs. 1 S. 2 gemeint (Näheres s. § 42 Rdn. 6).

15

Das früher gelegentlich geäußerte Argument, dass Art und Umfang der verfahrenstechnischen Ausrüstung von Anlagen der Siedlungswasserwirtschaft als technische Ausrüstung im Sinne dieses Bewertungsmerkmals bei der Einordnung von Bauwerken und Anlagen in die Honorarzone eine besondere Rolle gespielt habe, ist nicht stichhaltig. Dies bestätigte auch der Bundesminister für Wirtschaft[15] wie folgt:

16

„Einigkeit bestand seinerzeit weiter, dass bei der Einordnung der wasserwirtschaftlichen Objekte in die Honorarzonen des Teiles VII bereits der Planungs- und Überwachungsaufwand des Objektplaners hinsichtlich der Integration der verfahrenstechnischen Einrichtungen berücksichtigt worden ist."

Zum Zeitpunkt dieser Meinungsäußerung verstand man unter verfahrenstechnischen Einrichtungen die maschinen-, verfahrens- und prozesstechnischen Anlagenteile wasserwirtschaftlicher Objekte. Sie waren erstmals in der 4. HOAI-Novelle als Bestandteile dieser Objekte definiert worden, die eigene Fachplanungen mit einem zusätzlichen Honoraranspruch erfordern[16].

Die fachlichen und technischen Unterschiede der Objekte erlauben es auch bei diesem Kriterium nicht, einheitliche Bewertungspunkte zu bestimmen. Hilfestellung dafür können die Formulierungen in § 11 HOAI 1996/2002 leisten, wonach bei Gebäuden der Umfang der Technischen Ausrüstung als Bewertungsmaßstab herangezogen ist:

Umfang der Technische Ausrüstung oder Ausstattung	Wertungsgewicht der Anforderungen an Planung, Bauvorbereitung und Ausführungsüberwachung des Objektplaners
sehr gering	1
gering	2
durchschnittlich	3
überdurchschnittlich	4
vielfältig mit hohen technischen Ansprüchen	5

Eine weitere Hilfestellung können § 56 Abs. 2 und die HOAI-Anlage 15.2 (Objektliste der Technischen Ausrüstung) geben. Die Anforderungen an die Leistungen der Fachplaner und damit die Zurechnung der unterschiedlichen Anlagen der Technischen Ausrüstung zu den dortigen Honorarzonen bestimmen im Regelfall auch die Anforderungen an die Koordinations- und Integrationsleistungen des Objektplaners. Zur **Beurteilung der** hieraus resultierenden **Planungs-**

17

---

[15] BMWI-Schreiben Nr. I B 4-249453/9 vom 28.05.1985 an den LAWA-Vorsitzenden in München
[16] Bundesanzeigerfassung der HOAI 1991, Amtliche Begründung, S. 103 und 106

anforderungen bei der Objektplanung wird empfohlen, die Zuordnung der Ausrüstung zu den Honorarzonen bei der Technischen Ausrüstung nach § 56 Abs. 2 i. V. m. HOAI-Anlage 15.2 wie folgt zu wählen (s. folgende Tabelle).

Bewertungsempfehlung:

Beschaffenheit	Anforderungen an Planung, Bauvorbereitung und Ausführungsüberwachung des Objektplaners	
	verbal	Wertungsgewicht
Anlagen der Honorarzone I nach Anlage 15.2 HOAI	sehr gering	1
Kombinierte Anlagen der Honorarzonen I und II	gering	2
Anlagen der Honorarzone II nach Anlage 15.2 HOAI	durchschnittlich	3
Kombinierte Anlagen der Honorarzonen II und III	überdurchschnittlich	4
Anlagen der Honorarzone III nach Anlage 15.2 HOAI	sehr hoch	5

18   Das **Beispiel** der nachfolgend beschriebenen **Kläranlage** soll verdeutlichen, wie eine **qualitative Erstbewertung** der Einflüsse der technischen Ausrüstung auf die Leistungen bei der Objektplanung durchgeführt werden kann. Deren technische Ausrüstung bestehe beispielsweise sowohl innerhalb einzelner Bauwerke als auch auf dem Kläranlagengelände in Form von Gas-, Wasser-, Abwasser- und sanitärtechnischen Anlagen sowie Gebäudeheizungsanlagen mit umfangreichen verzweigten Rohrnetzen und zugehörigen betriebstechnischen Einrichtungen. Sie enthielte ferner Niederspannungsleitungs- und Verteilungsanlagen, Beleuchtungsanlagen und Blitzschutzanlagen. Diese Anlagen sind nach HOAI-Anlage 15.2 sämtlich der Honorarzone II zuzuordnen. Der Honorarzone III sind nach HOAI-Anlage 15.2 die geplanten Wärmeversorgungsanlagen der Schlammbehandlung, das Blockheizkraftwerk, die Hoch- und Mittelspannungsanlagen, die Niederspannungsschaltanlagen und Umformeranlagen zuzuordnen. Daher wären die Planungsanforderungen der technischen Ausrüstung dieser Kläranlage als **überdurchschnittlich** zu werten.

c) Anforderungen an die Einbindung in die Umgebung oder das Objektumfeld

19   Bei der **Einbindung** eines Ingenieurbauwerks in **die vorhandene Umgebung** geht es um die Anforderungen an die Objektplanungsleistungen, die z. B. durch Zuschnitt und Größe des für das Objekt zur Verfügung stehende Grundstücks, durch die den Standort umgebende Bebauung oder durch Gesichtspunkte des Landschaftsschutzes gegeben sind. Während beispielsweise kommunale Kläranlagen in der Regel außerhalb bebauter Ortsgebiete errichtet werden und bei ihrer Einbindung in die Umgebung vor allem naturgegebene Einflüsse eine Rolle spielen, können Pumpwerke oder Regenbecken in bebauten Bereichen errichtet werden, wo die bauliche Substanz der umliegenden Bebauung zu beachten ist. Auch die Einbindung eines Fischteiches in die nähere Umgebung ist mit anderen Anforderungen versehen als der Bau eines offenen Regenrückhaltebeckens in freiem Gelände. Gewässer aber sind typische landschaftsprägende Elemente, deren Einbindung in die umgebende Landschaft daher eine ganz besondere Bedeutung zukommt.

Bewertungsempfehlung von städtebaulichen, landschaftlichen oder topographischen Gesichtspunkten:

Beschaffenheit	Anforderungen an Planung, Bauvorbereitung und Ausführungsüberwachung	
	verbal	Wertungsgewicht
sehr geringe naturgegebene Einflüsse (freie Landschaft), großes Grundstück, ebenes Gelände, keine Bebauung in der Nähe	sehr gering	1
geringe Einflüsse aus dem natürlichen Umfeld (einzelne Baumgruppen, Viehweide, großes Grundstück, ungünstige Abmessungen, sehr geringe städtebauliche Anforderungen durch entfernt liegendes Baugebiet, geneigtes Gelände	gering	2

Beschaffenheit	Anforderungen an Planung, Bauvorbereitung und Ausführungsüberwachung	
	verbal	Wertungsgewicht
durchschnittliche Einflüsse aus dem natürlichen Umfeld (Waldnähe, ackerbaulich genutzte Flächen), durchschnittliche städtebauliche Anforderungen (Randbebauung mit Wohnhäusern)	durchschnittlich	3
überdurchschnittliche Einflüsse aus dem natürlichen Umfeld (Landschaftsschutzgebiet), Grundstück in hügeligem Gelände oder überdurchschnittlichen städtebaulichen Anforderungen z. B. durch enge innerstädtische Bebauung	überdurchschnittlich	4
sehr hohe Einflüsse aus dem natürlichen Umfeld beim Vorhandensein in unmittelbarer Nähe von Naturschutzgebieten oder bei sehr hohen städtebauliche Anforderungen unter denkmalpflegerischen Gesichtspunkten	sehr hoch	5

Bei der Bewertung der Anforderungen an die Einbindung in die Umgebung kann auch die Vorschrift des § 35 HOAI herangezogen werden, soweit es sich um vergleichbare Sachverhalte handelt. Wie bei Gebäuden sind auch bei Ingenieurbauwerken städtebauliche, landschaftliche oder topographische Gesichtspunkte zu beachten. Der Verordnungsgeber hat diesem Bewertungsmerkmal bei Ingenieurbauwerken wie bei Gebäuden (6 Punkte) mit nur 5 Punkten eine eher untergeordnete Bedeutung beigemessen. Es stimmt in beiden Fällen mit dem Wertungsgewicht der Technischen Ausrüstung überein.

Bei Leitungen für Wasser, Abwasser und wassergefährdenden Flüssigkeiten, bei Durchlässen, bei Versorgungsbauwerken oder Schutzrohren und bei zahlreichen anderen Ingenieurbauwerken stehen dagegen die Anforderungen an die **Einbindung in das Objektumfeld** im Vordergrund. Beim Leitungsbau innerhalb eines bebauten Ortsgebietes wird das Objektumfeld durch unterirdische Bauwerke und die stets zahlreichen unterschiedlicher Leitungen für Wasser, Abwasser, ggf. Fernheizungsleitungen, Gasleitungen oder Kabel unterschiedlichster Art bestimmt. Anders ist dies natürlich z. B. bei Geländeaufschüttungen infolge zu geringer Überdeckung bzw. bei Oberflächen verändernden Einschnitten ins Gelände. Den sich aus dem Objektumfeld ergebenden Planungsanforderungen sind mit nur 5 Punkten eine so geringe Bedeutung beigemessen, dass dieser Aspekt bei der Gewichtung des 4. Bewertungsmerkmals im Hinblick auf die konstruktiven oder technischen Anforderungen an die Ingenieurleistungen zusätzlich einfließen muss.

Bewertungsempfehlung von Einflüssen des Objektumfelds:

Anforderungen an die Ingenieurleistungen zur Einbindung von Ingenieurbauwerken in die Umgebung oder das Objektumfeld	Wertungsgewicht der Anforderungen an Planung, Bauvorbereitung und Ausführungsüberwachung
sehr gering	1
gering	2
durchschnittlich	3
überdurchschnittlich	4
sehr hoch	5

d) Umfang der Funktionsbereiche oder konstruktiven oder technischen Anforderungen

Zur Beurteilung des **Umfangs der Funktionsbereiche oder konstruktiven oder technischen Anforderungen** hat der Verordnungsgeber bis zu 10 Bewertungspunkte vorgesehen. Grundsätzlich sind diese Merkmale folgenden Bauwerkstypen zuzuordnen: **20**

Umfang der Funktionsbereiche:	vorrangig komplexe Anlagen wie z. B. den Pumpwerke, kombinierte Beckenanlagen, Wasseraufbereitungsanlagen, Abwasser- und Schlammbehandlungsanlagen, die mehrere Funktionen in sich vereinen.
Konstruktive oder technische Anforderungen:	Objekte, deren Gestaltung, Anordnung und Ausführungsart vorrangig durch ihre Konstruktion (z. B. sämtliche Bauwerke für Verkehrsanlagen und die sonstigen Einzelbauwerke nach § 51 Abs. 1 Nr. 6 und 7 HOAI) bestimmt oder durch das Objektumfeld beeinflusst wird (z. B. Leitungen und Leitungsnetze mit unterschiedlich umfangreichen Verknüpfungen mit anderen Objekten und unterschiedlich zahlreichen Zwangspunkten).

Die Bewertungsmerkmale beschreiben Planungsanforderungen, die die Zweckdienlichkeit, die Standsicherheit und die Komplexität des Ingenieurbauwerks berühren. Sie sind abhängig von den verwendeten Baumaterialien, z. B. Stahlskelett- oder Betonskelettbau, Mauerwerksbau, Stahlbetonrohre, Stahlrohre, lebender oder toter Verbau zur Böschungs- und Sohlsicherung bei Gewässern (Pflanzen, Stützmauern, Spundwände), vom Umfang der einzubauenden maschinentechnischen Einrichtungen (wie z. B. Siebmaschinen, Rechenanlagen, Druckkessel, Räumer, Schlammentwässerungsmaschinen etc.) und verfahrenstechnischen Ausrüstung (wie z. B. Druckluftbelüftungsanlagen von Belebungsbecken, Schlammbehandlungsanlagen, Verbrennungsanlagen) wie auch von den Gestaltungs- und Nutzungsanforderungen selbst. Schließlich wird auch der Umfang der Funktionsbereiche eines Objekts bewertet. In der amtlichen Begründung[17] heißt es hierzu:

„Das gilt insbesondere für bestimmte Ingenieurbauwerke, z. B. Wasseraufbereitungsanlagen. Bei einem Klärwerk werden als Funktionsbereiche z. B. angesehen die Pumpwerke, die verschiedenen Einheiten der mechanischen Abwasserreinigung, der biologischen Abwasserreinigung, der Schlammbehandlung und der Reststoffbeseitigung. Bei Abfallbehandlungsanlagen werden als Funktionsbereiche z. B. angesehen der Eingangsbereich mit Wiegeeinrichtungen und Eingangskontrolle, die Abfallspeicherung in Bunkern, die Abfallbehandlung und die Reststoffbeseitigung."

Aus den zitierten Beispielen (Kläranlage, Abfallbehandlungsanlage) wird der neben den technisch-konstruktiven Einflüssen wichtige Aspekt des **Umfangs der Funktionsbereiche** deutlich. In beiden Beispielen können die genannten und in der folgenden Tabelle aufgeführten einzelnen Bauwerke alleinstehend jeweils eigenständige Funktionen erfüllen, in der jeweiligen Anlage aber erfüllen sie nur Teil-Funktionen der Gesamtanlage.

Beispiele für Umfang der Funktionsbereiche:

Anlage	Bauwerke	
	Bezeichnung	Teilfunktion
Kläranlage	Pumpwerk	Abwasserförderung
	Mechanische Abwasserreinigung	Entfernung absiebbarer und absetzbarer Stoffe
	Biologische Abwasserreinigung	Entfernung gelöster Verunreinigungen und Umwandlung in absetzbare Stoffe
	Schlammbehandlung	Stabilisierung und Reduzierung der als Klärschlamm entstehenden absetzbaren Stoffe (Flüssigphase)
	Reststoffbeseitigung	Reduzierung der flüssigen Klärschlammmenge auf ein Minimum durch Entwässerung, ggf. Trocknung und/oder Verbrennung (Feststoffphase)

---

[17] Bundesanzeigerausgabe der HOAI 1996/2002, S. 122

Anlage	Bauwerke	
	Bezeichnung	Teilfunktion
Abfallbehand-lungsanlage	Eingangsbereich	Betriebsgebäude
	Abfallbunker	Abfallspeicherung
	Abfallbehandlung	Stabilisierung und Reduzierung der Abfallmenge auf ein Minimum durch Kompostierung oder Verbrennung
	Reststoffbeseitigung	Deponierung

Im Rohrleitungsbau haben die Einbaubedingungen im Straßenquerschnitt (Tiefenlage, Beachtung vorhandener oder geplanter Leitungen und Ingenieurbauwerke) großen Einfluss auf die Planungsanforderungen. Ferner sind zu diesen Anforderungen zu zählen:

im Flussbau:	Sohl- und Böschungsbefestigungen,
beim Leitungsbau:	Fest- und Zwangspunkte, Widerlager, Abdichtungen, innere und äußere Belastungen,
beim Deich- und Dammbau:	Maßnahmen zur Sickerwasserableitung,
für eine Deponie:	Dichtungsmaßnahmen, Böschungsbefestigung, Deponiegasnutzung,
bei Tunnelanlagen:	Fluchttore, Ausweichstellen, Beschaffenheit des zu durchquerenden Gebirges.

Die folgende Tabelle enthält unter Berücksichtigung der erörterten Aspekte eine **Bewertungsempfehlung für** Anforderungen an die Leistungen aus der **Anzahl der Funktionsbereiche, Verknüpfungen und Zwangspunkte.**

Bewertungsempfehlung:

Planungsanforderungen	Beschaffenheit
sehr gering	ein Funktionsbereich, keine Verknüpfungen, keine Zwangspunkte
gering	zwei Funktionsbereiche, geringe Verknüpfungen, keine Zwangspunkte
durchschnittlich	bis zu fünf Funktionsbereiche, einige Verknüpfungen bei einer geringen Zahl von Zwangspunkten
überdurchschnittlich	bis zu 10 Funktionsbereiche, Verknüpfungen mit mehreren unterschiedlichen Ingenieurbauwerken bei mehreren Zwangspunkten
sehr hoch	mehr als 10 Funktionsbereiche, Verknüpfungen mit zahlreichen unterschiedlichen Ingenieurbauwerken bei zahlreichen Zwangspunkten

Wegen der Vielzahl und der Unterschiedlichkeit der zu bewertenden Objekte ist es leider ausgeschlossen, eine alle Aspekte umfassende Entscheidungsskala maßgebender Einflüsse zur Verfügung zu stellen. Hier sind vor allem fachkundige Vertragsparteien aufgefordert, im Einzelfall maßgebende weitere oder andere Kriterien in ähnlicher Form abzuwägen und zu werten.

In den folgenden Tabellen wird an zwei **Objekttypen** die **mögliche Bandbreite der entschei- 21 denden Bewertungsmerkmale** aufgezeigt. Sie sollen dem Anwender Anregungen für die im Bedarfsfall objektspezifisch vorzunehmende Bewertung geben.

Beispiel Rohrleitungsbau

Planungsanforderung	Kennzeichen
sehr gering	keine Zwangspunkte für die Rohrleitungstrasse, Anschlusspunkte an vorhandene Leitung unproblematisch, keine weiteren Verknüpfungen (Anschlüsse) mit anderen Leitungen
gering	geringe Zahl von Zwangspunkten für die Rohrleitungstrasse in freiem, wenig bewegtem Gelände (z. B. Grundstückgrenzen, andere Objekte, eine Kreuzung mit einer anderen Leitung), wenige Rohrleitungsverknüpfungen mit vergleichbaren vorhandenen Leitungen, Leitungsnetz mit ein bis zwei Ver- und Entsorgungsleitungen in einem kleinen Neubaugebiet
durchschnittlich	zahlreiche Verknüpfungen einer Rohrleitung mit einem vorhandenen Leitungsnetz, daraus resultierend zahlreiche Zwangspunkte bezüglich Trassenführung, Höhenlage, Dimension und Gründung, Leitungsnetze für Wasser und Abwasser in größeren Neubaugebieten
überdurchschnittlich	Transportleitungen für Wasser, Abwasser und wassergefährdende Flüssigkeiten sowie Leitungsnetze mit zahlreichen Verknüpfungen und zahlreichen Zwangspunkten, wie sie für ein innerstädtisches Rohrleitungsnetz typisch sind
sehr hoch	seltener Sonderfall

Beispiel Abwasserpumpwerke

Planungsanforderung	Kennzeichen
sehr gering	Sonderfall
gering	Schachtbauwerk mit einer Tauchmotorpumpe als Zwischenpumpwerk in einem Abwasserkanal
durchschnittlich	Tauchmotorpumpwerk mit mehreren Pumpen als Zwischenpumpwerk in einem Kanalnetz mit Niederspannungsanlagen einschließlich Steuerung, Abwasserpumpwerk mit mehreren trocken aufgestellten Kanalradpumpen ohne Rechenanlage oder Schneckenpumpwerk, ohne Notstromversorgung, mit Mittel- und Niederspannungsanlagen einschließlich Steuerung, Schneckenpumpwerk mit zwei bis drei ggf. unterschiedlich großen Pumpen mit Niederspannungs- und Steuerungsanlagen
überdurchschnittlich	Pumpwerk mit mehreren Kanalradpumpen unterschiedlicher Leistung und Größe zur Förderung von Abwasser über Druckleitungen zur Kläranlage, mit Notstromaggregaten, Mittel- und Niederspannungsanlagen, Schalt- und Steueranlagen, mit Maßnahmen und Aggregaten zur Vermeidung von Druckstößen, mit Betriebs- und Sozialräumen, Schneckenpumpwerk mit mehreren Schneckenpumpen unterschiedlicher Leistung und Größe, Regenwetterpumpen ggf. mit Dieselmotorantrieb
sehr hoch	kombiniertes Abwasser- und Regenwasserpumpwerk mit Rechenanlagen, Rechengutpressen, mehreren unterschiedlichen Pumpentypen (Zentrifugalpumpen, Propellerpumpen), Notstromaggregaten, Werkstatt- und Sozialräumen

e) Fachspezifischen Bedingungen

22 Die **fachspezifischen Bedingungen** sind für die Projektbereiche und Objekte wie beim Bewertungsmerkmal 4 sehr unterschiedlich. Die hervorragende Bedeutung dieses Bewertungsmerkmales für Ingenieurbauwerke wird dadurch zum Ausdruck gebracht, dass die fachspezifischen Bedingungen mit bis zu 15 Punkten 37,5 % des Gesamtgewichts der Planungsanforderungen ausmachen. In der amtlichen Begründung der Vorgängerfassungen der HOAI wird hierzu erklärend ausgeführt[18]:

„Bei Ingenieurbauwerken steht das Merkmal „Fachspezifische Bedingungen" im Vordergrund; es wird deshalb bei Ingenieurbauwerken mit einer sehr hohen Punktanzahl bewertet. Brückenbauwerke, Türme oder wasserwirtschaftliche Ingenieurbauwerke können heute kaum noch geplant werden, ohne dass besondere ingenieurtechnische Probleme gelöst werden müssen. Bei Kläranlagen, die häufig in Flusssenkungen geplant werden, müssen z. B. besondere Implikationen hinsichtlich des Grundwasserspiegels oder der Bodenbeschaffenheit berücksichtigt werden."

---

[18] Bundesanzeigerausgabe der HOAI 1991, S. 104

Beispiele für fachspezifische Bedingungen sind **im Kläranlagenbau**: 23

Ausbaugröße (Einwohnergleichwerte), Art und Anteil gewerblicher und industrieller Abwässer, Anforderung an die Reinigungsleistung (z. B. Vollreinigung, Vollreinigung mit Nitrifikation und Denitrifikation, Phosphorelimination, Filtration, Desinfektion), Anzahl der Abwasserreinigungsstufen, Art der Schlammbehandlung und/oder -verwertung. Die Aspekte können wie folgt geordnet werden

Fachspezifische Anforderungen bei einer Kläranlage

Planungsanforderung	Beschaffenheit
sehr gering	bis 1000 EG, nur häusliches Abwasser, normale Schwankungen der Abwasserzuflüsse, Vollreinigung, einstufige Anlage für gemeinsame Abwasser- und Schlammbehandlung, mobile Schlammentwässerungsanlage
gering	bis 2000 EG, nur häusliches Abwasser, normale Schwankungen der Abwasserzuflüsse, Vollreinigung, einstufige Anlage für gemeinsame Abwasser- und Schlammbehandlung, Schlammstapelbehälter, mobile Schlammentwässerungsanlage
durchschnittlich	bis 10000 EG, geringer Anteil leicht zu behandelnder gewerblicher Abwässer, normale Schwankungen der Abwasserzuflüsse, Vollreinigung, einstufige Anlage für gemeinsame Abwasser- und Schlammbehandlung, Schlammstapelbehälter, stationäre Schlammentwässerungsanlage
überdurchschnittlich	mehr als 10000 EG, erheblicher Anteil gewerblicher oder industrieller Abwässer, unterschiedliche Schwankungen der Abwasserzuflüsse, Abwasserbehandlung für Vollreinigung mit Stickstoffelimination, zweistufige Anlage der Schlammbehandlung, Schlammstapelbehälter, stationäre Schlammentwässerungsanlage, Gasverwertung zu Heizzwecken
sehr hoch	mehr als 10000 EG, sehr erheblicher Anteil gewerblicher oder industrieller Abwässer, große Schwankungen der Abwasserzuflüsse, Abwasserbehandlung für Vollreinigung mit Stickstoff- und Phosphorelimination, Anlage zur Schwebstoff- und / oder Keimreduktion, mehrstufige Anlagen der Schlammbehandlung, Schlammstapelbehälter, stationäre Schlammentwässerungsanlage, Schlammtrocknung, Gasverwertung im Blockheizkraftwerk einschließlich Gasbehälter

Weitere Beispiele für fachspezifische Bedingungen sind: 24
- **im Kanalbau**:
  Neubaugebietserschließung, Transportkanäle ohne/mit Zwangspunkten, unterirdische Bauweisen, Trennsystem oder Mischsystem, Netze innerhalb bebauter Gebiete, Kanalauswechslung oder -instandsetzung
- **im Wasserwerksbau**:
  Wasserförderung und Durchsatzleistung, Art und Umfang der Aufbereitungstechnik (Langsamfilter, Schnellfilter) und Grundwasserbelastung, Umfang der Netzpumpen mit/ohne Tagesbehälter, Wasserförderung durchs Netz in Gegenbehälter
- **im Wasserbau**:
  Einzugsgebietsgröße mit unterschiedlichen Abflussspenden, bodenkundliche und topografische Verhältnisse, Sohlgefälle, Hochwasserabfluss, Binnenentwässerung, Ausbauarten (naturnah, Kanal, gegliederter Querschnitt etc.).
- **beim Bau von Fernwärmeleitungen**:
  Primärnetze oder Sekundärnetze, Wärmeleistung, Druckstoßberechnungen erforderlich ja/nein,
  - sehr geringe Anforderungen: Stichleitung von Leitung zu Leitung zur Verbesserung der Netzstruktur, Hausanschluss inkl. Übergabeschacht, Wärmeleistung 20 bis 100 kW
  - durchschnittliche Anforderungen: Sekundärnetz mit Betriebsdrücken bis 6 bar und bis 110 °C
  - sehr hohe Anforderungen: Primärnetz (z. B. DN 600) mit Betriebsdrücken bis 25 bar und bis 135 °C, Wärmeleistung bis 150 MW

Bei Einschätzung der fachspezifischen Bedingungen sind in den verschiedenen Objektbereichen zusätzlich noch funktionale, technische, hydrologische, biologische oder ökologische Bedingungen in Erwägung zu ziehen.

Dieses **Bewertungsmerkmal** ist sicherlich am schwierigsten zu handhaben. Es **enthält am ehesten subjektive Beurteilungskriterien**. Wegen der ihm zugewiesenen großen Bedeutung wirkt es sich auf die Einordnung eines Objektes in die zutreffende Honorarzone am stärksten aus. Leider ist es auch bei diesem Bewertungsmerkmal wegen der Vielzahl und der Unterschiedlichkeit der zu bewertenden Objekte nicht möglich, eine alle Aspekte umfassende Entscheidungsskala maßgebender Einflüsse zur Verfügung zu stellen. Hier sind vor allem fachkundige Vertragsparteien aufgefordert, im Einzelfall maßgebende weitere oder andere Kriterien in ähnlicher Form abzuwägen und zu werten. Bei Unsicherheiten über die zutreffende Wahl der maßgebenden Planungsaspekte sollte ein Sachverständiger zu Rate gezogen werden. Dies kann auch ein neutraler sachkundiger Ingenieur sein, der von den vertragsschließenden Parteien zu beauftragen wäre.

IV. Beispiele für die Bestimmung der Honorarzone

1. Abwasseranlagen

Die folgenden Beispiele sollen die Methode der **Bestimmung der Honorarzone** mittels der Punktbewertung verdeutlichen. Sie betreffen den in § 44 Abs. 3 genannte Fall, dass die untersuchten Objekte in der Objektliste in mindestens zwei Honorarzonen genannt, also bei ihnen Bewertungsmerkmale aus mehreren Honorarzonen anwendbar sind und deswegen Zweifel darüber bestehen, welche Honorarzone zutreffend ist.

25 **Beispiel 1: Abwasserkanal**

1. Das Objekt.
Ein Sammler DN 400 verläuft in freiem Gelände durch ein Wiesental (mittlere Tiefe ca. 1,30 m, Baugrund ist festgelagerter Sand, Grundwasser steht nicht an). Die Anschlusshöhen an die zu- und abführenden Kanäle erlauben ein gutes Gefälle. Die Abwassermengen sind vorgegeben und über die Gesamtlänge gleich. Sonderbauwerke sind nicht einzuplanen.

2. Mögliche Honorarzone nach Objektliste (Anlage 12.2)
    - Honorarzone I: Leitungen für Abwasser ohne Zwangspunkte
    - Honorarzone II: Leitungen für Abwasser mit geringen Verknüpfungen und wenigen Zwangspunkten

Einordnung zweifelhaft, daher Punktebewertung nach § 44:

Bewertungsmerkmal	Kennzeichen	Planungsanforderung	Wertungsgewicht	
			möglich	gewählt
geologische und baugrundtechnische Gegebenheiten	kein Grundwasser, festgelagerter Sandboden, kein Verbau	sehr gering	1	1
technische Ausrüstung oder Ausstattung	keine	keine	0	0
Einbindung in die Umgebung / in das Objektumfeld	Einflüsse der Umgebung oder des Objektumfeldes vernachlässigbar	sehr gering	1	1
Umfang der Funktionsbereiche, konstruktive oder technische Anforderungen	ein Funktionsbereich (Abwassertransport), sehr geringe Verknüpfungen, zwei Zwangspunkte	sehr gering	1 bis 2	1
fachspezifische Bedingungen	Bemessung einfach, keine Alternativen für Trassenlage, nur für Material	sehr gering	1 bis 3	3
Summe			**4 bis 7**	**5**

Das zweite Bewertungsmerkmal ist nicht vorhanden. Zur Ermittlung der die Honorarzone bestimmenden Punkte wird wie in Rdn. 12 der Quotient aus der maximal für Ingenieurbauwerke erreichbaren Punktsumme (40) und der nach Abzug der maximal möglichen Punkte des entfallenden Merkmals (hier für technische Ausrüstung oder Ausstattung = 5) ermittelt und danach mit der Summe der gewählten Punkte in der rechten Spalte multipliziert. Hier ergibt sich:

$$40/(40-5) \cdot 5 = 5{,}71$$

Aus der o. g. Bewertungsmatrix unter Rdn. 12 folgt für diese Punktzahl **Honorarzone I**

Beispiel 2: Staukanal   26

1. Das Objekt
   Staukanal DN 2.400 im Verlauf einer stark befahrenen Straße in Ortsmitte mit Aufrechterhaltung der örtlichen Vorflut, daher Ausführung als Vortriebsstrecke, Beckenüberlauf am Kanalanfang, gesteuertes Drosselorgan im Beckenablauf mit Messstrecke, Stromanschluss und Messdatenerfassung, bei der Planung Untersuchung der Rückstaueinflüsse auf das Ortsnetz,

2. Mögliche Honorarzone nach Objektliste (Anlage 12.2):
   - Honorarzone III: Regenbecken und Kanalstauräume mit geringen Verknüpfungen und wenigen Zwangspunkten
   - Honorarzone IV: Regenbecken und Kanalstauräume mit zahlreichen Verknüpfungen und zahlreichen Zwangspunkten

Einordnung zweifelhaft, daher Punktebewertung nach § 44:

Bewertungsmerkmal	Kennzeichen	Planungsanforderung	Punkte	
			möglich	gewählt
geologische und baugrundtechnische Gegebenheiten	sehr hoher Grundwasserstand, bindige Böden, schlecht entwässerbar, streckenweise Fliesssand, Auftriebssicherung	überdurchschnittlich	4	4
technische Ausrüstung oder Ausstattung	Stromanschluss, Steuerung und Messdatenerfassung	gering	2	2
Einbindung in die Umgebung / in das Objektumfeld	parallel verlaufende Schmutzwasser- und diverse Versorgungsleitungen, Anschluss von Regenwasserleitungen aus Seitenstraßen (Rückstau)	durchschnittlich	3	3
Umfang der Funktionsbereiche, konstruktive oder technische Anforderungen	ein Funktionsbereich (Abwassertransport), mehrere Verknüpfungen, zwei Zwangspunkte, unterirdischer Vortrieb	überdurchschnittlich	7 bis 8	7
fachspezifische Bedingungen	HHW über Rohrscheitel, Betrieb des Netzes während der Bauzeit, mehrere Provisorien bis Fertigstellung	sehr hoch	12 bis 15	13
Summe			26 bis 32	29

Daraus folgt nach der Bewertungsmatrix unter Rdn. 10 **Honorarzone IV.**

Beispiel 3: Druckentwässerungsanlage   27

1. Das Objekt
   Das Neubaugebiet einer Gemeinde soll wegen der weitläufigen Bebauung, des sehr geringen Geländegefälles, der schwierigen Gründungsverhältnisse und wegen des hoch anstehenden Grundwassers schmutzwasserseitig durch ein Druckentwässerungssystem an die vorhandene Schmutzwasserentwässerungsanlage (Hauptsammler) angeschlossen werden. Letztere hat sich aufgrund früherer Nachweise als ausreichend leistungsfähig erwiesen; weitere Nach-

weise zur Abwasserableitung sind entbehrlich. Das System besteht aus den Sammelleitungen DN 100 bis 150, den Hausanschlussleitungen und den Anschlussschächten, in denen die in den einzelnen Häusern vorgesehenen Pumpen installiert sind.

Das Netz stellt zusammen mit den hauseigenen Pumpwerken und Schächten eine funktionale Einheit dar, da die genannten Anlagenteile erst in ihrer Gesamtheit die ihnen zugedachte Funktionen der Schmutzwassersammlung und des Schmutzwassertransports erfüllen können; eine jeweils eigene Nutzung ist im vorliegenden Fall nicht möglich.

2. Mögliche Honorarzonen nach Objektliste (Anlage 12.2):

Honorarzone II: Leitungen für Abwasser mit geringen Verknüpfungen und wenigen Zwangspunkten, einfache Leitungsnetze für Abwasser

Honorarzone III: Leitungen für Abwasser mit zahlreichen Verknüpfungen und zahlreichen Zwangspunkten, Leitungsnetze für Abwasser mit mehreren Verknüpfungen und mehreren Zwangspunkten

Einordnung zweifelhaft, daher Punktbewertung nach § 44:

Bewertungsmerkmal	Kennzeichen	Planungsanforderung	Punkte	
			möglich	gewählt
geologische und baugrundtechnische Gegebenheiten	sehr hoher Grundwasserstand, bindige Böden, schlecht entwässerbar, streckenweise Fließsand	überdurchschnittlich	4	4
technische Ausrüstung oder Ausstattung	Stromanschlüsse, Steuerung und Messdatenerfassung	sehr gering	1	1
Einbindung in die Umgebung / in das Objektumfeld	parallel verlaufende Regenwasser- und diverse Versorgungsleitungen	durchschnittlich	3	3
Umfang der Funktionsbereiche, konstruktive oder technische Anforderungen	ein Funktionsbereich (Abwassertransport), zahlreiche Verknüpfungen, zahlreiche Zwangspunkte	durchschnittlich	5 bis 6	5
fachspezifische Bedingungen	Druckverlust- und Druckstoßberechnungen für verschiedene Betriebszustände, abwasserspezifische Anlagen- und Bauwerkslösungen unter Beachtung von Stör-, Wartungs- und Reparaturzuständen	überdurchschnittlich	10 bis 12	10
Summe			18 bis 25	23

Daraus folgt nach der Bewertungsmatrix unter Rdn. 10: **Honorarzone III**.

2. Sonstige Einzelbauwerke

28 Das folgende Beispiel soll die Methode der **Bestimmung der Honorarzone** eines Objekts mittels der Punktbewertung verdeutlichen, welches **nicht bei den Regelobjekten** der Objektliste genannt ist.

a) Baugrubenumschließung

Nach DIN 18303 Nr. 0.2.9 und 02.10 müssen in der Leistungsbeschreibung der Bauarbeiten zahlreiche Angaben zur geplanten Ausführung der Baugrubenumschließung (**Baugruben-Verbau-Lösung**) gemacht werden. Hierfür sind umfangreiche Leistungen bei der Objektplanung und bei der Tragwerksplanung erforderlich. Als Verbau wird eine Trägerbohlwand mit Holzausfachung und Abstützung in die Baugrube bzw. auf Bauwerksteile gewählt. Die für die Baugrubenumschließung notwendigen Leistungen sind Grundleistungen bei der Objekt- und Tragwerksplanung für das Ingenieurbauwerk Baugrubenumschließung.

b) Die Honorarzone

Die Honorarzone für die Leistungen bei der Objektplanung kann nach der Objektliste (Anlage 12.2) nicht bestimmt werden; daher ist die Punktebewertung nach § 44 notwendig. Die Bewertungsmerkmale zur Bestimmung der Planungsanforderungen sind in der folgenden Tabelle zusammengestellt.

Bewertungsmerkmal	Kennzeichen	Planungsanforderung	Wertungsgewicht	
			möglich	gewählt
geologische und baugrundtechnische Gegebenheiten	hoher Grundwasserstand, kiesig-sandiger Boden, gut entwässerbar	durchschnittlich	3	3
technische Ausrüstung oder Ausstattung	Stromanschlüsse, Steuerung und Messdatenerfassung	sehr gering	1	1
Einbindung in die Umgebung / in das Objektumfeld	Restriktionen aus dem Vorhandensein eines flach gegründeten Gebäudes auf den Nachbargrundstücken im innerstädtischen Bereich	durchschnittlich	3	3
Umfang der Funktionsbereiche, konstruktive oder technische Anforderungen	ein Funktionsbereich (Baugrube), keine Verknüpfungen, wenige Zwangspunkte, hohe konstruktive und technische Anforderungen mit Blick auf Grundriss und unterschiedliche Gründungstiefen des Gebäudes	überdurchschnittlich	5 bis 6	5
fachspezifische Bedingungen	Anforderungen aus hohem Grundwasserstand und absolute Wasserdichtigkeit der Baugrubenwände zum Trockenhalten der Baugrube	durchschnittlich	7 bis 9	8
Summe			19 bis 22	20

Daraus folgt nach der Bewertungsmatrix in Rdn. 10: **Honorarzone III.**
Die Honorarzone des Tragwerks muss getrennt nach den in HOAI-Anlage 14.2 angegebenen statisch-konstruktiven Bewertungsmerkmalen bestimmt werden.

3. Schallschutzwände an Gleisanlagen

Das folgende Beispiel ist zur objekttypischen Einstufung von Schallschutzwänden (im Folgenden kurz SSW genannt) an Verkehrsanlagen des Schienenverkehrs in die unterschiedlichen Honorarzonen entwickelt worden[19] und steht als weiteres Beispiel für eine objekttypische Bewertung.

a) Geologische und baugrundtechnische Gegebenheiten

Entscheidende Merkmale: Gründungsart, Schichtaufbau / Beschaffenheit des Baugrundes

Kennzeichen der SSW	Anforderungen an Planung, Bauvorbereitung und Ausführungsüberwachung des Objektplaners	
	verbal	Wertungsgewicht
einheitliche Gründungsart bei annähernd regelmäßigem Schichtenaufbau des Untergrundes (einheitliche Tragfähigkeit und Scherfestigkeit)	sehr gering	1
einheitliche Gründungsart bei unregelmäßigem Schichtaufbau des Untergrundes (unterschiedliche Tragfähigkeit)	gering	2

---

[19] Idee von Krebs und Kiefer GmbH, Freiburg, Oktober 2004 (nicht veröffentlicht)

Kennzeichen der SSW	Anforderungen an Planung, Bauvorbereitung und Ausführungsüberwachung des Objektplaners	
	verbal	Wertungsgewicht
bereichsweise unterschiedliche Gründungsart bei regelmäßigem Schichtenaufbau des Untergrundes	durchschnittlich	3
bereichsweise unterschiedliche Gründungsart bei unregelmäßigem Schichtenaufbau des Untergrundes	überdurchschnittlich	4
für SSW i. A. nicht gegeben	sehr hoch	5

b) Technische Ausrüstung oder Ausstattung

Entscheidende Merkmale: Einrichtungen für Wartung/Unterhaltung, Erdungsmaßnahmen, Art/ Umfang von Entwässerungseinrichtungen, Anpassung an vorhandene Bahnsteiganlagen

Kennzeichen der SSW	Anforderungen an Planung, Bauvorbereitung und Ausführungsüberwachung des Objektplaners	
	verbal	Wertungsgewicht
ohne Einrichtungen für Wartung und Unterhaltung (keine Wartungstüren), Erdung der SSW als Normalprinzip mit Mastanschluss (nur Wandbereich)	sehr gering	1
mit Wartungstüren / Fluchttüren ohne Treppenanlagen und Wege (ebenes zugängliches Gelände), Erdung der SSW als Normalprinzip mit Mastanschluss (nur Wandbereich)	gering	2
mit Wartungstüren / Fluchttüren mit Treppenanlagen und Wegen, Erdung der SSW und Sonderkonstruktionen (z. B. auf Brücken), einfache bestehende Entwässerungseinrichtungen	durchschnittlich	3
mit Wartungstüren / Fluchttüren mit Treppenanlagen und Wegen, Erdung der SSW und Sonderkonstruktionen (z. B. auf Brücken), komplexe bestehenden Entwässerungseinrichtungen, Berücksichtigung der Ausstattung vorhandener Bahnsteiganlagen	überdurchschnittlich	4
für SSW i. A. nicht gegeben	sehr hoch	5

c) Anforderungen an die Einbindung in die Umgebung oder das Objektumfeld

Entscheidende Merkmale sind das Planungsrecht, die Anzahl Betroffener, landschaftsplanerische Aspekte, Art und Umfang vorhandener Bauwerke und Anlagen und gestalterische Anforderungen.

Kennzeichen der SSW	Anforderungen an Planung, Bauvorbereitung und Ausführungsüberwachung des Objektplaners	
	verbal	Wertungsgewicht
Planung innerhalb DB-Gelände	sehr gering	1
Planung innerhalb DB-Gelände, vorhandener Bewuchs und vorhandene Kabel und Leitungen im Baufeld von Planung und Ausführung nicht betroffen, Sonderbauwerke geringen Umfangs	gering	2
Von Planung wenige Betroffene (innerhalb DB-Gelände, Zuwegungen außerhalb), vorhandener Bewuchs erfordert einfache Maßnahmen, wie z. B. Rodungserlaubnis), vorhandene Kabel und Bauwerke im Baufeld erfordern geringe Anpassungsmaßnahmen, ortsspezifische Gestaltung der Wände mit punktuell transparenten Elementen	durchschnittlich	3

Kennzeichen der SSW	Anforderungen an Planung, Bauvorbereitung und Ausführungsüberwachung des Objektplaners	
	verbal	Wertungsgewicht
Von Planung zahlreiche Betroffene (SSW auf DB-Grenze, Zuwegungen außerhalb), Ausgleichsmaßnahmen für gerodeten Bewuchs, vorhandene Kabel, Leitungen und Bauwerke im Baufeld erfordern mehrere Anpassungsmaßnahmen, mehrere Gestaltungselemente (z. B. Glas, Beton, Aluminium) der Wände gewünscht	überdurchschnittlich	4
Planfeststellungsverfahren erforderlich, Ausgleichsmaßnahmen für gerodeten Bewuchs, vorhandene Kabel, Leitungen und Bauwerke im Baufeld erfordern mehrere Anpassungsmaßnahmen, mehrere Gestaltungselemente (z. B. Glas, Beton, Aluminium) der Wände gewünscht, Anpassung an vorhandene Bahnhofsgebäude	sehr hoch	5

d) Umfang der Funktionsbereiche oder konstruktiven oder technischen Anforderungen

Entscheidende Merkmale:

Bauart :	Stahlbau, Massivbau, Baubetrieb, Entwässerung, Landschaftsbau
Baustoffe:	Aluminium, Beton, Glas, Stahlbeton, Stahl
Gründungsarten:	Ramm- oder Bohrpfähle, Flachgründung, Kragarmträger, Mikropfahlgründung, Sondergründung, Verdübelung

Kennzeichen der SSW	Anforderungen an Planung, Bauvorbereitung und Ausführungsüberwachung des Objektplaners	
	verbal	Wertungsgewicht
bis 3 Bauarten, 1 Baustoff, 1 Gründungsart	sehr gering	1 bis 2
bis 4 Bauarten, 1 Baustoff, bis 2 Gründungsarten (Rammpfahl, Kragarmträger in geringem Umfang)	gering	3 bis 4
bis 5 Bauarten, bis 2 Baustoffe, bis 3 Gründungsarten	durchschnittlich	5 bis 6
bis 7 Bauarten, bis 3 Baustoffe, bis 5 Gründungsarten	überdurchschnittlich	7 bis 8
> 7 Bauarten, > 3 Baustoffe, > 5 Gründungsarten	sehr hoch	9 bis 10

e) Fachspezifische Bedingungen

Entscheidende Merkmale:

Schalltechnik :	Bauhöhen, Gleisabstände
Geometrie:	Anzahl von Mast- / Bauteilumfahrungen, Sonderkonstruktionen, Bestandsbauwerke
Bauverfahren:	Herstellung vom Seitenweg, Nebengleis oder Hauptgleis aus
Fachlich Betroffene :	DB Station & Service, DB Telematik, DB Energie, andere Leitungsträger

Kennzeichen der SSW	Anforderungen an Planung, Bauvorbereitung und Ausführungsüberwachung des Objektplaners	
	verbal	Wertungsgewicht
gleiche Bauhöhen und Gleisabstände, Herstellung vom Seitenweg aus	sehr gering	1 bis 3
gleiche Bauhöhen, wechselnde Gleisabstände, Mastumfahrungen, 1 Sonderkonstruktion, 1 Bestandsbauwerk, Herstellung von Seitenweg oder Nebengleis aus, geringer bahnbetrieblicher Eingriff, DB Telematik und DB Energie betroffen	gering	4 bis 6

wechselnde Bauhöhen und Gleisabstände, Mast- und Bauteilumfahrungen, 2 bis 5 Sonderkonstruktionen, 2 bis 5 Bestandsbauwerke, Herstellung von Seitenweg oder Nebengleis, teilweise vom Hauptgleis aus, bahnbetrieblicher Eingriff, DB Telematik, DB Energie und DB Station & Service (Letztere in Bahnsteigbereichen) betroffen	durch-schnittlich	7 bis 9
wechselnde Bauhöhen und Gleisabstände (in Sonderbereichen oder Engstellen), Mast- und Bauteilumfahrungen, 5 bis 7 Sonderkonstruktionen, 5 bis 7 Bestandsbauwerke, Herstellung vom Hauptgleis aus, erheblicher bahnbetrieblicher Eingriff mit kurzen Sperrzeiten, DB Telematik, DB Energie, DB Station & Service (Letztere in Bahnsteigbereichen) und andere Leitungsträger betroffen	überdurch-schnittlich	10 bis 12
ständig wechselnde Bauhöhen und erhebliche Anzahl von Gleisabständen, Sonderbereichen und Engstellen, Mast- und Bauteilumfahrungen, > 7 Sonderkonstruktionen, > 7 Bestandsbauwerke, Herstellung vom Hauptgleis aus, erheblicher bahnbetrieblicher Eingriff mit sehr kurzen Sperrzeiten, alle DB-Bereiche und andere Leitungsträger betroffen	sehr hoch	13 bis 15

Die Ermittlung der Honorarzone für das einzelne Objekt kann mit der unter Rd. 10 vorgestellten Matrix erfolgen.

V. Die Objektliste

1. Vorbemerkungen

30 Zahlreiche unterschiedliche Ingenieurbauwerke sind in der **Objektliste der HOAI-Anlage 12.2** zusammengestellt. Sie **ordnet** wie die aus § 40 i. V. m. Anlage 3 Ziffer 3.4 der Vorgängerverordnung **weitgehend** unverändert übernommene Liste häufig vorkommende **Objekte verbindlich**[20] nach den Bereichen und ihren **üblichen Planungsanforderungen** nach § 5 Abs. 1 tabellarisch in fünf Honorarzonen ein. Es sind in Rdn. 8 genannten Planungsanforderungen gemeint.

Wird ein Objekt in der Objektliste genannt, müsste sich normalerweise die Diskussion über die Wahl der richtigen Honorarzone erübrigen. Allerdings schreibt § 5 Abs. 4 vor, dass die Honorarzone eines Objekts anhand der Bewertungsmerkmale nach § 44 Abs. 2 bis 4, gegebenenfalls mit Hilfe der den Bewertungsmerkmalen zugeordneten Bewertungspunkte und anhand der Regelbeispiele in den Objektlisten bestimmt werden soll. Damit scheint trotz des zitierten Hinweises in der Amtl. Begr. der Vorgängerfassung der HOAI offen zu sein, ob die **Regelbeispiele** als ausreichend angesehen werden dürfen. Angesichts der sehr ausführlichen Liste von „Regelobjekten" liegt der Schluss nahe, anstelle der häufig schwierigen Beurteilung der Bewertungsmerkmale nur bei Zweifeln über die richtige Einordnung eines solchen Objekts in HOAI-Anlage 12.2 hilfsweise und im Einzelfall die Ermittlung der Honorarzone nach § 44 Abs. 2 bis 4 durchzuführen (s. Rdn. 10). Die Honorarzonen von Wiederaufbauten, Erweiterungsbauten, Umbauten, Modernisierungen, Instandsetzungen oder Instandhaltungen müssen jedoch stets unter Verwendung der Punktbewertung ermittelt werden (s. Rdn. 12).

31 Da die jetzige Verordnung die Planungsanforderungen, Bewertungsmerkmale und die Objektliste zwar neu geordnet, aber - von einigen Streichungen (z. B. Erdbau) und Ergänzungen (z. B. Transportleitungen für Fernwärme, Windkraftanlagen) abgesehen – weitgehend unverändert aus den Vorgängerverordnungen übernommen hat, ist davon auszugehen, dass die grundsätzlichen Überlegungen und Verordnungsinhalte sowie deren Erläuterung in der Amtl. Begr. von 1996/2002[21] ebenfalls weitgehend unverändert fortgelten. Daher kann auch die dortige Erklärung übernommen werden, wonach die Anwendung der Objektliste – bisher § 54 HOAI 1996/2002 – die Regellösung ist und die Honorarzonenbegründung nach § 44 Abs. 2 bis 5 – bisher § 53 HOAI

---

[20] So Amtl. Begr. der HOAI 2009 in der BR-Drucksache 395/09, S. 209
[21] Bundesanzeigerausgabe der HOAI 2002 S.119/120

1996/2002 – eine unterstützende Argumentationshilfe im Zweifelsfalle bildet[22]. Der umfangreichen Objektliste entspricht die ausführliche Erläuterung in der Begründung zu § 54 HOAI a. F.[23], aus der die wesentlichen Passagen übernommen und im Bedarfsfall ergänzt werden.

In Honorarzone I werden Objekte als Ausnahmen genannt, die gemäß § 41 Nr. 3 und 6 keine Ingenieurbauwerke, sondern Freianlagen sind. Honorare für Planungsleistungen bei solchen Objekten werden nach den in Teil 1 Abschnitt 2 HOAI verordneten Regeln für Freianlagen berechnet. Hierauf weist auch die HOAI-Anlage 12.2 in der Überschrift zu Gruppe Nr. 3 durch den Zusatz „ausgenommen Freianlagen nach § 39 Abs. 1" hin. In Gruppe Nr. 6 derselben Anlage sind die nachfolgend genannten Lärmschutzwällen als Ausnahme genannt:

32

– Einzelgewässer mit überwiegend ökologischen und landschaftsgestalterischen Elementen.
– Teiche ohne Dämme.
– Lärmschutzwälle als Mittel zur Geländegestaltung.

§ 38 Abs. 1 wiederholt diese Objekte unter Nr. 1, 2 und 5. Als Nr. 4 und 7 sind weitere Freianlagen aufgezählt, die aber als Ingenieurbauwerke gelten, wenn dafür zusätzlich andere Grundleistungen als diejenigen bei der Freianlagenplanung erforderlich sind. Dies sind:

– einfache Durchlässe und Uferbefestigungen als Mittel zur Geländegestaltung, soweit hierfür Leistungen bei der Tragwerksplanung erforderlich sind.
– Stützbauwerke und Geländeabstützungen ohne Verkehrsbelastung als Mittel zur Geländegestaltung, soweit Leistungen bei der Tragwerksplanung für Tragwerke mit durchschnittlichen oder höheren Anforderungen erforderlich sind.
– Stege und Brücken, soweit hierfür Leistungen bei der Tragwerksplanung erforderlich sind.

Die in der Objektliste genannten eigenständigen **Tiefgaragen** sind Abstellplätze für Fahrzeuge unterhalb der Erdoberfläche. Sie werden auch unterhalb von Gebäuden erstellt, um hohe Grundstückskosten für notwendige Ersatzstellflächen für Fahrzeuge oberhalb der Erdoberfläche zu umgehen. Eine Tiefgarage in einfacher Form ist eine Einzelgarage im Kellerbereich eines Hauses, die eine Einfahrmöglichkeit mit geeigneter Steigung besitzt. Zumeist jedoch versteht man unter einer Tiefgarage einen mit mehreren Stellplätzen ausgestatteten unterirdischen Parkplatz. Der Gesichtspunkt, dass die Wände der Tiefgarage zugleich tragende Wände des darüber liegenden Gebäudes sind, nimmt einer ansonsten selbstständigen Tiefgarage nicht ihre Eigenständigkeit[24]. Eine Tiefgarage kann sich auch unter einer Grünanlage oder unterhalb eines Parkdecks befinden. Letzteres ist ein meist mehrstöckiges allseitig offenes Ingenieurbauwerk, in dem sich Stellplätze für Pkw oder Motorräder befinden.

33

Parkhäuser zählen – anders als die eigenständigen Tiefgaragen – ebenso wie die in der Objektliste Gebäude (HOAI-Anlage 10.2) genannten **Tiefgaragen dann als Gebäude**, wenn beide neben den Parkflächen weitere integrierte Nutzungsarten aufweisen (z. B. weitere Gewerbeflächen auf gleicher Ebene). Letztere sind in der Objektliste Gebäude in den Honorarzonen II und III erwähnt (z. B. Geschäfte, Büros, Gaststätten). Objektplanungsleistungen für solche Objekte sind deswegen als Leistungen für Gebäude abzurechnen.

34

Werden **Leistungen** für einzelne der in der Objektliste genannten Bauwerke und Anlagen **in einem Auftrag** erfasst und auch gleichzeitig erbracht, ist zu klären, ob es sich um **Leistungen für ein Objekt oder für ein Vorhaben** handelt, das **aus mehreren Objekten** besteht. Sind die Bauwerke und Anlagen eines Vorhabens je ein Objekt, gruppenweise zu Objekten zusammenzufassen oder ist das Vorhaben selbst ein Objekt? So enthält eine **Kläranlage** die Abwasserbehandlungsanlage mit mehreren Pumpwerken und unterschiedlichen Becken für die einzelnen Behandlungsstufen verschiedene Maschinenhäuser, die Schlammbehandlungsanlage mit verschiedenartigen Behältern und Bauwerken, Rohrnetze für Abwasser, Wasser, Druckluft, Gas etc. und schließlich die Straßen und Wege zur inneren Geländeerschließung sowie die Außenanlagen.

35

[22] Bundesanzeigerausgabe der HOAI 2002 S. 122
[23] Bundesanzeigerausgabe der HOAI 2002 S. 119
[24] KG, Urteil v. 19.09.2005 – 10 U 24/01; BGH, Beschluss v. 08.02.2007 – VII ZR 228/05 (Nichtzulassungsbeschwerde zurückgewiesen), IBR 2008, 33

Eine **Abfallkompostierungsanlage** kann ein Pförtnerhaus mit Waage, einen Abfallaufnahme-bunker, eine Sortieranlage, eine Müllzerkleinerungsstation, diverse Sammel- und Behandlungs-behälter, Rottetürme, die Nachrottefläche, das Betriebs- und Sozialgebäude, Rohrnetze für Ab-wasser, Wasser, Druckluft etc. sowie Straßen und Wege aufweisen. Auch eine **Werftanlage** oder ein Wasserwerk besteht aus einer vergleichbaren Vielzahl von Einzelbauwerken und -anlagen.

36 Bei diesen und vergleichbaren komplexen Vorhaben stellt sich stets die Frage nach ihrer richti-gen honorarrechtlichen Einordnung. Hierauf gibt die Amtliche Begründung der HOAI 2002 die Antwort, die hier zu § 41 ausführlich erörtert ist (s. dort Rdn. 8 ff.).

2. Die Regelobjekte der Anlage 12.2

a) Bauwerke und Anlagen der Wasserversorgung

Die Aufzählung der Objekte Gruppe 1 beginnt mit Wassergewinnungsanlagen; sie wird mit Lei-tungen und Leitungsnetzen, Wasserspeicher, Pumpwerke, Druckerhöhungsanlagen und Wasser-aufbereitungsanlagen fortgesetzt, die nach unterschiedlichen Schwierigkeitsgraden den 5 Hono-rarzonen zugeordnet sind. Nicht erwähnt sind Düker in der Wasserversorgung; diese sind den Bauwerken und Anlagen des Wasserbaus zugeordnet. Ihre Einordnung in Honorarzonen ist dort erfolgt.

37 Die Auflistung der Wassergewinnungsanlagen beginnt mit den als einfache Anlagen bezeich-neten **Quellfassungen und Schachtbrunnen in Honorarzone II**. Damit sind jeweils Einzel-bauwerke gemeint. Eine Quellfassung ist ein oberirdisches Bauwerk, welches das Wasser einer Quelle gegen Verunreinigung schützen soll. Das Brunnenstube genannte Bauwerk besteht z. B. aus Sammelbehälter, Einsteigschacht, Überlauf und Entleerung. Ein Schachtbrunnen besteht aus einem runden, gemauerten, bis ins Grundwasser reichenden Schacht. Er wird bis in Tiefen von 8–10 Metern gebaut. Die Wassergewinnung erfolgt durch die offene Sohle, die aus einer Kies-schüttung bestehen kann, oder auch durch Schlitze im Mauerwerk, durch die das Wasser seitlich in den Brunnen eintritt. Werden mehrere Quellen oder Schachtbrunnen zu einer Gewinnungs-anlage zusammengefasst, ist eine solche Anlage schon allein wegen der daraus entstehenden Komplexität einer im Einzelfall nachzuweisender höherer Honorarzone zuzuordnen.

38 Die **Tiefbrunnen in Zone III** sind „senkrecht gebaute Brunnen mit einer Verfilterungsstrecke in der hydrogeologisch erforderlichen Tiefe (in der Regel) ab 15 m bis 800 m Tiefe"[25]. Zu den Was-sergewinnungsanlagen zählen ferner die vom Verordnungsgeber in **Honorarzone IV** genann-ten Brunnengalerien und Horizontalbrunnen. **Brunnengalerie** wird eine Anlage genannt, bei der mehrere Tiefbrunnen (Brunnenreihe) an eine gemeinsame Druckrohrleitung angeschlossen sind, über die das gewonnene Grundwasser zum Wasserwerk oder direkt in das Versorgungsge-biet gepumpt wird. Ein **Horizontalbrunnen** (Horizontalfilterbrunnen) ist ein Brunnentyp, bei dem das Grundwasser durch horizontal verlaufende Rohre gefördert wird. In der Regel führen mehrere Rohre zu einem vertikalen Sammelschacht, durch den das Wasser entnommen wird. Beide Brunnentypen stellen überdurchschnittliche Anforderungen an die Planungs- und Über-wachungsleistungen. In die Kategorie der Brunnen gehören auch die **Schluckbrunnen** unter-schiedlicher Größe und Art, die beispielsweise für die Infiltration von Wasser in den Untergrund benötigt werden. Deren Honorarzone ist nach den für Tiefbrunnen oder Schachtbrunnen maßge-benden Gesichtspunkten zu ermitteln.

39 **Leitungen und Leitungsnetze** für Wasser werden in den Honorarzonen I bis IV erwähnt. Unter Leitungsnetz ist die Gesamtheit der Einzelleitungen zu verstehen, die für die flächendeckende Versorgung eines Gebietes mit Wasser erforderlich sind. Der **Honorarzone I** sind **Einzelleitun-gen** zugewiesen, deren Bau durch keinerlei Zwangspunkte beeinflusst ist. Besonders einfache Verhältnisse sind auch dadurch gekennzeichnet, dass keine Verknüpfungen wie z. B. bei ein-fachen Stichleitungen bestehen. Solche Objekte sind in Honorarzone I einzuordnen. Planungs-anforderungen nach **Honorarzone II** ergeben sich im allgemeinen bei Leitungen mit 2geringen Verknüpfungen und wenigen Zwangspunkten, wie sie für **einzelne Versorgungsleitungen** in-

---

[25] Amtl. Begr. zu § 54 HOAI Bundesanzeigerausgabe der HOAI 2002, S. 122.

nerhalb bestehender Netze **in Randgebieten** oder für eine **Verbindungsleitung** von einer Wassergewinnungsanlage zu einem Versorgungsnetz oder einem Hochbehälter typisch sind. Dazu zählen auch einfache **Leitungsnetze kleinerer Erweiterungsgebiete** mit zwei bis drei untereinander verbundenen Straßen und Wegen. Müssen beim Leitungsbau nur **wenige Zwangspunkte** (z. B. einfache Leitungs- oder Wegkreuzungen auf freier Strecke) und **geringe Verknüpfungen** (z. B. mit zwei anderen Wasserleitungen, die in die neue Leitung einzubinden sind) berücksichtigt werden, zählen derartige Leitungen ebenfalls zur Honorarzone II.

Honorarzone III beschreibt die **Leitungen und Netze mit durchschnittlichen Planungsanforderungen.** Leitungen für Wasser mit **zahlreichen Verknüpfungen und mehreren Zwangspunkten** sind beispielsweise **Transportleitungen** von einem Wasserwerk zu einem Hochbehälter, wenn die Trasse dieser Leitungen durch zahlreiche Verknüpfungen mit einem vorhandenen Versorgungsnetz und durch mehrere Zwangspunkte wie z. B. Kreuzungen mit Straßen, Wasserläufen oder Ver- und Entsorgungsleitungen beeinflusst wird. Die ebenfalls in Honorarzone III erwähnten **Leitungsnetze für Wasser** mit mehreren Verknüpfungen und zahlreichen Zwangspunkten sind beispielsweise Netze, wie sie in neuen Siedlungsgebieten **in den Randlagen der Städte und Gemeinden** und mit einer Druckzone gebaut werden. Höhere als durchschnittliche Anforderungen ergeben sich bei **Leitungsnetzen** mit zahlreichen Verknüpfungen und zahlreichen Zwangspunkten **für innerörtliche Bereiche.** Hierzu zählen auch Gebiete **mit verschiedenen Versorgungs- oder Druckzonen**, die als technisch zusammenhängendes, integriertes System zu behandeln sind. Die Einstufung solcher Objekte erfolgt in **Honorarzone IV.** 40

Wasserspeicher sind in den Honorarzonen II bis IV genannt. Bei den in **Zone II** genannten einfachen Anlagen zum Speichern von Wasser handelt es sich um einfache Behälter z. B. in Fertigbauweise zum Auffangen von Regenwasser. Die hier genannten **Feuerlöschbecken** sind einfache Speicherbehälter in Fertigbauweise und dienen zur Bereithaltung von Löschwasser in den Fällen, in denen die Wasserzufuhr aus dem öffentlichen Netz nicht ausreicht. Alternativ denkbare **Feuerlöschteiche** zählen hierzu nicht; sie sind den unter c) genannten Anlagen Bauwerken des Wasserbaus oder im Einzelfall sogar den Freianlagen zuzuordnen, sofern es sich dabei um einen Teich ohne Damm handeln würde, bei dem die gestalterische Komponente den Schwerpunkt bilden würde und die Funktion des Löschwasserreservoirs von nachrangiger Bedeutung wäre. Die in **Zone III** erwähnten Speicherbehälter sind die üblichen **Erdhochbehälter** unterschiedlichster Bauart (Rechteckbehälter oder Rundbecken als Einzelbehälter, Zwillingsbehälter oder als Mehrfachbehälter) mit Schieberhaus. Die Speicherbehälter in Turmbauweise oder Wassertürme sind als schwierige Behälter der **Zone IV** zugeordnet. 41

Wasseraufbereitungsanlagen werden erstmals in **Zone III** erwähnt. Dabei handelt es sich um Anlagen mit mechanischen Verfahren mit durchschnittlichen Planungsanforderungen wie z. B. Siebe, Rieselbecken und einfache Filter. Die in **Honorarzone IV** genannten und deswegen als überdurchschnittlich klassifizierten **Wasseraufbereitungsanlagen mit physikalischen und chemischen Verfahren** sind beispielsweise Anlagen zur Enteisenung und/oder Entmanganung in offenen oder geschlossenen Filteranlagen. Der Honorarzone IV können auch einfache Aktivkohlefilteranlagen zur Entfernung von leichtflüchtigen Kohlenwasserstoffen aus Grundwasser zugerechnet werden. Die in **Zone V** genannten Bauwerke und Anlagen mehrstufiger oder kombinierter Verfahren der Wasseraufbereitung und komplexer Grundwasserdekontaminationsanlagen sind Anlagen zur **Eisen- und/oder Manganentfernung mit Nitratreduzierung** und/oder **Entfernung von Geruchs- und Geschmacksstoffen**, wie z. B. Phenolen oder Pestiziden und/oder mit zusätzlicher **Desinfektion**[26]. 42

Die in der Wasserversorgung notwendigen **Pumpwerke** und **Druckerhöhungsanlagen** sind nach der Objektliste in HOAI-Anlage 12.2 den Honorarzonen II und III zugeordnet. Zu den Bauwerken der Honorarzone II zählen z. B. industriell systematisierte Pumpwerke mit ein bis zwei Kreiselpumpen oder einfache Druckerhöhungspumpwerke. Die in Zone III genannten Pumpwerke werden für geringe Förderleistungen und ohne Hochbau bzw. Betriebsgebäudeteil für die Schalt- und Steueranlagen eingesetzt. Hierzu zählen auch Druckerhöhungspumpwerke der Was- 43

---

[26] Amtl. Begr. zu § 54 HOAI Bundesanzeigerausgabe der HOAI 2002, S. 122.

serversorgung für kleine bis mittlere Fördermengen (z. B. 30 l/s) mit Windkesselanlagen. Alle übrigen Pumpwerke für mittlere und große Fördermengen und geringen Förderhöhen oder für kleine Fördermengen und große Förderhöhen mit Vorkehrungen gegen Druck- oder Saugstoßbelastungen sind in Zone IV einzuordnen. Zu diesen Pumpwerken zählen insbesondere die Netzpumpwerke in der Wasserversorgung für größere Fördermengen mit umfangreicher Peripherie.

b) Bauwerke und Anlagen zur Abwasserentsorgung und Klärschlammbehandlung

44   Die Aufzählung der zur Gruppe 2 gehörenden Bauwerke und Anlagen beginnt mit den **Leitungen für Abwasser** in Honorarzone I. Ab Honorarzone II sind nach den Leitungen und Leitungsnetzen zunächst Beispiele für Regenbecken und Kanalstauräume, danach für Schlammbehandlungsanlagen und Abwasserbehandlungsanlagen genannt. Schließlich sind auch Abwasserpumpwerke unterschiedlicher Art aufgezählt, während Düker für Abwasser ebenfalls den Bauwerken und Anlagen des Wasserbaus zugeordnet sind.

Die Bewertung der Planungsanforderungen von **Abwasserleitungen und Kanalnetzen** erfolgt nach den gleichen Gesichtspunkten wie bei den Wasserleitungen, was auch schon aus der Begriffsidentität bei der Definition der Verknüpfungen und Zwangspunkte erkennbar ist (geringe . . . , mehrere . . . , zahlreiche . . .). Daher kann hier auf die diesbezüglichen Erläuterungen bei den Bauwerken und Anlagen der Wasserversorgung verwiesen werden (Rdn. 40). Ergänzend ist anzumerken, dass beispielsweise die **Verbindungskanäle** zwischen zwei oder mehr Gemeinden der Honorarzone III zuzurechnen sind, wenn die Trassen die bei Wasserleitungen erläuterten Verknüpfungen und Zwangspunkte aufweisen. Höhere als durchschnittliche Planungsanforderungen stellen beispielsweise **Schmutz- und Regenwasserkanalnetze im Trennsystem für größere innerörtliche Bereiche und für umfangreiche Neubaugebiete** dar. Diese Objekte sind in Honorarzone IV einzuordnen. Allerdings sind die Kanalnetze für die Schmutzwasser- und für die Regenwassersammlung und -ableitung jeweils eigenständige Objekte mit eigenständigen Funktionen[27].

45   **Regenbecken und Kanalstauräume** dienen in Kanalnetzen als Regenrückhaltebecken oder in Mischsystemen als Regenüberlaufbecken. Die im **Honorarzone II** genannten Erdbecken kommen als Regenrückhaltebecken vorzugsweise bei der Oberflächenentwässerung in Trennsystemen, seltener bei Mischsystemen infrage. Regenbecken und Kanalstauräume der **Honorarzone III** sind mit geringen Verknüpfungen und wenigen Zwangspunkten nur dort möglich, wo die Lage der Kanäle und die Vorgaben aus den übrigen Standortvoraussetzungen (z. B. Anordnung außerhalb des Straßenbereichs in freiem Gelände, geringe Vorfluterentfernung, ausreichendes Gefälle, Beckenentleerung im Freispiegelgefälle) durchschnittliche Planungsanforderungen stellen. In allen übrigen Fällen sind diese Bauwerke in **Zone IV** einzuordnen. Insbesondere gilt dies für kombinierte **Regenwasserbewirtschaftungsanlagen** (z. B. Kombination von Regenüberlaufbecken und Regenrückhaltebecken in Mischsystemen).

46   Die Beispiele für **Abwasserbehandlungs- und Schlammbehandlungsanlagen** sind nach fachlichen Gesichtspunkten genauer definiert worden. Zur Erläuterung wird der Text der Begründung[28] übernommen:

„Schlammabsetzanlagen in Honorarzone II *sind einfache Schwerkrafteindicker. Schlammpolder sind einfache Schlammeindicker in Erdbauweise.* *Schlammabsetzanlagen mit mechanischen Einrichtungen in Honorarzone III* *sind Schwerkrafteindicker mit zusätzlichen Einrichtungen zur Verbesserung der Durchfluss-, Trenn- und Räumvorgänge.* *Schlammbehandlungsanlagen in Honorarzone IV* *sind Anlagen mit einstufigen Verfahren zur getrennten aeroben oder anaeroben Stabilisierung, maschinellen Entwässerung oder Trocknung.* *Die in Honorarzone V eingeordneten Schlammbehandlungsanlagen* *sind solche mit mehrstufigen oder kombinierten Verfahren, wie z. B. getrennte aerobe und/oder anaerobe Stabilisierungsverfahren zusammen mit Schlammabsetzanlagen und Schlammentwässerungsanlagen sowie Anlagen zur Schlammverbrennung und Schlammvergasung.“*

---

[27]   So auch OLG Braunschweig, Urteil v. 11.03.2004 – 8 U 17/99; BGH, Beschluss v. 09.06.2005 – VII ZR 84/04 (Nichtzulassungsbeschwerde zurückgewiesen), IBR 2005, 690

[28]   Amtl. Begr. zu § 54 HOAI Bundesanzeigerausgabe der HOAI 2002, S. 122.

„Industriell systematisierte Abwasserbehandlungsanlagen in Honorarzone II sind verfahrenstechnisch und konstruktiv vorgefertigte Kompaktanlagen, die vom Hersteller ganz oder in Teilen an den Verwendungsort geliefert und dort montiert werden, wie z. B. Anlagen mit Bauartzulassung. **Abwasserbehandlungsanlagen mit gemeinsamer aerober Stabilisierung in Honorarzone III** *sind belüftete Abwasserteiche oder einstufige Anlagen, bei denen in einem Bauwerk gleichzeitig Abwasser gereinigt und Schlamm aerob stabilisiert wird.*

*   **Abwasserbehandlungsanlagen in Honorarzone IV** sind die mehrstufigen Abwasserbehandlungsanlagen mit gemeinsamer biologischer Kohlenstoff- und Stickstoffelimination bei überwiegend häuslichem Abwasser und geringen mengenmäßigen und qualitätsmäßigen Schwankungen des Abwasseranfalls. **Die in Honorarzone V erwähnten Abwasserbehandlungsanlagen** sind Anlagen mit mehr als 50 % mengenmäßigem und qualitätsmäßigem Abwasser aus Industrie und Gewerbe oder mit starken Mengen- und Qualitätsschwankungen des Abwassers in einem ungünstigeren Verhältnis als 2 : 1 gegenüber dem Durchschnittswert. Außerdem zählen hierzu Anlagen mit zusätzlichen Stufen zur weitergehenden Reinigung, wie z. B. zur zusätzlichen chemischen oder biologischen Elimination von Phosphor oder Schwebstoffen oder zur Keimreduktion.“*

Zu den einfachen **Pumpwerken und Hebeanlagen** der Honorarzone II zählen z. B. industriell 47 systematisierte Pumpwerke mit ein bis zwei Abwassertauchpumpen oder einfache vorgefertigte Schneckenpumpwerke. Zu den in Zone III genannten Pumpwerken und Hebeanlagen zählen alle individuell geplanten Abwasserpumpwerke und Hebeanlagen mit Kreisel- oder Schneckenpumpen mit geringen Förderleistungen und ohne Hochbau bzw. Betriebsgebäudeteil für die Schalt- und Steueranlagen. Alle übrigen Pumpwerke z. B. mit vorgeschalteten Rechenanlagen, für große Fördermengen und geringen Förderhöhen oder für kleine Fördermengen und große Förderhöhen mit Vorkehrungen gegen Druck- oder Saugstoßbelastungen sind zu den schwierigen Bauwerken der Abwasserentsorgung der Zone IV eingeordnet.

c) Bauwerke und Anlagen des Wasserbaus

In der Gruppe 3 sind sowohl **Bauwerke und Anlagen des Wasserbaus** als auch einige vergleich- 48 bare Bauwerke und Anlagen der Wasserversorgung und Abwasserentsorgung zusammengefasst. Im Einzelnen sind Bauwerke und Anlagen des landwirtschaftlichen Wasserbaus (Berieselung, Beregnung, Beregnung, Dränung und Erdbau), Gewässer unterschiedlicher Art (Fließgewässer, Teiche) und wasserbauliche Vorhaben unterschiedlicher Art wie z. B. Hochwasserrückhaltebecken, Deich- und Dammbauten, aber auch Pump- und Schöpfwerke, Durchlässe und Düker, Wehre oder Uferbefestigungen der Gruppe 3 zugeordnet. Schließlich gehören auch alle Bauwerke und Anlagen der Verkehrsschifffahrt dieser Gruppe an. Wegen der Vielzahl der unterschiedlichen Objekte und deren technisch einwandfreier Definition in der Amtl. Begr. werden im Folgenden nur ergänzende Hinweise gegeben.

Die Aufzählung der Objekte beginnt mit den unterschiedlichen landbaulichen Bewässerungs- 49 und Entwässerungssystemen. Die **Berieselung** – gleichbedeutend mit Bewässerung – dient dazu, Äckern, Gärten und Wiesen das zum bessern Gedeihen der Pflanzen nötige Wasser auf künstliche Weise zuzuführen. Dies geschieht durch Anstauung von Wasser in offenen Gräben, die nach Abschluss der Berieselung entleert werden können. Bei der Rieselung oder Überrieselung ist werden kontinuierlich fließende Wasserströme über Wiesen in eine tiefer gelegenen Entwässerungsgraben abgeleitet. Unter der hier ebenfalls genannten rohrlosen Dränung versteht man das in DIN 1185-1[29] näher beschriebene System. Dabei wird mithilfe eines Spezialpfluges, der ein „Presskopf“ genanntes geschlossenes Rohr hinter sich herzieht, vorzugsweise in schweren Ton- und Lehmböden ein unterirdischer Erd-Kanal hergestellt, der als Erddrän wirkt. Diese Böden besitzen genügend Standfestigkeit, den so erzeugten Kanal über mehrere Jahre offen zu halten. Wegen der geringen Planungsanforderungen dieser technischen Lösung sind die Objekte der Honorarzone II zugewiesen.

---

[29] DIN 1185-1 Dränung; Regelung des Bodenwasser-Haushaltes durch Rohrdränung, Rohrlose Dränung und Unterbodenmelioration, Allgemeine Hinweise und Sonderfälle

50 Im Übrigen heißt es hierzu in der Amt. Begr. zur HOAI 1996/2002: *„Bei dem **flächenhaften** Erdbau werden ebenfalls zur Einzonung sachliche Abgrenzungskriterien gewählt, wie z. B. eine unterschiedliche Schütthöhe in Honorarzone II. Als **Düker** werden Leitungen unter einem Gewässer oder unter einem Bauwerk erfasst. Die Zwangspunkte ergeben sich aus schwierigen Höhen-, Untergrund- oder geologischen Verhältnissen oder bereits bestehenden Bauwerken. Den **Berieselungen** in Honorarzone II werden drucklose Berieselungen zugeordnet, wie z. B. aus einem Bach über eine größere Fläche (Furchenverrieselung), der rohrlosen Dränung Drainagegräben, die z. B. im lehmigen Boden nur mit Filterkies gefüllt sind.“*

51 Als **Beregnung** bezeichnet man das offene Versprühen von Wasser auf landwirtschaftlich oder gärtnerisch genutzten Flächen zur Deckung des Wasserbedarfes von Nutz- oder Zierpflanzen[30]. Welche Bauwerke und Anlagen dieser in der Objektliste enthaltene Begriff umfasst, ist weder in der Verordnung noch in der Verordnungsbegründung erklärt. Daher bleibt offen, warum die „Beregnung“, die selbst gar kein Objekt darstellt, sondern nur eine Tätigkeit beschreibt, der Honorarzone II zurechnet ist. So kommen neben ortsfest oder veränderlich verlegten Rohr- bzw. Schlauchanlagen mit Regnern kleinerer Reichweite auch Beregnungsmaschinen mit großen Reichweiten zum Einsatz, welche weitgehend selbsttätig auch sehr große Flächen wie Felder bewässern können. Sollte die Objektliste eine typische moderne Beregnungsanlage meinen, so umfasst diese neben der Wasserquelle (Brunnen) ggf. Wasserzwischenspeicher, Pumpen, Absperrschieber, Rohrleitungen und Regnern sowie eine Steuerungsanlage mit Decodern und Magnetventilen. Solche Beregnungsanlagen werden z. B. zur Bewässerung landwirtschaftlicher Nutzflächen, Golfplätzen oder Gartenanlagen eingesetzt. Schließlich werden Beregnungsanlagen auch zur Frostberegnung eingesetzt. Nach der Objektliste zu schließen, dürfte der Verordnungsgeber vorrangig die Boden- und/oder Geländebeschaffenheit für die Zuordnung solcher Anlagen zur Honorarzone III oder IV berücksichtigt haben. Diese dürften somit neben dem geschilderten Umfang der Funktionsbereiche im Sinne von § 44 Abs. 2 Nr. 4 zusätzlich zum Merkmal § 44 Abs. 2 Nr. 1 (geologische und baugrundtechnische Bedingungen) als vorrangiges Bewertungsmerkmal als fachspezifische Bedingungen im Sinne von § 44 Abs. 2 Nr. 5 verwendet worden sein. Dasselbe dürfte für die hier gleichfalls genannte **Rohrdränung** zutreffen.

52 Die Aufzählung der Objekte des Gewässerausbaus beginnt mit den in **Honorarzone I** genannten Einzelgewässern mit gleichförmigem ungegliedertem Querschnitt ohne Zwangspunkte. Es handelt sich um Gräben ohne besondere Anforderungen an Linienführung, Querschnittsgestaltung und Befestigung. In **Honorarzone II** ist der einfache Gewässerausbau ohne Einbauten gemeint (gleichförmiger gegliederter Querschnitt mit einigen Zwangspunkten wie z. B. zu beachtende Straßenkreuzungen). Der in **Honorarzone III** aufgeführte Gewässerausbau umfasst Ausbaumaßnahmen, die besondere Anforderungen an die Linienführung und den naturnahen Ausbau von Gewässern stellen. Dessen Schwierigkeit ist durch die Querschnittsgestaltung (ungleichförmiger ungegliederter Querschnitt) bestimmt, die sich auf die hydraulischen Verhältnisse (Rückstau, schießender Abfluss) und Untergrundverhältnisse (Durchlässigkeit) auswirkt. In diese Honorarzone sind auch **Gewässersysteme** mit einigen Zwangspunkten eingeordnet. Der **Honorarzone IV** sind schließlich die Einzelgewässer mit gleichförmigem gegliederten Querschnitt und vielen Zwangspunkten wie z. B. Einbauten wie Abstürze, Schwellen, Wehre und Leitwände ebenso zugeordnet wie größere Gewässersysteme mit vielen Zwangspunkten, die entsprechende hydraulische Nachweise erfordern. Die Einbauten selbst sind dagegen eigene Einzelobjekte, soweit sie nicht zusammen mit dem ausgebauten Gewässer in einem engen funktionalen Zusammenhang stehen. Als weiteres Beispiel für den besonders schwierigen Gewässerausbau der Honorarzone IV mit sehr hohen Anforderungen kann der hochwassersichere **Ausbau von Gebirgsbächen** genannt werden. Dazu zählt auch der Gewässerausbau in oder an Natur- und Landschaftsschutzgebieten und innerhalb von Ortslagen. Die Leistungen bei der Planung von Pflanzungen und der Oberflächengestaltung der Gewässer sind allerdings gesondert zu honorierende Leistungen bei Freianlagen.

---

[30] Zitat aus Wikipedia

Bei den **Teichen** mit 3 m Dammhöhe in Honorarzone I und ohne Hochwasserentlastung handelt es sich z. B. um Schönungsteiche oder Fischteiche für Kläranlagen. Sofern solche Teiche mit einer Hochwasserentlastungsanlage versehen sind, sind sie wegen der Mehrfachfunktion als **Wasserreservoir** und **Hochwasserspeicher** der Honorarzone II zugeordnet worden. Dasselbe gilt für Teiche mit Dammhöhen über 3 m. **Hochwasserrückhaltebecken und Talsperren** nennt die Objektliste unter Honorarzone III und bezeichnet damit stehende Gewässer mit bis zu 5 m Dammhöhe über Sohle oder bis 100.000 m3 Speicherraum. Auch die in den Honorarzonen IV und V genannten Hochwasserrückhaltebecken und Talsperren sind nach ihren Abmessungen (Dammhöhen, Speicherraum) geordnet.   **53**

Die in den Honorarzonen II bis IV genannten **Deich- und Dammbauten** sind Erdbauwerke mit unterschiedlichen Funktionen, deren korrekte Honorarzonen-Zuordnung in jedem Einzelfall mithilfe der Punktbewertung ermittelt werden muss; weder die Verordnung noch ihre Begründung geben Hinweise darauf, welche Beurteilungskriterien der Verordnungsgeber den Honorarzonen zugrunde legte. Auf jeden Fall ist bei der Bewertung zu beachten, dass die Bewertungsmerkmale Nr. 4 (hier vor allem: die konstruktiven **und** technischen Anforderungen) und Nr. 5 (fachspezifische Anforderungen) im Hinblick auf die nachfolgend erläuterten Anforderungen und auf das für den Bau zu wählende bzw. zu gewinnende Erdbaumaterial eine zentrale Rolle spielen. Dabei wird erneut darauf hingewiesen, dass das in Nr. 1 genannte Bewertungsmerkmal (geologische und baugrundtechnische Gegebenheiten) lediglich unter gründungstechnischen Gesichtspunkten zu bewerten ist.   **54**

Als **Deiche** werden im Allgemeinen wasserbauliche Schutzanlagen entlang von Küsten und Flüssen bezeichnet, die das Hinterland vor Überflutungen schützen sollen, deren in Lagen unterschiedlicher Stärke aufgeschüttetes Erdbaumaterial aus einer sorgfältig abgestimmten Körnungsmischung besteht. Es muss idealerweise dafür sorgen, dass das wasserseitig anstehende Wasser nicht durch den Damm hindurchfließen, sondern nur auf einer definierten Sickerlinie auf der Land- und Luftseite am Dammfuß aussickern kann.   **55**

Ein **Damm** besteht wie ein Deich ebenfalls aus einer geböschten Erd- oder Felsschüttung, deren Aufbau sich an seiner ihm zugedachten Funktion orientiert. Bei Flüssen in flachen Landstrichen werden häufig beidseits des Flussbettes Hochwasserdämme errichtet. Diese Dämme grenzen das natürliche Flussbett ein und unterbrechen die Wasserzufuhr zu den angrenzenden Flussauen; sie erfüllen wie die Dämme von Hochwasserrückhaltebecken die gleichen Anforderungen wie Deiche und weisen daher vergleichbare Konstruktionsmerkmale auf. Dämme, auf denen z. B. wie bei Straßendämmen oder Bahndämmen Verkehrswege verlaufen, dienen jeweils als Unterbau der auf ihnen verlaufenden Straßen oder Gleise; sie müssen anders als Deiche keinen Dichtheitsanforderungen genügen, sondern vornehmlich die ihnen zugedachte Funktion einer setzungsfreien Basis der Verkehrswege erfüllen. Des Weiteren sind noch die Dämme zur Stauung von Flüssen zu erwähnen, die im Gegensatz zur Staumauer im Wesentlichen aus einer Erd- oder Felsschüttung bestehen.   **56**

Die im Wasserbau eingesetzten Pump- und Schöpfwerke unterscheiden sich häufig nur geringfügig von den Abwasserpump- und -hebewerken (s. Rdn. 48). Zu den einfachen **Pumpwerken und Hebeanlagen** der Honorarzone II zählen auch hier z. B. die industriell systematisierte Pumpwerke mit ein bis zwei Tauchpumpen oder einfache vorgefertigte Schneckenpumpwerke. Zu den in Zone III genannten Pumpwerken und Hebeanlagen zählen alle individuell geplanten Pumpwerke und Hebeanlagen mit Kreisel- oder Schneckenpumpen mit geringen Förderleistungen und ohne Hochbau bzw. Betriebsgebäudeteil für die Schalt- und Steueranlagen. Die in Zone III genannten **Siele** sind mit Schiebern oder Schützen verschließbare Gewässerdurchlässe – mit oder ohne Hochwasserpumpwerk - in einem Deich, durch die das in einem landseitigen Entwässerungssystem des hinter dem Deich gelegenen Binnenlandes bei Normalwasserständen ins Meer abfließen kann. Das Sielbauwerk besteht in der Regel aus dem von außen sichtbaren Sielgebäude, dem Antriebsraum und der Hubschützkammer im Inneren des Sielgebäudes sowie der Sielkammer mit dessen Ein- und Auslaufbauwerken, die einen Verbindungstunnel zwischen Vorflut und See bilden. Alle anderen im Wasserbau verwendeten Pumpwerke z. B. mit vorgeschalteten Rechen-   **57** anlagen für sehr große Fördermenge bei geringen Förderhöhen sind zu den schwierigen Bauwerken der Abwasserentsorgung der **Zone IV** eingeordnet. Sie sind in der Regel mit großvolumigen Propellerpumpen ausgestattet.

58 Die der Honorarzone I genannten einfachen **Durchlässe** sind definitionsgemäß Bauwerke im Erdkörper eines Verkehrsweges, mit denen kleine Vorfluter (Bäche) unter den Verkehrswegen hindurchgeführt werden. Sie werden in der Regel als Kreis- oder Maulprofil, seltener als Rechteckprofil mit einer lichten Höhe von maximal 2 Meter gebaut. Sie unterscheiden sich durch die Begrenzung ihrer Abmessungen von Überführungen und Brücken. In der Amtl. Begr. zur ersten Änderungsverordnung[31] heißt es hierzu unter anderem: *„Durchlässe sind in den Honorarzonen I und II genannt. Sie sind nach den Begriffsbestimmungen der Technik auf einen Durchmesser bis 2 m begrenzt; bei einem größeren Durchmesser handelt es sich stets um eine Brücke.“* Über die technischen Kennzeichen der in den Honorarzonen III und IV genannten schwierigen und sehr schwierigen Durchlässe geben weder die Verordnung noch deren Begründung Auskunft; dasselbe gilt für die in die gleichfalls genannten **Düker**. Zu letzteren erwähnt die Amtl. Begr. der HOAI 1996/2002 die Kennzeichen der in Honorarzone IV eingeordneten Bauwerke: *„Die mehrfunktionalen **Düker** (Zone IV) enthalten mehrere Leitungen zum Transport verschiedener Stoffe, wie z. B. Gas, Wasser, Abwasser und Elektrizität.“*

59 Ein **Wehr** ist definitionsgemäß eine Stauanlage, die den Zufluss oder Abfluss eines Gewässers abschließt. Wehre können zeitweise überströmt oder durchströmt (oder beides gleichzeitig) sein. Sie werden im Allgemeinen zusammen mit anderen Anlagen (z. B. Wasserkraftwerk, Schleuse, Staudamm) errichtet und betrieben. Der **Honorarzone II** sind die einfachen festen Wehre (z. B. Grundwehre, Überfallwehre, Streichwehre) zugeordnet. Der **Honorarzone III** dürften beispielsweise die Heberwehre angehören. Vergleichbare Planungsanforderungen dürften auch die einfachen beweglichen Wehre wie z. B. Wehranlagen mit Fischbauchklappe oder Trommelwehr erfüllen. Bewegliche Wehre mit unterströmbaren Verschlüssen wie z. B. Schützen oder Segmentwehre dürften hingegen der Honorarzone IV zugeordnet sein.

60 In diesen Bereich gehören auch die Sperrtore und Sperrwerke, zu denen die Amtl. Begr. der HOAI 1996/2002 erklärt: *„**Sperrtore** sind Schutztore, die Gewässer im Hochwasserfall gegen andere Gewässer abschotten; **Sperrwerke** dienen dem Hochwasserschutz an Küsten.“* Leider lassen Verordnung und ihre Begründung offen, welche Kriterien für die Zuordnung zu den Honorarzonen III und IV wie gewertet wurden.

61 Die Objektliste ordnet auch die Wasserkraftanlagen den Bauwerken und Anlagen des Wasserbaus zu. Zu den der Honorarzone III angehörenden kleinen Anlagen erklärt die Amtl. Begr. der HOAI 1996/2002: *„Den **Kleinwasserkraftanlagen** in Honorarzone III werden z. B. die Anlagen zur Nutzung der Wasserkraft von Gewässern mit geringen Stauhöhen und geringer Wassermenge zugeordnet.“* Zu den der Honorarzone IV zugeordneten Wasserkraftanlagen dürften in Abgrenzung zu den in der Objektliste der Honorarzone V zugewiesenen schwierigen Wasserkraftanlagen – genannt sind als Beispiele Pumpspeicherwerke oder Kavernenkraftwerke – alle übrigen Arten von Wasserkraftwerken zählen, in denen elektrischer Strom erzeugt wird. Dies sind beispielsweise Laufwasserkraftwerke in Flussläufen.

62 Der hier weiter genannte **Fangedamm** ist im Wasserbau oder Brückenbau eine provisorische Barriere oder ein provisorischer Damm innerhalb eines Gewässers. Beim Brückenbau ist ein Fangedamm ein System, das im Wasser einen von oben zugänglichen trockenen Bereich auf dem Wassergrund schafft. Er kann als großer offener Zylinder ausgeführt werden, der auf dem Grund eines Flusses aufgesetzt wird. Nach Leerpumpen des senkrecht stehenden Zylinders kann so in einem Fluss ein Brückenfundament hergestellt werden. Fangedämme werden als provisorische Dammbauwerke in einem Fließgewässer errichtet, um dieses um die Baugrube umzuleiten oder eine Flutung der Baugrube bei Hochwasser zu verhindern. Fangedämme können z. B. als Schüttdämme oder auch mit Spundwänden ausgeführt werden. Leider lassen die Verordnung und ihre

---

[31] Verordnung über die Honorare für Leistungen der Architekten und Ingenieure (Honorarordnung für Architekten und Ingenieure) vom 7. September 1976 (BGBl. I S. 1805) in der Fassung der Ersten Verordnung zur Änderung der Honorarordnung für Architekten und Ingenieure vom 17. Juli 1984 (BGBl. I S. 948)

Begründung wieder offen, welche Kriterien für die Zuordnung zu den Honorarzonen III bis V wie gewertet wurden. Auch hier sind die fachkundigen Anwender darauf angewiesen, normale Fangedämme mit durchschnittlichen Planungsanforderungen (Honorarzone III) von denen mit schwierigen (Honorarzone IV) und mit sehr schwierigen Planungsanforderungen (Honorarzone V) mittels Punktbewertung zu identifizieren.

Auch der der Honorarzone V zugeordneten eingeschwommenen **Senkkasten** bezeichnet ein kastenähnliches nach oben und unten offenes Bauwerk, das als Arbeitsraum in der Regel an Land erbaut, danach auf dem Wasser an die Stelle geschleppt und versenkt wird, wo es als Arbeitsraum (Baugrube) benötigt wird. Um das umgebende Wasser am Eindringen zu hindern, wird der Hohlraum pneumatisch unter einen abgestimmten Überdruck gesetzt oder auch durch eine entsprechend dimensionierte Wasserhaltungsanlage trocken gehalten. **63**

Die ebenfalls der Honorarzone V zugeordneten **Wellenbrecher** werden in ausreichendem Abstand vor der Uferlinie eines Sees oder des Meeres angeordnet, um die Energie der auf das Ufer anrollenden Wellen durch Dissipation, d. h. durch Umwandlung der in den aufprallenden Wellen enthaltenen Bewegungsenergie in Wärmeenergie so weit zu verringern, dass die Zerstörung von Booten und Ufern verhindert wird. Zu unterscheiden sind schwimmende und fest gegründete **Wellenbrecher** (Tetrapoden, Molen und Buhnen). Der wichtigste schwimmende Wellenbrecher ist das Beton-Ponton am Außenrand von dem Seegang ausgesetzten Marinas (z. B. in Flüssen oder in kleinen Buchten): Durch seine große Massenträgheit dämpft es wirkungsvoll den Seegang und verhindert so Beschädigungen an Booten durch Seegang[32]. **64**

Den Bauwerken und Anlagen des Wasserbaus rechnet die Objektliste auch die **Objekte des Verkehrswasserbaus** zu. Sie nennt in Honorarzone I als Beispiel Bootsanlegestellen an stehenden Gewässern als einfachste Form des Anlandens von Passagieren; sie dienen der amtlichen Begründung zufolge der Fahrgast- und Freizeit-Schifffahrt[33]. Die einfachen Schiffsanlege-, -löschund -ladestellen dienen der gewerblichen Wirtschaft; sie sind sowie die Bootsanlegestellen an fließenden Gewässern der Honorarzone II zugeordnet. Schifffahrtskanäle sind erstmals in Honorarzone III genannt. Dieser Honorarzone gehören im Regelfall auch die Schiffsanlege-, -löschund -ladestellen an Schifffahrtskanälen und kleine Häfen an Flüssen im Binnenland an. Die Häfen der Nordseeinseln und die ihnen gegenüberliegenden Festlandhäfen unterliegen Tide- und Hochwassereinflüssen und sind daher nach der Objektliste der Honorarzone IV zugeordnet. Der Honorarzone V ordnet die Verordnung schwierige schwimmende Schiffsanleger und bewegliche Verladebrücken zu. **65**

Uferbefestigungen werden durch bautechnische und/oder ingenieurbiologische Maßnahmen gegen Beschädigungen oder Zerstörung eines Gewässerufers errichtet. Es gibt den Lebendverbau (Bäume oder Pflanzen als Uferbefestigung) und den Verbau mit totem Material wie Pflaster, Setzpackungen, Steinsatz, Steinschüttung, Drahtschotterkästen, Bitumenüberzüge, Bodenverfestigung, auch Verbau mit Faschinen, Wippen, Faschinenmatten, Rauwehren, Stangenbeschlag oder Flechtwerken. Zu den in **Honorarzone I** genannten einfachen **Uferbefestigungen** zählen solche mit Steinschüttung oder Bitumenüberzüge. **66**

Mit den in **Honorarzone II** genannten **Uferwänden und Ufermauern** dürften die Ufermauern mit Streifenfundamenten gemeint sein, die durch einfache Steinpackungen gegen Unterspülungen gesichert sind und entlang langsamer Fließgewässer oder an stehenden Gewässern eingesetzt werden. Der **Honorarzone III** gehören tiefgegründete Ufermauern und Uferspundwände sowie **Ufer- und Sohlensicherungen** an Wasserstraßen an. Die in den höheren Honorarzonen genannten Objektbeispiele sind zur eindeutigen Honorarzonen-Zuordnung anders als zahlreiche andere Beispiele gut charakterisiert. **67**

In die Kategorie der Uferbefestigungen gehören auch **Kaimauern und Piers** unterschiedlicher Schwierigkeit. Als Kai bezeichnet man einen durch Mauern befestigten Uferbereich in Häfen oder an Fluss- oder Kanalufern zum Löschen und Laden von Schiffsladungen. Das Fahrwasser **68**

---

[32] Weitere Einzelheiten s. z. B. WIKIPEDIA
[33] Amtl. Begr. zu § 54 HOAI Bundesanzeigerausgabe der HOAI 2002, S. 123.

davor ist so tief, dass Schiffe festmachen können. **Kaimauern** sind lotrechte oder fast lotrechte Mauern in massiver oder Pfahlrostbauweise, welche die Belastung durch Uferkräne, Eisenbahnwagen, Lastkraftwagen und gestapelte Ladung tragen können. Auf bzw. an den Kaimauern befinden sich Poller oder Ringe zum Festmachen der Schiffe.

69 Um mehr Platz für anlegende Schiffe zu schaffen, können die Kais durch Piers und Molen ergänzt werden. Als **Mole** wird ein als Damm in einen See oder ins Meer hinausragendes Bauwerk bezeichnet, welches als Wellenbrecher und **Anlegestelle** für Boote und Schiffe zur Verfügung steht. Molen können mehrere Hundert Meter lang ins Meer hinaus ragen und gerade oder gekrümmt gebaut sein. In einfachen Fällen handelt es sich um eine Holz- und/oder Steinkonstruktion; in schwierigeren Fällen und insbesondere als Teile von Hafenanlagen weisen sie einen ähnlichen Aufbau wie Kaimauern auf. Ihre Honorarzone muss nach § 44 Abs. 2 bis 4 bestimmt werden.

70 Ein **Pier** ist ein **Hafenbauwerk** aus Holz, Stahl oder Stahlbeton. Piers dienen im Unterschied zu Molen ausschließlich dazu, innerhalb von Häfen mehr Platz für anlegende Schiffe zu schaffen. Daher ragen sie meist im rechten Winkel vom Kai aus ins Wasser und sorgen so für zusätzliche Schiffsanlegestellen. Größe und Bauart eines Piers sind abhängig vom Einsatzzweck. Es gibt spezielle Piers zum Löschen von Standardcontainern, Gefahrgut (Erdgas, Erdöl, Chemikalien) oder Stückgut. Piers für den Fährverkehr verfügen über Gangways für Passagiere und Rampen für Fahrzeuge. Die Planungsanforderungen sind mit denen von Kaimauern unmittelbar vergleichbar. Vom Pier, der in einem Hafen zusätzlichen Platz schafft, ist die **Seebrücke** zu unterscheiden, die nur einen Schiffsanlegeplatz bietet, indem sie als langer Steg vom Ufer aus in eine Flachwasserzone bis zu dem Punkt hinaus ragt, zu dem Schiffe noch fahren können.

71 Auch die **Werft-, Aufschlepp- und Helgenanlagen und Docks** sind mit den Begriffen einfach, durchschnittlich und schwierig den Honorarzonen II bis IV zugeordnet, ohne dass deren unterschiedliche Bewertungsmerkmale erläutert wären. Die Wahl der richtigen Honorarzone ist auch hier nur nach der in § 44 Abs. 2 bis 4 verordnete Bewertungsmethode möglich.

d) Bauwerke und Anlagen für die Ver- und Entsorgung mit Gasen und Feststoffen einschließlich wassergefährdender Flüssigkeiten

72 Die Bauwerke und Anlagen **für die Ver- und Entsorgung mit Gasen und Feststoffen einschließlich wassergefährdender Flüssigkeiten** erfüllen im Unterschied zu den technischen Anlagen in Teil 4 Abschnitt 2 HOAI, gegen die sie ausdrücklich abgegrenzt sind, eine selbstständige Funktion, die nicht der Nutzung oder dem Betrieb von Gebäuden, Ingenieurbauwerken und Verkehrsanlagen dienen, sondern beispielsweise dem Transport von Öl oder flüssigen Produktionsmitteln; dazu gehören auch die entsprechenden Überlandleitungen (Pipelines).

73 Klarheit herrscht nun darüber, dass zumindest die **Fernwärmeleitungen** diesem Bereich angehören. Ferner ergibt sich aus den in Gruppe 7 der Objektliste (sonstigen Einzelbauwerke) genannten Versorgungsbauwerken, dass auch die entsprechenden Bauwerke und Anlagen für Fernwärme und Fernkälte zu den Ingenieurbauwerken zählen. Die Bewertung der Planungsanforderungen von **Ver- und Entsorgungsleitungen** erfolgt nach den gleichen Gesichtspunkten wie bei den Wasserleitungen, was auch schon aus der Begriffsidentität bei der Definition der Verknüpfungen und Zwangspunkte erkennbar ist (geringe . ., mehrere . ., zahlreiche . .). Daher kann hier auf die diesbezüglichen Erläuterungen bei den Bauwerken und Anlagen der Wasserversorgung verwiesen werden (s. Rdn. 39 ff.).

74 Unter industriell vorgefertigten **Leichtflüssigkeitsabscheider** der Honorarzone II sind Abscheider mit Bauartzulassung zu verstehen, die einbaufertig auf die Baustelle geliefert werden. In Honorarzone III sind alle übrigen einstufigen Leichtflüssigkeitsabscheider eingeordnet. Die in Zone IV genannten mehrstufigen Abscheider sind beispielsweise **Abscheider-** und Trennanlagen nach DIN in Verbindung mit Koaleszenzabscheidern.

Nach der Amtl. Begr. zählen **Leerrohre**[34] **und Leerrohrnetze** zu den hier genannten Leitungen, wie sie z. B. als Ver- und Entsorgungsleitungen aller Art unter Flugverkehrsflächen vorkommen. Die Bewertung der Planungsanforderungen an die Leerrohre erfolgt nach den gleichen zuvor genannten Gesichtspunkten wie bei den Wasser-, Abwasserleitungen und - netzen, was wieder aus der Begriffsidentität bei der Definition von Verknüpfungen und Zwangspunkten ableitbar ist. Daher kann auch hier auf die dortigen Erläuterungen verwiesen werden.   **75**

e) Bauwerke und Anlagen der Abfallentsorgung

Die Objektliste umfasst Bauwerke und Anlagen aus den Bereichen der Getrenntsammlung und Verwertung von Abfallwertstoffen, der thermischen Verwertung von Abfällen, der Deponierung von Abfällen und der chemisch-physikalischen Behandlung von Sonderabfällen. Die Objekte sind nach den unterschiedlichen Planungsanforderungen in allen Honorarzonen genannt. Im Übrigen wird auf die nachfolgend zitierte Amtl. Begr.[35] verwiesen: **76**

> „**Zwischenlager** . . . dienen der kurzfristigen Lagerung von Abfällen und Wertstoffen einzelnen Phasen der Abfallentsorgung. Die unterschiedlichen stofflichen und sonstigen Bedingungen oder Anforderungen an die Zwischenlager führen zu unterschiedlichen Einordnungen in die Honorarzonen. Kriterien sind z. B. offene oder geschlossene Bauart (Lagerung im Freien oder im Gebäude) oder Zusatzeinrichtungen, wie insbesondere Einrichtungen zum Betrieb, zur Emissionsminderung oder zur Sicherung. **Aufbereitungsanlagen für Wertstoffe** dienen der Separierung von Wertstoffen aus Abfällen zur Rückführung in den Wirtschaftskreislauf. Einfache **Bauschuttaufbereitungsanlagen** können z. B. Anlagen sein für das Aufstellen und den Betrieb mobiler Bauschuttaufbereitungsanlagen. **Kompostanlagen** sind . . . stoff- und verfahrensbedingt mehreren Honorarzonen zugeordnet. **Kompostwerke** unterscheiden sich von den Kompostanlagen durch den größeren Durchsatz.“

> „Bei den **Deponien** haben sich die Anforderungen an die Ablagerung von Abfällen aufgrund der in den letzten Jahren gestiegenen Anforderungen an den Umweltschutz und der damit fortentwickelten technischen und rechtlichen Regelwerke erhöht. Diesem Sachverhalt wird bei der Neuordnung Rechnung getragen. – Die schwierigen technischen Anforderungen bei der **Abdichtung von Altablagerungen** und kontaminierten Standorten ergeben sich z. B. durch zusätzliche Maßnahmen zum Betrieb, zur Emissionsminderung und zur Sicherung oder aus den Standortbedingungen. **Behälterdeponien** sind Bauwerke zur Lagerung/Ablagerung von Abfällen in Behälterbauweise. Objekte an Altablagerungen und kontaminierten Standorten, wie z. B. Abdichtungsmaßnahmen und Anlagen zur Behandlung kontaminierter Böden, werden neu aufgenommen.“   **77**

Als besonders komplexes Beispiel einer Abfallbehandlungs- und Abfallverwertungsanlage ist ein **Biomassekraftwerk** zu nennen, das zur Versorgung der Produktion eines MDF-Plattenwerkes (MDF = mitteldichte Holzfaserplatte oder mitteldichte Faserplatte) mit Dampf und elektrischen Strom eingesetzt ist; gleichzeitig dient es der Entsorgung von anfallenden Produktionsreststoffen, die zusammen mit anderen Holzabfällen zur Energieerzeugung verbrannt werden. Die Objektplanung des Kraftwerks umfasst regelmäßig die Leistungen bei der Planung und Objektüberwachung der baulichen Anlagen einschließlich der Fachplanung der Anlagen der Maschinentechnik und die Fachplanung der Technischen Ausrüstung einschließlich der dazugehörenden verfahrenstechnischen Anlagen. Das Biomassekraftwerk gehört zu den in Honorarzone V genannten Verbrennungsanlagen (s. HOAI-Anlage 12.2).   **78**

f) Konstruktive Ingenieurbauwerke für Verkehrsanlagen

In dieser Gruppe sind zahlreiche Ingenieurbauwerke zusammengestellt, die zur Nutzung der Verkehrsanlagen benötigt werden. Dazu gehören u. a. Durchlässe, Brücken, Uferbefestigungen, Stützbauwerke oder Lärmschutzwälle und -wände, aber auch komplexe Bauwerke und Anlagen wie Lärmschutzanlagen, Tunnel- und Trogbauwerke.

---

34 Amtl. Begr. zu § 54 HOAI Bundesanzeigerausgabe der HOAI 2002, S. 120.
35 Amtl. Begr. zu § 54 HOAI Bundesanzeigerausgabe der HOAI 2002, S. 122.

79 Die Aufzählung der Objekte beginnt mit den Lärmschutzanlagen. In den Anmerkungen zur Amtl. Begr. zu § 54 Buchstabe f) HOAI 1996/2002 führen die Herausgeber der Bundesanzeigerausgabe der HOAI ergänzend aus[36]: „*In Honorarzone I sind **Lärmschutzwälle** erwähnt, in den Honorarzonen II bis IV Lärmschutzanlagen. Als Lärmschutzwälle werden nur solche Anlagen bezeichnet, die nur **aus Erde oder Schutt** hergestellt werden; sie haben also keine besonderen Wände zum Schutz vor Lärm. Bei den **Lärmschutzanlagen** handelt es sich sowohl um kombinierte Bauwerke aus Wällen und besonderen Wänden als auch nur um Lärmschutzwände.*" Der ausdrückliche Hinweis auf den aus Erde oder Schutt hergestellten Wall korrigiert und erweitert die Erläuterungen der Amtl. Begr. zu § 54 der bereits zitierten zweiten Änderungsverordnung, wonach der in der HOAI genannte Erdbau – zuerst in Honorarzone I erwähnt – nur Objekte im Zusammenhang mit Wasserbaumaßnahmen beträfe[37].

Als **einfache Lärmschutzanlagen** der Honorarzone I definiert die Objektliste solche, bei denen Leistungen bei der Tragwerksplanung oder Leistungen für Bodenmechanik, Erd- und Grundbau erforderlich sind. Dies können Erdwälle oder einfache, kurze Lärmschutzwände aus Fertigteilen sein. Die in Honorarzone III genannten Lärmschutzanlagen sind z. B. Bauwerke, bei denen Erdwälle und Lärmschutzwände kombiniert sind. Solche Lärmschutzanlagen können auch aus individuell gefertigten Lärmschutzelementen unterschiedlicher Art (z. B. besonders hergestellte Fertigteile) aufgebaut sein. Voraussetzung für die Zuordnung in dieser Honorarzone sind die für den Bau erforderlichen Leistungen bei der Tragwerksplanung oder Leistungen für Bodenmechanik, Erd- und Grundbau. Dieselben Voraussetzungen müssen die Lärmschutzanlagen in schwieriger städtebaulicher Situation erfüllen, welche der Honorarzone IV zugeordnet sind.

80 Zu den Brücken dürften – wenn auch in der Objektliste der HOAI-Anlage 12.2 nicht ausdrücklich genannt – **in Honorarzone I Stege** zählen, für die eine Tragwerksplanung erforderlich ist. Unter Steg wird eine kleine Brücke verstanden, die für Fußgänger und Radfahrer zum Überqueren kleiner Gewässer oder Verkehrsanlagen errichtet wird. Wird ein solches Bauwerk nach einer typgeprüften Tragwerksplanung erstellt, wären für ein solches Bauwerk keine eigenen Tragwerksplanungsleistungen erforderlich; dann wäre der Steg i. d. R. als Teil einer Freianlage zu verstehen; Objektplanungsleistungen dafür wären nach Teil 3 Abschnitt 2 HOAI abzurechnen. Zu den Stegen zählen auch **Bootsstege**, d. h. auf Pfählen gebaute Wege aus Planken von einem seichten Ufer ins Wasser, an dem Boote anlegen können. Im Regelfall werden dafür wie auch für die nachfolgend erwähnten größeren **Steganlagen** keine Tragwerksplanungen notwendig. Als Schwimmsteg bezeichnet man eine schwimmende Konstruktion auf dem Wasser, welche mit einem oder mehreren Auftriebskörper versehen ist. Die Schwimmkörper können aus Beton, Stahl, Aluminium oder Kunststoff bestehen. Sollten jedoch hierfür Leistungen bei der Tragwerksplanung notwendig sein, müssten die Objektplanungsleistungen als Leistungen für Ingenieurbauwerke abgerechnet werden.

81 Die der Honorarzone II zugerechneten **Brücken** sind die geraden Einfeldbrücken einfacher Bauart. Zu den in **Honorarzone III** genannten Brücken zählen beispielsweise im Grundriss gekrümmte Einfeldbrücken, auch schiefe Einfeldbrücken oder Brücken mit Einfeldrahmen und gevouteten Trägern. Ferner zählen dazu einfache Mehrfeld- und Bogenbrücken; ihre Einfachheit ergibt sich durch den geraden Verlauf der Brückenfahrbahn. Die in **Honorarzone IV** genannten schwierigen Einfeldbrücken sind schiefe und gleichzeitig gekrümmte Brücken; ferner zählen dazu Mehrfeldbrücken und Bogenbrücken mit mehreren Zwangspunkten. In **Honorarzone V** sind besonders schwierige Brücken eingeordnet, deren große lichte Höhe, schwierige Trassierung (gekrümmt und schief), ggf. Mehrgeschossigkeit und Spannweite ihre Schwierigkeit kennzeichnen. Sind mehrere solcher Einflussparameter zu berücksichtigen, bestimmen sie die konstruktive Lösung des geordneten Zusammenwirkens dieser Einflüsse und damit die Honorarzone des Bauwerks.

82 Zu den konstruktiven Ingenieurbauwerken für Verkehrsanlagen zählen schließlich **Tunnel- und Trogbauwerke**. Als einfache Bauwerke dieser Art werden diejenigen angesehen, welche für ein

---

[36] Anmerkung zur Amtl. Begr. zu § 54, Bundesanzeigerausgabe der HOAI 2002, S. 123.
[37] Bundesanzeigerausgabe HOAI 1985 a. a. O. S. 87

oder zwei Fahrspuren errichtet werden, eine weitgehend geradlinige Linienführung aufweisen und keine besondere technische Ausrüstung erfordern (z. B. Be- und Entlüftung, Entwässerungsanlagen, Notausstiege oder -ausgänge). Die der Honorarzone IV zugeordneten Tunnel- und Trogbauwerke sind Bauwerke dieser Art mit der dazugehörigen üblichen technischen Ausrüstung. Besonders schwierige Tunnel- und Trogbauwerke sind beispielsweise solche mit besonderen Anforderungen an die Linienführung, besonders lange Bauwerke unter besonders schwierigen geologischen und baugrundtechnischen Gegebenheiten und mit daraus resultierenden besonderen konstruktiven Anforderungen.

g) Sonstige Einzelbauwerke, ausgenommen Gebäude und Freileitungs- und Oberleitungsmasten

Die Objektliste nennt als Beispiele in Honorarzone I einfache gemauerte **Schornsteine**, während die sonstigen einfachen Schonsteine im Regelfall der Honorarzone II angehören. Weitere Schornsteine sind in den Honorarzonen III bis V nach mittleren, schwierigen und besonders schwierigen Anforderungen beschrieben, ohne dass die Schwierigkeitsgrade technisch definiert sind. Hier wird muss im Einzelfall nach der in § 44 Abs. 2 bis 4 vorgesehenen Bewertungsmethode die zutreffende Honorarzone bestimmt werden. **83**

Masten und Türme ohne Aufbauten sind der Honorarzone II, mit Aufbauten aber der Honorarzone III zugewiesen. Zu den erstgenannten Türmen zählen beispielsweise Aussichtstürme mit offener Aussichtsplattform. Der Verordnungsgeber versteht nach der amtlichen Begründung zur HOAI 1985 unter Aufbauten hoch liegende Räume, Plattformen sowie Auslegearme von Leitungsmasten[38]. Damit gehören zu dieser Kategorie alle Aussichtstürme, die zur Überwachung brandgefährdeter Wälder oder als Aussichtsplattform im Fremdenverkehr eingesetzt werden oder auch diejenigen Masten und Türme, auf denen Antennen für die Mobilfunkversorgung montiert sind. Die Masten und Türme mit Aufbauten, welche ein Betriebsgeschoss beinhalten und der Honorarzone IV zugeordnet sind, können beispielsweise die üblichen Wassertürme oder auch Fernmeldetürme sein. Die in Honorarzone V genannten Türme und Masten enthalten nach der Objektliste Aufbauten, ein Betriebsgeschoss und Publikumseinrichtungen; zu letzteren gehören beispielsweise Aufzüge und Turmrestaurants, wie sie in Fernseh- oder Fernmeldetürmen üblich sind, die dem Publikumsverkehr offen stehen. Auf die Leitungsmasten mit Auslegearme in wurde bereits hingewiesen (§ 41 Rdn. 5). In diese Kategorie der Objekte gehören auch die hier genannten Kühltürme, die ohne Erläuterung der Begriffe durchschnittlich, schwierig und sehr schwierig den Honorarzonen III bis V zugeordnet sind. Die Wahl der richtigen Honorarzone ist auch hier nur mit der in § 44 Abs. 2 bis 4 verordneten Bewertungsmethode möglich. **84**

Die in der Objektliste erwähnten **Versorgungsbauwerke und Schutzrohre** erläutert die Amtl. Begr. zu HOAI 2002 wie folgt: *„Die unter Buchstabe g) genannten Versorgungsbauwerke und Schutzrohre in sehr einfachen Fällen ohne Zwangspunkte sind z. B. Betonkanäle, in denen Leitungen verlegt werden, die kontrolliert werden sollen oder die häufiger zugänglich sein müssen, ohne dass eine Ausgrabung erforderlich wird."* Ferner heißt es, dass die in Honorarzone II genannten Versorgungsbauwerke und Schutzrohre solche mit Schächten für Versorgungssysteme und mit wenigen Zwangspunkten sind. Solche Bauwerke und Rohre werden beispielsweise in Liegenschaften zum Einbau von Fernwärme- und/oder Wasserversorgungsleitungen errichtet, welche die Kontrolle und Wartung, aber auch die Reparatur oder Erweiterung erleichtern. Voraussetzung für die Einordnung in die Honorarzone II sind die einfache Ausstattung der Bauwerke und vor allem eine geringe Zahl der Zwangspunkte (z. B. Anschluss weniger Gebäude, sehr geringe Berührungspunkte mit anderen Ver- und Entsorgungsleitungen). Werden solche Anlagen in beengten Verhältnissen gebaut, gehören sie im Regelfall wie die hiermit vergleichbaren Wasserversorgung- und Abwasserentsorgungsnetze mindestens der Honorarzone III oder auch IV an. **85**

Silos sind nach technischen Gesichtspunkten den Honorarzonen II bis IV zugeordnet. Danach gehören flach gegründete, einzeln stehende Silos oder Anbauten der Honorarzone II, solche Silos **86**

---

[38] Bundesanzeigerausgabe der HOAI 1985 S. 87

mit Anbauten aber der Honorarzone III und die Silos mit zusammengefügt in Zellenblöcken und Anbauten der Honorarzone IV ein.

87 Zu den Einzelbauwerken zählen, wenn auch in der Objektliste nicht genannt, die **Becken in Freibädern, Sprungtürme, Großrutschen** u. ä. Deren Honorarzone muss immer mit den Bewertungsmerkmalen in § 44 Abs. 2 bis 4 ermittelt werden. Dasselbe gilt für vergleichbare Einzelbauwerke in Parkanlagen wie z. B. eine **Springbrunnenanlage.**

88 Die **Stützbauwerke** unterschiedlicher Schwierigkeitsgrade sind den Honorarzonen mit genauer beschriebenen Bewertungsmerkmalen zugeordnet, die keiner weiteren Erläuterung bedürfen. Ferner werden einzelne weitere Objekte erwähnt, die auch häufig als temporäre oder endgültige **Baugrubensicherung** benötigt werden. In der Amtl. Begr. zur 4. Novelle der HOAI sind diese wie folgt erklärt[39]: *„In Honorarzone II werden u. a.* **Schmalwände** *erwähnt. Solche Wände werden als Dichtungswände regelmäßig in Stärken von 10 bis 20 cm verwendet. Sie haben keine statische Funktion, Leistungen nach Teil VIII werden also nicht notwendig. Schmalwände haben eine hohe Wasserdichtigkeit bei dauerhafter Plastizität und werden z. B. auf Deponien, Tanklagern, zur Baugrubensicherung oder zur Verhinderung von Unterströmungen im Wasserbau verwendet. In Honorarzone III werden Schlitzwände erwähnt. Diese sind in Ortbeton in einzelnen Segmenten hergestellte Wände mit einer Mindestnenndicke von 40 cm. Eine Schlitzwand kann verbleibender Teil eines Bauwerkes sein oder auch temporär, z. B. als Baugrubenwand, Verwendung finden. Sie kann tragende und dichtende Funktionen übernehmen.“* Zu solchen Baugrubenumschließungen gehören selbstverständlich alle anderen Arten von Verbauwänden wie zum Beispiel Trägerbohlwände, Spundwände, Schlitzwände oder Dichtwände mit eingestellter Spundwand.

89 Auch **Traggerüste und Gerüste** sind mit den Begriffen einfach, durchschnittlich und schwierig den Honorarzonen II bis IV zugeordnet, ohne dass die hierfür verwendeten Bewertungsmerkmale erläutert sind. Die Wahl der richtigen Honorarzone ist auch hier nur mit der in § 44 Abs. 2 bis 4 vorgeschriebenen Bewertungsmethode möglich. Dasselbe gilt für die ebenfalls diesem Bereich zugehörigen und in der Objektliste in Abgrenzung zu den in der Objektliste 10.2 genannten Tiefgaragen mit integrierten weiteren Nutzungen (s. Rdn. 34) die **eigenständigen Tiefgaragen,** Schacht- und Kavernenbauwerke, Stollenbauten, Bauwerke für Heizungsanlagen und Untergrundbahnhöfe.

VI. Auftrag für mehrere Ingenieurbauwerke

90 Die Objektliste nennt eine Vielzahl von Ingenieurbauwerken, die definitionsgemäß aus einzelnen gleichen und / oder verschiedenen Einzelbauwerken bestehen. Ein **Ortskanalnetz** umfasst eine große Menge von Regelschachtbauwerken gleichartiger Ausführung wie auch Rohrleitungen gleichen Durchmessers, eine **Abwasserbehandlungsanlage** kann u. a. aus einer Vorklärbeckengruppe mit mehreren gleichen Vorklärbecken, einer Belebungsbeckengruppe mit mehreren gleichen Belebungsbecken sowie mehreren gleichen Nachklärbecken bestehen. Wenn auch theoretisch die Möglichkeit zur teilweisen Anwendung des § 11 gegeben wäre, so ist nach dem Verständnis der HOAI das **Ingenieurbauwerk als funktionale Einheit ein Ganzes** (s. § 41 Rdn. 8 ff.) und es widerspräche diesem Verständnis, bei den genannten Beispielen und ähnlich gelagerten Fällen § 11 Abs. 2 anzuwenden. Unter **mehreren Ingenieurbauwerken,** die getrennt abzurechnen sind, können aber beispielsweise verstanden werden:

---

39 Bundesanzeigerausgabe der HOAI 1991, S. 105

– **Abwasserentsorgungsanlage** eines Abwasserverbandes oder einer aus mehreren Ortsteilen bestehenden Gemeinde

Objekt	Zuordnung zur HOAI
drei Ortskanalnetze	= Ingenieurbauwerk 1 bis 3
drei unterschiedliche Regenüberlaufbecken	= Ingenieurbauwerke 4 bis 6
zwei unterschiedliche Pumpwerke	= Ingenieurbauwerke 7 und 8
ein Düker	= Ingenieurbauwerk 9
Verbindungskanäle außerhalb der bebauten Gebiete, an die die Gemeindenetze angeschlossen werden	= Ingenieurbauwerk 10
Zentralkläranlage	= Ingenieurbauwerk 11

– **Wasserversorgungsanlage einer Kommune**

Objekt	Zuordnung zur HOAI
ein Brunnen	= Ingenieurbauwerk 1
zwei unterschiedliche Hochbehälter	= Ingenieurbauwerke 2 und 3
Verteilernetz	= Ingenieurbauwerk 4

Können einzelne Ingenieurbauwerke wie z. B. die Becken der genannten Kläranlage oder die Hochbehälter nicht ohne besondere Baugrubenumschließungen ausgeführt werden, die Objektplanungs- und Tragwerksplanungsleistungen erfordern, müssen deren Leistungsergebnisse (Ausführungsplanung und Leistungsbeschreibung) nach der neu gefassten DIN 18303[40] (Ziffern 0.2.8 und 0.2.9) vom Bauherrn zur Verfügung gestellt werden. Die **Bauwerksumschließungen** zählen zu den sonstigen Einzelbauwerken der Gruppe 7 nach HOAI-Anlage 12 (Objektliste 12.2). Sie sind im Regelfall eigenständige Ingenieurbauwerke, deren Funktion nicht von der Funktion des Ingenieurbauwerks abhängig ist oder bestimmt wird, wofür sie hergestellt werden. Sie erfüllen lediglich die Anforderungen zum Schutz der Baugrube, in welcher das Ingenieurbauwerk (Becken, Hochbehälter etc.) gefahrlos – geschützt gegen Hochwasser, Grundwasser, Grundbruch u. ä. – errichtet werden kann. **91**

Schwierig ist bei solchen Bauwerke neben der Bestimmung ihrer Honorarzone (Rdn. 28) die Abgrenzung von Umfang und Kosten der für ihre Herstellung notwendigen Erdarbeiten von Umfang und Kosten derjenigen Erdarbeiten, welche für die Errichtung des Bauwerkes allein durchgeführt werden müssen, für dessen Ausführung die Stützbauwerke temporär oder dauerhaft hergestellt werden müssen. Dasselbe gilt für die restlichen anrechenbaren Kosten der Baukonstruktion, die im Wesentlichen von den Neubaukosten für die Lieferung, Montage bzw. Einbau und ggf. Demontage bestimmt werden (Näheres s. § 42 Rdn. 3). **92**

VII. Abrechnung komplexer sonstiger Planungsmaßnahmen

Der Objektplaner erbringt gelegentlich für denselben Auftraggeber und zum gleichen Zeitpunkt **Leistungen aus verschiedenen Fachbereichen für das gleiche Bauvorhaben** zu erbringen haben. Das klassische Beispiel hierfür sind die Leistungen für **Erschließungsmaßnahmen in Neubaugebieten** durch einen Objektplaner. Die Erschließung umfasst die **Wasserversorgungsleitungen**, die **Kanalisation**, den **Straßenbau** und gegebenenfalls den **Gasleitungs- und Fernwärmeleitungsbau**. Auftraggeber neigten in der Vergangenheit dazu, die Summe der Gesamtkosten als anrechenbare Herstellkosten zur Honorarermittlung anzusehen. § 11 Abs. 1 regelt nun **93**

---

[40] VOB Teil C Ausgabe September 2102

unzweideutig, dass die **Kosten** jedes Ingenieurbauwerks und die Kosten der Verkehrsanlage für die Honorarberechnung **getrennt** anzusetzen sind. Die in § 11 Abs. 2 definierten Einschränkungen und Regelungen sind in diesem Zusammenhang ohne Bedeutung. Im Übrigen entstehen dadurch, dass beispielsweise bei der Ermittlung der anrechnungsfähigen Kosten der Wasserleitungen oder der Kanalisation lediglich die anteiligen Kosten der Erdarbeiten, die für das Herstellen der Leitungen notwendig sind, nicht aber die Kosten der Erdarbeiten für das Herstellen der darüber liegenden Verkehrsanalgen berücksichtigt werden dürfen, Minderungen der anrechenbaren Herstellkosten der Einzelobjekte.

94 Ein weiteres Beispiel sind die **Ingenieurleistungen für Deponien**. Die Leistungen betreffen in der Regel nicht nur die Deponie selbst, sondern beispielsweise die Zufahrtsstraßen, die Aufbereitungsanlage für Deponiesickerwässer und/oder -ableitung, die Waage und das Betriebsgebäude mit Sozialräumen, Büros und Garagen für die auf der Deponie eingesetzten Sonderfahrzeuge und Maschinen.

95 Auch die **Ingenieurleistungen für Mischverkehrsflächen** mit Freiraumgestaltung oder der **Ausbau von Gewässern einschließlich zugehöriger Brücken und Freianlagen** (Bepflanzungen, Biotope etc.) sind ein weiteres Beispiel komplexer Ingenieurtätigkeit. Jede dieser Maßnahmen erfordert für Teilbereiche unterschiedliche Leistungen, die entsprechend den Festlegungen des § 11 für die jeweiligen Teilmaßnahmen getrennt nach den jeweiligen anrechenbaren Kosten und gegebenenfalls nach unterschiedlichen Teilen der HOAI abzurechnen sind.

Beispiele für die **Zuordnung von Objekten**:

Erschließungsanlage

Objekt	Zuordnung zur HOAI
Straßen, Wege, Plätze	Verkehrsanlagen
Bepflanzung verkehrsberuhigter Bereiche	Freianlagen
Kanalnetz	Ingenieurbauwerk Nr. 1
Pumpwerk	Ingenieurbauwerk Nr. 2
Regenüberlaufbecken	Ingenieurbauwerk Nr. 3
Wasserversorgungsnetz	Ingenieurbauwerk Nr. 4
Gasversorgungsnetz	Ingenieurbauwerk Nr. 5

96 Jedes Objekt ist nach § 11 einzeln zu honorieren. Einschränkungen gelten bei **Kläranlagen dann**, wenn die **Abwasser- und Schlammbehandlungsanlage** jeweils einzelne **Objekte** mit eigenständiger Funktion sind. Dies trifft zweifellos in folgenden Fällen zu:

– Erweiterung der Abwasserbehandlungsanlage mit einer Fällungsanlage zur Phosphorelimination und gleichzeitiger Bau einer maschinellen Schlammentwässerungsanlage.

– Errichtung einer Flockungsfiltrationsanlage und gleichzeitiger Ausbau der Schlammfaulungsanlage mit maschineller Schlammentwässerung und Schlammtrocknung

– Neubau der Abwasserbehandlungsanlage bei weiterer Nutzung der zu einem späteren Zeitpunkt zu erweiternden Schlammbehandlung

– Neubau der Abwasserbehandlungsanlage auf dem nördlichen und Erweiterung der Schlammbehandlung auf dem südlichen Ufer eines Flusses

97 Die für den Betrieb der Behandlungsanlagen notwendigen maschinellen, verfahrens- und prozesstechnischen Anlagen sind in **Maschinenhäusern** untergebracht, soweit sie nicht Bestandteil der für die Abwasser- oder Schlammbehandlung errichteten Becken, Behältern oder Bauwerken sind. Die Maschinenhäuser sind zwar Gebäude, werden ihrer besonderen Funktion wegen aber ebenfalls als Ingenieurbauwerke verstanden: sie sind Teil der **Ingenieurbauwerke Abwasser- und Schlammbehandlungsanlage**, welche ohne diese Maschinenhäuser und ihre technischen Anlagen funktionslos blieben.

Wie die Maschinenhäuser sind auch die **Hochbauten von Pumpwerken, Wasseraufbereitungsanlagen, Schlammtrocknungsanlagen** etc. i. d. R. vergleichbare **Ingenieurbauwerke,** soweit deren maschinelle, verfahrens- und prozesstechnische Ausrüstung ebenfalls Planungsaufgabe des Objektplaners ist. Nur dann, wenn Planung und Objektüberwachung dieser Ausrüstung von anderen fachlich Beteiligten erbracht würde und sich die Aufgabe des Objektplaners ausschließlich auf das Gebäude selbst beschränkte, wäre seine Leistung für das Gebäude nach Teil 3 Abschnitt 1 HOAI zu honorieren.

VIII. Ermittlung der Honorarzonen für nicht in der Objektliste genannte Abrechnungseinheiten

Der Verordnungsgeber weist nicht nur in der Verordnung selbst, sondern auch in der Begründung zur Bundesratsdrucksache 274/80[41] ausdrücklich darauf hin, dass nach den allgemeinen Grundsätzen, wie sie insbesondere in § 44 Abs. 3 bis 4 zum Ausdruck kommen, die **Objektliste** nur gilt, **wenn keine besonderen Verhältnisse** vorliegen. **Bei besonderen Verhältnissen** kann ein **Objekt** – nach dem Grundsatz der funktionalen Einheit in der Objektliste genannt – jeweils auch in **eine andere** (höhere oder niedrigere) **Honorarzone eingestuft** werden, auch wenn es dort nicht aufgeführt wäre. Beispielsweise können schwierige Stützbauwerke mit Verankerungen oder innerstädtische Kanalnetze mit außergewöhnlich zahlreichen Verknüpfungen und Zwangspunkten einer höheren Honorarzone zugeordnet werden. Besondere Verhältnisse können auch bei besonders hohen Herstellungskosten eines Ingenieurbauwerkes vorliegen, die das Honorar für eine objektiv einfache Planung so stark erhöhen, dass eine Niederzonung gerechtfertigt ist (z. B. Verlegung von Großrohren im freien Gelände ohne Zwangspunkte). **98**

Sind in der Objektliste genannte Objekte unter besonders einfachen oder besonders schwierigen Randbedingungen zu bearbeiten oder handelt es sich um **Objekte** wie z. B. **Shredderanlagen** zur Altautoverwertung, **Kompostierungsanlagen** für Klärschlamm, **Abfallverwertungsanlagen** mit Vorsortiereinrichtungen oder **Gewässerstrecken in Ortslagen,** die **in der Objektliste nicht enthalten** sind, wird eine **Honorarzonenbewertung erforderlich.** In diesem Fall kann es hilfsweise angezeigt sein, zunächst in der Objektliste von der Schwierigkeit der Aufgabe her vergleichbare Anlagen zu finden und danach mit Hilfe der Bewertungsskala des § 44 eine Kontrollrechnung durchzuführen. **99**

Am Beispiel der **Objektdefinition für eine Kläranlage** soll die Komplexität des Problems verdeutlicht werden. Eine vorhandene Kläranlage soll zu einer **Abwasserbehandlungsanlage mit gemeinsamer aerober Schlammstabilisierung** für eine Belastung mit 30.000 EW ausgebaut werden. Der stabilisierte Schlamm soll landwirtschaftlich verwertet werden. Im Einzelnen werden voraussichtlich folgende wesentlichen Maßnahmen notwendig: **100**

– Instandsetzung des vorhandenen Einlaufpumpwerks und Ausrüstung mit neuen Pumpen sowie Erneuerung der im Erdgeschoß des Pumpwerksgebäudes untergebrachten Mittelspannungsschaltanlagen,
– Neubau einer Feinrechenanlage und eines belüfteten Sandfanges,
– Instandsetzung des bestehenden Belebungsbeckens und Umgestaltung zu einem Bio-P-Becken,
– Neubau von 3 gleichen Belebungsbecken für simultane Abwasser- und Schlammbehandlung,
– Neubau von 2 gleichen Nachklärbecken,
– Neubau eines Maschinenhauses, ausgebaut zur Aufnahme von maschineller Schlammeindickung (Siebtrommel), Gebläse für die Druckluftbelüftung von Sandfang und Belebungsbe-

---

[41] 1. Regierungsentwurf der Ersten Verordnung zur Änderung der Honorarordnung der Architekten und Ingenieure vom 7. Mai 1980, Begründung in der Bundesanzeigerausgabe der HOAI in der ab 1. Januar 1985 an geltenden Fassung, S. 87

cken, Fällmittel- und Flockungsmittelstation für fakultative P-Fällung und für die Schlamm-eindickung,

- Neubau von 2 gleichen Schlammstapelbehältern,
- Instandsetzung und Umrüstung der vorhandenen Nachklärbecken zu Trübwasserspeichern für die nur zeitweise eingesetzte mobile Schlammentwässerungsanlage,
- Neubau sämtlicher Rohrleitungssysteme für Wasser, Abwasser, Luft etc.,
- Umbau und Erweiterung des vorhandenen Betriebs- und Bürogebäudes für Sozialräume, Werkstatt, zentrale elektrische Versorgung der Kläranlage und zentrale Leitwarte einschließlich Garagen,
- Neubau sämtlicher Straßen und Wege innerhalb des Kläranlagengeländes, der nichtöffentlichen Erschließungsanlagen und der sonstigen Außenanlagen,

Grundsätzlich wären die genannten Gebäude, Bauwerke und Anlagen folgende eigenständige Objekte, sofern sie je eigene funktionale Einheiten wären und selbstständig genutzt werden könnten:

- **Zulaufpumpwerk**,
- **Abwasserbehandlungsanlage**, bestehend aus
  - Feinrechenanlage und Sandfang,
  - Bio-P-Becken,
  - Belebungsbecken,
  - Nachklärbecken.
- **Schlammbehandlungsanlage**, bestehend aus
  - Anlage zur maschinellen Schlammeindickung,
  - Schlammstapelbehälter,
  - Trübwasserspeicher.
- **Betriebs- und Bürogebäude**.

101 Unklar ist die Zuordnung des **Maschinenhauses** zu den genannten Objekten, da es sowohl für die Schlammbehandlung als auch für die Abwasserbehandlung benötigt wird. Es soll die Drucklufterzeuger für die Belebungsanlage, die Rücklaufschlammpumpen, die Zentrifuge zur Überschussschlammeindickung und die Dickschlammpumpen enthalten Unklar ist ferner die Zuordnung der **verbindenden Rohrleitungen**, der **Trübwasserspeicher**, der **Straßen und Wege** sowie der sonstigen **Außenanlagen** zu den genannten Objekten. Vor Klärung dieses Sachverhalts wird geprüft, welchen Verordnungsteilen und welchen Honorarzonen die oben genannten Objekte zuzuordnen sind, würde es sich um eigene funktionale Einheiten handeln.

Nach der Objektliste (HOAI-Anlage 10.2 und 12.2) wären die genannten „klaren" Objekte (außer Maschinenhaus, Rohrleitungen, Trübwasserspeicher etc.), wenn sie unabhängig voneinander geplant werden könnten, folgenden Honorarzonen zuzuordnen:

Objekt	maßgebender	Honorarzone
Zulaufpumpwerk	Teil 3 Abschnitt 3	II oder III
Abwasserbehandlungsanlage	Teil 3 Abschnitt 3	III oder IV
Schlammbehandlungsanlage	Teil 3 Abschnitt 3	III
Betriebs- und Bürogebäude	Teil 3 Abschnitt 1	III

Wegen der Mischung von Instandsetzungen, Erweiterungs- und Umbauten sowie Neubauten wird sicherheitshalber eine Punktebewertung nach 44 Abs. 2 bis 4 durchgeführt. Die einzelnen Bewertungsmerkmale werden hier aus Vereinfachungsgründen nicht näher begründet; es wird vorausgesetzt, sie seien fachlich richtig beurteilt.

a) Zulaufpumpwerk:

Bewertungsmerkmal nach § 44	Planungsanforderung	Wertungsgewicht	
		möglich	gewählt
geologische und baugrundtechnische Gegebenheiten	gering	2	2
technische Ausrüstung oder Ausstattung	durchschnittlich	3	3
Einbindung in die Umgebung / in das Objektumfeld	sehr gering	1	1
Umfang der Funktionsbereiche, konstruktive oder technische Anforderungen	durchschnittlich	5 bis 6	5
fachspezifische Bedingungen	durchschnittlich	7 bis 9	8
Summe		18 bis 21	19

Daher nach § 44 Abs. 3 Zuordnung zu **Honorarzone III**.

b) Abwasserbehandlungsanlage:

Bewertungsmerkmal nach § 44	Planungsanforderung	Wertungsgewicht	
		möglich	gewählt
geologische und baugrundtechnische Gegebenheiten	durchschnittlich	3	3
technische Ausrüstung oder Ausstattung	gering	2	2
Einbindung in die Umgebung / in das Objektumfeld	durchschnittlich	3	3
Umfang der Funktionsbereiche, konstruktive oder technische Anforderungen	durchschnittlich	5 bis 6	6
fachspezifische Bedingungen	durchschnittlich	7 bis 9	9
Summe		20 bis 23	23

Daher nach § 44 Abs. 3 Zuordnung zu **Honorarzone III**.

c) Schlammbehandlungsanlage:

Bewertungsmerkmal nach § 44	Planungsanforderung	Wertungsgewicht	
		möglich	gewählt
geologische und baugrundtechnische Gegebenheiten	durchschnittlich	3	3
technische Ausrüstung oder Ausstattung	sehr gering	1	1
Einbindung in die Umgebung / in das Objektumfeld	gering	2	2
Umfang der Funktionsbereiche, konstruktive oder technische Anforderungen	gering	3 bis 4	3
fachspezifische Bedingungen	durchschnittlich	7 bis 9	9
Summe		16 bis 19	18

Daher nach § 44 Abs. 3 Zuordnung zu **Honorarzone III**.

d) Betriebs- und Bürogebäude:

Bewertungsmerkmal nach § 11	Planungsanforderung	Wertungsgewicht möglich	gewählt
Einbindung in die Umgebung	gering	2	2
Anzahl der Funktionsbereiche	durchschnittlich	5 bis 6	5
gestalterische Anforderungen	durchschnittlich	5 bis 6	6
konstruktive Anforderungen	gering	2	2
technische Ausrüstungen	überdurchschnittlich	5	5
Ausbau	gering	2	2
Summe		21 bis 23	22

Daher nach § 35 Abs. 2 Zuordnung zu **Honorarzone III.**

Die aus der Objektliste entnommenen Zonenzuordnungen haben sich als zutreffend erwiesen. Allerdings ist einschränkend zu der getroffenen Objektdefinition festzustellen:

1. Das **Zulaufpumpwerk** muss als Teil der Abwasserbehandlungsanlage und kann nicht als eigenständiges Objekt angesehen werden, weil es zusätzlich zur Förderung des Abwasserzuflusses aus dem Einzugsgebiet weitere Funktionen bei der Abwasserbehandlung selber besitzt und somit integraler Bestandteil der Abwasserbehandlungsanlage ist:
   – es ist Sammelpunkt aller auf dem Kläranlagengelände anfallenden Abwässer und Überschussschlämme und enthält im Hochbauteil,
   –die zentrale Mittelspannungsschaltanlage für die Gesamtanlage.

2. Die theoretisch denkbare Aufteilung des einen **Maschinenhauses** in je einen Abwasserbehandlungs- und Schlammbehandlungsteil ist wegen des ineinander greifenden Raumkonzepts nicht möglich. Dies ergibt sich aus dem hier sinngemäß anzuwendenden Urteil des OLG Hamm[42]. Danach sei die **getrennte Honorarberechnung** für den Umbau und den Erweiterungsbau gemäß § 23 HOAI 1996/2002 **nicht gerechtfertigt**, wenn es sich um eine **einheitliche Baumaßnahme** handelt, bei der die Leistungen weder unabhängig voneinander durchgeführt werden können noch Leistungen trennbar sind. In einem solchen Fall seien die anrechenbaren Kosten für jede der einzelnen Leistungen nicht gesondert feststellbar und das Honorar auch nicht getrennt zu berechnen.

3. Die Technischen **Anlagen in Außenanlagen** nach DIN 276 (Kostengruppe 500 des Kläranlagengrundstücks) gemäß § 41 Abs. 3 sind die Abwasser- und Versorgungsanlagen, soweit sie keine außerhalb der einzelnen Bauwerke eingebauten, für den Betrieb der Kläranlage notwendigen verfahrens- und prozesstechnischen Verbindungsleitungen sind. Die Verkehrsanlagen (Erschließungsstraßen, Verbindungswege) und die Grünflächen, erfordern je eine eigene Fachplanung mit eigenem Honorar. Im vorliegenden Fall können die Kosten dieser Anlagen nicht den o. g. Objekten zweifelsfrei zugeordnet werden. Sie sind deswegen nur mit ihren jeweiligen Gesamtkosten die Basis der unterschiedlichen Fachplanungshonorare. Ihre Kosten sind dann nicht nach § 42 Abs. 3 bei der Ermittlung des Honorars für die Leistungen bei der Kläranlage anrechenbar.

4. Zwischen der Abwasserbehandlungs- und Schlammbehandlungsanlage bestehen besonders enge verfahrenstechnische, also funktionale Verflechtungen. Als Beispiel wären die gegenseitigen Abhängigkeiten zwischen Dimension und Betriebsweise von Schlamm- und Trübwasserspeicher einerseits und die Auslegung und der Betrieb der Abwasserbehandlungsanlage andererseits zu nennen.

Im vorliegenden Fall ist es daher aus funktionalen Gründen notwendig, außer dem Betriebs- und Bürogebäude alle übrigen Ingenieurbauwerke zu einer Abrechnungseinheit „Kläranlage" zusammenzufassen, dem die Außenanlagen vollständig zugerechnet werden.

---

[42] OLG Hamm, Urteil v. 24.01.2006 – 21 U 139/01; BauR 2006, 1766

Die Bewertung der Planungsanforderungen der Abrechnungseinheit „Kläranlage" erfolgt nach § 44 HOAI:

Bewertungsmerkmal nach § 44	Planungsanforderungen	Wertungsgewicht	
		möglich	gewählt
Geologie, Baugrund	durchschnittlich	3	3
technische Ausrüstung	gering	1	1
Einbindung in die Umgebung	durchschnittlich	3	3
Funktion, Konstruktion, Technik	überdurchschnittlich	7 bis 8	8
fachspezifische Bedingungen	überdurchschnittlich	10 bis 12	11
Summe		24 bis 27	26

Bei der Punktebewertung hat sowohl die Integration des Maschinenhauses als Ganzes wie auch insbesondere die Zusammenfassung der übrigen Objekte nach der Punktebewertung zur Folge, dass die Abrechnungseinheit Kläranlage (ohne Betriebsgebäude) nach § 44 Abs. 3 in Honorarzone IV einzuordnen ist.

Ergebnis:

Die zwei Abrechnungseinheiten umfassen folgende wesentliche Bestandteile und werden folgenden Honorarzonen zugeordnet:
- Objekt 1: Betriebs- und Bürogebäude/Honorarzone III.
- Objekt 2: Abwasserbehandlungs- und Schlammbehandlungsanlage einschließlich Einlaufpumpwerk und Maschinenhaus.

Unabhängig hiervon ist die Objektdefinition für die Fachplanungen der Technischen Ausrüstung sowie der Straßen, Wege und Außenanlagen zu treffen.

IX. Honorierung der Leistungen bei der örtlichen Bauüberwachung

1. Bisher verordnete Honorarsätze

Die bis 2009 verordneten **Honorare für die örtliche Bauüberwachung** erreichen je nach Bauvorhaben und anrechenbaren Kosten bei Ingenieurbauwerken erhebliche Anteile des verordneten Gesamthonorars für die vollständigen Leistungen gemäß §§ 55 und 57 HOAI a. F. Die folgende Grafik stellt die prozentualen Anteile der Honorare für die Leistungen bei der örtlichen Bauüberwachung (ÖBÜ) am Gesamthonorar der bis 2009 verordneten Honorare exemplarisch anhand von Mittelwerten dar. Dazu wurde die für die örtlichen Bauüberwachung nach § 57 Abs. 2 S. 1 HOAI 1996/2002 verordnete Bandbreite des Honorarsatzes (2.1 bis 3.2 %) in fünf Bewertungsabschnitte zu je 0,22 v. H. wie folgt aufgeteilt und deren jeweilige Hälfte den Mittelwerten der Honorare des § 56 Abs. 1 HOAI 1996/2002 zugeordnet:

Mittelwert Bewertungsabschnitt 1 entsprechend Honorarzone 1 = 2.21 v. H.

Mittelwert Bewertungsabschnitt 1 entsprechend Honorarzone 1 = 2.44 v. H.

Mittelwert Bewertungsabschnitt 1 entsprechend Honorarzone 1 = 2.65 v. H.

Mittelwert Bewertungsabschnitt 1 entsprechend Honorarzone 1 = 2,87 v. H.

Mittelwert Bewertungsabschnitt 1 entsprechend Honorarzone 1 = 3,09 v. H.

Ähnliche Ergebnisse würde eine Vergleichsberechnung mit den jetzt verordneten höheren Honorarsätzen und den in der zugehörigen Amtl. Begr. zur HOAI 2009 empfohlenen, jetzt aber ebenfalls zu erhöhenden gemittelten Honorarsätzen für die örtliche Bauüberwachung erbringen (s. Rdn. 108).

102

Anteil der gemittelten Honorare für örtliche Bauüberwachung am gemittelten Gesamthonorar nach §§ 56 Abs. 1 Nr. 9 + 57 HOAI a. F.

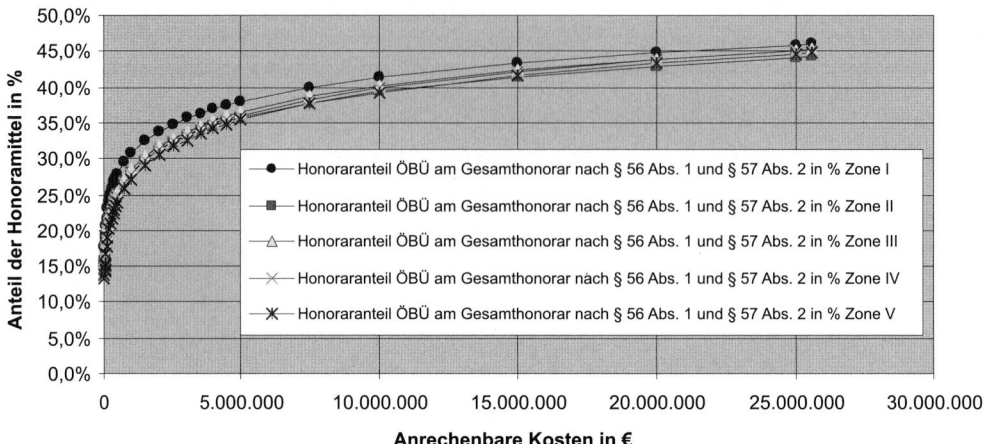

Die Grafik zeigt, dass die Honoraranteile für die örtliche Bauüberwachung bei den Mittelwerten der HOAI 1996/2002 bisher folgende Größenordnungen hatten:

anrechenbare Kosten		Honoraranteil der örtlichen Bauüberwachung			
von	bis	von etwa	Mittel	bis etwa	Mittel
25.565 €	150.000 €	13,3 bis 17,4 %	15 %	19,1 bis 23,2 %	20 %
150.000 €	450.000 €	19,1 bis 23,2 %	20 %	23,5 bis 27,5 %	25 %
450.000 €	1.500.000 €	23,5 bis 27,5 %	25 %	29,1 bis 32,5 %	30 %
1.500.000 €	4.000.000 €	29,1 bis 32,5 %	30 %	34,1 bis 36;9 %	35 %
4.000.000 €	10.000.000 €	34,1 bis 36,9 %	35 %	39,2 bis 41,3 %	40 %
10.000.000 €	25.564.594 €	39,2 bis 41,3 %	40 %	44,7 bis 46,0 %	45 %

103 Die Verlagerung der Grundleistungen und Honorare für die örtliche Bauüberwachung in den Bereich der freien Vereinbarung birgt die große Gefahr in sich, dass der Leistungswettbewerb bei der Vergabe von Ingenieurleistungen für Ingenieurbauwerke erneut zum Preiswettbewerb pervertiert wird. Dies kann nach den Erfahrungen aus der Zeit vor Inkrafttreten der zweiten HOAI-Novelle im Jahre 1985 zu dem Ergebnis führen, dass entgegen der seither gemachten Erfahrungen bei der **Vergabe der Leistungen bei der örtlichen Bauüberwachung** erneut nicht mehr die bestmögliche Leistung, sondern der geringste Preis für die zu erbringende Dienstleistung alleiniges, mindestens aber vorrangiges Entscheidungsmerkmal ist.

104 Der Vergleich der vollständigen Honorare für Objektplanungsleistungen einschließlich Objektüberwachung bei Gebäuden nach § 34 HOAI 2009 mit den Honoraren für vergleichbare Leistungen bei Ingenieurbauwerken nach § 43 HOAI 2009 einschließlich der Leistungen bei der örtlichen Bauüberwachung mit den Werten nach Amtl. Begr. zu § 42 HOAI 2009 verdeutlicht, dass letztere Honorare ohnehin in weiten Bereichen deutlich geringer sind (s. nachfolgende Grafik für die Mittelwerte der Honorarzone III). Auf eine Fortschreibung dieses Vergleichs mit den 2013 verordneten Honoraren wurde verzichtet, weil es hier nur um das Aufzeigen einer Tendenz geht.

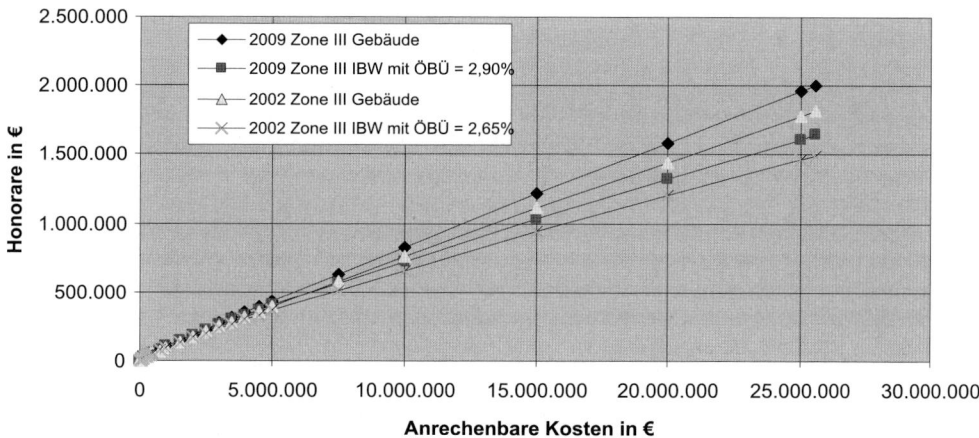

Wenn Auftraggeber eine vollständige Leistung bei der Objektplanung von Ingenieurbauwerken erwarten, sollten sie aus dem Vergleich den Schluss ziehen, mindestens die in der amtlichen Begründung zur HOAI 2009 empfohlenen Honorarsätze für die Leistungen bei der örtlichen Bauüberwachung anzuwenden (s. Rdn. 107).

Schon lange empfehlen öffentliche Auftraggeber und ihre Prüfgremien die **Vergabe** der Leistungen an solche Architekten und Ingenieure zu vergeben, deren **Fachkunde, Leistungsfähigkeit und Zuverlässigkeit** feststeht, die überausreichende **Erfahrungen** verfügen und die **Gewähr für eine wirtschaftliche Planung und Ausführung** bieten. Dabei wird stets darauf hingewiesen, dass dabei **nicht das geringste Honorar, sondern die bestmögliche Leistung** des zu Beauftragenden **entscheidend** sein sollte. Dies wird in einer Vielzahl entsprechender Verlautbarungen deutlich. So hat nach einer Veröffentlichung des Verbandes beratender Ingenieure vom Januar 1983[43] der **Bauausschuss des Deutschen Städtetages** zur Vergabe von Ingenieuraufträgen 1974 u. a. festgestellt: 105

„*... Da es sich bei Ingenieurleistungen um überwiegend geistige Leistungen handelt, ist mit der Auswahl der zu beauftragenden Ingenieure ein Verfahren verbunden, das sich von dem bei Aufträgen an die gewerbliche Wirtschaft zur Bauausführung üblichen unterscheidet.*

Ingenieurleistungen stellen keine „marktgängige Ware" dar, das heißt, sie sind nicht nach Maß, Zahl oder Gewicht zu erhalten. Im Vordergrund der Planungsleistungen freiberuflicher Ingenieure und Architekten steht die Optimierung der für ein bestimmtes Projekt anfallenden Bau- und Nutzungskosten, die unabhängig vom Lieferprogramm ausführender Firmen ermittelt werden. Freiberufliche Ingenieure stehen daher in einem Leistungs-, nicht in einem Preiswettbewerb. Der Gegenstand dieser Art Wettbewerb ist die am Bauprojekt ausgerichtete ingenieurfachliche Denkleistung, nicht das für die Ingenieurleistungen zu zahlende Entgelt ..."

In derselben Veröffentlichung ist auch die folgende Stellungnahme des **Bundesrechnungshofes** aus dem Jahr 1974 enthalten: „*Der Bundesrechnungshof hat für die seiner Prüfung unterliegenden Baumaßnahmen stets die Auffassung vertreten, dass Aufträge an freischaffende Architekten und Ingenieure nicht aufgrund von Ausschreibungen vergeben werden sollen, die allein dem Zweck dienen, den niedrigsten Preis zu erzielen; derartige Ausschreibungen würden der Eigenart der Architekten- oder Ingenieurtätigkeit, die sich durch schöpferische, geistige Leistungen vom Herstellen marktgängiger Erzeugnisse unterscheidet, nicht gerecht.*"

Schließlich enthält die Veröffentlichung auch die folgende Position des Arbeitskreises Maschinen- und Elektrotechnik staatlicher und kommunaler Verwaltungen (**AMEV**) von 1983: „*Nach übereinstimmender Meinung von politischen und administrativen Gremien des Bundes, der Länder, der Städte und Gemeinden ist die geistige Leistung planender Ingenieure nicht mit dem Erwerb marktgängiger Artikel oder Dienstleistungen vergleichbar. Die Vergabe von Ingenieur-*

---

[43] Verband beratender Ingenieure: Stellungnahmen öffentlicher Auftraggeber, Januar 1983, Seite 31, veröffentlicht in Mitt. DST 21.8.1974

oder Architektenleistungen sollte deshalb nur nach Eignungs- und Leistungskriterien zur jeweiligen Aufgabe beurteilt werden und somit freihändig ohne Ausschreibungsverfahren erfolgen.

Als Gründe wurden zusammenfassend genannt:

- *Ingenieurleistungen sind nicht am Honorar messbar, sondern an den zur Aufgabe gehörenden Kriterien der Eignung, Leistungsfähigkeit, Ausrüstung, zeitlichen Auslastung u. a. Sie bedingen Erfahrungs- und Vertrauensverhältnisse zwischen Auftraggeber und Ingenieur.*

- *Umfang und Art von Ingenieurleistungen lassen sich nicht als kalkulierbare und prüfbare Leistungsbeschreibung aufstellen, die nach eindeutigen Regeln auszuführen und abzunehmen sind. Zur Vergleichbarkeit von Honoraren wäre das aber eine erforderliche Grundlage.*

- *Zur Förderung von Leistungen und Kenntnissen sowie zur Beurteilung von Aufgabenlösungen können nur Entwurfswettbewerbe beitragen, nicht aber Honorarwettbewerbe.«*

2. Honorierungsempfehlungen

106 Die folgenden **Honorierungsempfehlungen** sollen das Finden eines angemessenen Honorars für die Leistungen bei der örtlichen Bauüberwachung erleichtern. Sie berücksichtigen die bisherigen Honorarvorschriften und die damit gesammelten Erfahrungen. So sah § 57 Abs. 2 Satz 1 HOAI a. F. vor, das **Honorar** mit einem bestimmten **Vomhundertsatz der anrechenbaren Kosten zu vereinbaren**. Je nach Schwierigkeit, Dauer und Größe des Bauvorhabens war das Honorar zuletzt mit 2,1 v. H. bis 3,2 v. H. der anrechenbaren Kosten verbindlich verordnet. Die Amtliche Begründung zu § 57 HOAI a. F.[44] erklärte hierzu:»Dadurch wird den Vertragsparteien die Möglichkeit gegeben, bei intensiven Überwachungsmaßnahmen angemessene Honorare zu vereinbaren.« Der Hinweis auf das Kriterium der „intensiven Überwachung" verdeutlicht, dass die Anforderungen an die örtliche Bauüberwachung bei der Honorarfindung das zentrale Kriterium darstellten. Dies trifft auch jetzt noch unverändert zu. Welche Aspekte dabei beachtet werden müssen, beschreibt u. a. die Amtl. Begr. zu § 4 HOAI a. F.[45]

107 Die **Anforderungen an die örtliche Bauüberwachung** und der Aufwand des Objektplaners für die Durchführung dieser Leistung werden auch durch Ereignisse beeinflusst, auf die er allein nur unzureichend oder nicht einwirken kann. Hier ist zum einen die **Bauzeit** zu nennen. Diese ist von der **Leistungsfähigkeit der eingesetzten Unternehmen**, von der rechtzeitigen Finanzierung des Objektes durch den Bauherrn, aber auch von Witterungseinflüssen (Bauausführung im Winter, Hochwasser etc.) abhängig. Daher kann ein Objekt einer niedrigen Honorarzone überdurchschnittliche Anforderungen an die örtliche Bauüberwachung stellen. **Überdurchschnittlicher Überwachungsaufwand** kann z. B. erforderlich werden, wenn die ausführenden Unternehmen für Teilleistungen Subunternehmer einschalten und so ihre eigenen Leistungen verringern[46]. Dadurch nimmt die Zahl der am Bau Beteiligten zu, deren Koordination und Überwachung trotz der prinzipiellen Zuständigkeit des Generalunternehmers deutliche Mehraufwendungen bei der Bauüberwachung zur Folge haben.

108 Zur Definition eines angemessenen Honorarsatzes empfiehlt es sich, ähnlich § 44 Abs. 2 bis 4 **Bewertungsmerkmale** anzuwenden, welche die Anforderungen an die örtliche Bauüberwachung beschreiben. Ein solcher Satz könnte nach der Amtl. Begr. der aktuellen HOAI 2009 zwischen 2,3 und 3,5 % der anrechenbaren Kosten liegen. Werden diese Prozentsätze in demselben Maße wie die Honorarsätze in der Tafel des § 44 Abs. 1 um durchschnittlich 17 % angehoben, die Ausführungen im Abschlussbericht zum Gutachten über den Aktualisierungsbedarf zur Honorarstruktur der HOAI[47] aber nicht beachtet, müsste die genannte Bandbreite nun 2,7 bis 4,1 % betragen. Es empfiehlt sich, in Anlehnung an § 44 die Bandbreite mit diesen Sätzen vereinfacht wie folgt zu nutzen

---

[44] Bundesanzeigerausgabe der HOAI 2002, 127
[45] Bundesanzeigerausgabe der HOAI 2002, 85
[46] Bundesanzeiger-Ausgabe der HOAI 1991, S. 108
[47] Aktualisierungsbedarf zur Honorarstruktur der Honorarordnung für Architekten und Ingenieure (HOAI) Studie im Auftrag des Bundesministeriums für Wirtschaft und Technologie vom Dezember 2012, S. 150 ff. und 560

Anforderungen an die örtliche Bauüberwachung	Honorarsatz in v. H.
sehr gering	2,70 – 2,98
gering	2,98 – 3,26
durchschnittlich	3,26 – 3,54
überdurchschnittlich	3,54 – 3,82
sehr hoch	3,82 – 4,10

Der folgende **Vorschlag**[48] **für eine differenzierte Bewertung der Anforderungen** an die örtliche Bauüberwachung mit Hilfe überwachungsorientierter Bewertungsmerkmale liefert eine sachgerechte Hilfestellung zur Bewertung der Anforderungen bei der örtlichen Bauüberwachung. Er berücksichtigt in Anlehnung an die Amtl. Begr. zu § 4 HOAI 1996/2002 folgende fünf Bewertungsmerkmale:

- die Honorarzone des Objekts nach § 44 für die Leistungsphasen 1 bis 9,
- die Dauer der Baumaßnahme,
- die voraussichtliche Anzahl und Art der Unternehmer,
- die fachspezifische Anforderungen an die Überwachung und
- die notwendige bzw. vom Auftraggeber gewünschte Intensität der Überwachung.

In Anlehnung an § 44 (3) werden insgesamt maximal **40 Bewertungspunkte** den in der oben wiedergegebenen Tabelle aufgeführten **5 Schwierigkeitsstufen** von Überwachungsanforderungen zugeordnet:

Bewertungsmerkmale mit bis zu fünf Punkten

Honorarzone	Dauer	Anzahl und Art der Unternehmer	Punkte
I	< 3 Monate	1 ohne wesentliche Subunternehmer	1
II	3 bis 6 Monate	1 mit mehreren wesentlichen Subunternehmern	2
III	6 bis 9 Monate	1 bis 5 jeweils ohne wesentliche Subunternehmer	3
IV	9 bis 12 Monate	1 bis 5, davon mind. 1 mit wesentlichen Subunternehmen	4
V	> 12 Monate	> 5 mit mehreren wesentlichen Subunternehmern	5

Bewertungsmerkmale mit bis zu zehn Punkten

Fachspezifische Anforderungen	Punkte
sehr gering	1 bis 2
gering	3 bis 4
durchschnittlich	5 bis 6
überdurchschnittlich	7 bis 8
sehr hoch	9 bis 10

Die **fachspezifischen Anforderungen an die Örtliche Bauüberwachung ergeben** sich aus den Abschnitten der **VOB/C**. So werden – beginnend mit der DIN 18299 und dann in den nachfolgenden DIN-Normen – jeweils im Kapitel 0.2 die Anforderungen zur Ausführung festgelegt. Dies sind in der DIN 18299 21 Abschnitte und in den folgenden meistens in der gleichen Größenordnung. Es gibt wenige Ausnahmen nach unten, z. B. im Verkehrswegebau, wo die Anforderungen mit rd. 5 Abschnitten beschrieben werden können oder bei den Fassaden, wo über 30 Abschnitte aufgeführt sind. Die Anzahl der für das Bauwerk erforderlichen Punkte ergibt ein ausgesprochen

---

[48] In Anlehnung an „Ermittlung eines für die Örtliche Bauüberwachung nach § 57 HOAI angemessenen Honorarsatzes", entwickelt von Dipl.-Ing. Peter Kalte, ö. b. u. v. Sachverständiger für Honorare der Ingenieurbauwerke, veröffentlicht in der DIB-Beilage Mai 2005, zu erhalten unter www.ghv-gutestelle.de / Publikationen /Örtliche Bauüberwachung

gutes Abbild für die fachspezifischen Anforderungen. Es wird empfohlen, die zutreffenden Abschnitte der DIN 18299, die für Baumaßnahmen aller Art gilt, zu den Abschnitten der zutreffenden DIN zu addieren und eine Einordnung mit folgendem Schlüssel vorzunehmen:

0 bis 3 zutreffende Abschnitte	→	1 Punkt
4 bis 6 zutreffende Abschnitte	→	2 Punkte
7 bis 9 zutreffende Abschnitte	→	3 Punkte
10 bis 12 zutreffende Abschnitte	→	4 Punkte
13 bis 15 zutreffende Abschnitte	→	5 Punkte
16 bis 18 zutreffende Abschnitte	→	6 Punkte
19 bis 21 zutreffende Abschnitte	→	7 Punkte
22 bis 24 zutreffende Abschnitte	→	8 Punkte
25 bis 27 zutreffende Abschnitte	→	9 Punkte
> 27 zutreffende Abschnitte	→	10 Punkte

Bewertungsmerkmale mit bis zu fünfzehn Punkten:

Häufigkeit der Baustellenbesuche pro Woche	Punkte
weniger als 1-mal	1 bis 3
ca. 1-mal	4 bis 6
1- bis 3-mal	7 bis 9
3- bis 5-mal	10 bis 12
im Wesentlichen ständige Anwesenheit	13 bis 15

In der folgenden Tabelle sind diese Aspekte in ähnlicher Form wie bei der Ermittlung der Honorarzone (s. § 44 Rdn. 10) komprimiert worden.

Beispiel für eine Bewertung der Anforderungen an die örtliche Bauüberwachung in Anlehnung an § 44 Abs. 2–4

Bewertungsmerkmale		Gewichte der Überwachungsanforderungen					gewählt:	
Nr.	Bezeichnung	sehr gering	gering	durchschnittlich	überdurchschnittlich	sehr hoch	Anforderungen	Punkte/ v. H.-Satz gewählt
1	Honorarzone	1	2	3	4	5	IV	4
2	Dauer der Baumaßnahme	1	2	3	4	5	8 Monate	3
3	Anzahl und Art der Unternehmer	1	2	3	4	5	1 Unternehmen ohne Sub.	1
4	fachspezifische Anforderungen an Überwachung	1 bis 2	3 bis 4	5 bis 6	7 bis 8	9 bis 10	sehr hoch	10
5	Intensität der Überwachung	1 bis 3	4 bis 6	7 bis 9	10 bis 12	13 bis 15	3 x pro Woche	9
Punktsumme		bis 10	11 bis 17	18 bis 25	26 bis 33	34 bis 40		27
Vomhundertsatz		2,70 – 2,98	2,98 – 3,26	3,26 – 3,54	3,54 – 3,82	3,82 – 4,10		**3,60**

Nachteil der empfohlenen Wertungsmethode ist, dass die Wertungsparameter teilweise erst nach Abschluss der Entwurfsplanung bekannt sein dürften. Daraus folgt die **Empfehlung**, dass sich die Parteien beim **Abschluss des schriftlichen Vertrages** verpflichten, die **Honorierung** der örtlichen Bauüberwachung nach Abschluss einer verbindlich zu nennenden Leistungsphase (z. B. **nach Abschluss der Entwurfsplanung**) festzulegen. Dies ist ja deswegen ohne Weiteres möglich, da das Honorar für die örtliche Bauüberwachung als Besondere Leistung der Bauoberleitung nicht schon bei Auftragserteilung vereinbart werden muss.

Auch aus diesem Grund hat der Verordnungsgeber in der Amtlichen Begründung der Vorgängerverordnungen die Möglichkeit aufgezeigt, ein **Honorar** als **Festbetrag** unter Zugrundelegung der geschätzten Bauzeit zu vereinbaren. Damit wird die Möglichkeit eröffnet, die häufig unzureichende Vergütung der örtlichen Bauüberwachung zu verbessern. **109**

Hier empfiehlt sich folgendes Vorgehen:

1. Ermittlung der voraussichtlichen (auskömmlichen) Bauzeit auf Basis der Kostenberechnung mit Hilfe eines mit Erfahrungswerten abzuschätzenden durchschnittlichen monatlichen Baustellenumsatzes zuzüglich der Zeit zur Durchführung der Leistungen, die für die Rechnungsprüfung und das Überwachen der Beseitigung von Mängeln erforderlich ist, die bei der Abnahme der Bauleistungen festgestellt werden. **Bauzeit** bedeutet in diesem Falle „**Abwicklungszeit**" von Baubeginn bis zur Abnahme der überwachten Bauleistung.

2. Kalkulation des Honorars für die örtliche Bauüberwachung als Zeithonorar unter Abschätzung des durchschnittlichen monatlichen Zeitbedarfs für die Dauer der Bauzeit mit betriebswirtschaftlich zutreffenden Personalkosten.

3. Ermittlung des Festbetrages für die örtliche Bauüberwachung durch Multiplikation der voraussichtlichen Bauzeit nach Ziff. 1. mit den Personalkosten nach Ziff. 2.

4. Schriftliche Vereinbarung einer Kostenanpassungsklausel zwischen Objektplaner und Auftraggeber, dass sich bei Änderung der zuvor festgelegten Bauzeit das Honorar für die örtliche Bauüberwachung entsprechend ändert.

Nachdem **die Stundensätze** nicht mehr verordnet sind, kann der Festbetrag mit individuellen und **betriebswirtschaftlich sinnvollen Bürostunden- oder Bürotagessätzen des Objektplaners** und seiner Mitarbeiter berechnet werden; nur bei einer derartigen Vorgehensweise kann ein kostendeckendes Honorar für die Leistungen bei der örtlichen Bauüberwachung erreicht werden (s. Vorbemerkungen Rdn. 26 ff.).

X. Honorierung von Leistungen im Bestand

1. Umbauten und Modernisierungen nach Abs. 6

Nach § 44 Abs. 6 kann vereinbart werden, dass das Honorar für Leistungen bei Umbauten und Modernisierungen von Ingenieurbauwerken **bei durchschnittlichem Schwierigkeitsgrad** mit einem **Zuschlag** gemäß § 6 Abs. 2 S. 3 **bis zur Höhe von 33 %** berechnet wird. In der Verordnungsbegründung macht der Verordnungsgeber darauf aufmerksam, dass der Zuschlag unter Berücksichtigung des Schwierigkeitsgrads der Leistungen schriftlich bei Auftragserteilung zu vereinbaren sei. Das Erfordernis einer schriftlichen Vereinbarung bei Auftragserteilung folge aus § 7 Abs. 1. Die Vorschrift ist nur dann unproblematisch, wenn die auftraggeberseitig geschuldete Bedarfsplanung die zu erwartenden Schwierigkeiten ausreichend untersucht und dokumentiert hat. Nur dann kann ein Objektplaner schon vor Vertragsabschluss die bei der Durchführung von Planung und Objektüberwachung zu erwartenden erschwerten Bedingungen ausreichend überblicken und kalkulatorisch berücksichtigen; im Übrigen gehört die Ermittlung der zutreffenden Honorarzone und deren Mitteilung an interessierte Auftragnehmer zu den Pflichten, die ein Auftraggeber vor der Vergabe von Ingenieurleistungen erfüllen muss[49]. Nur dann wird er Honorarangebote auf HOAI-Konformität prüfen können. **110**

---

[49] Kaufhold: Die Vergabe freiberuflicher Leistungen ober- und unterhalb der Schwellenwerte, Bundesanzeiger Verlagsges. m.b.H., III § 6 Rdn. 3, S. 254

An dieser Stelle weist die Verordnungsbegründung ergänzend darauf hin, dass gemäß § 6 Abschnitt 2 S. 4 bei fehlender schriftlicher Vereinbarung eines Zuschlags zwar »unwiderleglich vermutet« würde, dass ein Zuschlag von 20 % ab einem durchschnittlichen Schwierigkeitsgrad als vereinbart gelte, dieser jedoch nicht als Mindestzuschlag zu verstehen sei. Daher stellt es die Verordnungsbegründung stellt den Vertragsparteien ausdrücklich frei, bei Auftragserteilung auch einen Zuschlag von weniger als 20 % der auch mehr zu vereinbaren.

111   Nach den Begriffsbestimmungen des § 2 HOAI n. F. sind
– **Umbauten** Umgestaltungen eines vorhandenen Objektes mit wesentlichen Eingriffen in Konstruktion oder Bestand,
– **Modernisierungen** bauliche Maßnahmen zur nachhaltigen Erhöhung des Gebrauchswertes eines Objektes, soweit diese Maßnahmen keine Erweiterungsbauten (Ergänzungen eines vorhandenen Objektes), Umbauten oder Instandsetzungen sind.

Typische Beispiele für **Umbauten von Ingenieurbauwerken** sind
– im **Kanalbau** jede Art von Rohrlining mit der erforderlichen Ringraumverdämmung (z. B. zur statischen Absicherung), die stets zu einer signifikanten Reduzierung des nominalen und abflusswirksamen Querschnitts führt oder chemisch resistente Innenauskleidung (z. B. mittels Liner) korrodierter Stahlbetonkanäle zur Vermeidung künftiger Korrosionserscheinungen nach Durchführung entsprechender Reparaturen,
– **Auswechselung eines schadhaften Kanals** unter Mitverarbeitung der vorhandenen restlichen Entwässerungsanlage (z. B. Hausanschlüsse, Straßeneinläufe, Schachtbauwerke) gegen einen neuen Kanal **mit Umgestaltung der gesamten vorhandenen Entwässerungsanlage,**
– der Umbau eines **Mischwasserkanalnetzes in ein Netz zur Oberflächenentwässerung,** welches zusammen mit neuen Schmutzwasserkanälen Teil eines Trennsystems wird,
– der „**Rückbau**" kanalähnlich ausgebauter Vorfluter zu Bächen mit naturnaher Gestaltung mit Änderung der Linienführung und Querschnitte durch
  – Einrichtung von Uferrandstreifen,
  – Herstellen der Gewässerdurchgängigkeit (Fischtreppen, Abbau von Schwellen),
  – Entfesselung des Gewässerbettes und Einbringen von Störhilfen (Altholz),
  – Verbesserung der Ufer- und Sohlstrukturen,
  – wasserbauliche Maßnahmen im Verbund mit naturraumtypischen Pflanzungen zur morphologischen Gewässerneugestaltung,
– Umbau einer **Abwasserbehandlungsanlage mit vollem Kohlenstoff- und unkontrolliertem Stickstoffabbau** in eine **Anlage mit planmäßiger weitergehender Abwasserreinigung** (Kohlenstoff- und Stickstoffabbau) **ohne Neubauten** durch
  – Umrüstung der maschinen-, verfahrens- und prozesstechnischen Ausrüstung,
  – Umstellung des Abwasserdurchflusses,
  – Umnutzung vorhandener Beckenvolumina (Aero-/Anaerobecken),
– Umbau einer **Schlammentwässerungsanlage mit Siebbandpressen** zu einer Anlage mit **Zentrifugen** durch Änderungen und Ergänzungen wichtiger maschinen-, verfahrens- und prozesstechnischer Ausrüstungsteile, aber unter Beibehaltung der vorhandenen Schlammaustrags- und Schlammspeichereinrichtungen und des Entwässerungsgebäudes sowie mit erheblichen baulichen Umbauten im Inneren.

Die **Auswechslung eines** defekten oder zu gering dimensionierten **Kanals** ist dann **keine Umbaumaßnahme,** sondern als Neubau unter erschwerten Planungs- und Objektüberwachungsanforderungen – ggf. auch als Wiederaufbau – zu verstehen, wenn dabei kein Eingriff in vorhandene Entwässerungsanlagen erfolgen muss (z. B. Hausanschlüsse, Straßeneinläufe, Schachtbauwerke). Der entscheidende Grund ist, dass das Objekt „vorhandener Kanal" vollständig beseitigt und durch einen neuen Kanal ersetzt wird. **Voraussetzung für** die Einordnung einer Baumaßnahme als **Umbau** ist also stets die **Mitverarbeitung vorhandener baulicher Substanz** des umzubauenden Objekts.

Unter **Modernisierung eines Ingenieurbauwerks** oder eines **Gebäudes** können alle Bau- und   **112**
Ausrüstungsmaßnahmen eingeordnet werden, die unter Beibehaltung des vorhandenen Bauwerks zur nachhaltigen Erhöhung dessen tatsächlichen Gebrauchswertes im Sinne von § 2 Nr. 7 dienen und seine weitere Nutzung nachhaltig verbessern. Die Modernisierung ist danach die **Instandsetzung** solcher Bauwerke **mit Verbesserungen**. Unter Verbesserungen versteht die in DIN 31051 vom Juni 2003[50] unter Ziffer 4.1.5 zitierte DIN EN 13306:2001-09 die *„Kombination aller technischen und administrativen Maßnahmen des Managements zur Steigerung der Funktionssicherheit einer Betrachtungseinheit, ohne die von ihr geforderte Funktion zu ändern"*. Beispiele sind:
– die Renovierung einer beschädigten Kanalleitung mithilfe eines Auskleidungs- oder Beschichtungsverfahrens oder mithilfe der Schlauchliningstechnik,
– grundhafte Sanierung eines Wasserbehälters mit Umgestaltung bzw. Erneuerung der verfahrens- und prozesstechnischen Ausrüstung, Beseitigung von Schäden an Stahlbetonwänden, Erneuerung der Überdeckung sowie Ersatz des Anstrichs der Behälterinnenwände durch keramische Platten,
– Auskleidung eines vorhandenen Schwimmerbeckens mit einer Edelstahlwanne und der sich daraus ergebenden Anpassung der Umwälzinstallationen, Aus- bzw. Einstiege, Startblöcke etc. an neue Anforderungen,
– grundhafte Erneuerung einer vorhandenen Tiefgarage durch Austausch des vorhandenen wasserundurchlässigen Stahlbetonbodens gegen einen gepflasterten, wasserdurchlässigen und mit semipermeabler Folie auf einer Dränschicht aufgebauten Leichtbetonunterbau, Austausch der vorhandenen zu engen Treppenanlage gegen eine großzügige Wendeltreppe, kompletter Neuanstrich des Garageninneren, Einfügung einer Sprinkleranlage und Neugestaltung der Oberfläche des Tiefgaragendaches mit gezielten Sammlung und Ableitung des Regenwassers in neue, im Inneren der Garage verlegten Abwasserableitungen,
– umfassende energetische und bauliche Sanierung eines vorhandenen Hallenbades z. B. durch Einsatz eines Edelstahlbeckens anstelle der defekten Keramikplatten, Abdichtung und Wärmedämmung der Sockelbereiche, aller Außenwände und Fassaden, Erneuerung der Wärmedämmung der Dachflächen, Austausch aller Fenster- und Türanlagen gegen dreifachverglaste Anlagen und Austausch der außen liegenden Verschattungselemente.

Jeder **Umbau und** jede **Modernisierung** bedeutet im Vergleich mit einem Neubau eine mehr   **113**
oder weniger große **zusätzliche Erschwernis** für die Planungsleistungen. Umbauten sind auch häufig mit **erhöhtem Risiko** verbunden und führen zu einer davon bestimmtem höheren Verantwortung bei allen Planern. Der in § 6 Abs. 2 Nr. 5 grundsätzlich verordnete **Zuschlag** stellt eine Vergütung sowohl für die Mehrleistungen als auch für die erhöhte Verantwortung des Planers für die technisch einwandfreie Lösung der stets mit Risiken verbundenen Planungsaufgabe dar. Daher kann er nicht mit den objektplanungsspezifischen Bewertungsmerkmalen der Planungsanforderungen bei Objekten nach § 5 bestimmt, sondern muss unter Beachtung **umbau- bzw. modernisierungsspezifischer Merkmale** begründet werden. Diese sind in der HOAI nicht genannt. Für die Bewertung von **Erschwernis und Risiko** wird die nachfolgend beschriebene **Bewertungsmethode** (s. nachstehende **Tabelle**) empfohlen:

1. Schritt:

Zunächst werden die nicht abschließend aufgeführten und je nach Objekt individuell zu ergänzenden **Bewertungsmerkmale nach ihrer Bedeutung** mit 1, 2, oder 3 geordnet:
– das Bewertungsmerkmal mit der größten Bedeutung erhält die Prioritätszahl 5,
– das Bewertungsmerkmal mit der geringsten Bedeutung erhält die Prioritätszahl 1.

Ist beispielsweise der Umfang der in die Planung einzubeziehenden Bausubstanz sehr hoch (z. B. Erweiterung einer Abwasserbehandlungsanlage in allen Verfahrensstufen oder völlige Überprüfung eines vorhandenen Tragwerks), aber die normativ bedingten Merkmale von geringer Bedeutung (z. B. keine Änderung in den Baunormen und -richtlinien, keine sonstigen Auflagen

---

[50] DIN 31051: 2003-06 „Grundlagen der Instandhaltung"

des Gesetzgebers, immer im Vergleich mit den zum Zeitpunkt der Errichtung der vorhandenen Substanz geltenden), könnten
– die substanz- und systembedingten Merkmale die größte Bedeutung haben, also 3 Punkte
– und die normativ bedingten Merkmale nur 1 Punkt erhalten.

Nr.	Bewertungsmerkmale für Erschwernis und Risiko (beispielhaft, nicht abschließend benannt)	Bedeutung (1)	Bewertung (2)	Einflusszahl (1) × (2)
1	**Substanz- und systembedingte Merkmale** Schäden der Bausubstanz Einfluss des Alters der Bausubstanz auf die Maßnahme Einfluss von Häufigkeit und Ausmaß von Änderungen der Bausubstanz während ihrer Lebensdauer Gestaltungs-/Funktionsgerechte Wiederverwendung alter Bauteile Grad der Verknüpfung der neuen Maßnahme mit der alten Bausubstanz Erhaltung und Verbesserung des Soll-Zustandes sowie mögliche Anpassung an heutige Anforderungen	1, 2 oder 3	0 bis 5	
2	**Nutzungsbedingte Merkmale** Grad der Veränderung der Nutzung der alten Bausubstanz Planen und Bauen bei laufender Nutzung bzw. laufendem Betrieb	1, 2 oder 3	0 bis 5	
3	**Normativ bedingte Merkmale** Abstimmung der vorhandenen Bausubstanz auf neue Normen und Richtlinien Erfüllung neuer Auflagen des Gesetzgebers (z. B. Energieverbrauch, Umweltverträglichkeit, Sicherheit)	1, 2, oder 3	0 bis 5	
maximale Punktezahl		**9**	**15**	**max. 30[*)]**

*) folgt aus Summe der 3 Produkte aus Bedeutung (= 1 bis 3) und jeweils höchster Bewertungszahl (= 5); das bedeutet
$1 \cdot 5 + 2 \cdot 5 + 3 \cdot 5$

2. Schritt:

Danach werden die **Bewertungsmerkmale** mit 0 bis 5 Punkten durch Beurteilung **ihres jeweiligen Einflusses auf die Schwierigkeit** bei der Planung und Objektüberwachung bewertet:
– keine Beeinflussung erhält die Wertung 0
– volle Beeinflussung erhält die Wertung 5

Ist der bauliche Zustand der in den obigen Beispielen genannten Bausubstanz gut und für die Baumaßnahmen gut brauchbar (das Alter der Bausubstanz ist also von geringem Einfluss), ist die Wiederverwendung der vorhandenen Bauteile funktionsgerecht möglich und in nur geringem Maß mit der neuen Bausubstanz zu verknüpfen, könnten beispielsweise 2 Bewertungspunkte angemessen sein.

Ist der Grad der Nutzungsänderung der alten Bausubstanz allerdings hoch (z. B. Vorklärbecken einer Abwasserbehandlungsanlage wird in eine Bio-P-Stufe einbezogen) und muss die Abwasserbehandlungsanlage ihre volle Leistung auch während der Bauphase bringen, könnten die nutzungsbedingten Merkmale beispielsweise mit 4 Punkten bewertet werden.

Sind alle bei der Maßnahme vorkommenden Merkmale bezüglich ihrer Priorität geordnet (Definition der Prioritätenzahlen) und anschließend mit Blick auf ihren Einfluss auf die Anforderungen an die Ingenieurleistungen bewertet (Bewertung), so werden für die Bewertungsmerkmale 1 bis 3 die Produkte

Bedeutung × Bewertung = Einflusszahl

gebildet. Der angemessene Zuschlag kann dann nach den rechnerisch ermittelten Einflusszahlen wie folgt bestimmt werden:

Einflusszahl	Erschwernisse und Risiko	Zuschlag in %	
		mindestens	höchstens
< 6	sehr gering	0	11
7 bis 12	gering	12	22
13 bis 18	durchschnittlich	23	33
19 bis 24	überdurchschnittlich	34	44
25 bis 30	sehr groß	45	55

2. Wiederaufbauten und Erweiterungsbauten

Schon aus den Begriffsbestimmungen des § 2 geht hervor, dass bei **Wiederaufbauten** und **Erweiterungsbauten** vorhandene Bau- und Anlagenteile auf vorhandenen Bau- oder Anlagenteile wiederhergestellt werden. Dies bedeutet nichts anderes als das Mitverarbeiten vorhandener Substanz, also eine planerische Tätigkeit für die neue Bausubstanz in Verbindung mit bestehenden, wieder verwendbaren Bauteilen.   **114**

Wiederaufbauten von Ingenieurbauwerken im Sinne des § 2 Nr. 3 waren **nach den großen Hochwasserkatastrophen** 2002 und 2013 in großem Umfang bei zahlreichen Gebäuden und Ingenieurbauwerken erforderlich. Dabei sind vorhandene Anlagenreste nach entsprechender Sanierung mit dem Ziel weiterverwendet worden, die Kosten des Wiederaufbaus so gering wie möglich zu halten.

Als **Erweiterungsbauten** im Sinne von § 2 Nr. 4 werden alle Baumaßnahmen verstanden, die unter weitest gehender Beibehaltung vorhandener Bau- und Anlagensubstanz vorhandene Kapazität ergänzen oder vergrößern. Typische Beispiele sind

– Erweiterung eines vorhandenen Wasserbehälters

– Erweiterung eines vorhandenen Abwasserkanalnetzes durch Anschluss eines Neubaugebietes mit der Folge von Kanalverstärkungen und Umbauten innerhalb des vorhandenen Systems

– Erweiterung einer vorhandenen Abwasserbehandlungsanlage um neue Belebungs- und Nachklärbecken zur Erhöhung der Reinigungsleistung

– Aufstockung eines Maschinenhauses zur Installation eines neuen Schlammaustragssystems

Erweiterungsbauten sind zwar dem Verordnungstext nach „Ergänzungen" eines vorhandenen Objekts; solche Ergänzungen sind ohne Berücksichtigung der vorhandenen Substanz nicht optimal und kostensparend möglich. Stets sind die vorhandene Substanz des Bauwerks, seine technische Ausrüstung, die bisher zur Zweckerfüllung und Nutzung erforderlich war, und vor allem ihre nutzungsspezifischen Anlagen im Sinne der Anlagengruppe 7 der DIN 276-4:2009-08 zu berücksichtigen, da die alte und die neu zu schaffende Substanz später aufs Engste miteinander verknüpft sind und gemeinsam betrieben oder genutzt werden sollen.

Die planerische und die Bauausführung überwachende Tätigkeit beim Erstellen von Wiederaufbauten und Erweiterungsbauten im Sinne von § 2 Nr. 5 ist ohne Berücksichtigung der vorhandenen baulichen und technischen Anlagen nicht vorstellbar. Deswegen sind Leistungen für deren Umbauten und/oder Modernisierung notwendig, um entweder die neu zu errichtenden Bauwerks- und Anlagenteile dem Bestand anzupassen oder den Bestand durch entsprechende Anpassungsmaßnahmen als Teil des neuen Ganzen nutzbar zu machen. Die Honorare für Leistungen bei Wiederaufbauten und Erweiterungsbauten bestehen stets aus **zwei Komponenten**, nämlich aus den Honoraren für **Leistungen für den Neubau** und für die **Leistungen für Umbauten und/oder Modernisierungen der mitverarbeiteten Bausubstanz**. Daher ist auch deren Wert stets Teil der anrechenbaren Kosten solcher Objekte.   **115**

3. Instandhaltungen und Instandsetzungen

116   Nach § 12 Abs. 2 HOAI kann für die Honorierung von **Grundleistungen** bei **Instandhaltungen und Instandsetzungen** schriftlich vereinbart werden, dass der Prozentsatz der Bewertung der Bauoberleitung von Ingenieurbauwerken mit bis zu 50 % erhöht werden, also **mit bis zu 22,5 v. H. vereinbart** werden kann. Auch aus dieser Vorschrift ist nicht unmittelbar erkennbar, dass der Zuschlag unter Berücksichtigung des Schwierigkeitsgrads der Leistungen schriftlich bei Auftragserteilung zu vereinbaren ist. Das Erfordernis einer schriftlichen Vereinbarung bei Auftragserteilung folgt analog zur Begründung des Umbauzuschlags aus § 7 Abs. 1.

117   Nach § 2 HOAI sind **Instandsetzungen** Maßnahmen zur **Wiederherstellung** des zum bestimmungsgemäßen Gebrauch geeigneten Zustandes (Soll-Zustandes) eines Objektes, soweit die Instandsetzungen nicht mit Wiederaufbauten zerstörter Objekte gleichzusetzen sind oder durch Modernisierungsmaßnahmen verursacht sind. Es geht somit um die **Wiederherstellung seines Ursprungszustands. Instandhaltungen** dagegen sind Maßnahmen zur **Erhaltung** seines Soll-Zustands. Die Amtl. Begr. zum inhaltsgleichen § 3 Nr. 10 und 11 HOAI 2009 weist darauf hin, dass die Begriffsbestimmungen der DIN 31 051 entnommen seien. Nach der im Juni 2003 veröffentlichten Neufassung der DIN umfasst die Instandhaltung alle „*Maßnahmen zur Bewahrung und Wiederherstellung des Sollzustandes sowie zur Feststellung und Beurteilung des Istzustands von technischen Mitteln eines Systems*". Die **Maßnahmen** werden **untergliedert** in **Wartung, Inspektion und Instandsetzung.**

118   Die **Wartung** umfasst alle Maßnahmen zur Bewahrung des Sollzustandes von technischen Mitteln eines Systems. Diese beinhalten das Erstellen eines Wartungsplanes, der auf die spezifischen Belange des jeweiligen Betriebes oder der betrieblichen Anlage abgestellt ist und hierfür verbindlich gilt. In diesem Plan sind die Vorbereitung der Durchführung der Wartung und ihre Durchführung sowie die Rückmeldung, also ihr Ergebnis zu erläutern. Leistungen bei der Wartung sind **in der HOAI nicht erfasst**, da es sich um Leistungen während des Betriebs handelt.

119   Die **Inspektion** umfasst Maßnahmen zur Beurteilung des Istzustands von technischen Mitteln eines Systems. Auch dafür ist das Erstellen eines Planes zur Feststellung des Istzustands vorzunehmen, der für die spezifischen Belange des jeweiligen Betriebes oder der betrieblichen Anlage abgestellt ist und hierfür verbindlich gilt. Dieser Plan soll u. a. Angaben über Termin, Methode, Gerät und Maßnahmen enthalten. Das Vorbereiten der Durchführung umfasst in beiden Fällen
– die quantitative Ermittlung bestimmter Zustandsgrößen,
– die Vorlage des Ergebnisses der Feststellung des Istzustands,
– die Auswertung der Ergebnisse zur Beurteilung des Istzustands und
– die Ableitung der notwendigen Konsequenzen aufgrund der Beurteilung.

Die Leistungen bei der Inspektion sind **Leistungen bei der Bedarfsplanung**[51]. Weder diese Leistungen noch deren Honorare sind in der HOAI erfasst; die Honorare können somit frei vereinbart werden. Dasselbe gilt, wenn die Leistungen zusammen mit den Leistungen für die nachfolgend beschriebene Instandsetzungsaufgabe beauftragt und vereinbart werden sollen.

Eine effektive und kostengünstige Instandhaltung ist dementsprechend nur mit weitgehend integrierten Methoden durchzuführen. Die Instandhaltung ist in zwei Kategorien zu unterteilen:
– Die **planbare, vorbeugende Instandhaltung** umfasst alle Maßnahmen, die notwendig sind, ein technisches System einem definierten Sollzustand zu erhalten, sie schließt periodische Inspektionen, Zustandsüberwachung; Fristaustausch kritischer Teile, Kalibrierung u. ä. ein.
– Die **nicht planbare, korrigierende Instandhaltung** als Folge des Ausfalls bzw. technischen Versagens einer Baugruppe oder Komponente; sie umfasst alle Maßnahme zu Wiederherstellung des Sollzustandes, sie beinhaltet auch die Fehlererkennung und -lokalisierung sowie den Austausch und die Reparatur des defekten Teils.

Beide Tätigkeiten sind die Konsequenz aus der Wartung von Bauwerken und Anlagen. Sie **beziehen sich auf Objekte**, welche beispielsweise **nach unzureichender Wartung** so stark **geschä-**

---

[51] DIN 18205

digt sind, dass zu ihrem bestimmungsgemäßen Gebrauch umfangreiche Reparaturen innerhalb und außerhalb des Bauwerks erforderlich werden. Hierzu können beispielsweise Pumpwerke in Kanalnetzen, ältere Wasserwerke, schadhafte Beschichtungen in Wasserbehältern, defekte Tropfkörper in Kläranlagen, undichte Wassertürme oder Abwasserkanäle zählen. Besonders häufig sind Sanierungsarbeiten an Stahlbetonbauwerken wie z. B. Brücken oder Stahlbetonwände. Bei **Instandsetzungen und Instandhaltungen** handelt es sich also häufig um **Reparaturen unterschiedlichen Umfangs**.

Die **Instandsetzung** ist somit auch als nicht **planbare, korrigierende Instandhaltung** zu verstehen; sie umfasst Maßnahmen zur **Wiederherstellung des Sollzustandes** von technischen Mitteln eines Systems. Diese beinhalten: **120**

- die Planung im Sinne des Aufzeigens und Bewertens alternativer Lösungen unter Berücksichtigung betrieblicher Forderungen
- die Entscheidung für eine Lösung;
- die Vorbereitung der Durchführung (Kalkulation, Terminplanung, Abstimmung, Bereitstellung von Personal, Mitteln und Material, Erstellung von Arbeitsplänen)
- Vorwegmaßnahmen wie Arbeitsplatzausrüstung, Schutz- und Sicherheitseinrichtungen usw.;
- die Überprüfung der Vorbereitung und der Vorwegmaßnahmen einschließlich der Freigabe zur Durchführung;
- die Durchführung der Instandsetzungsarbeiten;
- die Funktionsprüfung und Abnahme der Leistungen sowie die Fertigmeldung und
- die Auswertung einschließlich Dokumentation, Kostenfeststellung, Aufzeigen und gegebenenfalls Einführen von Verbesserungen.

Die notwendigen Leistungen für Instandhaltungen und Instandsetzungen ergeben sich aus den Beschreibungen der DIN. Erkennbar ist, dass – von Ausnahmen abgesehen – die **Grundleistungen** in § 43 Abs. 1 i. V.m Anlage 12.1 **nur in sehr geringem Umfang für die Leistungen** zutreffen, welche **bei der Vorbereitung und Durchführung** von Instandhaltungen und Instandsetzungen zutreffen. Gerade deswegen wird es bei der vertraglichen Leistungsvereinbarung auf die schriftliche Zuordnung der einzelnen Leistungsschritte zu den Leistungsphasen des § 43 Abs. 1 ankommen, um eine ausreichende Begründung der Leistungsbewertung zu erlauben, die der Honorarabrechnung zugrunde liegen soll. Es wird die sinngemäße Zuordnung wie bei den Leistungen für Umbauten und Modernisierungen empfohlen, wie sie in der Kommentierung des § 43 Rdn. 198 ff. vorgestellt sind.

XI. Ingenieurbauwerke mit großen Längenausdehnung nach Abs. 7

In der Verordnungsbegründung zu § 44 Abs. 7 vertritt der Verordnungsgeber die Auffassung, dass der Planungsaufwand bei **Ingenieurbauwerken mit großer Längenausdehnung**, die unter gleichen baulichen Bedingungen errichtet werden sollen (als Beispiele sind Deiche und Kaimauern genannt), in einem Missverhältnis zu dem auf der Grundlage der anrechenbaren Kosten des Bauwerks ermittelten Honorar des Auftragnehmers stehen könne. Dann läge ein **Ausnahmefall** im Sinne des § 7 Abs. 3 vor, der zu einer Unterschreitung der verordneten Mindestsätze berechtige. **121**

Leider definiert weder die Vorschrift des § 7 Abs. 3 noch die Verordnungsbegründung einen plausiblen Maßstab für das behauptete Missverhältnis. Der **Verordnungsgeber setzt** in aus hiesiger Sicht unzulässiger Weise „**Aufwand**" mit „**Leistung**" gleich, für die das Honorar verordnet ist. Bekanntlich können unterschiedlich berufserfahrene Planer die gleiche Planungs- und Überwachungsaufgabe mit unterschiedlichem Aufwand erledigen. Die Vorschrift verwendet den unbestimmten Rechtsbegriff „Aufwand" zur Begründung einer „berechtigten" Mindestsatzunterschreitung, die in Kombination mit den ebenso unbestimmten „baulichen Bedingungen" noch fragwürdiger wird. Daher sind Aufwand und bauliche Bedingungen keine ausreichende

Begründung für die Unterschreitung der verordneten Mindestsätze sein, weil beide nicht objektiv nachprüfbar sind.

Erstmals formulierte die Amtl. Begr. der 4. HOAI – Novelle in der Bundesanzeigerausgabe der HOAI 1991[52] eine ähnliche Regelung zu § 65 HOAI a. F.. Dort heißt es wörtlich: *„Tragwerksplanungen können auch erforderlich werden für Ingenieurbauwerke mit erheblichen Längenabmessungen, bei denen sich die statischen Verhältnisse in der gesamten Länge nicht oder nur unwesentlich ändern wie z. B. bei Stützbauwerken und Uferspundwänden. Bei solchen Verhältnissen könnte ein **Honorar**, das **von den vollen anrechenbaren Kosten** ermittelt wird, **in einem nicht ausgewogenen Verhältnis zur Leistung des Ingenieurs** stehen. Von einer besonderen Regelung für solche Bauwerke wurde jedoch abgesehen, weil allgemein verbindliche Grundsätze für die Bemessung solcher Honorare nicht möglich sind. In solchen Ausnahmefällen sollte § 4 Abs. 2 HOAI a. F. (heute: § 7 Abs. 3[53]) angewandt werden.“*

Diese Formulierung unterscheidet sich in zwei wesentlichen Punkten vom jetzigen Verordnungstext und der Verordnungsbegründung. Zum einen werden die gleichen oder nur unwesentlich anderen statischen Verhältnisse zur **Begründung** herangezogen; sie sind ein objektiv nachprüfbares technisches Argument. Zum anderen wird die infolge der vereinfachten statischen Verhältnisse **reduzierte Leistung**, nicht der Aufwand des Ingenieurs als Maßstab für eine mögliche Honorarreduzierung herangezogen. In den Anmerkungen zur Amtl. Begr. interpretieren die Herausgeber Depenbrock und Schiefler die zu § 65 HOAI a. F. formulierte Amtl. Begr. zur Anwendung bei der Ermittlung des Objektplanungshonorars nach § 56 HOAI a. F. bei Linienbauwerken. Sie definieren diese als **Ingenieurbauwerke mit stets gleicher Konstruktion** und großer Längenausdehnung (beispielhaft genannt sind Lärmschutzanlagen). Bei solchen Bauwerken könnte nach ihrer Auffassung das Honorar bei Ansatz der vollen anrechenbaren Kosten unangemessen hoch werden, d. h. Leistung und Honorar stünden nicht mehr in einem ausgewogenen Verhältnis zueinander. In solchen Fällen empfahlen die Herausgeber – übertragen auf die aktuelle HOAI –, bei Vertragsabschluss z. B. zu vereinbaren, zur Ermittlung des Honorars das ganze Bauwerk in eine vertraglich festzulegende Zahl gleich langer, technisch gleicher Bauwerksabschnitte mit gleichen Kosten aufzuteilen, deren Honorar für die Leistungsphasen 1 bis 6 unter sinngemäßer Anwendung von § 11 Abs. 2 zu ermitteln und das Honorar für die Leistungsphasen 7 bis 9 mit den vollen anrechenbaren Kosten zu berechnen. Das Gesamthonorar ist die Summe der Teilhonorare.

Beispiel:

Die anrechenbaren Kosten des langen Bauwerks mögen 3.000.000 € betragen, das Bauwerk ist der Honorarzone III / Mindestsatz zuzuordnen. Es wird einmal in 5, einmal in 10 gleiche Abschnitte gleicher Länge und Kosten geteilt.

Honorar für die Summe der anrechenbaren Kosten beträgt	**184.462,00 €**
Teilleistungssumme für LPH 1 bis 6 nach § 43 Abs. 1:	80.00 v. H.

a) Honorar **bei 4 Abschnitten**:

Honorar für einen Abschnitt von 750.000 €: beträgt	65.767,00 €
Honorarsumme der 4 Abschnitte: 65.767 + 65.767 · 3 · 0,80 · 0,50 =	144.687,40 €
Honorar für die LPH 7 bis 9 = 184.462,00 · 0,20 =	36.892,40 €
Honorarsumme a)	**181.579,40 €**

b) Honorar **bei 10 Abschnitten**:

Honorar für einen Abschnitt von 300.000 €: beträgt	33.778,00 €
Honorarsumme der 10 Abschnitte:	
33.778 + 33.778 · 4 · 0,80 · 0,50 + 33.778 · 3 · 0,80 · 0,40 + 33.778 · 2 · 0,80 · 0,10 =	
125.654,16 €	
Honorar für die LPH 7 bis 9 = 184.462,00 · 0,20 =	36.892,40 €
Honorarsumme b)	**162.546,40 €**

---

[52] Bundesanzeigerausgabe der HOAI 1991, S. 108
[53] Fettdruck und Einfügung durch Verfasser

Die Empfehlung birgt die Gefahr in sich, durch eine zu weitgehende Gliederung kein der Leistung angemessenes Honorar zu vereinbaren und damit ggf. gegen die Ausnahmevorschrift der Mindestsatzunterschreitung nach § 7 Abs. 3 zu verstoßen. Allerdings würde das erst im Streitfall durch einen Sachverständigen feststellbar sein, soweit es in einem solchen Fall überhaupt ermittelbar ist. Die konkrete Folge dieser Öffnung der HOAI durch die Vorschrift des Abs. 7 dürfte nach hiesiger Ansicht wohl nicht justiziabel sein. Daher empfiehlt es sich, vor einer entsprechenden Vereinbarung die für die Erfüllung des Werkvertrages durch den Auftragnehmer zu erbringenden Leistungen sorgfältig abzuwägen.

Teil 3: Objektplanung
Abschnitt 4: Verkehrsanlagen

§ 45 Anwendungsbereich

Verkehrsanlagen sind:
1. **Anlagen des Straßenverkehrs, ausgenommen selbstständige Rad-, Geh- und Wirtschaftswege und Freianlagen nach § 39 Absatz 1,**
2. **Anlagen des Schienenverkehrs,**
3. **Anlagen des Flugverkehrs.**

Inhaltsübersicht

I. Die Verkehrsanlagen

1 § 45 ordnet die Verkehrsanlagen in die 3 unterschiedlichen Bereiche (Verkehrssparten) Straße, Schiene und Flugverkehr. Anlagen des Wasserstraßenverkehrs wie z. B. Schifffahrtskanäle, Hafenanlagen oder Schleusen rechnen nicht zu den Verkehrsanlagen, sondern zu den Ingenieurbauwerken nach § 41 Nr. 3 (Bauwerke und Anlagen des Wasserbaus). Die Objekte sind in der **Objektliste** (HOAI-Anlage 13.2) nach mit ihren in der Regel zutreffenden Honorarzonen neu und damit übersichtlicher als bisher nach Verkehrssparten geordnet, sonst aber unverändert aus den Vorgängerverordnungen[1] übernommen worden. Nach wie vor sind die Regelungen, welche die selbstständigen Rad-, Geh- und Wirtschaftswege nach Nr. 1 und Freianlagen betreffen, von den Verkehrsanlagen ausgenommen.

Anders als die Begründungen der Vorgängerverordnungen erläutert die aktuelle Verordnungsbegründung die Verkehrsanlagen nicht mehr im Einzelnen. Da Aufzählung und Honorarzonen aber unverändert blieben, dürften auch die Erläuterungen der Vorgängerverordnungen zutreffen; daher wird im Folgenden darauf zurückgegriffen.

Zu den **Anlagen des Straßenverkehrs** nach HOAI-Anlage 13.2 lit. a) rechnen Wege und sonstige einfache Verkehrsflächen, Straßen, Tank- und Rastanlagen (gemeint sind lediglich deren Verkehrsflächen), Parkplätze, verkehrsberuhigte Bereiche und Verkehrsflächen für den Güterumschlag. **Anlagen des Schienenverkehrs** (lit. b) sind Gleis- und Bahnsteiganlagen, zu denen nach der amtlichen Begründung zu § 54 der HOAI 1996/2002 auch Seilbahnen, Standseilbahnen und Magnetschwebebahnen gehören. In der aktuellen Fassung und in der Verordnungsbegründung sind diese Anlagen nicht genannt; dennoch darf wegen der sonst unverändert gebliebenen Objektliste unterstellt werden, dass sie auch erfasst sind. Als **Verkehrsanlagen des Luftverkehrs** (lit. c) sind die Verkehrsflächen von Landeplätzen oder Segelfluggelände und Verkehrsflächen von Flughäfen gemeint. Allerdings können damit nur diejenigen gemeint sein, die dem Verkehr von Flugzeugen (Stand- und Rollflächen) dienen. Die insbesondere auf großen Flughäfen für den Kraftfahrzeugverkehr notwendigen Flughafenrandstraßen sind ebenso selbstständige Verkehrsanlagen wie die zahlreichen Parkplätze und Zufahrtsstraßen zum Flughafen.

---

[1] Z.B. Bundesanzeigerausgabe der HOAI 2002 § 51 S. 50

Die bisher nach § 52 HOAI Abs. 9 HOAI 1996/2002 nicht verordneten Leistungen und Honorare **2** bei nachträglich an vorhandene Straßen angepassten landwirtschaftlichen Wege, Gehwege und Radwege dürften nun als verordnet gelten, da sie nicht als selbstständigen Wege im Sinne des § 45 Abs. 1 gelten können.

II. Abgrenzung Verkehrsanlagen und Freianlagen

Nicht zu den Verkehrsanlagen zählen nach § 45 Nr. 1 die **selbstständigen Rad-, Geh- und Wirt- 3 schaftswege und Freianlagen nach § 39 Abs. 1**. Die **Freianlagen**, die keine Verkehrsanlagen sind, sind Objekte, welche zwar verkehrliche Zwecke erfüllen können, aber nicht nach verkehrsplanerischen, sondern allein nach gestalterischen Gesichtspunkten geplant und während ihrer Ausführung überwacht werden. Dies sind beispielsweise die Oberflächen in Fußgängerzonen oder anderen verkehrsberuhigten Bereichen, die Verbindungswege von öffentlichen Verkehrsanlagen zu Wohngebäuden oder auch Feuerwehrzufahrtswege zu Wohnanlagen. Bei diesen Objekten gelten die **honorarrechtlichen Vorschriften des Teils 3 Abschnitt 2**, insbesondere die Definition ihrer anrechenbaren Kosten nach §§ 4 und 38, das Leistungsbild nach § 39 und ihre Zuordnung zu den Honorarzonen nach § 40.

Werden für diese Objekte **im Ausnahmefall** aber verkehrstechnische **Objektplanungsleistun- 4 gen** erforderlich, so werden deren Honorare nach den dafür maßgebenden Bestimmungen der HOAI abgerechnet. Die in § 17 Abs. 3 der Vorgängerverordnung enthaltene Vorschrift ist in der Neufassung der HOAI nicht mehr enthalten. Danach konnte der Planer der Freianlagen, in die nach wasserbaulichen, tragwerksplanerischen oder verkehrsplanerischen Gesichtspunkten bemessenen Objekte gestalterisch eingebunden werden, ein besonderes Honorar für seine gestalterische Leistung vereinbaren. In der Amtl. Begr. zu dieser Vorschrift hieß es u. a.[2]:

*„Der (durch die Vierte Änderungsverordnung) neu eingefügte Absatz 3 sieht eine **besondere Regelung** für den Fall vor, dass der **Objektplaner einer Freianlage eine Gesamtplanung** erstellt. Im Rahmen der Gesamtplanung der Freianlage werden dabei auch Ingenieurbauwerke und Verkehrsanlagen, die als Objekte in Teil VII erfasst sind, in die Umgebung eingebunden. Die Honorierung der Leistungen für die gesamte gestalterische Planung mit der Einbindung von Ingenieurbauwerken und Verkehrsanlagen in die Umgebung, sowie mit dem An- und Zuordnen mehrerer Anlagen und Bauwerke, bedarf einer Regelung.*

Dieses gestalterische Einbinden kann z. B. bei Verkehrsanlagen im Sinne von § 51 Abs. 2 darin bestehen, dass der Objektplaner (einer Freianlage[3]) die Linienführung dieser Verkehrsanlagen festlegt sowie ihre Einfügung in die Landschaft, ihre Einbindung in die Umgebung oder die Art der Gestaltung der Oberfläche. Die Kosten dieser Verkehrsanlagen rechnen nicht zu den anrechenbaren Kosten der Freianlagen, vielmehr sind die Honorare für (diese[4]) Leistungen bei Ingenieurbauwerken und Verkehrsanlagen nach Teil VII (HOAI alt[5]) zu berechnen.

*Andererseits wird die oben beschriebene Leistung des Planers der Freianlage (für das gestalterische Einbinden[6]) nicht mit seinem Honorar abgegolten, das aufgrund der anrechenbaren Kosten nach Teil II (HOAI a. F.[7]) ermittelt wird. Deshalb wird in dem neuen Absatz 3 vorgesehen, dass der **Planer der Freianlage** für die **gestalterischen Leistungen bei Ingenieurbauwerken und Verkehrsanlagen ein besonderes Honorar** neben dem Honorar für die Planung und Ausführung der Freianlage schriftlich vereinbaren kann.*

Da die Leistungen des Objektplaners bei der gestalterischen Einbindung in die Umgebung von Ingenieurbauwerken und Verkehrsanlagen nach Teil VII unterschiedlich sind und wesentlich von der Art der Freianlage und dem Umfang der Leistung der Einbindung abhängig ist, wer-

---

[2] Bundesanzeigerausgabe der HOAI 2002 S. 98
[3] Einfügung durch Verfasser
[4] Einfügung durch Verfasser
[5] Einfügung durch Verfasser
[6] Einfügung durch Verfasser
[7] Einfügung durch Verfasser

den konkrete Bestimmungen über die Höhe der Honorare nicht aufgenommen. Die Verordnung enthält keine konkreten Hinweise über die Art der Berechnung des zusätzlichen Honorars. Die Vertragsparteien können einen Zuschlag auf das Planungshonorar vereinbaren, sie können ein gesondertes Honorar vereinbaren, sie können die Leistungen im Rahmen der Von-Bis-Sätze berücksichtigen oder eine andere Art der Berechnung wählen."

5 Honoraransprüche für die genannten **Objektplanungsleistungen bei solchen Verkehrsanlagen in Freianlagen** bleiben also nach wie vor unberührt. Dies bedeutete nach der zitierten Amtl. Begr. der HOAI 1996/2002, dass neben einem Honorar nach § 17 Abs. 3 ein Honorar für die fachliche Planung von Ingenieurbauwerken oder Verkehrsanlagen vereinbart werden kann[8]. Ferner forderte die Begründung dazu auf, in jedem Einzelfall zu prüfen und vertraglich festzulegen, ob und wie viel der Objektplaner des Ingenieurbauwerks oder der Verkehrsanlage durch Leistungen des Planers der Freianlagen entlastet würde und dadurch eine **Minderung des Objektplanungshonorars** gerechtfertigt sei. Eine solche „Entlastung" ist nach hiesiger Auffassung aber **nur möglich**, wenn der **Planer der Freianlage** einen Teil der vom Objektplaner der Verkehrsanlage **geschuldeten Leistungen** erbringt. In einem solchen Fall hätte der Planer der Freianlage zusätzlich zu seinem Honorar bei der Gestaltungsplanung Anspruch auf die Honorierung dieser Teile verkehrsanlagenplanerischer Leistungen. Weiter hieß es dazu in der Amtl. Begr.[9]: *„Werden zum Beispiel die Trasse und die Gradiente einer Verkehrsanlage vom **Planer der Freianlage** festgelegt und **dem Fachplaner der Verkehrsanlage** mit den für dessen Planungsleistungen erforderlichen **Angaben verbindlich** vorgegeben, hat der Freianlagenplaner auch Leistungen erbracht, die zum Leistungsbild des Fachplaners der Verkehrsanlage nach Teil VII rechnen. Der Verkehrsplaner muss nicht auch dieselben Leistungen erbringen, er wird insoweit durch Vorgaben aus der Objektplanung entlastet. Soweit er entlastet wird, ist dies bei der Vereinbarung des Honorars für die Verkehrsanlage zu berücksichtigen."* Mit dieser Vorschrift wird der wichtige Hinweis gegeben, dass eine solche Regelung beim Vertragsabschluss des Auftraggebers mit den beiden genannten Planern erforderlich ist, um die gewünschten Leistungspflichten und erforderlichen Honorare untereinander zweifelsfrei abzugrenzen und dadurch späteren Auseinandersetzungen vorzubeugen.

6 Eine Bewertung der vom Freianlagenplaner zu erbringenden oder erbrachten Leistungen ist aus der HOAI nicht ablesbar, da die Leistungsbilder der HOAI bekanntlich keine Leistungsbeschreibungen, sondern nur Vergütungstatbestände enthalten[10]. Sofern das Leistungsergebnis beispielsweise die endgültige Trassierung mit allen hierfür erforderlichen Nachweisen wäre, auf denen der Objektplaner der Verkehrsanlage seine Ausführungsplanung nahtlos aufbauen könnte, wäre es Bestandteil der vom Verkehrsanlagenplaner zu erbringenden Objektplanungsergebnisse. Dann hätte der Freianlagenplaner Teile von Grundleistungen bei der Objektplanung der Verkehrsanlage zu erbringen, für die ihm ein Teilhonorar nach Teil 3 Abschnitt 3 zusätzlich zu seinem Honorar zustehen würde. Für diese Leistungen könnte der ggf. anschließend beauftragte Objektplaner der Verkehrsanlage nach § 8 Abs. 2 HOAI kein Honorar mehr abrechnen.

III. Objektdefinition

7 Nach der Amtl. Begr.[11] zur HOAI 1996/2002 sind *„jeweils die Bauwerke und Anlagen, die eine **funktionale Einheit** bilden, als **ein Objekt** anzusehen. An einem Beispiel soll das verdeutlicht werden: Werden einem Auftragnehmer die Planung einer Abwasserbehandlungsanlage und eines Abwasser-Kanalnetzes in einem Auftrag übertragen, so handelt es sich hier um die Übertragung der Leistungen nach Teil VII für zwei Objekte mit jeweils einer eigenen funktionalen Einheit. Das Abwasser-Kanalsystem erfüllt die Transport-Funktion für das Abwasser, die Abwasserbe-*

---

[8] Bundesanzeigerausgabe der HOAI 2002, S. 98
[9] Bundesanzeigerausgabe der HOAI 2002 S. 99
[10] Bundesgerichtshof, Urteil v. 22. Oktober 1998 – VII ZR 91/97, BauR 1999, S. 187
[11] Bundesanzeigerausgabe der HOAI 2002 S. 119

handlungsanlage erfüllt die Reinigungs-Funktion für das Abwasser." Derselbe Grundsatz der funktionalen Einheit gilt uneingeschränkt auch für die Verkehrsanlagen.

Häufig werden Verkehrsanlagen in Ingenieurverträgen zu **komplexen Bauvorhaben** zusammengefasst, bei denen sich wie bei den Ingenieurbauwerken die Frage nach ihrer HOAI - konformen Einordnung als Objekt und damit als „Abrechnungseinheit" stellt. Eine typische Situation zeigt das folgende **Beispiel 1 (Bild 1)**. Es handelt sich um einen Streckenabschnitt der BAB 98, deren Trassenführung eine vorhandene Kreisstraße kreuzte. Um die Errichtung einer Brücke zu vermeiden, wurde die Trasse der Kreisstraße verschwenkt und parallel zur Autobahn fortgeführt. Daher handelt es sich hier zweifelsfrei um zwei Objekte, zumal beide Verkehrsanlagen unabhängig voneinander genutzt werden können. Die Objektplanungsleistungen für den Neubau der Autobahn und für den Neubau der Kreisstraße sind **getrennt abzurechnen**. Dies folgt auch aus der Vorschrift des § 11 Abs. 2: die beiden Verkehrsanlagen sind weder vergleichbar noch weisen sie weitgehend gleichartige Planungsbedingungen derselben Honorarzone auf, wenngleich sie im zeitlichen und örtlichen Zusammenhang geplant und errichtet wurden.

8

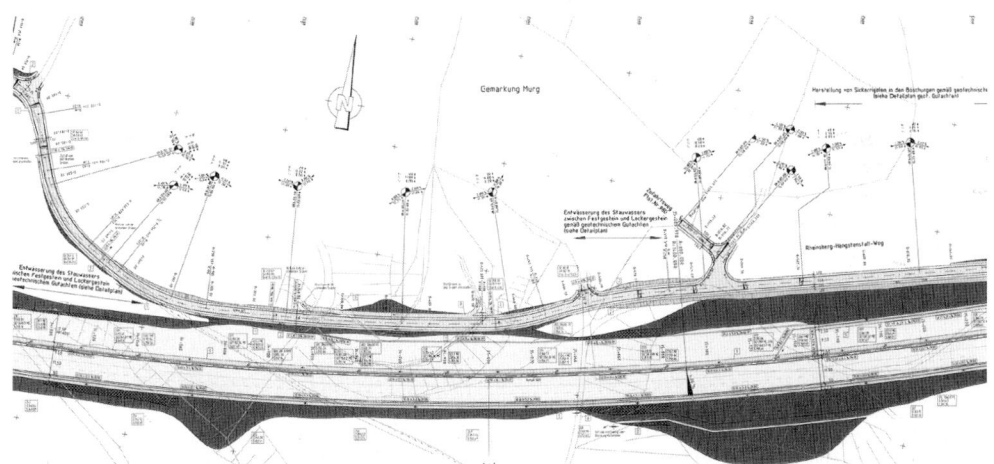

Bild 1: BAB 98 mit Verlegung der kreuzenden Kreisstraße

Weitere Beispiele für komplexe Planungs- und Objektüberwachungsleistungen bei Verkehrsanlagen sind die erwähnten **Tank- und Rastanlagen**, welche an Autobahnen die Tankstelle mit dem zugehörigen Betriebsgebäude einschließlich Toilettenanlagen, Verkehrsflächen zum Betrieb der gesamten Anlage sowie Parkplätze mit oder ohne Rasthaus umfassen können. Ferner sind die Leistungen für Verkehrsanlagen innerhalb eines **Erschließungsgebietes** zu nennen, welche Erschließungsstraßen, Kreuzungen, Parkplätze, Geh- und Radwege sowie verkehrsberuhigte Bereiche einschließlich eines zentralen Platzes umfassen können. Ein weiteres Beispiel sind die Leistungen für eine **Umgehungsstraße**, die an mehreren Stellen an vorhandene Straßen anzubinden ist, einen Parkplatz erhalten und zusätzlich an eine Bundesstraße kreuzungsfrei angeschlossen werden soll. Solche Verkehrsanlagen sind nach funktionalen Gesichtspunkten wie bei den erläuterten Beispielen in Abrechnungseinheiten (Objekte) zu gliedern.

9

Selbstverständlich zählen die Gebäude und Bauwerke der Tankstellen- und Rastanlagen oder die Toilettenanlagen auf Parkplätzen ebenso wenig zu den Verkehrsanlagen wie die zahlreichen unterschiedlichen Gebäude und Bauwerke der Flughäfen. Leistungen für solche Gebäude im Sinne des § 2 Nr. 1 sind nach Teil 3 Abschnitt 1 HOAI abzurechnen. Alle übrigen Bauwerke sind sonstige Einzelbauwerke gemäß § 41 Nr. 7; Leistungen für diese Bauwerke und deren Honorare sind daher in Teil 3 Abschnitt 3 HOAI (Ingenieurbauwerke) verordnet.

10

Ein besonderes Beispiel eines komplexen Bauvorhabens im Rahmen von Verkehrsanlagen ist ein **Bahnhof**. Wie bei den Tankstellen- und Rastanlagen bilden die unterschiedlichen Verkehrsanlagen (Bahnsteige, Gleisanlagen), Ingenieurbauwerke (Entwässerungsanlagen, Unterführungen, Brücken, Treppenanlagen u. ä.) und Gebäude (Empfangsgebäude, Stellwerk, Parkhaus u. ä.) zusammen mit den Außenanlagen, Zufahrtsstraßen und Parkplätzen eine baulich und auch funktional zusammengehörige Einheit. Planung und Ausführung der genannten Bestandteile des Vorhabens sind nur in enger technischer und organisatorischer Abstimmung ausführbar. Ungeachtet dessen aber stellt sich auch bei diesem Beispiel die Frage nach ihrer HOAI-konformen Einordnung als eigenständige Objekte, welche selbstständig genutzt werden können.

11 Die neue **Autobahn A 20** in Schleswig-Holstein (**Beispiel 2**) ist eine solche komplexe Maßnahme. Gegenstand des für diese Maßnahme abgeschlossenen Ingenieurvertrages sind u. a. die Objektplanungsleistungen für den **Neubau der Autobahn**, einer **Anschlussstelle** (**Bild 2**) und eines **Autobahnkreuzes** (**Bild 3**), welches die neue Autobahn mit einer vorhandenen Bundesstraße verbinden soll. Zu den vertraglich vereinbarten Leistungen gehören auch die Objektplanung eines großen Parkplatzes mit gesondert ausgewiesenen Lkw-Parkplätzen und einer Toilettenanlage, ferner die Planung der streckenweise vorzusehenden Lärmschutzwände, aller Anlagen und Bauwerke für die ordnungsgemäße Entwässerung der Verkehrsanlagen und der Bepflanzung der Freiflächen entlang der Verkehrsanlage. Die Planungsaufgabe umfasst auch die **Machbarkeitsanalyse sämtlicher Brückenbauwerke**, von der Aussagen zu erforderlichen Konstruktionshöhen, Zwangspunkten, Angabe der lichten Breiten- und Höhenmaße sowie die **Vorlage von Konstruktionsskizzen aller Bauwerke** einschließlich Wildbrücken und Fledermaus-Querungshilfen unter Einbeziehung der möglichen Bauverfahren für die gewählten Brückenkonstruktionen erwartet werden.

Orientiert man sich allein an den genannten Bestandteilen des Vorhabens, ohne funktionale Zusammenhänge zu beachten, könnten daraus die nachfolgenden Objekte gefolgert werden da sie in der Objektliste der HOAI-Anlage 13.2 aufgeführt sind:

Beispiel 2: Neubau der Autobahn A20

Bestandteil		Art/Funktion	in Objektliste zugeordnet zu Honorarzone
Nr.	Bezeichnung		
1	vierstreifige Straße	außerörtliche Straße mit besonderen Zwangspunkten	III
2	Anschlussstelle	einfacher höhenungleicher Knotenpunkt	III
5	Autobahnkreuz	sehr schwieriger höhenungleicher Knotenpunkt	V
6	Parkplatz	Parkplatz im Außenbereich	I
7	kreuzende Straßen	außerörtliche Straßen	II oder III

12 Auch die **Verkehrsanlagen eines Erschließungsvorhabens** (**Beispiel 3**) können ohne Beachtung funktionaler Zusammenhänge und gegenseitiger Abhängigkeiten nach Objekten geordnet werden, wie sie in der Objektliste der HOAI-Anlage 13.2 genannt sind:

Beispiel 3: Erschließungsgebiet

Bestandteil		Art/Funktion	zugeordnet zu Honorarzone
Nr.	Bezeichnung		
1	Erschließungsstraßen	innerörtliche Straßen	III
2	mehrere Kreuzungen	einfache höhengleiche Knotenpunkte	II
3	mehrere Parkplätze	innerörtliche Parkplätze	II
4	Geh- und Radwege	Wege mit Eignung für den regelmäßigen Fahrverkehr	I
5	verkehrsberuhigte Zone	verkehrsberuhigte Bereiche	III
6	zentraler Platz	innerörtlicher Platz	III

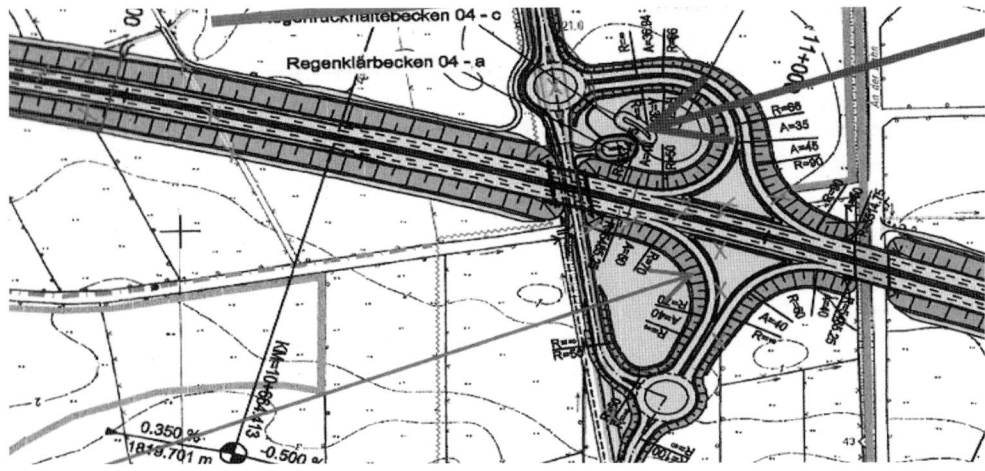

Bild 2: Anschlussstelle:

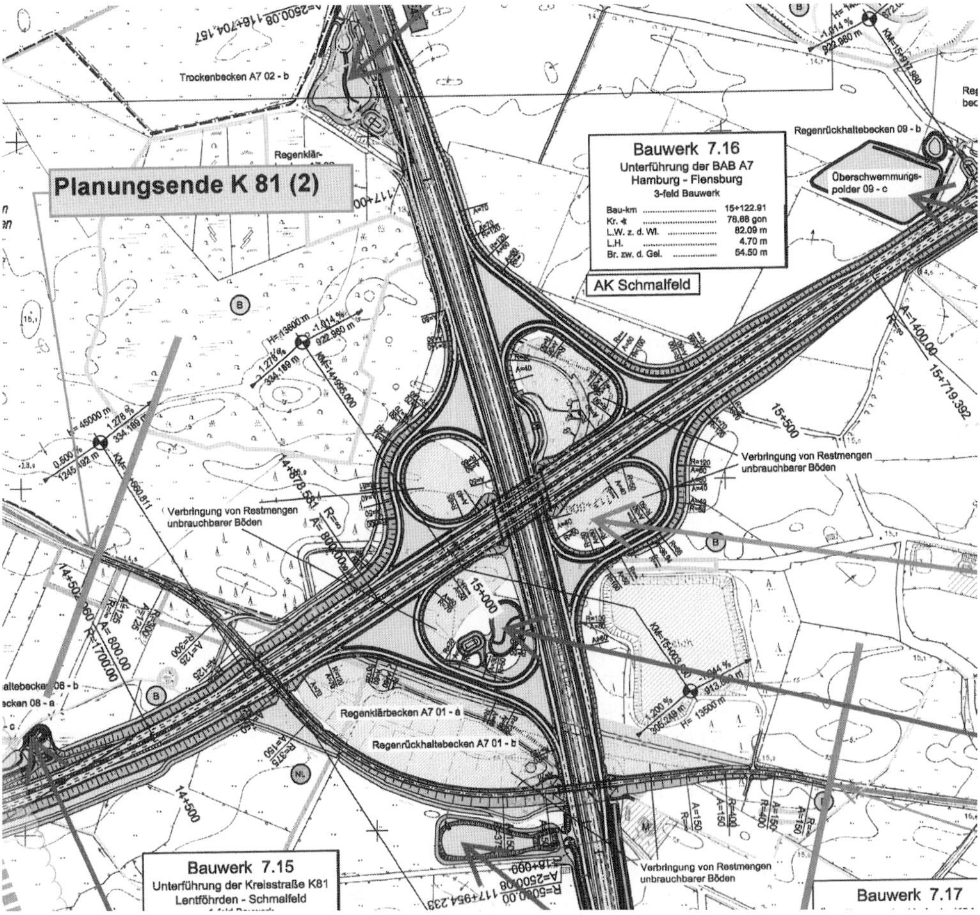

Bild 3: Autobahnkreuz:

13 Entgegen der vorstehenden Objektdefinition ist aber zu beachten, dass nach dem Einleitungssatz zur aktuellen Objektliste der HOAI-Anlage 13.2 die **genannten Verkehrsanlagen lediglich den in der Regel zutreffenden Honorarzonen zugeordnet** sind. Die Objektliste **begrenzt** also **nicht die Funktion** eines Objekts; sie kann daher auch **nicht allein zur Bestimmung funktionaler Einheiten** herangezogen werden. Andernfalls wäre auch die eingangs zitierte Passage (Rdn. 7) der Amtl. Begr. ohne Bedeutung, wonach die Objektdefinition allein nach funktionalen Gesichtspunkten zulässig sei. Außerdem spricht die Amtl. Begr. bei der Definition der funktionalen Einheit von den „Bauwerken" und „Anlagen" im Plural.

14 Danach kann ein **Bauvorhaben**, welches aus mehreren **Verkehrsanlagen mit jeweils eigenständigen Funktionen** besteht, nach den Vorstellungen des Verordnungsgebers **auch insgesamt eine funktionale Einheit** darstellen. Dies ergibt sich allein aus dem vom Verordnungsgeber gewählten Beispiel „Abwasserkanalnetz", welches aus zahlreichen unterschiedlichen einzelnen Bauwerken besteht (Abwasserleitungen, Schachtbauwerken und Hausanschlüssen). Die Anlagenteile können im Einzelfall eigenständige Funktionen erfüllen, wenn es sich um Einzelbaumaßnahmen handelt. Sie erfüllen aber z. B. im Falle einer Baugebietserschließung nur zusammen die ihnen zugedachte Funktion der Abwassersammlung und des Abwassertransports. Dasselbe gilt für die im Beispiel Erschließungsgebiet genannten unterschiedlichen Verkehrsanlagen.

15 In der Rechtsprechung ist inzwischen unumstritten, dass es bei der **Abgrenzung von Objekten** primär auf **funktionale und konstruktive Kriterien** ankommt (z. B. Urteil des OLG Jena vom 04.11.2003)[12]. Allerdings darf die Feststellung des zitierten Gerichtsurteils, dass bei verschiedenen Funktionen selbstständige Objekte vorlägen, nicht missverstanden werden. Es kommt nämlich nicht auf eine Verschiedenartigkeit der Funktionen, sondern darauf an, dass **verschiedene Bereiche selbstständig genutzt** werden können, dass also jede Nutzungseinheit ihre **funktionale Zweckbestimmung selbstständig** erfüllen kann. Die „funktionale Einheit" ist auch „**Abrechnungseinheit**", richtet sich doch das Honorar für die dafür zu erbringenden Grundleistungen nach deren anrechenbaren Kosten und deren Honorarzone. Diese Entwicklung hat der § 11 Abs. 2 aufgenommen und festgelegt, dass das Honorar für Objektplanungsleistungen bei Objekten – also auch bei Verkehrsanlagen – mit weitgehend gleichartigen Planungsbedingungen derselben Honorarzone, die im zeitlichen und örtlichen Zusammenhang als Teil einer Gesamtmaßnahme geplant und errichtet werden sollen, mit der **Summe der anrechenbaren Kosten** zu ermitteln ist. Es ist also darauf zu achten, dass die Zusammenfassung der anrechenbaren Kosten nur dann HOAI-konform ist, wenn alle aufgezählten Bedingungen (weitgehend vergleichbare Planungsbedingungen, gleiche Honorarzonen, Teile einer Gesamtmaßnahme, die im zeitlichen und örtlichen Zusammenhang geplant und errichtet) zutreffen. Trifft eine dieser Bedingungen nicht zu, sind die Objekte getrennt abzurechnen.

16 Das 2. Beispiel (Rdn. 11) umfasst danach **folgende Objekte** im Sinne funktionaler Abrechnungseinheiten, deren jeweilige Summe der anrechenbaren Kosten zur Honorarberechnung maßgebend ist:

1. **Bundesautobahn** einschließlich Autobahnkreuz, drei Anschlussstellen und Anschluss an die Bundesstraße.

Begründung:
Die Funktion der A 20 besteht in der Bewältigung des Autobahnverkehrs. Sie kann diese Funktion nur zusammen mit dem Autobahnkreuz und der genannten Anschlussstelle erfüllen. Deswegen bilden diese Anlagen wegen ihres inneren funktionalen Zusammenhangs eine Einheit (siehe amtliche Begründung zu HOAI a. F.[13]). Allerdings ist bei der Ermittlung der anrechenbaren Kosten die Vorschrift des § 45 Abs. 3 zu beachten, wenn die vierstreifige Strecke eine gemeinsame Entwurfsachse und eine gemeinsame Gradiente hat (Näheres s. § 45 Rdn. 42).

---

[12] BauR 2005,1070 i. V. m. BGH, Beschluss v. 24.02.2005, IBR 2005, 165, BGH, IBR 2002, 198; OLG München, IBR 2005, 99
[13] Siehe Fn. 12

2. Parkplatz

Begründung:
Der Parkplatz kann an anderer Stelle in gleicher Größe errichtet werden; er ist vor allem für die Funktion des im Vertrag erfassten Autobahnabschnitts nicht erforderlich.

3 **Alle übrigen** Straßenzüge und sonstigen **Verkehrsanlagen**, welche die Autobahn kreuzen oder wegen des Autobahnbaus verlegt werden müssen, sind jeweils eigenständige Objekte. Ein unmittelbarer funktionaler Zusammenhang zwischen diesen Verkehrsanlagen und der Autobahn besteht nicht. Sie sind für die Funktion der Autobahn nicht erforderlich; ebenso wenig ist die Autobahn für die Funktion der genannten Straßen erforderlich.

4. Ferner sind **Entwässerungsanlagen** (Leitungen, Rückhaltebecken), welche der Entwässerung der Verkehrsanlagen dienen, und die **einzelnen Lärmschutzanlagen** jeweils eigenständige Objekte, welche als Ingenieurbauwerke nach Einzugsgebieten und Bauwerken getrennt abgerechnet werden müssen (s. hierzu mehr unter § 46 Rdn. 12 ff.). Dasselbe gilt für die Anlagen der Technischen Ausrüstung.

5. Die Leistungen bei der **Machbarkeitsanalyse** sämtlicher Brückenbauwerke nach Rdn. 10 könnten teilweise als Grundleistungen bei der Planung dieser Ingenieurbauwerke nach § 42 HOAI verstanden werden. Das angestrebte Planungsergebnis soll aber die Grunddaten für die Objektplanung der genannten Objekte liefern; daher kann es sich bei diesen Leistungen nur um die Bedarfsplanung im Bauwesen nach DIN 18 205 für die genannten Objekte handeln, die nach Aussage im Vorwort der Norm nicht in der HOAI erfasst sind. Daher ist das Honorar für diese Leistungen frei zu vereinbaren.

Das **Erschließungsgebiet (Beispiel 3)** gliedert sich in folgende Objekte des Bereichs Verkehrsanlagen im Sinne funktionaler Abrechnungseinheiten: **17**

1. **Erschließungsstraßen und alle Kreuzungen**
2. **Jeder Parkplatz** ist ein eigenständiges Objekt, sofern er unabhängig von den übrigen Verkehrsanlagen geplant wird; Parkplätze sind, soweit sie nicht als erweiterter Teil entlang der Erschließungsstraßen bebaut werden, für die Funktion der Erschließungsstraßen nicht erforderlich.
3. **Selbständige Geh- und Radwege** sind, soweit es sich nicht um Gestaltungselemente in Freianlagen handelt, dann ein Objekt im Sinne von 11 Abs. 1, wenn sie zusammen ein in sich geschlossenes Wegenetz bilden.
4. **Verkehrsberuhigter Bereich** ohne Oberflächengestaltung
5. **Zentraler Platz**

Am folgenden Beispiel (**Bild 4**) soll verdeutlicht werden, wie geprüft werden kann, ob die Leistungen beim Umbau und bei der Modernisierung zweier vergleichbarer Verkehrsanlagen in einem bebauten Ortsgebiet Leistungen für eine oder zwei funktionale Einheit sind. Die betroffenen Bereiche sind gestrichelt eingefasst. Es muss untersucht werden, ob die in § 11 Abs. 2 genannten Voraussetzungen für die gemeinsame Abrechnung gegeben sind. Danach müssen folgende Fragen beantwortet werden: **18**

1. Sind die Verkehrsanlagen Teile einer Gesamtmaßnahme?
2. Liegen weitgehend für beide Verkehrsanlagen vergleichbare Planungsbedingungen derselben Honorarzone vor?
3. Werden die Objekte im zeitlichen und örtlichen Zusammenhang geplant und errichtet?
4. Stehen die Maßnahmen in einem funktionalen Zusammenhang?
5. Können Umbau und Modernisierung der einen Verkehrsanlage ohne Umbau und Modernisierung der anderen Verkehrsanlage durchgeführt werden?

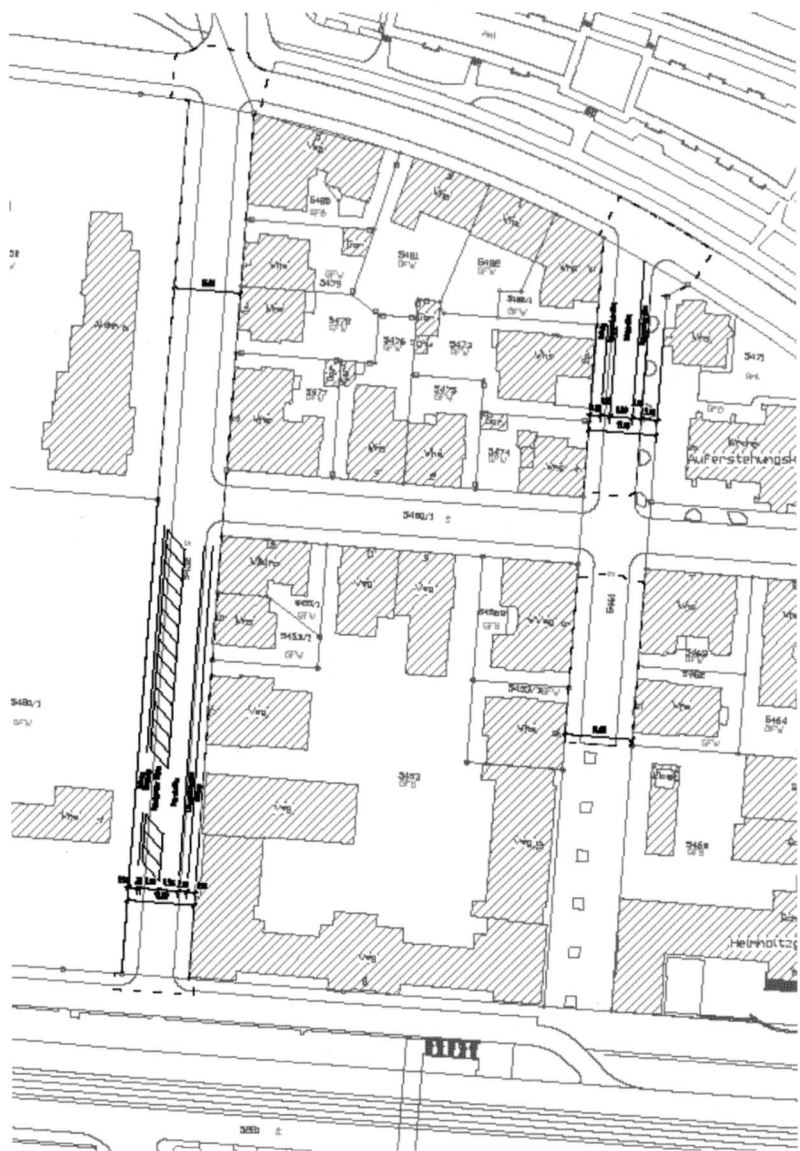

Bild 4: Umbau und Modernisierung zweier innerörtlicher Straßen

Auf die Fragen gibt es folgende Antworten:

Zu 1.: Die Straßen sind Teile der Gesamtmaßnahme „innerörtliche Straßensanierung der Gemeinde NN im Jahr 2013.

zu 2.: Es liegen für beide Verkehrsanlagen weitgehend vergleichbare Planungsbedingungen derselben Honorarzone vor (Wohnstraßen mit beidseitigen Gehwegen, gleiche Straßenquerschnitte, ähnliche Schäden im Straßenbelag, gleiche Ausbau- und Sanierungsmaßnahmen).

zu 3.: Die Entwurfsplanung beider Maßnahmen soll zu einem vertraglich festgelegten Termin vorgelegt werden, da die Ratsgremien die notwendigen Beschlüsse gleichzeitig treffen sollen und die notwendigen Mittel in den Haushaltsplan eingestellt werden können. Die Planungen stehen also im engen zeitlichen Zusammenhang. Dasselbe gilt für den örtlichen Zusammenhang. Die Baumaßnahmen sollen zur Vermeidung allzu großer Beeinträchtigungen der Verkehrsbeziehungen in diesem Ortbereich aber nacheinander stattfinden.

zu 4.: Die fraglichen Straßen können völlig unabhängig voneinander genutzt werden; sie sind deswegen auch funktional voneinander unabhängig.

Ergebnis:

Die Straßen sind nach funktionalen Gesichtspunkten zwei Objekte. Sie sollen und können gleichzeitig geplant werden, sollen aber als getrennte Bauabschnitte der Gesamtmaßnahme zur Ausführung kommen. Daraus folgt, dass die Leistungen für die beiden Straßen auch nach diesen Gesichtspunkten getrennt abzurechnen sind.

IV. Verkehrsanlagen der nichtöffentlichen Erschließung von Liegenschaften

Beispiele für Liegenschaften sind **Klinik- und Krankenhausanlagen oder Kasernen- und Flughafenanlagen**. In diesen Liegenschaften sind eigenständige, nichtöffentliche Verkehrsanlagen erforderlich, die von "nichtöffentlichen" Betreibern aufgebaut und betrieben werden. Der Unterschied zwischen den Anlagen ist nicht technischer, sondern organisatorischer Natur: nicht die ver- und entsorgungspflichtige Gebietskörperschaft (z. B. Kommune, Landkreis), das Land oder der Bund sind innerhalb der Liegenschaft für Ver- und Entsorgung und für den Verkehr zuständig, sondern deren jeweiliger Eigentümer. Hinsichtlich ihrer Dimensionierung und ihres fachlichen Objektplanungsanspruchs unterscheiden sie sich nicht von entsprechenden öffentlichen Anlagen. Die für diese Anlagen notwendigen Fachplanungs- und Überwachungsleistungen müssen die gleichen Anforderungen wie die Leistungen für öffentliche Infrastruktureinrichtungen erfüllen; daher sind auch diese Leistungen nach Teil 3 Abschnitt 3 zu honorieren. **19**

Zweifellos ist der Übergang zwischen den **Infrastruktureinrichtungen einer Liegenschaft** einerseits und Bauwerken und Anlagen der nichtöffentlichen Erschließung im Sinne von DIN 276 andererseits begrifflich fließend. Die letzteren sind nach den zugehörigen Anmerkungen in der DIN *„die technischen Anlagen, die ohne öffentlich-rechtliche Verpflichtung oder Beauftragung mit dem Ziel der späteren Übertragung in den Gebrauch der Allgemeinheit hergestellt und ergänzt werden. Kosten von Anlagen auf dem eigenen Grundstück gehören zu der Kostengruppe 500"*. Die amtliche Begründung der Vorgängerverordnung zu dieser Vorschrift schafft die notwendige Klarheit: es handelt es sich bei Anlagen auf dem eigenen Grundstück *„häufig nur um die Verbindung der Anlagen in Gebäuden mit den Anlagen der öffentlichen Ver- und Entsorgung, also z. B. bei den Anlagen der Abwasserentsorgung um die Rohrleitungen vom Gebäude bis zum Anschluss an die öffentliche Abwasserentsorgung"* (z. B. Hausanschlusskanäle)[14]. Damit dürfte klargestellt sein, dass zu den Infrastruktureinrichtungen einer Liegenschaft auch die Verkehrsanlagen der nichtöffentlichen Erschließung zählen. Sie sind im „nichtöffentlichen" Besitz, erfüllen aber für die Einzelgebäude der Liegenschaft den gleichen Zweck wie öffentliche Erschließungsanlagen. Daher sind **Verkehrsanlagen innerhalb von Liegenschaften** Anlagen im Sinne von Teil 3 Abschnitt 4 HOAI[15]. **20**

---

[14] Bundesanzeigerausgabe der HOAI 2002 S. 134
[15] Siehe sinngemäß „Hinweise zum Vertragsmuster – Ingenieurbauwerke und Verkehrsanlagen" – Anhang 14, RB-Bau-Vertragsmuster, Stand 1. Dezember 1993, Bundesanzeiger Verlagsges. m. b. H. 1994.

§ 46 Besondere Grundlagen des Honorars

(1) Für Grundleistungen bei Verkehrsanlagen sind die Kosten der Baukonstruktion anrechenbar. Soweit der Auftragnehmer die Ausstattung von Anlagen des Straßen-, Schienen- und Flugverkehrs einschließlich der darin enthaltenen Entwässerungsanlagen, die der Zweckbestimmung der Verkehrsanlagen dienen, plant oder deren Ausführung überwacht, sind die dadurch entstehenden Kosten anrechenbar.

(2) Für Grundleistungen bei Verkehrsanlagen sind auch die Kosten für Technische Anlagen, die der Auftragnehmer nicht fachlich plant oder deren Ausführung der Auftragnehmer nicht fachlich überwacht,

   1. vollständig anrechenbar bis zu einem Betrag von 25 Prozent der sonstigen anrechenbaren Kosten und

   2. zur Hälfte anrechenbar mit dem Betrag, der 25 Prozent der sonstigen anrechenbaren Kosten übersteigt.

(3) Nicht anrechenbar sind, soweit der Auftragnehmer die Anlagen weder plant noch ihre Ausführung überwacht, die Kosten für:

   1. das Herrichten des Grundstücks,

   2. die öffentliche und die nichtöffentliche Erschließung, die Außenanlagen, das Umlegen und Verlegen von Leitungen,

   3. die Nebenanlagen von Anlagen des Straßen-, Schienen- und Flugverkehrs,

   4. verkehrsregelnde Maßnahmen während der Bauzeit.

(4) Für Grundleistungen der Leistungsphasen 1 bis 7 und 9 bei Verkehrsanlagen sind:

   1. die Kosten für Erdarbeiten einschließlich Felsarbeiten anrechenbar bis zu einem Betrag von 40 Prozent der sonstigen anrechenbaren Kosten nach Absatz 1 und

   2. 10 Prozent der Kosten für Ingenieurbauwerke anrechenbar, wenn dem Auftragnehmer für diese Ingenieurbauwerke nicht gleichzeitig Grundleistungen nach § 43 übertragen werden.

(5) Die nach den Absätzen 1 bis 4 ermittelten Kosten sind für Grundleistungen des § 47 Absatz 1 Satz 2 Nummer 1 bis 7 und 9

   1. bei Straßen, die mehrere durchgehende Fahrspuren mit einer gemeinsamen Entwurfsachse und einer gemeinsamen Entwurfsgradiente haben, wie folgt anteilig anrechenbar:

      a) bei dreistreifigen Straßen zu 85 Prozent,

      b) bei vierstreifigen Straßen zu 70 Prozent und

      c) bei mehr als vierstreifigen Straßen zu 60 Prozent,

   2. bei Gleis- und Bahnsteiganlagen, die zwei Gleise mit einem gemeinsamen Planum haben, zu 90 Prozent anrechenbar. Das Honorar für Gleis- und Bahnsteiganlagen mit mehr als zwei Gleisen oder Bahnsteigen kann frei vereinbart werden.

Inhaltsübersicht

I. Kosten der Baukonstruktion

Das Honorar für Grundleistungen bei Verkehrsanlagen ist nach § 46 Abs. 1 S. 1 mit den **Kosten** **1** **der Baukonstruktion** zu ermitteln. § 4 Abs. 1 definiert sie als Teil der Kosten des Objekts sowie der damit zusammenhängenden Aufwendungen ohne Umsatzsteuer, die bei dessen Herstellung, Umbau, Modernisierung, Instandhaltung und Instandsetzung entstehen. Sie müssen ferner nach allgemeinen anerkannten Regeln der Technik oder nach Verwaltungsvorschriften (Kostenvorschriften) auf der **Grundlage ortsüblicher Preise** ermittelt werden. Definitionsgemäß gelten hierfür nur die zum Zeitpunkt der Planung geltenden Preise. Die Vorschrift entspricht §§ 33 Abs. 1 für Gebäude und Innenräume und 42 Abs. 1 für Ingenieurbauwerke.

Die anrechenbaren Kosten von Gebäuden und Innenräumen müssen gemäß zugehörigem Leistungsbild (HOAI-Anlage 10.1) nach der in DIN 276-1:2008-12[1] vorgegebenen Struktur ermittelt werden. Eine vergleichbare Anweisung existiert im Leistungsbild Verkehrsanlagen (HOAI-Anlage 13.1) nicht. Somit müssen die **Kostenermittlungen bei Verkehrsanlagen** gemäß § 4 Abs. 1 S. 2 nach allgemein anerkannten Regeln der Technik (a. a. R. d. T.) oder nach Verwaltungsvorschriften (Kostenvorschriften) strukturiert werden. Als Beispiel für letztere nennt die Verordnungsbegründung zu § 4 Abs. 1 S. 3 die **Anweisung zur Kostenberechnung von Straßenbaumaßnahmen (AKS)**, welche das BMVBS für Kostenermittlungen beim Straßen- und Brückenbau verbindlich eingeführt hat. Sie ist von den Bundes- und Landesbehörden bzw. –betrieben zu beachten und den Gebietskörperschaften zur Anwendung empfohlen worden. Vergleichbare weitere Verwaltungsvorschriften sind unbekannt. Daher ist zu klären, welche a. a. R. d. T. als Prüfungsmaßstab von Kostenermittlungen bei anderen Verkehrsanlagen infrage kommen.

---

[1] Kosten im Bauwesen – Teil 1: Hochbau, DIN 276-1:2008-12, Beuth Verlag GmbH Berlin

2   Die Verordnungsbegründung zu § 4 Abs. 1 S. 2 weist darauf hin, dass die HOAI nur auf den Teil 1 der DIN 276 Bezug nimmt, der die Kostengliederung im Hochbau regelt. Damit sollte zum Ausdruck gebracht werden, dass die **Norm** zumindest **kein Prüfungsmaßstab für die HOAI-konforme Ermittlung** der anrechenbaren Kosten von Straßenverkehrsanlagen sein könne, welche von Bundes- oder Landesbehörden gebaut werden. Allerdings dürfte ebenfalls die im August 2009 der Struktur der DIN 276-1:2008-12 nachgebildete DIN 276-4:2009-08[2] – nach ihrem Vorwort vom NBau Arbeitsausschuss 005-01-05 „Kosten im Hochbau" für den Bereich „Ingenieurbau" in Ergänzung zu DIN 276-1: Hochbau erarbeitet – die Anforderung an eine a. a. R. d. T. erfüllen und damit als **verbindlicher Prüfungsmaßstab** im Sinne der Verordnung gelten. Sie erlaubt, die Kosten der Verkehrsanlagen, die keine Straßenbauten des Bundes oder der Länder sind, in der gleichen Struktur wie die Kosten der Hochbauten zu ermitteln. Daher liegt es nahe, sie bei den Kostenermittlungen für die Verkehrsanlagen von Gebietskörperschaften sowie bei den gleichen Anlagen des Flug- und Schienenverkehrs anzuwenden. Dies ist auch deswegen zu empfehlen, weil die Norm zusammen mit der Hochbau-Norm eine weitgehend vollständige Checkliste aller Kostenelemente zur Verfügung stellt.

Da die DIN 276-4 aus der DIN 276-1 entwickelt wurde, beschränkt sie sich gemäß Vorwort auf die spezifischen Festlegungen zum Ingenieurbau – nach Ziffer 2.1 der Norm ist damit die Gesamtheit von Ingenieurbauwerken und Verkehrsanlagen gemeint – und verzichtet deswegen auf die Wiederholung der gleichlautenden Kostengruppen 100, 200 und 500 bis 700. damit ist. Daraus folgt, dass mit den in der Verordnung genannten Kosten der Baukonstruktion die Kosten der **KG 300 der DIN 246-4:2009-8** gemeint sein müssten. Sie entsprechen den in der gleichen Kostengruppe der DIN 276-1:2008-12 genannten Kosten der Gebäude.

3   Ob die AKS auch zur Bestimmung der HOAI-Konformität der Kostenzuordnung verbunden ist, ist zumindest offen, weil zahlreiche Kostenbegriffe der HOAI nicht mit den von der AKS gebrauchten Bezeichnungen übereinstimmen und deswegen auch nicht zweifelsfrei definiert sind. So fehlt dort insbesondere die Definition des zentralen Begriffs „Baukonstruktion". Er wird nur in der als a. a. R. d. T. zu wertenden, im August 2009 veröffentlichten **DIN 276-4:2009-08 erklärt und definiert**, die nach ihrem Vorwort in Ergänzung zu DIN 276-1:2008-12 erarbeitet wurde und nach ihrer Ziffer 1 auch für Verkehrsanlagen gilt. Danach setzen sich die **Kosten der Baukonstruktion** aus den der **Kostengruppe 300** zugehörigen Kosten zusammen. Weitere Beispiele für die fehlende Definition der in § 46 Abs. 3 verwendeten Begriffe sind:

– das Herrichten des Baugrundstücks,

– die öffentliche und nichtöffentliche Erschließung,

– die Außenanlagen und

– die Nebenanlagen von Anlage des Straßenverkehrs.

Mangels eigenständiger Definition müssen sowohl die Kosten der Baukonstruktion von Straßenverkehrsanlagen als auch die weiteren hier genannten Kosten nach den a. a. R. d. T. – also nach DIN 276-4 i. V. m. DIN 276-1 – aus den Unter-Kostengruppen der Norm als maßgebend für ihre HOAI-konforme Zuordnung angesehen werden, nicht aber die AKS.

4   Die grundlegende **Struktur der Kostenberechnung nach AKS** zeigt die folgende Tabelle. Sie ist das Ergebnis der Kostenberechnung für den Bau einer Autobahnanschlussstelle. Selbstverständlich sind die hier summarisch dargestellten Ergebnisse mit einer detaillierten Berechnung auf Basis einer überschlägigen Mengenberechnung und geschätzten Einheitspreisen der kostenbestimmenden Teilleistungen ermittelt worden. Auch daraus wird deutlich, dass die für die Honorarermittlung maßgebenden anrechenbaren Kosten nach **AKS nicht unmittelbar HOAI-konform geordnet** sind.

---

[2]   Kosten im Bauwesen – Teil 4: Ingenieurbau, DIN 276-4:2009-08, Beuth Verlag GmbH Berlin

Tabelle 1: Beispiel einer Kostenberechnung nach AKS 85

Hauptgruppe		Gruppe	Leistung	Herstellkosten netto €
1	Grunderwerb	11	Erwerb von Grundstücken	18.250
		12	GE A/E-Maßnahmen	0
		13	sonstige Entschädigungen	86.025
		14	Vermessung u. Vermarkung	1.500
		19	Sonstiges	500
		Summe Hauptgruppe 1		106.275
		Zuschlag f. Kleinleistungen (5 %)		5.314
		Summe 1		**111.589**
2	Untergrund, Unterbau, Entwässerung	21	Erschließen u. Abräumen Baugelände	139.700
		22	Oberboden	404.850
		23	Bodenbewegung	299.000
		24	Verbessern u. Verfestigen Untergrund	77.000
		25	Böschungssicherung u. Stützwand	0
		26	Entwässerung, Rohrleitungen	3.725.000
		27	Entwässerung, Anlagen	448.500
		28	Schutz des Grundwassers	0
		29	Baustelleneinrichtung	254.702
		Summe Hauptgruppe 2		5.348.752
		Zuschlag f. Kleinleistungen (5 %)		267.438
		Summe 2		**5.616.190**
3	Oberbau	31	Tragschichten	1.217.000
		32	Binderschichten	460.900
		33	Deckschichten	405.350
		34	Fräsen o. Schälen von Deckschichten	144.300
		35	Profilausgleich mit Bitumen	43.500
		36	Geh- u. Radwegbefestigung	0
		37	Randbefestigungen	128.000
		38	Sonstige Maßnahmen Oberbau	0
		39	Baustelleneinrichtung	119.952
		Summe Hauptgruppe 3		2.519.002
		Zuschlag f. Kleinleistungen (5 %)		125.950
		Summe 3		**2.644.952**
4	Brückenbau	41	Brückenbau	532.000
		42	Überführung (alt)	0
		Summe Hauptgruppe 4		532.000
		Zuschlag f. Kleinleistungen (5 %)		26.600
		Summe 4		**558.600**

Hauptgruppe		Gruppe	Leistung	Herstellkosten netto €
5	Stützwände	50	Stützwände	0
		Summe Hauptgruppe 5		0
		Zuschlag f. Kleinleistungen (5 %)		0
		Summe 5		**0**
7	Sonstige Bauwerke	70	Sonstige Bauwerke	0
		Summe Hauptgruppe 7		0
		Zuschlag f. Kleinleistungen (5 %)		0
		Summe 7		**0**
8	Ausstattung	81	Leiteinrichtungen, Markierung	390.750
		82	Verkehrszeichen, Leiteinrichtungen	83.000
		83	Fernmeldeanlagen	81.500
		84	Beleuchtungsanlagen	0
		85	Bepflanzung	300.000
		86	Blendschutzanlagen, Lärmschutz	0
		87	Einfrieden	0
		88	sonstige Ausstattungen	0
		89	Baustelleneinrichtung	42.762
		Summe Hauptgruppe 8		898.012
		Zuschlag f. Kleinleistungen (5 %)		44.901
		Summe 8		**942.913**
9	Sonstige besondere Leistungen	91	Verleg., Ändern u. Sichern V+E-Einrichtungen	100.000
		92	Änderungen Bahn, Str. Wasserleitungen	0
		94	Sonstige besondere Kosten	0
		95	Ausgleichsmaßnahmen	0
		96	Kabelkanalanlagen, V+E-Leitungen	0
		99	Baustelleneinrichtung	0
		Summe Hauptgruppe 9		100.000
		Zuschlag f. Kleinleistungen (5 %)		5.000
		Summe 9		**105.000**
Gesamtsumme ohne Mehrwertsteuer				**9.979.243**

5 Die nach HOAI **nicht anrechenbaren Kosten** müssen in der AKS mithilfe der DIN 276 identifiziert werden. Nach der Verordnungsbegründung zu § 46 gelten hierfür sinngemäß die entsprechenden Festlegungen zu § 42. Nach der amtlichen Begründung zu § 42 Abs. 1 sind **nicht anrechenbar die Kosten**

– für den **Erwerb** und das **Freimachen des Baugrundstücks**,

– für die **Erschließung**,

– für die **Vermessung und Vermarktung** eines Bauwerks,

– von **Kunstwerken**, soweit sie nicht wesentliche Bestandteile des Objekts sind,

– von **Entschädigungen** und **Schadensersatzleistungen** sowie

die Baunebenkosten.

Auch die **Kosten von Winterbauschutzvorkehrungen** sollen ebenso wie die Kosten zusätz- **6**
licher Maßnahmen bei der Erschließung, beim Bauwerk und bei den Außenanlagen für den
Winterbau nach der Verordnungsbegründung nicht anrechenbar sein. Dies ist ein **klarer Widerspruch gegenüber DIN 276-1 und DIN 276-4**; in beiden Normen zählen die Kosten von
Winterbauschutzvorkehrungen zur Kostengruppe 397 (zusätzliche Maßnahmen), der die Kosten
für Maßnahmen gegen Schlechtwetter und für den Winterbauschutz einschließlich der Kosten
der Erwärmung des Bauwerks – bei Verkehrsanlagen naturgemäß eher selten - und der Schneeräumung zugeordnet sind. Da für diese Maßnahmen regelmäßig sowohl Planungsleistungen
(z. B. Planung und Ausschreibung von Provisorien für die Winterzeit) als auch Objektüberwachungsleistungen (hier insbesondere die Planung und Überwachung sowie Abrechnung von Sicherungsleistungen der ausführenden Firmen) durchgeführt werden, müssen diese Kosten auch
anrechenbar sein; sie sind Kosten der Kostengruppe 300 – also Kosten der Baukonstruktion. Um
streitige Auseinandersetzungen darüber zu vermeiden, ist eine rechtzeitige **schriftliche Vereinbarung über die Vergütung** solcher Leistungen (Benennung der Leistungen und Methode der
Honorarberechnung) bei Vertragsabschluss empfehlenswert, wenn die Wahrscheinlichkeit des
Winterbaus nicht zu verneinen ist.

II. Kosten der Ausstattung

1. Überblick

Nach § 46 Abs. 1 S. 2 sind die **Kosten der Ausstattung** der Verkehrsanlagen für Grundleis- **7**
tungen bei der Objektplanung von Verkehrsanlagen **anrechenbar, soweit der Auftragnehmer**
der Verkehrsanlagen die **Ausstattung plant oder ihre Ausführung überwacht**. Die Verordnungsbegründung zu § 46 Abs. 1 erläutert die Zuordnung der Kosten sowie Art und Umfang
der **Ausstattung** wie folgt: „*Diese Kosten sind bei den Kosten der Baukonstruktion im Sinne
des § 46 Abs. 1 S. 1 zu berücksichtigen und nicht den Kosten für die Anlagen der technischen
Ausrüstung im Sinne des § 46 Abs. 2 zuzurechnen. Die Ausstattung von Anlagen des Straßen-
und Flug- und Schienenverkehrs einschließlich* **Entwässerungsanlagen** *ist nicht in der Objektliste der technischen Ausrüstung enthalten. Unter Ausstattung von Anlagen des Straßen- und
Flugverkehrs fallen zum Beispiel* **Signalanlagen, Schutzplanken und Beschilderungen.** *Bei den
Entwässerungsanlagen handelt es sich um* **Straßenabläufe, Sammelleitungen und zugehörige
Anschlussleitungen** *sowie* **Regenwasserversickerungen,** *die nicht als eigenständige Objekte in
der Objektliste Ingenieurbauwerke, Gruppe 2, aufgeführt sind, vergleiche Anlage 12 Nummer
12.2. Unter Ausstattung von Anlagen der Schienenverkehrs fallen* **Oberleitungsanlagen, Signalanlagen, Telekommunikationsanlagen,** *die den Zugbetrieb beeinflussen, und* **Weichenheizungsanlagen.***"*

Die Ausstattung von Verkehrsanlagen ist **keine Ausstattung im Sinne der Kostengruppe 600** **8**
nach DIN 246-1 oder 276-4. Es handelt sich vielmehr sowohl um Anlagen der technischen Ausrüstung (z. B. Signalanlagen, Telekommunikationsanlagen, Weichenheizungsanlagen) als auch
um Ingenieurbauwerke (z. B. Regenwasserversickerungen). Dass die Kosten solcher Anlagen
nicht den Kosten für die Anlagen der technischen **Ausrüstung im Sinne des § 46 Abs. 2** zugeordnet werden dürfen, **bedeutet lediglich,** dass die dort verordnete anteilige **Zurechnung anrechenbarer Kosten** Technischer Anlagen zu den Kosten der Baukonstruktion **nicht** stattfinden
darf, **wenn** die Anlagen **anderweitig fachlich geplant oder bei der Ausführung überwacht**
werden. Die Honorierung dieser Leistungen ist hier auch nicht angesprochen, was nachfolgend
erläutert wird.

Die Anlagen der Technischen Ausrüstung sind die in § 53 Abs. 1 erfassten Anlagen von Objekten. **9**
Sie sind in der Objektliste Technische Ausrüstung (**HOAI-Anlage 15.2**) zusammengestellt. Der
Verordnungsgeber hat zwar darauf verzichtet, dort die in der Verordnungsbegründung erwähnten
Straßenabläufe, Sammelleitungen und zugehörige Anschlussleitungen sowie Regenwasserversi-

ckerungen ausdrücklich zu benennen; damit hat er aber dasselbe wie beispielsweise mit der nur sehr allgemein gehaltenen Erläuterung der Abwasser-, Wasser-, Gas- oder sanitärtechnischen Anlagen getan. Auch dort wie auch bei den anderen Technischen Anlagen hat er sich auf die summarische Benennung der Anlagen beschränkt, deren Einzelelemente nach den allgemein anerkannte Regeln der Technik zu bestimmen sind – also vorliegend mithilfe er DIN 276-4:2009-8 i. V. m. DIN 276-1:2008-12.

10   Bei Interpretation dieser Vorschrift ist zu bedenken, dass es bei den anrechenbaren Kosten der Ausstattung um **Kostenbestandteile für die Berechnung des Objektplanungshonorars** geht. Die **Objektplanungsleistungen für die Ausstattung** sind wegen ihrer identischen Definition mit den Objektplanungsleistungen für die Anlagen der Maschinentechnik von Ingenieurbauwerken unmittelbar vergleichbar. Damit nimmt der Objektplaner laut Verordnungsbegründung zu § 42 Abs. 1 lediglich „**planerisch Einfluss**" – bei den Ingenieurbauwerken auf die Maschinentechnik, bei den Verkehrsanlagen auf die in der Verordnungsbegründung genannte **Ausstattung**. Zur Maschinentechnik heißt es in der Begründung des § 42 Abs. 1 weiter: „*Erforderlich für die Planungsleistungen ist nicht, dass der Planer selbst Konstruktionszeichnungen und weitere Unterlagen für die Anfertigung der anhaltende Maschinentechnik erstellt*". Bei der Objektplanung der Ausstattung der Verkehrsanlagen nimmt der Planer also nur planerisch **Einfluss auf ihre Konzeption**, definiert die von ihnen zu erfüllenden technischen Anforderungen und sorgt vor allem für ihre sach- und fachgerechte Integration in die Verkehrsanlagen. Die Gleichsetzung beider Planungstätigkeiten begründet die o. e. Konsequenz, dass bei den Verkehrsanlagen **Honorare für** die jeweiligen **Fachplanungsleistungen bei den „Ausstattungen"** entweder **nach Teil 3 Abschnitt 3** (z. B. Objektplanungsleistungen für Entwässerungsanlagen) **oder nach Teil 4 Abschnitt 2** (z. B. Fachplanungsleistungen für Entwässerungsanlagen, Signalanlagen, Beschilderungen und Telekommunikationsanlagen in Anlagengruppe 5 oder Weichenheizungsanlagen in Anlagengruppe 2) bestimmt werden müssen. Die Honorierung der Objektplanungsleistungen für die Integration der Ergebnisse der Fachplanungsleistungen ergibt sich durch die Hinzurechnung der Ausstattungskosten zu den Kosten der Baukonstruktion. Dieser Honoraranteil kann auch als Entgelt für deren Mitverarbeitung im Rahmen der Objektplanung verstanden werden.

Eine Auslegung der Vorschrift dahingehend, dass die für die Ausstattung erforderlichen Fachplanungsleistungen nur als Teil der Objektplanungsleistungen durch Hinzurechnung der Kosten der Ausstattung von Verkehrsanlagen zu den Kosten der Baukonstruktion vergütet würden, wäre nach der Amtl. Begr. der HOAI 2009 zum Fortfall des § 25 Abs. 1 HOAI 1996/2002 „**systemwidrig**". In der Amtl. Begr. zu § 32 HOAI 2009 wurde dies ebenfalls so gesehen und bekräftigt. Umso erstaunlicher wäre es, wenn die für die Planung und Ausführung öffentlicher Verkehrsanlagen verantwortlichen Auftraggeber in ihren Vertragsmustern aus der Vorschrift nicht endlich die Konsequenzen zögen und ihre noch immer systemwidrige Interpretation der Verordnung (s. Rdn. 12) weiterhin aufrechterhielten.

11   Wie die Leistungen für die genannte Ausstattung rechtsverbindlich korrekt abgerechnet werden, wird wohl wie bei ähnlich gelagerten Fällen in der Vergangenheit wohl erst wieder durch ein höchstrichterliches Urteil geklärt werden. Würde ein Auftraggeber diese eigenständigen Leistungen nicht getrennt vergüten, sondern aufgrund der Formulierung der Verordnung erwarten, dass dem Objektplaner lediglich ein „Mehrhonorar" aus den zusammengefassten Kosten der genannten unterschiedlicher Einrichtungen zustünde, würde nach hiesiger Auffassung das der HOAI innewohnende **Prinzip der getrennten Honorarberechnung** für unterschiedliche Objekt- und Fachplanungsleistungen **durchbrochen**, die in getrennten Leistungsbildern verordnet sind. Nachfolgend werden Vorschläge und Empfehlungen für eine HOAI-konforme Abrechnung der Fachplanungsleistungen erläutert.

2. Entwässerungsanlagen

12   Nach § 46 Abs. 1 seien die Kosten der „in den Verkehrsanlagen enthaltenen" Entwässerungsanlagen der Verkehrsanlagen als erweiterter Teil der Kosten der Baukonstruktion anrechenbar, sofern dafür Planungs- oder Überwachungsleistungen bei der Bauausführung erbracht werden. Die weitere Voraussetzung für die Berücksichtigung der Kosten ist, dass diese Entwässerungsanlagen der Zweckbestimmung der Verkehrsanlagen dienen. Somit sind zwei Fragen zu beantworten:

1. Welche Entwässerungsanlagen gelten als „in den Verkehrsanlagen enthalten"?
2. Welche Entwässerungsanlagen dienen der Zweckbestimmung einer Verkehrsanlage?

Die Antworten auf diese Fragen klären die schon bisher häufig kontrovers diskutierte Frage, ob die von einem Objektplaner durchzuführende **Planung und Überwachung von Entwässerungsanlagen in oder bei Verkehrsanlagen** zusammen mit den Objektplanungsleistungen für die Verkehrsanlage Leistungen für die Verkehrsanlage sind oder ob es sich hierbei um **getrennt zu honorierende Objektplanungsleistungen für Bauwerke und Anlagen der Abwasserentsorgung** handelt. Insbesondere ziehen öffentliche Auftraggeber – vor allem die Adressaten des in der Fußnote genannten Allgemeinen Rundschreibens[3] – aus einer Formulierung der „Technische Vertragsbedingungen für Planungs- und Entwurfsleistungen für Straßenverkehrsanlagen (TVB-Straßen 2009) im Teil 4 Ziffer 4.3 des HVA F-StB den Schluss, die Straßenentwässerungsanlagen seien Teil der Verkehrsanlage, beide zusammen bildeten also eine funktionale Einheit, und deswegen sei die Summe beider Kosten zur Ermittlung des Honorars für die hierfür notwendigen Objektplanungsleistungen zugrunde zu legen. Die Formulierung lautet (Zitat): *„Die Straßenentwässerung ist einschließlich der erforderlichen Wasserschutzmaßnahmen Bestandteil der Objektplanung der Verkehrsanlage. Ausgenommen hiervon sind konstruktive Ingenieurbauwerke, die eine Tragwerksplanung oder erdstatische Berechnung erfordern. Nachweise und Planungen für den Vorfluter sind nicht in den Grundleistungen für die Objektplanung der Verkehrsanlage enthalten. Die Straßenentwässerungsanlagen sind nach RAS-EW) zu planen. Das Entwässerungskonzept und die Berechnungsgrundlagen sind mit der Wasserbehörde abzustimmen"*.

Der AHO analysiert in Heft 13 seiner Schriftenreihe diese auch in den Vorgängerfassungen des HVA F-StB formulierte globale HOAI-widrige Interpretation und beantwortete sie differenziert[4]. Dabei wird zwischen zwei Bestandteilen von Entwässerungsanlagen unterschieden: **13**

1. Baumaßnahmen und Anlagen, welche der **Sammlung und Einleitung der** auf den Oberflächen der Verkehrsanlage (Straße, Böschung) anfallenden **Oberflächenabflüsse** in den Vorfluter dienen und dadurch die Straße sicher befahrbar machen, sind der **Ausstattung oder den Nebenanlagen der Straße** zuzurechnen. Es handelt sich hierbei z. B. um **Straßenrinnen** und **Straßenabläufe** einschließlich der **Anschlussleitungen im Straßenkörper bis zum Vorfluter.** Nur diese Entwässerungsanlagen können **daher „in der Verkehrsanlage enthalten"** sein. Deren Kosten zählen zu den anrechenbaren Kosten der Verkehrsanlage, wenn deren Objektplanung oder -überwachung von dem Objektplaner durchgeführt wird, der mit den Objektplanungsleistungen für die Verkehrsanlage beauftragt ist.
2. **Vorfluter** dienen der **Ableitung der eingeleiteten Oberflächenwässer**; sie können als **Entwässerungskanal unter oder neben der Straße** angeordnet sein oder als **Straßengraben** ausgeführt sein. Die Ableitung des Oberflächenwassers erfolgt in Bauwerken und Anlagen der Abwasserentsorgung nach § 51 Abs. 1 Nr. 2 HOAI 1996 (heute: § 42 HOAI); das Honorar für die hierfür erforderlichen Objektplanungsleistungen ist nach dem der HOAI innewohnenden Funktionalprinzip[5] getrennt zu ermitteln. Zu derartigen Objekten zählen auch Regenrückhaltebecken, Versickerungsanlagen, Leichtstoffabscheider oder Pumpwerke.

Weitere Klarheit hat das Urteil des KG Berlin[6] geschaffen. Danach sind *„die Entwässerungsanlagen und Lärmschutzwälle einerseits und die Fahrbahnen (Verkehrsanlagen) andererseits nicht als einheitlich abzurechnendes Objekt* anzusehen ... *Von entscheidender Bedeutung ist vielmehr,*

---

[3]   Handbuch für die Vergabe und Ausführung von freiberuflichen Leistungen der Ingenieure und Landschaftsarchitekten im Straßen- und Brückenbau (HVA F-StB); Ausgabe September 2006, Fassung Juli 2009, eingeführt durch das Allgemeine Rundschreiben Straßenbau des Bundesministerium für Verkehr, Bonn, Bau und Stadtentwicklung Nr. 14/2009 vom 18.08.2009, adressiert an die Obersten Straßenbaubehörden der Länder, die Bundesanstalt für Straßenwesen, den Bundesrechnungshof, die DEGES: Deutsche Einheit Fernstraßenplanungs- und -bau GmbH

[4]   Schriftenreihe des AHO „HVA F-StB – Benutzerhinweise zur Verhandlung und Abfassung von Ingenieurverträgen", Bundesanzeiger Verlagsges. mbH, Köln November 2000, Heft 13 S. 22ff.

[5]   Amtl. Begr. zu § 51 Bundesanzeigerausgabe HOAI 2002, S. 119

[6]   Urteil v. 11.02.2003 – 15 U 366/01; IBR 2003, 549

ob es sich bei den Abwasseranlagen und Lärmschutzwällen um eigenständige konstruktive (In-
genieur-) Bauwerke handelt ... Bei den (Abwasser-) Sammlern handelt es sich um unterirdische
Betonrohrleitungen mit Schächten, die zu Regenrückhalte- und Versickerungsbecken führen, und
zwar um vier funktional getrennte Systeme. Die jeweiligen Systeme sind jeweils gesondert ... was-
sertechnisch gerechnet und konstruiert. ... Nach alldem war hier eine gesonderte Abrechnung der
einzelnen Planungsleistungen vorzunehmen ...". Dieses Urteil wurde vom BGH am 30.09.2004[7]
bestätigt.

Die Entscheidungen bedeuten, dass die **Abwassersammler je Einzugsgebiet selbstständige**
Ingenieurbauwerke sind; ihre jeweiligen anrechenbaren Kosten sind deswegen auch getrennt
zu ermitteln. **Dasselbe gilt für die Regenbecken,** in die die Entwässerungsleitungen münden.
Selbstverständlich können solche Kosten nicht mehr als Kosten der Verkehrsanlage zusätzlich
berücksichtigt werden.

Die oben gestellten Fragen können nun wie folgt beantwortet werden:

1. Die „**in den Verkehrsanlagen enthaltenen**" Entwässerungsanlagen sind Straßenrinnen und
   Straßenabläufe einschließlich der Anschlussleitungen im Straßenkörper bis zum Vorfluter.
2. Nur die unter 1. genannten Entwässerungsanlagen dienen der Zweckbestimmung einer Verkehrsanlage. Alle anderen Entwässerungsanlagen – auch die in der Verordnungsbegründung
   genannten Regenwasserversickerungen – sind Ingenieurbauwerke (s. Objektliste Ingenieurbauwerke; letztgenannte gehören zur Gruppe 3 – Bauwerke und Anlagen des Wasserbaus).

Ungeachtet der Urteile ist die unter Rdn. 12 zitierte Formulierung der im Rahmen der Entwurfsplanung zu erfüllenden Leistungspflicht auch in der zum Zeitpunkt der Manuskripterstellung
aktuellen Fassung des HVA F-StB unverändert enthalten. Entgegen der Auffassung der Auftraggeberseite kann aus dieser Formulierung nach wie vor nicht der Schluss gezogen werden,
dass das Honorar für die Objektplanung der Entwässerungsanlagen als Teil des Honorars für die
Objektplanung der Verkehrsanlage ermittelt werden müsse. Bei der Erläuterung handelt es sich
lediglich um eine Leistungsbeschreibung, nicht aber um eine Anweisung zur Leistungsabrechnung. Für die Berechnung des Honorars gilt ausschließlich die HOAI, aus der sich zusammen mit
den zitierten Urteilen ergibt, dass ein HOAI-konformes Honorar nur durch die **getrennte Ab-**
rechnung der Leistungen für das Ingenieurbauwerk „Abwasserkanal" und die Verkehrsanlage
„Straße" ermittelt werden kann.

Würde man jedoch der Auffassung der Straßenbaubehörden tatsächlich folgen wollen, wären
die **Abwasserkanäle alternativ als Technische Anlagen** des Objekts Straße anzusehen, welche
der Anlagengruppe 1 nach § 54 Abs. 2 zuzuordnen wären. Dies würde im Streitfall als Entschei-
dungshilfe dienen. Daraus würde folgen, dass das Honorar für die Fachplanungsleistungen für
die Abwasserkanäle nach Teil 4 Abschnitt 2 HOAI abzurechnen wäre. Ferner wären die Kosten
der Abwasserkanäle nach § 46 Abs. 3 bei der Bestimmung der anrechenbaren Kosten des Objektplaners zusätzlich anteilig zu berücksichtigen, was der Verordnungsgeber laut Verordnungsbegründung zu § 46 Abs. 1 verhindern wollte.

14 Auch deswegen hatten die Teilnehmer einer Diskussion über die bisher streitige Abrechnung
von Leistungen für die **Entwässerungsanlagen** zwischenzeitlich Einvernehmen darüber erzielt
haben, dass die Entwässerungsleitungen als Ingenieurbauwerke gelten würden und innerhalb
und außerhalb des Straßenkörpers zu einem Objekt (z. B. gemäß Anlage 3, Ziffer 3.4.2 2009)
zusammenzufassen seien[8]. Sie würden eine funktionale Einheit darstellen. Dasselbe gelte für
eine mehrstufige Abwasserbehandlungsanlage (Vorklärbecken, Regenrückhaltebecken), deren
Stufen ebenfalls eine funktionale Einheit wären und zu einem Objekt Abwasserbehandlungsanlagen nach Anlage 3 Ziffer 3.4.2 HOAI 2009 zusammenzufassen seien. Bei dieser Entscheidung
ließ man sich offenbar auch vom BGH-Urteil vom 12.1.2006 – VII ZR 2/04[9] leiten, wonach unterschiedliche Planungsleistungen (hier: Architekten und Innenarchitekten erbringen separate
Leistungen) getrennt abzurechnen sind. Vertreten waren bei dieser Diskussion u. a. neben zwei
Vertretern der Arbeitnehmerschaft das Landesamt für Straßenbau und Verkehr MV und das

---

[7] Urteil v. 30.09.2004 – VII ZR 192/03; BauR 2004, 1963
[8] Vermerk des Referates StB 14, Az.: StB14/7132.3/040/1868049 vom 10.01.2013
[9] IBR 2006, 272

BMVBS (Referat StB 14). Allerdings wird das Einvernehmen inzwischen von der Auftraggeberseite wieder bestritten[10].

3. Sonstige Ausstattung

Zur Ausstattung von Straßen zählen neben den aus der Verordnungsbegründung zitierten Gegenständen beispielsweise Verkehrszeichen, Straßenmarkierungen (Randstreifen, Taxistände, Fußgängerüberwege) und sonstige Hinweisschilder oder -tafeln. Unter der Ausstattung von Gleisanlagen sind vornehmlich Signalanlagen, Beleuchtungsanlagen und Informationstafeln auf Bahnsteigen zu verstehen. Beispiele für anspruchsvolle Fachplanungen von Ausstattungen sind die Leistungen bei der Planung einer **einheitlichen Beschilderung** innerhalb einer Stadt, einer Umgehungsstraße oder einer Autobahn sowie die Planung von Schutzeinrichtungen an diesen Straßen.

15

Das **Honorar** für diese Fachplanungsleistungen war nach hiesiger Auffassung in der HOAI 1996/2002 **nicht verordnet**; daher konnte ein angemessenes Honorar nur frei vereinbart werden. Diese Auffassung vertrat auch das **Kammergericht Berlin** in seiner **nicht rechtskräftigen Entscheidung** vom 28.5.2004 – 7 U 250 /03[11] für den Fall, dass Leistungen für die wegweisende Beschilderung, die Schutz- und Leiteinrichtungen, die Markierungen und die Langzeitzählstellen einer Verkehrsanlage als isolierte Besondere Leistungen erbracht werden. Es begründete seine Entscheidung mit der Feststellung, dass solche Leistungen für das „Zubehör" von Verkehrsanlagen in den Leistungsbildern der HOAI nicht beschrieben seien und daher nicht dem Preisrecht der HOAI unterliegen würden. Nach Auffassung des Gerichts würde der Sondercharakter dieser Leistungen auch dadurch betont, dass die Planung dieser Einrichtungen nicht notwendig zu den Aufgaben des Verkehrsanlagenplaners gehöre und damit dann die anrechenbaren Kosten dadurch erhöht würden, wenn der Verkehrsanlagenplaner zusätzlich mit dieser Aufgabe betraut wäre. An dieser Rechtslage ändere auch der Umstand nichts, dass das Zubehör von Bundesfernstraßen der Definition in § 1 FStrG[12] folgend zu den Verkehrsanlagen gehöre. Diese sind in dessen Abs. 4 wie folgt definiert:

16

„Zu den Bundesfernstraßen gehören

1. der Straßenkörper; das sind besonders der Straßengrund, der Straßenunterbau, die Straßendecke, die Brücken, Tunnel, Durchlässe, Dämme, Gräben, Entwässerungsanlagen, Böschungen, Stützmauern, Lärmschutzanlagen, Trenn-, Seiten-, Rand- und Sicherheitsstreifen;

2. der Luftraum über dem Straßenkörper;

3. das Zubehör; das sind die Verkehrszeichen, die Verkehrseinrichtungen und -anlagen aller Art, die der Sicherheit oder Leichtigkeit des Straßenverkehrs oder dem Schutz der Anlieger dienen, und die Bepflanzung;

3a. Einrichtungen zur Erhebung von Maut und zur Kontrolle der Einhaltung der Mautpflicht;

4. die Nebenanlagen; das sind solche Anlagen, die überwiegend den Aufgaben der Straßenbauverwaltung der Bundesfernstraßen dienen, z. B. Straßenmeistereien, Gerätehöfe, Lager, Lagerplätze, Entnahmestellen, Hilfsbetriebe und -einrichtungen;

5. die Nebenbetriebe an den Bundesautobahnen (§ 15 Abs. 1)."

Der **BGH folgte** mit seiner Entscheidung vom 23.2.2006 – VII ZR 168/04[13] dem Kammergericht mit folgenden Begründungen **nicht**:

1. Die HOAI ist anwendbar, wenn und soweit ein Auftragnehmer mit der Planung einer Anlage des Straßenverkehrs beauftragt ist. Nicht erforderlich ist es, dass ihm die Planung der Anlage insgesamt übertragen ist. Es genügt, wenn der Auftrag gegenständlich auf Teile einer Verkehrsanlage beschränkt ist.

---

[10] Auskunft der GHV Gütestelle für Honorar- und Vergaberecht, Mannheim, aufgrund des inzwischen geführten Schriftwechsels zum Zeitpunkt der Manuskripterstellung (nicht veröffentlicht)

[11] IBR 2005, 26

[12] Bundesfernstraßengesetz in der Fassung der Bekanntmachung vom 28. Juni 2007 (BGBl. I S. 1206), zuletzt geändert durch Artikel 6 des Gesetzes vom 31. Juli 2009 (BGBl. I S. 2585)

[13] IBR 2006, 273

2. Das **Leistungsbild** „**Objektplanung** für eine **Verkehrsanlage**" ist nach der Systematik der HOAI lediglich insoweit **eingeschränkt**, als Ingenieurbauwerke und andere Objekte, die zu einem anderen in der HOAI geregelten Leistungsbild gehören, nicht zugleich dem Leistungsbild „Verkehrsanlage" unterfallen.

17 Die Honorare der **Fachplanungsleistungen** für die vom BGH-Urteil betroffenen Anlagen sind nun nach DIN 276-1:2008-12 bzw. DIN 276-4:2009-08 und nach der Objektliste in Anlage 15.2 zu bestimmen:

– **Beschilderung**: KG 619 (DIN 276-1); dazu zählen Schilder, Wegweiser, Orientierungstafeln, Werbeanlagen; Anlagengruppe 5 in Anlage 15.2 (Informationstechnische Anlagen)

– **Langzeitzählstellen**: KG 450 (DIN 276-4); dazu zählen u. a. Maut-/Gebührenerfassungssysteme, Langzeitzählstellen, Parkleitsysteme, Fernwirkanlagen; Anlagengruppen 5 und 8 in Anlage 15.2 (Fernmelde- und Informationstechnische Anlagen sowie Automation)

Die isolierte Planungs- und Objektüberwachungsleistungen für Einrichtungen der KG 619 (Sonstige Ausstattung) sind in der HOAI nach wie vor nicht verordnet; demzufolge handelt es sich dabei um Leistungen, deren Honorar frei zu vereinbaren ist. Die Planungs- und Objektüberwachungsleistungen für die **Langzeitzählstellen** sind Leistungen der technischen Ausrüstung und in Teil 4 Abschnitt 2 HOAI verordnet.

18 Lediglich diejenigen **Schilder**, die nach DIN 276-4 „*mit den Verkehrsanlagen fest verbunden sind … und durch ihre Beschaffenheit und Befestigung technische und bauplanerische Maßnahmen erforderlich machen, z. B. Anfertigen von Werkplänen, statischen und anderen Berechnungen, Anschließen von Installationen*", würden der KG 374 nach DIN 276-4 zuzuordnen sein. Allerdings liegt es nach dieser Definition nahe, solche Schilder nicht als Verkehrsanlagen, sondern als „**sonstige Einzelbauwerke**" im Sinne von § 40 Nr. 7 und damit als **Ingenieurbauwerke** zu interpretieren, zumal für solche Schilder (z. B. **Schilderbrücken** oder frei stehende **Großschilder**) die in der Norm genannten technischen und bauplanerischen Maßnahmen – insbesondere Standsicherheitsnachweise – erforderlich sind.

19 Die im erwähnten BGH-Urteil ebenfalls angesprochenen isolierten **Leistungen für die Schutz- und Leiteinrichtungen** dürften auch der KG 374 nach DIN 276-4 zuzuordnen sein. Hierzu gehören die Einbauten für Linienbauteile, also die in der Norm genannte Straßenausstattung wie z. B. Rückhaltesysteme (Schutzplanken), Lärmschutz und die bereits genannten Schilder. Werden für die Schutz- und Leiteinrichtungen ebenfalls Werkpläne angefertigt oder statische und andere Berechnungen erforderlich, zählen auch diese Einrichtungen zu den **Ingenieurbauwerken**; andernfalls sind die Einrichtungen der KG 619 (Sonstige Ausstattung) zuzuordnen, für deren Planung die HOAI bei isolierter Beauftragung keine Leistungen und Honorare kennt. Daher müssten die Leistungen ebenfalls als Besondere Leistungen honoriert werden.

III. Kosten der Technischen Ausrüstung

20 Art und Umfang der in der HOAI erfassten **Technischen Ausrüstung** von Verkehrsanlagen regelt § 53 HOAI. Der Vergleich mit der Kostengruppe 400 der DIN 276-4:2009-8 zeigt die Identität beider Vorschriften. § 46 Abs. 2 ordnet an, dass die **Kosten der Technischen Ausrüstung nach § 53 Abs. 2 HOAI**, die der Objektplaner nicht fachlich plant und deren Ausführung er auch nicht fachlich überwacht, den „**sonstigen anrechenbaren Kosten**" nicht vollständig, sondern nur in einem bestimmten Umfang hinzugerechnet werden dürfen. Damit sollen die Leistungen des Objektplaners für die Koordination und Integration der Fachplanungsleistungen bei der Technischen Ausrüstung in seine eigenen Objektplanungsleistungen honoriert werden [14,15].

---

[14] Siehe Amtl. Begr. zu § 32 HOAI 2009

[15] So auch der BGH in seinem richtungweisenden Urteil v. 30.09.2004 – VII ZR 192/03; BauR 2004, 1963; IBR 2004, 702

Dann sieht die Rechnung grundsätzlich wie folgt aus:

Beispiel:

Kosten der Baukonstruktion nach § 46 Abs. 1	=	600.000 €
Kosten der Technischen Anlagen nach § 53 Abs. 2 HOAI	=	400.000 €
Kostensumme	=	1.000.000 €
abzügl. darin enthaltene Kosten für technische Ausrüstung	=	400.000 €
Sonstige anrechenbare Kosten im Sinne von § 41 Abs. 2	=	600.000 €
Zusätzlich anrechenbare Kosten:		
– 25 % von 600.000 € vollständig	=	150.000 €
– 50 % des Differenzbetrages der Gesamtkosten der Technischen Ausrüstung abzüglich der bereits angerechneten Kosten = 0,50 × (400.000 – 150.000)	=	125.000 €
Summe der anrechenbaren Kosten des Objektplaners	=	**875.000 €**

Wie in der Amtl. Begr. der HOAI 2009 zur analogen Regelung bei Gebäuden und Innenräumen ausgeführt, sollen durch die teilweise Anrechnung *„die anrechenbaren Kosten* (und das daraus resultierende Honorar[16]) *bei solchen Projekten, die einen besonders hohen Anteil an technischer Ausrüstung oder Einbauten haben, in ein angemessenes Verhältnis zur Leistung der Auftragnehmerin oder des Auftragnehmers gebracht werden"*. Die teilweise Anrechnung bei der Ermittlung des Objektplanungshonorars gilt deswegen auch dann, wenn der Objektplaner selbst zusätzlich die Fachplanung durchführen würde. Erbringt er nämlich auch die Fachplanung für die Technische Ausrüstung, hat er zusätzlich Anspruch auf dieselben Honorare wie ein Fachplaner. Darauf weist die Amtl. Begr. des mitgeltenden wortgleichen § 32 Abs. 2 HOAI 2009 (jetzt § 33) hin. Als **Objektplaner** hat er Anspruch auf ein Honorar auf der Grundlage der **anrechenbaren Kosten, die nach Abs. 2** in der am Beispiel gezeigten Form gemindert werden müssen; **als Fachplaner** hat er Anspruch auf ein Honorar nach **Teil 4 Abschnitt 2** (Technische Ausrüstung).

Beispiele für die technischen Anlagen von Verkehrsanlagen im beschriebenen Sinne sind sowohl nach § 53 Abs. 2 als auch nach DIN 276-4:2009-8 KGr. 400 (nachfolgend zusätzlich genannt): **21**
– die Abwasser-, Wasser- und Gasanlagen der Anlagengruppe 1 von Straßen, Plätzen, verkehrsberuhigten Zonen, Gleis- und Bahnhofsanlagen, soweit es sich nicht um Ingenieurbauwerke nach § 41 Nr. 1, 2 und 4. handelt,
– die Wärmeversorgungsanlagen der Anlagengruppe 2 von Straßen wie z. B. beheizte Straßenbereiche auf Brücken, sonstige Flächenheizsysteme, Taumittelsprühanlagen oder Weichenheizungsanlagen
– die lufttechnischen Anlagen der Anlagengruppe 3, soweit solche überhaupt für die Verkehrsanlage zur Ausführung kommen,
– die Starkstromanlagen der Anlagengruppe 4 wie z. B. Hoch- und Mittelspannungsanlagen, Niederspannungsschaltanlagen, Niederspannungsinstallationsanlagen, Trassen- und Gleisbeleuchtungsanlagen, Blitzschutz- und Erdungsanlagen wie z. B. Straßenbeleuchtung inkl. Masten und Fundament sowie Stromzuführung,
– die Fernmelde- und informationstechnischen Anlagen der Anlagengruppe 5 wie z. B. Telekommunikationsanlagen, Such- und Signalanlagen wie z. B. Lichtsignalanlagen, Anlagen zur Fahrstreifensignalisierung, Zeitdienstanlagen, elektroakustische Anlagen, Gefahrenmelde- und Alarmanlagen, Übertragungsnetze und Telematikanlagen wie zum Beispiel Maut-/Gebührenerfassungssystem, Langzeitzählstellen, Parkleit- und Verkehrsleitsysteme, Fernwirkanlagen
– die Förderanlagen der Anlagengruppe 6 wie z. B. Aufzugsanlagen, Fahrtreppen oder Fahrsteige, soweit diese nicht selbstständige Ingenieurbauwerke sind, oder Skilifte

---

[16] Einfügung durch Verfasser

– die nutzungsspezifischen technischen Anlagen der Anlagengruppe 7 – in der HOAI-Anlage 15.2 unter Ziffer 7.2 zusammengestellt – wie z. B. Anlagen für Wassergewinnung, Abwasserbehandlung und -entsorgung, Reststoff- und Abfallbehandlung sowie -entsorgung, soweit solche Anlagen funktionaler Bestandteil der Verkehrsanlage und keine Ingenieurbauwerke sind,

– die Anlagen der Automation der Anlagengruppe 8 d. h. anlagenübergreifende Automation wie zum Beispiel Verkehrsleit- und -sicherungsanlagen, Anlagen zur Verkehrszählung oder Geschwindigkeitsüberwachung oder Telekommunikationsanlagen der Schienenanlagen zur Zugbeeinflussung

22 Nach § 54 Abs. 1 S. 3 sind auch die **Kosten der sonstigen Maßnahmen** für Technische Anlagen anrechenbar. Was unter diesen Kosten zu verstehen ist, ist in der HOAI nicht geregelt. Unterstellt man wegen der Identität der Anlagengruppen nach § 53 Abs. 2 HOAI mit den Anlagengruppen der Technischen Ausrüstung nach DIN 276-1 und 276-4, sind diese Kosten der KGr. 490 DIN 276-4 zugeordnet. Sie umfassen für jede Anlage die Kosten der Baustelleneinrichtung, der Sicherungsmaßnahmen, der Abbruchmaßnahmen, der Instandsetzungen und Instandhaltungen, der Materialentsorgung, der zusätzlichen Maßnahmen sowie die Kosten provisorischer technische Anlagen. Sie sind jeder Anlagengruppe und –art anteilig hinzuzurechnen.

IV. Weitere obligatorisch anrechenbare Kosten

1. Sonstige Lieferungen und Leistungen des Auftraggebers oder sonst nicht übliche Vergünstigungen

23 Nach **§ 4 Abs. 2 HOAI** sind zusätzlich **ortsübliche Preise** als anrechenbare Kosten anrechenbar, **wenn der Auftraggeber**

1. **selbst Lieferungen oder Leistungen** übernimmt; Beispiele:
   – Einsatz der Baukolonne eines öffentlichen Auftraggebers,
   – Lieferung und Einsetzen von Pflanzen für die Gestaltung von Außenanlagen,
   – Bereitstellung von Erdmaterial zur Dammschüttung,
   – Bereitstellung oder Lieferung Auftraggeber eigenen Mutterbodens,
2. von bauausführenden Unternehmen/Lieferern **sonst nicht übliche Vergünstigungen** erhält; Beispiele:
   – außerordentlicher Preisnachlass eines Bieters im Vergleich mit Angeboten anderer Bieter,
   – Schenkungen,
3. **Lieferungen oder Leistungen in Gegenrechnung** ausführt; Beispiele:
   – Tauschgeschäfte,
   – unentgeltliche Dienstleistungen des Auftraggebers, die er anstelle der vertraglich vereinbarten Leistungen des Auftragnehmers ohne Berechnung durchführt,
   – beim Bau von Lärmschutzwällen oder beim Schließen von Deponien kommt es vor, dass ausführende Unternehmen **negative Einheitspreise für anzulieferndes Erdmaterial** anbieten und vertraglich vereinbaren, weil sie dafür belastetes Material (> Z 0 nach LAGA-Richtlinie) verwenden dürfen, welches sie auf unternehmenseigenem Gelände zwischengelagert haben. Die anrechenbaren Kosten als Grundlage für die Honorarermittlung können dann aber nicht mit diesen Negativpreisen ermittelt werden. Hier greift § 4 Abs. 2: Der Auftraggeber stellt dem Unternehmen „Deponieraum" in Form des Lärmschutzwalls oder der Deponieabdeckung als „Gegenleistung" zur Verfügung. Würde diese Gegenleistung nicht erfolgen, müsste der Unternehmer zur Entsorgung seines ihm gehörenden belasteten Materials Deponiegebühren in entsprechender Höhe entrichten, die er bei dessen Einbau als Auffüllmaterial spart[17],

---

[17] Näheres bei Kalte, DIB Juni 2009, S. 48

4. **vorhandene oder vorbeschaffte Baustoffe oder Bauteile einbauen** lässt; Beispiele:
- aus denkmalpflegerischen Gründen werden in einen Neubau **vorhandene Bauteile** einer zuvor abgebrochenen Verkehrsanlage (z. B. Pflaster) eingebaut,
- Gehwegplatten, die beim Auftraggeber auf Lager liegen.

Mit den zum Verständnis des Abs. 2 Nr. 4 wichtigen Begriffen Baustoffe und Bauteile hat sich das OLG Karlsruhe zur Begründung seiner Entscheidung vom 26.06.2001[18] über die Berücksichtigung des Wertes vorhandener Bausubstanz bei der Abrechnung der Abdeckung von Altablagerungen OLG Karlsruhe auseinandergesetzt. Es definiert die Begriffe in seiner Urteilsbegründung u. a. wie folgt:

*Unter **Baustoffen** i. S. d. § 1 VOB/A sind Einzelgattungen bzw. -arten des Materials zu verstehen, das zur Be- und Verarbeitung bei der Herstellung eines Bauwerks Verwendung findet, wie z. B. Stahl, Zement, Bausteine, Kalk, Sand, Farbe, Leim, Holz usw. (vgl. Ingenstau/Korbion, VOB, 14. Aufl., § 1 VOB/A Rdn. 53).*

***Bauteile** i. S. d. § 1 VOB/A sind Sachen, die bereits aus Stoffen gebildet worden sind und die einen in sich abgeschlossenen und fertig gestellten Körper darstellen, der durch Einbau eine selbstständige Einzelfunktion im Rahmen des Gesamtbauwerkes erhält, wie z. B. Eisenträger, Leitungsrohre, Heizkörper, Fenster, Wände, Decken usw. (Ingenstau/Korbion, a. a. O. Rdn. 54).*

Beiden Begriffen (gemeint sind Bauteile und Baustoffe; der Verfasser) ist gemeinsam, dass ihre Zuordnung zum geplanten und zu errichtenden Gewerk durch eine stoffliche Verbindung mit diesem selbst herbeigeführt wird, mithin der in § 10 Abs. 3 Nr. 4 HOAI genannte „Einbau" nach Sinn und Zweck der Regelung für ihre Einstufung als Baukosten maßgebendes Tatbestandsmerkmal ist.

Das „**Einbauen**" von Bauteilen oder Baustoffen kann daher nur als das aktive Einfügen von etwas Vorhandenem in etwas Neues verstanden werden.

Weitere Einzelheiten s. Erläuterungen zu § 4 HOAI.

2. Wert mitzuverarbeitender Bausubstanz

Die in die HOAI 2009 nicht übernommen Vorschrift des § 10 Abs. 3a der HOAI 1996/2002 wurde in § 4 Abs. 3 in modifizierter Form wieder in Kraft gesetzt. Unter „mitzuverarbeitender Bausubstanz" ist nach § 2 Abs. 7 *„der Teil des zu planenden Objekts zu verstehen, der bereits durch Bauleistungen hergestellt ist und durch Planungs- oder Überwachungsleistungen technisch oder gestalterisch mitverarbeitet wird."* In der bereits zitierten Begründung seines Urteils vom 26.06.2001 definiert das OLG Karlsruhe die mitzuverarbeitende Bausubstanz im Unterschied zu Bauteilen und Baustoffen wie folgt: *„**Bausubstanz** i. S. d. durch die dritte HOAI-Novelle neu eingeführten Vorschrift des § 10 Abs. 3 a HOAI entsteht durch materielle Verarbeitung von Baustoffen und/oder Bauteilen in Form von Gebäuden und sonstigen Bauwerken oder Anlagen. Erforderlich ist deshalb immer, dass es sich um bereits **eingebaute oder verarbeitete Baustoffe und/oder Bauteile** handelt, **die** entsprechend ihrer funktionellen Bestimmung mit konstruktiven, bauphysikalischen oder gestalterischen Merkmalen **das Bauwerk oder die Anlage in Teilen oder im Gesamten bilden"**.* Die aktuelle Verordnung folgt der Urteilsbegründung des OLG Karlsruhe in vollem Umfang.

Ergänzend heißt es in der Verordnungsbegründung zu § 4 Abs. 3 HOAI nahezu wortgleich: *„Die neu in § 2 Abs. 7 aufgenommene Definition der mitzuverarbeitenden Bausubstanz setzt voraus, dass dieser Anteil der Bausubstanz bereits durch Bauleistungen hergestellt ist und durch Planungs- und Überwachungsleistungen technisch oder gestalterisch mitverarbeitet wird."* Die mitzuverarbeitende Bausubstanz wird also integraler Bestandteil des nach der Erfüllung der Objekt- und Fachplanungen entstandenen Bauwerks sein. Im Straßenbau ist das in der Regel der durch Baumaßnahmen hergestellte und weiterverwendbare **Unterbau und Oberbau** (siehe Rdn. 53). Solch eine Mitverarbeitung geschieht stets bei Umbauten oder Erweiterungsbauten im Straßenbau.

24

---

[18] 8 U 122/98; BauR 2002, 1570 und IBR 2002, 264 sowie Langfassung ibr-online OLG Karlsruhe

25 Einschränkend macht die Verordnungsbegründung zu § 2 Abs. 7 darauf aufmerksam, dass „**unbearbeitete Substanz**" grundsätzlich keine mitzuverarbeitende Bausubstanz darstelle, und nennt als Beispiel: *„Dies ist für Verkehrsanlagen beispielsweise der Fall, wenn Deckschichten des Fahrbahnoberbaus erneuert werden. Die Binder- und Tragschichten stellen in diesem Fall keine mitzuverarbeitende Bausubstanz dar."* Die Begründung für diese Einschränkung bleibt der Verordnungsgeber schuldig; auch die Binder- und Tragschichten sind durch Planungs- und Überwachungsleistungen technisch hergestellt worden und nicht natürlich gewachsen. Sie ist aus hiesiger Sicht auch unzulässig, weil jede mitverarbeite Bausubstanz von Gebäuden, Ingenieurbauwerken und Technischen Anlagen „unbearbeitet" bleibt, soweit nicht in begrenztem Umfang Instandsetzungsarbeiten an dieser Substanz notwendig werden. Würde daraus der Schluss zu ziehen sein, dass bei jeder Baumaßnahme im Bestand die „unbearbeitete" Teile des umgebauten, erweiterten, aufgestockten, instandgesetzten Objekts nicht berücksichtigt werden dürften, würde die Vorschrift ins Leere laufen. Das in der Verordnungsbegründung zu § 4 Abs. 3 intendierte Ziel einer angemessenen Honorierung für das Planen und Bauen im Bestand würde durch eine solche gravierende und anscheinend nur Verkehrsanlagen betreffende Einschränkung nicht erreicht; die Ungleichbehandlung gegenüber den anderen Anwendungsbereichen kann nur als HOAI-widrig bezeichnet werden.

26 § 4 Abs. 3 HOAI schreibt vor, dass **Umfang und Wert** der mitzuverarbeitenden Bausubstanz bei den anrechenbaren Kosten eines Objekts **angemessen** zu berücksichtigen ist, um die Objekt- und Fachplanungsleistungen angemessen zu honorieren. Was der Verordnungsgeber unter dem unbestimmten Rechtsbegriff der Angemessenheit verstanden wissen wollte, ist der Verordnung selbst nicht zu entnehmen. Aus S. 2 desselben Absatzes kann nur der maßgebliche **Zeitpunkt zur Ermittlung des Wertes** abgelesen werden: im Regelfall ist dieser mit der Fertigstellung der **Kostenberechnung** und damit der **Abschluss der Entwurfsplanung** erreicht. Wenn aber keine vollständige Entwurfsplanung beauftragt ist und deswegen keine Kostenberechnung vorliegt, sind der Abschluss der Vorplanung und damit die Kostenschätzung zur Bestimmung des Wertes der mitzuverarbeitenden Bausubstanz maßgebend.

Die Verordnungsbegründung dieser Vorschrift gibt die notwendige **Hilfestellung zum Verständnis** des „angemessenen" Wertes der mitzuverarbeitenden Bausubstanz wie folgt: *„Die mitzuverarbeitende Bausubstanz ist gemäß § 4 Abs. 3 S. 1 „angemessen" entsprechend ihrem Umfang zum Beispiel über die Parameter Fläche, Volumen, Bauteile oder Kostenanteile zu berücksichtigen. Gemäß § 4 Abs. 3 S. 2 ist im Einzelfall der Umfang und Wert der mitzuverarbeitende in Bausubstanz Objekt bezogen zu ermitteln und schriftlich zu vereinbaren."* Anders als in den Amtl. Begr. zum jeweiligen § 10 Abs. 3a der Vorgängerverordnungen von 1988, 1991 und 1996/2002 verzichtete der Verordnungsgeber sowohl in der Verordnung als auch in der Verordnungsbegründung auf die Formulierung, dass der Umfang der Anrechnung des Wertes vorhandener Bausubstanz insbesondere von der Leistung des Auftragnehmers abhänge[19]. Weiter hieß es dort: *„Erfordert die Mitverarbeitung nur geringe Leistungen, so werden auch nur in entsprechend geringem Umfang die Kosten anerkannt werden können. Wird aber zum Beispiel das Tragwerk eines vorhandenen Bauwerkes bei einer Umwidmung des Bauwerkes völlig überprüft und durchgerechnet, so können auch die Kosten des Tragwerks wie nach Teil VIII voll angerechnet werden."*

Noch im Abschlussbericht über die Aktualisierung der HOAI-Leistungsbilder war die folgende Empfehlung der Gutachter und Bearbeiter zur Berücksichtigung einer Leistungskomponente[20] enthalten: *„Der Neubauwert der mitzuverarbeitenden Bausubstanz ist um einen Faktor zu mindern, der in den Besonderen Grundlagen des Honorars für das jeweilige Leistungsbild festgelegt ist."* Der Verordnungsgeber übernahm diesen im Abschlussbericht auf Seite 35 enthaltenen, den 2. Satz des Abs. 3 ergänzenden Zusatz aber weder in die Verordnung noch in die Begründung.

---

[19] So zuletzt in der Bundesanzeigerausgabe der HOAI 1996, 2. überarbeitete Auflage 2002, S. 91

[20] „Evaluierung HOAI – Aktualisierung der Leistungsbilder – Abschlussbericht - Erstellt in Zusammenarbeit mit Vertretern der öffentlichen Auftraggeber des Bundes, der Länder und der kommunalen Spitzenverbände, der Deutschen Bahn AG und Vertretern des Ausschusses der Verbände und Kammern der Ingenieure und Architekten für die Honorarordnung e.V. (AHO), der Bundesarchitektenkammer (BAK) und der Bundesingenieurkammer (BIngK) unter Federführung des Bundesministeriums für Verkehr, Bau und Stadtentwicklung (BMVBS) vom September 2011, Abschlussbericht S. 35,

Auch deswegen wird die bisher berücksichtigte **Leistung für die mitzuverarbeitende Bausubstanz** künftig **keine Bedeutung** mehr **bei der Ermittlung ihres Werte** haben.

Für Anwendung und Interpretation der HOAI 2013 gilt nun wieder das Urteil des BGH vom 19.06.1986 – VII ZR 260/84[21], das auf der Basis der zum Urteilszeitpunkt geltenden HOAI vom 01. Januar 1985 gefällt wurde. Danach sei der **Wert der** bei einem Umbau **einbezogenen Bausubstanz** bei der Ermittlung der anrechenbaren Kosten in Höhe des Preises zu berücksichtigen ist, der **unter Ansatz ortsüblicher Preise** für deren neue Herstellung aufzuwenden wäre. Sowohl aus diesem Urteil als auch aus der Verordnungsbegründung folgt, dass bei der Wertermittlung alle für das Herstellen der vorhandenen Bausubstanz erforderlichen **Kosten für** Aufwendungen, die keine Baustoffe und/oder Bauteile sind, – also vor allem die Kosten der Kostengruppen (KGr.) 200 (**Herrichten und Erschließen**), 310 (**Baugrube**) und Teile von 320 (insbesondere KGr. 321) sowie 390 (Sonstige Maßnahmen für Baukonstruktionen) nach DIN 276-1:2008-12 i. V. m. DIN 276-4:2009-8 – **nicht berücksichtigt** werden dürfen.

Trotz der der aus hiesiger Sicht eindeutigen Definition, dass der angemessene **Umfang der mitzuverarbeitenden Bausubstanz** zum Beispiel über die Parameter **Fläche, Volumen, Bauteile oder Kostenanteile** zu berücksichtigen ist, teilte das BMVBS den obersten Straßenbaubehörden der Länder, dem Bundesrechnungshof, der Bundesanstalt für Straßenwesen und der DEGES Deutsche Einheit Fernstraßenplanungs- und -bau GmbH in Anlage 2 des ARS 16/2013[22] eine zusätzlich zu beachtende Einschränkung mit. Diese **lässt sich nicht aus der Verordnung** oder der Verordnungsbegründung **ableiten**; sie lautet: *„Bei der Ermittlung der anrechenbaren Kosten bei Bestandsleistungen sind sowohl der Umfang als auch der Wert der mitzuverarbeitende Bausubstanz (mvB) zu bestimmen. Bei der Wertermittlung sind der effektive **Erhaltungszustand** der Bausubstanz **und die leistungsbezogene Berücksichtigung** in den einzelnen Leistungsphasen festzulegen. Da Leistungen im Bestand projektspezifisch sehr unterschiedlich sind, müssen die einzelnen Faktoren jeweils projektspezifisch festgelegt werden.* « Damit hat das Ministerium für seinen Zuständigkeitsbereich Regeln festgelegt, welche auf die vom BGH in seinem Urteil vom 27.02.2003 – VII ZR 11/02[23] formulierten Berechnungsgrundsätze über die Anwendung des § 10 Abs. 3 a) HOAI 1996/2002 zurück gehen. Die Regelung verstößt nach hiesiger Auffassung gegen die Verordnung und kann bei Anwendung zur Unterschreitung der verordneten Mindestsätze führen. 27

Rückblickend werden die in der Fachliteratur als Reaktion auf diese bis 2009 geltende Vorschrift unterschiedliche Vorschläge zur Ermittlung eines angemessenen Wertes mitzuverarbeitender Bausubstanz vorgestellt. Enseleit / Osenbrück[24] schlugen zur Ermittlung der angemessenen anrechenbaren Kosten vorhandener Bausubstanz (A) folgende Formel vor: 28

$$A = M \times D \times V \times L = W \times V \times L \ [€]$$

In der Formel bedeuten:

A = angemessene anrechenbaren Kosten vorhandener Bausubstanz [€]

M = Mengen vorhandener Substanz [m², m³, Stück]

D = Netto-Preise vorhandener Substanz [€]

W = Wert vorhandener Bausubstanz = $M \times D$ [€]

V = Verminderungsfaktor zur Reduktion der vorhandenen Bausubstanz auf diejenige Bausubstanz, die technisch oder gestalterisch mitverarbeitet wird [%]

L = Leistungen des Auftragnehmers an der vorhandenen Bausubstanz [%]

Werden die Grundleistungen für die vorhandene Bausubstanz nicht in allen Leistungsphasen erbracht, wird vorgeschlagen, das angegebene Berechnungsschema zu erweitern. Danach soll der Umfang der Leistungen in jeder Leistungsphase getrennt festgestellt werden. Aus der Wichtung der Summe aller Teilleistungswerte im Verhältnis zum Wert der Gesamtleistung ergeben sich

21 BauR 1986, 593
22 Allgemeines Rundschreiben Straßenbau Nummer 16/2013 vom 13.8.2013
23 IBR 2003, 255, 256
24 Anrechenbare Kosten für Architekten und Tragwerksplaner, Vieweg+Teubner Verlag; Auflage: 4., überarbeitete Aufl. 2006

demzufolge ein abgeminderter Leistungssatz und damit eine Reduzierung der angemessenen anrechenbaren Kosten wie folgt:

$$A' = M \times D \times V \times L' = W \times V \times P / G \; [\text{€}]$$

In der Formel bedeuten:

A' = reduzierte angemessene anrechenbaren Kosten vorhandener Bausubstanz [€]

M = wie oben

D = wie oben

W = wie oben

V = wie oben

L' = reduzierte Leistungsanteile des Auftragnehmers für die vorhandene Bausubstanz [%]
    = P / G

P = Summe der Prozentsätze der dem Leistungsbild zugeordneten Bewertungen der Leistungsphasen, bei denen vorhandene Bausubstanz technisch oder gestalterisch mitverarbeitet wird [%]

G = Gesamtbewertung der Leistungsphasen des Objekts [%]

Ähnlich geht Wierer im HIV-KOM[25] vor. Die anrechenbaren Kosten für die mitzuverarbeitende Bausubstanz sollten mit der Formel

$$A = M \times W \times WF \times LF \; [\text{€}]$$

berechnet werden. In dieser Formel bedeuten:

W = Wert (ortsüblicher funktionsbezogener Wert [€])

M = Mengen der mitverarbeiteten Bausubstanz [m, m², m³, Stück]

WF= Wertfaktor ($< 1{,}0$)

LF = Leistungsfaktor ($< 1{,}0$)

Der Leistungsfaktor wird definiert als der Quotient aus der Summe der für die Bausubstanz erforderlichen Teilleistungssätze der Leistungsphasen 1 bis 4 und 5 bis 9 und der Summe der insgesamt möglichen entsprechenden Teilleistungssätze nach dem jeweiligen Leistungsbild.

Die genannten Autoren begründeten unter Bezug auf das bereits zitierte Urteil des BGH vom 19.06.1986 den Ansatz des ortsüblichen Preises zur Bestimmung des Wertes der vorhandenen Bausubstanz damit, dass der Bauherr sich deren Neuanschaffung spare. Weise die zu verarbeitende Substanz Mängel auf, müsse entsprechend dem Grad der Beeinträchtigung ein **Minderungsfaktor** angesetzt werden, wie er sich aus den oben beschriebenen Berechnungsformeln ergebe.

29   Erfahrungsgemäß ist es häufig schwierig und deswegen auch umstritten, den Umfang von Schäden an der Bausubstanz und den dadurch verursachten Wertmangel im Einzelnen zu begründen. Erst recht war eine **Bewertung** des Anteils an verordneten **Grundleistungen** preisrechtlich **nicht zweifelsfrei möglich**, die beim Planen und Bauen im Bestand **für die mitzuverarbeitende Bausubstanz** zu erbringen sind und unter Anwendung des zitierten BGH-Urteils zur Bewertung des angemessenen Honoraranteils verwendet werden sollte.

Zur Vermeidung streitige Auseinandersetzungen über eine zutreffende Antwort auf die hiermit verbundenen Fragen wird empfohlen, auf den Nachweis solcher Bewertungen zu verzichten und dem Hinweis in der Verordnungsbegründung zu folgen, den Wert der vorhandenen mitzuverarbeitenden Substanz unter Ansatz der in der Verordnung genannten Parameter Fläche, Volumen, Bauteile oder Kostenanteile

– in der Kostenschätzung mit den Genauigkeitsanforderungen an die Kostenschätzung nach Ziffer 3.4.2 DIN 276-1:2009-12 i. V. m. DIN 276-4:2009-8 und

– in der Kostenberechnung mit den Genauigkeitsanforderungen nach denselben Normen DIN 276 aus Mengen- und Kostenansatz

---

[25] HIV-KOM, Kommunales Handbuch für Ingenieurverträge, Ausgabe 1 /2002 – Loseblattsammlung, Boorberg-Verlag München Stuttgart, Anhang 1, Abschnitt 1, S. 121 ff.

mittels aktueller ortsüblicher Einheitspreise unter **Verzicht auf** die ggf. mängelbedingte **Wertminderung** und ohne **Hinzurechnung der** notwendigen **Kosten der Mängelbeseitigung** zu berücksichtigen. Die **Gesamtkosten** eines solchen Objekts sind trotz Einbeziehung des so ermittelten Wertes der mitverarbeiteten Bau- und Anlagensubstanz deutlich niedriger als die Kosten, welche bei einem vollständigen Neubau desselben Objekts entstehen würden. Die so berechneten **Gesamtkosten** entsprechen dem nach § 4 Abs. 1 und 3 maßgebenden Teil der Kosten, die für die Herstellung, den Umbau, die Modernisierung, Instandhaltung oder Instandsetzung aufgewendet werden müssen. Der Wert der mitzuverarbeitenden Bausubstanz kann aber nur dann bei der Honorarabrechnung berücksichtigt werden, wenn er zuvor zum Zeitpunkt der Ermittlung – also normalerweise bei der Kostenberechnung – schriftlich vereinbart wurde.

V. Fakultativ anrechenbaren Kosten

1. Voraussetzungen für die Anrechenbarkeit

In § 46 Abs. 3 sind die Kosten von Anlagen oder Maßnahmen genannt, die anrechenbar sind, **30** wenn der Auftragnehmer diese Anlagen oder Maßnahmen plant oder ihre Ausführung überwacht. Diese – positive – Interpretation dieser HOAI-typischen Negativaussage bedeutet, dass **beim Vorhandensein einer der** alternativ genannten **Voraussetzungen die Kosten** für alle Grundleistungen **anrechenbar** sind.

Welcher Art ist diese **Planung und Ausführungsüberwachung?** Aus der Formulierung des § 46 Abs. 2 geht hervor, dass die HOAI grundsätzlich zwischen der fachlichen Planung und / oder Ausführungsüberwachung des Fachplaners bei der Tragwerksplanung oder bei der technischen Ausrüstung einerseits und der Planungs- und Überwachungstätigkeit des Objektplaners andererseits unterscheidet. Damit können die nach § 42 Abs. 3 zu ermittelnden anrechenbaren Kosten nur zur Bestimmung des Honorars für Objektplanungsleistungen ein geeigneter Maßstab sein. In Ergänzung der zu den Grundleistungen zählenden Integrations- und Koordinationsleistungen kann es sich bei den in § 42 Abs. 3 genannten Planungs- oder Überwachungsleistungen des Objektplaners nur um **zusätzliche Leistungen** handeln. Hierzu hat der BGH in der Begründung seines Urteils vom 30.09.2004 – VII ZR 192/03 über die Honorierung der Objektplanungsleistungen nach § 52 Abs. 7 Nr. 7 allgemein und speziell über die Honorierung solcher Leistungen beim Herrichten des Grundstücks ausgeführt[26]:

„Zu den Grundleistungen des Objektplaners gehören unter anderem die Koordination mit anderweitigen Planungen sowie deren Integration in seine Planung, vor allem Fachplanungen von Sonderfachleuten. ...

*Eine § 52 Abs. 3 i. V. m. § 10 Abs. 4 Satz 1 HOAI (von 2002; Einfügung durch Verfasser) entsprechende Regelung für das Herrichten des Grundstücks fehlt. ... Darin kommt die Wertung zum Ausdruck, dass anders als etwa bei der Technischen Ausrüstung die koordinierende und integrierende Tätigkeit des Objektplaners hinsichtlich des Herrichtens des Grundstücks kein so großes Gewicht hat, dass sie eine Erhöhung des Honorars rechtfertigte, die sich durch Einbeziehen der Herrichtungskosten in die anrechenbaren Kosten ergäbe. Umgekehrt folgt aus dem Fehlen einer § 52 Abs. 3 i. V. m. § 10 Abs. 4 Satz 1 HOAI (von 2002; Einfügung durch Verfasser) entsprechenden Regelung, dass mit der Planung ... nicht die stets erforderliche Koordination und auch nicht die Integration in die Objektplanung gemeint ist. Vielmehr führt **nur eine Planung des Herrichtens selber zur Anrechenbarkeit** auch der Herrichtungskosten. ...*

Auch wenn der Ingenieur (nur; Einfügung durch Verfasser) gewisse Anlagen oder Maßnahmen für das Herrichten des Grundstücks plant, gehören nicht gleich die gesamten Kosten des Herrichtens zu den anrechenbaren Kosten i. S. des § 52 HOAI. ... Das bedeutet umgekehrt, eine Anrechenbarkeit wegen Planung ergibt sich nur, wenn und soweit der Ingenieur das Herrichten plant. ...

Unbedenklich ist die Auffassung des Berufungsgerichts, mit der Mengenermittlung und Kostenberechnung für die Abbrucharbeiten seien Planungsleistungen im Sinne des § 52 Abs. 7 Nr. 1 HOAI erbracht worden"

---

[26] BauR 2004, 1963

Da der BGH die Auffassung des Berufungsgerichts teilte, schon die Ergänzung der originären Planungstätigkeit (hier: Ergänzung der Vorbereitung der Vergabe) für das Straßenbauvorhaben, welches in dem Streitfall betroffen war, mache die Abbruchkosten anrechenbar, kann gefolgert werden, dass mit der Planung im Sinne des § 52 Abs. 7 HOAI 1996 bzw. der aktuellen Vorschrift des § 42 Abs. 3 **eine die Objektplanungsleistungen ergänzende Tätigkeit** für Maßnahmen gemeint ist, welche durch das betroffene Objekt verursacht sind, das Objekt ergänzen oder erst ermöglichen und für die keine vollständige Objekt- oder Fachplanung nach einem der einschlägigen Leistungsbildern erforderlich ist. Solche Leistung sind im Regelfall auch für das Herrichten des Grundstücks nicht erforderlich, sodass ähnlich dem zitierten Beispiel schon die Mengenermittlung und die Kostenberechnung wie auch die entsprechende Ergänzung der Vergabeunterlagen (Leistungsverzeichnis) des Objekts oder die Objektüberwachung des Herrichtens als zusätzliche Objektplanungsleistung zur Anrechenbarkeit der Herrichtungskosten führt. Dasselbe dürfte auch für die Anrechenbarkeit der Kosten der anderen in § 42 Abs. 3 genannten Maßnahmen gelten.

Die Verordnungsbegründung des § 46 Abs. 2, 3 und 4 bestätigt diese Interpretation, wenn sie formuliert: *„§ 46 Abs. 2, 3 und 4 behandeln die **Integrationshonorare bei der Objektplanung** von Verkehrsanlagen. In § 46 Abs. 4 wurde neu aufgenommen eine leistungsbildspezifische Regelung zum Integrationshonorar für Verkehrsanlagen. ...“* Die Leistungen für die in § 46 Abs. 3 Nr. 1 bis 4 genannten Maßnahmen sind somit nicht als Fachplanungsleistungen oder Leistungen bei der fachlichen Überwachung, sondern als zusätzliche Leistungen des Objektplaners für das Objekt zu verstehen. Daraus folgt, dass vollständige **Fach- und Objektplanungsleistungen**, die für das Herrichten des Grundstücks, für die öffentliche und die nichtöffentliche Erschließung, für die Außenanlagen, für das Umlegen und Verlegen von Leitungen, für verkehrsregelnde Maßnahmen während der Bauzeit oder für die Ausstattung und Nebenanlagen von Ingenieurbauwerken erbracht werden müssen, nach den für die Honorierung dieser Leistungen verordneten Bestimmungen zu vergüten sind. In diesem Fall wären deren anrechenbare Kosten allerdings nicht mehr für das Objektplanungshonorar zusätzlich anrechenbar[27].

2. Kosten der bauvorbereitenden Arbeiten

31 Die **Nrn. 1, 2 und 4 entsprechen den Festlegungen in § 42 Abs. 3 Nr. 1 bis 3 für Ingenieurbauwerke**. Objektplanungsleistungen für das in Nr. 1 genannte **Herrichten des Grundstücks** konzentrieren sich im Regelfall auf die Vorbereitung und Überwachung der Ausführung; nach DIN 276-1:2008-12 handelt es sich dabei um die Kosten folgender Arbeiten der Kostengruppe 210.

Kostengruppe		Anmerkung
210	Herrichten	Kosten der vorbereitenden Maßnahmen, soweit nicht in anderen Kostengruppen erfasst
211	Sicherungsmaßnahmen	Schutz vorhandener Bauwerke, Bauteile, Versorgungsleitungen sowie Sichern von Bewuchs und Vegetationsschichten
212	Abbruchmaßnahmen	Abbrechen und Beseitigen von vorhandenen Bauwerken, Ver- und Entsorgungsleitungen sowie Verkehrsanlagen
213	Altlastenbeseitigung	Beseitigen von Kampfmitteln und anderen gefährlichen Stoffen, Sanieren belasteter und kontaminierter Böden
214	Herrichten der Geländeoberfläche	Roden von Bewuchs, Planieren, Bodenbewegungen einschließlich Oberbodensicherung, soweit nicht in KG 500 erfasst
219	Herrichten, sonstiges	

Um der Prüfbarkeit der mittels AKS-Kostenordnung aufgestellten Kostenermittlungen für Straßenbaumaßnahmen nachzukommen, müssen beide Vorschriften harmonisiert werden: Die vergleichende Übersicht über alle dem Herrichten zuzuordnenden Kosten sind der folgenden Tabelle zu entnehmen, welche die Kostengruppen der AKS und der DIN 276-1:2008-12 einander zuordnet:

---

[27] So auch Locher/Koeble/Frik Kommentar zur HOAI, 10. Auflage, § 32 Rdn. 19 ff.

KBK-Nr.	Leistung	entspricht nach DIN 276-1:2008-12 der KG-Nr.
211	Erschließen des Baugeländes	219
212	Baugelände abräumen	214
213	Abbruch baulicher Anlagen	212
214	Bäume fällen	214
215	Beseitigung von Fahrbahnbefestigungen	212, 213
216	Beseitigen von sonstigen Befestigungen und Ausstattungen	212
217	Beseitigung von Entwässerungsanlagen (einschl. Erdarbeiten)	214
22	Oberboden	214
24	Verbesserung bzw. Verfestigung von Untergrund und Unterbau	219

Sämtliche Leistungen des Herrichtens dienen der **Herstellung des Planums**, auf dem der eigent- **32** liche Straßenaufbau stattfindet. Dazu gehört denklogisch **die Verbesserung bzw. Verfestigung von Untergrund und Unterbau** (nach dem Kostenberechnungskatalog der AKS KBK-Nr. 24), welche die ebenso notwendige Voraussetzung für die Errichtung des „Bauwerks" Straße ist wie die vor der Bauausführung notwendige **Sanierung belasteter und kontaminierter Böden**. Für beide Maßnahmen sind erdbautechnische und/oder Aufbereitungsmaßnahmen des vorhandenen Bodenmaterials nötig, um dessen für die Verkehrsanlage erforderliche Tragfähigkeit und Belastbarkeit herzustellen. Es handelt sich um typische, die Baudurchführung vorbereitende Maßnahmen nach KGr. 210 der DIN 276-1:2008-12, nicht aber um die typischen Erdarbeiten. Dies ist von Bedeutung für die richtige Anwendung der Vorschrift des § 46 Abs. 4 Nr. 1.

Die genannten Kosten sind nach § 46 Abs. 3 dann anrechenbar, wenn der Auftragnehmer Pla- **33** nungs- oder Objektüberwachungsleistungen für diese Leistungen erbringt bzw. erbracht hat. Somit sind die **Kosten der Bodenaufbereitung bzw. -verbesserung** unter diesen Voraussetzungen natürlich voll anrechenbar und unterfallen nicht der 40 %-Vorschrift des § 46 Abs. 4 Nr. 1. Ergänzend wird darauf hingewiesen, dass auch die Kosten des Abtragens und des seitlichen Lagerns, also die **Kosten der Sicherung des Oberbodens** (nach AKS KBK-NR. 22110) zu den Herrichtungskosten und nicht zu den Kosten der Erdarbeiten zählen. Der Kostengruppe 213 sind die Kosten für die **Beseitigung von Kampfmitteln und anderen gefährlichen Stoffen** zugeordnet und damit anrechenbar. Insbesondere dann, wenn der Auftraggeber keine Informationen über deren Vorhandensein besaß, sorgt das Auftreten solcher Stoffe regelmäßig für Verzögerung im Bauablauf und damit für Mehraufwendungen bei ausführenden Firmen und bei den die Ausführung überwachenden Objektplanern. Der sich aus den Beseitigungskosten ergebende zusätzliche Honoraranteil, der nur auf Basis einer fortzuschreibenden Kostenberechnung wirksam werden kann, steht aber häufig nicht in einem angemessenen Verhältnis zu den hiermit verbundenen administrativen Verwaltungsleistungen, welche stets über die in § 3 Abs. 2 normierten „im Allgemeinen erforderlichen" Leistungen hinausgehen. Sie umfassen vor allem die im Allgemeinen unbekannten Aspekte Sondergenehmigungen, Beurteilung des Gefährdungspotentials der Stoffe und Beseitigungsmethoden, aber auch das Erkunden der Endlagerung solcher Stoffe. Daher können die dafür erforderlichen Leistungen einschließlich zugehöriger Honorare auch nicht verordnet, sondern nur Besondere Leistungen sein.

Immer wieder ist auch streitig, ob im Zuge des Herrichtens des Grundstücks anfallende Kosten **34** für das **Beseitigen bituminöser Fahrbahnbefestigungen** den Kosten für Erdarbeiten zuzurechnen wären, die unter der KBK-Nummer 215 genannt sind. Damit weist die Kostengruppe 215 des Kostenberechnungskataloges der AKS anrechenbare Kosten im Sinne der HOAI vollständig aus; die **Beseitigung der Fahrbahnbefestigungen** als zu den Erdarbeiten zugehörig anzusehen, widerspricht der Festlegung in der HOAI, welche diese Kosten als eigenständig anzurechnende Kosten für das Herrichten des Grundstücks definiert hat. Damit sind diese Kosten unter den

Bedingungen dieser Vorschrift **in vollem Umfang anrechenbare Kosten**, wenn der Auftragnehmer z. B. zur Mengenermittlung der Kostenberechnung nach AKS die zuvor notwendige Planung durchgeführt hat.

35   Schließlich stellt sich die Frage nach der Berücksichtigung von **Kosten zur Beseitigung von teerhaltigen Abfällen**. Natürlich sind auch diese Kosten anrechenbar, soweit sie in der AKS nachgewiesen werden. Dies ergibt sich aus der bereits angesprochenen DIN 276-1:2008-12 Kostengruppe 213 (Beseitigung von Kampfmitteln und anderen gefährlichen Stoffen, Sanieren belasteter und kontaminierter Böden) und Kostengruppe 396 (Materialentsorgung). Letztere erfasst die Kosten des Recyclings, der Zwischendeponierung und Entsorgung von Materialien, die beim Abbruch, bei der Demontage und beim Ausbau von Bauteilen oder beim Durchführen einer Bauleistung anfallen. Allerdings wird immer wieder diskutiert, ob die **Kosten zur Beseitigung kontaminierter Abfälle**, welche die bei Bauschuttdeponien zu entrichtenden Kosten deutlich übersteigen, in vollem Umfang anrechenbar sind. Natürlich sind sie grundsätzlich anrechenbar, soweit sie in der Kostenberechnung nachgewiesen werden. Dies wäre aber auch dann gegeben, wenn das kontaminierte Material erst während der Bauausführung festgestellt würde, dessen ordnungsgemäße Entsorgung vom Objektplaner zu planen, zu überwachen und abzurechnen wäre. Voraussetzung für die Anrechenbarkeit wäre allerdings eine entsprechende Fortschreibung der Kostenberechnung und die danach erfolgte schriftliche Vereinbarung zwischen den Parteien. Ansonsten können nur Kosten in Höhe der ortsüblichen Kosten zur Beseitigung von Bauschutt berücksichtigt werden. Dies gilt insbesondere dann, wenn die Entsorgung dieses Materials bei der Ausführungsplanung und bei der Vorbereitung der Vergabe nicht berücksichtigt worden wäre und die Überwachung der ordnungsgemäßen Entsorgung ausschließlich im Verantwortungsbereich des Auftraggebers beziehungsweise der ausführenden Firmen verbleiben würde.

36   Leistungen bei der öffentlichen **Erschließung von Verkehrsanlagen** nach § 46 Abs. 3 Nr. 2 und der nichtöffentlichen Erschließung nach Nr. 3 sind nach DIN 276 Leistungen für folgende Kostengruppen und Erschließungsanlagen:

Kostengruppen der Erschließung		Bezeichnung
Öffentlich	Nichtöffentlich	
221	321	Abwasserentsorgung
222	322	Wasserversorgung
223	323	Gasversorgung
224	324	Fernwärmeversorgung
225	325	Stromversorgung
226	326	Telekommunikation
227	327	Verkehrserschließung
228	328	Abfallentsorgung
229	329	Sonstiges

Vergleichbare Erschließungsarbeiten sind den Kostenberechnungskatalog der AKS 85 nicht zu entnehmen.

37   Die Kosten der **Leistungen bei der öffentlichen Erschließung** nach Abs. 3 Nr. 2 sind die Kosten, die nach DIN 276 KG 220 aufgrund gesetzlicher Vorschriften oder aufgrund öffentlich-rechtlicher Verträge vom Bauherrn teilweise oder vollständig zu bezahlen sind. Hierzu zählen insbesondere die in der Norm genannten Erschließungsbeiträge / Anliegerbeiträge, die Kosten für die Beschaffung oder den Erwerb der Flächen, die Kosten der Herstellung oder Änderung gemeinschaftlich genutzter technischer Anlagen wie zum Beispiel zur Ableitung von Abwasser sowie zur Versorgung mit Wasser, Wärme, Gas, Strom und Telekommunikation oder die Kosten der erstmaligen Herstellung oder des Ausbaus öffentlicher Verkehrsflächen, Grünflächen oder

sonstiger Freiflächen für öffentliche Nutzung. Sollten jedoch zur Realisierung der öffentlichen Erschließung zusätzlich zu den von den Versorgungspflichtigen (Stadtwerke) zu erbringenden Leistungen, für die Gebühren oder Beiträge erhoben werden, weitere Objektplanungs- oder Fachplanungsleistungen im Auftrag der Anschlussnehmer (Grundstückseigentümer) erforderlich werden, sind diese Leistungen mit den dafür entstehenden Kosten zusätzlich abrechenbar.

Die **Kosten der nichtöffentlichen Erschließung** nach Abs. 3 Nr. 2 können für die in KG 220 der DIN 276 genannten Verkehrsflächen und technischen Anlagen entstehen, die ohne öffentlich-rechtliche Verpflichtung oder Beauftragung mit dem Ziel der späteren Übertragung in den Gebrauch der Allgemeinheit hergestellt und ergänzt werden. Solche Anlagen sind beispielsweise dann vorhanden, wenn ein Bauherr die in der KG 220 aufgezählten Anlagen zum Anschluss seines Bauvorhabens an die öffentlichen Anlagen außerhalb seines Grundstücks herstellt. Dabei handelt es sich um Verkehrsanlagen, die später in den Gebrauch der Allgemeinheit übergehen. Soweit dafür Objekt- oder Fachplanungsleistungen erbracht werden, sind diese nach den dafür einschlägigen Vorschriften zu honorieren. Für Verkehrsanlagen wäre Teil 3 Abschnitt 4 der HOAI und für die genannten Fachplanungsleistungen Teil 4 Abschnitt 2 HOAI maßgebend. **38**

Zu den Außenanlagen zählen alle in Teil 1 Abschnitt 2 HOAI erfasste Objekte, soweit es sich um Freianlagen nach § 38 Abs. 1 Nr. 1 bis 8 und nach Anlage 11 Nr. 11.2 handelt. Die Kosten der Außenanlagen sind ein weiterer Teil der anrechenbaren Kosten des Objekts, soweit der Auftragnehmer diese Anlagen entweder plant oder ihrer Ausführung überwacht. Diese Vorschrift betrifft lediglich die Vergütung der Objektplanungsleistungen bei der Integration der Fachplanungsleistungen, wie sich aus der bereits zitierten Verordnungsbegründung zu § 46 ergibt. Dort wird ausdrücklich betont, dass die Regelung in § 46 Abs. 3 die **Integrationshonorare bei der Objektplanung** von Verkehrsanlagen betrifft. Daraus folgt, dass die Fachplanung für die Außenanlagen nach den Vorschriften des Abschnittes 2 in Teil 1 HOAI erfolgen muss; der Objektplaner erhält für seine Leistungen bei der Einarbeitung der Fachplanungsergebnisse ein zusätzliches Honorar, welches aus dem Anteil anrechenbare Kosten der Außenanlagen an den anrechenbaren Gesamtkosten resultiert (mehr hierzu s. Rdn. 9). **39**

3. Kosten der baubegleitenden Arbeiten

Müssen beim Bau von Verkehrsanlagen **Ver- und Entsorgungsleitungen** (z. B. Wasserversorgungs-, Abwasser-, Wärmeversorgungs- oder Gasleitungen) **umgelegt** werden, zählen die hieraus entstehenden Kosten **nach Abs. 3 Nr. 2** zu den anrechenbaren Kosten, wenn der Objektplaner in Abstimmung mit den Eigentümern solcher Leitungen den damit verbundenen Umbau entweder plant oder überwacht. Sollen im Zuge des Neu- oder Umbaus einer Verkehrsanlage Leitungen **neu verlegt** werden und haben die Leitungseigentümer die dafür notwendigen Fach- oder Objektplanungsleistungen selbst erbracht, sind die Kosten der Leitungsverlegung dann anrechenbar, wenn der Objektplaner ihre Ausführung zusammen mit dem Ingenieurbauwerk plant und/oder die Ausschreibung der Bauleistungen (Vorbereitung und Mitwirkung bei der Vergabe) als Bestandteil der von ihm zu betreuenden Gesamtmaßnahme durchführt und die Objektüberwachung durchführt. **40**

Erbringt der Objektplaner aber anstelle der Leitungseigentümer auch Fach- oder Objektplanungsleistungen für die Leitungen, hat dies zur Folge, dass diese Leistungen den Honoraranspruch nach § 41 ff. begründen, den die Leitungseigentümer hätten, wenn sie diese Leistungen selbst durchführen; es handelt sich dabei um **Leistungen für ein Ingenieurbauwerk** mit eigenen Planungsanforderungen. In diesem Fall können dessen Kosten nicht mehr bei den Kosten der Verkehrsanlage berücksichtigt werden.

Zunehmend gewinnen die **Maßnahmen des passiven Schallschutzes an Gebäuden** (z. B. Fenster, Türen etc.) an Bedeutung. Daher stellt sich ebenso oft die Frage, ob die Kosten hierfür zu den anrechenbaren Kosten einer Verkehrsanlage zählen oder nicht. Das nachfolgende Beispiel soll die typische Situation charakterisieren. Ein Objektplaner untersucht im Zuge der Planungen für eine Umgehungsstraße auch Lärmschutzmaßnahmen für zwei Gebäude, die in unmittelbarer Nähe der Verkehrsanlage stehen. Bei den Untersuchungen werden sowohl die Schallimmissionen **41** von der Verkehrsanlage auf die beiden Gebäude ermittelt als auch die möglichen Schallschutzmaßnahmen an den Gebäuden untersucht. Als Ergebnis wird festgestellt, dass durch den Einbau schalldämmender Fenster die zum Bau der Verkehrsanlage notwendigen Schallschutzmaßnahmen ausreichend sind. Der Objektplaner hat somit für die durchzuführenden Schallschutzmaßnahmen konkrete Planungen und Berechnungen durchgeführt.

42 Das Honorar für diese Leistungen bei den Verkehrsanlagen deckt solche **Berechnungen** und Planungen ab, soweit sie **anhand von Tabellenwerten** durchgeführt werden können und sich auf den Nachweis der Notwendigkeit von Schallschutzmaßnahmen beschränken. Nun ist die Feststellung der Notwendigkeit allein natürlich noch nicht zielführend. Dies ergibt sich aus den in Leistungsphase 3 geschuldeten Leistungen (Anlage 13.1 Phase 3 i)), wonach die „erforderlichen Schallschutzmaßnahmen an der Verkehrsanlage" vom Objektplaner festzulegen sind. Außerdem gehört es zu den Pflichten des Objektplaners, die **Notwendigkeit von Schallschutzmaßnahmen an betroffenen Gebäuden** festzustellen. Damit ist nicht gemeint, dass Schallschutzmaßnahmen an betroffenen Gebäuden **nach Art, Umfang und Kosten** festzulegen sind. Dies wäre eine planerische Tätigkeit, die ausgeführt wird, um sowohl die Aufwendungen für die Schallschutzmaßnahmen zu bestimmen und einzugrenzen als auch eventuellen späteren Schadenersatzansprüchen von vornherein zu begegnen, und über die in der HOAI definierte „Feststellung" hinausgeht. Sollte der Objektplaner allerdings diese Leistungen durchführen, würde es sich um Besondere Leistungen handeln, deren Vergütungen gesondert zu vereinbaren wäre.

43 Beauftragt der Auftraggeber den Ingenieur mit Leistungen, die zur **Begrenzung von Entschädigungen** oder zur Durchführung der Schadenersatzleistungen notwendig sind, sind diese Tätigkeiten honorierungspflichtig. Ein typisches Beispiel hierfür sind Leistungen des Ingenieurs zur Beseitigung von Hochwasserschäden, die im Zuge einer Baumaßnahme aufgetreten sind. In diesem Falle ist es üblich, die dafür anfallenden Kosten in die anrechenbaren Kosten einzubeziehen. Während beim Beispiel der Hochwasserschäden Entschädigungs- und Schadenersatzmaßnahmen vom Ingenieur nach Auftreten des Ereignisses im Auftrag des Auftraggebers planerisch und überwachend betreut werden, handelt der Ingenieur beim Erbringen der **Leistungen für Lärmschutzmaßnahmen** vorbeugend; in beiden Fällen erbringt er eine Planungsleistung, im Rahmen der Ausführung eine Überwachungsleistung. Solche Leistungen sind gesondert zu vereinbarende honorierungspflichtige Leistungen.

44 Beispiele für **Nebenanlagen von Anlagen des Straßen-, Schienen- und Flugverkehrs nach Nr. 4 werden** weder in der Verordnung noch in der Verordnungsbegründung zu § 46 HOAI gegeben. Zieht man auch hier DIN 276-1:2008-12 zu Rate, dürfte es sich bei der Ausstattung um die in KGr. 610 genannten Gegenstände handeln - also Möbel und Geräte, Ausstattungsgegenstände, die der besonderen Zweckbestimmung der Verkehrsanlage dienen, und Schilder, Wegweiser oder Orientierungstafeln. So steht zu vermuten, dass die Vorschrift aus den bisherigen Verordnungen redaktionell übernommen wurde.

45 Zu den **verkehrsregelnden Maßnahmen nach Abs. 3 Nr. 4** zählen z. B. der Bau provisorischer Ausweichstellen und die Einrichtung provisorischer Lichtsignalanlagen. Solche Maßnahmen sind regelmäßig beim Bauen in oder an bestehenden Verkehrsanlagen erforderlich. Sie können erhebliche Kosten verursachen, die zu den anrechenbaren Kosten des Objektplaners zählen, da er für diese Maßnahmen regelmäßig Planungs- und/oder Überwachungsleistungen erbringt. Wird aber beispielsweise eine **zusätzliche Umleitungsstrecke** erforderlich, die nach den für eine Verkehrsanlage üblichen Bemessungs- und Planungsparametern zu errichten ist, ist eine solche Strecke ein **eigenständiges Objekt**; die dafür erforderlichen Planungsleistungen sind dann getrennt abzurechnen[28].

---

[28] So auch Kalte in Deutsches Ingenieurblatt Nr.1/2 2009, 58

VI. Besonderheiten bei der Ermittlung der anrechenbaren Kosten von Verkehrsanlagen nach § 46 Abs. 4 und 5

1. Einführung

Bei der Ermittlung der **anrechenbaren Kosten von Verkehrsanlagen** müssen die Sondervor- **46** schriften in § 46 Abs. 4 und 5 beachtet werden, die sich aus der besonderen Situation bei Verkehrsanlagen ergeben. Danach sind bestimmte Herstellkostenanteile nur teilweise anrechenbar. Abs. 4 gilt für alle Verkehrsanlagen; Abs. 5 gilt nur für bestimmte Straßen und Gleis- und Bahnanlagen.

Beide Regelungen gelten **nicht für die Leistungsphase 8 (Bauoberleitung)**. Die Honorare für diese Leistungen sind mit den **ungeminderten anrechenbaren Kosten** zu ermitteln. Für die Leistungsphasen 1 bis 7 und 9 ergeben sich wegen der geringeren anrechenbaren Kosten andere (geringere) Honorarsätze nach Tafel § 48 Abs. 1 als Ausgangswert für die Honorarabrechnung als für Leistungsphase 8. Vereinbaren die Vertragsparteien zur Honorierung der als Besondere Leistung definierten **örtlichen Bauüberwachung** nach der Empfehlung der Amtlichen Begründung einen festen Prozentsatz der anrechenbaren Kosten, sollten für die Berechnung dieses Honorars wie bisher ebenfalls **die ungeminderten anrechenbaren Kosten für die Honorarberechnung** verwendet werden.

Problematisch sind beide Vorschriften für den Fall, dass die **anrechenbaren Kosten** für die **47** **Leistungsphasen 1–7 und 9 innerhalb der Tafelwerte** des § 48 Abs. 1 HOAI, die anrechenbaren Kosten für die **Leistungsphase 8 aber außerhalb der Tafelwerte** liegen. Wie in einem solchen Fall abzurechnen ist, regelt die Verordnung nicht. Insbesondere wegen des vergleichsweise geringen Honoraranteils für die Leistungsphase 8, der nur 15 % des vollen Honorars ohne örtliche Bauüberwachung beträgt, ist es aus hiesiger Sicht angemessen, lediglich für das Honorar der **Leistungsphase 8 die freie Vereinbarung** zu fordern. Das Honorar **für die übrigen Leistungen** wäre in einem solchen Fall weiterhin mit den **Tabellenwerten** des § 48 Abs. 1 HOAI zu berechnen.

Da eine solche Kostensituation bei Vertragsabschluss nur selten auszuschließen ist, empfiehlt es sich, für den Bedarfsfall eine **grundsätzliche Vereinbarung über eine Fortschreibung der Honorartafeln** zu treffen, welche eine klare Abrechnung des Honorars für die Leistungsphase 8 erlaubt. Dafür könnte eine der üblichen Tabellen angewendet werden, welche die verordneten Honorartafeln über die höchsten Tabellenwerte hinaus fortschreiben[29,30]. Verzichten die Vertragsparteien bei Vertragsabschluss auf eine solche Vereinbarung, kann nach einem Urteil des BGH[31] das nach § 7 Abs. 2 frei zu vereinbarende Honorar später nicht mithilfe einer solchen Tabelle ermittelt werden. Vielmehr müsse als Honorar dann, wenn es sich im Nachhinein nicht durch Vertragsauslegung ermitteln ließe, das übliche Honorar nach § 632 Abs. 2 BGB bestimmt werden. Als Maßstab der Üblichkeit sei allein der Aufwand des streitigen Vertrags unter Berücksichtigung der zu erbringenden Leistung für ein durchschnittliches Büro zu kalkulieren, notfalls im Nachhinein (vergl. in diesem Zusammenhang aber die **Erläuterungen zu § 48 Rdn. 3 ff.**)

2. Die Kostenbegrenzung bei Erdarbeiten und Ingenieurbauwerken nach Abs. 2

a) Abgrenzung der Erdbauwerke von den Erdarbeiten

Unter den Begriff **Erdarbeiten** werden gemeinhin alle Arbeiten subsummiert, bei denen Erdbe- **48** wegungen stattfinden. Sie werden bei der Herstellung von Gebäuden, Ingenieurbauwerken und Verkehrsanlagen notwendig, um Baugelände für deren Errichtung vorzubereiten. Sie reichen vom Herrichten des Bauplanums bis zum Ausheben von Baugruben und dem Verfüllen der nicht mehr benötigten Baugrubenteile nach Fertigstellung des Bauwerks. Von diesen Erdarbeiten sind diejenigen Arbeiten mit Erd- und Felsmaterial zu unterscheiden, die zusätzlich zur Vorbereitung

---

[29] Richtlinien für die Durchführung von Bauaufgaben des Bundes (RBBau), Ausgabe 2003, herausgegeben vom Bundesministerium für Verkehr, Bau und Städtebau, Grundwerk bis 19. Austauschlieferung 2009 eingearbeitet, Seite E 2/8, seit 20.03.2013 als Online-Ausgabe zu erhalten unter www.bmvbs.de

[30] Heft 14 der AHO Schriftenreihe „HOAI - Tafelfortschreibung Erweiterte Honorartabellen"

[31] Urteil v. 24.06.2004 – VII ZR 259/02; BauR 2004, 1640, IBR 2004, 626

des „Bauplatzes" bei der Herstellung von Bauwerken aus solchem Material, also bei der Herstellung von **Erdbauwerken als konstruktive Ingenieurbauwerke** durchgeführt werden. Solche Bauwerke sind beispielsweise dauerhafte **Geländeeinschnitte und Dämme für Verkehrsanlagen** oder die in der Objektliste zu § 41 nach Anlage 12.2 genannten Ingenieurbauwerke, die besonders bei den Bauwerken und Anlagen des Wasserbaus, aber auch in den anderen Objektgruppen zu finden sind. Beispiele hierfür sind

- Erdbecken als Regenrückhaltebecken,
- Teiche unterschiedlicher Höhe über Sohle ohne/mit Hochwasserentlastung,
- Deich- und Dammbauten unterschiedlicher Art,
- Fangedämme,
- Uferbefestigungen,
- Lärmschutzwälle.

49 Ein **Damm** zählt beispielsweise dazu, wenn er für Verkehrsanlagen statt einer Brücke zur Überwindung eines Tales gebaut wird und Objektplanungs- und Tragwerksplanungsleistungen erfordert, die sinngemäß den Leistungen für eine Brücke entsprechen. In einem solchen Fall besitzt der **Damm** – ähnlich wie eine Brücke – eine **eigenständige Tragfunktion**, die der Aufnahme und der Trassierung der Straßenverkehrsanlage und dem Abtragen der Eigenlasten und der Verkehrslasten dient. Die Leistungsziele beim Standsicherheitsnachweis für ein solches Erdbauwerk entsprechen daher grundsätzlich denjenigen von Tragwerksplanungsleistungen nach § 51 Abs. 1. Auch **Stützbauwerke und Geländeabstützungen** sind dann auf jeden Fall konstruktive **Ingenieurbauwerke**, wenn es sich um Bauwerke handelt, bei denen auch Leistungen nach § 51 Abs. 1 – also **Tragwerksplanungen** – erforderlich sind.

50 Für die Trassierung der Straßenverkehrs- oder auch Gleisanlage selbst ist es gleichgültig, ob eine Brücke oder Damm zur Überbrückung des Tales vorhanden sein wird. Beide Ingenieurbauwerke haben lediglich die Aufgabe, die Verbindung zwischen den zu- und abführenden Verkehrsanlagen zu gewährleisten. Ihre Ausformung im Detail ergibt sich aus den Trassierungselementen, welche für derartige Verkehrsanlagen notwendig sind. Daher werden die **Oberflächengestaltung und die Trassierung des Ingenieurbauwerks durch die Verkehrsanlage mitbestimmt**; beide Objekte stehen in enger technischer und konstruktiver Wechselbeziehung zueinander und beeinflussen sich gegenseitig. Ungeachtet dessen aber sind die **Leistungen** für diese beiden Objekte grundsätzlich **getrennt abzurechnen**. So sind die Honorare für die Objektplanungsleistungen nach Teil 3

- beim Ingenieurbauwerk Damm (oder Brücke) nach Abschnitt 3 unter Verwendung der Honorartafel des § 44 Abs. 1 HOAI und
- bei der Verkehrsanlage nach Abschnitt 4 unter Verwendung der Tafel des § 48 Abs. 1 HOAI

zu berechnen. Die Leistungen für die erdstatischen Nachweise des Dammes sind nicht verordnet; sie zählen nach Anlage 1 Ziffer 1.3 zu den Leistungen der Geotechnik und damit zu den Leistungen, deren Honorare frei zu vereinbaren sind. Die Nachweise sind unter Berücksichtigung der Beschaffenheit der anstehenden Böden bzw. des für die Dammschüttung erforderlichen Schüttmaterials einschließlich der ggf. erforderlichen zusätzlichen Stabilisierungsmittel und -einbauten zu führen.

Das für die Dämme Gesagte gilt für **Geländeeinschnitte**, die für das dauerhafte **Herstellen von Verkehrsanlagen** erforderlich sind, in gleicher Weise. Auch ihre Ausformung ergibt sich im Detail aus den Trassierungselementen der Verkehrsanlage, für die sie hergestellt werden. Auch in diesem Fall stehen beide Objekte in enger technischer und konstruktiver Wechselbeziehung zueinander und beeinflussen sich gegenseitig. Auch für Geländeeinschnitte sind spezielle **erdstatische Nachweise und Berechnungen** zum Nachweis ihrer Standsicherheit erforderlich.

b) Anrechenbare Kosten der Erdarbeiten

51 § 46 Abs. 4 Nr. 1 berücksichtigt nach Angaben der Amtl. Begr. zur 1996/2002, dass der Arbeitsaufwand des Objektplaners bei wachsendem Anteil der Kosten für **Erdarbeiten einschließlich Felsarbeiten** an den Herstellkosten ab einer bestimmten Größenordnung nicht mehr proportional ansteige[32]. Gemeint sind damit nur die Kosten der Erdarbeiten der Verkehrsanlage ohne die Kosten der konstruktiven Ingenieurbauwerke in Erdbauweise. Der Grenzwert wurde vom Verordnungsgeber mit 40 v. H. der sonstigen anrechenbaren Kosten nach Abs. 1 bestimmt. Die sonstigen Kosten werden durch Abzug der Kosten der Erdarbeiten von den anrechenbaren Kosten der Baukonstruktion zuzüglich der Kosten der Ausstattung der Verkehrsanlage berechnet, die nach den Bestimmungen des § 46 Abs. 1 S. 1 ermittelt werden. Die folgende Berechnung zeigt die Konsequenzen der Vorschrift an einem einfachen Rechenbeispiel.

Herstellkosten nach § 46 Abs. 1	= **1.000.000 €**
davon Erdarbeiten inkl. Felsarbeiten	= 350.000 €
sonstige anrechenbare Kosten nach Abs. 2 (Differenz = Herstellkosten abzüglich Erdarbeiten)	= 650.000 €
Prozentualer Anteil Erdarbeiten an sonstigen anrechenbaren Kosten: 350.000 : 650.000 × 100 v. H.	= 53,85 v. H.
Anrechenbare Kosten für die Leistungsphasen 1 bis 7 und 9:	
sonstige anrechenbare Kosten	= 650.000 €
zuzüglich 40 v. H. der sonstigen anrechenbaren Kosten	= 260.000 €
Summe 1	= **910.000 €**
Anrechenbare Kosten für die **Leistungsphase 8 und ggf. für die örtliche Bauüberwachung:**	
Summe 2 (= Herstellkosten)	= **1.000.000 €**

Die sachgerechte Unterscheidung der Kosten der Erdarbeiten von den Kosten der sonstigen Bauarbeiten muss unter Beachtung folgender in der VOB/C veröffentlichter Normen erfolgen: **52**
– DIN 18300 - Erdarbeiten
– DIN 18315 – Verkehrswegebauarbeiten – Oberbauschichten ohne Bindemittel
– DIN 18316 - Verkehrswegebauarbeiten – Oberbauschichten mit hydraulischen Bindemitteln
– DIN 18317 – Verkehrswegebauarbeiten – Oberbauschichten aus Asphalt
– DIN 18318 – Verkehrswegebauarbeiten – Pflasterdecken, Plattenbeläge, Einfassungen

Das „Bauwerk" Straße besteht aus Oberbau, Unterbau und Untergrund. Die Begriffe sind wie folgt zu verstehen:
– Der Oberbau umfasst die in den genannten DIN 18315 bis 18318 genannten Tragschichten einschließlich der zugehörigen Frostschutzschicht
– Der Unterbau ist die unter dem Oberbau liegende Dammschüttung.
– Der Untergrund ist der unmittelbar unter dem Oberbau oder unter dem Unterbau vorhandene Boden oder Fels.

Das Planum ist die unmittelbar unter dem Oberbau liegende plangerecht bearbeitete Oberfläche des Untergrunds oder Unterbaus. Der verfestigte oder verbesserte Untergrund bzw. Unterbau ist die obere Zone des Untergrunds oder Unterbaus (s. nachfolgendes Bild, übernommen aus einer Veröffentlichung des Bayerischen Kommunalen Prüfungsverbandes – BKPV).

Nach den Begriffsbestimmungen im Straßenbau sind die Erdarbeiten dem Unterbau und dem **53** Untergrund zuzuordnen. Danach würden die **Kosten der in DIN 18300 unter Ziffer 3.2 (Vorbereiten des Baugeländes) und 3.4 (Oberbodenarbeiten)** genannten Arbeiten auch zu den Kosten der Erdarbeiten gehören. Diese Auffassung ist aber deswegen unzutreffend, weil für die **Definition der Anrechenbarkeit von Kosten** nicht die in der VOB/C genannten Normen, sondern nach § 4 Abs. 1 HOAI bei Verkehrsanlagen die AKS unter Beachtung der DIN 276-4:2009-8 in der Fassung vom August 2009 gilt (s. Rdn. 31 ff.).

---

[32] Amtl. Begr. HOAI 2002 Bundesanzeigerausgabe S.121

Straße im Dammbereich

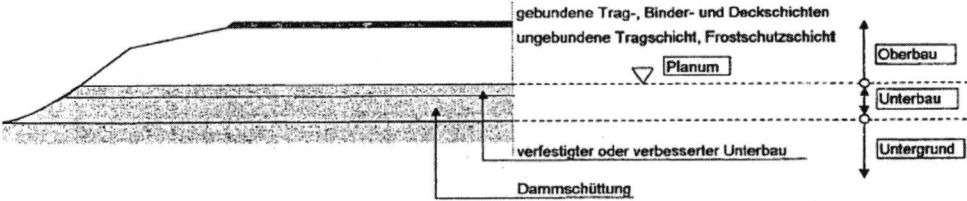

Straße im Einschnitt

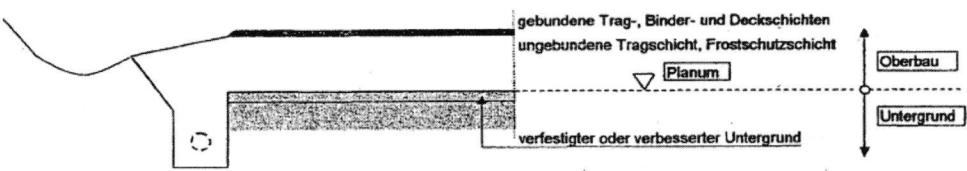

Konstruktion einer Straße

54 Bei Ermittlung der **Kosten der Erd- und Felsarbeiten** ist darauf zu achten, dass sie **bauwerks-
und anlagenspezifisch** ermittelt werden. Insbesondere dürfen die Kosten der Arbeiten, die der
Verkehrsanlage allein zuzurechnen sind, nicht um die Kosten erhöht werden, die beim Bau von
Ingenieurbauwerken im Zuge dieser Verkehrsanlage entstehen. So dürfen beispielsweise die
Kosten der Erdarbeiten für Entwässerungsrohrleitungen und anderer Entwässerungsanlagen **oder** die Kosten von Erdarbeiten, die beim Bau einer **Brücke** oder eines Dammes entstehen,
nicht den Kosten der für die Verkehrsanlage allein notwendigen Erdarbeiten zugerechnet
werden. Dasselbe gilt umgekehrt auch für die Zuordnung der Kosten von Erdarbeiten zu Ingenieurbauwerken. Das für diese Bauwerke zu berechnende Honorar würde anderenfalls nicht
verursachungsgerecht und damit nicht HOAI-konform berechnet. Daraus ergeben sich folgende
Konsequenzen für die Ermittlung der maßgebenden anrechenbaren Kosten:

– Das Honorar für Leistungen bei den Ingenieurbauwerken ist nach deren anrechenbaren Kosten zu berechnen. Diese resultieren aus Kosten für die Bauwerke und Anlagen selbst und aus
den zugeordneten Kosten für Erd- und Felsarbeiten.

– Aus den genannten Gründen dürfen die Kosten für Entwässerungsrohrleitungen und Entwässerungsanlagen weder pauschal in Erd- und Felsarbeiten und die sonstigen anrechenbaren
Kosten aufgeteilt werden noch dürfen sie überhaupt in dieser Weise als Teil der Kosten der
Verkehrsanlagen zusammenfasst werden, um mit Hilfe des § 46 Abs. 2 Nr. 1 HOAI die anrechenbaren Kosten der Verkehrsanlage zu reduzieren.

Die Kosten der den Ingenieurbauwerken zuzuordnenden Anteile für Erd- und Felsarbeiten sind
fallspezifisch im Einzelnen nachzuweisen:

– **Beispiel Brücke im Einschnitt**: Anrechenbar bei der Brücke sind nur die Kosten für Erdarbeiten und das Herstellen der Baugrube, die beim Ausheben der Baugrube für die Brücken-
fundamente ab OK Planum und deren Verfüllen entstehen.

– **Beispiel Entwässerungsleitung in Straßendamm**: Anrechenbar sind mindestens die Kosten,
die beim Bau einer vergleichbaren Leitung in üblicher Tiefe und mit einer Scheitelüberde-
ckung von mindestens 2 m entstehen.

– **Beispiel Entwässerungsleitung einer Straße mit einem Planum auf gewachsenem Gelände**: Anrechenbar sind die Kosten für die Herstellung und Verfüllung des Rohrleitungsgrabens
im natürlichen Untergrund.

c) Anrechenbare Kosten der Ingenieurbauwerke

§ 46 Abs. 4 Nr. 2 berücksichtigt, dass die **Integration von** Planungs- und Objektüberwachungsleistungen nach § 43, welche Dritte gleichzeitig erbringen, beim Auftragnehmer der Verkehrsanlage **höhere Aufwendungen** verursacht, als wenn er selbst diese Leistungen erbringen würde. Deren Ausgleich geschieht dadurch, dass **10 v. H. der anrechenbaren Kosten** der zu integrierenden Ingenieurbauwerke den anrechenbaren Kosten der Verkehrsanlage hinzugerechnet werden. Dafür kommen die **Kosten aller Ingenieurbauwerke** nach § 41 HOAI infrage, also auch die Kosten von **Leitungen, Durchlässen, Brücken, Rückhaltebecken oder Dämmen.** Der Honoraranspruch der Auftragnehmer, die die Ingenieurbauwerke bearbeiten, bleibt von dieser Regelung unberührt.

Voraussetzung für die Zurechnung dieses Teils der anrechenbaren Kosten des Ingenieurbauwerks ist das **gleichzeitige Erbringen von Objektplanungsleistungen für die Verkehrsanlage und die Ingenieurbauwerke** durch zwei unterschiedliche Auftragnehmer. Der Vorschrift liegt die Erfahrung der Praxis zugrunde, wonach im Regelfall die Trassierung und die Größe der Verkehrsanlagen die Anordnung und Dimension von Ingenieurbauwerken bestimmt. So können die Abmessungen und die Lage von Brückenbauwerken oder Verlauf und Durchmesser von Abwassertransportleitungen für die Straßenentwässerung nur in enger Abstimmung mit der Planung der Verkehrsanlage verbindlich geplant werden. Andererseits können Planung und Ausführung der Verkehrsanlage nur optimal durchgeführt werden, wenn sie unter Beachtung der Erfordernisse der Ingenieurbauwerke geschehen.

Daraus muss gefolgert werden, dass die **Kosten eines Ingenieurbauwerks** dann **nicht anteilig** den Kosten einer Verkehrsanlage **hinzugerechnet** werden dürfen, **wenn** es (Brücke, Lärmschutzwand, Stützmauer o. ä.) **bereits vorhanden** ist und die Verkehrsanlage so zu planen und auszuführen ist, dass vorhandene Bauwerke unverändert bestehen bleiben. Die dem Objektplaner hierdurch erwachsenden Leistungserschwernisse können nur bei der Wahl der Honorarzone berücksichtigt werden.

Die Regelungen in **Abs. 4 Nrn. 1 und 2** verstehen sich selbstverständlich **additiv**; treten beide Einflüsse auf, sind die Kostenänderungen getrennt zu ermitteln und zu berücksichtigen. Um die Rechenschritte zu erläutern, wird das Rechenbeispiel zu Abs. 4 Nr. 1 (Rdn. 51) erweitert. Dabei wird angenommen, dass die Straße über eine Brücke mit anrechenbaren Kosten von 400.000 € geführt wird. Die Brücke wird gleichzeitig von einem anderen Objektplaner bearbeitet. Dann wachsen die anrechenbaren Kosten des obigen Beispielobjekts auf

– für die Leistungsphasen 1 bis 7 und 9 :
910.000 € + 10 % von 400.000 €   = 950.000 €

– für die Leistungsphase 8 und ggf. für die örtliche Bauüberwachung:
unverändert   = 1.000.000 €

3. Die Kostenbegrenzung bei mehrspurigen Straßen und zweigleisigen Bahnanlagen

In **Abs. 5** werden für die anrechenbaren Kosten für die Grundleistungen der Leistungsphase 1 bis 7 und 9 des § 47 Abs. 1 bei bestimmten Objekten **weitere Einschränkungen** verordnet. Nicht betroffen sind wieder die anrechenbaren Kosten für die Honorare der Leistungsphase 8. Die Einschränkungen gelten bei folgenden Verkehrsanlagen:

– **Straßen mit mehreren durchgehenden Fahrspuren,** wenn diese eine gemeinsame Entwurfsachse und eine gemeinsame Entwurfsgradiente haben; hierfür ist verordnet, dass die Kosten für die genannten Leistungsphasen nur anteilig wie folgt anrechenbar sind:
a) bei dreistreifigen Straßen zu 85 %
b) bei vierstreifigen Straßen zu 70 %
c) bei mehr als vierstreifigen Straßen zu 60 %
– **Gleis- und Bahnanlagen mit zwei Gleisen,** wenn diese ein gemeinsames Planum haben.

Die Einschränkungen werden damit begründet, *„dass sich Leistungen für die vorerwähnten Verkehrsanlagen in gewissem Umfang wiederholen oder einmal erbrachte Leistungen übernommen* *werden können*[33]. Dies ist grundsätzlich richtig. Liegt aber z. B. bei einer parallelen **Gleisführung im Bogen** ein „**gestuftes Planum**" mit **ungleichen Gradienten** vor, ist die Reduzierung der Kosten nach Abs. 5 Nr. 4 auf 90 v. H. auszuschließen. Die Einschränkungen gelten natürlich ebenfalls nicht **bei mehrspurigen Straßen mit ungleichen Gradienten** oder für solche mit zwei Fahrspuren oder bei Gleis- und Bahnsteiganlagen mit einem Gleis. Ebenso wenig gilt die Vorschrift **für die geplante vierte Spur einer** vorhandenen **dreispurigen Straße**. Eine vergleichbare Situation liegt vor, wenn **statt** der im Endausbau vorgesehenen **vierspurigen Autobahn zunächst nur eine dreispurige** geplant und ausgeführt werden soll: Dann kann die Abminderung nur für die Kosten der dreispurigen Strecke greifen.

Die in § 52 Abs. 9 HOAI 1996/2002 enthaltene Vorschrift, dass das Honorar für Leistungen bei **Gleis- und Bahnsteiganlagen mit mehr als zwei Gleisen** frei vereinbart werden könne, ist – anders als in der HOAI 2009 – nun mit folgender Begründung zurückgekehrt: »*Neu aufgenommen wurde eine Regelung zur „freien vertraglichen Vereinbarkeit" des Honorars für Gleis- und Bahnsteiganlagen mit mehr als zwei Gleisen oder Bahnstrecken. Anders als bei Straßen gibt es im Bereich des Schienenverkehrs häufig mehr als vier Gleise, zum Beispiel bei Rangieranlagen und Zugbildungsanlagen. Hier wäre daher eine noch weitere Aufgliederung als bei der Straße notwendig gewesen, um im Ergebnis zu einem angemessenen Honorar zu kommen. Im Sinne einer einfachen und flexiblen Regelung wird deshalb die freie Vereinbarkeit geregelt, wie dies auch in § 52 Abs. 9 HOAI 2002 verankert war.*«

Sowohl im Verordnungstext als auch in der Verordnungsbegründung ist der Unterschied zwischen den Gleis- und Bahnsteiganlagen mit mehr als zwei Gleisen und den in der Objektliste Anlage 13.2 genannten Gleis- und Bahnsteiganlagen der Bahnhöfe mit einfachen, schwierigen und sehr schwierigen Spurplänen in den Honorarzonen III, IV und V nicht zweifelsfrei erklärt, die im Regelfall alle mehr als zwei Gleise aufweisen. Die Verordnung wird daher mit Blick auf den Begründungstext nur so richtig zu interpretieren sein, dass die freie Vereinbarung des Honorars nur für Gleis- und Bahnsteiganlagen gelten kann, die außerhalb von Bahnhöfen gebaut werden sollen.

57 Die für Straßen mit mehreren **durchgehenden** Fahrspuren verordnete Minderungsvorschrift gilt nur für Strecken **ohne „Störungen"**. Alle Störungen der durchgehenden Fahrspuren müssen dafür sorgen, dass die Kosten für der „Störungsbereiche" nicht reduziert werden dürfen. Solche Bereiche sind **Anschlussstellen** kreuzender Straßen an die mehrspurige Straße in der Form höhenungleicher Knotenpunkte oder **Autobahnkreuze**, ausgebildet als schwierige oder sehr schwierige höhenungleiche Knotenpunkte. Mit der Abrechnung der Leistungen in einem solchen Fall hat sich der BGH in seinem Urteil vom 30.09.2004[34] auseinandergesetzt. Dem Urteil ging eine Entscheidung der Vorinstanz voraus, welche feststellte, dass die anrechenbaren Kosten im Bereich der streitgegenständlichen Anschlussstellen (Autobahnauffahrten und -abfahrten) nicht abgemindert werden dürften. Die Parteien hätten ja vereinbart, dass eine Minderung für die „freie Strecke" der Autobahn, nicht aber für den Bereich der Anschlussstellen vorgesehen gewesen wäre. Der BGH wies die Entscheidung der Vorinstanz mit der Begründung zurück, dass sich das Gericht nicht damit auseinandergesetzt habe, was die Parteien unter „**freier Strecke**" gemeint haben könnten; insbesondere fänden sich in der hierfür maßgebenden Vertragsanlage keine Anhaltspunkte, die auf eine von der HOAI abweichende Regelung für den Bereich der Anschlussstellen hinweisen könnten.

58 Eine technische Definition des Begriffs „freie Strecke" existiert nicht; lediglich bei Wikipedia ist folgende nicht befriedigende Begriffsinterpretation dieses Fachterminus zu finden:

Der Begriff freie Strecke hat mehrere Bedeutungen:

– Im Straßenbau gelten Landstraßen (Bundesstraßen, Landesstraßen, Staatsstraßen (Bayern, Sachsen, Thüringen) oder Gemeindestraßen) als freie Strecke, wenn diese weder Knotenpunkt, noch Ortsdurchfahrt sind. Auf der freien Strecke wird die Straße nach der RAS-L (Richtlinien für die Anlage von Straßen, Teil: Linienführung) trassiert. Es gilt in Deutschland im Allgemeinen die Höchstgeschwindigkeit von 100 km/h, außer wenn sogenannte Zwangspunkte der Trasse wie z. B. Berge oder Flüsse die optimale Trassierung verhindern.

---

[33] Amtl. Begr. HOAI 2002 Bundesanzeigerausgabe S. 121
[34] VII ZR 192/03; BauR 2004, 1963

– *Bei der Eisenbahn bezeichnet der Begriff freie Strecke einen Teil der Bahnanlagen. Die Eisenbahn-Bau- und Betriebsordnung unterscheidet zwischen Bahnanlagen der Bahnhöfe, der freien Strecke und sonstigen Bahnanlagen. Als Grenze zwischen Bahnhof und freier Strecke gilt der Standort des Einfahrsignals oder der Trapeztafel (Signal Ne 1), sonst die erste Weiche des Bahnhofs. Viele Betriebsstellen zählen ebenfalls zur freien Strecke.“*

Im HVA-F-StB wird in Teil 6 unter 3.18 und an zahlreichen anderen Stellen die **„durchgehende Strecke“** erwähnt; im Gegensatz dazu werden die „kreuzenden“ und die „begleitenden“ Strecken genannt. Die durchgehende Strecke als Bau- und damit Dimensionierungselement einer Autobahn oder Straße erlaubt allerdings keine hinreichende Erklärung des Begriffs „freie Strecke“, da sich die planerische Bemessung und Konstruktion der durchgehenden Strecke im Bereich der o. g. „Störstellen“ nicht entscheidend ändern, wohl aber durch die für die Störstellen zu berücksichtigenden Details je nach örtlichen Bedingungen beeinflusst werden. Daher dürften nach hiesiger Auffassung vorrangig die nachfolgenden Empfehlungen im Streitfall zur Abgrenzung der freien Strecke und der Störungsbereiche heranzuziehen sein. **59**

Die **Kosten der** oben genannten **Störungsbereiche** sind selbstverständlich wegen des offensichtlich gegebenen funktionalen Zusammenhangs der mehrstreifigen Straßen und der Anschlussstellen bzw. des Autobahnkreuzes **Teil der gesamten anrechenbaren Kosten**. Sie **dürfen aber** wegen der nicht mehr gegebenen Voraussetzung für die Abminderung (gemeinsame Entwurfsachse und gemeinsame Entwurfsgradiente) bei den von den durchgehenden Fahrspuren abgehenden bzw. zu den Fahrspuren hinführenden Straßen nach hiesiger Auffassung **nicht abgemindert** werden. Im Ergebnis führt dies zu einer **Trennung der Kosten** der Autobahn **in einen abzumindernden und in einen nicht abzumindernden Teil**, letzterer im Bereich der Anschlussstellen oder des Autobahnkreuzes. Die **Grenzlinien der beiden Bereiche** sind in der Regel **durch die Anfangs- und Endpunkte der Beschleunigungs- und Verzögerungsspuren definiert**. Zusätzlich zählen zu dem Störungsbereich auch die **Anschlussstücke der kreuzenden Straße** bis zu ihrem jeweiligen Bauende (s. die Bilder zu § 45 Rdn. 13). Damit wären die vom BGH vermissten eindeutigen Anhaltspunkte für die getrennten Ansätze der Kosten zweifelsfrei definiert – vorausgesetzt, diese Begrenzung wurde in dem zugehörigen Ingenieurvertrag so schriftlich vereinbart. Im Streitfall wird man sich an diesen technisch zweifelsfrei definierbaren Grenzlinien orientieren. **60**

VII. Honorarvereinbarung

Die **Leistungen** für Verkehrsanlagen werden nach § 6 Abs. 1 lit. 1 HOAI **im Regelfall mit dem Ergebnis der Kostenberechnung** abgerechnet. Solange diese nicht vorliegt oder nur Leistungen der Leistungsphasen 1 (Grundlagenermittlung) und 2 (Vorplanung) abzurechnen sind, ist die Kostenschätzung maßgebend. Ändern sich die Kosten bei der Ausführung des Vorhabens, bleibt es grundsätzlich bei den in der Kostenberechnung ermittelten Kosten. Hat der Auftraggeber seinen Pflichten entsprochen und eine Bedarfsplanung für das Ingenieurbauwerk erstellt, dessen Planung und Ausführungsüberwachung vergeben werden soll, verfügt er u. a. über die für das Vergabeverfahren stets notwendigen anrechenbaren Kosten. Sind diese jedoch – wie leider sehr häufig – unbekannt, sollte der Auftraggeber wenigstens eine **vorläufige Kostenannahme** über die anrechenbaren Kosten treffen, um das Honorar nach § 4 nicht nur prinzipiell (zwischen Mindest- und Höchstsatz) zu vereinbaren, sondern auch in annähernd richtiger Höhe zu bestimmen. Die Kostenannahme ist eine von den Vertragspartnern ohne vorherige Bedarfsplanung angenommene voraussichtliche Größenordnung der erwarteten anrechenbaren Kosten. **61**

Sind die anrechenbaren Kosten wenigstens mit der Genauigkeit des **Kostenrahmens** nach DIN 276-1 Nr. 3.4.1 bekannt, können auch diese Kosten hilfsweise angesetzt werden. Der Kostenrahmen dient *„als eine Grundlage für die Entscheidung über die Bedarfsplanung sowie für grundsätzliche Wirtschaftlichkeits- und Finanzierungsüberlegungen und zur Festlegung der Kosten-*

vorgabe". Letztere soll gemäß 3.2.1 DIN 276 die Kostensicherheit erhöhen, Risiken vermindern und frühzeitig alternative Überlegungen in der Planung fördern. Nach 3.2.2 DIN 276-1 sollte die **Kostenvorgabe** aber auch **auf der Grundlage** von Budget- oder Kostenermittlungen – also durch die **Bedarfsplanung**[35] des Auftraggebers – festgelegt werden; dabei muss er bestimmen, ob die Kostenvorgabe als **Kostenobergrenze oder als Zielgröße für die Planung** gelten soll.

62   Die **Genauigkeitsanforderungen an die Bedarfsplanung** bei Hochbauten und die darauf aufbauende Ermittlung der Kostenvorgabe haben die RBBau[36] in den Abschnitten E 2 (S. 2/8) und F 1 (S. F 1/8) formuliert. Übertragen auf Verkehrsanlagen, sind nach den dort beschriebenen Anforderungen an die Entscheidungsunterlage – Bau (ES – Bau) sinngemäß u.a folgende **Leistungsergebnisse des Auftraggebers** zu fordern:

a) Bedarfsbeschreibung mit Dokumentation der Anforderungen an das Projekt (Auslegungsdaten, Größe, erforderliche Leistungen),

b) Ergebnis von Vorverhandlungen mit Bauaufsichtsbehörden oder anderen fachlich Beteiligten über die Genehmigungs- oder Zustimmungsfähigkeit mit Zusammenstellung der Genehmigungserfordernisse,

c) Kostenschätzung nach AKS anhand von Kostenkennwerten,

d) Übersichtslageplan geeigneten Maßstabs

e) Baufachliches Gutachten über das Baugrundstück

f) Zeichnerischen Darstellung des Planungskonzepts, erforderlichenfalls einschließlich Untersuchung der alternativen Möglichkeiten nach gleichen Anforderungen

63   Grundsätzlich gilt nach § 7 Abs. 1 HOAI, dass es auch bei **Änderung der Kosten** bei der Ausführung des Vorhabens **bei** den in der **Kostenberechnung** ermittelten Kosten als Grundlage **für die Honorarberechnung bleibt**. Ist die Kostenänderung jedoch auf eine **Änderung des Leistungsumfangs** zurückzuführen, die auf **Veranlassung des Auftraggebers** erfolgte, müssen die bei der **Kostenberechnung** ermittelten Kosten **entsprechend fortgeschrieben** und angepasst werden (s. § 10 Rdn. 9 ff.). Dies kann – anders als bisher – **nicht auf Basis von Nachtragsangeboten** ausführender Unternehmen für geänderte oder zusätzliche Leistungen geschehen, sondern **erfordert** eine **Kostenberechnung** des Objektplaners **für eine solche Mehrleistung**, der der Auftraggeber durch seine Unterschrift seine Zustimmung gibt. Damit ist auch die Voraussetzung für eine Korrektur der zunächst vertraglich vereinbarten Kostenberechnungssumme geschaffen, die der späteren Honorarabrechnung zugrunde gelegt werden kann. Hierzu ist nach § 10 Abs. 1 HOAI eine entsprechende schriftliche Vereinbarung notwendig. Dasselbe gilt nach hiesiger Auffassung für die **Kosten**, die **infolge unvorhersehbarer oder unvorhergesehener Ereignisse** entstehen; sie wären allerdings nur für die Leistungen des Objektplaners bei Bauausführung anrechenbar, soweit der Auftragnehmer hierfür – anders als bei der Planung – auch tatsächlich Leistungen erbringen musste sowie die Kosten durch die Fortschreibung der Kostenberechnung belegt und vom Auftraggeber anerkannt wurden. Auch diese Änderung des zuvor vereinbarten Honorars wird erst durch eine entsprechende schriftliche Vereinbarung der Parteien wirksam.

64   Der Verordnungsgeber hat bei der Formulierung der HOAI die **ungestörte Leistungsabfolge** von der Grundlagenermittlung in Phase 1 bis zur Objektbetreuung in Phase 9 unterstellt; nur so ist der verordnete Bezug auf die Kostenberechnung als allein maßgebende Abrechnungsgrundlage zu erklären. Dabei sind folgende häufig vorkommende Fallkonstellationen nicht berücksichtigt:

– **Abwicklung des Projekts in Bauabschnitten** während eines längeren Zeitraums,

– **getrennte Vergabe der Ingenieurleistungen** der Leistungsphasen 1 bis 4 und 5 bis 9 an verschiedene Auftragnehmer und

– Auswirkung eines **größeren zeitlichen Abstands** zwischen der Fertigstellung der Entwurfs- und/oder Genehmigungsplanung sowie den danach folgenden Leistungen auf die Kostenentwicklung des Objekts bei stufenweiser Beauftragung an einen Auftragnehmer.

---

[35] DIN 18205 (Bedarfsplanung im Bauwesen) vom April 1996

[36] Richtlinien für die Durchführung von Bauaufgaben des Bundes (RBBau), Ausgabe 2003, herausgegeben vom Bundesministerium für Verkehr, Bau und Städtebau, Grundwerk bis 19. Austauschlieferung 2009 eingearbeitet, Seite E 2/8, seit 20.03.2013 als Online-Ausgabe zu erhalten unter www.bmvbs.de

In solchen Fällen können Auftragnehmer bei der Abrechnung ihrer Leistungen in den Leistungsphasen 5 ff. nur dann mit dem Ergebnis der Kostenberechnung zu leistungsgerechten Honoraren kommen, wenn trotz Verzögerungen keine nennenswerte Steigerung ihrer Bürokosten und der Kosten vergleichbarer Bauvorhaben bis zum Beginn dieser Leistungen eingetreten ist. Um Auseinandersetzungen in den Fällen zu vermeiden, ist den Vertragspartnern eine **vertragliche Regelung** zu empfehlen, in der eine obligatorische und vergütete **Prüfung der Kostenberechnung vor der Fortführung der Leistungen** in Phase 5 als Besondere Leistung des vorgesehenen Auftragnehmers frei vereinbart wird, deren Ergebnis dann im Sinne von § 10 Abs. 1 HOAI Vertragsgrundlage wird.

§ 47 Leistungsbild Verkehrsanlagen

(1) § 34 Absatz 1 gilt entsprechend. Die Grundleistungen für Verkehrsanlagen sind in neun Leistungsphasen unterteilt und werden wie folgt in Prozentsätzen der Honorare des § 48 bewertet:

1. **für die Leistungsphase 1 (Grundlagenermittlung) mit 2 Prozent,**
2. **für die Leistungsphase 2 (Vorplanung) mit 20 Prozent,**
3. **für die Leistungsphase 3 (Entwurfsplanung) mit 25 Prozent,**
4. **für die Leistungsphase 4 (Genehmigungsplanung) mit 8 Prozent,**
5. **für die Leistungsphase 5 (Ausführungsplanung) mit 15 Prozent,**
6. **für die Leistungsphase 6 (Vorbereitung der Vergabe) mit 10 Prozent,**
7. **für die Leistungsphase 7 (Mitwirkung bei der Vergabe) mit 4 Prozent,**
8. **für die Leistungsphase 8 (Bauoberleitung) mit 15 Prozent,**
9. **für die Leistungsphase 9 (Objektbetreuung) mit 1 Prozent.**

(2) Anlage 13 Nummer 13.1 regelt die Grundleistungen jeder Leistungsphase und enthält Beispiele für Besondere Leistungen.

Inhaltsübersicht

I. Leistungen versus Vergütungstatbestände

Nach der Verordnungsbegründung entspricht § 47 weitgehend § 46 Abs. 1 HOAI 2009, der die **1** Regelungen des § 55 Abs. 1 HOAI 1996/2002 für Verkehrsanlagen übernommen hatte. § 47 Abs. 1 S. 1 verweist auf § 34 Abs. 1 und legt damit fest, dass das **Leistungsbild Verkehrsanlagen** die **Grundleistungen für Neubauten, Neuanlagen, Wiederaufbauten, Erweiterungsbauten, Umbauten, Modernisierungen, Instandhaltungen und Instandsetzungen** umfasse. Nach § 3 Abs. 2 sind die Grundleistungen zur ordnungsgemäßen Erfüllung eines Auftrages im Allgemeinen erforderlich (Regelleistungen). Sie sind in den neun Leistungsphasen des Abs. 1 zusammengefasst und prozentual bewertet. Die Bewertung ist im Vergleich mit den Vorgängerverordnungen geringfügig verändert worden.

Die Grundleistungen der Phasen sind nach Abs. 2 in **Anlage 13 Nummer 13.1** – künftig kurz HOAI-Anlage 13.1 – geregelt. Dieselbe Anlage ordnet denkbare Besondere Leistungen den Leistungsphasen zu, soweit sie nicht schon in anderen Leistungsbildern aufgeführt sind. Die Grundleistungen werden mit den phasenweise festgelegten Prozentsätzen des Honorars für die Gesamtleistung nach der Honorartafel des § 44 Abs. 1 HOAI honoriert.

Leider verwendet der Verordnungsgeber erneut Bezeichnungen, die schon in der Vorgängerver- **2** ordnung zu Missverständnissen führten. So nennt er die Grundleistungen in § 3 Abs. 2 erneut „**im Allgemeinen erforderliche Leistungen**" zur Erfüllung eines Auftrags und definiert die eigentlich als Arbeitsschritte zu verstehenden Begriffe[1] als Leistungen, die nach zwei Urteilen des BGH **grundsätzlich nicht** als **Leistungspflichten**, sondern als **Vergütungstatbestände** zu verstehen sind[2]; die Leitsätze des Urteils vom 24.10.1996 lauten:

a) Was ein Architekt oder Ingenieur vertraglich schuldet, ergibt sich aus dem geschlossenen Vertrag, i. d. R. also aus dem Recht des Werkvertrages. Der Inhalt dieses Architekten-/Ingenieurvertrages ist nach den allgemeinen Grundsätzen des bürgerlichen Vertragsrechts zu ermitteln.

b) Die HOAI enthält keine normativen Leitbilder für den Inhalt von Architekten- und Ingenieurverträgen. Sie hat keine generelle vertragsrechtliche „Leitbildfunktion" im Sinne ... einer verbreiteten Meinung. Die HOAI regelt keine dispositiven Vertragsinhalte".

.... Für die Frage, was der Architekt oder Ingenieur zu leisten hat, ist allein der geschlossene Werkvertrag nach Maßgabe der Regelungen des BGB und der dazu im Einzelnen getroffenen Vereinbarungen von Bedeutung. Das Honorarrecht der HOAI kann den Werkvertrag auch deshalb nicht regeln, weil sich ein werkvertraglicher Erfolg nicht als Summe von abschließend enumerativ aufgeführten Dienstleistungen beschreiben lässt, als die sich die Beschreibung der Grundleistungen nach herrschender Meinung darstellt. Die in der HOAI geregelten „Leistungsbilder" sind Gebührentatbestände für die Berechnung des Honorars der Höhe nach. Ob

---

[1] BGH, Urteil v. 24.06.2004 – VII ZR 259/02; BauR 2004, 1640; BGHZ 159, 376; BGH, Urteil v. 22.10.1998 – VII ZR 91/97; BauR 1999, 187

[2] BGH, Urteil v. 24.10.1996 – VII ZR 283/95; S. 154: Die HOAI enthält keine normativen Leitbilder für den Inhalt von Architekten und Ingenieurverträgen. Die in der HOAI geregelten „Leistungsbilder" sind Gebührentatbestände für die Berechnung des Honorars der Höhe nach. Ob ein Honoraranspruch dem Grunde nach gegeben oder nicht gegeben ist, lässt sich daher nicht mit Gebührentatbeständen begründen.

ein Honoraranspruch dem Grund nach gegeben oder nicht gegeben ist, lässt sich daher nicht mit Gebührentatbeständen der HOAI begründen.

c) Mit der gebührenrechtlichen Unterscheidung zwischen Grundleistungen und Besonderen Leistungen wird nur geregelt, wann der Architekt/Ingenieur sich mit dem Grundhonorar begnügen muss und wann er, wenn die vertraglichen Voraussetzungen dem Grunde nach erfüllt sind, zusätzliches Honorar berechnen darf. Normative Bedeutung für den Inhalt des Vertrages kommt dieser Unterscheidung nicht zu.

Der BGH folgte damit der noch immer unveränderten Kernaussage des § 1 der Verordnung über den Anwendungsbereich der Verordnung: ihre Bestimmungen gelten nur für die Berechnung der Entgelte für die Grundleistungen.

3 Schließen die Parteien jedoch einen schriftlichen Werkvertrag, in dem die geschuldeten Leistungen unter Bezug auf die Leistungsphasen formuliert sind, werden die Gebührentatbestände zu Leistungspflichten. Daher führt eine **unreflektierte Vereinbarung eines Leistungsbildes** als vertragliche Leistungspflicht zu dem Ergebnis, dass der Auftragnehmer im Einzelfall **alle eigentlich nur für den Regelfall bewerteten Arbeitsschritte schuldet**, die zu einen selbstständigen Arbeitserfolg führen. Werden dann einzelne Grundleistungen nicht erbracht, muss sich der Auftragnehmer Honorarabzüge gefallen lassen, weil sein Werk nach § 633 Abs. 2 BGB nicht die vertraglich vereinbarte Beschaffenheit besitzt und deswegen mangelhaft ist (Näheres hierzu in diesem Kommentar unter § 8).

Dem steht bezüglich der zwar geschuldeten, aber im Einzelfall ggf. nicht erforderlichen Leistung anscheinend die amtliche Begründung zu § 55 HOAI 1985[3] entgegen, in der es heißt: „*Werden einem Objektplaner die Grundleistungen einer Leistungsphase mit dem Ziel übertragen, das mit der Leistungsphase verfolgte Ergebnis zu erbringen und behält sich der Auftraggeber nicht vor, einzelne Leistungen selbst beizusteuern, so entsteht der Anspruch auf das Honorar für diese Leistungsphase regelmäßig dann, wenn das Ergebnis, das mit den in der Leistungsphase erfassten Leistungen angestrebt wird, erreicht worden ist. Dies gilt auch dann, wenn eine Grundleistung zur Erreichung dieses Ergebnisses ganz oder teilweise nicht erbracht werden musste. Wenn z. B. bei der Vorplanung (Leistungsphase 2 des § 55 HOAI (alt)) ein Beschaffen amtlicher Karten nicht erforderlich ist, das Ergebnis dieser Phase also auch ohne diese Tätigkeit erreicht werden kann, so sollte eine Minderung des Honorars für diese Phase mit dem Hinweis, dass diese Tätigkeit nicht erbracht worden ist, nicht vorgenommen werden.*"

In den Anmerkungen zu dieser Amtl. Begr. formulierten die Herausgeber unter Bezug auf das Urteil des OLG Celle vom 17. 10. 1990 - 6 U 223/89[4], es sei grundsätzlich nicht gerechtfertigt sei, dass der Auftraggeber eine Kürzung des Honorars deswegen vornehme, weil der Auftragnehmer eine der im ausführlichen Leistungsbild genannten Leistungen nicht erbracht habe. Dies begründe allenfalls hierdurch entstehende Gewährleistungsansprüche des Auftraggebers. Im Hinblick auf die Honorierung komme es vielmehr entscheidend auf den Erfolg des Auftragnehmers an. Eine Honorarkürzung sei nur möglich, wenn der Auftragnehmer eine zentrale Leistung nicht erbringe, wie z. B. eine Kostenberechnung. Den ungeminderten Honoraranspruch beim Erreichen des jeweiligen Ziels einer Leistungsphase unterstrich auch die Amtl. Begr. zu § 2 der 5. HOAI-Novelle[5]. Danach würden die Leistungsphasen mit den für sie festgelegten Honorarsätzen die kleinsten rechnerischen Bausteine der Honorierung bilden.

Der BGH betont in seinem Urteil vom 24.06.2004 – VII ZR 259/02[6] eine andere Tendenz, die in dessen Leitsätzen zum Ausdruck kommt:

1. Erbringt der Architekt eine vertraglich geschuldete Leistung teilweise nicht, dann entfällt der Honoraranspruch des Architekten ganz oder teilweise nur dann, wenn der Tatbestand einer Regelung des allgemeinen Leistungsstörungsrechts des BGB oder des werkvertraglichen Gewährleistungsrechts erfüllt ist, die den Verlust oder die Minderung der Honorarforderung als Rechtsfolge vorsieht.

---

[3] HOAI 1985 a. a. O. S. 88
[4] IBR 1991, 330
[5] So zuletzt in der Bundesanzeigerausgabe der HOAI 1996, Stand: 1.1.2002, S. 84
[6] Siehe IBR 2004, 513

2. Der vom Architekten geschuldete Gesamterfolg ist im Regelfall nicht darauf beschränkt, dass er die Aufgaben wahrnimmt, die für die mangelfreie Errichtung des Bauwerks erforderlich sind.

3. Umfang und Inhalt der geschuldeten Leistung des Architekten sind, soweit einzelne Leistungen des Architekten, die für den geschuldeten Erfolg erforderlich sind, nicht als selbstständige Teilerfolge vereinbart worden sind, durch Auslegung zu ermitteln.

Unter Weiterführung des BGH-Urteils stellte das OLG Frankfurt fest, dass die Aufzählung der Leistungsphasen des § 15 HOAI a. F. in einem Architektenvertrag eine Beschreibung des geschuldeten Werkerfolgs darstelle. Allerdings dürfte dann, wenn einzelne Teilleistungen aus den jeweiligen Leistungsphasen des Architekten nicht erbracht würden, nicht automatisch eine Kürzung des Architektenhonorars vorgenommen werden (s. hierzu auch Rdn.191 ff.). Vielmehr komme eine Kürzung des Honorars nur dann in Betracht, wenn die rechtlichen Voraussetzungen für die Vornahme einer Minderung erfüllt seien. Es müssten also die Voraussetzungen des Leistungsstörungsrechts des BGB oder des werkvertraglichen Gewährleistungsrechts erfüllt sein, wonach dem Architekten Gelegenheit zur Nacherfüllung gesetzt werden müsse. Erst dann, wenn der Architekt die Nacherfüllung ablehne oder das Leistungsinteresse des Auftraggebers wegen der Verzögerung der Leistung weggefallen sei, könne eine solche Kürzung vorgenommen werden.

Kniffka hat die Anwendung der zitierten Rechtsprechung über die Vergütungsvorschriften der aktuellen HOAI an zahlreichen unterschiedlichen Beispielen genauer untersucht und fortgeführt[7]. Im Kern kommt er zunächst zu dem Ergebnis, dass die HOAI nach § 6 Abs. 1 i. V. m. § 8 Abs. 2 lediglich das Honorar für vereinbarte Grundleistungen vorsehe. Daraus folge, dass – anders als vom Verordnungsgeber in den jeweiligen Amtl. Begr.[8] mitgeteilt – nicht die Leistungsphasen mit den für sie festgesetzten Honorarsätzen die kleinsten rechnerischen Bausteine der Honorierung bilden würden. Dies dürfte auch der entscheidende Grund für das Urteil des BGH vom 16.12.2004 gewesen sein, bei dem entschieden wurde, dass das Architektenhonorar dann, wenn der Architekt im Zeitpunkt der Kündigung einzelne Grundleistungen einer Leistungsphase gar nicht oder einzelne Grundleistungen nur teilweise erbracht habe, auch naheliegend, die Abrechnung in diesen Fällen nach der Steinfort-Tabelle oder ähnlichen Berechnungswerken vorzunehmen[9] (s. mehr hierzu Rdn. 191 ff.), die sich als Orientierungshilfe für die Bewertung nicht erbrachter Leistungen eignen würden. Stark vereinfacht lässt sich daraus folgern, dass Kniffka und auch die vorherige Rechtsprechung die vertraglich vereinbarten Grundleistungen als vorab eindeutig und erschöpfend beschriebene freiberufliche Leistungen verstehen. Dies steht im Gegensatz zur herrschenden Meinung, welche die freiberuflichen Leistungen als geistig-schöpferisch und deswegen in einem Werkvertrag als nicht vorab eindeutig und erschöpfend beschreibbar versteht[10].

Ein weites Problemfeld ergibt sich ferner bei dieser strikten Interpretation des in der HOAI geregelten Entgeltsrechts auch in der neuen Fassung der HOAI aus der **Definition des Leistungsbildumfangs** (Rdn. 1). Danach gilt das Leistungsbild nicht nur für Neubauten und Neuanlagen, sondern auch für Wiederaufbauten, Erweiterungsbauten, Umbauten, Modernisierungen, Instandhaltungen und Instandsetzungen. Die Begriffsinhalte sind in § 2 HOAI erläutert. Zahlreiche der in der Planungsphase genannten Arbeitsschritte des § 47 Abs. 1 i. V. m. HOAI-Anlage 13.1 können außer für Neubauten und Neuanlagen für die restlichen der genannten Objektarten gar nicht erbracht werden, wie noch gezeigt wird (s. Rdn. 185 ff.) Sie müssen durch andere Arbeitsschritte ersetzt werden. Insbesondere in solchen Fällen sollten sie in den Werkverträgen, die für das in den einzelnen Leistungsphasen zu erreichende Ziel zu erbringen sind, stets objektspezifisch definiert werden (s. Rdn. 190 ff. als Beispiel). Auftraggeber sollen daher ihre

4

5

---

7 R. Kniffka: „Vergütung für nicht erbrachte Grundleistungen – Schuldrechtliche Grundlagen", Vortrag bei der Fachtagung des BVS-Bundesfachbereichs Architekten- und Ingenieurhonorare am 23.01.2015 in Rothenburg o. d. Tauber

8 Zuletzt in der Fassung der Bundesanzeigerausgabe der HOAI 1996/2002, S. 84

9 Im Urteil genannt z. B. Pott Pott/Dahlhoff/Kniffka, HOAI, 7. Aufl., Anh. III; Locher/Koeble/Frik, HOAI, 8. Aufl., Anh. 4)

10 So z. B. § 5 der Verordnung über die Vergabe öffentlicher Aufträge – VgV – vom 11.02.2003, BGBl. I S. 169

Pflicht zur Durchführung der **Bedarfsplanung** (s. Rdn. 8 ff.) als Voraussetzung für sachgerechte Vergabeverhandlungen und für die danach schriftlich abzuschließenden Verträge ernst nehmen; Auftragnehmer ihrerseits sollten darauf dringen, möglichst umfassende Informationen zu erhalten, um die vertraglich geschuldeten Leistungen verstehen und das dafür notwendige Honorar nach HOAI so genau wie möglich bestimmen zu können.

Die **in der HOAI genannten Leistungen** sind lediglich **als übliche Arbeitsschritte** zu verstehen, die im Allgemeinen zum Erfolg des beauftragten Werks führen. Sie unterscheiden sich aber bei den zahlreichen unterschiedlichen Verkehrsanlagen inhaltlich voneinander. Auch deswegen sind sie **keine Leistungen im Sinne einer Leistungsbeschreibung mit Leistungsverzeichnis**. Welche einzelnen projektspezifischen Leistungs- oder Arbeitsschritte der Objektplaner zum Erreichen seines vertraglich vereinbarten Ziels ausführen muss, ist aus der HOAI nicht unmittelbar ablesbar. Dies liegt in der Eigenart der geistig-schöpferischen Tätigkeit des Objektplaners, die als nicht vorab beschreibbar gilt. Deren Ergebnis spiegelt sich erst im vollendeten Werk wider.

Die Leistungen der Ingenieure stellen auf das Ergebnis des Werkes ab; sie müssen nach den allgemein anerkannten Regeln der Technik erbracht werden. Diese sind einem ständigen Wandel ausgesetzt, also dynamisch, während die Leistungsbeschreibungen der Leistungsbilder der HOAI zumindest bisher weitgehend unverändert blieben, also statisch sind. Allein daraus wird verständlich, dass Bedeutung und Gewichtung verschiedener Leistungen einem fortwährenden Wandlungsprozess ausgesetzt sind. Dieser Prozess wird durch die stetige Ausweitung EDV - gestützter Arbeitsmethoden noch forciert. Deswegen ist es notwendig, die zwischen den Parteien vereinbarten **Leistungsziele** und nur die dafür notwendigen **Arbeitsschritte unter Bezug auf die Leistungsphasen** projektspezifisch zu formulieren und erforderlichenfalls mit zusätzlichen Erläuterungen schriftlich zu vereinbaren.

6 Die Anzahl der in Anlage 13.1 zusammengestellten **Besonderen Leistungen** des Leistungsbildes Verkehrsanlagen ist im Vergleich mit den anderen Leistungsbildern gering; die Zusammenstellung entspricht weitgehend derjenigen im Leistungsbild Ingenieurbauwerke (Anlage 12.1). Beim inhaltlichen Vergleich mit den übrigen Leistungsbildern wird deutlich, dass insbesondere zahlreiche Besondere Leistungen des Leistungsbildes Gebäude und Innenräume nach Anlage 10.1 auch bei Verkehrsanlagen erforderlich werden können. Daher ist die Zusammenstellung in Anlage 13.1 als eine Ergänzung der in den anderen Leistungsbildern genannten Besonderen Leistungen zu verstehen. Dies erklärt sich aus § 3 Abs. 3. Zum einen ist gemäß dessen S. 1 die Aufzählung der Besonderen Leistungen in der Verordnung und in den Leistungsbildern ohnehin **nicht abschließend**. Zum anderen können Besondere Leistungen aus Leistungsbildern und Leistungsphasen, denen sie nicht zugeordnet sind, in anderen Leistungsbildern vereinbart werden.

Auf eine **Bewertung** der Besonderen Leistungen hat der Verordnungsgeber **verzichtet**. Nach § 3 Abs. 3 S. 3 können **Honorare** für Besondere Leistungen **frei vereinbart** werden. Die Leistungen sind objektspezifisch noch erheblich unterschiedlicher als die Grundleistungen, sodass deren angemessene Honorierung nicht nach einheitlichen Vomhundertsätzen definierbar ist. Der Umfang der Besonderen Leistungen als nicht im Allgemeinen erforderliche Leistungen muss gegen die Grundleistungen sorgfältig abgegrenzt werden. **Hilfen** zur Definition **angemessener Honorare** für Besondere Leistungen geben die in der **Schriftenreihe des AHO** erschienenen Veröffentlichungen[11]. Sie sind in der Regel das Ergebnis von Umfragen bei Beratenden Ingenieuren und spiegeln die Vertragspraxis zum jeweiligen Zeitpunkt der Umfragen wieder.

7 Zur Durchsetzung des **Honoraranspruchs** für Besondere Leistungen ist **keine vorherige schriftliche Vereinbarung** über deren Honorierung erforderlich. Dies ergibt sich aus § 632 Abs. 1 BGB, wonach bei Werkverträgen über Ingenieurleistungen eine Vergütung deswegen als stillschweigend vereinbart gilt, weil auch die Durchführung von Besonderen Leistungen den Umständen nach nur gegen eine Vergütung zu erwarten ist. Da die Höhe ihrer Vergütung nicht durch eine Taxe geregelt ist, ist die **übliche Vergütung** als vereinbart anzusehen. Welche Vergütung allerdings üblich ist, muss der Auftragnehmer bei fehlender schriftlicher Vereinbarung spätestens bei Abrechnung seiner Leistungen nachweisen. Ein solcher Nachweis kann beispielsweise mithilfe der bereits erwähnten Veröffentlichungen in der AHO-Schriftenreihe geführt werden, die das

---

[11] Erhältlich unter www.aho.de

OLG Hamburg in seinem Urteil vom 03.09.2002 – 9 U 8/02; BGH, Beschluss vom 05.06.2003 – VII ZR 350/02 (Nichtzulassungsbeschwerde zurückgewiesen) über die Honorierung von Projektsteuerungsleistungen als Vergleichsinstrument wertete[12]. Im Zweifel können die Leistungen auch als Zeithonorar abgerechnet werden. Empfehlungen zu deren angemessener Höhe machen die Vorbemerkungen zu diesem Kommentar unter **III Rdn. 26 ff.** Um Auseinandersetzungen über die Honorierung der besonderen Leistungen zu vermeiden, wird deren schriftliche Vereinbarung beim Vertragsabschluss angeraten.

II. Klärung des Leistungsbedarfs durch den Auftraggeber

Der Auftraggeber muss **vor seiner Entscheidung über die Vergabe von Ingenieurleistungen** die hierfür geeigneten Voraussetzungen durch eine eigene **Bedarfsplanung nach DIN 18205**[13] schaffen. Erstmals wird auf diese Norm in der Zusammenstellung der Grundleistungen (HOAI-Anlage 13.1 LPH 1 a) hingewiesen. Öffentliche Auftraggeber sind nach § 1 VgV i. V. m. § 1 VOL/A verpflichtet, durch Ermittlung des voraussichtlichen Auftragswertes festzustellen, ob die von ihnen beabsichtigte Vergabe formlos oder unter Anwendung eines der in der VOF[14] bzw. in den entsprechenden europäischen Richtlinien festgelegten formalen Verfahrens erfolgen muss. Es ist deswegen notwendig, dass sie einige **wichtige Vorarbeiten** durchführen (**hierzu im Einzelnen in § 43 Rdn. 8**). Dies wird auch im **Vorwort** zur DIN 18205 unterstrichen, welche die Leistungen des Bauherrn bei der „Bedarfsplanung im Bauwesen" umfassend beschreibt. **8**

III. Die Leistungsphasen im Einzelnen

1. Vorbemerkungen

Anders als in vielen anderen Fachbereichen sind für die **Planung, Ausführungsvorbereitung und Ausführungsüberwachung** von Anlagen des Straßen-, Flug- und Schienenverkehrs zahlreiche **Vorschriften und Richtlinien** veröffentlicht worden, die unmittelbaren Einfluss auf Art, Umfang und Genauigkeit der von Objekt- und Fachplanern zu erbringenden Leistungen nehmen. Ein Beispiel sind die vom Bundesministerium für Verkehr, Bau und Stadtentwicklung 2012 veröffentlichten Richtlinien zum Planungsprozess und für die einheitliche Gestaltung von Entwurfsunterlagen im Straßenbau, Ausgabe 2012 (**RE 2012**)[15]. Die dort formulierten Anforderungen an die bei der Vorplanung, Entwurfs- und Genehmigungsplanung zu erstellenden Unterlagen sind regelmäßig Vertragsbestandteil bei der Vereinbarung von Ingenieurleistungen für Straßenverkehrsanlagen. Das von der Abteilung Straßenbau, Straßenverkehr im Bundesministerium für Verkehr, Bau und Stadtentwicklung herausgegebene Handbuch für die Vergabe und Ausführung von freiberuflichen Leistungen der Ingenieure und Landschaftsarchitekten im Straßen- und Brückenbau – **HVA F-StB**[16] enthält in seinem Teil 6 „**Mustertexte für Leistungsbeschreibungen**", die in Ziffer 6.10 eine Interpretation der Anlage 13.1 HOAI aus Sicht des Ministeriums darstellen. Das Handbuch wurde den Obersten Straßenbaubehörden der Länder, der Bundesanstalt für Straßenwesen, dem Bundesrechnungshof und der DEGES Deutsche Einheit Fernstraßenplanungs- und -bau GmbH übersandt. Unter III. rät das Ministerium den Adressaten, auch den kommunalen Bauverwaltungen die Anwendung des Handbuches in ihrem Verantwortungsbereich zu empfehlen. Wegen der Breitenwirkung des Handbuchs halten es die Verfasser für erforderlich, zu **9**

---

[12] IBR 2003, 487
[13] DIN 18205: Bedarfsplanung im Bauwesen, Deutsches Institut für Normung e.V., Berlin, April 1996
[14] Vergabeordnung für freiberufliche Leistungen – VOF – Ausgabe 2009 vom 18. November 2009
[15] Aktualisiert Fassung der RE 85, am 2. Oktober 2012 durch das BMVBS für Straßenbaumaßnahmen des Bundes eingeführt
[16] Aktualisierte Fassung eingeführt mit dem Allgemeinen Rundschreiben Straßenbau des Bundesministeriums für Verkehr, Bau und Stadtentwicklung – ARS-Nr. 16/2010 vom 29.07.2010, erhältlich auch unter www.bmbs.de

den darin enthaltenen Empfehlungen und Interpretationen der Leistungen unter Ziffer 6.10 des Handbuchs Stellung zu nehmen. Insbesondere ist es notwendig, die im Handbuch formulierten Anforderungen auf ihre **Vergleichbarkeit mit** den **verordneten Grundleistungen und den Besonderen Leistungen** zu kommentieren.

2. Grundlagenermittlung

a) Grundleistungen

10 Die Formulierung unter LPH 1 a) „**Klären der Aufgabenstellung aufgrund der Vorgaben oder der Bedarfsplanung**" verdeutlicht, dass der Auftraggeber dem Auftragnehmer für die Grundlagenermittlung seine Vorstellungen über den erwarteten Projekterfolg vorgeben muss. Er sollte zur Vermeidung von Missverständnissen seine Wünsche, Ziele und Forderungen an das Projekt schriftlich formulieren. Umgekehrt erwächst daraus für den Auftragnehmer die Pflicht, sich mit der vorhandenen Aufgabe so umfassend wie möglich vertraut zu machen. Er muss dabei vor allem prüfen, ob die Vorgaben des Auftraggebers die notwendigen Voraussetzungen für die Erfüllung des vereinbarten Werkvertrages bieten, wozu auch das Prüfen der Genehmigungsfähigkeit und -bedürftigkeit des Objekts gehört[17]. Das bedeutet für den Auftragnehmer allerdings zunächst nur festzustellen, ob der Auftraggeber diese Fragen im Rahmen der Bedarfsplanung geklärt hat.

11 Als nächster Leistungsschritt ist die **Ermittlung der Planungsrandbedingungen** (LPH 1 b)) genannt. Liegt den Vorgaben des Auftraggebers eine Bedarfsplanung zugrunde, liefern die Ergebnisse der Prüflisten nach DIN 18205 die notwendigen Informationen sowohl über die für die Planung wichtigen **organisatorischen Randbedingungen** nach Prüfliste A und B als auch die **technischen und finanziellen Randbedingungen**. Dasselbe gilt für nach dem Beispiel ES-Bau[18] erarbeitete Informationen. Welche technischen Anforderungen bestehen, richtet sich nach der Art der Objekte. Einige Beispiele hierfür sind unter Bezug auf die Objektliste in Ziffer 13.2 des Anhangs zur HOAI in der nachfolgenden Tabelle zusammengestellt:

Verkehrsanlage	Beispiele für mögliche Randbedingungen
Außerörtliche Straße	Lageplan des Planungsgebietes, Verkehrsaufkommen, Ausbaugeschwindigkeit, Berücksichtigung landwirtschaftlicher Fahrzeuge auf getrennten Wegen, Radfahrer, infrage kommende Trassen, Anforderungen aus dem zu durchquerenden Landschaftsschutzgebiet, Vermessungsergebnisse, Grundstücksverhältnisse, Bodenverhältnisse, Ausführungszeit, Fertigstellungstermin
Tankstellen- und Rastanlage	Lageplan, Standort, Art und Größe der Tankstelle, Art und Anzahl der Zufahrten für öffentlichen und Zuliefer-Verkehr, Art und Anzahl der erforderlichen Pkw- und Lkw-Parkplätze, Ausstattung der Parkplätze, Gestaltung der Freiflächen
Gleis- und Bahnsteiganlagen eines Bahnhofs	Anzahl der Durchfahrtsgleise, Umgebungsgleise, Art, Größe und Anzahl der für den Bahnhof zur Verfügung zu stellenden Gebäude, Anzahl und Länge der Bahnsteige, Ausstattung der Bahnsteige (z. B. Wartehallen, Informationstafeln, Personen- und Frachtaufzüge, Rolltreppen, Diensträume für Bahnhofspersonal)

12 Das **Zusammenstellen der die Aufgabe beeinflussenden Planungsrandbedingungen und -absichten** kann mit Blick auf die zuvor vom Auftraggeber durchgeführte Bedarfsplanung sowohl die Erfassung der Planungsabsichten des Auftraggebers als auch der Planungsabsichten Dritter bedeuten, die der Auftraggeber bei seiner Bedarfsplanung festgestellt haben müsste. Das **Zusammenstellen und Werten von Unterlagen** nennt den Arbeitsschritt des Auftragnehmers bei der Ordnung der Unterlagen, die der Auftraggeber als Bearbeitungsunterlagen zur Verfü-

---

[17] OLG Naumburg, BauR 2006, 2083 = NZBau 2006, S. 320

[18] Anlagen E und F der „Richtlinien für die die Durchführung von Bauaufgaben des Bundes im Zuständigkeitsbereich der Finanzbauverwaltungen" – RBBau (19. Austauschlieferung Ausgabe 2009) – Online-Fassung Stand 16.07.2013 unter http://www.bmvbs.de/SharedDocs/DE/Artikel/B/GesetzeUndVerordnungen/richtlinien-fuer-die-durchfuehrung-von-bauaufgaben-des-bundes-rbbau.html?nn=36394

gung gestellt hat. Der Auftragnehmer nimmt mit diesem Leistungsschritt die Ergebnisse der Bedarfsplanung des Auftraggebers zur Kenntnis und stellt sie so zusammen, dass er ihre **Vollständigkeit** vor dem Hintergrund des im Vertrag vereinbarten Leistungsziels und der von ihm geschuldeten Leistungen umfassend prüfen kann. Dass diese Zusammenstellung schriftlich erfolgen muss, versteht sich allein aus der Notwendigkeit, dass beide Parteien ihre Plausibilität feststellen können müssen. In einem nächsten Schritt besteht die Aufgabe des Auftragnehmers darin, die so geordneten Unterlagen auf Vollständigkeit zu untersuchen, gegebenenfalls weiteren Klärungsbedarf zu bestimmen und dessen Leistungsumfang zu ermitteln. Das vorrangige Ziel dieser Tätigkeit ist die Zusammenstellung und das **Erläutern der Planungsdaten** dem Auftraggeber gegenüber, um seine Zustimmung dafür zu erhalten.

Stellt der Auftragnehmer bei Prüfung der Bedarfsplanung des Auftraggebers fest, dass dessen **13** Vorgaben nicht vollständig oder nicht plausibel sind, ist es seine Aufgabe, den Auftraggeber hierüber nicht nur aus Eigeninteresse zu informieren, sondern ihn zu **beraten**, wie die festgestellten **Mängel beseitigt** werden können (LPH 1b). So müsste der Auftraggeber bei sachgerechter Durchführung seiner Bedarfsplanung auch die **Ermittlung des erforderlichen Leistungsumfanges und der für die Bearbeitung notwendigen Vorarbeiten** wie Baugrund- und Bodenuntersuchungen, Vermessungsleistungen oder Bestandsaufnahmen durchgeführt und immissionsschutzrelevante Fragen zumindest grundsätzlich geklärt haben. Zu den werkvertraglich geschuldeten Beratungspflichten des Auftragnehmers gehört es, den Auftraggeber auf ggf. unvollständige Vorarbeiten aufmerksam zu machen und den bestehenden Bedarf an ergänzenden Leistungen und Vorarbeiten dem Auftraggeber benennen.

Zunächst wird er versuchen, durch Befragen des Auftraggebers die Informationslücken zu füllen, und dessen Vorgaben durch die erhaltenen Antworten zu ergänzen. Ergibt sich dabei aber, dass zur Beantwortung der Fragen ergänzende Bedarfsplanungsleistungen erforderlich werden, kann er dem Auftraggeber entsprechende Vorschläge unterbreiten und in vielen Fällen auch anbieten, diese als Besondere Leistungen gegen angemessene Vergütung zu erbringen.

Beabsichtigt der Auftraggeber, mit den Leistungen und Vorarbeiten Dritte zu beauftragen, gehört **14** es nach LPH 1 c) zu den Grundleistungen des Objektplaners, seinem Auftraggeber **Entscheidungshilfen für die Auswahl der** an der Planung und Objektüberwachung **fachlich Beteiligten zu formulieren**. Unter Hilfen sind die aus Sicht des Objektplaners notwendigen Anforderungen an Berufserfahrung, Referenzen und Zuverlässigkeit der fachlich Beteiligten zu verstehen. Damit sind aber nicht die Vorbereitung und **Durchführung eines Verfahrens** zur Vergabe solcher Leistungen gemeint; dieses ist allein Sache des Auftraggebers.

Zum Kennenlernen der Objektanforderungen gehört selbstverständlich die **Ortsbesichtigung** **15** nach LPH 1 d). Diese Tätigkeit ist auch dann unverzichtbar, wenn der Auftraggeber glaubt, die Projektunterlagen vollständig bereitgestellt zu haben: die Bereitstellung der Unterlagen ist ja nichts anderes als die Übergabe der Bedarfsplanungsergebnisse an den Auftragnehmer. Der Objektplaner arbeitet sich damit im Rahmen der Grundlagenermittlung in das Projekt ein und macht sich mit der Aufgabenstellung vertraut.

Die letzte Grundleistung nach LPH 1 e) nennt hier die nach Abschluss jeder Leistungsphase **16** verordneten drei Schritte des Objektplaners zur Dokumentation der Leistungsergebnisse, die er in der jeweiligen Phase erzielte. Das „**Zusammenfassen**" bedeutet die geordnete Zusammenstellung der die Aufgabe bestimmenden Planungsabsichten und -randbedingungen. Diese bestehen mit Blick auf die zuvor vom Auftraggeber durchgeführte Bedarfsplanung sowohl aus den Planungsabsichten des Auftraggebers als auch aus eventuellen Planungsabsichten Dritter, die der Auftraggeber bei seiner Bedarfsplanung festgestellt haben müsste.

Das „**Erklären**" der dem Auftraggeber zu überlassenden **schriftlichen Unterlagen** bedeutet die **17** Pflicht des Auftragnehmers, seinem Auftraggeber die Arbeitsergebnisse nicht nur zu übergeben, sondern zusätzlich zu **erläutern**. Dass diese Zusammenstellung schriftlich erfolgen muss, versteht sich allein aus der Notwendigkeit, dass beide Parteien ihre Plausibilität feststellen können müssen. Ein weiteres wichtiges Ziel dieser Tätigkeit ist die Zusammenstellung und das **Erläutern der Planungsdaten** dem Auftraggeber gegenüber, um seine Zustimmung dafür zu erhalten.

Erst dann, wenn dieser Arbeitsschritt erfolgt ist, geht es bei der „**Dokumentation**" um die verbindliche schriftliche Zusammenstellung aller planungs- und projektrelevanten Unterlagen, die als Bearbeitungsunterlagen zur ergänzenden Vertragsgrundlage werden.

b) Besondere Leistungen

18   Das Ermitteln besonderer **in den Normen nicht festgelegter Einwirkungen** war eine in der der Vorgängerverordnung genannte weitere Besondere Leistung im Rahmen der Grundlagenermittlung, die natürlich auch weiterhin vorkommen kann. Hier sind beispielsweise Forderungen des Denkmalschutzes, des Natur- und Landschaftsschutzes, aber auch Bedingungen zu nennen, die bei der Durchführung von Baumaßnahmen in Wasserschutzgebieten, Mooren oder im Gebirge die Trassierung beeinflussen können.

19   Die Zuordnung der Besonderen Leistungen zu den Leistungsphasen, wie sie in Anlage 13.1 erfolgte, erklärt sich aus ihrer Nähe oder Zugehörigkeit zu dem mit der Summe aus Grundleistungen und Besonderen Leistungen zu erreichenden Leistungsziel. Dennoch ist es möglich, dass solche Leistungen auch in anderen Leistungsphasen durchzuführen sind. So kann beim Bauherrn erst im Rahmen der Vorplanung oder der Entwurfsplanung das Bedürfnis gegeben sein, Objekte zu besichtigen, die dem in Auftrag gegebenen ähnlich sind. Daher kann das **Auswählen und Besichtigen ähnlicher Objekte**, welches als Besondere Leistung der Grundlagenermittlung zugeordnet ist, auch erst zu einem späteren Zeitpunkt stattfinden, weil häufig erst im Verlauf der Planung ein entsprechender Informationsbedarf entsteht.

20   Zu den Besonderen Leistungen zählen grundsätzlich alle Arbeitsschritte, die nicht als Grundleistungen verordnet sind. Dazu zählen auch die Leistungen bei der **Bedarfsplanung**, soweit sie der Auftraggeber nicht selbst durchgeführt hat. Ferner gehören dazu die Bestandsaufnahme, die Standortanalyse und die Prüfung der Umwelterheblichkeit zu nennen. Die **Bestandsaufnahme** kann sowohl die Feststellung des baulichen Zustandes oder die vermessungstechnische Aufnahme und Darstellung in Bildern, Plänen und Berichten als auch die Feststellung von betrieblichen Arbeitsabläufen bedeuten. In Betracht kommt die Beschreibung des vorgefundenen Zustandes in Schrift, Zeichnung, Ton und Bild. Der Bestandsaufnahme kommt naturgemäß besondere Bedeutung bei Umbauten, Erweiterungsmaßnahmen, Modernisierungen etc. zu. Als Beispiel können hier Bestandspläne vorhandener Verkehrsanlagen und Ingenieurbauwerke, aber auch die Erfassung der Schäden der vorhandenen und zu sanierender Verkehrsanlagen genannt werden.

21   Der in Kapitel 6.10 Ziffer 1.10 des HVA F-StB – also schon im Stadium der Grundlagenermittlung – vom Auftragnehmer als vertragliche Leistung geforderte „**Arbeits- und Terminplan unter Berücksichtigung der Fachbeiträge**" ist eine über die verordneten Grundleistungen hinausgehende Leistungspflicht; daher kann es sich hierbei nur um eine **Besondere Leistung** im Sinne des § 3 Abs. 3 handeln, die zusätzlich zu honorieren ist.

22   Bei **Um- und Erweiterungsbaumaßnahmen** von Verkehrsanlagen können noch **weitere Besondere Leistungen** erforderlich werden wie z. B.[19] :

- Ermitteln aller notwendigen substanzbedingten Daten und Vorschriften (z. B. durch Materialuntersuchungen, Immissionsmessungen, örtliche Aufmaße und Detailanalysen)
- Beurteilen der vorhandenen Bauwerkssubstanz auf die Durchführbarkeit der Aufgabe (Durchführbarkeitsstudie)
- Untersuchen und Abwickeln der notwendigen Sicherungsmaßnahmen von Bau- oder Betriebszuständen
- Auswerten und Überprüfen der zur Planung notwendigen Bestandsdaten auf der Grundlage vorhandener Bestandspläne
- örtliches Überprüfen von Planungsdetails an der vor vorgefundenen Bausubstanz und Überarbeiten der Planung bei abweichend von den ursprünglichen Feststellungen
- Auflisten von für die Maßnahmendurchführung erforderlichen zusätzlichen Unterlagen
- Prüfen der Maßnahmen auf notwendige Genehmigungen, Erlaubnisse oder Zustimmungen.

---

[19] AHO-Vorschlag vom 11. 10. 1989 (unveröffentlicht).

Wie noch gezeigt wird, handelt es sich bei den **Besonderen Leistungen beim Planen und Bauen im Bestand** häufig um Leistungen, die anstelle der in den Leistungsbildern genannten Grundleistungen durchgeführt werden müssen. Solche Leistungen nannte § 5 Abs. 4 S. 2 HOAI 1996/2002; in der Kommentarliteratur werden solche Leistungen regelmäßig als „**ersetzende besondere Leistungen**" bezeichnet. An diesem Beispiel wird deutlich, wie wichtig in Ingenieurverträgen die schon erwähnte objektspezifische „Übersetzung" der bewerteten Leistungen in die vom Auftragnehmer zu erbringenden Leistungen ist.

3. Vorplanung

a) Grundleistungen

Mit der Vorplanung werden die wesentlichen Teile einer Lösung der Planungsaufgabe erarbeitet. Die **Vorplanung** ist die unverzichtbare **Vorstufe der Entwurfsplanung**. Sie muss in einem „Vorentwurf" schriftlich dokumentiert werden; nur auf diese Weise können die Leistungen des Auftragnehmers für den Auftraggeber nachvollziehbar erklärt werden; nur dann sind sie im Streitfall auch nachweisbar. Schließlich verdeutlicht auch die Forderung nach Dokumentation (LPH 2i) die Schriftlichkeit des Nachweises. Der Auftraggeber muss über das Ergebnis der Vorplanung bzw. über die Grundlagen der Entwurfsplanung nicht nur informiert werden, sondern er muss diesen Daten auch zustimmen. Nur so ist gewährleistet, dass der Auftraggeber den Nachweis dafür in Händen hat, dass die sich anschließenden Planungsschritte das vertraglich vereinbarte Ziel zu erreichen erlauben. Damit wird auch der Anspruch des Auftragnehmers auf die **volle Vergütung** der Leistungsphase begründet. Dies gilt erst recht, **wenn einzelne** der in Anlage 13.1 genannten **Tätigkeiten nicht erforderlich** wären.

23

Die Grundleistungen beginnen mit der **Analyse der Grundlagen** LPH 2 a), also der Unterlagen, welche der Auftragnehmer im Rahmen der Grundlagenermittlung vom Auftraggeber erhielt, anschließend zusammenstellte und wertete. Hierzu sind insbesondere die bei der Bedarfsplanung vom Auftraggeber entwickelten und seinerseits mit Aufsichtsbehörden oder Dritten vorabgestimmten **Ziele** zu untersuchen. Dazu gehört deren **Überprüfung auf Einhaltung der Randbedingungen**, die beispielsweise durch Raumordnung, Landesplanung, Bauleitplanung, Rahmenplanung sowie örtliche und überörtliche Fachplanungen vorgegeben sind. Wasserwirtschaftliche Rahmenpläne, Landschaftspläne, Planungen anderer Maßnahmenträger (z. B. Straßenbauverwaltungen, Stadtwerke und andere Ver- und Entsorgungsträger) oder Wasserschutzgebiete können weitere Randbedingungen vorgeben. Soweit das Vorhaben eine **raumbedeutsame Maßnahme** darstellt, was z. B. bei **außerörtlichen Verkehrsanlagen** der Regelfall sein dürfte, sind diese Abstimmungen von besonderer Bedeutung. Daher ist es erforderlich, dass sich der Objektplaner bereits während der Vorplanung mit den Stellen in Verbindung setzt, von denen eine Einwirkung auf die Planung angenommen werden kann oder deren Planungen die Arbeit des Objektplaners beeinflussen könnten. Die Tätigkeit entspricht dem in LPH 2 c) genannten **Abstimmen der Zielvorstellungen** auf die öffentlich-rechtlichen Randbedingungen sowie auf Planungen Dritter. Die Ergebnisse der Planungsabstimmung muss der Objektplaner in Abstimmung und im Benehmen mit seinem Auftraggeber angemessen berücksichtigen.

24

Das **Untersuchen von Lösungsmöglichkeiten** mit ihren Einflüssen auf bauliche und konstruktive Gestaltung, Zweckmäßigkeit und Wirtschaftlichkeit unter Beachtung der Umweltverträglichkeit nach LPH 2 d) ist mit der weiteren Leistung, dem **Erarbeiten eines Planungskonzeptes** einschließlich Untersuchung von **3 Varianten** nach LPH 2 e) untrennbar verbunden. Diese Tätigkeit darf nicht mit der Untersuchung von **Alternativen**, also **grundsätzlich anderer Lösungen** zum Erreichen des gleichen Ziels (s. Rdn. 42) verwechselt werden.

25

　　Gleiche Anforderungen für die Varianten sind **technische und wirtschaftliche Varianten**, also abweichende Lösungen ohne Veränderung der technischen Rahmenbedingungen. Als Beispiel kann das Finden einer Trasse für die Straßenverkehrs- oder Gleisanlage von A nach B bei gleichen Planungsvorgaben wie z. B. anzuschließende Unterwegsstationen, Straßenbreite, Gleisanzahl usw. genannt werden. Der Arbeitsschritt bedeutet angesichts des in diesem Planungsstadium erreichbaren Genauigkeitsgrades eine **Beurteilung der Vorteilhaftigkeit anhand von**

Erfahrungen und Erfahrungswerten, keinesfalls aber detaillierte Wirtschaftlichkeitsanalysen der technisch und wirtschaftlich brauchbar scheinenden **Lösungen der Planungsaufgabe**. Die infrage kommenden Lösungsmöglichkeiten sollten idealerweise nach Art und Zahl mit dem Auftraggeber abgestimmt und schriftlich vereinbart werden. So ist im HVA F-StB unter Ziffer 3.2 Teil 5 der TVB Straßen 2010 festgelegt, dass *„neben der Nullvariante (Baulicher Ist-Zustand) die Bearbeitung von bis zu drei Varianten zuzüglich der sich aus der Bearbeitung eventuell ergebenden Untervarianten, die in Teilbereichen geringfügig von der Hauptvariante abweichen"* sei. Die Forderung entspricht der verordneten Grundleistung. Eine vergleichbare vertragliche Vereinbarung ist bei anderen als staatlichen Auftraggebern anzuraten, weil nicht die HOAI Maßstab dieses Arbeitsschritts sein kann, also die stets gestellte Frage nicht beantworten kann, wie viel Lösungsmöglichkeiten (Varianten) zu untersuchen sind. Die für den Abwägungsprozess infrage kommenden Aspekte und Wertungskriterien sollten bei korrekter Durchführung der Grundlagenermittlung mit dem Auftraggeber definiert und ebenfalls schriftlich vereinbart worden sein. Für den Abstimmungsprozess muss der Objektplaner alle erforderlichen Entscheidungshilfen so aufbereiten, dass auch der wenig sachkundige Auftraggeber versteht, worüber zu entscheiden ist.

26 Die Verwendung von Erfahrungswerten kann nur bei monetär zu beurteilenden Aspekten Verwendung finden. Hierzu zählen z. B. Investitionskosten, Personalkosten oder Betriebskosten. Bei diesen Untersuchungen sind die heute bestehenden Möglichkeiten und inzwischen bewährten Methoden der dynamischen **Kostenvergleichsrechnung**[20] zu nutzen. Diese Leistung darf allerdings nicht mit der Besonderen Leistung der Kosten-Nutzen-Untersuchungen (s. Rdn. 45) verwechselt werden, die einen ungleich höheren Aufwand erfordert. Die anderen in der HOAI genannten Einflüsse (Gestaltung, Zweckmäßigkeit, Umweltverträglichkeit) oder auch Wartungsfreundlichkeit und Grundstücksbedarf können nur qualitativ – z. B. mit einer Punktbewertung – untereinander abgewogen werden. Selbstverständlich ist neben den **qualitativen Gesichtspunkten** auch die **Priorität der Aspekte** von Bedeutung; daher muss zur Beurteilung der Aspekte auch dieser Gesichtspunkt **mit dem Auftraggeber abgestimmt** werden.

27 Das **Erarbeiten eines Planungskonzeptes** mit zeichnerischer Darstellung und Bewertung stellt die **skizzenhafte Lösung derjenigen Planungsaufgabe** dar, **die sich** aufgrund der qualitativen Untersuchung alternativer Möglichkeiten **als die geeignetste** erwiesen hat. Dabei müssen auch die Beiträge anderer an der Planung **fachlich Beteiligter** eingearbeitet werden. Darunter sind hier diejenigen zu verstehen, welche im Auftrag des Auftraggebers Fachplanungs- und Fachberatungsleistungen in derselben Leistungsphase erbringen (z. B. Tragwerksplanung oder Fachplanung der technischen Ausrüstung). Die Formulierung belegt wie die vergleichbaren Formulierungen in den nachfolgenden Leistungsphasen, dass der Objektplaner seine Leistungen mit den Leistungen der anderen fachlich Beteiligten aufs Engste abstimmen muss. Er ist daher notwendigerweise auch für die **fachliche und zeitliche Koordination aller** Leistungen der **Auftragnehmer seines Auftraggebers** verantwortlich, welche diese für das ihm übertragene Projekt erbringen müssen.

28 Welche Maßstäbe für die zeichnerische Darstellung der Objekte üblich oder notwendig sind, ist weder in Normen noch in Richtlinien festgelegt. Eine Ausnahme machen die Technischen Vertragsbedingungen für Planungs- und Entwurfsleistungen für Straßenverkehrsanlagen (TVB-Straßen 2010)[21] in Teil 5 des HVA F-StB. Danach sind *„die Ergebnisse der Vorplanung ... in Lage und Höhe darzustellen. Um den „Hinweise(n) zu § 16 FStrG*[22] *und den Erfordernissen der Umweltverträglichkeitsprüfung zu entsprechen, ist i. d. R. bei den Maßstäben 1:5000 und 1:2500 die Darstellung der Achsen, Fahrbahnränder und Böschungskanten erforderlich. Um den städtebaulichen Belangen in geschlossenen Ortslagen zu entsprechen, ist in der Regel die Nutzung der Bebauung anzugeben"*. Um Missverständnissen vorzubeugen, sollten die Maßstäbe in dem für das Objekt abzuschließenden Werkvertrag vereinbart werden. Wegen der Vielzahl der in der

---

[20] Siehe z. B. KVR-Leitlinien zur Durchführung dynamischer Kostenvergleichsrechnungen, 7. Auflage 2005, Veröffentlichung der LAWA im Kulturbuch-Verlag GmbH, Berlin
[21] Ausgabe 2006, Fassung 2009 im HVA F-StB (s. Rdn. 12)
[22] Bundesfernstraßengesetz in der Fassung der Bekanntmachung vom 28. Juni 2007 (BGBl. I S. 1206), zuletzt geändert durch Artikel 6 des Gesetzes vom 31. Juli 2009 (BGBl. I S. 2585)

Objektliste erfassten Verkehrsanlagen sind auch einheitliche Empfehlungen oder die Angabe „üblicher" **Maßstäbe** nicht möglich. Sie sollten so gewählt werden, dass sich Auftraggeber und Öffentlichkeit zuverlässig über die geplante Verkehrsanlage, ihre Abmessungen und über ihren Platzbedarf informieren können und eine plausible Kostenschätzung möglich ist.

Die Leistungen des Objektplaners umfassen bei allen Verkehrsanlagen auch deren **überschlägige fachspezifische Berechnung und Bemessung.** Hierfür wertet der Objektplaner die ihm bei der Grundlagenermittlung zur Verfügung gestellten derzeitigen und künftigen **Strukturdaten** aus, beurteilt an Hand dieser Unterlagen die derzeitige und zukünftige Verkehrssituation und schätzt die zukünftige **Verkehrsbelastung** ab. Im Verlaufe der Trasse vorkommende Knotenpunkte sind konzeptionell zu entwerfen. Sie sind lage- und höhenmäßig so weit zu untersuchen, dass beurteilt werden kann, ob die Lösung verkehrlich angemessen und umweltgerecht ist. | **29**

Zur Planung einer Verkehrsanlage gehören als Grundleistungen auch lärmtechnische Voruntersuchungen. Dabei sollten die zu erwartenden **Schallimmissionen an kritischen Stellen nach Tabellenwerten** untersucht und ggf. erforderliche **Schallschutzmaßnahmen** vorgeschlagen werden. Ausgenommen sind detaillierte **schalltechnische Untersuchungen**, bei denen Schallausbreitung und -pegel normalerweise vor Beginn der Verkehrsanlagenplanung **im Rahmen der Bedarfsplanung** des Auftraggebers durchgeführt werden sollten.

Das **Klären und Erläutern der wesentlichen fachspezifischen Zusammenhänge, Vorgänge und Bedingungen** (LPH 2 f)) umfasst die verbindliche Abstimmung der Planungsdaten, ihre Prüfung auf Übereinstimmung mit den Vertragszielen und den Vorstellungen des Auftraggebers, die Berücksichtigung der oben genannten Einflüsse aus Raumordnung, Landesplanung, Bauleitplanung Rahmenplanung sowie aus örtlichen und überörtlichen Fachplanungen auf das zu bearbeitende Objekt und die Erläuterung dem Auftraggeber gegenüber. Nach Abschluss dieses zweckmäßigerweise schriftlich dokumentierten Arbeitsschritts sollten die Grundlagen für die ggf. erforderlichen Vorverhandlungen mit Behörden und fachlich Beteiligten Dritten geschaffen sein. | **30**

Das **Vorabstimmen** der Planungsergebnisse mit Behörden und mit anderen an der Planung fachlich Beteiligten **über die Genehmigungsfähigkeit** nach LPH 2 g) ist erforderlich, soweit die Planung überhaupt genehmigungsbedürftig ist. Damit wird die Planung frühzeitig auf die öffentlichen Interessen und bestehenden Rechte und Planungen abgestimmt. Im Regelfall hat der Auftraggeber den Genehmigungsbedarf und die grundsätzliche Genehmigungsfähigkeit seines Bauvorhabens im Rahmen seiner Bedarfsplanung geklärt. Die in der Vorplanungsphase erforderliche Vorabstimmung über die Genehmigungsfähigkeit dient daher lediglich der Präzisierung der zuvor schon vom Auftraggeber geklärten Rahmenbedingungen. | **31**

In welchem Umfang aber und wozu die **Verhandlungen mit fachlich Beteiligten** – also mit Fachplanern und Fachberatern des Auftraggebers – über die Genehmigungsfähigkeit eines Bauvorhabens notwendig sind, erschließt sich dem Verfasser nicht. Fachlich Beteiligte können keine Verhandlungspartner über Fragen der Genehmigungsfähigkeit sein. Dies wäre nur dann der Fall, wenn Träger öffentlicher Belange gleichzeitig Planungsleistungen für eigene Projekte erbringen würden; in diesem Fall zählten sie zu den fachlich Beteiligten. Diese Formulierung ist entweder ein redaktionelles Versehen oder der Verordnungsgeber zählt dazu auch Unternehmen und Einrichtungen wie die DB AG, Wasser- und Abwasserverbände, Landschaftsverbände, Flurbereinigungsämter, Straßenbauämter oder Landesplanungsbehörden, aber auch Stadtwerke, andere Energieversorgungsunternehmen und andere überregional tätige Organisationen, deren Belange durch das geplante Bauvorhaben berührt werden könnten. Deren Erkundung ist vorrangig Aufgabe des Bauherrn; Auftragnehmer sind dazu verpflichtet, dabei mitzuwirken.

Dasselbe gilt für **Verhandlungen über die Bezuschussung** durch Dritte und **über die Kostenbeteiligung** Dritter. Das Mitwirken des Auftragnehmers bedeutet, dass er dem Bauherrn die zur Beurteilung der Förderfähigkeit des geplanten Vorhabens notwendigen Informationen liefert und ihn beim Stellen der Fördermittelanträge berät. Die Verhandlungen sind **Sache des Bauherrn**, der die Zuschüsse oder Kostenbeteiligungen von Behörden oder von Dritten erhält. | **32**

33 Das **Mitwirken beim Erläutern des Planungskonzeptes** gegenüber Dritten, i. d. R. Bürgern und politischen Gremien, nach LPH 2h)) findet dadurch statt, dass der Auftragnehmer eines öffentlichen Auftraggebers an Bürgerversammlungen, Ausschusssitzungen, Fraktionssitzungen oder Gemeinderatssitzungen mit Zustimmung oder auf Anforderung des Auftraggebers mitwirkt. Diese im Regelfall nur bei Bauvorhaben öffentlicher Auftraggeber notwendige Grundleistung kann **je nach Objekt einen so erheblichen Umfang** einnehmen, dass der Verordnungsgeber für Verkehrsanlagen in Anlage 13.1 die Teilnahme auf bis zu **zwei Erläuterungs- oder Erörterungsterminen** als Grundleistung begrenzt hat.

34 Das **Überarbeiten des Planungskonzeptes** nach Bedenken und Anregungen (LPH 2i) von Behörden, von politischen Gremien oder Bürgern ist Aufgabe des Objektplaners im Rahmen der Vorplanung, **sofern sich die ursprünglichen Anforderungen nicht verändert haben.** Werden jedoch die im Rahmen der Grundlagenermittlung und der Vorplanung mit dem Auftraggeber einvernehmlich erarbeiteten **Anforderungen** durch die Anhörungen **geändert**, können zusätzliche Vorplanungsleistungen erforderlich werden, die als **wiederholte Leistungen** gesondert zu vergüten sind. Um streitige Auseinandersetzungen mit dem Auftraggeber darüber zu vermeiden, sollten Durchführung und Vergütung dieser Leistungen so früh wie möglich schriftlich vereinbart werden. Unabhängig davon hat aber der Objektplaner wegen des werkvertraglichen Charakters seiner Leistungen einen **Anspruch auf ihre Vergütung**.

35 Das **Bereitstellen von Unterlagen** als Auszüge aus dem Vorentwurf zur Verwendung für **ein Raumordnungsverfahren** ist selbst bei neu zu errichtenden Verkehrsanlagen ein ausgesprochen seltener Arbeitsschritt (LPH 2j). Die vom Verordnungsgeber verwendete Formulierung deutet außerdem darauf hin, dass mit dem „Bereitstellen von Unterlagen" lediglich das Kopieren von Unterlagen und deren geordnete Zusammenstellung gemeint sein können. Aus der Stellung dieses Arbeitsschritts im Verordnungstext ist der Schluss zu ziehen, dass er nur dann als Vergütungstatbestand bei der Vorplanung angesehen wird, wenn das Bereitstellen der Unterlagen im Zusammenhang mit einem für das geplante Vorhaben ohnehin durchzuführenden Genehmigungsverfahrens erfolgen muss oder es der Zufall will, dass das Raumordnungsverfahren und die Vorplanung für das Objekt gleichzeitig durchgeführt werden.

36 Die im Rahmen der Vorplanung auszuarbeitende **Kostenschätzung** (LPH 2k)) ist gemäß § 2 Abs. 10 die überschlägige Ermittlung der Kosten auf der Grundlage der Vorplanung. Sie ist die vorläufige Grundlage für Finanzierungsüberlegungen. Vergleicht man die dort genannten Grundlagen der Kostenschätzung mit den in DIN 276-1:2008-12 i. V. m. DIN 276-4:2009-8 unter 3.4.2 genannten Informationen, ist deren sehr weitgehende Übereinstimmung, ja Identität festzustellen:

Grundlagen nach HOAI 2013	Grundlagen nach DIN 276-4:2009-8
Vorplanungsergebnisse	Ergebnisse der Vorplanung, insbesondere Planungsunterlagen, zeichnerische Darstellungen
Mengenschätzungen	Berechnung der Mengen von Bezugseinheiten der Kostengruppen, nach DIN 277
Erläuternder Angaben zu den planerischen Zusammenhängen, Vorgängen sowie Bedingungen	Erläuternder Angaben zu den planerischen Zusammenhängen, Vorgängen und Bedingungen
Angaben zum Baugrundstück und zu dessen Erschließung	Angaben zum Baugrundstück und zur Erschließung

37 Der Hinweis auf die DIN 277 meint vorrangig deren Teil 3, der die Mengen und Bezugseinheiten von Grundflächen und Rauminhalten von **Bauwerken im Hochbau** definiert. Auf Verkehrsanlagen übertragen, bedeutet dieser Hinweis, dass für deren Kostenschätzung vergleichbare Bezugseinheiten als ausreichend angesehen werden. Solche sind beispielsweise **Längen** in km Strecke oder **Straßen- und Gehwegflächenflächen** in m². Um die in den folgenden Leistungsphasen notwendigen Kostenkontrollen nachvollziehbar zu gestalten, sollte – beginnend mit der Kostenschätzung – eine **einheitliche Kostenstruktur und -hierarchie** angewandt werden. Diese

Forderung ergibt sich aus Ziffer 3. der DIN 276-4:2009-08 i. V. m. DIN 276-1:2008-12. Danach dient diese Norm der Kostenplanung; sie legt Unterscheidungsmerkmale von Kosten fest und schafft damit die Voraussetzung für die Vergleichbarkeit der Ergebnisse von Kostenermittlungen. Das Ziel der Kostenplanung ist es, ein Bauprojekt wirtschaftlich, kostentransparent und kostensicher zu realisieren. Nur eine solche Planung erlaubt es, die Kostenentwicklung im Sinne eines **Projektkosten-Controllings** (vorausschauende Kostenplanung und -kontrolle) plausibel zu planen und durch konsequente Soll-Ist-Vergleiche zu beherrschen.

Ziffer 3.5.2 der DIN 276 definiert den Grundsatz der Norm und damit die Grundsätze der Kostenkontrollen im Rahmen der Vorplanung sowie der folgenden Leistungsphasen wie folgt: *„Bei der Kostenkontrolle und Kostensteuerung sind die Planungs- und Ausführungsmaßnahmen eines Bauprojekts hinsichtlich ihrer resultierenden Kosten kontinuierlich zu bewerten. Wenn bei der Kostenkontrolle Abweichungen festgestellt werden, insbesondere beim Eintreten von Risiken, sind diese zu benennen. Es ist dann zu entscheiden, ob die Planung unverändert fortgesetzt wird, oder ob zielgerichtete Maßnahmen der Kostensteuerung ergriffen werden."* Nach 3.5.3 sind die Ergebnisse der Kostenkontrolle sowie die vorgeschlagenen und durchgeführten Maßnahmen der Kostensteuerung zu dokumentieren. Als ersten Schritt einer derart konsequenten Kostenplanung und -verfolgung ist auch der in LPH 2 k) erwähnte **Vergleich** der Ergebnisse der Kostenschätzung **mit den** in der Bedarfsplanung vorgegebenen **finanziellen Rahmenbedingungen** anzusehen.

Die Kostenschätzung ist die gröbste und daher ungenaueste Ermittlung der Baukosten. Sie enthält demzufolge regelmäßig auch eine Kostengröße für **sonstige, nicht im Einzelnen erfassbare** oder **durch einzelne Erfahrungswerte belegbare Arbeiten bzw. Leistungen**. Diese oft falsch „Kosten für Unvorhergesehenes" genannten „Sonstigen Kosten" oder „Kosten für sonstige Leistungen" sind natürlich ebenfalls Bestandteil der anrechenbaren Kosten. Sie sind im Unterschied zu den unvorhersehbaren Aufwendungen Kosten, die bei Durchführung der Baumaßnahme regelmäßig entstehen, ihres vergleichsweise geringen Umfangs wegen aber **im Rahmen der Vorplanung nicht im Einzelnen ermittelt** werden können. Hierzu rechnen beispielsweise alle Kosten, die auf Nachweis zu erbringen sind wie z. B. für Baggerstunden oder für die Reinigung der Baustelle nach Abschluss der Bauarbeiten. Auch die Kosten für die Baustelleneinrichtung oder die Kosten für voraussichtliche Wasserhaltungsarbeiten, die im Vorplanungsstadium noch nicht näher festgelegt werden können, sind hier zu nennen. Sie sind Teil der Baukosten, also Bestandteil des Planungsergebnisses und damit Grundlage für Finanzierungsüberlegungen des Auftraggebers und Teil der Kostenschätzung. In der vom BMVBS veröffentlichten **AKS 85**[23] ist für solche Leistungen der Ansatz einer Pauschale von **jeweils 5 v. H.** der sonstigen Baukosten **für** „**Kleinleistungen**" und **für die Baustelleneinrichtung** vorgeschlagen; diese Prozentsätze sind bei der Kostenermittlung bei Straßenbaumaßnahme verbindlich. **38**

Unvorhergesehene oder unvorhersehbare Kosten können allein schon begrifflich **nicht zu** den in der Kostenschätzung (und in der Kostenberechnung) zu ermittelnden **anrechenbaren Kosten** gehören, da sie eben nicht vorhersehbar sind. Damit gemeint sind z. B. zusätzliche Kosten von Hochwasserschäden oder infolge winter- bzw. wetterbedingter Unterbrechungen der Baumaßnahme. Es muss sich also um Kosten zusätzlicher Baumaßnahmen infolge von Ereignissen handeln, die vom Auftragnehmer nicht verursacht wurden oder nicht zu beeinflussen waren. Angemessene Honorare für ggf. hieraus erwachsende Mehrleistungen des Auftragnehmers müssen ereignisspezifisch ermittelt und auf angemessene Weise als Besondere Leistungen vereinbart und vergütet werden. **39**

§ 2 Abs. 10 fordert für den Fall, dass die **Kostenschätzung** nach DIN 276-1:2008-12 erstellt würde, die Gesamtkosten nach Kostengruppen mindestens bis zur 1. Ebene der Kostengliederung nach DIN 276 zu ermitteln. Dies bedeutet, dass es theoretisch ausreichen würde, die Kosten für die Kostengruppen 100 bis 700 lediglich global anzugeben. Straßenbaubehörden und Landesbetriebe fordern, die Kostenschätzung bei Straßenbaumaßnahmen nach AKS durchzuführen. Für den Bereich der Bundesfernstraßen wird dafür die Kostenermittlung auf der Grundlage der **40**

---

[23] Anweisung zur Kostenberechnung für Straßenbaumaßnahmen, Ausgabe 1985 (AKS 85), BMV – ARS Nr. 24/1984 vom 12. Dezember 1984 – 24/38.45.00/24023 Va 84 (VkBl 1985 S. 92) i. V. m. dem BMV – ARS Nr. 13/1990 vom 1. August 1990 StB. 24/38.4700/31 Va 90

Hauptpositionen als ausreichend angesehen, also die Angabe der Kosten der Globalpositionen des Kostenberechnungskatalogs (KBK) der AKS nach Anlage 1 des BMVBS ARS 13/90.

Dem widerspricht aber die Forderung der Norm, Mengen von Bezugseinheiten nach DIN 277 als Kostengrundlage zu berechnen. Diese Norm dient zur Ermittlung von Grundflächen und Rauminhalten von Bauwerken oder Teilen von Bauwerken im Hochbau. Diese dienen sowohl der Ermittlung der Herstellungskosten von Gebäuden als auch der Ermittlung von Miet- und Kaufpreisen. Übertragen auf Verkehrsanlagen, muss die Kostenschätzung unter Einsatz von Erfahrungswerten für die spezifischen Kosten von Straßen- oder Gleislängen, Straßenflächen, Bahnhofsgrößen oder anderen Kostenkennwerten in €/m, €/m^2 oder €/m^3 erfolgen. Das hat im Regelfall zur Folge, dass die Kosten bis zur 2. Ebene der Kostengliederung dargestellt werden. Das bedeutet beispielsweise, dass die Kosten der Baukonstruktion nach DIN 276-4:2009-8 der KG 300 nach Einheitspreisen der darunter folgenden Ebene für die Kostengruppen

- 310 Erdbaumaßnahmen
- 320 Gründung
- 330 Vertikale Bauteile
- 340 Horizontale Bauteile
- 350 Räumliche Bauteile
- 360 Linienbauteile
- 370 Baukonstruktive Einbauten
- 390 Sonstige Maßnahmen für Baukonstruktionen

zu ermitteln sind. Dies entspricht auch den Anforderungen des HVA F-StB nach Ziffer 2.5 der unter 6.10 veröffentlichten Mustertexte für Planungs- und Entwurfsleistungen für Straßenverkehrsanlagen.

41 Die **Zusammenstellung aller Vorplanungsergebnis** entspricht dem **Vorentwurf (LPH 2 j))**. Über Art und Weise der Zusammenstellung ist nichts gesagt; dies ist auch nicht die Aufgabe einer Vorschrift über Leistungsentgelte. Die drei Elemente des Vorentwurfs sind mit den Begriffen **Zusammenfassen, Erläutern und Dokumentieren der Ergebnisse** genannt; im Übrigen gilt dasselbe wie zur Grundlagenermittlung ausgeführt (s. Rdn. 16 ff.). Das „Ob" ist somit geregelt; das „Wie" müsste in einem vorhabensspezifischen Ingenieurvertrag definiert werden. Die Anforderungen an Umfang, Ausführlichkeit und Nachvollziehbarkeit der Darstellung ergeben sich zum Einen aus dem Informationsbedürfnis des Auftraggebers, zum Andern aus dem geplanten weiteren Ablauf des Projekts. Schließt sich beispielsweise die Entwurfsbearbeitung durch den weiterhin beauftragten Objektplaner unmittelbar an, wird sich der Dokumentationsaufwand auf die Begründung der Entwurfsgrundlagen konzentrieren können. Soll jedoch mit dem Vorentwurf die Basis für einen später ggf. auch von einem anderen Objektplaner zu bearbeitenden Entwurf sein, dürfte der Umfang der Dokumentation größer sein. Schließlich orientiert sich der Umfang auch an dem Anspruch der Vertragsparteien auf einen in sich geschlossenen, vollständigen und auch für Dritte nachvollziehbaren Nachweis der vom Auftragnehmer durchgeführten Planungsschritte und -entscheidungen. Je nach Objektumfang kann diese Zusammenstellung aus einem mündlichen Bericht mit anschließendem Besprechungsprotokoll bestehen oder bis zu einer ausführlichen schriftlichen Dokumentation mit Erläuterungsbericht, Kostenschätzung und Plänen reichen.

b) Besondere Leistungen

42 Aus der Analyse der Leistungen ergibt sich, dass das **Untersuchen von Lösungsmöglichkeiten für dasselbe Objekt nach grundsätzlich verschiedenen Anforderungen** eine Leistung ist, die den Gegensatz zur Grundleistung LPH 2 e)) bildet. Sie liegt dann vor, wenn der Auftraggeber Lösungsmöglichkeiten mit alternativen Zielvorstellungen untersucht haben will oder entsprechenden Vorschlägen des Objektplaners schriftlich zugestimmt hat. Grundsätzlich verschiedene Anforderungen sind beispielsweise:

- Bau eines Wirtschaftsweges oder einer Materialseilbahn
- Vorplanung einer Straße von A nach B auf zwei unterschiedlichen Trassen

Auch das Untersuchen alternativer Lösungsmöglichkeiten mit verschiedenen Bautechniken kann mehrere Vor- oder Entwurfsplanungen zur Folge haben. Dies trifft insbesondere dann zu, wenn der Lösungsvorschlag aufgrund von Kostenvergleichsrechnungen[24] abgesichert werden soll. Die skizzierten Beispiele betreffen Untersuchungen, die häufig vor der konkreten Projektbearbeitung durchgeführt werden müssen. Sie dienen der Entscheidungsfindung bei der Bedarfsplanung und zählen im Normalfall nicht zu den Leistungen, die bei der Objektplanung anfallen.

Das **Erstellen von Leitungsbestandsplänen** ist im Rahmen der Vorplanung eine eher seltene **43** Leistung. Normalerweise findet diese Tätigkeit nach Fertigstellung einer Baumaßnahme statt; dann handelt es sich im Regelfall um eine vermessungstechnische Leistung, da die Lage und der Verlauf der Leitungen in Wegen, Straßen oder unter Plätzen stets mit allen Geodaten aufgenommen werden muss. Nur dann, wenn solche Unterlagen nicht zur Verfügung stehen, wird eine derartige Bestandsaufnahme zur **Planungsvorbereitung** eines Ingenieurbauwerks stattfinden müssen. Allerdings findet diese Tätigkeit zweckmäßigerweise schon im Rahmen der Bedarfsplanung statt und nicht erst dann, wenn die Planung in Auftrag gegeben wird; liefern doch häufig erst die Ergebnisse solcher Aufnahmen die Informationen über den Umfang der voraussichtlich notwendigen Objektplanungsleistungen.

Die den Besonderen Leistungen zugeordneten vertieften **Untersuchungen zum Nachweis von** **44** **Nachhaltigkeitsaspekten** dürften dazu dienen, z. B. die Auswirkungen einer Verkehrsanlage auf ihr Umfeld unter Beachtung der Gesichtspunkte Bewahrung seiner wesentlichen Eigenschaften, seiner Stabilität und seiner natürlichen Regenerationsfähigkeit zu prüfen[25]. Diese Tätigkeit ist bei Standortuntersuchungen unter ökologischen Gesichtspunkten unverzichtbar. Sie kann sich aber auch allein darauf richten, die Beschaffenheitsanforderungen an bestimmte Materialien oder Ausstattungen einer Verkehrsanlage hinsichtlich ihrer nachhaltigen Nutzung zu definieren. Letztlich handelt es sich dabei um die Ermittlung des qualitativen Nutzens bestimmter Bau- und Betriebsmaßnahmen unter zeitlichen und ggf. monetären Gesichtspunkten.

Kosten-Nutzen-Untersuchungen[26] kommen dann infrage, wenn im Rahmen einer Objektpla- **45** nung die Folgekosten verschiedener technischer Lösungen eines Bauvorhabens (Summe der Betriebs- und Kapitaldienstkosten) und der mit den verschiedenen Lösungen des Bauvorhabens erreichbare monetär bewertbare Nutzen miteinander verglichen werden sollen. Untersuchungen dieser Art können beispielsweise die Frage beantworten, ob der stufenweiser Ausbau einer Verkehrsanlage oder ihr sofortiger Vollausbau die bessere Lösung ist. Im Übrigen finden solche Untersuchungen zweckmäßiger im Rahmen der Bedarfsplanung statt; sie können daher keine Besonderen Leistungen im Sinne des § 3 Abs. 3 sein.

Wirtschaftlichkeitsprüfungen werden beispielsweise für alternative Lösungsmöglichkeiten er- **46** bracht, welche die technischen oder ökologischen Anforderungen an die Lösung einer bestimmten Planungsaufgabe erfüllen. Sie werden für die Auswahl von Materialien ebenso verwendet wie für den Vergleich unterschiedlicher technischer Lösungen für eine Bauaufgabe. Solche Untersuchungen zählen immer dann zu den Besonderen Leistungen, wenn eine weitergehende, über die bei der Vorplanung geschuldete Untersuchung von Lösungsmöglichkeiten unter Beachtung der Wirtschaftlichkeit (s. Rdn. 25) mit Berechnung der wesentlichen Bau- und Betriebskosten durchgeführt wird.

Das **Beschaffen von Auszügen aus Grundbuch, Kataster** und anderen amtlichen Unterlagen **47** ist **grundsätzlich Aufgabe des Grundstücksbesitzers**, also des Auftraggebers. Überträgt der Auftraggeber diese Aufgabe dem **Objektplaner**, ist deren Erledigung eine **Besondere Leistung**. Beim geplanten Ausbau von Verkehrsanlagen wird insbesondere außerhalb bebauter Ortsbereiche häufig eine **Vielzahl einzelner Grundstücke benötigt**. Deren Eigentümer müssen der Baumaßnahme zustimmen. Die Zustimmung ist in der Regel vom Auftraggeber schon vor, spätestens

---

[24] Z. B. nach den Leitlinien zur Durchführung von Kostenvergleichsrechnungen (KVR-Leitlinien), herausgegeben 2005 von der Länderarbeitsgemeinschaft Wasser, zu erhalten bei Kulturbuchverlag Berlin GmbH, Sprosserweg 3, 12351 Berlin
[25] Siehe WIKIPEDIA zur Definition des Begriffs Nachhaltigkeit
[26] Siehe Fn 20

während der Entwurfsplanung einzuholen, damit sie auch als ausführbare Planung dem Genehmigungsverfahren zugrunde gelegt wird. Während die für die Verhandlungen notwendigen **Grundstücks- und Eigentümerverzeichnisse** vom Auftragnehmer im Rahmen seiner üblichen vertraglichen Leistungen auszuarbeiten sind, ist die vom Auftraggeber häufig gewünschte **Unterstützung bei den Grundstücksverhandlungen** eine Besondere Leistung des Objektplaners.

48 Bei **Um- und Erweiterungsbaumaßnahmen** vorhandener Verkehrsanlagen können insbesondere im innerörtlichen Bereich weitere Besondere Leistungen teilweise oder insgesamt erforderlich werden. Außerdem können hier noch sinnvoll sein:

– das Entwickeln von Lösungskonzepten zur Einbeziehung wiederverwendbarer Teile vorhandener Anlagen,
– das Untersuchen und Abwickeln der notwendigen Sicherungsmaßnahmen von Bau- und Betriebszuständen,
– die Untersuchung geeigneter Umleitungsstrecken.

Dabei kommt auch der **Planung der Verkehrsführung während der Bauzeit** eine immer größere Bedeutung zu. Ggf. erforderliche provisorische Fahrbahnen und die Verkehrsführung während der Bauzeit (Schilder, Markierung (gelb), temporäre Schutzeinrichtungen, etc) und zwar für jede einzelne Bauphase (Unterphase, Teilbauphase) müssen so geplant werden, dass der Verkehrsfluss auch während der Bauzeit stets – wenn auch eingeschränkt – gewährleistet ist. Daraus ergeben sich verkehrstechnische Anforderungen an die provisorischen Verkehrsanlagen, die den Anforderungen an ihren endgültigen Ausbau nahekommen, zumindest aber mit ihnen vergleichbar sind. Die Auftraggeber verlangen in solchen Fällen die konzeptionelle Planung sämtlicher einzelner Bauphasen und deren planerische Ausarbeitung in Lageplänen (M 1 : 1000 (500, 250)), Längs- und Querschnitten über den gesamten Ausbaubereich. Je nach Schwierigkeit der Aufgabenstellung können mehrere Bauphasen mit zahlreichen Plänen erforderlich werden (z. B. Ausbau einer vorhandenen BAB mit Autobahnkreuz oder Anschlussstellen). Zweifellos sind all diese Leistungen nicht im Allgemeinen, also im Sinne des § 3 Abs. 2 HOAI erforderlich, sondern bei jeder solcher Maßnahmen in unterschiedlichem Umfang. Daher kann es sich den dafür notwendigen Planungen und bei den Leistungen bei der Ausführungsüberwachung nur um Besondere Leistungen handeln.

Mit den Leistungen sind auch die **bauphasenweise Planung und zeichnerische Darstellung der Verkehrsanlagen** vergleichbar. Dabei werden die einzelnen Verkehrsführungsphasen in die Planunterlagen der Objektplanung der Verkehrsanlagen (Lagepläne, Höhenpläne, Regelquerschnitte, Querprofile) für das in der jeweiligen Bauphase herzustellende Projekt eingetragen. In der darauffolgenden Bauphase wird dies dann als Bestand dargestellt und wiederum das herzustellende Projekt eingetragen. Die Tätigkeit endet bei der letzten Bauphase, bei der dann die endgültige Verkehrsanlage hergestellt wird.

49 Für den Bereich Verkehrsanlagen war in Anlage 2 Nr. 2.8.2 HOAI 2009 das „**Koordinieren und Darstellen der Ausrüstung und Leitungen bei Gleisanlagen**" als weitere Besondere Leistung eingefügt. Es handelt sich hierbei um eine Tätigkeit, die dann greift, wenn die Ausrüstungsteile und Leitungen von anderen Fachplanern oder z. B. von den Leitungsträgern geplant werden, der Objektplaner aber deren Planungsergebnisse in die von ihm gefertigten Pläne der Gleisanlagen verbindlich integrieren muss, um ein **einziges verbindliches Planwerk** zu schaffen. In einem solchen Fall werden die Fachplanungsergebnisse integraler Bestandteil der Objektplanung mit dem Ergebnis, dass für Planvorlageverfahren ebenso wie für die Baustelle nur noch ein verbindlicher Plan gilt.

4. Entwurfsplanung

a) Grundleistungen

50 Bei der **Entwurfsplanung** (LPH 3 a)) wird die endgültige Lösung der Planungsaufgabe auf Grundlage der Vorplanung erarbeitet. Sie ist als das Erarbeiten der zeichnerischen Lösung der Bauaufgabe zu verstehen, für die sich der Auftraggeber aufgrund der Vorplanung entschied. Das

Ergebnis der Entwurfsplanung ist der **vollständige Entwurf** (LPH 3 a)) des Objektes, der die Grundlage der Genehmigungsplanung, der Ausführungsplanung und der Ausführung selbst ist. Der Verordnungstext bezeichnet die zentrale Tätigkeit dieser Leistungsphase als die **zeichnerische Darstellung** im erforderlichen Umfang und **Detaillierungsgrad** unter Berücksichtigung aller fachspezifischen Anforderungen. Natürlich zählen dazu die fachspezifischen Berechnungen, welche die Auslegung des Objekts bestimmen (Größe, Leistungsfähigkeit) und die zugehörigen Erläuterungen der Planung. Dabei müssen besonders die Beiträge anderer an der Planung fachlich Beteiligter mit diesen abgestimmt und in die Objektplanungsleistungen eingearbeitet werden. Damit dies sachgerecht und rechtzeitig möglich ist, muss der Objektplaner seine **Arbeitsergebnisse** als Grundlage für die anderen an der Planung fachlich Beteiligten rechtzeitig und mindestens zeichnerisch **zur Verfügung stellen**.

Die **Beiträge der fachlich Beteiligten** sind beispielsweise die Planungsbeiträge der **Objektplaner der Ingenieurbauwerke** (Brücken, Lärmschutzanlagen, Oberflächenwassersammler, Regenwasserrückhalte- und Regenwasserklärbecken), der **Fachingenieure** für die **Technische Ausrüstung** (Straßenentwässerung, Straßenbeleuchtung, Lichtzeichenanlagen, Signalanlagen), der Fachingenieure für **Geotechnik** und **Bauakustik** sowie die Beiträge des ggf. ebenfalls tätigen **Tragwerksplaners**. Die Genannten – ggf. auch der Objektplaner selbst als Fachplaner – erbringen Leistungen, welche Funktion, Größe und Abmessungen von Bauwerken maßgeblich beeinflussen und die deswegen vom Objektplaner der Verkehrsanlage in seine eigenen Leistungen zu integrieren sind. Zu den Beiträgen anderer an der Planung fachlich Beteiligter gehören auch die bereits erwähnten Ergebnisse eingehender **Vermessungen**. | **51**

Im **Erläuterungsbericht** (LPH 3 b)) wird das Projekt im Einzelnen begründet und dargestellt. Er enthält darüber hinaus die **fachspezifischen Berechnungen** (LPH 3 c)), welche zur Auslegung und Bemessung des Objekts im Einzelnen erforderlich sind. Nach dem Leistungsbild der HOAI geht es dabei um die rechnerische Festlegung der Anlage in den Haupt- und Kleinpunkten. Damit ist beispielsweise nach Ziffer 3.18 der Anlage 6.10 HVA F-StB u. a. das Berechnen | **52**
– der Achshauptpunkte der durchgehenden Strecke, der kreuzenden und begleitenden Strecken,
– der Achskleinpunkte für dieselben Strecken und
– der lagemäßigen Abhängigkeiten zweier Achsen als senkrechte Abstände, Schnittpunkte, Trenninselspitzen etc.
gemeint. Schließlich gehört dazu auch das Ermitteln der Sichtverhältnisse für die genannten Strecken und für ggf. geplante höhengleiche Knoten. Auch hier gilt wieder: welche Leistungsergebnisse der Objektplaner schuldet, ergibt sich aus dem mit ihm geschlossenen Werkvertrag.

Soweit die Leistungen nach HVA F-StB[27] vertraglich vereinbart sind, sind i. d. R. die in Teil 6 Ziffer 6.10 Ziffer 3 der TVB Straßen 2010 genannten Leistungen zu erbringen, welche die Grundleistungen der Leistungsphase 3 des Leistungsbildes der Anlage 13.1 HOAI nach den Bedürfnissen öffentlicher Auftraggeber interpretieren. Sie sind im Falle ihrer schriftlichen Vereinbarung die vom Auftragnehmer zu erfüllenden **Leistungspflichten**. Allerdings gilt auch für diese „Leistungsbeschreibungen" i. d. R. dasselbe wie für die verordneten Grundleistungen: sie nennen Leistungsziele, beschreiben aber nicht die Tätigkeiten, die zur Leistungserfüllung des jeweiligen Vertrags notwendig ist. | **53**

Das HVA F-StB teilt die Leistungen bei der Entwurfsplanung in die **zwei Stufen** „Ausarbeiten des Vorentwurfs" und „Weiterentwickeln des Vorentwurfs". Dies **entspricht** aus hiesiger Sicht aber **nicht den verordneten Grundleistungen**. Letztere werden nach der zwingenden Abstimmung mit dem Auftraggeber über das in der Vorplanung entwickelte Planungskonzept **nur einmal** erbracht. Dabei wird es als werkvertragliche Pflicht des Auftragnehmers unterstellt, dass er eine **mangelfreie Leistung** erbringt, die – anders als in der zweiten Stufe beschrieben – **weder ein Überarbeiten** der Entwurfsunterlagen **noch das nachträgliche Einarbeiten** der Ergebnisse von Beiträgen der fachlich Beteiligten erfordert (Fachbeiträge, Mengen und Kosten). Daraus folgt, dass das Überarbeiten oder das nachträgliche Einarbeiten der Leistungsergebnisse Dritter nur dann Teil der geschuldeten Leistungen wäre, wenn der Objektplaner versäumt hätte, deren | **54**

---

[27] Siehe dort Teil 6 Ziffer 3 S. 3

Ergebnisse rechtzeitig zu erkunden und in seine Leistung einzuarbeiten. In allen anderen Fällen handelt es sich bei solchen Leistungen um **wiederholt erbrachte Grundleistungen**, die entsprechende Honoraransprüche zur Folge haben.

55 In der Regel werden in Teil 1 des Entwurfs nach Ziffer 3.11 der Anlage 6.10 der TVB Straßen 2010 folgende **Leistungsergebnisse** erwartet, wobei die nachfolgend nicht angegebenen Maßstäbe projektorientiert vereinbart werden sollten:

- Herstellen und Ausarbeiten des Übersichtsplanes,
- Bearbeiten der Querschnitte der Verkehrsanlage im Maßstab 1 : …
- Ausarbeiten des Lageplanes der Verkehrsanlage im Maßstab 1 : … einschließlich der Knotenpunkte und etwaiger Folgemaßnahmen,
- Ausarbeiten der erhöhten Pläne im Maßstab 1 : … für die Verkehrsanlage sowie für die kreuzenden und einmündenden Straßen,
- Ausarbeiten der Querprofile,
- Entwerfen der Straßenentwässerung; überschlägiges Bemessen und Eintragen in den Straßenentwurf.

Die Maßstäbe richten sich nach der Art des Objektes und müssen im Einzelfall vereinbart werden. Die TVB-Straßen 2010 fordern in Ziffer 4.2, dass bei ausgewählten Querprofilen folgende Einzelheiten darzustellen sind:

- die Abmessungen und Neigungen des geplanten Straßenkörpers bis zur neuen Eigentumsgrenze bzw., soweit erforderlich, einschließlich parallel verlaufender anderer Verkehrswege oder Wasserläufe,
- Ober- und Unterkante der Befestigung der Fahr-, Mehrzweck- und Standstreifen,
- Planungen, Seitenstreifen, Seitenwege,
- Böschungen und Entwässerungsanlagen,
- Oberbodenabtragsgrenze, alle Gegebenheiten außerhalb des Straßenkörpers, die für die Planung und Ausführung von Bedeutung sind (wie zum Beispiel Radwege, Feldwege, Vorfluter, Längsleitungen, schützenswerte Bereiche usw.)

56 **Objektplanungsleistungen für die Straßenentwässerung** sind nach 4.3 des Teils 5 der TVB-Straßen 2010 einschließlich der erforderlichen Wasserschutzmaßnahmen Bestandteil der Objektplanung der Verkehrsanlage. Dabei kann es sich aber nur dann um Leistungen der Verkehrsanlagenplanung handeln, soweit Anlagen betroffen sind, die das Zusammenführen und Ableiten des Oberflächenwassers von der Straßenoberfläche zum Sammelkanal in der Verkehrsanlage oder zu den Straßenseitengräben besorgen (**Straßenabläufe, Anschlusskanäle**). Allerdings ist damit noch nichts über deren Honorierung ausgesagt (Näheres s. Erläuterungen zu § 46 Rdn. 12 ff.). Darüber hinausgehende **Planungen** wie zum Beispiel für den erwähnten, im Bereich der Straße notwendigen **Sammelkanal**, für die offenen oder geschlossenen **Vorfluter, für Rückhaltebecken** oder Leichtstoffabscheider sind **Leistungen für Ingenieurbauwerke**. Dasselbe gilt für sämtliche Objektplanungsleistungen für **Lärmschutzanlagen** und **Brücken**.

57 Die vom Auftragnehmer im Rahmen der Entwurfsplanung zu erbringenden Leistungen umfassen weiter:

- das Festlegen der notwendigen Sicherungs- bzw. Umlegungsmaßnahmen für vorhandene Ver- und Entsorgungsleitungen in Abstimmung mit den Leitungsträgern.
- das Ermitteln der **Lärmimmissionen** an kritischen Stellen **nach Tabellenwerten** oder vergleichbaren Rechenverfahren, gegebenenfalls unter Einarbeitung der Ergebnisse detaillierter schalltechnischer Untersuchungen und Feststellen der Notwendigkeit von **Schallschutzmaßnahmen** an betroffenen Gebäuden (LPH 3 f))

Soweit zur Ermittlung der Schallimissionen Beiträge fachlich Beteiligter erforderlich sind, ist deren Ergebnis in die Objektplanungsleistungen zu integrieren. Schließlich gehört auch das dort beschriebene **überschlägige Untersuchen und Darstellen des Bauablaufs** in Form des Ausarbeitens der Übergänge vom Projekt auf den Bestand, des Ausarbeitens der Umfahrungen von örtlichen Arbeitsstellen und das Ausarbeiten der Verkehrsführung für das Projekt während der Bauzeit zu den im allgemein erforderlichen Grundleistungen der Entwurfsplanung.

Das **Ermitteln und Begründen der zuwendungsfähigen Kosten** sowie die **Vorbereitung der Anträge auf Finanzierung** kann nur dann integraler Bestandteil der Finanzierungs- und Kostenplanung sein, wenn ein Vorhaben förderfähig ist (LPH 3d). Diese Leistung kann natürlich erst nach Vorliegen der Kostenberechnung (s. Rdn. 62) und dem danach erfolgreich abgeschlossenen Vergleich mit der Kostenschätzung der Vorplanung (s. Rdn. 69) durchgeführt werden. Die Formulierung „Vorbereiten der Anträge" verdeutlicht die Tätigkeit des Objektplaners im Gesamtkomplex Finanzierung: es kann sich stets nur um eine **Mitwirkungshandlung** handeln. Allerdings ist in diesem Zusammenhang darauf aufmerksam zu machen, dass der Objektplaner in seiner Funktion als Verantwortlicher für die Abwicklung seiner werkvertraglichen Pflichten auch darüber wachen sollte, dass er dem zuschussberechtigten Auftraggeber alle für die finanzielle Abwicklung seines Investitionsvorhabens **notwendigen Angaben rechtzeitig zur Verfügung** stellt und ihn dabei unterstützt, wichtige Antragstermine einzuhalten. In einigen Bundesländern sind aber Aufwendungen für die Bearbeitung von Finanzierungs- und Fördermittelanträgen so umfangreich, dass länderspezifische Regelungen über die Honorierung solcher als Besondere Leistungen anzusehenden Tätigkeiten getroffen wurden (z. B. in Bayern bei wasserwirtschaftlichen Maßnahmen[28]).

58

Zu den Grundleistungen zählt auch das Mitwirken beim Aufstellen des **Finanzierungsplans,** was Aufgabe des Auftraggebers ist. Damit das Mitwirken des Objektplaners sachgerecht erfolgen kann, muss ihm der **Bauherr** unter Berücksichtigung seiner Finanzierungsmöglichkeiten **seine Planungswünsche und -ziele** mitteilen. Hierzu dürfte in der Regel auch ein möglicher bzw. gewünschter **Baubeginn und/oder ein gewünschter Fertigstellungstermin** gehören. Zur Mitwirkungstätigkeit des Objektplaners gehört die Beratung des Bauherrn bei seinen diesbezüglichen Überlegungen und Planungen, da nur er in der Regel über die notwendige fachspezifische Erfahrung über Bau- und Abwicklungszeiten vergleichbarer Projekte verfügt. Der **Objektplaner** wird darauf aufbauend **Vorschläge für den Bauzeiten- und Kostenplan** (LPH 3 n)) machen, die der Auftraggeber seinen eigenen endgültigen Plänen zugrunde legt, soweit er diese nicht schon bei der Bedarfsplanung erarbeitet hat. Auch die Kostenplanung kann erst erfolgen, wenn die Kostenberechnung und deren Vergleich mit der Kostenschätzung erfolgt ist sowie Höhe und Auszahlungszeitpunkt der erwarteten bzw. beantragten Fördermittel bekannt sind.

59

Das als Grundleistung formulierte Mitwirken beim **Erläutern des vorläufigen Entwurfes** gegenüber Dritten (z. B. Bürgern oder politischen Gremien) ist ebenso wie das **Überarbeiten des vorläufigen Entwurfes** aufgrund von Bedenken und Anregungen, die bei den Erörterungsterminen geäußert werden, eine Leistung, die i. d. R. nur bei genehmigungsbedürftigen Vorhaben erforderlich sein kann (LPH 3 e)). Auch hier ist die Anzahl solcher Erörterungstermine auf drei begrenzt. Dabei ist der "vorläufige Entwurf" als ein Zwischenstadium der Entwurfsplanung zu verstehen, dessen Ergebnis der Auftraggeber vorab in der Öffentlichkeit zur Diskussion stellt. Damit sollen sonst erst im späteren Genehmigungsverfahren geäußerte Bedenken und Anregungen so früh wie möglich kennen gelernt und berücksichtigt werden. Das **Überarbeiten des Entwurfs** im Benehmen mit dem Auftraggeber nach Bedenken und Anregungen der Behörden ist wie im Rahmen der Vorplanung **Grundleistung** des Objektplaners, **sofern** die ursprünglichen **Anforderungen nicht verändert** werden. Ändern sich die ursprünglichen Anforderungen für den Entwurf, so stellt das Überarbeiten des Entwurfes entweder eine wiederholte Grundleistung (s. Rdn. 35) oder bei grundsätzlich verschiedenen Anforderungen an den zu überarbeitenden Entwurf eine Leistung mit zusätzlichem Honoraranspruch dar.

60

Das in LPH 3 f) genannte **Vorabstimmen der Genehmigungsfähigkeit mit Behörden** ist nur bei genehmigungsbedürftigen Anlagen notwendig, um die Planung auf die öffentlich-rechtlichen Verfahren und das ggf. mögliche Zuwendungsverfahren abzustimmen. Allerdings wird auch da-

61

---

[28] Richtlinien für Zuwendungen zu wasserwirtschaftlichen Vorhaben (RZWas 2013); Bekanntmachung des Bayerischen Staatsministeriums für Umwelt und Gesundheit vom 4. Juni 2013 Az.: 58g-4454.11-2010/4 im Allgemeinen Ministerialblatt Nr. 8 vom 28. Juni 2013

rauf hingewiesen, die Genehmigungsfähigkeit mit fachlich Beteiligten abzustimmen. Erneut mag wie bei der vergleichbaren Passage bei den Grundleistungen der Vorplanung ein redaktionelles Versehen vorliegen (s. Rdn. 32). Mit den fachlich Beteiligten könnten aber **auch die dort schon genannten öffentlichen Stellen und Behörden** gemeint sein, die beispielsweise im außerörtlichen Bereich **Planungsträger von Vorhaben** sind.

62 Die **Kostenberechnung** (LPH 3 g)) kann nur mit vorläufigen Mengensätzen durchgeführt werden. Die endgültigen Mengen können erst nach Fertigstellung der mit allen fachlich Beteiligten abgestimmten Ausführungsplanung im Rahmen der Leistungsphase 6 ermittelt werden. Uneingeschränkt gilt die Begriffsdefinition der Kostenberechnung mit ihren Genauigkeitsanforderungen in § 2 Abs. 11. Vergleicht man auch hier ihre dort genannten Grundlagen mit den in DIN 276-4:2009-8 i. V. m. DIN 276-1:2008-12 unter 3.4.3 genannten Informationen, ist deren sehr weitgehende Übereinstimmung, ja Identität festzustellen:

Grundlagen nach HOAI 2013	Grundlagen nach DIN 276-1:2008-12
durchgearbeitete Entwurfszeichnungen oder Detailzeichnungen wiederkehrender Raumgruppen	Planungsunterlagen, zum Beispiel durchgearbeitet Entwurfszeichnungen (Maßstab nach Art und Größe des Bauvorhabens, gegebenenfalls auch Detailpläne mehrfach wiederkehrende Raumgruppen
Mengenberechnungen und	Berechnung der Mengen von Bezugseinheiten der Kostengruppen
für die Berechnung und Beurteilung der kostenrelevanten Erläuterungen	Erläuterungen, zum Beispiel Beschreibung der Einzelheiten in der Systematik der Kostengliederung, die aus den Zeichnungen und den Berechnungsunterlagen nicht zu ersehen, aber für die Berechnung und die Beurteilung der Kosten von Bedeutung sind

63 Ist das Aufstellen der Kostenberechnung nach AKS vereinbart, bildet deren Struktur die Grundlage für die Mengenermittlung. In diesem Fall verlangt die TVB-Straßen 2010 unter Ziffer 4.8 bereits eine differenzierte Ermittlung nach Bodenabtrag, Bodenauftrag, Oberbodenabtrag, Oberbodenauftrag, Forstschutzmaterial und Füllmaterial. Mit diesen Forderungen folgt die TVB-Straßen 2010 den **Genauigkeitsanforderungen der DIN 276-4:2009-08**, die stattdessen anwendbar ist. Ergänzend wird in der Norm darauf hingewiesen, dass die Gesamtkosten nach Kostengruppen mindestens bis zur 2. Ebene der Kostengliederung ermittelt werden müssen. Nach 4.1 der DIN 276-1 umfasst die 1. Ebene der Kostengliederung die insgesamt sieben Hauptgruppen 100-700. Die Hauptgruppen sind ihrerseits wieder in Untergruppen mit Zehnerschritten untergliedert (z. B. 110 Grundstückswert, 120 Grundstücksnebenkosten). Verordnungskonform würde die Kostenberechnung ausreichend genau sein, wenn sie Kosten in diesen Zehnerschritten ausweisen würde. Allerdings wäre mit einer derart groben Einteilung keine auch nur annähernd zutreffende Mengenabschätzung und Kostenermittlung möglich. Dasselbe gilt auch für die in der 3. Gliederungsebene genannten Untergruppen. So wird z. B. die Untergruppe 340 (horizontale Bauteile) in Einerschritten weiter untergliedert. Auch den dort genannten Bauelementen wie tragende Konstruktionen, nicht tragende Konstruktionen, Beläge, Bekleidungen etc. können Mengen in ausreichender und aussagefähiger Genauigkeit nicht zugeordnet werden. Um die von der Kostenberechnung erwartete und für die Entscheidung über die Entwurfsplanung sowie ggf. erforderliche Fördermittelanträge und Finanzierungsplanungen **notwendige Genauigkeit** erreichen, ist eine weitere Untergliederung der wesentlichen Positionen erforderlich, um ihre **Mengen** und ihre **Kosten auf der Basis bürospezifischer Erfahrungswerte und ortspezifischer Einheitspreise** ermitteln zu können. Dies entspricht auch den Anforderungen des HVA F-StB nach Ziffer 2.5 der unter 6.10 veröffentlichten Mustertexte für Planungs- und Entwurfsleistungen für Straßenverkehrsanlagen. An dieser Stelle ist aber festzuhalten, dass die **endgültige Mengenberechnung** erst auf Basis der Ausführungsplanung in **Leistungsphase 6** zur Vorbereitung der Ausschreibung erfolgt. Die Beiträge von Fachingenieuren für die Technische Ausrüstung sind natürlich in entsprechender Genauigkeit in die Kostenberechnung einzuarbeiten

Die Kostenberechnung dient im Regelfall nach § 4 Abs. 1 der endgültigen Honorarabrechnung **64** aller Leistungsphasen. Daher behalten sich insbesondere öffentliche **Auftraggeber** in ihren Vertragsmustern häufig vor, die **Kostenberechnungsergebnisse** der Auftragnehmer zu **prüfen**, erforderlichenfalls zu **korrigieren** und nur die **korrigierten Ergebnisse als Grundlage der Honorarabrechnung zu akzeptieren**. Dies ist – wie der BGH entschieden hat[29] – **mit § 307 BGB nicht vereinbar**. Ferner hält auch eine Klausel, wonach die Festlegung der anrechenbaren Kosten durch die Bewilligungsbehörde erfolgen soll, nach einem Urteil des OLD Düsseldorf der Inhaltskontrolle nach § 242 BGB nicht stand und ist daher unwirksam[30].

Die **Genauigkeitsanforderungen** an eine Kostenberechnung ergeben sich schließlich daraus, **65** dass ihr Ergebnis auch darüber **entscheiden** kann, ob die für eine **Vergabe von Bauleistungen notwendigen Mittel ausreichen**. Werden nämlich Architekten oder Ingenieure im Rahmen eines öffentlichen Bauvorhabens tätig, wird ihre Planung und Kostenermittlung Grundlage einer Vergabe nach VOB/A. Daraus ergeben sich besondere Risiken. Denn Planung und Kostenermittlung müssen nicht nur ein mängelfreies Bauwerk ermöglichen, sondern auch eine störungsfreie Vergabe. Führen Fehler in der Kostenberechnung dazu, dass eine Vergabe rechtswidrig aufgehoben wird, so können nach einem Urteil des OLG Saarbrücken daraus erhebliche Schadensersatzansprüche resultieren, etwa die Ansprüche des Bieters, der den Zuschlag eigentlich hätte bekommen müssen[31].

Die Genauigkeitsanforderungen gelten ebenso für den Nachweis von **Umfang und Wert der** mit **66** zu verarbeitenden **Bausubstanz** nach § 4 Abs. 3 S. 2. Zum Nachweis der Berechnungsergebnisse empfiehlt es sich, in den hierfür verwendeten Entwurfsplänen die berücksichtigte Bausubstanz zweifelsfrei so zu markieren, dass sie bei einer späteren Prüfung durch Dritte ohne Schwierigkeiten erkennbar ist. Die Umfangs- und Wertermittlung sollte ebenso wie die Zeichnungen Bestandteil der nach § 4 Abs. 3 abzuschließenden schriftlichen Vereinbarung über die Höhe dieses Wertes sein.

Ein anderes Problem ist stets dann gegeben, wenn die **Kostenberechnung deutlich höhere** **67** **Kosten als** der **Kostenanschlag oder die Kostenfeststellung** ausweist. Dann wird häufig von Auftraggebern der Verdacht geäußert, dass die zur Ermittlung des Honorars maßgebenden Kosten bewusst zu hoch angesetzt worden seien und deswegen korrigiert werden müssten. In der Regel werden dabei nur die jeweiligen Endbeträge der Kostenermittlungen miteinander verglichen – eine unzulässige Gleichsetzung unvergleichbarer Ergebnisse. So sind die Ergebnisse von Kostenschätzungen und Kostenberechnungen – anders als die in Kostenanschlägen und Kostenfeststellungen dokumentierten Ergebnisse von Preiswettbewerben – nie das Resultat einer Marktanalyse, sondern mithilfe in Kostendatenbanken gesammelter „Vergangenheitskosten" ermittelte voraussichtliche Kosten; sie sind regelmäßig das Spiegelbild der konjunkturellen Vergangenheit. Daraus erklärt sich, dass Kostenberechnungen

– in Zeiten der Hochkonjunktur wegen der Unmöglichkeit, Kostenentwicklungen richtig vorauszusehen, die bei der Projektausführung tatsächlich entstehenden Kosten häufig tendenziell zu niedrig und

– in Rezessionsphasen aus denselben Gründen vergleichsweise häufig tendenziell zu hoch ausfallen.

Dass diese Tendenzen bei Umbauten und Modernisierungen wegen der dort stets gegebenen Unsicherheit über Art, Beschaffenheit und Verwendbarkeit der vorhandenen und mitzuverarbeitenden Bausubstanz noch verstärkt werden, muss in diesem Zusammenhang nicht eigens erwähnt werden. Aus einem Urteil des OLG Schleswig-Holstein kann der Schluss gezogen werden, dass ein Unterschied (**Toleranzrahmen**) zwischen der zuvor einvernehmlich zwischen Auftraggeber und Auftragnehmer festgelegten Kostenvorstellung und der tatsächlich eingetretenen Kostenüberschreitung nach Fertigstellung des Objekts, dem Auftragnehmer zuzubilligen sei, der im konkreten Fall bei etwa 30 % anzusiedeln wäre[32].

---

[29] BGH, Urteil v. 09.07.1981 – VII ZR 139/80; BauR 1981, 582

[30] Urteil v. 25.07.1986 – 23 U 262/85; BauR 1987, 590

[31] Urteil v. 23.11.2010 – 4 U 548/09; IBR 2011, 95

[32] OLG Schleswig-Holstein, Urteil v. 24.04.2009 – 1 U 76/04; BauR 2009, 1340

68 Um diese **Unsicherheiten auszuschalten** und maximal auf die Honorierung der Leistungen in der Entwurfsphase zu begrenzen, streben Auftraggeber und Auftragnehmer vermehrt **Honorarvereinbarungen** an, welche die **Abrechnung** der Architekten- und Ingenieurleistungen **ab Leistungsphase 5** (Ausführungsplanung) nach den bisherigen Verordnungen **auf Basis des Kostenanschlags oder der Kostenfeststellung** vorsehen. Eine solche Vereinbarung ist HOAI-konform, sofern ein so berechnetes Honorar zwischen dem verordneten Mindest- und Höchsthonorar liegt, welches auf Basis des Ergebnisses der Kostenberechnung ermittelt würde[33].

69 Ist die Kostenberechnung abgeschlossen, ist der nächste logische Schritt ihr **Vergleich mit** dem Ergebnis der **Kostenschätzung**. Die Verordnungsbegründung weist in diesem Zusammenhang darauf hin, dass der früher verwendete Begriff **Kostenkontrolle** mit Rücksicht auf den in der Leistungsphase 3 erreichten Planungsstand gestrichen und **durch** den Begriff **Vergleich ersetzt** wurde. Trotz Änderung des Begriffes ist auch der geforderte Vergleich der Kostenberechnung mit der Kostenschätzung ein weiterer Schritt des Verordnungsgebers, die Vertragsparteien – vor allem die Objektplaner selbst – zur frühzeitigen Kontrolle der Kosten des Objekts anzuhalten. Der Kostenvergleich wäre aber ohne gleichzeitigen **Vergleich der Ausführungsstandards** auf Übereinstimmung mit den Standards unvollständig, die in der Grundlagenermittlung für das Objekt gewählt wurden. Darüber hinaus ist natürlich festzustellen, ob die Kosten überhaupt zutreffend ermittelt worden sind.

Mit Erfüllung dieser Leistung verfügt der Auftraggeber über eine sichere Entscheidungsgrundlage für die Gesamtfinanzierung des Objekts und seiner wirtschaftlichen Ausführung. Stellt sich beim Kostenvergleich heraus, dass der in der Kostenschätzung ermittelte und vom Auftraggeber akzeptierte Kostenrahmen nicht eingehalten ist, muss der Objektplaner dem Auftraggeber **geeignete Korrekturmaßnahmen** vorschlagen und diese nach Zustimmung bei einer hieraus resultierenden Überarbeitung des Entwurfs umsetzen. Diese Überarbeitung zählt selbstverständlich zu den Grundleistungen im Rahmen der Entwurfsplanung.

70 In LPH 3 h) wird als Grundleistung das **überschlägige Festlegen der Abmessungen von Ingenieurbauwerken** angegeben. Weitere ähnliche Grundleistungen sind die Darlegung von Auswirkungen auf Zwangspunkte (LPH 3 k)) und der Nachweis der Lichtraumprofile (LPH 3 l)). Diese Leistungen können den nach Ziffer 4.7 des Teils 5 der TVB Straßen 2009 für erforderlich gehaltenen Untersuchungen entsprechen, wonach die **Mindestabmessungen der Ingenieurbauwerke** hinsichtlich der:

– Lichtraumprofile bei Brücken über Verkehrswegen,
– wasserwirtschaftlicher Forderungen bei Brücken über Wasserläufen,
– betrieblichen Forderungen der späteren Unterhaltungspflichtigen,
– ökologischen Erfordernisse,
– tädtebaulichen bzw. landschaftsgestalterischen Forderungen usw. und
– sonstigen wesentlichen Dimensionierungsparameter z. B. bei Lärmschutzwänden und Regenrückhaltebecken usw.

zu bestimmen sind. Eine so weit gehende **Verpflichtung** lässt sich **aus der Grundleistung** nach hiesiger Ansicht **nicht ableiten**; die so verlangte Planungstätigkeit ist nicht überschlägig leistbar, zumal die genannten Parameter **keine Planungselemente der Verkehrsanlage** sind, sondern – wie sich aus dem zitierten Text ergibt – ausschließlich Planungsgrundlagen der Ingenieurbauwerke, die von anderen fachlich Beteiligten benötigt werden. Es handelt sich somit um Informationen, die der Auftraggeber im Rahmen der Bedarfsplanung klären und den fachlich Beteiligten zu Beginn ihrer Arbeiten zur Verfügung stellen muss.

71 Wenn der Auftragnehmer der Planungsleistungen für die Verkehrsanlage diese Leistungen anstelle des Auftraggebers erarbeiten soll, erbringt er keine Grundleistungen, sondern **Leistungen des Auftraggebers bei der Bedarfsplanung**. Diese lösen nach hiesiger Auffassung einen **zusätzlichen Honoraranspruch des Auftragnehmers** aus. Verzichten Auftraggeber und Auftragnehmer für diese in einem Vertrag enthaltenen Leistungspflichten bei gleichzeitiger Vereinba-

---

[33] BGH, Urteil v. 17.04.2009 – VII ZR 164/07

rung der bewerteten Mindesthonorare, liegt eine nach § 7 Abs. 3 HOAI verdeckte unzulässige Mindestsatzunterschreitung vor.

Die Verordnung nennt als weitere, in den bisherigen Verordnungen nicht enthaltene Grundleistung des Objektplaners das **Ermitteln der wesentlichen Bauphasen** unter Berücksichtigung der Verkehrslenkung und der Aufrechterhaltung des Betriebes während der Bauzeit (LPH 3 h)). Diese Leistung war – wenn sie auch bisher im Leistungsbild Verkehrsanlagen nicht ausdrücklich genannt war – stets unverzichtbar, wenn bei der Ausführung der neu zu bauenden, umzubauenden oder zu erweiternden Verkehrsanlage Beeinträchtigungen des Verkehrs zu erwarten waren (s. mehr unter Rdn. 48). Dasselbe galt schon bisher und gilt auch künftig für alle baulichen Maßnahmen an im Betrieb befindlichen Verkehrsanlagen zum Nachweis ihrer Ausführbarkeit. Diese spezielle Planungstätigkeit ist insbesondere beim Planen und Bauen im Bestand erforderlich. Zu den Maßnahmen zur Verkehrslenkung zählen das Planen und Einrichten von Umleitungsstrecken oder das Schaffen und Aufrechterhalten der Zugangsmöglichkeiten zu Grundstücken und Gebäuden während der Bauzeit. Allerdings sind solche Leistungen nicht regelmäßig und insbesondere nicht bei Neubauten notwendig. Entfällt die Grundleistung deswegen, kann dies nicht zu einer Reduzierung der Phasenbewertung führen. **72**

Die schriftliche Zusammenfassung aller Entwurfsunterlagen entspricht den in LPH 3 o) genannten Tätigkeiten **Zusammenfassen, Erläutern und Dokumentation** ergibt den **Entwurf**. Mit dieser Leistung wird auch dem Hinweis in der Verordnungsbegründung zu LPH 6 g) Rechnung getragen, dass selbst nach entsprechenden Korrektur- und Anpassungsmaßnahmen, die nach dem ersten Kostenvergleich als notwendig ergaben, noch verbleibende Abweichungen zwischen Kostenschätzung und Kostenberechnung dem Auftraggeber zu erläutern und schriftlich festzuhalten sind. Die Herstellung einer Fertigung dieser Unterlagen gehört zu den vom Auftragnehmer geschuldeten Leistungspflichten. Die Aufwendungen für das Herstellen von Mehrfertigungen in gedruckter Form oder durch Vervielfältigen sind Nebenkosten im Sinne von § 14. In welcher Form diese Dokumentation erfolgen soll, sollten die Parteien beim Vertragsabschluss vereinbaren. **73**

b) Besondere Leistungen

Das **Fortschreiben von Nutzen-Kosten-Untersuchungen**, die im Rahmen der Besonderen Leistungen der Vorplanung aufgestellt wurden, kann notwendig werden, wenn der Entwurf der Verkehrsanlage in allen Einzelheiten vorliegt. Auch diese Leistung ist eine Besondere Leistung. Je nach Art des Projektes werden Nutzen-Kosten-Untersuchungen auch als Voraussetzung für die Genehmigung der Finanzierung gefordert. Auch in diesem Fall ist dies eine Besondere Leistung und gehört nicht zur bewerteten Leistung „Vorbereiten der Anträge auf Finanzierung". **74**

Die **detaillierte signaltechnische Berechnung** dient der Auslegung der Lichtzeichensignalanlagen. Sie ist für die Steuerung des Straßenverkehrs an Straßenkreuzungen unter Berücksichtigung der an anderen Stellen des Straßennetzes eingesetzten weiteren Lichtzeichensignalanlagen erforderlich. Bei diesen Berechnungen werden die notwendigen Zeiten der verschiedenen Signalfarben und ggf. zusätzliche zusammenwirkende Anzeigen ermittelt und festgelegt. **75**

Das Mitwirken bei **Verwaltungsvereinbarungen** und **bei Verträgen mit Dritten** (z. B. der Abschluss einer öffentlich-rechtlichen Vereinbarung) sind ebenfalls Besondere Leistungen des Objektplaners. Dies können hierfür erforderliche technische Berechnungen und Kostenuntersuchungen des Objektplaners sein. **76**

Eine weitere besondere Leistung ist das **Berechnen der Schallimmissionen** in den Fällen, in denen die Ermittlung nach Tabellenwerten nicht mehr möglich ist, und daraus folgend die **Planung von Schallschutzmaßnahmen** nach RLS 90 der Forschungsgesellschaft Straßenwesen, Schall 03 der Deutschen Bundesbahn, DIN 1800 S, Schallschutz im Städtebau, entsprechenden VDI-Normen usw. notwendig sind. Soweit die Planung von Schallschutzmaßnahmen z. B. für Lärmschutzwände oder Lärmschutzwälle erforderlich wird, handelt es sich um Leistungen für Ingenieurbauwerke von Verkehrsanlagen. **77**

78 Die aktuelle Verordnung nennt als weitere Besondere Leistung den **Nachweis der zwingenden Gründe des überwiegenden Interesses an der Notwendigkeit** der Maßnahme und verweist zur Erklärung auf die Richtlinie 92/43/EWG des Rates vom 21. Mai 1992 zur Erhaltung der natürlichen Lebensräume sowie der wildlebenden Tiere und Pflanzen, besser bekannt als Fauna-Flora-Habitat-Richtlinie (FFH-Richtlinie) oder Habitatrichtlinie. Es handelt sich um eine Naturschutz-Richtlinie der Europäischen Union (EU), die von den damaligen Mitgliedsstaaten der EU im Jahre 1992 einstimmig beschlossen wurde. Sie dient gemeinsam mit der Vogelschutzrichtlinie im Wesentlichen der Umsetzung der Berner Konvention; eines ihrer wesentlichen Instrumente ist ein zusammenhängendes Netz von Schutzgebieten, das Natura 2000 genannt wird. Die Besondere Leistung wird für Baumaßnahmen erforderlich, die einen Eingriff in ein als FFH-Gebiet ausgewiesenes Gebiet darstellen. § 34 BNatSchG schreibt vor, dass solche *„Projekte ... vor ihrer Zulassung oder Durchführung auf ihre Verträglichkeit mit den Erhaltungszielen eines Natura 2000-Gebiets zu überprüfen (sind), wenn sie einzeln oder im Zusammenwirken mit anderen Projekten oder Plänen geeignet sind, das Gebiet erheblich zu beeinträchtigen, und nicht unmittelbar der Verwaltung des Gebiets dienen"*. Weiter heißt es im Gesetz:

„(2) Ergibt die Prüfung der Verträglichkeit, dass das Projekt zu erheblichen Beeinträchtigungen des Gebiets in seinen für die Erhaltungsziele oder den Schutzzweck maßgeblichen Bestandteilen führen kann, ist es unzulässig.

(3) Abweichend von Absatz 2 darf ein Projekt nur zugelassen oder durchgeführt werden, soweit es

1. aus zwingenden Gründen des überwiegenden öffentlichen Interesses, einschließlich solcher sozialer oder wirtschaftlicher Art, notwendig ist und

2. zumutbare Alternativen, den mit dem Projekt verfolgten Zweck an anderer Stelle ohne oder mit geringeren Beeinträchtigungen zu erreichen, nicht gegeben sind."

Damit ist grundsätzlich geklärt, wie die in der Verordnung genannte Besondere Leistung zu verstehen ist. Allerdings ist zu fragen, warum die in Abs. 1 und 2 des Gesetzes genannte Verträglichkeitsprüfung eine Besondere Leistung eines Objektplaners sein soll, dessen Fachwissen und Berufserfahrung für die Leistungen bei der Objektplanung von Verkehrsanlagen erforderlich ist. Die Leistungen bei solchen Prüfungs- und Untersuchungsaufgaben sind nach Art und Vorgehensweise mit wesentlichen Teilen der **Beratungsleistungen des Leistungsbildes Umweltverträglichkeitsprüfungen** nach Anlage 1 der HOAI vergleichbar. Da aber die Honorare dieser Leistungen nicht verordnet sind, sondern nach § 3 Abs. 3 frei zu vereinbaren sind, ist ihre Nennung an dieser Stelle ohne weitere Bedeutung.

79 Die als Besondere Leistung bezeichneten **Fiktivkostenberechnungen** werden durch den Klammerzusatz „Kostenteilung" auch nicht klarer. Was damit gemeint sein kann, ist nach hiesiger Meinung auch nebensächlich. Wichtig ist lediglich, dass es sich um keine Leistung handelt, die auch nur ansatzweise mit einer Grundleistung vergleichbar ist. Sie wird sich daher auf seltene Fragestellungen beschränken, die keiner weiteren Interpretation bedürfen. Sie könnte z. B. bei der Vorbereitung der bereits diskutierten Verwaltungsvereinbarungen (s. Rdn. 68) erforderlich werden.

5. Genehmigungsplanung

a) Grundleistungen

80 Erfordert ein Objekt eine **Genehmigungsplanung** und werden die Vergütungstatbestände der HOAI als Leistungspflichten des Ingenieurvertrages definiert, muss der Auftragnehmer nach dem Verordnungstext die **Unterlagen** für die erforderlichen **öffentlich-rechtlichen Verfahren** oder **Genehmigungsverfahren** einschließlich der Anträge auf Ausnahmen und Befreiungen **erarbeiten und zusammenstellen** sowie das ggf. geforderte **Bauwerksverzeichnis** unter Verwendung der Beiträge anderer an der Planung fachlich Beteiligter aufstellen (LPH 4 a). Die Verordnungsbegründung zu den Grundleistungen bei der Genehmigungsplanung enthält den Hinweis, dass mit der Formulierung „erforderliche Genehmigungsverfahren" klargestellt sei, das auch die Leistungen erfasst seien, die für das Erarbeiten und Zusammenstellung von Unterlagen für nicht genehmigungspflichtige Vorhaben vom Auftraggeber gewünscht sind. Leider enthält die Begründung keinen Hinweis darauf, ob und auf welche Weise sich die in LPH 3 lit. j) genannten Unterlagen, die beim Zusammenfassen, Erläutern und Dokumentieren der Ergebnisse der Entwurfsplanung erarbeitet und dem Auftraggeber vorgelegt werden sollen, von den Unterlagen für nicht genehmigungspflichtige Vorhaben unterscheiden. Daraus dürfte der Schluss gezogen werden, dass jedwede Zusammenstellung von Unterlagen, die von öffentlichen oder privaten Auftraggebern für die Durchführung verwaltungsinterner Genehmigungsverfahren gewünscht werden, als Erfüllung der Grundleistung bei der Genehmigungsplanung gewertet wird.

Öffentlich-rechtliche Verfahren werden für Baumaßnahmen verlangt, die in den jeweiligen Landesbauordnungen, -wassergesetzen, -abfallgesetzen etc., aber auch in Bundesgesetzen wie z. B. dem Bundesimmissionsschutzgesetz (BimSchG) und den zugehörigen Ausführungsbestimmungen der einzelnen Länder festgelegt sind. Diese enthalten auch Vorschriften darüber, welche Voraussetzungen für die Prüfung und Genehmigung eines Bauvorhabens erfüllt sein und welche Unterlagen erarbeitet werden müssen. Zu beachten ist allerdings, dass das beispielhaft genannte BimSchG bei der Genehmigungsplanung Leistungen fachlich Beteiligter fordert, deren Ergebnis der Objektplaner wie alle anderen von fachlich Beteiligten erarbeiteten Genehmigungsplanungen für die von diesen geplanten genehmigungsbedürftigen Anlagen der Technischen Ausrüstung in seine Genehmigungsplanung integrieren muss. Dasselbe gilt für Planungen von Freianlagen oder Flächenplanungen, deren Ergebnisse als Voraussetzung für die Genehmigung von Objekten gefordert werden. **81**

Eine Sonderform von Genehmigungsverfahren sind die **Planfeststellungsverfahren**[34] nach dem Verwaltungsverfahrensgesetz (VwVfG), das nach dessen § 1 Abs. 1 für die öffentlich-rechtliche Verwaltungstätigkeit der nachstehenden Behörden gilt **82**

1. des Bundes, der bundesunmittelbaren Körperschaften, Anstalten und Stiftungen des öffentlichen Rechts,
2. der Länder, der Gemeinden und Gemeindeverbände, der sonstigen der Aufsicht des Landes unterstehenden juristischen Personen des öffentlichen Rechts, wenn sie Bundesrecht im Auftrag des Bundes ausführen, soweit nicht Rechtsvorschriften des Bundes inhaltsgleiche oder entgegenstehende Bestimmungen enthalten,

Eine Übersicht über planfeststellungspflichtige Vorhaben gibt beispielsweise WIKIPEDIA unter dem Stichwort „Planfeststellung". Danach sind u. a. folgende Maßnahmen und Bauvorhaben betroffen sind nachfolgend kursiv geschrieben):

– Bundesstraßen oder Bundesautobahnen nach dem Bundesfernstraßengesetz (FStrG)
– Bundeswasserstraßen nach dem Bundeswasserstraßengesetz (WaStrG)
– Eisenbahnverkehrsanlagen nach dem Allgemeinen Eisenbahngesetz (AEG)
– Luftverkehrsanlagen nach dem Luftverkehrsgesetz (LuftVG)
– Deponien nach dem Kreislaufwirtschafts- und Abfallgesetz (KrW-/AbfG)
– Betriebsanlagen für Straßenbahnen nach dem Personenbeförderungsgesetz (PBefG)
– Bergbauliche Vorhaben, die einer Umweltverträglichkeitsprüfung bedürfen, nach dem Bundesberggesetz (BBergG)
– Gewässerausbau, Deichbau nach dem Wasserhaushaltsgesetz (WHG)
– Endlagerstätten für radioaktive Abfälle nach dem Atomgesetz (AtG)
– Schaffung, Änderung, Verlegung und Einziehung (Entwidmung) von Straßen, Wegen, Gewässern und anderen gemeinschaftlichen Anlagen nach dem Flurbereinigungsgesetz (FlurbG)
– grenz- / länderüberschreitende / offshoranlagenverbindende Stromleitungen nach dem Netzausbaubeschleunigungsgesetz (NABEG)

Die Übersicht verdeutlicht, dass Planfeststellungsverfahren vor der Durchführung von Verkehrsanlagen eher selten sind; sie beschränken sich normalerweise auf Bundesstraßen oder Bundes-

---

[34] Verwaltungsverfahrensgesetz in der Fassung der Bekanntmachung vom 23. Januar 2003 (BGBl. I S. 102), das durch Artikel 3 des Gesetzes vom 25. Juli 2013 (BGBl. I S. 2749) geändert worden ist, neugefasst durch Bek. v. 23.1.2003 I 102, zuletzt geändert durch Art. 1 G v. 31.5.2013 I 1388

autobahnen und Eisenbahnverkehrsanlagen. Die hierfür nach den §§ 72 bis 78 VwVfG und den ergänzenden Länderregelungen durchzuführenden Leistungen der Objektplaner sind so viel umfangreicher als die bei einem üblichen Baugenehmigungsverfahren, dass der Verordnungsgeber nach § 43 Abs. 3 Nr. 1 den Vertragsparteien die Möglichkeit eingeräumt hat, die Bewertung der Leistungsphase 4 von 5 v. H. auf 8 v. H. zu erhöhen. Die Erhöhung wird aber nur wirksam, wenn sie schriftlich vereinbart ist. Wieder wird darauf hingewiesen, dass die schriftliche Vereinbarung jederzeit möglich ist, so z. B. auch während oder nach der Durchführung der Leistungen.

83 Die Mehrzahl der erforderlichen Antragsunterlagen wird regelmäßig im Rahmen der Entwurfsplanung durch den Objektplaner erarbeitet. Dasselbe gilt für die Unterlagen, welche von fachlich Beteiligten für die Genehmigungsplanung der von ihnen bearbeiteten Bauwerksbestandteile geliefert wurden. Das „**Erarbeiten der Unterlagen**" ist der Vollzug der Koordinations- und Integrationspflichten des Objektplaners beim Zusammenstellen und Ergänzen der vom Objektplaner von ihm und von den Fachingenieuren erarbeiteten Unterlagen und als das Bearbeiten des Antragsentwurfs zu verstehen. Die Ausnahme bildet das Erarbeiten der in der Regel erheblich umfangreicheren Unterlagen für die Planfeststellungsverfahren, was auch einen Teil der bereits erwähnten Erhöhung der Leistungsbewertung dieser Phase erklärt.

Das Einreichen der Genehmigungsplanung bei der Genehmigungsbehörde erfolgt je nach Vereinbarung entweder durch den Objektplaner oder durch den Auftraggeber. Der Auftraggeber muss die Genehmigungsunterlagen zuvor zusammen mit dem Entwurfsverfasser (Objektplaner und/oder Fachplaner) unterzeichnen. Damit nimmt er auch die von seinen Auftragnehmern bis zu diesem Zeitpunkt erbrachten Leistungen im rechtsgeschäftlichen Sinne ab.

84 Das **Erstellen des Grunderwerbsplanes und des Grunderwerbsverzeichnisses** unter Verwendung der Beiträge anderer an der Planung fachlich Beteiligter (LPH 4 b)) ist eine Leistung, die im Zusammenhang mit Flächen verbrauchenden außerörtlichen Verkehrsanlagen regelmäßig erforderlich ist und auch wegen der hieraus ablesbaren Inanspruchnahme betroffener Grundstücke eine besondere Rechtsbedeutung im Genehmigungsverfahren besitzt. Dass diese Leistungen hier den im Allgemeinen erforderlichen Leistungen zugerechnet sind, steht in scheinbarem Widerspruch dazu, dass das Beschaffen von Auszügen aus Grundbuch, Kataster und anderen amtlichen Unterlagen im Rahmen der Vorplanung zu den Besonderen Leistungen zählt. Daher kann es sich bei dieser Leistung nur um die **Zusammenstellung von Unterlagen** handeln, die mit Hilfe der zuvor entweder vom Auftraggeber oder vom Auftragnehmer selbst durch eine Besondere Leistung im Rahmen der Entwurfsbearbeitung beschafft wurden. Dabei versteht es sich von selbst, dass zuvor die Planungsunterlagen, Beschreibungen und Berechnungen, welche im Rahmen der Entwurfsplanung erstellt wurden, unter Verwendung der Beiträge anderer fachlich Beteiligter vervollständigt und angepasst werden müssen, sofern projekt- oder länderspezifische Anforderungen an die Unterlagen dies erforderlich machen sollten (LPH 4 c)).

85 Beim **Abstimmen** der Genehmigungsunterlagen mit Behörden (LPH 4 d)) kann es sich deswegen, weil über die Genehmigungsfähigkeit des Vorhabens bereits im Rahmen der Entwurfsplanung mit den Behörden verhandelt werden musste, z. B. nur um **zusätzliche Erkundigungen** über den Umfang der für die Genehmigung notwendigen Unterlagen und Erläuterungen handeln, um die Genehmigung sicher zu erhalten. Daraus kann folgen, dass die Planungsunterlagen, Beschreibungen und Berechnungen den Forderungen der Behörde anzupassen sind. Dies ist allerdings nur insoweit Aufgabe des Objektplaners, als keine Veränderung der Planungsgrundlagen durchgeführt wird. Ändern sich die als Planungsvoraussetzungen vom Objektplaner zuvor erkundeten behördlichen Anforderungen ohne sein Verschulden, sind die sich hieraus ergebenden zusätzlichen Leistungen des Objektplaners in der Regel wiederholt zu erbringende Grundleistungen.

86 Das **Mitwirken in Genehmigungsverfahren** einschließlich der Teilnahme an bis zu 4 Erläuterungs- oder Erörterungsterminen gegenüber Dritten (LPH 4 e)) ist wieder im Zusammenhang mit der Begrenzung des Umfangs derartiger Erläuterungen bei der Vor- und Entwurfsplanung zu sehen. Wird der in der HOAI vorgegebene Gesamtrahmen von insgesamt 9 Terminen nicht überschritten, zählt das Mitwirken beim Erläutern gegenüber Dritten noch zu den Grundleistungen. Ist jedoch die Teilnahme an mehr als 9 Erläuterungs- oder Erörterungsterminen mit Bürgern und

Bürgerinnen oder politischen Gremien notwendig, sind dies honorierungspflichtige Besondere Leistungen. Die Begrenzung der Zahl solcher Termine schließt auch die Teilnahme an Erörterungsterminen beim **Mitwirken im Planfeststellungsverfahren** ein, die ausschließlich dafür eingerichtet sind, dem genannten Personenkreis die Planungen vorzustellen.

Das **Abfassen von Stellungnahmen** zu dort vorgetragenen Bedenken und Anregungen ist eine **87** typische **Auftraggeberleistung**. Je nach Objekt können diese zum Teil erheblichen Umfang annehmen. Die **Mitwirkung des Objektplaners** beschränkt sich dabei auf die Beratung des Auftraggebers beim Abfassen der Stellungnahme (LPH 4 f)) auf den von ihm zu vertretenden technischen Teil der schriftlichen Ausführungen. Die Verordnung begrenzt auch deren Umfang auf Stellungnahmen zu 10 Kategorien. Damit dürften wohl 10 unterschiedliche Stellungnahmen des Auftraggebers gemeint sein. Beauftragt der Auftraggeber den Objektplaner aber mit der Abfassung der Protokolle solcher Erörterungstermine oder mit dem Abfassen der Stellungnahme, erbringt der Objektplaner vergütungspflichtige Besondere Leistungen. Dasselbe gilt, wenn die Beratung bei mehr als 10 Stellungnahmen erfolgen muss. Daher ist anzuraten, zur Vermeidung von Streit den Umfang der vom Objektplaner erwarteten Leistungen im Rahmen des Vertragsabschlusses festzulegen und die Vergütung der ggf. zu erwartenden Besonderen Leistungen zumindest grundsätzlich zu regeln.

b) Besondere Leistungen

Sind **für die Genehmigung des Objektes zusätzliche Unterlagen** erforderlich, die über den **88** Rahmen der Entwurfsunterlagen hinausgehen und zusätzliche Planungs- oder Beschaffungsleistungen des Auftragnehmers erfordern, hat der Auftraggeber entsprechende Planungsaufträge zu erteilen. Das Herstellen solcher Unterlagen ist im Regelfall eine Besondere Leistung.

Das **Mitwirken beim Beschaffen der Zustimmung von Betroffenen** bedeutet in der Regel, Un- **89** terlagen vorzubereiten und an Erörterungsterminen teilzunehmen. Während die fachtechnische Beratung des Auftraggebers über Art und Umfang der durch das Vorhaben bedingten Grundstücksgeschäfte Aufgabe des Objektplaners im Rahmen der vertraglich geschuldeten Leistungen zur Genehmigungsplanung ist, ist jedoch das **Mitwirken bei der Beschaffung der Grundstücke** eine Besondere Leistung (z. B. die Teilnahme an Grundstücksverhandlungen; s. auch Rdn. 47)

6. Ausführungsplanung

a) Grundleistungen

Unter **Ausführungsplanung** ist das Erarbeiten und Darstellen der ausführungsreifen Planungs- **90** lösung auf **Grundlage** der Leistungsergebnisse der **Leistungsphasen 3 und 4** zu verstehen (LPH 5 a)). Die in dieser Leistungsphase durchzuführenden Berechnungen und auszuarbeitenden Zeichnungen müssen unter Berücksichtigung und Integration der **Planungsbeiträge aller fachlich Beteiligten** so durchgearbeitet sein, dass die Bauarbeiten ohne Weiteres ausgeführt werden können. Damit die fachlich Beteiligten ihre Planungsbeiträge rechtzeitig und vor allem richtig zur Verfügung stellen können, ist es selbstverständlich notwendig, dass der Objektplaner den fachlich Beteiligten seine **Arbeitsergebnisse zur Verfügung** stellt (LPH 5 c)). Um Missverständnisse zwischen allen Beteiligten so weit wie möglich auszuschließen und die zur Verfügung zu stellenden Arbeitsergebnisse schon unter Beachtung der fachlichen Anforderungen der fachlich Beteiligten zu erarbeiten, sollte der Objektplaner bei seiner Ausführungsplanung von Beginn an den Rat und das Wissen der fachlich Beteiligten in Anspruch nehmen, um eine möglichst reibungslose Abwicklung der Fachplanungen zu gewährleisten. Dafür sollte der Objektplaner seine Arbeitsergebnisse auch in einer Form bearbeiten, die es den fachlich Beteiligten erlaubt, ihre Planungsarbeit in enger Anlehnung und unter Verwendung dieser Ausführungspläne – ergänzt um eigene Detailpläne und fachliche Erläuterungen – auszuführen können. Der erfolgreiche und aufwandsoptimierte Planungsprozess wird dann gelingen, wenn die Fachplaner ihre Planungen und Pläne mit dem Objektplaner in gleicher Weise abstimmen. Alle Beteiligten sind deswegen aufgefordert, den vom Auftraggeber erwarteten Projekterfolg in einem **dialogi-**

schen Planungsprozess anzustreben. Dann erst kann der Objektplaner einer seiner zentralen Aufgaben, nämlich der Koordination und Integration aller das Objekt betreffenden Planungen richtig und in angemessener Weise nachkommen.

91 Die DIN 1356-1 vom Februar 1995[35] definiert in 2.4 die Ausführungszeichnungen als *„Bauzeichnungen mit zeichnerischen Darstellungen des geplanten Objekts mit allen für die Ausführung notwendigen Einzelangaben. Ausführungszeichnungen enthalten unter Berücksichtigung der Beiträge anderer an der Planung fachlich Beteiligter alle für die Ausführung bestimmten Einzelangaben in Detailzeichnungen und dienen als Grundlage der Leistungsbeschreibung und Ausführung der baulichen Leistungen".*

Das Urteil des OLG Celle vom 18.10.2006 – 7 U 69/06 verdeutlicht exemplarisch, wie detailliert eine Ausführungsplanung sein muss[36]. Der **Detaillierungsgrad** hängt danach von den Umständen des Einzelfalls ab. Sind Details der Ausführung besonders schadensträchtig, müssen diese unter Umständen im Einzelnen geplant und dem ausführenden Unternehmer in einer jedes Risiko ausschließenden Weise verdeutlicht werden. Zweifelsohne sind besonders schadensträchtige Maßnahmen, insbesondere Abdichtungsmaßnahmen an einem Bauwerk (BGH, Urteil vom 11.05.1978 – VII ZR 313/75[37]), Maßnahmen des Hochwasserschutzes (OLG Köln, Urteil vom 27.04.2001 – 11 U 63/00[38]) und Arbeiten im Zuge einer Altbausanierung, hier also die Sanierung einer Verkehrsanlage (BGH, Urteil vom 18.05.2000 – VII ZR 436/98 [39]) detaillierter zu planen als gängige Maßnahmen, bei denen nur eine geringe Schadensgefahr besteht. Die Formulierung der Grundleistungen wie auch die Anforderungen der Norm drängt auf eine möglichst umfassende zeichnerische Darstellung aller Details und erfordert nötigenfalls auch **zusätzliche Beschreibungen**, sofern die Zeichnungen allein keine erschöpfende Informationsquelle sind (LPH 5 b)).

92 Sofern das Herstellen von Ausführungsunterlagen für Straßenbaumaßnahmen nach HVA-F-StB vereinbart ist, werden nach Ziffer 5.1 der Mustertexte folgende Leistungen erwartet:
– Berechnen des Deckenbuches für durchgehende, kreuzende und begleitende Strecken in objektspezifischen Intervallen sowie für die in den Intervallen nicht erfassten Querprofilen; diese muss nach Ziffer 6.2 TVB-Straßen 2010 mindestens Angaben enthalten über die Höhen
  – der Fahrbahnmitte (Gradiente),
  – der Außenränder der äußeren Fahrstreifen oder der Randstreifen,
  – des Außenrandes der Stand- oder Mehrzweckstreifen und (soweit vorhanden)
  – der Oberkante Hochbord(e),
  – der Ränder der Rad- und/oder Gehwege.
– Berechnung des Planumsbuches für die gleichen Strecken; dieses muss nach Ziffer 6.3 TVB-Straßen 2010 mindestens die Profilkoordinaten enthalten
  – des Umrisses des Erdkörpers (ohne Geländelinie),
  – des Umrisses der Frostschutzschicht und
  – der Fahrbahndecke an den Rändern und an Stellen mit Dicken- und/oder Querneigungswechseln.
– Aufbereiten der Entwurfsunterlagen und der Querprofile für die Ausführung, soweit erforderlich,
– Herstellen sonstiger Pläne wie zum Beispiel Knotendetailpläne, Pläne der Schutz- und Leiteinrichtungen oder Beschilderungspläne.

Zu den Ausführungsunterlagen gehören auch die von fachlich Beteiligten angefertigten Detailpläne (z. B. für die Entwässerungsanlagen oder für die Lärmschutzanlagen, soweit letztere für die Ausführung der Verkehrsanlage relevant sind).

93 Das **Vervollständigen der Ausführungsplanung**, d. h. die laufende Ergänzung bzw. Korrektur der Zeichnungen **während der Objektausführung** z. B. als Folge späterer Ausschreibungser-

---

[35] DIN 1356-1: Bauzeichnungen Teil 1: Arten, Inhalte und Grundregeln der Darstellung
[36] IBR 2008, 165
[37] BauR 1978, 405
[38] IBRRS 2002, 0007
[39] IBR 2000, 445

gebnisse fachlich Beteiligter setzt voraus, dass die Anforderungen an die Aufgabe während der Objektausführung gleich bleiben. Dies ist beispielsweise dann der Fall, wenn die Ausschreibung der Technischen Ausrüstung erst während der Bauausführung der Verkehrsanlage erfolgen kann und deren Einbau eine Fortschreibung der zuvor noch unvollständigen Ausführungsplanung erfordert. Soll der Objektplaner jedoch beispielsweise die ursprünglichen Ausführungspläne infolge von **Sondervorschlägen oder Nebenangeboten** nicht nur fortschreiben, sondern an die neuen Gegebenheiten auch **zeichnerisch anpassen**, handelt es sich hierbei um **Besondere Leistungen** oder auch wiederholte Grundleistungen, deren Honorierung gesondert vereinbart werden müsste.

Die Ausführungsplanung ist eine Voraussetzung für die **Bauausführung**. Erst die Ausführungs-   **94**
planung erfasst die endgültigen und häufig kostenbestimmenden Ausführungsdetails nach Integration der Leistungen der anderen an diesem Objekt fachlich Beteiligten. Die in dieser Leistungsphase erreichbaren Ergebnisse sind daher die **notwendige Voraussetzung für die folgenden Leistungen zur Vorbereitung der Ausschreibungen** und der Bauausführung. Dies gilt auch dann, wenn für spezielle bauliche Lösungen oder für Technische Anlagen verschiedene Ausführungsarten möglich sind, die erst durch Vergabeverfahren nach Baubeginn ermittelt werden können. Dies erklärt die in LPH 5 d) genannte **Vervollständigung der Ausführungsplanung** während der Objektausführung durch den Objektplaner. Die Vervollständigung der Planung muss im Einvernehmen aller dabei mitwirkenden Planer und anderen fachlich Beteiligten so rechtzeitig erfolgen, dass die **Bauausführung ohne Verzögerung möglich ist**. Auch das Vervollständigen der Ausführungsplanung kann deswegen nur eine Leistung betreffen, die **vor der Bauausführung** stattfindet. Daraus folgt auch, dass das Fortschreiben der Ausführungspläne nicht das Anfertigen der Bestandspläne ersetzt oder gar damit verwechselt werden darf.

b) Besondere Leistungen

Weder die Verordnung noch ihre Begründung erklärt, was mit der als Besondere Leistung er-   **95**
wähnten **objektübergreifenden integrierten Bauablaufplanung** gemeint ist. Nach WIKIPEDIA ist eine Ablaufplanung die Voraussetzung für die Terminplanung. Weiter heißt es: *„Durch die Ablaufplanung wird eine logische Folge der erforderlichen Aktivitäten festgelegt, ohne dass diesen bereits konkrete Termine in Form von Kalenderdaten zugewiesen werden. … Durch eine Ablaufplanung (Bauablaufplanung) wird ein terminliches Modell eines Projektes (Bauprojektes) erstellt, aus dem die Reihenfolge der einzelnen Projektschritte (Bauablauf) hervorgeht. Wird die Ablaufplanung für ein spezifisches Projekt mit konkreten Kalenderdaten versehen, so erhält man eine Terminplanung oder einen Terminplan, am Bau: Bauzeitenplan. Grundlegendes Element von Ablaufplänen sind Vorgänge (in der Produktion: (Arbeits-)Abläufe und Ablaufabschnitte). Ein Projekt wird in Vorgänge untergliedert. Vorgänge können konkrete Arbeitsvorgänge sein (z. B. Herstellen der Decke über dem Erdgeschoss) oder organisatorische Aufgaben (z. B. Schalungsplanung durchführen oder eine Genehmigung einholen). Zur eindeutigen Bestimmung werden die Vorgänge regelmäßig mit eineindeutigen Vorgangsnummern versehen. Jeder Vorgang benötigt eine gewisse Zeitdauer. Diese wird über Aufwands- oder Leistungswerte berechnet oder mit Expertenwissen festgelegt.*

Bei größeren Bauablaufplänen sind die Strukturierung des Projektes (Projektstrukturplan) und   **96**
damit die Festlegung der zu planenden Vorgänge sorgfältig durchzuführen. Ziel ist, in einer hierarchischen Struktur alle maßgeblichen Vorgänge zu erfassen und sich gleichzeitig so zu beschränken, dass nur die projektrelevanten Vorgänge aufgeführt werden." Diesen Erläuterungen ist nichts hinzuzufügen; darin ist die Ablaufplanung aller ausführungsrelevanter Schritte gemeint, welche alle Projektbeteiligten – also mindestens Auftraggeber, Objektplaner, Fachplaner, SiGeKo-Planer, Aufsichts- und Genehmigungsbehörden – machen müssen, um den Projekterfolg zu erreichen. Die hierfür leistungsorientierten Honorare werden am zweckmäßigsten aufwandsbezogen vereinbart. Empfehlend kann auch auf die einschlägige Fachliteratur verwiesen werden. Hilfestellung leisten u. a. die unten genannten Veröffentlichungen der AHO-Schriftenreihe[40].

---

[40] Heft 9: „Projektmanagementleistungen in der Bau- und Immobilienwirtschaft", Heft 19: „Neue Leistungsbilder zum Projektmanagement in der Bau- und Immobilienwirtschaft", September 2004, und Heft 22: „Leistungsbild und Honorierung Leistungen für Baulogistik", März 2011

97 Die ebenfalls neu erwähnten Besonderen Leistungen bei der „**Koordination des Gesamtprojekts**" sind die auf Dritte delegierbaren Bauherrenleistungen bei der **Projektsteuerung**. Auch zur Definition dieser Leistung fehlt eine Erläuterung in der Verordnungsbegründung. Hier vermittelt das folgende Zitat aus WIKIPEDIA einen ersten Überblick:

„Der Begriff Projektsteuerung wurde 1977 in der Honorarordnung für Architekten und Ingenieure (HOAI) erstmals verwendet und grenzt sie begrifflich und inhaltlich klar von anderen Projektmanagementleistungen ab. Das Leistungsbild der Projektsteuerung war in § 31 der HOAI 1977 definiert. …

Projektsteuerung im Sinne der HOAI war die Übernahme von delegierbaren Auftraggeberfunktionen, wie z. B.:

- *Erstellen und Koordinieren des Programms für das Gesamtprojekt.*
- *Aufstellen und Überwachen von Organisation-, Termin- und Zahlungsplänen bezogen auf Projekt und Projektbeteiligte.*
- *Laufendes Informieren des Auftraggebers über die Projektabwicklung und rechtzeitiges Herbeiführen von Entscheidungen des Auftraggebers".*

Der Deutsche Verband der Projektmanager in der Bau- und Immobilienwirtschaft (DVP) und der AHO entwickelten seit 1996 wurde das Leistungsbild der Projektsteuerung weiter und versuchten, damit ein klarer abgegrenztes Leistungsbild für Projektsteuerungsleistungen schaffen. Dieses umfasst die Leistungen von Auftragnehmern, die Funktionen des Auftraggebers bei der Steuerung von Projekten mit mehreren Fachbereichen in Stabsfunktion übernehmen.

Die Leistungen sind in fünf Handlungsbereiche und diese wiederum in jeweils fünf Projektstufen gegliedert:

Handlungsbereiche

A Organisation, Information, Koordination und Dokumentation

B Qualitäten und Quantitäten

C Kosten und Finanzierung

D Termine, Kapazitäten und Logistik

E Verträge und Versicherungen

Projektstufen

1 Projektvorbereitung

2 Planung

3 Ausführungsvorbereitung

4 Ausführung

5 Projektabschluss

Die aktuelle Fassung dieser Empfehlungen enthält das bereits in FN 36 erwähnte Heft 9 der AHO-Schriftenreihe

98 Das **Aufstellen von Ablauf- und Netzplänen** ist nur bei größeren, komplexen und zeitlich eng limitierten Bauvorhaben üblich. Neben dem Aufstellen dieser Pläne ist in der Regel auch deren ständige Fortschreibung erforderlich. Beide Leistungen werden im Regelfall als Steuerungsinstrumente bei der o. e. objektübergreifenden Bauablaufplanung verwendet.

99 Die Ausführung von Verkehrsanlagen kann im seltenen Einzelfall **nach Vorgabe einer funktionalen Leistungsbeschreibung** „schlüsselfertig" durchgeführt werden (s. Erläuterungen zu Phase 6; Rdn. 108). In diesem Fall kann es notwendig sein, die vom ausführenden Unternehmen ausgearbeiteten **Ausführungspläne auf Übereinstimmung mit der Entwurfsplanung** und mit den der Ausschreibung und Vergabe zugrunde gelegten Qualitätskriterien zu **prüfen**. Diese Leistung des Objektplaners ist eine Besondere Leistung, die in diesem Falle teilweise oder ganz an die Stelle der bewerteten Leistung tritt.

Solche Leistungen waren in dem bereits zitierten, vom OLG Celle entschiedenen Streitfall vom Auftragnehmer zu erbringen (Rdn. 91, Fn. 32). Ein Architekt wird mit der Erbringung der Leistungsphasen 2–8 des § 15 HOAI für den Neubau einer Fachhochschule beauftragt. Mit der

Erbringung der Metallarbeiten an der Fassade und der Dachverglasung (Sheddach) beauftragt der Bauherr (B) ein Fachunternehmen. In den dem Vertrag zwischen B und dem Unternehmen beigefügten Zusätzlichen Technischen Vertragsbedingungen findet sich der Zusatz: „Die konstruktive Detailausführung ist dem Bieter zur Anwendung eigener Erfahrungen und der betriebseigenen Verfahrensweise freigestellt." Die Werkplanung für die zu liefernden und zu montierenden Teile stellt das Unternehmen, die der Architekt jeweils – ohne eigene Überprüfung – mit seinem Freigabestempel versieht. Nach der Fertigstellung werden in einem selbstständigen Beweisverfahren durch den Sachverständigen Planungs- und Überwachungsmängel des Architekten an den durch das Unternehmen erbrachten Metallbauarbeiten festgestellt. Das Landgericht verurteilt den Architekten antragsgemäß dem Grunde nach zur Zahlung von Schadensersatz für die festgestellten Mängel. Das OLG bestätigt das Urteil des LG mit der Feststellung, dass der Architekt sowohl mit der Erbringung der Ausführungsplanung als auch mit der Objektüberwachung beauftragt war. Zwar seien die Werkpläne vorliegend durch das Unternehmen selbst erstellt worden, aber der Architekt sei dennoch gehalten gewesen, die vorgelegten Pläne auf etwaige Fehler zu überprüfen. Der zwischen dem Architekten und B geschlossene Vertrag habe keine Einschränkung in Bezug auf die Prüfung der Ausführungsplanung des Unternehmens enthalten. Der Auftrag zur Ausführungsplanung verpflichte den Architekten auch, die ihm durch das Unternehmen vorgelegten Unterlagen zu kontrollieren.

7. Vorbereitung der Vergabe

a) Grundleistungen

Vor Durchführung der in dieser Leistungsphase zu erbringenden Leistungen muss der Auftraggeber u. a. folgende Vorbereitungen und Entscheidungen getroffen haben[41]:

– Sicherstellung der Finanzierung
– endgültige Klärung der Grundstücksverhältnisse
– Überprüfung der notwendigen öffentlich-rechtlichen Genehmigungen auf Vollständigkeit

Die **Vorbereitung der Vergabe** dient dem Herstellen der Unterlagen, mit denen der Auftraggeber des Objektplaners an der Bauausführung interessierte Unternehmen zur Abgabe von Angeboten auffordern kann (**Vergabeunterlagen**). Zentrale Grundlage zur Definition von Art und Umfang der dafür vom Objektplaner geschuldeten Leistungen sind bei öffentlichen Auftraggebern die Anforderungen, welche die Vergabe- und Vertragsordnung für Bauleistungen (Teil A) und die Vertrags- und Verdingungsordnung für Leistungen – Teil A – (VOL/A) Ausgabe 2009[42] stellen. In vergleichbarer Weise formulieren auch private Auftraggeber ihre Anforderungen an die Leistungsergebnisse der Objektplaner zur Vorbereitung der Vergabeverfahren für Bauleistungen. **100**

Sind die erwarteten Gesamtkosten so hoch, dass öffentliche Auftraggeber die geplante Vergabe europaweit bekanntmachen müssen, müssen die Vergabebekanntmachung und die Unterlagen den dafür aufgestellten Regeln entsprechen. Die Vergabe der Bauarbeiten erfolgt dann je nach Art und Umfang des Projekts im offenen oder nicht offenen Vergabeverfahren, im Verhandlungsverfahren oder im wettbewerblichen Dialog. Um ihre Leistungen richtig und vollständig zu erbringen, müssen Objektplaner diese Regeln möglichst genau kennen. Dann können sie Ihre Auftraggeber zumindest in **fachlicher Hinsicht** umfassend **beraten** und mit dafür sorgen, dass die **Vergabeverfahren ordnungsgemäß** verlaufen. Sie bewahren dadurch sich und Ihre Auftraggeber vor unnötigen streitigen Auseinandersetzungen mit am Auftrag interessierten Unternehmen und vor dadurch entstehenden Verzögerungen im Bauablauf. **101**

Zunächst wird der Objektplaner – aufbauend auf dem in der Vorplanung erstellten ersten und im Zuge der Entwurfsplanung fortgeschriebenen Terminplan – den **Vergabeterminplan** erarbeiten, in dem er den mit dem Auftraggeber abzustimmenden zeitlichen Ablauf des gesamten Vergabeverfahrens entwickelt und darstellt. Zu diesem Planungsschritt gehört auch die endgültige Fest- **102**

---

[41] So zutreffend z. B. nach der Mitteilung Nr. 1/89 der Gemeindeprüfungsanstalt Baden-Württemberg
[42] Zum Zeitpunkt der Manuskripterstellung in der Fassung der Bekanntmachung vom 20.November 2009 (BAnz Nr. 196a vom 29. Dezember 2009)

legung über denkbare und sinnvolle Bau- und Ausschreibungsabschnitte oder Lose des Projekts. Erst danach wird der Objektplaner die **endgültigen Mengen** ermitteln und die **Ausschreibungsunterlagen** aufstellen.

103 Die in der HOAI verordneten Grundleistungen gehen von der Voraussetzung aus, dass für das Objekt und für alle Gewerke **Leistungsbeschreibungen mit Leistungsverzeichnissen** im Sinne von § 7 Abs. 9 – 12 VOB/A ausgearbeitet werden. Das ergibt sich schon aus der Formulierung des ersten Arbeitsschrittes der Leistungsphase 6, wonach der Objektplaner die **Mengen nach Einzelpositionen** unter Verwendung der Beiträge anderer an der Planung fachlich Beteiligter ermittelt (LPH 6 a). Erst recht wird dies durch die Formulierung des zweiten Arbeitsschritts der Leistungsphase deutlich. Dort wird das Anfertigen der Leistungsbeschreibungen mit Leistungsverzeichnissen als eine „Insbesondere-Leistung" beim **Aufstellen der Vergabeunterlagen** erklärt. Darunter ist das geordnete und transparente Zusammenstellung der Leistungsbeschreibung mit Leistungsverzeichnissen und der **besonderen Vertragsbedingungen** zu verstehen (LPH 6 b)).

104 Mit dieser Definition werden die schon zuvor betonten zentralen **Koordinierungs- und Integrationsaufgaben des Objektplaners** unterstrichen. Welche Aufgaben dabei insbesondere die Fachplaner in der Regel erfüllen, regeln die Leistungsbilder Tragwerksplanung und Technische Ausrüstung (Anlagen 14.1 und 15.1 HOAI): sie erarbeiten in Abstimmung mit dem Objektplaner die Leistungsbeschreibungen mit Leistungsverzeichnis für ihren Fachbereich und übergeben sie dem Objektplaner. Dieser prüft die Beiträge der Fachplaner auf Übereinstimmung mit seinen eigenen Leistungsergebnissen und mit den von ihm ausgearbeiteten Leistungsbeschreibungen mit Leistungsverzeichnissen und macht sie für alle Leistungsbereiche einschließlich der entsprechenden formalen Vergabe- und Vertragsunterlagen versandfertig.

105 Die zugehörigen **Allgemeinen Vertragsbestimmungen** werden häufig vom Auftraggeber zur Verfügung gestellt, wenn er solche bei der Vergabe für die Durchführung von Werkleistungen bevorzugt. Gerade öffentliche Auftraggeber, welche regelmäßig Bauleistungen und Lieferungen vergeben, verlangen aus Gründen der Rechtssicherheit die Verwendung einheitlicher Vertragsmuster und Verdingungsunterlagen[43,44]. Sie betrachten das Überlassen derartiger Unterlagen häufig als ihre Leistung, für die sie unter Bezug auf § 8 Abs. 2 in entsprechenden Vertragsmustern eine anteilige Reduzierung der für diese Leistungsphase verordneten Bewertung vorsehen oder verlangen. Nachdem die HOAI das Herstellen solcher Unterlagen aber nicht ausdrücklich als Pflicht des Objektplaners definiert, ist keine Begründung für eine derartigen Honoraranspruch des Auftraggebers erkennbar; die Reduzierung ist daher unzulässig. Dies gilt insbesondere auch deswegen, weil es sich bei dabei regelmäßig um Regelungen geht, deren Schaffung keine Leistung von Ingenieuren und Architekten, sondern nur von Juristen sein kann.

106 Zu den Leistungen des Objektplaners in dieser Leistungsphase gehört auch das Abstimmen und Koordinieren der Schnittstellen zu den **Leistungsbeschreibungen der an der Planung fachlich Beteiligten** (LPH 6 c)). So ermitteln beispielsweise die **Fachplaner der technischen Anlagen** nach § 55 und der zugehörigen Anlage 15.1 in Leistungsphase 6 die Mengen als Grundlage für das Aufstellen ihrer Leistungsverzeichnisse nach Leistungsbereichen und wirken bei der Abstimmung der Schnittstellen zu den Leistungsbeschreibungen der anderen an der Planung fachlich Beteiligten mit. Aufgabe des Objektplaners ist es, die Leistungsergebnisse der Fachplaner und aller anderen an der Planung und Bauvorbereitung fachlich Beteiligten in die von ihm zu schaffenden Vergabeunterlagen zu integrieren und durch entsprechende Prüfungen dafür zu sorgen, dass es bei den Leistungsbeschreibungen und Mengenermittlungen der fachlich Beteiligten zu keinen falschen Ansätzen oder gar Überschneidungen kommt. Vor Herausgabe

---

[43] Z. B. Vergabe- und Vertragshandbuch für die Baumaßnahmen des Bundes (VHB 2008 – Stand August 2012), mit Erlass des Bundesministeriums für Verkehr, Bau und Stadtentwicklung vom 2. Juni 2008 zum 1. Juli 2008 für den Bundeshochbau eingeführt, einschließlich seiner Aktualisierungen, zuletzt mit Erlass B 15 – 8164.2/2 vom 19. September 2012

[44] Z. B. Kommunales Vergabehandbuch für Baden-Württemberg – KVHB-Bau – mit Formularen; Handbuch für die Vergabe und Ausführung von Bauleistungen im kommunalen Bereich Baden-Württemberg mit Vorschriftensammlung, Loseblattsammlung, Richard Boorberg Verlag, Stuttgart, einschließlich Fortschreibungen

der von ihm erstellten Unterlagen muss der Objektplaner sie mit allen an der Planung fachlich Beteiligten abstimmen und die wesentlichen **Ausführungsphasen** festlegen (LPH 6 d)); dasselbe trifft für die von den Fachplanern hergestellten Unterlagen zu, deren Abstimmung und Koordinierung zu den Grundleistungen des Objektplaners zählen. Welche Beiträge anderer fachlich Beteiligter in welcher Form zu berücksichtigen sind, muss im Bedarfsfall einzelvertraglich geregelt werden.

Die aktuelle Verordnung nennt in Leistungsphase 6 zwei neue Arbeitsschritte des Objektplaners als Grundleistungen, die bisher als Besondere Leistungen verstanden wurden: das **Ermitteln der** (voraussichtlichen) **Kosten** auf Grundlage der vom Planer (Entwurfsverfasser) bepreisten Leistungsverzeichnisse (LPH 6 e)) und die **Kostenkontrolle** durch Vergleich der bepreisten Leistungsverzeichnisse mit der Kostenberechnung (LPH 6 f)). Weder aus dem Verordnungstext noch aus dessen Begründung ergibt sich, weswegen der Verordnungsgeber den Objektplaner durch das eingeklammerte Wort „Entwurfsverfasser" so besonders als Verantwortlichen für diesen weiteren Kostenermittlungsschritt hervorhebt. Die Kostenermittlung des Objektplaners muss ohnehin im Kontext zur Beschreibung seiner anderen Leistungsschritte auch die Ergebnisse der bepreisten Leistungsverzeichnisse der Fachplaner (hier: Freianlagen und Technische Ausrüstung) beinhalten, ohne die seine Kostenermittlung unvollständig wäre. Deren Aufstellen ist konsequenterweise eine ebenfalls in der entsprechenden Leistungsphase 6 der Fachplaner genannte Leistung des jeweiligen Fachplaners (s. HOAI-Anlagen 11.1 LPH 6 e) und 15.1 LPH 6 d)).

Die Herstellung bepreister Leistungsverzeichnisse fordert von den Auftragnehmern (Objektplaner, Fachplaner) die Verwendung jeweils **ortsüblicher, objektspezifischer Preise**, um das vermutliche Ausschreibungsergebnisse möglichst genau zu treffen. Um diese Leistung konjunkturnah erbringen zu können, müssen die Planer entsprechende Preis-Datenbanken vorhalten und kontinuierlich fortschreiben, die sie aus Ausschreibungsergebnissen herleiten müssen, die in der Vergangenheit liegen. Damit ist für sie anders als bisher ein erheblicher Mehraufwand verbunden, da für möglichst jede der denkbaren Positionen in Leistungsverzeichnissen Preise verfügbar sein müssen.

Die Formulierung dieser Grundleistung in denselben Leistungsphasen der anderen Leistungsbilder (HOAI-Anlagen 10.1, 11.1 und 15.1) lautet: „*Ermitteln der Kosten auf Grundlage der vom Planer bepreisten Leistungsverzeichnisse*". Nur in der HOAI-Anlage 12.1 (Leistungsbild Ingenieurbauwerke) wird dieselbe Formulierung verwendet. Dies hat zur Folge, dass bei getrennter Vergabe der Leistungen für Ingenieurbauwerke und Verkehrsanlagen in den Phasen 1 bis 4 und 5 bis 9 der mit den ersten vier Leistungsphasen Beauftragte (Entwurfsverfasser) dann, wenn im Ingenieur- oder Architektenvertrag – wie leider sehr häufig üblich – das Leistungsbild bei der Leistungsdefinition in Bezug genommen wird, dieser die im Rahmen der Leistungsphase 6 von einem anderen Objektplaner erstellten Leistungsverzeichnisse bepreisen soll. Eine entsprechende verpflichtende Grundleistung des Entwurfsverfasser – in den drei anderen Leistungsbildern lediglich „Planer" genannt – fehlt jedoch in allen Leistungsbildern. Zur Vermeidung von streitigen Auseinandersetzungen sollte in den entsprechenden Verträgen diese offensichtlich fehlende Definition der Zuständigkeit schriftlich vereinbart werden.

107

Mit dem **Zusammenstellen der Vergabeunterlagen** und der Übergabe dieser Unterlagen an den Auftraggeber schließt der Objektplaner die Leistungsphase ab (LPH 6 g)).

108

b) Besondere Leistungen

Die Ausführung von Verkehrsanlagen kann nach § 7 Abs. 13–15 VOB/A in begründeten Ausnahmefällen auch als Ganzes ausgeschrieben werden (**Leistungsbeschreibung mit Leistungsprogramm** oder „funktionale Leistungsbeschreibung"). Das Aufstellen einer detaillierten Objektbeschreibung als Baubuch zur Grundlage der Leistungsbeschreibung mit Leistungsprogramm und die Erläuterungen zur Wertungsmethodik der Angebote (z. B. bei abweichenden Standards oder bei Berücksichtigung von Folgekosten durch Kostenvergleichsrechnungen) sind Besondere Leistungen, die je nach Umfang der bewerteten Leistungen teilweise oder ganz ersetzen[45]. Es

109

---

[45] Empfehlungen des AHO zur Definition und Anwendung der Funktionalausschreibung, Heft Nr. 10 der AHO-Schriftenreihe 1998

wird empfohlen, entsprechende Vereinbarungen über deren Honorierung vor Durchführung zu treffen.

110   Verlangt der Auftraggeber während der Vorbereitung der Vergabe vom Objektplaner eine **detaillierte Planung von Bauphasen**, so könnten damit beispielsweise Vorkehrungen zur Aufrechterhaltung der Nutzung vorhandener Ingenieurbauwerke oder Vorkehrungen zur abschnittsweisen Aufrechterhaltung des Straßen- oder Bahnverkehrs gemeint sein. Solche Leistungen müssen besonders häufig und nahezu regelmäßig bei Umbauten oder Erweiterungsbauten erbracht werden, damit einerseits die in der Leistungsbeschreibung oder in den besonderen Vertragsbestimmungen zu fordernde Baustellenorganisation der ausführenden Firmen zutreffend geplant und kalkuliert werden kann und andererseits die durch die Baumaßnahmen betroffenen Anlieger oder Nutzer zeitnah und umfassend informiert werden können.

8. Mitwirkung bei der Vergabe

a) Grundleistungen

111   Das **Mitwirken bei der Vergabe** beschreibt die Leistung des Objektplaners beim Einholen und Werten von Angeboten sowie seine Mitwirkung bei der Auftragsvergabe durch den Auftraggeber. Das **Einholen von Angeboten** (LPH 7a)) umfasst alle Tätigkeiten des Objektplaners, welche nach Zusammenstellung der Verdingungsunterlagen bis zur Vorlage von Unternehmerangeboten beim Auftraggeber notwendig sind. In der Regel gehören dazu zunächst Beratungsleistungen des Objektplaners, die der **Auftraggeber bei** seinen **Entscheidungen** benötigt, die nachfolgend beispielhaft aufgezählt sind[46]:

– Wahl der Art des Vergabeverfahrens nach §§ 3 bzw. 3a VOB/A unter Berücksichtigung des Schwellenwertes gemäß § 2 VgV,

– Entscheidung über eine Ausschreibung nach Losen,

– Entscheidung über die terminliche Abwicklung des Ausschreibungsverfahrens.

Ferner ist der Objektplaner dazu verpflichtet, die **Entwürfe der Vergabebekanntmachungen** für die zu vergebenden Leistungen zu formulieren. Dazu gehören Anforderungen des Auftraggebers an die Nachweise der am Auftrag interessierten Unternehmen an ihre Fachkunde, Leistungsfähigkeit und Zuverlässigkeit, die der Objektplaner zur Prüfung ihrer Eignung vor der eigentlichen Preisprüfung durchführen muss. Die Entscheidung über die endgültige Formulierung des Bekanntmachungstextes ist Sache des Auftraggebers; seine Veröffentlichung in den entsprechenden Publikationsorganen, die der Auftraggeber bestimmt, kann nach entsprechender Anweisung des Auftraggebers durch den Objektplaner erfolgen.

Weiter ist festzulegen, auf welche Weise der **Auftraggeber die Submission der Angebote vornimmt**. Letztere ist gerade bei öffentlichen Bauvorhaben in der Regel Aufgabe des Auftraggebers, die er mit Unterstützung des Objektplaners durchführt. Wegen der besonderen Verantwortung beider für die Durchführung gesetzes- und verordnungskonformer Vergabeverfahren ist gerade beim Eröffnungstermin das gemeinsame Handeln geboten.

112   Nach Eingang der **Angebote** beim Auftraggeber ist es Aufgabe des Objektplaners, diese zu **prüfen und** zu **werten** (LPH 7b)). Das Prüfen und Werten der Angebote, die von fachlich Beteiligten in ähnlicher Weise eingeholt wurden und die deswegen an der Vergabe mitwirken, ist deren Sache; Aufgabe des Objektplaner das Abstimmen der diesbezüglichen Leistungen der fachlich Beteiligten und das Zusammenstellen ihrer Leistungsergebnisse (LPH 7c)). Beim Prüfen und Werten der Angebote sind zunächst die Einhaltung der Angebotsbedingungen und Formvorschriften sowie die Eignung der Bieter[47] zu untersuchen und danach die als vollständig und wertbar ermittelten Angebote auf rechnerische Richtigkeit zu prüfen. Dabei müssen die Prüfer vor allem darauf achten, ob gegebenenfalls Spekulationspreise angeboten wurden, welche die Reihenfolge der Bieter in besonderer Weise bestimmen. Bei der Durchführung dieser Leistungen muss der Objektplaner insbesondere nach öffentlicher Ausschreibung bzw. bei Vergabe im

[46] So ebenfalls Mitteilung Nr. 1/89 der Gemeindeprüfungsanstalt Baden-Württemberg
[47] Siehe z. B. § 16 Abs. 1 und 2 VOB/A

offenem Verfahren die strikten Vorschriften der VOB/A beachten, wonach vor der Preisprüfung die Bewerbungen und Angebote der Bieter auf deren **Eignung zur Übernahme des Auftrages zu überprüfen sind**[48].

Nach der rechnerischen Prüfung und Wertung ist das **Aufstellen** und **Auswerten des Preisspiegels** für alle Baugewerke unter Beachtung der Beiträge aller während der Leistungsphasen 6 (Vorbereitung der Vergabe) und 7 (Mitwirken bei der Vergabe) fachlich Beteiligten erforderlich. Hiermit wird eine transparente Übersicht über die angebotenen Leistungen, Einheits- und Gesamtpreise geschaffen, die sowohl Detailvergleiche als auch die Vergleiche der jeweiligen Gesamtpreise erlauben müssen. Aufgabe des Objektplaners ist es, für das Erstellen der Preisspiegel von Angeboten in allen Fachbereichen zu sorgen, welche von den einzelnen Fachplanern für die von ihnen durchgeführten Ausschreibungen und Angebotsprüfungen aufzustellen sind.

113

Mit dem **Führen von Bietergesprächen** (LPH 7 d)) meint die Verordnung sicherlich ausschließlich die Gespräche, die nach § 15 VOB/A zur Aufklärung des Angebotsinhalts zulässig sind. Danach darf ein Auftraggeber nach Öffnung der Angebote bis zur Zuschlagserteilung von einem Bieter nur Aufklärung verlangen, um sich über seine Eignung, insbesondere seine technische und wirtschaftliche Leistungsfähigkeit, das Angebot selbst, etwaige Nebenangebote, die geplante Art der Durchführung, etwaige Ursprungsorte oder Bezugsquellen von Stoffen oder Bauteilen und über die Angemessenheit der Preise, wenn nötig durch Einsicht in die vorzulegenden Preisermittlungen (Kalkulationen), unterrichten lassen. Insbesondere Verhandlungen über Änderung der Angebote oder Preise sind unstatthaft, außer wenn sie bei Nebenangeboten oder Angeboten aufgrund eines Leistungsprogramms nötig sind, um unumgängliche technische Änderungen geringen Umfangs und daraus sich ergebende Änderungen der Preise zu vereinbaren. Es wird darauf hingewiesen, dass das Führen solcher Gespräche und Verhandlungen mit Bietern zur Klärung technischer Fragen vor der Vergabe der Bauleistungen **Aufgabe des Auftraggeber** unter **Mitwirkung des Objektplaners und/oder der fachlich Beteiligten** ist.

114

Zu den Leistungen in dieser Leistungsphase zählen auch diejenigen, welche ein Objektplaner nach dem **Aufheben von Ausschreibungen** in den Leistungsphasen 6 und/oder 7 erneut erbringen muss. Die daraufhin erneut zu erbringenden Leistungen sind je nach Situation teilweise oder vollständige Wiederholung bereits erbrachter Leistungen, die durch das Aufheben der Ausschreibung vergeblich waren. Die Honorierung dieser Leistungen muss je nach Leistungsumfang mit einem Teil des für die wiederholten Leistungen verordneten Vomhundertsatzes oder mit dessen vollen Wert erfolgen.

115

Das Mitwirken bei der Auftragserteilung umfasst neben der schon erwähnten Fertigung eines Preisspiegels der wichtigsten Positionen, geordnet nach Objekten, Kostengruppen und Fachbereichen, auch das Ausarbeiten und Begründen des **Vergabevorschlages** (LPH 7 d)). Soweit Fachplaner für ihren Leistungsbereich mit vergleichbaren Leistungen beauftragt sind, ist es Aufgabe des Objektplaners, deren Vergabevorschläge auf Übereinstimmung mit den in den Ausschreibungsunterlagen vorgegebenen Bedingungen zu überprüfen und gegebenenfalls erforderliche Korrekturen im Einvernehmen mit dem Auftraggeber zu veranlassen. Mit der Vorlage des Vergabevorschlags ist der Objektplaner auch gehalten, durch eine ausführliche **Dokumentation des Vergabeverfahrens** dessen ordnungsgemäße Durchführung nachzuweisen. Dies ist vor allem bei öffentlichen Aufträgen vonnöten, wenn beispielsweise nicht bei der Vergabe berücksichtigte Bewerber und Bieter nach § 97 Abs. 7 BGW[49] ihren Anspruch auf Einhaltung der Bestimmungen über das gesetzlich festgelegte Vergabeverfahren geltend machen wollen. Jedes Unternehmen, das ein Interesse am Auftrag hat und meint, dass es bei der Durchführung des Vergabeverfahrens in seinen Rechten verletzt wurde, kann danach ein Nachprüfungsverfahren bei einer für das Projekt zuständigen Vergabekammer beantragen. Der Objektplaner muss deswegen dafür Sorge tragen, dass er alle das betreffende Vergabeverfahren festgelegten gesetzlichen Regelungen eingehalten hat. Er muss die dafür notwendigen schriftlichen Nachweise nach Beantragung eines

116

---

[48] § 16 Abs. 2 VOB/A
[49] Gesetz gegen Wettbewerbsbeschränkungen (GWB) in der Fassung der Bekanntmachung vom 26. Juni 2013 (BGBl. I S. 1750), das durch Artikel 16 des Gesetzes vom 4. Juli 2013 (BGBl. I S. 1981) geändert worden ist

solchen Nachprüfungsverfahrens dem Auftraggeber unverzüglich vorlegen können, soweit sie diesem nicht schon zusammen mit dem Vergabevorschlag vorgelegt wurden.

117 Integraler Bestandteil der Grundleistungen beim Mitwirken bei der Vergabe ist die **Zusammenstellung der Unterlagen** (LPH 7 f)) **für die Verträge**, die Auftraggeber und beauftragte Unternehmen vor Beginn der Bauarbeiten unterzeichnen müssen und die Grundlage für die Zusammenarbeit dieser Parteien sind. Die Formulierung der Verträge ist Sache juristischer Vertreter der beiden Parteien; die dort geforderten Unterlagen – in der Regel Vertragsanlagen – muss Objektplaner zusammenstellen und den Parteien übergeben. Hier sind in erster Linie die verhandelten Angebote – gegebenenfalls ergänzt um zusätzliche Angaben, die bei den Bietergesprächen schriftlich ausgetauscht worden – einschließlich der Besonderen Vertragsbedingungen und der für die Angebotserstellung benötigten Pläne und sonstigen technischen Unterlagen Angaben zu nennen.

118 Eine weitere unverzichtbare Aufgabe des Objektplaners im Rahmen der Mitwirkung bei der Vergabe ist die Prüfung, ob die beim Vergabeverfahren festgestellten Kosten im erwarteten Rahmen liegen (LPH 7 g)). Dazu ist ein **Vergleich der Ausschreibungsergebnisse** mit den vom Objektplaner bepreisten Leistungsverzeichnissen und den Ergebnissen der Kostenberechnung notwendig. Dieser Vergleich ist der nächste obligatorische Schritt der weiteren Kostenkontrolle; er soll den Vertragsparteien die Möglichkeit geben, Entscheidungen zur Kostensteuerung noch vor der Vergabe und damit vor Baubeginn zu treffen. Die Tätigkeit entspricht dem früher so genannten **Fortschreiben der Kostenberechnung**, die den Leistungen für den Kostenanschlag nach DIN 276 Ziffer 3.4.4 entspricht. Dieser ist in der Norm als eine Grundlage für die Entscheidung über die Ausführungsplanung und die Vorbereitung der Vergabe definiert. Ihm liegen insbesondere folgende Informationen zu Grunde:

– Planungsunterlagen, z. B. endgültige vollständige Ausführung-, Detail- und Konstruktionszeichnungen,
– Berechnungen, z. B. für Standsicherheit, Wärmeschutz, technische Anlagen,
– Berechnung der Mengen von Bezugseinheiten der Kostengruppen,
– Erläuterungen zur Bauausführung, z. B. Leistungsbeschreibungen,
– Zusammenstellungen von Angeboten, Aufträgen und bereits entstandenen Kosten (z. B. für das Grundstück, Nebenkosten usw.).

119 Der geforderte Kostenvergleich hat **Rückwirkungen** auf die Leistungen bei der Bearbeitung der **Kostenberechnung** in Leistungsphase 3. Die Kostenberechnung muss so aufgebaut und strukturiert sein, dass der Kostenvergleich auch tatsächlich möglich ist. Zumindest die in der Ausschreibung gewählten Lose bzw. Abschnitte sind in der Kostenberechnung abzubilden. Diese Leistung ermöglicht es dem Objektplaner, **bei Abweichungen rechtzeitig gegenzusteuern**, Maßnahmen gegen die Abweichungen zu ergreifen und schließlich gründliche **Erläuterungen und Begründungen für eventuelle Abweichungen** auszuarbeiten. Diese dem Objektplaner gestellte Aufgabe ergibt sich auch aus DIN 276-1:2008-12 Ziffer 3.5 (Kostenkontrolle und Kostensteuerung). Danach verfolgt die Kostenkontrolle und Kostensteuerung den Zweck, die Kostenentwicklung und die Einhaltung der Kostenvorgabe zu überwachen. Dabei gilt der Grundsatz, dass die Planungs- und Ausführungsmaßnahmen eines Bauprojekts hinsichtlich ihrer resultierenden Kosten kontinuierlich zu bewerten sind. Wenn bei der Kostenkontrolle Abweichungen festgestellt werden und Kostenrisiken einzutreten drohen, sind diese zu benennen. Wird bei der Kostenkontrolle beispielsweise festgestellt, dass die Kostenberechnung geringere Kosten ausweist als sie nach der Angebotsprüfung für die Ausführung zu erwarten sind, muss der Objektplaner dem Auftraggeber **Einsparungsvorschläge** beispielsweise durch Korrekturen der Ausführungsstandards unterbreiten. Dabei muss er wie beim Durchführen aller anderen ihm obliegenden Leistungen auch hierbei im Einvernehmen mit dem Auftraggeber solche Leistungen der fachlich Beteiligten anfordern und in seine eigenen Leistungen integrieren. Dabei müsste er allerdings auch die Auswirkungen der ggf. geringeren Qualität auf die Folgekosten des Objekts aufzeigen. Ziel solcher Untersuchungen ist die möglichst umfassende Information des Auftraggebers und die Lieferung von Entscheidungshilfen. Erst danach wird es möglich sein, die **Kostenberechnung fortzuschreiben**.

Selbstverständlich sind die **Ergebnisse der Kostenkontrolle** sowie die vorgeschlagenen und durchgeführten Maßnahmen der Kostensteuerung – insbesondere die notwendige Abstimmung mit dem Auftraggeber und dem fachlich Beteiligten – zu **dokumentieren**. Unter 3.5.4 sieht die Norm schließlich vor, dass bei der Vergabe und der Ausführung die Angebote, Aufträge und Abrechnungen (einschließlich Nachträgen) in der für das Bauprojekt festgelegten Struktur aktuell zusammenzustellen und durch Vergleiche mit den vorherigen Ergebnissen zu kontrollieren sind.

120

Das **Mitwirken bei der Auftragserteilung** (LPH 7 h)) bedeutet für den Objektplaner die Pflicht, auf Wunsch des Auftraggebers beratend tätig zu werden. Die Beratung kann auch alle Tätigkeiten des Objektplaners umfassen, die stellvertretend für den Auftraggeber durchgeführt werden können. Hierzu gehört beispielsweise die Mitteilung an den erfolgreichen Bieter, dass der Auftraggeber sich für die Vergabe der ausgeschriebenen Leistungen an ihn entschieden hat. Ebenso kann dazu die Mitteilung über die Auftragsvergabe und je nach Vergabeverfahren auch die Mitteilung über den erfolgreichen Bieter an die Bieter gehören, deren Angebote nicht angenommen wurden.

121

Leistungen des Objektplaners, die er beim **Bearbeiten von Nachtragsangeboten** der ausführenden Firmen erbringen muss, zählen zu seiner werkvertraglichen Bringschuld. Hierzu ist ein Objektplaner insbesondere dann verpflichtet, wenn dadurch unberechtigte Nachtragsforderungen abgewehrt werden können. Die hiermit verbundenen und nicht über das im Allgemeinen erforderliche Maß hinausgehenden Leistungen sind mit dem unverändert bleibenden Honorar abgegolten; einen Rechtsanspruch auf ein Mehr an Honorar besitzt der Objektplaner wegen des werkvertraglichen Charakters der Architekten- und Ingenieurverträge nicht. Dies gilt nicht für solche Nachtragsangebote, die eine Folge unvorhersehbarer Ereignisse während der Bauausführung sind oder durch zusätzliche Forderungen des Bauherrn verursacht werden; deren Prüfung löst einen zusätzlichen Honoraranspruch des Objektplaners aus, dessen Höhe am zweckmäßigsten nach dem erforderlichen Zeitaufwand und einem ortsüblichen Stundensatz bemessen wird.

122

b) Besondere Leistungen

Das **Prüfen und Werten von Nebenangeboten oder von Änderungsvorschlägen** mit grundlegend anderen Konstruktionen im Hinblick auf die technische und funktionelle Durchführbarkeit sind Besondere Leistungen, da Nebenangebote und Änderungsvorschläge in der Regel zusätzlich zu den Hauptangeboten zu prüfen sind. Ferner ist festzustellen, ob die angebotenen Lösungen in gleicher Weise wie die Grundlösung die funktionelle Einheitlichkeit, Mängelfreiheit und Qualität des Gesamtbauwerkes zu erreichen erlauben. Auch die bei solchen Prüfungen häufig erforderlichen Wirtschaftlichkeitsuntersuchungen sind als Teil der Besonderen Leistungen zu erbringen und vom Auftraggeber zu vergüten.

123

Das Ausschreibungsverfahren **nach funktionaler Leistungsbeschreibung erfordert die Prüfung und Wertung der Angebote**, die im Vergleich mit den Prüfleistungen bei der gewerkeweisen Ausschreibung in der Regel erheblich umfangreicher ist[50]. Diese Besondere Leistung kann die bewerteten Leistungen in Leistungsphase 7 teilweise oder ganz ersetzen. Werden zur Prüfung und Wertung solcher Angebote auch abweichende Standards oder unterschiedliche Folgekosten durch **Kosten-Nutzen-Untersuchungen oder Kostenvergleichsuntersuchungen** notwendig, können diese Besonderen Leistungen auch höher als die in der Verordnung genannten Leistungen bewertet werden. Das **Prüfen von Angeboten aufgrund alternativer Leistungsbeschreibungen** einzelner Bauteile oder Gewerke ist prinzipiell eine Besondere Leistung.

124

Sehr häufig verlangen insbesondere öffentliche Auftraggeber bei Nachtragsangeboten der Unternehmer die Vorlage von entsprechenden Kalkulationsblättern. Auf dieser Grundlage ist dann zusätzlich zur sachlichen Prüfung über die Anspruchsberechtigung auch die **Preisprüfung der Nachtragsangebote** vorzunehmen. Diese sollen differenziert nach Stoff- und Lohnkosten überprüft werden. Vielfach sollen die Objektplaner oder Fachplaner auch feststellen, ob die Zuschläge für Lohnneben- und Lohnzusatzkosten sowie die kalkulatorischen Basiswerte für Baustellenge-

125

---

[50] Siehe z. B. Heft 10 der AHO-Schriftenreihe a. a. O.

meinkosten, allgemeine Geschäftskosten sowie Wagnis- und Gewinnanteil stimmen. Bezüglich der Honorierung der hierbei zu erbringenden Leistungen ist Seifert[51] zuzustimmen, der solche Leistungen als eine hochqualifizierte Tätigkeit beurteilt, was schon daran erkennbar sei, dass es sich dabei um ein Spezialgebiet von Sachverständigen handele. Denn eine derartige Überprüfung sei eine baubetriebliche Leistung, die von Sachverständigen erbracht werde, die von einer Bestellungskörperschaft (zum Beispiel von einer IHK) aufgrund ihrer besonderen Sachkunde für „Baupreisfragen", „Baupreisermittlung", „Abrechnung im Hochbau" usw. öffentlich bestellt und vereidigt seien. Dafür bedürfe es auch einer entsprechenden baubetrieblichen Ausbildung und einer besonderen Sachkunde auf diesem Fachgebiet. Wenn es bei der Überprüfung von unternehmerischen Kalkulationen um eine „normale" Grundleistung ginge, die von jedem Architekten üblicherweise und allgemein zu erbringen wäre, bräuchte es Sachverständige für dieses Bestellungsgebiet jedenfalls nicht zu geben. Daher kann die hier beschriebene Tätigkeit nur eine Besondere Leistung sein.

9. Bauoberleitung

a) Vorbemerkung

126 **Entgegen der Empfehlung des Statusberichts** Architekten/Ingenieure 2000plus, die in Leistungsphase 8 des früheren § 55 Abs. 2 Nr. 8 und in § 57 HOAI 1996 geregelten Leistungen analog zur Regelung des jetzigen § 34 Abs. 1 Nr. 8 zur „Objektüberwachung (Bauüberwachung)" zusammenzufassen, hat der Verordnungsgeber wie in der HOAI 2009 **nur die Bauoberleitung** aus dem früheren § 55 Abs. 2 Nr. 8 HOAI 1996 in den verbindlichen Teil des § 43 als Abs. 1 Nr. 8 übernommen. Die Leistungen bei der **örtlichen Bauüberwachung** nach § 57 HOAI 1996 werden weiterhin wie **in Ziffer 2.8.8 der unverbindlichen Anlage 2** HOAI 2009 als Besondere Leistungen in der Verordnung geführt. Er begründete dies 2009 damit, dass das Honorar für die Leistungen bei der örtlichen Bauüberwachung für Verkehrsanlagen nicht durch das Grundhonorar der Honorartafel des § 48 für Verkehrsanlagen erfasst sei. Weder die Regelung selbst noch erst recht die Begründung tragen der Praxis ausreichend Rechnung. In allen gesetzlich geregelten Vorgängerregelungen vor 2009, aber auch in den davor geltenden Gebührenordnungen der Ingenieure bestand Einigkeit darin, dass die Leistungen bei der Bauoberleitung und bei der örtlichen Bauüberwachung – zusammen Objektüberwachung genannt – von Verkehrsanlagen gemeinsam notwendig sind; sie wurden daher wie die Objektüberwachungsleistungen bei Gebäuden, Innenräumen, Freianlagen und bei der Technischen Ausrüstung im Regelfall gemeinsam an einen Auftragnehmer vergeben.

Der Bundesrat beschloss in seiner 859. Sitzung am 12. Juni 2009, der Verordnung in der von der Bundesregierung vorgelegten Form unter Beachtung seiner am selben Tag beschlossenen Entschließung zuzustimmen[52]. Darin heißt es unter Ziffer 8. *„Der Bundesrat teilt nicht die Einschätzung der Bundesregierung, dass kein Allgemeininteresse für eine verbindliche Regelung der Honorare für Leistungen der örtlichen Bauüberwachung bei Ingenieurbauwerken und Verkehrsanlagen und für die in die Anlage 1* (der HOAI; Einfügung durch Verfasser) *ausgegliederten Ingenieurleistungen bestehe. Wie bei vergleichbaren preisgebundene Leistungen der Flächen-, Objekt- und Fachplanung besteht auch insoweit ein erhebliches Allgemeininteresse an verbindlichen Entgeltrahmen, damit auch die diesen Leistungsbildern zu Grunde liegenden Dienst- und Werkvertragsleistungen den Regeln der Technik und geltenden öffentlich-rechtlichen Anforderungen entsprechend ausgeführt werden."*

Nach Ziffer 4. der Entschließung hielt es der Bundesrat für notwendig, die 2009 verabschiedete Fassung der Verordnung innerhalb der 2009 beginnenden neuen Legislaturperiode der Bundesregierung weiter zu modernisieren und redaktionell zu überarbeiten. Außerdem bat der Bundesrat die Bundesregierung nach Ziffer 7. der Entschließung, ihm innerhalb eines Jahres nach Inkrafttreten der novellierten HOAI – also bis zum Juni 2010 – *„über die Entwicklung sowie über möglicherweise notwendige Anpassungsmaßnahmen insbesondere im Hinblick auf ... die Rege-*

---

[51] Werner Seifert:: „Gehört die Prüfung von Nachtragsangeboten zu den Grundleistungen nach der HOAI?" IBR 2010, 1013 (nur online)

[52] Bundesratsdrucksache 395/09, verfügbar unter www.bundesrat.de

lung der Objektüberwachung der HOAI zu berichten." Die Bundesregierung kam nach Kenntnis des Verfassers dieser Entschließung nicht nach, sondern bereitete eine neuerliche Novellierung der HOAI vor, in der die Beratungsleistungen oder Besondere Leistungen erneut im unverbindlichen Anhang verblieben. Der Bundesrat stimmte diesem Entwurf der Novelle in seiner 910. Sitzung am 7. Juni 2013 mit der geringstmöglichen Mehrheit zu. Dabei fasste er aber auch die folgende Entschließung[53], deren wichtigste Inhalte nachfolgend auszugsweise zitiert werden:

„1. Der Bundesrat nimmt mit Bedauern zur Kenntnis, dass die Bundesregierung wesentlichen Teilen seines Beschlusses vom 12. Juni 2009 (vergleiche BR-Drucksache 395/09 (Beschluss)) nicht gefolgt ist. Das gilt insbesondere für die ausdrückliche Bitte,

– den Verzicht auf verbindliche Honorarsätze für Beratungsleistungen in seinen Auswirkungen kritisch zu begleiten und gegebenenfalls zur Verbindlichkeit der Honorare für Beratungsleistungen nach Anlage 1 der Verordnung zurückzukehren;

– dem Bundesrat innerhalb eines Jahres nach Inkrafttreten der novellierten HOAI über die Entwicklung sowie Übernahme möglicherweise notwendige Anpassungsmaßnahmen, insbesondere im Hinblick unter anderem auf die Ausführlichkeit der Struktur, zu berichten.

2. Der Bundesrat stellt mit Befremden fest, dass die Unterrichtung der Länder über den Inhalt der siebtem Novelle der Verordnung und den Verbleib der Beratungsleistungen im unverbindlichen Teil der HOAI zu spät erfolgt ist, das aufgrund des dadurch verursachten engen Zeitrahmens eine angemessene Diskussion auf Ebene des Bundesrates und eine Umsetzung von dessen Beschlüssen in dieser Legislaturperiode nicht mehr möglich ist, ohne das Inkrafttreten der siebten Novelle der Verordnung in Gänze zu gefährden.

...

6. Der Bundesrat ist der Auffassung, dass die Frage der Rückführung der Beratungsleistungen in den verbindlichen Teil der HOAI in der neuen Legislaturperiode intensiv geprüft werden muss. Er bittet die Bundesregierung, darüber ich innerhalb von zwei Jahren nach Inkrafttreten der Verordnung zu berichten.

7. Der Bundesrat bittet die Bundesregierung darüber hinaus um Umsetzung der baufachlichen Forderung, nach der Regelungen für die örtliche Überwachung für Ingenieurbauwerke und Verkehrsanlagen als verbindlich in die HOAI aufzunehmen sind. Stattdessen wurde in der aktuellen HOAI-Novelle die Bauüberwachung für Ingenieurbauwerke und Verkehrsanlagen als „Besondere Leistung" definiert (vergleiche HOAI-Anlage 12.1, Abschnitt LPH 8 sowie Anlage 13.1, Abschnitt LPH)."

Unter Berücksichtigung der eindeutigen Entschließung des Bundesrats und der klaren Wegweisung für die Bundesregierung werden die jetzt verordneten Texte im Folgenden kommentiert. Insbesondere werden Honorarempfehlungen für den Bereich der örtlichen Bauüberwachung vorgestellt, die in der Übergangsphase bis zur Veröffentlichung einer überarbeiteten HOAI zur Anwendung empfohlen werden (Rdn. 158 ff.).

b) Grundleistungen

Im Mittelpunkt der Tätigkeit der **Bauoberleitung** stehen die **Koordinierung und Organisation** **127** **des Einsatzes** der an der Objektüberwachung **fachlich Beteiligten** (LPH 8 a). Damit ist eine Tätigkeit mit Kontroll- und Weisungsbefugnis gemeint, die sich auf das Erreichen der vertraglich vereinbarten Ziele konzentriert. Zu den fachlich Beteiligten gehört auch der ggf. getrennt mit der örtlichen Bauüberwachung Beauftragte. Warum die erste nicht näher definierte Tätigkeit der Bauoberleitung **Aufsicht über die örtliche Bauüberwachung** genannt wurde, ist nicht ohne Weiteres zu verstehen. Sie kann nur verstanden werden, wenn man die Entwicklung dieser Formulierung seit der 1. HOAI-Novelle vom 17. Juli 1984 analysiert. Zu der mit dieser Novelle erstmals eingeführten Trennung der Objektüberwachung in die Leistungsphasen „Bauoberleitung" (§ 54 Phase 8) und „Örtlich Bauüberwachung" (§ 57) gibt die zugehörige Amtlichen Begründung folgende ausschnittsweise zitierte Erklärungen ab: *„Zu § 55: ... Im Unterschied zu Objektplanung für Gebäude, Freianlagen und Innenräume wird bei der Objektplanung für Ingenieurbauwerke und Verkehrsanlagen in der Leistungsphase 8 nur die Bauoberleitung erfasst – für die*

---

53 Bundesratsdrucksache 334/13 (Beschluss)

örtliche Bauüberwachung enthält § 57 besondere Vorschriften. … Zudem wird … dem Auftrag-
nehmer vielfach nur die örtliche Bauüberwachung übertragen; die Bauoberleitung behalten die
Auftraggeber sich selbst vor." Weiter heißt es: „*Zu § 57: In Absatz 1 werden die Leistungen bei*
der örtlichen Bauüberwachung zusammengefasst. Sie wurden in Anlehnung an die Grundleis-
tungen der Leistungsphase 8 des § 15 (= Objektüberwachung bei Gebäuden, Freianlagen und
Innenräumen) entwickelt, wobei die Leistungen jeweils zur Bauoberleitung (Leistungsphase 8
des § 55) abzugrenzen waren."

128 Die **Aufsicht über die örtliche Bauüberwachung** ist daher eine Tätigkeit, die auf die den Auftraggebern zugeordnete Bauoberleitung – seinerzeit fast ausschließlich bei Verkehrsanlagen
üblich - zurückzuführen war. Von Anfang an wurde sie zusätzlich zu der weiteren der Bauoberleitung obliegenden Tätigkeit, dem „Koordinieren der an der Objektüberwachung fachlich
Beteiligten" genannt. Hier sind die unterschiedlichen Begriffe „Aufsicht über die Bauüberwachung" und „Objektüberwachung" – unverändert auch in der aktuellen Verordnung so verwendet – von Interesse. Unter „Objektüberwachung" dürften wohl alle Überwachungstätigkeiten
während der Bauausführung summarisch gemeint sein, während „örtliche Bauüberwachung"
lediglich einen aus der Objektüberwachung ausgegliederten Teil meint. Die Aufsicht über diese
Tätigkeit war der erwähnten Amtl. Begr. der HOAI 1985 zufolge eine den Auftraggebern zugedachte Tätigkeit, deren Art, Umfang und Bedeutung offenbar nur die haftungsfreie Aufsicht über
eine formal ordnungsgemäße Durchführung der Überwachungstätigkeit durch den Bauüberwacher meinte. Ziel dieser Tätigkeit war und ist, darüber zu wachen, dass der Bauüberwacher alle
für die Leistungen bei der Bauoberleitung notwendigen Komplementärleistungen erbringt, damit
eine vollständige Objektüberwachung stattfindet. Die Aufsicht kann auch nicht als fachliche und
daher Haftung übernehmende Überwachungstätigkeit interpretiert werden, weil dabei begrifflich keine eigenständige Werkleistung, sondern nur eine besondere koordinierende Dienstleistung erbracht wird. Die Folgen einer solchen Tätigkeit sind objektiv nicht messbar; daher kann
dem Objektplaner weder ein eigenständiger Werkerfolg bei der Aufsicht vorweisen noch kann
er haftbar (wofür auch?) gemacht werden. Die Tätigkeit entlastet auch den Bauüberwacher nicht
bei der Erfüllung seiner werkvertraglichen Leistungspflichten. Andernfalls würde ja der Objektplaner in einem nicht zu definierenden Umfang zusätzlich Leistungen bei der ÖBÜ durchführen
sowie Haftung und Gewährleistung für diese ÖBÜ zu übernehmen haben.

Während 1985 also lediglich „Aufsicht über die örtliche Bauüberwachung" genannt war, wurde
dieser Tätigkeit in der 4. HOAI-Novelle (01.01.1991) der folgende ergänzende Nebensatz hinzugefügt: „soweit die Bauoberleitung und die örtliche Bauüberwachung getrennt vergeben werden".
Nach der Amtl. Begr. zur 4. Novelle wurde diese Ergänzung zur Klarstellung aufgenommen[54]
und in den nachfolgenden HOAI-Novellen unverändert übernommen. Sie sollte nach Ausführungen des Wirtschaftsministeriums während der Anhörung über den Entwurf der 4. HOAI-Novelle
verhindern, dass der mit der Bauoberleitung Beauftragte im Fall der getrennten Beauftragung der
örtlichen Bauüberwachung ein zusätzliches Honorar mit der Begründung beanspruchen könne,
dass eine solche Aufgabenteilung zusätzliche Werkleistungen zur Folge habe. Erst die jetzt gültige Novelle von 2013 verwendet wieder die bis 1988 verwendete Formulierung. Auch damit sollte
wohl verdeutlicht werden, dass die beiden bei der Bauausführung von Ingenieurbauwerken (und
Verkehrsanlagen!) stets erforderlichen Leistungen unterschiedlicher Natur seien.

129 Wird die örtliche Bauüberwachung wie üblich von dem mit der Bauoberleitung beauftragten
Objektplaner selbst durchgeführt, besteht trotz des scheinbaren Wegfalls der **Aufsicht über die**
örtliche Bauüberwachung nach hiesiger Meinung aus den oben genannten Gründen der volle
Honoraranspruch für die Leistungsphase fort[55,56]. Dieser für die HOAI grundsätzlich – also nicht
nur in diesem Fall – gültige Sachverhalt wird vom Verordnungsgeber selbst begründet[57]:

„Werden einem Auftragnehmer die Grundleistungen einer Leistungsphase mit dem Ziel über-
tragen, das mit der Leistungsphase verfolgte Ergebnis zu erbringen, … , so entsteht der Anspruch

---

[54] Bundesanzeigerausgabe der HOAI 1991, S. 106
[55] F.H. Depenbrock: „Auftragnehmer kann das volle Honorar fordern", Deutsches Ingenieurblatt, Heft 4 1994, S. 69
[56] A. A. Locher/Koeble/Frik § 57 Rdn. 2, die als einzige der HOAI-Kommentatoren eine Honorarminderung – allerdings höchstens bis 1 Prozent des Gesamthonorars – für notwendig halten.
[57] Amtl. Begr. zu § 55 BR-Drucksache 274/80, S. 123.

auf das Honorar für diese Leistungsphase regelmäßig dann, wenn das Ergebnis, das mit den in der Leistungsphase erfassten Leistungen angestrebt wird, erreicht worden ist. Dies gilt auch dann, wenn eine einzelne Grundleistung zur Erreichung dieses Ergebnisses ganz oder teilweise nicht erbracht werden musste."

Diese Auffassung bestätigt der Verordnungsgeber in der amtlichen Begründung zu HOAI 2009 zu § 3 wie folgt: „*Klarzustellen ist hier, dass nicht alle Leistungen in den Leistungsbildern grundsätzlich bei jedem Objekt zur Erreichung des Ziels notwendig sind.*" Damit ist nach hiesiger Auffassung der ungeminderte Honoraranspruch des Objektplaners für die Leistungen bei der Bauoberleitung nach Ansicht des Verordnungsgebers auch dann gegeben, wenn die Aufsicht über die örtliche Bauüberwachung zusammen mit den Leistungen bei der örtlichen Bauüberwachung einem Objektplaner gemeinsam in Auftrag gegeben werden. Dann entfällt die in HOAI-Anlage 12.1 LPH 8 genannte und nicht näher definierte Aufsicht über die örtliche Bauüberwachung nach a), weil sie nicht erforderlich ist; sie dürfte auch nichts anderes als ein weiterer Bestandteil der dort ebenfalls genannten Koordinierung der an der Objektüberwachung fachlich Beteiligten sein. Nachdem deren Art und Zahl unbestimmt ist, kann der Entfall einer einzigen der unbestimmten Zahl der übrigen Koordinierungs- und Aufsichtsaufgaben aus hiesiger Sicht keine Auswirkungen auf die Phasenbewertung haben. Daher entfällt hier und in vergleichbaren Fällen auch die Voraussetzung zur Anwendung von § 8 Abs. 2 zur Minderung des Honorars einer Leistungsphase. (Ausführlich hierzu auch Rdn. 191 ff. und § 8).

Der mit der Bauoberleitung beauftragte Auftragnehmer muss vor Baubeginn **die fachlich Beteiligten und die ausführenden Unternehmen an Ort und Stelle einweisen** und sich vor Beginn der Bauausführung vergewissern, dass alle erforderlichen öffentlich-rechtlichen Genehmigungen und privatrechtlichen Gestattungen vorliegen. Er hat ferner die Aufgabe, den Unternehmen die notwendigen **eigenen Ausführungspläne** und die **Ausführungspläne der fachlich Beteiligten** unverzüglich zu übergeben. In diesem Zusammenhang ist es erforderlich, darauf zu achten, dass zur Ausführung bestimmte Pläne dem vom Auftraggeber beschlossenen und in den öffentlich-rechtlichen Verfahren genehmigten Entwurf voll entsprechen. Dies gilt insbesondere für Beiträge und Pläne anderer an der Planung und Objektüberwachung fachlich Beteiligter. Diese Tätigkeit entspricht der bewerteten, oben schon erläuterten Leistung „**Prüfung auf Übereinstimmung mit dem auszuführenden Objekt**". **130**

Ferner ist das **einmalige Prüfen von Plänen** auf Übereinstimmung mit dem auszuführenden Objekt Aufgabe des mit der Bauoberleitung Beauftragten. Üblicherweise werden die für ein Objekt durchzuführenden Leistungen nach dem Leistungsbild Objektplanung an einen Auftragnehmer vollständig vergeben. In diesem Fall werden die für das Objekt notwendigen Pläne vom Auftragnehmer selbst hergestellt; seine eigenen Pläne muss und kann er nicht mehr eigens prüfen. Daher kann es sich bei den zu prüfenden Plänen nur um diejenigen handeln, welche die anderen fachlich Beteiligten ausarbeiten. Nur dann ist zu verstehen, dass deren Pläne auf Übereinstimmung mit dem auszuführenden Objekt und damit auf Übereinstimmung mit den Ausführungsplänen des Objektplaners zu prüfen sind. Übereinstimmung mit dem auszuführenden Objekt kann aber auch bedeuten, dass die Pläne auf Einhaltung der in den Leistungsbeschreibungen formulierten Ausführungsziele geprüft werden müssen. **131**

Natürlich kann dabei nur die Plausibilität der Leistungsergebnisse der fachlich Beteiligten festgestellt werden; der Prüfende übernimmt durch die Prüfungstätigkeit natürlich keine Haftung und Gewährleistung für die fachliche Richtigkeit der Leistungsergebnisse. Sollte er aber dabei feststellen, dass sie nicht den zwischen allen Beteiligten abgestimmten Zielen dienen, hat der mit der Bauoberleitung Beauftragte die Pflicht, für die notwendigen Korrekturen zu sorgen. Damit werden ggf. vorhandene Lücken an den Schnittstellen zwischen den Plänen und Leistungen der Beteiligten geschlossen. **132**

Die beschriebene Prüfungstätigkeit umfasst dann, wenn die Leistungen bei der Bauoberleitung von einen anderen Objektplaner als Auftragnehmer erbracht werden sollen, selbstverständlich auch die Prüfung der Ausführungspläne, welche von dem mit der Leistungsphase 5 beauftragten Objektplaner bearbeitet werden. Damit wird dafür gesorgt, dass die in solchen Fällen zu be- **133** fürchtenden Lücken an der Schnittstelle zwischen den genannten Leistungsphasen vermieden werden.

Hier wird darauf hingewiesen, dass es bei der verordneten Grundleistung **nicht** um die **Prüfung von Plänen** eines **bauausführenden Unternehmens** handeln kann, die beispielsweise für ein Objekt ausgearbeitet werden, welches auf Basis einer Leistungsbeschreibung mit Leistungsprogramm ausgeführt wird. Dies ergibt sich analog aus dem Leistungsbild Gebäude und Innenräume (Anlage 10.1), wo diese Leistung als besondere Leistung in der Leistungsphase 6 des Objektplaners genannt ist.

134 Nach der Vorstellung des Verordnungsgebers muss der mit der Bauoberleitung beauftragte Objektplaner bei der **Freigabe der Pläne** für die Ausführung auf der Baustelle mitwirken. Unklar ist, wer nach Vorstellungen des Verordnungsgebers die geprüften Pläne freigeben soll. Der Auftraggeber kann dies wegen mangelnder Fachkunde in der Regel nicht leisten, zumal das Freigeben auch haftungsrechtliche Konsequenzen für den Freigebenden hat. Er dürfte diese Leistung vielmehr regelmäßig dem mit der Bauoberleitung beauftragten Objektplaner übertragen. Daraus folgt, dass dieser nicht mehr nur mitwirkt, sondern das Freigeben der Pläne als Besondere Leistung erbringt, wofür ein entsprechender Honoraranspruch gegeben ist.

135 Das **Aufstellen, Fortschreiben und Überwachen eines Terminplanes** (LPH 8 b)), der ausdrücklich als **Balkendiagramm** definiert ist und sinnvoll nur in Zusammenarbeit mit den fachlich Beteiligten erstellt werden kann, regelt die Zeitvorgaben für die Objektplanung und die fachlich Beteiligten sowie für die ausführenden Unternehmen, die ebenfalls einen entsprechenden Beitrag unter Beachtung der von der Objektplanung im Rahmen der Ausschreibung vorzugebenden Bauzeiten leisten müssen. Er konkretisiert den bei der Bearbeitung der Entwurfsplanung aufgestellten Bauzeitenplan um die im Rahmen der Leistungsphase 6 festgelegten Ausführungsphasen und für alle bei der Bauausführung notwendigen Leistungen, also einschließlich der Planungs- und Bauherrenleistungen. Er dient vor allem dazu, die Tätigkeiten aller auf der Baustelle beschäftigten Firmen und fachlich Beteiligten aufeinander abzustimmen und zeitlich so einzuordnen, dass eine wirtschaftliche Bauabwicklung gewährleistet ist. Sollte der zu Beginn der Arbeiten aufgestellte Terminplan durch nicht vorhergesehene oder nicht vorhersehbare Ereignisse (anhaltende Schlechtwetterzeiten, Hochwasser) oder andere Einflüsse überarbeitet werden müssen, gehört seine **Überarbeitung** zu den Grundleistungen des Objektplaners.

136 In der Regel ist der Terminplan auch eine der Grundlagen des Werkvertrages zwischen Auftraggeber und ausführenden Unternehmungen. Dann ermöglicht er auch deren **Inverzugsetzen** (LPH 8 c)). Diesen Schritt muss der der Bauoberleiter im Bedarfsfall veranlassen, aber nur der Auftraggeber kann ihn unter seiner Mitwirkung tun. Mit dem Inverzugsetzen sind nämlich häufig zum Teil weit reichende rechtliche Konsequenzen verbunden sind, die der Auftraggeber zu tragen hat. Damit die Folgen für den Auftraggeber überschaubar und kalkulierbar sind, muss die Bauoberleitung alle erforderlichen Informationen sorgsam und vollständig zur Verfügung stellen, Dies ist beispielsweise dann der Fall, wenn im Vertrag zwischen Auftraggeber und ausführenden Firmen Vertragsstrafen bei der Überschreitung des beim Vertragsabschluss vorgesehenen Ausführungszeitraumes verwirkt werden, die das ausführende Unternehmen zu vertreten hat.

137 Bei Durchführung von Baumaßnahmen werden der Bauoberleitung bei Änderungen der ausgeschriebenen Leistungen **Nachträge der ausführenden Unternehmen** vorgelegt. Sie umfassen regelmäßig die Mitteilung der geänderten Leistungen, Mengen und Kosten. Deren **Prüfung** gehört **nicht zu den Aufgaben** des mit **der Bauoberleitung** Beauftragten, da i. d. R. mindestens Teile der Leistungsphasen 6 (Vorbereitung der Vergabe) und 7 (Mitwirkung bei der Vergabe) zu erledigen sind. So müssen die angebotenen Leistungen mit den ausgeschriebenen Bau- und Lieferleistungen abgeglichen und ggf. korrigiert werden. Ferner sind sowohl die Änderungsgründe vor dem Hintergrund der mit den ausführenden Unternehmen geschlossen Verträge zu verifizieren als auch die angebotenen Mengen zu überprüfen. Schließlich müssen auch die angebotenen Einheitspreise auf Angemessenheit und Übereinstimmung mit der von den Unternehmen zur Verfügung zu stellenden Urkalkulation untersucht und erforderlichenfalls mit den Bietern verhandelt werden. Die Prüfungstätigkeit endet regelmäßig mit einem Bericht an den Auftraggeber, worin das Prüfergebnis mitgeteilt werden muss. Darin ist darzulegen, warum ggf. die Vergabe der nachträglich angebotenen Leistungen begründet abgelehnt oder in welchem Umfang dem Nachtrag stattgegeben werden sollte. Ggf. erforderliche abschließende Verhandlungen mit den Unternehmen, welche die Nachforderungen verlangen, ist Sache des Auftraggebers, bei denen der mit der Bauoberleitung Beauftragte aber regelmäßig mitwirkt.

Für die **Honorierung** der geschilderten Leistungen **des mit der Bauoberleitung Beauftragten** müssen **drei Fallkonstellationen** unterschieden werden. Im häufigen **Normalfall** ist der Auftragnehmer **auch mit den** vorangehenden **Leistungsphasen 6 und 7 beauftragt**. In einem solchen Fall können seine Leistungen in diesen Phasen bei Annahme der Nachtragsangebote durch die dadurch verursachte Erhöhung der anrechenbaren Kosten honoriert werden. Dies steht allerdings unter der Einschränkung des § 10 Abs. 1. Zum einen muss die **Änderung der ursprünglich ausgeschriebenen Leistung**, die den Nachtrag verursachte, auf Veranlassung des Auftraggebers, mindestens aber mit seiner Zustimmung nach vorheriger Information durch den Objektplaner erfolgen oder erfolgt sein. Zum anderen fordert § 7 Abs. 4 eine entsprechende **schriftliche Anpassung der ursprünglichen Honorarvereinbarung** gefordert. Daraus muss gefolgert werden, dass – anders als bisher – eine Honoraranpassung nur noch in den Fällen erreichbar ist, wenn diese beiden Bedingungen erfüllt sind. **138**

Anzumerken ist in diesem Zusammenhang, dass die werkvertraglich geschuldeten Leistungspflichten des Bauoberleiters zu einer Ablehnung des Nachtrags führen und deswegen eine Honorierung der **Nachtragsbearbeitung** durch eine Erhöhung der anrechenbaren Kosten nicht begründet werden kann. In diesem Fall **wiederholt** der Objektplaner honorierungspflichtige **Grundleistungen**, deren Honorierung gemäß § 10 Abs. 2 entsprechend ihrem Anteil an der jeweiligen Leistungsphase schriftlich zu vereinbaren ist. **139**

Vollkommen anders sind die **Folgen** eines Nachtrags für den mit der Bauoberleitung Beauftragten dann, wenn er **nicht mit den Leistungsphasen 6 und 7 beauftragt** war. Dann ist die vom Auftraggeber geforderte Leistung bei der Nachtragsbearbeitung gleichzusetzen mit einem entsprechenden weiteren Auftrag, der entweder auf Basis der Kosten der nachträglichen Bauleistungen mit einem angemessenen anteiligen Bewertungssatz nach § 8 Abs. 2 und 3 oder – **im Falle der Ablehnung** des Nachtrags – **als Besondere Leistung** auch ohne vorherige schriftliche Vereinbarung honoriert werden muss. **140**

Orientiert man sich bei der Honorarfindung für diese Teile der Grundleistungen in den genannten Phasen aber an den schon mehrfach getroffenen Entscheidungen des BGH, dass sich die anrechenbaren Kosten nach dem Vertragsgegenstand richten[58], muss das Honorar in beiden Fallkonstellationen für die Nachtragsprüfung mit den Kosten der überprüften Angebote berechnet werden. Maßgebend wären nach hiesiger Auffassung dann jeweils die ungeprüften Angebotssummen. Vertragsgegenstand ist im vorliegenden Fall die Nachtragsprüfung. **141**

Der technische Leistungsteil der Bauoberleitung schließt mit der **Kostenfeststellung** ab (LPH 8 d)). Hierzu ist die Rechnungsprüfung der Unternehmerrechnungen durch die örtliche Bauüberwachung und durch die fachlich Beteiligten im Rahmen der ihnen obliegenden Objektüberwachung erforderlich. Letztere liefern damit ihren Beitrag zur Erfüllung dieser Leistung des Objektplaners. **142**

In DIN 276 Ziffer 3.4.5 ist der Umfang der Kostenfeststellung wie folgt definiert: *„Die Kostenfeststellung dient zum Nachweis der entstandenen Kosten sowie gegebenenfalls zu Vergleichen und Dokumentationen. In der Kostenfeststellung werden insbesondere folgende Informationen zugrunde gelegt:*
– geprüfte Abrechnungsbelege, z. B. Schlussrechnungen, Nachweise der Eigenleistungen;
– Planungsunterlagen, z. B. Abrechnungszeichnungen;
– Erläuterungen.

In der Kostenfeststellung müssen die Gesamtkosten nach Kostengruppen bis zur 3. Ebene der Kostengliederung unterteilt werden.«

---

[58] BauR 2009, 521

Die letzte bewertete Leistung dieser Phase, **der Vergleich der Kostenfeststellung mit der Auftragssumme**, entspricht den bei Kostenfeststellung nach DIN 276 anzufertigenden „**Erläuterungen**", in welchen z. B. die Bestätigung, dass Planung und Ausführung übereinstimmen, die Begründung und Beschreibung von Änderungen oder nachträglichen oder zusätzlichen Leistungen gegenüber der fortgeschriebenen Kostenberechnung enthalten sein müssen.

143 Mit der in LPH 8 e) genannten **Abnahme von Leistungen und Lieferungen** ist die fachtechnische Abnahme durch den Bauoberleiter gemeint. Sie muss unter Mitwirkung der örtlichen Bauüberwachung und anderer an der Planung und Objektüberwachung fachlich Beteiligter erfolgen. Dabei handelt es sich nicht um die rechtsgeschäftliche (förmliche) Abnahme im Sinne von § 12 VOB/B, sondern um die **körperliche Hinnahme von Leistungen und Lieferungen** durch den Objektplaner. Der Objektplaner trifft dafür Vorsorge, dass alle für den Auftraggeber sich aus dem Vertrag ergebenden Rechte bei der Abnahme gewahrt bleiben, es sei denn, der Auftraggeber verzichtet schriftlich darauf. Etwaige **Mängel** sind festzustellen und in der **Niederschrift** über das Ergebnis der Abnahme festzuhalten.

144 Der Übergabe des Objektes geht regelmäßig die vorherige Prüfung der Funktionsfähigkeit der Anlagenteile und der Gesamtanlage voraus (LPH 8 g)). Die **Prüfung der Funktionsfähigkeit der Anlagenteile** ist eine Leistung, welche die mit der Ausführung der Anlagenteile beauftragten Unternehmen durchführen müssen. Die Organisation der Prüftätigkeit und die Überwachung der Prüfung selbst ist Aufgabe der Bauoberleitung unter Mitwirkung der fachlich Beteiligten. Die Prüfungen sind dann vollständig durchgeführt, wenn die ausführenden Unternehmen die Funktionsfähigkeit der von ihnen gelieferten und gebauten Anlagenteile mit Erfolg nachgewiesen haben. Aufgabe der Bauoberleitung ist es, für die Beseitigung der bei der Prüfung gegebenenfalls festgestellten Mängel zu sorgen und dafür erforderliche Leistungen der fachlich Beteiligten organisatorisch und überwachend zu begleiten.

145 Mit der Prüfung der **Funktionsfähigkeit der Gesamtanlage**, die der Objektplaner plante und für die er in der Ausführungsphase die Bauoberleitung inne hatte, wird das planmäßige Zusammenwirken aller Anlagenteile überprüft; dies ist Sache des Objektplaners in enger Zusammenarbeit und Beteiligung der fachlich Beteiligten. Die Tätigkeit entspricht der **Inbetriebnahme der Gesamtanlage** und geschieht unter Mitwirkung des Bauherrn, der nach erfolgreicher Inbetriebnahme den Betrieb der Gesamtanlage übernimmt.

146 Die **rechtsgeschäftliche Abnahme** selbst kann nur der Bauherr unter Mitwirkung der Bauoberleitung und der fachlich Beteiligten durchführen, sofern letztere zur Mitwirkung verpflichtet sind: der Bauherr hat den Auftrag zu Bauausführung erteilt und wird nach der Abnahme Eigentümer des Objekts. Daher kann auch nur er das fertige Objekt – gegebenenfalls in einzelnen Schritten durch Abnahme der einzelnen Gewerke – entgegennehmen, sofern er den Objektplaner nicht ausdrücklich (schriftlich) hierzu ermächtigt hat.

147 Verkehrsanlagen sind häufig genehmigungspflichtige Baumaßnahmen, die einer entsprechenden zusätzlichen behördlichen Abnahme bedürfen. Sind die fachtechnische Abnahme um die Prüfungen der Funktionsfähigkeit erfolgreich beendet, ist es Aufgabe des Bauoberleiters, den **Antrag auf behördliche** (z. B. baurechtliche, ggf. auch wasserrechtliche) **Abnahmen** zu stellen (LPH 8 f)). Der Objektplaner nimmt an den Abnahmen teil und sorgt dafür, dass dabei eventuell weitere festgestellte Mängel durch die beauftragten Unternehmen beseitigt werden.

148 Danach erfolgt die **Übergabe des Objekts** (LPH 8 h)) einschließlich der übersichtlichen Zusammenstellung aller erforderlichen Unterlagen, die bei der Übergabe die richtige Funktion und plangerechte Erstellung des Bauwerkes dokumentieren. Hierzu gehören beispielsweise **Abnahmeniederschriften, Prüfungsprotokolle, eine Zusammenstellung von Wartungsvorschriften** für das Objekt etc. Mit Übergabe des Bauwerkes muss dem Auftraggeber eine **Auflistung der Verjährungsfristen** seiner Gewährleistungsansprüche an die ausführenden Unternehmen übergeben werden.

149 Die Liste der Tätigkeiten in Leistungsphase 8 nennt zwei Begriffe, die als Besondere Leistungen bei der örtlichen Bauüberwachung genannt sind. Zum einen wird die „**Übergabe der Doku-**

mentation des Bauablaufs", zum anderen die „**Übergabe der Bestandsunterlagen**" als Leistung des Bauoberleiters formuliert. Sie sind somit Teile der vom Verordnungsgeber verordneten Grundleistungen des Bauoberleiters, die er nur mit den Leistungsergebnissen des mit der örtlichen Bauüberwachung Beauftragten erbringen kann. Liegen diese aber nicht vor, können sie auch nicht übergeben werden. Dennoch könnte der Bauoberleiter seinen ungeminderten Honoraranspruch für die Leistungen in Leistungsphase 8 gelten machen. Durch diese Abhängigkeit wird erneut deutlich, dass der Verordnungsgeber bei der künstlichen, ja willkürlichen Trennung der Leistungen bei der Objektüberwachung von Verkehrsanlagen fachliche Zusammenhänge völlig außer Acht ließ. Dies offenbar erkennend, hat der Bundesrat in seiner bereits erwähnten Sitzung im Juni 2013 u. a. die Rückführung der Leistungen bei der örtlichen Bauüberwachung in den verordneten Teil der HOAI und damit die Wiedervereinigung der bis 2009 zusammengehörenden Grundleistungen bei der Objektüberwachung von Verkehrsanlagen gefordert.

c) Besondere Leistungen bei der Bauoberleitung

Die als Besondere Leistung genannte Kostenkontrolle ist möglicherweise als ständige Fortschreibung des Bauausgabenbuches zu verstehen. Es ist unverständlich, warum ausgerechnet diese Leistung als Besondere Leistung getrennt genannt wird, wenn schon die anschließende Auflistung der bei der örtlichen Bauüberwachung durchzuführenden Leistungen den „Vergleich der Ergebnisse der Rechnungsprüfung mit der Auftragssumme" enthält. Das kann ja nichts Anderes als die Kostenkontrolle sein. **150**

Auch die **Prüfungen von Nachträgen** ausführender Firmen sind wie gezeigt (s. Rdn. 136) nach hiesiger Meinung keine Besonderen Leistungen bei der Bauoberleitung, sondern Teile der Grundleistungen der Leistungsphasen 6 und 7 des Leistungsbildes Objektplanung. Nur dann, wenn die Bauoberleitung einem **Objektplaner** übertragen ist, der **nicht die Leistungsphasen 6 und 7 erbrachte**, kann die Tätigkeit ggf. eine Besondere Leistung des Bauoberleiters sein, wenn bei erfolgreicher Abwehr des Nachtrags keine Nachtragskosten als Abrechnungsgrundlage für die Grundleistungen zur Verfügung stehen würden (s. aber Rdn. 139). **151**

Dem Erstellen des Bauwerksbuches fehlt die Erklärung, was der Verordnungsgeber unter dem Begriff „Bauwerksbuch" versteht. Vermutlich ist darunter die Dokumentation gemeint, deren Aufbau und Umfang in DIN 1076 (Ingenieurbauwerke im Zuge von Straßen und Wegen; Überwachung und Prüfung) und in den zugehörigen Ausführungsbestimmungen festgelegt ist. Die Norm regelt die Prüfung vorhandener Ingenieurbauwerke und gilt derzeit in der Fassung vom November 1999[59]. Die Unterlagen für die Überwachung und Prüfung bestehen aus **152**

– dem Bauwerksverzeichnis,
– den Bauwerksakten und
– dem Bauwerksbuch.

Sie regelt die Prüfung und Überwachung von Ingenieurbauwerken im Zuge von Straßen und Wegen hinsichtlich ihrer Standsicherheit, Verkehrssicherheit und Dauerhaftigkeit. In der Norm sind folgende Bauwerke aufgelistet: **153**

– Ingenieurbauwerke:
  – Brücken
  – Verkehrszeichenbrücken
  – Tunnel
  – Trogbauwerke
  – Stützbauwerke
  – Lärmschutzbauwerke
  – Sonstige Ingenieurbauwerke; als sonstige Ingenieurbauwerke gelten insbesondere alle Bauwerke, für die ein Einzelstandsicherheitsnachweis erforderlich ist, wie z. B. Rohr- und Bandstraßenbrücken, Regenrückhaltebecken aus Stahlbeton und Schachtbauwerke

---

[59] Manfred Schmidt: „Überwachung und Prüfung von Ingenieurbauwerken bei Kreis- und Gemeindestraßen", Geschäftsbericht des Bayerischen Kommunalen Prüfungsverbandes von 2009, S. 152 ff.

– Andere Bauwerke:
Andere Bauwerke sind insbesondere solche, die keine Ingenieurbauwerke im Sinne der Norm sind und die abhängig von der Einschätzung der Gefährdung wie Ingenieurbauwerke zu behandeln sind:

– Durchlässe mit einer Öffnung oder einer lichten Weite von weniger als 2,00 m, rechtwinklig zwischen den Widerlagern oder Wandungen gemessen
– einfache Rohr- bzw. Peitschenmasten, an denen Lichtsignalanlagen oder Verkehrszeichen angebracht sind
– Entwässerungsanlagen
– Stützbauwerke mit weniger als 1,50 m sichtbarer Höhe
– Steilwälle
– Erdbauwerke
– Drahtgitterkörbe mit Steinfüllung (Gabionen)

Das Bauwerksbuch gibt eine Übersicht über die wichtigsten Daten der genannten Bauwerke und dient zur Eintragung der vorgenommenen Prüfungen; es soll zur ersten Hauptprüfung des Ingenieurbauwerks vorliegen. Das Bauwerksbuch ist nach den Ausführungen in den Allgemeinen Rundschreiben des Bundesministeriums für Verkehr, Bau- und Wohnungswesen (BMVBW) Nrn. 2 und 31/1998 auf der Datenbasis der „Anweisungen Straßeninformationsbank – ASB – Teilsystem Bauwerksdaten" zu erstellen. Weitere Einzelheiten zu den Anforderungen und Leistungen können der entsprechenden Fachliteratur und insbesondere der Norm selbst entnommen werden.

154 Wie das Erstellen eines Bauwerksbuches ist das **Erstellen der Bestandspläne** eine Besondere Leistung des mit der Bauoberleitung Beauftragten. In der Regel geben die nach Phase 5 fortzuschreibenden Ausführungszeichnungen oder das fortzuschreibende Bauwerksbuch nicht den genauen Ist-Zustand eines Bauwerkes wieder. Änderungen, die im Zuge der Ausführung vor Ort vorgenommen werden mussten, sind trotz Fortschreibung der Ausführungsplanung häufig nicht ausreichend dokumentiert. Erst die nach Fertigstellung des Objekts anhand von Aufmaßen hergestellte Bestandspläne und -unterlagen stellen also den tatsächlich hergestellten Zustand in allen Details einschließlich der technischen Ausrüstung oder Ausstattung dar. Sie geben darüber hinaus wichtige Hinweise für spätere Erhaltungsmaßnahmen und bei mögliche Erweiterungs- und Reparaturarbeiten. Das Erarbeiten der Bestandspläne nach Fertigstellung wie auch die gleiche Tätigkeit zur Vorbereitung einer späteren Objektplanung ist eine Besondere Leistung. Sowohl die Leistung als auch ihre Vergütung sollten zur Vermeidung von Missverständnissen schriftlich vereinbart werden.

155 Eine weitere Besondere Leistung fällt im Rahmen der Bauoberleitung beispielsweise dann an, wenn das **Bauvorhaben im Auftrag von zwei oder mehr Kostenträgern** durchgeführt wird. Dies ist beispielsweise bei Erschließungsmaßnahmen möglich. Der für die getrennte Abrechnung der Baumaßnahme für jeden Kostenträger erforderliche Mehrleistung ist eine Besondere Leistung und entsprechend zu honorieren.

156 Dasselbe gilt für die aufgrund von Bestimmungen in den Ortssatzungen notwendige getrennte Abrechnung von **Bauleistungen**, die für den Bau oder die Erneuerung von **Anliegerstraßen** durchgeführt werden. Hierfür benötigt der öffentliche Unternehmensträger oft **anliegergenaue Mengenberechnungen und Kostenaufstellungen**, die nicht zu den bewerteten Leistungen des Objektplaners gehören.

157 Wird eine **größere Baumaßnahme in mehreren** in sich geschlossenen **Losen oder Bauabschnitten gleichzeitig oder zeitlich** zueinander **versetzt** ausgeführt, entsteht im Vergleich mit der Abwicklung als Gesamtmaßnahme ein vermehrter Koordinations- und Bearbeitungsaufwand. Beispiele sind Gewässersysteme in Flurbereinigungsgebieten, Verbindungsleitungen bei interkommunalen Ver- und Entsorgungslösungen, Fernleitungen für Gas, Wasser und Fernwärme und ähnliche Objekte, bei deren Ausführung gleichzeitig mehrere „Baustellen" mit unterschiedlichen ausführenden Unternehmen zu betreuen sind. In diesem Fall handelt es sich um ausführungstechnisch voneinander völlig unabhängige Objekte, die der Objektplaner aber im

Rahmen eines einzigen mit ihm abgeschlossenen Werkvertrages in der Bauvorbereitung und -ausführung wie selbstständige Bauvorhaben zu betreuen und abzurechnen hat. Der hierdurch entstehende vermehrte Aufwand stellt eine Besondere Leistung dar, die entsprechend zu honorieren ist. Dies kann beispielsweise dadurch geschehen, dass die getrennt erbrachten Leistungen mit den Herstellungskosten der einzelnen Bauabschnitte oder Lose getrennt zur Honorarberechnung verwendet werden. Das wäre allerdings vertraglich so zu vereinbaren.

d) Örtliche Bauüberwachung

aa) Regelleistungen

Die Leistungsphase 8 des § 43 umfasst – anders als bei Gebäuden, Innenräumen, Freianlagen **158** und bei Anlagen der technischen Ausrüstung, dort Objektüberwachung genannt – nur den Teil der im Sinne der §§ 34, 39 und 55 bei Objektüberwachungen notwendigen Tätigkeiten, der die Leistungen bei der Bauoberleitung betrifft, nicht aber die **Leistungen bei der örtlichen Bauüberwachung**. Letztere Leistungen sind jedoch für ein Bauvorhaben zwingend erforderlich und integraler Bestandteil einer vollständigen Architekten- oder Ingenieurleistung, deren Ziel das „Entstehen lassen" eines Bauwerkes ist. Die Leistungen bei der örtlichen Bauüberwachung sind unverständlicherweise in der aktuellen Verordnung erneut nicht mehr verbindlich geregelt, sondern in Anlage 13.1 als Besondere Leistung der Bauoberleitung (LPH 8) ohne eine verbindliche Vergütungsregelung definiert. Auch der in der Amtl. Begr. zu § 42 der Vorgängerverordnung von 2009 enthaltene Hinweis ist jetzt entfallen, wonach das Honorar für die örtliche Bauüberwachung mit 2,3 bis 3,5 % der anrechenbaren Kosten vereinbart werden könne. Ebenso verzichtete der Verordnungsgeber auf die Übernahme des zusätzlichen Hinweises, wonach stattdessen die Vertragsparteien hiervon abweichend ein Honorar als Festbetrag unter Zugrundelegung der geschätzten Bauzeit vereinbaren könnten; dieser Hinweis hatte die früher verbindliche Vorschrift des § 57 Abs. 2 Satz 2 HOAI 1996/2002 als unverbindliche Empfehlung aufgenommen.

In der amtlichen Begründung zur HOAI 2009 erläutert der Verordnungsgeber seinen Verzicht auf die verbindliche Festlegung der Leistungen und Vergütung der örtlichen Bauüberwachung damit, dass diese Leistungen bei Ingenieurbauwerken und Verkehrsanlagen nicht im Grundhonorar der Honorartafeln dieser Verordnung, also des § 43 für Ingenieurbauwerke beziehungsweise des § 47 für Verkehrsanlagen erfasst seien. Mit dieser ausschließlich monetären Begründung setzte er sich über seine eigenen amtlichen Begründungen zu den §§ 55[60] und 57[61] der bisherigen HOAI-Novellen hinweg, in denen er die Zusammengehörigkeit der Leistungen bei der Bauoberleitung und bei der örtlichen Bauüberwachung betont und die getrennte Regelung der für ein Bauvorhaben stets erforderlichen Leistungen sowie deren Honorierung ausführlich an verschiedenen Varianten erläutert. Zum besseren Verständnis werden diese im Folgenden wörtlich zitiert:

„Ferner sind die Leistungen der Leistungsphase 8 des § 15 (Objektüberwachung) in der entsprechenden Leistungsphase nur teilweise aufgenommen worden. Im Unterschied zu Objektplanung für Gebäude, Freianlagen und raumbildende Ausbauten wird bei der Objektplanung für Ingenieurbauwerke und Verkehrsanlagen in der Leistungsphase 8 nur die Bauoberleitung erfasst – für die örtliche Bauüberwachung enthält § 57 besondere Vorschriften. Mit dieser Aufteilung soll der Tatsache Rechnung getragen werden, dass nach Ansicht von öffentlichen Auftraggebern das Honorar für die örtliche Bauüberwachung bei Ingenieurbauwerken und Verkehrsanlagen nicht nach einer Honorartafel mit degressiven Honoraren berechnet werden kann. Die Erfahrungen in diesen Bereichen zeigen, dass ein angemessenes Honorar regelmäßig nur in einem bestimmten Vomhundertsatz der Herstellkosten festgelegt werden kann. Zudem wird nach der bisherigen Vergabepraxis dem Auftragnehmer vielfach nur die örtliche Bauüberwachung übertragen; die Bauoberleitung behalten die Auftraggeber sich selbst vor. Die Leistungen der Leistungsphase 8 des § 15 werden in diesen Bereichen somit öfter getrennt. In anderen Fällen wird die Objektplanung einschließlich Bauoberleitung einem Auftragnehmer übertragen und einem anderen Auftragnehmer nur die örtliche Bauüberwachung. Wegen dieser Besonderheiten wird für die örtliche Bauüberwachung in § 57 eine besondere Honorarregelung vorgesehen".

---

[60] Bundesanzeigerausgabe der HOAI 1985, S. 88; gleichlautend auch in der entsprechenden Ausgabe 2002, S. 124
[61] Bundesanzeigerausgabe der HOAI 1985, S. 89; gleichlautend auch in der entsprechenden Ausgabe 2002, S. 127

Die Amtliche Begründung zu § 57 der Vorgängerverordnungen erklärt weiter: *„Die gesonderte Honorarregelung dieser Leistungen ist, wie zu § 55 ausgeführt, erforderlich geworden. In Absatz 1 werden die Leistungen bei der örtlichen Bauüberwachung zusammengefasst. Sie wurden in Anlehnung an die Grundleistungen der Leistungsphase 8 des § 15 entwickelt, wobei die Leistungen jeweils zur Bauoberleitung (Leistungsphase 8 des § 55) abzugrenzen waren."*

159 Anlage 13.1 nennt die in § 57 Abs. 1 HOAI a. F. aufgelisteten Leistungen bei der örtlichen Bauüberwachung in gleicher Reihenfolge, aber modifizierter Form. Mit der bis 2009 geltenden Aufteilung der Leistungen bei der Objektüberwachung in die Leistungen bei der Bauoberleitung und bei der örtlichen Bauüberwachung sollte der Ansicht öffentlicher Auftraggeber Rechnung getragen werden, dass das Honorar für die örtliche Bauüberwachung bei Ingenieurbauwerken und Verkehrsanlagen nicht nach einer Honorartafel mit degressiven Honoraren berechnet werden könne. Ein angemessenes Bauüberwachungshonorar könne regelmäßig nur in einem bestimmten Vomhundertsatz der Herstellungskosten festgelegt werden[62]. Diese Erfahrungen entsprächen denen der Objektplaner. Die Amtliche Begründung zu § 57 HOAI 1996/2002[63] erklärt weiter: *„Dadurch wird den Vertragsparteien die Möglichkeit gegeben, bei intensiven Überwachungsmaßnahmen angemessene Honorare zu vereinbaren".*

160 Im Mittelpunkt der örtlichen Bauüberwachung steht die **Überwachung der Ausführung des Objekts** auf ihre Übereinstimmung mit den zur Ausführung freigegebenen Unterlagen und dem Bauvertrag sowie mit den allgemein anerkannten Regeln der Technik, den Vorgaben des Auftraggebers und den einschlägigen Vorschriften. Dazu gehören in einem ersten Schritt die Plausibilitätsprüfung der von Vermessungsingenieuren durchgeführten **Absteckung des Bauwerks** und das örtliche Kennzeichnen des Baugeländes, d. h. zusätzliches Markieren vorhandener Grenzen und Grenzsteine, nicht aber deren Herstellung.

161 Die **zur Ausführung freigegebenen Unterlagen** umfassen insbesondere die Ausführungsplanung und die Leistungsbeschreibung des Objekts. Ferner sind natürlich die in den behördlichen Genehmigungen erteilten Auflagen zu beachten. Zu den einschlägigen Vorschriften zählen besonders das Bauordnungsrecht mit seinen Nebenbestimmungen sowie die einschlägigen DIN-Vorschriften. Ferner zählen hierzu die Verkehrssicherungspflicht sowie eine Vielzahl weiterer öffentlich-rechtlicher sowie auch zivilrechtlicher Vorschriften einschließlich der Arbeitsschutzbestimmungen und Unfallverhütungsvorschriften. Letztere sind zwar Angelegenheiten der bauausführenden Firmen; die örtliche Bauüberwachung ist jedoch verpflichtet, auf deren Einhaltung zu achten (s. z. B. § 59a BauO-NW oder § 45 LBO-BW).

162 Die notwendige ordnungsgemäße Durchführung der Bauüberwachung versetzt den Bauüberwacher in die Lage, die Leistungen der bauausführenden Unternehmen für die Beseitigung von Störungen im Bauablauf fachkompetent zu beurteilen. Daraus resultieren seine Fähigkeit und Aufgabe, die **Berechtigung von Nachträgen** der Unternehmen fachlich zu **prüfen und** zu **bewerten**. Das Ergebnis seiner Tätigkeit teilt er dem mit dem Bauoberleitung Beauftragten mit und berät ihn bei dessen fachlicher, rechnerischer und vor allem vertragsrechtlicher Prüfung.

163 Zu einer sach- und fachgerechten engen Bauüberwachung gehört auch das Durchführen von **Kontrollprüfungen**, die sich je nach Komplexität und Schwierigkeit des Bauvorhabens oder bei auftretenden Mängeln während der Bauausführung als notwendig erweisen können. Deren Erfordernis festzustellen, ist eine weitere Aufgabe des Bauüberwachers, die er aufgrund seiner Berufserfahrung und seiner während der Ausführung des Objekts gemachten Erfahrungen veranlassten Ursprung. Die Kontrollprüfungen dienen bei rechtzeitiger Anordnung und Durchführung der angestrebten Qualität des Bauvorhabens. Ihre Ergebnisse sollten dem Auftraggeber im Streitfall als Beweismittel gut dokumentiert zur Verfügung stehen.

164 Der für die Bauüberwachung **verantwortliche Objektplaner ersetzt nicht** den **Sicherheits- und Gesundheitsschutzkoordinator** nach der Baustellenverordnung[64] und auch nicht den Bau-

---

[62] Bundesanzeigerausgabe der HOAI 1985, S. 88
[63] Bundesanzeigerausgabe der HOAI 2002, S. 127
[64] BGBl I 1998, 1983

leiter des ausführenden Unternehmens. Die Verantwortung für die Arbeit auf der Baustelle, für die Unfallverhütung oder für den Schutz von Baustoffen oder für den Schutz des im Bau befindlichen Bauwerks hat das ausführenden Unternehmens, also sein mit der Bauleitung Beauftragter. Allerdings ist es Pflicht des bauüberwachenden Objektplaners, die Unternehmensbauleitung auf eventuelle Mängel oder Gefahren hinzuweisen und im Falle der Nichtbeachtung auch Anweisungen z. B. zur Einhaltung der Unfallschutzvorschriften oder der Verkehrssicherheit zu geben, damit sie ihre bauvertraglich gebotenen Pflichten erfüllen.

Die örtliche Bauüberwachung muss so organisiert und ausgestattet werden, dass die eingesetzten **165** Mitarbeiter und deren Arbeitszeit auf der Baustelle ausreichen, die Aufgaben sorgfältig zu erledigen. Dies bedeutet nicht, dass der Bauleiter ständig auf der Baustelle anwesend sein muss (so auch Locher/Koeble/Frik[65]). Allerdings ist seine **Anwesenheit bei** den **wichtigsten Bauphasen** unerlässlich. Wann und wie häufig der Bauleiter auf der Baustelle anwesend sein muss, hängt von der Art der Bauaufgabe, vom Umfang besonders überwachungsbedürftiger Bau- und Montagearbeiten und vom jeweiligen Stand der Arbeiten ab.

Die **Dokumentation des Bauablaufs** erfolgt im **Bautagebuch**. Dort werden Leistungen, Lie- **166** ferungen und die Anwesenheit der beteiligten Unternehmer und Lieferanten sowie die Witterungsbedingungen festgehalten. Darüber hinaus werden alle Besonderheiten dokumentiert (z. B. historische Funde, Hochwasserereignisse, Besonderheiten im Bodenaufschluss etc.). Die Größe des Objektes, die Häufigkeit und die Bedeutung von Ereignissen auf der Baustelle, die das Baugeschehen und die Kosten beeinflussen, sind so oft wie möglich, aber nicht häufiger als nötig zu dokumentieren. Die Entscheidung über Art und Anzahl sowie Häufigkeit und Umfang der Berichterstattung obliegt dem mit der örtlichen Bauüberwachung Beauftragten. Die Dokumentation ist ein wertvolles **Beweisstück** für gerichtliche und außergerichtliche Schadensregulierungen. Es kann gemeinsam mit dem Unternehmer geführt werden. Die Verantwortung für die Richtigkeit und Vollständigkeit des Tagebuches trägt in jedem Falle jedoch ausschließlich die örtliche Bauüberwachung. Keinesfalls sind die von den Bauleitern der ausführenden Unternehmen erstellten Bautagebücher ein Ersatz für das von Objektüberwachung zu führende Bautagebuch. Die Bedeutung des Bautagebuchs, somit auch der Dokumentation des Bauablaufs hat zuletzt das OLG Celle in seinem Urteil vom 11.10.2005[66] hervorgehoben:

> *„Das Bautagebuch dient den Interessen des Bauherrn und soll Leistungen, Lieferungen und Tätigkeiten der verschiedenen Unternehmer sowie die jeweiligen Arbeitsbedingungen auf der Baustelle festhalten. Für eine spätere gerichtliche oder außergerichtliche Auseinandersetzung ist es zudem ein Beweismittel. Damit dient es nicht in erster Linie dem Architekten zu dessen eigener Gedächtnisstütze, sondern dem Bauherrn“.*

Als weitere Aufgabe des örtlichen Bauüberwachers ist sein **Mitwirken beim Aufmaß** mit den **167** ausführenden Unternehmen zur Vorbereitung deren Abrechnung. Das Aufmaß weist Art und Umfang der ausgeführten Leistungen nach. Das Mitwirken sorgt dafür, dass das Aufmaß ordnungsgemäß erfolgt, und ist deswegen ein wesentlicher Teil der Tätigkeit des Objektüberwachers bei der ihm obliegenden Rechnungsprüfung. Außerdem sind beim Aufmaß alle Umstände festzustellen, die für eine ordnungsgemäße Abrechnung notwendig sind. Hier sind beispielhaft das Überwachen der Grundwasserabsenkung laut Leistungsbeschreibung, das Feststellen der Wasserhaltungstage und der Entnahmemenge oder die Kontrolle und die Klassifizierung der Bodenarten zu nennen.

Das **Mitwirken bei der Abnahme** von Leistungen und Lieferungen durch die Bauoberleitung **168** ist als Mitarbeiten unter der Leitung und Verantwortung der Bauoberleitung zu verstehen. Beispielsweise können hierzu der Empfang und die Überprüfung der Mengen von Lieferungen mit entsprechender Eingangsbestätigung für die Bauoberleitung gehören. Ferner ist es Aufgabe der örtlichen Bauüberwachung, die gelieferten bzw. eingebauten Baustoffe mit den Forderungen in den Leistungsverzeichnissen bzw. Verdingungsunterlagen zu vergleichen. Schließlich ist in diesem Zusammenhang auch das Überwachen der Taglohnarbeiten zu nennen.

---

[65] HOAI-Kommentar 2010
[66] 14 U 68/04; BauR 2005, 1972, IBR 2005, 600

169   Das **Mitwirken bei behördlichen Abnahmen** und das Mitwirken **beim Überwachen der Prüfung der Funktionsfähigkeit** der Anlagenteile und der Gesamtanlage ist ebenfalls eine begleitende Tätigkeit der örtlichen Bauüberwachung, die vor allem wegen der besonderen Detail- und Fachkenntnisse der örtlichen Bauüberwachung notwendig ist. Voraussetzung für das Mitwirken ist der Abruf dieser Leistung durch die Bauoberleitung oder durch den Auftraggeber; wird sie nicht abgerufen, war sie nicht notwendig. Eine Kürzung des für die örtliche Bauüberwachung vereinbarten Honorars ist dann aber aus den schon mehrfach erwähnten Gründen nicht zulässig.

170   Werden **bei der Abnahme** der Leistungen **Mängel** festgestellt, so ist das **Überwachen der Beseitigung der festgestellten Mängel** Sache der örtlichen Bauüberwachung. Diese Überwachung unterscheidet sich von der in Leistungsphase 9 des § 42 genannten Überwachung der Beseitigung von Mängeln, welche Aufgabe dessen ist, der mit dieser Leistungsphase beauftragt ist. Bei letzteren handelt es sich um Mängel, die innerhalb der Verjährungsfristen der Gewährleistungsansprüche an die ausführenden Unternehmen auftreten.

Die **Überwachung der Beseitigung größerer Mängel**, die einen nennenswerten zusätzlichen Zeit- und Kostenaufwand verursachen und vom ausführenden Unternehmen zu verantworten sind, ist der örtlichen Bauüberwachung auch dann **separat zu honorieren**, wenn die Kosten für die Mängelbeseitigung aus Gewährleistungsgründen dem Unternehmer nicht vergütet werden. Der Auftraggeber wird dann diese zusätzlichen Honorarkosten, die für den Auftraggeber einen Schaden bedeuten, dem Unternehmer als Schadensersatzforderung in Rechnung stellen. Voraussetzung für die Honorierung dieser zusätzlichen Leistungen ist aber eine entsprechende Vereinbarung zwischen Auftraggeber und Objektüberwacher.

171   Die **Rechnungsprüfung** ist neben der konsequenten Überwachung der Bauausführung eine weitere zentrale Aufgabe der örtlichen Bauüberwachung. Die Prüfergebnisse bestimmen die Summe der Gesamtkosten, die der Bauoberleiter schließlich in der Kostenfeststellung zusammenstellen muss. Dabei ist zwischen den Leistungen bei der Prüfung von Abschlagsrechnungen und der Prüfung der Schlussrechnungen nicht zu unterscheiden. In beiden Fällen müssen die berechneten Mengen und Kosten sorgfältig geprüft werden – auch und gerade bei den Abschlagsrechnungen, um der Gefahr von Überzahlungen der Rechnungssteller zu begegnen. Damit dies sachgerecht geschehen kann, sollte der Objektüberwacher darauf bestehen, dass der Rechnungssteller die Mengenansätze in den Abschlagsrechnungen von Anfang an durch Aufmaße – alternativ mit genauen Angaben zu seinen bis zum Rechnungsdatum erbrachten Leistungen – belegt. Der sorgfältige und vorsorgende Rechnungsprüfer wird bei der Prüfung auch beurteilen, ob die erbrachten Leistungen vertragsgemäß und fachtechnisch einwandfrei erbracht und auch sachlich richtig berechnet wurden. Dabei muss er stets die Kostenentwicklung in den einzelnen Gewerken im Blick haben. Dies geschieht durch den kontinuierlichen **Vergleich der Ergebnisse der Rechnungsprüfung mit der Auftragssumme**. Im Unterschied zu der ähnlich formulierten Leistung der Bauoberleitung (s. Rdn. 141), die als globaler Vergleich zwischen der Kostenfeststellung und der Auftragssumme des Objekts zu verstehen ist, ist die örtliche Bauüberwachung aufgefordert, den Vergleich nach Gewerken durchzuführen und deren Ergebnis der Bauoberleitung für die Kostenfeststellung zur Verfügung zu stellen.

Das als letzte Besondere Leistung genannte **Überwachen der Ausführung von Tragwerken** nach Anlage 14.2 und der Honorarzonen I und II auf Übereinstimmung mit dem Standsicherheitsnachweis dieser Objekte nach § 51 Abs. 1 ist die Kontrolle der Bewehrung im Stahlbetonbau bei Tragwerken mit sehr geringen oder geringen Planungsanforderungen. Dass ein mit der örtlichen Bauüberwachung der Ausführung von Verkehrsanlagen Beauftragter solche Leistungen erbringen soll, ist nur im Ausnahmefall zu erwarten. Daher wird auf die diesbezüglichen Ausführungen zu § 43 Rdn. 178 verwiesen.

bb) Über die Regelleistungen hinausgehende Leistungen

172   Die im Rahmen einer vertraglicher Vereinbarung im Allgemeinen zu erfüllenden Leistungspflicht bei der örtlichen Bauüberwachung endet, wenn der Unternehmer die Beseitigung der bei der Abnahme festgestellten Mängel verweigert. Veranlasst dann der Bauherr auf Empfehlung von Bauoberleitung und örtlicher Bauüberwachung eine Ersatzvornahme durch einen Dritten, so sind die Vorbereitung und die Mitwirkung bei der Vergabe einschließlich der Leistungen bei der Bauoberleitung und die anschließende örtliche Bauüberwachung dieser Drittunternehmerleistung gesondert zu honorieren.

10. Objektbetreuung und Dokumentation

a) Grundleistungen

Nach Abschluss der Baumaßnahme können innerhalb der Verjährungsfristen der Gewährleistungsansprüche Mängel an dem ausgeführten Objekt auftreten. Deren Feststellung ist Aufgabe des Bauherrn oder Nutzers des Bauwerks. Der Objektplaner ist verpflichtet, innerhalb der Verjährungsfristen die festgestellten **Mängel fachlich zu bewerten**. Es versteht es sich von selbst, dass zur fachlichen Bewertung der behaupteten Mängel **Begehungen** gehören und als Teil der Bewertungstätigkeit mit dem in der HOAI verordneten Honorar vergütet werden

173

Die in Leistungsphase 9 des Leistungsbildes Technische Ausrüstung gleich formulierte Tätigkeit des objektüberwachenden Fachplaners erläutert die Verordnungsbegründung wie folgt: *„Durch die neu aufgenommene Grundleistung der fachlichen Bewertung der Menge einschließlich notwendiger Begehungen wird sichergestellt, dass der Auftrag der Architekt und Ingenieur auch nach Abschluss des Projekts den Bauherrn bei auftretenden Mängeln zur Seite steht und eine verursachungsgerechte Inanspruchnahme des Schädigers ermöglicht wird. Mit der fachlichen Bewertung der Menge soll in erster Linie die Zuordnung des Mangels zu einem Bau- oder Planungsbeteiligten aus fachlicher Sicht sichergestellt werden. Eine Bewertung mit der Qualität und Ausführlichkeit eines Sachverständigengutachtens ist nicht Gegenstand dieser Grundleistung."*

Diese Verpflichtung gilt **bis zum Ablauf von fünf Jahren** nach der ersten erfolgreichen Abnahme der fertig gestellten, nun aber mit Mängeln belasteten Leistung. Damit Bauherr oder Nutzer ihre Ansprüche gegenüber dem Unternehmen fachlich begründet geltend machen können, muss der mit der Bewertung beauftragte Objektplaner das Bewertungsergebnis schriftlich ausarbeiten. Die erforderliche Bewertung darf nicht mit der Pflicht zur Abgabe eines Gutachtens verwechselt werden, mit dem beispielsweise schon Methoden zur Mängel- oder Schadensbeseitigung vorgeschlagen oder gar vorgeschrieben werden. Ein solches Gutachten kann nur von einem in der zitierten Verordnungsbegründung genannten Sachverständigen für Schäden an Gebäuden sachgerecht erwartet und erstellt werden.

174

Dem Objektplaner obliegt unabhängig von seinen gerade beschriebenen Aufgaben die Objektbegehung zur **Mängelfeststellung vor Ablauf der Verjährungsfristen** der Gewährleistungsansprüche gegenüber den ausführenden Unternehmen. Die Fristen sind ihm als Ergebnis seiner Objektüberwachungstätigkeit bekannt; der objektbetreuende Ingenieur ist verpflichtet, ohne Aufforderung des Auftraggebers tätig zu werden. Der Verordnungsgeber verwendet den Singular „Objektbegehung"; die Objektbegehung aller ausgeführten Bau- und Montagearbeiten ist daher nur einmal, nämlich vor Ablauf deren jeweiliger Verjährungsfristen als „im Allgemeinen erforderliche Leistung" im Sinne von § 3 Abs. 2 anzusehen, für die ein Honorar verordnet ist; eine mehrfache Begehung des Objekts auf Eigeninitiative des Objektüberwachung während der Gewährleistungszeit ist damit nicht gemeint. Dies bestätigt auch das OLG Hamm in seinem Urteil vom 09.01.2003[67].

175

Bei einer Objektbegehung kann nur eine eingehende und sorgfältige Sichtprüfung des Bauwerks – es geht ja um die Feststellung von Ausführungsmängeln – stattfinden; eine Funktionsprüfung des Bauwerks ist nicht Gegenstand der Prüfung, da es um die Feststellung von herstellungsbedingten Mängeln geht, auf deren Beseitigung der Bauherr einen Rechtsanspruch besitzt. Damit dieser fachlich begründet geltend gemacht kann, muss der Objektbetreuer eventuell erkannte Mängel fachlich bewerten und schriftlich begründen. Die Begehung muss so früh erfolgen, dass die Mängel trotz ggf. erforderlicher näherer Untersuchungen und Gutachten durch Sachverständige noch rechtzeitig geltend gemacht werden können.

176

---

[67] OLG Hamm, Urteil v. 09.01.2003 – 17 U 91/01; BauR 2003, 567 ; BGH, Beschluss v. 26.08.2004 – VII ZR 64/03 (Nichtzulassungsbeschwerde zurückgewiesen); BauR 2003, 567

177 Die letzte Aufgabe des objektbetreuenden Objektplaners ist sein Mitwirken bei der **Freigabe von Sicherheitsleistungen**. Das Mitwirken besteht aus der Mitteilung an den Auftraggeber, dass er bei seiner abschließenden Objektbegehung einwandfreies Objekt vorgefunden hat und der Auftraggeber die ihm gegenüber geleisteten Sicherheiten an die ausführenden Unternehmen zurückgeben kann.

b) Besondere Leistungen

178 Werden herstellungsbedingte Mängel festgestellt, ist das **Überwachen der Beseitigung dieser Mängel** normalerweise Sache des mit der Objektbetreuung Beauftragten. Dabei muss er dem Unternehmen, welches die Mängel zu verantworten hat, die Methode der Mängelbeseitigung freistellen. Voraussetzung für die erfolgreiche Durchsetzung der Gewährleistungsansprüche ist, dass die Mängel innerhalb deren Verjährungsfristen, **längstens jedoch bis zum Ablauf von fünf Jahren** seit Abnahme der Bauleistung auftreten.

179 Vor **Ablauf der Verjährungsfristen auftretende Bauwerksschäden** sind nicht die Regel, sondern die Ausnahme. Daraus folgt, dass die **Erforschung von Mängelursachen** nicht zu den werkvertraglich geschuldeten Leistungen des mit der Objektbetreuung Beauftragten gehören können; solche Leistungen sind zusätzliche vergütungspflichtige Besondere Leistungen. Insbesondere ist es nicht die Aufgabe des Objektbetreuers zu erforschen oder zu analysieren, ob die bei der Sichtprüfung ggf. festgestellten Mängel **herstellungsbedingt** oder die Folge fehlerhafter oder nicht bestimmungsgemäßer Nutzung sind. Haben die Mängel **nutzungs- und betriebsbedingte** Ursachen, so ist sowohl ihre Beseitigung durch das ausführende Unternehmen für den Bauherrn kostenpflichtig als auch die Überwachung deren Beseitigung eine **Besondere Leistung** des Auftragnehmers, je nach Art und Umfang könnte es sich dabei aber auch um wiederholte oder neu zu erbringende Grundleistungen handeln. Äußerstenfalls können dies auch Leistungen für ein neues Objekt sein, wenn z. B. die Mängelbeseitigung im Rahmen der Nacherfüllung eine Instandsetzung oder gar eine Neuherstellung ist.

180 In der Regel ist davon auszugehen, dass die einmalige **Überwachung der Beseitigung von Mängeln** ausreichend ist. Muss bei erfolgloser Beseitigung eines bestimmten Mangels vom Unternehmer dessen Beseitigung mehr als einmal gefordert werden mit der Folge, dass die Mängelbeseitigung mehrfach überwacht werden muss (z. B. unzureichende Pumpenleistung, undichtes Flachdach, Ersatz bestimmter Maschinenteile etc.), müssen auch die weiteren Versuche zur Beseitigung des gleichen Mangels zusätzlich honoriert werden. Eine entsprechende Vereinbarung zwischen den Vertragsparteien vor Durchführung der Tätigkeit wird empfohlen. Da weder Auftraggeber noch Objektplaner noch Fachplaner diese Besondere Leistung zu verantworten haben, sondern der betroffene Unternehmer, ist es üblich, dass der Auftraggeber dem Unternehmer mitteilt, dass er das Honorar für diese Leistung der Objekt- und Fachplaner vom Unternehmer zusätzlich fordern wird (Schadensersatzprinzip). Das Honorar kann vom Objektplaner nicht dem Unternehmer direkt in Rechnung gestellt werden, da zwischen Objektplaner und ausführenden Unternehmen kein entsprechendes Vertragsverhältnis besteht bzw. bestehen kann.

IV. Leistungen beim Planen und Bauen im Bestand

1. Anwendungsbereich

181 Schon aus den Begriffsbestimmungen des § 2 ergibt sich, dass Leistungen beim Planen und Bauen im Bestand – nachfolgend wie bei Pfarr **PLBB**[68] genannt – in zahlreichen Fällen erforderlich sind. Die Aufzählung beginnt unter § 2 Nr. 3 mit den **Wiederaufbauten** vormals zerstörte Objekte auf vorhandenen Bau- oder Anlagenteilen, für deren Mitverarbeitung besondere planeri-

---

[68] Pfarr/Koopmann/Rüster: Ergebnisbericht zum Forschungsvorhaben „Leistungsbeschreibung für das Planen und Bauen im Bestand in der HOAI", Berlin, März 1989 (unveröffentlicht)

sche und ausführungsüberwachende Tätigkeiten des Auftragnehmers notwendig sind. Dasselbe gilt bei **Erweiterungsbauten** im Sinne von § 2 Nr. 4. Daher muss der Wert der mitzuverarbeitenden Bausubstanz nach der Verordnungsbegründung zu §§ 2 Abs. 5 und 4 Abs. 3 in angemessener Höhe ihres ortüblichen Preises als Teil der anrechenbaren Kosten berücksichtigt werden, um eine angemessene Honorierung der dafür notwendigen Leistungen zu erreichen.

In besonders großem Umfang sind solche Leistungen bei **Umbauten** erforderlich. Das verdeutlicht deren Definition als Umgestaltungen eines vorhandenen Objekts mit **wesentlichen Eingriffen** in Konstruktion oder Bestand. Den Erläuterungen in der Verordnungsbegründung zufolge sind die wesentlichen Eingriffe die Voraussetzung dafür, dass das Honorar für Leistungen bei Umbauten mit einem Umbauzuschlag berechnet werden kann und bei der Ermittlung der anrechenbaren Kosten der Wert der mitzuverarbeitenden Bausubstanz ebenfalls zu berücksichtigen ist. Einschränkend wird in der Verordnungsbegründung zu § 2 Abs. 3 darauf hingewiesen, dass ein solcher Zuschlag auf das Tafelhonorar bei Umbauten mit der Folge unwesentlicher Eingriffe in Konstruktion oder Bestand, die bei den schon erwähnten Erweiterungen sowie bei Instandsetzungen oder Instandhaltungen unterstellt werden, nicht infrage komme.   **182**

Dasselbe gilt für die Leistungen bei **Modernisierungen**, welche gemäß § 2 Abs. 6 bauliche Maßnahmen zur nachhaltigen Erhöhung des Gebrauchswertes eines Objekts sind, soweit diese Maßnahmen nicht Erweiterungsbauten, Umbauten oder Instandsetzungen sind. Das Honorar für Leistungen bei Modernisierungen ist ebenfalls unter Berücksichtigung eines Zuschlags – hier **Modernisierungszuschlag** genannt – zu berechnen. Wenngleich nicht ausdrücklich erwähnt, dürfte bei sinngemäßer Anwendung der Verordnungsvorschriften bei der Ermittlung der anrechenbaren Kosten der Wert der mitzuverarbeitenden Bausubstanz ebenfalls zu berücksichtigen sein, soweit bei der Modernisierung ebenfalls wesentliche Eingriffe in die vorhandene Substanz erfolgen müssen.   **183**

Auch für die Leistungen bei **Instandhaltungen und Instandsetzungen** nach § 2 Nr. 8 und 9 sind Umfang und Beschaffenheit der vorhandenen Bausubstanz von großer Bedeutung; daher ist bei der Ermittlung des Honorars für diese Leistungen auch ein angemessener Wert der mitzuverarbeitenden Bausubstanz gemäß § 2 Abs. 5 zu berücksichtigen. Instandsetzungen sind nach der Verordnung Maßnahmen zur Wiederherstellung des zum bestimmungsgemäßen Gebrauchs geeigneten Zustandes (Soll-Zustandes) eines Objekts, Instandhaltungen hingegen Maßnahmen zur Erhaltung seines Sollzustandes. Der Sollzustand der instand zu setzenden oder instand zuhaltenden Bausubstanz mag vom Auftraggeber vorgegeben sein; ohne Berücksichtigung der Beschaffenheit der vorhandenen Bausubstanz können die durchzuführenden Maßnahmen aber weder zutreffend geplant noch ihre Ausführung richtig überwacht werden.   **184**

Zur Vereinbarung der vom Objektplaner zu erfüllenden Leistungspflichten beim Planen und Bauen im Bestand ist das **Leistungsbild nach HOAI-Anlage 13.1 nur unzulänglich zielführend**, da es nach herrschender Meinung die Abfolge von **Leistungsschritten bei Neubauten und -anlagen** enthält. Dennoch beziehen sich auch die für PLBB von Verkehrsanlagen abgeschlossenen Ingenieurverträge häufig auf das bewertete Leistungsbild. Nach der Entscheidung des BGH vom 24.06.04[69] ist dann davon auszugehen, dass der Auftragnehmer alle Leistungen, die dort für Neubauten aufgezählt sind, auch beim PLBB erbringen muss. Erbringt er nicht alle Leistungen, was beim Planen und Bauen im Bestand regelmäßig zu erwarten ist, dann gilt sein Werkvertrag als mangelhaft erfüllt. Das bedeutet dann, dass sein Honorar vom Auftraggeber gemindert werden kann. Im Ergebnis führt dies dann zum Honorarabzug. Eine leistungskonforme Honorarermittlung kann daher nur mit schriftlich zu vereinbarenden Leistungsdefinitionen erfolgen, welche die Leistungsbilder PLBB - orientiert „übersetzen".   **185**

Hierzu hat die **Forschungsgemeinschaft Pfarr/Koopmann/Rüster** im Auftrag des Bundesministers für Wirtschaft am 07.03.1989 die in Fn. 63 genannten Vorschläge vorgelegt, welche Grundlage der folgenden Empfehlungen sind. Der von der Forschungsgemeinschaft ausgearbeitete Ergebnisbericht ist leider nicht veröffentlicht worden. Dies ist deswegen bedauerlich, weil   **186**

---

[69] VII ZR 259/02; IBR 2004, 512

die Forschungsergebnisse eine wesentliche Hilfe zur Interpretation der HOAI-Leistungsbilder bzgl. ihrer Anwendung für das Planen und Bauen im Bestand darstellen.

187 Die Untersuchung der **Planungs- und Ausführungsleistungen** der Architekten und Beratenden Ingenieure **beim Planen und Bauen im Bestand** ergab nach der Forschungsgemeinschaft, dass in allen Leistungsbildern folgende Leistungen unabdingbar seien:

– Erkundung des Bestandes,
– Analyse des Bestandes,
– Anpassung der Planung an den Bestand,
– Anpassung der Planung an „heutige" Anforderungen,
– Erhalten von ungebräuchlichen Konstruktionen, Materialverwendungen und Gestaltungselementen,
– Überarbeiten der Planung aufgrund von Erkenntnissen bei bzw. aus der Durchführung.

Nach Auffassung der Gutachter handelt es sich beim **Planen und Bauen im Bestand** um einen **eigenständigen Prozess, nicht um einen Teil des Prozesses der Neuplanung** eines Bauwerkes. Daher sei der Rückgriff auf das Leistungsbild des § 55 HOAI a. F. (heute: § 47 für Verkehrsanlagen) allein und in unveränderter Form nicht zielführend, da es für Neubaumaßnahmen entwickelt worden sei. Die Forschungsgemeinschaft entschied sich deswegen nach dem in ihrem Ergebnisbericht dargestellten Abwägungsprozess zur modifizierten Beschreibung von Leistungen, welche sie unter der Version B[70] zusammenfasste. An dieser Version hat sich der Verfasser im Folgenden orientiert. Selbstverständlich sind die im Ergebnisbericht genannten Paragraphen der HOAI 1988, welche im Bericht in Bezug genommen wurden und weitgehend unverändert blieben, mit den entsprechenden Paragraphen der aktuellen HOAI korrigiert worden.

2. Konzeptions- und Planungsphase

188 Nach Pfarr/Koopmann/Rüster beginnt die Konzeptions- und Planungsphase mit der **Leistungsphase 1 (Grundlagenermittlung)**, in der zwischen der Maßnahmenklärung und der Substanzerkundung zu unterscheiden ist. Während die **Maßnahmenklärung** selbst im Wesentlichen den Leistungen bei der Grundlagenermittlung nach HOAI-Anlage 12.1 entspricht, handelt es sich bei der **Substanzerkundung** mit dem **Beurteilen der vorhandenen Bausubstanz auf Durchführbarkeit** der Aufgabe, mit dem **Auswerten der technischen Bestandsaufnahme** und mit der Erarbeitung eines **Vorschlags für die Reihenfolge der Behebung von festgestellten Schäden** um Leistungen, die einen weitaus größeren Aufwand zur Folge haben als diejenigen, welche der Grundlagenermittlung zugeordnet sind; sie sind weitgehend identisch mit Leistungen, die Bauherr im Rahmen der **Bedarfsplanung** (s. Rdn. 8) durchführen sollte.

In **Leistungsphase 2 (Vorplanung)** sind zunächst Erhebungen über die bei der vorhandene Substanz verwendeten Arbeitsverfahren, Materialien, Normen, baurechtlichen Bestimmungen etc. vorzunehmen, die sich aus der Bestandsaufnahme ablesen lassen. Außerdem muss untersucht werden, **welche Sanierungsvarianten** unter Berücksichtigung der wesentlichen Projektziele infrage kommen und welche nach gleichen Anforderungen die wirtschaftlichste Lösung darstellen. In einem weiteren Schritt ist die Maßnahmenbeschreibung unter Berücksichtigung des Ergebnisses der Bestandsaufnahme mit besonderen Anforderungen bzgl. der Festlegungen der Konstruktion, Qualitäten, Arbeitsverfahren usw. zu erstellen.

Die in HOAI-Anlage 12.1 verwendete Bezeichnung der **Leistungsphase 3** (Entwurfsplanung) sollte beim Planen und Bauen im Bestand besser als **Maßnahmenplanung** bezeichnet werden. Hierbei geht es vornehmlich um das Durcharbeiten des in der Leistungsphase 2 ausgewählten Planungs- und Ausführungskonzepts unter Verwendung der Beiträge anderer an der Planung fachlich Beteiligter bis zur vollständigen Disposition der Maßnahme. Es liegt auf der Hand, dass die wirtschaftlichste Lösung für die im Einzelfall zu wählende Ausführungsvariante nicht ohne Berücksichtigung der vorhandenen Bausubstanz sachgerecht gefunden werden kann. Gerade die Entscheidung darüber, ob und in welchem Umfang vorhandene Substanz zur Verringerung von Kosten beibehalten werden kann oder muss, ist stets zu prüfen.

---

[70] A. a. O. S. 32

3. Ausführungsphase

Die Grundleistungen der Leistungsphasen 5 bis 9 nach HOAI-Anlage 12.1 und die Leistungen **189** bei der örtlichen Bauüberwachung kommen auch beim Planen und Bauen im Bestand in vollem Umfang zum Tragen. Daher muss auch die Bewertung der Leistungsphasen nach § 43 Abs. 1 unverändert gelten. Dabei geht es in der Leistungsphase 5 (**Ausführungsplanung**) wie verordnet um das Durcharbeiten der in der Konzeptions- und Planungsphase erarbeiteten Sanierungsmaßnahmen unter Verwendung eventueller Beiträge an der Planung fachlich beteiligter Dritter bis zur ausführungsreifen Lösung. Die die Bauausführung vorbereitenden Leistungsphasen 6 und 7 (**Vorbereitung der Vergabe und Mitwirkung bei der Vergabe**) sind verbal und inhaltlich identisch mit den in HOAI-Anlage 12.1 genannten Leistungen. Das Gleiche gilt auch für die Leistungsphase 8 (**Bauoberleitung**), für die Leistungen bei der **Örtlichen Bauüberwachung**, die als Besondere Leistungen der Bauoberleitung zugeordnet sind, und die Leistungsphase 9 (Objektbetreuung).

Die Beschaffenheit der vorhandenen Substanz hat bei jedem Leistungsschritt unterschiedliche Auswirkungen auf die im Einzelnen durchzuführenden Leistungen. So kann es bei einigen Sanierungsverfahren notwendig werden, dass auf der Grundlage der Erkenntnisse bei der Durchführung der Maßnahme noch während der Bauausführung die Ausführungs- und Detailplanung in Teilbereichen geändert werden muss. Dies ist beispielsweise dann notwendig, wenn erst bei Durchführung der Maßnahme Schäden erkennbar werden, deren Beseitigung eine erneute oder geänderte Ausführungsplanung erfordern. Dabei kann es sogar notwendig werden, Abweichungen von geltenden Normen und Richtlinien mit dem Auftraggeber und den ausführenden Firmen abzustimmen, hieraus resultierende mögliche Haftungs- und Gewährleistungsproblemen vertraglich zu regeln und für die Bauausführung neu festzulegen.

4. Leistungsphasen in Anlehnung an Anlage 13 Ziffer 13.1

Die folgende Konzeption geht davon aus, dass der Auftraggeber die Substanzerkundung als Leis-**190** tungen bei der Bedarfsplanung erbracht hat. Alternativ ist natürlich denkbar, dass diese Leistungen von dem Auftragnehmer als zusätzliche Leistung mit eigenem Honoraranspruch nach § 632 Abs. 2 BGB oder als Besondere Leistung vereinbart und erbracht werden, der anschließend die eigentlichen Objektplanungsleistungen erbringen soll.

Grundsätzlich muss an der in HOAI-Anlage 13.1 vorgegebenen Struktur der Leistungsphasen und ihrer Bewertung nach § 47 Abs. 1 festgehalten werden. Die folgenden Beispiele sollen dies dokumentieren; sie bedürfen aber bei jeder Sanierungsmaßnahme einer **objektspezifischen vertraglichen Definition**. Es folgt ein Vorschlag zur Formulierung von Leistungen, welche an die Stelle von bewerteten Leistungen treten können.

Leistungsphase		Vergütungstatbestand
Nr.	**Bezeichnung**	
1	Grundlagenermittlung (Maßnahmenklärung) Anmerkung: dieser Leistungsphase muss die Substanzerkundung als Leistung bei der Bedarfsplanung vorausgehen oder als zusätzliche Leistung mit eigenem Honoraranspruch nach § 632 Abs. 2 BGB vereinbart werden.	Leistungen entsprechend Anlage 13.1 LPH 1, die hier inhaltlich bedeuten: a) Klären der Aufgabenstellung und Projektziele anhand der Bedarfsplanung des Auftraggebers b) Sichten und Werten der vom Auftraggeber zur Verfügung gestellten Unterlagen auf Vollständigkeit für die Aufgabenstellung wie z. B. Bestands- und Zustandsdaten, Schadensanalyse, Anforderungen an die Sanierungsmaßnahme hinsichtlich zeitlicher, verkehrlicher, betrieblicher und bautechnischer Restriktionen c) Klären der Tragwerksplanungsleistungen d) Objektbegehung zur Klärung der Zugangsmöglichkeit und des Objektumfelds e) Zusammenstellen anderer Planungsabsichten f) Ermitteln der erforderlichen Vorarbeiten und Formulierung von Entscheidungshilfen zur Auswahl anderer an der Sanierungsmaßnahme fachlich zu Beteiligender g) Zusammenfassen, Erläutern und Dokumentation der Ergebnisse

Leistungsphase		Vergütungstatbestand
Nr.	**Bezeichnung**	
2	Vorplanung	Leistungen entsprechend Anlage 13.1 LPH 2, die hier inhaltlich bedeuten: a) Untersuchen und Bewerten der bei der Bedarfsplanung vom Auftraggeber festgelegten Maßnahmenlösung b) Untersuchen und Bewerten weiterer Maßnahmenvarianten nach gleichen Anforderungen unter Berücksichtigung der bei der Bedarfsplanung festgelegten Planungsziele und Ermittlung der wirtschaftlichsten Lösung c) Klären und Erläutern der wesentlichen fachspezifischen Zusammenhänge, Vorgänge und Bedingungen d) Erarbeiten eines Maßnahmenkonzepts für die vom Auftraggeber zu bestimmende Sanierungslösung mit Skizzen, überschläglichen fachspezifischen Berechnungen und Erläuterungen in Abstimmung mit den Beiträgen anderer fachlich Beteiligter e) Maßnahmebeschreibung und Begründung der gewählten Lösung f) Mitwirken bei Vorverhandlungen mit Behörden und fachlich Beteiligten über die Genehmigungsfähigkeit sowie den ggf. notwendigen Bestandsschutz g) Mitwirken beim Erläutern des Planungskonzepts gegenüber Dritten an bis zu 2 Terminen h) Überarbeiten des Planungskonzepts nach Bedenken und Anregungen i) Kostenschätzung j) Vergleich der Kostenschätzung mit der Kostenannahme des Auftraggebers k) Zusammenfassen, Erläutern und Dokumentation der Ergebnisse
3	Entwurfsplanung (Maßnahmenplanung)	Leistungen entsprechend Anlage 13.1 LPH 1, die hier inhaltlich bedeuten: a) Durcharbeiten des in der Leistungsphase 2 erarbeiteten und vom Auftraggeber gewählten Planungskonzepts auf der Grundlage der Festlegungen der Maßnahmeklärung mit Koordination und unter Verwendung der Beiträge der fachlich Beteiligten bis zur vollständigen Disposition der Maßnahme b) Fachspezifische Berechnungen – ausgenommen Berechnungen aus anderen Fachgebieten – einschließlich Nachweis der bestimmungsgemäßen Leistungs- und Gebrauchsfähigkeit der zu sanierenden Bausubstanz c) Zeichnerische Darstellung der Maßnahme d) Maßnahmebeschreibung e) Bauzeiten- und Kostenplan f) Mitwirken beim Finanzierungsplan g) Mitwirken bei Verhandlungen mit Behörden und fachlich Beteiligten über die Genehmigungsfähigkeit h) Mitwirken beim Erläutern des Entwurfskonzepts gegenüber Dritten an bis zu 3 Terminen i) Kostenberechnung j) Vergleich der Kostenberechnung mit der Kostenschätzung k) Zusammenfassen, Erläutern und Dokumentation der Ergebnisse
4	Genehmigungsplanung	Leistungen entsprechend Anlage 13.1 LPH 4, die hier inhaltlich bedeuten: a) Erarbeiten der Vorlagen für die Genehmigungen, Erlaubnisse oder Zustimmungen einschl. der Anträge auf Ausnahmen und Befreiungen unter Verwendung der Ergebnisse der Leistungsphase 3 und der Beiträge fachlich Beteiligter b) Abstimmen mit Behörden c) Vervollständigen und Anpassen der vorgenannten Vorlagen während der Genehmigungsphase d) Mitwirken beim Abfassen von Stellungnahmen zu Bedenken und Anregungen in bis zu 10 Kategorien
5	Ausführungsplanung	a) Leistungen entsprechend Anlage 12.1 LPH 5: b) Örtliches Überprüfen von Planungsdetails an der vorgefundenen Substanz und deren ggf. erforderliche Korrektur in den Ausführungsplänen

Leistungsphase		Vergütungstatbestand
Nr.	Bezeichnung	
6	Vorbereitung der Vergabe	Leistungen entsprechend Anlage 13.1 LPH 6
7	Mitwirken bei der Vergabe	Leistungen entsprechend Anlage 13.1 LPH 7
8	Bauoberleitung	a) Leistungen entsprechend Anlage 13.1 LPH 8 b) Hinweise auf Schäden, die bei der Durchführung der Maßnahme erkannt werden, Entwickeln von Beseitigungsmöglichkeiten und Ermitteln ggf. zusätzlich entstehender Kosten im Zusammenwirken mit den fachlich Beteiligten
9	Objektbetreuung	Leistungen entsprechend Anlage 13.1 LPH 9

V. Bewertung einzelner Grundleistungen

Ist schon beim Vertragsabschluss erkennbar, dass Grundleistungen des Leistungsbildes der HOAI-Anlage 13.1 oder Teile davon nicht erbracht werden müssen, weil sie **für die ordnungsgemäße Erfüllung des Auftrags entbehrlich** sind, führt dies gemäß § 8 Abs. 2 zu einer Reduzierung der Bewertungen der davon betroffenen Leistungsphasen des § 47 Abs. 1. **191**

Beispiele:

– In Phase 2 ist das „**Beschaffen und Auswerten amtlicher Karten**" nach a) i. d. R. nur bei Neubauten erforderlich. Die Leistung ist aber bei Umbauten, Modernisierungen, Instandsetzungen und Instandhaltungen von Verkehrsanalgen i. d. R. entbehrlich.

– In Phase 2 ist das „**Vorabstimmen mit Behörden** … über die **Genehmigungsfähigkeit**, ggf. über die **Bezuschussung und Kostenbeteiligung**" nach g) dann nicht erforderlich, wenn es sich um keine genehmigungsbedürftigen oder förderfähigen Baumaßnahmen handelt. Beispiel: Instandsetzung einer Wohnstraße. Dasselbe gilt z. B. für das „Mitwirken beim Erläutern des Planungskonzepts … oder das Überarbeiten des Planungskonzepts …" nach h) und i), wenn Dritte von dem Bauvorhaben nicht betroffen sind und daher nicht mit dem Überarbeiten des Planungskonzepts nach Bedenken und Anregungen zu rechnen ist.

– In Phase 3 entfällt bei Leistungen für öffentliche Auftraggebern häufig das **Ermitteln und Begründen der zuwendungsfähigen Kosten** nach d) sowie das Vorbereiten der Anträge auf Finanzierung bei allen **nicht förderfähigen Projekten**. Wie in Phase 2 entfällt das **Vorabstimmen mit Behörden** nach f), wenn Projekte nicht genehmigungspflichtig sind. Ferner kann keine überschlägige Festlegung der **Abmessungen von Ingenieurbauwerken** nach h) erfolgen, wenn keine vorgesehen sind (z. B. Brücken); dann ist auch der Nachweis der Lichtraumprofile nach i) entbehrlich.

– In Phase 4 entfällt das **Aufstellen des Bauwerksverzeichnisses** nach a) dann, wenn keine Bauwerke vorhanden sind. Dasselbe gilt für das **Erstellen des Grunderwerbsplanes und des Grunderwerbsverzeichnisses** nach b) bei allen Sanierungen, Instandsetzungen oder Instandhaltungen oder dann, wenn die Beschaffung der Grundstücke für ein Bauvorhaben durch den Auftraggeber bereits vor Beginn der Planungsarbeiten erfolgte. Ist ein Bauvorhaben nicht genehmigungsbedürftig, entfallen auch die unter d) bis f) genannten Grundleistungen.

– In Leistungsphase 7 wird bei Bauvorhaben öffentlicher Auftraggeber das **Einholen von Angeboten** nach a) durch die Aufforderung zur Angebotsabgabe bei beschränkter oder öffentlicher Ausschreibung ersetzt. Ferner entfällt das **Führen von Bietergesprächen** nach d), wenn Preisverhandlungen aus vergaberechtlichen Gründen nicht zulässig sind oder kein Bedarf an der Aufklärung technischer Angebotsinhalte besteht.

– Werden die Leistungen bei der **Bauoberleitung** nach Abs.1 Nr. 8 und der örtlichen Bauüberwachung nicht getrennt vergeben, **entfällt** die in HOAI-Anlage 13.1 LPH 8 genannte **Aufsicht über die örtliche Bauüberwachung** nach a), weil sie nicht erforderlich ist; sie ist nichts anderes als ein weiterer Bestandteil der dort ebenfalls genannten Koordinierung der an der Objektüberwachung fachlich Beteiligten. Nachdem deren Art und Zahl unbestimmt ist, kann der Entfall einer einzigen der unbestimmten Zahl der übrigen Koordinierungs- und Aufsichtsaufgaben aus hiesiger Sicht **keine Auswirkungen auf die Phasenbewertung** haben.

– Die in Phase 8 unter f) genannte weitere Grundleistung „**Antrag auf behördliche Abnahmen und Teilnahme daran**" ist eine Bedarfsposition, deren Notwendigkeit oder Entbehrlichkeit beim Vertragsabschluss i. d. R. erkannt werden kann.

Schließlich muss in diesem Zusammenhang auch auf die mögliche **unterschiedliche Leistungstiefe** bei einzelnen Leistungen **unterschiedlicher Objekte** hingewiesen werden. Dies wird bei den nachfolgenden Bewertungsempfehlungen berücksichtigt.

Wie solche nicht erforderlichen oder entbehrlichen Leistungen zu bewerten sind und in welchem Umfang die verordneten Bewertungen zu reduzieren sind, um eine HOAI-konforme Vergütung der erforderlichen Leistungen zu erreichen, ist umstritten. Dies gilt insbesondere dann, wenn sich solche Leistungen **erst bei der Leistungsdurchführung** ergeben können; es handelt sich dabei um „Bedarfsleistungen", die entgegen ihrer Definition in § 3 Abs. 2 also „nicht im Allgemeinen" – d. h.im Regelfall –, sondern stets im Einzelfall erforderlich sind und sich häufig erst während der Durchführung der vertraglich vereinbarten Ingenieurleistungen entweder als entbehrlich oder nicht erforderlich herausstellen. Dies gilt vornehmlich für alle „Mitwirkungsleistungen", die stets erst nach Abruf des Auftraggebers oder Dritter durchzuführen sind. Daher kann das Entfallen solcher nicht im Allgemeinen erforderlichen Leistungen nach hiesiger Auffassung nicht zu einer Reduzierung der Phasenbewertung führen, zumal es zweifelhaft ist, ob Mitwirkungsleistungen zu einem eigenen Werkerfolg führen. Anderer Auffassung ist z. B. Kniffka (s. Rdn. 4), der alle Grundleistungen – sofern vereinbart – insgesamt als Leistungspflichten interpretiert, unabhängig davon, ob es sich um „Bedarfspositionen" im oben und nachfolgend beschriebenen Sinne oder um stets notwendige Grundleistungen handelt.

Beispiele verordneter „Bedarfsleistungen":

– In Phase 2 ist das „**Mitwirken beim Erläutern des Planungskonzepts ... und/oder das Überarbeiten des Planungskonzepts ...**" nach g) und h) entbehrlich, wenn Dritte von dem Bauvorhaben nicht betroffen sind und daher das Überarbeiten des Planungskonzepts nach Bedenken und Anregungen entfällt. Dasselbe gilt dann, wenn die beiden hier zuerst genannten Leistungen erbracht wurden, aber keine Bedenken erhoben oder Anregungen gemacht wurden. Ferner entfällt das **Bereitstellen von Unterlagen ... zur Verwendung für ein Raumordnungsverfahren** bei allen Neubauten, für die ein Raumordnungsverfahren nicht erforderlich ist, und bei allen Erweiterungsbauten, Umbauten, Instandsetzungen und Instandhaltungen

– In Phase 3 ist das **Mitwirken beim Aufstellen des Finanzierungsplanes** sowie das Vorbereiten der **Anträge auf Finanzierung** nach d) stets eine Bedarfsposition, die nur bei Abruf durch den Auftraggeber oder Dritte zu erbringen ist. Wird die Leistung nicht abgerufen, hat sie sich als entbehrlich erwiesen.

– In Phase 4 stehen die **Mitwirkungsleistungen nach e) und f)** einerseits unter der Einschränkung, dass sie nur bei genehmigungsbedürftigen Objekten erforderlich sind. Andererseits handelt es allein deswegen schon um nicht im Allgemeinen erforderliche Leistungen, weil sie lediglich auf Abruf durch den Auftraggeber oder Dritte zu erbringen sind. Werden sie nicht abgerufen, haben sie sich als entbehrlich erwiesen.

– In Leistungsphase 7 wird bei Bauvorhaben öffentlicher Auftraggeber entfällt das **Führen von Bietergesprächen** nach d), wenn Preisverhandlungen aus vergaberechtlichen Gründen nicht zulässig sind oder kein Bedarf an der Aufklärung technischer Angebotsinhalte besteht. Ferner ist das unter h) genannte **Mitwirken bei der Auftragserteilung** stets eine Bedarfsposition, die nur bei Abruf durch den Auftraggeber oder Dritte zu erbringen ist. Wird die Leistung nicht abgerufen, hat sie sich als entbehrlich erwiesen.

– Die Notwendigkeit des Veranlassens und Mitwirkens beim **Inverzugsetzen der ausführen-den Unternehmen** – Grundleistung bei der Bauoberleitung nach c) – ist zum Zeitpunkt des Vertragsabschlusses unbekannt, zumal das Inverzugsetzen durch eine entsprechend intensive Bauoberleitung i. d. R. vermieden werden kann. Das Wort „Mitwirkung" verdeutlicht au-ßerdem, dass zumindest Teile dieser Leistung von Dritten im Bedarfsfall veranlasst werden müssen. Die Leistung kann sich erst während der Projektausführung im Einzelfall ergeben; es kann sich deswegen auch nicht um eine „im Allgemeinen" erforderliche Leistung handeln, wenngleich die Verordnung sie nach § 3 Abs. 2 solchen Leistungen zurechnet.

– In Phase 9 ist das **Mitwirken bei der Freigabe von Sicherungsleistungen** nach c) ebenfalls stets eine Bedarfsposition, die nur bei Abruf durch den Auftraggeber oder Dritte zu erbringen ist. Wird die Leistung nicht abgerufen, hat sie sich als entbehrlich erwiesen.

Hier wird zusätzlich an die bereits erörterte **unterschiedliche Leistungtiefe der identisch for-mulierten Grundleistungen oder deren Teile** bei **unterschiedlichen** Objekten, aber auch an die Art der vertraglich zu vereinbarenden Leistungen erinnert (s. hierzu mehr bei Rdn. 2 ff.). Dies wird besonders augenfällig, wenn man sich wieder verdeutlicht, dass die Grundleistungen für alle Arten von Bauvorhaben exakt gleich formuliert sind – ob es sich um Leistungen für Neubauten oder um Leistungen für Wiederaufbauten, Erweiterungsbauten, Umbauten, Moderni-sierungen, Instandhaltungen oder Instandsetzungen handelt. Außerdem ist die große Bandbreite der in der Verordnung erfassten sehr unterschiedlichen Verkehrsanlagen zu beachten. Schon deswegen ist eine Bewertung einzelner Grundleistungen oder einzelner Teile von Grundleistun-gen häufig außerordentlich schwierig und i. d. R. auch kaum durch Sachverständige zuverlässig zutreffend zu beurteilen.

Dies liegt auch in der **Natur der Ingenieurleistungen** begründet. Bekanntlich handelt es sich dabei um freiberufliche Leistungen, die nach herrschender Meinung **nicht vorab eindeutig und erschöpfend** beschreibbar sind (Rdn. 5). Daher müssen auch die Grundleistungen so gewertet werden. Sie sind nach § 3 Abs. 2 bekanntlich unscharf als Leistungen definiert, welche zur ord-nungsgemäßen Erfüllung eines Auftrages im Allgemeinen erforderlich sind. Dies verdeutlicht, dass im Einzelfall zu den Grundleistungen auch andere Leistungen hinzutreten können oder sogar müssen, wenn es für die ordnungsgemäße Erfüllung des vom Auftraggeber erteilten Auf-trags erforderlich ist. Solche hinzutretenden Leistungen sind, sofern sie beim Vertragsabschluss erkennbar sind, als Besondere Leistungen nach § 3 Abs. 3 zu verstehen. Sie können nach § 3 Abs. 3 S. 2 und 3 frei vereinbart werden. Sie können auch insbesondere ggf. nicht erforderliche Grundleistungen oder Teile davon ersetzen. Letzteres gilt vornehmlich für die Grundleistungen aller Leistungsphasen bei Bauvorhaben, die keine Neubauten sind (s. Rdn. 189 ff.).

Grundsätzlich ergibt sich aus dem Vorstehenden, dass zum einen **Einzelbewertungen der Grundleistungen** oder von Teilen der Grundleistungen benötigt werden, die aber zum anderen flexibel sein müssen. Deren Notwendigkeit ergibt sich insbesondere aus dem BGH Urteil vom 16.12.2004 – VII ZR 174/03[71], wonach sich für die Bewertung nicht erbrachter Architekten-leistungen die Steinfort-Tabelle[72] oder andere Bewertungstabellen als Orientierungshilfe eignen würden. Die Steinfort-Tabelle hat in der Zwischenzeit zahlreiche, auch für die Ingenieurbauwer-ke entwickelte Nachfolge-Tabellen[73] gefunden. Die damit einhergehende weitere Aufteilung der ursprünglich als kleinste Abrechnungseinheit definierten Vomhundertsätze der Leistungsphasen ist unter dem Begriff „Atomisierung" der Leistungsbewertung bekannt.

Es wurde bereits erwähnt, dass sich die Verkehrsanlagen (s. Objektliste in HOAI-Anlage 13.2 und Erläuterungen zu § 45) so gravierend voneinander unterscheiden, dass auch „**Regelempfeh-lungen**" für eine Zuordnung von Teilen der Grundleistungen und Teil-Bewertungen in Vomhun-dert der Honorare nach § 43 Abs. 1 **nur zufällig sachgerecht** sein können. Solche Leistungen müssen für den konkreten Projektfall wesentliche Leistungen sein, die zu werkvertraglichen Teilerfolgen führen, sodass in jedem Einzelfall eine den abgeschlossenen Vertrag berücksichti-gende Bewertung notwendig ist. Hierfür besitzen die Parteien einen projektspezifischen Bewer-

192

---

[71] IBR 2005, 159
[72] Veröffentlicht in „Der Gemeindehaushalt", Nr. 11/1980
[73] Z. B. bei Locher/Koeble/Frik 9. Auflage 2005, S. 1149 ff.; Pott/Dahlhoff/Kniffka/Rath 8. Auflage 2006, S. 590 ff.; Siemon-Tabellen zur Abrechnung von Einzelleistungen, www.ibr-online.de

tungsspielraum, der gegebenenfalls mit fachkundiger Beratung durch Sachverständige genutzt werden kann[74]. Schramm und Schwenker haben in einem Aufsatz[75] die monetären Auswirkungen veröffentlichter Bewertungsempfehlungen kritisch untersucht. Sie stellen darin fest, dass eine pauschale prozentuale Bewertung der Leistungen zu keiner angemessenen Vergütung führe und deswegen weder sachgerecht noch sinnvoll möglich sei. Dennoch muss nach hiesiger Auffassung das Bedürfnis nach solchen Bewertungen schon wegen der oben beschriebenen Fallkonstellationen beantwortet werden.

193 Die folgende Tabelle mit Kurzbezeichnungen der verordneten Grundleistungen zeigt eine mögliche Bewertung der Leistungen bei der Objektplanung nach Empfehlungen des HOAI-Kommentars von Locher/Koeble/Frik[76], welche in ähnlicher Form auch von Siemon[77], Pott/Dahlhoff/Kniffka/Rath[78] und anderen Autoren veröffentlicht wurden. Mit Rücksicht auf die sehr unterschiedlichen Objekte und die daraus resultierenden unterschiedlichen Leistungsansprüche identisch formulierter Arbeitsschritte sind Bandbreiten der Bewertung vorgeschlagen. Für eine sachgerechte Nutzung der Tabelle ist auf folgendes ergänzend hinzuweisen:

– Die von den Parteien durchzuführenden bzw. durchgeführten Grundleistungen sollten in den Spalten 3 und 4 angekreuzt werden.

– Stets **zusammengehörende Grundleistungen** werden mit einem **summarischen Vomhundertsatz** bewertet.

– **Fallweise nicht erforderliche Grundleistungen** werden **mit 0 v. H.** bewertet. Die dafür ggf. entfallenden Bewertungsanteile müssen anderen Teilwertungen hinzugefügt werden.

– Die **Summen aller Teilwerte** einer Leistungsphase müssen der in der HOAI verordneten **Phasenbewertung** entsprechen.

Dasselbe gilt für den Fall, dass **Auftraggeber und Auftragnehmer gemeinsam** die Werkleistungen erbringen. Insbesondere hierfür ist eine Abgrenzung der Leistungen und des beiden Vertragspartnern zustehenden Honorars erforderlich. Daher ist die Tabelle so aufgebaut, dass die den Vertragspartnern zugewiesenen Leistungen in den Spalten 3 und 4 angekreuzt werden können. In den Spalten 7 und 8 können die Bewertungen der Leistungen angegeben werden, deren übliche Bandbreiten in den Spalten 5 und 6 angegeben sind. Eine Leistungsteilung im beschriebenen Sinne sollte aber unbedingt eine entsprechende **Haftungs- und Gewährleistungsteilung** zwischen den Parteien zur Folge haben, die im Ingenieurvertrag eindeutig und schriftlich vereinbart werden sollte. Davon unberührt sind die vom Auftraggeber geschuldeten Leistungen bei der Projektleitung und -steuerung.

---

[74] So auch Locher/Koeble/Frik 9. Auflage 2005, § 5 Rdn. 5 und 23 ff.
[75] ibr-online-Aufsatz, veröffentlicht 04.08.2005
[76] 12. Auflage 2014, Anhang 3/4
[77] ibr 2013, 1286
[78] HOAI-Kommentar 8. Auflage 2006

Leistungsverteilung des Leistungsbildes für Verkehrsanlagen nach Anlage 13.1 der HOAI   **194**

Grundleistungen		wird geleistet von		Bewertung in v. H. des Honorars nach § 47 Abs. 1			
LPH	Bezeichnung	AG	AN	möglich		gewählt f.	
				von	bis	AG	AN
(1)	(2)	(3)	(4)	(5)	(6)	(7)	(8)
1	**Grundlagenermittlung**			**2,00**			
a)	Klären der Aufgabenstellung			0,10	0,50		
b)	Ermitteln der Planungsbedingungen und Beraten						
c)	Formulieren von Entscheidungshilfen			0			
d)	Ortsbesichtigung			0,20	0,50		
e)	Zusammenfassen, Erläutern und Dokumentieren			0,70	1,20		
2	**Vorplanung**			**20,00**			
a)	Analyse der Grundlagen			7,00	9,00		
b)	Abstimmen der Zielvorstellungen auf die Randbedingungen						
c)	Untersuchen von Lösungsmöglichkeiten						
d)	Beschaffen und Auswerten amtlicher Karten			0	0,50		
e)	Planungskonzept einschl. Varianten nach gleichen Anforderungen			4,50	6,00		
f)	Klären und Erläutern			0,25	0,50		
g)	Vorabstimmen über Genehmigungsfähigkeit und ggf. Mitwirken bei Verhandlungen			0	0,50		
h)	Mitwirken beim Erläutern des Planungskonzepts gegenüber Dritten an bis zu 2 Terminen			0	0,75		
i)	Überarbeiten des Planungskonzepts nach Bedenken und Anregungen			0	1,00		
j)	Kostenschätzung, Vergleich mit Vorgaben der Bedarfsplanung			2,50	2,50		
k)	Zusammenfassen, Erläutern und Dokumentieren			0,50	1,50		
3	**Entwurfsplanung**			**25,00**			
a)	Erarbeiten der Entwurfszeichnungen, Bereitstellen der Arbeitsergebnisse für die fachlich Beteiligten, Integration und Koordination der Fachplanungen			18,00	22,00		
b)	Erläuterungsbericht						
c)	Fachspezifische Berechnungen						
d)	Ermitteln der zuwendungsfähigen Kosten, Mitwirken beim Finanzierungsplan			0	0,50		
e)	Mitwirken beim Erläutern des Entwurfskonzepts gegenüber Dritten und Überarbeiten			0	1,50		
f)	Vorabstimmen der Genehmigungsfähigkeit			0	0,25		
g)	Kostenberechnung, Vergleich mit der Kostenschätzung			2,00	4,00		
h)	Ermittlung der wesentlichen Bauphasen			0,20	1,00		
i)	Bauzeiten- und Kostenplan			0,20	0,50		
j)	Zusammenfassen, Erläutern und Dokumentieren			0,25	0,50		

	Grundleistungen		wird geleistet von		Bewertung in v. H. des Honorars nach § 47 Abs. 1			
LPH	Bezeichnung		AG	AN	möglich		gewählt f.	
					von	bis	AG	AN
(1)	(2)		(3)	(4)	(5)	(6)	(7)	(8)
4	**Genehmigungsplanung**				**8,00**			
a)	Erarbeiten Genehmigungsunterlagen				4,00	6,00		
b)	Erstellen des Grunderwerbsplanes							
c)	Vervollständigen und Anpassen der Unterlagen nach den Verhandlungen				0	1,00		
d)	Abstimmen mit Behörden				0	0,50		
e)	Mitwirken im Genehmigungsverfahren							
f)	Mitwirken beim Abfassen von Stellungnahmen				0	0,50		
5	**Ausführungsplanung**				**15,00**			
a)	Erstellen der Ausführungsplanung				10,50	13,00		
b)	Zeichnerische und rechnerische Darstellung							
c)	Erarbeiten der Grundlagen für fachlich Beteiligten und Integrieren ihrer Beiträge							
d)	Bereitstellen der Arbeitsergebnisse für die fachlich Beteiligten				0,50	2,00		
e)	Vervollständigen der Ausführungsplanung				0	2,00		
6	**Vorbereitung der Vergabe**				**10,00**			
a)	Mengenermittlung				2,50	5,00		
b)	Leistungsbeschreibungen mit Leistungsverzeichnissen							
c)	Abstimmen und Koordinieren der Leistungsbeschreibungen mit den fachlich Beteiligten				4,00	6,00		
d)	Festlegen der Ausführungsphasen				0,50	1,00		
e)	Bepreistes Leistungsverzeichnis				1,00	1,50		
f)	Kostenkontrolle				0,20	0,40		
g)	Zusammenstellen der Vergabeunterlagen				0,10	0,15		
7	**Mitwirken bei der Vergabe**				**4,00**			
a)	Einholen der Angebote				0,50	1,00		
b)	Prüfen, Werten, Preisspiegel							
c)	Abstimmen und Zusammenstellen der Leistungen fachlich Beteiligter				0,50	1,00		
d)	Führen von Bietergesprächen				0,00	0,50		
e)	Vergabevorschläge und Dokumentation des Vergabeverfahrens				0,50	1,50		
f)	Zusammenstellung der Vertragsunterlagen				0,10	0,30		
g)	Vergleich der Ausschreibungsergebnisse mit bepreisten LV'en und Kostenberechnung				0,40	0,60		
h)	Mitwirken bei der Auftragserteilung				0	0,50		

Grundleistungen			wird geleistet von		Bewertung in v. H. des Honorars nach § 47 Abs. 1			
LPH	Bezeichnung		AG	AN	möglich		gewählt f.	
					von	bis	AG	AN
(1)	(2)		(3)	(4)	(5)	(6)	(7)	(8)
8	**Bauoberleitung**				**15,00**			
a)	Aufsicht über die örtlichen Bauüberwachung, Koordinieren der fachlich Beteiligten, Prüfen von Plänen				8,00	10,00		
b)	Aufstellen und Überwachen eines Zeitplanes				0,20	2,00		
c)	Mitwirken beim Inverzugsetzen der ausführenden Firmen				0	0,50		
d)	Kostenfeststellung und Vergleich mit Auftragssumme				0,50	1,00		
e)	Abnahme von Leistungen und Lieferungen einschl. Niederschrift				0,50	2,00		
f)	Überwachen der Funktionsprüfungen				0	1,00		
g)	Antrag auf und Teilnahme an behördlichen Abnahmen				0	0,30		
h)	Übergabe des Objekts							
i)	Auflisten der Gewährleistungsfristen				0,50	1,00		
j)	Dokumentation und Wartungsvorschriften							
9	**Objektbetreuung**				**1,00**			
a)	Objektbegehung auf Anforderung und fachliche Bewertung von Mängeln während der Verjährungsfristen				0,10	0,70		
b)	Objektbegehung und fachliche Bewertung von Mängeln vor Ablauf der Verjährungsfristen				0,20	0,40		
c)	Mitwirken beim Freigeben von Sicherheitsleistungen				0	0,10		

§ 48 Honorare für Grundleistungen bei Verkehrsanlagen

(1) Die Mindest- und Höchstsätze der Honorare für die in § 47 und der Anlage 13 Nummer 13.1 aufgeführten Grundleistungen bei Verkehrsanlagen sind in der folgenden Honorartafel für den Anwendungsbereich des § 45 festgesetzt:

Anrechen- bare Kosten in Euro	Honorarzone I sehr geringe Anforderungen		Honorarzone II geringe Anforderungen		Honorarzone III durchschnittliche Anforderungen		Honorarzone IV hohe Anforderungen		Honorarzone V sehr hohe Anforderungen	
	von Euro	bis	von Euro	bis	von Euro	bis	von Euro	bis	von Euro	bis
25.000	3.882	4.624	4.624	5.366	5.366	6.108	6.108	6.793	6.793	7.535
35.000	4.981	5.933	5.933	6.885	6.885	7.837	7.837	8.716	8.716	9.668
50.000	6.487	7.727	7.727	8.967	8.967	10.207	10.207	11.352	11.352	12.592
75.000	8.759	10.434	10.434	12.108	12.108	13.783	13.783	15.328	15.328	17.003
100.000	10.839	12.911	12.911	14.983	14.983	17.056	17.056	18.968	18.968	21.041
150.000	14.634	17.432	17.432	20.229	20.229	23.027	23.027	25.610	25.610	28.407
200.000	18.106	21.567	21.567	25.029	25.029	28.490	28.490	31.685	31.685	35.147
300.000	24.435	29.106	29.106	33.778	33.778	38.449	38.449	42.761	42.761	47.433
500.000	35.622	42.433	42.433	49.243	49.243	56.053	56.053	62.339	62.339	69.149
750.000	48.001	57.178	57.178	66.355	66.355	75.532	75.532	84.002	84.002	93.179
1.000.000	59.267	70.597	70.597	81.928	81.928	93.258	93.258	103.717	103.717	115.047
1.500.000	80.009	95.305	95.305	110.600	110.600	125.896	125.896	140.015	140.015	155.311
2.000.000	98.962	117.881	117.881	136.800	136.800	155.719	155.719	173.183	173.183	192.102
3.000.000	133.441	158.951	158.951	184.462	184.462	209.973	209.973	233.521	233.521	259.032
5.000.000	194.094	231.200	231.200	268.306	268.306	305.412	305.412	339.664	339.664	376.770
7.500.000	262.407	312.573	312.573	362.739	362.739	412.905	412.905	459.212	459.212	509.378
10.000.000	324.978	387.107	387.107	449.235	449.235	511.363	511.363	568.712	568.712	630.840
15.000.000	439.179	523.140	523.140	607.101	607.101	691.062	691.062	768.564	768.564	852.525
20.000.000	543.619	647.546	647.546	751.473	751.473	855.401	855.401	951.333	951.333	1.055.260
25.000.000	641.265	763.860	763.860	886.454	886.454	1.009.049	1.009.049	1.122.213	1.122.213	1.244.808

(2) Welchen Honorarzonen die Grundleistungen zugeordnet werden, richtet sich nach folgenden Bewertungsmerkmalen:
  1. **geologische und baugrundtechnische Gegebenheiten,**
  2. **technische Ausrüstung und Ausstattung,**
  3. **Einbindung in die Umgebung oder das Objektumfeld,**
  4. **Umfang der Funktionsbereiche oder der konstruktiven oder technischen Anforderungen,**
  5. **fachspezifische Bedingungen.**

(3) Sind für Verkehrsanlagen Bewertungsmerkmale aus mehreren Honorarzonen anwendbar und bestehen deswegen Zweifel, welcher Honorarzone das Objekt zugeordnet werden kann, so ist zunächst die Anzahl der Bewertungspunkte zu ermitteln.

Zur Ermittlung der Bewertungspunkte werden die Bewertungsmerkmale wie folgt gewichtet:

1. die Bewertungsmerkmale gemäß Absatz 2 Nummer 1, 2 mit bis zu 5 Punkten,
2. das Bewertungsmerkmal gemäß Absatz 2 Nummer 3 mit bis zu 15 Punkten,
3. das Bewertungsmerkmal gemäß Absatz 2 Nummer 4 mit bis zu 10 Punkten,
4. das Bewertungsmerkmal gemäß Absatz 2 Nummer 5 mit bis zu 5 Punkten,

(4) Die Verkehrsanlage ist anhand der nach Absatz 3 ermittelten Bewertungspunkte einer der Honorarzonen zuzuordnen:

1. Honorarzone I: bis zu 10 Punkte,
2. Honorarzone II: 11 bis 17 Punkte,
3. Honorarzone III: 18 bis 25 Punkte,
4. Honorarzone IV: 26 bis 33 Punkte,
5. Honorarzone V: 34 bis 40 Punkte.

(5) Für die Zuordnung zu den Honorarzonen ist die Objektliste der Anlage 13 Nummer 13.2 zu berücksichtigen.

(6) Für Umbauten und Modernisierungen von Verkehrsanlagen kann bei einem durchschnittlichen Schwierigkeitsgrad ein Zuschlag gemäß § 6 Absatz 2 Satz 3 bis 33 Prozent schriftlich vereinbart werden.

Inhaltsübersicht

I. Die Honorartafel

1 § 48 Abs. 1 enthält die **Honorartafel** für die in § 47 aufgeführten Leistungen bei Verkehrsanlagen. Sie weist wie alle übrigen Honorartafeln der HOAI eine Honorarspanne zwischen „Von-Satz" (= Mindestsatz) und „Bis-Satz" (= Höchstsatz) auf und entspricht dem aus den früheren Gebührenordnungen und Musterverträgen bekannten System, wonach die Honorare im Verhältnis zu den anrechenbaren Kosten festgelegt sind, die nach den §§ 4 und 47 zu ermitteln sind.

Insbesondere die Entschließung des Bundesrates zur „Ersten Verordnung zur Änderung der Honorarordnung für Architekten und Ingenieure" vom 16. März 1984 sagt bezüglich einer angemessenen Honorierung der Ingenieurleistungen u. a.:[1]

„Eine angemessene Vergütung kann nur erreicht werden, wenn im jeweiligen Einzelfall alle für die Leistung und ihre Honorierung wesentlichen Faktoren sorgfältig ermittelt und berücksichtigt werden. Insgesamt kann die Honorarordnung für Architekten und Ingenieure nicht mehr als ein Raster vorgeben, das durch die vorgesehenen Möglichkeiten zu Honorarvereinbarungen den individuellen Verhältnissen angepasst werden muss. Der innerhalb der Honorarordnung verbleibende Spielraum erscheint ausreichend bemessen, um auch abweichende Gegebenheiten ganzer Fachbereiche (z. B. Wasser- und Abfallwirtschaft) auffangen zu können."

Mit dem letzten Satz des Zitats wird deutlich, dass sich die Auftraggeberseite schon 1984 bewusst war, eine angemessene Vergütung Ingenieure sei durch die Verordnung nur dann erreichbar, wenn der **Mindestsatz der HOAI nicht** der **Regelsatz** ist, wie fälschlicherweise häufig behauptet wird. Wenn schon der Verordnungsgeber selbst die notwendige Ausschöpfung des Spielraumes zwischen „Von-" und „Bis-Satz" zur Ermittlung eines angemessenen Honorars für notwendig hielt, ist die häufige Behauptung von Auftraggebern nicht zu verstehen, der Regelsatz der HOAI sei der Mindestsatz. Auch im Deutschen Bundestag war man sich diesbezüglich einig: Nach dem Plenarprotokoll 10/86 des Deutschen Bundestages[2] haben die Debattenteilnehmer bei der Beratung des Gesetzes zur Änderung des Gesetzes zur Regelung von Ingenieur- und Architektenleistungen (Drucksache 10/543 neu) übereinstimmend zum Ausdruck gebracht, dass der HOAI-Mittelsatz „eindeutiger Wille des Gesetzgebers" gewesen sei. Viele **öffentliche Auftraggeber** würden aber mehr oder weniger davon ausgehen, der Mindestsatz der HOAI sei der Regelsatz und würden **über ihre Vertragsmuster** den **Willen des Gesetzgebers unterlaufen**.

2 Nach der Amtlichen Begründung zu § 4 HOAI 1996/2002[3] ist die leistungs- und aufwandsangemessene Wahl eines zwischen den verordneten Mindest- und Höchstgrenzen liegenden Honorars nach folgenden Bewertungsmaßstäben möglich:

- besondere Umstände der Aufgabe und für die zu erbringenden Leistungen (z. B. Termin- und Preisbindung),
- der Schwierigkeitsgrad innerhalb der richtigen Honorarzone,
- der zu erwartende notwendige Arbeitsaufwand,
- der künstlerische Gehalt des Objekts,
- Einflussgrößen aus der Zeit, der Umwelt, der Anzahl der Institutionen, der Nutzung oder der Herstellung,
- sonstige für die Bewertung der Leistung wesentlichen fachlichen oder wirtschaftlichen Gesichtspunkte, vor allem haftungsausschließende oder -begrenzende Vereinbarungen,
- der Koordinierungsaufwand bei Anlagen und Einrichtungen, die der Auftragnehmer weder plant noch deren Ausführung er überwacht, obschon die Kosten dieser Gegenstände unter diesen Voraussetzungen nicht anrechenbar sind und
- bei Übertragung von urheberrechtlichen Nutzungsrechten der Auftragnehmerleistungen durch den Auftraggeber.

---

[1] Bundesanzeigerausgabe der HOAI 1985, S. 112
[2] http://dipbt.bundestag.de/dip21/btp/10/10086.pdf
[3] Bundesanzeigerausgabe der HOAI 2002, S. 84

In den Hinweisen zum RBBau-Vertragsmuster – Ingenieurbauwerke und Verkehrsanlagen[4] – ist zur Ermittlung des Honorars festgehalten, der Mindestsatz sei zu vereinbaren, „wenn an die zu übertragenden Aufgaben die … Mindestanforderungen gestellt werden." Danach folgt die beispielhafte Aufzählung von Anforderungen, bei deren Vorhandensein „der Mindestsatz zu überschreiten ist", sofern die erhöhten Anforderungen „nicht schon in anderer Weise vergütet werden":

– Beteiligung und Koordinierung einer Vielzahl von Nutzern,
– außergewöhnlich kurze Planungs- und Bauzeiten,
– verbindliche Festtermine und Fristen,
– Planung und Durchführung bei laufendem Betrieb,
– bau- und landschaftsplanerische Beratung,
– erhöhte Anforderungen an Planungsoptimierung bzw. an Planungsvarianten,
– Berücksichtigung von Forderungen des Denkmalschutzes und der Integration erhaltenswerter Substanz,
– Anwendung neuer Herstellungsverfahren.

Wie die Lage des für erforderlich gehaltenen Honorarsatzes mittels Punktbewertung begründet werden kann, zeigen die Tabellen auf der folgenden Seite. Beide Bewertungen führen praktisch zum gleichen Ergebnis. Für das Beispiel wurden die anrechenbaren Kosten einer Verkehrsanlage der Honorarzone III mit anrechenbaren Kosten von 500.000 € angenommen.

II. Honorare bei anrechenbaren Kosten außerhalb der Tafelwerte

Liegen die **anrechenbaren Herstellkosten von Verkehrsanlagen außerhalb der Tafelwerte** des § 48 HOAI, ist das Honorar nach § 7 Abs. 2 HOAI frei vereinbar. Dies hat zur Folge, dass die HOAI für die Einordnung eines solchen Objektes in eine Honorarzone und auch die Leistungsbewertung nach § 47 Abs. 1 nicht maßgebend ist. Die Vertragsparteien werden sich bei solchen Objekten dennoch an der Objektliste in HOAI-Anlage 13.2 und den Bewertungsmerkmalen der Honorarzonen nach § 48 orientieren, um eine Basis für eine angemessene Vergütung der Objektplanungsleistungen zu haben. Dies geschah schon in ähnlicher Form bei den bis 1984 angewendeten Gebührenordnungen und Vertragsmustern dadurch, dass die Honorartafel linear fortgesetzt wurde. Es galt dann der Prozentsatz, der durch das Verhältnis der Honorare in den jeweiligen Honorarzonen zu den anrechenbaren Kosten der unteren und oberen Grenzwerte gebildet wurde[5]. **3**

In der Praxis der öffentlichen Verwaltung haben sich für solche Fälle die in den Richtlinien der Staatlichen Vermögens- und Hochbauverwaltung Baden-Württemberg für die Beteiligung freiberuflich Tätiger – RifT – enthaltenen fortgeschriebenen Honorarsätze (**RifT-Tabellen** in RifT Land 2013 (aktuell)[6] durchgesetzt. Sinngemäß können auch die noch nicht fortgeschriebenen Empfehlungen des AHO vom Oktober 2010 verwendet werden[7]. Für Honorare **unterhalb der Tafel-Mindestwerte** sind **keine Fortschreibungen** bekannt. Daher wird empfohlen zu vereinbaren, das Honorar unterhalb der Mindestbeträge der anrechenbaren Kosten mit den in der Honorartafel in den 5 Honorarzonen genannten Mindest- und Höchstsätzen – ausgedrückt als Prozentsatz der anrechenbaren Kosten – oder als Zeithonorar abzurechnen. **4**

---

[4] 19. Austauschlieferung vom August 2009 unter www.bmvbs.de: Vertragsmuster Ingenieurbauwerke und Verkehrs-
    anlagen, Anhang 14 – BMVBW 2003 –, S. 331 ff.
[5] Z. B. im LAWA-Vertragsmuster, Fassung Januar 1982
[6] Zu erhalten im Grundwerk der RifT-Land 2013 vom Juli 2013 unter http://www.vbv.baden-wuerttemberg.de/
    pb/,Lde/Startseite/Service/RifT+Land+2013+_aktuell_
[7] HOAI-Tafelfortschreibung Erweiterte Honorartabellen, Heft Nr. 14 der Schriftenreihe des AHO, Bundesanzeiger
    Verlagsges. mbH, Oktober 2010

Beispiel für die Einordnung des Honorarsatzes zwischen Mindest- und Höchstsatz

Nach Amtlicher Begründung zur HOAI 1996/2002

Bewertungsmerkmal zu § 4 Abs. 1 HOAI nach Amtlicher Begründung	Bedeutung nach Punkten					Gewählt für Objekt Punkte
	sehr gering	gering	durch-schnittlich	überdurch-schnittlich	sehr hoch	
besondere Umstände der Aufgabe und für die zu erbringenden Leistungen (z. B. Termin- und Preisbindung)	0	1	2	3	4	2
der Schwierigkeitsgrad innerhalb der richtigen Honorarzone	0	1	2	3	4	1
der zu erwartende notwendige Arbeitsaufwand	0	1	2	3	4	0
der künstlerische Gehalt des Objekts	0	1	2	3	4	4
Einflussgrößen aus der Zeit, der Umwelt, der Anzahl der Institutionen, der Nutzung oder der Herstellung	0	1	2	3	4	2
sonstige für die Bewertung der Leistung wesentlichen fachlichen oder wirtschaftlichen Gesichtspunkte, haftungsausschließende oder -begrenzende Vereinbarungen	0	1	2	3	4	2
der Koordinierungsaufwand bei Anlagen und Einrichtungen, die der Auftragnehmer weder plant, noch deren Ausführung er überwacht	0	1	2	3	4	4
Summe	**0**	**7**	**14**	**21**	**28**	**15**

Höchstsatz nach Honorartafel:	56.666 €	Bewertete Honorardifferenz = Summe gewählte Punkte dividiert durch mögliche Maximalpunkte (= 28)
Mindestsatz nach Honorartafel:	44.633 €	0,54
Honorardifferenz =	**12.033 €**	

Honorar = (Mindestsatz nach Honorartafel + bewertete Honorardifferenz × Honorardifferenz) =	**51.079 €**

Nach Anweisung der RBBau

Bewertungsmerkmal zu § 4 Abs. 1 HOAI nach Amtlicher Begründung	Bedeutung nach Punkten					Gewählt für Objekt Punkte
	sehr gering	gering	durch-schnittlich	überdurch-schnittlich	sehr hoch	
Beteiligung und Koordinierung einer Vielzahl von Nutzern	0	1	2	3	4	2
außergewöhnlich kurze Planungs- und Bauzeiten	0	1	2	3	4	1
verbindliche Festtermine und Fristen	0	1	2	3	4	0
Planung und Durchführung bei laufendem Betrieb	0	1	2	3	4	4
bau- und landschaftsplanerische Beratung	0	1	2	3	4	3
erhöhte Anforderungen an Planungsoptimierung bzw. an Planungsvarianten	0	1	2	3	4	2
Berücksichtigung von Forderungen des Denkmalschutzes und der Integration erhaltenswerter Substanz	0	1	2	3	4	0
Herstellungsverfahren	0	1	2	3	4	4
Summe	**0**	**8**	**16**	**24**	**32**	**16**

Höchstsatz nach Honorartafel:	56.666 €	Bewertete Honorardifferenz = Summe gewählte Punkte dividiert durch mögliche Maximalpunkte (=32)
Mindestsatz nach Honorartafel:	44.633 €	0,50
Honorardifferenz =	**12.033 €**	

Honorar = (Mindestsatz nach Honorartafel + bewertete Honorardifferenz × Honorardifferenz) =	**50.650 €**

Als **problematisch** erweisen sich **Honorarvereinbarungen auf HOAI-Basis**, wenn dem Ver- **5** tragsabschluss anrechenbare Kosten innerhalb der Tafelwerte zu Grunde lagen und die nach einer Fortschreibung des Vertrages maßgebenden **anrechenbaren Kosten infolge von Erhöhungen oder Minderungen während der Durchführung des Projekts außerhalb der Tafelwerte** lagen. Nach dem Urteil des BGH[8] vom 24.06.2004 – VII ZR 259/02 seien dann die Voraussetzungen für die Anwendbarkeit der Mindest- und Höchstsätze der HOAI einschließlich der Vorschriften über die Berechnung des Honorars nicht mehr gegeben. Daher komme in einem solchen Fall **eine Fortschreibung der Honorartabelle ohne** eine entsprechende **Vereinbarung** bei Vertragsabschluss **nicht in Betracht**, weil die in der HOAI verordneten Honorartabellen ein in sich geschlossenes System seien. Fehle die entsprechende schriftliche **Vereinbarung**, träte die **übliche Vergütung** nach Paragraph 632 Abs. 2 BGB an die Stelle der nicht mehr geltenden HOAI.

Als Maßstab der Üblichkeit könne nach Schramm[9] allein der Aufwand des streitigen Vertrags gelten, der unter Berücksichtigung der zu erbringenden Leistung für ein durchschnittliches Büro notfalls im Nachhinein zu kalkulieren sei. Wie so eine Kalkulation insbesondere im Nachhinein prüffähig durchgeführt werden kann, bleibt allerdings sein Geheimnis.

Zieht man zur Lösung des Problems das Urteil des OLG Hamburg[10] vom 03.09.2002 – 9 U 8/02 zu Rate, kann ein Gericht zur Ermittlung der angemessenen Höhe der übliche Vergütung für Leistungen bei der Projektsteuerung beispielsweise auf das gemäß Urteil grundsätzlich geeignete Honorarmodell des DVP/AHO zurückgreifen. Daraus kann geschlossen werden, dass für die Berechnung eines üblichen Honorars für Objekt- und Fachplanungsleistungen vergleichbare Empfehlungen anwendbar sein dürften. Hierfür liefern die erwähnten RifT-Tabellen oberhalb der Tafelendwerte in der Praxis erprobte Honorarsätze, die deutschlandweit bei Architekten- und Ingenieurverträgen verwendet werden. Dasselbe Gericht entschied im Urteil vom 10.02.2011 – 3 U 81/06[11], dass Honorare bei anrechenbaren Kosten oberhalb der Tafelwerte nach spezifischen Tafelfortschreibungstabellen als übliche Vergütung gemäß § 632 BGB berechnet werden können.

Über den **Zeitpunkt der Vereinbarung** der üblichen Vergütung sagt das Urteil des BGH nichts. **6** Daraus kann geschlossen werden, dass sie auch rechtswirksam geschlossen werden kann, wenn das Problem während der Projektdurchführung erkennbar ist. Daher sollte unbedingt der im Urteilstenor bereits formulierten Empfehlung des BGH gefolgt werden, in Werkverträgen über Ingenieurleistungen für Projekte, deren anrechenbaren Kosten im Grenzbereich der Tafelwerte liegen, eine entsprechende **Auffangregelung** zu vereinbaren. Dieser Empfehlung sollten die Parteien spätestens dann nachkommen, wenn das Über- oder Unterschreiten der Tafelwerte erkannt wurde.

III. Honorarzonenbestimmung

1. Grundsätze

Das Honorar für Leistungen bei Verkehrsanlagen richtet sich nach § 6 HOAI ebenso wie das **7** Honorar für die sonstigen Objekt- und Fachplanungsleistungen

- nach den anrechenbaren Kosten des Objekts nach §§ 4 und 46 auf der Grundlage der Kostenberechnung oder, sofern dies nicht vorliegt. nach der Kostenschätzung,
- nach dem zwischen Auftraggeber und Auftragnehmer vereinbarten Leistungsumfang (§ 47),
- nach der Honorarzone, der das Objekt entsprechend seinen Planungsanforderungen zuzurechnen ist (§ 48 Abs. 2 bis 5),

---

[8] BR 2004, 1640
[9] IBR 2004, 626
[10] BR 2003, 487 (NJW-RR 2003, 1670; NZBau 2003, 686 ; BGH, Beschluss v. 05.06.2003 – VII ZR 350/02 (Nichtzulassungsbeschwerde zurückgewiesen); NJW-RR 2003, 1670; NZBau 2003, 686)
[11] IBR 2011, 414

– nach der Honorartafel, in der die Honorare in Abhängigkeit von den anrechenbaren Kosten definiert sind (§ 48 Abs. 1), und

– bei Umbauten und Modernisierungen zusätzlich nach den § 48 Abs. 6.

§ 5 Abs. 3 bestimmt, dass die Honorarzonen anhand der Bewertungsmerkmale nach § 48 Abs. 2 bis 4, ggf. nach Maßgabe der Bewertungspunkte sowie unter Berücksichtigung der Regelbeispiele in den Objektlisten der Anlagen der Verordnung – hier: HOAI-Anlage 13.2 – zu bestimmen sind. Die in dieser Anweisung gewählte Reihenfolge bedeutet, dass zunächst nur die nach Abs. 2 maßgebenden Bewertungsmerkmale für die planerischen Anforderungen von Verkehrsanlagen zur **Bestimmung der Honorarzone** heranzuziehen sind. Diese sind:

1. geologischen Baugrund technische Gegebenheiten,
2. technische Ausrüstung und Ausstattung,
3. Einbindung in die Umgebung oder das Objektumfeld
4. Umfang der Funktionsbereiche oder der konstruktiven oder technischen Anforderungen
5. fachspezifische Bedingungen.

Die **Bewertungsmerkmale** eines Objekts sind mithilfe ihrer Gewichtung nach Abs. 3 zu bestimmen, wenn Bewertungsmerkmale aus mehreren Honorarzonen anwendbar sind und deswegen Zweifel bestehen, welche Honorarzone das Objekt zugeordnet werden kann.

Bewertungsmerkmale der Ingenieurbauwerke		Wertungsgewicht von 1 bis …
Nr.	Bezeichnung	
1	geologische und baugrundtechnische Gegebenheiten	5
2	technische Ausrüstung und Ausstattung	5
3	Einbindung in die Umgebung oder das Objektumfeld	15
4	Umfang der Funktionsbereiche oder der konstruktiven oder technischen Anforderungen	10
5	fachspezifische Bedingungen	5
Summe		40

Welcher Honorarzone ein Objekt zuzuordnen ist, ergibt sich aus dem Vergleich der Summe der für das Objekt für zutreffend erachteten Bewertungsgewichte nach Abs. 3 durch Vergleich mit der Bandbreite der den einzelnen Honorarzonen zugeordneten, in Abs. 4 verordneten Bewertungsgewichten:

Honorarzone	Bandbreite der Bewertungsgewichte
I	bis zu 10
II	11 bis 17
III	18 bis 25
IV	26 bis 33
V	34 bis 40

8   Bei **Neubauten und Neuanlagen** kann die Bestimmung der Honorarzone nach § 5 Abs. 3 mit der in der HOAI-Anlage 13.2 verordneten **Objektliste** erfolgen, in der die Verkehrsanlagen nach Maßgabe der Bewertungsmerkmale den Honorarzonen für den Regelfall zugerechnet sind. Dies gilt auch für Wiederaufbauten, sofern für diese eine neue Planung erforderlich ist (so § 2 Nr. 3) und die technische oder konstruktive Mitverarbeitung vorhandener Bausubstanz keines der o. g. Bewertungsmerkmale berührt. Dennoch empfiehlt es sich stets, im Einzelfall insbesondere dann die gewählte Honorarzone ergänzend zur Objektliste mithilfe der Punktbewertung zu untersuchen und erforderlichenfalls auch zu ändern, wenn einzelne Merkmale nicht der verordneten Honorarzone entsprechen.

Der im Einleitungssatz der HOAI-Anlage 13.2 verwendete Begriff „in der Regel" lässt somit **9** Ausnahmen zu und bezeichnet eine **Beweisregel**. Derjenige, der sich darauf beruft, es läge im speziellen Fall eine von der Regelzuordnung abweichende Honorarzone vor, muss dies beweisen. Der Beweis wird insbesondere bei streitigen Auseinandersetzungen zwangsläufig zu einer von einem Sachverständigen zu beantwortenden Frage werden, weil er anhand der in den §§ 5 und 48 festgelegten Wertungskriterien geführt werden muss, welche wegen ihres subjektiven Charakters (z. B. gering, durchschnittlich, hoch) nur von einem neutralen und fachkundigen Dritten fachlich objektiv interpretiert werden können.

Die **Honorarzone von Neubauten** kann mit Hilfe des nachfolgenden **Berechnungsschemas** **10** überprüft werden. Die einzelnen Merkmale werden nach Planungsanforderungen gewichtet, die Einzelpunkte gewählt und danach die Punktsumme berechnet. Der Vergleich der Punktsumme mit dem Punktbereich nach § 48 Abs. 4 (Rdn. 7) ergibt die Honorarzone. Die nachfolgende Tabelle zeigt die Berechnung eines Beispiels.

Bewertungsmerkmale		Gewichte der Planungsanforderungen					Gewählt für Objekt	
Nr.	Bezeichnung	sehr gering	gering	durch-schnittlich	überdurch-schnittlich	sehr hoch	Planungsan-forderungen	Punkte
1	Geologie, Baugrund	1	2	3	4	5	sehr gering	2
2	Technische Ausrüstung und Ausstattung	1	2	3	4	5	gering	4
3	Einbindung in die Umgebung	1 bis 3	4 bis 6	7 bis 9	10 bis 12	13 bis 15	durch-schnittlich	8
4	Funktion, Kon-struktion, Technik	1 bis 2	3 bis 4	5 bis 6	7 bis 8	9 bis 10	überdurch-schnittlich	9
5	Fachspezifische Bedingungen	1	2	3	4	5	überdurch-schnittlich	5
Punktsumme		bis 10	11 bis 17	18 bis 25	26 bis 33	34 bis 40		28
Honorarzone nach § 48 Abs. 4		I	II	III	IV	V		IV

Völlig anders ist die Situation bei **Erweiterungsbauten, Umbauten, Modernisierungen, In-** **11** **standsetzungen und Instandhaltungen**. Bei solchen Verkehrsanlagen treten erfahrungsgemäß **stets** die Bewertungsmerkmale aus mehreren Honorarzonen auf. Deswegen kann die Honorarzone **nur mithilfe** der in § 48 Abs. 2 bis 4 verordneten **Einzelwertung der Bewertungsmerkmale** nach deren planerischen Anforderungen bestimmt werden; die Objektliste kann allenfalls als weitere Argumentationshilfe verwendet werden. Dabei **entfällt** häufig mindestens ein **Bewertungsmerkmal**. Dies ist in dem nachfolgenden Beispiel berücksichtigt, bei dem das Bewertungsmerkmal 1 (Geologie, Baugrund) als entfallend angenommen ist. Für die Berechnung wird die bereits vorgestellte Bewertungsmatrix angewendet und erweitert. Es wird dabei wie folgt vorgegangen:
1. Bewertung der einzelnen Merkmale nach den Planungsanforderungen beim Planen und Bauen im Bestand und Bestimmung der Einzelpunkte,
2. Ermittlung der Punktsumme in der letzten Spalte,
3. Korrektur der Punktsumme nach der in der Tabellenfußnote angegebenen Methode,
4. Vergleich der korrigierten Punktsumme mit Punktbereich nach § 44 Abs. 3 ergibt die Honorarzone.

Auch bei **Neubauten** können einzelne Bewertungsmerkmale entfallen. So fehlt – von Ausnahmen abgesehen – häufig die technische Ausrüstung bzw. Ausstattung bei **Umbauten von Verkehrsanlagen** oder bei deren Instandhaltung oder **Instandsetzung**. Erst recht gilt dies bei allen

Verkehrsanlagen, die keine technische Ausrüstung besitzen (z. B. **Wege oder außerörtliche Straßen**). Dann kann dieses Bewertungsmerkmal nach einer Entscheidung des OLG Jena vom 28.10.1998[12] auch nicht zur Bestimmung der Honorarzone verwendet werden. Bei Umbauten oder Modernisierungen von Verkehrsanlagen (z. B. Umgestaltung einer Straße zu einer verkehrsberuhigten Zone, Austausch der vorhandenen Deckschicht einer Straße gegen „Flüsterasphalt" und Neugestaltung des Straßenquerschnitts) besitzen die geologischen oder baugrundtechnischen Gegebenheiten im Regelfall keinerlei Einfluss auf die Planungstätigkeit; in solchen Fällen entfällt das entsprechende Bewertungsmerkmal ebenfalls. Darüber hinaus kann dann auch das Merkmal der Technischen Ausrüstung entfallen. Dies wird im Beispiel der folgenden Tabelle unterstellt.

Beispiel für eine Punktebewertung nach § 48 HOAI für eine umzubauende Verkehrsanlage:

Bewertungsmerkmale		Gewichte der Planungsanforderungen					Gewählt für Objekt	
Nr.	Bezeichnung	sehr gering	gering	durch-schnittlich	überdurch-schnittlich	sehr hoch	Planungsan-forderungen	Punkte
1	Geologie, Baugrund	1	2	3	4	5	entfällt	0
2	Technische Ausrüs-tung	1	2	3	4	5	entfällt	0
3	Einbindung in die Umgebung	1 bis 3	4 bis 6	7 bis 9	10 bis 12	13 bis 15	überdurch-schnittlich	11
4	Funktion, Kon-struktion, Technik	1 bis 2	3 bis 4	5 bis 6	7 bis 8	9 bis 10	durchschnitt-lich	9
5	Fachspezifische Bedingungen	1	2	3	4	5	überdurch-schnittlich	4
Punktsumme		bis 10	11 bis 17	18 bis 25	26 bis 33	34 bis 40		24
Honorarzone nach § 44 Abs. 3		I	II	III	IV	V		

Die maßgebende Punktsumme beim Entfallen eines Bewertungsmerkmals ist die maximal mögliche Punktsumme von 40 Punkten, dividiert durch die Differenz der maximal möglichen Punktsumme (40) abzgl. der maximal möglichen Punktsumme des entfallenen Merkmals (hier: 10 Punkte), multipliziert mit der tatsächlichen Punktsumme (hier: 24)

Berechnung der maßgebende Punktsumme:	40 dividiert durch (40 abzgl. 10), multipliziert mit 24 ergibt:	32
Honorarzone gewählt:		IV

2. Die Bewertungsmerkmale

a) Geologische und baugrundtechnische Gegebenheiten

12 Jede Verkehrsanlage wird durch die **Beschaffenheit des Untergrundes** beeinflusst, in oder auf dem sie errichtet wird. So erfordert der Bau von Verkehrsanlagen in kiesigen und sandigen Böden ohne Grundwasser gänzlich andere Anforderungen an Planung und Objektüberwachung als der Bau solcher Anlagen im Seeton in der Nähe des Bodensees oder in moorigen Böden. Ähnliches gilt für den Fall tiefer Geländeeinschnitte in kiesigen und sandigen Böden mit Grundwasser, die durch **Wasserhaltung** sehr gut entwässerbar sind, oder in schlecht entwässerbaren, bindigen Böden. Schließlich unterscheiden sich die Anforderungen an die Planung eines Straßendammes, der auf undurchlässigen Böden angelegt wird, von den Anforderungen, die bei gut durchlässigem oder klüftigem Untergrund gestellt werden. Weitere Besonderheiten des Baugrunds wie z. B. Grundbruchgefahr beim Öffnen von Baugruben, Einfluss nahe gelegener Gewässer auf den Grundwasserspiegel oder Setzungsempfindlichkeit des Bodens beeinflussen die Konstruktion

---

[12] 2 U 1684/97, Revision vom BGH nicht angenommen; Beschluss v. 8.2.2001 – VII ZR 414/98, IBR 2001, 262

der Verkehrsanlage und stellen somit entsprechend unterschiedliche Anforderungen. Zur Bewertung der unterschiedlichen Schwierigkeiten stehen fünf Punkte zur Verfügung.

Der **Baugrund** von Verkehrsanlagen hat auch Auswirkungen auf Planungskriterien wie die exakte Trassen- und Gradientenwahl, die Art und den Umfang von Erdarbeiten, die Art und Stärke des Oberbaus mit Rücksicht auf die Frostsicherheit der gesamten Konstruktion oder die Anordnung der erforderlichen Ingenieurbauwerke und Sondermaßnahmen wie Bodenverfestigungen, Drainagen usw. Besondere Bedeutung erhält dieses Merkmal bei der Überwindung von Tälern durch Brücken oder Dämme und bei der Ausbildung von Einschnitten im anstehenden Boden.

Die Bandbreite der Objekte erlaubt es nicht, einheitliche **Beurteilungsmerkmale für die geo-** **logischen und baugrundtechnischen Gegebenheiten** festzulegen. Die im Einzelfall maßgebenden Aspekte müssen vielmehr durch objektspezifischen Vergleich der nach fachlichen Gesichtspunkten einfachsten bis höchsten denkbaren Anforderungen begründet werden. Hilfestellung hierbei kann **DIN 18300 (Leistungen bei Erdarbeiten)**[13] in Verbindung mit **DIN 18196 (Bodenklassifikation)**[14] leisten, in der die unterschiedlichen Schwierigkeitsgrade bei der Ausführung von Erdarbeiten aus der Sicht der Bauausführung (Boden- und Felsklassen) wie folgt aufgelistet sind:

13

Bodenklasse nach DIN 18300			Bodengruppen nach DIN 18196
Nr.	Bezeichnung	Beschreibung	Beschreibung
1	Oberboden (Mutterboden)	Oberste Schicht des Bodens. Besteht aus Humus mit Bodenlebewesen sowie aus Kies-, Sand-, Schluff- und Tongemisch.	
2	Fließende Bodenarten	Flüssige bis breiige Böden, die Wasser nur schwer abgeben.	OU, OT, OH, SW, SU*, GU*, GT*, HZ, HN, F, UL, UM, TL, TM, TA
3	Leicht lösbare Bodenarten	Nichtbindige bis schwachbindige Sande, Kiese und Sand-Kies-Gemische mit bis zu 15 % Beimengungen an Schluff und Ton.	GE, GW, GI, SE, SW, SI, GU, SU, GT, ST, HN
4	Mittelschwer lösbare Bodenarten	Gemische von Sand, Kies, Schluff und Ton. Bindige Bodenarten von leichter bis mittlerer Plastizität sind je nach Wassergehalt weich bis fest.	GU*, SU*, GT*, ST*, UL, UM,TL, TM, OU
5	Schwer lösbare Bodenarten	Bodenarten nach den Klassen 3 und 4, jedoch mit mehr als 30 % Steinen von über 63 mm Korngröße. Steife und halbfeste bindige Böden.	Wie Klasse 3 oder 4, TA, OT
6	Leicht lösbarer Fels und vergleichbare Bodenarten	Felsarten, die einen inneren, mineralisch gebundenen Zusammenhalt haben, jedoch stark klüftig, brüchig, weich oder verwittert sind.	
7	Schwer lösbarer Fels	Felsarten, die eine hohe Festigkeit haben und nur wenig klüftig oder verwittert sind.	

---

[13] VOB/C in der aktuellen Fassung, Ziff. 2.3
[14] Bodenklassifikation, Ausgabe 6.2006

Die Bodengruppen sind in DIN 18196 mit Kennbuchstaben gekennzeichnet, die folgende Bedeutung haben:

Kennbuchstaben für Haupt- und Nebenbestandteile werden verwendet:	**G** Kies (Grant), **O** organische Beimengungen, **S** Sand, **H** Torf (Humus), **U** Schluff, **F** Faulschlamm (Mudde), **T** Ton
Kennbuchstaben nach der Korngrößenverteilung:	**E** enggestufte Korngrößenverteilung **W** weitgestufte Korngrößenverteilung **I** intermittierend gestufte Korngrößenverteilung
Kennbuchstaben nach den plastischen Eigenschaften:	**L** leicht plastisch, **M** mittelplastisch, **A** ausgeprägt plastisch bzw. zusammendrückbar
Kennbuchstaben nach dem Zersetzungsgrad von Torfen:	**N** nicht bis kaum zersetzter Torf, **Z** zersetzter Torf

Im Straßenbau hat auch die **Frostempfindlichkeit** des Bodens Auswirkungen auf die Planungsanforderungen und die Konstruktion des Straßenaufbaus. Sie beschreibt die Eigenschaft eines Bodens oder Baustoffs, durch die Einwirkung von Frost Schaden zu nehmen[15]. Besonders in Böden entsprechender Zusammensetzung (Feinkornanteil, Kornverteilung, Mineralart) kann es bei Zutritt von Wasser und anschließendem Frost zur Bildung von Eislinsen und Eisschichten kommen. Dieser Effekt ist bei Verkehrsanlagen unerwünscht, da es infolge der Eislinsenbildung zu Hebungen kommt und der Straßenkörper beschädigt wird. Die folgende Tabelle[16] gibt den Überblick:

Frostempfindlichkeit		Bodengruppe nach DIN 18196
Kennzeichnung	Beschreibung	
F 1	nicht frostempfindlich	GW, GI, GE, SW, SI, SE
F 2	gering bis mittel frostempfindlich	TA, OT, OH, OK, ST, GT, SU, GU
F 3	sehr frostempfindlich	TL, TM, UL, UM, UA, OU, ST*, GT*, SU*, GU*

Vorrangig **maßgebend für die Bewertung** dürften die Bodenklassen 2 bis 7 sein; die Beschaffenheit des Oberbodens ist auch deswegen in der Regel ohne Belang, weil sie sich nur auf einen Teilaspekt denkbarer Baumaßnahmen, nämlich auf das Herrichten des Baugrundstücks bezieht.

Das folgende **Bewertungsbeispiel** kann beim **Verkehrsanlagenbau** Anwendung finden:

Beschaffenheit	Anforderungen an Planung, Bauvorbereitung und Ausführungsüberwachung	
	verbal	Punkte
gleichmäßiger felsiger Untergrund, nicht frostempfindlich	sehr gering	1
gleichmäßig sandig-kiesiger Untergrund, ohne Grundwasser, nicht frostempfindlich	gering	2
gleichmäßig geschichteter, fester, kiesig-sandiger Untergrund, gering bis mittel frostempfindlich	durchschnittlich	3
ungleichmäßig geschichteter, unterschiedlich fester Untergrund, Grundwasser leicht entwässerbar, Grundbruchgefahr beim Öffnen von Baugruben, Einfluss nahe gelegener Gewässer auf den Grundwasserspiegel, mittel bis sehr frostempfindlich	überdurchschnittlich	4
ungleichmäßig geschichteter, weicher Baugrund mit Fließneigung, hoch setzungsempfindlicher Untergrund, Grundwasser schwer entwässerbar (z. B. Hochmoor, Seeton am Bodensee), sehr frostempfindlich	sehr hoch	5

---

[15] Forschungsgesellschaft für Straßen- und Verkehrswesen: Begriffsbestimmungen, Teil: Straßenbautechnik, 2003, FGSV-Verlag, Begriffsbestimmung „Frostempfindlichkeit"

[16] Forschungsgesellschaft für Straßen- und Verkehrswesen: Zusätzliche Technische Vertragsbedingungen und Richtlinien für Erdarbeiten, 1997, FGSV-Verlag, Seite 24

b) Technische Ausrüstung und Ausstattung

Dieses Bewertungsmerkmal zeigt deutlich die Anlehnung an §§ 35 Abs. 4 und 44 Abs. 3. Wie dort (6 von 42 Punkten) ist bei den Verkehrsanlagen das Bewertungsgewicht mit bis zu 5 von 40 Punkten gering gehalten. Es beträgt bei Gebäuden 6/42 entsprechend 14,29 % und bei Ingenieurbauwerken 5/40 entsprechend 12,50 %. Die Regelung berücksichtigt, dass die Leistungen des Objektplaners lediglich die Koordination und Integration der von fachlich Beteiligten (Fachingenieuren) durchzuführenden Fachplanung und fachlichen Objektüberwachung der **Technischen Ausrüstung** betreffen; es bewertet diese Tätigkeit im Verhältnis zur gesamten Objektplanungsleistung. Dies ergibt sich auch aus der Verordnungsbegründung zu § 46, wonach für die Leistungen des Objektplaners bei der Technische Ausrüstung lediglich ein „Integrationshonorar" verordnet ist **14**

Der niedrige Ansatz von 5 von 40 Punkten macht deutlich, dass Umfang und Schwierigkeit der technischen Ausrüstung bzw. Ausstattung auf die Objektplanungsleistungen des Objektplaners eine vergleichsweise geringe Wirkung ausübt. Dies kann nur damit erklärt werden, dass **Fachplanungen für die Technische Ausrüstung** eigenständige Fachingenieurleistungen mit eigenständigen Honorierungsansprüchen sind (§§ 51 bis 54 HOAI). Sie erfordern ein Fachwissen, worüber der Objektplaner nicht verfügt. Dessen Aufgabe konzentriert sich auf die fachliche und zeitliche Abstimmung der Fachingenieurleistungen und ihre Integration in seine eigenen Leistungen mit dem Ziel, dem gemeinsamen Auftraggeber ein vollständiges und fehlerfreies Werk zu schaffen. Mit der **Technischen Ausrüstung der Verkehrsanlagen** sind die in § 53 Abs. 2 genannten Anlagen und Anlagengruppen und ergänzend die Anlagengruppen der **Kostengruppe 400** der DIN 276-4:2009-08 gemeint[17].

Teile der Technischen Ausrüstung von Verkehrsanlagen werden in der Verordnungsbegründung zu § 46 Abs. 1 als „**Technische Ausstattung**" bezeichnet. Sie umfasst danach die Entwässerungsanlagen wie z. B. die Straßenabläufe und die Anschlussleitungen zum Vorfluter oder Sammelkanal in Straßenmitte oder am Straßenrand (s. § 46 Rdn. 8 ff.). Sie kann ferner z. B. Fahrdrähte mit zugehörigen Masten bei Straßen- oder Eisenbahnen, die Weichensteuerung, die betriebstechnische Ausstattung von Bahnhöfen, Lichtsignalanlagen, Wegweiser, Schilderbrücken oder die Beleuchtung umfassen. Auch die **Leistungen des Objektplaners für die Technische Ausstattung** kann nach dem ihr in § 48 zugewiesenen Gewicht nur die zuvor erwähnten Leistungen des Objektplaners betreffen, welche er **bei der Koordination und Integration der von fachlich Beteiligten (Fachingenieuren)** durchzuführenden Fachplanung und fachlichen Objektüberwachung der Technischen Ausstattung erbringen muss. **15**

Die fachlichen und technischen Unterschiede der Objekte erlauben es auch bei diesem Kriterium nicht, einheitliche Bewertungspunkte für die Ausrüstung oder Ausstattung von Verkehrsanlagen zu bestimmen. Hilfestellung dafür können hier die Formulierungen in § 11 HOAI 1996/2002 leisten, wonach bei Gebäuden der **Umfang** der Technischen Ausrüstung als **Bewertungsmaßstab** herangezogen ist:

Umfang der Technische Ausrüstung und Ausstattung	Wertungsgewicht der Anforderungen an Planung, Bauvorbereitung und Ausführungsüberwachung des Objektplaners
sehr gering	1
gering	2
durchschnittlich	3
überdurchschnittlich	4
vielfältig mit hohen technischen Ansprüchen	5

Eine weitere Hilfestellung können § 56 Abs. 2 und die HOAI-Anlage 15.2 (Objektliste der Technischen Ausrüstung) geben. Die Anforderungen an die Leistungen der Fachplaner und damit die Zurechnung der unterschiedlichen Anlagen der Technischen Ausrüstung zu den dortigen **16**

---

[17] So sinngemäß für die bisher geltenden HOAI-Novellen nach Jochem HOAI-Kommentar 4. Auflage 1998 § 54 Rdn. 5

Honorarzonen bestimmen im Regelfall auch die Anforderungen an die Koordinations- und Integrationsleistungen des Objektplaners. Zur Beurteilung der hieraus resultierenden Planungsanforderungen bei der Objektplanung wird empfohlen, die Zuordnung der Ausrüstung zu den Honorarzonen bei der Technischen Ausrüstung nach § 56 Abs. 2 i. V. m. HOAI-Anlage 15.2 wie folgt zu wählen (s. folgende Tabelle):

Bewertungsempfehlung:

Beschaffenheit	Anforderungen an Planung, Bauvorbereitung und Ausführungsüberwachung des Objektplaners	
	verbal	Punkte
Anlagen der Honorarzone I nach Anlage 15.2 HOAI	sehr gering	1
Kombinierte Anlagen der Honorarzonen I und II	gering	2
Anlagen der Honorarzone II nach Anlage 15.2 HOAI	durchschnittlich	3
Kombinierte Anlagen der Honorarzonen II und III	überdurchschnittlich	4
Anlagen der Honorarzone III nach Anlage 15.2 HOAI	sehr hoch	5

Die **Ausstattung** umfasst **begrifflich auch** die in DIN 276-1:2008 in der **Kostengruppe 600** genannten Gegenstände und Maßnahmen, die wegen des engen Zusammenhangs dieser Norm mit der DIN 276-4:2009-08 auch für Verkehrsanlagen gelten müsste. Sie nennt in KG 619 z. B. Schilder, Wegweiser und Orientierungstafeln, wozu auch die Straßenmarkierungen zählen müssten, da sie im Straßenverkehr dieselbe Bedeutung wie Beschilderungen besitzen. Dies sind z. B. die Markierung von Rad- und Fußwegen, die Linien auf der Straße (Mittellinien, Randlinien) und die Markierungen von Bushaltestellen, Parkplätzen, Richtungspfeilen und Richtungsfahrbahnen sowie alle anderen erforderlichen Gefahr-, Vorschrifts-, Richt- und Zusatzzeichen nach StVO. Schließlich ist in diesem Zusammenhang auch die in KG 611 genannte Möblierung zu nennen, der die Straßenmöblierung zuzuordnen ist. Diese Anlagen und Einrichtungen sind zur Beurteilung des Bewertungsmerkmals von Verkehrsanlagen **ebenfalls maßgebend**, da deren Kosten bei Verkehrsanlagen nach § 46 Abs. 1 S. 2 anrechenbar sind, soweit der Auftragnehmer die Ausstattung in dem Umfang plant oder bei der Ausführung überwacht, wie es unter § 46 Rdn. 9 ff. beschrieben ist.

17 Das folgende Beispiel für die Technische Ausrüstung und Ausstattung einer innerstädtischen Straße soll verdeutlichen, wie eine **qualitative Erstbewertung** der Einflüsse der technischen Ausrüstung auf die Leistungen bei der Objektplanung durchgeführt werden kann. Die technische Ausrüstung und Ausstattung, welche allein der Nutzung der Straße dient, mag nach § 53 Abs. 2 umfassen:
- Die Straßenbeleuchtung und die zugehörigen Niederspannungsleitungs- und Verteilungsanlagen sind Starkstromanlagen der Anlagengruppe 4,
- Die Ampelanlagen, das Parkleitsystem, die Hinweisschilder und die Fernwirkanlagen sind Fernmelde- und informationstechnische Anlagen der Anlagengruppe 5,
- Die Verkehrsleit- und -sicherungsanlagen sind Anlagen der Automation der Anlagengruppe 8.

Die genannten Anlagen sind – ausgenommen die Niederspannungsleitungs- und Verteilungsanlagen – in der Objektliste in Anlage 15.2 nicht erfasst; ihre Zuordnung zu einer Honorarzone kann nur nach der Vorschrift des § 56 Abs.2 anhand der folgenden 5 Bewertungsmerkmale den Honorarzonen erfolgten. Diese sind

1. Anzahl der Funktionsbereiche,

2. Integrationsansprüche,

3. Technische Ausgestaltung,

4. Anforderungen an die Technik,

5. Konstruktive Anforderungen.

Die in § 56 Abs. 2 genannten, im Folgenden fett gedruckten 5 **Planungsanforderungen** sind in   **18**
der Amtlichen Begründung der HOA a. F. näher erläutert[18]:

*„1. Die **Anzahl der Funktionsbereiche** betrifft die anlagentechnischen Funktionsbereiche, d. h. die Zahl sowie die Vielfalt der Nutzungsbereiche.*

*2. Die **Integrationsansprüche** umfassen den umwelt-, bauwerk- und systembedingten Integrationsaufwand, der vom Niveau der Anforderungen bestimmt wird, das Objektplaner, Auftraggeber und Nutzer des Bauwerks festlegen.*

*3. Die **technische Ausgestaltung** betrifft sowohl den Anteil der Technischen Ausrüstung am Bauwerk als auch den Differenzierungsgrad der technischen Anlagen.*

*4. Die **Anforderungen an die Technik** werden durch den Schwierigkeitsgrad der einzelnen Anlagen und Anlagensysteme bestimmt; diese Anforderungen beziehen sich auf die rechnerische Bearbeitung der Aufgabe.*

*5. Die **konstruktiven Anforderungen** betreffen den bauwerks-, system- und anlagebedingten Konstruktionsaufwand; diese Anforderungen beziehen sich daher auf die zeichnerische Bearbeitung der Aufgabe".*

Wie mithilfe der Planungsanforderungen die zutreffende Honorarzone ermittelt werden kann, ist in der aktuellen HOAI-Novelle nicht festgelegt. Daher wird hilfsweise auf den Hinweis in § 71 Abs. 3 HOAI 1996/2002 zurückgegriffen, wonach wie folgt vorzugehen ist:

„Sind für die Anlagen einer Anlagengruppe Bewertungsmerkmale aus mehreren Honorarzonen anwendbar und bestehen deswegen Zweifel, welcher Honorarzone die Anlagen zugerechnet werden kann, so ist für die Zuordnung die Mehrzahl der in den jeweiligen Honorarzonen nach Abs. 1 aufgeführten Bewertungsmerkmale und ihre Bedeutung im Einzelfall maßgebend."

Diese Empfehlung wird für die Bestimmung der angemessenen Planungsanforderungen der ge-   **19**
samten technischen Ausrüstung bzw. Ausstattung angewendet: Am **Beispiel der** in Rdn. 17 erwähnten **innerstädtischen Straße** kann die sinngemäße Anwendung der **Bewertungsmethode** für die Bestimmung der Planungsanforderungen bei Verkehrsanlagen verdeutlicht werden:

1. Die Anzahl der Funktionsbereiche ist überdurchschnittlich; sie betrifft insgesamt 6 Nutzungsbereiche.

2. Die Integrationsansprüche sind durchschnittlich; die Anordnung der Leuchten und der übrigen Anlagen orientieren sich am Lichtbedarf, an den daraus resultierenden Arten, aus der Anzahl und den Standorten der Leuchten unter Beachtung der vorhandenen oder geplanten Randbebauung. Die Anordnung der übrigen Anlagen ist frei wählbar; sie stellen geringe bis durchschnittliche Integrationsanforderungen.

3. Die technische Ausgestaltung ist gering.

4. Die Anforderungen an die Technik sind durchschnittlich; die Auslegung der Beleuchtungsanlagen richtet sich nach dem Lichtbedarf und der Art der nach gestalterischen Gesichtspunkten ausgewählten Beleuchtungskörper. Die Auslegung der Ampelanlagen muss unter Berücksichtigung der bereits vorhandenen Verkehrsleiteinrichtungen erfolgen („Grüne Welle").

5. Die konstruktiven Anforderungen sind gering. Eine zeichnerische Bearbeitung der Beleuchtungskörper und der anderen Anlagen ist nicht erforderlich. Sie beschränkt sich bei der Straßenbeleuchtung auf die Darstellung der Gründung / Befestigung, da es sich um Normleuchten handelt. Für alle übrigen Anlagen ist die Darstellung der Standorte ausreichend. Allerdings müssen die für die Anlagen aus fachtechnischer Sicht notwendigen Installationen zeichnerisch bearbeitet werden

Die folgende Matrix soll die Zusammenhänge verdeutlichen. Im Beispiel sind die zutreffenden Planungsanforderungen an die Technische Ausrüstung markiert; die Summe der Treffer bestimmt die Honorarzone.

---

[18] Honorarordnung für Architekten und Ingenieure, Ausgabe 1996, 2. Auflage 2002 (HOAI 2002), Bundesanzeiger Verlagsges. mbH, Köln 2001, S. 135

Bewertung nach § 56 Abs. 2:

Bewertungsmerkmal	Planungsanforderungen				
	sehr gering	gering	durchschnittlich	überdurchschnittlich	sehr hoch
Anzahl der Funktionsbereiche				x	
Integrationsansprüche			x		
technische Ausgestaltung		x			
Anforderungen an die Technik			x		
konstruktive Anforderungen		x			
Summe der Nennungen	0	2	2	1	0

Im Beispiel ist eine zweifelsfreie Bestimmung der Honorarzone mit der Punktbewertung allein nicht möglich. Daher ist nach der zitierten Erläuterung der früheren Verordnung zusätzlich die Bedeutung der Bewertungsaspekte für die Verkehrsanlage zu Rate zu ziehen. Da diese nur subjektiv beurteilt werden können, wird aus der Bewertungsmatrix für das betrachtete Beispiel folgende Konsequenz gezogen:

– der Bewertungsschwerpunkt liegt zwischen geringen und durchschnittlichen Anforderungen,
– ein Bewertungsmerkmal musste mit „überdurchschnittlich" bewertet werden; dies „verschiebt" den Bewertungsschwerpunkt in Richtung „durchschnittlich",
– wegen der die Planungsanforderungen der Technischen Ausrüstung besonders bestimmenden Anzahl der Funktionsbereiche wird die Wahl von 3 von 5 Punkten für die Technische Ausrüstung als zutreffend angesehen.

c) Anforderungen an die Einbindung in die Umgebung oder das Objektumfeld

20   Die **Einbindung** einer Verkehrsanlage in **die vorhandene Umgebung oder das Objektumfeld** bestimmt die Anforderungen an die Objektplanungsleistungen, welche durch Zuschnitt, Beschaffenheit und Größe des für das Objekt oder die Trasse zur Verfügung stehende Geländes, durch die die Trasse umgebende Bebauung oder auch durch Gesichtspunkte des Landschaftsschutzes gegeben sind. Die Anforderungen können auch durch die planungsrechtliche Ausweisung des Planungsgebietes verursacht werden. In einem solchen Fall stehen technisch-gestalterische Belange gleichrangig neben der Berücksichtigung der Planungs- und Ausführungsfolgen. So sind der **Umfang der Planungsalternativen** und die Anzahl der Beratungen im Zusammenhang mit der **planungsrechtlichen Durchsetzbarkeit** wegen des **häufig großen Umfangs der Eingriffe in Natur, Umwelt, Bebauung und Geländenutzung** durch konkurrierende Einrichtungen oder Maßnahmen besonders groß: die Belange des Umweltschutzes (Landschaftsverbrauch, Lärmimmission, Grundwasserschutz etc.) können besonders großen Einfluss auf die technische Ausführungslösung ausüben. Auch Geländeaufschüttungen oder Einschnitte ins anstehende Gelände zur verkehrsgerechten Herstellung der Trasse der Verkehrsanlage besitzen im Vergleich mit entsprechenden Leistungen bei Ingenieurbauwerken erheblich höhere Planungs- und Überwachungsanforderungen.

21   Allein aus technischen Gründen kann der **Schwierigkeitsgrad einer Planung** von Verkehrsanlagen **im freien** und ebenen **Gelände** deutlich geringer sein als im bebauten oder bewegten Gelände, wo die Umgebung oder das Umfeld einen großen Einfluss auf Umfang und Komplexität einer Verkehrsanlage hat. Auch Fragen der Ausweisung in Flächennutzungs- und/oder Bebauungsplänen oder in Gebieten, die z. B. durch Natur- oder Bestandsschutz oder mit wasserrechtlichen Nutzungen belegt sind, beeinflussen den Schwierigkeitsgrad einer Planung. Besonders markante Beispiele für solche Anforderungen sind die Schnellbahntrassen von Frankfurt am Main nach Köln oder durch den Thüringer Wald. Diese Objekte vereinigen in sich alle nur erdenklichen Anforderungen an die Einbindung in die Umgebung und das Objektumfeld. Die Vielzahl der im Verlauf der Trasse errichteten Ingenieurbauwerke (Brücken, Tunnels, Lärmschutzeinrichtungen unterschiedlichster Art) oder die enge Bindung einer Bahntrasse an die Trasse einer vorhande-

nen Autobahn (z. B. Frankfurt – Köln) und die mit Rücksicht auf die höchst unterschiedlichen naturräumlichen Gegebenheiten gewählten Einzellösungen von Schutz- und Ersatzmaßnahmen unterstreichen beispielhaft den hohen Einfluss dieses Bewertungsmerkmals auf die Anforderungen an die Ingenieurleistungen.

Ähnlich zahlreiche Restriktionen sind bei der **Planung im innerörtlichen Bereich** gegeben. Hier spielt der zur Verfügung stehende Planungsraum eine die Planung besonders stark begrenzende und erschwerende Rolle. Städtebauliche Gestaltungsaspekte, der Zwang zur gleichzeitigen Nutzung des zur Verfügung stehenden Verkehrsraums für Straßenverkehrs- und Schienenverkehrsanlagen in Verbindung mit Radwegen, Fußwegen und zahlreichen höhengleichen oder gar höhenungleichen Knotenpunkten unter Beachtung der vorhandenen oder geplanten Randbebauung bestimmen die Anforderungen an die Objektplanung und Ausführungsüberwachung in besonders hohem Maß.

Der Verordnungsgeber hat **dem Bewertungsmerkmal bei Verkehrsanlagen** anders als in der HOAI 2009, aber wie in den Vorgängerverordnungen bis 1996/2002 mit 15 von 40 möglichen Punkten die ihm **angemessene große Bedeutung** zugemessen. Ohne dies näher zu begründen, hat er offenbar dabei auf die frühere Amtl. Begr. zur HOAI 1996/2002 zurückgegriffen, in der es heißt: *„Das Merkmal ... hat bei Verkehrsanlagen eine erhebliche Bedeutung. Verkehrsanlagen werden heute praktisch nicht mehr ohne sorgfältige Prüfung und Einbeziehung des Objektumfeldes und aller seiner Zwangspunkte geplant. Deshalb wird dieses Merkmal mit einer sehr hohen Punktzahl bewertet[19].“* **22**

In Anlehnung an die Bewertungskriterien für Ingenieurbauwerke kann die folgende Tabelle zur Bewertung der **Einbindung** von Verkehrsanlagen **in die Umgebung** verwendet werden. Dabei geht es vorrangig um städtebauliche, landschaftliche oder topographische Gesichtspunkte. Bei zahlreichen Verkehrsanlagen stehen dagegen die Anforderungen an die **Einbindung in das Objektumfeld** im Vordergrund. Die beim Straßenbau, aber auch beim Bau von Anlagen des Schienenverkehrs zu berücksichtigenden Einflüsse unterschiedlicher begleitender oder kreuzender anderer Verkehrsanlagen und insbesondere unterschiedlicher Ingenieurbauwerke (Leitungen, unterirdische Bauwerke aller Art, Brücken) sind hier besonders zu nennen.

Bewertungsempfehlung städtebaulicher, landschaftlicher oder topographischer Gesichtspunkte sowie Aspekte der Einbindung in das Objektumfeld:

Beispiele für Randbedingungen	Anforderungen an Planung, Bauvorbereitung und Ausführungsüberwachung	
	verbal	Punkte
sehr geringe naturgegebene Einflüsse (freie Landschaft), ebenes natürliches Gelände, sehr geringe Anforderungen des Objektumfelds, keine einmündenden Verkehrsanlagen,	sehr gering	1
geringe Einflüsse aus dem natürlichen Umfeld z. B. beim Vorhandensein landwirtschaftlicher Nutzflächen, geringe städtebauliche Anforderungen z. B. Straßen in ländlichen Gemeinden mit sehr geringem Einfluss der vorhandenen Bebauung, wenig bewegtes Gelände, einige einmündende andere Verkehrsanlage, wenige Häuser beidseits einer Straßentrasse, innerörtliche Parkplätze, ungleichmäßige Ausbaugeschwindigkeiten einer Straßenverkehrsanlage	gering	2
durchschnittliche Einflüsse aus dem natürlichen Umfeld wie z. B. bei landwirtschaftlichen Wegen und außerörtliche Straßen, durchschnittliche städtebauliche Anforderungen bei Ortsdurchfahrten und Straßen städtischer Vororte, gleichmäßig steigendes oder fallendes Gelände, innerörtliche Verkehrsanlagen mit mehreren einmündende Straßen und Wegen, höhengleiche Knotenpunkte mehrstreifiger Straßen und innerörtliche Plätze, einfache höhenungleiche Knotenpunkte, Anpassung an vorhandene Höfe, Grundstücke und Hauseingänge	durchschnittlich	3

---

[19] Amtl. Begr. zu § 53 a. a. O., S. 122

Beispiele für Randbedingungen	Anforderungen an Planung, Bauvorbereitung und Ausführungsüberwachung	
	verbal	Punkte
überdurchschnittliche Einflüsse aus dem natürlichen Umfeld wie z. B. bei außerörtlichen Straßen und Gleisanlagen in bewegten Gelände, Baumaßnahmen in Landschaftsschutzgebieten, innerörtliche Straßen und Plätze mit überdurchschnittlichen städtebaulichen Anforderungen z. B. durch denkmalpflegerische Gesichtspunkte, mehrstreifige innerörtliche Straßen und Plätze mit hohen verkehrstechnischen Anforderungen, zahlreiche Hof- und Grundstückseinfahrten, sehr zahlreiche Anpassung vorhandener höhenungleicher Hauseingänge	überdurchschnittlich	4
sehr hohe Einflüsse aus dem natürlichen Umfeld bei stark bewegtem Gelände oder im Gebirge und in unmittelbarer Nähe von Naturschutzgebieten, bei sehr hohen städtebaulichen Anforderungen oder in sehr schwieriger städtebauliche Situation, sehr geringe Platzreserven für Erweiterungen, mehrere Gewässerkreuzungen, innerörtliche Verkehrsanlagen bei sehr hohen verkehrstechnischen Anforderungen (mehrstreifiger Ausbau mit Rad- und Gehwegen, sehr geringe Platzreserven für Erweiterungen, zahlreiche einmündende Straßen und Wege mit höhengleichen und höhenungleichen Anschlüssen	sehr hoch	5

d) Umfang der Funktionsbereiche oder der konstruktiven oder der technischen Anforderungen

23   Die Bewertungsmerkmale beschreiben Planungsanforderungen, die die **Zweckdienlichkeit, die Standsicherheit und die Komplexität** der Verkehrsanlage berühren. In der Verkehrsanlagenplanung haben die Funktionsbereiche und die technischen Anforderungen einen ebenso großen Einfluss auf die Anforderungen an die Objektplanungs- und Objektüberwachungsleistungen wie bei den Ingenieurbauwerken. Von Bedeutung sind **bei einer Straße** z. B. die **Art der Nutzung** (Autobahn, Fernstraße, Sammelstraße, Wohnstraße, verkehrsberuhigte Straße), die **Art und Umfang der technischen Ausstattung** (Beschilderung, Beleuchtung, Lichtsignalanlagen, Entwässerungsanlagen, Rückhaltebecken, Leichtstoffabscheider), die **Ausbaugeschwindigkeit** oder besondere Schallschutzmaßnahmen. Die zuverlässige Lösung baukonstruktiver Fragen spielt im Zusammenhang mit der zu erwartenden **Verkehrsbelastung** (Ausbaugeschwindigkeit, Fahrzeugarten, Fahrzeugaufkommen und Witterungsbedingungen) als technische Anforderung ebenfalls eine wichtige Rolle.

Beim **Gleisanlagenbau** wird dieses Bewertungsmerkmal ebenfalls stark von Umfang und von den zu erwartenden Verkehrsbelastungen bestimmt. Die Planungsanforderungen z. B. innerörtlicher Gleisanlagen werden durch eine Vielzahl anderer Verkehrsbeziehungen (Kfz-Verkehr, Rad- und Fußwege), durch die Berücksichtigung vorhandener Bauwerke (Lärmschutzanlagen, Brücken) und vom Anschluss an vorhandene Gleisanlagen bestimmt. Die genannten Anforderungen beeinflussen die Trassen- und Linienführung sowie ggf. den Wechsel vom eigenem Gleisbett in den Straßenbereich. Ein anderes Beispiel sind die unterschiedlichen Anforderungen, die bei Planung und Ausführung **von Gleis- und Bahnsteiganlagen in Bahnhöfen** mit einfachen bis sehr schwierigen Spurplänen auftreten können. Für letztere sind die sehr umfangreichen Gleisanlagen von Rangierbahnhöfen das zutreffende Beispiel.

24   Der Verordnungsgeber hat für das **Bewertungsmerkmal** konstruktive und technische Anforderungen **sowohl bei Verkehrsanlage als auch bei Ingenieurbauwerken bis zu 10 Bewertungspunkte** vorgesehen. Einerseits wird damit die besondere Bedeutung dieses Bewertungsmerkmales hervorgehoben; andererseits gibt es für diese Anforderungen wegen ihrer Komplexität keine objektiven Beurteilungskriterien, sodass ihre Fehleinschätzung leicht zu einer Fehlbeurteilung der Planungsanforderung für das Gesamtprojekt führen kann. Einige Beispiele sind nachfolgend genannt:

Umfang der Funktionsbereiche:
Hierzu zählen vorrangig komplexe Anlagen wie z. B. innerstädtische Anlagen des Straßenverkehrs mit mehreren Fahrspuren, seitlichen Rad- und Gehwegen, Knotenpunkten und Parkplätzen, ggf. in Verbindung mit Anlagen des innerstädtischen Schienenverkehrs auf gleicher Trasse mit Haltepunkten, Omnibusfahrspuren, Beleuchtungsanlagen, Lichtsignalanlagen etc.

Konstruktive oder technische Anforderungen:
Bauwerke und Baumaßnahmen zur sicheren Erstellung der Verkehrsanlagen, wie z. B. Stützkörper in Böschungen, Bodenverbesserungsmaßnahmen, Sicherung von Felsabbrüchen, Art und Umfang des Straßenaufbaus, bewehrter Unterbau von Straßen, Umfang der Rüttelstopfverdichtung des Untergrunds

Wieder ist wegen der Vielzahl und der Unterschiedlichkeit der zu bewertenden Objekte ausgeschlossen, eine in sich schlüssige, alle Aspekte umfassende Entscheidungsskala maßgebender Einflüsse zur Verfügung zu stellen. In den folgenden Tabellen wird der Versuch unternommen, **die mögliche Bandbreite der entscheidenden Bewertungsmerkmale** aufzuzeigen. Sie sollen dem Anwender Anregungen für die im Bedarfsfall objektspezifisch vorzunehmende Bewertung geben.

Beispiele für Randbedingungen	Anforderungen an Planung, Bauvorbereitung und Ausführungsüberwachung	
	verbal	Punkte
ein Funktionsbereich, keine Verknüpfungen, keine Zwangspunkte, durchgehende Strecke mit sehr wenigen Knotenpunkten, keine besonderen konstruktiven Maßnahmen für die Standsicherheit notwendig	sehr gering	1–2
zwei Funktionsbereiche, mehrere Verknüpfungen mit neuen und vorhandenen Straßen bei einer geringen Zahl von Zwangspunkten in Höhe und Breite, Bodenverbesserungsmaßnahmen zur Stabilisierung des Planums, durchschnittliche Anforderungen an den Mengenausgleich	gering	3–4
bis zu vier Funktionsbereiche, zahlreiche Verknüpfungen mit neuen und vorhandenen Straßen mit zahlreichen Zwangspunkten in Höhe und Breite, durchschnittliche Bodenverbesserungsmaßnahmen zur Stabilisierung des Planums	durchschnittlich	5–6
bis zu sechs Funktionsbereiche, zahlreiche Verknüpfungen mit neuen und vorhandenen Verkehrslagen mit zahlreichen Zwangspunkten oder umfangreiche Bodenverbesserungs- und Sicherungsmaßnahmen zur Stabilisierung des Planums	überdurchschnittlich	7–8
mehr als 6 Funktionsbereiche, sehr zahlreiche Verknüpfungen mit neuen und vorhandenen unterschiedlichen Verkehrsanlagen mit zahlreichen Zwangspunkten oder sehr umfangreiche Bodenverbesserungs- und Sicherungsmaßnahmen zur Stabilisierung des Planums	sehr hoch	9–10

e) Fachspezifische Bedingungen

Den **fachspezifischen Bedingungen**, unter denen Planungs- und Überwachungsleistungen für Verkehrsanlagen zu erbringen sind, hat der Verordnungsgeber eine vergleichsweise geringe Bedeutung bei den Objektplanungsleistungen für Verkehrsanlagen zugemessen. Sie sind nur mit bis zu 5 Punkten zu bewerten. Anders als bei den Ingenieurbauwerken dürfte die Bewertung deswegen wesentlich geringer ausgefallen sein, da die hierzu zählenden **Anforderungen an Trassierung, Aufbau und Querschnittsgestaltung** durch eine Vielzahl von Normen und Richtlinien vorgegeben und daher auch zweifelsfrei bestimmbar sind. Welche Aspekte bei einer Bewertung dieses Merkmals berücksichtigt werden sollten, ergibt sich für Straßenverkehrsanlagen aus der nachfolgenden Tabelle; sie kann für Anlagen des Schienenverkehrs sinngemäß angewendet werden.

25

Bewertungsempfehlung:

Beispiele für Randbedingungen	Anforderungen an Planung, Bauvorbereitung und Ausführungsüberwachung	
	verbal	Punkte
landwirtschaftlichen Wege und außerörtliche Straßen ohne Zwangspunkte, ebenes Gelände, ohne Randbebauung, Parkplätze in Außenbereichen	sehr gering	1
außerörtliche Straßen mit wenigen Zwangspunkte, geringe städtebauliche Anforderungen wie z. B. bei Anlieger- und Sammelstraße von Neubaugebieten	gering	2
außerörtliche Verkehrsanlagen mit üblicher Ausbaugeschwindigkeit und mit Zwangspunkten, eine Gewässerkreuzung, eine Straßenbrücke, lockere Randbebauung der Trasse	durchschnittlich	3
außerörtlichen Verkehrsanlagen auf Trassen in bergigem Gelände und mit einer Vielzahl besonderer Zwangspunkte oder in stark bewegten Gelände, mit gleicher Ausbaugeschwindigkeit	überdurchschnittlich	4
außerörtliche Verkehrsanlagen mit hoher Ausbaugeschwindigkeit, Trassenverlauf im Gebirge, mehrere Gewässerkreuzungen und Straßenbrücken	sehr hoch	5

IV. Beispiel für die Bestimmung der Honorarzone

26 Das folgende Beispiel für eine Umbaumaßnahme soll die Methode der Bestimmung der Honorarzone mittels der Punktbewertung verdeutlichen. Sie ist bei dem in § 48 Abs. 3 genannten Fall anzuwenden, dass das fragliche Objekt in der Objektliste in mindestens zwei Honorarzonen genannt ist, also Bewertungsmerkmale für beide Honorarzonen anwendbar sind und deswegen Zweifel darüber bestehen, welche Honorarzone zutreffend ist.

Grundhafte Erneuerung einer innerörtlichen Durchgangsstraße

1. Das Objekt:

Die Hauptstraße einer Gemeinde soll grundhaft erneuert und neu trassiert werden. Bei der Neutrassierung müssen die zahlreichen innerörtlichen Knotenpunkte berücksichtigt und angepasst werden. Die vorhandenen Gehwege müssen weitestgehend erhalten bleiben, aber auf die neue Trassierung der Straße ausgerichtet werden. Rinnenplatten und Straßenabläufe sind an die neue Situation anzupassen. Bei der Neutrassierung sind die zahlreichen Hofeinfahrten und Hauseingänge zu berücksichtigen. Die vorhandene Straßenbeleuchtung kann unverändert beibehalten werden; gegebenenfalls sind die Standorte der Leuchten infolge der Neutrassierung zu verlegen.

2. Mögliche Honorarzone nach Objektliste (Anlage 13.2)
   – Honorarzone III: sonstige innerörtliche Straßen und Plätze mit normalen verkehrstechnischen Anforderungen.
   – Honorarzone IV: innerörtliche Straßen und Plätze mit hohen verkehrstechnischen Anforderungen oder schwieriger städtebaulicher Situation.

Einordnung zweifelhaft, daher Punktbewertung nach § 48:

Bewertungsmerkmal	Kennzeichen	Planungsan-forderungen	Punkte	
			möglich	gewählt
Geologie, Baugrund	kein Grundwasser, festgelagerter Sandboden	sehr gering	1	1
technische Ausrüstung oder Ausstattung	sehr gering	sehr gering	2	2
Einbindung in die Umgebung / in das Objektumfeld	Gehwege, Hofeinfahrten, Hauseingänge, Knotenpunkte	sehr hoch	13 bis 15	13
Funktionsbereiche, Konstruktion, Technik	ein Funktionsbereich, schwierige Anpassung an die vorhandenen Gegebenheiten	überdurch-schnittlich	7 bis 8	8
fachspezifische Bedingungen	innerörtliche Straße in schwieriger städtebaulicher Situation	überdurch-schnittlich	4	4
Summe			27 bis 30	28

Das Objekt ist danach in **Honorarzone IV** einzuordnen.

V. Die Objektliste

1. Einleitung

Die unterschiedlichen Verkehrsanlagen sind in der **Objektliste in der HOAI-Anlage 13.2** zusammengestellt. Sie **ordnet** wie die entsprechende Liste in § 54 Abs. 2 der HOAI 1996/2002 häufig vorkommende **Objekte verbindlich**[20] **nach den Bereichen und ihren üblichen Planungsanforderungen in fünf Honorarzonen** ein. Die Zuordnung hat der Verordnungsgeber mit Hilfe der in § 5 Abs. 1 genannten Planungsanforderungen vorgenommen, die mit den unveränderten Bewertungsmerkmalen nach § 53 Abs. 2 bis 4 HOAI 1996/2002 bestimmt wurden. Damit sind die in Rdn. 7 genannten folgenden Planungsanforderungen gemeint. 27

Wird ein Objekt in der Objektliste genannt, müsste sich normalerweise die Diskussion über die Wahl der richtigen Honorarzone erübrigen. Allerdings schreibt § 5 Abs. 4 vor, dass die Honorarzone eines Objekts anhand der Bewertungsmerkmale nach § 48 Abs. 2 bis 4, gegebenenfalls mit Hilfe der den Bewertungsmerkmalen zugeordneten Bewertungspunkte und anhand der Regelbeispiele in den Objektlisten bestimmt werden soll. Damit scheint offen zu sein, ob die **Regelbeispiele** als ausreichend angesehen werden dürfen. Angesichts der sehr ausführlichen Liste von „Regelobjekten" liegt der Schluss nahe, anstelle der häufig schwierigen Beurteilung der Bewertungsmerkmale nur bei Zweifeln über die richtige Einordnung eines solchen Objekts in der HOAI-Anlage 13.2 hilfsweise und im Einzelfall die Ermittlung der Honorarzone nach § 48 Abs. 2 bis 4 durchzuführen (s. Rdn. 8 ff). Die Honorarzonen von Wiederaufbauten, Erweiterungsbauten, Umbauten, Modernisierungen, Instandsetzungen oder Instandhaltungen müssen jedoch stets unter Verwendung der Punktbewertung ermittelt werden.

Da die jetzige Verordnung die Planungsanforderungen, Bewertungsmerkmale und die Objektliste zwar neu geordnet, aber weitgehend unverändert aus den Vorgängerverordnungen übernommen hat, ist davon auszugehen, dass die grundsätzlichen Überlegungen und Verordnungsinhalte sowie deren Erläuterungen in der Amtl. Begr. der HOAI 1996/2002[21] ebenfalls weitgehend unverändert fortgelten. Daher kann auch die dortige Erklärung übernommen werden, wonach die Anwendung der Objektliste – bisher § 54 HOAI a. F. – die Regellösung ist und die Honorarzonenbegründung nach § 48 Abs. 2 bis 4 – bisher § 53 HOAI a. F. – eine unterstützende Argumentati- 28

---

[20] So Amtliche Begründung der HOAI 2009 in der Drucksache 395/09, S. 209
[21] HOAI 2002 S.119/120

onshilfe im Zweifelsfalle bildet[22]. Der umfangreichen Objektliste entsprechen die Erläuterungen in der Begründung zu § 54 HOAI a. F.[23]. Daher werden von dort die wesentlichen Passagen übernommen und im Bedarfsfall ergänzt.

29   In Honorarzone I und II können Objekte eingeordnet werden, die gemäß § 45 Nr. 1 i. V. m. § 38 nicht als Verkehrsanlagen, sondern als Freianlagen im Sinne der Honorarordnung angesehen werden, soweit zu ihrer Planung keine Ingenieurleistungen (Objektplanung) erforderlich sind. Sollten dafür jedoch auch dafür Ingenieurleistungen erforderlich sein, werden deren Honorare zusätzlich nach den für Verkehrsanlagen verordneten Regeln berechnet. Sie sind in § 38 Abs. 1 Nr. 8 genannt:

– Wege ohne Eignung für den regelmäßigen Fahrverkehr mit einfachen Entwässerungsverhältnissen und andere Wege, die als Gestaltungselement der Freianlage geplant werden.

– Befestigte Flächen, die als Gestaltungselement der Freianlage geplant werden; damit sind die Oberflächengestaltungen verkehrsberuhigter Bereiche einschließlich Pflanzungen für Fußgängerbereiche gemeint; letztere zählen zu den Freianlagen.

30   Werden **Leistungen** für einzelne der in der Objektliste genannten Anlagen **in einem Auftrag** erfasst und auch gleichzeitig erbracht, ist zu klären, ob es sich um **Leistungen für ein Objekt oder für ein Vorhaben** handelt, das **aus mehreren Objekten** besteht. Sind die Anlagen eines Vorhabens je ein Objekt, gruppenweise zu Objekten zusammenzufassen oder ist das Vorhaben selbst ein Objekt? Bei diesen und vergleichbaren komplexen Vorhaben stellt sich stets die **Frage nach ihrer richtigen honorarrechtlichen Einordnung**. Hierauf gibt die Amtliche Begründung der HOAI 2002 die Antwort, die zu § 41 (Rdn. 8 ff.) und § 45 (Rdn. 7 ff.) ausführlich erörtert ist.

2. Die Regelobjekte der HOAI-Anlage 13.2

31   Anders als die sehr umfangreiche und in der amtlichen Begründung der HOAI a. F. detailreich beschriebene Objektliste der Ingenieurbauwerke kennt die Objektliste der Verkehrsanlagen lediglich drei unterschiedliche Arten von Verkehrsanlagen:

– Anlagen des Straßenverkehrs, gegliedert in
  – Außerörtliche Straßen
  – Innerörtliche Straßen und Plätze
  – Wege
  – Plätze und Verkehrsflächen
  – Tankstellen- und Rastanlagen
  – Knotenpunkte
– Anlagen des Schienenverkehrs
  – Gleis- und Bahnsteiganlagen der freien Strecke
  – Gleis- und Bahnsteiganlagen der Bahnhöfe
– Anlagen des Flugverkehrs, gegliedert in Verkehrsflächen für Landeplätze und Flughäfen

Weder die aktuelle Verordnungsbegründung noch die Amtl. Begr. der HOAI 1996/2002 enthalten Erläuterungen der genannten Objekte. Alleinige Ausnahme sind einige Hinweise zu den Anlagen des Flugverkehrs in der letztgenannten Begründung[24]:

„In Abs. 2 werden unter Buchstabe c Landeplätze, Segelfluggelände und Flughäfen entsprechend den Vorschriften des Luftverkehrsgesetzes in der Fassung vom 14.1.1981 systematisch abgegrenzt. Das Luftverkehrsgesetz subsumiert unter dem Begriff „Flugplätze" die Flughäfen, Landeplätze und Segelfluggelände.

In Honorarzone II werden solche Landeplätze erfasst für die keine umfangreicheren Vorschriften im Planfeststellungsverfahren und Baugenehmigungsverfahren erforderlich sind.

Den Honorarzonen III und IV werden Flughäfen sowie Landeplätze zugeordnet, für die umfangreiche Genehmigungsvorschriften gelten. Für Flughäfen besteht zudem eine Sondervorschrift zur Versagung der Genehmigung wegen unangemessener Beeinträchtigung der öffentlichen Interessen".

---

[22] Amtl. Begr. HOAI 2006 S. 122
[23] Amtl. Begr. HOAI 2002 S. 119
[24] Amtl. Begr. HOAI 2002 S. 123

Offensichtlich hält der Verordnungsgeber die Objektliste für selbsterklärend, weswegen er auf weitere Erläuterungen verzichtete. In der Tat ist beispielsweise die Beschreibung der **innerörtlichen Straßen und Plätze** so ausführlich, dass die Zuordnung der Objekte zu den Honorarzonen zweifelsfrei möglich ist. Dasselbe gilt für die in der Objektliste genannten **Wege**.

Außerörtliche Straßen sind prinzipiell in gleicher Weise zu definieren. Dies ist auch bei der **32** Fortschreibung des RBBau-Vertragsmusters – Ingenieurbauwerke und Verkehrsanlagen – und den zugehörigen Hinweisen berücksichtigt worden. Während in den Hinweisen 1988 das Objektbeispiel „Straßen einschließlich Entwässerung der Straßen und Zubehör" unter der Überschrift „Objektdefinition" erwähnt ist[25], findet sich dieses Beispiel in den Hinweisen ab 1993 nicht mehr. Unter „0.3 Umfang der Verkehrsanlagen" wird folgender Hinweis auch in der jüngsten Fassung des Vertragsmusters[26] gegeben: „Für Bestandteile von Straßenverkehrsanlagen gilt die Definition des Bundesfernstraßengesetzes (§ 1 Abs. 4 Nummer 1-3 BFStrG), einschließlich Entwässerung der Verkehrsanlage". Zum besseren Verständnis wird § 1 Abs. 4 BFStrG[27] im Folgenden wörtlich zitiert:

„Zu den Bundesfernstraßen gehören:

1. der Straßenkörper ; das sind besonders der Straßengrund, der Straßenunterbau, die Straßendecke, die Brücken, Tunnel, Durchlässe, Dämme, Gräben, Entwässerungsanlagen, Böschungen, Stützmauern, Lärmschutzanlagen, Trenn-, Seiten-, Rand- und Sicherheitsstreifen ;

2. der Luftraum über dem Straßenkörper ;

3. das Zubehör; das sind die Verkehrszeichen, die Verkehrseinrichtungen und -anlagen aller Art, die der Sicherheit oder Leichtigkeit des Straßenverkehrs oder dem Schutz der Anlieger dienen, und die Bepflanzung."

Die aufgezählten **Bestandteile können** in ihrer Gesamtheit **nicht zur Definition des Objekts Straße** herangezogen werden, da bauliche Bestandteile (z. B. Straßengrund, Straßendecke, Böschungen, Gräben) und eigenständige Objekte (z. B. Brücken, Tunnel, Durchlässe, Entwässerungsanlagen) einschließlich des Luftraums (!) über dem Straßenkörper ohne Unterscheidung nach- und untereinander aufgezählt sind. Daher sind die Objekte außerörtlicher Verkehrsanlagen wie alle anderen Verkehrsanlagen in jedem Einzelfall nach funktionalen Gesichtspunkten zu beurteilen.

Im Vergleich mit HOAI 1996/2002 fällt auf, dass deren Vorschrift des § 52 Abs. 9 in die HOAI **33** 2013 nicht übernommen wurde, Honorare für Leistungen bei **selbstständigen Geh- und Radwegen** mit rechnerischer Feststellung nach Lage und Höhe sowie für Leistungen bei **nachträglich an vorhandene Straßen angepassten landwirtschaftlichen Wegen, Gehwegen und Radwegen** seien frei zu vereinbaren. Zwar sind die in § 45 Nr. 1 genannten selbstständigen Rad-, Geh- und Wirtschaftswege anscheinend wieder von den Honorierungsvorschriften ausgenommen, aber schon in den Erläuterungen zu § 45 Abs. 1 (Rdn. 4) wurde darauf hingewiesen, dass dies nicht für Wege zutreffen könne, die **für den regelmäßigen Fahrverkehr geeignet** sind. Somit sind auch solche Objekte nun den Honorierungsvorschriften erfasst. Die nachträglich an vorhandene Straßen angepasste landwirtschaftliche Wege, Gehwege und Radwege sind ohnehin „unselbstständige" Wege; Honorare für Leistungen bei diesen Wegen sind somit jetzt ebenfalls verordnet.

Verkehrsberuhigte Bereiche sind je nach Schwierigkeitsgrad den Honorarzonen III und IV **34** zugewiesenen. Entscheidend für die Zuordnung ist neben den anderen Bewertungsmerkmalen nach § 48 Abs. 2 die Einbindung in die Umgebung und in das Objektumfeld. Die **Leistungen für die Oberflächengestaltung und Bepflanzung** dieser Bereiche aber sind Leistungen für Freianlagen nach § 39; sie werden **nach Teil 2 Abschnitt 2 HOAI honoriert** (s. § 40). Dabei ist als Grenze zwischen den Leistungen, anrechenbaren Kosten und Honoraren für diese Verkehrsanlagen die Oberkante des verkehrsgerechten Oberbaus unter den verkehrsberuhigten Flächen anzusehen.

---

[25] RBBau-Vertragsmuster, Stand 01.12 1988; Ingenieurbauwerke und Verkehrsanlagen, Hinweise Anhang 14

[26] RBBau-Vertragsmuster in der Fassung der 19. Austauschlieferung vom 19.03.2009

[27] Bundesfernstraßengesetz in der Fassung vom 08.08. 1990

35 Bei den unter **Tankstellen und Rastanlagen** genannten Objekten handelt es sich ebenso lediglich um die erforderlichen Verkehrsflächen (Zufahrten, Abfahrten, Parkplätze unterschiedlicher Art), nicht aber um die vollständigen Anlagen. Deswegen werden auch keine einzelnen Objekte genannt, sondern die Tankstellen und Rastanlagen nach ihrem verkehrstechnischen Anforderungen der Honorarzone I (bei „normalen" Anforderungen) oder III (bei „hohen" Anforderungen) zugeordnet. Leider unterlässt es die Verordnung, näher zu erläutern, welche Art von Anforderungen mit „normal" und „hoch" gemeint ist. Nach hiesiger Auffassung dürften beispielsweise Parkplätze mit einer geringen Zahl von Stellplätzen (z. B. bis zu 10 Plätze) in Neubaugebieten normale Anforderungen, die Lkw-Parkplätze an Autobahnen und Fernverkehrsstraßen mit zahlreichen Parkplätzen aber hohe Anforderungen aufweisen. Zu den in der Objektliste nicht genannten Parkplätzen mit geringen Anforderungen dürften hingegen diejenigen zählen, die in Verbindung mit Tankstellen und Rasthäusern errichtet werden.

Die Objektplanungs- und Fachplanungsleistungen für die Ausstattung der Tankstellen mit Zapfsäulen, Treibstofftanks, Betriebsgebäude mit Toiletten und Verkaufsraum etc. sind in Teil 3 Abschnitt 1 (Gebäude und Innenräume) und 2 (Freianlagen), gegebenenfalls auch in Abschnitt 3 sowie Teil 4 Abschnitte 1 (Tragwerksplanung) und 2 (technische Ausrüstung) erfasst.

36 Hinzuweisen ist auf die Zuordnung von **Verkehrsflächen für den Luftverkehr**, also Landeplätze, Segelfluggelände und Flughäfen, die je nach Schwierigkeitsgrad in die Honorarzone II, III und IV einzuordnen sind. Mit Verkehrsflächen sind **nur die befestigten und unbefestigten Flächen** gemeint, die Start, Landung und dem Ausrollen der Flugzeuge dienen. **Flughäfen** sind dagegen komplexe Vorhaben aus Gebäuden, Ingenieurbauwerken, Straßenverkehrsflächen und Verkehrsflächen für den Flugzeugverkehr; sie sind zusammen kein Objekt im Sinne einer Abrechnungseinheit.

VI. Abrechnung komplexer sonstiger Vorhaben

37 Der Objektplaner erbringt gelegentlich für denselben Auftraggeber und zum gleichen Zeitpunkt **Leistungen aus verschiedenen Fachbereichen für das gleiche Bauvorhaben** zu erbringen haben. Das klassische Beispiel hierfür sind die Leistungen für **Erschließungsmaßnahmen** in Neubaugebieten durch einen Objektplaner. Die Erschließung umfasst die Wasserversorgungsleitungen, die Kanalisation, den Straßenbau und gegebenenfalls den Gasleitungs- und Fernwärmeleitungsbau. Auftraggeber neigten in der Vergangenheit dazu, die Summe der Gesamtkosten als anrechenbare Herstellkosten zur Honorarermittlung anzusehen. § 11 Abs. 1 Satz 1 regelt nun unzweideutig, dass die **Kosten** jedes Ingenieurbauwerks und dieses Gebäudes sowie die Kosten der Verkehrsanlage für die Honorarberechnung **getrennt** anzusetzen sind. Die in § 11 Abs. 2 definierten Einschränkungen und Regelungen sind in diesem Zusammenhang ohne Bedeutung. Im Übrigen entstehen hier dadurch, dass beispielsweise bei Erschließungsmaßnahmen den anrechnungsfähigen Kosten für die Wasserleitungen oder Kanalisation lediglich die Herstellung der Leitungen, nicht aber die Fertigstellung der darüber liegenden Straßen in die Kosten mit eingehen, Minderungen der anrechenbaren Herstellkosten der Einzelobjekte.

38 Auch die **Ingenieurleistungen für Mischverkehrsflächen** mit Freiraumgestaltung sind ein weiteres Beispiel komplexer Ingenieurtätigkeit. Jede dieser Maßnahmen erfordert für Teilbereiche unterschiedliche Leistungen, die entsprechend den Festlegungen des § 11 für die jeweiligen Teilmaßnahmen getrennt nach den jeweiligen anrechenbaren Kosten und gegebenenfalls nach unterschiedlichen Teilen der HOAI abzurechnen sind.

Beispiele für die Zuordnung von Objekten bei der Erschließung eines Neubaugebietes:

Objekt	Zuordnung zur HOAI
Straßen, Wege, Plätze	Verkehrsanlagen
Möblierung und Bepflanzung verkehrsberuhigter Bereiche	Freianlagen
Kanalnetz	Ingenieurbauwerk Nr. 1
Pumpwerk	Ingenieurbauwerk Nr. 2
Regenüberlaufbecken	Ingenieurbauwerk Nr. 3
Wasserversorgungsnetz	Ingenieurbauwerk Nr. 4
Gasversorgungsnetz	Ingenieurbauwerk Nr. 5

VII. Honorierung der Leistungen bei der örtlichen Bauüberwachung

1. Bisher verordnete Honorarsätze

Die bis 2009 verbindlich verordneten **Honorare für die örtliche Bauüberwachung** machten **39** je nach Bauvorhaben und anrechenbaren Kosten zwischen 40–60 % des bei Ingenieurbauwerken und Verkehrsanlagen verordneten Gesamthonorars für die vollständigen Leistungen gemäß §§ 55 und 57 HOAI 1996/2002 aus (im Einzelnen hierzu beispielhaft unter § 44 Rdn. 101 ff.). Die Verlagerung der bisher verbindlich verordneten Leistungen und Honorare in den Bereich der Besonderen Leistungen, deren Honorierung frei vereinbart werden kann, birgt die große Gefahr in sich, dass der Leistungswettbewerb bei der Vergabe von Ingenieurleistungen für Verkehrsanlagen erneut zum Preiswettbewerb pervertiert wird. Dies kann nach den Erfahrungen aus der Zeit vor Inkrafttreten der zweiten HOAI-Novelle im Jahre 1985 zu dem Ergebnis führen, dass entgegen der seither gemachten Erfahrungen bei der **Vergabe der Leistungen bei der örtlichen Bauüberwachung** nicht mehr die bestmögliche Leistung, sondern der geringste Preis für die zu erbringende Dienstleistung alleiniges, mindestens aber vorrangiges Entscheidungsmerkmal wird.

Schon lange empfehlen öffentliche Auftraggeber und ihre Prüfgremien die **Vergabe** dieser **40** Leistungen an solche Freiberufler zu vergeben, deren **Fachkunde, Leistungsfähigkeit und Zuverlässigkeit** feststeht, die überausreichende **Erfahrungen** verfügen und die **Gewähr für eine wirtschaftliche Planung und Ausführung** bieten. Dabei wird stets darauf hingewiesen, dass dabei **nicht das geringste Honorar, sondern die bestmögliche Leistung** des zu Beauftragenden **entscheidend** sein sollte. Dies wird in einer Vielzahl entsprechender Verlautbarungen deutlich. So hat nach einer Veröffentlichung des Verbandes beratender Ingenieure vom Januar 1983[28] der **Bauausschuss des Deutschen Städtetages** zur Vergabe von Ingenieuraufträgen 1974 u. a. festgestellt:

„ … *Da es sich bei Ingenieurleistungen um überwiegend geistige Leistungen handelt, ist mit der Auswahl der zu beauftragenden Ingenieure ein Verfahren verbunden, das sich von dem bei Aufträgen an die gewerbliche Wirtschaft zur Bauausführung üblichen unterscheidet.*

Ingenieurleistungen stellen keine „marktgängige Ware" dar, das heißt, sie sind nicht nach Maß, Zahl oder Gewicht zu erhalten. Im Vordergrund der Planungsleistungen freiberuflicher Ingenieure und Architekten steht die Optimierung der für ein bestimmtes Projekt anfallenden Bau- und Nutzungskosten, die unabhängig vom Lieferprogramm ausführender Firmen ermittelt werden. Freiberufliche Ingenieure stehen daher in einem Leistungs-, nicht in einem Preiswettbewerb. Der Gegenstand dieser Art Wettbewerb ist die am Bauprojekt ausgerichtete ingenieurfachliche Denkleistung, nicht das für die Ingenieurleistungen zu zahlende Entgelt …"

---

[28] Verband beratender Ingenieure: Stellungnahmen öffentlicher Auftraggeber, Januar 1983, Seite 31, veröffentlicht in Mitt. DST 21.08.1974

In derselben Veröffentlichung ist auch die folgende Stellungnahme des **Bundesrechnungshofes** aus dem Jahr 1974 enthalten: *„Der Bundesrechnungshof hat für die seiner Prüfung unterliegenden Baumaßnahmen stets die Auffassung vertreten, dass Aufträge an freischaffende Architekten und Ingenieure nicht aufgrund von Ausschreibungen vergeben werden sollen, die allein dem Zweck dienen, den niedrigsten Preis zu erzielen; derartige Ausschreibungen würden der Eigenart der Architekten- oder Ingenieurtätigkeit, die sich durch schöpferische, geistige Leistungen vom Herstellen marktgängiger Erzeugnisse unterscheidet, nicht gerecht.«"*

Schließlich enthält die Veröffentlichung auch die folgende Position des Arbeitskreises Maschinen- und Elektrotechnik staatlicher und kommunaler Verwaltungen (**AMEV**) von 1983: *„Nach übereinstimmender Meinung von politischen und administrativen Gremien des Bundes, der Länder, der Städte und Gemeinden ist die geistige Leistung planender Ingenieure nicht mit dem Erwerb marktgängiger Artikel oder Dienstleistungen vergleichbar. Die Vergabe von Ingenieur- oder Architektenleistungen sollte deshalb nur nach Eignungs- und Leistungskriterien zur jeweiligen Aufgabe beurteilt werden und somit freihändig ohne Ausschreibungsverfahren erfolgen.*

Als Gründe wurden zusammenfassend genannt:

- *Ingenieurleistungen sind nicht am Honorar messbar, sondern an den zur Aufgabe gehörenden Kriterien der Eignung, Leistungsfähigkeit, Ausrüstung, zeitlichen Auslastung u. a. Sie bedingen Erfahrungs- und Vertrauensverhältnisse zwischen Auftraggeber und Ingenieur.*
- *Umfang und Art von Ingenieurleistungen lassen sich nicht als kalkulierbare und prüfbare Leistungsbeschreibung aufstellen, die nach eindeutigen Regeln auszuführen und abzunehmen sind. Zur Vergleichbarkeit von Honoraren wäre das aber eine erforderliche Grundlage.*
- *Zur Förderung von Leistungen und Kenntnissen sowie zur Beurteilung von Aufgabenlösungen können nur Entwurfswettbewerbe beitragen, nicht aber Honorarwettbewerbe."*

2. Honorierungsempfehlungen

41 Die folgenden **Honorierungsempfehlungen** sollen das Finden eines angemessenen Honorars für die Leistungen bei der örtlichen Bauüberwachung erleichtern. Sie berücksichtigen die bisherigen Honorarvorschriften und die damit gesammelten Erfahrungen. So sah § 57 Abs. 2 Satz 1 HOAI a. F. vor, das **Honorar** mit einem bestimmten **Vomhundertsatz der anrechenbaren Kosten zu vereinbaren**. Je nach Schwierigkeit, Dauer und Größe des Bauvorhabens war das Honorar zuletzt mit 2,1 v. H. bis 3,2 v. H. der anrechenbaren Kosten verbindlich verordnet. Die Amtliche Begründung zu § 57 HOAI a. F.[29] erklärte hierzu: *„Dadurch wird den Vertragsparteien die Möglichkeit gegeben, bei intensiven Überwachungsmaßnahmen angemessene Honorare zu vereinbaren."* Der Hinweis auf das Kriterium der „intensiven Überwachung" verdeutlicht, dass die Anforderungen an die örtliche Bauüberwachung bei der Honorarfindung das zentrale Kriterium darstellten. Dies trifft auch jetzt noch unverändert zu. Welche Aspekte dabei beachtet werden müssen, beschreibt u. a. die Amtl. Begr. zu § 4 HOAI a. F.[30]

42 Die **Anforderungen an die örtliche Bauüberwachung** und der Aufwand des Objektplaners für die Durchführung dieser Leistung werden auch durch Ereignisse beeinflusst, auf die er allein nur unzureichend oder nicht einwirken kann. Hier ist zum einen die **Bauzeit** zu nennen. Diese ist von der **Leistungsfähigkeit der eingesetzten Unternehmen**, von der rechtzeitigen Finanzierung des Objektes durch den Bauherrn, aber auch von Witterungseinflüssen (Bauausführung im Winter, Hochwasser etc.) abhängig. Daher kann ein Objekt einer niedrigen Honorarzone überdurchschnittliche Anforderungen an die örtliche Bauüberwachung stellen. **Überdurchschnittlicher Überwachungsaufwand** kann z. B. erforderlich werden, wenn die ausführenden Unternehmen für Teilleistungen Subunternehmer einschalten und so ihre eigenen Leistungen verringern[31]. Dadurch nimmt die Zahl der am Bau Beteiligten zu, deren Koordination und Überwachung trotz der prinzipiellen Zuständigkeit des Generalunternehmers deutliche Mehraufwendungen bei der Bauüberwachung zur Folge haben.

---

[29] Bundesanzeigerausgabe der HOAI 2002, 127
[30] Bundesanzeigerausgabe der HOAI 2002, 85
[31] Amtl. Begr. zur 4. HOAI-Novelle, S. 108 (Bundesanzeiger-Ausgabe).

Zur Definition eines angemessenen Honorarsatzes empfiehlt es sich, ähnlich § 48 Abs. 2 bis 4 **Bewertungsmerkmale** anzuwenden, welche die Anforderungen an die örtliche Bauüberwachung beschreiben. Ein solcher Satz könnte nach der Amtl. Begr. der aktuellen HOAI 2009 zwischen 2,3 und 3,5 % der anrechenbaren Kosten liegen. Werden diese Prozentsätze in demselben Maße wie die Honorarsätze in der Tafel des § 48 Abs. 1 um durchschnittlich 17 % angehoben, die Ausführungen im Abschlussbericht zum Gutachten über den Aktualisierungsbedarf zur Honorarstruktur der HOAI[32] aber nicht beachtet, müsste die genannte Bandbreite nun **2,7 bis 4.1 %** betragen. Es empfiehlt sich, in Anlehnung an § 48 die Bandbreite mit diesen Sätzen **vereinfacht** wie folgt zu nutzen: **43**

Anforderungen an die örtliche Bauüberwachung	Honorarsatz für die örtliche Bauüberwachung in v. H.
sehr gering	2,70 – 2,98
gering	2,98 – 3,26
durchschnittlich	3,26 – 3,54
überdurchschnittlich	3,54 – 3,82
sehr hoch	3,82 – 4,10

Der folgende Vorschlag[33] für eine differenzierte Bewertung der Anforderungen an die örtliche Bauüberwachung mit Hilfe überwachungsorientierter Bewertungsmerkmale liefert eine sachgerechte Hilfestellung zur Bewertung der Anforderungen bei der örtlichen Bauüberwachung. Er berücksichtigt in Anlehnung an die Amtl. Begr. zu § 4 HOAI a. F. folgende fünf Bewertungsmerkmale: **44**

– die Honorarzone des Objekts nach § 48 für die Leistungsphasen 1 bis 9,
– die Dauer der Baumaßnahme,
– die voraussichtliche Anzahl und Art der Unternehmer,
– die fachspezifische Anforderungen an die Überwachung und
– die notwendige bzw. vom Auftraggeber gewünschte Intensität der Überwachung.

In Anlehnung an § 48 Abs. 3 und 4 werden insgesamt maximal **40 Bewertungspunkte** den in der oben wiedergegebenen Tabelle aufgeführten **5 Schwierigkeitsstufen** von Überwachungsanforderungen **zugeordnet**:

Bewertungsmerkmale mit bis zu fünf Punkten

Honorarzone	Dauer	Anzahl und Art der Unternehmer	Punkte
I	< 3 Monate	1 ohne wesentliche Subunternehmer	1
II	3 bis 6 Monate	1 mit mehreren wesentlichen Subunternehmern	2
III	6 bis 9 Monate	1 bis 5 jeweils ohne wesentliche Subunternehmer	3
IV	9 bis 12 Monate	1 bis 5, davon mind. 1 mit wesentlichen Subunternehmern	4
V	> 12 Monate	> 5 mit mehreren wesentlichen Subunternehmern	5

---

[32] Aktualisierungsbedarf zur Honorarstruktur der Honorarordnung für Architekten und Ingenieure (HOAI) Studie im Auftrag des Bundesministeriums für Wirtschaft und Technologie vom Dezember 2012, S. 150 ff. und 560
[33] In Anlehnung an „Ermittlung eines für die Örtliche Bauüberwachung nach § 57 HOAI angemessenen Honorarsatzes", entwickelt von Dipl.-Ing. Peter Kalte, ö. b. u. v. Sachverständiger für Honorare der Ingenieurbauwerke, veröffentlicht in der DIB-Beilage Mai 2005, zu erhalten unter www.ghv-gutestelle.de / Publikationen /Örtliche Bauüberwachung

Bewertungsmerkmale mit bis zu zehn Punkten

Fachspezifische Anforderungen	Punkte
sehr gering	1 bis 2
gering	3 bis 4
durchschnittlich	5 bis 6
überdurchschnittlich	7 bis 8
sehr hoch	9 bis 10

Die **fachspezifischen Anforderungen an die Örtliche Bauüberwachung ergeben** sich aus den Abschnitten der **VOB/C**. So werden – beginnend mit der DIN 18299 und dann in den nachfolgenden DIN-Normen – jeweils im Kapitel 0.2 die Anforderungen zur Ausführung festgelegt. Dies sind in der DIN 18299 21 Abschnitte und in den folgenden meistens in der gleichen Größenordnung. Es gibt wenige Ausnahmen nach unten, z. B. im Verkehrswegebau, wo die Anforderungen mit rd. 5 Abschnitten beschrieben werden können oder bei den Fassaden, wo über 30 Abschnitte aufgeführt sind. Die Anzahl der für das Bauwerk erforderlichen Punkte ergibt ein ausgesprochen gutes Abbild für die fachspezifischen Anforderungen. Es wird empfohlen, die zutreffenden Abschnitte der DIN 18299, die für Baumaßnahmen aller Art gilt, zu den Abschnitten der zutreffenden DIN zu addieren und eine Einordnung mit folgendem Schlüssel vorzunehmen:

0 bis 3 zutreffende Abschnitte	→	1 Punkt
4 bis 6 zutreffende Abschnitte	→	2 Punkte
7 bis 9 zutreffende Abschnitte	→	3 Punkte
10 bis 12 zutreffende Abschnitte	→	4 Punkte
13 bis 15 zutreffende Abschnitte	→	5 Punkte
16 bis 18 zutreffende Abschnitte	→	6 Punkte
19 bis 21 zutreffende Abschnitte	→	7 Punkte
22 bis 24 zutreffende Abschnitte	→	8 Punkte
25 bis 27 zutreffende Abschnitte	→	9 Punkte
> 27 zutreffende Abschnitte	→	10 Punkte

Bewertungsmerkmale mit bis zu fünfzehn Punkten:

Häufigkeit der Baustellenbesuche pro Woche	Punkte
weniger als 1mal	1 bis 3
ca. 1mal	4 bis 6
1 bis 3mal	7 bis 9
3 bis 5mal	10 bis 12
im Wesentlichen ständige Anwesenheit	13 bis 15

In der folgenden Tabelle sind diese Aspekte in ähnlicher Form wie bei der Ermittlung der Honorarzone komprimiert worden.

Beispiel für eine Bewertung der Anforderungen an die örtliche Bauüberwachung in Anlehnung an § 48 Abs. 2–4

Bewertungsmerkmale		Punktespreizung bei Überwachungsanforderungen					gewählt:	
Nr.	Bezeichnung	sehr gering	gering	durch-schnitt-lich	über-durch-schnittlich	sehr hoch	Anforde-rungen	Punkte/ v. H.-Satz
1	Honorarzone	1	2	3	4	5	IV	4
2	Dauer der Bau-maßnahme	1	2	3	4	5	8 Monate	3
3	Anzahl und Art Unternehmer	1	2	3	4	5	1 Unter-nehmen ohne Sub.	1
4	fachspezifische Anforderungen an Überwachung	1 bis 2	3 bis 4	5 bis 6	7 bis 8	9 bis 10	sehr hoch	10
5	Intensität der Überwachung	1 bis 3	4 bis 6	7 bis 9	10 bis 12	13 bis 15	3 x pro Woche	9
Punktsumme		bis 10	11 bis 17	18 bis 25	26 bis 33	34 bis 40		27
Vomhundertsatz		2,30–2,53	2,54–2,77	2,78–3,01	3,02–3,25	3,26–3,50		3,15

Nachteil der empfohlenen Wertungsmethode ist, dass die Wertungsparameter teilweise erst nach Abschluss der Entwurfsplanung bekannt sein dürften. Daraus folgt die **Empfehlung**, dass sich die Parteien beim **Abschluss des schriftlichen Vertrages** verpflichten, die **Honorierung** der örtlichen Bauüberwachung nach Abschluss einer verbindlich zu nennenden Leistungsphase (z. B. **nach Abschluss der Entwurfsplanung**) festzulegen. Dies ist ja deswegen ohne Weiteres möglich, da das Honorar für die örtliche Bauüberwachung als Besondere Leistung der Bauoberleitung nicht schon bei Auftragserteilung vereinbart werden muss.

Auch aus diesem Grund hat der Verordnungsgeber in § 57 Abs. 2 S. 2 HOAI 1996/2002 und in der Amtl. Begr. zur HOAI 2009 die Möglichkeit aufgezeigt, ein **Honorar** als **Festbetrag** unter Zugrundelegung der geschätzten Bauzeit zu vereinbaren. Damit wird die Möglichkeit eröffnet, die häufig unzureichende Vergütung der örtlichen Bauüberwachung zu verbessern. **45**

Hier empfiehlt sich folgendes Vorgehen:

1. Ermittlung der voraussichtlichen (realistischen) Bauzeit auf Basis der Kostenberechnung mit Hilfe eines mit Erfahrungswerten abzuschätzenden durchschnittlichen monatlichen Baustellenumsatzes zuzüglich der Zeit zur Durchführung der Leistungen, die für die Rechnungsprüfung und das Überwachen der Beseitigung von Mängeln erforderlich ist, die bei der Abnahme der Bauleistungen festgestellt werden. **Bauzeit** bedeutet in diesem Falle „**Abwicklungszeit**" von Baubeginn bis zur Abnahme der überwachten Bauleistung.

2. Kalkulation des Honorars für die örtliche Bauüberwachung als Zeithonorar unter Abschätzung des durchschnittlichen monatlichen Zeitbedarfs für die Dauer der Bauzeit mit betriebswirtschaftlich zutreffenden Personalkosten.

3. Ermittlung des Festbetrages für die örtliche Bauüberwachung durch Multiplikation der voraussichtlichen Bauzeit nach Ziff. 1. mit den Personalkosten nach Ziff. 2.

4. Schriftliche Vereinbarung einer Kostenanpassungsklausel zwischen Objektplaner und Auftraggeber, dass sich bei Änderung der zuvor festgelegten Bauzeit das Honorar für die örtliche Bauüberwachung entsprechend ändert.

Nachdem die **Stundensätze nicht mehr verordnet sind**, kann der Festbetrag mit individuellen und **betriebswirtschaftlich zutreffenden Bürostunden- oder Bürotagessätzen des Objektplaners** und seiner Mitarbeiter berechnet werden; nur bei einer derartigen Vorgehensweise kann Ziel eines kostendeckenden Honorars für die Leistungen bei der örtlichen Bauüberwachung erreicht werden (s. Vorbemerkungen Rdn. 26).

VIII. Honorierung von Leistungen im Bestand nach Abs. 6

1. Grundsätze

46 Die bisher erläuterten Bestimmungen gelten selbstverständlich in vollem Umfang auch für die Honorierung der Leistungen im Bestand wie z. B. für den in § 59 Abs. 3 HOAI 1996/2002 besonders erwähnten, häufig vorkommenden Fall von **Verkehrsanlagen mit geringen Kosten für Erdarbeiten** einschließlich Felsarbeiten sowie mit **gebundener Gradiente** oder bei **schwieriger Anpassung an vorhandene Bebauung**. Gerade diese Rahmenbedingungen bewirken wegen der Integration vorhandener Bausubstanz (z. B. Oberbau) oder vorhandener Bauteile (z. B. vorhandene Straßenentwässerungsanlagen, vorhandene Geh- und Radwege) und Anschlüsse an einmündende Straßen, Plätze, Wege, Hofeinfahrten, Hauseingänge etc. in das neue Objekt **zusätzliche Erschwernisse** und deswegen **zusätzliche Honoraransprüche**. Die hierbei zu beachtenden verordneten Regeln werden im Folgenden erörtert; der alleinige Bezug auf entsprechende Erläuterungen bei den Ingenieurbauwerken ist für die Honorierung der Leistungen bei Verkehrsanlagen nicht ausreichend.

47 **Die Honorarzonen für Leistungen beim Planen und Bauen im Bestand** können **nicht aus der Objektliste** bestimmt werden; sie müssen nach § 5 Abs. 4 anhand der Bewertungsmerkmale ermittelt werden, deren Wertung für die Verkehrsanlagen mittels **Punktbewertung nach § 48 Abs. 2 vorgeschrieben** ist (s. Rdn.11 ff.). Die Objektlisten enthalten nach herrschender Meinung nur die Zuordnungen neuer Objekte zu den Honorarzonen.

2. Umbauten und Modernisierungen

48 Nach § 48 Abs. 6 kann vereinbart werden, dass das Honorar für Leistungen bei Umbauten und Modernisierungen von Verkehrsanlagen bei durchschnittlichem Schwierigkeitsgrad mit einem **Zuschlag** gemäß § 6 Abs. 2 S. 3 bis zur Höhe von 33 % berechnet wird. Aus der Vorschrift nicht unmittelbar erkennbar, macht der Verordnungsgeber in der Verordnungsbegründung darauf aufmerksam, dass der Zuschlag unter Berücksichtigung des Schwierigkeitsgrads der Leistungen schriftlich bei Auftragserteilung zu vereinbaren ist. Das Erfordernis einer schriftlichen Vereinbarung bei Auftragserteilung folgt aus § 7 Abs. 1. Die Vorschrift ist nur dann unproblematisch, wenn die auftraggeberseitig geschuldete Bedarfsplanung die zu erwartenden Schwierigkeiten ausreichend untersucht und dokumentiert hat. Nur dann kann ein Objektplaner schon vor Vertragsabschluss die bei der Durchführung von Planung und Objektüberwachung zu erwartenden erschwerten Bedingungen ausreichend überblicken und kalkulatorisch berücksichtigen; im Übrigen gehört die Ermittlung der zutreffenden Honorarzone und deren Mitteilung an interessierte Auftragnehmer zu den Pflichten, die ein Auftraggeber vor der Vergabe von Ingenieurleistungen erfüllen muss[34]. Nur dann wird er Honorarangebote auf HOAI-Konformität prüfen können. An dieser Stelle weist die Verordnungsbegründung ergänzend darauf hin, dass gemäß § 6 Abschnitt 2 S. 4 bei fehlender schriftlicher Vereinbarung eines Zuschlags zwar »unwiderleglich vermutet« würde, dass ein Zuschlag von 20 % ab einem durchschnittlichen Schwierigkeitsgrad als vereinbart gelte, dieser jedoch nicht als Mindestzuschlag zu verstehen sei. Daher stellt die Verordnungsbegründung den Vertragsparteien ausdrücklich frei, bei Auftragserteilung auch einen Zuschlag von weniger als 20 % zu vereinbaren (Näheres hierzu s. Kommentierung des § 6).

---

[34] Kaufhold: Die Vergabe freiberuflicher Leistungen ober- und unterhalb der Schwellenwerte, Bundesanzeiger Verlagsges. m.b.H. , III § 6 Rdn. 3, S 254

Nach den Begriffsbestimmungen des § 2 sind **49**

– **Umbauten** Umgestaltungen eines vorhandenen Objektes mit wesentlichen Eingriffen in Konstruktion oder Bestand,

– **Modernisierungen** bauliche Maßnahmen zur nachhaltigen Erhöhung des Gebrauchswertes eines Objektes, soweit diese Maßnahmen keine Erweiterungsbauten (Ergänzungen eines vorhandenen Objektes), Umbauten oder Instandsetzungen sind.

Typische Beispiele für **Umbauten von Verkehrsanlagen sind**

– Umbau einer lichtsignalgesteuerten **Kreuzung zu** einem **Kreisverkehrsplatz**, sofern wesentliche Teile der vorhandenen Kreuzung bestehen und mitverarbeitet werden,

– der **Ausbau einer Ortsdurchfahrt** mit Neuanlage von Geh- und Radwegen anstelle der vorhandenen Gehwege

– die Umwandlung einer vorhandenen Verkehrsanlage in eine **verkehrsberuhigte Zone**

Umbauten oder Modernisierungen finden **grundsätzlich** bei den in Rdn. 46 erwähnten **Verkehrsanlagen** mit **geringen Kosten für Erdarbeiten** einschließlich Felsarbeiten sowie mit **gebundener Gradiente** oder bei schwieriger **Anpassung an vorhandene Bebauung** statt. Voraussetzung für den Umbau ist stets, dass wesentliche Teile der vorhandenen Verkehrsanlage erhalten und mitverarbeitet werden. Wird beispielsweise zum Errichten des o. g. Kreisverkehrsplatzes die vorhandene Straßenkreuzung bis auf geringe Reste des Oberbaus entfernt, wird die Kreuzung nicht umgebaut, sondern der Platz neu hergestellt; ein Umbauzuschlag ist nicht zulässig. Die erhöhten Planungsanforderungen bei der Anbindung der vorhandenen Straßen an den neuen Platz können nur bei der Bestimmung der Honorarzone berücksichtigt werden.

Heute sind häufig kombinierte Maßnahmen erforderlich, wie sie in **Bild 1** (s. nächste Seite) beispielhaft dargestellt sind. In diesem Fall sind folgende Planungs- und Überwachungsmaßnahmen im Sinne von § 3 HOAI in jeweiligen Teilbereichen durchzuführen: **50**

– Erneuerung des Asphaltoberbaus = Instandsetzung
– Deckensanierung = Instandhaltung
– Hocheinbau = Modernisierung
– grundhafter Vollausbau = Wiederaufbau, zugleich Neubau
– Anschluss von Feldwegen = Umbau

Bei der im Beispiel vorgesehenen **gleichzeitigen Durchführung aller Maßnahmen** an dem Objekt handelt es sich zweifellos insgesamt um einen **Umbau** im Sinne von § 2 Nr. 6. HOAI, also um eine *„Umgestaltung eines vorhandenen Objekts mit Eingriffen in Konstruktion oder Bestand".*

Der **Ausbau** einer bisher nur **als Feldweg zugelassenen Ortsverbindungsstraße** in eine ordnungsgemäße Straßenverkehrsanlage ist **keine Umbaumaßnahme**, sondern als Neubau unter erschwerten Planungs- und Objektüberwachungsanforderungen zu verstehen. Der entscheidende Grund dafür ist die Tatsache, dass das Objekt „vorhandene Verkehrsanlage" vollständig beseitigt und durch eine neue ersetzt wird. Voraussetzung dafür, dass eine Baumaßnahme als Umbau zu werten ist, ist der **Erhalt vorhandener baulicher Substanz** des umzubauenden Objekts **ohne** dessen Erweiterung oder **bauliche Ergänzung**.

Unter **Modernisierung einer Verkehrsanlage** können alle Bau- und Ausrüstungsmaßnahmen eingeordnet werden, die unter Beibehaltung des vorhandenen Unterbaus und Teilen des Oberbaus zur nachhaltigen Erhöhung dessen tatsächlichen Gebrauchswertes im Sinne von § 2 Nr. 8 dienen und seine weitere Nutzung nachhaltig verbessern. Die Modernisierung ist danach die **Instandsetzung** solcher Verkehrsanlagen **mit Verbesserungen**. Unter Verbesserungen versteht die in DIN 31051 vom Juni 2003[35] unter Ziffer 4.1.5 zitierte DIN EN 13306:2001-09 die *„Kombination aller technischen und administrativen Maßnahmen des Managements zur Steigerung der Funktionssicherheit einer Betrachtungseinheit, ohne die von ihr geforderte Funktion zu ändern".* **51**

---

[35] DIN 31051:2003-06 „Grundlagen der Instandhaltung"

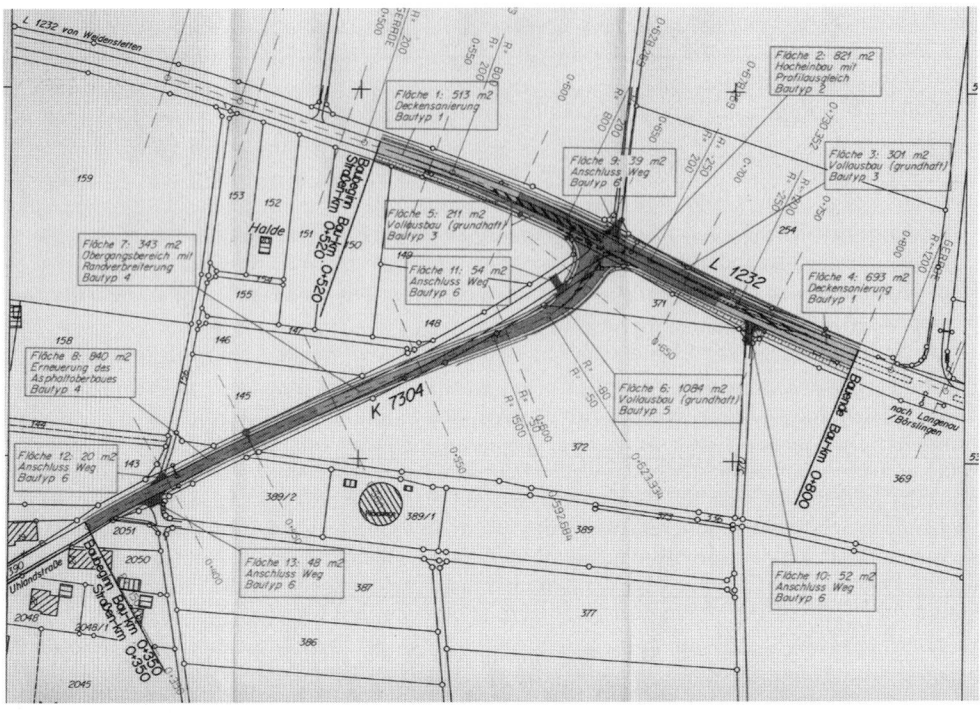

Bild 1: Typische kombinierte Baumaßnahmen im Zuge von Sanierungs- und verkehrlichen Verbesserungsmaßnahmen bei einer vorhandenen Ortsverbindungsstraße

Beispiele für die Modernisierung einer Straßenverkehrsanlage sind:

– die Renovierung einer beschädigten Straße einschließlich der zugehörigen Gehwege durch Abfräsen und Ersetzen der Asphaltschichten sowie Neuverteilung der Gehwegoberflächen in Geh- und Radwegstreifen einschließlich Ersatz der schadhaften Gehwegplatten durch unterschiedlich gefärbte Pflaster.

– Erneuerung eines stadtinneren Parkplatzes auf einer Tiefgarage durch Austausch der vorhandenen wassergebundenen Deckschicht gegen Pflaster auf wasserdurchlässigem Leichtbetonunterbau und Aufbau einer Platzbeleuchtungsanlage.

52 Jeder **Umbau und** jede **Modernisierung** bedeutet im Vergleich mit einem Neubau eine mehr oder weniger große **zusätzliche Erschwernis** für die Planungsleistungen. Umbauten sind auch häufig mit **erhöhtem Risiko** verbunden und führen zu einer davon bestimmtem höheren Verantwortung bei allen Planern. Der in § 6 Abs. 2 Nr. 5 grundsätzlich verordnete **Zuschlag** stellt eine Vergütung sowohl für die Mehrleistungen als auch für die erhöhte Verantwortung des Planers für die technisch einwandfreie Lösung der stets mit Risiken verbundenen Planungsaufgabe dar. Daher kann er nach hiesiger Auffassung nicht mit den objektplanungsspezifischen Bewertungsmerkmalen der Planungsanforderungen bei Objekten nach § 5 bestimmt, sondern muss unter Beachtung umbau- bzw. **modernisierungsspezifischer Merkmale** begründet werden. Diese sind in der HOAI nicht genannt. Für die Bewertung von **Erschwernis und Risiko** wird die nachfolgend beschriebene **Bewertungsmethode** unter Verwendung der **folgenden Tabelle** empfohlen:

Nr.	Bewertungsmerkmale für Erschwernis und Risiko (beispielhaft, nicht abschließend benannt)	Bedeutung (1)	Bewertung (2)	Einflusszahl (1) × (2)
1	**Substanz- und systembedingte Merkmale** Schäden der Bausubstanz Einfluss des Alters der Bausubstanz auf die Maßnahme Einfluss von Häufigkeit und Ausmaß von Änderungen der Bausubstanz während ihrer Lebensdauer Gestaltungs-/funktionsgerechte Wiederverwendung alter Bauteile Grad der Verknüpfung der neuen Maßnahme mit der alten Bausubstanz Erhaltung und Verbesserung des Soll-Zustandes sowie mögliche Anpassung an heutige Anforderungen	1, 2 oder 3	0 bis 5	
2	**Nutzungsbedingte Merkmale** Grad der Veränderung der Nutzung der alten Bausubstanz Planen und Bauen bei laufender Nutzung bzw. laufendem Betrieb	1, 2 oder 3	0 bis 5	
3	**Normativ bedingte Merkmale** Abstimmung der vorhandenen Bausubstanz auf neue Normen und Richtlinien Erfüllung neuer Auflagen des Gesetzgebers (z. B. Energieverbrauch, Umweltverträglichkeit, Sicherheit)	1, 2, oder 3	0 bis 5	
	maximale Punktezahl	9	15	max. 30[*)]

[*)] folgt aus Summe der 3 Produkte aus Bedeutung (= 1 bis 3) und jeweils höchster Bewertungszahl (= 5); das bedeutet $1 \cdot 5 + 2 \cdot 5 + 3 \cdot 5$

1. Schritt:

Zunächst werden die nicht abschließend aufgeführten und je nach Objekt individuell zu ergänzenden **Bewertungsmerkmale nach ihrer Bedeutung** mit 1, 2, oder 3 geordnet:

– das Bewertungsmerkmal mit der größten Bedeutung erhält die Prioritätszahl 5,
– das Bewertungsmerkmal mit der geringsten Bedeutung erhält die Prioritätszahl 1.

Ist beispielsweise der Umfang der in die Planung einzubeziehenden Bausubstanz sehr hoch (z. B. Erweiterung einer Abwasserbehandlungsanlage in allen Verfahrensstufen oder völlige Überprüfung eines vorhandenen Tragwerks), aber die normativ bedingten Merkmale von geringer Bedeutung (z. B. keine Änderung in den Baunormen und -richtlinien, keine sonstigen Auflagen des Gesetzgebers, immer im Vergleich mit den zum Zeitpunkt der Errichtung der vorhandenen Substanz geltenden), könnten

– die substanz- und systembedingten Merkmale die größte Bedeutung haben, also 3 Punkte
– und die normativ bedingten Merkmale nur 1 Punkt erhalten.

2. Schritt:

Danach werden die **Bewertungsmerkmale** mit 0 bis 5 Punkten durch Beurteilung **ihres jeweiligen Einflusses auf die Schwierigkeit** bei der Planung und Objektüberwachung bewertet:

– keine Beeinflussung erhält die Wertung 0
– volle Beeinflussung erhält die Wertung 5

Ist der bauliche Zustand der in den obigen Beispielen genannten Bausubstanz gut und für die Baumaßnahmen gut brauchbar (das Alter der Bausubstanz ist also von geringem Einfluss), ist die Wiederverwendung der vorhandenen Bauteile funktionsgerecht möglich und in nur geringem Maß mit der neuen Bausubstanz zu verknüpfen, könnten beispielsweise 2 Bewertungspunkte angemessen sein.

Ist der Grad der Nutzungsänderung der alten Bausubstanz allerdings hoch und muss Verkehrsanlage ihre volle Leistung auch während der Bauphase bringen, könnten die nutzungsbedingten Merkmale beispielsweise mit 4 Punkten bewertet werden.

Sind alle bei der Maßnahme vorkommenden Merkmale bezüglich ihrer Priorität geordnet (Definition der Prioritätenzahlen) und anschließend mit Blick auf ihren Einfluss auf die Anforderungen an die Ingenieurleistungen bewertet (Bewertung), so werden für die Bewertungsmerkmale 1 bis 3 die Produkte

Bedeutung × Bewertung = Einflusszahl

gebildet. Der angemessene Zuschlag kann dann nach den rechnerisch ermittelten Einflusszahlen wie folgt bestimmt werden:

Einflusszahl	Erschwernisse	Zuschlag in %	
		mindestens	höchstens
< 6	sehr gering	0	11
7 bis 12	gering	12	22
13 bis 18	durchschnittlich	23	33
19 bis 24	überdurchschnittlich	34	44
25 bis 30	sehr groß	45	55

3. Wiederaufbauten und Erweiterungsbauten

53 Schon aus den Begriffsbestimmungen des § 2 geht hervor, dass bei **Wiederaufbauten** und Erweiterungsbauten vorhandene Bau- und Anlagenteile auf vorhandenen Bau- oder Anlagenteile wiederhergestellt werden. Dies bedeutet nichts anderes als das Mitverarbeiten vorhandener Substanz, also eine planerische Tätigkeit für die neue Bausubstanz in Verbindung mit bestehenden, wieder verwendbaren Bauteilen.

Umfangreiche **Wiederaufbauten** von Verkehrsanlagen im Sinne des § 2 Nr. 3 waren **nach den großen Hochwasserkatastrophen** 2002 und 2013 in großem Umfang erforderlich. Dabei sind vorhandene bauliche Anlagenreste nach entsprechender Sanierung mit dem Ziel weiterverwendet worden, die Kosten des Wiederaufbaus so gering wie möglich zu halten.

Als **Erweiterungsbauten** im Sinne von § 2 Nr. 4 werden alle Baumaßnahmen verstanden, die unter weitest gehender Beibehaltung vorhandener Bau- und Anlagensubstanz vorhandene Kapazität ergänzen oder vergrößern. Typische Beispiele sind

– Erweiterung einer vorhanden dreispurigen zu einer vierspurigen Straße,
– Erweiterung der vorhandenen Verkehrsflächen eines Flugplatzes,
– Erweiterung eines außerörtlichen Parkplatzes.

Erweiterungsbauten sind zwar dem Verordnungstext nach „Ergänzungen" eines vorhandenen Objekts; solche Ergänzungen sind ohne Berücksichtigung der vorhandenen Substanz nicht optimal und kostensparend möglich. Stets sind die vorhandene Substanz des Bauwerks und seine technische Ausrüstung zu berücksichtigen, da die alte und die neu zu schaffende Substanz später aufs Engste miteinander verknüpft sind und gemeinsam betrieben oder genutzt werden sollen.

54 Die planerische und die Bauausführung überwachende Tätigkeit beim Erstellen von Wiederaufbauten und Erweiterungsbauten im Sinne von § 2 Nr. 5 ist ohne Berücksichtigung der vorhandenen baulichen und technischen Anlagen nicht vorstellbar. Deswegen sind Leistungen für deren Umbauten und/oder Modernisierung notwendig, um entweder die neu zu errichtenden Bauwerks- und Anlagenteile dem Bestand anzupassen oder den Bestand durch entsprechende Anpassungsmaßnahmen als Teil des neuen Ganzen nutzbar zu machen. Die Honorare für Leistungen bei Wiederaufbauten und Erweiterungsbauten bestehen stets aus **zwei Komponenten**, nämlich aus den Honoraren für **Leistungen für den Neubau** und für die **Leistungen für Umbauten und/oder Modernisierungen der mitverarbeiteten Bausubstanz**. Daher ist auch deren Wert stets Teil der anrechenbaren Kosten solcher Objekte.

4. Instandhaltungen und Instandsetzungen

Nach § 12 Abs. 2 HOAI kann für die Honorierung von **Grundleistungen** bei **Instandhaltungen** **55** **und Instandsetzungen** schriftlich vereinbart werden, dass der Prozentsatz der Bewertung der Bauoberleitung von Verkehrsanlagen mit bis zu 50 % erhöht werden, also **mit bis zu 22,5 v. H. vereinbart** werden kann. Auch aus dieser Vorschrift ist nicht unmittelbar erkennbar, dass der Zuschlag unter Berücksichtigung des Schwierigkeitsgrads der Leistungen schriftlich bei Auftragserteilung zu vereinbaren ist. Das Erfordernis einer schriftlichen Vereinbarung bei Auftragserteilung folgt analog zur Begründung des Umbauzuschlags aus § 7 Abs. 1.

Nach § 2 HOAI sind **Instandsetzungen** Maßnahmen zur **Wiederherstellung** des zum bestim- **56** mungsgemäßen Gebrauch geeigneten Zustandes (Soll-Zustandes) eines Objektes, soweit die Instandsetzungen nicht mit Wiederaufbauten zerstörter Objekte gleichzusetzen sind oder durch Modernisierungsmaßnahmen verursacht sind. Es geht somit um die **Wiederherstellung seines Ursprungszustands. Instandhaltungen** dagegen sind Maßnahmen zur **Erhaltung** seines Soll-Zustands. Die Amtl. Begr. zum inhaltsgleichen § 3 Nr. 10 und 11 HOAI 2009 weist darauf hin, dass die Begriffsbestimmungen der DIN 31 051 entnommen seien. Nach der im Juni 2003 veröffentlichten Neufassung der DIN umfasst die Instandhaltung alle „ Maßnahmen zur Bewahrung und Wiederherstellung des Sollzustandes sowie zur Feststellung und Beurteilung des Istzustands von technischen Mitteln eines Systems". Die **Maßnahmen** werden **untergliedert** in **Wartung, Inspektion und Instandsetzung**.

Die **Wartung** umfasst alle Maßnahmen zur Bewahrung des Sollzustandes von technischen Mitteln eines Systems. Diese beinhalten das Erstellen eines Wartungsplanes, der auf die spezifischen Belange des jeweiligen Betriebes oder der betrieblichen Anlage abgestellt ist und hierfür verbindlich gilt. In diesem Plan sind die Vorbereitung der Durchführung der Wartung und ihre Durchführung sowie die Rückmeldung, also ihr Ergebnis zu erläutern. Leistungen bei der Wartung sind **in der HOAI nicht erfasst**, da es sich um Leistungen während des Betriebs handelt.

Die **Inspektion** umfasst Maßnahmen zur Beurteilung des Istzustands von technischen Mitteln eines Systems. Auch dafür ist das Erstellen eines Planes zur Feststellung des Istzustands vorzunehmen, der für die spezifischen Belange des jeweiligen Betriebes oder der betrieblichen Anlage abgestellt ist und hierfür verbindlich gilt. Dieser Plan soll u. a. Angaben über Termin, Methode, Gerät und Maßnahmen enthalten. Das Vorbereiten der Durchführung umfasst in beiden Fällen
– die quantitative Ermittlung bestimmter Zustandsgrößen,
– die Vorlage des Ergebnisses der Feststellung des Istzustands,
– die Auswertung der Ergebnisse zur Beurteilung des Istzustands und
– die Ableitung der notwendigen Konsequenzen aufgrund der Beurteilung.

Die Leistungen bei der Inspektion sind **Leistungen bei der Bedarfsplanung**[36]. Weder diese Leistungen noch deren Honorare sind in der HOAI erfasst; die Honorare können somit frei vereinbart werden. Dasselbe gilt, wenn die Leistungen zusammen mit den Leistungen für die nachfolgend beschriebene Instandsetzungsaufgabe beauftragt und vereinbart werden sollen.

Eine effektive und kostengünstige Instandhaltung ist dementsprechend nur mit weitgehend integrierten Methoden durchzuführen. Die Instandhaltung ist in zwei Kategorien zu unterteilen:
– Die **planbare, vorbeugende Instandhaltung** umfasst alle Maßnahmen, die notwendig sind, ein technisches System einem definierten Sollzustand zu erhalten, sie schließt periodische Inspektionen, Zustandsüberwachung; Fristaustausch kritischer Teile, Kalibrierung u. ä. ein.
– Die **nicht planbare, korrigierende Instandhaltung** als Folge des Ausfalls bzw. technischen Versagens einer Baugruppe oder Komponente; sie umfasst alle Maßnahme zu Wiederherstellung des Sollzustandes, sie beinhaltet auch die Fehlererkennung und -lokalisierung sowie den Austausch und die Reparatur des defekten Teils.

Beide Tätigkeiten sind die Konsequenz aus der Wartung von Bauwerken und Anlagen. Sie **beziehen sich auf Objekte**, welche beispielsweise **nach unzureichender Wartung** so stark **geschädigt** sind, dass zu ihrem bestimmungsgemäßen Gebrauch umfangreiche Reparaturen innerhalb

---

[36] DIN 18205

und außerhalb des Bauwerks erforderlich werden. Bei **Instandsetzungen und Instandhaltungen** handelt es sich also häufig um **Reparaturen unterschiedlichen Umfangs**.

Die **Instandsetzung** ist somit auch als **nicht planbare, korrigierende Instandhaltung** zu verstehen; sie umfasst Maßnahmen zur **Wiederherstellung des Sollzustandes** von technischen Mitteln eines Systems. Diese beinhalten:

– die Planung im Sinne des Aufzeigens und Bewertens alternativer Lösungen unter Berücksichtigung betrieblicher Forderungen

– die Entscheidung für eine Lösung;

– die Vorbereitung der Durchführung (Kalkulation, Terminplanung, Abstimmung, Bereitstellung von Personal, Mitteln und Material, Erstellung von Arbeitsplänen)

– Vorwegmaßnahmen wie Arbeitsplatzausrüstung, Schutz- und Sicherheitseinrichtungen usw.;

– die Überprüfung der Vorbereitung und der Vorwegmaßnahmen einschließlich der Freigabe zur Durchführung;

– die Durchführung der Instandsetzungsarbeiten;

– die Funktionsprüfung und Abnahme der Leistungen sowie die Fertigmeldung und

– die Auswertung einschließlich Dokumentation, Kostenfeststellung, Aufzeigen und gegebenenfalls Einführen von Verbesserungen.

Die notwendigen Leistungen für Instandhaltungen und Instandsetzungen ergeben sich aus den Beschreibungen der DIN. Erkennbar ist, dass – von Ausnahmen abgesehen – die in § 43 Abs. 1 i. V. m. Anlage 13.1 **bewerteten Leistungen nur in sehr geringem Umfang für die Leistungen** zutreffen, welche **bei der Vorbereitung und Durchführung** von Instandhaltungen und Instandsetzungen zutreffen. Gerade deswegen wird es bei der vertraglichen Leistungsvereinbarung auf die schriftliche Zuordnung der einzelnen Leistungsschritte zu den Leistungsphasen des § 47 Abs. 1 ankommen, um eine ausreichende Begründung der Leistungsbewertung zu erlauben, die der Honorarabrechnung zugrunde liegen soll. Es wird die sinngemäße Zuordnung wie bei den Leistungen für Umbauten und Modernisierungen empfohlen, wie sie in der Kommentierung des § 43 Rdn.198 ff. vorgestellt sind.

Teil 4: Fachplanung
Abschnitt 1: Tragwerksplanung

§ 49 Anwendungsbereich

(1) Leistungen der Tragwerksplanung sind die statische Fachplanung für die Objekt-planung Gebäude und Ingenieurbauwerke.

(2) Das Tragwerk bezeichnet das statische Gesamtsystem der miteinander verbun-denen, lastabtragenden Konstruktionen, die für die Standsicherheit von Gebäuden, Ingenieurbauwerken, und Traggerüsten bei Ingenieurbauwerken maßgeblich sind.

Inhaltsübersicht

I. Anwendungsbereich

In der Erstfassung der HOAI vom 17. September 1976 war der **Anwendungsbereich** der Trag-werksplanung (damaliger § 51) auf Leistungen bei der Tragwerksplanung von Gebäuden und zugehörigen baulichen Anlagen beschränkt. In der ab 1. Januar 1985 geltenden Fassung der HOAI wurde die Anwendung auf die Tragwerke von Ingenieurbauwerken (§ 62 Abs. 6) und de-ren Traggerüste (§ 67) ausgedehnt. Honorare für verschiebbare Gerüste waren jedoch nach § 67 Abs. 4 nicht verordnet; sie konnten frei vereinbart werden. In der nun geltenden Verordnung sind expressis verbis wieder **nur die Honorare** der Tragwerksplanung für **Leistungen bei Gebäuden** (Teil 3 Abschnitt 1), bei **Ingenieurbauwerken** (Teil 3 Abschnitt 3) und bei **Traggerüsten** bei Ingenieurbauwerken (§ 49 Abs. 2) geregelt.

1

Honorare für Tragwerksplanungsleistungen für **verschiebbare Traggerüste** sind nach wie vor **nicht verordnet** (s. § 50 Rdn. 15). Dasselbe gilt für Tragwerksplanungen bei Verkehrsanlagen oder Freianlagen. Die Verordnung erfasst auch **nicht** die **Honorare** für Tragwerksplanungsleis-tungen für die zu den Ingenieurbauwerken zählenden **Rohre**, welche die Leitungen für Abwas-ser, Wasser oder Gas bilden, und die **Standsicherheitsnachweise für Böschungen, Deich- und Dammbauten.** Allerdings sind sie anderer Art als für die Tragwerke der Gebäude, Ingenieurbau-werke und deren Traggerüste. So sind zum Beispiel weder die in der HOAI-Anlage 14 Nr. 14.1 genannten Leistungen (Berechnungsverfahren, Ausführungspläne usw.) noch die in Nr. 14.2 ge-nannten Bewertungsmerkmale zur Beurteilung des statisch-konstruktiven Schwierigkeitsgrads auf Rohre, Deich- und Dammbauten übertragbar. Mangels anderer geeigneter Definitionen die-ser das Honorar bestimmenden Parameter zur Bestimmung einer Honorarzone und zur Bewer-tung der Leistungsphasen ist die **Honorierung** der Tragwerksplanung für die nicht durch die Verordnung erfassten Objekte **frei vereinbar.**

2

Erstmals enthält die aktuelle HOAI eine **Definition des Begriffes „Tragwerksplanung".** Leis-tungen der Tragwerksplanung sind nach § 49 Abs. 1 die **statische Fachplanung** für die Objekt-planung für Gebäude und Ingenieurbauwerke. Unerklärlich ist, warum die in § 49 Abs. 2 genann-ten Traggerüste von Ingenieurbauwerken, für die Tragwerksplanungen durchgeführt werden müssen, nicht in die Begriffsdefinition des Abs. 1 einbezogen sind. Bei diesen Gerüsten handelt es sich um feste temporäre Hilfskonstruktionen, die aus vorgefertigten Bauteilen zusammenge-

3

setzt (montiert) werden und das Bauwerksgewicht solange abtragen müssen, bis der Werkstoff (meist Beton) als Bauwerkskonstruktion Eigentragfähigkeit erreicht hat.

4   Weder die Verordnung noch die zugehörige Amtl. Begr. erklären, warum die **dynamischen Untersuchungen und Berechnungen** als Bestandteil der Tragwerksplanung ausgeschlossen zu sein scheinen, was nicht mit der Praxis der Tragwerksplanung übereinstimmt. Jeder Ingenieur weiß, dass sowohl Schwingungsuntersuchungen als auch der vereinfachte Ansatz von statischen Ersatzlasten, die aus einer **Schwingungsanalyse** hilfsweise abgeleitet werden können (Stoß- und Anprallasten) essentielle Bestandteile der Dimensionierung von Bauteilen sind und damit den Grundleistungen jeder Tragwerksplanung zugeordnet werden müssen. Der Begriff „statische Fachplanung" muss daher an dieser Stelle so interpretiert werden, dass auch alle erforderlichen dynamischen Berechnungen eingeschlossen sind. Dynamische Beanspruchungen, soweit diese Einfluss auf die Tragfähigkeit und Gebrauchstauglichkeit eines Bauteils oder Bauwerkes haben, zählen zum Anwendungsbereich der hier geregelten Tragwerksplanung. Sie sind als Bewertungsmerkmal zur Ermittlung der Honorarzone heranzuziehen (vgl. HOAI-Anlage 14 Nr. 14.2).

5   Auch das „**Tragwerk**" ist erstmals in § 49 Abs. 2 **definiert**. Es bezeichnet „*das statische Gesamtsystem der miteinander verbundenen lastabtragenden Konstruktionen, die für die Standsicherheit*" der in der Verordnung genannten Bauwerke maßgeblich sind. Diese Formulierung ergänzt die im § 2 Abs. 1 gegebenen Begriffsbestimmungen (Objektliste). Aus der Vorschrift ist abzuleiten, dass Tragwerke, die voneinander unabhängig die Lasten in den Baugrund leiten, lediglich Teile eines statischen Gesamtsystem und somit voneinander unabhängige Objekte für die Honorarermittlung sind. Sie sind für den Auftragnehmer und Auftraggeber **abrechnungstechnisch Objekte**, also Abrechnungseinheiten im Sinne von § 2 Abs. 1 Satz 2, für die Tragwerksplanungsleistungen bei den in § 2 Abs. 1 S. 1 genannten Objekte erbracht werden.

§ 50 Besondere Grundlagen des Honorars

(1) Bei Gebäuden und zugehörigen baulichen Anlagen sind 55 Prozent der Baukonstruktionskosten und 10 Prozent der Kosten der Technischen Anlagen anrechenbar.

(2) Die Vertragsparteien können bei Gebäuden mit einem hohen Anteil an Kosten der Gründung und der Tragkonstruktionen schriftlich vereinbaren, dass die anrechenbaren Kosten abweichend von Absatz 1 nach Absatz 3 ermittelt werden.

(3) Bei Ingenieurbauwerken sind 90 Prozent der Baukonstruktionskosten und 15 Prozent der Kosten der Technischen Anlagen anrechenbar.

(4) Für Traggerüste bei Ingenieurbauwerken sind die Herstellkosten einschließlich der zugehörigen Kosten für Baustelleneinrichtungen anrechenbar. Bei mehrfach verwendeten Bauteilen ist der Neuwert anrechenbar.

(5) Die Vertragsparteien können vereinbaren, dass Kosten von Arbeiten, die nicht in den Absätzen 1 bis 3 erfasst sind, ganz oder teilweise anrechenbar sind, wenn der Auftragnehmer wegen dieser Arbeiten Mehrleistungen für das Tragwerk nach § 51 erbringt.

Inhaltsübersicht

I. Vorbemerkungen

Das Honorar für die Leistungen bei der Tragwerksplanung wird wie das Honorar für die Leistungen bei Gebäuden, Freianlagen, Ingenieurbauwerken, Verkehrsanlagen und bei der Technischen Ausrüstung nach § 6 ermittelt. Es richtet sich nach den beauftragten Leistungen des Leistungsbildes in § 51 i. V. m. § 3, den anrechenbaren Kosten nach § 50 i. V. m. § 4, der Honorarzone nach HOAI-Anlage 14.1 i. V. m. § 5 und der Honorartafel in § 52. Durch die Einfügung des Wortes „**Besondere**" in der Überschrift des § 50 wird klargestellt, dass die folgenden Regelungen **zusätzlich zu den allgemeinen Vorschriften nach Teil I** gelten

Bei der Ermittlung der anrechenbaren Kosten wird prinzipiell unterschieden zwischen den Tragwerken von Gebäuden (in Erweiterung des Anwendungsbereichs in Abs. 1: einschließlich zugehöriger baulichen Anlagen), den Tragwerken von Ingenieurbauwerken und den Traggerüsten von Ingenieurbauwerken. Gebäuden zugehörige Bauwerken sind beispielsweise kleine Stützmauern an Kellerabgängen oder Garagenzufahrten, kleine Schwimmbecken oder Bauteile, die für Einrichtungen des Gebäudes in dessen unmittelbarer Nähe notwendig sind.

Gemäß § 4 Abs. 1 ist die auf die Kosten von Objekten entfallende Umsatzsteuer nicht Bestandteil der anrechenbaren Kosten.

II. Kostenermittlungsarten

2 Die anrechenbaren Kosten der Tragwerksplanung können mittels zweier verschiedenen Kostenermittlungsarten berechnet werden. Nach § 6 Abs. 1 Nr. 1 ist im **Regelfall** die **Kostenberechnung** (§ 2 Abs. 11) als Grundlage heranzuziehen; dabei handelt es sich um die im Rahmen der Objektplanung als **Grundleistung des Objektplaners** zu erbringende Kostenermittlung für Gebäude und Ingenieurbauwerke in den Leistungsphasen 3 (Entwurfsplanung) des Teils 3 HOAI. Soweit die Kostenberechnung nicht vorliegt, ist die jeweilige Kostenschätzung (§ 2 Abs. 10), das Ergebnis der Leistungsphasen 2 (Vorplanung) des Teils 3 HOAI, Grundlage der anrechenbaren Kosten.

Zur Definition des Regelverfahrens für die genannten Kostenermittlungen nimmt die HOAI bei Gebäuden und zugehörigen baulichen Anlagen Bezug auf DIN 276-1:2008-12[1]. Bei Ingenieurbauwerken sind die Begriffe analog anzuwenden und die Kosten nach Verwaltungsvorschriften oder nach a. a. R. d. T. zu ermitteln (s. § 42 Rdn. 2 ff.).

3 Die Vertragspartner können nach § 6 Abs. 3 unter der Voraussetzung, dass zum Zeitpunkt der Beauftragung noch keine Planung als Grundlage für eine entsprechende Kostenermittlung vorliegt, einvernehmlich und schriftlich vereinbaren, der Honorarabrechnung anstelle der Ergebnisse von Kostenberechnung oder Kostenschätzung die anrechenbare Kosten einer **Baukostenvereinbarung** zugrunde zu legen. Schon bei der Kommentierung der vergleichbaren Vorschrift in den §§ 42 (Rdn. 45) und 46 (Rdn. 62) wurde darauf hingewiesen, Voraussetzung hierfür sei nach § 6 Abs. 3 S. 2 dieser Vorschrift, dass die Baukosten **nachprüfbar und einvernehmlich vereinbart sein müssten**. Damit ist von vornherein eine einseitige Bestimmung der Kosten ausgeschlossen. Dies setzt nach der mitgeltenden Amtl. Begr. zu § 6 HOAI 2009 voraus, dass beide **Vertragspartner über den gleichen Informationsstand** und das **gleiche Fachwissen** verfügen. Würde sich der Auftraggeber allerdings beim Vertragsabschluss darüber nachweislich hinwegsetzen, kann der Auftragnehmer die Kostenberechnung zur Honorarabrechnung verwenden. Dasselbe gilt dann, wenn die vereinbarten Kosten zu einem Honorar führen würden, welches nicht im Rahmen der durch die Verordnung verordneten Mindest- und Höchstsätze liegen würde und auch kein Ausnahmefall im Sinne von § 7 Abs. 3 oder 4 gegeben wäre.

4 Offenbar sieht der Verordnungsgeber die Kostenvereinbarungsmöglichkeit als einen **Ausnahmetatbestand**; nur so kann sein Hinweis in der jetzigen Verordnungsbegründung zur identischen Vorschrift in der HOAI 2009 verstanden werden, dass es sich bei dieser Regelung nur um eine **alternative Möglichkeit der Honorarermittlung** handeln würde. Dies wird durch die beschriebenen Anforderungen an den Genauigkeitsgrad der Bedarfsplanung und die Qualifikation des Auftraggebers unterstrichen. So ist beispielsweise die von öffentlichen Auftraggebern häufig als ausreichend angesehene **auftraggebereigene Kostenstatistik der durchschnittlichen Kosten von „vergleichbaren" Objekten keine den Genauigkeits- und Prüfungsanforderungen** der HOAI entsprechende Kostenermittlung erlaubt. Sie müsste vielmehr ebenso wie die **als Teil der Bedarfsplanung bearbeitete Kostenvorgabe** für eine prüfbare Baukostenvereinbarung nach § 6 Abs. 3 mit **ortsüblichen Preisen** berechnet werden, die zum Zeitpunkt der Leistungserfüllung durch den Objektplaner zu erwarten sind. Daher sollte die Baukostenvereinbarung die Ausnahme bleiben. Zur Nichtigkeit des Kostenvereinbarungsmodells s. Kommentierung des § 6 Rdn. 9!

5 Der **Auftraggeber** ist verpflichtet, dem Tragwerksplaner die **Ergebnisse der Kostenermittlungen** des Objektplaners **rechtzeitig und prüfbar mitzuteilen**, also spätestens nach Vorlage der Entwurfsplanung des Objekts, damit der Tragwerksplaner die für seine Honorarabrechnung maßgebenden anrechenbaren Kosten ermitteln kann[2]. Dies ergibt sich aus der Leistungspflicht des Objektplaners, die Kostenermittlungen dem Auftraggeber zur Abrechnung seiner eigenen Leistungen zur Verfügung zu stellen. Damit sind dem Auftraggeber die Voraussetzungen gegeben, seiner Pflicht zur Mitteilung der Kosten an den Tragwerksplaner nachzukommen. Sofern der vertraglich vereinbarte Leistungsumfang nicht durch Anweisungen des Auftraggebers / der Auftraggeberin nach § 10 geändert wird, wird das Honorar weder durch Einsparungen noch Kostensteigerungen verändert.

---

[1] DIN 276-1:2008-12 Kosten im Bauwesen, Teil 1: Hochbau
[2] OLG Hamm NJW, RR 94, 1433 und OLG Hamm NJW, RR 1994, 784 f. sowie OLG Stuttgart, BauR 92, 539

III. Anrechenbare Kosten

1. Tragwerke von Gebäuden und zugehörigen baulichen Anlagen

§ 50 Abs. 1 HOAI regelt die Ermittlung der anrechenbaren Kosten bei **Gebäuden und zuge-** 6 **hörigen baulichen Anlagen** nach der „Pauschalregelung". Der Bezug zur DIN 276-1:2008-12 wird über § 4 Abs. 1 hergestellt; weiterhin schreibt das Leistungsbild Gebäude in Anlage 10 in Leistungsphasen 2 (Vorplanung) und Leistungsphase 3 (Entwurfsplanung) die Verwendung der DIN 276 zwingend vor.

Die anrechenbare Kosten der Tragwerke von **Gebäuden und zugehörigen baulichen Anlagen** ergeben sich hieraus als Summe von:
- 55 v. H. der Kosten der Baukonstruktionskosten; dies sind die der Kostengruppe 300 der DIN 276-1:2008-12 zugehörigen Kosten und
- 10 v. H. der Kosten der Technischen Anlagen; dies sind die der Kostengruppe 400 der DIN 276-1:2008-12 zugehörigen Kosten.

Das Verfahren ermöglicht eine schnelle und eindeutige Ermittlung der anrechenbaren Kosten.

§ 50 Abs. 2 regelt die alternative Möglichkeit zur Ermittlung der anrechenbaren Kosten bei 7 **Gebäuden mit einem hohen Anteil an Kosten der Gründung und der Tragkonstruktionen** – beide Voraussetzungen müssen gegeben sein. Danach können bei entsprechender schriftlicher Vereinbarung zwischen den Vertragspartnern die anrechenbaren Kosten analog dem Verfahren für Leistungen der Tragwerksplanung bei Ingenieurbauwerken nach Abs. 3 (Rdn. 8) ermittelt werden. Über den spätesten **Zeitpunkt der Vereinbarung** ist nichts ausgesagt; daraus kann gefolgert werden, dass eine solche Vereinbarung auch **nach Vertragsabschluss** und dann getroffen werden kann, wenn die in der Vorschrift genannten Voraussetzungen besonders hoher Kosten bekannt sind. Dies dürfte frühestens nach Vorliegen der Kostenschätzung des Objektplaners, spätestens nach Vorliegen der Kostenberechnung der Fall sein. Hintergrund dieser Regelung ist die Tatsache, dass bei Gebäuden mit geringen Kosten der Technischen Anlagen wie z. B. bei **Tribünen, Parkhäusern, Hallen oder Lagergebäuden** die Anwendung des Abs. 1 zu nicht auskömmlichen Honoraren führen würde.

2. Tragwerke von Ingenieurbauwerken

Die anrechenbaren Kosten der Tragwerke von Ingenieurbauwerken nach Teil 3 Abschnitt 3 set- 8 zen sich nach § 50 Abs. 3 zusammen aus:
- 90 v. H. der Kosten der Baukonstruktionskosten; dies sind die der Kostengruppe 300 der DIN 276-4:2009-08 zugehörigen Kosten und
- 10 v. H. der Kosten der Technischen Anlagen; dies sind i. d. R. die der Kostengruppe 400 der DIN 276-4:2009-08 zugehörigen Kosten.

Die pauschale Regelung ersetzt die bisherige aufwändige und oft auslegungsbedürftige Ermittlung der anrechenbaren Kosten nach Gewerken. Schwierig ist scheinbar lediglich die HOAI-konforme Identifikation der „Abrechnungseinheit"- also des Objekts Tragwerk.

Viele in der Objektliste **der in der HOAI-Anlage 12.2 zu § 44 Abs. 4 und 5 genannten Objek-** 9 **te** (z. B. Wasseraufbereitungsanlagen, Abwasserbehandlungsanlagen, Schlammbehandlungs-anlagen) **können** aus zahlreichen **unterschiedlichen Bauwerken** bestehen, die eine Vielzahl unterschiedlicher Tragwerke besitzen. Die in solchen Anlagen notwendigen Becken, Behälter, unterschiedlichen Maschinenhäuser und Gebäude weisen aus konstruktiven Gründen (Ingenieurbauten, Hochbauten) und wegen der Verwendung unterschiedlicher Baumaterialien weder die nach § 49 Abs. 2 notwenige Eigenschaften nur eines Tragwerkes noch dieselbe Honorarzone auf. Wie die Leistungen bei der Tragwerksplanung in einem solchen Fall abgerechnet werden müssen, ist nun durch die neu eingeführte Definition eines Tragwerkes nach § 49 Abs. 2 geklärt (Rdn. 2). Danach ist das als statisches Gesamtsystem der miteinander verbundenen, lastabtragenden Konstruktion definierte Tragwerk für die Standsicherheit des – **also lediglich eines** – **Ingenieurbauwerkes** maßgeblich und somit **Abrechnungseinheit**. Daher müssen die Tragwerke der als Beispiele genannten Bauwerke getrennt abgerechnet werden[3]. Sollte ein solches Ingenieurbauwerke aber aus zwei oder mehr miteinander verbundenen, lastabtragenden Konstruktion bestehen, wären die dafür zu erbringenden Tragwerksplanungsleistungen jeweils getrennt abzurechnen (§ 49 Rdn. 5). Wären einzelne Tragwerke jedoch weitgehend vergleichbar und in Geometrie, Einwirkungen und Materialien überwiegend übereinstimmend, kommt die Abrechnung der Tragwerksplanung nach § 11 Abs. 2 (Summe der anrechenbaren Kosten der Tragwerke) oder Abs. 3 (Verringerung der Prozentsätze für die Leistungsphasen 1 bis 6) infrage (nähere Erläuterungen zu den Bedingungen für die Anwendung dieser Vorschriften s. § 11 Rdn. 2 und 3).

10 Unklar ist, wie der Verordnungsgeber den Begriff „**Technische Anlagen**" von Ingenieurbauwerken verstanden wissen wollte. Eine zweifelsfreie Definition des Begriffes fehlt sowohl in der Verordnung als auch in der Amtl. Begr. Ähnlich klingende Wörter verwendet § 2 Abs. 3 mit dem Begriff „Anlagen der Technischen Ausrüstung", die auch den in Teil 4 Abschnitt 4 HOAI erfassten Anwendungsbereich beschreiben. § 42 unterscheidet zwischen den Kosten für die Anlagen der Maschinentechnik (Abs. 1 S. 2) und den Kosten für die Technische Ausrüstung (Abs. 2). Damit scheint offen zu sein, ob die Kosten der Maschinen und Apparate, welche der Zweckbestimmung zahlreicher in Rdn. 9 genannter Ingenieurbauwerke dienen, den Kosten der „Technische Anlagen" zugehören, zumal § 42 Abs. 1 S. 2 vorschreibt, dass die Kosten der genannten Maschinen und Apparate, soweit sie vom Objektplaner geplant oder bei der Ausführung überwacht werden, bei der Ermittlung des Objektplanungshonorars zusätzlich zu den Kosten der Baukonstruktion berücksichtigt werden müssten. Die Formulierung deutet darauf hin, dass deren Planung und Überwachung durch den Objektplaner vom Verordnungsgeber als ein Ausnahmefall angesehen wird. Dies entspricht zwar nicht der Praxis, da die Leistungen regelmäßig von den Objektplanern der in Rdn. 9 genannten Anlagen erbracht werden, ist aber für die Ermittlung der für die Tragwerksplanung relevanten anrechenbaren Kosten von Belang

11 Die Unsicherheit kann nach hiesiger Auffassung durch Analyse der Zweckbestimmung der HOAI beseitigt werden. Aus § 1 kann gefolgert werden, dass die ausschließlich für die Ermittlung der Honorare von Objektplanerinnen und Objektplanern für Leistungen bei Ingenieurbauwerken verordnete Kostenzuordnung keine Schlussfolgerungen auf die Honorarberechnung der Fachplaner in anderen Fachgebieten erlaubt, die keine Leistungen für die Technischen Anlagen erbringen. Solche Anlagen können nach dem Grundverständnis Ihrer Einzelfunktionen nur die Gesamtheit der Maschinen, Apparate und Technischen Ausrüstung sein. Somit sind die in § 50 genannten **Kosten der Technischen Anlagen** die **Summe** der Kosten aller zugehörigen Elemente, also der **Technischen Ausrüstung einschließlich** der **Kosten der zugehörigen Maschinen und Apparate** nach § 54 Abs. 1 jedes einzelnen Ingenieurbauwerks.

3. Tragwerke von Traggerüsten

12 Die Grundleistungen der Tragwerksplanung für **Traggerüste** von Ingenieurbauwerken sind eigenständige Leistung und **kein Teil der Tragwerksplanung des Ingenieurbauwerks**. Nach § 50 Abs. 4 S. 1 sind die für deren Honorierung maßgebenden **anrechenbaren Kosten** die Herstellungskosten einschließlich der zugehörigen Kosten für Baustelleneinrichtungen. Nach § 50 Abs. 4 S. 2 entsprechen die Herstellungskosten der i. d. R. mehrfach verwendbaren Traggerüste ihrem **Neuwert**. Die anrechenbaren Kosten sind die Summe der folgenden Einzelkosten für:
- die Erdarbeiten und die Gründung der Traggerüste,
- den Neuwert aller verwendeten Gerüstbauteile und der kompletten Schalung und
- die Montage und Demontage der Gerüstbauteile und der Schalung[4].

---

[3]   So auch Pott/Dahlhoff/Kniffka/Rath, HOAI, 8. Auflage 2006, § 66 HOAI a. F. Rdn. 2 und 4, wonach die Verschiedenartigkeit der Tragwerke konstruktiv bedingt sein müsse. Sie sei auf objektive Kriterien abzustellen und zu bejahen, wenn selbstständige, unabhängige Planungen erforderlich seien, etwa bei Verwendung unterschiedlicher Materialarten (Stahlbeton-, Stahlbau-, Mauerwerk- oder Holzbau) oder wenn die Tragwerke verschiedenen Honorarzonen angehören. Des Weiteren sollten voneinander abweichende statische Einzelpositionen ausreichen (so auch Locher/Koeble/Frik § 66 HOAI a. F. Rdn. 4), z. B. bei unterschiedlichen Gründungen oder unterschiedlichen Tragsystemen.

[4]   So auch Kalte/Wiesner im DIB 07-08/2007, S. 60

Nicht zu berücksichtigen sind die Kosten für:
– die Vermietung oder Abschreibung und
– den Abbau des Traggerüstes

Die beschriebenen Herstellungskosten des Traggerüstes betragen nach Erfahrungswerten etwa das 3-bis Fünffache der in der Traggerüst-Position des Leistungsverzeichnisses des Ingenieurbauwerks vom Unternehmer angeboten Einsatzkosten. Letztere setzen sich i. d. R. zusammen aus den Kosten der zugehörigen Gründung, Montage, Miete oder Abschreibung ihres Neupreises und der Demontage; nur diese sind als Teil der anrechenbaren Kosten für die Honorare bei der Objektplanung und bei der Tragwerksplanung des Ingenieurbauwerks anrechenbar.

Bei **mehrfeldrigen Überbauten**, die abschnittsweise unter wiederholter Verwendung der auf der Baustelle befindlichen Gerüstteile hergestellt werden, ist die fiktive Einrüstung über die gesamte Brückenlänge anzusetzen, bei zwei benachbarten Überbauten die Einrüstung beider Überbauten. Dies ist damit zu begründen, dass der Tragwerksplaner ja für sämtliche Gerüstfelder komplette Unterlagen erstellen muss. Die Erfahrung lehrt, dass infolge der Geometrie häufig für jedes Feld eigene Unterlagen erforderlich sind. Dies erklärt auch, warum die Anwendungsmöglichkeit des § 11 Abs. 1 und 2 nur in Einzelfällen gegeben ist. **13**

Bei der Festlegung des Leistungsbildes ist zu beachten, dass bei **Gerüsten in der Klassen II und III** nach DIN 4421[5] – inzwischen zurückgezogen, ersetzt durch DIN EN 12812[6] – in der Regel neben den Grundleistungen die Besondere Leistung „Werkstattzeichnungen im Stahl- und Holzbau" erforderlich ist. Deren Honorierung kann frei vereinbart werden. **14**

Die Leistungen des Tragwerksplaners für **verschiebbare Gerüste** von Ingenieurbauwerken – insbesondere bei auf Brückenpfeilern laufenden Vorschubgerüsten – können wegen der Vielzahl der zu untersuchenden Bauzustände und der damit einhergehenden Verschiebe-, Hub- und Absenkvorgänge der Aufwand sehr erheblich sein. Auch für diese Leistungen kann das Honorar frei vereinbart werden. **15**

4. Tragwerke sonstiger Baubehelfe

Die Tragwerksplanungen für **Baugrubenverkleidungsarbeiten** sind gemäß DIN 18303 Ziff. 4.2 Nebenleistungen der ausführenden Unternehmen. Sie ist somit prinzipiell nicht Aufgabe des Tragwerksplaners des Gebäudes. Falls der Tragwerksplaner neben den Leistungen für das Tragwerk aber auch mit der Tragwerksplanung für z. B. Baugrubenverkleidungen oder Traggerüste beauftragt wird, steht ihm hierfür ein gesondertes Honorar zu. Auch dies ergibt sich aus der Amtl. Begr. zu § 48 Abs. 5 HOAI 2009 i. V. m. der Begründung zu § 67 HOAI 1996, in der heißt: *„Für die Tragwerksplanung für sonstige Baubehelfe bei Ingenieurbauwerken, z. B. Hilfsbrücken, Arbeitsbrücken, Baugrubenumschließungen sowie für Baubehelfe bei Gebäuden wurden keine besonderen Honorarregelungen vorgeschrieben. Falls eine besondere Berechnung eines Traggerüstes im Einzelfall notwendig wird, kann ein Honorar hierfür frei vereinbart werden."* **16**

Die freie Vereinbarung kann sich an der nachfolgend beschriebenen Lösung orientieren, wenn die **Baugrube und ihre Umschließung** als selbstständiges Ingenieurbauwerk anzusehen und den Sonstigen Einzelbauwerken nach § 41 Nr. 7 zuzuordnen ist. Dies ist immer dann der Fall, wenn vor Beginn der Bauarbeiten für ein Gebäude oder ein anderes Ingenieurbauwerk eine Baugrube hergestellt werden muss, in deren Schutz die Ausführung des Objekts später erfolgen soll und einfache Baubehelfe im Sinne der DIN 18303 nicht infrage kommen, sondern nur die in Ziffer 1.3 dieser Norm genannten Verbaumaßnahmen möglich sind (Bohrpfahlwände, Trägerbohlwände, Spundwände, Stützbauwerke mit Verankerungen und Schlitzwände). Diese Bauwerke sind teilweise in der Objektliste der Tragwerksplanung (vgl. HOAI-Anlage 14 Nr. 14.2 und HOAI-Anlage 12 Nr. 12.2 Gruppe 7 – sonstige Einzelbauwerke) als Stützbauwerke benannt und erfordern eine Objekt- und Tragwerksplanung. Die anrechenbaren Kosten dieser Objekte und ihrer Tragwerke werden nach denselben Grundsätzen wie bei Traggerüsten von Ingenieurbau- **17**

---
5   DIN 4421:1982-08 Traggerüste; Berechnung, Konstruktion und Ausführung
6   Traggerüste – Anforderungen, Bemessung und Entwurf; Deutsche Fassung EN 12812:2008

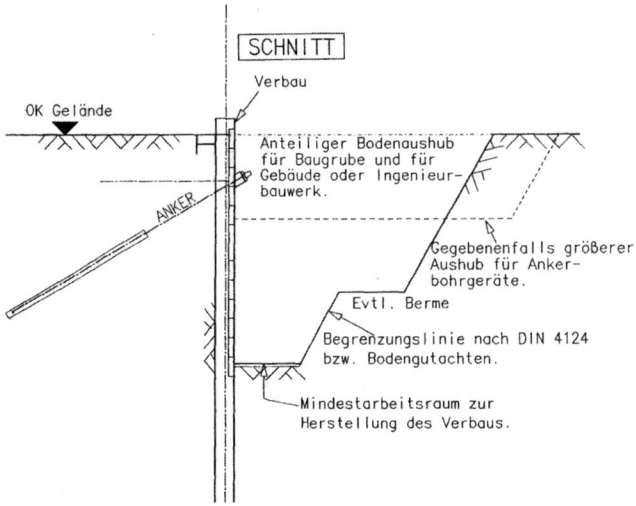

werken (Rdn. 14) mit dem Neuwert der Verbauelemente ermittelt, um das Objektplanungs- und Tragwerkplanungshonorar zu ermitteln.

Werden nur senkrechte Verbauwände erforderlich – der Erdaushub ist nur für das innerhalb des Verbaus zu planende Ingenieurhauwerk oder Gebäude erforderlich – so ist zur Herstellung des Verbaus eine sich aus dem natürlichen Böschungswinkel ergebende Begrenzungslinie (unter Beachtung der DIN 4124:2012-01[7] bzw. Bodengutachten) anzusetzen, sofern für die Herstellung der Verankerungen gerätebedingt nicht größere Aushubanteile erforderlich werden. Die nebenstehende, von Enseleit / Osenbrück veröffentlichte Skizze[8] schafft die notwendige Klarheit. Den Kosten des Erdaushubs sind selbstverständlich alle anderen für die Durchführung dieses Bauwerksteil entstehenden Kosten anteilig hinzuzurechnen (z. B. auch die Baustelleneinrichtung). Wird jedoch z. B. eine wasserdichte Baugrube mit tief liegender oder hoch liegender Abdichtung hergestellt, gehören die Kosten des „vollen" Erdaushubs zu den Kosten Baugrubenumschließung.

18 Die **Kosten des besonders geplanten Baubehelfs „Baugrubenumschließung"** gehören aber auch wie die Kosten der ohne vorherige gesonderte Planung hergestellten Baubehelfe zu den **anrechenbaren Kosten** des Honorars **für die Tragwerksplanung** der Gebäude und Ingenieurbauwerke, die der Baugrubenumschließung bedürfen. Sie dürfen allerdings – wie zuvor bei den Traggerüsten erläutert (Rdn. 12) – nur in Höhe der Kosten ihres Einsatzes (anteilige Kosten der Erdarbeiten und der Wasserhaltung sowie die Kosten der Montage, der Miete oder Abschreibung und der Demontage der mehrfach verwendbaren Verbauelemente) berücksichtigt werden, welche von den ausführenden Unternehmen angeboten und abgerechnet werden.

Hier wie dort tritt der in der HOAI auch an anderer Stelle geregelte Fall auf, dass bei der Ermittlung der anrechenbaren Kosten von Leistungen verschiedener Fachdisziplinen **Kostenanteile mehrfach anrechenbar** sind. Die anrechenbaren Kosten für Tragwerksplanungsleistungen für das Gebäude oder das Ingenieurbauwerk, welches innerhalb der Baugrubenumschließung hergestellt wird, sind also andere als diejenigen, welche der Honorierung der Objekt- und Tragwerksplanung der Baugrubenumschließung zugrunde liegen.

5. Wert mitzuverarbeitender Bausubstanz

19 Die in die HOAI 2009 nicht übernommene Vorschrift des § 10 Abs. 3a der HOAI 1996/2002 wurde in § 4 Abs. 3 in modifizierter Form wieder in Kraft gesetzt; daher ist künftig wieder der Wert mitzuverarbeitender Bausubstanz zusätzlich zu den Kosten der Kostengruppen 300 und

---

7 DIN 4124:2012-01 Baugruben und Gräben – Böschungen, Verbau, Arbeitsraumbreiten
8 Enseleit/Osenbrück: HOAI-Praxis Anrechenbare Kosten für Architekten und Tragwerksplaner, 4. überarbeitete Auflage 2006, Rdn. 498

400 anrechenbar. Unter „mitzuverarbeitender Bausubstanz" ist nach § 2 Abs. 7 *„der Teil des zu planenden Objekts zu verstehen, der bereits durch Bauleistungen hergestellt ist und durch Planungs- oder Überwachungsleistungen technisch oder gestalterisch mitverarbeitet wird."* In der Begründung seines Urteils vom 26.06.2001 definiert das OLG Karlsruhe die mitzuverarbeitende Bausubstanz im Unterschied zu Bauteilen und Baustoffen wie folgt: *„Bausubstanz i. S. d. durch die dritte HOAI-Novelle neu eingeführten Vorschrift des § 10 Abs. 3 a HOAI entsteht durch materielle Verarbeitung von Baustoffen und/oder Bauteilen in Form von Gebäuden und sonstigen Bauwerken oder Anlagen. Erforderlich ist deshalb immer, dass es sich um bereits eingebaute oder verarbeitete Baustoffe und/oder Bauteile handelt, die entsprechend ihrer funktionellen Bestimmung mit konstruktiven, bauphysikalischen oder gestalterischen Merkmalen das Bauwerk oder die Anlage in Teilen oder im Gesamten bilden".* Die Amtl. Begr. der aktuellen Verordnung folgt der Urteilsbegründung des OLG Karlsruhe in vollem Umfang. Dort heißt es zu § 4 Abs. 3 HOAI nahezu wortgleich: *„Die neu in § 2 Abs. 7 aufgenommene Definition der mitzuverarbeitenden Bausubstanz setzt voraus, dass dieser Anteil der Bausubstanz bereits durch Bauleistungen hergestellt ist und durch Planungs- und Überwachungsleistungen technisch oder gestalterisch mitverarbeitet wird."* Die mitzuverarbeitende Bausubstanz ist also stets integraler Bestandteil des nach der Erfüllung der Objekt- und Fachplanungen entstandenen Bauwerks.

Umfang und Wert der mitzuverarbeitenden Bausubstanz sind nach § 4 Abs. 3 HOAI bei den anrechenbaren Kosten eines Objekts **angemessen zu berücksichtigen. Sie sind** zum Zeitpunkt der Kostenberechnung oder, sofern keine Kostenberechnung erfolgt, zum Zeitpunkt der Kostenschätzung objektbezogen **zu ermitteln und schriftlich zu vereinbaren. Sofern** die mitzuverarbeitenden **Bausubstanz** aufgrund ihres technischen Erhaltungszustands **nicht voll funktionsfähig** ist, da Reparaturen, substanzerhaltende Maßnahmen oder Verstärkungsmaßnahmen an dieser Bausubstanz erforderlich werden, sind nach hiesiger Auffassung die dafür notwendigen Sanierungs- oder Instandsetzungskosten dann ausreichend berücksichtigt, wenn der **Neuwert der beschädigten Bausubstanz** angesetzt wird (s. hierzu im Einzelnen § 42 Rdn. 22). Die **Sanierungskosten** dürfen dann bei der Ermittlung der anrechenbaren Kosten aber **nicht mehr berücksichtigt** werden. **20**

Sowohl für die Objektplanung als auch insbesondere für die Tragwerksplanung ist der Zeitpunkt der Ermittlung der **Kosten der mitzuverarbeitenden Bausubstanz** – also spätestens der Abschluss der Entwurfsplanung des Objektplaners – risikobehaftet. Im Sinne der Kostensicherheit sind beide Planer besonders angehalten, die vom Auftraggeber im Rahmen der Bedarfsplanung geschuldete Bestandsaufnahme und technische **Erkundung der Substanz** in ihrer jeweiligen Grundlagenermittlung **auf Vollständigkeit zu prüfen** (vgl. § 51 Rdn. 81). Unterbleibt die sachgerechte Erkundung des Bestandes z. B. aus Zeit oder Kostengründen, besteht die große Gefahr, dass keine sachgerechte Vereinbarung zum Umfang der mitzuverarbeitenden Bausubstanz getroffen wird und Zeit- und Kostenüberschreitungen im Zuge der Bauausführung entstehen. Der Verordnungsgeber hat mit gutem Grund den Vertragsparteien in § 4 Abs. 3 bis in die Entwurfsphase Zeit eingeräumt, die Bewertung des Umfanges der mitzuverarbeitenden Bausubstanz schriftlich zu vereinbaren. **21**

Zur Illustration einer solchen Aufgabe dient das in § 52 Rdn. 29 vorgestellte Beispiel der **Umwidmung eines vorhandenen** mehrgeschossiges **Bürogebäudes** in Stahlbetonbauweise dienen, dessen Tragwerksbeschaffenheit durch entsprechende Leistungen bei der Tragwerksplanung erkundet werden sollen. Es soll mit möglichst geringen Kosten einer neuen Nutzung als Produktionsgebäude zugeführt werden. Zuvor soll ein Tragwerksplaner im Rahmen der Bedarfsplanung prüfen, ob die für die vorgesehene Produktion notwendigen Zusatzlasten ohne oder mit Änderungen des Tragwerks aufgenommen werden können. **22**

Dennoch ist nicht auszuschließen, dass im Zuge der Bauausführung bei Bauteilöffnungen neue Erkenntnisse gewonnen werden, die den Entwurf und damit die Kostenberechnung beeinflussen. In diesem Fall haben die Vertragsparteien nach § 10 Abs. 1 die Möglichkeit, bei sich hieraus ergebenden **Änderungen der Tragwerksplanung** die anrechenbaren Kosten fortzuschreiben und eine andere Abrechnungsbasis schriftlich zu vereinbaren. **23**

24   Was der Verordnungsgeber unter dem unbestimmten Rechtsbegriff „Angemessenheit" verstanden wissen wollte, ist der Verordnung selbst nicht zu entnehmen. Erst in der Verordnungsbegründung der Vorschrift gibt der Verordnungsgeber die notwendige **Hilfestellung** zum Verständnis des „angemessenen" Wertes der mitzuverarbeitenden Bau-substanz: *„Die mitzuverarbeitende Bausubstanz ist gemäß § 4 Abs. 3 S. 1 „angemessen" entsprechend ihrem Umfang zum Beispiel über die Parameter Fläche, Volumen, Bauteile oder Kostenanteile zu berücksichtigen. Gemäß § 4 Abs. 3 S. 2 ist im Einzelfall der Umfang und Wert der mitzuverarbeitende in Bausubstanz objektbezogen zu ermitteln und schriftlich zu vereinbaren".*

25   Anders als in der Amtl. Begr. zum jeweiligen § 10 Abs. 3a der Vorgängerverordnungen von 1988, 1991 und 1996/2002 verzichtete der Verordnungsgeber sowohl in der Verordnung als auch in der Verordnungsbegründung auf die Formulierung, dass der Umfang der Anrechnung des Wertes vorhandener Bausubstanz insbesondere von der Leistung des Auftragnehmers abhänge[9]. Weiter hieß es dort: *„Erfordert die Mitverarbeitung nur geringe Leistungen, so werden auch nur in entsprechend geringem Umfang die Kosten anerkannt werden können. Wird aber zum Beispiel das Tragwerk eines vorhandenen Bauwerkes bei einer Umwidmung des Bauwerkes völlig überprüft und durchgerechnet, so können auch die Kosten des Tragwerks wie nach Teil VIII voll angerechnet werden".* Noch im Abschlussbericht über die Aktualisierung der HOAI-Leistungsbilder war die folgende Empfehlung der Gutachter und Bearbeiter zur Berücksichtigung einer Leistungskomponente[10] enthalten: *„Der Neubauwert der mitzuverarbeitenden Bausubstanz ist um einen Faktor zu mindern, der in den Besonderen Grundlagen des Honorars für das jeweilige Leistungsbild festgelegt ist."* Der Verordnungsgeber übernahm diesen im Abschlussbericht auf Seite 35 enthaltenen, den 2. Satz des Abs. 3 ergänzenden Zusatz aber weder in die Verordnung noch in die Begründung. Auch deswegen wird die bisher berücksichtigte **Leistung für die mitzuverarbeitende Bausubstanz künftig keine Bedeutung** mehr haben.

26   Für Anwendung und Interpretation der HOAI 2013 gilt nun wieder das Urteil des BGH vom 19.06.1986 – VII ZR 260/84[11], das auf der Basis der zum Urteilszeitpunkt geltenden HOAI vom 01. Januar 1985 gefällt wurde. Danach sei der Wert der bei einem Umbau einbezogenen Bausubstanz bei der Ermittlung der anrechenbaren Kosten in Höhe des Preises zu berücksichtigen ist, der unter Ansatz ortsüblicher Preise für deren neue Herstellung aufzuwenden wäre. Sowohl aus diesem Urteil als auch aus der Verordnungsbegründung folgt, dass bei der Wertermittlung alle für das Herstellen der vorhandenen Bausubstanz erforderlichen Kosten für Aufwendungen, die keine Baustoffe und/oder Bauteile sind, nicht berücksichtigt werden dürfen. Dies sind vor allem die Kosten der Kostengruppen (KGr.) 200 (Herrichten und Erschließen), 310 (Baugrube) und Teile von 320 (insbesondere KGr. 321) sowie 390 (Sonstige Maßnahmen für Baukonstruktionen) nach DIN 276-1:2008-12 i. V. m. DIN 276-4:2009-8.

27   Trotz der aus hiesiger Sicht eindeutigen Definition, dass der angemessene **Umfang der mitzuverarbeitenden Bausubstanz** zum Beispiel über die **Parameter Fläche, Volumen, Bauteile oder Kostenanteile** zu berücksichtigen ist, teilte das BMVBS den obersten Straßenbaubehörden der Länder, dem Bundesrechnungshof, der Bundesanstalt für Straßenwesen und der DE-GES Deutsche Einheit Fernstraßenplanungs- und -bau GmbH in Anlage 2 des ARS 16/2013[12] eine zusätzlich zu beachtende Einschränkung mit, die sich nicht aus der Verordnung oder der Verordnungsbegründung ableiten lässt; sie lautet: *„Bei der Ermittlung der anrechenbaren Kosten bei Bestandsleistungen sind sowohl der Umfang als auch der Wert der mitzuverarbeitende Bausubstanz (mvB) zu bestimmen. Bei der Wertermittlung sind der effektive Erhaltungszustand der Bausubstanz und die leistungsbezogene Berücksichtigung in den einzelnen Leistungsphasen*

---

[9]   8 U 122/98; BauR 2002, 1570 und IBR 2002, 264 sowie Langfassung ibr-online, OLG Karlsruhe
[10] So zuletzt in der Bundesanzeigerausgabe der HOAI 1996, 2. überarbeitete Auflage 2002, S. 91
[11] „Evaluierung HOAI – Aktualisierung der Leistungsbilder – Abschlussbericht. Erstellt in Zusammenarbeit mit Vertretern der öffentlichen Auftraggeber des Bundes, der Länder und der kommunalen Spitzenverbände, der Deutschen Bahn AG und Vertretern des Ausschusses der Verbände und Kammern der Ingenieure und Architekten für die Honorarordnung e.V. (AHO), der Bundesarchitektenkammer (BAK) und der Bundesingenieurkammer (BIngK) unter Federführung des Bundesministeriums für Verkehr, Bau und Stadtentwicklung (BMVBS) vom September 2011, Abschlussbericht S. 35,
[12] BauR 1986, 593

festzulegen. Da Leistungen im Bestand projektspezifisch sehr unterschiedlich sind, müssen die einzelnen Faktoren jeweils projektspezifisch festgelegt werden". Damit hat das Ministerium für seinen Zuständigkeitsbereich Regeln festgelegt, welche auf die vom BGH in seinem Urteil vom 27.02.2003 – VII ZR 11/02 formulierten Berechnungsgrundsätze über die Anwendung des § 10 Abs. 3 a) HOAI 1996/2002 zurückgehen. Die Regelung verstößt nach hiesiger Auffassung gegen die aktuelle Verordnung und kann bei Anwendung zur Unterschreitung der verordneten Mindestsätze führen.

6. Fallweise weitere anrechenbare Kosten

Die Vertragsparteien können nach **§ 50 Abs. 5** vereinbaren, dass die Kosten von Arbeiten, die nicht in den Abs. 1 bis 3 erfasst sind, ganz oder teilweise zu den anrechenbaren Kosten gehören, wenn der Auftragnehmer wegen dieser Arbeiten **Mehrleistungen für das Tragwerk** nach § 51 erbringt. Nach der Amtl. Begr. zu § 50 entspricht die Vorschrift § 48 Abs. 6 der HOAI 2009. Dieser verweist zusätzlich auf die Kosten nach § 48 Abs. 3 Nr. 13 bis 15 **bei Gebäuden**; dies sind die Kosten der **Verbauarbeiten** für Baugruben, soweit diese keine gesonderte Objekt- und Tragwerksplanung erfordern und kein selbstständiges Ingenieurbauwerk sind (s. Rdn. 18 ff.), der **Rammarbeiten** und der **Wasserhaltungsarbeiten**. Die Kosten der **Ramm- oder Bohrarbeiten** für die **Pfahlgründung** eines Gebäudes sind, soweit diese vom Tragwerksplaner bearbeitet wird, aber auch ohne gesonderte Vereinbarung voll anrechenbar. **28**

Ferner können bei allen Bauwerken die in Abs. 4 Nr. 7 genannten **Mehrkosten für Sonderausführungen** Mehrleistungen des Tragwerksplaners verursachen. Dies sind Kosten für Maßnahmen, die über die durchschnittlichen Aufwendungen hinausgehen und die z. B. bei der Ausführung von Dächern, Sichtbeton oder Fassadenverkleidungen entstehen können. In der Begründung zu § 62 Abs. 7 HOAI 2002 wird dies anhand der Mehrkosten von Sonderausführung erläutert[13]. So sind Kupferdächer, Sichtbeton oder Fassadenverkleidungen heute zwar nicht durchweg üblich, stellen aber grundsätzlich keine besonderen Anforderungen an Tragwerksplanung, wenn keine Sonderkonstruktionen geplant sind. Erst bei letzteren ist mit Mehrkosten und damit auch mit Mehrleistungen des Tragwerksplaners zu rechnen. Mehrkosten können durch Vergleich mit denjenigen Kosten begründet werden, die als Grundkosten üblich sind wie z. B. für eine normale verzinkte Blecheindeckung, für Sichtbeton ohne besondere Oberflächenbehandlung und für heute übliche Fassadenverkleidungen (Blech auf Aluminiumunterkonstruktion, übliche Betonwerksteine oder Natursteinplatten, Verblendschalen aus Vormauerwerk einschließlich Wärmedämmung). **29**

Als Mehrleistung ist generell auch die koordinierende **Überprüfung der Planungen der bauausführenden Firmen** auf Übereinstimmung mit der Tragwerksplanung (z. B. für Baugrubenverkleidungen oder Fassadenverkleidungen) anzusehen. In vielen Landesbauordnungen sowie in den von öffentlichen Auftraggebern häufig geforderten zusätzlichen Vertragsbestimmungen wird eine solche Koordination durch den Tragwerksplaner gefordert. **30**

Diese und andere vergleichbare Tragwerksplanungsleistungen sind nach § 50 Abs. 5 **gesondert zu vergüten**, zuvor aber **schriftlich zu vereinbaren**; dies kann durch die teilweise oder vollständige Hinzurechnung der Mehrkosten zu den ohnehin anrechenbaren Kosten geschehen. Die Erfahrung lehrt, dass solche Mehrleistungen den Aufwand beim Auftragnehmer durch zusätzliche Bearbeitung des Tragwerks und die erforderliche Koordination in der Regel erheblich erhöhen können.

Die Regelung des § 50 Abs. 5 ist insofern problematisch, als **bei Abschluss des Ingenieurvertrages** für die Tragwerksplanung in den meisten Fällen nicht erkennbar ist, ob solche Mehrleistungen des Tragwerksplaners anfallen. Tritt während der Planung ein Bedarf auf, steht oft nicht ausreichend Zeit für die erforderliche Ergänzung des Ingenieurvertrages zur Verfügung. Zur Vermeidung von Verzögerungen bei der Planung ist daher z. B. folgende Formulierung im Ingenieurvertrag **zu empfehlen**: **31**

„Die in § 50 Abs. 5 genannten Kosten gehören zu den anrechenbaren Kosten, wenn der Auftragnehmer wegen dieser Arbeiten Mehrleistungen für das Tragwerk nach § 51 erbringt."

---

[13] Allgemeines Rundschreiben Straßenbau Nummer 16/2013 vom 13.8.2013

Diese Formulierung stellt für beide Parteien eine faire Lösung dar, da nach Abschluss der Planung überprüft werden kann, ob entsprechende Mehrleistungen des Auftragnehmers angefallen sind.

7. Sonstige Tragwerke

32 Leider ist in der neugefassten HOAI erneut unklar geblieben, wie die immer häufiger werdenden Leistungen bei der Tragwerksplanung der **Fassadenkonstruktion** zu vergüten ist. Nach der Amtlichen Begründung zu § 49 Abs. 3 HOAI 2009 sind die Grundleistungen des § 64 HOAI 2002 vollständig übernommen; daraus ist zu schließen, dass auch die zugehörige Amtliche Begründung der Vorgängerverordnung nach wie vor unverändert gilt. Aus der dortigen Formulierung zu § 62 Abs. 7 HOAI 2002[14] kann man schließen, dass Leistungen bei der Tragwerksplanung der **Fassadenkonstruktion** nicht Gegenstand der Grundleistungen des § 49 HOAI sind: *„Bei der modernen Bauweise ist auch die Skelettbauweise als Riegelbauweise übernommen worden. Daher übernehmen häufig Fassadenverkleidungen die Funktion einer Außenmauer vollständig; sie sind substanziell Bestandteil des Rohbaus, allerdings ist die Tragwerksplanung der Fassadenverkleidung nicht Gegenstand der Grundleistungen des § 64.“* Somit sind die Tragwerksplanungsleistungen für die Fassadenkonstruktion unabhängig von der Honorierung der Grundleistungen für das Gebäude oder das Ingenieurbauwerk gesondert zu honorieren; sie zählen deswegen zu den Besonderen Leistungen im Sinne der HOAI-Anlage 14 Nr. 14.1. Sie können hilfsweise wie andere Tragwerke als eigenständiges Objekt mit den ihnen zuzuordnenden anrechenbaren Kosten berechnet werden.

33 Dasselbe gilt für die tragwerksplanerischen Nachweise für **Geländer**, die zur Absturzsicherung dienen. Solche Berechnungen sind beispielsweise für Absturzsicherungen auf Brücken, in Treppenhäusern und in Parkhäusern erforderlich.

Es wird ausdrücklich darauf hingewiesen, dass den Tragwerksplanungsleistungen für die Fassadenkonstruktion und Absturzsicherungen **Objektplanungsleistungen** vorausgehen müssen, die z. B. als Leistungen für Sonstige Einzelbauwerke im Sinne von § 41 Nr. 7. nach den Regelungen zu vergüten sind. (s. § 41 Rdn. 4). Ob diese Leistungen vom Objektplaner oder vom Tragwerksplaner erbracht werden, ist für die Honorierungspflicht dieser Leistungen ohne Bedeutung.

---

[14] Bundesanzeigerausgabe der HOAI 2002, S. 130

§ 51 Leistungsbild Tragwerksplanung

(1) Die Grundleistungen der Tragwerksplanung sind für Gebäude und zugehörige bauliche Anlagen sowie für Ingenieurbauwerke nach § 41 Nummer 1 bis 5 in den Leistungsphasen 1 bis 6 sowie für Ingenieurbauwerke nach § 41 Nummer 6 und 7 in den Leistungsphasen 2 bis 6 zusammengefasst und werden wie folgt in Prozentsätzen der Honorare des § 52 bewertet:

1. für die Leistungsphase 1 (Grundlagenermittlung) mit 3 Prozent,
2. für die Leistungsphase 2 (Vorplanung) mit 10 Prozent,
3. für die Leistungsphase 3 (Entwurfsplanung) mit 15 Prozent,
4. für die Leistungsphase 4 (Genehmigungsplanung) mit 30 Prozent,
5. für die Leistungsphase 5 (Ausführungsplanung) mit 40 Prozent,
6. für die Leistungsphase 6 (Vorbereitung der Vergabe) mit 2 Prozent.

(2) Die Leistungsphase 5 ist abweichend von Absatz 1 mit 30 Prozent der Honorare des § 52 zu bewerten:

1. im Stahlbetonbau, sofern keine Schalpläne in Auftrag gegeben werden,
2. im Holzbau mit unterdurchschnittlichem Schwierigkeitsgrad.

(3) Die Leistungsphase 5 ist abweichend von Absatz 1 mit 20 Prozent der Honorare des § 52 zu bewerten, sofern nur Schalpläne in Auftrag gegeben werden.

(4) Bei sehr enger Bewehrung kann die Bewertung der Leistungsphase 5 um bis zu 4 Prozent erhöht werden.

(5) Anlage 14 Nummer 14.1 regelt die Grundleistungen jeder Leistungsphase und enthält Beispiele für Besondere Leistungen. Für Ingenieurbauwerke nach § 41 Nummer 6 und 7 sind die Grundleistungen der Tragwerksplanung zur Leistungsphase 1 im Leistungsbild der Ingenieurbauwerke gemäß § 43 enthalten.

Inhaltsübersicht

I. Überblick

1   Die **Grundleistungen der Tragwerksplanung** sind in § 51 **zusammengefasst und** in der HOAI-Anlage 14 Nr. 14.1

– für Gebäude und zugehörige bauliche Anlagen sowie für Ingenieurbauwerke nach § 41 Nr. 1 bis 5 in den Leistungsphasen 1 bis 6,

– für Ingenieurbauwerke nach § 41 Nr. 6 und 7 nur in den Leistungsphasen 2 bis 6

aufgelistet. Die Grundleistungen der Leistungsphase 1 für Ingenieurbauwerke nach § 41 Nr. 6 und 7 sind nach § 51 Abs. 5 S. 2 identisch mit den Grundleistungen des Leistungsbildes Objektplanung Ingenieurbauwerke des § 43. Die **Ergebnisse** des Objektplaners **aus Leistungsphase 1**, welche die Tragwerksplanung betreffen, muss der Auftraggeber in diesem Falle dem Tragwerksplaner als Grundlage für die weitere Bearbeitung zur Verfügung stellen.

Die im Leistungsbild zusammengefassten Grundleistungen sind als diejenigen zu verstehen, welche gemäß § 3 Abs. 2 HOAI **zur ordnungsgemäßen Erfüllung eines Auftrags im Allgemeinen erforderlich** sind. Die in Leistungsphasen geregelten Leistungen werden mit den phasenweise festgelegten Prozentsätzen des Honorars für die Gesamtleistung nach der Honorartafel des § 52 Abs. 1 HOAI honoriert; § 51 Abs. 1 HOAI nennt die Phasen und deren prozentuale Bewertung. Sie entspricht im Wesentlichen der bisherigen Regelung im § 49 Abs. 1 HOAI 2009. Auf Grundlage des überarbeiteten Leistungsbildes der Technischen Ausrüstung (vgl. amtl. Begründung zu § 51 Abs. 1) wurden die Leistungsphasen 3 und 5 der Tragwerksplanung neu bewertet.

Leider verwendet der Verordnungsgeber erneut Bezeichnungen, die schon in den Vorgängerverordnungen zu Missverständnissen führten. So spricht er von „im Allgemeinen erforderlichen Leistungen" und definiert die eigentlich als Arbeitsschritte zu verstehenden Begriffe[1] als Leistungen, die nach zwei Urteilen des BGH **nicht** als **Leistungspflichten**, sondern als **Vergütungstatbestände** zu verstehen sind[2]. Zu den sich hieraus zu ziehenden Konsequenzen s. Kommentierung des **§ 43 Rdn. 2 ff.**

2   Für den Fall aber, dass die Parteien das Leistungsbild als Leistungspflicht mündlich oder schriftlich vertraglich vereinbaren, sind die dort aufgezählten Leistungen als werkvertraglich geschuldete Leistungen zu verstehen. In diesem Fall müssen für mindestens folgende Fälle Empfehlungen zur Verfügung stehen, welche die **Honoraranteile der Grundleistungen** an der jeweiligen Leistungsphase bewerten helfen:

---

[1] BGH, Urteil v. 24.06.2004 – VII ZR 259/02; BauR 2004, 1640; BGHZ 159, 376; BGH, Urteil v. 22.10.1998 – VII ZR 91/97; BauR 1999, 187
[2] BGH, Urteil v. 24.10.1996 – VII ZR 283/95

– Der **Ingenieurvertrag** wird **vorzeitig beendet**; der Auftragnehmer muss seine Leistungen anteilig abrechnen.

– Der Auftraggeber **überträgt** dem Auftragnehmer nach § 8 Abs. 2 S.1 **nicht alle Grundleistungen einer Leistungsphase**; dann darf für die übertragenen Leistungen nur ein Honorar berechnet und vereinbart werden, das dem Anteil der übertragenen Leistungen an der gesamten Leistungsphase entspricht.

– Werden nur Teile von Grundleistungen übertragen, dürfen nach § 8 Abs. 2 nur entsprechende, aber **nicht verordnete Anteile der** für diese Grundleistungen verordneten **Prozentsätze** vereinbart und berechnet werden.

Das Bedürfnis nach **Bewertung** einzelner, als **werkvertraglich geschuldete Teile** von Grundleistungen ist insbesondere durch das Urteil des BGH vom 24.06.2004[3] verstärkt worden und auch nach dem bereits zitierten BGH-Urteil vom 27. Februar 2003 erforderlich[4]. Dabei muss der Versuch unternommen werden, die Grundleistungen des Leistungsbildes, welche einen selbstständigen Arbeitserfolg darstellen, im Einzelnen zu gewichten, und als Teile der Vomhundertsätze der betroffenen Leistungsphasen zu bestimmen. Die folgende Tabelle zeigt eine mögliche Bewertung der Leistungen bei der Tragwerksplanung nach Empfehlungen des HOAI-Kommentars von Locher/Koeble/Frik[5], welche in ähnlicher Form auch von Siemon[6] veröffentlicht wurde. Für eine sachgerechte Nutzung der Tabelle ist auf folgendes ergänzend hinzuweisen:

– Grundleistungen sind zur ordnungsgemäßen Erfüllung eines Auftrages stets vollständig zu erbringen und deren Ergebnisse zu dokumentieren. Durch die Dokumentationspflicht wird auch die Verantwortung des Leistungserbringers nachvollziehbar dargelegt.

– Stets zusammengehörende Leistungen werden mit einem summarischen prozentualen Teilleistungsanteil bewertet.

– Die in § 8 Abs. 2 genannten **nicht übertragenen Grundleistungen**, die zu einer Reduzierung der Phasenbewertung führen, **müssen** nach dem zuvor genannten BGH-Urteilen wesentlich sein und einen **selbstständigen Erfolg im Sinne von § 631 ff. BGB** darstellen.

– Beauftragte, aber **nicht abgerufene Grundleistungen** einer Leistungsphase müssen mit 0,00 v. H. bewertet werden. Die dabei entfallenden Leistungsanteile müssen, soweit sie einen eigenen werkvertraglichen Erfolg darstellen, vom Auftraggeber oder Dritten geleistet und beigestellt werden; die Summe aller Teilwerte der Leistungsphasen muss der in der HOAI bewerteten Leistungsphase entsprechen.

– Abhängig von Umfang der zu integrierenden und vom Auftraggeber oder Dritten beigestellten Teilleistungen kann für den damit verbundenen **zusätzlichen Koordinierungs- oder Einarbeitungsaufwand** eine zusätzliche Vergütung nach § 8 Abs. 3 schriftlich vereinbart werden.

– Für ein konkretes Objekt beauftragte, aber **nicht erforderliche oder nicht abgerufene Mitwirkungsleistungen** einer Leistungsphase müssen mit 0,00 v. H. bewertet werden. Ggf. entfallenden Leistungsanteile müssen anderen Teilwertungen hinzugefügt werden; die Summe aller Teilwerte der Leistungsphasen muss der in der HOAI verordneten Phasenbewertung entsprechen.

Einen **Vorschlag zur Leistungsverteilung** enthält die folgende Tabelle. In den Spalten 3 und 4 sollten die Parteien ihre Leistungen ankreuzen; in den Spalten 7 und 8 werden die Bewertungen der Leistungen angegeben, deren übliche Bandbreiten in den Spalten 5 und 6 angegeben sind.

---

[3] VII ZR 259/02 – IBR 2004, 512
[4] Siehe Fn. 1
[5] 12. Auflage 2014, Anhang 3/6
[6] Siemon-Tabellen zur Honorarberechnung von Einzelleistungen (Bewertungstabellen für die wichtigsten Planungsbereiche), veröffentlicht bei www.ibr-online.de

Grundleistungen			wird geleistet von		Bewertung in v. H. des Honorars nach § 51 Abs. 1			
LPH	Bezeichnung		AG	AN	möglich		gewählt für	
					von	bis	AG	AN
1	**Grundlagenermittlung**				**3,00**			
a)	Klären der Aufgabenstellung							
b)	Zusammenstellen der Planungsabsichten				3,00	3,00		
c)	Zusammenfassen, Erläutern und Dokumentieren							
2	**Vorplanung**				**10,00**			
a)	Analysieren der Grundlagen				0,25	0,50		
b)	Beraten in statisch-konstruktiver Hinsicht				1,00	2,50		
c)	Mitwirken beim Erarbeiten eines Planungskonzepts				4,00	7,00		
d)	Mitwirken bei Vorverhandlungen mit Behörden				0,00	1,00		
e)	Mitwirken bei der Kostenschätzung				0,00	0,25		
f)	Zusammenfassen, Erläutern und Dokumentieren				0,10	0,25		
3	**Entwurfsplanung**				**15,00**			
a)	Erarbeiten der Tragwerkslösung … bis zum konstruktiven Entwurf mit zeichnerischer Darstellung				1,00	3,00		
b)	Überschlägige statische Berechnung und Bemessung				2,50	4,00		
c)	Grundlegende Festlegungen der konstruktiven Details und Hauptabmessungen …				0,50	2,00		
d)	Überschlägige Mengenermittlung				1,00	3,00		
e)	Mitwirkung bei der Objektbeschreibung				0,00	2,00		
f)	Mitwirken bei Verhandlungen mit Behörden				0,00	0,50		
g)	Mitwirkung bei der Kostenberechnung und Terminplanung				0,00	1,50		
h)	Mitwirkung beim Vergleich der Kostenberechnung mit der Kostenschätzung							
i)	Zusammenfassen. Erläutern und Dokumentieren				0,10	0,25		
4	**Genehmigungsplanung**				**30,00**			
a)	Aufstellen der prüffähigen Berechnungen des Tragwerks				22,00	25,00		
b)	Bei Ingenieurbauwerken: Erfassen von normalen Bauzuständen				–	–		
c)	Anfertigen der Positionspläne				2,00	3,00		
d)	Zusammenstellen der Unterlagen der Tragwerksplanung zur Genehmigung				0,50	1,00		
e)	Abstimmen mit Prüfämtern oder Eigenkontrolle				0,50	1,00		
f)	Vervollständigen und Berichtigen der Berechnungen und Pläne				0,50	2,00		

Grundleistungen		wird geleistet von		Bewertung in v. H. des Honorars nach § 51 Abs. 1			
LPH	Bezeichnung	AG	AN	möglich		gewählt für	
				von	bis	AG	AN
5	Ausführungsplanung			40,00			
a)	Durcharbeiten der Ergebnisse der Leistungsphasen 3 und 4			8,00	10,00		
b)	Anfertigen der Schalpläne in Ergänzung der fertigen Ausführungspläne des Objektplaners			7,00	10,00		
c)	Zeichnerische Darstellung der Konstruktionen			10,00	15,00		
d)	Stahl- oder Stücklisten			2,00	5,00		
e)	Fortführung der Abstimmung mit Prüfämtern …			0,50	1,00		
6	Vorbereitung der Vergabe			1,00			
a)	Ermitteln der Betonstahl-, Stahl- und Holzmengen			1,00	1,50		
b)	Überschlägliches Ermitteln der Mengen der konstruktiven Teile						
c)	Mitwirken beim Erstellung der Leistungsbeschreibung als Ergänzung zu den Mengenermittlungen			0,00	0,50		

Beispiele für **Besondere Leistungen** sind ebenfalls in der HOAI-Anlage 14 Nr. 14.1 zusammengestellt. Deren Honorar kann frei vereinbart werden (§ 3 Abs. 3). Die Praxis zeigt, dass häufig weitere Besondere Leistungen auf dem Gebiet der Tragwerksplanung erbracht werden müssen. Der AHO hat eine umfassende Zusammenstellung[7] dieser Besonderen Leistungen vorgenommen und **Bewertungsempfehlungen** zur Ermittlung angemessener Honorare angegeben. Die gewählten Bewertungen in v. H. beziehen sich auf die vollen Honorare des § 52 Abs. 1. Sie stellen das Ergebnis einer breit angelegten Umfrage des Verbandes Beratender Ingenieure VBI dar. Die am häufigsten vorkommenden Besonderen Leistungen werden im Folgenden bei der Diskussion der Leistungsphasen stichwortartig mit Bewertung in v. H. dieser Honorare zitiert. Die sich daraus ergebenden Honorare sind als zusätzliche Honorare zu den bewerteten Honoraren zu verstehen. **3**

II. Die Leistungsphasen im Einzelnen

1. Grundlagenermittlung

a) Grundleistungen

Die **Grundlagenermittlung** dient dem Klären der Aufgabenstellung auf dem Fachgebiet Tragwerksplanung im Benehmen mit dem Objektplaner. Hierzu gehören im Einzelnen das Klären der Belastungen (Regellasten, Sonderlasten), der Baugrundverhältnisse und der Anforderungen an das Tragwerk aus Wärmeschutz, Schallschutz, konstruktivem Brandschutz (Feuerwiderstandsdauer), Schwingungs- und Verformungsverhalten, Erdbeben oder Bergsenkungen, Objektschutz (z. B. Luftschutz), Umweltanforderungen und technischer Ausrüstung. Die Ergebnisse dieser Leistung sollten unbedingt schriftlich dokumentiert und dem Auftraggeber mitgeteilt werden. Gravert / Krebs / Ruffer haben eine entsprechende **Checkliste für die Grundlagenermittlung**[8] **4**

---

[7] „Besondere Leistungen bei der Tragwerksplanung“, Nr. 3 der Schriftenreihe des „AHO, Ausschuss der Ingenieurverbände und Ingenieurkammern für die Honorarordnung e. V.".

[8] Checkliste für die Grundlagenermittlung in der Tragwerksplanung, Beratende Ingenieure 7/8-84.

veröffentlicht, die trotz ihres Alters noch immer aktuell ist. Danach umfasst die Grundlagenermittlung mindestens folgende Tätigkeiten:

1. Klären der **Belastung** für alle Bauwerksbereiche

1.1 Nutzlasten
ruhende Nutzlasten, nichtruhende Nutzlasten aus Lieferwagen, Müllabfuhr, Feuerwehr, Gabelstaplern u. Ä.
Belastungsklassen nach DIN 1072 bzw. DIN 1055
Erfordernis und Größe von Schwing- und Stoßzuschlägen

1.2 Windlasten
Lasten aus DIN für übliche Bauformen
Lasten für besondere Bauformen

1.3 Sonderlasten
Anpralllasten, Explosionslasten, Trümmerlasten

1.4 Erddrücke, Hangdrücke
Klären der Baugrundkennwerte und Belastungsbereiche
Ermittlung der Erdbebengefahren und -klassen

1.5 Festlegung der bei der Tragwerksplanung zu berücksichtigenden Temperatureinflüsse

1.6 Lastansätze für Fassaden

2. Klären der **Gründungsverhältnisse**

2.1 Durcharbeiten des Baugrundgutachtens
Prüfen des Baugrundgutachtens und der Baugrundaufschlüsse auf Vollständigkeit

2.2 Erste Beurteilung im Hinblick auf Setzungsverhalten und Gründungsverfahren

2.3 Klarstellung der Anforderungen infolge vorhandenen Grundwassers, z. B.
 – an die Auftriebsicherheit,
 – an eventuelle Wannenkonstruktionen,
 – an den Grad der zulässigen Wasserdurchlässigkeit einer weißen Wanne,
 – infolge Aggressivität des Grundwassers.

2.4 Beurteilung des Einflusses von besonderen Inhomogenitäten des Untergrundes (z. B. Rheingrabenkante, Reste mittelalterlicher Befestigungen, Bunker des Zweiten Weltkriegs)

2.5 Beurteilung weiterer Einflüsse
Einfluss von Nachbarbebauungen auf das Bauwerk,
Einfluss des Bauwerks auf Nachbarbebauungen

3. **Schwingungsverhalten:**
Klärung der Vorgaben für besondere Anforderungen an das Bauwerk hinsichtlich der Eigenfrequenzen, der Schwingungsgeschwindigkeiten, der Tangentenveränderungen und zulässiger Beschleunigungen (Behaglichkeit).

4. Definition der Anforderungen unter den Einflüssen auf das Tragwerk **aus dem Wärmeschutz**

5. Definition der Anforderungen und der Einflüsse auf das Tragwerk **aus dem Schallschutz** (z. B. hohe Dachdeckengewichte gegen Fluglärm von oben)

6. Definition der Anforderungen an den **konstruktiven Brandschutz** (Feuerwiderstandsdauer)

7. Definition der Anforderungen aus **Erdbebenbeanspruchung**

8. Definition der Anforderungen aus **Objektschutz**, z. B. hinsichtlich:
 – Schutzraumverordnung,
 – Betonwände in Haftanstalten,
 – Schallschutz in Haftanstalten,
 – Schutz gegen Terrorangriffe.
 – Nachweis der Standsicherheit beim Ausfall einzelner Tragglieder

9. Klären von Vorgaben, die von **Einfluss und Wirtschaftlichkeit** der Konstruktion sein können, wie zum Beispiel
   - Objektplaner
   - Terminvorgaben, Terminplanung
   - Anforderungen aus Umwelt- und Baustellenbedingungen, wie zum Beispiel Einschränkungen des Baustellenlärms, eingeschränkte Transportmöglichkeiten, beengte Baustellenverhältnisse
   - Anforderungen an den Bauablauf (insbesondere bei Umbau- und Erweiterungsmaßnahmen)
   - Möglichkeit eventueller späterer Erweiterungen

10. Ermittlung der Einflüsse aus der **Technischen Ausrüstung** des Gebäudes

11. Definition der Anforderungen an das **Verformungsverhalten** des Tragwerks
    - Baugrube, auskragende Bauteile, Abfangungen
    - Verformungsbegrenzungen für Trennwände zur Vermeidung von Rissen
    - Verformungsbegrenzungen für Fassaden (zur Vermeidung von Aufwölbungen und Undichtigkeiten)

b) Besondere Leistungen

Zu den Besonderen Leistungen im Rahmen der Grundlagenermittlung zählen z. B. die **Bestandsaufnahme bestehender Tragwerke** im Hinblick auf Geometrie, tragende Querschnitte, Materialgüten oder Erhaltungszustand, sofern der Auftraggeber eine derartige Aufnahme während der von ihm geschuldeten Bedarfsplanung nicht durchgeführt hätte (Rdn. 81). Hierfür ist die Vereinbarung eines Zeithonorars sinnvoll. Ferner kann die Festlegung **besonderer**, in den Normen **nicht geregelter Belastungen** (z. B. aus Luftstoß, oder Eisdruck) notwendig sein. Für diese Leistung wird eine Bewertung von 1 bis 3 v. H. der Honorare des § 52 Abs. 1 empfohlen.   **5**

2. Leistungsphase 2 – Vorplanung

a) Grundleistungen

In Zusammenarbeit mit dem Objektplaner und den anderen Fachplanern wird die **prinzipielle Lösung des Tragwerks** erarbeitet. Dabei beschränken sich die Leistungen des Tragwerksplaners auf eine **Beratungstätigkeit in statisch-konstruktiver Hinsicht** unter Berücksichtigung der Belange der Standsicherheit, der Gebrauchsfähigkeit und der Wirtschaftlichkeit, die er aufgrund seiner Erfahrung dem Objektplaner **auf** dessen **Anforderung** zur Verfügung stellt. Die restlichen Tätigkeiten in dieser Bearbeitungsphase der Tragwerksplanung sind **Mitwirkungshandlungen**, die er ebenfalls nur **auf Anforderung** dem Objektplaner und den anderen fachlich Beteiligten gegenüber erbringt. Der Tragwerksplaner sollte seine Mitwirkungshandlungen z. B. in einem Vermerk dokumentieren. Werden diese Leistungen von den Genannten aber nicht abgerufen, zeigen Auftraggeber, Objektplaner und die anderen fachlich Beteiligten damit dem Tragwerksplaner an, dass sie auf seine Beratung und Mitwirkung verzichten wollen. Dennoch hat der Tragwerksplaner Anspruch auf die Honorierung der Leistungsphase, sofern sie zuvor vollumfänglich beauftragt und vertraglich vereinbart war.   **6**

In der Vorplanung werden **Lösungsmöglichkeiten** unter gleichen Objektbedingungen (vgl. § 11 Abs. 1, Rdn. 3) für das Tragwerk **skizzenhaft** untersucht. Als Ergebnis der Vorplanung sind die Baustoffe, Bauarten und Herstellungsverfahren sowie das Konstruktionsraster und die Gründungsart festgelegt. Die ggf. erforderliche zeichnerische Darstellung von Ergebnissen erfolgt skizzenhaft. Die Dokumentation etwaiger Vorberechnungen ist nicht vorgesehen, aber empfehlenswert, da im Rahmen der Vorplanung die Weichenstellung für die Wirtschaftlichkeit und Gebrauchstauglichkeit des Tragwerks stattfindet. Daher sollte der Tragwerksplaner seine diesbezüglichen Leistungsergebnisse für den Auftraggeber und für alle am Bau Beteiligten nachvollziehbar dokumentieren.   **7**

8   Der Tragwerksplaner soll bei **Vorverhandlungen mit Behörden** und anderen an der Planung fachlich Beteiligten **über die Genehmigungsfähigkeit mitwirken.** Der Begriff "mitwirken" ist so zu verstehen, dass der Tragwerksplaner entweder nur beratend oder auch schon durch das Zur-Verfügung-Stellen seiner Leistungsergebnisse aus Phase 1 **auf Anforderung** tätig wird. So kann er zur Teilnahme an Verhandlungen oder auch um die schriftliche Bereitstellung von Argumenten (z. B. hinsichtlich der Bebaubarkeit einer Baulücke) aufgefordert werden.

Als „Behörden" kommen beim bauaufsichtlichen Genehmigungsverfahren für die Tragwerksplanung hauptsächlich die Bauaufsichtsbehörden infrage; bei Zustimmungsverfahren vertritt der Auftraggeber die Bauaufsichtsbehörde, stellt also somit die "Behörde" dar.

9   Das **Mitwirken bei der Kostenschätzung** des Objektplaners geschieht ebenfalls nur auf dessen Anforderung und beinhaltet die kostenmäßigen Beurteilung des Tragwerks und Aussagen des Tragwerksplaners hinsichtlich der Anwendbarkeit gebräuchlicher Kostenrichtwerte ($€/m^2$, $€/m^3$) für das von ihm zu bearbeitende Tragwerk.

b) Besondere Leistungen

10   Aufstellen von **Vergleichsberechnungen für mehrere Lösungsmöglichkeiten unter verschiedenen Objektbedingungen** (z. B. Baukörpergestalt, Baugrundverhältnisse, Lage des Baukörpers auf dem Grundstück). Sie beinhalten je nach Anforderung an den Genauigkeitsgrad skizzenhafte Darstellungen und überschlägige statische Berechnungen, Mengenermittlungen sowie Kostenschätzungen; Bewertung pro zusätzlicher Objektbedingung mit 5 bis 8 v. H. der Honorare.

11   Aufstellen eines **Lastenplanes**, z. B. als Grundlage für die Baugrundbeurteilung und Gründungsberatung. Diese Leistung beinhaltet eine Lastvorberechnung. Der Lastenplan unterstützt den Baugrundgutachter bei der Durchführung und Auswertung seiner Untersuchungen, insbesondere bei der Durchführung von Grundbruch- und Setzungsberechnungen; Bewertung mit 5 bis 7 v. H. der Honorare nach § 52 Abs. 1.

12   **Vorläufige nachprüfbare Berechnung wesentlicher tragender Teile.** Bewertung dieser Leistung im Verhältnis zum vollen Leistungsumfang der Leistungsphase 4, die in § 51 Abs. 1 mit 30 v. H. bewertet ist.

13   **Vorläufige nachprüfbare Berechnung der Gründung.** Diese setzt das Vorliegen des Lastenplans voraus; Bewertung mit 2 bis 4 v. H. der Honorare nach § 52 Abs. 1.

Die unter Rdn. 12 und 13 genannten Leistungen können z. B. erforderlich werden, wenn zur Absicherung des Planungsergebnisses der Leistungsphase 2 die Einhaltung von Zwangsvorgaben aus Nachbarbebauung nachzuweisen oder die Anwendbarkeit eines Gründungsverfahrens zu belegen ist.

14   **Beim Planen im Bestand:**
    – Untersuchen der notwendigen Sicherungsmaßnahmen von Bauzuständen
    – Erarbeiten eines Vorschlages zur Behebung von Schäden oder Mängeln

Bei diesen Leistungen ist eine Honorierung nach Zeitaufwand zu empfehlen. Diese Besonderen Leistungen sind nicht durch die Regelung des § 6 Abs. 2 honoriert.

3. Leistungsphase 3 – Entwurfsplanung

a) Grundleistungen

15   Die Tragwerkslösung wird bis zum konstruktiven Entwurf mit zeichnerischer Darstellung erarbeitet. Basis der hier genannten Leistungen sind die Ergebnisse der Entwurfsplanung des Objektplaners einschließlich der durch den Objektplaner integrierten Fachplanungen. Als Ergebnis enthält der konstruktive Entwurf die Hauptabmessungen des Tragwerks und der tragenden Querschnitte sowie die prinzipielle Darstellung konstruktiver Details wie Aussparungen, Fugen, Auflager- und Knotenpunkte sowie der Verbindungsmittel.

Zum Entwurf gehört die überschlägige statische Berechnung des Tragwerks, die die Ausführbarkeit des Tragwerks belegt. Die in dieser Phase bewerteten Mitwirkungshandlungen des Tragwerksplaners **16**
– bei der Objektbeschreibung,
– bei Verhandlungen mit Behörden und anderen an der Planung fachlich Beteiligten über die Genehmigungsfähigkeit,
– bei der Kostenberechnung
sind nur erforderlich und möglich auf Anforderung des Objektplaners.

Die Leistungsphase 3 stellt die für die Wirtschaftlichkeit und Dauerhaftigkeit des Tragwerks wichtigste Planungsphase dar. Hier ist eine besonders enge Zusammenarbeit mit dem Objektplaner und den weiteren Fachplanern erforderlich.

Für die überschlägige statische Berechnung und die zugehörigen zeichnerischen Darstellungen ist keine feste Form vorgeschrieben (wie z. B. die Prüffähigkeit von dritter Seite). Die zeichnerischen Darstellungen müssen jedoch so weit ausgearbeitet sein, dass der Objektplaner die Ergebnisse der Leistungsphase 3 eindeutig daraus entnehmen kann. Ein Weg ist z. B., die Abmessungen der tragenden Querschnitte und die Ausbildungen der Fugen, Auflager sowie Knoten in die Objektentwurfspläne einzutragen und dem Objektplaner zu übergeben. Dies ist wegen der heute bestehenden Möglichkeiten zum digitalen Informationsaustausch von Daten und Plänen einfach möglich. **17**

Auch die in dieser Leistungsphase genannte Teilleistung, das „Mitwirken bei der Kostenkontrolle durch Vergleich der Kostenberechnung mit der Kostenschätzung" setzt voraus, dass der Objektplaner seiner Koordinations- und Integrationsaufgabe nachkommt und den Tragwerksplaner dazu auffordert.

b) Besondere Leistungen

Vorgezogene prüfbare und für die Ausführung geeignete Berechnungen wesentlich tragender Teile (Bewertung mit 6 bis 10 v. H. der Honorare) oder der Gründung (Bewertung mit 3 bis 5 v. H. der Honorare) werden bei größeren Projekten häufig erstellt, um Teilbaugenehmigungen für die Gründung oder das Kellergeschoß vorzeitig zu erlangen. Diese Berechnungen erfolgen auf der Grundlage des Lastenplanes (Leistungsphase 2). Sie verursachen im Vergleich mit der Normalabwicklung der Leistungen, bei der die hier angesprochenen Berechnungen im Rahmen der Leistungsphase 4 erbracht werden, einen erheblichen Mehraufwand, da sie im Zuge der endgültigen statischen Berechnung fortgeschrieben und in die endgültige Genehmigungsplanung - erforderlichenfalls überarbeitet - integriert werden müssen. **18**

Mehraufwand bei Sonderbauweisen oder Sonderkonstruktionen entsteht vielfach, wenn zur Überprüfung der Durchführbarkeit oder der Gestaltung bereits in der Entwurfsphase die **Klärung von Konstruktionsdetails** erforderlich wird. Dies gilt z. B. auch für den modernen Ingenieurholzbau. Die Honorierung kann wegen des jeweils individuellen und projektabhängigen Aufwands nicht als Tafelhonorar berechnet, sondern als Besondere Leistung nur nach Zeitaufwand erfolgen. **19**

Auch die **vorgezogene Stahl- oder Holzmengenermittlung** des Tragwerks und der kraftübertragenden Verbindungsteile **für eine Ausschreibung**, die **ohne Vorliegen von Ausführungsunterlagen** durchgeführt wird, zählt zu den Besonderen Leistungen. Führt der Objektplaner aus Termingründen oder auch zur Vorbereitung einer Leistungsbeschreibung mit Leistungsprogramm die Vorbereitung der Vergabe (Leistungsphase 6) auf Basis der Entwurfsplanung aus, benötigt er hierfür auch die entsprechenden Informationen des Tragwerksplaners, die normalerweise erst mit Abschluss dessen Leistungsphase 5 (Ausführungsplanung) vorliegen würden. Muss der Tragwerksplaner diese Leistungsergebnisse aber bereits im Rahmen seiner Leistungsphase 3 erarbeiten, bedeutet dies erheblichen Mehraufwand. Der Tragwerksplaner muss Mengenermittlungen entweder über bautechnische Kennziffern (Genauigkeitsgrad ± 20 %) oder zusätzlich über die Berechnung repräsentativer Bauteile (Genauigkeitsgrad ± 10 %) durchführen. Soweit für das Leistungsverzeichnis im Stahl- oder Ingenieurholzbau zur Beschreibung der Verbin- **20** dungsmittel die zeichnerische Darstellung von Knotendetails erforderlich ist, erzeugt dies beim Tragwerksplaner einen weiteren besonders hohen Bearbeitungsaufwand. Eine Bewertung mit 3 bis 6 v. H. der Honorare im Stahlbetonbau, mit 2 bis 10 v. H. im Stahlbau (einschließlich der Verbindungsmittel) und mit 6 bis 10 v. H. im Holzbau (einschließlich der Verbindungsmittel) wird als angemessen angesehen.

Aus Haftungsgründen ist es erforderlich, dass das Genauigkeitsziel der Mengenermittlungen bei Beauftragung geklärt und schriftlich vereinbart wird.

21 Der **Entwurf von elastischen oder plastischen Sperrschichten** für die Abdichtung von Bauwerken obliegt dem Objektplaner. Soll er vom Tragwerksplaner erbracht werden, erbringt der Tragwerksplaner eine Objektplanungsleistung, deren Honorierung nur nach Zeitaufwand erfolgen kann. In gleicher Weise stellt auch die Feststellung der **Expositionsklassen nach DIN EN 1992-1-1** bei Stahlbetonbauten eine Grundleistung des Objektplaners dar.

22 Schließlich zählen auch die Nachweise der **Erdbebensicherung** zu den Besonderen Leistungen der Leistungsphase 3, da diese nicht im Allgemeinen erforderlich und deswegen auch nicht verordnet sind. Für die Erdbebensicherung von Tragwerken sind Leistungen des Tragwerksplaners in den Leistungsphasen 2 bis 5 erforderlich. Da der Hauptanteil der Leistung in der Leistungsphase 4 anfällt, wird die Honorierung bei der Kommentierung der Besonderen Leistungen in dieser Phase erörtert (vgl. Rdn. 38).

23 Soll der Tragwerksplaner dem Objektplaner anstelle der Erledigung seiner Mitwirkungspflichten bei der Kostenberechnung des Objektplaners eine **genaue Kostenberechnung** des Tragwerks zur Verfügung stellen, so kann dies mit wachsender Genauigkeit erfolgen auf der Grundlage

– eines Mengengerüstes für Leitpositionen z. B. m³ Beton einschließlich Schalung und Bewehrung; Bewertung mit 6 v. H. der Honorare oder

– eines Basis-Leistungsverzeichnisses für Gruppenpositionen z. B. m³ Beton für Decken, Stützen, Wände, m² zugehörige Schalungen; Bewertung mit 11 v. H. der Honorare oder

– eines vorgezogenen endgültigen Leistungsverzeichnisses mit genauer Mengen- und Preisermittlung aller Leistungspositionen.

Die letztgenannte Besondere Leistung sollte mit 18 v. H. des Honorars nach § 52 Abs. 1 bewertet werden, da sie einen wesentlich größeren Umfang als die vorgezogene Leistungsphase 6 besitzt. Die mit zunehmendem Genauigkeitsgrad aufgeführten Kostenberechnungsarten stellen aufwendige Besondere Leistungen dar, die aber die Sicherheit der Kostenaussagen erheblich steigern.

Für folgende beispielhaft aufgeführten **Besonderen Leistungen** wird die **Honorierung nach Zeitaufwand** empfohlen, da Art und Umfang der Leistungen eine Vorauskalkulation nur im Einzelfall erlauben.

– **Veranlassung und begleitende Beratung von Versuchen oder Modellversuchen** (z. B: Windkanal) und Interpretation der Versuchsergebnisse

– **Beitrag zur Analyse von Alternativen/Varianten** und deren Wertung mit Kostenuntersuchungen (Optimierung)

– **Beitrag zu Wirtschaftlichkeitsberechnungen des Objektplaners**

– **Entwicklung von Ausführungsdetails im Ingenieurholzbau**

– Beraten bei der Wahl geeigneter **Baugrubensicherungen und der Sicherung benachbarter Anlagen** unter Berücksichtigung der Belange der Standsicherheit und der Wirtschaftlichkeit im Zusammenhang mit der Tragwerksplanung

– **Formfindung, Geometrieermittlung** und **Geometrieoptimierung** sichtbar bleibender Tragwerke

– **Gestaltungsbedingter konstruktiver Aufwand** bei der Entwurfsplanung.
Die HOAI ordnet die Tragwerke den Honorarzonen rein nach dem statisch-konstruktiven Schwierigkeitsgrad zu (§ 52 Abs. 2, HOAI-Anlage 14.2). Gestaltungsbedingte Anforderungen und zugehöriger Aufwand sind daher als Besondere Leistung zu vergüten.

– **Beim Planen im Bestand**: Entwurf der notwendigen Sicherungsmaßnahmen von Bauzuständen. Diese Besondere Leistung ist nicht durch die Regelung des § 36 bzw. § 52 Abs. 4 honoriert.

– Bei **Tragwerken in Fertigteilbauweise** sind die Einzelteile der tragenden Konstruktion, insbesondere aber die Knotendetails unter Berücksichtigung der Anforderungen aus Nutzung und Gestaltung zu entwerfen. Die Auflagerung und Verbindung der Bauelemente untereinander hat wesentlichen Einfluss auf deren Bemessung und Gestaltung. Daher ist der Maßstab für die Detaillierung so zu wählen, dass planmäßige exzentrische Lasteinleitungen eindeutig definiert werden können. Diese Leistung geht je nach Aufgabe erheblich über den Entwurf einer Ortbetonkonstruktion hinaus. Ein Maßstab für die Mehrleistung gegenüber der nach § 51 Abs. 1 mit 15 v. H. bewerteten Leistung kann das Verhältnis des Aufwandes für die Ausführungsplanung der Fertigteilkonstruktion gegenüber der Ausführungsplanung einer Ortbetonkonstruktion sein (vgl. Rdn. 55).

4. Leistungsphase 4 – Genehmigungsplanung

a) Grundleistungen

Auf der Grundlage der Entwurfsplanung wird die **prüffähige statische Berechnung** für das Tragwerk unter Berücksichtigung der vorgegebenen bauphysikalischen Anforderungen erstellt. Als bauphysikalische Anforderungen sind hier Belastungen aus Eigengewicht, üblichen Verkehrslasten, Wind, Wasserdruck, Auftrieb und Erddruck zu verstehen. Die bauphysikalischen Nachweise zum Brandschutz, zum Luftschutz, die Nachweise der Erdbebensicherung und das Aufstellen der Berechnungen nach militärischen Lastenklassen (MLC) für Brücken sind Besondere Leistungen (vgl. Rdn. 37). Das Tragwerk und die Lastabtragung sind eindeutig zu beschreiben. Die Tragfähigkeit und Gebrauchstauglichkeit der baulichen Anlage, ihrer Bauteile und Verbindungen sind übersichtlich und leicht prüfbar nachzuweisen. Umfang der Nachweise finden sich in den einzelnen Normen z. B. DIN EN 1992 und DIN EN 1993. **24**

Soweit in der statischen **Berechnung von Ingenieurbauwerken „normale" Bauzustände** zu erfassen sind, gehören diese zu den Leistungen nach Anlage 14.1, so z. B. der Nachweis von Brückenpfeilern und -widerlagern ohne Auflast aus dem Überbau. Im Brückenbau gehören die Nachweise für Bauzustände des Taktschiebeverfahrens, des Freivorbaus und der bauabschnittsweisen Herstellung auf Vorschubgerüst nicht zu den Grundleistungen ebenso wie die statische Berechnung für Bauzustände, die über das Erfassen von normalen Bauzuständen hinausgeht. Letzterer Fall liegt auch im Hochbau vor, wenn ein Gebäude so in Teilabschnitten errichtet wird, dass sich das endgültige Trag- oder Aussteifungssystem erst nach Fertigstellung des letzten Bauabschnitts einstellt (vgl. Rdn. 36). **25**

An statische Berechnungen im Rahmen der Genehmigungsplanung sind prinzipiell folgende **Mindestanforderungen** zu stellen: **26**
– Erläuterung des Tragwerks, der Systeme, Belastungen, Baustoffe, Baugrundvorgaben und Besonderheiten in einem Vorwort,
– übersichtliche positionsweise Gliederung der Berechnung,
– Beschreibung des Berechnungsverfahrens,
– grafische Darstellung der statischen Systeme der einzelnen Positionen oder eines Gesamtsystems (3D-Berechnungen),
– übersichtliche, möglichst grafische Darstellung der Ergebnisse der Berechnung wie Schnittkräfte, Spannungen, Verformungen, erforderliche Bewehrungsquerschnitte,
– Hinzufügung etwaiger Zulassungs- und Prüfbescheide.

Die Dokumentation der statischen Berechnungen hat sich durch die Verwendung der elektronischen Datenverarbeitung (EDV) erheblich gewandelt. Unabhängig von der Qualität der eingesetzten Software sind die genannten Mindestanforderungen ggf. durch handschriftliche Ergänzungen sicherzustellen.

Zur Leistung der Leistungsphase 4 gehört auch das **Anfertigen von Positionsplänen** für das Tragwerk oder das Eintragen der statischen Positionen, der Tragwerksabmessungen, der Ver- **27** kehrslasten, der Art und Güte der Baustoffe und der Besonderheiten der Konstruktionen **in die Entwurfszeichnungen des Objektplaners**.

Die letztgenannte Leistung „Eintragen in die Entwurfszeichnungen" dürfte oft zu einem unübersichtlichen Ergebnis führen und ist im Rahmen EDV-basierter Bearbeitung nicht mehr zeitgemäß. Falls solche Zeichnungen gewünscht werden, sollten sie gesondert angefertigt werden. In diesem Fall stellen sie – wenn sie auch noch die Bewehrungsquerschnitte enthalten – eine Besondere Leistung dar (vgl. Rdn. 36).

Es ist bereichsweise, so z. B. im Brückenbau nicht üblich, Positionspläne für das Tragwerk anzufertigen. Die Positionierung erfolgt dort unter Bezug auf die Achsbezeichnung des Bauwerks. Die Positionspläne sind dann weitgehend mit den Entwurfsplänen identisch.

Weitere textliche Beschreibungen wie z. B. die Beschreibung der Lage eines Bauteils verursachen einen zusätzlichen und nicht erforderlichen Aufwand, der entbehrlich ist. Das mit der Leistungsphase verfolgte Ergebnis ist mit den Informationen in den genannten Plänen vollständig erbracht.

28 Das **Zusammenstellen** der Unterlagen der Tragwerksplanung **zur Genehmigung** ist eine Leistung des Tragwerksplaners, allerdings nur für den von ihm bearbeiteten Bereich. Das Genehmigungsverfahren umfasst aber auch die bautechnische Prüfung weiterer sicherheitsrelevanter bautechnische Unterlagen, so auch für Baubehelfe wie z. B. Baugrubensicherung, Trag- und Arbeitsgerüste, Kranfundamente, aufgeständerte Kranbahnen, deren Erstellung bei den üblichen Vertragsvereinbarungen nach VOB Teil C allerdings dem bauausführenden Unternehmer obliegt.

29 Im Brückenbau wird von öffentlichen Auftraggebern meistens gefordert[9], dass der Tragwerksplaner des Bauwerks die **Koordination der Tragwerksplanung des Traggerüstes mit der des Bauwerks** durchführt. Gleiche Forderungen werden bei Hochbauten von Bauaufsichtsbehörden gestellt, wenn mehrere Tragwerksplaner an einem Projekt tätig sind. Diese Koordination stellt eine Besondere Leistung dar.

Die koordinierende Überprüfung auf Übereinstimmung (mit dem Grundkonzept der Tragwerksplanung) von bautechnischen Unterlagen für Naturstein-, Metall- oder Glasfassaden oder für sonstige Sonderkonstruktionen des Bauwerks gehört dann zu den Grundleistungen, wenn deren Kosten gemäß § 50, Abs. 5 voll zu den anrechenbaren Kosten gezählt werden.

Bezüglich der Aufstellung und Prüfung der bautechnischen Unterlagen für die Tragwerksplanung besteht kein sachlicher Unterschied zwischen dem bauaufsichtlichen Genehmigungsverfahren und dem Zustimmungsverfahren. Die Durchführung eines Zustimmungsverfahrens führt daher nicht zu einer Minderung des Honoraranspruchs.

30 Es versteht sich von selbst, dass der Aufsteller der statischen Berechnung mit dem zugeordneten **Prüfamt und/oder Prüfingenieur** Kontakt aufnimmt und diesen Kontakt auch hält. Dabei werden insbesondere bei Unklarheiten **Fragen zu klären** oder auch über Berechnungsansätze **Verhandlungen und Abstimmungen** zwischen Tragwerksplaner und Behörde/Prüfingenieur erforderlich. Diese Tätigkeit und die sich daraus ggf. ergebenden begründet geforderten **Änderungen, Vervollständigungen und Berichtigungen** der Berechnungen und Pläne gehören zu den bewerteten Leistungen und begründen keinen zusätzlichen Honoraranspruch des Tragwerksplaners. Sie sind natürlich entbehrlich, wenn der Tragwerksplaner von vornherein vollständige und richtige Unterlagen geliefert hat – was ja die Regel sein sollte.

Je nach Regelung in der Landesbauordnung ist für einfache Tragwerke die unabhängige Prüfung durch einen Prüfingenieur oder eine Behörde entbehrlich. Dies entbindet jedoch nicht den Tragwerksplaner von seiner Pflicht nach Fertigstellung der Berechnung eine Eigenkontrolle durchzuführen. Es ist empfehlenswert, das Ergebnis dieser Eigenkontrolle auch zu dokumentieren und in das Qualitätssicherungssystem aufzunehmen. Der Wegfall einer amtlichen Prüfung bei einfachen Tragwerken führt daher nicht zur Minderung des Honoraranspruches.

---

[9] Zusätzliche Technische Vertragsbedingungen und Richtlinien für Ingenieurbauten (ZTV-ING 2007) des Bundesministeriums für Verkehr, Bau und Stadtentwicklung, Teil 1 Abs. 2

b) Besondere Leistungen

Für viele Gebäudearten (Schulen, Versammlungsstätten, Hochhäuser u. a.) wird in den Bauord-   **31**
nungen die Einhaltung einer bestimmten Feuerwiderstandsdauer der tragenden Teile und die
bauphysikalische Nachweise zum Brandschutz gefordert. Die Anforderung Feuerwiderstands-
klasse F 90 bedeutet z. B., dass das Bauteil einem in DIN 4102 (Brandverhalten von Baustoffen
und Bauteilen) definierten Normbrand von 90 Minuten Dauer widerstehen muss, ohne zu versagen. Für die üblichen Feuerwiderstandsklassen und Bauarten sind in den Normen entsprechende
Forderungen aufgestellt. Diese betreffen z. B. bei Stahlbeton- und Spannbetonbauten die Mindestabmessungen der Betonquerschnitte, die Anzahl und Anordnung der Bewehrungsstäbe im
Querschnitt, die Betondeckung der Bewehrung, die Begrenzung der Betondruckspannungen,
die Gestaltung von Fugen im Fertigteilbau sowie die Anordnung zusätzlicher oberer Feldbeweh-
rungen; dies alles in Abhängigkeit von der Beflammbarkeit (ein- bis vierseitig), den statischen
Systemen (Einfeldträger, Durchlaufträger, zwei- bis vierseitig gelagerte Platten) und den Est-
richstärken.

Die Leistung des Tragwerksplaners für den **konstruktiven Brandschutz** umfasst :   **32**
– Beachtung und Einarbeitung der Anforderungen bei Vorentwurf und Entwurf des Tragwerks
  (Leistungsphasen 2 und 3).
– Schriftlicher Nachweis der Einhaltung der Anforderungen für die einzelnen Tragelemente
  (Leistungsphase 4). Dieser Nachweis kann tabellarisch unter Bezug auf die einschlägigen
  Normen erfolgen.
– Berücksichtigung der Anforderungen bei der Ausführungsplanung (Leistungsphase 5).

In vielen Fällen werden diese Leistungen in den Phasen 2 bis 5 erforderlich. Die HOAI-Anlage
14.1 führt – vermutlich aus Vereinfachungsgründen – die Leistungen allerdings nur in der Leistungsphase 4 auf.

Die folgende Tabelle zeigt den Bewertungsvorschlag gemäß Heft Nr. 3 der AHO-Schriftenreihe[10]. Es bleibt den Vertragspartnern überlassen, die Honorierung zusammengefasst in der
Leistungsphase 4 oder aufgeschlüsselt auf einzelne Leistungsphasen vorzunehmen.

Leistungs-phase	Leistung	Bewertung in v. H. der Honorare des § 52 in Abhängigkeit von den Anforderungen					
		Stahlbetonbau		Stahlbau		Holzbau	
		F 90	F 180	F 30	F 90 (Stahl-verbund)	F 30	F 60
2 + 3 + 4	Vorentwurf, Entwurf und Nachweis	2	4	3	9	4	8
5	Ausführungsplanung	3	6	2	9	3	6

Die statische Berechnung und zeichnerische Darstellung für **Bergschadenssicherungen und**   **33**
Bauzustände, soweit diese Leistungen über das Erfassen von normalen Bauzuständen hinausgehen, ist nicht allgemein bewertbar; hier muss der Einzelfall beurteilt werden (vgl. Rdn. 38).

Das **Erfassen von Bauzuständen bei Ingenieurbauwerken**, in denen das statische System
von dem des Endzustandes abweicht, ist nur in der Leistungsphase 4 als Besondere Leistung
genannt, erstreckt sich aber auch über die Leistungsphasen 2 und 3. Die Zusatzleistungen in
diesen anderen Phasen wurden bei den nachfolgenden Bewertungen in v. H. des Honorars nach
§ 52 Abs. 1 berücksichtigt. Sie beinhalten jedoch nicht den Aufwand in der Leistungsphase 5
(Ausführungsplanung):

1. Die **bauabschnittsweise Herstellung der Überbauten** erfordert die Überlagerung der
   Schnittkräfte aus den Bauzuständen unter Berücksichtigung des Einflusses des Beton-Krie-
   chens, den Nachweis von Verkehrslastfällen in Bau- und Endzuständen und die umfangreichen
   zusätzlichen Nachweise im Bereich der Koppelfugen; Bewertung 6 bis 10 v. H.

---

[10] Siehe Fn. 7

2. Beim **Taktschiebeverfahren und Freivorbau** sind die gleichen Leistungen wie oben beschrieben erforderlich, hier aber mit wesentlich mehr Bauabschnitten und unter getrennter Berücksichtigung der Primär- und Sekundärvorspannung; Bewertung 20 bis 25 v. H.

3. Beim **Einsatz von Stahlbeton-Fertigteilen** mit nachträglich hergestellten Querträgern und Fahrbahnplatten werden die gleichen Nachweise, aber in verringertem Umfang erforderlich; Bewertung 10 bis 15 v. H.

34 Der **Abbruch von Bauwerken** muss so vorgenommen werden, dass keine Gefährdung für Personen oder Umwelt eintritt. Die Besonderen Leistungen bei der Tragwerksplanung umfassen die Beurteilung des vorhandenen Tragsystems, die Festlegung der Vorgehensweise und die rechnerischen Nachweise für Teilabbruchzustände; Bewertung 5 bis 10 v. H. des Honorars, welches mit dem Wert der vorhandenen Bausubstanz des abzubrechenden Bauwerks ermittelt werden kann.

35 **Die Transport- und Montagenachweise von großen Fertigteilträgern** (nicht zu verwechseln mit den oben genannten Nachweisen von Bauzuständen) umfassen die Nachweise für das Abheben aus der Schalung, die Lagerung auf dem Fahrzeug, die Aufhängung am Kran und die Sicherung nach dem Einbau. Hierbei spielen meistens Stabilitätsfragen eine große Rolle; Bewertung 5 bis 10 v. H. des Honorars, welches mit den anrechenbaren Kosten der Träger zu ermitteln ist.

36 **Zeichnungen mit statischen Positionen** und den **Tragwerksabmessungen**, den **Bewehrungsquerschnitten**, den **Verkehrslasten** und der **Art und Güte der Baustoffe** sowie **Besonderheiten der Konstruktionen** zur Vorlage bei der bauaufsichtlichen Prüfung anstelle von Positionsplänen. Diese Zeichnungen stellen vereinfachte Ausführungszeichnungen dar, die bei einfachen Bauvorhaben die Ausführungsplanung der Phase 5 ersetzen sollen. Bei der Bewertung ist zu beachten, dass die Zeichnungen einerseits die in der Grundleistung vorgesehenen Positionspläne, andererseits einen großen Teil der Informationen der Ausführungsplanung (Leistungsphase 5) enthalten. Bewertung 6 bis 8 v. H.

37 Bei Straßenbrücken wird vielfach das **Aufstellen der Berechnungen nach militärischen Lastenklassen (MLC)** für vorgegebene Lastbilder von Militärfahrzeugen gefordert. Dies erfolgt entweder im Rahmen der statischen Berechnung durch Berücksichtigung als gesonderter Lastfall oder durch Überprüfung einer fertigen Tragwerksplanung im Hinblick auf die höchstzulässige Militärlastenklasse. Für jede dieser Leistungen ist eine Bewertung mit 4 bis 7 v. H. der Honorare angemessen.

38 **Nachweise der Erdbebensicherung** sind in erdbebengefährdeten Gebieten gemäß DIN EN 1998 zu führen.

Bei Hochbauten, die bestimmte Kriterien erfüllen, ist nach DIN EN 1998-1 Abs. 4.3 ein vereinfachtes Antwortspektrumverfahren zulässig. Die Kriterien sind nachzuweisen und zu dokumentieren.

Bei Hochbauten, welche die angegebenen Bedingungen für ein vereinfachtes Antwortspektrum nicht erfüllen sind aufwendige genauere Nachweise (multimodale Anwortspektrumverfahren) zu führen.

Die Leistungen erstrecken sich über die Leistungsphasen 2 bis 5. Zur Ermittlung angemessener Honorare für diese Leistungen werden nachfolgende Bewertungsvorschläge unterbreitet. Eine weitere Unterteilung der Bewertung in den einzelnen Leistungsphasen ist z. B. in Heft Nr 3 der AHO Schriftenreihe (Stand Januar 2010) zu finden.

Nachweise der Erdbebensicherung	Bewertung der Leistungen in den Leistungsphasen 2 bis 5	
	Erdbebenzone 0 – 1 Bedeutungskategorie I–II	Erdbebenzone 2 – 3 Bedeutungskategorie III–IV
Vereinfachtes Antwortspektrenverfahren	3 – 5.	3 – 5
Antwortspektrenverfahren mit mehreren Schwingungsformen (Modalanalyse)	8 – 15	12 – 23
Zeitschrittanalyse bzw. Kapazitätsspektrenverfahren		12 – 23

Nachweise nach bautechnischen Richtlinien des Grundschutzes sind oft für Schutzräume in Gebäuden zu führen. Diese Leistung erstreckt sich ebenfalls über die Leistungsphasen 2 bis 5. Sie umfasst u. a. auch die gasdichte Gestaltung von Bauwerksfugen, die statischen Nachweise für Luftstoß- und Trümmerlasten sowie die Berücksichtigung von Mindestbewehrungen und speziellen Einbauteilen bei der Ausführungsplanung. Je nach Anteil der Schutzräume am Gesamttragwerk werden für die Leistungsphasen 2 bis 4 insgesamt 4 bis 8 v. H. und für die Leistungsphase 5 insgesamt 5 bis 10 v. H. empfohlen   **39**

Im Stahl- und Holzbau gehört zur Leistungsphase 4 auch der Nachweis der Stabanschlüsse in den Regel-Knoten. **Die ergänzenden Detailnachweise** werden im Rahmen der Bearbeitung der Werkstattzeichnungen erstellt, da erst dann die genaue Geometrie der Knoten bekannt ist. Diese statischen Nachweise für Anschlüsse im Stahlbau oder Holzbau stellen daher analog zu den Werkstattzeichnungen eine Besondere Leistung dar. Sie können mit 3 bis 10 v. H. der Honorare bewertet werden.   **40**

Für das **Aufstellen eines Lastenplanes** auf der Grundlage der fertig gestellten statischen Berechnung zur Weitergabe an Dritte werden 1 bis 2 v. H. der Honorare empfohlen.   **41**

Für folgende beispielhaft aufgeführten Besonderen Leistungen wird die Honorierung nach Zeitaufwand empfohlen, da Art und wechselnder Umfang der Leistungen eine Vorauskalkulation nur im Einzelfall erlauben.   **42**
– Zusammenstellen und Beurteilen von **Unterlagen für besondere Prüfverfahren**, z. B. für eine Zustimmung im Einzelfall
– **Statische Berechnung und zeichnerische Darstellung für Baubehelfe**, Bergschadenssicherungen und Bauzustände, soweit diese Leistungen über das Erfassen von normalen Bauzuständen hinausgehen
– **Aufstellen von prüffähigen, dynamischen Berechnungen**
– **Aufstellen der Berechnungen für Sonderlasten**
– **Nachweise der Standsicherheit von Fassadenverkleidungen**
  Gemäß amtlicher Begründung zu § 63 Abs. 7 HOAI 2002 ist die Tragwerksplanung von Fassadenverkleidungen nicht Gegenstand der Grundleistungen nach § 51 Abs. 1 i. V. m. Anlage 14.1. Die Kosten der Fassade sind trotzdem beim Tragwerk des Gebäudes anrechenbar. Zur Honorierung dieser Leistungen für die Fassade kommt die Interpretation der Fassadenverkleidung als eigenständiges Tragwerk mit eigenen anrechenbaren Kosten, mit den in § 51 bewerteten Grundleistungen und mit der nach § 52 Abs. 2 und 3 i. V. m. HOAI-Anlage 14.2 zu bestimmenden Honorarzone infrage oder die Honorierung nach Zeitaufwand (s. auch § 50 Rdn. 33).
– **Genauer Nachweis der Schienenspannungen bei Eisenbahnbrücken**
– Beim **Planen im Bestand**: Statische Berechnung für Sicherungsmaßnahmen von Bauzuständen

5. Leistungsphase 5 – Ausführungsplanung

a) Grundleistungen

Zur Herstellung seiner **Ausführungspläne** (Schal-, Bewehrungs- und Konstruktionspläne) benötigt der Tragwerksplaner die von den Objektplanern gemäß § 34 Abs. 3 Nr. 5, § 43 Abs. 1 Nr. 5 oder § 47 Abs. 1 Nr. 5 herzustellenden Ausführungspläne des Bauwerks. mit allen für die Ausführung notwendigen Einzelangaben einschließlich der Detailzeichnungen in den erforderlichen Maßstäben. Zu den Einzelangaben zählen auch Schlitze, Aussparungen und Einbauteile für den Ausbau (z. B. Ankerschienen).   **43**
  Der Tragwerksplaner ist verpflichtet, seine Ergebnisse der tragwerksplanerischen Entwurfs- und Genehmigungsplanung auf Übereinstimmung mit den vom Objektplaner gelieferten Planungsergebnissen zu prüfen, ggf. erforderliche Ergänzungen oder Korrekturen der objektplanerischen Ausführungsplanung mit den anderen fachlich Beteiligten abzustimmen und zu

veranlassen und ggf. daraus resultierende Korrekturen der eigenen Leistungsergebnisse vorzunehmen. Diese Tätigkeit nennt die HOAI das **Durcharbeiten der Ergebnisse der Leistungsphasen 3 und 4 unter Beachtung der durch die Objektplanung integrierten Fachplanungen.**

44   Erst nach diesem Abstimmungs- und Prüfprozess werden die **Schalpläne** in „Ergänzung der fertig gestellten Ausführungspläne des Objektplaners" angefertigt. Auf der Grundlage der Schalpläne erfolgt dann die zeichnerische Darstellung der Konstruktion in Form von **Bewehrungsplänen, Stahlbauplänen oder Holzkonstruktionsplänen** einschließlich detaillierter **Stahl- oder Stücklisten.**

Da der Tragwerksplaner die Schalpläne „in Ergänzung der fertig gestellten Ausführungspläne des Objektplaners" anfertigt, kann er seine effektive Zeichentätigkeit erst nach endgültiger Fertigstellung der Ausführungspläne des Objektplaners für den von ihm zu bearbeitenden Bereich beginnen. Es versteht sich, dass auch die Leistungen der übrigen Fachplaner, soweit sie in die Tragwerksplanung eingreifen (z. B. Schlitz- und Durchbruchpläne der Technischen Ausrüstung) fertig gestellt sein müssen, da der Objektplaner die Ergebnisse bereits vorher verwerten musste. Im Hochbau bedeutet dies terminlich, dass z. B. zum Beginn der Anfertigung der Schalpläne des 1. Obergeschosses bereits die vollständigen Objektausführungspläne des 1. und 2. OG und alle erforderlichen Schnittzeichnungen und Details – soweit sie das Tragwerk betreffen – vorliegen müssen.

45   Wird die Ausführungsplanung in Verfolgung der Vorgaben der §§ 34, 43 und 51 und der zugehörigen Anlagen HOAI erstellt, bedeutet dies, dass bei der Errichtung des Tragwerks auf der Baustelle, also in der Rohbauphase, nach den Ausführungsplanungen sowohl für das Objekt als auch für das Tragwerk gearbeitet werden muss, da ja definitionsgemäß die Schalpläne in Ergänzung der Ausführungspläne des Objektplaners erstellt werden. Der Polier auf der **Baustelle hat somit gleichzeitig nach zwei Plänen zu arbeiten.** Dieses Verfahren ist für die Praxis umständlich und birgt insbesondere wegen der heute auf den Baustellen üblichen Arbeitsteilung Fehlerquellen.

In vielen Fällen wird daher – vor allem von öffentlichen Auftraggebern – gefordert, dass die „Schalpläne" alle für die Ausführung des Tragwerks erforderlichen Einzelheiten ausweisen, ohne dass für die Ausführung des Rohbaus weitere Pläne zur Hand genommen werden müssen. Die Fertigung solcher **Rohbauzeichnungen** erfordert einen erheblichen Mehraufwand und stellt eine Besondere Leistung dar (vgl. Rdn. 63).

46   In den **Bewehrungsplänen** sind alle für die Standsicherheit und für die Dauerhaftigkeit (z. B. Rissesicherung) erforderlichen Bewehrungen dargestellt. Die Vermassung der Bewehrung erfolgt im Plan oder in den Stahllisten. Die Bewehrungspläne enthalten auch die Angaben über Abstandshalter, Stahlsorten, Betondeckung der Bewehrung, Unterstützung der oberen Bewehrung, Mindestdurchmesser der Biegerollen und Verankerungsteile, soweit diese nicht schon in den Schalplänen dargestellt sind. In diesem Zusammenhang wird ausdrücklich darauf hingewiesen, dass das Erstellen der Stahllisten für Rundstahl und Bewehrungsmatten mit Stahlmengenermittlung ebenfalls zu den bewerteten Leistungen der Leistungsphase 5 des Tragwerksplaners gehört. Damit sind die in den Normen DIN ISO 3766:1996 und DIN ISO 4066:1996, die jetzt in der DIN EN ISO 3766 vom Mai 2004 bzw. Januar 2005 zusammengefasst sind, formulierten Anforderungen an Umfang und Genauigkeit der Bewehrungspläne verbal beschrieben.

47   **Stahlbaupläne, sog. Stahlbauübersichtszeichnungen** und **Holzkonstruktionspläne** stellen die als Tragwerk miteinander verbundenen Stahlprofile bzw. Einzelhölzer und prinzipiellen Knotendetails dar. Hierzu gehören auch die Fußverankerungen in den Fundamenten, die Verbände und die Verbindungen zu Stahlbetondecken und -wänden. Die Hauptdarstellung des Tragwerkes erfolgt in der Ansicht. Durch Schnitte werden nur die für eine eindeutige Festlegung der Tragkonstruktion erforderlichen Angaben ergänzt. Da der Zeichnungsumfang nicht normativ geregelt ist empfiehlt sich im Einzelfall eine vertragliche Regelung, die definiert, bis zu welcher Zeichnungstiefe und in welchem Maßstab die Darstellung erfolgen soll. Im Stahlbau reicht z. B. der Hinweis auf DIN EN 1993-1 nicht aus, da dort die Anforderungen an Zeichnungen in der Gesamtheit definiert werden. Eine Abgrenzung des Zeichnungsinhaltes in der bewerteten Leistungsphase 5 (Stahlbauübersichtszeichnungen) erfolgt bekanntlich nicht, da die in der

HOAI bewerteten Leistungen nur als Vergütungstatbestände zu verstehen sind. Auch bei den genannten Konstruktionen gehört das planweise Aufstellen detaillierter Stahl- oder Stücklisten als Ergänzung zur zeichnerischen Darstellung der Konstruktionen mit Stahlmengenermittlung zur bewerteten Leistung.

Die Stahlbau- und die Holzkonstruktionspläne liefern den ausführenden Unternehmen die Informationen, die sie benötigen, um ihre Werkstattzeichnungen herzustellen.

§ 51 Abs. 2 bestimmt, dass die Leistungsphase 5 in bestimmten Fällen nur mit 30 v. H. der Honorare des § 52 zu bewerten ist : **48**

1. **im Stahlbetonbau**, sofern **keine Schalpläne** in Auftrag gegeben werden. Dies kann nur dann gelten, wenn vorher Schalpläne von einem Dritten gefertigt werden. Das Vorhandensein von Schalplänen ist für die Anfertigung der Bewehrungspläne und die Bauausführung dieser Bauteile unerlässlich, nicht zuletzt für die Durchführung der Arbeitsvorbereitung. Die Anfertigung von Bewehrungsplänen ohne Vorliegen von Schalplänen birgt auch bei einfachen Bauvorhaben erhebliche Ausführungsrisiken in sich und erfordert erheblichen Mehraufwand,

2. **im Holzbau mit unterdurchschnittlichem Schwierigkeitsgrad**, wenn also das Holztragwerken der Honorarzone I oder II entspricht. Dies ist in der Regel dann der Fall, wenn es sich um „zimmermannsmäßige" Holztragwerke handelt, deren Holzkonstruktionen in den Ausführungszeichnungen vereinfacht dargestellt werden können.

Bei den Tragwerken des Ingenieurholzbaus, die den Honorarzonen III bis V zuzuordnen sind, sind die Leistungen für die Bearbeitung der Holzkonstruktionspläne wesentlich höher als bei den unter 2. genannten Konstruktionen. Die dafür notwendigen Grundleistungen der Leistungsphase 5 sind daher voll, also mit 40 v. H. der Honorare bewertet.

Bei jedem Bauwerk in Stahl- oder Holzbauweise kommt auch Stahlbeton zur Anwendung, mindestens für die Fundamente, Sohlplatten, Keller und Treppen. Für solche Bauwerksteile müssen Schalpläne angefertigt werden, in denen die Anschluss- und Auflagerpunkte für die Stahl- oder Holzkonstruktion genau dargestellt sein müssen. Dies gilt insbesondere auch für Bauwerke, die in der sogenannten **Mischbauweise** hergestellt werden. Hierunter sind alle Bauwerke zu verstehen, bei denen zusätzlich Baumaterialien in Form von Mauerwerk, anderen Baustoffen oder vorgefertigten Bauelementen (Fertigteilen) mitverarbeitet werden. Zu solchen Bauwerken zählen beispielsweise nahezu alle Wohnhäuser. Bei den letztgenannten Bauwerken ist nach Auffassung von Korbion/Mantscheff/Vygen[11] „*in den Fällen, in denen die Abmessung der Stahlbeton- und Betonkonstruktionen gemeinsam mit Ausführungsplänen für das Mauerwerk oder vereinfacht als verbesserte Positionspläne oder verbesserte und ergänzte Ausführungspläne des Objektplaners hergestellt werden, nur ein Teilhonorar der sonst für die Anfertigung von Schalplänen vorgesehenen 16 v. H.* (nach § 51 Abs. 2 nun 10 v. H.; Ergänzung von Verfasser) *anzusetzen*". In vielen Fällen werden aber auch für die Mauerwerksbauteile oder die Bauteile mit anderen Baumaterialien Ausführungspläne (Schalpläne) des Tragwerksplaners erforderlich, sodass im Regelfall auch bei Mischbauweisen der volle anteilige Satz von 10 v. H. für diese Schalpläne angemessen ist. **49**

Wenn der Tragwerksplaner im Ausnahmefall die beschriebene Koordination der Konstruktionsdetails aller Bauwerksbestandteile in seinen Schalplänen nicht durchführt, steht ihm aber zumindest für das Erstellen der **Ausführungspläne für alle Beton- und Stahlbetonkonstruktionen** die volle Bewertung für die Leistungsphase 5 mit 40 v. H. zu.

§ 51 Abs. 3 wertet – anders als § 51 Abs. 2 – das Erstellen von **Schalplänen als Einzelleistung** mit 20 v. H. Diese kann nur mit erheblichem Mehraufwand erbracht werden. Die Amtl. Begr. zu dieser Vorschrift weist zu Recht darauf hin, dass in einem solchen Fall – anders als im Rahmen eines Auftrags über die Gesamtleistung bei der Tragwerksplanung – die Schalpläne nicht aus den zuvor mittels CAD erarbeiteten Planunterlagen und deren Basisdaten weiter entwickelt werden könnten, sondern vollständig neu hergestellt werden müssten; die dafür zu erbringenden Leistungen seien dementsprechend ungleich höher. **50**

---

[11] HOAI-Kommentar, § 64 Rdn. 6. Auflage 2004

51 In § 51 Abs. 4 wird der **Mehraufwand** in Leistungsphase 5 berücksichtigt, der **durch** eine **enge Bewehrungsführung** bedingt ist. Insbesondere bei der Vorgabe kleiner rechnerischer Rissbreiten kommt es häufig vor, dass zusätzliche Detailzeichnungen und Rüttelgassen geplant werden müssen, um den Beton fachgerecht einbringen und verdichten zu können.

b) Besondere Leistungen

52 Sollen die **Werkstattzeichnungen** im Stahl- und Holzbau einschließlich Stücklisten nicht von den ausführenden Firmen, sondern vom Tragwerksplaner hergestellt werden, handelt es sich um Besondere Leistungen des Tragwerksplaners. Die Pläne stellen die Grundlage der Werkstattfertigung dar. Sie enthalten mit voller Vermassung alle erforderlichen Angaben über Bohrungen, Schweißverbindungen und Aussparungen. Besonders im Holzbau ist es oft erforderlich, Knoten mit Schnitten und Ansichten eingehend darzustellen. Im Gegensatz zum Ingenieurholzbau ist es im zimmermannsmäßigen Holzbau nicht üblich, Werkstattzeichnungen zu erstellen. Daher ist dafür auch keine Prüfleistung des Tragwerksplaners erforderlich.

53 **Die Elementpläne für Stahlbetonfertigteile einschließlich Stahl- und Stücklisten** enthalten alle Angaben über die Schalung, Oberflächengestaltung (z. B. Sichtbeton), statische Einbauteile (Anschlüsse, Ankerschienen), Installationen, Bewehrung, Betondeckung. Neben diesen Plänen sind aber noch Element-Verlegepläne erforderlich, aus denen die Lage der Elemente im Bauwerk, die Fugenbewehrung und alle für die Verbindung der Elemente erforderlichen Anschlussteile zu ersehen sind. Eine einheitliche **Bewertungsempfehlung** für die Honorierung der Werkstattzeichnungen oder Elementpläne ist wegen der höchst unterschiedlichen Leistungsanforderungen nicht möglich.

Dasselbe gilt für den Fall, dass ein Bauunternehmen mit Zustimmung des Auftraggebers für die Ausführung eines Parkplatzes mit zahlreichen, aber nur geringfügig unterschiedlichen Betonplatten anstelle einiger DIN-A0-Pläne die Herstellung von Bewehrungsplänen für jede Platte im Format DIN A3 fordert, obwohl sämtliche Informationen zur Herstellung der Platten aus den DIN-A0-Plänen zweifelsfrei abgelesen werden können.

54 Im Folgenden wird am Beispiel einer Stahlbetonfertigteilkonstruktion ein Verfahren gezeigt, mit dem der **Bearbeitungsaufwand für die Besondere Leistung** „Elementpläne für Stahlbetonfertigteile einschließlich Stahl- und Stücklisten" mit der für die bewertete Leistungsphase 5 „Ausführungsplanung" bewerteten Bewertung verglichen und eine entsprechende Bewertung begründet werden kann:

a) Für eine Ortbetonkonstruktion sind folgende Zeichnungen zu erstellen:
– Schalpläne für Ortbetonkonstruktionen.
– Bewehrungspläne für Ortbetonkonstruktionen einschließlich Stahllisten.

b) Für Stahlbeton- und Spannbetonfertigteilkonstruktionen sind anzufertigen:
– Verlegepläne für Stahlbetonfertigteile, welche eine genaue Positionierung der Fertigteile (nicht zu verwechseln mit den statischen Positionen), Angaben über Ringanker und Verbindungsteile, Gesamtvermassung, Hinweise auf Detailpläne enthalten.
– Detailpläne für Fertigteilknotenpunkte, welche die prinzipielle Darstellung aller Knotendetails zeigen.
– Elementpläne für Stahlbetonfertigteile einschließlich Stahl- und Stücklisten, welche alle für die Herstellung des Fertigteils erforderlichen Angaben enthalten.

c) Aufwand für die Fertigung der Zeichnungen:
Als Aufwand wird derjenige definiert, der für die Bearbeitung der in Leistungsphase 5 bewerteten Leistungsschritte bei der Ausführungsplanung notwendig ist.
Diese sind:
– das Durcharbeiten der Ergebnisse der Leistungsphasen 3 und 4 unter Beachtung der durch die Objektplanung integrierten Fachplanungen, in der Regel durch einen Ingenieur,
– die Anfertigung der Ausführungszeichnungen und der Stahl- und Stücklisten durch den Bauzeichner,
– die Überprüfung der vom Bauzeichner angefertigten Pläne und Listen auf Richtigkeit.

Aus den zu erwartenden **Bearbeitungskosten für die einzelnen Pläne** werden Aufwandsfakto- **55** ren ermittelt, die den **Aufwand für einen Bewehrungsplan für Ortbetonkonstruktionen** als Grundeinheit festlegen wird (Aufwandsfaktor für diesen somit 1,0). Für alle übrigen Pläne wird der Aufwandsfaktor ermittelt, indem die jeweiligen Kosten für diese Pläne zu den Kosten für den Bewehrungsplan für Ortbetonkonstruktionen in das Verhältnis gesetzt werden.

Aus Gründen der Übersichtlichkeit ist es sinnvoll, die Aufwandsfaktoren prinzipiell für die einheitliche Blattgröße DIN A0 zu erstellen. Falls einzelne Pläne eine kleinere Blattgröße haben, sind die Aufwandsfaktoren für den einzelnen Plan entsprechend zu reduzieren (z. B. DIN A1 auf zwei Drittel).

Im Folgenden ist eine Liste durchschnittlicher, auf Erfahrungswerten basierender **Aufwandsfak-** **56** **toren** wiedergegeben:

a) Ermittlung der Bewertung für die Besondere Leistung

Die Bewertung für die Besondere Leistung kann nun auf einfache Weise ermittelt werden, indem einerseits aus den Plänen des Objektplaners die erforderlichen Zeichnungsarten, -größen und -anzahlen für eine reine Ortbetonkonstruktion im Sinne der HOAI (Schal- und Bewehrungspläne) eruiert werden. Andererseits werden für das vorgesehene Tragwerk in Fertigteil- und Mischbauweise ebenfalls die Zeichnungsarten, -größen und -anzahlen, z. B. Schalpläne für Ortbetonkonstruktionen, Bewehrungspläne für Ortbetonkonstruktionen, Verlegepläne für Stahlbetonfertigteile, Detailpläne für Fertigteilknotenpunkte, Elementpläne für Stahlbetonfertigteile ermittelt.

Planart	Blatt	Aufwand für Planfertigung	Aufwandsfaktor
Bewehrungsplan für Ortbetonkonstruktion	A0	100 % (= Einheit)	1,0
Schalplan für Ortbetonkonstruktion	A0	300 %	3,0
Ausführungszeichnung für Stahlkonstruktion oder Holzkonstruktion (keine Element- oder Werkstattpläne)	A0	200 %	2,0
Verlegeplan für Stahlbetonfertigteile	A0	251 %	2,5
Detailplan für Fertigteilknotenpunkte	A0	251 %	2,5
Elementplan für Stahlbetonfertigteil als Original neu erstellt	A0	70 %	0,7
Elementplan für Stahlbetonfertigteil aus der Kopie eines ähnlichen Planes erstellt	A1	35 %	0,35

Unter Verwendung der oben genannten Verhältniszahlen kann nun der Bearbeitungsaufwand einerseits für die als Grundleistung der HOAI gedachte Ortbetonkonstruktion und andererseits für die tatsächliche (aus Ortbetonbauteilen und Fertigteilen bestehende) Gesamtkonstruktion ermittelt werden. Dies ergibt den Maßstab für die Bewertung der Besonderen Leistung.

Für Werkstattzeichnungen von Stahl- oder Holzkonstruktionen kann die Bewertung analog durchgeführt werden.

b) In vielen Fällen kommt zu den oben genannten Leistungen noch Mehraufwand für die Bearbeitung von Sonderbauweisen oder Sonderkonstruktionen (z. B. Klären von Konstruktionsdetails) hinzu:

In der Entwurfsplanung	6–12 v. H. der Honorare
Genehmigungsplanung je nach den Verhältnissen	bis zu 15 v. H. der Honorare
Ausführungsplanung, z. B. für Knotendetails	6–12 v. H. der Honorare
Vorbereitung der Vergabe	1–2 v. H. der Honorare

57   **Anwendung auf ein Verwaltungsgebäude (Beispiel):**

a) Ermittlung des Aufwandes für eine reine Ortbetonlösung mit gemauerten Außenwänden

Planart (1)	Planzahl (2)	Aufwandfaktor (3)	Kosteneinheiten = (2) × (3) (4)
Bewehrungspläne Ortbeton Schalpläne	29 10	1 3	29 30
Summe			59

b) Ermittlung des Aufwandes für die zur Ausführung vorgesehene gemischte Ortbeton-/Fertigteillösung mit Fassadenelementen

Planart (1)	Planzahl (2)	Aufwandfaktor (3)	Kosteneinheiten = (2) × (3) (4)
Bewehrungspläne Ortbeton	12	1	12
Schalpläne	10	3	30
Verlegepläne für Fertigteile	2	2,5	5
Detailpläne für Fertigteilknotenpunkte	2	2,5	5
Elementpläne als Original neu erstellt	34	0,7	23,8
Elementpläne von Mutterpause erstellt	13	0,35	4,6
Summe			80,4

Verhältnis des Mehraufwandes V für die Besondere Leistung zur Grundleistung der Phase 5:

$$V = \frac{80,4 - 59}{59} = 0,36 \quad \textbf{d. h. 36 \%}$$

58   **Bewertung der Besonderen Leistung „Anfertigen von Elementplänen** einschließlich Stahl- und Stücklisten."

Die vergleichbaren Leistungen der Leistungsphase 5 sind in § 51 Abs. 1 mit 40 v. H. der Honorare bewertet. Die Besondere Leistung für die Entwicklung von Konstruktionsdetails in der Entwurfsphase werden zusätzlich mit 8 v. H. Punkte bewertet. Der Prozentsatz dieser Leistungen beträgt zusammen:

$$B = 8 + 40 \text{ v. H.} \times V = 8 + 40 \text{ v. H.} \times 0,36 = 8 + 14,4 = 22,4 \text{ v. H.}$$

Der Mehraufwand für die Entwicklung der Konstruktionsdetails und die Erstellung der Element- und Verlegepläne ist hier also mit 22,4 v. H. der Honorare zu bewerten.

59   Das Verfahren setzt die Kenntnis des zu erwartenden Anteils der Fertigteile und der Differenzierung der einzelnen Fertigteile (Serienumfang) voraus. Diese Kenntnisse liegen in der Regel nicht vor, wenn ein Tragwerksplaner einen Ingenieurvertrag abschließt. Es ist daher dann sinnvoll, die Festlegung der **Bewertung der Elementpläne frühestens nach Abschluss der Leistungsphase 3** vorzunehmen. Die Anwendung des Verfahrens sollte allerdings bereits im Ingenieurvertrag vorgesehen werden.

Bei der Beurteilung der Leistung ist auch der hohe Aufwand für die genaue Maßkontrolle zu beachten. Schon kleine Maßfehler können zum Montagestillstand auf der Baustelle führen. Die Stillstandskosten können schnell ein Mehrfaches der Planungskosten erreichen. Der zusätzliche Aufwand für Werkstattzeichnungen oder Elementpläne kann durchaus den Umfang des vollständigen Leistungsbildes und mehr erreichen, sodass ein Bewertungsrahmen auch über 51 v. H. der Honorare angemessen sein kann.

60   **Das Berechnen der Dehnwege, Festlegen des Spannvorgangs und Erstellen der Spannprotokolle im Spannbetonbau** umfasst die endgültige Berechnung der Dehnwege aufgrund der genauen Lage der Spannglieder in Grund- und Aufriss, die Festlegung der Spannfolge und die Zusammenstellung der Sollwerte in einer Tabelle, in der beim Spannen die Ist-Werte des Spannvorgangs eingetragen werden können. Diese Leistung ist bei allen Konstruktionen mit nachträglicher Vorspannung erforderlich. Es wird empfohlen, diese Leistung mit 3 bis 5 v. H. zu bewerten.

Wesentliche Leistungen, die infolge Änderungen der Planung, die vom Auftragnehmer nicht zu vertreten sind, erforderlich werden.   **61**

Schon eine geringe Änderung in der Objektplanung kann erhebliche Zusatzleistungen des Tragwerksplaners erfordern. In diesem Sinne wird auch in der Richtlinie für die Durchführung von Bauaufgaben des Bundes im Zuständigkeitsbereich der Finanzbauverwaltung ausgeführt[12]:

> *„Für die Leistungen der Tragwerksplanung und Prüfung der Tragwerksplanung sind die Begriffe nach 1.6 der Allgemeinen Vertragsbestimmungen ‚Überarbeitung der Unterlagen bei unverändertem Programm' und ‚unwesentlich veränderte Forderungen' nicht auf das Bauobjekt, sondern auf die jeweilige Vertragsleistung zu beziehen. Das bedeutet, dass der Auftragnehmer auch dann Anspruch auf zusätzliche Vergütung hat, wenn sich die Objektplanung nur geringfügig ändert, diese Änderung aber erhebliche Auswirkungen auf die Leistung des Tragwerkplaners oder Prüfers der Tragwerksplanung hat."*

Die Bewertung dieser Leistung, die eine Wiederholung bereits erbrachter Grundleistungen ist, sollte im angemessenen Verhältnis zu dem Honorar für das vollständige Leistungsbild der jeweiligen Leistungsphase erfolgen, mit der die Leistung nach Art und Umfang vergleichbar ist. Auf die Honorierung dieser Leistung besitzt der Tragwerksplaner auch ohne vorherige Vereinbarung einen Rechtsanspruch.

Beim Vergleich der Leistungen ist zu beachten, dass Änderungen der Objektplanung oft auch wiederholte Leistungen des Tragwerksplaners in den Leistungsphasen 2 bis 6 oder die Wiederholung von Besonderen Leistungen nach sich ziehen können.

Rohbauzeichnungen im Stahlbetonbau, die auf der Baustelle nicht der Ergänzung durch die Pläne des Objektplaners bedürfen.   **62**

Der nachfolgend genannte untere Wert gilt, falls in die fertig gestellten Ausführungspläne des Objektplaners alle für die Bearbeitung der Rohbauzeichnungen erforderlichen Angaben integriert sind. Der nachfolgend genannte obere Wert gilt, falls die fertig gestellten Ausführungspläne des Objektplaners die Angaben andere an der Planung fachlich Beteiligter noch nicht enthalten (insbesondere Schlitz- und Durchbruchsangaben, Einbauteile) und somit dem Tragwerksplaner mit dieser Leistung eine zusätzliche Koordinationsleistung zufällt. Die Leistung kann mit 12 bis 24 v. H. bewertet werden.

Die **Bearbeitung von Schalplänen ohne oder ohne fertiggestellte Ausführungsplanung des Objektplaners** ist zusätzlich zur voll honorierten Leistungsphase 5 mit 16 bis 32 v. H. zu vergüten. Der untere Wert gilt bei Beginn der Bearbeitung der Schalpläne vor Fertigstellung der Ausführungszeichnungen des Objektplaners, der obere Wert bei der Bearbeitung ohne Vorliegen von Ausführungszeichnungen des Objektplaners, wobei zunächst Schalplanrohlinge auf der Grundlage der Entwurfszeichnungen des Objektplaners angefertigt werden, die dann im Zuge einer schrittweisen Verfeinerung der Planung durch den Objektplaner zu endgültigen Schalplänen ergänzt werden. Für die Erweiterung auf Rohbauzeichnungen gilt Rdn. 45 zusätzlich.   **63**

Folgende Besondere Leistungen des Tragwerksplaners können ebenfalls erforderlich werden, deren Vergütung mithilfe der vorgeschlagenen Bewertungen erfahrungsgemäß zu angemessenen Honoraren führen: **64**

- **Berechnen der Dehnwege, Festlegen des Spannvorganges und Erstellen der Spannprotokolle im Spannbetonbau**; Bewertung 3 bis 5 v. H.
- **Festlegen des Korrosionsschutzes der Stahlkonstruktionen im Stahlbau oder der Stahlteile und Verbindungen im Holzbau**; Bewertung 2 bis 4 v. H.
- **Nachprüfbare Berechnungen der Durchbiegungen und Angabe der Überhöhungen in besonderen Fällen**; Bewertung 2 bis 4 v. H.

---

[12] RBBau „Hinweise zu den Vertragsmustern – Tragwerksplanung – und – Prüfung der Tragwerksplanung" (Anhang 12, 12/1, eingeführt mit Erlass des BMVBS vom 28.09 2009, Az: B10-8111.1/10).

- Prüfung von Ausführungszeichnungen, die von Dritten angefertigt werden, auf Übereinstimmung mit der Tragwerksplanung; Bewertung 6 bis 20 v. H.
- Prüfung von Werkstattzeichnungen oder Elementplänen auf Übereinstimmung mit der Genehmigungsplanung und den Ausführungszeichnungen; Bewertung bis 16 v. H.

65 Für folgende beispielhaft aufgeführten Besonderen Leistungen wird die Honorierung nach Zeitaufwand empfohlen, da Art und wechselnder Umfang der Leistungen eine Vorauskalkulation allenfalls im Einzelfall erlauben:

Konstruktive Gestaltung des Feuerwiderstandes einzelner Bauteile
Die Ergebnisse des Nachweises des Feuerwiderstandes der Bauteile müssen in die Ausführungsunterlagen eingearbeitet werden..

Einarbeiten der Anforderungen der bautechnischen Richtlinien des Grundschutzes in die Ausführungsplanung (vgl. Rdn. 31).

Einarbeiten der Anforderungen der Erdbebensicherheit in die Ausführungsplanung (vgl. Rdn. 38)

Mitwirken beim **Aufstellen von Ablauf- und Netzplänen**

Auch **gestaltungsbedingter konstruktiver Aufwand bei der Ausführungsplanung** ist den Besonderen Leistungen zuzuordnen; das folgende Beispiel soll dies verdeutlichen. Das Dach einer Halle besteht aus insgesamt 28 sog. Kelchstützen, die sich nach oben aufweiten und in einen plattenartigen Bereich übergehen. 23 der 28 Kelche sind gleich („Regelkelche"); 4 Kelche unterscheiden sich von den Regelkelchen, sind aber untereinander wiederum gleich („Flachkelche"). In einer Achse gibt es einen sog. „Sonderkelch", der sich von den anderen dadurch unterscheidet, dass er um 180° im Grundriss gedreht ist und eine vergrößerte Öffnung aufweist. Über diesem Kelch wird eine Stahl-/Glas-Gitterschale errichtet. Da hier die Verformungen besonders groß sind, muss die Schalung überhöht werden. Betroffen sind nur der Sonderkelch sowie die unmittelbar angrenzenden Bereiche der benachbarten Kelche. Alle weiteren Kelche werden nicht überhöht. Da die Schalung vom Bauunternehmer – aufgrund der komplexen, frei geformten Geometrie – auf Grundlage eines 3D-CAD-Modells erstellt werden muss, ist die Aufgabe des Objektplaners beim Einarbeiten der Überhöhung in die Planung nicht nur die Darstellung in den Schalplänen, sondern auch die Anpassung des 3D-CAD-Modells. Die Einarbeitung der Überhöhung in die Schalpläne und 3D-CAD-Modell ist deswegen eine Besondere Leistung bei der Ausführungsplanung des Tragwerks, weil diese Tätigkeit keine im Allgemeinen erforderliche Leistung nach § 3 Abs. 2 ist. Denn dass Überhöhungen, insbesondere in der Tragwerksplanung von Gebäuden nicht im Allgemeinen erforderlich sind, dürfte unstrittig sein.

Dass es sich hierbei um eine Besondere Leistung handelt, ergibt sich auch aus der zweiten Besonderen Leistung in der Genehmigungsplanung nach HOAI-Anlage 14.1. Hier ist die zeichnerische Darstellung von Bauzuständen genannt, die über das Erfassen von normalen Bauzuständen hinausgeht. Dies dürfte hier unstrittig gegeben sein. Man könnte einwenden, dass diese Besondere Leistung der Leistungsphase 4 betreffe und in der Phase 5 eine Grundleistung sein könnte. Dem widerspricht allerdings § 2 Abs. 3 letzter Satz, der ausführt: »Die Besonderen Leistungen eines Leistungsbildes können auch in anderen Leistungsbildern oder Leistungsphasen vereinbart werden, in denen sich nicht aufgeführt sind, soweit sie dort nicht Grundleistungen darstellen«. Die Darstellung von Bauzuständen ist aber gerade nicht als Grundleistung in der Leistungsphase 5 aufgeführt, was erneut bedeutet, dass es sich um eine Besondere Leistung handelt.

Auch das Anfertigen der **Ausführungszeichnungen für notwendige Sicherungsmaßnahmen** von Bauzuständen beim **Planen im Bestand** gehört in diese Kategorie der Besonderen Leistungen.

6. Leistungsphase 6 – Vorbereitung der Vergabe

a) Grundleistungen

66 Als Ergebnisse der Ausführungsplanung (Leistungsphase 5) liegen detaillierte Stahl- oder Stücklisten für alle Konstruktionen des Tragwerks vor. Auf diesen aufbauend werden in der

Leistungsphase 6 die **Summen der Betonstahlmengen** im Stahlbetonbau, der **Stahlmengen** im Stahlbau und der **Holzmengen** im Ingenieurholzbau als Beitrag zur Mengenermittlung des Objektplaners zusammengestellt. Die Mengen der konstruktiven Stahlteile und statisch erforderlichen Verbindungs- und Befestigungsmittel im Ingenieurholzbau werden überschläglich ermittelt. In Ergänzung werden die zu den ermittelten Mengen gehörenden Leistungsbeschreibungen aufgestellt.

Die Ermittlung der Mengen der Betonkonstruktionen (auch Stahlbetonkonstruktionen) und des Mauerwerks sowie das Aufstellen der zugehörigen Leistungsbeschreibungen in der Genauigkeit z. B. der VOB/B und VOB/C oder nach Standartleistungstexten ist Sache des Objektplaners.

Die genaue Erfassung und Leistungsbeschreibung von kraftübertragenden Zwischenbauteilen und Verbindungsmitteln ist im Stahlbeton-, Stahl- und Holzbau sowohl für die Ausschreibung als auch für die Abrechnung unverhältnismäßig aufwendig und erfolgt heute nur noch selten. Sie ist nicht Bestandteil der Leistung. In der Amtlichen Begründung zur HOAI 1996/2002[13] heißt es hierzu: *„Die Mengen der konstruktiven Stahlbauteile und der statisch erforderlichen Verbindungs- und Befestigungsmittel müssen nur überschläglich ermittelt werden, da im Stahlbeton- und Stahlbau die Ermittlung der Massen für Verbindungsmittel nicht oder fast nicht mehr erforderlich ist. Sie werden regelmäßig in die Einheitspreise eingerechnet.“* **67**

Der Tragwerksplaner muss nach der bereits erwähnten Amtlichen Begründung[14] zusätzlich zu den Mengen die dazu gehörenden technischen Daten und Bezeichnungen liefern, nicht aber das Leistungsverzeichnis selbst. Letzteres ist Sache des Objektplaners.

b) Besondere Leistungen

Der **Beitrag** des Tragwerksplaners **zur Leistungsbeschreibung mit Leistungsprogramm** des Objektplaners ersetzt seine Grundleistung in Phase 6 nach Anlage 14.1. Eine angemessene Honorierung der Leistung ist mit 4 bis 6 v. H. der Honorare erreichbar. **68**

Der Beitrag des Tragwerksplaners **zum Aufstellen von vergleichenden Kostenübersichten des Objektplaners** umfasst das Ermitteln von Mengen und Kosten für Planungsvarianten. Hierfür ist eine Vergütung nach Zeitaufwand zu empfehlen.

Das **Aufstellen des Leistungsverzeichnisses des Tragwerks** durch den Tragwerksplaner erfordert neben dem im Rahmen der Grundleistung „Ermitteln und Zusammenstellen aller Mengen der tragenden Teile" das Aufstellen der Leistungsbeschreibungen anstelle des Objektplaners. Die Leistung entspricht somit der Grundleistung der Leistungsphase 6 der Objektplanungen in § 34 und § 43. Diese wird dort mit 10 v. H. bzw. 13 v. H. bewertet. Das Honorar des Tragwerksplaners entspricht in diesem Fall einem Teil des Honorars der Objektplanung für die Leistungsphase 6. Der Honoraranteil kann hilfsweise mit den anrechenbaren Kosten der Tragwerksplanung und dem Honorar nach § 52 Abs. 1 ermittelt werden. **69**

Sowohl der Beitrag zum Aufstellen von **alternativen Leistungsbeschreibungen** für geschlossene Leistungsbereiche als auch das Ermitteln der **Mengen des tragenden Mauerwerks** getrennt nach Güteklassen sind Leistungen, deren Honorierung nach Zeitaufwand erfolgen sollte.

7. Leistungsphase 7 – Mitwirkung bei der Vergabe

a) Grundleistungen

Grundleistungen des Tragwerksplaners sind nicht erfasst.

b) Besondere Leistungen

Mitwirken bei der Prüfung und Wertung der Angebote aus Leistungsbeschreibung mit Leistungsprogramm. Dabei sind beispielsweise die Standsicherheit und Gebrauchsfähigkeit der angebotenen Bauwerke zu prüfen, zu beurteilen und zu vergleichen. Empfehlenswert ist eine Bewertung je Angebot in Höhe von 2 bis 4 v. H. **70**

---

[13] Siehe Amtliche Begründung zu § 64 HOAI 1996/2002, Bundesanzeigerausgabe S. 132
[14] A. a. O. S.132

71 **Mitwirken bei der Prüfung und Wertung von Nebenangeboten.** Hier ist vor allem auch zu prüfen, inwieweit die Nebenangebote den technischen Anforderungen an die Vorgaben der Tragwerksplanung entsprechen. Bewertung je Nebenangebot 2 bis 4 v. H. der Honorare.

72 **Beitrag zum Kostenanschlag nach DIN 276 aus Einheitspreisen oder Pauschalangeboten.** Der Kostenanschlag soll so weit als möglich auf der Grundlage von Unternehmerangeboten aufgestellt werden. Soweit Ergänzungen auf der Basis von Einheitspreisen oder Pauschalangeboten erforderlich sind, kann hier ein Beitrag des Tragwerksplaners erforderlich werden, der nach Zeitaufwand vergütet werden sollte.

8. Leistungsphase 8 – Objektüberwachung

a) Grundleistungen

Grundleistungen des Tragwerksplaners sind nicht erfasst.

b) Besondere Leistungen

73 Bei der heute üblichen hochgradigen Arbeitsteilung der Bauausführung sollte eine intensive **Objektüberwachung der Tragwerksausführung** seitens des Auftraggebers und damit durch den Tragwerksplaner selbstverständlich werden; sie ist erfahrungsgemäß erforderlich und lohnend. Daher sind in der HOAI-Anlage 14.1 solche Leistungen als Besondere Leistungen ausgewiesen. Die Objektüberwachung des Tragwerksplaners ergänzt die Leistungen des Objektplaners, ersetzt aber nicht die Kontrolle des Unternehmers, der seine Leistung selbst sorgfältig überwachen muss.

In der Amtlichen Begründung zu § 15 HOAI 2002 Leistungsphase 8[15] werden die Objektüberwachungsleistungen des Objektplaners und des Tragwerksplaners im Hochbau klar abgegrenzt: *„Konkret geht es dabei im Wesentlichen um die Kontrolle der Bewehrung im Stahlbetonbau. Es wird klargestellt, dass nur einfache Tragwerke, maximal die den Honorarzonen 1 und 2 in § 63 HOAI a. F. zugeordneten, vom Objektplaner überwacht werden. Wird das Tragwerk in dem Gebäude einer höheren Honorarzone zugeordnet, so handelt es sich bei der Kontrolle der Bewehrung um eine ingenieurtechnische Kontrolle, die als Besondere Leistung berechnet werden kann"*. Weiterhin wird ausgeführt: *„Die Leistung des Objektplaners ersetzt nicht die Aufgaben eines Prüfingenieurs. Der Objektplaner kontrolliert für Zwecke der Abrechnung der Leistung, ob z. B. die Bewehrung vollständig verlegt ist und nimmt sie ab. Wird ein Prüfingenieur bei Tragwerken der Honorarzone I und II beauftragt, so prüft er auf der Baustelle in ‚geeigneten Stichproben', ob die Bewehrung nach der tragwerksplanerischen Berechnung richtig und vollständig verlegt worden ist."*

74 Die **ingenieurtechnische Kontrolle der Ausführung des Tragwerks** auf Übereinstimmung mit den geprüften statischen Unterlagen erfasst:
– die Betonquerschnitte,
– die Bewehrung der Stahlbetonkonstruktionen einschließlich Biegeradien, Betondeckungen sowie eventuell vorhandener tragender Einbauteile, Verankerungen, Dübelleisten (bei Flachdecken) und die Stahlgüten der Bewehrung,
– die Stahlkonstruktionen einschließlich der Knotenverbindungen (Schraubstöße, Schweißnähte),
– die Holzkonstruktionen einschließlich der im Ingenieurholzbau heute oft üblichen schwierigen Knotenausbildungen,
– das Mauerwerk.

Sie kann erfolgen:
– durch geeignete Stichproben (im bauaufsichtlichen Sinne),
– Bewertung 9 bis 12 v. H. der Honorare,

---

[15] A. a. O. S. 97

– als vollständige Überwachung,
– Bewertung 15 bis 18 v. H. der Honorare.

Aus der obigen Aufzählung ist zu ersehen, dass der gelegentlich noch verwendete Begriff Bewehrungsabnahme an der Sache vorbeigeht und daher nicht mehr verwendet werden sollte.

Die ingenieurtechnische Kontrolle der Baubehelfe, z. B. Arbeits- und Lehrgerüste, Kranbahnen, Baugrubensicherungen setzt voraus, dass für diese Bauteile geprüfte statische Unterlagen vorliegen. Sie kann je nach Aufwand mit 3 bis 15 v. H. bewertet werden.

Die Kontrolle der Betonherstellung und -verarbeitung auf der Baustelle in besonderen Fällen sowie die statistische Auswertung der Güteprüfungen sind bei der Ausführung von Betonen mit besonderen Anforderungen (hohe Festigkeit, Wasserdichtigkeit) angebracht. Hierfür wird eine Bewertung von 2 bis 10 v. H. vorgeschlagen.

Die betontechnologische Beratung sollte nicht erst in der Leistungsphase 8 einsetzen. Sie beginnt mit der Beratung des Objektplaners bei der Ausarbeitung des Leistungsverzeichnisses hinsichtlich der Anforderungen an die Herstellung und Nachbehandlung des Betons. Sie umfasst auch die Beurteilung der Ergebnisse der Eignungsprüfungen vor Beginn der Arbeiten. Die Bewertung 3 bis 5 v. H. erscheint angemessen.

Für folgende beispielhaft aufgeführten Besonderen Leistungen wird die Honorierung nach Zeitaufwand empfohlen, da Art und wechselnder Umfang der Leistungen eine Vorauskalkulation allenfalls im Einzelfall erlauben: **75**

Kontrolle der Materialgüten im Ingenieurholzbau

Durchführungen der Messungen beim Spannen und Erstellen der Spannprotokolle im Spannbetonbau

Beim Bauen im Bestand:
– Mitwirken bei der Überwachung der Ausführung der Tragwerkseingriffe
– Örtliches Überprüfen von Planungsdetails an der vorgefundenen Substanz und Überarbeitung der Planung bei Abweichungen von den ursprünglichen Feststellungen

9. Leistungsphase 9 – Objektbetreuung und Dokumentation

a) Grundleistungen

Hier sind keine Grundleistungen des Tragwerksplaners vorgesehen.

b) Besondere Leistungen

Die **Baubegehung** zur Feststellung und Überwachung von den die Standsicherheit betreffenden Einflüssen sollte nach dem Zeitaufwand honoriert werden   **76**

Das Mitwirken des Tragwerksplaners beim **Erstellen eines Bauwerksbuches** nach DIN 1076   **77** setzt voraus, dass diese Leistung vom Tragwerksplaner des Bauwerkes selbst erbracht wird. Beim Vorliegen aller Unterlagen erscheint eine Bewertung in Höhe von 1 bis 2 v. H. angemessen. Dieselbe Bewertung wird für das **Erstellen eines Übersichtsplanes für das Bauwerksbuch** durch den Tragwerksplaner des Bauwerkes vorgeschlagen, sofern er selbst Tragwerksplanungsleistungen erbracht hat.

Für folgende beispielhaft aufgeführten Besonderen Leistungen wird die Honorierung nach Zeitaufwand empfohlen, da Art und wechselnder Umfang der Leistungen eine Vorauskalkulation allenfalls im Einzelfall erlauben: **78**

– **Baubegehung zur Feststellung und Überwachung von, die Standsicherheit betreffenden, Einflüssen**
– Mitwirkung beim **Erstellen von Bestandsplänen** durch den Objektplaner

III. Allgemeine Hinweise zur Zusammenarbeit der bei der Planung und Objektüberwachung fachlich Beteiligten

79 Für die Qualität der Planung und zur Vermeidung von unnötiger Änderungsarbeit bei den Planern ist es von immenser Bedeutung, dass alle beteiligten Planer parallel, d. h. in den gleichen Leistungsphasen arbeiten. Neue Leistungsphasen sollten nur von allen Planern gemeinsam, und zwar nur nach komplettem Abschluss der vorhergehenden Phase einschließlich Abstimmung mit dem Bauherrn über das bisherige Planungsergebnis begonnen werden. Die auch heute noch oft geübte Praxis von Bauherren, zunächst nur einen Objektplaner zu bestellen und dann später im Laufe der Zeit weitere Fachplaner zu beauftragen, ist völlig falsch. Eine für den Bauherrn wirtschaftliche Planung kann nur erreicht werden, wenn ab Leistungsphase 1 alle Planer beauftragt sind und eng zusammenarbeiten. Gerade in den Leistungsphasen 1 bis 3 werden die entscheidenden Weichen für die Kosten des Bauwerks gestellt.

IV. Zusätzlicher Koordinierungs- und Einarbeitungsaufwand

80 Falls dem Tragwerksplaner nicht alle Leistungsphasen oder nur einzelne Grundleistungen von Leistungsphasen übertragen werden, ist ein **zusätzlicher Koordinierungs- und Einarbeitungsaufwand** erforderlich. Dieser ist nach Aufwand zu honorieren (vgl. § 8 Abs. 3 HOAI), aber schriftlich zu vereinbaren.

Bei der Bewertung von **Beiträgen eines fachkundigen Auftraggebers** ist zu überprüfen, ob es sich hierbei um originäre Leistungen des Auftraggebers handelt (die keine Leistungen im Sinne der HOAI darstellen) oder um echte Planungsleistungen.

V. Besondere Leistungen beim Planen und Bauen im Bestand

81 Die Tätigkeit der Objekt- und der Tragwerksplaner betrifft in zunehmendem Maße bestehende Bauwerke, die durch Umbauten oder Erweiterungsbauten modernisiert oder neuen Aufgaben zugeführt werden. In den meisten Fällen muss hier der Bestand in die technische Bearbeitung und die Gestaltung einbezogen werden. Häufig werden folgende **Besondere Leistungen** beim Planen im Bestand erforderlich:

- Ermitteln des Leistungsumfanges von Bestandsaufnahmen und Materialuntersuchungen
- Bestandsaufnahmen des Tragwerks
- Kartierung von Tragwerksschäden
- Ermitteln substanzbezogener Daten und Vorschriften
- Gutachtliche Beurteilung von Untersuchungsergebnissen
- Ermitteln von Schadensursachen
- Beurteilen der vorhandenen Bauwerkssubstanz auf die Durchführbarkeit der Aufgabe
- Bestandsaufnahmen bestehender Tragwerke im Hinblick auf Geometrie, tragende Querschnitte oder Erhaltungszustand.

Weder diese Besonderen Leistungen noch ihre Honorierung sind in der HOAI erfasst, zumal sie im Regelfall zu den vom Auftraggeber vor Erteilung eines Auftrags über Tragwerksplanungsleistungen zu erbringenden Leistungen bei der Bedarfsplanung nach DIN 18205[16] gehören. Sollen sie durch einen Tragwerksplaner durchgeführt werden, wäre ihre Honorierung nach Zeitaufwand sinnvoll.

---

[16] Bedarfsplanung im Bauwesen, DIN 18205, April 1996

§ 52 Honorare für Grundleistungen bei Tragwerksplanungen

(1) Die Mindest- und Höchstsätze der Honorare für die in § 51 und der Anlage 14 Nummer 14.1 aufgeführten Grundleistungen der Tragwerksplanungen sind in der folgenden Honorartafel festgesetzt:

Anrechen-bare Kosten in Euro	Honorarzone I sehr geringe Anforderungen von Euro	bis	Honorarzone II geringe Anforderungen von Euro	bis	Honorarzone III durchschnittliche Anforderungen von Euro	bis	Honorarzone IV hohe Anforderungen von Euro	bis	Honorarzone V sehr hohe Anforderungen von Euro	bis
10.000	1.461	1.624	1.624	2.064	2.064	2.575	2.575	3.015	3.015	3.178
15.000	2.011	2.234	2.234	2.841	2.841	3.543	3.543	4.149	4.149	4.373
25.000	3.006	3.340	3.340	4.247	4.247	5.296	5.296	6.203	6.203	6.537
50.000	5.187	5.763	5.763	7.327	7.327	9.139	9.139	10.703	10.703	11.279
75.000	7.135	7.928	7.928	10.080	10.080	12.572	12.572	14.724	14.724	15.517
100.000	8.946	9.940	9.940	12.639	12.639	15.763	15.763	18.461	18.461	19.455
150.000	12.303	13.670	13.670	17.380	17.380	21.677	21.677	25.387	25.387	26.754
250.000	18.370	20.411	20.411	25.951	25.951	32.365	32.365	37.906	37.906	39.947
350.000	23.909	26.565	26.565	33.776	33.776	42.125	42.125	49.335	49.335	51.992
500.000	31.594	35.105	35.105	44.633	44.633	55.666	55.666	65.194	65.194	68.705
750.000	43.463	48.293	48.293	61.401	61.401	76.578	76.578	89.686	89.686	94.515
1.000.000	54.495	60.550	60.550	76.984	76.984	96.014	96.014	112.449	112.449	118.504
1.250.000	64.940	72.155	72.155	91.740	91.740	114.418	114.418	134.003	134.003	141.218
1.500.000	74.938	83.265	83.265	105.865	105.865	132.034	132.034	154.635	154.635	162.961
2.000.000	93.923	104.358	104.358	132.684	132.684	165.483	165.483	193.808	193.808	204.244
3.000.000	129.059	143.398	143.398	182.321	182.321	227.389	227.389	266.311	266.311	280.651
5.000.000	192.384	213.760	213.760	271.781	271.781	338.962	338.962	396.983	396.983	418.359
7.500.000	264.487	293.874	293.874	373.640	373.640	466.001	466.001	545.767	545.767	575.154
10.000.000	331.398	368.220	368.220	468.166	468.166	583.892	583.892	683.838	683.838	720.660
15.000.000	455.117	505.686	505.686	642.943	642.943	801.873	801.873	939.131	939.131	989.699

(2) Die Honorarzone wird nach dem statisch-konstruktiven Schwierigkeitsgrad anhand der in Anlage 14 Nummer 14.2 dargestellten Bewertungsmerkmale ermittelt.

(3) Sind für ein Tragwerk Bewertungsmerkmale aus mehreren Honorarzonen anwendbar und bestehen deswegen Zweifel, welcher Honorarzone das Tragwerk zugeordnet werden kann, so ist für die Zuordnung die Mehrzahl der in den jeweiligen Honorarzonen nach Absatz 2 aufgeführten Bewertungsmerkmale und ihre Bedeutung im Einzelfall maßgebend.

(4) Für Umbauten und Modernisierungen kann bei einem durchschnittlichen Schwierigkeitsgrad ein Zuschlag gemäß § 6 Absatz 2 Satz 3 bis 50 Prozent schriftlich vereinbart werden.

(5) Steht der Planungsaufwand für Tragwerke bei Ingenieurbauwerken mit großer Längenausdehnung, die unter gleichen baulichen Bedingungen errichtet werden, in einem Missverhältnis zum ermittelten Honorar, ist § 7 Absatz 3 anzuwenden.

Inhaltsübersicht

I. Die Honorartafel

1 Die Tragwerke werden nach dem statisch-konstruktiven Schwierigkeitsgrad Honorarzonen zugeordnet, die für das Honorar maßgebend sind. Es stehen **fünf Honorarzonen** zur Verfügung. Die Bewertungsmerkmale, nach denen die Einstufung in die jeweilige Honorarzone erfolgt, wurden unverändert, jedoch mit neuer Gliederung aus den vorangegangenen Verordnungen übernommen. Die längst fällige Anpassung an die heute übliche EDV-gestützte Tragwerksplanung und weiterentwickelten Baukonstruktionen wurde aber erneut unterlassen.

2 § 52 Abs. 1 enthält die **Honorartafel** für die in § 51 aufgeführten Leistungen für Gebäuden und zugehörigen Anlagen sowie für Ingenieurbauwerke. Sie weist wie alle übrigen Honorartafeln der HOAI eine Honorarspanne zwischen „Von-Satz" (= Mindestsatz) und „Bis-Satz" (= Höchstsatz) auf. Sie entsprechen dem aus den früheren Gebührenordnungen und Musterverträgen bekannten System, wonach die Honorare im Verhältnis zu den anrechenbaren Kosten festgelegt sind, die nach den §§ 4 und 50 HOAI zu ermitteln sind.

3 Die **Entwicklung der Honorartafeln** kann der amtl. Begründung zu § 65 HOAI 1996/2002[1] entnommen werden. Die Tafelwerte nach HOAI 2009 wurden generell um 10 % angehoben, wobei der Verordnungsgeber weit hinter der tatsächlichen Preisentwicklung zurückbleibt. Für die Leistungen der Tragwerksplanung wären Anhebungen von 20 % bis 30 % erforderlich gewesen, um angemessene Honorare zu erzielen. Dies wurde bereits durch den im Auftrag des Bundesministeriums für Wirtschaft und Technologie bearbeiteten Statusbericht 2000plus[2] belegt.

4 Die Amtliche Begründung zu § 4 HOAI 2002 gibt Hinweise auf die maßgebenden **Rahmenbedingungen**, welche eine **leistungs- und aufwandsangemessene Wahl eines zwischen den verordneten Mindest- und Höchstgrenzen liegenden Honorars** ermöglichen. Die Vereinbarung eines solchen Honorars kann danach mittels Punktbewertung erfolgen und muss nach § 7 Abs. 1 HOAI schriftlich bei Auftragserteilung (= beide Vertragsparteien müssen Vereinbarung unterschreiben) zwischen Höchst- und Mindestsatz nach folgenden Bewertungsmaßstäben erfolgen:

– besondere Umstände der Aufgabe und für die zu erbringenden Leistungen (z. B. Termin- und Preisbindung),

– der Schwierigkeitsgrad innerhalb der richtigen Honorarzone,

– der zu erwartende notwendige Arbeitsaufwand,

– der künstlerische Gehalt des Objekts,

– Einflussgrößen aus der Zeit, der Umwelt, der Anzahl der Institutionen, der Nutzung oder der Herstellung,

– sonstige für die Bewertung der Leistung wesentlichen fachlichen oder wirtschaftlichen Gesichtspunkte, vor allem haftungsausschließende oder -begrenzende Vereinbarungen,

– der Koordinierungsaufwand bei Anlagen und Einrichtungen, die der Auftragnehmer weder plant noch deren Ausführung er überwacht, obschon die Kosten dieser Gegenstände unter diesen Voraussetzungen nicht anrechenbar sind und

---

[1] Bundesanzeigerausgabe der HOAI 1996/2002, S. 132

[2] Statusbericht 2000plus Architekten/Ingenieure, Kap. 7

– bei Übertragung von urheberrechtlichen Nutzungsrechten der Auftragnehmerleistungen durch den Auftraggeber.

Weitere Einzelheiten hierzu und ein Vorschlag zur Findung eines geeigneten Honorarsatzes zwischen Von- und Bis-Satz sind in diesem Kommentar unter § 44 Rdn. 3 zu finden.

Der **Spielraum zwischen Von- und Bis-Satz** kann bei Leistungen der Tragwerksplanung **besser** 5 nach dem **Grad folgender Leistungsaspekte** zur Begründung eines angemessenen Honorars genutzt werden. Entspricht der Bearbeitungsaufwand nur den Mindestanforderungen, ist der Mindestsatz der jeweiligen Honorarzone maßgebend. Eine Erhöhung des Bearbeitungsaufwandes kann speziell bei der Tragwerksplanung auch hervorgerufen werden durch Einflüsse aus

– der Tragwerksgeometrie (z. B. in Grund- oder Aufriss unregelmäßig, schiefwinklig oder gekrümmt),
– der Belastung (z. B. viele Lastarten oder Lastfälle),
– dem Baugrund (z. B. Setzungsdifferenzen),
– den Anforderungen an die Nutzung (z. B. viele Funktionsbereiche),
– besonderen Anforderungen an Dauerhaftigkeit, Wasserdichtigkeit und Durchlässigkeit,
– kurzen Planungs- und Bauzeiten,
– verbindlichen Festterminen und Fristen,
– erhöhten Anforderungen an Planungsoptimierung bzw. an Planungsvarianten,
– Planung und Durchführung bei laufendem Betrieb,
– gehobenen gestalterischen Anforderungen an das Tragwerk,
– Berücksichtigung von Forderungen des Denkmalschutzes und der Integration erhaltenswerter Substanz,
– der technischen Ausrüstung auf das Tragwerk und
– der Anwendung neuer Herstellungsverfahren.

Für eine Einstufung über dem Mindestsatz ist es nicht erforderlich, dass alle aufgeführten Einflüsse feststellbar sind. Es genügt je nach Bedeutung das Auftreten einzelner Erschwernisse. Der **Mittelsatz** (Von-Satz zuzüglich 50 % der Differenz zum Bis-Satz) sollte als **Regelsatz** beauftragt werden. Er entspricht auch dem Willen des Verordnungsgebers[3].

II. Honorare bei anrechenbaren Kosten außerhalb der Tafelwerte

Liegen die **anrechenbaren Kosten** von Tragwerken **außerhalb der Tafelwerte** des § 52 HOAI, 6 ist das Honorar nach § 7 Abs. 2 frei vereinbar. Dieser Hinweis bedeutet zugleich, dass die Einordnung eines solchen Objektes in eine Honorarzone und auch die Leistungsbewertung nach § 51 Abs. 1 HOAI keine Gesetzeskraft mehr haben. Die Vertragsparteien werden sich bei solchen Objekten dennoch an den Bewertungsmerkmalen nach § 52 i. V. m. HOAI-Anlage 14.2 zur Definition der Honorarzonen orientieren, um eine angemessene Vergütung zu vereinbaren. Dies geschah schon in ähnlicher Form bei den bis 1984 angewendeten Gebührenordnungen und Vertragsmustern dadurch, dass die Honorartafel linear fortgesetzt wurde. Es gilt dann der Prozentsatz, der durch das Verhältnis der Honorare in Euro in den jeweiligen Honorarzonen zu den anrechenbaren Kosten der unteren und oberen Grenzwerte in Euro gebildet wurde.

In der Praxis der öffentlichen Verwaltung haben sich z. B. die fortgeschriebenen Honorarsätze 7 nach den sog. **RifT-Tabellen** des Landes Baden-Württemberg[4] durchgesetzt. Sie dürften den neuesten Stand repräsentieren und können zur Anwendung empfohlen werden. Weitere Empfehlungen hat der AHO im Oktober 2010 veröffentlicht[5].

---

[3] Deutscher Bundestag, Stenographischer Bericht, 86. Sitzung am 21.9.1984 (Plenarprotokoll 10/86)
[4] Zu erhalten in der Fassung vom August 2009 für die Landes- und Bundesprojekte unter http://www.ofd-karlsruhe.de/servlet/PB/menu/1237090/index.html
[5] HOAI-Tafelfortschreibung Erweiterte Honorartabellen, Heft Nr. 14 der Schriftenreihe des AHO, Bundesanzeiger Verlagsges. mbH, Oktober 2010

8   Als **besonders problematisch** haben sich **Honorarvereinbarungen** auf HOAI-Basis erwiesen, **wenn** dem Vertragsabschluss anrechenbaren Kosten innerhalb der Tafelwerte zu Grunde lagen, aber die bei der **späteren Abrechnung maßgebenden anrechenbaren Kosten** sich infolge von Erhöhungen oder Minderungen **während der Durchführung des Projekts** außerhalb der Tafelwerte befanden. Nach dem Urteil des BGH[6] vom 24.06.2004 – VII ZR 259/02 seien dann die Voraussetzungen für die Anwendbarkeit der Mindest- und Höchstsätze der HOAI einschließlich der Vorschriften über die Berechnung des Honorars nicht mehr gegeben; nach § 16 Abs. 3 HOAI 2002 (jetzt: § 7 Abs. 2) könne das Honorar unter dieser Voraussetzung frei vereinbart werden. Allerdings komme **eine Fortschreibung der Honorartabelle** für anrechenbare Kosten, die die Werte des § 52 Abs. 1 überschreiten, **ohne** eine entsprechende **Vereinbarung** der Vertragsparteien **nicht in Betracht**, weil die in der HOAI verordneten Honorartabellen ein in sich geschlossenes System seien.

Bei der Abrechnung tritt in einem solchen Fall **ohne** vorherige **Vereinbarung** die **übliche Vergütung** nach Paragraph 632 Abs. 2 BGB an die Stelle der nicht mehr geltenden HOAI. Schramm meint, dass als Maßstab der Üblichkeit allein der Aufwand des streitigen Vertrags gelten könne, der unter Berücksichtigung der zu erbringenden Leistung für ein durchschnittliches Büro notfalls im Nachhinein zu kalkulieren sei[7]. Wie so eine Kalkulation insbesondere im Nachhinein prüffähig durchgeführt werden kann, bleibt allerdings sein Geheimnis.

Zieht man zur Lösung des Problems das Urteil des OLG Hamburg[8] vom 03.09.2002 – 9 U 8/02 zu Rate, wird ein Gericht zur Ermittlung der angemessenen Höhe der übliche Vergütung für Leistungen bei der Projektsteuerung beispielsweise auf das gemäß Urteil grundsätzlich geeignete Honorarmodell des DVP/AHO zurückgreifen. Daraus kann geschlossen werden, dass für die Berechnung eines üblichen Honorars für Objekt- und Fachplanungsleistungen vergleichbare Empfehlungen anwendbar sind. Hierfür liefern die erwähnten RifT-Tabellen oberhalb der Tafelendwerte in der Praxis erprobte Honorarsätze, die deutschlandweit bei Architekten- und Ingenieurverträgen verwendet werden.

Über den **Zeitpunkt der Vereinbarung** der üblichen Vergütung sagt das Urteil des BGH nichts. Daraus kann geschlossen werden, dass sie auch rechtswirksam geschlossen werden kann, wenn das Problem während der Projektdurchführung erkennbar ist. Daher sollte unbedingt der im Urteilstenor bereits formulierten Empfehlung des BGH gefolgt werden, in Werkverträgen über Ingenieurleistungen für Projekte, deren anrechenbaren Kosten im Grenzbereich der Tafelwerte liegen, eine entsprechende Auffangregelung zu vereinbaren. Dieser Empfehlung sollten die Parteien aber spätestens nachkommen, wenn das Über- oder Unterschreiten der Tafelwerte erkannt wurde.

9   Für eine Fortschreibung der Honorare **unterhalb der Tafel-Mindestwerte** sind noch keine Fortschreibungen bekannt. Angesichts der in diesem Bereich regelmäßig nicht auskömmlichen Honorare wird empfohlen, anstelle einer entsprechenden Fortschreibungsvereinbarung zu regeln, dass das Honorar in diesem Fall als Zeithonorar unter Ansatz des im Vertrag zu regelnden auskömmlichen Stundensatzes auf Nachweis abgerechnet wird.

III. Honorarzonenbestimmung

10   Das Honorar für Leistungen bei der Tragwerksplanung richtet sich nach § 6 ebenso wie das Honorar für die sonstigen Objekt- und Fachplanungsleistungen
- nach den anrechenbaren Kosten des Objekts nach §§ 4 und 50,
- nach dem zwischen Auftraggeber und Auftragnehmer vereinbarten Leistungsumfang (§ 51),
- nach der Honorarzone, der das Objekt entsprechend seinen Planungsanforderungen zuzurechnen ist (§§ 5 und 52 Abs. 2 und 3),

---

[6] BR 2004, 1640
[7] IBR 2004, 626
[8] BR 2003, 487 (NJW-RR 2003, 1670; NZBau 2003, 686 ; BGH, Beschluss v. 05.06.2003 – VII ZR 350/02 (Nichtzulassungsbeschwerde zurückgewiesen); NJW-RR 2003, 1670; NZBau 2003, 686)

– nach der Honorartafel, in der die Honorare in Abhängigkeit von den anrechenbaren Kosten definiert sind (§ 52 Abs. 1) und
– bei Leistungen im Bestand nach den §§ 6 Abs. 2, § 12 Abs. 2 und § 52 Abs. 4.

Bei der Tragwerksplanung erfolgt die Einteilung in die **Honorarzonen** auf der Grundlage der **Bewertungsmerkmale des § 52 Abs. 2 und 3**. Eine Punktbewertung wie bei den Objektplanungen nach Teil 3 HOAI steht nicht zur Verfügung. Nach Abs. 2 umfasst die Skala der Schwierigkeitsgrade „sehr geringe", „geringe", „durchschnittliche", „überdurchschnittliche" und „sehr hohe" Anforderungen und entspricht damit nach § 5 Abs. 1 den Honorarzone I bis V.

Die **statisch-konstruktiven Bewertungsmerkmale** des § 63 Abs. 1 HOAI 2002 blieben in § 52 **11** grundsätzlich unverändert erhalten, aber in die HOAI-Anlage 14 Nummer 14.2 übertragen und nach Tragwerksarten neu geordnet. Dort wird wie bisher allein auf statische Systeme und auf Konstruktionen Bezug genommen.

Anders als bisher werden diese die Tragwerke kennzeichnenden Elemente zusätzlich insgesamt dreizehn charakteristischen Bauwerkstypen und -arten sowie Konstruktionen zugeordnet:

– Stützwände, Verbau,
– Gründung,
– Mauerwerksbauten,
– Gewölbe,
– Deckenkonstruktionen, Flächentragwerke,
– Verbundkonstruktionen,
– Rahmen- und Skelettbauten,
– Seilverspannte Konstruktionen und Traggerüste,
– Rahmen- und Skelettbauten,
– Räumliche Stabwerke,
– Seilverspannte Konstruktionen,
– Konstruktionen mit Schwingungsbeanspruchung,
– Tragwerke, welche besondere
– Spannbetonkonstruktionen,
– Traggerüste.

Die Liste nennt bei weitem nicht alle vorkommenden Arten von Konstruktionen und Bauwer- **12** ken. So sind z. B. Behälter, Stahlwasserbauten (Wehre), Tunnelbauten, Schornsteine u. a. nicht aufgeführt. Solche Tragwerke müssen mithilfe der Bewertungsmerkmale nach fachlichen Gesichtspunkten in eine Honorarzone eingeordnet werden. Vielfach ist auch ein Vergleich mit den aufgeführten Tragwerks- oder Bauwerkstypen möglich.

Wie bisher nach § 63 HOAI 2002 lässt auch § 52 Abs. 2 erkennen, dass für bestimmte Bauweisen **13** bzw. Merkmale **Mindest-Honorarzonen** festgelegt sind, so z. B.

– Stahlbetonkonstruktionen	II
– Belastung durch vorwiegend nicht ruhende Lasten (z. B. Hofkellerdecken, Decken mit Belastung aus Gabelstaplern, Brücken des allgemeinen Verkehrs)	III
– einfache Verbundkonstruktionen des Hochbaus ohne Berücksichtigung des Einflusses von Kriechen und Schwinden	III
– Gebäude mit Abfangungen tragender oder aussteifender Wände	III
– ebene Pfahlrostgründungen	III
– einfache Gewölbe	III
– Vorspannkonstruktionen	IV
– Berücksichtigung des Einflusses von Kriechen und Schwinden	IV

– Stabilitätsuntersuchungen	IV
– nicht ausgesteifte Skelettbauten	IV
– vielfach statisch unbestimmte Systeme	IV
– statisch bestimmte räumliche Fachwerke	IV
– einfache Faltwerke nach der Balkentheorie	IV
– Schnittgrößenbestimmungen nach der Theorie II. Ordnung für statisch bestimmte Tragwerke	IV
– einfache Trägerroste	IV
– Tragwerke mit einfachen Schwingungsuntersuchungen	IV
– statisch unbestimmte Flächengründungen	IV
– räumliche Pfahlgründungen	IV
– schwierige Gewölbe und Gewölbereihen	IV
– Tragwerke mit Mauerwerk nach Eignungsprüfung	IV
– Verbundträger mit Vorspannung	V
– räumliche Stabwerke	V
– statisch unbestimmte räumliche Fachwerke	V
– schwierige Trägerroste	V
– Flächentragwerke nach der Elastizitätstheorie	V
– Schnittgrößenbestimmungen nach der Theorie II. Ordnung für statisch unbestimmte Tragwerke	V
– Tragwerke mit Standsicherheitsnachweisen, die nur unter Zuhilfenahme modellstatischer Untersuchungen oder durch Berechnung mit finiten Elementen beurteilt werden können	V
– Tragwerke mit schwierigen Schwingungsuntersuchungen	V
– Tragwerke, bei denen die Nachgiebigkeit der Verbindungsmittel bei der Schnittkraftermittlung zu berücksichtigen ist	V

14 **Traggerüste und andere Gerüste** für Ingenieurbauwerke sind unter Verwendung der Begriffe „einfach", „schwierig" und „sehr schwierig" in die Honorarzonen II, IV und V eingestuft. Hier kann die Definition der Traggerüstgruppen nach DIN EN 12812 bzw. DIN 4421 (inzwischen zurückgezogen) herangezogen werden, sodass sich folgende Zuordnung ergibt:

	Honorarzone	Traggerüstgruppe nach DIN EN 12812
einfache Traggerüste	III	R (I)
schwierige Traggerüste	IV	Q (II) bei üblichen Abmessungen
sehr schwierige, z. B. weit gespannte oder hohe Traggerüste	V	Q (II) weit gespannt oder hoch P (III)

15 In der Regel treffen für ein Tragwerk **Bewertungsmerkmale aus mehreren Honorarzonen** gemäß HOAI-Anlage 14.2 zu. Gemäß § 52 Abs. 3 ist in solchen Fällen für die Zuordnung die Mehrzahl der in den jeweiligen Honorarzonen aufgeführten Bewertungsmerkmale und ihre Bedeutung im Einzelfall maßgebend. Das folgende Beispiel soll eine mögliche methodische Vorgehensweise aufzeigen, die von Markwig[9] empfohlen wird. Dabei werden zunächst die wesentlichen Merkmale festgestellt und den Honorarzonen zugeordnet. In einem weiteren Schritt werden die prozentualen Anteile der Bauteile, auf die die Merkmale zutreffen, am Umfang des Aufwandes für die gesamte Tragwerksplanung abgeschätzt. Schließlich werden die Honoraranteile dieser Bauwerksteile in % der anrechenbaren Kosten des Gesamttragwerks in den einzelnen Honorarzonen ermittelt und danach der Mittelwert der so berechneten Einzelanteile berechnet. Wie am folgenden Beispiel deutlich wird, ist eine derart **exakte Begründung einer Honorarzone** erst **nach Fertigstellung sämtlicher Tragwerksplanungsleistungen möglich**.

Der **im Beispiel untersuchte 10-geschossige Neubau** erstreckt sich über eine Grundfläche von circa 70 × 45 m. Die Grundrissformen der einzelnen Geschosse sind im Wesentlichen unregelmäßig gestaltet und im oberen Bereich teilweise terrassierend versetzt. Aufgrund des vorliegenden Baugrundgutachtens war für die Unterkellerung eine wasserundurchlässige „Weiße Wanne" mit einer elastisch gebetteten Sohlplatte als Gründungskonstruktion vorgegeben. Für die Geschossdecken waren von der Architektur her unterzuglose punktgestützte „Flachdecken" vorgesehen. Die Fassaden bildenden Außenwände ergaben sich ebenfalls architektonisch teilweise als „gegliederte Scheiben" („Lochfassaden"). Die im Grundriss unregelmäßig angeordneten aussteifenden Wände kragen über dem Kellergeschoss, das in sich als „steifer Kasten" angesehen werden kann, teilweise mit abgestuften Querschnitten nach oben aus. Im Sinne der Landesbauordnungen der Länder gilt das Gebäude als „Hochhaus". Die anrechenbaren Kosten des Tragwerks betragen – nach § 48 Abs. 1 HOAI ermittelt – 15 Mio. €.   16

Die erwähnten **Bauteile** sind: 17

– Die punktgestützten Geschossdecken können sinnvoll und wirtschaftlich nur mithilfe der Methode der „finiten Elemente" zutreffend beurteilt und bemessen werden. Dasselbe gilt auch für die elastisch gebettete Sohlplatte. Die Deckenkonstruktionen und die Sohlplatte müssen nach Anlage 14 Nummer 14.2) der **Honorarzone V** zugeordnet werden; der Anteil dieser Bauteile am Umfang des Aufwandes für die gesamte Tragwerksplanung kann mit circa **45 %** angesetzt werden.

– Die gegliederten Scheiben der Lochfassaden könnten vereinfacht unter Vernachlässigung oder nur konstruktiver Berücksichtigung der Rahmenwirkung zwischen Riegeln und Stilen berechnet werden. Tatsächlich wurden diese Scheiben ebenfalls mithilfe der Methode der „finiten Elemente" gerechnet und bemessen. Vergleichbare Resultate wären allerdings auch zu erlangen gewesen, wenn statt der Scheibenmodelle alternativ rahmenartige Stabwerksmodelle untersucht worden wären, die in der Regel etwas einfacher zu handhaben sind. Aus dem Letztgenannten folgt eine Zuordnung dieser Bauteile in die **Honorarzone IV**, da es sich um „vielfach statisch unbestimmte Systeme" handelt. Es zählt also nicht die tatsächliche Art der Berechnung, sondern die Planungsanforderungen. Der Anteil dieser Bauteile am Umfang des Aufwandes für die gesamte Tragwerksplanung beträgt etwa **20 %**.

– Das Zusammenwirken der unregelmäßig über den Grundriss angeordneten Wandscheiben erfordert eine räumliche Modellbildung für den Nachweis der Gesamtstabilität des Gebäudes unter Einbeziehung der Deckenscheiben. Auch das für diese Berechnung entwickelte Berechnungsverfahren ist mindestens der **Honorarzone IV**, also den „vielfach statisch unbestimmten Systemen" zuzuordnen. Der Aufwandsanteil hierfür wird mit **15 %** geschätzt.

– Die sonstigen Bauteile wie Stützen, Wände, Träger, Abhängungen etc. sind als Tragwerke mit durchschnittlichem Schwierigkeitsgrad mindestens der **Honorarzone III** zuzuordnen; es handelt sich also um „Tragwerke für Gebäude mit Abfangungen der tragenden beziehungsweise aussteifenden Wände, ausgesteifte Skelettbauten". Der Aufwandsanteil für die Berechnungen diese Teile wird mit **20 %** des Gesamtaufwandes geschätzt.

Die Gewichtung der in verschiedenen Honorarzonen zuzuordnenden Anteile des Gesamtleistung wird für die anrechenbaren Kosten von 15 Mio. € mit der Honorartafel des § 52 Abs. 1 HOAI wie folgt durchgeführt:

---

[9] Dr. Ing. Michael Markwig, ö.b.u.v. Sachverständiger für Konstruktiver Ingenieurbau (Tragwerkplanung und Statik), bestellt von: Industrie- und Handelskammer Rhein-Neckar in Mannheim Sitz Mannheim

gemittelter Von-Satz: 0,45 · 939.131 + (0,20 + 0,15) · 801.873 + 0,20 · 642.943 = 831.853,10 €

gemittelter Bis-Satz: 0,45 · 989.699 + (0,20 + 0,15) · 939.131 + 0,20 · 801.873 = 934.435,00 €

Die gemittelten Beträge liegen klar zwischen dem Bis-Satz und dem Höchstsatz für 15 Mio. € in Honorarzone IV. Daher sind die Tragwerksplanungsleistungen in **Honorarzone IV abzurechnen.**

Dieser Beurteilungsvorgang liefert – wie zu sehen – auch Kriterien zur Einstufung zwischen Mindest- und Höchstsatz, indem die bei der Mehrheitsbetrachtung vernachlässigten Merkmale (der Schwierigkeit) zur Einstufung des Tragwerks zwischen Mindest- und Höchstsatz verwendet werden.

Leider ist die dargestellte Gesamtbewertung zur Ermittlung der richtigen Honorarzone im Regelfall bei Auftragserteilung unmöglich, da hierfür erst die Leistungen der Tragwerksplanung durchgeführt und die Ergebnisse der Kostenberechnung bekannt sein müssen. Daher empfiehlt es sich, bei der Auftragserteilung entgegen gängiger Praxis nicht die Honorarzone zu vereinbaren, sondern nach § 7 Abs. 1 lediglich schriftlich zu vereinbaren, auf welche Weise der Honorarsatz zwischen Mindest- und Höchstsatz des § 52 Abs. 1 bei der Honorarabrechnung ermittelt werden soll. Eine solche Vereinbarung wäre dann entbehrlich, wenn nach Mindestsätzen abgerechnet werden soll.

18 Eine **einfachere, aber auch deutlich ungenauere** Methode ist die ausschließlich qualitative Beurteilung der Bewertungsmerkmale ohne Beachtung deren Gewichts oder Bedeutung nach § 52 Abs. 3, wobei für die Zuordnung die Mehrzahl der in den jeweiligen Honorarzonen nach Abs. 2 aufgeführten Bewertungsmerkmale und ihre Bedeutung im Einzelfall maßgebend ist. Die folgende Matrix soll die Zusammenhänge verdeutlichen. Die Bewertungsmerkmale sind der HOAI-Anlage 14.2 entnommen. Im Beispiel sind die zutreffenden Bewertungsmerkmale markiert; die Summe der Treffer bestimmt die Honorarzone. Im Beispiel ergibt sich so die Honorarzone III.

Bewertungsmerkmal	statisch-konstruktiver Schwierigkeitsgrad				
	sehr gering	gering	durch-schnittlich	hoch	sehr hoch
Tragwerke mit sehr geringem Schwierigkeitsgrad, insbesondere einfache statisch bestimmte ebene Tragwerke aus Holz, Stahl, Stein oder unbewehrtem Beton mit ruhenden Lasten, ohne Nachweis horizontaler Aussteifung		X			
Tragwerke mit geringem Schwierigkeitsgrad, insbesondere statisch bestimmte ebene Tragwerke in gebräuchlichen Bauarten ohne Vorspann- und Verbundkonstruktionen, mit vorwiegend ruhenden Lasten			X		
Tragwerke mit durchschnittlichem Schwierigkeitsgrad, insbesondere schwierige statisch bestimmte und statisch unbestimmte ebene Tragwerke in gebräuchlichen Bauarten und ohne Gesamtstabilitätsuntersuchungen					X
Tragwerke mit hohem Schwierigkeitsgrad, insbesondere statisch und konstruktiv schwierige Tragwerke in gebräuchlichen Bauarten und Tragwerke, für deren Standsicherheit- und Festigkeitsnachweis schwierig zu ermittelnde Einflüsse zu berücksichtigen sind			X		
Tragwerke mit sehr hohem Schwierigkeitsgrad, insbesondere statisch u. konstruktiv ungewöhnlich schwierige Tragwerke			X		
Summe der Treffer		1	3		1
Honorarzone	I	II	III	IV	V

Musste zum Zeitpunkt des Abschlusses des Ingenieurvertrages auf Wunsch des Auftraggebers **19** auch die Honorarzone vereinbart werden, obwohl der Schwierigkeitsgrad der Bewertungsmerkmale des Tragwerks nicht eindeutig zu erkennen war, sollte daher im Ingenieurvertrag die **Möglichkeit einer nachträglichen Vertragsanpassung** vorgesehen werden für den Fall, dass sich bei der Bearbeitung die Notwendigkeit einer höheren oder niedrigeren Einstufung des Tragwerks herausstellen sollte. Unabhängig davon sind nach geltender Rechtsprechung[10] für eine zutreffende Honorarabrechnung ausschließlich die Bewertungsmerkmale nach § 52 Abs. 2 entscheidend. Auf dieser Basis ermittelte Honorare sind zur Beurteilung der HOAI-Konformität einer Honorarvereinbarung unerlässlich. Eine HOAI-konforme Vereinbarung liegt immer dann vor, wenn deren Ergebnis zwischen dem Mindest- und Höchsthonorar nach HOAI liegt. Unterschreitet oder überschreitet aber das auf Basis der Vereinbarung ermittelte Honorar die genannten Grenzwerte, ist die Honorarvereinbarung nach § 134 BGB unwirksam und muss unter Beibehaltung der zugehörigen werkvertraglichen Pflichten auf die Grenzwerte reduziert bzw. erhöht werden. Dessen sollten sich die Vertragspartner bewusst sein.

IV. Tragwerksplanungsleistungen bei Umbauten und Modernisierungen

Die bisher erläuterten Bestimmungen gelten selbstverständlich in vollem Umfang auch für die **20** Honorierung der Leistungen bei **Umbauten und Modernisierungen**. Da diese aber wegen der Integration vorhandener Bausubstanz, vorhandener Bauteile und Baustoffe in das neue Objekt **zusätzliche Erschwernisse** und deswegen **zusätzliche Honoraransprüche** begründen, werden die dabei zu beachtenden verordneten Regeln im Einzelnen erörtert.

Nach § 52 Abs. 4 kann vereinbart werden, dass das Honorar für Leistungen bei Umbauten und **21** Modernisierungen bei durchschnittlichem Schwierigkeitsgrad mit einem Zuschlag gemäß § 6 Abs. 2 S. 3 bis zur Höhe von 50 % berechnet wird. In der Verordnungsbegründung zu § 6 Abs. 2 macht der Verordnungsgeber darauf aufmerksam, dass der **Zuschlag** unter Berücksichtigung des Schwierigkeitsgrads der Leistungen schriftlich **bei Auftragserteilung zu vereinbaren** sei. Das Erfordernis einer schriftlichen Vereinbarung bei Auftragserteilung folge aus § 7 Abs. 1. Die Vorschrift ist nur dann unproblematisch, wenn die auftraggeberseitig geschuldete Bedarfsplanung die zu erwartenden Schwierigkeiten ausreichend untersucht und dokumentiert hat. Nur dann kann ein Tragwerksplaner schon vor Vertragsabschluss die bei der Durchführung von Planung und Objektüberwachung zu erwartenden erschwerten Bedingungen ausreichend überblicken und kalkulatorisch berücksichtigen; im Übrigen gehört die Ermittlung der zutreffenden Honorarzone und deren Mitteilung an interessierte Auftragnehmer zu den Pflichten, die ein Auftraggeber vor der Vergabe von Ingenieurleistungen erfüllen muss. Nur dann wird er Honorarangebote auf HOAI-Konformität prüfen können.

An dieser Stelle weist die Verordnungsbegründung ergänzend darauf hin, dass gemäß § 6 Ab- **22** schnitt 2 S. 4 bei fehlender schriftlicher Vereinbarung eines Zuschlags zwar „unwiderleglich vermutet" würde, dass ein Zuschlag von 20 % ab einem durchschnittlichen Schwierigkeitsgrad als vereinbart gelte, dieser jedoch nicht als Mindestzuschlag zu verstehen sei. Daher stellt es die Verordnungsbegründung stellt den Vertragsparteien ausdrücklich frei, bei Auftragserteilung auch einen Zuschlag von weniger als 20 % oder auch mehr zu vereinbart.

Nach den Begriffsbestimmungen des § 2 HOAI sind **23**
- **Umbauten** Umgestaltungen eines vorhandenen Objektes mit wesentlichen Eingriffen in Konstruktion oder Bestand.
- **Modernisierungen** bauliche Maßnahmen zur nachhaltigen Erhöhung des Gebrauchswertes eines Objektes, soweit diese Maßnahmen keine Erweiterungsbauten (Ergänzungen eines vorhandenen Objektes), Umbauten oder Instandsetzungen sind.

---

[10] LG Stuttgart v. 18.10.1996 – 15 O 1/96

Die Einschränkungen bei der Modernisierung gelten in gleicher Weise – wenngleich in der HOAI selbst nicht formuliert – auch bei Umbauten. Umbauten sind daher ebenfalls bauliche Maßnahmen, welche an Umfang und Größe des Gebäudes oder der Anlage nichts ändern, sondern durch Einfügung neuer Bau- oder Anlagenteile funktionale oder gestalterische Verbesserungen des Vorhandenen anstreben.

24 Unter **Modernisierung eines Ingenieurbauwerks** oder eines **Gebäudes** können alle Bau- und Ausrüstungsmaßnahmen eingeordnet werden, die unter Beibehaltung des vorhandenen Bauwerks zur nachhaltigen Erhöhung dessen tatsächlichen Gebrauchswertes im Sinne von § 2 Nr. 7. dienen und seine weitere Nutzung nachhaltig verbessern. Häufig geht mit der Modernisierung die Instandsetzung solcher Bauwerke einher. Beispiele sind:

– grundhafte Sanierung eines Wasserbehälters mit Umgestaltung bzw. Erneuerung der verfahrens- und prozesstechnischen Ausrüstung, Beseitigung von Schäden an Stahlbetonwänden, Erneuerung der Überdeckung sowie Ersatz des Anstrichs der Behälterinnenwände durch keramische Platten,

– Auskleidung eines vorhandenen Schwimmerbeckens mit einer Edelstahlwanne und der sich daraus ergebenden Anpassung der Umwälzinstallationen, Aus- bzw. Einstiege, Startblöcke etc. an neue Anforderungen.

– grundhafte Erneuerung einer vorhandenen Tiefgarage durch Austausch des vorhandenen wasserundurchlässigen Stahlbetonbodens gegen einen gepflasterten, wasserdurchlässigen und mit semipermeabler Folie auf einer Dränschicht aufgebauten Leichtbetonunterbau, wasserabweisender Verkleidung der Garagendachstützen, Austausch der vorhandenen zu engen Treppenanlage gegen eine großzügige Wendeltreppe, kompletter Neuanstrich des Garageninneren, Einfügung einer Sprinkleranlage und Neugestaltung der Oberfläche des Tiefgaragendaches mit gezielten Sammlung und Ableitung des Regenwassers in neue, im Inneren der Garage verlegten Abwasserableitungen.

– umfassende energetische und bauliche Sanierung eines vorhandenen Hallenbades z. B. durch Einsatz eines Edelstahlbeckens anstelle der defekten Keramikplatten auf dem Boden und an den Wänden, Abdichtung und Wärmedämmung im Sockelbereich einschließlich Putz, Wärmedämmung aller Außenwände und Fassaden, Dämmung der Kellergeschossdecken zu Räumen ohne regelmäßige Nutzung, Austausch/Erneuerung der Wärmedämmung der Dachflächen einschließlich Dachabdichtung, Austausch aller Fenster- und Türanlagen gegen dreifachverglaste Anlagen, Austausch der außen liegenden Verschattungselemente, Entwicklung eines neuen Energieversorgungskonzepts unter Berücksichtigung alternativer Energieerzeugungsanlagen sowie Dämmung aller Heizungsinstallationen

25 Jeder **Umbau und** jede **Modernisierung** bedeuten im Vergleich mit einem Neubau eine **zusätzliche Erschwernis** für die Bearbeitung der Planungsleistungen. Umbauten sind auch regelmäßig mit einem **erhöhtem Risiko** für den Ingenieur verbunden, da er Bauteile beurteilen und in seine Planung integrieren muss, die nicht von ihm geplant, berechnet oder konstruiert wurden. Dies bedingt eine höheren **Verantwortung** bei allen Planern und ein höheres **Haftungsrisiko**. Der in § 52 Abs. 4 HOAI verordnete **Zuschlag** stellt eine Vergütung sowohl für die Mehrleistungen als auch für die erhöhte Verantwortung des Planers für die technisch einwandfreie Lösung der Planungsaufgabe dar

26 Mit der Vereinbarung des Umbauzuschlages ist die Einbeziehung der vorhandenen Bausubstanz in die anrechenbaren Kosten nicht erfasst. Der **Wert der vorhandenen Bausubstanz** die technisch oder gestalterisch bei der Tragwerksplanung mitverarbeitet wird, sind nach § 4 Abs. 3 angemessen und zusätzlich zum Umbauzuschlag zu berücksichtigen (s. mehr unter § 50 Rdn. 19 ff.).

27 Für die Bewertung von **Erschwernis und Risiko** wird die in § 44 Rdn. 112 beschriebene Wertungsmethode empfohlen. Sind alle bei dem Tragwerk vorkommenden Merkmale nach dieser Methode bezüglich ihrer Priorität geordnet (Definition der Prioritätenzahlen) und anschließend

mit Blick auf ihren Einfluss auf die Anforderungen an die Ingenieurleistungen bewertet (Bewertung), so werden für die Bewertungsmerkmale 1 bis 3 die Produkte

Bedeutung × Bewertung = Einflusszahl

gebildet. Der Zuschlag kann dann nach den rechnerisch ermittelten Einflusszahlen wie folgt bestimmt werden:

Einflusszahl	Erschwernisse und Risiken	Zuschlag in %	
		mindestens	höchstens
< 6	sehr gering	0	20
7 bis 12	gering	21	34
13 bis 18	durchschnittlich	35	50
19 bis 24	überdurchschnittlich	51	64
25 bis 30	sehr groß	65	80

In den Fällen, bei denen die **vorhandene Anlagensubstanz** durch entsprechende planerische Leistungen **weitgehend unverändert** bleiben kann, stehen häufig **nur unzureichende oder keine anrechenbaren Kosten** als Ausgangsgröße zur Ermittlung eines leistungsäquivalenten Honorars zur Verfügung. Die trifft vor allem bei **Umnutzungen vorhandener Gebäude oder Bauwerke** zu. Wenn z. B. ein vorhandenes Bürogebäude in eine Bibliothek umwandelt werden soll, ändern sich die Belastungen aller tragenden Teile des Gebäudes durch den Einsatz von platzsparenden Rollregalen so erheblich, dass der Standsicherheitsnachweis des dafür vorgesehenen Bauwerks für die größeren Belastungen erbracht werden muss. Dasselbe gilt, wenn die im ersten Obergeschoß eines vorhandenen Schlammentwässerungsgebäudes eingebauten Zentrifugen durch eine Kammerfilterpresseanlage ersetzt werden soll. Der Standsicherheitsnachweis muss in beiden Fällen alle vorhandenen Tragelemente umfassen. Eine vergleichbare Situation liegt bei **Erweiterungsbauten und Wiederaufbauten** vor; die Leistungen bei den in letzteren Fällen regelmäßig notwendigen Umbauten in den Anschlussbereichen der vorhandenen Anlagensubstanz sind ein vergleichbares Beispiel. **28**

An folgendem Beispiel[11] der **Umwidmung eines vorhandenen Bürogebäudes** sollen die Abrechnung der Leistungen der Tragwerksplanung in dem häufig vorkommenden **Spezialfall der Bedarfsplanung** verdeutlicht werden, die zur Vorbereitung der Vergabe für Leistungen bei Umbauten und Modernisierungen erforderlich werden können. Die nachfolgend beschriebenen Aufgaben und Leistungsschritte sind Besondere Leistungen des Tragwerksplaners, deren Honorar hilfsweise mit den für Grundleistungen verordneten Abrechnungsmodalitäten berechnet werden kann. **29**

Vorgaben für die Umplanung:

— Auf den Geschoßdecken sollen Maschinen aufgestellt werden, die zu hohen Punktbelastungen der Decken und Deckenträger führen.

— Auf dem Dach des Gebäudes soll über die gesamte Gebäudelänge eine 8 m hohe Werbetafel aufgestellt werden.

— Die statische Berechnung und die Ausführungszeichnungen des vorhandenen Tragwerks liegen vor. Sie wurden im Rahmen **einer getrennt beauftragten Bestandsuntersuchung** erstellt und durch den Auftraggeber beigestellt.

Aufgaben des Tragwerksplaners:

a) Bearbeitung der Tragwerksplanung für die Tragkonstruktion der Werbetafel.

b) Untersuchung der Geschoßdecken, Unterzüge, Stützen und Gebäudefundamente für Maschinenlasten sowie der Dachdecke, der Aussteifungselemente und der Gebäudefundamente für die Vertikal- und Horizontallasten aus der Werbetafel.

c) Falls erforderlich : Entwurf und konstruktive Bearbeitung von Verstärkungsmaßnahmen.

---

[11] Sinngemäß entnommen aus Jochem: HOAI-Gesamtkommentar 3. Auflage 1991, S. 700

Leistungen zu Erfüllung der Aufgaben:

– Für die Durchführung der Untersuchung muss sich der Tragwerksplaner in die vorhandene Konstruktion einarbeiten und auf der Grundlage der vorhandenen Abmessungen eine völlig neue statische Berechnung für das Gebäude erstellen.

– Er muss alle Ausführungszeichnungen einsehen und prüfen, ob die neu errechneten Bewehrungen im Bauwerk vorhanden sind. Falls die vorhandene Bewehrung örtlich nicht ausreicht, ist zu überprüfen, ob durch Variation der statischen Systeme Reserven in Nachbarbereichen mobilisiert werden können (Entwurfsleistung).

Ergebnis im vorliegenden Fall:

Das vorhandene Tragwerk kann die zusätzliche Belastung ohne Verstärkung aufnehmen. Auf Grund des Ergebnisses der Leistungen von b) ist die Planung von Verstärkungsmaßnahmen im vorliegenden Fall nicht erforderlich.

Honorar für die Leistungen nach a): neues Tragwerk der Werbetafel:	
1. Das Honorar ist nach § 11 Abs. 1 getrennt zu berechnen, da die Werbetafel weder ein zugehöriges Bauwerk noch Teil des Tragwerks des Gebäudes ist. 2. Die Werbetafel ist ein „sonstiges Einzelbauwerk" im Sinne von § 41 Nr. 7	
Anrechenbare Kosten gemäß § 50 Abs. 3 wurden ermittelt zu	25.000,00 €
Honorarzone gemäß § 52 Abs. 2 gewählt:	III (mittlerer Wert)
Bewertung der Grundleistungen gemäß § 51 Abs. 1 für die Leistungsphasen 1 bis 3:	28 v. H.
Honorarsatz gemäß Honorartafel zu § 52 Abs. 1 =	4.771,50 €
Netto-Honorar für die Berechnung der Werbetafel =	1.336,02 €
Honorar für die Leistung nach Aufgabe b) Untersuchung des bestehenden Tragwerks des Gebäudes	
1. Der Wert des Gebäudes wird stark vereinfacht auf Basis seiner Bruttogeschossfläche ermittelt: 2. Die anrechenbaren Kosten des Gebäudes werden mit den von BKI[12] veröffentlichten Kostenkennwerten für ein neues Gebäude berechnet (s. zur Begründung § 50 Rdn. 27):	6.180 m²
Kostengruppe 300: Kostengruppe 400:	882 €/m² BGF 646 €/m² BGF
Anrechenbare Kosten gemäß § 50 Abs. 3: (0,55 x 882 + 0,10 x 646) x 6.180 m² =	ca. € 3,0 Mio.
Honorarzone gemäß § 52 Abs. 2 gewählt:	IV (Mindestsatz)
Die Grundleistungen werden unter Beachtung der nicht erforderlichen und deswegen nicht beauftragten Teile der Grundleistungen nach § 8 Abs. 2 bewertet (s. hierzu § 51 Rdn. 2 ff.):	
Leistungsphase 1 – Grundlagenermittlung vollständig, da Einarbeitung in die vorhandene Objekt- und Tragwerksplanung	3,0 v. H.
Leistungsphase 2 – Vorplanung (ohne Mitwirken bei der Kostenschätzung)	9,5 v. H.
Leistungsphase 3 – Entwurfsplanung (ohne Mitwirken bei der Kostenberechnung)	14,0 v. H.
Leistungsphase 5 – Ausführungsplanung (Durchsicht aller vorhandenen Ausführungszeichnungen und Überprüfung, ob die vorhandenen Abmessungen, Betongüten und Bewehrungen den Ergebnissen der neuen statischen Berechnung entsprechen. Bewertung dieser Besonderen Leistung durch Vergleich mit der Grundleistung; gewählt:	10,0 v. H.
Gesamtbewertung	36,5 v. H.
Ein **Umbauzuschlag** ist hier nicht berechtigt, da durch die Untersuchung nachgewiesen wurde, dass das vorhandene Tragwerk die zusätzliche Belastung ohne Verstärkung aufnehmen kann, somit Umbaumaßnahmen nicht erforderlich sind.	

---

[12] Baukosteninformationszentrum Deutscher Architektenkammern: BKI Baukosten Gebäude 2014, Fachbuch – Statistische Kostenkennwerte Teil 1

Grundhonorarsatz nach § 52 Abs. 1	227.389,00 €
Netto-Honorar für den Nachweis der Tragfähigkeit des Tragwerks (ohne Umbauzuschlag, da kein Umbau, sondern nur Nachweis der Tragfähigkeit des vorhandenen Bausubstanz): 227.389,– × 0,365 =	82.996.99 €
Honorar für die Leistungen nach c) für Verstärkungen: Kein Honorar, da im vorliegenden Fall keine Leistung erforderlich wurde. Wären Verstärkungen des Tragwerks erforderlich gewesen, hätte das Honorar für die dann notwendige Neuberechnung des gesamten Tragwerks mit Umbauzuschlag berechnet werden müssen.	

V. Tragwerke für Ingenieurbauwerke mit großer Längenausdehnung

Schon in der Amtl. Begr. zur 4. HOAI-Novelle[13] wurde auf den Sonderfall der Honorare für Tragwerksplanungsleistungen für **Ingenieurbauwerke mit erheblichen Längenabmessungen** hingewiesen, bei denen sich die **statischen Verhältnisse** in der gesamten Länge **nicht oder nur unwesentlich** verändern wie z. B. bei Stützbauwerken und Uferspundwänden. Nach der aktuellen Amtl. Begr. zu § 52 Abs. 5 stellt die Tragwerksplanung für solche Ingenieurbauwerke, „*die unter gleichen baulichen Bedingungen errichtet werden, ... einen Ausnahmefall im Sinne von § 7 Abs. 3 dar. Steht der Aufwand in einem Missverhältnis zu dem auf der Grundlage der anrechenbaren Kosten ermittelten Honorar, des Auftragnehmers, kann der Mindestsatzdurch schriftliche Vereinbarung unterschritten werden.*"

In der erwähnten Amtl. Begr. zur 4. Novelle empfahl der Verordnungsgeber, in einem solchen Fall z. B. zu vereinbaren, dass für die Ermittlung des Honorars für die Leistungsphasen 1 bis 6 nur eine bestimmte Länge des Bauwerks die vollen Kosten angesetzt und für den Rest § 22 Abs. 2 HOAI 1991 sinngemäß angewandt würde, der dem heutigen § 11 Abs. 3 ähnlich war. Die Empfehlung bedeutet heute:

1. Das Bauwerk wird in zwei oder mehr gleich lange Bauwerke mit gleichen anrechenbaren Kosten „zerlegt".

2. Das Honorar für die Leistungsphasen 1 bis 6 des ersten Bauwerksteils wird mit dessen Kosten ermittelt.

3. Das Honorar für die Leistungen für den zweiten bis fünften Bauwerksteil wird mit 50 % der Prozentsätze derselben Leistungsphasen berechnet.

4. Das Honorar für die Leistungen für den sechsten bis achten Bauwerksteil wird mit 40 % der Prozentsätze, für die restlichen Bauwerksteile mit 10 % der Prozentsätze derselben Leistungsphasen berechnet.

5. Das Gesamthonorar ist die Summe der Teilhonorare.

Die Anwendung dieser Empfehlung birgt die Gefahr in sich, durch eine zu weitgehende Gliederung kein der Leistung angemessenes Honorar zu vereinbaren. Daher empfiehlt es sich, vor einer entsprechenden Vereinbarung die für die Erfüllung des Werkvertrages durch den Auftragnehmer zu erbringenden Leistungen und den dafür erforderlichen Aufwand sorgfältig abzuwägen.

---

[13] Bundesanzeigerausgabe der HOAI 1991, S. 112

Teil 4: Fachplanung
Abschnitt 2: Technische Ausrüstung

§ 53 Anwendungsbereich

(1) Die Leistungen der Technischen Ausrüstung umfassen die Fachplanungen für die Objekte.

(2) Zur Technischen Ausrüstung gehören folgende Anlagengruppen:
1. Abwasser-, Wasser- und Gasanlagen,
2. Wärmeversorgungsanlagen,
3. Lufttechnische Anlagen,
4. Starkstromanlagen,
5. Fernmelde- und informationstechnische Anlagen,
6. Förderanlagen,
7. nutzungsspezifische Anlagen und verfahrenstechnische Anlagen,
8. Gebäudeautomation und Automation von Ingenieurbauwerken.

Inhaltsübersicht

I. Die Anlagen

1 § 53 Abs. 1 begrenzt den Geltungsbereich der HOAI auf **Fachingenieurleistungen für Anlagen** der **Technischen Ausrüstung**, die **für die Nutzung und den Betrieb eines** in Teil 3 HOAI **erfassten Objekts erforderlich** sind. Dies betont die Verordnungsbegründung zu Abs. 1 durch folgende Formulierung, welche den Unterschied zur bisher gültigen Regelung hervorhebt: *„In § 53 Abs. 1 wird nunmehr klargestellt, dass die technische Ausrüstung die Fachplanung für Objekte*

im Sinne des § 2 Nummer 1 der HOAI umfasst, mithin **Gebäude, Innenräume, Freianlagen, Ingenieurbauwerke und Verkehrsanlagen**".

Leistungen für Technische Anlagen, die **nicht Teil eines der vorgenannten Objekte** sind und somit nicht ihrer Nutzung dienen, sind **nicht in der HOAI erfasst**. So sind z. B. Honorare für die Fachingenieurleistungen bei der Umspannstation eines Neubaugebiets, die zur örtlichen Versorgung des Gebiets gebaut wird, oder für die gleichen Leistungen bei einem Umspannwerk nicht in der HOAI erfasst. Insbesondere sind die **Ingenieurleistungen für Großapparate** und Anlagen der **Maschinentechnik** einschließlich deren Vergütung mit dieser Definition aus der HOAI **nicht verordnet** (ausführlich hierzu s. Rdn. 21 ff. und § 42 Rdn. 6 ff.).

§ 53 Abs. 2 entspricht bis auf die modifizierten Nr. 7 und 8 den Bezeichnungen des § 51 HOAI 2009 und umfasst nach der Amtl. Begr. zu § 51 HOAI 2009 wie dort den preisrechtlich geregelten Anwendungsbereich der acht Anlagengruppen nach DIN 276. Gemäß § 4 Abs. 1 S. 3 ist damit die DIN 276 in der Fassung vom Dezember 2008 gemeint (DIN 276-1:2008-12; Kosten im Bauwesen – Teil 1: Hochbau). Der auf dieser Norm aufbauende Teil 4 (Kosten im Bauwesen – Ingenieurbau) vom August 2008 (DIN 276-4:2009-8) muss daher gleichfalls Geltung besitzen; beide Normen müssen mangels anderer Vorschriften als a. a. R. d. T. im Sinne von § 4 Abs. 1 S. 2 gelten. Sie sind bei der **Interpretation des Anwendungsbereichs** der Verordnung für die Technische Ausrüstung und bei den Kostenermittlungen für Anlagen der technischen Ausrüstung wie folgt maßgebend:

- DIN 276-1:2008-12 für Gebäude einschließlich zugehöriger Außenanlagen, für Innenräume und Freianlagen sowie die
- DIN 276-4:2009-8 zusätzlich für Ingenieurbauwerke und Verkehrsanlagen einschließlich zugehöriger Außenanlagen;

Für die **Zuordnung von Anlagen zu Anlagengruppen** ist der Verordnungstext und damit die Objektliste in Anlage 15 Ziffer 15.2 (nachfolgend kurz: HOAI-Anlage 15.2) verbindlich, welche in Anlehnung an die genannten Normen die zu den einzelnen Anlagengruppen gehörenden Anlagen nennt und ihren im Regelfall zutreffenden Honorarzonen zuordnet. Sind einzelner Anlagen nicht genannt, sind die genannten **Normen für deren Zuordnung zu den Anlagengruppen ergänzend maßgebend.**

Die Verordnungsbegründung zu § 53 Abs. 2 erläutert die im Vergleich zu allen Vorgängerverordnungen deutliche Erweiterung der verordneten Anlagen und Anlagengruppen wie folgt: *„§ 53 Absatz 2 Nummer 7 greift nunmehr neben den nutzungsspezifischen Anlagen auch die verfahrenstechnischen Anlagen auf. Für die nutzungsspezifischen Anlagen ist die Bezugnahme auf die maschinen- und elektrotechnischen Anlagen in Ingenieurbauwerken entfallen. Hintergrund dafür ist, dass die Anlagen der Verfahrens- und Prozesstechnik bei Ingenieurbauwerken der Wasserversorgung, Abwasserentsorgung und bei Anlagen des Wasserbaus sowie bei Bauwerken und Anlagen der Abfallentsorgung (§ 42 Nummer 1 bis 3 und 5) planerisch dem Ingenieurbauwerk zuzuordnen sind. Damit im Einklang stellt § 42 Absatz 1 Satz 2 nunmehr klar, dass die Kosten für die Maschinentechnik, die der Zweckbestimmung des Ingenieurbauwerks dienen, anrechenbar sind, soweit der Objektplaner diese plant oder deren Ausführung überwacht. Die Anlagengruppe 7 wird zukünftig in nutzungsspezifische (Anlagengruppe 7.1) und verfahrenstechnische Anlagen (Anlagengruppe 7.2) untergliedert. Da die Technische Ausrüstung nicht nur auf die Fachplanung für Gebäude abstellt, wird in der Anlagengruppe 8 auch die Automation von Ingenieurbauwerken aufgenommen.“*

Mit dieser Klarstellung sind die in der HOAI 2009 noch missverständlichen Verordnungstexte ersetzt. Damit sind auch die seit Inkrafttreten der HOAI-Novelle vom Juli 1984 (HOAI 1985) stets umstrittenen Regelungen über die Honorierung der Leistungen der Wasser- und Abfallingenieure für die Anlagen der Prozess- und Verfahrenstechnik von Ingenieurbauwerken der Wasser-, Abwasser- und Abfalltechnik endlich verordnet.

Die **Anlagen** der Anlagengruppen des § 53 Abs. 2 und die den Kostengruppen (nachfolgend kurz: KG) 410 bis 480 beider Normen zugeordneten Anlagen sind für den Auftragnehmer und Auftraggeber **abrechnungstechnisch Objekte** im Sinne von § 2 Abs. 1 Satz 2, für die Fachplanungsleistungen bei den in § 2 Abs. 1 S. 1 genannten Objekte erbracht werden; dasselbe gilt für die Technischen Anlagen in **Außenanlagen** (KG 540) mit der Einschränkung, dass deren Kosten nur dann anrechenbar sind, wenn der Auftragnehmer diese zusätzlich plant oder ihre Ausführung überwacht (s. § 54 Rdn. 19). Die KG 490 (sonstige Maßnahmen für technische Anlagen) und die dort genannten KG 491–499 beschreiben ebenso wie die in KG 549 nicht näher aufgezählten Maßnahmen keine eigenständigen Objekte oder Anlagen, sondern Kosten von Maßnahmen, welche bei der Installation der Anlagen der KG 410–480 bzw. 541–548 entstehen und nur Bedeutung bei der Ermittlung der anrechenbaren Kosten der Anlagengruppen besitzen; sie sind auf die Anlagengruppen nach deren anrechenbaren Kosten anteilig umzulegen.

4 Der nachfolgende Überblick über die in der Verordnung erfassten **Anlagen der Anlagengruppen des § 53 Abs. 2** (Rdn. 7 ff.) ergibt sich aus DIN 276 in der Fassung vom April 1981 (Teil 2, Anhang A) und aus ihren beiden anderen zuvor genannten Neufassungen. Dabei handelt es sich **nicht** um eine **erschöpfende Erfassung** aller erdenklichen technischen Anlagen, sondern lediglich um eine beispielhafte Aufzählung. Anlagen oder Anlagenteile, die in dieser Zusammenstellung fehlen, müssen den Kostengruppen der Normen und damit den in § 54 Abs. 4 HOAI genannten Anlagengruppen sinngemäß zugeordnet werden.

5 Obwohl der Anwendungsbereich der Vorschriften dieses Abschnitts der HOAI ausdrücklich auch die **Technischer Ausrüstung von Verkehrsanlagen** umfasst, ordnet die Verordnungsbegründung zu § 46 Abs. 2 unverständlicherweise auch Objekte der Technischen Ausrüstung der „Ausstattung von Anlagen des Straßen- und Flug- und Schienenverkehrs" mit der Begründung zu, sie seien nicht in der Objektliste der Technischen Ausrüstung der HOAI-Anlage 15.2 enthalten: „*Unter Ausstattung von Anlagen des Straßen- und Flugverkehrs fallen zum Beispiel Signalanlagen, Schutzplanken und Beschilderungen. Bei den Entwässerungsanlagen handelt es sich um Straßenabläufe, Sammelleitungen und zugehörige Anschlussleitungen sowie Regenwasserversickerungen, die nicht als eigenständige Objekte in der Objektliste Ingenieurbauwerke, Gruppe 2, aufgeführt sind, vergleiche Anlage 12 Nummer 12.2. Unter Ausstattung von Anlagen des Schienenverkehrs fallen Oberleitungsanlagen, Signalanlagen, Telekommunikationsanlagen, die den Zugbetrieb beeinflussen, und Weichenheizungsanlagen*".

6 Wie schon in der Kommentierung zu § 46 (s. dortige Rdn. 19 ff.) ausführlich erläutert, kann diese Vorschrift nicht dahingehend interpretiert werden, dass Fachplanungsleistungen für diese hier nur als Beispiele genannten Anlagen nicht erforderlich seien und deren Vergütung dem Mehr-Honorar entspräche, welches durch die Hinzurechnung ihrer anrechenbarer Kosten zu den Kosten der Baukonstruktion als Teil des Objektplanerhonorars entstehe. Nach hiesiger Ansicht sind die Honorare für Fachplanungsleistungen für die Ausstattung von Verkehrsanlagen, soweit diese ihrer Funktion nach Technische Ausrüstung sind, ebenfalls in Teil 4 Abschnitt 2 HOAI verordnet.

II. Die Anlagengruppen

1. Abwasser-, Wasser- oder Gasanlagen nach § 53 Abs. 2 Nr. 1

a) Abwasseranlagen

7 Zu den Abwasseranlagen gehören die Anlagen der KG 411 und 541. Dies sind in **KG 411**:
- Anschluss-, Fall-, Sammel- und Grundleitungen einschließlich Revision- und Sicherheitseinrichtungen, Abläufe, Sandfänge und Sinkkästen einschließlich der unmittelbar mit den Installationen verbundenen Einrichtungen sowie gegebenenfalls der Schalter- und/oder der Regelarmaturen; dazu gehören auch die entsprechenden Abwasseranlagen der Straßenentwässerung (Straßenabläufe einschließlich Schmutzfänger und Zuleitung zum Sammelkanal/Vorfluter).
- Sammelbehälter, Abwassersammelanlagen, Abwasserbehandlungsanlagen wie Abscheider, Neutralisations-, Dekontaminations- und Entgiftungsanlagen sowie Hebeanlagen einschließlich der zugehörigen Mess-, Steuer-, Regel- und Schalteinrichtungen, soweit nicht in KG 480 erfasst.

Die in **KG 541** genannten Abwasseranlagen auf dem Grundstück des Bauwerks sind z. B.:
- Oberflächen- und Bauwerksentwässerungsanlagen, Sammelgruben,
- Kläranlagen, Abscheider, Hebeanlagen.

b) Wasseranlagen

Zu den **Wasseranlagen** gehören die Anlagen der KG 412 und 542. Dies sind in **KG 412**: **8**
- Kalt- und Warmwasserleitungen, Sanitärobjekte wie Waschtische, Spülklosetts, Badewannen, Brausetassen.
- dezentrale Wasserwärmer einschließlich der unmittelbar mit der Installation verbundenen Einrichtungen sowie deren Schalt- und/oder der Regelarmaturen; damit wird berücksichtigt, dass derartige Anlagen in der Regel keiner Auslegung durch den Fachingenieur für Wärmeversorgungsanlagen erfordern, sondern industrielle Fertigprodukte sind.
- Installationsblöcke, Sanitärzellen.
- Wassergewinnungsanlagen und Wasseraufbereitungsanlagen (soweit nicht in KG 470 erfasst), Druckerhöhungsanlagen, und Vorratsbehälter einschließlich aller Mess-, Steuer-, Regel- und Schalteinrichtungen, soweit nicht in KG 480 erfasst.

Die in **KG 542** genannten Wasseranlagen auf dem Grundstück des Bauwerks sind z. B.:
- Wassergewinnungsanlagen, Wasserversorgungsnetze, Hydrantenanlagen, Druckerhöhungs- und Beregnungsanlagen.

Zu den hier erfassten Anlagen gehören alle Anlagen, die der Aufbereitung von Wasser zu Trinkwasser dienen, also z. B. auch Anlagen zur Meerwasserentsalzung oder auch Anlagen zur Wasserenthärtung. Die Anlagen für die Aufbereitung oder die Nutzung von Wässern, die nicht als Trinkwasser verwendbar sind, sondern als Prozesswasser dienen, wie z. B. vollentsalztes Wasser, gehören demgegenüber zu den nutzungsspezifischen Anlagen (Medienversorgungsanlagen KG. 473).

c) Gasanlagen

Zu den **Gasanlagen** gehören die Anlagen der KG 413 und 543. Dies sind **in KG 413**: **9**
- Leitungen und Entnahmeeinrichtungen einschließlich der unmittelbar mit der Installation verbundenen Einrichtungen sowie gegebenenfalls der Schalt- und/oder Regelarmaturen.
- Gas- und Medienlagerung einschließlich aller Mess-, Steuer-, Regel- und Schalteinrichtungen, soweit nicht in KG 480 erfasst.
- Glas- und Medienerzeugung und -rückgewinnung einschließlich aller Mess-, Steuer-, Regel- und Schalteinrichtungen, soweit nicht in KG 480 erfasst.
- Übergabestationen, Umformer einschließlich aller Mess-, Steuer-, Regel- und Schalteinrichtungen, soweit nicht in KG 480 erfasst.

Die **in KG 543** genannten Gasanlagen auf dem Grundstück des Bauwerks sind z. B.:
- Gasversorgungsnetze, Flüssiggasanlagen.

2. Wärmeversorgungsanlagen nach § 53 Abs. 2 Nr. 2

Zu den **Wärmeversorgungsanlagen** gehören die Anlagen der KG 420 und 544. Dies sind in **10**
KG 420:
- KG 421: Wärmeerzeugungsanlagen wie z. B. Brennstoffbehälter, Brennstoffübergabe einschließlich Beschickung, Schlackenbehälter, Schlackenbeseitigungsanlagen, Wärmeerzeugungsanlagen auf der Grundlage von Brennstoff einschließlich Abgaskanälen (Füchse) und -rohre bis Schornsteinanschlüsse und ggf. einschließlich Rauchgasentstaubungs- und -filteranlagen, Wärmeübergabestationen, Wärmerückgewinnungsanlagen, Umformer und Reduzierstationen einschließlich aller Mess-, Steuer-, Regel- und Schalteinrichtungen, soweit nicht in KG 480 erfasst, zentrale Wassererwärmungsanlagen, Warmwasserspeicher.

– KG 422: Pumpen, Verteiler, Wärmeverteilnetze und Rohrleitungen für Raumheizflächen, raumlufttechnische Anlagen und sonstige Wärmeverbraucher, Einzelgeräte einschließlich der unmittelbar mit der Installation verbundenen Einrichtungen sowie gegebenenfalls der Schalt- und/oder der Regelarmaturen.
– KG 423: Raumheizflächen wie z. B. Heizkörper, Flächenheizsysteme; dazu gehören auch die Heizflächen von Straßenverkehrsanlagen oder Freitreppen.
– KG 429: Wärmeversorgungsanlagen, Sonstiges wie z. B. Schornsteine, soweit nicht in anderen Kostengruppen erfasst.

Zu den Wärmeerzeugungsanlagen der KG. 421 gehören auch diejenigen aus regenerativen Energien wie z. B. Solaranlagen und Wärmepumpenanlagen. Werden die letzteren Anlagen aber auch zu Kühlzwecken eingesetzt, gehören sie zu KG. 434 und damit zu Anlagengruppe 3. Zu den Wärmeerzeugungsanlagen auf der Grundlage von Brennstoffen gehören auch Brennstoffzellenanlagen und Blockheizkraftwerke, die vorrangig zur Wärmeversorgung dienen. Dienen sie dagegen vorrangig zur Stromerzeugung, gehören sie zu KG. 442 und damit zu Anlagengruppe 4. Zu Heizkörpern zählen auch Elektro-Nachtspeicheröfen und Umluft-Gebläse-Konvektoren.

Abgas bzw. Rauchgas sowie Verbrennungsluft führende Leitungen gehören unmittelbar in Anlagengruppe 2 (Rdn. 9). Dies gilt auch, soweit sie in Baukonstruktionen ausgeführt sind (z. B. Kamine).

Die in **KG 544** genannten Wärmeversorgungsanlagen auf dem Grundstück des Bauwerks oder in der Freianlage sind z. B. Wärmeerzeugungsanlagen, Wärmeversorgungsnetze, Freiflächen- und Rampenheizungen.

3. Lufttechnische Anlagen nach § 53 Abs. 2 Nr. 3

11 Zu den **lufttechnischen Anlagen** gehören die Anlagen der **KG 430**:
– KG 431: Lüftungsanlagen wie z. B. Abluftanlagen, Zuluftanlagen, Zu- und Abluftanlagen ohne oder mit einer thermodynamischen Luftbehandlungsfunktion, mechanische Entrauchungsanlagen, RLT-Bauelemente und -Geräte zur Luftbehandlung und -förderung einschließlich aller Mess-, Steuer-, Regel- und Schalteinrichtungen, soweit nicht in KG 480 erfasst, sowie Luftverteilnetze uns Lüftungskanäle.
– KG 432: Teilklimaanlagen wie z. B. Anlagen mit zwei oder drei thermodynamischen Luftbehandlungsfunktion.
– KG 433: Klimaanlagen wie z. B. Anlagen mit vier thermodynamischen Luftbehandlungsfunktionen.
– KG 434: Kühl- und Kälteanlagen wie z. B. Kälteanlagen für lufttechnische Anlagen: Kälteerzeugung- und Rückkühlanlagen einschließlich Pumpen, Verteiler und Rohrleitungen.
– KG 439: Lufttechnische Anlagen, Sonstiges wie z. B. Lüftungsdecken, Kühldecken, Abluftfenster; Installationsdoppelböden, soweit nicht in anderen Kostengruppen erfasst.

Die Formulierung „Anlagen mit und ohne Lüftungsfunktion" in den Anmerkungen zur Kostengruppe 430 der DIN 276-1:2008-12 stellt klar, dass Umluftanlagen und Umluftgeräte ebenfalls in diese Anlagengruppe gehören. Alle zur Kälteerzeugung, Kälteverteilung und Rückkühlung gehörenden Leitungen gehören nun ebenfalls zur Anlagengruppe 3 nach § 53 Abs. 2. Hierzu gehören auch Wärmepumpenanlagen, sofern sie auch Kühlzwecken dienen.

Die Kosten luftführender Hohlräume in Baukonstruktionen wie betonierte Luftkanäle, Luftkammern über Abhäng- und Lüftungsdecken oder Doppelfassaden mit geplanter Luftführung sind in § 52 Abs. 4 gemeint, deren Kosten bei entsprechender Vereinbarung teilweise oder auch ganz anrechenbar sind.

4. Starkstromanlagen nach § 53 Abs. 2 Nr. 4

Zu den **Starkstromanlagen** gehören die Anlagen der KG 440 und 546. Dies sind **in KG 440:** **12**
- KG 441: Hoch- und Mittelspannungsanlagen wie z. B. Schaltanlagen, Transformatoren einschließlich aller Mess-, Steuer-, Regel- und Schalteinrichtungen, soweit nicht in KG 480 erfasst.
- KG 442: Eigenstromversorgungsanlagen wie z. B. Stromerzeugungsaggregate einschließlich Kühlung, Abgasanlagen und Brennstoffversorgung, zentrale Batterie- und unterbrechungsfreie Stromversorgungsanlagen, Photovoltaikanlagen.
- KG 443: Niederspannungsschaltanlagen wie z. B. Niederspannungshauptverteiler, Blindstromkompensationsanlagen, Maximumüberwachungsanlagen.
- KG 444: Niederspannungsinstallationsanlagen wie z. B. Kabel, Leitungen, Schalter, Dosen, Unterverteiler, Verlegesysteme mit Befestigungen, Installationsgeräte.
- KG.445: Beleuchtungsanlagen wie z. B. ortsfeste Leuchten, Sicherheitsbeleuchtung, Beleuchtung von Verkehrsanlagen.
- KG 446: Blitzschutz- und Erdungsanlagen wie z. B. Auffangeinrichtungen, Ableitungen, Erdungen, Potenzialausgleich.
- KG 449: Starkstromanlagen, Sonstiges wie z. B. Frequenzumformer.

Zu den Stromerzeugungsanlagen gehören auch **Brennstoffzellen**anlagen und **Blockheizkraftwerke**, die vorrangig zur Stromerzeugung dienen. Dienen sie dagegen vorrangig zur Wärmeerzeugung, gehören sie zu KG. 421 und damit zu Anlagengruppe 2.

Ebenfalls zu den Stromerzeugungsanlagen gehören die **Generatoranlagen in Windkraftanlagen**, die selbst zu den Ingenieurbauwerken gehören.

Die Objektliste der HOAI-Anlage 15.2 wie auch die Listen in KG 442 der DIN 276-1:2008-12 und KG 440 der DIN 276-4:2009-09 nennen als zugehörige Objekte Eigenstromerzeugungsanlagen. Soweit diese Anlagen Strom für den Fremdverbrauch erzeugen, unterfallen Fachingenieurleistungen für solche Anlagen nicht der HOAI. Leistungen für diese sind nach § 53 Abs. 1 nicht verordnet (s. Rdn. 1).

Die in DIN 276-1:2008-12 Gr. 449 erwähnten Frequenzumformer sind heute überall dort, wo z. B. Drehzahlregelungen üblich sind, insbesondere auch bei Pumpen und Ventilatoren, handelsübliche Bestandteile der Anlagen in den zugehörigen Anlagegruppen, insbesondere also der KG 410, 420, 430, 460 und einem Teil der Anlagen der KG 470. Die Frequenzumformer der KG 449 sind daher nur noch individuell zu planende Frequenzumformeranlagen mit besonderen Anforderungen z. B. zur Versorgung von Netzen anderer Frequenz oder für spezielle Anwendungen.

Die in **KG 546** genannten Starkstromanlagen auf dem Grundstück des Bauwerks oder in der Freianlage sind z. B.:
- Stromversorgungsnetze, Freiluftstationen, Eigenstromerzeugungsanlagen, Außenbeleuchtungs- und Flutlichtanlagen einschließlich Maste und Befestigung.

5. Fernmelde- oder informationstechnische Anlagen nach § 53 Abs. 2 Nr. 5

Zu den **Fernmelde- und informationstechnischen Anlagen** gehören die Anlagen der KG 450 **13** und 547. Dies sind **in KG 450:**
- KG 453: Telekommunikationsanlagen wie z. B. Leitungen, Verteiler, Leitungsabschlüsse; Fernsprechapparate.
- KG 452: Such- und Signalanlagen wie z. B. Signalgeber (Türklingel-, Türöffner- und Türsprechanlagen), Personenrufanlagen, Lichtrufanlagen. Lichtsignalanlagen von Verkehrsanlagen.
- KG 453: Zeitdienstanlagen wie z. B. Uhren- und Zeiterfassungsanlagen.
- KG 454: Elektroakustische Anlagen wie z. B. Beschallungsanlagen, Konferenz- und Dolmetscheranlagen, Gegen- und Wechselsprechanlagen.

- KG 455: Fernsehen- und Antennenanlagen wie z. B. Fernsehanlagen, soweit nicht in den Such-, Melde-, Signal- und Gefahrenmeldeanlagen erfasst, einschließlich Sende- und Empfangsantennenanlagen, Umsetzer.
- KG 456: Gefahrenmelde- und Alarmanlagen wie z. B. Brand-, Überfall-, Einbruchmeldeanlagen, Wächteranlagen, Zugangskontrolle- und Raumbeobachtungsanlagen.
- KG 457: Netze zur Übertragung von Daten, Sprache, Text und Bild, soweit nicht in anderen Kostengruppen erfasst, Verlegesysteme, soweit nicht in KG 444 erfasst.
- KG 459: Fernmelde- und informationstechnische Anlagen, Sonstiges wie z. B. Telematikanlagen wie Maut-/Gebührenerfassungssystem, Langzeitzählstellen, Fernwirkanlagen oder Parkleitsysteme.

Die **in KG 547** genannten fernmelde- oder informationstechnischen Anlagen auf dem Grundstück des Bauwerks oder in der Freianlage sind z. B.:

- Leitungsnetze, Beschallungs-, Zeitdienst- und Verkehrssignalanlagen, elektronische Anzeigetafeln,
- Objektsicherungsanlagen, Parkleitsysteme.

6. Förderanlagen nach § 53 Abs. 2 Nr. 6

14   Zu den **Förderanlagen** gehören die **in KG 450** erfassten Anlagen. Dies sind:
- KG 461: Aufzugsanlagen wie z. B. Personenaufzüge, Lastenaufzüge.
- KG 462: Farbtreppen, Fahrsteige.
- KG 463: Befahranlagen wie z. B. Fassadenaufzüge und andere Befahranlagen.
- KG 464: Transportanlagen wie z. B. Automatische Warentransportanlagen, Aktentransportanlagen, Rohrpostanlagen, mechanische Stetigförderanlagen, sonstige Saugtransportanlagen.
- KG 465: Krananlagen einschließlich Hebezeuge.
- KG 469: Förderanlagen, Sonstiges wie z. B. Hebebühnen, automatische Garagenanlagen, aber auch Containerverfahrwagen.

Den **in KG 549** genannten Technischen Anlagen in Außenanlagen, Sonstiges können z. B. Skiliftanlagen sein.

7. Nutzungsspezifische Anlagen und verfahrenstechnische Anlagen nach § 53 Abs. 2 Nr. 7

a) Überblick

15   Die Anlagengruppe 7 des § 53 HOAI ist in zwei technisch unterschiedliche Anlagengruppen gegliedert:
- Die **nutzungsspezifischen Anlagen** (Anlagengruppe 7.1) umfassen die in DIN 276-1:2008-12 und DIN 276-4:2009-8 genannten Anlagen der KG 470 „Nutzungsspezifische Anlagen" von Gebäuden, Verkehrsanlagen und die gleichen Anlagen der KG 548 in Außenanlagen und Freianlagen.
- Die **verfahrenstechnischen Anlagen** (Anlagengruppe 7.2) umfassen die in DIN 276-4:2009-08 in der KG 470 sogenannten „Verfahrenstechnischen Anlagen" von Ingenieurbauwerken.

In der Verordnung gibt es – ausgenommen die Zusammenstellung solcher Anlagen in der HOAI-Anlage 15.2 Nr. 7.1 – keine Definition des Begriffs „nutzungsspezifische Anlage". Sie verwendet allerdings dieselben Bezeichnungen wie DIN 276-1:2008-12 und DIN 276-4:2009-08; daher sollte der hier relevante Teil der Anmerkung in DIN 276-1:2008-12 zur Kostengruppe 470 zur Definition des Begriffs in der Verordnung ausreichen: Deren Kosten sind *„Kosten der mit dem Bauwerk fest verbundenen Anlagen, die der besonderen Zweckbestimmung dienen, jedoch ohne die baukonstruktiven Einbauten (KG 370). Für die Abgrenzung gegenüber der KG 610 ist maßgebend, dass die nutzenspezifischen Anlagen technische und planerische Maßnahmen erforderlich machen z. B. Anfertigen von Werkplänen, Berechnungen, Anschließen von anderen technischen Anlagen"*.

Daher können nutzungsspezifische Anlagen im Sinne der Verordnung nur Anlagen zur Nutzung der Objekte sein, in denen sie eingebaut sind, und die ihrer technischen Natur nach nicht unter die übrigen Anlagegruppen des § 53 fallen. Mit dieser Formulierung gehört z. B. eine OP-Lüftungsanlage in einem Krankenhaus – wie schon immer – zur Anlagengruppe 3 (Raum) lufttechnische Anlagen und nicht zur Anlagengruppe 7.

Auch die **verfahrenstechnischen** Anlagen sind in der Verordnung nicht definiert. Hier helfen **16** wieder die Beschreibungen solcher Anlagen in der Objektliste der HOAI-Anlage 15.2 Nr. 7.2 und die Nennungen in KG 470 der DIN 276-4:2009-08 zur sinngemäßen Definition vergleichbarer Anlagen. Ihr Umfang kann auch mit der zuvor zitierten Definition nutzungsspezifischer Anlagen als zutreffend beschrieben gelten. Danach handelt es sich um mit dem Bauwerk fest verbundene Anlagen, die dessen besondere Zweckbestimmung dienen und zu ihrem Einbau technische und planerische Maßnahmen erforderlich machen z. B. das Anfertigen von Werkplänen, Berechnungen und das Anschließen von anderen technischen Anlagen. Solche Anlagen sind die als „**Anschlusstechnik**" für Maschinen und Apparate zu verstehenden technischen Anlagen, welche **zur Nutzung der maschinentechnischen Ausrüstung** der Ingenieurbauwerke erforderlich sind und durch diese technischen und planerischen Maßnahmen zum Bestandteil der Bauwerke werden. Sie ermöglichen zusammen mit den angeschlossenen Maschinen die **Funktion der Ingenieurbauwerke**. In der Amtl. Begr. zu § 55 Abs. 4 der vierten Novelle[1] waren sie beispielhaft für die Bauwerke und Anlagen der Abwasserentsorgung aufgeführt:

> „Bei den Anlagen der Verfahrens- und Prozesstechnik handelt es sich zum einen um Anlagen, bei denen eine Begriffsidentität mit Anlagen besteht, die im Teil IX (der HOAI (alt); Einfügung durch Verfasser) erfasst sind. Darüber hinaus werden aber auch andere Anlagen erfasst, wie z. B. bei Kläranlagen die Einrichtungen für die Druckbelüftung der Belebungsbecken (z. B. Rohrleitungen, Schieber, Gebläse, Kompressoren oder Filter) und des Sandfangs, oder die komplette verfahrenstechnische Ausrüstung der Faulbehälteranlage (z. B. Pumpen, Rohrleitungen, Wärmeaustauscher, Heizkessel, Gasreinigungs- und Gastransporteinrichtungen, Gaskompressoren), oder die verfahrenstechnische Ausrüstung der Schlammentwässerungsanlage einschließlich Förder- und Lagertechnik, oder die Eigenstromerzeugungsanlagen mit Abwärmenutzung, oder die zentrale Schaltwarte mit allen mess-, regel- und steuertechnischen Einrichtungen."

Die **Maschinen und Apparate** sind nach der Begriffsbestimmung der DIN 276 (Rdn. 15) **nicht** **17** **Bestandteil** der verfahrenstechnischen Anlagen: Sie erfordern weder das Anfertigen von Werkplänen – hier besser: Werkstatt- und Montageplänen – noch Berechnungen für ihre Konstruktion durch die Fachplaner der verfahrenstechnischen Anlagen. Solche Planungsarbeiten sind Aufgabe und Leistung der Unternehmen, welche Maschinen und Apparate als Ganzes herstellen, auf dem Markt anbieten und enbloc verkaufen sowie einbaufertig auf die Baustellen liefern. Dazu gehören die maschinen- und apparatespezifischen Gestelle, Befestigungen, Rohrleitungen, Armaturen und Mess-, Steuer- und Regelungsanlagen. Diese werden an die oben beschriebenen verfahrenstechnischen Anlagen – an die „Anschlusstechnik" – angeschlossen. Hierunter sind z. B. Rohrleitungen, Formstücke, Pumpen, Starkstromanlagen, Messgeräte und alle sonstigen Installationselemente zu verstehen, welche für das Zusammenspiel der Funktionen von Maschine oder Apparat und technischer Umgebung erforderlich sind.

Planungs- und Überwachungsleistungen für Anlagen der **Maschinentechnik oder Apparate** **18** sind keine Fachplanungsleistungen nach § 53 HOAI, sondern **Leistungen bei der Objektplanung von Ingenieurbauwerken** nach § 42 Abs. 1 S. 2 (im Einzelnen s. § 42 Rdn. 6 ff.). Sie bedeuten die Formulierung von betriebs- und maschinentechnischen Anforderungen, ihre Dimensionierung und ihre planerische Einfügung in die verfahrens- und prozesstechnischen Anlagen oder das Ingenieurbauwerk, dessen Funktion und Dimension durch Maschinen oder Apparate bestimmt wird. Das Ergebnis der Planungsleistungen ist die Beschreibung der Qualitäts- und Quantitätsanforderungen an die Apparate, die Berechnung und Bestimmung von Größe und Leistung unter Berücksichtigung der von der einschlägigen Industrie lieferbaren und auf dem Markt erhältlichen Apparate. Überwachungsleistungen werden bei der Kontrolle der gelieferten

---

[1] Vergl. Amtl. Begr. HOAI 2002 S. 125

Apparate auf Übereinstimmung mit den an sie gestellten Anforderungen sowie auf Überwachung ihrer Montage und Inbetriebnahme erbracht.

19 Ausgenommen hiervon ist die **Fachplanung** von Apparaten, die nicht von deren Lieferanten, sondern vom Fachplaner der Technischen Ausrüstung durchgeführt wird. Ein klassisches **Beispiel** sind die geschlossenen oder offenen **Filter für die Wasseraufbereitung**. Letztere werden häufig als Stahlbetonbauwerke mit Filterböden ausgeführt. Dann sind sie auf jeden Fall Teil der verfahrenstechnischen Ausrüstung einer Wasseraufbereitungsanlage, die individuell als Solitäre geplant werden und deren Kosten nach § 54 Abs. 5 teilweise oder ganz zu den anrechenbaren Kosten der Technischen Anlage gehören (s. § 54 Rdn. 22).

b) Nutzungsspezifische Anlagen

20 Zu den **nutzungsspezifischen Anlagen in** Gebäuden, Verkehrsanlagen, Außen- und Freianlagen **im Sinne von DIN 276** gehören die Anlagen folgender Kostengruppen **in KG 470**:
 – KG 471: Küchentechnische Anlagen wie z. B. Anlagen zur Speisen- und Getränkezubereitung, Speisen- und Getränkeausgabe und -lagerung einschließlich zugehöriger Kälteanlagen, Küchen- und Fleischereimaschinen, Koch- und Backapparate, Spül- und Reinigungsmaschinen, Verkaufsautomaten.
 – KG 472: Wäscherei- und Reinigungsanlagen wie z. B. Waschmaschinen einschließlich zugehöriger Wasseraufbereitung, Desinfektion- und Sterilisationseinrichtungen, Transport-, Lager- und Fördereinrichtungen für gereinigte Wäsche, Stoffe und Kleider.
 – KG 473: Medienversorgungsanlagen wie z. B. medizinische und technische Gase, Vakuum, Flüssigchemikalien, Lösungsmittel, vollentsalztes Wasser; einschließlich Lagerung, Erzeugungsanlagen, Übergabestationen, Druckregelanlagen, Leitungen und Entnahmeapparaturen.
 – KG 474: medizintechnischen Anlagen d. h. ortsfeste medizintechnischen und labortechnische Anlagen.
 – KG 475: Feuerlöschanlagen wie z. B. Sprinkler-, Gaslöschanlagen, Löschwasserleitungen, Wandhydranten, Handfeuerlöscher.
 – KG 476: badetechnische Anlagen wie z. B. Aufbereitungsanlagen für Schwimmbecken Wasser, soweit nicht in KG 410 erfasst.
 – KG 477: Prozesswärme-, kälte- und -luftanlagen d. h. Wärme-, Kälte- und Kühlwasserversorgungsanlagen für Industrie-, Gewerbe- und Sportanlagen, soweit nicht in anderen Kostengruppen erfasst; Farbnebelabscheideranlagen, Prozessfortluftsysteme, Absauganlagen, Eissportflächen.
 – KG 478: Entsorgungsanlagen wie z. B. Abfall- und Medienversorgungsanlagen, Staubsauganlagen.
 – KG 479: nutzungsspezifische Anlagen, Sonstiges wie z. B. bühnentechnische Anlagen, und die in HOAI-Anlage 15.2 genannten Technischen Anlagen für Tankstellen, Fahrzeugwaschanlagen, Taumittelsprühanlagen oder Enteisungsanlagen.

Die **in KG 548** genannten nutzungsspezifischen Anlagen in Außenanlagen von Bauwerken oder in Freianlagen sind z. B.:
 – Tankstellenanlagen, badetechnische Anlagen und leitungsgebundene Abfallentsorgungsanlagen, soweit letztere keine Ingenieurbauwerke sind.

c) Verfahrenstechnische Anlagen

21 Die Verordnung definiert eine besondere Gruppe nutzungsspezifischer Anlagen der Ingenieurbauwerke nach § 53 Abs. 2 Nr. 7 als „**verfahrenstechnische Anlagen**". Diese Konzeption stimmt mit DIN 276-4:2009-08 überein, welche diese Anlagengruppe der KG 470 zuordnet und ebenfalls „verfahrenstechnische Anlagen" nennt. Die Anmerkungen der Norm erklären, dass hierzu „*insbesondere Anlagen für infrastrukturelle Verfahren wie Wassergewinnung, Abwasserbehandlung und -entsorgung, Reststoff- und Abfallbehandlung sowie -entsorgung*" zählen. Die Norm unterscheidet dabei aber – anders als die Verordnung – nicht zwischen Anlagen der Maschinen-

technik und ihrer zugehörige Ausrüstung, welche zur bestimmungsgemäßen Nutzung und zum Betrieb der Maschinen benötigt wird, sondern versteht unter den verfahrenstechnischen Anlagen jeweils die Gesamtheit von Maschine und zugehöriger Ausrüstung.

Einer derartigen Interpretation steht sowohl die unter Rdn. 16 formulierte Definition der nutzungsspezifischen Anlagen von Bauwerken als auch die aus der HOAI 1996/2002 übernommene Regelung über die Anrechenbarkeit der Kosten der **Anlagen der Maschinentechnik** in § 42 Abs. 1 S. 1 entgegen. Diese erstmals in die ab 1.1.1991 geltenden HOAI mit Blick auf die Bauwerke und Anlagen der Wasser- und Abfallwirtschaft eingefügte Vorschrift gilt nun für sämtliche Ingenieurbauwerke. Sie bestimmt, dass die Kosten der Anlagen der Maschinentechnik zu den anrechenbaren Kosten des Ingenieurbauwerks zählen, soweit der Auftragnehmer hierfür Planungs- oder Überwachungsleistungen durchführt. Mit Ausnahme der bühnentechnischen Anlagen sind nach hiesiger Ansicht auch bei den nutzungsspezifischen Anlagen der HOAI-Anlage 15.2 keinerlei maschinentechnischen Anlagen genannt, welche mit den Anlagen der Maschinentechnik vergleichbar wären, die bei Ingenieurbauwerken der Wasser- und Abfallwirtschaft zum Einsatz kommen. Die Begriffsbestimmungen wurden sinngemäß auch in die aktuelle Verordnungsbegründung übernommen, in der es zu § 42 Abs. 1 heißt: *„Bei Anlagen der Maschinentechnik handelte es sich um **Anlagen ohne jegliche Anschlusstechnik**, die als Einheit vom Hersteller geliefert werden, zum Beispiel um Räumer für Absetzbecken bei Kläranlagen und Wasserwerken, Kammerfilter pressen, um Oberflächenbelüfter oder Gasentschwefler sowie um als Speicher von Abwasserbehandlungsanlagen. Dazu zählen auch die reinen Stahlbauteile bei Schleusen und Wehren und die Grob- und Feinrechnen"* (näheres hierzu s. § 42 Rdn. 9ff.). **22**

Zur Definition **der Anlagen der Maschinentechnik** und der **Anlagen der Verfahrens- und Prozesstechnik** in Abgrenzung zu den anderen Anlagen der Technischen Ausrüstung nach § 53 Abs. 2 Nr. 1 bis 6 und 8 HOAI dient die folgende Zusammenstellung der Anlagen am **Beispiel einer Kläranlage**; die Tabelle entspricht der Kommentierung zu § 42 Rdn. 13. Dabei werden folgende Kurz-Bezeichnungen gewählt: **23**

– Maschinentechnik (MT),
– Verfahrens- und Prozesstechnik (VPT) der KG 470 nach DIN 276 bzw. die Anlagen der in der HOAI-Anlage 15.2 genannten Anlagengruppen nach Tabelle 7.2,
– Sonstige Technische Ausrüstung (Sonst. TA) nach DIN 276 der KG 400 bzw. die Anlagen der in der HOAI-Anlage 15.2 genannten Anlagengruppen 1 bis 7 (Tabelle 7.1) und Anlagengruppe 8.

Bei letzter wird hier vereinfachend nicht zwischen den verschiedenen Anlagengruppen unterschieden; es wird aber darauf hingewiesen, dass die Fachplanungsleistungen hierfür nach §§ 53 bis 54 HOAI jeweils getrennt abzurechnen sind. Die weiter vorn erwähnten verbindenden Rohrleitungen und Installationen innerhalb des Kläranlagengeländes sind nicht eigens genannt; sie sind Teil der verfahrens- und prozesstechnischen Anlagen.

Beispiel für die Abgrenzung der Anlagen der Maschinentechnik, Verfahrens- und Prozesstechnik von den Sonstigen Technischen Anlagen der KG 400 in Kläranlagen

Anlage/Anlagenteil	Anlagenart		
	MT	VP der KG 470	Sonst. TA der KG 400
Rechenanlage			
Rechen, Rechengutpresse inkl. Förderbänder und aller Antriebe	x		
Containerhubverfahrwagen inkl. Gleisanlage			x
Rechengutpresse inkl. Förderbänder und aller Antriebe	x		
Fäkalannahmestation mit Vorlaufbehälter und Siebrechen	x		
Schütze, Tauchmotorpumpen		x	
Heizungsanlage, Niederspannungsinstallationen, Wasserleitungen			x

Anlage/Anlagenteil	Anlagenart		
	MT	VP der KG 470	Sonst. TA der KG 400
Sandfanganlage			
Räumer inkl. Antrieb, Überfallklappenwehr	x		
Sandklassierer	x		
Gebläse inkl. Druckluftleitung		x	
Schütze, Schieber, Tauchmotorpumpen, Druckrohrleitung		x	
Wasserleitung, Niederspannungsinstallationen, Beleuchtung			x
Vorklärung			
Räumer inkl. Antrieb, Ablaufrinne	x		
Schlammabzugsrohre, Schütze, Kompressor mit Kessel		x	
Fäkalannahmestation mit Vorlaufbehälter und Siebrechen	x		
Schütze, Tauchmotorpumpen		x	
Niederspannungsinstallationen, Beleuchtung			x
Belebung			
Rührwerke inkl. Antriebe	x		
Verdichter, Luftleitungen/-filter, Rohrleitungen, Pumpen, Schieber, Dammbalken		x	
Niederspannungsinstallationen, Beleuchtung			x
Nachklärung			
Räumer inkl. Antrieb	x		
Abwasserablauf aus gelochten Ablaufrohren		x	
Schlammabzugsrohre, Schütze		x	
Schwimmschlammabzug, Schwimmschlammleitungen		x	
Niederspannungsinstallationen, Beleuchtung			x
Rücklauf- und Überschussschlammpumpwerk			
Exzenterschneckenpumpen		x	
Propellerpumpen	x		
Kreiselpumpen		x	
Rohrleitungen, Schieber		x	
Niederspannungsinstallationen, Beleuchtung			x
Primärschlammeindicker E 1			
Tauchmotorrührwerk	x		
Spaltsiebrohr, Rohrleitungen		x	
Niederspannungsinstallationen, Beleuchtung			x
Schlammwasserstapelbehälter			
Tauchmotorrührwerk, Tauchmotorpumpe	x		
Rohrleitungen		x	
Niederspannungsinstallationen, Beleuchtung			x

Anlage/Anlagenteil	Anlagenart		
	MT	VP der KG 470	Sonst. TA der KG 400
Überschussschlammeindicker E 2			
Krählwerk	x		
Leitungen, Schwimmschlammabzug, Ablaufrinne		x	
Niederspannungsinstallationen, Beleuchtung			x
Pumpwerk für Eindicker			
Exzenterschneckenpumpen		x	
Rohrleitungen		x	
Niederspannungsinstallationen, Beleuchtung			x
Maschinelle Überschussschlammeindickung			
Siebrechen	x		
Eindickzentrifuge	x		
Exzenterschneckenpumpen		x	
Rohrleitungen, IDM, Pufferbehälter, Vorlagebehälter		x	
Niederspannungsinstallationen, Beleuchtung, Heizung, Wasserleitungen			x
Ausrüstung des Faulbehälters			
Schraubenschaufler	x		
Wärmetauscher		x	
Gashaube, Faulschlammentnahme, Schwimmschlammablass, Leitungen		x	
Umwälzpumpen, Messeinrichtung		x	
Niederspannungsinstallationen, Beleuchtung, Heizung, Wasserleitungen			x
Schlammentwässerung			
Kammerfilterpresse inkl. Filtertuchreinigungsanlage	x		
Containerverschiebeeinrichtung inkl. Verfahrwagen und Schienen			x
Kalksilo, Kalkmilchlöschbehälter	x		
Rohrmischer, Pumpen, Kompressor, Filtertuchtrichter, Tropfwasserwanne, Rohrleitungen		x	
Niederspannungsinstallationen, Beleuchtung, Heizung, Wasserleitungen			x
Gasversorgung			
Gasbehälter, Gasabfackelungseinrichtung	x		
Kiesfilter, keramischer Filter, Gebläse, Gaswarnanlage, Gasleitungen, Gaszähler		x	
Niederspannungsinstallationen, Beleuchtung			x
Wärmeerzeugung und Heizung			
Heizkessel, Heizungsverteiler, Vor-/Rücklauf Heizungsverteiler/ Wärmetauscher für die Schlammfaulung		x	
Vor-/Rücklauf Gebäude, Gebäudeheizung			x
Niederspannungsinstallationen, Beleuchtung, Wasserleitungen, sonst. Hausinstallationen			x

Anlage/Anlagenteil	Anlagenart		
	MT	VP der KG 470	Sonst. TA der KG 400
Gasverwertung			
Gasmotoren			x
Vor- und Rücklauf zum Heizungsverteiler, Gasleitungen			x
Niederspannungsinstallationen, Beleuchtung, sonst. Installationen inkl. Heizung			x
Fällmittelstation			
Lagerbehälter für Fällmittel	x		
Pumpen, Rohrleitungen, Leckwarnsystem		x	
Niederspannungsinstallationen, Beleuchtung, sonst. Installationen			x
Brauchwasserversorgung			
Kreiselpumpen, Brunnenausrüstung, Druckwindkessel, Leitungsnetz			x
Niederspannungsinstallationen			x
Abluftbehandlung für Rechenhaus und Eindicker			
Ventilator, Ansaugleitung			x
Kompostfilter	x		
Niederspannungsinstallationen, Beleuchtung, Wasserleitungen			x
Lüftungsanlage Maschinenhaus			
Ventilatoren			x
Luftkanäle, Schalldämpfer, Klappen, Auslässe, Gitter			x
Niederspannungsinstallationen			x
Mess-, Steuer- und Regeltechnik			
Messtechnik (Messstationen, Probenahmeschrank/-gerät, Messeinrichtungen			x
Automatisierungstechnik (SPS-Ebene)			x
Prozessleitsystem und Zentrale Leitwarte			x

8. Gebäudeautomation und Automation von Ingenieurbauwerken nach § 53 Abs. 2 Nr. 8

a) Gebäudeautomation

24 Zur **Gebäudeautomation nach § 53 Abs. 2 Nr. 8**, die in DIN 276-1:2008-12 als **anlagenübergreifende Automation** definiert ist, gehören die Anlagen folgender Kostengruppen der **KG 480**:
– KG 481: Automationssysteme wie z. B. Automationsstationen mit Bedien- und Beobachtungseinrichtungen, Gebäudeautomations-Funktionen, Anwendungssoftware, Lizenzen, Sensoren und Aktoren, Schnittstellen zu Feldgeräten und anderen Automationseinrichtungen.
– KG 482: Schaltschränke z. B. zur Aufnahme von Automationssystemen (KG 481) mit Leistungs-, Steuerungs- und Sicherungsbaugruppen einschließlich zugehöriger Kabel und Leitungen, Verlegesysteme, soweit nicht in anderen Kostengruppen erfasst.
– KG 483: Management- und Bedieneinrichtungen wie z. B. übergeordneter Einrichtungen für Gebäudeautomation und Gebäudemanagement mit Bedienstationen, Programmiereinrichtungen, Anwendungssoftware, Lizenzen, Servern, Schnittstellen zu Automationseinrichtungen und externen Einrichtungen.

– KG 484: Raumautomationssysteme wie z. B. Raumautomationsstationen mit Bedien- und Anzeigeeinrichtungen, Schnittstellen zu Feldgeräten und anderen Automationseinrichtungen.
– KG 485: Übertragungsnetze wie z. B. Netze zur Datenübertragung, soweit nicht in anderen Kostengruppen erfasst.

Die Gebäudeautomation war bis zur HOAI-Novelle 1996/2002 nicht erfasst, wurde aber beispielsweise im RBBau-Vertragsmuster[2] schon seit 1988 als weitere Anlagengruppe angesehen. In den Anfangsjahren (Ende der 70er Jahre) waren die Regelanlagen (MSR-Anlagen) Bestandteil der jeweils durch sie geregelten, gesteuerten und überwachten Anlagen der Technischen Ausrüstung und damit als solche von HOAI erfasst. Verbindend darüber, jedoch technisch unabhängig – z. B. mit eigenen Gebern und zusätzlichen Schaltelementen – befanden sich Einrichtungen der Gebäudeleittechnik (GLT) – damals zumeist Zentrale Leittechnik (ZLT) genannt –, die entsprechend nur melden, schalten und allenfalls zählen sowie die entsprechenden Vorgänge protokollieren, aber nicht messen und stellen konnten.

Heute sind die Anlagen der zentralen Regel- und Leittechnik eine Einheit, die sog. Gebäudeautomation (GA). Damit verbleiben heute bei den zugehörigen betriebstechnischen Anlagen und damit in deren Anlagegruppen nur noch – zumeist in die zentralen Komponenten dieser Anlagen integrierte – Stand-alone-Regel- und Überwachungseinrichtungen, während alle anlagenübergreifend vernetzten – wie DIN 276-1: 2008-12 auch in KG. 481 aufführt – zur Gebäudeautomation (KG. 480) gehören.

Bei der Beschreibung der in KG 483 erfassten Anlagen fällt auf, dass das Programmieren und Parametrieren durch die Nennung der Anwendungssoftware ebenfalls genannt ist; daher sind auch diese Kosten anrechenbar. Für deren Erfassung bietet sich auch die Kostengruppe 489 (Gebäudeautomation, sonstiges) an.

b) Automation von Ingenieurbauwerken

DIN 276-4:2008-09 beschreibt die zur **KG 480** gehörenden Anlagen **der Automation bei Ingenieurbauwerken** als anlagen- und bauwerksübergreifende Automation, nennt als Beispiel aber nur die **Verkehrsleit- und -sicherungsanlagen**. Zweifellos dürften aber auch sämtliche anderen in der KG 480 der DIN 276-1:2008-12 genannten Anlagen der Gebäudeautomation dazu zählen. Beispielhaft seien nur die Anlagen zur übergeordneten Regelung und Steuerung von Hochwasserrückhalteanlagen oder die automatische schmutzfrachtabhängige Steuerung von Regenüberlaufbecken in Abhängigkeit von der zulässigen Belastung der zentralen Kläranlage genannt, so auch die Fernwirktechnik.   **25**

c) Automation von Verkehrsanlagen

Die bei Verkehrsanlagen häufig angewendete Automation ist in der Verordnung nicht ausdrücklich genannt. Daraus könnte der Schluss gezogen werden, dass Leistungen für die **Automation bei Verkehrsanlagen nicht verordnet** seien. Diese Vermutung wird scheinbar auch dadurch bestätigt, als die in § 53 Abs. 2 Nr. 8 erfasste Automation die Verkehrsanlagen nicht genannt und dort auch kein entsprechendes Beispiel nennt. Aus hiesiger Sicht ist dies jedoch deswegen **nicht zutreffend**, weil DIN 276-4 als einziges Beispiel für die Automation im Ingenieurbau ausgerechnet die **Verkehrsleit- und -sicherungsanlagen** erwähnt.   **26**

---

[2] Richtlinien für die Durchführung von Bauaufgaben des Bundes (RBBau), Stand 1. Dezember 1988, herausgegeben vom Bundesministerium Bau, bearbeitet von Gediehn und Kamecke

§ 54 Besondere Grundlagen des Honorars

(1) Das Honorar für Grundleistungen bei der Technischen Ausrüstung richtet sich für das jeweilige Objekt im Sinne des § 2 Absatz 1 Satz 1 nach der Summe der anrechenbaren Kosten der Anlagen jeder Anlagengruppe. Dies gilt für nutzungsspezifische Anlagen nur, wenn die Anlagen funktional gleichartig sind. Anrechenbar sind auch sonstige Maßnahmen für Technische Anlagen.

(2) Umfasst ein Auftrag für unterschiedliche Objekte im Sinne des § 2 Absatz 1 Satz 1 mehrere Anlagen, die unter funktionalen und technischen Kriterien eine Einheit bilden, werden die anrechenbaren Kosten der Anlagen jeder Anlagengruppe zusammengefasst. Dies gilt für nutzungsspezifische Anlagen nur, wenn diese Anlagen funktional gleichartig sind. § 11 Absatz 1 ist nicht anzuwenden.

(3) Umfasst ein Auftrag im Wesentlichen gleiche Anlagen, die unter weitgehend vergleichbaren Bedingungen für im Wesentlichen gleiche Objekte geplant werden, ist die Rechtsfolge des § 11 Absatz 3 anzuwenden. Umfasst ein Auftrag im Wesentlichen gleiche Anlagen, die bereits Gegenstand eines anderen Vertrags zwischen den Vertragsparteien waren, ist die Rechtsfolge des § 11 Absatz 4 anzuwenden.

(4) Nicht anrechenbar sind die Kosten für die nichtöffentliche Erschließung und die Technischen Anlagen in Außenanlagen, soweit der Auftragnehmer diese nicht plant oder ihre Ausführung nicht überwacht.

(5) Werden Teile der Technischen Ausrüstung in Baukonstruktionen ausgeführt, so können die Vertragsparteien schriftlich vereinbaren, dass die Kosten hierfür ganz oder teilweise zu den anrechenbaren Kosten gehören. Satz 1 ist entsprechend für Bauteile der Kostengruppe Baukonstruktionen anzuwenden, deren Abmessung oder Konstruktion durch die Leistung der Technischen Ausrüstung wesentlich beeinflusst wird.

Inhaltsübersicht

I. Abrechnungseinheit

1 Die Objektliste in der HOAI-Anlage 15.2 ordnet die zahlreichen Anlagen (Objekte) der Technischen Ausrüstung insgesamt 8 Anlagengruppen nach § 53 Abs. 2 zu. Tatsächlich existieren insgesamt 9 Anlagengruppen. Dies ergibt sich durch die Aufteilung der Gruppe 7 in die beiden Untergruppen 7.1 (Nutzungsspezifische Anlagen) und 7.2 (Verfahrenstechnische Anlagen) zustande. Nach **§ 54 Abs. 1 S. 1** sind die anrechenbaren **Kosten einer Anlage** eines Gebäudes, eines Innenraumes, eines Ingenieurbauwerks oder einer Verkehrsanlage dann **nicht als Ab-**

rechnungseinheit zu verstehen, wenn **diese Anlage zusammen mit anderen** Anlagen **einer Anlagengruppe nach § 53 Abs. 2 angehört**. In diesem Fall sind die anrechenbaren Kosten der einzelnen Anlagen zu addieren; **maßgebend** für die Honorarberechnung ist die **Summe der anrechenbaren Kosten der Anlagengruppe** als **Abrechnungseinheit**. Ergänzend weist die Verordnungsbegründung auf folgendes hin: *„Dies gilt nach der Rechtsprechung des Bundesgerichtshofes auch dann, wenn die Anlagen einer Anlagengruppen getrennt an das öffentliche Netz angeschlossen und für sich allein betrieben werden könnten, siehe BGH, Urteil vom 20.12.2007 – VII ZR 114/07. In diese Regelung sind die Kosten der verfahrenstechnischen Anlagen des § 53 Abs. 2, neue Anlagengruppe Nummer 7.2, einbezogen.“* Die neu formulierte Vorschrift verzichtet somit auf die in der HOAI 2009 geforderte Voraussetzung für die Zusammenfassung der anrechenbaren Kosten, dass die Anlagen im zeitlichen und örtlichen Zusammenhang als Teil einer Gesamtmaßnahme geplant, betrieben und genutzt werden müssten.

Nach § 54 Abs. 1 S. 2 gilt die Regelung des S. 1 bei den nutzungsspezifischen Anlagen nach § 53 Abs. 2 Anlagengruppe 7.1. nur für funktional gleichartige Anlagenarten. Die Verordnungsbegründung führt hierzu aus: *„Die Anlagengruppen 7.1 setzt sich zusammen aus unterschiedlichen nutzungsspezifischen **Anlagenarten**, die gegenseitig **nicht als funktional gleichartig** betrachtet werden:*   **2**

1. Küchentechnische Anlagen

2. Wäscherei- und Reinigungsgeräte/ -anlagen

3. Medizin- und labortechnische Anlagen

4. Feuerlöschgeräte/ -anlagen

5. Entsorgungsanlagen

6. Bühnentechnische Anlagen

7. Medienversorgungsanlagen

8. Badetechnische Anlagen

9. Prozesswärmeanlagen

10. Technische Anlagen für Tankstellen

11. Lagertechnische Anlagen

12. Taumittelsprühanlagen und Enteisungsanlagen einschließlich der stationären Enteisungsanlagen

Das Honorar wird für jede der 12 nutzungsspezifischen Anlagenarten getrennt nach den anrechenbaren Kosten der jeweiligen Anlagenart berechnet. Umfasst eine nutzungsspezifische Anlagenart mehrere Anlagen, so werden die anrechenbaren Kosten dieser funktional gleichartigen Anlagen bei der Honorarermittlung zusammengefasst«.

Das bedeutet z. B., dass jeweils die Summe der anrechenbaren Kosten aller in einem Klinikgebäude eingerichteten Küchen (Anlagenart 1, bestehend aus einer Großküche und den Küchen der einzelnen Krankenstationen sowie den Teeküchen für das Personal) oder die Summe aller medizin- und labortechnischen Einrichtungen der Klinik (Anlagenart 3) bei der Berechnung des Honorars für deren jeweiligen Fachplanung maßgebend ist.

Eine **Zusammenfassung der anrechenbaren** Kosten unterschiedlicher Anlagenarten nutzungsspezifischer Anlagen eines Gebäudes kommt aber **nicht infrage**, wenn z. B. Leistungen für küchentechnische Anlagen und Feuerlöschanlagen desselben Klinikgebäudes erforderlich und gleichzeitig zu erbringen sind. Beide nutzungsspezifische **Anlagen sind weder technisch noch funktional voneinander abhängig**; sie können also völlig unabhängig voneinander betrieben und genutzt werden. Zutreffend beschreibt Schürmann[1] eine vergleichbare Konstellation anderer Anlagen: die Abluftanlage der Tiefgarage und die Klimaanlage des Rechenzentrums eines Gebäudes sind technisch und funktional vollkommen getrennt und können völlig unabhängig voneinander betrieben und genutzt werden.   **3**

---

[1]   W. Schürmann: „Wesentliche Änderungen im Bereich der technischen Ausrüstung: Teil 4 Fachplanung, Abschnitt 2 HOAI 2009", DIB 05/2010, S. 44

4 Dasselbe muss, wenngleich in der Verordnung nicht zweifelsfrei und eindeutig geregelt, auch für **die Verfahrenstechnischen Anlagen nach § 53 Abs. 2 Anlagengruppe 7.2** gelten. So sind die Technischen Anlagen der Aufbereitung des Trinkwassers für die Sanitäranlagen einer Kläranlage und deren Technischen Anlagen zur Abwasserreinigung weder technisch noch funktional voneinander abhängig. Dasselbe gilt für die so unterschiedlichen Anlagenarten der Abwasserreinigung und der Schlammbehandlung. Auch deren Kosten dürften nur dann zu einer Abrechnungseinheit zusammengefasst werden, wenn sie nach technischen und funktionalen Kriterien eine Einheit bilden würden, was z. B. nur bei den Kläranlagen mit aerober Schlammstabilisation gegeben sein dürfte.

5 **§ 54 Abs. 1 S. 3** zeigt einmal mehr den engen Zusammenhang zwischen den in der HOAI genannten Kosten und der DIN 276. Die anrechenbaren **Kosten „sonstiger Maßnahmen** für technische Anlagen" lassen sich nur aus der Norm erklären; sie sind mit der in beiden Fassungen der DIN 276 definierten Kostengruppen 490 (sonstige Maßnahmen für technische Anlagen) und 549 (Technische Anlagen in Außenanlagen, sonstiges) identisch. Die Unterkostengruppen 491–499 beschreiben ebenso wie die in KG 549 nicht näher aufgezählten Maßnahmen Kosten von Maßnahmen, welche beim der Bau der Anlagen der Kostengruppen 410–480 bzw. 541–548 regelmäßig zusätzlich zu erwarten sind. Es sind die Kosten von Gerüsten, Sicherungs-, Schutz- und Abbruchmaßnahmen, Instandsetzungen, Materialentsorgung, zusätzliche Maßnahmen und Provisorien.

6 **§ 54 Abs. 2** betrifft den Fall, dass einem Auftragnehmer **Leistungen** bei der Technischen Ausrüstung mehrerer **unterschiedlicher Objekte** übertragen werden. Dabei kann es sich beispielsweise um mehrere unterschiedliche Gebäude eines Klinikums oder einer Schule handeln. Die Kosten der für diese Gebäude notwendigen technischen Anlagen z. B. dreier Anlagengruppen nach § 53 Abs. 2 (Abwasser-, Wasser- und Gasanlagen, Wärmeversorgungsanlagen und lufttechnische Anlagen) werden dann je Anlagengruppe zusammengefasst, wenn deren **Anlagen unter funktionalen und technischen Kriterien voneinander abhängig** sind und deswegen eine funktionale Einheit bilden. Werden z. B. die Wärmeversorgungsanlagen von einem zentralen Wärmeerzeuger versorgt und die Räume der Gebäude ebenfalls durch eine zentrale Klimaanlage klimatisiert, sind die anrechenbaren Kosten der Anlagen beider Anlagengruppen jeweils zu einer Summe zusammenzufassen. Die Verordnungsbegründung erklärt dies unter ausdrücklichem Bezug auf die Urteile des BGH vom 24.01.2002 – VII ZR 461/00 (KG)[2] und 12.01.2006 – VII ZR 293/04[3]. In der Begründung des erstgenannten Urteils heißt es dazu u. a.: *„Als Maßstab für die Beurteilung, ob mehrere Anlagen vorliegen, muss deshalb geklärt werden, ob diese getrennt an das öffentliche Netz angeschlossen und allein betrieben werden könnten. Dagegen kommt es grundsätzlich nicht darauf an, ob die Leistungen für mehrere Gebäude erbracht worden sind."* Als Beispiel nennt der BGH eine Heizungsanlage, die honorarrechtlich nicht schon deshalb in mehrere Anlagen aufgeteilt werden kann, weil sie mehrere Gebäude versorgt und weiter: *„Umgekehrt können mehrere Anlagen nicht als eine einheitliche Anlage eingeordnet werden, wenn sie verschiedenen Funktionen zu dienen bestimmt sind. Somit ist entscheidend, ob die Anlagenteile nach funktionellen und technischen Kriterien zu einer Einheit zusammengefasst sind."*

Der Leitsatz des zweiten Urteils bekräftigt diese Entscheidung: *„Werden mehrere Gebäude über ein gemeinsames Heiznetz versorgt, kann eine gebäudebezogene Abrechnung bei Anlagen der Technischen Ausrüstung nur dann erfolgen, wenn diese ohne erhebliche konstruktive Änderungen direkt an ein Netz oder einen anderen Wärmerzeuger angeschlossen werden können."*

7 Dies gilt für **nutzungsspezifische Anlagen** nur dann, sofern die Anlagen im Hinblick auf die technische Ausrüstung funktional gleichartig sind; so der Verordnungstext, der in der Verordnungsbegründung wortgleich wiederholt wird. Leider fehlt hier eine Erklärung des unbestimmten Rechtsbegriffs „gleichartig" (s. weitere Erläuterungen unter § 11 Abs. 3). Hilfsweise kann die Amtl. Begr. zur ähnlich lautenden Vorschrift des § 22 Abs. 2 HOAI 1996/2002[4] herangezogen werden; dort heißt es: *„Gebäude sind im Wesentlichen gleichartig, wenn Grundriss und*

---

[2] IBR 2002, 198
[3] IBR 2006, 209
[4] Bundesanzeigerausgabe der HOAI 1996/2002, S. 100

Tragwerk nicht wesentlich geändert sind". Ergänzend kann der Leitsatz des Urteils des OLG Braunschweig 25.08.2006 – 8 U 154/05[5], nachfolgend: BGH, 18.12.2008 – VII ZR 189/06 zurate gezogen werden, in dem es heißt: *„Im Wesentlichen gleichartige Gebäude liegen nur bei ganz nebensächlichen und für die Konstruktion sowie die sonstige bauliche Gestaltung unerhebliche Veränderungen vor"*. Daraus ist zu schließen, dass funktional gleichartige nutzungsspezifische Anlagen, die nach der oben zitierten Verordnungsbegründung ohnehin nur eine Anlagenart betreffen können, in unterschiedlichen Objekten nur dann vorliegen, wenn sich ihre Funktionen nur ganz nebensächlich voneinander unterscheiden. Diese Bedingung dürfte schon dann erfüllt sein, wenn die eine nutzungsspezifische Anlagenart unterschiedliche Anlagen aufweist. Beispiel: Die Abwasseranlagen eines Gebäudes benötigen eine Hebeanlage zum Anschluss an die öffentlichen Abwasseranlagen; die Abwasseranlagen des anderen Gebäudes können im Freigefälle angeschlossen werden. In diesem Fall dürfen die anrechenbaren Kosten nicht zusammengefasst werden.

Schließlich stellt sich auch die Frage, ob die Kosten von zwei oder mehr Anlagen einer Anlagengruppe zu addieren sind, wenn die **Planungs- und Überwachungsleistungen von unterschiedlichen Fachplanern** durchgeführt werden. Dies ist beispielsweise dann der Fall, wenn die badetechnischen Anlagen eines Freibades und die küchentechnischen Anlagen des zugehörigen Restaurants von unterschiedlichen Fachplanern betreut werden. Hier gilt das bereits Gesagte: die genannten Anlagen sind funktional voneinander unabhängig, sie werden zu völlig unterschiedlichen Zeiten und voneinander unabhängigen Fachplanern geplant und durchgeführt. Somit sind die **Kosten der jeweiligen Anlage** für die Honorarberechnung **maßgebend**.   **8**

§ 54 Abs. 3 S. 1 regelt, wie die anrechenbaren Kosten zu ermitteln sind, wenn die Fachingenieurleistungen für im Wesentlichen **gleiche Anlagen** unter weitgehend **vergleichbaren Bedingungen für im wesentlichen gleiche Objekte** – also für gleiche Gebäude, gleiche Innenräume, gleiche Ingenieurbauwerke oder gleiche Verkehrsanlagen - zu erbringen sind. Was der Verordnungsgeber mit „Bedingungen" meinte, ergibt sich aus der Kommentierung zu § 11 Abs. 3: sie liegen dann vor, wenn die Leistungen im Rahmen eines Auftrags und im zeitlichen oder örtlichen Zusammenhang unter gleichen baulichen Verhältnissen zu erbringen sind. Das bedeutet, dass die Prozentsätze der Leistungsphasen 1–6 für die **erste bis vierte Wiederholung um 50 %**, für die **fünfte bis siebte Wiederholung um 60 %** und **ab der achten Wiederholung um 90 %** zu mindern sind.   **9**

Im Wesentlichen **gleiche Anlagen** dürften dann vorhanden sein, wenn sie sich technisch nur unwesentlich voneinander unterscheiden. Nach hiesiger Ansicht erfüllen zwei Hauswasserversorgungsanlagen in zwei Reihenhäusern nicht mehr die hier formulierte Bedingung, wenn die eine Anlage eine zentrale Enthärtungsanlage erhalten, die zweite Anlage aber ohne eine solche Aufbereitungsanlage ausgeführt werden soll.

§ 54 Abs. 3 S. 2 verweist auf die Anwendung des § 11 Abs. 4 für den Fall, dass ein Bauherr die beiden als Beispiel genannten Objekte (Gebäude) an anderer Stelle noch einmal errichten will und deren Hauswasserversorgungsanlagen von demselben Auftragnehmer geplant und in der Ausführung überwacht werden sollen. Obwohl in diesem Fall die Leistungen weder im zeitlichen noch im örtlichen Zusammenhang erbracht werden, gilt dennoch wieder, dass die Prozentsätze der Leistungsphasen 1–6 für die erste bis vierte Wiederholung um 50 %, für die fünfte bis siebte Wiederholung um 60 % und ab der achten Wiederholung um 90 % zu mindern sind.

II. Kosten der Technischen Ausrüstung

Die **anrechenbaren** Kosten sind nach den fachlich **allgemein anerkannten Regeln der Technik** oder nach Verwaltungsvorschriften (Kostenvorschriften) zu **ermitteln** (§ 4 Abs. 1 S. 2). Letztere sind dem Verfasser unbekannt; auch die Verordnung gibt keine entsprechende Hinwei-   **10**

---

[5] IBR 2007, 83

se. Daher müssen die Kosten der Technischen Ausrüstung wie diejenigen der Gebäude, Innenräume und Freianlagen nach der als a. a. R. d. T. anerkannten DIN 276-1:2008-12 (Kosten im Bauwesen – Teil 1: Hochbauten) vorgegebenen Struktur auf Basis ortsüblicher Preise ermittelt werden. Für die Ermittlung der anrechenbaren Kosten der Technischen Ausrüstung von Ingenieurbauwerken und Verkehrsanlagen ist diese Norm zusammen mit der auf ihr aufbauenden DIN 276-4:2009-08 (Kosten im Bauwesen – Teil 4: Ingenieurbau) ebenfalls als a. a. R. d. T. anzusehen. Beide Normen gelten daher als Maßstab für die HOAI-konforme Ermittlung der Kosten aller in der jeweiligen Kostengruppe 400 (Bauwerk - Technischer Anlagen) der DIN 276 aufgeführten Kosten einschließlich der anteiligen Kosten für sonstige Maßnahmen der Kostengruppe 490.

11   Unter dem in § 54 Abs. 1 genannten „**jeweiligen Objekt**" ist eines der in § 2 Satz 1 genannten Objekte zu verstehen, also das „jeweilige" **Gebäude**, der „jeweilige" **Innenraum**, das „jeweilige" **Ingenieurbauwerk** oder die jeweilige „**Verkehrsanlage**". Damit betont die Verordnung, dass die Anlagen der Technischen Ausrüstung eines der jeweiligen Objekte bei der Leistungsbewertung, bei der Ermittlung der Planungsanforderungen und damit bei der Berechnung des Honorars einzeln zu betrachten sind. Sie macht aber zugleich auf die nur für die Anlagen der Technischen Ausrüstung verordneten **Sondervorschriften für Anlagengruppen** aufmerksam. Die Gruppenzugehörigkeit der Anlagen ist in der Objektliste der HOAI-Anlage 15.2 grundsätzlich geregelt; sie kann aber in Zweifelsfällen bei Gebäuden, Innenräumen sowie Außen- und Freianlagen nach DIN 276-1:2008-12 und bei Ingenieurbauwerken und Verkehrsanlagen in zusätzlicher Verbindung mit DIN 276-4:2009-08 bestimmt werden. Dies ergibt sich aus der Verordnungsbegründung, in der mehrfach allgemein auf DIN 276 Bezug genommen wird. Wenngleich aus § 4 Abs. 1 S. 3 geschlossen werden müsste, dass damit nur DIN 276-1:2008-12 gemeint sein könnte, ist es sicher zulässig, auch DIN 276-4:2009-08 als a. a. R. d. T. zur Beurteilung der Gruppenzugehörigkeit bei Ingenieurbauwerken und Verkehrsanlagen heranzuziehen.

12   **Keine Ausnahme** bilden dabei die Kosten der **Technischen Ausrüstung von Anlagen des Straßenverkehrs**, obwohl die Verordnungsbegründung zu § 4 Abs. 1 S. 2 anscheinend etwas Anderes aussagt. Danach sei die Norm kein Prüfmaßstab für die anrechenbaren Kosten von Straßenverkehrsanlagen; die Kostenermittlung für den Straßen- und Brückenbau müsse vielmehr nach der Anweisung zur Kostenberechnung von Straßenbaumaßnahmen (AKS)[6] durchgeführt werden, die durch das BMVBS verbindlich eingeführt und von den für den Straßenbau verantwortlichen Bundes- und Landesbehörden bzw. -betrieben zu beachten sowie den Gebietskörperschaften zur Anwendung empfohlen sei. Diese Feststellung betrifft aber nach § 46 Abs. 1 S. 2 nur die Kosten der „Ausstattung" von Verkehrsanlagen, nicht aber ihre Technische Ausrüstung. Außerdem sind hier nur die anrechenbaren Kosten des Honorars bei der Objektplanung betroffen, nicht aber die anrechenbaren Kosten der Ausstattung, für die eigenständige Fachplanungen mit einem entsprechenden Fachplanungshonorar erforderlich sind. Somit ist lediglich zu klären, ob Verordnungsgeber und DIN 276 unter dem Begriff „Ausstattung" dasselbe verstehen.

Der **Ausstattung** ordnet DIN 276-1:2008-12 die in KG 600 genannten Gegenstände ein. Bei Verkehrsanlagen kommen lediglich die unter KGr. 619 genannten Schilder, Wegweiser, Orientierungstafeln und Werbeanlagen vor. Daher sind nach hiesiger Auffassung die Leistungen bei der entsprechenden Ausstattung von Verkehrsanlagen nun auch in der HOAI erfasst und die Honorare verordnet (weitere Erläuterungen auch unter § 48 Rdn. 15 ff.).

13   Die **Verordnungsbegründung zu § 46 Abs. 1** erläutert Art und Umfang der **Ausstattung** sowie ihre Kosten aber **anders**: „*Diese Kosten sind bei den Kosten der Baukonstruktion im Sinne des § 46 Abs. 1 S. 1 zu berücksichtigen und nicht den Kosten für die Anlagen der technischen Ausrüstung im Sinne des § 46 Abs. 2 zuzurechnen. Die Ausstattung von Anlagen des Straßen- und Flug- und Schienenverkehrs einschließlich **Entwässerungsanlagen** ist nicht in der Objektliste der technischen Ausrüstung enthalten. Unter Ausstattung von Anlagen des Straßen- und Flugverkehrs fallen zum Beispiel **Signalanlagen, Schutzplanken und Beschilderungen**. Bei den*

---

[6]   Anweisung zur Kostenberechnung für Straßenbaumaßnahmen, Ausgabe 1985 (AKS 85), BMV – ARS Nr. 24/1984 vom 12. Dezember 1984 – 24/38.46.00/24023 Va 84 (VkBl 1985 S. 92) i. V. m. dem BMV – ARS Nr. 13/1990 vom 1. August 1990 StB. 24/38.4700/31 Va 90

*Entwässerungsanlagen handelt es sich um **Straßenabläufe, Sammelleitungen und zugehörige Anschlussleitungen** sowie **Regenwasserversickerungen**, die nicht als eigenständige Objekte in der Objektliste Ingenieurbauwerke, Gruppe 2, aufgeführt sind, vergleiche Anlage 12 Nummer 12.2. Unter Ausstattung von Anlagen der Schienenverkehrs fallen **Oberleitungsanlagen, Signalanlagen, Telekommunikationsanlagen**, die den Zugbetrieb beeinflussen, und **Weichenheizungsanlagen**.“*

Die so definierte Ausstattung nennt sowohl Ingenieurbauwerke (Entwässerungsanlagen) als **14** auch Anlagen der Technischen Ausrüstung nach § 53 Abs. 1, die mit Ausnahme der Oberleitungsanlagen und Weichenheizungsanlagen in der Objektliste Technische Ausrüstung (Anlage 15.2 der HOAI) zusammengestellt sind. Folgende Anlagen der Technischen Ausrüstung von Straßenverkehrsanlagen sind in der AKS 85 – von Entwässerungsanlagen einschl. Pumpwerken und Kleinkläranlagen abgesehen – in der Hauptgruppe 8 des Kostenberechnungskatalogs (KBK) als Ausstattung genannt (s. § 46 Rdn. 8 ff.):

Gruppe	Ausstattung	KGr. nach DIN 276-1	KGr. nach DIN 276-4
824	Lichtzeichenanlage	452	480
83	Fernmeldeanlagen	451, 457, 459	450
831	Streckenfernmeldeanlagen		
84	Beleuchtungsanlagen	444, 445	440
841	Beleuchtungsanlagen liefern und aufstellen		
89	Baustelleneinrichtung	491	491

Eine Auslegung der Vorschrift dahingehend, dass die für die Ausstattung erforderlichen Fachplanungsleistungen nur als Teil der Objektplanungsleistungen durch Hinzurechnung der Kosten der Ausstattung von Verkehrsanlagen zu den Kosten der Baukonstruktion vergütet würden, wäre nach der Amtl. Begr. der HOAI 2009 zum Fortfall des § 25 Abs. 1 HOAI 1996/2002 „**systemwidrig**“. In der Amtl. Begr. zu § 32 HOAI 2009 wurde dies ebenfalls so gesehen und bekräftigt.

Aus dem Hinweis der Amtl. Begr. zur HOAI 2009, § 54 HOAI 2009 ersetze zusammen mit § 6 **15** HOAI 2009 die Vorschrift des § 69 HOAI 1996/2002, kann gefolgert werden, dass lediglich die Kosten der **Winterbauschutzvorkehrungen**, der **Sonstigen Maßnahmen** der KG 6 nach DIN 276/181 (heute: KG 497 nach DIN 276-1:2008-12) und die **Baunebenkosten** (KG 700 der DIN 276) **nicht anrechenbar** sind. Weder die aktuelle Verordnung noch die Verordnungsbegründung sagt etwas Anderes; somit sind alle anderen Kosten und Aufwendungen nach § 4 Abs. 1 S. 1 anrechenbar, welche für die Herstellung, den Umbau, die Modernisierung, Instandhaltung oder Instandsetzung entstehen. Nach hiesiger Auffassung sind aber – anders als in der Verordnungsbegründung zu § 42 Abs. 1 erklärt – auch die Kosten der Winterbauschutzvorkehrungen anrechenbar (.s. § 42 Rdn. 5).

III. Weitere obligatorische Kosten

1. Sonstige Lieferungen und Leistungen des Auftraggebers oder sonst nicht übliche Vergünstigungen

Nach § 4 Abs. 2 HOAI sind zusätzlich **ortsübliche Preise** als anrechenbare Kosten anrechenbar, **16** wenn der Auftraggeber

1. **selbst Lieferungen oder Leistungen** übernimmt; Beispiele:
   - Einsatz der Montage- oder Baukolonne eines öffentlichen Auftraggebers,
   - Lieferung und Einbau von Rohrleitungen, Formstücken und Messgeräten,
   - Bereitstellung und Lieferung vorbeschaffter Ausrüstungsteile wie z. B. Pumpen

2. von ausführenden Unternehmen/Lieferern **sonst nicht übliche Vergünstigungen** erhält; Beispiele:
   – außerordentlicher Preisnachlass eines Bieters im Vergleich mit Angeboten anderer Bieter,
   – Schenkungen,

3. **Lieferungen oder Leistungen in Gegenrechnung** ausführt; Beispiele:
   – Tauschgeschäfte,
   – unentgeltliche Dienstleistungen des Auftraggebers, die er anstelle der vertraglich vereinbarten Leistungen des Auftragnehmers ohne Berechnung durchführt,

4. **vorhandene oder vorbeschaffte Baustoffe oder Bauteile einbauen** lässt; Beispiele:
   – aus denkmalpflegerischen Gründen werden in einen Neubau **vorhandene Anlagenteile** eines zuvor abgebrochenen Bauwerks eingebaut,
   – Lieferung von Armaturen und Rohren für Gas- und Wasserleitungen, die Stadtwerke auf Lager liegen haben.

Das „**Einbauen**" von Baustoffen oder Bauteilen kann daher nur als das aktive Einfügen von etwas Vorhandenem in etwas Neues verstanden werden.

Weitere Einzelheiten s. Erläuterungen zu § 4 HOAI.

2. Wert mitzuverarbeitender Bau- und Anlagensubstanz

17   Die frühere Vorschrift des § 10 Abs. 3a der HOAI 1996/2002 wurde in § 4 Abs. 3 in modifizierter Form wieder in Kraft gesetzt. Unter „mitzuverarbeitender Bausubstanz" ist nach § 2 Abs. 7 *„der Teil des zu planenden Objekts zu verstehen, der bereits durch Bauleistungen hergestellt ist und durch Planungs- oder Überwachungsleistungen technisch oder gestalterisch mitverarbeitet wird."* Das OLG Karlsruhe erläutert in der Begründung seines Urteils vom 26.06.2001[7] die mitzuverarbeitende Bausubstanz im Gegensatz zu Bauteilen und Baustoffen wie folgt: *„**Bausubstanz** i. S. d. durch die dritte HOAI-Novelle neu eingeführten Vorschrift des § 10 Abs. 3 a HOAI entsteht durch materielle Verarbeitung von Baustoffen und/oder Bauteilen in Form von Gebäuden und sonstigen Bauwerken oder Anlagen. Erforderlich ist deshalb immer, dass es sich um bereits **eingebaute oder verarbeitete Baustoffe und/oder Bauteile** handelt, **die** entsprechend ihrer funktionellen Bestimmung mit konstruktiven, bauphysikalischen oder gestalterischen Merkmalen **das Bauwerk oder die Anlage in Teilen oder im Gesamten bilden"*. Die aktuelle Verordnung folgt der Urteilsbegründung des OLG Karlsruhe in vollem Umfang. Ergänzend heißt es in der Verordnungsbegründung zu § 4 Abs. 3 HOAI nahezu wortgleich: *„Die neu in § 2 Abs. 7 aufgenommene Definition der mitzuverarbeitenden Bausubstanz setzt voraus, dass dieser Anteil der Bausubstanz bereits durch Bauleistungen hergestellt ist und durch Planungs- und Überwachungsleistungen technisch oder gestalterisch mitverarbeitet wird."* Die mitzuverarbeitende Bau- bzw. Anlagensubstanz ist stets integraler Bestandteil des nach der Erfüllung der Objekt- und Fachplanungen entstandenen Bauwerks.

18   § 4 Abs. 3 HOAI schreibt vor, dass ihr **Umfang** und ihr **Wert** bei den anrechenbaren Kosten eines Objekts **angemessen** zu berücksichtigen ist, um die für dieses Objekt zu erbringenden Objekt- und Fachplanungsleistungen angemessen zu honorieren. Was der Verordnungsgeber unter dem unbestimmten Rechtsbegriff der Angemessenheit verstanden wissen wollte, ist der Verordnung selbst nicht zu entnehmen. Aus S. 2 desselben Absatzes kann nur der maßgebliche **Zeitpunkt zur Ermittlung des Wertes** abgelesen werden: im Regelfall ist dies die fertig gestellte Leistung bei der **Kostenberechnung** und damit der **Abschluss der Entwurfsplanung**. Wenn aber keine vollständige Entwurfsplanung beauftragt ist und deswegen keine Kostenberechnung vorliegt, sind der Abschluss der Vorplanung und damit die Kostenschätzung zur Bestimmung des Wertes der mitzuverarbeitenden Bausubstanz maßgebend.

19   Erst in der Verordnungsbegründung zu dieser Vorschrift gibt der Verordnungsgeber die notwendige Hilfestellung zum Verständnis des „ange*messen*en" Wertes der mitzuverarbeitenden Bausubstanz wie folgt: *„Die mitzuverarbeitende Bausubstanz ist gemäß § 4 Abs. 3 S. 1 ‚angemessen'*

---

[7]   Siehe Rdn. 7

entsprechend ihrem Umfang zum Beispiel über die Parameter Fläche, Volumen, Bauteile oder Kostenanteile zu berücksichtigen. Gemäß § 4 Abs. 3 S. 2 ist im Einzelfall der Umfang und Wert der mitzuverarbeitende in Bausubstanz Objekt bezogen zu ermitteln und schriftlich zu vereinbaren." Anders als in den Amtl. Begr. zum jeweiligen § 10 Abs. 3 a der Vorgängerverordnungen von 1988, 1991 und 1996/2002 erläutert, verzichtet der Verordnungsgeber sowohl in der Verordnung als auch in der Verordnungsbegründung auf die Formulierung, dass der **Umfang der Anrechnung** des Wertes vorhandener Bausubstanz insbesondere von der **Leistung des Auftragnehmers** abhänge[8]. Dort hieß es u. a.: »*ringem Umfang die Kosten anerkannt werden können. Wird aber zum Beispiel das Tragwerk eines vorhandenen Bauwerkes bei einer Umwidmung des Bauwerkes völlig überprüft und durchgerechnet, so können auch die Kosten des Tragwerks wie nach Teil VIII voll angerechnet werden.*"

Noch im Abschlussbericht über die Aktualisierung der HOAI-Leistungsbilder war die folgende Empfehlung der Gutachter und Bearbeiter zur Berücksichtigung einer Leistungskomponente enthalten: *„Der Neubauwert der mitzuverarbeitenden Bausubstanz ist um einen Faktor zu mindern, der in den Besonderen Grundlagen des Honorars für das jeweilige Leistungsbild festgelegt ist."* Der Verordnungsgeber übernahm diesen im Abschlussbericht auf Seite 35 enthaltenen, den 2. Satz des Abs. 3 ergänzenden Zusatz aber weder in die Verordnung noch in die Begründung. Auch deswegen wird die bisher berücksichtigte Leistung für die mitzuverarbeitende Bausubstanz künftig keine Bedeutung mehr haben.

Für Anwendung und Interpretation der HOAI 2013 gilt nun offenbar wieder das Urteil des BGH vom 19.06.1986 – VII ZR 260/84[9], das auf der Basis der zum Urteilszeitpunkt geltenden HOAI vom 01. Januar 1985 gefällt wurde. Danach sei der **Wert der** bei einem Umbau **einbezogenen Bausubstanz** bei der Ermittlung der anrechenbaren Kosten in Höhe des Preises zu berücksichtigen, der **unter Ansatz ortsüblicher Preise** für deren neue Herstellung aufzuwenden wäre. Sowohl aus diesem Urteil als auch aus der Verordnungsbegründung folgt, dass bei der Wertermittlung alle für das Herstellen der vorhandenen Bausubstanz erforderlichen **Kosten für** Aufwendungen, die keine Baustoffe und/oder Bauteile sind, nicht berücksichtigt werden dürfen, was für die Technische Ausrüstung ohnehin keine Bedeutung hat. Solche sind die Kosten der Kostengruppen (KGr.) 200 (Herrichten und Erschließen), 310 (Baugrube) und Teile von 320 (insbesondere KGr. 321) sowie 390 (Sonstige Maßnahmen für Baukonstruktionen) nach DIN 276-1:2008-12 i. V. m. DIN 276-4:2009-8.

Trotz der der aus hiesiger Sicht eindeutigen Definition, dass der angemessene **Umfang der mitzuverarbeitenden Bausubstanz** zum Beispiel über die Parameter **Fläche, Volumen, Bauteile oder Kostenanteile** zu berücksichtigen ist, teilte das BMVBS den obersten Straßenbaubehörden der Länder, dem Bundesrechnungshof, der Bundesanstalt für Straßenwesen und der DEGES Deutsche Einheit Fernstraßenplanungs- und -bau GmbH in Anlage 2 des ARS 16/2013[10] eine zusätzliche Einschränkung mit. Diese **lässt sich nicht aus der Verordnung** oder der Verordnungsbegründung **ableiten**; sie lautet: *„Bei der Ermittlung der anrechenbaren Kosten bei Bestandsleistungen sind sowohl der Umfang als auch der Wert der mitzuverarbeitende Bausubstanz (mvB) zu bestimmen. Bei der Wertermittlung sind der effektive **Erhaltungszustand** der Bausubstanz **und die leistungsbezogene Berücksichtigung** in den einzelnen Leistungsphasen festzulegen. Da Leistungen im Bestand projektspezifisch sehr unterschiedlich sind, müssen die einzelnen Faktoren jeweils projektspezifisch festgelegt werden."* Damit hat das Ministerium für seinen Zuständigkeitsbereich Regeln festgelegt, welche auf die vom BGH in seinem Urteil vom 27.02.2003 – VII ZR 11/02[11] formulierten Berechnungsgrundsätze über die Anwendung des § 10 Abs. 3 a) HOAI 1996/2002 zurück gehen. Aus hiesiger Sicht ist zweifelhaft, dass diese Festlegungen der richterlichen Prüfung auf HOAI-Konformität standhalten werden.

20

In der Fachliteratur wurden als Reaktion auf diese bis 2009 geltende Vorschrift zahlreiche Vorschläge zur Ermittlung eines angemessenen Wertes mitzuverarbeitender Bausubstanz veröffent-

21

---

[8] So zuletzt in der Bundesanzeigerausgabe der HOAI 1996, 2. überarbeitete Auflage 2002, S. 91
[9] BauR 1986, 593
[10] Allgemeines Rundschreiben Straßenbau Nummer 16/2013 vom 13.8.2013
[11] IBR 2003, 255, 256

licht. Enseleit/Osenbrück[12] schlugen zur Ermittlung der angemessenen anrechenbaren Kosten vorhandener Bausubstanz (A) folgende Formel vor:

$$A = M \times D \times V \times L = W \times V \times L \ [\text{€}]$$

In der Formel bedeuten:

A = angemessene anrechenbaren Kosten vorhandener Bausubstanz [€]

M = Mengen vorhandener Substanz [m², m³, Stück]

D = Netto-Preise vorhandener Substanz [€]

W = Wert vorhandener Bausubstanz = $M \times D$ [€]

V = Verminderungsfaktor zur Reduktion der vorhandenen Bausubstanz auf diejenige Bausubstanz, die technisch oder gestalterisch mitverarbeitet wird [%]

L = Leistungen des Auftragnehmers an der vorhandenen Bausubstanz [%]

Werden die Grundleistungen für die vorhandene Bausubstanz nicht in allen Leistungsphasen erbracht, schlagen die Autoren vor, das angegebene Berechnungsschema zu erweitern. Danach soll der Umfang der Leistungen in jeder Leistungsphase getrennt festgestellt werden. Aus der Wichtung der Summe aller Teilleistungswerte im Verhältnis zum Wert der Gesamtleistung ergeben sich demzufolge ein abgeminderter Leistungssatz und damit eine Reduzierung der angemessenen anrechenbaren Kosten wie folgt:

$$A' = M \times D \times V \times L' = W \times V \times P / G \ [\text{€}]$$

In der Formel bedeuten:

A' = reduzierte angemessene anrechenbaren Kosten vorhandener Bausubstanz [€]

M = wie oben

D = wie oben

W = wie oben

V = wie oben

L' = reduzierte Leistungsanteile des Auftragnehmers für die vorhandene Bausubstanz [%]
    = P / G

P = Summe der Prozentsätze der dem Leistungsbild zugeordneten Bewertungen der Leistungsphasen, bei denen vorhandene Bausubstanz technisch oder gestalterisch mitverarbeitet wird [%]

G = Gesamtbewertung der Leistungsphasen des Objekts [%]

Ähnlich geht Wierer im HIV-KOM[13] vor. Die anrechenbaren Kosten für die mitzuverarbeitende Bausubstanz sollten mit der Formel

$$A = M \times W \times WF \times LF \ [\text{€}]$$

berechnet werden. In dieser Formel bedeuten:

W = Wert (ortsüblicher funktionsbezogener Wert [€])

M = Mengen vorhandener Substanz [m², m³, Stück]

WF = Wertfaktor (< 1,0)

LF = Leistungsfaktor (< 1,0)

Der Leistungsfaktor wird definiert als der Quotient aus der Summe der für die Bausubstanz erforderlichen Teilleistungssätze der Leistungsphasen 1 bis 4 und 5 bis 9 und der Summe der insgesamt möglichen entsprechenden Teilleistungssätze nach dem jeweiligen Leistungsbild.

Die genannten Autoren begründeten unter Bezug auf das bereits zitierte Urteil des BGH vom 19.06.1986 den Ansatz des ortsüblichen Preises zur Bestimmung des Wertes der vorhandenen

---

[12] Anrechenbare Kosten für Architekten und Tragwerksplaner, Vieweg+Teubner Verlag; Auflage: 4., überarbeitete Aufl. 2006

[13] HIV-KOM, Kommunales Handbuch für Ingenieurverträge, Ausgabe 1 /2002 – Loseblattsammlung, Boorberg-Verlag München Stuttgart, Anhang 1, Abschnitt 1, S. 121 ff.

Bausubstanz damit, dass der Bauherr sich deren Neuanschaffung spare. Weise die zu verarbeitende Substanz Mängel auf, müsse entsprechend dem Grad der Beeinträchtigung ein **Minderungsfaktor** angesetzt werden, wie er sich aus den oben beschriebenen Berechnungsformeln ergebe.

Erfahrungsgemäß ist häufig schwierig und deswegen auch umstritten, den Umfang von Schäden an der Bausubstanz und den dadurch verursachten Wertmangel im Einzelnen zu begründen. Erst recht ist eine Bewertung des Anteils an verordneten Grundleistungen preisrechtlich nicht zweifelsfrei möglich, die beim Planen und Bauen im Bestand für die mitzuverarbeitende Bausubstanz zu erbringen sind und unter Anwendung des zitierten BGH-Urteils zur Bewertung des angemessenen Honoraranteils verwendet werden sollten.

Zur Vermeidung streitige Auseinandersetzungen über eine zutreffende Antwort auf die hiermit verbundenen Fragen wird hier empfohlen, auf den Nachweis solcher Bewertungen zu verzichten und dem Hinweis in der Verordnungsbegründung zu folgen, den Wert der vorhandenen mitzuverarbeitenden Substanz unter Ansatz der in der Verordnung genannten Parameter Fläche, Volumen, Bauteile oder Kostenanteile
- in der Kostenschätzung mit den Genauigkeitsanforderungen an die Kostenschätzung nach Ziffer 3.4.2 DIN 276-1:2009-12 i. V. m. DIN 276-4:2009-8 und
- in der Kostenberechnung mit den Genauigkeitsanforderungen nach denselben Normen DIN 276 aus Mengen- und Kostenansatz mittels ortsüblicher Einheitspreise

unter **Verzicht** auf die ggf. mängelbedingte **Wertminderung** und **ohne Hinzurechnung der** in diesem Fall notwendigen **Kosten der Mängelbeseitigung** zu berücksichtigen. Die Gesamtkosten eines solchen Objekts sind trotz Einbeziehung des so ermittelten Wertes der mitverarbeiteten Bau- und Anlagensubstanz deutlich niedriger als die Kosten, welche bei einem vollständigen Neubau desselben Objekts entstehen würden. Die so berechneten Gesamtkosten entsprechen dem nach § 4 Abs. 1 und 3 maßgebenden Teil der Kosten, die für die Herstellung, den Umbau, die Modernisierung, Instandhaltung oder Instandsetzung aufgewendet werden müssen. Der Wert der mitzuverarbeitenden Bausubstanz kann aber nur dann bei der Honorarabrechnung berücksichtigt werden, wenn er zuvor zum Zeitpunkt der Ermittlung – also normalerweise bei der Kostenberechnung – schriftlich vereinbart wurde.

IV. Fakultativ anrechenbare Kosten

In § 54 Abs. 4 HOAI sind die **Kosten von Anlagen oder Maßnahmen** genannt, die anrechenbar sind, wenn der Auftragnehmer hierfür neben den Fachplanungsleistungen für die Technischen Anlagen von Gebäuden, Innenräumen, Ingenieurbauwerken und Verkehrsanlagen auch Planungs- oder Ausführungsüberwachungsleistungen für die zugehörigen **Technischen Anlagen der nichtöffentlichen Erschließung und in Außenanlagen** erbringt. Diese – positive – Interpretation der HOAI-typischen Negativaussagen bedeutet, dass beim Vorhandensein einer der alternativ genannten Voraussetzungen die Kosten für alle Grundleistungen anrechenbar sind. Die Kosten derartiger Technischer Anlagen gehören – anders als nach § 68 S. 2 HOAI 1996/2002 – nun zu den Kosten der Anlagen der Technischen Ausrüstung; deren Berücksichtigung bedarf keiner gesonderten Vereinbarung mehr.

Anlagen der nichtöffentlichen Erschließung sind nach den Anmerkungen in DIN 276-1:2008-12 zur Kostengruppe 230 die *„Kosten für Verkehrsflächen und technische Anlagen, die ohne öffentlich-rechtliche Verpflichtung oder Beauftragung mit dem Ziel der späteren Übertragung in den Gebrauch der Allgemeinheit hergestellt und ergänzt werden. Kosten von Anlagen auf dem eigenen Grundstück gehören zu der Kostengruppe 500 (Außenanlagen)“*. Eigenes Grundstück bedeutet Grundstück des betreffenden Gebäudes, des Ingenieurbauwerks oder der Verkehrsanlage. Anlagen der nichtöffentlichen Erschließung sind also Anlagen der Technischen Ausrüstung, die mit dem Ziel der späteren Überführung in den Gebrauch der Allgemeinheit außerhalb des eigenen Grundstückes errichtet werden. Ihre Kosten sind dann in jeder der Anlagengruppen des § 51 Abs. 2 zusätzlich zu berücksichtigen.

24 Natürlich sind die **Kosten der Erdarbeiten**, die bei der Herstellung von Anlagen der Technischen Ausrüstung anfallen, **nicht** für das Fachplanungshonorar **anrechenbar**. Dies ergibt sich aus der Vorschrift des § 54 Abs. 1, der nur die Kosten der Anlagen als anrechenbar definiert. Diese sind aufgrund der Anmerkung zur Auflistung der Technischen Anlagen der Kostengruppe 400 in DIN 276-1 bzw. DIN 276-4 nur die „*Kosten alle im Bauwerk eingebauten, daran angeschlossenen oder damit fest verbundenen technischen Anlagen oder Anlagenteile. Die einzelnen technischen Anlagen enthalten die zugehörigen Gestelle, Befestigungen, Armaturen, Wärme- und Kältedämmung, Schall- und Brandschutzvorkehrungen, Abdeckungen, Verkleidungen, Anstriche, Kennzeichnungen sowie die anlagenspezifischen Mess-, Steuer- und Regelanlagen. Die Kosten für das Erstellen und Schließen von Schlitzen und Durchführung werden in der Regel in der Kostengruppe 300 erfasst.*" Gerade der letzte Satz bestätigt, dass diejenigen Kosten, die beim Bau beziehungsweise der Installation der technischen Anlagen anfallen und der Kostengruppe 300 zuzuordnen sind, nur den bei der Erstellung des Bauwerks entstehenden Kosten der Baukonstruktionen zugeordnet werden dürfen. Dies bedeutet beispielsweise, dass die Kosten der Rohrleitungen und der anderen technischen Anlagen oder Installationen, welche auf dem Gelände einer Kläranlage errichtet werden und für den Reinigungsprozess benötigt werden, ohne die Kosten der Erdarbeiten Teile der anrechenbaren Kosten in den jeweils zutreffenden Anlagengruppen sind

V. Technische Ausrüstung in Baukonstruktionen

25 Wird die **Technische Ausrüstung** unmittelbar **in Form von Baukonstruktionen** ausgeführt, so ist die Abgrenzung der Technischen Ausrüstung zuzurechnenden Kosten schwierig oder es fehlen gesondert feststellbare Kosten für entsprechende Anlagenteile, da sich der Planungsaufwand nicht in speziell konzipierten Anlagenteilen ausdrückt, sondern es werden von anderen geplante Teile mitbenutzt. Gleiches gilt für den Fall, dass durch die Leistung des Fachplaners der Technischen Ausrüstung Abmessung oder Konstruktion von Bauteilen oder Baukonstruktionen wesentlich beeinflusst werden. In beiden Fällen schafft **§ 54 Abs. 5** einen Ausgleich. Bekannteste Beispiele für solche Teile sind:

– Schächte, Rohrgänge, Dachaufbauten zur Unterbringung von Installationen der Technischen Ausrüstung
– Behälter und Wannen für Wasser, wassergefährdende Flüssigkeiten, Abscheider aus Beton oder Mauerwerk
– Füchse, Schornsteine, Verkleidungen, Heiz- bzw. Kühlböden, -wände, -decken
– Luft führende Kammern, Schächte, Kanäle, Abhängungen,
– Kabelzugsteine, Kabelkanäle, Umformer-Fertigstationen
– Wellenerzeugungskammern, Abwurfschächte.

Die Kosten dieser Baukonstruktionen gehören **teilweise oder ganz** zu den **anrechenbaren Kosten**, wenn die Parteien eine entsprechende **schriftliche Vereinbarung** schließen. Wann diese zu treffen ist, regelt die Verordnung anders als bei ansonsten vergleichbaren Vorschriften (z. B. § 4 Abs. 3 S. 3 oder insbesondere § 7 Abs. 1) nicht. Daher dürfte die Vereinbarung auch während oder nach Erfüllung des Auftrags getätigt werden. Damit trägt der Verordnungsgeber der Tatsache Rechnung, dass sich die Notwendigkeit einer entsprechenden Vereinbarung häufig erst im Zuge der Vertragserfüllung herausstellt. Die **kostensparende Ausnutzung der gewählten Baukonstruktion für Zwecke der Technischen Ausrüstung** stellt sich häufig erst in einem späteren Planungsstadium des Gebäudes heraus, sodass die Honorarvorschrift hinreichend flexibel ausgestaltet ist.

Angemessene Kosten ergeben sich im Allgemeinen dann, wenn sie den **Kosten äquivalenter**   **26**
Ausführungen in Konstruktionen der Technischen Ausrüstung entsprechen. Hier sind z. B. die
Kosten luftführender Hohlböden der Preis als Ersatz gleichgroßer Blechkammern zu nennen,
gegebenenfalls einschl. der erforderlichen Wärmedämmung. Soweit dabei solche Teile mehrerer
Kostengruppen dienen, empfiehlt es sich, die zugehörige Vertragsklausel so zu formulieren, dass
ihre Kosten derjenigen Anlagengruppe zugeschlagen werden, die hiervon am meisten betroffen
ist.

Besonders wichtig ist die aus HOAI 2009 unverändert übernommene Ergänzung der Vorschrift   **27**
in **§ 54 Abs. 5 S. 2**, wonach die Kosten von Bauteilen der Kostengruppe Baukonstruktionen
ganz oder teilweise zu den anrechenbaren Kosten gehören können, deren Abmessungen oder
Konstruktion durch die Leistung der technischen Ausrüstung wesentlich beeinflusst werden.
Diese Vorschrift kann aber nur dann angewendet werden, wenn eine entsprechende schriftliche
Vereinbarung zwischen Auftragnehmer und Auftraggeber zu Stande kommt.

VI. Honorarvereinbarung

Die **Abrechnung aller Fachplanungsleistungen** für Technische Anlagen erfolgt nach § 54   **28**
HOAI i. V. m. § 6 HOAI **im Regelfall auf Basis der Kostenberechnung.** Solange diese nicht
vorliegt oder nur Leistungen der Leistungsphasen 1 (Grundlagenermittlung) und 2 (Vorplanung)
abzurechnen sind, ist die Kostenschätzung maßgebend. Ändern sich die Kosten bei der Ausführung des Vorhabens, bleibt es grundsätzlich bei den in der Kostenberechnung ermittelten Kosten.
Hat der Auftraggeber seinen Pflichten entsprochen und eine **Bedarfsplanung** für die Technische Ausrüstung erstellt, dessen Planung und Ausführungsüberwachung vergeben werden soll,
verfügt er u. a. über die für das Vergabeverfahren stets notwendigen anrechenbaren Kosten.
Sind diese jedoch – wie leider sehr häufig – unbekannt, sollte der Auftraggeber wenigstens eine
vorläufige Kostenannahme über die anrechenbaren Kosten treffen, um das Honorar nach § 4
nicht nur prinzipiell (zwischen Mindest- und Höchstsatz) zu vereinbaren, sondern auch in annähernd richtiger Höhe zu bestimmen. Die Kostenannahme ist eine von den Vertragspartnern
ohne vorherige Bedarfsplanung angenommene voraussichtliche Größenordnung der erwarteten
anrechenbaren Kosten.

Sind die anrechenbaren Kosten wenigstens mit der Genauigkeit des **Kostenrahmens** nach DIN   **29**
276-1 Nr. 3.4.1 bekannt, können auch diese Kosten hilfsweise angesetzt werden. Der Kostenrahmen dient nach dem Wortlaut der Norm *„als eine Grundlage für die Entscheidung über die
Bedarfsplanung sowie für grundsätzliche Wirtschaftlichkeits- und Finanzierungsüberlegungen
und zur Festlegung der Kostenvorgabe"*. Letztere soll gemäß 3.2.1 DIN 276 die Kostensicherheit
erhöhen, Risiken vermindern und frühzeitig alternative Überlegungen in der Planung fördern.
Nach 3.2.2 DIN 276-1 sollte die **Kostenvorgabe** aber auch **auf der Grundlage** von Budget- oder
Kostenermittlungen – also durch die **Bedarfsplanung** des Auftraggebers – festgelegt werden;
dabei muss er bestimmen, ob die Kostenvorgabe als **Kostenobergrenze oder als Zielgröße** für
die Planung gelten soll.

Die **Genauigkeitsanforderungen an die Bedarfsplanung** und die darauf aufbauende Ermitt-   **30**
lung der Kostenvorgabe sind beispielhaft in den RBBau[14] formuliert. Sie sind in deren Abschnitten E 2 (S. 2/8) und F 1 (S. F 1/8) zu finden. Übertragen auf die Technische Ausrüstung, sind
nach den dort beschriebenen Anforderungen an die Entscheidungsunterlage – Bau (ES – Bau)
sinngemäß u. a. folgende **Leistungsergebnisse des Auftraggebers** zu fordern:
– Bedarfsbeschreibung mit Dokumentation der Anforderungen an das Projekt und seine Technische Ausrüstung (Auslegungsdaten, Größe, erforderliche Leistungen),

---

[14] Richtlinien für die Durchführung von Bauaufgaben des Bundes (RBBau), Ausgabe 2003, herausgegeben vom Bundesministerium für Verkehr, Bau und Städtebau, Grundwerk bis 19. Austauschlieferung 2009 eingearbeitet, Seite E
2/8, seit 20.03.2013 als Online-Ausgabe zu erhalten unter www.bmvbs.de

- Ergebnis von Vorverhandlungen mit Bauaufsichtsbehörden oder anderen fachlich Beteiligten über die Genehmigungs- oder Zustimmungsfähigkeit mit Zusammenstellung der Genehmigungserfordernisse,
- erforderlichenfalls Energiekonzept
- Kostenschätzung nach DIN 276-1 oder DIN 276-4 anhand von Kostenkennwerten,
- Übersichtslageplan geeigneten Maßstabs
- Zeichnerischen Darstellungen des Planungskonzepts, erforderlichenfalls einschließlich Untersuchung der alternativen Möglichkeiten nach gleichen Anforderungen

31 Grundsätzlich gilt nach § 7 Abs. 1 HOAI, dass es auch bei **Änderung der Kosten** während der Ausführung des Vorhabens **bei** den in der **Kostenberechnung** ermittelten Kosten als Grundlage **für die Honorarberechnung bleibt**. Ist die Kostenänderung jedoch auf eine **Änderung des Leistungsumfangs** zurückzuführen, die auf **Veranlassung des Auftraggebers** erfolgte, müssen die bei der **Kostenberechnung** ermittelten Kosten **entsprechend fortgeschrieben** und angepasst werden (s. § 10 Rdn. 9 ff.). Dies kann – anders als bisher – **nicht auf Basis von Nachtragsangeboten** ausführender Unternehmen für geänderte oder zusätzliche Leistungen geschehen, sondern **erfordert** zunächst eine **Kostenberechnung** des Objektplaners **für eine solche Mehrleistung**, der der Auftraggeber durch seine Unterschrift seine Zustimmung gibt. Damit ist auch die Voraussetzung für eine Korrektur der zunächst vertraglich vereinbarten Kostenberechnungssumme geschaffen, die der späteren Honorarabrechnung zugrunde gelegt werden kann. Dies ist allerdings **nur dann** möglich, wenn dies nach § 10 Abs. 1 HOAI zwischen den Parteien schriftlich vereinbart wird. Dasselbe gilt nach hiesiger Auffassung für die **Kosten**, die **infolge unvorhersehbarer oder unvorhergesehener Ereignisse** entstehen; sie wären allerdings nur für die Leistungen des Objektplaners bei Bauausführung anrechenbar, soweit der Auftragnehmer hierfür – anders als bei der Planung - auch tatsächlich Leistungen erbringen musste sowie die Kosten durch die Fortschreibung der Kostenberechnung belegt und vom Auftraggeber anerkannt wurden. Auch diese Änderung des zuvor vereinbarten Honorars wird erst durch eine entsprechende schriftliche Vereinbarung der Parteien wirksam.

32 Der Verordnungsgeber hat bei der Formulierung der HOAI die **ungestörte Leistungsabfolge** von der Grundlagenermittlung in Phase 1 bis zur Objektbetreuung in Phase 9 unterstellt; nur so ist der verordnete Bezug auf die Kostenberechnung als allein maßgebende Abrechnungsgrundlage zu erklären. Dabei sind folgende häufig vorkommende Fallkonstellationen nicht berücksichtigt:
- **Abwicklung des Projekts in Bauabschnitten** während eines längeren Zeitraums,
- **getrennte Vergabe der Ingenieurleistungen** der Leistungsphasen 1 bis 4 und 5 bis 9 an verschiedene Auftragnehmer und
- Auswirkung eines **größeren zeitlichen Abstands** zwischen der Fertigstellung der Entwurfs- und/oder Genehmigungsplanung sowie den danach folgenden Leistungen auf die Kostenentwicklung des Objekts bei **stufenweiser Beauftragung** an einen Auftragnehmer.

In solchen Fällen können Auftragnehmer bei der Abrechnung ihrer Leistungen in den Leistungsphasen 5 ff. nur dann mit dem Ergebnis der Kostenberechnung zu leistungsgerechten Honoraren kommen, wenn keine nennenswerte Steigerung ihrer Bürokosten und der Kosten vergleichbarer Bauvorhaben bis zum Beginn dieser Leistungen eingetreten ist. Um Auseinandersetzungen in den Fällen zu vermeiden, ist den Vertragspartnern eine **vertragliche Regelung** zu empfehlen, in der eine obligatorische und vergütete **Prüfung der Kostenberechnung vor der Fortführung der Leistungen** in Phase 5 als Besondere Leistung des vorgesehenen Auftragnehmers frei vereinbart wird, deren Ergebnis dann im Sinne von § 10 Abs. 1 HOAI Vertragsgrundlage wird.

§ 55 Leistungsbild Technische Ausrüstung

(1) Das Leistungsbild Technische Ausrüstung umfasst Grundleistungen für Neuanlagen, Wiederaufbauten, Erweiterungsbauten, Umbauten, Modernisierungen, Instandhaltungen und Instandsetzungen. Die Grundleistungen bei der Technischen Ausrüstung sind in neun Leistungsphasen zusammengefasst und werden wie folgt in Prozentsätzen der Honorare des § 56 bewertet:

1. für die Leistungsphase 1 (Grundlagenermittlung) mit 2 Prozent,
2. für die Leistungsphase 2 (Vorplanung) mit 9 Prozent,
3. für die Leistungsphase 3 (Entwurfsplanung) mit 17 Prozent,
4. für die Leistungsphase 4 (Genehmigungsplanung) mit 2 Prozent,
5. für die Leistungsphase 5 (Ausführungsplanung) mit 22 Prozent,
6. für die Leistungsphase 6 (Vorbereitung der Vergabe) mit 7 Prozent,
7. für die Leistungsphase 7 (Mitwirkung bei der Vergabe) mit 5 Prozent,
8. für die Leistungsphase 8 (Objektüberwachung – Bauüberwachung) mit 35 Prozent,
9. für die Leistungsphase 9 (Objektbetreuung) mit 1 Prozent.

(2) Die Leistungsphase 5 ist abweichend von Absatz 1 Satz 2 mit einem Abschlag von jeweils 4 Prozent zu bewerten, sofern das Anfertigen von Schlitz- und Durchbruchsplänen oder das Prüfen der Montage- und Werkstattpläne der ausführenden Firmen nicht in Auftrag gegeben wird.

(3) Anlage 15 Nummer 15.1 regelt die Grundleistungen jeder Leistungsphase und enthält Beispiele für Besondere Leistungen.

Inhaltsübersicht

I. Vorbemerkungen

1 Nach der Verordnungsbegründung entspricht das **Leistungsbild Technische Ausrüstung in § 55** weitestgehend § 51 HOAI 2009, der wiederum die Regelungen des § 55 Abs. 1 HOAI 1996/2002 übernommen hatte. Es nennt die insgesamt 9 Leistungsphasen und deren Bewertung in v. H. der nach § 3 Abs. 2 **im Allgemeinen erforderlichen Gesamtleistung** eines Fachplanerauftrags für eine der in § 53 Abs. 1 genannten Anlagengruppen. Die ausführliche Interpretation der Leistungsphasen in Form von **Grundleistungen (Arbeitsschritten)** enthält Anlage 15 Ziffer 15.2 (nachfolgend kurz: HOAI-Anlage 15.2). Dort sind auch häufig vorkommende Besondere Leistungen für die Technische Ausrüstung aufgelistet. Gemäß § 3 Abs. 3 ist diese Zusammenstellung nicht vollständig; so können auch in anderen Leistungsbildern genannte Besondere Leistungen bei der Fachplanung oder bei der Überwachung der Ausführung der Technischen Anlagen vorkommen. Auf die Bewertung der Besonderen Leistungen hat der Verordnungsgeber deswegen verzichtet, weil diese objekt- und aufgabenspezifisch sehr unterschiedlich sein können. Eine Hilfestellung zur Ermittlung angemessener Honorare für Besondere Leistungen geben die in der Schriftenreihe des AHO veröffentlichten Hefte 6 und 11[1].

2 Die **Struktur** des seit seiner Einführung im Jahr 1985 bis einschließlich HOAI 2009 unverändert gebliebenen **Leistungsbildes** ist auch in die HOAI 2013 **unverändert** übernommen worden. Allerdings ist die Beschreibung der als Arbeitsschritte zu verstehenden Grundleistungen sehr gründlich überarbeitet worden. Die Verordnungsbegründung hebt dies mit ihren allgemeinen Vorbemerkungen zu den Leistungsphasen 2 und 3 sowie 5 bis 8 wie folgt hervor: *„Die bisherige Beschränkung der Grundleistung des Fachplaners der Technischen Ausrüstung auf ein ‚Mitwirken' wurde bei der Beschreibung des Leistungsbilds in den einzelnen Leistungsphasen aufgegeben. In der Vergangenheit war das Leistungsbild darauf ausgerichtet, dass der Planer der Technischen Ausrüstung als Fachplaner in der Regel Beiträge für den Objektplaner liefert. Allerdings werden in der Praxis Aufträge an den Fachplaner der Technischen Ausrüstung vergeben, ohne dass ein Objektplaner eingeschaltet ist. Schon in der amtlichen Begründung zu § 73 HOAI 2002 wurde festgestellt, dass zum Beispiel bei Umbauten, bei denen kein Objektplaner beauftragt wird, der Fachplaner in verschiedenen Leistungsphasen die Aufgaben des Objektplaners zu leisten hat. Leistungen im Bestand, Gebäudesanierungen, gerade auch im haustechnischen Bereich, gewinnen zunehmend in der Baupraxis an Bedeutung. Gerade in diesen Fällen dürfen sich die Grundleistungen des Fachplaners zum Beispiel zur Genehmigungsfähigkeit, zur Kostenermittlung, Kosten- und Terminkontrolle bei der Vergabe und der Abnahme nicht auf ein bloßes Mitwirken beschränken. Auch für Projekte, in denen sowohl ein Objektplaner als auch*

---

[1] Heft 6: HOAI - Besondere und außerordentliche Leistungen bei der Planung von Anlagen der Technischen Ausrüstung nach Teil IX, 2. ergänzte und erweiterte Auflage, Oktober 2002 (z.Zt. leider vergriffen) und Heft 11: HOAI-Leistungsbilder von Anlagen der Technischen Ausrüstung nach Teil IX bei der funktionalen Leistungsvergabe inkl. komplementärem Leistungsbild des Generalunternehmers, 2. ergänzte Auflage, Oktober 2002

ein Fachplaner tätig werden, ändert dies nichts an dem durch den Fachplaner geschuldeten Leistungsumfang, sodass in diesen Fällen eine Minderung der prozentualen Ansätze für die jeweiligen Leistungsphasen ausscheidet."

Die Begründung vermittelt den Eindruck, dass mit der Neufassung des Leistungsbildes Technische Ausrüstung auch eine deutliche Leistungserweiterung einherginge. Zur Klarstellung sei schon jetzt gesagt, dass die in der Verordnungsbegründung angedeuteten **Objektplanungsleistungen** von Fachplanern **nicht durch das Fachplanungshonorar abgegolten** sind, sondern getrennt nach dem im Einzelfall hierfür maßgebenden Leistungsbild Objektplanung vergütet werden müssen. Würde ein Auftraggeber diese eigenständigen Leistungen nicht getrennt vergüten, sondern aufgrund der Formulierung der Verordnungsbegründung darauf bestehen will, dass der Fachplaner solche Mehrleistungen zusätzlich ohne gesonderte Honorierung erbringen müsste, würde er nach hiesiger Auffassung das der HOAI innewohnende **Prinzip der getrennten Honorarberechnung** für unterschiedliche Objekt- und Fachplanungsleistungen **missachten**. Daher kann die Verordnungsbegründung nur die Änderung der Bezeichnung der „Mitwirkungsleistung" in „Fachplanungsleistung" gemeint haben. Die **Namensänderung** bewirkt aber **keine inhaltliche Änderung des Leistungsinhalts**. Ohne stets selbstständig und eigenverantwortlich durchgeführte Fachplanungsleistungen wären die Objektplanungsleistungen schon bisher undenkbar gewesen. Daher bedeutete schon bisher „Mitwirken" nicht das Tätigwerden auf Anforderung des Objektplaners, sondern das Mitarbeiten des Fachplaners am gemeinsamen Projekterfolg.

Leider verwendet der Verordnungsgeber auch in diesem Leistungsbild Bezeichnungen, die schon in der Vorgängerverordnung zu Missverständnissen führten. So spricht er von „in der Regel erforderlichen Leistungen" und definiert die eigentlich als Arbeitsschritte zu verstehenden Begriffe[2] als Leistungen, die nach zwei Urteilen des BGH **nicht** als **Leistungspflichten**, sondern als **Vergütungstatbestände** zu verstehen sind[3]; die Leitsätze des Urteils vom 24.10.1996 sind:

a) Was ein Architekt oder Ingenieur vertraglich schuldet, ergibt sich aus dem geschlossenen Vertrag, i. d. R. also aus dem Recht des Werkvertrages. Der Inhalt dieses Architekten-/Ingenieurvertrages ist nach den allgemeinen Grundsätzen des bürgerlichen Vertragsrechts zu ermitteln.

b) Die HOAI enthält keine normativen Leitbilder für den Inhalt von Architekten- und Ingenieurverträgen. Sie hat keine generelle vertragsrechtliche ‚Leitbildfunktion' im Sinne ... einer verbreiteten Meinung. Die HOAI regelt keine dispositiven Vertragsinhalte.

.... Für die Frage, was der Architekt oder Ingenieur zu leisten hat, ist allein der geschlossene Werkvertrag nach Maßgabe der Regelungen des BGB und der dazu im Einzelnen getroffenen Vereinbarungen von Bedeutung. Das Honorarrecht der HOAI kann den Werkvertrag auch deshalb nicht regeln, weil sich ein werkvertraglicher Erfolg nicht als Summe von abschließend enumerativ aufgeführten Dienstleistungen beschreiben lässt, als die sich die Beschreibung der Grundleistungen nach herrschender Meinung darstellt. Die in der HOAI geregelten ‚Leistungsbilder' sind Gebührentatbestände für die Berechnung des Honorars der Höhe nach. Ob ein Honoraranspruch dem Grund nach gegeben oder nicht gegeben ist, lässt sich daher nicht mit Gebührentatbeständen der HOAI begründen.

c) Mit der gebührenrechtlichen Unterscheidung zwischen Grundleistungen und Besonderen Leistungen wird nur geregelt, wann der Architekt/Ingenieur sich mit dem Grundhonorar begnügen muss und wann er, wenn die vertraglichen Voraussetzungen dem Grunde nach erfüllt sind, zusätzliches Honorar berechnen darf. Normative Bedeutung für den Inhalt des Vertrages kommt dieser Unterscheidung nicht zu.

Der BGH folgte damit der noch immer unveränderten Kernaussage des § 1 HOAI über den **Anwendungsbereich der Verordnung,** wonach deren Bestimmungen **nur für die Berechnung der Entgelte** für die Grundleistungen gelten.

---

[2] BGH, Urteil v. 24.06.2004 – VII ZR 259/02; BauR 2004, 1640; BGHZ 159, 376; BGH, Urteil v. 22.10.1998 – VII ZR 91/97; BauR 1999, 187

[3] BGH, Urteil v. 24.10.1996 – VII ZR 283/95; S. 154: Die HOAI enthält keine normativen Leitbilder für den Inhalt von Architekten und Ingenieurverträgen. Die in der HOAI geregelten „Leistungsbilder" sind Gebührentatbestände für die Berechnung des Honorars der Höhe nach. Ob ein Honoraranspruch dem Grunde nach gegeben oder nicht gegeben ist, lässt sich daher nicht mit Gebührentatbeständen begründen.

5   Schließen die Parteien jedoch einen schriftlichen Werkvertrag, in dem die geschuldeten Leistungen unter Bezug auf die Leistungsphasen formuliert sind, werden die Gebührentatbestände zu Leistungspflichten und der Auftragnehmer muss alle als Leistungen bezeichneten Arbeitsschritte als Teilerfolge des geschuldeten Gesamterfolges erbringen[4]. Dasselbe gilt dann, wenn nur ein mündlicher Vertrag unter allgemeinem Bezug auf die HOAI geschlossen wurde. Daher führt eine **unreflektierte Vereinbarung eines Leistungsbildes** als vertragliche Leistungspflicht zu dem Ergebnis, dass der Auftragnehmer im Einzelfall **alle für den Regelfall bewerteten Arbeitsschritte schuldet**, die zu einen selbstständigen Arbeitserfolg führen. Dies ist beispielsweise regelmäßig bei Instandsetzungen oder Instandhaltungen, häufig auch bei Umbauten oder Modernisierungen der Fall. Werden dann Grundleistungen nicht erbracht, muss sich der Auftragnehmer Honorarabzüge gefallen lassen, weil sein Werk nach § 633 Abs. 2 BGB nicht die vertraglich vereinbarte Beschaffenheit besitzt und deswegen mangelhaft ist.

Der BGH begründet sein zuvor erwähntes Urteil vom 24.06.2004 mit folgenden Leitsätzen:

1. Erbringt der Architekt eine vertraglich geschuldete Leistung teilweise nicht, dann entfällt der Honoraranspruch des Architekten ganz oder teilweise nur dann, wenn der Tatbestand einer Regelung des allgemeinen Leistungsstörungsrechts des BGB oder des werkvertraglichen Gewährleistungsrechts erfüllt ist, die den Verlust oder die Minderung der Honorarforderung als Rechtsfolge vorsieht.

2. Der vom Architekten geschuldete Gesamterfolg ist im Regelfall nicht darauf beschränkt, dass er die Aufgaben wahrnimmt, die für die mangelfreie Errichtung des Bauwerks erforderlich sind.

3. Umfang und Inhalt der geschuldeten Leistung des Architekten sind, soweit einzelne Leistungen des Architekten, die für den geschuldeten Erfolg erforderlich sind, nicht als selbstständige Teilerfolge vereinbart worden sind, durch Auslegung zu ermitteln.

Unter Weiterführung des BGH-Urteils stellte das OLG Frankfurt fest, dass die Aufzählung der Leistungsphasen des § 15 HOAI 1996/2002 in einem Architektenvertrag eine Beschreibung des geschuldeten Werkerfolgs darstelle. Allerdings dürfte dann, wenn einzelne Teilleistungen aus den jeweiligen Leistungsphasen des Architekten nicht erbracht würden, nicht automatisch eine Kürzung des Architektenhonorars vorgenommen werden. Vielmehr komme eine Kürzung des Honorars nur dann in Betracht, wenn die rechtlichen Voraussetzungen für die Vornahme einer Minderung erfüllt seien. Es müssten also die Voraussetzungen des Leistungsstörungsrechts des BGB oder des werkvertraglichen Gewährleistungsrechts erfüllt sein, wonach dem Architekten Gelegenheit zur Nacherfüllung gesetzt werden muss. Erst dann, wenn der Architekt die Nacherfüllung ablehne oder das Leistungsinteresse des Auftraggebers wegen der Verzögerung der Leistung weggefallen sei, könne eine solche Kürzung vorgenommen werden

6   Kniffka hat die Anwendung der zitierten Rechtsprechung über die Vergütungsvorschriften der aktuellen HOAI an zahlreichen unterschiedlichen Beispielen genauer untersucht und fortgeführt. Im Kern kommt er zunächst zu dem Ergebnis, dass die HOAI nach § 6 Abs. 1 i. V. m. § 8 Abs. 2 lediglich das Honorar für vereinbarte Grundleistungen vorsehe. Daraus folge, dass – anders als vom Verordnungsgeber in den jeweiligen Amtl. Begr. (s.o.) mitgeteilt – nicht die Leistungsphasen mit den für sie festgesetzten Honorarsätzen die kleinsten rechnerischen Bausteine der Honorierung bilden würden. Dies dürfte auch der entscheidende Grund für das Urteil des BGH vom 16.12.2004 gewesen sein, bei dem entschieden wurde, dass das Architektenhonorar dann, wenn der Architekt im Zeitpunkt der Kündigung einzelne Grundleistungen einer Leistungsphase gar nicht oder einzelne Grundleistungen nur teilweise erbracht habe, auch naheliegend, die Abrechnung in diesen Fällen nach der Steinfort-Tabelle oder ähnlichen Berechnungswerken vorzunehmen (s. mehr hierzu Rdn. 175 ff.), die sich als Orientierungshilfe für die Bewertung nicht erbrachter Leistungen eignen würden. Stark vereinfacht lässt sich dar-aus folgern, dass Kniffka und auch die vorherige Rechtsprechung die vertraglich vereinbarten Grundleistungen als vorab eindeutig und erschöpfend beschriebene freiberufliche Leistungen verstehen. Dies steht im Gegensatz zur herrschenden Meinung, welche die freiberuflichen Leistungen als geis-

---

[4]   BGH, Urteil v. 24.06.2004 – VII ZR 259/02; BauR 2004, 1640; BGHZ 159, 376

tig-schöpferisch und deswegen in einem Werkvertrag als nicht vorab eindeutig und erschöpfend beschreibbar versteht. Kniffka hat die Anwendung der zitierten Rechtsprechung über die Vergütungsvorschriften der aktuellen HOAI an zahlreichen unterschiedlichen Beispielen genauer untersucht und fortgeführt[5]. Im Kern kommt er zunächst zu dem Ergebnis, dass die HOAI nach § 6 Abs. 1 i. V. m. § 8 Abs. 2 lediglich das Honorar für vereinbarte Grundleistungen vorsehe. Daraus folge, dass – anders als vom Verordnungsgeber in den jeweiligen Amtl. Begr. (s.o.) mitgeteilt – nicht die Leistungsphasen mit den für sie festgesetzten Honorarsätzen die kleinsten rechnerischen Bausteine der Honorierung bilden würden. Dies dürfte auch der entscheidende Grund für das Urteil des BGH vom 16.12.2004 gewesen sein, bei dem entschieden wurde, dass das Architektenhonorar dann, wenn der Architekt im Zeitpunkt der Kündigung einzelne Grundleistungen einer Leistungsphase gar nicht oder einzelne Grundleistungen nur teilweise erbracht habe, auch naheliegend, die Abrechnung in diesen Fällen nach der Steinfort-Tabelle oder ähnlichen Berechnungswerken vorzunehmen[6] (s. mehr hierzu Rdn. 207 ff.), die sich als Orientierungshilfe für die Bewertung nicht erbrachter Leistungen eignen würden. Stark vereinfacht lässt sich daraus folgern, dass Kniffka und auch die vorherige Rechtsprechung die vertraglich vereinbarten Grundleistungen als vorab eindeutig und erschöpfend beschriebene freiberufliche Leistungen verstehen. Dies steht im Gegensatz zur herrschenden Meinung, welche die freiberuflichen Leistungen als geistig-schöpferisch und deswegen in einem Werkvertrag als nicht vorab eindeutig und erschöpfend beschreibbar versteht[7].

Das Leistungsbild Technische Ausrüstung enthält wie alle anderen verordneten Leistungsbilder den **Leistungsablauf** bei **Neubauten** ab. Daher können alle Leistungsbilder, insbesondere aber die Grundleistungen der Leistungsphasen **nur eingeschränkt zutreffen**, wenn z. B.   **7**

Fall 1: Leistungen bei Wiederaufbauten, Erweiterungsbauten, Umbauten, Modernisierungen, Instandhaltungen und Instandsetzungen durchgeführt werden oder

Fall 2: die Vergabe von Bau- und Lieferleistungen der Technischen Ausrüstung auf der Basis von Leistungsverzeichnissen mit Leistungsprogramm (Funktionalausschreibungen) nach § 7 Abs. 13 und 14 VOB/A[8] an Generalunternehmer erfolgen soll.

Für Objekte des **Falles 1** können zahlreiche der in der Planungsphase **verordneten** Arbeitsschritte des § 55 Abs. 1 i. V. m. HOAI-Anlage 15.1 HOAI gar nicht gemacht werden, wie noch gezeigt wird (s. Rdn.156 ff.). Sie müssen **durch andere Arbeitsschritte ersetzt** werden. Insbesondere in solchen Fällen ist es daher angezeigt, in den Werkverträgen die Arbeitsschritte, die für das in den einzelnen Leistungsphasen zu erreichende Ziel zu erbringen sind, stets objektspezifisch zu definieren. Nur auf diese Weise können die für die Leistungsphasen bewerteten Teil-Honorare unverändert als angemessen und zutreffend interpretiert werden. Im **Fall 2** werden je nach Planungstiefe frühestens ab Leistungsphase 2 (Vorplanung) **Besondere Leistungen** der Fachplaner **anstelle von Grundleistungen** erforderlich, die in HOAI-Anlage 15.1 genannt sind. Auch die Entwurfs-, Werk- und Detailplanungen des Objektplaners und der Fachplaner werden nur noch ansatzweise erbracht. Schon aus Haftungsgründen werden in solchen Fällen die restlichen Leistungen dem Generalunternehmer übertragen. Regelmäßig bleibt es aber bei der Prüfung dieser Ausführungszeichnungen durch die Fachplaner, sofern dieser mit der Objektüberwachung der Ausführung der Technischen Anlagen beauftragt ist (näheres hierzu s. Rdn. 122 ff.).

Auftraggeber sollen daher ihre Pflicht zur Durchführung der **Bedarfsplanung** (s. Rdn. 10 ff.)   **8**
als Voraussetzung für sachgerechte Vergabeverhandlungen und die für die danach schriftlich abzuschließenden Verträge ernst nehmen; Auftragnehmer ihrerseits sollten darauf dringen, möglichst umfassende Informationen zu erhalten, um die vertraglich geschuldeten Leistungen

---

5 R. Kniffka: „Vergütung für nicht erbrachte Grundleistungen – Schuldrechtliche Grundlagen", Vortrag bei der Fachtagung des BVS-Bundesfachbereichs Architekten- und Ingenieurhonorare am 23.01.2015 in Rothenburg o.d. Tauber
6 Im Urteil genannt z. B. Pott Pott/Dahlhoff/Kniffka, HOAI, 7. Aufl., Anh. III; Locher/Koeble/Frik, HOAI, 8. Aufl., Anh. 4)
7 So z. B. § 5 der Verordnung über die Vergabe öffentlicher Aufträge – VgV – vom 11.02.2003, BGBl. I S. 169
8 Änderung der Vergabe- und Vertragsordnung für Bauleistungen Teil A (VOB/A) Abschnitt 1 und der Vergabe- und Vertragsordnung für Bauleistungen Teil B (VOB/B) – Ausgabe 2012 – vom 26. Juni 2012, veröffentlicht am Freitag, 13. Juli 2012 BAnz AT 13.07.2012 B

verstehen und das dafür notwendige Honorar nach HOAI so genau wie möglich bestimmen zu können.

9 Zusammenfassend ist festzuhalten, dass die **in der HOAI genannten Leistungen übliche Arbeitsschritte**, die im Allgemeinen zum Erfolg des beauftragten Werks führen, **keine Leistungen im Sinne einer Leistungsbeschreibung** mit Leistungsverzeichnis sind. Es ist ohne Belang und in der HOAI auch nicht festgelegt, welche Leistungen die Objekt- und Fachplaner in den einzelnen Arbeitsschritten zum Erreichen des vertraglich vereinbarten Ziels im Einzelnen ausführen. Dies liegt in der Eigenart der geistig-schöpferischen Tätigkeit der Planer, die als nicht vorab beschreibbar gelten. Deren Ergebnis spiegelt sich erst im vollendeten Werk wider.

Die Leistungen der Ingenieure stellen auf das Ergebnis des Werkes ab; sie müssen nach den allgemein anerkannten Regeln der Technik erbracht werden. Diese sind einem ständigen Wandel ausgesetzt, also dynamisch, während die Leistungsbeschreibungen der Leistungsbilder der HOAI zumindest bisher weitgehend unverändert blieben, also statisch sind. Allein daraus wird verständlich, dass Bedeutung und Gewichtung verschiedener Leistungen einem fortwährenden Wandlungsprozess ausgesetzt sind. Dieser Prozess wird durch die stetige Ausweitung EDV-gestützter Arbeitsmethoden noch forciert. Deswegen ist es notwendig, die zwischen den Parteien vereinbarten Leistungsziele und nur die dafür notwendigen Arbeitsschritte unter Bezug auf die Leistungsphasen projektspezifisch schriftlich zu vereinbaren, um spätere Auseinandersetzungen bei der Honorarabrechnung zu vermeiden.

10 Die Anzahl der in HOAI-Anlage 15.1 zusammengestellten **Besonderen Leistungen** des Leistungsbildes Technische Ausrüstung ist im Vergleich mit den anderen Leistungsbildern relativ umfangreich. Bei deren inhaltlichem Vergleich wird dennoch deutlich, dass insbesondere Besondere Leistungen des Leistungsbildes Gebäude und Innenräume nach Anlage 10.1 auch bei der Technischen Ausrüstung zusätzlich erforderlich werden können. Daher ist die Zusammenstellung in HOAI-Anlage 15.1 als eine Ergänzung der in den anderen Leistungsbildern genannten Besonderen Leistungen zu verstehen. Dies erklärt sich aus § 3 Abs. 3. Zum einen ist gemäß dessen S. 1 die Aufzählung der Besonderen Leistungen in der Verordnung und in den Leistungsbildern ohnehin **nicht abschließend**. Zum anderen können Besondere Leistungen aus Leistungsbildern und Leistungsphasen, denen sie nicht zugeordnet sind, in anderen Leistungsbildern vereinbart werden.

Auf eine **Bewertung** der Besonderen Leistungen hat der Verordnungsgeber **verzichtet**. Nach § 3 Abs. 3 S. 3 können **Honorare** für Besondere Leistungen **frei vereinbart** werden. Dies ist auch damit zu erklären, dass diese Leistungen objektspezifisch noch erheblich unterschiedlicher als die Grundleistungen sein können, sodass deren angemessene Honorierung nicht nach einheitlichen Vomhundertsätzen definierbar ist. Es ist erforderlich, den Umfang der Besonderen Leistungen als nicht im Allgemeinen erforderliche Leistungen gegen die Grundleistungen sorgfältig abzugrenzen, um die zu ihrer Honorierung zu empfehlende schriftliche Vereinbarung treffen zu können. **Hilfen** zur Bestimmung **angemessener Honorare** geben die in der **Schriftenreihe des AHO** erschienenen Veröffentlichungen[9]. Sie sind in der Regel das Ergebnis von Umfragen bei Beratenden Ingenieuren und spiegeln die Vertragspraxis zum jeweiligen Zeitpunkt der Umfragen wieder.

Zur Durchsetzung des **Honoraranspruchs** für Besondere Leistungen ist **keine vorherige schriftliche Vereinbarung** über deren Honorierung erforderlich. Dies ergibt sich aus § 632 Abs. 1 BGB, wonach bei Werkverträgen über Ingenieurleistungen eine Vergütung deswegen als stillschweigend vereinbart gilt, weil die Durchführung solcher Leistungen den Umständen nach nur gegen eine Vergütung zu erwarten ist. Da die Höhe ihrer Vergütung nicht durch eine Taxe geregelt ist, ist die **übliche Vergütung** als vereinbart anzusehen. Welche Vergütung allerdings üblich ist, muss der Auftragnehmer bei fehlender schriftlicher Vereinbarung spätestens bei Abrechnung seiner Leistungen nachweisen. Ein solcher Nachweis kann beispielsweise mithilfe der bereits erwähnten Veröffentlichungen in der AHO - Schriftenreihe geführt werden, die das OLG Hamburg in seinem Urteil vom 03.09.2002 – 9 U 8/02; BGH, Beschluss vom 05.06.2003 – VII ZR 350/02 (Nichtzulassungsbeschwerde zurückgewiesen) über die Honorierung von Projektsteue-

---

[9] Erhältlich unter www.aho.de

rungsleistungen als Vergleichsinstrument wertete[10]. Im Zweifel können die Leistungen auch mit einem **Zeithonorar** abgerechnet werden. Empfehlungen zu deren angemessener Höhe machen die Vorbemerkungen zu diesem Kommentar unter **Rdn. 26 ff**. Um Auseinandersetzungen über die Honorierung der besonderen Leistungen zu vermeiden, wird eine schriftliche Vereinbarung beim Abschluss des Werkvertrages angeraten.

II. Klärung des Leistungsbedarfs durch den Auftraggeber

Der Auftraggeber muss **vor seiner Entscheidung über die Vergabe von Ingenieurleistungen** die hierfür geeigneten Voraussetzungen durch die ihm obliegende **Bedarfsplanung nach DIN 18205**[11] schaffen. Öffentliche Auftraggeber sind nach § 1 VgV i. V. m. § 1 VOL/A verpflichtet, durch Ermittlung des voraussichtlichen Auftragswertes festzustellen, ob die von ihnen beabsichtigte Vergabe formlos oder unter Anwendung eines der in der VOF bzw. in den entsprechenden europäischen Richtlinien festgelegten formalen Verfahrens erfolgen muss. Es ist deswegen notwendig, dass solche Auftraggeber einige **wichtige Vorarbeiten** durchführt (**hierzu im Einzelnen in § 43 Rdn. 8**). Dies wird auch im **Vorwort** zur DIN 18205[12] unterstrichen, welche die Leistungen des Bauherrn bei der „Bedarfsplanung im Bauwesen" umfassend beschreibt. Privaten Auftraggebern ist anzuraten, diese auftragsvorbereitenden Arbeiten ebenfalls durchzuführen, um den wünschenswerten Wettbewerb bei der Vergabe der Leistungen zu ermöglichen. **11**

Die zitierte Norm ist nicht als Anweisung an den Bauherrn zu verstehen, sondern als erfolgreicher Versuch, im Sinne einer allgemein anerkannten Regel der Technik Aufgaben und Verantwortung des Bauherrn gegen die Pflichten des Beratenden Ingenieure oder Architekten abzugrenzen. Sie verdeutlicht vor allem seine Verantwortung für die Definition der quantitativen und qualitativen Anforderungen, die das geplante Objekt erfüllen soll, und die Bestimmung der für ihn maßgebenden Art der Objektkosten (Investitions- und/oder Nutzungskosten) vor dem eigentlichen Projektbeginn, also dem Leistungsbeginn der Objekt- und Fachplaner. Er muss sich darüber klar werden, was er „wollen sollte" und was er sich langfristig „leisten kann". Am Ende der Bedarfsplanungsphase stehen daher im Regelfall die Auswahl der Objekt- und Fachplaner und deren Beauftragung.

III. Die Leistungsphasen im Einzelnen

1. Grundlagenermittlung

a) Grundleistungen

Die Formulierung unter LPH 1 a) „**Klären der Aufgabenstellung aufgrund der Vorgaben oder der Bedarfsplanung**" verdeutlicht, dass der Auftraggeber dem Auftragnehmer für die Grundlagenermittlung seine Vorstellungen über den erwarteten Projekterfolg vorgeben muss. Er sollte zur Vermeidung von Missverständnissen seine Wünsche, Ziele und Forderungen an das Projekt schriftlich formulieren. Umgekehrt erwächst daraus für den Auftragnehmer die Pflicht, sich mit der vorhandenen Aufgabe so umfassend wie möglich vertraut zu machen. Er muss dabei vor allem prüfen, ob die Vorgaben des Auftraggebers die notwendigen Voraussetzungen für die Erfüllung des vereinbarten Werkvertrages bieten, wozu auch das Prüfen der Genehmigungsfähigkeit und des Genehmigungsbedarfs des Objekts gehört[13]. Das bedeutet für den Auftragnehmer **12**

---

[10] IBR 2003, 487
[11] Bedarfsplanung im Bauwesen nach DIN 18205
[12] DIN 18205: Bedarfsplanung im Bauwesen, Deutsches Institut für Normung e.V., Berlin, April 1996
[13] OLG Naumburg, BauR 2006, 2083 = NZBau 2006, S. 320

zunächst nur festzustellen, ob der Auftraggeber diese Fragen im Rahmen der Bedarfsplanung geklärt hat. Ausdrücklich weist die Beschreibung der Aufgabe darauf hin, dass die Klärung der Aufgabenstellung im Benehmen mit dem Objektplaner erfolgen sollte. Das bedeutet, dass er diese Tätigkeit in enger Abstimmung mit dem Objektplaner durchführen muss. Dazu muss er sich mit diesem abstimmen, um die von ihm erwartete Klärung zu erreichen.

13 Der nächste Arbeitsschritt des Auftragnehmers ist die **Ermittlung der Planungsrandbedingungen** (LPH 1 b)). Liegt den Vorgaben des Auftraggebers eine **Bedarfsplanung** (ausführlich hierzu bei § 43 Rdn. 8) zugrunde, liefern die Ergebnisse der Prüflisten nach DIN 18205 die notwendigen Informationen sowohl über die für die Planung wichtigen organisatorischen Randbedingungen nach Prüfliste A und B 8) als auch über die technischen und finanziellen Randbedingungen nach Prüfliste C. Dasselbe gilt für die nach dem Beispiel ES-Bau[14] erarbeiteten Informationen. Welche technischen Anforderungen bestehen, richtet sich nach der Art der Objekte. Durch die zuvor vom Auftraggeber durchgeführte Bedarfsplanung sind sowohl die Planungsabsichten des Auftraggebers als auch die Planungsabsichten Dritter geklärt, die der Auftraggeber bei seiner Bedarfsplanung festgestellt haben müsste.

14 Das **Zusammenstellen und Werten von Unterlagen** ist der notwendige Arbeitsschritt des Auftragnehmers bei der Ordnung der Unterlagen, die der Auftraggeber als Bearbeitungsunterlagen zur Verfügung gestellt hat. Kurz: der Auftragnehmer nimmt die Ergebnisse der Bedarfsplanung des Auftraggebers zur Kenntnis und stellt sie so zusammen, dass er ihre **Vollständigkeit** vor dem Hintergrund des im Vertrag vereinbarten Leistungsziels und der von ihm geschuldeten Leistungen umfassend **prüfen** kann. Dass diese Zusammenstellung schriftlich erfolgen muss, versteht sich allein aus der Notwendigkeit, dass beide Parteien ihre Plausibilität einvernehmlich feststellen können müssen. In einem nächsten Schritt besteht die Aufgabe des Auftragnehmers darin, die so geordneten Unterlagen auf Vollständigkeit zu untersuchen, gegebenenfalls weiteren Klärungsbedarf zu bestimmen und dessen Leistungsumfang zu ermitteln. Das vorrangige Ziel dieser Tätigkeit ist die Zusammenstellung und das **Erläutern der Planungsdaten** dem Auftraggeber gegenüber, um seine Zustimmung dafür zu erhalten.

Stellt der Auftragnehmer bei Prüfung der Bedarfsplanung des Auftraggebers fest, dass dessen Vorgaben nicht vollständig oder nicht plausibel sind, ist es seine Aufgabe, den Auftraggeber hierüber nicht nur zu informieren, sondern ihn zu **beraten**, wie die festgestellten **Mängel beseitigt** werden können. Dasselbe gilt, wenn der Auftragnehmer in der Bedarfsplanung Fehler oder Verbesserungspotential bei der technischen Erschließung erkennt. Zunächst wird er versuchen, durch Befragen des Auftraggebers die Informationslücken zu füllen, und dessen Vorgaben durch die erhaltenen Antworten zu ergänzen. Ergibt sich dabei aber, dass zur Beantwortung der Fragen ergänzende Bedarfsplanungsleistungen erforderlich werden, kann er dem Auftraggeber entsprechende Vorschläge unterbreiten und in vielen Fällen auch anbieten, diese als Besondere Leistungen gegen angemessene Vergütung zu erbringen.

15 Die letzte Grundleistung nach LPH 1 c) nennt die nach Abschluss jeder Leistungsphase verordneten drei Schritte des Fachplaners zur Dokumentation der Leistungsergebnisse, die er in der jeweiligen Phase erzielte. Das „**Zusammenfassen**" bedeutet die geordnete Zusammenstellung der die Aufgabe bestimmenden Planungsabsichten und -randbedingungen. Diese bestehen mit Blick auf die zuvor vom Auftraggeber durchgeführte Bedarfsplanung sowohl aus den Planungsabsichten des Auftraggebers als auch aus eventuellen Planungsabsichten Dritter, die der Auftraggeber bei seiner Bedarfsplanung festgestellt haben müsste.

Das „**Erläutern**" der dem Auftraggeber zu überlassenden **schriftlichen Unterlagen** bedeutet die Pflicht des Auftragnehmers, seinem Auftraggeber die Arbeitsergebnisse nicht nur zu übergeben, sondern zusätzlich zu **erklären**. Dass diese Zusammenstellung schriftlich erfolgen muss, versteht sich allein aus der Notwendigkeit, dass beide Parteien ihre Plausibilität feststellen können müssen. Ein weiteres wichtiges Ziel dieser Tätigkeit ist die Zusammenstellung und das

---

[14] Anlagen E und F der „Richtlinien für die die Durchführung von Bauaufgaben des Bundes im Zuständigkeitsbereich der Finanzbauverwaltungen" – RBBau (19. Austauschlieferung Ausgabe 2009) – Online-Fassung Stand 16.07.2013 unter http://www.bmvbs.de/SharedDocs/DE/Artikel/B/GesetzeUndVerordnungen/richtlinien-fuer-die-durchfuehrung-von-bauaufgaben-des-bundes-rbbau.html?nn=36394

Erläutern der Planungsdaten dem Auftraggeber gegenüber, um seine Zustimmung dafür zu erhalten. Erst wenn dieser Arbeitsschritt erfolgt ist, geht es bei der „**Dokumentation**" um die verbindliche schriftliche Zusammenstellung aller planungs- und projektrelevanten Unterlagen, die als Bearbeitungsunterlagen zur ergänzenden Vertragsgrundlage werden.

b) Besondere Leistungen

Hat der Auftraggeber seine Pflicht zum Erstellen der Bedarfsplanung nur unzureichend oder nicht erfüllt, muss ihn der Fachplaner dabei unterstützen. Diese Tätigkeit bedeutet das **Mitwirken bei der Bedarfsplanung** des Bauherrn nach DIN 18205, die bei § 43 Rdn. 8 erläutert ist. Die Tätigkeit ist dem Text der Verordnung zufolge anscheinend nur bei Bauvorhaben für komplexe Nutzungen erforderlich, um die Bedürfnisse, Ziele und einschränkenden Gegebenheiten (Kosten-, Termine und andere Randbedingungen) des Bauherrn und wichtiger Beteiligter zu analysieren. Erfahrungsgemäß ist sie aber schon bei vergleichsweise einfachen Bauvorhaben häufig notwendig, da die Bauherren über keine ausreichende Sachkenntnis besitzen. In diesem Fall ist aber das bloße Mitwirken nicht ausreichend; in der Regel führt in solchen Fällen nicht mehr der Bauherr und Auftraggeber, sondern der Auftragnehmer die Bedarfsplanung durch – nun unter Mitwirkung des Auftraggebers und/oder des Objektplaners. Besonders häufig sind solche Leistungen bei privaten Bauherren notwendig, die regelmäßig erst mithilfe eines eigens damit beauftragten Objektplaners in der Lage sind, unter Beachtung ihrer begrenzten finanziellen Mittel ihre Ziele für Bau und spätere Nutzung des Bauvorhabens zu formulieren. Dazu gehört z. B. auch die Ermittlung des Genehmigungsbedarfs bestimmter Anlagenteile der Technischen Ausrüstung.

Im Rahmen des Mitwirkens bei der Bedarfsplanung kann auch eine **Systemanalyse des Fachplaners** (Klären der möglichen Systeme nach Nutzen, Aufwand, Wirtschaftlichkeit, Durchführbarkeit und Umweltverträglichkeit) erforderlich sein, wenn sich herausstellen würde, dass mehrere **verschiedene Systeme** als Lösungen für die gestellte Planungsaufgabe nach **gleichen Anforderungen** infrage kommen . Dabei wären die infrage kommenden Systeme nach einem Katalog unterschiedlicher technischer, monetärer und sog. „weicher" Kriterien zu untersuchen.

Systeme sind Anlagearten, gegebenenfalls auch Kombinationen von solchen, die sich voneinander in Leistungseigenschaften und technischem Aufbau wesentlich unterscheiden. Beispiele für Gegenstände solcher Systemanalysen sind:

Anlagengruppe 1: Abwasser-, Wasser- und Gasanlagen:
– Beseitigung des Abwassers in Trenn- oder Mischsystem, sofern nicht vorgeschrieben
– Desinfektion des Abwassers chemisch oder thermisch

Anlagengruppe 2: Wärmeversorgungsanlagen:
– Beheizung des Objekts mit Fußboden- oder anderen Warmwasser-Heizsystemen
– Wärmeerzeugung mit Kesselanlage oder Fernwärmeanschluss
– Brauchwassererwärmung zentral oder dezentral, Solar, mit Wärmepumpe, konventionell, mit Abwärme
– Ermittlung der zweckmäßigen Druck- oder Temperaturstufe, der Art der Druckhaltung oder Netzregelung bei umfangreichen Wärmeverteilungen

Anlagengruppe 3: Lufttechnische Anlagen
– Lufttechnische Behandlung eines Objekts zentral oder dezentral, mit Nur-Luft oder Luft-Wasser-Systemen
– Lage und Aufteilung der Hauptzentralen
– Kälteerzeugung mit Kolben-, Turbo- oder Absorbermaschinen
– Rückkühlung mit Luft oder Wasser, offen oder geschlossen

Anlagengruppe 4: Starkstromanlagen
- Abnehmereigene Trafo-Station oder NS-Anschluss
- Einsatz von Notstromaggregaten oder Blockheizkraftwerken
- Synchronisation, Zentralisierung oder Dezentralisierung von Unterverteilungen oder der Kompensation
- Stromschienen-, Fußboden- oder Wandkanalsystem

Anlagengruppe 6: Förderanlagen
- Flurförderfahrzeuge oder automatische Wagentransportanlagen
- hydraulische oder pneumatische Wellenerzeugung

18 Das Erstellen von **Aufnahmen des Bestandes** technischer Anlagen und Ausrüstungen ist der erste Teil der Datenerfassung, sofern verbindliche Bestandsdokumente vom Auftraggeber nicht zur Verfügung gestellt werden können. Erfahrungsgemäß stehen solche Unterlagen über den Anlagenbestand selten, über dessen Betrieb fast nie zur Verfügung. Selbst wenn solche zur Verfügung stünden, sind sie erfahrungsgemäß selten aktuell. Dies ist beispielsweise dann der Fall, wenn es sich um Ausführungs- oder Montagezeichnungen der vorhandenen Anlagen handelt, bei denen – ohne dass sie sachlich an den Bestand angepasst wurden – lediglich die Zeichnungsbezeichnung geändert wurde. Außerdem sind spätere Änderungen / Ergänzungen an den dargestellten Anlagen in diesen Zeichnungen selten zu finden. Ist sich der Auftraggeber aus den genannten Gründen nicht sicher, ob seine Bestandsunterlagen solche Anforderungen zweifelsfrei erfüllen oder hat die Prüfung der Bestandsunterlagen durch den Auftragnehmer dasselbe Ergebnis, sind Bestandsaufnahmen und deren Dokumentation zusätzlich durchzuführen. Darunter ist die **zeichnerische Darstellung** und das **Nachrechnen** vorhandener Anlagen und Anlagenteile zu verstehen, um deren Leistungsfähigkeit und -potenzial kennen zu lernen. Dabei ist es ratsam, die Plausibilität der rechnerischen Ergebnisse durch **Verbrauchsmessungen** zu belegen oder gegebenenfalls auch zu korrigieren. Darunter sind z. B. Messungen spezifischer Verbräuche oder von Jahresverbräuchen zu verstehen. Ersteres bedeutet ggf. erheblichen messtechnischen Aufwand einschließlich temporärer Umbauten an der zu messenden Anlage, Letzteres dagegen meist nur eine Verfolgung und Auswertung von Abrechnungen von Lieferanten.

Die **Datenerfassung** – in unmittelbarem Zusammenhang **mit Analysen und Optimierungsprozessen** im Bestand genannt – bedeutet primär das Sammeln und Auswerten bereits vorhandener Messwerte zur Untersuchung und Beurteilung der Leistungen vorhandener und mitzuverarbeitender Anlagen. Optimierungsprozesse dienen der gezielten Verbesserung vorgefundener Anlagen, Gebäude, Anlage- oder Gebäudeteile, Abläufe, Organisationsstrukturen u. ä., gegebenenfalls anhand von weitergehenden Analysen. Solche Daten sind vor allem als Bemessungswerte für neue oder zu erweiternde bzw. umzubauenden Technische Anlagen oder Ausrüstungen erforderlich. Sie können durch geeignete Messeinrichtungen ermittelt und anschließend ausgewertet werden. Dabei geht es z. B. um meteorologische Daten oder Daten über Bedürfnisse, Wünsche oder Verhalten von Nutzern zu erhalten. Ferner werden häufig Daten über vorhandene Anlageeigenschaften, deren Betriebsverhalten, Ausfallhäufigkeit, Schadensursachen benötigt oder es müssen Akzeptanzfragen oder umweltrelevante Auswirkungen geklärt werden. Bei den anschließenden Analysen werden die gesammelten Daten im Hinblick auf ihre Größe und Häufigkeit sowie auf ihre zeitlichen oder räumlichen Änderungen untersucht und es wird nach ihren Auswirkungen geforscht. Dabei müssen ggf. vorhandene verzögernd, speichernd und/oder verstärkend wirkende Anlage- oder Bauteile berücksichtigt und ermittelt werden, ob die Daten auf das Fehlverhalten von Anlage und/oder Mensch zurückzuführen sind.

19 Die **Kenntnis der betrieblichen Abläufe** und deren Notwendigkeiten, aber auch der Abweichungs- oder Ersatzmöglichkeiten der vorhandenen Anlagen ist von besonderer Bedeutung, wenn sie während der Zeit ihres Umbaus oder ihrer Erweiterung unverändert, nur teilweise oder nur zu bestimmten Zeiten weiter genutzt werden müssen. Geklärt werden muss dazu auch, ob und gegebenenfalls wie weit die Ergebnisse der Bestandsaufnahmen nur für die konkrete Anlagenplanung benötigt werden, ob sie für den Auftraggeber zum momentanen Gebrauch oder

gar zur Archivierung aufzubereiten sind und ob sie im letzteren Fall auch Anforderungen aus öffentlich-rechtlichen oder ihnen in der Auswirkung gleichzustellenden Verpflichtungen des Auftraggebers oder Dritter genügen müssen (z. B. Anforderungen an genehmigte Pläne).

Mithilfe **endoskopischer Untersuchungen** wird die Innenbesichtigung von Rohrleitungen oder Apparaten mittels mikroinvasiver Verfahren möglich, wie sie ähnlich in der Medizin durchgeführt werden. Sie sind besonders bei **Um- und Erweiterungsbauten** notwendig. Dabei können noch **weitere Besondere Leistungen** erforderlich werden wie z. B.[15]:   **20**

– Ermitteln aller notwendigen substanzbedingten Daten und Vorschriften (z. B. durch Materialuntersuchungen, Immissionsmessungen, örtliche Aufmaße und Detailanalysen)

– Beurteilen der vorhandenen Bauwerkssubstanz auf die Durchführbarkeit der Aufgabe (Durchführbarkeitsstudie)

– Untersuchen und Abwickeln der notwendigen Sicherungsmaßnahmen von Bau- oder Betriebszuständen

– örtliches Überprüfen von Planungsdetails an der vor vorgefundenen Anlagensubstanz und Überarbeiten der Planung bei abweichend von den ursprünglichen Feststellungen

– Auflisten von für die Maßnahmendurchführung erforderlichen zusätzlichen Unterlagen

– Erstellen eines Vorschlages zur Behebung von Schäden oder Mängeln (Sanierungsgutachten).

Wie noch gezeigt wird, handelt es sich bei den Besonderen Leistungen beim Planen und Bauen im Bestand häufig um Leistungen, die anstelle der in den Leistungsbildern bewerteten Leistungen durchgeführt werden müssen (Rdn. 156). Solche Leistungen werden in der Kommentarliteratur regelmäßig als „**ersetzende Besondere Leistungen**" bezeichnet. An diesem Beispiel wird deutlich, wie wichtig in Ingenieurverträgen objektspezifische „Übersetzung" der Grundleistungen in die vom Auftragnehmer zu erbringenden Aufgaben ist.

Fachplaner werden von Auftraggebern zum **Mitwirken bei der Ausarbeitung von Auslobungen** komplexer Bauaufgaben beauftragt, deren Funktion stark von ihrer Technischen Ausrüstung oder bestimmter Technische Anlagen bestimmt wird. Die dabei durchzuführenden Aufgaben entsprechen in vielen Fällen denen bei der Bedarfsplanung. In einem solchen Fall wird i. d. R. der Fachplaner auch beauftragt, die Vorprüfung der Wettbewerbsergebnisse auf Einhaltung der Wettbewerbsbedingungen zusammen mit den anderen fachlich Beteiligten durchzuführen und Hinweise auf die anschließende Wertung zu geben. Die dabei zu erledigenden Besonderen Leistungen erfordern eine entsprechend enge Zusammenarbeit zwischen Auftraggeber und den übrigen bei der Auslobung fachlich Beteiligten.   **21**

Die **Prüfung der Umwelterheblichkeit und Umweltverträglichkeit** – als Besondere Leistung nicht eigens erwähnt – wird wegen des ständig wachsenden Umfangs umweltrelevanter Auswirkungen von Anlagen und Prozessen immer häufiger notwendig. Die Beziehungen zwischen Anlage und Umwelt sind nicht nur auf schädliche oder störende Einflüsse der Anlagen auf die Umwelt, sondern auch auf umgekehrte Einwirkungen wie z. B. bei Brunnen oder Außenluftansaugungen zu prüfen. Die wachsende Bedeutung der Prüfung der Umweltverträglichkeit hat seinen Eingang in die HOAI auch dadurch gefunden, dass in den Katalog der Besonderen Leistungen Optimierungsprozesse wie auch Systemanalysen im Hinblick auf die Umweltverträglichkeit des Bauens aufgenommen worden sind.   **22**

2. Vorplanung

a) Grundleistungen

Die **Analyse der Grundlagen** (LPH 2 a)) ist der erste Schritt der Vorplanung und dient der Planungsvorbereitung. Mit dieser Leistung werden die bei der Grundlagenermittlung erkundeten Planungsvoraussetzungen genauer untersucht und zu Planungsgrundlagen entwickelt. Das **Mitwirken beim Abstimmen der Leistungen mit den Planungsbeteiligten** kennzeichnet den in dieser Leistungsphase beginnenden **dialogischen Planungsprozess** als grundsätzliche Vor-   **23**

---

[15] AHO-Vorschlag vom 11.10.1989 (unveröffentlicht)

aussetzung für den Projekterfolg, zu dem der Fachplaner und die anderen Planungsbeteiligten gegenüber dem Bauherrn werkvertraglich verpflichtet sind. Gesteuert vom Objektplaner im Hinblick auf die technischen Ziele des Projekts, erfüllen die Fachplaner der Technischen Ausrüstung als Berater des Bauherrn und des Objektplaners eine zentrale Aufgabe auf dem Weg zum gemeinsamen Projekterfolg.

24 Auf diesem ersten Schritt baut das **Erarbeiten eines Planungskonzeptes** auf (LPH 2 b)). Hierfür wird eine Vordimensionierung der Systeme und maßbestimmenden Anlagenteile der nach gleichen Anforderungen infrage kommenden **alternativer Lösungsmöglichkeiten** bei gleichen Nutzungsanforderungen (= **Varianten**) für die erforderlichen Anlagengruppen nach § 53 Abs. 2 HOAI vorgenommen. Damit schafft der Fachplaner die Grundlage für seine anschließende Prüfung, wie und ob die technischen Lösungen für das vom Objektplaner ebenfalls skizzenhaft geplante Objekt geeignet sind. Wesentliche Entscheidungshilfen für die qualitativ zu begründende gewählte Lösung sind beispielsweise die Anforderungen an ihren **Raumbedarf**, die im Rahmen einer **Wirtschaftlichkeitsvorbetrachtung** zu ermittelnden unterschiedlichen Investitionskosten **und** die **Beurteilung der** nach Erfahrungen des Planers zu erwartenden späteren unterschiedlichen **Nutzungskosten**. Schließlich können auch Aspekte der Betriebssicherheit, Lebensdauer, Bedienungs- und Wartungsfreundlichkeit sowie andere nicht monetär erfassbare Einflüsse bei einer derartigen Untersuchung ein Rolle spielen; solche Aspekte werden bei konsequenter Bearbeitung der Grundlagenermittlung im Regelfall erkannt. Das Ergebnis dieser Leistungen ist in Form einer **skizzenhaften zeichnerischen Darstellung des Planungskonzepts** unter Berücksichtigung **exemplarischer Details** zur Integration in die Objektplanung schriftlich und zeichnerische zu dokumentieren.

Die Forderung nach Vordimensionierung der **Systeme und Anlagenteile** entspricht deren überschlägiger **Auslegung**. Sie bedeutet in dieser Planungsphase die Bestimmung der wesentlichen Bestandteile der Anlagen und deren voraussichtlicher Dimensionen; sie dienen der Festlegung ihres Platzbedarfs. Diese und weitere Überlegungen der Fachplanung nehmen Einfluss auf die Objektplanung, weswegen der bereits erwähnte intensive Dialog zwischen Fachplanung, Objektplanung und den anderen fachlich Beteiligten stattfinden muss. Die Ergebnisse dieses Fachdialogs fließen in die Vorplanung des Objekts ein. Über deren **Maßstäbe** macht das Leistungsbilder mit Recht keine Aussagen; sie sind so zu wählen, dass alle Beteiligten (Auftraggeber, Objektplaner und fachlich Beteiligte) sich ein klare Vorstellung von dem von den Fachplanern entwickelten Planungskonzepten machen können.

25 **Beispiele für Systeme** (S) und **Anlagenteile** (AT) in diesem Sinne sind in den Anlagengruppen:

Abwasser-, Wasser- und Gasanlagen:
S: Abwasserverzugsleitungen hinsichtlich der Auswirkung ihres Gefälles, soweit dadurch andere Anlagen betroffen sind;
AT: Größere Leitungsbündel, Verteilergruppen, Rückhaltebecken, Hebeanlagen, Druckerhöhungsanlagen.

Wärmeversorgungsanlagen:
S: Wärmeerzeugung hinsichtlich Kesselanzahl, Größe, bei Dachzentralen auch Gewicht;
AT: Warmwasserbereitung, desgleichen für größere Behälter, Kälte- und Rückkühlanlagen, größere Leitungsbündel, Verteilergruppen.

Starkstromanlagen:
S: Spannungsumformung hinsichtlich Trafozahl und Platzbedarf, Unterstationen hinsichtlich Zahl, ungefährer Lage und Platzbedarf ;
AT: Kabeltrassen.

Förderanlagen:
S: Aufzüge hinsichtlich Kapazität und Fahrgeschwindigkeit.

Bei **Untersuchung der alternativen Lösungsmöglichkeiten nach gleichen Anforderungen** **26** werden die Systeme und Anlagenteile innerhalb der Anlagenart auf ihre Einsatzmöglichkeit und Sinnhaftigkeit überprüft. Beispiele für solche Varianten sind in

Abwasser-, Wasser- und Gasanlagen:
- Horizontale oder vertikale Führung der Hauptverteilleitungen
- Stärkere oder weniger starke Zusammenfassung von Hauptsträngen, Regelzonen, Absperr-kreise
- Anordnung zugänglich bleibender Teile in Decken oder Wänden, Nutzräumen oder Fluren

Wärmeversorgungsanlagen:
- Gasbrenner atmosphärisch oder als Druckbrenner
- Öllagerung innerhalb oder außerhalb von Gebäuden
- Kessel in Zellenbauweise oder Einzelaufstellung
- Ausdehnungsgefäß tief- oder hochliegend
- Anzahl der Kessel, zentrale Warmwasserbereiter
- Zusammenfassung dezentrale Warmwasserbereiter

Lufttechnische Anlagen:
- Grad der Art und Verteilung der Luftdurchlässe
- Art der Förderstromregelung von Ventilatoren
- Platzierung von Außenluftansaugungen und Fortluftauslässen
- Lage und Aufteilung der Zentralen.

Starkstromanlagen:
- Zähler/Unterverteilungen im Keller oder Geschossen.

Förderanlagen:
- Steuerungsart der Aufzüge.

Die **Bewertung der Lösungsmöglichkeiten** erfolgt durch die Fachplaner der betreffenden An- **27** lagen im Benehmen mit dem Objektplaner und dem Auftraggeber, falls erforderlich unter Hin-zuziehen weiterer fachlich Beteiligter oder Berater z. B. für Schallschutz oder Hygiene. Der Arbeitsschritt bedeutet, die technisch und wirtschaftlich brauchbar scheinenden **Lösungen der Planungsaufgabe mit Hilfe von Erfahrungswerten gegeneinander abzuwägen**. Zu geeigne-ten Erfahrungswerten zählen z. B. Investitionskosten, Personalkosten oder Betriebskosten. Bei diesen Untersuchungen sind die heute bestehenden Möglichkeiten und inzwischen bewährten Methoden der dynamischen **Kostenvergleichsrechnung**[16] zu nutzen. Diese Leistung darf aller-dings nicht mit der Besonderen Leistung der Kosten-Nutzen-Untersuchungen (s. Rdn. 62) ver-wechselt werden, die einen ungleich höheren Aufwand erfordert.

Die für den Abwägungsprozess infrage kommenden Aspekte und Wertungskriterien sind bei korrekter Durchführung der Grundlagenermittlung mit dem Auftraggeber definiert und eben-falls schriftlich vereinbart worden. Dasselbe sollte für die infrage kommenden Lösungsmög-lichkeiten nach Art und Zahl gelten. Dies ist deswegen anzuraten, weil nicht die HOAI Maßstab dieses Arbeitsschritts sein kann, also die stets gestellte Frage nicht beantworten kann, wie viele Lösungsmöglichkeiten (Varianten) zu untersuchen sind. Der Fachplaner muss zuvor zusammen mit dem Objektplaner die erforderlichen Entscheidungshilfen so aufbereiten, dass auch der we-nig sachkundige Auftraggeber versteht, worüber zu entscheiden ist.

Das **Aufstellen eines Funktionsschemas bzw. Prinzipschaltbildes für jede Anlage** (LPH 2 c)) **28** dient dazu, das Planungskonzept Auftraggeber, Objektplaner, anderen an der Planung oder Vor-

---

[16] Z. B. nach den Leitlinien zur Durchführung von Kostenvergleichsrechnungen (KVR-Leitlinien), herausgegeben 2005 von der Länderarbeitsgemeinschaft Wasser, zu erhalten bei Kulturbuchverlag Berlin GmbH, Sprosserweg 3, 12351 Berlin

verhandlungen über die Genehmigungsfähigkeit fachlich Beteiligten in seinen Grundfunktionen schnell überschaubar zu machen. Anhand dieses Schemas erfolgt die weitere funktionelle Entwicklung in den späteren Leistungsphasen. Reinzeichnungen solcher Schemata oder Schaltbilder sind hier nicht erforderlich.

29 Das **Klären und Erläutern der wesentlichen fachspezifischen Zusammenhänge, Vorgänge und Bedingungen** (LPH 2 d)) entspricht dem für das Aufstellen des Planungskonzeptes notwendigen Dialog zwischen Fachplanern, Objektplaner und Bauherrn, dessen Ergebnisse zumeist in Aktennotizen ihren Niederschlag finden. Diese Tätigkeit entspricht dem **Mitwirken bei der Integration** der technischen Anlagen in das gemeinsam bearbeitete Projekt. Dazu gehören die **Vorverhandlungen mit den** für die Infrastruktur zuständigen **Behörden über die Genehmigungsfähigkeit** der in der Vorplanung entwickelten Lösung der Projektaufgabe (LPH 2 e)), sofern im Rahmen der Bedarfsplanung die Genehmigungserfordernis festgestellt wurde. Auch die ggf. notwendigen Vorverhandlungen mit anderen zu beteiligenden **Stellen**, die bei der Grundlagenermittlung ermittelt wurden, gehören in diesem Aufgabenbereich. Solche sind beispielsweise Stadtwerke, welche für die Wasser-, Strom- und Gasversorgung verantwortlich sind, oder kommunale Ver- und Entsorgungsbetriebe.

30 Damit ist im Gegensatz zur bisherigen Regelung klargestellt, dass der Fachplaner selbstständig Vorverhandlungen führen muss, in denen eventuell Entscheidungen getroffen werden, die auch für andere Projektbeteiligte von Bedeutung sind. Daher müssen solche Verhandlungen stets in enger Abstimmung mit den Betroffenen und den anderen fachlich Beteiligten durchgeführt werden, dürfte sich von selbst verstehen. Zu beachten ist dabei, dass sich diese Leistung nicht nur auf die Genehmigungsfähigkeit der von Fachplanern geplanten Anlagen beschränkt, sondern auch auf die **Genehmigungsfähigkeit des gesamten Bauvorhabens** bezieht, soweit hierfür die betreffenden technischen Anlagen von Belang sind, z. B. zur Erfüllung von Arbeitsschutzrichtlinien durch Lüftung oder bei der Aufstellung von Kühltürmen in denkmalgeschützten Bereichen.

31 Die im Rahmen der Vorplanung auszuarbeitende **Kostenschätzung** (LPH 2 f)) ist gemäß § 2 Abs. 10 die überschlägige Ermittlung der Kosten auf der Grundlage der Vorplanung. Sie ist die vorläufige Grundlage für Finanzierungsüberlegungen. Vergleicht man die dort genannten Grundlagen der Kostenschätzung mit den in DIN 276-1:2008-12 i. V. m. DIN 276-4:2009-8 unter 3.4.2 genannten Informationen, ist deren sehr weitgehende Übereinstimmung, ja Identität festzustellen:

Grundlagen nach HOAI 2013	Grundlagen nach DIN 276-1:2009-12
Vorplanungsergebnisse	Ergebnisse der Vorplanung, insbesondere Planungsunterlagen, zeichnerische Darstellungen
Mengenschätzungen	Berechnung der Mengen von Bezugseinheiten der Kostengruppen, nach DIN 277
Erläuternder Angaben zu den planerischen Zusammenhängen, Vorgängen sowie Bedingungen	Erläuternder Angaben zu den planerischen Zusammenhängen, Vorgängen und Bedingungen
Angaben zum Baugrundstück und zu dessen Erschließung	Angaben zum Baugrundstück und zur Erschließung

Der Hinweis in der Norm auf die DIN 277 meint vorrangig deren Teil 3, der die Mengen und Bezugseinheiten von Grundflächen und Rauminhalten von **Bauwerken im Hochbau** definiert. Auf die Technische Ausrüstung übertragen, bedeutet dieser Hinweis, dass für deren Kostenschätzung vergleichbare Bezugseinheiten als ausreichend angesehen werden. Solche sind beispielsweise **Leitungslängen** in m, **Rauminhalte** oder **Nutzvolumina** in m^3 oder andere **quantifizierbare Leistungsanforderungen oder Dimensionen**. Um die in den folgenden Leistungsphasen notwendigen Kostenkontrollen nachvollziehbar zu gestalten, sollte – beginnend mit der Kostenschätzung – eine **einheitliche Kostenstruktur und -hierarchie** angewendet werden. Diese Forderung ergibt sich aus Ziffer 3. der DIN 276-1:2008-12. Danach dient die Norm der Kostenplanung; sie legt Unterscheidungsmerkmale von Kosten fest und schafft damit die Voraussetzung für die Vergleichbarkeit der Ergebnisse von Kostenermittlungen. Das Ziel der Kostenplanung ist es, ein Bauprojekt wirtschaftlich, kostentransparent und kostensicher zu realisieren. Nur eine solche Planung erlaubt es, die Kostenentwicklung im Sinne eines **Projektkosten-Controllings** (vorausschauende Kostenplanung und -kontrolle) plausibel zu planen und mit während der Projektdauer durch konsequente Soll-Ist-Vergleiche zu beherrschen.

Ziffer 3.5.2 der DIN 276 definiert die Grundsätze der Kostenkontrollen im Rahmen der Vorplanung sowie der folgenden Leistungsphasen wie folgt: *„Bei der Kostenkontrolle und Kostensteuerung sind die Planungs- und Ausführungsmaßnahmen eines Bauprojekts hinsichtlich ihrer resultierenden Kosten kontinuierlich zu bewerten. Wenn bei der Kostenkontrolle Abweichungen festgestellt werden, insbesondere beim Eintreten von Risiken, sind diese zu benennen. Es ist dann zu entscheiden, ob die Planung unverändert fortgesetzt wird, oder ob zielgerichtete Maßnahmen der Kostensteuerung ergriffen werden.“* Nach 3.5.3 sind die Ergebnisse der Kostenkontrolle sowie die vorgeschlagenen und durchgeführten Maßnahmen der Kostensteuerung zu dokumentieren. Als ersten Schritt einer derart konsequenten Kostenplanung und -verfolgung ist auch der in anderen Leistungsbildern erwähnte **Vergleich** der **Ergebnisse der Kostenschätzung mit den** in der Bedarfsplanung vorgegebenen **finanziellen Rahmenbedingungen** anzusehen (so in LPH 2 g) bei Gebäuden und in LPH 2 j) bei Ingenieurbauwerken), der aus hiesiger Sicht auch bei der Technischen Ausrüstung unverzichtbar ist. **32**

Die Kostenschätzung ist die ungenaueste und gröbste Ermittlung der Baukosten. Daher enthält sie regelmäßig auch eine Kostengröße für **sonstige, nicht im Einzelnen erfassbare** oder **durch einzelne Erfahrungswerte belegbare Arbeiten bzw. Leistungen.** Diese oft falsch „Kosten für Unvorhergesehenes" genannten „Sonstigen Kosten" oder „Kosten für sonstige Leistungen" sind natürlich ebenfalls Bestandteil der anrechenbaren Kosten. Sie sind im Unterschied zu den unvorhersehbaren Aufwendungen Kosten, die bei Durchführung der Baumaßnahme regelmäßig entstehen, ihres vergleichsweise geringen Umfangs wegen aber **im Rahmen der Vorplanung nicht im Einzelnen ermittelt** werden können. Hierzu rechnen beispielsweise alle Kosten, die auf Nachweis zu erbringen sind wie z. B. für Baggerstunden oder für die Reinigung der Baustelle nach Abschluss der Bauarbeiten. Auch die Kosten für die Baustelleneinrichtung oder die Kosten für voraussichtliche Wasserhaltungsarbeiten, die im Vorplanungsstadium noch nicht näher festgelegt werden können, sind hier zu nennen. Sie sind Teil der Baukosten, also Bestandteil des Planungsergebnisses und damit Grundlage für Finanzierungsüberlegungen des Auftraggebers. Sie sind somit wie die übrigen Kosten gleichwertiger Teil der Kostenschätzung. In der vom BMVBS veröffentlichten **AKS 85**[17] ist für solche Leistungen der Ansatz einer Pauschale von **jeweils 5 v. H.** der sonstigen Baukosten **für „Kleinleistungen"** und **für die Baustelleneinrichtung** vorgeschlagen; diese Prozentsätze sind bei der Kostenermittlung bei Straßenbaumaßnahme verbindlich. Solch pauschale Ansätze können auch bei der Kostenschätzung für die Technische Ausrüstung nach Erfahrungswerten sinngemäß gewählt werden. **33**

Unvorhergesehene oder unvorhersehbare Kosten können allein schon begrifflich **nicht zu** den in der Kostenschätzung (und in der Kostenberechnung) zu ermittelnden **anrechenbaren Kosten** gehören, da sie eben nicht vorhersehbar sind. Es könnte sich dabei um Folgekosten infolge Hochwassers an hochwassergefährdeten Bauwerksstandorten oder um Kosten infolge winter- bzw. wetterbedingter Unterbrechungen der Baumaßnahme oder um Kosten von Ereignissen handeln, die vom Auftragnehmer oder Auftraggeber nicht verursacht oder nicht zu beeinflussen waren. Angemessene Honorare für ggf. hieraus erwachsende Mehrleistungen des Auftragnehmers müssen ereignisspezifisch ermittelt und auf angemessene Weise als besondere Leistungen vereinbart und vergütet werden.

In der Kostenschätzung müssen die **Gesamtkosten nach Kostengruppen** – anders als in § 2 Abs. 10 definiert – mindestens **bis zur 2. Ebene** der Kostengliederung nach DIN 276 **ermittelt** werden. Das bedeutet beispielsweise, dass die Kosten der Baukonstruktion nach DIN 276-1:2009-8 der KG 400 nach Einheitspreisen der darunter folgenden Ebene für die Kostengruppen **34**

---

[17] Anweisung zur Kostenberechnung für Straßenbaumaßnahmen, Ausgabe 1985 (AKS 85), BMV – ARS Nr. 24/1984 vom 12. Dezember 1984 – 24/38.45.00/24023 Va 84 (VkBl 1985 S. 92) i. V. m. dem BMV – ARS Nr. 13/1990 vom 1. August 1990 StB. 24/38.4700/31 Va 90

- 410 Abwasser-, Wasser-, Gasanlagen
- 420 Wärmeversorgungsanlagen
- 430 Lufttechnische Anlagen
- 440 Starkstromanlagen
- 450 Fernmelde- und informationstechnische Anlagen
- 460 Förderanlagen
- 470 nutzungspezifische und verfahrenstechnische Anlagen
- 480 Gebäudeautomation und Automation von Ingenieurbauwerken
- 490 sonstige Maßnahmen für technische Anlagen

zu ermitteln sind. Dabei dürfte es sich von selbst verstehen, dass die Kosten der nutzungspezifischen und verfahrenstechnischen Anlagen nach HOAI-Anlage 15.2 ebenso wie die Kosten der Gebäudeautomation und der Automation von Ingenieurbauwerken jeweils getrennt aufgeführt werden müssen. Wegen der besonderen Gliederung dieser Anlagen empfiehlt es sich darüber hinaus, die Kosten jeweils nach Anlagenarten zu ermitteln.

35 Die Zusammenstellung aller Vorplanungsergebnis entspricht dem **Vorentwurf** (LPH 2 i)). Über Art und Weise der Zusammenstellung ist nichts gesagt; dies ist auch nicht die Aufgabe einer Vorschrift über Leistungsentgelte. Die drei Elemente des Vorentwurfs sind mit den Begriffen **Zusammenfassen, Erläutern und Dokumentieren der Ergebnisse** genannt; im Übrigen gilt dasselbe wie zur Grundlagenermittlung ausgeführt (s. Rdn. 13 ff.). Das „Ob" ist somit geregelt; das „Wie" muss in dem vorhabensspezifischen Ingenieurvertrag definiert werden. Die Anforderungen an Umfang, Ausführlichkeit und Nachvollziehbarkeit der Darstellung ergeben sich ausschließlich aus dem Anspruch des Auftraggebers an einem in sich geschlossenen, vollständigen und auch für Dritte nachvollziehbaren Nachweis der vom Auftragnehmer durchgeführten Planungsschritte und -entscheidungen. Je nach Objektumfang kann diese Zusammenstellung aus einem mündlichen Bericht mit anschließendem Besprechungsprotokoll bestehen oder bis zu einer ausführlichen schriftlichen Dokumentation mit Erläuterungsbericht, Kostenschätzung und mindestens skizzenhaften Plänen reichen.

b) Besondere Leistungen

36 Als erste Besondere Leistung ist das **Erstellen des technischen Teils eines Raumbuchs** genannt. Damit ist der Beitrag des Fachplaners der Technischen Ausrüstung zur Leistungsbeschreibung mit Leistungsprogramm (Funktionalausschreibung) nach § 7 Abs. 13 – 15 VOB/A des Objektplaners (Rdn. 105 und 117) gemeint. Bei Funktionalausschreibungen der Technischen Ausrüstung – gleich, ob als Bestandteil der Ausschreibung des gesamten Bauwerks oder als Ausschreibung nur der technischen Ausrüstung – sind zwei Formen zu unterscheiden. Werden lediglich die Anforderungen an Raumtypen darin aufgeführt (Baubuch), ist dies Bestandteil der zur Grundleistung gewordenen Leistungsbeschreibung mit Leistungsprogramm. Werden jedoch die Anforderungen an jeden Raum darin aufgeführt (Raumbuch), ist dies die hier erwähnte Besondere Leistung, die zu der zur Grundleistung gewordenen Leistungsbeschreibung mit Leistungsprogramm hinzutritt.

37 Ein Beispiel für **Versuche und Modellversuche**, die zweckmäßigerweise im Stadium der Vorplanung durchgeführt werden, sind **Raumströmungsversuche** für die Auslegung lufttechnischer Anlagen. Sie werden sowohl im Originalmaßstab als auch am verkleinertem Modell mit Luft durchgeführt, wobei zur Einhaltung der Ähnlichkeitsbedingungen Wasser statt Luft als strömendes Medium verwendet wird. Solche Versuche werden in der Regel nicht durch den Fachplaner der lufttechnischen Anlagen durchgeführt, da er hierfür nicht eingerichtet ist. Seine Aufgabe besteht im Bedarfsfall darin, die Versuche zu veranlassen und zu überwachen sowie den Einfluss der Versuchsergebnisse auf seine Planung zu beurteilen. Die bei der Lösung dieser Aufgabe erforderlichen Leistungen sind mit keiner bewerteten Leistung vergleichbar, auch ihr Zeitbedarf ist im allgemeinen wegen der nicht vorhersehbaren Abläufe bei der Versuchsdurchführung nicht zutreffend abschätzbar, sodass nur die Honorierung des Zeitaufwandes verbleibt.

Eine weitere Besondere Leistung des Fachplaners ist die Untersuchung zur **Gebäude- und Anlagenoptimierung** hinsichtlich Energieverbrauch und Schadstoffemission (z. B. SO_2 und NO_x). Diese Leistung ist eine mit der 5. HOAI-Novelle neu in das Leistungsbild aufgenommene Besondere Leistung, in der die Notwendigkeit interdisziplinärer, also fachübergreifender Leistungen zum Ausdruck kommt. Auch das Erarbeiten **optimierter Energiekonzepte** ist eine Besondere Leistung und stellt im besten Fall die Fortsetzung der vorstehenden Optimierungsuntersuchungen durch planerische Ausarbeitung des Untersuchungsergebnisses dar. Angesichts der europaweit geltenden Richtlinien[18], der deutschen Gesetze[19] und Verordnungen[20] führt auch diese Leistung nur durch interdisziplinäres Handeln zum Erfolg, an dem die Objektplaner, Fachplaner und andere fachlich Beteiligte in gleicher Weise beteiligt sind. Dabei geht es stets um die energetische Optimierung des Gebäudes und der zur Nutzung des Gebäudes notwendigen Stoffe, Materialien und seine Technische Ausrüstung unter wirtschaftlichen und umwelttechnischen Gesichtspunkten. **38**

Außer den bisher erläuterten Besonderen Leistungen werden häufig weitere erforderlich. Besonders oft wird das **Untersuchen von Lösungsmöglichkeiten nach grundsätzlich verschiedenen Anforderungen** im Rahmen von Kostenvergleichsrechnungen vom Auftraggeber gewünscht. In der Regel ist eine solche Untersuchung – anders als die Untersuchung von Varianten im Rahmen der Grundleistungen – eine weitere Planung, die nach § 11 HOAI gesondert zu vergüten ist. Dafür angemessenen Sätze sollten projekt- und aufgabenspezifisch ermittelt und vertraglich vereinbart werden. Welcher Leistungsumfang jeweils erforderlich ist, richtet sich nach den Anforderungen. Form und Zeitpunkt der Vereinbarung sind nicht vorgeschrieben. Es empfiehlt sich eine möglichst frühzeitige Vereinbarung, die aber erst dann sinnvoll möglich ist, wenn die notwendigen Leistungen bekannt sind. **39**

Weitere Besondere Leistungen sind das **Mitwirken** der Fachplaner **beim Aufstellen eines Finanzierungsplanes** durch Angabe der erforderlichen Mittel und ihrer Fälligkeitszeitpunkte und das **Mitwirken bei der Beschaffung von Finanzierungsmitteln**, z. B. aus Förderprogrammen. Hierunter fällt nicht nur die Teilnahme an entsprechenden Verhandlungen, sondern auch das Beschaffen der betreffenden Vorschriften, Vorklären der Möglichkeiten, Bedingungen, Zeitpunkte und Form von Anträgen und das Aufstellen der Unterlagen hierfür überhaupt bzw. in der hierfür geforderten Form. Auch das **Mitwirken bei Bauvoranfragen** z. B. durch Angaben zu Emissionen und Immissionen gehört zu solchen Leistungen, die sämtlich auf Nachweis des Zeitaufwandes abgerechnet werden sollten. **40**

Das **Anfertigen von Modellen** – im Hochbau und Ingenieurbau bezüglich der Technischen Ausrüstung selten – ist im Industrie- und Institutsbau, insbesondere hinsichtlich Leitungstrassen und Schachtbelegung häufiger gewünscht. In Einzelfällen gehört auch das Mitwirken bei der Ausführung von Modellen des Objektplaners durch Anlagen der Technischen Ausrüstung in diesen Leistungsbereich. Auch deren Honorierung erfolgt am zweckmäßigsten mit einem Zeithonorar. **41**

Das **Mitwirken** des Fachplaners **bei Zeit- und Organisationsplänen** des Objektplaners oder des Projektsteuerers ist bei größeren Objekten häufig notwendig. Auch die dafür regelmäßig notwendigen Leistungen sind nicht mit dem Tafelhonorar nach § 55 abgegolten, sondern erfordern in Abhängigkeit von Häufigkeit und Komplexität des Vorhabens eine eigenständige Honorierung mit einem Zeithonorar. **42**

---

[18] Z. B. Richtlinie 2002/91/EG des Europäischen Parlaments und des Rates vom 16. Dezember 2002 über die Gesamtenergieeffizienz von Gebäuden (ABl. EG 2003 Nr. L 1 S. 65).

[19] Gesetz zur Einsparung von Energie in Gebäuden (Energieeinsparungsgesetz - EnEG) in der Fassung der Bekanntmachung vom 1. September 2005 (BGBl. I S. 2684), zuletzt geändert durch Artikel 1 des Gesetzes vom 28. März 2009 (BGBl. I S. 643).

[20] Verordnung über energiesparenden Wärmeschutz und energiesparende Anlagentechnik bei Gebäuden (Energieeinsparverordnung – EnEV) vom 24. Juli 2007 (BGBl. I S. 1539), geändert durch die Verordnung vom 29. April 2009 (BGBl. I S. 954)

3. Entwurfsplanung

a) Grundleistungen

43 Auf der Basis des in der Vorplanung entwickelten Planungskonzepts wird durch die **Entwurfsplanung** die endgültige Lösung der Planungsaufgabe entwickelt und durchgearbeitet. „Endgültig" bedeutet nicht ausführungsreif; Ausführungsreife erlangt die Planung erst durch die Ausführungsplanung. Der Verordnungsgeber hat das Durcharbeiten des Planungskonzepts als das **stufenweise Erarbeitung einer zeichnerischen Lösung** der Planungsaufgabe unter Berücksichtigung aller fachspezifischen Anforderungen sowie unter Beachtung der durch die Objektplanung integrierten Fachplanungen bis zum vollständigen Entwurf definiert (LPH 3 a)). Hierfür werden die nachfolgend beschriebenen wesentlichen Leistungsschritte erbracht.

44 Das in der Vorplanung nur in seinen wesentlichen Teilen erarbeitete **Planungskonzept** der Anlagen der Technischen Ausrüstung, das dem Objektplaner zur Integrierung in die Objektplanung übergeben wurde, wird im Dialog mit dem Objektplaner und den anderen fachlich Beteiligten – zeitlich und fachlich gesteuert vom Objektplaner – **stufenweise** in Abstimmung mit deren Leistungsergebnissen **weiter entwickelt**, um eine in sich geschlossene, fachlich und zeitlich optimierte Gesamtlösung unter **Berücksichtigung der fachspezifischen Anforderungen** der Technischen Anlagen zusammen mit allen an der Entwurfsplanung des Objekts fachlich Beteiligten zu erreichen.

45 Die **Beachtung der durch die Objektplanung integrierten Fachplanungen** beschreibt die Pflicht des Fachplaners der Technischen Ausrüstung, seine Leistungen nicht isoliert und ausschließlich nach eigenen fachlichen Kriterien und Anforderungen, sondern in enger Abstimmung mit den Planungen der anderen fachlich Beteiligten durchzuführen. Der Hinweis auf die Funktion des Objektplaners verdeutlicht dessen Aufgabe, alle Fachplanungen zu koordinieren, in seine eigenen Planungen einzuarbeiten sowie Unstimmigkeiten zwischen seinen Planungsergebnissen und den Planungsergebnissen der fachlich Beteiligten auszuräumen. Der Objektplaner organisiert und moderiert den notwendigen umfassenden Klärungs- und Rückkopplungsprozess, an dem alle beteiligten Planer mitzuwirken haben. Der gefundene Kompromiss ist Grundlage der Genehmigungs- und Ausführungsplanung.

46 Damit ein solcher Planungsprozess überhaupt stattfinden kann, müssen die mit der Fachplanung der technischen Ausrüstung Beauftragten **alle Systeme und Anlagenteile** (LPH 3 b)) als ersten Schritt der Entwurfsplanung **festlegen**. Die Entwurfslösung schreibt die erarbeiteten Funktionsgruppen (Systeme) und Funktionselemente (Anlagenteile) fest, sodass die weitere Entwicklung keine Systemänderung zur Folge hat. Dabei werden aber keinesfalls alle Einzelteile eines System- oder Funktionselementes festgelegt; dies wird erst mit der Ausführungsplanung erreicht.

47 Unter der **Berechnung und Bemessung** der technischen Anlagen und Anlagenteile (LPH 3 c)) ist das Ermitteln deren wesentlicher Bedarfs- und Leistungswerte sowie ihrer **Dimensionen** zu verstehen, um deren **Platzbedarf** zu ermitteln. Mit den Ergebnissen dieser Tätigkeit ist auch das als Grundleistung erwähnte Abschätzen der jährlichen **Bedarfs- und Verbrauchswerte** möglich. Dazu zählen beispielsweise der Personalbedarf für Wartung, Instandhaltung und Betrieb, die Mengen an Betriebsmitteln und der voraussichtliche Energiebedarf – die Verordnung nennt als Beispiel den Nutz-, End- und Primärenergiebedarf. Diese Angaben dienen der ebenfalls als Grundleistung verordneten **Abschätzung der Betriebskosten**, also der zu erwartenden Aufwendungen bei der späteren Nutzung der technischen Anlagen (s. auch Rdn. 62).

48 Den Berechnungen und Schätzungen können entsprechend dem Stand der gesamten Planung nur vorläufige Werte zugrunde gelegt werden. Dennoch ist das Ergebnis dieses Planungsschrittes eine wesentliche Voraussetzung für den geschuldeten Erfolg dieser Leistungsphase. Die Berechnungsergebnisse müssen so zuverlässig sind, dass sie spätere grundsätzliche Änderungen des Systems und daraus folgende Änderungen der Objektplanung und der Planungsergebnisse der anderen fachlich Beteiligten ausschließen. Insbesondere muss der Fachplaner auch den **Platzbedarf der notwendigen Anlagen und Anlagenteile** zuverlässig ermittelt haben, den der

Objektplaner und die ggf. betroffenen anderen Fachplaner bei ihren Planungen berücksichtigen müssen.

Die Berechnungen und Bemessungen schlagen sich in **zeichnerischer Darstellung** der festgeschriebenen Systeme und Funktionselemente durch den Fachplaner nieder. Damit dies **in den Grundrissen und Schnitten** problemlos erfolgen kann, welche der Objektplaner zur Verfügung stellen muss, müssen natürlich der Ausgabemaßstab der gemeinsamen Zeichnung sowie die maßbestimmenden Dimensionen der Anlagen und Anlagenteile zwischen den Planern abgestimmt sein. Auch wenn die Abmessungen entsprechend dem Leistungsbild dieser Phase noch nicht endgültig sein können, dienen sie doch zum besseren Verständnis der übrigen an der Planung fachlich Beteiligten für den Platz- und Raumbedarf; die Angabe endgültiger Dimensionen in den Zeichnungen ist erst Gegenstand der Leistungsphase 5. **49**

Ferner müssen die in der Vorplanung entwickelten **Funktions- und Strangschemata** fortgeschrieben und detailliert werden. Bei vertikalen Verteilungen empfehlen sich sogenannte Rumpfstrangschemata, d. h. eine Darstellung der Hauptstränge mit den Horizontalabgängen, diese jeweils unmittelbar nach dem Abgang abgebrochen. Bei horizontalen Verteilungen ist dies nicht erforderlich, da sie aus dem Grundriss ersichtlich sind. Die **Anlagenbeschreibung** rundet die zeichnerische Darstellung der Fachplaner ab; sie **entspricht dem Erläuterungsbericht**, begründet die gewählte technische Lösung, erläutert ihr Auslegung und ihre Nutzungsbedingungen, enthält eine **Auflistung aller Anlagen** mit technischen Daten und Angaben (z. B. für Energiebilanzen) auf und fasst die Berechnungen und Bemessungen zusammen **50**

Nach Abschluss der Bemessung und Berechnung der technischen Anlagen und Anlagenteile werden die **Ergebnisse dieses Planungsschritts** den anderen Planungsbeteiligten zum Aufstellen der vorgeschriebenen Nachweise übergeben (LPH 3 d)). In die vom Objektplaner gefertigten Entwurfspläne haben die Fachplaner auch die aus ihrer Sicht notwendigen **Angaben der** für die **Tragwerksplanung** notwendigen **Durchführungen und Lastangaben** eingetragen. Entsprechend dem Prinzip der Koordination und Integration aller Fachplanungen durch den Objektplaner sind diese mit ihm abzustimmen. Andererseits ist häufig eine direkte Abstimmung zwischen den Fachplanern der Technischen Ausrüstung und dem Tragwerksplaner erforderlich. Der Objektplaner ist dabei informiert zu halten, da nur er die Informationen über sonstige, die Möglichkeiten zur Anordnung der Aussparungen eventuell beeinflussender Elemente kennt. Die hier gemeinten Durchführungen sind im Allgemeinen nur große Durchbrüche oder kleine an kritischen Stellen, z. B. an Auflagern oder Stützen. Problematisch sind Schlitze, die seit der Neufassung der Normen für Mauerwerks- und Stahlbetonbau in den letzten Jahren schon bei relativ kleinen Abmessungen statisch nachgewiesen werden müssen, insbesondere, wenn sie quer verlaufen. Da kleinere Schlitze in dieser Planungsphase oft noch nicht hinreichend genau festgelegt werden können, sind gegebenenfalls Nachträge zur statischen Berechnung erforderlich. Mit den Angaben für die Durchführungen ist **nicht** das **Anfertigen von Schlitz- und Durchbruchsplänen** gemeint; diese können erst im Rahmen der Ausführungsplanung und auch teilweise erst dann erstellt werden, wenn die Dimensionen der endgültigen Anlagenteile und deren Platzbedarf nach Festlegung des Anlagenbauers und nach Erhalt dessen Zusammenstellungszeichnungen bekannt sind. **51**

Soweit die Technische Ausrüstung genehmigungspflichtig ist, müssen die in der Vorplanung durchgeführten Vorverhandlungen mit den Genehmigungsbehörden und mit den anderen **zu beteiligenden Stellen** über die **Genehmigungsfähigkeit** fortgeführt werden (LPH 3 e)). Fachplaner sind an diesem Prozess beteiligt, soweit es ihr Gewerk erfordert. **52**

Die **Kostenberechnung** (LPH 3 f)) kann nur mit vorläufigen Mengensätzen durchgeführt werden; die endgültigen Mengen können bekanntlich erst nach Fertigstellung der mit allen fachlich Beteiligten abgestimmten Ausführungsplanung im Rahmen der Leistungsphase 6 ermittelt werden. In derselben Phase muss auch der Vergleich zwischen dem Ergebnis der Kostenberechnung und dem Ergebnis des „bepreisten Leistungsverzeichnisses" durchgeführt werden (s. Rdn. 101). Um diese Leistung sachgerecht erbringen zu können, muss die Kostenberechnung so aufgebaut und strukturiert sein, dass der Kostenvergleich auch tatsächlich möglich ist. Zumindest die in **53**

Leistungsphase 6 gewählten Lose bzw. Abschnitte sollten daher schon in der Kostenberechnung grundsätzlich abgebildet sein.

Die Genauigkeitsanforderungen an die Kostenberechnung sind in § 2 Abs. 11 definiert. Vergleicht man die dort genannten Grundlagen mit den in DIN 276-1:2009-12 i. V. m. DIN 276-4: 2008-8 unter 3.4.3 genannten Informationen, ist deren sehr weitgehende Übereinstimmung, ja Identität festzustellen:

Grundlagen nach HOAI 2013	Grundlagen nach DIN 276-1:2009-12
durchgearbeitete Entwurfszeichnungen oder Detailzeichnungen wiederkehrender Raumgruppen;	Planungsunterlagen, zum Beispiel durchgearbeitet Entwurfszeichnungen (Maßstab nach Art und Größe des Bauvorhabens, gegebenenfalls auch Detailpläne mehrfach wiederkehrende Raumgruppen;
Mengenberechnungen und	Berechnung der Mengen von Bezugseinheiten der Kostengruppen;
für die Berechnung und Beurteilung der kostenrelevanten Erläuterungen.	Erläuterungen, zum Beispiel Beschreibung der Einzelheiten in der Systematik der Kostengliederung, die aus den Zeichnungen und den Berechnungsunterlagen nicht zu ersehen, aber für die Berechnung und die Beurteilung der Kosten von Bedeutung sind.

54 Die Norm fordert, die Gesamtkosten nach Kostengruppen mindestens bis zur 2. Ebene der Kostengliederung zu ermitteln. Der entsprechende Arbeitsschritt in der Leistungsphase 3 des Leistungsbildes Technische Ausrüstung fordert hingegen die **Kostenberechnung bis zur 3. Ebene**. Nach 4.1 der DIN 276-1 umfasst die 1. Ebene der Kostengliederung die insgesamt sieben Hauptgruppen 100-700. Die Hauptgruppen sind ihrerseits wieder in Untergruppen mit Zehnerschritten und diese weiter in Einerschritten (3. Ebene) gegliedert. So ist setzt sich die Kostengruppe 460 zusammen aus KG 461 (Aufzugsanlagen), 462 (Fahrtreppen, Fahrstrecke), 463 (Befahranlagen), 464 (Transportanlagen), 465 (Krananlagen) und 469 (Förderanlagen, Sonstiges). Verordnungskonform wäre die Kostenberechnung ausreichend genau, wenn sie Kosten in diesen Einerschritten ausweisen würde.

55 Kostenberechnungen können nur mit Mengensätzen durchgeführt werden. Mit der auf die 3. Ebene der Kostenermittlung begrenzten groben Einteilung ist aber keine auch nur annähernd zutreffende Mengenabschätzung und Kostenermittlung möglich. Auch können solchen globalen Angaben von Anlagen Mengen in ausreichender und aussagefähiger Genauigkeit nur in Ausnahmefällen zugeordnet werden. Solche Ansätze summarischer Art wären z. B.

– bei Heizungsanlagen:
  Kosten je installierten Heizkörper einschließlich zugehöriger Rohrleitungsnetze und Dämmungen, Kosten der zentralen Erzeugung je Wärmeerzeuger und Kosten der zentralen Verteilung je Regelgruppe einschließlich Mess-, Steuer- und Regelungstechnik.

– bei Sanitäranlagen :
  Kosten je Sanitärobjekt einschließlich zugehöriger Rohrleitungen und Dämmung, gegliedert nach Objektart (Badewanne, Dusche, WC, Waschtisch), Kosten von Wasseraufbereitungs- und Abwasserbehandlungsanlagen je Stück.

– bei Starkstromanlagen :
  Kosten je Stromkreis, Kosten eventueller Umformeranlagen, Notversorgung u. ä. nach Stück.

– bei Aufzugsanlagen :
  Kosten je Aufzug und Haltepunkt.

Um aber die von der Kostenberechnung erwartete und für die Entscheidung über die Entwurfsplanung sowie ggf. erforderliche Fördermittelanträge und Finanzierungsplanungen **notwendige Genauigkeit** und Zuverlässigkeit zu erreichen, ist eine weitere Untergliederung der wesentlichen Positionen erforderlich, um ihre **Mengen** und ihre **Kosten auf der Basis bürospezifischer Erfahrungswerte und ortspezifischer Einheitspreise** ermitteln zu können.

Die Genauigkeitsanforderungen gelten ebenso für den Nachweis von **Umfang und Wert der** **56**
mit zu verarbeitenden **Bau- oder Anlagensubstanz** nach § 4 Abs. 3 S. 2. Zum Nachweis der
Berechnungsergebnisse empfiehlt es sich, in den hierfür verwendeten Entwurfsplänen die verarbeitete Bau- bzw. Anlagensubstanz so zu markieren, dass sie bei einer späteren Prüfung durch
Dritte zweifelsfrei nachvollziehbar ist. Die Umfangs- und Wertermittlung sollte ebenso wie die
Zeichnung Bestandteil der nach § 4 Abs. 3 abzuschließenden **schriftlichen Vereinbarung** über
die Höhe dieses Wertes sein.

Die Kostenberechnung dient im Regelfall nach § 4 Abs. 1 der endgültigen Honorarabrech-
nung aller Leistungsphasen. Daher behalten sich insbesondere öffentliche **Auftraggeber** in ihren
Vertragsmustern häufig vor, die **Kostenberechnungsergebnisse** der Auftragnehmer zu **prüfen**,
erforderlichenfalls zu **korrigieren** und nur die **korrigierten Ergebnisse als Grundlage der**
Honorarabrechnung zu akzeptieren. Dies ist – wie der BGH entschieden hat[21] – **mit § 307**
BGB nicht vereinbar. Ferner hält auch eine Klausel, wonach die Festlegung der anrechenbaren
Kosten durch die Bewilligungsbehörde erfolgen soll, nach einem Urteil des OLG Düsseldorf der
Inhaltskontrolle nach § 242 BGB nicht stand und ist daher unwirksam[22].

Die **Genauigkeitsanforderungen** an eine Kostenberechnung ergeben sich schließlich daraus, **57**
dass ihr Ergebnis auch darüber **entscheiden** kann, ob die für eine **Vergabe von Bauleistungen**
notwendigen Mittel ausreichen. Werden Architekten oder Ingenieure im Rahmen eines öffentlichen Bauvorhabens tätig, wird ihre Planung und Kostenermittlung Grundlage einer Vergabe nach
VOB/A. Daraus ergeben sich besondere Risiken. Denn Planung und Kostenermittlung müssen
nicht nur ein mängelfreies Bauwerk ermöglichen, sondern auch eine störungsfreie Vergabe. Führen Fehler in der Kostenberechnung dazu, dass eine Vergabe rechtswidrig aufgehoben wird, so
können nach einem Urteil des OLG Saarbrücken daraus erhebliche Schadensersatzansprüche resultieren, etwa die Ansprüche des Bieters, der den Zuschlag eigentlich hätte bekommen müssen[23].

Ein anderes Problem ist stets dann gegeben, wenn die **Kostenberechnung deutlich höhere Kos-** **58**
ten als der **Kostenanschlag** – also das Ergebnis der Ausschreibung einer Baumaßnahme – **oder**
die Kostenfeststellung ausweist. Dann wird häufig von Auftraggebern der Verdacht geäußert,
dass die zur Ermittlung des Honorars maßgebenden Kosten bewusst zu hoch angesetzt seien und
deswegen korrigiert werden müssten. Dabei werden die jeweiligen Endbeträge der Kostenermittlungen miteinander verglichen – eine unzulässige Gleichsetzung unvergleichbarer Ergebnisse.
So sind die Ergebnisse von Kostenschätzungen und Kostenberechnungen – anders als die in
Kostenanschlägen und Kostenfeststellungen dokumentierten Ergebnisse von Preiswettbewerben
– nie das Resultat einer Marktanalyse, sondern nur die voraussichtlichen Kosten, welche mit in
Kostendatenbanken der Ingenieure und Architekten gesammelten „Vergangenheitskosten" ermittelt wurden; sie sind regelmäßig das Spiegelbild der konjunkturellen Vergangenheit. Daraus
erklärt sich, dass Kostenberechnungen

– in Zeiten der Hochkonjunktur wegen der Unmöglichkeit, Kostenentwicklungen richtig vorauszusehen, die bei der Projektausführung tatsächlich entstehenden Kosten häufig tendenziell zu niedrig und

– in Rezessionsphasen aus denselben Gründen vergleichsweise häufig tendenziell zu hoch ausfallen.

Dass diese Tendenzen bei Umbauten und Modernisierungen wegen der dort stets gegebenen Unsicherheit über Art, Beschaffenheit und Verwendbarkeit der vorhandenen und mitzuverarbeitenden Bausubstanz noch verstärkt werden, muss in diesem Zusammenhang nicht eigens erwähnt
werden. Aus einem Urteil des OLG Schleswig-Holstein kann der Schluss gezogen werden, dass
ein Toleranzrahmen, also ein Unterschied zwischen der zuvor einvernehmlich zwischen Auftraggeber und Auftragnehmer festgelegten Kostenvorstellung und der tatsächlich eingetretenen
Kostenüberschreitung nach Fertigstellung des Objekts, dem Auftragnehmer zuzubilligen sei, der
im konkreten Fall bei etwa 30 % anzusiedeln sei[24].

---

[21] BGH, Urteil v. 09.07.1981 – VII ZR 139/80, BauR 1981, 582
[22] Urteil v. 25.07.1986 – 23 U 262/85, BauR 1987, 590
[23] Urteil v. 23.11.2010 – 4 U 548/09, IBR 2011, 95
[24] OLG Schleswig-Holstein, Urteil v. 24.04.2009 – 1 U 76/04, BauR 2009, 1340

Um diese **Unsicherheiten auszuschalten** und maximal auf die Honorierung der Leistungen in der Entwurfsphase zu begrenzen, streben Auftraggeber und Auftragnehmer vermehrt **Honorarvereinbarungen** an, welche die **Abrechnung** der Architekten- und Ingenieurleistungen **ab Leistungsphase 5** (Ausführungsplanung) nach den bisherigen Verordnungen **auf Basis des Kostenanschlags oder der Kostenfeststellung** vorsehen. Eine solche Vereinbarung ist HOAI-konform, sofern ein so berechnetes Honorar zwischen dem verordneten Mindest- und Höchsthonorar liegt, welches auf Basis des Ergebnisses der Kostenberechnung ermittelt werden müsste[25].

59 Ist die Kostenberechnung abgeschlossen, ist der nächste logische Schritt ihr **Vergleich mit** dem Ergebnis der **Kostenschätzung** (LPH 3 g)). Die Verordnungsbegründung weist in diesem Zusammenhang darauf hin, dass der früher verwendete Begriff **Kostenkontrolle** mit Rücksicht auf den in der Leistungsphase 3 erreichten Planungsstand gestrichen und durch den Begriff Vergleich ersetzt wurde. Trotz Änderung des Begriffes ist auch der geforderte Vergleich der Kostenberechnung mit der Kostenschätzung ein weiterer Schritt des Verordnungsgebers, die Vertragsparteien – vor allem die Objektplaner selbst – zur frühzeitigen Kontrolle der Kosten des Objekts anzuhalten. Diese muss **auch die Kontrolle der Ausführungsstandards** auf Übereinstimmung mit denjenigen umfassen, die in der Grundlagenermittlung für das Objekt gewählt wurden. Darüber hinaus ist natürlich festzustellen, ob die Kosten überhaupt zutreffend ermittelt worden sind.

Mit Erfüllung dieser Leistung verfügt der Auftraggeber über eine sichere Entscheidungsgrundlage für die Gesamtfinanzierung des Objekts und seiner wirtschaftlichen Ausführung. Stellt sich beim Kostenvergleich heraus, dass der in der Kostenschätzung ermittelte und vom Auftraggeber akzeptierte Kostenrahmen nicht eingehalten ist, muss der Objektplaner dem Auftraggeber **geeignete Korrekturmaßnahmen** vorschlagen und diese nach Zustimmung bei einer hieraus resultierenden Überarbeitung des Entwurfs umsetzen. Diese Überarbeitung zählt selbstverständlich zu den Grundleistungen im Rahmen der Entwurfsplanung.

60 Die schriftliche Zusammenfassung aller Entwurfsunterlagen entspricht den in LPH 3 h) genannten Tätigkeiten **Zusammenfassen, Erläutern und Dokumentieren** und ergibt den **Entwurf**. Mit dieser Leistung wird auch dem Hinweis in der Verordnungsbegründung zu LPH 6 g) Rechnung getragen, dass nach entsprechenden Korrektur- und Anpassungsmaßnahmen, die sich nach dem ersten Kostenvergleich als notwendig ergaben, verbleibende Abweichungen zwischen Kostenschätzung und Kostenberechnung dem Auftraggeber zu erläutern und schriftlich festzuhalten sind.

Die Herstellung einer Fertigung dieser Unterlagen gehört zu den vom Auftragnehmer geschuldeten Leistungspflichten. Die Aufwendungen für das Herstellen von Mehrfertigungen in gedruckter Form oder durch Vervielfältigen sind Nebenkosten im Sinne von § 14. In welcher Form diese Dokumentation erfolgen soll, sollten die Parteien beim Vertragsabschluss vereinbaren.

b) Besondere Leistungen

61 Das **Erarbeiten von Daten für die Planung Dritter, z. B. für Stoffbilanzen oder die Automation** bedeutet das Erarbeiten von Angaben für Anlagen, die z. B. der Überwachung, Steuerung und Auswertung o. ä. dienen. Es darf nicht mit dem Angeben von Bedarfswerten von Anlagen der Technischen Ausrüstung oder mit den Angaben für den Tragwerksplaner verwechselt werden; diese Leistungen sind Grundleistungen. Dazu gehört aber z. B. auch die Angabe der auf die Gebäudeleittechnik zu schaltenden Datenpunkte. Über das Erarbeiten von Daten hinaus kann auch noch das Erarbeiten von Aufgabenstellungen für von Dritten geplante Anlagen hinzu kommen, z. B. Anforderungsmatrizen, d. h. Verknüpfungen von Anforderungen. Eine Besondere Leistung liegt auch dann vor, wenn sich diese Tätigkeit auf ver- und entsorgende Anlagen bezieht, da hierbei auf deren Leistungsfähigkeit und Konzeption eingegangen werden muss, also mehr als nur Daten mitgeteilt werden müssen.

62 Unter **detaillierten Wirtschaftlichkeitsnachweisen** sind z. B. Untersuchungen zu verstehen, bei denen die heute bestehenden Möglichkeiten und inzwischen bewährten Methoden der dynamischen Kostenvergleichsrechnung[26] angewendet werden. Diese Vergleichsberechnungen sind

---

[25] BGH, Urteil v. 17.04.2009 – VII ZR 164/07
[26] Siehe Fn. 13

ohne **detaillierte Betriebskostenberechnungen** nicht aussagefähig. Dabei werden in der Regel die Betriebskosten jeder Einzelanlage ermittelt – z. B. innerhalb der Anlagengruppe 3 (lufttechnische Anlagen) die Betriebskosten jeder einzelnen lufttechnischen Anlage –, getrennt nach den preislich unterschiedlichen Energiearten (Wasser, Abwasser, Strom, Wärme), wobei die tariflich unterschiedlichen Kosten (z. B. Hochtarif, Niedertarif, Wärmepumpentarif, Sondertarife, Grundpreis, Arbeitspreis) und vor allem die Kosten des Personals, der Wartung und Instandhaltung einschließlich der Reinvestitionen zu berücksichtigen sind. Sie können allerdings um die monetäre oder auch nichtmonetäre Bewertung von Nutzen erweitert werden; in einem solchen Fall weiten sich reine Kostenvergleichsrechnungen zu **Kosten-Nutzen-Untersuchungen**, die einen ungleich höheren Aufwand erfordern. Auch diese Leistungen sind Besondere Leistungen, die einen häufig vorab nicht kalkulierenden Aufwand erfordern und deswegen angemessen nur mit einem Zeithonorar entgolten werden können. Integraler Bestandteil eines detaillierten Wirtschaftlichkeitsnachweises ist schließlich der Vergleich von **Lebenszykluskosten**, die für unterschiedliche Ansätze des Lebenszyklus bei unterschiedlichen technischen Lösungen für eine bestimmte Anlage oder für ein bestimmtes Projekt erwartet werden müssen.

Mit der 5. HOAI-Novelle ist **der detaillierte Vergleich von Schadstoffemissionen** als weitere **63** Besondere Leistung hinzugekommen. Soweit hierbei gleichartige Schadstoffemissionen unterschiedlicher technischer Einrichtungen zu vergleichen sind, kann diese Leistung von Fachplanern der Technischen Ausrüstung erbracht werden. Ist es dagegen erforderlich, die gesundheitliche Relevanz unterschiedlicher Schadstoffemissionen zu vergleichen, kann dies üblicherweise nur von Spezialisten geleistet werden, z. B. von nach BimSchG zugelassenen Fachstellen. In diesen Leistungsbereich gehören auch **detaillierte Schadstoffemissionsberechnungen**, die ebenfalls in dem Katalog mit der 5. HOAI-Novelle aufgenommen worden sind.

Eine Gewerke übergreifende **Brandschutz- oder Brandfallsteuermatrix** koordiniert, regelt **64** und steuert die Funktionalität der brandschutztechnischen Sicherheitsanlagen aller Gewerke auf Basis eines Brandschutzkonzeptes. Hierzu ist es erforderlich, dass alle Brandmelder und alle tangierten Gewerke, Funktionalitäten und Steuerungen in einer übersichtlichen Tabelle dargestellt werden. Die endgültige Matrix muss den gesamten jeweiligen Informationsweg vom Brandmelder (Meldebereich) bis zur eingetragenen Funktion der entsprechenden Feldgeräte, z. B. einer Brandschutz- oder Entrauchungsklappe, das Schließen eines Gasventils oder auch einer Türanlage beinhalten. Wegen der zahlreichen Schnittstellen zwischen den Gewerken Mess-/Steuer-/Regeltechnik, Brandmeldetechnik, Elektrotechnik, Lüftung sowie den baulichen Anlagen (Fassade, Fenster, automatisch betätigte Türen und Tore) ist die Erstellung einer Brandfallsteuermatrix schon bei der Entwurfsplanung erforderlich, um Änderungen der Gewerke zu einem zu späten Zeitpunkt zu vermeiden.

Als weitere Besondere Leistung ist das **Fortschreiben des technischen Teils eines Raumbuchs** **65** genannt, welches im Rahmen der Vorplanung **als Beitrag zur Leistungsbeschreibung mit Leistungsprogramm nach** § 7 Abs. 13–15 VOB/A **des Objektplaners** erarbeitet wird. Fortschreiben bedeutet, die bei der Entwurfsplanung gewonnenen konkreteren Planungsergebnisse zur Vorbereitung der geplanten Funktionalausschreibung der Technischen Ausrüstung zusammenzustellen. Dazu gehören in der Regel auch die **Ausschreibungszeichnungen**, welche die wesentlichen Anlagen und Anlagenteile in einer Detailgenauigkeit zeigen müssen, damit die zur Angebotsabgabe aufgeforderten Firmen zweifelsfreie Informationen über die von ihnen gewünschten Lieferungen und Leistungen erhalten. Diese werden dann Grundlage ihrer Angebote und im Auftragsfall Vertragsbestandteil. Die zugehörige Leistungsbeschreibung mit Leistungsprogramm einschl. Baubuch ersetzt in diesem Fall zusammen mit den Ausschreibungszeichnungen die Leistungsbeschreibung mit Leistungsverzeichnis.

Eine weitere Besondere Leistung ist die **Auslegung** der technischen Systeme **nach der Maschinenrichtlinie**[27]. Aus Ziffer 18 der Erwägungen über die Gründe dieser Richtlinie ergibt sich, dass sie u. a. die allgemein gültige grundlegende Sicherheits- und Gesundheitsschutzanforde- **66**

---

[27] Richtlinie 2006/42/EG des Europäischen Parlaments und des Rates vom 17. Mai 2006 über Maschinen und zur Änderung der Richtlinie 95/16/EG (Neufassung), ABl. L 157 vom 09.06.2006, S. 24

rungen festgelegt hat, die durch eine Reihe von spezifischeren Anforderungen für bestimmte Maschinengattungen ergänzt werden. Im Einzelnen ergeben sich die von den Fachplanern der Maschinen zu beachtenden grundlegenden Sicherheits- und Gesundheitsschutzanforderungen für Konstruktion und Bau von Maschinen aus Anlage I der Richtlinie. Hiervon sind vorrangig Hersteller und Lieferanten betroffen. Insbesondere aber Fachplaner der verfahrenstechnischen Ausrüstung von Ingenieurbauwerken, vor allem aber die mit der Auslegung und Auswahl der maschinentechnischen Ausrüstung von Ingenieurbauwerken regelmäßig beauftragten Objektplaner von Ingenieurbauwerken der Wasser- und Abfallwirtschaft müssen diese Anforderungen bei der Entwurfsplanung, Ausschreibung und Objektüberwachung beachten. Wegen der zu beachtenden zahlreichen Detailvorschriften wird hier ausdrücklich auf das Beachten der Richtlinie verwiesen.

67   Leistungsbeschreibungen mit Leistungsprogramm bestehen nach § 7 Abs. 9 VOB i. d. R. aus einer allgemeinen Darstellung der Bauaufgabe (Baubeschreibung), die durch ein in Teilleistungen gegliedertes Leistungsverzeichnis ergänzt wird. Um auch in solchen Fall die allgemeine Anforderung einer eindeutigen und erschöpfenden Leistungsbeschreibung nach § 7 VOB zu erfüllen, sind nach Abs. 10 in der Regel über Umfang und Genauigkeit der Entwurfszeichnungen hinausgehende **Ausführungszeichnungen** erforderlich, um die allgemeinen Forderungen der Leistungsbeschreibungen durch Details so zu ergänzen, dass den Bietern möglichst genaue und unmissverständliche Kalkulationsgrundlagen zur Verfügung zu stellen. Die hierfür erforderlichen Leistungen sind über die Grundleistungen bei der Entwurfsplanung hinausgehende vergütungspflichtige Besondere Leistungen.

68   Wenn der Auftraggeber eine **vertiefte Kostenberechnung** des Objektplaners und der Fachplaner der technischen Ausstattung wünscht, die in der Regel vor der Ausarbeitung der Leistungsbeschreibungen mit Leistungsprogramm oder Leistungsverzeichnis und damit vor einer endgültigen Mengenberechnung erstellt werden soll, erbringt der Auftragnehmer hierfür eine Besondere vergütungspflichtige Leistung.

69   **Simulationen zur Prognose des Verhaltens** von Gebäuden, Bauteilen, Räumen und Freiräumen sind rechnergestützte Leistungen der Objekt- und Fachplaner. Diese werden erstmals als Besondere Leistung der Fachplanung von Technischen Anlagen genannt. Dabei geht es beispielsweise um die numerische Simulation und Prognose des Feuchteverhaltens von Außenbauteilen und konstruktiven Details unter Einsatz spezieller Computerprogramme. Konkrete Beispiele für solche Simulationen sind die Untersuchungen über die Wirkung unterschiedlicher Wärmedämmverbundsysteme zur Sanierung von Betonplattenbauten, zur Verbesserung der Wärmedämmung von Fachwerkbauten mittels einer kapillaraktiven Innendämmung, thermische Mischsanierung komplizierter Anschlüsse. Solche Leistungen werden z. B. auch beim Nachweis der Energieeffizienz von Gebäuden erbracht. Hierfür werden u. a. die bauphysikalischen Bedingungen der Gebäude und geeignete Zonenmodelle erarbeitet und die Untersuchungsergebnisse als Stunden-, Monats- und Jahreswerte sowie als Jahresdauerlinie mitgeteilt. Ferner werden Heiz- und Kühllasten und Behaglichkeitsparameter berechnet, Verschattungsanalysen durch Eigen- und Fremdverschattung vorgenommen, bauphysikalische Nachweise speziell für den sommerlichen Wärmeschutz nach DIN 4108-2 erbracht und Varianten-Untersuchungen zu den Auswirkung auf das Temperaturverhalten von Räumen, Untersuchung von Behaglichkeitsproblemen u.v.m. durchgeführt

4. Genehmigungsplanung

a) Grundleistungen

70   Das Erarbeiten der **Vorlagen und Nachweise** für die nach den öffentlich-rechtlichen Vorschriften erforderlichen **Genehmigungen oder Zustimmungen** einschließlich der Anträge auf Ausnahmen und Befreiungen sowie das **Mitwirken bei weiteren Verhandlungen** mit Behörden und das Zusammenstellen dieser Unterlagen (LPH 4 a)) bedeutet, dass die Fachplaner genehmigungs-

bedürftiger Anlagen in dieser Leistungsphase die Ergebnisse ihrer Entwurfsplanungen in der von der Genehmigungsbehörde vorgeschriebenen Form zusammenstellen und dem für das Einreichen der Unterlagen bei den Behörden verantwortlichen Objektplaner zur Verfügung stellen müssen. Der Objektplaner sorgt seinerseits dafür, dass die Genehmigungsanträge vom gemeinsamen Auftraggeber unterschrieben werden können. Dafür sind keine weiteren Planungsleistungen der Fachplaner mehr notwendig; das Erarbeiten umfasst das Vervielfältigen von Plänen, Berichten, Berechnungen und das Bearbeiten ggf. vorgeschriebener Daten- und Formblätter. Dies gilt auch für die gelegentlich so bezeichneten selbstständigen Gesuche. Dazu gehört z. B. das **Entwässerungsgesuch**, das vor allem für Gebäude regelmäßig erforderlich ist.

Das Mitwirken bei **Verhandlungen mit Behörden**, mit denen die Fachplaner im Rahmen ihrer Vor- und Entwurfsplanung bereits verhandelten, dient zur Detailklärung einzelner Fachfragen und zu ggf. ergänzenden Erläuterungen; in der Regel werden sie hierzu vom Objektplaner aufgefordert. Insofern kann es sich dabei nur um zusätzliche Erkundigungen über den Umfang und die ggf. notwendige **Anpassung** der für die Genehmigung notwendigen **Unterlagen und Erläuterungen** handeln, um die Genehmigung sicher zu erhalten. Daraus kann folgen, dass die Planungsunterlagen, Beschreibungen und Berechnungen zu **vervollständigen** und den Forderungen der Behörde anzupassen sind (LPH 4b). Bei Anträgen, die **Errichtung und Betrieb** von Anlagen der Technischen Ausrüstung zum Gegenstand haben, ist der auf den Betrieb entfallende Anteil nicht von dem zur Errichtung zu trennen und somit in der Grundleistung enthalten. Zu den Unterlagen können auch erst zu einem späteren Zeitpunkt beschaffbare gehören wie z. B. Angaben zum Kessel- oder Brennerfabrikat beim Feuerungsgesuch, die erst in Leistungsphase 7 von dem ausführenden Unternehmen mitgeteilt werden. **71**

b) Besondere Leistungen

Zur Genehmigungsplanung sind in HOAI-Anlage 15.1 keine Besonderen Leistungen erwähnt; es kommen jedoch die gleichen Besonderen Leistungen vor, die beispielsweise in den Leistungsbildern der HOAI-Anlagen 10.1 und 12.1 erwähnt sind. So sind **Änderungen an den Genehmigungsunterlagen**, die sich aus den Verhandlungen mit Behörden ergeben sollten und die **auf eine Änderung der** zuvor einvernehmlich mit allen dafür zuständigen Stellen und Behörden abgestimmten **Planungsgrundlagen** zurückzuführen sind, als Besondere Leistungen zu honorieren, soweit es sich nicht ohnehin um die Wiederholung von bewerteten Leistungen handelt. **72**

Das Schaffen von Unterlagen für **Betriebsgenehmigungen** ist eine Besondere Leistung. Sie werden üblicherweise auch erst in Leistungsphase 8 benötigt und üblicherweise von den ausführenden Unternehmen angefertigt. Ebenso gehören hierzu nicht nach privaten Vorschriften verlangte Unterlagen, z. B. solche zur Festlegung der Rabatte bei automatischen Feuerlöschanlagen; sie sind eine Besondere Leistung. **73**

5. Ausführungsplanung

a) Grundleistungen

Unter **Ausführungsplanung** ist das Erarbeiten und Darstellen der ausführungsreifen Planungslösung auf Grundlage der Ergebnisse der Leistungsphasen 3 und 4 (stufenweise Erarbeitung und Darstellung der Lösung) unter Beachtung der durch die Objektplanung integrierten Fachplanungen bis zur ausführungsreifen Lösung zu verstehen (LPH 5a)). Um die Ausführungsplanung im notwendigen Detaillierungsgrad zuverlässig bearbeiten zu können, müssen zunächst die Berechnungen und Bemessungen zur Auslegung der technischen Anlagen und Anlagenteile, welche im Rahmen der Entwurfsplanung bearbeitet wurden, fortgeschrieben d. h. in der Regel um Details ergänzt und erweitert werden (LPH 5b)). **74**

Die notwendige zeichnerische Bearbeitung ist **in den Leistungsbildern** Gebäude und Innenräume, Ingenieurbauwerke und Verkehrsanlagen (HOAI Anlagen 10.1 und 12.1) und im Leistungsbild Technische Ausrüstung (HOAI HOAI-Anlage 15.1) **unterschiedlich definiert:**

a) Objektplanung Gebäude und Innenräume (§ 34):
- Ausführungs-, Detail- und Konstruktionszeichnungen nach Art und Größe des Objekts im erforderlichen Umfang und Detaillierungsgrad unter Berücksichtigung aller fachspezifischen Anforderungen, zum Beispiel bei Gebäuden im Maßstab 1 : 50 bis 1 : 1, zum Beispiel bei Innenräumen im Maßstab 1 : 20 bis 1 : 1,
- Fortschreiben der Ausführungsplanung aufgrund der gewerkeorientierten Bearbeitung während der Objektausführung.

b) Objektplanung Ingenieurbauwerke und Verkehrsanlagen (§ 43) :
- Zeichnerische Darstellung, Erläuterung und zur Objektplanung gehörige Berechnungen mit allen für die Ausführung notwendigen Einzelangaben einschließlich Detailzeichnungen in den erforderlichen Maßstäben,
- Vervollständigen der Ausführungsplanung während der Objektausführung.

c) Fachplanung Technische Ausrüstung (§ 55):
- Zeichnerische Darstellung der Anlagen in einem mit dem Objektplaner abgestimmten Ausgabemaßstab und Detaillierungsgrad einschließlich Dimensionen (keine Montage- und Werkstattpläne),
- Anpassen und Detaillieren der Funktions- und Strangschemata der Anlagen bzw. der GA-Funktionslisten,
- Anfertigen von Schlitz- und Durchbruchsplänen
- Fortschreibung der Ausführungsplanung auf den Stand der Ausschreibungsergebnisse und der dann vorliegenden Ausführungsplanung des Objektplaners,
- Übergeben der fortgeschriebenen Ausführungsplanung an die ausführenden Unternehmen,
- Prüfen und Anerkennen der Montage- und Werkstattpläne der ausführenden Unternehmen auf Übereinstimmung mit der Ausführungsplanung.

Die Unterschiede in der **Darstellungstiefe** und in der **Dauer der Leistung** sind erheblich. Die unterschiedliche Darstellungstiefe ergibt sich bei der Technischen Ausrüstung aus den Montage- und Werkstattplänen, welche von den mit der Lieferung und Montage der Technischen Ausrüstung beauftragten ausführenden Firmen zu liefern sind. Dies liegt daran, dass als Technische Ausrüstung anders als bei Gebäuden, Ingenieurbauwerken oder Verkehrsanlagen industrielle, teils hochaggregierte und häufig patentgeschützte Fertigprodukte bzw. Systeme zum Einsatz kommen, bei denen für den Fachplaner der Technischen Ausrüstung nur noch sehr geringe eigene Konstruktionsmöglichkeiten gegeben sind. Eine Ausnahme bilden lediglich die Ingenieurbauwerke, die mit maschinen- und verfahrenstechnischen Anlagen ausgestattet sind; für die dort eingesetzten Maschinen und Apparate sind i. d. R. auch keine oder nur im seltenen Ausnahmefall eigenen Konstruktionsmöglichkeiten gegeben. Daraus folgt, dass die Fachplaner die **ausführungsreife Planungslösung** Technischer Anlagen in der Regel **erst nach** Vorliegen der Ausschreibungsergebnisse und nach der **Auftragserteilung an den Anlagenbauer** der betreffenden Anlagen **erarbeiten können**. Hierzu benötigen sie deren Zusammenstellungszeichnungen und Anlagenbeschreibungen, in denen die Lasten, Abmessungen und alle anderen Angaben enthalten sein müssen, welche für die jeweilige Ausführungsplanung der fachlich Beteiligten erforderlich sind. Diese stimmen ihre Ausführungsplanungen unter Koordination des Objektplaners ab; die Fachplaner stellen die auf dieser Basis erarbeiteten endgültigen Ausführungspläne der Technischen Ausrüstung den ausführenden Firmen zur Verfügung, damit diese ihre Montagepläne, Werkstattzeichnungen, Stromlaufpläne, Leerrohrpläne und Fundamentpläne erstellen können. Dieser Planungsablauf macht die Fortschreibung der Ausführungspläne der Technischen Anlagen – anders als bei den Leistungen für Bauwerke – während der Ausführung entbehrlich. Die unterschiedlichen Leistungsdauern erklären sich bei den Leistungen nach a) und b) daraus, dass die Fortschreibung der Ausführungsplanung bis zum Ende der Objektüberwachung erforderlich sein kann, während bei c) diese Leistung nur solange zu erbringen ist, bis die Ausschreibungsergebnisse der betreffenden Anlagen der Technischen Ausrüstung eingearbeitet sind.

75 Die **Ausführungsplanung** ist **Grundlage für das Erarbeiten von Werkstatt- und Montageplänen durch den ausführenden Unternehmer** und ist diesen dazu zu übergeben. Auf Basis der Auftraggeberangaben, die die Fachplaner im Rahmen der Ausführungsplanung schulden,

schulden die ausführenden Firmen (Auftragnehmer = AN) nach VOB/C Ziffern 3.1.2 folgende Leistungen: *„Der **Auftragnehmer hat** nach den Planungsunterlagen und Berechnungen des Auftraggebers die **für die Ausführung** erforderliche **Montage- und Werkstattplanung** zu erbringen und soweit erforderlich mit dem Auftraggeber abzustimmen. Dazu gehören insbesondere die*

– *Anfertigung der Montagepläne,*
– *Werkstattzeichnungen,*
– *Stromlaufpläne,*
– *Fundamentpläne.“*

Der Auftragnehmer hat zuvor gemäß VOB/B § 3 Nr. 3 die vom Auftraggeber gemäß vorstehendem übergebenen Unterlagen, soweit es zur ordnungsgemäßen Vertragserfüllung gehört, auf etwaige Unstimmigkeiten zu prüfen und den AG auf entdeckte oder vermutete Mängel hinzuweisen.

VOB/B und VOB/C[28] sind zuverlässige **Auslegungshilfen** zur Schnittstelle zwischen der vom Auftraggeber für die Bauausführung zur Verfügung zu stellenden **Ausführungsplanung** und den auf diesen Informationen aufbauenden **Werkstatt- und Montageplänen der ausführenden Unternehmen** (im Folgenden Auftragnehmer – AN – genannt). § 3 Nr. 1 VOB/B formuliert die **Bringschuld der Auftraggeber** und damit der **Objektplaner** – nachfolgend AG genannt: *„Die für die Ausführung nötigen Unterlagen sind dem Auftragnehmer unentgeltlich und rechtzeitig zu übergeben.“* Entsprechende Pflichten des Auftragnehmers formuliert § 3 Nr. 5 VOB/B: *„Zeichnungen, Berechnungen, Nachprüfungen von Berechnungen oder andere Unterlagen, die der Auftragnehmer nach dem Vertrag, besonders den Technischen Vertragsbedingungen, oder der gewerblichen Verkehrssitte oder auf besonderes Verlangen des Auftraggebers (§ 2 Nr. 9) zu beschaffen hat, sind dem Auftraggeber nach Aufforderung rechtzeitig vorzulegen.“*   76

Die **Anforderungen an die Ausführungsplanung** der Fachplaner, die ihr Auftraggeber (AG) den ausführenden Firmen zur Verfügung stellen muss, ergeben sich zweifelsfrei aus VOB/C, soweit nicht auftraggebereigene Anforderungen noch weitergehend sind (s. § 42 Rdn. 75). Diese sind jeweils in Ziff. 3.1.2 bzw. 3.1.3 der nachfolgend genannten Normen gleichlautend formuliert.   77

DIN 18 379 für Lüftungsanlagen

DIN 18 380 für Heizungs- und zentrale Warmwasserbereitungsanlagen

DIN 18 381 für Gas-, Wasser- und Abwasserinstallationsanlagen in Gebäuden

DIN 18 382 für Elektrische Kabel- und Leitungsanlagen in Gebäuden

DIN 18 384 für Förder- und Aufzugsanlagen, Fahrtreppen und –steige

DIN 18 386 für Gebäudeautomationsanlagen (früher Mess-, Steuer- und Regelanlagen genannt).

Die weitgehend einheitlichen Texte lauten:

DIN 18379: Raumlufttechnische Anlagen
Abs. 3.1.2
AG: Zu den für die Ausführung nötigen, vom AG zu übergebenden Unterlagen (s. § 3 Abs. 1 VOB/B) gehören z. B.:
  – Ausführungspläne als Grundrisse, Strangschemata und Schnitte mit Dimensionsangaben,
  – Anlagenkonzeption mit Regelschemata,
  – Schlitz- und Durchbruchpläne,
  – Berechnungen für Wärmebedarf und Kühllast (mit jeweils zugehörigen Luftleitungs- und Ventilatorauslegungen), der Energiebedarfsausweis und die wesentlichen energiebezogenen Merkmale, die der Anlagenaufwandszahl zugrunde liegen,
  – Leistungsdaten der Wärmeüberträger,
  – Angaben zum Schall-, Wärme- und Brandschutz.

---

[28] Vergabe- und Vertragsordnung für Bauleistungen, Ausgabe 2009, Beuth-Verlag GmbH

AN: Der AN hat dem AG vor Beginn der Montagearbeiten alle Angaben zu machen, die für den ungehinderten Einbau und ordnungsgemäßen Betrieb der Anlage notwendig sind. Der AN hat nach den Planungsunterlagen und Berechnungen des AG die für die Ausführung erforderliche Montage- und Werkstattplanung zu erbringen und, soweit erforderlich, mit dem AG abzustimmen.

Dazu gehören insbesondere:

– Montagepläne,
– Werkstattzeichnungen,
– Stromlaufpläne,
– Fundamentpläne.

Der AN hat dem AG rechtzeitig die Angaben über die Gewichte der Einbauteile, Stromaufnahme und gegebenenfalls den Anlaufstrom der elektrischen Bauteile und sonstige Erfordernisse für den Einbau zu machen.

Abs. 3.1.5

AG: keine ergänzenden Angaben

AN: Bleibt die Leitungsführung dem AN überlassen, hat dieser rechtzeitig einen Ausführungsplan zu erstellen und mit dem AG abzustimmen, damit die erforderlichen Fundament-, Schlitz-, Durchbruch- und Montagepläne erstellt werden können.

Abs. 3.2.8.1

AG: keine ergänzenden Angaben

AN: Stellglieder der Regelstrecken von raumlufttechnischen Anlagen, die in Gewerke eingebaut werden, die nicht zur vertraglichen Leistung gehören, sind vom AN zu bemessen und zu liefern. Die Bemessung der Stellglieder der Regelstrecken ist vom AN mit dem betreffenden Gewerk abzustimmen.

Abs. 3.2.8.4

AG: keine ergänzenden Angaben

AN: Der AN hat bei der Prüfung und der Inbetriebnahme der von ihm vorgenommenen elektrischen Verkabelung sowie der von ihm erstellten Steuer- und Regelanlage eine mit Anlagen dieser Art vertraute Fachkraft zur Verfügung zu stellen.

Abs. 3.3

AG: keine ergänzenden Angaben

AN: Die für die behördlich vorgeschriebenen Anzeigen oder Anträge notwendigen zeichnerischen und sonstigen Unterlagen sowie Bescheinigungen sind entsprechend der für die Anzeige-, Erlaubnis- bzw. Genehmigungspflicht vorgeschriebenen Anzahl vom AN dem AG zur Verfügung zu stellen. Dies gilt nicht, wenn die Prüfvorschriften für Anlagenteile eine dauerhafte Kennzeichnung statt einer Bescheinigung zulassen.

Abs. 3.6

AG: keine ergänzenden Angaben

AN: Der AN hat folgende Unterlagen aufzustellen und dem AG spätestens bei der Abnahme zu übergeben:

– Anlagenschemata,
– elektrische Übersichtsschaltpläne und Anschlusspläne nach DIN EN 61082-1 und DIN EN 61082-3 „Dokumente der Elektrotechnik",
– Zusammenstellung der wichtigsten technischen Daten,
– Kopien der vorgeschriebenen Prüf- und Herstellerbescheinigungen,
– alle für einen sicheren und wirtschaftlichen Betrieb erforderlichen Bedienungs- und Wartungsanleitungen,
– Protokoll über die Einweisung des Wartungs- und Bedienungspersonals.

DIN 18380: Heizanlagen und zentrale Wassererwärmungsanlagen

Abs. 3.1.2

AG: Zu den für die Ausführung nötigen, vom AG zu übergebenden Unterlagen (s. § 3 Abs. 1 VOB/B) gehören z. B.:
- Ausführungspläne als Grundrisse, Strangschemata und Schnitte mit Dimensionsangaben,
- Anlagenkonzeption mit Regelschemata,
- Schlitz- und Durchbruchpläne,
- Berechnungen für Wärmebedarf und Kühllast (mit jeweils zugehörigen Rohrnetz- und Pumpenauslegungen), der Energiebedarfsausweis und die wesentlichen energiebezogenen Merkmale, die der Anlagenaufwandszahl zugrunde liegen,
- Leistungsdaten für Wärmeerzeuger und Wärmeüberträger,
- Angaben zum Schall-, Wärme- und Brandschutz.

AN: Der AN hat dem AG vor dem Beginn der Montagearbeiten alle Angaben zu machen, die für den ungehinderten Einbau u. ordnungsgemäßen Betrieb der Anlage notwendig sind. Der AN hat nach den Planungsunterlagen u. Berechnungen des AG die für die Ausführung erf. **Montage und Werkstattplanung** zu erbringen und soweit erforderlich mit dem AG abzustimmen. Dazu gehören insbesondere:
- **Montagepläne,**
- **Werkstattzeichnungen,**
- **Stromlaufpläne,**
- **Fundamentpläne.**

Der AN hat dem AG rechtzeitig die Angaben über die Gewichte der Einbauteile, Stromaufnahme und gegebenenfalls den Anlaufstrom der elektrischen Bauteile und sonstigen Erfordernisse für den Einbau zu machen.

Abs. 3.1.5

AG: keine ergänzenden Angaben

AN: Bleibt die Leitungsführung dem AN überlassen, hat dieser rechtzeitig einen **Ausführungsplan** zu erstellen und mit dem AG abzustimmen, damit die erforderlichen Fundament-, Schlitz-, Durchbruch- und Montagepläne erstellt werden können.

Abs. 3.3

AG: keine ergänzenden Angaben

AN: Die für die behördlich vorgeschriebenen Anzeigen oder Anträge notwendigen **zeichnerischen** und sonstigen Unterlagen sowie Bescheinigungen sind entsprechend der für die Anzeige-, Erlaubnis- bzw. Genehmigungspflicht vorgeschriebenen Anzahl vom AN dem AG zur Verfügung zu stellen. Dies gilt nicht, wenn die Prüfvorschrift für Anlagenteile eine dauerhafte Kennzeichnung statt einer Bescheinigung zulässt.

Abs. 3.4.4

AG: keine ergänzenden Angaben

AN: Über Druckprüfungen sind Protokolle zu erstellen. Aus ihnen müssen hervorgehen:
- Datum der Prüfung,
- Anlagendaten wie Aufstellungsort, höchstzulässiger Betriebsdruck, bezogen auf den tiefsten Punkt der Anlage,
- Prüfdruck, bezogen auf den Ansprechdruck des Sicherheitsventils,
- Dauer der Belastung mit dem Prüfdruck,
- Bestätigung, dass die Anlage dicht ist und an keinem Bauteil eine bleibende Formveränderung aufgetreten ist.

Abs. 3.7

AG: keine ergänzenden Angaben

AN: Der AN hat folgende Unterlagen aufzustellen und dem AG spätestens bei der Abnahme zu übergeben:

- Anlagenschemata,
- elektrische Übersichtsschaltpläne und Anschlusspläne nach DIN EN 61082-1 und DIN EN 61082-3 „Dokumente der Elektrotechnik",
- Zusammenstellung der wichtigsten technischen Daten,
- Kopien der vorgeschriebenen Prüf- und Herstellerbescheinigungen,
- Wartungs- und Bedienungsanleitungen nach DIN EN 12170 „Heizungsanlagen in Gebäuden, Betriebs-, Wartungs- und Bedienungsanleitungen – Heizungsanlagen, die qualifiziertes Bedienungspersonal erfordern; deutsche Fassung EN 12170:2002" und DIN EN 12171 „Heizungsanlagen in Gebäuden – Betriebs-, Wartungs- und Bedienungsanleitungen"
- Heizungsanlagen, die kein qualifiziertes Bedienungspersonal erfordern; deutsche Fassung EN 12171:2002,
- Protokolle über die Druckprüfung,
- Protokoll über die Einweisung des Wartungs- und Bedienungspersonals,
- Protokoll über die Abgasmessung.

DIN 18381: Gas-, Wasser und Entwässerungsanlagen innerhalb von Gebäuden

Abs. 3.1.2

AG: Zu den für die Ausführung nötigen, vom AG zu übergebenden Unterlagen (s. § 3 Abs. 1 VOB/B) gehören z. B.:

- **Ausführungspläne** als Grundrisse, Strangschemata und Schnitte mit Dimensionsangaben,
- Anlagenkonzeption mit **Regelschemata**,
- **Schlitz- und Durchbruchpläne**,
- Angaben zum Schall-, Wärme- und Brandschutz.

AN: Der AN hat dem AG vor Beginn der Montagearbeiten alle Angaben zu machen, die für den ungehinderten Einbau und ordnungsgemäßen Betrieb der Anlage notwendig sind. Der AN hat nach den Planungsunterlagen und Berechnungen des AG die für die Ausführung erforderliche **Montage- und Werkstattplanung** zu erbringen und, soweit erforderlich, mit dem AG abzustimmen. Dazu gehören insbesondere:

- **Montagepläne**,
- **Werkstattzeichnungen**,
- **Stromlaufpläne**,
- **Fundamentpläne**.

Der AN hat dem AG rechtzeitig die Angaben über die Gewichte der Einbauteile, die Stromaufnahme und gegebenenfalls den Anlaufstrom der elektrischen Bauteile und sonstigen Erfordernisse für den Einbau zu machen.

Abs. 3.3.1

AG: keine ergänzenden Angaben

AN: Stellglieder der Regelstrecken, die in Gewerke eingebaut werden, die nicht zur vertraglichen Leistung gehören, sind vom AN zu bemessen und zu liefern. Die Bemessung der Stellglieder der Regelstrecken ist vom AN mit dem betreffenden Gewerk abzustimmen.

Abs. 3.5

AG: keine ergänzenden Angaben

AN: Der AN hat folgende Unterlagen aufzustellen und dem AG spätestens bei der Abnahme zu übergeben:
- **Anlagenschemata,**
- **elektrische Übersichtsschaltpläne** und **Anschlusspläne** nach DIN EN 61082-1 und DIN EN 61082-3 „Dokumente der Elektrotechnik",
- Zusammenstellung der wichtigsten technischen Daten,
- Kopien der vorgeschriebenen Prüf- und Herstellerbescheinigungen,
- alle für einen sicheren und wirtschaftlichen Betrieb erforderlichen Bedienungs- und Wartungsanleitungen,
- Protokoll über die Dichtigkeitsprüfung,
- Protokoll über die Einweisung des Wartungs- und Bedienungspersonals.

DIN 18382: Nieder- und Mittelspannungsanlagen

Abs. 3.1.3

AG: Zu den für die Ausführung nötigen Unterlagen (s. § 3 Abs. 1 VOB/B) des AG gehören z. B.:
- **Übersichtsschaltpläne,**
- **Anlagenschemata,**
- **Funktionsfließschemata oder Beschreibungen,**
- **Ausführungspläne,**
- **Schlitz- und Durchbruchpläne,**
- **Leistungsaufnahmelisten** der bauseits bereitgestellten elektrischen Komponenten.

AN: Der AN hat dem AG vor Beginn der Montagearbeiten alle Angaben zu machen, die für den ungehinderten Einbau und ordnungsgemäßen Betrieb der Anlage notwendig sind. Der AN hat nach den Planungsunterlagen und Berechnungen des AG die für die Ausführung erforderliche **Montage- und Werkstattplanung** zu erbringen und, soweit erforderlich, mit dem AG abzustimmen. Dazu gehören insbesondere:
- **Stromlaufpläne,**
- **Adressierungspläne,**
- **Aufbauzeichnungen** v. Verteilungen,
- **Stücklisten,**
- **Klemmenpläne** und Belegung,
- **Funktionsbeschreibungen.**

DIN 18384: Blitzschutzanlagen

Abs. 3.4

AG: keine ergänzenden Angaben

AN: **Prüfung**
Der AN hat nach Fertigstellung der Blitzschutzanlage eine Abnahmeprüfung durchzuführen/durchführen zu lassen und dem AG einen **schriftlichen Bericht** über das Ergebnis der Prüfung zu liefern. Die Abnahmeprüfung ist nach DIN VDE 0185-1 (VDE 0185 Teil 1): 1982-11, Abschnitt 7, durchzuführen. In dem Bericht sind auch die Erdungswiderstände anzugeben.

DIN 18385: Förderanlagen, Aufzugsanlagen, Fahrtreppen und Fahrsteige

Abs. 3.1.1

AG: keine ergänzenden Angaben

AN: Der AN hat dem AG unmittelbar nach Auftragserteilung alle Angaben zu machen, die für den ungehinderten Einbau und ordnungsgemäßen Betrieb der Anlage notwendig sind. Der AN hat nach den Planungsunterlagen und Berechnungen des AG die für die Ausführung erforderliche **Montage- und Werkstattplanung** zu erbringen und, soweit erforderlich, mit dem AG abzustimmen. Dazu gehören insbesondere:

– **Montagepläne,**

– **Anlagezeichnungen,**

– Angaben für statische und dynamische Lasten.

Der AN hat dem AG rechtzeitig die Angaben zu machen über die Stromaufnahme und gegebenenfalls den Anlaufstrom der elektrischen Bauteile und über die sonstigen Erfordernisse für den Einbau.

Abs. 3.4

AG: keine ergänzenden Angaben

AN: Der AN hat dem AG alle für den sicheren und wirtschaftlichen Betrieb der Anlage erforderlichen Bedienungs- und Wartungsanleitungen, **Anlageschemata, Übersichtsschalt- und Anschlusspläne** nach den Normen der Reihe DIN EN 61082 „Dokumente der Elektrotechnik" sowie das **Prüfbuch** in einfacher Ausfertigung zu übergeben.

DIN 18386: Gebäudeautomation

Abs. 3.1.3

AG: Zu den für die Ausführung nötigen Unterlagen(s. § 3 Abs. 1 VOB/B) des AG gehören insbesondere:

– **Funktionslisten** nach DIN EN ISO 16484-3[29], bei Anbindung von Fremdsystemen mit Angaben nach VDI 3814 Blatt 5[30] (Gebäudeautomation (GA) – Hinweise zur Systemintegration),

– Anlagenschemata,

– Funktionsfließschemata oder Beschreibungen,

– Zusammenstellung der Soll-Werte und Betriebszeiten,

– **Ausführungspläne,**

– Daten zur Auslegung der Stellglieder und Stellantriebe,

– Leistungsaufnahmen der elektrischen Komponenten,

– Adressierungskonzept,

– Brandschutzkonzept,

– Störungsmelde-, Störungsmeldeweiterleitungskonzept.

In der oben erwähnten VDI-Richtlinie 3814, Blatt 5 „Gebäudeautomation (GA) – Hinweise zur Systemintegration" wird unter Ziffer 5.5 darauf hingewiesen, dass die in dieser Norm erläuterten Leistungen des „Integrationsplaners", die einen wesentlichen Teil der Planungsleistungen bei der Gebäudeautomation ausmachen, weder in der HOAI noch in der VOB definiert seien; dies wird mit dem Hinweis unterstrichen, dass die Leistungen bei der Integrationsplanung schon im Rahmen der Bedarfsplanung erbracht werden sollten, um den späteren Einfluss auf die spätere Fachplanung zu ermöglichen. Daher müssen die in der HOAI erfassten Fachplanungsleistungen für die Gebäudeautomation nur die oben aufgezählten Ergebnisse mit Ausnahme des Brandschutzkonzepts erreichen; Letzteres ist das Ergebnis einer eigenständigen Fachplanung, deren Leistungen und Honorare in der HOAI ebenfalls nicht erfasst sind.

---

[29] Aktuelle Fassung: DIN EN ISO 16484-3:2005
[30] Aktuelle Ausgabe: März 2010

AN: Der AN hat dem AG vor Beginn der Montagearbeiten alle Angaben zu machen, die für den ungehinderten Einbau und ordnungsgemäßen Betrieb der Anlage notwendig sind. Der AN hat nach den Planungsunterlagen und Berechnungen des AG die für die Ausführung erforderlichen **Montage- und Werkstattplanung** zu erbringen und, soweit erforderlich, mit dem AG abzustimmen. Dazu gehören insbesondere:

– **Automationsschemata** mit Darstellung der wesentlichen Funktionen auf Basis der **Anlagenschemata** gemäß Anlagenplanung,

– **Stromlaufpläne** nach DIN EN 61082-1 (VDE 0040-1) „Dokumente der Elektrotechnik – Teil 1: Regeln“,

– **Automationsstations-Belegungspläne** einschließlich Adressierung,

– **Übersichtsplan** mit Eintragung der Standorte der Bedieneinrichtungen und Informationsschwerpunkte,

– **Funktionsbeschreibungen,**

– **Montagepläne** mit Einbauorten der Feldgeräte,

– **Kabellisten** mit Funktionszuordnung und Leistungsangaben,

– **Stücklisten.**

Abs. 3.3.2

AG: keine ergänzenden Angaben

AN: Die Inbetriebnahme und die Einregulierung der Anlage und Anlagenteile ist, soweit erforderlich, gemeinsam mit Verantwortlichen der beteiligten Leistungsbereiche durchzuführen. Inbetriebnahme und Einregulierung sind durch Protokolle mit Mess- und Einstellwerten zu belegen.

Abs. 3.4.1 und 3.4.2

AG: keine ergänzenden Angaben

AN: Es ist eine Abnahmeprüfung, die aus Vollständigkeits- und Funktionsprüfung besteht, durchzuführen.

Die Funktionsprüfung umfasst insbesondere:

– Prüfung der Protokolle der Inbetriebnahme und Einregulierung,

– stichprobenartige Prüfung von Automationsfunktionen, z. B. Regel-, Sicherheits-, Optimierungs- und Kommunikationsfunktionen,

– stichprobenartige Einzelprüfungen von Meldungen, Schaltbefehlen, Messwerten, Stellbefehlen, Zählwerten, abgeleiteten und berechneten Werten,

– Prüfung der Systemreaktionszeiten,

– Prüfung der Systemeigenüberwachung,

– Prüfung des Systemverhaltens nach Netzausfall und Netzwiederkehr.

Abs. 3.5

AG: keine ergänzenden Angaben

AN: Der AN hat im Rahmen seines Leistungsumfanges folgende Unterlagen aufzustellen und dem AG spätestens bei der Abnahme in geordneter und aktualisierter Form zu übergeben:

– **Automationsschemata,**

– **Stromlaufpläne** nach DIN EN 61082-1 (VDE 0040-1),

– **Automationsstations-Belegungspläne** einschließlich Adressierung,

– **Verbindungsschaltplan** nach DIN EN 61082-1 (VDE 0040-1),

– **Übersichtsplan** mit Eintragung der Standorte der Bedieneinrichtungen und Informationsschwerpunkte,

– **Stücklisten,**

– **Funktionsbeschreibungen,**

– Protokolle der Inbetriebnahme und Einregulierung,

– für einen sicheren und wirtschaftlichen Betrieb erforderliche Bedienungsanleitungen und Wartungshinweise,
– Ersatzteillisten,
– projektspezifische Programme und Daten auf Datenträgern,
– Protokoll über die Einweisung des Bedienpersonals,
– vorgeschriebene Werk- und Prüfbescheinigungen.

78 Vor diesem Hintergrund ist das als Ausführungsplanung bewertete **Durcharbeiten der Ergebnisse der Leistungsphasen 3 und 4 (stufenweise Erarbeitung und Darstellung der Lösung)** sicher besser zu verstehen (LPH 4 a)). Es bedeutet, dass das in der Entwurfsplanung aus den in der Vorplanung entwickelten wesentlichen Teilen erarbeitete Gesamtkonzept **einer Lösung** anhand der Ausführungsplanung des Objektplaners im Einzelnen überprüft und im Detail präzisiert wird. Letzterer muss die Einflüsse aus den Entwurfsplanungen und den **genehmigten** Genehmigungsplanungen aller Planer integriert haben. Damit wird ein eventuelles Auseinanderklaffen der Leistungsergebnisse beseitigt und die für die Ausführung vorgesehene Lösung dargestellt. Selbstverständlich muss auch diese Leistung mit Auftraggeber, Objektplaner und den anderen fachlich Beteiligten – falls erforderlich stufen- oder abschnittsweise – eng abgestimmt werden.

79 **Stufen** sind dabei aufeinanderfolgende **Ebenen der Bearbeitungstiefe** (z. B. zuerst die Anordnung bestimmter Elemente, später die Oberflächengestaltung, dann die Regelung, gegebenenfalls davon getrennt noch das Zusammenspiel mit der zentralen Überwachung). **Abschnitte** sind dabei Funktions- oder Raumbereiche (z. B. bei einem Klinikum OP-Abteilung, Hörsäle, Kassenhalle). Voraussetzung für die abschnittsweise Trennung ist allerdings, dass auch die betreffende Anlage der Technischen Ausrüstung hinreichend unabhängig, d. h. rückwirkungsfrei behandelt werden kann. Danach sind gegebenenfalls die Abschnitte abzugrenzen. Voraussetzung für die Trennbarkeit dieser Schlusskoordination der Leistungsphase 5 in Stufen oder Abschnitte überhaupt ist, dass in Leistungsphase 5 keine Änderung des Systems, d. h. der grundsätzlichen Gesamtlösung mehr erforderlich wird, die ja in Leistungsphase 3 entwickelt und **mit den übrigen Fachplanungen abgestimmt** wurde. Der Leistungsschritt endet mit der **zeichnerischen Darstellung** der Anlagen mit Dimensionen (ohne Montage- und Werkstattzeichnungen). Dabei versteht es sich von selbst, dass dies in einem mit dem Objektplaner abgestimmten Ausgabemaßstab und Detaillierungsgrad einschließlich Angabe aller Dimensionen erfolgen muss. Um sicherzustellen, dass die Belange aller Objekt- und Fachplanungen auch in den Ausführungsplänen des Fachplaners der technischen Ausrüstung aufgenommen sind, müssen diese mit dem Objektplaner und im übrigen Fachplanern kontinuierlich fortgeschrieben und abgestimmt werden.

80 Zur zeichnerischen Darstellung der Anlage gehören das Fortschreiben der bei der Entwurfsplanung durchgeführten, **für die Dimensionierung erforderlichen Berechnungen** und Bemessungen sowie die zeichnerische Darstellung der technischen Anlagen mit Größenbezeichnungen in Form von Nenngrößen. Nicht hierher gehören jedoch detaillierte Abmessungen, da dies Sache des Montageplans ist. Eine wichtige Ergänzung der genannten Zeichnungen ist das **Anpassen und Detaillieren der Funktions- und Strangschemata** der Anlagen bzw. der Funktionslisten bei der Gebäudeautomation oder Automation von Ingenieurbauwerken und Verkehrsanlagen.

81 Die **Schlitz- und Durchbruchspläne** können erst nach der Koordination der Ausführungsplanung der Leistungsphase 5 und der Einarbeitung ihrer Ergebnisse in die Ausführungsplanung der Fachplaner angefertigt werden (LPH 5 c)). Die Aussparungen werden dabei vom Fachplaner in die Werkpläne des Objektplaners eingetragen, diese müssen dazu die erforderlichen Grundlagen (Unterzüge, Überzüge, Stützen, Konsolen samt den Materialangaben, insbesondere auch zum Materialwechsel in Wänden) enthalten. Werden sie vom Auftraggeber in einer früheren Phase, z. B. aufgrund der Entwurfsplanung, also auf nicht ausreichenden Grundlagen verlangt, sollte der Fachplaner ihn darauf hinweisen, dass diese Leistungen einer ausreichend exakten Grundlage entbehren und der Auftraggeber damit rechnen muss, dass deswegen Probleme während der Bauausführung entstehen können. So könnten Änderungen von Schlitzen und Durchbrüchen – ggf. in Verbindung mit nachträglichen Brech- und Nachbrecharbeiten – erforderlich werden.

Bei **Umbauten** ist häufig selbst aus den Ausführungsplänen des Objektplaners nicht ersichtlich, **82** wo in der **vorhandenen Bausubstanz** (z. B. durch verborgene Hindernisse) Aussparungen nicht hergestellt werden können. Hier muss der Objektplaner aufgrund der ihm von den Fachplanern gemachten Vorschläge von Aussparungen und Schlitzen bauliche Aufschlüsse und Beurteilungen veranlassen, um kostspielige Änderungen während der Bauausführung zu vermeiden. Um die damit verbundenen Verzögerungen und die Mehrbelastungen auch der anderen Planungsbeteiligten möglichst zu reduzieren, sollten die erwähnten **Aufschlüsse und Beurteilungen** möglichst noch während der Entwurfsplanung und in Erweiterung der Leistung "Angaben und Abstimmung der für die Tragwerksplanung notwendigen Durchführungen und Lastangaben" im Vorgriff auf die Schlitz- und Durchbruchspläne als Besondere Leistung des Objektplaners und / oder des Fachplaners durchgeführt werden.

Gelegentlich erhebt sich die Frage, ob die **Schlitz- und Durchbruchsangaben** in nicht-mono- **83** lithischen Bauteilen nach dem Format oder der Lage ihrer Teile gemacht werden müssen, z. B. nach Mauerwerksaußenmaßen. Da heute eine Fülle von z. B. Mauersteinformaten üblich ist, diese teilweise – ebenso wie das Material – innerhalb einer Wand wechseln, Formate, Format- und Materialwechsel sogar häufig von den Polieren oder Bauarbeitern letztgültig gewählt werden, ist diese Frage heute erst recht damit zu beantworten, dass die Fachplaner die Aussparungen in der benötigten **Größe und Lage in die Ausführungsplänen des Objektplaners** eintragen. Es ist dann Aufgabe des Objektplaners, gegebenenfalls auf die Bedürfnisse der Bauwerksausführung abgestimmte Änderungen ihrer Lage zusammen mit den Fachplanern in den jeweiligen Ausführungsplänen zu veranlassen oder selbst durchzuführen. In einfachen Fällen reicht es aus, die Anpassung dem Objektüberwacher der Baustelle zu überlassen. Soweit von der Größe oder der Lage der Aussparungen statische Belange berührt werden, sind sie im Zuge der Koordination vom Objektplaner mit den Belangen der Tragwerksplanung in Einklang zu bringen. Das gleiche gilt, wenn die Aussparungen oder Bauteile verschiedener Fachplanungen kollidieren.

Die **Fortschreibung des Terminplans**, der im Rahmen der Entwurfsplanung aufgestellt wurde, **84** ist eine weitere Grundleistung (LPH 5 d)) der Fachplaner, die nur im Leistungsbild Gebäude und Innenräume als Grundleistung des Objektplaners in der Leistungsphase 5 ihre Entsprechung findet. Erneut fehlt sie in der Leistungsbildern Ingenieurbauwerke und Verkehrsanlagen. Dennoch gilt auch hier, dass die Fachplaner den Terminplan fortschreiben und mit dem Objektplaner abstimmen müssen, sofern das Leistungsbild Technischer Ausrüstung Vertragsbestandteil ist.

Die **Fortschreibung der Ausführungsplanung auf den Stand der Ausschreibungsergebnisse** **85** (LPH 5 e)) und der dann vorliegenden Ausführungsplanung des Objektplaners schließt die Überprüfung der Ausführungsplanung anhand der Ausschreibungsergebnisse der betreffenden Anlagen der Technischen Ausrüstung darauf ein, ob sie den Planungen des Bauwerks oder anderer Anlagen entsprechen oder diese verändern. Im letzteren Fall müssen die betroffenen Fachplaner die Auswirkungen bewerten und den Auftraggeber im Benehmen mit dem Objektplaner unter Beachtung der Vergabevorschriften über die zu treffende Entscheidung beraten.

Im Normalfall geschieht dies nach Vergabe und Auftragsbestätigung der ausführenden Unternehmen. Die Auswirkungen der Fortschreibung sind in Ausführungszeichnungen und Aussparungsplänen zu vermerken und daraus eventuell erforderliche Konsequenzen entsprechend dem Bauzustand zu veranlassen. Die solchermaßen fortgeschriebene Ausführungsplanung der Fachplaner ist Grundlage für die Montage- und Werkstattplanung des ausführenden Unternehmers. Deren Leistungsergebnis darf allerdings nicht mit Bestandsplänen verwechselt werden.

Sind Einflüsse aus dem Ergebnis anderer Ausschreibungen auf die zuvor mit allen fachlich Beteiligten abgestimmte Ausführungsplanung zu berücksichtigen, liegt eine Wiederholung bereits durchgeführter Leistungen oder Teilen derselben vor, deren Vergütung keiner gesonderten Vereinbarung bedarf. Solche Auswirkungen können teilweise erhebliche Umplanungen bedeuten (z. B. Ausführung des Rohbaus in Fertigteilen statt Ortbeton oder umgekehrt, Ausführung des Rohbaus in Stahl statt Stahlbeton oder umgekehrt, Ausführung der Innenwände in beplanktem Ständerwerk statt Mauerwerk oder umgekehrt, Ausführung der Abhängdecken in Rasterplatten statt ganzflächig oder umgekehrt).

86 Die wesentlichen Unterschiede zwischen den Ausführungszeichnungen des Objektplaners und der Fachplaner der Technischen Ausrüstung sind:

1. Die Ausführungszeichnungen des Objektplaners sind unmittelbar für die Baustelle bestimmt und nach ihnen wird i. d. R. unmittelbar gebaut, wobei die Ausnahmen heute bereits einen großen Umfang ausmachen (Ausnahmen: Stahlbeton, statisch schwieriges tragendes Mauerwerk, Stahlbau, Holzleimbau, statisch schwieriger Holzbau, Glasbau).

2. Die Ausführungszeichnungen der Fachplaner Technische Ausrüstung sind für das technische Büro des ausführenden Unternehmers bestimmt, nach ihnen wird grundsätzlich nicht unmittelbar gebaut.

87 Die Fachplaner der Technischen Ausrüstung müssen – anders als bisher – die **Werkstatt- und Montagepläne** der ausführenden Firmen **auf Übereinstimmung** mit ihren Planungsabsichten und **Ausführungsplanungen prüfen**. Diese Leistung war schon bisher vonnöten, um den den zuverlässigen Transfer der Planungsgedanken / Planungsabsichten / Planungsziele bei der Technischen Ausrüstung zu gewährleisten, deren einwandfreie Funktion für den werkvertraglich geschuldeten Erfolg des Gesamtobjekts maßgeblich ist. Erfahrungsgemäß kann die Rezeption der Funktion von den ausführenden Unternehmen auf Basis noch so sorgfältiger zeichnerischer und rechnerischer Unterlagen und zusätzlicher textlichen Erläuterungen durch die Fachplanung allein nicht sichergestellt werden, sondern erst durch entsprechende frühzeitige Kontrollen der von den ausführenden Firmen erstellten Zeichnungen.

b) Besondere Leistungen

88 Das **Prüfen und Anerkennen von Schalplänen des Tragwerksplaners auf Übereinstimmung mit der Schlitz- und Durchbruchsplanung des Fachplaners** ist bei komplizierten Bauten eine häufig zu empfehlende Besondere Leistung. Leider wird dies von Auftraggebern häufig mit dem Argument abgelehnt, die vom Tragwerksplaner geschuldete einwandfreie Planung mache sie entbehrlich, und außerdem führe sie zu einer Vermischung von Verantwortungen. Dem ist entgegenzuhalten, dass z. B. kein industrieller Planungsprozess abgeschlossen wird, ohne dass vom vorgesehenen Endprodukt ein Null-Modell, eine Vorserie o. ä. angefertigt und im vorgesehenen Einsatz getestet wird. Im Bauwesen ist das bekanntlich nicht möglich, obwohl hier die Einflüsse auf die Planung im Allgemeinen zeitlich weiter gestreut auftreten. Es ist daher **im Sinne einer effizienten Leistungserbringung** sinnvoll, unmittelbar vor Ausführung die Stimmigkeit der Planung von den Beteiligten nochmals prüfen zu lassen. Dabei wird eine Prüfung nur so weit vorgenommen, wie dadurch nachträglich nicht mehr bzw. nur unverhältnismäßig teuer durchzuführende Maßnahmen vermieden werden wie z. B. Stemmarbeiten in Beton. Daneben bietet diese Vorsorgemaßnahme noch den erheblichen Vorteil, dass bis zum letztmöglichen Zeitpunkt auftretenden Einflüssen, z. B. aus Vergaben, Modelländerungen vergebener Teile, aber gegebenenfalls auch Wünschen aus Nutzern, Auftraggebern oder sonstigen Beteiligten, Rechnung getragen werden kann.

Als angemessenes Honorar nennt Depenbrock in Heft Nr. 6 der Schriftenreihe des AHO[31] einen Satz von 3 bis 6 v. H. des Honorars nach § 54 Abs. 1. Dabei wird mit dem höheren Satz der Tatsache Rechnung getragen, dass diese Leistung häufig zu sehr unterschiedlichen Zeiten erbracht werden muss.

89 Häufig wird **vom Objektplaner** eine **Prüfung und Anerkennung der in seine Ausführungspläne übertragenen Aussparungen** durch die Fachplaner gewünscht. Dasselbe gilt für die vom Tragwerksplaner angefertigten Schalpläne, die bekanntlich auf den Ausführungsplänen des Objektplaners aufbauen. Insbesondere ist dies sinnvoll, wenn Aussparungsabmessungen von den Genannten geändert werden mussten. Auch diese Leistung zählt nicht zu den in der HOAI bewerteten Regelleistungen und ist deswegen als Besondere Leistung zu vergüten. Die Fachplaner können dabei jedoch nur so weit die Richtigkeit der Aussparungen überprüfen, als eventuelle Hindernisse aus den Plänen dieser fachlich Beteiligten erkennbar sind. Da in der Regel nur weni-

---

[31] HOAI – Besondere und außerordentliche Leistungen bei der Planung von Anlagen der Technischen Ausrüstung nach Teil IX, 2. ergänzte und erweiterte Auflage, Oktober 2002

ge Aussparungen wesentlich verändert werden müssen, sollte der Objektplaner die von ihm und dem Tragwerksplaner veränderten Aussparungen in den zur Prüfung übergebenen Werkplänen gesondert kennzeichnen und heikle Veränderungen zuvor mit den Fachplanern abklären.

Das **Anfertigen von Plänen für Anschlüsse von Betriebsmitteln und Maschinen, die der** **90** **Auftraggeber beistellt**, ist eine Besondere Leistung, die nur dann sinnvoll durchgeführt werden kann, wenn der Auftraggeber umfassende Informationen über Funktion, Beschaffenheit sowie Ist- und Sollleistungen der Betriebsmittel und Maschinen zur Verfügung stellt. Bei Bewertung der dafür erforderlichen Leistungen ist zu berücksichtigen, dass sie neben dem eigentlichen Arbeitsaufwand mit einem überdurchschnittlichen Risiko behaftet sind. Die Bearbeitung ist meist nur mit vielen Unterbrechungen möglich, technische Daten der anzuschließenden Geräte und Maschinen sind häufig nicht vollständig und müssen gegebenenfalls vom Bearbeiter abgeschätzt werden. So ist es vielfach wünschenswert, an den Maschinen und Geräten Änderungen zur Anpassung an die Zielsetzung des Ver- oder Entsorgungssystems (z. B. Reduzierung des Kühlwasserbedarfs bei Erhöhung der Spreizung) vorzunehmen, die vielfältige Rückfragen und Abstimmungen erfordern.

Die **Planung von Leerrohren** verursacht beispielsweise bei Sichtbeton oder Fertigteilen vom **91** Fachplaner einen besonderen Aufwand. Daher sind die Planungsleistungen in diesem Fall auch Besondere Leistungen, für die allerdings keine Honorarempfehlungen möglich sind. Dasselbe gilt für die **Mitwirkung** des Fachplaners **bei Detailplanungen** mit besonderem Aufwand; im Leistungsbild wird als Beispiel die Darstellung von Wandabwicklungen in hoch installierten Bereichen genannt.

Das **Anfertigen von allpoligen Stromlaufplänen** gehört für die Anlagengruppe 1, 2 und 3 des **92** § 53 Abs. 1 gemäß den ATV VOB/C zu den vom ausführenden Unternehmer zu erbringenden Nebenleistungen. Für diese Anlagen kommt sie als Fachplanerleistung in der Regel also nicht infrage. Falls die Stromlaufpläne aber vom Fachplaner bearbeitet werden sollen, handelt es sich um eine Besondere Leistung.

Als weitere Besondere Leistung ist die **detaillierte Objektbeschreibung als Bau- und/oder** **93** **Raumbuch** (analog zur Besonderen Leistung bei Gebäuden und raumbildenden Ausbauten oder bei Ingenieurbauwerken) in Leistungsphase 5 zu nennen, die in HOAI-Anlage 15.1 nicht genannt ist, aber häufig vorkommt, wenn das gesamte Objekt oder nur die Technische Ausrüstung – insgesamt oder nur Teile – durch Leistungsbeschreibung mit Leistungsprogramm ausgeschrieben werden soll. Diese Besondere Leistung ersetzt nach den sinngemäß mitgeltenden Fußnoten in der HOAI-Anlage 10.1 teilweise oder ganz auch die Grundleistungen für die Technische Ausrüstung in Phase 5. Die Honorierung der die Grundleistung zumindest teilweise, in der Regel aber vollständig ersetzenden Besonderen Leistung bedarf einer an der verordneten Bewertung der Leistungsphase 5 orientierten Bewertung in v. H. des Honorars nach § 56 Abs. 1.

Weitere Besondere Leistungen, die ebenfalls in der Verordnung nicht genannt sind, sind das ge- **94** legentlich vorkommende **Erarbeitung von Detailmodellen** in den Anlagengruppen 1 bis 4 des § 53 Abs. 2 für Rohr- bzw. Kabelpakete, Zentralen und Schächte.

Das **Anfertigen von Funktionsplänen, Struktogrammen** oder sonstigen **Programmierun-** **95** **terlagen** für Steuerungen ist stets Besondere Leistung. Unter Struktogramm versteht man die grafische Darstellung des Ablaufs eines EDV-Programms. Es handelt sich dabei um die zeichnerische Darstellung der Struktur eines Programms vor dessen Implementierung, also um eine strukturierte und graphische Darstellung von Algorithmen unabhängig von der Programmiersprache. Diese Leistung ist beispielsweise bei der programmtechnischen Umsetzung bei Anlagen der Gebäudeautomation von Bedeutung. Sie ist am zweckmäßigsten mit einem Zeithonorar zu vergüten.

c) Besonderheiten bei Ausführungsplanung

Für den seltenen Fall, dass ein Auftraggeber einem Fachplaner das Anfertigen von Schlitz- und **96** Durchbruchsplänen **nicht in Auftrag** gibt, bewertet § 55 Abs. 2 HOAI die restlichen **Leistungen**

bei der Ausführungsplanung mit **nur 18 v. H.** der in der Honorartafel des § 54 Abs. 1 verordneten Honorare. Diese Vorschrift kann selbstverständlich nur dann angewendet werden, wenn solche Pläne beispielsweise von fachlich beteiligten Dritten ausgeführt und getrennt beauftragt werden sollen. Die Reduzierung des normalen Bewertungssatzes von 18 auf 14 v. H. ist aber stets unzulässig, wenn bei der Ausführungsplanung für technische Ausrüstungen keine Schlitz- und Durchbruchspläne erforderlich sind.

97 Dasselbe gilt für den Fall, dass nicht dem Fachplaner, sondern einem fachlich beteiligten Dritten das **Prüfen der Montage- und Werkstattpläne** der ausführenden Firmen in Auftrag gegeben wird. Auch in diesem Fall wird der normale Bewertungssatzes von 18 auf 14 v. H. reduziert. Wären aber keine Montage- und Werkstattpläne zu prüfen, kommt eine solche Reduzierung nicht infrage.

Werden jedoch beide Leistungen nicht beauftragt, werden die verbleibenden Leistungen nur noch mit insgesamt 14 v. H. bewertet.

6. Vorbereitung der Vergabe

a) Grundleistungen

98 Die **Vorbereitung der Vergabe** dient dem Herstellen der Unterlagen, mit denen der Auftraggeber an der Lieferung und dem Einbau der Technischen Ausrüstung in ein Bauvorhaben interessierte Unternehmen zur Abgabe von Angeboten auffordern kann (**Vergabeunterlagen**). Zentrale Grundlage zur Definition von Art und Umfang der dafür vom Objekt- und Fachplaner geschuldeten Leistungen sind bei **öffentlichen Auftraggebern** die Anforderungen, welche die Vergabe- und Vertragsordnung für Bauleistungen (Teil A) stellen. In vergleichbarer Weise formulieren auch **private Auftraggeber** ihre Anforderungen an die Leistungsergebnisse der Fachplaner zur Vorbereitung der Vergabeverfahren für Bauleistungen.

99 Zunächst muss der Objektplaner – aufbauend auf dem in seiner Entwurfsplanung erstellten ersten Bauzeitenplan – den **Vergabeterminplan zur Verfügung stellen**, in dem er den mit dem Auftraggeber und den anderen fachlich Beteiligten abgestimmten zeitlichen Ablauf des gesamten Vergabeverfahrens entwickelt und darstellt. In diesen die Vergabeverfahren vorbereitenden Planungsschritt gehört auch die endgültige Festlegung über denkbare und sinnvolle Bau- und Ausschreibungsabschnitte oder Lose des Projekts.

100 Sind die erwarteten Gesamtkosten eines öffentlichen oder mit öffentlichen Mitteln geförderten Bauvorhabens so hoch, dass eine europaweite **Vergabebekanntmachung** erfolgen muss, müssen die Vergabebekanntmachung und die Unterlagen den dafür aufgestellten Regeln entsprechen. Die Vergabe der Leistungen erfolgt dann je nach Art und Umfang des Projekts im offenen oder nicht offenen Vergabeverfahren, im Verhandlungsverfahren oder im wettbewerblichen Dialog. Um ihre Leistungen richtig und vollständig zu erbringen, müssen Objekt- und Fachplaner diese Regeln möglichst genau kennen. Dann können sie Ihre **Auftraggeber** in fachlicher Hinsicht umfassend beraten und mit dafür sorgen, dass die Vergabeverfahren ordnungsgemäß verlaufen. Sie bewahren dadurch sich und Ihre Auftraggeber vor unnötigen streitigen Auseinandersetzungen mit am Auftrag interessierten Unternehmen und vor dadurch entstehenden Verzögerungen im Bauablauf.

101 Die verordneten Grundleistungen gehen von der Voraussetzung aus, dass für das Objekt und für alle Gewerke **Leistungsbeschreibungen mit Leistungsverzeichnissen** im Sinne von § 7 Abs. 9–12 VOB/A ausgearbeitet werden. Die Fachplaner führen die hierfür erforderlichen **Mengenermittlungen** für die einzelnen Technischen Anlagen durch und erarbeiten die Leistungsverzeichnisse nach Einzelpositionen in Abstimmung mit den Beiträgen der anderen fachlich Beteiligten (LPH 6 a)). In der Leistungsbeschreibung sind die Anforderungen an die ausgeschriebenen Anlagen im Einzelnen als Leistungsverzeichnis aufzuführen und außerdem die anlagenspezifischen Wartungsleistungen auf der Grundlage der dafür bestehenden Regelwerke zu formulieren, die ebenfalls vergeben werden sollen. Die darauf aufbauenden **Vergabeunterlagen** (LPH 6 b))

bestehen aus dem Leistungsverzeichnis, den gemäß VOB/C sowie DIN 18299 und Abschnitt 0 der zutreffenden Allgemeinen Technischen Vertragsbedingungen (ATV) zu machenden Angaben und etwaigen Zusätzliche Technische Vertragsbedingungen (ZTV), welche die für die betreffende Anlage geltenden ATV nach VOB/C ergänzen oder ändern. Sie umfassen ggf. zusätzlich vom Objektplaner und Fachplaner aufgestellte Zusätzliche Vertragsbedingungen (ZVB). Im Übrigen sind je nach Art des Auftraggebers ggf. gesondert zur Anwendung vorgeschriebene Formblätter beizufügen, welche die Bieter auszufüllen haben.

Häufig stellen Auftraggeber **Allgemeine Vertragsbedingungen (AVB)** zur Verfügung, welche **102** diese bei der Vergabe für die Durchführung von Werkleistungen bevorzugen. Gerade von öffentlichen Auftraggebern, welche regelmäßig Bauleistungen und Lieferungen vergeben, wird aus Gründen rechtlich abgesicherter Vertragsbestimmungen die Verwendung einheitlicher Vertragsmuster und Verdingungsunterlagen verlangt[32,33]. Die Auftraggeber betrachten das Überlassen derartiger Unterlagen häufig als ihre Leistung, für die sie unter Bezug auf § 8 Abs. 2 in entsprechenden Vertragsmustern eine anteilige Reduzierung der für diese Leistungsphase verordneten Bewertung vorsehen. Nachdem die HOAI das Herstellen solcher Unterlagen aber nicht ausdrücklich als Pflicht des Objektplaners definiert, ist keine Begründung für eine derartigen Honoraranspruch des Auftraggebers erkennbar; die Reduzierung ist daher unzulässig. Dies gilt insbesondere auch deswegen, weil es sich bei dabei regelmäßig um Regelungen geht, deren Schaffung keine Leistung von Ingenieuren und Architekten, sondern nur von Juristen sein kann.

Das **Aufstellen der Leistungsbeschreibung mit Leistungsverzeichnis nach Leistungsberei-** **103** **chen** im Sinne von HOAI-Anlage 15.1 meint Gruppen von Leistungen, die in Absprache mit dem Auftraggeber gemeinsam an einen ausführenden Unternehmer vergeben werden sollen. Wie groß dieser Umfang ist, bestimmt der Auftraggeber nach seinen Interessen; für öffentliche Auftraggeber, die die VOB/A anwenden müssen, verlangen eine Aufteilung des auszuschreibenden Umfangs nach Fachlosen gem. § 5 Abs. 1 VOB/A.

Art und Umfang der Aufteilung der Ausschreibungen beeinflussen in erheblichem Maße Aufwand und Verantwortung der Fachplaner in dieser und den folgenden Leistungsphasen. Häufige Beispiele solcher Aufteilungen sind:

– Aufteilung der Ausführung gleichartiger Anlagen, z. B. Lüftungsanlagen eines Gebäudes auf mehrere Auftragnehmer durch Vergabe in Losen.

– Aufteilung der Ausführung verschiedener Bestandteile einer Anlage auf mehrere Auftragnehmer, z. B. durch getrennte Vergabe der MSR-Anlagen.

Aufgabe des Objektplaners ist es, die Leistungsergebnisse der Fachplaner und aller anderen an der Planung und Bauvorbereitung fachlich Beteiligten in die von ihm zu schaffenden Vergabeunterlagen zu integrieren und durch entsprechende Prüfungen dafür zu sorgen, dass es bei den Leistungsbeschreibungen und Mengenermittlungen der fachlich Beteiligten zu keinen falschen Ansätzen oder gar Überschneidungen kommt. Vor Herausgabe der von ihm erstellten Unterlagen muss der Objektplaner sie mit allen an der Planung fachlich Beteiligten abstimmen und die wesentlichen **Ausführungsphasen** festlegen; dasselbe trifft für die von den Fachplanern hergestellten Unterlagen zu, deren Abstimmung und Koordinierung zu den bewerteten Leistungen des Objektplaners zählen. Daher versteht es sich von selbst, dass die Fachplaner bei der **Abstimmung der Schnittstellen** zu den Leistungsbeschreibungen der anderen an der Planung fachlich Beteiligten mitwirken.

Die aktuelle Verordnung nennt in Leistungsphase 6 mit dem **Ermitteln der** (voraussichtlichen) **Kosten** auf Grundlage der vom Planer bepreisten Leistungsverzeichnisse (LPH 6 d)) und mit der **Kostenkontrolle** durch Vergleich der von ihm **bepreisten Leistungsverzeichnisse** mit der Kos-

---

[32] Z. B. Vergabe- und Vertragshandbuch für die Baumaßnahmen des Bundes (VHB 2008 – Stand August 2012), mit Erlass des Bundesministeriums für Verkehr, Bau und Stadtentwicklung vom 2. Juni 2008 zum 1. Juli 2008 für den Bundeshochbau eingeführt, einschließlich seiner Aktualisierungen, zuletzt mit Erlass B 15 – 8164.2/2 vom 19. September 2012

[33] Z. B. Kommunales Vergabehandbuch für Baden-Württemberg – KVHB-Bau – mit Formularen; Handbuch für die Vergabe und Ausführung von Bauleistungen im kommunalen Bereich Baden-Württemberg mit Vorschriftensammlung, Loseblattsammlung, Richard Boorberg Verlag, Stuttgart, einschließlich Fortschreibungen

tenberechnung (LPH 6 e)) zwei neue Arbeitsschritte als Grundleistungen, die bisher als Besondere Leistungen verstanden wurden. Die Herstellung bepreister Leistungsverzeichnisse fordert von den Auftragnehmern die Verwendung jeweils **ortsüblicher, objektspezifischer Preise**, um das vermutliche Ausschreibungsergebnisse möglichst genau zu treffen. Um diese Leistung konjunkturnah erbringen zu können, müssen auch Fachplaner entsprechende Preis-Datenbanken vorhalten und kontinuierlich fortschreiben, die sie aus Ausschreibungsergebnissen herleiten müssen, die in der Vergangenheit liegen. Damit ist anders als bisher ein erheblicher Mehraufwand für die Planer verbunden, da für möglichst jede der denkbaren Positionen in Leistungsverzeichnissen Preise verfügbar sein müssen.

Die Formulierung der Grundleistung der Fachplaner entspricht der Formulierung in denselben Leistungsphasen der HOAI-Anlagen 10.1 und 11.1. In den HOAI-Anlagen 12.1 (Leistungsbild Ingenieurbauwerke) und 13.1 (Leistungsbild Verkehrsanlagen) wird eine andere Formulierung verwendet; dort wird der Planer als Entwurfsverfasser bezeichnet. Dies hat zur Folge, dass bei getrennter Vergabe der Leistungen für Ingenieurbauwerke und Verkehrsanlagen in den Phasen 1 bis 4 und 5 bis 9 der mit den ersten vier Leistungsphasen Beauftragte (Entwurfsverfasser) dann, wenn im Ingenieur- oder Architektenvertrag – wie leider sehr häufig üblich – das Leistungsbild bei der Leistungsdefinition in Bezug genommen wird, dieser die im Rahmen der Leistungsphase 6 von einem anderen Objektplaner erstellten Leistungsverzeichnisse bepreisen soll. Eine entsprechende Grundleistung des Entwurfsverfassers – in den beiden anderen Leistungsbildern ebenfalls „Planer" genannt – fehlt jedoch in allen Leistungsbildern. Zur Vermeidung von streitigen Auseinandersetzungen und Unklarheiten, an wen sich die Fachplaner der technischen Ausrüstung wenden müssen, um das vom Planer zur Verfügung zustellende bepreiste Leistungsverzeichnis zu erhalten, sollte in den entsprechenden Verträgen diese offensichtlich fehlende Definition der Zuständigkeit schriftlich vereinbart werden.

Mit dem **Zusammenstellen der Vergabeunterlagen** und der Übergabe dieser Unterlagen an den Objektplaner und den Auftraggeber schließen die Leistungen dieser Leistungsphase ab (LPH 6 f).

b) Besondere Leistungen

104 Wünscht ein Auftraggeber nicht nur die Vergabe von Wartungsleistungen, deren Art und Umfang in einschlägigen bestehenden Regelwerken formuliert sind, sondern auch die Entwicklung eines **Wartungskonzepts einschließlich Wartungsorganisation** und -durchführung, ist dafür eine gesonderte Planung notwendig. Die Schaffung der Vergabeunterlagen für solche Leistungen ist ebenfalls eine Besondere Leistung, da sie nicht der Herstellung der Technischen Anlagen, sondern deren Betrieb dienen. Eine angemessene Honorierung der beschriebenen Leistungen kann sich daher nicht an den anrechenbaren Kosten der zu wartenden Anlagen orientieren, sondern wie bei ähnlichen konzeptionellen Planungen und Untersuchungen organisatorischer Art nur an dem voraussichtlichen Zeitaufwand des Planers. Daher wird empfohlen, für diese Leistungen ein Zeithonorar zu vereinbaren.

105 Die Ausführung von Gebäuden und Ingenieurbauwerken kann nach § 7 Abs. 13–15 VOB/A in begründeten Ausnahmefällen auch als Ganzes ausgeschrieben werden (**Leistungsbeschreibung mit Leistungsprogramm** oder „funktionale Leistungsbeschreibung"). Das Aufstellen einer detaillierten Objektbeschreibung als Baubuch zur Grundlage der Leistungsbeschreibung mit Leistungsprogramm sowie das Aufstellen einer detaillierten Objektbeschreibung als Raumbuch und die Erläuterungen zur Wertungsmethodik der Angebote (z. B. bei abweichenden Standards oder bei Berücksichtigung von Folgekosten durch Kostenvergleichsrechnungen) sind Besondere Leistungen, die je nach Umfang die bewerteten Leistungen teilweise oder ganz ersetzen[34]. In einer Fußnote zur Beschreibung der Besonderen Leistung in Leistungsphase 6 des Leistungsbildes Gebäude und Innenräume teilt der Verordnungsgeber mit, dass die Leistung bei dieser Leistungsbeschreibung ganz oder teilweise zur Grundleistung wird. Es wird empfohlen, vor Durchführung der Leistung eine schriftliche Vergütung zu treffen.

---

[34] Empfehlungen des AHO zur Definition und Anwendung der Funktionalausschreibung, Heft Nr. 10 der AHO-Schriftenreihe 1998

Mit **alternativen Leistungsbeschreibungen** für geschlossene Leistungsbereiche können auch einzelne Bauteile oder Gewerke alternativ in den Wettbewerb gestellt werden. Dies gilt sowohl für das Bauwerk selbst als auch dessen Ausrüstung beispielsweise mit Stahlwasserbauten oder vergleichbaren Maschinen. Die Ausarbeitung alternativer Leistungsbeschreibungen ist eine Besondere Leistung. **106**

7. Mitwirken bei der Vergabe

a) Grundleistungen

Das **Mitwirken bei der Vergabe** beschreibt die Leistung des Fachplaners beim Einholen und Werten von Angeboten sowie seine Mitwirkung bei der Auftragsvergabe durch den Auftraggeber. Das **Einholen von Angeboten** (LPH 7 a)) umfasst seine Tätigkeiten, welche nach Zusammenstellung der Vergabeunterlagen bis zur Vorlage von Unternehmerangeboten beim Auftraggeber notwendig sind. In der Regel gehören dazu auch Beratungsleistungen im Benehmen mit dem Objektplaner, die der **Auftraggeber bei** seinen **Entscheidungen** benötigt, die nachfolgend beispielhaft aufgezählt sind[35]: **107**
– Wahl der Art des Vergabeverfahrens nach §§ 3 bzw. 3a VOB/A unter Berücksichtigung des Schwellenwertes gemäß § 2 VgV
– Entscheidung über eine Ausschreibung nach Losen
– Entscheidung über die terminliche Abwicklung des Ausschreibungsverfahrens

Ferner ist der Fachplaner dazu verpflichtet, im Benehmen mit dem Objektplaner die **Entwürfe der Vergabebekanntmachungen** für die zu vergebenden Leistungen zu formulieren. Dazu gehören Anforderungen des Auftraggebers an die Nachweise der am Auftrag interessierten Unternehmen über ihre Fachkunde, Leistungsfähigkeit und Zuverlässigkeit, die der Fachplaner zur Prüfung ihrer Eignung vor der eigentlichen Preisprüfung durchführen muss. Die Entscheidung über die endgültige Formulierung des Bekanntmachungstextes ist Sache des Auftraggebers; seine Veröffentlichung in den entsprechenden Publikationsorganen, die der Auftraggeber bestimmt, kann nach entsprechender Anweisung des Auftraggebers durch den Objektplaner erfolgen.

Weiter ist festzulegen, auf welche Weise der **Auftraggeber die Submission der Angebote vornimmt.** Letztere ist gerade bei öffentlichen Bauvorhaben in der Regel Aufgabe des Auftraggebers, die er mit Unterstützung des Objekt- und Fachplaners durchführt. Wegen der besonderen Verantwortung bei der für die Durchführung gesetzes- und verordnungskonformer Vergabeverfahren ist gerade beim Eröffnungstermin das gemeinsame Handeln geboten.

Die beim Auftraggeber eingegangenen **Angebote** muss der Fachplaner **prüfen und werten** (LPH 7 b)). Dabei sind zunächst die Einhaltung der Angebotsbedingungen und Formvorschriften sowie die Eignung der Bieter[36] zu untersuchen sowie danach die vollständigen und daher wertbaren Angebote auf rechnerische Richtigkeit zu prüfen. Einer besonderen Prüfung und Wertung bedürfen die Angebote für zusätzliche oder geänderte Leistungen der ausführenden Unternehmen; dabei ist besonderes Augenmerk auf die Prüfung der Angemessenheit der dafür angebotenen Preise zu richten. Die Prüfer müssen ferner untersuchen, ob gegebenenfalls Spekulationspreise angeboten wurden, welche die Reihenfolge der Bieter in unzulässiger Weise bestimmen. Bei der Durchführung dieser Leistungen muss der Fachplaner insbesondere nach öffentlicher Ausschreibung bzw. bei Vergabe im offenem Verfahren die strikten Vorschriften der VOB/A beachten, wonach vor der Preisprüfung die Bewerbungen und Angebote der Bieter auf deren **Eignung zur Übernahme des Auftrages zu überprüfen sind**[37]. Nach der rechnerischen Prüfung und Wertung der Angebote ist das **Aufstellen** und **Auswerten des Preisspiegels** nach Einzelpositionen erforderlich. Dabei geht es um eine transparente Übersicht über die angebotenen Leistungen, Einheits- und Gesamtpreise, die sowohl Detailvergleiche als auch die Vergleiche der jeweiligen Gesamtpreise erlauben. **108**

---

[35] So ebenfalls Mitteilung Nr. 1/89 der Gemeindeprüfungsanstalt Baden-Württemberg
[36] Siehe z. B. § 16 Abs. 1 und 2 VOB/A
[37] § 16 Abs. 2 VOB / A

109 Mit dem **Führen von Bietergesprächen** (LPH 7 c) meint die Verordnung ausschließlich die Gespräche, die nach § 15 VOB/A zur Aufklärung des Angebotsinhalts zulässig sind. Danach darf ein Auftraggeber nach Öffnung der Angebote bis zur Zuschlagserteilung von einem Bieter nur Aufklärung verlangen, um sich über seine Eignung, insbesondere seine technische und wirtschaftliche Leistungsfähigkeit, das Angebot selbst, etwaige Nebenangebote, die geplante Art der Durchführung, etwaige Ursprungsorte oder Bezugsquellen von Stoffen oder Bauteilen und über die Angemessenheit der Preise, wenn nötig durch Einsicht in die vorzulegenden Preisermittlungen (Kalkulationen), unterrichten lassen. Insbesondere Verhandlungen über Änderung der Angebote oder Preise sind unstatthaft, außer wenn sie bei Nebenangeboten oder Angeboten aufgrund eines Leistungsprogramms nötig sind, um unumgängliche technische Änderungen geringen Umfangs und daraus sich ergebende Änderungen der Preise zu vereinbaren. Es wird darauf hingewiesen, dass das Führen solcher Gespräche und Verhandlungen mit Bietern zur Klärung technischer Fragen vor der Vergabe der Bauleistungen grundsätzlich **Aufgabe des Auftraggebers** unter **Mitwirkung des Objekt- und Fachplaners** ist. Der Auftraggeber kann diese Aufgabe allerdings auch auf den Fachplaner unter Mitwirkung des Objektplaners delegieren.

110 Zu den Leistungen in dieser Leistungsphase zählen auch diejenigen, welche ein Fachplaner nach dem **Aufheben von Ausschreibungen** in den Leistungsphasen 6 und/oder 7 erneut erbringen muss. Die daraufhin erneut zu erbringenden Leistungen sind je nach Situation teilweise oder vollständige Wiederholung bereits erbrachter Leistungen, die durch das Aufheben der Ausschreibung vergeblich wurden. Die Honorierung dieser Leistungen muss je nach Leistungsumfang mit einem Teil des für die wiederholten Leistungen verordneten Vomhundertsatzes oder mit dessen vollen Wert erfolgen.

111 Eine weitere unverzichtbare Aufgabe des Fachplaners ist die Prüfung, ob die beim Vergabeverfahren festgestellten Kosten im erwarteten Rahmen liegen (LPH 7 d)). Dazu ist ein **Vergleich der Ausschreibungsergebnisse mit den bepreisten Leistungsverzeichnissen** und den Ergebnissen der Kostenberechnung notwendig. Dieser Vergleich ist der nächste obligatorische Schritt der weiteren Kostenkontrolle; er soll den Vertragsparteien die Möglichkeit geben, Entscheidungen zur Kostensteuerung noch vor der Vergabe und damit vor Baubeginn zu treffen. Die Tätigkeit entspricht dem früher so genannten **Fortschreiben der Kostenberechnung**, die den Leistungen für den Kostenanschlag nach DIN 276 Ziffer 3.4.4 entspricht. Dieser ist in der Norm als eine Grundlage für die Entscheidung über die Ausführungsplanung und die Vorbereitung der Vergabe definiert. Ihm liegen insbesondere folgende Informationen zu Grunde:
– Planungsunterlagen, z. B. endgültige vollständige Ausführung-, Detail- und Konstruktionszeichnungen,
– Berechnungen, z. B. für Standsicherheit, Wärmeschutz, technische Anlagen,
– Berechnung der Mengen von Bezugseinheiten der Kostengruppen,
– Erläuterungen zur Bauausführung, z. B. Leistungsbeschreibungen,
– Zusammenstellungen von Angeboten, Aufträgen und bereits entstandenen Kosten (z. B. für das Grundstück, Nebenkosten usw.).
Dazu gehört auch die Berücksichtigung von **Nachträgen** (s. Rdn. 118).

112 Der geforderte Kostenvergleich ermöglicht es dem Fachplaner, **bei Abweichungen rechtzeitig gegenzusteuern**, Maßnahmen gegen die Abweichungen zu ergreifen und schließlich gründliche **Erläuterungen und Begründungen für unvermeidbare Abweichungen** auszuarbeiten. Diese Aufgabe ergibt sich auch aus DIN 276-1:2008-12 Ziffer 3.5 (Kostenkontrolle und Kostensteuerung). Danach verfolgt die Kostenkontrolle und Kostensteuerung den Zweck, die Kostenentwicklung und die Einhaltung der Kostenvorgabe zu überwachen. Dabei gilt der Grundsatz, dass die Planungs- und Ausführungsmaßnahmen eines Bauprojekts hinsichtlich ihrer resultierenden Kosten kontinuierlich zu bewerten sind. Wenn bei der Kostenkontrolle Abweichungen festgestellt werden und Kostenrisiken einzutreten drohen, sind diese zu benennen. Wird bei der Kostenkontrolle beispielsweise festgestellt, dass die Kostenberechnung geringere Kosten ausweist als sie nach der Angebotsprüfung für die Ausführung zu erwarten sind, muss der Fachplaner im Benehmen mit dem Objektplaner dem Auftraggeber **Einsparungsvorschläge** beispielsweise durch Korrekturen der Ausführungsstandards unterbreiten. In einem solchen Fall müsste er allerdings auch die Auswirkungen der ggf. geringeren Qualität auf die Folgekosten des Objekts aufzeigen. Ziel solcher Untersuchungen ist die möglichst umfassende Information des Auftraggebers und die Lieferung von Entscheidungshilfen.

Selbstverständlich sind die **Ergebnisse der Kostenkontrolle** sowie die vorgeschlagenen und durchgeführten Maßnahmen der Kostensteuerung – insbesondere die notwendige Abstimmung mit dem Auftraggeber und dem fachlich Beteiligten – zu **dokumentieren**. Unter 3.5.4 sieht die Norm schließlich vor, dass bei der Vergabe und der Ausführung die Angebote, Aufträge und Abrechnungen (einschließlich Nachträgen) in der für das Bauprojekt festgelegten Struktur aktuell zusammenzustellen und durch Vergleiche mit den vorherigen Ergebnissen zu kontrollieren sind. **113**

Das **Mitwirken bei der Auftragserteilung** umfasst neben der schon erwähnten Fertigung eines Preisspiegels der wichtigsten Positionen, geordnet nach Objekten, Kostengruppen und Fachbereichen, auch das Ausarbeiten und Begründen des **Vergabevorschlages** (LPH 7 e)). Soweit Fachplaner für ihren Leistungsbereich mit vergleichbaren Leistungen beauftragt sind, ist es die Aufgabe des Objektplaners, deren Vergabevorschläge auf Übereinstimmung mit den in den Ausschreibungsunterlagen vorgegebenen Bedingungen zu überprüfen und gegebenenfalls erforderliche Korrekturen im Einvernehmen mit dem Auftraggeber zu veranlassen. Im Zusammenhang mit der Vorlage des Vergabevorschlags ist der Fachplaner gehalten, durch eine ausführliche **Dokumentation des Vergabeverfahrens** dessen ordnungsgemäße Durchführung nachzuweisen. Dies ist vor allem deswegen vonnöten, weil beispielsweise nicht bei der Vergabe berücksichtigte Bewerber und Bieter nach § 97 Abs. 7 GWB[38] Anspruch darauf haben, dass öffentliche Auftraggeber die Bestimmungen über das gesetzlich festgelegte Vergabeverfahren einhalten. Daher kann jedes Unternehmen, das ein Interesse am Auftrag hat und meint, dass es bei der Durchführung des Vergabeverfahrens in seinen Rechten verletzt wurde, ein Nachprüfungsverfahren bei einer für das Projekt zuständigen Vergabekammer beantragen. Der Fachplaner muss deswegen dafür Sorge tragen, dass er alle das betreffende Vergabeverfahren festgelegten gesetzlichen Regelungen eingehalten hat. Er muss die dafür notwendigen schriftlichen Nachweise nach Beantragung eines solchen Nachprüfungsverfahrens dem Auftraggeber unverzüglich vorlegen können, soweit sie diesem nicht schon zusammen mit dem Vergabevorschlag vorgelegt wurden. Dieser Pflicht kann er am besten dadurch nachkommen, dass er die geforderte Dokumentation der Einzelschritte des Vergabeverfahrens stets zeitnah schon während des Verfahrens bearbeitet und fortschreibt. **114**

Integraler Bestandteil der Grundleistungen beim Mitwirken bei der Vergabe ist die **Zusammenstellung der Unterlagen (LPH 7 f)) für die Verträge**, die Auftraggeber und beauftragte Unternehmen vor Beginn der Bauarbeiten unterzeichnen müssen und die Grundlage für die Zusammenarbeit dieser Parteien sind. Die Formulierung der Verträge ist Sache juristischer Vertreter der beiden Parteien; die dort geforderten Unterlagen – in der Regel Vertragsanlagen – muss Fachplaner im Benehmen mit dem Objektplaner zusammenstellen und den Parteien übergeben. Hier sind in erster Linie die verhandelten Angebote – gegebenenfalls ergänzt um zusätzliche Angaben, die bei den Bietergesprächen schriftlich ausgetauscht worden – einschließlich der Besonderen Vertragsbedingungen und der für die Angebotserstellung benötigten Pläne und sonstigen technischen Unterlagen Angaben zu nennen. **115**

b) Besondere Leistungen

Das **Prüfen und Werten von Nebenangeboten** oder von Änderungsvorschlägen auf deren technische und funktionelle Durchführbarkeit sind Besondere Leistungen, da Nebenangebote und Änderungsvorschläge in der Regel zusätzlich zu den Hauptangeboten zu prüfen sind. Ferner ist festzustellen, ob die angebotenen Lösungen in gleicher Weise wie die Grundlösung die funktionelle Einheitlichkeit, Mängelfreiheit und Qualität des Gesamtbauwerkes zu erreichen erlauben. **116**

---

[38] Gesetz gegen Wettbewerbsbeschränkungen (GWB) in der Fassung der Bekanntmachung vom 26. Juni 2013 (BGBl. I S. 1750), das durch Artikel 16 des Gesetzes vom 4. Juli 2013 (BGBl. I S. 1981) geändert worden ist

Auch die bei solchen Prüfungen häufig erforderlichen Wirtschaftlichkeitsuntersuchungen sind als Teil der Besonderen Leistungen zu erbringen und vom Auftraggeber zu vergüten.

117 Das **Ausschreibungsverfahren nach funktionaler Leistungsbeschreibung** (Leistungsbeschreibung mit Leistungsprogramm) erfordert eine Prüfung und Wertung der Angebote, die im Vergleich mit den Prüfleistungen bei der gewerkeweisen Ausschreibung in der Regel erheblich umfangreicher ist. Diese Besondere Leistung kann die bewerteten Leistungen in Leistungsphase 7 teilweise oder ganz ersetzen. Werden zur Prüfung und Wertung solcher Angebote auch abweichende Standards oder unterschiedliche Folgekosten durch Kosten-Nutzen-Untersuchungen oder Kostenvergleichsuntersuchungen notwendig, müssen diese Leistungen ggf. auch höher als die Grundleistungen bewertet werden. Das Prüfen von Angeboten aufgrund alternativer Leistungsbeschreibungen einzelner Bauteile oder Gewerke ist prinzipiell eine Besondere Leistung.

118 Leistungen des **Fachplaners**, die er beim Mitwirken **bei der Prüfung von bauwirtschaftlich begründeten Angeboten** (Nachtragsangeboten) der bauausführenden Firmen erbringen muss, zählen zu seiner werkvertraglichen Bringschuld. Hierzu ist er insbesondere dann verpflichtet, wenn dadurch unberechtigte Nachtragsforderungen abgewehrt werden können (Claimabwehr). Die hiermit verbundenen und nicht über das im Allgemeinen erforderliche Maß hinausgehenden Leistungen sind mit dem unverändert bleibenden Honorar abgegolten; einen Rechtsanspruch auf ein Mehr an Honorar besitzt er wegen des werkvertraglichen Charakters der Architekten- und Ingenieurverträge nicht. Dies gilt nicht für solche Nachtragsangebote, die **eine Folge unvorhersehbarer Ereignisse** während der Bauausführung sind, durch zusätzliche Forderungen des Bauherrn verursacht werden oder spekulativen Charakter besitzen; deren Prüfung löst einen zusätzlichen Honoraranspruch des Objektplaners aus, dessen Höhe am zweckmäßigsten nach dem erforderlichen Zeitaufwand und einem ortsüblichen Stundensatz bemessen wird. Dasselbe gilt für den Fachplaner, der bei der Prüfung des Objektplaners zur Abwehr solcher vornehmlich bauwirtschaftlich begründeten Angebote mitwirkt (Claimabwehr).

119 Sehr häufig verlangen insbesondere öffentliche Auftraggeber bei Nachtragsangeboten der Unternehmer die Vorlage von entsprechenden Kalkulationsblättern. Auf dieser Grundlage ist dann zusätzlich zur sachlichen Prüfung über die Anspruchsberechtigung auch die **Preisprüfung der Nachtragsangebote** – differenziert nach Stoff- und Lohnkosten – vorzunehmen. Vielfach sollen die Objektplaner oder Fachplaner auch feststellen, ob die Zuschläge für Lohnneben- und Lohnzusatzkosten sowie die kalkulatorischen Basiswerte für Baustellengemeinkosten, allgemeine Geschäftskosten sowie Wagnis- und Gewinnanteil stimmen. Bezüglich der Honorierung der hierbei zu erbringenden Leistungen ist Seifert zuzustimmen, der solche Leistungen als eine hochqualifizierte Tätigkeit beurteilt, was schon daran erkennbar sei, dass es sich dabei um ein Spezialgebiet von Sachverständigen handele[39]. Denn eine derartige Überprüfung sei eine baubetriebliche Leistung, die von Sachverständigen erbracht werde, die von einer Bestellungskörperschaft (zum Beispiel von einer IHK) aufgrund ihrer besonderen Sachkunde für „Baupreisfragen", „Baupreisermittlung", „Abrechnung im Hochbau" usw. öffentlich bestellt und vereidigt seien. Dafür bedürfe es auch einer entsprechenden baubetrieblichen Ausbildung und einer besonderen Sachkunde auf diesem Fachgebiet. Wenn es bei der Überprüfung von unternehmerischen Kalkulationen um eine „normale" Grundleistung ginge, die von jedem Architekten üblicherweise und allgemein zu erbringen wäre, bräuchte es Sachverständige für dieses Bestellungsgebiet jedenfalls nicht zu geben. Daher kann die hier beschriebene Tätigkeit nur eine Besondere Leistung sein.

---

[39] Werner Seifert: „Gehört die Prüfung von Nachtragsangeboten zu den Grundleistungen nach der HOAI?" IBR 2010, 1013 (nur online)

8. Objektüberwachung (Bauüberwachung und Dokumentation)

a) Grundleistungen

Das **Überwachen der Ausführung** (LPH 8 a)) des Objekts beginnt für den Fachplaner erst mit **120** dem Beginn der Ausführung der Technischen Anlage, für die er Fachplanungsleistungen zu er- bringen hat – nicht bereits bei der Ausführung des Bauwerks – und endet mit Beseitigung des letzten bei der Abnahme gerügten Mangels an der Anlage, nicht am Bauwerk. Die Tätigkeit bezieht sich nicht nur auf die Übereinstimmung mit der eventuellen öffentlich-rechtlichen Ge- nehmigung für die von den Fachplanern zu überwachenden Anlagen, sondern auf die **öffentlich- rechtlichem Genehmigung oder Zustimmung** für das gesamte Bauwerk, soweit davon die von ihnen zu überwachenden Anlagen betroffen ist. Dafür müssen der Auftraggeber oder der Objektplaner dem Fachplaner frühestmöglich die für die Prüfung notwendigen Genehmigungs- unterlagen zur Verfügung zu stellen. Dies ist deswegen von Bedeutung, weil für viele Anlagen der Technischen Ausrüstung keine eigene öffentlich-rechtlich der Genehmigung erforderlich ist, jedoch Anforderungen und Auflagen für die Anlagen der Technischen Ausrüstung in den Ge- nehmigungsunterlagen für das Bauvorhaben enthalten sein können, die ggf. über die im Rahmen der Entwurfs- und Genehmigungsplanung erkundeten und den Planungen zugrunde liegenden Anforderungen hinausgehen.

Das Überwachen der Ausführung der Anlage auf **Übereinstimmung mit den Verträgen zwi- 121 schen** Auftraggeber und ausführenden Unternehmen bedeutet die Überwachung auf Überein- stimmung mit der Leistungsbeschreibung oder dem Leistungsverzeichnis und bedeutet die notwendige Ausführungskontrolle. Soweit planerische Festlegungen im Ausführungs-/ Monta- geplan nicht getroffen waren, sind die Leistungsbeschreibungen maßgebend. Die Objektüberwa- chung und Kontrolle der Ausführung hat dabei auf Einhaltung der allgemein anerkannten Regeln der Technik und aller relevanten Vorschriften zu erfolgen. Vorschriften in diesem Sinne sind auch Herstellervorschriften. Soweit diese jedoch zusätzliche Leistungen oder Veränderungen bedingen, bedürfen sie vor Ausführung der Zustimmung der Fachplaner.

Die Überwachung der Ausführung auf **Übereinstimmung mit den Ausführungsplänen** be- **122** deutet, dass die Fachplaner die Ausführung, die nach den Montage- und Werkstattplänen des ausführenden Unternehmers und nicht nach ihren Ausführungszeichnungen erfolgt, auf Über- einstimmung mit den Planungsabsichten prüft, die in seinen Ausführungsplänen und ggf. ergän- zenden zugehörigen Erläuterungen dargestellt sind. Dabei muss der mit der Objektüberwachung beauftragte Fachplaner auch darauf achten, dass die ausführenden Firmen die einschlägigen Vor- schriften einhalten und die allgemein anerkannten Regeln der Technik beachten.

Eine der wesentlichen Aufgaben des Objektplaners ist die **Koordination der am Projekt Be- 123 teiligten.** Damit der Objektplaner diese Aufgaben erfüllen kann, ist die **Mitwirkung der Fach- planer** (LPH 8 b)) unabdingbar. Dafür werden Fachplaner insbesondere bei größeren und/oder komplexen Bauvorhaben aufgefordert, an regelmäßig stattfindenden Abstimmungsgesprächen aller fachlich Beteiligten teilzunehmen, die sowohl zur Abstimmung von Leistungen als auch von Terminen zwischen den fachlich Beteiligten dienen. Erfahrungsgemäß ist der Zeitaufwand des einzelnen Fachplaners für solche Abstimmungen im Rahmen dieser Besprechungen i. d. R. erheblich größer als die zur Beantwortung der Fachfragen benötigte Zeit. Der Fachplaner sollte daher im Ingenieurvertrag eine **zeitliche Begrenzung** der erforderlichen Teilnahme an solchen Besprechungen vereinbaren; alle das Zeitlimit überschreitenden Leistungen wären dann als Be- sondere Leistungen beispielsweise durch ein Zeithonorar zu vergüten.

Das **Aufstellen, Fortschreiben und Überwachen eines Terminplanes** (LPH 8 c)), der aus- **124** drücklich als **Balkendiagramm** definiert ist und sinnvoll nur in Zusammenarbeit mit den fach- lich Beteiligten – insbesondere im Benehmen mit dem Objektplaner - erstellt werden kann, regelt die eigenen Zeitvorgaben für die Fachplanung sowie für die ausführenden Unternehmen, die ebenfalls einen entsprechenden Beitrag im Rahmen der bei der Ausschreibung vorzugebenden Bauzeiten leisten müssen. Er konkretisiert den bei der Bearbeitung der Entwurfsplanung aufge- stellten Terminplan um die im Rahmen der Leistungsphase 6 festgelegten Ausführungsphasen und macht Zeitvorgaben für alle bei der Bauausführung notwendigen Leistungen einschließlich der Planungs- und Bauherrenleistungen. Er dient dazu, die Tätigkeiten der auf der Baustelle beschäftigten Firmen und fachlich Beteiligten aufeinander abzustimmen und zeitlich so einzuordnen, dass eine wirtschaftliche Ausführung gewährleistet ist. Sollte der zu Beginn der Arbeiten aufgestellte Terminplan durch nicht vorgesehene oder nicht vorhersehbare Ereignisse (anhaltende Schlechtwetterzeiten, Hochwasser) oder andere Einflüsse überarbeitet werden müssen, gehört seine Fortschreibung zu den Grundleistungen des Fachplaners.

125 Die Dokumentation des Ablaufs **in Form des Bautagebuchs** (LPH 8 d)) ist eine weitere Leistung, die dann werkvertraglicher Natur ist, wenn im Ingenieurvertrag des Fachplaners auf das Leistungsbild der HOAI Bezug genommen ist. Ob der Fachplaner bei seiner Objektüberwachung von Einbau und Montage der Technischen Ausrüstung ein Bautagebuch führt und dessen Ergebnisse dem Objektplaner zur Verfügung stellt, ist ihm überlassen, wenn der Vertrag es nicht fordert. Allerdings kann ihm die Führung eines Bautagebuchs im eigenen Interesse nur dringend empfohlen werden, da es zur Klärung später auftretender Fragen technischer oder juristischer Art von großer Bedeutung sein kann. Im Bautagebuch hält der ausführungsüberwachende Fachingenieur die Arbeitsaufnahme und je nach Besonderheit und Schwierigkeit der Bauabwicklung **Einzelheiten des Bauablaufs stichpunktartig** fest. Ergänzt werden die Aufzeichnungen durch die Wochenberichte der ausführenden Firmen. Eine ständige Anwesenheit des Fachingenieurs auf der Baustelle ist hierfür nicht erforderlich. Die Objektüberwachung der Technischen Anlagen muss wie auch die Objektüberwachung des Objektplaners in kritischen und schwierigen Bauphasen die Kontroll- und Überwachungstätigkeit intensivieren, um so rechtzeitig Mängel der Anlage verhindern zu helfen (s. auch § 43 Rdn. 172). Gerade diese Überwachungstätigkeiten sind im Bautagebuch angemessen zu dokumentieren. Dabei ist auch hier zwischen überwachungsbedürftigen Arbeiten und handwerklichen Selbstverständlichkeiten zu unterscheiden. Bei den letztgenannten Arbeiten der ausführenden Unternehmen darf der Planer grundsätzlich davon ausgehen, dass diese nicht überwacht werden müssen. Ob das Bautagebuch des Fachingenieurs anschließend ergänzender Bestandteil eines vom Objektplaner geführten Bautagebuches wird, richtet nach dessen mit dem Auftraggeber geschlossenen Vertrag.

Keinesfalls sind die von Bauleitern der ausführenden Unternehmen erstellten Bautagebücher ein Ersatz für das von Objektüberwachung zu führende Bautagebuch. Seine Bedeutung zur Dokumentation des Bauablaufs hat zuletzt das OLG Celle in seinem Urteil vom 11.10.2005 hervorgehoben[40]: *„Das Bautagebuch dient den Interessen des Bauherrn und soll Leistungen, Lieferungen und Tätigkeiten der verschiedenen Unternehmer sowie die jeweiligen Arbeitsbedingungen auf der Baustelle festhalten. Für eine spätere gerichtliche oder außergerichtliche Auseinandersetzung ist es zudem ein Beweismittel. Damit dient es nicht in erster Linie dem Architekten zu dessen eigener Gedächtnisstütze, sondern dem Bauherrn“.*

126 Mit dem **Prüfen und Bewerten der Notwendigkeit geänderter oder zusätzlicher Leistungen** der Unternehmer und der Angemessenheit der für deren Durchführung angebotenen Preise (LPH 8 e)) ist eine Grundleistung formuliert, welche sich im Regelfall nur geringfügig von der Tätigkeit beim Prüfen und Werten von Nebenangeboten unterscheidet. Sie kann auch weitgehend mit der Leistung des Fachplaners übereinstimmen, die er beim Prüfen bauwirtschaftlich begründeter Angebote im Rahmen der Claimabwehr erbringen muss. Der Verordnungsgeber erklärt weder in der Verordnung selbst noch in der Verordnungsbegründung die Unterschiede der Tätigkeiten; aus Wortlaut und Stellung der Grundleistung liegt der Schluss nahe, dass es sich bei der Grundleistung im Rahmen der Objektüberwachung um eine Prüfung von Einzelleistungen der ausführenden Unternehmen handeln muss, die als Varianten zu den im Leistungsverzeichnis beschriebenen Leistungen anzusehen sind. Mit der Preisprüfung dürfte lediglich eine Plausibilitätsprüfung der angebotenen Preise gemeint sein, die durch Vergleich mit Preisen für vergleichbare Leistungen zu erledigen ist, die im Leistungsverzeichnis desselben Projekts oder derselben Technischen Anlage genannt und vereinbart sind.

---

[40] 14 U 68/04; BauR 2005, 1972, IBR 2005, 600

Das **gemeinsame Aufmaß mit den ausführenden Unternehmen** ist die Leistung des objekt- **127** überwachenden Fachplaners (LPH 8 f)). Diese Formulierung bezieht sich darauf, dass gemäß Abschn. 4.1.3 VOB/C DIN 18299 die „Messungen für das Ausführen und Abrechnen der Arbeiten einschließlich des Vorhaltens der Messgeräte, Lehren und Absteckzeichen, ihres Erhaltens während der Bauausführung und des Stellens der Arbeitskräfte hierfür" Nebenleistungen der ausführenden Unternehmer sind.

Da nach DIN 18299 Abschn. 5 nach Zeichnungen aufzumessen ist, soweit die ausgeführte Leistung diesen entspricht, hat der Fachplaner zuerst deren Übereinstimmung zu prüfen. Ist dies nicht der Fall oder sind die Maße der ausgeführten Anlagenteile nicht aus der Zeichnung zu entnehmen, ist das Aufmaß vor Ort zu nehmen. Dies ist immer dann erforderlich, wenn er nicht in der Lage ist, zusammen mit der ausführenden Firma die Abweichungen aus seiner Ortskenntnis in der Zeichnung zu korrigieren bzw. bei nicht dargestellten Teilen die Menge anderweitig zuverlässig zu ermitteln.

Die werkvertragliche Verpflichtung, die Richtigkeit des Aufmaßes festzustellen und zu bestätigen, bedeutet beim örtlichen Aufmaß Richtigkeit des Messens **und** des Niederschreibens. Nachdem die Richtigkeit des Niederschreibens nur der bestätigen kann, der **selbst schreibt**, beinhaltet das Mitwirken, dass der Fachplaner selbst schreibt und nur das niederschreibt, was er an Messergebnissen auch kontrolliert hat. Eine Vorbereitung des Aufmaßes durch Ausfüllen der entsprechenden Formblätter, z. B. mit Positionsnummern, Einbauort, Datum, Namen der Beteiligten u. ä. ist sinnvoll, da auf diese Weise leicht sichergestellt werden kann, dass das Aufmaß nach den Positionen des Leistungsverzeichnisses aufgestellt ist, und die Rechnungskontrolle erleichtert wird.

Zweckmäßig wird die Grenze zwischen Aufmaß nach Zeichnung und Aufmaß vor Ort sowohl in einem Satz Aufmaßzeichnungen als auch im Aufmaß selbst gekennzeichnet. Grundsätzlich müssen Gliederung und Kennzeichnung des Aufmaßes so sein, dass ein fachkundiger Dritter das Aufmaß nachprüfen kann.

Sind Ansätze für **Leistungen auf Zeitnachweis** im Auftrag enthalten, können die betroffen en **128** Fachplaner die Ausführung auf Zeitnachweis veranlassen. Die Nachweise müssen regelmäßig (in der Regel wöchentlich) auf ihre Richtigkeit überprüft und unterschriftlich anerkannt werden. Sofern Veranlassung und Zeitverbrauchsbestätigung nicht eindeutig getrennt und als solche gekennzeichnet sind, gilt nach gefestigter Rechtsprechung die Bestätigung des Zeitaufwands zugleich als Bestätigung der Auftragserteilung zur Ausführung im Zeitnachweis. Zu beachten ist, dass nach VOB/B § 15 Abs. 3 nicht spätestens binnen 6 Werktagen ohne Einwand zurückgegebene Stundenzettel als anerkannt gelten.

Die **Rechnungsprüfung** (LPH 8 g)) erfolgt im Umfang der vertraglichen Vereinbarungen des **129** Planers mit seinem Auftraggeber. Werkvertraglich schuldet der objektüberwachende Fachplaner die **fachliche und rechnerische Prüfung** von Zwischen- und Schlussrechnungen. Ist Abrechnung nach Mengen und Einheitspreisen vereinbart, bildet das **Aufmaß** die Grundlage. Dies gilt **auch für Abschlagszahlungen**, es sei denn, der Auftraggeber hat für diese einem vereinfachten Verfahren z. B. nach einem Zahlungsplan zugestimmt. In beiden Fällen muss der Rechnungsprüfer anhand nachvollziehbarer Leistungsnachweise der ausführenden Unternehmen den Leistungsstand bescheinigen können.

Wenn der ausführungsüberwachende Fachingenieur im Lauf der Bauabwicklung die Gefahr erkennt, dass eine ausführende Firma nicht mehr die Gewähr dafür bietet, die Anlage fertig zu stellen oder die bei der fachtechnischen Abnahme erkannten Mängel oder in der Verjährungszeit der Gewährleistung evt. neu auftretende Mängel zu beseitigen, erlaubt das **Schuldrechtsmodernisierungsgesetz** dem Auftraggeber, einen Betrag bis zur dreifachen Höhe der voraussichtlich hierdurch auftretenden Kosten einzuhalten. Das kann er aber nur, wenn nicht bereits zu viel ausgezahlt ist. Beruhen solche „Überzahlungen" auf der Freigabe durch den Fachplaner, kann ihn beim Eintreten des befürchteten Schadens der Auftraggeber in Regress nehmen. Andererseits drängen gerade in solchen Fällen Firmen auf äußerste Beschleunigung der Bezahlung ihrer Rechnungen. Der objektüberwachende Fachplaner ist gut beraten, diesen Punkt so früh als möglich mit dem Auftraggeber zu besprechen und das Ergebnis aktenkundig zu machen. In solch einem Fall sollte der Fachplaner beim geringsten Zweifel Erkundigungen zur Bonität der entsprechenden Firma vornehmen.

130 Zur rechtzeitigen Verfolgung der Kostenentwicklung ist es erforderlich, in zeitlich nicht zu großem Abstand aufzumessen und eine kontinuierliche **Kostenkontrolle** durchzuführen (LPH 8 h)). Dazu müssen die jeweilige Leistungsabrechnung im Vergleich zu den Vertragspreisen und dem Kostenanschlag überprüft und fortgeschrieben sowie die damit erreichte Summe der geprüften Rechnungen mit der Auftragssumme verglichen werden. Dabei sind insbesondere die Kosten von Nachtrags-, Zusatz- und Regieleistungen zu berücksichtigen.

131 Für die **Kostenfeststellung** (LPH 8 i)) hat der Fachplaner die Schlussrechnungen der ausführenden Unternehmen entsprechend dem Leistungsverzeichnis zu ordnen und dem Objektplaner zur Verfügung zu stellen. Außerdem ist es seine Aufgabe, die wesentlichen Kosten den Kostengruppen nach DIN 276 bis zur 3. Gliederungsebene zuzuordnen bzw. danach aufzugliedern. Nach 3.4.5 der DIN 246-1:2008-12 dient die Kostenfeststellung zum Nachweis der entstandenen Kosten sowie gegebenenfalls zu Vergleichen und Dokumentationen. Weiter heißt es wörtlich: *„In der Kostenfeststellung werden insbesondere folgende Informationen zugrunde gelegt:*
– *geprüfte Abrechnungsbelege, z. B. Schlussrechnungen, Nachweise der Eigenleistungen;*
– *Planungsunterlagen z. B. Abrechnungszeichnungen;*
– *Erläuterungen.“*

132 Nach Fertigstellung der Technischen Anlagen müssen die ausführenden Firmen **Leistungs- und Funktionsprüfungen** der von ihnen gelieferten Anlagenteile und der Gesamtanlage durchführen (LPH 8 j)). Um deren ordnungs- und plangemäßes Funktionieren bestätigen und dokumentieren zu können, müssen die für die Planung und Objektüberwachung verantwortlichen **Fachplaner bei** diesen **Prüfungen** anwesend sein und dabei **mitwirken**. Erst wenn die Prüfungen erfolgreich verliefen und durch eine **Dokumentation der Ergebnisse** bewiesen ist, kann sich die **fachtechnische Abnahme** der Anlagen und damit der Unternehmerleistungen anschließen (LPH 8 k). Die Durchführung der Abnahme ist in einem **Abnahmeprotokoll** zu dokumentieren. War die Abnahme erfolgreich, kann dem Auftraggeber die **Abnahmeempfehlung** mitgeteilt werden, dass er die **rechtsgeschäftliche Abnahme** vornehmen kann. Im Einzelfall wird der Objektüberwachung eine Vollmacht zur rechtsgeschäftlichen Abnahme erteilt. Dies muss jedoch ausdrücklich schriftlich geschehen. Die Fachtechnische Abnahme bezieht sich auf die ordnungsgemäße Ausführung der Anlage, wie auch auf die fehlerfreie Funktion der Anlage.

Bei der fachtechnischen Abnahme brauchen im zugehörigen Protokoll keine Vorbehalte zu Vertragsstrafen aufgenommen zu werden; der Anspruch auf sie entfällt erst mit diesbezüglich vorbehaltloser rechtsgeschäftlicher Abnahme. Es empfiehlt sich dennoch, im Protokoll der fachtechnischen Abnahme nebst den dabei festgestellten Mängeln auf eventuell verwirkte Vertragsstrafen unter Nennung des Grundes hinzuweisen, sowie Beginn und Ende der Gewährleistungsfristen, die bei der betreffenden Anlage voraussichtlich auftreten, als solche gekennzeichnet aufzunehmen, da dann gegebenenfalls der Auftraggeber im Zuge der rechtsgeschäftlichen Abnahme Korrekturen hieran vornehmen kann.

133 Soweit **öffentlich-rechtliche Prüfungen oder Abnahmen** vorgeschrieben sind, muss sie der Fachplaner der entsprechenden Anlage in Abstimmung mit Objektplaner und Auftraggeber beantragen und an ihnen teilnehmen. Das Erstellen der Antragsunterlagen gehört zu den Aufgaben des Fachplaners der zu prüfenden oder abzunehmenden Anlage (LPH 8 l)).

134 Die von den ausführenden Firmen zu übergebenden **Revisionsunterlagen, Bedienungsanleitungen und Prüfprotokolle** gewährleisten den einwandfreien Betrieb der Technischen Anlagen. Diesen Unterlagen kommt große Bedeutung zu, da sie die Grundlagen für eine ordnungsgemäße Bedienung der Anlagen und damit der Beeinflussung der Betriebskosten bilden. Vollständige Bedienungsunterlagen helfen, Bedienungsfehler zu vermeiden. Die Fachplaner müssen ihre Anfertigung und Übergabe seitens der ausführenden Unternehmen durch Aufnahme in die Bauverträge sicherstellen, die Unterlagen zusammenstellen und auf ihre **Vollzähligkeit und Vollständigkeit** (LPH 8 m)) – nicht ihre Richtigkeit, für die allein die ausführenden Unternehmen verantwortlich sind – vor Übergabe an den Bauherrn **prüfen**. Stichprobenartige Prüfungen der Unterlagen auf Übereinstimmung mit dem Stand der Ausführung der Anlagen vervollständigen diesen Arbeitsschritt. Durch die Vollständigkeitsprüfung müssen die Fachplaner dafür sorgen, dass solche Unterlagen **für alle Teile** der von ihnen betreuten Technischen Ausrüstung vorhanden sind. Sie sind dem Auftraggeber, bei entsprechender vertraglicher Regelung dem Objektplaner zu übergeben.

Das **Auflisten der Verjährungsfristen der Ansprüche auf Mängelbeseitigung** (LPH 8 n)) erfolgt als Zulieferung zur entsprechenden Leistung des Objektplaners; zweckmäßig ist auch die direkte Übergabe einer solchen Liste an den Auftraggeber. Die Fachplaner stellen bezüglich der von ihnen betreuten Gewerke den Gewährleistungsbeginn fest und ermitteln die vertraglich vereinbarten Verjährungszeiten. Diese Daten sind dem Objektplaner zu übergeben, der für den Auftraggeber sämtliche Gewährleistungsdaten in ein Verzeichnis aufnimmt. Sofern in den Protokollen der fachtechnischen Abnahmen Beginn und Dauer der Gewährleistungsfristen der Anlagen aufgeführt sind und diese den Daten der rechtsgeschäftlichen Abnahme entsprechen, kann dies durch Zusendung dieser Protokolle an den Objektplaner geschehen. **135**

Im Rahmen der fachtechnischen Abnahme wird beurteilt, ob die gelieferten und eingebauten Teile funktions- und ausführungsgerecht sind. Liegen keine wesentlichen Mängel vor, so wird die Abnahme erfolgen. Soweit die Anlagen noch Mängel aufweisen, hat der Fachbauüberwacher der Technischen Ausrüstung im Rahmen des **Überwachens der Beseitigung der bei der Abnahme festgestellten Mängel** (LPH 8 o)) dafür zu sorgen, dass die Mängelbeseitigung auch unmittelbar in Angriff genommen wird. Besonders zu beachten ist jedoch bei den bei Abnahme festgestellten Mängeln: gleich, ob es sich um Material- oder um Funktionsmängel handelt, beginnt gemäß VOB/B § 13 Abs. 5 letzter Satz die Verjährungsfrist der Gewährleistung für jeden Mangel mit Bestätigung seiner Beseitigung neu zu laufen. Daraus kann eine Fülle unterschiedlicher Termine für den Gewährleistungsablauf resultieren, die der Fachplaner alle in der Leistungsphase 9 wegen seiner dort verankerten Pflicht zur „Begehung vor Ablauf der Verjährungsfristen der Mängel" berücksichtigen muss. **136**

Danach erfolgt die **Übergabe des Objekts** (LPH 8 p)) an den Auftraggeber einschließlich der übersichtlichen und systematischen Zusammenstellung aller erforderlichen Unterlagen, die bei der Übergabe die richtige Funktion und plangerechte Erstellung des Bauwerkes dokumentieren. Hierzu gehören insbesondere alle zeichnerischen Unterlagen – Entwurfspläne und fortgeschriebene Ausführungszeichnungen einschließlich deren zugehöriger Beschreibungen – sowie beispielsweise **Abnahmeniederschriften, Prüfungsprotokolle, eine Zusammenstellung von Wartungsvorschriften** für die Anlagen etc. Mit Übergabe der Anlagen muss dem Auftraggeber auch die bereits erwähnte **Auflistung der Verjährungsfristen** seiner Gewährleistungsansprüche an die ausführenden Unternehmen übergeben werden. **137**

b) Besondere Leistungen

Sollen die Revisionsunterlagen und Bedienungsanleitungen nicht nur auf Vollständigkeit, sondern auch auf **inhaltliche Verständlichkeit oder Mängelfreiheit** geprüft werden, wird dies von Auftraggebern häufig ebenfalls als Grundleistung angesehen und ohne zusätzliche Honorierung verlangt. Eine solche umfassende Prüfung ist aber nicht als Grundleistung genannt; daher kann sie der Verordnungsgeber auch nicht für die ordnungsgemäße Erfüllung eines Auftrags nach § 3 Abs. 2 für im Allgemeinen erforderlich gehalten haben. Somit kann es sich nur um eine Besondere Leistung im Sinne von § 3 Abs.3 handeln; ihre Honorierung erfolgt am zweckmäßigsten nach dem Zeitaufwand. **138**

Das **Durchführen von Leistungsmessungen und Funktionsprüfungen** kann einen erheblichen Umfang annehmen. Beide Begriffe sind bisher nur für raumlufttechnische Anlagen (RLT-Anlagen) definiert, und zwar Funktionsmessungen in VDI 2079, Ziff. 2.4, Leistungsmessungen in VDI 2080. In keinem Fall sind sie Nebenleistung, sondern Besondere Leistung gem. VOB/C DIN 18379 ff. Im Sinne einer sauberen Trennung von Kontrolle und Erstellung sollten die Funktionsmessungen vom Fachplaner der lufttechnischen Anlagen und nicht vom ausführenden Un- **139** ternehmer durchgeführt, also nicht in der Leistungsbeschreibung verlangt werden, sondern dem Fachplaner als Besondere Leistung in Auftrag gegeben werden.

Der Begriff Funktionsmessungen wurde erst mit VDI 2079 geschaffen, bis dahin wurden die dabei vorzunehmenden Messungen als Leistungsmessungen bezeichnet. Für diese war in Ziff. 11 (4) lit. h GOI 56 ein Honorar von 1 % der Herstellsumme der leistungsmäßig gemessenen Anlagen angesetzt, in Ziff. 13.1 LHO 69 ein Teilleistungssatz von 10 %, was einem Bewertungssatz von 1 v. H. des in der HOAI verordneten Honorars entspricht. Er ist für die Funktionsmessungen nach VDI 2079, Ziff. 2.4, 3 und 4 im Umfang der dortigen Tab.1 für das Gerät und die Temperatur in den Aufenthaltsräumen angemessen, deren Raumtemperatur kennzeichnend für die betr. Regelzone ist. Für weitere Messungen ist ein entsprechender Zuschlag oder eine Abrechnung nach Zeit angemessen.

Leistungsmessungen an RLT-Anlagen gemäß VDI 2080 sind so umfangreich und verlangen eine solche Erfahrung und Messausstattung, dass sie selten vorkommen. Wenn doch, dürften meistens Sachverständige damit betraut werden.

140 **Werksabnahmen** finden statt, wenn beispielsweise die Leistung von großen Pumpen oder Sonderkonstruktionen Technischer Anlagen – insbesondere ist hier an Maschinen zu denken - eingesetzt werden sollen. Die Leistungen für solche Abnahmen entsprechen nur im Einzelfall der als Grundleistung verordneten fachtechnischen Abnahme von Anlagenteilen. Letztere kann grundsätzlich nur auf der Bau- und Einsatzstelle unter Mitwirkung des Fachplaners stattfinden. Dennoch sind Werksabnahmen bei besonderen oder neuartigen Anlagen und Anlageteilen vom Auftraggeber gewünscht; wenn der Fachplaner daran mitwirken soll, kann es sich nur um eine seiner Besonderen Leistungen handeln, die in diesem **Ausnahmefall** vor der eigentlichen fachtechnischen Abnahme auf der Baustelle vorsorglich stattfindet.

141 Das **Fortschreiben der Ausführungspläne** (zum Beispiel Grundrisse, Schnitte, Ansichten) bis zum Bestand entspricht der in anderen Leistungsbildern genannten Besonderen Leistung für das Herstellen der Bestandspläne. **Bestandspläne** sind für die Anlagengruppen 1, 2, 3 und 8 des § 53 Abs. 2 gemäß Abschnitt 4.2 VOB/C DIN 18379, 18380, 18381 und 18386 Besondere Leistung des ausführenden Unternehmers, wenn sie in der Leistungsbeschreibung verlangt werden. Sie sind eine Fortschreibung der Montagepläne bis auf den Stand der Beseitigung der bei der Abnahme gerügten Mängel. Damit haben sie den Nachteil, eventuell nicht dem letzten Stand der Werkpläne des Objekt- oder Fachplaners zu entsprechen. Bei starken Veränderungen noch während der Bauphase, besonders bei für variable Nutzung konzipierten Bauten, bei denen die tatsächliche Ausfüllung erst spät, eventuell sogar nach Abnahme des Baus feststeht, ist die Anfertigung von Bestandsplänen zu empfehlen. Damit solche fortgeschriebenen Ausführungspläne tatsächlich den Bestand dokumentieren, sind zusätzliche Aufmaße, Zeichnungskorrekturen und gegebenenfalls über die Ausführungspläne hinausgehende Detailzeichnungen erforderlich. Um solche Zeichnungen und Pläne für den Auftraggeber und Anlagenbetreiber handhabbar zu machen, sind die für die einzelnen Gewerke hergestellten Zeichnungen so weit wie möglich zu einem Gesamtplan zusammenzufügen.

142 Dass das **Erstellen von Rechnungsbelegen** anstelle der ausführenden Firmen eine Besondere Leistung des oder der Fachplaner ist, ergibt sich schon aus der Formulierung der Leistung; handelt es sich doch um eine Leistung, die anstelle der bauausführenden Firma vom Fachplaner erbracht wird. In dieselbe Kategorie Besonderer Leistungen gehört auch Erstellen einer Schlussrechnung für ein aus dem Vertrag entlassenes Unternehmen durch den Fachplaner. Sie muss eine zweifelsfreie Zusammenstellung und Abrechnung der Leistungen dieses Unternehmens darstellen, um auf dieser Basis mit dem bei einer anschließenden **Ersatzvornahme** beauftragten Unternehmen abrechnen zu können.

143 Das Erarbeiten der **Wartungsplanung und -organisation** dient nicht dem Bau oder der Installation der Anlagen, sondern ihrem späteren Betrieb. Daher ist die Wartungsplanung und -organisation eine typische Auftraggeberleistung, die dieser mithilfe der ihm übergebenen Information erledigen muss. Soweit er dabei Unterstützung der Fachplaner benötigt, kann er diese als Besondere vergütungspflichtige Dienstleistung der Fachplaner in Anspruch nehmen und beauftragen.

Soll ein Fachplaner eine **fachübergreifende Betriebsanleitung** erstellen – als Beispiele sind in HOAI-Anlage 15.1 das Betriebshandbuch oder das Reparaturhandbuch genannt –, besteht seine Aufgabe darin, die Anleitungen und betriebstechnisch wichtigen Anweisungen (Wartungsintervalle, Möglichkeiten der Störungsbeseitigung, Dokumentation der Betriebsvorgänge und des Personaleinsatzes etc.) für alle technische Anlagen des Bauvorhabens zu erfassen und zu dokumentieren. Ähnliche Leistungen sind erforderlich, wenn ein oder mehrere Fachplaner oder fachlich Beteiligte für den Betrieb des fertig gestellten Bauwerks **Computer-Aided-Facility-Management-Konzepte** entwickelt werden sollen. **144**

Diese dem Betrieb dienenden Leistungen sind keine bau- oder anlagenbaubezogene Grundleistungen mehr, sondern können nur Besondere Leistungen sein. Dasselbe gilt für die Planung der **Hilfsmittel für Reparaturzwecke**; auch solche Hilfsmittel (z. B. fahrbare Hebezeuge oder Krananlagen, Leitern, Gerüste u.ä.) dienen nur dem Betrieb und sind kein Bauwerks- oder Anlagenbestandteil. **145**

Das **Einweisen von Bedienungspersonal** ist nach VOB/C[41] Aufgabe der ausführenden Unternehmer. Das **Ausbilden von Bedienungspersonal** ist Sache des Auftraggebers; er hat dafür zu sorgen, dass für die ordnungsgemäß übergebenen Anlagen der Technischen Ausrüstung auch qualifiziertes Personal zum Betrieb zur Verfügung steht. Sollte der Fachplaner dennoch diese Leistungen durchführen, müssten diese als Besonderen Leistungen auch gesondert honoriert werden. Dasselbe gilt für die häufig von Fachplanern erwartete **Überwachung der Inbetriebnahme** der von ihnen geplanten und ausgeführten Anlagen. **146**

Das **Aufstellen, Fortschreiben und Überwachen von Ablaufplänen (Netzplantechnik für EDV)** ist gegeben, wenn Fachplaner über das „Mitwirken bei dem Aufstellen und Überwachen eines Zeitplans (Balkenplan)" hinaus tätig werden müssen. Das ist häufig als fachspezifische Zulieferung für die Projektsteuerung der Fall. Es ist dabei nicht erforderlich, dass die Fachplaner den Ablaufplan bis zur Eingabe in die EDV aufbereiten; diese Tätigkeit wird meist von Spezialisten des Objektplaners oder von einem Projektsteuerer durchgeführt. Auch zur Vergütung dieser Leistungen empfiehlt sich aufwandsbezogene Abrechnung. **147**

9. Objektbetreuung

a) Grundleistungen

Nach Abschluss der Baumaßnahme können Mängel an dem ausgeführten Objekt auftreten. Deren Feststellung ist Aufgabe des Bauherrn oder Nutzers des Bauwerks. Der Fachplaner ist verpflichtet, innerhalb der Verjährungsfristen der Gewährleistungsansprüche die festgestellten **Mängel fachlich zu bewerten**. Diese Verpflichtung gilt jedoch nur **bis zum Ablauf von fünf Jahren** nach Abnahme der mit Mängeln belasteten Leistung. Es versteht es sich von selbst, dass zur fachlichen Bewertung der behaupteten Mängel **Begehungen** gehören und als Teil der Bewertungstätigkeit mit dem in der HOAI verordneten Honorar vergütet werden. Der Planer muss dabei beurteilen, ob die behaupteten Mängel auf eine nicht ordnungsgemäße Ausführung der Bauarbeiten zurückzuführen oder eine Folge der – ggf. auch unsachgemäßen – Nutzung sind. Damit Bauherr oder Nutzer ihre Ansprüche gegenüber dem Unternehmen fachlich begründet geltend machen können, muss der mit der Bewertung beauftragte Fachplaner das Bewertungsergebnis schriftlich ausarbeiten. Die erforderliche Bewertung darf aber nicht mit der Pflicht zur Abgabe eines Gutachtens verwechselt werden, mit dem beispielsweise schon Methoden zur Mängel- oder Schadensbeseitigung vorgeschlagen oder gar vorgeschrieben werden. Ein solches Gutachten kann nur von einem Sachverständigen für Schäden an Gebäuden sachgerecht erwartet und erstellt werden. In der Verordnungsbegründung heißt es hierzu: „*Mit der fachlichen Bewertung der Mängel soll in erster Linie die Zuordnung des Mangels zu einem Bau- oder Planungsbeteiligten aus fachlicher Sicht sichergestellt werden. Eine Bewertung mit der Qualität und Ausführlichkeit eines Sachverständigengutachtens ist nicht Gegenstand dieser Grundleistung.*" **148**

---

[41] Z. B. DIN 18379 Ziffer 3.4.2, DIN Ziffer 3.5.3 oder DIN 18381 Ziffer 3.4

149 Dem Fachplaner obliegt unabhängig von seinen gerade beschriebenen Aufgaben die Objektbegehung zur **Mängelfeststellung vor Ablauf der Verjährungsfristen** der Gewährleistungsansprüche gegenüber den ausführenden Unternehmen. Die Fristen sind ihm als Ergebnis seiner Objektüberwachungstätigkeit bekannt; der objektbetreuende Ingenieur ist verpflichtet, ohne Aufforderung des Auftraggebers tätig zu werden. Der Verordnungsgeber verwendet den Singular „Objektbegehung"; die Objektbegehung aller ausgeführten Bau- und Montagearbeiten ist daher nur einmal, nämlich vor Ablauf deren jeweiliger Verjährungsfristen als „im Allgemeinen erforderliche Leistung" im Sinne von § 3 Abs. 2 anzusehen, für die ein Honorar verordnet ist; eine mehrfache Begehung des Objekts während der Gewährleistungszeit ist damit nicht gemeint. Dies bestätigt auch das OLG Hamm in seinem Urteil vom 09.01.2003[42].

Bei einer Objektbegehung kann nur eine eingehende und sorgfältige **Sichtprüfung** des Bauwerks – es geht ja um die **Feststellung von Ausführungsmängeln** – stattfinden; eine Funktionsprüfung des Bauwerks ist nicht Gegenstand der Prüfung, da es um die Feststellung von herstellungsbedingten Mängeln geht, auf deren Beseitigung der Bauherr einen Rechtsanspruch besitzt. Damit dieser seinen Rechtsanspruch auch fachlich begründet geltend machen kann, muss der Objektbetreuer eventuell erkannte Mängel dem verantwortlichen ausführenden Unternehmen zuordnen, fachlich bewerten und schriftlich begründen. Die Begehung muss so rechtzeitig erfolgen, dass die Mängel noch rechtzeitig geltend gemacht werden können. Zu deren Beurteilung ist erforderlichenfalls ausreichend Zeit für nähere Untersuchungen – z. B. durch Einschaltung von Sonderfachleuten – einzukalkulieren.

150 Die letzte Aufgabe des objektbetreuenden Fachplaners ist das Mitwirken bei der Freigabe von Sicherheitsleistungen. Das Mitwirken besteht aus der Mitteilung an den Auftraggeber, dass er bei seiner abschließenden Objektbegehung einwandfreies Objekt vorgefunden hat und der Auftraggeber die ihm gegenüber geleisteten Sicherheiten an die ausführenden Unternehmen zurückgeben kann.

b) Besondere Leistungen

151 Werden herstellungsbedingte Mängel festgestellt, ist das **Überwachen der Beseitigung dieser Mängel** normalerweise Sache des mit der Objektbetreuung Beauftragten. Dabei muss er dem Unternehmen, welches die Mängel zu verantworten hat, die Methode der Mängelbeseitigung freistellen. Voraussetzung für die erfolgreiche Durchsetzung der Gewährleistungsansprüche ist, dass die Mängel innerhalb deren Verjährungsfristen, **längstens jedoch bis zum Ablauf von fünf Jahren** seit Abnahme der Bauleistung auftreten.

152 Vor **Ablauf der Verjährungsfristen auftretende Bauwerksschäden** sind nicht die Regel, sondern die Ausnahme. Daraus folgt, dass die **Erforschung von Mängelursachen** nicht zu den werkvertraglich geschuldeten Leistungen des mit der Objektbetreuung Beauftragten gehören können; solche Leistungen sind zusätzliche vergütungspflichtige Besondere Leistungen. Insbesondere ist es nicht die Aufgabe des Objektbetreuers zu erforschen oder zu analysieren, ob die bei der Sichtprüfung ggf. festgestellten Mängel **herstellungsbedingt** oder die Folge fehlerhafter oder nicht bestimmungsgemäßer Nutzung sind. Haben die Mängel **nutzungs- und betriebsbedingte** Ursachen, so ist sowohl ihre Beseitigung durch das ausführende Unternehmen für den Bauherrn kostenpflichtig als auch die Überwachung deren Beseitigung eine **Besondere Leistung** des Auftragnehmers, je nach Art und Umfang könnte es sich dabei aber auch um wiederholte oder neu zu erbringende Grundleistungen handeln. Äußerstenfalls können dies auch Leistungen für ein neues Objekt sein, wenn z. B. die Mängelbeseitigung im Rahmen der Nacherfüllung eine Instandsetzung oder gar eine Neuherstellung ist.

153 **Schäden an** Anlagen, die vor Ablauf der Verjährungsfristen nicht „begangen" werden können, wie z. B. **Rohrleitungen** für Wasser, Gas und Abwasser **oder geschlossenen**, mit Flüssigkeiten gefüllte **Behältern**, können nicht durch eine Sichtprüfung, sondern nur durch eine im Inneren des Bauwerks durchgeführte **Schadenserkundung** festgestellt werden. Hierbei kommen regel-

---

[42] OLG Hamm, Urteil v. 09.01.2003 – 17 U 91/01; BauR 2003, 567; BGH, Beschluss v. 26.08.2004 – VII ZR 64/03 (Nichtzulassungsbeschwerde zurückgewiesen); BauR 2003, 567

mäßig **Fernsehkameras** zum Einsatz, mit denen Videos oder – sofern Fachleute die Aufnahmen begleiten – auch Einzelbilder von besonderen Schadstellen hergestellt werden. Dieser Vorgang ist bezüglich Genauigkeit und Aufwand nicht mit der bei zugänglichen Bauwerken möglichen und „im Allgemeinen erforderlichen" Leistung im Sinne von § 3 Abs. 2 vergleichbar. Daher handelt es sich sowohl bei dieser Leistung als auch bei der danach notwendigen Auswertung der Aufnahmen um Besondere Leistungen, deren Honorierung frei vereinbart werden kann (§ 3 Abs. 3).

In der Regel ist davon auszugehen, dass die einmalige **Überwachung der Beseitigung von** **154** **Mängeln** ausreichend ist. Muss bei erfolgloser Beseitigung eines bestimmten Mangels vom Unternehmer dessen Beseitigung mehr als einmal gefordert werden mit der Folge, dass die Mängelbeseitigung mehrfach überwacht werden muss (z. B. unzureichende Pumpenleistung, undichtes Flachdach, Ersatz bestimmter Maschinenteile etc.), müssen auch die weiteren Versuche zur Beseitigung des gleichen Mangels zusätzlich honoriert werden. Eine entsprechende Vereinbarung zwischen den Vertragsparteien vor Durchführung der Tätigkeit wird empfohlen. Da weder Auftraggeber noch Objektplaner noch Fachplaner diese Besondere Leistung zu verantworten haben, sondern der betroffene Unternehmer, ist es üblich, dass der Auftraggeber dem Unternehmer mitteilt, dass er das Honorar für diese Leistung der Objekt- und Fachplaner vom Unternehmer zusätzlich fordern wird (Schadensersatzprinzip). Das Honorar kann vom Fachplaner nicht dem Unternehmer direkt in Rechnung gestellt werden, da zwischen ihm und dem ausführenden Unternehmen kein entsprechendes Vertragsverhältnis besteht bzw. bestehen kann.

Die als Besondere Leistung genannte ingenieurtechnische **Kontrolle des Energieverbrauchs** **155** **(Energiemonitoring) und der Schadstoffemission** ist mit der 5. HOAI-Novelle als Besondere Leistung aus dem Leistungsbild des § 73 HOAI 1996/2002 übernommen worden. Hierunter ist der Vergleich der vom Betreiber festgestellten mit vorausberechneten Verbrauchswerte und die technische Bewertung und Erklärung – ggf. mit Hinweisen zu Korrekturmaßnahmen – zu verstehen. Dabei kann es sich entweder

1. um den Vergleich der Schadstoffmengen aufgrund der vom Betreiber festgestellten Verbrauchswerte mit vorausberechneten Werten oder

2. um die wesentlich schwierigere Aufgabe, die meist nur von Spezialisten bewältigt werden kann, um die Messung von Schadstoffmengen und anschließend deren Vergleich und Bewertung wie vor

handeln. Wünscht der Betreiber die Mitwirkung des Fachplaners bei den von ihm jährlich durchgeführten Verbrauchsmessungen aller Medien, muss er diesem einen entsprechenden Auftrag erteilen. Es empfiehlt sich, zur Honorierung dieser Besonderen Leistung ein Zeithonorar schriftlich zu vereinbaren. Dasselbe gilt dann, wenn der Fachplaner mit dem Vergleich der Messwerte mit den Bedarfswerten aus der Planung beauftragt wird und Vorschläge für die Betriebsoptimierung und für die Senkung des Medien- und Energieverbrauchs entwickeln soll.

IV. Leistungen beim Planen und Bauen im Bestand

1. Grundsätze

Schon aus den Begriffsbestimmungen des § 2 ergibt sich, dass Leistungen beim Planen und **156** Bauen im Bestand – nachfolgend wie bei Pfarr **PLBB**[43] genannt – in zahlreichen Fällen erforderlich sind. Die Aufzählung beginnt unter § 2 Nr. 3 mit den **Wiederaufbauten** vormals zerstörte Objekte auf vorhandenen Bau- oder Anlagenteilen, für deren Mitverarbeitung besondere planerische und ausführungsüberwachende Tätigkeiten des Auftragnehmers notwendig sind. Dasselbe gilt bei **Erweiterungsbauten** im Sinne von § 2 Nr. 4. Daher muss der Wert der mitzuverarbeitenden Bausubstanz nach der Verordnungsbegründung zu §§ 2 Abs. 5 und 4 Abs. 3 in angemessener

---

[43] Pfarr/Koopmann/Rüster: Ergebnisbericht zum Forschungsvorhaben „Leistungsbeschreibung für das Planen und Bauen im Bestand in der HOAI", Berlin, März 1989 (unveröffentlicht)

Höhe ihres ortüblichen Preises als Teil der anrechenbaren Kosten berücksichtigt werden, um eine angemessene Honorierung der dafür notwendigen Leistungen zu erreichen.

157 In besonders großem Umfang sind solche Leistungen bei **Umbauten** erforderlich. Das verdeutlicht deren Definition als Umgestaltungen eines vorhandenen Objekts mit **wesentlichen Eingriffen** in Konstruktion oder Bestand. Den Erläuterungen in der Verordnungsbegründung zufolge sind die wesentlichen Eingriffe die Voraussetzung dafür, dass das Honorar für Leistungen bei Umbauten mit einem Umbauzuschlag berechnet werden kann und bei der Ermittlung der anrechenbaren Kosten der Wert der mitzuverarbeitenden Bausubstanz ebenfalls zu berücksichtigen ist. Einschränkend wird in der Verordnungsbegründung zu § 2 Abs. 3 darauf hingewiesen, dass ein solcher Zuschlag auf das Tafelhonorar bei Umbauten mit der Folge unwesentlicher Eingriffe in Konstruktion oder Bestand, die bei den schon erwähnten Erweiterungen sowie bei Instandsetzungen oder Instandhaltungen unterstellt werden, nicht in Frage komme.

158 Dasselbe gilt für die Leistungen bei **Modernisierungen**, welche gemäß § 2 Abs. 6 bauliche Maßnahmen zur nachhaltigen Erhöhung des Gebrauchswertes eines Objekts sind, soweit diese Maßnahmen nicht Erweiterungsbauten, Umbauten oder Instandsetzungen sind. Das Honorar für Leistungen bei Modernisierungen ist ebenfalls unter Berücksichtigung eines Zuschlags – hier **Modernisierungszuschlag** genannt – zu berechnen. Wenngleich nicht ausdrücklich erwähnt, dürfte bei sinngemäßer Anwendung der Verordnungsvorschriften bei der Ermittlung der anrechenbaren Kosten der Wert der mitzuverarbeitenden Bausubstanz ebenfalls zu berücksichtigen sein, soweit bei der Modernisierung ebenfalls wesentliche Eingriffe in die vorhandene Substanz erfolgen müssen.

159 Auch für die Leistungen bei **Instandhaltungen und Instandsetzungen** nach § 2 Nr. 8 und 9 sind Umfang und Beschaffenheit der vorhandenen Bausubstanz von großer Bedeutung; daher ist bei der Ermittlung des Honorars für diese Leistungen auch ein angemessener Wert der mitzuverarbeitenden Bausubstanz gemäß § 2 Abs. 5 zu berücksichtigen. Instandsetzungen sind nach der Verordnung Maßnahmen zur Wiederherstellung des zum bestimmungsgemäßen Gebrauch geeigneten Zustandes (Soll-Zustandes) eines Objekts, Instandhaltungen hingegen Maßnahmen zur Erhaltung seines Sollzustandes. Der Sollzustand der instand zu setzenden oder in standzuhaltenden Bausubstanz mag vom Auftraggeber vorgegeben sein; ohne Berücksichtigung der Beschaffenheit der vorhandenen Bausubstanz können die durchzuführenden Maßnahmen aber weder zutreffend geplant noch ihre Ausführung richtig überwacht werden.

160 Zur Vereinbarung der vom Fachplaner zu erfüllenden Leistungspflichten beim Planen und Bauen im Bestand ist das **Leistungsbild nach HOAI-Anlage 15.1** nur **unzulänglich zielführend**, da es nach herrschender Meinung die Abfolge von **Leistungsschritten bei Neubauten und -anlagen** enthält. Dennoch beziehen sich auch die für PLBB von Anlagen der Technischen Ausrüstung abgeschlossenen Ingenieurverträge häufig auf das bewertete Leistungsbild. Nach der Entscheidung des BGH vom 24.06.04[44] ist dann davon auszugehen, dass der Auftragnehmer alle Leistungen, die dort für Neubauten aufgezählt sind, auch beim PLBB erbringen muss. Erbringt er nicht alle Leistungen, was beim PLBB regelmäßig zu erwarten ist, dann gilt sein Werkvertrag als mangelhaft erfüllt. Das bedeutet dann, dass sein Honorar vom Auftraggeber gemindert werden kann. Im Ergebnis führt dies dann zum Honorarabzug. Eine leistungskonforme Honorarermittlung kann daher nur mit schriftlich zu vereinbarenden Leistungsdefinitionen erfolgen, welche die Leistungsbilder PLBB-orientiert „übersetzen".

161 Hierzu hat die **Forschungsgemeinschaft Pfarr/Koopmann/Rüster** im Auftrag des Bundesministers für Wirtschaft am 07.03.1989 die in Fn. 38 genannten Vorschläge vorgelegt, welche Grundlage der folgenden Empfehlungen sind. Der von der Forschungsgemeinschaft ausgearbeitete Ergebnisbericht ist leider nicht veröffentlicht worden. Dies ist deswegen bedauerlich, weil die Forschungsergebnisse eine wesentliche Hilfe zur Interpretation der HOAI-Leistungsbilder bzgl. ihrer Anwendung für das Planen und Bauen im Bestand darstellen.

---

[44] VII ZR 259/02; IBR 2004, 512

Die Untersuchung der **Planungs- und Ausführungsleistungen** der Architekten und Beratenden 162
Ingenieure **beim Planen und Bauen im Bestand** ergab nach der Forschungsgemeinschaft, dass
in allen Leistungsbildern folgende Leistungen unabdingbar seien:

– Erkundung des Bestandes,
– Analyse des Bestandes,
– Anpassung der Planung an den Bestand,
– Anpassung der Planung an „heutige" Anforderungen,
– Erhalten von ungebräuchlichen Konstruktionen, Materialverwendungen und Gestaltungsele-
  menten,
– Überarbeiten der Planung aufgrund von Erkenntnissen bei bzw. aus der Durchführung.

Nach Auffassung der Gutachter handelt es sich beim **Planen und Bauen im Bestand** um einen
eigenständigen Prozess, nicht um einen Teil des Prozesses der Neuplanung eines Bauwerkes.
Daher sei der Rückgriff auf das Leistungsbild des § 55 HOAI a. F. (heute: § 43 und entsprechend
heute auch § 55) allein und in unveränderter Form nicht zielführend, da es für Neubaumaßnahmen entwickelt worden sei. Die Forschungsgemeinschaft entschied sich deswegen nach dem
in ihrem Ergebnisbericht dargestellten Abwägungsprozess zur modifizierten Beschreibung von
Leistungen, welche sie unter der Version B[45] zusammenfasste. An dieser Version hat sich der
Verfasser im Folgenden orientiert. Selbstverständlich sind die im Ergebnisbericht genannten Paragraphen der HOAI 1988, welche im Bericht in Bezug genommen wurden und weitgehend unverändert blieben, mit den entsprechenden Paragraphen der aktuellen HOAI korrigiert worden.

2. Konzeptions- und Planungsphase

Nach Pfarr/Koopmann/Rüster beginnt die Konzeptions- und Planungsphase mit der *Leistungs-* 163
phase 1 (Grundlagenermittlung), in der zwischen der Maßnahmenklärung und der Substanzerkundung zu unterscheiden ist. Während die **Maßnahmenklärung** selbst im Wesentlichen die
Leistungen bei der Grundlagenermittlung nach HOAI-Anlage 15.1 übernimmt, handelt es sich
bei der **Substanzerkundung** mit dem **Beurteilen der vorhandenen Bausubstanz auf Durchführbarkeit** der Aufgabe, mit dem **Auswerten der technischen Bestandsaufnahme** und mit der
Erarbeitung eines **Vorschlags für die Reihenfolge der Behebung von festgestellten Schäden**
um Leistungen, die einen weitaus größeren Aufwand zur Folge haben als diejenigen, welche der
Grundlagenermittlung zugeordnet sind; sie sind weitgehend identisch mit Leistungen, die der
Bauherr im Rahmen der **Bedarfsplanung**[46] durchführen sollte.

Nach den Vorstellungen der Gutachter sind in der **Leistungsphase 2 (Vorplanung)** zunächst
Erhebungen über die bei der vorhandene Substanz verwendeten Arbeitsverfahren, Materialien,
Normen, baurechtlichen Bestimmungen etc. vorzunehmen, die sich aus der Bestandsaufnahme
ablesen lassen. Außerdem müsse untersucht werden, **welche Sanierungsvarianten** unter Berücksichtigung der wesentlichen Projektziele infrage kommen und welche nach gleichen Anforderungen die wirtschaftlichste Lösung darstellen. In einem weiteren Schritt sei die Maßnahmenbeschreibung unter Berücksichtigung des Ergebnisses der Bestandsaufnahme mit besonderen
Anforderungen bzgl. der Festlegungen der Konstruktion, Qualitäten, Arbeitsverfahren usw. zu
erstellen.

Die in HOAI-Anlage 15.1 genannte **Leistungsphase 3** (Entwurfsplanung) sollte beim Planen
und Bauen im Bestand besser als **Maßnahmenplanung** bezeichnet werden. Hierbei geht es vornehmlich um das Durcharbeiten des Planungs- und Ausführungskonzepts auf der Grundlage der
in den vorausgehenden Leistungsphasen getroffenen Festlegungen unter Verwendung der Beiträge anderer an der Planung fachlich Beteiligter bis zur vollständigen Disposition der Maßnahme.

Es liegt auf der Hand, dass die wirtschaftlichste Lösung für die im Einzelfall zu wählende Ausführungsvariante nicht ohne Berücksichtigung der vorhandenen Bausubstanz sachgerecht gefunden werden kann. Gerade die Entscheidung darüber, ob und in welchem Umfang vorhandene Substanz ggf. zur Verringerung von Kosten beibehalten werden kann oder muss, ist stets zu prüfen.

---

[45] A. a. O. S. 32
[46] DIN 18205

3. Ausführungsphase

164 Die in HOAI-Anlage 15.1 genannten Leistungsschritte der Leistungsphasen 5 bis 9 und deren Bewertung kommen auch bei der Durchführung von Modernisierungen, Umbauten, Erweiterungsbauten, Instandsetzungen und Instandhaltungen vorhandener Substanz nach Vorstellungen der Forschungsgemeinschaft in vollem Umfang zum Tragen. Dabei geht es in der Leistungsphase 5 (**Ausführungsplanung**) um das Durcharbeiten der in der Konzeptions- und Planungsphase erarbeiteten Sanierungsmaßnahmen unter Verwendung eventueller Beiträge an der Planung fachlich beteiligter Dritter bis zur ausführungsreifen Lösung. Die Leistungsphasen 6 und 7 (**Vorbereitung der Vergabe und Mitwirkung bei der Vergabe**) sind verbal und inhaltlich identisch mit den in HOAI-Anlage 15.1 genannten Leistungen. Das Gleiche gilt auch für die Leistungsphase 8 (**Objektüberwachung**).

165 Die Beschaffenheit der vorhandenen Substanz hat bei jedem Leistungsschritt unterschiedliche Auswirkungen auf die im Einzelnen durchzuführenden Leistungen. So kann es bei einigen Sanierungsverfahren notwendig werden, dass auf der Grundlage der Erkenntnisse bei der Durchführung der Maßnahme noch während der Bauausführung die Ausführungs- und Detailplanung in Teilbereichen geändert werden muss. Dies ist beispielsweise dann notwendig, wenn erst bei Durchführung der Maßnahme Schäden erkennbar werden, deren Beseitigung Maßnahmen vor Ort erfordern. Dabei kann es sogar notwendig werden, Abweichungen von geltenden Normen und Richtlinien mit dem Auftraggeber und den ausführenden Firmen abzustimmen, hieraus resultierende mögliche Haftungs- und Gewährleistungsproblemen vertraglich zu regeln und für die Bauausführung neu festzulegen.

4. Leistungsphasen in Anlehnung an HOAI-Anlage 15.1

166 Beim Abschluss von Verträgen über das Planen und Bauen im Bestand sollten die im Leistungsbild des § 55 genannten Leistungsphasen, deren Leistungsschritte in HOAI-Anlage 15.1 für die Technische Ausrüstung formuliert sind, an die bisher dargestellten Besonderheiten der Leistungen angepasst und „übersetzt" werden. Hierfür ist auf das zu § 43 erläuterte Beispiel hinzuweisen (dortige Rdn. 198) hinzuweisen. Auch bei Anlagen der Technischen Ausrüstung sollte davon ausgegangen werden, dass der Auftraggeber die Substanzerkundung als Leistungen bei der Bedarfsplanung erbracht hat. Alternativ ist natürlich denkbar, dass diese Leistungen von den Auftragnehmern als Besondere Leistung mit eigenem Honoraranspruch nach § 3 Abs. 3 vereinbart und erbracht werden, die anschließend die eigentlichen Fachplanungsleistungen erbringen sollen. Grundsätzlich muss aber an der in HOAI-Anlage 15.1 vorgegebenen Struktur der Leistungsphasen und ihrer Bewertung nach § 55 Abs. 1 festgehalten werden.

V. Bewertung einzelner Grundleistungen

167 Ist schon beim Vertragsabschluss erkennbar, dass Grundleistungen des Leistungsbildes der HOAI-Anlage 15.1 oder Teile davon nicht erbracht werden müssen, weil sie für die ordnungs-gemäße Erfüllung des Auftrags entbehrlich sind, führt dies gemäß § 8 Abs. 2 zu einer Reduzierung der Bewertungen der davon betroffenen Leistungsphasen des § 55 Abs. 1.

Beispiele:

– In Phase 2 sind die **Vorverhandlungen mit Behörden** über die **Genehmigungsfähigkeit** nach e) dann nicht erforderlich, wenn es sich um keine genehmigungsbedürftigen Baumaßnahmen handelt.

– In Phase 3 entfällt das **Verhandeln mit Behörden** nach e), wenn Projekte nicht genehmigungspflichtig sind.

– In Leistungsphase 7 entfällt bei Bauvorhaben öffentlicher Auftraggeber das **Einholen von Angeboten** nach a); zur Angebotsabgabe wird durch beschränkte oder öffentliche Ausschreibung aufgefordert. Dasselbe gilt für das **Führen von Bietergesprächen** nach c), wenn Preisverhandlungen aus vergaberechtlichen Gründen nicht zulässig sind oder kein Bedarf an der Aufklärung technischer Angebotsinhalte besteht.

Wie solche nicht erforderlichen oder entbehrlichen Leistungen zu bewerten sind und in welchem Umfang die verordneten Bewertungen zu reduzieren sind, um eine HOAI-konforme Vergütung der erforderlichen Leistungen zu erreichen, ist umstritten. Dies gilt insbesondere dann, wenn sich solche Leistungen **erst bei der Leistungsdurchführung** ergeben können; es handelt sich dabei um „Bedarfsleistungen", die entgegen ihrer Definition in § 3 Abs. 2 also „nicht im Allgemeinen" – d. h.im Regelfall –, sondern stets im Einzelfall erforderlich sind und sich häufig erst während der Durchführung der vertraglich vereinbarten Ingenieurleistungen entweder als entbehrlich oder nicht erforderlich herausstellen. Dies gilt vornehmlich für alle „Mitwirkungsleistungen", die stets erst nach Abruf des Auftraggebers oder Dritter durchzuführen sind. Daher kann das Entfallen solcher nicht im Allgemeinen erforderlichen Leistungen nach hiesiger Auffassung nicht zu einer Reduzierung der Phasenbewertung führen, zumal es zweifelhaft ist, ob Mitwirkungsleistungen zu einem eigenen Werkerfolg führen. Anderer Auffassung ist z. B. Kniffka[47], der alle Grundleistungen – sofern vereinbart – insgesamt als Leistungspflichten interpretiert, unabhängig davon, ob es sich um „Bedarfspositionen" im oben und nachfolgend beschriebenen Sinne oder um stets notwendige Grundleistungen handelt.

Beispiele verordneter „Bedarfsleistungen":

– In Phase 2 ist es das **Mitwirken beim Abstimmen der Leistungen** mit den Planungsbeteiligten nach a).

– In Phase 6 ist es das **Mitwirken beim Abstimmen der Schnittstellen** zu den Leistungsbeschreibungen der anderen an der Planung fachlich Beteiligten nach c).

– In Phase 8 ist es das **Mitwirken bei der Koordination** der am Projekt Beteiligten nach b) und das Mitwirken bei Leistungs- und Funktionsprüfungen nach j) sowie der **Antrag auf behördliche Abnahmen und Teilnahme** daran nach l), sofern keine Abnahmen erforderlich sind. Auch die **Überwachung der Mängelbeseitigung** ist ein Bedarfsposition: sofern keine Mängel festgestellt werden, ist die Leistung entbehrlich.

– In Phase 9 ist es das **Mitwirken bei der Freigabe von Sicherheitsleistungen** nach c).

Hier wird zusätzlich an die bereits erörterte **unterschiedliche Leistungstiefe der identisch formulierten Grundleistungen** oder deren Teile **bei unterschiedlichen Objekten**, aber auch an die Art der vertraglich zu vereinbarenden Leistungen erinnert (s. hierzu mehr bei Rdn. 2 ff.). Dies wird besonders augenfällig, wenn man sich wieder verdeutlicht, dass die Grundleistungen für alle Arten von Bauvorhaben exakt gleich formuliert sind – ob es sich um Leistungen für Neubauten oder um Leistungen für Wiederaufbauten, Erweiterungsbauten, Umbauten, Modernisierungen, Instandhaltungen oder Instandsetzungen handelt. Außerdem ist die **große Bandbreite** der in der Verordnung erfassten **sehr unterschiedlichen Technischen Anlagen** zu beachten. Schon deswegen ist eine Bewertung einzelner Grundleistungen oder einzelner Teile von Grundleistungen häufig außerordentlich schwierig und i. d. R. auch kaum durch Sachverständige zuverlässig zutreffend zu beurteilen. **168**

Dies liegt auch in der **Natur der Ingenieurleistungen** begründet. Bekanntlich handelt es sich dabei um **freiberufliche Leistungen**, die nach herrschender Meinung **nicht vorab eindeutig und erschöpfend beschreibbar** sind (Rdn. 8). Daher müssen auch die Grundleistungen so gewertet werden. Sie sind nach § 3 Abs. 2 bekanntlich unscharf als Leistungen definiert, welche zur ordnungsgemäßen Erfüllung eines Auftrages im Allgemeinen erforderlich sind. Dies verdeutlicht, dass im Einzelfall zu den Grundleistungen auch andere Leistungen hinzutreten können oder sogar müssen, wenn es für die ordnungsgemäße Erfüllung des vom Auftraggeber erteilten Auf- **169**

---

[47] Prof. Dr. Rolf Kniffka: „Vergütung für nicht erbrachte Grundleistungen – Schuldrechtliche Grundlagen", Vortrag bei der Fachtagung des BVS-Fachbereichs Architekten- und Ingenieurhonorare am 23.01.2015 in Rothenburg o. d. Tauber

trags erforderlich ist. Solche hinzutretenden Leistungen sind, sofern sie beim Vertragsabschluss erkennbar sind, als Besondere Leistungen nach § 3 Abs. 3 zu verstehen. Sie können nach § 3 Abs. 3 S. 2 und 3 frei vereinbart werden. Sie können auch insbesondere ggf. nicht erforderliche Grundleistungen oder Teile davon ersetzen. Letzteres gilt vornehmlich für die Grundleistungen aller Leistungsphasen bei Bauvorhaben, die keine Neubauten sind (s. als Beispiel § 43 Rdn. 189 ff.).

170   Grundsätzlich ergibt sich aus dem Vorstehenden, dass zum einen **Einzelbewertungen der Grundleistungen** oder von Teilen der Grundleistungen benötigt werden, die aber zum anderen flexibel sein müssen. Deren Notwendigkeit ergibt sich insbesondere aus dem BGH Urteil vom 16.12.2004 – VII ZR 174/03[48], wonach sich für die Bewertung nicht erbrachter Architektenleistungen die Steinfort-Tabelle[49] oder andere Bewertungstabellen als Orientierungshilfe eignen würden. Die Steinfort-Tabelle hat in der Zwischenzeit zahlreiche, auch für die Ingenieurbauwerke entwickelte Nachfolge-Tabellen[50] gefunden. Die damit einhergehende weitere Aufteilung der ursprünglich als kleinste Abrechnungseinheit definierten Vomhundertsätze der Leistungsphasen ist unter dem Begriff „Atomisierung" der Leistungsbewertung bekannt.

171   Es wurde bereits erwähnt, dass sich die Technischen Anlagen (s. Objektliste in HOAI-Anlage 15.2) so gravierend voneinander unterscheiden, dass auch „**Regelempfehlungen**" für eine Zuordnung von Teilen der Grundleistungen und Teil-Bewertungen in Vonhundert der Honorare nach § 55 Abs. 1 **nur zufällig sachgerecht** sein können. Solche Leistungen müssen für den konkreten Projektfall wesentliche Leistungen sein, die zu werkvertraglichen Teilerfolgen führen, sodass in jedem Einzelfall eine den abgeschlossenen Vertrag berücksichtigende Bewertung notwendig ist. Hierfür besitzen die Parteien einen projektspezifischen Bewertungsspielraum, der gegebenenfalls mit fachkundiger Beratung durch Sachverständige genutzt werden kann[51]. Schramm und Schwenker haben in einem Aufsatz die monetären Auswirkungen veröffentlichter Bewertungsempfehlungen kritisch untersucht[52]. Sie stellen darin fest, dass eine pauschale prozentuale Bewertung der Leistungen zu keiner angemessenen Vergütung führe und deswegen weder sachgerecht noch sinnvoll möglich sei. Dennoch muss nach hiesiger Auffassung das Bedürfnis nach solchen Bewertungen schon wegen der oben beschriebenen Fallkonstellationen beantwortet werden.

172   Die folgende Tabelle mit Kurzbezeichnungen der verordneten Grundleistungen zeigt eine mögliche Bewertung der Leistungen bei der Objektplanung nach Empfehlungen des HOAI-Kommentars von Locher/Koeble/Frik[53], welche in ähnlicher Form auch von Siemon[54], Pott/Dahlhoff/Kniffka/Rath[55] und anderen Autoren veröffentlicht wurden. Mit Rücksicht auf die sehr unterschiedlichen Objekte und die daraus resultierenden unterschiedlichen Leistungsansprüche identisch formulierter Arbeitsschritte sind Bandbreiten der Bewertung vorgeschlagen. Für eine sachgerechte Nutzung der Tabelle ist auf folgendes ergänzend hinzuweisen:
- Stets **zusammengehörende Grundleistungen** werden mit **einem summarischen Vomhundertsatz** bewertet.
- **Fallweise nicht erforderliche Grundleistungen** werden **mit 0 v. H.** bewertet. Die dafür ggf. entfallenden Bewertungsanteile müssen anderen Teilwertungen hinzugefügt werden.
- Die **Summen aller Teilwerte** einer Leistungsphase müssen der in der HOAI verordneten **Phasenbewertung** entsprechen.

173   Die **Leistungen der Fachplaner** sind **in der Regel als Ganzes** zu erbringen. Nur dadurch ist zweifelsfrei sichergestellt, dass alle Leistungen erbracht werden, die für eine vollständige, betriebstaugliche und mängelfreie Technische Anlage notwendig sind. Wegen der Schwierigkeiten bei der eindeutigen Abgrenzung von Leistung und Verantwortlichkeit bei mehreren Leistungserbringern sollten die Leistungen nicht ohne zwingenden Grund zwischen zwei oder mehr fachlich

---

[48] IBR 2005, 159
[49] Veröffentlicht in „Der Gemeindehaushalt", Nr. 11/1980
[50] Z. B. bei Locher/Koeble/Frik 9. Auflage 2005, S. 1149 ff.; Pott/Dahlhoff/Kniffka/Rath 8. Auflage 2006, S. 590 ff.; Siemon-Tabellen zur Abrechnung von Einzelleistungen, www.ibr-online.de
[51] So auch Locher/Koeble/Frik 9. Auflage 2005, § 5 Rdn. 5 und 23 ff.
[52] ibr-online – Aufsatz, veröffentlicht 04.08.2005
[53] 12. Auflage 2014, Anhang 3/4
[54] ibr 2013, 1286
[55] HOAI-Kommentar 8. Auflage 2006

Beteiligten aufgeteilt werden. Selbst die von öffentlichen Auftraggebern beanspruchte Durchführung von Leistungen führt häufig zu Unklarheiten in der **Verantwortungsteilung** und damit zu **Abgrenzungsproblemen in Haftungs- und Gewährleistungsfällen**.

Die folgende Tabelle mit Kurzbezeichnungen der verordneten Grundleistungen zeigt eine mögliche Bewertung der Leistungen bei der Objektplanung nach Empfehlungen des HOAI-Kommentars von Locher/Koeble/Frik[56], welche in ähnlicher Form auch von Siemon[57] und Pott/Dahlhoff/Kniffka/Rath[58] veröffentlicht wurden. Für eine sachgerechte Nutzung der Tabelle ist auf folgendes ergänzend hinzuweisen:

174

– Stets **zusammengehörende Leistungen** werden mit einem **summarischen Teilleistungsanteil** bewertet.
– **Fallweise nicht erforderliche Leistungen** werden mit **0 v. H.** bewertet. Die dafür ggf. entfallenden Bewertungsanteile müssen anderen Teilwertungen hinzugefügt werden.
– Die **Summen aller Teilwerte** einer Leistungsphase müssen der in der HOAI verordneten **Phasenbewertung** entsprechen.

Dasselbe gilt für den Fall, dass **Auftraggeber und Auftragnehmer gemeinsam** die Werkleistungen erbringen. Insbesondere hierfür ist eine Abgrenzung der Leistungen und des beiden Vertragspartnern zustehenden Honorars erforderlich. Daher ist die Tabelle so aufgebaut, dass die den Vertragspartnern zugewiesenen Leistungen in den Spalten 3 und 4 angekreuzt werden können. In den Spalten 7 und 8 können die Bewertungen der Leistungen angegeben werden, deren übliche Bandbreiten in den Spalten 5 und 6 angegeben sind. Eine Leistungsteilung im beschriebenen Sinne sollte aber unbedingt eine entsprechende **Haftungs- und Gewährleistungsteilung** zwischen den Parteien zur Folge haben, die im Ingenieurvertrag eindeutig und schriftlich vereinbart werden sollte. Davon unberührt sind die vom Auftraggeber geschuldeten Leistungen bei der Projektleitung und -steuerung.

Leistungsverteilung des Leistungsbildes Technische Ausrüstung nach HOAI-Anlage 15.1

175

Grundleistungen		wird geleistet von		Bewertung in v. H. des Honorars nach § 55 Abs. 1			
LPH	Bezeichnung	AG	AN	möglich		gewählt für	
				von	bis	AG	AN
(1)	(2)	(3)	(4)	(5)	(6)	(7)	(8)
1	**Grundlagenermittlung**			**2,00**			
a)	Klären der Aufgabenstellung			0,40	1,50		
b)	Ermitteln der Planungsrandbedingungen und Beraten						
c)	Zusammenfassen, Erläutern und Dokumentieren			0,30	1,00		
2	**Vorplanung**			**9,00**			
a)	Analyse der Grundlagen, Mitwirken beim Abstimmen mit Planungsbeteiligten			5,00	7,00		
b)	Erarbeiten eines Planungskonzepts						
c)	Aufstellen eines Funktionsschemas						
d)	Klären und Erläutern der fachübergreifenden Prozesse, Mitwirken bei der Integration der Technischen Anlagen			0,50	1,50		
e)	Vorverhandlungen mit Behörden			0,00	0,50		
f)	Kostenschätzung und Terminplanung			0,50	1,50		
g)	Zusammenfassen, Erläutern und Dokumentieren			0,10	0,40		

---

[56] 12. Auflage 2014, Anhang 3/4
[57] Siehe Fn. 13
[58] HOAI-Kommentar 8. Auflage 2006

Grundleistungen		wird geleistet von		Bewertung in v. H. des Honorars nach § 55 Abs. 1			
LPH	Bezeichnung	AG	AN	möglich		gewählt für	
				von	bis	AG	AN
(1)	(2)	(3)	(4)	(5)	(6)	(7)	(8)
3	Entwurfsplanung			17,00			
a)	Durcharbeiten des Planungskonzepts						
b)	Festlegen aller Systeme und Anlagenteile			8,00	12,00		
c1)	Berechnen und Bemessen der Anlagen und zeichnerische Darstellung						
c2)	Fortschreiben der Strangschemata			0,50	1,00		
c3)	Auflisten aller Anlagen mit technischen Daten			0,30	0,50		
c4)	Anlagenbeschreibungen und Nutzungsbedingungen			0,50	1,50		
d)	Übergeben der Berechnungsergebnisse an andere Planungsbeteiligte			0,10	0,20		
e)	Verhandlungen mit Behörden			0,00	0,50		
f)	Kostenberechnung und Terminplanung			1,00	3,00		
g)	Kostenkontrolle			0,10	0,40		
h)	Zusammenfassen, Erläutern und Dokumentieren			0,20	0,50		
4	Genehmigungsplanung			2,00			
a)	Erarbeiten Genehmigungsunterlagen			0,50	1,50		
c)	Vervollständigen und Anpassen der Unterlagen nach den Verhandlungen			0,00	0,50		
5	Ausführungsplanung			22,00			
a)	Erarbeiten der Ausführungsplanung			13,50	16,00		
b1)	Fortschreiben der Berechnungen und Bemessungen						
b2)	Zeichnerische Darstellung						
b3)	Anpassen der Funktions- und Strangschemata			1,50	3,00		
b4)	Abstimmen der Ausführungsplanung			0,50	1,00		
c)	Anfertigen von Schlitz- und Durchbruchsplänen			0,50	2,00		
d)	Fortschreiben des Terminplans			0,20	0,50		
e)	Fortschreiben der Ausführungsplanung			0,30	0.50		
f)	Prüfen und Anerkennen der Montage- und Werkpläne der Unternehmen			0,50	1,00		
6	Vorbereitung der Vergabe			7,00			
a)	Mengenermittlung			2,00	3,00		
b)	Aufstellen der Leistungsbeschreibungen mit Leistungsverzeichnissen und Vergabeunterlagen			2,00	3,00		
c)	Mitwirken beim Abstimmen der Schnittstellen zu anderen Leistungsbeschreibungen			0,00	0,50		
d)	Bepreistes Leistungsverzeichnis			0,50	1,00		
e)	Kostenkontrolle			0,10	0,50		
f)	Zusammenstellen der Vergabeunterlagen			0,10	0,20		

Grundleistungen			wird geleistet von		Bewertung in v. H. des Honorars nach § 55 Abs. 1			
			AG	AN	möglich		gewählt für	
LPH	Bezeichnung				von	bis	AG	AN
(1)	(2)		(3)	(4)	(5)	(6)	(7)	(8)
7	Mitwirken bei der Vergabe				5,00			
a)	Einholen der Angebote				0,50	3,00		
b)	Prüfen, Werten, Preisspiegel							
c)	Führen von Bietergesprächen				0,00	0,50		
d)	Vergleich der Ausschreibungsergebnisse mit bepreisten LV'n				0,40	0,60		
e)	Vergabevorschläge und Dokumentation des Vergabeverfahrens				0,50	1,50		
f)	Zusammenstellung der Vertragsunterlagen				0,10	0,20		
8	Objektüberwachung (Bauüberwachung) und Dokumentation				35,00			
a)	Überwachung der Ausführung				20,00	25,00		
b)	Mitwirkung bei der Koordination				1,00	2,00		
c)	Aufstellen und Fortschreiben des Terminplanes				0,50	1,50		
d)	Bautagebuch				0,70	1,50		
e)	Prüfen und Bewertung geänderter Leistungen und Preise				0,00	1,00		
f)	Gemeinsames Aufmaß				0,20	0,50		
g)	Rechnungsprüfung				1,50	2,50		
h)	Kostenkontrolle				0,20	0,50		
i)	Kostenfeststellung				0,50	1,00		
j)	Mitwirken bei Funktionsprüfungen				0,00	1,00		
k)	Fachtechnische Abnahme einschl. Niederschrift				0,50	1,00		
l)	Antrag auf und Teilnahme an behördlichen Abnahmen				0,00	0,30		
m)	Prüfung der Revisionsunterlagen				0,20	0,50		
n)	Auflisten der Gewährleistungsfristen				0,10	0,20		
o)	Überwachen der Mängelbeseitigung				0,00	1,00		
p)	Systematische Dokumentation				0,50	1,50		
9	Objektbetreuung				1,00			
a)	Fachliche Bewertung von Mängeln während der Verjährungsfristen				0,10	0,70		
b)	Objektbegehung				0,20	0,40		
c)	Mitwirken beim Freigeben von Sicherheitsleistungen				0,00	0,10		

176 Zur Beurteilung von Inhalt und Umfang der Leistungsergebnisse von Fachplanern ist die im Mai 2008 veröffentlichte VDI-Richtlinie VDI 6026[59] hilfreich; daher sei an dieser Stelle darauf besonders hingewiesen. Leider ist das Leistungsbild der technischen Ausrüstung nach HOAI-Anlage 15.1 HOAI nicht mit den Inhalten der Richtlinie abgestimmt. Daher ist bei der Beurteilung der Leistungsergebnisse im Streitfall nur die HOAI maßgebend; die VDI-Richtlinie skizziert demgegenüber die allgemein anerkannten Regeln der Technik. Diese gehen in Teilbereichen über die bewerteten Leistungen hinaus; daher kann die VDI-Richtlinie nur als die Summe bewerteter Leistungen und Besonderer Leistungen von Fachplanern interpretiert werden.

---

[59] Dokumentation in der technischen Gebäudeausrüstung – Inhalte und Beschaffenheit von Planungs-, Ausführung- und Revisionsunterlagen, Beuth Verlag GmbH, 10772 Berlin

§ 56 Honorare für Grundleistungen der Technischen Ausrüstung

(1) Die Mindest- und Höchstsätze der Honorare für die in § 55 und der Anlage 15.1 aufgeführten Grundleistungen bei einzelnen Anlagen sind in der folgenden Honorartafel festgesetzt:

Anrechen-bare Kosten in Euro	Honorarzone I geringe Anforderungen		Honorarzone II durchschnittliche Anforderungen		Honorarzone III hohe Anforderungen	
	von	bis	von	bis	von	bis
	Euro		Euro		Euro	
5.000	2.132	2.547	2.547	2.990	2.990	3.405
10.000	3.689	4.408	4.408	5.174	5.174	5.893
15.000	5.084	6.075	6.075	7.131	7.131	8.122
25.000	7.615	9.098	9.098	10.681	10.681	12.164
35.000	9.934	11.869	11.869	13.934	13.934	15.869
50.000	13.165	15.729	15.729	18.465	18.465	21.029
75.000	18.122	21.652	21.652	25.418	25.418	28.948
100.000	22.723	27.150	27.150	31.872	31.872	36.299
150.000	31.228	37.311	37.311	43.800	43.800	49.883
250.000	46.640	55.726	55.726	65.418	65.418	74.504
500.000	80.684	96.402	96.402	113.168	113.168	128.886
750.000	111.105	132.749	132.749	155.836	155.836	177.480
1.000.000	139.347	166.493	166.493	195.448	195.448	222.594
1.250.000	166.043	198.389	198.389	232.891	232.891	265.237
1.500.000	191.545	228.859	228.859	268.660	268.660	305.974
2.000.000	239.792	286.504	286.504	336.331	336.331	383.044
2.500.000	285.649	341.295	341.295	400.650	400.650	456.296
3.000.000	329.420	393.593	393.593	462.044	462.044	526.217
3.500.000	371.491	443.859	443.859	521.052	521.052	593.420
4.000.000	412.126	492.410	492.410	578.046	578.046	658.331

(2) Welchen Honorarzonen die Grundleistungen zugeordnet werden, richtet sich nach folgenden Bewertungsmerkmalen:
1. Anzahl der Funktionsbereiche,
2. Integrationsansprüche,
3. technische Ausgestaltung,
4. Anforderungen an die Technik,
5. konstruktive Anforderungen.

(3) Für die Zuordnung zu den Honorarzonen ist die Objektliste der Anlage 15 Nummer 15.2 zu berücksichtigen.

(4) Werden Anlagen einer Gruppe verschiedenen Honorarzonen zugeordnet, so ergibt sich das Honorar nach Absatz 1 aus der Summe der Einzelhonorare. Ein Einzelhonorar wird dabei für alle Anlagen ermittelt, die einer Honorarzone zugeordnet werden. Für die Ermittlung des Einzelhonorars ist zunächst das Honorar für die Anlagen jeder Honorarzone zu berechnen, das sich ergeben würde, wenn die gesamten anrechenbaren Kosten der Anlagengruppe nur der Honorarzone zugeordnet würden, für die das Einzelhonorar berechnet wird. Das Einzelhonorar ist dann nach dem Verhältnis der Summe der anrechenbaren Kosten der Anlagen einer Honorarzone zu den gesamten anrechenbaren Kosten der Anlagengruppe zu ermitteln.

(5) Für Umbauten und Modernisierungen kann bei einem durchschnittlichen Schwierigkeitsgrad ein Zuschlag gemäß § 6 Absatz 2 Satz 3 bis 50 Prozent schriftlich vereinbart werden.

**(6) Steht der Planungsaufwand für die Technische Ausrüstung von Ingenieurbau-
werken mit großer Längenausdehnung, die unter gleichen baulichen Bedingungen
errichtet werden, in einem Missverhältnis zum ermittelten Honorar, ist § 7 Absatz 3 anzuwenden.**

Inhaltsübersicht

I. Das angemessene Honorar

1 § 56 Abs. 1 enthält die **Honorartafel** für die in § 55 aufgeführten Leistungen bei der Technischen
Ausrüstung. Sie weist wie alle übrigen Honorartafeln der HOAI eine Honorarspanne zwischen
„Von-Satz" (= Mindestsatz) und „Bis-Satz" (= Höchstsatz) auf. Sie entspricht dem aus früheren
Gebührenordnungen und Musterverträgen bekannten System, wonach die nach den §§ 4 und 54

HOAI zu ermittelnden Honorare im Verhältnis zu den anrechenbaren Kosten festgelegt sind. Das **Gesamthonorar** ist dann abzurechnen, wenn alle Leistungen nach § 46 in Auftrag gegeben sind. Wurden dem Fachplaner **nicht alle Leistungsphasen** übertragen, so sind von dem so ermittelten Gesamthonorar Abzüge entsprechend des in § 8 HOAI näher dargestellten Systems zu machen. Dabei ist der zusätzliche Koordinierungs- und Einarbeitungsaufwand des Fachplaners zu berücksichtigen.

Nach dem Plenarprotokoll 10/86 des Deutschen Bundestages brachten die Debattenredner bei der Beratung des Gesetzes zur Änderung des Gesetzes zur Regelung von Ingenieur- und Architektenleistungen (Drucksache 10/563 neu) übereinstimmend zum Ausdruck, dass der **HOAI-Mittelsatz** „eindeutiger **Wille des Gesetzgebers**" sei. Viele öffentliche Auftraggeber gehen aber mehr oder weniger davon aus, der Mindestsatz der HOAI sei der Regelsatz, und unterlaufen über ihre Vertragsmuster diesen Willen des Gesetzgebers. **2**

Die Amtliche Begründung zu § 4 HOAI a. F.[1] gibt Hinweise auf die maßgebenden Rahmenbedingungen, welche eine **leistungs- und aufwandsangemessene Wahl** eines **zwischen den verordneten Mindest- und Höchstgrenzen liegenden Honorars** ermöglichen. Die Vereinbarung eines solchen Honorars kann danach mittels Punktbewertung erfolgen und muss nach § 7 Abs. 1 HOAI schriftlich bei Auftragserteilung (= beide Vertragsparteien müssen Vereinbarung unterschreiben) zwischen Höchst- und Mindestsatz nach folgenden Bewertungsmaßstäben erfolgen: **3**
– besondere Umstände der Aufgabe und für die zu erbringenden Leistungen (z. B. Termin- und Preisbindung),
– der Schwierigkeitsgrad innerhalb der richtigen Honorarzone,
– der zu erwartende notwendige Arbeitsaufwand,
– der künstlerische Gehalt des Objekts,
– Einflussgrößen aus der Zeit, der Umwelt, der Anzahl der Institutionen, der Nutzung oder der Herstellung,
– sonstige für die Bewertung der Leistung wesentlichen fachlichen oder wirtschaftlichen Gesichtspunkte, vor allem haftungsausschließende oder -begrenzende Vereinbarungen,
– der Koordinierungsaufwand bei Anlagen und Einrichtungen, die der Auftragnehmer weder plant noch deren Ausführung er überwacht, obschon die Kosten dieser Gegenstände unter diesen Voraussetzungen nicht anrechenbar sind und
– bei Übertragung von urheberrechtlichen Nutzungsrechten der Auftragnehmerleistungen durch den Auftraggeber.

In den Hinweisen zum RBBau-Vertragsmuster – Technische Ausrüstung – ist zur Ermittlung des Honorars festgehalten, der Mindestsatz sei zu vereinbaren, wenn an die zu übertragenden Aufgaben die Mindestanforderungen gestellt werden[2]. Danach folgt die beispielhafte Aufzählung von Anforderungen, bei deren Vorhandensein „der Mindestsatz zu überschreiten ist", sofern die erhöhten Anforderungen „nicht schon in anderer Weise vergütet werden":
– Beteiligung und Koordinierung einer Vielzahl von Nutzern,
– außergewöhnlich kurze Planungs- und Bauzeiten,
– verbindliche Festtermine und Fristen,
– Planung und Durchführung bei laufendem Betrieb,
– besondere ausführungstechnische Anforderungen (z. B. Sichtinstallationen auch als Gestaltungselemente),
– besondere Anforderungen an technische Einrichtungen und Installationen in denkmalgeschützten Häusern,
– besondere Anforderungen bei EMV-sensiblen Gebäuden (z. B. entsprechende Forschungs- und Klinikbereiche).

---

[1] Bundesanzeigerausgabe der HOAI 2002, S. 84
[2] Richtlinien für die Durchführung von Bauaufgaben des Bundes (RBBau), 19. Austauschlieferung August 2009, Hinweise zum Vertragsmuster – Ingenieurbauwerke und Verkehrsanlagen, Anhang 14, Ziffer 2.2, zu erhalten bei www.bmvbs.de

Die auf der folgenden Seite eingefügten Tabellen berücksichtigen die Hinweise in der Amtlichen Begründung und im RBBau-Vertragsmuster; damit kann die Wahl des für erforderlich gehaltenen Honorarsatzes mittels Punktbewertung begründet werden. Mit beiden Bewertungsmethoden erhält man praktisch das gleiche Ergebnis. Das hier gewählte Beispiel soll in Honorarzone II eingeordnet sein und anrechenbare Kosten von 750.000 € aufweisen.

4 Beispiele für weitere **nicht üblichen Verhältnisse**, die eine andere Wahl als den Mindestsatz begründen, sind :
- starke Immissionen aus der näheren oder weiteren Umgebung (z. B. Geruch, Staub, Geräusch)
- wesentliche Abweichungen des Mikroklimas vom Durchschnittsklima (z. B. örtliche Nebel- oder Starkwindzonen)
- Lage des Bauvorhabens in Schutzgebieten (z. B. Wasserschutz-, Naturschutz- und Landschaftsschutzgebiet)
- Baukonstruktionen mit nicht üblichen Restriktionen für die Unterbringung, Befestigung, Überprüfbarkeit und Auswechselbarkeit von Teilen der Technischen Ausrüstung
- nicht übliche Bauabläufe, z. B. Installationen in Zwischenwänden vor deren Aufstellung.

5 Keine **üblichen Anforderungen** liegen auch vor, wenn die Anforderungen an die Anlagen, an die Leistungen des Ingenieurs oder die Umstände der Leistungserbringung von den üblichen abweichen. Solche können z. B. in folgender Hinsicht bestehen:
- besondere Leistungswerte,
- Abweichen von Regeltoleranzen,
- exakte Funktion auch bei sehr niedriger Teillast,
- besondere Schwingungs-, Erschütterungs- und Geräuschanforderungen,
- besondere Abforderungen an die Emissionen,
- äußere Gestaltung der Anlagen z. B. bei Sichtinstallation
- erhöhte Anforderungen an Ausfallsicherheit und automatischen Wiederanlauf.

Typische nicht allgemein übliche Anforderungen an die Leistungen des Ingenieurs oder an die Umstände ihrer Erbringung sind z. B.
- längere Unterbrechungen der Leistungen
- getrennte Abrechnung einer nach Vertrag einheitlichen Baumaßnahme, z. B. wegen deren Finanzierung aus verschiedener Haushaltsansätzen, verschiedener Zuschussgeber, verschiedener Kostenträger u. ä.,
- getrennte Ausführungszeiten, weil z. B. die Leistungen über mehrere Heizperioden hinweg nur außerhalb derselben erbracht werden können,
- Bearbeitung oder Darstellung nach anderen als den in Deutschland allgemein anerkannten Regeln der Technik (z. B. Vorschriften anderer Länder, Vorschriften des Auftraggebers)
- Bearbeitung unter nicht üblichen Unfallgefahren,
- Bearbeitung bei unverhältnismäßig kurzer Bearbeitungsfrist .

II. Honorare bei anrechenbaren Kosten außerhalb der Tafelwerte

6 Liegen die **anrechenbaren Kosten** der Anlagen oder Anlagengruppen der Technischen Ausrüstung **außerhalb der Tafelwerte** des § 56 Abs. 1, ist das Honorar nach § 7 Abs. 2 frei vereinbar. Dieser Hinweis bedeutet zugleich, dass die HOAI für die Einordnung eines solchen Objektes in eine Honorarzone und auch die Leistungsbewertung nach § 55 Abs. 1 keine Gesetzeskraft mehr besitzt. Die Vertragsparteien können sich bei solchen Objekten dennoch an der Objektliste in der HOAI-Anlage 15.1 und den Bewertungsmerkmalen des § 56 Abs. 2 zur Definition der Honorarzonen orientieren, um eine angemessene Vergütung zu vereinbaren. Dies geschah schon in ähnlicher

Beispiel für die Einordnung des Honorarsatzes zwischen Mindest- und Höchstsatz

Nach Amtlicher Begründung zur HOAI 1996/2002

Bewertungsmerkmal zu § 4 Abs. 1 HOAI nach Amtlicher Begründung	Bedeutung nach Punkten					Gewählt für Objekt Punkte
	sehr gering	gering	durch-schnittlich	überdurch-schnittlich	sehr hoch	
besondere Umstände der Aufgabe und für die zu erbringen-den Leistungen (z. B. Termin- und Preisbindung)	0	1	2	3	4	2
der Schwierigkeitsgrad innerhalb der richtigen Honorarzone	0	1	2	3	4	1
der zu erwartende notwendige Arbeitsaufwand	0	1	2	3	4	0
der künstlerische Gehalt des Objekts	0	1	2	3	4	4
Einflussgrößen aus der Zeit, der Umwelt, der Anzahl der Institutionen, der Nutzung oder der Herstellung	0	1	2	3	4	2
sonstige für die Bewertung der Leistung wesentlichen fach-lichen oder wirtschaftlichen Gesichtspunkte haftungsaus-schließende oder -begrenzende Vereinbarungen	0	1	2	3	4	2
der Koordinierungsaufwand bei Anlagen und Einrichtungen, die der Auftragnehmer weder plant, noch deren Ausführung er überwacht	0	1	2	3	4	4
Summe	0	7	14	21	28	15

Höchstsatz nach Honorartafel:	155.838 €	Bewertete Honorardifferenz = Summe gewählter Punkte dividiert durch mögliche Maximalpunkte (= 28):
Mindestsatz nach Honorartafel:	132.749 €	0,54
Honorardifferenz =	23.089 €	
Honorar = (Mindestsatz nach Honorartafel + bewertete Honorardifferenz × Honorardifferenz) =		145.118 €

Nach Anweisung der RBBau

Bewertungsmerkmal zu § 4 Abs. 1 HOAI nach Amtlicher Begründung	Bedeutung nach Punkten					Gewählt für Objekt Punkte
	sehr gering	gering	durch-schnittlich	überdurch-schnittlich	sehr hoch	
Beteiligung und Koordinierung einer Vielzahl von Nutzern	0	1	2	3	4	2
außergewöhnlich kurze Planungs- und Bauzeiten	0	1	2	3	4	1
verbindliche Festtermine und Fristen	0	1	2	3	4	0
Planung und Durchführung bei laufendem Betrieb	0	1	2	3	4	4
bau- und landschaftsplanerische Beratung	0	1	2	3	4	3
erhöhte Anforderungen an Planungsoptimierung bzw. an Planungsvarianten	0	1	2	3	4	2
Berücksichtigung von Forderungen des Denkmalschutzes und der Integration erhaltenswerter Substanz	0	1	2	3	4	0
Herstellungsverfahren	0	1	2	3	4	4
Summe	0	8	16	24	32	16

Höchstsatz nach Honorartafel:	155.838 €	Bewertete Honorardifferenz = Summe gewählter Punkte dividiert durch mögliche Maximalpunkte (= 32):
Mindestsatz nach Honorartafel:	132.749 €	0,50
Honorardifferenz =	23.089 €	
Honorar = (Mindestsatz nach Honorartafel + bewertete Honorardifferenz × Honorardifferenz) =		144.294 €

Form bei den bis 1984 angewendeten Gebührenordnungen und Vertragsmustern dadurch, dass die Honorartafel bei Überschreitung der Höchstbeträge der anrechenbaren Kosten linear fortgesetzt wurde. Es galt dann der Prozentsatz, der durch das Verhältnis der Honorare in den jeweiligen Honorarzonen zu den anrechenbaren Kosten der unteren und oberen Grenzwerte gebildet wurde.

7 In der Praxis der öffentlichen Verwaltung haben sich für solche Fälle die in den Richtlinien der Staatlichen Vermögens- und Hochbauverwaltung Baden-Württemberg für die Beteiligung freiberuflich Tätiger – RifT – enthaltenen fortgeschriebenen Honorarsätze (RifT-Tabellen in RifT Land 2013 (aktuell)[3] durchgesetzt. Sinngemäß können auch die noch nicht fortgeschriebenen Empfehlungen des AHO vom Oktober 2010 verwendet werden[4]. Für Honorare **unterhalb der Tafel-Mindestwerte** sind **keine Fortschreibungen** bekannt. Daher wird empfohlen zu vereinbaren, das Honorar unterhalb der Mindestbeträge der anrechenbaren Kosten mit den in der Honorartafel in den 5 Honorarzonen genannten Mindest- und Höchstsätzen – ausgedrückt als Prozentsatz der anrechenbaren Kosten – oder als Zeithonorar abzurechnen.

8 Als **problematisch** erweisen sich **Honorarvereinbarungen auf HOAI-Basis** dann, wenn dem Vertragsabschluss anrechenbare Kosten innerhalb der Tafelwerte zu Grunde liegen, aber sich die bei der späteren Abrechnung maßgebenden anrechenbaren **Kosten nach Kostenberechnung außerhalb der Tafelwerte** befinden. Nach dem Urteil des BGH[5] vom 24.06.2004 – VII ZR 259/02 seien dann die Voraussetzungen für die Anwendbarkeit der Mindest- und Höchstsätze der HOAI einschließlich der Vorschriften über die Berechnung des Honorars nicht mehr gegeben; nach § 16 Abs. 3 HOAI a. F. (jetzt: § 7 Abs. 2) könne das Honorar unter dieser Voraussetzung frei vereinbart werden. Allerdings komme **eine Fortschreibung der Honorartabelle** für anrechenbare Kosten, die den Wert des § 56 Abs. 1 überschreiten, **ohne** eine entsprechende **Vereinbarung** der Vertragsparteien **nicht in Betracht**, weil die in der HOAI verordneten Honorartabellen ein in sich geschlossenes System seien. Fehle die entsprechende **Vereinbarung**, träte die **übliche Vergütung** nach Paragraph 632 Abs. 2 BGB an die Stelle der nicht mehr geltenden HOAI. Als Maßstab der Üblichkeit könne nach Schramm[6] allein der Aufwand des streitigen Vertrags gelten, der unter Berücksichtigung der zu erbringenden Leistung für ein durchschnittliches Büro notfalls im Nachhinein zu kalkulieren sei. Wie so eine Kalkulation insbesondere im Nachhinein prüffähig durchgeführt werden kann, bleibt allerdings sein Geheimnis.

Zieht man zur Lösung des Problems das Urteil des OLG Hamburg vom 03.09.2002 – 9 U 8/02[7] zu Rate, wird ein Gericht zur Ermittlung der angemessenen Höhe der übliche Vergütung für Leistungen bei der Projektsteuerung beispielsweise auf das gemäß Urteil grundsätzlich geeignete Honorarmodell des DVP/AHO zurückgreifen. Daraus kann geschlossen werden, dass für die Berechnung eines üblichen Honorars für Objekt- und Fachplanungsleistungen vergleichbare Empfehlungen anwendbar sind. Hierfür liefern die erwähnten RifT-Tabellen oberhalb der Tafelendwerte in der Praxis erprobte Honorarsätze, die deutschlandweit bei Architekten- und Ingenieurverträgen verwendet werden. Dasselbe Gericht entschied im Urteil vom 10.02.2011 – 3 U 81/06[8], dass Honorare bei anrechenbaren Kosten oberhalb der Tafelwerte nach spezifischen Tafelfortschreibungstabellen als übliche Vergütung gemäß § 632 BGB berechnet werden können.

9 Über den **Zeitpunkt der Vereinbarung** über die übliche Vergütung sagt das Urteil des BGH nichts. Daraus kann geschlossen werden, dass sie auch rechtswirksam geschlossen werden kann, wenn das Problem während der Projektdurchführung erkennbar ist. Daher sollte unbedingt der im Urteilstenor bereits formulierten Empfehlung des BGH gefolgt werden, in Werkverträgen über Ingenieurleistungen für Projekte, deren anrechenbaren Kosten im Grenzbereich der Tafelwerte liegen, eine entsprechende **Auffangregelung** zu vereinbaren. Dieser Empfehlung sollten die Parteien spätestens nachkommen, wenn das Über- oder Unterschreiten der Tafelwerte erkannt wurde.

---

[3] Zu erhalten im Grundwerk der RifT-Land 2013 vom Juli 2013 unter http://www.vbv.baden-wuerttemberg.de/pb/,Lde/Startseite/Service/RifT+Land+2013+_aktuell_
[4] HOAI-Tafelfortschreibung Erweiterte Honorartabellen, Heft Nr. 14 der Schriftenreihe des AHO, Bundesanzeiger Verlagsges. mbH, Oktober 2010
[5] BR 2004, 1640
[6] IBR 2004, 626
[7] BR 2003, 487 (NJW-RR 2003, 1670; NZBau 2003, 686 ; BGH, Beschluss v. 05.06.2003 – VII ZR 350/02 (Nichtzulassungsbeschwerde zurückgewiesen); NJW-RR 2003, 1670; NZBau 2003, 686)
[8] IBR 2011, 414

III. Honorarzonenbestimmung

1. Grundsätze

Das **Honorar** für Fachplanungsleistungen bei Technischen Anlagen richtet sich gemäß § 6 HOAI ebenso wie das Honorar für die sonstigen Objekt- und Fachplanungsleistungen **10**
– nach den anrechenbaren Kosten der Anlagen bzw. deren Anlagengruppe gemäß §§ 4 und 54 HOAI auf der Grundlage der Kostenberechnung oder, sofern diese nicht vorliegt, nach der Kostenschätzung,
– nach dem zwischen Auftraggeber und Auftragnehmer vereinbarten Leistungsumfang (§ 55 HOAI),
– nach der Honorarzone, der die Anlagen entsprechend ihrer Bewertungsmerkmale (§ 56 Abs. 2) und der Objektliste der Anlage 15.2 zuzuordnen sind, soweit sie dort genannt ist,
– nach der Honorartafel, in der die Honorare in Abhängigkeit von den anrechenbaren Kosten definiert sind (§ 56 Abs. 1), und
– bei Umbauten und Modernisierungen zusätzlich nach den § 56 Abs. 5.

§ 5 Abs. 3 bestimmt, dass die **Honorarzonen** anhand der **Bewertungsmerkmale** nach § 56 **11**
Abs. 2 bis 4 sowie **unter Berücksichtigung der Regelbeispiele** in den Objektlisten der Anlagen der Verordnung – hier: Anlage 15.2 – zu bestimmen sind. Die in dieser Anweisung gewählte Reihenfolge bedeutet, dass **zunächst** die nach Abs. 2 maßgebenden **Bewertungsmerkmale** der planerischen Anforderungen an die Grundleistungen für die Anlagen der Technischen Ausrüstung **zur Bestimmung der Honorarzone** heranzuziehen sind. Es ist jedoch davon auszugehen, dass die in der Objektliste erfolgte Zuordnung von Objekten zu Honorarzonen wie in den Objektlisten der anderen Abschnitte der HOAI für den Regelfall gilt. Daher dürfte im Normal- und Regelfall auch die Objektliste allein ausreichende Grundlage für die Wahl der Honorarzonen der einzelnen Anlagen sein. Ergeben sich für mehrere Anlagen einer Anlagengruppe, deren Summe der anrechenbaren Kosten für die Honorarberechnung maßgebend ist, unterschiedliche Honorarzonen, ist bei der Bestimmung des Honorars die Vorschrift des § 56 Abs. 4 zu beachten (s. Rdn. 37).
Wie die Bewertungsmerkmale zu verstehen sind, ergibt sich aus der mitgeltenden Verordnungsbegründung zu § 56 HOAI 2009, wo es heißt: *„In Abs. 2 werden die Bewertungsmerkmale des geltenden § 71 Abs. 2 (Ermittlung der Honorarzonen für Leistungen bei der technischen Ausrüstung) identisch übernommen."* Daher gilt die in der amtlichen Begründung der bis zum 18.08.2009 geltenden Fassung der HOAI erläuterte **Definition** der **Bewertungsmerkmale** des § 71 HOAI a. F. fort[9]:

1. Die **Anzahl der Funktionsbereiche** betrifft die anlagentechnischen Funktionsbereiche, d. h. die Zahl sowie die Vielfalt der Nutzungsbereiche.

2. Die **Integrationsansprüche** umfassen den umwelt-, bauwerk- und systembedingten Integrationsaufwand, der vom Niveau der Anforderungen bestimmt wird, das Objektplaner, Auftraggeber und Nutzer des Bauwerks festlegen.

3. Die **technische Ausgestaltung** betrifft sowohl den Anteil der Technischen Ausrüstung am Bauwerk als auch den Differenzierungsgrad der technischen Anlagen.

4. Die **Anforderungen an die Technik werden** durch den Schwierigkeitsgrad der einzelnen Anlagen und Anlagensysteme bestimmt; diese Anforderungen beziehen sich auf die rechnerische Bearbeitung der Aufgabe.

5. Die **konstruktiven Anforderungen** betreffen den bauwerk-, system- und anlagebedingten Konstruktionsaufwand; diese Anforderungen beziehen sich daher auf die zeichnerische Bearbeitung der Aufgabe.

---

[9] Bundesanzeigerausgabe der HOAI 1996/2002, S. 135

12   **Zur Feststellung der Planungsanforderungen einer Technischen Anlage** sind die **Bewertungsmerkmale** einer der drei Honorarzonen zuzuordnen. Dabei unterscheidet § 71 HOAI a. F. drei unterschiedliche Planungsanforderungen:

– Anlagen mit geringen Planungsanforderungen sind der Honorarzone I,
– Anlagen mit durchschnittlichen Planungsanforderungen sind der Honorarzone II und
– Anlagen mit hohen Planungsanforderungen sind der Honorarzone III zugeordnet.

Wie mithilfe der Bewertungsmerkmale die zutreffende Honorarzone ermittelt werden kann, ist in der aktuellen Fassung der HOAI nicht festgelegt. Daher wird hilfsweise auf den Hinweis in § 71 Abs. 3 a. F. zurückgegriffen, wonach wie folgt vorzugehen ist:

„*Sind für die Anlagen einer Anlagengruppe Bewertungsmerkmale aus mehreren Honorarzonen anwendbar und bestehen deswegen Zweifel, welcher Honorarzone die Anlagen zugerechnet werden kann, so ist für die Zuordnung die Mehrzahl der in den jeweiligen Honorarzonen nach Abs. 1 aufgeführten Bewertungsmerkmale und ihre Bedeutung im Einzelfall maßgebend.*"

Die folgende Matrix soll die Zusammenhänge verdeutlichen. Im Beispiel sind die zutreffenden Planungsanforderungen markiert; die Summe der Treffer bestimmt die Honorarzone. Im Beispiel ergibt sich so die Honorarzone II.

Bewertungsmerkmal	Planungsanforderungen		
	gering	durchschnittlich	hoch
Anzahl der Funktionsbereiche	X		
Integrationsansprüche		X	
technische Ausgestaltung			X
Anforderungen an die Technik		X	
konstruktiven Anforderungen		X	
Summe	1	3	1
Honorarzone	I	II	III

Die **Honorarzone** muss – anders als die Einordnung des Honorarsatzes zwischen Mindest- und Höchstsatz nach § 7 Abs. 1 HOAI – **nicht bei Auftragserteilung festgelegt** werden. Dies ist auch sinnvoll, da für die Einordnung hinreichend konkretisierbare Maßstäbe zum Zeitpunkt der Auftragserteilung und des Vertragsabschlusses selten vorliegen und erst im Laufe der Planung hinreichend genau bekannt werden können. Allerdings ist die richtige Honorarzone spätestens in der Schlussrechnung nachzuweisen. Durch deren Objektivierbarkeit unterscheidet sich die Einordnung in die Honorarzonen von der Vereinbarung etwa der Einordnung des Honorars zwischen den Mindest- und Höchstsätzen, die der freien Vereinbarung unterliegt, und gem. § 7 Abs. 5 zwingend einer schriftlichen Vereinbarung bei Auftragserteilung bedarf.

Die **Honorarzonen eines Umbaus oder einer Modernisierungen** einer Technischen Anlage müssen analog bestimmt werden. Schon in den Vorgängerverordnungen war geregelt, dass die beim Umbau oder der Modernisierung gegebenen Planungsanforderungen für die Bestimmung der Honorarzone maßgebend sind (s. hierzu auch Rdn. 38 ff.)

2. Die Bewertungsmerkmale

a) Anzahl der Funktionsbereiche

13   Die **Anzahl der Funktionsbereiche** nach Rdn. 11 Nr. 1 kann mithilfe der Anzahl sowie Vielfalt der Nutzungsbereiche beurteilt werden. Folgende Beispiele verdeutlichen, welche Aspekte bei den unterschiedlichen Anlagen die Anzahl der Funktionsbereiche bestimmen; sie sind für die Bestimmung der Funktionsbereiche der hier nicht erwähnten Anlagengruppen sinngemäß verwendbar. Die gesamte Bandbreite der möglichen Funktionsbereiche kann mithilfe der Anmerkungen in DIN 276-1:2008-12, DIN 276-4:2009-08 und in DIN 276 vom April 1981 Teil 2 Anhang A zuverlässig erfasst werden.

Anlagengruppe 1 – Abwasser-, Wasser- und Gasanlagen:
- Abwasserarten (Oberflächenwasser, häusliches Schmutzwasser oder Industrieabwasser)
- Entwässerungsbereiche innen oder außen
- über oder unter Rückstauebene gelegene Abwasseranlagen des Bauwerks
- Abwasserableitung mit Rückführung ins Erdreich oder Abführung durch Kanal,
- Stadt-, Brunnen, Grauwasser,
- Abrechnungs- oder Messbereiche,

Anlagengruppe 2 – Wärmeversorgungsanlagen :
- Abrechnungs- oder Messbereiche,
- Bereiche unterschiedlicher Vorlauftemperaturen,
- Bereiche unterschiedlicher Speicherfähigkeit des Bauwerks,
- Bereiche unterschiedlicher saisonaler Lastgänge, z. B. erdberührte Anlagen
- Bereiche unterschiedlicher Abschalt- oder Reduzierungszeiten

Anlagengruppe 3 – Lufttechnische Anlagen:
- Unterschiedliche Nutzungsbereiche,
- Bereiche unterschiedlicher Abschalt- oder Reduzierungszeiten
- Bereiche unterschiedlicher Reduzierungsgrade
- Anordnung in Druck- oder Sogzone des Gebäudes,
- unterschiedlicher Betriebszeiten, Nutzungsdauer oder Lastcharakteristiken,
- Bereiche mit unterschiedlichen Aufbereitungs-, Filter-, Druck-, Geräusch- oder Hygieneanforderungen.

Anlagengruppe 4 – Starkstromanlagen: Bereiche differenzierter Anforderungen

a) in Gebäuden
- an Sicherheit und Qualität der Stromversorgung,
- an Messung,
- an Schutzmaßnahmen,
- durch Lastspitzen, Betriebszeiten u. a.
- an Beleuchtungsstärken, Lichtfarben,
- an Einschaltdauer und -häufigkeiten,
- an Tageslichtergänzung,
- an Feuchte-, Hygiene-, Ballwurf-Sicherheit,
- an Sicherheitsbeleuchtung als eigenständige Funktion.

b) von Verkehrsanlagen:
- Straßen und Plätze
  - Starkstromanlagen, Platzbeleuchtung, Informationstafeln
- Gleisanlagen
  - Starkstromanlagen, Beleuchtung des Gleisfeldes eines Rangierbahnhofs

Anlagengruppe 5 – Fernmelde- und Informationstechnische Anlagen:
- Fernmeldeanlagen und Antennenanlagen
  Hier ist eine Vielzahl verschiedener Anlagen erfasst; zu unterscheiden sind z. B. Umfang der Amtsberechtigung, Mithören, Sonderfunktionen bei Fernsprechanlagen oder an Übermittlungsinhalt, -geschwindigkeit, -genauigkeit bei den verschiedenen Telekommunikationsanlagen und an Groß-Uhrenanlagen oder an Übertragungsqualität und zu versorgende Bereiche bei Elektroakustischen Anlagen

Anlagengruppe 6 – Förderanlagen
- Einzelaufzüge oder Aufzugsgruppen
- einfache Fahrtreppen, gegenläufige Fahrtreppen, Fahrsteige
- Regalanlagen, Verfahr-, Einschub- und Umlaufregalanlagen
- Handlaufkran oder flurgesteuerte Krananlage, Hebebühnen
- bühnentechnische Anlagen für Mittelbühnen oder Großbühnen

Anlagengruppe 7 – Nutzungsspezifische und verfahrenstechnische Anlagen:

Anlagengruppe 7.1 – Nutzungsspezifische Anlagen

- Küchentechnische Anlagen
  - für Wohnungen
  - für Gaststätten und Hotels zur Speisen- und Getränkezubereitung mit/ohne Ausgabe, und/oder Lagerung und mit/ohne zugehörige Kälteanlagen
  - für Kliniken und Sanatorien
  - Wäscherei- und Reinigungsanlagen
  - für Wohnungen oder Gemeinschaftswaschküchen
  - Waschsalons, Chemischreinigungsanlagen für normale Kleidungsstücke oder für Arbeitskleidung unterschiedlicher Herkunft, für Teppiche oder Mobiliar
  - mit/ohne Wasseraufbereitungsanlagen und/oder Desinfektionsanlagen und/oder Sterilisationseinrichtungen
  - Großwäschereien für Krankenhäuser oder Hotels
- Medienversorgungsanlagen
  - für Altenpflegeheime, Krankenhäuser, Fabrikationsanlagen, Werkstätten, Reinräume
  - mit/ohne Lagerung, mit/ohne Erzeugungsanlagen,
  - Übergabestationen, Druckregelanlagen
  - Art und Anzahl der Medien und Verteilnetze
- Verkehrsanlagen:
  - Straßenverkehrsanlagen
    - Tankstellen- und Waschanlagen
    - Taumittelsprühanlagen
    - Enteisungsanlagen
  - Schienenverkehrsanlagen
    - Wartungs- und Wagenreinigungsanlage für Personen- und Güterwagen
  - Flugverkehrsanlagen
    - Wartungs- und Wagenreinigungsanlage für Flugzeuge

Anlagengruppe 7.2 – Verfahrenstechnische Anlagen

- Bauwerke und Anlagen der Wasserversorgung
  - Wassergewinnungsanlage als Quelle, Tiefbrunnen, Entnahme aus Oberflächenwasser
  - einstufiges/mehrstufiges Druckerhöhungspumpwerk
  - Wasserspeicher als Wasserturm, Hochbehälter oder Tiefspeicher
  - Aufbereitungsanlagen in Abhängigkeit von der Rohwasserqualität mit/ohne Wasserspeicher, mit/ohne Verwertung der bei der Aufbereitung anfallenden Reststoffe, mit/ohne Netzpumpwerk
- Bauwerke und Anlagen der Abwasserentsorgung
  - Pumpwerke unterschiedlicher Funktion (Tauchmotorpumpen, Kreiselpumpen, Schneckenpumpen), Förderhöhen, Abwassermengen
  - Ausrüstung von Abwasser- und Schlammbehandlungsanlagen unterschiedlicher Wirkungsweise, Belebungsanlagen, Anlagen zur Abwasserfiltration, Bio-P-Anlagen, Anlagen zur chemischen Fällung starkverschmutzter Abwässer, Schlammentwässerungsanlagen (Siebbandpressen-, Zentrifugen-, Kammerfilterpressenanlagen), Mehrstufige Abwasser- oder Schlammbehandlungsanlagen
- Bauwerke und Anlagen der Abfallentsorgung
  - Ausrüstung von Abfallverbrennungsanlagen, Kompostwerken, Abfallspeichern

b) Integrationsansprüche

14 Die **Integrationsansprüche** umfassen nach Rdn.11 Nr. 2 den umwelt-, bauwerk- und systembedingten Integrationsaufwand, der von den Anforderungen des Objektplaners, des Auftraggeber und der Nutzer des Bauwerks bestimmt wird.

Umweltbedingter Integrationsaufwand ist z. B.

– die Einpassung in die Versorgungs- und Entsorgungsverhältnisse hinsichtlich Druck, Leistungsfähigkeit, Ausfallsicherheit, Sauberkeit, hygienischer Unbedenklichkeit,

– die Beachtung der Emissions- und Immissionsverhältnisse und zwar direkt (z. B. Auswurf- oder Ansaugbegrenzung von Schadstoffen oder Geräusch) als auch indirekt (z. B. Feststellung der Zonen mit beschränkter oder aufgehobener Möglichkeit zum Öffnen der Fenster und Ableitung der daraus resultierenden Anforderungen).

– Besonderer Aufwand für Genehmigungen z. B. bei unklaren, sich widersprechenden, kaum, nicht oder nur mit unangemessenem Aufwand zu erfüllenden Anforderungen, ungewöhnlichen Nachweisen o. ä.

Bauwerkbedingter Integrationsaufwand ergibt sich aus

– dem Charakter der Bauaufgabe im allgemeinen wie z. B. hohe Installationsdichten in Krankenhäusern, Laborbauten o. ä. gegebenenfalls einengenden Anforderungen aus Brandschutz, Schallschutz, Personenschutz, Verlegung wartungsbedürftiger Teile aus Fluchtwegen, bestimmten Aufenthalts- oder Nutzungsbereichen, Luftdichtigkeit, Luftüber- oder Luftunterdruckhaltung

– dem Charakter der Bauaufgabe im Besonderen wie z. B. durch niedrige Geschosshöhen, Abhängleuchten, querender oder einengender tragender Teile, überdurchschnittlichen Schall- oder Erschütterungsschutz, besondere Ver- oder Entsorgungssicherheit), optische Gestaltung, Anpassung an oder Einpassung in Bauteile anderer Gewerke (z. B. Luftauslässe und Leuchten), Strenge und Umfang von Freigabeforderungen und Einflussnahmen im Detail, Anforderungen der Detailabstimmung (z. B. Installation auf Fugenschnitt) gegebenenfalls noch mit weiteren Anlagen der Technischen Ausrüstung,

– Anforderungen an Variabilität (zeitliche Veränderbarkeit) und an Flexibilität (räumliche Veränderbarkeit).

Systembedingter Integrationsaufwand beruht auf Anforderungen

– an die Integration anderer Systeme wie z. B. Nutzung statischer Fixpunkte des Grundrisses zugleich als installationstechnische Fixpunkte, Luftauslässe und Elektroauslässe in der Boden- oder Deckenkonstruktion, Heizkörper in Trittstufen zu Balkonen, horizontale Verteilungen in Fußleisten, Luftauslässe ins Mobiliar, Luftschleier in Windfangkonstruktionen,

– an die Detailabstimmung mit angeschlossenen Systemen, Anlageteilen und Einrichtungen (besonders häufig bei den Anlagegruppen 4, 5 und 8)

c) Technische Ausgestaltung

Die **Technische Ausgestaltung** betrifft gemäß Rdn. 11 Nr. 3 sowohl den **Anteil der Technischen Anlage am Bauwerk** als auch den **Differenzierungsgrad** der technischen Anlagen. Der Anteil am Bauwerk lässt sich i. d. R. über die Relation Kosten der Technischen Anlage an den Kosten des Bauwerks und an den Kosten aller Anlagen der Technischen Ausrüstung ermitteln. Der Differenzierungsgrad der technischen Anlagen spiegelt sich vor allem in der Vielfalt der einzuplanenden technischen Anlagen, aber auch z. B. an der der Anzahl der unterschiedlichen Bereiche unterschiedlicher Gefahrenklassen, Wirkungsflächen oder Güterarten bei automatischen Feuerlöschanlagen wider. **15**

d) Anforderungen an die Technik

Die **Anforderungen an die Technik** werden gemäß Rdn. 11 r. 4 durch den Schwierigkeitsgrad der einzelnen Anlagen und Anlagensysteme bestimmt; diese Anforderungen beziehen sich auf die **konzeptionelle und rechnerische Bearbeitung** der Aufgabe. Unter rechnerischer Bearbeitung sind alle mit der Auslegung und Bemessung der zu bewertenden Technischen Anlage zu verstehen. **16**

e) Konstruktive Anforderungen

17 Die **konstruktiven Anforderungen** betreffen nach Rdn. 11 Nr. 5 den bauwerks-, system- und anlagenbedingten Konstruktionsaufwand; sie beziehen sich daher auf die **zeichnerische Bearbeitung**. Dabei können sich die hierbei zu erbringenden Leistungen nicht alleine auf die Zeichenarbeit beschränken, sondern die dazu erforderliche konzeptionellen Vorarbeiten und die konstruktive Durchdringung der Anlage, beginnend mit der Konzipierung und Auslegung unter Benutzung zeichnerischer Hilfsmittel über die Einpassung und gegebenenfalls Anpassung handelsüblicher Anlagenteile bis zur Ausarbeitung von Sonderkonstruktionen oder Sonderbauteilen.

IV. Beispiele für die Bestimmung der Honorarzone bei der Technischen Ausrüstung von Ingenieurbauwerken

1. Vorbemerkung

18 Die im Folgenden vorgestellten Beispiele stehen exemplarisch für die Bewertungsmethode, die wegen der Bandbreite der in der Verordnung erfassten Anlagen auch nicht annähernd für alle Anlagenarten darstellbar ist. Die nachfolgenden Erläuterungen von Bewertung und Einordnung bisher nur begrenzt erfasster und verordneter Technischer Anlagen aus dem Bereich Abwasseranlagen sollen verdeutlichen, wie das Bewertungsverfahren praktiziert werden kann. Dies betrifft insbesondere die Verfahrenstechnischen Anlagen in KG 470 der DIN 276-4:2009-08 bzw. der Anlagengruppe 7.2 nach § 53. Die Beispiele sind schon in der Kommentierung der §§ 42 und 44 erläutert worden. Daher wird auf die dortigen Beschreibungen von Art und Umfang der Bauwerke Bezug genommen. Allerdings werden erst hier die Parameter und Aspekte näher betrachtet, welche die Honorarzonen der jeweiligen Anlagen der Technischen Ausrüstung der Bauwerke bestimmen. Auf eine detaillierte Erläuterung der Bewertungsmerkmale wird dabei verzichtet.

2. Druckentwässerungsanlage

19 Die in § 44 Rdn. 27 vorgestellte Druckentwässerungsanlage besteht aus Sammelleitungen DN 100 bis 150, zahlreichen Hausanschlussleitungen und Anschlussschächten, in denen die in den einzelnen Häusern vorgesehenen Pumpen installiert sind. Das Netz stellt zusammen mit den hauseigenen Pumpwerken und Schächten eine funktionale Einheit dar, da die genannten Anlagenteile erst in ihrer Gesamtheit funktionieren können; eine jeweils eigene Nutzung ist im vorliegenden Fall nicht möglich. Die in den Straßen vorgesehenen Sammelleitungen sind Teil des Ingenieurbauwerks Druckentwässerungsanlage. Zu betrachten ist nur die Technische Ausrüstung eines Hauses.

Die Technische Ausrüstung der Druckentwässerungsanlage eines Hauses umfasst im Wesentlichen den Stromanschluss, die Steuerung und ggf. noch ein Durchflussmessgerät mit Messdatenerfassung; die technische Ausrüstung der Gesamtheit der Hausanschlüsse beschränkt sich auf einige wenige Armaturen und Formstücke, welche Betrieb, Wartung und Reinigung der Gesamtanlage erleichtern.

Die Technische Ausrüstung einer Hausentwässerungsanlage besteht somit aus

– der Pumpenausrüstung einschließlich Armaturen, Formstücken und der Anschlussleitung zur Sammeldruckleitung (Anlage der Anlagengruppe 1) und

– dem Stromanschluss, dem Messgerät und der Pumpensteuerung (Anlagen der Anlagengruppe 4)

Die Honorarzone jeder Anlage ist getrennt zu ermitteln:

Pumpenausrüstung

Bewertungsmerkmal	Planungsanforderungen		
	gering	durchschnittlich	hoch
Anzahl der Funktionsbereiche	X		
Integrationsansprüche		X	
technische Ausgestaltung	X		
Anforderungen an die Technik	X		
konstruktive Anforderungen	X		
Summe	**4**	**1**	**0**

Die Pumpenausrüstung ist der **Honorarzone I** zuzuordnen.

Anlagen der Elektrotechnik

Bewertungsmerkmal	Planungsanforderungen		
	gering	durchschnittlich	hoch
Anzahl der Funktionsbereiche	X		
Integrationsansprüche	X		
technische Ausgestaltung	X		
Anforderungen an die Technik	X		
konstruktive Anforderungen	X		
Summe	**5**	**0**	**0**

Die elektrotechnische Ausrüstung ist ebenfalls der **Honorarzone I** zuzuordnen.

3. Schlammentwässerungsanlage der in § 53 Rdn. 24 vorgestellten Kläranlage

Die Ausrüstung der Schlammentwässerungsanlage besteht aus folgenden wesentlichen Anlage-   **20**
teilen:

Schlammentwässerungsanlage bestehend aus	Anlagenart		
	MT	VPT der Anl.-Gruppe 7.2	TA der Anl.-Gruppe x nach HOAI-Anl. 15.2
Kammerfilterpresseanlage inkl. Filtertuchreinigungsanlage	X		
Containerverschiebeeinrichtung inkl. Verfahrwagen und Schienen			Anl.-Gruppe 6
Kalksilo, Kalkmilchlöschbehälter	X		
Rohrmischer, Pumpen, Kompressor, Filtertuchtrichter, Tropfwasserwanne, Schlamm- und Abwasserleitungen		X	
Niederspannungsinstallationen, soweit sie nicht Bestandteil der maschinentechnischen Ausrüstung sind, und Beleuchtung			Anl.-Gruppe 4
Gebäudeheizung			Anl.-Gruppe 2
Wasserleitungen			Anl.-Gruppe 1

Die Kammerfilterpresse einschließlich der Filtertuchreinigungsanlage und das Kalksilo einschließlich zugehörigem Kalkmilchlöschbehälter sind **maschinentechnischen Anlagen (MT)**, weil sie als komplette Maschinen bzw. Apparate einschließlich unmittelbaren Zubehörs vollständig auf der Baustelle angeliefert werden. Dazu gehören z. B. die Vorortschaltschränke und Steuergeräte. Die zur Nutzung dieser Anlagen notwendige Anschlusstechnik besteht aus den verfahrens- und prozesstechnischen Anlagen (VPT) der KG 470 oder Anlagengruppe 7.2 nach HOAI-Anlage 15.2 und der restlichen **Technischen Ausrüstung (TA) nach HOAI-Anlage 15.2**. Die Honorarzonen der unterschiedlichen Technischen Anlagen sind getrennt zu bestimmen.

Anlagen der Verfahrens- und Prozesstechnik

Bewertungsmerkmal	Planungsanforderungen		
	gering	durchschnittlich	hoch
Anzahl der Funktionsbereiche		X	
Integrationsansprüche	X		
technische Ausgestaltung		X	
Anforderungen an die Technik		X	
konstruktive Anforderungen	X		
Summe	2	3	0

Die Anlagen der Verfahrens- und Prozesstechnik sind der **Honorarzone II** zuzuordnen.

Containerverschiebeeinrichtung

Bewertungsmerkmal	Planungsanforderungen		
	gering	durchschnittlich	hoch
Anzahl der Funktionsbereiche	X		
Integrationsansprüche	X		
technische Ausgestaltung		X	
Anforderungen an die Technik	X		
konstruktive Anforderungen		X	
Summe	3	2	0

Die Containerverschiebeeinrichtung ist der **Honorarzone I** zuzuordnen.

Elektrotechnik

Bewertungsmerkmal	Planungsanforderungen		
	gering	durchschnittlich	hoch
Anzahl der Funktionsbereiche	X		
Integrationsansprüche	X		
technische Ausgestaltung	X		
Anforderungen an die Technik	X		
konstruktive Anforderungen	X		
Summe	5	0	0

Die elektrotechnische Ausrüstung ist ebenfalls der **Honorarzone I** zuzuordnen.

Heizung

Bewertungsmerkmal	Planungsanforderungen		
	gering	durchschnittlich	hoch
Anzahl der Funktionsbereiche	X		
Integrationsansprüche		X	
technische Ausgestaltung	X		
Anforderungen an die Technik	X		
konstruktive Anforderungen	X		
Summe	**4**	**1**	**0**

Die Heizung ist der **Honorarzone I** zuzuordnen.

Wasserleitungen

Bewertungsmerkmal	Planungsanforderungen		
	gering	durchschnittlich	hoch
Anzahl der Funktionsbereiche	X		
Integrationsansprüche	X		
technische Ausgestaltung	X		
Anforderungen an die Technik	X		
konstruktive Anforderungen	X		
Summe	**5**	**0**	**0**

Die Wasserleitungen sind ebenfalls der **Honorarzone I** zuzuordnen.

4. Abwasserbehandlungsanlage der in § 53 Rdn. 24 vorgestellten Kläranlage

Bei der Kläranlage handelt es sich um den Neubau einer Kläranlage für rd. 600.000 EW; sie besteht wie üblich aus einer Abwasserbehandlungsanlage und einer Schlammbehandlungsanlage sowie den dazugehörenden Betriebsgebäuden, Maschinenhäusern, der Schlammentwässerungsanlage und der Energiezentrale. Es sollen beispielhaft die Honorarzonen der Anlagen der Technischen Ausrüstung der Abwasserbehandlungsanlage ermittelt werden; die Schlammbehandlungsanlagen wurden im vorliegenden Fall räumlich und zeitlich unabhängig voneinander von zwei unterschiedlichen Auftragnehmern geplant und in der Ausführungsphase überwacht.

Die mechanische Reinigungsstufe umfasst eine vierstraßige Rechenanlage, einen unbelüfteten Sandfang und ein Vorklärbecken. Das Rechengut wird entwässert und über Transportbänder in Container abgeworfen. Die gesamte Anlage ist aus Emissionsgründen und zur Sicherstellung des Winterbetriebes in einem geschlossenen Gebäude untergebracht. Nach Durchfließen der vier Langsandfangkammern gelangt das Abwasser in die Vorklärung. Diese dient der Grobentschlammung des Rohabwassers.

Die biologische Reinigungsstufe umfasst zwei Umlaufbecken mit insgesamt 60.000 Kubikmetern Inhalt für simultane Nitrifikation und Denitrifikation. Zusätzlich sind zwei Denitrifikationsbecken mit rund 10.000 Kubikmetern Volumen vorgeschaltet, in denen auch die biologische Phosphatelimination erfolgen soll. Die Rezirkulation in die Denitrifikationsbecken ist auf den dreifachen Trockenwetterzufluss bemessen. Die Umlaufbecken sind mit einer feinblasigen Druckluftbelüftung und separater Umwälzung ausgerüstet. Pro Becken sind acht abschaltbare Belüftergruppen installiert. Das gesamte Belüftungssystem ist für 65.000 Normkubikmeter Luft pro Stunde ausgelegt.

21

Die Trennung des Belebtschlamms vom gereinigten Abwasser erfolgt in der Nachklärung, die aus fünf Rechteckbecken besteht. Die Nachklärbecken sind insgesamt 40.000 Kubikmeter groß. Der abgesetzte Schlamm wird mit jeweils zwei Schildräumern geräumt. Das gereinigte Abwasser läuft durch gelochte Rohre ab. Außerdem verfügt die Anlage über eine chemische Reinigungsstufe (Simultanfällung) zur Phosphorelimination.

Einen Überblick über die wesentliche maschinen-, verfahrens- und prozesstechnische Ausrüstung sowie die sonstige technische Ausrüstung der Anlage gibt die folgende Tabelle:

Anlage/Anlagenteil	Anlagenart		
	MT	VPT der Anl.-Gruppe 7.2	TA der Anl.-Gruppe x nach DIN 276
Rechenanlage			
Rechen, Rechengutpresse inkl. Förderbänder und aller Antriebe	X		
Containerhubverfahrwagen inkl. Gleisanlage			464
Rechengutpresse inkl. Förderbänder und aller Antriebe	X		
Fäkalannahmestation mit Vorlaufbehälter und Siebrechen	X		
Schütze, Tauchmotorpumpen		X	
Heizungsanlage			422, 423
Niederspannungsinstallationen			444, 445, 446
Wasserleitungen			412
Sandfanganlage			
Räumer inkl. Antrieb, Überfallklappenwehr	X		
Sandklassierer	X		
Gebläse inkl. Druckluftleitung		X	
Schütze, Schieber, Tauchmotorpumpen, Druckrohrleitung		X	
Wasserleitung			412
Niederspannungsinstallationen			444
Beleuchtung			445
Vorklärung			
Räumer inkl. Antrieb, Ablaufrinne	X		
Schlammabzugsrohre, Schütze, Kompressor mit Kessel		X	
Fäkalannahmestation mit Vorlaufbehälter und Siebrechen	X		
Schütze, Tauchmotorpumpen		X	
Niederspannungsinstallationen			444
Beleuchtung			445
Belebung			
Rührwerke inkl. Antriebe	X		
Verdichter, Luftleitungen/-filter, Rohrleitungen, Pumpen, Schieber, Dammbalken		X	
Niederspannungsinstallationen			444
Beleuchtung			445

Anlage/Anlagenteil	Anlagenart		
	MT	VPT der Anl.-Gruppe 7.2	TA der Anl.-Gruppe x nach DIN 276
Nachklärung			
Räumer inkl. Antrieb	x		
Abwasserablauf aus gelochten Ablaufrohren		x	
Schlammabzugsrohre, Schütze		x	
Schwimmschlammabzug, Schwimmschlammleitungen		x	
Niederspannungsinstallationen			444
Beleuchtung			445
Rücklauf- und Überschussschlammpumpwerk			
Exzenterschneckenpumpen		x	
Propellerpumpen	x		
Kreiselpumpen		x	
Rohrleitungen, Schieber		x	
Niederspannungsinstallationen			444
Beleuchtung			445

Die maschinentechnischen Anlagen (MT) sollen als komplette Maschinen bzw. Apparate einschließlich unmittelbaren Zubehörs vollständig auf der Baustelle angeliefert werden. Dazu gehören auch ihre Vorortschaltschränke und Steuergeräte. Die zur Nutzung der maschinentechnischen Anlagen notwendige Anschlusstechnik besteht aus den VPT-Anlagen der KG 470 oder Anlagengruppe 7.2 nach HOAI-Anlage 15.2 und der restlichen Technischen Ausrüstung nach HOAI-Anlage 15.2. Die Honorarzonen der unterschiedlichen Technischen Anlagen sind getrennt zu bestimmen.

Anlagen der Verfahrens- und Prozesstechnik

Bewertungsmerkmal	Planungsanforderungen		
	gering	durchschnittlich	hoch
Anzahl der Funktionsbereiche			X
Integrationsansprüche		X	
technische Ausgestaltung		X	
Anforderungen an die Technik			X
konstruktive Anforderungen		X	
Summe	0	3	2

Die Anlagen der Verfahrens- und Prozesstechnik sind der **Honorarzone II** zuzuordnen.

Containerverschiebeeinrichtung

Bewertungsmerkmal	Planungsanforderungen		
	gering	durchschnittlich	hoch
Anzahl der Funktionsbereiche	X		
Integrationsansprüche		X	
technische Ausgestaltung		X	
Anforderungen an die Technik	X		
konstruktive Anforderungen		X	
Summe	**2**	**3**	**0**

Die Containerverschiebeeinrichtung ist der **Honorarzone II** zuzuordnen.

Elektrotechnik

Bewertungsmerkmal	Planungsanforderungen		
	gering	durchschnittlich	hoch
Anzahl der Funktionsbereiche			X
Integrationsansprüche			X
technische Ausgestaltung		X	
Anforderungen an die Technik	X		
konstruktive Anforderungen		X	
Summe	**1**	**2**	**2**

Die elektrotechnische Ausrüstung ist der **Honorarzone II** zuzuordnen, da der Schwerpunkt der Bewertungspunkte tendenziell zwischen II und III liegt.

Heizung

Bewertungsmerkmal	Planungsanforderungen		
	gering	durchschnittlich	hoch
Anzahl der Funktionsbereiche		X	
Integrationsansprüche		X	
technische Ausgestaltung	X		
Anforderungen an die Technik	X		
konstruktive Anforderungen	X		
Summe	**3**	**2**	**0**

Die Heizung ist der **Honorarzone I** zuzuordnen.

Wasserleitungen

Bewertungsmerkmal	Planungsanforderungen		
	gering	durchschnittlich	hoch
Anzahl der Funktionsbereiche			x
Integrationsansprüche		X	
technische Ausgestaltung	X		
Anforderungen an die Technik	X		
konstruktive Anforderungen	X		
Summe	**3**	**1**	**1**

Die Wasserleitungen sind ebenfalls der **Honorarzone I** zuzuordnen.

V. Die Objektliste

1. Einleitung

Die den Honorarzonen zugeordneten Anlagen sind in der Objektliste der HOAI-Anlage 15.2 **22** tabellarisch zusammengestellt. Sie sind anders als in den Vorgängerverordnungen bis 2009 nun nach den Anlagengruppen des § 55 Abs. 2 HOAI geordnet. Die Zuordnung häufig vorkommender Anlagen zu den Honorarzonen entspricht weitgehend derjenigen in der Objektliste des § 72 Abs. 1 HOAI a. F., deren Honorarzonen nach den unverändert gebliebenen Bewertungsmerkmalen des § 71 HOAI a. F. bestimmt wurde. Nach der zugehörigen Amtlichen Begründung sind diese, soweit **übliche Planungsanforderungen** bestehen, nach wie vor verbindlich[10], aber anders als bei den Leistungen bei der Objektplanung und bei der Tragwerksplanung nicht in fünf, sondern **in drei Honorarzonen** eingeordnet.

Die Objektliste kann im Normalfall für die Zuordnung einer der genannten Anlagen zu den Honorarzonen verwendet werden. Daher wird sie auch bei vertraglichen Vereinbarungen vorrangig zur Honorarzonenbestimmung einer Anlage benutzt. In der Objektliste sind laut amtl. Begründung zur 5. Novelle[11] aus Gründen der leichteren Handhabung „eine Reihe häufig vorkommender Anlagen der Technischen Anlagen beispielhaft den Honorarzonen zugeordnet worden". Die Liste ist also nicht abgeschlossen. Ist das Objekt in der Objektliste aufgeführt, steht damit im Normalfall die Honorarzone fest, d. h. sofern „keine besonderen Verhältnisse" vorliegen, also die (für Objekte dieser Art) „üblichen Anforderungen" vorliegen. Eine Vielzahl von Beispielen für die beiden Kriterien „Unübliche Anforderungen" und „Besondere Verhältnisse" enthält die Kommentierung unter den Rdn. 4 ff. Die **Honorarzonen aller nicht in der Objektliste genannten Objekte** ist somit mit den in § 56 Abs. 2 verordneten Bewertungsmerkmalen **individuell zu bestimmen.**

Die **Anlagen der Technischen Ausrüstung** von Gebäuden, Innenräumen, Freianlagen, Ingenieurbauwerken und Verkehrsanlagen werden sowohl **für die Nutzung der Bauwerke und Anlagen** als auch **für die Nutzung der maschinen- und verfahrenstechnischen Anlagen** von Ingenieurbauwerken selbst benötigt. Die Objektliste entspricht den in der Kostengruppe 400 der DIN 276-1:2008-12 aufgeführten Anlagen. Die auf dieser Norm aufbauenden DIN 276-4:2009-09 (Ingenieurbau) gilt ergänzend für Ingenieurbauwerke und Verkehrsanlagen. Diese benötigen zur Ingebrauchnahme und Nutzung zahlreiche Technische Anlagen mit denselben Bezeichnungen und gleicher Funktion. Nach § 46 Abs. 1 S. 2 der Verordnung sind einige dieser Anlagen von Verkehrslagen aber aus nicht näher erläuterten Gründen zumindest teilweise als „Ausstattung" bezeichnet. Die Verordnungsbegründung dieser Vorschrift lautet: *„Die Kosten für die Ausstattung* **23**

---

[10] So Amtliche Begründung der HOAI n. F. in der Drucksache 395/09, S. 209
[11] Bundesanzeigerausgabe der HOAI 1996/2002, S. 135

von Anlagen des Straßen- und Flug- und Schienenverkehrs einschließlich der darin enthaltenen Entwässerungsanlagen, die der Zweckbestimmung der Verkehrsanlage dienen, sind (für den Objektplaner) anrechenbar, soweit der Objektplaner diese plant oder deren Ausführung überwacht. Diese Kosten sind bei den Kosten der Baukonstruktion im Sinne des § 46 Abs. 1 S. 1 zu berücksichtigen und nicht den Kosten für die Anlagen der technischen Ausrüstung im Sinne des § 46 Abs. 2 zuzurechnen. Die Ausstattung von Anlagen des Straßen- und Flug- und Schienenverkehrs einschließlich Entwässerungsanlagen ist nicht in der Objektliste der technischen Ausrüstung enthalten. Unter Ausstattung von Anlagen des Straßen- und Flugverkehrs fallen zum Beispiel Signalanlagen, Schutzplanken und Beschilderungen. Bei den Entwässerungsanlagen handelt es sich um Straßenabläufe, Sammelleitungen und zugehörige Anschlussleitungen sowie Regenwasserversickerungen, die nicht als eigenständige Objekte in der Objektliste Ingenieurbauwerke, Gruppe 2, aufgeführt sind, vergleiche Anlage 12 Nummer 12.2. Unter Ausstattung von Anlagen des Schienenverkehrs fallen Oberleitungsanlagen, Signalanlagen, Telekommunikationsanlagen, die den Zugbetrieb beeinflussen, und Weichenheizungsanlagen."

24 Die Honorierung der Fachplanungsleistungen für diese als Ausstattung bezeichneten Anlagen scheint damit der Anwendung der Vorschriften des Teils 4 Abschnitt 2 HOAI entzogen zu sein, soweit es sich dabei um Anlagen der Technischen Ausrüstung handelt. In der Kommentierung dieser Vorschrift ist jedoch unter Bezug auf die Verordnungsbegründung (s. § 46 Rdn. 10) erläutert, dass die Hinzurechnung der Ausstattungskosten zu den Kosten der Baukonstruktion lediglich zur Ermittlung eines angemessenen Mehrhonorars für die Leistungen des Objektplaners bei der Integration dieser Anlagen in die Objektplanung oder Ausführungsüberwachung der Verkehrsanlage dient, sofern der Objektplaner solche Leistungen erbringt. Davon unberührt bleibt das Honorar für die Fachplanung der Ausstattung. Im Einzelnen ist die aus der Verordnungsbegründung zitierte Ausstattung wie folgt zuzuordnen:

Ausstattung von Anlagen des Straßen- und Flugverkehrs:

– Entwässerungsanlagen, im Einzelnen:
  – Straßenabläufe sind nach der von BMVBS[12] als nicht eingeführt bezeichneten DIN 276-4: 2009-8 zwar Bestandteil der Kostengruppe 410, aber einvernehmlich als „darin enthaltene" Bestandteile der Verkehrsanlage von der technischen Ausrüstung ausgenommen.
  – Anschlussleitungen sind die in der Kostengruppe 410 der DIN 276-4:2009-8 erwähnten Leitungen von den Straßenabläufen bis zum Sammler/Vorfluter bzw. die in Anlage 15.2 (Anlagengruppe 1) erwähnten Anlagen mit kurzen einfachen Netzen. Auch diese sind einvernehmlich als „darin enthaltene" Bestandteile der Verkehrsanlage von der technischen Ausrüstung ausgenommen.
  – Sammelleitungen sind die in der Kostengruppe 410 erwähnten Sammler/Vorfluter; sie sind Ingenieurbauwerken nach § 41 Nr. 2
  – Regenwasserversickerungen entsprechend den in der Objektliste Ingenieurbauwerke (Anlage 12.1) in Gruppe 3 (Bauwerke und Anlagen des Wasserbaus) Anlagen zur Berieselung und rohrlosen Dränung.
– Signalanlagen entsprechend den in Kostengruppe 547 DIN 276-1:2008-12 genannten Verkehrssignalanlagen in Außenanlagen oder den in Kostengruppe 450 DIN 276-1:2008-12 und DIN 276-4:2009-8 genannten Signalanlagen.
– Schutzplanken entsprechend den in Kostengruppe 532 DIN 276-1:2008-12 genannten Schutzkonstruktionen in Außenanlagen.
– Beschilderungen entsprechend den in der Kostengruppe 619 DIN 276-1:2008-12 erwähnten Schildern und Wegweisern.

Ausstattung von Anlagen des Schienenverkehrs:

– Oberleitungsanlagen sind komplexe Hoch- und Höchstspannungsanlagen, im Wesentlichen bestehend aus Fahrdraht, speziellen Masten, Erdungsanlagen und Unterwerken, welche den Fahrdraht mit elektrischem Strom versorgt. Sie sind weder in der Verordnung noch in der Objektliste erfasst; dasselbe dürfte damit für die Fachplanungsleistungen gelten.

---

[12] Siehe Anlage 2 zu ARS 16/2013

– Signalanlagen entsprechen den in Kostengruppe 450 DIN 276-1:2008-12 bzw. DIN 276-4: 2009-8 genannten Signalanlagen.

– Telekommunikationsanlagen, die den Zugbetrieb beeinflussen, entsprechend den in Kostengruppe 450 DIN 276-1:2008-12 bzw. DIN 276-4:2009-8 genannten Telekommunikations- und Telematikanlagen oder den in Kostengruppe 480 DIN 276-4:2009-8 genannten Verkehrsleit- und -sicherungsanlagen.

– Weichenheizungsanlagen – elektrisch oder selten mit Erdgas, Propangas, Erdwärme oder Fernwärme betrieben – entsprechen den in Kostengruppe 420 DIN 276-1:2008-12 bzw. DIN 276-4:2009-8 genannten Wärmeversorgungsanlagen oder den nicht näher spezifizierten nutzungsspezifischen der Kostengruppe 479.

Daraus ergibt sich:

1. Die Sammelleitungen und Regenwasserversickerungen sind weder Ausstattung noch Anlagen der Technischen Ausrüstung, sondern Ingenieurbauwerke. Deren Fachplanung entspricht der Objektplanung nach § 43.

2. Die Fachplanung der anderen Ausstattung ist teils in Teil 4 Abschnitt 2 HOAI (Signalanlagen, Telekommunikationsanlagen und Weichenheizungsanlagen) erfasst, teils nicht verordnet (Schutzplanken, Beschilderungen).

3. Die Honorare für die Fachplanungsleistungen für Oberleitungsanlagen dürften frei zu vereinbaren sein.

2. Die Anlagen der Anlagengruppen

a) Vorbemerkungen

Zu beachten ist, dass die zur Einordnung einer Anlage in die Honorarzone benutzten Kriterien **25** jeweils für die ganze Anlage zutreffen müssen, unterschiedliche Honorarzonen für Teilanlagen gibt es nicht. Die Mischformel gemäß § 56 Abs. 4 (s. Rdn. 37) wurde daher bei Einordnung der nachfolgend genannten Anlagen nicht verwendet; sie gilt nur zur Bewertung von Anlagengruppen. In der nachfolgenden Übersicht sind die in der **Objektliste in HOAI-Anlage 15.2** genannten Anlagen (Objekte) den Anlagengruppen des § 53 Abs. 2 nach Honorarzonen zugeordnet und in einigen Fällen mit zusätzlichen Beispielen erklärt. Die Erläuterungen betreffen sowohl die Hochbauten als auch die Ingenieurbauwerke und Verkehrsanlagen.

b) Anlagengruppe 1 Abwasser-, Wasser- und Gasanlagen **26**
Honorarzone I:

– Gas-, Wasser-, Abwasser- und sanitärtechnische Anlagen mit kurzen, einfachen Rohrnetzen. Rohrnetze sind als kurz und einfach (beide Kriterien müssen erfüllt sein) zu bezeichnen, wenn weder eine größere Anzahl von Verzweigungen vorliegt noch eine größere Länge noch die anzuschließenden oder zu ver- bzw. entsorgenden Gegenstände unterschiedliche oder besonders zu beachtende Anforderungen stellen. Hierher gehört also z. B. die Entwässerung kleinerer Hallen, sofern keine Abscheider o. ä. erforderlich sind; die Wasserversorgung desgleichen, soweit nicht einzelne Zapfstellen gesondert gegen Rückfluss zu sichern sind.
Nach der Amtl. Begr. der HOAI a. F. werden „*sanitärtechnische Anlagen heute zunehmend als eigener geschlossener Objektbegriff verstanden im Sinne einer Zusammenfassung von Kalt- und Warmwasserleitungen einschließlich zugehöriger Objekte, wie zum Beispiel Waschbecken, Duschen, WC sowie die dazugehörigen Abwasserleitungen. Daneben behalten selbständige Wasserver- und -entsorgungsanlagen eigenständige Bedeutung in der Planung, insbesondere von größeren Objekten und beim Planen und Bauen im Bestand*".

Honorarzone II:

– Gas-, Wasser-, Abwasser- und sanitärtechnische Anlagen mit verzweigten Rohrnetzen.
  Die Beschreibung der Anlage zeigt, dass es sich um Abwasser-, Wasser- und Gasanlagen handelt, die ohne die in Honorarzone III genannten Anlagenteile für die Ver- und Entsorgung eines Gebäudes oder Ingenieurbauwerks erforderlich sind.

– Trinkwasserzirkulationsanlagen, Hebeanlagen und Druckerhöhungsanlagen sind Einrichtungen, die zusätzlich in Abwasser- und Wasserversorgungsnetzen innerhalb eines Bauwerks zu dessen Ver- und Entsorgung Verwendung finden.

– Anlagen in Gebäuden, Innenräumen oder Ingenieurbauwerken der HZ I und II gemäß § 33 mit Anlage 10.2 und 10.3, § 41 mit Anlage 12.2, soweit sie nicht den Bewertungsmerkmalen der Honorarzone I für Technische Anlagen entsprechen.

Honorarzone III:

– Anlagen zur Reinigung, Entgiftung und Neutralisation von Abwasser.
  Dazu gehören die Anlagen, die wie z. B. in Industriebetrieben deren Betrieb oder Nutzung dienen. Sie dürfen nicht mit den Anlagen gleichen Namens verwechselt werden, die außerhalb von Bauwerken angeordnet sind und davon regelmäßig als Ingenieurbauwerke geplant und ausgeführt werden können.

– Anlagen zur biologischen, chemischen und physikalischen Behandlung von Wasser.
  Für diese Anlagen gelten die für die vorstehenden Abwasseranlagen genannten Kriterien.

– Wasser, Abwasser- und sanitärtechnische Anlagen mit besonderen hygienischen Anforderungen.
  Mit diesen Anlagen sind beispielsweise die Abwasser- und Wasseranlagen in Schwimmbädern, Krankenhäusern, Alten- oder Pflegeeinrichtungen und Heilstätten gemeint. Hierzu dürften auch vergleichbare Anlagen in Laborbauten sowie sonstigen Bauten mit anderen Wässern als Trinkwasser oder anderen Abwässern als üblich verschmutztes häusliches Abwasser zählen.

– Gaserzeugungsanlagen und Gasdruckreglerstationen einschließlich zugehöriger Rohrnetze.
  Zugehörige Rohrnetze entsprechen der sogenannten internen Verrohrung, die z. B. bei Fertigeinheiten vom Hersteller mitgeliefert wird, und erfassen auch deren Anschluss an Liefer- bzw. Verbrauchsnetze.

– Mehrstufige Leichtflüssigkeitsabscheider

Nicht verordnet sind die Leistungen für Anlagen, die nicht dem Betrieb von Gebäuden oder Ingenieurbauwerken dienen, sondern z. B. für den Betrieb mehrerer Gebäude in einer Liegenschaft errichtet werden.

Nicht hierher gehören z. B. Verrohrungen an Brennern mit Gasdruckreglern, da es sich hierbei nicht um selbstständige Stationen handelt. Sie sind Bestandteile der Heizungsanlagen in deren jeweiligen Honorarzonen.

27 **c) Wärmeversorgungsanlagen**

Honorarzone I:

– Heizungsanlagen mit direktbefeuerten Einzelgeräten, Etagenheizungen und einfache Gebäudeheizungsanlagen ohne besondere Anforderungen an die Regelung.
  Unter Heizungsanlagen mit direktbefeuerten Einzelgeräten sind Einzelöfen für feste, flüssige und gasförmige Brennstoffe sowie Elektrospeicherheizung und elektrische Direktheizgeräte zu verstehen. Die zu den Gasöfen führenden Gasleitungen fallen jedoch unter die Anlagengruppe 1. Zentrale Ölversorgungsanlagen gehören zu den Medienversorgungsanlagen der Kostengruppe 473 Anlagengruppe 7.
  Des Weiteren gehören unter die Honorarzone I die einfachen Gebäudeheizungsanlagen ohne besondere Anforderungen an die Regelung. Diese beiden Merkmale sind jedoch nicht hinreichend konkretisiert, sodass zur Feststellung, ob es sich um einfache Anlagen handelt und

keine besonderen Anforderungen an die Regelung bestehen, der Maßstab des § 56 Abs. 2 herangezogen werden muss. D. h. es müssen Anlagen mit geringen Planungsanforderungen vorliegen. Solche sind:

1. mit einem Funktionsbereich,
2. sehr geringen bis geringen Integrationsansprüchen in Umgebung oder Bauwerk,
3. praktisch keinen Anforderungen an die Anlagendifferenzierung,
4. geringe Anforderungen an Auslegung und Berechnung,
5. geringer Zeichenaufwand.

Punkt 1. ist also bereits nicht mehr erfüllt, wenn es sich z. B. um eine Halle handelt mit mehr als einem der folgenden beispielhaft genannten Funktionsbereiche: Arbeits- und Lagerflächen, Meisterbüro, Toiletten, Waschräume, Umkleideräume.

Punkt 2 ist gegeben, wenn die Rohrverlegung auf Putz erfolgen kann, nicht aber bei Unterputzverlegung wegen der dann sehr differenzierten Forderungen der Normen über Schlitze und Aussparungen, ebenso nicht bei Rohrführung in den Hohlräumen von Leichtbauwänden wegen der beträchtlichen Anforderungen an Befestigungen, Auswechslungen und Aussparungen im Tragwerk sowie ggf. des Schallschutzes.

Punkt 3 ist nicht gegeben, wenn regelbare Pumpen oder mehrere Regelzonen oder Optimierungen oder außentemperaturabhängige Regelung / Abschaltung, Nacht- und/oder Wochenendabsenkung, oder getrennte oder nach Jahreszeiten unterschiedliche Warmwasserbereitung gegeben ist.

Punkt 4 ist nicht gegeben, wenn der Wärmebedarf nach DIN 4701 zu berechnen ist oder weitere Auslegungen nach Normen und Vorschriften zu erfolgen haben (überschlägige Abschätzungen z. B. zur Auswahl von Einzelheizgeräten sind hiermit nicht zu vergleichen) oder wenn mehr als ein Betriebszustand zu berechnen ist.

Punkt 5 ist nicht gegeben, wenn mehr als ein schematischer Rohrverlegungsplan erforderlich ist, insbesondere auch nicht, wenn Details, Schnitte oder Aussparungspläne für die Objekt- oder Tragwerksplanung erforderlich sind.

Honorarzone II:

– Gebäudeheizungsanlagen mit besonderen Anforderungen an die Regelung.
  Hiermit sind beispielsweise bivalente Heizungssysteme, Heizungssysteme unter Verwendung erneuerbarer Energien (Solaranlagen) und Wärmepumpenanlagen einschließlich der zugehörigen verzweigten Wärmeversorgungsnetze, Fußboden-, Decken- und Wandheizungsanlagen gemeint.
– Flächenheizungen einschließlich der zugehörigen verzweigten Netze
– Fernheiznetze mit Übergabestationen.
  Die genannten Netze dienen einschließlich ihrer Übergabestationen, die den Anschluss an die öffentlichen Vertriebsnetze von Fernwärme gewährleisten, dem Betrieb des angeschlossenen Gebäudes oder Ingenieurbauwerks.

Honorarzone III:

– Dampfanlagen, Heißwasseranlagen
  Hierzu zählen insbesondere die gebäudeinternen Fernheiznetze mit Übergabestationen, die mit Dampf und Heißwasser (Wasser mit einer aufgrund der Absicherung möglichen Maximaltemperatur von 100 °C oder mehr) betrieben werden und zwar einschließlich direkt angeschlossener Warmwasserheizungen, da diese trotz reduzierter Vorlauftemperatur dem Druck der Heißwasseranlage ausgesetzt sind.
– Schwierige Heizungssyteme neuer Technologien, schwierige Wärmepumpenanlagen, komplexe Solaranlagen in Verbindung mit anderen Wärmeerzeugern
  Hiermit sind beispielsweise mit Wärmeerzeugung durch Brennstoffzellen oder Verbrennungsmotoren gemeint. Dies gilt auch insbesondere, wenn die Anlagen multivalent betrieben wer-

den. Sofern sie auch zu Kühlzwecken betrieben werden, gehören sie zur Anlagengruppe 3. Das gleiche gilt für Brennstoffzellenheizanlagen

– Deckenstrahlheizungen
Deckenstrahlheizungen für große Objekte mit hohen Räumen wie Lager-, Fabrik- und Einkaufshallen, besonders in Verbindung mit Voll-Brennwertkessel

28   d) Lufttechnische Anlagen

Hinweis: Unter dieser Anlagengruppe werden nur raumlufttechnische Anlagen erfasst. Prozesslufttechnische Anlagen gehören zur Anlagengruppe 7.

Honorarzone I:

– Lüftungsanlagen einfacher Art.
Es handelt sich um Einzelabluftanlagen, deren Auslegung nach dem Luftwechsel der zu entlüftenden Räume erfolgt. Abluftanlagen, die Luft fördern, die in Strömungsrichtung vorausgehend von Zuluftanlagen gefördert wurde, bilden mit diesen eine gemeinsame Anlage. Die Honorarzone, der die schwierigste Teilanlage zugeordnet wird, ist gleichzeitig die Honorarzone, der die gesamte Anlage zugeordnet wird, das sind in der überwiegenden Mehrzahl die Zuluftanlagen.

Honorarzone II:

– Lüftungsanlagen mit Anforderungen an Geräuschstärke, Zugfreiheit oder mit zusätzlicher Luftaufbereitung (außer geregelter Luftkühlung), Druckbelüftungsanlagen
Bei Lüftungsanlagen mit Anforderungen an Geräuschstärke, Zugfreiheit oder mit zusätzlicher Luftaufbereitung (außer geregelter Luftkühlung), genügt es, wenn eines dieser Kriterien vorliegt. Zusätzliche Luftaufbereitung liegt vor, wenn die Anlage auslegungsgemäß mehr leisten kann als die Luft zu fördern; sie können die Luft von groben Verunreinigungen befreien – Filterklasse EU 1 DIN 24185 – und im Winter erwärmen. Dabei sind Wintertage solche mit einem Tagestemperaturmaximum unter +12 °C. Auf den tatsächlichen Betrieb kommt es dabei nicht an.

– Fernkältenetze mit Übergabestationen.
Die genannten Netze dienen einschließlich ihrer Übergabestationen, die dem Anschluss an die öffentlichen Vertriebsnetze von Fernkälte dienen, dem Betrieb der angeschlossenen Gebäude oder Ingenieurbauwerke. Fernkältenetze mit Übergabestationen gehören nur insoweit unter Honorarzone II, als ihre kältesten Teile nicht für Temperaturen von 0 °C oder tiefer auszulegen sind, da sonst die Anforderungen an Dämmung, Komponenten- und Umgebungsschutz sprunghaft wachsen.

Honorarzone III:

– Lüftungsanlagen mit mindestens zwei thermodynamischen Luftbehandlungsfunktionen (z. B. Heizen und Kühlen).

– Teilklimaanlagen und Klimaanlagen einschließlich der zugehörigen Kälteerzeugungsanlagen

– Lüftungsanlagen mit geregelter Luftkühlung und Klimaanlagen Solche Lüftungsanlagen liegen nicht nur dann vor, wenn die Luft geregelt gekühlt, sondern auch dann, wenn die von dieser Anlage versorgten Räume geregelt gekühlt werden, z. B. ohne mechanische Kühlung unter Ausnutzung niedrigerer Außentemperatur. In beiden Fällen bedarf es einer Konzeption und Auslegung einer Anlage, die für das Einblasen von Luft mit weniger als Raumtemperatur im Hinblick auf die dabei gegebene Gefahr von Zugerscheinungen geeignet ist. Die genannten Klimaanlagen zählen ebenfalls zu den Anlagen der Zone III, soweit sie nicht zur KG 477 der Anlagengruppe 470 gehören (Anlagen für Klimakammern, Sonderklimaräume, Reinräume), und zwar einschließlich der jeweils zugehörigen Kälteerzeugungs- und Rückkühlanlagen.

– Fernkältezentralen
Zur Kälteversorgung der Abnehmer notwendige Einrichtungen, im Regelfall im Untergeschoss der angeschlossenen Gebäude untergebracht.

– Kühlanlagen
Hierzu zählen alle für die zentrale Kälteversorgung eines Gebäudes oder bestimmter Räume notwendigen Einrichtungen wie z. B. die Adsorptions- und Verdichterkältemaschinen, Wärmetauscher und Rückkühlanlagen.

e) Starkstromanlagen   **29**

Hinweis: Nicht zu den Anlagengruppen 4 und 5 gehören elektrotechnische Einrichtungen und Anlagenteile, die als Bestandteile von Anlagen anderer Anlagegruppen von deren Herstellern geplant und geliefert werden und lediglich deren Funktion ermöglichen. Beispiele sind die Elektromotoren von Maschinen oder die Steuer- und Regelanlagen oder Vorortschaltschränke, die integraler Lieferbestandteil der betroffenen maschinentechnischen Anlage sind.

Honorarzone I:
– Einfache Niederspannungsinstallationen.
  Dies sind Niederspannungsinstallationen mit bis zu 2 Verteilungsebenen ab Übergabe EVU, wie sie in sehr einfachen und einfachen Gebäuden (z. B. Unterkunftsbaracken, Einstellhallen, Garagen oder Verkaufslager) vorkommen, einschließlich Beleuchtung oder Sicherheitsbeleuchtung mit Einzelbatterien
– Erdungsanlagen und Blitzableiteranlagen ohne Berechnungen.

Honorarzone II:
– Kompakt-Transformatorenstationen.
  Diese sind Stationen ohne Netzschutz und Einbindung in Systemtechnik.
– Einfache Stromerzeugungsanlagen
  dies sind zum Beispiel zentrale Batterie- oder unterbrechungsfreie Stromversorgungsanlagen und Fotovoltaik-Anlagen.
– Niederspannungsleitungs- und Verteilanlagen einschließlich Beleuchtungsanlagen
  Diese sind solche mit bis zu 3 Verteilungsebenen ab Übergabe EVU und ohne Kurzschlussberechnung, wie sie z. B. in Wohngebäuden mit durchschnittlicher Ausstattung, Kindergärten, Grundschulen, Fertigungsgebäuden der metallverarbeitenden Industrie vorkommen.
– Zentrale Sicherheitsbeleuchtungsanlagen
– Niederspannungsinstallationen einschließlich Bussystemen
– Blitzschutzanlagen, Erdungs- und Potentialausgleichsanlagen sowie Überspannungsschutzanlagen mit Berechnungen
– Außenbeleuchtungsanlagen

Honorarzone III:
– Hoch- und Mittelspannungsanlagen, Transformatorenstationen
– Niederspannungsanlagen mit mindestens vier Verteilebenen oder mehr als 1000 A Nennstrom.
– Eigenstromversorgungsanlagen mit besonderen Anforderungen (z. B. Notstromaggregate, Blockheizkraftwerke, dynamische unterbrechungsfreie Stromversorgung)
– Beleuchtungsanlagen mit besonderen Planungsanforderungen (z. B. Lichtsimulationen in aufwendigen Verfahren für Museen oder Sonderräume) und nach der Punkt-für-Punkt-Berechnungsmethode; hierzu zählen nach der Amtl. Begr. zur HOAI 1996/2002 alle komplizierten Beleuchtungsanlagen[13] wie z. B. Tageslichtanlagen.
– Potentialausgleichs- und Erdungsanlagen mit Berechnungen, Blitzschutzanlagen mit Berechnungen (z. B. für Kliniken, Hochhäuser, Rechenzentren) Überspannungsschutzanlagen (Blindstromkompensationsanlagen), (Maximum-Überwachungsanlagen), Energiemess- und Managementsysteme, die Fotovoltaikanlagen und die Generatoranlagen in Windkraftanlagen.

---

[13] A. a. O. S. 135

30 **f) Fernmelde- und informationstechnische Anlagen**

Honorarzone I:

– Einfache Fernmeldeinstallationen mit einzelnen Endgeräten
Dies sind Fernmeldeleitungs- und informationstechnische Installationen ohne Verteiler. Dazu gehören auch solche, wie sie in z. B. in Unterkunftsbaracken, Einstellhallen, Garagen und Verkaufslagern vorkommen, sofern sie nicht Bestandteil größerer Anlagen sind.

Honorarzone II:

– Kleine Fernmeldeanlagen und -netze z. B. kleine Wählanlagen nach Telekommunikationsordnung.
Fernmeldeanlagen dieser Art sind solche bis zu 30 angeschlossenen Apparaten mit durchschnittlichen Komfortmerkmalen.

– Ferner können hierzu aus Sicht des Verfassers gehören:
  – Personenrufanlagen, Lichtruf- und Klingelanlagen, Türsprech- und Türöffneranlagen, Gegen- und Wechselsprechanlagen bis zu 30 Stellen für Senden und Empfangen (darüber in Honorarzone III) gehören, ferner
  – Uhrenanlagen bis 30 Uhren (darüber in Honorarzone III),
  – Fernsehkonsumentenanlagen einschl. Empfangsantennen, Umsetzern und Verstärkern bis zu 30 Anschlüssen von Konsumenten (darüber in Honorarzone III),
  – Brand-, Überfall- und Einbruchmeldeanlagen bis zu 30 Stellen für Senden und Empfangen (darüber in Honorarzone III),
  – Übertragungsnetze für Daten, Sprache, Text oder Bild einschl. zugehöriger Verlegesysteme bis zu 30 Stellen für Senden und Empfangen (darüber in Honorarzone III)

Honorarzone III

– Große Fernmeldeanlagen und -netze
Dies sind alle Anlagen und Netze, die nicht in HZ II fallen

– Aktive Netzwerkkomponenten,

– Parkleitsysteme,

– Zeiterfassungsanlagen, Konferenz- und Dolmetscheranlagen,

– Beschallungsanlagen von Sonderräumen,

– Objektüberwachungsanlagen,

– Fernsehaufnahme- und -sendeanlagen einschl. Sendeantennen, Umsetzern und Verstärkern,

– Zugangs- und Wächterkontrollanlagen, Raumbeobachtungsanlage

– Parkleitsysteme

– Fernübertragungsnetze und Fernwirkanlagen

31 **g) Förderanlagen**

Honorarzone I:

– Einfache Einzelaufzüge.
Dies darunter sind Standardaufzüge zu verstehen, die einschließlich Steuerung, Anordnung und Platzbedarf der Triebwerke unverändert aus den Katalogen einer hinreichenden Zahl von Herstellern entnommen werden können.

– Kleingüteraufzüge oder Hebebühnen

Honorarzone II:

– Einfache Aufzugsgruppen mit besondere Anforderungen (z. B. mehrere einfache durch gemeinsame Steuerung miteinander verbundene Einzelaufzüge).

– Flurgesteuerte Krananlagen, Fahrtreppen und Fahrsteige.
– Förderanlagen mit bis zu zwei Sende- und Empfangsstellen.
– Ladebrücken, Stetigförderanlagen

Honorarzone III:

– Aufzugsgruppen mit besonderen Anforderungen
  Die besonderen Anforderungen an Aufzugsgruppen in der HZ III beziehen sich auf die Nutzung, Gebäudehöhe, Steuerung (Ausstattung), Fahrkomfort oder Sicherheit.
– Gesteuerte Förderanlagen mit mehr als zwei Sende- und Empfangsstellen.
– Automatisch betriebene Sonnenschutzanlagen.
– Ferner können hierzu folgende Förderanlagen zählen:
  – Fassadenbefahranlagen
  – Krananlagen, soweit nicht in HZ II erfasst

h) Nutzungsspezifische Anlagen und verfahrenstechnische Anlagen

aa) Vorbemerkungen

Die Verordnung unterscheidet in § 53 erstmals zweifelsfrei zwischen den **nutzungsspezifischen** **32** **Anlagen und den verfahrenstechnischen Anlagen.** Die erstgenannten Anlagen entsprechen den Anlagen, welche der Kostengruppe 470 der DIN 276-1:2008-12 (Kosten im Bauwesen – Hochbauten) zugeordnet sind. Sie kommen auch in Ingenieurbauwerken und vereinzelt bei Verkehrsanlagen zum Einsatz. Die in der Objektliste 7.1 der HOAI-Anlage 15.2 gewählte Reihenfolge der nutzungsspezifischen Anlagen entspricht nicht der Aufzählung der Kostengruppe 470 DIN 276-1; dasselbe gilt auch für die verfahrenstechnischen Anlagen der Liste Nr. 7.2 in Anlage 15.2. Die in den beiden Normen genannten Anlagen sind aber vollständig übernommen, z. T. ausführlicher beschrieben und nach Honorarzonen geordnet. Diese Struktur nehmen auch die folgenden Erläuterungen auf. Dabei bedeutet der Hinweis „keine Nennung", dass die Verordnung solche Anlagen der betreffenden Honorarzone nicht zuordnet.

bb) Nutzungsspezifische Anlagen   **33**

Honorarzone I:

Gruppe 01:	Küchentechnische Anlagen:	z. B. Teeküchen
Gruppe 02:	Wäscherei- oder Reinigungsanlagen:	z. B. Gemeinschaftswaschküchen in einem Mehrfamilienhaus
Gruppe 03:	Medizin- und labortechnische Anlagen:	z. B. in Einzelpraxen der Allgemeinmedizin
Gruppe 04:	Feuerlöschanlagen:	z. B. Handfeuerlöscher
Gruppe 05:	Entsorgungsanlagen:	z. B. Abwurfanlagen für Abfall oder Wäsche
Gruppe 06:	Bühnentechnische Anlagen:	keine Nennung
Gruppe 07:	Medienversorgungsanlagen:	keine Nennung
Gruppe 08:	Badetechnische Anlagen:	keine Nennung
Gruppe 09:	Prozesswärme-, -kälte- und -lufttechnische Anlagen:	keine Nennung
Gruppe 10:	Sonstige Technische Anlagen	keine Nennung

Honorarzone II:

Gruppe 01: Küchentechnische Anlagen: Küchen mittlerer Größe und Aufwärm-
küchen

Solche Küchen sind als Einrichtungen zur Speise- oder Getränkeaufbereitung einschließlich Ausgabe und Lagerung sowie der zugehörigen Kälteanlagen für Kleinküchen gem. VDI 2054 von 5.95, Anhang 2, Tab. 1, zu verstehen. Die Bezeichnung „Kleinküchen" darf hier nicht irritieren, klein sind diese Küchen lediglich innerhalb des gewerblichen Spektrums. Sie sind stets bedeutend größer als Küchen in Wohnungen, die im Gesamtspektrum der Küchen diejenigen „kleinerer Größe" sind, die lt. Amtlicher Begründung zur 3. Novelle in der Objektliste[14] nicht enthalten waren, „weil sie in der Regel nicht vom Auftragnehmer, sondern von Lieferanten geplant werden". Für Planungen, die mit Lieferungen verbunden sind, gilt aber HOAI nicht.

Gruppe 2: Wäscherei- oder Reinigungsanlagen:
Hierzu gehören die Wäschereieinrichtungen für Waschsalons

Gruppe 3: Medizin- und labortechnische. Anlagen:
Medizinische und labortechnische Anlagen der Elektromedizin, Dentalmedizin, Medizinmechanik und Feinmechanik/Optik sowie Röntgen- und Nuklearanlagen mit kleinen Strahlendosen jeweils für Facharzt- oder Gruppenpraxen, Sanatorien, Altersheime und einfache Krankenhausfachabteilungen, Laboreinrichtungen für Schulen und Fotolabors. Hierzu zählen z. B. auch die medizin- und labortechnischen Einrichtungen für Gruppenpraxen der Allgemeinmedizin oder Einzelpraxen der Fachmedizin. Die Nuklearanlagen mit kleinen Strahlendosen sind solche, die keiner weitergehenden Schutzmaßnahmen als der vom Hersteller angebotenen bedürfen.

Gruppe 4: Feuerlöschanlagen: z. B. Manuell betätigte Feuerlösch- und
Brandschutzanlagen

Gruppe 5: Entsorgungsanlagen: keine Nennung

Gruppe 6: Bühnentechnische Anlagen: z. B. für Klein- und Mittelbühnen

Gruppe 7: Medienversorgungsanlagen: keine Nennung

Gruppe 8: Badetechnische Anlagen: keine Nennung

Gruppe 9: Prozesswärme-, -kälte-
und -lufttechnische Anlagen: keine Nennung

Gruppe 10: Sonstige Technische Anlagen: Taumittelsprühanlagen oder Enteisungsanlagen wie für Verkehrsanlagen oder
Brücken

Honorarzone III:

Gruppe 1: Küchentechnische Anlagen:
Hierzu zählen z. B. Großküchen, Einrichtungen für Produktionsküchen einschließlich der Ausgabe oder Lagerung sowie der zugehörigen Kälteanlagen für Mittel- und Großküchen gem. VDI 2054 von 5.95, Anhang 2, Tab. 1, Gewerbekälte für Großküchen, große Kühlräume oder Kühlzellen.

Gruppe 2: Wäscherei- oder Reinigungsanlagen:
Großwäschereien; dies sind Wäschereianlagen für gewerbliche Großwäschereien sowie Wäschereien in Krankenhäusern oder Hotels, chemische oder physikalische Einrichtungen für Großbetriebe.

Gruppe 3: Medizin- und labortechnische Anlagen:
Medizinische und labortechnische Anlagen für Häuser mit ausgeprägtem Untersuchungs- und Behandlungsräumen sowie für Kliniken und Institute mit Lehr- und Forschungsaufgaben, für Laboratorien oder Fertigungsbetriebe.
Klimakammern und Anlagen für Klimakammern
Sondertemperaturräume und Reinräume

---

[14] Bundesanzeigerausgabe der HOAI 1988, S. 94

Gruppe 4:	Feuerlöschanlagen:	Automatische Feuerlösch- und Brandschutzanlagen
Gruppe 5:	Entsorgungsanlagen:	z. B. Zentrale Entsorgungsanlagen für Wäsche und Abfall, zentrale Staubsauganlagen
Gruppe 6:	Bühnentechnische Anlagen:	z. B. für Großbühnen
Gruppe 7:	Medienversorgungsanlagen:	z. B. Anlagen zur Erzeugung, Lagerung, Aufbereitung oder Verteilung medizinischer oder technischer Gase, Flüssigkeiten oder Vakuum
Gruppe 8:	Badetechnische Anlagen:	z. B. Aufbereitungsanlagen, höhenverstellbare Zwischenböden und Wellenerzeugungsanlagen in Schwimmbecken
Gruppe 9:	Prozesswärme-, -kälte- und -lufttechnische Anlagen:	z. B. Vakuumanlagen, Prüfstände, Windkanäle, industrielle Abluftanlagen
Gruppe 10:	Sonstige Technische Anlagen:	z. B. für Tankstellen und Fahrzeugwaschanlagen, z. B. Lagertechnische Anlagen, Warentransportanlagen z. B. stationäre Enteisungsanlagen für Großanlagen wie Flughäfen

cc) Verfahrenstechnische Anlagen

34

Schon unter Rdn. 21 und 22 zu § 53 erfolgte eine allgemeine Definition der **verfahrenstechnischen Anlagen**, die dort unter Rdn. 24 für das Beispiel eines Klärwerks konkretisiert ist. Tabelle 2 der HOAI-Anlage 15.2 nennt die nun alle in der Verordnung erfassten Anlagen der Verfahrens- und Prozesstechnik, welche die „**Anschlusstechnik**" der Anlagen der Maschinentechnik darstellen und **deren Funktion** ermöglichen. Die jeweilige Gesamtheit der Anlagen der Verfahrens-, Prozess- und Maschinentechnik ermöglicht **die Funktion der Ingenieurbauwerke**, in denen sie eingebaut ist.

Voraussetzung für den Betrieb und die Integration der verfahrens-, prozess- und maschinentechnischen Anlagen in die Ingenieurbauwerke sind die häufig namensgleichen Anlagen der Technischen Ausrüstung der Anlagengruppen 1 bis 6. Die Abgrenzung dieser Anlagen von den „Anschlusstechnik" genannten Anlagen kann nur nach funktionalen Gesichtspunkten gelingen. Die einzelnen Anlagen sind dabei darauf zu prüfen, welche Anlage welchem Zweck dient. Es ist somit die Frage zu beantworten, ob die in Tabelle 7.2 genannten Anlagen und Anlagen vergleichbarer Art mit zugehörigen Maschinen ohne weitere Technische Ausrüstung die Funktion des Ingenieurbauwerks erfüllen können oder nicht.

Die verfahrenstechnischen Anlagen sind in Tabelle 7.2 der HOAI-Anlage in allgemeiner Form beschrieben und Honorarzonen zugeordnet. Sie sind ausschließlich in den Honorarzonen II und III genannt und werden – soweit nur allgemein beschrieben - anhand weiterer Beispiele nachfolgend näher erläutert. Außerdem werden die verfahrenstechnischen Anlagen nach den in der Objektliste genannten Bereichen der Wasser- und Abfalltechnik nach Honorarzonen neu geordnet.

Wasserversorgung

Honorarzone II:

– Einfache technische Anlagen der Wassergewinnung, -förderung und -speicherung
Solche Anlagen sind die Ausrüstungen von Quellfassungen und Schachtbrunnen, von Tiefbrunnen, Brunnengalerien und Horizontalbrunnen. Ferner gehört hierzu die Ausrüstung von Wasserspeichern unterschiedlicher Art wie z. B. von einfachen Erdbehältern

– Einfache Technische Anlagen der Wasseraufbereitung (z. B. Belüftung, Enteisenung, Entmanganung, chemische Entsäuerung, physikalische Entsäuerung).
Dies sind die allgemein üblichen Anlagen zur Wasseraufbereitung, die allein oder in Kombination zur Aufbereitung gering verschmutzter Grund-, Quell- und Oberflächenwässer zu Trinkwasserzwecken eingesetzt werden. Dazu zählt auch die Ausrüstung von Bauwerken für die Wasseraufbereitung mittels mechanischer Verfahren (z. B. Siebe oder einfache Filter).

Honorarzone III:

– Technische Anlagen der Wasseraufbereitung (z. B. Membranfiltration, Flockungsfiltration, Ozonisierung, Entarsenierung, Entaluminierung, Denitrifikation).
Solche Anlagen werden benötigt, wenn das aufzubereitende Wasser besonders verschmutzt ist oder aufzubereitende Grund-, Quell- und Oberflächenwässer besondere Reinheitsanforderungen erfüllen müssen. Die genannten Verfahren werden auch in der weitergehenden Abwasserreinigung zur Erfüllung hoher und sehr hoher Reinheitsanforderungen an gereinigtes Abwasser eingesetzt.

– Technische Anlagen der Wassergewinnung, -förderung und -speicherung
Solche Anlagen sind z. B. die Ausrüstungen von Brunnengalerien oder Horizontalbrunnen-Horizontalbrunnen. Ferner gehört hierzu die Ausrüstung von Wasserspeichern wie z. B. von Erdhoch- oder Turmbehältern

Abwasserentsorgung

Honorarzone II:

– Einfache Technische Anlagen der Abwasserableitung.
Dies sind z. B. mechanische oder gesteuerte Drosselorgane. Ferner gehört hierzu die Ausrüstung industriell systematisierter Pumpwerke mit ein bis zwei Abwassertauchpumpen oder einfache vorgefertigte Schneckenpumpwerke. Ferner ist damit die Ausrüstung der individuell geplanten Abwasserpumpwerke und Hebeanlagen mit Kreisel- oder Schneckenpumpen mit geringen Förderleistungen und ohne Hochbau bzw. Betriebsgebäudeteil für die Schalt- und Steueranlagen

– Einfache Regenwasserbehandlungsanlagen
Dies ist z. B. die Ausrüstung von Regenbecken und Kanalstauräumen zur selbsttätigen Leerung und/oder Reinigung der Bauwerke mittels Pumpwerken, Kipprinnen o.ä.

– Einfache Technische Anlagen der Abwasserreinigung (z. B. gemeinsame aerobe Stabilisierung).
Gemeint ist die verfahrenstechnische Ausrüstung kleiner Kläranlagen, in denen die biologische Abwasserreinigung und die Reduzierung des beim Klärprozess entstehenden Schlammes (Stabilisierung) in einem Becken stattfinden. Diese umfasst grundsätzlich die Ausrüstung aller Reinigungsstufen und -bauwerke z. B. Rechenanlage, Sandfang und Belebungsbecken sowie die Leitungen, welche die Bauwerke miteinander verbinden und die Reinigungs- und Behandlungsprozesse ermöglichen. Ferner ist die Ausrüstung belüfteter Abwasserteiche gemeint, bei denen gleichzeitig Abwasser gereinigt und Schlamm aerob stabilisiert wird. Hierzu gehört auch die Ausrüstung verfahrenstechnisch und konstruktiv vorgefertigter Kompaktanlagen, die vom Hersteller ganz oder in Teilen an den Verwendungsort geliefert und dort montiert werden, wie z. B. Anlagen mit Bauartzulassung.

– Einfache Anlagen für Grundwasserdekontaminierungsanlagen.
Solche Anlagen werden bei mechanischen Trennverfahren und chemisch-physikalischer Vorbehandlung des kontaminierten Wassers durch Fällung, Flockung, Sedimentation, Filtration, beim Luftstrippen oder bei Ölabscheidung eingesetzt.

Honorarzone III:

– Technische Anlagen der Abwasserableitung
  Hiermit sind z. B. Pumpwerke mit vorgeschalteten Rechenanlagen, für große Fördermengen und mit geringen Förderhöhen oder Pumpwerke für kleine Fördermengen und große Förderhöhen mit Vorkehrungen gegen Druck- oder Saugstoßbelastungen gemeint.

– Technische Anlagen der Abwasserreinigung (z. B. für mehrstufige Abwasserbehandlungsanlagen)
  Gemeint ist die verfahrenstechnische Ausrüstung mehrstufiger Abwasserbehandlungsanlagen zur gemeinsamen biologischer Kohlenstoff- und Stickstoffelimination. Sie umfasst grundsätzlich die Ausrüstung aller Reinigungsstufen und – bauwerke), welche zum Erreichen des Reinigungszieles erforderlich sind wie z. B. Rechenanlage, Sandfang, Belebungs- und Nachklärbecken, Rücklaufschlammpumpwerk und alle Leitungen, welche die Behandlungsstufen untereinander verbinden und den Behandlungsprozess ermöglichen. Außerdem zählt hierzu die Ausrüstung von Abwasserbehandlungsanlagen mit zusätzlichen Stufen zur weitergehenden Reinigung, wie z. B. zur zusätzlichen chemischen oder biologischen Elimination von Phosphor oder Schwebstoffen oder zur Keimreduktion.

– Komplexe Technische Anlagen für Grundwasserdekontaminierungsanlagen.
  Zu solchen Anlagen dürften solche bei der Aktivkohleadsorption sowie die verfahrenstechnische Ausrüstung von Bauwerken und Anlagen zur biologischen Reinigung oder zur chemischen Oxidation ebenso gehören wie die Anlagen zum Ionenaustausch und zur Umkehrosmose.

Schlammbehandlungsanlagen

Honorarzone II:

– Einfache Schlammbehandlungsanlagen (z. B. Schlammabsetzanlagen mit mechanischen Einrichtungen)
  Dies ist beispielsweise die Ausrüstung von Schwerkrafteindickern mit zusätzlichen Einrichtungen zur Verbesserung der Durchfluss-, Trenn- und Räumvorgänge, von Schlammvorlagebehältern oder Schlammeindickern zur Trennung von Schwimmschlamm, Schlammwasser und Schlamm und deren Entleerung. Hierzu gehört auch die Ausrüstung einstufiger Anlagen zur getrennten aeroben oder anaeroben Stabilisierung, maschinellen Entwässerung oder Trocknung.

Honorarzone III:

– Anlagen für mehrstufige oder kombinierte Verfahren der Schlammbehandlung
  Diese Schlammbehandlungsanlagen sind solche mit mehrstufigen oder kombinierten Verfahren, wie z. B. getrennte aerobe und/oder anaerobe Stabilisierungsverfahren zusammen mit Schlammabsetzanlagen und Schlammentwässerungsanlagen sowie Anlagen zur Schlammverbrennung und Schlammvergasung.

Anlagen für die Ver- und Entsorgung mit Gasen und Feststoffen

Honorarzone II:

– Einfache Technische Anlagen für die Ver- und Entsorgung mit Gasen (z. B. Odorieranlagen)
  Hierzu zählen beispielsweise die Klärgasaufbereitungsanlagen einschließlich der Ausrüstung der zugehörigen Gasspeicher.

– Einfache Technische Anlagen für die Ver- und Entsorgung mit Feststoffen
  Dies sind beispielsweise Siebe und alle anderen Ausrüstungsteile von Anlagen zur Baustoffherstellung oder einfacher Bauschuttaufbereitungsanlagen, soweit es sich nicht um Förder- oder Transportanlagen handelt.

Honorarzone III:

– Technische Anlagen der für die Ver- und Entsorgung mit Feststoffen.
Dies sind die Ausrüstungteile von komplexen Anlagen zur Baustoffherstellung oder von Bauschuttaufbereitungsanlagen, soweit es sich nicht um Förder- oder Transportanlagen handelt.

Abfallbehandlungsanlagen

Honorarzone II:

– Einfache Technische Anlagen der Abfallentsorgung (z. B. für Kompostwerke, Anlagen zur Konditionierung von Sonderabfällen, Hausmülldeponien oder Monodeponien für Sonderabfälle, Anlagen für Untertagedeponien, Anlagen zur Behandlung kontaminierter Böden)
Hierzu gehören auch Zwischenlager zur kurzzeitigen Lagerung von Abfällen und Wertstoffen offener oder geschlossener Bauart (Lagerung im Freien oder im Gebäude) oder mit Einrichtungen zur Emissionsminderung oder zur Sicherung, Aufbereitungsanlagen für Wertstoffe zur Separierung von Wertstoffen aus Abfällen zur Rückführung in den Wirtschaftskreislauf und die Einrichtungen einfacher Bauschuttaufbereitungsanlagen.

Honorarzone III:

– Technische Anlagen der Abfallentsorgung (z. B. für Verbrennungsanlagen, Pyrolyseanlagen, mehrfunktionale Aufbereitungsanlagen für Wertstoffe)
Als besonders komplexes Beispiel einer Abfallbehandlungs- und Abfallverwertungsanlage ist ein Biomassekraftwerk zu nennen, das zur Versorgung der Produktion eines MDF - Plattenwerkes (MDF = mitteldichte Holzfaserplatte oder mitteldichte Faserplatte) mit Dampf und elektrischen Strom eingesetzt ist; gleichzeitig dient es der Entsorgung von anfallenden Produktionsreststoffen, die zusammen mit anderen Holzabfällen zur Energieerzeugung verbrannt werden. Die Fachplanung der Ausrüstung des Kraftwerks umfasst neben der Auslegung der Verbrennungsanlage und deren Zubehör (Anlagen der Maschinentechnik) die Fachplanung der verfahrenstechnischen Anlagen und deren dazu gehörender anderer Technischen Ausrüstung.

i) Gebäudeautomation und zur Automation von Ingenieurbauwerken

35 **aa) Gebäudeautomation**

Die Anlagen der Anlagengruppe 8 des § 53 entsprechen grundsätzlich denjenigen der Kostengruppe 480 der DIN 276-1:2008-12. Die dort zugeordneten Kosten werden in den zugehörigen Anmerkungen die „Kosten der anlagenübergreifenden Automation" genannt. Das ist etwas irreführend, denn hierunter fallen auch die Kosten der für die Anlage selbst notwendigen Automation; diese ist beim heutigen Stand der technischen Entwicklung nicht von der anlagenübergreifenden Automation zu trennen. Die Kosten solcher – i. d. R. MSR-Anlagen (Mess-, steuer- und regelungstechnische Anlagen) genannter Ausrüstungteile – gehören dann in die Kostengruppe der Gebäudeautomation, wenn sie nicht in eine anlagenübergreifende Automation eingebunden sind oder z. B. später einbezogen werden können. In einem solchen Fall sind die betreffenden MSR-Einrichtungen zumeist auch technisch anders beschaffen.

Die Objektliste in HOAI-Anlage 15.2 nennt mit den herstellerneutralen **Gebäudeautomationssystemen** oder mit den Automationssystemen mit **anlagengruppenübergreifender Systemintegration** keinen bestimmten Anlagentyp, sondern beschreibt die möglichen Eigenschaften der Automationssysteme. Deren Zuordnung zu Honorarzone III bringt die stets sehr hohen Planungsanforderungen für derartige Systeme zum Ausdruck. DIN 276-1:2008-12 nennt ergänzend folgende Untergruppen der Gebäudeautomation:

KG 481: Automationssysteme:
Automationsstationen mit Bedien- und Beobachtungseinrichtungen, GA-Funktionen, Anwendungssoftware, Lizenzen, Sensoren und Aktoren, Schnittstellen zu Feldgeräten und anderen Automationseinrichtungen.

KG 482: Schaltschränke:
Schaltschränke zur Aufnahme von Automationssystemen (KG 481) mit Leistungs-, Steuerungs- und Sicherungsbaugruppen einschließlich zugehörige Kabel und Leitungen, Verlegesysteme, soweit nicht in anderen Kostengruppen erfasst.

KG 483: Management- und Bedieneinrichtungen:
Übergeordnete Einrichtungen für Gebäudeautomation und Gebäudemanagement mit Bedienstationen, Programmiereinrichtungen, Anwendungssoftware, Lizenzen, Servern, Schnittstellen zu Automationseinrichtungen und anderen Einrichtungen.

KG 484: Raumautomationssysteme:
Raumautomationsstationen mit Bedien- und Anzeigeeinrichtungen, Schnittstellen zu Feldgeräten und anderen Automationseinrichtungen.

KG 485: Übertragungsnetze:
Netze zur Datenübertragung, soweit nicht in anderen Kostengruppen erfasst.

Honorarzonen dieser Anlagen sind nicht verordnet; Daher müssen sie **mit den Bewertungsmerkmalen des § 56 Abs. 2 bestimmt** werden.

bb) Automation von Ingenieurbauwerken und Verkehrsanlagen

36

Die Objektliste in HOAI-Anlage 15.2 nennt keine Anlagen der Automation von Ingenieurbauwerken. Da aber § 53 zusätzlich zur Gebäudeautomation auch die Automation von Ingenieurbauwerken nennt, sind solche Anlagen ebenfalls durch die Verordnung erfasst. Damit ist der Gleichklang mit der Kostengruppe 480 der DIN 276-4:2009-09 hergestellt. Bekanntlich gilt die Norm aber nicht nur für **Ingenieurbauwerke**, sondern auch für **Verkehrsanlagen**. Daher ist die in der Verordnung anscheinend auf Ingenieurbauwerke begrenzte Reichweite der verordneten Leistungen und Honorare vor dem Hintergrund von Automationsanlagen bei den Verkehrsanlagen unverständlich. Inhaltlich ist die Automation in den zugehörigen Anmerkungen der Kostengruppe in DIN 276-4 als „anlagen- und bauwerksübergreifende Automation wie z. B. Verkehrsleit- und -sicherungsanlagen" definiert. Vor allem darf nach Satz 2 des Vorworts der DIN 276-4 unterstellt werden, dass die der Gebäudeautomation zugeschriebenen Apparate und Funktionen in gleicher Weise bei Ingenieurbauwerken und Verkehrsanlagen möglich sind.

Honorarzonen dieser Anlagen sind nicht verordnet; Daher müssen sie **mit den Bewertungsmerkmalen des § 56 Abs. 2 bestimmt** werden.

VI. Honorarberechnung bei Anlagen mit unterschiedlichen Honorarzonen

Wenn **Anlagen einer Anlagengruppe**, deren Summe der anrechenbare Kosten für die Ermittlung des Honorars maßgebend sind, **unterschiedlichen Honorarzonen** angehören, beschreibt § 56 Abs. 3 die gegenüber der HOAI a. F. unverändert gebliebene Methode, mit der das zutreffende Honorar ermittelt werden kann. Die verbal beschriebene Vorgehensweise lässt sich mathematisch durch die folgende **Mischformel** ausdrücken:

37

$$H_{ges} = \frac{AK\,I \times HI_{ges} + AK\,II \times HII_{ges} + AK\,III \times HIII_{ges}}{AK\,I + AK\,II + AK\,III}$$

In der Formel bedeuten:

AK I, AK II, AK III   Summen der jeweiligen anrechenbaren Kosten der Anlagen, die in die Honorarzonen I, II und III einzuordnen sind.

HI_{ges}, HII_{ges}, $HIII_{ges}$ Honorar nach § 56 für die Summe AK_{ges} der anrechenbaren Kosten aller Anlagen in Honorarzone I, II und III

Beispiel 1:

Anlagengruppe, bestehend aus 3 Anlagen mit unterschiedlichen Honorarzonen

AK I   = 0,5 Mio € HI_{ges} = 329.420 €

AK II   = 1,0 Mio € HII_{ges} = 393.593 €

AK III = 1,5 Mio € $HIII_{ges}$ = 462.044 €

Die Summe der anrechenbaren Kosten AK_{ges} = 3 Mio €. Das Honorar ist mit den Von-Sätzen des § 56 Abs. 1 für diesen Betrag wie folgt zu berechnen:

$$H_{ges} = \frac{0,5 \cdot 329.420 + 1,0 \cdot 393.593 + 1,5 \cdot 462.044}{0,5 + 1,0 + 1,5} = 417.123,00 \ €$$

Beispiel 2:

Die Anlagengruppe Abwasser-, Wasser- und Gasanlagen eines metallverarbeitenden Betriebes besteht aus folgenden Anlagen:

Anlage 1: Abwasseranlage mit kurzem einfachem Rohrnetz, aber mit einer Anlage zur Neutralisation des Fabrikationsabwassers

    Rohrnetz: Honorarzone I, AK I   = 10.000 €

    Neutralisation: Honorarzone III, AK III = 100.000 €

Anlage 2: Wasseranlage mit Druckerhöhungsanlage und umfangreichen sanitärtechnischen Anlagen

    Honorarzone II, AK II   = 35.000 €

Anlage 3: Gasanlagen mit einem kurzen einfachen Rohrnetz

    Honorarzone I, AK I   = 5.000 €

Die Summe der anrechenbaren Kosten beträgt 150.000 €; die Honorarabrechnung soll mit dem Mittelsatz des § 56 Abs. 1 erfolgen, der für die Summe der anrechenbaren Kosten in den drei Honorarzonen wie folgt zu ermitteln ist:

Honorarzone I: = (31.228 + 37.311) · 0,5 = 34.269,50 €

Honorarzone II: = (37.311 + 43.800) · 0,5 = 40.555,50 €

Honorarzone III: = (43.800 + 49.883) · 0,5 = 46.841,50 €

Das Honorar beträgt:

$$H_{ges} = \frac{(10.000 + 5.000) \cdot 34.269,50 + 35.000 \cdot 40.555,50 + 100.000 \cdot 46.841,50}{10.000 + 5.000 + 35.000 + 100.000} = 44.117,57 \ €$$

VII. Honorierung von Leistungen im Bestand

1. Umbauten und Modernisierungen

38 Nach § 56 Abs. 5 kann vereinbart werden, dass das Honorar für **Leistungen bei Umbauten und Modernisierungen** von Anlagen der technischen Ausrüstung bei durchschnittlichem Schwierigkeitsgrad mit einem **Zuschlag** gemäß § 6 Abs. 2 S. 3 bis zur Höhe von 50 % berechnet wird. Aus der Vorschrift nicht unmittelbar erkennbar, macht der Verordnungsgeber in der Verordnungsbegründung aber darauf aufmerksam, dass der Zuschlag unter Berücksichtigung des Schwierigkeitsgrads der Leistungen schriftlich bei Auftragserteilung zu vereinbaren ist. Das Erfordernis einer schriftlichen Vereinbarung bei Auftragserteilung folge aus § 7 Abs. 1. Die Interpretation der Vorschrift ist dann unproblematisch, wenn die auftraggeberseitig geschuldete Bedarfsplanung die zu erwartenden Schwierigkeiten ausreichend untersucht und dokumentiert hat. Nur dann kann ein Objektplaner schon vor Vertragsabschluss die bei der Durchführung von Planung und Objektüberwachung zu erwartenden erschwerten Bedingungen ausreichend überblicken und kalkulatorisch berücksichtigen. An dieser Stelle weist die Verordnungsbegründung ergänzend darauf hin, dass gemäß § 6 Abs. 2 S. 4 bei fehlender schriftlicher Vereinbarung eines Zuschlags zwar »unwiderleglich vermutet« würde, dass ein **Zuschlag von 20 %** ab einem durchschnittlichen Schwierigkeitsgrad als vereinbart gelte, dieser jedoch **nicht als Mindestzuschlag zu verstehen** sei. Daher stellt es die Verordnungsbegründung den Vertragsparteien ausdrücklich frei, bei Auftragserteilung auch einen **Zuschlag von weniger als 20 %** zu vereinbaren.

Nach den Begriffsbestimmungen des § 2 sind   39

– **Umbauten** Umgestaltungen eines vorhandenen Objektes mit wesentlichen Eingriffen in Konstruktion oder Bestand,
– **Modernisierungen** bauliche Maßnahmen zur nachhaltigen Erhöhung des Gebrauchswertes eines Objektes, soweit diese Maßnahmen keine Erweiterungsbauten (Ergänzungen eines vorhandenen Objektes), Umbauten oder Instandsetzungen sind.

Die Einschränkungen bei der Modernisierung gelten in gleicher Weise – wenngleich in der HOAI selbst nicht formuliert – auch bei Umbauten. Umbauten sind daher ebenfalls bauliche Maßnahmen, welche an Umfang und Größe der Anlage nichts ändern, sondern durch Einfügung neuer Anlagenteile funktionale oder gestalterische Verbesserungen des Vorhandenen anstreben.

Jeder **Umbau und** jede **Modernisierung** bedeutet im Vergleich mit einem Neubau eine mehr   40 oder weniger große **zusätzliche Erschwernis** für die Planungsleistungen. Umbauten sind auch häufig mit **erhöhtem Risiko** verbunden und führen zu einer davon bestimmtem höheren Verantwortung bei allen Planern. Der in § 6 Abs. 2 Nr. 5 grundsätzlich verordnete **Zuschlag** stellt eine Vergütung sowohl für die Mehrleistungen als auch für die erhöhte Verantwortung des Planers für die technisch einwandfreie Lösung der stets mit Risiken verbundenen Planungsaufgabe dar. Daher kann er nicht mit den objektplanungsspezifischen Bewertungsmerkmalen der Planungsanforderungen bei Objekten nach § 5 bestimmt, sondern muss unter Beachtung **umbau- bzw. modernisierungsspezifischer Merkmale** begründet werden. Diese sind in der HOAI nicht genannt. Für die Bewertung von **Erschwernis und Risiko** wird die nachfolgend beschriebene **Bewertungsmethode** unter Verwendung der folgenden **Tabelle** empfohlen:

Nr.	Bewertungsmerkmale für Erschwernis und Risiko (beispielhaft, nicht abschließend benannt)	Bedeutung (1)	Bewertung (2)	Einflusszahl (1) × (2)
1	Substanz- und systembedingte Merkmale Schäden der Anlagensubstanz Einfluss des Alters der Anlagensubstanz auf die Maßnahme Einfluss von Häufigkeit und Ausmaß von Änderungen der Anlagensubstanz während ihrer Lebensdauer Gestaltungs-/Funktionsgerechte Wiederverwendung alter Anlagenteile Grad der Verknüpfung der neuen Maßnahme mit der alten Anlagensubstanz Erhaltung und Verbesserung des Soll-Zustandes sowie mögliche Anpassung an heutige Anforderungen	1, 2 oder 3	0 bis 5	
2	Nutzungsbedingte Merkmale Grad der Veränderung der Nutzung der alten Anlagensubstanz Planen und Bauen bei laufender Nutzung bzw. laufendem Betrieb	1, 2 oder 3	0 bis 5	
3	Normativ bedingte Merkmale Abstimmung der vorhandenen Anlagensubstanz auf neue Normen und Richtlinien Erfüllung neuer Auflagen des Gesetzgebers (z. B. Energieverbrauch, Umweltverträglichkeit, Sicherheit)	1, 2, oder 3	0 bis 5	
	maximale Punktezahl	9	15	max. 30[*)]

*) ergibt sich: aus Summe der 3 Produkte aus Bedeutung (= 1 bis 3) und jew. höchster Bewertungszahl (= 5);
$1 \cdot 5 + 2 \cdot 5 + 3 \cdot 5 = 30$

1. Schritt:

Zunächst werden die nicht abschließend aufgeführten und je nach Objekt individuell zu ergänzenden **Bewertungsmerkmale nach ihrer Bedeutung** mit 1, 2, oder 3 geordnet:

– das Bewertungsmerkmal mit der größten Bedeutung erhält die Prioritätszahl 5,
– das Bewertungsmerkmal mit der geringsten Bedeutung erhält die Prioritätszahl 1.

Ist beispielsweise der Umfang der in die Planung einzubeziehenden Bausubstanz sehr hoch (z. B. Erweiterung einer Abwasserbehandlungsanlage in allen Verfahrensstufen oder völlige Überprüfung eines vorhandenen Tragwerks), aber die normativ bedingten Merkmale von geringer Bedeutung (z. B. keine Änderung in den Baunormen und -richtlinien, keine sonstigen Auflagen des Gesetzgebers, immer im Vergleich mit den zum Zeitpunkt der Errichtung der vorhandenen Substanz geltenden), könnten

– die substanz- und systembedingten Merkmale die größte Bedeutung haben, also 3 Punkte
– und die normativ bedingten Merkmale nur 1 Punkt erhalten.

2. Schritt:

Danach werden die **Bewertungsmerkmale** mit 0 bis 5 Punkten durch Beurteilung **ihres jeweiligen Einflusses auf die Schwierigkeit** bei der Planung und Objektüberwachung bewertet:

– keine Beeinflussung erhält die Wertung 0
– volle Beeinflussung erhält die Wertung 5

Ist der bauliche Zustand der in den obigen Beispielen genannten Bausubstanz gut und für die Baumaßnahmen gut brauchbar (das Alter der Bausubstanz ist also von geringem Einfluss), ist die Wiederverwendung der vorhandenen Bauteile funktionsgerecht möglich und in nur geringem Maß mit der neuen Bausubstanz zu verknüpfen, könnten beispielsweise 2 Bewertungspunkte angemessen sein.

Ist der Grad der Nutzungsänderung der alten Bausubstanz allerdings hoch (z. B. Vorklärbecken einer Abwasserbehandlungsanlage wird in eine Bio-P-Stufe einbezogen) und muss die Abwasserbehandlungsanlage ihre volle Leistung auch während der Bauphase bringen, könnten die nutzungsbedingten Merkmale beispielsweise mit 4 Punkten bewertet werden.

Sind alle bei der Maßnahme vorkommenden Merkmale bezüglich ihrer Priorität geordnet (Definition der Prioritätenzahlen) und anschließend mit Blick auf ihren Einfluss auf die Anforderungen an die Ingenieurleistungen bewertet (Bewertung), so werden für die Bewertungsmerkmale 1 bis 3 die Produkte

Bedeutung × Bewertung = Einflusszahl

gebildet. Ein angemessene Zuschlag kann dann nach den rechnerisch ermittelten Einflusszahlen wie folgt bestimmt werden:

Einflusszahl	Erschwernisse	Zuschlag in %	
		mindestens	höchstens
< 6	sehr gering	0	9
7 bis 12	gering	10	19
13 bis 18	durchschnittlich	20	29
19 bis 24	überdurchschnittlich	30	39
25 bis 30	sehr groß	40	50

2. Wiederaufbauten und Erweiterungsbauten

41   Schon aus den Begriffsbestimmungen des § 2 geht aber hervor, dass bei **Wiederaufbauten** und **Erweiterungsbauten** vorhandene Bau- und Anlagenteile auf vorhandenen Bau- oder Anlagenteile wiederhergestellt werden. Dies bedeutet nichts anderes als das Mitverarbeiten vorhandener Substanz, also eine planerische Tätigkeit für die neue Bausubstanz in Verbindung mit bestehenden, wieder verwendbaren Bauteilen.

Wiederaufbauten von Anlagen der Technischen Ausrüstung im Sinne des § 2 Nr. 3 waren **nach der großen Hochwasserkatastrophen** 2002 und 2013 in großem Umfang bei zahlreichen Gebäuden und Ingenieurbauwerken erforderlich. Dabei sind vorhandene Anlagenreste nach entsprechender Sanierung mit dem Ziel weiterverwendet worden, die Kosten des Wiederaufbaus so gering wie möglich zu halten.

Unter **Erweiterungsbauten** werden alle Baumaßnahmen verstanden, die unter weitestgehender Beibehaltung vorhandener Bau- und Anlagensubstanz vorhandene Kapazität ergänzen oder vergrößern. Typische Beispiele sind

- **Aufstockung** eines vorhandenen mehrgeschossigen Gebäudes und **dessen Technischer Ausrüstung** um ein weiteres Geschoss bei gleichzeitigem Umbau der vorhandenen Raumzuordnungen des obersten Geschosses und Fortsetzung des vorhandenen Treppenhauses sowie der Aufzugsanlage und Anpassung der vorhandenen Technischen Ausrüstung an die neue Situation.

- Erweiterung einer vorhandenen hausinternen Abwasserbehandlungsanlage

Erweiterungsbauten sind zwar dem Verordnungstext nach „Ergänzungen" eines vorhandenen Objekts; solche Ergänzungen sind ohne Berücksichtigung der vorhandenen Substanz nicht optimal und kostensparend möglich. Stets sind die vorhandene Substanz der Technischen Ausrüstung, die bisher zur Zweckerfüllung und Nutzung erforderlich war, und vor allem ihre nutzungsspezifischen Anlagen im Sinne der Anlagengruppe 470 der DIN 276-4:2009-08 zu berücksichtigen, da die alte und die neu zu schaffende Substanz später aufs Engste miteinander verknüpft sind und gemeinsam betrieben oder genutzt werden sollen.

Die planerische und die Bauausführung überwachende Tätigkeit beim Erstellen von Wiederaufbauten und Erweiterungsbauten im Sinne von § 2 Nr. 5 ist ohne Berücksichtigung der vorhandenen baulichen und technischen Anlagen nicht vorstellbar. Deswegen sind Leistungen für deren Umbauten und/oder Modernisierung notwendig, um entweder die neu zu errichtenden Bauwerks- und Anlagenteile dem Bestand anzupassen oder den Bestand durch entsprechende Anpassungsmaßnahmen als Teil des neuen Ganzen nutzbar zu machen. Die Honorare für Leistungen bei Wiederaufbauten und Erweiterungsbauten bestehen stets aus **zwei Komponenten**, nämlich aus den Honoraren für **Leistungen für den Neubau** und für die **Leistungen für Umbauten und/oder Modernisierungen der mitverarbeiteten Bausubstanz**. Daher ist auch deren Wert stets Teil der anrechenbaren Kosten solcher Objekte. **42**

3. Instandhaltungen und Instandsetzungen

Nach § 12 Abs. 2 HOAI kann für die Honorierung von **Grundleistungen** bei **Instandhaltungen und Instandsetzungen** schriftlich vereinbart werden, dass der Prozentsatz der Bewertung der Objektüberwachung von Anlagen der Technischen Ausrüstung mit bis zu 50 % erhöht werden, also **mit bis zu 52,5 v. H. vereinbart** werden kann. Auch aus dieser Vorschrift ist nicht unmittelbar erkennbar, dass der Zuschlag unter Berücksichtigung des Schwierigkeitsgrads der Leistungen schriftlich bei Auftragserteilung zu vereinbaren ist. Das Erfordernis einer schriftlichen Vereinbarung bei Auftragserteilung folgt analog zur Begründung des Umbauzuschlags aus § 7 Abs. 1. **43**

Nach § 2 HOAI sind **Instandsetzungen** Maßnahmen zur **Wiederherstellung** des zum bestimmungsgemäßen Gebrauch geeigneten Zustandes (Soll-Zustandes) eines Objektes, soweit die Instandsetzungen nicht mit Wiederaufbauten zerstörter Objekte gleichzusetzen sind oder durch Modernisierungsmaßnahmen verursacht sind. Es geht somit um die **Wiederherstellung seines Ursprungszustands. Instandhaltungen** dagegen sind Maßnahmen zur **Erhaltung** seines Soll-Zustands. Die Amtl. Begr. zum inhaltsgleichen § 3 Nr. 10 und 11 HOAI 2009 weist darauf hin, dass die Begriffsbestimmungen der DIN 31 051 entnommen seien. Nach der im Juni 2003 veröffentlichten Neufassung der DIN umfasst die Instandhaltung alle „Maßnahmen zur Bewahrung **44** und Wiederherstellung des Sollzustandes sowie zur Feststellung und Beurteilung des Istzustands von technischen Mitteln eines Systems". Die **Maßnahmen** werden **untergliedert** in **Wartung, Inspektion und Instandsetzung.**

45 Die **Wartung** umfasst alle Maßnahmen zur Bewahrung des Sollzustandes von technischen Mitteln eines Systems. Diese beinhalten das Erstellen eines Wartungsplanes, der auf die spezifischen Belange des jeweiligen Betriebes oder der betrieblichen Anlage abgestellt ist und hierfür verbindlich gilt. In diesem Plan sind die Vorbereitung der Durchführung der Wartung und ihre Durchführung sowie die Rückmeldung, also ihr Ergebnis zu erläutern. Leistungen bei der Wartung sind **in der HOAI nicht erfasst**, da es sich um Leistungen während des Betriebs handelt.

46 Die **Inspektion** umfasst Maßnahmen zur Beurteilung des Istzustands von technischen Mitteln eines Systems. Auch dafür ist das Erstellen eines Planes zur Feststellung des Istzustands vorzunehmen, der für die spezifischen Belange des jeweiligen Betriebes oder der betrieblichen Anlage abgestellt ist und hierfür verbindlich gilt. Dieser Plan soll u. a. Angaben über Termin, Methode, Gerät und Maßnahmen enthalten. Das Vorbereiten der Durchführung umfasst in beiden Fällen
   - die quantitative Ermittlung bestimmter Zustandsgrößen,
   - die Vorlage des Ergebnisses der Feststellung des Istzustands,
   - die Auswertung der Ergebnisse zur Beurteilung des Istzustands und
   - die Ableitung der notwendigen Konsequenzen aufgrund der Beurteilung.

Die Leistungen bei der Inspektion sind **Leistungen bei der Bedarfsplanung**[15]. Weder diese Leistungen noch deren Honorare sind in der HOAI erfasst; die Honorare können somit frei vereinbart werden. Dasselbe gilt, wenn die Leistungen zusammen mit den Leistungen für die nachfolgend beschriebene Instandsetzungsaufgabe beauftragt und vereinbart werden sollen.

47 Eine effektive und kostengünstige Instandhaltung ist dementsprechend nur mit weitgehend integrierten Methoden durchzuführen. Die Instandhaltung ist in zwei Kategorien zu unterteilen:
   - Die **planbare, vorbeugende Instandhaltung** umfasst alle Maßnahmen, die notwendig sind, ein technisches System einem definierten Sollzustand zu erhalten, sie schließt periodische Inspektionen, Zustandsüberwachung; Fristaustausch kritischer Teile, Kalibrierung u. ä. ein.
   - Die **nicht planbare, korrigierende Instandhaltung** als Folge des Ausfalls bzw. technischen Versagens einer Baugruppe oder Komponente; sie umfasst alle Maßnahme zu Wiederherstellung des Sollzustandes, sie beinhaltet auch die Fehlererkennung und –Lokalisierung sowie den Austausch und die Reparatur des defekten Teils.

Beide Tätigkeiten sind die Konsequenz aus der Wartung von Bauwerken und Anlagen. Sie **beziehen sich auf Objekte**, welche beispielsweise **nach unzureichender Wartung** so stark **geschädigt** sind, dass zu ihrem bestimmungsgemäßen Gebrauch umfangreiche Reparaturen innerhalb und außerhalb des Bauwerks erforderlich werden. Hierzu können beispielsweise Pumpwerke in Kanalnetzen, ältere Wasserwerke, schadhafte Beschichtungen in Wasserbehältern, defekte Tropfkörper in Kläranlagen, undichte Wassertürme oder Abwasserkanäle zählen. Besonders häufig sind Sanierungsarbeiten an Stahlbetonbauwerken wie z. B. Brücken oder Stahlbetonwände. Bei **Instandsetzungen und Instandhaltungen** handelt es sich also häufig um **Reparaturen unterschiedlichen Umfangs.**

48 Die **Instandsetzung** ist somit auch als **nicht planbare, korrigierende Instandhaltung** zu verstehen; sie umfasst Maßnahmen zur **Wiederherstellung des Sollzustandes** von technischen Mitteln eines Systems. Diese beinhalten:
   - die Planung im Sinne des Aufzeigens und Bewertens alternativer Lösungen unter Berücksichtigung betrieblicher Forderungen,
   - die Entscheidung für eine Lösung,
   - die Vorbereitung der Durchführung (Kalkulation, Terminplanung, Abstimmung, Bereitstellung von Personal, Mitteln und Material, Erstellung von Arbeitsplänen),
   - Vorwegmaßnahmen wie Arbeitsplatzausrüstung, Schutz- und Sicherheitseinrichtungen usw.,

---

[15] DIN 18205

– die Überprüfung der Vorbereitung und der Vorwegmaßnahmen einschließlich der Freigabe zur Durchführung,

– die Durchführung der Instandsetzungsarbeiten,

– die Funktionsprüfung und Abnahme der Leistungen sowie die Fertigmeldung und

– die Auswertung einschließlich Dokumentation, Kostenfeststellung, Aufzeigen und gegebenenfalls Einführen von Verbesserungen.

Die notwendigen Leistungen für Instandhaltungen und Instandsetzungen ergeben sich aus den Beschreibungen der DIN. Erkennbar ist, dass – von Ausnahmen abgesehen – die in § 43 Abs. 1 i. V. m. Anlage 12.1 **bewerteten Leistungen nur in sehr geringem Umfang für die Leistungen** zutreffen, welche **bei der Vorbereitung und Durchführung** von Instandhaltungen und Instandsetzungen zutreffen. Gerade deswegen wird es bei der vertraglichen Leistungsvereinbarung auf die schriftliche Zuordnung der einzelnen Leistungsschritte zu den Leistungsphasen des § 43 Abs. 1 ankommen, um eine ausreichende Begründung der Leistungsbewertung zu erlauben, die der Honorarabrechnung zugrunde liegen soll. Es wird die sinngemäße Zuordnung wie bei den Leistungen für Umbauten und Modernisierungen empfohlen, wie sie in der Kommentierung des § 43 Rdn.198 ff. vorgestellt sind.

VIII. Technische Ausrüstung von Ingenieurbauwerken mit großen Längenausdehnung nach Abs. 6

In der Verordnungsbegründung zu § 44 Abs. 7 vertritt der Verordnungsgeber die Auffassung, dass der **Planungsaufwand bei Ingenieurbauwerken mit großer Längenausdehnung**, die unter gleichen baulichen Bedingungen errichtet werden sollen (als Beispiele sind Deiche und Kaimauern genannt), in einem **Missverhältnis zu** dem auf der Grundlage der anrechenbaren Kosten des Bauwerks ermittelten **Honorar des Auftragnehmers** stehen könne. Dann läge ein **Ausnahmefall** im Sinne des § 7 Abs. 3 vor, der zu einer Unterschreitung der verordneten Mindestsätze berechtige. Dieselbe Sorge veranlasste den Verordnungsgeber offenbar dazu, mit der wortgleichen Vorschrift die Reduzierung des Honorars für die Technische Ausrüstung solcher Bauwerke vorzuschreiben, ohne in der Verordnung oder in der Verordnungsbegründung darzustellen, weswegen die „gleichen baulichen Voraussetzungen", die beim Bauwerk zu einer möglichen Reduzierung des Objektplanungshonorars führen können, die gleichen Auswirkungen auf die Leistungen bei der Planung oder Objektüberwachung dessen Technischer Ausrüstung haben können. Nach hiesiger Auffassung führt diese Vorschrift aus der HOAI heraus und ist noch weniger justiabel als die gleiche Vorschrift bei den Ingenieurbauwerken.

Leider definiert weder die Vorschrift des § 7 Abs. 3 noch die Verordnungsbegründung einen plausiblen Maßstab für ein solches Missverhältnis beim Bauwerk und erst recht nicht bei der Technischen Ausrüstung. Der **Verordnungsgeber setzt** in aus hiesiger Sicht **unzulässiger Weise „Aufwand" mit „Leistung" gleich**, für die das Honorar verordnet ist. Bekanntlich können unterschiedlich berufserfahrene Planer die gleiche Planungs- und Überwachungsaufgabe mit unterschiedlichem Aufwand erledigen und damit ihre werkvertragliche Leistungspflicht erfüllen; sie besitzen dann auch den grundsätzlichen Anspruch auf dasselbe verordnete Honorar. Die Vorschrift schreibt somit den unbestimmten Rechtsbegriff „Aufwand" zur Begründung einer „berechtigten" Mindestsatzunterschreitung vor, die in Kombination mit den ebenso unbestimmten „baulichen Bedingungen" noch fragwürdiger wird. Daher kann der Aufwand auch keine ausreichende, weil nicht objektiv nachprüfbare Begründung für die Unterschreitung der verordneten Mindestsätze sein.

Erstmals formulierte die Amtl. Begr. der 4. HOAI – Novelle in der Bundesanzeigerausgabe der HOAI 1991[16] eine ähnliche Regelung zu § 65 HOAI a. F.. Dort heißt es wörtlich: *„Tragwerksplanungen können auch erforderlich werden für Ingenieurbauwerke mit erheblichen Längenabmes-*

---

[16] Bundesanzeigerausgabe der HOAI 1991, S. 108

*sungen, bei denen sich die statischen Verhältnisse in der gesamten Länge nicht oder nur unwesentlich ändern wie z. B. bei Stützbauwerken und Uferspundwänden. Bei solchen Verhältnissen könnte ein **Honorar, das von den vollen anrechenbaren Kosten** ermittelt wird, **in einem nicht ausgewogenen Verhältnis zur Leistung des Ingenieurs** stehen. Von einer besonderen Regelung für solche Bauwerke wurde jedoch abgesehen, weil allgemein verbindliche Grundsätze für die Bemessung solcher Honorare nicht möglich sind. In solchen Ausnahmefällen sollte § 4 Abs. 2 HOAI a. F. (= § 7 Abs. 3 HOAI n. F.[17]) angewandt werden. «*

Diese Formulierung unterscheidet sich in zwei wesentlichen Punkten vom jetzigen Verordnungstext und der Verordnungsbegründung. Zum einen werden die gleichen oder nur unwesentlich anderen **statischen Verhältnisse** zur Begründung herangezogen; sie sind ein objektiv **nachprüfbares technisches Argument**. Zum anderen wird die durch die vereinfachten statischen Verhältnisse **reduzierte Leistung, nicht der Aufwand** des Ingenieurs als Maßstab für eine mögliche Honorarreduzierung herangezogen. In den Anmerkungen zur Amtl. Begr. interpretieren die Herausgeber Depenbrock und Schiefler die zu § 65 HOAI a. F. formulierte Amtl. Begr. zur Anwendung bei der Ermittlung des Objektplanungshonorars nach § 56 HOAI a. F. bei Linienbauwerken. Sie definieren diese als Ingenieurbauwerke mit stets gleicher Konstruktion und großer Längenausdehnung (beispielhaft genannt sind Lärmschutzanlagen). Bei solchen Bauwerken könnte nach ihrer Auffassung das Honorar bei Ansatz der vollen anrechenbaren Kosten unangemessen hoch werden, d. h. Leistung und Honorar stünden nicht mehr in einem ausgewogenen Verhältnis zueinander. In solchen Fällen empfahlen die Herausgeber – übertragen auf die HOAI n. F., bei Vertragsabschluss z. B. zu vereinbaren, dass die Leistungsphasen 1 bis 7 und 9 nur die vollen Kosten für eine bestimmte Länge des Bauwerks anzusetzen und für den Rest § 11 Abs. 2 sinngemäß anzuwenden. Dabei wird unterstellt, dass das ganze Bauwerk in gleich lange, technisch gleiche Bauwerksabschnitte teilbar ist, denen deshalb auch die gleichen anrechenbaren Kosten zugewiesen werden können.

Beispiel für ein Ingenieurbauwerk:

Die anrechenbaren Kosten des langen Bauwerks mögen 3.000.000 € betragen, das Bauwerk ist der Honorarzone III / Mindestsatz zuzuordnen. Es wird in einmal in 5, einmal in 10 gleiche Abschnitte gleicher Länge und Kosten geteilt.

Honorar nach § 44 Abs. 1 für die Summe anrechenbare Kosten:	184.462,00 €
Honorar bei 4 Abschnitten: Honorar für einen Abschnitt von 750.000 €: beträgt	65.767,00 €
Teilleistungssumme für LPH 1 bis 6 nach § 43: 80.00 v. H.	
Honorarsumme der 4 Abschnitte: $65.767 + 65.767 \cdot 3 \cdot 0,80 \cdot 0,50 =$	144.687,40 €
Honorar bei 10 Abschnitten: Honorar für einen Abschnitt von 300.000 €: beträgt	33.778,00 €
Teilleistungssumme für LPH 1 bis 6 nach § 43: 80.00 v. H.	
Honorarsumme der 10 Abschnitte: $33.778 + 33.778 \cdot 4 \cdot 0,80 \cdot 0,50 + 33.778 \cdot 3 \cdot 0,80 \cdot 0,40 + 33.778 \cdot 2 \cdot 0,80 \cdot 0,10 =$	125.654,16 €

Die Empfehlung dürfte bei der technischen Ausrüstung nur im seltenen Ausnahmefall zur Anwendung kommen können, zumal die Anwendung des § 11 Abs. 3 bei Technischen Anlagen gar nicht vorgesehen ist. Daher taugt **nur § 7 Abs. 3 als Begründung** für die Vereinbarung eines die Mindestsätze unterschreitenden Honorars.

---

[17] Einfügung durch Verfasser

Teil 5: Übergangs- und Schlussvorschriften

§ 57 Übergangsvorschrift

Diese Verordnung ist nicht auf Grundleistungen anzuwenden, die vor ihrem Inkrafttreten vertraglich vereinbart wurden; insoweit bleiben die bisherigen Vorschriften anwendbar.

§ 58 Inkrafttreten, Außerkrafttreten

Diese Verordnung tritt am Tag nach der Verkündung in Kraft. Gleichzeitig tritt die Honorarordnung für Architekten und Ingenieure vom 11. August 2009 (BGBl. I S. 2732) außer Kraft.

Der Bundesrat hat zugestimmt.

Inhaltsübersicht

I. Inkrafttreten

Die HOAI 2013 tritt am Tage nach der Verkündung in Kraft. Dies ist der 17.07.2013. Gleichzeitig ist die HOAI, die vorher galt (HOAI 2009), außer Kraft getreten. **1**

II. Übergangsvorschrift

1. Altverträge

Die Übergangsvorschrift befasst sich mit der Frage, unter welchen Voraussetzungen die HOAI 2013 auch auf bestehende Altverträge anzuwenden ist. Da mit der HOAI 2013 eine Honorarerhöhung verbunden ist, besteht für den Auftragnehmer das Interesse, diese für sich nutzbar zu machen. Es gilt allerdings auch insoweit der Grundsatz, dass Verträge so gehalten werden müssen, wie sie zwischen den Vertragsparteien vereinbart worden sind (pacta sunt servanda). § 55 legt demgemäß auch fest, dass die HOAI 2013 nicht für Leistungen gilt, die vor ihrem Inkrafttreten vertraglich vereinbart wurden. Dies bedeutet, dass Vertragsabschlüsse bis zum 17.07.2013 nach altem Recht zu beurteilen sind und zwar unabhängig davon, wie viel Jahre später sie erst abgewickelt werden. **2**

Der entscheidende Zeitpunkt ist damit der Tag des Vertragsabschlusses. Sind Verträge schriftlich geschlossen, so ist dies in der Regel das Datum der Unterschriftsleistung und zwar das Datum des zuletzt unterzeichnenden Vertragspartners.

Diese Feststellung ist indes nicht zwingend. Es kann auch sein, dass der Vertrag bereits vorher mündlich geschlossen war und zeitversetzt erst aus Gründen des Beweises schriftlich gefasst wurde. Maßgebender Zeitpunkt für den Vertragsabschluss wäre in einem solchen Fall der mündliche Vertragsabschluss. Maßgebend ist die Feststellung, wann der gegenseitige Vertragsbindungswille zum Ausdruck gekommen ist. Bei mündlich geschlossenen Verträgen ist dieser Zeitpunkt häufig schwer festzustellen. Es besteht deshalb häufig ein breiter Interpretationsspielraum, der im Streitfall letztlich vom Gericht geklärt wird.

Sind sich die Vertragsparteien einig, dass sie Altverträge nach den Regeln der HOAI 2013 abrechnen wollen, so sind sie hieran nicht gehindert.

Die Vertragsparteien können bestehende Altverträge aufheben und nach neuem Recht neu begründen. Sie können danach auch Leistungen, die bereits vorher erbracht waren, neuem Recht unterwerfen und nach den HOAI-Sätzen der HOAI 2013 abrechnen. Dies können allerdings nur die Mindestsätze sein, da die Ausschöpfung des Honorarrahmens nur bei Auftragserteilung möglich ist und dieser bereits überschritten wurde.

2. Stufenverträge

3 Eine besondere Problematik bilden Stufenverträge. Mit der stufenweisen Beauftragung will sich der Auftraggeber das Recht vorbehalten, die Architekten- und Ingenieurleistungen nach seinem Bedarf nach definierten Vertragsstufen abzurufen. Die rechtliche Ausgestaltung von Stufenverträgen kann dabei variieren.

Zwei Grundmuster stehen zur Verfügung, und zwar das Bedingungsmodell (Vertragsabschluss unter aufschiebenden Bedingungen) oder das Angebotsmodell.

Die einzelnen Vertragsstufen können sehr unterschiedlich zusammengesetzt sein. Meist werden sie nach den Leistungsphasen des Leistungsbildes abgegrenzt, z.B:

1. Auftragsstufe Genehmigungsplanung

2. Auftragsstufe Ausführungsplanung

3. Auftragsstufe Vergabeleistungen

4. Auftragsstufe Objektüberwachung

Kennzeichnend in den meisten Vertragsstufen ist, dass die Vertragsparteien sich hinsichtlich der Honorarfindung und Vergütung künftiger Auftragsstufen bereits geeinigt haben. So sind Honorarzonen, Leistungsbewertung, Honorarsatz und eventuell Zuschläge im Vertrag bereits festgelegt. Offen bleibt nur, wann diese Stufen Vertragsgegenstand werden.

Im Bedingungsmodell sieht die vertragliche Regelung vor, dass die nächstfolgende Auftragsstufe sozusagen automatisch beauftragt ist, wenn die entsprechende Bedingung eintritt, die den Auftrag auslöst. Z. B. die Auftragsstufe Ausführungsplanung soll unter der Bedingung der Erteilung einer Baugenehmigung beauftragt sein. In diesem Fall erweitert sich der Architektenvertrag automatisch auf die Ausführungsplanung, wenn die Baugenehmigung erteilt ist.

Bei dem Angebotsmodell hat der Auftragnehmer die Übernahme weiterer Vertragsstufen dem Auftraggeber angeboten und sich nach Vertrag zumeist an dieses Angebot auf eine bestimmt Frist, z. B. 2 Jahre, gebunden. Der Vertrag hinsichtlich der weiteren Auftragsstufe hängt nach den insoweit gebräuchlichen Vertragsmustern dann davon ab, dass der Auftraggeber die Auftragsstufe schriftlich abruft, mit anderen Worten, das Vertragsangebot des Auftragnehmers entsprechend schriftlich annimmt.

Die Frage lautet, ob der Auftragnehmer bei einem Vertragsabschluss vor dem 17.07.2013 hinsichtlich der Auftragsstufen, die nach dem 17.07.2013 abgerufen werden, nach den HOAI-Sätzen der HOAI 2013 abrechnen darf, ohne dass dies ausdrücklich im Vertrag geregelt ist.

Bei dem Bedingungsmodell fällt die Antwort eindeutig aus. Auch hier gilt der Grundsatz pacta sunt servanda, d. h., Verträge müssen so ausgeführt werden, wie sie geschlossen wurden. Eine Abrechnung nach den HOAI-Sätzen der HOAI 2013 für Auftragsstufen nach dem 17.07.2013 findet nicht statt, da mit Eintritt der Bedingung die entsprechende Auftragsstufe automatisch in Kraft tritt.

Strittig ist die Behandlung dieser Frage beim Angebotsmodell. Die eine Meinung geht davon aus, dass der Abruf der Leistungsstufe einen neuen Zeitpunkt der Auftragserteilung bezeichnet, da der Vertragsabschluss erst mit der Annahme des Vertragsangebots auf Erfüllung weiterer Auftragsstufen zustande kommt. Liegt der Abruf nach dem 17.07.2013, so fällt der entsprechende Vertragsabschluss in den Geltungsbereich der HOAI 2013 und es müsse deshalb insoweit nach den HOAI-Mindestsätzen 2013 abgerechnet werden.

Diese Streitfrage ist zwischenzeitlich durch die Entscheidung des Bundesgerichtshofes abschließend geklärt. Der BGH[1] hat im Hinblick auf die Übergangsvorschrift der HOAI 2009 entschieden, dass es bei Stufenverträgen im Angebotsmodell darauf ankommt, wann es zu einem vertraglichen Abschluss über die Leistungsverpflichtung der angebotenen Stufe kommt. Diese für die Übergangsvorschrift der HOAI 2009 ergangene Rechtsprechung findet ebenso Anwendung auf die Übergangsvorschrift der HOAI 2013. Die Entscheidung sagt im Kern, dass es maßgebend auf die Erklärung des Auftraggebers ankommt, wann er die angebotene Leistungsstufe des Auftragnehmers annimmt. Im Sprachgebrauch der Verträge wird diese Annahmeerklärung häufig als der Abruf der Leistung definiert. Dies stellt die Annahme des Angebots auf die Erbringung der Stufenleistung dar. Entscheidend ist damit der Zeitpunkt dieses Leistungsabrufes. Liegt dieser bei Altverträgen nach dem 17.07.2013 ist auf die abgerufene Leistung die HOAI 2013 anzuwenden.[2]

Daraus ergibt sich folgende Situation:

Das Angebotsmodell geht davon aus, dass der Auftragnehmer mit Abschluss des Stufenvertrages die Übernahme der Leistungen für nächste Auftragsstufen auf Basis der bei Abschluss des Stufenvertrages geltenden HOAI verspricht. Ist der Stufenvertrag vor Inkrafttreten der HOAI 2013 abgeschlossen, so liegt dem Angebot die Leistungsbeschreibung gem. der Leistungsbilder der HOAI 2009 oder gar vor Inkrafttreten der HOAI 2009 noch die der HOAI 2002 (1996) zugrunde. Nimmt der Auftragnehmer dieses Angebot nach Inkrafttreten der HOAI 2013 an, gelten die Leistungen gem. Leistungsbild HOAI 2009 (oder HOAI 2002) und die Honorare gem. HOAI 2013. Da sich das Leistungsbild zwischen den Leistungsbildern HOAI 2009 und der HOAI 2013 geändert hat, ist zu prüfen, welche Grundleistungen mit dem Stufenvertrag vom Auftragnehmer entsprechend des alten Leistungsbildes geschuldet sind. Sie sind nach den Honorarvorschriften der HOAI 2013 zu bewerten.

Beispiel:

Hat der Auftragnehmer für die Objektplanung Gebäude einen Stufenvertrag vor dem 17.07.2013 abgeschlossen und als eine Auftragsstufe dem Auftraggeber die Übernahme der Leistungsphase 5 (Ausführungsplanung) versprochen, so liegt diesem Angebot die Leistungsbeschreibung der Ausführungsplanung gem. Anlage 11 Leistungsphase 5 der HOAI 2009 zugrunde. Die Leistungsbeschreibung der Ausführungsplanung HOAI 2013 hat erhebliche Abweichungen in Anlage 10 zur Leistungsphase. Zum Leistungsbild gehört die Grundleistung LPH 5 f) Überprüfung erforderlicher Montagepläne der vom Objektplaner geplanten Baukonstruktion und baukonstruktiven Einbauten auf Übereinstimmung mit der Ausführungsplanung. Diese Leistung war in der HOAI 2009 nicht enthalten. Es bieten sich zwei Lösungen an: Entweder übernimmt der Auftragnehmer zu dem im Angebot bereits übernommenen Leistungen der Leistungsphase 5 auch noch die Grundleistung LPH 5 f) HOAI 2013, so dürfte das auf die Leistungsphase 5 entfallende Honorar auch das gesamte Leistungsspektrum gem. der angebotenen Ausführungsplanung abdecken. Als zweite Alternative kommt eine Reduzierung des Honorars für die Leistungsphase unter Anwendung der Bestimmung des § 8 zur Anwendung. Nach der Bewertung der Grundleistung LPH 5 f) ist diese Leistung aus dem Honorar abzuziehen.

Ein anderes Beispiel bietet die Leistungsphase 6. Besteht der Stufenvertrag darin, dass nach altem Recht die Leistungsphase 6 Vorbereitung der Vergabe angeboten war und wird sie nach Inkrafttreten der HOAI 2013 angenommen, so gibt es auch hier eine zusätzliche Grundleistung, die es nach HOAI 2009 nicht gab. Dies ist die Leistungsphase LPH 6 d) das Ermitteln der Kosten

---

[1] BGH v. 18.12.2014 – VII ZR 350/13 in NZBau 2015, 170
[2] Vgl. hierzu auch Motzke in NZBau 2015, 195; Messerschmid NZBau 2014, 3

auf der Grundlage vom Planer bepreister Leistungsverzeichnisse. Auch hier hat eine Anpassung zu erfolgen. Sei es, dass die Leistung angepasst wird, oder sei es, dass das Honorar nach § 8 angepasst wird.

Die gegenteilige Auffassung geht davon aus, dass auch die Leistung der Auftragsstufen, die nach Inkrafttreten der neuen HOAI abgerufen werden, unverändert nach altem Recht abzurechnen sind.[3]

Diese Auffassung hat sich nach der Entscheidung des BGH nicht durchgesetzt, und ist damit für die Praxis nicht anwendbar. Bei stufenweiser Beauftragung kommt der BGH zu dem Ergebnis, dass der Abruf der weiteren Auftragsstufe im Sinne der Annahme eines Vertragsangebotes keinen neuen Zeitpunkt bei Auftragserteilung schafft.[4] Der BGH stellt dabei fest, dass die Honorarvereinbarung bezüglich der Leistungen, die im Rahmen der Stufenbeauftragung später beauftragt werden sollen, bereits bei Vertragsabschluss festgelegt sind. Der BGH kommt dabei zu der Einsicht, dass die vorab getroffene Honorarvereinbarung mit der vertraglichen Vereinbarung über die auszuführende Leistung wirksam ist und deshalb bei Auftragserteilung getroffen wurde.

Der BGH sieht in seiner Entscheidung vom 18.12.2014 auch keinen Widerspruch zu dieser Regelung und führt hierzu in TZ Nr. 34 aus: *„Mit der Festlegung von Mindestsätzen soll den Architekten und Ingenieuren ein auskömmliches Honorar gesichert und auf diese Weise die Qualität der Architekten- und Ingenieurleistungen durch Verhinderung eines ruinösen Preiswettbewerbes gewährleistet werden. Wenn der Verordnungsgeber nach Überprüfung der tatsächlichen Verhältnisse zu der Überzeugung gelangt ist, dass die Tafelwerte zur Erreichung dieses Ziels angehoben werden müssen, ist es nicht sinn- und zweckwidrig, dass neue Preisrecht für alle nach Inkrafttreten geschlossenen Verträge umzusetzen …"*[5]

---

3 Jochem in Jahrbuch 2009 Bl. 343 Kapellmann/Vygen im Werner Verlag
4 BGH v. 27.11.2008 – XII ZR 211/07
5 BGH a. a. O. und siehe auch BGH v. 24.04.2014 –VII ZR 164/13

Anlage 1 zu § 3 Absatz 1 Beratungsleistungen

1.1 Leistung Umweltverträglichkeitsstudie

1.1.1 Leistungsbild Umweltverträglichkeitsstudie

(1) Die Grundleistungen bei Umweltverträglichkeitsstudien können in vier Leistungsphasen unterteilt und wie folgt in Prozentsätzen der Honorare in Nummer 1.1.2 bewertet werden. Die Bewertung der Leistungsphasen der Honorare erfolgt

1. für die Leistungsphase 1 (Klären der Aufgabenstellung und Ermitteln des Leistungsumfangs) mit 3 Prozent,
2. für die Leistungsphase 2 (Grundlagenermittlung) mit 37 Prozent,
3. für die Leistungsphase 3 (Vorläufige Fassung) mit 50 Prozent,
4. für die Leistungsphase 4 (Abgestimmte Fassung) mit 10 Prozent.

(2) Das Leistungsbild kann sich wie folgt zusammensetzen:

Leistungsphase 1: Klären der Aufgabenstellung und Ermitteln des Leistungsumfangs
– Zusammenstellen und Prüfen der vom Auftraggeber zur Verfügung gestellten untersuchungsrelevanten Unterlagen,
– Ortsbesichtigungen,
– Abgrenzen der Untersuchungsräume,
– Ermitteln der Untersuchungsinhalte,
– Konkretisieren weiteren Bedarfs an Daten und Unterlagen,
– Beraten zum Leistungsumfang für ergänzende Untersuchungen und Fachleistungen,
– Aufstellen eines verbindlichen Arbeitsplans unter Berücksichtigung der sonstigen Fachbeiträge.

Leistungsphase 2: Grundlagenermittlung
– Ermitteln und Beschreiben der untersuchungsrelevanten Sachverhalte aufgrund vorhandener Unterlagen,
– Beschreiben der Umwelt einschließlich des rechtlichen Schutzstatus, der fachplaneri-schen Vorgaben und Ziele sowie der für die Bewertung relevanten Funktionselemente für jedes Schutzgut einschließlich der Wechselwirkungen,
– Beschreiben der vorhandenen Beeinträchtigungen der Umwelt,
– Bewerten der Funktionselemente und der Leistungsfähigkeit der einzelnen Schutzgüter hinsichtlich ihrer Bedeutung und Empfindlichkeit,
– Raumwiderstandsanalyse, soweit nach Art des Vorhabens erforderlich, einschließlich des Ermittelns konfliktarmer Bereiche,
– Darstellen von Entwicklungstendenzen des Untersuchungsraumes für den Prognose-Null-Fall,
– Überprüfen der Abgrenzung des Untersuchungsraumes und der Untersuchungsinhalte,
– Zusammenfassendes Darstellen der Erfassung und Bewertung als Grundlage für die Er-örterung mit dem Auftraggeber.

Leistungsphase 3: Vorläufige Fassung
– Ermitteln und Beschreiben der Umweltauswirkungen und Erstellen der vorläufigen Fassung,
– Mitwirken bei der Entwicklung und der Auswahl vertieft zu untersuchender planerischer Lösungen,

Kommentar zur Anlage 1 zu § 3 Absatz 1.1

- Mitwirken bei der Optimierung von bis zu drei planerischen Lösungen (Hauptvarianten) zur Vermeidung von Beeinträchtigungen,
- Ermitteln, Beschreiben und Bewerten der unmittelbaren und mittelbaren Auswirkungen von bis zu drei planerischen Lösungen (Hauptvarianten) auf die Schutzgüter im Sinne des Gesetzes über die Umweltverträglichkeitsprüfung vom 24. Februar 2010 (BGBl. I S. 94) einschließlich der Wechselwirkungen,
- Einarbeiten der Ergebnisse vorhandener Untersuchungen zum Gebiets- und Artenschutz sowie zum Boden- und Wasserschutz,
- Vergleichendes Darstellen und Bewerten der Auswirkungen von bis zu drei planerischen Lösungen,
- Zusammenfassendes vergleichendes Bewerten des Projekts mit dem Prognose-Null-Fall,
- Erstellen von Hinweisen auf Maßnahmen zur Vermeidung und Verminderung von Beeinträchtigungen sowie zur Ausgleichbarkeit der unvermeidbaren Beeinträchtigungen,
- Erstellen von Hinweisen auf Schwierigkeiten bei der Zusammenstellung der Angaben,
- Zusammenführen und Darstellen der Ergebnisse als vorläufige Fassung in Text und Karten einschließlich des Herausarbeitens der grundsätzlichen Lösung der wesentlichen Teile der Aufgabe,
- Abstimmen der Vorläufigen Fassung mit dem Auftraggeber.

Leistungsphase 4: Abgestimmte Fassung
Darstellen der mit dem Auftraggeber abgestimmten Fassung der Umweltverträglichkeitsstudie in Text und Karte einschließlich einer Zusammenfassung.

(3) Im Leistungsbild Umweltverträglichkeitsstudie können insbesondere die Besonderen Leistungen der Anlage 9 Anwendung finden.

1.1.2 Honorare für Grundleistungen bei Umweltverträglichkeitsstudien

(1) Die Mindest- und Höchstsätze der Honorare für die in Nummer 1.1.1 aufgeführten Grundleistungen bei Umweltverträglichkeitsstudien können anhand der folgenden Honorartafel bestimmt werden:

Flächen in Hektar	Honorarzone I geringe Anforderungen		Honorarzone II durchschnittliche Anforderungen		Honorarzone III hohe Anforderungen	
	von	bis	von	bis	von	bis
	Euro		Euro		Euro	
50	10.176	12.862	12.862	15.406	15.406	18.091
100	14.972	18.923	18.923	22.666	22.666	26.617
150	18.942	23.940	23.940	28.676	28.676	33.674
200	22.454	28.380	28.380	33.994	33.994	39.919
300	28.644	36.203	36.203	43.364	43.364	50.923
400	34.117	43.120	43.120	51.649	51.649	60.653
500	39.110	49.431	49.431	59.209	59.209	69.530
750	50.211	63.461	63.461	76.014	76.014	89.264
1.000	60.004	75.838	75.838	90.839	90.839	106.674
1.500	77.182	97.550	97.550	116.846	116.846	137.213

Flächen in Hektar	Honorarzone I geringe Anforderungen		Honorarzone II durchschnittliche Anforderungen		Honorarzone III hohe Anforderungen	
	von	bis	von	bis	von	bis
	Euro		Euro		Euro	
2.000	92.278	116.629	116.629	139.698	139.698	164.049
2.500	105.963	133.925	133.925	160.416	160.416	188.378
3.000	118.598	149.895	149.895	179.544	179.544	210.841
4.000	141.533	178.883	178.883	214.266	214.266	251.615
5.000	162.148	204.937	204.937	245.474	245.474	288.263
6.000	182.186	230.263	230.263	275.810	275.810	323.887
7.000	201.072	254.133	254.133	304.401	304.401	357.461
8.000	218.466	276.117	276.117	330.734	330.734	388.384
9.000	234.394	296.247	296.247	354.846	354.846	416.700
10.000	249.492	315.330	315.330	377.704	377.704	443.542

(2) Das Honorar für die Erstellung von Umweltverträglichkeitsstudien kann nach der Gesamtfläche des Untersuchungsraumes in Hektar und nach der Honorarzone berechnet werden.

(3) Umweltverträglichkeitsstudien können folgenden Honorarzonen zugeordnet werden:
1. Honorarzone I (Geringe Anforderungen),
2. Honorarzone II (Durchschnittliche Anforderungen),
3. Honorarzone III (Hohe Anforderungen).

(4) Die Zuordnung zu den Honorarzonen kann anhand folgender Bewertungsmerkmale für zu erwartende nachteilige Auswirkungen auf die Umwelt ermittelt werden:
1. Bedeutung des Untersuchungsraumes für die Schutzgüter im Sinne des Gesetzes über die Umweltverträglichkeitsprüfung (UVPG),
2. Ausstattung des Untersuchungsraumes mit Schutzgebieten,
3. Landschaftsbild und -struktur,
4. Nutzungsansprüche,
5. Empfindlichkeit des Untersuchungsraumes gegenüber Umweltbelastungen und -beeinträchtigungen,
6. Intensität und Komplexität potenzieller nachteiliger Wirkfaktoren auf die Umwelt.

(5) Sind für eine Umweltverträglichkeitsstudie Bewertungsmerkmale aus mehreren Honorarzonen anwendbar und bestehen deswegen Zweifel, welcher Honorarzone die Umweltverträglichkeitsstudie zugeordnet werden kann, kann die Anzahl der Bewertungspunkte nach Absatz 4 ermittelt werden; die Umweltverträglichkeitsstudie kann nach der Summe der Bewertungspunkte folgenden Honorarzonen zugeordnet werden:
1. Honorarzone I: Umweltverträglichkeitsstudien mit bis zu 16 Punkten
2. Honorarzone II: Umweltverträglichkeitsstudien mit 17 bis 30 Punkten
3. Honorarzone III: Umweltverträglichkeitsstudien mit 31 bis 42 Punkten.

(6) Bei der Zuordnung einer Umweltverträglichkeitsstudie zu den Honorarzonen können nach dem Schwierigkeitsgrad der Anforderungen die Bewertungsmerkmale wie folgt gewichtet werden:
1. die Bewertungsmerkmale gemäß Absatz 4 Nummern 1 bis 4 mit je bis zu 6 Punkten und
2. die Bewertungsmerkmale gemäß Absatz 4 Nummern 5 und 6 mit je bis zu 9 Punkten.

(7) Wird die Größe des Untersuchungsraumes während der Leistungserbringung geändert, so kann das Honorar für die Leistungsphasen, die bis zur Änderung noch nicht erbracht sind, nach der geänderten Größe des Untersuchungsraumes berechnet werden.

Inhaltsübersicht

I. Allgemeine Erläuterung

1 Der Verordnungsgeber hat die Umweltverträglichkeitsstudie, als Beratungsleistung aufgeführt. Sie ist in der HOAI 2013 preisrechtlich nicht mehr geregelt. Dies ergibt sich aus § 3 Abs. 1 S. 2. Mit Wegfall der Preisbindung besteht Vertragsfreiheit. Die Parteien sind in der Gestaltung ihrer Honorare freigestellt. Sie sind somit auch nicht an die in der Anlage 1.1 geregelten Mindest- und Höchstsätze gebunden. Auch sind Formvorschriften bei der Honorarvereinbarung nicht zu wahren. Mündliche Vereinbarungen können getroffen werden. Legen die Parteien die HOAI vertraglich zugrunde, ohne nähere Einzelheiten des Honorars festzulegen, so vereinbaren sie die Honorarsätze als Mindestsätze, so wie sie sich in der Anlage ergeben. Dies ist keine preisrechtliche Folge, sondern das Ergebnis einer vertraglichen Vereinbarung. Hiervon können die Parteien jederzeit wieder Abstand nehmen und ein von den Mindestsätzen der HOAI abweichendes Honorar festlegen. Es ist den Parteien insbesondere nicht verwehrt, nach Auftragserteilung auch höhere Honorare festzulegen. Vor diesem Hintergrund können die Vertragsparteien nicht nur die Mindestsätze unterschreiten, sie können auch die Höchstsätze beliebig überschreiten. Der Verordnungsgeber hat mit der Neufassung der HOAI 2013 auch die Honorarsätze angehoben. Vereinbaren die Vertragsparteien Leistungen der Umweltverträglichkeitsstudie ohne ein Honorar festzulegen, so bestimmen die Mindestsätze die nach § 632 Abs. 2 BGB (taxmäßige, übliche Vergütung) die geschuldete Vergütung.

II. Funktion der Umweltverträglichkeitsstudie

Die Umweltverträglichkeitsstudien werden ausgehend von den Vorgaben der EG-Richtlinien **2**
vom 27.06.1985 über UVP[1] als umfassender Beitrag des Verursachers von geplanten Eingriffen
in Natur und Landschaft innerhalb der Voruntersuchung, Standortfindung oder Variantendiskussion zur Bereitstellung der Informationen verstanden, die für die Prüfung der Umweltverträglichkeit durch die jeweils zuständigen Behörden notwendig sind. In der Bundesrepublik Deutschland wurde die UVP-Richtlinie durch das Gesetz über die Umweltverträglichkeitsprüfung vom
12.02.1990 eingeführt und am 21.12.2015 geändert.

Die EG-Richtlinie zur UVP zielt darauf ab, dass bei allen technischen Planungs- und Entscheidungsprozessen die Auswirkungen auf die Umwelt so früh wie möglich berücksichtigt werden.

*„Zwischen den Begriffen Umweltverträglichkeitsprüfung und Umweltverträglichkeitsstudie
ist abzugrenzen. Die Umweltverträglichkeitsprüfung beschreibt das gesamte der zuständigen
Behörde obliegende Prüfungsverfahren. Die Umweltverträglichkeitsstudie zeichnet ein Gutachten, welches im Rahmen einer gesetzlich vorgeschriebenen oder freiwillig durchzuführenden
Umweltverträglichkeitsprüfung erstellt wird.“*[2]

Hierbei wird die Umweltverträglichkeitsprüfung als unselbstständiger Teil eines verwaltungsbehördlichen Verfahrens verstanden (§ 2 UVPG), zu dem die Umweltverträglichkeitsstudie bereits im Vorfeld der eigentlichen Planung den wesentlichen inhaltlichen Beitrag leistet und damit
Bestandteil der Abwägungsprozesse bei öffentlichen Planungsprozessen ist.

III. Die Leistungsphasen und ihre Bewertung

Das Leistungsbild für Umweltverträglichkeitsstudien unterscheidet sich grundsätzlich von dem **3**
für örtliche und überörtliche Landschaftspläne. Bei den Umweltverträglichkeitsstudien geht es
um eine möglichst umweltverträgliche Standortfindung z. B. von Verkehrsbauten oder anderen
landschaftsverändernden Vorhaben, bei Landschaftsplanungen dagegen um eine unter Gesichtspunkten des Naturhaushalts und des Landschaftsbildes optimale weitere Entwicklung eines
bestimmten Gebietes. Der Leistungsschwerpunkt der Umweltverträglichkeitsstudie liegt daher
neben der Bestands- und Wirkungsanalyse insbesondere auf einer vergleichbaren Bewertung
von Projektalternativen. Im Leistungsbild wird daher von Untersuchung und nicht von Planung
gesprochen.

Das Leistungsbild gliedert sich in vier Leistungsphasen, deren Bewertung keine Honorarspannen kennt. Es sind feste Prozentsätze vorgegeben. Der Schwerpunkt der Arbeiten liegt in den
Leistungsphasen 2 und 3, deren Bewertung für die Grundlagenermittlung 37 % und für die
vorläufige Planfassung 50 % beträgt.

IV. Die Leistungsphasen im Einzelnen

1. Klären der Aufgabenstellung und Ermitteln des Leistungsumfanges (Leistunsphase 1, 3 % des Honorars)

Die Abgrenzung des Untersuchungsbereiches ist so zu wählen, dass nicht nur die Auswirkungen **4**
des Vorhabens auf den Naturhaushalt und das Landschaftsbild, sondern auch auf den Menschen,
z. B. durch Lärm oder andere Emissionen, ausreichend erfasst werden. Der Untersuchungsbereich muss ferner die Gebiete für evt. Abhilfe- oder Ausgleichsmaßnahmen einbeziehen. Es sind

---

[1] Richtlinie des Rates der Europäischen Gemeinschaft über die Umweltverträglichkeitsprüfung bei bestimmten öffentlichen und privaten Projekten vom 27.06.1985, Amtsblatt der EG Nr. L145/40 vom 05.07.1985
[2] Merkblatt zur Umweltverträglichkeitsprüfung in der Straßenplanung (MUVS), Ausgabe 1990, Bearbeiter D. Mahn

daher nicht nur einschlägige Karten, sondern insbesondere auch Untersuchungsergebnisse, wie z. B. von Lärmmessungen, zusammenzustellen. Reichen diese Untersuchungen nicht aus, dann ist bereits in dieser Leistungsphase auf die Notwendigkeit ergänzender Fachleistungen hinzuweisen.

Für die Abgrenzung des Untersuchungsbereichs oder Feststellung ergänzender Fachleistungen können Ortsbesichtigungen gegebenenfalls mit den zuständigen Fachbehörden erforderlich werden. Das Ergebnis dieser Leistung mündet in der Aufstellung eines verbindlichen Arbeitsplans unter Berücksichtigung der sonstigen Fachbeiträge. Alle in der Aufzählung mit Spiegelstrichen dargestellten Einzelleistungen sind keine selbstständigen Arbeitserfolge, sondern beschreiben in ihrer Summe die Grundlagenermittlung.

Als Besondere Leistungen können die in Anlage 9 aufgezählten Besonderen Leistungen infrage kommen und auch bei der Bearbeitung der nachstehenden Leistungen erforderlich sein.

2. Grundlagenermittlung (Leistungsphase 2)

5   Die Grundlagenermittlung führt in einer Vielzahl von Spiegelstrichen Leistungsinhalte auf, die Gegenstand der Untersuchung sind. Bei der Grundlagenermittlung geht es zunächst um die Frage, welchen Umweltzustand findet man vor Inangriffnahme des Eingriffes in die Umwelt vor.

Das Ermitteln und Beschreiben der untersuchungsrelevanten Sachverhalte geschieht zunächst auf der Grundlage vorhandener Planunterlagen, die der Auftraggeber auf Anforderung des Auftragnehmers bereit zu stellen hat. Die Sichtung dieser Unterlagen und Prüfung auf ihre Relevanz für die Umweltverträglichkeitsprüfung steht dabei im Fokus der Betrachtung.

Die aufgrund der Sichtung der Unterlagen und nach dem Klären der Aufgabenstellung und der Ortsbesichtigung bereits getroffenen Erkenntnisse münden in den Beschrieb des Umweltstatus. Soweit rechtliche Festlegungen zum Schutz der Umwelt bereits bestehen, sind diese zu erfassen und hinsichtlich der fachplanerischen Vorgaben und Ziele mit ihren jeweiligen Wechselwirkungen zu beschreiben. Dabei sollen die vorhandenen Beeinträchtigungen der Umwelt bereits erfasst und beschrieben werden.

Die in diesem Arbeitsstadium festzustellenden vorhandenen Sachverhalte sollen hinsichtlich ihrer Bedeutung und Empfindlichkeit für den Schutz der Umwelt bewertet und einer Aussage zur Leistungsfähigkeit, also Bedeutung der einzelnen festgestellten rechtlichen Schutzgüter getroffen werden.

Diese Bewertung soll sich auch darauf erstrecken, konfliktarme Bereiche zu ermitteln. Der Spiegelstrich beschreibt die Leistung als Raumwiderstandsanalyse, soweit nach Art des Vorhabens erforderlich einschließlich des Ermittelns konfliktarmer Bereiche und meint damit eine Bewertung der Umwelt hinsichtlich seiner wechselseitigen Einflüsse auf einen ausgeglichenen Umweltbereich. Hierbei mag es sein, dass es Bereiche gibt, wobei Fauna, Flora und Tierwelt in einer äußerst subtilen Symbiose miteinander die vorhandenen Umweltbedingungen beschreiben gegenüber solchen, die als konfliktarmer Bereich eher zur Aufnahme neuer Anforderungen an die Umwelteinflüsse bereit stehen.

Die Darstellung von Entwicklungstendenzen des Untersuchungsraumes bezieht sich auf den vorhandenen Bestand und dessen zukünftige Entwicklungschancen. Die Darstellung und Überprüfung des Bestands mündet auch in eine Überprüfung, ob und inwieweit der Untersuchungsraum tatsächlich abgegrenzt oder gegebenenfalls wegen der Interdependenz aller Umwelteinflüsse auf einen größeren Raum hinsichtlich der Untersuchungsinhalte erstreckt werden muss.

Im Ergebnis handelt es sich bei der Grundlagenermittlung um die Erfassung eines Ist-Bestandes, der in einer zusammenfassenden Darstellung und Bewertung der Grundlagen Auskunft für den Auftraggeber gibt, um eine Untersuchung hinsichtlich der Umweltauswirkungen des geplanten Vorhabens überhaupt erst zu ermöglichen. Dieser Bericht ist damit Grundlage für die Erörterung mit dem Auftraggeber und auch zwingender Bestandteil der Grundlagenermittlung.

Im Rahmen der Auswertung der Grundlagen zum Naturhaushalt, zu Schutzgebieten, Nutzungen und zum Landschaftsbild, wie es auch bei Landschaftsplanungen üblich ist, sind bei der Umweltverträglichkeitsstudie auch Sachgüter und das kulturelle Erbe zu erfassen, soweit darauf mit Auswirkungen der zu untersuchenden Planung zu rechnen ist.

Ähnliches gilt auch für die Bewertung. Im Rahmen einer Umweltverträglichkeitsstudie sind nicht nur die Auswirkungen des Vorhabens auf Naturhaushalt und Landschaftsbild, sondern auch auf die Belastungen der Bevölkerungen zu bewerten und zwar sowohl hinsichtlich vorhandener als auch zusätzlicher durch das Vorhaben zu erwartender Umweltbelastungen.

Die Ergebnisse der Analyse und Bewertung sind wie bei der Landschaftsplanung zusammenzufassen und in Text und Karte darzustellen.

3. Besondere Leistungen

Es können Besondere Leistungen hinzutreten, wie sie in Anlage 9 für die Leistungsphase 2 aufgeführt sind. Wenn sozioökonomische Fragestellungen, Sonderkartierung, Ausbreitungsberechnungen oder Beweissicherung vom Auftragnehmer selbst übernommen werden können, sind diese Besonderen Leistungen so rechtzeitig zu vergeben, dass sie den Untersuchungsablauf nicht unnötig verzögern.

6

Eine Aktualisierung der Planungsgrundlagen wird immer dann zu Besonderer Leistung, wenn die verfügbaren Unterlagen, z. B. die Bestandskartierung, veraltet sind. Dies kann auch dann der Fall sein, wenn die Leistung des Auftragnehmers über einen längeren Zeitraum unterbrochen war und dadurch bereits erbrachte frühere Leistungen, wie z. B. die Bestandsaufnahme, überholt sind.

4. Vorläufige Fassung (Leistungsphase 3)

Neben der Grundlagenermittlung ist die vorläufige Fassung der Kernbestandteil der Umweltverträglichkeitsstudie. Im Rahmen dieser Leistungsphase sind die projektbedingten umwelterheblichen Wirkungen zu untersuchen, in einer Bestands- und Wirkungsanalyse die ökologischen und nutzungsbezogenen Empfindlichkeiten des Untersuchungsgebietes mit den projektbedingten umwelterheblichen Wirkungen zu verknüpfen und die Wechselwirkungen zwischen den betroffenen Faktoren zu beschreiben. Anhand der mit der Grundlagenermittlung ermittelten konfliktärmsten Bereiche (Standorte) ist aufzuzeigen, welche Alternativen es sich vertieft zu untersuchen lohnt. Dabei kann es sich erweisen, dass das Untersuchungsgebiet anders abzugrenzen und die Honorierung entsprechend anzupassen ist. In welchem Umfang der Auftragnehmer Alternativen zu bieten hat, steht in Abhängigkeit zum Umfang des Genehmigungsverfahrens. Sie sind auf 3 begrenzt.

7

Bestands- und Wirkungsanalyse bilden also die Grundlage für die Bewertung verschiedener Lösungsalternativen für das Projekt. Die vergleichende Beurteilung ausgewählter Lösungen für das Projekt auf der Grundlage der zielorientierten Raumanalyse und Bewertung stellt den Kern der Leistung. Ermittlung und Darstellung verbleibender, erheblicher oder nachhaltiger Beeinträchtigungen auf die Umwelt sowie der Auswirkungen auf den Menschen, die Nutzungsstruktur, die Sachgüter und das kulturelle Erbe, die voraussichtlich nicht vermieden oder nicht ausgeglichen werden können und das Aufzeigen von Entwicklungstendenzen des Untersuchungsgebietes ohne das geplante Vorhaben gehören ebenso dazu, wie die Bildung einer Rangfolge der Lösungen für das Projekt bezüglich ihrer Umwelterheblichkeit, wobei die jeweiligen Unterschiede herauszustellen sind. Zur Abstimmung mit dem Auftraggeber sind ausschließlich die sich markant unterscheidenden Kriterien einer weiteren Lösung darzustellen.

Der Leistungskatalog der Leistungsphase 3 beschreibt die einzelnen Schritte, die zu den vorbeschriebenen Arbeitsinhalten führen sollen. Vom Auftragnehmer wird im Rahmen dieses Leistungsbildes eine Bearbeitung bis zu 3 planerischen Lösungen bei der Mitwirkung einer Optimierung zur Vermeidung von Beeinträchtigungen erwartet, sogenannte Hauptvarianten. Dies gilt auch für die damit zu beschreibenden und zu bewertenden unmittelbaren und mittelbaren Auswirkungen der planerischen Lösungen auf die Schutzgüter, die das Gesetz über die Umweltverträglichkeitsprüfung einschließlich der dort benannten Wechselwirkungen aufzeigt. Die vergleichende Darstellung und die Bewertung dieser Auswirkungen gehören damit bis zur 3-fachen planerischen Lösungen zum Leistungsbestand dieser Leistungsphase. Werden vom Auftraggeber darüber hinaus zusätzliche planerische Lösungen abverlangt, so sind sie von dem Honorar gem. Ziffer 1.1.2 der Anlage 1 nicht erfasst. Dies wäre dann zusätzlich zu diesem Honorar vertraglich zu regeln.

Im Rahmen dieser Bearbeitung werden die Erkenntnisse aus der Grundlagenermittlung ausgewertet und vorhandene Untersuchungen zum Gebiets- und Artenschutz sowie zum Boden- und Wasserschutz jeweils eingearbeitet. Mit dem Prognose Null-Fall soll ein zusammenfassendes vergleichendes bewertendes Projekt erstellt werden. Die Auswirkungen und Entwicklungen der jeweils zu prüfenden Maßnahmen soll einer Einsicht über die wahrscheinlich eintretenden Realisierungsergebnisse bringen.

Flankiert wird dieser Bericht durch das Erstellen von Hinweisen auf Maßnahmen zur Vermeidung und Verminderung von Beeinträchtigungen, wie zur Ausgleichbarkeit der unvermeidbaren Beeinträchtigung. Nach Abstimmung der vorläufigen Fassung mit dem Auftraggeber, soll das Ergebnis zusammenfassend als vorläufige Fassung in Text und Karten dargestellt werden und die grundsätzlichen Lösung der wesentlichen Teile der Aufgabe bestimmen.

5. Besondere Leistungen

8 Als Besondere Leistung kommt in Betracht:
- das Erstellen zusätzlicher Hilfsmittel der Darstellung,
- das Vorstellen der Planung vor Dritten,
- Detailausschreibung in besonderen Maßstäben.

Hieraus ergibt sich, dass die vorläufige Fassung der Studie mit dem Auftraggeber abzustimmen ist, nicht jedoch mit der Behörde. Sofern dies dem Auftragnehmer abverlangt wird, ist es als Besondere Leistung zu vergüten.

6. Abgestimmte Fassung Leistungsphase 4

9 Hierbei geht es um die Erstellung der endgültigen Fassung der Umweltverträglichkeitsstudie. Aufgabe des Auftragnehmers ist es, die Ergebnisse der Arbeit nach Maßgabe der Absprachen mit dem Auftraggeber in Text und Karte zusammenzufassen. Die Karten sind im Maßstab 1 : 5000 zu erstellen. Umweltverträglichkeitsstudien werden – wie die Umweltverträglichkeitsprüfung auch – in mehreren Stadien des Projekts mit unterschiedlicher Dichte erstellt. So wird eine Umweltverträglichkeitsstudie für ein Raumordnungsverfahren, in dem Gegenstand der Untersuchungen nur überörtliche Belange eines Vorhabens sind, in der Regel mit einer Aussagedichte im Maßstab 1 : 25000, evt. auch kleinmaßstäblicher erstellt. Mit der örtlichen Aussagedichte im Maßstab 1 : 5000 und größer, wie sie Gegenstand des Planfeststellungsverfahrens ist, ist daher eine wesentlich höhere Leistung verbunden und auch eine höhere Honorierung geboten. Für Umweltverträglichkeitsstudien, die kleinmaßstäblicher als 1 : 5000 zu erstellen sind, ist das Honorar also frei zu vereinbaren. Anzusetzen ist das Leistungsbild, wie es sich aus Anlage 1 (zu § 3 Abs. 1) ergibt. Das Honorar sollte etwas unter den Sätzen liegen, die in der Honorartafel zu Leistungen bei Umweltverträglichkeitsstudien vorgegeben sind.

Die Bearbeitung der einzelnen Planfassungen erfolgt schon jeweils zu den Maßstäben, die die Bearbeitung erfordert. Bei der Leistungsphase 4 geht es lediglich darum, die abgestimmte Fassung mit dem Auftraggeber in vervielfältigter Form als Abschluss der gesamten Leistung zu erstellen.

7. Besondere Leistungen

10 Ziffer 1.1.1 Abs. 3 weist im übrigen darauf hin, dass die Besonderen Leistungen in der Anlage 9 auch auf die Umweltverträglichkeitsstudie Anwendung finden können.

8. System der Honorarfindung

Das System der Honorarfindung für Umweltverträglichkeitsstudien folgt dem für Landschafts- **11**
pläne. Grundlage für die Honorarberechnung ist zum einen die Fläche des Untersuchungsbereiches, zum anderen der Bewertungsmerkmale der Bearbeitung. Je nach Bewertungsmerkmal ist
die Umweltverträglichkeitsstudie nach den Kriterien Ziffer 1.1.2, Anlage 1 (zu § 3 Abs. 1) einer
von drei Honorarzonen zu zuordnen.

9. Honorartafel

Die Honorartafel in Anlage 1 (zu § 3 Abs. 1) unterscheidet sich wesentlich von der Honorartafel **12**
für Grundleistungen bei Landschaftsplänen (§ 28). Sie beginnt bereits bei 50 ha und endet bei
10 000 ha. Der Untersuchungsbereich ist vielfach wesentlich kleiner als bei Landschaftsplänen.
Da der Arbeitsaufwand für bestimmte Grundleistungen höher ist, ist das Honorarniveau der
Honorartafel der Anlage 1 (zu § 3 Abs. 1) bei gleicher Flächengröße von Untersuchungsbereich
und Planungsgebiet erheblich höher als das der Honorartafel nach § 28.

10. Ermittlung der Honorarzonen

Die Ermittlung der Honorarzonen für Leistungen bei Umweltverträglichkeitsstudien richtet sich **13**
nach Anlage 1 (zu § 3 Abs. 1), Ziffer 1.1.2 Abs. 3 und 4.

11. Bewertungsmerkmale

Im Gegensatz zu Bewertungsmerkmalen des Landschaftsplaners, die sich weitgehend auf das **14**
Planungsgebiet beschränken, ist bei Umweltverträglichkeitsstudien zum einen auf den Untersuchungsraum und zum anderen auf das zu untersuchende Vorhaben und auf Maßnahmen abzustellen. Beim Untersuchungsraum bedingen sechs Kriterien die Schwierigkeit der zu erbringenden Planungsleistungen.

Die Ermittlung der Honorarzone erfolgt anhand der Bewertung der Bewertungskriterien, die
in Abs. 4 aufgezählt worden sind.

Die Honorarzone I gilt generell bei geringen Anforderungen, die Honorarzone II bei durchschnittlichen Anforderungen und die Honorarzone III bei hohen Anforderungen. Abs. 5 beschreibt den Fall, dass die Anforderungen hinsichtlich der einzelnen Bewertungsmerkmale nach
Abs. 4 nicht einheitlich einer Honorarzone z. B. als geringe Anforderungen zugeordnet werden
können. Dies dürfte damit der Regelfall sein, da die Bewertungsmerkmale ganz sicher nicht
durchgängig stets immer nur einer Anforderungskategorie „gering, durchschnittlich oder hohe
Anforderung" zugeordnet werden können.

Ähnlich dem Ermittlungsprozess der Honorarzone, die für die Objektplanung geregelt ist,
kommt es deshalb maßgebend darauf an, die sechs Bewertungskriterien mit Punkten zu bewerten. Nach Abs. 5 ist nämlich geregelt, dass die Bewertungsmerkmale Nr. 1–4 mit bis zu 6
Punkten bewertet und die Bewertungsmerkmale 5 und 6 jeweils bis zu 9 Punkte bewertet werden
können. Insgesamt sind damit 42 Punkte maximal zu vergeben, wobei die Honorarzone I anzunehmen ist, wenn die Addition aller Bewertungspunkte bis zu 16 Punkte erreicht.

Die Honorarzone II ist anzunehmen, wenn die Punktzahl 17–30 ergibt und schließlich ist die
Honorarzone III anzunehmen bei einer Punktzahl von 31 bis 42 Punkten.

Danach ergibt sich folgende Matrix, die bei der Beurteilung der Honorarzone behilflich sein
kann.

Beschrieb	Honorarzone geringe Anforderung	Honorarzone durchschnittliche Anforderung	Honorarzone hohe Anforderung
1. Bedeutung des Untersuchungsraumes für die Schutzgüter im Sinne des Gesetzes über die Umweltverträglichkeitsprüfung (UVPG)	1–2	3–4	5–6
2. Ausstattung des Untersuchungsraumes mit Schutzgebieten	1–2	3–4	5–6
3. Landschaftsbild und -struktur	1–2	3–4	5–6
4. Nutzungsansprüche	1–2	3–4	5–6
5. Empfindlichkeit des Untersuchungsraumes gegenüber Umweltbelastungen und -beeinträchtigungen	1–3	4–6	6–9
6. Intensität und Komplexität potenzieller nachteiliger Wirkfaktoren auf die Umwelt	1–3	4–6	6–9

- Honorarzone I bis 16 Punkte
- Honorarzone II bis 30 Punkte
- Honorarzone II bis 42 Punkte

Die Honorartafel in Ziffer 1.1.2 Abs. 1 weist zu den einzelnen Honorarzonen auch eine Honorarspanne von-bis auf. Die genaue Punktzahl, die anhand der Bewertungskriterien für die Einstufung des Objekts in die Honorarzone erfolgt, kann dabei Maßstab für die Festlegung des Honorars sein, die sich im Bereich der von bis Sätze befinden.

Da es sich bei der Honorarvorschrift der Anlage 1 nicht um eine preisrechtliche Vorschrift handelt, besteht Vertragsfreiheit. Die Parteien sind danach frei, die Einstufung auf dieser Grundlage auch zu tätigen. Ist die HOAI als Vertragsgrundlage vereinbart, so müssen sich die Parteien jedoch an die Regelungen der Ziffer 1.1. und 1.2 halten. Dies bedeutet für den Fall, dass die Größe des Untersuchungsraums während der Leistungserbringung geändert wird, auch das Honorar anzupassen ist. Wie dies zu geschehen hat, beschreibt der Abs. 7. Er regelt, dass die Parteien bis zu der Änderungsanordnung des Untersuchungsraums durch den Auftraggeber die bis dahin erbrachten Leistungen auf der Basis der Honorarregelung abgerechnet werden und für die jetzt anfallenden zusätzlichen Leistungen eine Zusatzvergütung geschuldet ist. Fehlt es an entsprechenden ergänzenden vertraglichen Regelungen, schreibt Ziffer 1.1.2 Abs. 7 vor, dass die noch nicht erbrachten Leistungen nach der geänderten Größe des Untersuchungsraums berechnet werden soll.

Vielfach werden auch hierzu noch ergänzende Vereinbarungen nötig werden. Wenn nämlich der Untersuchungsraum erweitert wird kann es sein, dass bestehende Untersuchungsergebnisse auch daraufhin überprüft werden müssen. Hier kann es sein, dass bereits erbrachte Teilleistungen der Umweltverträglichkeitsprüfung nochmals Gegenstand einer Überprüfung sein müssen, was bei der geänderten Honorarbestimmung Berücksichtigung zu finden hat.

12. Honorartafelwert

15 Die Honorartafel in Ziffer 1.1.2 Abs. 1 gliedert die Flächen zwischen 50 ha und 10 000 ha. Der Empfehlungscharakter der HOAI mit der Regelung einer üblichen Vergütung beschränkt sich auf die Honorare, die sich aufgrund dieser Tafel ergibt.

Umweltweltverträglichkeitsstudien, die auf kleineren Flächen erarbeitet werden oder die 10 000 ha übersteigen, haben kein empfohlenes Honorar. Hier sind die Parteien ganz auf sich gestellt. Es besteht auch insoweit kaum Erkenntnis, eine übliche Vergütung auszumachen. Bei der Bearbeitung kleiner Objekte unter 50 ha wird im Falle fehlender Vereinbarung nach Stundenaufwand abzurechnen sein. Bei Überschreibung der Honorarempfehlung von 10 000 ha gem. der Honorartafel werden die jeweiligen Höchstsätze der zutreffenden Honorarzone Grundlage für die Berechnung sein, wobei gegebenenfalls Aufschläge erfolgen.

13. Interpolation

Die zulässigen Mindest- und Höchstsätze für Zwischenstufen der in den Honorartafeln angege-   **16**
benen Honorare sind gem. § 13 durch lineare Interpolation zu ermitteln, wobei nach Ziffer 1.1.2
Abs. 4 Anlage 1 (zu § 3 Abs. 1) die Gesamtfläche dieses Untersuchungsraums in ha zu berechnen
ist. Der Begriff „Untersuchungsraum" wird in der HOAI nicht definiert. Untersuchungs-„Raum"
wir hier synonym zu Untersuchungs-„Bereich" gebraucht.

Anlage 1 zu § 3 Absatz 1 Beratungsleistungen

1.2 Leistungen für Thermische Bauphysik

1.2.1 Anwendungsbereich

(1) Zu den Grundleistungen für Bauphysik können gehören:
- Wärmeschutz und Energiebilanzierung,
- Bauakustik (Schallschutz),
- Raumakustik.

(2) Wärmeschutz und Energiebilanzierung kann den Wärmeschutz von Gebäuden und Ingenieurbauwerken und die fachübergreifende Energiebilanzierung umfassen.

(3) Die Bauakustik kann den Schallschutz von Objekten zur Erreichung eines regelgerechten Luft- und Trittschallschutzes und zur Begrenzung der von außen einwirkenden Geräusche sowie der Geräusche von Anlagen der Technischen Ausrüstung umfassen. Dazu kann auch der Schutz der Umgebung vor schädlichen Umwelteinwirkungen durch Lärm (Schallimmissionsschutz) gehören.

(4) Die Raumakustik kann die Beratung zu Räumen mit besonderen raumakustischen Anforderungen umfassen.

(5) Die Besonderen Grundlagen der Honorare werden gesondert in den Teilgebieten Wärmeschutz und Energiebilanzierung, Bauakustik, Raumakustik aufgeführt.

Inhaltsübersicht

I. Einführung

1 Im Unterschied zur HOAI 2009[1] wurden in Anlage 1 (**Beratungsleistungen**) der aktuellen Verordnung (künftig: HOAI-Anlage 1) Anlage 1 Abschnitt 1.2 unter der Bezeichnung **Bauphysik** einzelne Leistungen für thermische Bauphysik (nun: Leistungen für Wärmeschutz und zur Energiebilanzierung) sowie die Leistungen für Bau- und Raumakustik zusammengefasst.

Gegen die fachliche Meinung der Architekten und Ingenieurverbände sowie des BMVBS-Abschlussberichts[2] zur HOAI-Novelle 2013, der als Konsensbericht der öffentlichen Auftraggeber und der Architekten- und Ingenieurverbände zu verstehen ist, hat sich das im Rahmen des Ge-

---

[1] Honorarordnung für Architekten und Ingenieure mit amtlicher Begründung, Fassung 2009
[2] Evaluierung HOAI Aktualisierung der Leistungsbilder – Abschlussbericht im Auftrag des BMVBS, 2011

setzgebungsverfahrens federführende BMWi mit der Festlegung durchgesetzt, dass es sich bei den Leistungen für Bauphysik nicht um Planungsleistungen, sondern um Beratungsleistungen handeln würde. Somit wurden diese Leistungen nicht in den verbindlichen Teil der HOAI zurückgeführt, sondern wie schon in der HOAI 2009 als Beratungsleistungen im unverbindlichen Teil der HOAI belassen. Damit blieben die Bedenken des Bundesrates unberücksichtigt, die mit dem Bundesratsbeschluss zur HOAI von 2009[3] einhergingen. Umso unverständlicher ist es, dass die Sichtweise des BMWi sich im Gesetzgebungsverfahren durchsetzen konnte und auch der Bundesrat seine Zustimmung gab.

Schon der HOAI 2009 lag folgende Definition für den Begriff Planung zugrunde, wie deren amtl. Begr. zu entnehmen ist:

»Unter Planung versteht man den systematischen Prozess zur Festlegung von Zielen und künftigen Handlungen. Planung bedeutet damit regelmäßig die Schaffung von etwas Neuem.«

Unter Berücksichtigung dieser Definition verwundert es sehr, dass die Leistungen, die unter dem Titel Bauphysik in der Anlage 1, Abschnitt 1.2 der HOAI 2013 enthalten sind, nicht als Planungsleistungen, sondern lediglich als Beratungsleistungen deklariert wurden. Dies lässt sich nur dadurch erklären, dass sich der Verordnungsgeber nicht mit den Leistungsbildern auseinandergesetzt hat. Hier hilft auch nicht der Hinweis des BMWi gegenüber dem AHO im Rahmen des Novellierungsverfahrens, dass die Rückführung der Beratungsleistungen in den verbindlichen Teil auch unter Berücksichtigung der Sorge möglicher europarechtlicher Bedenken nicht erfolgt sei.

Dass die Leistungen für Bauphysik im unverbindlichen Teil der HOAI verblieben, hat zur Folge, dass weder sie noch ihre Honorierung verbindlich geregelt sind: Auftraggeber und Auftragnehmer können die **Leistungen der Bauphysik und ihre Honorierung frei vereinbaren**. Die HOAI-Anlage 1 Abschnitt 1.2 steht hierbei lediglich als Orientierungshilfe zur Verfügung. Diese Tatsache bietet den Planern die Möglichkeit, im Falle der Änderungen von Normen und anderen Regelwerken an die jeweilige Planungssituation angepasst eine auskömmliche Honorierung – losgelöst von HOAI-Anlage 1 Abschnitt 1.2 – zu vereinbaren. **2**

II. Aufgabenspektrum

1. Allgemeines

HOAI-Anlage 1 Abschnitt 1.2.1 Abs. 1 definiert **anders als in allen anderen Teilen der HOAI** drei **Fachgebiete** der Bauphysik **als Grundleistungen**. Aus der Formulierung „können gehören" ließe sich in diesem Zusammenhang herleiten, dass es sich bei der Aufzählung lediglich um mögliche Fachgebiete, nicht aber um eine vollständige Aufzählung sämtlicher Fachgebiete handelt. Irritierend ist in diesem Zusammenhang jedoch nur die präzisierende Beschreibung der Fachgebiete mit der Formulierung „kann ... umfassen", da die üblicherweise als Grundleistungen zu erbringenden Inhalte der einzelnen Fachgebiete eindeutig definierbar sind. Damit ist ein unglücklicher und unverständlicher **Widerspruch gegenüber dem in § 3 Abs. 2 definierten Begriff „Grundleistungen"** gegeben. Sie sind dort als Leistungen definiert, die zur ordnungsgemäßen Erfüllung eines Auftrags im Allgemeinen erforderlich und in Leistungsbildern erfasst sind. Solche als Vergütungstatbestände zu wertende Grundleistungen enthält Abschnitt 1.2.1 Abs. 1 nicht, sondern erst das Leistungsbild in Abschnitt 1.2.2., welches für die drei Fachbereiche einheitliche Leistungsschritte formuliert. **3**

Anstelle dieser wagen, unpräzisen Umschreibung möglicher Grundleistungen wäre es hier sinnvoll gewesen, die Grundleistungen klar und präzise zu beschreiben.

In den nachfolgenden Kapiteln werden die fachbereichsspezifischen konkreten Aufgaben und Ziele der drei genannten Fachgebiete näher definiert, kritisch analysiert und kommentiert. Die fachspezifischen Leistungen zur Erfüllung der Aufgaben und zum Erreichen der Ziele werden bei der Kommentierung der für alle Bereiche gleich formulierten Leistungsschritte unter Abschnitt 1.2.2 (Leistungsbild Bauphysik) erläutert.

---

3 BR-Drucks. 395/2009, Beschluss v. 12.06.2009

2. Wärmeschutz und Energiebilanzierung

4   Der Gesetzgeber hat verabsäumt, im Verordnungstext selbst die Leistungen für Wärmeschutz und Energiebilanzierung eindeutig als Leistungen entsprechend der Energieeinsparverordnung zu beschreiben. Hierfür mag es sicherlich auch rechtliche Gründe gegeben haben. Gleichwohl erscheint es als absolut unverständlich, da die Amtl. Begr.[4] zu Abschnitt 1.2 hierzu den entsprechenden eindeutigen Bezug herstellt:

»Die Umstrukturierung und Neukonzipierung folgt dem Ziel, die Leistungsbilder an erheblich veränderte gesellschaftliche und rechtliche Umfeldbedingungen sowie den Stand der Technik anzupassen:

Im Einzelnen:

Für das durch die Aufnahme der Energiebilanzierung grundlegend erweiterte Leistungsbild Wärmeschutz und Energiebilanzierung gilt dies insbesondere mit dem Blick auf die Energieeinsparverordnung (EnEV). Die Verordnung löste die bisherige Wärmeschutzverordnung und die Heizungsanlagenverordnung ab, an welchen das bisherige Leistungsbild der „Thermischen Bauphysik" ausgerichtet war. Die Einführung der EnEV führte zu einer grundlegenden Neuausrichtung der Wärmeschutzmaßnahmen und einer umfassenden Erweiterung des Leistungsaufwands gegenüber der Wärmeschutzverordnung (Wärmeschutzverordnung) vom 16.08.1994. Danach sollte zunächst der Heizenergiebedarf von Gebäuden um 30 % gegenüber dem Anforderungsniveau der Wärmeschutzverordnung (Wärmeschutzverordnung 1995) gesenkt werden. Mit der EnEV 2007 wurde sodann ein neues Berechnungsverfahren eingeführt, das Wohngebäude und Nichtwohngebäude getrennt betrachtet. Die zwischenzeitlich in Kraft getretene EnEV 2009 führt weitere weitreichende Vorgaben zur Reduzierung des Primärenergiebedarfs und Leistungserfordernisse ein, insbesondere zur Energiebilanzierung (z. B. Einbeziehung der Anlagentechnik in die Energiebilanz, zu bestehenden Energieverlusten, zur möglichst detaillierten Berücksichtigung von Wärmebrücken, zum sommerlichen Wärmeschutz sowie zu solaren Energiegewinnen, zum Übergang zu einer sog. Energiebilanzierung anstatt der bisherigen Wärmebedarfsorientierung). Daraus folgen eine deutlich erhöhte Detaillierung bei der Beratung und den Berechnungsmodellen sowie ein erheblich höherer Abstimmungsaufwand, die alle Leistungsphasen des Leistungsbilds betreffen.«

5   Hieraus lässt sich eindeutig erkennen, dass es sich bei dem jetzt formulierten Leistungsbild in Abschnitt 1.2.2 für den Wärmeschutz und die Energiebilanzierung nur um die **Mindestleistung** zum Nachweis der energetischen Gebäudeplanung **entsprechend der Energieeinsparverordnung von 2009** handelt. Mit **Einführung der EnEV 2014** ist **dem Leistungsbild** Wärmeschutz und Energiebilanzierung schon wieder die **Grundlage entzogen.**

Dem vorangehend eingeführten Begriff der **Mindestleistung** kommt unabhängig hiervon besondere Bedeutung zu. Er wird im Kommentar eingeführt, um diese Leistungen gegen Leistungen abzugrenzen, die im Rahmen des Nachweises entsprechend der Energieeinsparverordnung erforderlich werden können, sofern gewisse Vorteile genutzt werden sollen, die durch das vorgesehene Nachweisverfahren nach EnEV 2014[5] spezielle Nachweise möglich sind. Solche Leistungen wären Besondere Leistungen, da sie im Rahmen der Grundleistung nicht zwingend notwendig werden. Hierzu wird im Einzelnen im Kommentar zu Abschnitt 1.2.2 eingegangen (s. dort Rdn. 9).

6   Die Amtl. Begr. berücksichtigt einen weiteren wesentlichen Sachverhalt nicht, in dem sie einen unmittelbaren Bezug zwischen dem ehemaligen Leistungsbild „Thermische Bauphysik" der HOAI 1996 und der 2. Novelle der Wärmeschutzverordnung von 1994[6] herstellt. Das ist deswegen falsch, weil die Leistungen, wie sie über den § 77 Absatz 2 Nr. 1 HOAI 1996 in Verbindung mit § 78 beschrieben und geregelt wurden, lediglich die Leistungen der 1. Novelle der Wärmeschutzverordnung von 1984[7] widerspiegeln. Hierauf wurde schon in der Amtl. Begr. zur HOAI von 1996 mit folgender Anmerkung hingewiesen:

---

[4] Bundesratsdrucksache 334/13 vom 25.04.2013
[5] Honorarordnung für Architekten und Ingenieure, Fassung 1996
[6] Wärmeschutzverordnung (WSVO), Fassung 1994
[7] Wärmeschutzverordnung (WSVO), Fassung 1984

»*Nach Inkrafttreten der 2. Novelle der WärmeschutzVO werden für die Berechnungen des Wärmeschutzes weitere Leistungen erforderlich, die in § 77 Absatz 2 Nr. 2 und Nr. 4 erwähnt sind. Diese Leistungen werden nicht mit dem Honorar nach § 78 Absatz 3 abgegolten; nach § 79 ist das Honorar für diese Leistung frei zu vereinbaren.*«
Hierauf wird auch noch einmal spezieller in den nachfolgenden Abschnitten eingegangen.

Erläuternd soll an dieser Stelle angemerkt werden, dass im Nachfolgenden unter Berücksichtigung der in einzelnen Bundesländern eingeführten Prüfsachverständigen für energetische Gebäudeplanung das Leistungsbild Wärmeschutz und Energiebilanzierung einem Planer für die energetische Gebäudeplanung zugewiesen wird. Es wird in diesem Zusammenhang jedoch auch wohlweislich darauf hingewiesen, dass mit diesem Begriff lediglich eine Tätigkeitsbeschreibung erfolgt und nicht eine Planerqualifizierung beschrieben wird. Aufgrund der qualifizierten Ausbildung an den deutschen Hochschulen und insbesondere auch aufgrund des Wesens der Tätigkeit des Ingenieurs sind Ingenieure aus den vielfältigsten Ausbildungsbereichen, wie z. B. Bauphysik, Architektur, Technische Gebäudeausrüstung etc. in der Lage, die Leistungen zur energetischen Gebäudeplanung, wie sie in der HOAI mit Wärmeschutz und Energiebilanzierung beschrieben sind, ohne zusätzliche Qualifikation zu erbringen.   7

Im Vorgriff auf die Kommentierung des Leistungsbildes unter Abschnitt 1.2.2 wird festgestellt, dass die Zusammenfassung der in der HOAI von 2009 unterschiedlichen Leistungsbilder für thermische Bauphysik, Bauakustik und Raumakustik zu einem Leistungsbild Bauphysik in der Gesamtbetrachtung leicht der Blick dafür verloren gehen kann, dass zur Erfüllung der Fachplanungsaufgaben eine Vielzahl von **Besonderen Leistungen für thermische Bauphysik** fehlen, welche in HOAI 2009 noch erwähnt wurden. Hierzu gehören u. a.:   8
– Leistungen zur Begrenzung von Wärmeverlusten und Kühllasten,
– Leistungen zum Ermitteln der wirtschaftlich optimalen Wärmedämmmaßnahmen, insbesondere durch Minimierung der Bau- und Nutzungskosten,
– Leistungen zum Planen von Maßnahmen für den sommerlichen Wärmeschutz in besonderen Fällen,
– Leistungen zum Begrenzen der dampfdiffusionsbedingten Wasserdampfkondensation in Konstruktionsquerschnitten,
– Leistungen zum Begrenzen der thermisch bedingten Einwirkungen auf Bauteile durch Wärmeströme oder
– Leistungen zum Regulieren des Feuchte- und Wärmehaushalts von belüfteten Fassaden und Dachkonstruktion, was nachteilig für den Verbraucher ist.
Leider fehlt in der Verordnung ein Hinweis darauf, dass **weitere Leistungen für Bauphysik erforderlich** werden können, die zur Planung einer bestimmungsgemäßen Nutzung notwendig sein können. Die Nichterwähnung der vorangehend genannten Leistungen sowie das Fehlen des vorangehend erwähnten Hinweises sind deswegen bedauerlich, weil diese über die Grundleistungen hinausgehenden Besonderen Leistungen häufig zusätzlich erforderlich sein können.

3. Bauakustik (Schallschutz)

Der heutige Stand der Normenentwicklung und insbesondere die BGH-Urteile[8,9] zum Schallschutz zeigen auf, dass Leistungen zum Schallschutz bei allen Bauwerken eine wesentliche Planungsleistung sind, da im Regelfall **nicht der „normierte" Mindestschallschutz** allein ausreicht, den für das jeweilige Objekt notwendigen Schallschutz sicherzustellen ist. Vielmehr ist inzwischen eine fachgerechte Planung erforderlich, damit die bestimmungsgemäße Nutzung des Bauwerks erreicht wird. Die entsprechenden besonderen Fachkenntnisse besitzen nur hierfür ausgebildete Fachplaner, die sich während des Studiums oder nach Abschluss verschiedener die Akustik tangierender Studiengänge entsprechend spezialisieren. Insbesondere wegen der genannten BGH-Urteile kann auch nicht mehr unterstellt werden, dass beim „einfachen" Wohnungsbau der Objektplaner so viele Grundkenntnisse des baulichen Schallschutzes besitzt, dass   9

---

[8] BGH-Urteil v. 14.06.2007 – VII ZR 45/06 in BauR 2007, 1570
[9] BGH-Urteil v. 04.06.2009 – VII ZR 54/07 in BauR 2009, 1288

er in der Lage ist, dem Bauherrn qualifiziert unterschiedliche Schallschutzqualitäten darzustellen und zu planen.

10 Sollte bei Gebäuden mit geringeren Anforderungen der Objektplaner oder der Tragwerksplaner über eigene ausreichende Fachkenntnisse zur Erfüllung der Aufgaben für Bauakustik nach Abschnitt 1.2.1 Abs. 3 verfügen und erbringt er zusätzlich zur Objektplanung nach Teil 3 HOAI bzw. zur Tragwerksplanung nach Teil 4 HOAI solche Leistungen, besitzt der Leistungserbringer den gleichen Honoraranspruch wie ein getrennt beauftragter Fachplaner.

Die Ausführungen in Abschnitt 1.2.1, Abs. 3 hinsichtlich der Bauakustik sind im Gegensatz zur Beschreibung der Leistungen in Abschnitt 1.3.1 HOAI 2009 für den Laien noch weniger aufschlussreich. Deshalb ist es notwendig, die Leistungen für den Schallschutz bei Bauwerken ein wenig differenzierter darzustellen.

Die **Aufgaben** für den Schallschutz können folgende **Leistungen** erfordern:
– Leistungen der Bauakustik,
– Leistungen zum Schallimmissionsschutz,
– Leistungen zum Lärmschutz.

11 Bei den Leistungen der **Bauakustik** handelt es sich um die Planung von Maßnahmen zur Begrenzung der Übertragung von Luftschall und Körperschall innerhalb eines Gebäudes sowie von außen in ein Gebäude hinein. Zu den Leistungen der Bauakustik gehören somit die Beratung bei der Festlegung der Schallschutzqualitäten für Innenbauteile und Außenbauteile sowie die entsprechenden Nachweise in Abhängigkeit von der jeweiligen Nutzung. Lediglich für diese Leistungen gelten die Beschreibung des Leistungsbilds in Abschnitt 1.2.2 und die Honorierungsempfehlungen entsprechend Abschnitt 1.2.4.

12 Bei den Leistungen des **Schallimmissionsschutzes** handelt es sich um Leistungen zur Planung der Minderung von Schallimmissionen in Form von Luftschall im zu planenden Bauwerk bzw. deren Auswirkungen auf die Nachbarschaft. Entsprechend der Amtl. Begr. zu Abschnitt 1.2.1 Abs. 3 »*werden nunmehr auch Leistungen des Schallimmissionsschutzes von den Honorarempfehlungen der Anlage 1.2 erfasst.*« Bei diesen Leistungen handelt es sich aber wie bisher um **Besondere Leistungen**; eine Präzisierung der hierfür zu erfüllenden Aufgaben erfolgte in der Verordnung nicht. Dies ist grundsätzlich problematisch, da zwischen dem Schallimmissionsschutz innerhalb eines Gebäudes und dem Schallimmissionsschutz außerhalb des Gebäudes differenziert werden muss.

Die Leistungen zum Schallimmissionsschutz innerhalb des Gebäudes sind der Bauakustik zuzurechnen und somit Bestandteil des oben beschriebenen Leistungsbilds. Der Schallimmissionsschutz außerhalb des Gebäudes ist demgegenüber nicht der Bauakustik zuzurechnen; die hierfür erforderlichen Leistungen sind Besondere Leistungen, die nicht von den Honorarempfehlungen der HOAI-Anlage 1.2 erfasst sind. Dies begründet sich dadurch, dass der Aufwand für diese Leistung im Wesentlichen unabhängig von den anrechenbaren Kosten des betreffenden Bauvorhabens ist und von Art und Umfang der Nachbarbebauung abhängt.

13 Zum besseren Verständnis muss zudem auch noch zwischen Schallimmissionsschutz und **Lärmschutz** differenziert werden. Die Aufgaben für den Lärmschutz bestehen aus tabellarischen, messtechnischen oder rechnerischen Ermittlungen der maßgeblichen Außenlärmpegel als Grundlage für die bauakustische Bemessung der Außenbauteile gegen Außenlärm. Wie die Aufzählung zeigt, ist die Ermittlung des maßgeblichen Außenlärmpegels auf unterschiedlichste Art und Weise möglich, wobei sich die Möglichkeiten, die Grenzen und der Aufwand der Nachweisverfahren zum Teil erheblich unterscheiden. In Abhängigkeit von der jeweiligen Baumaßnahme muss über die Eignung der einzelnen Verfahren entschieden werden. Bei dieser Leistung handelt es sich deswegen um eine Besondere Leistung, für die die Verordnung keine Honorarempfehlung enthält.

4. Raumakustik

Aufgabe der Raumakustik ist die **Sicherstellung der Hörsamkeit** und **physiologischen Behag-** **14**
lichkeit in Räumen. Die erforderliche Beratungstätigkeit muss daher raumweise erbracht werden. Zu derartigen Räumen können durch mehrere Personen genutzte Büros, Großraumbüros,
Besprechungsräume, Konferenzräume, Foyers oder Hallen gehören. Aufgabe der Raumakustik
ist es, in Abhängigkeit von der jeweiligen Nutzung die Hörsamkeit d. h. die Sprachverständlich-
keit in den jeweiligen Räumen zu optimieren oder die Hörsamkeit wie z. B. bei Großraumbüros
durch die Bemessung gezielter Bedämpfungsmaßnahmen zu vermindern und stressverursachen-
de Geräusche und Lärm durch gezielte raumakustische Planung zu mindern. Grundlage für die
Beurteilung und Bemessung der Hörsamkeit z. B. in kleinen bis mittelgroßen Räumen bietet
hierbei DIN 18 041[10].

Raumakustische Berechnungen sind jedoch nicht ausschließlich mit der Zielsetzung einer gu- **15**
ten Hörsamkeit durchzuführen. Sie können auch z. B. die **Senkung der Schallpegel** insgesamt
oder in bestimmten Frequenzbereichen zum Inhalt haben. Der Schallpegel kann hierbei in einem
Raum durch die Erhöhung der Schallabsorption, gleichzusetzen mit der Reduzierung der Nachhallzeit, gesenkt werden. Dies kann in lärmerfüllten Räumen den Charakter des Schallimmissionsschutzes für die dort tätigen Personen haben. Durch die stärkere akustische Bedämpfung
einer Werkhalle z. B. kann durch die Senkung des Schallpegels in der Halle auch an benachbarten Immissionsorten eine – wenn in der Regel auch begrenzte – Pegelminderung erreicht
werden. Es handelt sich hierbei also tatsächlich um eine Schallimmissionsschutzmaßnahme. Die
Maßnahme muss durch raumakustische Berechnungen hinsichtlich Bemessung und Wirkung
bestimmt werden.

Grundsätzlich können **folgende Aufgaben** anstehen:
– Raumakustische Planung,
– Raumakustische Überwachung,
– Raumakustische Messungen,
– Modelluntersuchungen,
– Beratung bei der Planung elektroakustischer Anlagen.

Die **raumakustische Planung** umfasst in Abhängigkeit von der Art der Nutzung die raumweise **16**
Festlegung der raumakustischen Anforderungen, die Erarbeitung daraus resultierender raum-
akustischer Maßnahmen und eine entsprechende Mitwirkung bei der Ausführungsplanung, Vor-
bereitung der Vergabe und der Vergabe. Hierzu bedarf es der Ermittlung und Festlegung der
Räume, für die eine raumakustische Planung erfolgen soll.
    Die raumakustische Planung ist eine Aufgabe, für deren Lösung einzelne Leistungsschritte in
Abschnitt 1.2.2 beschrieben sind. Für deren Honorierung enthält Abschnitt 1.2.5 entsprechende
Empfehlungen.

Die **raumakustische Überwachung** umfasst die exemplarische Überwachung der Ausführung **17**
der raumakustischen Maßnahmen, wie sie geplant und vergeben wurden. Diese Leistung ist eine
Besondere Leistung, deren Honorierung frei vereinbart werden kann.

Nachfolgend werden **weitere raumakustische Aufgaben** skizziert, welche über die in der HOAI- **18**
Anlage 1 Abs. 1.2 hinausgehen. **Raumakustische Messungen** können mit unterschiedlichsten
Zielsetzungen erforderlich werden. So können sie zur Qualitätssicherung bzw. zur Überprüfung
der erreichten raumakustischen Qualität dienen, sie können jedoch auch bei Baumaßnahmen im
Bestand zur Feststellung des Ist-Zustands erforderlich werden, um als Grundlage für eine raumakustische Optimierung zu dienen. Raumakustische Messungen können darüber hinaus auch zur
Einpegelung elektroakustischer Übertragungsanlagen notwendig werden. Da diese Leistungen
nicht stets erforderlich sind und der Umfang sehr von der Bauaufgabe abhängt, handelt es sich bei
diesen akustischen Messungen nicht um Grundleistungen, sondern um Besondere Leistungen
der Raumakustik.

---

[10] DIN 18 041 – Hörsamkeit in kleinen bis mittelgroßen Räumen, 2004

19   **Modelluntersuchungen** betreffen messtechnische Untersuchungen in nach speziellen akustischen Kriterien hergestellten verkleinerten Modellen des zu bewertenden Raums. Sie werden zur Überprüfung der Einflüsse komplizierter Raumgeometrien auf die Schallverteilung im Innenraum durchgeführt. Wegen des sehr hohen Aufwands für derartige Untersuchungen kommen diese Leistungen nur in Ausnahmefällen in Betracht, weshalb sie auch nicht zu den Grundleistungen der Raumakustik gehören, sondern als Besondere Leistungen zu vereinbaren sind.

20   Das **Beraten bei der Planung elektroakustischer Anlagen** hat zum Ziel, die Raumakustik auf die elektroakustischen Anlagen abzustimmen bzw. dem Fachplaner für die Elektroakustik alle notwendigen raumakustischen Kenndaten zu liefern. Der Fachplaner der Raumakustik gibt somit dem Fachplaner, der die Leistung der technischen Ausrüstung zur Beschallung erbringt, zusätzliche, auf die Beschaffenheit der Raumakustik abgestimmte Planungshinweise. Führt der Fachplaner der Raumakustik auch die Planung der Beschallungsanlage durch, hat er Anspruch auf die Honorierung dieser Leistungen nach Teil 4 Abschnitt 2. Das Beraten bei der Planung elektroakustischer Anlagen stellt eine Besondere Leistung der Raumakustik dar und ist somit besonders zu vereinbaren und zu vergüten.

21   Die **Notwendigkeit einer raumakustischen Planung** hängt primär von der Nutzung der Räume und sekundär von den gestalterischen Randbedingungen sowie der Raumgeometrie ab. Zu beachten ist bei der Auswahl der jeweiligen Räume, dass die Raumakustik eine nachhaltige Wirkung auf die physiologische Behaglichkeit des Menschen im Raum hat. Eine der jeweiligen räumlichen Situation nicht angepasste Raumakustik kann Konzentrationsschwierigkeiten und Stress bewirken und führt zu einer subtilen Unbehaglichkeit im Raum. Eine schlechte Raumakustik kann sich somit zum einen auf das körperliche Befinden des Menschen auswirken und zum anderen das subjektive **Behaglichkeitsempfinden** im Raum nachhaltig mindern. Vor diesem Hintergrund kommt der raumakustischen Planung und Überwachung besondere Bedeutung zu. Sie empfiehlt sich grundsätzlich für durch mehrere Personen genutzte Büros, Großraumbüros, Besprechungsräume, Veranstaltungsräume, Foyers, Tanzstudios, Wellnessbereiche, Sporthallen, Theater, Kinos etc. Natürlich ist die vorangehende Aufzählung nur exemplarischer Natur.

Anlage 1 zu § 3 Absatz 1 Beratungsleistungen

1.2 Leistungen für Thermische Bauphysik

1.2.2. Leistungsbild Bauphysik

(1) Die Grundleistungen für Bauphysik können in sieben Leistungsphasen unterteilt und wie folgt in Prozentsätzen der Honorare in Nummer 1.2.3 bewertet werden:

1. für die Leistungsphase 1 (Grundlagenermittlung) mit 3 Prozent,
2. für die Leistungsphase 2 (Mitwirken bei der Vorplanung) mit 20 Prozent,
3. für die Leistungsphase 3 (Mitwirken bei der Entwurfsplanung) mit 40 Prozent,
4. für die Leistungsphase 4 (Mitwirken bei der Genehmigungsplanung) mit 6 Prozent,
5. für die Leistungsphase 5 (Mitwirken bei der Ausführungsplanung) mit 27 Prozent,
6. für die Leistungsphase 6 (Mitwirkung bei der Vorbereitung der Vergabe) mit 2 Prozent,
7. für die Leistungsphase 7 (Mitwirkung bei der Vergabe) mit 2 Prozent.

(2) Die Leistungsbild kann sich wie folgt zusammensetzen:

Grundleistungen	Besondere Leistungen
LPH 1 Grundlagenermittlung	
a) Klären der Aufgabenstellung b) Festlegen der Grundlagen, Vorgaben und Ziele	– Mitwirken bei der Ausarbeitung von Auslobungen und bei Vorprüfungen für Wettbewerbe – Bestandsaufnahme bestehender Gebäude, Ermitteln und Bewerten von Kennwerte – Schadensanalyse bestehender Gebäude – Mitwirken bei Vorgaben für Zertifizierungen
LPH 2 Mitwirkung bei der Vorplanung	
a) Analyse der Grundlagen b) Klären der wesentlichen Zusammenhänge von Gebäude und technischen Anlagen einschließlich Betrachtung von Alternativen c) Vordimensionieren der relevanten Bauteile des Gebäudes d) Mitwirken beim Abstimmen der fachspezifischen Planungskonzepte der Objektplanung und der Fachplanungen e) Erstellen eines Gesamtkonzeptes in Abstimmung mit der Objektplanung und den Fachplanungen f) Erstellen von Rechenmodellen, Auflisten der wesentlichen Kennwerte als Arbeitsgrundlage für Objektplanung und Fachplanungen	– Mitwirken beim Klären von Vorgaben für Fördermaßnahmen und bei deren Umsetzung – Mitwirken an Projekt-, Käufer- oder Mieterbaubeschreibungen – Erstellen eines fachübergreifenden Bauteilkatalogs
LPH 3 Mitwirkung bei der Entwurfsplanung	
a) Fortschreiben der Rechenmodelle und der wesentlichen Kennwerte für das Gebäude b) Mitwirken beim Fortschreiben der Planungskonzepte der Objektplanung und Fachplanung bis zum vollständigen Entwurf c) Bemessen der Bauteile des Gebäudes d) Erarbeiten von Übersichtsplänen und des Erläuterungsberichtes mit Vorgaben, Grundlagen und Auslegungsdaten	– Simulationen zur Prognose des Verhaltens von Bauteilen, Räumen, Gebäuden und Freiräumen

Grundleistungen	Besondere Leistungen
LPH 4 Mitwirkung bei der Genehmigungsplanung	
a) Mitwirken beim Aufstellen der Genehmigungsplanung und bei Vorgesprächen mit Behörden b) Aufstellen der förmlichen Nachweise c) Vervollständigen und Anpassen der Unterlagen	– Mitwirken bei Vorkontrollen in Zertifizierungsprozessen – Mitwirken beim Einholen von Zustimmungen im Einzelfall
LPH 5 Mitwirkung bei der Ausführungsplanung	
a) Durcharbeiten der Ergebnisse der Leistungsphasen 3 und 4 unter Beachtung der durch die Objektplanung integrierten Fachplanungen b) Mitwirken bei der Ausführungsplanung durch ergänzende Angaben für die Objektplanung und Fachplanungen	– Mitwirken beim Prüfen und Anerkennen der Montage- und Werkstattplanung der ausführenden Unternehmen auf Übereinstimmung mit der Ausführungsplanung
LPH 6 Mitwirkung bei der Vorbereitung der Vergabe	
Beiträge zu Ausschreibungsunterlagen	
LPH 7 Mitwirkung bei der Vergabe	
Mitwirken beim Prüfen und Bewerten der Angebote auf Erfüllung der Anforderungen	– Prüfen von Nebenangeboten
LPH 8 Objektüberwachung u. Dokumentation	
	– Mitwirken bei der Baustellenkontrolle – Messtechnisches Überprüfen der Qualität der Bauausführung und von Bauteil- oder Raumeigenschaften
LPH 9 Objektbetreuung	
	– Mitwirken bei Audits in Zertifizierungsprozessen

Inhaltsübersicht

I. Einführung

1 Aus Gründen der sachlichen und abwicklungstechnischen Vergleichbarkeit wurden die für die Bauphysik notwendigen Leistungsschritte (Grundleistungen) grundsätzlich den gleichen neun Phasen wie in den anderen verordneten Leistungsbildern zugeordnet. Die Beschreibung der Grundleistungen für Bauphysik umfasst aber lediglich die **Leistungsphasen 1 bis 7**. Für die

Leistungsphasen 8 und 9 sind nur noch Besondere Leistungen optional vorgesehen, da in diesen Phasen die Beratungstätigkeit und Mitwirkung des Fachplaners i. d. R. nicht mehr benötigt wird. Die genannten Besonderen Leistungen, deren Inhalt und Vergütung im Bedarfsfall gesondert zu vereinbaren sind, verdeutlichen dies.

Im Gegensatz zur HOAI von 2009 erfolgt in der aktuellen Verordnung **keine differenzierte Beschreibung** der Leistungsphasen für die einzelnen Fachgebiete der Bauphysik nach HOAI-Anlage 1 Abschnitt 1.2.1 Abs. 2 bis 4. Dies ist formal sicherlich richtig, erschwert jedoch die Nachvollziehbarkeit für den Verbraucher. Unabhängig hiervon ist aus der Beschreibung der Leistungsphasen ersichtlich, dass die **Leistungen für Bauphysik überwiegend Planungsleistungen** und keine Beratungsleistung sind, da hier ein systematischer Prozess von Aufgaben und Handlungen beschrieben wird, der zum werkvertraglich vereinbarten Ziel führen soll.

Nachfolgend werden für die einzelnen Leistungsbereiche der Bauphysik die **fachlichen Inhalte bzw. Ziele der einzelnen Leistungsphasen** erläutert und gegenüber den Besonderen Leistungen abgegrenzt. Dabei handelt es sich nicht um die Beschreibungen von Leistungen im Sinne einer erschöpfenden Leistungsbeschreibung, sondern um die Aufzählung aufeinander aufbauender **grundsätzlicher Leistungsphasen**. Die Beschreibungen sind also nicht als „Checkliste" für notwendige Leistungen zu verstehen, sondern sie beschreiben nur grundsätzlich mögliche Leistungsinhalte, die im Rahmen einer Leistungsphase erforderlich werden können, um deren Ziel zu erreichen. Die nachfolgende Kommentierung versucht, die in der HOAI sehr allgemein gehaltene Beschreibung praxisbezogen zu erläutern. **2**

II. Wärmeschutz und Energiebilanzierung

An dieser Stelle muss – wie schon zu HOAI-Anlage 1 Abschnitt 1.2.1 (Rdn. 5) erwähnt – wiederholt werden, dass es sich bei den Grundleistungen für Wärmeschutz und Energiebilanzierung um **Mindestleistungen** handelt, wie sie nach der Energieeinsparverordnung 2009 erforderlich sind. Leistungen nach der zu erwartenden EnEV 2014 sind somit schon jetzt als Besondere Leistungen zu identifizieren. Ferner wird darauf hingewiesen, dass auch die folgenden Leistungen keine Grundleistungen sind wie z. B.: **3**
– Gleichwertigkeitsnachweise für Wärmebrücken,
– Nachweise im Hinblick auf die Anforderungen des EEWärmeG[11],
– Berücksichtigung besonderer Anforderungen infolge von Nachhaltigkeitszertifizierungen,
– Besondere Anforderungen aufgrund der Inanspruchnahme von Förderprogrammen oder besonderen Auflagen im Hinblick auf die energetische Gebäudeplanung etc.

Gleichwertigkeitsnachweise für Wärmebrücken sind zur Nachweisführung grundsätzlich nicht erforderlich. Sie können jedoch erforderlich werden, wenn sich aufgrund besonderer planerischer Randbedingungen die Anforderungen der Energieeinsparverordnung nicht im gewünschten Maß ohne entsprechende Gleichwertigkeitsnachweise für die vorhandenen Wärmebrücken einhalten lassen. Gleichwertigkeitsnachweise sind somit Besondere Leistungen, deren Umfang von der Art des Nachweises (Vergleichsverfahren oder Berechnungsverfahren) abhängt. **4**

Nachweise im Hinblick auf die Anforderungen des EEWärmeG[12] sind Nachweise, die derzeit außerhalb der Nachweise entsprechend der Energieeinsparverordnung 2009 zu erbringen sind. Derartige Nachweise stellen somit eine Besondere Leistung dar. **5**

Das **Berücksichtigen besonderer Anforderungen infolge von Nachhaltigkeitszertifizierungen** ist ebenfalls nicht Bestandteil der notwendigen Nachweise entsprechend den Anforderungen der EnEV 2009. Vor diesem Hintergrund ist die Berücksichtigung besonderer Anforderungen infol- **6**

---

[11] Erneuerbare-Energien-Wärmegesetz vom 7. August 2008 (BGBl. I S. 1658), das durch Artikel 14 des Gesetzes vom 21. Juli 2014 (BGBl. I S. 1066) geändert worden ist
[12] Erneuerbare-Energien-Wärmegesetz vom 7. August 2008 (BGBl. I S. 1658), das durch Artikel 14 des Gesetzes vom 21. Juli 2014 (BGBl. I S. 1066) geändert worden ist

ge von Nachhaltigkeitszertifizierungen bei der energetischen Gebäudeplanung entsprechend der Energieeinsparverordnung 2009 eine Besondere Leistung.

7 **Besondere Anforderungen** aufgrund der **Inanspruchnahme von Förderprogrammen oder besonderen Auflagen** im Hinblick auf die **energetische Gebäudeplanung** stellen im Hinblick auf das Leistungsbild Wärmeschutz und Energiebilanzierung bei ihrer Berücksichtigung eine Besondere Leistung dar, da auch sie im Rahmen der entsprechend der EnEV 2009 üblichen energetischen Gebäudeplanung und den damit verbundenen Nachweisen keiner Berücksichtigung bedürfen.

Im Einzelnen lassen sich die Inhalte der Leistungsphasen wie folgt beschreiben:

8 **Leistungsphase 1 – Grundlagenermittlung**

Die Grundleistungen umfassen die grundsätzliche Klärung der Aufgabenstellung sowie das Festlegen der Grundlagen und Vorgaben und Ziele. Diese Leistungsphase ist somit zwingende Voraussetzung für alle weiteren Leistungsphasen. Für das Leistungsbild Wärmeschutz und Energiebilanzierungen bedeutet dies eine Auseinandersetzung mit dem planerischen Ziel der Objektplanung unter Berücksichtigung der Klärung der Vorgaben seitens des Bauherrn. Hieraus ergeben sich entsprechende Zielvorgaben für die energetische Gebäudeplanung.

Eine **Besondere Leistung** bei der Grundlagenermittlung ist die insbesondere bei Umbauten und Modernisierungen erforderliche **Bestandsaufnahme bestehender Gebäude**. Im Hinblick auf die energetische Gebäudeplanung ist damit insbesondere die Ermittlung und Bewertung von energetischen Kennwerten der bestehenden Bausubstanz und vorhandener technischer Einrichtungen gemeint.

Weitere Besondere Leistungen sind **Schadensanalysen** bei bestehenden Gebäuden und das **Mitwirken bei** der Ausarbeitung von **Auslobungen** und bei Vorprüfungen für Wettbewerbe. Auch das Mitwirken bei Zertifizierungsverfahren, wie z. B. **Nachhaltigkeitszertifizierungen** oder Zertifizierungen im Hinblick auf besondere, die Anforderungen der Energieeinsparverordnung überschreitende energetische Zertifizierungen wie z. B. KfW-Programme sind Besondere Leistung, die den Inhalt der Grundleistungen nachhaltig übersteigen können.

9 **Leistungsphase 2 – Mitwirkung bei der Vorplanung**

Die Grundleistungen beginnen mit der **Analyse** der Ergebnisse der Grundlagenermittlung und das darauf folgende **Klären der wesentlichen Zusammenhänge** von Gebäude und technischen Anlagen einschließlich Betrachtung von Alternativen. Hierbei wird vorausgesetzt, dass eine Bedarfsplanung nach DIN 18 205 erfolgt ist, nach der die grundsätzliche Konzeption festgelegt wurde und die Betrachtung von Alternativen lediglich noch die Betrachtung unterschiedlicher Energieversorgungsmöglichkeiten betrifft.

Danach erfolgt die **wärmeschutztechnische Vordimensionierung** der relevanten Bauteile des Gebäudes. In diesem Zusammenhang erfolgt auch die Mitwirkung beim Abstimmen der fachspezifischen Planungskonzepte der Objektplanung und der Fachplanungen. Das Mitwirken setzt natürlich voraus, dass der für die energetische Gebäudeplanung verantwortliche Planer vom Objektplaner und den Fachplaner in die Planung einbezogen und zum Mitwirken aufgefordert wird.

Unter Berücksichtigung der Abstimmungsergebnisse der fachspezifischen Planungskonzepte erstellt der Fachplaner für die energetische Gebäudeplanung **ein Gesamtkonzept** in Abstimmung mit der Objektplanung und den Fachplanungen. Hierauf basierend können **erste Rechenmodelle** aufgestellt werden und eine Auflistung der wesentlichen Kennwerte als Arbeitsgrundlage für die Objektplanung und Fachplanungen erfolgen.

Zu den **Besonderen Leistungen** dieser Phase gehört das Mitwirken beim Klären von **Vorgaben für Fördermaßnahmen und bei deren Umsetzung** mitwirken sollte. Hier sind die KfW-Förderprogramme als Beispiel zu nennen. Sowohl die Beratung hinsichtlich möglicher zur Verfügung stehender Programme als auch die Prüfung der Anwendbarkeit und das Klären der daraus für die Planung resultierenden Konsequenzen stellt eine Besondere Leistung dar.

Auch das **Mitwirken an Projekt-, Käufer- und Mieterbaubeschreibungen** ist eine Besondere Leistung. Die Notwendigkeit einer derartigen Leistung ergibt sich daraus, dass zwischen Käufer und Verkäufer bzw. Mieter und Vermieter häufig Differenzen aufgrund unterschiedlicher Erwartungshaltungen entstehen. Ursachen hierfür können in Projekt-, Käufer- oder Mieterbaubeschreibungen nicht ausreichend belegte Beschaffenheitsbeschreibungen sein, die eine vom realen Objekt abweichende Erwartungshaltung auf Verbraucherseite hervorrufen.

Das **Aufstellen eines fachübergreifenden Bauteilkatalogs** zählt ebenfalls zu den Besonderen Leistungen, wenn diese Leistung dem mit der energetischen Gebäudeplanung beauftragten Fachplaner übertragen wird. Neben dem Erstellen eines fachübergreifenden Bauteilkatalogs muss **auch die Mitwirkung und Prüfung** eines solchen Bauteilkatalogs als Besondere Leistung bewertet werden, da sie das Maß der zum Nachweis der energetischen Gebäudeplanung erforderlichen Leistungen übersteigt.

Bei der Vordimensionierung der relevanten Bauteile eines Gebäudes können über die im Allgemeinen erforderlichen Grundleistungen hinausgehende **bauphysikalische Leistungen** erforderlich werden, die in der HOAI nicht bzw. nicht mehr explizit aufgeführt sind. Hierzu gehören Leistungen zur Festlegung oder **Bemessung des Witterungsschutzes**, Leistungen zum Nachweis des **schadensfreien diffusionsbedingten Wasserdampftransports**, Leistungen zum Nachweis erforderlicher **Oberflächentauwasserfreiheit** bei besonderen Klimabedingungen sowie auch Leistungen zur Festlegung und Bemessung notwendiger **Abdichtungsmaßnahmen** zum Schutz von Wärmedämmschichten oder Bauwerksteilen[13]. Auch Leistungen zur Beratung im Hinblick auf notwendige Maßnahmen zur hochwertigen **Nutzung von Untergeschossen** wie z. B. bei WU-Betonkonstruktionen sind gesondert vergütungspflichtige Besondere Leistungen ebenso wie die Beratung bei der konstruktiven Durchbildung von WU-Betonkonstruktionen im Hinblick auf „abdichtungstechnische" Detailausbildungen (z. B. Arbeits- und Gebäudefugen etc.). All dies sind keine Leistungen entsprechend der Energieeinsparverordnungen 2009 und somit also auch keine Grundleistungen.

10

Gleiches gilt auch für **Simulationen zur Prognose des thermischen oder hygrothermischen Verhaltens** von Bauteilen, Räumen, Gebäuden und Freiräumen. Dazu gehören die bereits erwähnten **Wärmebrückenberechnungen** im Rahmen von Gleichwertigkeitsnachweisen, wie sie unter gewissen Randbedingungen entsprechend der Energieeinsparverordnung erforderlich werden können. Derartige Gleichwertigkeitsnachweise gehören somit nicht zu den Mindestleistungen und sind daher keine Grundleistungen im Sinne der Verordnung.

11

Gleiches gilt auch für Betrachtungen im Hinblick auf den **sommerlichen Wärmeschutz**, die über die notwendigen Nachweise nach EnEV 2009 hinausgehen. Somit stellt der Nachweis des sommerlichen Wärmeschutzes nach DIN 4108-3, 2013[14] eine Besondere Leistung dar, da die EnEV 2009 den Nachweis für den sommerlichen Wärmeschutz entsprechend DIN 4108-2, 2003[15] vorschrieb. Da sich die Nachweisverfahren zwischen DIN 4108-3, 2013 und DIN 4108-2,2003 deutlich unterscheiden, ist das zusätzliche Erbringen des Nachweises zum sommerlichen Wärmeschutz nach DIN 4108-3, 2013 - bezogen auf die EnEV 2009 - eine vergütungspflichtige Besondere Leistung. Dasselbe gilt erst recht für die Nachweise nach der EnEV 2014.

12

Ferner gehören auch **hygrische und hygrothermische Bauteilbeurteilungen**, z. B. in Form von Diffusionsnachweisen oder auch hygrothermischen Bauteilsimulationen, wie sie aufgrund der durch die Objektplanung vorgesehenen Bauteilkonstruktionen erforderlich werden können, zu den Besonderen Leistungen.

Als Besondere Leistung gilt auch die **Beurteilung von Lüftungsmöglichkeiten** oder das Erarbeiten eines **Lüftungskonzepts** entsprechend DIN 1946[16]. Diese Leistungen sind ebenfalls nicht Bestandteil der Grundleistungen entsprechend der EnEV 2009, die Grundlage der HOAI 2013 sind.

13

---

[13] Sonderheft 1/1997, Thermische Bauphysik – Erläuterungen zur HOAI Teil 10, Baukammer Berlin 1997

[14] DIN 4108-3, 2013 – Klimabedingter Feuchteschutz, Anforderung, Berechnungsverfahren und Hinweise für Planung und Ausführung

[15] DIN 4108-2:2003-07 – Wärmeschutz und Energie-Einsparung in Gebäuden (Teil 2 Mindestanforderungen an den Wärmeschutz)

[16] DIN 1946-6, 2009 – Raumlufttechnik – Lüftung von Wohnungen – Allgemeine Anforderungen, Anforderung zur Bemessung, Ausführung und Kennzeichnung, Übergabe / Übernahme (Abnahme) und Instandhaltung

14 **Leistungsphase 3 – Mitwirkung bei der Entwurfsplanung**

Die **Grundleistungen** beginnen mit dem **Fortschreiben** der in der Vorplanung erstellten **Rechenmodelle und der wesentlichen Kennwerte** für das Gebäude. Im nächsten Schritt wirkt der Fachplaner als Berater der Objektplanung und der anderen Fachplanungen mit, wenn diese ihre in der Vorplanung zur Ausführung ausgewählten **Planungskonzepte bis zum vollständigen Entwurf entwickeln.** Dabei schreibt auch der Fachplaner für die energetische Gebäudeplanung seine Fachplanung fort.

Fortschreiben bedeutet nicht Neuplanung, sondern z. B. die Auswirkungen veränderter Materialien bei Bauteilaufbauten zu berücksichtigen. Hierzu gehören z. B. präzisierte Glaskennwerte für ausgewählte Verglasungen, präzisierte Wärmeleitfähigkeiten für vorgesehene Wärmedämmstoffe oder das Berücksichtigen veränderter anlagentechnischer Kennwerte. Komplett neue Verteilstränge und eine veränderte Anlagentechnik sowie auch komplett neue Baukonstruktionen wie z. B. Paneelkonstruktionen anstelle von außenseitig wärmegedämmten Massivkonstruktionen erfordern anstelle einer Fortschreibung eine Umplanung, da hier entweder die Anlagentechnik oder einzelne Bauteilkonstruktionen umgeplant werden müssen. Solche Umplanungen sind Besondere Leistungen.

Ferner kann es bei der Fortschreibung der Planungskonzepte der Objekt- und anderen Fachplaner zu Besonderen Leistungen des Fachplaners für energetische Gebäudeplanung kommen, wenn sich dabei zuvor einvernehmlich mit den anderen fachlich Beteiligten abgestimmte Bemessungsparameter durch die parallel verlaufende Objekt- und Fachplanung ändern sollten. Dann wären ggf. **Umplanungen oder wiederholte Grundleistungen** bei der energetischen Gebäudeplanung erforderlich.

Umplanung sind ferner dann erforderlich, wenn sich im Rahmen oder als Folge der Objektplanung oder der Planung der technischen Ausrüstung z. B.:

– Nutzungszonen entsprechend DIN 18599[17] verändern,
– Konstruktionsarten von Bauteilen sich ändern,
– Fassadenbezogene Fensterflächenanteile verändern,
– Massen und Mengen sich wesentlich ändern oder
– die technische Gebäudeausrüstung verändert wird,

sodass der Nachweis entsprechend der Energieeinsparverordnung korrigiert oder neu aufgestellt werden muss. All diese Änderungen können zum Teil extremen Aufwand bei der Überarbeitung des Nachweises der energetischen Gebäudeplanung zur Folge haben.

An dieser Stelle wird darauf hingewiesen, dass die frühzeitige Festlegung grundsätzlicher Bauteilaufbauten und der dazugehörigen Flächenanteile und die ggf. notwendige Zonierung entsprechend DIN 18599 im Hinblick auf die energetische Gebäudeplanung zwingende Voraussetzung sind.

Ein **Bemessen der Bauteile** des Gebäudes - als Punkt c) der Leistungsphase 3 - ist an dieser Stelle eine unglückliche Formulierung, da diese Tätigkeit grundsätzlich schon zu einem früheren Zeitpunkt erfolgen muss. Bemessung der Bauteile kann hier lediglich die Festlegung der wärmeschutztechnischen Kennwerte bedeuten.

Das Erarbeiten von **Übersichtsplänen und** eines **Erläuterungsberichts** mit Vorgaben, Grundlagen und Auslegungsdaten sind je nach Objekt in unterschiedlichem Umfang erforderlich, wobei sie insbesondere in den Bundesländern, bei denen die prüffähigen Nachweise entsprechend der Energieeinsparverordnung von einem Prüfsachverständigen geprüft werden, erst in der Leistungsphase 4 – Mitwirkung bei der Genehmigungsplanung erforderlich werden können.

15 **Besondere Leistungen** in Leistungsphase 3 sind zudem die im Leistungsbild genannten **Simulationen zur Prognose des Verhaltens** von Bauteilen, Räumen, Gebäuden und Freiräumen.

16 Zu Konflikten und zu zusätzlich zu vergütenden Mehrleistungen bei der energetischen Gebäudeplanung kann es dann kommen, wenn im Rahmen der Objektplanung oder auch Fachplanung vermeintlich **geringfügige Änderungen** oder auch durch Auflagen im Rahmen des Baugenehmigungsverfahrens erforderlich sind. Gleiche Folgewirkungen können Änderungen bei der

---

[17] DIN 18 599 – Energetische Bewertung von Gebäuden

künftigen Energieversorgung haben. Solche Änderungen wirken sich i. d. R. unmittelbar auf den Nachweis der energetischen Gebäudeplanung aus.

Leistungsphase 4 – Mitwirkung bei der Genehmigungsplanung 17

Zentrale Grundleistung ist das Mitwirken beim Aufstellen der Genehmigungsplanungen der fachlich Beteiligten. Der Fachplaner für energetische Gebäudeplanung hat hierzu den prüffähigen Nachweis entsprechend Energieeinsparverordnung zu erbringen. Hierfür übergibt er i. d. R. dem Objektplaner die förmlichen bzw. - soweit erforderlich - prüffähigen Nachweise für die energetische Gebäudeplanung entsprechend der Energieeinsparverordnung 2009 im notwendigen Umfang.

Grundlage für die Leistungsphase 4 ist die freigegebene Entwurfsplanung. Veränderungen gegenüber der freigegebenen Entwurfsplanung können hier unter Berücksichtigung der Ausführungen zur Leistungsphase 3 (Rdn. 9) Umplanungen für das Leistungsbild Wärmeschutz und Energiebilanzierung zur Folge haben.

Es wurde bereits darauf hingewiesen, dass ggf. geforderte Nachweise nach dem EEWärmeG nicht Bestandteil der Grundleistungen bei der Entwurfsplanung sind (Rdn. 3). Werden solche Nachweise im Rahmen der Genehmigungsplanung erforderlich, stellen diese **Besondere Leistungen** dar. Dasselbe gilt für das **Mitwirken bei Vorkontrollen in Zertifizierungsprozessen** (z. B. DGNB, LEED etc.) sowie das Mitwirken beim **Einholen von Zustimmungen** im Einzelfall dar.

Leistungsphase 5 – Mitwirkung bei der Ausführungsplanung 18

Grundleistung des Fachplaners für energetische Gebäudeplanung ist das Durcharbeiten der Ergebnisse der Leistungsphasen 3 und 4 unter Beachtung der durch die Objektplanung integrierten Fachplanungen. Dies bedeutet die **Prüfung der Ergebnisse des Baugenehmigungsverfahrens** im Hinblick auf die energetische Gebäudeplanung und deren Umsetzung und Auswirkungen auf die Ausführungsplanung.

Das **Mitwirken** des Fachplaners der energetischen Gebäudeplanung bei der Ausführungsplanung des Objektplaners und der Fachplanung kann nur erfolgen, wenn die Objektplanung oder die anderen Fachplaner, welche die Grundlagen für die energetische Gebäudeplanung gestellt haben, diese Leistung auch abrufen. **Mitwirkung bedeutet** hier die **Beratung** der Objekt- oder Fachplanung bei der Umsetzung der Entwurfs- und Genehmigungsplanung in die Ausführungsplanung, nicht vollständige Prüfung der Ausführungsplanung. Gleiches gilt auch hinsichtlich der Mitwirkung beim Prüfen und Anerkennen der Montage- und Werkstattplanung ausführender Unternehmen auf Übereinstimmung mit der Ausführungsplanung, wie dies auch explizit als Besondere Leistung dargestellt ist.

Neben den aufgeführten **Besonderen Leistungen** stellt auch eine **Überarbeitung der** förmlichen bzw. prüffähigen **Nachweise** aufgrund im Rahmen der Ausführungsplanung veränderter Bauteile, Massen oder Zonierungen eine Besondere Leistung dar. Dasselbe trifft zu, wenn von der Genehmigungsbehörde **Änderungen** der Entwurfs- und Genehmigungsplanung der fachlich Beteiligten gefordert würden. Die Folge einer derartigen Forderung ist i. d. R. die Umplanung der energetischen Gebäudeplanung. Diese Leistungen sind dann Besondere Leistungen oder wiederholte Grundleistungen bei der Fachplanung.

Leistungsphase 6 – Mitwirkung bei der Vorbereitung der Vergabe 19

Als **Grundleistung macht** der Fachplaner für energetische Gebäudeplanung auf der Grundlage seiner in den vorangehenden Leistungsphasen beschriebenen Ausarbeitungen entsprechende **Angaben**, die es den an der Objekt- und Fachplanung Beteiligten erlauben, die Leistungsverzeichnisse zur Vergabe der Bau- und Lieferleistungen für das geplante Bauwerk unter Beachtung der energetisch wichtigen Aspekte aufzustellen. Das Mitwirken bedeutet wieder, dass der Fachplaner für energetische Gebäudeplanung bei Bedarf auf Abruf von den an der Objektplanung und Fachplanung Beteiligten zur **Klärung von** die energetische Gebäudeplanung betreffenden **Unklarheiten** hinsichtlich der Vorbereitung der Vergabe hinzugezogen wird. Im Bedarfsfall muss der Fachplaner für die energetische Gebäudeplanung notwendige Kenndaten erläutern oder ergänzende Daten liefern sowie auch ausgewählte Leistungstexte prüfen.

Das vollständige **Prüfen von Leistungsverzeichnissen** stellt demgegenüber eine **Besondere Leistung** dar.

20   **Leistungsphase 7 – Mitwirkung bei der Vergabe.**

Grundleistung des Fachplaners **ist** die Mitwirkung des Fachplaners beim **Prüfen und Bewerten der Angebote** auf die Erfüllung der in den Ausschreibungsunterlagen geforderten energetischen Anforderungen. Diese Leistung erfordert den Abruf durch die Objektplanung oder den Bauherrn, wenn beispielsweise für die Objektplanung oder den Bauherrn nicht eindeutig ist, ob die Angebote die Anforderungen der energetischen Gebäudeplanung erfüllen. Ein vollständiges Prüfen von Angeboten sowie auch ein Prüfen von Nebenangeboten ist hierbei jedoch eine Besondere Leistung.

21   Für die **Leistungsphasen 8** (Objektüberwachung und Dokumentation) und **Leistungsphase 9** (Objektbetreuung) hat der Verordnungsgeber keine Grundleistungen vorgesehen. Die hier möglichen und sinnvollen Leistungen sind **sämtlich Besondere Leistungen**, da sich der hierfür notwendige bzw. der hierbei mögliche Aufwand nicht hinreichend genau abschätzen lässt und somit keine gesicherte Grundlage für angemessene Honorare gegeben ist. Dies insbesondere auch im Hinblick auf die schwierige Abgrenzung der Leistungen des mit der energetischen Gebäudeplanung beauftragten Fachplaners von den Leistungen des mit der Objektüberwachung und Dokumentation beauftragten Objektplaners. Somit obliegt es Auftragnehmer und Auftraggeber, die im Einzelfall erforderlichen Leistungen so genau wie möglich abzugrenzen, um dem Auftragnehmer die Möglichkeit zur Kalkulation des dafür erforderlichen und **frei zu vereinbarenden Honorars** zu geben.

Grundsätzlich muss noch angemerkt werden, dass auch die **Teilnahme an Planungs-, Bau- oder Koordinierungsgesprächen** für den Fachplaner der energetischen Gebäudeplanung eine Besondere Leistung darstellt, sofern derartige Besprechungen nicht unmittelbar die energetische Gebäudeplanung betreffen.

III. Bauakustik

22   Der Umfang der **Aufgaben für Bauakustik** wurde im Kommentar zu HOAI-Anlage 1 Abschnitt 1.2.1 dargestellt und erläutert (Rdn. 10 ff.). Als Nachweis- und Bemessungsnormen für die Leistungen der Bauakustik werden die aktuelle DIN 4109[18] und die neue VDI 4100[19] zugrunde gelegt. Nachweise nach der neuen VDI 4100[20] sowie auch mögliche neue Nachweisverfahren aufgrund der vorgesehenen Novelle der DIN 4109[21] unter Berücksichtigung der DIN EN 12 354[22] sind Besondere Leistungen, da solche Leistungen in der aktuellen HOAI noch nicht berücksichtigt sind. Dies ist mit den wesentlich aufwendigeren Nachweisverfahren zu begründen. Zu den Grundleistungen der Bauakustik gehört jedoch nicht die Festlegung des maßgeblichen Außenlärmpegels, was eine Leistung des Lärmschutzes ist und außerdem eine Besondere Leistung darstellt. Ebenso wenig gehören die Leistungen des Schallimmissionsschutzes (s. Rdn. 13) zu den Grundleistun-

---

[18] DIN 4109 – Schallschutz im Hochbau – Anforderungen und Nachweise, Fassung 1989
[19] VDI 4100 – Schallschutz im Hochbau – Wohnungen – Beurteilung und Vorschläge für erhöhten Schallschutz, Fassung 2007
[20] DIN 4109-1 – Schallschutz im Hochbau – Teil 1: Anforderungen an die Schalldämmung – Normentwurf 2013
[21] DIN 4109-1 – Schallschutz im Hochbau – Teil 1: Anforderungen an die Schalldämmung – Normentwurf 2013
[22] DIN EN 12 354 – Bauakustik – Berechnung der akustischen Eigenschafen von Gebäuden aus den Bauteileigenschaften, Fassung 2000

gen der Bauakustik, sondern sind Besondere Leistungen. Dasselbe gilt für das Mitwirken an Zertifizierungsverfahren wie z. B. an Nachhaltigkeitszertifizierungen entsprechend DGNB oder LEED.

Die Grundleistungen und Besonderen Leistungen bei der Bauakustik lassen sich leistungsphasenbezogen wie folgt darstellen:

Leistungsphase 1 – Grundlagenermittlung:

23

Grundleistung des Fachplaners der Bauakustik ist das Kennenlernen der Planungsziele des Bauherrn, die daraus resultierenden Grundlagen seiner Planungsaufgabe herauszuarbeiten und die bauakustischen Ziele mit dem Bauherrn und - sofern nötig - mit den an der Planung Beteiligten abzustimmen.

Besondere Leistungen in dieser ersten Phase sind das **Mitwirken bei** der Ausarbeitung von **Auslobungen und** bei Vorprüfungen für **Wettbewerbe** sowie das Mitwirken bei Zertifizierungen, wie z. B. Nachhaltigkeitszertifizierungen. Gleiches gilt auch für die **Bestandsaufnahme** bestehender Gebäude, wozu auch die **Analysen baulicher Schäden** in Bezug auf Bauakustik gehören können, sowie das Ermitteln und Bewerten von bauakustisch relevanten **Kennwerten**. Hier können als Voraussetzung für das Erbringen der Grundleistungen der Bauakustik z. B. bauakustische Messungen erforderlich werden, um die bauakustische Qualität bei Bestandsgebäuden zu ermitteln und zu bewerten.

24

Leistungsphase 2 – Mitwirkung bei der Vorplanung:

25

Die erste **Grundleistung** des Fachplaner für Bauakustik **nach der Analyse** der ihm übergebenen Planungsgrundlagen und der **Klärung der wesentlichen Zusammenhänge** ist die **Vorstellung und Erläuterung der** hieraus entwickelten **möglichen** schallschutztechnischen Qualitäten bzw. **Schallschutzziele.** Nach der Entscheidung des Bauherrn über die von ihm gewünschte bauakustische Qualität erarbeitet der mit der bauakustischen Planung beauftragte Fachplaner ein **bauakustisches Planungskonzept** und stimmt dieses mit dem Bauherrn, der Objektplanung und anderen Fachplanungen ab.

An dieser Stelle wird sichtbar, dass die in Abschnitt 1.2.2 formal neutral gehaltene Beschreibung der Leistungsphasen einerseits einen gewissen Charme hat, aber letztendlich andererseits in der fachspezifischen Auseinandersetzung mit dem jeweiligen Leistungsbild für Bauphysik ihre Grenzen hat, da das Erstellen von **Rechenmodellen** im Regelfall **keine Bedeutung** bei der bauakustischen Planung hat.

Das Mitwirken beim Klären von **Vorgaben für Fördermaßnahmen** und bei deren Umsetzung ist für bauakustische Maßnahmen ein **Ausnahmefall**, es sei denn es handelt sich um Fördermaßnahmen zur Verbesserung des Schallschutzes gegen Außenlärm (Lärmschutz).

Die **Besonderen Leistungen** bei der Mitwirkung an Projekt-, Käufer- oder Mieterbaubeschreibungen gewinnen zunehmend an Bedeutung. Diese Leistung ist insbesondere vor dem Hintergrund der bereits zitierten BGH-Urteile (s. Abschnitt 1.2.1 Rdn. 10) unter Umständen von maßgeblicher Bedeutung, um die Erwartungshaltung des Käufers mit der durch das Projekt gegebenen möglichen Schallschutzqualität abzustimmen.

Leistungsphase 3 – Mitwirkung bei der Entwurfsplanung

26

Grundleistungen ist die **bauakustische Entwurfsplanung** auf Basis der Entscheidung des Bauherrn und des mit den übrigen an der Planung Beteiligten abgestimmten bauakustischen Planungskonzepts in Ergänzung zur Gebäudeplanung. Auf Basis der Entwurfsplanung der Objektplanung und, soweit nötig, anderer Fachplanungen werden alle notwendigen bauakustischen Maßnahmen als Grundlage für die notwendigen Nachweise erarbeitet, die für eine erfolgreiche Genehmigungsplanung zu erbringen sind. Dazu gehört die bauakustische Bemessung aller notwendigen Bauteile des Gebäudes samt der erforderlichen Übersichtspläne, im Einzelfall ergänzt durch Positionspläne, wenn eine Zuordnung der bauakustisch bemessenen Bauteile nicht ohne Weiteres möglich ist. Die Arbeitsergebnisse bilden zusammen mit dem zugehörigen Bericht die bauakustischen Entwurfsplanung und **Fortschreibung des bauakustischen Planungskonzepts**; sie sind die Grundlage der Genehmigungsplanung.

Besondere Leistungen dieser Phase sind diejenigen, welche im Zusammenhang mit Zertifizierungsprozessen von dem mit der bauakustischen Planung Beauftragten verlangt werden können.

27 **Leistungsphase 4 – Mitwirkung bei der Genehmigungsplanung:**

Grundleistung ist, sofern notwendig, das Aufstellen und Zusammenstellen der förmlichen bzw. prüffähigen bauakustischen Nachweise. Hierzu gehören im Regelfall die Nachweise zur Einhaltung des Trittschallschutzes und des Luftschallschutzes von Deckenkonstruktionen und des Luftschallschutzes von Wandkonstruktionen sowie der ggf. erforderliche Nachweis des ausreichenden Schallschutzes gegen Außenlärm. Dazu kann auch die Ermittlung des maßgeblichen Außenlärmpegels zur Bemessung des Schallschutzes der Außenbauteile gegen Außenlärm gehören.

Zu den möglichen **Besonderen Leistungen** gehört die Ermittlung des maßgeblichen **Außenlärmpegels** zur Bemessung des Schallschutzes der Außenbauteile gegen Außenlärm. Auch das Mitwirken bei Vorkontrollen in Zertifizierungsprozessen und das Mitwirken beim Einholen von Zustimmungen im Einzelfall stellt eine Besondere Leistung dar.

28 **Leistungsphase 5 – Mitwirkung bei der Ausführungsplanung:**

Grundleistung des Fachplaners der energetischen Gebäudeplanung ist die **Durcharbeitung** seiner bauakustischen **Entwurfs- und Genehmigungsplanung** für die Bauakustik, deren Ergebnis in die Ausführungsplanung der anderen an der Planung Beteiligten einfließen muss. Dies muss in enger Abstimmung zwischen allen fachlich Beteiligten geschehen; die dazu notwendigen bauakustisch wichtigen Angaben muss der Fachplaner in verständlicher Weise dokumentieren und zur Verfügung stellen. Ergänzend berät er auf Abruf die fachlich Beteiligten bei bauakustischen Fragestellungen und entwickelt ggf. bei besonderen Problempunkten auf Grundlage der Detailplanung des Gebäudeplaners geeignete bauakustische Konstruktionslösungen.

Die Grundleistung umfasst keine bauakustische Prüfung der Ausführungsplanung des Objektplaners, sondern lediglich seine Unterstützung bei der Umsetzung der bauakustischen Entwurfs- bzw. Genehmigungsplanung in die Objektplanung.

Als **Besondere Leistung** gelten die ggf. gewünschte **vollständige Prüfung der Ausführungsplanung** des Objektplaners sowie das **Mitwirken bei der Prüfung und Anerkennung der Montage- und Werkstattplanung** der ausführenden Unternehmen. Die letztere Leistung kann für den Erfolg der Baumaßnahme von entscheidender Bedeutung sein. Sie ist insbesondere sinnvoll bei:
– leichten Fassadenkonstruktionen,
– Haus-in-Haus-Konstruktionen oder bei
– Bauwerken mit besonders hohen Anforderungen an den Schallschutz.

Sollten im Rahmen der Ausführungsplanung aufgrund einer veränderten Objektplanung oder Fachplanung neue bauakustische Bemessungen des Gebäudes oder einzelner Bauteile notwendig sein, wären sie ebenfalls Besondere Leistungen oder wiederholte Grundleistungen mit entsprechendem Vergütungsanspruch.

29 **Leistungsphase 6 - Mitwirkung bei der Vorbereitung der Vergabe:**

Grundleistung des Fachplaners ist die Zuarbeit zu den Leistungsverzeichnissen der fachlich Beteiligten z. B. durch Prüfung deren die Bauakustik betreffenden Teile. Seine Leistungen sind dadurch geprägt, dass er schon im Rahmen der Entwurfsplanung und der Mitwirkung bei der

Ausführungsplanung Teile dieser Leistungen durch dezidierte Angaben zu den bauakustisch relevanten Bauteilen und Bauelementen macht. Zudem bedeutet die Mitwirkung bei der Vorbereitung der Vergabe, dass der Fachplaner für die Bauakustik im Bedarfsfall den für die Ausschreibung Verantwortlichen zur Klärung von Fragestellungen zur Verfügung steht und die Prüfung bauakustisch relevanter Positionen der Leistungsverzeichnisse auf Übereinstimmung mit den bei der bauakustischen Planung erarbeiteten konstruktions-, baustoff- und bauelementspezifischen Anforderungen vornimmt.

Leistungsphase 7 – Mitwirkung bei der Vergabe   30

Die **Grundleistung** umfasst die Mitwirkung bei der **Beurteilung der** die Bauakustik betreffenden Teile der **Angebote** im Hinblick auf die Gleichwertigkeit mit der ausgeschriebenen Leistung, sofern die für die Vergabe verantwortliche Stelle dies für erforderlich hält und abruft. Die Bewertung der Gleichwertigkeit beschränkt sich auf eine Bewertung der vom Bieter beigebrachten Nachweise. Weiterführende Leistungen mit gutachterlichem Charakter, die eigene Untersuchungen des Fachplaners zur Bewertung erfordern, wären demgegenüber eine Besondere Leistung.

Eine denkbare **Besondere Leistung** wäre die im gleichen Umfang notwendige Mitwirkung bei der **Prüfung von Nebenangeboten**.

Für die **Leistungsphasen 8 und 9**, die die **Objektüberwachung und Dokumentation** sowie   31
Objektbetreuung betreffen, sind anders als in der HOAI 2009 keine Grundleistungen mehr genannt. Der Verordnungsgeber ist hierbei den Empfehlungen des Konsensberichts gefolgt und hat diese Leistungen als Besondere Leistungen deklariert, da sich Art, Umfang und Häufigkeit der Überwachungsleistungen im Vorhinein nicht genau bestimmen lassen und von einer Vielzahl von Einflussfaktoren abhängen.

Wie in den vorherigen Leistungsphasen stellt das Mitwirken bei Zertifizierungsprozessen im Rahmen der Leistungsphasen 8 und 9 eine weitere Besondere Leistung dar.

Bei den vorangehend erläuterten Teilleistungen handelt es sich aus technischer Sicht um sie-   32
ben aufeinander aufbauende Phasen einer zur Erreichung eines gesetzten Ziels notwendigen Leistung. Die **Beauftragung einzelner Phasen** hat daher zwangsläufig einen im Sinne der Planerverantwortung eingeschränkten Erfolg zur Konsequenz. Sollte - exemplarisch betrachtet -ledigli ch die Leistungsphase 4 (Mitwirken bei der Genehmigungsplanung) beauftragt werden, hätte der Fachplaner für Bauakustik keinen Einfluss auf die Festlegung des Planungsziels, da die Festlegung der zum Erfolg der Baumaßnahme wesentlichen Schallschutzqualität im Rahmen der Leistungsphase 1 (Erarbeiten des Planungskonzepts, Festlegen der Schallschutzanforderungen) sowie Leistungsphase 2 (Mitwirkung bei der Vorplanung) erfolgt. Infolge Nichtbeauftragung dieser Leistungsphasen ist dem Fachplaner für Bauakustik zum Selbstschutz gegen spätere, von ihm nicht zu verantwortende Schallschutzmängel anzuraten, dem Auftraggeber entsprechende Hinweise zu geben; er trägt jedoch keine Verantwortung mehr für die vom Auftraggeber gewünschte Schallschutzqualität. Er könnte auf Basis der Entwurfsplanungen der fachlich Beteiligten, für die auch eine Kostenberechnung vorliegen dürfte, nur noch das dann Machbare umsetzen.

Grundsätzlich muss noch angemerkt werden, dass auch die **Teilnahme an Planungs-, Bauoder Koordinierungsgesprächen** für den Fachplaner der bauakustischen Gebäudeplanung eine Besondere Leistung ist, sofern derartige Besprechungen nicht unmittelbar seine Leistungen betreffen.

IV. Raumakustik

Die in Abschnitt 1.2.2 allgemein gehaltenen Beschreibungen der Grundleistungen und Besonderen Leistungen lassen sich für die raumakustische Planung wie folgt leistungsphasenbezogen präzisieren:

33 **Leistungsphase 1 – Grundlagenermittlung:**

Grundleistung ist die grundsätzliche Klärung der Aufgabenstellung sowie das Festlegen der Grundlagen, Vorgaben und Ziele für die raumakustische Planung der raumakustisch besonders zu untersuchenden Einzelräume. Die Ergebnisse dieser Leistungsphase sind die Grundlage für die Leistungsphasen 2 und 3.

Besondere Leistungen sind raumakustische **Bestandsaufnahmen** und die **raumakustische Mangelanalyse** als Schadensanalyse. Gleiches gilt auch für das Mitwirken bei der Ausarbeitung von Auslobungen und bei Vorprüfungen für Wettbewerbe sowie das Mitwirken bei Zertifizierungsverfahren.

34 **Leistungsphase 2 – Mitwirkung bei der Vorplanung:**

Die Grundleistungen fußen auf den Ergebnissen der Leistungsphase 1. Auf Grundlage einer Auswertung und Analyse der Nutzungsanforderungen, der Objektplanung und der Planung der technischen Ausrüstung erfolgt in dieser Phase die Erarbeitung eines **raumakustischen Planungskonzepts für** die **ausgewählten Räume** des Gebäudes. Es dient der Beratung des Bauherrn und somit als dessen Entscheidungsgrundlage zur Festlegung der raumakustischen Ziele und Qualitäten.

35 **Leistungsphase 3 – Mitwirkung bei der Entwurfsplanung:**

Grundleistung ist die Auswertung der Erkenntnisse aus der Leistungsphase 2 und deren Umsetzung in den raumakustischen Entwurf jedes ausgewählten Raumes. Dies bedeutet die dezidierte Festlegung von Materialien, Qualitäten und Beschaffenheitsanforderungen des Innenausbaus und der technischen Ausrüstung, soweit es die raumakustische Qualität betrifft, sowie die hierzu erforderlichen rechnerischen Nachweise.

Besondere Leistungen sind ggf. erforderliche rechnerische **Simulationen zur Prognose des raumakustischen Verhaltens** von Bauteilen und Räumen, Modellbetrachtungen und Baustoff- oder Bauteilprüfungen.

36 **Leistungsphase 4 – Mitwirkung bei der Genehmigungsplanung:**

Grundleistungen sind neben den im Einzelfall nötigen raumakustischen Nachweisen die Abstimmung und Anpassung des raumakustischen Entwurfs auf die Genehmigungsplanung der fachlich Beteiligten. Die Leistungen gelten unabhängig davon als erbracht, ob eine Genehmigungsplanung der fachlich Beteiligten baurechtlich erforderlich ist oder nicht. Dies ergibt sich allein aus der notwendigen Abstimmung der raumakustischen Planung auf die genehmigungsfähigen Planungen der fachlich Beteiligten.

Das Mitwirken beim Einholen von Zustimmungen im Einzelfall im Hinblick auf die ggf. notwendige Genehmigung raumakustisch erforderlicher Maßnahmen im Rahmen des Baugenehmigungsverfahrens ist eine sehr seltene **Besondere Leistung**. Gleiches gilt auch im Hinblick auf die ggf. notwendigen Simulationen, Modellbetrachtungen oder das Mitwirken im Rahmen von Zertifizierungsverfahren.

Leistungsphase 5 – Mitwirkung bei der Ausführungsplanung: 37

Die **Grundleistung** umfasst die **Beratung** des Objektplaners und der anderen fachlich Beteiligten **bei der Umsetzung der raumakustischen Genehmigungsplanung** in die Ausführungsplanung. Die Mitwirkung erfolgt stets nur auf Abruf durch den Objektplaner. Hierbei kann es erforderlich werden, unter Berücksichtigung der Ausführungsplanung des Objektplaners und unter Berücksichtigung der Festlegungen der Genehmigungsplanung Angaben zu detaillieren oder zu ergänzen.

Besondere Leistungen können dann erforderlich sein, wenn sich bei der Ausführungsplanung der Objektplanung ergeben würde, dass sich die raumakustischen Vorgaben der Genehmigungsplanung nicht umsetzen ließen und ergänzende rechnerische raumakustische Berechnungen und Planungen notwendig würden, um das gewünschte raumakustische Ziel dennoch zu erreichen.

Weitere Besondere Leistungen können beim Mitwirken bei der Aufstellen von Bauteilkatalogen, bei der vollständigen Prüfung der Ausführungsplanung des Objektplaners und beim Prüfen und Anerkennen der Montage- und Werkstattplanung der ausführenden Unternehmen auf Übereinstimmung mit der Ausführungsplanung erforderlich sein.

Leistungsphase 6 – Mitwirkung bei der Vorbereitung der Vergabe: 38

Als Grundleistung liefert der Fachplaner für die Raumakustik **Beiträge zu den Ausschreibungsunterlagen**, die auf den Ergebnissen der Genehmigungsplanung und der Mitwirkung bei der Ausführungsplanung fußen. Da die Leistungen des Fachplaners für die Raumakustik dadurch geprägt sind, dass schon im Rahmen der Entwurfsplanung, der Genehmigungsplanung und der Mitwirkung bei der Ausführungsplanung dezidierte Angaben zu den raumakustisch relevanten Bauteilen und Bauelementen erfolgen, umfasst die Mitwirkung bei der Vorbereitung der Vergabe grundsätzlich nur noch die Klärung der sich für den Ausschreibenden ergebenden Fragestellungen sowie ggf. die Prüfung einzelner raumakustisch relevanter Positionen von Leistungstexten im Hinblick auf deren Übereinstimmung mit den bei der raumakustischen Planung erarbeiteten konstruktions-, baustoff- und bauelementspezifischen Anforderungen.

Leistungsphase 7 – Mitwirkung bei der Vergabe: 39

Grundleistung ist die **raumakustische Beurteilung der Angebote** auf die Gleichwertigkeit mit der ausgeschriebenen Leistung, sofern die für die Vergabe verantwortliche Stelle die Leistung für erforderlich hält und abruft. Die Leistung beschränkt sich hierbei auf eine Bewertung der vom Bieter beigebrachten Nachweise. Weiterführende Leistungen mit gutachterlichem Charakter, die eine eigene Untersuchung des Fachplaners zur Bewertung erfordern würden, wären aber Besondere Leistungen.

Das Prüfen von Nebenangeboten stellt eine **Besondere Leistung** dar, deren Aufwand im hohen Maße von der Art des Nebenangebots abhängt.

Für die **Leistungsphasen 8 und 9 – Objektüberwachung und Dokumentation sowie Objektbetreuung** nennt das Leistungsbild keine Grundleistungen. Auch wenn während und spätestens nach Fertigstellung der Baumaßnahmen raumakustische Messungen zur Qualitätsüberprüfung anzuraten sind, hat der Verordnungsgeber von einer Empfehlung zur Honorierung abgesehen, da der Umfang dieser Leistungen in Abhängigkeit von der Planungsaufgabe sehr unterschiedlich sein kann. 40

Die **raumakustische Planung** beschränkt sich grundsätzlich nicht auf Innenräume, sondern kann **auch bei Freiräumen** erforderlich werden, soweit Anforderungen an die Hörsamkeit gestellt werden. Ein Hinweis hierauf ist – anders als in der HOAI 2009 - in der aktuellen Verordnung nicht mehr enthalten. In der Regel handelt es sich bei derartigen Fällen um Freilichtbühnen sowie Musikpavillons mit und ohne definiertem Zuhörerbereich. 41

Die raumakustische Planung beeinflusst in diesem Fall die Freianlagenplanung durch Aussagen über Geländemodellierung sowie die Ausführung baulicher Anlagen, die die Schallversorgung des Zuhörerbereichs z. B. durch ihre schallreflektierende Wirkung beeinflussen. Die raumakustische Planung bei Freiräumen stellt eine Besondere Leistung dar.

42 Anzumerken ist noch, dass ein Verweis entsprechend § 8 HOAI 2009 bei **Beauftragung von Teilen der Gesamtleistungen** entfallen ist. Hiermit trägt der Verordnungsgeber dem Sachverhalt Rechnung, dass die in Abschnitt 1.2.2 beschriebenen Leistungen ein vollständiges Werk des Fachplaners umfassen. Bei Beauftragung einzelner Leistungsphasen könnten sich nachhaltige Probleme hinsichtlich der Planerverantwortung ergeben. Exemplarisch seien hierzu zwei unterschiedliche Fälle betrachtet.

Denkbar ist, dass ein Fachplaner für Raumakustik lediglich mit den Leistungsphasen 1 und 2 beauftragt wird. Diese Teilleistungen sind wichtig für die Festlegung der raumakustischen Anforderungen und der grundsätzlichen Definition der zur Einhaltung der raumakustischen Anforderungen notwendigen Maßnahmen. Die Praxis zeigt, dass bei Verzicht des Bauherrn auf die Übertragung der weiteren Leistungen bei der raumakustischen Planung bei der Ausführungsplanung des Objektplaners häufig Fehler gemacht werden. Dies ist darauf zurückzuführen, dass Objektplaner im Regelfall keine ausreichenden Kenntnisse hinsichtlich der frequenzgangabhängigen raumakustischen Verhaltensweisen der einzelnen Baustoffe haben und sich aus Gebäudeplaner-Sicht unwesentliche Abweichungen vom raumakustischen Entwurf raumakustisch dramatisch auswirken können.

Ebenso kann die alleinige Beauftragung der Leistungsphasen 3 oder 3 bis 5 dazu führen, dass keine der Nutzung entsprechende optimale raumakustische Qualität erreicht wird, da in den Leistungsphasen 1 und 2 nicht die Voraussetzungen geschaffen wurden, die zum Erreichen eines optimalen Planungsziels erforderlich gewesen wären.

Grundsätzlich muss noch angemerkt werden, dass auch die **Teilnahme an Planungs-, Bau- oder Koordinierungsgesprächen** für den Fachplaner der raumakustischen Gebäudeplanung eine Besondere Leistung darstellt, sofern derartige Besprechungen seine Leistungen nicht unmittelbar betreffen.

Anlage 1 zu § 3 Absatz 1 Beratungsleistungen

1.2 Leistungen für Thermische Bauphysik

1.2.3 Honorare für Grundleistungen für Wärmeschutz und Energiebilanzierung

(1) Das Honorar für die Grundleistungen nach Nummer 1.2.2 Absatz 2 kann sich nach den anrechenbaren Kosten des Gebäudes nach § 33 nach der Honorarzone nach § 35, der das Gebäude zuzuordnen ist und nach der Honorartafel in Absatz 2 richten.

(2) Die Mindest- und Höchstsätze der Honorare für die in Nummer 1.2.2 Absatz 2 aufgeführten Grundleistungen für Wärmeschutz und Energiebilanzierung können anhand der folgenden Honorartafel bestimmt werden:

Anrechen-bare Kosten in Euro	Honorarzone I sehr geringe Anforderungen von Euro	bis	Honorarzone II geringe Anforderungen von Euro	bis	Honorarzone III durchschnittliche Anforderungen von Euro	bis	Honorarzone IV hohe Anforderungen von Euro	bis	Honorarzone V sehr hohe Anforderungen von Euro	bis
250.000	1.757	2.023	2.023	2.395	2.395	2.928	2.928	3.300	3.300	3.566
275.000	1.789	2.061	2.061	2.440	2.440	2.982	2.982	3.362	3.362	3.633
300.000	1.821	2.097	2.097	2.484	2.484	3.036	3.036	3.422	3.422	3.698
350.000	1.883	2.168	2.168	2.567	2.567	3.138	3.138	3.537	3.537	3.822
400.000	1.941	2.235	2.235	2.647	2.647	3.235	3.235	3.646	3.646	3.941
500.000	2.049	2.359	2.359	2.793	2.793	3.414	3.414	3.849	3.849	4.159
600.000	2.146	2.471	2.471	2.926	2.926	3.576	3.576	4.031	4.031	4.356
750.000	2.273	2.617	2.617	3.099	3.099	3.788	3.788	4.270	4.270	4.614
1.000.000	2.440	2.809	2.809	3.327	3.327	4.066	4.066	4.583	4.583	4.953
1.250.000	2.748	3.164	3.164	3.747	3.747	4.579	4.579	5.162	5.162	5.579
1.500.000	3.050	3.512	3.512	4.159	4.159	5.083	5.083	5.730	5.730	6.192
2.000.000	3.639	4.190	4.190	4.962	4.962	6.065	6.065	6.837	6.837	7.388
2.500.000	4.213	4.851	4.851	5.745	5.745	7.022	7.022	7.916	7.916	8.554
3.500.000	5.329	6.136	6.136	7.266	7.266	8.881	8.881	10.012	10.012	10.819
5.000.000	6.944	7.996	7.996	9.469	9.469	11.573	11.573	13.046	13.046	14.098
7.500.000	9.532	10.977	10.977	12.999	12.999	15.887	15.887	17.909	17.909	19.354
10.000.000	12.033	13.856	13.856	16.408	16.408	20.055	20.055	22.607	22.607	24.430
15.000.000	16.856	19.410	19.410	22.986	22.986	28.094	28.094	31.670	31.670	34.224
20.000.000	21.516	24.776	24.776	29.339	29.339	35.859	35.859	40.423	40.423	43.683
25.000.000	26.056	30.004	30.004	35.531	35.531	43.427	43.427	48.954	48.954	52.902

(3) Für Umbauten und Modernisierungen kann bei einem durchschnittlichen Schwierigkeitsgrad ein Zuschlag bis 33 Prozent auf das Honorar schriftlich vereinbart werden.

Inhaltsübersicht

I. Einführung

1 **Leistungen und Honorare für Bauphysik** nach HOAI-Anlage 1 besitzen lediglich **orientierenden und empfehlenden Charakter**. Somit sind grundsätzlich sowohl Unterschreitungen als auch Überschreitungen der Mindest- und Höchstsätze möglich, welche die Honorartafeln in Abs. 2 enthält. Gleichwohl sollten Auftraggeber und Auftragnehmer beachten, welche Aspekte mit der HOAI verbunden sind.

Mit der HOAI 1977 wurde für Planungsleistungen eine Festpreisverordnung eingeführt. Mit der 2. HOAI-Novelle erfolgte eine Korrektur der Ermächtigungsgrundlage durch den Gesetzgeber. Er legte mit dieser Novelle unter klarer Maßgabe der Qualitätssicherung von Architekten- und Ingenieurleistungen fest, dass die in der Honorarordnung verordneten Mindestsätze nur in Ausnahmefällen durch schriftliche Vereinbarungen unterschritten werden dürfen. Der diesbezügliche einmütige Beschluss des Deutschen Bundestages erfolgte als Reaktion auf ein Urteil des Bundesverfassungsgerichts vom 20.10.1981[23]. Die HOAI war und ist nun eine Preisverordnung mit engen Preisgrenzen, deren Mindestsätze als eine Untergrenze im Hinblick auf die Qualitätssicherung von Architekten- und Ingenieurleistungen verstanden werden muss. Hieraus lässt sich ableiten, dass ein **Unterschreiten der Mindestsätze** als Honorar für den ungeminderten Leistungsumfang qualitätsmindernde Wirkung hat. In einem solchen Fall nehmen Auftraggeber die geminderte Qualität der Ingenieurleistung billigend in Kauf. Dies führt zwar nicht in jedem Fall zu planerischen Mängeln oder/und baulichen Schäden, kann sich aber grundsätzlich auf den technischen Wert des Bauwerks auswirken. Auch wenn die Leistungen und Honorare in Abschnitt 1.2 der HOAI-Anlage 1 zum unverbindlichen Teil der HOAI zählen, muss eine Unterschreitung der Mindestsätze unter vorangehend erläuterten Aspekten beurteilt werden.

Anders ist es hingegen mit einer **Überschreitung der Höchstsätze**. Dies ist mit grundsätzlichen Mängeln des im Auftrag des BMWi von der Gutachtergruppe erarbeiteten Gutachtens[24] zu erklären. Es ist insbesondere für das Leistungsbild Wärmeschutz und Energiebilanzierung als ungeeignet zu beurteilen, was die Auskömmlichkeit und die betriebswirtschaftlich erforderliche Höhe der Honorare betrifft (Rdn. 2).

Daher ist es nicht verständlich, dass der Verordnungsgeber für das Leistungsbild Wärmeschutz und Energiebilanzierung überhaupt eine empfehlende Honorartafel herausgab, die zum einen eine falsche Basis hat, zum anderen in ihrer Herleitung schwer nachvollziehbar und in Fachkreisen äußerst umstritten ist. Um dies zu verstehen, muss man sich mit der Entwicklung der HOAI auseinandersetzen.

2 Die **Geschichte der Vergütung der Leistungen entsprechend der Wärmeschutzverordnung** und auch entsprechend der EnEV ist lang und verworren. Mit der Einführung der Wärmeschutzverordnung wurde in die seinerzeitige HOAI 1985[25] der Teil X – Thermische Bauphysik mit seinen Paragraphen 77, 78 und 79 aufgenommen. Er beschrieb Leistungen für thermische Bauphysik, wobei lediglich die Honorare für Leistungen für den Wärmeschutz entsprechend der seinerzei-

---

[23] Beschluss des Bundesverfassungsgerichts vom 20.10.1981

[24] Aktualisierungsbedarf zur Honorarstruktur der Honorarordnung für Architekten und Ingenieure (HOAI), Studie im Auftrag des Bundesministeriums für Wirtschaft und Technologie, 2012

[25] Verordnung über die Honorare für Leistungen der Architekten und Ingenieure (Honorarordnung für Architekten und Ingenieure) vom 17. September 1976 (BGB. I S. 2805) in der Fassung der Ersten Verordnung zur Änderung der Honorarordnung der Architekten und Ingenieure vom 17. Juli 1984 (BGBl. I S 948)

tigen Wärmeschutzverordnung nach § 77 Abs. 2 Nr. 1 in § 78 geregelt waren. Für alle übrigen Leistungen konnte ein Honorar unter Berücksichtigung von HOAI § 79 frei vereinbart werden.

Schon die 1. Novelle der Wärmeschutzverordnung hätte grundsätzlich zu einem veränderten Honorar führen müssen. Nach Einführung der 2. Novelle der Wärmeschutzverordnung[26] entsprach das Leistungsbild des § 77 Abs. 2 Nr. 1 nur noch einem Teil der verordneten Nachweise des Wärmeschutzes. HOAI § 78 regelte hierbei nur noch das Honorar für diese Teilleistung der mit der 2. Novelle der Wärmeschutzverordnung verordneten Nachweise. Für alle weiteren Teilleistungen, die entsprechend der 2. Novelle der Wärmeschutzverordnung zu erbringen waren, war nach § 79 die freie Honorarvereinbarung verordnet. Dies stellten auch die Herausgeber der Bundesanzeigerausgabe der HOAI 1996 in einer entsprechenden Anmerkung zur zugehörigen Amtl. Begr. wie folgt fest[27]:

»Nach Inkrafttreten der 2. Novelle der WärmeschutzVO werden für die Berechnung des Wärmeschutzes weitere Leistungen erforderlich, die in § 77 Abs. 2 Nr. 2 und 4 erwähnt sind. Diese Leistungen werden nicht mit dem Honorar nach § 78 Abs. 3 abgegolten; nach § 79 ist das Honorar für diese Leistungen frei zu vereinbaren.«

Weil schon die Honorare für die Leistungen nach der 2. Novelle der Wärmeschutzverordnung nicht über die in § 78 beschriebenen Vergütungstatbestände abgebildet waren, verwundert es nicht, dass die Leistungen entsprechend der Energieeinsparverordnung mit einen gänzlich anderen Leistungsumfang auch nicht den in § 78 beschriebenen Vergütungstatbeständen entsprechen.

Vor diesem Hintergrund gab mit Erlass der ersten Energieeinsparverordnung zuerst die Baukammer Berlin zwei Merkblätter[28] zu Umfang und Honorierung der Leistungen entsprechend der Energieeinsparverordnung heraus, dem später das AHO-Heft 23[29] folgte. Beide Veröffentlichungen sollten den am Bau Beteiligten als Orientierung dienen. Das AHO-Heft 23 unterscheidet bei den Leistungsbildern und vorgeschlagenen Honorartafeln zwischen Wohn- und Nichtwohngebäuden. Über die Jahre haben sich die dortigen Empfehlungen bewährt und dienten sowohl der öffentlichen Hand als auch den Ingenieuren anstelle der HOAI als Grundlage für entsprechende Honorarvereinbarungen.

Aufgrund der hohen Akzeptanz des AHO-Heftes 23 war es für die im Bereich der thermischen Bauphysik Tätigen deswegen nicht von Bedeutung, dass mit der Novelle der HOAI 2009 die Leistungen für thermische Bauphysik vollständig in den unverbindlichen Teil der HOAI rückten. Vielmehr bestand nun die Möglichkeit, die Empfehlungen von Leistungen und Honoraren den zu erwartenden Fortschreibungen der Energieeinsparverordnung und mitgeltenden Normen und Regelwerken jeweils anzupassen.

Die erst für 2012, dann für 2013 vorgesehene erneute Novelle der HOAI ließ erwarten, dass die Leistungen entsprechend der Energieeinsparverordnung auf Basis von AHO-Heft 23 im verbindlichen Teil der HOAI einen neuen, angemessenen Platz finden würden. Während in der Facharbeitsgruppe beim BMVBS[30] relativ schnell Einigkeit zwischen allen Beteiligten, d. h. der öffentlichen Hand, interessierten Verbänden und den Ingenieuren hinsichtlich der Leistungsinhalte erzielt werden konnte und auch Einvernehmen über die Neustruktur der Leistungen für Bauphysik erreicht wurde, führten die Aussagen der vom BMWi beauftragten Honorargutachter zu blankem Entsetzen. Wer das Gutachten heute genauer studiert, könnte meinen, die Gutachter hätten bei der Aufstellung ihrer Honorartafel für die Leistungen für Wärmeschutz und Energiebilanzierung grob fahrlässig und wider aller gutachterlichen Grundsätze gearbeitet. Dies soll kurz erläutert werden.

Der Verband der freien Berufe führt jedes Jahr auf Veranlassung des AHO einen sog. Bürokostenvergleich durch. Hierbei werden auch Projektdaten abgefragt, um zu überprüfen, inwieweit die Honorartafeln der HOAI noch den aktuellen betriebswirtschaftlichen Bedürfnissen der Ingenieure gerecht werden. So wurden auch speziell für den Bereich der thermischen Bauphysik Erhebungen vorgenommen. Daten liegen hierzu vor. Die Gutachter des BMWi haben sich jedoch

---

[26] Wärmeschutzverordnung (WSVO), Fassung 1994
[27] Bundesanzeigerausgabe der HOAI 1996, S. 138
[28] Baukammer Berlin, Körperschaft öffentlichen Rechts: Honorierung der Leistungen nach der EnEV, Merkblatt 2/2004 sowie 3/2004, 2004
[29] Leistungen nach der EnEV 2007, AHO-Schriftenreihe Heft 23, 2009
[30] Evaluierung HOAI Aktualisierung der Leistungsbilder – Abschlussbericht im Auftrag des BMVBS, 2011

nicht dieser Daten bedient und diese auch nicht näher bewertet. Sie begründeten dies mit der ihrer Meinung nach zu kleinen Stichprobe der Daten. Es ließe sich nun annehmen, dass man dann auf Daten zurückgreift, die auf einer höheren Stichprobe basieren; diese gibt es nur leider nicht. Man zog sich somit zunächst auf allgemeine Daten des statistischen Bundesamts zurück, die jedoch nicht die spezifische Situation der Ingenieurbüros für Bauphysik widerspiegeln, und man fing an, für den Bereich des Wärmeschutzes und der Energiebilanzen eigene Aufwandschätzungen vorzunehmen. Bauphysiker arbeiteten aber weder an dem Gutachten noch an der Aufwandsschätzung mit. Das Ergebnis:

1. Eine einzige Honorartafel für Wohngebäude und Nichtwohngebäude.
2. Keine Differenzierung nach Art der Wohngebäude mit teils angemessenen, teils viel zu geringen Honoraren.
3. Die Tafelwerte für Nichtwohngebäude sind bis zu 40 % niedriger als die Tafelwerte, wie sie im o. g. AHO-Heft 23 als notwendig ausgewiesen sind.

Die Gutachter setzten sich mit diesem Sachverhalt nicht auseinander. Auf die Unterschiede angesprochen, teilte ein Mitglied des Gutachtergremiums Folgendes mit: *»Die Überprüfung der Auskömmlichkeit der Honorare der HOAI 1996 war nicht Untersuchungsgegenstand.«* Ein Leistungsbild und Honorare existierten aber 1996 gar nicht! Daher stellt sich die Frage, ob der Auftrag des BMWI (*Aktualisierungsbedarf zur Honorarstruktur der Honorarordnung für Architekten und Ingenieure (HOAI)* nicht per se auch die Aufgabe an die Gutachter einschloss, ein neues Leistungsbild Wärmeschutz und Energiebilanzierung und eine zugehörige auskömmliche Honorartafel zu entwickeln.

Mit dem Begriff Aktualisierungsbedarf ist zwingend auch die Prüfung der Auskömmlichkeit der Honorare verbunden. Dies gilt insbesondere für neue, bisher nicht in der HOAI enthaltene Leistungsbilder. Die groben Abweichungen zwischen den Tafelwerten für Nichtwohngebäude des AHO-Hefts 23 und der Honorarempfehlung im unverbindlichen Teil der HOAI lassen vielmehr vermuten:

1. Die Gutachter kannten die Unterschiede zwischen den Leistungen für Wohngebäude und Nichtwohngebäude nicht.
2. Mangels fachlicher Kenntnisse haben sie sich weder mit der Amtl. Begr. der HOAI 1996 noch mit der daraus resultierenden Praxis in Form von Honorarzuschlägen von mindestens 40 % auseinandergesetzt.

Daher ist es gut, dass das Ergebnis dieser mangelhaften Gutachterleistung letztlich nicht ihren Weg in den verbindlichen Teil der HOAI gefunden hat.

II. Anwendungsempfehlungen

3 Die **Leistungen für Wärmeschutz und Energiebilanzierung** nach Abschnitt 1.2.2 können fallbezogen vereinbart werden; die Honorartafel in Abschnitt 1.2.3 Abs. 2 besitzt lediglich orientierenden Charakter. Allerdings bietet die in HOAI-Anlage 1 Abschnitt 1.2.1 Rdn. 4 zitierte Amtl. Begr. zur HOAI 2013 einen wichtigen Hinweis im Hinblick auf die Grundlage der in HOAI-Anlage 1 beschriebenen Leistungen für Wärmeschutz und Energiebilanzierung sowie deren Vergütungsempfehlung. Nach den dortigen Ausführungen ist entweder die EnEV 2007 oder die EnEV 2009 Veranlassung für die (Zitat) „deutlich erhöhte Detaillierung der Leistungen bei der Beratung und den Berechnungsmodellen sowie den erheblich erhöhten Abstimmungsaufwand", was alle Leistungsphasen des Leistungsbildes Wärmeschutz und Energiebilanzierung beträfe.

Der Verordnungsgeber erklärt also, dass die im unverbindlichen Teil enthaltenen **Empfehlungen** zu den Leistungen für Wärmeschutz und Energiebilanzierung und deren Honorierung **nicht für die Leistungen nach EnEV 2014 gelten** können. Hierauf weist auch die Baukammer Berlin mit einem entsprechenden Merkblatt 9[31] hin. Vergleichbare Ausführungen seitens des AHO

---

[31] Baukammer Berlin, Körperschaft öffentlichen Rechts: Merkblatt 9, 2014

liegen noch nicht vor. In jedem Fall lässt sich feststellen, dass deutlich höhere Honorare als die in der HOAI-Anlage 1 Abschnitt 1.2.3 angemessen sind. Es ist Sache der Vertragsparteien, die Honorare entweder nach den Empfehlungen der HOAI 2013 oder nach AHO-Heft 23 zu vereinbaren. Die Anwendung des letzteren liegt auch deswegen näher, weil es einen differenzierteren Nachweis des angemessenen Honorars ermöglicht. Dies betrifft vornehmlich die Nichtwohngebäude, in geringerem Umfang die Wohngebäude.

III. Anrechenbare Kosten und Honorarzonen

Die Ausführungen des Abs. 1 hinsichtlich der Objekte, deren anrechenbaren **Kosten und der Honorarzonen** sind relativ kurz und knapp gehalten, indem hier auf die § 33 HOAI und § 35 HOAI verwiesen wird. Danach „kann" sich das Honorar nach den anrechenbaren Kosten des Gebäudes richten. Diese wären gemäß § 33 Abs. 1 und 2 zu ermitteln. Es handelt sich also um die Kosten der Baukonstruktionen der Kostengruppe 300 und um Teile der Kosten der Technischen Anlagen der Kostengruppe 400 nach DIN 276. Das Wort „kann" lässt offen, ob diese Kosten insgesamt oder nur teilweise, u. U. aber auch um andere Kosten ergänzt werden können. Damit ist die Konzeption des Verordnungsgebers konsequent umgesetzt, wonach die HOAI-Anlage 1.2 und somit auch der hier diskutierte Abschnitt 1.2.3 nur Leistungs- und Honorarempfehlungen enthält. **4**

Die zur Honorarberechnung maßgebenden Objekte entsprechen in vollem Umfang den Objekten in der HOAI-Anlage 10.2 für Gebäude. Insofern gelten für die Honorarberechnung für Leistungen für den Wärmeschutz und die Energiebilanzierung grundsätzlich die gleichen anrechenbaren Kosten und die gleiche Zuordnung der Objekte zu den Honorarzonen wie bei Objektplanung von Gebäuden und Freianlagen.

IV. Baumaßnahmen im Bestand

Hinsichtlich **Baumaßnahmen im Bestand** enthält die HOAI-Anlage 1 in den Abschnitten 1.2.3, 1.2.4 und 1.2.5 jeweils den folgenden gleichlautenden Satz: **5**

> *»Für Umbauten und Modernisierungen kann bei einem durchschnittlichen Schwierigkeitsgrad ein Zuschlag bis 33 % auf das Honorar schriftlich vereinbart werden.«*

Dieser Zuschlag berücksichtigt lediglich den Mehraufwand, der durch die Auseinandersetzung mit dem jeweiligen Baubestand in planerischer Hinsicht gegeben ist. Dieser prozentuale Zuschlag berücksichtigt keine Leistungen, die zur Bestandsanalyse als Grundlage für die bauphysikalische Planung notwendig sind. Leistungen zur Bestandsanalyse stellen stets einen besonderen Vergütungstatbestand dar, der besonders zu vergüten ist.

Zusätzlich heißt es dazu in der Amtl. Begr.:

> *»Neu ist durch die Verweisung auf § 33 der HOAI, dass auch bei Leistungen des Wärmeschutzes und der Energiebilanzierung für Bestandsobjekte die mitzuverarbeitende Bausubstanz angemessen bei den anrechenbaren Kosten berücksichtigt werden kann.«*

Der Verordnungstext entspricht diesem nur nicht. Hinsichtlich der anrechenbaren Kosten wird zwar auf § 33 HOAI verwiesen, dieser enthält jedoch keine Anmerkungen hinsichtlich der mitzuverarbeitenden Bausubstanz. Möglicherweise handelt es sich um ein redaktionelles Versehen; sowohl die Verordnung als auch die Amtl. Begr. hätten stattdessen besser auf § 4 Abs. 3 verwiesen. Da sich die Leistungen für Wärmeschutz und Energiebilanzierung im unverbindlichen Teil der HOAI wiederfinden, ist dies ohne Belang; es obliegt den Parteien, eine Vereinbarung darüber zu treffen, in welchem Umfang die mitzuverarbeitende Bausubstanz bei der Ermittlung der anrechenbaren Baukosten zu berücksichtigen ist.

Anlage 1 zu § 3 Absatz 1 Beratungsleistungen

1.2 Leistungen für Thermische Bauphysik

1.2.4 Honorare für Grundleistungen der Bauakustik

(1) Die Kosten für Baukonstruktionen und Anlagen der Technischen Ausrüstung können zu den anrechenbaren Kosten gehören. Der Umfang der mitzuverarbeitenden Bausubstanz kann angemessen berücksichtigt werden.

(2) Die Vertragsparteien können vereinbaren, dass die Kosten für besondere Bauausführungen ganz oder teilweise zu den anrechenbaren Kosten gehören, wenn hierdurch dem Auftragnehmer ein erhöhter Arbeitsaufwand entsteht.

(3) Die Mindest- und Höchstsätze der Honorare für die in Nummer 1.2.2 Absatz 2 aufgeführten Grundleistungen der Bauakustik können anhand der folgenden Honorartafel bestimmt werden:

Flächen in Hektar	Honorarzone I geringe Anforderungen		Honorarzone II durchschnittliche Anforderungen		Honorarzone III hohe Anforderungen	
	von	bis	von	bis	von	bis
	Euro		Euro		Euro	
250.000	1.729	1.985	1.985	2.284	2.284	2.625
275.000	1.840	2.113	2.113	2.431	2.431	2.794
300.000	1.948	2.237	2.237	2.574	2.574	2.959
350.000	2.156	2.475	2.475	2.847	2.847	3.273
400.000	2.353	2.701	2.701	3.108	3.108	3.573
500.000	2.724	3.127	3.127	3.598	3.598	4.136
600.000	3.069	3.524	3.524	4.055	4.055	4.661
750.000	3.553	4.080	4.080	4.694	4.694	5.396
1.000.000	4.291	4.927	4.927	5.669	5.669	6.516
1.250.000	4.968	5.704	5.704	6.563	6.563	7.544
1.500.000	5.599	6.429	6.429	7.397	7.397	8.503
2.000.000	6.763	7.765	7.765	8.934	8.934	10.270
2.500.000	7.830	8.990	8.990	10.343	10.343	11.890
3.500.000	9.766	11.213	11.213	12.901	12.901	14.830
5.000.000	12.345	14.174	14.174	16.307	16.307	18.746
7.500.000	16.114	18.502	18.502	21.287	21.287	24.470
10.000.000	19.470	22.354	22.354	25.719	25.719	29.565
15.000.000	25.422	29.188	29.188	33.582	33.582	38.604
20.000.000	30.722	35.273	35.273	40.583	40.583	46.652
25.000.000	35.585	40.857	40.857	47.008	47.008	54.037

(4) Für Umbauten und Modernisierungen kann bei einem durchschnittlichen Schwierigkeitsgrad ein Zuschlag bis 33 Prozent auf das Honorar schriftlich vereinbart werden.

(5) Die Leistungen der Bauakustik können den Honorarzonen anhand folgender Bewertungsmerkmale zugeordnet werden:

1. Art der Nutzung,
2. Anforderungen des Immissionsschutzes,
3. Anforderungen des Emissionsschutzes,

4. Art der Hüllkonstruktion, Anzahl der Konstruktionstypen,
5. Art und Intensität der Außenlärmbelastung,
6. Art und Umfang der Technischen Ausrüstung.

(6) § 52 Absatz 3 kann sinngemäß angewendet werden.

(7) Objektliste für die Bauakustik

Die nachstehend aufgeführten Innenräume können in der Regel den Honorarzonen wie folgt zugeordnet werden:

Objektliste – Bauakustik	Honorarzone		
	I	II	III
Wohnhäuser, Heime, Schulen, Verwaltungsgebäude oder Banken mit jeweils durchschnittlicher Technischer Ausrüstung oder entsprechendem Ausbau	X		
Heime, Schulen, Verwaltungsgebäude mit jeweils überdurchschnittlicher Technischer Ausrüstung oder entsprechendem Ausbau		X	
Wohnhäuser mit versetzten Grundrissen		X	
Wohnhäuser mit Außenlärmbelastungen		X	
Hotels, soweit nicht in Honorarzone III erwähnt		X	
Universitäten oder Hochschulen		X	
Krankenhäuser, soweit nicht in Honorarzone III erwähnt		X	
Gebäude für Erholung, Kur oder Genesung		X	
Versammlungsstätten, soweit nicht in Honorarzone III erwähnt		X	
Werkstätten mit schutzbedürftigen Räumen		X	
Hotels mit umfangreichen gastronomischen Einrichtungen			X
Gebäude mit gewerblicher Nutzung oder Wohnnutzung			X
Krankenhäuser in bauakustisch besonders ungünstigen Lagen oder mit ungünstiger Anordnung der Versorgungseinrichtungen			X
Theater-, Konzert- oder Kongressgebäude			X
Tonstudios oder akustische Messräume			X

Inhaltsübersicht

I. Einführung

1 Entsprechend den Ausführungen zu Abschnitt 1.2.3 (Rdn. 1) besitzen auch die **Leistungen und Honorare für Bauakustik** nach HOAI-Anlage 1 Abschnitt 1.2.4 lediglich **orientierenden und empfehlenden Charakter.** Somit sind grundsätzlich sowohl Unterschreitungen als auch Überschreitungen der Mindest- und Höchstsätze möglich, welche die Honorartafeln in Abs. 3 enthält.

Die wesentliche Änderung im Vergleich mit der HOAI 2009 ergibt sich durch die **Neugestaltung der Leistungsphasen** und ihrer Bewertung sowie die Aufnahme der **Leistungen des Schallimmissionsschutzes innerhalb des Gebäudes** in die Vergütungstatbestände der Bauakustik. Hier hat der Verordnungsgeber der aktuellen Situation und auch dem aktuellen Aufwand Rechnung getragen.

Erwähnt werden muss in diesem Zusammenhang jedoch auch, dass das Leistungsbild in Abschnitt 1.2.2 der HOAI-Anlage 1 Vergütungstatbestände berücksichtigt, die auf dem Nachweisverfahren der derzeit gültigen **DIN 4109** sowie der mitgeltenden Regelwerke beruhen. Vor dem Hintergrund einer möglichen **Novellierung dieser Norm** unter Berücksichtigung der DIN EN 12 354 muss darauf hingewiesen werden, dass im Fall ggf. neuer Nachweisverfahren neue Vergütungstatbestände entstehen. So kann es erforderlich werden, dass bei Umsetzung der DIN EN 12 354 z. B. für eine Wohnungstrennwand nicht wie bisher ein Nachweis erfolgen muss, sondern vierzehn unterschiedliche rechnerische Nachweise zur Optimierung des Bauteils vorgenommen werden müssen. Die Auswirkungen einer solchen oder anderer Neuregelungen auf die derzeit genannten Vergütungstatbestände können natürlich nicht in der HOAI-Anlage 1 Abschnitt 1.2.4 berücksichtigt sein.

II. Anrechenbare Kosten

2 Hinsichtlich der **Definition der anrechenbaren Kosten** ist zu kritisieren, dass diese wenig präzise sind, wie z. B.

*Die Kosten für Baukonstruktionen und Anlagen der technischen Ausrüstung **können** zu den anrechenbaren Kosten gehören.*

Mit Kosten für Baukonstruktionen sind die Kosten der Kostengruppe 300, mit Kosten der Technischen Anlagen sind die Kosten der Kostengruppe 400 nach DIN 276 gemeint. Das Wort „können" lässt offen, ob diese Kosten insgesamt oder nur teilweise, u. U. aber auch um andere Kosten ergänzt werden können. Damit ist die Konzeption des Verordnungsgebers konsequent umgesetzt, wonach die HOAI-Anlage 1.2 und somit auch der hier diskutierte Abschnitt 1.2.4 wie Abschnitt 1.2.3 nur Leistungs- und Honorarempfehlungen enthält. Allerdings können hier – anders als bei der Definition der anrechenbaren Kosten für die Grundleistungen für Wärmeschutz und Energiebilanzierung (s. Abschnitt 1.2.3 Rdn. 4) – die Kosten der Technischen Anlagen in vollem Umfang angesetzt werden.

Anders als in HOAI 2009 soll die Honorarermittlung nun nicht mehr auf der Grundlage der Kosten für schalltechnische Maßnahmen durchgeführt werden. Dies ist auch erforderlich, weil die Kosten schalltechnischer Maßnahmen so unbestimmt sind, dass hierauf keine Honorarregelung aufgebaut werden kann. Vielmehr hängen die schalltechnischen Maßnahmen von der gesamten Baukonstruktion, den Installationen, zentralen betriebstechnischen Einrichtungen und betrieblichen Einbauten ab.

Abschnitt 1.2.4 Abs. 2 sieht vor, dass die Vertragsparteien vereinbaren können, dass die Kosten **3** für **besondere Bauausführungen** ganz oder teilweise zu den anrechenbaren Kosten gehören, wenn hierdurch dem Auftragnehmer ein erhöhter Arbeitsaufwand entsteht. Um welche Kosten für welche besonderen Bauausführungen es sich handeln kann, ist nicht ausgeführt. Die Rechtfertigung für die Berücksichtigung derartiger Kosten wird immer dann gegeben sein, wenn dem Auftragnehmer durch die besondere Bauausführung ein erhöhter Arbeitsaufwand entsteht. Hierbei wird zwischen dem Fall, dass die besondere Bauausführung vom Objektplaner festgelegt wird und dadurch zusätzliche bauakustische Probleme erzeugt werden, und dem Fall zu unterscheiden sein, dass die fachtechnischen Bauakustikziele eine besondere Bauausführung erforderlich machen. In beiden Fällen sind die Voraussetzungen für die Anrechenbarkeit und damit die Grundlage für die Zulässigkeit einer entsprechenden Vereinbarung gegeben.

III. Baumaßnahmen im Bestand

Hinsichtlich der **Baumaßnahmen im Bestand** wurden im Vergleich zur HOAI 2009 **wesent-** **4** **liche Änderungen** vorgenommen. Während in der HOAI 2009 noch ein **Zuschlag** von bis zu 80 % bei Umbauten und Modernisierungen möglich war, wird nach Abschnitt 1.2.4, Abs. 4 der HOAI-Anlage 1 bei einem durchschnittlichen Schwierigkeitsgrad ein Zuschlag von bis zu 33 % auf das Honorar empfohlen, der aber schriftlich vereinbart werden sollte. Mit der Veränderung für Umbauten und Modernisierung auf das Honorar geht jedoch auch Abschnitt 1.2.4 Absatz 1 S. 2 einher, wonach jetzt auch die mitzuverarbeitende Bausubstanz angemessen berücksichtigt werden kann. Dies ist erforderlich, da schalltechnische Verbesserungsmaßnahmen ohne Berücksichtigung des gesamten Gebäudes nicht planbar sind. Die Planung solcher Maßnahmen ist ohne Berücksichtigung der vorhandenen Substanz und der schalltechnischen Kennwerte für das vorhandene und zu verbessernde Bauteil nicht möglich. Somit ist es gerechtfertigt, dessen Wert als zusätzliche Kostenkomponente bei der Ermittlung der anrechenbaren Kosten zu berücksichtigen und nicht nur die Kosten für die schalltechnische Verbesserungsmaßnahme selbst.

In diesem Zusammenhang muss jedoch angemerkt werden, dass zur Ermittlung der vorhandenen **5** schalltechnischen Kennwerte erforderliche **bauakustische Messungen** Besondere Leistungen sind, die besonders zu vergüten sind. Auch eine **gutachtliche Bewertung vorhandener Bausubstanz** in schalltechnischer Hinsicht ist eine Besondere Leistung, deren Honorierung nicht durch den Umbauzuschlag und die Berücksichtigung der anrechenbaren Baukosten der mitzuverarbeitenden Bausubstanz erfolgen kann.

IV. Honorarzonen

Anders als für die Leistungen für den Wärmeschutz und die Energiebilanzierung nach HOAI- **6** Anlage 1 Abschnitt 1.2.3 (Rdn. 4) enthalten die Honorierungsempfehlungen des Abschnittes 1.2.4 eine eigene Bewertungsmethode zur Ermittlung der zutreffenden Honorarzone (Abs. 5) und eine eigene Objektliste (Abs. 7). Damit wird dem Umstand Rechnung getragen, dass der bauakustische Schwierigkeitsgrad im Regelfall vom Schwierigkeitsgrad der Objektplanung abweichen kann. Zudem wurden auch wie in den Vorgängerverordnungen nur drei Honorarzonen vorgesehen.
   Die Honorarzonen der in Abs. 7 enthaltenen Objektliste dürften unter Beachtung der Bewertungsmerkmale nach Abs. 5 bestimmt worden sein. Die Objekte sind gemäß § 5 Abs. 3 als Re-

gelbeispiele zu verstehen. Aus der Weiterentwicklung der bauakustischen Anforderungen wie auch aus der Rechtsprechung können Anforderungen an die bauakustische Planung resultieren, welche in vielen Fällen die Überprüfung der Regelzuordnung zu einer Honorarzone nahe legen. Daher gibt § 5 Abs. 3 den Hinweis, dass die Zuordnung der Objekte zu den Honorarzonen nach Maßgabe der genannten Bewertungsmerkmale überprüft werden sollten. Dies kann dann zu einer leistungsgerechten Korrektur der Honorarzone führen. Auf eine Punktbewertung ähnlich § 35 Abs. 4 und 6 wurde jedoch verzichtet. In Anlehnung an die Regelung für die Honorierung der Leistungen bei der technischen Ausrüstung nach § 56 Abs. 2 können die Bewertungsmerkmale qualitativ und sinngemäß nach § 71 Abs. 3 HOAI 1996 nach folgendem Schema bewertet werden (s. auch § 56 Rdn. 12). Auf diese Wertungsmethode weist auch Abs. 6 des hier diskutierten Abschnittes 1.2.4 hin:

1. Die Bewertungsmerkmale werden nach drei unterschiedliche Planungsanforderungen einer der drei Honorarzonen zugeordnet:
   - Objekte mit geringen bauakustischen Anforderungen: Honorarzone I,
   - Objekte mit durchschnittlichen bauakustischen Anforderungen: Honorarzone II,
   - Objekte mit hohen bauakustischen Anforderungen: Honorarzone III.

2. Wie mithilfe der Bewertungsmerkmale die zutreffende Honorarzone ermittelt werden kann, ist in der aktuellen Fassung der HOAI nicht festgelegt. Daher wird hilfsweise auf den Hinweis in § 71 Abs. 3 HOAI 1996 zurückgegriffen, der § 52 Abs. 3 entspricht, wonach wie folgt vorzugehen ist:

   »Sind für die Anlagen einer Anlagengruppe Bewertungsmerkmale aus mehreren Honorarzonen anwendbar und bestehen deswegen Zweifel, welcher Honorarzone die Anlagen zugerechnet werden kann, so ist für die Zuordnung die Mehrzahl der in den jeweiligen Honorarzonen nach Abs. 1 aufgeführten Bewertungsmerkmale und ihre Bedeutung im Einzelfall maßgebend.«

Die folgende Matrix soll die Zusammenhänge verdeutlichen. Im Beispiel sind die zutreffenden Planungsanforderungen markiert; die Summe der Treffer bestimmt die Honorarzone.

Bewertungsmerkmal	Planungsanforderungen		
	gering	durchschnittlich	hoch
Art der Nutzung des Gebäudes	X		
Anforderungen des Immissionsschutzes		X	
Anforderungen des Emissionsschutzes			X
Art der Hüllkonstruktion		X	
Art und Intensität der Außenlärmbelastung		X	
Art und Umfang der Technischen Ausrüstung	X		
Summe	2	3	1
Honorarzone	I	II	III

Die Mehrzahl der Punkte weist darauf hin, dass das Objekt des Beispiels in Honorarzone II einzuordnen wäre. Damit wird zeigt, dass die Zuordnung zu einer Honorarzone sehr individuell unter Berücksichtigung einer Vielzahl von Parametern zu erfolgen hat.

7   Hilfestellung zur **Bewertung** von Art und Umfang **der Technischen Ausrüstung** geben § 56 Abs. 2 und die HOAI-Anlage 15.2 (Objektliste der Technischen Ausrüstung). Die Anforderungen an die Leistungen der Fachplaner der Technischen Ausrüstung und damit die Zurechnung der unterschiedlichen Anlagen der Technischen Ausrüstung zu den dortigen Honorarzonen dürften auch die hieraus resultierenden Anforderungen an Leistungen bei der bauakustischen

Fachplanung bestimmen. Daher wird empfohlen, die Zuordnung der Ausrüstung zu den Honorarzonen bei der Technischen Ausrüstung nach § 56 Abs. 2 i. V. m. HOAI-Anlage 15.2 wie folgt als Maßstab zu wählen (s. folgende Tabelle):

Bewertungsempfehlung:

Art und Umfang der Technischen Ausrüstung	Anforderungen bauakustische Planung
Anlagen der Honorarzone I nach Anlage 15.2 HOAI	sehr gering
Anlagen der Honorarzone II nach Anlage 15.2 HOAI	durchschnittlich
Anlagen der Honorarzone III nach Anlage 15.2 HOAI	sehr hoch

V. Objekte und Honorarzonen

Ergänzend zu diesen allgemeinen Anmerkungen lassen sich nun die einzelnen Honorarzonen im Hinblick auf den Aufwand und Umfang der bauakustischen Planung wie folgt erläutern. Zuvor sei auf einen redaktionellen Fehler in der Verordnung hingewiesen: der **Honorarzone I** gehören selbstverständlich die Objekte mit geringen Anforderungen an die **Bauakustik**, nicht der „Bauphysik" an.

Bei **Objekten der Honorarzone I** handelt es sich um Objekte mit lediglich **einer Nutzungsart**, **8** mit **durchschnittlicher technischer Ausrüstung** und mit **entsprechendem Ausbau**. Das heißt, bei der bauakustischen Planung sind nicht unterschiedliche aus der Nutzung resultierende Anforderungen an unterschiedliche Bauteile zu berücksichtigen. Vielmehr sind lediglich übliche und einfache Anforderungen an den Trittschallschutz und Luftschallschutz zu beachten. Anforderungen aus überdurchschnittlicher technischer Ausrüstung, wie z. B. beim Vorhandensein von Aufzugsanlagen, Klimaanlagen etc., sind nicht Planungsgegenstand bzw. führen diese in die höhere Honorarzone. Das heißt, schon allein erhöhte Anforderungen an den Schallschutz zwischen Räumen im Hinblick auf die Sicherstellung einer erhöhten Vertraulichkeit können bei Verwaltungsgebäuden und Banken zur Einstufung in die Honorarzone II führen. Gleiches gilt auch für Wohnhäuser und Heime, sofern hier einerseits im Hinblick auf den Wohnkomfort und andererseits im Hinblick auf therapeutische Zwecke erhöhte Schallschutzanforderungen zu berücksichtigen sind.

Zu Objekten, die der **Honorarzone II** zuzuordnen sind, gehören zum einen die Objekte, die der **9** Honorarzone I zuzuordnen sind, wenn eine **überdurchschnittliche technische Ausrüstung** oder ein **entsprechender Ausbau** erfolgt. Hierzu zählen auch Wohnhäuser mit überdurchschnittlicher technischer Ausrüstung und entsprechendem Ausbau. Dies gilt sowohl für Wohnhäuser mit versetzten Grundrissen als auch für Wohnhäuser, bei denen mit einer hohen Außenlärmbelastung zu rechnen ist. Auch „modernere" Installationstechniken im Wohnungsbau (z. B. Sanitärinstallationen auf Deckenflächen) können einen erhöhten planerischen Aufwand zur Folge haben. Zur Honorarzone II zählen jedoch auch Wohnhäuser mit durchschnittlicher technischer Ausrüstung, sofern diese in Holzbauweise und nicht Massivbauweise geplant sind.

Zu den Objekten der **Honorarzone III** gehören Hotels mit umfangreichen gastronomischen **10** Einrichtungen, Gebäude mit gewerblicher Nutzung und Wohnnutzung sowie Krankenhäuser in bauakustisch besonders ungünstigen Lagen oder mit ungünstiger Anordnung der Versorgungseinrichtungen. Bauakustisch besonders ungünstige Lagen liegen vor, wenn mit einer **hohen Außenlärmbelastung** zu rechnen ist oder wegen der Anordnung der Nutzung eine **starke Durchmischung von lauten und leisen Räumen** zu berücksichtigen ist. Ferner gehören zur Honorarzone III Theater-, Konzert- und Kongressgebäude sowie Tonstudios und akustische Messräume. Letztere wird man im Regelfall, auch wenn hier die HOAI keine Differenzierung vornimmt, der Honorarzone III zuordnen müssen.

11 **Abgrenzungsschwierigkeiten** bestehen zwischen Honorarzone II und III bei Hotels, Krankenhäusern, Versammlungsstätten und Gebäuden mit gewerblicher Nutzung und Wohnnutzung. Der Honorarzone II sind nur die **Hotels** zuzuordnen, die neben Übernachtungsräumen keine besonders lauten Räume umfassen, von denen Störungen der Hotelgäste ausgehen können. **Gaststättennutzung** nach 22:00 Uhr, die nicht nur für Hotelgäste, sondern auch für die Öffentlichkeit gedacht ist, muss als umfangreiche gastronomische Einrichtung verstanden werden. Hilfreich für die Abgrenzung zwischen der Honorarzonen II und III sind die Anforderungen nach DIN 4109 Tabelle 5. Diese zeigt die Anforderungen an den Schallschutz zwischen Gaststätten und ruhigen Räumen, z. B. in Hotelzimmern, auf. Als weitere Anwendungshilfe kann die VDI-Richtlinie 3726[32] „Schallschutz bei Gaststätten und Kegelbahnen" dienen.

12 Weitere Abgrenzungsprobleme zwischen der Honorarzonen II und III können bei **Versammlungsstätten** auftreten. Versammlungsstätten wie Mehrzweckhallen, Stadthallen, Bürgerhäuser und Kirchen gehören dann zur Honorarzone II, wenn sie nur einen Versammlungsraum umfassen und sich die Bearbeitung des Schallschutzes daher vor allem auf die Geräuschminderung bei Anlagen der zentralen Betriebstechnik oder auch gegen Außenlärm beschränkt.

13 Objekte mit mehreren Versammlungsstätten, hierzu zählen nicht nur **Kongressgebäude**, sondern auch **Stadthallen** mit mehreren Sälen oder mit unterteilbaren Sälen, sind ebenso wie **Theater und Konzertgebäude** immer der Honorarzone III zuzuordnen. Versammlungsstätten, die für sich allein betrachtet zur Honorarzone II gehören, jedoch zusätzlich eine Hausmeisterwohnung o. ä. ruhebedürftige Räume beinhalten, sind demgegenüber der Honorarzone III zuzuordnen, da sie ein **Gebäude mit Mischnutzung**, d. h. sowohl gewerblicher, lauter Nutzung in der Versammlungsstätte als auch Wohnnutzung oder ruhebedürftiger Nutzung sind. Alle Objekte, die neben Wohnungen auch Gast- und Versammlungsstätten, Ladengeschäfte oder gewerbliche Betriebe beinhalten, sind der Honorarzone III zuzuordnen.

14 **Arztpraxen und Büros** sind aufgrund ihrer Ausstattung mit technischen Anlagen und aufgrund ihres Publikumsverkehrs in Bezug auf schalltechnische Anforderungen wie gewerbliche Betriebe zu betrachten, sodass die Einstufung des Objekts in die Honorarzone III infrage kommen kann.

---

[32] Schallschutz bei Gaststätten und Kegelbahnen, Fassung 1991

Anlage 1 zu § 3 Absatz 1 Beratungsleistungen

1.2 Leistungen für Thermische Bauphysik

1.2.5 Honorare für Grundleistungen der Raumakustik

(1) Das Honorar für jeden Innenraum, für den Grundleistungen zur Raumakustik erbracht werden, kann sich nach den anrechenbaren Kosten nach Absatz 2, nach der Honorarzone, der der Innenraum zuzuordnen ist, sowie nach der Honorartafel in Absatz 3 richten.

(2) Die Kosten für Baukonstruktionen und Technische Ausrüstung sowie die Kosten für die Ausstattung (DIN 276 – 1: 2008-12, Kostengruppe 610) des Innenraums können zu den anrechenbaren Kosten gehören. Die Kosten für die Baukonstruktionen und Technische Ausrüstung werden für die Anrechnung durch den Bruttorauminhalt des Gebäudes geteilt und mit dem Rauminhalt des Innenraums multipliziert. Der Umfang der mitzuverarbeitenden Bausubstanz kann angemessen berücksichtigt werden.

(3) Die Mindest- und Höchstsätze der Honorare für die in Nummer 1.2.2 Absatz 2 aufgeführten Grundleistungen der Raumakustik können anhand der folgenden Honorartafel bestimmt werden.

Anrechenbare Kosten in Euro	Honorarzone I sehr geringe Anforderungen von bis Euro		Honorarzone II geringe Anforderungen von bis Euro		Honorarzone III durchschnittliche Anforderungen von bis Euro		Honorarzone IV hohe Anforderungen von bis Euro		Honorarzone V sehr hohe Anforderungen von bis Euro	
50.000	1.714	2.226	2.226	2.737	2.737	3.279	3.279	3.790	3.790	4.301
75.000	1.805	2.343	2.343	2.882	2.882	3.452	3.452	3.990	3.990	4.528
100.000	1.892	2.457	2.457	3.021	3.021	3.619	3.619	4.183	4.183	4.748
150.000	2.061	2.676	2.676	3.291	3.291	3.942	3.942	4.557	4.557	5.171
200.000	2.225	2.888	2.888	3.551	3.551	4.254	4.254	4.917	4.917	5.581
250.000	2.384	3.095	3.095	3.806	3.806	4.558	4.558	5.269	5.269	5.980
300.000	2.540	3.297	3.297	4.055	4.055	4.857	4.857	5.614	5.614	6.371
400.000	2.844	3.693	3.693	4.541	4.541	5.439	5.439	6.287	6.287	7.136
500.000	3.141	4.078	4.078	5.015	5.015	6.007	6.007	6.944	6.944	7.881
750.000	3.860	5.011	5.011	6.163	6.163	7.382	7.382	8.533	8.533	9.684
1.000.000	4.555	5.913	5.913	7.272	7.272	8.710	8.710	10.069	10.069	11.427
1.500.000	5.896	7.655	7.655	9.413	9.413	11.275	11.275	13.034	13.034	14.792
2.000.000	7.193	9.338	9.338	11.483	11.483	13.755	13.755	15.900	15.900	18.045
2.500.000	8.457	10.979	10.979	13.501	13.501	16.172	16.172	18.694	18.694	21.217
3.000.000	9.696	12.588	12.588	15.479	15.479	18.541	18.541	21.433	21.433	24.325
4.000.000	12.115	15.729	15.729	19.342	19.342	23.168	23.168	26.781	26.781	30.395
5.000.000	14.474	18.791	18.791	23.108	23.108	27.679	27.679	31.996	31.996	36.313
6.000.000	16.786	21.793	21.793	26.799	26.799	32.100	32.100	37.107	37.107	42.113
7.000.000	19.060	24.744	24.744	30.429	30.429	36.448	36.448	42.133	42.133	47.817
7.500.000	20.184	26.204	26.204	32.224	32.224	38.598	38.598	44.618	44.618	50.638

Kommentar zur Anlage 1 zu § 3 Absatz 1.2.5

(4) Für Umbauten und Modernisierungen kann bei einem durchschnittlichen Schwierigkeitsgrad ein Zuschlag bis 33 Prozent auf das Honorar vereinbart werden.

(5) Innenräume können nach den im Absatz 6 genannten Bewertungsmerkmalen folgenden Honorarzonen zugeordnet werden:

1. Honorarzone I: Innenräume mit sehr geringen Anforderungen,
2. Honorarzone II: Innenräume mit geringen Anforderungen,
3. Honorarzone III: Innenräume mit durchschnittlichen Anforderungen,
4. Honorarzone IV: Innenräume mit hohen Anforderungen,
5. Honorarzone V: Innenräume mit sehr hohen Anforderungen.

(6) Für die Zuordnung zu den Honorarzonen können folgende Bewertungsmerkmale herangezogen werden:

1. Anforderungen an die Einhaltung der Nachhallzeit,
2. Einhalten eines bestimmten Frequenzganges der Nachhallzeit,
3. Anforderungen an die räumliche und zeitliche Schallverteilung,
4. akustische Nutzungsart des Innenraums,
5. Veränderbarkeit der akustischen Eigenschaften des Innenraums.

(7) Objektliste für die Raumakustik

Die nachstehend aufgeführten Innenräume können in der Regel den Honorarzonen wie folgt zugeordnet werden:

Objektliste – Raumakustik	Honorarzone				
	I	II	III	IV	V
Pausenhallen, Spielhallen, Liege- und Wandelhallen	X				
Großraumbüros		X			
Unterrichts-, Vortrags- und Sitzungsräume					
– bis 500 m³		X			
– 500 bis 1500 m³			X		
– über 1500 m³				X	
Filmtheater					
– bis 1000 m³		X			
– 1000 bis 3000 m³			X		
– über 3000 m³				X	
Kirchen					
– bis 1000 m³		X			
– 1000 bis 3000 m³			X		
– über 3000 m³				X	
Sporthallen, Turnhallen					
– nicht teilbar, bis 1000 m³		X			
– teilbar, bis 3000 m³			X		

Mehrzweckhallen					
– bis 3000 m³				X	
– über 3000 m³					X
Konzertsäle, Theater, Opernhäuser x					X
Innenräume mit veränderlichen akustischen Eigenschaften					X

(8) § 52 Absatz 3 kann sinngemäß angewendet werden.

Inhaltsübersicht

I. Einführung

Entsprechend den Ausführungen zu Abschnitt 1.2.3 und 1.24 (jeweils Rdn. 1) besitzen auch die **Leistungen und Honorare für Raumakustik** nach HOAI-Anlage 1 Abschnitt 1.2.5 lediglich **orientierenden und empfehlenden Charakter**. Somit sind grundsätzlich sowohl Unterschreitungen als auch Überschreitungen der Mindest- und Höchstsätze möglich, welche die Honorartafeln in Abs. 3 enthält.   **1**

II. Anrechenbare Kosten

Anders als in anderen Fachbereichen muss das Honorar für die **Grundleistungen** bei der Raumakustik nach Abs. 1 **für jeden Innenraum** eines Gebäudes **getrennt** berechnet werden. Die dafür jeweils maßgebenden anrechenbaren Kosten können mit der Summe der Kosten der Baukonstruktionen (Kostengruppe 300 nach DIN 276) und der Kosten der Technischen Ausrüstung (Kostengruppe 400 nach DIN 276) des Gebäudes, geteilt durch den Bruttorauminhalt des Gebäudes und multipliziert mit dem Rauminhalt des betreffenden Innenraums zzgl. der Kosten für betriebliche Einbauten, Möbel und Textilien des betreffenden Innenraums (Kostengruppe 610 nach DIN 276) berechnet werden, die wegen deren raumakustischer Wirkung sowohl bei der Planung als auch als mögliche raumakustische Maßnahme zu berücksichtigen sind.   **2**

III. Leistungen im Bestand

3   Das **Honorar für Grundleistungen** bei der raumakustischen Planung für Umbauten und Modernisierungen kann bei deren durchschnittlichem Schwierigkeitsgrad mit einem **Zuschlag bis zu 33 % auf das Tafelhonorar** berechnet werden (Abs. 4). Der Zuschlag ist notwendig, da die Leistungen bei der raumakustischen Planung bei Baumaßnahmen im Bestand häufig ungleich schwieriger sind als bei der Neuplanung. Zudem können raumakustische Maßnahmen nicht ohne Berücksichtigung der vorhandenen Bausubstanz zutreffend bemessen werden. Klarstellend wird jedoch angemerkt, dass die ggf. gewünschte oder erforderliche raumakustische Bewertung der vorhandenen Bausubstanz bzw. eine akustische Bewertung der vorhandenen Bausubstanz als Grundlage der raumakustischen Planung keine Grundleistung. Für eine solche Besondere Leistung wäre im Bedarfsfall ein zusätzliches Honorar zu vereinbaren. Dies gilt nicht nur dann, wenn messtechnische Untersuchungen zur Ermittlung der Bestandssituation erforderlich werden.

4   Bei der Ermittlung der anrechenbaren Kosten kann zusätzlich nach Abs. 2 S. 3 auch der **Wert der mitzuverarbeitenden Bausubstanz** in angemessenem Umfang berücksichtigt werden. Sinngemäß dürfte dies auch den Wert der ggf. vorhandener Möbel und Textilien umfassen. Die Wertermittlung sollte mit ortsüblichen Preisen durchgeführt werden. Der Begriff der mitzuverarbeitenden Bausubstanz ist im Gegensatz zum Wärmeschutz und zur Bauakustik bei der raumakustischen Planung weiter zu fassen. Neben der Aufnahme von Bauteiloberflächen hinsichtlich ihrer schallabsorbierenden Wirkung können auch konkrete raumakustische Eigenschaften von kompletten Räumen im Bestand von besonderem Interesse sein.

IV. Honorarzonenermittlung

5   Für die raumakustische Planung hat der Verordnungsgeber in Abschnitt 1.2.5 Abs. 5 fünf **Honorarzonen**, in Abs. 6 die **Bewertungsmerkmale** zur Bestimmung der Honorarzonen sowie in Abs. 7 die geringfügig geänderte Objektliste aus Anlage 1 der HOAI 2009 übernommen. So werden die Anforderungen der Bewertungsmerkmale der Honorarzonen IV jetzt als „hoch" bzw. „sehr hoch" anstelle von „überdurchschnittlich" bezeichnet. Weil die Objektliste praktisch unverändert blieb, ist dies ohne Bedeutung.

Die Zuordnung der in der Objektliste genannten Objekte zu den Honorarzonen kann nur mithilfe der in Abs. 5 und 6 aufgeführten Bewertungsmerkmale erfolgt sein. Diese sind auch dann heranzuziehen, wenn eine eineindeutige Zuordnung des jeweiligen Raums in die Objektliste nicht möglich ist. Für diesen Fall sind die Parteien gehalten, anhand der Bewertungsmerkmale die Einstufung des Objekts in eine Honorarzone zu finden. Da Abs. 8 wie bei der bauakustischen Planung auf die sinngemäße Anwendung von § 52 Abs. 3 hinweist, wird auch hier die zu Abschnitt 1.2.4 (Rdn. 6) vorgestellte Bewertungsmethode zur Ermittlung der Honorarzone empfohlen.

V. Bewertungsmerkmale

6   In den Abs. 5 und 6 werden die **Bewertungsmerkmale** benannt; sie entsprechen denjenigen der HOAI 2009.

Die in Abs. 6 Nr. 5 erwähnte Veränderbarkeit der akustischen Eigenschaften kann gegeben sein, wenn ein Raum durch trennende Bauteile oder Elemente in unterschiedliche Größen aufgeteilt werden kann. Am Beispiel einer Mehrfeldsporthalle mit Trennvorhängen erscheint dies leicht vorstellbar.

Besonderheiten in der akustischen Nutzungsart eines Innenraums nach Abs. 6 Nr. 4 sind dann gegeben, wenn ein Raum sowohl für Vorträge als auch für Theatervorstellungen oder Konzertvorstellungen genutzt werden soll. In diesem Fall ist eine Mehrzwecknutzung in raumakustischer Hinsicht gegeben. Dafür muss schon im Vorfeld der raumakustischen Planung ein erhöhter Abstimmungsaufwand zur vorgesehenen Nutzung berücksichtigt werden.

VI. Objektliste und Honorarzonen

Abschnitt 1.2.5 enthält eine **Objektliste für die raumakustische Planung**, in der typische Innenräume als Objekte den i. d. R. zutreffenden **Honorarzonen** zugeordnet sind. Die Zuordnung dürfte mit den Bewertungsmerkmalen des Abs. 6 erfolgte sein. Aus der Liste wird deutlich, dass neben den erläuterten Bewertungsmerkmalen auch die Größe der Innenräume großen Einfluss hat, da mit deren zunehmender Größe auch die Anforderungen an die raumakustische Planung steigen.

In der Honorarzone V werden **Innenräume mit veränderlichen akustischen Eigenschaften** erwähnt. Hierbei handelt es sich z. B. um Räume beliebiger Größe, deren Nachhallzeit in gewissen Grenzen unterschiedlichen raumakustischen Anforderungen angepasst werden kann und die für Mehrzwecknutzungen konzipiert sind. Die Einstufung in die Honorarzone V berücksichtigt, dass der Fachplaner mindestens zwei unterschiedliche raumakustisch relevante Zustände zu berücksichtigen hat und sich deswegen seine rechnerischen Untersuchungen erheblich vergrößern, mindestens jedoch verdoppeln.

Schwierigkeiten bei der Honorarzonenermittlung bereiten auch einfach oder mehrfach teilbare Innenräume, wobei sowohl der ungeteilte Raum als auch die geteilten Räume – jeweils für sich allein betrachtet - raumakustisch zufriedenstellende oder einwandfreie Verhältnisse aufweisen müssen. In einem solchen Fall entspricht es dem tatsächlich erforderlichen Bearbeitungsumfang und auch der vom Fachplaner übernommenen Verantwortung, wenn das Honorar für diese Phasen für den Gesamtraum sowie für jeden geteilten Raum getrennt ermittelt wird.

7

Anlage 1 zu § 3 Absatz 1 Beratungsleistungen

1.3 Geotechnik

Allgemeine Vorbemerkungen

Inhaltsübersicht

I. Änderungen in der HOAI 2013

1 Die frühere Bezeichnung der Leistungen „Bodenmechanik, Erd- und Grundbau" wurde durch den Begriff GEOTECHNIK ersetzt. Mit der neuen Bezeichnung knüpft die HOAI an den nationalen und international üblichen Sprachgebrauch für dieses Fachgebiet an.

Bei dem Leistungsbild wird unterschieden zwischen Grundleistungen und besonderen Leistungen. Für die besonderen Leistungen sind die Leistungsinhalte erweitert.

II. Geotechnische Aufgabenstellung

2 Bei der Planung eines Bauwerkes müssen die vom Bauherrn gestellten Anforderungen optimal erfüllt werden. Um dieses Ziel zu erreichen, werden von Architekten und Ingenieuren nach Festlegung der Formen und Konstruktionen die Baustoffe aufgrund ihrer bekannten Eigenschaften ausgewählt.

Beim Baustoff „Baugrund" ist dagegen eine Wahl nicht möglich. Der Baugrund ist auf dem vom Bauherrn gewählten Grundstück bereits vorhanden. Er ist zunächst unbekannt und muss alle Beanspruchungen aus dem Bauwerk so aufnehmen, dass die Gebrauchstauglichkeit und die Standsicherheit gewährleistet sind.

3 Nach **DIN EN 1997-1 (Eurocode 7)** müssen **geotechnische Untersuchungen** ausreichende Erkenntnisse über Baugrund- und Grundwasserverhältnisse auf der Baustelle und ringsum bereitstellen, damit die wesentlichen Baugrundeigenschaften beschrieben und eine zuverlässige Festlegung charakteristischer Wert für Baugrund-Kenngrößen vorgenommen werden kann. Planung und Umfang der Baugrunderkundungen müssen der jeweiligen Erkundungsphase und der Geotechnischen Kategorie, entsprechend EN 1997-2, Abschn. 2, angepasst werden.

III. Geotechnische Kategorien

Gruppen, in die bautechnische Maßnahmen nach dem **Schwierigkeitsgrad** der **Konstruktion**,   **4** der **Baugrundverhältnisse** sowie der zwischen ihnen und der Umgebung bestehenden Baugrundverhältnisse hohen Schwierigkeitsgrad **und** der **Wechselbeziehungen** folgendermaßen eingestuft werden:

- Die Geotechnische **Kategorie 1** umfasst **einfache Bauobjekte** bei einfachen und übersichtlichen Baugrundverhältnissen, sodass die Standsicherheit aufgrund gesicherter Erfahrung beurteilt werden kann.
- Die Geotechnische **Kategorie 2** umfasst **Bauobjekte und Baugrundverhältnisse mittleren Schwierigkeitsgrades**, bei denen die Sicherheit zahlenmäßig nachgewiesen werden muss und die eine **ingenieurmäßige Bearbeitung mit geotechnischen Kenntnissen** und Erfahrungen verlangen.
- Die Geotechnische **Kategorie 3** umfasst **Bauwerke oder Baugrundverhältnisse**, die zur Bearbeitung **vertiefte geotechnische Kenntnisse** und Erfahrungen auf dem jeweiligen Spezialgebiet der Geotechnik verlangen und bei denen die Sicherheit ebenfalls zahlenmäßig nachgewiesen werden muss.

IV. Ablauf der geotechnischen Untersuchungen

Der **Baugrund** soll am zweckmäßigsten schon **während der Bedarfsplanung** des Bauherrn[33],   **5** **spätestens** jedoch während der **Grundlagenermittlung oder der Vorplanung** erkundet und beurteilt werden. Der Entwurfsverfasser hat daher **rechtzeitig** den **Sachverständigen für Geotechnik vorzuschlagen**, damit die geotechnischen Untersuchungen rechtzeitig für den Entwurf vorliegen. Zu Beginn der Tätigkeit des Sachverständigen für Geotechnik muss eine Ortsbegehung durchgeführt werden.

Bei der **Festlegung der erforderlichen Aufschlüsse** sind die Entstehungsgeschichte des Baugrundes und die bautechnische Vorgeschichte zu berücksichtigen und die jeweiligen geotechnischen Aufgabenstellungen zu beachten. Die geotechnische Untersuchung des Baugrundes hat die Beschreibung aller für die jeweilige Baumaßnahme maßgebenden **Baugrundeigenschaften** zu ermöglichen und die erforderlichen **Baugrundkenngrößen** zu liefern oder zu überprüfen.

Die **Wechselwirkung zwischen Bauwerk und Baugrund** erfordert bei der geotechnischen Untersuchung eine **ständige Berücksichtigung des jeweiligen Planungsstandes**. Es ist daher unbedingt erforderlich, dass der Entwurfsverfasser den Sachverständigen für Geotechnik fortlaufend und rechtzeitig über Ergänzungen und Änderungen der Entwurfsbearbeitung unterrichtet. Der Sachverständige für Geotechnik hat daraufhin die Notwendigkeit von Änderungen oder Ergänzungen zu einer vorausgegangenen Beurteilung zu überprüfen und gegebenenfalls zusätzliche geotechnische Untersuchungen vorzuschlagen. Es ist sicherzustellen, dass Zwischenergebnisse, soweit diese die laufende Entwurfsbearbeitung beeinflussen können, umgehend dem Entwurfsverfasser zugeleitet werden.

Je nach Umfang und Aufgabenstellung kann es erforderlich werden zunächst **geotechnische Voruntersuchungen** des Baugrundes durchzuführen. Die Voruntersuchungen dienen der Entscheidung, ob das geplante Bauwerk im Hinblick auf die Baugrundverhältnisse überhaupt errichtet werden kann und wenn ja, welche besonderen Anforderungen für die Gründungskonstruktion, die Baukonstruktion sowie die Baudurchführung zu beachten sind.

---

[33] Bedarfsplanung im Bauwesen - DIN 18205 – April 1996

Die **umfassende Erkundung des Baugrundes** ist eine wesentliche Voraussetzung für die wirklichkeitsnahe Erfassung der Baugrundverhältnisse und eine entsprechende Beurteilung. Die Einsparungen durch Verminderung des Aufschlussumfanges stehen in keinem Verhältnis zu den hieraus entstehenden Risiken bei der Baugrundbeurteilung und Gründungsberatung. Es sollten daher im Zweifelsfall immer zusätzliche Baugrundaufschlüsse durchgeführt werden, um das **Baugrundrisiko**, das vom Bauherrn als Lieferant des Baugrundes getragen werden muss, soweit wie möglich im Hinblick auf die jeweilige Aufgabenstellung **einzugrenzen**.

V. Sachverständiger für Geotechnik

6   Der Sachverständige für Geotechnik hat die erforderlichen **Untersuchungen** zu **planen**, die fachgerechte Ausführung der **Aufschlüsse** und der **Feld- und Laboruntersuchungen** zu überwachen, die aus dem Aufschluss und Untersuchungsbefund sich ergebenden **Folgerungen für Planung und Konstruktion** zu ziehen und die Wechselwirkung zwischen den angetroffenen Baugrundverhältnissen einerseits und der Planung, Konstruktion und Bauausführung andererseits dem Entwurfsverfasser und den Sachverständigen benachbarter Fachbereiche darzulegen. Er hat den **geotechnischen Bericht** zu erstellen. Er muss fachkundig und erfahren auf dem Gebiet der Geotechnik sein. Bei der Geotechnischen Kategorie 3 muss er vertiefte Kenntnisse und Erfahrungen auf den entsprechenden Teilgebieten besitzen.

Der vom Bauherrn beauftragte Sachverständige für Geotechnik ist **beratend und gutachtlich** vor und bei der Entwurfsplanung, ggf. als Entwurfsverfasser geotechnischer Nachweise, **baubegleitend** und nötigenfalls auch nach Fertigstellung des Bauwerkes **tätig**. Der Sachverständige für Geotechnik **bedarf nicht der Bestellung durch eine Körperschaft** des öffentlichen Rechts.

7   Hingegen wird der „**staatlich anerkannte Prüfsachverständige** für Erd- und Grundbau" nach Bauordnungsrecht für die Prüfung geotechnischer Nachweise und deren bodenmechanischen Grundlagen im Baugenehmigungsverfahren sowie zur Überwachung der Grundbaumaßnahmen eingeschaltet.

Bei Verhältnissen der Geotechnischen Kategorie 2 oder 3 ist ein Sachverständiger für Geotechnik einzuschalten. Bei Verhältnissen, die der Geotechnischen Kategorie 1 entsprechen, darf auf die Einschaltung eines Sachverständigen für Geotechnik verzichtet werden. Gegebenenfalls kann aber eine Einschaltung geboten sein, um zu prüfen, ob die geotechnischen Voraussetzungen der Geotechnischen Kategorie 1 tatsächlich vorliegen.

VI. Ablauf der geotechnischen Untersuchungen für Boden und Fels als Baugrund

1. Beschreibung der baulichen Anlage

8   Für jede Phase der geotechnischen Untersuchung müssen die entsprechenden **Unterlagen über das Bauwerk** vom Bauherrn oder seinem Beauftragten zur Verfügung gestellt werden, wie z. B.:
a) Lageplan mit Angabe der Lage des Bauwerks;
b) Grundrisse und Schnitte der Vor- oder Entwurfsplanung mit NN-Höhen;
c) voraussichtliche Lasten, dynamische und sonstige Einwirkungen;
d) Beabsichtigte bzw. mögliche Konstruktionsanweisungen;
e) Nutzungsweise des Bauwerks

Der Bauherr oder sein Beauftragter hat spätestens vor Baubeginn zu prüfen, ob die zum Zeitpunkt der Erstellung des geotechnischen Berichts (siehe Abschnitt 1.3.3 Rdn. 1 ff.) maßgebend gewesenen Angaben und Unterlagen zur Beschreibung der baulichen Anlage weiterhin zutreffen. Eingetretene Änderungen sind dem Sachverständigen für Geotechnik mitzuteilen.

2. Beginn und Durchführung der geotechnischen Untersuchungen

Der Baugrund muss während der Grundlagenermittlung oder der Vorplanung erkundet und be- **9** urteilt werden. Dabei muss grundsätzlich eine **Ortsbegehung** durchgeführt werden. Wird für die geotechnischen Untersuchungen ein Sachverständiger für Geotechnik beigezogen, so ist er bereits zu diesem Zeitpunkt mit der Planung und Überwachung der geotechnischen Untersuchungen zu beauftragen.

3. Überprüfung der Baugrundverhältnisse und des Baugrundverhaltens

Der Bauherr hat sicherzustellen, dass **während der Bauausführung** überprüft wird, ob die **10** tatsächlich angetroffenen Baugrundverhältnisse den im Geotechnischen Bericht beschriebenen entsprechen und ob die Folgerungen des Geotechnischen Berichts berücksichtigt wurden. Weichen die angetroffenen Baugrundverhältnisse von den beschriebenen ab, hat er dafür zu sorgen, dass überprüft wird, ob die Folgerungen des Geotechnischen Berichts noch zutreffen.

Darüber hinaus sind vom Bauherrn gegebenenfalls Kontrollprüfungen an Bauteilen und Messungen zur Überwachung von Baugrund und Bauwerk sowie von baulichen Anlagen in der Umgebung zu beauftragen.

VII. Fehlende geotechnische Untersuchungen

Trotz der eindeutigen Regelungen in der DIN 1997 (Eurocode 7) werden häufig keine Baugrund- **11** aufschlüsse durchgeführt und in der statischen Berechnung wird eine zulässige Bodenpressung angenommen, mit der Auflage, diese „verantwortlich vor Baubeginn zu prüfen". Meist fehlt hierbei die Festlegung des „Verantwortlichen", sodass sich keiner verantwortlich fühlt. Bei einer solchen Lösung ist es dann unter Umständen dem Bauleiter auf der Baustelle überlassen, ob dieser die Verantwortung für die getroffenen Annahmen übernimmt oder nicht.

Diese in der Praxis häufig gebrauchte Lösung **verstößt** auch **gegen DIN 4020** „Geotechnische Untersuchungen für bautechnische Zwecke" und steht auch im **Widerspruch zur VOB/A (2006)**. Dort ist im § 9 Nr. 3 Abs. 3 folgendes ausgeführt:

„Die für die Ausführung der Leistung wesentlichen Verhältnisse der Baustelle, z. B. Bodenund Wasserverhältnisse, sind so zu beschreiben, dass der Bewerber ihre Auswirkungen für die bauliche Anlage und die Bauausführung hinreichend beurteilen kann."

Nach der VOB **hat der Ausschreibende** die **Verpflichtung zur umfassenden Beschreibung der Baugrundverhältnisse**, sodass er grundsätzlich allein das Risiko für alle Folgen einschließlich des Preises, die sich aus einer unvollständigen oder unzutreffenden Leistungsbeschreibung ergeben, zu tragen hat.

Anlage 1 zu § 3 Absatz 1 Beratungsleistungen

1.3 Geotechnik

1.3.1 Anwendungsbereich

(1) Die Leistungen für Geotechnik können die Beschreibung und Beurteilung der Baugrund- und Grundwasserverhältnisse für Gebäude und Ingenieurbauwerke im Hinblick auf das Objekt und die Erarbeitung einer Gründungsempfehlung umfassen. Dazu gehört auch die Beschreibung der Wechselwirkung zwischen Baugrund und Bauwerk sowie die Wechselwirkung mit der Umgebung.

(2) Die Leistungen können insbesondere das Festlegen von Baugrundkennwerten und von Kennwerten für rechnerische Nachweise zur Standsicherheit und Gebrauchstauglichkeit des Objektes, die Abschätzung zum Schwankungsbereich des Grundwassers sowie die Einordnung des Baugrundes nach bautechnischen Klassifikationsmerkmalen umfassen.

Allgemeines zum Anwendungsbereich

1   In Ziffer 1.3.1 und 1.3.2 wird das **Hauptziel der Leistungen für Geotechnik** definiert, nämlich die **Wechselwirkung zwischen Baugrund und Bauwerk** sowie seiner Umgebung zu erfassen und die für die Berechnungen erforderlichen Kennwerte festzulegen. Jedes Bauwerk trägt seine Lasten in den Baugrund ab und erzeugt damit im Baugrund Spannungen, die zu Verformungen führen. Diesen Baugrundverformungen muss das Bauwerk folgen. Aus diesen Verformungen können wiederum Lastumlagerungen entstehen, die zu neuen Baugrundverformungen führen. Ziel aller Leistungen für Geotechnik ist es, die Gründungskonstruktion eines Bauwerkes so zu wählen, dass die aus der Wechselwirkung zwischen Baugrund und Bauwerk entstehenden Verformungen und Beanspruchungen von dem Bauwerk ohne Schaden tragbar sind. Da die Auswirkung des Bauwerkes nicht auf seine Grundfläche beschränkt ist, sondern seitlich darüber hinaus die Umgebung beeinflusst, gilt dieses Ziel auch für die beeinflusste Umgebung, insbesondere der dort vorhandenen Nachbargebäude.

Um das hier gesteckte Ziele zu erreichen, sind je nach Aufgabenstellung, die beeinflusst wird durch die Schwierigkeitsgrade des Bauwerkes und des Baugrundes, eine Reihe von Einzelleistungen erforderlich, von denen die häufigsten in Ziffer 1.3.3 Abs. 3 beschrieben sind.

2   Die Amtl. Begr. zu Abschnitt 1.3.1 weist ausdrücklich darauf hin, dass geotechnische **Leistungen für Erdbauwerke, Frei- und Verkehrsanlagen** nicht geregelt sind, weil deren Leistungsumfang dafür von den in Abschnitt 1.3.3 geschilderten Leistungen abweiche. Sie seien der Objektplanung zugeordnet. Dieser Hinweis ist insofern nicht uneingeschränkt zutreffend, weil bei der Objektplanung von Erdbauwerke, Frei- und Verkehrsanlagen stets geotechnische Leistungen erforderlich sein können, wenn es um deren Standsicherheit geht. Ein klassisches Beispiel dafür sind die Dämme – unabhängig von ihrer Funktion. Ohne erdstatische Untersuchungen, Berechnungen und Nachweise ist ihre Objektplanung undenkbar. Solche Leistungen sind weder in den Anwendungsbereichen noch in den Leistungsbildern der genannten Bereiche erwähnt; ebenso wenig sind hierfür verordnete Honorare zu finden. Daher dürften diese geotechnischen Leistungen als Besondere Leistungen des Sachverständigen für Geotechnik gelten.

Anlage 1 zu § 3 Absatz 1 Beratungsleistungen

1.3 Geotechnik

1.3.2 Besondere Grundlagen des Honorars

(1) Das Honorar der Grundleistungen kann sich nach den anrechenbaren Kosten der Tragwerksplanung nach § 50 Absatz 1 bis Absatz 3 für das gesamte Objekt aus Bauwerk und Baugrube richten.

(2) Das Honorar für Ingenieurbauwerke mit großer Längenausdehnung (Linienbauwerke) kann ergänzend frei vereinbart werden.

Inhaltsübersicht

I. Honorar für Grundleistungen

Das Honorar der Grundleistungen basiert gemäß Abs. 1 auf den anrechenbaren **Kosten der** **Tragwerksplanung** nach § 50 Abs. 1 bis 3 **für das gesamte O**bjekt, das aus dem Bauwerk und der Baugrube besteht. Bei größeren Bauvorhaben mit tiefen Baugruben müssen die Kosten der Baugrube separat ermittelt werden und zu den anrechenbaren Kosten für das Bauwerk addiert werden.   **1**

Der Bauherr muss dem Sachverständigen für Geotechnik diese Kosten – erforderlichenfalls unter Mitwirkung des Objekt- und Tragwerksplaners nachvollziehbar zur Verfügung stellen. Die Kosten müssten i. d. R. nach Abschluss der Entwurfsplanung des Objektplaners bekannt sein.

II. Geotechnische Leistungen für Ingenieurbauwerken mit großer Längenausdehnung nach Abs. 2

In der Verordnungsbegründung zu Abs. 2 heißt es wörtlich(Hervorhebungen durch Verfasser):   **2**
»*Mit dieser speziellen Empfehlung für die Honorierung geotechnischer Leitungen im Zusammenhang mit Ingenieurbauwerken mit großer Längenausdehnung, wie z. B. Ufermauern, Kaimauern oder Tunnel, soll dem vergleichsweise* **deutlich höheren Aufwand** *bei der Darstellung und Auswertung der Baugrunderkundungen sowie für deren geotechnische Bewertung Rechnung getragen werden. Klargestellt wird, dass das* **Honorar für diese Leistungen ergänzend** *zu den Honorarempfehlungen der Nummer 1.3.4 frei vereinbar sein kann*«.

Anlage 1 zu § 3 Absatz 1 Beratungsleistungen

1.3 Geotechnik

1.3.3 Leistungsbild Geotechnik

(1) Grundleistungen können die Beschreibung und Beurteilung der Baugrundund Grundwasserverhältnisse sowie die daraus abzuleitenden Empfehlungen für die Gründung einschließlich der Angabe der Bemessungsgrößen für eine Flächen- oder Pfahlgründung, Hinweise zur Herstellung und Trockenhaltung der Baugrube und des Bauwerks, Angaben zur Auswirkung des Bauwerks auf die Umgebung und auf Nachbarbauwerke sowie Hinweise zur Bauausführung umfassen. Die Darstellung der Inhalte kann im Geotechnischen Bericht erfolgen.

(2) Die Grundleistungen können in folgenden Teilleistungen zusammengefasst und wie folgt in Prozentsätzen der Honorare der Nummer 1.3.4 bewertet werden:
1. für die Teilleistung a) (Grundlagenermittlung und Erkundungskonzept) mit 15 Prozent,
2. für die Teilleistung b) (Beschreiben der Baugrund- und Grundwasserverhältnisse) mit 35 Prozent,
3. für die Teilleistung c) (Beurteilung der Baugrund- und Grundwasserverhältnisse, Empfehlungen, Hinweise, Angaben zur Bemessung der Gründung) mit 50 Prozent.

(3) Das Leistungsbild kann sich wie folgt zusammensetzen:

Inhaltsübersicht

I. Grundleistungen

In Anlehnung an andere Planungsleistungen wird erstmalig in der Geotechnik auch nach Grundleistungen und besonderen Leistungen unterschieden.

Mit den **Grundleistungen** wird der **geotechnische Bericht** erarbeitet, der die Grundlage für die Bemessung der Gründung von Bauwerken durch den Tragwerksplaner bildet. Die Grundleistung wird in 3 Teilleistungen unterteilt:
a) Grundlagenermittlung und Erkundungskonzept,
b) Beschreibung der Baugrund- und Grundwasserverhältnisse,
c) Beurteilung der Baugrund- und Grundwasserverhältnisse, Empfehlungen, Hinweise und Angaben zur Bemessung der Gründung.

1

a) Grundlagenermittlung und Erkundungskonzept

Beim Klären der Aufgabenstellung müssen vom Bauherrn bzw. seinen beauftragten Planern die **Anforderungen an das jeweilige Bauwerk** so genau definiert werden, dass der Sachverständige für Geotechnik aufgrund dieser Vorgaben ein Gründungsvorschlag **ausarbeiten** kann, der die vorgegebenen Kriterien berücksichtigt. Diese Tätigkeit steht somit zu Recht am Beginn seiner Leistungen. Dabei ist auch der Umfang von zusätzlichen Leistungen zu klären.

2

Bei der Ermittlung der Baugrundverhältnisse kann der erfahrene Sachverständige für Geotechnik meist auf ein umfangreiches eigenes **Baugrundarchiv** zurückgreifen, aus dem ihm, ergänzt durch geologische oder sonstige **Spezialkarten**, die zu erwartenden Baugrundverhältnisse bereits bekannt sind. Im Zuge der Zusammenarbeit mit den übrigen Planern ist es sinnvoll, diese Erkenntnisse frühzeitig bekannt zu geben, um Einflüsse auf den weiteren Planungsablauf berücksichtigen zu können. Ebenso wichtig ist es, gegebenenfalls darauf hinzuweisen, dass keine Kenntnisse über die zu erwartenden Baugrundverhältnisse vorliegen und somit das **Baugrundrisiko** erfahrungsgemäß höher eingeschätzt werden muss.

Aufgrund der gestellten Aufgabe und der zu erwartenden Baugrundverhältnisse werden dann vom Sachverständigen für Geotechnik verantwortlich die **erforderlichen Baugrunderkundungen** festgelegt und dargestellt. Dabei sind die **Art des Erkundungsverfahrens**, z. B. Bohrung, Kernbohrung, Sondierbohrung oder Schürfen, ebenso festzulegen wie die Anzahl und die Erkundungstiefen. Diese richten sich nach der Beanspruchung des Bauwerkes auf den Baugrund. Bei größeren Bauvorhaben ist es üblich, zunächst im größeren Raster Haupterkundungen durchzuführen, und danach sind die zusätzlichen Erkundungen teilweise nur bis zu gewissen Bodenschichten auszuführen. Im Zusammenhang mit Ausschreiben und Überwachen der Aufschlussarbeiten, muss nach Abschluss dieser Leistungsphase für den jeweiligen Einzelfall eine umfassende Erkundung des Baugrundes vorliegen.

3

b) Beschreibung der Baugrund- und Grundwasserverhältnisse

In dieser Leistungsphase werden dann die **Baugrunderkundungen dargestellt und ausgewertet**, sodass ein **Baugrundmodell entwickelt** wird. Aufgrund dieser Unterlagen werden dann der Umfang und die Art der **erforderlichen Labor- und Feldversuche** festgelegt, die eine Besondere Leistung sind. Nach Abschluss der Labor- und Feldversuche werden auch diese dargestellt und ausgewertet, sodass das Baugrundmodell mit Bodenkennwerten ergänzt wird.

4

Die Bohrungen geben besonders bezüglich des **Grundwasserstandes** nur eine Momentaufnahme wieder. Für die Beurteilung des Einflusses von Wasserständen auf das Bauwerk ist jedoch eine Abschätzung des Schwankungsbereiches erforderlich. Diese Abschätzung geschieht auf der Grundlage von vorhandenen Grundwassermessstellen und, wo diese nicht vorhanden sind, aufgrund allgemeiner hydrologischer Berechnungen.

Das somit um den Bereich des Grundwassers ergänzte Baugrundmodell wird unter Wertung der einzelnen Untersuchungsergebnisse anschließend in einer **Baugrundbeurteilung** abschließend dargestellt. Aufgrund der Ergebnisse der Labor- und Feldversuche werden dann unter Berücksichtigung von persönlichen und örtlichen Erfahrungen die für die Lösung der jeweiligen Aufgabe erforderlichen **Bodenkennwerte** festgelegt.

c) Beurteilung der Baugrund- und Grundwasserverhältnisse, Empfehlungen, Hinweise, Angaben zur Bemessung der Gründung

5   Auf der Basis der vorangegangenen Baugrundbeschreibung wird eine **Beurteilung des Baugrundes und der Grundwasserverhältnisse** durchgeführt.

Die Empfehlung für die Gründung enthält als Hauptleistung den **Gründungsvorschlag**. Er ist die Schlussfolgerung des Sachverständigen für Geotechnik für die optimale Gründungskonstruktion. Um einen solchen Gründungsvorschlag zu erstellen, müssen häufig verschiedene **Gründungsmöglichkeiten** zunächst technisch und wirtschaftlich untersucht werden, um zu dem gewünschten Ergebnis unter Berücksichtigung der vorhandenen Randbedingungen zu kommen.

Der **Gründungsvorschlag** enthält zunächst die Gründungsart, z. B. Flachgründung (Einzel- und Streifenfundamente, Plattengründung) oder Tiefgründung (Pfahl-, Pfeiler- oder Brunnengründung). Für die jeweils vorgeschlagene Gründungskonstruktion werden die zulässigen Bodenpressungen in Abhängigkeit von den Randbedingungen, wie Fundamentabmessungen, Gründungstiefen festgelegt. Der Gründungsvorschlag muss sämtliche **Angaben** enthalten, die der Tragwerksplaner **für die Bemessung der Gründungskonstruktion** benötigt. Dazu gehören neben den zulässigen Bodenpressungen auch Angaben über die Mindestabmessungen, Abtragung der Lasten in bestimmte Bodenschichten, Durchführung einer Baugrundverbesserung und konstruktive Maßnahmen für das Tragwerk zur Aufnahme der Setzungen, insbesondere der Wechselwirkung zwischen Baugrund und Bauwerk. Der Gründungsvorschlag enthält ferner Angaben über die zu erwartenden Setzungen und über den Zeitsetzungsverlauf sowie den Nachweis einer ausreichenden Grundbruchsicherheit. Für **Plattengründungen** sind die entsprechenden Kennwerte, wie Steife- und Bettungsziffer, zur Bemessung anzugeben.

6   Bei **Pfahlgründungen** ist die zur Lastabtragung geeignete Bodenschicht zu ermitteln sowie Angaben über die möglichen Pfahlsysteme zu machen. Die äußere Tragfähigkeit der Pfähle ist in Abhängigkeit von den Abmessungen nachzuweisen. Bei einer Pfahlgründung sind ferner Hinweise zur Belastung der Pfähle durch negative Mantelreibung und Seitendruck auf die Pfähle im Gründungsvorschlag enthalten.

7   In den Hinweisen zur Herstellung und Trockenhaltung der Baugrube sind die Angaben für das **System der Baugrubensicherung** wie freie Abböschung, Verbau, Art des Verbaus und Angaben zur Bemessung enthalten. Ferner werden Angaben für das geeignete System zur Trockenhaltung der Baugrube wie Grundwasserabsenkung oder wasserundurchlässige Baugrubenumschließung bis in eine undurchlässige Schicht bzw. Herstellung einer künstlichen Baugrubenabdichtung gegeben.

8   Bei der **Grundwasserabsenkung** werden die für die jeweiligen Baugrundverhältnisse anwendbaren Systeme beschrieben. Ferner müssen die für die Durchführung der **Erdarbeiten erforderlichen Angaben** wie Bodenklassen, geeignete Erdbaugeräte und Aushubtiefen angegeben werden.

9   Für die Durchführung der Gründungsarbeiten werden Hinweise gegeben, die sich aus dem Baugrund ergeben. Für die Trockenhaltung des Bauwerks wird ein Vorschlag für das geeignete Abdichtungssystem unter Berücksichtigung der Grundwasser- und Baugrundverhältnisse gemacht. Ferner enthält der Gründungsvorschlag Hinweise, welche **Auswirkungen** der Baumaßnahme **auf Nachbarbauwerke** zu erwarten sind.

Ferner sind Angaben zum Erdbau zu machen, die die **Grundlage für die Ausschreibung** dieser Arbeiten sind. Dafür ist auch die geotechnische Eignung von Aushubmaterial zur Wiederverwendung zu beurteilen und entsprechende Hinweise zur Bauausführung zu machen.

II. Besondere Leistungen

1. Vorbemerkung

Der Umfang der in der Verordnung aufgelisteten **Besonderen Leistungen** steht im Vergleich mit entsprechenden Aufzählungen in allen anderen Leistungsbildern – ob verbindlich oder unverbindlich – in keinem Verhältnis zum Umfang der mitgeteilten Grundleistungen. Das verdeutlicht, dass Honorare für den weit überwiegenden Teil geotechnischer Leistungen selbst in einem verbindlichen Teil einer ggf. später fortgeschriebenen Honorarordnung offenbar nur sehr schwer in zuverlässiger und allgemein gültiger Weise festen Honorarparametern (z. B. anrechenbaren Kosten) zugeordnet werden können. Dies kann schon aus der Formulierung der hier aufgezählten 12 Leistungen geschlossen werden. Es handelt sich überwiegend um Mitwirkungshandlungen oder Beratungstätigkeiten des Sachverständigen für Geotechnik, welche die Leistungen Dritter „vorbereiten" oder „veranlassen". Ihre Art und Schwierigkeit werden nicht vom Umfang eines Bauwerks, sondern vornehmlich von der Beschaffenheit des Baugrundes bestimmt. Dasselbe trifft auf die zwei Aufgaben zu, deren Lösung die Voraussetzungen für die Beratungstätigkeit des Sachverständigen für Geotechnik liefern: das Aufstellen von geotechnischen und hydrogeologischen, geohydraulischen oder besonderen numerischen Berechnungen. Auch diese Leistungen können je nach Bodenart und Grundwasserverhältnissen so unterschiedlich sein, dass eindeutige Parameter für die Ermittlung dafür angemessener Honorare nur im Ausnahmefall festgelegt werden könnten.

III. Die Leistungen im Einzelnen

1. Beschaffung von Bestandsunterlagen

Das Beschaffen von Bestandsunterlagen umfasst vor allen Dingen Pläne, insbesondere über die Gründung von auf der Baufläche vorhandenen alten Bauwerken und deren Leitungen.

2. Vorbereiten und Mitwirken bei der Vergabe von Aufschlussarbeiten und deren Überwachung

Die entscheidende Grundlage für jede Baugrundbeurteilung und Gründungsberatung ist eine ausreichende Kenntnis über die Baugrundverhältnisse. Nach dem Festlegen der erforderlichen Baugrunderkundung im Rahmen der Baugrundbeurteilung und Gründungsberatung (Rdn. 3) müssen die **Aufschlussarbeiten ausgeschrieben** werden. Hierbei ist bereits die Wahl des geeigneten Aufschlussverfahrens für den jeweiligen Baugrundaufbau richtig zu treffen und die Arbeiten unter dafür geeigneten Fachfirmen auszuschreiben. Zu den Leistungen gehört auch eine **Kostenschätzung** über den zu erwartenden Umfang der Aufschlussarbeiten. Während der Durchführung der Aufschlussarbeiten muss eine örtliche Überwachung der Arbeiten durch den Sachverständigen für Geotechnik erfolgen, um bei Abweichungen von den erwarteten Baugrundverhältnissen sofort das **Aufschlussprogramm** zu **ergänzen** und hierauf abzustellen. Je nach Schwierigkeitsgrad ist eine dauernde oder stichprobenartige Überwachung der Aufschlussarbeiten erforderlich. Der Leistungsumfang ist daher vertraglich entsprechend festzulegen.

3. Veranlassen von Labor- und Felduntersuchungen

Für die Ausarbeitung des geotechnischen Berichtes ist es eine unabdingbare Grundlage, Labor- und Felduntersuchungen durchzuführen. Diese werden in der Regel auch von dem Sachverständigen für Geotechnik durchgeführt, der den geotechnischen Bericht erstellt.

Zur **Bestimmung der erforderlichen Bodenkennwerte** sind Labor- und Feldversuche erforderlich. Der Umfang dieser Leistungen wird anhand der gestellten Aufgabe und den zu erwar-

10

11

12

13

tenden Baugrundverhältnissen vom Sachverständigen für Geotechnik eigenverantwortlich festgelegt. Bei Beginn der Tätigkeit muss der Umfang dieser Leistungen abgeschätzt werden. Der tatsächlich erforderliche Umfang stellt sich jedoch erst im Laufe der Bearbeitung aufgrund der tatsächlich vorgefundenen Baugrundverhältnisse heraus.

Zu den Feldversuchen zählen auch **Sondierbohrungen,** die vom Sachverständigen für Geotechnik zur Ergänzung der Bohrungen oder sonstiger Aufschlussarbeiten ausgeführt werden.

4. Aufstellen von geotechnischen Berechnungen zur Standsicherheit oder Gebrauchstauglichkeit

14 Im geotechnischen Bericht werden die aufgrund der Bodenkennwerte **zu erwartenden Setzungen** angegeben. Bei darüber hinausgehenden Leistungen, wie die **Setzungsberechnung** für alle wesentlichen Fundamente, handelt es sich um zusätzliche Leistungen. Es fallen hierunter insbesondere der Nachweis der Böschungsbruchsicherheit nach DIN 4084 und der Grundbruchsicherheit nach DIN 4017.

5. Aufstellen von hydrogeologischen, geohydraulischen und besonderen numerischen Berechnungen

15 Hydrogeologische und geohydraulische Berechnungen werden erforderlich, wenn in die Grundwasserverhältnisse durch Grundwasserabsenkungen oder Versickerungen eingegriffen wird. Besondere numerische Berechnungen sind insbesondere bei tiefen Baugruben erforderlich.

6. Beraten zu Dränanlagen, Anlagen zur Grundwasserabsenkung oder sonstigen ständigen oder bauzeitlichen Eingriffen in das Grundwasser

16 Auf der Grundlage der vorstehend beschriebenen hydrogeologischen, geohydraulischen und numerischen Berechnungen werden die entsprechenden baulichen Maßnahmen zu Dränanlagen, Grundwasserabsenkungen oder sonstigen Eingriffen in das Grundwasser erarbeitet.

7. Beratung zu Probebelastungen sowie fachtechnisches Betreuen und Auswerten

17 Bei diesen Leistungen werden die erforderlichen Angaben für die Durchführung von Probebelastungen erarbeitet, während der Probebelastung erfolgt eine fachtechnische Betreuung und anschließend die Auswertung der Ergebnisse, die dann für den geotechnischen Bericht verwendet werden.

8. Geotechnische Beratung zu Gründungselementen, Baugruben oder Hangsicherungen und Erdbauwerken, Mitwirkung bei der Beratung zur Sicherung von Nachbarbauwerken

18 Eine geotechnische Beratung zu Gründungselementen wird im Allgemeinen dann durchgeführt, wenn eine vorliegende Gründungskonstruktion vom geotechnischen Sachverständigen überprüft wird.

Für Baugruben- oder Hangsicherungen und Erdbauwerke wird vom geotechnischen Sachverständigen ein Vorschlag für die Ausbildung aus geotechnischer Sicht gemacht. Die Mitwirkung bei der Beratung zur Sicherung von Nachbarbauwerken umfasst die Überprüfung der Notwendigkeit dieser Maßnahmen und Angaben der geeignetsten Systeme für den jeweiligen Anwendungsfall.

9. Untersuchungen und Beratungsleistungen bei zu erwartenden dynamischen Beanspruchungen des Bauwerks

Für die Berücksichtigung dynamischer Beanspruchungen müssen die dafür erforderlichen dynamischen Bodenkennwerte ermittelt werden. Es müssen entsprechende Empfehlungen zur Vermeidung oder Beherrschung von dynamischen Einflüssen erbracht werden.   **19**

10. Mitwirkung bei der Bewertung von Nebenangeboten aus geotechnischer Sicht

Nebenangebote müssen vom Sachverständigen für Geotechnik geprüft und insbesondere darauf   **20** beurteilt werden, ob die im Nebenangebot vorgeschlagenen Verfahren bei den vorhandenen Baugrundverhältnissen ausführbar sind und wenn ja, ob die damit erzielbaren Ergebnisse gleichwertig sind mit den der Ausschreibung zugrunde gelegten Verfahren.

11. Mitwirkung während der Planung und der Ausführung des Objektes sowie Besprechungs- und Ortsterminen

Durch das Mitwirken während der Planung soll sichergestellt werden, dass die geotechnischen   **21** Empfehlungen auch berücksichtigt und umgesetzt werden. Dies gilt auch für die Ausführung des Objektes. Die Mitwirkung erfolgt i. d. R. in Besprechungen mit den übrigen Planern, damit diese die geotechnischen Belange bei ihren Planungen entsprechend berücksichtigen.

Dabei notwendige Ortstermine dienen der Überprüfung der angetroffenen Baugrundverhältnisse und einen Vergleich mit den nach den Baugrunderkundungen erwarteten Baugrundverhältnissen.

12. Geotechnische Freigaben

Diese Leistungen umfassen die Abnahme von Aushub- und Gründungssohlen, die Beurteilung   **22** von Aushubmaterial im Hinblick auf deren bodenmechanischen Kennwerte sowie die Beurteilung und Klassifizierung von Fremdmaterialien, die für Baugrundverbesserungsmaßnahmen oder als Frostschutzmaterial angeliefert werden.

Anlage 1 zu § 3 Absatz 1 Beratungsleistungen

1.3 Geotechnik

1.3.4 Honorare Geotechnik

(1) Honorare für die in Nummer 1.3.3 Absatz 3 aufgeführten Grundleistungen können nach der folgenden Honorartafel bestimmt werden:

Anrechenbare Kosten in Euro	Honorarzone I sehr geringe Anforderungen von bis Euro		Honorarzone II geringe Anforderungen von bis Euro		Honorarzone III durchschnittliche Anforderungen von bis Euro		Honorarzone IV hohe Anforderungen von bis Euro		Honorarzone V sehr hohe Anforderungen von bis Euro	
50.000	789	1.222	1.222	1.654	1.654	2.105	2.105	2.537	2.537	2.970
75.000	951	1.472	1.472	1.993	1.993	2.537	2.537	3.058	3.058	3.579
100.000	1.086	1.681	1.681	2.276	2.276	2.896	2.896	3.491	3.491	4.086
125.000	1.204	1.863	1.863	2.522	2.522	3.210	3.210	3.869	3.869	4.528
150.000	1.309	2.026	2.026	2.742	2.742	3.490	3.490	4.207	4.207	4.924
200.000	1.494	2.312	2.312	3.130	3.130	3.984	3.984	4.802	4.802	5.621
300.000	1.800	2.786	2.786	3.772	3.772	4.800	4.800	5.786	5.786	6.772
400.000	2.054	3.179	3.179	4.304	4.304	5.478	5.478	6.603	6.603	7.728
500.000	2.276	3.522	3.522	4.768	4.768	6.069	6.069	7.315	7.315	8.561
750.000	2.740	4.241	4.241	5.741	5.741	7.307	7.307	8.808	8.808	10.308
1.000.000	3.125	4.836	4.836	6.548	6.548	8.334	8.334	10.045	10.045	11.756
1.500.000	3.765	5.827	5.827	7.889	7.889	10.041	10.041	12.103	12.103	14.165
2.000.000	4.297	6.650	6.650	9.003	9.003	11.459	11.459	13.812	13.812	16.165
3.000.000	5.175	8.009	8.009	10.842	10.842	13.799	13.799	16.633	16.633	19.467
5.000.000	6.535	10.114	10.114	13.693	13.693	17.428	17.428	21.007	21.007	24.586
7.500.000	7.878	12.192	12.192	16.506	16.506	21.007	21.007	25.321	25.321	29.635
10.000.000	8.994	13.919	13.919	18.844	18.844	23.983	23.983	28.909	28.909	33.834
15.000.000	10.839	16.775	16.775	22.711	22.711	28.905	28.905	34.840	34.840	40.776
20.000.000	12.373	19.148	19.148	25.923	25.923	32.993	32.993	39.769	39.769	46.544
25.000.000	13.708	21.215	21.215	28.722	28.722	36.556	36.556	44.063	44.063	51.570

(2) Die Honorarzone kann bei den geotechnischen Grundleistungen aufgrund folgender Bewertungsmerkmale ermittelt werden:

1. Honorarzone I: Gründungen mit sehr geringem Schwierigkeitsgrad, insbesondere gering setzungsempfindliche Objekte mit einheitlicher Gründungsart bei annähernd regelmäßigem Schichtenaufbau des Untergrundes mit einheitlicher Tragfähigkeit und Setzungsfähigkeit innerhalb der Baufläche;

2. Honorarzone II: Gründungen mit geringem Schwierigkeitsgrad, insbesondere
   – setzungsempfindliche Objekte sowie gering setzungsempfindliche Objekte mit bereichsweise unterschiedlicher Gründungsart oder bereichsweise stark unterschiedlichen Lasten bei annähernd regelmäßigem Schichtenaufbau des Untergrundes mit einheitlicher Tragfähigkeit und Setzungsfähigkeit innerhalb der Baufläche,

– gering setzungsempfindliche Objekte mit einheitlicher Gründungsart bei unregelmäßigem Schichtaufbau des Untergrundes mit unterschiedlicher Tragfähigkeit und Setzungsfähigkeit innerhalb der Baufläche;

3. Honorarzone III: Gründungen mit durchschnittlichem Schwierigkeitsgrad, insbesondere

– stark setzungsempfindliche Objekte bei annähernd regelmäßigem Schichtenaufbau des Untergrundes mit einheitlicher Tragfähigkeit und Setzungsfähigkeit innerhalb der Baufläche,

– setzungsempfindliche Objekte sowie gering setzungsempfindliche Bauwerke mit bereichsweise unterschiedlicher Gründungsart oder bereichsweise stark unterschiedlichen Lasten bei unregelmäßigem Schichtaufbau des Untergrundes mit unterschiedlicher Tragfähigkeit und Setzungsfähigkeit innerhalb der Baufläche,

– gering setzungsempfindliche Objekte mit einheitlicher Gründungsart bei unregelmäßigem Schichtaufbau des Untergrundes mit stark unterschiedlicher Tragfähigkeit und Setzungsfähigkeit innerhalb der Baufläche;

4. Honorarzone IV: Gründungen mit hohem Schwierigkeitsgrad, insbesondere

– stark setzungsempfindliche Objekte bei unregelmäßigem Schichtenaufbau des Untergrundes mit unterschiedlicher Tragfähigkeit und Setzungsfähigkeit innerhalb der Baufläche,

– setzungsempfindliche Objekte sowie gering setzungsempfindliche Objekte mit bereichsweise unterschiedlicher Gründungsart oder bereichsweise stark unterschiedlichen Lasten bei unregelmäßigem Schichtenaufbau des Untergrundes mit stark unterschiedlicher Tragfähigkeit und Setzungsfähigkeit innerhalb der Baufläche;

5. Honorarzone V: Gründungen mit sehr hohem Schwierigkeitsgrad, insbesondere stark setzungsempfindliche Objekte bei unregelmäßigem Schichtaufbau des Untergrundes mit stark unterschiedlicher Tragfähigkeit und Setzungsfähigkeit innerhalb der Baufläche.

(3) § 52 Absatz 3 kann sinngemäß angewendet werden.

(4) Die Aspekte des Grundwassereinflusses auf das Objekt und die Nachbarbebauung können bei der Festlegung der Honorarzone zusätzlich berücksichtigen werden.

Inhaltsübersicht

I. Allgemeines

1 Die für fünf Schwierigkeitsgrade empfohlenen Honorare Geotechnik der Honorartafel nach Abs. 1 gelten nur für die in Abschnitt 1.3.3 Abs. 3 aufgeführten Grundleistungen. Für die Zuordnung der Leistungen zu den **fünf Honorarzonen** wurden eigene fachspezifische Kriterien herangezogen. Als Hauptbewertungsmerkmal sind die **Schwierigkeitsgrade der Gründungen** wie folgt festgelegt:

Honorarzone	Schwierigkeitsgrad
I	Gründungen mit sehr geringem Schwierigkeitsgrad
II	Gründungen mit geringem Schwierigkeitsgrad
III	Gründungen mit durchschnittlichem Schwierigkeitsgrad
IV	Gründungen mit überdurchschnittlichem Schwierigkeitsgrad
V	Gründungen mit sehr hohem Schwierigkeitsgrad

Zur Bestimmung des jeweiligen Schwierigkeitsgrades werden als **weitere Bewertungsmerkmale** Angaben über das Bauwerk und den Baugrund herangezogen. Auch hierdurch kommt die in diesem Fachgebiet so entscheidende Wechselwirkung zwischen Bauwerk und Baugrund zum Ausdruck.

2 Für das **Bauwerk** ist die **Setzungsempfindlichkeit** das entscheidende Bewertungsmerkmal. Hier werden drei Möglichkeiten unterschieden:
1. gering setzungsempfindlich, einheitliche oder unterschiedliche Gründungsart oder stark unterschiedliche Lasten,
2. setzungsempfindlich,
3. stark setzungsempfindlich.

3 Für den **Baugrund** werden folgende Bewertungsmerkmale unterschieden:
1. Schichtenaufbau: annähernd regelmäßig/unregelmäßig
2. Tragfähigkeit und Setzungsfähigkeit: unterschiedlich/stark unterschiedlich

II. Ermittlung der Honorarzone

Die Bestimmung der **Bewertungsmerkmale** kann folgendermaßen erfolgen:

1. Bauwerk

4 Zur Bestimmung der **Bewertungsmerkmale für das Bauwerk** sollte die Bauwerkskonzeption, insbesondere die Tragwerkskonstruktion, bekannt sein.

Gering setzungsempfindliche Bauwerke
Die Fundamente können sich unabhängig voneinander und auch ungleich setzen. Dies ist für die Standsicherheit ohne Bedeutung und beeinflusst die Nutzung des Gebäudes nur unwesentlich.

Setzungsempfindliche Bauwerke
Die Fundamente können sich nicht unabhängig voneinander setzen. Die Setzungen, insbesondere die Setzungsunterschiede, führen zu einer Beeinflussung der Tragwerkskonstruktion. Es sind in Abhängigkeit von der Tragwerkskonstruktion Kriterien für die zulässigen Setzungen und Setzungsunterschiede einzuhalten. Dies gilt ebenso für die Nutzung des Bauwerkes.

Honorarzonen

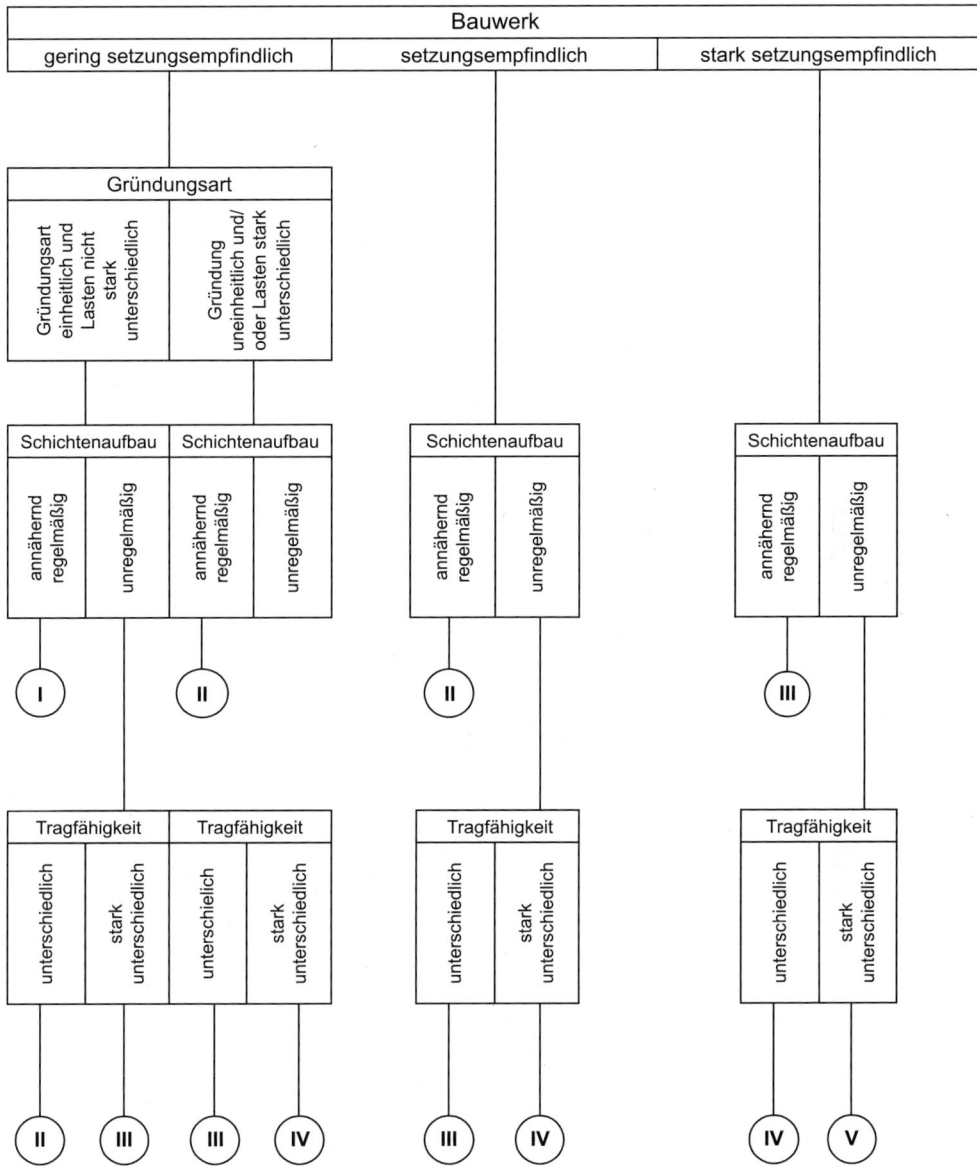

Stark setzungsempfindliche Bauwerke

Die Fundamente können sich nicht unabhängig voneinander setzen und werden zusätzlich in ihrem Setzungsverhalten durch die Tragwerkskonstruktion wechselseitig so stark beeinflusst, dass die Baugrundverformungen bei der Bemessung des Bauwerkes berücksichtigt werden müssen. Die Nutzung des Bauwerkes wird durch Setzungen bzw. Setzungsunterschiede so stark beeinflusst, dass Maßnahmen zur Abminderung der Baugrundverformungen gegebenenfalls erforderlich sind.

2. Baugrund

5   Die **Bewertungsmerkmale für** den annähernd regelmäßigen oder unregelmäßigen **Schichtenaufbau des Baugrundes** ergeben sich aus den Bodenprofilen, wobei zur Bewertung verstärkt die unterhalb der Gründungskonstruktion anstehenden Schichten her angezogen werden. Dies gilt ebenso für die Bewertungsmerkmale einer einheitlichen, unterschiedlichen oder stark unterschiedlichen Trag- und Setzungsfähigkeit.

3. Bestimmung der Honorarzone

6   Aufgrund der Wechselwirkung zwischen Bauwerk und Baugrund wird in Abschnitte 1.3.4 Abs. 3 empfohlen, bei der **Bestimmung der zutreffenden Honorarzone** die in § 52 Abs. 3 empfohlene Wertungsmethode anzuwenden (identisch mit § 56 Rdn. 12). Anstelle dieser qualitativen Beurteilungsmethode kann die Honorarzone auch aus der Kombination der vorstehenden Bewertungsmerkmale gemäß der Abbildung auf Seite 1179 ermittelt werden kann.

    Nach Abs. 4 können die Aspekte des Grundwassereinflusses auf das Objekt und die Nachbarbebauung bei der Festlegung der Honorarzone zusätzlich berücksichtigt werden. Dies führt in der Regel dazu, dass durch den höheren Beratungsaufwand zur Berücksichtigung des Grundwassereinflusses und der Nachbarbebauung die nächsthöhere Honorarzone zugrunde gelegt werden muss.

III. Hinweise zu Honorarvereinbarungen für Besondere Leistungen

7   **Honorare** für Besondere Leistungen sind in der Honorartafel für die Grundleistungen des Abschnittes 1.3.4 nicht erfasst; sie können frei vereinbart werden. Sie werden in der Regel als Zeithonorare, bei eindeutig festlegbarem Leistungsumfang auch als Pauschalhonorare vereinbart. Für letztere folgen Hinweise und Empfehlungen.

1. Ausschreiben und Überwachen der Aufschlussarbeiten

8   Für das **Vorbereiten und Mitwirkung bei der Vergabe der Aufschlussarbeiten** kann ein Honorar zwischen 5 % und 10 % des Rechnungsbetrages der Aufschlussarbeiten empfohlen werden. Für das Überwachen der Aufschlussarbeiten sollte für eine stichprobenartige Überwachung ein Pauschalhonorar je Baustellenbesuch vereinbart werden. Eine ständige Überwachung der Aufschlussarbeiten in schwierigen Fällen sollte als Zeithonorar berechnet werden.

2. Durchführen von Labor- und Felduntersuchungen

9   Für häufig vorkommende **Labor- und Feldversuche** haben die Sachverständigen für Geotechnik Gebührenlisten, die sich meistens an amtliche Verordnungen, wie die Bundesanstalt für Straßenwesen oder die Bundesanstalt für Wasserbau, anlehnen. Die nachfolgende Liste ist ein Auszug aus „Vergütungen für Leistungen der Bundesanstalt für Straßenwesen/VL-BASt", in der Fassung vom 18.11.2013 genehmigt durch den Minister für Verkehr, Aktenzeichen: StB10/7155.2/1496350 (Ziffer 2.3.5.2 Boden):

Position	Tätigkeit	Preis in €
1.1	DIN 18121-1 Bestimmung des Wassergehalts	45,00
1.2	DIN 18122-1 Bestimmung der Zustandsgrenzen	173,00
1.3	DIN 18123 Bestimmung der Korngrößenverteilung durch:	
1.3.1	Trockensiebung	109,00
1.3.2	Nasssiebung	146,00
1.3.3	Sedimentation	157,00
1.3.4	Siebung und Sedimentation	221,00
1.4	DIN 18124 Bestimmung der Korndichte	117,00
1.5	DIN 18127 Bestimmung der Proctordichte an bindigen Böden	349,00
1.6	TP BF-StB, Teil B 7.1 CBR-Versuch	203,00
1.7	TP BF-StB, Teil B 10.1 Bestimmung der organischen Anteile	80,00

3. Abnahme von Gründungs- und Aushubsohlen, Teilnahme an Besprechungen

Für diese Leistung kann ein Pauschalhonorar je **Baustellenbesuch** ermittelt werden. Dabei soll- **10** ten die Kosten für die Anfertigung eines **Abnahmeprotokolls** oder Berichtes mit eingeschlossen sein. Es ist sinnvoll, die Anzahl der Abnahmen zu vereinbaren. Die Teilnahme an Besprechungen ist als Zeithonorar zu vereinbaren.

4. Zusammenstellung der Standardangaben für ein Baugrund- und Gründungsgutachten

Zu den **Leistungen** zählen nach Ziffer 1.3.3 regelmäßig: **11**

1. Geotechnischer Bericht (Grundleistungen)
2. Durchführen von Labor- und Feldversuchen
3. Abnahme von Gründungs- und Aushubsohlen.

Beim Vorhandensein von Nachbarbauwerken:
4. Beratung bei der Sicherung von Nachbarbauwerken.

Für seine **Honorarberechnung in der Angebotsphase** muss der Sachverständige für Geotechnik die nachfolgenden Daten vom Bauherrn erhalten:

1. Leistungen für den **Geotechnischen Bericht** (Grundleistungen):
   – Anrechenbare Kosten gemäß § 50 (Bauwerk und Baugrube) nach Kostenberechnung des Objektplaners, falls diese nicht erarbeitet
   – Nach Kostenschätzung des Objektplaners, falls diese nicht erarbeitet
   – Angaben zu den wesentlichen kostenbestimmenden Größen wie z. B.
     – bei Gebäuden Bauvolumen: m^3 umbauter Raum
     – Kosten je m^3 umbauter Raum: €/ m^3
     – bei Hallen Nutzfläche: m^2
     – bei Hallen Kosten je m^2 Nutzfläche: €/m^2.

2. Zur Ermittlung der **Honorarzone**: Angabe, ob
   - Gering setzungsempfindliches Bauwerk
   - Setzungsempfindliches Bauwerk
   - Stark setzungsempfindliches Bauwerk.

   Die Einschätzung des Baugrundes erfolgt durch den Sachverständigen für Geotechnik.

3. Zur Ausschreiben und Überwachen der **Aufschlussarbeiten**:
   Bekanntgabe von Altbauten und sonstigen Hindernissen, wie Kabel- und Rohrleitungen auf dem Baugelände, alte Baugrundaufschlüsse, eventuell auch vom Nachbargrundstück.

4. Durchführen von **Labor- und Feldversuchen**:
   Befahrbarkeit der Baufläche und eventuelle Hindernisse.

5. **Beraten bei der Sicherung von Nachbarbauwerken**:
   Anzahl der Nachbarbauwerke, Bauwerkspläne, insbesondere Gründungspläne.

5. Vertrag über geotechnische Leistungen

12 Beim Abschluss des Ingenieurvertrages bei Leistungen für Geotechnik ist neben dem Leistungsumfang auch festzulegen, ob die Angaben für die Honorarermittlung vorläufig oder endgültig sind, weil der Leistungsumfang stark abhängig ist von den zunächst ungekannten Baugrundverhältnissen.

Da die Leistungen für Geotechnik häufig beauftragt werden wenn noch keine Kostenschätzung vorliegt, ist es zweckmäßig, für die anrechenbaren Kosten eine **vorläufige Kostenannahme** nach DIN 276 zu treffen. Die endgültige Abrechnung erfolgt i. d. R. auf Basis der vom Objektplaner erarbeiteten Kostenberechnung. Steht diese nicht zur Verfügung, wird nach § 6 Abs. 1 Nr. 1 die Kostenschätzung Abrechnungsgrundlage. Die nach § 6 Abs. 3 bisher ebenfalls mögliche **Vereinbarung einer Baukostenvereinbarung** zur Honorarabrechnung dürfte nach einem Urteil des BGH [34] zu § 6 Abs. 2 HOAI 2009 **unwirksam** sein, da die streitgegenständliche Vorschrift von der gesetzlichen Ermächtigungsgrundlage in Art. 10 §§ 1 und 2 MRVG nicht gedeckt und damit unwirksam ist.

---

[34] BGH, Urteil vom 24.04.2014 – VII ZR 164/13, IBR 2014, 353

Anlage 1 zu § 3 Absatz 1 Beratungsleistungen

1.4 Ingenieurvermessung

1.4.1 Anwendungsbereich

(1) Leistungen der Ingenieurvermessung können das Erfassen raumbezogener Daten über Bauwerke und Anlagen, Grundstücke und Topographie, das Erstellen von Plänen, das Übertragen von Planungen in die Örtlichkeit, sowie das vermessungstechnische Überwachen der Bauausführung einbeziehen, soweit die Leistungen mit besonderen instrumentellen und vermessungstechnischen Verfahrensanforderungen erbracht werden müssen. Ausgenommen von Satz 1 sind Leistungen, die nach landesrechtlichen Vorschriften für Zwecke der Landesvermessung und des Liegenschaftskatasters durchgeführt werden.

(2) Zur Ingenieurvermessung können gehören:
1. Planungsbegleitende Vermessungen für die Planung und den Entwurf von Gebäuden, Ingenieurbauwerken, Verkehrsanlagen sowie für Flächenplanungen,
2. Bauvermessung vor und während der Bauausführung und die abschließende Bestandsdokumentation von Gebäuden, Ingenieurbauwerken und Verkehrsanlagen,
3. sonstige Vermessungstechnische Leistungen:
   - Vermessung an Objekten außerhalb der Planungs- und Bauphase,
   - Vermessung bei Wasserstraßen,
   - Fernerkundungen, die das Aufnehmen, Auswerten und Interpretieren von Luftbildern und anderer raumbezogener Daten umfassen, die durch Aufzeichnung über eine große Distanz erfasst sind, als Grundlage insbesondere für Zwecke der Raumordnung und des Umweltschutzes,
   - vermessungstechnische Leistungen zum Aufbau von geographisch-geometrischen Datenbasen für raumbezogene Informationssysteme sowie
   - vermessungstechnische Leistungen, soweit sie nicht in Absatz 1 und Absatz 2 erfasst sind.

Inhaltsübersicht

I. Überblick

Der Gesetzgeber hat in der am 18.08.2009 in Kraft getretenen 6. HOAI-Novelle neben anderen Leistungen die Vermessungsleistungen als „Beratungsleistungen" aus dem verbindlich geregelten Bereich verbannt und als „unverbindliche Empfehlung" im Anhang zur Honorarordnung aufgeführt. Bedenken gegen diesen Ausschluss aus dem verbindlich geregelten Preisrecht hat **1** der Bundesrat bereits mit seinem Beschluss vom 12.06.2009[35] angemeldet. Dort heißt es unter Ziffer 5: „Für nicht unproblematisch hält er (der Bundesrat; Einfügung durch den Verfasser) *jedoch, dass die Vorgabe verbindlicher Honorarsätze im Wesentlichen auf Planungsleistungen beschränkt wird und die Honorare für Beratungsleistungen nicht verbindlich geregelt werden, sondern künftig frei vereinbart werden können. Der Bundesrat hält es für erforderlich, die Auswirkungen dieser Entscheidung kritisch zu begleiten und gegebenenfalls zur Verbindlichkeit der Honorare für Beratungsleistungen … zurückzukehren.*"

Ungeachtet aller begründeten Empfehlungen der Fachverbände und der Ingenieurekammern, trotz einstimmiger Beschlussempfehlungen der Bauministerkonferenz und der Wirtschaftsministerkonferenz der Länder und einer einstimmigen Feststellung im Abschlussbericht zur Evaluierung der HOAI des Bundesbauministeriums[36] sind die Vermessungsleistungen in der aktuellen 7. Novelle der HOAI nicht in den preislich geregelten Teil der Honorarordnung zurück geführt worden.

Die Ziele dieser Novelle der HOAI sind unter dem Buchstaben A. der Bundesratsdrucksache 334/13 vom 25.04.2013[37] angeführt. Dort heißt es im letzten Absatz: „*Im Hinblick auf die Informationsasymmetrie zwischen Anbietern und Nachfragern am Markt ist es Ziel der Novellierung, für die in der HOAI aufgeführten Planungs- und Beratungsleistungen weiterhin einen angemessenen Interessenausgleich zwischen Auftraggebern und Auftragnehmern bei der vertraglichen Vereinbarung des Honorars zu gewährleisten. Dabei soll zugleich ein Beitrag zur Sicherstellung einer hohen Bauqualität sowie zum Verbraucherschutz geleistet werden.*"

Dieses Ziel ist für die Vermessungsleistungen nicht erreicht, da eine verbindliche preisliche Regelung durch die Novelle der HOAI nicht gegeben ist.

In Abstimmung mit dem BMWi wurde die baufachliche Aktualisierung der Leistungsbilder der HOAI im Rahmen eines Forschungsprojektes durch das BMVBS durchgeführt. Dabei hatten Auftraggeber- und Auftragnehmerseite Gelegenheit ihr Wissen und ihre Erfahrungen In paritätisch besetzten Arbeitsgruppen einzubringen. Dies führte u. A. dazu, dass flächenhafte Vermessungsleistungen von den Herstellungskosten von Objekten entkoppelt wurden, eine Forderung die die Fachkommission Vermessung des AHO schon seit Jahren erhoben hatte.

II. In der HOAI erfasste Vermessungsleistungen

2 Der bisherige Begriff „Vermessungstechnische Leistungen" wurde in der Novelle ersetzt durch den Begriff „Ingenieurvermessung". Die Änderung des Begriffes erfolgt ohne Änderung des Geltungsbereiches. Eine weitere Begriffsänderung ohne inhaltliche Einschränkung ist die Verwendung von „raumbezogener Daten" anstelle von „ortsbezogener Daten".

Leistungen der Ingenieurvermessung im Sinne der Anlage 1 Ziffer 1.4 HOAI sind das Erfassen raumbezogener Daten über Bauwerke und Anlagen, Grundstücke und Topographie, das Erstellen von Plänen, das Übertragen von Planungen in die Örtlichkeit sowie das vermessungstechnische Überwachen der Bauausführung. Voraussetzung für die Erfassung dieser Leistungen durch die Bestimmungen der HOAI ist, dass sie mit besonderen instrumentellen und vermessungstechnischen Verfahrensanforderungen erbracht werden müssen. Mit dieser Einschränkung will der Verordnungsgeber verdeutlichen, dass einfache Maßermittlungen, die keine besondere instrumentelle Ausrüstung erfordern oder aber kein vermessungstechnisches Fachwissen voraussetzen, nicht zu dem Anwendungsbereich der Ingenieurvermessung zählen. Solche Leistungen werden entweder mit den Honoraren der Auftragnehmer im Rahmen der Objektplanung abgegolten oder die Leistungen werden im Rahmen von Handwerkerleistungen erbracht[38].

Ausgenommen aus dem Anwendungsbereich der Ingenieurvermessung sind ferner die **Vermessungsleistungen**, die in den Zuständigkeitsbereich der Länder fallen. Dies sind insbesondere

---

[35] Drucksache 395/1/09, veröffentlicht unter www.bundesrat.de
[36] Abschlussbericht zur Evaluierung der HOAI, veröffentlicht unter www.bmvbs.de
[37] Drucksache 334/13, veröffentlicht unter www.bundesrat.de
[38] Amtliche Begründung zur HOAI 1996/2002, § 96, Bundesanzeigerausgabe S. 144

hoheitliche Katastervermessungen und Leistungen der amtlichen Landesvermessung. Demnach unterliegen alle Vermessungsleistungen, die nicht nach landesrechtlichen Vorschriften für Zwecke der Landesvermessung und/oder des Liegenschaftskatasters durchgeführt werden, den Bestimmungen der HOAI, lediglich die Höhe der Honorare kann frei vereinbart werden.

Gemäß den Vorgaben des Artikels 16 der Dienstleistungsrichtlinie gelten die Bestimmungen der HOAI nicht für Leistungserbringer mit ihrem Sitz im Ausland[39].

III. Übliches Honorar und freie Vereinbarung

Da die Leistungen der Ingenieurvermessung nicht dem Preisrecht der HOAI unterliegen, kann die Höhe des Honorars frei vereinbart werden. Um Streitigkeiten zwischen den Vertragspartnern zu vermeiden, ist es daher wichtig, eine vertragliche Regelung für die Vergütung der Leistungen zu treffen. Es liegt natürlich nahe, hierfür die Regelungen der Ziffern 1.4 in Anlage 1 der HOAI zu verwenden. Ersatzweise kommt stattdessen die freie Vereinbarung auf Basis angemessener Kostenansätze infrage. Hierfür stehen beispielweise die in den Vorbemerkungen dieses Kommentars unter III. Rdn. 20 ff. empfohlenen Kalkulationsgrundsätze zur Verfügung. Bei der Ermittlung eines „angemessenen Honorars" in Relation zum Zeitaufwand sind aber neben den „Bürostundensätzen" für die vermessungstechnischen Leistungen vor Ort auch die **Wegekosten** und die **Vorhaltekosten für das Instrumentarium** zu berücksichtigen. Dies sei am nachfolgenden Beispiel verdeutlicht: **3**

Messkraftwagen mit Grundausstattung

Neuwert € 20.000,00

AfA 60 Monate = 100 % / 60 Monate	= 1,70 % / Monat
Verzinsung = Zinssatz (7 %) × Laufzeit/2 (Jahr) / Laufzeit (Monat)	= 0,30 % / Monat
Wartung, Reparatur, Steuer, Versicherung	= 2,00 % / Monat
Summe = 4,0 % / Monat = € 800,00	

Tachymeter mit GPS und Zubehör

Neuwert € 40.000,00

AfA 48 Monate = 100 % / 48 Monate	= 2,10 % / Monat
Verzinsung = Zinssatz (6 %) × Laufzeit/2 (Jahr)/Laufzeit (Monat)	= 0,25 % / Monat
Wartung, Reparatur, Versicherung	= 2,00 % / Monat
Summe = 4,35 % / Monat = € 1.740,00	

Summe Sach- und Geräteeinsatz = € 2.540,00/ Monat
tatsächliche Einsatzzeit (ohne Ausfallzeiten für Wartung und Reparatur, ohne Rüstzeiten und personal-, witterungs- oder saisonbedingte Ausfallzeiten) = 60 %

Gesamtkosten je Arbeitsstunde € 2.540,00 / 60 % = 4.233,00 / 21 AT / 8 Std. = € 25,20

Leistungen der Ingenieurvermessung sind im Regelfall werkvertragliche Leistungen, für deren Honorierung nach § 632 Abs. 2 BGB keine taxmäßige Vergütung bestimmt ist. Deswegen wird, sofern für die Durchführung dieser Leistungen keine schriftliche Vereinbarung eines Honorars erfolgte, die übliche Vergütung als vereinbart angesehen. Als übliche Vergütung für die Leistungen der Ingenieurvermessung können die **Honorarempfehlungen** für Grundleistungen in Ziffer 1.4.8 der 7. HOAI-Novelle gelten.

---

[39] Amtliche Begründung der HOAI 2013. Kapitel B, § 1

4. Leistungsbereiche

4 In Abs. 2 stellt der Verordnungsgeber 3 Leistungsbereiche der Ingenieurvermessung vor:

Leistungsbereich 1: Planungsbegleitende und flächenbezogene Vermessungen

Leistungsbereich 2: Bauvermessung für die Phase der Objekterstellung und die abschließende geometrische Bestandsdokumentation

Leistungsbereich 3 definiert, gleichsam als Auffangnorm, alle vermessungstechnischen Leistungen außerhalb der Planungs- oder Bauphase und Leistungen der Fernerkundung und zum Aufbau von raumbezogenen Informationssystemen

5 **Planungsbegleitende Vermessungen** betreffen die Vorbereitungs- und die Planungsphase von Gebäuden, Ingenieurbauwerken und Verkehrsanlagen. Ziel dieser Vermessungsleistungen ist es, dem Objektplaner zur Vorbereitung und Anfertigung seiner Untersuchungen und Entwürfe die topographischen Grundlagen über das betroffene Areal einschließlich Katasterbezug und der planungsrelevanten und baurechtlich erforderlichen geometrischen Gegebenheiten zur Verfügung zu stellen.

6 Diesem Leistungsbereich sind auch **flächenbezogene Bestandsvermessungen** (topographisch/morphologische Aufnahmen und Darstellungen) zuzurechnen.

In einer zweiten Phase ist der vom Objektplaner gefertigte Entwurf in seiner Hauptgeometrie und hinsichtlich der baurechtlichen geometrischen Vorgaben zu überprüfen und es sind die notwendigen Berechnungen für die geometrische Übertragung der Planung in die Örtlichkeit durchzuführen.

7 Die **Bauvermessung** begleitet die Bauvorbereitung, die Bauausführung von Gebäuden, Ingenieurbauwerken und Verkehrsanlagen und deren abschließende Bestandsdokumentation. Ziel der Bauvermessung ist die geometrisch richtige Abbildung des Entwurfs in der Realität einschließlich der Überwachung der Einhaltung von Bautoleranzen. Zur Bauvermessung zählt auch die geometrische Dokumentation des errichteten Objektes (Bestandsplan).

8 Der Leistungsbereich 1.4.1 Abs. 2 Ziff. 3 (**Sonstige Vermessungsleistungen**) umfasst die Leistungen der Ingenieurvermessung, die von den Bestimmungen der Planungsbegleitenden Vermessung (1.4.1 Abs. 2 Ziff. 1) und der Bauvermessung (1.4.1 Abs. 2 Ziff. 2) ausgenommen sind. Diesem Bereich sind zuzuordnen:

– Vermessungstechnische Leistungen an Objekten, die während des Betriebes, für die Verwaltung oder für den Unterhalt erforderlich werden, z. B. vermessungstechnische Bestandsaufnehmen und Darstellungen von Bauwerken und Anlagen als Grundrisspläne, Schnitte und Ansichten oder in 3dimensionalen Datenbeständen, langfristige geodätische Bauwerksüberwachungen (Monitoring), Präzisionsmessungen im Anlagen-, Maschinen- und Werkzeugbau.

– Vermessungsleistungen bei Wasserstraßen, die das Erfassen und Darstellen von Gewässersohlen und von Uferbereichen beinhalten. Ingenieurbauwerke, die im Zusammenhang mit Wasserstraßen geplant und /oder errichtet werden, sind den Leistungsbereichen nach 1.4.1 Abs. 2 Ziff. 1 und Ziff. 2 zuzuordnen.

– Unter dem Begriff Fernerkundung werden subsumiert die Verfahren zur Datengewinnung aus Scan-Verfahren oder aus der Luftbildmessung. Die Leistungen der Fernerkundung umfassen auch die Planung und Durchführung des Bildmess- bzw. Fernerkundungsfluges, die Durchführung von Referenzbeobachtungen und die Interpretation zu Vegetation und Flächennutzung.

– Leistungen im Zusammenhang mit geografisch-geometrischen Datenbasen für raumbezogene Informationssysteme. Für diese Datensammlungen haben sich die Begriffe Geoinformationssysteme (GIS), Geographische Informationssysteme oder Räumliche Informationssysteme (RIS) etabliert. Sie dienen der Erfassung, Bearbeitung, Organisation, Analyse und Präsentation von Daten mit Raumbezug und deren Attributen. Die Leistungen bestehen insbesondere in der Konzeption und im Aufbau von geografisch-geometrischen Datenbasen (Ist-Analyse, Soll-Konzept, Definition eines Datenmodells) und im Erheben der ortsbezogenen Daten in grafisch digitaler Form.

– Vermessungstechnische Leistungen, soweit sie nicht in Absatz 1 und Absatz 2 erfasst sind.

Der Gesetzesgeber bekräftigt mit dieser Aufzählung, dass er alle vermessungstechnischen Leistungen mit Ausnahme der in 1.4.1 Abs.1 Satz 2 genannten „Leistungen, die nach landesrechtlichen Vorschriften für Zwecke der Landesvermessung und des Liegenschaftskatasters durchgeführt werden", den Bestimmungen der HOAI unterwerfen will.

Anlage 1 zu § 3 Absatz 1 Beratungsleistungen

1.4 Ingenieurvermessung

1.4.2 Grundlagen des Honorars bei der Planungsbegleitenden Vermessung

(1) Das Honorar für Grundleistungen der Planungsbegleitenden Vermessung kann sich nach der Summe der Verrechnungseinheiten, der Honorarzone in Nummer 1.4.3 und der Honorartafel in Nummer 1.4.8 richten.

(2) Die Verrechnungseinheiten können sich aus der Größe der aufzunehmenden Flächen und deren Punktdichte berechnen. Die Punktdichte beschreibt die durchschnittliche Anzahl der für die Erfassung der planungsrelevanten Daten je Hektar zu messenden Punkte.

(3) Abhängig von der Punktdichte können die Flächen den nachstehenden Verrechnungseinheiten (VE) je Hektar (ha) zugeordnet werden.

    sehr geringe Punktdichte (ca. 70 Punkte / ha) 50 VE

    geringe Punktdichte (ca. 150 Punkte / ha) 70 VE

    durchschnittliche Punktdichte (ca. 250 Punkte / ha) 100 VE

    hohe Punktdichte (ca. 350 Punkte / ha) 130 VE

    sehr hohe Punktdichte (ca. 500 Punkte / ha) 150 VE.

(4) Umfasst ein Auftrag Vermessungen für mehrere Objekte, so können die Honorare für die Vermessung jedes Objektes getrennt berechnet werden.

Inhaltsübersicht

I. Allgemeines

1   Das System zur Ermittlung der **Honorare bei der Entwurfsvermessung** ist dem in § 6 HOAI Abs. 1 vorgegebenen System nachgebildet. Da aber der Verordnungsgeber von seiner Regelungskompetenz zur Festlegung von Honoraren für die Leistungen der Ingenieurvermessung keinen Gebrauch macht, sind auch Formerfordernisse für die Wirksamkeit von Honorarvereinbarungen entfallen; das Honorar **kann frei vereinbart** werden. Mithin ist jede Form der Honorarvereinbarung rechtswirksam. Sie kann jederzeit und auch mündlich getroffen werden. Dies gilt sowohl für Grundleistungen als auch für Besondere Leistungen. Zur Vermeidung von Meinungsunterschieden über die zu erbringenden Leistungen und der dafür fälligen Honorare wird empfohlen, in einer schriftlichen Honorarvereinbarung zwischen Auftraggeber und Ingenieur das Leistungsbild und die dafür vorgesehene Honorierung klar zu definieren. Dabei ist eine Differenzierung zwischen Grundleistungen und Besonderen Leistungen obsolet.

Die **freie Honorarbemessung** für die Planungsbegleitenden Vermessungen kann sich nach der Summe der Verrechnungseinheiten, so wie sie in Abs. 3 definiert sind, nach der Honorarzone des 1.4.3, der die Planungsbegleitende Vermessung zuzuordnen ist, und nach der Honorartafel in 1.4.8 richten.

II. Die anrechenbaren Verrechnungseinheiten

Nach 1.4.2 Abs. 2 können die **Verrechnungseinheiten** auf Grundlage der Größe der aufzunehmenden Flächen und der Dichte der Aufnahmepunkte ermittelt werden. Die Ausdehnung der Aufnahmefläche orientiert sich an der Aufgabenstellung und wird z. B. bei der vermessungstechnischen Grundlage für die Bebauung eines Grundstücks auch die unmittelbare Nachbarbebauung und die angrenzende Straßentopographie umfassen.

    2

Die durchschnittliche Punktdichte, bezogen auf einen Hektar Aufnahmefläche, ist je nach Zweckbestimmung des vermessungstechnischen Elaborates abzuschätzen.

Die nach 1.4.2 Abs. 3 getroffenen Zuordnungen zu Verrechnungseinheiten in Abhängigkeit von der Punktdichte sind praxisfremd und nicht realistisch. Die bei Detailaufnahmen in Kerngebieten und dicht bebauten Ortslagen notwendigen Punktdichten sind in der Tabelle in keiner Weise ausreichend erfasst.

Nach einer Evaluierung der AHO Fachkommission Vermessung[40] auf der Grundlage von Angaben der Auftraggeber- und der Auftragnehmerseite wird anstelle der (unverbindlichen) Tabelle nach 1.4.2 Abs. 3 nachstehende Zuordnung empfohlen:

Flächenklasse	Punkte je ha	VE / ha
1	bis 50	40
2	51 – 73	50
3	74 – 100	60
4	101 – 131	70
5	132 – 166	80
6	167 – 203	90
7	204 – 244	100
8	245 – 335	120
9	336 – 494	150
10	495 – 815	200
11	816 – 1650	300
12	1651 – 4.000	500
13	4001 – 9.000	800

Die vorstehende Zuordnung wird auch vom Bundesministerium für Verkehr, Bau und Stadtentwicklung (BMVBS) als richtig angesehen und ist durch das Allgemeine Rundschreiben ARS 16/2013 vom 13.08.2013 eingeführt worden.

---

[40] AHO, Heft 31: Leistungsbild und Honorierung Ingenieurvermessung, Anwendbare Fortschreibung der Anlage 1, Nr. 1.4 HOAI 2013 – Oktober 2013

Nachdem der Gesetzgeber für die Honorarfindung Vertragsfreiheit vorsieht, kann der Vereinbarung zwischen Auftraggeber und Auftragnehmer auch eine Zuordnung der Verrechnungseinheiten nach tatsächlicher projektbezogener Punktanzahl zu Grunde gelegt werden.

III. Vermessungen für mehrere Objekte

3 1.4.2 Abs. 4 regelt den Fall, dass ein Auftrag Planungsbegleitende **Vermessungen für mehrere Objekte** betrifft. Danach können die anrechenbaren Verrechnungseinheiten zur Ermittlung des Honorars für die Planungsbegleitenden Vermessungen getrennt für jedes Objekt in Ansatz gebracht werden. Das Gesamthonorar ergibt sich damit aus der Summe der Einzelhonorare für jedes Objekt.

Von dieser Regelung empfiehlt es sich Gebrauch zu machen, wenn die betroffenen **Flächen nicht in unmittelbarem räumlichem Zusammenhang** stehen oder die **Bearbeitung in unterschiedlichen Zeiträumen** durchzuführen ist.

Anlage 1 zu § 3 Absatz 1 Beratungsleistungen

1.4 Ingenieurvermessung

1.4.3 Honorarzonen für Grundleistungen bei der Planungsbegleitenden Vermessung

(1) Die Honorarzone kann bei der Planungsbegleitenden Vermessung aufgrund folgender Bewertungsmerkmale ermittelt werden:

a) Qualität der vorhandenen Daten und Kartenunterlagen

sehr hoch	1 Punkt
hoch	2 Punkte
befriedigend	3 Punkte
kaum ausreichend	4 Punkte
mangelhaft	5 Punkte

b) Qualität des vorhandenen geodätischen Raumbezugs

sehr hoch	1 Punkt
hoch	2 Punkte
befriedigend	3 Punkte
kaum ausreichend	4 Punkte
mangelhaft	5 Punkte

c) Anforderungen an die Genauigkeit

sehr gering	1 Punkt
gering	2 Punkte
durchschnittlich	3 Punkte
hoch	4 Punkte
sehr hoch	5 Punkte

d) Beeinträchtigungen durch die Geländebeschaffenheit und bei der Begehbarkeit

sehr gering	1 bis 2 Punkte
gering	3 bis 4 Punkte
durchschnittlich	5 bis 6 Punkte
hoch	7 bis 8 Punkte
sehr hoch	9 bis 10 Punkte

e) Behinderung durch Bebauung und Bewuchs

sehr gering	1 bis 3 Punkte
gering	4 bis 6 Punkte
durchschnittlich	7 bis 9 Punkte
hoch	10 bis 12 Punkte
sehr hoch	13 bis 15 Punkte

f) Behinderung durch Verkehr

sehr gering	1 bis 3 Punkte
gering	4 bis 6 Punkte
durchschnittlich	7 bis 9 Punkte
hoch	10 bis 12 Punkte
sehr hoch	13 bis 15 Punkte

(2) Die Honorarzone kann sich aus der Summe der Bewertungspunkte wie folgt ergeben:

Honorarzone I   bis 13 Punkte

Honorarzone II   14 bis 23 Punkte

Honorarzone III   24 bis 34 Punkte

Honorarzone IV   35 bis 44 Punkte

Honorarzone V   45 bis 55 Punkte.

Inhaltsübersicht

I. Honorarzoneneinteilung allgemein

1   1.4.3 regelt insgesamt **sechs Bewertungsmerkmale**, die die Vertragsparteien entsprechend den Anforderungen an die Vermessungsleistungen je nach Schwierigkeitsgrad mit mehr oder weniger Punkten zu versehen haben. Aus der Gesamtzahl der so zu ermittelnden Punkte ergibt sich nach 1.4.3 Abs. 2 die Honorarzone. Der Einfachheit halber kann bei den Verhandlungen über die Festlegung der Honorarzone auf die zur Rdn. 8 dargestellte Matrix zurückgegriffen werden.

II. Die Bewertungsmerkmale im Einzelnen

1. Qualität der vorhandenen Daten und Kartenunterlagen

2   Ein Kriterium für den erforderlichen Vermessungsaufwand ist die Qualität der vorhandenen geometrischen Daten und Kartenunterlagen. Eine hohe Qualität dieser Daten bzw. Kartenunterlagen ist gegeben, wenn wesentliche Inhalte der zu erstellenden Lage- und Höhenpläne aus diesen Unterlagen direkt übernommen werden können. Je geringer der Anteil der übernahmefähigen Inhalte ist, desto geringer ist die Qualität der vorhandenen Daten- bzw. Kartenunterlagen zu werten. Dabei ist auch das Kriterium zu beachten, in welcher Form die „Kartenunterlagen" vorliegen. Eine digitale Verfügbarkeit kann den Aufwand entsprechend reduzieren und somit die Qualität im Sinne dieser Bestimmung steigern.

2. Qualität des vorhandenen geodätischen Raumbezugs

Grundlage für die Einbindung des objektbezogenen geodätischen Festpunktfeldes nach 1.4.4 **3**
Abs. 2 Ziff. 2 ist das vorhandene – meist amtliche – Lage- und Höhenfestpunktfeld. Die Qualität
des vorhandenen Festpunktfeldes wird beurteilt nach der Art der Vermarkung der Punkte, der
Genauigkeit für Lage und Höhe und nach der Punktdichte, d. h. nach dem räumlichen Abstand
und der Lage zu dem zu erstellenden objektbezogenen geodätischen Festpunktfeld.

3. Anforderungen an die Genauigkeit

Je nach Zweckbestimmung unterliegt die vermessungstechnische Leistung unterschiedlichen **4**
Genauigkeitsanforderungen. Eine Anforderung an die Genauigkeit in dm-Bereich kann als gering bewertet werden. Im cm-Bereich als durchschnittlich, im mm-Bereich als hoch.

4. Beeinträchtigung durch die Geländebeschaffenheit und bei der Begehbarkeit

Dieses Bewertungskriterium betrifft, wie auch die folgenden Kriterien, den Schwierigkeitsgrad **5**
der Durchführung der Vermessungsleitungen vor Ort.

Die Geländebeschaffenheit, d. h. die Geländeformation kann den Vermessungsaufwand erheblich beeinflussen. So wird im Regelfall die Beeinträchtigung der Leistung in einem ebenen
Gelände geringer sein als im Hügelland oder gar bei einem Taleinschnitt mit steilen Flanken
(kein Empfang von Satellitensignalen).

Die Begehbarkeit und Zugänglichkeit des Areals kann durch örtliche Gegebenheiten erschwert
werden. Als Beispiele seien genannt: Sumpf oder Moor, Durchtrennung des Areals durch einen Bach oder Fluss, der weiträumig umfahren werden muss, jahreszeitliche Behinderung durch
Schneelage.

5. Behinderung durch Bebauung und Bewuchs

Dieses Bewertungskriterium bezieht sich auf die Einsehbarkeit des Areals bei den durchzuführ- **6**
renden Geländeaufnahmen. Die Aufmessung eines bebauten Areals erfordert im Regelfall (bei
gleicher Dichte der Aufnahmepunkte) mehr Aufnahmestandpunkte als die Aufmessung eines
unbebauten Geländes, ebenso verhält es sich beim Vergleich eines Waldgrundstücks zu einem
Wiesengrundstück.

6. Behinderung durch Verkehr

Die Vermessungsleistungen können durch Fußgänger- oder Fahrverkehr in unterschiedlichem **7**
Ausmaß behindert werden. Der Grad der Behinderung hängt im Regelfall von der Intensität des
Verkehrs ab. Maßnahmen für umfangreiche anordnungsbedürftige Verkehrssicherungen, wie
teilweise oder gänzliche Fahrbahnsperrungen, Geschwindigkeitsbeschränkungen, Sicherungs-
fahrzeuge oder –personal und dergleichen sind nach 1.4.4 Abs. 2 Ziff. 1 als „Besondere Leistung" gesondert zu werten.

III. Punktbewertung

8 Nach 1.4.3 können die zu Rdn. 2 bis 4 aufgezählten Bewertungsmerkmale mit je fünf Punkten und die Bewertungsmerkmale zu Rdn. 5 bis 7 mit je zehn Punkten bewertet werden.

Anforderungen an die Planungsbegleitende Vermessung	sehr gering	gering	durchschnittlich	hoch	sehr hoch
Honorarzone	I	II	III	IV	V
Punktebewertung	bis 13	14–23	24–34	35–44	45–55
a) Qualität der vorhandenen Daten und Kartenunterlagen	sehr hoch 1	hoch 2	befriedigend 3	kaum ausreichend 4	mangelhaft 5
b) Qualität des vorhandenen geodätischen Raumbezugs	sehr hoch 1	hoch 2	befriedigend 3	kaum ausreichend 4	mangelhaft 5
c) Anforderungen an die Genauigkeit	sehr gering 1	gering 2	durchschnittlich 3	hoch 4	sehr hoch 5
d) Beeinträchtigung durch die Geländebeschaffenheit und bei der Begehbarkeit	sehr gering 1-2	gering 3-4	durchschnittlich 5-6	hoch 7-8	sehr hoch 9-10
e) Behinderung durch Bebauung und Bewuchs	sehr gering 1-3	gering 4-6	durchschnittlich 7-9	hoch 10-12	sehr hoch 13-15
f) Behinderung durch Verkehr	sehr gering 1-3	gering 4-6	durchschnittlich 7-9	hoch 10-12	sehr hoch 13-15

IV. Zuordnung zur Honorarzone

9 Nach 1.4.3 Abs. 2 sind Planungsbegleitenden Vermessungen gemäß der Anzahl der Bewertungspunkte (s. Rdn. 8) folgenden Honorarzonen zuzurechnen:

1 bis 13 Punkte – Honorarzone I: Vermessungen mit sehr geringen Anforderungen

14 bis 23 Punkte – Honorarzone II: Vermessungen mit geringen Anforderungen

24 bis 34 Punkte – Honorarzone III: Vermessungen mit durchschnittlichen Anforderungen

35 bis 44 Punkte – Honorarzone IV: Vermessungen mit hohen Anforderungen

45 bis 55 Punkte – Honorarzone V: Vermessungen mit sehr hohen Anforderungen

Anlage 1 zu § 3 Absatz 1 Beratungsleistungen

1.4 Ingenieurvermessung

1.4.4 Leistungsbild Planungsbegleitende Vermessung

(1) Das Leistungsbild Planungsbegleitende Vermessung kann die Aufnahme planungsrelevanter Daten und die Darstellung in analoger und digitaler Form für die Planung und den Entwurf von Gebäuden, Ingenieurbauwerken, Verkehrsanlagen sowie für Flächenplanungen umfassen.

(2) Die Grundleistungen können in vier Leistungsphasen zusammengefasst und wie folgt in Prozentsätzen der Honorare der Nummer 1.4.8 Absatz 1 bewertet werden:

1. für die Leistungsphase 1 (Grundlagenermittlung) mit 5 Prozent,

2. für die Leistungsphase 2 (Geodätischer Raumbezug) mit 20 Prozent,

3. für die Leistungsphase 3 (Vermessungstechnische Grundlagen) mit 65 Prozent,

4. für die Leistungsphase 4 (Digitales Geländemodell mit 10 Prozent.

(3) Das Leistungsbild kann sich wie folgt zusammensetzen:

Grundleistungen	Besondere Leistungen
1. Grundlagenermittlung	
a) Einholen von Informationen und Beschaffen von Unterlagen über die Örtlichkeit und das geplante Objekt b) Beschaffen vermessungstechnischer Unterlagen und Daten c) Ortsbesichtigung d) Ermitteln des Leistungsumfangs in Abhängigkeit von den Genauigkeitsanforderungen und dem Schwierigkeitsgrad	– Schriftliches Einholen von Genehmigungen zum Betreten von Grundstücken, von Bauwerken, zum Befahren von Gewässern und für anordnungsbedürftige Verkehrssicherungsmaßnahmen
2. Geodätischer Raumbezug	
a) Erkunden und Vermarken von Lageund Höhenfestpunkten b) Fertigen von Punktbeschreibungen und Einmessungsskizzen c) Messungen zum Bestimmen der Festund Passpunkte d) Auswerten der Messungen und Erstellen des Koordinaten- und Höhenverzeichnisses	– Entwurf, Messung und Auswertung von Sondernetzen hoher Genauigkeit – Vermarken aufgrund besonderer Anforderungen – Aufstellung von Rahmenmessprogrammen
3. Vermessungstechnische Grundlagen	
a) Topographische/morphologische Geländeaufnahme einschließlich Erfassen von Zwangspunkten und planungsrelevanter Objekte b) Aufbereiten und Auswerten der erfassten Daten c) Erstellen eines Digitalen Lagemodells mit ausgewählten planungsrelevanten Höhenpunkten d) Übernehmen von Kanälen, Leitungen, Kabeln und unterirdischen Bauwerken aus vorhandenen Unterlagen e) Übernehmen des Liegenschaftskatasters f) Übernehmen der bestehenden öffentlich-rechtlichen Festsetzungen g) Erstellen von Plänen mit Darstellen der Situation im Planungsbereich mit ausgewählten planungsrelevanten Höhenpunkten h) Liefern der Pläne und Daten in analoger und digitaler Form	– Maßnahmen für anordnungsbedürftige Verkehrssicherung – Orten und Aufmessen des unterirdischen Bestandes – Vermessungsarbeiten unter Tage, unter Wasser oder bei Nacht – Detailliertes Aufnehmen bestehender Objekte und Anlagen neben der normalen topographischen Aufnahme wie zum Beispiel Fassaden und Innenräume von Gebäuden – Ermitteln von Gebäudeschnitten – Aufnahmen über den festgelegten Planungsbereich hinaus – Erfassen zusätzlicher Merkmale wie zum Beispiel Baumkronen

Grundleistungen	Besondere Leistungen
	– Eintragen von Eigentümerangaben – Darstellen in verschiedenen Maßstäben – Ausarbeiten der Lagepläne entsprechend der rechtlichen Bedingungen für behördliche Genehmigungsverfahren – Übernahme der Objektplanung in ein digitales Lagemodell
4. Digitales Geländemodell	
a) Selektion der die Geländeoberfläche beschreibenden Höhenpunkte und Bruchkanten aus der Geländeaufnahme b) Berechnung eines digitalen Geländemodells c) Ableitung von Geländeschnitten d) Darstellen der Höhen in Punkt-, Raster- oder Schichtlinienform e) Liefern der Pläne und Daten in analoger und digitaler Form	

Inhaltsübersicht

I. Allgemeines

1 Das Leistungsbild Planungsbegleitende Vermessung umfasst die **flächenhaften Vermessungsleistungen**, die im Zusammenhang mit der Objektplanung von Gebäuden, Ingenieurbauwerken und Verkehrsanlagen in der Entwurfsphase oder als Vorstufe dazu anfallen. Diesem Leistungsbild sind auch sonstige topographisch-morphologische flächenhafte Bestandsvermessungen zuzuordnen.

Grundsätzlich ist dabei die Methode der Leistungserbringung (z. B. terrestrische oder photogrammetrische Vermessung) dem Ingenieur freigestellt. Er schuldet das beschriebene Werk, das sich an der Zweckbestimmung orientiert.

Das Leistungsbild des 1.4.4 gliedert sich in Grundleistungen und Besondere Leistungen. Die Unterscheidung in diesen beiden Leistungsarten ist der allgemeinen Struktur der HOAI geschuldet. Die im Leistungsbild genannten Grundleistungen sind per definitionem schon Besondere Leistungen, deren Honorare nicht verordnet sind. Sie sind in vier Leistungsphasen gegliedert, die in 1.4.4 Abs. 2 mit einem Prozentsatz im Verhältnis zum Gesamthonorar bewertet sind.

Für die im Leistungsbild genannten Besonderen Leistungen, die präziser eigentlich „Zusätzlichen Besondere Leistungen" genannt werden müssten, gilt, dass diese die Grundleistungen ergänzen können. Es handelt sich um eine beispielhafte Aufzählung. Die Zuordnung zu einzelnen Leistungsphasen ist für die Vereinbarung der Honorare ohne Bedeutung. Es können auch neue Besondere Leistungen, die in der HOAI nicht erwähnt sind, oder Besondere Leistungen aus anderen Leistungsbildern erforderlich sein und in die Vereinbarung mit aufgenommen werden.

II. Die Leistungsphasen im Einzelnen

1. Grundlagenermittlung

Ziel der **Leistungsphase 1 – Grundlagenermittlung** ist es, die für die Bearbeitung der vermessungstechnischen Leistungen erforderlichen Grundlagen zu beschaffen. Hierzu zählt das Einholen von Informationen und Unterlagen über die Örtlichkeit und das geplante Objekt. Insbesondere sind dies im Regelfalle katastertechnische Unterlagen und Daten, Festsetzungen aus der Bauleitplanung und baurechtliche Gegebenheiten. Im Rahmen der Ortsbesichtigung soll mit dem Auftraggeber und dem Objektplaner Klarheit geschaffen werden, welchen genauen Zielen die Planungsbegleitende Vermessung oder die Flächenvermessung dient.

Die Grundlagenermittlung schließt mit dem Ermitteln des Leistungsumfanges in Abhängigkeit von den Genauigkeitsanforderungen und dem Schwierigkeitsgrad der Leistung, d. h. mit der Zuordnung zu einer Honorarzone nach 1.4.3 ab.

Ergänzend zu den Grundleistungen der Grundlagenermittlung werden als **Zusätzliche Besondere** Leistungen das schriftliche Einholen von Genehmigungen zum Betreten von Grundstücken, zum Befahren von Gewässern und für anordnungsbedürftige Verkehrssicherungsmaßnahmen aufgeführt. Diese Leistungen betreffen die Durchführbarkeit der Vermessungsleistung. Da sie nicht bei jedem Bauvorhaben anfallen und von Fall zu Fall der Umfang dieser Leistung äußerst unterschiedlich sein kann, kann es sich hierbei nur um eine besonders zu vergütende Leistung handeln.

2. Geodätischer Raumbezug

Der **Leistungsphase 2 – geodätischer Raumbezug** ist besondere Bedeutung beizumessen, da es die vermessungstechnische Basis für die Planung und für die Realisierung des Objekts vor Ort ist. Es ist Ausgangspunkt für alle nachfolgenden Leistungen der Planungsbegleitenden Vermessung und auch der Bauvermessung. Diesem Umstand ist bei der Anzahl und bei der Vermarkung der Festpunkte Rechnung zu tragen. Zum späteren Auffinden der Festpunkte sind Beschreibungen und Einmessskizzen herzustellen. Durch vermessungstechnische Methoden (Strecken-, Winkel und Höhenmessungen) oder durch andere Positionsbestimmungen (z. B. Inertialmethode, Global Positioning Methode) sind die Punkte des geodätischen Festpunktfeldes nach Lage und Höhe einzumessen. Die erforderliche Genauigkeit ist aus der Zweckbestimmung abzuleiten und sollte zwischen Auftraggeber und Ingenieur abgestimmt sein. Das objektbezogene geodätische Festpunktfeld ist im Regelfall an das amtliche Lage- und Höhennetz anzuschließen. Aus der Messung sind durch geeignete geodätische Ausgleichsberechnungen für die einzelnen Festpunkte Lagekoordinaten und Höhen zu ermitteln und in Plänen und Verzeichnissen zu dokumentieren. Im Regelfalle ist auch die Lage- und Höhengenauigkeit des Festpunktnetzes in geeigneter Form anzugeben.

Im Fall der Anwendung von photogrammetrischen Methoden zur Erbringung der Leistungen nach Phase 3 sind die Leistungen für die Bestimmung der Passpunkte für die photogrammetrische Auswertung nach Lage und Höhe mit dem Honorar für die Phase 2 abgegolten. Dabei ist es unerheblich, ob die Auswertung über Einzelpasspunkte oder über eine Aerotriangulation erfolgt.

Werden vom Bestimmungszweck her besondere Anforderungen an die Genauigkeit des Grundnetzes gestellt, die a priori Ausgleichungen und Sensitivitätsanalysen und dergleichen erfordern, so sind diese Leistungen als Zusätzliche Besondere Leistungen gesondert zu vergüten. Dasselbe gilt für die Vermarkungen der Grundnetzpunkte, die den Einsatz von Geräten mit Erdbohrern oder Baggern oder Handschachtungen erfordern. Die dafür ggf. auch erforderlichen Leistungen zur Vorbereitung des Baus von Festpunkten in Ortbeton oder als Fertigteile sind als Zusätzliche Besondere Leistungen zu werten; die genannten Bauleistungen sind als gewerbliche Leistungen getrennt zu vergüten. Auch die Beschaffung und das Einbringen von ortsfesten Zentrier- oder Signaleinrichtungen sind Zusätzliche Besondere Leistungen, die mit dem Honorar für die Grundleistungen nicht abgedeckt sind.

3. Vermessungstechnische Grundlagen

4   Die **Leistungsphase 3 – Vermessungstechnische Grundlagen** hat sich am Verwendungszweck des geschuldeten Werkes (**Lage- und Höhenplan**) zu orientieren und beinhaltet die geometrische Erfassung aller Punkte, die die Geländeoberfläche beschreiben, einschließlich der Konturen von Bauwerken, von sichtbaren Leitungsarmaturen, Straßenmöblierung (Verkehrsschilder, Ampeln, Bänke und dergleichen) und von Bewuchs (Einzelbäume, Hecken).

Die Inhalte und der Darstellungsmaßstab sind zwischen Auftraggeber und Ingenieur projektbezogen abzustimmen. An diesen Maßstäben hat sich auch der Detaillierungsgrad der Aufnahme zu orientieren.

Die **Aufnahmemethode** und das einzusetzende **Instrumentarium** sind im Regelfall vom Ingenieur festzulegen. Bei einer Leistungserbringung durch Photogrammetrie sind mit dem Honorar für die Leistungsphase 3 auch die Aufwendungen für den ergänzenden Feldvergleich und z. B. für die Bestimmung von Dachüberständen abgedeckt.

Das zu erstellende **Digitale Lagemodell** stellt die grundrissbezogene Beschreibung (x-, y-Koordinaten) des Geländes mit Angaben zu Geometrie, Bedeutung und gegenseitigen Beziehungen von topographischen Objekten dar[41]. In diesem Digitalen Lagemodell sind ausgewählte planungsrelevante Höhenpunkte mit enthalten; letztlich stellt diese Grundleistung die digitale Version der Grundleistung dar, die in 1.4.4 Abs. 3, Leistungsphase 3, Buchstabe g) beschrieben ist mit: „Erstellen von Plänen mit Darstellen der Situation im Planungsbereich mit ausgewählten planungsrelevanten Höhenpunkten."

Die vom Auftraggeber zur Verfügung gestellten oder in seinem Auftrag von Ingenieur beschafften Unterlagen über Kanäle, unterirdische Leitungen und unterirdische Bauwerke sind in die Planunterlagen einzuarbeiten, wobei der Ingenieur für die Richtigkeit und Vollständigkeit nachrichtlich übernommener Informationen nicht haftet. Es empfiehlt sich, die Pläne und Daten mit einem entsprechenden Hinweis zu versehen.

Die geometrischen **Inhalte des amtlichen Liegenschaftskatasters** (Grundstücksgrenzen, Bauwerkskonturen) sind in die zu erstellenden Planunterlagen nachrichtlich zu übernehmen, soweit sie für das Planungsvorhaben relevant sind. Dafür anfallende amtliche Gebühren sind im Honorar nicht enthalten.

Öffentlich-rechtliche Festsetzungen geometrischer Art (z. B. Baulinien oder Baugrenzen) sind, soweit sie vom Auftraggeber zur Verfügung gestellt werden, oder in dessen besonderem Auftrag beschafft werden, in die Pläne zu übernehmen.

Unter dem Begriff „**Planungsbereich**" ist das durch die Planungsmaßnahme (mit Außenanlagen) betroffene Areal, einschließlich der anliegenden Straßen (im Regelfall bis Straßenmitte) und der unmittelbar angrenzenden Bebauung zu verstehen.

Der „Planungsbereich" für linienhafte Objekte, auf den sich die Grundleistungen der Entwurfsvermessung beziehen, ist der Bereich, der „beplant" wird. Nicht gemeint ist der Gesamtbereich, der bei der Planung zu berücksichtigen ist (Lärmschutz und dergl.). Für außerörtliche Straßenbauvorhaben kann der aufzunehmende Korridor wie folgt beschrieben werden:

1. Zweispurige Straßen: Aufnahmebreite bis 100 Meter (je 50 Meter beiderseits der vorgesehenen Straßenachse)

2. für jede weitere Fahrspur: Aufnahmebreite bis 20 Meter zusätzlich

3. kreuzende Verkehrswege und vorgesehene Bauwerke: entsprechende Aufweitung des Aufnahmeareals.

Die Planungsbegleitende Vermessung im Planungsbereich muss von der Detaillierung der Aufnahme her eine baureife Planung der Maßnahme ermöglichen. Die erstellten Pläne und Daten sind auf Wunsch dem Auftraggeber auch in digitaler Form in einem zu vereinbarenden Datenformat (gebräuchlich DWG, DXF) zu liefern.

Beispielhaft sind in der Leistungsphase 3 auch **Zusätzliche Besondere Leistungen** angeführt, die über die Grundleistung nach Phase 3 hinausgehen oder diese unverhältnismäßig erschweren. Für diese Leistungen ist im Einzelfall ein angemessenes Honorar festzulegen.

---

[41] Amtliche Begründung der HOAI 2013. Kapitel B, zu Anlage 1, Nummer 1.4.4, Abs. 3, Leistungsphase 3

4. Digitales Geländemodell

Aus der topographisch-morphologischen Geländeaufnahme aus der Leistungsphase 3 ist durch   **5**
Definition der Bruchkanten ein 3-dimensionales **Digitales Geländemodell** zu generieren aus
dem Geländeschnitte abgeleitet werden können.

Die Höheninformation in den (digitalen) Plänen erfolgt je nach Aufgabenstellung und Absprache als Höhenangabe für Einzelpunkte, als Höhenraster oder in der Form von Höhenschichtlinien in einer dem Gelände angemessenen Äquidistanz. Ebenso kann eine Mischform der vorgenannten Darstellungsarten zweckmäßig sein.

Die Übergabe der Daten in der Form eines **digitalen Geländemodells** an den Auftraggeber bedarf einer exakten Abstimmung zwischen Auftraggeber und Ingenieur, insbesondere im Hinblick auf die Reproduzierbarkeit des Modells durch das Programmsystem des Auftraggebers oder der Weiternutzung durch andere Planer.

Anlage 1 zu § 3 Absatz 1 Beratungsleistungen

1.4 Ingenieurvermessung

1.4.5 Grundlagen des Honorars bei der Bauvermessung

(1) Das Honorar für Grundleistungen bei der Bauvermessung kann sich nach den anrechenbaren Kosten des Objekts, der Honorarzone in Nummer 1.4.6 und der Honorartafel in Nummer 1.4.8 Absatz 2 richten.

(2) Anrechenbare Kosten können die Herstellungskosten des Objekts darstellen. Diese können entsprechend § 4 Absatz 1 und

1. bei Gebäuden entsprechend § 33 ,

2. bei Ingenieurbauwerken entsprechend § 42,

3. bei Verkehrsanlagen entsprechend § 46

ermittelt werden.

Anrechenbar können bei Ingenieurbauwerken 100 Prozent, bei Gebäuden und Verkehrsanlagen 80 Prozent der ermittelten Kosten sein.

(3) Die Absätze 1 und 2 sowie die Nummer 1.4.6 und Nummer 1.4.7 finden keine Anwendung für vermessungstechnische Grundleistungen bei ober- und unterirdischen Leitungen, Tunnel-, Stollen- und Kavernenbauwerken, innerörtlichen Verkehrsanlagen mit überwiegend innerörtlichem Verkehr, bei Geh- und Radwegen sowie Gleis- und Bahnsteiganlagen. Das Honorar für die in Satz 1 genannten Objekte kann ergänzend frei vereinbart werden.

Inhaltsübersicht

I. Allgemeines

1 Die freie Honorarbemessung für die Bauvermessung kann sich nach den anrechenbaren Kosten des Objektes, nach der Honorarzone des 1.4.6, dem die Bauvermessung angehört, sowie nach der Honorartafel des 1.4.8 Abs. 2 richten. Da das Honorar frei vereinbart werden kann, ist mithin auch jede Form der Honorarvereinbarung rechtswirksam. Sie kann jederzeit und auch mündlich getroffen werden. Dies gilt sowohl für Grundleistungen als auch für Besondere Leistungen.

II. Die anrechenbaren Kosten

1. Vorbemerkung

Nach 1.4.5 Abs. 2 können die Honorare nach § 4 Abs.1 auf der Grundlage von ortsüblichen Netto-Herstellungskosten für das Bauwerk ermittelt werden. Warum allerdings § 4 Abs. 2 (Eigenleistungen des Auftraggebers, Leistungen in Gegenrechnung, Einbau von vorbeschafften Baustoffen und dergl. mehr) und § 4 Abs. 3 (Anrechnung der mitverarbeiteten Bausubstanz) bei der Ermittlung der Herstellungskosten nicht anzurechnen sind, erschließt sich dem Verfasser nicht. Nachdem der Gesetzgeber eine freie Honorarvereinbarung für die Bauvermessung ermöglicht, wird empfohlen, in entsprechende vertragliche Vereinbarungen die Regelungen des gesamten § 4 einzubeziehen. **2**

Wenn eine Honorarvereinbarung auf der Grundlage der Honorarrichtwerte gemäß Anlage 1 Ziffer 1.4. HOAI getroffen wird, so hat der Vermessungsingenieur Anspruch auf Übermittlung der Kostenberechnung bzw. der Kostenschätzung, damit er seinerseits die Honorarermittlung vornehmen kann.

2. Die anrechenbaren Kosten bei Gebäuden

Bei der Bauvermessung für Gebäude sind die anrechenbaren Kosten nach § 33 zu ermitteln. Dies bedeutet, dass Grundlage für die Honorarberechnungen die anrechenbaren Kosten des Gebäudes sind und zwar nach § 33 Abs. 1 die Kosten der Baukonstruktion und gemäß § 33 Abs. 2 die anteiligen Herstellungskosten der Technischen Anlagen. **3**

Bei Gebäuden sind nach § 33 die Herstellungskosten der Baukonstruktion voll anrechenbar, die Kosten der Technischen Anlagen bis zu 25 % der Baukonstruktion und der 25 % übersteigende Betrag der Technischen Anlagen zur Hälfte. Für die Bauvermessung sind nach 1.4.5 Abs. 2 bei Gebäuden 80 % der nach § 33 ermittelten anrechenbaren Herstellungskosten zu Grunde zu legen. Dies soll an folgendem Beispiel dargelegt werden:

Kosten der Baukonstruktion: € 5.000.000,00	davon anrechenbar: 100 %	€ 5.000.000,00
Kosten der Technischen Anlagen: € 1.000.000,00	davon anrechenbar: 25 %	€ 250.000,00
Kosten der Technischen Anlagen, welche die anrechenbaren Kosten übersteigen: € 1.000.000,00 – € 250.000,00 = € 750.000,00	davon anrechenbar: 50 %	€ 375.000,00
Summe anrechenbare Kosten nach § 33		€ 5.625.000,00
Summe anrechenbare Kosten für die Bauvermessung = 80 % aus € 5.625.000,00		**€ 4.500.000,00**

Für kleinere Gebäude – wie z. B. Einfamilienhäuser – beträgt der Nettobetrag der für die Bauvermessung anrechenbaren Kosten ca. 50 % der Gesamtkosten des Bauvorhabens (einschließlich Planungskosten und MwSt.).

3. Die anrechenbaren Kosten bei Ingenieurbauwerken

Bei der Bauvermessung für Ingenieurbauwerke sind die anrechenbaren Kosten nach § 42 zu ermitteln. In Analogie zu der vorstehenden Rdn. 3 sind die Herstellungskosten der Baukonstruktion voll anrechenbar, die Kosten der Technischen Anlagen bis zu 25 % der Baukonstruktion und der 25 % übersteigende Betrag der Technischen Anlagen zur Hälfte. Für die Bauvermessung sind nach 1.4.5 Abs. 2 bei Ingenieurbauwerken 100 % der nach § 42 ermittelten anrechenbaren Herstellungskosten zu Grunde zu legen. Dies soll an folgendem Beispiel dargelegt werden: **4**

Kosten der Baukonstruktion: € 5.000.000,00	davon anrechenbar: 100 %	€ 5.000.000,00
Kosten der Technischen Anlagen: € 1.000.000,00	davon anrechenbar: 25 %	€ 250.000,00
€ 1.000.000,00 – € 250.000,00 = € 750.000,00	davon anrechenbar: 50 %	€ 375.000,00
Summe anrechenbare Kosten nach § 42		€ 5.625.000,00
Summe anrechenbare Kosten für die Bauvermessung = 100 % aus € 5.625.000,00		**€ 5.625.000,00**

4. Die anrechenbaren Kosten bei Verkehrsanlagen

5   Bei der Bauvermessung für Verkehrsanlagen sind die anrechenbaren Kosten nach § 46 zu ermitteln. In Analogie zur Bauvermessung von Gebäuden (Rdn. 3) sind die Herstellungskosten der Baukonstruktion voll anrechenbar, die Kosten der Technischen Anlagen bis zu 25 % der Baukonstruktion und der 25 % übersteigende Betrag der Technischen Anlagen zur Hälfte.

Für die Bauvermessung sind nach 1.4.5 Abs. 2 bei Verkehrsanlagen 80 % der nach § 46 ermittelten anrechenbaren Herstellungskosten zu Grunde zu legen. Dies soll an folgendem Beispiel dargelegt werden:

Kosten der Baukonstruktion: € 5.000.000,00	davon anrechenbar: 100 %	€ 5.000.000,00
Kosten der Technischen Anlagen: € 1.000.000,00	davon anrechenbar: 25 %	€ 250.000,00
€ 1.000.000,00 – € 250.000,00 = € 750.000,00	davon anrechenbar: 50 %	€ 375.000,00
Summe anrechenbare Kosten nach § 33		€ 5.625.000,00
Summe anrechenbare Kosten für die Bauvermessung: 80 % aus € 5.625.000,00		**€ 4.500.000,00**

III. Einschränkung des Geltungsbereiches

6   Gemäß 1.4.5 Abs. 3 finden die Honorarregelungen für die Bauvermessung keine Anwendung bei ober- und unterirdischen Leitungen, Tunnel- Stollen und Kavernenbauwerken, bei innerörtlichen Verkehrsanlagen mit überwiegend innerörtlichem Verkehr, bei Geh- und Radwegen sowie bei Gleis- und Bahnsteiganlagen, da hier ein höherer Aufwand im Verhältnis zu den anrechenbaren Herstellungskosten zu erwarten ist und somit ein auskömmliches Honorar nicht gewährleistet ist.

Anlage 1 zu § 3 Absatz 1 Beratungsleistungen

1.4 Ingenieurvermessung

1.4.6 Honorarzonen für Grundleistungen bei der Bauvermessung

(1) Die Honorarzone kann bei der Bauvermessung aufgrund folgender Bewertungsmerkmale ermittelt werden:

a) Beeinträchtigungen durch die Geländebeschaffenheit und bei der Begehbarkeit

sehr gering	1 Punkt
gering	2 Punkte
durchschnittlich	3 Punkte
hoch	4 Punkte
sehr hoch	5 Punkte

b) Behinderungen durch Bebauung und Bewuchs

sehr gering	1 bis 2 Punkte
gering	3 bis 4 Punkte
durchschnittlich	5 bis 6 Punkte
hoch	7 bis 8 Punkte
sehr hoch	9 bis 10 Punkte

c) Behinderung durch den Verkehr

sehr gering	1 bis 2 Punkte
gering	3 bis 4 Punkte
durchschnittlich	5 bis 6 Punkte
hoch	7 bis 8 Punkte
sehr hoch	9 bis 10 Punkte

d) Anforderungen an die Genauigkeit

sehr gering	1 bis 2 Punkte
gering	3 bis 4 Punkte
durchschnittlich	5 bis 6 Punkte
hoch	7 bis 8 Punkte
sehr hoch	9 bis 10 Punkte

e) Anforderungen durch die Geometrie des Objekts

sehr gering	1 bis 2 Punkte
gering	3 bis 4 Punkte
durchschnittlich	5 bis 6 Punkte
hoch	7 bis 8 Punkte
sehr hoch	9 bis 10 Punkte

f) Behinderung durch den Baubetrieb

sehr gering	1 bis 3 Punkte
gering	4 bis 6 Punkte
durchschnittlich	7 bis 9 Punkte
hoch	10 bis 12 Punkte
sehr hoch	13 bis 15 Punkte.

(2) Die Honorarzone kann sich aus der Summe der Bewertungspunkte wie folgt ergeben:

Honorarzone I   bis 14 Punkte

Honorarzone II   15 bis 25 Punkte

Honorarzone III 26 bis 37 Punkte

Honorarzone IV   38 bis 48 Punkte

Honorarzone V   49 bis 60 Punkte.

Inhaltsübersicht

I. Allgemeines

1   Die Honorarzoneneinteilung erfolgt wie in 1.4.3 anhand von Bewertungskriterien, die entsprechend dem Schwierigkeitsgrad der Anforderungen an die Vermessungsleistung mit unterschiedlichen Punkten bewertet werden können. Teilweise wiederholen sich die Bewertungskriterien, so wie sie für die Planungsbegleitende Vermessung bei der Honorarzonenfindung bedeutsam waren. Die Bewertungskriterien sind ergänzt um die Kriterien Geometrie des Bauobjektes und Behinderung durch den Baubetrieb.

II. Bewertungsmerkmale im Einzelnen

1. Beeinträchtigung durch die Geländebeschaffenheit und bei der Begehbarkeit.

2   Hier gelten analog die Erläuterungen zu 1.4.3 Rdn. 5.

2. Behinderung durch Bebauung und Bewuchs

3   Die unter 1.4.3 Rdn. 6 genannten Aspekte gelten hier unverändert.

3. Behinderung durch Verkehr

4   Wie zu 1.4.3 Rdn. 7 ausgeführt, kann der Verkehr die Vermessungsleistung wesentlich erschweren.

4. Anforderungen an die Genauigkeit

Bei der Bauvermessung ist davon auszugehen, dass der Anspruch an die Vermessungsgenauigkeit für ein Objekt für einzelne Bauphasen unterschiedlich sein wird. So kann z. B. bei einem Brückenbauwerk die erforderliche Absteckgenauigkeit für die Baugrube im Bereich von mehreren Zentimetern liegen, für die aufgehenden Bauteile (Pfeiler, Widerlager) im Bereich von mehreren Millimetern, für die Fahrbahnauflager und für Deformations- und Setzungsmessungen im Submillimeterbereich. Da sich die vermessungstechnische Gesamtkonzeption an der höchsten geforderten Genauigkeit orientieren muss, ist auch dieser Anspruch bei der Zuordnung zur Honorarzone anzusetzen. Demnach ist der Anspruch an die Genauigkeit für das vorgenannte Brückenbauwerk mit «sehr hoch» anzusetzen. **5**

5. Anforderungen durch die Geometrie des Objekts

Die Anforderungen an die Bauvermessung sind in hohem Maße abhängig von der Bauwerksgeometrie. Eine Straße, die als Gerade von Punkt A nach Punkt B mit einem einheitlichen Gefälle verläuft, verursacht wesentlich weniger Aufwand als eine kurvige Straße mit ständig wechselnder Quer- und Längsneigung. Ebenso wird ein viereckiger Geschoßbau mit rasterförmig angeordneten Tragelementen weniger Aufwand verursachen, als ein Gebäude mit stark gegliedertem oder splineförmigem (kurvigem) Grundriss und individueller Ausbildung der Einzelgeschosse. **6**

6 . Behinderung durch Baubetrieb

Hier sind die Erschwernisse der Leistungserbringung durch den Baustellenverkehr und durch die parallel zur Bauvermessung laufenden Bauarbeiten zu berücksichtigen (Sichtbehinderung, zeitliche Einschränkungen, Erschütterung und dergleichen). **7**

III. Punktebewertung

In Bezug auf die Punktebewertung verweist 1.4.6 auf das in der nachfolgen Matrix dargestellte Punktebewertungssystem. Die Bewertungskriterien zu Rdn. 2 können danach mit bis zu 5 Punkten, die Bewertungskriterien nach Rdn. 3 bis 6 mit bis zu je 10 Punkten und das Bewertungskriterium nach Rdn. 7 mit 15 Punkten bewertet werden. **8**

Anforderungen an die Bauvermessung	sehr gering	gering	durch-schnittlich	hoch	sehr hoch
Honorarzone	I	II	III	IV	V
Punktebewertung	bis 14	15–25	26–37	38–48	49–60
a) Beeinträchtigung durch die Geländebeschaffenheit und bei der Begehbarkeit	sehr gering 1	gering 2	durchschnittlich 3	hoch 4	sehr hoch 5
b) Behinderung durch Bebauung und Bewuchs	sehr gering 1–2	gering 3–4	durchschnittlich 5–6	hoch 7–8	sehr hoch 9–10
c) Behinderung durch den Verkehr	sehr gering 1–2	gering 3–4	durchschnittlich 5–6	hoch 7–8	sehr hoch 9–10
d) Anforderungen an die Genauigkeit	sehr gering 1–2	gering 3–4	durchschnittlich 5–6	hoch 7–8	sehr hoch 9–10
e) Anforderungen durch die Geometrie des Objekts	sehr gering 1–2	gering 3–4	durchschnittlich 5–6	hoch 7–8	sehr hoch 9–10
f) Behinderung durch den Baubetrieb	sehr gering 1–3	gering 4–6	durchschnittlich 7–9	hoch 10–12	sehr hoch 13–15

IV. Zuordnung der Honorarzone

9 Nach 1.4.6 Abs. 2 gilt 1.4.3 Abs. 2 sinngemäß. Demnach ist die Leistung der Bauvermessung gemäß der Anzahl der Bewertungspunkte (s. Rdn. 8) folgenden Honorarzonen zuzurechnen.

1 bis 14 Punkte – Honorarzone I: Vermessungen mit sehr geringen Anforderungen.

15 bis 25 Punkte – Honorarzone II: Vermessungen mit geringen Anforderungen.

26 bis 37 Punkte – Honorarzone III: Vermessungen mit durchschnittlichen Anforderungen.

38 bis 48 Punkte – Honorarzone IV: Vermessungen mit hohen Anforderungen.

49 bis 60 Punkte – Honorarzone V: Vermessungen mit sehr hohen Anforderungen.

Anlage 1 zu § 3 Absatz 1 Beratungsleistungen

1.4 Ingenieurvermessung

1.4.7 Leistungsbild Bauvermessung

(1) Das Leistungsbild Bauvermessung kann die Vermessungsleistungen für den Bau und die abschließende Bestandsdokumentation von Gebäuden, Ingenieurbauwerken und Verkehrsanlagen umfassen.

(2) Die Grundleistungen können in fünf Leistungsphasen zusammengefasst und wie folgt in Prozentsätzen der Honorare der Nummer 1.4.8 Absatz 2 bewertet werden:

1. für die Leistungsphase 1 (Baugeometrische Beratung) mit 2 Prozent

2. für die Leistungsphase 2 (Absteckungsunterlagen) mit 5 Prozent

3. für die Leistungsphase 3 (Bauvorbereitende Vermessung) mit 16 Prozent

4. für die Leistungsphase 4 (Bauausführungsvermessung) mit 62 Prozent

5. für die Leistungsphase 5 (Vermessungstechnische Überwachung der Bauausführung) mit 15 Prozent.

(3) Das Leistungsbild kann sich wie folgt zusammensetzen:

Grundleistungen	Besondere Leistungen
1. Baugeometrische Beratung	
a) Ermitteln des Leistungsumfanges in Abhängigkeit vom Projekt b) Beraten, insbesondere im Hinblick auf die erforderlichen Genauigkeiten und zur Konzeption eines Messprogramms c) Festlegen eines für alle Beteiligten verbindlichen Maß-, Bezugs- und Benennungssystems	– Erstellen von vermessungstechnischen Leistungsbeschreibungen – Erarbeiten von Organisationsvorschlägen über Zuständigkeiten, Verantwortlichkeit und Schnittstellen der Objektvermessung – Erstellen von Messprogrammen für Bewegungs- und Deformationsmessungen, einschließlich Vorgaben für die Baustelleneinrichtung
2. Absteckungsunterlagen	
a) Berechnen der Detailgeometrie anhand der Ausführungsplanung, Erstellen eines Absteckungsplanes und Berechnen von Absteckungsdaten einschließlich Aufzeigen von Widersprüchen (Absteckungsunterlagen)	– Durchführen von zusätzlichen Aufnahmen und ergänzende Berechnungen, falls keine qualifizierten Unterlagen aus der Leistungsphase vermessungstechnische Grundlagen vorliegen – Durchführen von Optimierungsberechnungen im Rahmen der Baugeometrie (zum Beispiel Flächennutzung, Abstandsflächen) – Erarbeitung von Vorschlägen zur Beseitigung von Widersprüchen bei der Verwendung von Zwangspunkten (zum Beispiel bauordnungsrechtliche Vorgaben)
3. Bauvorbereitende Vermessung	
a) Prüfen und Ergänzen des bestehenden Festpunktfeldes b) Zusammenstellung und Aufbereitung der Absteckungsdaten c) Absteckung: Übertragen der Projektgeometrie (Hauptpunkte) und des Baufeldes in die Örtlichkeit d) Übergabe der Lage- und Höhenfestpunkte, der Hauptpunkte und der Absteckungsunterlagen an das bauausführende Unternehmen	– Absteckung auf besondere Anforderungen (zum Beispiel Archäologie, Ausholzung, Grobabsteckung, Kampfmittelräumung)

Grundleistungen	Besondere Leistungen
4. Bauausführungsvermessung	
a) Messungen zur Verdichtung des Lage und Höhenfestpunktfeldes	– Erstellen und Konkretisieren des Messprogramms
b) Messungen zur Überprüfung und Sicherung von Fest- und Achspunkten	– Absteckungen unter Berücksichtigung von belastungs- und fertigungstechnischen Verformungen
c) Baubegleitende Absteckungen der geometriebestimmenden Bauwerkspunkte nach Lage und Höhe	– Prüfen der Maßgenauigkeit von Fertigteilen
d) Messungen zur Erfassung von Bewe-gungen und Deformationen des zu erstellenden Objekts an konstruktiv bedeutsamen Punkten	– Aufmaß von Bauleistungen, soweit besondere vermessungstechnische Leistungen gegeben sind
e) Baubegleitende Eigenüberwachungsmessungen und deren Dokumentation	– Ausgabe von Baustellenbestandsplänen während der Bauausführung
f) Fortlaufende Bestandserfassung während der Bauausführung als Grundlage für den Bestandplan	– Fortführen der vermessungstechnischen Bestandspläne nach Abschluss der Grundleistungen
	– Herstellen von Bestandsplänen
5. Vermessungstechnische Überwachung der Bauausführung	
a) Kontrollieren der Bauausführung durch stichprobenartige Messungen an Schalungen und entstehenden Bauteilen (Kontrollmessungen)	– Prüfen der Mengenermittlungen
b) Fertigen von Messprotokollen	– Beratung zu langfristigen vermessungstechnischen Objektüberwachungen im Rahmen der Ausführungskontrolle baulicher Maßnahmen und deren Durchführung
c) Stichprobenartige Bewegungs- und Deformationsmessungen an konstruktiv bedeutsamen Punkten des zu erstellenden Objekts	– Vermessungen für die Abnahme von Bauleistungen, soweit besondere vermessungstechnische Anforderungen gegeben sind

(4) Die Leistungsphase 4 ist abweichend von Absatz 2 bei Gebäuden mit 45 bis 62 Prozent zu bewerten.

Inhaltsübersicht

I. Allgemeines

1   Das **Leistungsbild „Bauvermessung"** umfasst die vermessungstechnischen Vorgaben, die für die bautechnische Errichtung von Gebäuden, Ingenieurbauwerken und Verkehrsanlagen notwendig sind und die baubegleitenden Vermessungsleistungen. Die Ausnahmen des Geltungsbereiches sind in 1.4.5 Abs. 3 geregelt. Die **Methode der Leistungserbringung** ist in Analogie zur Planungsbegleitenden Vermessung dem Ingenieur **freigestellt**.

Ähnlich wie in 1.4.4 ist auch das Leistungsbild Bauvermessung in unterschiedliche Leistungsphasen gegliedert, die in Grundleistungen und Besondere Leistungen aufgeteilt sind. Grundleistungen gehören im Allgemeinen zu den Leistungen, die für die Erbringungen des Leistungsbildes Bauvermessung grundsätzlich erforderlich sind. Besondere Leistungen können hinzukommen. Da das Honorar frei vereinbart werden kann, ist auch hier jede Form der Honorarvereinbarung rechtswirksam. Auch für die Bauvermessung wird empfohlen, in einer schriftlichen Vereinbarung das Leistungsbild klar zu definieren und das Honorar vertraglich zwischen Auftraggeber und Ingenieur zu fixieren. Dabei ist eine Differenzierung zwischen Grundleistungen und Besonderen Leistungen ist nicht notwendig.

Die Grundleistungen der Bauvermessung sind in fünf Leistungsphasen gegliedert, die in 1.4.7 Abs. 2 mit Prozentsätzen im Verhältnis zum Gesamthonorar bewertet sind.

II. Leistungsphasen im Einzelnen

1. Baugeometrische Beratung

Zu den Grundleistungen gehört zunächst die Festlegung der Genauigkeitsansprüche aus der Zweckbestimmung des Objektes (bautechnische Toleranzen) unter wirtschaftlichen Gesichtspunkten, die gemeinsam mit den Objektplanern erfolgen muss. Für die Bauphase des Objektes ist ein vermessungstechnisches Konzept zu entwickeln, das insbesondere die Messmethode, das einzusetzende Instrumentarium und die Art der Vermessung beschreibt, und damit die Einhaltung der Vermessungstoleranzen sichert. Um eine geometrische Eindeutigkeit zu erreichen, ist das der Planung zu Grunde liegende Maßbezugssystem für Lage und Höhe zu definieren und zu vereinheitlichen. Sind am Objekt selbst oder auf die Umgebung Auswirkungen der Baumaßnahmen in Form von Setzungen oder anderen Deformationen zu erwarten, so sind gemeinsam mit den zuständigen Sonderfachleuten geeignete Messprogramme zu entwickeln. Es ist weiterhin sicherzustellen, dass das geodätische Lage- und Höhenfestpunktfeld trotz Baubetrieb und Baustelleneinrichtungen erhalten bleibt und dass notwendige Sichtverbindungen nicht verstellt werden.

Sind an einem Objekt verschiedenen Sonderfachleute für die Bauvermessung zuständig (z. B. Vermessungsbüro im Auftrag des Bauherrn für die Leistungsphasen 1, 2, 3 und 5, firmeneigene Vermessungsabteilung des bauausführenden Unternehmens für die Leistungsphase 4), so sind die Zuständigkeiten und Verantwortlichkeiten eindeutig abzugrenzen. Ebenso sind die Schnittstellen und Modalitäten eines notwendigen Informations- und Datentransfers festzulegen.

2. Absteckungsunterlagen

In dieser Leistungsphase 2 wird die Grundrissgeometrie des geplanten Objektes anhand der Entwurfspläne berechnet und in das übergeordnete Koordinaten- und Höhensystem des geodätischen Raumbezugs überführt. Der vom Objektplaner gefertigte Entwurf ist dabei in seiner Hauptgeometrie und hinsichtlich der baurechtlichen geometrischen Vorgaben zu überprüfen. Der zu erstellende Absteckplan enthält im Regelfall das geodätische Festpunktfeld, das Bauwerksraster, bzw. bei linienhaften Objekten die Leitlinie mit den Trassierungselementen, geometriebestimmende Einzelpunkte der Bauwerkskontur, die Grundstücksgrenzen, baurechtliche Vorgaben (Baulinien, Baugrenzen), sowie wesentliche Maßbeziehungen. Es ist Stand der Technik, dass der Absteckplan in digitaler Form erstellt wird.

Diese Leitungsphase baut auf den Vermessungstechnischen Grundlagen der Leistungsphase 3 der Planungsbegleitenden Vermessung auf. Sollten diese Grundlagen nicht zur Verfügung stehen, so ist die Erstellung entsprechender Grundlagen als Zusätzliche Besondere Leistung gesondert zu honorieren.

Eine weitere Zusätzliche Besondere Leistung, die über die Grundleistung nach Phase 2 hinausgeht, ist z. B. die Berechnung von Abstandsflächen nach den baurechtlichen Vorgaben.

3. Bauvorbereitende Vermessung

4   Gemäß VOB Teil B § 3 Ziff. 2 hat der Bauherr den bauausführenden Unternehmen die Hauptachsen der baulichen Anlagen, die Grenzen des Geländes, das zur Verfügung gestellt wird und Höhenfestpunkte in unmittelbarer Nähe der baulichen Anlagen zur Verfügung zu stellen. Je nach Art der Vergabe der Bauleistung werden hier völlig unterschiedliche Anforderungen an die Bauvermessung gestellt.

Bei einer Vergabe an einen Generalunternehmer erschöpfen sich die Leistungen dieser Phase in den Vorgaben gemäß Satz 1 und der Kontrolle und Übergabe des geodätischen Festpunktfeldes nach 1.4.4 Abs. 2 Ziffer 2. Wenn unterschiedliche Bauleistungen an verschiedene Unternehmen übertragen werden, so hat jedes dieser bauausführenden Unternehmen Anspruch auf die bauherrenseitige Vorgabe der Hauptgeometrie des zu erstellenden Objektes. Nachstehendes Beispiel für die Errichtung eines Gebäudes möge dies verdeutlichen:

1. Grob-Absteckung der Hauptgeometrie für die Baufeldfreimachung und für die Umlegung von Versorgungsleitungen; Übergabe an die Bauausführung.

2. Absteckung der Hauptgeometrie und Vorgabe von Höhenpunkten für die Erstellung der Baugrube; Übergabe an die Bauausführung.

3. Absteckung der Hauptgeometrie und Vorgabe von Höhenpunkten für die Erstellung des Rohbaus; Übergabe an die Bauausführung.

4. Absteckung von Hauptachsen und Höhenvorgaben für den Fassadenbau; Übergabe an die Bauausführung.

5. Absteckung von Hauptachsen und Höhenvorgaben in den einzelnen Geschoßebenen für den Innenausbau; Übergabe an die Bauausführung.

4. Bauausführungsvermessung

5   Hierunter sind die vermessungstechnischen Leistungen zu verstehen, die eine ordnungsgemäße Bauausführung gewährleisten sollen. Nach VOB Teil C Nr. 4.1.3 liegen diese Leistungen als Nebenleistungen der Bauausführung im Verantwortungsbereich der bauausführenden Unternehmen.

Die Grundleistungen können sein:

a) Sicherung und Verdichtung des Lage- und Höhenfestpunktfeldes

b) Pflege des Lage- und Höhenfestpunktfeldes während der gesamten Bauzeit.

c) Vermessungstechnische Vorgaben für die Bauausführung, sodass das Baustellenpersonal mit einfachen Hilfsmitteln und ohne vermessungstechnische Fachkenntnisse in die Lage versetzt wird, das Bauwerk zu realisieren (z. B. Achsvorgaben für einzelne Bauteile, Meterrisse in den einzelnen Räumen).

d) Setzungs- und Deformationsmessungen am Bauwerk während der Bauausführungsphase um zu gewährleisten, dass die „innere Geometrie" des Bauwerks in homogener Form gewahrt ist (Kriechen und Schwinden des Betons, Lotrechtstellung wg. Aufzügen und Fassadenelementen usw.).

e) Baubegleitende Eigenüberwachungsmessungen und deren Dokumentation.

f) Fortlaufende Bestandsvermessungen an fertig gestellten Bauteilen als Grundlage für die Erstellung von Bestandsplänen.

Zusätzliche Besondere Leistungen können z. B. sein das Erstellen von Bestandsplänen, die geometrische Prüfung von Fertigteilen, die Ermittlung von Mengen und Massen für die Bauleistungsabrechnung.

5. Vermessungstechnische Überwachung der Bauausführung

Während die Bauausführungsvermessung im Verantwortungsbereich des bauausführenden Un-   **6**
ternehmens liegt, ist die vermessungstechnische Überwachung Teil der bauherrenseitigen Qua-
litätskontrolle.

Die Einhaltung der vorgegebenen Bautoleranzen ist durch stichprobenartige Messungen an
Schalungen und entstehenden Bauteilen in Abstimmung mit der Bauleitung zu überprüfen und
zu dokumentieren. Bauwerkssetzungen und/oder Deformationen während der Bauphase sind
durch geeignete Messungen zu erfassen und zu Dokumentieren.

III. Die Bewertung der Leistungsphasen

Nach 1.4.7 Abs. 4 kann die Leistungsphase 4 „Bauausführungsvermessung" bei Gebäuden ab-   **7**
weichend von der in Abs. 2 festgelegten Bewertung von 62 % mit 45 % bis 62 % bewertet werden.
Diese Regelung des Abs. 4 enthält keine Antwort auf die Frage, nach welchem Kriterium die
Bewertung vorzunehmen ist. Nachdem aber ohnedies durch die nicht ausgeübte Regelungskompetenz des Gesetzgebers Vertragsfreiheit für die Honorierung der vermessungstechnischen Leistungen gegeben ist, ist es den Parteien überlassen hier eine angemessene Festlegung im Hinblick
auf den zu erwartenden Aufwand zu treffen.

Anlage 1 zu § 3 Absatz 1 Beratungsleistungen

1.4 Ingenieurvermessung

1.4.8 Honorare für Grundleistungen bei der Ingenieurvermessung

(1) Die Honorare für die in Nummer 1.4.4 Absatz 3 aufgeführten Grundleistungen der Planungsbegleitenden Vermessung können sich nach der folgenden Honorartafel richten:

Verrech-nungsein-heiten	Honorarzone I sehr geringe Anforderungen		Honorarzone II geringe Anforderungen		Honorarzone III durchschnittliche Anforderungen		Honorarzone IV hohe Anforderungen		Honorarzone V sehr hohe Anforderungen	
	von	bis	von	bis	von	bis	von	bis	von	bis
	Euro		Euro		Euro		Euro		Euro	
6	658	777	777	914	914	1.051	1.051	1.170	1.170	1.289
20	953	1.123	1.123	1.306	1.306	1.489	1.489	1.659	1.659	1.828
50	1.480	1.740	1.740	2.000	2.000	2.260	2.260	2.520	2.520	2.780
103	2.225	2.616	2.616	3.007	3.007	3.399	3.399	3.790	3.790	4.182
188	3.325	3.826	3.826	4.327	4.327	4.829	4.829	5.330	5.330	5.831
278	4.320	4.931	4.931	5.542	5.542	6.153	6.153	6.765	6.765	7.376
359	5.156	5.826	5.826	6.547	6.547	7.217	7.217	7.939	7.939	8.609
435	5.881	6.656	6.656	7.437	7.437	8.212	8.212	8.994	8.994	9.768
506	6.547	7.383	7.383	8.219	8.219	9.055	9.055	9.892	9.892	10.728
659	7.867	8.859	8.859	9.815	9.815	10.809	10.809	11.765	11.765	12.757
822	9.187	10.299	10.299	11.413	11.413	12.513	12.513	13.625	13.625	14.737
1.105	11.332	12.667	12.667	14.002	14.002	15.336	15.336	16.672	16.672	18.006
1.400	13.525	14.977	14.977	16.532	16.532	18.086	18.086	19.642	19.642	21.196
2.033	17.714	19.597	19.597	21.592	21.592	23.586	23.586	25.582	25.582	27.576
2.713	21.894	24.217	24.217	26.652	26.652	29.086	29.086	31.522	31.522	33.956
3.430	26.074	28.837	28.837	31.712	31.712	34.586	34.586	37.462	37.462	40.336
4.949	34.434	38.077	38.077	41.832	41.832	45.586	45.586	49.342	49.342	53.096
7.385	46.974	51.937	51.937	57.012	57.012	62.086	62.086	67.162	67.162	72.236
11.726	67.874	75.037	75.037	82.312	82.312	89.586	89.586	96.862	96.862	104.136

(2) Die Honorare für die in Nummer 1.4.7 Absatz 3 Grundleistungen der Bauvermessung können sich nach der folgenden Honorartafel richten:

Anrechenbare Kosten in Euro	Honorarzone I sehr geringe Anforderungen		Honorarzone II geringe Anforderungen		Honorarzone III durchschnittliche Anforderungen		Honorarzone IV hohe Anforderungen		Honorarzone V sehr hohe Anforderungen	
	von	bis	von	bis	von	bis	von	bis	von	bis
	Euro		Euro		Euro		Euro		Euro	
50.000	4.282	4.782	4.782	5.283	5.283	5.839	5.839	6.339	6.339	6.840
75.000	4.648	5.191	5.191	5.734	5.734	6.338	6.338	6.881	6.881	7.424
100.000	5.002	5.586	5.586	6.171	6.171	6.820	6.820	7.405	7.405	7.989
150.000	5.684	6.349	6.349	7.013	7.013	7.751	7.751	8.416	8.416	9.080
200.000	6.344	7.086	7.086	7.827	7.827	8.651	8.651	9.393	9.393	10.134

Anrechenbare Kosten in Euro	Honorarzone I sehr geringe Anforderungen		Honorarzone II geringe Anforderungen		Honorarzone III durchschnittliche Anforderungen		Honorarzone IV hohe Anforderungen		Honorarzone V sehr hohe Anforderungen	
	von	bis	von	bis	von	bis	von	bis	von	bis
	Euro		Euro		Euro		Euro		Euro	
250.000	6.987	7.804	7.804	8.621	8.621	9.528	9.528	10.345	10.345	11.162
300.000	7.618	8.508	8.508	9.399	9.399	10.388	10.388	11.278	11.278	12.169
400.000	8.848	9.883	9.883	10.917	10.917	12.066	12.066	13.100	13.100	14.134
500.000	10.048	11.222	11.222	12.397	12.397	13.702	13.702	14.876	14.876	16.051
600.000	11.223	12.535	12.535	13.847	13.847	15.304	15.304	16.616	16.616	17.928
750.000	12.950	14.464	14.464	15.978	15.978	17.659	17.659	19.173	19.173	20.687
1.000.000	15.754	17.596	17.596	19.437	19.437	21.483	21.483	23.325	23.325	25.166
1.500.000	21.165	23.639	23.639	26.113	26.113	28.862	28.862	31.336	31.336	33.810
2.000.000	26.393	29.478	29.478	32.563	32.563	35.990	35.990	39.075	39.075	42.160
2.500.000	31.488	35.168	35.168	38.849	38.849	42.938	42.938	46.619	46.619	50.299
3.000.000	36.480	40.744	40.744	45.008	45.008	49.745	49.745	54.009	54.009	58.273
4.000.000	46.224	51.626	51.626	57.029	57.029	63.032	63.032	68.435	68.435	73.838
5.000.000	55.720	62.232	62.232	68.745	68.745	75.981	75.981	82.494	82.494	89.007
7.500.000	78.690	87.888	87.888	97.085	97.085	107.305	107.305	116.502	116.502	125.700
10.000.000	100.876	112.667	112.667	124.458	124.458	137.559	137.559	149.350	149.350	161.140

Inhaltsübersicht

I. Allgemeines

Wie in diesem Kommentar zu 1.4.2 unter Rdn. 2 ausgeführt, wurde auf Initiative der Fachkommission Vermessung des AHO eine Evaluierung von angemessenen und marktgerechten Honoraren unter Zugrundelegung der Leistungsbilder der 7. Novelle der HOAI durchgeführt.   **1**

Bei dieser Evaluierung trat zutage, dass zum einen die Zuordnung der Verrechnungseinheiten in Bezug auf die Dichte der Aufnahmepunkte (1.4.2 Abs. 3) nicht praxisgerecht ist und in Verbindung mit der Honorartabelle 1.4.8 Abs. 1 zu falschen (zu niedrigen) Honoraransätzen bei der Planungsbegleitenden Vermessung führt. Zum anderen wurde festgestellt, dass die Leistungen für die Bauvermessung nach der Honorartabelle 1.4.8 Abs. 2 auch zu falschen, nicht marktgerechten (zu hohen) Honoraren führen.

Nachdem aber – wie bereits mehrfach ausgeführt - Vertragsfreiheit für die Honorierung der Leistungen für die Ingenieurvermessung gegeben ist, wird empfohlen die Ergebnisse der vom AHO durchgeführten Evaluierungen zugrunde zu legen.

II. Honorartafel Planungsbegleitende Vermessung

2 Die Honorartafel nach 1.4.8 Abs. 1 für Planungsbegleitende Vermessung führt dann zu angemessenen Honorarsätzen, wenn die anrechenbaren Verrechnungseinheiten nach der in diesem Kommentar unter 1.4.2 Abs. 2 Rdn. 2 angeführten Tabelle ermittelt werden.

Die Honorartafel beginnt mit anrechenbaren 6 Verrechnungseinheiten und endet bei 11.726 Verrechnungseinheiten. Zwischenwerte sind linear zu interpolieren.

Werte unter oder über den Tafelwerten sind frei zu vereinbaren.

Sie ist entsprechend 1.4.3 Abs. 2 in fünf Honorarzonen gegliedert und beinhaltet für jede der Honorarzonen Mindest- und Höchstsätze, wobei der Mittelsatz jeder Honorarzone als Regelsatz gelten kann.

Die Honorartafel ist ein Regelungsvorschlag für die Abrechnung von Grundleistungen. Für Zusätzliche Besondere Leistungen können weitere Vergütungen vereinbart werden. Dabei ist die Höhe des Honorars dem Leistungsaufwand anzupassen.

III. Honorartafel Bauvermessung

3 Wie unter Rdn. 1 ausgeführt, führt die Honorartafel nach 1.4.8 Abs. 2 für die Bauvermessung zu nicht leistungsgerechten Honoraren. Als Vergleich sind nachstehend exemplarisch Werte der Honorartabelle Werten nach der Evaluierung des AHO gegenüber gestellt:

Honorartafel 1.4.8. Abs.2		Tabelle nach Evaluierung	Differenz	
Anrechenbare Kosten	Honorarzone 1 Mindestsatz (von)	Honorarzone 1 Mindestsatz (von)	€	%
€ 50.000	€ 4.282	€ 2.225	2.057	−48
€ 250.000	€ 6.987	€ 5.881	1.106	−16
€ 500.000	€ 10.048	€ 9.187	861	−8
€ 1.000.000	€ 15.754	€ 13.525	2.229	−14
€ 2.500.000	€ 31.488	€ 26.074	5.414	−17
€ 5.000.000	€ 55.720	€ 46.974	8.746	−16
€ 10.000.000	€ 100.876	€ 88.672	12.204	−12

Aus den vorgenannten Gründen wird für die Leistungen der Bauvermessung nicht die Anwendung der Honorartafel nach 1.4.8 Abs. 2 empfohlen, sondern die nachstehende Honorartafel, die auf der Evaluierung des AHO beruht:

Anrechenbare Kosten in Euro	Honorarzone I sehr geringe Anforderungen von bis Euro		Honorarzone II geringe Anforderungen von bis Euro		Honorarzone III durchschnittliche Anforderungen von bis Euro		Honorarzone IV hohe Anforderungen von bis Euro		Honorarzone V sehr hohe Anforderungen von bis Euro	
50.000	2.225	2.616	2.616	3.007	3.007	3.399	3.399	3.790	3.790	4.182
100.000	3.325	3.826	3.826	4.327	4.327	4.829	4.829	5.330	5.330	5.831
150.000	4.320	4.931	4.931	5.542	5.542	6.153	6.153	6.765	6.765	7.376
200.000	5.156	5.826	5.826	6.547	6.547	7.217	7.217	7.939	7.939	8.609
250.000	5.881	6.656	6.656	7.437	7.437	8.212	8.212	8.994	8.994	9.768
300.000	6.547	7.383	7.383	8.219	8.219	9.055	9.055	9.892	9.892	10.728
400.000	7.867	8.859	8.859	9.815	9.815	10.809	10.809	11.765	11.765	12.757
500.000	9.187	10.299	10.299	11.413	11.413	12.513	12.513	13.625	13.625	14.737
750.000	11.332	12.667	12.667	14.002	14.002	15.336	15.336	16.672	16.672	18.006
1.000.000	13.525	14.977	14.977	16.532	16.532	18.086	18.086	19.642	19.642	21.196
1.500.000	17.714	19.597	19.597	21.592	21.592	23.586	23.586	25.582	25.582	27.576
2.000.000	21.894	24.217	24.217	26.652	26.652	29.086	29.086	31.522	31.522	33.956
2.500.000	26.074	28.837	28.837	31.712	31.712	34.586	34.586	37.462	37.462	40.336
3.500.000	34.434	38.077	38.077	41.832	41.832	45.586	45.586	49.342	49.342	53.096
5.000.000	46.974	51.937	51.937	57.012	57.012	62.086	62.086	67.162	67.162	72.236
7.500.000	67.874	75.037	75.037	82.312	82.312	89.586	89.586	96.862	96.862	104.136
10.000.000	88.672	98.137	98.137	107.612	107.612	117.086	117.086	126.562	126.562	136.036

Die Tafel beginnt mit anrechenbaren Kosten von € 50.000 und endet bei € 10.000.000. Zwischenwerte sind linear zu interpolieren. Werte unter oder über den Tafelwerten sind frei zu vereinbaren. Sie ist entsprechend 1.4.6 Abs. 2 in fünf Honorarzonen gegliedert und beinhaltet für jede der Honorarzonen Mindest- und Höchstsätze, wobei der Mittelsatz jeder Honorarzone als Regelsatz gelten kann. Die Honorartafel ist ein Regelungsvorschlag für die Abrechnung von Grundleistungen. Für Zusätzliche Besondere Leistungen können weitere Vergütungen vereinbart werden. Dabei ist die Höhe des Honorars dem Leistungsaufwand anzupassen.

Anlage 1 zu § 3 Absatz 1 Beratungsleistungen

1.4 Ingenieurvermessung

1.4.9 Sonstige vermessungstechnische Leistungen

Für sonstige vermessungstechnische Leistungen nach Nummer 1.4.1 kann ein Honorar ergänzend frei vereinbart werden.

Inhaltsübersicht

I. Allgemeines

1   Der klare und eindeutige Verordnungstext bedarf keiner Kommentierung.

Sachwortverzeichnis

Es bezeichnen:

Ziffern im Fettdruck: Paragraphen,
Ziffern im Normaldruck: Randnummern zu den angegebenen Paragraphen

Abkürzungen:
Vorb. Vorbemerkungen, **Anl.** Anlage, **Abs.** Absatz

Sachwortverzeichnis

Sachwortverzeichnis

Sachwortverzeichnis

Sachwortverzeichnis

Sachwortverzeichnis

Sachwortverzeichnis

Printing: Ten Brink, Meppel, The Netherlands
Binding: Ten Brink, Meppel, The Netherlands